Gesamtverzeichnis des deutschsprachigen Schrifttums (GV) 1700 – 1910

Bearbeitet unter der Leitung von
Hilmar Schmuck und Willi Gorzny

Bibliographische und redaktionelle Beratung:
Hans Popst und Rainer Schöller

158

Wol - Wz

K · G · Saur München · New York · London · Paris 1987

CIP-Kurztitelaufnahme der Deutschen Bibliothek

Gesamtverzeichnis des deutschsprachigen Schrifttums :
(GV). – München, New York, London, Paris : Saur.
Bd. 1 – 6 bearb. unter d. Leitung von Peter Geils
u. Willi Gorzny.
ISBN 3-598-30000-X

1700 – 1910 / bearb. unter d. Leitung von Hilmar
Schmuck u. Willi Gorzny. Bibliograph. u. red.
Beratung: Hans Popst u. Rainer Schöller

NE: Schmuck, Hilmar [Bearb.]

158. Wol - Wz. - 1987.

Techn. Realisierung und Druck: Norbert Gaertner, Mainz-Kastel
Binden: Karl Schaumann, Darmstadt
Printed in the Federal Republic of Germany
ISBN 3-598-30000-X (Gesamtwerk)

WOLAFKA, Ferdinandus: Anima humana est substantia spiritualis. — (1876) 110 S. 4° (Handschr.) Diss. 330
Diss. Wien, Univ.

Wolan, B.: Zur Geschichte und Entwicklung des öffentlichen allgemeinen Krankenhauses in Czernowitz. Czernowitz: Pardini 1879.

Wolański, v.

—— die Lehre von der Willensfreiheit des Menschen, vom theolog. und philosoph. Standpunkte. gr. 8. (XI, 328 S.) Ebendas. 868. *

Wolański, v., Wozu die Concilien? Eine brennende Zeitfrage für alle gläubige Christen im Allgemeinen und für Deutschlands Protestanten im Besondern. gr. 8. (39 S.) Münster 869, Theissing'sche Buchh. *

Wolański, Tadeusz v.

v. Wolanski's, T., Briefe über slawische Alterthümer. 1. Sammlung mit 145 Abbild. auf XII Kpfrtaf. gr. 4. Gnesen 846. (Lissa, Günther.) n. 1⅔ ß

Wolanski's, Tadeusz v., Briefe über slawische Alterthümer. 2. Sammlung. Tab. XIII — XXII mit 88 Abbild. gr. 4. (60 S.) Gnesen 847. (Lissa, Günther.) *
1. Samml. Ebendas. 1846. * 1 Thlr. 20 Ngr.

Wolański, T(adeusz) v., die Opfergefässe des Tempels der taurischen Diana. Dargestellt und ihre slawischen Inschriften erklärt. I. Abthl. Tab. I—IX. 4. (30 S.) Gnesen 852, Lange. *

—— Schrift-Denkmale der Slawen vor Christi Geburt. Nach dem poln. Entwurfe ins Deutsche durch den Verf. selbst übertragen. 1—3. Lfg. Tab. I—III. hoch 4. (S. 1—62. und Taf. 1—10.) Gnesen 850—52, Lange. *

Wolart, Gustav, eine deutsche Geschichte aus dem achtzehnten Jahrhunderte, 2 Theile, 8. Weissenburg, 782. Jakobi. 13 sgl.

Wolart, Gustav, e. deutsche Gesch. d. 18ten Jahrh. 2 Thle. 8. Weissenfels, Jacobi. 782

Wolbach, Christoph Leonhard v.

Wolbach, Chr. Leonh.: Ueber die Aufhebung der Kreis-Stellen in Württemberg. Ulm: Wohler 1832.

Wolbach, Chrph. Leonh. v., urkundliche Nachrichten von den ulmischen Privat-Stiftungen. gr. 8. (VIII und 212 S.) Ulm 847, Gebr. Nübling. *

Wolbach, Max [app. Arzt aus Ulm]: Über Placenta accreta ... Tübingen: Verl. v. F. Pietzcker 1891. 47 S. 8°
Tübingen, Med. Fak., Inaug.-Diss. v. 1891

Wolbach, Max. Ueber Placenta accreta. Diss. gr. 8. (47 S.) Tüb. 891, Moser. * 1 —

Wolbe, Eug., Berthold Auerbach. Ein Lebensbild. Neue Rechtschreibg. (144 S. m. 4 Vollbildern.) kl. 8. Berlin (907). Neufeld & Henius. Geb. in Leinw. 1.50

— dasselbe, s.a. Jugendbibliothek, deutsche.

— Kaiserin Augusta, s.a. Geschichts- u. Unterhaltungs-Bibliothek, vaterländische. 25. Bd.

Kaiserin Augusta. Ein Lebensbild ... von Dr. Eugen Wolbe. Mit d. Bildn. d. Kaiserin. Breslau: M. Woywod 1908. (148 S.) 8° [J.]
= Geschichts- u. Unterhaltungsbibliothek, Vaterländische. Bd 25. (08.17770 2

— Major Burg. Lebensbild e. jüd. Offiziers. Für Jung u. Alt bearb. Hrsg. unter Mitwirkg. der Jugendschriften-Kommission der Großloge f. Deutschland VIII U. O. B. B. (100 S. m. 1 Bildnis.) 8. Berlin 907. L. Lamm. Geb. in Halbleinw. 1.50; in Leinw. m. Goldschn. 2.25

— Ludwig August Frankl, der Dichter u. Menschenfreund. Ein Lebensbild f. jung u. alt. Preisgekrönte Arbeit. (VII, 148 S. m. 1 Bildnis.) 8. Frankfurt a/M. 910. J. Kauffmann. Geb. in Leinw. 2.—

— Sir Moses Montefiore. Ein Lebensbild f. jung u. alt. Hrsg. unter Mitwirkg. der Jugendschriften-Kommission der Großloge f. Deutschland VIII U. O. B. B. (147 S. m. 1 Bildnis.) 8. Berlin 909. L. Lamm. Geb. in Leinw. 2.50

Wolbe, Eugen, aus Berlin: Quellenstudien zu John Home's 'Douglas'. *Berlin: Mayer & Müller 1901.* (48 S.) 8°
Berlin, Phil. Diss. v. 14. Dez. 1901

Wolbe, Eug., Quellenstudien zu John Home's „Douglas". Diss. gr. 8. (IV, 48 S.) Berlin 901. Mayer & Müller. n. 1.20

Wolberg, Adam Alexander: Über Dibromotetrammin-kobalt-Derivate und einige Aquo-Abkömmlinge. Zürich 1902. 36 S. 8°.
Zürich. Phil. Diss. II. S. 1901/1902.

Wolberg, Adam Alexander. Über Dibromotetramminkobalt-Derivate und einige Aquo-Abkömmlinge. Diss. Phil. [II.] Univ. Zürich. 36 S. 8. Zürich, Fritz Amberger, 1902.

Wolberg, M. A., Vergleichungs-Tabellen des alten u. neuen Maßes. Zunächst zum Gebrauch für Schleswig-Holstein u. Hamburg u. die Gegenden, wo das Hamburger Fußmaß gebräuchlich ist. Schleswig 870. Bergas. gr. 8. (18 S.) n. 3 ngr.

Woelbing, Gustav: Die mittelalterlichen Lebensbeschreibungen des Bonifatius ihrem Inhalte nach untersucht, verglichen und erläutert ... Jena, G. Neuenhahn Univ.-Buchdr., 1892; 2 Bl., 160 S. 8.
Jena, Phil. Fak., Inaug.-Diss. v. 1892

Woelbing, Gust., die mittelalterlichen Lebensbeschreibungen d. Bonifatius, ihrem Inhalte nach untersucht, verglichen u. erläutert. gr. 8. (VIII, 160 S.) Leipzig 892. G. Fock. n. 2.—

Wölbling, Berth., das deutsche landwirtschaftl. Ausstellungswesen. Vortrag, geh. im Club der Landwirte zu Berlin am 15. XII. 1903. (18 S.) Berlin (904). P. Parey. n.n. — 75

Wölbling, Berthold, aus der deutschen Landwirthschafts-Gesellschaft. Vortrag, geh. im Klub der Landwirthe zu Berlin am 29. Novbr. 1892. 8. (31 S.) Berlin 893. [B. Grundmann.] Neudamm, J. Neumann. n. — 50

Wölbling, Berth., der erste Rundgang der landwirtschaftl. Wanderausstellungen in Deutschland 1887—1898, s.a. Arbeiten der deutschen Landwirtschafts-Gesellschaft.

Der erste Rundgang der landwirtschaftlichen Wanderausstellungen in Deutschland 1887–1898. Im Auftr. d. Deutschen Landwirtschaftsgesellsch. berichtet v. Berthold Wölbling, Kgl. Ökonomierat ... Berlin: Dr. v. Gebr. Unger 1899. (XI, 220 S.) 1 Bd 8°
(Arbeiten d. Deutschen Landwirtschafts-Gesellschaft. H. 42.)

Die 16. Wanderausstellung, Mannheim ... 1902. Verwaltungsbericht v. B. Wölbling. Berl. 1902. 4°.

Wölbling, Friedrich

Wölbling, Fr., Blicke in die Reformations-Geschichte Straßburgs. Ein Vortrag im evangel. Verein zu Berlin am 30. Jan. 1870 gehalten. gr. 8. (30 S.) Neu-Ruppin 871, Petrenz. *

Wölbling, Friedr., christl. Geschichten. Zum Unterrichte u. zur Erbauung in Schule, Kirche u. Haus, nach Luthers kleinem Katechismus. gr. 8. (41 B.) Weißenfels 843. (Halle, Anton.)

Wölbling, Friedr., christliche Geschichten. Zum Unterrichte und zur Erbauung in Schule, Kirche und Haus nach Luthers kleinem Katechismus geordnet und mit bibl. Beispielen und einer Anweisung zum Gebrauche bei den evangel. Perikopen versehen. 2., verb. und verm. Aufl. 8. (XII und 692 S.) Halle 851, Anton.

Wölbling, Friedr., christliche Geschichten. Zum Unterrichte und zur Erbauung in Schule, Kirche und Haus nach Luthers kleinem Katechismus geordnet und mit bibl. Beispielen und einer Anweisung zum Gebrauche bei den Episteln und Evangelien des Kirchenjahres versehen. 3., verb. und verm. Aufl. 8. (XII und 724 S.) Halle 861, Anton.

Wölbling, Fr., der Gotteskämpfer. Leichenpredigt über 1. Mos. 32, 28 vor der Beisetzung der Leiche Ernst Wilh. Hengstenberg's weil. Dr. u. Prof. der Theologie am 1. Juni 1869. Neu-Ruppin 869. Petrenz. gr. 8. (11 S.) n. 2½ ngr.

—— drei Haupt-Punkte des geistl. Amtes. Abschieds-Predigt über Jesaias 49, V. 3 und 4, am 23. Sonnt. nach Trin. 1849 zu Weißenfels gehalten. 8. (14 S.) Berlin 849, Brandis, Verlag. *

Wölbling, Friedr., Maria u. Judas. Missions-Predigt. 8. (1 B.) Naumburg 840, [Halle,] Zimmermann. *

—— Pflüget ein Neues. Eine Aussprache über die kirchl. Lage und Frage auf der Conferenz zu Gnadau am 6. April 1869. Mit einem Nachworte. gr. 8. (28 S.) Ebendas. 869. *

—— die Presbyterial-Verfassung mit besond. Rücksicht auf die östlichen Provinzen des preuß. Staates. 8. (9½ B.) Leipzig 845, Goetz? *

Wölbling, Fr., die zwei Zeugen Offenbarung Johannis Cap. 11. Vortrag, gehalten im Evangel. Verein zu Berlin. gr. 8. (23 S.) Berlin 877, Trowitzsch und Sohn. *
Aus: Evangelische Kirchenzeitung, besonders abgedruckt.

Wölbling, Hans

Wölbling, H., Anleitung zum analytischen Arbeiten, s.: Stavenhagen, A.

Wölbling, Hans, aus Berlin: Zur Kenntnis der Phtalazone. *Berlin (1900): E. Dreyer.* (39 S.) 8°
Berlin, Phil. Diss. v. 10. Febr. 1900

Wölbling, H., die Reactionen der Lösungen. (30 S.) 8. Jena 908. G. Fischer. — 60
Sonderabdruck aus: „Naturwiss. Wochenschr."

Wölbling, Paul, der Akkordvertrag u. d. Tarifvertrag. Eine Darstellg. zweier Vertragsarten aus dem modernen Wirtschaftsleben. (XIV, 482 S.) gr. 8. Berlin 908. J. Guttentag. 10.—; geb. in Leinw. 11.—

Wölbling, Paul, Brauchen wir ein Reichseinigungsamt? Erörterung einer Reform unseres gewerblichen Einigungswesens. 8°. Berlin, F. Vahlen, 1911.

— Der Dienstvertrag der Techniker in Betrieben, die nicht der Gewerbeordnung unterstehen (Bergbau, Verkehrsgewerbe, landwirtschaftliche Nebenbetriebe), s.: Schriften, der Gesellschaft f. soziale Reform.

— Grundsätze des Akkordvertrages, aus Gerichts-Entscheidungen f. Gerichte, Arbeitgeber u. Akkordarbeiter zusammengestellt. (45 S.) kl. 8. Berlin 909. J. Guttentag. — 60

Wolbold, H.

Wolbold, (Präceptor), kurze Anleitung zum Singen mit Zahlen, mit besonderer Rücksicht auf d. Choralgesang u. auf d. in Zahlen ausgesetzten Choralmelodien d. Würtemb. Gesangbuchs für Volksschulen. 4. Stuttg. 819. Steinkopf. 12 Gr.

Wolbold, (Präceptor), die Choralmelodien d. Würtemb. Gesangbuchs für d. Gesang in Zahlen gesetzt. 1e u. 2e Stimme. 8. Stuttg. 819. Steinkopf. (à 8 Gr.) 16 Gr.

Wolbold, H., Compositions-Buch d. latein. Syntax, s. Compositions-Buch.

Wolbrandt, Karl

Wolbrandt, Carl, illustr. Führer durch d. Waldschänke z. Treibhaus auf d. allgem. Gartenbau-Ausstellung, Hamburg 1897. Mit Illustr. v. Rob. Bauer, de Bruycker, Dorén ꝛc. gr. 8. (48 S.) Hamburg 897. (Boysen & Maasch.) n. — 60

Wolbrandt, Carl, die Strömung. Ornamentale Studien, unter Mitwirkg. v. Pet. Wolbrandt. (84 farb. Taf. m. Titelblatt u. VII S. Text.) 8. Leipzig (905). B. G. Teubner. In Umschlag n. 8.—

Wolbrecht, C. D., Dankpredigt nach dem Siege bei Pirmasens am 13. Oct. 1793. gr. 8. Hannov., Hahn. 2 Gr.

Wolbrecht, Carl Wilhelm Ernst Florentin, s. Wolbrecht, Karl

Wolbrecht, G.

s. v. Beauchamp, Segür's Geschichte.

Wolbrecht, (Buchhändler) G., († ...) Hülfsbuch für d. Leipziger Manufakturwaarenhandel. Enthaltend Berechnung der Meßzahlung gegen Wechselzahlung oder preuß. Courant. — Der Wechselzahlung u. d. Preuß. Courant gegen Meßzahlung ꝛc. 8. Leipz. 822. Kollmann. 18 Gr.

Wolbrecht, G., new London Pronouncing Dictionary, s. Pronouncing Dictionary.

s. Uhrmacherkunst, die.

s. G. H. J. Weigand, Kunst in 2 Monaten engl. lesen ꝛc.

Wolbrecht, G. L., s. Wolbrecht, Georg Chr.

Wolbrecht, Geo. Chr., Versuch einer systemat. Darstellung d. Dienstbotenrechts im Churfürstenth. Braunschweig-Lüneburg. 8. Hannov. 814. Helwing. 6 Gr.

Wolbrecht, G. L., Versuch e. Darstellung des Dienstbotenrechts im Königr. Hannover. 8. Hannov. Helwing. 815.

Wolbrecht, Karl

Wolbrecht, Carl *Wilhelm Ernst Florentin* [pr. Arzt aus Gilmerdingen (Hannover)]: (Aus d. med. Klinik d. Herrn Geheimrat Prof. Dr. Gerhardt.) Über Pleuracomplicationen bei Typhlitis und Perityphlitis. ... Berlin: Buchdr. v. G. Schade 1891. 30 S., 1 Bl. 8°
Berlin, Med. Fak., Inaug.-Diss. v. 28. Febr. 1891

Wolbring, Wilhelm, aus Bocholt i. Westfalen: Ueber Reaktionen zwischen Diazoniumsalzen und Malonsäure. Erlangen 1904: E. Th. Jacob. (49 S.) 8°
Erlangen, Phil. Fak., Ref. Fischer, Diss. v. 6. Juni 1904
[Geb. 12. Sept. 79 Bocholt i. W.; Staatsangeh.: Preußen; Vorbildung: Gymn. Warendorf Reife (f. Obersekunda) O. 98; Studium: Münster 2, Erlangen 10 S.; Rig. 6. Juni 04.]

Wolchowski, Fel., unter der „Gnade" e jeden Beamten. Eine Skizze aus d. Leben polit. Verbannter. Autor. Uebersetzg. aus d. Engl. (aus d. „New-Review") v. Slovak. gr. 16. (24 S.) Zürich 896. O. A. Schmidtli. — 15

Wolck, Ernst. Städtische elektrische Centralen. Eine ernste Mahnung zum Nachdenken. Unbefangene Kritik der gegen Errichtg. städt. Centralen veröffentlichten 12 Artikel d. Hrn. Real-Gymn.-Dir. a. D. Stadtrath Dr. W. Schrader „Eine ernste Mahnung zur Vorsicht". 8. (39 S.) Halle a. S. 892, (Hoffstetter). ℳ 1 20
Aus: Hallische Zeitung, besonders abgedruckt.

Woelck, Kurt, Gerichtsass.: Ist zur Löschung einer bezahlten Nachlaßhypothek die Zustimmung des vor dem 1. Januar 1900 als Quasipupillarsubstitut Eingesetzten erforderlich? Borna-Leipzig 1909: Noske. VI, 43 S. 8°
Rostock, Jur. Diss. v. 20. Mai 1909, Ref. Bernhöft
[Geb. 12. Nov. 82 Thorn; Wohnort: Weißensee-Berlin; Staatsangeh.: Preußen; Vorbildung: Gymn. Thorn Reife O. 01; Studium: Berlin 1, Leipzig 3, Königsberg 2 S.; Rig. 10. März 09.] [U 09. 3704

Wolcke, Alfr., Postrecht, s. a. Sammlung Göschen.

Postrecht. Von Dr. iur. Alfred **Wolcke**. Leipzig: Göschen 1909. 208 S. 8°
(Sammlung Göschen. 425.) [11. 1460] 11

Wolcke, Alfred, Postinspektor in Bonn: Der Schutz des Brief- und Telegraphengeheimnisses im Post- und Telegraphenverkehr. Borna-Leipzig 1905: R. Noske. (XI, 104 S.) 8° [F.]
Rostock, Jur. Fak., Ref. Wachenfeld, Diss. v. 10. Mai 1905
[Geb. 13. Aug. 72 Spremberg, Lausitz; Wohnort: Bonn; Staatsangeh.: Preußen; Vorbildung: Friedr. Wilh. Gymn. Königsberg (Neum.) Reife O. 91; Studium: Berlin 4, Königsberg 5 S.; Rig. 6. März 05.]

Woelcker, Karl Wilhelm (Nürnberg) A. S. 144/29

Dissertatio inauguralis de jure legationis civitatum imperii.
Altdorf (Meyer) 18. XII. 1713. 44 S.

Gew.: Stadt Nürnberg.
W. v.: C. A. Laemmermann, Martin Karl Wölcker (Bruder), Lazarus Karl Wölcker (Bruder).
37085

Woelcker, Lazarus Karl (Nürnberg) Altd. Jur. 46/18

Collegii disputatorii juris publici dissert. III.
Präs. Eucharius Gottlieb Rink.
Altdorf (Meyer) 3. X. 1714. 4 Bl.
37086

Wölcker, Lazarus Karl (Nürnberg) A. S. 773/41

De privilegiis odiosis et poenalibus.
Altdorf (Meyer) 14. III. 1718. 68 S.
37087

Woelcker, Simon Tobias (Nürnberg) A. S. 331/27

Dissertatio inauguralis juridica de con- et disconvenientiis juris communis et statutarii Noribergensis, quoad materiam inventarii.
Giessen (Vulpius) (18.) XII. 1710. 36 S.

W. v.: Bernhard Ludwig Mollenbek, Simon Nikolaus Orth, Melchior Dethmar Grolman, Jo. Georg Liebknecht, Johann Melchior Verdries.
37089

Woelcker, Simon Tobias (Nürnberg) A. S. 809/25

Epidipnides paroemiarum juris Germanicarum.
Präs. Johann Nikolaus Hertz.
Giessen (Müller) II. 1710. 68 S.

Gew.: Georg Christoph Woelker (Vater).
W. v.: Präs., Jo. Georg Liebknecht, Jo. Nikolaus Müller, G. A. Schmid, J. J. Hert (Opp.), Wilhelm Adolph von Harde. 37088

Woelckern, Georg Christian Karl von A. S. 135/36

Specimen inaugurale selecta capita doctrinae iuris publici Germanici de constitutione civitatum imperii interna exhibens.
Altdorf (Meyer) 2. IV. 1787. 27 S.

Gew.: Stadt Nürnberg. 37090

v. Wölckern auf Kalchreuth, Mart. Karl Wlh., Beschreibungen aller Wappen der fürstlichen, gräflichen, freiherrlichen u. adelichen jetzt lebenden Familien im Königreich Baiern etc. 1e—4e Abtheil. gr. 8. Nürnb. 821—29. Tyroff. (Bauer u. R.) 3 ℛ 8 ℊ Schrbp. 4 ℛ 16 ℊ

— s. auch Wölkern.

Wölckern, Mart. Carl Wilh. v., Beschreibungen aller Wappen d. fürstl., gräfl., freyherrl. u. adel. jetztlebenden Familien im Königr. Bayern. Nach herald. Regeln entworfen. 4. Abthl. gr. 8. (16½ B.) Nürnberg 829, Bauer u. Raspe.
1—3. Abthl. Ebendas. 1821—27. 2 Thlr. 12 Gr. — Kupfer dazu, vgl. Tyroff, K.

Wolcknitz, G. E. von: De veterum arte luctandi.
s. Auerswald, J. E. von [Praes.]

Wold, Fel., Strichzeichnungen zum Anschauungsunterrichte. Den A-B-C-Schützen gewidmet. (12 S.) 8. Annaberg 907. (Graser's Verl.) — 30

Woldag, H., neuester Führer von Bad Harzburg, s.: Stolle, R.

— d. Schneeschuhlaufen, verb. m. e. kurzen Führer f. Schneeschuhläufer durch d. Umgebg. Harzburgs. 12. (12 S.) Bad Harzburg 896. H. Woldag. n. — 10

Woldau, H., Gedichte, s.: Aus der Günther-Stadt.

Wolde, Kaspar von (Pommern) A. S. 13/5

Dissertatio juris publici universalis de eo quod justum est durante justitio.
Präs. Justus Henning Böhmer.
Halle (Zeitler) V. 1705. 40 S.
37117

Wolde, Ludwig: Die vorläufige Entlassung nach dem Reichsstrafgesetzbuch und dem Vorentwurf für das neue Strafgesetzbuch. Berlin 1910: Streisand. 71 S. 8°
Heidelberg, Jur. Diss. v. 2. März 1910, Ref. v. Lilienthal
[Geb. 7. Sept. 84 Bremen; Wohnort: Bremen; Staatsangeh.: Bremen; Vorbildung: Stadt. Gymn. Bremen Reife M. 03; Studium: Phil. Lausanne 1, München 1, Iura Berlin 8 S.; Rig. 21. Dez. 09.] [U 10. 2046

Wolde, Oscar, appr. Arzt a. Hamburg: Aus der hygienischen Abteilung des Instituts für Hygiene und experimentelle Therapie zu Marburg. Ueber Pseudodysenteriebacillen. Marburg 1906: Köster & Schell. (44 S.) 8°
Marburg, Med. Fak., Ref. Bonhoff, Diss. v. 1. Aug. 1906
[Geb. 11. April 77 Hamburg; Wohnort: Tübingen; Staatsangeh.: Hamburg; Vorbildung: Gymn. Marburg Reife O. 98; Studium: Göttingen 5, Marburg 5 S.; Coll. 22. Dez. 05; Approb. 25. Mai 05.]

Woldeck, Fritz (Felix Wulfsheim), aus Berlin. Heit. Erzählgn. 8. (147 S.) Leipzig 896. Berlin, J. Gnadenfeld & Co. n. 2. —

Woldeck, Fritz (Fel. Wulfsheim), die Frau Major, s.: Universal-Bibliothek.

Woldeck, Fritz, Nachts um die 12. Stunde u. andere Erzählungen. (96 S.) 8. Leipzig (905). A. Hasert & Co. — 60

— nichts f. junge Mädchen u. and. Erzählgn., die sie ruhig lesen dürfen. 8. (165 S.) Ebd. 896. n. 2. —

— Nichts f. junge Mädchen u. andere Erzählungen, die sie ruhig lesen dürfen. (104 S.) Ebd. (905). — 60

— Selbstbekenntnisse eines Unstäten u. andere Erzählungen. (90 S.) Ebd. (905). — 60

— Sie hat ihn geküßt u. andere Erzählungen. (96 S.) 8. Ebd. 8. (905). — 60

Woldegk [Schlagwort]

Woldegk, s.: **Deutschland. Kürschner-Pelp. — Geologische Karten. Preussen. 76.**

Woldemar, eine Seltenheit aus d. Naturgeschichte. 1r Thl. 8. Flensburg 779. Korte. 16 gr

Woldemar. Eine Seltenheit aus der Naturgeschichte. Flensb. u. Leipz. 1779. Königsberg 1794. V: *Jacobi, Friedrich Heinrich.* (MN) (AARK) (MGT) (Cat. d. Stadtbibl. Zürich. Zürich 1864—97.)

Woldemar; eine Seltenheit aus d. Naturgeschichte (von Fr. H. Jacobi). 1r Thl. Neue verb. Ausg. 2 Thle. (A. u. d. T.: gesammelte Schriften.) 8. Königsb. 794. N. A. 796. (Kummer in Leipz.) 2 rß Velinp. 4 rß Dass. ins Franzöf. übers. von C. Vanderbourg. 2 Bde. 8. Ebd. 797. (Ebd.) 2 rß

Woldemar, s. Briefe v. der Grenze.

Woldemar, A., Novellen, s. Perlen.

Woldemar, C., Aufruf zu praktischer Thätigkeit zur Hebung unseres Seewesens, namentlich im baltischen Meere. gr. 8. (40 S.) Petersburg 868, (Röttger.) *

Woldemar, C., die Lettenauswanderung nach Nowgorod im J. 1865 und die baltische deutsche Presse. gr. 8. (VIII und 45 S.) Bautzen 867, Schmaler und Pech. *

—— die Seeschulen Norddeutschlands. gr. 8. (34 S.) St. Petersburg 862, (Röttger.)

Woldemar, N., im Tode entführt. Roman. 8. (513 S.) Berlin 884, Ißleib.

WOLDENBERG, **Chr.: Compendium ex integro tractatu de processibus executivis** *Matth. Coleri*, **cui adj. est compendium juris cameralis novissimi** *Springeri* **et** *H. Hahnii* **etc. — die Mecklenburgische Executions-Ordnung.** *Leipzig* **712. 4.**

Woldenberg, Maurycy [aus Plock in Russ.-Polen]: Zur Kenntnis des Orthophenylendiamins ... Erlangen, Druck v. A. Vollrath's k. b. Hofbuchdr., 1892; 32 S. 8.
Erlangen, Phil. Fak., Inaug.-Diss. v. 1892

Woldenberg, Maximilian, B. S., aus Chicago, U. S. A.: Ueber die Schwefelsäure-Ester der Ricinolsäure und ihrer Derivate. Zürich 1908. VIII + 48 S. 8⁰. [21. V. 08.]
Zürich. Phil. Diss. II. S. 1907/08.

Woldenberg, Maximilian. Über die Schwefelsäure-Ester der Ricinolsäure und ihrer Derivate. Diss. Phil. [II.] Univ. Zürich. VIII + 48 S. 8. Zürich, Grapentien & Zicker, 1908.

Wolderich, Johann N., s. Woldřich, Johann Nepomuk

Wolderich, Wilhelm: Über die Sprache und Heimat einiger frühme. religiöser Gedichte des Jesus und Cotton MS. ⟨Hrsg. im 49. Bande der E.E.T.S. v. Morris.⟩ Halle a. S. 1909: Karras. 47 S. 8° ¶(Ersch. vollst. als: Studien z. engl. Philol. Bd 34.)
Göttingen, Phil. Diss. v. 24. Juni 1909, Ref. Morsbach
[Geb. 18. Juni 82 Franzenburg; Wohnort: Franzenburg; Staatsangeh.: Preußen; Vorbildung: Wilhelms-Gymn. Hamburg Reife O. 02; Studium: Göttingen 4, München 1, Göttingen 2, Leipzig 1, Göttingen 2 S.; Rig. 18. Dez. 07.] [U 09. 1421

Wolderman, C. A. W., s. Woldermann

Woldermann, Dr. C. A. W., ein Wort an meine Kinder. 8. Stettin 829. Böhme. 5 gr

Woldermann, C. A. W., ein Wort an meine Kinder. 8. (8 B.) Stettin 829. (Leipzig, Polet.)

Woldermann, G., Afrika. Photolithogr. nach einem Relief. Fol. Ebendas. 871. *
aufgez. in Mappe * M. 12.; mit Stäben *

Woldermann G. das Königreich Bayern. Reliefkarte 1 Blatt 4° Leipzig

Woldermann, G., Berge der Erde in ihren Formen u. Höhen-Verhältnissen. (Schüler-Ausg.) Chromolith. qu. Fol. Dresden 885. Jaenicke — 30; Schul-Ausg. in Imp.-Fol. n. 4. —

Woldermann G. Elsass-Lothringen. Reliefkarte. 1 Blatt 4° Leipzig

Woldermann, G., die ganze Erde plastisch dargestellt, in 6 Bl. nach Reliefs wissenschaftlich ausgeführt. Chromolithogr. und Hochdr. qu. gr. 4. Leipzig 879, Eckerlein. In Carton *
—— dass. — in 24 Bl. qu. gr. 4. Ebendas. 879. In Carton *

Woldermann, G., Europa. 1 : 4,000,000. Nach einem Relief. Fol. Weimar 871, Photolithogr. Institut. *
aufgez. in Mappe * M. 15.; mit Stäben *

Woldermann, Karte von Ems und Umgebung nach einem Relief. 1 : 125,000. Lichtdr. und Lithogr. qu. gr. 4. Leipzig 883, Frohberg. *

Woldermann, Karte von Wiesbaden und Umgebung nach einem Relief. 1 : 125,000. Lichtdr. und Lithogr. qu. gr. 4. Leipzig 883, Frohberg. *

Woldermann, G., Dresdens Klima. Ein Beitrag zur Heimatskunde m. e. graph. Darstellg. gr. 8. (18 S.) Dresden 887. Schwarz. n. — 50

Woldermann, G., Nord-Amerika. 1 : 8,000,000. Photolithogr. nach einem Relief. Fol. (9 Bl.) Weimar 872, Photolithogr. Institut. *
aufgez. in Mappe * M. 12.; mit Stäben *

Woldermann G. Planigloben nach einem Relief. 4. A. a Lwd m St. Weimar

Woldermann G. Reliefkarte vom west-ostdeutschen Mittelgebirge. 1 : 2 200 000. 1 Blatt. 4° Leipzig

Woldermann, G. Relief-Karte des Kgr. Sachsen. 1 : 600,000. Farbiger Hochdr. qu. Fol. Dresd. 890, Jaenicke. — 60

— neuer vollständiger Schul-Atlas üb. alle Theile der Erde. 24 (lith. u. color.) Karten mit erläut. Text. 4. Berlin 877. Chun. n. — 75

Woldermann, G., plastischer Schul-Atlas über alle Theile der Erde in 24 Karten nach Reliefs u. Zeichnungen. (Ausg. D.) Hochdr. u. Chromolith. qu. gr. 4. Leipzig 879. Lindig. n. 6. —; einzelne Blätter à n. — 25

— dasselbe. Ausg. A. 22 Karten. Hochdr. m. Meers-Colorit. qu. gr. 4. Ebend. 879. n. 2. 60; einzelne Blätter à n. – 12

— dasselbe. Ausg. B. 22 Karten. Hochdr. mit Gradeintheilung ohne Colorit. qu. gr. 4. Ebend. 879. n. 3. 30; einzelne Blätter à n. — 15

— dasselbe. Ausg. C. 22 Karten. Hochdr. m. Gradeintheilung u. eingedr. Flüssen. qu. gr. 4. Ebend. 879. n. 4. — : einzelne Blätter à n — 18

Woldermann, G, die Schulhandkarte des Königr. Sachsen. 1 : 600,000. Chromolithogr. qu. Fol. Dresden 886, Jaenicke. *

Woldermann, G., Schul-Wandkarte von Deutschland. 1 : 600,000. Physikalische Ausg. 9 Bl. Chromolithogr. Imp.-Fol. Dresden 886, Jaenicke. *
Auf Leinw. mit Stäben *

Woldermann, G., Schulwandkarte von Europa. 1 : 3,000,000. 9 Bl. Physikalische Ausg. Chromolithogr. qu. gr. Fol. Dresden 888, Jaenicke und Comp. *
Auf Leinw. mit Stäben *
Politische Ausg. *
Auf Leinw. mit Stäben *

Woldermann, G., Schulwandkarte von Nord-Amerika. 1 : 8,060,000. Photolithogr. (und color.) nach einem Relief. 2. und 3. Aufl. 9 Bl. Fol. Berlin 876,77, Chun. *

Woldermann, G., Spanien und Portugal. 1 : 3,160,000. Nach einem Relief. Fol. Weimar [Leipzig] 871, Photolithograph. Institut. *

— Wandatlas zur allgemeinen u. physischen Erdkunde: Naturerscheinungen in Dresden. Chromolith. qu. gr. Fol. Dresden 889. Jaenicke & Co. (Leipzig, Hobeda.) n. 1. 50

— dasselbe. Bl. 6, 7, 11 u. 15. Chromolith. qu. gr. Fol. Mit Text. gr. 8. (je 1 Bl.) Ebd. 889. à n. 1. —
6. Passatwinde. — 7. Veränderliche Winde. — 11. Pflanzenregionen der Alpen. — 15. Wechsel der Tageslänge u. der Jahreszeiten.

Woldermann, Wandkarte von Afrika. Nach einem Relief. 2. Aufl. 1 : 8 060 000. auf Leinwand mit Stäben Winterthur

Woldermann G, Wandkarte v. Europa n. e. Relief. 1 : 4 000 000. a L m St Weimar

Woldermann, Johann Daniel

— zuverläss. Nachricht von d. Sackischen Familienstiftung zu Glogau, zum Unterricht d. Stiftsberechtigten rc. gr. 8. Berl. 805. Unger. 16 gr Nachtrag dazu. 8. Ebd. 806. 8 gr

Woldermann, Ritter Jh. Dn., u. K. G. von Raumer, über die Vorurtheile der Vormundschaftscollegien. gr. 8. Berl. 790. Maurers B. 6 gr

Woldershausen, Leben Zinzendorfs. 2 Thle. 8. Wittenb. Zimmermann. 749.

Woldersdorff, J. A. G., Die erste hundertjähr. Jubelf. d. Gymnasiums zu Salzwedel, n. 8 Beil., 1 Bild, Salzwedel 1844, 46 S., 8°.

Wöldicke, Dr. A., 4 Predigten. 8. Kopenh. 787. (Brummer.) 6 gr
Vgl. Wöldicke, J.

Wöldicke, Chr. Gli., 12 Predigten. 8. Berl. 788. Lange. 10 gr

Wöldicke, J., vier Predigten, bei verschied. Gelegenheiten. gr. 8. Copenh. Bonnier.
Vgl. Wöldicke, A.

***Wöldicke*, Jer.**, index bibliothecae militaris scriptorum veterum graeco-latin. 4. Kopenh. 782. Pelt. 5 gr

***Wöldicke*, Marcus**, († d. 26. Nov. 1750.) compendium theologiae theticae. 8. Kopenh. 747. Nova editio notis illustrata a Munke. 8. ibid. 764. Pelt. 10 gr

— Dicta classica Veteris Testamenti. 8. Copenhag. Wenzel 735.

Wöldicke, Pet., Sammlung neuer heiliger Reden. 8. Flensburg 763. Korte. 10 gr

Woldius, Geo., de anno hebraeorum jubilaeo. Comment. praem. reg. ornata. 4maj. (9¾ B.) Gottingae 837, Vandenhoeck et Ruprecht.

Die Freimaurerei und die Duldsamkeit. Vortrag gehalten in der Concordia Loge No 345, f. & a. m. in Cleveland, Ohio, von Herm. **Woldmann.** o. O. u. J.

Woldmann, J. A. Quae ad scriptores vet. classicos legendos etiam eos invitant, qui linguarum et humanitatis studiis se non prae ceteris dicarunt. 6 S. . . . .
Progr. Halberstadt 1825

Woldmar, Fr., Otto u. Bertha. Die beiden Freunde, Eduard u. Emma. Nebst 5 andern Erzähll. 8. Manh. 825. Löffler. 16 gr

Woldřich, Johann Nepomuk

— Diluviale Arvicolen aus den Stramberger Hohlen in Mahren (mit 1 Taf.). S. 90. 1. 387 . . . .
Separatabdruck

Woldřich, Joh. N., diluviale Arvicolen aus den Stramberger Höhlen in Mähren. Lex.-8. (19 S. mit 1 lithogr. Taf.) Wien 885, (Tempsky.) *
Aus: Sitzungsberichte der k. Akademie der Wissenschaften, besonders abgedruckt.

Woldřich, Joh. Nep., Beiträge zur Fauna der Breccien und anderer Diluvialgebilde Oesterreichs mit besond. Berücksicht. des Pferdes. Lex.-8. (36 S. mit 2 lithogr. Taf. und 2 Bl. Taf.-Erklärungen.) Wien 883, (Hölder.) *
Aus: Jahrbuch der k. k. geologischen Reichsanstalt, besonders abgedruckt.

Woldrich, Jan N.: Beiträge zur Geschichte des fossilen Hundes, nebst Bemerkungen über die Lössbildung. ([S.-A.] Mittheilungen der Anthropologischen Gesellschaft in Wien. Bd. 11 (N.F. Bd. 1.).) Wien 1881. 32 S., 1 Tf. 8°.

—— Beiträge zur Urgeschichte Böhmens. gr. 4. (39 S. mit 8 Taf. und eingedr. Fig.) (Ebendas.) 883. *
Aus: Mittheilungen der anthropologischen Gesellschaft in Wien, besonders abgedruckt.

Woldřich, Joh. N., Beiträge zur Urgeschichte Böhmens. 2. und 3. Thl. gr. 4. Wien, (Hölder.) [2. Thl. (23 S. mit 1 Taf.) 884. *M 2.50.; 3. Thl. (III, 24 S. mit 43 Textfig. und 1 Taf.) 887. *M 2.80.] *
Aus: Mittheilungen der Anthropologischen Gesellschaft in Wien, besonders abgedruckt.
1. Thl. (Ebendas.) 1883. *M 3.60.

Woldřich, J. N., Bericht üb. die unterirdische Detonation v. Melnik in Böhmen vom 8. IV. 1898, s.: Mitteilungen der Erdbeben-Commission der k. Akad. der Wiss. IX.

Woldřich: Landwirtschaftliche Bodenkarte des Herzogtums Salzburg. 13 S. 8° und 1 Karte. – Salzburg, Progr. 1867

Woldřich Johann Nepomuk, Dr.: Über Caniden aus dem Diluvium (mit 6 Taf.). D 39. II. 97 . . . .
Separatabdruck

Woldřich, Joh. N., über Caniden aus dem Diluvium. Imp.-4. (52 S. mit 6 lithogr. Taf. und 1 Tab.) Wien 878, (Gerold's Sohn.) *
Aus: Denkschriften der k. Akademie der Wissenschaften, besonders abgedruckt.

— das nordostböhmische Erdbeben vom 10. XII. 1901, s.a. Mitteilungen der Erdbeben-Commission der k. Akad. der Wiss. in Wien. N. F. VI.

Das nordostböhmische Erdbeben vom 10. Jänner 1901 von J[an] N[epomuk] **Woldřich**. Mit 1 Textfig. u. 2 Karten. Wien: C. Gerold's Sohn in Comm. 1901. (56 S.) 8°
= **Mittheilungen** d. Erdbeben-Commission d. Kais. Akad. d. Wiss. in Wien. N. F. No 6. [o6. 33] 2

— Diluviale Fauna von Zuslawitz bei Winterberg im Böhmerwalde. 1. Teil (mit 4 Taf.). S. 82. I. 7 . . . . vgr.
— — 2. Teil (mit 4 Taf.). S. 81. I. 177 . . . . , 2 50
— — 3. Teil. Schlußbericht (mit 3 Taf. und 2 Holzschnitten). S. 88. I. 978 . . . vgr.
Separatabdruck

—— diluviale Fauna von Zuzlawitz bei Winterberg im Böhmerwalde. Lex.-8. (60 S. mit 4 lithogr. Taf.) Wien 880, (Gerold's Sohn.) *
—— dass. — 2. Tl. Lex.-8. (93 S. mit 4 lithogr. Taf.) (Ebendas.) 881.
Vorstehende zwei Schriften sind aus: Sitzungsberichte der k. Akademie der Wissenschaften, besonders abgedruckt.

Woldřich, Joh. Nep., diluviale Fauna von Zuzlawitz bei Winterberg im Böhmerwalde. 3. Tl. (Schlussbericht.) Lex.-8. (80 S. mit 3 lithogr. Taf. und 2 eingedr. Holzschn.) Wien 883, (Gerold's Sohn.) *
Aus: Sitzungsberichte der k. Akademie der Wissenschaften, besonders abgedruckt.

Woldrich, Johann Nepomuk (Zdikau)
Die Fische und ihr Leben in den Waldbächen des Böhmerwaldes.
[In: Lotos; Zeitschrift für Naturwissenschaften. Prag. Bd 8 (1858), S. 138-149, 172-179, 185-196.]
Dr. phil. Giessen 14.12.1858.

Woldřich, Joh. Nep. Ueber die Fische und ihr Leben in den Waldbächen des Centralstockes des Böhmerwaldes. *Prag* 1858. *Kath. Geržabek.* 33 S. 8°.
Separatabdruck aus der von Dr. W. R. Weitenweber redig. Zeitschrift »Lotos«. VIII. Jhrg.

Woldřich, Joh. Nep., üb. d. Gliederg. d. anthropozoischen Formationsgruppe Mitteleuropas m. Rücksicht auf d. Kulturstufen d. Menschen. (Deutsch u. czechisch.) [Aus: „Sitzungsber. d. k. böhm. Gesellsch. d. Wiss."] gr. 8. (25 S.) Prag 896. (F. Řivnáč.) n. — 40

—— hercynische Gneissformation bei Gross-Zdikau im Böhmerwald. Lex.-8. (34 S. mit 1 lithogr. Karte in qu. gr. 4. und 2 lithogr. Taf.) Wien 876, Hölder. *
Aus: Jahrbuch der k. k. geologischen Reichsanstalt, besonders abgedruckt.

Woldřich, Joh. u. Alfr. Burgerstein, Guida alla somatologia dell' uomo. 8. ed. ritoccata, con un' appendice: Igiene della scuola del Leo Burgerstein. Con 75 incisioni nel testo, delle quali 14 colorite. Traduzione di D. Guido R. Barbieri, O. S. B. gr. 8. (IV, 110 S.) Wien 898. A. Hölder. n. 1. 60

—— über einen neuen Haushund der Bronzezeit [Canis familiaris intermedius] aus den Aschenlagen von Weikersdorf, Pulkau und Ploschau. gr. 8. (27 S. mit 5 Stnt.) Ebendas. 877. *
Aus: Mittheilungen der anthropolog. Gesellschaft in Wien, besonders abgedruckt.

Woldřich (J. N.), Aus dem Böhm.-mähr. Hochlande. Das Gebiet der oberen Nežárka. 1898. *s. Zeit- u. Gesellsch.-Schriften: Archiv f. d. naturwiss. Landesdurchforsch. von Böhmen. Bd 11, No 4.*

Woldrich J, Katalog der urgeschichtlichen Ausstellung der anthropologischen Gesellschaft in Wien. Wien 1873

Woldrich, J. N. Die Lagerungsverhältnisse des Wiener Sandsteines auf der Strecke von Nussdorf bis Greifenstein. (Aus dem Jahrb. d. k. k. geol. Reichsanstalt.) Wien. 1859. 8.

Woldřich, Joh. N., Leitfaden der Somatologie u. Hygiene des Menschen sowie der Schulhygiene für Lehrer- u. Lehrerinnenbildungsanstalten. 10., verb. Aufl. Unter Mitwirkg. v. Leo Burgerstein u. Aug. Netolitzky hrsg. v. Alfr. Burgerstein. Mit 80 in den Text gedr., darunter 14 farb. Abbildgn. (128 S.) gr. 8. Wien 905. A. Hölder. Geb. n. 1. 56

—— Leitfaden der Somatologie des Menschen für Lehrer-Bildungsanstalten und höhere Schulen. 3., durch neue Illustr. verm. Aufl. gr. 8. (VIII, 104 S. mit 134 in den Text gedr. Holzschn.-Abbild.) Ebendas. 877. *

— Leitfaden der Somatologie d. Menschen f. Lehrer-Bildungsanstalten u. höhere Schulen. 5. Aufl. Mit 142 in den Text gedr., darunter 10 farb. Abbildgn. gr. 8. (VIII, 116 S.) Wien 884. Hölder. n. 1. 28

— Leitfaden der Somatologie d. Menschen. 6., umgearb. Aufl. Kürzere Ausg. f. österreich. Lehrerbildungsanstalten. Mit 126 in den Text gedr., darunter 10 farb. Abbildgn. gr. 8. (IV, 58 S.) Ebd. 887. n. — 70

Woldřich, Dr. Johann N., Leitfaden der Somatologie des Menschen für Lehrer- und Lehrerinnen-Bildungsanstalten. 7. unveränderte Auflage. Wien 1891. Alfred Hölder. (Min.-Erl. 29. November 1890. Z. 23483.) Geheftet —.35, in Leinwand gebunden —.52

— **u. Alfr. Burgerstein,** Leitfaden d. Somatologie d. Menschen für Lehrer- u. Lehrerinnen-Bildungsanstalten. 8., umgearb. Aufl. Nebst e. Anh: Schulhygiene v. Leo Burgerstein. gr. 8. (108 S m. 75 [14 farb.] Abb.) Wien 895. A. Hölder. Geb n. 1. 60

Leitfaden der Somatologie des Menschen für Lehrer- und Lehrerinnen-Bildungsanstalten von Dr. Johann Woldřich und Dr. Alfred Burgerstein. 9. verbesserte Auflage. Nebst einem Anhange: Schulhygiene von Dr. Leo Burgerstein. Mit 73 in den Text gedruckten, darunter 14 farbigen Abbildungen. Mit Erlass des hohen k. k. Ministeriums für Cultus und Unterricht vom 4. Jänner 1900, Z. 32251, zum Unterrichtsgebrauche an Lehrer- und Lehrerinnen-Bildungsanstalten mit deutscher Unterrichtssprache allgemein zugelassen. Wien. 1899. Hölder. Gr.-8°. 111 S. fl. —.62, geb. fl. —.82

Woldřich, Dr. Johann, Leitfaden der Somatologie und Schulhygiene für Lehrer- und Lehrerinnenbildungsanstalten. 10., verbesserte Auflage. Unter Mitwirkung von Dr. Leo Burgerstein und Dr. August Netolitzky herausgegeben von Dr. Alfred Burgerstein. Mit 80 in den Text gedruckten (darunter 14 farbigen) Abbildungen. Wien 1905. Alfred Hölder. Geh. K 1.24, geb. K 1.84.

—— Leitfaden der Zoologie, s. Leitfaden der Naturkunde für landwirtschaftliche Schulen.

Woldřich, Joh. N., Leitfaden der Zoologie für den höheren Schul-Unterricht. gr. 8. (VII, 408 S. mit ca. 450 in den Text gedr. Abbild. in Holzschn.) Wien 872, Hölder. *

—— dass. — 2. umgearb. Aufl. 3 Thle. gr. 8. Ebendas. *
Inhalt:
Thl. 1. Somatologie des Menschen. (VIII, 94 S. mit 75 in den Text gedr. Abbild. in Holzschn.) 874. *M 1,20.
» 2. 3. Die Thiere. (VI, 322 S. mit 334 in den Text gedr. Abbild. in Holzschn.) 872. *M 2,80.

—— Leitfaden der Zoologie für den höheren Schul-Unterricht. 2. umgearb. Aufl. gr. 8. (VIII, 354 S. mit 524 in den Text gedr. Holzschn.-Abbild.) Ebendas. 876. *

—— Leitfaden der Zoologie für den höheren Schul-Unterricht. 3. und 4. gekürzte Aufl. gr. 8. (VIII, 280 S. mit 585 in den Text gedr. Abbild., darunter 11 farbige.) Ebendas. 879,82. geb. *

—— dass. — 5. Aufl. gr. 8. (VIII, 284 S. mit 590 in den Text gedr. Abbild., darunter 10 farbige.) Ebendas. 884. geb. *

—— Leitfaden der Zoologie für den höheren Schul-Unterricht. 6. unveränd. Aufl. gr. 8. (VIII, 290 S. mit 590 in den Text gedr., darunter 10 färb. Abbild.) Ebendas. 887. geb. **

—— Leitfaden der Zoologie f. den höheren Schul-Unterricht. 7., gekürzte u. durch neue Illustr. bereich. Aufl. gr. 8. (VIII, 275 S. m. üb. 500 z. Thl. farb. Abbildgn.) Ebd. 891. geb. ** 3 —

— u. Alfred Burgerstein,

— — Leitfaden d. Zoologie für d. höh. Schulunterr. 8., verb. Aufl. M. üb. 500 in d. Text gedr., darunter 50 farb. Abb. gr. 8. (260 S.) Ebd. 896. Geb. n. 3. —

— Leitfaden der Zoologie f. den höheren Schulunterricht. 9., im wesentl. unveränd. Aufl. v. Alfr. Burgerstein. Mit üb. 500 in den Text gedr., darunter 41 farb. Abbildgn. u. 2 Taf. in Farbendr. In neuer Rechtschreibg. (258 S.) gr. 8. Ebd. 903. Geb. in Leinw. n. 3. —

Mitteilungen der Erdbebenkommission der Kaiserlichen Akademie der Wissenschaften in Wien. 9. Bericht über die unterirdische Detonation von Melnik in Böhmen vom 8. April 1898 (mit 1 Kartenskizze). S. 107. I. 1179. Siehe I. Abt. Mitteilungen der Erdbebenkomm., alte Folge Nr. 9 . . . .
Separatabdruck

Mittheilungen der Erdbeben-Commission der kaiserlichen Akademie der Wissenschaften in Wien. IX. Bericht über die unterirdische Detonation von Melnik in Böhmen vom 8. April 1898. Von J. N. Woldřich. Mit 1 Kartenskizze. Aus den Sitzungsberichten der kaiserl. Akademie der Wissenschaften in Wien. Mathem.-naturw. Classe; Bd. CVII. Abth. I. December 1898. Wien. 1898. In Comm. Gerold's Sohn. Gr.-8°. 29 S. fl. —.45

— d. prähistor. Pfahlbau v. Ripač, s.: Radimský, W.

Reste diluvialer Faunen und des Menschen aus dem Waldviertel Niederösterreichs in den Sammlungen des k. k. naturhistorischen Hofmuseums in Wien (mit 6 Taf. und 8 Textfiguren) 1900. 565 . . . .
Separatabdruck

Woldřich, Joh. N., Reste diluvialer Faunen u. des Menschen aus dem Waldviertel Niederösterreichs in den Sammlungen des k. k. naturhistorischen Hofmuseums in Wien. [Aus: „Denkschr. d. k. Akad. d. Wiss."] Imp.-4. (70 S. m. 9 Fig. u. 6 Taf.) Wien 893. (F. Tempsky.) n. 6. 50

—— diluviale europäisch-nordasiatische Säugethierfauna und ihre Beziehungen zum Menschen, s. Mémoires de l'Académie impériale des sciences de St.-Pétersbourg.

—— die ältesten Spuren der Cultur in Mitteleuropa, mit besond. Berücksicht. Österreichs. Ein Vortrag, gehalten im Vereine „Mittelschule" zu Wien 1885. gr. 8. (25 S. mit 35 in den Text gedr. Fig.) Wien 886, Hölder. *

— geologische Studien aus Südböhmen, s.a. Archiv f. die naturwiss. Landesdurchforschung. v. Böhmen. XI. 4.

WOLDŘICH, J. N. 55 (436 . . .)
Geologische Studien aus Südböhmen. I. Aus dem böhmisch-mährischen Hochlande. Das Gebiet der oberen Nežárka. Von J. N. Woldřich. Mit 2 Karten, 1 Tafel und 24 Illustrationen im Texte. Archiv der Naturwissenschaftlichen Landesdurchforschung von Böhmen. Bd. XI. Nr. 4. Prag 1898. In Comm. Řivnáč. Gr.-8°. 67 S. fl. 2.50

Woldřich, J. N.: Kurzer Ueberblick der Urgeschichte des Menschen. 60 S. 8°. u. 48 Illustr. – Wien, ak. G., Progr. 1871.

—— Ueberblick der Urgeschichte des Menschen. gr. 8. (III, 63 S. mit 48 in den Text gedr. Abbild.) Ebendas. 871. *

Woldřich: Verlauf d. Witterung in d. letzt. 21 Jahren (1842-1863) in Salzburg. Salzburg 1863.
Schul-/Univ.-Schrift

Woldřich, Joh. Nep., Verlauf der Witterung in den letzten 21 Jahren (1842—1863) zu Salzburg. gr. 4. (36 S. mit 1 lithogr. Karte in Imp.-Fol.) Salzburg 863, (Mayrische Buchh.) *

—— Versuch zu einer Klimatographie des Salzburgischen Alpenlandes mit Berücksichtigung der Vegetations-, land- und forstwirthschaftl. Verhältnisse. gr. 8. (X und 149 S. mit 2 Stnt. in gr. 8. und 4.) Leipzig 867, C. F. Winter'sche Verlagsh. *

Woldrich, Johann Nepomuk: Wirbeltierfauna d. Pfahlbaues von Donja Dolina in Bosnien, s. Truhelka, Ciro: Der vorgeschichtl. Pfahlbau ...

— u. Jos. Woldřich, das Wolynkathal im Böhmerwalde, s.a. Archiv f. naturwissensch. Landesdurchforschung v. Böhmen.

——— u. Woldřich (Jos.). Das Wolynkathal im Böhmerwalde. 1904.
s. Zeit- u. Gesellsch.-Schriften: Archiv f. d. naturwiss. Landesdurchforsch. von Böhmen. Bd 12, No 4.

Woldřich, Dr. Jan N., Rukojeť zoologie pro vyšší oddělení středních škol. V textu jest více než 500 výkresů, z nichž 50 jest barevných. (Zoologie für höhere Mittelschulen.) Gr. 8. (260 S.) Geb. Wien: Hölder 1892. 1.00 (nur fest).

Woldřich, Dr. Johann N. und Bayer, Dr. Franz, Zoologie pro vyšší třídy středních škol. 3., wenig geänderte Auflage. Wien 1906. Hölder. Geb. K 3.16.

Woldrzich, Fd., († d. 5. Jan. 1800.) Diss. de origine juris appellandi ad curiam Romanam. 8maj. Prag 776.

Woldstedt, Gustave, Kinderlust und Kindersegen. Eine Reihe von kleinen Gedichten u. Erzählungen verschiedenen Inhalts. Frei übers. aus dem Schwedischen. Mit 2 (lith.) Bildern. Leipzig 861. Schlicke. gr. 16. (VI, 136 S.) 27 ngr.

Woldt, A., De Scriptorum historiae Augustae copia verborum et facultate dicendi. Diss. 1914. 120 S. 4.50

Denkschrift zum Jubiläum des 50jähr. Bestehens der Firma W. Spindler in Berlin u. Spindlersfeld bei Koepenick, am 1. Okt. 1882. (Verf.: A. Woldt.) — (Berlin 1882: Berg & v. Holten.) 27 S. 2° 1. 38 A.

Woldt, A., neuester Fremdenführer durch Berlin. 8. (58 S. nebst 1 lithogr. Stadtplan und 1 lithogr. Karte der Umgebung Berlins in gr. Fol.) Berlin 868, Berg.

Woldt, A., die deutsche Gewerbeausstellung zu Berlin 1888. Nebst Plan d. Treptower Parks u. Umgegend. gr. 8. (74 S.) Breslau 886. Schottländer. n. 1. —

—— Herstellung und Anwendung der flüssigen Küchengewürze, } s. Scheibler, Sophie, Kochbuch.

Woldt, A., Deutsch-französischer Kriegsschauplatz. M. 1 : 600000. Berlin, F. Duncker, (1870.) . . . .

—— die Liqueurfabrikation auf kaltem Wege, } s. Scheibler, Sophie, Kochbuch.

—— die neuen Maaße und Gewichte. Leicht verständl. erklärt. 1.—6. Aufl. 16. (24 S.) Berlin 871, v. Decker'sche Geh. Ober-Hofbuchdr.

— das neue deutsche Münzsystem. Leicht verständlich erklärt. 16. (36 S.) Ebend. 874. — 25

Woldt, A., Capitain Jacobsen's Reise an der Nordwestküste Amerikas 1881—1883 zum Zwecke ethnologischer Sammlungen und Erkundigungen, nebst Beschreibung persönlicher Erlebnisse für den deutschen Leserkreis bearb. Mit Karten und zahlreichen Holzschn. nach Photogr. und den im königl. Museum zu Berlin befindl. ethnograph. Gegenständen. gr. 8. (VIII, 431 S.) Leipzig 884, Spohr.

Woldt, Heinrich (Lübeck) A. S. 575/22

Dissertatio inauguralis juridica, specimen, privilegiorum opificum, falso meritoque suspectorum sistens. Präs. Johann Karl Heinrich Dreyer. Kiel (Bartsch) IX. 1751. 54 S.

Gew.: Philipp Kaspar Lamprecht, Daniel Haacks.
W. v.: Präs. 37120

Wolf [Sachl. OW]

(Wolf. Der Wolf.) Njbl. *s.* [Schinz, Heinrich Rudolf].

Wolf, der, von Badenoch; ein histor. Roman aus d. 14n Jahrhundert; aus dem Engl. 3 Thle. 8. Stuttg. 827. Frankh. (Brodhag). 4 *ß*

WOLF, Friedrich, oder die Launen des Schicksals von *C. G. L.* 2 Bde. Mit Titelkpfr. Erfurt, Rudolphi, 1803. 8°
304 u. 224 SS. — Zahmen Inhalts.

Wolf, Friedrich, oder die Launen des Schicksals. 2 Thle. 8. Erfurt 803. (Altenb., Petersen). 2 *ß*

Wolf und Fuchs, der, und: Der Sternthaler. Zwei Mährchen mit 8 (lith. u. color.) Bildern geschmückt. Neu-Ruppin 859. Bergemann. 16. (32 S.) 6 *ngr.*

Wolf, der, u. die 7 (jungen) Geislein, gez. v. Eug. Oßwald, s.: **Bilderbuch, das deutsche.**

Wolf, der, und die sieben Gaislein. — Gott uberall. Zwei Märchen für artige Kinder. 4. (8 S. mit 6 bunten Bildern.) Leipzig 872, Loewe. geb.

Wolf von der Hohenkrähe, oder der Ritter vom Todtenruf; ein Schreckengemälde der Vorwelt. Mit 1 Kpf. 12. Leipz. 823. Centr.-Compt. 1 *ß*

Wolf. Johannes Wolf und Salomon Wolf.... (Njbl.) *s.* [Wolf, Rudolf].

Wolf, Martin, oder der Schulmeister zu Hohenwalde u. sein Pflegesohn, (von Jh. Ant. Müller). 2 Thle. Mit Kupf. 8. Stuttg. 805. (Andrä in Leipz.) 1 *ß* **8** *gr*

— Martin, od. d. Schulmeister zu Hohenwalde u. s. Pflegesohn; mehr Gesch. als Roman. 2 Thle. m. K. 8. Stuttgart, Magaz. f. Lit. 805.

Wolf, ein, als Retter in d. Not, s.: Schillingsbücher.

Wolf, Der, im Schaafpelz. O. O. 1783. V: *Wilker, Joh. Matthias.* (ML)

—— der, vor der Thür oder Armuth und Christenthum. Aus dem Engl. übersetzt von M. Th. gr. 16. (80 S.) Leipzig 873, J. Naumann.

Wolf [Verfasser] (vgl. Wolff)

Wolf. Die Ansprüche der Versicherten auf die Prämienreserve in der Lebensversicherung. Studie zu dem Entwurf des V. V. G. D. Gießen 1906.

Wolf's literarischer Anzeiger für die Justizbeamten des Deutschen Reichs. Unter Mitwirkung von jurist. Fachmännern hrsg. von Gust. Wolf. 3. Jahrg. 1883. 10 Nrn. (Bog.) gr. 8. Leipzig, Kößling'sche Buchh. *
Vgl.: Anzeiger, literarischer, für die Justizbeamten des Deutschen Reichs.

WOLF: Systemat. Auszug sämmtl. f. d. Herzogth. Bremen u. Verden neuen Verordnn. *Ebend.* 809.

Wolf, die Belagerung von Longwy im J. 1870. Im Auftrage der königl. Inspection der Artillerie, unter besond. Berücksicht. der artillerist. Verhältnisse und mit Benutzung dienstl. Quellen bearb. gr. 8. (81 S. mit 6 Beilagen, 4 lithogr. Plänen und Karten in qu. Fol., gr. Fol. und Imp.-Fol.) Berlin 875, Vossische Buchh. *

Wolf, Briefwechsel üb. Gesetzgebung, vorzügl. in Rücksicht auf Civilrecht. 8. (3¾ B.) Mitau 835, (Reyher.) •

Wolf Ueber die volksthümliche Heldendichtung. 5 S.
Münstereiffel, Progr. 1832

Wolf: Historia magistra vitae. 2 S. -Eger, Progr. 1860

Wolf, Westdeutsche Höhlen I. 4°
Aus: Mitteilungen d. Rhein.-Westf. Höhlenforschungsvereins in Elberfeld 1910, No 2.

Wolf, hannoversche Jagd-Gesetzgebung, s. **Jagd-Gesetzgebung, hannoversche.**

Wolf, hannoversche Jagd-Gesetzgebung, eine Zusammenstellung der die Jagd-Verhältnisse betreffenden Gesetze u. Verordnungen des Königreichs Hannover nebst dem Gesetze, betreffend die Aufhebung des Jagdrechts auf fremdem Grund u. Boden, vom 29. Juli 1850 u. der Jagdordnung vom 11. März 1859, mit der Bekanntmachung die Ausführung derselben betr., vom 11. März 1859. 859. 6 *ngr.* — 2. Aufl. Hannover 864. Helwing. gr. 8. (VIII, 59 S.) 7½ *ngr.*

Wolf, hannoversche Jagd-Gesetzgebung, eine Zusammenstellung der Jagd-Verhältnisse betr. Gesetze und Verordnungen des Königr. Hannover nebst dem Gesetze, betr. die Aufhebung des Jagdrechts auf fremdem Grund und Boden, vom 29. Juli 1850 und der Jagdordnung vom 11. März 1859, mit der Bekanntmachung die Ausführung derselben betr., vom 11. März 1859. 2. Aufl. gr. 8. (VIII und 59 S.) Hannover 867, Helwing'sche Hofbuchh.

Wolf, das Buch Joseph rc. s. **Buch.**

Wolf: Kaiser Julian der Abtrünnige. 19 S. 8° -Teschen kath. Progr. 1855

Wolf's Radfahrer-Karte von Deutschland. 1 : 500,000. Sect. I.: Königr. Sachsen. Chromolithogr. Mit Zirkel. qu. Fol. Leipzig 887, [G. Wolf.] G. Levien. In Leinw.-Carton * 1 —
Auf Leinw. in Carton * 1 50
—— dass. — Sect. 2 und 3. Chromolithogr. gr. Fol. Ebenda. 888. In Leinw.-Carton à Sect. * 2 —
Inhalt:
2. Provinz Sachsen, Anhalt und Braunschweig. 2. Aufl. — 3. Provinz Brandenburg.
—— dass. — Sekt. II.: Provinz Sachsen, Anhalt und Braunschweig. Chromolithogr. Mit Zirkel. gr. Fol. Ebendas. 888.
In Leinw.-Carton. Subscr.-Pr. 1 80
Ladenpr. * 2 —

Wolf's Radfahrerkarte v. Deutschland. 1 : 500,000. 1.—9. u. 11. Bl. Berichtigt v. Gust. Müller. Chromolithogr. qu. Fol. Lpz., G. Levien.
1. Königr. Sachsen. 5. Aufl. 889. In Leinw.-Decke * 1 —; auf Leinw. m. Zirkel * 1 50.
2. Prov. Sachsen. Anhalt u. Braunschweig. 3. Aufl. 889. In Leinw.-Decke * 1 60; auf Leinw. m. Zirkel * 2 50.
3. Prov. Brandenburg, Prov. Sachsen, östl. Theil. 1. u. 2. Aufl. 889,90. In Leinw.-Decke * 1 50.
4. Thüringische Staaten. Königr. Bayern, nördl. Theil. 1. u. 2. Aufl. 890. In Leinw.-Decke * 1 50.
5. Königr. Bayern. Mittlerer Theil. 890. In Leinw.-Decke * 1 50; auf Leinw. m. Zirkel * 2 50.
6. —— dass. — Südlicher Theil. 890. In Leinw.-Decke * 1 50; auf Leinw. m. Zirkel * 2 50.
7. Königr. Sachsen nebst Teilen der angrenz. Länder. Grosse Ausg. 1. u. 2. (Titel-)Aufl. 48×60 cm. 891. In Leinw.-Decke * 1 50; auf Leinw. m. Zirkel * 2 50.
8. Rheinprovinz, Westfalen [südl. Tl.], Hessen-Nassau, Oberhessen, Waldeck. 1.—3. (Titel-)Aufl. 39×54,5 cm. 891. In Leinw.-Decke * 1 50; auf Leinw. m. Zirkel * 2 50.
9. Königr. Württemberg. Grossherzogthümer Baden u. Hessen. 1. u. 2. Aufl. 55×39 cm. 891. In Leinw.-Decke * 1 50; auf Leinw. m. Zirkel * 2 50.
11. Lothringen. Bayrische Pfalz. Grossherzogth. Luxemburg u. Rheinprovinz, südl. Theil. 891.

Wolf, J.: Rechenbuch.

Wolf's illustrirte Rundschau. Interessante und spannende Romane, Reise- und Jagd-Abenteuer, Criminalfälle, sowie allerlei hervorragende Ereignisse. 1. und 2. Bd. à 30 Hefte. (à Heft 4 Bog. mit eingedr. Holzschn.) gr. 4. Dresden 880,81, A. Wolf. à Heft 25 Pf.; à Bd.
Nicht weiter erschienen.

Wolf, der Sieg kommt vom Herrn. Dankpredigt nach dem Siege bei Königgrätz gehalten. 8. (15 S.) Osterburg 866. (Doeger'sche Hofbuchh.)

Wolf. Tarife und Statistik, betr. die Errichtung einer Ruhegehalts-, Witwen- und Waisenkasse für deutsche Rechtsanwälte. 1895.

Wolf, ..., Uebungen für angehende Landschaftszeichner. 4 Hefte. 4. Prag 803. (Calve.) 4 fl 16 Kr

Wolf's ..... Vademecum. Alphabetische u. systemat. Zusammenstellung der literar. Erscheingn. etc. Mit Register der Schlagwörter. 8. Lpz., Levien.
Geschichte u. histor. Hilfswissenschaften. Die Litteratur bis Juli 1890. (189 S.) 890. 1 75; geb. * 2 —.
Heilwissenschaft u. Thierheilkunde. Die Litteratur von 1887—1890. Mit Anh.: Materialien zu e. Geschichte der „Influenza" etc. (159; 16 S.) 890. * 1 75.
Kriegswissenschaft. 1. Bd.: Die Litteratur bis Ende 1890. (80 S.) 891. — 75; geb. * 1 —.
Natur- u. exakte Wissenschaften. 4 Abthlgn. 8 40; 1.—3. Abthl. geb. in 1 Bd 3 50; 4. Abthl. geb. * 5 50.
1. Bd. 1a. Reine Mathematik incl. Geodäsie. Literatur bis Septbr. 1889. (74 S.) 889. — 70.
1. Bd. 1b. Astronomie. Literatur bis Septbr. 1889. (30 S.) 889. — 30.
2. Bd. 1a. Physik u. Meteorologie. Literatur bis Septbr. 1889. (63 S.) 889. — 60.
2. Bd. 1b. Chemie, Pharmacie u. chem. Technologie. Literatur bis 1890 excl. (91 S.) 890. — 90.
3. Bd. 1. Botanik. Literatur bis Oktbr. 1889. (48 S.) 890. — 50.
4. Bd. 1a. Technologie. Maschinenbau. Eisenbahnwesen. Schiffbau u. Marinewesen. Luftschifffahrt u. Flugtechnik. Artilleristische Technologie. Literatur bis 1890. (132 S.) 890. 1 25.
4. Bd. 1b. Gewerbekunde. Literatur bis Ende 1889. (207 S.) 890. 1 75.
4. Bd. 1c. Bauwissenschaft. Bergbau u. Hüttenkunde. Literatur bis 1890. (272 S.) 891. 2 40.
Pädagogik. Neue Folge. 1. u. 2. Bd. [1. Bd. Litteratur von 1882—1886. (S. 51—226.) * 1 50; 2. Bd. Litteratur von 1886—1890. (114 S.) * 1 —.] 890. * 2 50. Aus: Vademecum d. Philosophie, Pädagogik u. d. Anschauungs-Unterrichts, besonders abgedruckt.
Philologie. 6. Abthl. 1. Bd.: Ausgaben, Uebersetzgn. u. Erläutergs.-Schriften der griech. u. latein. Klassiker. 2. u. 3. Abthl. [2. Abthl. Scriptores latini. (116 S.); 3. Abthl. Philologische Hilfswissenschaften. (143 S.)] 886. à Abthl. * 1 —.
Philosophie. Neue Folge. 1. u. 2. Bd.: Litteratur v. 1882—1886 u. 1886—1890. (50; 47 S.) 890. à Bd. * — 50.
Rechts- u. Staatswissenschaften. Die Litteratur bis Juli 1889. 4 Bde. in einem Alphabete. (295 S.) 889. 2 60; geb. * 3 50.
Theologie. Handbibliothek von älteren u. neueren Litteratur-Erscheingn. auf dem Gebiete der Theologie. Die Litteratur bis 1888 enth. 3 Thle. in 1 Bd. (Neue Aufl.) (129; 144; 126 S.) 889. cart. * 4 —.
—— dass. — 4. Bd.: Die Litteratur v. 1888—1890/91 enth. (144 S.) 891. * 1 30; geb. * 1 75; 4 Bde. geb. in 1 Bd. * 5 50.

Wolf's Vademecum (Nr. XXV) der Freimaurerei und der mit ihr in Verbindung gesetzten geheimen Gesellschaften. Herausgeg. v. Gustav Wolf. Leipzig, Druck v. Metzger & Wittig. (1885.) 8. 28 S.
670 Nummern.

Wolf's Vademecum der Freimaurerei und der mit ihr in Verbindung gesetzten geheimen Gesellschaften. 8. (34 S.) Leipzig 887, [G. Wolf.] G. Levien.

— historisches Vademecum. Alphabetische u. systemat. Zusammenstellg. der litterar. Erscheingn. auf dem Gebiete der Geschichte u. d. histor. Hilfswissenschaften. Die Litteratur bis Juli 1890 enth. Mit Register der Schlagwörter. 8. (189 S.) Ebd. 890. n. 1. 75

— juristisches Vademecum, d. i.: Eine alphabetisch u. systematisch geordnete Handbibliothek v. allen brauchbaren Werken etc. älterer bis neuester Zeit auf dem Gesammtgebiete der Rechts- u. Staatswissenschaften. 2. Aufl. Mit Materienregister. gr. 8. (207 S.) Ebend. 883. 1. —

—— juristisches Vademecum. Alphabetisch-systemat. Zusammenstellung der litterarischen Erscheinungen auf dem Gebiete der Rechts- und Staatswissenschaften. Die Literatur bis 1887 enthaltend. Mit Register der Systeme und Schlagwörter. 3 Bde. 8. (207; 88; 80 S.) Ebendas. 886,87. geb. in 1 Bd.

-- juristisches Vademecum. Alphabetische u. systemat. Zusammenstellg. der litterar. Erscheingn. auf dem Gebiete der Rechts- u. Staatswissenschaften. Die Litteratur bis Juli 1889 enth. 4 Bde. in einem Alphabete. Mit Register der Schlagwörter. 8. (295 S.) Ebd. 889. 3. —; geb. n. 3. 50

Wolf's kriegswissenschaftliches Vademecum. Alphabetische u. systemat. Zusammenstellg. der litterar. Erscheingn. auf dem Gebiete der Kriegswissenschaft. 1. Bd. Die Litteratur bis Ende 1890 enth. Mit Register der Schlagwörter. 8. (80 S.) Leipzig 891. G. Levien. — 75; geb. in Leinw. n. 1. —

—— landwirtschaftliches Vademecum. Eine alphabetisch und systematisch geordnete Handbibliothek der in Deutschland, Österreich und der Schweiz erschienenen Litteratur auf dem Gebiete der Land- und Hauswirtschaft, des Gartenbaues, der Jagd- und Forstwissenschaft und der verwandten Gewerbe. Die Litteratur bis 1888 enthaltend. Mit Register der Schlagworte. 8. (V, 179 S.) Ebendas. 888. geb.

—— linguistisches Vademecum. Eine alphabetisch und systemat. geordnete Handbibliothek ausgewählter Werke, Abhandlungen, Dissertationen und Programme auf dem Gebiete der Linguistik. 3 Bde. 8. Ebendas. à Bd. geb. à Bd. *M 1.50.; 3 Bde. geb. in 1 Bd.

Inhalt:

Bd. 1. Orientalia, Americana etc. Mit Materienregister. (224 S.) 884.
» 2. Europäische Sprachen, germanischen (excl. deutschen), romanischen, slavischen Stammes, incl. der kleineren Sprachstämme. (125 S.) 888.
» 3. Deutsche Philologie. Allgemeine Linguistik. Hilfswissenschaften. Die Litteratur bis 1886 enthaltend. Mit Register der Schlagwörter. (214 S.) 887.

—— Vademecum für Medicin, Natur- und exacte Wissenschaften. Monats-Ausg. 1. Jahrg. 1886. 12 Nrn. gr. 8. (Nr. 1. 12 S.) Ebendas. 886.

—— medicinisches Vademecum. Alphabetisch-systemat. Zusammenstellung von sämmtl. Erscheinungen der Literatur auf dem Gebiete der Heilwissenschaft und Thierheilkunde. Jahrg. 1882—1883. Mit Register der Systeme und Schlagwörter. 8. (32 S.) Ebendas.

—— dass. — Alphabetisch-systemat. Zusammenstellung des von neuen und renommirten Erscheinungen der Literatur des In- und Auslandes auf dem Gebiete der Heilwissenschaft und Thierheilkunde. Mit Register der Systeme und Schlagwörter. 3. verm. und verb. Aufl. gr. 8. (168 S.) Ebendas. 883.

— dasselbe. 2. Bd. Jahrg. 1882—1885. Mit Registor der Systeme u. Schlagwörter. gr. 8. (88 S.) Leipzig 885. G. Wolf. n. — 75 (1. u. 2. in 1 Bd.: n. 2. —)

—— medicinisches Vademecum. Alphabetisch-systemat. Zusammenstellung der litterar. Erscheinungen auf dem Gebiete der Heilwissenschaft und Thierheilkunde. Die Litteratur bis 1887 enthaltend. Mit Register der Schlagwörter. 3 Bde. 8. (152; 89; 96 S.) Leipzig 887, [G. Wolf.] G. Levien. geb. in 1 Bd.

Wolfs medizinisches Vademecum. Alphabetische u. systematische Zusammenstellungen der litterarischen Erscheinungen auf dem Gebiete der Heilwissenschaft u. Tierheilkunde. Die Litteratur von 1887—1890 enthaltend. Mit Anhang: Materialien zu einer Geschichte der „Influenza" etc. Mit Register der Schlagwörter. Leipzig 90. Gustav Wolf. (159, 16 S.)

— — — Alphabetische u. systematische Zusammenstellg. d. litterarischen Erscheinungen auf dem Gebiete der Heilwissenschaft. Die Litteratur von 1890 - 97 enthaltend. Hrsg. K. Küster. Ebd. 97. M. 2.—, geb. M. 2.50

— naturwissenschaftliches Vademecum. 1. Abth. 1. Bd. Alphabetische u. systemat. Zusammenstellg. der litterar. Erscheingn. auf dem Gebiete der Mathematik, Astronomie einschliesslich der Geodäsie. Die Litteratur bis Septbr. 1889 enth. Mit Register der Schlagwörter. gr. 8. (74 S.) Ebd. 889. n. n. — 60

— dasselbe. 2. Abth. 1. Bd. Alphabetische u. systemat. Zusammenstellg. der litterar. Erscheingn. auf dem Gebiete der Physik u. Meteorologie. Die Litteratur bis Septbr. 1889 enth. Mit Register der Schlagwörter. gr. 8. (63 S.) Ebd. 889. n. n. — 60

— dasselbe. 2. Abth. 2. Bd. Alphabetische u. systemat. Zusammenstellg. der litterar. Erscheingn. auf dem Gebiete der Chemie, Pharmacie u. chem. Technologie. Die Litteratur bis 1890 excl. enth. Mit Register der Schlagwörter. gr. 8. (91 S.) Leipzig 890. G. Levien. n. — 80

Wolf's naturwissenschaftl. Vademecum. 3. Abth. 1. Bd. Alphabetische u. systemat. Zusammenstellg. der litterar. Erscheingn. auf dem Gebiete der Botanik. Die Litteratur bis Octbr. 1889 enth. Mit Register der Schlagwörter. gr. 8. (48 S.) Leipzig 890. G. Levien. n. — 40

— dasselbe. 4. Abth. 1. Bd. Alphabetische u. systemat. Zusammenstellg. der litterar. Erscheingn. auf dem Gebiete der Technologie. Maschinenbau. Eisenbahnwesen. Schiffbau u. Marinewesen. Luftschiffahrt u. Flugtechnik. Artilleristische Technologie etc. Die Litteratur bis 1890 enth. Mit Register der Schlagwörter. gr. 8. (132 S.) Ebd. 1. 25

— naturwissenschaftliches Vademecum. 4. Abth. 2. u. 3. Bd. gr. 8. Ebd. n. 4. 15 (4. Abth. kplt. geb: n. 5. 50)

2. Alphabetische u. systemat. Zusammenstellg. der litterar. Erscheingn. auf dem Gebiete der Gewerbekunde. 1. Bd. Die Litteratur bis Ende 1889 enth. Mit Register der Schlagwörter. (207 S.) 890. n. 1. 75
3. Alphabetische u. systemat. Zusammenstellg. der litterar. Erscheingn. auf dem Gebiete der Bauwissenschaft, Bergbau- u. Hüttenkunde. 1. Bd. Die Litteratur bis 1890 enth. Mit Register der Schlagwörter. (272 S.) 891. n. 2. 40

Wolf's naturwissenschaftl.-mathematisch. Vademecum Alphabetische u. systemat. Zusammenstellg. der neueren u. besseren Literatur-Erscheingn. d. In- u. Auslandes auf dem Gebiete der Naturwissenschaften, Mathematik u. Astronomie. Suppl. zur 3. verb. Aufl., die Erscheingn. der J. 1882—84 umfassend. 8. (215 S.) Leipzig 884. G. Wolf. n. — 80; Schlüssel n.n. — 50

— pädagogisches Vademecum. Alphabetische u. systemat. Zusammenstellg. der litterar. Erscheingn. auf dem Gebiete der Pädagogik. [Aus: „Vademecum d. Philosophie, Pädagogik u. d. Anschauungs-Unterrichts".] Neue Folge. 1. u. 2. Bd. Mit Register der Schlagwörter. 8. Ebd. 890. n. 2. 50

1. Litteratur v. 1882—1886. (S. 51—226.) n. 1. 50
2. Litteratur v. 1886—1890. (114 S.) n. 1. —

—— philologisches Vademecum. Alphabetisches Verzeichniss der bis Ende 1882 in Deutschland erschienenen vorzüglichsten und wichtigsten Ausgaben, Uebersetzungen und Erläuterungs-Schriften der griech. und latein. Classiker. I. Scriptores graeci. 8. (189 S.) Leipzig 883, Kössling'sche Buchh.

Schlüssel dazu (37 S.)

— philologisches Vademecum. Alphabet. Verzeichnis der Ausgaben, Übersetzungen u. Erläuterungsschriften der griechischen u. lateinischen Klassiker, sowie der philologischen Hilfswissenschaften. I.: Scriptores Graeci. [1. Bd.] 2. Aufl. 8. (192 S.) Ebd. 887. geb. n. 1. 50

— dasselbe. II.: Scriptores Latini. 8. (117 S.) Ebd. 887. n. 1. —

— dasselbe. Eine alphabetisch u. systemat. geordnete Bücherkunde der philologischen Hilfswissenschaften. Die Litteratur bis 1886 enthaltend. Mit Register d. Systeme u. Schlagwörter. 8. (143 S.) Ebd. 887. n. 1. —

— dasselbe. 2. Bd. Litteratur 1882—1888. 8. (100 S.) Ebd. 888. n. — 80; geb. n. 1. —

— philosophisches Vademecum. Alphabetische u. systemat. Zusammenstellg. der litterar. Erscheingn. auf dem Gebiete der Philosophie. Neue Folge. 1. u. 2. Bd. Litteratur v. 1882—1886 u. 1886—1890 enth. Mit Register der Schlagwörter. 8. (50 u. 47 S.) Ebd. 890. à n. — 40

Wolf's (Gust.), Philosophisch-pädagogisches Vademecum. Alphabetische und systematische Zusammenstellung der neueren und besseren Literatur-Erscheinungen. auf dem Gebiete der Philosophie, Pädagogik und des Anschauungs-Unterrichtes aller Länder. Leipzig 1882. 8.

— philosophisch-pädagogisches Vademecum. Alphabetische u. systemat. Zusammenstellg. der litterar. Erscheingn. auf dem Gebiete der Philosophie, Pädagogik u. d. Anschauungs-Unterrichtes. 2. Bd. Die Litteratur von 1882 bis 1886 enth. Mit Register d. Schlagwörter. 8. (285 S.) Ebd. 888. geb. n.n. 2. 50

— theologisches Vademecum d. i.: Eine alphabetisch u. systematisch geordnete Handbibliothek v. älteren u. neueren Litteratur-Erscheingn. auf dem Gebiete der Theologie. Nach „Hagenbach's Encyclopädie" bearb 12. Tausend. 8. (130 S.) Ebend. 885. — 75

— theologisches Vademecum, d. i.: Eine alphabetisch u. systematisch geordnete Handbibliothek v. älteren u. neueren Litteratur-Erscheingn. auf dem Gebiete der Theologie. Die Litteratur bis 1888 enth. 3 Thle. in 1 Bd. Mit Register d. Schlagwörter. (Neue Aufl.) gr. 8. (129, 144 u. 126 S.) Ebd. 889. cart. 3. 50

— theologisches Vademecum, d. i. e. alphabetisch u. systematisch geordnete Handbibliothek v. älteren u. neueren Litteratur-Erscheinungen auf dem Gebiete der Theologie. 4. Bd. Die Litteratur v. 1888—1890/91 enth. Mit Register der Schlagwörter. 8. (144 S.) Ebd. 891. n. 1.30; geb. n. 1. 75 (4 Bde. in 1 Bd. geb.: n. 5 50)

Wolf's Verkehrs-Karte v. Königreich Sachsen. 1 : 500,000. Karte I. Mit Höhen-Angaben. Berichtigt v. Gust. Müller. Chromolithogr. qu. Fol. Lpz. 889, Levien. * — 50

Wolf (Hrsg.), s. Wochenblatt, Evangelisches.

Wolf, A. — Eine Auswahl exegetischer Vortrage zur religiösen Belehrung und Erbauung gehalten von — —. 8. (32 S.) Wien. Gedruckt bei Edlen von Schmidbauer und Holzwarth, 1854.

— u. H. Stöber, deutsche u. brandenburgisch-preußische Geschichte, für die Kinder der Volksschule in einfacher u. kurzer Darstellung erzählt. 8. (80 S.) Ebend. 882. n. — 40

Wolf, A., u. H. Stöber, deutsche u. brandenburgisch-preußische Geschichte, f. die Kinder der Volksschule in einfacher u. kurzer Darstellg. erzählt. 2., verb. Aufl. 8. (79 S.) Breslau 884. F. Hirt. n. — 40

Wolf, A., u. H. Stöber, deutsche u. brandenburgisch-preußische Geschichte f. die Kinder der Volksschule, in einfacher u. kurzer Darstellg. erzählt. 3. Aufl., verm. durch Regententafeln u. e. Anh. histor. Abbildgn. u. Portraits. gr. 8. (64 u. Anh. 15 S.) Breslau 887. F. Hirt. n. — 40; cart. n. — 45

— u. H. Stöber, deutsche u. brandenburgisch-preußische Geschichte, f. die Kinder der Volksschule in einfacher u. kurzer Darstellg. erzählt. 4. Aufl., umgearb. nach der ministeriellen Generalverordng. vom 18. Oktbr. 1890. gr. 8. (80 S. m. Bildern u. 2 Karten.) Breslau 893. F. Hirt. Kart. n. — 60

Wolf, A., biblische Geschichten alten und neuen Testamentes für die Kinder der Unterstufe in einfacher und kindlicher Weise erzählt. 8. (III, 16 S.) Minden 879, [Hufeland.] Marowsky.

Wolf, A., biblische Geschichten alten und neuen Testamentes für die Kinder der Unterstufe in einfacher und kindl. Form erzählt. 2. verb. Aufl. in neuer Orthographie. 8. (III, 16 S.) Minden 880, Hufeland. cart. *

—— dass. — 3. verm. Aufl. 8. (20 S.) [Minden 882, Marowsky.] Breslau, F. Hirt. cart. *

Wolf, A., biblische Geschichten alten und neuen Testamentes für die Kinder der Unterstufe in einfacher und kindl. Form erzählt. 4. Aufl. 8. (20 S.) Breslau 885, F. Hirt. cart. *

Wolf, A., biblische Geschichten alten u. neuen Testamentes, f. die Kinder der Unterstufe in einfacher u. kindl. Form erzählt. 5. Aufl. 8. (23 S.) Breslau 890. F. Hirt. cart. n. — 30

Wolf, A., biblische Geschichten alten u. neuen Testamentes, f. d. Kinder d. Unterstufe in einf. u. kindl. Form erzählt. 6., verb. Aufl. gr. 8. (24 S.) Breslau 895. F. Hirt. n. — 30

Biblische Geschichten Alten u. Neuen Testamentes für die Kinder der Unterstufe in einfacher u. kindlicher Form erzählt von A. **Wolf**, Seminarl. 7. Aufl. *Breslau: F. Hirt 1901.* (24 S.) 8° [F.] [03. 1771 2

Biblische Geschichten Alten und Neuen Testamentes für die Kinder der Unterstufe in einfacher u. kindl. Form erzählt von A. **Wolf**, Sem.Lehrer. 8., durchges. Aufl. Breslau: F. Hirt 1906. (24 S.) 8° [F.] [07. 5235

—— biblische Historien alten und neuen Testamentes, für die Kinder der Mittelstufe in einer dem Alter der Kinder dieser Klasse entsprechenden Ausdrucksweise erzählt. 8. (III, 47 S.) Ebendas. 879. cart. *

—— biblische Historien alten und neuen Testamentes, für die Kinder der Mittelstufe in einer dem Alter der Kinder dieser Klasse entsprechenden Ausdrucksweise erzählt. 2. verb. Aufl. in neuer Orthographie. 8. (III, 46 S.) Minden 880, Hufeland. cart. *

— biblische Historien alten u. neuen Testamentes, für die Kinder der Mittelstufe in einer dem Alter der Kinder dieser Klasse entsprechenden Ausdrucksweise erzählt. 3., verm. Aufl. 8. (55 S.) Ebend. 882. cart. n. — 50

—— biblische Historien alten und neuen Testamentes, für die Kinder der Mittelstufe in einer dem Alter der Kinder dieser Klasse entsprechenden Ausdrucksweise erzählt. 4. Aufl. 8. (55 S.) Ebendas. 885. cart. *

Wolf, A., biblische Historien alten u. neuen Testamentes, f. die Kinder der Mittelstufe in e. dem Alter der Kinder dieser Klasse entsprech. Ausdrucksweise erzählt. 5. Aufl. gr. 8. (59 S.) Breslau 889. F. Hirt. Kart. n. — 50

Wolf, A. Biblische Historien alten u. neuen Testamentes, f. die Kinder der Mittelstufe. 5. Aufl. 8. (55 S.) Bresl. 890, F. Hirt. cart. * — 50

— biblische Historien alten u. neuen Testamentes für d. Kinder d. Mittelstufe, in e. d. Alter d. Kinder dieser Klasse entsprech. Ausdrucksweise erzählt. 6. Aufl. gr. 8. (56 S.) Ebd. 895. n. — 50

Biblische Historien Alten und Neuen Testamentes für die Kinder der Mittelstufe in einer dem Alter der Kinder ... entsprechenden Ausdrucksweise erzählt von A. **Wolf**, Sem.Lehrer. 7., durchges. Aufl. Breslau: F. Hirt 1904. (64 S.) 8° [F.] [06. 333 2

Wolf, A., H. Steckel, R. Großmann u. H. Heidrich, Lehrbuch der französischen Sprache f. Bürgerschulen. 2 Tle. gr. 8. Leipzig, Dürr'sche Buchh. Geb. à n. 2. 40; Wörterverzeichnis. (39 S.) (905). n. — 50
1. Mit den Bildern „Der Bauernhof", „Der Sommer" u. „Der Winter" v. Strübing-Winckelmann. 3. Aufl. (229 S.) 906.
2. Mit den Karten v. Deutschland u. Frankreich u. dem Plan v. Paris. (IV, 232 S.) 905.

Wolf, A., H. Steckel, R. Großmann u. H. Heidrich, Lehrbuch der französ. Sprache f. Bürgerschulen. Mit den Bildern „Der Bauernhof", „Der Sommer" u. „Der Winter" v. Strübing-Winckelmann. I. Tl. 4. Aufl. (222 S.) 8. Leipzig 909. Dürr'sche Buchh. Geb. 2. 40

— das notwendigste Material üb. Themen aus dem Unterrichtsgebiete der deutschen Sprache. 8. (IV, 40 S.) Minden i/W. 893. C. Marowsky. n. — 70

Wolf, A.Th.: Ueber die Aussprache der griechischen Diphthongen. 7 S.8°. – Pressburg kth., Progr. 1851.

Wolf, A.Th.: Über die lat.Casus-Lehre. 10 S. – Pressburg kath., Progr. 1851.

Wolf, A. Th., kürzeste Uibersicht der lateinischen Prosodik. (1 lithogr. Bog. in Fol.) Olmütz 850, Hölzel. *

Wolf, Achill, der landwirthschaftliche Bau in seiner möglichst billigen und praktischen Gestaltung durch Anwendung englischer und belgischer Bauprinzipien. 1.—3. Ausg. gr. 8. (30 S. mit eingedr. Holzschn.) Prag 863—68, Dominicus. *

Wolf, Achill, der landwirthschaftliche Bau in seiner möglichst billigen u. praktischen Gestaltung durch Anwendung englischer u. belgischer Bauprinzipien. 2. u. 3. Ausg. Prag 866—68. Dominicus. r. 8. (30 S. mit eingedr. Holzschn.) n. 7 nyt

Wolf, Achill, landwirthschaftlich-industrielle Bräuhausanlagen auf herrschaftlichen Domainen und Gütern, deren billige Anlage und Reconstruirung. gr. 8. (15 S.) Prag 868, Dominicus.

Wolf, Achille, der bauliche Comfort des Wohnhauses mittlerer nördlicher Breiten, sein Wesen und die baul. Mittel zu seiner Verbreitung. gr. 8. (IV, 212 S.) Prag 881, Dominicus.

—— der Rindviehstall. Seine bauliche Anlage und Ausführung, sowie seine innere Einrichtung mit Rücksicht auf Zweckmäßigkeit und größtmögl. Kostenersparniß, nebst Anleitung zur schnellen Berechnung der Herstellungskosten. Nach prakt. Erfahrungen dargestellt. Mit Lithogr. und vielen (eingedr.) Holzschn. 8 Lfgn. (VIII, 112 S. mit 8 Stnt. in qu. gr. 4.) Leipzig 868, Seemann. [Gebhardt's Verlag.] à Lfg. * M. 1,20.

Wolf, Ad., s. Biagioli, G., italien. Sprachlehre.

Wolf, Adam, die Aufhebung der Klöster in Innerösterreich 1782—1790. Ein Beitrag zur Geschichte Kaiser Joseph's II. gr. 8. (VII, 174 S.) Wien 871, Braumüller.

Wolf, Adam, geschichtliche Bilder aus Oesterreich. 1. Bd.: Aus dem Zeitalter der Reformation [1526—1648]. gr. 8. (V. 410 S.) Wien 878, Braumüller.

Wolf, Adam, geschichtliche Bilder aus Oesterreich. 2. (Schluß-) Bd.: **Aus dem Zeitalter des Absolutismus und der Aufklärung.** [1648—1792.] gr. 8. (V, 414 S.) [Wien 880, Braumüller.] Leipzig, Greßner und Schramm. *
1. Bd. Ebendas. 1878. *ℳ 8.

Wolf, Adam [Hrsg.], s. Blaas, Karl: Selbstbiographie.

Wolf, Adam: Ein Brief von Gentz. Separatabdruck aus: Sitzungsber. d. k. Akad. d. Wissensch. in Wien. Bd. 32. S. 312.

—— Graf Carl Chotek, geheimer Rath und Oberstburggraf von Böhmen. [1783—1868.] Ein Lebensbild. gr. 8. (32 S.) Prag 869, Haase Söhne. [Bohemia.]

Wolf, Ad., Graf Rudolf Chotek, k. k. Oesterreichischer Staats- und Conferenz-Minister. (Aus d. Sitzungsberichten d. k. Akad. d. W.) Wien 852. (Gerold.) gr. 8. (29 S.) n. 5 *ngr.*

Wolf, Adam, Graf Rudolf Chotek, k. k. österreich. Staats- und Conferenz-Minister. Lex.-8. (29 S.) Wien 853. (Gerold's Sohn.)
Aus: Sitzungsberichte der k. Akademie der Wissenschaften, J. 1852, besonders abgedruckt.

Wolf, Adam, Kaiser Franz, s. Geschichte, österreichische, für das Volk.

—— Lukas Geizkofler und seine Selbstbiographie. 1550—1620. gr. 8. (IV, 211 S.) Wien 873, Braumüller.

Wolf, Adam, die Geschichte der pragmat. Sanktion bis 1740. 8. (VI und 106 S.) Wien 850, Gerold, Verlag.

Der Wiener Hof in den Jahren 1746, 1747 und 1748. Diplomatische Relationen des Grafen von Podewils, bevollmächtigten Ministers in Wien, an Friedrich II., König von Preußen. Kabinettschreiben des Königs. S. [illegible]
Separatabdruck

Wolf, Dr. Adam. Die Hofkammer unter Kaiser Leopold I. (Aus dem Octoberhefte des Jahrganges 1853 der Sitzungsberichte der philosophisch-historischen Classe der kais. Akademie der Wissenschaften XI. Bd., Seite 440 ff. besonders abgedruckt.)
8. Wien 1853.

Wolf, Adam, aus dem Hofleben Maria Theresia's. Nach den Memoiren des Fürsten Jos. Khevenhüller. gr. 8. (XII und 371 S.) Wien 858, Gerold's Sohn.

Wolf, Adam. Aus dem Hofleben Maria Theresia's. Nach den Memoiren des Fürsten Joseph Khevenhüller. II. verm. Aufl. *Wien* 1859. *C. Gerold's S.* XII u. 395 S. 8°.

—— Josef II. und Friedrich II., s. Jahrbuch für vaterländ. Geschichte.

—— Kaiser Karl VI. und der Frater Benignus. [1722—1740.] Lex.-8. (18 S.) Wien 880, (Gerold's Sohn.) *
Aus: Archiv für österreichische Geschichte, besonders abgedruckt.

— Leopold II. u. Marie Christine. Ihr Briefwechsel (1781—1792). Wien 867. Gerold's Sohn. gr. 8. (XXVIII, 347 S.) n. 2 ₰ 20 *ngr.*

— Fürstin Eleonore Liechtenstein, 1745—1812. Nach Briefen u. Memoiren ihrer Zeit. Mit Portrait (Lithogr.) gr. 8. (VII, 344 S.) Wien 875. Gerold's Sohn. n. 8. —

—— Fürst Wenzel Lobkowitz, erster geheimer Rath Kaiser Leopold's I. 1609—1677. Sein Leben und Wirken. gr. 8. (460 S. mit Portr. auf 1 Stnt. in Tondr.) Wien 869, Braumüller.

—— Marie Christine, Erzherzogin von Oesterreich. 2 Bde. gr. 8. (XIX und 549 S. mit lithogr. Portr. und 1 Holzschntaf.) Wien 863, Gerold's Sohn. *

—— Oesterreich unter Maria Theresia. Lex.-8. (III und 594 S.) Wien 855, Gerold's Sohn.

—— **Oesterreich unter Maria Theresia, Josef II. und Leopold II., s. Geschichte, allgemeine, in Einzeldarstellungen. III, 9.**

—— Reformationsgeschichte von Eger. gr. 8. (38 S.) Wien 851, (Gerold's Sohn.) *
Aus: Sitzungsberichte der philosoph.-histor. Classe der kaiserl. Akademie der Wissenschaften, Juni-Heft 1851, besonders abgedruckt.

Wolf Adam, Dr.: Über die Reformationsgeschichte der Stadt Eger. S. 4. 10.
Separatabdruck

— Über die Reformationsgeschichte der Stadt Eger. 2. Teil. S. 7. [illegible]
Separatabdruck

Drei diplomatische Relationen aus der Zeit Kaiser Leopolds I. Ar. 20. 279.
Separatabdruck

—— die Selbstbiographie Christophs v. Thein 1453—1516. Lex.-8. (21 S.) Wien 875, (Gerold's Sohn.)
Aus: Archiv für österreichische Geschichte, besonders abgedruckt.

Wolf, Adam: Volkslieder aus dem Egerlande. kl. 8°. (IX u. 120 S.) Eger: Kobrtsch & Gschihay 1869.

Wolf, Adolph. Über die Bildung von Indazolen aus einigen bromierten Derivaten des Para-Xylidins. Diss. Phil. Basel. 40 S. 8. Basel, Emil Birkhäuser, 1906.

Wolf, Adf., Briefe von Hoffmann v. Fallersleben u. Moritz Haupt an Ferd. Wolf. [Aus: „Sitzungsber. d. k. Akad. d. Wiss."] Lex.-8. (92 S.) Wien 874. (Gerold's Sohn.) n. 1. 40

— William Roye's dialogue between a christian father and his stubborn son. Nach dem einzigen auf der Wiener k. k. Hofbibliothek befindl. Exemplar hrsg. Lex.-8. (88 S.) Ebend. 874. n. 1. 40

William Roye's *Dialogue between a christian Father and his stubborn Son.* Nach dem einzigen auf der Wiener k. k. Hofbibliothek befindlichen Exemplare. S. 76. [illegible]
Separatabdruck

Wolf, Adf., Streiflichter über den Strafvollzug in Oesterreich u. anderes. (IV, 287 S.) gr. 8. Salzburg (904). (E. Höllrigl.) n. 3. —

Wolf, Adolf, Volkslieder aus Venetien. Gesammelt von Georg Widter. [Aus den Sitzungsber. der k. Akad. der Wiss.] Wien 864. (Gerold's Sohn.) gr. 8. (122 S.) n. 20 *ngr.*

Wolf, Alb., fahrende Leute bei den Juden. Aus dessen schriftl. Nachlass hrsg. u. ergänzt v. Max Grunwald. (68 S.) 8. Leipzig 909. A. W. Kaufmann. 1.50
Sonderabdr. aus: „Mittlgn. z. jüd. Volkskde."

Wolf, Albert, Referendar: Die Behandlung der Hypothekenzinsen im Falle der Verkehrshypothek des Bürgerlichen Gesetzbuchs. Leipzig: Veit 1908. VIII, 124 S. 8° ¶(Ersch. auch als Buch ebd.)
Leipzig, Jur. Diss. v. 18. Aug. 1908
[Geb. 10. Aug. 83 Dresden; Wohnort: Zwickau i. S.; Staatsangeh.: Sachsen; Vorbildung: Wettiner-Gymn. Dresden Reife O. 02; Studium: Leipzig 8 S.; Rig. 7. Febr. 06.] [U 09. 2739

Wolf, Albert Eugen, appr. Arzt: Ueber Vorkommen und Entstehung von Lungenkomplikationen nach Operationen. Leipzig 1909: Georgi. 30 S. 8°
Leipzig, Med. Diss. v. 6. Febr. 1909, Ref. Trendelenburg
[Geb. 10. Aug. 82 Leipzig; Wohnort: Leipzig; Staatsangeh.: Sachsen; Vorbildung: König-Albert-Gymn. Leipzig Reife O. 02; Studium: Leipzig 10 S.; Coll. 26. Febr. 09; Approb. 1. Juli 08.] [U 09. 2906

Wolf, Alex., die Hämorrhoiden oder der Hämorrhoidalproceß auf dem Mastdarme, der Schleimhaut der Blase, den weiblichen Genitalien 2c., deren Ausgang in volle Genesung naturgemäß vorgezeichnet. 1—6. Aufl. Berlin 862, 63. (Altona, Verlags-Bureau.) 8. (42 S.) 6 ngr.

Wolf, Alex., die Johannisblume. Dichtung v. J. Marlew. Musik v. W. Op. 10. Textbuch. 12. (8 S.) Leipzig (900). C. F. W. Siegel. — 15

Wolf, Alexander: Über die an der medizinischen Universitäts-Klinik zu Straßburg behandelten Oesophaguserkrankungen (1888 bis Februar 1905). Straßburg i. E. 1905: J. Singer. (43 S.) 8°
Straßburg, Med. Fak., Ref. v. Krehl, Diss. v. 10. Juni 1905
[Geb. 8. Jan. 80 Wawern, Reg.-Bez. Trier; Wohnort: Trier; Staatsangeh.: Preußen; Vorbildung: Gymn. Trier Reife O. 00; Studium: Bonn 1, Berlin 3, Würzburg 1, Berlin 1, Straßburg 4 S.; Coll. 18. März 05; Approb. 18. Jan. 05.]

Wolf, Alfr., lebendige Bildung u. ihre wahren, ernsten Grundgesetze. Beitrag zur Volkserziehg. gr. 8. (160 S.) Leipzig 901. J. Klinkhardt. n. 2. 40; geb. n. 3. —

Wolf Alfred: Die Fragmente des Novalis in ihrem Verhältnis zu Kant.
1910 PN 3061 Diss. Innsbruck Univ.

WOLF, Alfred: Über den Gerbstoff der Eiche mit besonderer Rücksicht auf die Hartig'schen Publikationen. - Leipzig 1869. 32 S. - Diss.

Wolf, Alfr., freie Kinderaufsätze aus dem 3., 4., 5. u. 7. Schulj., gesammelt u. hrsg. (XVI, 96 S.) gr. 8. Leipzig 908. E. Wunderlich. 1.60; geb. 2. —

Wolf, Alfred, Referendar in Köln am Rhein: Das gesetzliche Rücktrittsrecht beim Kauf nach gemeinem Recht und Bürgerlichem Gesetzbuch mit besonderer Berücksichtigung der actio redhibitoria und des Wandlungsanspruchs. Borna-Leipzig 1905: R. Noske. (VIII, 65 S.) 8° [J. u. Ant.]
Rostock, Jur. Fak., Ref. Bernhöft, Diss. v. 30. März 1905
[Geb. 28. Mai 80 Cöln a./R.; Wohnort: Cöln; Staatsangeh.: Preußen; Vorbildung: Kais. W. Gymn. Cöln Reife O. 99; Studium: Bonn 3, München 1, Berlin 2 S.; Rig. 30. Juni 04.]

— „Seele?" Die Moral- u. Kraftfrage der Gegenwart, zur Vereinigung der Lehre Jesu m. der Philosophie bearb. gr. 8. (54 S.) Leipzig 902. E. Fiedler. n. 1. 20

Wolf, Andr., († d. 17. Aug. 1812.) Beitr. zu einer statist.-histor. Beschreibung d. Fürstenthums Moldau. 2 Thle. 8. Hermanst. 805 v. Hochmeister's Buchh.

Wolf, Andreas: Ueber Bildung des religiösen Gefühles bei der Jugend.
Progr. Wallerstein.

Wolf, *Andreas* Gegen den materialistischen Kinetismus. 8 (42 S.).
Progr. F. B. Privat-G. am Sem. Vincent. *Brixen* 1887.

Wolf, Andreas: Ohne Religion giebt es keine wahre Humanität.
Progr. Wallerstein.

— was ist von der Oeleinreibung, als einen neuentdeckten Heilmittel gegen die Pest, zu halten, u. wie muß dieses gebraucht werden? 8. Hermanst. 798.

Wolf, Andr., über den bei Lebelang neu entdeckten Wasserbrunnen, nebst e. chem. Analyse desselben. 8. Hermanst. 798.

Wolf, Anton: Der Einfluss der processualen Geltendmachung auf die Anspruchsverjährung. *Göttingen 1898: Dieterich.* (35 S.) 8°
Göttingen, Jur. Diss. v. [14. Jan.] 1898

Wolf, Ant., neuest. Gemälde v. Spanien u. Portugal, s. Schütz's allgemeine Erdkunde. 18r Bd. 8r Liefer.-Bd.

Wolf, Anton: Pfäffanißla. Heiteres u. Gemütliches in Egerländer Mundart. Falkenau a. d. Eger: Zinner (1906). 56 S. 8°

Wolf, Anton, Ratgeber für jeden Turnwart, Vorturner und Riegenführer. 93 S., 16°.

Wolf, Armand, über die Bestimmung der wasserhaltenden Kraft des Bodens. Jena 870. (F. Mauke.) 8. (40 S. mit eingedr. Holzschn.) 6 ngr.

Wolf, Arnoldine Charl. Henr., geb. Weisser, († d. 5. März 1820.) Gedichte, mit dem Leben u. e. merkwürd. Krankheitsgeschichte herausg. von Köp. Chr. G. Wiß. 8. Schmalk. 817. ...

(—) 6 Lieder von e. jungen Frauenzimmer, das noch nie gedichtet, auf ihrem schmerzl. Krankenlager gemacht. Von e. Freund ohne ihr Wissen zum Druck befördert. 8. (Cassel) 788.

W[olf], A[rthur]. Der Held von St. Jakob an der Birs. Unpatriotisches Drama in baseldeutschen Versen [für 2 Damen]. 11 S. 8. Basel, Koehler, [1908]. [fr. —.40]

Wolf, Athanas, der ewige Preßjude od. die Mauschelperiode der deutschen Litteratur, s. a. Flugschriften, katholische, zur Wehr u. Lehr'.

Wolf, Athan., Der ewige Preßjude oder die Mauschelperiode der deutschen Litteratur. Berlin, Germania, 1891. 16°, 64 S., 40 Pf.

— die Volksbeglücker, s.: Dasbach's Volksbibliothek.

Wolf, August

Wolf, Aug., Gedichte. 8. (125 S.) Königsberg 847, Pfitzer & Heilmann. n. ⅔ ₰

Moderner Pantheismus und christlicher Theismus. Eine Studie zu Prof. Friedrich Paulsens 'Einleitung in die Philosophie'. Von August **Wolf**, Pfarrer zu Rumpenheim. Stuttgart: Ch. Belser 1906. (60 S.) 8° [J.]
= **Zeitfragen** d. christlichen Volkslebens. Bd 31, H. 1. [06. 3098]

Wolf, Freiherr August von, a. Dresden: Das Rechtsverhältnis der Grenzeinrichtungen nach dem Bürgerlichen Gesetzbuche für das Deutsche Reich unter Berücksichtigung des römischen Rechts und moderner Partikularrechte. Rostock 1904: Adlers Erben. (XII, 35 S.) 8°
Rostock, Jur. Fak., Ref. Matthiass, Diss. v. 15. Okt. 1904
[Geb. 16. Jan. 73 Dresden; Wohnort: Dresden; Staatsangeh.: Sachsen; Vorbildung: Vitzthum. Gymn. Dresden Reife M. 90; Studium: Lausanne, Bonn, Heidelberg, Berlin, Halle, Greifswald; Rig. 13. Juli 04.]

Wolf's, Aug., gesammelte und nachgelassene Schriften. Dresden 864. Kuntze. gr. 8. (VII, 260 S.) 1 ₰

Wolf, August Ferdinand, s. Wolff, August Ferdinand

***Wolf*, Aug. Joach., († ...) Schediasma theologicum, de satisfactione pro peccatis hominum etc. Cum Praefatione Jak. W. Blaufusii. 4. Jena 754.**

Wolf, August Wilhelm [Oberl. Dr.]: Beiträge zur Theorie und Praxis der Invalidenversicherung. Leipzig, in Komm. d. J. C. Hinrichsschen Buchh., 1889; S. 3—40, 1 Tab. 4°
Leipzig, st. RG, OP 1889 (529)

Wolf, B., Das bürgerliche Gesetzbuch unter Berücksicht. der gesamten Rechtsprechung der oberen Gerichte des Deutschen Reichs. Hand-Kommentar, in Verbindg. m. C. Neukirch, A. Rosenmeyer, H. Telgmann hrsg. (XV, 653 S.) Lex.-8. Halle, Buchh. des Waisenhauses. 1907. Geb. in Leinw. 14. —

Wolf, B., das bürgerl. Gesetzbuch unter Berücksicht. der gesamten Rechtsprechung der oberen Gerichte des Deutschen Reichs. Hand-Kommentar, in Verbindg. m. C. Neukirch, A. Rosenmeyer, H. Telgmann hrsg. Neue [Titel-] Ausg. unter Berücksicht. der Novellen v. 1908. (XV, 653 S.) Lex. 8. Halle 908. Buchh. des Waisenhauses. Geb. in Leinw. 14. —

Wolf, B., Die Gesetzgebung üb. das Polizeiverordnungsrecht in Preussen, unter Berücksicht. der Rechtsprechung u. Literatur hrsg. (220 S.) gr. 8. Halle, Buchh. d. Waisenhauses. 1910. 4. —

Wolf, B. G. Richard

— Die Markusgemeinde zu Chemnitz in den ersten 15 Jahren ihres Bestehens. Nachrichten üb. ihre Begründg. u. Entwicklung im Einverständnisse m. ihrem Kirchenvorstande zusammengestellt. (32 S. m. Abb.) 8. Leipzig (907). A. Strauch. — 50

Wolf, B. G. Rich., warum kann unsere evangel.-luther. Landeskirche die v. der Vertreterversammlung des sächsischen Lehrervereins beschlossene Forderung e. konfessionslosen Volksschule nicht annehmen? Vortrag, am 30. III. 1910 in der öffentl. Versammlg. des evangel.-luther. Schulvereins zu Dresden geh. (20 S.) 8. Leipzig 910. Dörffling & Franke. — 20
Sonderabdruck aus: „Kirchen- u. Schulbl."

Wolf, B. J., s. Randa, oesterr. Handelsrecht.

Wolf, Benedict: Die Geschichte des Propheten Jona. Nach einer karschunischen Handschrift der Kgl. Bibliothek zu Berlin. *Berlin 1897: H. Itzkowski* (54, XIV S.) 8°
Erlangen, Phil. Diss. v. 11. Mai 1897

Wolf, Bened., d. Geschichte d. Propheten Jona. Nach e. karschun. Handschrift d. kgl. Bibliothek zu Berlin. Ein Beitrag zur Jona-Exegese. gr. 8. (54 u. karschun. Text XIV S.) Berlin 897. M. Poppelauer. n. 2. —

Wolf, Bened., die Geschichte des Propheten Jona. Nach e. karschun. Handschrift der kgl. Bibliothek zu Berlin. Ein Beitrag zur Jona-Exegese. 2. Aufl. gr. 8. (X, 54 u. XIV S.) Berlin 899. M. Poppelauer. n. 2. —

Rabb. Dr. [Benedikt] **Wolf**, Cöln. Die Vorschriften für die Trauerzeit. Cöln: Bibliothek d. Jüd. Volksfreundes 5670 (1910). 30 S. 4°
(Bibliothek d. Jüdischen Volksfreundes. 1.) [illegible]

Benjamin Wolf

Beniaminus Wolf: De Osse peculiari Wormio dicto. Berolini (1824): Starck. 15 S. 4°
Berlin, Med.Diss.v.14.Aug.1824

Wolf Benjamin: De praepositionibus περί χάριν ἕνεκα a Platone bifariam collocatis earumque hyperbatis.
II. 1905 PN 1944 **Diss.** Wien Univ.

Wolf, Bernhard Ad.

Wolf, B. A., d. merkwürdigste Tag meines Lebens, e. Schiffbruchsscene. 8. Lpz. Gräff. 805.

Wolf, Bhrd. Ad., der merkwürdigste Tag meines Lebens, eine Schiffbruchsscene. 12. Leipz. 805. (Wienbrack). 6 kr

Wolf, Bertram, a. Treuen (Kgr. Sachsen): 1. Kohlensuboxyd: C_3O_2. 2. Zur Kenntnis diacylierter Aniline. (Berlin 1906: G. Schade.) (34 S.) 8°
Berlin, Phil. Fak., Ref. Fischer, Diss. v. 14. Juli 1900
[Geb. 9. April 81 Treuen; Wohnort: Berlin; Staatsangeh.: Sachsen; Vorbildung: Klinger-Oberrealsch. Frankfurt a. M. Reife O. 01; Studium: Lausanne 1, Freiburg i. B. 1, München 2, Berlin 5 S.; Rig. 25. Juni 06.]

Wolf, C., Bericht über die XV. Versammlung der Land- u. Forstwirthe rc., s. Bericht.

Wolf, C. v., der Schöffen- und Geschworenendienst. Eine Zusammenstellung und Erläuterung der auf die Schöffen und Geschworenen bezügl. gesetzl. Bestimmungen. 8. (73 S.) Leipzig 880, Roßberg'sche Buchh. *

Wolf, (Kirchenrath) C. Th., Forderungen der Religion an Arme u. Reiche in der Zeit der Theuerung. Eine Predigt, gehalten d. 9. Febr. 1817. 8. Heidelb. 817. 2e Aufl. o. Jahrz. Winter. 4 kr

Wolf, C. Th., Predigt z. Vorbereitung der luther. Gemeinde zu Heidelberg. gr. 8. Heidelberg, Mohr und W. 821.

— Predigt zur Vorbereitung der luther. Gemeinde zu Heidelberg. gr. 8. Heidelb. 822. Winter. 3 kr

— wie kann ein verdienstvoller Religionslehrer nach seinem Tode noch von seiner Gemeinde geehret werden? gr. 8. Manh. 17.. Kaufmann. 3 kr

Wolf, C. W., homöopathische Erfahrungen. 1—5. Heft. gr. 8. Berlin, Herbig. à Heft * 15 Ngr. *
Inhalt:
Heft 1. Das Bienengift. (74 S.) 858.
» 2—5. Die Grundvergiftungen der Menschheit und ihre Befreiung davon. (IV und 363 S.) 860.

Wolf, Carl, s. Wolf, Karl

Wolf, Caspar, s. Wolf, Kaspar

Wolf, Chr. J., Handbuch der praktisch. Rechenkunst für alle Stände des bürgerlichen Lebens. gr. 8. Wien, Pazowsky. (Rößl-Kaulfuß.) 801.

Wolf, Chr. J., Handbuch der prakt. Rechenkunst für alle Stände des bürgerlichen Lebens. gr. 8. Wien 801. Pazowsky. (Schaumburg). 1 fl Hbg. Pr. 16 kr

Wolf, Christian Frh. von, 1679–1754, Philosoph u. Mathematiker, s. Wolff, Christian Frh. von

Wolf, Chrn., etymologische und geschichtliche Ableitung und Erklärung von 500 Wörtern, Redensarten und Gebräuchen unserer Sprache und Zeit. Alphabetisch geordnet und hrsg. gr. 8. (120 S.) Erfurt 853, Hennings und Hopf.

Wolf, Christian: Epistola gratulatoria de utilitate artis inveniendi in systema redigendae, s. Cramer, Johann Ulrich Frhr. von: Oratio de jurisconsulto inventore.

Wolf, Chrn., die Natur in ihren merkwürdigen, bewundernswürdigen u. unbegreiflichen Erscheinungen begründet u. verbürgt durch die naturgeschichtlichen Untersuchungen der größten Naturforscher, berühmter reisender Autoritäten u. Vieles durch selbsteigne Anschauung aufmerksamer Naturfreunde für Schule, Haus u. Jedermann. Gotha 863. (Weimar, Kühn.) gr. 8. (VI, 134 S.) n. 12½ ngr.

Wolf, Chr., die Zeitrechnung in ihrer geschichtl. Entwicklung. Ein Versuch. Lex.-8. Gotha 843, Verl.-Compt. Subscr.-Preis n. 5/12 rthl

Wolf, Christian Gottlieb, s. Wolff, Christian Gottlieb

Wolf, Christian Gottlob Friedrich, s. Wolff, Christian Gottlob Friedrich

Wolf, Christoph: Disquisitio num usus jurisjurandi in civitatibus Christianis sit probandus, s. Hund, Christian Gottlieb.

Wolf, Christoph August Heinrich, s. Wolff, Christoph August Heinrich

Wolf, Christoph Heinrich (Eilenburg) A. S. 302/37

Dei gloria iuris naturalis principium omni maius exceptione. Präs. Christian Hanaccius. Wittenberg (Schlomach) 21. XI. 1753. 44 S.

37126

Wolf, Curt, s. Wolf, Kurt

WOLF, Damian: De essentia gratiae iustificantis definienda. (Titel nach der Urkunde)
13.6.1908 - Urk: Chr 1907/08,16
Diss. Ingolst.-Landsh.-Mchn.

Wolf, David Gottlob

Wolf, D. G., De rebus ex Homero medicis. Gel. 1791. 30 S. 4°.

David. Glo. Wolf de rebus ex Homero medicis epistola. Viteb. 1791. 4. (Cfr. Jer. Rud. Lichtenstädt *Darstellung der in den Homerischen Gesängen obwaltenden Ansichten über Natur- und Heilkunde* in Hecker Annal. der Heilk. 1827. IX. 257 sq. 385 sq.)

WOLF, Dominicus (München): Ueber die Häutige Bräune.- München: Deschler 1852. 16 S.
17.8.1850 - Urk (Titel: De angina membranacea.); F 67
Diss. Ingolst.-Landsh.-Mchn.

Wolf, E. F. R., Diss. de altera Pauli Apost. captivitate. Pars I. 8. Lipsiae, Reclam. 819.

Wolf, E. F. R., de altera Pauli apost. captivitate. I—II. Lips. 1821. 8.

Wolf, Edm., einfache Bauten. Neue prakt. Wohn- u. Geschäftshäuser, Schulen, Rathäuser, Kirchen, Pfarrhäuser, ländl. Bauten, Arbeiterwohngn. u. s. w. für Stadt u. Land. I. Serie. 5 Lfgn. (60 Taf.) Fol. Wien (903. 904). F. Wolfrum & Co. In Mappe à Lfg. n. 10.—

[Wolf, Edmund Jakob]: Die Lutheraner in Amerika. Eine Geschichte ihres Kampfes, Fortschritts, Einflusses und ihres staunenswerten Wachstums. *Mit einer Einleitung von Henry Eyster Jacobs. Deutsch bearbeitet von* Joh. Nicum. *New York, N. Y.: J. A. Hill & Co. 1891. XX, 21—542 S., ill.*

WOLF, Eduard, Ein Gefühl, nicht zum beschreib'n. Neuestes Volkslied. Wien, o. J. (1885).
Anon.-Lex. V. p. 125 (Eigenbericht).

Wolff, (in der Vita: Wolf), Eduard. (geb. Berlin 24. 11. 1794): De Colchici autumnalis usu medico. Berolini (1818). (48 S.) 8°
Berlin, Med. Diss. v. 5. Dez. 1818

Wolf, Eduard, Drittes Hundert Verse à la Klapphorn. kl. 8. (100 S.) Wien, Carl Fritz. 80 kr. 1885.

Wolf, Ed., 3. Hundert Verse à la Klapphorn. 8. (30 S.) Wien 885. Neidl. n. — 60

Wolf, Elias, s. Howhip: Prakt. Bemerkungen . . .

Wolf, Elias (Übers.):

s.: Omodei, (Carlo Giuseppe) Annibale: Abhandlung über die ägyptische ansteckende Augenentzündung und ihre Verbreitung in Italien. (Cenni sull'ottalmia contagiosa d'Egitto e sulla sua propagazione in Italia. Dt.) Frankfurt am Main: 1820

Wolf, Elias, s.
K. W. Philipp, Abhandlung. — J. Waller, Abhandl. von d. Alpdrücken.

Wolf, Elkan Jos., († 180..) von den Krankheiten der Juden. 8. Manh. 777. Schwan u. G. 4 gr.

Wolf, Emil, Prakt. Anleitg. zur Fatierung d. Personal-Einkommensteuer m. prakt. Beispielen. 12. (48 S.) Brünn 898. F. Irrgang. n. — 50

WOLF, Emil (Kötzschenbroda): Ein Fall von Cholelithiasis und kryptogenetischer Septicämie.- München: Ernst 1891. 39 S.
10.3.1891 - Chr 1890/91,20; Jv 1891/92,213
Diss. Ingolst.-Landsh.-Mchn.

WOLF, Emil (Alzey): Das runde Magengeschwür in seiner Beziehung zur Milz. Mit 2 Abb.- München: Kastner & Callwey 1904. 33 S.
1.7.1904 - Chr 1904/05.11; Jv 1903/04,335
Diss. Ingolst.-Landsh.-Mchn.

Wolf, E. Über das Phenylbutinorthonitroacetophenon u. die Kondensation der drei Nitro-Acetophenone mit Orthonitrobenzoldehyd, nebst der Überführung der erhaltenen Produkte in Indigoblau. Mit 2 Tabellen. In-8°. 42 S. Bern. Those. 1896.

Wolf, Emil. Ueber das Phenylbutin-Ortho-Nitro-Acetophenon, und die Condensation der drei Nitro-Acetophenone mit Orthonitrobenzaldehyd, nebst der Ueberführung der erhaltenen Producte in Indigblau. (Bern) Petrzkowitz, 1896.

Wolf, Erich, Referendar in Zwickau: Der Erwerb des Vermächtnisses nach dem Bürgerlichen Gesetzbuche. *Borna-Leipzig 1903: R. Noske.* (VIII, 61 S.) 8°
Leipzig, Jur. Diss. v. 1903

Wolf, Erich, s. Volks- und Mittelschulen, die, Oesterreich-Ungarns.

Wolf, Ernst, welche internationale Vereinbarungen wären zur Erleichterung d. Weinhandels zu treffen, s.: Bethlen, Graf Gregor.

Wolf, Ernst Heinrich: ⟨Aus der Universitäts-Frauenklinik zu Gießen.⟩ Ueber „Haematoma ovarii". Mit 2 Taf. Berlin 1907: L. Schumacher. (35 S.) 8° ¶ ⟨Aus: Archiv f. Gynäkologie Bd 84 H. 1.⟩
Gießen, Med. Fak., Ref. Pfannenstiel, Diss. v. 11. Febr. 1908
[Geb. 20. Juli 82 Essenheim (Kr. Mainz); Wohnort: Gießen; Staatsangeh.: Hessen; Vorbildung: Herbst Gymn. Mainz Reife M. 01; Studium: Gießen 6, Straßburg 1, Gießen 2 S.; Coll. 8. Aug. 07; Approb. 11. Dez. 07.]

Wolf, Ernst Heinrich, aus Altenburg: Versuche über das Verhalten permanenter Stahlmagnete bei Drillung. *Kehl 1904: A. Morstadt.* (35 S.) 8°
Straßburg, Math.-naturw. Diss. v. 1904

Wolf, Ernst Vikt., sächsischer Eisenbahn-Katechismus. Ein Vorbereitungsbuch zu den Eisenbahn-Prüfgn. 12. (VIII, 192 S.) Dresden 900. G. Kühtmann. Geb. in Leinw. n. 2.50

Wolf, Ernst Wilhelm

— auch eine Reise, aber nur eine kleine musikalische, in d. Monaten Juni, Juli u. August 1782. 8. Weimar 784. Hoffmann. 3 gr.

— Unterricht in d. Singkunst. 8. Augsb. Lotter u. Sohn. 805.

Wolf, Er. Wlh., († d. 8. Dec. 1792.) Unterricht in allen Theilen der zur Musik gehörigen Wissenschaften. Fol. Dresd. 788. Hilscher. 3 rß

Wolf, Ernst Wilhelm. Musikalischer Unterricht . . . . durch praktische Beyspiele erläutert. Dresden 1788.

Wolf, Eugen

Wolf, Eug., vom Fürsten Bismarck u. seinem Haus. Tagebuchblätter. Mit 3 Portr. u. e. Brief in Fksm. 1. u. 2. Aufl. (VII, 232 S.) 8. Berlin 904. E. Fleischel & Co. n. 3. —; geb. n. 4. —

Deutsch-Südwestafrika. Ein offenes Wort von Eugen **Wolf**. München. Kempten & München: J. Kösel 1905. (33 S.) 8° [[illegible]] [illegible]

Wolf, Eugen, Medizinalprakt.: Meine Basedow'sche Erkrankung. (Mit 1 mikrosk. Abb.) Traunstein 1909: Leopoldseder. 52 S. 8°
München, Med. Diss. v. 7. Febr. 1910, Ref. v. Angerer
[Geb. 6. April 83 Buchbach, Oberbayern; Wohnort: Traunstein; Staatsangeh.: Bayern; Vorbildung: Gymn. Rosenheim Reife Juli 02; Studium: München 5, Kiel 1, Berlin 1, München 5 S.; Coll. 7. Febr. 10; Approb. 15 Jan. 10.] [U 10. 3609

Wolf, Eugen, a. Berg-Stuttgart: Die Fortpflanzungsverhältnisse unserer einheimischen Copepoden. Jena: G. Fischer 1905. (180 S.) 8° • Aus: Zoologische Jahrbücher Bd 22, Abt. f. Systematik, 1905.
Tübingen, Naturw. Fak., Ref. Blochmann, Diss. v. 30. April 1904
[Geb. 1. März 76 Berg-Stuttgart; Wohnort: Tübingen; Staatsangeh.: Württemberg; Vorbildung: Oberrealsch. Cannstatt Reife M. 00; Studium: Stuttgart T.H. 4, Tübingen 4 S.; Coll. 30. April 04.]

Wolf, Eugen: Sentenz und Reflexion bei Sophokles. Ein Beitr. zu seiner poetischen Technik. T. 1. Tübingen 1910: Laupp. V, 145 S. 8° ¶ (Ersch. vollst. als Buch b. Dieterich, Leipzig.)
Tübingen, Phil. Diss. v. 16. Juni 1910, Ref. Schmid
[Geb. 16. Mai 86 Stuttgart; Wohnort: Stuttgart; Staatsangeh.: Württemberg; Vorbildung: Karls-Gymn. Stuttgart Reife M. 05; Studium: Tübingen 3, München 2, Tübingen 4 S.; Coll. 8. März 10.] [U 10. 4199

Sentenz und Reflexion bei Sophokles. Ein Beitrag zur poetischen Technik. Von Eugen **Wolf**. Leipzig: Dieterich 1910. VI, 177 S. 8°
Ein T. erscheint gleichzeitig als Inaug.-Diss. von Tübingen [illegible]

Wolf, Eug., meine Wanderungen. I. Im Innern Chinas. Mit 67 Illustr., 1 (farb.) Karte u. dem Bildnis des Verf. (1.—5. Taus.) gr. 8. (298 S.) Stuttgart 901. Deutsche Verlags-Anstalt. Geb. in Leinw. n. 5. —

— Wißmann, Deutschlands größter Afrikaner. Gedächtnisrede, geh. am 18. XI. 1905 im Saale des alten Rathauses zu München. (34 S.) gr. 8. Leipzig (906). F. W. Grunow. n. — 50
Sonderabdruck aus: „Grenzboten".

Wolf, F. Kastell Alteburg bei Köln. Geschichtliches Denkmal der ältesten Römerzeit am Rhein, festgestellt u. beschrieben. gr. 8. (III, 56 S. m. 3 Taf.) Köln 889, DuMont-Schauberg. * 1 60

Wolf, F., Aufgaben f. schriftliches Rechnen, s.: Rocke, G.

Wolf, F., Jahrbuch f. die deutschen Aktien-Brauereien, s.: Wolf, Rich.

Wolf, F., Kanzel-Rede zum Gedächtniss Friedrichs des Grossen. 1786. 8.

—— Köln u. seine Brücke in Römerzeiten. Gel. 1884. 58 S. 4°.

[F.] Die Stadt Köln von ihrer Gründung unter Römerherrschaft bis an die Frankenzeit. Von **Wolf**, Gen.-Major z. D. . . . *Köln: Kölner Verl.-Anst. u. Dr. 1897.* (85 S.) 1 Bd 8. [97. 8749

— die Schlacht im Teutoburger Walde, s.: Beiheft zum Militär-Wochenblatt. 1902. Hft. 5.

Wolf, F., die That d. Arminius. 1. u. 2. Aufl. gr. 8. (III, 120 S. m. 1 Karte.) Berlin 891. 892. F. Luckhardt. n. 3. —

Wo standen Caesars Rhein-Brücken? Von **Wolf**, Generalmajor z. D. *Berlin: E. S. Mittler & Sohn 1901.* (S. 37–54) 8° [[illegible]]
- Militär Wochenblatt. 1901, Beiheft 1, [illegible]

Wolf, F. H. E., Observationes ad scholia in Platonem. Diss. 1884. 120 S.

Wolf, F. W., der Berliner Robinson. 2 Thle. 8. Berl. 810. Schmidt. 2 ℛ 16 gℛ

Wolf, Fel., der Dombaumeister v. Freiburg, s.: Volksbibliothek des Lahrer hinkenden Boten.

Wolf, Fel., der Dombaumeister v. Freiburg. Eine Erzählg. aus dem 18. Jahrh. 12. (360 S.) Lahr (901). M. Schauenburg. 3. —

Wolf, Felix: Aus der Poliklinik für Haut- und Geschlechtskrankheiten des Herrn Dr. **Max Joseph**, Berlin. Ueber das tuberculöse **Geschwür** der Zunge. *Dortmund 1898: Eisenstein & Horn.* (30 S.) 8°
Bonn, Med. Diss. v. [2. März] 1898

WOLF, Felix (Hamburg): Über die Gewichtsverhältnisse Neugeborener.- München 1885.
22.6.1885 - Urk (Titel: De neonatorum pondere.); Chr 1882/83,19
Diss. Ingolst.-Landsh.-Mchn.

Wolf, Ferdinand

Wolf, Ferd., über wissenschaftliche **Akademien** mit besond. Beziehung auf die k. österreichische. Lex.8. (25 S.) Wien 855(56,) Braumüller.

—— ein **Beitrag** zur Bibliographie der Cancioneros und zur Geschichte der spanischen Kunstlyrik am Hofe Kaiser Karl's V. Lex.-8. (51 S.) Wien 853, (Gerold's Sohn.) *
Aus: Sitzungsberichte der k. Akademie der Wissenschaften J. 1853, besonders abgedruckt.

Wolf, Ferd., ein **Beitrag** zur Rechts-Symbolik aus spanischen Quellen. [Aus den Sitzungsber. der k. Akad. der Wiss.] Wien 865. (Gerold's Sohn.) Lex.-8. (53 S.) n. 8 ngr.

Wolf, Ferd., Beiträge zur spanischen Volkspoesie aus den Werken Fernan Caballero's. Lex.-8. (91 S.) Wien 859, (Gerold's Sohn.) **

Beiträge zur spanischen Volkspoesie aus den Werken Fernan Caballeros [illegible]
Separatabdruck

Wolf, Ferd., vollständ. Berichterstattung üb. die im J. 1832—33 geführten ausgedehnten Versuche mit Militär-Percussions-Gewehren. 8. (3 B. u. 2 Stnt. gr. 4.) Carlsruhe, Kunst-Verlag.

Wolf, F. Vollständige Berichterstattung über die im Jahre 1832 bis 1833 geführten ausgedehnten Versuche mit Militär-Perkussions-Gewehren. Mit Taf. Karlsruhe 1833. 120 S.

Wolf, Ferd., le Brésil littéraire. Histoire de la littérature brésilienne suivie d'un choix de morceaux tirés des meilleurs auteurs brésiliens. gr. 8. (XVI und 576 S.) Berlin 863, Asher und Comp. *

—— 24 eigenhändige **Briefe** der Kaiserinn Elisabeth Gemahlinn Kaiser **Karls VI.**, s. **Briefe.**

— Vierundzwanzig eigenhändige Briefe der Kaiserin Elisabeth, Gemahlin Kaiser Karls VI., an den Staatssekretär Marquis de Realp. S. 12. 111 . . . .
Separatabdruck

—— über Lope de Vega's Comedia famosa de la reina Maria. Nach dem Autograph des Verfassers. (Im Besitze S. D. des Hrn. Fürsten v. Metternich.) Lex.-8. (39 S.) Wien 855. (Gerold's Sohn.) *
aus: Sitzungsberichte der k. Akademie der Wissenschaften, besonders abgedruckt.

Wolf Ferdinand. Über ein Denkschreiben Don Diego Hurtado de Mendozas an Kaiser Karl V., um ihn zu bestimmen, Mailands Besitz nicht aufzugeben. S. 2. 188
Separatabdruck

—— über einige altfranzösische Doctrinen und Allegorien von der Minne nach Handschriften der k. k. Hofbibliothek. gr. 4. (60 S.) Wien 864, (Gerold's Sohn.) *

Über einige altfranzösische Doctrinen und Allegorien von der Minne. Nach Handschriften der k. k. Hofbibliothek. D 13. 1. 15 . . . .
Separatabdruck

Über einige altfranzösische Doctrinen und Allegorien von der Minne. Nach Handschriften der k. k. Hofbibliothek. (Auszug.) S. 15. 45 . . . .
Separatabdruck

Wolf, Fern.(José), Floresta de Rimas modernas castellanas, s. Floresta.

Wolf, Ferd., ein spanisches Frohnleichnamsspiel vom Todtentanz. Nach einem alten Druck wieder hrsg. [Aus den Sitzungsberichten 1852 der k. Akad. der Wiss. abgedr.] Lex. 8. (39 S.) Wien 852, Braumüller. n. 1/4 ₰

Über Handwaffen, ihre Behandlung u. Unterhaltung bei den Truppen.
Karlsruhe 1843. 301 S.
Dass.s.a.:Wolff,Ferd.

Über den Hofnarren Kaiser Karls V., genannt El Conde don Frances de Zuñiga und seine Chronik. S. 5. 2[illegible] . . . .
Separatabdruck

Wolf, Ferd., Huyge van Bourdeus. Ein niederländ. Volksbuch, s. Bibliothek des litterarischen Vereins in Stuttgart, Bd. 55.

Wolf, Ferd., üb. d. Lais, Sequenzen u. Leiche. Ein Beitr. z. Gesch. d. rhythm. Formen u. Singweisen d. Volkslieder u. d. volksmäss. Kirchen- u. Kunstlieder im Mittelalter. gr. 8. (32³/₄ B., 8 Facsim. u. 13 Blätt. Musikbeil.) Heidelberg 841. [Frankfurt a. M., Brönner.] *

Wolf, Fd., über die Lais, Sequenzen u. Leiche. Ein Beitrag zur Geschichte der rhythmischen Formen u. Singweisen der Volkslieder u. der volksmäßigen Kirchen- u. Kunstlieder im Mittelalter. Mit VIII Facsimiles u. IX Musikbeilagen (auf 13 Blättern). gr. 8. Heidelberg 841, C. F. Winter. n. 3 2/3 ₰

WOLF, F., Ueber die Lais, Sequenzen u. Leiche. Ein Beitrag zur Geschichte der rhytmischen Formen und Singweisen der Volkslieder und der volksmässigen Kirchen- und Kunstlieder im Mittelalter. Mit 8 Facsimiles u. 9 Musikbeilagen. Heidelberg 1841. Gr. 8°. 514 S. (3 2/3 Rthl.) (1 1/6 Rthl. Heberle, Cöln, 1870; 10 Mk. Ludolph St. Goar, Frf. a. M., 1887.)

Wolf, Ferd., über d. neuesten Leistungen d. Franzosen f. d. Herausgabe ihrer National-Heldengedichte, insbesond. aus d. fränk.-karoling. Sagenkreise; nebst Auszügen aus ungedruckten od. seltenen Werken verwandt. Inhalts. Ein Beitr. zur Geschichte d. romant. Poesie. Lex.-8. (12 B.) Wien 833, Beck.

Cristobal de Castillejos Lobspruch der Stadt Wien. S. 2. 22
Separatabdruck

Wolf, F.(J.) y C. Hofmann, Primavera y flor de romances, s. Primavera.

Wolf, Ferd.(Jos.) y Conr. **Hofmann,** Primavera y flor de romances ó colleccion de los mas viejos y mas populares romances castellanos publicada con una introduccion y notas. 2 tomos. Berlin 856. Asher u. Co. 8. (2 Bl., XCI, 357; 3 Bl., 432 S.) n. 5 ₰.

—— Proben portugiesischer und catalanischer Volksromanzen. Mit einer literarhistorischen Einleitung über die Volkspoesie in Portugal und Catalonien. Lex.-8. (155 S.) Wien 856, (Gerold's Sohn.) *

— Proben portugiesischer und katalanischer Volksromanzen. Mit einer literarhistorischen Einleitung über die Volkspoesie in Portugal und Katalonien. S. 20. 17
Separatabdruck

—— über Raoul de Houdenc und insbesondere seinen Roman Meraugis de Portlesguez. gr. 4. (46 S.) Wien 865, (Gerold's Sohn.)
aus: Denkschriften der k. Akademie der Wissenschaften, besonders abgedruckt.

—— le roman de Renart le contrefait. (Nach der Handschrift der k. k. Hofbibliothek Nr. 2562, früher Hohendorf, Fol. 89.) Imp.-4. (16 S.) Wien 861, (Gerold's Sohn.) *
Aus: Denkschriften der k. Akademie der Wissenschaften, besonders abgedruckt.

— *Le Roman de Renart le Contrefait.* Nach der Handschrift der k. k. Hofbibliothek Nr. 2562, früher Hohendorf, Fol. 89. (Auszug.) S. 36. 327 . . . .
Separatabdruck

Wolf. Fd.(Jos.), s. Romancero Castellano.

Wolf, Ferd., über eine Sammlung spanischer Romanzen in fliegenden Blättern auf der Universitäts-Bibliothek zu Prag. Nebst einem Anhange über die beiden für die ältesten geltenden Ausg. des Cancionero de romances. hoch 4, (191 S.) Wien 850, Braumüller. Thlr. *

— Über eine Sammlung spanischer Romanzen in fliegenden Blättern auf der Universitätsbibliothek zu Prag. Nebst einem Anhange über die beiden für die ältesten geltenden Ausgaben des *Cancionero de Romances.* D 2. 1. 19 . . . .
Separatabdruck

Wolf, Ferd. Kleinere Schriften, s. Ausgaben u. Abhandlungen aus dem Gebiete der roman. Philologie.

—— Dom Antonio José da Silva, der Verf. der sogenannten „Opern der Juden" (Operas do Judeu). Lex.-8. (88 S.) Wien 860, (Gerold's Sohn.) *
Aus: Sitzungsberichte der k. Akademie der Wissenschaften, Jahrg. 1860, besonders abgedruckt.

—— Studien zur Geschichte der spanischen und portugiesischen Nationalliteratur. gr. 8. (VII und 747 S.) Berlin 859, Asher und Comp. *

— Über Cristobal de Castillejos Todesjahr. S. 37. 1[illegible] . . . .
Separatabdruck

—— die Verfertigung d. Handfeuerwaffen, nebst e. geschichtl. Darstellung ihrer Einrichtung von d. Entstehung bis auf d. neueste Zeit. gr. 8. (29 1/2 B. u. 18 Kpfrt. qu. gr. Fol.) Karlsruhe 832, Groos.

Wolf, F. Die Verfertigung der Handfeuerwaffen nebst einer geschichtlichen Darstellung ihrer Einrichtung von der Entstehung bis auf die neueste Zeit. (XX. 451) 8. M. 18 Taf. Carlsruhe 1832. 9,00.

Wolf, Ferdin., poetische Versuche. 8. Elberf. Büschler. 803.

— poetische Versuche. 8. Elberf. 803. (Schönian.) 16 ₰

—— über die beiden wiederaufgefundenen niederländischen Volksbücher von der Königinn Sibille und von Huon v. Bordeaux. gr. 4. (105 S.) Wien 857, (Gerold's Sohn.) *
Aus: Denkschriften der k. Akademie der Wissenschaften, besonders abgedruckt.

— Über einige unbek[illegible] gebliebene Werke Cristoval de Castillejos in einer Handschrift der k. k. [illegible] zu Wien. [illegible] . . . .
Separatabdruck

Wolf, Ferdinand Josef

Wolf, Fd. Jos., (+ d. 13. Juni 1808.) über den Begriff des Rechts. 8. Münster 798.

Wolf: Versuch über den Begriff des Rechts. *Münster.* 798.

Wolf, F[erdinand] O[tto]. Brieg and the Simplon. With sixteen Illustrations by J[ohann] Weber [4 Plates] and one Map. (Illustrated Europe. №87. 88.) 8. Zurich ([18]88 – °*Umschlag:* [18]89–).
[Wolf, Ferdinand Otto, and Cérésole, Alfred.] Valais and Chamounix. Part 2.

Wolf, F[erdinand] O[tto]. Brig und der Simplon. Mit 16 Illustrationen von J[ohann] Weber [wovon 4 Tafeln] nebst einer Karte. (Europäische Wanderbilder. № 94. 95.) 8. Zürich (1885).
[Wolf, Ferdinand Otto, und Cérésole, Alfred.] Wallis und Chamonix. Heft 2

Wolf, F[erdinand] O[tto]. Brigue et le Simplon. Orné de 16 Illustrations de J[ohann] Weber [dont 5 planches] et d'une carte. (L'Europe illustrée. № 98. 99.) 8. Zurich ([18]88).
[Wolf, Ferdinand Otto, et Cérésole, Alfred.] Valais et Chamounix. 2me livraison

Wolf, F[erdinand] O[tto]. De la Furka à Brigue. Avec 16 Illustrations par J[ohann] Weber [dont 4 planches] et deux cartes. (L'Europe illustrée. № 96. 97.) 8. Zurich ([18]88).
[Wolf, Ferdinand Otto, et Cérésole, Alfred.] Valais et Chamounix. 1er volume.

Wolf, F[erdinand] O[tto]. De St-Maurice au Lac Léman. D'après F. O. Wolf. Avec 16 Illustrations de J[ohann] Weber [dont 6 planches] et une carte. (L'Europe illustrée. № 120. 121.) 8. Zurich ([18]89.)
[Wolf, Ferdinand Otto, et Cérésole, Alfred.] Valais et Chamonix. 9e livraison.

Wolf, F[erdinand] O[tto]. From the Furka to Brig. With 16 Illustrations by J[ohann] Weber [4 Plates] and two Maps. (Illustrated Europe. № 82. 83.) 8. Zurich ([18]88).
[Wolf, Ferdinand Otto, and Cérésole, Alfred.] Valais and Chamounix. (Vol. 1.)

Wolf, F[erdinand] O[tto]. From St. Maurice to the Lake of Geneva. With 16 Illustrations by J[ohann] Weber [6 Plates] and a Map. (Illustrated Europe. № 112. 113.) 8. Zurich ([18]89).
[Wolf, Ferdinand Otto, and Cérésole, Alfred.] Valais and Chamounix. Part 9.

Wolf, F[erdinand] O[tto]. Lötschen und Leukerbad. Mit 21 Illustrationen [wovon 6 Tafeln] von J[ohann] Weber und R[aphael] Ritz nebst einer Karte. (Europäische Wanderbilder. № 105. 106. 107.) 8. Zürich ([18]86).
[Wolf, Ferdinand Otto, und Cérésole, Alfred.] Wallis und Chamonix. Heft 4.

Wolf, F[erdinand] O[tto]. Martigny et les vallées de la Dranse. ‹Grand St-Bernard›. D'après F. O. Wolf. Avec 33 Illustrations [dont 8 planches] de J[ohann] Weber et E[douard] Metton et une carte (°*Umschlag:* deux cartes). (L'Europe illustrée. № 112. 113. 114. 115.) 8. Zurich ([18]89 – °*Umschlag:* [18]91 –).
[Wolf, Ferdinand Otto, et Cérésole, Alfred.] Valais et Chamonix. 7e livraison

Wolf, F[erdinand] O[tto]. Martigny and the Valleys of the Dranse ‹the Great St. Bernard›. With 33 Illustrations [8 Plates] by J[ohann] Weber and E[douard] Metton and two Maps. (Illustrated Europe. № 106. 107. 108. 109.) 8. Zurich ([18]88).
[Wolf, Ferdinand Otto, and Cérésole, Alfred.] Valais and Chamounix. Part 7.

Wolf, F[erdinand] O[tto]. Martinach und Die Dransethäler. ‹Der Grosse St. Bernhard.› Mit 33 Illustrationen [wovon 8 Tafeln] von J[ohann] Weber und E[duard] Metton nebst einer Karte (°*Umschlag:* zwei Karten). (Europäische Wanderbilder. № 143. 144. 145. 146.) 8. Zürich [[18]88).
[Wolf, Ferdinand Otto, und Cérésole, Alfred.] Wallis und Chamonix. Heft 7.

Wolf, F. O.: Martinach und die Dransethäler. (Der Grosse St. Bernhard.) (Wallis und Chamonix. Heft 7.) Mit 33 Illustrationen von J. Weber und E. Metton nebst einer Karte. (Europäische Wanderbilder. No. 143—146.) Zürich [1888]. 143 S. 8°.

Wolf, F. O., Martinach und die Dransethäler (der Grosse St. Bernhard), s.a. Wanderbilder, europäische.

Wolf, F[erdinand] O[tto]. Sion and its Environs ‹Rawil, Sanetsch, Pas de Cheville, and Val d'Hérens›. With 23 Illustrations [5 Plates] by R[aphael] Ritz and J[ohann] Weber and two Maps. (Illustrated Europe. № 103. 104. 105.) 8. Zurich ([18]88).
[Wolf, Ferdinand Otto, and Cérésole, Alfred.] Valais and Chamounix Part 6

Wolf, F[erdinand] O[tto]. Sion et ses environs ‹Rawyl, Sanetsch, Pas de Cheville, Val d'Hérens›. D'après F. O. Wolf. Avec 23 Illustrations [dont 5 planches] de R[aphael] Ritz et J[ohann] Weber et deux cartes. (L'Europe illustrée. № 109. 110. 111.) 8. Zurich ([18]89).
[Wolf, Ferdinand Otto, et Cérésole, Alfred.] Valais et Chamonix. 6e livraison.

Wolf, F[erdinand] O[tto]. Sitten und Umgegend. ‹Rawil, Sanetsch, Pas de Cheville und Eringerthal.› Mit 23 Illustrationen [wovon 5 Tafeln] von R[aphael] Ritz und J[ohann] Weber nebst einer Karte (°*Umschlag:* zwei Karten). (Europäische Wanderbilder. № 138. 139. 140.) 8. Zürich ([18]88).
[Wolf, Ferdinand Otto, und Cérésole, Alfred.] Wallis und Chamonix. Heft 6.

Wolf, F. O.: Sitten und Umgegend. (Rawil, Sanetsch, Pas de Cheville und Eringerthal.) (Wallis und Chamonix. Heft 6.) Mit 23 Illustrationen von R. Ritz und J. Weber nebst einer Karte. (Europäische Wanderbilder. No. 138—140.) Zürich [1888]. 78 S. 8°.

— Wallis u. Chamonix: Sitten u. Umgegend, s.a. Wanderbilder, europäische.

Wolf, F[erdinand] O[tto]. Die Thäler von Turtman und Eifisch. Mit 24 Illustrationen von J[ohann] Weber [wovon 6 Tafeln] und zwei Karten. (Europäische Wanderbilder. № 108. 109. 110.) 8. Zürich ([18]86).
[Wolf, Ferdinand Otto, und Cérésole, Alfred.] Wallis und Chamonix. Heft 5

[Wolf, Ferdinand Otto, and Cérésole, Alfred.] Valais and Chamounix. 9 Parts. (Illustrated Europe. №82–83. 87–98. 103–113.) 8. Zurich ([18]88–[18]89).
Die einzelnen Hefte s. u. d. Titeln: Cérésole, Alfred. Chamounix and the Mont Blanc – Wolf, F[erdinand] O[tto]: Brieg and the Simplon – From the Furka to Brig – Martigny and the Valleys of the Dranse – From St. Maurice to the Lake of Geneva – Sion and its Environs – The Valley of Lötschen, and the Baths of Leuk – The Valleys of Turtman and Eifisch – Zermatt and the Valleys of Visp.

— Valais and Chamounix, s.a. Europe, illustrated.

Wolf, F[erdinand] O[tto], and Cérésole, A[lfred.] Valais and Chamonix. With 200 Illustrations [52 Plates] and 17 [*i. e.* 13] Maps. 8. Zurich ([18]88–89).
Sep.-(Buch-)Ausgabe von: Illustrated Europe. №82–83. 87–98. 103–113.

—— —— Valais and Chamonix. 8. (VII, 826 S. m. 200 Illustr. u. 17 Karten.) Ebd. 889. geb. * 12 —

[Wolf, Ferdinand Otto, et Cérésole, Alfred]. Valais et Chamounix. (L'Europe illustrée. N° 96–117. 120–121.) 8. Zurich ([18]88-[18]89).

Pour les divers fascicules v. les titres: Cérésole, Alfred. Chamonix et le Mont Blanc – Wolf, F[erdinand] O[tto]: Brigue et le Simplon – De la Furka à Brigue – Martigny et les vallées de la Dranse – De St-Maurice au Lac Léman – Sion et ses environs – Les vallées de Loetschen et de la Dala... – Les vallées de Tourtemagne et d'Anniviers – Zermatt, les vallées de Saas et de St-Nicolas.

— Valais et Chamounix, s.a.l'Europe illustrée.

Wolf, F[erdinand] O[tto], et Cérésole, A[lfred]. Valais et Chamonix. Orné de 202 illustrations [dont 54 planches] par J[ohann] Weber, R[aphael] Ritz, X[aver] Imfeld et E[douard] Metton [et 14 cartes]. 8. Zurich ([18]88–89).
Sep.-(Buch-)Ausgabe von: L'Europe illustrée. № 96–117. 120–121.

Wolf, F. O., et A. Ceresole. Valais et Chamonix. Orné de 202 illustrations par J. Weber, R. Ritz, H. Imfeld et E. Metton. 8. (VIII, 759 S.) Zür. 889, Orell, Füssli u. Comp. Verlag. geb. * 12 —

Wolf, F[erdinand] O[tto]. Les vallées de Loetschen et de la Dala ⟨Louèche-les-Bains⟩ (*°Umschlag:* L'-les-B', les v' de Lœtschen et de la Dala). D'après F. O. Wolf. Orné de 21 Illustrations [dont 6 planches] par J[ohann] Weber et R[aphael] Ritz et d'une carte. (L'Europe illustrée. N° 103. 104. 105.) 8. Zurich ([18]88).
[Wolf, Ferdinand Otto, et Cérésole, Alfred.] Valais et Chamounix 4e livraison.

Wolf, F. O., les vallées de Loetschen et de la Dala, s. a. l'Europe illustrée.

Wolf, F[erdinand] O[tto]. Les vallées de Tourtemagne et d'Anniviers. D'après F. O. Wolf. Avec 24 Illustrations de J[ohann] Weber [dont 6 planches] et deux [*i. e.* 3] cartes. (L'Europe illustrée. N° 106. 107. 108.) 8. Zurich ([18]89).
[Wolf, Ferdinand Otto, et Cérésole, Alfred.] Valais et Chamounix (*°Umschlag:* Chamonix). 5e livraison

Wolf, F[erdinand] O[tto]. The Valley of Lotschen and the Baths of Leuk. With 17 (*°Umschlag:* 21) Illustrations by J[ohann] Weber [6 Plates] and one Map. (Illustrated Europe. N° 93. 94. 95.) 8. Zurich ([18]88 – *°Umschlag:* [18]89 –).
[Wolf, Ferdinand Otto, and Céresole. Alfred.] Valais and Chamounix. Part 4.

Wolf, F[erdinand] O[tto]. The Valleys of Turtman and Eifisch. ⟨Val de Tourtemagne and Val d'Anniviers.⟩ With 18 (*°Umschlag:* 24) Illustrations [6 Plates] by J[ohann] Weber, R[aphael] Ritz, and X[aver] Imfeld and 1 Map (*°Umschlag:* 2 Maps). (Illustrated Europe. N° 96. 97. 98.) 8. Zurich ([18]88 – *°Umschlag:* [18]89 –).
[Wolf, Ferdinand Otto, and Céresole, Alfred.] Valais and Chamounix. Part 5.

Wolf, F[erdinand] O[tto]. Die Vispertháler. Mit 26 Illustrationen [wovon 6 Tafeln] von J[ohann] Weber und X[aver] Imfeld nebst einer Karte. (Europäische Wanderbilder. N° 99. 100. 101. 102.) 8. Zürich ([18]85 – *°Umschlag:* 1887 –).
[Wolf, Ferdinand Otto, und Cérésole, Alfred.] Wallis und Chamonix. Heft 3.

—— die Visperthäler. gr. 4. (154 S. mit 26 Illustr. und 1 Karte.) Zürich 886, Orell, Füssli und Comp., Verlag. Pracht-Ausg. auf Velinpap. geb. in Leinw. *

Wolf, F[erdinand] O[tto]. Von der Furka bis Brig. Mit 16 Illustrationen von J[ohann] Weber [wovon 4 Tafeln] und zwei Karten. (Europäische Wanderbilder. N° 81. 82.) 8. Zürich (1884 – *°Umschlag:* 1885 –).
[Wolf, Ferdinand Otto, und Cérésole, Alfred.] Wallis und Chamonix. [Heft 1.]

Wolf, F[erdinand] O[tto]. Von St. Maurice bis zum Genfersee ⟨Leman.⟩ Mit 16 Illustrationen von J[ohann] Weber [wovon 6 Tafeln] nebst einer Karte. (Europäische Wanderbilder. № 149. 150.) 8. Zürich ([18]88).
[Wolf, Ferdinand Otto, und Cérésole, Alfred.] Wallis und Chamonix Heft 9.

Wolf, F. O.: Von St. Maurice bis zum Genfersee (Leman). (Wallis und Chamonix. Heft 9.) Mit 16 Illustrationen von J. Weber nebst einer Karte. (Europäische Wanderbilder. No. 149 u. 150.) Zürich [1889] 67 S. 8°.

— von St. Maurice bis z. Genfersee, s. a. Wanderbilder, europäische.

Wolf, F. O.: Wallis und Chamonix. Mit 120 Illustrationen von J. Weber, R. Ritz, X. Imfeld und 7 Karten. Bd. 1. Zürich [1873] 468 (2) S. 8°.

[Wolf, Ferdinand Otto, und Cérésole, Alfred.] Wallis und Chamonix. 9 Hefte. (Europäische Wanderbilder. № 81–82. 94–95. 99–102. 105–110. 138–140. 143–150.) 8. Zürich ([18]84–[18]88).
Die einzelnen Hefte s. u. d. Titeln: Cérésole, Alfred. Chamonix und der Montblanc – Wolf, F[erdinand] O[tto]: Brig und der Simplon – Von der Furka bis Brig – Lötschen und Leukerbad – Martinach und Die Dransethaler – Von St. Maurice bis zum Genfersee ⟨Leman⟩ – Sitten und Umgegend – Die Thaler von Turtman und Eifisch – Die Visperthaler.

Wolf, F[erdinand] O[tto], und Cérésole, A[lfred]. Wallis und Chamonix. Von F. O. Wolf (*Band 2:* und A. C.). 2 Bände. 8. Zürich ([18]84–88).
Band 1. Mit 120 Illustrationen [wovon 29 Tafeln] von J[ohann] Weber. R[aphael] Ritz. X[aver] Imfeld, und 7 Karten.
Band 2. Mit 82 Illustrationen [wovon 25 Tafeln] von J. W. R. Ritz. X. I' und E[douard] Metton, nebst 6 Karten.
Sep.-(Buch-)Ausgabe von: Europäische Wanderbilder. № 81–82 94–95 99–102 105–110 138–140 143–150.

Wolf, F. O. Wallis und Chamonix. I. Bd. In-8°, 468 S., mit 7 Karten u. 120 Illustrationen von *Weber, Ritz, Imfeld.* Zürich, Orell Füssli & Cie. 1886. 8 —

Wolf, F[erdinand] O[tto]. Zermatt, les vallées de Saas et de St-Nicolas. D'après F. O. Wolf. Orné de 26 Illustrations [dont 6 planches] par J[ohann] Weber et X[aver] Imfeld et d'une carte. (L'Europe illustrée. № 100. 101. 102.) 8. Zurich ([18]88).
[Wolf, Ferdinand Otto, et Cérésole, Alfred.] Valais et Chamounix 3e livraison.

Wolf, F[erdinand] O[tto]. Zermatt and the Valleys of Visp. With 26 Illustrations [6 Plates] by J[ohann] Weber and X[aver] Imfeld and one Map. (Illustrated Europe. N° 89. 90. 91. 92.) 8. Zurich ([18]88 - *°Umschlag:* [18]89 -).
[Wolf, Ferdinand Otto, and Céresole. Alfred.] Valais and Chamounix. Part 3

Wolf, Fr. Die Bestimmung der Sonnenparallaxe mittelst der Vorübergänge der Venus vor der Sonnenscheibe. Für die Schule zurechtgelegt. 55 S. u. 4 Taf. **Progr.** Lyz. *Metz* 1885.

Wolf, Fr. Die Bestimmung der Sonnenparallaxe mittelst der Vorübergänge der Venus vor der Sonnenscheibe. Für die Schule zurechtgelegt. (Fortsetzung und Schlufs.) (S. 59–82) **Progr.** Lyc. *Metz* 1886 (467)

WOLF, Fr., Kurze Uebersicht der niederen Tanzkunst oder die Art und Weise seinen Körper auszubilden und einen richtigen Gang und festen Schritt im Gehen zu erhalten. Berlin, Krauss, 1822. 12°. 48 S.
Bartholomäus p. 26.

Wolf, Fr. J., Gesellenstück e. Drechslers. Gesellenstück e. Böttchers. Gesellenstück e. Zimmerers, s.: Berufsaufsatz, der, in der Fortbildungsschule.

Wolf, Fr. Paul, annotationes ad Wolfii Logicam minorem. 8. Ien. 740.

Wolf, Fr. Thdr., s. Eduard, od. die Leiden der Trennung.

Wolf, Fr. W.: Hamilkar Barkas. Eine nach Appian, Polybius, Diodor und C.Nepos bearbeitete biographische Skizze. 24 S. Magdeburg D., Progr. 1853.

Wolf, F. W. Leitfaden zum Unterrichte in der alten Geographie auf Gymnasien. 79 S. . . . .
Progr. Magdeburg D. 1828

Wolf, Fr. Wilhelm, s. Aronson, J. E.: Abhandl. aller vener. Krankheiten.

Wolf, Fr. Wlh. jun., über die Natur, Erkenntniß u. Kur der Krankheiten des reproduktiven Systems, im Geiste d. erläuterten neuen Heilmethode u. nach eigenen Grundsätzen. 8. Berl. 811. Schmidt. (Curths). 1 ₰ 6 gr.

— über Onanie d. Frauenzimmer, deren Folgen u. die Mittel dagegen sich ohne Arzt zu heilen ꝛc. 8. Berl. 808. Schmidt. (Curths). 12 gr.

Wolf, Fr. X., s. Gehrig, J. M., Sittenspiegel.

Wolf, Franz: Die Abiturienten der hiesigen Realschule von 1878 bis 1904. S. 47—51. 4.
Progr. Rochlitz.

Wolf, Frz., Andacht in Predigten. Aus dem Nachlaß. Würzburg 867. Stahel'sche Buchh. gr. 8. (VI, 201 S.)
21 ngr.

Wolf, Franz [aus Bochum]: Beitraege zur Kenntnis des o-ana-Dibromchinolins und seiner Derivate ... Freiburg i. B., Buchdr. v. Chr. Ströcker, 1892; 47 S., 1 Bl. 8.
Freiburg i. B., Phil. Fak., Inaug.-Diss. v. 1892

Wolf, *Friedrich* Franz: *Bericht über seine Einführung als Direktor der Anstalt.* 4. S. 17—18.
Progr. Städt. Rsch. mit Prg. *Rochlitz i. S.* 1896

Wolf, Franz: Weitgehende B e s s e r u n g e n bezw. Genesungen von Geisteskranken unter specieller Bezugnahme auf § 1569 des Bürgerlichen Gesetzbuches. Pforzheim 1899: 'Pforzheimer Beobachter'. (40 S.) 8°
Heidelberg, Med. Diss. v. [28. Febr.] 1899.

***Wolf*, Frz., († 180..) commentarius in S. Scripturam. IV Tmi. Olmütz 764—67.**

Wolf, Franc., Commentarius in s. Scripturam. Olmütz, 1764 und 1768, 1°, 3 Bde.
Einen „Commentarius in s. Script. Olomucii, 4° (ohne Jahr)", schreibt de Backer, a. a. O. auch einem andern Jesuiten, Namens Friedrich Wolf, zu. Vielleicht liegt hier eine Verwechselung der Namen vor.

Wolf, Franz, Prof. Dr., Dir.: [Kurze **Darstellung** der Geschichte des Realschulwesens in Sachsen und über die Bedeutung der Realschulen für das praktische Leben. Aus d. Festrede zum 25j. Jubiläum d. Anstalt.] *Rochlitz 1900: M. Bode.* (S. 23—25.) 4° [F.]
Rochlitz i. S., st. R. m. PG, P 1900 (621)

WOLF, Franz (Wartha): Ein Fall von Myocarditis acuta bei gleichzeitig bestehender Hypertrophie und Dilatation des Herzens.- München: Kastner & Lossen 1896. 19 S.
11.3.1896 - Chr 1895/96,10; Jv 1895/96,231
Diss. Ingolst.-Landsh.-Münch.

Wolf, Franz: [Festrede zur Sedanfeier und Fahnenweihe.] S. 39 bis 42. 4. Stadt. Realschule mit Progymn. *Rochlitz i. Sa.* 1910 (804).
Progr.

Wolf, Franz, Dir. Dr.: Kurze **Geschichte** der Städtischen Realschule mit Progymnasium zu Rochlitz in Sachsen 1874—1899. ([Umschlagt.:] ... [u.] Die Weihe des neuen Realschulgebäudes.) *Rochlitz i. S. (1899): M. Bode.* (76 S.) 4° [F.]
Rochlitz i. S., st. R. m. PG, Festschr. 1899 (614)

Wolfius, Franciscus: Wohlgebohrner, vest- u. hochgelahrter ... Herr Hoff-Rath ... [Beileidsbrief zum Tode der Hedwig Agathe **Held,** † 27. Jan. 1705.] — Hamburg, den 5. Febr. 1705. 2 Bl. 4°

—: [Realschuloberlehrer Dr. Paul Heymann † 10. Juni 1906.] S. 32—33. 4.
Progr. Städt. Realschule mit Progymn. *Rochlitz i. Sa.* 1907 (729).

Wolf, Franz: Über Modifikationen und experimentell ausgelöste Mutationen bei Bacillus prodigiosus und anderen Schizophyten. (Burg b. M. 1909: Hopfer.) 43 S. 8°
¶ (Aus: Zeitschr. f. induktive Abstammungs- u. Vererbungslehre. Bd 2, H. 2.)
Berlin, Phil. Diss. v. 20. Juni 1909, Ref. Schwendener
[Geb. 25. Mai 86 Rixdorf; Wohnort: Rixdorf; Staatsangeh.: Preußen; Vorbildung: Luisenstadt. Oberrealsch. Berlin Reife O. 05; Studium: Berlin 7 S; Rig. 3 Dez 08.] [U 09. 300

Wolf, Frz., stilisierte Naturformen u. ihre Verwendung im freien Flachornament, besonders f. den Gebrauch an gewerbl. Lehranstalten. (20 z. Tl. farb. Taf. mit III S. Text.) gr. Fol. Leipzig (905). Seemann & Co.
In Mappe n. 20.—

Wolf F., stilisierte Naturformen und ihre Verwendung im freien Flachornament. (20 T) fol Leipzig (1908)

Wolf, Franz [aus Homburg, Hessen-Nassau]: Oxydation der o-Toluidin-p-Sulfonsaeure mit alkalischer Permanganatloesung ... Freiburg i. B., Buchdr. v. Ch. Ströcker, 1893; 52 S., 1 Bl. 8.
Freiburg i. B., Phil. Fak., Inaug.-Diss. v. 1893

—: Max Louis Reinhardt [, ehemaliger Schüler der Anstalt, † 11. November 1903]. S. 34—36. 4.
Progr. Städt. Realschule mit Progymn. *Rochlitz i. Sa.* 1905 (697).

— unser Rochlitz. Den Freunden der Stadt Rochlitz u. solchen, die es werden wollen, gewidmet. qu. 4. (20 S. m. 2 Abbildgn. u. 9 Taf.) Rochlitz (901). (B. Pretzsch Nachf.) n. — 60

—: Schulbesuch und Reifeprüfung von 1878 bis 1903. S. 52. 4.
Progr. Städt. Realschule mit Progymn. *Rochlitz i. Sa.* 1904 (676).

Wolf, Frz., deutsche u. engl. Schulvorschriften für den ersten Unterricht im Schönschreiben. qu. 4. Heidelb., Groos. 20 gr. (Löffler in Manh.) 12 gr.

Wolf, Franz, Dr., Dir.: [**Totenfeier** für die im letzten Vierteljahrhundert verstorbenen ehemaligen Lehrer und Schüler der Anstalt.] *Rochlitz i. S. 1899: M. Bode.* (S. 25—27.) 4°
Rochlitz i. S., st. R. m. PG, OP 1899 (614)

Wolf,(Friedrich) Franz: Die klimatischen Verhältnisse der Stadt Meissen. . . . Meissen, Komm.-Verl. v. Louis Mosche, 1890; 1 Bl. + II + 124 S + 1 Bl. u. 2 Taf. 8°
Leipzig, Phil. Fak., Inaug.-Diss. v. 8. Apr. 1890

Wolf, F. Franz Die klimatischen Verhältnisse der Stadt Meissen. 8 (II. 124 S.). **Progr.** Rsch. mit Prg. *Meissen* 1890 (564).

Wolf, Franz: Die Witterung des Jahres 1902. 1903. 1904. 1905. 1906. 1907. 1908. 1909. Nach den Beobachtungen an der Wetterwarte der Realschule S. 11—14. 4. S. 3—7. 4. S. 3—7. 4. S. 3—7. 4. S. 3—7. 4. S. 3—7. 4. S. 3—7. 4. S. 3—7. 4.
Städt. Realschule mit Progymn. *Rochlitz i. Sa.* 1903 (664). 1904 (676). 1905(697). 1906(724). 1907(729). 1908(763). 1909(788). 1910(804).
Progr.

Wolf, Frz., das österreichische Zollstrafrecht, s.: Gesetz-Ausgabe, Manz'sche. 69.

Wolf, Franz Emil, aus Gelsenkirchen: **Berechnung und Versuch zum Nachweis der ponderomotorischen Wirkung von veränderlichen magnetischen Feldern auf elektrostatisch geladene Körper.** *Greifswald 1899: F. W. Kunike.* (44 S.) 8°
Greifswald, Phil. Diss. v. 21. Dez. 1899

Wolf, Franz Ferdinand

Wolf, Frz. Fd., Compendium zum Vortrage über d. Experimentalnaturlehre für die höhern Klassen d. Schulen. gr. 8. Gött. 791. Dieterich. 1 ₰

Wolf, Franz Josef

Wolf, Fr. Jos., Die Apokalypse des hl. Apostels Johannes des Theologen. Ihr Inhalt angeordnet: 1. nach Bau u. Gliederung des hl. Büchleins, u. 2. in seiner historischen Reihenfolge. Innsbruck, Wagner, 1870, 8°, VIII u. 116 S., 80 Kr.
Recens. (Wiener) Allg. Litt. Ztg. 1870, Nro 35.

Wolf, Franz Jos., Petrus in Rom. (Abdr. aus den kath. Blätt. aus Tirol.) Innsbruck, Wagner, 1865, gr. 8°, 38 S., 60 Pf.

Wolf, Franz Nikolaus

Wolf, Frz. Nikol., die Geschichte von Franken, durch Beiträge erläutert. 8. Würzb. 181..

Wolf, Frz. Nik. (Rechtsgelehrter). Kindlein oder Unfall überall. Ein Versuch in gereimten Versen. Würzburg 1819. Gr. 8°. Tit., XII, 96 SS. (4 Mk., etwas fleckig, M. Edelmann, Nürnb., 1904.)

Wolf, *Friedrich* [app. Arzt aus Stuttgart]: Beiträge zur Sozojodoltherapie ... Würzburg, J. M. Richter's Buch- u. Kunstdr., 1892; 28 S. 8.
Würzburg, Med. Fak., Inaug.-Diss. v. 1892

Wolf, Friedrich: Commentarius in S. Scripturam. s. Wolf, Franz

Wolf, Friedr., und Joh. Bapt. Vogl, Gaeta-Album, s. Gaeta-Album.

Wolf, Frdr., Handbuch f. die Ausübung der nied. Gerichtsbarkeit in Friedenszeiten, s.: Weissenbach, Jul.

Wolf, Frdr., die Krone alles Wissens od. Das Buch der Weisheit. Die Erläuterg. der wahren Religion, die Bewegung der Kräfte in der Natur durch menschl. Willen vermöge der Magie, Theurgie u. verwandter Wissenschaften. Der Schlüssel zur Erlangung solcher Kräfte. Erklärung der Freimaurerei. Der Mensch in Annäherg. zur Geisterwelt (nach den edelsten Prinzipien), sowie das Geheimnis des 6. u. 7. Buch Mose in meiner Heilkunst. Klar u. offen dargestellt. 2., verm. u. verb. Aufl. (XII, 263 S. m. Abbildgn. u. Bildnis.) 8. Leipzig (906). E. Fiedler. n. 3. —

— „wie ich ein Wissender wurde!" Meine Erlebnisse auf dem Wege zum Okkultismus. Bearb. von Esreb-Kador. (68 S. m. Bildnis.) gr. 8. Ebd. (903). n. 1. —

Wolf, Friedrich August

Wolf, (Prof.) Fr. Aug., († d. 3. Aug. 1824.) geograph. Abriß v. Alt-Griechenland. Sive conspectus chorographicus insigniorum locorum, quae Graeci olim per Europam, Asiam et Libyam tenuerunt, una cum finitimis nonnullis semibarbarorum. 4. Berl. 824. Nauck. 6 Gr.

Wolf, Fr. Aug., literarische Analecten, vorzüglich für alte Literatur und Kunst, deren Geschichte und Methodik. 1s — 4s Heft, oder 1r u. 2r Bd. compl. nebst 2 Beilagen. gr. 8. Berlin, Nauck. 816 — 819.

— literarische Analecten, vorzügl. für alte Literatur u. Kunst, deren Geschichte u. Methodik. 4 Bde. compl. nebst 2 Beilagen. gr. 8. Berl. 817—20. Nauck. 6 Thlr. 13 Gr. Hbg. Pr. 4 Thlr. Schrbp. 8 Thlr. 4 Gr. Hbg. Pr. 6 Thlr. Velinp. 10 Thlr. Beilage z. ersten Heft der Analekten: „Hermann, über die bestrittene Cäsur im Trimeter der griechischen Komödie," ein Brief an Wolf, nebst dessen Vorwort. gr. 8. Ebd. 819. 3 Gr. Beilage zum dritten Heft. A. u. d. T.: Wolf u. K. F. Franceson, la Tia fingida, Novella inedita de Mich. Cervantes Saavedra. 8maj. Berl. 819. Ebd. 6 Gr.

Wolf, Friedrich August, s. Antimachus.

— Antiquitäten von Griechenland, oder Geschichte der Staatsverfassung, des Religionszustandes, d. Sitten, Denk- u. Lebensart der vornehmsten griech. Staaten. 8. Halle 787. Schwetschke u. S. 3 Gr.

Wolf, Friedrich August, s. Aristophanes: Nubes aus den Acharnern.

Wolf, Friedrich August (Hrsg.), s. Aristophanes: Wolken.

—— Brief an Joh. Gurlitt. Hrsg. von Rich. Hoche. 4. (10 S.) Hamburg 881, (Nolte.)

— fünf Briefe an Chr. G. Heyne, eine Beilage zu den neuesten Untersuchungen über den Homer. 8. Berl. 797. Nauck. 12 Gr.

Wolf, Friedrich August, s. Cicero: Tusculanarum ...

Wolf, Friedrich August, s. Cicero: Orationes IV. orat. pro M. Marcello.

Wolf, Friedr. Aug., Darstellung d. Alterthumswissenschaft, nebst e. Auswahl seiner kleinen Schriften; u. literar. Zugaben zu dess. „Vorlesungen üb. d. Alterthumswissenschaft." Hrsg. v. S. F. W. Hoffmann. gr. 8. (21½ B. u. W's. Bildn.) Leipzig 833, Lehnhold.

Wolf, Friedrich August, s. Demosthenes: Oratio

— Encyklopädie der Philologie. Nach dessen Vorlesungen im Winterhalbjahre 1798 u. 99, herausg. u. mit einigen literar. Zusätzen versehen von S. M. Stockmann. gr. 8. Leipz. 830. (Bergk). 1 Thlr. 12 Gr.

—— Encyclopädie d. Philologie. Nach dess. Vorlesn. im Winterhalbjahre 1798 — 99 hrsg. u. mit einigen literar. Zusätzen vers. v. † S. M. Stockmann. gr. 8. (17 B.) Leipzig 831, [Serig.]

Wolf, Friedr. Aug., Encyclopädie der Philologie. Nach dessen Vorlesungen im Winterhalbjahre 1798—1799 hrsg. v. S. M. Stockmann. 2., mit einer Uebersicht der Literatur bis z. J. 1815 verseh. Ausg. gr. 8. (18⅞ B.) Leipzig 815, Serig'sche Buchh.

Wolf, Friedr. Aug., üb. Erziehung, Schule, Universität. („Consilia scholastica.") Aus Wolf's litterar. Nachlasse zusammengest. v. Wilh. Körte. gr. 8. (22 B. incl. 1 Tab.) Quedlinburg 835, Becker'sche Buchh. (Franke.)

Wolf, Friedrich Aug. [Präs.], s. Fischer, Johann Karl Christ.: Qui de officiis et amore erga inimicos Graecis et Romanis placuerit disquir. commentat.

Wolf, Friedrich August [Hrsg.], s. Genelli, H. C.: Das Theater zu Athen.

— Geschichte d. römischen Literatur, nebst biograph. u. literarisch. Nachr. v. d. latein. Schriftstellern, ihren Werken und Ausgaben 8. Halle, Hemmerde u. S. 787.

— Geschichte der römischen Literatur, nebst biograph. u. literar. Nachrichten von d. latein. Schriftstellern, ihren Werken u. Ausgaben. 8. Halle 787. Schwetschke u. S. 3 Gr.

Wolf, Friedrich August, s. Herodianus: Histor.

Wolf, Friedrich August, s. Hesiodus: Theogonia.

Wolf, Friedrich August, s. H o m e r u s : Ilias.

Wolf, Friedrich August, s. H o m e r u s : Odyssea.

Wolf, Friedrich August, s. H o m e r u s : Opera.

Wolf, Friedrich August, s. H o r a t i u s : Erste Satyre.

— üb. **Semlers letzte Lebenstage.** gr. 8. Halle, Hemmerde u. S. 791.

— über Semlers letzte Lebenstage. gr. 8. Halle 791. Schwetschke u. S. 2 𝒦

Wolf, Friedrich August, s. L i l l o s : Fatal Curiosity.

Wolf, Friedrich August, s. L u c i a n u s : Libellus.

Wolf, F. A., De elocutionis poetarum latinorum veterum luxurie. I. Diss. 1802. 63 S. 4°.

Wolf, Friedrich August, s. M u r e t u s : Variarum . . .

— u. Ph. Buttmann, Museum d. Alterthumswissenschaft. 2 Bde. in 6 Heftn. gr. 8. Berl. 807—10. (Reimer). 6 ℛ 14 𝒦 Schrbp. 8 ℛ 16 𝒦

Wolf, F. A., u. Phlp. Buttmann, Museum der Alterthumswissenschaft. 1r Bd. bis 2n Bds. 3s Hft. Berl. Realschulbuchh. 809. 10. (I. Bd. 1s 18 gr. 2s 1 Rthlr. 3s 1 Rthlr. 8 gr. II. 1s 1 Rthlr. 2s 1 Rthlr. 4 gr. 3s 1 Rthlr. 8 gr.) Rthlr.
Schreibp. (I. Bd. 1s 1 Rthlr. 2s 1 Rthlr. 8 gr. 3s 1 Rthlr. 18 gr. II. 1s 1 Rthlr. 8 gr. 2s 1 Rthlr. 12 gr. 3s 1 Rthlr. 18 gr.)

— et Ph. Buttmann, Museum antiquitatis studiorum. Vol. I. Fasc. I. II. 8maj. Berl. 808—11. (Reimer). 2 ℛ 16 𝒦 Schrbp. 3 ℛ 12 𝒦

— zu Platons Phädon, s. Eingang.

Zu Platon's Phädon. Von Fr[iedr.] Aug. Wolf. Nebst einer Anzeige seiner Vorlesungen. Berlin: G. C. Nauck 1811. (43 S.) 4°

— zu Platon's Phädon. 4. Berl. Nauck. 812.

Wolf, Friedrich August, s. P l a t o : Dialogorum delectus.

Wolf, Friedrich August, s. P l a t o : Gastmahl.

Wolf, (Pastor) Fr. Aug., Predigt am ersten Meßsonntage zu Leipzig 1830 am 3. Oct. in d. Peterskirche gehalten. gr. 8. Leipz. 830. Fr. Fleischer. 3 𝒦

— Predigt am Reformationstage d. J. 1813 bei d. Feier des Dankfestes für die Siege d. hohen Verbündeten u. für die glückl. Rettung der Stadt Leipzig. gr. 8. Leipz. 813. Kummer. 4 𝒦

Wolf, Fr. A., Predigten. Nach seinem Tode herausgeg. (Vom Pastor M. Kritz.) 1.—4. Sammlung. gr. 8. Leipzig 841—43, Breitkopf u. Härtel. à 2 ℛ — dass. 5. u. 6. (letzte) Sammlung. gr. 8. Ebend. 844. à 2 ℛ

Wolf, Friedrich August.
Predigten. Nach seinem Tode hsg. Leipz. 1841—44. H: *Kritz, Wilhelm.* (Zu) (Ky)

— s. P r e d i g t e n, (9) patriot.

— Prolegomena ad H o m e r u m, s.a. H o m e r.

W o l f, Fr. Aug., Prolegomena ad Homerum, s. C a l v a r y's philolog. und archaeolog. Bibliothek.

Wolf's, Frdr. Aug., Prolegomena zu Homer, s.: U n i v e r s a l - B i b l i o t h e k.

— Prolegomena ad Homerum. 8maj. Halle 794. Waisenh. B. 1 ℛ

W o l f i i, F. A., Prolegomena ad Homerum. Vol. I. Hal. 795. 8. 1 rthlr.

W o l f, Friedr. Aug., Prolegomena ad Homerum sive operum Homericorum prisca et genuina forma variisque mutationibus et probabili ratione emendandi. Editio II. Vol. I. gr. 8. (VI und 169 S.) Halle 859, Buchh. des Waisenhauses. *

W o l f, Friedr. Aug., Prolegomena ad Homerum sive de operum homericorum prisca et genuina forma variisque mutationibus et probabili ratione emendandi. Vol. I. Edit. III., quam curavit Rud. Peppmüller. Adiectae sunt epistolae Wolfii ad Heynium scriptae. gr. 8. (VIII, 307 S.) Halle 884, Buchh. des Waisenhauses. *

Wolf, Friedrich August, s. R e i z , Fr. W.: De prosodiae . . .

—— kleine Schriften in lateinischer und deutscher Sprache. Hrsg. von G. Bernhardy. 2 Bde. gr. 8. (XXXVIII, 1200 S.) Halle 869, Buchh. des Waisenhauses. *

— vermischte Schriften u. Aufsätze in latein. u. deutscher Sprache. (A. u. d. T.: Miscellanea maximam partem literaria) 8. Halle 802. Renger. 1 ℛ 12 𝒦 Schrbp. 1 ℛ 16 𝒦 Holl. Pap. 2 ℛ 8 𝒦

— von einer milden Stiftung Trajans vorzüglich nach Inschriften ꝛc. Nebst der latein. Stiftungsurkunde. gr. 4. Berl. 808. Reimer. 20 𝒦

Wolf, Friedrich August, s. S u e t o n i u s: Opera.

W o l f i i, F. A., Tetralogia dramatum graecorum (Aeschyli Agamemnon, Sophoclis Oedipus rex, Euripidis Phoenissae, Aristophanis Concionatrices). Graece. Hal. 787. 8. 16 gr.

Wolf, Friedrich August, s.a. T e t r a l o g i a . dramat. Graecor.

W o l f, Friedr. Aug., Vorlesungen üb. d. Alterthumswissenschaft, hrsg. v. J. D. Gürtler. 1. Bd. — A. u. d. T.: Vorlesung üb. d. Encyclopädie d. Alterthumswissenschaft. gr. 8. (31½ B.) Leipzig 831, Lehnhold. Thlr.

—— dass. 2. Bd. — A. u. d. T.: Vorlesung üb. d. Geschichte d. griech. Litteratur. gr. 8. (27 B.) Ebds. 831.

—— dass. 3. Bd. — A. u. d. T.: Vorlesung üb. d. Geschichte d. röm. Litteratur. (Mit e. Vorbericht v. S. F. W. Hoffmann.) gr. 8. (26 B.) Ebds. 832.

—— dass. 4. Bd. — A. u. d. T.: Vorlesung üb. d. Antiquitäten v. Griechenland. Mit Verbessern. u. litterar. Zugaben v. S. F. W. Hoffmann. gr. 8. (21½ B.) Ebds. 835.

—— dass. 5. Bd. — A. u. d. T.: Vorlesungen üb. d. röm. Alterthümer. Mit Verbessern. u. litterar. Zugaben v. S. F. W. Hoffmann. gr. 8. (23¾ B.) Ebds. 835.
Litterar. Zugabe hierzu, vgl. oben dess. „D a r s t e l l u n g d. Alterthumswissenschaft."

— ders. 6r Bd. A. u. d. T.: Darstellung der Alterthumswissenschaft, herausg. von S. F. W. Hoffmann. gr. 8. Ebd. .. 1¾ ℛ (Alle 6 Bde. jetzt nur 5 ℛ)

— Vorlesungen üb. d. vier ersten Gesänge v. Homer's Ilias, hrsg. u. mit Bemerkn. u. Zusätzen begl. v. L. Usteri. 2 Bdchn. gr. 8. Bern, [Jenni, Sohn.]
Bdchn. 1. Die Einleitung in d. Studium Homer's u. die Scholien zum 1. Gesang. (12 1/2 B.) 830. 1 Thlr.
2. Die Scholien zum 2—4. Gesang u. 8 Register. (20 1/2 B.) 831. 1 Thlr. 18 Gr.

— Vorlesungen über die vier ersten Gesänge von Homers Ilias, herausg. u. mit Bemerkk. u. Zusätzen begleitet von L. Usteri. 1s Bdchn. gr. 8. Bern 830. Jenni. (Frankf., Streng.) 1 ₰ 2s Bdchn. enthaltend die Scholien zum 2n bis 4n Gesang u. 3 Regist. gr. 8. Ebd. 831. (Ebd.) 1 ₰ 18 gr

— Vorlesungen üb. d. griech. Literatur. 4. Halle, Hemmerde u. S. 787.

— Vorles. üb. d. griech. Literat. 4. Halle 787. Schwetschke u. S. 4 gr

— über ein Wort Friedrich d. Zweiten, von deutscher Verskunst. gr. 8. Berl. 811. Duncker u. H. 10 gr

— Worte der Ermunterung an d. Landwehrmänner aus dem Leipziger Kreise u. aus der Stadt Leipzig, am 25. Nov. u. 20. Dec. 1813. gr. 8. Leipz. 813. Kummer. 4 gr

Wolf, Friedrich Christ.

Wolf, F. Chr. u. G. **Röger**, Aufgabensammlung f. das mündliche u. schriftliche Rechnen in der Volksschule. 4 Hfte. 8. Leipzig 893. Dürr'sche Buchh. n.n. 1.50
1. 3. Schulj. (III, 90 S.) n. —40. — 2. 4. Schulj. (III, 72 S.) n. —35. — 3. 5. u. 6. Schulj. (IV, 55 S.) n. —30. — 4. 6., 7. u. 8. Schulj. (III, 103 S.) n.n. —45.

Wolf, Frdr. Chr., Dichterklänge f. Schule u. Haus. E. Sammlg. d. schönsten Gedichte, bes. f. d. deutsche Schuljugend zusammengest. u. m. bekannten Volksmelodien sow. m. Wort- u. Sacherklärgn. vers. gr. 8. (V, 269 S.) Leipzig 896. A. Hahn. Geb. n. 1.50

Wolf, Frdr. Christ., praktische Geometrie f. den Schul- u. Selbstunterricht. Nach den Grundsätzen der Anschauung u. Konzentration in genet. Stufenfolge aufgebaut u. unter besond. Berücksicht. der prakt. Bedürfnisse bearb. 3 Hfte. gr. 8. Leipzig 900. E. Wunderlich. n. 1.20
1. (28 S. m. 30 Fig.) n. —30. — 2. (58 S. m. 92 Fig.) n. —50. — 3. (56 S. m. 47 Fig.) n. —40.

— dasselbe. Lehrgang m. dem 1. Preise gekrönt. Ausg. f. Lehrer. Mit 169 in den Text gedr. Fig. u. Lösgn. zu den Berechnungsaufgaben der Schülerhefte. gr. 8. (VII, 181 S.) Ebd. 901. n. 2.—; geb. n. 2.50

Wolf, Frdr. Christ., praktische Geometrie f. den Schul- u. Selbstunterricht. Nach den Grundsätzen der Anschaug. u. Konzentration in genet. Stufenfolge aufgebaut u. unter besond. Berücksicht. der prakt. Bedürfnisse bearb. 1. bis 3. Heft. 2., durchgeseh. Aufl. gr. 8. Leipzig, E. Wunderlich. n. 1.20
1. (23 S. m. 30 Fig.) 904. —30. — 2. (58 S. m. 92 Fig.) 904. —50. — 3. (56 S. m. 47 Fig.) 906. —40.

— dasselbe. Nach den Grundsätzen der Anschaug. u. Konzentration in genet. Stufenfolge aufgebaut u. unter besond. Berücksicht. der prakt. Bedürfnisse bearb. Lehrgang m. dem 1. Preise gekrönt. Ausg. f. Lehrer. Mit 169 in den Text gedr. Fig. u. Lösgn. zu den Berechnungsaufgaben der Schülerhefte. 2., verb. Aufl. (VII, 181 S.) 8. Ebd. 907. n. 2.—; geb. in Leinw. n. 2.50

Wolf, Frdr. Christ., praktische Geometrie f. den Schul- u. Selbstunterricht. Nach den Grundsätzen der Anschauung u. Konzentration in genet. Stufenfolge aufgebaut u. unter besond. Berücksicht. der prakt. Bedürfnisse bearb. 2 Hefte. 3. u. 4. durchgeseh. Aufl. gr. 8. Leipzig 907. E. Wunderlich. —80
1. (23 S. m. 30 Fig.) - 30. — 2. (58 S. m. 92 Fig.) —50

Wolf, Frdr. Chr., method. Lehrgang. f. d. geometrischen Unterricht in d. ein- u. mehrklass. Volksschule u. in d. Fortbildungsschule. Nach d. Grundsätzen d. Anschaug. u. Konzentration in genet. Stufenfolge aufgebaut u. unt. bes. Berücksicht. d. prakt. Bedürfnisse bearb. gr. 8. (VIII, 148 S. m. 100 Fig.) Leipzig 896. A. Hahn. n. 1.60; geb. in Leinw. n. 2.—

Wolf, Friedrich Franz, s. Wolf, Franz

Wolf, F(riedrich) **M**(ichael), appr. Arzt a. Fuchsstadt: Das Psammoma Virchowi nebst einem selteneren Fall der Dura spinalis. Würzburg 1905: F. Staudenraus. (46 S.) 8°
Würzburg, Med. Fak., Ref. v. Rindfleisch, Diss. v. 9. März 1905
[Geb. 13. Dez. 76 Fuchsstadt; Wohnort: Fuchsstadt; Staatsangeh.: Bayern; Vorbildung: Gymn. Würzburg Reife Juli 98; Würzburg 4, München 1, Erlangen 1, Würzburg 1, Kiel 1, Würzburg 3 S.; Coll. 8. Febr. 05; Approb. 11. Juli 04.]

Wolf, Friedr. Mor., Tafeln zur Bestimmung des Inhaltes nach Cubikfußen nebst Anleitung zur Ermittelung des cubischen Inhaltes bei runden Hölzern. Zweckmäßig zusammengestellt und geordnet. 8. (31 S.) Freiberg 855, Wolf. *

Wolf, Fritz: Niederdruckdampfheizung. Berlin (1906): G. Schade. (28 S.) 8°
Berlin, Med. Fak., Ref. Rubner, Diss. v. 27. Juli 1906.

Wolf, Fritz [illegible] haemorrhagica. Berlin [illegible]
Berlin, Med. Diss. [illegible]

Wolf, Fritz, Tierarzt: Aus d. Med. Klinik d. Tierärztl. Hochsch. zu Dresden. Der Skorbut des Schweines. Dresden 1909: (Schönfeld). 40 S. 8°
Leipzig, Veterinär-Med. Diss. v. 22. Juni 1909, Ref. Schmidt
[Geb. 1. April 86 Schweidnitz; Wohnort: Schweidnitz; Staatsangeh.: Preußen; Vorbildung: Oberrealsch. Gleiwitz Reife O. 05; Studium: Tierärztl. Hochsch. Berlin 4, Dresden 3 S.; Coll. 3. Juli 09; Approb. 10. Febr. 09.] [U 09. 2907

Wolf, G. (Hrsg.), s. Beer, Bernhard: Catalog der Bibliothek des sel. Herrn Dr. Bernhard Beer.

Wolf, G., der schweizerische Rechtsgeschäftsfreund. Leichtfaßl. Anleitung zur Besorgung von Rechtsgeschäften jeder Art, enthaltend die für den Handel und Verkehr wichtigsten Bestimmungen der Kantone Appenzell a. Rh., Aargau, Bern, Basel [Stadt und Land], Glarus, Graubünden, Luzern, St. Gallen, Schaffhausen, Solothurn, Thurgau, Zürich namentlich über Erbrecht, Schuldbetreibung, Konkurs, ehel. Güterrecht, Liegenschaftskäufe, Pfandrechte an Liegenschaften, Vormundschaftswesen, Mobiliar-, Gebäude- und Lebensversicherung, nebst dem Hauptinhalt der eidgenöss. Gesetze über Obligationen- und Wechselrecht, Civilstand und Ehe, Niederlassung, Fabrik- und Gewerbewesen, Maß und Gewicht, Eisenbahn-, Post- und Telegraphenverkehr, sowie der Handelsverträge und Zolltarife. Mit zahlreichen Beispielen von Rechtsfällen aus dem tägl. Leben, Formularen von Verträgen, Eingaben rc. und erläut. Fig. (In 4 Lfgn.) 1. Lfg. 8. (S. 1—192.) Zürich 884, (Meyer und Zeller.)

Wolf, G. E., s. *Crustula* etc.

Wolf, G. Leo-, Tractatus anatom.-patholog., sistens duas observationes rarissimas de formatione fibrarum muscularium in pericardio atque in pleura obviarum. 4 maj. (8 B. u. 5 Stnt.) Heidelbergae 832, Groos.

Bäckerei. Von Georg **Wolf**. Mit 71 Abb. Hannover: M. Jänecke 1907. (147 S.) 8°
= **Bibliothek** d. gesamten Technik. Bd 35. [05. 1103] 7

Wolf, Geo., s.: Jahrhundert, das neunzehnte.

Wolf, Geo., der Protestantismus in Elsaß-Lothringen. Vortrag, gehalten auf der XVIII. Generalversammlung des Evangel. Bundes in Hamburg am 10. X. 1905. (26 S.) 8. Leipzig 905. (C. Braun.) n. —45

Wolf, Geo., die Reform der Verfassung der Kirche augsburgischer Konfession. (32 S.) gr. 8. Straßburg 907. Straßburger Druckerei u. Verlagsanstalt. — 40
Sonderabdruck aus: „Straßburger Zeitg."

Wolf, Georg Christian (Freiberg/Sa.) U. S. Göttingen 1736/1

Dissertatio inauguralis de sacris ordinibus equestribus eorumque juribus.
Göttingen (Vandenhoeck) 23. X. 1736. 43, 12 S.

Gew.: Konrad Ernst Maximilian von Hochberg, Heinrich Ludwig Karl von Hochberg.
37128

Wolf, Georg Christian A. S. 379/4

Quantum intersit reipublicae juris canonici studium.
Leipzig (Breitkopf) 24. X. (1740). 32 S.
37129

Wolf, Georg Friedrich

— kurzgefaßtes musikal. Lexikon. gr. 8. Halle 786. 2e A. 792. 3e A. 806. Hendel. 1 ℛ

Wolf, Ge. Frdr., Kurzgefasstes Musikalisches Lexikon. Halle 1787. 8.

— kurzgefaßtes musikalisches Lexicon. gr. 8. Ebend. 805.

Wolf, Geo. Fr., († im Jan. 1814.) Unterricht im Klavierspielen. 8. Götting. 783. 2e umgearb. Aufl. 8. Halle 784. 3e Aufl. 2 Thle. gr. 8. Ebd. 789. Hendel. (1r Thl. 5e A. 807. 8 ggr 2r Thl. enth. d. Grundregeln d. Generalbasses. 8 ggr) 16 ggr

Wolf, Georg Friedrich. Unterricht im Klavierspielen. 1. Theil. 5. Auflage. Halle 1807. 2. Theil. 3. Auflage. Halle 1807.

— Unterricht in d. Singekunst, ein Leitfaden zu Singeanweisungen auf Schulen. gr. 8. Halle 784. 2e A. 789. a. 804. Hendel. 10 ggr

Wolf, Georg Jacob. Ulrich von Hutten. Mit 12 Vollbildern und sechs Abbildungen im Text. IV + 70 S. 8. Berlin, Bard Marquardt & Co., [1906]. (cart. M. 1.25; geb. Lwd. 1.50, Leder 2.50)
Die Kultur. (Sammlung illustrierter Einzeldarstellungen.) Hrg. von Cornelius Gurlitt. (Band 5.)

Wolf, Georg Jacob. Kunst und Künstler in München. Studien und Essays. XII + 199 S. 8. Strassburg, J. H. Ed. Heitz, 1908. (M. 4.—)
(Über Kunst der Neuzeit. Heft 12.)

— s.: Novellen der italienischen Renaissance.

Wolf, Georg Jacob. Karl Stauffer-Bern. Mit 4 Photogravüren [Tafeln] und 42 Abbildungen im Text. 68 S. 4. München, Bischoff & Höfle. 1909. [geb. M. 6.—]
Bildende Künste. Hrg. von Robert Bischoff. Band 1....

— Worte Carlyles, s.: Breviere ausländischer Denker u. Dichter.

Wolf, Geo. Karl, ein Semester in Frankreich. Fingerzeige f. angeh. Neuphilologen u. Neuphilologinnen. Mit e. Geleitwort v. K. A. Mart. Hartmann. (XII, 177 S.) 8. Berlin 909. Weidmann. 3.—

Wolf, Gerh., s. Wolffs, Gerh.

Wolf, German, s.: Passionswerk, genannt d. Oelberg.

Wolf, Gerson

Wolf, G., der Abfall vom Christenthum und der Uebertritt zum Judenthume. Lex.-8. (21 S.) Wien 868, Herzfeld und Bauer. [Brüder Winter.]

Wolf, G., Dr. Bernhard Beer, eine biograf. Skizze. (Als Vorwort zum Catalog der Bibliothek des sel. Herrn Dr. B. Beer in Dresden.) gr. 8. (52 S.) Berlin 863, Asher und Comp.

—— zur Salzburger Chronik. gr. 8. (31 S.) Ebendas. 873.

Wolf, Gerson, Die Demokratie und der Socialismus. 8° Wien 1849.

Wolf, G., Ferdinand II. und die Juden. Nach Aktenstücken in den Archiven der k. k. Ministerien des Innern und des Aeussern. 8. (VII und 63 S.) Wien 859, Braumüller's Sortiment.

Wolf, G., die jüdischen Friedhöfe und die „Chewra Kadischa" [fromme Bruderschaft] in Wien. Veröffentlicht vom Vorstande der „Chewra Kadischa" in Wien. gr. 8. (IV, 55 S.) Wien 879, Hölder.

—— Geschichte der k. k. Archive in Wien. gr. 8. (VII. 247 S.) Wien 871, Braumüller.

Wolf, G. —. Die Geschichte Israel für die israelitische Jugend. Von — — Erster Band. 1. und 2. Theil. Wien, 1856. Druck von Keck und Pierer. Verlag von J. Knöpflmacher's Buchhandlung. (V, 72 S., 136 S. 8.)

— die Geschichte Israels für die israelit. Jugend bearb. 2., verm. u. verb. Aufl. Wien 866. Knöpflmacher's Buchh. 8. (207 S.) n. 16 ngr

— — 3., verm. u. verb. Aufl. Wien 871. Braumüller. gr. 8. (IV, 303 S.) n. 1 ℛ

— die Geschichte Israels f. die israelit. Jugend. 4. verm. u. verb. Aufl. gr. 8. (304 S.) Ebend. 873. n. 3. 60

—— die Geschichte Israel's für die israelische Jugend. 5. verb. Aufl. gr. 8. (IV, 250 S.) Wien 876, Holder.
—— dass. — Anhang: Kurzer Abriß der Geschichte der Juden seit der Zerstörung des zweiten Tempels bis auf die neueste Zeit. 5. verb. Aufl. gr. 8. (54 S.) Ebendas. 876.
—— dass. — 6. verb. Aufl. 3 Hefte. gr. 8. (74; 83; V, 103 S.) Ebendas. 879.

Wolf, Dr. G., Die Geschichte Israels für die israelitische Jugend. Anhang: Kurzer Abriss der Geschichte der Juden seit der Zerstörung des zweiten Tempels bis auf die neueste Zeit. 6. verbesserte Auflage. Wien 1881. Alfred Hölder. Preis 20 kr.

Wolf, Gerson, die Geschichte Israels für die israelitische Jugend. 3 Hefte. gr. 8. Wien, Hölder. [1. Heft. 7. und 8. unveränd. Aufl. (74 S.) 882,83. 64 Pf.; 2. Heft. 7. verb. Aufl. (83 S.) 882. * 72 Pf.; 3. Heft. 7. unveränd. Aufl. (103 S.) 884. 84 Pf.]

—— die Geschichte Israels für die israelitische Jugend. 1.—3. Heft. gr. 8. Ebendas. [1. Heft. 9.—11. unveränd. Aufl. (76 S.) 885—88. * 64 Pf.; 2. Heft. 8.—10. unveränd. Aufl. (84 S. mit 1 lithogr. Karte von Palästina.) 885—88. * 72 Pf.; 3. Heft. 8. unveränd. Aufl. (III, 56 S.) 886. * 40 Pf.] *

—— dass. — Von der babylon. Gefangenschaft bis zur Zerstörung des zweiten Tempels, nebst Anhang: Kurzer Abriß der Geschichte der Juden seit der Zerstörung des zweiten Tempels bis auf die neueste Zeit. 4. Heft. 8. unveränd. Aufl. 1. und 2. Abdr. gr. 8. (III, 105 S.) (Ebendas.) 885,88. *
Anhang allein. 7. unveränd. Aufl. (54 S.) *

Wolf, G. Die Geschichte Israels f. die israelitische Jugend. 1.—4. Heft. gr. 8. Wien, Hölder. * 2 60
1. Heft. 12. u. 13. Aufl. (76 S.) 889,91. * — 64.
2. Heft. 11. u. 12. Aufl. (84 S. m. 1 Karte.) 889,91. * — 72.
3. Heft. 9. Aufl. (56 S.) 890. * — 40.
4. Heft. Von der babylonischen Gefangenschaft bis zur Zerstörung des zweiten Tempels m. Anh.: Kurzer Abriß der Geschichte der Juden seit der Zerstörg. d. zweiten Tempels bis auf die neueste Zeit. 9. Aufl. (105 S.) 890. * — 84.

Wolf's, G., Geschichte Israels f. d. israelit. Jugend. Nach d. Tode des Verf. neu hrsg. v. H. Pollak. 1. u. 2. Hft. gr. 8. Wien, A. Hölder. Geb. n. 1. 98
1. 14., verb. Aufl. (IV, 80 S.) 897. n. — 94
2. 13., verb. Aufl. (83 S.) 895. n. 1. 04

Wolf's, G., Geschichte Israels f. die israelitische Jugend. Nach dem Tode des Verf. neu hrsg. v. H. Pollak. 3. Hft. 10. verb. Aufl. gr. 8. (IV, 60 S.) Wien 899. A. Hölder. Geb. n. — 76

Wolf's, G., Geschichte Israels f. die israelitische Jugend. Nach dem Tode des Verf. neu hrsg. v. H. Pollak. 1. bis 5. Heft. gr. 8. Wien, A. Hölder. n. 3. 28
1. 15. Aufl. Inhaltlich unverändert, nach der neuen Rechtschreibg. hergestellter Abdr. der 14. Aufl. (IV, 80 S.) 903. Geb. n. — 85
2. Mit 1 Karte v. Palästina. 14. Aufl. Inhaltlich unveränd., nach der neuen Rechtschreibg. hergestellter Abdr. der 13. Aufl. (IV, 83 S.) 902. Geb. n. 1. 04
3. 11. Aufl. Inhaltlich unverändert, nach der neuen Rechtschreibg. hergestellter Abdr. der 10. Aufl. (IV, 60 S.) 90. Geb. n. — 65
4. 10., verb. Aufl. (III, 48 S.) 904. n. — 44
5. Anh.: Kurzer Abriß der Geschichte der Juden seit der Zerstörg. des zweiten Tempels bis auf die neueste Zeit. 10. Aufl. Inhaltlich unverändert, nach der neuen Rechtschreibg. hergestellter Abdr. der 9. Aufl. (54 S.) 905. n. — 45

Wolf's, G., Geschichte Israels f. die israelit. Jugend. Nach dem Tode des Verf. neu hrsg. v. H. Pollak. V. Heft. 11., verb. Aufl. (IV, 64 S.) gr. 8. Wien 907. A. Hölder. — 56

Wolf, Dr. G., Geschichte Israels für die israelitische Jugend. Von der babylonischen Gefangenschaft bis zur Zerstörung des zweiten Tempels. Neu herausgegeben von Dr. H. Pollak. IV. Heft. 11, inhaltlich unveränderte, somit gemäß Min.-Erl. vom 28. April 1904. Z. 14061, zulässige Auflage. Wien 1908. Alfred Hölder. Geh. K —.48.

Wolf, Dr. G., Geschichte Israels für die israelitische Jugend. Nach dem Tode des Verfassers neu herausgegeben von Dr. H. Pollak. V. Heft. 11., verbesserte Auflage. Wien 1908. Alfred Hölder. Geh. K —.64.

Wolf, Gerson: Geschichte Israels für die israelitische Jugend. Neu herausgegeben von Dr. Pollak. IV. Heft. 12., unveränderte Auflage. Wien 1910. Alfred Hölder.

—— Geschichte der Juden in Wien [1156—1876]. gr. 8. (V, 282 S.) Ebendas. 876.

—— zur Geschichte der Juden in Worms und des deutschen Städtewesens. Nach archival. Urkunden des k. k. Ministeriums des Aeussern in Wien. gr. 8. (113 S.) Breslau 862, Schletter'sche Buchh.

Wolf, Gerson, zur Geschichte der Wiener Universität. gr. 8. (V, 242 S.) Wien 883, Hölder.

—— zur Geschichte des Unterrichtes der israelitischen Jugend in Wien. Mit Benützung von archival. Documenten. gr. 8. (38 S.) Wien 867, (Herzfeld und Bauer.)

—— Grillparzer als Archivdirector. 8. (83 S.) Wien 874, Brüder Winter.

—— Kaiser Josef II., s. Bibliothek, historische, für die Jugend.

—— Josefina. gr. 8. (IV, 128 S.) Ebd. 890.

— das 100jährige Jubiläum der israelitischen Cultusgemeinde in Wien im Jahre 1864. Mit Benützung archivalischer Documente im k. k. Staatsministerium u. der k. k. n. ö. Statthalterei. (Aus dem Jahrbuch für Israeliten.) Wien 864. Herzfeld & Bauer. 8. (28 S.) n. 6 ngr.

—— die Juden, s. Völker, die, Oesterreich-Ungarns.

—— die Juden in der Leopoldstadt („unterer Werd") im 17. Jahrh. in Wien. Nach Archivalien der k. k. Staats- und Finanzministerien, der k. k. n. ö. Statthalterei und des Wiener Magistrates. gr. 8. (VII und 109 S.) Wien 864, Herzfeld und Bauer.

—— Judentaufen in Oesterreich. Nach Archivalien des k. k. Ministeriums des Aeussern, der k. k. Staats-, Finanz- und Justizministerien, d. k. ungar. Hofkanzlei etc. gr. 8. (IV und 210 S.) Wien 863, Herzfeld und Bauer.

—— Catalog der Bibliothek des sel. Herrn Dr. Bernh. Beer in Dresden. gr. 8. (LII und 280 S.) Berlin 863, Asher und Comp.

Wolf, G., das Tridentinische Concil u. der Talmud gr. 8. (14 S.) Wien 885. (Hölder.) n. — 60

Wolf, G., zur Culturgeschichte in Österreich-Ungarn [1848—1888]. gr. 8. (V, 186 S.) Wien 888. Hölder. n. 4. 80

—— Isak Noa Mannheimer, Prediger. Eine biograph. Skizze. Mit Benützung von Archivalien der k. k. Staats- und Justizministerien, k. k. obersten Gerichtshofes, der k. k. nieder-österreich. Statthalterei und des Wiener Magistrates. gr. 8. (IV und 102 S.) Wien 863, Knöpflmacher und Söhne.

—— Oesterreich und Preussen [1780—1790]. gr. 8. (VI, 248 S.) Wien 880, Hölder.

—— das Projekt einer höheren Töchterschule unter Kaiser Josef II. und das k. k. Civil-Mädchenpensionat in Wien. gr. 8. (18 S.) Ebendas. 879.
Aus: Blätter des Vereins für Landeskunde in Niederösterreich, besonders abgedruckt.

— Israelitische Religions- und Sittenlehre für Schüler der Volksschulklassen. kl. 8. (IV u. 30 S.) Wien, Herzfeld & Bauer. 20 kr., cart. 1870. 25 kr.

—— kurzgefaßte Religions- und Sittenlehre für die israelitischen Jugend. 2. verm. und verb. Aufl. 8. (40 S.) Ebendas. 877.

—— kurzgefaßte Religions- und Sittenlehre für die israelitische Jugend. 3. und 4. verb. Aufl. gr. 8. (35 S.) Ebendas. 882,84.

— kurzgefaßte Religions- u. Sittenlehre f. die israelitische Jugend. 5. Aufl. 8. (35 S.) Wien 886. Hölder. n. — 40

— kurzgefaßte Religions- u. Sittenlehre f. die israelitische Jugend. 6., unveränd. Aufl. 8. (35 S.) Ebd. 888. n. — 40

—— Kurzgefaßte Religions- u. Sittenlehre f. die israelitische Jugend. 7. u. 8. unveränd. Aufl. 8. (35 S.) Ebd. 890,92. * — 40

(F) Kurzgefasste Religions- und Sittenlehre für die israelitische Jugend bearbeitet von Dr. G Wolf. Mit den Erlässen des hohen k. k. Ministeriums für Cultus und Unterricht vom 15. September 1882, Z. 15.484, und vom 1?. November 1890, Z. 22.620, zum Lehrgebrauche in Volks- und Bürgerschulen und in den unteren Classen der Mittelschulen allgemein zugelassen. Unveränderter Abdruck der 8. Auflage. Wien. 1899. Hölder. 8⁰. 35 S. fl. —.20

Wolf, Dr. G., Kurzgefaßte Religions- und Sittenlehre für die israelitische Jugend. 9., inhaltlich unveränderte, sonach gemäß Min.-Erl. vom 4. November 1899, Z. 28.728, allgemein zulässige Auflage. Wien 1905. A. Hölder. Geh. K —.40.

— Kurzgefaßte Religions- u. Sittenlehre, f. die israelitische Jugend bearb. 10. Aufl. (33 S.) 8. Ebd. 910. — 36

Wolf, G. Aus der Revolutionszeit in Oesterreich-Ungarn 1848—49. Wien, Hölder 1885. 122 S. 8.

— kleine historische Schriften. gr. 8. (V, 260 S.) Ebd. 892. n. 5. 60

— historische Skizzen aus Oesterreich-Ungarn. gr. 8. (IV, 299 S.) Ebendas. 883.

— die alten Statuten der jüdischen Gemeinden in Mähren [תקנות ש"י"א], sammt den nachfolgenden Synodalbeschlüssen veröffentlicht. gr. 8. (VIII, 152 S.) (Ebendas.) 880.

— Studien zur Jubelfeier der Wiener Universität im J. 1865. Mit Benützung von Archivalien der k. k. Staats- und Finanzministerien, der k. ungar. Hofkanzlei, der k. k. niederösterreich. Statthalterei etc. gr. 8. (IV und 223 S.) Wien 865, Herzfeld und Bauer.

— der neue Universitätsbau in Wien. Eine histor. Studie. gr. 8. (IV, 79 S.) Ebendas. 882.

— das Unterrichtswesen in Oesterreich unter Kaiser Josef II. Nach einer Darstellung von Jos. v. Sommerfels. gr. 8. (IV, 96 S.) Ebend. 880. n. 1. 80

Wolf, G., über die Volksschulen in Oesterreich. gr. 8. (53 S.) Wien 851, Lechner. n. 1/3 ₰

— vom ersten bis zum zweiten Tempel. Geschichte der israelitischen Cultusgemeinde in Wien [1820—1860]. Wien 861. Braumüller. gr. 8. (VIII, 208 S.) 1 ₰

— Joseph Wertheimer. Ein Lebens- und Zeitbild. Beiträge zur Geschichte der Juden Oesterreichs in neuester Zeit. Mit Benutzung archival. Quellen. 8. (IV, 374 S.) Ebendas. 868.

— aus der Zeit der Kaiserin Maria Theresia. gr. 8. (IV, 96 S.) Ebd. 888. n. 2. —

Wolf, Gertrud Friederike, geb. Kuhlenkamp, († d. 5. Dec. 1796.) Unterhaltungen mit Gott in den Abendstunden auf jeden Tag d. Jahres. 2 Bde. 8. Rinteln 791. Bern. 1 ₰ 8 gr.

Wolf, G. F., gebohr. Kuhlenkamp, Unterhaltungen mit Gott in d. Abendstunden, auf jeden Tag d. J. 2 Bde. 8. Rinteln, Beer. 791.

Wolf, Gisbert Jakob

Wolf, Gisb. Jak., arzneikundige Abhandlung, über den Nutzen d. Wasser- oder Lymphengefäße rc., nebst e. Brief v. S. T. Sömmerring; aus d. Holländ. übers. von L. L. Finke. 8. Lingen 795. Jülicher. 6 gr.

— an Markus Herz üb. d. Kuhpockenimpfung bey schwächlichen Subjekten rc. 8. Berlin, Belitz. 802.

— de speciebus Plethorae diversis quatenus inde haemorrhagiae uterinae oriri venaesectionisque noxae et commoda determinari queunt. 8. Lingen 795. Jülicher. 3 gr.

(Wolf, G[ottfried.]) Beilagen zu dem Antrag der Kommission an den Grossen Stadtrat über die Differenzen zwischen Regierungsrat und Stadtrat, sowie die Anschuldigungen des Herrn Pflüger betreffend die Fremdenpolizei und das Kontrolwesen. (1902 Juli 4/August 26.) 22 S. 8. Zürich, Müller, Werder & Cie.

Wolf, G[ottfried]. Die Besoldungen der Volksschullehrer der Stadt Zürich. Rechtsgutachten von G. W', a. Oberrichter mit einem Begleitwort vom Vorstand des Lehrervereins Zürich. (1906 Januar 9/14.) II + 48 S. 8. Zürich, Gottl. Hürlimann, 1906.

Wolf, Gottfried, cand. med. a. Dresden: Zur Hebotomie. Leipzig 1906: B. Georgi. (56 S.) 8°
Freiburg i. B., Med. Fak., Ref. Krönig, Diss. v. 1907
[Geb. 8. März 82 Dresden; Wohnort: Freiburg i. B.; Staatsangeh.: Sachsen; Vorbildung: Gymn. Dresden Reife O. 01; Studium: München 1, Kiel 1, Freiburg i. B. 7 S.; Coll. 2. März 06; Approb. 16. Febr. 06.]

Wolf, Gottfr., Das Judentum in Bayern. Skizzen aus der Vergangenheit u. Vorschläge für die Zukunft. München, Abt, 1897, 8°, 84 S., 1 Mk.

Rec. (Linzer) Theol.-pr. Quartalschr. 1900, S. 417 (Kilian Jäger).

(Wolf, G[ottfried].) Lehrerbesoldungs-Prozess. Replik auf die Klagebeantwortung des Rechtskonsulenten der Stadt Zürich. (1906 Mai 1.) 46 S. 8. Zürich, Gottl. Hürlimann, 1906.

(Wolf, G[ottfried].) Lehrerbesoldungsprozess. Kassationsbeschwerde gegen das Urteil des Obergerichtes (des Kantons Zürich) vom 19. Juni 1906 (in Sachen Walter Wettstein und Konsorten gegen die Stadtgemeinde Zürich. 1906 August 18). 76 S. 8. Zürich, Gottl. Hürlimann, 1906.

Wolf, Gottfried (Löbejün) A. S. 252/33

Dissertatio iuridica de sumtibus convivii nuptialis,
Von Hochzeit- und Beylager-Kosten.
Präs. Heinrich Balthasar Roth.
Halle (Hilliger) 1746. 40 S.

Diss. III. 1683. 37131

Wolf, G[ottfried]. Die Verordnung der Stadt Zürich betreffend Schriftenabgabe und Einwohnerkontrolle. Die Betreibung für gerichtliche und Polizeibussen. Entgegnung auf die Gutachten der Herren Prof. Dr. [Emil] Zürcher, Prof. Dr. [Johann Jacob] Schollenberger und Oberrichter Dr. [Hans] Sträuli von G. Wolf, a. Oberrichter. (1902 Mai 20/Juli 4.) 57 S. 8. Zürich, Müller, Werder & Cie., (1902).

Wolf, Gottlieb Theodor, vgl. Wolf, Gottlob Theodor

Wolf, Gtl. Th., üb. d. Verbindlichkeit des Eides. 8. Posen, Kuhn. 805.

Wolf, Gottlob Jakob Fr.

— de philosophorum ambitione veritatis studio utilissima. 8. Leipz. 787.

Wolf, Glo. Jak. Fr., († d. 20. Oct. 1813.) Diss. epistola, in qua ostenditur, homines Mosi vetustiores sponte sacra fecisse, neque praecepto quodam divino institutos, sed pio gratoque animo edoctos sacrificandi ritum didicisse. 8. Leipz. 782.

Wolf, G. J. F., ostenditur, homines Mose vetustiores, nullo praecepto divino institutos, sponte sacra fecisse. Lips. 1783. 4.

— Gedächtnißrede auf den in Döhlen verstorbenen Bergfaktor Ritter, nebst Nachrr. von ihm. 8. Dresd. 808.

— Gesänge u. Chöre zur Stiftungsfeier d. Bergfestes in d. Kirche zu Dohlen. 8. Dresd. 806.

— Kirchenchronik d. Parochie Döhlen. 4. Dresd. 802—4. Fortsetz. 807. u. 13.

Wolf, Gottlob Jakob Fr., s. Kritik d. Leipz. Gesangbuches.

— Predigt von d. frommen Freude d. Bergmanns. 8. Dresd. 806.

— bergmännische Religionsgesänge. 8. Dresd. 807.

Wolf, Gottlob Theodor, vgl. Wolf, Gottlieb Theodor

Wolf, Glo. Tndr., üb. d. Verbindlichkeit d. Eides. 8. Posen 805. Kühn. (Leipz., Central-Cdt.) 12 Ԛ

Wolf, Grete, das blaue Land. (62 S.) kl. 8. Wien 905. G. Szelinski. n. 1. —

Wolf, Grete, die hellen Tage. Gedichte. (57 S.) kl. 8. Berlin-Charlottenburg (910). A. Juncker Verl. 2. —

Wolf's, Gust., praktische Ausführung der Maurerarbeiten. I. Bd.: Ausführung in natürl. u. künstl. Steinen nebst Stampf- u. Eisenbetonarbeiten, sowie Berechnen der Linien, Flächen u. Körper. Lehrbuch f. Maurer. (IV, 79 S. m. z. Tl. farb. Abb.) 35×26 cm. Leipzig-Schleußig (908). G. Wolf. Geb. in Leinw. 7.50

Wolf, Gust., Beschreibung d. Bergreviers Hamm an der Sieg. Bearb. im Auftrage d. königl. Oberbergamts zu Bonn. Mit 1 Lagerstättenkarte, 4 Blättern der interessantesten Erzlagerstätten d. Reviers u. 1 Bergordnungskarte. gr. 8. (III, 138 S.) Bonn 885. Marcus. n. 4. —

— Einführung in das Studium der neueren Geschichte. (XXVI, 793 S.) gr. 8. Berlin 910. Weidmann. 16.—; geb. in Halbfrz. 18.40

—— das Erdbeben an der Riviera am 23. Febr. 1887, beschrieben nach seinem Verlauf, seinen Folgen und beleuchtet nach seinen Ursachen. gr. 8. (37 S. mit 3 Taf.) Siegen 888. (Bonn, Cohen und Sohn.) *

WOLF, Gustav (Bingen): Ueber einen typischen Fall von Morbus Basedowii bei einem elfjährigen Mädchen. Mit Abb.- München: Kastner & Callwey 1907. 30 S.
8.3.1907 - Chr 1906/07,24; Jv 1906/07,514

Diss. Ingolst.-Landsh.-Mchn.

Wolf, Gust., deutsche Geschichte im Zeitalter d. Gegenreformation. 1. Bd. 2 Abtlgn. gr. 8. (S. 1—508.) Berlin 898. O. Seehagen. n. 15. — (1. n. 8. —; 2. n. 7. —)

Wolf, Gust., deutsche Geschichte im Zeitalter d. Gegenreformation. 1. Bd. 3. Abtlg. gr. 8. (XVI u. S. 509—789.) Berlin 899. O. Seehagen. n. 9. —; (1. Bd. kplt. n. 24. —)

— **Deutsche Geschichte im Zeitalter d. Gegenreformation. I. Bd. u. II. Bd. 1. Abt. (284 S.) gr. 8. Berlin, Brandus.** 32. —
I. 2. [Titel-]Aufl. (XVI, 790 S.) [899] 908. 24. —
II. (284 S.) 908. 8. —

Wolf, Gustav: Zur Geschichte der deutschen Protestanten 1555—1559 ... Zwickau, Druck v. C. A. Gunther Nachf., 1888; 2 Bl. + 214 S. + 1 Bl. 8°
Leipzig, Phil. Fak., Inaug.-Diss. v. 1. Febr. 1888

Wolf, Gust., zur Geschichte der deutschen Protestanten 1555—1559. Nebst einem Anhang von archival. Beilagen. gr. 8. (XII, 473 S.) Berlin 888, Seehagen.

Katalog, antiquarischer (Nr. XX) von Gustav Wolf — Antiquariat und Verlag in Leipzig. Freimaurer-Literatur zu bedeutend ermässigten Preisen. Leipzig, Druck von Findel (1884). 8. 47 S.
872 Nummern.

Aus Kurköln im 16. Jahrhundert. Von Gustav **Wolf.** Berlin: E. Ebering 1905. (VIII, 340 S.) 8°
= Studien, Historische. H. 51. [05. 9395 2

Wolf, Gust., Bismarcks Lehrjahre. (376 S.) gr. 8. Leipzig 907. Dieterich. 8. —; geb. 10. —

Wolf, Gust., Wilhelm Maurenbrecher. Ein Lebens- u. Schaffensbild. gr. 8. (32 S.) Berlin 893. O. Seehagen. n. — 80

Wolf, Gust., s.: **Register der Schlagwörter.**

Wolf, Gust. Der Augsburger Religionsfriede. gr. 8. (VIII, 171 S.) Stuttg. 890, Göschen. * 4 —

Wolf, Gustav: ... Vademecum, s. Wolf: ... Vademecum.

Wolf, Gustav [Hrsg.], s. Wolf: Wolf's literarischer Anzeiger f. d. Justizbeamten d. Dt. Reiches.

Wolf, Gust. Alfr., eine neue u. religiöse Weltauffassung im Lichte des Konzentrationsgesetzes. (VII, 95 S.) gr. 8. Leipzig (910). F. Eckardt. 1.50

Wolf, H.: „Vollständige Anleitung zur kaufmännischen Buchführung", Wien 1774 (Tendler).
Vgl. Wolf, J.C.

Wolf, H. Bericht über die geol. Aufnahme im Körösthale in Ungarn im Jahre 1860. (Aus d. Jahrb. d. k. k. geol. Reichsanst.) Wien 1863. 4.

***Wolf,* H., s. *Hermiae* philosophi.**

Wolf, H.: Barometrische Höhenbestimmungen im nördlichen Ungarn. (Aus d. Jahrb. d. k. k. geol. Reichsanst.) Wien. 1859. 8°

—— Die barometrischen Höhenmessungen der k. k. geolog. Reichsanstalt im Jahre 1857. (Aus dem Jahrb. d. k. k. geol. Reichsanst.) Wien. 1859. 8.

Wolf, H., die Legitimatio per subsequens matrimonium nach Justinianischem Recht, insbesondere nach 1, 10 und 11 Cod. de nat. lib. V, 27 und die heutige Anwendbarkeit der römischrechtl. Grundsätze im Gebiete des gemeinen Rechts. gr. 8. (108 S.) Braunschweig 881, Goeritz und zu Putlitz.

Wolf, H., s.: Mittol, die, zur Verhütg. v. zu vielem Kindersegen.

Wolf, H. Die Stadt und Umgebung von Olmütz. (Aus d. Jahrb. d. k. k. geol. Reichsanst.) Wien. 1863. 4.

Wolf, H., die Steinwaaren, s. Ausstellungs-Bericht, officieller, 1873.

—— Strassen-, Fluss- und Eisenbahn-Nivellements im Honther und Neograder Comitate Ungarns. (Aus den Mittheilungen der k. k. geogr. Gesellsch.) Wien. 1859. 8.

Wolf, H., die Wirkung des Lysidinum purum solut. in 50% Wasser u. des Lysidinum bitartaricum bei Gicht u. ihren im Körper erfolgenden Harnsäureablagerungen. (12 S.) 8. Leipzig 907. B. Konegen. 1. —
Sonderabdruck aus: „Reichs-Medizinal-Anzeiger".

Wolf, (Prediger), H. E., s. E. H. **Clausen,** Parteigeist, über den theolog.

Wolf, Hans: Beitrag zur Kenntnis der Leitfähigkeiten gemischter Lösungen von Elektrolyten. Leipzig: W. Engelmann 1902. (38 S.) 8°
(Aus: Zeitschrift f. physikal. Chemie, Bd 40, H. 2.)
Breslau, Phil. Diss. v. 17. Juni 1902.

Wolf, *Friedrich* Hans [aus Berlin]: Ueber die Einwirkung von Phosgen und Chlorkohlensulfid auf aromatische Sulfoharnstoffe und Di-o-tolylthiocarbazon ... Berlin, Buchdr. v. Funcke & Naeter, *1891;* 1 Bl., 74 S., 1 Bl. 8.
Berlin, Phil. Fak., Inaug.-Diss. v. 27. Nov. 1891

WOLF, Hans (Ingolstadt): Ein Fall von Sarcoma ossificans der Schilddrüse.- München: Bickel 1893. 20 S.
14.11.1893 - Chr 1893/94,12; Jv 1893/94,206
Diss. Ingolst.-Landsh.-Mchn.

Wolf, Hans, Liebesbeichte. Lieder u. Gedichte. 12. (126 S.) Großenhain 895. Baumert & Ronge. n. 1. 50; geb. n. 2. 50

Wolf, Hans, Quartier latin. Freie Lieder. 12. (79 S.) Paris 899. H. C. Wolf. n. 1. 50

— **Seele u. Sinne.** Neue Lieder u. Gedichte. 12. (122 S.) Ebd. 898. n. 1. 50

Wolf, Hans Eilert, s. 1) Chr. **Bastholm,** histor. u. geograph. Nachrichten. 2) E. **Munthe,** die wichtigsten Begebenheiten.

Wolf, Hedwig, [Louise Thal], Novellen und Erzählungen. 8. (VII und 408 S.) Paderborn 861, Schöningh.

Wolf, Hedwig, 5 Novellen, s.: Truxa, Hanns Maria, Hedwig Wolf.

Wolf, Heinrich

— s. Abercrombie, Untersuchungen.

Wolf, Hnr., Abhandlung v. d. Gebrauch d. Brech- u. Purgirmittel in hitzigen Krankheiten. 8. Hamb. 790. Bohn. 12 ß

— Abhandl. v. der im Altonaer Hospital im Juni 1814 epidemisch grassirenden Krankheit. 8. Hamb. 817. Herold. 20 ß

— Abhandl. v. d Nutzen d. span. Fliegenpflaster in soporosen Wechselfiebern. 8. Hamb. 785. Bohn. 4 ß

Wolf, Henricus (geb. am 28 Mai 1858 in Duisburg): Analecta Aeschylea ... Bonnae, typ. C. Georgi 1881. 42 S. 8.
Bonn, Phil. Fak., Diss. v. 6 Aug. 1881

Wolf, H., Analecta Aeschylea. (De peaibus solutis. — De canticis quae sermonibus inserta sunt. — Septem v. 375—676. Choeph. 973—1043. — Miscellanea.) Diss. 1881. 39 S. 1.20

Wolf, H., St. Pauli Anweisung zu gesegneter Wirksamkeit des Predigers in der Gemeine. Bei Uebernahme seines Amtes am Sonnt. Septuag. 1856 nach 1. Cor. 9, 24—27. der Gemeine geschildert. gr. 8. (18 S.) Bremerhaven 856, v. Vangerow. Thlr. *

Wolf, Heinrich (Bearb.), s. Aeschylus: Prometheus-Trilogie.

Die mechanische Behandlung des Emphysems. Von Dr. Heinrich **Wolf,** Preblau-Wien. Berlin, Wien: Urban & Schwarzenberg 1905. (S. 115 -128.) 8°
= **Klinik,** Wiener. 1905, H. 4, [2.] [05. 13703

— Bemerkk. üb. d. Blattern. 8. Altona 795. ... 8 ß

— prakt. Bemerkk. nebst Krankheitsgeschichten. gr. 8. Hamb. 811. (Campe). 1 ℳ

Vaterländischer Schriftenverband ⟨V. S. V.⟩. Moderner Bildungsschwindel als Hemmnis eines gesunden Nationalbewußtseins. Von Prof. Dr. [Heinrich] **Wolf**-Düsseldorf. Berlin: Schriftenverband 1910. 22 S. 8°
(Flugschriften des V. S. V. 10.) [11. 4728

— Chronik des Landes Dithmarschen, s. Hansson, Jac. 1833.

Wolf, Heinr., Carminum Latinorum seorsim editorum collectio. Hamb. 1782. 4.

— der Eindruck, den die Reise des Kronprinzen Friedrich nach den dänisch. Staaten im J. 1787 auf d. Herz d. Unterthanen machte. 8. Hamb. 788. Bohn. (Campe). 4 ß

Wolf, Heinr., Einführung in die Sagenwelt der griechischen Tragiker. 8. (156 S.) Leipzig 902. H. Bredt. n. 1. 50; geb. in Leinw. n. 2. —

Wolf, Heinr., Emerson, Parker, Robertson, Spurgeon. Lichtbilder aus dem religiösen Leben in Alt- u. Neu-England. Bremerhaven 867. v. Vangerow. gr. 8. (V, 215 S.) n. 1 ℳ

Wolf, Heinr., Erläuterungen zu Ödipus u. sein Geschlecht; 5 Tragödien v. Äschylos, Sophokles, Euripides, s.: Klassiker, die ausländischen, erläutert u. gewürdigt f. höhere Lehranstalten.

— Erweckungsgründe zum pflichtmäszigen Verhalten bey Entrichtung der Kriegssteuer. Eine Predigt am Sonnt. Jubilate über die Epistel. Kiel. 1789. 4. P.

Wolf H.: Ueber die Feld-Mäuse insonderheit in Norder-Dithmarschen samt einem Anh. üb. die bekanntesten Arten d. Unkrauts. Hamb. 1786. 280 S.

Wolf, H[einrich]: Zur Gedächtnissfeier der Reformation, eine Predigt. Bremerhaven 1857. 8°

Wolf, H., gedenket an eure Lehrer, die euch das Wort Gottes gesaget haben; welcher Ende schauet an und folget ihrem Glauben nach. Ebr. 13. 7. Zur Gedächtnißfeier der Reformation e. Predigt. gr. 8. (14 S.) Bremerhaven 857, v. Vangerow.

—— **Gesangbuch zu gemeinschaftlicher und einsamer Andacht,** s. **Gesangbuch.**

— **Gesangbuch zu gemeinschaftlicher und einsamer Andacht.** Gesammelt. Ebend. 857. 8. (IV, 292 S.) n. 12 ngr.

— **Angewandte Geschichte. Eine Erziehung zum polit. Denken u. Wollen.** (XIV, 377 S.) gr. 8. Leipzig 910. Dieterich. 4.20; geb. 4. 80

Angewandte Geschichte. Eine Erziehung z. polit. Denken u. Wollen. Von Dr. Heinrich **Wolf,** Prof. 2. unveränd. Aufl. Leipzig: Dieterich 1910. XIV, 377 S. 8° [11. 3705 5

Wolf, Heinrich. Geschichte d Vereinigten-Ev St Johannes Gmde zu Addison, Du Page Co, Ill, zum 50-jhr Jub. Chicago, 1899.

Wolf, H., Geschichte des antiken Sozialismus u. Individualismus. (258 S.) 8. Gütersloh, C. Bertelsmann. 1909. 2. 80; geb. 3. 50.
Gymnasial-Bibliothek. Heft 50.

Griechische Geschichtsschreiber, Philosophen 2c. und Römische Schriftsteller in Uebersetzungen von Prof. Dr. Heinrich **Wolf**, Düsseldorf. Weissenfels: R. Schirdewahn 1906. (IX S., S. 199–432.) 8° [F.]
= **Wolf**: Klass. Lesebuch. T. 2. [06. 18103

Wolf, H., der Herr ist um sein Volk her. Predigt bei Eröffnung der ersten ordentlichen Schleswig-Holsteinischen Landesversammlung, den 9. Sept. 1850, gehalten. gr. 8. (15 S.) Kiel 850. Schröder & Co. n. 3 ngl

WOLF, H., Ideen über Lebenskraft nebst einigen Krankengeschichten und Bemerkungen. Altona. 1806.

Wolf, Hnr., Ideen üb. Lebenskraft, nebst e. Krankheitsgeschichten u. Bemerkungen. gr. 8. Hamb. 806. (Campe). 1 ℛ 4 gl

— Ueber Jesaias 43, v. 1—3. Bey der verordneten allg. Andacht 16. März 1794. Kiel. 1794.

—— über den angeblichen Kirchenjammer in Bremerhaven. Actenmäßiger Bericht über die confessionellen Zustände Bremerhavens. Wider die Verkläger seiner Kirche. gr. 8. (87 S.) Bremerhaven 862, v. Vangerow.

— Krankengeschichten nebst Bemerkk., wie auch e. Krankengeschichte d. innern Wasserkopfs. 8. Hamb. 802.

— klassisches Lesebuch. Eine Einführg. in das Geistes- u. Kulturleben der Griechen u. Römer in Uebersetzgn. ihrer Klassiker. 2 Tle. gr. 8. Weißenfels 906. R. Schirdewahn. Geb. in Leinw. n. 4. 50
1. Homers Ilias u. Odyssee nach Voß nebst einigen Proben aus der lyrischen u. dramatischen Dichtung der Griechen. (XII, 198 S. m. 1 Karte.) 2. —
2. Griechische Geschichtschreiber, Philosophen 2c. u. römische Schriftsteller in Uebersetzungen. (IX u. S. 199—432.) 2. 50

— Klassisches Lesebuch. Eine Einführg. in das Geistes- u. Kulturleben der Griechen u. Römer in Übersetzungen ihrer Klassiker. 1. Tl. gr. 8. Weißenfels, [R. Schirdewahn]. Halle, H. Gesenius. 2. —; geb. in Leinw. 2. 50
1. Homers Ilias u. Odyssee nach Voß nebst einigen Proben aus der lyrischen u. dramatischen Dichtung der Griechen. 2. verb. u. verm. Aufl. (XV, 248 S. m. 1 Karte.) 909.

Literaturdenkmäler des klassischen Altertums. Eine Einführung in d. Geistes- u. Kulturleben d. Griechen u. Römer in Uebersetzungen ihrer Klassiker von Prof. Dr. Heinrich **Wolf**, Düsseldorf. Weißenfels: R. Schirdewahn 1906. (XII, 432 S.) 8° [F.]
[Vort.:] Klassisches Lesebuch von Prof. Dr. H. Wolf. Geschenkausg. [06. 11798

— **über Malariarezidive, s.: Strasser, A.**

[F.] **Wolf,** Heinrich [Dr.]: Mythus, Sage, Märchen '(Sommer und Winter)'. Düsseldorf, gedr. bei L. Voss & C., Kgl. Hofbuchdr., 1896; 1 Bl., 62 Sp. 4.
Düsseldorf, st. RG u. G, OP 1896 (486)

Wolf, Heinr., Homers Odyssee u. Ilias, s.: Klassiker, die ausländischen, erläutert u. gewürdigt. 2. u. 3. Bdchn.

Wolf, H[einrich]: Eine Osterpredigt. Schleswig 1846. 8°

WOLF, H[EINR. SÖNCKE THEOD.], Der Herr Prof. Dr. Pelt und die durch H. Dr. Harms neu angeregte Fehde über Dinters Schullehrerbibel. Kiel. 1839. — 2. revidirte Aufl. Sm. St. o. A.

— der Herr Professor Dr Pelt und die durch den Dr. Harms neu angeregte Fehde über Dinter's Schullehrerbibel. 2e, revidirte Aufl. gr. 8. Kiel 839. Baurmeister u. Comp. n. 1/4 ℛ

Wolf, H., der Hr. Prof. Dr. Pelt u. die durch d. Hrn. Dr. Harms neu angeregte Fehde üb. Dinter's Schullehrerbibel. 2., revid. Aufl. gr. 8. (2 1/2 B.) Kiel 839. [Hamburg, Schuberth u. Comp.]

Wolf, H[einrich]: Der Prozessvergleich nach Reichsrecht. *Freiburg i. B. 1898: C. A. Wagner.* (VI, 98 S.) 8° [F.]
Tübingen, Jur. Diss. v. 1898

— Rede über 1. Cor. 15. 42, wodurch der neue Kirchhof zu Weslingbuhren zu seinem Gebrauch feierlich bestimmt ward. Hamburg. 1785. 4. P.

Die Religion der alten Griechen. Von Dr. Heinrich **Wolf**, Prof. zu Düsseldorf. Gütersloh: C. Bertelsmann 1906. (108 S.) 8° [J.]
= **Gymnasial-Bibliothek**. H. 41. [06. 16037

Die Religion der alten Römer. Von Dr. Heinrich **Wolf**, Prof. zu Düsseldorf. Gütersloh: C. Bertelsmann 1907. (104 S.) 8° [J.]
= **Gymnasial-Bibliothek**. H. 42. [07. 8329

WOLF, HEINR., Die Schuldigheit erwachsener Kinder, ihre Eltern zu ehren. Eine Predigt welche seinen hochzuehrenden Eltern am 12. Juni 1771 als an dem erfreulichen Tage, an welchem seine Mutter 50 Jahre im Ehestande gelebet hatte, übergeben ward. Hamburg. 4. P.

— Versuch zur Beantwortung der Frage: Warum die Menschen so wenig und so selten in ihrem Umgange und in ihren Gesellschaften von Gott reden, bey Gelegenheit der bekannten Preisaufgabe entworfen. Seiner bisherigen Gemeine bey der Abreise nach Oldesloe gewidmet. Kiel. 1792. 4. P. (jf. B. D. I. 294).

— Versuch zur Beantwort. d. Fr.: warum die Menschen so wenig 2c. von Gott reden 2c. 4. Kiel 792. Bohn. (Campe). 3 gl

— Versuche die Feldmäuse zu vertilgen, wie sie v. J. 1786 bis 1793 in Norderdithmarschen u. insonderheit im Kirchspiele Weslingbuhren angestellet sind. Kiel 1794. 356 S.

Wolf, H., Versuche, die Feldmäuse zu vertilgen 2c. 8. Hamb. Bohn. 794. Rthlr. 1 —

— Versuch die Feldmäuse zu vertilgen 2c. 8. Hamb. 794. (Campe). 1 ℛ

— Vertheidigung d. frühen Beerdigung d. Juden. 8. Hamb. 788. Bohn. 3 gl

Wolf, H., Votum eines Unbefragten üb. d. Katechismusreform. gr. 8. (2 1/2 B.) Kiel 815, [v. Maack's Verl.]

— **üb. das Wesen d. Fieber sowohl, als auch üb. ihre nächsten Ursachen. gr. 8. Ebend. 815.**

— über das Wesen der Fieber sowohl, als über ihre nächste Ursache u. über die Classification derselben. Nebst e. Beitrag zum thierischen Magnetismus. 8. Hamb. 1e u. 2e Aufl. 818. (Leipz., Hinrichs). 1 ℛ

Wolf, Helene, wie studiert man am Klavier? Betrachtgn. u. Ratschläge. (22 S.) gr. 8. Magdeburg 908. Heinrichshofen's Verl. — 60

Wolf, Helene: Wie studiert man am Klavier? Betrachtungen u. Ratschläge. Magdeburg: Heinrichshofen 1909. 22 S. 8°

Wolf, Henry J., ein Beitrag zur Casuistik der Spina bifida. Inaugural-Dissertation. gr. 8. (48 S.) Heidelberg 884, C. Winter's Universitäts-Buchh.

Wolf, Hermann: Ueber einen Fall von traumatischer Nierenbecken-Zerreißung. Kiel 1903: P. Peters. (26 S.) 8°
Kiel, Med. Diss. v. [11. Mai] 1903.

Wolf, K. Herm., die Gesundheitspflege d. Arbeiters. gr. 8. (50 S.) Dresden 897. Trachenberge, A. Herrmann & Co. — 50

Wolf, Hermann [Referendar aus Rheydt]: Die strafrechtliche Haftbarkeit der Aerzte ... Rheydt, Druck v. Th. Buresch, *1896*; 46 S., 1 Bl. 8.
Erlangen, Jur. Fak., Inaug.-Diss. v. 1896

Wolf, Herm., Kalender für Aerzte auf die J. 1865—68. 1.—4. Jahrg. Mannheim, Schneider. [1865. (VIII und 352 S.) 21 Ngr., 1866. (VIII und 312 S.) * 27 Ngr., 1867. (VIII und 315 S.) * 27 Ngr., 1868. (V und 292 S.) * 28 Ngr.] geb. *

Wolf, Herm., Kalender für Deutschlands Aerzte auf das J. 1869. 5. Jahrg. 16. (V, 288 S.) Mannheim [Strassburg] 869, Schneider. geb.

Wolf, Herm., Kapitalismus u. Heilkunde od. Doktor u. Apotheker. gr. 8. (III, 45 S.) Dresden 893. R. Schnabel. -- 25

Wolf, Herm. (geb. Mülheim an d. Ruhr 18. 9. 1842): De tabe dorsuali. Berolini (1865). (30 S.) 8°
Berlin, Med. Diss. v. 25. Juli 1865

— warum ich nicht mehr Volksschullehrer bin. Ein Vortrag. 3., veränd. u. verb. Aufl. 16.—30. Tauf. gr. 8. (24 S.) Ebd. 893. — 10

Wolf, Hirsch ("Lobsenza Polonus, Natione Hebraeus")
Dissertatio medica de haemorrhoidibus albis.
Giessae 15. Juni 1779: Joh. Jac. Braun. 28 S. 4°
pro licentia gradum doctoris ... adipiscendi.

Wolf, Hubert, a. Zwickau i. Sa.: Über Einwirkung N-substituierter Hydroxylamine auf Ketone. Weida i. Th. 1906: Thomas & Hubert. (78 S.) 8°
Leipzig, Phil. Fak., Ref. Beckmann-Hantzsch, Diss. v. 30. Jan. 1907
[Geb. 28. Sept. 80 Zwickau; Wohnort: Zwickau; Staatsangeh.: Sachsen; Vorbildung: Gymn. Zwickau Reife O. 00; Studium: Leipzig 12 S.; Rig. 4. Dez. 06.]

Wolf's, Hugo, Briefe an Hugo Faißt. Im Auftrage des Hugo Wolf-Vereines in Wien hrsg. von Mich. Haberlandt. Mit dem Bildnis Hugo Wolfs aus dem J. 1894. (204 S.) gr. 8. Stuttgart 904. Deutsche Verlags-Anstalt. n. 3. 50; geb. n.n. 4. 50

Hugo Wolfs Briefe an Oskar Grohe. Im Auftr. d. Hugo Wolf-Vereins in Wien hrsg. von Heinrich Werner. Berlin: S. Fischer 1905. (316 S.) 8° [F.] [06. 5805

(B) **Wolf's, Hugo, Briefe an Hugo Faißt. 904. — Briefe an Oskar Grohe. 905. (KBL 34.) Jetzt: Leipzig, Breitkopf & Härtel.**

Werner, Heinrich. Hugo Wolfs Briefe an Oskar Grohe. Berlin 1905.

Wolf's, Hugo, Briefe an Emil Kauffmann. Im Auftrage des Hugo Wolf-Vereines in Wien hrsg. v. Edm. Hellmer. gr. 8. (191 S.) Berlin 903. S. Fischer, Verl. n. 3. 50; geb. n.n. 4. 50

[F. u. Ant.] Der Corregidor. Oper in 4 Akten v. Hugo **Wolf**. Text nach e. Novelle d. Alarcon v. Rosa Mayreder-Obermayer. Vollst. Clavierausz. v. Comp. *Mannheim: K. F. Heckel [1896]*. (1 Bl., 207 S.) 1 Bd 4. [96. 5314

Wolf, Hugo, der Corregidor. Kritische u. biograph. Beiträge zu seiner Würdigg. Im Auftrage des Vereinsvorstandes red. v. Edm. Hellmer. (Hrsg.: Hugo Wolf-Verein in Wien.) 8. (V, 61 S.) Ebd. 900. n. — 75

(B) **— Briefe an Emil Kauffmann. 903. —** Der Corregidor. 900. **(KBL 32.) Jetzt: Leipzig, Breitkopf & Härtel.**

Gedichte von J. v. Eichendorff f. eine Singstimme u. Klavier comp. von Hugo **Wolf**. Gesammt-Ausg. in 1 Bde. *Mannheim: K. F. Heckel [1899]*. (54 S.) 4°

Gedichte von Eduard Mörike für eine Singstimme u. Klavier comp. (1888) von Hugo **Wolf**. 2. verb. Gesammt-Ausg. *Mannheim: K. F. Heckel [1899]*. (195 S.) 4°

Gedichte für eine Singstimme und Orchester comp. von Hugo Wolf. (Hrsg.: Willibald Kähler.) Partitur. 1–6. *Mannheim: K. F. Heckel (1902)*. 6 Bde 4° [F.]
1. Prometheus. (Goethe.) 2. Der Rattenfänger. (Goethe.)
3. Anakreons Grab. (Goethe.) 4. Wo find ich Trost? (Mörike.)
5. Gesang Weyla's. (Mörike.) 6. Gebet. (Mörike.) [04. 2826

Wolf Hugo: Über Kon[illegible] mit [illegible]tischen Aldehyden
S 119. [illegible]
Separatabdruck

Lieder nach verschiedenen Dichtern für eine Singstimme u. Klavier comp. von Hugo **Wolf**. 6 Lieder f. e. Frauenstimme. 6 Gedichte von Scheffel, Mörike, Goethe u. Kerner. 4 Gedichte nach Heine, Shakespeare u. Lord Byron. Alte Weisen, 6 Gedichte von Gottfr. Keller. 3 Gesänge aus Ibsens 'Das Fest auf Solhaug'. 3 Gedichte von Rob. Reinick. 3 Gedichte von Michelangelo. Gesammtausg. *Mannheim: K. F. Heckel [1899]*. (96 S.) 4° [03. 7372

Hugo Wolf. Sechs geistliche Lieder nach Gedichten von Joseph von Eichendorff. Für Männerchor übertr. von Max Reger. Partitur. 1–6. *Leipzig: Lauterbach & Kuhn 1903*. 6 Bde 4° [Umschlagt. F.]
1. Aufblick. 2. Einklang. 3. Resignation. 4. Letzte Bitte.
5. Ergebung. 6. Erhebung. [03. 13133

Italienisches Liederbuch nach Paul Heyse für eine Singstimme u. Klavier von Hugo **Wolf**. Bd 1. 2. *Mannheim: K. F. Heckel [1893–97]*. 2 Bde 4°
1. (Comp. 1890–1891.) [1893.] 2. (Comp. 1896.) [1897.] [03. 6363

Spanisches Liederbuch nach Heyse und Geibel f. eine Singstimme u. Klavier comp. 1889–1890 von Hugo **Wolf**. Gesammt-Ausg. Abth. 1: Geistl. Lieder. H. 1. 2. Abth. 2: Weltl. Lieder. H. 3–6. *Mannheim: K. F. Heckel [1899]*. (143 S.) 4° [Ant. u. F.] [03. 7371

Penthesilea. Sinfon. Dichtung f. großes Orchester nach d. gleichnam. Trauerspiel Heinrich v. Kleist's komp. von Hugo **Wolf**. Die Partitur bearbeitete J[osef] Hellmesberger. *Leipzig: Lauterbach & Kuhn 1903*. (115 S.) 4° [03. 13134

Wolf, Hugo. Studien über Phloroglucinaether und deren Condensationsprodukte. Diss. Phil. Bern. 64 S. 8. B. Leipa, Joh. Künstner. 1901.

Manuel Venegas. Opernfragment von Hugo **Wolf**. Text nach e. Romane des Alarcon von Moritz Hoernes. Clavierausz. vom Comp. Hrsg. vom Hugo Wolf-Ver. in Wien. *Mannheim: K. F. Heckel 1902*. (51, 25 S.) 4° [F.]

Wolf, Hugo, Verzeichnis seiner Werke. Mit e. Einführg. v. Paul Müller. (61 S. m. 1 Bildnis.) 8. Leipzig (908). C. F. Peters. 3. —

Wolf, J. Der Alkoholismus in den österreichischen Ländern und anderwärts. Wien 1884.

Wolf: Aus dem Archiv der Stadt Eger. 10 S. 8°–Eger, Progr. 1867

Wolf, J., Aufgabe von 4000 Räthsel, Logogryphen, Charaden, Anagrammen und Hieroglyphen. In 2 Abtheil. 8. Freyburg, Wagner. 819. — 16
(Die 2te Abtheil. enthält die Auflösung.)

Wolf, J., Aufgaben v. 4000 Räthseln, Logogryphen, Charaden, Anagrammen u. Hieroglyphen. In 2 Abtheill. 8. Frburg 820. Wagner. 18 gr (die 2e Abtheil. enthält die Auflösung.)

Wolf, J., u. G. *Salomon* (Lehrer an d. herzogl. Franzschule zu Dessau), der Charakter des Judenthums, nebst einer Beleuchtung der unlängst gegen die Juden von Prof. *Rühs* u. (Prof.) *Fries* erschienenen Schriften. Leipzig, in Commiss. bei Carl Glo. Schmidt, in Dessau bei den Vff. 1817. 8°. Ppb.
2 Bll., 208 S. — S. 127 sq. die „Beleuchtung".

— u. G. Salomon, der Charakter des Judenthums, nebst einer Beleuchtung der unlängst gegen die Juden vom Prof. Rühs und Fries erschienenen Schriften. 8. Dessau 1e u. 2e A. 817. (Leipz., Schmidt). 1 Thlr.

Wolf, J., evangelisches Choralbuch für Kirche und Haus zum Gesangbuche für die evangelischen Gemeinden Elsaß-Lothringens. 4. (VIII, 72 S.) Colmar 880. (Straßburg, Schmidt's Universitäts-Buchh.)

Wolf, J., Choralbuch zum evangelischen Gesangbuch f. Elsaß-Lothringen. qu. hoch 4. (VII, 214 S.) Straßburg 899. E. van Hauten. n. 7. —; geb. n. 8. —

Wolf, J., Choräle f. vierstimm. gemischten Chor zum gottesdienstl. Gebrauche, hrsg. v. d. Vorstande d. evang. Kirchengesang-Vereins in Elsass-Lothringen. 1. Reihe. Partitur. Lex.-8. (16 S.) Strassburg 898. (C. A. Vomhoff.) n.n. 1. 30; Stimmen, 3 Hfte. (Sopran u. Alt, Tenor, Bass). 12. (à 16 S.) à — 30

Wolf, J., Dichtungen, meist aus dem Nachlasse. Gesammelt von seiner Wittwe. gr. 16. (XII, 176 S. mit photogr. Portr.) Berlin 876, Abf. Cohn.
Ohne Portr.

— u. Salomon, hebr. Elementarbuch zum bessern u. stufengemäßern Erlernen des Hebräischen u. Rabbinischen. 8. Dessau 819. (Leipz., Kollmann). 16 gr

— dasselbe ohne die deutschen Erläuterungen, für Polen bestimmt. 8. Dessau 819. (Leipz., Kollmann). 15 gr

Wolf J, Erdkarte 1:22500000. Östl. u westl. Erdhälfte. 2 T. auf Lwd m. St Esslingen

Wolf, I. Handkarte vom Oberamt Heilbronn u. Umgebung. 1 : 60,000. Farbendr. 32,5×39,5 cm. Esslingen 891, Lung. * — 20

Wolf, J., kleine gemeinverständl. Himmelskunde (mathemat. Geographie). Zugl. Begleitworte zu dessen Wandtafeln z. Himmelskunde. gr. 4. (32 S. m. Fig.) Eßlingen 896. Stuttgart, A. Lung. Kart. n. 1. 20

Wolf, J., Lehrgang f. den Gesangunterricht in Volks- u. Mittelschulen. Ausg. A. Für die Hand d. Lehrers. gr. 8. (III, 92 S.) Colmar 891. Wettig. n. 1. 30

Wolf, J., Liederbuch. Eine Sammlung von 95 Schul- und Volksliedern. 2. und 3. verb. und verm. Aufl. 8. (IV, 60 S.) Straßburg 887,88. Heitz.

— Liederbuch. Eine Sammlg. v. Schul- u. Volksliedern. Die Lieder d. Anh. sind ausgewählt u. bearb. v. S. Wagner. Ausg. B. Für kathol. Schulen. 12. (IV, 79 S.) Straßburg i/E. 892. J. H. E. Heitz. n.n. — 50

— Liederbuch. Eine Sammlg. v. Schul- u. Volksliedern. Ausg. A. 18. verm. Aufl. 12. (IV, 79 S.) Straßburg 900. J. H. E. Heitz. Kart. n.n. — 50

Wolf, J., Liederbuch f. Mittelschulen, Töchterschulen u. die Oberklassen gehobener Elementarschulen. Ausgewählt u. bearb. Op. 27. (IV, 80 S.) 8. Straßburg 903. J. H. E. Heitz. Kart. n.n. — 50

Wolf, J., Liederbuch f. Mittelschulen, Töchterschulen u. die Oberklassen gehobener Elementarschulen. Ausgewählt u. bearb. Op. 27. 2. Aufl. (IV, 80 S.) kl. 8. Straßburg 907. J. H. E. Heitz. Kart. nn — 50

Wolf J, Palästina. Wandkarte für die Schulen. 1 : 300000 auf Leinwand m St. Stuttgart

— 180 Präludien zu den gebräuchlichsten Chorälen. Op 24. qu. gr. 4. (116 S.) Strassburg 901. (E. van Hauten.) Geb. in Halbfrz. n.n. 6. —

Wolf, J., († d. 17. März 1826.) Predigt bei d. Jubelfeier Sr. Maj. d. Königs v. Sachsen, Friedrich August, am 20. Sept. 1818. 8. Dessau u. Leipz. 818.

Wolf: Griechische Prosodie und Metrik nebst Leben und Wirken derjenigen griechischen Dichter, welche aufbayrischen Gymnasien gelesen und erklärt werden, für Gymnasialschüler. 38 S.–Aschaffenburg, Progr. 1864

— sechs deutsche Reden gehalten in der Synagoge zu Dessau. 1r u. 2r Bd. 8. Dessau 812—14. (Leipz., Bruder). 1 Thlr. 12 gr

Wolf, I. Schul- und Reisekarte vom Oberamt Esslingon. 1 : 60,000. Farbendr. (26×32 cm.) Esslingen 891, Lung. * — 20

Wolf, I. Schul- und Reisekarte vom Oberamt Stuttgart. 1 : 60,000. Farbendr. (44,5×30,5 cm.) Essl. 891, Lung. * — 25

— s. Sulamith. NB. es erschienen 7 Bde. 1806—20.

Wolf, J., erste mythologische Tabelle. 8. Berlin, Dieterici. 806. — 6

Deutsche Versarten und Strophen und deutsche Gedichtformen romanischen Ursprunges. — Von J. Wolf, G. P. — 1875. Amberg, J. Habbel. — S. 3—38.
Progr. Amberg. K. Gymn.

Wolf J, Wandkarte von Afrika 1 : 7500000. Auf Leinwand m St. Esslingen

Wolf J, Wandkarte von Europa. 1 : 4000000. Auf Leinwand mit St. Esslingen

Wolf, J. Wandkarte v. Palästina, f. die Schule. 1 : 300,000. 2 Bl. Chromolithogr. Imp.-Fol. Stuttg. 889, Bonz u. Comp. * 4 —
Auf Leinw. m. Stäben * 8 —

Wolf J, Wandtafeln zur Himmelskunde. Auf Leinwand mit Stäben. 1. Mondlauf um die Erde. — 2. Lauf der Erde um die Sonne. Jahreszeiten. — 3. Mittlere Entfernungen. Sonnenfinsternis. Mondfinsternis. Esslingen

Wolf, J., Wandtafeln zur Himmelskunde. [Neue Aufl.] (4 farb. Taf.) Je ca. 56×85 cm. Stuttgart (909). A. Lung. In Mappe 6.50; auf Leinw. in Mappe n 13.—; m. Stäben n 13. 20

Wolf, J. A. W., Vorhalle des Evangeliums in Form einer Einleitung zu Dr. M. Luther's Katechismus, z. Nutzen u. Frommen junger Christen. 8. (2¾ B.) Königsberg in d. N. 843, Windolff u. Striese. *

Wolf, J. C., Anleit. z. kaufmännischen Buchführung. gr. Fol. Wien, Trattner. 774.
Vgl. Wolf, H.

Wolf, J. C., Beschreibung des hochgräflich Solmischen und hochadelich Krosigkischen Hauses. Merseburg 1732. fol.

Wolf, J. C. H., üb. d. widerrechtl. Verkauf v. geheim. Arzneimitteln in medizin.-polizeil. Hinsicht, u. üb. d. Unfug besond., welcher mit dergl. Arkanen in Baiern u. d. angränz. Bundesstaaten getrieben wird. gr. 8. (4 1/2 B.) Erlangen 837, [F. Enke, Brlsh.]

Wolf, J. D., Versuch einer gründlichen Beurtheilung des neuen hannoverschen Katechismus nach den Principien einer kirchlich-luther. Katechismus-Idee. 8. (60 S.) Hameln 862, Schmidt und Suckert.

Wolf, J. F.

— vollständigere Conjugation aller unregelmäßigen französ. Zeitwörter mit e. alphabet. Register zum Nachschlagen. 8. Bresl. ... Gehr. 6 gr.

Wolf, J. F., Lieder und Litaneien, s. Förster, H.

Wolf, J. F., die Perfection der Schuldverträge. Inaugural-Dissertation. gr. 8. (110 S.) Würzburg 869, (Stuber.)

Wolf, J. F., vollständige u. deutliche Vorstellung d. französ. Declinationen u. Conjugationen z. Gebrauch in öffentl. Schulen u. beim häusl. Unterricht. 8. Bresl. 799. Gehr. 6 gr.

Wolf, J. F., vollständig und deutl. Vorstell. d. französischen Declinationen u. Conjugationen z. Gebrauch in öffentl. Schulen u. beym häuslichen Unterricht. 8. Breslau, Gehr. 802.

Wolf, J. Georg [Praes.], s. Maier, Georg Heinr.: De emendatione intellectus ante voluntatis emendationem ponenda.

Wolf, J. H., d. neue Hausarzt. Kurze prakt. Anleitg. zur Behandl. d. Krankheiten mittelst bewährter Volks- u. Hausmittel, sow. nach d. Grundsätzen der Homöopathie u. Naturheilmethode. Volksverständl. bearb. u. zusammengest. gr. 8. (XI, 409 S.) Erlangen 895. F. Junge.
n. 2. 80; kart. n. 3. —

Wolf, J. Th., Gedenkschrift an das 700jährige Jubelfest der St. Moritz-Kirche in Halle, s. Gedenkschrift.

Wolf, J. W., goldene Blätter. (136 S.) kl. 8. München, (Theatinerstr. 35) 908. A. & B. Schuler. 1. 20

— Aus meiner Kindheit. (143 S.) kl. 8. Ebd. (908). 1. 20

Wolf, Jacob. Getreue Darstellung des verarmten, unglüklichen Zustands der Dorfgemeinde Rümlang im Canton Zürich. In einer Bittschrift an die Gesezgebenden Räthe vorgestellt.... Geschrieben von Jakob Wolf.... ([Hrg. von Johann] Jakob Schweizer....) 8. Zürich 1800.

Wolf, Iac., rostrae dominantis Europae. 8. Gryphiae. 703.

Wolf, Jakob Gabriel [Praes.], s. Coldewey, Ehrenreich Gerh.: De feudis imperii, prima: eorum origines, atque indolem, sub primis Francorum regibus illustr.

— brevis historiae iuris publici delineatio. 8. Halle, Waisenh. Buchhdl. 749.

Wolf, Jac. Gabr.: Elementa Juris feudorum tum provincialium tum imperialium reipublicae Romano-Germanicae ex jure Germanico nec non Longobardico legibusque imperii ac moribus eruta. Secunda Edit. etc. emendatior. *Hal.* (741.) 753. 8. (8 Gr.)

Wolf, I. Gabr., Grundsätze d. iurisprudentiae ecclesiasticae u. iurisprudentiae naturalis. 8. Halle, Waisenh. Buchhandl. 750.

WOLFF, Jac. Gabr., Rechtliche Gutachten über die Zulässigkeit der Ehe mit der verstorbenen Frauen Schwester. Halle im Magdeb., Hemmerde, 1736. 4°. (In München 2 Exx.: Diss. 355,8; J. Can. P. 1004, 28.)

Wolf, Jak. Gabr., († d. 6. Aug. 1754.) rechtl. Gutachten über d. Zulässigkeit d. Ehen mit d. verstorb. Frauen Schwester. 4. Halle 736. 2e A. 8. 756. Schwetschke u. Sohn. 3 gr.

Wolf, J. G.: Instit. jurispr. ecclesiast. *Goerlic.* 713. 8.

— institutiones Iurisprudentiae ecclesiasticae. 8. Lips. 713.

Wolfius, Jac. Gabr.: „Institutiones Jurisprudentiae naturalis", Halae Magdeburgicae 1720. — Vorh.: Bibl. des Oberlandesgerichts Celle —

Wolf, Jac. Gabr.: Institut. jurisprud. naturalis, tum privatae, tum publicae. *Lips.*, Brockhaus. (720.) 741. 8. (8 Gr.)

— institut. Iurisprudentiae naturalis tum privatae, tum publicae. 8. Lips. Heinsius. 741.

Wolf, Jakob Gabriel A. S. 252/31

Commentatio historico-juridica, de feudorum imperii origine atque indole, sub primis Francorum regibus. 2. ed.
Halle (Hendel) 1745. 60 S. 37135

Ido Wolf

Ido Wolfii [Wolf] Observationum chirurgico-medicarum libri 2. Cum scholiis et variis interspersis historiis medicis ed. a Joanne Chr(ist[iano]) Wolfio [Wolf, 1673-1723]. Quedlimburgi: Calvisius 1704. 250 S. 8°

Wolf, Jean Cornelia, Heliotropen. Eine Sammlung poetischer Versuche. gr. 12. Köln 838. Eisen. n. 1/3 ℛ︀

Wolf, Ignaz

Wolf, Ign., Golegenhoits-Godichte. Stenographische Ausg., autogr. v. Adf. Schmidt. gr. 8. (48 S.) Graz 887. (Leuschner & Lubousky.) n.n. 1. —

Wolf, Ign., Geschichte der Stenografie in Steiermark. Mit e. Uebersichts-Tab. (in Fol.) 8. (50 S.) Graz 874. (Keller.) n. 1. 50

— Vademecum f. Gabelsberger-Stenographen. Ausführlichste Darstellg. der in der Gabelsberger'schen Korrespondenzschrift gebräuchl. Wortkürzgn. [Sigel u. Abbreviaturen], m. Einschluss vieler Kammersigel, nebst der Biographie Gabelsbergers. Autogr. v. Wilh. Pajk. 8. (30 S.) Ebend. 886. n. — 40

Wolf's [Ign.] Schatzkästlein [Vademecum]. Unontbehrliches Hilfsbuch f. Gabelsberger Stenographen. 2., umgearb. Aufl. m. lith. Druck. 8. (21 S.) Graz 888. Leuschner & Lubensky. n. — 60

Wolfius, Jo. (Resp.): De miro ... consensu, s. Rahn, Jo. Hen. (Praes.)

Wolf, Jo. Friedrich (Wittenberg) A. S. 590/46

Disputatio iuridica inauguralis de ritu et solemnibus nuptiarum. Rec.
Wittenberg (Finkel) 1727. 24 S.

Diss. Utrecht 20. V. 1727. 37142

Wolf, Jo. Georg (Kirchberg/Franken) A. S. 1330/29

De mentis humanae morbis gravissimis.
Präs. Heinrich Clausing.
Wittenberg (Gerdes) 27. X. 1708. 4 Bl.
37143

Wolf, Johann(es)

Wolf, Abbild. und Beschreibungen merkwürd. naturgeschichtl. Gegenstände. 1s bis 10s Heft. gr. 4. Nürnberg. (Leipzig, Central-Comt. in Comm.) 817 — 818. à 16 Gr.

Wolf, (Dr. u. Prof.) Jh., († d. 12. Febr. 1824.) Abbildd. und Beschreibungen merkwürd. naturgeschichtl. Gegenstände. 1r u. 2r Bd. Mit 72 ill. Kpf. 4. Nürnb. (818. u. 822.) Tyroff. 16 rthlr

— Abbildung u. Beschreibung d. Kreuzotter. Mit 1 Kpf. gr. 4. Nürnb. 815. Riegel u. W. 6 ggr

— Abbild. und Beschreibung des Wasserwegerichs, als eines neu empfohlnen wirksamen Mittels gegen die Wasserscheu. 4. (Leipz., Central-Cpt.) 818.

Wolf, Joh., neues ABC-, Buchstabir- u. Lesebuch ꝛc. mit 8 illum. Giftpflanzen, nebst 25 Kupf. d. ABC u. deren Erklärung. 8. Nürnb. Schneider u. W.
m. ill. Kupf.

— neues Buchstabir- u. Lesebuch, z. Beförderung d. Entwickelung des Verstandes, f. niedere, besond. f. Landschulen ꝛc. 8. Nürnb. 811. Schneider u. W. 8 ggr Mit 8 ill. Kpft. 16 ggr Mit 8 ill. Kpft. d. Giftpflanzen u. 13 andern Kpf. 1 rthlr

— — dasselbe, mit 24 illum. K. des Alphab. u. obigen 8 K. nebst e. Erklärung derselben.

— histor. Abhandl. v. d. geistl. Commissarien im Erzstifte Mainz. 8. Götting. 791. Schröder. (Röwer). 10 ggr

— historische Abhandl. v. d. geistl. Commissarien im Erzstifte Maynz. 8. Götting. Schröder. (Röwer.) 797.

Wolf, Jh., († d. 23. April 1826.) kritische Abhandlungen über d. Hülfensberg im Harzdepartement im Königreich Westphalen mit 6 Beilagen. 8. Götting. 809. Dankwerts; (Vandenhöck u. R.) 6 ggr

— Appendix historiae ecclesiasticae Eichsfeldiae, anno 1816 editae. 4. Götting. 820.

Wolf, Johannes: Beiträge zur quantitativen Bestimmung und Trennung von Antimon und Zinn durch Elektrolyse aus den Lösungen ihrer Sulfosalze in Schwefelalkalilösungen. 1908. 142 S. 8° ¶ Vgl. Zeitschrift f. Elektrochemie. Jg. 13. 1907.
Dresden, Dr.-Ing.-Diss. v. 29. 4. 1908

— kurze Beschreibung d. Lehrmethode, welche in d. neu erricht. Knaben-Industrieschule zu Nürnberg eingeführt ist, nebst Fortsetz. 4. Nürnb. 805. u. 7. (v. Ebner). (à 2 ggr) 4 ggr

— Commentatio de Archidiac. Heiligenstadiensi, qua continuatur dioecesis Moguntina a S. A. Würdtwein edi coepta. 8. Götting. 809. (Dankwerts; Vandenhöck u. R.) 1 rthlr

— Commentatio de Archidiaconatu Nortensi. 4. Götting. 810. Dankwerts. (Vandenhöck u. R.) 1 rthlr 4 ggr Schrbp. 1 rthlr 8 ggr

— Denkwürdigkeiten des Marktfleckens Dingelstedt im Harz-Departement. Mit 13 Urkunden. 8. Götting. 812. Vandenhöck u. R. 5 ggr Schreibp. 6 ggr

Wolf, J. Denkwürdigkeiten des Marktfleckens Dingelstadt. (72) 8. Göttingen 1812.

— Denkwürdigkeiten d. Marktfleckens Giebolbehausen im Harz-Departement, Distrikt Duderstedt. Mit 10 Urkunden. gr. 8. Götting. 813.

— Denkwürdigkeiten des Amtes u. Marktfleckens Lindau im Harz-Departement. Mit 13 Urkunden. gr. 8. Götting. 813.

— Denkwürdigkk. d. Stadt Worbis u. ihrer Umgegend im Eichsfelde. Mit 40 Urkunden. 8. Götting. 818.

Das Eichsfeld. Von Kanonikus [Johann] **Wolf**. Heiligenstadt: Brunn 1902. (48 S.) 8° [F.]
[Aus: J. S. Ersch & J. G. Gruber: Allgem. Encyclopädie d. Wiss. u. Künste.] 07. 15706 3

— Eichsfeldia docta. P. I. 8. Heiligenstadt 797. (Röwer, Götting.) 16 ggr

Wolf, Johann (Nürnberg) A. S. 133/29

Disputatio inauguralis iuridica de eo quod iustum est circa praeiudicia iudicialia.
Altdorf (Kohles) 17. VI. 1728. 28 S.

Gew.: Stadt Nürnberg. 37139

— über die Erfindung d. Zeichnenkunst u. über die Methode beim Unterricht derselben. 8. Nürnb. 808. (v. Ebner). 2 ggr

— kathol. Gebetbuch mit beigefügten Bibelsprüchen. 12. Heiligenstadt 816.

Wolf, J., Deutschlands Gemüse, beschrieben, gezeichnet u. geätzt v. J. S. Winterschmidt j. 1. Hft. Mangoldarten. 4. Nürnberg, 1805. (Leipzig, Fleischer.) 1. 25

— Geschichte und Beschreibung d. Stadt Duderstadt, m. K. gr. 8. Ebend. 801.

Wolf, Jh., Geschichte u. Beschreibung d. Stadt Duderstadt, mit Kpf. gr. 8. Götting. 803. Röwer. 6 ggr

Wolf, J. Geschichte u. Beschreibung der Stadt Heiligenstadt. 8. Göttingen 1800. 4,50.

— Geschichte u. Beschreibung d. Stadt Heiligenstadt, mit 38 Urkunden. gr. 8. Götting. 801. Schröder. 1 Thlr. 12 Gr.

— diplomatische Geschichte des Petersstiftes zu Nörten. Mit 150 Urkunden. gr. 8. Erfurt 800. (Röwer in Götting.) 1 Thlr. 8 Gr.

Wolf, J., Geschichte des Geschlechts von Hardenberg. 2 Bde. Mit Ktfl. u. Tabellen. Göttingen 1823—24. 8.

— Geschichte d. Geschlechts v. Hartenberg. 2 Thle. Mit 255 Urkunden u. 1 Kpft. gr. 8. Götting. 824. (Vandenhöck u. R.) 4 Thlr. 8 Gr. Schreibp. 5 Thlr. 4 Gr.

— Geschichte des Gymnasiums zu Heiligenstadt vom J. 1575—1774. gr. 8. Götting. 813. (Vandenhöck u. R.) 10 Gr. Schrbp. 12 Gr.

— Geschichte d. deutschen Kirchengesanges im Eichsfelde. 8. Götting. 815.

Wolf, Johs., Geschichte der Mensural-Notation von 1250—1460. Nach den theoret. u. prakt. Quellen bearb. 1.—3. Tl. gr. 8. Leipzig 904. Breitkopf & Härtel. n. 30. —; geb. in Leinw. n. 33. —
1. Geschichtl. Darstellung. (X, 424 S.) 14. —; geb. 15. —
2. Musikalische Schriftproben des 13. bis 15. Jahrh. 78 Kompositionen aus den Handschriften in der Orig.-Notation mitgeteilt. (VIII, 150 S.) 8. —; geb. 9. —
3. Uebertragungen. 78 Kompositionen des 13. bis 15. Jahrh., aus d. Handschriften übertr. (VII, 202 S.) 8. —; geb. 9. —

— politische Geschichte d. Eichsfeldes, mit Urkunden erläutert. 2 Bde. 4. Götting. 792, 93. Röwer. 2 Thlr. 16 Gr.

— Geschichte d. ehemal. Klosters Steina bei Nörten. Mit 18 Urkunden. gr. 8. Erfurt 800. (Schröder; Röwer in Götting.) 8 Gr.

— das Geschlecht d. edlen Herren von Rosdorf, durch 120 Urkunden erläutert. 4. Götting. 812. (Vandenhöck u. R.) 9 Gr. Schreibp. 11 Gr.

Wolf, Johannes: Die Grammatik ⟨Al Gumal⟩ des Zaggāgī. Mit besonderer Berücksichtigung der dichterischen Belegstellen nach den Handschriften von Berlin und Leipzig. Leipzig 1904: W. Drugulin. (46 S.) 8°
Jena, Phil. Fak., Ref. Vollers, Diss. v. 12. Dez. 1904
[Geb. 28. März 75 Hummelshain; Wohnort: Hummelshain; Staatsangeh.: Sachsen-Altenburg; Vorbildung: Gymn. Eisenberg Reife O. 95; Studium: Jena 6, Erlangen 2, Berlin 2, Greifswald 2 S.; Rig. 16. Juli 04.]

— Hand- u. Wandfibel, mit e. Anweisung zum Gebrauch u. zur richtigen Aussprache. 8. Nürnb. 816. Riegel u. W. 10 Gr. die Handfibel allein ¼ Gr.

Wolf, Johann, a. Mainz: Über Heilung der tuberkulösen Bauchfellentzündung mit und ohne Laparatomie. Straßburg 1907: C. Müh & Cie. (81 S.) 8°
Straßburg, Med. Fak., Ref. Fehling, Diss. v. 21. Okt. 1907
[Geb. 23. Febr. 80 Mainz; Wohnort: Bräunlingen b. Donaueschingen; Staatsangeh.: Hessen; Vorbildung: Gymn. Mainz Reife O. 98; Studium: München 3, Würzburg 6, Straßburg 1 S.; Coll. 25. Juli 07; Approb. 13. Juli 03.]

Wolf, J., Heinrich Isaac, Weltliche Werke. [Denkmäler der Tonkunst in Österreich. XIV. Jahrg. 1. Teil.) Fol. (XV, 206 S.) Wien: Artaria & Co. 1907. K 22.—

Wolf, Johann, s. Jugendkalender.

— Eichsfeldische Kirchengeschichte. Mit 134 Urkunden. 4. Götting. 816.

— der Holz u. Zeit ersparende Kochheerd. Mit 1 Kpf. 8. Erlang. 820. Palm. 6 Gr.

Wolf, Johannes: 78 Kompositionen des 13. bis 15. Jahrhunderts aus den Hss. übertr. Leipzig: Breitkopf & Härtel 1904. (VII, 199 S.) 8°
(Wolf: Geschichte d. Mensural-Notation. T. 3.)

— kleine Leseübungen für Anfänger. 8. Nürnb. 812. Riegel u. W. 1½ Gr.

Wolf, Johann, s. Linné, K. v.: Natursystem.

Wolf, Johannes [aus Berlin]: Ein anonymer Musiktraktat des elften bis zwölften Jahrhunderts. Beitrag z. Gesch. d. Musiktheorie d. Mittelalters ... (Aus: Vierteljahrsschr. f. Mus.-Wiss., Jg. 1893.) Leipzig, Druck v. Breitkopf & Härtel, 1893; 53 S. 8.
Leipzig, Phil. Fak., Inaug.-Diss. v. [28. Apr.] 1893

— Musterblätter zu e. einfachen deutschen u. lateinischen Handschrift. 8. Erlang. 3e A. 818. Palm. 8 Gr.

Wolf, Joh., Musterblätter zu einer einfachen Handschrift. 8te Aufl. 8. Erlangen, Palmsche Verl. Buchhdl. 820.

— Naturgeschichte f. d. Jugend, ihre Lehrer, u. f. Freunde d. Natur. 1r Thl. 1s u. 2s Heft u. 56 ill. Kpf. gr. 8. Nürnb. 807. Stein. 1 Thlr. 20 Gr.

Wolf, Joh., und Bernh. **Meyer,** Naturgeschichte der Vögel Deutschlands in getreuen Abbildungen und Beschreibungen. Nürnberg 1805—15. Fol.

— u. B. Meyer, Naturgeschichte der Vögel Deutschlands in getreuen Abbildd. u. Beschreibb. 30 Hefte mit deutsch. u. französ. Texte. gr. Fol. Nürnb. 815. u ff. Frauenholz. 480 Fl.

Wolf, Johs., s. a. **Ramis de Pareia,** Bartolom., musica practica.

Wolf, Johannes. Musica practica Bartolomei Rami de Pareia. Leipzig 1901.
= Publikationen der internationalen Musikgesellschaft. Beihefte. Heft II.

Wolf, J., Realienbuch, s.: Streich, Tr. Fr.

Wolf, J., s.: Realienbuch f. Volksschulen.

Wolf, Joh., Realienbuch f. Volksschulen, s.: Erb, G.

— s.: Realienbuch f. die ev., Volks- u. Mittelschulen Württembergs.

Wolf, Jh., s. Schulatlas, neuer, z. Elementarunterricht in d. Geographie rc.

— Sylbenabtheilungstafel. gr. Fol. Nürnb. 815. Riegel u. W. 3 Gr.

— Stuffo, kein Thüringer Abgott. gr. 8. Erfurt 803. Maring. (Otto). 6 Gr.

— Taschenbuch d. deutschen Vögelkunde, s. Bhrd. Meyer.

— Eichsfeldisches Urkundenbuch, nebst einer Abhandlung von dem Eichsfeldischen Adel. Mit 268 Urkunden. 4. Götting. 819. (Vandenhöck u. R.) 1 Thlr. (Hannov., Hahn). 2 Thlr. 6 Gr.

Wolf, Johannes, a. Dessau: Verhältnis der beiden ersten Auflagen der Kritik der reinen Vernunft zueinander. Halle a. S. 1905: C. A. Kaemmerer. (183 S.) 8°
Halle, Phil. Fak., Ref. Riehl, Diss. v. 2. Nov. 1905
[Geb. 1. Okt. 74 Dessau; Wohnort: Bernburg; Staatsangeh.: Anhalt; Vorbildung: Gymn. Greiz Reife M. 00; Studium: Halle 8 S.; Rig. 29. Juli 05.]

Verhältnis der beiden ersten Auflagen der Kritik der reinen Vernunft zu einander. Von Dr. Johannes **Wolf**. Mit Unterstützung d. Kantgesellsch. hrsg. Halle a. S.: C. A. Kaemmerer & Co. 1905 (1906). (181 S.) 8° [06. 2015 10

Wolf, J., Versuch, die Geschichte der Grafen von Hallermund und der Stadt Eldegsen zu erläutern. Mit Kpfrtfl. Göttingen 1815. 4.

— Versuch, die Geschichte d. Grafen von Hallermund u. d. Stadt Eldagsen zu erläutern. Mit 38 Beilagen u. 1 Kpf. 4. Hannov. 815. Hahn. 18 gr Schreibp. 20 gr

— neue methodische Vorschriften. .. Nürnb. 796. Frauenholz. 1 rß 8 gr

Wolf, Johann August: De agnitione ellipseos in interpretatione Librorum Sacrorum. Commentatio [I] --VI. Lipsiae 1800–1805.

Wolf, J. A., de exemplis biblicis in theologia morali caute adhibendis. I—II. Lips. 1785–86. 4.

Wolf, Johann August [Praes.], s. Fleischhammer, Fried. Gotthelf August: De agnitione ellipseos in interpretatione librorum sacrorum.

Wolf, Johann Burkhard (Nürnberg) A. S. 352/3

Dissertatio inauguralis iuridica de iuris-consulto philosopho.
Altdorf (Kohles) 15. VI. 1728. 30 S.

Gew.: Stadt Nürnberg. 37140

Wolf, Johann Chr. von

Wolf, J. C. v., Auszug d. Geschichte der vornehmsten Reiche in Europa, v. d. mittlern und neuern Zeiten, mit Tabellen. 2 Thle. gr. 8. Wien, Camesina. 785.

v. Wolf, Jh. Chr., Auszug d. Geschichte d. vornehmsten Reiche i Europa v. d. mittlern u. neuern Zeiten, mit Tabellen. 2 Thl gr. 8. Wien 785. (Heubner). 20 gr

Wolf, Jh. Chr., neues Leipziger Kochbuch, od. gründl. Anweisung, wie in jed. Haushaltung alle Speisen auf gute Art zuzubereiten, mit 4 Kpf. 8. Leipz. 779. N. A. 815. 14 gr 3e A. 8. Ebd. 817. Cnobloch. 20 gr

Wolf, J. C., neues Leipziger Kochbuch, od. gründl. Anweisung, wie in jed. Haushaltung alle Speisen auf gute Art zuzubereiten sind, mit K. neue Ausg. 8. Leipzig, Böhme. 815.

Wolf, Johann Christian (Leipzig) A. S. 607/19

Exercitationis academicae de titulis viri inlustris, spectabilis ... sectio prior usum titulorum illorum aulicum exhibens.
Präs. Gottfried Leonhard Baudisius.
Leipzig (Brandenburger) 28. V. 1706. 22 S.

Gew.: Heinrich Born, Quirinus Hartmann Schacher, Wolfgang Jöcher. 37141

Wolf, Johann Christian [Hrsg.], s. Wolf, Ido: Observationum chir.-med. libri 2.

Wolf, Johann Christoph

Wolf, Ioh. Chrph., Anecdota graeca, sacra et profana ex codicibus manu exaratis nunc primum in lucem edita. IV Tmi. 8. Hamb. Bohn. 722. 23.

Wolf, Johann Christoph [Praes.], s. Bambam, Hartwig: Ex antiquitate orientali Spencerianam de Zabiis hypothesin.

Wolf, Johann Christoph [Praes.], s. Behn, Jo. Vincent: Apparatum Philistaeorum bellicum ad vindicandum locum 1. Sam. 13 com. 5.

Wolf, Johann Christoph: Bibliotheca Hebraea. [I.] Accedit in calce Iacobi Gaffarelli Index Codicum Cabbalistic. Mss. quibus Io. Picus, Mirandulanus Comes, usus est. II. III. Inseritur Schemuelis fil. Davidis Jemsel ... Itinerarium. IV. et ultimum. 4 voll. Hamburgi et Lipsiae 1715. 1721. 1727. 1733.

— centuria epistolarum graecarum Libanii nondum editarum cum notis et versione lat. 8. Hamb. 711.

— Compendium Historiae antiquae sive philosophumena. 8. Hamb. 706.

— Conspectus Supellectilis Epistolicae et Literariae manu exaratae, quae extat apud Ioh. Ch. Wolf. 8. ibid. 736.

— Curae philologicae et criticae in totum novum Testamentum. IV Tmi. 4. maj. Hamb. Herold. 733—35.

Wolfii, J. Chr., Curae philologicae et criticae in N. T. Ed. 3. Hamb. 739-41. 4 Vol. 4. 6 rthlr. 20 gr.

Wolfii, J. Ch., Diss. epistolica, qua Hieroclis commentarius partim illustratur, partim emendatur. Lips. 710. 8. 1 rthl. 8 gr.

— Mulierum graecarum quae oratione prosa usae sunt, fragmenta et elogia, graece et latine, cum viror. doctor notis et indic. 4. maj. London. (Vandenhök et R. in Götting.) 739.

— Poëtriarum atque illustrium foeminarum fragmenta et elogia graece et latine c. God. Olearii dissertat. de poëtriis graec. 4. Hamb. Vandenhök. 735.

— Historia Bogomilorum. 4. Wittemb. 712.

— Historia Lexicorum hebraicorum. 8. ibid. 705.

Wolf, J. C., contra Spencerianam de Zabiis hypothesin. Viteb. 1706. 4.

WOLF, JO. CPH., Manichæismus ante Manichæos et in Christianismo redivivus. Hamburgi. 1707. Bohn.

— Monumenta typographica, quae artis hujus originem laudem et abusum posteris produnt. II Ptes. 8. Hamb. Herold. 740.

— Notitia Karaeorum, ex Mordochai Karaei recentioris tractatu haurienda. 4. Hamb. Bohn. 714.

Wolf, J. C., notitia Karaeorum. Hamb. 1721. 4.

— Orotheologie, od. erbauliche Betrachtungen über die Berge. 8. Hof 756. Bierling. 2 gr

— Philosophumena quae sub Origenis nomine circumferentur, cum supplem. 8. Hamb. Bohn. 706—15.

Wolf, Joh. Chrph., Reise nach Zeilan, nebst e. Berichte v. d. holländ. Regierung zu Jaffanapatnam. 2 Thle. gr. 8. Berlin, Nicolai. 781—84.

Wolf, Jh. Cph., († 1785.) Reise nach Zeylan; nebst e. Berichte von d. holländ. Regierung zu Jaffanapatnam; herausg. (von J. E. Biester). 2 Thle. gr. 8. Berl. u. Stettin 782. u. 84. Nicolai. 1 ₰

Wolf, Johann Christoph. Reise nach Zeilan. Berlin u. Stettin 1782—84. H: *Biester, Johann Erich.* (MGT)

— Sapphus, poëtriae Lesbiae, fragmenta et elogia, quotquot in auctoribus antiquis graecis et lat. reperiuntur. 4. ibid. 739.

Wolf, Johann Christoph [Praes.], s. Schwoll, Kaspar Peter von: Carcer eruditorum museum.

Wolf, Johann Christoph, Joh. Christoph Wolfens // gründlicher und vollkommener // Unterricht // zur Rechtschreibung // der // Deutschen Sprache, // Worinnen // Auf eine besondere Art die ganze richtige // deutsche Rechtschreibung in verschiedenen Regeln, // nebst dem gemeinen und [illegible], vor // getragen wird [illegible] die Rechtschreibung meistentheils, // durch fleissiges Durchlesen und Nachschlagen aber eines // doppelten Wörterbuches, // so alle deutsche Wörter in sich hält, in kurzen [illegible] // kann erlernet werden, // Allen jungen Leuten, in und ausser der Schu- //len, [illegible] Frauenzimmer, [illegible] lich aber denenjenigen, welche nichts von // der lateinischen Sprache verstehen, zum Besten, nebst einem // Anhange von fremden Wörtern, Namen und // einem Verzeichnisse der Städte etc. // mit Genehmhaltung der [illegible] Gesellschaft in Leipzig // herausgegeben. // Hof und Bayreuth, // bey Johann Gottlieb Vierling, [illegible]. — 5 Blatt (nicht paginiert: Titelblatt, [illegible] und Vorrede. — [illegible] und noch [illegible] Blatt (nicht paginiert: [illegible]).

Wolf, Jh. Cph., Unterricht z. Rechtschreibung d. deutsch. Sprache rc. 8. Hof ... 3e Aufl. 783. (Grau). 16 gr.

— et Jo. Car. Krullius, Visionem crucis Constantino M. in coelo oblatae adversus recentiores quosdem scriptores Tollium, Huberum, Arnoldum et observatorem Hallensem vindicabunt. Vitenbergæ. 1706. 4. P.

Wolf, J. C., de visione crucis Const. M. Viteb. 1707. 4; rep. in Oelrichs Germ. liter. opusc. 2. p. 303 ss.

Wolf, Johann David

Wolf, Joh. Dav., Schilderungen verschied. häuslich. Zufälligkeiten. 8. Breslau, Horn. 763.

Wolf, Jh. Dav., († d. 24. Febr. 1801.) Schilderungen verschied. häusl. Zufälligkeiten. 8. Bresl. 764. Horn. 2 gr.

Wolf, Johann David, s. Schlesien, Das gelehrte.

Wolf, Johann Fr.

Wolf, Jh. Fr., († d. 13. März 1806.) icones cimicum descriptionibus illustratae, V fasc. c. 20 tabb. col. 4maj. Erlang. 800—11. Palm. 9 ₰ deutsch: Abbild. d. Wanzen mit Beschreib. 5 Hefte. mit 20 ill. Kpf. gr. 4. Ebd. 800—11. 9 ₰

— Abbildungen d. Wanzen, m. Beschr. 1r—4r H. mit 16 ill. K. gr. 4. Ebend. 800—4. (à 1 Rthlr. 16 gr.)

— commentatio de lemina c. tab. aeri inc. 8maj. Nürnb. 801. (v. Ebner). 9 gr. c. tab. color. 12 gr.

Wolf, Jh. Fr., († d. 11. Juli 1804.) Sendschreiben an Scheller, die Kritiken über Ernesti betreff. 8. Leipz. 784. (W. Rauck). 3 gr.

Wolf, J. Fr., Sendschreiben an Scheller, die Kritiken über Ernesti betreff. 8. Leipz. Sommer. 784.

Wolf, Johann Georg

— s. Bienenstock, der, e. Wochenschrift. 3 Jahrgg.

Wolf, Jh. Geo., († d. 6. März 1797.) erster Entwurf zu d. Handlungsacademie. 8. Wien 770.

Wolf, Johann Georg (Herausgeber): „Nützliche Nachrichten und Abhandlungen, das Oekonomie- und Commerzwesen betreffend", Monatsschrift, Band 1—3 (je 12 Stücke), Wien 1767—1769 (Jh. Th. Edler von Trattner). — Vorh.: UB Göttingen und Com. Bibl. Hamburg.

Wolf, Johann Georg Jakob (Nürnberg) A. S. 373/30

Dissertatio inauguralis iuridica de divisione legitima extraiudiciali ob modicam laesionem nec impugnanda nec rescindenda nec reformanda ad illustrand. leg. III. c. comm. utr. iud.
Altdorf (Hessel) 13. IV. 1756. 24 S.

Gew.: Stadt Nürnberg. 37144

Wolf, Johann Gottfried (Eschenbach) A. S. 1084/50

Dissertatio inauguralis medica de balsamis vitae.
Altdorf (Hessel) 18. VI. 1761. 24 S.

W. v.: Johann Jakob Jantke. 37145

Wolf, Johann Gottlob, s. Wolff, Johann Gottlob

Wolf, Johann Heinrich

Wolf, Jh. Hnr. († d. 17. Juni 1784.) Abhandl. von d. Lehrart der vierten Klasse. 8. Prag 775.

— Abhandl. von d. Schönheiten, die allen Sprachen in Rücksicht auf die Schreibart gemein sind. 8. Prag 775.

— Abhandl. von der Uebersetzung der Authoren (sic) in Schulen. 8. Prag 775.

— Anrede an seine Schüler. 8. Prag 779.

— Geschichte d. Königreiche Böheim, zum Gebrauch d. studir. Jugend in d. k. k. Staaten. 8. Wien 783.

WOLF, Joh. Heinr., Der Götterschmaus, eine lustige Erzählung, nebst mytholog. Anmerkgn., beschrieb von . (Ornament-Vign.) Auf Kosten des Verfassers. Prag, in der von Schönfeldischen Offizin. 1784. 8°.

Wolf, lettres diverses à l'usage de la jeunesse. Prag 807. (Dresd., Walther)

— Sammlung deutscher Briefe z. Gebrauch f. d. studir. Jugend. 8. Prag 775. Mangold. 8 gr.

Wolf, J. H., Sammlung verschied. Briefe zum Gebr. der studirend. Jugend. 8. Prag, Mangold. 775.

— erste Vorlesung von d. wahren Begriffe, den Eigenschaften und dem Nutzen d. Universalhistorie. 8. Prag 783.

Wolf, Johann Jakob

Wolf, Jh. Jak., Kornelia, oder: fromme Herzenserhebungen zu Gott, in Gesängen. Zum Gebrauch für Kirchen u. Schulen u. jeden Erbauung suchenden Christen. 8. Halle 824. Fr. Ruff. 1 Rthlr. Schreibp. 1 Rthlr. 6 gGr. Velinp. 1 Rthlr. 12 gGr.

Wolf, Jh. Jak. Kornelia od. fromme Herzenserhebungen ꝛc. 8. Halle 824. (Grunert.) 1 Rthlr. Schreibp. $1^{1}/_{4}$ Rthlr. Velinp. $1^{1}/_{2}$ Rthlr.

[Wolf, Johann Jacob.] (Hans Rudolf Maurer. geboren 1752. gestorben 1805. [Mit 1 Portrat-Tafel.]) Njbl. Chorh. Zürich 1809. 4. [Zürich.]

Wolf, Jh. Jak., (†...) Predigten üb. verschied. Stellen der göttl. Bücher. 2 Thle. gr. 8. Zürich 755–58. Orell. 20 gGr.

[Wolf, Johann Caspar.] Denkschrift zur Erinnerung an die Jubelfeier der fünfzigjährigen Amtsführung... Hrn. Alt-Antistes Dr. Georg Gessner,... Am 21. October 1841. 8. Zürich 1841.

Wolf, Johann Kilian

Wolf, J. Kilian, das Bad Brückenau, s. Schneider.

—— der heil. Krieg d. Phoker. gr. 8. ($3^{1}/_{2}$ B.) Fulda 833, Müller.

Wolf, Johann Kilian [Hrsg.]

Lesebuch für die reifere Jugend. Eine metrisch-prosaische Blumenlese mit vorzüglicher Rücksicht auf die Bildung des mündlichen Vortrages. Th. 1.
Fulda: Müller 1834. VIII.384 S. 8°

—— de divina mundi moderatione e mente C. Corn. Taciti. Dissertat. inaug. 8. (3 B.) Fuldae 830, Mueller.

Wolf, Johann Ludwig

Wolf, Jh. Ldw., (+...) die göttliche Majestät Jesu in s. großen Leiden in d. Fastenpredigt üb. d. Leidensgeschichte v. Matthäo beschrieben. 8. Pappenheim 753. (Stein in Nürnb.) 8 gGr.

Wolf, Johann Ludwig (Hohenlohe) A. S. 1317/3

Disputatio historica solennis de Rosaecrucianis.
Präs. Christoph Stephan Kazauer.
Wittenberg (Gerdes) II. 1715. 54 S.

37147

Wolf, Johann Ludwig: Disputatio historica sol. de rosaecrucianis, s.a. Kazauer, Chrph. St. [Praes.]

Wolf, Johann Lukas Salomon A. S. 1350/8

Dissertatio physica de petrificatorum differentiis et varia origine. Präs. Johann Gesner.
Zürich (Gessner) III. 1752. 50 S.

6 Resp. 37148

Wolf, Johann Theodosius (Tübingen) A. S. 753/1

Specimen analogicum jurisprudentiae universalis et Romanae particularis quoad statum libertatis.
Präs. Stephan Christoph Harpprecht.
Tübingen (Kerner) 25. IX. 1705. 81 S.

Gew.: Johann Rudolph Seubert.
W. v.: Johann Nicolai, Jean Jacques Gaupp.

37149

Wolf, Johann Wilhelm

Wolf, Joh. Wilh., Beiträge zur deutschen Mythologie. Bd. 1: Götter u. Göttinnen. Göttingen, Dieterich, 1852, gr. 8°, XXVIII, 267 S. mit 4 lith. Tafeln, 4 Mk. Bd. 2: Herausgegeben von W. Mannhardt. Das. 1857, gr. 8°, XI, 468 S., 6 Mk.
Über Wert u. Inhalt der „Beiträge" s. Hist.-pol. Bl. Bd. 43, S. 183–4 u. 190.

Wolf, Joh. Wilh. (Joh. Laicus), Die deutsche Götterlehre. Ein Hand- u. Lesebuch für Schule u. Haus. Nach Jakob Grimm u. a. Göttingen, Dietrich, 1852, gr. 8°, XVIII, 118 S., 2 Mk.
Vgl. dazu Hist.-pol. Bl. Bd. 43, S. 184. Mehrfach unverändert wieder abgedruckt.

Wolf, J. W., die deutsche Götterlehre. Ein Hand- und Lesebuch für Schule und Haus. Nach Jacob Grimm u. A. 2. Abdr. gr. 8. (XVIII, 148 S.) Göttingen 874, Dieterich's Verlag.

—— deutsche Hausmärchen. gr. 16. (XVI und 439 S.) Göttingen 851, Dieterichsche Buchh. *

—— deutsche Hausmärchen. Wohlfeile (Titel-)Ausg. 16. (XVI und 489 S.) Göttingen (851)58, Dieterich'sche Buchh.

Wolf, Joh. Wilh., altkölnisches Leben, erneuert durch Leonard Korth, s.: Volksschriften, Münchener.

— Maiglocken. Zur Feier des Marienmonats. 16. (55 S.) Mainz 851, Kirchheim & Schott. 1/6 Rthlr.

Wolf, Joh. Wilh., deutsche Märchen u. Sagen. Gesammelt u. mit Anmerkungen begleitet. gr. 8. ($39^{1}/_{2}$ B. u. 3 Kpfr.) Leipzig 845, Brockhaus. Thlr. *

— Rodenstein u. Schnellerts, ihre Sagen u. deren Bedeutung f. deutsche Alterthumskunde. gr. 8. (32 S.) Darmstadt 848, Leske. 1/6 Rthlr.

—— hessische Sagen. gr. 8. (XVI und 221 S.) Göttingen 853, Dieterichsche Buchh.

— s. Sagen, niederländische. — Sammlung der neuesten flämischen Romane u. Novellen.

— u. J. v. Hefner, die Burg Tannenberg, s.: v. Hefner, J.

Wolf, Johann Wilhelm [Hrsg.], s. Zeitschrift f. dt. Mythologie u. Sittenkunde.

Wolf, Johann Wilhelm Franz: Gedächtniss-Predigt auf den Herrn Grafen von Herzberg am Tage seiner Beysetzung, den 3. Juni in der Kirche zu Britz gehalten, nebst einem kurzen von der Kanzel verlesenen Abriss seiner merkwürdigsten Lebens-Umstände. Berlin 1795. 44 S. 8°

— Gedächtnißpredigt auf den Grafen von Herzberg. gr. 8. Halle 795. Waisenhaus. 8 gGr.

Wolf, Jh. Wlh. Frz., (†. d. 25. Nov. 1808.) vollständ. Confirmationsactus mit neuen Liedern u. mehr. erläut. Bemerkk. 8. Berl. 803. Maurers B. 12 gGr.

— Vorschlag zur zweckmäß. Einrichtung d. Confirmationshandlung. 8. Berl. 802. Maurers B. 5 gGr.

Wolf, Johannes, s. Wolf, Johann

Wolf, Josef

Wolf, Jos., statistische Darstellung der in Böhmen bestehenden Feuerwehr-Vereine und Communal-Feuerwehren. Auf Grund amtl. Quellen zusammengestellt. gr. 4. (103 S.) Prag 877, (Kosmack und Neugebauer.)

Wolf, Josef: Ueber den günstigsten Einfluß einer Anlage von Stauweihern im Gebiet der oberen Werra auf deren Wasserführung. Mit 19 Bl. Zeichn. Hannover: Verein f. Schiffbarmachung d. Werra. 1910. IV, 39S.; 10 Taf., 1 Kt. [in besonderer Mappe.] 8⁰
Braunschweig, Dr.-Ing.-Diss. v. 24. 11. 1909

Wolf, Josef: Aus Inschriften und Papyren der Ptolemaierzeit. S. 3 bis 33, 3 S. ung. 8. II. S. 3–34. 8.
Prag K. k. Staatsgymn. *Feldkirch* 1906. 1907

Wolf, Jos., der Mönch v. Lützelburg, s.: Radermacher's, J., Vereinsbühne.

Wolf, Jos., Nachtrag zum General-Register der Provinzialgesetzsammlung des Königr. Böhmen für die J. 1839—1848. Im hohen Auftrage zusammengestellt. gr. 8. (64 S.) Prag 874, Kosmack und Neugebauer.

Der Unsterblichkeitsglaube der alten Kulturvölker. Von Dr. Josef **Wolf.** (Bregenz): Selbstverl. d. Ver. [F. Unterberger in Feldkirch in Komm.] 1906. (20 S.) 8°
= **Veröffentlichungen** d. Vereines f. christl. Kunst u. Wissenschaft in Vorarlberg. H. 2. [08. 10418

Wolf, Josef Heinrich

—, urkundl. Chronik u. geschichtl.-statist. Sachen- u. Personen-Adress-Buch von München u. aller umliegenden Orte. Von der ältesten bis zur neuesten Zeit. Bd. 1–2 à 12 Hfte. (2 voll.) (So viel erschienen; reicht nur bis zum J. 1468.) München 1852–54. Im Verlag d. Vf. (Bd. II. Heft 12, enthaltend Register, Biogr. u. Schriften-Verz. Wolf's, hrsg. von *E. v. Destouches*, erschien o. J. (erst 1864.) 8⁰. Zus. 3 Bde., hübsch. Expl. in Hsrs. [illegible] Mit Holzschn.-Portr. W.'s. [illegible] Reg. (apart gebd.) XIII, 70 S.

Wolf, Jos. Heinr., Gedichte. 1. Bd. gr. 8. (16 B.) München 830, (Hofbuchhandl.)

Wolf, Dr. Jos. Hnr., Gedichte. 1r Bd. gr. 8. Münch. 831. (Weber). 21 gr

Wolf, Dr. Jos. Heinr., *General-Karte der bayerischen Regenten- und Volks-Geschichte.* Von 400 v. Chr. bis 1840 n. Chr. München, Selbstverlag, 1840. Druck d. J. Deschler'schen Buchdr. in der Vorstadt Au. Gr. qu.-Fol., 12theilig, auf Lwd. gez., in Etui mit Schwarzdrucktit. u. Bändern.

— baiersche Geschichte f. alle Stände des Vaterlandes ohne Unterschied, von d. frühesten Zeiten bis zum Jahre 1832. 1r u. 2r Bd. (à 4 Lieferr.) u. 3r Bd. 1e Liefer. gr. 8. Münch. 832. Fleischmann. (à Liefer. 5 gr) 1 ß 21 gr

—— baierische Geschichte f. alle Stände d. Vaterlandes ohne Unterschied, von d. frühesten Zeiten bis z. J. 1832. 4 Bde. (od. 16 Lfgn.) gr. 8. (96 B.) München 832, 33, Fleischmann. à Bd. 18 Gr.

Wolf, Jos. Heinr., chronistische Geschichte aller merkwürdigen Ereignisse in Frankreich, Italien, Oesterreich, Deutschland rc. im J. 1848. gr. 8. (IV und 256 S.) München 849. (Leipzig, H. Fritzsche.)

—— chronistische Geschichte aller merkwürdigen Ereignisse in Frankreich, Oesterreich und Ungarn, Italien, Deutschland rc. im J. 1849. gr. 8. (III und 472 S.) München 850. (Leipzig, H. Fritzsche.)
Beide Jahre zusammen *

— Deutschlands Geschichte für alle Stände deutscher Zunge, von d. frühesten Zeiten bis z. Jahre 1832. 1r u. 2r Bd. gr. 8. Münch. 832. Fleischmann. (à Liefer. 4 gr) 1 ß 12 gr

—— Teutschlands Geschichte f. alle Stände teutscher Zunge, von d. frühesten Zeiten bis z. J. 1832. 4 Bde. (od. 16 Lfgn.) gr. 8. (96 B.) München 832—34, Fleischmann.

Wolf, Dr. Jos. Heinr. (geb. d. 4. Oktob. 1803 zu Michelfeld, Landger. Eschenbach im Obermainkr., † als kgl. Advokat zu Pfaffenhofen a. d. Ilm, d. 21. Apr. 1857), urkundl. Geschichte u. histor. Beschreibung der kgl. bayer. Haupt- u. Residenz-Stadt München, der Vorstadt Au u. aller sonst geschichtl. merkw. Umgebungen. 4. gänzlich umgearb. Aufl. München (Selbstverl.), 1845. 8⁰. Ppb. Name auf d. Titel.
XVI, 386 S.

—— und W. Lindner, drei Könige aus d. Geschlechte Wittelsbach, Max I., Ludwig I., Otto I., der Baiern u. Hellenen Stolz. gr. 8. (4 B. u. Ttlbild.) München 836, (Finsterlin.)

Wolf, Jos. Heinr., Maximilian Joseph d. Ersten Königs v. Baiern kurze Lebens- u. Regierungsgeschichte. Als Auszug seines größ. Werkes bearb. 4. Aufl. gr. 8. (3 B.) München 836. [Augsburg, Jaquet's Vrlsbuchh.]

Wolf, Dr. H., Ludwig I., König von Bayern. Augsburg, G. A. Reichel. In Commiss. bei Lampart & Comp. 1841. Gr. 4⁰. Orig.-Ppb., gebr.
20 Bll. u. 8 S. Subscr.-Liste. – Splendid ausgestattetes Werkchen, mit vielen Hzschn. u. Randverzierungen von d. Schülern d. polytechn. Schule in München, unter Leitung d. Prof. Neuer.

—— Ortsgeschichte u. Statistik d. k. Haupt- u. Residenzstadt München. Von d. frühesten Zeit bis auf uns. Tage. Aus Quellen bearb. 2. Aufl. 8. (5 B.) München 838, (Fleischmann.) *

— Bayerns Regenten-Geschichte. Aus Urkunden bearb. Heft 1. Agilolfinger u. Karolinger. Von Garibald I. bis Ludwig IV. (554–811). Mit 4 lithogr. Bildnissen (Garibald I., Karl d. Gr., Heinr. d. Löwe, Heinrich IV.) von *J. B. Dilger.* München, Fleischmann, 1838. 8⁰. Etw. wasserfleckig. Blau Hrsb.
IV, 70 S. Mit [illegible] Umschl.-Frontisp. in Braundruck.

—— die allgemeine politisch-moralische Volkserhebung in München, das Bittschreiben des Fürsten von Leiningen und die kgl. Proclamation am 3., 4. und 6. März 1848. Geschichtlich dargestellt. gr. 8. (10 S.) München 848, (Fleischmann.) *

—, die allgemeine politisch-moralische Volkserhebung in München am 3. u. 4. März 1848. Geschichtl. dargest. München, Dr. Wolf u. Deschler, 1848. Gr. 8⁰. 8 S. Cart.

—, Walhalla der grossen Fest- u. Versöhnungs-Woche zwischen König u. Volk in München, vom 6.–13. März 1848. Historisch erbaut von —. (Schluss zum vorigen.) Ibid. eod. Gr. 8⁰. 16 S. Cart.
Inh. (wie auch auf d. Titel steht): 1. Kgl. Proklamation. 2. Feierlicher Dank gegen Gott für d. errungene Freiheit. 3. Ehre denen, welchen sie gebührt. 4. Der Eid des Militärs auf die Verfassung. — Der Kronprinz. 5. Die bayer. Nationalfarbe. — Radikale. — Jesuiten. 6. Die Studenten. — Polytechniker. — Künstler; ein Freicorps. 7. Prinz Karl v. Bayern kgl. Hoh. 8. Fort mit Lola! — Lola nochmal in München. — Aechte Biographie der Lola. 9. Das Triumphfest constitutioneller Freiheit f. König u. Volk.

Wolf, Dr. Jos., Geschichtliche Walhalla der großen Fest- und Versöhnungswoche zwischen König und Volk in München, vom 6.—13. März 1848. Historisch erbaut von —. München, Dr. Wolf und Deschler. (1848.) Gr. 8⁰. 16 S.

Wolf, Jos. Heinr., das Haus Wittelsbach. Bayerns Geschichte aus Quellen bearb. Prachtausg. in 1 Bde. mit 12 Original-Stahlst. u. allegor. Titelbilde gezeichnet von P. C. Geißler, gest. von Carl Mayer. 12 Liefgn. 4. (76½ B.) Nürnberg 841, 45, [Lotzbeck.]

Wolf, Dr. Jos. Heinr. (in München), das Haus Wittelsbach. Bayern's Geschichte aus den Quellen bearb. Prachtausgabe in 1 Bde. m. 12 Orig.-Stahlst. u. 1 allegor. Titelbild, gez. von *P. C. Geissler*, gest. von *Carl Mayer.* Nürnberg, C. H. Zeh, 1845. Gr. Lex.-8⁰. (M. 12.) Eleg. blau Hsrsb.
3 Bll. u. 610 S.

Wolf, Jul., Roskosz miłości i szczęście stanu małżeńskiego. Poradnik dla kochanków i małżonków tudziez nauka o chorobach etc. 8. (IV und 250 S.) Breslau 849, Schletter.

Wolf, Julius

Wolf, Jul. (Hrsg.), s. Abhandlungen, Zürcher volkswirtschaftliche.

Wolf, Jul., über die Action der Brennerei in Deutschland zur Verbesserung ihrer Lage. gr. 8. (15 S.) Tübingen 885, Laupp'sche Buchh.
Aus: Wiener landwirthschaftliche Zeitung, besonders abgedruckt.

[F.] Die Arbeitslosigkeit und ihre Bekämpfung. Vortr. geh. in d. Gehe-Stiftg zu Dresden am 12. Okt. 1895 v. Dr. Julius Wolf, o. Prof. ... in Zürich. *Dresden: v. Zahn & Jaensch 1896.* (39 S.) 1 Bd 8.
= Vorträge, Staatsw., u. Jahrb. d. Gehe-Stiftung zu Dresden. [H. 5.] [96. 4110

Wolf, die Aussichten des Getreidemarktes. Vortrag, geh. in der oekonom. Gesellschaft im Königr. Sachsen, Dresden, am 8. II. 1899. gr. 8. (18 S.) Dresden 899. Leipzig G. Schönfeld. n. — 60

Wolf, Julius, Gerichtsreferendar in Frankfurt a. M.: Die Bedeutung und der Begriff des politischen Delikts im Völkerrecht. Frankfurt a. M. 1907: Gebr. Knauer. (94 S.) 8° [F.]
Marburg, Jur. Fak., Ref. Schücking, Diss. v. 24. Mai 1907
[Geb. 25. Juni 84 Frankfurt a. M.; Wohnort: Frankfurt; Staatsangeh.: Preußen; Vorbildung: Gymn. Offenbach a. M. Reife O. 02; Studium: München 2, Berlin 2, Marburg 2 S.; Rig. 2. März 07.]

Wolf, Jul., Beobachtungen u. Messungen der Temperatur, des Salzgehaltes, der Farbe u. Durchsichtigkeit des Wassers in der nördlichen Adria, ausgeführt im Winter 1901. Aus dem Nachlasse v. J. Luksch zusammengestellt. (12 S.) gr. 8. Wien 903. (A. Hölder.) n. — 80
Sonderabdruck aus: „Sitzungsber. d. k. Akad. d. Wiss."

Wolf, Julius, [illegible] und Messungen der Temperatur, des Salzgehaltes, der Farbe und Durchsichtigkeit des [illegible] in der nördlichen Adria, ausgeführt von Prof. J. Luksch im Winter 1901 [illegible]
Siehe auch 1. [illegible] Berichte der K[illegible] für Erforschung des östlichen Mittelmeeres. 1., 2. und 3. Reihe
Separatabdruck

Wolf, Julius, Josef Luksch [und] J. Köttstorfer. [illegible] an die K[illegible] Ungarische Seebehörde in Fiume über die [illegible] am Bord des Dampfbootes „Nautilus" und des Dampfers „Deli" im Zeitraume 1874—77 ausgeführten [illegible] physikalischer Untersuchungen im adriatischen Meere [illegible] Fiume 1877. 1878 [illegible] 51, 27, 41, 37 [illegible]

Wolf, Jul., s.a. **Bericht** an die königl. ungarische Seebehörde in Fiume über physikalische Untersuchungen des adriatischen Meeres.

— Börsenreform in d. Schweiz. Gutachten, erstattet an d. Justiz- u. Polizeidepartement d. schweiz. Eidgenossenschaft. gr. 8. (VIII, 120 S.) Zürich 895. A. Müller's Verl. n. 3. —

Wolf, Jul., die Branntweinsteuer. Ihre Stellung im Steuersystem und in der Volkswirthschaft, ihre geschichtl. Entwicklung und gegenwärtige Gestalt in den einzelnen Ländern, und ihre Erhebungsformen mit einem die Branntweinsteuerreform in Oesterreich-Ungarn behandelnden Abschnitt. gr. 8. (XVI, 568 S.) Tübingen 884, Laupp'sche Buchh.

Wolf, Julius (Theod.) (geb. Magdeburg 21. 2. 1820). Aristotelis de intellectu agente et patiente doctrina. Berolini (1844). (48 S.) 8°
Berlin, Phil. Diss. v. 27. Juli 1844

Wolf, Jul., Aristotelis de intellectu agente et patiente doctrina. Dissertatio inaug. philosophica. 8 maj. (3¼ B.) Berlin 844, Amelang'sche Sort.-Bh. *

Wolf, Jul., s.: Erbschaftsabgabe, die, u. die Reichsfinanzreform.

Der deutsch-amerikanische Handelsvertrag, die kubanische Zuckerproduktion u. d. Zukunft d. Zuckerindustrie mit zahlr. statist. Tabellen u. Exkursen von Julius **Wolf**, Prof., Breslau. Jena: G. Fischer 1906. (VII, 158 S.) 8° [06. 13833 2

— der Kathedersocialismus u. die sociale Frage. Festrede, geh. am 3. XI. 1899 zur Stiftungsfeier des socialwissenschaftl. Studentenvereins zu Berlin. gr. 8. (III, 81 S.) Berlin 899. G. Reimer. — 50

Wolf, Prof. Julius,
Die landwirtschaftliche Krisis, ihre notwendige Entwickelung u. die Mittel zu ihrer Milderung. (Referat zum 3. österr. Agrartag.) 8⁰. Wien 1885.

Wolf, J., Materialien betreffend den Mitteleuropäischen Wirtschaftsverein. [1. Ausg.] Berlin, 1904. 43 S.

Materialien betr. den mitteleuropäischen Wirtschaftsverein. Hrsg. von Dr. Julius **Wolf**, Prof., (Breslau). 2. Ausg. Berlin: G. Reimer 1904. (78 S.) 4° (8°)
= **Veröffentlichungen** d. mitteleurop. Wirtschaftsvereins. H. 1. [05. 1961

— s.a. Materialien betr. den mitteleurop. Wirtschaftsverein.

Wolf, Jul., nationalisation de la production de l'argent et autres propositions concernant la question monétaire. Résumé du texte original allemand. Présenté à la conférence monétaire de 1892 à Bruxelles. gr. 8. (36 S.) Zürich 892. C. Schmidt. n. 1. 60

Nationalökonomie als exakte Wissenschaft. Ein Grundriß von Dr. Julius **Wolf**, Prof., Breslau. Leipzig: A. Deichert Nachf. 1908. (XXVI, 204 S.) 8° [08. 9699

Wolf, Julius, Dr. Prof. Zur Reform des schweizerischen Notenbankwesens. Eine eidgenössische Giro-Stelle als Lösung. Gr. in-8°, VII u. 163 S. Zürich, Cäsar Schmidt. 1888 3 60

—— über die Reform der Zuckersteuer in Oesterreich. gr. 8. (III, 56 S.) Wien 880, (Frick.)

Das Deutsche Reich und der Weltmarkt. Von Dr. Julius **Wolf**, Prof., Breslau. *Jena: G. Fischer 1901.* (VI, 78 S.) 8° [F.] [01. 8943

— Die Reichsfinanzreform u. ihr Zusammenhang m. Deutschlands Volks- u. Weltwirtschaft. (XII, 177 S.) gr. 8. Leipzig 909. C. L. Hirschfeld. 4. —

Wolf, Julius [aus Bürgel (Hessen)]: Aus d. pharmakolog. Institut d. Univ. in Würzburg. Über Salzsäurebindung bei künstlicher Eiweissverdauung ... Würzburg, P. Scheiner's Buchdr., 1891; 47 S. 8.
Würzburg, Med. Fak., Inaug.-Diss. v. 1891

—— Sozialismus und Liberalismus in ihren geschichtlichen Beziehungen. Vortrag. 8⁰. Wien 1887.

Wolf, Jul. Internationale Sozialpolitik. Ein Vortrag, geh. zu Anfang Januar 1889 in der Zürcher statistisch-volkswirthschaftl. Gesellschaft. gr. 8. (24 S.) Zür. 889, Schmidt. * — 60
Aus: Zeitschrift f. schweizer. Statistik, besonders abgedruckt.

— Steuerreform im Kanton Zürich. [Aus: „Neue Zürcher-Zeitg."] gr. 8. (III, 46 S.) Zürich 897. A. Raustein. n. — 80

—— System der Sozialpolitik. 1. Bd.: Sozialismus u. kapitalistische Gesellschaftsordnung. Kritische Würdigung beider als Grundlage einer Sozialpolitik. gr. 8. (XIX, 620 S.) Stuttg. 892, Cotta Nachf. * 12 —

—— Tatsachen und Aussichten der ostindischen Konkurrenz im Weizenhandel. gr. 8. (VIII, 168 S.) Tübingen 886, Laupp'sche Buchh.

Wolf, Jul. und **Jos. Luksch**, physikalische Untersuchungen in der Adria. Ein Beitrag. gr. 8. (22 S. mit 1 Taf.) Wien 887, (Gerold's Sohn.)
Aus: Mittheilungen aus dem Gebiete des Seewesens, besonders abgedruckt.

Wolf, Julius, und Josef **Luksch**: Physikalische Untersuchungen im adriatischen und sicilisch-jonischen Meere während des Sommers 1880 an Bord des Dampfers „Hertha". Sammt Untersuchungen über die heraufgebrachten Grundproben von A. v. Mojsisovics und G. Marktanner. Mit 3 Figuren im Text und 6 Tafeln. (Beilage zu Mittheilungen aus dem Gebiete des Seewesens. Bd. 9. Heft VIII u. IX.) Wien 1881. VIII, 79 S. 8°.

— **Verstaatlichung** der Silberproduktion u. andere Vorschläge zur Währungsfrage. Der internationalen Münzkonferenz zu Brüssel 1892 gewidmet. gr. 8. (68 S.) Zürich 892. C. Schmidt. n. 2. 50

Wolf-Delitz a. B., die christliche Volksschule, e. vorbereit. u. helf. Schwesteranstalt der christl. Kirche. Vortrag, geh. auf der Lehrer-Versammlg. der Prov. Sachsen am 6. Oktbr. 1886. gr. 8. (19 S.) Halle 886. Hendel. — 15

— die gegenwärtige Wirtschaftskriiis. Antrittsrede, geh. an der Universität Zürich im Sommersemester 1888. gr. 8. (32 S.) Tübingen 888. Laupp. n. 1. -

— **d. Wohnungsfrage als Gegenstand d. Sozialpolitik. Vortrag, geh. im Rathaus zu Zürich am 5. Dezbr. 1895. gr. 8. (38 S.) Jena 896. G. Fischer. n. 1. —**

— **s.: Zeitschrift f. Socialwissenschaft.**

Wolf, Julius Heinrich Karl

Wolf, Jul. Hnr. Karl, die Pflicht, durch d. Einpfropfung d. künstlichen den natürl. Blattern zu entgehen. 8. Grünstadt (Manh.) 786. Schwan u. G. 3 𝒦

Wolf, K., Grundriss der Chemie u. Mineralogie f. die 4. Klasse der Gymnasien u. Realgymnasien. (III, IV, 148 S. m. 80 Abb. u. 12 [5 farb.] Taf.) gr. 8. Triest 910. M. Quidde. Geb. in Leinw. 2. 75

Wolf, K., De morbo hypochondriaco et hysterico. Fref. ad V. 8°. 1799

Wolf, K., s. Pope, A.: Heloise.

Wolf, K., Marburgs dritte Säcularfeier. Ode im Namen d. Studirenden. gr. 4. Marb. 827. (Garthe). 6 𝒦 Dass. gr. 4. u. Rundgesang am Abend, d. 28. Juli 1827. 8. Ebd. 6 𝒦

Wolf, K. Hermann, s. Wolf, Hermann

Wolf, Kamillo: Die Pflege des Gesanges und der Musik an der Mittelschule. S. 3–17. 8.
Progr. Staats-Gymn. mit deutscher Unterrichtssprache *Prag-Altstadt* 1908.

WOLF, Carl
(F) Anno Dazumal und heute. **Meraner Skizzen von Carl Wolf. Innsbruck. 1901. Edlinger. 8°. 183 S.** K 2.40

Wolf, Carl, **Atlas** antiquus. 19. Aufl. v. Heinr. Kiepert's Atlas der alten Welt, neu bearb. 16 (lith. u. color.) Hauptkarten u. 20 Nebenkarten. qu. gr. 4. (VIII, 48 S.) Weimar 884. Geograph. Institut. n. 3. — ; geb. n. 4. —

Wolff's, Carl, historischer Atlas. 18 Karten zur mittleren und neueren Geschichte. 1. Lfg. Fol. (6 Bl.) Berlin 875, D. Reimer. à Bl. * 80 Pf.; Subscr.-Pr. * 3 —

Wolff's, Carl, historischer Atlas. 19 Karten zur mittleren und neueren Geschichte. 2. und 3. Lfg. Fol. Berlin, D. Reimer. [2. Lfg. (7 lithogr. und chromolithogr. Karten in qu. gr. Fol.) 876; 3. Lfg. (6 lithogr., color. und chromolithogr. Karten in qu. gr. Fol. mit Text IV, 8 S.) 877.]
Subscr.-Pr. à Lfg. * ℳ 3.; compl. * ℳ 12.; geb. * 14 —
Einzelne Karten à * — 80

1. Lfg. Ebendas. 1875. * ℳ 3.

Wolf, Karl: Die Bartholomäten und ihr Seminar in Salzburg. 42 S. 8. **Progr.** Staats-g. *Salzburg* 1883.

Wolf, Dr. C., Beantwortung einiger gewerbsrechtlichen Fragen. Ein Versuch. gr. 8. Münch. 826. Lentner. (Leipz., Volkmar.) 6 𝒦

Wolf, Karl, Beitrag zur Kenntnis der Gattung Braunina Heider. (24 S. m. 1 Fig. u. 1 Doppeltaf.) gr. 8. Wien 903. (A. Hölder.) n. — 80
Sonderabdruck aus: „Sitzungsber. d. k. Akad. d. Wiss."

Bücher-Verzeichnis der Bibliothek der Freimaurerloge „Zu den 3 Pfeilen" in Nürnberg. Nach dem Stande vom 1. Okt. 1905. [Zsgest. von Karl **Wolf.** Nürnberg 1906: Schwemmer.] 103 S. 8°

— über den deutschen Buchhandel. gr. 8. Münch. 829. Lentner. (Leipz., Volkmar.) 12 𝒦

Wolf, C., über d. deutschen Buchhandel. gr. 8. (6½ B.) München 829, Verf. (Hofbuchhandl.)

Wolf, Carl, Der Burggräfler. Bilder aus dem Volksleben. 8. (IV, 178 S. m. Illustr.) Innsbr. 890, Wagner. * 2 80

WOLF, Carl (München): De chlorosi cum inflammatione in variis partibus conjuncta.- Monachii: Weiss 1839. 18 S.
23.7.1839 - Urk: F 64
Diss.Ingolst.-Landsh.-Mchn.

Wolf, Karl: Bukowiner Deutsch. Fehler und Eigentümlichkeiten in der deutschen Verkehrs- und Schriftsprache. Wien: Schulbücher-Verl. 1901

Wolf, Karl, die territoriale Entwicklung Bayerns. Begleittext zur histor. Schulkarte v. Bayern. gr. 8. (31 u. III S. m. 1 Taf.) Speyer 897. Jäger. n. — 60

Langensalzaer Erinnerungen aus der Zeit vor und während des tollen Jahres 1848/49. (Verf.: Prof. [Karl] Wolf-Eisenach.) *Langensalza: Wendt & Klauwell 1902.* (96 S.) 8°.
— Unstrutthale, Aus dem. H. 3.

Wolf, s.a. Erinnerungen, Langensalzaer.

— das Erwerbsrecht durch Gewerbe. Betrachtet aus rechtl. u. polit. Standpunkte, mit besond. Berücksichtigung d. Verfassung Baierns. 8. Münch. 828. (Weber.) 4 𝒦

—— das Erwerbsrecht durch Gewerbe. Betrachtet aus rechtl. u. polit. Standpunkte, mit besond. Berücksichtig. d. Verfassung Bayerns. 8. (2 B.) München 828, Verf. (Hofbuchhandl.)

Wolf, Carl, drei Erzählungen. 8. (167 S.) Innsbruck 897. A. Edlinger. n. 2. —; geb. in Leinw. n. 3. —

Ⓑ Wolf, Carl, drei Erzählungen. 897. (KVB 30.) Jetzt: Stuttgart, A. Bonz & Co.

Wolf, Carl, Europa, Africa septentrionalis, Asia citerior a. p. Chr. n. 500. 1:4,000.000. 4 Blatt. Cromolith. Imp.-Fol. Wien, Hölzel. fl. 6.—; auf Leinw. in Mappe fl. 9.—; mit Stäben fl. 10.—.
1887.

Wolff, Carl, kleine vaterländische Geschichte für die Hand der Kinder in Volksschulen bearb. 8. (82 S.) Langensalza 881, Beyer und Söhne. *

Wolff, Carl, Geschichte des brandenburg-preußischen Staats. gr. 8. (IV, 208 S.) Langensalza 870, Beltz.

Wolf, Carl, Geschichten aus Tirol. Mit e. Vorwort v. P. K. Rosegger. 1.—4. Aufl. 8. (VII, 282 S.) Innsbruck 892—895. A. Edlinger. n. 3. 20; geb. n.n. 4. —

— Geschichten aus Tirol. 2.—4. Sammlg. 8. (234; IV, 228 u. V, 213 S.) Ebd. 895—898. à n. 3. 20; geb. à n.n. 4. —

— neue Geschichten aus Tirol. 8. (239 S.) Ebd. 902. n. 3. 20; geb. n. 4. —

— Geschichten aus Tirol. (Neue Aufl.) I. u. IV. Sammlung. 8. Stuttgart 908. A. Bonz & Co. à 3.20; geb. in Leinw. à 4. —
I. Mit e. Vorwort v. P. K. Rosegger. 7. u. 8. Taus. (290 S.)
IV. 3. u. 4. Taus. (210 S.)

Wolf, Karl, Grundzüge der Elektrotechnik zum Gebrauche an gewerblichen Lehranstalten. (Lehrtexte f. Fachschulen.) (IV, 145 S. m. 262 Abb.) gr. 8. Wien 910. A. Hölder. Kart. 1. 80

Wolf, Karl: Andreas Hofer, s. Husterer, Georg

Wolf, Carl, Imperium Romanum Germanicum Caroli Magni et successorum. 1 : 2,000,000. 4 Bl. Chromolithogr. Imp.-Fol. Wien 887, Hölzel. * 7 —
In Mappe auf Leinw. *M 10.—; mit Stäben * 12 —

—— Karte des ehemaligen Königr. Polen, nach den Grenzen von 1772. Mit Angabe der Theilungslinien von 1772, 1793 und 1795. 1 : 3,000,000. Fol. Hamburg 872, Friederichsen und Comp. * 3 —

—— Lehrbuch der allgemeinen Geschichte zum Gebrauch für höhere Lehranstalten und zum Selbststudium. 3 Thle. gr. 8. Berlin, Habel. à Thl. *M. 2,50. *
Inhalt:
Thl. 1. Lehrbuch der alten Geschichte. (X, 206 S.) 869.
" 2. Mittlere Geschichte. (VII, 219 S.) 879.
" 3. Neuere Geschichte. (VIII, 262 S.) 870.

—— Lehrbuch der allgemeinen Geschichte zum Gebrauch für höhere Lehranstalten und zum Selbststudium. gr. 8. Berlin 880, Habel. à Thl. *M 2,60. *
Inhalt:
Thl. 1. Lehrbuch der alten Geschichte. [Ausg. A für Gymnasien; Ausg. B für Real- und höhere Bürgerschulen.] 2. und 3. Aufl. (VIII, 216 S.) 872,80.
" 2. Lehrbuch der mittleren Geschichte. 2.—4. Aufl. (VII, 220 S.) 872,83.
" 3. Lehrbuch der neueren Geschichte. 2. und 3. Aufl. (VIII, 272 S.) 873.80.

Wolf, Carl, Lehrbuch der neueren Geschichte. 4. Aufl. gr. 8. (VIII, 277 S.) Berl. 889, Habel. * 2 60
Bildet den 3. Tl. von d. Verf. Lehrbuch der allgem. Geschichte. — 1. u. 2. Tl. [Alte u. mittlere Geschichte.[Ebd. 1880,83. à Tl. * 2 60.

Wolf, Carl, Lehrbuch d. mittleren Geschichte. 5. Aufl. gr. 8. (VII, 220 S.) Berlin 896. C. Habel. n. 2. 60

—— die Lehre von d. Gewerbs-Privilegien. gr. 8. (8 B.) München 829, Verf. (Hofbuchhandl.)

— die Lehre von d. Gewerbs-Privilegien. gr. 8. Münch. 829. Verf. (Weber). 16 gr

—— Leitfaden zur allgemeinen Geschichte. 8. (VII, 234 S.) Langensalza 868, Beyer und Söhne.

—— Leitfaden zur allgemeinen Geschichte. 2. Aufl. gr. 8. (VI, 176 S.) Langensalza 877, Beyer und Söhne. cart. *

—— Leitfaden zur allgemeinen Geschichte. 3. Aufl. 8. (IV, 148 S.) Langensalza 881, Beyer und Söhne. geb. *

Wolf, C., Leitfaden zur allgemeinen Geschichte. 4. Aufl. gr. 8. (IV, 148 S.) Langensalza 888. Beyer & Söhne. geb. n. 1. —

Wolf, Karl, zwei Marterln u. andere Tiroler Geschichten, s.: Universal-Bibliothek.

— Meran, s: Grieben's Reisebücher.

Wolf, Carl, der Kurort Meran mit Ober- und Untermais, s. Städtebilder und Landschaften aus aller Welt.

Die innere Mission und die moderne politische Tagespresse. Von Dir. [Karl] **Wolf**-Witten. Witten: Ev. Pressbüro [1910]. 16 S. 8°
[10. 8504

Die innere Mission und die moderne politische Tagespresse. Übersicht über d. Tätigkeit d. Ev. Press-Verbandes f. d. Prov. Westfalen u. f. d. Fürstentum Lippe. Hrsg. von P[astor Karl] **Wolf**, Dir. d. Ev. Press-Verbandes. Witten a. d. R.: Ev. Pressbüro (1910). 72 S. 8°
(Jahrbuch f. evangel. Pressearbeit Jg. 2.) [10. 5536

— Der evangelische Pfarrer u. die moderne Tagespresse. (16 S.) 8. Ebd. (910). nn — 10
Sonderabdruck aus: „Neue kirchl. Zeitschr."

Wolf, Karl, die alte Posterin u. andere Geschichten aus Tirol. (161 S.) 8. Innsbruck 905. [A. Edlinger.] Stuttgart, A. Bonz & Co. n. 2. —; geb. n. 3. —

Der Evangelische Pressverband für die Provinz Westfalen, seine Entstehung, s. Entwicklung u. s. Ziele. Dargest. von P[astor Karl] **Wolf**, Dir. d. Ev. Pressverbandes. Witten a. d. R.: Ev. Pressbüro in Komm. (1908). 95 S. 8°
(Jahrbuch f. evangelische Pressearbeit Jg. 1.) [10. 5515

Wolf, Carl, das Reichsgesetz üb. den Unterstützungswohnsitz m. Rücksicht auf die Entscheidungen d. Bundesamtes f. Heimathwesen dargestellt u. erläutert. gr. 8. (48 S.) Darmstadt 876. Jonghaus. n. — 80

Wolf, Karl: Säuregrad und Keimgehalt bei gewöhnlicher und bei pasteurisierter Milch. Berlin (1906): G. Schade. (29 S.) 8°
Berlin, Med. Fak., Ref. Rubner, Diss. v. 30. Jan. 1906.

Wolf, Carl, Schlesien vor u. unter der preußischen Herrschaft. Für jung u. alt dargestellt. 8. (IV, 157 S.) Leipzig 894. O. Spamer. n. 1. —; geb. n.n. 1. 40

— historischer Schul-Atlas zur alten, mittleren u. neueren Geschichte, s.: Kiepert, H.

Karl **Wolf**. Historische Schulkarte von Bayern. [Nebst] Begleittext. *Speyer: Jäger 1897.* 1 Ktnbl. quer-gr. 2. 1 Bd 8.
Schulkarte (4 Bl. 2/3)
Begleittext [m. d. T.:] Die territoriale Entwickelung Bayerns ... v. K. Wolf. (51, III S., 1 Bl., 1 Tab.) [98. 4347

— Sixt u. Hartl. (139 S. m. Titelbild.) gr. 8. Ebd. 903. n. 2. —; geb. in Leinw. n. 3. —
Auch die übrigen Schriften dess. Verfass. aus dem A. Edlinger'schen Verlag sind an A. Bonz & Co. übergegangen.

—— Der Brandenburgisch-Preussische Staat nach seiner geschichtlichen Entwickelung unter den Hohenzollern. Berlin 1872. . . . . (Br. Mus.)

—— die mitteleuropaeischen Staaten nach ihren geschichtlichen Bestandtheilen des ehemaligen römisch-deutschen Kaiserreiches. Fol. Berlin 872, Habel.

—— Die mitteleuropaeischen Staaten nach ihren geschichtlichen Bestandtheilen des ehemaligen römisch-deutschen Kaiserreiches. Berlin, Luderitz, 1872. Imp.-Fol. Chromolith. 8 M. . . . . (H.; Br. Mus.)

—— T a b e l l e n zur allgemeinen Geschichte zum Gebrauch für höhere Lehranstalten und zum Selbststudium. gr. 8. (IV, 156 S.) Berlin 871, Habel. *

—— T a b e l l e n zur allgemeinen Geschichte zum Gebrauch für höhere Lehranstalten und zum Selbststudium. 2. verb. Aufl. gr. 8. (IV, 159 S.) Berlin 884, Habel. *

—— Die unmittolbaren Theilo des ehemaligen römisch-deutschen Kaiserreiches nach ihrer frühern u. gegenwärtigen Verbindung (Text zur Karte der mitteleuropaeischen Staaten). Berlin 1872. gr. 8.

—— die unmittelbaren Theile d. ehemaligen römisch-deutschen Kaiserreiches nach ihrer früheren u. gegenwärtigen Verbindung. gr. 8. (590 S.) Berlin 873. Habel. n. 8. 50

— T i r o l e r T r e u e. Mit Illustr. v. Hugo Engl. (434 S.) kl. 8. Ebd. (909). 4.50; geb. in Leinw. 5. 60

—— Ü b e r s i c h t zur vaterländischen Geschichte. Mit 1 Karte: Der brandenburg-preuß. Staat nach seiner geschichtl. Entwickelung unter den Hohenzollern. 1. und 2. verb. Aufl. gr. 8. (72 S.) Ebendas. 871,84. *
Ausg. ohne Karte * 80 Pf.; Karte allein *

Wolf, Karl, aus Gelsenkirchen in Westf.: Ueber den **Ursprung** der Elektrisierung beim Sprudeln der Luft durch Flüssigkeiten. *Voorde b. Kiel 1903: O. Krohn.* (38 S.) 8°
Kiel, Phil. Diss. v. [19. Dez.] 1903

Wolf, Karl, Ursprung u. Verwendung des religiösen Erfahrungsbegriffes in der Theologie des 19. Jahrh. Ein Beitrag zur Geschichte der theolog. Erkenntnistheorie. (VIII, 134 S.) gr. 8. Gütersloh 906. C. Bertelsmann. n. 2. 40; geb. n. 3. —

— aus dem V o l k s l e b e n Tirols. 8. (III, 182 S.) Innsbruck 902. A. Edlinger. n. 2. —; geb. n. 3. —

Vorwärts auf dem Gebiete der evangelischen Presse. Vortrag geh. von Dir. [Karl] **Wolf**-Witten auf d. Jahres-Versammlung d. Ev. Vereins f. d. Innere Mission in d. Grafschaft Mark. Witten: Ev. Preßbüro [1910]. 10 S. 8° [Umschlagt.] [10. 5763

— V o r w ä r t s auf dem Gebiete der evangel. Presse. Vortrag, geh. auf der Jahres-Versammlg. des evangel. Vereins f. die innere Mission in der Grafsch. Mark. 2.—4. Taus. der Aufl. (16 S.) 8. Witten (910). Verlag des ev. Preßbüros. nn — 15

Wolf, Karl, e. neue Zeit, s.: S a m m l u n g kleiner Volksschriften, Nr. 23.

Wolf, Karl August

Wolf, Carl Aug., der erste Brief Johannis, in kirchl. Catechisationen für Geistliche zum Gebrauche bei den sogenannten Catechismuslehren, sowie für Lehrer und Studirende der Theologie ausgelegt. 1. Abthl. gr. 8. (XII und 228 S.) Leipzig, 850, G. Mayer.
Die 2. Abthl. erschien u. d. Ttl.:
Practischer Commentar üb. d. 1. Brief Joh.

Wolf, K. Aug., Ehespiegel. Eine geistl. Mitgabe in den heil. Stand der Ehe. 16. (68 S.) Leipzig 870, H. Fritzsche's Buchh. [A. Krüger.]
geb. mit Goldschn.

Wolf, C. Aug., Ehespiegel. Eine geistl. Mitgabe in den heil. Stand der Ehe. Leipzig 870. Lorentz. 16. (68 S.) n. 5 ngr; in engl. Einb. mit Goldschn. n. 10 ngr

Wolf, K. Aug., Ehespiegel. Eine geistl. Mitgabe in den heil. Stand der Ehe. 3. verb. Ausg. 16. (80 S.) Leipzig 885. G. Wolf. n. — 60

Wolf, K. Aug. „Ich u. mein Haus, wir wollen dem Herrn dienen". Eine geistl. Mitgabe in den Stand der heil. Ehe. 5. verb. Aufl. Früher u. d. T. „Ehespiegel" erschienen. 8. (XII, 78 S.) Lpz. 889, G. Wolf. — 75; geb. 1 50

Wolf, Carl Aug., ein exegetischer und practischer Commentar zu den drei Briefen St. Johannis. gr. 8. (VI, 354 S.) Leipzig 881, Kössling'sche Buchh. *ℳ 6.; geb. *

Wolf, Karl Aug., ein exegetischer und practischer Commentar zu den Briefen St. Johannis. 2. Aufl. Lex.-8. (VI, 354 S.) Leipzig 885. [G. Wolf.] G. Levien. geb.

—— practischer Commentar über den ersten Brief Johannis oder der erste Brief Johannis in kirchl. Catechisationen. 2. Abthl. gr. 8. (IV und 346 S.) Leipzig 851, G. Mayer.

Wolf, Karl Aug., geschichtl. Nachrichten üb. d. Klingenthaler Kirchspiel, auf Anlaß des auf d. 13. p. Trinit. 1837 fallenden 100jähr. Jubiläums d. jetzigen Kirche zu Klingenthal zusammengestellt. gr.8. (5¼ B. u. 1 Ansicht.) Leipzig 837, (Eisenach.)

W o l f, Karl Aug., auserles. heilige R e d e n. 2 Thle. 8. Erfurt, Homeyer. 742—44.

— neue Samml. auserles. heil. R e d e n, nebst Baumgartens Vorrede v. d. wahren Beschaffenheit d. schriftmäß. Predigens. 2 Thle. 8. Jena u. Leipz. Junius. 742—52.

Wolf, Karl Gottfried

— de historiae naturalis et oeconomices cum jurisprudentia consortio. 8. Leipz. 783. Hilscher.

Wolf, Karl Gf., († d. 10. März 1789.) Diss. inaug. Jus statutarium Lipsiense circa tutelam aetatis. 4. Lpz. 779.

W o l f, Karl Gfr. v., Versuch ub. d. sittlichen E i g e n s c h a f t e n u. Pflicht. d. Soldatenstandes. 8. Lpz. Hilscher. (Compt. f. Lit.) 776.

Wolf, Karl Ludwig: (Carolus Ludovicus Wolf.) Dissertatio de abusu balneorum frigidorum.
Göttingen, Med. F., Diss. 1722

Wolf, Karl Wilhelm

Wolf, [illegible] De haematemesi. [illegible]
1818. [illegible] 8
Berlin, Med. Diss. v. 30. Juni 1818

W o l f, Caspar [1735–1798] s. V u e s remarquables des Montagnes De la Suisse.... Berne 1778.

Wolf, Kaspar Friedrich, s. W o l f f, Kaspar Friedrich

Wolf, Kilian, s. W o l f, Johann Kilian

Wolf, Konrad Gottlieb, s. W o l f f, Konrad Gottlieb

Die gesundheitsgemäße Einrichtung unserer Wohnung von Dr. med. Kurt **Wolf**, Prof., Dresden. Halle a. S.: C. Marhold 1905. (43 S.) 8° [F.]
= **Volksbücherei,** Medizinische. H. 21. [05. 12525 3

Wolf, Kurt [app. Arzt aus Dresden]: Ueber einen Fall von Uterusruptur. . . . Freiburg i. B., Buchdr. v. Chr. Ströcker, 1890; 32 S. + 1 Bl. 8°
Freiburg i. B., Med. Fak., Inaug.-Diss. v. 1890

Wolf, Kurt, Dr. med.: Über die Farbstoffbildung der fluoreszierenden Bakterien des Dresdener Elb- und Leitungswassers. 1897. 36 S. 8° ¶ Auch in: Zeitschrift f. Gewässerkunde. Bd 1. 1898.
Dresden Te. H., Hab.-Schr. v. W.-S. 1897/98

Wolf, Kurt: Hygienische Fragen über Heizung. 1. Aufl. München & Berlin: Oldenbourg 1909. 43 S. 8°
(Veröffentlichungen d. Deutschen Vereins f. Volkshygiene. H. 17.)

Wolf, Kurt, hygienische Fragen üb. Heizung, s. a. Veröffentlichungen des deutschen Vereins f. Volks-Hygiene. 17. Heft.

Wolf, Curt, Referendar: Das Scheckguthaben. Borna-Leipzig 1909: Noske. VI, 55 S. 8°
Leipzig, Jur. Diss. v. 28. Juli 1909
[Geb. 20. März 84 Roßwein; Wohnort: Roßwein; Staatsangeh.: Sachsen; Vorbildung: Gymn. Freiberg Reife O. 04; Studium: Leipzig 7 S.; Rig. 13. Juli 08.] [U 09. 2730

Leda mit dem Schwan. Novellen von Curt Julius **Wolf**. Berlin & Leipzig: H. Seemann Nachf. [1905]. (154 S.) 8°
= **Unterhaltungs-Bibliothek,** Seemanns kleine. No 23. [05. 15640

Wolf, Curt Jul., Leda mit dem Schwan, s. a. Seemann's kleine Unterhaltungsbibliothek. Nr. 23.

Curt Julius **Wolf**. Moderne Minneritter. Novellen. München: Langen 1903. 127 S. 8°
(Kleine Bibliothek Langen. Bd 59.) [10. 8719

— moderne Minneritter, s. a. Bibliothek Langen, kleine. 59. Bd.

Wolf, L. u. F. Jügel

— [Abbildung der neuen Königl. preuss. Armee-Uniformen. Nach der Natur gezeichnet von L. Wolf und in Kupfer gestochen von F. Jugel. Hrsg. von Joh. Bab. Weiss. Berlin bei dem Hrsg. 1812—1814.] [10 Hefte.]
57 Taf. in kol. Aquatinta. gr. 2°
Unvollständig

Wolf. Abbildung der Königl. preussischen Armee Uniformen. Hersg. von Weiss. Berlin [1817]

Wolf, L., vollständ. Berichterstattung über die im Jahre 1832—1833 geführten ausgedehnten Versuche mit Militär-Percussionsgewehren. 8. Karlsruhe 833. Creuzbauer. 11/12 ₰

Wolf, L., die Flucht aus Genf. 8. Hamburg 839. Herold. 1 1/3 ₰

Wolf, L., die Flucht aus Genf. 8. (19 1/4 B.) Hamburg 839. [Leipzig, Berger's Buchh.]

—— die Griechen in Lübeck, histor. Erzähl. a. d. 16. Jahrh. 8. (20 1/4 B.) Hamburg 837. [Leipzig, Berger's Buchh.]
Aus dem: Wintergrün, besond. abgedruckt.

Wolf, L., der Maronier, histor. Erzählung. 8. (13 B.) Hamburg 839. [Leipzig, Berger's Buchh.] Thlr.

——, Mustapha Pascha, od. d. Verschwörung auf Malta. 8. (16 B.) Hamburg 837. [Leipzig, Berger's Buchh.]

— Mustapha Pascha, oder die Verschwörung auf Malta. kl. 8. Hamburg 837. (Herold.) 1 ₰

Wolfius, L. (Resp.): De sensu vitali,
s. Rahn, Jo. Hen. (Praes.)

— der Tabu auf Tahiti. 8. Hamburg 837. Herold. 1 ₰

—— der Tabu auf Tahiti. 8. (14 B.) Hamburg 837. [Leipzig, Berger's Buchh.]

Wolf, L. & F. Jügel. [Uniformen der Berliner Bürgergarde.] L. Wolf del: F. Jugel sc: [Berlin um 1810.]
10 Taf. in farbiger Aquatinta. 2°
Die 1806 geschaffene Bürgergarde ist in ihren 1810 eingeführten Uniformen dargestellt

——, Victorie, s. Wintergrün f. 1830.

——, Jürgen Wullenweber ꝛc., s. Wintergrün f. 1837.

WOLF, Lazarus (Kallstadt): De morbis simulatis ac dissimulatis.- Monachii: Giesser 1836. 23 S.
23.2.1836 - Urk: F 63
Diss.Ingolst.-Landsh.-Mchn.

Wolf, Leo, aus Hannover: **Beschreibung des mittelhochdeutschen Volksepos nach seinen grotesken und hyperbolischen Stilmitteln.** *Berlin: Mayer & Müller 1902.* (46 S.) 8° ¶ (Erscheint vollst. als: Palaestra, H. 25.)
Göttingen, Phil. Diss. v. [31. Mai] 1902

Wolf, Leo, aus Oberstein a. N.: **Aus d. hygien. Institut zu Würzburg. Ueber den Einfluss** des Wassergehaltes der **Nährböden auf das Wachsthum der Bacterien.** *München 1899 [vielm. 1901/02]: R. Oldenbourg.* (12 S.) 8°
Würzburg, Med. Diss. v. 1899

Wolf, Dr. Leo, die Gefahren der bisher befolgten Maßregeln zur Verbreitung d. Kuhpocken dargestellt. gr. 8. Hamb. 822. Campe. 8 ₰

Wolf, (Leo.) die Gefahren der bisher befolgten Maßregeln zur Verbreitung d. Kuhpocken. gr. 8. Hamb 823, Campe.

Wolf Leo. Englische und Amerikanische landwirthschaftliche Maschinen, theils eingeführt, theils verfertigt von —. Nebst einem Anhange, enthaltend: Kurze Beschreibung und Leistungsfähigkeit der neuerdings k. k. priv. Mahlmühle nach Thom. Barnett und W. Croßkill. 8. (40 S.) Wien, Druck von U. Klopf sen. und Alex. Eurich 1853.

Wolf, Leo (Fürth) **F, zm/7**

Dissertatio inauguralis medico-chirurgica de sarcocele.
Erlangen (Junge) 15. VII. 1799. 30 S.

Gew.: Friedrich Hildebrandt, Friedrich Wendt.
37150

Der groteske und hyperbolische Stil des mittelhochdeutschen Volksepos beschrieben von Dr. Leo **Wolf**. *Berlin: Mayer & Müller 1903.* (161 S.) 8°
= **Palaestra**. 25. [03. 15734 10

[Wolf, Leonhard.] (Joh[ann] Conrad Pfenninger, Diacon. geb. 1747. gest. 1792. [Mit 1 Porträt-Tafel.]) Njbl. Chorh. Zürich 1822. 4. [Zürich.]

Wolf, Leonhard Heinrich

Wolf, Leonh. Heinr., Ergebnisse des raumlehrlichen Unterrichtes in der Elementarschule. Ein Wiederholungs- und Uebungsbüchlein für die Hand des fleißigen Schülers. 8. (IV, 63 S. mit 4 Stnt.) Kreuznach 876, (Schmithals.)

—— Volkslieder für Schule und Haus. Auswahl nach Bestimmung der königl. Regierung zu Coblenz. 8. (VI, 42 S.) (Ebendas.) 879.

Wolf, Leonh. Heinr., Volkslieder für Schule und Haus. Auswahl nach Bestimmung der königl. Regierung zu Coblenz. 2.—6. verb. Aufl. 8. (VI, 42 S.) Kreuznach 880—84, Schmithals.

Wolf, Leonh. Heinr., Volkslieder für Schule und Haus. Auswahl nach Bestimmung der königl. Regierung zu Koblenz. 8. und 9. verb. Aufl. 8. (VI, 42 S.) Kreuznach 886,87, Schmithals.

Wolf, Leonh. Heinr. Volkslieder f. Schule u. Haus. Auswahl nach Bestimmg. der königl. Regierg. zu Koblenz. 13. verb. Aufl. 8. (VI, 42 S.) Kreuznach 892, Schmithals' Verlag. ** — 20

Wolf, Leonh. Heinr., Volkslieder f. Schule u. Haus. Auswahl nach Bestimmg. der königl. Regierg. zu Koblenz 14., verb. Aufl. 8. (VI, 42 S.) Kreuznach 894. R Schmithals Nachf. n.n. — 20

[F.] Volkslieder für Schule und Haus. Ausw. nach Bestimmung der Kgl. Regierung zu Koblenz. Hrsg. v. Leonhard Heinrich Wolf, Lehrer ... 16. verb. Aufl. *Kreuznach: R. Schmithals 1897.* (VI, 42 S.) 1 Bd 8.

Wolf, Leonh. Heinr., Volkslieder f. Schule u. Haus. Auswahl nach Bestimmg. der königl. Regierg. zu Koblenz. 17. verb. Aufl. 8. (VI, 42 S.) Kreuznach 899. R. Schmithals Verlag. n.n. — 20

Wolf, Lorenz

— paradoxes Andenken an das vormals große und berühmte, nun aufgelößte Erzbisthum Mainz u. seine geistlichen Söhne u. Enkel, die dem Bisthume Würzburg unterworfen worden, darin geblieben oder ausgewandert sind. Seinen weit verbreititen geistlichen Brüdern mitgetheilt. gr. 8. Würzburg 832. (Strecker.) 1/4 ₰

Wolf, Lor., über den Antheil denkender Katholiken an d. Jahresfeier d. Staatsverfassung d. Königr. Baiern. 8. Mainz 821. Müller. 3 gr.

Antwort eines alten Freundes der Wahrheit [Lorenz Wolf] auf das „Sendschreiben an protest. Bürger u. Landleute, ‚Wir bleiben Protestanten' von einem alten Volksfreunde" (Fr. A. Hoffmann), Leipzig 1826, 8°). Mit einem Anhange: Aus Luthers Werken gezogene Stellen, welche die kath. Wahrheit bezeugen. Würzburg, Etlinger in Komm. (jetzt Regensburg, Verlagsanst.), 1827, 8°, 72 S., 75 Pf.

—— Das Bekenntnis des röm. katholischen Glaubens, wie es von jenen beschworen wird, welche ein Kirchenamt annehmen, und von jenen, welche zur katholischen Religion übertreten. Mainz, Müller, 1820, 8°, 20 Pf. (Vergriffen.)

(—) krit. Beleuchtung des unterm 16. April 1801 erschienenen Generalreskripts vom erzbischöfl. General-Vicariate zu Frankfurt a. M., d. Versehung d. Seelensorge im Allgemeinen betitelt. 8. Mainz (Würzb.) 801.

Wolf, Lorenz, geistliche Betrachtungen, s. Riegler, G.

— Betrachtt. über d. Militärpflichtigkeit, das Wandern u. Auswandern d. kurbaier. Unterthanen im Fürstenthum Würzburg. 8. Würzb. 805. Stahel. 6 gr.

— Betrachtt. über das vom Könige v. Preußen an d. Herzogin v. Köthen angebl. erlassene Schreiben. gr. 8. Würzb. 826. Etlinger. 4 gr.

— geschichtl. Darstellung der ihm durch d. Gericht vorgeworfenen Mißhelligkeiten mit dem Schulkommissär zu Würzburg. 8. (Rothenb. a. d. T.) 810.

— merkwürd. Dispensationsgesuch über d. verbotene Fastenzeit als Ehehinderniß bei d. Fürstbischöfl. Vikariate zu Würzburg, sammt Consequenzen. 4. Würzb. 805.

— dürfen d. Fürsten Deutschlands bei d. immer fühlbarer werdenden Plane, den Katholicismus aus Deutschland zu verdrängen, ohne alle Besorgniß für d. Sicherheit ihrer eigenen Throne seyn? Zur nähern Prüfung vorgelegt. 8. Mainz 821. Müller. 6 gr.

—— Dürfen die Fürsten Deutschlands bei dem immer fühlbarer werdenden Plane, den Katholicismus aus Deutschland zu verdrängen, ohne alle Besorgnis für die Sicherheit ihrer eigenen Throne sein? Zur nähern Prüfung vorgelegt. Ebendas. 1821, 8°, 68 S., 75 Pf.
Katholik 1821, Bd. 2, S. 189—91.

— d. gerettete Ehre d. röm.-kathol. Kirche gegen d. wiederholten Aufwärmungen eines d. kathol. Kirche angedichteten schändl. Glaubensbekenntnisses. 8. Würzb. 821. 2e A. 822. (Stahel). 6 gr.

Wolf, Lorenz, Die gerettete Ehre der röm.-kath. Kirche gegen die wiederholten Aufwärmungen eines der kath. Kirche angedichteten schändlichen Glaubensbekenntnisses. Würzburg, (Stahel.) 1822, 8°, 2. Aufl., 111 S.
Recens. Katholik 1821, Bd. 2, S. 301—14.

— die Ehre u. d. Glück, ein kathol. Christ zu seyn, oder d. Bekenntniß d. röm.-kathol. Glaubens, wie es von dem allgem. Kirchenrathe zu Trient befohlen u. vom Papste Pius IV. bekannt gemacht ist. Mit belegenden Anmerkk. 8. Mainz 821. 2e A. ... Müller. 4 gr.

—— Einkerkerung, s. Riegler, G.

Wolf, Lorenz, Freimütige Gedanken u. Erklärungen über die Schrift des Dr. Tzschirner in Leipzig, betitelt: „Protestantismus u. Katholicismus rc." (s. o. S. 658) u. über die des Herrn Klaiber in Stuttgart: „Sollen wir katholisch werden?" (Stuttgart, Steinkopf, 1822, 8°.) Mainz, Kirchheim, 1824, gr. 8°, 1,80 Mk.

Wolf, Lorenz, s. Gedanken u. Erklär. über d. Tzschirnersche Schrift ...

Wolf, Lor., vertraul. Gespräch zweier kathol. Dorfpfarrer über einige wichtige Fragen, d. Katechese in d. Kirche u. Schule betreffend. 8. Rothenb. 811.

—— Katholischer Gruß an die kath. Christen in Deutschland. Gelobt sei Jesus Christus! Wir heißen, sind und bleiben kath. Christen. Ebendas., Stahel, 1833, 8°, 79 S.
Recens. Kath. Littztg v. Kerz 1833, Bd. 3, S. 197—9.

— d. Heilkraft des Vertrauens auf Jesum Christum, d. i. kurze Belehrr. über Wunderheilungen u. d. Benehmen derjenigen, welche eine Wunderheilung verlangen, erlangt haben, oder nicht erlangen konnten. 8. Würzb. 1e u. 2e A. 821.

Die Heilkraft des Vertrauens auf Jesum Christum, das ist: Kurze Belehrung über Wunder-Heilungen... Von Lorenz Wolf. 2., verm. Aufl. Würzburg 1821: Dorbath. 48 S. 8°

(Wolf, Lorenz,) Deutschlands Katastrophe. Das ist: Notwendiger Verfall der christlichen Religion u. bürgerlichen Ordnung in Deutschland durch das Werk „Die Stunden der Andacht". Regensburg, Manz (jetzt Verlagsanst.), 1825, gr. 8°, 2. verb. Aufl., 1 Mk.

Wolf, Lorenz, s. Neujahrsgeschenk f. kathol. Christen.

— Notiz über d. Geistesübungen im Franziskanerkloster zu Würzburg. 8. (Rothenb. a. d. T.) 810.

— Predigt, gehalten am 2. Sonnt. nach Ostern 1810, an welchem Tage sich Wolf in d. Franziskanerkloster zu Würzburg begeben wollte rc. 8. Werthheim 810.

— Predigten zur Beförderung d. Glaubens u. d. Tugend. 2 Thle. 8. (Regensb.) 803. Daisenberger. 1 ₰ 8 gr.

— Predigten auf d. Festtage des Jahres. 2 Thle. N. Aufl. 8. Regensb. 812. Daisenberger. 20 gr.

— Rechtfertigung d. Betrachtt. gegen d. Krugsche Apologie eines königl. Schreibens. gr. 8. Würzb. 826. Etlinger. 8 gr.

Rechtfertigung Sr. Durchl. des Herrn Fürsten Alexander von Hohenlohe gegen die Lästerschrift: Das Märchen vom Wunder. Von Lorenz Wolf. Würzburg 1822: Dorbath. 63 S. 8°

—— kurzgefaßte Rechtfertigung d. kathol. Geistlichkeit im Königr. Bayern in ihrer Forderung: daß alle Kinder aus gemischten Ehen kathol. erzogen werden. 8. (1¼ B.) Würzburg 831, (Etlinger.)

— nothwendige Rüge e. Rügen- u. Lästerartikels gegen d. kathol. Kirche u. ihr Oberhaupt Pius VII. in d. Neckarzeitung 1820. Nr. 229. 8. Mainz 821. Müller. 3 gr.

—— Sendschreiben an seine kathol. Glaubensbrüder im Bisthume Trier. gr. 8. (1½ B.) Würzburg 831, (Strecker.)

Wolf, Lor., Sollen auch die Pfarrei-Zehnte abgelöset werden? Begutachtet. (Kann auch von den zehentberechtigten Gutsherrn erwogen werden.) 8°. Würzburg, Etlinger, 1826.

Wolf, Lorenz, s. S t e r c k, Jh.: E. schwed. Verfolgungsgeschichte.

—— ernste Stimme d. Wahrheit an alle kathol. Christen: Wir heißen, sind u. bleiben kathol. Christen. Gegen d. Zuruf des von d. kathol. Kirche ausgetret. Priesters J. Fell. An Christen aller Bekenntnisse. Mit e. Präludium v. Parochus in Altis. gr. 8. (10 B.) Würzburg 828, Strecker.

—— Ernste Stimmen der Wahrheit an alle kath. Christen: Wir heißen, sind und bleiben kath. Christen. Gegen den Zuruf des aus der kath. Kirche ausgetretenen Priesters J. Fell. Würzburg, (Strecker,) 1828, 8°.
Recens. Felders Kath. Littztg f. Religionslehrer 1828, Bd. 3, S. 256—66.

—— merkwürdiger Streit, s. Riegler, G.

—— Verteidigung der kath. Kirche gegen Dr. J. E. Rinnichs Verteidigung der evangel. Kirche u. eine sog. evangelische Warnung. Würzburg, Strecker, 1829, gr. 8°, 215 S., 2 Mk.
Kath. Littztg von Kerz 1829, Bd. 1 S. 259—93. Katholik 1829, Bd. 32 S. 121—2. Vgl. Rinnich, Verteidigung d. ev. Kirche gegen ihre Feinde, oder Beleuchtung d. Betrachtungen des Pfarres Wolf ꝛc. Düsseldorf, Schaub, 1828, 8°.

— histor. Vorbericht d. theolog. Bemerkk. n. dem Aufrufe des bischöfl. General-Vicariats zu Bruchsal an seinen Diöcesan-Clerus, zur Vertheidigung der von Leand. v. Eß herausg. 9 Predigten Frz. B. v. Reinhards gegen d. Censur des Dr. K. Kieser ꝛc. 4. Würzb. 827. (Strecker). 12 gr.

Was gewinnen Menschheit, Staat und Religion durch die Heilungen Sr. Durchlaucht des Herrn Fürsten Alexander von Hohenlohe und des Landmannes Martin Michel von Unterwittighausen; und was gefahren Menschheit, Staat und Religion durch ihre Gegner? Beantwortet von Lorenz Wolf. Würzburg 1821: Dorbath. 64 S. 8°

— wie ist dem immer mehr um sich greifenden Laster d. Unzucht bei d. ledigen Jugend auf dem Lande Einhalt zu thun? 8. Rothenburg a. d. T. 810.

Wolf, Lorenz, Zeitgemäße Worte des Friedens an Bürger und Landleute deutscher Nation. Würzburg 1831, gr. 8°, 16 S.
Kath. Litztg v. Kerz 1831, Bd. 3 S. 33—4. Katholik 1831, Bd. 41 S. 126. — Die Schrift „Das Täublein mit dem Ölzweig, oder: Der christliche Katholik. Eine Stimme zur Vereinigung aller christl. Kirchen". Karlsruhe, G. Braun in Komm., 1831, XI, 92 S. — ist trügerisch u. scheint auf Irreleitung der Katholiken berechnet. Vgl. Katholik 1831, Bd 41 S. 87—96.

—— zeitgemäße Worte d. Friedens an alle Bürger u. Landleute deutscher Nation. gr. 8. (1 B.) Würzburg 831, (Etlinger.)

Wolf, Louise, s. Haus-Kapelle zur Feyer des Kirchenjahres.

Wolf, Ludwig (Hrsg.), s. A n z e i g e r für deutsche Armenbehörden. Jg. 1885, Beilage.

Wolf, Ldw., über eine neue Art d. Kämpfschen Visceralklystire. 8. Wien 793. Pazowsky. (W. Nauck in Leipz.) 8 gr.

Wolf, L., üb. e. neue Art d. Kampfschen Visceralklystiere. 8. Wien, Pazowsky. (Sommer in Leipz.) 793.

Wolf, Ludwig, appr. Arzt u. Assistenzarzt im K. B. 7. Inf.-Reg.: Aus d. chir. Univ.-Kinderklinik in München (Prof. Herzog). Ueber komplizierte traumatische Epiphysenlösung der unteren Radiusepiphyse verbunden mit Fraktur der Ulna. Mit 2 Taf. München 1910: Kastner & Callwey. 42 S. 8°
München, Med. Diss. v. 7. April 1910, Ref. v. Angerer
[Geb. 11. Aug. 83 München; Wohnort: München; Staatsangeh.: Bayern; Vorbildung: Theresien-Gymn. München Reife Juli 02; Studium: München 10 S.; Coll. 7. April 10; Approb. 15. Febr. 09.] [U 10. 3610

Wolf, Ludwig: Die Erforschung des Sankuru. ([S.-A.] Petermanns Geographische Mitteilungen 1888 Heft 7.) Gotha 1888. 11 S. 1 Krt. 4°.

Wolf, Dr. L. Forschungsreisen, Mai 1888 — April 1889, von der Station Bismarckburg nach Palawe, Salaga, Fasuga, Pessi und Bato (Togo-Gebiet). 1:710000. (Berlin 1890). 1 Bl. c. L. Sch.

Wolf, Ludw. Im Innern Afrikas, s. Wissmann, Herm. v.

Wolf, Dr. L. Kartenskizze seiner Reise von Bismarckburg nach Barbar oder Borgu. 23. April bis 26. Juni 1889. 1:300000. Berlin. 1 Bl. c. L. Sch.

Wolf, Ludwig *Georg* [aus Frechen]: Aus d. med. Klinik zu Bonn. Über Neurasthenia cerebralis traumatica. . . . Bonn, Buchdr. J. Bach Wwe., 1891; 35 S., 1 Bl. 8°
Bonn, Med. Fak., Inaug.-Diss. v. [8.] Aug. 1891

Wolf, M., die Bedeutung der Weltschöpfung nach Natur und Schrift. 8. (VIII und 96 S.) Frankfurt a. M. 866, Heyder und Zimmer. *

Wolf, M., der Apostel Paulus an die Römer unserer Zeit. Erklärg. der 8 ersten Kapitel d. Briefes Pauli an die Römer m. Beziehg. auf die wichtigsten Fragen unserer Zeit. 8. (IX, 98 S.) Frankfurt a. M. 872. Heyder & Zimmer. n. 1. 20

Wolf, M., die Urgeschichte oder 1. Mose Kap. 1—6. B. 8. Ein apologet. Versuch. gr. 8. (80 S.) Bad Homburg 860, Fraunholz. Thlr.

M. Wolf. Der Zeichenunterricht an den Gelehrtenschulen. 26 S. Bruchsal, P 1866

Wolf, Marguerite, Frühlenz. Gedichte. Mit Buchschmuck v. Marga Brezl. (95 S.) 8. Straßburg 904. Straßburger Druckerei u. Verlagsanstalt. n. 2. —

Wolf, Mart., Walter Scott's Kenilworth. Eine Untersuchg. üb. sein Verhältnis zur Geschichte u. zu seinen Quellen. Diss. (79 S.) gr. 8. Leipzig 903. Buchh. G. Fock. n. 1. 60

Wolf, Martin, a. Dresden: Avellanedas „Don Quijote". Sein Verhältnis zu Cervantes und seine Bearbeitung durch Lesage. Gießen 1907: v. Münchow. (69 S.) 8°
Leipzig, Phil. Fak., Ref. Birch-Hirschfeld u. Wülker, Diss. v. 18. März 1907
[Geb. 25. Juni 83 Dresden; Wohnort: Dresden; Staatsangeh.: Sachsen; Vorbildung: Wettiner Gymn. Dresden Reife O. 02; Studium: Leipzig 7 S.; Rig. 30. Jan. 06.]

Wolf, Max, die Aussen-Nebel der Plejaden. gr. 4. (15 S. m. 2 Taf.) München 900. (G. Franz' Verl.) n. 1. —
Sonderabdruck aus: „Abhandlgn. d. k. bayer. Akad. d. Wiss."

Wolf, Max [aus Düren '(Rheinprov.)']: Beitrag zur Lehre von der Hydronephose[!]. '(Aus d. Patholog.-Anatom. Anstalt d. städt. Krankenhauses „Moabit" '(Prof. Dr. R. Langerhans.)' ... Berlin, Druck v. E. Ebering, *1897*; 28 S., 2 Bl. 8.
Berlin, Med. Fak., Inaug.-Diss. v. 6. Juli 1897

— über die Bestimmung der Lage des Zodiakallichtes u. den Gegenschein. gr. 8. (S. 197—207 m. 1 Taf.) Ebd. 900. n. — 40

Wolf, Max, die Bestimmungen der Finanzgesetze vom 25. Juli 1850 und 28. Mai 1852 betr. den Steuerbeischlag der Pfalz rc. s. Gesetzgebung, die, des Königr. Bayern.

Wolf, M., die Differentialgleichung der mittleren Anomalie u. die Wahrscheinlichkeit der Convergenz in der Darstellung ihres Integrals. gr. 8. (III, 46 S.) Heidelberg 889. C. Winter. n. 1. 60

Wolf, Max, die physische u. sittliche Entartung des modernen Weibes. 1. u. 2. (Titel-)Aufl. gr. 8. (IV, 113 S.) Neuwied 892. 893. A. Schupp. n. 2. 50

— dasselbe. 3., verm. u. verb. Aufl. gr. 8. (VIII, 114 S.) Ebd. 894. n. 2. 50

Wolf, Max, d. physische u sittl. Entartung d. modernen Weibes. 4. Aufl. gr. 8. (VIII, 114 S.) Dresden 896. Halle a/S. C. O. Lehmann. n. 2. 50

— die Entdeckung u. Katalogisirung von kleineren Nebelflecken durch die Photographie. gr. 8. (S. 111—126.) Ebd. 901. n. — 40
Sonderabdruck aus: „Sitzungsber. d. bayer. Akad. d. Wiss."

Wolf. Max: Die nördliche Fortsetzung der Orion-Nebel. Mit 2 Taf. Heidelberg: Winter 1910. 7 S. 8°
(Sitzungsberichte d. Heidelberger Akad. d. Wiss. Math.-naturw. Kl. Jg. 1910, Abh. 3.)

—— Gesetz vom 11. Juli 1850, die Kapitalrenten- und Einkommensteuer betr., s. Gesetz.

Wolf, Max., die Gesetze vom 31. Mai 1856, die Einkommen- und Kapitalrentensteuern betreffend, s. Gesetzgebung, die, des Königr. Bayern.

Wolf, Max [aus Heilbronn a. N.]: Zur Casuistik der Bleivergiftungen. ... Berlin, Buchdr. v. G. Schade, *1890*; 31 S. 8°
Berlin Med. Fak., Inaug.-Diss. v. 6. Sept. 1890

— Die Milchstrasse. Vortrag, geh. in der allgem. Sitzg. der 79. Versammlg. deutscher Naturforscher u. Ärzte in Dresden, am 20. IX. 1907. Mit 53 Abb. im Text u. auf 10 Lichtdr.-Taf. (48 S.) gr. 8. Leipzig 908. J. A. Barth. Kart. 4. —

Wolf, Max, u. Fritz Fleischer, Nova therapeutica. Führer durch das Gebiet der neueren Arznei- u. Nährmittel, zum Gebrauch f. den prakt. Arzt bearb. (553 S.) gr. 8. Berlin 910. Vereinigte Verlagsanstalten G. Braunbeck & Gutenberg-Druckerei. Geb. in Halbleinw. 5. —

Zur Ortsbestimmung im Luftschiff. Von Max **Wolf**, Heidelberg. Mit 1 Fig. Heidelberg: Winter 1910. 6 S. 8°
(Sitzungsberichte d. Heidelberger Akad. d. Wiss. Math.-naturw. Kl. Jg. 1910, Abh. 26.) [10. 18329

Wolf, Max: Die Photographie des Sternhimmels, s. Projections-Vorträge. 62. Heft.

— Photographien u. Zeichnungen des Kometen 1907 d, Daniel. (S. 437—443 m. 3 Taf.) Lex. 8. München 908. G. Franz' Verl. 1. 50
Sonderabdr. aus: „Abhandlgn. d. bayer. Akad. d. Wiss."

— s.: Publikationen d. astrophysikalischen Instituts Königstuhl-Heidelberg.

— s.: Publikationen des astrophysikalischen Observatoriums Königstuhl-Heidelberg.

Das Spektrum des Amerika-Nebels. Von Max **Wolf**, Heidelberg. Heidelberg. Winter 1910. 9 S. 8°
(Sitzungsberichte d. Heidelberger Akad. d. Wiss. Math.-naturw. Kl. Jg. 1910, Abh. 27.) [10. 18330

Das Spektrum des Halleyschen Kometen vor seiner oberen Konjunktion von Max **Wolf**, [Prof.] in Heidelberg. Heidelberg: Winter 1910. 7 S. 8°
(Sitzungsberichte d. Heidelberger Akad. d. Wiss. Math.-naturw. Kl. Jg. 1910, Abh. 7.) [10. 6879

— Stereoskopbilder vom Sternhimmel. I. Serie. 2. u. 8. unveränd. Abdr. (12 Taf. m. 23 S. Text.) kl. 8. Leipzig 908. 09. J. A. Barth. In Mappe 5. —

Wolf, Max, Medicinalpraktikant a. Karlsruhe i. B.: Aus d. städt. Kaiser u. Kaiserin Friedrich-Kinderkrankenhause zu Berlin. ⟨Direktor: a. o. Prof. Dr. Ad. Baginsky.⟩ Orthostatische Symptome bei Purpura mit Tuberculose hereditär belasteter Kinder. Stuttgart 1907: Union. (19 S.) 8°
Leipzig, Med. Fak., Ref. Hoffmann, Diss. v. 8. Nov. 1907
[Geb. 4. Febr. 83 Herxheim; Wohnort: Karlsruhe; Staatsangeh.: Baden; Vorbildung: Gymn. Karlsruhe Reife M. 01; Studium: Heidelberg 1, München 4, Freiburg i. B. 2, München 1, Berlin 1, Straßburg 1 S.; Coll. 16. Dez. 07; Approb. 23. Jan. 08.]

Wolf, Max [Dr. phil.]: Sur les termes élémentaires dans l'expression du rayon-vecteur. ... Stockholm, k. Boktryckeriet. P. A. Norstedt & Söner, 1890; 1 Bl. + 50 S. 4°
Heidelberg, Phil. Fak., Hab.-Schr. v. 1890

Wolf, Max [aus Coblenz]: Ueber den Werth der künstlichen Frühgeburt bei engem Becken ... Bonn, J. Bach Wwe, 1886; 18 S. 4°
Bonn, Med. Fak., Inaug.-Diss. v. 10. März 1886.

Wolf, Max, über den Werth der künstlichen Frühgeburt bei engem Becken. Diss. Bonn 1886, Gustav Fock. 8°. 43 S.

Wolf, Max, prakt. Zins- u. Diskont-Berechnung durch einmalige Multiplikation f. alle Banken, Private, Geschäftsbetriebe etc. Durchgesehen v. Ernst Wucher. Mit Tagestab. als Anh. (16 S.) gr. 8. Gera-R. (907). E. Wucher. (Nur direkt.) 2. —

Wolf, Michael —. Emunath beth Israel. Israels Glaubens- und Pflichtenlehre. Ein Leitfaden zum Unterricht für die isr. Jugend an Gymnasien und Realschulen von — —. 8. (VI, 26 S.) Lemberg. Gedruckt bei Michael F. Poremba. 1854.

Wolf, Mich., der erste Lese- u. Sprachunterricht im Hebräischen. Nebst einigen sprachl. Vorbereitungs-Uebungen zum leichteren Uebersetzen der מִקְרָא קֹדֶשׁ Rischon Lemikra. gr. 8. (Mit 1 Tabelle.) Wien 844. (Leipzig, C. L. Fritzsche.) n. 1/3 ₰

Wolf, Mich., Rischon lemikra. Der erste Lese- und Sprachunterricht im Hebräischen und Deutschen nebst einigen sprachl. Vorbereitungs-Uebungen zum leichtern Uebersetzen der מִקְרָא קֹדֶשׁ 3., verm. und verb. Aufl. gr. 8. (145 S.) Lemberg 854. (Leipzig, C. L. Fritzsche.) *

Wolf, Michael [Hrsg.], s. Mohr, A. M.: Erd- u. Völkerkunde v. Europa, ...

Wolf, Michael —. Die vier Schutzengel. Rede, gehalten an die israelitische Schuljugend bei der Eröffnung des neuen Schulgebäudes am 1 December 1854, von - —. Lemberg. 1854. Gedruckt bei M. F. Poremba. (12 S. 8.)

Wolf, Moritz [aus Basel '(Schweiz)']: Beiträge zur Kenntniss der Phenyl-, α- und β-Naphtylester der Salicylsäure ... Basel, Buchdr. Kreis, 1893; 51 S. 8.
Würzburg, Phil. Fak., Inaug.-Diss. v. 1893

Wolf, Morris, aus Yonkers ⟨New York⟩: **Beiträge zur Kenntnis der Tumoren der Mamma, insbesondere des Cystadenoms und der mehrfachen Geschwülste in einer Brustdrüse.** *Rostock 1899: Adler's Erben.* (64 S.) 4°(8°)
Rostock, Med. Diss. v. [30. Aug.] 1899

Wolf, N. v., s. F o r m e y , J. H. S.: Principes.

de Wolf, **(† ...) observationes astronomicae factae Dantisci ab a. 1774 ad 1784 una cum aliis. Adjecta est descript. et iconograph. observatorii Gedanensis a Jh. Bernoulli. 8maj. Berl. 785. Matzdorff. 4 ℛ**

Wolf, Nathan, [von] Gau-Odernheim '(Grossherzogthum Hessen)': Ueber zwei vom Diphenyl ableitbare Ketone und Derivate derselben. Hottingen-Zür. H. Zürcher Dr. 1883. 33 S. 8°.
Zürich, Phil. Diss. [v. 14. Juni 1883].

Wolf, Nathanael Matth. von

(—) eclaircissemens sur quelques points des reflexions sur les dissidens. 4. ...767.

— genera plantarum vocabulis characteristicis definita. 8. (Königsb.) 776.

(—) reflexions sur les dissidens en Pologne. 4. ...766.

— s. U n t e r r i c h t gegen d. Kinderblattern.

v. Wolf, Nath. Matth., († d. 15. Dec. 1784.) Unterricht fürs Volk gegen d. Pest. 8. Danzig 776.

Wolf, Nic., die Macht des Glaubens, dargestellt in dessen Leben. 3e Aufl. 8. Luzern 834. (Augsburg, M. Rieger.) 1/3 ℛ

Wolf, O., über Handfertigkeitsunterricht und Hausfleißvereine, s. F o r t b i l d u n g s s c h u l e, die unterfränkische.

Wolf, Odilo, Widerstandssystem, od. Theorie d. wirkenden Schwere als Ursache u. Kraft aller Bewegungen, die sich in dem ganzen Weltall ergeben, mit Hinsicht auf d. unbestreitbaren Gesetze d. Physik. 2 Bde. Mit 3 Kpf. gr. 8. Wien 820. (Prag, Widtmann). 2 ℛ 6 ℊ

Wolf, Oskar

Wolf, Osc., üb. Geschmacksstörung bei peripheren Facialislähmungen. Diss. gr. 8. (30 S.) Tübingen 891. (F. Fues.) n. — 60

Wolf, Osk., Sprache u. Ohr. Akustisch-physiolog. u. patholog. Studien. Mit in den Text eingedr. Holzst u. e. farb. Taf. gr. 8. (VI, 253 S.) Braunschweig 871. Vieweg & Sohn. n. 6. —

Wolf, Oskar Ludwig Bernhard, s. W o l f f , Oskar Ludwig Bernhard

Wolf, *Oswald Bernhard* Zur Geschichte der Reformation in Annaberg. 4 (30 S.). **Progr.** Rg. mit Prg. *Annaberg* 1886 (505).

Wolf, Otto

Bücherverzeichniss der Loge zu den drei Schwertern und Asträa zur grünenden Raute. Or. Dresden. [Zsgest. von **Otto Wolf.** Nebst] Nachtr. Dresden 1892: Meinhold. 1909: Wagner & Sprung. 8°
Verz. 76 S. 1909; Nachtr. 40 S. 1909.
cf. f. 1892: Bh. 35 (1892) S. 135 (R. Taute); FZ. 46 (1892) S. 150.
Verzeichn. in 25 a; Nachtr. in 3.

WOLF, Otto (Straubing): De carcinomate ventriculi.- München: Straub 1868. 16 S.
14.3.1868 - Urk; F 72; Chr 1867/68,13
Diss.Ingolst.-Landsh.-Mchn.

Wolf, Otto, a. Cassel: Fälle von Atrophie des Sehnerven mit spontanem Abfluß von Cerebrospinalflüssigkeit aus der Nase. Rostock 1907: C. Boldt. (45 S.) 8°
Rostock, Med. Fak., Ref. Körner, Diss. v. 18. Mai 1908
[Geb. 26. Febr. 79 Cassel; Wohnort: Cassel; Staatsangeh.: Preußen; Vorbildung: Gymn. Hanau a. M. Reife O. 01; Studium: Marburg 5, Gießen 1, Berlin 1, München 1, Rostock 2 S.; Coll. 14. Febr. 07; Approb. 15. März 08.]

Wolf Otto: Quomodo in theatro Graecorum antiquorum spectatores de nominibus personarum prodeuntium docti sint.
H. 1908 PN 2412 Diss. Wien, Univ.

Wolf, Otto (geb. Schatstadt in Thür. 13. 6. 1844): Ueber Stenose des Ostium arteriosum der rechten Herzkammer. Berlin (1869). 32 S. 8°
Berlin, Med. Diss. v. 6. März 1869

Wolf, Otto, 22 Vorlegeblätter für Plan- und Terrain-Zeichnung. 1. Abthl. für das königl. Cadetten-Corps zu Berlin sowie für Kriegs- und Unteroffizier-Schulen im Maassstabe 1 : 12,500. 4. (22 Stnt., wovon 5 ill.) Berlin 867, Neumann. In Mappe. *

Wolf, P., s.: Jahrbuch f. evangelische Pressarbeit.

[**WOLF,** P.] Über die Wahrscheinlichkeit der Existenz der Päbstin Johanna. Eine historische Untersuchung. Regensburg 1809. 126 S., 1 Bl. 8°.
Holzmann-Bohatta IV, 7277.

Wolf, Pankratius, s. W o l f f , Pankratius

Wolf, Pascheles [Hrsg.], s. V o l k s k a l e n d e r , Illustr. israelitischer.

WOLF, Paul (Dresden): Die Amyloidkörperchen des Nervensystems.- München: Ernst 1901. 31 S.
8.3.1901 - Chr 1900/01,20; Jv 1900/01,248
Diss. Ingolst.-Landsh.-Mchn.

Wolf, Paul, appr. Arzt: Ein Fall von Cyst-Adeno-Carcinom des Hodens bei einem 23jährigen Manne. Tübingen 1907: Mitzlaff, Rudolstadt. 16 S. 8° ¶(Aus: Arbeiten auf d. Gebiete d. pathol. Anatomie u. Bakteriol. aus d. pathol.-anatom. Inst. zu Tübingen. 6. 1908.)
Tübingen, Med. Diss. v. 20. Okt. 1908, Ref. v. Baumgarten
[Geb. 3. Jan. 83 Dessau; Wohnort: Dessau; Staatsangeh.: Anhalt; Vorbildung: Gymn. Dessau Reife O. 01; Studium: Berlin 6, Tübingen 3 S.; Coll. 23. Dez. 07; Approb. 27. März 07.] [U 09. 3948

Hessisches Landesprivatrecht. In Gemeinschaft mit Ludwig Gauf [&] Dr. Ludwig Fuchs, Ger.Ass., hrsg. von Dr. Paul **Wolf,** Rechtsanw. in Alzey. Halle a. d. S.: Waisenhaus 1910. XVI, 645 S. 8°
(Dernburg, H.: Das bürgerl. Recht d. Deutschen Reichs u. Preußens. Erg.Bd 7.)
[10. 17827

Wolf, Paul, hessisches Landesprivatrecht, in Gemeinschaft m. Ludw. Gauf u. Ludw. Fuchs hrsg., s. a. D e r n b u r g , Heinr.. das bürgerl. Recht des Deutschen Reichs u. Preußen.

Wolf, Paul, Gerichtsaccessist in Alzey: Über das schlichte Mobiliarmiteigentum unter dem Rechte des Bürgerlichen Gesetzbuchs für das Deutsche Reich. *Giessen 1902: v. Münchow.* (133 S.) 8°
Giessen, Jur. Diss. v. 1902

Wolf, Paul: Die S t e l l u n g der Christen zu den Schauspielen nach Tertullians Schrift De spectaculis. Wien 1897: C. Fromme. (90 S.) 8°
Leipzig, Phil. Diss. v. [13. Okt.] 1897.

Wolf, Paul, achtzehn Thesen für Freunde u. Feinde der Homöopathik, als Erläuterung der Grundzüge dieser Heilmethode nach ihrem wahren Sinn u. ihrer wissenschaftl. Bedeutung. Nebst e. Vorwort von Dr. Rummel. Aus d. Archiv für d. homöopath. Heilkunst XVI. 1. abgedr. gr. 8. Leipzig 836. Reclam. 1/4 Thlr.

Wolf, Peter

Wolf, Pt., Versuche über d. innere Mischung einiger Mineralien, um zu bestimmen, in wiefern durch d. Kochsalz- u. Vitriolsäure metallische u. andere Substanzen vererzet werden können. Aus d. Engl., mit Anmerkk. gr. 8. Leipz. 778. Dyck. 2 Gr.

Wolf, Peter. Versuche über die innere Mischung einiger Mineralien . . . a. d. Engl. Leipz. 1778. Ü: *Gehler, Joh. Carl,* (Gatterer, Repert. d. mineral. Litt. Giessen 1798—99. I, 289.)

Wolf, Peter Philipp

Wolf, Pt. Phil., († d. 5. Aug. 1808.) Erzählungen zum Troste unglückl. Menschen. 8. Münch. 784. J. Lindauer. 9 Gr.

W o l f , Peter Philipp. Allgemeine Geschichte der Jesuiten von dem Ursprunge ihres Ordens bis auf gegenwärtige Zeiten. (*Band 2–4:* Hrg. von P. Ph. Wolf.) 4 Bände. 8. Zürich 1789–1792.
Band 1 Mit einem Titelkupfer [Tafel].

— allgem. Geschichte d. Jesuiten, von dem Ursprunge des Ordens bis auf d. gegenwärt. Zeiten. 4 Bde. gr. 8. Zürich 789—92. (Leipz., Schmidt). 6 Thlr.

— allgem. G e s c h i c h t e d. Jesuiten v. d. Ursprung d. Ordens bis auf die gegenwärt. Zeiten. 4 Bände. gr. 8. Leipz. Wolf (Schmidt.) 803.

— Geschichte d. röm.-kathol. Kirche unter d. Regierung Pius VI. 1r—3r Bd. 8. Zürich 793. Geßner. 4 Thlr. 4r — 7r Bd. 8. Leipz. 796 — 802. Wolf. (Schmidt). 4 Thlr. 22 Gr. (6r u. 7r Bd. A. u. d. T.: Geschichte d. Religion u. Kirche in Frankreich. 2 Thle. 2 Thlr. 10 Gr.)

— kurzgefaßte Geschichte, Statistik u. Topographie von Tyrol. gr. 8. Münch. 807. J. Lindauer. 1 Thlr. 4 Gr.

Wolf, P. Ph. Geschichte Maximilians I. und seiner Zeit. 3 Bde. 8. München 1807–09. – – 4 Bd. von C. W. Fr. Breyer. 8. ib. 1811

— Geschichte Maximilian I. u. seiner Zeit. Pragmatisch aus den Hauptquellen bearbeitet. 4 Bde. (3r u. 4r Bd. von K. W. Fr. v. Breyer; 4r Bd auch u. d. T.: Geschichte d. 30jähr. Kriegs. 1r Bd.) Mit 2 Kpf. gr. 8. Münch. 807—11. J. Lindauer. 11 Thlr. 12 Gr.

Wolf, Peter Philipp. Geschichte Maximilian I. und seiner Zeit. . . . München 1807—11. V (Bd. 3 und 4): *Breyer, Carl Wilhelm Friedrich von.* (Ky)

— G e s c h i c h t e d. Religion in Frankreich. 2 Thle. 8. Leipzig Wolf. (Schmidt.)

— Geschichte d. Veränderungen in dem religiösen, kirchlichen u. wissenschaftl. Zustande d. österreich. Staaten unter d. Regierung Josephs II. 8. Zürich 793. Geßner. 1 Thlr. 16 Gr.

LILIENBERG, eine deutsche Originalgeschichte (von *Peter Philipp Wolf*). Frankfurt und Leipzig 1784. 8°. (In München: P. o. germ. 1637 b.)
Tit., 1 Bl. Zuschr. (unterz.: *P. P. W.*), 216 S. Zahm. — Anon.-Lex. II. p. 78 (nach Meusel u. Kayser.)

Vgl. L i l i e n b e r g .

Wolf, Peter Philipp. s. S a l v a t o r .

SKRIBLERUS, M a g i s t e r. E i n k o m i s c h e r (stellenw. etwas freier) R o m a n (von *Peter Philipp Wolf*). Leipzig, bey Peter Philipp Wolf, 1803. 8°. Tit. u. 358 S. (4 Mk. 50 Pfg. R. Bertling, Dresden, 1908:)

Wolf, Pt. Ph., Magister Skriblerus. 8. Leipz. 803. Schmidt. 1 Thlr. 4 Gr.

— Tugend u. Laster in Erzählungen u. moral. Briefen. 8. Münch. 785. Lentner. 9 Gr. (Gerold in Wien). 16 Gr.

— Versuch über d. Begriffe des Rechts. 8. Münster 798. Platvort (Coppenrath). 4 Gr. Schrbp. 6 Gr.

— Vorschlag einer R e f o r m a t i o n d. kathol. Kirche. 8. Lpz. Schmidt. 799.

— Vorschlag zu einer Reformation d. kathol. Kirche. 8. Leipz. 800. (Schmidt). 7 Gr.

— über d. Wiederherstellung d. Jesuiten. 8. Luzern 799. (Schmidt in Leipz.) 5 Gr.

Wolf, Ph. A. W., Beiträge zur Theorie u. Praxis der Invalidenversicherung. 8°. Leipzig 1889.

Wolf, Philipp Nicolaus: De censura Dionysii Longini. s. B e n n e r , Johann Hermann [Praes.]

Wolf, Philipp Nikolaus [Präs.] u. Joh. Christoph Müller [Auctor et Resp.]
Dissertatio inauguralis philosophica in qua angelorum corpora ex principiis rationis methodo demonstrantur mathematica.
Gissae 9. Nov. 1752: E. H. Lammers. 32 S. 4°
pro summis in philosophia honoribus consequendis.

Wolf, Philipp Nikolaus [Präs.] u. Georg Melchior Staudinger [Resp.]
Dissertatio philologica de hirco emissario, Levit. XVI, 8. 10. 26.
Giessae Jan. 1754: Eberh. Heinr. Lammers. 63 (1) S. 4°

Wolf, Philipp Nikolaus [Präs.] u. Philipp Laur. Leun (Paed. Giss. Collega) [Resp.]
Dissertatio inaug. de integritate Sacri Codicis ex Matth. V. 18. demonstrata, [I].
Giess. Dez. 1751: E. H. Lammers. (4), 32 S. 4°
pro summis in philosophia honoribus rite impetrandis.

Wolf, Philipp Wilhelm, s.a. W o l f f , Philipp Wilhelm

Wolf, Phil. Wlh., († d. 9. April 1822.) auserlesene Predigten, Homilien u. Anreden. 2 Thle. gr. 8. Berl. 807. (Krause). 3 Thlr. 1r Thl. 2e Ausg. 8. Ebd. 828. Rücker. 20 Gr.

Wolf, Phil. Wilh., Predigten, Homilien u. Anreden. gr. 8 Berlin, Litfas. 807.

Wolf, Philipp Wilhelm, s. R e d e n bei Taufen, Trauungen . . .

Wolf, Pius Alexander, s. Wolff, Pius Alexander

Wolf, Prosper

Wolf, P., die schweizerische Bundesgesetzgebung. Nach Materien geordnete Sammlung der Gesetze, Beschlüsse, Verordngn. u. Staatsverträge der schweizer. Eidgenossenschaft, sowie der Konkordate. Hrsg. u. m. Anmerkgn. versehen. 1. Lfg. gr. 8. (160 S.) Basel 889. [Schneider.] Geering. n. 3. 50

Wolf, P., die schweizerische Bundesgesetzgebung. Nach Materien geordnete Sammlg. der Gesetze, Beschlüsse, Verordngn. u. Staatsverträge der schweizer. Eidgenossenschaft, sowie der Konkordate. Hrsg. u. m. Anmerkgn. versehen. 2.—15. (Schluss-)Lfg. gr. 8. (1. Bd. VII u. S. 161—1000 u. 2. Bd. VII, 1161 u. 113 S.) Basel 889—891. (H. Geering.) à Lfg. n. 3. 50

Wolf, P[rosper]. Die schweizerische Bundesgesetzgebung. Nach Materien geordnete Sammlung der Gesetze, Beschlüsse, Verordnungen und Staatsverträge der Schweizerischen Eidgenossenschaft, sowie der Konkordate. Hrg. und mit Anmerkungen versehen von P. W' …. 2., ergänzte Aufl. [Mit Figuren.] 4 Bände. (13 Lieferungen.) 8. Basel, Kreis (*Liefg. 13:* & Co.), (**Liefg. 3 ff.. Aufdruck:* Comm. Basler Buch- & Antiquariatsh.), (1904—)1909. ([Liefg. 1—10 *je* fr. 7. —;] Liefg. 11, fr. 4. 60; Liefg. 12, fr. 5. 60; Liefg. 13, fr. 3. 50)

(Band 1. Liefg. 1—3.) [Mit 12 Tabellen.] XII + 862 S. (1904—)1905.
Band 2. (Liefg. 3—5.) [Mit 8 Formular-Beilagen.] VIII + 694 S. (1905—)1906.
Band 3. (Liefg. 8—11.) VIII + 1221 S. (1907—)1908.
Band 4. (Liefg. 6, 7, 12 u. 13.) [Mit 2 Formular-Beilagen.] X + 949 S. (1906—)1909.

Wolf, R. [app. Arzt]: **Beiträge zur Radikaloperation der Leisten- und Schenkelhernien.** . . . **Tübingen, Verl. d. H. Laupp'schen Buchh.** 1891; 1 Bl., 36 S. 8°

Heidelberg, Med. Fak., Inaug.-Diss. v. [14. Jul.] 1890

Wolf, R.: Illustrirte Catalogo über Locomobilen für landwirthschaftliche und industrielle Zwecke. Magdeburg-Buckau (1898). 1900

Wolf, R., Schlangenbad and its thermal waters. 8. (48 S.) Wiesbaden 882, Feller und Gecks.

Wolf, was der Kurgast in Schlangenbad zu wissen wünscht. Kurzgefasster Führer. Mit 18 Abbildgn. u. 1 Karte in Lichtdr. 16. (74 S.) Wiesbaden 890. Borgmann. cart. n. 1. 60

Wolf, was d. Kurgast in Schlangenbad zu wissen wünscht. Kurzgef. Führor. 2. Aufl. Mit 18 Abb. u. 1 Karte in Lichtdr. 12. (74 S.) Wiesbaden 896. J. F. Bergmann. n. 1. 60

Wolf, R. [Lic., Hauptpastor a. d. St. Stefans Kirche in Kopenhagen]: **Die siebzig Wochen Daniels. Eine kritisch-exegetische Studie.** . . . **Leipzig, Druck v. W. Hartmann,** 1888; 2 Bl. + 102 S. + 1 Bl. 8°

Rostock, Theol. Fak., Inaug.-Diss. v. 25. Jun. 1888

Wolf, R., die siobzig Wochen Daniol's. Eine kritisch-oxeget. Studie. Inaug.-Diss. gr. 8. (III, 103 S.) Leipzig 889. Hinrichs' Verl. n. 1. 50

Wolf, Rebekka, Kochbuch für israelitische Frauen, enthaltend: Alle die verschiedenen Koch- u. Backarten der Gegenden, wo Verfasserin immer eine Reihe von Jahren gelebt hat, verbunden mit einer genauen Anweisung zur Einrichtung u. Führung einer religiös-jüdischen Haushaltung. 8. (IV u. 148 S.) Berlin 851, Bureau f. Literatur u. Kunst. n. 18 ngr

Wolf, Rebekka, Kochbuch für israelitische Frauen, enthaltend: alle die verschied. Koch- und Backarten der Gegenden, wo Verf. immer eine Reihe von Jahren gelebt hat, verbunden mit einer genauen Anweisung zur Einrichtung und Führung einer religiös-jüdischen Haushaltung. 2., durch einen Anhang verm. Aufl. 8. (V und 164 S.) Berlin 856, (Adolf und Comp.) *

Wolf, Rebekka, Kochbuch für israelitische Frauen, enthltd.: alle die verschiedenen Koch- und Backarten der Gegenden, wo Verfasserin immer eine Reihe von Jahren gelebt hat, verbunden mit einer genauen Anweisung zur Einrichtung und Führung einer religiös-jüdischen Haushaltung. 2. durch e. Anh. verm. Aufl. Berlin 857. (Adolf u. Co.) 8. (3 Bl., 164 S.) n. 18 ngr

Wolf, Rebekka, geb. Heinemann, **Kochbuch** für israelitische Frauen, enthaltend die verschiedensten Koch- u. Backarten mit einer vollständigen Speisekarte, so wie einer genauen Anweisung zur Einrichtung u. Führung einer religiös-jüdischen Haushaltung. 3. sehr verm. Aufl. Berlin 859. Adolf & Co. 8. (XXI, 212 S.) n. 28 ngr

Wolf, Rebekka, Kochbuch für israelitische Frauen enth. die verschiedensten Koch- und Backarten mit einer vollständ. Speisekarte und einer Hausapotheke so wie einer genauen Anweisung zur Einrichtung und Führung einer religiös-jüd. Haushaltung. 4., sehr verm. Aufl. gr. 8. (XXII und 246 S.) Berlin 865, Cohn. * 1 Thlr.; geb. *

Wolf, Rebekka, Kochbuch f. israelitische Frauen, enth. die verschiedensten Koch- u. Backarten m. e. vollständ. Speisekarte u. e. Hausapotheke, sowie e. genauen Anweisg. zur Einrichtg. u. Führg. e. religiös-jüd. Haushaltg. 6. sehr verm. u. verb. Aufl. gr. 8. (XXIV, 256 S.) Berlin 875. Adf. Cohn. n. 3. —; geb. n. 3. 75

Wolf, Rebekka, geb. Heinemann, Kochbuch für israelitische Frauen, enth. die verschiedensten Koch- u. Backarten, m. einer vollständ. Speisekarte u. einer Hausapotheke, sowie einer genauen Anweisung zur Einrichtung u. Führung einer religiös-jüdischen Haushaltung. 7., sehr verm. u. verb. Aufl. gr. 8. (XXIV, 270 S.) Berlin 880. Adf. Cohn. n. 3. —; geb. n. 3. 80

Wolf, Rebekka, geb. Heinemann, Kochbuch f. israelitische Frauen, enth. die verschiedensten Koch- u. Backarten m. e. vollständ. Speisekarte u. e. Hausapotheke, sowie e. genauen Anweisg. zur Einrichtg. u. Führg. e. religiös jüd. Haushaltg. 8. Aufl. gr. 8. (XXIV, 280 S.) Berlin 884. Adf. Cohn. n. 3. —; geb. n. 3. 80

Wolf, Rebekka, geb. Heinemann, Kochbuch für israelitische Frauen, enth. die verschiedensten Koch- und Backarten, mit einer vollständ. Speisekarte und einer Hausapotheke, sowie einer genauen Anweisung zur Einrichtung und Führung einer religiös-jüdischen Haushaltung. 9. verb. Aufl. gr. 8. (XXIV, 283 S.) Frankfurt a. M. 888, Kauffmann. geb.

Wolf, Rebekka, geb. Heinemann, Kochbuch f. israelitische Frauen, enth. die verschiedensten Koch- u. Backarten m. e. vollständ. Speisekarte, sowie e. genauen Anweisg. zur Einrichtg. u. Führg. e. religiös-jüd. Haushaltg. 10., verm. Aufl. gr. 8. (XXVI, 289 S.) Frankfurt a/M. 891. Kauffmann. Geb. in Leinw. n. 3. 50

Wolf, Rebekka, geb. Heinemann, Kochbuch f. israelit. Frauen, enth. d. verschiedensten Koch- u. Backarten, m. e. vollst. Speisekarte, sow. e. genauen Anweisg. zur Einrichtg. u. Führg. e. religiös-jüd. Haushaltg. 11., sehr verm. u. verb. Aufl. gr. 8. (XVII, 291 S.) Frankfurt a/M. 896. J. Kauffmann. Geb. in Leinw. n. 3. 50

Wolf, Rebekka, geb. Heinemann, Kochbuch f. israelitische Frauen, enth. die verschiedensten Koch- u. Backarten, m. e. vollständ. Speisekarte, sowie e. genauen Anweisg. zur Einrichtg. u. Führg. e. religiös-jüd. Haushaltg. 12. verm. u. verb. Aufl. gr. 8. (XVII, 291 S.) Frankfurt a/M. 901. J. Kauffmann. Geb. in Leinw. n. 3. 50

- vollständige Speisekarte für das ganze Jahr sowohl für Hausmannskost als für die feinere Küche. Mit genauester Beachtung der Jahreszeiten u. Berücksichtigung der Sabbathe, Feier- u. Festtage wie sämmtlicher Vorabende derselben. Ebend. 860. gr. 8. (2 Bl., 42 S.) n. 6 ngr

Wolf, Reinhard, approb. Arzt, aus Bomland: Über das **Fehlen** des diastolischen Geräusches bei Aorteninsufficienz. *Würzburg 1889 [vielm. 1901/02]: J. M. Richter.* (20 S.) 8°
Würzburg, Med. Diss. v. 1889

Wolf, Reinhold [aus Oschatz]: Über einige Derivate und Spaltungsprodukte der Induline ... Erlangen, k. b. Hof- u. Univ.-Buchdr. v. F. Junge, 1892; 31 S. 8.
Erlangen, Phil. Fak., Inaug.-Diss. v. 1892.

Wolf, Richard

Wolf, Rich., s. a. Jahr-Buch f. die deutschen Actien-Brauereien u. Actien-Malzfabriken.

Wolf's, Rich., Jahr-Buch f. d. deutschen Actien-Brauereien u. Actien-Malzfabriken. Statist. Nachschlagebuch üb. d. Vermögensverhältnisse u. Geschäftsergebnisse derselben im Betriebsj. 1896/97. Nach amtl. Grundlagen zusammengest. VIII. Jahrg. 1898. gr. 8. (XV, 276 S. m. 20 Tab.) Freiburg i/Br. (F. Wagner). n. n. 5. —

Wolf's, Rich., Jahr-Buch f. die deutschen Actien-Brauereien u. Actien-Malzfabriken. Statistisches Nachschlagebuch üb. die Vermögensverhältnisse u. Geschäftsergebnisse derselben im Betriebsj. 1900/1901. Nach amtl. Grundlagen zusammengestellt. XII. Jahrg. gr. 8. (XVI, 352 S. m. 20 Tab.) Freiburg i/B. (902). C. Troemer. n. 5. —; geb. n. 6. —

Wolf's, Rich. (F. Wolf), Jahrbuch f. die deutschen Aktien-Brauereien u. Aktien-Malzfabriken. Statistisches Nachschlagebuch üb. die Vermögensverhältnisse u. Geschäftsergebnisse derselben im Betriebsj. 1904/1905. Nach amtl. Grundlagen zusammengestellt. (XVI. Jahrg. (XVI, 383 S. m. 20 Tab.) gr. 8. Freiburg i/B. (C. Troemer). n. 6. —; geb. n. 7. —

Wolf's, Rich. (F. Wolf), Jahrbuch f. die deutschen Aktien-Brauereien u. Aktien-Malzfabriken. Statistisches Nachschlagebuch üb. die Vermögensverhältnisse u. Geschäftsergebnisse derselben im Betriebsj. 1908/1909. Nach amtl. Grundlagen zusammengestellt. 20. Jahrg. (XVI, 405 S. m. 20 Tab.) gr. 8. Freiburg i/B. 910. (C. Troemer.) 3.—; geb. 7. —

Wolf, Rich. Die vereinfachte Casseführung kaufmännischer Geschäfte f. Fabrikanten, Grossisten, Händler etc. 12. (15 S.) Dillenburg 890. (Lpz., Volkening.) * — 60

Wolf, Richard, Assistenzarzt beim 4. Magd. Inf.-Reg. Nr. 67, Metz: Leistenhoden und ihre Schicksale. Leipzig 1907: B. Georgi. (39 S.) 8°
Leipzig, Med. Fak., Ref. Trendelenburg, Diss. v. 12. Febr. 1907
[Geb. 11. Aug. 80 Merseburg; Wohnort: Metz; Staatsangeh.: Preußen; Vorbildung: Gymn. Zeitz Reife O. 00; Studium: Halle 4, Berlin K. W. A. 5 S.; Coll. 15. Febr. 07; Approb. 10. Apr. 06.]

Wolf, Rich., Lieder zur häuslichen Weihnachts- u. Sylvesterfeier. gr. 8. (16 S.) Leipzig 899. E. Ungleich. n. — 20

Wolf, Rich., Mensch, Tier u. Vivisektion, s.: Schriften, theosoph.

Wolf, Robert

Wolf, Rob., Gesetze u. Verordnungen üb. die Bierbesteuerung, s.: Bernatzky, Edm.

Wolf, Rob., Alois Jahn u. Adalb. Haala, Gesetze u. Verordnungen über die Wein-, Fleisch-, Linienverzehrungssteuer, s.: Taschenausgabe, Manz'sche, der österr. Gesetze. 22. IV.

Wolf, Rob., der Totentanz am Turf, s.: Bader, Emil.

Wolf, Rudolf

Wolf, Rud. Über die Abspiegelung der Sonnenfleckenperiode in den zu Rom beobachteten magnetischen Variationen. Mailand 1881.

Wolf, Rud. Anzeige einer Specialgeschichte der Naturlehre und ihrer Hülfswissenschaften. Zürich 1841.

Wolf, R., Die sogenannten Ast-Hygrometer. Zurich 1867.

Wolf, [Rudolf]. Auszüge aus Briefen an Albrecht von Haller, mit litterarisch-historischen Notizen. [A.] 8. [Bern 1846–1848.]

Wolf, [Rudolf]. Auszüge aus [Johann] Samuel Königs Briefen an Albrecht von Haller, mit litterarisch-historischen Notizen. [A.] 8. [Bern 1845.]

Wolf, Rudolf. Ueber die Bedeutung der sogenannten Mittel-Europäischen Gradmessung für die Kenntniss der Erde im Allgemeinen und für die Schweiz im Besondern. SA. 8. Zurich 1862.

Wolf, Rud. Beitrag zur Theorie der Curven 2. Grades. Wien 1838. 4.

Wolf, Rud. Beiträge zur Geschichte der Astronomie. 1—4. 1870—72.

Wolf, Rudolf. Beiträge zur Geschichte der Schweizer-Karten. 1. [einziges Heft:] Eine Vorlesung von Johannes Feer im Jahre 1817. [Mit 1 Portrait-Tafel.] 4. Zurich 1873.
Ausg. A. (Njbl. Naturf. Ges. Zurich 1873.)
Ausg. B [Sep.-Ausg. von Njbl. Naturf. Ges. Zurich 1873.]

Wolf, Rud., die Bergpredigt, in Schulandachten dargeboten. gr. 8. (III, 66 S.) Halle 899 E. Strien. n. 1.25

Wolf, Rudolf: Experimentelle Bestätigung des Vektorendiagramms für den Motor nach Winter-Eichberg-Latour. Mit 41 Fig. im Text. 1910. 63 S. 8°
Dresden, Dr.-Ing.-Diss. v. 30. 7. 1909

Wolf, Rud., Biographien zur Kulturgeschichte der Schweiz. 1—3. Cyclus. gr. 8. Zürich, Orell, Füßli und Comp. [1. Cyclus. (VII und 475 S. mit dem Bildniß von Conr. Geßner in Stahlst.) 858., 2. (V und 464 S. mit dem Bildniß von Albr. v. Haller in Stahlst.) 859., 3. (VII und 444 S. mit dem Bildniß von Dan. Bernouilli in Stahlst.) 860. à Cyclus * 2 Thlr. 20 Ngr.] *

Wolf, Rud., Biographien zur Kulturgeschichte der Schweiz. 4. (Schluß-)Cyclus. gr. 8. (VII und 435 S. mit dem Bildniß von Horace-Benedict de Saussure in Stahlst.) Zürich 862, Orell, Füßli und Comp. *
1.—3. Cyclus. Ebendas. 1858—60. * 8 Thlr.

Wolf, R[udolf]. Zwei Briefe aus Christoph Jezlers Correspondenz. ⟨Vorgelesen am 1. Februar 1851.⟩ [A.] 8. ([Bern] 1851.)

Wolf, Rudolf. Johann Baptist Cysat von Luzern (1586–1657). Ein Beitrag zur Geschichte der Mathematik und Physik in der Schweiz. ⟨SA.⟩ 8. Bern 1853.

Wolf, Rud., Détermination télégraphique de la différence de longitude entre la station astronomique du Righi-Kulm et des observatoires de Zurich et de Neuchatel, s. Plantamour, E.

—— die Erfindung des Fernrohrs und ihre Folgen für die Astronomie. Vortrag gehalten den 6. Jan. 1870. gr. 8. (27 S. mit 1 Stnt.) Zürich 870, Schulthess.

— Ergebnisse meteorologischer Beobachtungen in Guttannen. No. 357. (Bern. Mittheil., December 1856.)

Wolf, R., Zur Erinnerung an H. H. Denzler. 24 S. 8. Basel, Druck von C. Schultze. Sep. Abdr. 1877.

Wolf, Rudolf. Zur Erinnerung an Johann Rudolf Koch (1832–1891), Gymnasiallehrer in Bern. [Mit Porträt-Tafel.] ‹SA.› 8. Zürich 1891.

Wolf, R. Zur Erinnerung an Albert Mousson und einige andere kürzlich verstorbene Schweizer. Mit Portr. In-8°. 32 S. Zürich, Zürcher & Furrer. 1891.
, Sonderdruck aus „Vierteljahrsschrift der Naturforsch. Gesellschaft. 1890."

Wolf, Rudolf: Drei Fälle von Fractur des Kehlkopfes und ein Fall von Luxation des Aryknorpels durch Trauma. Leipzig 1904: B. Georgi. (33 S.) 8°
Leipzig, Med. Diss. v. (18. Juli) 1904.

Wolf, Rud. Über die Fusspunktencurven der Linien 2. Grades. Berlin 1840. 4.

Wolf, R., Ueber den jährlichen Gang der Temperatur in Bern und seiner Umgebung. Vorgetragen den 7. April 1855. No. 313–347. (Bern. Mitth., Mai 1851.)

(Wolf, R[udolf].) Emile Gautier (1822–1891). [Necrolog. Mit Porträt-Tafel.] SA. 8. [Leipzig 1891.]

Wolf, Rudolf. Gedächtnissrede auf Jakob Bernoulli (1655–1705) zur zweiten Saecularfeier seiner Geburt gehalten von R' Wolf. SA. 8. Bern 1855.

Wolf, R., Geschichte der Astronomie. München 1877. 8.
A. u. d. T.: Gesch. d. Wiss. in Deutschl. N. Z. Bd. 16.

Wolf, Rud., Geschichte der Astronomie, s. a. Geschichte der Wissenschaften in Deutschland.

—— Geschichte der Vermessungen in der Schweiz als historische Einleitung zu den Arbeiten der schweizer. geodätischen Commission. gr. 4. (VI, 320 S. mit 1 Titelbilde in Lichtdr. und mehreren eingedr. Holzschn.) Zürich 879. (Höhr.) *

Wolf, Rud., Johannes Geßner, s. a. Geßner.

[Wolf, Rudolf.] Johannes Gessner (1709–1790). [Mit 1 Porträt-Tafel.] Njbl. Naturf. Ges. Zürich 1846. 4. [Zürich.]

Wolf, Rudolf. Carl Heinrich Gräffe (1799–1873). Ein Lebensbild entworfen von R' Wolf. SA. 8. Zürich 1874.

Wolf, R[udolf]. Johann Rudolph von Graffenried aus Bern (1584–1648) und Johann Heinrich Rahn aus Zürich (1622–1676). [A.] 8. [Bern 1847.]

Wolf, Rudolf. Conrad Gyger († 1674). Ein Beitrag zur Zürcherischen Culturgeschichte. Der physikalischen Gesellschaft in Zürich zu ihrer Secularfeier gewidmet. [SA.] 8. Bern 1846.

Wolf, Rud., Handbuch der Astronomie, ihrer Geschichte u. Litteratur. In 2 Bdn. 1. Halbbd. gr. 8. (XVI, 384 S. m. Holzst.) Zürich 890. Schulthess. n. 8. —

Wolf, Rud., Handbuch der Astronomie, ihrer Geschichte u. Litteratur. 2.—4. Halbbd. (Schluss.) gr. 8. (1. Bd. S. 385—712; 2. Bd. 658 S. m. Holzschn.) Zürich 891—893. F. Schulthess. à Halbbd. n. 8. — (kplt.: n. 32. —)

—— Handbuch der Mathematik, Physik, Geodäsie und Astronomie. Mit zahlreichen in den Text eingedr. Holzst. 2 Bde. à 3 Lfgn. gr. 8. Ebendas. [1. Bd. 1. und 2. Lfg. (S. 1—320.) 869,70. à Lfg. * ℳ 3,60.; 3. Lfg. (XII, S. 321—429.) 870. * ℳ 5.; 2. Bd. 1. und 2. Lfg. (S. 1—320.) 871,72. à Lfg. * ℳ 4.; 3. Lfg. (VIII, S. 321—459.) 872. * ℳ 5.]

Wolf, Rud. Herder und Karoline Flachsland. 27 S. *Bartenstein* 1884.
Progr.

—— Wilhelm Herschel. Ein Vortrag gehalten den 28. Febr. 1867 auf dem Rathhause in Zürich. gr. 8. (19 S.) Zürich 867, (Schulthess.) *

—— Johannes Keppler und Jost Bürgi. Vortrag gehalten den 4. Jan. 1872 auf dem Rathhaus in Zürich. gr. 8. (30 S.) Ebendas. 872.

—— über Cometen und Cometen-Aberglauben. Ein populärer Vortrag den 22. Januar 1857 zu Zürich gehalten. gr. 8. (24 S.) Zürich 857, Meyer und Zeller's Verlag. *
Aus: Monatsschrift des wissenschaftlichen Vereins zu Zürich, besonders abgedruckt.

Wolf, Rud., zur Lage der kaufmännischen Hilfsarbeiter in Oesterreich. [Verb. und erweit. Sonderabdr. aus: „Deutsche Worte".] gr. 8. (32 S.) Wien 887, (Pichler's Wwe. und Sohn.)

Wolf, Rud., die Lehre von den geradlinigen Gebilden in der Ebene. Ein Versuch einer systematisch-elementar. Entwicklung der sogenannten Planimetrie, Goniometrie u. Trigonometrie, der Anfangsgründe der analyt. Geometrie rc. gr. 8. Bern u. St. Gallen 841, Huber u. Co. Körber. 5/8 ₰

Wolf, Rud., die Lehre von den geradlinigen Gebilden in der Ebene. Ein Versuch in der systematisch-elementarischen Entwicklung der sogenannten Planimetrie, Goniometrie u. Trigonometrie, der Anfangsgründe der analytischen Geometrie rc. 2. verm. Ausg. gr. 8. (163 S. m. eingedr. Holzschn.) Bern 847, Huber & Co. 24 ngr

— Ueber das neueste Minimum- und Maximum-Thermometer von Hermann und Pfister in Berlin. Zürich 1871.

Wolf, Rud. Astronomische Mittheilungen 1–80. Zürich 1856–92.

Wolf, Rud. Drei Mittheilungen über neue Würfelversuche. Zürich 1881–83.

Wolf, Rud. Mittheilungen über Sternschnuppen und Feuerkugeln. Zürich 1856.

Wolf, Rud. Nachrichten von der Sternwarte in Bern. 1848–55.

(Wolf, R.), Nachrichten von der Sternwarte in Bern. LV. Meteorologische Beobachtungen im Herbst 1854; Darstellung der Wind-Verhältnisse in Bern nach Benoit's Beobachtungen in den Jahren 1838 bis 1852; Vergleichung zwischen den mittleren Temperaturen in Bern und Burgdorf; Anomalie im täglichen Gange der Temperatur; Resultate aus den Beobachtungen der Bodentemperaturen. Vorgetr. den 16. Dec. 1854. (Bern. Mittheil., Dec. 1854.)
— Nachrichten von der Sternwarte in Bern. LVIII. Meteorologische Beobachtungen im Winter 1854 auf 55. (Bern. Mittheil. 1855.

Wolf, Rud. Notizen für alle Tage des Jahres. Zürich 1859–61.

Wolf, Rud. Zwei kleine Notizen zur Geschichte der Mathematik am Anfange des 17. Jahrh. Stockholm 1889.

Wolf, R(ud.), über den Ozongehalt der Luft und seinen Zusammenhang mit der Mortalität. Vorträge gehalten in der bernischen naturforschenden Gesellschaft. gr. 8. (21 S. mit 1 Stnt.) Bern 855, Huber und Comp. *

Wolf, Rud. Über die elfjährige Periode in den Sonnenflecken und erdmagnetischen Variationen. 1862.

Wolf, Rud. Über den Oppikofer'schen Planimeter. Bern 1851.

(Wolf, R[udolf].) Emil Plantamour (1815–1882). [Nekrolog.] SA. 8. [Glarus 1882.]

(Wolf, R[udolf].) Emil Plantamour. ⟨Nach einem für die Vierteljahrsschrift der astronomischen Gesellschaft bestimmten grösseren Nekrologe... bearbeitet.⟩ [A.] 4. ([Berlin] 1883.)

(Wolf, R[udolf].) Emil Plantamour. Nekrolog. Mit Portrat [Tafel.] [SA.] 8. [Leipzig 1883.]

Wolf, Rud., das schweizerische Polytechnicum. Histor. Skizze, zur Feier des 25jähr. Jubiläums entworfen. gr. 4. (48 S.) Zürich 880, (Höhr.)

Wolf, Rudolf. Dekan Lucius Pool von Malix (1754–1828). Graubundens Escher v. d. Linth. Lebensskizze aus der Revolutionszeit nach den von Dr. Ch[ristian] G[regor] Brügger... gesammelten Materialien entworfen von Dr. R' Wolf.... Aus dessen „Biographien zur Kulturgeschichte der Schweiz" III. Cyclus besonders abgedruckt. 8. Zurich 1860.

Wolf, Rud. [illegible] 1873. 4

[J. u. Ant.] **Wolf,** Rudolf: Ueber den evangelischen Religionsunterricht auf Gymnasien, im Anschl. an d. Lehrpläne u. Lehraufgaben f. d. höh. Schulen. Rastenburg, Druck v. Kowalski, *1892;* 20 S. 4.
Rastenburg, k. G, OP 1892 (14)

—— die Sonne und ihre Flecken. Ein Vortrag vor gemischtem Publikum gehalten am 10. Jan. 1861. gr. 8. (30 S. mit 1 Stnt. in 4.) Zürich 861, (Orell, Füssli und Comp.) *

— Notizen zur Geschichte der Mathematik und Physik in der Schweiz XXXVI. Johann Jacob Sprungli und seine klimatologischen Beobachtungen in den Jahren 1759–1802. (Bern. Mitth., Febr. 1855.)

— Dieselbe Schrift XXXVII. Samuel Studer und seine meteorologischen Tagebucher (Im Auszuge mitgetheilt den 7. April 1855.) (Bern. Mitth., 1855.)

(Wolf, Rudolf.) Studien über die Beziehungen zwischen Wind und Niederschlag nach den Registrir-Beobachtungen in Bern. [SA.] 4. [Zürich 1872.]

—— Taschenbuch für Mathematik und Physik. Zum eigenen Gebrauche entworfen. 12. (152 S.) Bern 852, (Huber und Comp.) *

—— Taschenbuch für Mathematik, Physik, Geodäsie und Astronomie. 2., ganz umgearb. und erweiterte, mit zahlreichen Tabellen und 5 (lithogr.) Figurentaf. ausgestattete Aufl. 8. (XVI und 236 S.) Bern 856, (Dalp'sche Buchh.) *

—— Taschenbuch für Mathematik, Physik, Geodäsie und Astronomie. 3., umgearb. und erweiterte, mit 22 Tab. und 6 (lithogr.) Fig.-Taf. ausgestattete Aufl. 8. (XX und 270 S.) Bern 861, (Dalp'sche Buchh.) * 1 —

— Taschenbuch für Mathematik, Physik, Geodäsie u. Astronomie. 4. umgearb. u. erweit., mit 24 Tabb. u. vielen (eingedr.) Holzschn. ausgestattete Aufl. Ebend. 869. 8. (XIV, 432 S.) n. 1 ꞵ 15 ngr.; in engl. Einb. n. 1 ꞵ 20 ngr.

—— Taschenbuch für Mathematik, Physik, Geodäsie und Astronomie. 5. neu durchgearb., mit 24 Tabellen und vielen (eingedr.) Holzschn. ausgestattete Aufl. 8. (XVIII, 434 S.) Zürich 877, Schulthess. *

Wolf, R., Taschenbuch f. Mathematik, Physik, Geodäsie u. Astronomie. 6., durch A. Wolfer vollend. Aufl. Mit 32 Tab. u. vielen Holzschn. 12. (XXIV, 388 S.) Zürich 895. F. Schulthess.
Geb. in Leinw.: n. 7. —
Erschien auch in 5 Lfgn. à n. 1. 20.

Wolf, Rudolf. Neue Untersuchungen über die Periode der Sonnenflecken und ihre Bedeutung. (S.-A. Mittheilungen der Berner Naturforschenden Gesellschaft) Bern 1852. 24 S. 8°.

Wolf, Rudolf, Rechtsprakt.: Wie unterscheidet sich die kumulative Schuldübernahme von der Bürgschaft? Unter Berücksichtigung der Schriftform. Würzburg 1908: Sturtz. VIII, 93 S. 8°
Würzburg, Jur. Diss. v. 15. Aug. 1908, Ref. Mendelssohn-Bartholdy
[Geb. 16. Mai 80 Maikammer; Wohnort: Maikammer; Staatsangeh.: Bayern; Vorbildung: Gymn. Kaiserslautern Reife Juli 01; Studium: Gießen 2, München 2, Kiel 1, Erlangen 1, Berlin 2, Würzburg 6 S.; Rig. 24. Juli 08.]
[U 09. 4097

Wolf, Rudolf. Franz Samuel Wild von Bern (1743–1802). Ein Beitrag zur Kulturgeschichte der Schweiz. 8. Bern 1857.

[Wolf, Rudolf.] Johannes Wolf (1521–1572) und Salomon Wolf (1752–1810). Zwei Zurcherische Theologen. [Mit 2 Tafeln.] (Njbl. Waisenh. Zurich 1874.) 4. [Zürich.]

Wolf, Rudolf. Johannes Wolf und Salomon Wolf. Zwei Zurcherische Theologen, sammt ihren Familien. Geschildert von R' Wolf. [Mit 2 Tafeln. Sep.-Ausg. von Njbl. Waisenh. Zurich 1874.] 4. Zurich 1874.

Wolf, Rud. Jak. Sam. Wyttenbach. Bern 1853.

Wolf, Sabattja Josef, s. Wolff, Sabattja Josef

[Wolf, Salomon.] Klagen und Bekenntnisse des Christlichen Vaterlandsfreund auf den bevorstehenden Buss- und Bettag. Gedicht. 8. Zurich 1800

— vollständiger Passionsgesang. gr. 8. Zürich ... Schultheß. 1 ℊ
Mit grobem Druck. gr. 8. Ebd. 1 ℊ

— christl. Religionsunterricht zur Vorbereitung auf d. erste Nachtmahlsfeier. 1e Hälfte, welche d. Sätze u. Schriftstellen enthält. 4e umgearb. Aufl. 8. Zürich 825. Schultheß. 2 ℊ 2e Hälfte, welche d. Lieder, nebst einigen Buß- u. Confirmationsgesängen enthält. 2e Aufl. 8. Ebd. 821. 5 ℊ

Wolf, Sal., († d. 3. Aug. 1810.) die Wirksamkeit des Predigtamts nach ihren Hindernissen u. Beförderungsmitteln. Synodalrede, mit d. Synodalrede über Matth. 13, V. 52., von Kpr. Orell. 8. Zürich 809. Orell. 6 ℊ

Wolf, Salomon Jakob

Wolf, Sal. Jak., Beweis, daß das Walzen eine Hauptquelle der Schwäche d. Körpers u. des Geistes unserer Generation sey. 8. Halle 797. Hendel, 5 ℊ

WOLF, Dr. Sal. Jac.: Erörterung der wichtigsten Ursachen der Schwäche unsrer Generation in Hinsicht auf das Walzen. Halle, Hendel. 1797. 8°.
Bibl. Bulov. I. 2. p. 182.

— — Dasselbe, tit.: Beweis dass das Walzen eine Hauptquelle der Schwäche des Körpers u. des Geistes unserer Generation sey. 2. Aufl. Ibid. 1799. 8°.
Tit., 4 Bll. (Dedic. an d. Kronprinzessin, nachmal. Konigin Luise v. Preussen) u. 71 S. (75 Pf. Schmidt, Halle, 491. no. 1346a, mit der unrichtigen Jahrz. 1739; 1 Mk. 80 Pf. Rich. Bertling, Dresden, 1892.)

— Beweis, daß eine leichte Kleidung d. Gesundheit vortheilhafter sey, mit medicin. theoret. u. prakt. Bemerkk. 8 Halle 798. Hendel. 4 ℊ

WOLF, S. J., Beweis, daß leichte Kleidung der Gesundheit vortheilhaft sey. Halle 1799. 8°. (75 Pfg. H. W. Schmidt, Halle, vor 1885.)
Wildberg II. p. 63.

— an Dr. Herz über d. Kuhpockenimpfung bei schwächl. Subjekten, von e. Seite beurtheilt, die bisher noch unberührt blieb. 8. Berl. 802. Belitz. 2 gr

Wolf, Sidney [aus Hamburg]: Beiträge zur Kenntniss des Cervicalsecrets bei chronischen Endometritiden ... (Aus d. Münchener Med. Wochenschr.) München, J. F. Lehmann, 1893; 1 Bl., 20 S., 1 Taf. 8.
München, Med. Fak., Inaug.-Diss. v. 1893

Wolf, Sidney, Bakteriolog. Notiz- u. Nachschlagebuch, s.: Levy, Ernst.

Wolf, Sigismund

Wolf, Siegism., Anfangsgründe des naturwissenschaftl. Systems d. Medicin. 8. Heidelb. 816. Oswald. 1 rthl 12 gr

— vollendete Darstellung des Lebensprocesses. gr. 8. Karlsr. 814. Braun. 1 rthl 10 gr

— Casuistisches Deserviten-Journal für Sanitäts-Beamte. 4. Karlsr. 811.

Wolf, S., Grundsätze z. Erkenntniß u. Heilung d. Krankheiten des Lebensprincips. 1r Thl. gr. 8. Heidelb. Oswald. 816.

— Grundsätze zur Erkenntniß u. Heilung d. Krankheiten des Lebensprincipes. 2 Thle. gr. 8. Heidelb. 817. Oswald. 3 rthl 18 gr

— Handbuch d. jatrotechnischen Pharmakologie, natur-philosoph. bearbeitet. gr. 8. Manh. 804. Schwan u. G. 1 rthl

Wolf, Sigismund: Die Natur einwirkender Potenzen als Vorarbeit zur Hygiäne und Pharmakologie. 198 S., gbd.

Mannheim u. Heidelberg: Schwan & Götz 1806

Wolf, Sigmund (A. J.)

Wolf, Sigm., Anleitung zur Einrichtung und Weiterführung einer praktischen doppelten Buchung für Sortiments-Geschäfte und Schreibmaterialien-Handlungen. 1. und 2. Aufl. gr. 8. (IV, 36 S.) Klagenfurt 881, Selbstverlag.

Wolf. Sigmund. Anleitung zur Einrichtung u. Weiterführung einer praktischen doppelten Buchung für Sortiments-Geschäfte u. Schreibmaterialien-Handlungen. 2 Aufl. Klgft., Leon, 1881. 40 S.

—— Anleitung zu einer praktischen doppelten Buchung für Sortiments-Geschäfte und deren Nebenzweige. 3.—6. verb. Aufl. gr. 8. (IV, 34 S.) Ebda 1883, 84

— die doppelte Buchung f. Sortimentsgeschäfte u. deren Nebenzweige. 8. Aufl. Verm. im Anh. durch „D. Führg. d. Verlagsbuches (Scontro) in Gruppen". gr. 8. (42 S.) Ebd. 898. n.n.n. 1. 20

Wolf, Sigm., die Bestimmung des Werthes buchhändlerischer Unternehmungen für Käufer und Verkäufer. 8. (8 S.) Klagenfurt 884, Selbstverlag.
Aus: Deutscher Buchhändler-Kalender, besonders abgedruckt.

Wolf, S., die Bestimmung des Werthes buchhändlerischer Unternehmungen für Käufer und Verkäufer. 2. Aufl. 8. (12 S.) Klagenfurt 888, S. Wolf.

Wolf, Sigmund. Die Bestimmung des Werthes buchhändlerischer Unternehmungen. 2. Aufl. Klgft., Leon, (1888). 14 S.

Wolf, S. (A. J.), Die Bestimmg. d. Werthes buchhändlerischer Unternehmungen. 3. Aufl. gr. 8. (8 S.) Klagenfurt 898. Selbstverlag. n.n.n. — 50

Wolf, Sigmund, aus Hochstaetten: Zur **Fruehdiagnose** der Tuberculose. *Würzburg 1901: C. J. Becker.* (31 S.) 8°
Würzburg, Med. Diss. v. 1901

Wolf, Simon

-- Einfluß der deutschen Einwanderung auf die Entwicklung und Große der VS. Wash. 188- [?]

Wolf, *Stefan* In illustrissimi Austriae archiducis Rudolphi in Bucovinam adventum die VII. mensis Iulii a. MDCCCLXXXVII. 8 (S. 30). **Progr.** K. k. Ober-G. *Czernowitz* 1887.

Wolf, St.: Vergils 1. u. 10. Ecloge griechisch im Versmaße des Originales. S. 16 f. — Brünn. Progr. 1854.

Virgils Ekloge III, griechisch in Theokrits Versmafse und dorischem Dialekte von Steph. Wolf. 7 S. 8. **Progr.** G. *Czernowitz* 1880.

Wolf, St., Virgil's Ecloge III. Ins Griechische in Theokrit's Versmasse und dor. Dialecte übers. gr. 8. (9 S.) Wien 880, (Hölder.)

Wolf, St.: Die 7. Ecloge Vergils in's Griechische metrisch übersetzt. 3 S. — Czernowitz OG., Progr. 1873.

Wolf, Steph., lateinisches Elementar-Buch für die erste und zweite Classe der k. k. österreichischen Gymnasien. 1. Thl. A. u. d. T.: Lateinische Elementar-Grammatik. gr. 8. (X und 193 S.) Wien 859, Seidel und Sohn. *

Wolf, Stef. Festrede zur Feier der silbernen Hochzeit Ihrer Majestäten. 8 S. 8. **Progr.** G. *Czernowitz* 1879.

Wolf, St., die Freier der Penelope. Eine populär-wissenschaftl. Darstellg. nach Homer. 8. (32 S.) Czernowitz 890. (Schally.) n. — 35

Wolf, Stefan Zur Habsburgfeier: a) Die feste Burg von J. G. Seidl, ins Griechische übertragen. b) Imperatoris Rudolphi sceptrum. c) Das Kaiser Franz Joseflied von Deinhardstein, ins Griechische übertragen. 3 S. — Heinr. Klauser, Festrede. 3 S. G. *Czernowitz* 1883
Progr.

Wolf, Stef. Hypatia, die Philosophin von Alexandrien, die größte Lehrerin des Altertums. Ihr Leben, Wirken und Ende nach den Quellenwerken dargestellt. S. 9—45. 8. G. *Czernowitz* 1879.
Progr.

Wolf, Steph., Hypatia, die Philosophin von Alexandrien. Ihr Leben, Wirken und Lebensende, nach den Quellenschriften dargestellt. gr. 8. (41 S.) Wien 879, (Hölder.) *

Wolf, St.: Naturhistorisches aus Homer, s. Netoliczka

Wolf, St., historischer Rückblick auf die Gymnasial-Reorganisationspläne in Oesterreich nebst historisch-statist. Ausweisen üb. das Czernowitzer k. k. Gymnasium seit 1850—1872. gr. 8. (IV, 60 S.) Czernowitz 873. (Pardini.) n. 1. —

Wolf, St.: Metrische Uebungen in den altklassischen Sprachen, ein Förderungsmittel der Gymnasialbildung.
(Handelt über das Wesen und die Bedeutung der Poesie der Griechen. Ueber Archilochos, Simonides, Hipponax, Anakreon, über aeolische und dorische Dichter bis S. 10)
— Brünn, Progr. 1854

—— lateinisches Vocabularium. gr. 8. (IV und 128 S.) Wien 861, Seidel und Sohn. *

Wolf, Sylvain, a. Grevenmacher (Luxemburg): Angioma arteriale racemosum capitis. (Mit zwei Abbildungen.) Grevenmacher 1905: Buchdr. d. Obermosel-Zeitung. (25 S.) 8°
München, Med. Fak., Ref. v. Angerer, Diss. v. 28. Nov. 1905
[Geb. 7. Dez. 77 Grevenmacher; Wohnort: Grevenmacher, Staatsangeh.: Luxemburg; Vorbildung: Gymn. Athenäum Luxemburg Reife M. 99; Studium: Straßburg 3, Heidelberg 2, München 5 S.; Coll. 28. Nov. 05; Approb. 8. Nov. 05.]

Wolf, Th.: Noch einmal: Dionysios oder Libanios? 17 S.–Czernowitz, Progr. 1862

Wolf, Theobald, Johannes Honterus, der Apostel Ungarns. Hrsg. vom Ausschuss zur Errichtg. e. Honterus-Denkmals in Kronstadt. gr. 8. (IV, 186 S. m. Bildnis.) Kronstadt 894. (H. Zeidner.) n. 2. 40

Wolf, Theob., Fürst Georg Rákoczy I. in Reps. Eine geschichtl. Erzählung aus dem J. 1639. 8. (65 S.) Kronstadt 888, Albrecht und Zillich.

Wolf, Theodor

Wolf, Th., ein Besuch der Galápagos-Inseln, s. a. Sammlung von Vorträgen.

Wolf, Theodor: Ein Besuch der Galapagos-Inseln. (Sammlung von Vorträgen. Bd. 1. Heft 9/10.) Heidelberg 1879. 42 S., 3 Krt. 8°.

Wolf, Thdr., geografia y geologia del Ecuador. Publicada por órden del supremo gobierno de la república. Con 12 láminas autotipicas, 47 illustraciones en el texto y 2 cartas. Lex.-8. (XII, 671 S.) — Carta geográfica del Ecuador. 6 Bl. Fol. Leipzig 892. (F. A. Brockhaus.) Geb. in Leinw. m. Karte. n.n. 24. —

[F.]**Wolf,** Theodor [App. Arzt aus Bergtheim (Unterfranken)]: Injektionstherapie der Syphilis m. spez. Berücks. d. Injektionen v. Cyanquecksilber-Leimpepton ... Bamberg, W. Gärtner's Buchdr., 1893; 26 S. 8.
Erlangen, Med. Fak., Inaug.-Diss. v. [17. Dez.] 1892

Wolf, Theodor: Geognostische Mittheilungen aus Ecuador. Der Cotopaxi und seine letzte Eruption am 26. Juni 1877. (S.-A. Neues Jahrbuch für Mineralogie etc. 1878.) (Stuttgart 1878.) 55 S., 2 Tf. 8°.

Theodor **Wolf:** Monographie der Gattung Potentilla. Lfg. 1. Stuttgart: E. Schweizerbart 1908. 4°
— Bibliotheca botanica. H. 71. [C8. 10077

Wolf, Teodoro, plano de Guayaquil. 1 : 4800. Kpfrst. Imp.-Fol. Hamburg 887, Friederichsen und Comp. * 12 —

Wolf, Thdr., Potentillen-Studien. I. Die sächs. Potentillen u. ihre Verbreitg., besonders im Elbhügellande, m. Ausblicken auf die moderne Potentillenforschung. gr. 8. (123 S. m. Abb.) Dresden 901. W. Baensch. n. 2. 75

Wolf, Thdr., Potentillen-Studien. II. Die Potentillen Tirols nach den Ergebnissen e. Revision der Potentillensammlg. im Herbar des „Ferdinandeums", incl. des Zimmeterschen Herbars in Innsbruck. (72 S.) gr. 8. Dresden 903. W. Baensch. n. 1. 75 (I. u. II.: n. 4. 50)

Wolf, Thdr., die Vulkanberge v. Colombia, s.: Stübel, Alphons.

Wolf, Theodor Ludwig

Wolf, Thdr. Ludw. Walthari u. Gertrudis. Ein Sang aus der Hohenstaufenzeit. 8. (104 S.) Plauen i. V. 889, Neupert's Verlag. * 1 20; cart. * 1 50; geb. * 1 80

Wolf, W., neuere Ausführungsformen v. Quecksilberdampflampen u. zugehörigen Apparaten, einschliesslich der Quecksilberquarzlampe. (45 S. m. 53 Abb.) gr. 8. Leipzig 907. Hachmeister & Thal. 1. 50

Wolf, W., die Düngung, s. Jahresbericht über die Fortschritte auf dem Gesammtgebiete der Agricultur-Chemie.

Wolf W., Ueber den Durchgang des elektrischen Stromes durch eine Kugel-Calotte. 8°. Leipzig. 1876.

— Fortschritte im Bau v. Wendepolmaschinen für Gleichstrom. (29 S. m. 41 Abb.) gr. 8. Ebd. 909. 1.—
Sonderabdr. aus: Der Elektropraktiker.

Wolf, W., geh mit mir! Ratgeber für Landwirte. Chemische Untersuchungen über die Jauche, über deren zweckmäß. Behandlung während ihrer Aufbewahrung, behufs Erhöhung ihres Wertes und Steigerung ihrer düngenden Wirkung. Als Preisfrage für die „Highland and Agricultural Society of Scotland" bearb. gr. 8. (39 S.) Döbeln 887, Schmidt.

— Neuerungen im Bau v. Feldmagneten u. Magnetgestellen f. elektrische Maschinen. (45 S. m. 66 Abb.) gr. 8. Ebd. 908. 1. —
Sonderdruck aus: „Der Elektropraktiker".

Wolf, W. Über das Wasser, insbesondere das Wasser in gesundheitlicher Beziehung und chemische und mikroskopische Untersuchungen des Trinkwassers der Stadt Döbeln. XXXI S. *Döbeln* 1880.
Progr.

Wolf, W., Wo läßt sich im landwirtschaftlichen Betriebe viel ersparen und auf welche Weise lassen sich diese Ersparnisse zur Steigerung der Erträge verwenden? Eine einfache wirtschaftl. Änderung, durch welche in Zukunft der Ertrag der Feldfrüchte gesteigert werden kann. Vorträge, gehalten bei Gelegenheit der Generalversammlung des landwirtschaftl. Kreisvereins im Erzgebirge zu Erlau und im landwirtschaftl. Verein zu Döbeln 1882. 1.—3. Aufl. gr. 8. (20 S.) Döbeln 884, (Schmidt.)

Wolf, Walther, Referendar in Dresden: Der minderjährige Kaufmann. Leipzig: Dr. Seele & Co. 1906. (X, 63 S.) 8°
Leipzig, Jur. Fak., Diss. v. 8. April 1907
[Geb. 10. Nov. 79 Olbernhau i. S.; Wohnort: Dresden; Staatsangeh.: Sachsen; Vorbildung: Fürsten- u. Landessch. Grimma Reife O. 00; Studium: Leipzig 6 S.; Rig. 21. Juli 04.]

Wolf, Wenzeslaus Leo

Wolf, W.L(eo): Das Abracadabra des 19.Jahrhunderts oder Hahnemanns Homöopathie. (Abracadabra of the nineteenth century... Dt.) Nach dem Englischen für Deutschland bearbeitet von (Daniel Rudolph) Warburg. 287 S., gbd., Abb.

Hamburg: Hoffmann & Campe 1836

WOLF, W[ENCESLAUS] L[EO], Ueber die Luftröhrenbränne der Kinder. Eine kurze zunächst für Nichtärzte bestimmte Anleitung diese gefahrvolle Krankheit richtiger zu beurtheilen und sicherer zu verhüten. Altona. 1808 Hammerich.

— Versuch einer physischen Andristik oder über männlichen Geschlechtstrieb und Pollutionen. Bremen und Aurich [Altona]. 1810.

Wolf, W. Leo, Versuch e. Andristik, oder über männl. Geschlechtstrieb u. Pollutionen, f. Aerzte u. Erzieher, e. Beytr. zu Hufelands Kunst d. menschl. Leben rc. 8. Brem. Müller. 810.

Wolf, Wilhelm, approb. Arzt aus Elberberg: Aus d. pharmakolog. Institut zu Marburg. Über den Einfluss von Kupfer- und Zinksalzen auf die Hämoglobinbildung. *Strassburg: K. J. Trübner* (übergeklebt: *Marburg) 1899.* (22 S.) 8°
Marburg, Med. Diss. v. 3. Jan. 1899

Wolf, Wilh. Fahrrad und Radfahrer. Mit 328 Text-Abbildgn. u. 1 Karte. 8. (VII, 244 S.) Lpz. 889, Spamer. * 5 —; geb. * 6 —

Wolf, W.: Fahrrad und Radfahrer. Leipzig 1890. 244 S. m. Abb.

Wolf, Wilh., Fahrrad u. Radfahrer. Wohlfeile (Titel-) Ausg. gr. 8. (VII, 244 S. m. 328 Abb. u. 1 Karte.) Leipzig (889) 896. O. Spamer. n. 2. —; geb. in Leinw. n. 3. —

Wolf, Wilhelm, approb. Arzt aus Zwickau: Ein **Fall** von schwerer Mesenterialverletzung. *Leipzig 1901: B. Georgi.* (54 S.) 8°
Leipzig, Med. Diss. v. (19. Mai) 1901

Wolf, Wilh. Die Fraumünsterkirche an ihre Freunde. Zürich 1850.

Wolf, Wilh., Merk- u. Nachschlagebüchlein f. Konfirmanden u. Konfirmierte (im Anschluß an den v. der 26. rhein. Provinzialsynode im J. 1902 aufgestellten Lehrplan f. den pfarramtl. Religionsunterricht). 2., durchgeseh. Aufl. (64 S.) 8. Duisburg (904). Dietrich & Hermann. Kart. n. — 50

Wolf Wilhelm: Das Thema der Versuchung Christi bei Bale, Fletcher und Milton.
M. 1910 PN 3020 **Diss.** Innsbruck Univ.

Wolf, Wilhelm [pr. Arzt in Gernsheim a./Rh.]: Ueber Thrombose der Retinalvenen. . . . Darmstadt, E. Bekker'sche Hofbuchdr. 1888. 15 + 1 S. u. 1 Taf. 8°
Würzburg, Med. Fak., Inaug.-Diss. v. 1888

Wolf, Wilh., drei Vorträge über die Geschichte der praktischen Geometrie, gehalten in den Versammlungen des Vereins prakt. Geometer. gr. 8. (98 S. mit 7 autogr. Fig.-Taf. in qu. 4.) Dresden 865, (Expedition der europäischen Modenzeitung.) *

Wolf, Wilh. Zuruf an Zürich's Bewohner. Zürich 1847. 4.

Wolf, William

Wolf, Will., gesammelte musik-ästhetische Aufsätze. [Aus: „Neue Berliner Musikzeitg." u. „Klavierlehrer".] gr. 8. (IV, 51 S.) Stuttgart 894. C. Grüninger. n. 1. 20

Wolf, William, appr. Arzt a. Merseburg: Statistische Erhebungen und Mitteilung interessanter Fälle aus dem Etatsjahre 1903/04 der Marburger Universitäts-Augenklinik. Marburg 1905: Köster & Schell. (40 S.) 8°
Marburg, Med. Fak., Ref. Bach, Diss. v. 2. Febr. 1905
[Geb. 8. Mai 79 Merseburg; Wohnort: Merseburg; Staatsangeh.: Preußen; Vorbildung: Domgymn. Merseburg Reife O. 99; Studium: Freiburg i. B. 1, Marburg 3, München 1, Berlin 1, Marburg 4 S.; Coll. 28. Okt. 04; Approb. 23. Apr. 04.]

Wolf, William, Musik-Aesthetik, in kurzer u. gemeinfaßl. Darstellg. M. zahlr. Notenbeispielen. 1. Bd. 2. Aufl. gr. 8. (IV, 164 S.) Stuttgart 896. C. Grüninger. n. 2. 40; geb. n. 3. —

Wolf, William, Musik-Aesthetik in kurzer, gemeinfaßlicher Darstellung m. zahlr. Noten-Beispielen. 2. Bd. (VII, 341 S.) 8. Stuttgart (906). C. Grüninger. n. 4. 80; geb. n. 5. 70 (vollst.: n. 7. 20; geb. n. 8. 70)

Wolf, Willy, das Lied der Lieder, übers. u. erläutert. (VI, 72 S.) gr. 8. Frankfurt a/M. 908. Sänger & Friedberg. 1.90; geb. n 2. 50

Wolf **a S. Amando, Burch.,** (†...) abrégé de la Vie de S. Joseph de Calasance de la Mere de Dieu. 8. Strassb. 772.

— Regeln d. deutschen Orthographie. 8. Rastadt 774.

Wolf-Baudissin, Sophie Gräfin, s.: Baudissin, Sophie.

Wolf-Cirian, Francis, Eintagsfliegen. Novellen u. Märchen. 8. (254 S.) Dresden 900. E. Pierson. n. 3. —; geb. n. 4. —

Wolf-Cirian, Francis, Grillparzers Frauengestalten. (VIII, 309 S. m. 6 Vollbildern.) 8. Stuttgart 908. J. G. Cotta Nachf. 4.—; geb. in Leinw. 5. —

Wolf-Czapek, K. W., die Kinematographie. Wesen, Entstehg. u. Ziele des leb. Bildes. Mit 41 Orig.-Abb. (120 S.) gr. 8. Dresden 908. Berlin, Union, Zweigniederlassg. 3. —

— Warenkunde f. den photographischen Händler. Ein Hand- u. Nachschlagebuch. (92 S.) gr. 8. Berlin 908. Union, Zweigniederlassung. Geb. in Leinw. 3.—

Wolf-Ferrari, Ermanno

Aschenbrödel. (Cenerentola.) Musikal. Märchen in 3 Akten. Frei nach d. bekannten Stoff von Ermanno **Wolf-Ferrari.** Deutsch von Julius Schweitzer. [Text.] München: A. Schmid Nachf. [1902]. (71 S.) 8° [F.] [02. 9363

Die neugierigen Frauen (Le donne curiose). Musikal. Comödie in 3 Aufz. nach Carlo Goldoni von Graf Dr. Luigi Sugana. Deutsch von Hermann Teibler, Musik von Ermanno **Wolf-Ferrari.** Clavier-Auszug mit deutschem u. italien. Text. Leipzig: J. Weinberger 1903. (217 S.) 4° [03. 1913

Die Neugierigen Frauen (Le donne curiose). Musikal. Komödie in 3 Aufz. nach Carlo Goldoni von Graf Dr. Luigi Sugana. Deutsch von Hermann Teibler, Musik von Ermanno **Wolf-Ferrari.** [Text.] Leipzig: J. Weinberger 1903. (69 S.) 8° [F.] [08. 7967

Susannens Geheimnis (Il segreto di Susanna. [deutsch]). Intermezzo 1 Akt nach d. Franz. von Enrico Golisciani. Deutsch von Max Kalbeck. Musik von Ermanno **Wolf-Ferrari.** [Textbuch.] Leipzig: Weinberger copyr. 1909. 24 S. 8°

Die vier Grobiane (I quattro rusteghi). Musikal. Lustspiel in 3 Aufz. frei nach Goldoni von Giuseppe Pizzolato. Deutsch von Hermann Teibler. Musik von Ermanno **Wolf-Ferrari.** [Textbuch.] Leipzig: J. Weinberger 1906. (75 S.) 8° [F. u. Ant.] [07. 5125

La Vita Nuova. Cantica su parole di Dante per Baritono, Soprano, Coro, Orchestra, Organo e Pianoforte comp. da E(rmanno) **Wolf-Ferrari.** Op. 9. Riduzione per Canto e Pianoforte. *Amburgo, Lipsia: D. Rahter 1902.* (118 S.) 4°
[Nebent.:] Das neue Leben. Nach Worten von Dante Alighieri ... comp. von E. Wolf-Ferrari. (Übers.: Dr. M. Steinitzer.)

Wolf-Fraser, Beniamin de (Halifax)
De causis mortis in febribus acutis et de optimis remediis ad eam evitandam.
Giessae: G.F. Heyer 1834. 29 S.
Diss. med. 29.3.1834. vorh. 7.11.

Wolf von Glanvell, Victor: Dolomiten-Führer. Mit einer Uebersichtskarte der Dolomiten im Maßstab 1:300.000. 8. (X, 373 S.) Wien: Gerold 1898.

Wolf Edler v. Glanvell, Vict. Führer durch die Prager Dolomiten. 12. (XII, 168 S.) Wien 890, (Lechner's Sort.). geb. * 3 —

Wolf Edler v. Glanvell, Vict., Die Canonessammlung d. Cod. Vatican lat. 1348. [Aus: „Sitzungsber. d. k. Akad. d. Wiss."] gr. 8. (55 S.) Wien 897. (C. Gerold's Sohn.) n. 1. 30

Wolf v. Glanvell, Vict., s.: Kanonessammlung, die, des Kardinals Deusdedit.

Studien aus dem canonischen Privatrechte. Von Dr. Victor **Wolf** Edlen v. Glanvell. [Th.] 1. *Graz: 'Styria' 1897.* (IV, 219 S.) 8. [97. 5344

WOLF, Edler von GLANVELL, Victor

Studien aus dem canonischen Privatrechte. I. Die negotia inter vivos. Von Dr. Victor Wolf Edlen von Glanvell. 2. veränderte Ausgabe. Graz. 1898. In Comm. Leuschner & Lubensky. Gr.-8°. IV, 219 S. fl. 2.40

Die letztwilligen Verfügungen nach gemeinem kirchlichen Rechte. Von Victor Wolf v. Glanvell. *Paderborn: F. Schöningh 1900.* (II, 300 S.) 8°
[00. 4768 3

Wolf-Harnier, Eduard

Wolf-Harnier, Ed., gefiederte Baukünstler. Charakterschildergn. aus d. Vogelwelt unt. bes. Berücksicht. d. Nestbauart d. Vögel. M. 4 Separatbild. u 104 Federzeichngn. v. d. Verf. gr. 8 (VIII, XII, 276 S.) Berlin 895. Hilfsverein deutscher Lehrer. Geb. in Leinw. n. 6. —

Wolf-Harnier, Eduard, gefiederte Baukünstler. Charakterschilderungen aus der Vogelwelt m. besond. Berücksicht. der Nestbauart der Vögel. Mit 1 Deckelbilde u. 3 Buntbildern v. A. Busch u. Federzeichngn. v. Eduard Wolf-Harnier. (VII, 151 S.) 8. Leipzig (910). A. Anton & Co. Geb. in Halbleinw. 1. 80

— dasselbe. (Neue Folge.) Mit 1 Deckelbild u. 3 Buntbildern v. A. Busch u. Federzeichngn. v. Eduard Wolf-Harnier. (IV, 138 S.) 8. Ebd. (910). Geb. in Halbleinw. 1. 80

Wolf-Harnier, Ed., naturgeschichtliche Charakterbilder. Mit 26 Orig.-Handzeichngn. u. Dichtgn. v. dem Verf. gr. 8. (VII, 174 S.) Berlin 892. R. Mickisch. Geb. in Leinw. 3. —

Haulemann. Was Wald u. Flur erzählen. In Wort u. Bild dargest. von Eduard Wolf-Harnier. 3. Aufl. Berlin: A. Anton & Co. [1905]. (80 S.) 4° [F.]
[06. 1' 71

— am Quell der Natur. Märchen, Fabeln, Gedichte u. Rätsel f. die liebe Jugend. Mit 70 Orig.-Handzeichngn. u. 1 Komposition v. dem Verf. gr. 8. (160 S.) Berlin 894. E. Mecklenburg. Geb. in Leinw. n. 3. —

Wolf-Rabe, F. (Frau Elise Wolfram), Frauenehre. Geschichte der Diana v. Wengern. (169 S.) 8. Dresden 904. E. Pierson. n. 2. 50

Wolf-Rabe, F., Midasgold. Roman. gr. 8. (297 S) Dresden 902. C. Reißner. n. 3. —; geb. n. 4. —

— Scheodan Singh. Roman eines Hindu. 8. (204 S) Leipzig (902). Berlin, H. Seemann Nachf. n. 3. —; geb. n. 4. —

Wolf-Südhausen, Jul. Hinter der Leinwand. (Malers Modell). Aesthetische Skizze. In-8°, 57 S. Zürich, Verlags-Magazin (J. Schabelitz). 1886.

Wolf-Südhausen, Jul., Studien üb. Wesen u. Geschichte der Malerei. gr. 8. (VII, 319 S.) Zürich 887. Verlags-Magazin. n. 5. —; geb. n. 6. 40

Wolf v. Wolfenau, Ant., s. Abhandl. über d. H im musikal. Alphabet.

Wolf-Zwiedineck, Oesterreich unter Maria Theresia, Josef II. und Leopold II., s. Geschichte, allgemeine, in Einzeldarstellungen.

Wolfahrt, s. Wohlfarth.

Wolfanger, v., und Carl Fraas: Die Landwirtschaft in Bayern. Denkschrift zum 50jährigen Bestehen des 1. Vereins in Bayern. München 1860.

Wolfangen u. Fraas, Die Landwirtschaft in Bayern. 2. Aufl. 8°. München 1862.

Wolfart, Herr Geheimrath, u. die Juden. gr. 8. (1½ B.) Berlin 843, Klemann.

Wolfart, Johann Ernst (Hanau) A. S. 14/29

Dissertatio juridica inauguralis, de decimis novalium, Von Rott-Zehnden.
Marburg (Müller) VIII. 1727. 32 S. 37158

Wolfart, Johann Fr.

Wolfart, J. F. Die Formen des franz. Zeitworts. 62 S. . . . . . .
Magdeburg, D.. Progr. 1833

Wolfart, Jh. Fr., die Formen d. französ. Zeitworts. 2. verm. u. verb. Aufl. Mit 1 Tabelle. gr. 8. Magdeburg 845, Heinrichshofen. 5/12 ℛ

Wolfart, J. Fr., die Formen des französischen Zeitworts. Mit einem Vorwort von Albrecht. 3., verm. u. vielfach verb. (Titel-)Aufl. Jena (846)866. Hermsdorf. gr. 8. (XIV, 99 S. mit 1 Tab. in Fol.) n. 8 ngr

Wolfart. Ueber PA—TI, *ΠO—ΣI,* PO—TI. Magdeburg. Domgymn., 1854. 30 S. 4. Progr.

—— Tableau synoptique des formes simples de la conjugaison française, régulière, irrégulière et défectueuse, puisé dans les meilleures sources etc. Roy.-Fol. (3 Bl.) Magdeburg 843, [Baensch.] *

— **tableau synoptique des formes simples de la conjugaison française, régulière, irrégulière et défectueuse, puisé dans les meilleures sources etc. Roy.-Fol. (3 Blätter.) Magdeburg 843, Schmilinsky. n. 1/3 ℛ**

—— Thèmes français od. franz. Elementar-Lesebuch, eine methodisch geordnete Sammlung franz. Beispiele zur Einübung theils u. hauptsächl. der Formen, besond. des Verbums, theils der vornehmsten syntakt. Gesetze. Zunächst den prakt. Theil zu Obigem bildend. gr. 8. (28 B.) Magdeburg 846, Heinrichshofen.

—— Thèmes français oder französ. Elementar-Lesebuch, eine methodisch geordnete Sammlung französ. Beispiele zur Einübung theils und hauptsächlich der Formen, besonders des Verbums, theils der vornehmsten syntakt. Gesetze. Zunächst den prakt. Theil zu des Verf. Formen des französ. Zeitworts bildend. 2. (Titel-) Aufl. gr. 8. (XVIII und 420 S.) Jena (846)66, Hermsdorf. *

—— Wörterverzeichniß nebst einzelnen Regeln und Bemerkungen dazu. 2 Hefte. 2. Aufl. 8. (IV und 166 S.) Jena 866, Hermsdorf. *

Wolfart, Johann Heinrich

Wolfartus, Joannes Henricus: „Commentatio iuridica de eo, quod in Germania justum est circa bannum ferinum in alieno territorio acquisitum", Tubingae 1741. — Vorh.: Bibl. des Oberlandesgerichts Celle — (3 an Mf. 224) — und des Kammergerichts Berlin — Ec. 2888.

***Wolfart,* Jh. Hnr., († 1783.) commentatio de infanticidio doloso ejusque speciebus. 4. Frankf. 750. Andreä. 2 gr**

Wolfart, Jo. Henr.: Tractatio iuridica de iuramentis Judaeorum judicialibus cautionibusque, in iisdem vel adhibendis vel improbandis. Francofurti et Lipsiae 1748.

Wolfart, Joh. Henr.: Tractatio jur. de matrimonio ad morganaticam ejusque speciebus. Hanoviae 1736.

WOLFART, Joh. Henr. Tractatio Juridica De Sodomia Vera & Spuria Hermaphroditi Von achter und unachter Sodomiterey eines Zwittern. Auctore *Johanne Henrico Wolfart* J. C. L. & in Illustri Athenaeo Hanoviensi Professore Publico. Francofurti ad Moenum, Apud Joh. Frid. Fleischer, MDCCXLII. (1742.) 4°. 32 S. (In Rostock, Landesbibl.) (2 Mk. 50 Pfg. Frdr. Klüber's Nachf., München 1908.)

Wolfart, Karl, aus Karlsruhe i. B. Die erste offizielle **Entscheidung der** Stadt **Augsburg** für die Reformation. 1533. *Naumburg a. S. 1901: Lippert & Co.* (72 S.) 8°. (Erschien u. d. T.: 'Die Augsburger Reformation in d. J. 1533/34' mit archival. Beil. als: Studien zur Gesch. d. Theol. u. d. Kirche, Bd. 7, H. 2.)
Erlangen, Phil. Diss. v. 16. Mai 1900.

Wolfart, K., s.: Geschichte der Stadt Lindau im Bodensee.

Die Augsburger Reformation in den Jahren 1533/34. Von Dr. Karl Wolfart, Pfarrer in Lindau i. B. VIII + 160 S. 8. Leipzig, Dieterich, 1901. [M. 3.50]
Studien zur Geschichte der Theologie und der Kirche hrg. von N[athanael] Bonwetsch... und R[einhold] Seeberg.... Band 7. Heft 2.

Wolfart, Karl Christian

— Abhandl. über d. Veränderung des Krankheitsgenius ꝛc. gr.8. Marb. 799. Krieger. 6 gr

Wolfart, Karl Chr. (Hrsg.), s. Asklipieion.

Wolfart, Ritter Karl Chr., Aufruf an d. deutschen Krieger zur Erhaltung ihres Wohlseyns, ihrer Stärke u. Gesundheit. 8. Berl. 806. 2e A. 813.

Ueber die Bedeutung der [illegible] Wolfart. Berlin [illegible]

— über d. Bedeutung d. Zeichenlehre in d. Heilkunde. 8. Berl.810. N. A. 816. (Schöne) 4 gr

Wolfart, Karl Chr., über die Bedeutung der Zeichenlehre in der Heilkunde. Neue Aufl. 8. Berlin... jetzt Cranz. 1/6 rthl

Erläuterungen zum Mesmerismus. Von Karl Christian Wolfart. Berlin: Nikolai 1815. XVI,296 S. 8°

— das Faulfieber, besond. in Beziehung auf desselben Erscheinung im Kriege, in Aphorismen dargestellt. gr. 8. Halle 814. Waisenh.=B. 8 gr

— Formulare, oder Lehre d. Abfassung von Recepten systematisch bearbeitet. gr. 8. Frankf. 803. Guilhaumann. 14 gr

Wolfart, Karl Christian: Ueber den Genius der Krankheiten. 344 S., gbd.

Frankfurt am Main: Guilhauman 1801

Geschichte einer lebensmagnetischen Kur. Vom [Karl Christien] Wolfart. Berlin: Salfeld 1812. S. 1394-1488. 8°

Aus: Ασκληπιειον. Allg. med.-chirurg. Wochenblatt. 1817

— Grundzüge d. Semiotik in Lehrsätzen, als Leitfaden zu Vorlesungen. gr. 8. Berl. 818. Nicolai. 22 gr

Wolfart, Karl Christian, s. Gunthas.

Wolfart, Karl Christian, s. Heilung. Über eine...

Wolfart, Karl Chr., Herrmann, Fürst d. Cherusker. Schspl. 8. Berl. 810. (Rücker). 18 gr (Brandenburg). Hbg. Pr. 6 gr (Hinrichs in Leipz.) 16 gr

Wolfart, K. Ch., Hülfs-Tafeln wider d. Indische Seuche, als Resultat eigner prakt. Erfahrn. gr. 8. (3½ B. u. 3 anschaul. Erkenntniss- u. Heilungs-Taf. qu. Fol.) Berlin 832, (Logier.)

— Jahrbücher für den Lebensmagnetismus, oder neues Asklepieion. Allgemeines Zeitblatt für d. gesammte Heilkunde nach den Grundsätzen des Mesmerismus. 5 Bde à 2 Hefte. gr. 8. Leipz. 818—22. Brockhaus. (Jedes Heft 1 rthl) 10 rthl Hbg. Pr. 5 rthl

— an Ihro Majestät d. regier. Kaiserin v. Rußland bei ihrer Ankunft in Berlin im Jan. 1814. gr. 8. Berl. 814.

Wolfart, Karl Christian, s. Lichtenstädt, J. R.: Erfahrn.

Wolfart, Ritter Karl Chr., d. Magnetismus gegen d. Stieglitz-Hufelandische Schrift über den thier. Magnetismus in seinem wahren Werth behauptet. gr. 8. Berl. 817. Nicolai. 20 gr

Wolfart, Karl Christian, s. Melpomene u. Thalia I.

Wolfart, Karl Christian (Hrsg.):

s.: Mesmer, Franz Anton: Mesmerismus oder System der Wechselwirkungen... Berlin: 1814

Wolfart, Karl Christian, s. Mesmerismus.

— de genii morborum mutatione hominum vitae rationi tribuenda. 4. Marb. 797. Krieger. 6 gr

(—) die Rheinfahrt. Ein romant. Gedicht. 8. Berl. 815.

— nosolog. Therapie. Lehre d. Erkenntniß u. Heilung aller Krankheiten des Menschen, in 4 Büchern. 1s Buch, Einleitung. Allgem. nosolog. Therapie. gr. 8. Berl. 826. Dümmler. 3 rthl

— Indra's Verheißung, e. allegor. Festsp. 8. Berlin, Hitzig. 809.

— Indra's Verheißung. Allegor. Festspiel. 8. Berl. 809. (Mittler). 6 gr

— das Wesen des gelben Fiebers u. seine Behandlungsart, nosologisch untersucht. 8. Berl. 805. Sander. 12 gr

Wolfart, Karl Christian, s. Ziermann, J. C. L.: Über d. Geburt d. Menschen.

Wolfart, L., die Kaffeeküche. Ein sicherer Rathgeber für sparsame Hausfrauen und alle Töchter, die es werden wollen: Den Kolonialkaffee durch vaterländ. Produkte zu ersetzen. Mit beigefügten Anleitungen für Droguisten, Kaffeewirthe, Köche und Köchinnen: äußerst geschmackhafte Kaffee-Essenzen und Extrakte auf wohlfeilem Wege zu fabriziren 2c. Nach vieljähr. Erfahrungen. gr. 16. (18 S.) Luzern 859, Straube.

Wolfart, Ldw., nähere Beurtheilung d. Verhältnisses der in dem jetzigen Herzogthum Warschau ihrer Aemter entsetzten königl. preuß. Staatsdiener zu d. königl. sächs. Regierung. 8. Frankf. 808. Jäger. 6 gr

Wolfart, Peter

Alt- und neues, oder Aufrichtig- medicinisches Bedencken [Bedenken], uber den bey Hof-Geismar in dem niedern Fürstenthum Hessen liegenden ...Heyl- und Gesund-Brunnen, worinnen dessen Lager, mineralischer Gehalt samt...Gebrauch...vor Augen gestellt wird. Von P[eter] Wolfart. Cassel: Cramer 1725. 52 S. 8°

Wolfart, Pet., Historia naturalis Hassiae inferioris, Naturgeschichte d. Nieder-Fürstenthums Hessen, mit 26 Kpf. Fol. Cassel, Cramer. 718.

Historiae naturalis Hassiae inferioris pars...i.e. Der Natur-Geschichte des Nieder-Fürstenthums Hessen ...Th. ...Von Peter Wolfart. P.1. Cassel 1719: Harmes. 2° [Text lat.u.deutsch.]

P.1: 1719.

Wolfart, P. Historia naturalis Lapidum, inprimis figuratorum Hassiae inferioris, i.e. Naturgeschichte des Nieder-Fürstenthums Hessen. Editio Secunda. Cassel Fol.

— Institutio physica, s. clavis philosophiae experimentalis. c. fig. 8. Cassel. 712.

Wolfart, Phil. Ludwig

Wolfart, Phl. Ldw., der Abfall von Rom unter preußischem Gesetz. 12. Potsdam 845. (Stuhr'sche Buchh.) 1/8 ₰

— Art und Ziel der öffentlichen Stimme in der Preußischen Judenfrage. (Als Fortsetzung der Schrift: „Ueber die Emancipation der Juden in Preußen.") gr. 8. Potsdam 844, Riegel. n. 1/4 ₰

— über die Emancipation der Juden in Preußen. gr. 8. (2 B.) Potsdam 844, Riegel's Vrlgsh. *

Wolfart, Phil. Ludw., das Glaubensleben in den Schranken der Gesetzlichkeit. gr. 8. (36 S.) Potsdam 847, Stuhr. n. 1/6 ₰

Wolfart, Phl. Ldw., die evangel. unirte Landeskirche u. die aus der römischen Hierarchie geschiedenen Katholiken. 8. Potsdam 846, Stuhr'sche Buchh. 1/6 ₰

— Monarchie u. Verfassung, oder die Herrschaft des rechten Vertrauens. Eine Lebensbetrachtung. gr. 8. Berlin 842, Dümmler. 7/12 ₰

Wolfart, Ph. Ludw., Preußen in seinen relig. Verhältnissen. Beiträge zu e. Staats-Kirchenrecht e. christl. evangel. Monarchie. gr. 8. (14 B.) Berlin 839, [Mittler u. Sohn.]

— eine Theilnahme an der religiösen Zeitbewegung. gr. 8. (2⅞ B.) Potsdam 845, Stuhr'sche Buchh. *

Wolfarth, s. Wohlfarth.

Wolfarth, F. M., über den Satz: „Reprobatio reprobationis non datur." 8. Münch. ... Jaquet. 4 gr

Wolfarth, Karl, s.: Frisch's, J., Amts- u. Terminkalender f. Kanzleien.

— Leitfaden zur Vorbereitung auf die niedere Dienstprüfung im k. württ. Departement des Innern f. Verwaltungskandidaten. (Begründet v. L. Waas.) 2. Aufl. (VIII, 76 S.) 8. Stuttgart 904. W. Kohlhammer. In Leinw. kart. n. 1. 50

Wolfarth, K., alphabetisches Nachschlagebüchlein üb. d. betreffs d. Arbeiter-Versicherungsgesetze ergang. wichtigeren Entscheidgn. u. Verfüggn. d. zuständigen Behörden. 8. (II, II, 184 S.) Stuttgart 896. W. Kohlhammer. n. — 90

Die Verjährungsfristen der deutschen Reichs- und württembergischen Landesgesetzgebung in alphabetischer Ordnung dargestellt. Bearb. von Karl **Wolfarth**, Ökonomieverw., u. Louis Waas, Obersekr. in Stuttgart. *Stuttgart: W. Kohlhammer 1904.* (101 S.) 8° [F.] [04. 15,66

— Vorschriften f. d. Dienst-Verpflichtungen der Amtskörperschafts- u. Gemeinde-Beamten, öffentl. Rechner, Gemeinderäte 2c., sow. sonst. Gemeinde-Offizianten, nebst verschied. and. Verpflichtungsformeln f. Staatsbeamte u. sonst. Funktionäre. In alphabet. Reihenfolge. Zusammengest. nach d. neuesten Stand. 8. (III, 74 S.) Ebd. 897. n. — 50

— Vorschriften f. die diensteidliche Verpflichtg. d. Staats-, Amtskörperschafts- u. Gemeindebeamten u. Unterbeamten nebst e. Anh. der f. Beamte in Betracht kommenden Straf- u. sonstigen Verbotsvorschriften. Zusammengestellt nach dem neuesten Stand der Gesetzgebg., insbesondere unter Berücksicht. der neuen Gemeinde- u. Bezirksordng. 2. Aufl. (131 S.) kl. 8. Marbach a. N. 909. Stuttgart, W. Kohlhammer. 1. 30

Wolfarth, Vortrag über die neue Steuergesetzgebung in ihrer Anwendung auf die württembergischen Kreditgenossenschaften. (40 S.) Buchau 1906

— gemeinverständliche Vorträge üb. die neue Steuergesetzgebung m. Berücksicht. der Gemeinde- u. Amtskörperschaftsbesteuerung unter Beischluß v. 25 Formularen zu Fassionserklärungen. Steuerermäßigungsgesuche, Beschwerdeerhebung u. s. w. zum prakt. Gebrauch f. Jedermann. (115 S.) 8. Schussenried (905). (Biberach, Dorn.) n. 1. —

Wolfarth K., Populäre Vorträge über das bürg. Gesetzbuch. (148 S.) Stuttgart 1900

Wolfarth, K., Populäre Vorträge üb. das bürgerliche Gesetzbuch m. Einschluss der zutreffenden Ausführungsbestimmungen üb. das Nachlasswesen, die Gesindeordng, sowie das Gesetz üb. die Liegenschaftsumsatz- u. Erbschafts u. Schenkungssteuer. gr. 8. (VIII, 148 S.) Stuttgart, W. Kohlhammer. 1. 50.
1901.

Wolfarth, K., Populäre Vorträge üb. das bürgerliche Gesetzbuch m. Einschluss der zutreffenden Ausführungsbestimmungen üb. das Nachlasswesen, die Gesindeordnung, sowie das Gesetz üb. die Liegenschaftsumsatz- u. Erbschafts- u. Schenkungssteuer. 3. Abdr. gr. 8. (VIII, 148 S.) Stuttgart '01, W. Kohlhammer. 1. 50.

Wolfbauer, Hans: Über das *p*-Tolyltaurin. Separatabdruck aus: Sitzungsber. d. k. Akad. d. Wissensch. in Wien. Bd. 113. IIb. S. 326.

Wolfbauer, J. F., die Bestimmung d. Kali in den Düngern. (Internationaler land- u. forstwirthschaftl. Congress zu Wien 1890, 144. Hft.) gr. 8. (11 S.) Wien 890. (Frick.) n. — 80

Wolfbauer, J. F., die chemische Zusammensetzung des Wassers der Donau vor Wien im J. 1878. Lex.-8. (19 S. mit 1 lithogr. Taf.) Wien 883, (Gerold's Sohn.)
Aus: Sitzungsberichte der k. Akademie der Wissenschaften, besonders abgedruckt.

Wolfbauer, J(osef), Rechtsprakt.: Darstellung der Zwangserziehung in Bayern. München 1909: Rechner. 40 S. 8°
Heidelberg, Jur. Diss. v. 27. Juni 1909, Ref. Jellinek
[Geb. 16. Okt. 82 Landau a. I.; Wohnort: München; Staatsangeh.: Bayern; Vorbildung: Wilhelms-Gymn. München Reife Juli 02; Studium: München 8 S.; Rig. 13. Mai 09.] [U 09. 1938

Wolfbauer, Josef M.

Wolfbauer, Jos. M., Beitrag zur Frage der Wasserstraßen in Oesterreich-Ungarn. gr. 8. (VIII, 133 S.) Wien 882, Braumüller.

—— die Donau und ihre volkswirthschaftliche Bedeutung. Referat, erstattet an die nieder-österreich. Handels- und Gewerbekammer. gr. 8. (393 S.) Wien 880, (Gerold's Sohn.)

Wolfbauer, Minna, Sonntagskinder. Sagen und Mährchen für Kinder. 16. (V und 112 S. mit 6 lithogr. und ill. Kpfrn.) Nürnberg 857, Zeh'sche Buchh.

Wolfburg, Mart. Casp., observationes sacrae in novum Testamentum. 4. Copenhag. Mumme. 738.

Wolfdieterich, der grosse. Hrsg. von Adf. Holtzmann. gr. 8. (CI und 365 S.) Heidelberg 865, J. C. B. Mohr. *

Wolfe, H. K.: Untersuchungen über das Tongedächtniss . . . (Sep.-Abdr. aus Wundt's Philosoph. Studien. Bd. III. 4.) Leipzig, Wilhelm Engelmann, 1886; 1 Bl. + 38 S. + 1 Bl. u. 1 Taf. 8°
Leipzig, Phil. Fak., Inaug.-Diss. v. 17. Aug. 1886.

Wolfe, Untersuchungen über das Tongedächtniss, s. Studien, philosophische.

WÖLFE, Die entlarvte (so!). Aus d. Portugies. in das Italiänische und aus diesem ins Deutsche übersetzt (von Joh. Friedr. Le Bret, geb. 19. Novbr. 1732 zu Untertürkheim in Würtemb., † 1807). O. O. (Ulm, Stettin'sche Buchhandlung). 1761. 4°. (Expl. im British Museum.) 202 S. (6 Mk. L. Schleiermacher, Potsdam, 1886.)
Anon.-Lex. IV. p. 408 (nach Kayser u. Meusel), wo die folgende Ausgabe fehlt.

— — Dasselbe, titulo: Die Entlarvte Wölfe, aus dem Italiänischen in das Deutsche übersezt (!). Zweyte Auflage. (Vignette: Schiff unter Segel.) O. O. (Ebd.). Im Jahr 1762. 4°. (In Berlin: Ci 3874.) (2 fl. 12 xr., Ausgabe in 12° [?], L. Rosenthal, 1873.)
Seltenes u. gesuchtes antijesuitisches Werk, besonders gegen den P. Francesco Antonio Zaccaria gerichtet. Der Vf. starb zu Rom gegen das Ende des Pontifikats des (1769 verstorb.) Papstes Clemens XIII. — 202 S., nämlich S. 1/76 histor.-krit. Vorr.; S. 77—129 Uebers. der „monita secreta Soc. Jesu"; S. 129—202 Anhang von (4) Urkk. u. Zugabe.
Das Werk enthält auch viel über die Jesuiten-Verschwörung in Lissabon und die Vertreibung des Ordens aus den portugiesischen Staaten auf Befehl Königs Joseph, 1759.
Das Original der italien. Uebersetzung erschien titulo: I lupi smascherati nella confutazione, e traduzione del libro intitolato: Monita secreta societatis Jesu . . . . Con un appendice di documenti . . . . Ortignano 1760. 8°. (In Berlin: Ci 3870, mit 4 Beibdn.) — Idem opus. Ibid. 1761. 8°. (In Zürich, Stadtbibl.)

Wölfe in Frankreich. [Halberstadt 1798.] V: *Fischer, Glob Nathanael.* (MI.)

Wölfe, die, in der Heerde, od. die beängstigten Liebhaber. Lustsp. v. Stephani. 8. Frkft. u. Leipz. Fleischer. 778.

— — dass. gr. 8. Lpz. Rein. 795.

Wölfe in Schafskleidern, neuerlich entdecket, in dem von äußerlicher Scheinheiligkeit so berufenen Capuzinerorden, an dessen General und Provinzial-Vorstehern . . . ., aus den unchristlichen, tyrannischen und himmelschreyenden Ungerechtigkeiten, welche dieselbe ein halbes Jahrhundert hindurch verübet an zweyen Priestern etc. (langer Titel) . . . . . zu jedermanns Warnung gedruckt. Leipzig 1775. 8°. 582 S. (2 Rthl. Scheible, vor 1875; 6 Mk. Friedr. Klüber, 1896.)
Heftige Kampfschrift! Über Geilheit der Mönche, Verführung der Jugend, bedrohte Nonnen etc. etc. — Selten!

Wolfeil, Trauer-Rede über das Absterben Friedrichs des Zweyten, Königs von Preussen, gehalten 1786 zu Alt-Schottland 1786. 4.

Woelfel, Albert, aus Morris im Staate Illinois: Ueber die Symptomatologie und Pathologie der Strangulation. *Leipzig 1902: B. Georgi.* (47 S.) 8°
Leipzig, Med. Diss. v. (27. Juli) 1902

Wölfel, Alfred, Assistenzarzt an der Klinik: Aus der medizinischen Universitäts-Klinik zu Rostock. Zum Morbus Addisonii. Rostock 1905: Adler. (33 S.) 8°
Rostock, Med. Fak., Ref. Martius, Diss. v. 24. Dez. 1905
[Geb. 13. Febr. 77 Lübeck; Wohnort: Rostock; Staatsangeh.: Preußen; Vorbildung: Gymn. Demmin Reife O. 98; Studium: Rostock 9 S.; Coll. 15. April 05; Approb. 22. Aug. 04.]

Wölfel, Ch. F., 25 Schullieder u. 25 Choräle, dreistimmig gesetzt. 4. Nürnberg 840. (Stein.) 3/8 ß

[F.] **Wölfel**, *Egon Julius* [Dr.]: Kritische Bemerkungen zu etlichen geographischen und geschichtlichen Lehr- und Schulbüchern, Karten etc. (Soll fortges. werden.) *Crimmitschau, Druck v. Böttcher & Neumerkel, 1894;* 1—34 S. 4.
Crimmitschau, R, OP 1894 (562)

Wölfel, E(gon) J(ulius), Dr.: Bemerkungen zu geographischen Lehr- und Schulbüchern, Karten etc. *Freiberg 1902: Gerlach.* (32 S.) 4° ¶ (Forts. d. P-Beil. 1894.)
Freiberg, G Albertinum, OP 1902 (598)

Wölfel, Gustav, aus Geesthacht ⟨Hamburg⟩: **Beiträge zur vergleichenden Anatomie der Polemoniaceen.** *Heidelberg 1901: Moriell.* (48 S.) 8°
Heidelberg, Naturw.-math. Diss. v. 1901

Wölfel, Kurt, a. Magdeburg, appr. Tierarzt, Assistent des vet.-anat. Institutes zu Gießen: Aus dem veterinäranatomischen Institut zu Gießen. Beiträge zur Entwickelung des Zwerchfelles und Magens bei Wiederkäuern. Jena: G. Fischer 1907. (40 S.) 8°
Gießen, Veterinär-Med. Koll., Ref. Martin, Diss. v. 19. März 1907
[Geb. 9. Juli 82 Magdeburg; Wohnort: Gießen; Staatsangeh.: Preußen; Vorbildung: Guericke-Sch. Magdeburg Reife O. 00; Studium: Gießen 4, Tierärztl. Hochsch. München 1, Berlin 4 S.; Rig. 3. Aug. 05.]

Wölfel, Mor., gegen die thüringische Eisenbahn-Gesellschaft und ihre Ausnahmestellung. Offener Brief an den Präsidenten des Reichs-Eisenbahn-Amtes Herrn Maybach. gr. 8. (71 S.) Leipzig 875, Roßberg'sche Buchh. *

Wölfel, W., s. Adreßbuch für die Fabrik- und Handelsstadt Apolda.

Wölfen, P. L., das Vorbild. Original-Lustspiel in fünf Aufzügen. fl. 8. Leipzig 842. Hunger. 1/2 ß

Wolfenbrück, Ch., Anacharsis à Rome, s. Anacharsis.

Wolfenbüttel. Ein Führer für Einheimische und Fremde. Wolfenbüttel 1888. V: *Voges, Th.* (Russell XVI, III, 2, 2983)

Wolfenbüttel [Schlagwort]

Wolfenbüttel, s.: Braunschweig. Landeskarte. — Deutschland. Karte (Abt. Preussen).

— s. a.: Preussen. Messtischblätter.

Wolfenbüttel. Ortsbauplan der Stadt Wolfenbüttel. Entworfen von Meyer, gezeichnet im J. 1899 v. C. Stender. 1 : 6000. 78,5×71,5 cm. Farbdr. Wolfenbüttel (900). J. Zwissler. n. 1. —; auf Leinw. in Etui od. m. Stäben n. 2.50

Wolfensberger, Heinr., Anleitung zur doppelten kaufmännischen Buchhaltung. Zürich (849.) 856. Höhr in Comm. gr. 8. (47 S. und: Journal 11 Bl., Haupt- oder Konto-Korrentbuch 7 Bl. in Fol.) n. 27 ngr.

Wolfensberger, Heinr., Anleitung zur doppelten kaufmännischen Buchhaltung. gr. 8. (47 S. nebst Journal 21 S. und Haupt- oder Konto-Korrentbuch 13 S. in Fol.) Zürich 855(56,) (Höhr.) *

Wolfensberger, J. R., die Zürcher Kirchengebete in ihrer geschichtlichen Entwicklung. gr. 8. (VI, 156 S.) Zürich 868. Schultheß.

Wolfensberger, J. R., der Mittelpunkt der Weltgeschichte od. Gottes Zeit ist die allerbeste Zeit. 2 Vorträge. gr. 8. (84 S.) Zürich 875. Höhr. n. 1. 20

Wolfensberger, Paul, s.: Monatsblätter f. Betreibungs- u. Konkursrecht.

Wolfensberger, Paul. Praktischer Ratgeber im Eidg. Betreibungs- und Konkursverfahren. Eine vollständige Sammlung von praktischen Beispielen für den Geschäfts- und Privatverkehr, nebst einem Anhang enthaltend: Zusammenstellung der kantonalen Bestimmungen über die öffentlich-rechtlichen Folgen der fruchtlosen Pfändung und des Konkurses; Verzeichnis der kant' Instanzen; Allerlei praktische Winke; Beispiele im aussergerichtlichen Nachlassverfahren. VIII + 68 + *Anhang* 43 S. 8. Zürich, J. Dürst, (1904). [cart. fr. 1.50]

Wolfensberger. Rudolf, med. pract. v. Bauma, Ct. Zürich: Aus dem Privatlaboratorium des Privatdocenten Dr. Hanau in Zürich. Ueber ein Rhabdomyom der Speiseröhre. Mit 2 Tafeln [fehlen] und 1 Textfigur. [S.A. aus Beiträge z. pathol. Anatomie u. z. allg. Pathologie Ziegler, Bd 15, S. 491–526] Jena G. Fischer 1894. 38 S. 8. Zürich. Med. Diss. [v. 16. Juli 1894].

(Wolfensberger-Bardon, [Frau Hannah].) ...das Leben des Malers J(ohann) J(akob) Wolfensberger (1797–1850). [Mit 2 Tafeln]. Njbl. Kunstlerges. Zürich 1854. 4. [Zürich.]

Wolfenschießen, Heinrich von,. Trsp. in 5 A. v. Klingemann. Histor. Seitenstück zu Schillers Wilhelm Tell. gr. 8. Lpz. Joachim.

Wolfenschießen, Heinrich v., Trauerspiel. Histor. Seitenstück zu Wilh. Tell, von A. Klingemann. Neue Ausg. r. 8. Leipz. Joachim. 815.

Wolfensohn-Kriss, P[erla]. Über den Blutdruck im Kindesalter. Aus der medicinischen Poliklinik der Universität Bern .... Diss. Med. Bern. 20 S. 8. Stuttgart, Union Deutsche Verlagsgesellschaft. 1910.

Wolfensperger, J. (Op. 17.) Acht Compositionen für Männerchor. Partitur. — Am Abend, von O. Haggenmacher. — Elfenreigen, von Sigrist. — Männersang, von J. Treichler. — Vesper, von Eichendorff. — Der König und der Sänger, v. Justinus Kerner. — Scheiden, von R Prutz. — Mannesflehen, v. H. Weber. — Am Meeresstrand, v H. Allmers. — In-16^{0}, 46 S. Zürich, P. J. Fries. 1880. — 80

Wolfensperger, J. Opus 17. 8 Lieder für gemischten Chor. Nr. 1. Abendlied. 2. Mondnacht. 3. Wanderlust. 4. Abendsegen. 5. Gruss an den Wald. 6. Wehmuth. 7. Wanderglück. 8. Weihelied der Sänger. In-8^{0}, 28 S. Zürich, P. J. Fries. 1879.

Wolfensperger, J. Die eidgenössischen Sängerfeste und das Wettsingen. Reformvorschläge. Zürich, Fries. 1878.

Wolfensperger, J. R., s. Wolfensberger, J. R.

Wolfenstein, Compendium der österreichischen Sanitätsgesetze und sanitätspolizeilichen Verordnungen. Zum Gebrauch für Candidaten der Physikatsprüfung und der Thierarzneikunde, sowie für Bezirksärzte und Sanitätsorgane überhaupt. gr. 8. (435 S.) Wien 877, Braumüller. *

—— pharmacognostisches Taschenbuch als Repetitorium für Physikatscandidaten. Mit Rücksicht auf die 6. Ausg. der österreich. Pharmakopöe. gr. 16. (III, 196 S.) Ebendas. 878. *

Wolfer, Alfred

Wolfer, A. Beobachtungen der partialen Sonnenfinsterniss 16 Juni 1890 auf der Sternwarte in Zürich. Zürich 1891.

Wolfer, A., Beobachtgn. d. Sonnenoberfläche in den J. 1887—89, s.: Publikationen d. Sternwarte d. eidg. Polytechnikums zu Zürich.

Wolfer, A., Beobachtungen der Sonnenoberfläche in den J. 1890—1892, s.: Publikationen der Sternwarte des eidg. Polytechnikums zu Zürich. II.

Beobachtungen der Sonnenoberfläche in den Jahren 1893–95 von A[lfred] Wolfer. Mit 15 Taf. *Zürich: Schulthess & Co. 1902.* (XIV, 120 S.) 4°
= Publikationen d. Sternwarte d. eidg. Polytechnikums zu Zürich. Bd 3. [03. 5615

Wolfer, A. Einleitung in die Astronomie. Nach s. Vorlesungen von 1889/90 redigirt von H. Lautmann. Zürich 1890. Aut. 4.

Wolfer, A. Über die Hauptresultate der Untersuchungen von Wolf in Zürich im Gebiete der Sonnenphysik. 1892.

Wolfer, A. Heliographische Oerter von Sonnenflecken und Fackeln für 1887–88. Zürich 1887–90.

Wolfer, A., s.: Publikationen der Sternwarte des eidg. Polytechnikums zu Zürich.

Wolfer, A. Einige Studien über Barographen und Aneroide. 1878. 4.

— Taschenbuch f. Mathematik, Physik, Geodäsie u. Astronomie, s.: Wolf, R.

(Wolfer, A[lfred].) Rudolf Wolf (1816–1893). Nekrolog. [Mit Portrat-Tafel.] (SA.) 8. [Leipzig 1894.]

Gedichte von Friedrich **Wolfer**. Berlin-Leipzig: C. Wigand 1906. (54 S.) 8° [F.]
[08. 6170

W o l f e r, Hans. Die Ausgleichung der Erben nach dem schweizer. Zivilgesetzbuch. Diss. Jur. Univ. Zürich. [Mit 3 Figuren.] 123 S. 8. Männedorf, E. Meyer, 1910.

Wolfer, Hans: Der E i g e n t h u m s ü b e r g a n g an Mobilien nach gemeinem und französischem Recht unter besonderer Berücksichtigung des Entwurfs für ein schweizerisches Obligationenrecht von 1876. Zür. D. Bürkli Dr. 1878. 70 S., 1 Bl., 1 Bl. Thesen. 8⁰
Zürich, Jur. Diss. v. 15. Jan. 1878.

Wolfer, Heinrich Leo, bacc. iur. in Zürich: Das verdeckte Inkassogiro. Borna-Leipzig 1900: R. Noske. (VIII, 58 S.) 8°
Leipzig, Jur. Fak., Diss. v. 25. Jan. 1900
[Geb. 19 Juli 82 Thalwil; Wohnort: Zürich; Staatsangeb.: Schweiz; Vorbildung: Gymn. Zürich Reife M. 01; Studium: Zürich 4, Leipzig 3 S.; Rig. 3. Aug. 04.]

WÖLFER, Otto (Neumarkt i.O.): Ein Fall von Hysterie und hysterischer Psychose im Anschlusse an Äthereinwirkung.- München: Wolf 1901. 36 S.
22.7.1901 - Chr 1901/02,23; Jv 1901/02,281
Diss. Ingolst.-Landsh.-Mchn.

W o l f e r, Paul. Zur Kasuistik der offenen traumatischen Verletzungen der Harnblase. Aus der chirurgischen Universitäts-Klinik zu Zürich... . Diss. Med. Univ. Zürich. (Sonderabzug aus Beiträge zur klinischen Chirurgie. Band 64. Heft 2.) IV + 53 S. 8. Tübingen, H. Laupp Jr, 1910.

W o l f e r, Rudolf. Beiträge zur Kenntnis des Kinderskorbuts, mit besonderer Berücksichtigung seines Vorkommens in der Schweiz. Diss. Med. Univ. Zürich. *Kopftitel:* Aus der Poliklinik des Herrn Dr. [Jacob] Bernheim-Karrer, Priv.-Doz. f. Kinderheilkunde, Zürich. 67 S. 8. Zürich, Gebr. Fretz, 1907.

Wölfer, Aug., Leitfaden bei dem Unterrichte in den Anfangsgründen der prakt. Feldmeßkunst, mit Vorausschickung der erforderlichen arithmetischen und geometrischen Hilfssätze. Zum Gebrauche in Gewerbs-, Bürger- u. Landschulen bearb. Mit 4 lith. Tafeln. 8. Gotha 840, 41. (Müller.) 1/2 ℛ

W ö l f e r, Dietr. Christ., Betracht. wichtiger Aussprüche des wahren Christenthums. 8. Danzig. Breitkopf. 745.

Wölfer, Dietr. Chr., († d. 21. März 1760.) heilige Fastenfeier u. d. Lust d. Seele an den Leiden Jesu. gr. 8. Königsb. 751. 2te A. 754. Hartung. 20 ℊ

— d. Sprache d. I n d i f f e r e n t i s t e r e y in d. Discours J. C. Zschackwitz von Ursprunge des Götzendienstes. 8. Danzig. Breitkopf. 739.

Woelfer, Frid. Rud. Albert. (geb. Zahna bei Wittenberg a. E. 14. 8. 1843): De lyssa. Berolini (1867). (31 S.) 8°
Berlin, Med. Diss. v. 25. Juli 1867

W o e l f e r, H., die praktische Geometrie. Lehrbuch für den Unterricht an techn. Lehranstalten und zum Selbststudium. gr. 8. (X, 118 S. mit 109 in den Text gedr. Fig.) Berlin 887, Springer. geb.

Woelfer, Julius [aus Zschorgula i. d. Prov. Sachsen]: Über die Erhöhung des Siedepunktes von absolutem Alkohol durch Lösung einiger Salze ... Halle a. S., Plötz'sche Buchdr., 1894; 36 S., 1 Bl., 4 Taf. 8.
Halle, Phil. Fak., Inaug.-Diss. v. [20. März] 1894

W ö l f e r, Marius, A b b i l d u n g e n v. Grab- u. Denkmählern in antikem u. modern. Geschmacke, nebst e. auserles. Samml. v. Inschriften auf Grabmähler f. Erwachsene u. Kinder, u. e. engl., röm., hebr. u. altengl. Alphabete, sowie arab. u. röm. Zahlzeichen. Ein Modell- u. Musterbuch f. Stein-, Bildhauer u. Stuccateurs. kl. 4. (3 B. u. 17 Stnt.) Quedlinburg 829, Basse.

—— A n w e i s u n g zur F a b r i k a t i o n von Wasserleitungs- u. Brunnenröhren 2c., s. G e b h a r d t, S. Ch. R.

—— A n w e i s u n g zur prakt. F e l d m e ß k u n s t. Zum Selbstunterr. f. Juristen, Oekonomen u. Dorfschulzen. 2. Aufl. gr. 8. (16½ B. u. 3 lith. Zeichn.) Gotha 827, Ettinger.

W ö l f e r, Marius, gründl. A n w e i s u n g z. A n g e l f i s c h e r e i. Ein popul., prakt. Taschenbuch. 8. (7½ B. u. 9 Stnt.) Gotha 837, Wenige.

— gründl. Anweis. zum Chaussee- u. Brückenbau, so wie zum Planzeichnen u. Nivelliren. Mit 3 schwarz. u. 3 ill. Zeichnungen. 4. Ilmenau 827. Voigt. 2 ℛ 16 ℊ

— gründl. u. kunstgemäße Anweisung zur S t u k k a t u r-, Tüncher- u. Cementirarbeit in ihrem ganzen Umfange; so wie auch zum Stubenmalen u. Anstreichen mit Oel- u. Wasserfarben. Mit 24 sauber lith. Taf. 8. Weimar 835. Voigt. 1 ℛ (Vgl. Schauplatz der Künste u. Handw. 77r Bd.)

Wölfer, Marius, gründliche u. praktische Anweisung zur Berg- u. Forstmeßkunst. Enthaltend: Die Aufnahme, Messung, Auftragung, Berechnung u. Theilung der Forstreviere u. specieller Bestände 2c. Ein Handbuch zum Selbstunterricht f. Unterförster, Forstgehülfen 2c. Mit 1 (lith.) Folio-Zeichnung, den Unterricht zum Bergmessen betreff., u. 4 (lith.) Special-Forstkarten (in qu. Fol.) gr. 8. (46 S.) Quedlinburg 848, Basse. 5/6 ℛ

—— gründl. u. prakt., auf vieljähr. E r f a h r u n g gegründ. Anweis. zu d. S t r a ß e n p f l a s t e r - A r b e i t e n 2c. Ein höchst gemeinnütz. u. popul. Lehr- u. Musterbuch z. Selbstunterr. f. junge Baukünstler, Maurermeister, Steinsetzermeister 2c. gr. 8. (3½ B. u. 6 Stnt.) Quedlinburg 836, Basse.

—— gründl. u. pract. auf e. 32jähr. Erfahr. gegründ. A n w e i s u n g z. Construction u. Ausführ. massiver u. hölz., grösstenth. sich frei tragender B r ü c k e n üb. mittelmässig grosse u. kleinere Flüsse u. Bäche sowohl in flachen als auch in Gebirgsgegenden etc. Ein höchst gemeinnütz. u. popul. Lehr- u. Modellbuch z. Selbstunterr. f. junge Strassen- u. Wasserbaumeister, Maurermeister, Zimmermeister etc. gr. (5 B. u. 26 Stnt.) Weimar 837, Voigt.

W ö l f e r, Marius, gründl. u. praktische auf eine 32jähr. Erfahrung gegründ. A n w e i s u n g z. C o n s t r u c t i o n u. Ausführung massiver u. hölzerner, grösstentheils sich frei tragender B r ü c k e n, etc. 2. Ausg. gr. 4. (5 B. u. 26 Stnt.) Weimar 843, Voigt.

— gründl. Anweisung z. Treppenbau 2c. Mit 2 Steint. 8. Ilmenau 826, Voigt.

— gründl. Anweisung zum T r e p p e n b a u, zum Selbstunterricht für Tischler, Zimmerleute u. Maurer. 3e unveränd. Aufl. Mit 2 lithogr. Taf. 8. Weimar 839. Voigt. 1/3 ℛ (Vergl. Schauplatz der Künste u. Handw. 19r Bd.)

—— gründl. u. vollständ. Anweis. zur pract. F o r s t- u. F e l d m e ß k u n s t, in ihrem ganzen Umfange, nebst den dazu erforderl. Hülfs-Wissenschaften, zum Selbst-Unterr. (2 Thle.) gr. 8. (69 B., 9 schw. u. 10 ill. Kpfrt. qu. Fol., 1 Stndr. u. 1 Tab.) Leipzig 828, [Künzel.] 7 Thlr. 12 Gr., hrbgs. Pr.

— gründl. u. vollständ. Anweis. zur prakt. Forst- u. Feldmeßkunst in ihrem ganzen Umfange, nebst den dazu erforderl. Hülfswissenschaften, zum Selbstunterricht. 2 Thle, mit 20 Kpf. u. Steintaf. gr. 4. Leipz. 828. L. Schumann. 7 ℛ 12 ℊ Schrbp. 9 ℛ

WÖLFER, Marius: Gründliche und vollständige Anweisung zur practischen Forst- und Feldmeßkunst in ihrem ganzen Umfange nebst den dazu erforderlichen Hülfswissenschaften zum Selbst-Unterrichte für Ingenieur-Offiziere, Forst- und Feldmesser. - Leipzig 1828. 521 S., m. Taf.

Wölfer, M.: „Gründliche und vollständige Anweisung zur Feldmesskunst in ihrem ganzen Umfange, nebst den dazu gehörigen Hülfswissenschaften; zum Selbstunterricht für Ingenieuroffiziere, Forst- und Feldmesser, Cameralisten, Juristen, Magistrate und Oekonomen ....", Leipzig 1829 (Keyser & Schumann).

— gründl. u. zweckmäß. Anweisung, alle Land- u. Communikationswege mit wenigen Kostenaufwande zu unterhalten; desgl. Sümpfe u. Moräste auszutrocknen u. urbar zu machen ꝛc. Mit 12 Tabellen u. 2 Zeichnn. 8. Gotha 827. Ettinger. 1 ₰ 4 ℊ

WÖLFER, Marius: Gründliche und zweckmässige Anweisung alle Land-Communications-Wege mit wenigem Kosten-Aufwande etc. in fahrbaren Zustand zu setzen und zu unterhalten; desgleichen Sümpfe etc. auszutrocknen etc. Zum Selbstunterricht für Communal-etc.-Polizey-Beamte etc. - Gotha 1827. 219 S., 8 Tab.

—— Anweisung zur Construction e. neuen, verb. Trauben- u. Saftpresse mit sehr einfach. Mechanismus, welche überall mit Vortheil anzuwenden ist. 8. (1 B. u. 1 Taf. Abbild.) Quedlinburg 846, Basse.

—— prakt. Anweisung z. Entwurfe u. z. Ausführ. geschmackv. Stadt- u. Landhäuser. Od.: Ideen-Magazin instruct. Bauriſſe aus d. Gebiete d. bürgerl. u. Pracht-Baukunst. In Profil- u. Grundrissen. kl. 4. (3 B. u. 48 Stnt.) Quedlinburg 841, Basse.

— prakt. Anweisung, völlig feuersichere u. feuerfeste Wohn- u. Fabrikgebäude zu erbauen. Mit 12 Taf. Abbild. 8. Quedlinburg 845, Basse. 2/3 ₰

— vollständ. Anweis. zur prakt. Feldmeßkunst, zum Unterricht für Juristen, Oekonomen, Feldmesser u. Flurversteiniger. Mit 3 Steintaf. gr. 8. Gotha 826. Ettinger. 1 ₰ 8 ℊ 2e Aufl. mit 3 lithograph. Zeichnungen. gr. 8. Ebd. 827. 1 ₰ 8 ℊ

—— die praktischen Arbeiten des Zimmermanns auf der Zulage. Oder: Gründl. Anweisung wie der Zimmermann nach den gegebenen oder vorliegenden Baurissen die speciellen Theile der Gebäude auf der Zulage fertigt, verbindet, jedes einzelne Verbandstück nach der Reihenfolge zeichnet und jede specielle Wand zurücklegt und dann das ganze Gebäude aufschlägt oder richtet ꝛc. Ein Handbuch zum Selbstunterricht und für Real- und Baugewerksschulen ꝛc. gr. 8. (IV und 24 S. mit 10 Stnt. in qu. Fol.) Quedlinburg 847, Basse. Thlr. — 15

— d. Architekur, nebst Verzierungen aus d. Gebiete d. schönen Künste älterer u. neuerer Zeit. 25 Steintaf. mit Erläuterungen, (letztere auch unt. d. T.: kurzer u. gemeinfaßl. Unterricht in d. Architektur). gr. 8. Gotha 826. Gläser. 1 ₰ 20 ℊ

—— der neu erfund. u. hinsichtl. d. Feuerungs-Materials ungemein erspar. eiserne Backofen, mit e. unt. d. Herde angebrachten Feuerung ꝛc.; z. Selbst-Unterr. f. Maurer u. Bäckermeister. gr. 8. (1 B. u. 7 lith. Abbildn.) Quedlinburg 835, Basse.

—— die ländl. u. landwirthschaftl. Baukunst v. Holz u. Brettern. Od.: Die Blockhäuser-Baukunst nach d. Regeln d. Architektur u. Symmetrie systemat. bearb. u. geordnet. gr. 8. (3 B. u. 42 lith. Zeichn.) Quedlinburg 840, Basse.

— der angehende Bau- u. Werkmeister in Städten u. auf dem Lande. Mit 18 lithogr. Taf. gr. 8. Quedlinburg 839. Basse. 1 1/3 ₰

—— der angehende Bau- u. Werkmeister in Städten u. auf dem Lande. Ein prakt. Handbuch z. Selbstunterricht. 2. Aufl. gr. 8. (10¼ B. u. 18 Stnt.) Quedlinburg 845, Basse.

— d. Bau- u. Meubel-Schreiner; eine bildl. Anweis. zur antiken u. modernen Architektur, so weit dieselbe auf Tischlerarbeiten Anwendung findet. Mit 18 Steindr. gr. 4. Ilmenau 828. Voigt. 1 ₰ 12 ℊ Jetzt aber gänzl. umgearb. u. mit 145 Fig. vermehrt durch C. Matthäi. Mit 10 Steintaf. gr. qu. Fol. Ebd. 830. 1 ₰ 12 ℊ

—— der Bau- u. Meubel-Schreiner; e. bildl. Anweis. zur antiken u. modernen Architectur, so weit dieselbe auf Tischlerarbeiten Anwendung findet. Ein Modell- u. Unterrichts-Buch f. kunstlieb. Tischler u. zum Gebr. f. Bauhandwerks-Schulen. gr. 4. (3¼ B. u. 18 Stnt. incl. 4 Fol.) Ilmenau 828, [Weimar,] Voigt.
Neue Aufl., vgl. Bau- u. Meubel-Schreiner.

—— der antike u. moderne Bau- u. Möbel-Schreiner, nebst e. Anh.,: allerlei Arten farb. Beitzen auf Holz, so wie auch Firnisse u. Lacke nach d. neuesten Erfindn. zu bereiten. 4., umgearb., verb. u. verm. Aufl. gr. 4. (3½ B. u. 28 Stnt.) Weimar 836, Voigt.

Woelfer, Marius [Hrsg.], s. Eisen- und Stahl-Fabrikant, Der.

— Entwürfe zu allen Arten hölzerner u. massiver Wohn- u. Wirthschaftsgebäude, nebst Treppen-Anlagen, in Grundrissen, Balkenlagen, Profil- u. Aufrissen, mit den nothigen Erklärungen. Zum Selbstunterricht für Bauhandwerks-Meister in kleinen Städten u. auf dem Lande, sowie auch für Bauhandwerks-Gesellen u. Lehrlinge etc. 30 (lith.) Taf. Abbildgn. in qu. 4. (4 S. Text.) Ebd. 852. 1 1/6 ₰

—— Encyklopädie oder allgemeine Wissenschaftskunde der angewandten Mathematik im bürgerl. Geschäftsleben. Ein höchst gemeinnütziges, populäres u. unentbehrl. Handbuch z. Selbstunterricht f. Künstler u. Bauhandwerks-Gesellen u. Lehrlinge, so wie auch z. Gebrauche für Lehrer an Real-, Bauhandwerks-, Gewerbe- u. Bürgerschulen. 1. Bd. 8. (11 B. u. 21 lith. Zeichn.) Quedlinburg 842, Ernst'sche Buchh.

Wölfer, Marius, Encyklopädie od. allgem. Wissenschaftskunde der angewandten Mathematik ꝛc. 2. Bd. A. u. d. Ttl.: Prakt. Anweisung zur Physik, Mechanik u. Maschinenkunde, od. Grundsätze der Physik, Mechanik, Statik, Maschinenbaukunst, Rohr- u. Wasserleitung, des Planzeichnens u. Nivellirens ꝛc. 8. (23 B. u. 28 lith. Zchn.) Quedlinburg 843, Ernst'sche Bh. Thlr.

—— dass. 3. (letzter) Bd. A. u. d. Ttl.: Prakt. Anweisung zur Architektur, Säulenordnung, Stein- u. Holzkonstruction. Ferner vom Mauer-Verbande, Kreuzgewölbe, Verzierung der Façaden u. vom Schornstein- u. Treppenbau. 8. (17½ B. u. 29 lith. Zeichn.) Ebds. 843.

—— neue Erfindung u. Konstruktion verschieb. geschmackvoller u. holzersparender Stuben-Oefen in Verbind. mit d. Feuer-Herde, d. h.: das Feuer, welches von d. Herde unnütz u. zwecklos in d. Schornstein steigt, mit in den Ofen zu leiten. Desgl.: Neu erfund. u. dauerhafter Mörtel. Ein Hand- u. Taschenb. f. Töpfer u. Maurer. gr. 8. (1¼ B. u. 8 Stnt.) Gotha 836, Hennings.

— neueste Erfindung, Brantweinblasen und Braupfannen oder Braukessel mit einem Stoßfeuer, durch welches zugleich auch mit gedarrt werden kann, anzulegen, wodurch die Flüssigkeit bei einer Viertelstunde anhaltender Feuerung schon den Kochgrad erreicht u. deshalb gegen das gewöhnl. Lauffeuer beinahe die Halbscheid Holz erspart wird ꝛc. ꝛc. Mit 12 Taf. lith. Zeichnungen. kl. 4. Nordhausen 836. Fürst. 5/8 ₰

— neueste Erfindung die Gicht u. Hämorrhoiden, so wie auch alle Verhärtungen, besonders Karfunkelknoten u. alle andere Geschwüre ohne chirurgische Operationen zu erweichen u. in kurzer Zeit aus dem Grunde zu heilen; desgl. die heftigsten Zahnschmerzen durch ganz unschädliche Mittel augenblicklich zu stillen, u. die noch gesunden Zähne zu erhalten. Mit 4 instrukt. Zeichnungg. 8. Nordhausen 836. Fürst. 3/8 ₰

(——) neuester Lond'ner, Pariser, Wiener u. Berliner Fenster-, Bett- u. Meubel-Decorateur, e. Modell- u. Taschenbuch f. Gardinensteckerinnen, Tapezierer u. Schreiner. 12. (54 lith. Blätt.) Gotha 829. [Leipzig, Reimann.]

Wölfer, Marius, s.a. Decorateur, Neuester Londoner, Pariser . . .

— neuester Lond'ner, Pariser, Wiener u. Berliner Fenster-, Bett- u. Meubel-Decorateur, ein Modell- u. Taschenbuch für Bildhauer, Schreiner, Gardinensteckerinnen u. Tapezierer. 54 Tafeln. Neue Ausg. breit 12. Leipzig 837. (Melzer.) 3/4 ßf

(——) neuester lond'ner, pariser, wiener u. berliner Fenster-, Bett- u. Meubel-Decorateur, e. Modell- u. Taschenb. f. Bildhauer, Schreiner etc. 54 Taf. (Neue Ausg.) Breit 12. Leipzig 837. [Quedlinburg, Ernst'sche Buchh.]

—— der praktische Feuer- u. Ofenbaumeister. Oder: Gründliche Anweisung, alle Arten von Feuerungsanlagen regelrecht u. zweckmäßig zu erbauen. 1. Bd. gr. 8. (11 B. u. 38 Taf. Abbild.) Quedlinburg 842, Basse.

—— der prakt. Forst- u. Feldmesser, sowie Forst- u. Feldvertheiler mit besond. Bezugnahme auf die Separation der herrschaftl. u. Gemeinde-Länderei, Wiesen, Holzung u. Viehtriften nach d. Werthbestimmung. Zum Selbstunterr. f. junge Geometer, Forstgehülfen, Guts- u. Gemeinde-Förster. gr. 8. (6 B., 8 Zeichn. u. 1 Forst- u. Feldflurkarte.) Quedlinburg 846, Basse.

WÖLFER, Marius: Der praktische Forst- und Feldmesser, sowie Forst- und Feldvertheiler mit besonderer Bezugnahme auf die Separation der herrschaftlichen und Gemeinde-Länder, Wiesen, Holzungen und Viehtriften nach der Werthbestimmung. Zum Selbstunterricht für junge Geometer, Forstgehülfen, Guts- und Gemeinde-Förster. - Quedlinburg 1846. IV, 94 S., 8 Taf.

—— das Ganze der Bierbrauerei nach ihrem jetz. Standpunkte, nebst den dazu erforderl. Brauhäusern u. Felsenkellern. gr. 8. (6 3/4 B. u. 16 Stnt.) Quedlinburg 841, Basse.

— s. Gebhardt, S. Ch. R., die neuesten Erfindungen rc. in der Ziegelfabrikation.

—— das Gesellen-Examen für Maurer- u. Zimmer-Lehrlinge. Bearb. auf den Grund der in den verschied. deutschen Staaten in neuerer Zeit gegebenen Verordnungen. Enth.: Die Arithmetik, die Geometrie u. Stereometrie, od. gründl. Anleit. z. Auftragung u. Berechnung der in der Baukunst vorkommenden Flächen u. Körper u. s. w. Ein Handbuch z. Selbstunterr. gr. 8. (5 1/2 B. u. 14 Taf. Abbild.) Quedlinburg 846, Basse.

— die praktische Gewerbeschule, enthltd. eine gründliche Anweisung zum Auftragen und Berechnen der nothwendigsten geometrischen Flächen und Körper, nebst einer kurzen Anleitung zur Erlernung der vier Species mit Brüchen, und einer kurzgefaßten deutschen Sprachlehre. Ein gemeinnütziges Handbuch für die Schule und zum Selbstunterricht vorzüglich für Lehrer an Stadt- und Landschulen, Drechsler, Stellmacher rc. Mit 109 dem Texte beigedr. Figuren (in Holzschn.). Leipzig 853. Colditz. gr. 8. (VIII, 266 S.) 22 1/2 ngr.

—— praktisches Handbuch des Straßen-, Fluß- u. Uferbaues. Enthalt.: Eine gründl. Anweisung z. Planzeichnen, Aufnehmen u. Auftragen der Situations-Pläne; zum Feldmessen u. Feldtheilen, so wie auch zur Messung u. Auftragung verschiedener anderer zugängl. u. unzugänglicher Gegenstände, welche mit den Wasser- u. Straßenbauten in Verbindung stehen; z. Nivelliren u. Reguliren der Gewässer rc. Für angehende Ingenieurs, Baumeister, Pionire. 1. Abthlg.: Leitfaden zum Situations-Zeichnen. Nach Joh. G. Lehmann's Grundsätzen. gr. 8. (7 B., 7 Zeichn. u. Pläne.) Quedlinburg 845, Basse.

—— dass. 2. u. 3. Abthlg.: Brücken-, Straßen-, Damm- u. Canalbau. gr. 8. (4 B., 9 lith. Zeichn. u. 3 Situationspläne.) Ebds. 845.

— die Kalk- u. Gipsbrennerei in ihrem ganzen Umfange. Mit 60 Abbildd. 8. Ilmenau 827. Voigt. 18 ggr (Vergl. Schauplatz d. Künste 28r Bd.)

— Konstruktion eines neuerfundenen, sehr zweckmäßigen, holzersparenden und eleganten Koch-, Brat- und Back-Ofens, auch zur Weißbäckerei anwendbar; nebst einem ebenfalls holzersparenden Feuerherde mit Verschließung des Schlothes, wodurch der Küche eine angenehme Stubenwärme verschafft wird. Mit 4 lithogr. Quart-Zeichnungen. 4. Weimar u. Ilmenau 835. Voigt. 1/3 ßf

Wölfer, Marius, der auf vieljähr. Erfahrung gegründ. Kunst- u. Brunnenmeister in allen seinen prakt. Verrichtungen. gr. 8. (5 B., 24 lith. Zeichn. u. 2 Pläne.) Quedlinburg 840, Basse.

(——) architekton. - mytholog. Kunst - Sammlung, e. Modell- u. Taschenbuch f. Stein- u. Bildhauer, Töpfer, Gürtler u. Eisengiesser etc. 12. (34 doppelte Stnt.) Gotha 829. [Leipzig, Reimann.]

Wölfer, Marius, s.a. Kunstsammlung, Architekton.-mythologische.

— architektonisch-mythologische Kunst-Sammlung, ein Modell- u. Taschenbuch für Stein- u. Bildhauer, Töpfer, Gürtler u. Eisengießer, so wie auch für Tüncher u. Stukaturer. Neue Ausg. 33 Taf. breit 12. Leipzig 837. (Melzer.) 3/4 ßf

(——) architekton.-mytholog. Kunst-Sammlung, e. Modell- u. Taschenb. f. Stein- u. Bildhauer, Töpfer, Gürtler u. Eisengiesser, so wie auch f. Tüncher u. Stukaturer. 33 Taf. (Neue Ausg.) 12. Leipzig 837. [Quedlinburg, Ernst'sche Buchh.] — 18

—— prakt. Lehrbuch z. Anfertigung d. Bauanschläge u. Baurisse v. Wohn- u. Landwirthschafts-Gebäuden, sowie Anweisn. zu deren Ausführ., nebst d. dazu erforderl. Materialienkunde. gr. 8. (16 1/2 B., 28 Stnt. u. 3 Tabn.) Quedlinburg 841, Basse.

—— prakt. Lehrbuch z. Anfertigung der Bauanschläge u. Baurisse von Wohn- u. Landwirthschafts-Gebäuden, sowie Anweisungen zu deren Ausführung, nebst der dazu erforderl. Materialienkunde. 2. u. 3. Thl. gr. 8. Quedlinburg 843, Basse. [2. (7 B. u. 40 Stnt.) 843. 2 Thlr., 3. (3 B. u. 32 Stnt.) 846. 2 Thlr. 15 Ngr.]
1. Thl. Ebendas. 1841. 1 Thlr. 27 1/2 Ngr.

Wölfer, Marius, praktisches Lehrbuch zur Anfertigung der Bauanschläge und Baurisse von Wohn- und Landwirthschafts-Gebäuden, sowie Anweisungen zu deren Ausführung, nebst der dazu erforderlichen Materialkunde. Für angeh. Baumeister, Maurer- und Zimmermeister rc. 1. Thl. 2. Aufl. gr. 8. (VI und 258 S. mit 28 Stnt. in qu. 4.) Quedlinburg 847, Basse. 1
2. und 3. Thl. (1. Aufl.) Ebendas. 1843. 46 4 Thlr. 15 Ngr.

—— Magazin d. modernsten u. geschmackvollsten architecton. Verzierungen. kl. 4. (90 Stnt.) Quedlinburg 829, Basse.

— Modell- u. Musterbuch für Bau- u. Möbel-Tischler. Enthalt. e. reichhalt. Samml. geschmackvoller Abbildungen aller in d. bürgerl. u. schönen Baukunst, u. d. bei d. Tischlerprofession vorkomm. Gegenstände. Mit 126 Steintaf. kl. 4. Quedlinb. 829. 2e A. 830. Basse. 1 ßf 16 ggr

—— Modell- u. Musterbuch f. Bau- u. Möbel-Tischler. Enthalt. e. reichhalt. Samml. geschmackv. Abbildn. aller in d. bürgerl. u. schönen Baukunst, u. der bei d. Tischlerprofession vorkomm. Gegenstände. 1., 2. u. 3., verb. Aufl. (à 126 Stnt.) kl. 4. Quedlinburg 829—35, Basse. à

—— neuestes Modell- u. Musterbuch f. Eisen- u. Stahlarbeiter, sowie f. Mechaniker u. Maschinisten. Nach d. neuesten engl. u. französ. Geschmack. 1. u. 2., verb. u. verm. Aufl. (à 108 Stnt.) gr. 4. Quedlinburg 829, 33, Basse. à

— Modelle im fortschreitenden Zeit- u. Modegeschmack v. ausführbaren u. soliden Stadt-, Land- u. Gartenhäusern, so wie auch Garten-Verzierungen, z. Gebrauche f. Maurer etc. 1. Lief. Mit 34 lith. Taf. gr. 4. Weimar, 1837. Voigt. 2. —

— — Fortsetzung, s.: Bergmann, Leo.

Wölfer, Marius, Museum od. Modelle, v. ausführb. allegor. u. a. Verzierungen in Reliefs u. Basreliefs, nebst Monumenten im fortschreit. Zeit- u. Modegeschmack mit erläut. Texte; so wie auch e. kurzen u. popul. Anweis. z. Geometrie, Stereometrie u. Architectur. 12. (2¼ B. u. 48 Stnt.) Saalfeld 838, Niese. Thlr.

— Museum aus dem Gebiete d. landwirthschaftl., ländlichen, bürgerlichen u. Pracht-Baukunst. Ein populär instructives universal Modell- u. Handbuch als Leitfaden beim Construiren der Gebäude, so wie auch zum Selbstunterricht. Mit 56 Blatt sauber lithogr. Zeichnungen. gr. 4. Meißen 841, Goedsche. 2⅔ ℛ

Wölfer, Marius, der vortheilhafteste Obst-Trockenofen. Enthalt.: Die Construktion eines Obsthauses nebst Trockengerüsten und Trockenofen mit Sandmantel oder Wärmehalter, in welchem das Obst ohne den geringsten Saftverlust mit wenig Feuerungsmaterial schnell und wohlschmeckend getrocknet wird; ꝛc. Für Obstgärtner, Obstplantagen-Besitzer u. Obst-Pächter. Mit 1 Taf. Abbild. 8. Quedlinburg 846, Basse. ⅓ ℛ

Wölfer, Marius, der Pergamentmacher, Leim- und Potaschensieder. Ein Handbuch f. angehende Fabrikanten. 3 Thle. in 1 Bd., mit 22 lithogr. Zeichnn. 8. Weimar 838. Voigt. 1 ℛ (Vergl. Schauplatz der Künste u. Handw. 94r Bd.)

—— der Pisébau. Eine gründl. und prakt. Anweisung, auf dem Lande wohlfeile, gesunde, warme und dauerhafte Wohn- und Wirthschaftsgebäude von Erdmasse zu erbauen, mit besond. Rücksicht auf die Stallfütterung ꝛc. gr. 8. (IV und 46 S. mit 6 Stnt. in qu. Fol.) Quedlinburg 847, Basse.

—— der verbess. Pisé- u. Wellerwandbau nach d. neuesten Erfindn. Ein höchst gemeinnütz., gründl. u. prakt. belehr. popul. Handb. z. Selbst-Unterr. f. Landwirthe, Gemeinde-Vorsteher, Maurer, Zimmerleute ꝛc. gr. 4. (5 B. u. 28 Stnt.) Weimar 836, Voigt.

— der verbesserte Pisé- u. Wellerwandbau nach den neuesten Erfindungen. Mit 28 sauber lithogr. Taf. 2. Ausg. 4. Weimar 843, Voigt. 1½ ℛ

Wölfer, Marius, der verbesserte Pisé- und Wellerwandbau nach den neuesten Erfindungen; oder gründl. Anweisung, mit wenig baarem Kostenaufwand in allen Provinzen auf dem platten Lande, besonders aber in holz- und steinarmen Gegenden landwirthschaftl. Wohn- und Oeconomiegebäude von Thon-, Lehm-, Chaussee-Abzug- und jeder andern Erdmasse mit klein gehackter Stroh-, Fruchtspreu- und Flachsscheebe vermischtem Mörtel aufzuführen ꝛc. Ein höchst gemeinnütziges, gründlich und prakt. belehrendes und populäres Handbuch zum Selbstunterricht für Landwirthe, Gemeindevorsteher, Maurer ꝛc. 3. Aufl. 4. (X und 38 S. mit 29 Stnt.) Weimar 858, Voigt.

— d. idealisch-instruktive landwirthschaftl., ländl. u. bürger Pracht- u. Garten-Baukunst, nach dem neuesten engl., französ., italien., alt- u. neugoth. Geschmacke, durch specielle Grund-, Auf- u. Profil-Risse erläutert. Mit 193 lithogr. Tafeln. kl. 4. Gotha 829. Verf. 1 ℛ 18 gr

—— die ideal.-instruktive landwirthschaftl., ländl. u. bürgerl. Pracht- u. Garten-Baukunst, nach d. neuesten engl., franz., italien., alt- u. neugoth. Geschmacke, durch spezielle Grund-, Auf- u. Profil-Risse erläutert. kl. 4. (193 Stnt.) Gotha 829. [Leipzig, Drobisch.]

—— die idealisch-instruct. landwirthschaftl., ländl. u. bürgerl. Pracht- u. Garten-Baukunst nach neuesten engl., französ., italiän., alt- u. neugoth. Geschmack, durch spez. Grund-, Auf- u. Profil-Risse erläutert. (Neue Ausg.) kl. 4. (193 Stnt.) Leipzig 837, Drobisch. (?)

— die neuerfundene Pumpenmühle. Oder: Anweisung, alle Arten von Mühlen an Brunnen oder stehenden Gewässern anzulegen u. durch Pumpenwerk in Betrieb zu setzen ꝛc. Mit 10 lith. Taf. gr. 8. Quedlinburg 843, Basse. 1⅓ ℛ

(——) der sorgfältig geprüfte, ökonom.-prakt. Rathgeber u. Hausfreund, s. Rathgeber.

Wölfer, M.: „Der sorgfältig geprüfte ökonomisch-praktische Rathgeber und Hausfreund; ein höchst gemeinnütziges Taschenbuch für Jedermann, besonders für Oekonomien und wirthschafttreibende Haushaltungen" Gotha 1836 (Hennings).

— Samml. v. auserlesenen u. ausführbaren architekton. Gartenverzierungen. 4. Gotha, 1826. 2. Aufl. mit 35 Taf. Zeichn. in Steindruck. 1829. Gläser. 1. —

— Samml. von auserles. u. ausführbaren architekon. Gartenverzierungen. Mit 32 Steintaf. 4. Gotha 826. Gläser. 1 ℛ 2. ganz umgearb., verb. u. stark verm. Aufl., mit 35 Tafeln Zeichnungen in Steindr. 4. Ebd. 832. 1 ℛ

—— theoret.-prakt. Schule d. landwirthschaftl., bürgerl. u. schönen Baukunst. gr. 8. (50 B., 54 Stnt. qu. Fol. u. 1 Tab.) Gotha 829, Gläser.

— das Seilerhandwerk nach seinem ganzen Umfange. Ein populäres Handbuch zum Selbstunterricht. 2 Thle. in 1 Bd., mit 24 lithogr. Zeichnungen. 8. Weimar 837. Voigt. ⅚ ℛ (Vergl. Schauplatz der Künste u. Handw. 91r Bd.)

Wölfer M, das Seilerhandwerk nach seinem ganzen Umfange. 3. Auflage von L Hartung. Mit 7 Tafeln. (Schauplatz der Kunste und Handwerke 91) Weimar 1861

—— der auf vieljähr. Erfahrung gegründ. prakt. Straßen- u. Buhnenmeister; enth.: Die nöthigen Begriffe v. d. Arithmetik, Geometrie, Stereometrie u. Mechanik; e. gründl. Anweis. z. Aufnehmen d. Straßen u. Flüsse, so wie auch z. Nivelliren u. Planzeichnen; desgl. e. gründl. Anweis. z. Straßenbau ꝛc. gr. 12. (8 B., 21 lith. Zeichn. u. 2 Karten.) Meißen 839, Goedsche.

WÖLFER, Marius: Gemeinnütziges mathematisch-technologisches Taschenbuch enthaltend eine gründliche Anleitung zur Arithmetik, Geometrie und Mechanik ... zum Selbstunterricht für Forstmänner und Oekonomen ... - Ilmenau 1827

— gemeinnütz. mathemat.-techn. Taschenbuch, enthalt. e. gründl. Anweis. zur Arithmetik, Geometrie u. Mechanik ꝛc. Mit 10 lithograph. Tafeln. 8. Ilmenau 827. Voigt. 2 ℛ

—— die Tischlerschule. Ein unentbehrl. Hand- u. Taschenb. z. Selbstunterr. f. Tischlergesellen u. Lehrlinge, sowie auch z. Gebr. an Baugewerksschulen. Breit 12. (5 B. u. 64 Stnt.) Arnstadt 840, Meinhardt.

—— die Tischlerschule, enthalt. eine gründl. Anweisung zur Geometrie, Stereometrie u. Construction der Lehrbogen; z. Berechnung der Flächen u. Körper, soweit dieselbe bei der Tischlerprofession anwendbar ist. 2., verm. Aufl. 12. (5 B. u. 72 lith. Zeichn.) Arnstadt 844, Meinhardt.

— Tischlerschule. Ein unentbehrl. Hand- u. Taschenbuch zum Selbstunterricht f. Tischler, deren Gesellen u. Lehrlinge, sowie auch zum Gebrauch an Baugewerksschulen. Mit 78 lith. Zeichnungen. 3. verb. u. verm. Aufl. 6 Lfgn. gr. 8. (137 S.) Arnstadt 847, Meinhardt. (à n. ⅙ ℛ) n. ⅚ ℛ — Die Tischlerschule enthaltend eine gründliche Anweisung zur Geometrie, Stereometrie u. Construction der Lehrbogen; zur Berechnung der Flächen u. Körper, soweit dieselbe bei der Tischlerprofession anwendbar; zur Bau- u. Möbelarchitectur ꝛc. Ein unentbehrl. Hand- u. Taschenbuch f. Tischler, deren Gesellen ꝛc. Mit 78 lith. Zeichngn. 4. verb. u. verm. Aufl. gr. 16. (138 S.) Ebd. 848. 1 ℛ

— die Treppenbaukunst in ihrem ganzen Umfange ꝛc., zum Selbstunterricht für Maurer u. Steinhauer, Tischler u. Zimmerleute. Mit 20 Kpft. gr. 8. Berl. 830. Amelang. 3 ℛ

Wölfer, Marius, die Treppen-Baukunst in ihrem ganzen Umfange ꝛc., zum Selbstunterr. f. Maurer u. Steinhauer, Tischler u. Zimmerleute. gr. 8. (16½ B. u. 20 Kpfrt. qu. gr. Fol.) Berlin 831, Amelang. Thlr.

— der Vergolder, Lackirer u. Anstreicher mit Oel- u. Wasser-Farben, nach den neuesten engl. u. französ. Erfindungen. Mit 2 lith. Zeichn. gr. 8. Gotha 836. Hennings. 1/3 ₰

RISUMA, W. (d. i. *Aug. Marius Wölfer*, pens. Civil-, Straßen- u. Wasserbau-Inspector in Gotha, geb. 10. April 1781 zu Harzgerode in Anhalt-Bernb.), Wilhelm und Amalie, oder: Das Bündniß der Treue im Gräflich U******** schen Schloßgarten. Keine Novelle, sondern eine wahre Geschichte aus der neuern Zeit. Bearb. von —. Nordhausen, bei Ernst Friedrich Fürst. 1836. 8°.
V—220 S., 2 Bll. Roman-Verlag d. Firma. — Zahm. Schmidt, A. G., Anhalt. Schriftst.-Lex., S. 456ff. u. desselb. Gallerie etc., S. 166. — Fehlt in Weller's Lex. Pseud.

—— der neuerfund. zweckmäß. construirte u. ungem. viel Holz erspar., mit Dampf- od. Brudel-Ableitungen verseh. Circulir-, Heiz-, Koch-, Brat- u. Backofen in verschied. Gestalten od. Formen 2c. Für Eisengießereien, Schlosser-, Maurer- u. Töpfermeister. gr. 8. (1 B. u. 2 Stnt.) Quedlinburg 836, Basse. ½ Thlr.

Wölfer, Theodor

Landwirtschaftliches ABC mit monatlichem Arbeitskalender. Von Dr. [Theodor] Wölfer, Landwirtschaftslehrer. Berlin: P. Parey 1907. (43 S.) 8° [F.] [07. 12333

Wölfer, landwirtschaftl. ABC, m. e. Anh.: Zeitgemäße Mahngn. 2., neubearb. Aufl. (45 S.) 8. Berlin 910. P. Parey. p — 60

— Die 4 Abschlüsse der einfachen landwirtschaftl. Buchführung in graphischer Darstellung. 56×77 cm. Farbdr. Nebst Text. Die 4 Begriffe: Reinertrag, Einkommen, Überschuß u. Kassenbestand in graph. Darstellg. nach der einfachen landwirtschaftl. Buchführg. (11 S. m. 1 farb. Taf.) 8. Leipzig 910. Leipziger Lehrmittel-Anstalt. 2.—; auf Leinw. m. Stäben 3.40; Text allein — 60

Wölfer, Theodor: Beiträge zur Kenntnis der Aufnahme, Verbreitung und Assimilation der Nitrate in landwirtschaftlichen Kulturpflanzen. *Rostock 1898: C. Boldt.* (61 S. mit Taf. u. Tab.) 8°
Rostock, Phil. Diss. v. [23. Okt.] 1897

Woelfer, *Julius* Theodor [aus Elsterwerda]: Die Ergebnisse der geologischen Forschung und der Bodeneinschätzung unter Zugrundelegung der Bodenverhältnisse des Teltow ... (Erscheint vollst. u. d. T. „Die geol. Specialkarte u. d. landw. Bodeneinschätzg in ihrer Bedeutg ... f. Land- u. Staatswirthsch. ..." in: Abh. z. geol. Specialkarte v. Preussen u. Thür.) Berlin, C. Feister'sche Buchdr., 1892; 115 S. 8.
Leipzig, Phil. Fak., Inaug.-Diss. v. [9. Mai] 1892

Wölfer, landwirtschaftliche Geometrie, Feldmessen und Nivellieren in Fragen u. Antworten. Zum Gebrauch an landwirtschaftl. Lehranstalten in entwickelnder Lehrform bearb. 2. unveränd. [Titel-]Aufl. (IX, 168 u. XI S. m. Fig. u. Skizzen.) gr. 8. Bautzen [902] 907. E. Hübner. Geb. in Leinw. n. 1. 20

Grundlagen des landwirtschaftlichen Taxationswesens. Mit Berücks. d. Prov. Westfalen bearb. von Dr. Theodor Woelfer. *Paderborn: F. Schöningh 1902.* (VI, 143 S.) 8° [F.] [02. 1889

— Grundsätze u. Ziele neuzeitlicher Landwirtschaft. (VIII, 281 S.) gr. 8. Berlin 903. P. Parey. Geb. in Leinw. n. 4. —

Grundsätze und Ziele neuzeitlicher Landwirtschaft. Von Dr. [Theodor] Wölfer, Landwirtschaftslehrer. 2., neubearb. u. verm. Aufl. Berlin: P. Parey 1907. (XII, 504 S.) 8° [F.] [07. 12832

— kleine Mittel u. praktische Winke f. Landwirte zur Erhöhung der Reinerträge. gr. 8. (III, 34 S.) Berlin 900. P. Parey. n. 1. —

Die geologische Specialkarte und die landwirthschaftliche Bodeneinschätzung in ihrer Bedeutung u. Verwerthung für Land- und Staatswirthschaft. Unter Berücks. d. Entwickelung d. Rittergutes Selchow insbes. u. des Verwitterungsbodens d. diluvialen Geschiebemergels im Allg. bearb. von Dr. Theodor Woelfer. Hierzu 2 Taf. Abgeschl. im April 1891. *Berlin: P. Parey 1892.* (IX, 162 S.) 4°(8°)
= Abhandlungen d. Kgl. Preuss. geol. Landesanstalt. N. F. H. 11. [01. 6697

WOLFERECK, ..: Kurz. Begriff d. Wolfenbütt. Landesordn. Hrsg. v. LICHTENSTEIN. *Braunschw.* 771.

Wolfermann, David, deutsche Fibel, nach der „Konsonant-Vokal-Methode" bearb. gr. 8. (XII, 55 S.) Barchfeld 891. (Schmalkalden, F. Willisch's Buchh.) n. — 40; geb. n. — 60

—— Leitfaden f. den ersten Unterricht in der französischen Sprache für Mittelschulen, höhere Töchterschulen 2c. 8. (VII, 84 S.) Dresd. 890, Kühtmann. * — 80; geb. ** 1 —

Wolfermann, Frz., die Entwickelung des Feuerlöschwesens der Stadt Nürnberg von frühester Zeit an bis auf heute. Als Denkschrift hrsg. zur 25jähr. Stiftungsfeier der Nürnberger Feuerwehr. gr. 8. (49 S.) Nürnberg 878, v. Ebner'sche Buchh.

Wolfermann, H., Beitrag zur Kenntniss der Architektur der Knochen. 39 Stn. 8. Bern, Huber & Co. 1873.

Wolfermann, H., u. Chr. Carl Bökle. Über Entstehung u. Behandlung der seitlichen Rückgrats-Verkrümmung, unter Zugrundelegg. der dabei auftret. mechan. Erscheingn., nebst deren Begründung dargestellt. Mit 11 eingedr. Fig. u. 3 Taf. nach photograph. Aufnahmen. gr. 8. (29 S.) Stuttg. 890, Enke. * 2 80

Wolfermann, Oscar [aus Altenburg]: Die Flexionslehre in Notkers althochdeutscher Übersetzung von Boethius: De consolatione philosophiae. Ein Beitrag zur althochdeutschen Grammatik .... Altenburg, Druck v. Oskar Bonde, 1886; 74 S. + 1 Bl. 8°.
Göttingen, Phil. Fak., Inaug.-Diss. v. 2. Aug. 1886.

Wolfers, Alexander: Quaedam de febre nervosa. Halis 1834: Ploetz. 34 S. 8°
Halle-Wittenberg, Med. Diss. v. [3. Juli 1834]
Geb. Diepenau (Hann.) 27. 5. 1809. V.

Wolfers, Jakob Philipp

Wolfers, Bericht über das Werk: Struve, W., Sur la jonction des opérations géodésiques, Russes et Autrichiens, exécutée par ordre des deux gouvernements.

Wolfers, Jacob Philipp: Betrachtungen über die 18 letzten Winter in Berlin. (Poggendorff's Annalen der Physik und Chemie. Bd. 93. S. 130–151.) (Leipzig 1854.) 22 S. 8°.

Wolfers, berliner astronomisches Jahrbuch, s. Jahrbuch.

Wolfers, Jacob Philipp: Länge und Breite verschiedener Sternwarten. [Astronomisches Jahrbuch für 1866 S. 283–295.] Berlin 1863. 13 S. 8°.

Wolfers, Jacob Philipp: Nachricht von der Vollendung der Gradmessung zwischen der Donau und dem Eismeere. [Grunert's Archiv der Mathematik und Physik. Bd. 23. 1854. S. 225–230.] Greifswald 1854. 6 S. 8°.

Wolfers (J. Ph.), Newton's mathematische Principien der Naturlehre. Berlin 1872. 8.

Wolfers, J. Ph., Dr., Die totale Sonnenfinsterniss am 18. Juli 1860. Berlin 1858.

Wolfers, Dr., s. Sternkarten, akademische.

Wolfers, J. Ph., Tabulae reductionum observationum astronomicarum annis 1860 usque ad 1880 respondentes. Additae sunt: Tabulae Regiomontanae annis 1850 usque ad 1860 respondentes ab (J. M.) Zech continuatae. gr. 8. (LXIII und 283 S.) Berlin 858, Dümmler's Verlagsbuchh. Thlr. *

Wolfers, Jakob Philipp: Ueber Leonhard Eulers Theoria motuum planetarum et cometarum und die darin behandelten Elemente der Cometen von 1680 und 1744.

— Vergleichung des Sommers von 1868 mit den Sommern von 1842, 1846, 1857, 1859, 1865 in Berlin. (Aus: Zeitschr. „Natur", Jahrg. 1869.)

Wolfers, J. Ph., Die 15 letzten Winter in Berlin. Berlin 1852.

— Der Winter von 1853 in Berlin im Vergleich mit den 16 vorhergehenden Wintern.

Wolfers, J. Ph., Ueber Witterungs-Erscheinungen. (Erster, zweiter und dritter Artikel. (Aus der Zeitschrift „Natur").

Wolfers, Jean [aus Wankum, Kr. Geldern]: Aus d. medizin. Klinik zu Bonn. Zur Behandlung der Pleura-Empyeme nach der Bülau'schen Methode ... Bonn, Buchdr. v. A. Henry, 1896; 36 S. 8.
Bonn, Med. Fak., Inaug.-Diss. v. [6.] Mai 1896

Offenes Schreiben an den Vorsitzenden der Loge Friedrich Wilhelm zum eisernen Kreuz zu Bonn [d. i. Wilh. Georgi. Unterz.: Jos. **Wolfers**. Alfred Cahn. [Bonn 1889.] 12 S. 8⁰ [Umschlagtit.]
Betr. die Ablehnung der Loge, jüdische Brr als permanent Besuchende zuzulassen. 193.

Wolfers, Phil., die Beschneidung d. Juden. Eine Anweis. f. Beschneider, Aerzte u. Wundärzte, sich mit d. Ganzen d. Weihe bekannt zu machen u. d. Handlung selbst nach Indicationen, kunstgemäß u. nach d. gesetzl. Vorschriften vorzunehmen. 8. (4¼ B. u. 1 Tab.) Lemförde 831. (Hannover, Helwing.)

— Diss. inaug. de Scirrho et Carcinomate. 4. Gött. 800.

Wolfersberger Alois: Kohlenstoff, Sauerstoff, Wasserstoff und Stickstoff im Kreislaufe des Lebens. II. Wien II. 2. St. R. 05. **Progr.**

Wolfersdorf, Frdr., Gedichte. 8. (VIII, 182 S.) Wien 876. Rosner. n. 3. 60

Wolfersdorff, Elise Charlotte Freiin v. [wirkl. Name], s.u. B e r k o w , Karl [Pseud.].

[F.] Unsere Backfische. Erzählg v. Karl Berkow [d. i. Elise Charlotte Freiin v. **Wolfersdorff**] ... *Berlin: O. Janke [1896].* (2 Bl., 139 S.) 1 Bd 8.
(Collection Otto Janke.)

[F.] Elternhaus. E. Erzählg f. junge Mädchen v. K. Berkow [d. i. Elise Charlotte v. **Wolfersdorff**]. M. 1 farb. Titelb. u. 4 Ill. v. Maler Hans Schulze. *Berlin: F. Schirmer [1898].* (295 S., 5 Taf.) 1 Bd 8.

Frau Ilse. Lebensbild aus d. 15. Jh. von Karl Berkow ⟨E[lise Charlotte Freiin] v. **Wolfersdorff**⟩. T. 1. 2 (in 1 Bde). *Berlin: O. Janke 1903.* (211, 234 S.) 8° [F.] [04. 4736

[F.] Ein Kind der Strasse v. Karl Berkow [d. i. Elise Charlotte v. **Wolfersdorff**]. *Anklam: H. Wolter [1897].* (99 S.) 1 Bd 8. [98. 2559

Der L e b e n s l a u f einer Glücklichen. Erzählg v. Karl Berkow [d.i. Elise Charlotte Freiin v. **Wolfersdorff**] ... Berlin: O. Janke. [1896]. (2 Bl., 127 S.) 8⁰
(Collection Otto Janke.)

Wolfersdorff, Elise von

Vae victis. Roman. Von Karl Berkow [d.i. Elise von Wolfersdorff]. 2. Aufl.
Berlin: Janke (1886). 328 S. 8°

[F.] Ein Vergessener. Hektor. Zwei Erzählgn v. Karl Berkow [d. i. Elise Charlotte Freiin v. **Wolfersdorff**] ... *Berlin: O. Janke [1896].* (2 Bl., 140 S.) 1 Bd 8.
(Collection Otto Janke.) [96. 4514

Johann Gottfried Wolfert

De non damnando perforationis et embryotomiae in arte obstetricia usu. Halae (1812:) Schimmelpfennig. 28 S. 8°

Halle, Med. Diss. v. 28. Nov. 1812

Johann Gottlieb Wolfert

Ioannes Theophil(us) Wolfert: De mentis quadam Alienatione mirifica. Berolini (1826): Brüschcke. 34 S. 8°

Berlin, Med. Diss. v. 10. Nov. 1826

Wolfert, Joan. Car. Albert (geb. Berlin ... 1830): De nervo musculi levatoris palati. Berolini (1855). (14 S.) 8
Berlin, Med. Diss. v. 6. Aug. 1855

Wolfert's, L. (in Fa. Leopold Bicker Nachf., Barmen), vereinfachte amerikan. Buchführung f. Gewerbtreibende u. Kaufleute. Lehrbuch m. Anleitung f. d. Selbsteinschätzung zur Einkommensteuer, bearb. zum Selbstunterr. sow. f. d. Unterricht in Handelsschulen unter Anwendg. e. neuen Verfahrens. gr. 4. (56 S.) Barmen 894. H. Klein. n. 3.—

Wölfert, F. H., Lehrblatt der Phonographie oder der Karl'schen Lautschrift zur lauttreuen Schreibung der deutschen Sprache. gr. 8. (4 lithogr. S.) Leipzig 881, Siegismund und Volkening.)

Wölfert, H. [Red.], s. Zeitschrift gegen Verfälschung der Lebensmittel ...

Woelfert, Paul: Das Gudrunlied im Unterricht der Obersekunda. *Kolberg (1900): C. F. Post.* (S. 1—12.) 4°
Kolberg, k. Dom-G u. k. RG, P 1900 (146)

Wölfert, Paul [app. Arzt aus Werder]: Über Syphilitische Milztumoren.... Würzburg, P. Scheiner's Buchdr., 1890; 31 S. 8°
Würzburg, Med. Fak., Inaug.-Diss. v. 1890

Wölfert, Wilh., s.a. Sylvester, Hekt.

Aus den Flammen gerettet. Charakterbild für d. Feuerwehr in 1 Aufz. von Hector Sylvester [d. i. Wilhelm **Wölfert**]. Berlin: E. Bloch (1897). (19 S.) 8° [F.]
= Herren-Bühne, Ludwig Blochs. No 40. [05. 225

Das Halsband der Marquise. Eine Boudoirgeschichte von Hector Sylvester [d. i. Wilhelm **Wölfert**]. Berlin: Berliner Roman-Verl. [1904]. (48 S.) 8° [F.]
= Geschichten, Intime. 27. [05. 7489

Mit dreizehn Jahren und anderes. Geschichtchen u. Gedichtchen f. Lebemänner von Hector Sylvester [d. i. Wilhelm **Wölfert**]. *Berlin: C. M. A. Müller & Co. [1902].* (93 S.) 8°
— Eros, Bibliothek. Bd 3. [03. 2392

Die Laune einer reichen Frau. Eine Milliardärsgeschichte von Hector Sylvester [d. i. Wilhelm **Wölfert**]. Berlin: Berliner Roman-Verl. [1904]. (48 S.) 8° [F.]
= Geschichten, Intime. 31. [05. 7493

Leda mit dem Schwan. Ein Liebes-Idyll von Hector Sylvester [d. i. Wilhelm **Wölfert**]. Berlin: Berliner Roman-Verl. [1904]. (48 S.) 8° [F.]
= Geschichten, Intime. 28. [05. 7490

Die Maske des Gehängten und anderes. Geschichtchen u. Gedichtchen f. Lebemänner von Hector Sylvester [d.i. Wilhelm **Wölfert**]. Berlin: C. M. A. Müller & Co. [1902]. (95 S.) 8°
(Eros. Bibliothek. Bd 1.)

Drei Strumpfbänder. Eine Kleinstadtgeschichte von Hector Sylvester [d.i. Wilhelm **Wölfert**]. Berlin: Berliner Roman-Verl. [1904]. (45 S.) 8° [F.]
= **Geschichten**, Intime. 29. [05. 7491

Wölfert, Wilh., der Teufel in Berlin. Ein Berliner Roman. 1. u. 2. Aufl. 8. (à VIII, 278 S.) Berlin 901. [H. Eichblatt.] J. Gnadenfeld & Co. n. 3. 50; geb. 4. 50

Ein Turnerstückchen. Schwank in 1 Aufz. von Hector Sylvester [d. i. Wilhelm **Wölfert**]. Berlin: E. Bloch (1897). (18 S.) 8° [F.]
Herren-Bühne, Ludwig Blochs. No 39. [05. 777

Eine Ueberraschung (Die Geschichte ein. blinden Liebhabers). Roman von Hector Sylvester [d. i. Wilhelm **Wölfert**]. Berlin: Berliner Roman-Verl. [1904]. (48 S.) 8° [F.]
= **Geschichten**, Intime. 23. [05. 7485

[F.] Der Weg zur Hölle. Roman v. Hektor Sylvester [d. i.: Wilh. Wölfert] . . . *Berlin: R. Jacobsthal [1896].* (2 Bl., 158 S., 1 Bl.) 1 Bd 8. [97. 1554

Wolfertheimer, Anton, Auf, zum Spielplatz! 50 Marschlieder z. Gebrauche b. Jugendspielen, Ausmärschen, Schulfesten, samt e. Anh., enthalt. 15 dreistimmige Lieder, 1. u. 3. Aufl., Wien 1894 u. 1924, 74 S., 8°, 2 Bde.

Wolferts, Emil, üb. die geistliche Leiblichkeit. Vortrag, geh. im evang. Vereinshause zu Barmen. gr. 8. (30 S.) Barmen 894. Wupperthaler Traktat-Gesellschaft. n. — 60

Wolferts, Ernst: Einfluss der molekularen Gestalt auf den kristallinisch-flüssigen Zustand. Halle a. S. 1909: Kaemmerer. 57 S. 8°
Halle, Phil. Diss. v. 27. Febr. 1909, Ref. Volhard
[Geb. 6. Juni 82 Argenthal, Rheinland; Wohnort: Halle a. S.; Staatsangeh.: Preußen; Vorbildung: Gymn. Mörs Reife O. 01; Studium: Halle 3, Tübingen 3, Halle 6 S.; Rig. 21. Nov. 08.] [U 09. 1722

Wolferz, Reinhold: Experimentelle Untersuchungen über die Innervationswege der Thränendrüse. Diss. Dorpat 1871. 46 pp. 8°

Wolfes, Hans, Referendar: Der Begriff des Eigentums am Wechsel. Leipzig 1909: Knoth. 93 S. 8° ¶ (Ersch. auch als Buch b. Helwing, Hannover.)
Würzburg, Jur. Diss. v. 29. April 1909, Ref. Mayer
[Geb. 22. Sept. 84 Elze; Wohnort: Winsen; Staatsangeh.: Preußen; Vorbildung: Gymn. Hildesheim Reife O. 02; Studium: Göttingen 2, Berlin 1, München 3 S.; Rig. 17. Febr. 09.] [U 09. 4098

Wolfes, Hans, der Begriff des Eigentums am Wechsel. (93 S.) 8. Hannover 909. Helwing. 2. —

Wolfes, Konrad [Referendar aus Aurich (Ostfriesl.)]: Das Wechselrecht des Preussischen Landrechts verglichen mit dem der deutschen Wechselordnung . . . Aurich, Druck v. H. W. H. Tapper & Sohn, 1896; 48 S. 8.
Göttingen, Jur. Fak., Inaug.-Diss. v. [21. Dez.] 1896

Wolfes, Ludwig: Untersuchungen des Acetonöls vom Siedepunkte 75–135° . . . Leipzig-Reudnitz, Druck v. Max Hoffmann, 1890; 33 S. + 1 Bl. 8°
Leipzig, Phil. Fak., Inaug.-Diss. v. 19. März 1890.

WOLFES, Max (Aurich): Ueber Einheilung von Kugeln im Gehirn.- München: Kastner & Lossen 1900. 22 S. 30.5.1900 - Chr 1899/1900,13; Jv 1899/1900,210
Diss. Ingolst.-Landsh.-Mchn.

Wolfes, Otto, Medicinalprakt.: Cystom und Schwangerschaft. München 1909: (Knoth, Leipzig). 36 S. 8°
München, Med. Diss. v. 12. Aug. 1910, Ref. Döderlein
[Geb. 9. Febr. 86 Elze, Hannover; Wohnort: Hannover; Staatsangeh.: Preußen; Vorbildung: Gymn. Andreanum Hildesheim Reife O. 04; Studium: München 6, Kiel 2, München 2 S.; Coll. 12. Aug. 10; Approb. 1. Juli 10.] [U 10. 3611

Wolfes, Otto, aus Dargun (Mecklenburg): **Synthese von 5, Methoxyphenanthren. Untersuchungen über o-Nitrozimmtsäurenitrile.** *Berlin (1899): E. Ebering.* (35 S.) 8°
Berlin, Phil. Diss. v. 9. Aug. 1899

Wolfes, W.

Wolfes, Buchführung für kleinere ländliche Wirthschaften. 4. (168 S.) [Ludwigslust 882, Hinstorff'sche Buchh.] Forbach, Hupfer. cart.

Wolfes, W. (Hrsg.), s. Vereinsblatt, Landwirtschaftliches, für die kleineren Landwirte Mecklenburgs.

Wolff [Sachl. OW]

Dr. Carl **Wolff** als Direktor der Hermannstädter allgemeinen Sparkassa 1885 bis 1910. Festschr. aus Anlaß der 25. Jahreswende seiner Erwählung. Hrsg. vom Direktionsrat der Hermannstädter allgemeinen Sparkassa. [Mit Abb. u. Taf.] (Hermannstadt 1910: Drotleff.) 244 S. 8°

Wolff, Julius, und seine Dichtungen, von A. Ruhemann, s. Dichter, deutsche, der Gegenwart.

Wolff, **Herr Geh. Sanitätsrath, und der Stand der Aerzte. gr. 8. (15 S.) Berlin 862, A. Hirschwald.** *
Aus: Allgemeine Medicinische Central-Zeitung, besonders abgedruckt.

Wolff [Verfasser] (vgl. Wolf)

Wolffs Naumburger Annalen, betreffend d. Jahre 1608–22, 1680–82, 1695–1702. Nach der Hs. im städt. Archiv hrsg. von Friedrich Hoppe. Naumburg a. S.: Sieling 1910. 78 S. 8° [11. 5715

Wolff, die Aufgaben der Dosinfection, s.: Klinik, Berliner.

Wolff, die erziehliche Bedeutung d. neuen Arbeiterschutz-Gesetzes. Vortrag, geh. auf dem 3. evangelisch-sozialen Kongreß zu Berlin am 20. u. 21. Apr. 1892. gr. 8. (24 S.) Berlin 892. Rehtwisch & Seeler. n. — 20

Woiff, Bericht über die Cholera-Epidemie des J. 1866 in Quedlinburg vom Standpunkte der öffentl. Gesundheitspflege. gr. 8. (III und 88 S. mit 1 lithogr. Situations-Plan der Stadt Quedlinburg in gr. 4.) Quedlinburg 867, (Basse.) *

Wolff, der Destillateur oder die Geheimnisse zur Fabrikation aller Sorten Branntweine, Liqueure, rc., sowie der Entfuselung des Spiritus und schnellen Klärung aller Sorten Liqueure alles meist auf kaltem Wege. Dresden (856.) Breyer. 16. (26 S.) 9 ngr.

(WOLFF). An die Freunde des seligen Stoll (von –). o. V. o. O. u. J. (1788). 1 Bl.

Wolff, ..., (Regier.-Calculator), Handbuch über ein zweckmäß. Verfahren bei Veranlegung, Erhebung u. Berechnung der Classensteuer. 8. Bresl. 821. Graß, B. u. C. 16 gr

Wolff, Handel, Schacher und Wucher der Juden im Kalender für Zeit und Ewigkeit von Alb. Stolz. Ein Wort der Verwahrung und zur Abwehr. gr. 8. (40 S.) Karlsruhe 874. Macklot.

Wolff, ..., Hauptsätze d. Religionsunterrichts für Kinder, welche zur Konfirmation vorbereitet werden. gr. 8. Prenzlau ... Ragoczy. 1 gr

Wolff-Joachimsthal. Über Infektion, s. Klinik, Berliner.

Wolff, Deutschlands Jugend u. die Berechtigung zum einjähr.-freiwilligen Militärdienst. (40 S.) 8. Elberfeld (Bleichstr. 13a) 910. W. Bacmeister. 1. —

Wolff. Julianus gegen die Alemannen. 4. Langensalza 1865.

v. Wolff, Frau, († d. 24. Dec. 1794.), s. Lieder zur Erweckung d. Andacht.

Wolff, Liederbuch. Eine Sammlg. der beliebtesten Volksweisen f. Volksschulen in 2 Heften. Nach Beratgn. im Lehrerverein Gr.-Rosenburg u. Umg. hrsg. 8. Barby 904. H. Kropp. à n.n. — 35
1. Unter- u. Mittelstufe. (60 S.) — 2. Oberstufe. (68 S.)

Wolff, Martin Luther als Held und Christ. Predigt über Hebräer 13, 7—9, gehalten zur vierten Säcularfeier des Geburtstages Martin Luthers in der Heiligen Geist-Kirche. gr. 8. (10 S.) Magdeburg 883, Faber'sche Buchdruckerei.

Wolff, Oniromantie oder Traumdeutekunst aus den wichtigsten und bewährtesten Schriften der Aegyptier, Araber, Griechen, Perser, Phönicier und Römer geschöpft und durch genügende Erfahrungen geprüft. 32. (60 S.) Dresden 856, Breyer.

Wolff, Oniromantie oder Traumdeutekunst aus den wichtigsten und bewährtesten Schriften der Aegypter, Araber, Griechen, Perser, Phönicier und Römer geschöpft durch genügende Erfahrungen geprüft. 2. Aufl. 16. (28 S.) Dresden 871, Tittel.

Wolff's Reise-Zeitung für Nord- und Mittel-Deutschland. Enth.: Alle Eisenbahnfahrpläne, abgehende Posten, Dampfschiffe, Sehenswürdigkeiten, Gasthöfe, so wie die wichtigsten Notizen für Reisende. 1. Jahrg. 1847. 6 Nrn. (Bog.) Juli — December. Imp.-4. Berlin, [Barthol.]

Wolff's Reise-Zeitung f. Nord- u. Mittel-Deutschland. Enthaltend: Alle Eisenbahnfahrpläne, abgehende Posten, Dampfschiffe, Sehenswürdigkeiten, Gasthöfe, so wie die wichtigsten Notizen für Reisende. 1. Jahrg. 1847. 6 Nrn. Juli—Dec. 2. Jahrg. 1848. 12 Nrn. Imp. 4 (Bog.) Berlin, Berliner Literatur-Comptoir. 1847: 12 ngr 1848: 2/3 ₰; einzelne Nrn. à 2 ngr

Wolff, Frhr. v., die Staats-Rentenschuld in Frankreich. Ein Beitrag zur Geschichte des Staatscredits. 1. Bd.: Ursprung und historische Entwickelung bis auf Colbert. gr. 8. (VII, 162 S.) Leipzig 876, [Krüger und Roskoschny.] Kummer. *

v. Wolff, Frau. († d. 24. Dec. 1794.), s. **Tag, geheiligter, der Christen.**

Wolff, Dr. med. Hagen i. W. Vorzüge der Feuerbestattung vor der Erdbestattung in hygien. Beziehung. Vortrag. 17. Febr. 1894. in Hagen i. W.

—— Wahrsagekunst, oder leichte und sichere Berechnung eines glückl. oder unglückl. Ehestandes. Aus alten Zigeuner-Handschriften zusammengetragen. 12. (23 S.) Dresden 856, Breyer.

Wolff, A., Beiträge zu e. Sammlung moderner Unterrichtsmittel, vorzugsweise auf dem Gebiete der einfachsten Mnemonik, einbegreifend: Mnemotechnische Hilfe f. Examina, ohne Künsteleien aus den Stoffen selber geschöpft u. auf anreg., lebend. Hintergrund entworfen. gr. 8. (115 S.) Holzminden 892. (C. C. Müller.) n. 1.50

Wolff, A., de Christo nativitate sua gloriam Deo et hominibus pacem afferente. Regiom. 1730. 4.

Wolff, A., das jüdische Erbrecht, e. Abhandlg., zugleich e. Beitrag zur biblisch-talmud. Exegese. gr. 8. (50 S.) Berlin 888. (Tübingen, Fues.) n. 1. 40

—— Festrede zur Gedächtniß-Feier des Frhrn. Wolfg. H. v. Dalberg am Tage der Enthüllung seines Monumentes in Mannheim am 1. Septbr. 1866. gr. 8. (16 S.) Mannheim 866, Schneider.

Wolff, A., Gesangbuch nebst Dr. Luthers kleinem Katechismus, Gebeten, Haustafel und christlichen Fragestücken. 3. verm. Aufl. Pyrmont 861. Quelle. 8. (VI, 202 S.) n. 10 ngr

Wolff, A., H. **Robolsky** u. Rodolfo **Sepúlveda**, europäische Handelskorrespondenz. Deutsch — Englisch — Französisch — Italienisch — Spanisch — Portugiesisch. (In ca. 12 Lfgn.) 1.—7. Lfg. gr. 8. (S. 1—448.) Leipzig 894. Renger. à n. 1. —

Wolff, A., H. **Robolsky** u. Rodolfo **Sepúlveda**, europäische Handelskorrespondenz. Deutsch — Englisch — Französisch — Italienisch — Spanisch — Portugiesisch. 8.—12. Lfg. gr. 8. (VI u. S. 449—794.) Leipzig 895. Renger. à Lfg. n. 1. — (kplt.: n. 12. —; geb. in Halbfrz. n. 14. —)

Ulmer Humor. Von Dr. A. **Wolff**, Red. d. Ulmer Tagblatts. Ulm: Selbstverl. 1900. (47 S.) 8° [F.] [07. 16136

Wolff, A., Der Wetzlarer Knappschaftsverein. Geschichte seiner Gründung und Entwicklung in der Zeit vom 1. Juli 1857 bis 1. Juli 1907. Hrsg. vom Vorstand des Wetzlarer Knappschaftsvereins. Frankfurt a. M., 1907. 99 S. mit 4 Taf.

Wolff, A., Aus dem Leben unseres Kaisers. [Wilhelm I.] Erzählgn. f. das deutsche Volk. gr. 8. (V, 123 S.) Berl. 887, [George u. Fiedler]. Gergonne u. Comp. * 1 50; geb. * 2 —

Wolff, A., Lehrbuch der Haut- u. Geschlechtskrankheiten. Für Ärzte u. Studirende. (Bibliothek des Arztes.) gr. 8. (XIV, 636 S. m. 97 Abbildgn.) Stuttgart 893. F. Enke. n. 15. —

Wolff, A., Lepraerinnerungen aus Norwegen, s. Leprastudien.

— Leprastudien, s. a. Baelz, E.

—— Leprastudien, s. a. Monatshefte für praktische Dermatologie.

Wolff, A., Predigt nach der Einweihung d. neuen Kirche in Gradleben d. 9. Jan. 1831. gr. 8. Helmst., Fleckeisen. 3 gr

Wolff, A. (Red.), s. Rundschau, Medizinische.

Wolff, A., der Untergrund und das Trinkwasser der Städte unter Berücksicht. der Verhältnisse in Erfurt. 2. verm. Aufl. gr. 8. (59 S.) Erfurt 873, Keyser'sche Buchh. *

—— Untersuchungen über die Kindersterblichkeit. Medicinisch-statist. Beitrag zur öffentl. Gesundheitspflege unter Berücksicht. der Verhältnisse in Erfurt. gr. 8. (102 S. mit 7 lithogr. Erläuterungs-Taf. auf 5 Bl. in 8. und qu. 4.) Ebendas. 874. *

Wolff, A., s.: Verhandlungen der deutschen dermatologischen Gesellschaft.

Wolff, A. Preussens und Frankreichs Vorbereitungen zum Kriege 1870—1871 und der Beginn desselben. [Milit. Bibliothek für Off. aller Waffen. I.] (IV. 101) 8. Leipzig 1873. 2.00.

Wolff, A., Preußens und Frankreichs Vorbereitungen zum Kriege 1870/71, s. Bibliothek, militärische.

Wolff, A., u. H. Pflug, Wirtschaftsgeographie Deutschlands u. seiner Hauptverkehrsländer. (Sammlung v. Lehrmitteln f. Fach- u. Fortbildungsschulen, hrsg. v. Otto Knörk.) 1. u. 2. Tl. 8. Berlin, E. S. Mittler & Sohn. à n. 2. —; geb. à n. 2. 40
1. Das Deutsche Reich. (XI, 165 S. m. 3 Tab.) 905.
2. Deutschlands Hauptverkehrsländer. (VIII, 180 S.) 906.

Wolff, A., u. H. **Pflug**, Wirtschaftsgeographie Deutschlands u. seiner Hauptverkehrsländer, s. a. Sammlung v. Lehrmitteln f. Fach- u. Fortbildungsschulen.

Wolff, A. F., die Verzinkung des Eisens. Ursprung, Nutzen und Anwendung derselben nach allen bisherigen Erfahrungen zusammengestellt. Dresden 857. Adler u. Dietze in Comm. gr. 8. (29 S. mit Holzschn. im Text.) n. 4 ngr.

Wolff, Abraham Alexander

Wolff, Abrah. Alex., Agende z. Gebr. beim israelit. Gottesdienste. 8. ($9^3/_4$ B.) Copenhagen 839, [Philipsen.)

Wolff, (Ober-Rabbiner u. Prediger), Abrah. Alex., Agende zum Gebrauch beim Israelit. Gottesdienste. 8. Kopenhagen 839. (Leipzig, Hinrichs.) $^3/_4$ ℛ
Hieraus ist auf Verlangen besonders abgedruckt:

—— Gebete z. Gebr. beim israelit. Gottesdienste. 8. (3 B.) Copenhagen 838, (Philipsen.)

Wolff, A. A., Gebete für Israeliten zum Gebrauche beim Gottesdienste, im Hause und auf dem Friedhofe. Ins Deutsche übertragen von Sigism. Berendt. 2. Aufl. 8. (VII, 151 S.) Frankfurt a. M. 877, Kauffmann. geb. *

Wolff, A. A., Gebete f. Israeliten zum Gebrauche beim Gottesdienste, im Hause u. auf dem Friedhofe. 5. verm. u. verb. Aufl. (VIII, 152 S.) 8. Frankfurt a/M. 908. J. Kauffmann. Geb. 1.—; in Leinw. m. Goldschn. 2.—

Wolff, Abraham Alexander (Darmstadt)
Der Prophet Habakuk, mit einer wörtlichen und einer freien, metrischen Uebersetzung, einem vollständigen philologisch-kritischen und exegetischen Commentare.
Darmstadt: C. Stahl 1822. 326 S.
[Handschriftlich als Dissertation vorgelegt.]
Dr. phil. Giessen 6.8.1821. vorh. 146.

— d. Prophet Habakuk, s. Habakuk.

— תורת ישראל. Die Lehre der israelitischen Religion, bearb. für Stadt- u. Landschulen. gr. 12. Mainz 825. Müller. 6 ℊ

— einige Worte an d. Publikum über vorstehendes Lehrbuch. 8. Mainz 825. Müller. 3 ℊ

Wolff, Abr. Alex., drei Predigten, an drei nacheinanderfolgenden Tagen, nämlich, am Sabbathe Bamidbar u. am Wochenfeste 5589 (6. 7. 8. Juni 1829) gehalten. 8. (5 B.) Copenhagen 829, Bing. (Leipzig, Rein.)

—— עולת שבת Predigten auf alle Sabbath- u. Festtage d. Jahres. 1. Hft. 8. ($6^3/_4$ B.) Kopenhagen 838, (Philipsen.) *

— עולת שבת Predigten auf alle Sabbath- u. Festtage d. Jahres. 1s Hft. 8. Kopenhagen 838. (Leipzig, Hinrichs.) n. $^3/_8$ ℛ

—— zwei Predigten, auf Veranlassung d. Hintritts S. M. d. Königs Frederiks d. Sechsten glorwürd. Andenkens, in d. Synagoge zu Copenhagen geh. 8. (3 B.) Copenhagen 840, (Philipsen.) *

Wolff, Abrah. Alex., Predigten auf Veranlassung des Regierungswechsels in Dänemark. 8. Kopenhagen 841, Philipsen. n. $^1/_3$ ℛ

—— drei Vorlesungen, als Einleit. zu Vorträgen üb. d. Judenthum in d. Erschein. u. in d. Idee. 8. (4 B.) Copenhagen 838, (Philipsen.) *

—— Worte am Grabe d. Hrn. Levin Kalisch, Vorstehers d. im J. 1803 v. Bing u. Kalisch erricht. Schulanstalt, u. ersten Lehrers an d. israelit. Freischule zu Kopenhagen ולהביאך אל המקום הכיבותי לפק יום אלם d. 26. Jan. 1840, gesprochen. 8. (1 B.) Copenhagen, (Philipsen.)

Wolff, Adolf

Wolff, A., Berliner Börsen, s. Stadtklatsch, Berliner.

Wolff, Adf., s. Classiker, die, aller Zeiten und Nationen.

Wolff, Ad., Gedichte. gr. 12. ($1^1/_2$ B.) Berlin 838. [Halle, Colditz.]

Wolff, Ad., Gedichte. gr. 12. Berlin 838. (Wohlgemuth.) $^1/_6$ ℛ

Wolff, Adf., Geschichte der Preußischen National-Versammlung u. der gleichzeitigen Berliner Bewegungen. Mit Benutzung sämmtlicher gedruckt vorhandenen Quellen sowie vieler mündlicher Berichte u. handschriftlicher Mittheilungen. 1. Lfg. Lex. 8. (S. 1–48) Berlin 851, Hempel. n. $^1/_6$ ℛ

Wolff, Adf., Geschichte der preußischen National-Versammlung. 2. und 3. Lfg. gr. 8. (S. 49—112.) Berlin 853, Hempel. à Lfg. * 5 Ngr. *
1. Lfg. Ebendas. 1853. * 5 Ngr.

Wolff, Adolf, Medizinalprakt.: Aus d. Privatklinik d. Prof. Ludwig Fraenkel, Breslau. Indikationen und Technik des vaginalen Kaiserschnittes. Breslau 1910: Breslauer Genossensch.-Buchdr. 31 S. 8°
Breslau, Med. Diss. v. 15. März 1910, Ref. Küstner
[Geb. 25. Dez. 82 Kosel O.-S.; Wohnort: Breslau; Staatsangeh.: Preußen; Vorbildung: Gymn. Beuthen Reife M. 03; Studium: Breslau 1, München 2, Berlin 3, Breslau 4 S.; Coll. 21. Febr. 10; Approb. 1. März 10.] [U 10. 591

Wolff, Adolf [aus Darmstadt]: Ueber die Isopropylglutolactonsäure. E. Beitr. z. Constitution d. Terpenylsäure ... Strassburg i. E., Buchdr. C. Gœller, 1894; 36 S., 2 Bl. 8.
Strassburg, Math.-naturw. Fak., Inaug.-Diss. v. 1894

Wolff, Adf., die italienische National-Literatur, s. Classiker, die, aller Zeiten und Nationen.

Wolff, Joh[annes] Ferdin[andus] **Adolph:** Nonnulla de cloacae et uteri duplicis formatione. Accedit tabula lithographica. Halis Saxonum (1854): Orphanotropheum. 29 S., 1 Taf. 8°
Halle-Wittenberg. Med. Diss. v. 2. Aug. 1854
Geb. Halle a. d. S. 1. 8. 1829. V.

Wolff, Adf., Pantheon des classischen Alterthums. Eine Auswahl des Vollendetsten aus den sämmtl. Classikern der Griechen und Römer in den besten deutschen Uebertragungen. 2. (Titel-)Aufl. 16 Lfgn. Lex.-8. (VII, 899 S.) Berlin 880,81, Hempel. à Lfg. * M 1.

Wolff, Adolf. Berliner Revolutions-Chronik. Darstellung der berliner Bewegungen i. J. 1848 nach politischen, sozialen und literarischen Beziehungen. 3 Bde. Berlin, Hempel 1851—1854. XIV 494. XII 580. XI 604 S. 8.

— Berliner Revolutions-Chronik. Darstellung der Berliner Bewegungen im J. 1848 nach polit., socialen u. literar. Beziehungen. 10–22. Lfg. Lex. 8. (1. Bd. XIV S. u. S. 447—494. 2. Bd. XII u. 580 S.) Ebd. 850–52. à n. $^1/_4$ ℛ (Die 1–9. Lfg. erschienen anonym, siehe: Revolutions-Chronik. — 1 u. 2. Bd. n. $5^1/_2$ ℛ)

—— berliner Revolutions-Chronik. Darstellung der berliner Bewegungen im J. 1848 nach polit., socialen und literar. Beziehungen. 29. und 30. (Schluß-)Lfg. Lex.-8. (3. Bd. XI und S. 289—604.) Berlin 858, Hempel. *
1—28. Lfg. Ebendas. 1849—54. * 7 Thlr.

[F.] Berliner Revolutionschronik. Darstellg d. Berliner Bewegg i. J. 1848 in polit., sozialer u. litterar. Beziehg v. Adolf Wolff. Jubiläums-Volksausg., hrsg. v. Dr. jur. C. Gompertz. *Berlin: F. Dümmler 1898.* (VIII, 386 S.) 1 Bd 8. [58. 447

Wolff, Adolf Wilhelm

Wolff, Adf. Wilh., Aus der Jugendzeit. Gedichte. 8. (XVI und 206 S.) Leipzig 853, (Brockhaus.) *

Wolff, Adolf Guil., de pignore a creditoris heredibus in familiae herciscundae judicium deducto. Dissertatio. 8maj. (5⅜ B.) Kiliae 843, (libr. Schwers.) Thlr. *

Wolff, Agnes, Blätter schwed. Dichtung. Ins deutsche übertr. (103 S.) gr. 8. Gothenburg (907). (Wettergren & Kerber.) nn 2. 50

WOLFF, Albert (Dillingen): Ueber Darmverschluss durch Fremdkörper. Beitrag zur Casuistik und Statistik.- München: Ernst 1885. 27 S.
9.11.1885 - Chr 1885/86,16; Jv 1885/86,161
Diss. Ingolst.-Landsh.-Mchn.

Wolff, Albert, Gallerie bedeutender Leute. Zeichnungen und Text. 3 Hefte. (Musiker. — Schriftsteller. — Schauspieler.) gr. 8. (à 12 Lithochrom. mit Text.) Düsseldorf 855, Arnz und Comp. à Heft ** 10 Ngr. **

Wolff, Albert. Gedichte vermischten Inhalts. St. Paul: Minnesota Staatszeitung, 1867. GSP

Wolff, Albert: Zur Kritik der Lieben'schen Acetonreaction des Harns. *Berlin (1898): J. S. Preuss.* (30 S.) 8°
Berlin, Med. Diss. v. 8. Juli 1898

Wolff, Albert. Poesie und Prosa aus dem literarischen Nachlass von Albert Wolff. St. Paul: Volkszeitung, 1894. MHS

Wolff, A., Schultze und Müller in London. Humoristische Reisebilder. 3., unveränd. Aufl. 8. (IV und 103 S. mit 48 Illustr. in eingedr. Holzschn. von W. Scholz.) Berlin 866, Hofmann und Comp. *

—— **Schultze und Müller im Orient.** Humoristische Kriegsbilder. Mit 41 Illustr. (in eingedr. Holzschn.) von A. Beck und A. v. Wille. br. 8. (77 S.) Düsseldorf 854, (Arnz und Comp.) **

Wolff, Albert, humoristische Studien auf der großen Berliner Kunst-Ausstellung im J. 1852. Ein Bilderbogen (m. eingedr. Holzschn.) Imp. Fol. Berlin 852, Brandis. n. ⅙ ℳ

—— **humoristische Studien auf der großen berliner Kunst-Ausstellung im J. 1852.** Ein Bilderbogen (mit eingedr. Holzschn.) Imp.-Fol. Berlin 852, [Falckenberg'sche Vrlgsh.] *

Wolff, Albert: Ueber das Verhalten organischer Persulfate beim Erhitzen. Ein Fall von Pseudomorphose. 1903. 55 S. 8° ¶ Vgl. Berichte d. Deutschen Chem. Gesellschaft. Jg. 37. 1904.
Berlin, Dr.-Ing.-Diss. v. 17. 7. 1903

Wolff, Alexander, über Caries und Nekrose der Schnecke und des Gehörlabyrinthes. Diss. Würzburg 1886, Stabelsche Univ.-Buchh. 8°. 29 S.

Wolff, Alexander (geb. Gummersbach im Rheinl. [illegible]): Ueber Purpura. Berlin (1883). (26 S.) 8°
Berlin, Med. Diss. v. 19. Apr. 1883

Wolff, Alexander, Tierarzt a. Dransfeld: **Aus d. pharmakol. Institut d. Kgl. Tierärztl. Hochschule in Hannover.** ⟨Vorstand: Prof. Dr. Künnemann.⟩ **Vergleichende Untersuchungen über die Wirkung einiger Digitalisglykoside an Hunden mit Hülfe eines eigens hierzu konstruierten Sphygmographen.** Göttingen 1908: Fr. Haensch. (48 S.) 8°
Gießen, Veterinär-Med. Koll., Ref. Geppert, Diss. v. 30 Juni 1908
[Geb. 2. Juli 80 Dransfeld; Wohnort: Hannover; Staatsangeh.: Preußen; Vorbildung: Gymn. Hann.-Münden Reife O. 01; Studium: Hannover 10 S; Rig. 24. Jan. 08.]

Wolff, Alfons ⟨geb. am 24 Mai 1853 in Burtscheid bei Aachen⟩: Ueber das gemeinrechtliche Princip der Regulirung der Beweislast … Bonn, Univ.-Buchdr. v. C. Georgi 1876. 2 Bl., 57 S., 1 Bl. 8.
Bonn, Jur. Fak., Diss. v. 27 März 1876

Wolff, Alfred

Wolff, A., über die subcutane Anwendung des Glycocoll-, Asparagin- und Alanin-Quecksilbers und deren Wirkung auf den syphilitischen Process. gr. 8. (60 S.) Strassburg 883, Noiriel.

WOLFF, Alfred (Neumarkt i/Schl.): Ueber die Behandlung penetrirender Bauchwunden unter besonderer Berücksichtigung des vorgefallenen Netzes.- München: Ernst 1886. 19 S.
5.5.1886 - Chr 1885/86,18; Jv 1885/86,168
Diss. Ingolst.-Landsh.-Mchn.

Wolff, Alfred, über die Behandlung penetrirender Bauchwunden unter besonderer Berücksichtigung des vorgefallenen Netzes. Diss. München 1886, A. Buchholz. 8°. 19 S.

Wolff, Alfr., Beiträge zur klinischen Lehre von der Blennorrhoe beim Weibe. gr. 8. (35 S.) Strassburg 878, Hagemann und Comp. *

—— **zur Frage der paternen Infection bei hereditärer Syphilis.** gr. 8. (35 S.) Ebendas. 879. *

Wolff, Alfred: Über Hämolyse durch Chinin und Chininsalze. Würzburg 1909: Staudenraus. 18 S. 8°
Würzburg, Med. Diss. v. 10. Sept. 1909, Ref. Straub
[Geb. 28. Okt. 75 Berlin; Wohnort: Würzburg; Staatsangeh.: Preußen; Vorbildung: Kölln Gymn. Berlin Reife M. 97; Studium: Berlin 6, Würzburg 2, Berlin 3, Würzburg 6 S.; Coll. 15. März 07; Approb. 15. Aug. 06.]
[U 10. 4373

Wolff, A. Die venerischen Krankheiten und die Prostitution in Straßburg. Mit einer Ansicht des alten Blatternhauses. Straßburg 1885. 4°. 20 S.
Sonderdruck aus der »Hygienischen Topographie von Straßburg« in 100 numer. Expl. auf der Handpresse.

Wolff, Alfred: Aus d. Pathol. Inst. d. Univ. Heidelberg. Über Plasmazellen bei der Meningitis tuberculosa. Wiesbaden: Bergmann 1910. 36 S. 8° ¶ (Aus: Frankfurter Zeitschrift f. Pathol. Bd 5, H. 2.)
Heidelberg, Med. Diss. v. 13. Aug. 1910, Ref. Ernst
[Geb. 13. Aug. 85 Ludwigshafen a. Rh.; Wohnort: Heidelberg; Staatsangeh.: Bayern; Vorbildung: Gymn. Ludwigshafen Reife Juli 03; Studium: Heidelberg 5, München 1, Straßburg 1, Heidelberg 3 S.; Coll. 23 Nov 09; Approb. 19. Juni 10.]
[U 10. 2105

Wolff, Alfred, Referendar in Hamburg: **Rechtsfolgen einer zum Schein erteilten Vollmacht.** *Hamburg 1903: Berngruber & Henning.* (X, 70 S.) 8°
Jena, Jur. Diss. v. (9. Juni) 1903

Wolff, Alfred, aus Berlin: **Ueber die Reductionsfähigkeit der Bacterien einschliesslich der Anaërobien.** *Braunschweig (1901): A. Limbach.* (35 S.) 8°
Tübingen, Med. Diss. v. 1901

Wolff, Alfredus, Thorunensis: De Flavii Iosephi belli Iudaici scriptoris studiis rhetoricis. Halis Sax. 1908: Wischan & Burkhardt. (95 S.) 8°
Halle, Phil. Fak., Ref. Kern, Diss. v. 15. Juli 1908
[Geb. 28. Jan. 85 Thorn (Westpr.); Wohnort: Halle a. S.; Staatsangeh.: Preußen; Vorbildung: Gymn. Thorn Reife O. 02; Studium: Breslau 3, München 1, Berlin 5, Halle 3 S.; Rig. 6. März 08.]

Wolff, Alfred: Zur Syntax des Verbums im altenglischen Lay of Havelok the Dane. Weida i. Th. 1909: Thomas & Hubert. 09 S. 8°
Leipzig, Phil. Diss. v. 13. Aug. 1909, Ref. Wülker, Birch-Hirschfeld
[Geb. 26. Dez. 83 Leipzig; Wohnort: Leipzig; Staatsangeh.: Sachsen; Vorbildung: König-Albert-Gymn. Leipzig Reife O. 03; Studium: Leipzig 9 S.; Rig. 9. Juli 09.]
[U 09. 3086

—— **über Syphilis hereditaria tarda, s. Sammlung klinischer Vorträge.**

Wolff, Alfr., s.: Wochenschrift, Berliner klinisch-therap.

Wolff, Alice Th., wie es kam. Märchen, m. 12 Radiergn. v. Karl Plückebaum. (54 S.) kl. 8. Berlin (910). Steglitz, E. Trewendt's Nachf. Geb. in Leinw. 2.—; in Seide 15.—

Wolff, Ambrosius Gottlob (Hermannsdorf) A. S. 834/8

De mandato Caesareo regio de dato Wratislav. d. XVIII. Nov. a. MDCCVI. ultra familiae fideicommissa ad alias ultimarum voluntatum substitutiones in Silesia non extendendo. Präs. Gottfried Ludwig Mencken. Wittenberg (Kreusig) 21. I. 1724. 20 S.

37160

Wolff, Anna, gute Freundschaft, s.: Pletsch, Osc.

Wolff, Anna, laß Dir erzählen! Novellistische Kleinigkeiten. 8. (III, 64 S.) Berlin 895. R. Boll's Verl. n. 1. —

Wolff, Anna Julia

— u. Johs. Cotta, neuste Dichtung. Vortragsstücke. Aus dem Repertoire v. Johs. Cotta. (41 S.) kl. 8. Berlin (909). Weinböhla b/Dresden, J. Cotta. 1. —

Von Dummen und Klugen. Vortragsgedichte humorist. u. satyr. Inhalts von Anna Julia **Wolff**. Mit e. Bild d. Verf. Berlin-Charlottenburg: M. Hassenstein 1907. (96 S.) 8° [F.] 08. 3344

Wolff, Anna Julia, von Dummen u. Klugen. Vortragsgedichte humorist. u. satyr. Inhalts. (96 S.) 8. Berlin (909). E. Bloch. 1.50

Wolff, Anna Julia: Frauenliebe und Leben im 20. Jahrhundert. Frei nach Chamisso. Ill. von Paul Haase. Berlin: Harmonie [1909]. 9 ungez. Bl., 4 Taf. 4°

— Frauenliebe u. Leben im XX. Jahrh. Frei nach Chamisso. Illustr. v. Paul Haase. (10 Bl. m. 4 Taf.) Lex. 8. Berlin (910). Harmonie. 2. —

Wolff, Anna Julia, Hors d'oeuvre. Kleines u. Feines. (159 S.) 8. Berlin 904. M. Lilienthal. n. 2. —

Wolff, *Anton* [Referendar]: Zur Lehre von der operis novi nuntiatio ... Göttingen, Druck d. Univ.-Buchdr. v. W. F. Kästner, 1891; 44 S. 8.
Göttingen, Jur. Fak., Inaug.-Diss. v. [12. Okt.] 1891

Wolff, A., zur Lehre v. der operis novi nuntiatio. Diss. gr. 8. (44 S.) Göttingen 891. (Vandenhoeck & Ruprecht.) n. 1. —

Wolff, Arnold: Die Radicaloperation der Unterleibsbrüche im Augustahospital zu Berlin . . . Berlin, Buchdr. v. Gustav Schade (Otto Francke) (1889); 29 + 1 S. + 1 Bl. 8°
Berlin, Med. Fak., Inaug.-Diss. v. 6. Jul. 1889.

Wolff, Arthur, appr. Arzt: Ein Beitrag zur Lehre vom arteriellen Gefäßsystem der Niere. (Anatom. Untersuchungen u. chirurg. Betrachtungen.) Friedenau b. Berlin: Wolff 1910. 28 S. 8°
Berlin, Med. Diss. v. 7. Dez. 1910, Ref. Hertwig
[Geb. 28. Febr. 85 Guttentag; Wohnort: Lichtenberg b. Berlin; Staatsangeh.: Preußen; Vorbildung: Kölln. Gymn. Berlin Reife O. 03; Studium: Berlin 2, München 1, Berlin 7 S.; Coll. 20. Nov. 10; Approb. 24. Aug. 10.] [U 11. 109

Wolff, Arth., die Erdbeben-Katastrophe in San Francisko vom 18.—20. IV. 1906, erlebt u. erzählt von e. Augenzeugen. Gleichnamiger Vortrag, geh. im Festsaal des Rudolf Virchow-Krankenhauses zu Berlin unter Vorführg. photograph. Lichtbilder am 7. IV. 1908. (39 S.) gr. 8. Berlin 908. D. Reimer. 1.50

Wolff, Arth., zur Erinnerung an Eduard Lasker. 1. und 2. Aufl. 8. (61 S.) Berlin 884, R. Pohl.

WOLFF, Arthur (New-York): Ein seltener Fall von Kiefercyste. Mit e. Abb.- München: Wolf 1905. 21 S.
24.11.1905 - Chr 1905/06,25; Jv 1906/07,514
Diss. Ingolst.-Landsh.-Mchn.

Wolff, Arth., die braunschweigische Frage. Ein Mahnwort. 1.—3. Aufl. gr. 8. (62 S.) Leipig 885, Renger'sche Buchh.

Wolff, Arth., vier Jahre nach Bismarck!? Und Hohenlohe? gr. 8. (80 S.) Berlin 895. C. Fischer. — 80

Wolff, Arthur, aus Königsberg: Zur Kenntnis der Veränderungen in der Bakterienflora der frischen Milch während des sog. Inkubationsstadiums. Zürich 1908. VI + 88 S. 8°. S.-A. aus dem Centralblatt für Bakteriologie. Abteilung 2. Bd. 20, 1908. [6. IV. 08.]
Zürich. Phil. Diss. II. S. 1907/08.

—— der hinkende Teufel in Berlin. Schilderungen aus dem Berliner Leben. 8. (III, 259 S.) Ebendas. 886.

Wolff, August, Apotheker aus Gemünden: Ueber **Derivate der** Sorbinsäure. *Halle a. S. 1901: G. Bernhardt.* (25 S.) 8°
Halle, Phil. Diss. v. 1901

Der Wetzlarer Knappschaftsverein. Geschichte seiner Gründung u. Entwickelung in der Zeit vom 1. Juli 1857—1. Juli 1907. Bearb. von A(ugust) Wolff u. hrsg. von dem Vorstand des Wetzlarer Knappschaftsvereins. — Frankfurt a. M. 1907: Klimsch. 69 S. 4° [Umschlagt.:] 50 Jahre des Knappschaftsvereins zu Wetzlar.

Wolff, Augustus Ernestus Immanuel: De dialecto tragicorum Graecorum. 170 S. 2°
Halle-Wittenberg, Phil. Diss. v. 31. März 1847
Geb. [Frankfurt a. d. O. 12. 12. 1815]
Ms. fehlt.

Wolff, August Ferdinand

—, Aug. Ferd., Anal. quaedam med. de mercurio, phosphori virtute, et mania e magnetismo animali orta. 46 pp. Gott. 4°. 1790.

Wolf, **Aug. Fd., analecta quaedam medica. 8. Götting. 790. Dieterich.**

Wolff, August Ferdinand (Übers.):

s.: Cheselden, W(illiam): Anatomie des menschlichen Körpers. (The Anatomy of the human body. Ed. 12. Dt.) Göttingen: 1790

Wolff, A. F., üb. d. Nervenübel, e. Taschenbuch f. d. schöne Geschlecht. 8. Berlin, Lange. 804. Rthlr. — 16

— über die Nervenübel, ein Taschenbuch für d. schöne Geschlecht. 8. Berl. 804. (Reimer). 16 gr. Gerold in Wien 806. 9 gr.

Wolff, August Wilhelm

Wolff, Aug. Wilh., sollen wir uns ferner e. evangel. Kirche nennen? Beantwortet. gr. 8. (4¾ B.) Halle 835, [Knapp.]
Aus: Journal f. Prediger, besond. abgedruckt.

Wolff, Aug. Wilh., Sollen wir uns ferner eine evangel. Kirche nennen? Beantwortet. (Aus dem Journal für Prediger abgedruckt.) gr. 8. Halle 835. Kümmel. 1/3 ß

Wolff, B. (Hrsg.):

s.: Handbuch der Kinderkrankheiten. Nach Mittheilungen bewährter Aerzte. Bd 1 - 2. Leipzig: 1843

Wolff, B., Handbuch der Kinderkrankheiten, s. Schnitzer, A.

WOLFF, Benny (New York): Ueber den Erfolg von chirurgischen Eingriffen bei Spina bifida.- München: Wolf 1886. 37 S.
15.1.1887 - Chr 1886/87,12; Jv 1886/87,184
Diss. Ingolst.-Landsh.-Mchn.

Wolff, Benny, aus d. paediatr. Poliklinik des Prof. Dr. Ranke. Ueber den Erfolg von chirurgischen Eingriffen bei Spina bifida. Diss. München 1886. A. Buchholz. 8°. 37 S.

Wolff, Bernard [aus Köln]: Aus d. Univ.-Frauenklinik zu Bonn. Zur Casuistik der Geburtshindernisse durch foetale Cystenniere ... Bonn, Buchdr. v. A. Henry, 1897; 55 S. 8.
Bonn, Med. Fak., Inaug.-Diss. v. [13. Febr.] 1897

Wolff, Bernhard, Referendar: Der Bankerutt. Würzburg 1906: H. Stürtz. (VIII, 58 S.) 8°
Marburg, Jur. Fak., Ref. Traeger, Diss. v. 13. März 1907
[Geb. 30. Mai 84 Frankfurt a. M.; Wohnort: Frankfurt; Staatsangeh.: Preußen; Vorbildung: Goethe-Gymn. Frankfurt Reife O. 02; Studium: Lausanne 1, München 2, Berlin 1, Marburg 2 S.; Rig. 21. Dez. 06.]

Wolff, Bernhard [aus Diez a. L. (Hessen-Nassau)]: Beiträge zur Kenntnis der Organismen des Schrotmehls und der Schrotmehlgärung .. Würzburg, Druck v. F. Fromme, 1894; 20 S. 8.
Würzburg, Med. Fak., Inaug.-Diss. v. 1894

Wolff, Bernh., s.: Musiker-Kalender, allgemeiner deutscher.

Wolff, Bernhard: Widerstandsmessungen bei Wismutdraht in einem Magnetfelde u. ausserhalb desselben mit konstanten Strömen und Wechselströmen von verschiedener Periode. *Würzburg 1897: P. Scheiner.* (26 S. mit Taf.) 8°
Würzburg, Phil. Diss. v. 1897

Wolff, Berthold

Wolff, Berth., die Bienenzucht. Alles Wissenswerteste üb. die Biene u. ihre Zucht unter Berücksicht. der neuesten Errungenschaften auf diesem Gebiete in leicht verständl. Weise, namentlich f. die ländl. Bevölkerg. zusammengestellt. Mit vielen in den Text gedr. Abbildgn. (XII, 268 S.) 8. Leipzig 906. [R. C. Schmidt & Co.] C. F. W. Fest. n. 3.—

Wolff, Berthold [illegible] Lissa in Posen [illegible] Berlin [illegible]
Berlin, Med. Diss. v. 24 Juni 1882

Wolff, Bonifaz, St. Maurus und sein Heiligthum im Donauthal. Nebst Anh.: Abtei St. Martin zu Beuron. 16. (VII, 136 S.) Freiburg i. Br. 871, Herder'sche Verlagsh. *

Wolff, Bruno, prakt. Arzt aus Berlin: Aus d. patholog. Institut d. Universität Berlin. Congenitale Aortenstenose. *Berlin (1899): G. Schade.* (28 S.) 8°
Berlin, Med. Diss. v. 4. Aug. 1899

Wolff, Bruno, Tierarzt: Aus d. Hygien. Inst. d. Tierärztl. Hochsch. zu Berlin. Leiter: Frosch. Beiträge zur Agglutinationstechnik. Berlin 1908: Heinicke. 46 S. 8°
Leipzig, Veterinär-Med. Diss. v. 30. Nov. 1908, Ref. Klimmer
[Geb. 30. April 84 Berlin; Wohnort: Kiel; Staatsangeh.: Preußen; Vorbildung: Friedrichs-Gymn. Berlin Reife M. 02; Studium: Phil. Berlin Univ. 3, Tierheilk. Tierärztl. Hochsch. 7 S.; Coll. 5. Febr. 09; Approb. 5. Mai 08.]
[U 09. 2908

Wolff, Bruno: Exkretorische Drüsen und Exkrete. VIII. Fruchtwasser. Aus: Handbuch d. Biochemie d. Menschen u. d. Tiere. Hrsg. von Carl Oppenheimer. Bd 3. Tl 1. 1910.

Wolff, Bruno [aus Berlin]: Ueber den Markschwamm der Netzhaut ... Berlin, C. Vogt's Buchdr., *1893*; 52 S., 2 Bl., 1 Taf. 8.
Berlin, Med. Fak., Inaug.-Diss. v. 14. Aug. 1893

Ueber die prophylaktische Wendung. Von Dr. Bruno Wolff, Frauenarzt in Berlin. *Berlin: Fischer 1901.* (22 S.) 8°
= Klinik, Berliner. H. 196. [04. 1773]

Wolff, C., Erzählungen über des Herrn Führungen in seinem Lebensgange. Mit einem kurzen Nachtrag hrsg. von W. Wolff. 8. (79 S.) Cöslin 859. (Berlin, Beck.) *

Wolff, C. (Red.), s. Hausfreund, Mülheimer.

Wolff, C., Längenprofile durch die Alpen, von Wien bis Chambery. 2 Bl. in Roy.-Fol. Berlin ... Reimer. 1 1/6 ℛ, ill. 1 2/3 ℛ

Wolff, C. Längen Profile durch d. Alpen von Wien bis Chambery. Berlin, 1835. Fol.

Wolff, C. A., dienet einander. (Für Herrschaften. — Für Dienstboten. — Die deutsche Dienstbotenmission), s.: Schriften der deutschen Dienstbotenmission.

Wolff, C. A., Kerzen f. die Herzen. Nr. 1—6. (à 16 S.) kl. 8. Reutlingen (905). Enßlin & Laiblin. à — 10
1. Der Heilsweg. — 2. Worte an der Pforte. — 3. Ein Büchlein v. der Trunksuchtsplage. 4. Ein Büchlein v. dem Kartenspiel. — 5. Für Tänzer u. Tanz e. lieblicher Kranz. — 6. Schoßhündchen u. Lieblingssündchen.

Wolff, C. A., der Lehrerfreund. Ein prakt. Hilfsbuch für Lehrer bei der Vorbereitung auf die 2. Prüfung und auf den Unterricht. Nach den besten Quellen zusammengestellt und bearb. 3 Bde. gr. 8. Langensalza 887, Schulbuchhandlung. geb.

Inhalt:
Bd. 1. Pädagogik und Religion. (XXVI, 592 S. mit zahlreichen Abbild., 1 Tondr. und 2 Karten.) ℳ 6.—; geb. ℳ 7.50.
" 2. Deutsch, Rechnen, Geometrie, Geographie und Geschichte. (VIII, 720 S. mit 330 Holzst., 20 Kunstdr. und 24 Karten.) *ℳ 10.—; geb. *ℳ 11.50.
" 3. Naturgeschichte, Physik, Chemie, Gesang, Schreiben, Zeichnen, Turnen und weibliche Handarbeiten. (VIII, 604 S. mit 1 Vollbild und 1116 Holzst.) ℳ 7.50.; geb. ℳ 9.—.

— die Weihnachtsfeier in Kindergottesdiensten, Schulen, christlichen Vereinen u. in der Familie. Weihnachtsvorträge, Weihnachtslieder, sowie Zwiegespräche m. e. Anh. v. Weihnachtswünschen. (48 S.) 16. Ebd. (905). — 15

Wolff, C. A. Hermann

Elementar-Gesanglehre. Handbuch f. Sologesang, Männer- u. gemischte Gesangschöre von C. A. Hermann Wolff, Kapellmeister in Hamburg. *Leipzig: Ph. Reclam jun. [1903].* (120 S.) 8° [F.]
[Universal-Bibliothek. 4420.]

Wolff, C. A. Herm., Elementar-Gesanglehre, s. o. Universal-Bibliothek.

Wolff, C. A. Herm., die Elemente des deutschen Kunstgesanges. (Methodische Unterrichtsbriefe der Rede- u. Gesangskunst.) Athmung, Rhetorik, vokal. (sprachl.) u. phon. (gesangl.) Tonbildg., Kehlfertigkeit u. Vortrag. Nach den natürl. Gesetzen der Anthropophonik (Stimme des Menschen), sowie nach den grammat., log. u ästhet. Gesetzen der deutschen Laut-, Silben-, Wörter-, Wort- u. Betonungslehre für den systemat. Unterricht u. Selbstunterricht verf. u. eingerichtet. Mit e. Abhandlg.: Anatomie u. Physiologie der Stimmorgane. Von E. Fink. (In 28 Lfgn.) 1.—7. Lfg. gr. 8. (XVI u. S. 1—96.) Leipzig (902). Berlin, H. Seemann Nachf. à n. — 50; gesangl. Tl. Ausg. A. f. hohe Stimme (Sopran u. Tenor), Ausg. B f. mittlere Stimme (Mezzosopran u. Bariton), Ausg. C f. tiefe Stimme (Alt u. Bass). Je 8 Lfgn. Lex.-8. (à 16 S.) à n. — 50

— die Elemente des deutschen Kunstgesanges. (Methodische Unterrichtsbriefe der Rede- u. Gesangskunst.) Atmung, Rhetorik, vokal. (sprachl.) u. phon. (gesangl.) Tonbildg., Kehlfertigkeit u. Vortrag. Nach den natürl. Gesetzen der Anthropophonik (Stimme des Menschen), sowie nach den grammat., log. u.

ästhet. Gesetzen der deutschen Laut-, Silben-, Wörter-, Wort- u. Betonungslehre f. den systemat. Unterricht u. Selbstunterricht verf. u. eingerichtet. Mit e. Abhandlg.: Anatomie u. Physiologie der Stimmorgane. Von E. Fink. 8.—20. Lfg. (IV u. S. 97—351.) gr. 8. Leipzig (903) Berlin, H. Seemann Nachf. à n. — 50 (vollst., geb. in Leinw. n. 12. —)

Wolff, Herm., s.: Konzert-Kalender.

Wolff, C. A. Herm., kurzgefaßte allgemeine Musiklehre, s.: Universal-Bibliothek.

— methodische Unterrichts-Briefe der Harmonie- u. Kompositions-Lehre. Für Musiker, Dilettanten u. Freunde der Tonkunst verf. gr. 8. (XVI, 505 S.) Leipzig 899. Breitkopf & Härtel. n. 15. —; geb. n.n. 16. 50; auch in 30 Lfgn. à n. — 50

— der Weg zur Meisterschaft der deutschen Sprech-, Gesangs- u. Darstellungskunst. (39 S.) 8. Hamburg (904). A. J. Benjamin. n. — 50

Wolff, C. F. Futur und Conditional II im Altprovenzalischen. Diss. Marburg 1884. 46 S.

Wolff, C. F., Futur und Conditional II im Altprovenzalischen, s. Ausgaben und Abhandlungen aus dem Gebiete der romanischen Philologie.

Wolff, C. M., krit. Bericht üb. d. Prof. Stahl zwölf erste Vorlesn. an d. Universität zu Berlin: „über d. Naturrecht." gr. 8. (2¼ B.) Berlin 841, [Dümmler's Vrlsh.]

Wolff, C. M., über die Bürgerwehr. Vortrag, gehalten im constitutionellen Verein zu Marienwerder. gr. 8. (8 S.) Marienwerder 848, Levysohn. *

——, Friedrichs d. Gr. staatsrechtl. Grundsätze. Ein Beitr. z. 100jähr. Feier seiner Thronbesteigung, mit e. Einleit. gr. 8. (10⅛ B.) Berlin 840, Heymann. *

—— über Volkssouveränität und die Grundlagen der constitutionellen Staatsverfassung, mit besond. Rücksicht auf Preußen. gr. 8. (58 S.) Berlin 848, Springer. *

Wolff, C. R., Diöcesan-Atlas d. preuß. Staates. 1. Lfg. Imp.-Fol. Berlin 846, Schropp u. Comp. n. 8 ℛ 27 ngl

Wolff, C. R., Hypsographie des Regierungsbezirks Frankfurt. Bearb. und unter Mitwirkung der königl. Regierung zu Frankfurt hrsg. gr. 8. (III und 83 S. mit 1 chromolithogr. Karte in gr. Fol.) Berlin 864. (Frankfurt a. O. 864, Harnecker und Comp.) * *

Wolff, C. R., Massen-Erhebungen des Bodens in den Alpen und im Jura, zusammengestellt und bearb. M. 1 : 1000000. 2 Bll. Berlin 1846. . . . . (Br. Mus.)

Wolff, Camill, s. Wolff, Kamill

Wolff, Carl, s. Wolff, Karl

Wolff, Caspar Friedrich, s. Wolff, Kaspar Friedrich

Wolff (Wolf), Christian Frh. von

Wolff, Christ., als Botaniker, s. Kraus, Greg.

v. Wolf, Frhr. Chr., Lobschrift auf den weiland Hoch-u. Wohlgeb. Baron von Wolf. gr. 4. Halle 755. Renger. 1 ℛ

— vita breviter delineata a J. Gerber. 4. Halle 756. Renger. 2 ℛ

Der Anfangsgründe der mathematischen Wissenschaften. Erster Theil, welcher einen Unterricht von der mathematischen Lehrart, die Rechenkunst, Geometrie, Trigonometrie uud Baukunst in sich enthält, und zu mehrerem Aufnehmen der Mathematik sowohl auf hohen als niedrigen Schulen aufgesetzet worden, von *Chr. Wolffen.* Halle im Magdeburgischen. 470 S. m. Kupf. 8. 1710.

— anderer Theil, welcher die Artillerie, Fortification, Mechanik, Hydrostatik, Aerometrie und Hydraulik in sich enthält. ibid. 423. S. m. Kupf. 8. 1710.

— dritter Theil, welcher die Optik, Catoptrik und Dioptrik, die Perspectiv, die sphärische Trigonometrie, Astronomie, Chronologie, Geographie und Gnomonik in sich enthält. 588 S. m. Kupf. 8. 1710.

— vierter Theil. welcher die Algebra und mathematische Bücherkenntniss enthält. 8. 1710.

— die andere Auflage, hin und wieder verbessert und vermehrt. Halle im Magdeburgischen. Verlegt in der Rengerischen Buchhandl. 4 Theile. 8. 1717.

Wolff, Freiherr Christian von: „Anfangsgründe aller mathematischen Wissenschaften", 4 Teile, Halle 1710; 2. Auflage ebenda 1717; 3. Auflage 1725; 4. Auflage 1730; Neuauflage 1775; 11. Auflage Halle 1800 (Renger).

— Anfangsgr. der Rechenkunst, Geometrie, u. Trigonometrie, nebst e. Unterred. v. d. mathemat. Lehrart, m. K. 8. Ebend. 733.

Wolff, Chr. Anfangsgründe aller mathematischen Wissenschaften. 5. A. Frankfurt 1738. 3 Bde.

Wolff, Christian, Freiherr v., Geheimer Rath, Kanzler der Universitat Halle etc. Anfangsgründe aller mathematischen Wissenschaften. (Mit 121 Taf. und 1 Portrait.) (4 Bde.) 8. Frankfurt und Leipzig 1741.

v. **Wolff,** Ch. Anfangsgründe aller mathematischen Wissenschaften. Bd. I. II. Halle. 1750.

Wolff C. v.: Die Anfangsgründe aller mathem. Wissenschaften. Th. 1 . . . Neue verb. u. verm. Aufl. Franckf. u. Leipz. 1750. 510 S. 30 Tv

— Anfangsgründe aller mathematischen Wissenschaften. Nebst einem Anhange von den vornehmsten mathematischen Schriften. Neue, verbess. und verm. Aufl. (Mit 82 Taf.) (6 Bde.) 8. Wien 1763.

Wolff, Freiherr Christian von: „Anfangsgründe, sowohl der gem. Algebra, als der Differential- und Integralrechnung", Neuauflage, Halle 1775 (Renger).

— Anmerk. zu Buddei Bedenken üb. d. Wolfianische Philosophie. 8. Frkft. Andreä. 724.

— — nöthige Zugabe zu dies. Anmerk. 8. Ebend. 733.

—, Anm. üb. d. vernünft. Ged. v. Gott, d. Welt u. d. Seele des Menschen. 631 S. Frkf. 1724. 8°.

— Anmerkungen üb. diese vernünft. Gedanken ꝛc. 8. Frkft. 726.

Auszug aus den Anfangsgründen aller mathematischen Wiſſenſchaften zu bequemerem Gebrauche der Anfänger auf Begehren verfertiget von *Chriſtian* Freyherrn *von Wolff*. 8. 1713.

— 8. 5te Aufl. 734 S. 1734.

— * neue Aufl. verbeſſert und mit einem Regiſter vermehrt. Mit Kayſerl. und Königl. Poln. und Churſächſiſchen Privilegiis. Frankf. und Leipzig, zu finden in der Rengeriſchen Buchhandlung. 740 S. mit Fig. 8°. 1755.

— Auszug Aus den Anfangs-Gründen Aller Mathematischen Wissenschafften. Zu Bequemerem Gebrauche Der Anfänger Auf Begehren verfertiget. Die sechste Auflage verbessert und mit einem Register vermehrt. Frankfurt und Leipzig, Renger, 1737. 8°. *Titelporträt, Sysang sc.*, 7 Bl. 731 S. 17 Bl. *und 45 Kupfer auf 44 gefalteten Tafeln.* Fleckiges und benutztes HPgt. d. Z., untere äußere Ecke des Vorderdeckels beschädigt.

Cf. Poggendorf II. 1355. Betr. Mathematik, Physik, Astronomie, Sonnenuhren (m. 3 Kupfern), Festungswesen, Artillerie, Architektur (m. 12 Kupfern), Perspektive, Hydraulik usw. — Stellenweise leicht fleckig, das Porträtblatt etwas gelockert.

Wolff, Christian. Auszug aus den Anfangs-Gründen aller Mathematischen Wissenschaften. Neue Auflage. Franckfurt und Leipzig 1743. 8°.

Wolff, Chr. Freiherr von. Auszug Aus den Anfangs-Gründen Aller Mathematischen Wissenschafften, Zu Bequemerem Gebrauche Der Anfänger Auf Begehren verfertiget. Neue Auflage verbessert und mit einem Register vermehrt. Frankfurt & Leipzig, Renger, 1755. 8°. *Frontispizporträt Wolffs*, 9 Bl. 740 S. 12 Bl. und *44 gefaltete Kupfertafeln.* Schöner, leicht lädierter Ldbd. d. Z. mit Rsch. und Rv.

Cf. Poggendorf II, 1355.

— Auszug aus den Anfangsgründen aller mathemat. Wiſſenſchaften für d. Anfänger auf Schulen. Mit 44 Kpf. 8. Halle 717. 9e A. 752. Neueſte Aufl. 772. Renger. 1 ℛß 8 ℊ

— neuer Auszug aus den Anfangsgründen d. mathemat. Wiſſenſchaften, herausg. u. vermehrt von Chr. v. Langsdorf u. J. Tob. Mayer. Mit Kpf. gr. 8. Marb. 797. N. Ausg. mit umgeänd. Text, von K. M. Müller u. 12 Kpft. 819. Krieger. 1 ℛß 4 ℊ

Wolf, Chr, Anfangsgründe der reinen Elementar- und höheren Mathematik. Mit röthigen Veränder. und Zuſätzen von J. T. Meyer und K. Ch. Langsdorf und mit umgeänd. Texte von K. M. Müller.

Auch unter dem Titel:

Neuer Auszug aus den Anfangsgr. aller mathemat. Wiſſenſchaften. gr. 8. Marburg, Krieger. 819.

— Auszug der Vernünfftigen Gedancken Herrn Christian Wolffs ... [1.] Von den Würckungen der Natur, Welchen zum Gebrauch der Schulen verfertiget und mit kurtzen Anmerckungen mitgetheilet hat M. F. LEISTIKOW. [2.] Auszug der vernünfftigen Gedancken ... Von dem Gebrauch der Theile in Menschen, Thieren, und Pflantzen ...

3 Teile in 1 Bde. Halle, Rengerische Buchhandlung, 1739—40. 8°. *Mit 7 gefalt. Kupfertafeln.*

Allerhand nützliche Versuche, dadurch zu genauer Erkäntnis der Natur und Kunst der Weg gebähnet wird. Ausz.] Auszug der Versuche Herren Christian Wolffens [v. Wolff], welchen zum Gebrauch der Schulen verf. u. nebst kurtzen Anm. mitgetheilet hat Michael Friederich Leistikow. Halle im Magd.: Renger 1738. 189, 159, 143 S. 8°

— Beweis, daß Buddeus d. ihm gemachten Vorwürfe geſtehen müſſe. 8. Ebend. 729.

Wolff, Chrn., Briefe aus den J. 1719—1758. Ein Beitrag zur Geschichte der kaiserl. Academie der Wissenschaften zu St. Petersburg. Lex.-8. (XXXV und 268 S.) St. Petersburg 860. Leipzig, Voss. **

Wolf, Chr., und Leibniz, Briefwechsel, s. Briefwechsel.

— **cogitationes rationales, s. unten: *Logica.***

— **commentaire sur le Droit de la nature. 12. Bern 791. Soc. Typogr. 16 ℊ**

Wolff, Freiherr Christian von: „Compendium elementorum matheseos universae in usum studiosae juventut. adornat.", II Tom., Bern 1774 (Soc. Typogr.).

— — id. lib. II Tom. c. fig. 8. Lausanne. (Wolf, Augsb.) 758.

— Cosmologia generalis, meth. scientif. pertract. qua ad solidam inprimis Dei atque Naturae cognitionem via sternitur. 4. Halae, Renger. 737.

— comment. de differentia nexus rerum sapientis et fatalis necessitatis, c. Monit. ad commendat. de differentia nexus rerum. 4. ibid. 737.

Wolf, Christian von, Elementa aërometriae. 12. Lipsiae Junius. 709.

Elementa Matheſeos univerſae Tomus I. Qui commentationem de methodo Mathematica, Arithmeticam, Geometriam, Trigonometriam, Analyſin tam finitorum quam infinitorum, Staticam et Mechanicam, Hydroſtaticam, Aerometriam, Hydraulicam complectitur. Autore *Chriſtiano Wolfio* Potentiſſim. Regis Boruſſ. Conſiliario aulico, Mathematum Profeſſore Publico et ordinario, Societatum regiarum britannicae atque boruſſicae ſodali. Cum privilegio Sacrae Caeſareae Majeſtatis et Poloniarum regis et Saxoniae Electoris. Halae Magdeburgicae, proſtat in officina Rengeriana. pp. 864. cum fig. 4. Tomus II. qui Opticam, Perſpectivam, Catoptricam, Dioptricam, Sphaerica et trigonometriam ſphaericam, Aſtronomiam, Geographiam et Hydrographiam, Chronologiam, Gnomonicam, Pyrotechniam, Architecturam Militarem atque Civilem et commentationem de ſcriptis Mathematicis complectitur. 1073 S. cum fig. 4. 1717.

Elementa matheseos universae. Autore Christiano Wolfio [von Wolff]. Ed. nova, priore multo auctior et corr. T. 1-5. Halae Magdeb. 8°

T.1: Qui commentationem de methodo mathematica, arithmeticam, geometriam, trigonometriam planam et analysin tam finitorum, quam infinitorum complectitur. 1730.

T.2: Qui mechanicam cum statica, hydrostaticam, aerometriam atque hydraulicam complectitur. 1733.

T.3: Qui opticam, perspectivam, catoptricam, dioptricam, sphaerica et trigonometriam sphaericam atque astronomiam tam sphaericam, quam theoricam complectitur. Ed.nova, priori multo auct. et corr. 1735.

T.4: Qui geographiam cum hydrographia, chronologiam, gnomonicam, pyrotechniam, architecturam militarem atque civilem complectitur. Ed.nova, priori multo auct.et corr. 1738.

T.5: Qui commentationem de praecipuis scriptis mathematicis commentationem de studio mathematico recte instituendo et indices in tomos 5 matheseos. 1741.

Elementa matheseos universae. Autore Christiano Wolfio [von Wolff]. Halae Magdeb. Renger. 8°

T.1: Qui commentationem de methodo mathemathica, arithmeticam, geometriam, trigonometriam planam, et analysin tam finitorum, quam infinitorum complectitur. Ed.novissima, multo auct. et corr. 1742.

Wolf, Chr. Elementa matheseos universae. Halae 1742—56.

Wolfius (Chr.), Elementa matheseos universae. Editio novissima multo auctior. Tom I—V (Vom 2. Bande an Chr. L. B. de Wolff.) Halae Magdeb. 1742—69. 4. (T. IV herausgegeben von A. G. Kaestnerus. T. V von J. P. Eberhardus.)

Entdeckung der wahren Ursache von der wunderbahren Vermehrung des Getreydes, dadurch zugleich der Wachsthum der baeume und Pflantzen überhaupt erl. wird als die...Probe der Untersuchungen von dem Wachsthume der Pflantzen hrsg. von Christian Wolffen [von Wolff]. Probe 1.2. Halle im Magd.: Renger 1718-19. 1 Bd 8°

Probe 1: 1718.
Probe 2[u.d.T.]:[Wolff] Wolffen: Erläuterung der Entdeckung der wahren Ursache von der wunderbahren Vermehrung des Getreydes. 1719.

Entdeckung der wahren Ursache von der wunderbahren Vermehrung des Getreydes,dadurch zugleich der Wachsthum der Baeume und Pflantzen überhaupt erl. wird als die ... Probe der Untersuchungen von dem Wachsthume der Pflantzen hrsg. von Christian Wolffen [von Wolff]. Probe 1.2. Halle im Magd. (2:Franckfurt & Leibzig):Renger 1725-30. 1 Bd 8°

Probe 1: 1725.
Probe 2[u.d.T.]: [Wolff] Wolffen: Erläuterung der Entdeckung der wahren Ursach von der wunderbahren Vermehrung des Getreydes. 1730.

Wolff C.: Entdeckung d. wahren Ursache v. der wunderbahren Vermehrung d. Getreydes, dadurch zugleich der Wachsthum d. Bäume u. Pflantzen überhaupt erläutert wird . . . Halle i M. 1725. 140 S.
— — Erläuterung . . . als die andere Probe (etc.) Franckf. u. Leipz. 1730. 44 S.

— Entdeckung der wahren Ursache von der wunderbaren Vermehrung d. Getreides u. d. Erläut. 4. Halle 718. 2e A. 726. 3e (von Wöllner besorgte) A. 750. Renger. 8 gl.

Wolff, Christian Freiherr von. Entdeckung der wahren Ursache von der wunderbaren Vermehrung des Getreides . . . 3. Aufl. O. O. 1750. H: *Wöllner, Joh. Chph.* (Ky)

— kurzer Entwurf ein. bünd. Beweises der Wahrheit der christlichen Religion. 8. Nürnb. Monath. 756.

Wolfii, Chr., Epistola critica de hebraismis Ulpiani. Lps. 737. 4.

Wolf, Chr. Gedanken über das ungewöhnliche Phänomen vom 17. März 1716. Halle 1716. 4.

v. Wolff, Freiherr Christian: „Vernünftige Gedanken von den Absichten der natürlichen Dinge", Halle 1724, neue Auflage 1752 (Renger).

Vernünfftige Gedancken Von den Absichten der natürlichen Dinge, Den Liebhabern der Wahrheit Mitgetheilet von Christian Wolffen ... Die andere Auflage ... Franckfurt und Leipzig 1726. Zu finden in der Rengerischen Buchhandlung.

Des ... [Christian] von Wolff Vernünftige Gedancken [Gedanken] von der nützlichen Erlernung und Anwendung der mathematischen Wissenschaften ... aus dem Latein. übers. von Wolf Balthasar Adolph von Steinwehr. Halle im Magd.: Renger 1747. 634,36 S. 8°

Vernünfftige Gedancken Von dem Gebrauche Der Theile In Menschen, Thieren Und Plantzen, Den Liebhabern der Wahrheit Mitgetheilet Von Christian Wolffen ... Franckfurt und Leipzig 1725. In der Rengerischen Buchhandlung.

— Vernünfftige Gedancken Von dem Gebrauche Der Theile In Menschen, Thieren Und Pflantzen, Den Liebhabern der Wahrheit Mitgetheilet. Frankfurt & Leipzig, Rengerische Buchhandlung, 1730. 8°. *Frontispiz*, 15 Bl. 746 S. 7 Bl. Unbedeut. fleck. Pgt. d. Z.

— — [Dasselbe:] Neue Auflage. Halle, Renger, 1753. 8°. *Titelkupfer*, 15 Bl. 746 S. 7 Bl. Guter, leicht fleckiger Pgtbd. d. Z., Rotschnitt.

v. Wolff, Freiherr Christian: „Vernünftige Gedanken von Gott, der Welt und der Seele des Menschen, auch allen Dingen überhaupt", Frankfurt und Leipzig 1720, 2. vermehrte Auflage 1722, 3. bis 7. Auflage 1725, 1729, 1733, 1736, 1738, neueste Auflage, 2 Theile, Halle und Frankfurt 1754 und 1761, 1. Theil Renger in Halle, 2. Theil Andreä in Frankfurt.

Freih. von **Wolff**, Chr., Vernünfftige Gedancken von Gott, der Welt u. der Seele des Menschen, auch allen Dingen überhaupt: 2 Th. 672 u. 675 S. Neue Aufl. Frankf. 1740. 2 Th. 4. Aufl. Halle 1747. 8°.

Wolf, Chr., Vernünftige Gedanken v. Gott, der Welt u. der Seele des Menschen. 2 Vol. Halle. 4°. 9. Aufl. Halle, 1743. 8°.

— Vernünfftige Gedancken Von den Kräfften des menschlichen Verstandes Und ihrem Richtigen Gebrauche In Erkäntniß der Wahrheit . . . Die vierdte Auflage hin und wieder vermehret. Halle, Renger, 1725. Kl.8°. *Titelkupfer (Liebe fec.)*, 19 Bl. 213 S. 5 Bl. —

Vernünfftige Gedancken Von den Kräfften des menschlichen Verstandes Und ihrem Richtigen Gebrauche In Erkäntnisz der Wahrheit, Den Liebhabern der Wahrheit mitgetheilet Von Christian Wolffen ... Die fünffte Auflage hin und wieder vermehret ... Halle im Magdeburgischen, A. 1727. Zu finden in der Rengerischen Buchhandlung.

— Vernünftige Gedancken Von den Kräfften des menschlichen Verstandes Und Ihrem richtigen Gebrauche In Erkantniß der Wahrheit, Den Liebhabern der Wahrheit mitgetheilet. Die sechste Auflage hin und wieder vermehret. Halle, Renger, 1731. *Frontispiz*, 12 Bl. 233, 13 S.

Wolf, Chr. Vernünftige Gedanken von den Kräften des menschlichen Verstandes. 9. A. Halle 1738.

von **Wolff**, Chr., Vernünftige Gedanken v. d. Kräfften des menschl. Verstandes u. ihrem richtigen Gebrauche in Erkäntniß der Wahrheit, den Liebhabern der Wahrheit mitgetheilet. Neue Aufl. 233 S. Halle 1749. 12°.

Vernünftige Gedancken Von den Kräfften des menschlichen Verstandes Und Ihrem Richtigen Gebrauche In Erkäntnisz der Wahrheit, Den Liebhabern der Wahrheit mitgetheilet Von Christian Freyherrn von Wolff ... Neue Auflage hin und wieder vermehret ... Halle im Magdeburgischen, 1754. Zu finden in der Rengerischen Buchhandl.

v. Wolff, Freiherr Christian: „Vernünftige Gedanken von dem gesellschaftlichen Leben der Menschen und Insonderheit dem gemeinen Wesen, oder Buch über die Politik, zu Beförderung der Glückseligkeit des menschlichen Geschlechts. Den Liebhabern der Wahrheit mitgeteilt . . . .", Halle 1721, 2. bis 4. Auflage 1725, 1732, 1736, neueste Auflage 1756. — Ausgabe 1732 vorh.: UB Bonn — Signatur: Ka 67. — Ausgabe 1721 vorh.: Preußische Staatsbibliothek Berlin, UB Breslau, Halle, Göttingen, Greifswald.

— Venünftige Gedanken Von dem Gesellschaftlichen Leben des Menschen Und insonderheit Dem gemeinen Wesen Zu Beförderung der Glückseeligkeit des menschlichen Geschlechtes . . . Neue Auflage. Halle, Rengerische Buchhandlung, 1756. 8°. *Titelkupfer*, 11 Bl. 626 S. 11 Bl. Marmor.

— — Neue Auflage. Halle, Renger, 1753. 8°. *Titelkupfer*, 15 Bl. 746 S. 7 Bl.

— vernünftige Gedanken von der Menschen Thun u. Lassen, zur Beförderung ihrer Glückseligkeit mitgetheilt rc. 8. Halle 720. 2e mit e. neuen Vorr. bereicherte Aufl. 723. 3e A. 728. 4e verb. A. 733. 5e A. 736. Neueste Aufl. 754. Renger. 14 gl. Dass. im Auszg. 8. Gothe 772. Reyher. 6 gl.

Vernünfftige Gedancken Von der Menschen Thun und Lassen, Zu Beförderung ihrer Glückseeligkeit, den Liebhabern der Wahrheit mitgetheilet Von Christian Wolffen ... Die andere Auflage hin und wieder vermehret ... Halle im Magdeburgischen, 1723. Zu finden in der Rengerischen Buchhandlung

— Moral, od. vernünft. Gedanken v. d. Menschen Thun u. Lassen. 8. Halle, Renger. 752.

v. Wolff, Freiherr Christian: „Vernünftige Gedanken von den Wirkungen der Natur", Halle 1723.

Vernünfftige Gedanken Von den Würckungen Der Natur, Den Liebhabern der Wahrheit mitgetheilet von Christian Wolffen, die dritte Auflage ... Halle im Magdeburg. 1734. Zu finden in der Rengerischen Buchhandl.

Wolf, Chr.: Vernünftige Gedanken von den Würckungen der Natur, den Liebhabern der Wahrheit mitgetheilet. 3. A. Halle 1734–37. 3 Bde.

— vernünft. Gedanken v. d. Wirkungen d. Natur, m. K. 8. Halle, Renger. 746.

— natürl. Gottesgelahrheit nach beweisender Lehrart abgefasset, ins Deutsche übers. v. G. F. H. 2 Thle. 4. Ebend 742—45.

Wolf, Christian [Praes.], s. Gravius, Johann Justus: De loquela.

Wolff, Christian (Hrsg.). s. Grotius, Hugo: De Jure belli ac pacis. 1734.

Grundsätze des Natur- und Völckerrechts, worinn alle Verbindlichkeiten und alle Rechte aus der Natur des Menschen in einem beständigen Zusammenhange hergeleitet werden, ... ins Teutsche übersetzt. Halle, Rengerische Buchhandlung, 1754. 8°. 16 Bl. 920 S. 28 Bl. (die 2 letzten leer). Leicht bereib. Ld. d. Z. m. Rs.

Erste deutsche Ausgabe von Wolffs (1750 erschienenem) „Jus gentium", d. e. eine Zusammenfassung seines großen 8-bändigen „Jus naturae" darstellt. Die Übersetzung ist unter Wolffs Mitarbeit erfolgt.

v. Wolff, Freiherr Christian: „Grundsätze des Natur- und Völkerrechts", Halle . . . ., Neueste Auflage 1769 (Renger).

— horae subsecivae Marburgensis anni 1729. 30. et 31. quibus Philosophia ad publicam privatamque utilitatem aptatur, c. fig. 8. ibid. 729—41.

Wolff, Christian von: „De imperio publico, s. jure civitatis, in quo omne jus publicum universale demonstratur et verioris politicae inconcussa fundamenta ponuntur", Halae 1748.

Wolff, Christian Freiherr von: „Institutiones juris naturae et gentium, in quibus ex ipsa hominis natura continuo nexu omnes obligationes et jura omnia de ducuntur", Halae 1751 (Renger). — Editio nova, Halae 1794. — Deutsch u. d. T.: „Grundsätze des Natur- und Völkerrechts . . . .", Halle 1754 (Renger); neue Auflage ebenda 1769.

v. Wolff, Freiherr Christian: „Institutiones juris naturae et gentium", Halle 1751 (= kurzer Auszug aus dem „Jus naturae"). Dasselbe 2. und 3. Auflage Halle 1774 und 1794. Dasselbe in deutscher Uebersetzung unter dem Titel: „Grundsätze des Natur- und Völkerrechts", Halle 1754. Dasselbe 2. Auflage Halle 1769. Dasselbe in französischer Uebersetzung unter dem Titel: „Institution du droit de la nature et des gens" Texte latin avec la traduction. Avec notes par E. Luzac, 6 Bde. Leiden 1772; andere Uebersetzung von Formey Amsterdam 1758.

v. Wolff, Freiherr Christian: „Jus gentium methodo scientifica pertractatum", Halle 1749 (als 9. Band des „Jus naturae").

v. Wolff, Freiherr Christian: „Jus naturae methodo scientifica pertractatum, in qua obligationes et jura connata ex ipsa hominis essentia atque natura a priori demonstrantur et totius philosophiae moralis omnisque juris reliqui fundam. solida jaciuntur" VIII Tomi Halle 1740—1748, auch 1751—1758 (Renger).

DE WOLFF, Chr.: Jus naturae, methodo scientifica pertractatum, in qua obligationes et jura connata ex ipsa hominis essentia atque natura a priori demonstrantur et totius philos. moralis omnisque juris reliqui fundam. solide jaciuntur. (*Francof.* et *Lips.* 740—48.) *Halae*, Renger. 751—58. VIII Tomi. 4. (12 Thl. 12 Gr.)

Wolff, Chr. LB. de: Ius naturae methodo scientifica pertractatum. P. 1—8. Halae Magdeb. 1741—48.

Wolff's, Christian, eigene Lebensbeschreibung. Hrsg. mit e. Abhandl. üb. Wolff v. Heinr. Wuttke. gr. 8. (13½ B.) Leipzig 841, Weidmann'sche Buchh.

Lexicon Mathematicum, in quo termini matheseos universae perspicue explicantur, et ad historiam mathematicam spectantia sparsim traduntur, doctrinarumque sedes indicantur; aut. *Christ. Wolfio*, Lips., apud J. F. Gleditschii fil., 8 reg. Alph. 2. 6 Bogen. 1716.

Mathematisches Lexicon [Lexikon], darinnen die in allen Theilen der Mathematik üblichen Kunstwörter erkläret und zur Historie der mathematischen Wissenschafften dienliche Nachrichten ertheilet... hrsg. von Christian Wolffen [von Wolff.] Leipzig: Gleditsch 1716. 1494 Sp. 8°

Vollständiges mathematisches Lexicon [Lexikon], darinnen alle Kunst-Wörter und Sachen, welche in der erwegenden und ausübenden Mathesi vorzukommen pflegen, deutlich erkläret, überall aber zur Historie der mathematischen Wissenschafften dienliche Nachrichten eingestreuet... [Verf.: Christian von Wolff.] Th.[1.] 2. Leipzig: Gleditsch 1734-42. 8°

Th.1: 1734.

Th.2: Worinne nicht allein die in der Planimetrie, Altimetrie und Stereometrie nöthige und nützliche Tafel der Wurtzel-Quadrat-und Cubic-Zahlen bis 10000; desgl. der Canon triangulorum; sodann Henrici Briggii [Henry Briggs] 20 Chiliades logarithmorum... (Chiliades viginti logarithmorum pro numeris naturali serie crescentibus ab unitate ad 20000...) 1742.

Vollständiges mathematisches Lexicon [Lexikon], darinnen alle Kunst-Wörter und Sachen, welche in der erwegenden und ausübenden Mathesi vorzukommen pflegen, deutlich erkläret; uiberall aber zur Historie der mathematischen Wissenschafften dienliche Nachrichten eingestreuet...[Verf.: Christian von Wolff]. Neue, durch und durch übers., verm.u. sehr verb. Aufl. Th.1. Leipzig: Gleditsch 1747. 8°

Th.1: 1747.

v. Wolff, Freiherr Christian: „Logica oder vernünftige Gedanken von den Kräften des menschlichen Verstandes", Halle 1712, 2. Auflage 1719, 3. Auflage 1722, 4. Auflage 1725, 5.—12. Auflage: 1727, 1730, 1733, 1736, 1737, 1740, 1742, 1749, 13. Auflage 1754 (Renger).
Lateinisch von ihm selbst unter dem Titel: „Cogitationes rationales de viribus intellectus humani earunque, usu legitimo in veritatis cognitione cum iis etc.", ibid. 1730, Edit. II 1735, Edit. recentissima 1765 ibid.

Wolf, Chr., Prof. Marburg., Cogitationes rationales de viribus intellectus humani earumque usu legitimo in veritatis cognitione cum iis, qui veritatem amant, communicatae et nunc juxta editionem quintam ex sermone germanico in Latinum translatae. 186 pp. Frcf. et Lps. 1730. 8°.

— cogitationes rationales de viribus intellectus. 8. ibid 764.

— Logique, ou réflexions sur les forces de l'Entendement humain. 8. Berl. Haude. 736.

Wolff, C. F. v. Logique, ou réflexions sur les forces de l'entendement humain . . . Berlin 1736. H: *Des Champs, Jean.* (BrMm)

Mit. Herrn Christian Wolffens... Meinung von dem Wesen der Seele und eines Geistes überhaupt; und D. Andreas Rüdigers ... Gegen-Meinung. Leipzig 1727. zu finden in Johann Samuel Heinsii Buch Laden in der Grimmischen Gasse.

— **Meletemata mathematico-philosophica, c. V tabb. aen 4. Halle 754. Renger. 1 rß 8 gl**

— **Metaphysik, s. oben: vernünftige Gedanken von Gott.**

Christiani Wolfii [von Wolff] Brevis de methodo mathematica. Commentatio in usus praelectionum academicarum seorsim excusa. o.O. 1739. 32 S. 8°

Methodum ſerierum infinitarum indultu ſuperiorum praeſide M. *Chriſtiano Wolfio*, die XXIII. Dec. placidae eruditorum diſquiſitioni ſubmittet *Juſtus Gotthardus Rabenerus*, Lipſienſis. Lipſiae literis Chriſtiani Goezi. 4. 4 Bog. 1705.

— **ſicheres Mittel wid. ungegründ. Verleumdungen, wie denſelb. am beſten abzuhelfen. 8. Ebend. 723.**

— **Moral, ſ. oben vernünft. Gedanken von der Menſchen Thun u. Laſſen.**

— **ausführl. Nachr. von ſeinen Schriften die er in deutſcher Sprache von verſchiedenen Theilen der Weltweisheit herausgegeben. 8. Frankf. 726. 2e verm. Ausg. 757. Andreä. 16 gl**

Wolff, Chr.: Progr. de necessitate methodi scientificae et genuino usu juris naturae ac gentium. Halae Magdeb. 1741.

Wolff, Freiherr Christian v.: „Oeconomica methodo scientifica pertractata" II Pts. Halle 1754. Post mortem Auctoris continuata a Mich. Chph. Hanovio, II Pts. Halle 1755 (Renger).

— **Philosophia civilis s. Politica meth. scientif. tanquam continuatio systematis philosophici auct. M. C. Hanovio. IV Tom. Halle 756—60. Renger. 5 rß 12 gl (Vergl. Chr. *Hanov.*)**

— **Philosophia contracta: Logicam, Ontologiam, Cosmologiam, Psychologiam empiricam et rationalem et theologiam naturalem complectens, in lucem ed. a. L. F. Stiebritz. II Tom. 4. ibid. 744. 45.**

v. Wolff, Freiherr Christian: „Philosophia moralis sive Ethica methodo scientif. pertract. V Pts.", Halle 1750—1753 (Renger).

— **philosophia naturalis sive Physica dogmatica tanquam continuatio systematis philosophici, auct. M. C. Hanovio, cum fig. IV Tom. 4. Halle 762—68. Renger. 6 rß 16 gl (Vergl. Chr. *Hanov.*)**

— **Philosophia practica universalis methodo scientifica pertractata. 2 Pts. 4. (Halle) 738, 39. Ed. nova 744 u. 50. Renger. 2 rß 12 gl**

— Philosophia prima, sive Ontologia, methodo scientifica pertractata, qua omnis humanae principia continentur. Ed. nova priori emendatior. Frankfurt & Leipzig, Rengerische Buchhandlung, 1736. 4°. 8 Bl. 696 S. 8 Bl. und *2 gefaltete Kupferstichtafeln (mathematische Figuren)*. Schöner marmorierter Ldbd. d. Z. mit Rv. und goldgepreßtem Bibliotheks-Supralibros.

Verbesserte 2. Ausgabe eines der Hauptwerke W's

— **Philosophia rationalis sive Logica, method. scientif. pertract. et ad amplissimum usum scientiarium atque vitae accommodata; praemittitur discursus praeliminaris de philosophia in genere, c. fig. 4. ibid. 740.**

— **Philosophia rationalis, sive logica in compendium et lucutentas tabulas redacta a I. N. Frobesio. 4. Helmstaedt. 746.**

— **Sinarum Philosophia practica, notis uberioribus illustrata. 4. Frcft. Andreä 726.**

— **Physica experimentalis. II Tom. 8maj. Venedig 752. 3 rß 8 gl**

— **Physica experimentalis. II T. 8. maj. Venedig. (Wolf in Augsb.) 753.**

— **Phyſik. 3 Thle ſind d. vernünft. Gedanken 1) von d. Wirkungen d. Natur, 2) v. d. Abſicht. natürl. Dinge, 3) v. Gebrauch d. Theile in Menſchen, Thieren u. Pflanzen.**

— **Politik, oder vernünftige Gedanken v. dem geſellſchaftl. Leben d. Menſchen. 8. Halle 721. 2e A. 725. 3e A. 732. 4e A. 736. Neueſte Aufl. 756. Renger. 12 gl**

de **Wolf**, Chr., Psychologia empirica, methodo scientifico pertractata, qua ea quae de anima humana indubia experientiae fide constant, continentur et ad solidam universae philosophiae practicae ac theologiae naturalis tractationem via sternitur. 720 pp. Frcf. et Lps. 4°. 1732

— **Psychologia empirica meth. scientif. pertract. qua ea, quae de anima humana indubia experientiae fide constant, in usum philos. moral. atque civil. traduntur. 4. ibid. 738.**

Wolf, Christian von, **Psychologia rationalis, methodo scientif. pertract, qua ea quae de anima humana indubia experientiae fide innotescunt, per essentiam et naturam animae explicantur et ad intimiorem naturae ejusque autoris cognitionem pro futura proponuntur. 4. Halae, Renger. 740. Rthlr.**

v. Wolff, Freiherr Christian: „Ratio praelectionum Wolfianarum in mathesin et philosophiam universam", Halle 1718.

— **ratio praelectionum in mathesin et philosophiam universam. 8. Halae, Renger. 735.**

— **Recherches sur les forces de l'entendement humain 8. 736.**

— **Rede v. d. Sittenlehre d. Sineser, uberſ. v. G. F. H. 8. Halle, Renger. 739.**

— **Samml. d. Wolf'ſchen Schutzſchriften, v. G. F. H. 8. Ebend. 739.**

Wolff, Freiherr Christian von: „Schreiben über die Electricität" (herausgegeben von K. F. Tröltsch), Nürnberg 1755.

Wolff, C. F. v. Schreiben über die Elektricität. Nürnberg 1755. Ü: *Tröltsch, Carl Friedrich.* (MGT) (Ky)

Herrn Christian Wolfs ... Gesammlete kleine philosophische Schrifften, welche besonders zu der Natur-Lehre und den damit verwandten Wissenschaften nehmlich der Mesz- und Arzney-Kunst gehören ... meistentheils aus dem Lateinischen übersezet ... Halle in der Magdeburgischen, Zu finden in der Rengerischen Buchhandlung, 1735.

Wolff, C. F. v. Gesammelte kleine philosophische Schriften . . . 6. Th. Leipz. 1736–40. H: *Hagen, Gottlieb Friedrich.* (ML) (Fiker) (BrMm)

— übrige theils noch gefundene kleine Schriften u. einzelne Betrachtungen. Mit Kpf. 4. Halle 755. Renger. 1 ℳ 4 ℊ

B. v. S. Sittenlehre widerleget von dem beruhmten Weltweisen unserer Zeit Herrn Christian Wolf. Aus dem Lateinischen ubersetzet [von JOHANN LORENZ SCHMIDT]. Frankfurt und Leipzig, 1741. 8°. 56. 598 und 128 S. Schoner glatter Pgtbd. d. Z. mit altem Ruckentitel.

Van der Linde Nr. 25. Erste deutsche Ausgabe der „Ethik", des beruhmten Hauptwerks Spinozas; auch deren Vorrede (von LUDWIG MEYER oder JARRIG JELLES) ist mit übersetzt. Den kleineren zweiten Teil bildet die etwas summarische „Widerlegung der Sittenlehre B. v. S." von Christian Wolff, aus dessen Theologia naturalis von 1737 ausgezogen und übersetzt, in der Wolff die Ethik das „einzige Lehrgebäude der Gottesleugnung, welches in öffentlichem Drucke heraus(ge)kommen ist", und von dessen Grundsätzen er erachtet, daß er sie „über einen Haufen werfen" müsse.

Tabulae sinuum, atque tangentium tam naturalium quam artificialium una cum logarithmis numerorum vulgarium ab 1 usque ad 10000 numeris quadratis ac cubicis ab 1 usque ad 1000. Edidit, praefatus est et regulam universalem solvendi omnia triangula tam plana quam sphaerica praemisit *Chr. Wolfius.* Hal. Magdeb. sumtib. Joh. Godofr. Rengeri. 8. 20 und ein halber B. 2 K. 1711.

Tabulae sinuum atque tangentium tam naturalium, quam artificialium, una cum logarithmis numerorum vulgarium ab 1. usque ad 10000... Ed. ... Christian[us] Wolfius [von Wolff]. Francofurti & Lipsiae: Renger 1726. 12 S.,153 Bl. 8°

— tabulae sinuum et tangentium. c. fig. 8. ibid. 772.

— tabulae sinuum atque tangentium tam naturalium quam artificialium, una cum Logarithmis numerorum vulgarium ab 1usque ad 10,000 etc. Cum fig. 8. Halle 711. Ed. nova 817. Renger. 16 ℊ

Chr. Wolffens nöthige Tafeln zu der Trigonometrie und Ausziehung der Wurzeln, darinnen der Sinus und Tangenten für jede Minute des Quadrantens nebst ihren Logarithmis und denen Logarithmis der gemeinen Zahlen von 1—10000, wie auch die Quadrat- und Cubiczahlen 1—1000 enthalten, nebst einer allgemeinen Regel, alle geradlinichte und sphärische Triangel aufzulösen. Zu finden in der Rengerischen Buchhandlung. 8. Die Tafeln 19 Bogen, ausser 1 Bog. Vorr. und Einl. nebst 1 Kpst. und Titelkupfer. 1711.

[Tabulae sinuum atque tangentium tam naturalium, quam artificialium, una cum logarithmis numerorum vulgarium ab 1.usque ad 10000.Deutsch:] Zu der Trigonometrie und Ausziehung der Wurtzeln nötige Tafeln, darinnen die Sinus und Tangentes für jede Minute des Quadrantes nebst ihren Logarithmis und den Logarithmis der gemeinen Zahlen von 1.biß 10000... enthalten sind... hrsg. von Christian Wolffen[von Wolff]. Halle im Magd.:Renger 1728. 8 S.,152 Bl. 8°

— Tafeln d. Sinuum u. Tangentium. gr. 8. Halle 744. N. A. 772. Renger. 14 ℊ Neueste Aufl. A. u. d. T.: trigonometrische Tafeln, darin d. Sinus u. Tangenten für jede Minute des Quadranten nebst ihren Logarithmen u. den Logarithmen der gemeinen Zahlen von 1 bis 10,000, wie auch die Quadrat- u. Kubikzahlen von 1—1000 enthalten sind. 8. Ebd. 819. Renger. 16 ℊ

[Tabulae sinuum atque tangentium tam naturalium, quam artificialium, una cum logarithmis numerorum vulgarium ab 1.usque ad 10000.Deutsch:] Trigonometrische Tafeln, darin die Sinus und Tangenten für jede Minute des Quadranten nebst ihren Logarithmen und den Logarithmen der gemeinen Zahlen von 1 bis 10000... enthalten sind ... Hrsg. von Christian Frh.von Wolff. Neue Aufl. Halle: Renger 1803. 8 S.,152 Bl.8°

— Theologia naturalis, methodo scientifica pertractata. II Ptes. 4. ibid. 739.

— Theologia naturalis in compendium redacta, c. A. Mayer. 8. ibid. 740.

Wolf, Chr. Kurtzer Unterricht von den vornehmsten mathematischen Schriften. Anfangsgründe der Astronomie. Anfangsgründe der Geographie. 4. A. Franckfurt 1731.

Allerhand nützliche Versuche, dadurch zu genauer Erkäntnis der Natur und Kunst der Weg gebähnet wird, denen Liebhabern der Wahrheit mitgetheilet, von Christian Wolffen [v.Wolff]. Th.1-3. Halle im Magd.: Renger 1721-23. 8°

Th.1: 1721.
Th.2: 1722.
Th.3: 1723.

Allerhand nützliche Versuche, dadurch zu genauer Erkäntnis der Natur und Kunst der Weg gebähnet wird, denen Liebhabern der Wahrheit mitgetheilet, von Christian Wolffen [v.Wolff]. Th.1-3. Halle im Magd.:Renger 1727-29. 8°

Th.1: 1727.
Th.2: 1728.
Th.3: 1729.

Wolff, Freiherr Christian von: „Allerhand nützliche Versuche, dadurch zu genauer Erkenntniss der Natur und Kunst der Weg gebähnet wird", 3 Teile, Halle 1737, 1738. — Vorh.: Com. Bibl. Hamburg.

WOLFF, CHRISTIAN FREIHERR VON. Allerhand Nützliche Versuche, Dadurch Zu genauer Erkäntniß Der Natur und Kunst der Weg gebähnet wird. Erster [Anderer, Dritter] Theil [in 3 Bdn.] Halle, Rengerische Buchhandlung, 1745-47. 8°. 7 Bl. 599 S. 9 S.; 7 Bl. 568, 8 S.; 7 Bl. 625, 8. S. *Mit zusammen 3 Frontispizen und 19 gefaltete Kupfern.* Schöne, marmorierte Ldbde. d. Z. auf Bünden mit reicher Rv. und je 2 Rsch.

— Vita et scripta. 8. Lips. et Breslau. 739.

Wolf, Christian [Praes.], s. Weismüller, Sigismund Ferdinand: Specimen physicae ad theologiam naturalem adplicatae, sistens notionem intellectus divini per opera naturae illustratam.

Wolff, Christian Friedrich (Lendsiedel) F,p/10

Dissertatio theologico-historica de ecclesia Christiana in deserta profuga qua duo oracula sacra Ies. cap. 54. v. 1. 2. 3. Apocalyps. cap. 12. v. 6. 14. obvia inter se comparantur et amice conciliantur.
Präs. Johann Rudolph Kiesling.
Erlangen (Walther) 1762. 47 S.

37163

Wolff (Wolf), Christian Gottlieb

Wolff, Chr. Gottl.: Specimen juris ecclesiastici de diebus poenitentialibus et supplicationum vulgo von Buß- Beth- u. Fast-Tagen cum diss. autoris de fatis censurae ecclesiasticae seu excommunicationis, nec non praef. quadam Joh. Chrph. Schneideri. Lipsiae 1729. DyK.

(Wolff, Christian Gottlieb:) Gedancken von der Strafe des Ehebruchs in der Oberlausitz. (Zittau 1792.)
Anon.-Lex. II. p. 150 (nach Meusel).

Wolff, Christian Gottlieb (Hermsdorf) A. S. 312/23

Dissertatio inauguralis juridica, de jure protimeseos, simultanee investitis post literas reversales de libera feudum alienandi facultate datas competente.
Präs. Ernst Tenzel.
Erfurt (Grosch) 21. X. 1727. 43 S. 37164

Wolf, Chr. Gottl., selecta opuscula juris criminalis. 4. Lips. Hilscher. (Compt, f. Lit.) 731.

Wolf, Chr. Gl.: Syntagma juris ecclesiast. oder grosses u. vollständ. Systema d. geistl. Kirchen-Rechts protestirender Fürsten im II. Röm. Reiche deutscher Nationen. T. I. *Lpz. u. Budissin.* 732. 4.

— syntagma juris ecclesiastici, od. großes vollstdnd. System d. geistl. Kirchenrechts. 1r Thl. 4. Lpz. Drachstädt. 732.

Wolff (Wolf), Christian Gottlob (Gottlieb?) Friedrich

Wolf, Chr. Gli. Fr., († d. 22. Nov. 1782.) Commentatio de summi episcopi confirmatione. 4. Leipz. 755.

Wolff, Christian Gottlob Friedrich (Plauen) A. S. 633/57

Schediasma philologicum de divortio Iudaeorum ex variis S. S. locis impr. Matth. XIX, 8. 9. illustrato. Präs. Christian Friedrich Boerner. Leipzig (Langenheim) 17. XI. 1739. 16 S.
37165

Wolf, C. G. F., kl. Laienbibel. 8. Lpz. Müller. 771.

— Lebensgeschichte Jesu in harmonisch. Zusammenhange d. 4 Evangelisten. 4. Lpz. Breitkopf u. H. 775.

— Lebensgeschichte Jesu in einem harmonischen Zusammenhange d. 4 Evangelisten u. zugleich die Göttlichkeit aller kanon. Bücher alten u. neuen Testaments gegen Dr. Semler u. andere Schriftsteller vertheidigt u. gerettet. gr. 4. Leipz. 776. Breitkopf u. H. 1 *rß*

Wolff, C. G. F., de promotione Judaeorum academica. Lips. 1741. 4.

Wolff, C. G. F., solutio discrepantiae in Joanne 19, 14 et Marco 15, 25. Lips. 1750. 4.

Wolff, Christian Sigismund, u. Michael Ehrenfried Krausse: De moralitate anatomes circa animalia viva occupatae. Lipsiae (1709). 40 S.
Leipzig, Phil. Diss. v. 1709.

Wolff, Christoph Das Prinzip der reziproken Radien. 8 (1 Bl., 39 S., 2 Taf.). Progr. Kgl. Studienanstalt *Erlangen* 1891.

Wolff, Chrph. Das Prinzip der reziproken Radien. gr. 8. (III, 39 S. m. 2 Taf.) Erlangen 891, (Blaesing). * 1 —

Wolff, Christoph August Heinrich

Wolf, Cp. A. H.: Repert. üb. alle Landes-Angelegenhh., welche auf d. seit d. Erbvergleiche v. 1755 bis z. Amtscomitial-Convent d. J. 1784 in Mecklenburg gehalt. öffentl. Landesversamml. verhandelt worden. *Mecklenb.*, Müller. (780.) 1. u. 2. Forts. (800.) 4.

Wolff, Cph. Aug. Hnr., († d. 16. Nov. 1819.) Repertorium über alle Landesverhandlungen, welche auf den seit d. Erbvergleich v. J. 1755 bis zum J. 1784 in Mecklenburg gehalt. öffentl. Landesversammlungen verhandelt worden. 4. Rostock 780. 1e Fortsetz. Ebd. 797. 2e Forts. 800.

Wolff, Clemens, s. Wolff, Klemens

Wolff, Constant: Gesetz vom 18. April 1851 über die Gewährmängel (vices rédhibitoires) im Grossherzogtum Luxemburg erläutert. Diekirch: Joseph Schroell 1882. 35 S. 8°

Wolff, David: Beitrag zur Lehre von der Rhinitis fibrinosa sive pseudomembranacea. *Leipzig: G. Fock 1899.* (38 S.) 8°
Leipzig, Med. Diss. v. 4. Dez. 1899

Wolff, David (Delitzsch) A. S. 13/14

Disputatio juridica de sportulis, von Gerichts-Gebühren. Präs. Johann Heinrich Melich. Jena (Ehrich) 1716. 16 Bl.

Diss. 27. IX. 1683.
W. v.: Präs., Andreas Mylius, Daniel Petermann.
37169

Wolff, E., einige Bemerkungen zu der Schrift des geh. Med.-Rathes Dr. Schmidt über die Reform der Medicinal-Verfassung Preußens. gr. 8. (54 S.) Berlin 847, Deckersche geheime Ober-Hofbuchdr.

Wolff, E., Bericht über das Medizinal- und Sanitätswesen des Reg.-Bez. Merseburg für die J. 1880—1882. gr. 4. (III, 59; 56; 60 S.) Merseburg, (Stollberg.) à Jahrg. *

Wolff, E., Bericht über das öffentliche Gesundheitswesen des Reg.-Bez. Merseburg für die J. 1883, 1884 und 1885. gr. 4. (IV, 162 S.) Merseburg 887, Stollberg. *

Wolff, E., Bericht über das öffentliche Gesundheitswesen des Reg.-Bez. Merseburg für die J. 1886, 1887 u. 1888. gr. 4. (IV, 139 S.) Merseb. 890, Stollberg. * 5 —

Wolff, E., s. Bericht üb. das öffentliche Gesundheitswesen des Reg.-Bez. Merseburg.

Wolff, E., David Copperfield, s. Universal-Bibliothek für die Jugend.

Wolff, E., s.: Denkschrift betr. die bessere Ausnützung d. Wassers u. die Verhütung v. Wasserschäden.

Wolff, E., s.: General-Bericht üb. d. öffentl. Gesundheitswesen d. Reg.-Bez. Merseburg.

—— General-Bericht über die Verwaltung der Medicinal-Angelegenheiten im Reg.-Bez. Breslau, im Auftrage des königl. Regierungs-Präsidiums erstattet. gr. 8. (142 S. mit 6 Taf.) Breslau 884, Maruschke und Berendt. *

Wolff, E. Zur Syntax des Verbs bei Adenet le Roi. Diss. Kiel 1884. 41. S.

Wolff, Ed., Echo aus der Eifel. Legenden nebst Einleitung. 16. (213 S.) Regensburg 856, Manz.

Wolff, Eduard

Wolff, Ed., Abriss der Handelsgeschichte auf Grundlage der Wirtschafts- u. Sozialgeschichte. In übersichtl. Darstellg. f. Handelsschulen u. verwandte Lehranstalten, sowie zum Selbstunterricht (Dr. Ludw. Huberti's kaufmänn. Bibliothek). gr. 8. (VIII, 168 S.) Leipzig (901). Dr. L. Huberti. Geb. in Leinw. n. 2. 75

Wolff, Eduard, Referendar, aus Berlin: Das Ius tollendi des Besitzers, verglichen mit dem des Mieters, Entleihers usw. nach dem Bürgerlichen Gesetzbuch. *Berlin 1904: W. Pilz.* (VI, 79 S.) 8°
Freiburg i. B., Rechts- u. staatswiss. Diss. v. 1904

— u. Jul. Ziehen, deutsches Lesebuch f. höh. Handels- u. Realschulen, s.: Ziehen's kaufm. Reallesebücher. I.

Wolff, Eduard, u. Jul. Ziehen: Französ. Lesebuch f. höh. Handels- u. Realschulen, s. Ziehen's kaufm. Reallesebücher. III.

Wolff, Ed., Schulwörterbuch zur Germania des Tacitus. 8. (V, 103 S. mit 33 Abbild. und 1 Karte.) Prag 886, Tempsky. — Leipzig, Freytag.

Wolff, Edu. Die Sprache des Tacitus. 34 S.
Progr. Wöhl. Sch. Frankfurt a/M. 1879.

Wolff, Ed., Spruch- u. Liederbuch f. d. evang. Religionsunterricht, s.: Ankel, O.

Wolff, Ed., über den Stand des Arztes. Betrachtungen. gr. 8. (103 S.) Berlin 862, Wagner. *

Wolff, Ed., s. **Tacitus,** d. Cornelius, Gespräch üb. die Redner.

— **Übungsbuch** zum Übersetzen aus dem Deutschen ins Lateinische im Anschlusse an Wellers lateinisches Lesebuch aus Herodot. gr. 8. (VIII, 120 S.) Frankfurt a/M. 894. Kesselring. Geb. in Leinw. n. 1. 20

Wolff. [illegible] 1818. 48 S. 8
[illegible]

Wolff, E., De vita Themistoclis Atheniensis. Diss. 1871. 81 S. Münster.

— **s.: Weller's lateinisches Lesebuch aus Herodot.**

Wolff, Edwin: Klinische Untersuchungen über den Einfluß der Arbeit auf Zahl und Intensität der Pansenbewegungen bei den Wiederkäuern. Giessen 1910. 51 S., 5 Taf.
Giessen, Vet.-med. Diss. v. 1910.

Wolff, geb. Hahnemann, Eleon., der homöopath. Rathgeber f. d. Haus, nebst e. Anh. üb. d. Mesmerismus u. tabellar. Uebersicht der, in diesem Buche vorkomm. Arzneien. 8. (12 B.) Leipzig 834, Friese.

Fräulein Maria. Die Geschichte einer Armen im Geiste. Von Elsa Wolff. Berlin: Gebr. Paetel 1906. (279 S.) 8° [F.] [06. 10497

Wolff, Em. Th., s. Lyell's, Charl., Reisen in Nordamerika.

Wolff, Emil, kurze Anleitung zu einem zweckmässigen Besuche der päpstlichen Museen antiker Bildwerke des Vaticans und des Capitols. Für Künstler und Kunstfreunde. 8. (XII, 92 S.) Berlin 870, v. Decker'sche Geh. Ober-Hofbuchdr. geb. *

—— kurze Anleitung zur qualitativ-chemischen Untersuchung anorganischer Stoffe. Für Anfänger bearb. gr. 8. (V und 48 S.) Stuttgart 867. [Berlin, Wiegandt und Hempel.]

Wolff, Emil, Anleitung zur chemischen Untersuchung landwirthschaftlich-wichtiger Stoffe. Zum Gebrauch bei quantitativ-analyt. Arbeiten im chem. Laboratorium und bei Vorträgen über landwirthschaftlich-chem. Analyse. gr. 16. (IV und 96 S.) Stuttgart 857, Weise. *

Wolff, Emil, Anleitung zur chemischen Untersuchung landwirthschaftlich-wichtiger Stoffe. Zum Gebrauch bei quantitativ-analyt. Arbeiten im chem. Laboratorium und bei Vorträgen über landwirthschaftlich-chem. Analyse. 2., durchaus neu bearb. Aufl. Mit steter Berücksichtigung der unter den Agrikultur-Chemikern gebräuchl. und vereinbarten Untersuchungsmethoden. gr. 8. (VIII und 194 S.) Stuttgart 867. [Berlin, Wiegandt und Hempel.]

Wolff, Emil. Anleitung zur Untersuchung landwirthschaftlich wichtiger Stoffe. Zum Gebrauch bei quantitativ-analyt. Arbeiten im chem. Laboratorium u. bei Vorträgen üb. landwirthschaftlich-chem. Analyse. Mit steter Berücksicht. der unter den Agrikultur-Chemikern gebräuchl. u. vereinbarten Untersuchungsmethoden. 3. neu bearb. Aufl. 8. (236 S.) Berlin 875. Wiegandt, Hempel & Parey. n. 3. —

Emil Wolff's Anleitung zur chemischen Untersuchung landwirtschaftlich wichtiger Stoffe. Z. Gebr. b. quantitativ-analyt. Arbeiten im chem. Laboratorium. M. steter Berücks. der v. Verbande landw. Versuchsstationen vereinbarten Untersuchgsmethoden. 4. Aufl., vollständ. neu bearb. v. Dr. E[mil] Haselhoff. M. 17 Textabb. Berlin: P. Parey 1899. (X, 186 S.) 8°
(Thaer-Bibliothek. Bd 35.)

Wolff, Emil, Anleitung zur chemischen Untersuchung landwirthschaftlich wichtiger Stoffe, s.a. Thaer-Bibliothek.

Wolff, Emil, praktische Anweisung zur Ertheilung des Religionsunterrichtes, s. Beiträge zur Methodik des Unterrichtes in der Volksschule.

Wolff, Emil, Aschen-Analysen von landwirthschaftlichen Producten, Fabrik-Abfällen und wildwachsenden Pflanzen. Einheitlich berechnet und mit Nachweisung der Quellen systematisch geordnet nebst Notizen über das untersuchte Material und verschied. Uebersichtstabellen. gr. 4. (XIII, 194 S.) Berlin 871, Wiegandt, Hempel und Parey. *

Wolff, Emil, Aschen-Analysen von land- und forstwirthschaftlichen Producten, Fabrik-Abfällen und wildwachsenden Pflanzen. Einheitlich berechnet und mit Nachweisung der Quellen systematisch geordnet, nebst Notizen über das untersuchte Material und verschiedenen Uebersichts-Tabellen. 2. (Schluss-)Thl.: Untersuchungen aus den J. 1870 bis 1880. gr. 4. (VIII, 170 S.) Berlin 880, [Wiegandt, Hempel und Parey.] Parey.
1. Thl.: Ebendas. 1871. *M 9.

Wolff, Emil, Augenweid' u. Herzensfreud', s: Mack, L.

Wolff, Emil: Francis Bacon und seine Quellen. Von der philos. Fak. d. Univ. München gekr. Preisschrift. Bd 1. Berlin: Felber 1910. 8°
[Ein T. erschien als Inaug.-Diss. München 1907.]
(Literarhistorische Forschungen. H. 40.)

Wolff, Emil, Francis Bacon u. seine Quellen, s.a. Forschungen, literarhistor. 40. Heft.

—— Beiträge zur Erschöpfung des Bodens durch die Kultur, s. Mittheilungen aus Hohenheim.

Wolff E.: Beiträge z. Theorie u. Praxis d. Düngung in den Ergebnissen v. Feld- u. Vegetationsversuchen. Berl. 1889. 62 S. (Særtr.). P.

Wolff E.: Beobachtungen üb. das chem. Verhalten d. Stallmistes bei längerer Aufbewahrung. [1859]. 24 S. (Særtr.). P.

Columbus. Drama in 9 Handlungen von Emil **Wolff.** Dresden & Leipzig: E. Pierson 1892. (184 S.) 8° [F.] [06. 10106

Wolff, [illegible] 1818. [illegible]
[illegible] Berlin, Phil. Diss. v. 21. März 18[illegible]

— praktische **Düngerlehre** mit einer Einleitung über die allgemeinen Nährstoffe der Pflanzen. Gemeinverständlicher Leitfaden der Agricultur-Chemie. 1—3. Aufl. Ebend. 868—70. 8. (VIII, 170 S.) n. 17 ngr.

—— praktische Düngerlehre mit einer Einleitung über die allgemeinen Nährstoffe der Pflanzen. Gemeinverständlicher Leitfaden der Agricultur-Chemie. 1.—3. Aufl. 1868—70. *M 1,70., und 4. verm. und verb. Aufl. gr. 8. (X, 187 S.) Ebendas. 872. *

—— dass. — mit einer Einleitung über die allgemeinen Nährstoffe der Pflanzen und die Eigenschaften des Kulturbodens. Gemeinverständlicher Leitfaden der Agrikultur-Chemie. 5. verm. und verb. Aufl. gr. 8. (202 S.) Ebendas. 874.
(*M 2.) geb. *

Wolff E.: Praktische Düngerlehre ... 6. verb. Aufl. Berl. 1875. 203 S.

Wolff E.: Praktische Düngerlehre m. einer Einleitung üb. die allgemeinen Nährstoffe d. Pflanzen ...
— — 7. verb. Aufl. Sst. 1877. 184 S.
(Thaer-Bibliothek Bd. 17).

—— praktische Düngerlehre, mit einer Einleitung über die allgemeinen Nährstoffe der Pflanzen und die Eigenschaften des Kulturbodens. Gemeinverständlicher Leitfaden der Agrikultur-Chemie. 8. verb. Aufl. (VIII, 196 S.) 1880; 9. verb. Aufl. 8. (VIII, 204 S.) Berlin 883, Parey. geb. *

Wolff, Emil, praktische Düngerlehre, m. e. Einleitg. üb. die allgemeinen Nährstoffe der Pflanzen u. die Eigenschaften d. Kulturbodens. Gemeinverständlicher Leitfaden der Agrikultur-Chemie. 10. Aufl. 8. (VIII, 229 S.) Berlin 886. Parey. geb. n. 2. 50

Wolff, E., praktische Düngerlehre, m. e. Einleitg. üb. die allgemeinen Nährstoffe der Pflanzen u. die Eigenschaften d. Kulturbodens. 11., verm. Aufl. 8. (VIII, 238 S.) Berlin 889. Parey. geb. n. 2. 50

Wolff, Emil, praktische Düngerlehre m. e. Einleitung üb. die allgemeinen Nährstoffe der Pflanzen u. die Eigenschaften d. Kulturbodens. Gemeinverständlicher Leitfaden der Agrikultur-Chemie. 12., verm. Aufl. 8. (VIII, 253 S.) Berlin 892. P. Parey. Geb. in Leinw. n. 2. 50

[F.] (Emil) Wolff's Düngerlehre m. e. Einl. über d. allgem. Nährstoffe d. Pflanzen u. d. Eigenschaften e. Kulturbodens. Gemeinverständl. Leitf. d. Agrikultur-Chemie. 13. Aufl., neu bearb. v. Prof. Dr. J. H. Vogel, Vorst. d. Versuchsstat. d. D. Landw.-Ges. *Berlin: P. Parey 1897.* (VIII, 204 S.) 1 Bd 8.
-- Thaer-Bibliothek. Bd 17. 98. 4318

[Emil] Wolff's Düngerlehre mit e. Einl. über d. allgem. Nährstoffe d. Pflanzen u. d. Eigenschaften d. Kulturbodens. Gemeinverständl. Leitfaden d. Agrikultur-Chemie. 14. Aufl., neu bearb. von Dr. H[ans] C[arl] Müller, Halle a. S. *Berlin: P. Parey 1904.* (VI, 177 S.) 8° [F.]
-- Thaer-Bibliothek. Bd 17.

[Emil] Wolffs Düngerlehre m. e. Einl. über d. allgem. Nährstoffe d. Pflanzen u. d. Eigenschaften d. Kulturbodens. Gemeinverständl. Leitfaden d. Agrikultur-Chemie. 15. Aufl., neu bearb. von Prof. Dr. H[ans] C[arl] Müller, Halle a. S. Berlin: Parey 1910. VI, 196 S. 8°
(Thaer-Bibliothek. 17.) 11. 12367 11

Wolff, Emil: Die Durchquerung der Gazellehalbinsel, Bismarckarchipel. Vortrag (geh. in d. Abteilung Berlin-Charlottenburg d. Deutschen Kolonialgesellsch.) (Berlin: D. Reimer 1904.) (54 S.) 8°
(Abteilung Berlin-Charlottenburg d. Deutschen Kolonial-Gesellschaft. Verhandlungen. 1903/04, H. 2.)

Wolff, Emil, deutscher Städte Ehrenpreis. Oden und Elegien. 16. (28 S.) Apolda 882, Lauth.

Wolff, E., die Enteignung nach Maßgabe d. großh. hess. Enteignungsgesetzes vom 26. Juli 1884. Systematisch dargestellt f. den prakt. Gebrauch, nebst e. Anh., betr. die Geländebeschaffg. u. das Enteignungsrecht beim Bau v. Nebenbahnen. gr. 8. (65 S. m. 1 Tab.) Mainz 891. J. Diemer's Verl. n. 2. —

—— unsers Heilands Erdenwallen in Rhapsodien und Liedern. Eine Festgabe an die deutsche Familie. 8. (V, 303 S.) Apolda 885, Mitteldeutsche Verlagsanstalt. geb.

— die Ernährung der landwirthschaftlichen Nutzthiere. Kritische Zusammenstellg. der in neuerer Zeit durch thierphysiolog. Versuche erlangten Resultate in ihrer Bedeutg. f. die Aufgabe der landwirthschaftl. Thierhaltg. Gekrönte Preisschrift. Lex.-8. (XVI, 552 S.) Berlin 876. Wiegandt, Hempel & Parey. n. 16. —

Wolff E.: Die Ernährung d. landwirthschaftlichen Nutztiere. Neue Beiträge. Bericht üb. Arbeiten d. kgl. württ. landw. Versuchsstation Hohenheim 1871-78. Berl. 1879. 278 S. 4°.
(= Landw. Jahrbücher. Bd. 8. Supplem. [1]). 373.

Wolff, Emil, Herzog Ernst. Trauerspiel in 5 Aufzügen. 8. (III, 148 S.) Kiel 883. Lipsius & Tischer. n. 2. —

— Herzog Ernst. Trauerspiel in 5 Aufzügen. 8. (III, 148 S.) Altona 889. Rieber. n. 2. —

Wolff, Emil, die Erschöpfung des Bodens durch die Cultur. Nebst Bemerkungen über künstl. concentrirte Düngmittel. gr. 8. (104 S.) Leipzig 856, O. Wigand. *

Wolff, Emil und Johanna Strohschein, es war einmal. Eine Auswahl der schönsten Märchen, den Gebr. Grimm und Andern nacherzählt. 4. (32 S. mit Bildern von Joh. Lawson.) München 888, Stroefer. geb.

Wolff, E., Der Fabrikarbeiter und seine rechtliche Stellung. 8°. Frankfurt a/M., 1896.

Woff, Emil, d. Fabrikarbeiter u. s. rechtl. Stellung. Handbuch f. Arbeitgeber, Arbeitnehmer, Verwaltungsbehörden u. Gewerbegerichte. 8. (VIII, 117 S.) Frankfurt a/M. 897. H. Bechhold Kart. n. 2. —

Wolff, E, Der Fabrikarbeiter. Systematische Darstellg. der Rechtsverhältnisse zwischen dem Fabrikanten u. Fabrikarbeiter nach dem neuesten Stande der Gesetzgebg. bearb. 2. Aufl. (Dr. Ludw. Huberti's prakt. gewerbl. Bibliothek.) (VIII, 96 S.) gr. 8. Leipzig, H. Klasing. 1902. Geb. in Leinw. 2. 20.

— die Feldbereinigung nach Maßgabe d. großh. hess. Feldbereinigungsgesetzes vom 28. Septbr. 1887, sowie deren Durchführg. in der Gemarkg. Weisenau [Prov. Rheinhessen], nebst zwei Plänen üb. die Gemarkg. Weisenau vor u. nach der Bereinigg. 2. Aufl. gr. 8. (63 S.) Mainz 890. J. Diemer's Verl. n. 2. —

—— s. Feller, F. Im Circus.

Wolff, Emil, Syndikus in Frankfurt a. M.: Die Finanzierung handelsgewerblicher Anlagen. Leipzig 1905: C. G. Naumann. (48 S.) 8° [F.] ¶(Teil von Wolff, Emil, Die Praxis der Finanzierung, Berlin: O. Liebmann 1905.)
Heidelberg, Phil. Fak., Ref. Gothein, Diss. v. 13. Mai 1905
[Geb. 17. Apr. 60 Maar, Hessen; Wohnort: Frankfurt a. M.; Staatsangeh.: Hessen; Vorbildung: Gymn. Darmstadt Reife M. 81; Studium: Gießen 2, Leipzig 3, Gießen 1 S.; Rig. 29. Apr. 05.]

— der schöne Flick. (Gedichte, ausgestanzter Hund.) 16. (12 S. m. Abbildgn.) München 890. Stroefer. n. — 65

Wolff (E. Th.). Die chemischen Forschungen auf dem Gebiete der Agricultur- und Pflanzen-Physiologie. Leipzig 1847. 8.

—— die rationelle Fütterung der landwirthschaftlichen Nutzthiere, s. Thaer-Bibliothek. 1.

-- Die rationelle Fütterung d. landwirthschaftlichen Nutzthiere ... Berl. 1874. 224 S.
(Thaer-Bibliothek Bd. 1).

Wolff E.: Die rationelle Fütterung d. landwirthschaftlichen Nutzthiere ... 2. verb. Aufl. Berl. 1877. 198 S.
(Thaer-Bibliothek. Bd. 1).

—— die rationelle Fütterung der landwirthschaftlichen Nutzthiere. Auf Grundlage der neueren thierphysiolog. Forschungen. Gemeinverständl. Leitfaden der Fütterungslehre. 3. neu bearb. Aufl. 8. (X, 230 S.) Ebendas. 881. geb. *

— die rationelle Fütterung der landwirtschaftlichen Nutztiere. Auf Grundlage der neueren tierphysiolog. Forschgn. Gemeinverständlicher Leitfaden der Fütterungslehre. 4., neu bearb. Aufl. 8. (VIII, 239 S.) Ebend. 885. geb. n. 2. 50

— die rationelle Fütterung der landwirtschaftlichen Nutztiere. Auf Grundlage der neueren tierphysiolog. Forschgn. 5., neu bearb. Aufl. 8. (VIII, 252 S.) Ebd. 888. geb. n. 2. 50

Wolff, E., Die rationelle Fütterung der landwirtschaftlichen Nutztiere. Auf Grundlage der neueren tierphysiologischen Forschgn. Gemeinverständlicher Leitfaden der Fütterungslehre. (IV.) (262 S.) Berlin 94. Parey. M. 2.50

Emil **Wolff**'s rationelle Fütterung der landwirtschaftlichen Nutztiere auf Grundl. d. neueren Forschungen. Gemeinverständl. Leitfaden d. Füttergslehre 7. Aufl., neu bearb. v. Dr. Curt Lehmann. Berlin: P. Parey 1899. (VIII, 253 S.) 8°
(Thaer-Bibliothek. Bd 1.)

—— die landwirthschaftliche Fütterungslehre und die Theorie der menschlichen Ernährung. gr. 8. (XVI und 698 S.) Stuttgart 861, Cotta'sche Buchh. *

Deutsche Geschichte vom Ausgange des 30jähr. Krieges bis 1815. Für preuß. Lehrerbildungsanst. in Übereinstimmung mit d. Bestimmungen v. 1. Juli 1901 verf. von E[mil] **Wolff**, Gymn.Dir. in Schleswig, u. F[riedrich] Maigatter, Schulrat. Mit Geschichtskarten u. Bildertaf. 2. Aufl. Leipzig & Berlin: B. G. Teubner 1907. (VI, 168 S.) 8° [J.]
— **Schenk**, Karl: Lehrbuch d. Gesch. f. höh. Lehranst. Ausg. C. T. 2. 107. 9/10

Neuere Geschichte von 1648–1888 verf. von E[mil] **Wolff**, Dir. zu Schleswig. *Leipzig & Berlin: B. G. Teubner 1904.* (VIII, 265 S.) 8° [J.]
— **Schenk**, Karl: Lehrbuch d. Geschichte f. höh. Lehranst. Ausg. A u. B. 4. 104. 438

Neuere Geschichte von 1740–1888 verf. von E[mil] **Wolff**, Dir. zu Schleswig. Mit 1 Karte. *Leipzig & Berlin: B. G. Teubner 1901.* (VI 85 S.) 8° [J.]
— **Schenk**, Karl: Lehrbuch d. Geschichte f. höh. Lehranst. Ausg. A u. B. 6. 104. 437

Wolff E., die wichtigeren Gesteine Württembergs, deren Verwitterungsprodukte und die daraus entstandenen Ackererden. III. der grobsandige Liaskalkstein von Eliwangen. Stuttgart 1871

Wolff E., die wichtigsten Gesteine Württembergs. IV: Der weisse Jura. Stuttgart 1879

Wolff, E., Die deutschen Gewerbegerichte u. Innungs-Schiedsgerichte sowie deren Rechtsprechung. Systematische Darstellg. der Verfassg. der reichs- u. landesgesetzl. Gewerbegerichte sowie Innungs-Schiedsgerichte nebst dem Prozessverfahren u. der Rechtsprechg. üb. den gewerbl. Arbeitsvertrag. (Dr. Ludw. Huberti's prakt. gewerbl. Bibliothek.) (VIII, 147 S.) gr. 8. Leipzig, H. Klasing. 1902. Geb. in Leinw 2. 80.

Wolff, E., Der Gewerbetreibende u. sein Recht. Eine gemeinverständl. systemat. Darstellg. des Rechts der Gewerbe- u. Handeltreibenden f. Kaufleute, Fabrikanten, Handwerker u. sonst. Gewerbetreibende sowie Behörden. (Dr. Ludw. Huberti's moderne kaufmänn. Bibliothek.) gr. 8. (VIII, 148 S.) Leipzig, Verlag der Handels-Akademie Leipzig. 1901. Geb. in Leinw. 2. 75.

Grundlagen für die rationelle Fütterung des Pferdes. Resultate zehnjähriger in Hohenheim ausgeführter Versuche zusammengestellt und erörtert. Berlin 85. Parey. M. 5.-

—— Grundlagen für die rationelle Fütterung des Pferdes. Resultate zehnjähr. in Hohenheim ausgeführter Versuche, zusammengestellt und erörtert. gr. 8. (IV, 155 S.) Berlin 886, Parey. *
—— dass. — Neue Beiträge, s. Jahrbücher, landwirthschaftliche, 16. Bd., Suppl. III.

Wolff, E[mil]: Grundlagen für die rationelle Fütterung des Pferdes. Neue Beiträge. Resultate d. 1885/86 u. 1886/87 in Hohenheim ausgeführten Versuche... Berlin 1887. 131 S.
(Landwirtsch. Jahrbücher. Bd 16, Erg. Bd 3.)

Wolff, Emil, die naturgesetzlichen Grundlagen des Ackerbaues nebst deren Bedeutung für die Praxis. 2 Bde. gr. 8. 1. Bd. A. u. d. T.: Begründung u. Entwickelung der Naturwissenschaft des Ackerbaues (VIII u. 635 S.) 2. Bd. A. u. d. T.: Die Bedeutung der Naturwissenschaft f. die Praxis des Ackerbaues. 2 Hälften. (540 S.) Leipzig 851. 52, O. Wigand. (1: n. 3⅓ ₰ 2: n. 3 ₰) n. 6⅓ ₰

—— die naturgesetzlichen Grundlagen des Ackerbaues nebst deren Bedeutung für die Praxis. 2 Bde. 2. Aufl. (VIII und 1175 S.) 854. * 6 Thlr. 10 Ngr. und 3., umgearb. und vervollständ. Aufl. gr. 8. (XIV und 1024 S.) Leipzig 856, O. Wigand. *

Wolff, Emil, Grundriß der preußisch-deutschen social-politischen u. Volkswirtschafts-Geschichte vom Ende des 30jährigen Krieges bis zur Gegenwart. (1640—1898.) gr. 8. (VII, 232 S.) Berlin 899. Weidmann. Geb. in Leinw. n. 3. 60

Wolff, Emil, Grundriß der preußisch-deutschen sozialpolitischen Volkswirtschafts-Geschichte von 1640—1900. 2. verb. Aufl. (VII, 270 S.) gr. 8. Berlin 904. Weidmann. Geb. in Leinw. n. 4. —

Wolff, Emil, Grundriß der preußisch-deutschen sozialpolit. u. Volkswirtschafts-Geschichte von 1640 bis zur Gegenwart. 3. verb. u. verm. Aufl. (VII, 296 S.) 8. Berlin 909. Weidmann. Geb. in Leinw. 4. 50

— der **Handwerker** u. seine Arbeiter (Handwerks-Gesellen, -Gehilfen u. -Lehrlinge). Systemat. Darstellg. der Rechtsverhältnisse der selbständ. Handwerker (Handwerksmeister), sowie ihrer Gesellen, Gehilfen u. Lehrlinge nach dem neuesten Stand der Gesetzgebung. (Dr. Ludw. Huberti's prakt. gewerbl. Bibliothek. gr. 8. (VI, 154 S.) Leipzig 902. H. Klasing. Geb. in Leinw. n. 3. —

— s.: **Hebbel, Frdr, Gedankengold.**

— nach Helgoland. (Ausgestanzter Kahn.) qu. 8. (14 S. m. z. Thl. farb. Abbildgn.) Ebd. 890. n. — 40

Wolff, Emil, der Hochmeister. Trauerspiel in 5 Aufzügen. 8. (IV, 178 S.) Kiel 882. Lipsius & Tischer. n. 2. —

— der Hochmeister. Trauerspiel in 5 Aufzügen. 8. (IV, 178 S.) Altona 889. Reher. n. 2. —

WOLFF, E.: Die landwirthschaftlich-chemische Versuchsstation Hohenheim. Deren Einrichtung und Thätigkeit in den Jahren 1866 bis 1870. - Berlin 1870. 121 S. Programm

— die landwirthschaftlich-chemische Versuchsstation Hohenheim. Deren Einrichtgn. u. Thätigkeit in d. J. 1866—1870. gr. 8. (VI, 121 S.) Ebend. 871. n. 2. 50

Wolff, [illegible] 8°
Berlin, Med. [illegible] Aug. [illegible]

Wolff, Emil, aus Hamburg. Ueber die **Ionenwanderung** in Chlorwasserstoffsäure und Bariumchlorid bei 0° C und 30° C. *Berlin (1903): E. Ebering.* (51 S.) 8°
Berlin, Phil. Diss. v. 7. Aug. 1903

Wolff, E., Die Kaufmannsgerichte u. das Verfahren vor denselben nach dem Reichsgesetz vom 6. VII 1904 sowie die Rechtsverhältnisse zwischen dem Prinzipal, den Handlungsgehilfen u. Lehrlingen, nebst ausführl. Kommentar u. Musterstatut sowie vielen prakt. Formularen. (Dr. Ludw. Huberti's moderne kaufmänn. Bibliothek.) (VIII, 112 S.) gr. 8. Leipzig, Verlag der modernen kaufmänn. Bibliothek. 1905. Geb. in Leinw. 2. 75.

— das Keimen, Wachsthum u. die Ernährung der Pflanzen. Ein populärer Vortrag gehalten vor den Mitgliedern des landwirthschaftl. Vereins zu Klix am 25. u. 31. Jan. 1849. gr. 8. (60 S.) Bautzen 849, Weller. n. 1/3 ℳ

Wolff, Emil: Zur Kenntnis des Chinolin-ana-merkaptans und des o-Oxychinolin-ana-merkaptans. Freiburg i. B.: Speyer & Kaerner 1909. 42 S. 8°
Freiburg i. B., Phil. Diss. v. 1909, Ref. Gattermann
[Geb. 3. Febr. 88 Mannheim; Wohnort: Mannheim; Staatsangeh. Baden; Vorbildung: Gymn. Mannheim Reife Juli 05; Studium: Heidelberg 2, Freiburg i. B. 6 S.; Rig. 23. Juli 09.] [U 09. 1097

rosige Kindheit. Ein Bilderbuch m. Versen. 4. (32 S. m. farb. Abbildgn.) München 890. Stroefer. cart. n. 3. —

Wolff, E., üb. Lagerhäuser u. den Lagerhausverkehr. gr. 8. (18 S.) Mainz 892. J. Diemer's Verl. — 60

Wolff, Emil, d. Landwirthschaft u. ihre Produkte als Beitrag zur Agrarfrage. Historisch-statist. Untersuchung unter bes. Berücksicht. d. Preisbewegqn. auf Grundlage amtl. Mittheilgn. der Centralstelle f. Landesstatistik im Großherzogth. Hessen. 2., verb. Aufl. gr. 8. (111 S.) Mainz 895. J. Diemer, Verl. n. 2. 50

— **Lehrbuch der Geschichte**, s.: Schenk, K.

Wolff, Emil, Leitfaden zur Geschichte der deutschen Dichtung. Nach unterrichtl. Grundsätzen in 3 Kursen bearb. gr. 8. Leipzig 874, Siegismund und Volkening. à Kursus * 80 Pf. *
Inhalt:
Kursus 1. Die Hauptvertreter der deutschen Poesie von Haller bis Just. Kerner. (68 S.)
„ 2. Von den ältesten Zeiten bis Brockes; von Rückert bis auf die neueste Zeit. (79 S.)
„ 3. Uebersicht der Geschichte der deutschen Dichtung und Bibliographie. (71 S.)

— Lieder der Treue. Balladen u. Gesänge. 8. (VI, 169 S.) Altona 889. Reher. n. 2. 50; geb. n. 4. —

—— die Literaturkunde in der Mittelschule. Ein Lehrbuch für die Hand der Schüler. 8. (40 S.) Gütersloh 874, Bertelsmann's Verlag.

Wolff, Emil, die Literaturkunde in der Mittelschule. Ein Lernbuch für die Hand der Schüler. 2. verb. und verm. Aufl. 8. (56 S.) Gütersloh 878, Bertelsmann. *

— Die Mineralstöffler u. die Stickstöffler in der Landwirthschaft. Nebst einer Beleuchtung d. neuesten chem. Briefe d. Freiherrn J. v. Liebig. Stuttg. 1858. 151 S.
(= Mittheilungen aus Hohenheim. H. 4). 373.

—— die Mineralstöffler 2c., s. Mittheilungen aus Hohenheim.

— die Mineralstöffler und die Stickstöffler, s. Walz, Mittheilungen aus Hohenheim.

— die **Praxis der Finanzierung bei Errichtung, Erweiterung, Verbesserung, Fusionierung u. Sanierung von Aktiengesellschaften, Kommanditgesellschaften auf Aktien, Gesellschaften m. beschränkter Haftung, Bergwerken sowie Kolonialgesellschaften. Handbuch f. Juristen, Bankiers, Handelsgewerbetreibende, Industrielle, Kapitalisten, Gesellschaften usw.** (VIII, 204 S.) 8. Berlin 906. O. Liebmann. n. 4 —; geb. n.n. 4. 75

Wolff, Emil, u. F. Birkenbihl, die Praxis der Finanzierung bei Errichtg., Erweiterg., Verbesserg., Fusionierg. u. Sanierg. v. Aktiengesellschaften, Kommanditgesellschaften auf Aktien, Gesellschaften m. beschr. Haftg., Bergwerken sowie Kolonialgesellschaften. 2., gänzlich neu bearb. u. erweit. Aufl. (XII, 339 S.) 8. Berlin 908. O. Liebmann. 6.75; geb. 7. 75

Wolff, Emil (Th.), Quellen-Literatur der theoretisch-organ. Chemie od. Verzeichniss der v. Anfang des letzten Viertheils des vor. Jahrh. bis zum Schlusse des J. 1844 ausgeführten chem. Untersuchungen, über die Eigenschaften u. die Constitution der organischen Substanzen, ihrer Verbindungen u. Zersetzungsproducten. gr. 8. (26 B.) Halle 845, Anton.

Quellen-Literatur der theoretisch-organischen Chemie, oder Verzeichniss der vom Anfang des letzten Viertheils des vorigen Jahrhunderts bis zum Schluss des Jahres 1844, ausgeführten chemischen Untersuchungen über die Eigenschaften und die Constitution der organischen Substanzen, ihrer Verbindungen und Zersetzungsproducte. Mit steter Berücksichtigung der Literatur der Chemie in ihrer Anwendung auf Agricultur, Physiologie und Pathologie aus den wichtigeren deutschen und französischen Zeitschriften der Chemie und Pharmacie gesammelt, in systematischer Ordnung zusammengestellt und mit ausführlichen Sach- und Namen-Registern versehen. Halle, 1845. 8vo. Col. xii–404. [Columns are numbered in place of pages.]

—— u. Johanna Strohschein. Rottäppchen u. andere schöne Märchen, den Gebrüdern Grimm u. Anderen nacherzählt. (Ausgestanztes Haus.) qu. gr. 4. (18 S. m. farb. Abbildgn.) Ebd. 890. * 1 50

—— Sammlung deutscher Gedichte für die drei Oberklassen der preußischen Mittelschule, auf Grund der „Allgemeinen Bestimmungen" vom 15. Octbr. 1872 hrsg. gr. 8. (VIII, 178 S.) Ebendas. 878. *

Wolff, Emil, Schön-Suschen. (Ausgestanzte Puppe.) 8. (14 S. m. z. Thl. farb. Abbildgn.) [Münch. 890.] Nürnb., Stroefer. * — 40

—— Stehauf-Männchen, s. Bennett, H. M.

Wolff, Emil, Tabelle der Luftmengen, Depressionen u. aequivalenten Grubenweiten, zusammengestellt nach der Formel $A = \frac{0{,}38 \cdot V}{60 \cdot \sqrt{h}}$ qu. gr. Fol. Essen 900. **G. D. Baedeker.** Auf Pappe n. 3. —

Wolff, Emil: Trametes cinnabarina und seine Zersetzung des Birkenholzes nebst e. Beitr. z. Kenntniss d. Agaricus adiposus ... München, J. F. Lehmann, 1891; 32 S. 8.
Erlangen, Phil. Fak., Inaug.-Diss. v. 1891

—— vollständige Uebersicht d. Elementar-analytischen Untersuchungen organischer Substanzen nebst Andeutung d. verschiedenen Theorien über deren chemische Constitution. Aus d. chem. Journalen nach d. Original-Abhandlungen in system. Ordnung entworfen. gr. 8. (38¾ B.) Halle 846, Anton. *

Vollständige Uebersicht der elementar-analytischen Untersuchungen organischer Substanzen, nebst Andeutung der verschiedenen Theorien über deren chemische Constitution. Aus den chemischen Journalen nach den Original-Abhandlungen in systematischer Ordnung entworfen. Halle, 1846. pp. xii, col. 808, 8vo.

Wolff, E. (T): Vollständige Uebersicht d. elementar-analyt. Untersuchungen organischer Substanzen nebst Andeutung d. verschiedenen Theorien üb. deren chem. Constitution ... Halle 1846. 600 S.

—— Umrisse und Bilder aus der Literaturkunde. 1. Buch. gr. 8. (96 S.) Leipzig 874, M. Schäfer. *

Wolff, Emil: Francis Bacons Verhältnis zu Platon. (Gekr. Preisschr.)
Berlin 1908: (Eupel, Sondershausen). XVI, 159 S. 8°
(Ersch. vollst. u.d.T.: Francis Bacon im Spiegel seiner Quellen, in: Literarhistor. Forschungen. H. 40.)
München, Phil. Diss. v. 26. Juli 1907, Ref. Schick.

— W. Funke, u. C. Kreuzhage, Versuche üb. das Verdauungsvermögen verschiedener Schafrassen f. Erhaltungsfutter u Mastfutter. Ausgeführt auf der Versuchsstation Hohenheim im Winter 1870/71. Lex.-8. (39 S.) Ebend. 872. n. 2. —

Versuche üb. das Wachsthum u. die Ernährung einiger Culturpflanzen. Nebst Bemerkungen üb. künstliche concentrirte Düngmittel. Progr. (Hohenheim). Stuttg. 1855. 68 S. P.

— Vorschule der Geometrie. Ein Lernbüchlein für die Schüler der Mittelstufe städt. Mittel- u. Bürgerschulen. 8. (23 S. mit eingedr. Fig.) Ebend. 879. — 30

— auf geraden u. krummen Wegen. Eine Erzählg. f. die deutsche Jugend. gr. 16. (114 S. m. 4 Tondr.-Taf.) Altona 876. Verlags-Bureau. — 75

— wie Mütterchen dem Kinde von Jesu erzählt. gr. 4. (18 S. m. z. Thl. farb. Illustr.) München 889. Stroefer. geb. n. 1. 50

—— York. Schauspiel in 5 Aufzügen. gr. 8. (150 S.) Leipzig 873, Mutze.

Wolff, Emil, im Circus, s. Feller, F.

—— die mittlere Zusammensetzung der Asche aller land- und forstwirthschaftlich wichtigen Stoffe. Nebst Nachweisung der Quellen und erläut. Bemerkungen. Ein Hülfsmittel für die Statik der Forst- und Landwirthschaft. gr. 8. (VIII und 84 S.) Stuttgart 865, Lindemann. *

Wolff, Erich: Über die Bedeutung der Verzweigungen für die Systematik der Bakterien. Würzburg 1898: P. Scheiner. (19 S.) 8°
Würzburg, Med. Diss. v. 1898.

Wolff, Ernst, prakt. Arzt aus Bockenheim-Frankfurt a. M.: Beitrag zur Belastungstherapie. *Berlin (1900): G. Schade.* (38 S.) 8°
Berlin, Med. Diss. v. 7. Aug. 1900

Wolff, Ernst [pr. Arzt aus Lübtheen i M.]: Klinische Beiträge zur Neurologie ... Rostock, C. Hinstorffs Buchdr., 1890; 31 S. 8.
Rostock, Med. Fak., Inaug.-Diss. v. [30. Juni] 1890

Wolff, Ernst, Chronik der Altstädter Gemeinde zu Kassel. (77 S. m. Abb.) 8. Kassel (907). (E. Röttger.) 1. 50

Wolff, E., die Gebrüder Edau, od. der gefürcht. Räuberhauptmann Levandino. Eine verwickelte Räubergeschichte aus d. finstern Wäldern d. Wallachei. 2 Thle. 8. (22 B.) Nordhausen 828, Fürst.

Wolff, Ernst: Aus d. Tuebinger Univ.-Augenklinik. Über die Erfolge der Therapie des Hydrophthalmus. Tübingen: Pietzcker 1910. 41 S. 8°
Tübingen, Med. Diss. v. 15. März 1910, Ref. Schleich
[Geb. 28. Juli 84 Tübingen; Wohnort: Göppingen; Staatsangeh.: Württemberg; Vorbildung: Gymn. Tübingen Reife Juli 03; Studium: Tübingen 6, München 1, Tübingen 3 S.; Coll. 2. März 10; Approb. 1. Febr. 10.] [U 10. 4170

Wolff, Ern. (geb. Custrin 7. 4. 1833): De functionibus nervi vagi. Berolini (1856). (27 S.) 8°
Berlin, Med. Diss. v. 24. Apr. 1856

Wolff, Ernst, aus Berlin: Die Haftung des Ratgebers. *Berlin (1899): G. Schade.* (57 S.) 8°
Berlin, Jur. Diss. v. 22. Juni 1899

Wolff, Ernst, a. Ronsdorf: Das Lanthanspektrum. Bonn 1905: P. Hauptmann. (24 S.) 8°
Bonn, Phil. Fak., Ref. Kayser, Diss. v. 8. März 1905
[Geb. 14. Febr. 81 Ronsdorf, Kreis Lennep; Staatsangeh.: Preußen; Vorbildung: Realgymn. Barmen Reife O. 99; Studium: Marburg 1, München 1, Bonn 4, Braunschweig T.H. 1, Bonn 3 S.; Rig. 22 Febr. 05.]

Wolff, Ernst. Felix Mendelssohn Bartholdy. [Mit vielen Illustrationen, sowie 16 Tafeln und Facsimile-Beilagen.] 196 S. gr.-8. Berlin, «Harmonie» Verlagsges. ..., 1906. [geb. M. 4. —]
Berühmte Musiker. Lebens- und Charakterbilder, nebst Einführung in die Werke der Meister. Hrg. von Heinrich Reimann. Band 17.)

Felix Mendelssohn Bartholdy. Von Ernst Wolff. 2. verm. Ausg. Berlin: Harmonie 1909. 194 S. 4°(8°)
(Berühmte Musiker. Bd 17.) A 12. 12590

— s.: Mendelssohn-Bartholdt, Fel., Briefe.

Wolff, Ernst [Oberl. in Dresden]: De la Forges Psychologie in ihrer Abweichung von der Descartes' ... Jena, Druck v. A. Kämpfe, 1893; 50 S. 8.
Jena, Phil. Fak., Inaug.-Diss. v. 1893

Wolff, Ernst, lustige Schnurren und Schwänke für Soldaten und solche, die es gewesen sind. 8. (48 S.) Oberhausen 884, Spaarmann. *

Robert Schumann von Ernst Wolff. Mit 10 Vollbild. u. 6 Faks. (Berlin): Bard, Marquardt & Co. (1906). (85 S.) 8°
= Musik, Die. Bd 19. 107. 390

—— neue humoristische Toaste und Tischreden. 8. (96 S.) Ebendas. 884. *

Wolff, Ernst. Neue humoristische Toaste u. Tischreden. 2. Aufl. 12. (96 S.) Styrum 889, Spaarmann. — 60

Wolff, Ernst, über die Umlaufsgeschwindigkeit des Blutes im Fieber. Diss. Königsberg i. Pr. 1886, Graefe & Unzer. 8°. 28 S.

Wolff, was muß der Barbier zur Verhütung der Verbreitung ansteckender Haar-Krankheiten wissen? gr. 8. (21 S. m. 5 Taf.) Berlin 901. E. Staude. n. — 50

Wolff, Ernst [aus Soest]: Die Wirkung des Sulfonal. ... Würzburg, Druck d. Ferdinand Röhrl'schen Buchdr., 1889; 45 S. 8°
Würzburg, Med. Fak., Inaug.-Diss. v. 1889

Wolff, Eugen

Wolff, Eug., Blätter aus dem Werther-Kreis, s.: Urkunden zur Geschichte der neueren deutschen Literatur.

Wolff, Eug., Oscar Blumenthal, der Dichter des deutschen Theaters und der deutschen Presse, s. Volkshefte, litterarische.

Wolff, Eug., die neue Burschenschaft. Mit einem Vorwort von Conr. Küster und einem Anhang, enthaltend eine Adresse alter Burschenschafter an Dr. Küster. 1. und 2. Aufl. gr. 8. (37 S.) Berlin 883, (Asschenfeldt.)
Aus: Allgemeine Deutsche Studenten-Zeitung, besonders abgedruckt.

Wolff, Eug., die neue Burschenschaft. Mit e. Vorwort v. Conr. Küster u. e. Anh., enth. e. Adresse alter Burschenschaften an Küster. 3. Aufl. gr. 8. (37 S.) Berlin 885. S. Schwartz. n. — 50

[F.] Die bleibenden Ergebnisse der neuern litterarischen Bewegung in Deutschland. Vortr. ... am 6. Sept. 1896 v. Prof. Dr. Eugen Wolff in Kiel. (4. Taus. *Berlin: Kritik-Verl. 1896.*) (15 S.) 1 Bd 8.
— Fragen d. öffentlichen Lebens. H. 10. [97. 2340

[F.] Geschichte der Deutschen Litteratur in der Gegenwart v. Eugen Wolff. *Leipzig: S. Hirzel 1896.* (VIII, 400 S.) 1 Bd 8. [96. 2815

Geschichte rückwärts? Von Eugen Wolff. *Kiel & Leipzig: Lipsius & Tischer 1892.* (40 S.) 8° [F.]
— Schriften, Deutsche, für Litteratur u. Kunst. Reihe 2, H. 4.

Wolff, Eug., s.: Goethe, der junge.

Wolff, Eug., zwölf Jahre im litterarischen Kampf. Studien u. Kritiken zur Litteratur der Gegenwart. gr. 8. (XII, 552 S.) Oldenburg 901. Schulze. n. 6.—; geb. n. 7.—

— das deutsche Kirchenlied des 16. u. 17. Jahrh., s.: National-Litteratur, deutsche.

Wolff, Eugen [Hrsg.], s. Kleist, Heinrich v.: Die Familie Ghonorez. 2 Jugend-Lustspiele.

— Goethes Leben u. Werke. Mit besond. Rücksicht auf Goethes Bedeutg. f. die Gegenwart. gr. 8. (380 S.) Kiel 895. Lipsius & Tischer. n. 5.—; geb. in Leinw. n. 6.—

Wolff, Eugen: Karl Gotthelf Lessing ... Jena. Druck der S. Schwartz'schen Buchdr., Berlin, 1886: 62 S. 8°
Jena, Phil. Fak., Inaug.-Diss. v. 1886.

Wolff, Eug., Karl Gotthelf Lessing. gr. 8. (127 S.) Berlin 886. Weidmann. n. 1. 60

—— die jüngste deutsche Litteraturströmung und das Princip der Moderne, s. Volkshefte, litterarische.

Wolff, Eugen. Konrad Ferdinand Meyer, ein protestantischer Dichter. Vortrag gehalten im Berliner Zweigverein des Evangelischen Bundes. 16 S. 8. Berlin, Georg Nauck, 1903. M. —.50.

— Mignon. Ein Beitrag zur Geschichte des Wilhelm Meister. (IX, 328 S. m. 2 Bildnissen.) 8. München 909. C. H. Beck. Geb. in Leinw. 6.—

Wolff, Eugen. Philanthropie bei den alten Griechen. 28 S. 4.
Progr. Luisenstädtisches Gymn. Berlin 1902.

— Philanthropie bei den alten Griechen. Progr. 4. (28 S.) Berlin 902. [R. Gaertner.] Weidmann. n. 1.—

— Poetik. Die Gesetze d. Poesie in ihrer geschichtl. Entwicklg. Ein Grundriß. gr. 8. (VII, 286 S.) Oldenburg 899. Schulze. n. 4.—; geb. n. 5.—

— Prolegomena der litterar-evolutionistischen Poetik. gr. 8. (32 S.) Kiel 890. Lipsius & Tischer. n. — 80

Wolff, Eug., quae ratio intercedat inter Lysiae epitaphium et Isocratis panegyricum. (Diss.) gr. 8. (43 S.) Berlin 896. Mayer & Müller. n. 1.—

— Wilhelm Raabe u. das Ringen nach e. Weltanschauung in der neueren deutschen Dichtung. Vortrag, geh. im Berliner Zweigverein des evangel. Bundes. gr. 8. (15 S.) Berlin 902. G. Nauck. n. — 50

Wolff, Eugen: Reinke de vos ..., s. National-Litteratur, Deutsche.

— Sardou, Ibsen u. die Zukunft d. deutschen Dramas, s.: Schriften, deutsche, f. Litteratur u. Kunst.

Schiller im Urteil des zwanzigsten Jahrhunderts. Stimmen über Schillers Wirkung auf d. Gegenwart. Eingeführt von Eugen Wolff, ([Prof.,] Kiel). Mit e. Bilde nach d. Gemälde von Anton Graff. Jena: H. Costenoble 1905. (XXXIII, 172 S.) 8° [F.]

— s.o. Schiller im Urteil des 20. Jahrh.

Wolff, Eugen [Dr., Privatdoc. a. d. Univ. Kiel]: Johann Elias Schlegel. Berlin, Verl. v. Robert Oppenheim, 1889; IV + 219 S. 8°
Kiel, Phil. Fak., Hab.-Schr. v. 30. Okt. 1888

—— Johann Elias Schlegel. 1. Aufl. u. 2. (Titel-)Aufl. gr. 8. (IV, 219 S.) [Berl. 889, Oppenheim.] Kiel 892, Lipsius u. Tischer. * 4 —

—— s. Schriften, deutsche, f. nationales Leben.

—— s. Schriften, deutsche, f. Litteratur u. Kunst.

[F.] Gottscheds Stellung im deutschen Bildungsleben. Von Eugen Wolff. Bd 1. 2. *Kiel & Leipzig: Lipsius & Tischer 1895–97.* 2 Bde 8.
1. 1895 (VI S., 1 Bl., 230 S., 1 Bl.) 2. 1897 (VIII, 248 S.)

— s.: Urkunden zur Geschichte der neueren deutschen Literatur.

Von Shakespeare zu Zola. Zur Entwickelungsgesch. d. Kunststils in d. deutschen Dichtung. Von Eugen Wolff. *Berlin: H. Costenoble 1902.* (196 S.) 8° [F.]

Wally, die Zweiflerin. Roman von Karl Gutzkow. Nebst e. Folge von Streitschriften. Krit. Ausg. von Eugen Wolff. Mit 1 Bilde. Jena: Costenoble 1905. XLIX, 288 S. 8°

—— Das Wesen wissenschaftlicher Literaturbetrachtung. gr. 8. (21 S.) Kiel 890, Lipsius u. Tischer. * — 80

— Zola u. die Grenzen v. Poesie u. Wissenschaft, s.: Schriften, deutsche, f. Litteratur u. Kunst.

Wolff, Eugen Nath.

Wolff, Eug. N., s.: Festgabe der Rechtsanwaltschaft des Kammergerichts f. Dr. Richard Wilke.

Wolff, Eugène, der Niedergang des Bel-Canto u. s. Wiederaufblühen durch ration. Tonbildg. 8. (VIII, 88 S.) Leipzig 896. O. Junne. n. 2.—

Wolff, Ewald, die Einrichtung, Verwaltung und Revision der Apotheken in den deutschen Bundesstaaten nebst einer systemat. Zusammenstellung der das Apothekenwesen betr. in Preussen, Bayern, Königr. Sachsen, Württemberg, Baden, Hessen, Gr.-H. Sachsen und Mecklenburg-Schwerin erlassenen Gesetze, Verordnungen und Ministerial-Verfügungen, sowie Anleitung zur Prüfung der Arzneimittel auf Grund der Pharmacopoea germanica zum Gebrauch für Medicinalbeamte, Apotheken, Aerzte und Droguisten. gr. 8. (X, 568 S.) Breslau 873, Maruschke und Berendt.

—— die neuesten, das Apothekenwesen betr. Gesetze und Verordnungen zum Gebrauch für Apotheker und Medicinalbeamte. Als Nachtrag zu dem Handbuche „die Einrichtung, Verwaltung und Revision der Apotheken in den deutschen Bundesstaaten". Lex.-8. (24 S.) Ebendas. 876.

Wolff, Ewald, Grünberg in Pr. Schlesien als Kurort für Traubengäste nebst einigen Bemerkungen über die Weintraubenkur. Grünberg 853. Weiß. 8. (13 S.) (gratis)

Wolff, Ewald, die sicherste Heilung d. Schielens nach d. neuesten Erfahrn. dargest. gr. 8. ($6^3/_4$ B. u. 1 Stnt.) Breslau 841, (Schulz u. Comp.) •

Wolff, Ewald, über die Heilwirkungen des Moor- u. Mineralbades, so wie der Schwefelquelle zu Grueben in Oberschlesien. gr. 8. Breslau 843. (Schulz u. Comp.) n. 1/3 ₰

Wolff, Ewald: Über Lungenkomplikationen nach operativen Eingriffen mit einem statistischen Beitrag aus der Königl. chirurgischen Klinik zu Königsberg. Leipzig 1907: A. Pries. (32 S.) 8° (Aus: Deutsche Zeitschrift f. Chirurgie Bd 88 S. 71–100, 1907.)
Königsberg, Med. Fak., Ref. Lexer, Diss. v. 7. Febr. 1908.

Wolff, Ew., u. B. **Hirsch**, die Prüfung der Arzneimittel nebst Anleitung zur Revision der öffentl. u. Privat-Apotheken, Dispensir- u. Mineralwasser-Anstalten, Droguerie- u. Materialwaaren-Handlungen. Zum Gebrauch für Medicinalbeamte, Aerzte, Apotheker u. Gewerbtreibende. Berlin 866. v. Decker. gr. 8. (XII, 767 S.) 2 ₰ 22½ ngr.

Wolff, Ewald, die Untersuchung des Fleisches auf Trichinen. Kurzgefaßte Belehrung und Anleitung zur mikroskop. Prüfung des Fleisches für bestallte und angehende Fleischschauer, sowie zur Vorbereitung des Fleischschauer-Examen. 1. und 2. Aufl. gr. 8. (36 S. mit 1 lithogr. Taf.) Breslau 875, Maruschke und Berendt. *

— die Untersuchung d. Fleisches auf Trichinen. Kurzgefaßte Belehrg. u. Anleitg. zur mikroskop. Prüfg. d. Fleisches f. bestallte u. angeh. Fleischschauer, sowie zur Vorbereitg f. das Fleischschauer-Examen. Mit e. (Holzschn.-)Taf. 3. im Text verm. Aufl. gr. 8. (44 S.) Breslau 876. Maruschke & Berendt. n. 1. —

—— dass. — 4., durch Aufnahme der neueren amtl. Verordnungen vervollständ. Aufl. gr. 8. (64 S. mit 1 Holzschntaf.) Ebendas. 878. *

—— dass. — 5., umgearb. und durch Aufnahme der neueren amtl. Verordnungen vervollständ. Aufl. gr. 8. (68 S. mit 1 Holzschntaf.) Ebendas. 878. *

Wolff, Ewald, die Untersuchung des Fleisches auf Trichinen. Kurzgefaßte Belehrung und Anleitung zur mikroskopischen Prüfung des Fleisches für bestallte und angehende Fleischschauer, sowie zur Vorbereitung für das Fleischschauer-Examen. 6. umgearb. und durch Aufnahme der neueren amtl. Verordnungen vervollständ. Aufl. gr. 8. (74 S. mit 1 Holzschn.-Taf.) Breslau 880, Maruschke und Berendt. *

Wolff, Ewald, die Untersuchung d. Fleisches auf Trichinen. Kurzgefaßte Belehrg. u. Anleitg. zur mikroskop. Prüfg. d. Fleisches f. bestallte u. angeh. Fleischschauer, sowie zur Vorbereitg. f. das Fleischhauer-Examen. Mit 1 Taf. 7., umgearb. u. durch Aufnahme der neueren amtl. Verordngn. vervollständ. Aufl. gr. 8. (74 S.) Breslau 886. Maruschke & Berendt n. 1. 20

Wolff, Ewald, die Untersuchung d. Fleisches auf Trichinen. Kurzgefaßte Belehrg. u. Anleitg. zur mikroskop. Prüfg. d. Fleisches f. bestallte u. angeh. Fleischschauer, sowie zur Vorbereitg. f. das Fleischschauer-Examen. 7., umgearb. u. durch Aufnahme der neueren amtl. Verordngn. vervollständ. Aufl. 2. Ausg. gr. 8. (74 S. m. 1 Taf.) Breslau 893. Maruschke & Berendt. n. 1. 20

Wolff, Ewald, d. Untersuchung d. Fleisches auf Trichinen. Kurzgef. Belehrung u. Anleitg. zur mikroskop. Prüfg. d. Fleisches f. bestallte u. angeh. Fleischbeschauer, sow. zur Vorbereitg. f. d. Fleischbeschauer-Examen. 8., umgearb. Aufl. 8. (102 S. m. Abb. u. 1 Taf.) Breslau 896. Maruschke & Berendt. Geb. n. 1.20

Wolff, Ewald, die neuen Veterinär-Gesetze nebst den dazu gehörigen Motiven, Instructionen u. Reglements, sowie e. allgemein verständl., kurz gefaßte Belehrg. üb. die in den Gesetzen aufgeführten Viehseuchen. Zum prakt. Gebrauch f. Verwaltungsbeamte, Polizeiverwalter, Amts- u. Gemeindevorsteher 2c. gr. 8. (XI, 297 S.) Breslau 876. Korn's Verl. n.. 4 — ; cart. n. 5. —

Wolff, (Joan. Fried. Ewald) (geb. Trachenberg 29. 12. 1815): De volvulo, adiecta morbi historia. Berolini (1839). (36 S.) 8°
Berlin, Med. Diss. v. 22. Juni 1839.

—— die Weintraubenkur in ihrer Beschaffenheit, Wirkung und Anwendung, nebst einer topograph. Skizze der Umgegend Grünbergs und einer kurzen Beschreibung der daselbst gezogenen Trauben-Sorten, eine Monographie für Aerzte und gebildete Nichtärzte. gr. 8. (VI und 90 S.) Grünberg 852, Weiß.

Wolff, F., Antrittspredigt über Röm. 8, 12—17 am VIII. Sonntag nach Trinitatis, 31. VII. 1898 in der Kirche St. Marien zu Pirna geh. gr. 8. (12 S.) Pirna 898. C. Diller & Sohn. n. — 20

Wolff, F., über die Geldverlegenheit u. ihre Abhilfe. 8. (1 B.) Berlin 846, G. Reimer.

Wolff, F., die beschreibende Geometrie u. ihre Anwendungen. Leitfaden f. d. Unterr. am k. Gewerbe-Institut. 1. Thl. u. 2. Thl. 1. Abschn. gr. 8. Berlin, (Duncker u. Humblot.) *
Thl. 1. Die Projectionslehre u. d. beschreib. Geometrie. (22 B. u. 43 Figtaf.) 835. * 3 Thlr. 4 Gr.
„ 2. Abschn. 1. Schattenconstruction. (13 B. u. 19 Figtaf.) 840. * 8 Thlr. 4 Gr.

Wolff, F., die beschreibende Geometrie, die geometr. Zeichnenkunst und die Perspective. 2., verb. Aufl. gr. 8. (VI und 372 S. mit 31 Kpfrt. in Fol.) Berlin 847, G. Reimer. Thlr.

Wolff, F., die beschreibende Geometrie, die geometrische Zeichenkunst und die Perspective. 3., verb. Aufl. gr. 8. (VI und 352 S. mit 30 Kpfrt. in qu. Fol.) Berlin 861, G. Reimer. *

Wolff, F., die Homöopathie, besprochen bei d. Ständen d. Großhrzth. Hessen. Nebst Vorwort u. Nachtrag. gr. 8. (6½ B.) Darmstadt 839, Leske. *

— tausendjähriger Kalender. Aufgestellt nach e. alten Schema. 2 Taf. (à 2 S. m. 1 drehbaren Scheibe.) 32,5×49,5 cm. Ebd. 904. Auf Pappe à 2. —
1. Vom J. 1—1000. — 2. Vom J. 1000—2000. Julianischer Kalender vom J. 1000—4. X. 1582. Gregorianischer Kalender vom 15. X. 1582—2000.

Wolff, F., Lehrbuch d. Geometrie. 1. Thl. Elementar-Geometrie, Trigonometrie, Theilungslehre. gr. 8. (20 B. u. 3¾ B. Stnt. Fol.) Berlin 833, Reimer.

—— dass. 2. Thl. Stereometrie u. sphär. Trigonometrie. 2. Aufl. gr. 8. (13¾ B. u. 3 Stnt.) Berlin 837, Logier.

—— Lehrbuch d. Geometrie. 1. Thl. Ebene Elementar-Geometrie, Trigonometrie, Theilungslehre. 3., verb. Ausg. gr. 8. (22 B. u. 8 Stnt.) Berlin 841, Geo. Reimer.

—— Lehrbuch der Geometrie. 1. Thlr. Ebene Elementar-Geometrie, Trigonometrie, Theilungslehre. 4., verb. Aufl. gr. 8. (21½ B. u. 7 Stnt.) Berlin 845, G. Reimer.

—— dass. 2. Thl. Stereometrie u. sphärische Trigonometrie. 3., verb. Ausg. gr. 8. (12½ B. u. 3 Stnt.) Berlin 845, Logier.

—— dass. 3. Thl. Analytische Geometrie. 2. Aufl. gr. 8. (19 B. u. 9 Stnt.) Berlin 845, Logier.

—— Lehrbuch der Geometrie. 1. Thl.: Ebene Elementar-Geometrie, Trigonometrie, Theilungslehre. 5., verb. Aufl. gr. 8. (IV und 344 S. mit 7 Kpfrt. in qu. Fol.) Berlin 840, G. Reimer.

Wolff, F., Lehrbuch der Geometrie. 2. Thl.: Stereometrie und sphär. Trigonometrie. 4., verb. Aufl. gr. 8. (IV und 194 S. mit 2 Stnt. in qu. Fol.) Berlin 853, G. Reimer.

Wolff, F., Lehrbuch der Geometrie. 1. Thl. Ebene Elementar-Geometrie, Trigonometrie, Theilungslehre. 6. verb. Aufl. Mit 7 Kpfrtaf. (in Fol.). Berlin 855. G. Reimer. gr. 8. (VI, 346 S.) 1 Thlr. 20 ngr

—— Lehrbuch der Geometrie. 1. Thl.: Ebene Elementar-Geometrie, Trigonometrie, Theilungslehre. 7., verb. Aufl. gr. 8. (IV und 346 S. mit 7 Kpfrt. in qu. Fol.) Berlin 860, G. Reimer.

Wolff, F., Lehrbuch der Geometrie. 1. Thl. Ebene Elementar Geometrie, Trigonometrie, Theilungslehre. 8. Aufl. Mit 7. Kpfrtaf. (in qu. Fol.) Berlin 870. G. Reimer. gr. 8. (IV, 346 S.) 1 Thlr. 20 ngr.

Wolff, F., Lehrbuch der Geometrie. 2. Thl. Stereometrie u. sphär. Trigonometrie. 5. verb. Aufl. Mit 2 lith. Taf. (in qu. Fol.) gr. 8. (194 S.) Berlin 872. G. Reimer. 3. —

—— theoret.-prakt. Zahlenlehre. 1. Thl. 2., verb. Aufl. gr. 8. (22¼ B.) Berlin 832, Reimer.

—— theoret.-prakt. Zahlenlehre. 2. Thl. 2., verb. Ausg. gr. 8. (24¼ B.) Berlin 839, Geo. Reimer.
1. Thl. 2., verb. Aufl. Ebendas. 1832. 1 Thlr. 4 Gr.

—— theoretisch-praktische Zahlenlehre. 1. Thl. 3., verb. Aufl. gr. 8. (21½ B.) Berlin 846, Förstner. *
2. Thl. (2., verb. Ausg.) Berlin 839, G. Reimer. 1 Thlr. 10 Ngr.

—— theoretisch-praktische Zahlenlehre 1. Thl. 4., durchgeseh. Aufl. gr. 8. (VI und 329 S.) Leipzig 856, Förstner'sche Buchh. *

—— dass. — 2. Thl. 3. Aufl. A. u. d. T.: die algebraische Analysis und die Differential- und Integral-Rechnung im ersten Lehrgange. 3., verb. Aufl. gr. 8. (VIII und 517 S.) Berlin 856, G. Reimer.

Wolff, F. B., praktisches Handbuch für Juweliere, Gold- u. Silberarbeiter. Mit mehreren nützl. Tab. gr. 8. (10 B. u. 8 Stnt.) Glogau 844, Flemming.

Wolff, F. G., das Geheimniß der Hefen- und Alkoholbildung. 8. (80 S. mit 1 lithogr. Zeichnung in Fol.) Mannheim 873. Bensheimer.

—— die Naturkläre oder das Geheimniß der Hefe- und Alkoholbildung und die unsichtbaren Feinde der Bierbrauerei. Wissenschaftlich begründete und praktisch bewiesene Originallehre. Nach eigenen Erfahrungen und selbstständ. Forschungen auf dem Gebiete der Mälzerei, Brauerei und Gährung. 2. vielverm. und verb. Aufl. gr. 8. (LI, 411 S.) Ebendas. 874.

Wolff, F. G., Naturkläre, Braukunst u. Naturgewalt, od. prakt. Fingerzeige zur Fabrikation gleichmäßig guter, naturklarer Biere, Mitverwendg. v. Reis- u. Maismalz u. die Verbanng. der sichtbaren u. unsichtbaren Feinde der Bierbrauerei Wissenschaftlich begründete u. praktisch bewiesene Originallehre m. Originalzeichngn. 3. Aufl. Neue billige (Titel-)Ausg. gr. 8. (XI, 490 S. m. Portr. u. 2 Taf.) Mannheim 889. Bensheimer. n. 7. 50

Wolff, F. W., prakt. Anleitung z. Uebersetzen aus d. Deutsch. in's Engl., sowohl f. d. höh. Klassen in Gymnasien u. Bürgerschulen als f. d. Privat-Unterr. — A. u. d. T.: Deutsches Lesebuch z. Gebr. f. Engländer. The new german reader adapted for the use of Englishmen. gr. 8. (13¾ B.) Berlin 840, Rücker u. Püchler.

— s. Briefe d. Liebe.

—— die Kunst, sich die engl. Sprache durch e. ganz neue, übersichtl. Methode in 52 eingetheilten Stunden gründl. eigen zu machen. Mit sorgfält. Bezeichn. d. richtigen Aussprache e. jeden darin vorkomm. Wortes. Nach A. B. Gravisi's Methode f. d. französ. u. engl. Sprache bearb. gr. 8. (6½ B.) Berlin 838, Bade. (?)

Wolff, F. W., die Kunst sich die englische Sprache durch eine ganz neue, übersichtl. Methode in 52 eingetheilten Stunden, selbst ohne Hülfe eines Lehrers, gründlich zu eigen zu machen. 2., oder prakt. Theil. gr. 8. (7 B.) Berlin 843, Heymann.
Vgl. Nachstehendes.

Wolff, F. W., kurzgefaßte englische Sprachlehre zum Schul- und Selbst-Unterricht nach einer neuen Methode in 52 Lehrstunden eingetheilt. 1. oder theoretischer Thl. 3. verm. u. verb. Aufl. A. u. d. T.: Die Kunst, sich die engl. Sprache in 52 eingetheilten Stunden selbst ohne Hülfe eines Lehrers gründlich eigen zu machen. Nach A. B. Gravisi's Methode für die französ. u. italien. Sprache bearb. 1. oder theoret. Thl. 3. Aufl. gr. 8. Berlin 844, Heymann. ½ Thlr

— dass. 2. oder prakt. Theil. Uebungen über die Anwendung aller Redetheile, eine Samml. v. Sprichwörtern 2c. gr. 8. Ebend. 843. ½ Thlr

—— Taschenbibliothek d. Lustreisen in Deutschland, s. Taschenbibliothek.

Wolff, Felix

Die Abteikirche von Maursmünster im Unter-Elsaß. Eine Monogr. von Felix Wolff, Architekt. *Berlin: E. Wasmuth in Komm. 1898.* 144 S., 26 Taf.) gr. 2°
= [Monographien elsassischer Kunstdenkmäler. 1.]

(B) **Wolff,** Fel., die Abteikirche v. Maursmünster. 898. (KBL 30.) Jetzt: Strassburg, L. Beust.

Wolff, Felix, Kammergerichtsref.: Die Befugnis des Testamentsvollstreckers zur Führung von Prozessen um die Wirksamkeit oder Unwirksamkeit des Testamentes. *Berlin 1902: H. S. Hermann.* (50 S.) 8°
Göttingen, Jur. Diss. v. [7. Aug.] 1902

Wolff, Fel., die Befugnis des Testamentsvollstreckers zur Führung v. Prozessen um die Wirksamkeit od. Unwirksamkeit des Testamentes. Diss. gr. 8. (50 S.) Berlin 902. (Göttingen, Vandenhoeck & Ruprecht.) n. 1.20

Die moderne Behandlung der Lungenschwindsucht mit besond. Berücks. d physikal.-diätet. Heilmethoden von Dr. Felix **Wolff** in Reiboldsgrün. Mit e. Vorw. von Prof. Dr. H[einrich] Curschmann, Leipzig. Wiesbaden: J. F. Bergmann 1894. (VIII, 187 S.) 8° [07. 8647

— s.: Beiträge zur Kenntniss der Tuberkulose.

Wolff, F[elix]. Elsässisches Burgen-Lexikon. Verzeichnis der Burgen und Schlösser im Elsass. Mit 54 Grundrisszeichnungen. [Herausgeber:] Kaiserliches Denkmal-Archiv zu Strassburg i. E. X + 440 S. gr.-8. Strassburg i. E., Ludolf Beust, 1908. (M. 12. —)
Veröffentlichungen des Kaiserlichen Denkmal-Archivs zu Strassburg i. E. Nr. 9....

Wolff, F., le classement des monuments historiques en Alsace-Lorraine. gr. 4. (9 S. m. Abbildgn.) Strassburg (901) J. Noiriel. n. 2. —
Sonderabdruck aus: „Revue alsac. illustr."

Wolff, F., die Denkmalpflege in Elsaß-Lothringen. Vortrag, geh. in der Ausstellg. der Denkmalpflege zu Straßburg am 5. X. 1905. (16 S.) gr. 8. Straßburg 905. K. J. Trübner. n. — 50
Sonderabdruck aus: „Straßburger Post".

Wolff, Fel., üb. d. Einfluss d. Gebirgsklimas auf d. gesunden u kranken Menschen. gr. 8. (VIII, 67 S.) Wiesbaden 895. J. F. Bergmann. n. 1. 20

Kais. Denkmal-Archiv zu Straßburg i. E. Einrichtungen und Tätigkeit der staatlichen Denkmalpflege im Elsaß in den Jahren 1890–1906. Von Prof. F[elix] **Wolff**, Konservator. Mit 38 Abb. Straßburg i. E.: Beust 1909. VIII, 164 S. 4°
(Veröffentlichungen d. Kaiserl. Denkmal-Archivs zu Straßburg i. E. Nr 10.) [illegible]

Wolff, F., Grundriss der Behandlung Lungenkranker in der Praxis nach Anstaltsmethode. gr. 8. (9 S.) München 899. Seitz & Schauer. n. 1. —
Sonderabdruck aus: „Deutsche Praxis".

Ⓑ **Wolff, F.**, Grundriss d. Behandlung Lungenkranker. 899. (KBL 32.) Jetzt: München, Verl. d. ärztl. Rundschau.

Handbuch der staatlichen Denkmalpflege in Elsaß-Lothringen. Im Auftr. d. Kais. Minist. f. Elsaß-Lothringen bearb. von F. **Wolff**, Konservator d. geschichtl. Denkmäler im Elsaß. *Straßburg: K. J. Trübner 1903.* (IX, 404 S.) 8° [illegible]

— u. Chr. **Saugman**, üb. dauernde Heilung der Lungen-Tuberkulose [m. 142 Krankengeschichten]. [Aus: „Beitr. z. Kenntniss d. Tuberkulose".] gr. 8. (56 S.) Wiesbaden 891. J. F. Bergmann. n. 1. 20

— s.: **Münster-Blatt, Strassburger.**

Die Klosterkirche St. Maria zu Niedermünster im Unter-Elsaß. Eine Monogr. von F[elix] **Wolff**, Konservator. *Straßburg: L. Beust 1904* (57 S., 25 Taf.) gr. 2°
— Monographien elsässischer Kunstdenkmäler. 2.

Wolff, F[elix]. Verzeichnis der Zeichnungen und Abbildungen der geschichtlichen Denkmäler in Elsass-Lothringen. [Bestand des:] Kaiserliches Denkmal-Archiv zu Strassburg i. E. Hrg. von Professor F. W'..., Vorstand des D'-Archivs. VIII + 232 S. gr.-8. Strassburg, Karl J. Trübner, 1905. [M. 12. —]

Wolff, Ferdinand von, aus Glogau a. O.: **Beiträge** zur Geologie und Petrographie Chile's unter besonderer Berücksichtigung der beiden nördlichen Provinzen Atacama und Coquimbo. *Berlin 1899: J. F. Starcke.* (85 S.) 8° ¶ (Aus: Zeitschr. d. D. geol. Ges., 51, 4.)
Berlin, Phil. Diss. v. 27. Nov. 1899

Wolff, F. v., Bericht üb. die Ergebnisse der petrographisch-geologischen Untersuchungen des Quarzporphyrs der Umgegend v. Bozen. (13 S.) Lex.-8. Berlin 905. (G. Reimer.) n. — 50
Sonderabdruck aus: „Sitzungsber. d. preuss. Akad. d. Wiss."

Wolff, Ritter etc. F., über Handwaffen, ihre Behandlung u. Unterhaltung bei den Truppen. gr. 8. Karlsruhe 843, Macklot. 1½ ℳ
Dass.s.a.:Wolf,Ferd.

Wolff, F., über Handwaffen, ihre Behandlung u. Unterhaltung bei den Truppen. gr. 8. (1¾ B.) Karlsruhe 843. [Mannheim, Bensheimer.]

Wolff, F., Vorstudien zu e. geologisch-petrographischen Untersuchung des Quarzporphyrs der Umgegend von Bozen (Südtirol). gr. 8. (6 S.) Berlin 902. (G. Reimer.) n. — 50
Sonderabdruck aus: „Sitzungsber. d. preuss. Akad. d. Wiss."

Wolff, [illegible]
Berlin, Med. Diss. v. 18. März [illegible]

Wolff, Frau Flora, geb. Pfeffer, Koch- u. Wirthschaftsbuch f. jüdische Hausfrauen. Unter Mitwirkg. hervorrag. Fachautoritäten hrsg. Nebst Anh.: Gesundheits-Lexikon von Lina Wolff. gr. 8. (XXXVI, 310 S.) Berlin 888. Cronbach. geb. n. 3. 50

Wolff, Fr., die Ehrensache zwischen Hrn. Hofger.-Rath Georgi und Freih. Heinr. v. Gagern. 12. (48 S.) Darmstadt 847, Jonghaus'sche Hofbuchh.

Wolff, Fr. A., die Persönlichkeit des Seelsorgers. (28 S.) Lex.-8. Leipzig (903). A. Strauch. n. — 50
Sonderabdruck aus: „Die Seelsorge in Theorie u. Praxis".

Wolff, Fr. Edw. Thdr., der evangel. Predigerstand nach seinen Bedürfnissen u. Erfordernissen. gr. 8. Lüneburg 823. Herold u. W. 20 gr.

Wolff, Fr. W. Der Stadt-Kreis Magdeburg. Magdeburg 1838 [illegible]

Wolff, Franz, approb. Arzt aus Lutzicken i. Ostpr.: Über **Atrophie** und compensatorische Hypertrophie der Lungen. *Greifswald 1902: J. Abel.* (42 S.) 8°
Greifswald, Med. Diss. v. 15. Mai 1902

Wolff, Frz., welke Blätter. Novellen. Mit Randzeichngn. v. Leop. Burger. 8. (IX, 183 S.) Leipzig 893. O. Mutze. n. 3. —

Wolff, Frz., ein Duell. Schauspiel in 3 Akten. (72 S.) 8. Leipzig 904. O. Mutze. n. 1. —

Wolff, Frz., Erschautes u. Erträumtes, s.: Pohl's allgemeine Volksbücherei deutsch-österreich. Schriftsteller.

Wolff, Franz [illegible]
Berlin, Phil. Diss. [illegible]

Wolff, Frz. Gedichte. Mit 5 Bildern nach Zeichngn. v. Leop. Burger. 12. (83 S.) Lpz. 892, Mutze. * 1 50

— neue Gedichte. 12. (88 u. III S.) Ebd. 893. n. 1. —; geb. n. 1. 50

— das Glück. Ein Sang v. der Donau. 12. (96 S.) Ebd. 895. n. 1. 50; geb. n. 2 —

Wolff, Frz., Lebenswege. Silhouetten vom Tage. (89 S.) kl. 8. Leipzig 906. Verlag f. Literatur, Kunst u. Musik. n. 1. 50; geb. n. 2. 50

Wolff, Frz., das verkaufte Lied. Eine Märchendichtung in 5 Acten. 8. (102 S.) Linz 902. Wien, Oesterreich. Verlagsanstalt. n. 2. —

Ⓑ **Wolff, Frz.**, das verkaufte Lied. 902. (KBL 32.) Jetzt: Wien J. Deubler.

Novellen. Von Franz **Wolff**. Leipzig: Mutze 1894. 122 S. 8° [illegible]

Wolff, Frz., Opfer d. Zeit. Schauspiel in 4 Akten. 8. (112 S.) Dresden 897. E. Pierson. n. 2. —

— Schattenrisse. 4 Einakter. (1. Eine Verlobg. 2. Der Ueberwinder. 3. Liebeswechsel. 4. Jubiläum.) (92 S.) gr. 8. Leipzig 903. O. Mutze. n. 1. 20

Wolff, Franz: Der Staat und die öffentlich-rechtlichen Korporationen. *Erlangen 1897: F. Junge.* (97 S.) 8°
Erlangen, Jur. Diss. v. 22. Juli 1897

— Theoderich. Trauerspiel in 5 Aufzügen. 8. (125 S.) Ebd. 891. n. 2. —

Wolff, Franz, Ein Weihesp., Leipzig 1893, 48 S., 16°.

Wolff, Frz., Weltgeschichte, s.: Schlosser, Fr. Chr.

Wolff, Franziska

Auf Bethlehems Fluren. Krippenspiel in 3 Akten mit Musikbeil. von Franziska Wolff. *Paderborn: F. Schöningh [1900].* (26 S.) 8° [F.]
= Dilettanten-Theater. H. 67. [01. 3009

An der Krippe. Krippenspiel f. kleinere Mädchen. Mit e. Musikbeil. von Franziska Wolff. *Paderborn: F. Schöningh 1900.* (12, 2 S.) 8° [F.]
= Theater f. d. weibliche Jugend. 18. [01. 2292

Die heilige Nacht. Ein Krippenspiel. Von Franziska Wolff. Mit 1 Musikbeilage. *Paderborn: F. Schöningh [1899].* (20, 4 S.) 8° [F.]
= Dilettanten-Theater. H. 56. [00. 1684

Wolff, Friedrich, s. Analekten der speziellen Pathologie.

Wolff, Friedrich, s. Anmerkk. zu Kirwan's Abhandl.

Wolff, Friedrich, s. Anmerkk., Antiphlogistische, d. Hrn. Morveau.

Wolf, Fr., Annalen d. chemischen Literatur. 3 Hefte. (auch als 5r Bd. v. Hermbstädts Bibliothek d. physisch-chemischen Literatur.) gr. 8. Berlin, Frölich. (Dunker u. H.) 802.

Wolff, Fr., Annalen der chem. Literatur. 3 Hefte. (auch als 5r Bd. von Hermbstädts Bibliothek der physisch-chem. Literatur.) gr. 8. Berl. 802, 3. (Duncker u. H.) 2 Rthlr 12 Gr Hbg. Pr. 1 Rthlr

Wolff, Friedrich, s. Auswahl d. Abhandll. u. Beobachtt. auswärt. Gelehrten.

Wolff, Friedrich, cand. phil. aus Hüngersdorf: Ein Beitrag zur Geschichte des Kupferbergbaues in Rio Tinto und Tharsis in der spanischen Provinz Huelva. *Bonn 1904: S. Foppen.* (78 S.) 8°
Bonn, Phil. Diss. v. 10. Febr. 1904

Wolff, Friedrich, Betrachtungen über den Fürsten des Machiavelli. Progr. des Joachimsthal. Gymn. Berlin 1828. 4°. 46 S.

Wolff, Friedrich, s. Biot: Anfangsgründe.

Wolff, Friedrich, s. Botte u. Riffault: Anweis.

Wolff, Friedrich, s. Brande, W. T.: Materia medica.

Wolff, Friedrich, s. Brewster, D.: Briefe.

— Britannien, unabhängig vom Handel rc. s. W. Spence.

Wolff, Friedrich (Übers.):
s.: Chaptal (Comte de Chanteloup), J(ean) A(ntoine Claude): Anfangsgründe der Chemie. (Eléments de chimie. Dt.) Königsberg: 1791 - 1792

Wolff, Friedrich, s. Daltons neues System.

Wolff, Friedrich, s. Davy, H.: Beitrr. u. dess. Elemente.

Wolff, Friedrich, aus der chirurg. Klinik. Das Empyem der Stirnhöhlen. Diss. Bonn 1887, Emil Strauss. 8°. 47 S.

Wolff, Friedrich, s. Fourcroy, A. F.: System.

Wolff, Friedrich, s. Henry, W.: Grundriß.

Wolff, F., Hinter den Koulissen e. Fürstenhauses u. seine polnische Verwandtschaft od.: Meine Ehe mit e. Fürstennichte. gr. 8. (14 S.) Zürich, C. Schmidt. 1900. —. 30.

— Lehrbuch der Chemie, nach den neuesten Werken von Murray, Thenard u. Thomson frei bearbeitet. 3 Bde. gr. 8. Berl. 820, 21. Voß. 10 Rthlr Hbg. Pr. 6 Rthlr

— — Supplemente rc. s. Klaproth, M.H.

Wolff, Friedrich, a. Hitzacker a. d. Elbe: Die elektrische Leitfähigkeit der Bäume, nebst Beiträgen zur Frage nach den Ursachen der Blitzschläge in Bäume. Halle a. S. 1907 (Ungeheuer & Ulmer, Ludwigsburg). (47 S., 1 Taf.) 8° [F.]
Halle, Phil. Fak., Ref. Dorn, Diss. v. 5. Aug. 1907
[Geb. 17. Aug. 80 Hitzacker a. d. Elbe, Prov. Hann.; Wohnort: Halle a. S.; Staatsangeh.: Preußen; Vorbildung: Realgymn. Lüneburg Reife O. 00; Studium: Landw. Akad. Bonn-Poppelsdorf 8, Univ. Halle 3 S; Rig. 4. Aug. 06.]

WOLFF, Friedrich: Die elektrische Leitfähigkeit der Bäume nebst Beiträgen zur Frage nach den Ursachen der Blitzschläge in Bäume. - Halle/S. 1907. 47 S., 1 Taf. - Diss. - (Naturwiss. Z. Land-u. Forstwirtsch. Jg. 5, 1907)

Wolff, Friedrich: Preußen und die Protestanten in Polen 1724. Berlin, R. Gaertner, 1894; 30 S. 4.
Berlin, Andreas-RG, OP 1894 (93)

Wolff, Friedrich, s. Raspail: System der Chemie.

Wolff, Friedrich, s. Schurer, F. L.: Abhandl. von Säurestoff.

Wolff, Friedrich, s. Thomson, Th.: System d. Chemie.

Wolff, Friedrich, s. Vauquelin: Handbuch. .

Wolff, Friedr. (geb. Dorsten in Westf. 23. 10. 1847): Ueber primäre Verrücktheit. Berlin (1872). (32 S.) 8°
Berlin, Med. Diss. v. 18. Juli 1872

Wolff, Fr., Vorlesungen üb. d. Chemie f. gebild. Leser aus allen Ständen. 2 Bde. Nach Laugier's Cours de Chimie générale. gr. 8. (31 u. 35 B.) Berlin 829, 30, Voß. à 1 Thlr. 20 Gr.

Wolff, Friedr., Vorlesungen üb. d. Chemie, f. gebild. Leser aus allen Ständen. Nach Laugier's Cours de Chemie générale. 2 Bde. (4 Hfte.) Neue (unveränd.) Ausg. gr. 8. (66 B.) Berlin 838, Voßische Buchh.

Wolff, Friedrich August: Ueber Herznaht und Herzverletzungen. Leipzig 1902: B. Georgi. (36 S.) 8°
Leipzig, Med. Diss. v. (17. Dez.) 1902.

Wolff, Friedrich G. R.: Beiträge zur Lehre vom otitischen Hirnabscesse. (Aus der Universitätsklinik für Ohrenkrankheiten zu Strassburg i. E.) *Strassburg i. E. 1897: Ch. Mûh & C.* (80 S.) 8°
Strassburg, Med. Diss. v. 1897

Wolff, Friedrich Karl, s. Cicero: V. d. Redner. – Cato d. Aeltere. – Auserles. Reden.

Wolff, Friedrich Karl, s. Plato: Republik.

Wolff, Friedr. Karl, einige Verhaltungsregeln, seinen Schülern, die sich d. Theologie widmen wollen, bei d. jetzigen Kampfe zwischen Rationalisten u. pietist. Mystikern in uns. Kirche, zur Beobachtung empfohlen. Eine Rede. 8. (1½ B.) Flensburg 832. (Altona, Aue.)

Z u der in der Flensburgischen Gelehrtenschule . . . anzustellenden öffentlichen Prüfung ihrer Zöglinge ladet ein Friedrich Carl **Wolff**. 1830, 33 und 39. Flensburg. 1830, 33 und 39. 4°

Wolff, Friedrich Moritz

Wolff, Fr(idericus) M(auritius): Untersuchung von Melaphyren aus der Gegend von Kleinschmalkalden. Accedunt 3 tabulae. Halis Saxonum 1878: Gebauer-Schwetschke. 30 S., 3 Taf. 8° [ohne die „Erklärung der Abb."]
Halle-Wittenberg, Phil. Diss. v. 5. Juni 1878
Geb. Berlin 21. 7. 1853. V.
Aus: Zeitschrift f. d. ges. Naturwissenschaften. Bd 51. Berlin 1878. S. 245 bis 272, Taf. 10–12.

Wolff, Fritz, s. A v e s t a , die hl. Bücher der Parsen.

Berlin, die Stadt der Hohenzollern. Rede bei d. Feier d. 200jähr. Jubil. d. Königr. Preussen u. d. Geburtstags S. M. d. Kaisers u. Königs 1901 geh. in d. Kgl. Techn. Hochschule zu Berlin von d. zeit. Rektor F r i t z **Wolff**. *Berlin 1901: Denter & Nicolas.* (14 S.) 4° [F.] [01. 3393]

Wolff, Fritz, s. **E n t w ü r f e** v. Studirenden der technischen Hochschule zu Berlin im Stile der Antike u. der Renaissance.

Wolff, Fritz (geb. Berlin 3. 2. 1853). Ein Fall von Encephalomalacie. Berlin (1875) (30 S.) 8°
Berlin, Med. Diss. v. 19. März 1875

Wolff, Fritz [aus Ellwangen in Württemb.]: Über Hexahydrocinchomeronsäure und Hexahydroapophyllensäure . . . München, Druck v. C. A. Seyfried & C., 1897; 38 S. 8.
München, Phil. Fak., Inaug.-Diss. v. 1897

Wolff, Fritz, a. Berlin: Die infinitive des Indischen und Iranischen. (Teil 1: Einleitg u. Abschn. 1.) Gütersloh 1905: Bertelsmann. (53 S.) 8°
Gießen, Phil. Fak., Ref. Bartholomae, Diss. v. 12. April 1905
[Geb. 11. Nov. 80 Berlin; Wohnort: Berlin; Staatsangeh.: Preußen; Vorbildung: Franz. Gymn. Berlin Reife M. 99; Studium: München 1, Heidelberg 3, Berlin 2, Gießen 4 S.; Rig. 27. Febr 05.]

Wolff, Fritz, die infinitive des Indischen u. Iranischen. 1. Tl.: Die oblativisch-genetiv. u. die accusativ. infinitive. (111 S.) gr. 8. Gütersloh 905. C. Bertelsmann n. 2. 40

— s.: Kunstgeschichte in Einzeldarstellungen.

Wolff, Fritz: Michelozzo di Bartolommeo. *Strassburg 1900: J. H. E. Heitz.* (31 S.) 4°(8°) ¶ (Erschien erweitert als H. 2 von: 'Zur Kunstgeschichte d. Auslandes'.)
Breslau, Phil. Diss. v. 23. Mai 1900

Michelozzo di Bartolommeo. Ein Beitrag z. Geschichte d. Architectur u. Plastik im Quattrocento von Dr. F r i t z **Wolff**. *Strassburg: J. H. E. Heitz 1900.* (101 S.) 4°(8°)
— **Kunstgeschichte**, Zur, d. **A u s l a n d e s**. H. 2. [00. 1018]

Miniaturen-Ausstellung. Berlin 1906. In den Salons Friedmann & Weber. (Verf.: Fritz **Wolff**.) Berlin: K. Schnabel [1907]. (138 S.) 8° [07. 13 53]

Wolff, Fritz, Referendar: Das Nachbarrecht nach dem Bürgerlichen Gesetzbuch und den Landesausführungsgesetzen. Borna-Leipzig 1909: Noske. VIII, 54 S. 8°
Heidelberg, Jur. Diss. v. 2. Febr. 1909, Ref. Schröder
[Geb. 28. April 84 Krefeld; Wohnort: Düsseldorf; Staatsangeh.: Preußen; Vorbildung: Städt. Gymn. Düsseldorf Reife O. 03; Studium: Heidelberg 3, Bonn 6 S.; Rig. 20. Jan. 09.] [U 09. 1939

Wolff, Frdr., Michael Pacher. (2 Bde.) 1. Bd. 143 Aufnahmen auf 96 Lichtdr.-Taf. (Mit VIII S. Text.) 50,5×37 cm. Berlin 909. Dr. F. Stoedtner.
In Halbperg.-Mappen, f. vollständ. 100. —

Wolff, Frz., und Herm. Keller, die neue Packhof-Anlage in Berlin. Fol. (36 S. mit 8 Kpfrtaf. und 29 Holzschn.) Berlin 888, Ernst und Korn. cart. *
Aus: Zeitschrift für Bauwesen, besonders abgedruckt.

— s.: **Revue, neue.**

Fritz **Wolff**. Verantwortung und Kunstkritik. Leipzig: Diederichs 1901. 38 S. 8° [01. 6250]

Wolff, Fritz, Referendar: Die Verfügungsmacht des Testamentsvollstreckers und ihre Grenzen. Posen 1909: Posener Neueste Nachrichten. XI, 61 S. 8°
Breslau, Jur. Diss. v. 12. Juli 1909, Ref. Fischer-Dahn
[Geb. 19. Dez. 84 Posen; Wohnort: Posen; Staatsangeh.: Preußen; Vorbildung: Friedrich-Wilhelms-Gymn. Posen Reife O. 03; Studium: Heidelberg 1, Berlin 1, Freiburg i. B. 2, Breslau 2 S.; Rig. 21. Febr. 09.] [U 09. 356

Wolff, G., Arzt u. Medizin im Spiegel des Rezepts. Ernstes u. Heiteres aus der Mappe e. Rezeptrevisors. (32 S.) gr. 8. Leipzig 908. (R. König.) 1. —

Wolff, G., Diktierstoff zur Einübung der deutschen Rechtschreibung, s.: Splettstößer, W.

— Methodik des Rechtschreibunterrichtes, s.: Splettstößer, W.

Wolff, G., die Wartung der Riemen und Getriebe in Fabriken. 8. (16 S.) Düsseldorf 879, Schwann.
Aus: Gewerbliche Zeitschrift, besonders abgedruckt.

Wolff, G. C., praes. D. B. Albini, De m e l a n c h o l i a . 38 pp. Frcf. ad V. 1787.

Wolff, G. Gust., Eröffnungsrede gehalten bei der ersten öffentl. Missionsstunde zu Darmstadt am 2. Advent 1849. gr. 8. (15 S.) Frankfurt a. M. 850, Zimmer'sche Sortimentsb. *

Wolff, G. H. [Red.], s. T i s c h l e r - Z e i t u n g . Allgemeine.

Wolff, G. W., Declamir-Buch f. d. Jugend, bestch. in e. Samml. v. Gedichten u. Fabeln f. Kinder v. 8—12 Jahren. 2. Ausg. 8. (17½ B.) Quedlinburg 835, Ernst'sche Buchh.

Wolff, G. W., Gedichte f. Kinder, zur Uebung im Sprechen u. Lesen. 8. Quedl. 826. Ernst. 10 gr.

Wolff, Georg

Wolff, G.: Kritische B e i t r ä g e zur Geschichte Karls des Grossen. (768 bis 771.) 80 S. 8° Hanau, Progr. 1872.

Wolff, Geo, die Bevölkerung d. rechtsrheinischen Germaniens nach dem Untergang der Römerherrschaft. Vortrag, geh. in d. Monatsversammlung des histor. Vereins f. d. Grossherzogt. Hessen am 21. Jan. 1895. [Aus: „Quartalblätter d. histor. Vereins f. das Grossherzogt. Hessen".] gr. 8. (7 S.) Darmstadt 895. A. Bergsträsser's Hofbhdlg. n. — 60

Wolff, Georg [app. Arzt aus Thorn]: Enteroptose und Wanderleber . . . Leipzig, Druck v. Sellmann & Henne, *1896*; 61 S., 1 Bl. 8.
Leipzig, Med. Fak., Inaug.-Diss. v. 6. März 1896

Entweder rechts oder links!! Wahlbetrachtungen von Georg **Wolff**. Berlin: R. Hobbing in Komm. [1907]. (22 S.) 8° [F.] [07. 17916

Wolff, Geo., die Erdbefestigungen v. Heldenbergen. gr. 4. (22 S. m. 3 Taf.) Heidelberg 900. O. Petters. n. 3. 60

Wolff, Geo., Zum Gedächtniß Kaiser Friedrichs. 4 Gedichte. Fol. (1 Blatt auf Karton.) Velten 889, Georg Wolff. * — 50
Aus: Veltener Zeitung, besonders abgedruckt.

An das Gewissen des deutschen Volkes. Von Georg **Wolff.** Hrsg. von dem Central-Verein deutscher Staatsbürger jüdischen Glaubens. Kassel 1901: Gotthelft. 46 S. 8°
Erwähnt auf S. 34 die den Frmrn durch Taxil gemachte Beschuldigung des Ritualmordes. Br Heilmann, Berlin.

Wolff, Geo., an das Gewissen des deutschen Volkes. 1. bis 10. Tauf. Hrsg. v. dem Central-Verein deutscher Staatsbürger jüd. Glaubens. gr. 8. (IV, 46 S.) Kassel 901. (Velten bei Berlin, Buchdr. G Wolff.) (Nur direkt.) n. —50

Wolff, Gg., u. Otto Dahm Der römische Grenzwall bei Hanau mit den Kastellen zu Rückingen und Marköbel Mit 4 lith Taf 85 S. **Progr.** G *Hanau* 1885

Wolff, Geo., u. Otto **Dahm,** der römische Grenzwall bei Hanau m. den Kastellen zu Rückingen u. Marköbel. Mit 4 lith. Taf. gr. 8. (86 S.) Hanau 885. Alberti. n. 4. —

Wolff, Geo., das Kastell Gross-Krotzenburg. (43 S. m. Abbildgn. u. 8 Taf.) gr. 4. Heidelberg 903. O. Petters. n. 8. 60
Sonderabdruck aus: „Der obergerm.-raet. Limes des Roemerreiches".

Wolff, Georg, a. Berlin: Über Gruppen der Reste eines beliebigen Moduls im algebraischen Zahlkörper. Göttingen 1905: Dieterich. (46 S.) 8°
Gießen, Phil. Fak., Ref. Netto, Diss. v. 1. Aug. 1905
[Geb. 14. Sept. 81 Berlin; Wohnort: Berlin; Staatsangeh.: Preußen; Vorbildung: Französ. Gymn. Berlin Reife M. 00; Studium: Berlin 5, Heidelberg 2, Innsbruck 1 S.; Rig. 24. Mai 05.]

Wolff, Geo., über Gruppen der Reste eines beliebigen Moduls im algebraischen Zahlkörper. Diss. (46 S.) 8. Göttingen 905. (Berlin, Mayer & Müller.) n. 1. 50

Wolff, Georg: Hochspannungs-Verteilungsanlagen nach dem Schaltwagensystem der Felten & Guilleaume-Lahmeyerwerke A.-G. Frankfurt a. M. 1908

— **Kastell Hofheim** u. d. and. Befestiggn. daselbst. [Aus: „Der obergerm.-raet. Limes d. Römerreiches".] gr. 4. (33 S. m. Abb. u. 8 Taf.) Heidelberg 897. O. Petters. n. 6. —

Wolff, Geo., ist die antisemitische Bewegung e. nationaler Freiheitskampf? 1.—5. Aufl. 12. (24 S.) Velten (b. Berlin) 893. 894. Geo. Wolff. n. — 20

Ist die antisemitische Bewegung ein nationaler Freiheitskampf? Von Georg Wolff. 34. Aufl. *Velten: Velt. Zeitung 1898.* (24 S.) 8° [F.] [o]. 8824 11

— das **Kastell Kesselstadt.** [Aus: „Der obergerm.-raet. Limes des Römerreiches".] gr. 4. (10 S. m. 2 Taf.) Ebd. 898. n. 2. —

Wolff, Geo., Kicher-Erbsen. Neue humorist. Orig.-Gedichte. (111 S.) kl. 8. Berlin (909). (P. Fischer.) 1.50

Wolff, Georg: Ueber Kollineationen in der Ebene. Giessen 1910: v. Münchow. 60 S. 8°
Gießen, Phil. Diss. v. 21. Sept. 1910, Ref. Pasch
[Geb. 27. März 86 Schmalkalden; Wohnort: Hersfeld; Staatsangeh.: Preußen; Vorbildung: Oberrealsch. I Kassel Reife O. 05; Studium: Munchen 3, Berlin 1, Göttingen 1, Marburg 5 S.; Rig. 29. Juli 10.] [U 11. 1390

Wolff, Georg [Praes.], s. K r u g , Johann: De praejudicio praecipitantiae.

— **Lachpillen.** 1. u. 2. Tl. nebst König v. Ivetot v. Béranger u. Die Räuber v. J. Krüger. 17.—26. Taus. (111 S. m. Abb.) 8. Ebd. (907). 1.50

GEORG WOLFF, Das römische Lager zu Kesselstadt bei Hanau. Mit 3 lithographierten Tafeln. Nebst einem Anhang von REINHARD SUCHIER: Fundstücke von Kesselstadt. Mit einer lithographierten Tafel. Hanau 1890. Im Selbstverlage des Bezirksvereins für Hessische Geschichte und Landeskunde zu Hanau. In Comm. der F. Königschen Buchhandlung (C. Pracht). 4°.

Das römische Lager zu Kesselstadt bei Hanau. Von Georg **Wolff.** Mit 3 lith. Taf. Nebst einem Anh. von R e i n h a r d S u c h i e r: Fundstücke von Kesselstadt. Mit 1 lith. Taf. — Hanau 1890: Kittsteiner. II, 102 S. 4°
(Mittheilungen d. Hanauer Bezirksvereins f. Hess. Gesch. u. Landeskunde. Nr. 13.)

— **Kastell Marköbel.** [Aus: „Der obergerm.-raet. Limes des Römerreiches".] gr. 4. (22 S. m. Abb. u. 3 Taf.) Ebd. 896. n. 3. —

Wolff, Georg: Über Mithrasdienst und Mithreen. Frankfurt a. M. (1909): Knauer. 24 S. 4°
Frankfurt a. M., k. Kaiser-Friedrichs-G OP 1909 (530) [S 09. 516

Wolff, Geo., die Römerstadt Nida bei Heddernheim u. ihre Vorgeschichte. Mit e. Plane der röm. Befestiggn. bei Heddernheim u. Praunheim. (46 S.) Lex. 8. Frankfurt a/M. 908. C. Jügel. 1. 50

— **das Kastell Okarben.** gr. 4. (87 S. m. 5 Taf.) Ebd. 902. n. 6. —
Sonderabdruck aus: „Der obergerman.-raet. Limes des Roemerreiches".

Wolff, Geo., 2 Predigten. (Die Wahl- und die Antrittspredigt.) gr. 8. (24 S.) Parchim 847. [Wismar,] Hinstorff'sche Hofbuchh.

Wolff, Georg: R e g i s t e r , s. J a h r b u c h , Biographisches, u. deutscher Nekrolog.

—— Reminiscenzen. Gedichte. 8. (93 S.) Heidelb. 890, Weiß' Verlag. geb. m. Goldschn. * 2 50

Wolff, G., das Römercastell u. das Mithrasheiligthum von Gross-Krotzenburg, nebst Beiträgen zur Lösung der Frage über die architektonische Beschaffenheit der Mithrasheiligthümer, s.a. Zeitschrift des Vereins für hessische Geschichte u. Landeskunde, N. F. 8. Suppl.

Wolff, G., Das Römercastell u. das Mithrasheiligthum zu Gross-Krotzenburg a. M. nebst Beiträgen z. Lösung der Frage üb. d. architekton. Beschaffenheit d. Mithrasheiligthümer. Gel. 1882. 101 S. m. 4 Taf. 4°.

Wolff, Georg Arnold [Assist. d. Univ.-Bibl. zu Erlangen]: Diu halbe bir. E. Schwank Konrads von Würzburg. M. Einl. u. Anm. hrsg. ... Erlangen, *k. b. Hof- u. Univ.-Buchdr. v. F. Junge,* 1893; CXXXV, 207 S. 8.
Erlangen, Phil. Fak., Inaug.-Diss. v. 1893

Wolff, Geo. Arnold, s.a. **Konrad v. Würzburg,** diu halbe bir.

Wolff, Georg Christoph (Schweinfurt) 4°Msc. 312/10

Dissertatio inauguralis medica de vincetoxico.
Präs. Johann Adolph Wedel.
Jena (Ritter) VI. 1720. 20 S.

Gew.: Georg Christoph Stoerius.
W. v.: Georg Wolffgang Wedel. 37173

Wolff, Georg Friedrich (Nürtingen) A. S. 1380/38

Dissertatio theologica de ecclesia Ruthenica.
Präs. Jeremias Friedrich Reuss.
Tübingen (Sigmund) XI. 1752. 48 S.

4 Resp. 37174

Wolff, Gerhard: Der Stahlkammerfachvertrag. Hamburg-Altona 1900: Bock & Schulz. 94 S. 8°
Jena, Jur. Diss. v. 16. Okt. 1909, Ref. Fehr
[Geb. 6. Juli 85 Hamburg; Wohnort: Hamburg-Altona; Staatsangeh.: Baden; Vorbildung: Oberrealsch. vor d. Holstentor Hamburg Reife O. 04; Studium: Jena 2, Heidelberg 4, Jena 1 S.; Rig. 13. Juli 09] [U 10. 2277

Wolff, Gerson. (geb. Tirschtiegel in Posen 15. 3. 1835): De eclampsia gravidarum, parturientium, puerperarum. Berolini (1861). (32 S.) 8°
Berlin, Med. Diss. v. 30. Juli 1861

Wolff, Gertrud P(aula), a. Pankow b. Berlin: Beiträge zur Entwicklungsgeschichte der Flechtenapothecien. (München 1905: V. Höfling.) (29 S.) 8° ¶(Aus: Flora oder Allg. bot. Zeitung, Erg.Bd 1905, H. 1.)
Berlin, Phil. Fak., Ref. Schwendener, Engler, Diss. v. 5. Aug. 1905
[Geb. 8. Aug. 77 Pankow b. Berlin; Heimatsort: Berlin; Staatsangeh.: Preußen; Vorbildung: Luisenstädtische Oberrealschule Berlin Reife O. 04; Studium: Berlin 8 S.; Rig. 8. Juni 05.]

Wolff, Gottfried

Wolff, Godefredvs ⟨geb. am 11 März 1834 in Düren⟩: De principibvs reipvblicae Carthaginiensis magistratibvs ... Bonnae, typ. Carthavsianis 1857. 2 Bl., 30 S., 1 Bl. 8.
Bonn, Phil. Fak., Diss. v. 19 Dez. 1857

Wolff, Gottfried August Benedikt

Wolff, G. A. B., **de actibus et scenis apud Plautum et Terentium.** Progr. I. Guben. 813. 4. (35 Seiten).

Wolff, G. A. B., De canticis in Romanorum fabulis scenicis. Pr. 1824. 50 S. 4°.

***Wolff*, Gf. Aug. Bdkt., de canticis in romanorum fabulis scenicis. 4maj. Halle 825. Gebauer. 9 K**

Wolff, G. A. B., Chronik des Klosters Pforta nach urkundl. Nachrichten. 1. Thl., von der Gründung bis 1223. gr. 8. (Mit 1 Steindr.) Leipzig 843, Vogel. $1^1/_3$ ℛ

Wolff, G. A. B., Chronik des Klosters Pforta nach urkundl. Nachrichten. 2. Thl., bis zur Gründung der Schule 1543. Mit Personen- u. Sachregister. gr. 8. (691 u. 117 S.) Leipzig 847, Vogel. 2 ℛ 24 ngr (2 Thle. 4 ℛ 4 ngr)

Wolff, G. A. B., in Terent. Andriae plurim. locos. Guben. 811. 4.

Wolff, G. A. B. Prolegomena ad Plauti Aululariam. 43 S.
Schulpforte, Progr. 1836

Wolff, Godofr. Aug. Bened., Prolegomena ad Plauti Aululariam. 4maj. (5¾ B.) Numburgi 836. (Lipsiae, Vogel.)

Wolff, G. A. B., Commentatio de prologis Plautinis. Progr. Guben 812. 4.

Wolff, Gottfried August Benedikt, s. Quinctilianus: De Institutione ...

Wolff, G. A. B. De Plauti Aulularia Act. III. scen. V. 8 S.
Pforta, Progr. 1843

Wolff, Günther, bacc. iur. a. Plauen i. V.: Der unbefugte Gebrauch einer Firma ⟨H.G.B. § 37⟩. Borna-Leipzig 1908: R. Noske. (IX, 66 S.) 8°
Leipzig, Jur. Fak., Diss. v. 30. Juli 1908
[Geb. 15. April 82 Plauen; Wohnort: Plauen; Staatsangeh.: Sachsen; Vorbildung: Kgl. Gymn. Plauen Reife O. 02; Studium: Kiel 1, München 2, Leipzig 7 S.; Rig. 30. Jan. 07]

Wolff, Gustav

Wolff, Gust., Ahasver, s.: Wolff, Johanna.

— de novissima oraculorum aetate. 4maj. (56 S.) Berolini 854, Springer's Verlag. Thlr. *

Wolff, Gust.: De ultima oraculorum aetate. 33 S. - Berlin Werd., Progr. 1854.

Wolff, Gust., applikator.-takt. Aufgaben, s.: Kollert, Ernst.

Wolff, Gustav. Die Begründung der Abstammungslehre. (Vortrag, gehalten am 26. Februar d. J. ....) 8.
Ausg. A: Von G' W' in Basel. — *In:* Süddeutsche Monatshefte ... hrg. von P(aul) N(ikolaus) Cossmann. Jahrg. 4, Heft 4. April 1907. München, Südd' Mon' G. m. b. H. (M. 1.50.) S. 385—397.
Ausg. B: ([Nebst einer] Abhandlung [über die] von August Pauly [vertretene] Lehre des Lamarckismus.) Von G. W', ... Professor ... [in] Basel. 48 S. München, Ernst Reinhardt, 1907. [M. 1. –]

[Ant. u. F.] Gustav **Wolff**. Die Beichte des Mönches ... *Berlin: S. Fischer 1898.* (2 Bl., 76 S.) 1 Bd 8. [97. 8460

Wolff, Gustav. Klinische und kritische Beiträge zur Lehre von den Sprachstörungen, von Dr. med. et phil. G' W', Privatdozent in Basel. Mit Figuren. IV + 100 S. 8. Leipzig, Veit & Comp., 1904. [M. 2.40]

Wolff, Gust., Beiträge zur Kritik d. Darwin'schen Lehre. Gesammelte u. verm. Abhandlgn. (aus dem biolog. Centralblatt). gr. 8. (V, 71 S.) Leipzig 898. A. Georgi. n. 2. —

Wolff, Gust., s.: Beziehungen d. Feld-Sanitätsdienstes zum Felddienste.

Wolff, Gust., vier griechische Briefe Kaiser Friedrichs II., s. Briefe.

Wolff, Gust., Capri. Bilder u. Träumereien. 8. (VIII, 79 S.) Berlin 893. S. Fischer, Verl. n. 1. 50

Wolff, Gustav [app. Arzt aus Baden-Baden]: Über Carcinom der Vulva ... M. e. Abb. u. e. Tab. Tübingen, F. Pietzcker, 1894; 22 S., 1 Taf., 1 Tab. 8.
Tübingen, Med. Fak., Inaug.-Diss. v. 1894

Wolff, Gustav: Die Cuticula der Wirbeltierepidermis ... Heidelberg, Buchdr. v. G. Geisendörfer, 1888; 22 S. u. 1 Taf. 8°
München. Phil. Fak., Inaug.-Diss. v. 1889.

Wolff, Gustav [Referendar]: Ueber Dereliktion von Recht und Besitz .... Göttingen, Druck d. Univ.-Buchdr. v. W. Fr. Kastner, 1888; 36 S. 8°
Göttingen, Jur. Fak., Inaug.-Diss. v. 29. Jun. 1888

Wolff, Gust., über Dereliktion von Recht und Besitz. Inaugural-Dissertation. gr. 8. (36 S.) Göttingen 888, (Vandenhoeck und Ruprecht.) *

Wolff, Gustav [Dr. med. et phil. I. Assistenzarzt an d. psychiatr. Klinik d. Univ. Würzburg]: Über krankhafte Dissoziation der Vorstellungen ... Hamburg, L. Voss, 1897; 72 S. 8.
Würzburg, Med. Fak., Hab.-Schr. v. 1897

— über krankhafte Dissoziation d. Vorstellungen. Habilitations-Schrift. [Aus: „Ztschr. f. Psychologie u. Physiologie d. Sinnesorgane".] gr. 8. (72 S.) Hamburg 897. Leipzig, J. A. Barth. n. 2. —

Wolff, Gustav, Das militärische Echo. Circa 2300 Citate aus den Werken berühmter Militär-Schriftsteller und Aussprüche bedeutender Feldherren über Heerwesen, Krieg und Kriegführung. Mit einem Porträt. (Militärische Taschenbücher, Band VI.) 12. (VIII, 565 S.) In Lnwd. geb. 2 60
Wien: Braumüller 1898.

Wolff, Gust., das militärische Echo. Citate u. Aussprüche über Heerwesen, Krieg u. Kriegführung, s.: Braumüller's militär. Taschenbücher, 6. Bd.

Wolff, G. Der Eilmarsch Wredes von Linz bis Wagram. Kriegsgeschichtliche Skizze. Innsbruck 1909. 20 S.

Wolff, Gust., das Goethe-Theater in Lauchstädt. Seine Geschichte u. seine Wiederherstellg. im J. 1908, m. zahlreichen Abbildgn. (XI, 80 S. m. 1 Taf.) 8. Halle (908). Gebauer-Schwetschke. 1. 50

Heerwesen- und Felddienst-Tabellen für den Militärarzt im Felde. Nach Dienstvorschriften, Reglements etc. vom Standpunkte des Sanitätsdienstes speciell bearbeitet von Gustav Wolff. (Militärärztliche Publicationen Nr. 53.) Wien. 1900. Šafář. 7 Tafeln in Mappe. K 2.—

— Heerwesen- u. Felddienst-Tabellen f. den Militärarzt im Felde, s.: Publikationen, militärärztliche. Nr. 53.

Wolff, Gustav: Zur Histologie der Hypophyse des normalen und paralytischen Gehirns. *Würzburg 1897: Stahel.* (13 S.) 8°
Würzburg, Med. Diss. v. 1897

— zur Histologie u. Hypophyse des normalen u. paralytischen Gehirns. [Aus: „Verhandlgn. d. phys.-med. Gesellsch. zu Würzb."] gr. 8. (13 S.) Würzburg 897. Stahel'sche Verlagsanstalt. n. — 60

Wolff, [illegible] De Sophoclis scholiorum Laurentianorum [illegible] Lipsiae (1842) [illegible] (Kössling [illegible])
[illegible] 1842

Wolff, Gust., de Sophoclis scholiorum Laurentianorum variis lectionibus. 8maj. Lipsiae 843, Peter. (Kössling.) $1^1/_2$ ₰

Wolff, Gustav. Mechanismus und Vitalismus von Gustav Wolff, ... Privatdozent in Basel. 36 S. 8. Leipzig, Georg Thieme, 1902. [M. 1. —]

— Mechanismus u. Vitalismus. 2. verm. Aufl. (53 S. m. 2 Fig.) gr. 8. Leipzig 905. G. Thieme. n. 1. 40

— militärische Propädeutik als Einleitung in das Studium des Feld- u. Sanitätsdienstes, s.: Cron.

Wolff, Gustav. Psychiatrie und Dichtkunst. Ein Vortrag von Dr. phil. et med. Gustav Wolff, Privatdozent in Basel. VI + 20 S. gr.-8. Wiesbaden, J. F. Bergmann, 1903. [M. 1.—]
Grenzfragen des Nerven- und Seelenlebens. Einzel-Darstellungen für Gebildete aller Stände. ... hrg. von Dr. med. L[eopold] Loewenfeld ... und Dr. med. H[ans] Kurella.... Heft 22...

— zur Psychologie des Erkennens. Eine biolog. Studie. gr. 8. (34 S.) Leipzig 897. W. Engelmann. n. — 60

Wolff, Gust. Roderich. Trauerspiel. 8. (III, 86 S.) Berl. 892, L. Lassar. * 2 —

— d. gegenwärt. Stand d. Darwinismus. Ein Vortrag. gr. 8. (30 S.) Ebd. 896. n. — 60

Wolff, Gust., reglementare Taktik. Ein Studienbehelf auf Grund der Reglements verf. I. Tl. Gefechtstaktik der Infanterie. Mit mehreren Abbildgn. u. tabellar. Übersichten im Text, sowie e. Skizze als Beilage. (XI, 115 S. u. 1 Bl.) 8. Wien 910. W. Braumüller. Geb. in Leinw. 3. 20

— eine applicatorische Übung im Freien f. Militär-Ärzte u. Sanitäts-Officiere. Mit 1 Ordre de bataille u. 4 Skizzen. 12. (23 S.) Wien 899. W. Braumüller. n. 1.40

Wolff, Gustav Adolf

Wolff, G. A., Papstthum, Cölibat u. Ohrenbeichte. Ein freies Wort an das deutsche Volk. 3. Aufl. 8. Breslau 845, Günther. 2 ngl

—— Sendschreiben an Joh. Ronge. 2. Aufl. 8. (1 B.) Breslau 844, Günther.

WAS bedeutet Papstthum, Cölibat, Ohrenbeichte! .... (von *Gust. Adolf Wolf*). 2. Aufl. Breslau 1845.
Anon.-Lex. IV. p. 376 (nach Meusel).

—— ein Wort an Kerbler u. Eichhorn. 8. (¾ B.) Breslau 845, Günther.

Wolff, Gustavus Ferd[inandus]: Dissertatio ... sistens experimenta quaedam de nervorum laesionibus. Halae (1818): Grunert. 31 S. 8°
Halle-Wittenberg, Med. Diss. v. 23. Dez. 1818
Geb. [Eutzsch (Kr. Wittenberg) 26. 11. 1796]

Wolff, Gustav Wilhelm

Wolff, Gust. Guil. [illegible] Sagan [illegible] Ossis maxillaris [illegible] conspectus pathologico-anatomicus. Berolini (1839) [illegible] 8°
Berlin, Med. Diss. v. [illegible] Febr. 1839

Auctions-Katalog der van Dyck-Sammlung des Dr. H. Wolff in Bonn. (28. Kupferstich-Auction von Amsler & Ruthardt.) Berlin 1885. 8°.

Wolff, H., die Auswanderer, s.: Immergrün.

Wolff, H., die Beizen, ihre Darstellung, Prüfung u. Anwendung. Für den prakt. Färber u. Zeugdrucker bearb. 8. (III, 192 S.) Wien 885. Hartleben. n. 3. —

Wolff H. die Beizen. (Bibliothek, Chemisch-technische 120) Wien 1885

Wolff, H., technische Entwickelung der Grundsätze zur Abschätzung von Stadtgebäuden nebst Untersuchungen über Beziehung und Einwirkung des Alters der Gebäude auf ihren Werth, mit besond. Berücksicht. des Projects der Bepfandbriefung städtischer Grundstücke. gr. 8. (VII und 46 S.) Berlin 849, [Ernst und Korn.]

Wolff, H., technische Entwickelung der Grundsätze zur Abschätzung von Stadtgebäuden nebst Untersuchungen über Beziehung und Einwirkung des Alters der Gebäude auf ihren Werth, mit besond. Berücksicht. des Projects zur Bepfandbriefung städt. Grundstücke. 2., durchgeseh. Aufl. gr. 8. (XIII und 50 S.) Berlin 861, Ernst und Korn.

Wolff, H., die Functionen des deutschen Gerichtsschreibers nach den Reichsjustizgesetzen, den für das Reich und in Preußen erlassenen Ausführungs- und Ergänzungsgesetzen, unter Berücksicht. der Geschäftsordnungen und Rescripte, und nach der Grundbuch-Ordnung. Für den pract. Gebrauch übersichtl. zusammengestellt und erläutert. 1. und 2. verm. und verb. Aufl. gr. 8. (IV, 106 S.) Oppeln 879, Franck. cart. *

Wolff, H., die Functionen des deutschen Gerichtsschreibers nach den Reichsjustizgesetzen, den für das Reich und in Preußen erlassenen Ausführungs- und Ergänzungsgesetzen, unter Berücksicht. der Geschäftsordnungen und Rescripte, und nach der Grundbuch-Ordnung. Für den pract. Gebrauch übersichtlich zusammengestellt und erläut. 3. verm. und verb. Aufl. gr. 8. (IV, 106 S.) Oppeln 880, Franck's Buchh. cart.

Wolff, H. Generalkarte des Königreichs Hannover. Mit Angabe der Chausseen und Landstrassen. 1 : 500 000. Hannover 1859. 1 Bl. c. K. Ff.

Wolff, H., Lohnermittelungen im Baugewerbe und Nahrungsmittelgewerbe in München, Winter 1905/06. 4⁰. München, Städt. Statist. Amt, 1906.

Wolff, H. L., (Heinr. Wilh. Schmidt), Auswahl deutscher Gedichte zu Declamationsübungen für Volks- u. Bürgerschulen. 8. (VIII u. 165 S.) Halle 850, Schmidt. n. 6 ngl

Wolff, H. L., Auswahl deutscher Gedichte zu Declamationsübungen. Für Volks- und Bürgerschulen hrsg. 2., verm. und verb. Aufl. 8. (VIII und 159 S.) Halle 858, Schmidt's Verlagsh. * 6 Ngr.; cart. **

Wolff, H. L., Auswahl deutscher Gedichte zu Declamationsübungen. Für Volks- und Bürgerschulen. 3.—5. Aufl. 8. (VIII, 160 S.) Halle 873—78, Schmidt's Verlagsh. cart. *

Wolff, H. L., Auswahl deutscher Gedichte zu Deklamationsübungen. Für Volks- und Bürgerschulen. 6. und 7. Aufl. 8. (VIII, 160 S.) Halle 881,83, Schmidt's Verlagsh. cart. *

— Mustersammlung deutscher Gedichte für Gymnasien, Real- u. höh. Bürgerschulen sowie für Privat-Institute hrsg. 8. (VIII u. 294 S.) Ebd. 850. — 2. verb. u. verm. Aufl. (VIII u. 344 S.) Ebd. 852. n. 16 ngl

Wolff, H. L., Mustersammlung deutscher Gedichte für Gymnasien, Real- und höhere Bürgerschulen sowie für Privat-Institute hrsg. 2. Aufl. (VIII und 344 S.) 1852. und 4., verb. und verm. Aufl. 8. (XII und 354 S.) Halle 856, Schmidt.

Wolff, H. L., Mustersammlung deutscher Gedichte für Gymnasien, Real- und höhere Bürgerschulen, sowie für Privat-Institute hrsg. 8.—10. Aufl. 8. (X und 360 S.) Halle 863—67, Schmidt's Verlag. cart. *

Wolff, H. L., Mustersammlung deutscher Gedichte für Gymnasien, Real- und höhere Bürgerschulen, sowie für Privat-Institute. 11.—14. Aufl. 8. (X, 360 S.) Halle 869—75, Schmidt's Verlag.

— Mustersammlung deutscher Gedichte, für Gymnasien, Real- und höhere Bürgerschulen, sowie für Privat-Institute hrsg. 15. Aufl. 8. (X, 368 S.) Ebendas. 877. cart. geb.

— Mustersammlung deutscher Gedichte, für Gymnasien, Real- und höhere Bürgerschulen, sowie für Privat-Institute hrsg. 16. Aufl., mit einem vorangestellten Gedicht von R. Reinick. (XI, 368 S.) 1880; 17. Aufl. 8. (X, 368 S.) Ebendas. 880. geb. *

— Mustersammlung deutscher Gedichte, für Gymnasien, Real- u. höhere Bürgerschulen, sowie für Privat-Institute hrsg. 17. Aufl. 8. (X, 368 S.) Ebend. 883. cart. n. 1. 60; geb. n. 1. 70

Wolff, H. L., Mustersammlung deutscher Gedichte, für Gymnasien, Real- und höhere Bürgerschulen, sowie für Privat-Institute hrsg. 18. und 19. Aufl. 8. (X, 368 S.) Halle 884,86, Schmidt's Verlagsh. geb. *

Wolff, H. L. Mustersammlg. deutscher Gedichte f. Gymnasien, Real- u. höhere Bürgerschulen, sowie f. Privat-Institute. 20. Aufl. 8. (XI, 376 S.) Halle 889, Schmidt. geb. ** 1 70
Die 1884 erschienene 18. Aufl. ist „Ausgabe für Rußland".

Wolff, H. L., Mustersammlung deutscher Gedichte f. höhere Lehranstalten, Bürgerschulen, Privat-Institute u. f. das deutsche Haus. 21., verm. u. verb. Aufl. 8. (XII, 436 S.) Halle 894. H. W. Schmidt. Geb. in Leinw. n. 2. —

Mustersammlung deutscher Gedichte für höhere Lehranstalten, Bürgerschulen, Privat-Institute u. f. d. deutsche Haus mit Berücks. d. neuen deutschen Rechtschreibung hrsg. von H. L. **Wolff**. 22. Aufl. *Halle a. S.: H. W. Schmidt 1903.* (XII, 448 S.) 8° [F.] (03. 1149 3

Wolff, H. L., Mustersammlg. deutscher Gedichte f. höhere Lehranstalten, Bürgerschulen, Privat-Institute u. f. das deutsche Haus, m. Berücksicht. der neuen deutschen Rechtschreibg. hrsg. 23. Aufl. (XII, 448 S.) 8. Halle 904. H. W. Schmidt. Geb. in Leinw. n. 2. —

Wolff, H. L., Mustersammlung deutscher Gedichte f. höhere Lehranstalten, Bürgerschulen, Privat-Institute u. f. das deutsche Haus. 70.—72. Taus. 24. Aufl. (XII, 448 S.) 8. Jena 907. H. W. Schmidt. 2.—; geb. 2. 50

Wolff, H. T. On Milton's „Samson Agonistes" both as a drama and an illustration of the poet's life. Diss. Göttingen 1871. 32 S.

Wolff, Hans: Aneurysma dissecans aortae mit Inversion des inneren Zylinders. Strassburg i. E. 1910: Müh. 39 S. 8°
Straßburg, Med. Diss. v. 1. April 1910, Ref. Chiari
[Geb. 30. Dez. 84 Straßburg; Wohnort: Straßburg; Staatsangeh.: Elsaß-Lothringen; Vorbildung: Protest. Gymn. Straßburg Reife Juni 04; Studium: Straßburg 5, München 1, Straßburg 4 S.; Coll. 20. Dez. 09; Approb. 7. Dez. 09.] [U 10. 4069

Wolff, Hans, aus Magdeburg: Über die Anzahl der Zerlegungen einer ganzen Zahl in Summanden. *Halle a. S. 1899: C. A. Kaemmerer & Co.* (23 S.) 4°
Halle, Phil. Diss. v. 28. Juli 1899

Wolff, Hans: Behandlung des Vorganges, daß eine ebene elektromagnetische Welle, die auf die ebene Oberfläche eines Körpers, insbesondere eines Leiters, auftrifft, von diesem reflektiert wird, auf Grund der Maxwellschen Gleichungen unter ausführlichem Eingehen auf die Art der stattfindenden Energiefortpflanzung. Borna-Leipzig 1910: Noske. 51 S. 8°
Rostock, Phil. Diss. v. 21. Febr. 1910, Ref. Weber
[Geb. 13. Dez. 84 Dresden; Wohnort: Zwickau i. Sa.; Staatsangeh.: Sachsen; Vorbildung: Wettiner-Gymn. Dresden Reife O. 04; Studium: Dresden Techn. Hochsch. 8 S.; Rig. 11. Febr. 10.] [U 10. 3996

Wolff, Hans, aus Wiesbaden: Aus d. Greifswalder medizin. Klinik. Beitrag zur Statistik der Kohlenoxydvergiftungen. *Greifswald 1899: J. Abel.* (37 S.) 8°
Greifswald, Med. Diss. v. 23. März 1899

Wolff, Hans (geb. Berlin 2. 7. 1847): Ein Fall von Bronzekrankheit. Berlin [illegible] (32 S.) 8°
Berlin, Med. Diss. v. 10. Juli 1872

Wolff, Hans, die Gustav-Adolf-Gemeinden des Schäßburger Kirchenbezirks (Felsendorf, Kreisch, Malmkrog, Peschendorf). Vortrag, geh. gelegentlich der Vereinstage in Neustadt am 28. VIII. 1904. (32 S.) 8. Hermannstadt 905. (W. Krafft.) n.n. — 21

Wolff, Hans, Gerichtsreferendar a. Frankfurt a. O.: Die Haftung für dritte Personen nach dem B.G.B., insbesondere die §§ 278 und 831 und ihr Verhältnis zu einander. Frankfurt a. O. 1907: F. Köhler. (VIII, 60 S.) 8°
Rostock, Jur. Fak., Ref. Bernhöft, Diss. v. 20. Juni 1907
[Geb. 30. Mai 83 Bitterfeld, Prov. Sachsen; Wohnort: Frankfurt a. O.; Staatsangeh.: Preußen; Vorbildung: Gymn. Frankfurt a. O. Reife O. 02; Studium: Halle 4, Berlin 1, Halle 1 S.; Rig. 13. Dez. 06.]

Wolff, Hans: Über Haematometra acquisita. Leipzig: G. Fock 1900. (43 S.) 8⁰
Leipzig, Med. Diss. v. Juni 1900.

Wolff, Hans, unser Internat. [Aus: „Kirchl. Blätter".) 8. (23 S.) Hermannstadt 898. W. Krafft. n.n. — 40

Wolff, Hans: Zur Kenntnis des Glucosamins. Berlin (1903): G. Schade. (48 S.) 8° (Erschien teilweise in: Berichte d. Deutschen chem. Gesellschaft, Jg. 34, 35, 36 u.d.T.: Über d. Nachweis von Chitosamin; Über d-Glucosamin u. Chitose; Über α- u. β-2-Amino-d-glucoheptonsäure.)
Berlin, Phil. Diss. v. 8. Juli 1903.

Wolff, Hans: Die holländische Landschaftsradierung des XVII. Jahrhunderts. ⟨Kap. 2.⟩ (Borna-Leipzig 1909: Noske.) 49 S. 8° ¶(Wird demnächst vollst. erscheinen.)
Berlin, Phil. Diss. v. 20. März 1909, Ref. Wölfflin
[Geb. 24. Jan. 82 Berlin; Wohnort: Berlin; Staatsangeh.: Preußen; Vorbildung: Friedrich-Wilhelms-Gymn. Berlin Reife O. 01; Studium: Berlin 10 S.; Rig. 23. Juli 08.] [U 09. 301

Wolff, Hans Johannes Lobel. Ein siebenbürgisch-deutscher Humanist. 4 (S. 3—28, 1 S. unp.).
Ev. G. A. B. u. damit verbund. Lehranstalten *Schässburg* 1891.
Progr.

— deutsches Lesebuch f. Mittelschulen, s.: Netoliczka, Osk.

Wolff, Hans, Regierungsrefer.: Das Pseudonym und sein Schutz durch die Vorschriften des Bürgerlichen Gesetzbuchs. Borna-Leipzig 1908: Noske. XII, 82 S. 8°
Leipzig, Jur. Diss. v. 19. Okt. 1908
[Geb. 8. Juni 82 Krefeld; Wohnort: Düsseldorf-Oberkassel; Staatsangeh.: Preußen; Vorbildung: Stadt. Gymn. Düsseldorf Reife O. 01; Studium: Heidelberg 4, Bonn 2 S.; Rig. 6. Aug. 04.] [U 09. 2731

Wolff, Hans: Der Purismus in der deutschen Litteratur des siebzehnten Jahrhunderts . . . Strassburg, Univ.-Buchdr. v. J. H. Ed. Heitz (Heitz & Mündel). 1888; 2 Bl. + 132 S. 8°
Strassburg, Phil. Fak., Inaug.-Diss. v. 1888.

Wolff, Hans: Der strafrechtliche Schutz des Berufsgeheimnisses. Breslau: Schletter 1908. X, 72 S. 8° ¶(Ersch. vollst. als: Strafrechtl. Abhandlungen. H. 86.)
Heidelberg, Jur. Diss. v. 1908, Ref. v. Lilienthal
[Geb. 9. März 85 Berlin; Wohnort: Straßburg; Staatsangeh.: Preußen u. Elsaß-Lothringen; Vorbildung: Protestant. Gymn. Straßburg Reife M. 04; Studium: Straßburg 2, Heidelberg 2, Straßburg 3 S.; Rig. 31. Juli 08.] [U 09. 1940

Der strafrechtliche Schutz des Berufsgeheimnisses. Gekrönte Preisschrift. Von Hans **Wolff**, Strassburg. Breslau: Schletter 1908. (XII, 178 S.) 8° = **Abhandlungen**, Strafrechtliche. H. 86. [08. 7002 4

Wolff, was müssen Kirchenälteste u. Gemeinde-Vertreter wissen v. der evangelischen Kirchenverfassung? Nach amtl. Quellen hrsg. (61 S.) 8. Berlin 905. Vaterländ. Verlags- u. Kunstanstalt. n. — 60

Was müssen Kirchenälteste und Gemeinde-Vertreter wissen von der Evangelischen Kirchenverfassung. Nach amtl. Quellen hrsg. von Pastor (Hans) **Wolff**, Cöpenick. (2. Aufl.) Berlin: Vaterländ. Verl.- u. Kunst-Anst. 1905. (61 S.) 8° [F.] [08. 391

Wolff, Hans, e. Glas Wasser, s.: Lektüre, interessante.

Wolff, Hans. Ein Glas Wasser, s. Novelletten, vier.

Wolff, Hans: Zur Würdigung einiger neuerer Vorschläge zur Behandlung des Abdominaltyphus . . . Berlin, Buchdr. v. Gustav Schade (Otto Francke) (1888); 30 S. + 1 Bl. 8°
Berlin, Med. Fak., Inaug.-Diss. v. 4. Dez. 1888.

Wolff, Harriot

—— Erlebtes u. Erdachtes. Gedichte f. die Jugend. Illustriert v. Fritz Reiß u. Anderen. gr. 8. (VI, 56 S. m. z. Tl. farb. Bildern.) Bielef. 892, Velhagen u. Klasing. cart. * 2 50

Wolff, Harriot, Gedichte. 8. (VIII, 232 S. m. Bildnis) Elberfeld 900. Gebr. Roth. Geb. in Leinw. m. Goldschn. 4.—

Wolff, Harriot. Corallen. Gedichte. qu. gr. 16. (12 S. mit farb. Illustr.) [Münch. 889.] Nürnb., Stroefer. * 1 —

Wolff, Harriot, wie Frauen lieben. Gedichte. (III, 79 S.) 8. Heidelberg 906. C. Winter Verl. n. 1. —; geb. in Leinw. n. 2. —

Wolff, Harry, Referendar: Die Urkundenfälschung zum Zwecke des besseren Fortkommens ⟨§ 303 Abs. 1 RStrGB.⟩. Berlin: de la Garde 1908. VII, 84 S. 8°
Freiburg i. B., Rechts- u. staatsw. Diss. v. 1909, Ref. v. Rohland
[Geb. 12. Apr. 81 Gera; Wohnort: Berlin; Staatsangeh.: Preußen; Vorbildung: Gymn. Berlin Reife O. 01; Studium: Berlin 6, Freiburg i. B. 2 S.; Rig. 22. Dez. 04.] [U 09. 900

Wolff, Heinrich

Wolff, Heinr., kurzgef. gründl. Anweisung z. Erlernung d. Reitkunst, f. Reitliebhaber u. angeh. Reiter, besond. z. Selbstunterr. anwendbar. 16. (8½ B. u. 1 Stnt.) Hamburg 840, Nestler u. Melle.

Wolff, Heinr., die diagnost. Bedeutung d. einzelnen Symptome d. hitzigen Hirnhöhlenwassersucht d. Kinder. gr. 8. (4 B. u. 1 Tab.) Bonn 839, Marcus.

Wolff, H. **Catilinae conjuratio ex fontibus narrata.** 26 S.
Gleiwitz, Progr. 1830

Erzählungen einer kleinen Schere. 16 Schattenschnitte von Heinrich **Wolff**. Königsberg Pr.: P. Aderjahn 1908. (3 Bl., 16 Taf.) 2° [F.] [08. 4145

Wolff, Heinrich, über Indigurie. Diss. Berlin 1887, Mayer & Müller. 8°. 28 S.

Cantate. (**Musik von Heinr. Wolff.**) o. O. u. J. 1 Bl. 8° [Kopftit.] Ohne Noten: „Seht, ein schönes neues Band . . .“ 140.

Wolff, H., Leitfaden f. den Unterricht in Geometrie an Baugewerkenschulen u. anderen gewerbl. Schulen. gr. 8. (IV, 40 S. m. 104 Fig.) Leipzig 901. F. Brandstetter. n. — 75

Wolff, Heinrich, a. Meschede i. Westf.: Pflichten und Befugnisse des Bankiers als Depositar, insbesondere in bezug auf Wertpapiere nach geltendem Recht. Berlin 1908: R. Trenkel. (VIII, 79 S.) 8°
Erlangen, Jur. Fak., Ref. Sehling, Diss. v. 21. Jan. 1908
[Geb. 25. Okt. 83 Meschede; Wohnort: Meschede; Staatsangeh.: Preußen; Vorbildung: Gymn. Brilon (Westf.) Reife O. 04; Studium: Erlangen 3, Berlin 5 S.; Rig. 21. Nov. 07.]

Wolff, Heinrich **[aus Berlin]: Ueber das Phenylallenylamidoxim . . . .** Berlin, Buchdr. v. Gustav Schade (Otto Francke) (1887); 52 S. + 1 Bl. 8°.
Berlin, Phil. Fak., Inaug.-Diss. v. 5. März 1887.

Wolff, Heinrich, über das Phenylallenylamidoxim. Diss. Berlin 1887, Mayer & Müller. 8°. 52 S.

Wolff, Heinr., Sätze u. Aufgaben der Geometrie f. Gymnasien, nach den preuß. Lehrplänen von 1901 zusammengestellt. 2 Tle. 8. Schleusingen 906. M. Schewe. Kart. n. 2. 90
1. Pensum der Unterstufe (Quarta bis Untersekunda). (V, 66 S. m. Fig.) n. 1. 20. — 2. Pensum der Oberstufe (Obersekunda u. Prima). (IV, 106 S. m. Fig.) n. 1. 70.

Wolff, Heinr., Sätze u. Aufgaben der Geometrie f. Realanstalten, nach den preuß. Lehrplänen v. 1901 zusammengestellt. 2 Tle. 8. Leipzig, B. G. Teubner. Kart. 3. 60
1. Pensum der Unterstufe (Quarta bis Untersekunda). (IV, 98 S. m. 157 Fig.) 908. Kart. 1. 60
2. Pensum der Oberstufe (Obersekunda u. Prima). (IV, 120 S. m. 136 Fig.) 909. Kart. 2. —

Wolff, H., Sätze u. Regeln der Arithmetik u. Algebra, nebst Beispielen u. gelösten Aufgaben. Zum Gebrauche an Baugewerkenschulen, Gewerbeschulen ꝛc. gr. 8. (IV, 102 S.) Leipzig 888. Teubner. cart. n. 1. 60

— Ein Schattenspiel. Des Kindes vier Jahreszeiten. Mit Reimen v. Carl Meißner. Hrsg. vom Kunstwart. Nach e. Wandfriese im Eigentum des Herrn Fabrikbesitzers Heumann in Königsberg. (18 S.) 30,5×38,5 cm. München (907). G. D. W. Callwey.
Auf Pappe, in Leporelloform 5. 50

Wolff, H[einr.], und J. Baumann, Tabellen zur Berechnung der organischen Elementaranalyse. 8. (4 S. auf Cartonpap.) Berlin 886, Springer. **

Wolff, H., 52 ein-, zwei- und vierstimm. Turn-Lieder und Canons. gr. 16. (112 S.) Gleiwitz 847. [Breslau, Schletter'sche Buchh.] *

Wolff, H., 52 ein-, zwei- u. vierstimm. Turn-Lieder u. Canons. gr. 16. (112 S.) Gleiwitz 847, Landsberger. n. 6 ngr

[F.] **Wolff,** *Eduard* Heinrich [aus Nordhausen]: Die Verbreitung der Bevölkerung im Harz ... Halle a. S., Druck v. Wischan & Wettengel, 1893; 36 S., 1 Bl., 1 Kt. 8.
Halle, Phil. Fak., Inaug.-Diss. v. [2. Aug.] 1893

Wolff, Heinr. M. Atilii Reguli vita. 24 S.
Gleiwitz, Progr. 1846

WOLFF, Heinrich (Schweinfurt): Über das Litten'sche Zwerchfellphänomen.- München: Kastner & Lossen 1895. 38 S.
28.11.1895 - Chr 1895/96,9; Jv 1895/96,231
Diss. Ingolst.-Landsh.-Mchn.

Wolff, Heinr., üb. d. Litten'sche Zwergfellphänomen. Diss. gr. 8. (38 S. m. Fig.) München 895. (J. F. Lohmann's Sort.) n. 1. —

Heinrich Hubert Wolff

De Remediis, methodisque quibusdam contra taeniam adhibitis. Berolini (1826:) Brüschcke. 32 S. 8°
Berlin, Med. Diss. v. 4. Apr. 1826

Wolff, Heinrich Wilhelm Justus

Wolff, Heinr. Wilh. Justus, allgem. faßl. Darstellung derjen. Grundwahrheiten d. Glaubenslehre Jesu, welche von denk. Christen aller Confessionen anerkannt werden müssen. gr. 8. (27 B.) Hamburg 840, Erié. *

Wolff, Hnr. Wlh. Just., Friedrich Wilhelm, Herzogs zu Braunschweig, erster u. zweiter Einzug in seine Hauptstadt. gr. 8. Helmst. 814. Fleckeisen. 3 gr

— Heinr. Ph. Konr. Henke; Denkwürdigkeiten aus s. Leben, s. G. K. Bollmann.

Wolff, Hnr. Wlh. Justus, Predigt, nach dem großen Brande von Hamburg, vom 5. bis zum 8. Mai, am ersten Pfingsttage 1842 gehalten. gr. 8. Hamburg 842. (Herold.) n. 1/8 rß

— Predigten in d. Andreas-Kirche zu Braunschweig gehalt. gr. 8. Braunschw. 818. Meyer. 1 rß 12 gr

—— Predigten in der St. Catharinen-Kirche zu Hamburg geh. Jahrg. 1840 u. 1841. 1. Bd. gr. 8. Hamburg, Kittler. [840. (28¼ B.) 841. * 1½ Thlr., 41. (25⅛ B.) 842. * 1 Thlr. *
Jahrg. 1841. 2. Bd. verbrannte in der Druckerei im Mai 1842.

—— Predigten in der St. Catharinen-Kirche zu Hamburg gehalten. gr. 8. (21¼ B.) Hamburg 843, Heroldsche Buchh. *

— dies. 4. u. 5. Bd. gr. 8. Hamburg 844, Herold. à n. 2 rß

Wolff, Heinrich Wilhelm Justus: Predigten an d. Tagen d. Säcularfeier d. Reformation ... 1817. s. Wolff, Joh. Wilh. Gli.

Wolff, Heinr. Wilh. Just., Predigtentwürfe. 1827, 29 u. 30. gr. 8. Hamburg, (Herold.) [827. (22 B.) 830. 1 Thlr. 12 Gr., 29 u. 30. (52 B.) 831. 2 Thlr.]

— die Wünsche u. Hoffnungen für die Erhöhung des Völkerglückes, zu welchen uns die gegenwärtige Zeit berechtiget. Eine Predigt. gr. 8. Braunschw. 820. Meyer. 4 gr

Wolff, Helene, um Wahrheit u. Recht! Ein Falschurteil des Oberlandesgerichts Frankfurt a. M., bestätigt vom Reichsgericht. (171 S.) gr. 8. Berlin 907. Herm. Walther. 2. —

(**Wolff**, [Hellmut]:) Die Arbeitlosenzählung in Halle a. S. vom 10. Jan. 1909. Halle a. S. 1909: Gebauer & Schwetschke. 37 S. 8°
(Beiträge z. Statistik d. Stadt Halle a. S. H.5.)

Wolff, H[ellmuth]. Zürichs Bevölkerung seit der Stadtvereinigung ⟨1893—1906⟩. Vortrag gehalten am 16. November 1906 in der statistisch-volkswirtschaftlichen Gesellschaft des Kantons Zürich. [Mit Figuren.] 26 S. 8. Zürich, Komm. Rascher & Cie., Druck der Buchdr. des Schweiz. Grütlivereins, 1906. fr. —.50
Statistik der Stadt Zürich. Hrg. vom Statistischen Amt der St' Z'. Nr. 6.

Wolff, Hellmuth. Die bauliche Entwicklung Zürichs im 19. Jahrhundert und bis zur Gegenwart. Als Vortrag gehalten in der Statistisch-Volkswirtschaftlichen Gesellschaft des Kantons Zürich. November 1907. 28 S. 8. Zürich, Buchdr. Züricher Post, 1908.

Wolff, Hellmuth, Dr.: Haushöhe und Hausrente. **Beitrag** zum Problem der Stockwerkhäufung. Halle a. S. 1909: Gebauer-Schwetschke. 76 S. 8° ¶ (Ersch. auch als: Beiträge z. Statistik d. Stadt Halle a. S. H. 7.)
Halle, Phil. Hab.-Schr. v. 5. Nov. 1909

Wolff, Hellmuth. Die soziale Käuferliga. Zur Einführung in ihre Aufgaben. (Erweiterter Abdruck einer Aufsatzreihe in der «Neuen Zürcher Zeitung». April Mai 1908.) 16 S. 8. Zürich, Rascher & Cie., 1908 [fr. —.50]

Wolff, Hellmuth: Russische Naphtha-Industrie und der Deutsche Petroleummarkt. Mit Tab. u. 2 Kartogrammen. Tübingen & Leipzig: J. C. B. Mohr 1902. (VIII, 94 S.) 8°
(Abhandlungen, Volkswirtschaftliche, der Badischen Hochschulen. Bd 6, H. 2.)

Wolff, Hellmuth, der Spessart. Sein Wirtschaftsleben. Mit Tabellen u. e. Spessartkarte. (XI, 482 S.) gr. 8. Aschaffenburg (905). C. Krebs n. 16. —

— Die Volkskunst als wirtschaftsästhetisches Problem. Vortrag, geh. auf dem 19. Verhandlungstag deutscher Kunstgewerbevereine in Halle a. S. am 28. III. 1909. Gedruckt auf Beschluss des Verbandstages. 1.—20. Taus. (30 S.) 8. Halle 909. Gebauer-Schwetschke. — 40

Wolff, Henry W., die Arbeiter-Versicherung in England (Grossbritannien u. Irland), s.: Zacher, die Arbeiter-Versicherung im Auslande.

Wolff, Hermann, aus Bonn: **Beiträge** zur Kenntnis der Cerverbindungen. *Bonn 1903: S. Foppen.* (49 S.) 8°
Bonn, Phil. Diss. v. 18. Juli 1903

Wolff, Hermann [aus St. Johann a. d. Saar]: Beiträge zur chemischen Kenntniss der basaltischen Gesteine des Knüllgebiets (Kurhessen). ... München, J. A. Finsterlin, 1890; 24 S. 8°
Erlangen, Phil. Fak., Inaug.-Diss. v. 1890

Wolff, Hermann (geb. am 27 Juli 1849 in Morken Kr. Bergheim): Ueber pulsirenden Exophthalmus ... Bonn, Druck v. P. Neusser (1875). 1 Bl., 40 S., 1 Bl. 8.
Bonn, Med. Fak., Diss. v. 20 März 1875

Wolff, Hermann (geb. Oct. [16. 2. 1843]): Ein merkwürdiger Fall von Schädelverletzung. Breslau (1867). (33 S.) 8°
Breslau, Med. Diss. v. 25. Okt. 1867

Wolff, Herm., Formelsammlung zur analytischen Geometrie d. Ebene u. d. Raumes. (28 autogr. S. m. Fig.) 8. Berlin 910. (Maass & Plank.) — 70

— **Trigonometrische Formelsammlung.** (30 S. m. Fig.) kl. 8. Ebd. 908. — 70

Wolff, Herm., Gemüth und Charakter. Sechs Vorträge. gr. 8. (144 S.) Leipzig 882. Gerhard.

Wolff, H., die metaphysische Grundanschauung Kants, ihr Verhältniss zu den Naturwissenschaften und ihre philosophischen Gegner dargestellt und beurtheilt. 8. (VIII, 64 S.) Leipzig 870, (Dürr'sche Buchh.)

Wolff, Herm., Handbuch der Ethik. gr. 8. (XII, 94 S.) Leipzig 890. Friedrich. n. 2. —

Wolff, Herm., Handbuch der Logik, zum Gebrauche auf Universitäten, Gymnasien, Realgymnasien, Seminarien u. zum Selbststudium neu dargestellt. 8. (VI, 166 S.) Leipzig 884. Denicke. n. 1. 50

Wolff, Herm., **Handbuch der Logik, zum Gebrauche auf Universitäten, Gymnasien, Realgymnasien, Seminarien und zum Selbststudium neu dargestellt.** 2. (Titel-)Aufl. 8. (VIII, 166 S.) Leipzig 888, Brehse. *

—— Κόσμος. Die Weltentwickelung, nach monistisch-psychologischen Prinzipien auf Grundlage der exakten Naturforschung dargestellt. 2 Bde. gr. 8. Ebd. 890. * 15 —
1. Die naturwissenschaftlich-psychologische Weltanschauung der Gegenwart. (XXI, 336 S. m. 7 Taf.)
2. Biontologie. Versuch e. psychologisch-eth. Erklärung des Daseins. (XII, 363 S.)

Neue Kritik der Reinen Vernunft. Nominalismus oder Realismus in der Philosophie v. Dr. Hermann **Wolff**, weil. Doz. ... a. d. Univ. Leipzig. *Leipzig: H. Haacke 1897.* (VIII, 470 S.) 1 Bd 8. [97. 979

—— Logik und Sprachphilosophie. Eine Kritik des Verstandes. gr. 8. (XII, 414 S.) Berlin 880, Denicke's Verlag. *

— Logik u. Sprachphilosophie. Eine Kritik d. Verstandes. 2. Ausg. gr. 8. (XII, 414 S.) Ebend. 883. n. 6. —

— **Nivellieren. Formulare u. Berechngn.** (V, 69 S. m. Abbildgn. u. 4 Taf.) 8. Ebd. 910. Geb. 2. —

Wolff, Hermann [aus Saarburg]: Über Pseudobulbaerparalyse Berlin, C. Vogts Buchdr., *1895;* 29 S., 1 Bl. 8.
Berlin, Med. Fak., Inaug.-Diss. v. 28. März 1895

Wolff, Herm., Sammlung der Reichs- u. Landesgesetze f. das Herzogth. Braunschweig. 2. Aufl. 3 Thle. gr. 8. Braunschweig, J. H. Meyer. n. 86. —; geb. in Halbfrz. n. 43. —; auch in 36 Lfgn. à n. 1. —
1. (VIII, 899 S.) 899. 900. n. 12. —; geb. n. 14. 50
2. (IV, 1110 S.) 900—902. n. 14. —; geb. n. 16. 50
3. (IV, 783 S.) 900—902. n. 10. —; geb. n. 12. —

—— über das Seelische im Kinde und die dadurch begründete Nothwendigkeit einer gründlichen logisch-psychologischen Durchbildung des Lehrers [Erziehers]. Ein Vortrag, gehalten auf der 24. allgemeinen deutschen Lehrerversammlung zu Karlsruhe. gr. 8. (36 S.) Prag 881, Tempsky. *

Wolff, Herm,, Spekulation und Philosophie. 2 Bde. gr. 8. Berlin 878, Denicke's Verlag. à Bd. * M. 6.
Inhalt:
Bd. 1. Der spekulative Rationalismus. (XXVII, 320 S.)
» 2. Der empirische Realismus. (VIII, 315 S.)

— Spekulation u. Philosophie. 1. u. 2. Bd. 2. Ausg. gr. 8. Ebend. 883. à n. 5. —
1. Der spekulative Rationalismus. (XXXVIII, 320 S.)
2. Der empirische Realismus. (VIII, 315 S.)

Wolff, Hermann: Umbelligerae - Apioideae-Bupleurum, Trinia et reliquae Ammineae heteroclitae. Mit 155 Einzelbild. in 24 Fig. Leipzig: W. Engelmann 1910. 214 S. 8°
(Das Pflanzenreich. H. 43. (IV. 228.))

—— **Wegweiser in das Studium der kantischen Philosophie. Eine Darstellung des geistigen Entwicklungsganges Kant's, des krit. Grundproblemes und der Lösung desselben in den drei Kritiken.** gr. 8. (V, 106 S.) Ebendas. 884. *

—— die Ziele des akademischen Studiums und die Mittel, durch welche dieselben erreicht werden. Ein Vortrag, gehalten in der student. Reformverbindung Alemannia zu Leipzig. gr. 8. (28 S.) Ebendas. 878.

—— über den Zusammenhang unserer Vorstellungen mit Dingen ausser uns. gr. 8. (XVI, 144 S.) Leipzig 875, (Dürr'sche Buchh.)

Wolff, Herman Ivo, prakt. Arzt aus Berlin: **Indikation und Technik der Blasenexstirpation.** *Leipzig 1901: B. Georgi.* (31 S.) 8°
Leipzig, Med. Diss. v. (20. Mai 1901

Wolff, Hugo

Die Annahme-, Prüfungs-, Anstellungs- und Besoldungs-Verhältnisse der Gemeindebeamten in den Groß- und Mittelstädten, sowie in großen Landgemeinden Preußens. Hrsg. v. Zentralverbande d. Gemeindebeamten Preußens ⟨e. V.⟩, bearb. von [Hugo] **Wolff**, Stadtrechn.Revisor. Cassel 1910: Liesegang. 361 S. 4° [11. 2430 4

Wolff, Hugo, über e. Fall v. circulärem Condylom der Urethra m. Gefäss-, Drüsen- u. Epithelwucherung. Diss. gr. 8. (21 S.) Freiburg i/B. 902. Speyer & Kaerner. n. — 80

Wolff, Hugo [Arzt aus Berlin]: Zur Lehre von der Chylurie Berlin, Buchdr. v. G. Schade, *1891*, 31 S. 8.
Berlin, Med. Fak., Inaug.-Diss. v. 9. Okt. 1891

Wolff, Hugo, über die Skiaskopietheorie, skiaskopische Refraktionsbestimmung u. üb. mein elektrisches Skiaskopophthalmometer, nebst Bemerkgn. üb. die Akkommodationslinie u. die sphär. Aberration des Auges. Eine Monographie. gr. 8. (VII, 60 S. m. 12 Abbildgn., 2 Taf. u. 1 Tab.) Berlin 903. S. Karger. n. 3. —

Wolff, Hugo, die Skiaskopietheorie vom Standpunkt der geometrischen Optik, der Ophthalmoskopie u. entoptischen Wahrnehmg. (entoptische Skiaskopietheorie). (28 S. m. 2 Abbildgn.) Lex.-8. Berlin 905. S. Karger. n. — 80

Das System der Skiaskopie und Ophthalmoskopie vom Standpunkt der physischen, physiologischen und geometrischen Optik. Von Dr. Hugo **Wolff** in Berlin. Mit 15 Textfig. u. 10 Taf. Berlin: S. Karger 1906. (139 S.) 4° [07. 6019

Wolff, J., de arris sponsalitiis, vulgo: von Mahlschätzen. Altorf. 1770. 4.

Wolff, J., Teutschland in seine X Kreise abgetheilt, worinnen ... alle darinn aufgestellte Post-Stationes ordentlich angezeigt, wobey auch, wie weit es von einer zu der andern ... gewiesen wird. Augspurg [1705?] . . . . (Br. Mus.)

Wolff, J., die Geheimsprache der Handelsleute oder Dolmetscher und Lexikon zur Entzifferung aller beim Handel und Wandel vorkommenden jüd. und jargon. Wörter und Redensarten für Metzger, Viehhändler, Oekonomen und Gewerbtreibende aller Art. 8. (31 S.) Essen 879. [Berlin.] Leipzig, Grieben's Verlag.

Wolff, J., die Geheimsprache der Handelsleute od. Dolmetscher u. Wörterbuch zur Entzifferg. aller beim Handel u. Wandel vorkomm. jüd. u. jargon. Wörter u. Redensarten f. Metzger, Viehhändler, Oekonomen u. Gewerbetreibende aller Art. 2. Aufl. 8. (32 S.) Leipzig 884. Th. Grieben. n. — 75

Wolff, J., die Geheimsprache der Handelsleute, 3. Aufl, s.: Bischoff, E., jüdisch-deutscher Dolmetscher.

Wolff, J., über Havarie grosse, mit Rücksicht auf die Bestimmungen des neuen deutschen Seerechts. Red. im Bureau des Handels- u. Gewerbe-Vereins für Rheinland u. Westphalen. Düsseldorf 861. Schaub. gr. 8. (116 S.) n. 15 ngr.

Wolff, J., Kalligraphie. Praktische Schnell-Schön-Schreib-Schule oder die Kunst, ohne Lehrer sich in 8 Lectionen eine koulante, kaufmänn., schön und geläuf. Handschrift anzueignen. Zum Selbstunterricht und für Schulen. qu. 4. (10 S. und 14 Stnt. mit Text.) Frankfurt a. M. 870, (Levy.)

—— dass. — qu. 4. (III, 20 S. mit 15 Stnt.) Strassburg 872, (Schneider.)

—— dass. — qu. 4. (20 S. mit 15 Stnt.) Frankfurt a. M. 873, Hamacher.

Wolff, J., vollständiger Rechenknecht nach Silbergroschen und Gutegroschen. Eine genaue Berechnung von 1 Pf. bis zu 1 Thlr. nach Stücken, Ellen, Pfunden 2c. von 1 bis 1000. Nebst einer Interessen-Rechnung von 2, 2½, 3, 3½, 4, 4½, 5 und 6 Prozent für Tage, Monate und Jahre, sowie eine Wispel-, Scheffel- und Metzen-Berechnung. 12. (82 S.) Wernigerode 854. (Quedlinburg, Huch.) *

—— Selbstunterricht im Schönschreiben oder die Kunst in 36 Lectionen sich eine schöne und geläufige Schrift anzueignen. Mit Federzeichnungen zur Stellung der Hand, Federhaltung 2c. Nebst einer speciellen Abhandlung über die Wahl der Federn, sowie des sonst erforderl. Materials. 1. Cursus. 2. Aufl. qu. 4. (15 Stnt.) Cassel 874, Wigand.

Wolff's Unterrichtsbriefe der Kalligraphie, enth. Deutsche, Englische, Kopf-, Ronde- und Blumenschrift, sowie Zahlen. 8 Briefe. qu. 4. (à 8 S. mit Stnt.) [Stuttgart 875, Metzler'sche Buchh.] Frankfurt a. M., Diesterweg.
1.—6. Brief à * M 1.; 7. und 8. Brief à * M 1,50. *

— Unterrichts-Briefe der Kalligraphie, enth. deutsche, engl., Kopf-, Ronde- u. Blumen-Schrift, sowie Zahlen. 1. u. 2. Brief. qu. 4. (à 8 Steintaf. m. Text auf der Rückseite.) Stuttgart 875. 76. Metzler. à n. 1. —

Wolff's, J., Unterrichts-Briefe der Kalligraphie, enth. deutsche, engl., Kopf-, Rond- u. Blumen-Schrift, sowie Zahlen. 8 Briefe. qu. gr. 8. (16 S. m. 64 Steintaf. mit Text auf der Rückseite.) Frankfurt a/M. 877. Diesterweg in Comm. n. 9. —

Wolff, J. A., Geschichte der Stadt Calcar während ihrer Blüthe m. Berücksicht. der früheren u. späteren Zeit. Nach zahlreichen unedirten Quellen aus dem dort. Stadtarchiv. gr. 4. (VIII, 154 S. m. 1 Taf.) Frankfurt a/M. 893. A. Foessor Nachf. n 4. —

Wolff, J. A. Die St. Nicolai-Pfarrkirche zu Calcar und ihre Kunstdenkmäler. 89 Original-Photographien. Mit kurzen urkundlichen Notizen. 2 Bde. Cleve 1878. 4°.

Wolff, J. A., die St. Nicolai-Pfarrkirche zu Calcar, ihre Kunstdenkmäler und Künstler, archivalisch und archäologisch bearb. Ein Beitrag zur niederrhein. Kunstgeschichte des Mittelalters. gr. 4. (XI, 91 S. mit 3 Orig.-Photogr.) Calcar 880. (Köln, Boisserée.)

Wolff, J. C., der Baufreund oder allgemeine Anleitung zur bürgerl. Baukunst. gr. 8. (Mit 13 lith. Taf.) Zürich 846, Schultheß. 1⅓ ß

Wolff, J. G., Nürnberg's Gedenkbuch. Eine vollständ. Sammlung aller Baudenkmale, Monumente u. anderer Merkwürdigkeiten dieser Stadt. In 20 Lfgn. mit 100 Blätt. nach Originalzeichnungen. 1—16. Lfg. 4. (à Lfg. 5 Kpfrt.) Nürnberg 843—47, Schrag, Vrlgsh. à * 10 Ngr. Chines. Pap. à *

—— dass. 1—10. Lfg. od. 1. Bd. 4. (50 Kpfrt. u. 9¾ B. Text.) Ebds. 847. In engl. Einbd. * 4 Thlr. 20 Ngr. Chin. P. *

—— dass. 1. Textlfg. Kupfererklärung (von Fr. Mayer) zum 1. Bde. od. zur 1—10. Lfg. 4. (9¾ B. u. gest. Ttl.) Ebds. 847. *10 Ngr. Feine Ausg. *

**Wolff, J. G., Nürnberg's Gedenkbuch. Eine vollständ. Sammlung aller Baudenkmale, Monumente etc. dieser Stadt. 17—20. (letzte) Lfg. Schluss des 2. Bds. 4. (20 Kpfrt.) Nürnberg 848—49, J. L. Schrag. à Lfg. * 10 Ngr. *
Chines. Pap. à Lfg. * 15 Ngr. ***
1—16. Lfg. Ebendas. 1843—47. * 5 Thlr. 10 Ngr. Chines. Pap. * 8 Thlr.

**—— dass. — 2. Textlieferung. Kupfer-Erklärung zum 2. Bd. oder zur 11—20. Lfg. Taf. 51—100., von Friedr. Mayer. 4. (78 S. mit Ttl. in Kpfrst.) Ebds. 850. *
Feine Ausg. ***
1. Textlfg. zum 1. Bde. Ebendas. 1847. * 10 Ngr.

**—— dass. — Suppl.-Lfgn. Nr. 1. 4. (5 Kpfrt.) Ebds. 852. *
Chines. Pap. ***

Wolff, J. G., Nürnberg's Gedenkbuch. Eine vollständ. Sammlung aller Baudenkmale, Monumente und anderer Merkwürdigkeiten dieser Stadt. Suppl.-Lfgn. Nr. 2—4. 4. (à Nr. 5 Kpfrt.) Nürnberg 853, J. L. Schrag. à Lfg.

**—— Nürnberg's Gedenkbuch. Eine vollständ. Sammlung aller Baudenkmale, Monumente und anderer Merkwürdigkeiten dieser Stadt. Suppl.-Lfgn. Nr. 5. 4. (5 Kpfrt.) Nürnberg 857, J. L. Schrag's Kunstverlag. *
chines. Pap. ***
Nr. 1—4. Ebendas. 1852,53. * 1 Thlr. 10 Ngr.; chines. Pap. * 2 Thlr.

Wolff, J. G., erste Grundlage d. ration. Zeichnungsunterrichts. 4. (14 Stnt. u. 1 B. Text.) Nürnberg 841, [Schrag, Vrlsbh.] *

Wolff, J. G., erste Grundlage des rationalen Zeichnungs-Unterrichts. 2., verb. Aufl. 4. (11 S. Text mit 44 lithogr. Bl.) Leipzig 860. [Dresden,] Klemm's Verlagsh. Thlr. *

Wolff, J. H., lutherische Antwort auf die Denkschrift der theologischen Facultät zu Göttingen. gr. 8. (92 S.) Stade 854, Schaumburg. *

Wolff, J. H., Beiträge zur Aesthetik d. Baukunst, od. die Grundgesetze d. plast. Form, nachgewies. an d. Haupttheilen d. griech. Architectur. Lex.-8. (10¼ B. u. 28 Kpfrt.) Darmstadt 834, Leske.

Wolff, M. J. H., d. neue Gelegenheitsdichter f. Kinder. Zu Weihnachts-, Neujahrs- u. Geburtstagsfesten 2c. 8. Leipz. 826. Serig. 6 K

Wolff, J. H., die wesentlichste Grundlage der monumentalen Baukunst. Historisch dargelegt an den Meisterwerken der alten Architectur. Eine Abtheilung geschichtl. Vorträge gehalten in den 50er Jahren (mit erläuternden in den Text gedr. Holzschn.) 1. Aufl. 1854. * 1 Thlr. 10 Ngr. und 2. (Titel-)Ausg. hoch 4. (X und 99 S.) Göttingen 856 (57,) Wigand. *

—— Handbuch der höheren Kunst-Industrie. Für Gewerbtreibende und Künstler, so wie für Lehranstalten. Umfasst in Heften die Abbildungen der hervorragendsten Werke dieses Kunstzweiges aus alter und neuer Zeit nach Originalen, welche sich in Rom, in Neapel, Pompeji, Paris, London, Wien, Berlin, München etc. befinden; nach eigenen Zeichnungen und den bewährtesten Kupferwerken etc. Zusammengestellt nebst einer ausführl. Kritik und Anleitung zum eigenen Schaffen. 1—3. Lfg. Imp.-Fol. (18 Stnt. mit VIII und S. 1—110 Text in Lex.-8.) Göttingen 855, Wigand. à Lfg. * 2 Thlr. 10 Ngr. *

Wolff, J. H., Handbuch der höheren Kunst-Industrie. Für Gewerbtreibende und Künstler, sowie für Lehranstalten. Umfasst in Heften die Abbildungen der hervorragendsten Werke dieses Kunstzweiges aus alter und neuer Zeit nach Originalen etc. Zusammengestellt nebst einer ausführl. Kritik und Anleitung zum eigenen Schaffen. 4. Lfg. Imp.-Fol. (6 Stnt. und Text S. 111—152 in Lex.-8.) Göttingen 857, Wigand. * *
1—3. Lfg. Ebendas. 1855. * 7 Thlr.

Wolff, J. H., die lutherische Kirche u. die norddeutsche Missions-Gesellschaft. gr. 8. Stade 843. (Schaumburg.) n. 1/6 Thlr

Wolff, J. H., zum Kirchenfrieden. gr. 8. (50 S.) Stade 862, Steudel jr. *

—— über Plan u. Methode bei d. Studium d. Architectur. Lex.-8. (5 B.) Darmstadt 831, Leske.

Wolff, J. H., leicht faßl. u. prakt. Rechenbuch f. allgem. Volksschulen, wornach sogar e. Jeder auch ohne Lehrer das Rechnen in kurzer Zeit zu erlernen u. jede Aufgabe bestimmt u. richtig zu lösen im Stande ist. gr. 8. (10 B.) Leipzig 833, [Berger's Vrls.-Expedit.]

Wolff, J. H., u. Frz. Schwiederka, Sendschreiben an Berlin u. dessen Brüder. br. 8. (36 S.) Löbau 848, Breyer in Comm. 4 ngl.

—— die Taufnamen d. zarten Geschlechtes durch Charaden, Logogryphen u. and. Räthsel in d. Sprache d. Dichtkunst dargest. gr. 12. (6⅓ B.) Leipzig 830, (Lauffer.)

— die jungen Weltkenner, od. d. Welt im Kleinen; ein Bilderbuch, technolog., geograph., naturhistor. u. moral. Inhalts. Mit 244 ill. Abbildd. 8. Leipz. 822. Lauffer. 1 Thlr 12 gl.

Wolff, J. W. Adolf (2. Assistent am Hygien. Institut d. Univ. Heidelberg): Die Kernzahl der Neutrophilen ein diagnostisches Hilfsmittel bei Eiterungen des weiblichen Geschlechtsapparates. Heidelberg 1906: C. Winter. (VI, 147 S.) 8°
Heidelberg, Med. Fak., Ref. v. Rosthorn, Diss. v. 1906
[Geb. 10 Okt 79 Kaiserslautern; Wohnort: Kaiserslautern; Staatsangeh.: Bayern; Vorbildung: Gymn. Speyer Reife Juli 99; Studium: München 1, Heidelberg 3, Würzburg 2, Heidelberg 3 S.; Coll. 31. Juli 05; Approb 4. Nov. 06.]

WOLFF, JACOB.
Chemische Analyse der wichtigsten Flüsse und Seen Mecklenburgs, mit ausführlicher Angabe des eingehaltenen Untersuchungsganges. Wiesbaden, 1872. 8vo. Ill.

Wolff, Jac., der praktische Arzt u. s. Beruf. Vademecum f. angehende Praktiker. gr. 8. (VIII, 173 S.) Stuttgart 896. F. Enke. n. 4.—

Wolff, Jacob: Der Begriff des Besitzes nach dem Deutschen bürgerlichen Gesetzbuch. Neuss 1898: E. Fandreyer. (58 S.) 8°
Erlangen, Jur. Diss. v. 28. Jan. 1898

Wolff, Jak., morphologische Beschreibung eines Idioten- und eines Mikrocephalen-Gehirns. gr. 4. (II, 16 S. mit 3 Stnt.) Frankfurt a. M. 885, (Diesterweg.) *
Aus: Abhandlungen der Senckenbergischen naturforschenden Gesellschaft, besonders abgedruckt.

Wolff, [illegible]

Wolff, Jakob (Nürnberg) Altd. Jur. 38/26

Disputatio circularis ad instit. imperiales V.
Präs. Georg Reichard Hammer.
Altdorf (Meyer) s.a. 8 Bl. 37180

Wolff, Jac., die Influenza-Epidemie 1889—1892. gr. 8. (VII, 167 S.) Stuttgart 892. F. Enke. n. 5.—

Die Lehre von der Krebskrankheit von den ältesten Zeiten bis zur Gegenwart von San.R. Dr. Jacob Wolff, Berlin. Mit 52 Fig. Jena: G. Fischer 1907. (XXXII, 747 S.) 8° [illegible]

Wolff, James, aus Stettin: Lionardo da Vinci als Ästhetiker. Versuch einer Darstellung u. Beurteilung d. Kunsttheorie Lionardos auf Grund seines 'Trattato della Pittura'. Ein Beitrag zur Geschichte d. Ästhetik. Jena 1901: B. Vopelius. (140 S.) 8°
Jena, Phil. Diss. v. (28. Juli) 1900

Lionardo da Vinci als Ästhetiker. Versuch einer Darstellung u. Beurteilung d. Kunsttheorie Lionardos auf Grund seines 'Trattato della Pittura'. Ein Beitrag z. Gesch. d. Ästhetik von Dr. James Wolff. Strassburg: J. H. E. Heitz 1901. (140 S.) 8° [illegible]

Wolff, Jean Baptiste: Praktisches Elementarbuch der französischen Sprache für die Primärschulen des Grossherzogthums Luxemburg. Erster Theil. 6. Auflage. Luxemburg: Buck 1857. 81 S. 12°

Dass. 8. Aufl. Ebd. 1861. 81 S. 12°

Dass. 10. Aufl. Ebd. 1865. 81 S. 12°

Dass. 12. Aufl. Ebd. 1868. 81 S. 12°

Dass. 13. Aufl. Ebd. 1869. 81 S. 12°

Dass. 15. Aufl. Ebd. 1875. 81 S. 12°

Dass. 16. Aufl. Ebd. 1878. 81 S. 12°

Dass. 17. Aufl. Ebd. 1879. 81 S. 12°

Wolff, Jean Baptiste: Praktisches Elementarbuch der französischen Sprache für die Primärschulen des Grossherzogthums Luxemburg. Zweiter Theil. Luxemburg: Schmit-Brück 1853. 122 S. 12°

Dass. 3. Aufl. Ebd. 1857. 136 S. 12°

Dass. 4. Aufl. Ebd. 1860. 136 S. 12°

Dass. 5. Aufl. Ebd. 1863. 136 S. 12°

Dass. 6. Aufl. Ebd. 1865. 136 S. 12°

Dass. 8. Aufl. Ebd. 1875. 136 S. 12°

Dass. 16. Aufl. Ebd. 1878.

Wolff, Jean Baptiste: Lateinisches Lesebuch mit Hinweisung auf Zumpt's Grammatik für die mittleren Klassen der Progymnasien. Lützemburg: Schmit-Brück 1838. 190 S. 12°

Wolff, Jean Baptiste: S e r m o n prononcé sur le glacis de Luxembourg, le 3 août 1834, par Guillaume Schmidt, aumônier-prédicateur, traduit par un professeur de l'Athénée. Elberfeld et Paris 1834.

Wolff, Jean Baptiste: W ö r t e r b u c h zu dem 1ten und 2ten Cursus der französischen Lesebücher. Luxemburg: Schmit-Brück 1849. 152 S. 12°

Wolff, Jean Pierre: B e i t r ä g e zur Geschichte der Stadt Remich. Auszug aus dem Luxemburger Wort. Luxemburg. St. Paulusgesellschaft 1888. 12°

Wolff, Jeremias. [Augsburger Kleidertrachten. Augsburg um 1715.]
19 Taf. in Kupferst. 2°
Enthält nur Frauentrachten

— [Augsburger Kleidertrachten. Augsburg um 1715.]
24 Taf. in Kupferst. 4°

Wolff, Jeremias. [Ulmer Kleidertrachten. Augsburg: Jeremias Wolff excud. um 1780]
10 Taf. mit je 2 Darstellungen in Kupferst. 4°
Eine Darstellung der einheitlichen Folge als Ulmer Tracht, zwei als schwäbische Bauerntracht bezeichnet

Wolff, Jeremias Jakob

Wolff, **Jer. Jak., Diss. inaug. med. de vomitorum usu in febribus. 4. Götting. 780. Dieterich. 2 gr.**

Ignatius Wolff. Theses ex logica et metaphysica quas praeside Ignatio Wolff aa. ll. et philosophiae magistro et eiusdem in principali Athenaeo Marchio-Badensi professore publ. et ord. propugnandas suscipient: I. Christophorus Conrad. Bühl., II. Antonius Kappler. Ettling., III. Josephus Christ. Unteracherensis, IV. Caspar. Beetz. Forchheim., logicae et metaphysicae auditores.
Badenae anno MDCCLXVI. die 18. Augusti. In Athenaei principalis aula horis ante et post meridiem consuetis.
Rastadii typ. C. A. Schell, typogr. aul. 8 S.
Rastatt, P 1766

Wolff, Johann

Wolff, Joh., Anleitungen f. die Ausbildung der Compagnie im Patrouillen- u. Meldedienst vom Beginn der Recruten-Ausbildung bis zur Beendigung der jährlichen grossen Übungen. Mit e. Sammlg. v. Patrouillen-Aufgaben mit u. ohne Gegenseitigkeit. Handbuch f. die hiezu berufenen Organe im Anschlusse u. in Ergänzg. des Instructionsbuches „Der theoretisch-prakt. Patrouillen- u. Meldedienst". IV. Aufl. Gemeinfasslich dargestellt. 12. (IV, 84 S. m. 1 Skizze.) Wien 899. L. W. Seidel & Sohn. n. 1. 20

Wolff, Joh., die intellectuelle Ausbildung d. Infanterie-Unterofficiers etc., s.: C h w a l l a, Adf.

— theoretisch-prakt. Behelf f. die gefechtsmässige Ausbildung des Plänklers, Schwarmes, Zuges u. der Kompagnie, s.: B e h e l f e f. die Fortbildung der im Truppendienste stehenden Offiziere.

Beichtbüchlein des Magisters Johannes Wolff (Lupi), Pfarrers zu Frankfurt a. M., 1453–1468. Neu hrsg., mit e. Einl., e. Übers. ins Neuhochdeutsche u. mit erkl. Noten versehen von F[riedrich] W[ilhelm] B a t t e n b e r g, Pfarrer, Frankfurt a. M. Beigegeben ist e. Abb. d. neuentdeckten Grabsteins Lupis u. d. Gebotetaf., sowie e. Facs. e. Seite d. Originaldr. Gießen: A. Töpelmann 1907. (XI, 264 S.) 8° [F.] [07. 5235]

Wolff, J. Beiträge zur siebenbürgisch-deutschen Agrargeschichte.
53 S. **Progr.** *Mühlbach 1885.*

Wolff, Johann: [Bericht über seine Einführung als Rektor der Anstalt.] (S. 71–77.) 4.
Progr. Bischof Teutsch-Gymn. *Segesvár (Schäßburg)* 1906

Wolff, J., das **Bewusstsein u. sein** Object. **gr. 8.** (XI, 620 S.) Berlin **889. Mayer & Müller.** n. **12. —**

Wolff, Joh., **Das Bewusstsein u. sein Object. gr. 8. (XI, 620 S.) Berl. 890, Mayer u. Müller. * 12 —**

Wolff, Joh., das Bewusstsein u. sein Object. 2. (Titel-)Ausg. gr. 8. (XI, 620 S.) Freiburg, Schweiz, 893. Univ.-Buchh. n. 12. —

Wolff, Johs., die platonische Dialektik, ihr Wesen u. ihr Werth f. die menschl. Erkenntniß. [Gekrönte Preisschrift.] 1. Artikel. [Aus: „Zeitschr. f. Philos. u. phil. Kritik."] gr. 8. (53 S.) Halle 874. (Göttingen, Vandenhoeck & Ruprecht's Verl.) n. 1. —

Wolff, *Johann.* Deutsche Dörfer und Stadtnamen in Siebenbürgen.
4 (S. 3–31). Vierklass. ev. G. u. verb. Elementarsch. *Mühlbach* 1891.
Progr.

Wolff, J., die deutschen D o r f n a m e n in Siebenbürgen. Eine sprachl. und geschichtl. Untersuchung. 4. (106 S.) Hermannstadt 881, (Michaelis.) *

Wolff, Joh., Felddienst, s.a. B e h e l f e f. die Fortbildung der im Truppendienste stehenden Offiziere. III.

Wolff, Johann, k. u. k. Hauptmann im Infanterie-Regiment Nr. 39: F e l d d i e n s t. Anleitung für die rationelle A u s b i l d u n g d e r K o m p a g n i e und ihrer Teile im Felddienste, gleichzeitig reglementarisch taktische Abhandlung für Offiziere und Offiziersaspiranten. Mit 7 Figuren im Texte. (Behelfe für die Fortbildung der im Truppendienste stehenden Offiziere, behufs Hebung der Berufstüchtigkeit. III.) 8. Wien 1904.

Wolff, Joh., B e h e l f e f. die Fortbildg. der im Truppendienste stehenden Offiziere, behufs Hebung der Berufstüchtigkeit. IV. Lex. 8. Wien 909. L. W. Seidel & Sohn. 3. 90
IV. 70 Gefechtsaufgaben f. das Bataillon sammt Lösgn. u. taktischen Betrachtungen im Sinne der neuesten Vorschriften bearb. Mit 24 Textfig. u. 2 Taf. (138 S.)

Wolff (von Hegyközszentimre), Johann: 104 G e f e c h t s a u f g a b e n für das Bataillon und Regiment samt Lösungen und taktischen Betrachtungen im Sinne der neuesten Vorschriften. 2. Aufl. Gr. -8°. (ill. 170 S. mit 2 Karten.) Wien: Seidel u. Sohn 1910.

Wolff v. Hegyközszentimre, Joh., Behelfe f. die Fortbildung der im Truppendienste stehenden Offiziere, behufs Hebung der Berufstüchtigkeit. IV. Lex. 8. Wien 911. L. W. Seidel & Sohn. 5. —
IV. 104 Gefechtsaufgaben f. das Bataillon u. Regiment sammt Lösungen u. taktischen Betrachtungen im Sinne der neuesten Vorschriften. 2. verb. u. verm. Aufl. (170 S. m. 30 Fig. u. 2 Kartenbeilagen.)

Wolff, J., unser Haus u. Hof. Kulturgeschichtliche Schildergn. aus Siebenbürgen. gr. 8. (74 S.) Kronstadt 882. (Hermannstadt, Michaelis.) n. — 80

— Instruktionsbücher f. die gefechtsmässige Ausbildg. I. Die systemat. Ausbildg. des Soldaten zum denk. u. selbsttät. Schützen für das Gefecht ad Punkt 197 Exerz.-Regl., m. Aufgabenbeispielen. (136 S.) gr. 8. Debreczen 905. (Wien, L. W. Seidel & Sohn.) n.n. 2. 40

Wolff, J.: Der Consonantismus des Siebenburgisch-Sachsischen. 66 S. 4°
Muhlbach, Progr. 1873.

Wolff, *Johann.* Die Landesnamen Siebenbürgens. 4 (S. 3–22).
Progr. Ev. G. u. Elementarsch. *Mühlbach* 1886

Wolff, J., deutsches Lesebuch für die Elementar-, Bürger- und Haupt-Volksschulen der evangel. Landeskirche A. B. in Siebenbürgen. 1.—5. Thl. gr. 8. Hermannstadt, Krafft. geb. **

Inhalt:
Thl. 1. 2. Schuljahr. (VI, 128 S.) 885. ** M. 1.—.
„ 2. 3. Schuljahr. 2. Aufl. (II, 200 S.) 888. ** M. 1.30.
„ 3. 4. Schuljahr. 2. Aufl. (VI, 196 S.) 888. ** M. 1.30.
„ 4. 5. und 6. Schuljahr. (XXII, 336 S.) 887. ** M. 2.—.
„ 5. 7., 8. und 9. Schuljahr. (XIII, 496 S.) 889. ** M. 3.20.

—— daſſ. — Ausg. für Lehrer. 1. und 2. Thl. 2. Aufl. 8. Ebendaſ. 888. geb. **

Inhalt:

Thl. 1. 2. Schuljahr. (VI, 128 S. und Anhang XIX S.) **ℳ 1.30.
" 2. 3. Schuljahr. (II, 200 S. mit Anhang.) **ℳ 1.50.
Nicht weiter erſchienen.

Wolff, J., deutſches Leſebuch f. Elementar-, Bürger- u. höhere Volksſchulen. 1. Tl. 2. Schulj. 3., verm. Aufl. gr. 8. (XIV, 148 S.) Hermannſtadt 893. W. Krafft. Geb. n.n. 1. 20

Wolff, J., deutſches Leſebuch f. die Elementar-, Bürger- u. höheren Volksſchulen der ev. Landeskirche A. B. in den ſiebenbürg. Landesteilen Ungarns. II.—IV. Tl. 4. erweit. Aufl. 8. Nagyſzeben (Hermannſtadt), W. Krafft. Geb. n.n. 5. 05

II. 3. Schulj. 4. erw. Aufl. (XI, 223 S.) 904. 1. 40
III. 4. Schulj. 4. erw. Aufl. (XII, 216 S.) 904. 1. 40
IV. 5. u. 6. Schulj. 4. veränd. Aufl. (XI, 358 S.) 906. 2. 25

— daſſelbe. Anh. zum II. u. III. Tl., zuſammengeſtellt v. A. Scheiner. (38 S.) 8. Ebd. 904. n.n. — 30

Wolff, J., deutſches Leſebuch f. die Elementar-, Bürger- u. höheren Volksſchulen der ev. Landeskirche A. B. in den ſiebenbürgiſchen Landesteilen Ungarns. II. u. III. Tl. 8, Nagyſzeben (Hermannſtadt), W. Krafft. Geb. 3. —

II. 3. Schulj. 5. Aufl. (VII, 228 S.) 909. Geb. 1. 40
III. 4. Schulj. 5. Aufl. (VII, 251 S.) 909. Geb. 1. 60

— daſſelbe f. Mittelſchulen. 1. Tl. 1. Klaſſe. gr. 8. (XVI, 228 S.) Ebd. 893. Geb. n.n. 2. 40

— Lotze's Metaphysik. [Aus: „Philosoph. Jahrb."] gr. 8. (89 S.) Fulda 892. (Fuldaer Actiendruckerei.) n. 1. 75

Wolff, J., über die Natur der Vokale im siebenbürgisch-sächsischen Dialekt. Eine physiologisch-sprachwissenschaftl. Untersuchung. gr. 8. (78 S.) Hermannstadt 875, (Michaelis.) *

Wolff, J. Die deutschen Ortsnamen in Siebenbürgen. 48, 36, 30 SS. **Progr.** *Mühlbach* 1879. 1880. 1881.

—— die deutschen Ortsnamen in Siebenbürgen. Mit Fortsetzung. 4. (48, 36 S.) Hermannstadt 880, (Michaelis.) à *ℳ 1,60. *

Wolff, Johann: Der theoretisch-praktische Patrouillen- und Melde-Dienst. Instructionsbuch für den Unterricht und Ausbildung der Nachrichten-, Marschsicherungs-Vorposten-(Verbindungs-), Gefechts-Patrouillen nebst Anweisung über das Orientiren und Melden. 3. vollkommen umgearb., verbess. und verm. Aufl. I. Th.: Patrouillen im allgemeinen und Dienst der Nachrichten-Patrouillen. II., III. und IV. Th.: Sicherungs-Patrouillen im Allgemeinen und Marschsicherungs-Patrouillen. Orientirung im Terrain. Meldungswesen. (2 Bde.) kl. 8. Wien 1895.

Wolff, Johann: Der theoretisch-praktische Patrouillen- und Meldedienst. Instructionsbuch für den Unterricht und die Ausbildung der Nachrichten-, Marschsicherungs-, Vorposten- (Verbindungs-), Gefechts-Patrouillen, nebst Anweisung über das Orientiren und Melden. 4. Auflage. 8. (XXIV, 294 S.) Wien: Seidel 1898.

— Der theoretisch-praktische Patrouillen-, Nachrichtendetachement- u. Meldedienst im Feld- u. Gebirgskriege, m. e. applikator. Detailbesprechg. der Tätigkeit e. Nachrichtenpatrouille in wechselnden Situationen u. Anleitgn. f. die Verfassg. v. Patrouillenberichten, auf Grund der Erfahrgn. der letzten Kriege u. der neuesten Literatur neu bearb. 5., vollkommen umgearb., verb. u. verm. Aufl. 11.—12. Taus. (IV, 299 u. 1. u. 2. Anh. 7 u. 7 S.) kl. 8. Ebd. 908. 3. 60

— Zeitgemässes Programm f. die 8-wöchentliche Rekrutenausbildung (Herbst-, Frühjahrs- u. Ersatz-Reservisten, Rekruten), m. tagweiser Stoffeinteilung u. vielen praktischen Erläutergn. bearb. (84 S.) kl. 8. Debreczen 909. (Wien, L. W. Seidel & Sohn.) 1. 50

Wolff, Jh. (†...), f. Salomos Denkſprüche v. Schönheider.

Wolff, Johann Benjamin: Deutschlandes dreyfaches Denckmahl des fruchtbahren Weinstockes. Das ist, Gründliche Beschreibung, der drey grossen Wein-Fässer in Europa, nebst ausführlicher Relation von der Berg-Vestung Königstein .... Magdeburg: Siegler 1717. 153 S. -- 29.107*. Frei 100*
Bibliotheca oenologica: Wolf, J. B. -- Thienemann: Wolf, J. Benj. -- Weber: Wolfs, J. B.

Wolff, Johann Christian (Leipzig) **A. S. 1163/17**

De eruditis studiorum intemperie morti sibi accelerantibus dissertatio II. eaque physica.
Präs. Johann Christoph Tschanter.
Leipzig (Brandenburger) 30. XII. 1705. 8 Bl.

37189

Wolff, D. Joh. Chriſtian, der entdeckte Falsarius und Plagiarius, d. i. gründliche Nachricht wider des Falsarii und Plagiarii David Friedels, älteſten Medicastri, Winckel-Artzts und Stöhrers zu Delitzſch höchſtſchädliche confiscirte Schrifften, und ſonderlich wieder eine aufs neu edirte Charteque vom Podagra und deſſen betrugliche Arcana in specie wider ſeine Univerſal-Gold-Tinctur wider das Podagra u. d. g. Mit gelehrten Observationibus, und curieuxen Praejudiciis von Bullen-Doctern, Medicastris, Falsariis, worinnen die Materie von Comitibus Palatinis, deren Creaturen, crimine falsi, betrüglichen Arcanis, Gold-Essentzen ausführlich, als noch an keinem Ort geſchehen, tractiret wird. Dem Publico zum Beſten, wie man ſich vor dergleichen Falsariis, Plagiariis, deren ſchädliche Schriften und betrüglichen Artzeneyen, ſo theuer im Lande verkaufft, und einfältige, leichtgläubige Leute ums Geld, Geſundheit, Leib und Leben, wohl gar um die Seeligkeit dadurch gebracht werden, in Acht nehmen, keine Medicastros und Pfuſcher nicht, ſondern ſachverſtändige Doctores Medicinae gebrauchen ſoll, wann man mit gutem Gewiſſen freudig und ſeelig ſterben, oder geſund bleiben will. Denen Herren Geiſtlichen, Advocaten, Medicis, Apotheckern, Barbieren, Badern und Cenſorten zum Nutzen, Amts-Pflichts, und Gewiſſens halber ausgefertiget von —, Jur. fil. der Kayſerlichen Leopoldino-Carolinischen Academiae Naturae Curiosorum Socrate III. Dresden 732. 8.

Wolf, J. Chr., d. entdeckte Falſarius u. Plagiarius, od. gründl. Nachr. wid. Dav. Friedels medicin. Schriften. 8. Dresden, Gerlach. 732.

Wolff, Johann Christian **A. S. 1266/16**

Dissertatio inauguralis medica de morbo spasmodico epidemico maligno in Saxonia, Lusatia, vicinisque locis grassato et adhuc grassante.
Präs. Georg Wolffgang Wedel.
Jena (Krebs) 2. VI. 1717. 20 S.

W. v.: Präs. **37190**

Wolff, Johann Christian (Leipzig) A. S. 1157/9

Observationes physicae selectiores.
Präs. Martin Gotthelf Loescher.
Wittenberg (Gerdes) 22. V. 1717. 24 S. 37191

—, resp. Cordt H. **Croty,** De prudentia physica, tum generatim tum ea speciatim quae respicit finem disp. I. 16 pp. Vittemb. 4°.
1718

Wolff, Jo. Chr., resp. Mart. Fr. **Cramer,** De prudentia physica, ea speciatim, quae respicit finem disp. II. 16 pp. Vitemb. 4°.
1718

—, resp. Jo. Gttf. **Paritius,** De prudentia physica, ea speciatim quae respicit finem. 32 pp. Vitemb. 1719. 4°.

Wolff, Ioan. Christian. Frid. (geb. Nordhausen 16. 12. 1836): De bronchotomia. Berolini (1859). (32 S.) 8°
Berlin, Med. Diss. v. 5. Mai 1859

Wolff, Joh. Christian Jacob (Giessen)
Dissertatio inauguralis medico-chirurgica de cataracta.
Giessae [13.] Dez. 1774: Joh. Jac. Braun. 20 S. 4°
pro gradu doctoris.

Joh[ann] Christian Jakob Wolff, Entwurf zur Verminderung der Lagerfieber bey Armeen nicht nur im Felde, sondern auch in den Winterquartieren. Mit der Recension von [Ernst Gottfried] Baldinger. Frankfurt a.M.: Andreä 1791. LXXVI,242 S. 8°

Dass ein Christ zur hinlänglichen Feyer des grossen Versöhnungstages mehr nöthig habe, als seine Affeckten zu erregen, bewies am Charfreytage in einer öffentlichen Versammlung der freyen Gesellschaft JOHANN CHRISTOPH WOLFF, ... Den 8. April Königsberg, gedruckt bey J. F Driest.

Wolff, Jh. Er., († d. 30. Mai 1830.) Diss. inaug. de herniis incarceratis inguinalibus et cruralibus. 8. Dorpat 823. (85 S.)

Wolff, Johann Fr.

Wolff, J. F., die Kegelschnitte, nach de la Chapelle, m. K. gr. 8. Brschw. Reichard. 801.

— l.o. de la Chapelle. Abhandl. v. d. Kegelschnitten.

Wolff, Johann Fr.: Prakt. Rechenkunst, s. Wolff, Johann Gottlob

Wolff, Jh. Fr. († 1814.) über Verbesserung d. Brauhäuser u. wie es hauptsächlich dabei, sowohl in Hinsicht auf Lage u. Bauart, als innern Beschaffenheit ankomme. Mit Kpf. gr. 8. Lpz. 804. Bruder. 12 gr.

Wolff, Johann Friedrich (Wittenberg) A. S. 1157/34

Dissertatio medico-iuridica de philtris rite examinandis et diiudicandis Von Liebes=Träncken.
Präs. Christian Gottfried Stentzel.
Wittenberg (Gerdes) 17. XII. 1726. 56 S.

37196

Wolff, Jh. Gthlf., Diss. inaug. med. de vitiis gustus. 4. Jena 796. (31 S.)

Wolff, Johann Gottlob

— Anleit. zur Ausrechnung kursächs. Steuergefälle. 8. Weißenf. 782.

Wolff, J. G. und J. F. „Praktische Rechenkunst für den Rechnungsführer, Oekonomen und Landmann; oder deutliche Anleitung, die chursächsischen Steuergefälle, desgleichen die alten sächsischen, auch neuere ausländische Münzen und die Münzrechnung nach sächsischer Conventionsmünze und das verschiedene Scheffelmass der sächsischen und angränzenden Lande verhältnissmäßig zu berechnen und zu vergleichen; mit vielen für den ungeübten Rechner nützlichen Ausrechnungstabellen". 2 Teile, Weissenfels 1787 (Severin); neue Auflage ebenda 1794

Wolff, Jh. Glo., († d. 4. Okt. 1817.) u. Jh. Fr., prakt. Rechenkunst f. den Rechnungsführer, Oekonomen u. Landmann. 2 Thle. 8. Weißenf. 787, 89. (Baumgärtner in Leipz.) 20 gr.

Wolff, Jh. Hnr. († vor 1795.) Widerlegung der ersten Silligischen Frage. 8. Leipz. u. Frberg 773. Fernere Gedanken als d. andere Theil sr. Widerlegung. 8. Ebd. 773.

Wolff, Johann Jakob: Dissertatio inauguralis medica de morbis haereditariis.
Basel, Med. Diss. 1753.

Wolff, Johann Josef

Wolff, J. Jos., die Lehre Herbarts von der menschlichen Seele. Ein Versuch, dieselbe nach ihren wesentlichsten Beziehungen allgemein verständlich darzustellen und vom Standpunkte der christl. Erziehungslehre zu beurteilen. Dem christl. Lehrer dargeboten. Mit einem Vorworte von Math. Schneid. gr. 8. (64 S.) Düsseldorf 887, Schwann *

Wolff, Joh. Jos., Lesebuch f. Fortbildungsschulen. Zugl. e. Buch f. d. Familie u. d. Haus d. Arbeiters u. Handwerkers. gr. 8. (XII, 466 S. m. 23 Abb. u. 4 Kärtchen.) Freiburg i/B. 896. Herder. n. 3. 20; Einbd. in Halbldr. n.n.n. — 60

Wolff, Johann Josef: Naturwissenschaft od. Geisteswissenschaft als Mittelpunkt des Bildungsinhaltes?, s. Vorträge u. Abhandlungen, Pädagogische. 28.

— Sprachübungen f. die Mittel- u. Oberstufe der Volksschulen nebst Übungen üb. die wichtigsten Stoffe aus der Rechtschreibung. Ausg. A für mehrklass. Schulen. 2 Hfte. 2. Aufl. 8. Düsseldorf (901). L. Schwann. Kart. n.n. — 80
1. Übungen f. die Mittelstufe. (40 S.) Kart. n.n. — 85
2. Übungen f. die Oberstufe. (68 S.) n.n. — 40; kart. n.n. — 45

— dasselbe. Ausg. B f. einklass. Schulen. 2. Aufl. 8. (76 S.) Ebd. 901. n.n. — 40; kart. n.n. — 45

— dasselbe. Ausg. C: Lehrerheft. 2. Aufl. gr. 8. (58 S.) Ebd. (901). Kart. n.n. — 60

— dasselbe. Ausg. B f. einklass. Schulen. 6. verm. u. verb. Aufl. (80 S.) 8. Ebd. 903. Kart. n.n. — 45

— dasselbe. Ausg. C. Lehrerheft. 3. Aufl. (53 S.) 8. Ebd. (904). Kart. n.n. — 60

Wolff, J. Jos., Sprachübungen f. die Mittel- u. Oberstufe der Volksschule nebst Uebungen über die wichtigsten Stoffe aus der Rechtschreibg. Ausg. A für mehrklass. Schulen. 2 Hefte. 8. Düsseldorf, L. Schwann. Kart. n.n. — 80
1. Uebungen f. die Mittelstufe. 12. Aufl. (40 S.) 906. — 35
2. Uebungen f. die Oberstufe. 8. Aufl. (72 S.) 903. — 45

Wolff, J. Jos., Sprachübungen f. die Mittel- u. Oberstufe der Volksschule nebst Übungen üb. die wichtigsten Stoffe aus der Rechtschreibung nach ihrer neuesten Regelung. Ausg. A für mehrklass. Schulen. 1. Heft. 8. Düsseldorf, L. Schwann. Kart. nn — 35
1. Übungen f. die Mittelstufe. 16. Aufl. (40 S.) 909.

— dasselbe. Ausg. B f. einklass. Schulen. 7. Aufl. (80 S.) 8. Ebd. 909. Kart. nn — 45

— dasselbe. Ausg. C: Lehrerheft. 4. Aufl. (53 S.) 8. Ebd. 909. Kart. nn — 60

Wolff, J. Jos., Wegweiser f. den Lehrer durch die Arbeiterversicherung u. den Arbeiterschutz im deutschen Reiche. Nebst e. Besprechg. der unterrichtl. Behandlg. der einschläg. Gesetzesbestimmgn., 60 Aufgaben aus der Arbeiterversicherg. u. e. Unterrichtsprobe zur Einführg. in die Krankenversicherg. 8. (103 S.) Osnabrück 893. B. Wehberg. n. — 90

— dasselbe. 2. Aufl., verm. durch die neuesten vom Reichsversicherungsamt in Berlin üb. die Arbeiter-Versicherg. in 1892 aufgestellten 4 statist. Tabellen. 12. (112 S.) Ebd. 893. Kart. n. 1. —

Wegweiser für den Lehrer durch die Arbeiterversicherung und den Arbeiterschutz im deutschen Reiche. Nebst Besprechung d. unterrichtl. Behandlung d. Gesetzesbestimmungen u. e. Unterrichtsprobe zur Krankenversicherung. Von J. Joseph Wolff, Kgl. Kreisschulinsp. 3. verb. u. nach d. 13. Juli 1899 bearb. Aufl. *Osnabrück: B. Wehberg (1900).* (96 S.) 8° [J.] [01. 1099 7

Wolff, Johann Martin (Schweinfurt) A. S. 1311/9

Dissertatio inauguralis medica de causis cur frequentius aegrotent infantes lautioris quam pauperioris conditionis.
Altdorf (Meyer) 20. VI. 1738. 28 S.

W. v.: Johann Nikolaus Weiss, Michael Adelbulner (Opp.), Karl Gottlieb Meyer (Opp.), Franz Anton Reis (Opp.). 37201

Wolff, Johann Philipp (Schweinfurt) A. S. 1160/14

Disputatio inauguralis chirurgico-medica de vulneribus. Präs. Johann Friedrich de Pre.
Erfurt (Grosch) 27. VI. 1726. 24 S.

W. v.: Hieronymus Ludolff. 37202

Wolff, Johann Theodosius (Tübingen) A. S. 760/14

Dissertatio juridica inauguralis, de impedimentis matrimonii. Präs. Gabriel Schweder.
(Tübingen) (Eitel) 4. VI. 1707. 44 S.

W. v.: Johann Nicolai, Jean Caumon. 37203

Wolff, Joh. Wilh.: De f u n i c u l o umbilicali,
s. B a u m e r, Joh. Wilh. [Praes.]

Wolff, Johann Wilhelm Gottlieb

Wolff, Jh. Wlh. Gli., Anrede u. Formular bei d. Taufe des Prinzen Karl Fr. Aug. Wilhelm von Braunschweig. gr. 8. Helmstadt 804. Fleckeisen. 2 gr

— Anrede u. Gebet bei Einsegnung d. Fürstin Maria Elisabeth Wilhelmine geb. Prinzessin v. Baden. gr. 8. Helmst. 804. Fleckeisen. 2 gr

— Auszüge aus d. Sonn- u. Festtags von ihm gehaltenen Predigten. 4 Jahrgg. gr. 8. Helmst. 790—93. 2e verm. Aufl. 795—806. Fleckeisen. 3 rß 14 gr

— Auszüge a. d. Sonn- u. Festtags- von ihm gehalt. Predigten. 4 Jahrge. gr. 8. Ebend. (I. 795. 1 Rthlr. II. 797. 1 Rthlr. III. 806. 1 Rthlr. 14 gr. IV. 793. 20 gr.)

— schuldige Ehrfurcht gegen die Landesobrigkeit. gr. 8. Braunschw. 789. Schulbuchh. 2 gr

— Elise Wilhelmine geb. Prinzessin v. Baden. 8. Helmst. 804.

— d. gerechten Forderungen einer christl. Gemeinde an ihren Lehrer. gr. 8. Braunschw. 789. Schulbuchh. 1 gr

— Gedächtnißpredigt auf d. Erbprinz v. Braunschweig-Lüneburg, Karl Georg August. gr. 8. Helmst. 806. Fleckeisen. 4 gr

— Gedächtnißpredigt auf die Fürstin Philippine Charlotte verw. Herzogin zu Braunschweig. gr. 8. Helmst. 801. Fleckeisen. 5 gr

— Mangel an Achtung für die nöthige Ordnung im bürgerl. Leben. gr. 8. Braunschw. 790. Schulbuchh. 2 gr

Wolff, J. W. G., Moral für den Militairstand. 8. Braunschweig, Vieweg. 820.

Wolff, J. W. G. Moral für den Militärstand
Braunschweig 1820. 222 S.

— Predigt bei der Einführung des verbesserten Armenwesens zu Braunschweig. gr. 8. Helmst. 805. Fleckeisen. 4 gr

— Predigt am 1. Januar 1808. 8. Braunschw., Vieweg. 3 gr

— Predigt am 24. Sonnt. nach Trinit. 1819 zum Gedächtniß des Herzogs Karl Wilhelm Ferdinand. gr. 8. Braunschw. 819. Vieweg. ...

— Predigt am 2ten Sonnt. nach Epiphanias 1808. 8. Braunschw., Vieweg. 3 gr

— u. Hnr. Wlh. Just. Wolf, Predigten an den Tagen der Säcularfeier d. Reformation am 31. Okt. u. 2. Nov. 1817 in Braunschweig gehalten. gr. 8. Helmst. 817. Fleckeisen. 6 gr

— zwei Predigten bei feierl. Gelegenheiten 1813 gehalten. gr. 8. Braunschw., Vieweg. ...

— Rede bei Eröffnung d. Vorlesungen über die Religion auf dem Collegio Carolino zu Braunschweig. gr. 8. Braunschw. 798.

— Rede bei Confirmation d. Cadets an d. königl. Militairschule in Braunschweig. 8. Braunschw. 809. Vieweg. 3 gr

— Rede bei d. Confirmation d. Kinder. gr. 8. Braunschw. 790. Schulbuchh. 1 gr

— Reden bei feierl. Religionshandlungen. 1r Bd. Auch u. d. T.: Reden bei Trauungen u. Taufhandlungen. 8. Lüneb. 819. Herold u. W. 1 rß 4 gr 2r Bd. A. u. d. T.: Reden bei Confirmationen. 8. Ebd. 819. 1 rß 12 gr

Wolff, Johanna

— u. Gust. **Wolff,** Ahasver. Titelzeichnung (auf dem Umschlag) v. Fidus. gr. 8. (102 S.) Berlin 899. E. Ebering. n. 2.50

Wolff, Johanna, du schönes Leben. Dichtungen. (144 S.) 8. Berlin 907. Schuster & Loeffler. 3. —

Namenlos. Frauenlieder von Johanna Wolff. Erneute u. veränd. Aufl.
Breslau: S. Schottlaender 1900. (VI, 182 S.) 8° [5.] [illegible]

Wolff, Johannes, s. W o l f f, Johann

Wolff, Josef [aus Basel]: Über Einwirkung von Aminbasen auf Phenyldithiobiazolondisulfid, sowie Beiträge zur Kenntnis des Phenyldithiobiazolonhydrosulfamins ... Erlangen, k. b. Hof- u. Univ.-Buchdr. v. F. Junge, 1897; 48 S., 1 Bl. 8.
Erlangen, Phil. Fak., Inaug.-Diss. v. 8. März 1897

Wolff, Josef: Ein F a l l von Ulcus luposum perinei ...
Greifswald, Druck v. J. Abel, 1895: 30 S. 8°
Greifswald, Med. Fak., Inaug.-Diss. v. 31. Okt. 1895.

Wolff, Josef, Med. Prakt. a. Elberfeld: Aus d. chirurgischen Klinik zu Kiel. Über Hernia epigastrica. Elberfeld 1907: Wuppertaler Aktien-Druckerei. (40 S.) 8°
Kiel, Med. Fak., Ref. Helferich, Diss. v. 5. Juli 1907
[Geb. 5. Febr. 82 Garzweiler, Rheinland; Wohnort: Elberfeld; Staatsang.: Preußen; Vorbildung: Gymn. Elberfeld Reife [illegible]; Studium: Freiburg i. B. 1, Würzburg 1, Kiel 2, München 1, Berlin 2, Kiel [illegible] 4. Apr. 06; Approb. 8. Apr. 07.]

Wolff, Josef, Referendar beim Kgl. Landgericht in Liegnitz: Die Kurpfuscherei in juristischer Betrachtung. *Greifswald 1900: J. Abel.* (99 S.) 8°
Greifswald, Jur. Diss. v. [22. Dez.] 1900

Die Studienreise der baltisch-litthauischen Kartell-Kommission in den Viehzucht-Bezirken der Niederlande und Ost-Preußens 1904. (Vert.: Joseph Bᵉ Wolff.) Berlin: Puttkammer & Mühlbrecht in Komm. 1904. (30 S.) 8° [illegible]

Wolff, (Lehrer) Isaak, Lehrbuch d. vervollständigten Arithmetik, mit Anweisung, Aufgaben, welche bis jetzt nur durch Logarithmen berechnet werden konnten, ohne solche durch d. 4 Species aufzulösen. Mit den Logarithmen von 1—1000. gr. 8. Berl. 824. Rücker. 1 ℛ

— Lehrgebäude d. deutschen Rechtschreibung, oder neue Regeln d. Orthographie, von deutschen classischen Schriftstellern u. vom Sprachgebrauche abstrahirt. 8. Berl. 820. Schlesinger. 8 gℊ

Wolff, Isid. (geb. Karge-Unruhstadt): De cachexia tuberculosa. Berolini (1847). (27 S.) 8°
Berlin, Med. Diss. v. 16. Aug. 1847

Wolff, Julie, Räthselbüchlein für das J. 1855. 12. (IV und 160 S.) Hamburg 855, Perthes-Besser und Mauke. *

Wolff, Julie, Räthselbüchlein. 2., verm. Aufl. 24. (176 S.) Hamburg 858, Perthes-Besser und Mauke. *

Wolff, Julius

Wolff, Jul., chemische Analyse der Mineralquelle von Sztojka in Siebenbürgen. Lex.-8. (8 S.) Wien 867, (Gerold's Sohn.)
Aus: Sitzungsberichte der k. Akademie der Wissenschaften, besonders abgedruckt.

Wolff, Julius: Über die innere Architecur der Knochen und ihre Bedeutung für die Frage vom Knochenwachsthum. Mit 3 Taf. Berlin 1870. 64 S.
Aus: Virchow's Archiv für patholog. Anatomie u. Physiologie u. für klinische Medicin. Bd 50.

[S.] Assalide. Dichtg aus d. Zeit d. provençal. Troubadours v. Julius Wolff. *Berlin: G. Grote 1896.* (4 Bl., 350 S., 1 Bl.) 1 Bd 8.
— Sammlung, Grote'sche, v. Werken zeitg. Schriftsteller. Bd 50. 96 340

Wolff, Iulius: De clausulis Ciceronianis. Lipsiae 1901: B. G. Teubner. (S. 581—615.) 8°
(Aus: Jahrb. f. class. Philol., Suppl. Bd 26. Erscheint vollst. ebenda.)
Breslau, Phil. Diss. v. 25. Juni 1901.

Wolff, Jul., de clausulis Ciceronianis. gr. 8. (S. 581—680.) Leipzig 901. B. G. Teubner. n. 4. —
Sonderabdruck aus: „Jahrbb. f. class. Philologie".

Wolff, Julius (geb. Krotoschin in Pos. 12. 1. 1858): Ueber strangförmige Degeneration der Hinterstränge des Rückenmarks mit gleichzeitigen meningo-myelitischen Herden. Aus der Krankenabtheilung des Herrn Prof. Dr. Berger. Berlin 1881. (28 S., 1 Taf.) 8° *(Aus: Arch. f. Psychiatrie u. Nervenkrankh. Bd 12. [1881/82].) [Im Buchhandel 1881 bei Köhler in Breslau.]*
Breslau, Med. Diss. v. 15. Juni 1881

Wolff, Iulius (geb. am 1 Okt. 1816 in Bonn): Febrium nervosarum inde ab a. 1827—1838 Bonnae observatarum descriptio brevis ... Bonnae, typ. C. Georgii 1839. VI, 32 S., 1 Bl. 8.
Bonn, Med. Fak., Diss. v. 19 Aug. 1839

—— Till Eulenspiegel redivivus. Ein Schelmenlied. gr. 8. (XI, 259 S. mit Titelblatt in Holzschn.) Detmold 874, Meyer'sche Hofbuchh.

Wolff, Jul., Till Eulenspiegel redivivus. Ein Schelmenlied. 2.—4. unveränd. Aufl. (XIV, 196 S.) 1875,76; 5.—7. unveränd. Aufl. 8. (XI, 196 S. mit Holzschn.-Titel.) Berlin 877,78, Grote'sche Verlagsh. cart. * ℳ 3.; geb.

– Till Eulenspiegel redivivus. Ein Schelmenlied. 7., unveränd. Aufl. 8. (IX, 196 S.) Ebend. 879. cart. n. 3. —; geb. n. 4. —

Wolff, Jul., Eulenspiegel redivivus. Ein Schelmenlied. 20. Tausend. 8. (XI, 196 S.) Berlin 888. Grote. cart. n. 4. — ; geb. n. 4. 80

Wolff, Jul., Eulenspiegel redivivus. Ein Schelmenlied. 22. Tausend. 8. (XI, 196 S.) Berl. 888, Grote. cart. * 4 — geb. * 4 80

Wolff, Jul., Till Eulenspiegel redivivus. Ein Schelmenlied. 22. Taus. 8. (X, 196 S.) Berlin 892. G. Grote. Kart. n. 4. —; geb. n. 4. 80

— Till Eulenspiegel redivivus. Ein Schelmenlied. 23. Taus. 8. (X, 196 S.) Ebd. 896. Geb. in Leinw. n. 4. 80

Wolff, Jul., Till Eulenspiegel redivivus. Ein Schelmenlied. 25. Taus. (X, 196 S.) 8. Berlin 903. G. Grote. n. 4. —; geb. n. 4. 80

Wolff, Jul., Aus dem Felde. Kriegslieder. 16. (80 S.) Berlin 871, Lipperheide. * ℳ 1.; geb. mit Goldschn.

[S.] Aus dem Felde. Nebst e. Anh.: Im neuen Reich v. Julius Wolff. *Berlin: G. Grote 1895.* (3 Bl., 120 S.) 1 Bd 8.
= Sammlung, Grote'sche, v. Werken zeitg. Schriftsteller. Bd 55. 96 3316

Wolff, Jul., aus dem Felde. Nebst e. Anh.: Im neuen Reich. 3., verm. Aufl. 8. (VI, 123 S.) Berlin 896. G. Grote. Geb. in Leinw. n. 2. 50

Wolff, Jul., Fest-Rede gehalten bei der Freiligrath-Feier in Quedlinburg am 26. Juni 1867. Quedlinburg 867. Vieweg. gr. 8. (14 S.) 7½ ℊ

Wolff, Julius: Zur Genealogie des Nietzsche'schen Uebermenschen. Buenos Aires: G. van Woerden & Cia in Komm. [1900?]. (24 S.) 8° [Kopft.]
(Veröffentlichungen d. Deutschen Akademischen Vereinigung zu Buenos Aires. Bd 1, H. 2.)

Zu Ehren der Deutschen Gesellschaft für Chirurgie die freie Vereinigung der Chirurgen Berlins am 28. Mai 1896. Die Geschichte der Chirurgie. Gedichtet v. Julius Wolff, in lebenden Bildern dargest. durch Hans Fechner, Hans Koberstein u. R. Pfretschner. *Berlin: A. Hirschwald 1896.* (15 Bl.) 1 Bd 8. [96. 4374

— die Geschichte des Erstlingswerks, s.: Franzos, Karl Emil.

Wolff, Jul., Das Gesetz der Transformation der Knochen. gr. Fol. (XIII, 152 S. m. 12 Lichtdr.-Taf.) Berl. 892, A. Hirschwald. geb. * 36 —

—— schnelle Heilung des Stotterns. Leicht faßliche Anleitung zur radicalen Beseitigung dieses Uebels für Eltern, Lehrer und zum Selbstgebrauch. gr. 8. (IV, 52 S.) [Berlin 877.] Leipzig, Grieben's Verlag.

— schnelle Heilung des Stotterns. Leicht faßliche Anleitung zur radicalen Beseitigung dieses Uebels für Eltern, Lehrer u. zum Selbstgebrauch. gr. 8. (IV, 52 S.) Ebend. 878. n. 1. 20

Wolff, Jul., Heilung d. Schreibkrampfes u. verwandter Muskelaffectionen: Klavier-, Telegraphier-, Violinkrampf etc. nach eigener, neuer Methode. Mit Abbildgn. gr. 8. (35 S.) Frankfurt a/M. 884. Diesterweg. n. 1. —

Wolff, Jul., d. Heilg. d. Schreibkrampfes u. verw. Bewegungsstörgn. durch Massage u. Heilgymnastik. M. e. Vorwort v. W. Preyer. gr. 8. (VIII, 56 S.) Hamburg 895. L. Voss. n. 1. —

Wolff, Jul., Heilung u. Verhütung des Schreibkrampfes u. verwandter Bewegungsstörungen. Mit 31 in den Text gedr. Abbildgn. f. Arm- u. Fingergymnastik etc. Mit e. Vorwort v. W. Preyer. 2 durchgesch. u. erweit. Aufl. gr. 8. (88 S.) Berlin 901. O. Coblentz. n. 3. —

Heilung und Verhütung des Schreibkrampfes und verwandter Bewegungsstörungen. Mit 31 Abb. Von Julius **Wolff**, Spezialarzt. Mit e. Vorw. von Prof. Dr. W[illiam] Preyer. 3. durchges. Aufl. Berlin: O. Coblentz 1907. (94 S.) 8° [F.] 07. 16979

Wolff, Julius. Die Hohkönigsburg. Eine Fehdegeschichte aus dem Wasgau. VIII + 416 S. 8. Berlin, G. Grote, 1902. (br. M. 5. 60, geb. M. 6. —)
(Grote'sche Sammlung von Werken zeitgenössischer Schriftsteller. Band 77...)
Behandelt die Grafen von Thierstein.

— die Hohkönigsburg. Eine Fehdegeschichte aus dem Wasgau. 19.—22. Taus. (416 S.) 8. Ebd. 903. n. 5. —; geb. n. 6. —

Wolff, Jul., die Hohkönigsburg. Eine Fehdegeschichte aus dem Wasgau. 28. Taus. (416 S.) kl. 8. Berlin 908. G. Grote. 5.—; geb. 6. —

— der fliegende Holländer. Eine Seemannssage. 8. (191 S.) Berlin 892. G. Grote. Kart. n. 4. 60; geb. in Leinw. n. 5. —

— der fliegende Holländer. Eine Seemannssage. 30. Taus. (III, 191 S.) 8. Ebd. 903. n. 4. 60; geb. n. 5. —

— der wilde Jäger. Eine Waidmannsmär. 1.—6. unveränd. Aufl. 8. (VIII, 245 S.) Ebendas. 877—79. cart. geb.

Wolff, Jul., der wilde Jäger. Eine Waidmannsmär. 7.—20. unveränd. Aufl. 8. (VIII, 245 S.) Berlin 880—83. Grote'sche Verlagsh. cart.

Wolff, Jul., der wilde Jäger. Eine Waidmannsmär. 21.—22. Aufl. und 42.—54. Tausend. 8. (VIII, 245 S.) Berlin 884—88, Grote'sche Verlagsh. cart. *M 4.—; geb. *

— dass. — Illustriert von Wold. Friedrich. gr. 4. (314 S. mit eingedr. Holzschn. und 12 Lichtdr.-Taf.) Ebendas. 887. geb. mit Goldschn.

— dass. — Illustr. v. Wold. Friedrich. 2. Aufl. Imp.-4. (162 S. m. 12 Heliograv. u. Textholzschn.) Ebd. 891. geb. m. Goldschn. * 20 —

— Der wilde Jäger. Eine Waidmannsmär. 64. Tausend. 8. (VIII, 245 S.) Ebd. 891. cart. * 4 —; geb. * 4 80

— der wilde Jäger. Eine Waidmannsmär. 70. Taus. 8. (VIII, 245 S.) Ebd. 894. Kart. n. 4. —; geb. n. 4. 80

— der wilde Jäger. Eine Waidmannsmär. 89. Taus. 8. (VIII, 245 S.) Ebd. 901. n. 4. —; geb. n. 4. 80

— der wilde Jäger. Eine Waidmannsmär. 95. Taus. (VIII, 245 S.) 8. Ebd. 904. n. 4. —; geb. in Leinw. n. 4. 80; in Halbfrz. n. 5. 40

Der Wilde Jäger. Eine Weidmannsmär von Julius **Wolff**. Jubil.-Ausg. (100. Taus.) Ill. von Woldemar Friedrich. Berlin: G. Grote 1906. (280 S.) 8° [F.] 07. 9311

Wolff, Julius, a. Frankfurt a. M.: Das argentinische Konversionsgesetz. Leipzig 1905: Duncker u. Humblot. (48 S.) 8° ° (Kap. 2 u. 3 von: Die argentinische Währungsreform in: Staats- u. social-wiss. Forschungen Bd 24, H. 5.)
Heidelberg, Phil. Fak., Ref. Rathgen, D. s. v. 12. Sept. [illegible]
[Geb. 6. Dez. 58 Frankfurt a. M.; Wohnort: [illegible] Preußen; Vorbildung: Gymn. Darmstadt Reife M. [illegible] Heidelberg 3 S.; Rig. 14. Febr. 05.]

Wolff, Julius: Der Landsknecht von Cochem. Ein Sang v. d. Mosel. Berlin: G. Grote 1898. (4 Bl., 356 S.) 8°
(Sammlung, Grote'sche, v. Werken zeitg. Schriftsteller. Bd 63.)

— der Landsknecht v. Cochem. Ein Sang v. der Mosel. 19. Taus. (V, 356 S.) 8. Ebd. 904. n. 5. 60; geb. in Leinw. n. 6. —; in Halbfr. n. 6. 60

Wolff, Julius (Hannover)
Ueber Leistenbrüche.
[lt. Dekanatsbuch nur handschriftlich eingereicht.]
Dr. med. Giessen 12.6.1834.

— Lurlei. Eine Romanze. 8. (V, 330 S.) Ebendas. 886. cart. *M 5.50.; geb. *

— Lurlei. Eine Romanze. Illustriert v. P. Grot Johann. gr. 4. (167 S. m. 64 Text-Abbildgn. u. 8 Kpfrdr.) Ebd. 890. geb. m. Goldschn. n. 20. —

— Lurlei. Eine Romanze. 35. Tausend. 8. (V, 330 S.) Ebd. 891. cart. * 5 50; geb. * 6 —

— Lurlei. Eine Romanze. 39. Taus. 8. (V, 330 S.) Ebd. 894. Kart. n. 5. 50; geb. n. 6. —

— Lurlei. Eine Romanze. Illustriert v. P. Grot Johann. 8. Aufl. gr. 4. (167 S. m. Text-Abbildgn. u. 8 Lichtdr.-Taf.) Ebd 900. Geb. in Leinw. m. Goldschn. n. 20. —

— Lurlei. Eine Romanze. 55. Taus. (V, 330 S.) 8. Ebd. 901. n. 5. 60; geb. n. 6. —; in Halbfrz. n. 6. 60

— Lurlei. Eine Romanze. 64. Taus. (V, 330 S.) kl. 8. Ebd. 908. 5.60; geb. 6. —

Julius **Wolff**. Normalmensch, Kulturmensch und Genie. (Ein Beitrag z. Kritik d. Begriffes 'normal'.) *Buenos Aires: G. v. Woerden & Co. in Komm. [um 1902].* (31 S.) 8°
— Veröffentlichungen d. Deutschen Akademischen Vereinigung in Buenos Aires. Bd 1, H. 4.

Über frühzeitige Operation der angeborenen Gaumenspalten von Julius **Wolff**. (Berlin.) *Leipzig: Breitkopf & Härtel 1901.* (28 S.) 8°
— Sammlung Klinischer Vorträge. N. F. No 301 [illegible]

Wolff, Jul., über das Operiren bei herabhängendem Kopf des Kranken, s. Sammlung klinischer Vorträge.

— Die Pappenheimer. Ein Reiterlied. 1.—18. Tausend. 8. (III, 343 S.) Ebd. 889. cart. * 5 50; geb. * 6 —

— die Pappenheimer. Ein Reiterlied. 20. Taus. 8. (V, 343 S.) Ebd. 889. Kart. n. 5. 50; geb. n. 6. —

— die Pappenheimer. Ein Reiterlied. 23. Taus. 8. (V, 343 S.) Ebd. 901. n. 5. 60; geb. n. 6. —

Wolff, [illegible]
Berlin, Med. Diss. [illegible]

— der Rattenfänger von Hameln. Eine Aventiure. Mit (eingedr. Holzschn.-)Illustrationen von P. Grot Johann, in Holz geschn. von H. Kaeseberg und H. Thiele. 1.—9. unveränd. Aufl. 8. (XI, 223 S.) Ebendas. 875—79. cart. *M 3.; geb.

— der Rattenfänger von Hameln. Eine Aventiure. Mit Illustr. von P. Grot Johann, in Holz geschnitten von H. Käseberg und H. Thiele. 10.—20. unveränd. Aufl. 8. (XI, 223 S.) Ebendas. 880—83. cart.

— dass. — Illustrirt von Paul Thumann. 7 Lfgn. gr. 4. (280 S. mit eingedr. Holzschn. und Holzschntaf.) Ebendas. 883. compl. geb.

— dass. — Tuschzeichnungen, s. Karger, Karl.

—— der Rattenfänger von Hameln. Eine Aventiure. Mit Illustr. von P. Grot Johann, in Holz geschnitten von H. Käseberg und H. Thiele. 21.—25. Aufl. und 48.—51. Tausend. 8. (XI, 223 S.) Ebendas. 884—888. cart. * geb. *

—— dass. — Illustriert v. Paul Thumann. 2. Aufl. gr. 4. (280 S. m. 15 Vollbildern u. 60 Text-Abbildgn.) Ebd. 890. geb. m. Goldschn. * 20 —

—— Der Rattenfänger v. Hameln. Eine Aventiure. Mit Illustr. von P. Grot Johann, in Holz geschn. von H. Käseberg u. H. Thiele. 67. Taus. 8. (XI, 223 S.) Ebd. 892. cart. * 4 —; geb. * 4 80

— der Rattenfänger v. Hameln. Eine Aventiure. Mit Illustr. v. P. Grot Johann, in Holz geschnitten v. H. Kaeseberg u. H. Thiele. 60. Taus. 8. (XI, 223 S.) Ebd. 894. Kart. n. 4.—; geb. n. 4. 80

— der Rattenfänger v. Hameln. Eine Aventiure. Mit Illustr. v. P. Grot Johann, in Holz geschnitten v. H. Käseberg u. H. Thiele. 71. Taus. (XI, 223 S.) 8. Ebd. 903. n. 4. —; geb. n. 4. 80

— Der Rattenfänger v. Hameln. Eine Aventiure. Mit Illustr. v. P. Grot Johann. 74. Taus. (XIII, 223 S.) 8. Ebd. 907. 4.—; geb. in Leinw. 4.80; in Halbfrz. 5. 40

—— der Raubgraf. Eine Geschichte aus dem Harzgau. 2.—5. Aufl. und 19.—24. Tausend. 8. (444 S.) Ebendas. 884—828. cart. *M 6.50.; geb. *

—— Der Raubgraf. Eine Geschichte aus dem Harzgau. 30. Taus. 8. (444 S.) Ebd. 891. cart. * 6 50; geb. * 7 —

Wolff, Jul., der Raubgraf. Eine Geschichte aus dem Harzgau. 33. Taus. 8. (444 S.) Berlin 894. G. Grote. Kart. n. 6. 50; geb. n. 7. —

— der Raubgraf. Eine Geschichte aus dem Harzgau. 49.—53. Taus. (444 S.) 8. Ebd. 902—905. n. 6. 60; geb. in Leinw. n. 7.—; in Halbfrz. n. 7. 60

Wolff, Julius: Der Raubgraf. Eine Geschichte aus d. Harzgau. Berlin: Grote 1908. 444 S. 8°
(Grote'sche Sammlung von Werken zeitgenoss. Schriftsteller. Bd 20.)

— Der Raubgraf. Eine Geschichte aus dem Harzgau. 58. Taus. (444 S.) kl. 8. Ebd. 908. 6.60; geb. 7. —

—— das Recht der Hagestolze. Eine Heirathsgeschichte aus dem Neckarthal. 1.—11. Tausend. 8. (415 S.) Ebendas. 888. cart. *M 6.50.; geb. *

—— Das Recht der Hagestolze. Eine Heirathsgeschichte aus dem Neckarthal. 21. Taus. 8. (415 S.) Ebd. 890. cart. * 6 50; geb. * 7 —

— das Recht der Hagestolze. Eine Heirathsgeschichte aus dem Neckarthal. 25. Taus. 8. (415 S.) Ebd. 893. Kart. n. 6. 50; geb. n. 7. —

— das Recht der Hagestolze. Eine Heirathsgeschichte aus dem Neckarthal. 34. Taus. (415 S.) 8. Ebd. 902. n. 6. 60; geb. n. 7.—; in Halbfrz. n. 7. 60

—— Renata. Eine Dichtg. 1.—20. Taus. 8. (V, 384 S.) Ebd. 892. cart. * 5 50; geb. * 6 —

— Renate. Eine Dichtung. 28.—30. Taus. (V, 384 S.) 8. Ebd. 902—906. n. 5. 60; geb. n. 6.—; in Halbfrz. n. 6. 60

Wolff, Julius: Der Sachsenspiegel. Eine Geschichte aus d. Hohenstaufenzeit. Berlin: Grote 1909. 394 S. 8°
(Grote'sche Sammlung v. Werken zeitgenöss. Schriftsteller. Bd 98.)

—— Schauspiele. [Kambyses. — Die Junggesellensteuer.] 8. (245 S.) Ebendas. 877. cart. * M 3.; geb.

Wolff, Julius: Der Fahrende Schüler. Eine Dichtung. Berlin: G. Grote 1900. (371 S.) 8°
(Sammlung, Grote'sche, v. Werken zeitgenöss. Schriftsteller. Bd 68.)

—— s. Shakespeare.

—— Singuf. Rattenfängerlieder. 1. und 2. Aufl. (XI, 229 S.) 1881; 3. Aufl. 8. (XI, 233 S.) Ebendas. 883. cart. geb.

—— Singuf. Rattenfängerlieder. 4. und 5. Aufl.; 13. Tausend. 8. (XI, 229; XI, 233 S.) Ebendas. 884—87. cart. *M 4.—.; geb. *

—— Singuf. Rattenfängerlieder. 14. Taus. 8. (XI, 233 S.) Ebd. 889. cart. * 4 —; geb. in Leinw. * 4 80

— Singuf. Rattenfängerlieder. 17. Taus. (XI, 233 S.) 8. Ebd. 906. Geb. in Leinw. n. 4. 80

—— der Sülfmeister. Eine alte Stadtgeschichte. 1.—4. Aufl. 2 Bde. 8. (340; 311 S.) Ebendas. 883,81. cart. geb.

—— der Sülfmeister. Eine alte Stadtgeschichte. 5.—6. Aufl. und 19.—21. Tausend. 2 Bde. 8. (340; 311 S.) Ebendas. 884—88. cart. *M 8.—.; geb. *

—— Der Sülfmeister. Eine alte Stadtgeschichte. 2 Bde. 23. Taus. 8. (340; 311 S.) Ebd. 891. cart. * 8 —; geb. * 9 60

— der Sülfmeister. Eine alte Stadtgeschichte. 2 Bde. 27. Taus. 8. (340 u. 311 S.) Ebd. 894. Kart n. 8.—; geb. n. 9. 60

— der Sülfmeister. Eine alte Stadtgeschichte. 2 Bde. 44. Taus. (340 u. 311 S.) 8. Ebd. 905. n. 7.—; geb. n. 8. —

— Der Sülfmeister. Eine alte Stadtgeschichte. 2 Bde. 47. Taus. (340 u. 311 S.) 8. Ebd. 908. 7.—; geb. 8. —

—— Tannhäuser. Eine Minnesang. Mit Porträtradirung nach einer Handzeichnung von Ludw. Knaus. 2 Bde. 2.—4. Aufl. 8. (VIII, 260; 280 S.) Ebendas. 880. cart. * geb. *

—— dass. — 5.—10. Aufl. und 19.—25. Tausend. 8. (VIII, 260; 280 S.) Ebendas. 881—888. *M 8.—.; geb. *

—— Tannhäuser. Ein Minnesang. Mit e. Porträtradirung nach e. Handzeichng. von Ludw. Knaus. 2 Bde. 30. Taus. 8. (VIII, 260; 286 S.) Ebd. 890. cart. * 8 —; geb. * 9 60

— Tannhäuser. Ein Minnesang. Mit Portr.-Radirg. nach e. Handzeichng. v. Ludw. Knaus. 2 Bde. 32. Taus. 8. (VIII, 260 u. V, 286 S.) Ebd. 893. Kart. n. 8.—; geb. n. 9. 60

— Tannhäuser. Ein Minnesang. Mit Porträtradirg. nach e. Handzeichng. v. Ludw. Knaus. 2 Bde. 38. Taus. 8. (VIII, 260 u. V, 286 S.) Ebd. 899. n. 8.—; geb. n. 9. 60

— Tannhäuser. Ein Minnesang. Mit Porträtradirung nach e. Handzeichng. v. Ludw. Knaus. 2 Bde. 41. Taus. (VIII, 260 u. V, 286 S.) 8. Ebd. 905. n. 7.—; geb. n. 8.—

Wolff, Jul., Tannhäuser. Ein Minnesang. Mit Porträtradirg. nach e. Handzeichng. v. Ludw. Knaus. 2 Bde. 43. Taus. (VIII, 260 u. V, 286 S.) kl. 8. Berlin 910. G. Grote. 7.—; geb. 8.—

Wolff, Jul., chemische Untersuchung von Eisenerzen aus dem Erzberge bei Hüttenberg in Kärnthen. Lex.-8. (7 S.) Wien 868, (Gerold's Sohn.)
Aus: Sitzungsberichte der k. Akademie der Wissenschaften, besonders abgedruckt.

Wolff, Jul., Untersuchungen üb. die Entwicklung d. Knochengewebes. [Mit 2 (lith.) Taf.] gr. 8. (88 S.) Leipzig 875. Engelmann. n. 2.—

Wolff, Julius, Tierarzt aus Südlohn i. Westfalen: Vergleichend-anatomische Untersuchungen über die Schwanzmuskulatur von Hapale jacchus, Cebus macrocephalus und Ateles ater. Hannover-Linden 1908. 31 S. und sechs Tafeln 8°. [27. IV. 07.]
Bern, Phil. Diss. 1907/08.

Wolff, Julius. Vergleichend-anatomische Untersuchungen über die Schwanzmuskulatur von Hapale jacchus, Cebus macrocephalus und Ateles ater. Diss. Phil. Bern. [Mit 6 Tafeln.] 31 S. gr.-8. Hannover-Linden, Herm. Schwarze & Karcher, 1908.

Julius **Wolff**. Die Ursachen der argentinischen Krisis in 1901 u. 1902. Buenos Aires: G. van Woerden & Co in Komm. [1905?]. (30 S.) 8°
= **Veröffentlichungen** d. Deutschen Akad. Vereinigung zu Buenos Aires. Bd 1, H. 8. [06. 1016 4

Wolff, Jul., über die Ursachen, das Wesen u. die Behandlung des Klumpfusses. Hrsg. v. Geo. Joachimsthal. Mit Portr. Julius Wolff's u. Textfig. (VIII, 161 S.) gr. 8. Berlin 903. A. Hirschwald. n. 4.—

Die argentinische Währungsreform von 1899. Von Dr. Julius **Wolff**. Leipzig: Duncker & Humblot 1905. (XIV, 131 S.) 8°
= **Forschungen**, Staats- u. sozialwissenschaftliche. Bd 24, H. 5. [05. 12225

— über die Wechselbeziehungen zwischen der Form u. der Function der einzelnen Gebilde des Organismus. Vortrag, geh. in der 2. allgemeinen Sitzg. der 72. Versammlg. deutscher Naturforscher u. Ärzte zu Aachen am 21. IX. 1900. gr. 8. (35 S. m. 22 Abbildgn.) Leipzig 901. F. C. W. Vogel. n. 1.—

— das schwarze Weib. Roman aus dem Bauernkriege. 8. (358 S.) Ebd. 894. Kart n. 6. 60; geb. n. 7.—

— das schwarze Weib. Roman aus dem Bauernkriege. 21. Taus. (358 S.) 8. Ebd. 902. n. 6. 60; geb. n. 7.—; in Halbfrz. n. 7. 60

Das Wildfangrecht. Eine pfälzische Geschichte von Julius **Wolff**. Berlin: G. Grote 1907. (331 S.) 8° [F.]
= **Sammlung**, Grote'sche, v. Werken Zeitgenöss. Schriftsteller. Bd 01. [07. 15709

Das Wildfangrecht. Eine pfälzische Geschichte von Julius **Wolff**. 13. Taus. Berlin: G. Grote 1907. (331 S.) 8° [F.]
= **Sammlung**, Grote'sche, von Werken zeitgenöss. Schriftsteller. Bd 91. [08. 18306 2

— s.: **Wilhelm I. der Grosse.**

— drohende Wolken. Schauspiel in 4 Acten. 8. (125 S.) Ebendas. 879.

Zweifel der Liebe. Roman aus d. Gegenwart von Julius **Wolff**. Berlin: G. Grote 1904. (454 S.) 8° [F.]
= **Sammlung**, Grote'sche, von Werken zeitgenöss. Schriftsteller. Bd 83.

Wolff, Julius August (Elberfeld)
Ueber das Styracin.
[In: Annalen d. Chemie u. Pharmacie Bd 75 (1850) 297.]
Dr. phil. Giessen 4.5.1850.

Wolff, Julius Ferdinand

Wolff, Jul. Ferd., badisch Blut. Historisches Versspiel in 1 Akt. 8. (28 S.) Karlsruhe 902. G. Braun'sche Hofbuchdr. n. — 80

Wolff, Julius Theodor

Wolff, Jul. Thdr., photometrische Beobachtungen an Fixsternen. hoch 4. (112 S.) Leipzig 877, Breitkopf und Härtel. cart.

Wolff, Jul. Thdr., photometrische Beobachtungen an Fixsternen aus den J. 1876 bis 1883. Hrsg. mit Unterstützung der königl. preuss. Akademie der Wissenschaften. hoch 4. (VIII, 168 S.) Berlin 884, G. Reimer. cart.

Wolff, Justus: Über 2.6-Dichlor-p-phenylendiamin. 1909. 35 S. 8°
Berlin, Dr.-Ing.-Diss. v. 26. 11. 1909

Wolff, K., chemische Analyse der am meisten bekannten Elemente nach einem neuen System zusammengestellt für Mediciner, Apotheker, Chemiker und Landwirthe. gr. 4. (12 S.) Göttingen 872, (Vandenhoeck und Ruprecht's Verlag.)

Geschichtsbilder aus altchristlicher Zeit Roms von [K.] Frh. v. **Wolff**. Berlin: Voss 1907. (160 S.) 8°
= **Wolff**: Hist. Reisebegleiter f. Rom. [2.] [07. 14534

Wolff, K., deutsches Lesebuch f. Knaben-Mittelschulen, s.: Porger, G.

Wolff, K. Baron, historischer Reisebegleiter f. Rom. 8. (200 S.) Berlin 902. Borstell & Reimarus. n. 2. 50

Wolff, Camill [illegible] Ueber Temperatur- [illegible]
Berlin, Med. Diss. [illegible] 13 Mai 1882

Wolff, Karl: Atlas .... s. Wolf, Karl

Wolff, Carl, die städtische Badeanstalt an der Goseriede in Hannover. Mit 22 Abbildgn. im Text u. 8 Bl. Zeichngn. (40 Sp.) gr. 4. Wiesbaden 905. C. W. Kreidel. Kart. n. 4.—
Sonderabdr. a.: „Ztschr. f. Architektur- u. Ingenieurwesen".

Wolff, Carl. Öffentliche Bade- und Schwimmanstalten. Mit 50 Figuren [wovon 1 Tafel]. 151 S. 8. Leipzig, G. J. Göschen, 1908. (geb. M. —. 80)
Sammlung Göschen. (Nr. 380.)

Wolff, Carl, öffentliche Bade- u. Schwimmanstalten, s.: Sammlung Göschen.

— u. Rud. Jung, die Baudenkmäler in Frankfurt am Main. Hrsg. m. Unterstützg. d. Stadt u. d. Administration des Dr. Joh. Frdr. Böhmer'schen Nachlasses v. dem Architekten- u. Ingenieur-Verein u. d. Verein f. Geschichte u. Alterthumskunde. 1.—4. Lfg. Lex.-8. Frankfurt a/M. (K. Th. Völcker). à Lfg. n. 6.—
1. 2. (1. Bd.) Kirchenbauten. (XVI, 368 S. m. 302 Abb. u. 41 Taf.) 895. 96.
3. 4. (2. Bd.) Weltliche Bauten. (XVIII, 466 S. m. 386 Abb. u. 20 Taf.) 897. 98.

— u. Rud. Jung, die Baudenkmäler in Frankfurt am Main, Fortsetzg., s.: Baudenkmäler.

Wolff, Carl [aus Berlin]: Beitrag zur Kenntnis der Chinazoline ... Berlin, Druck v. M. Driesner, 1892; 50 S., 1 Bl. 8.
Berlin, Phil. Fak., Inaug.-Diss. v. 4. Aug. 1892.

Wolff, Carl: B e i t r ä g e zur Geschichte des Kirchspiels und der Pfarrei Schemmern in Hessen. Schmalkalden (1910): Wilisch. 50 S. 8°

Wolff, Carl *(August Ferdinand)*: Der B e r e i c h e r u n g s a n s p r u c h des Widerspruchsberechtigten nach beendigter Zwangsvollstreckung . . . Greifswald, Druck v. J. Abel, 1897. 49 S. 8°
Greifswald, Jur. Fak., Inaug.-Diss. v. 1897.

Wolff, Karl. Amadeus Gänsekiels Berichte an die Redaktion. Allerhand Tollheiten. gr. 8. (128 S.) **Köln** 889, Kölner Verlagsanstalt u. Druckerei, A.-G. 1 —

Wolff, Carolus (Ernestus Theodorus *[illegible]*): De causa Hermiana papyri Aegyptiaci tradita. Vratislaviae (1874). (52 S.) 8°
Breslau, Phil. Diss. [illegible]

(Wolff, K[arl]:) Denkschrift zu der fünfzigjährigen Jubelfeier des Catharinenstiftes in Stuttgart. — Stuttgart 1868: (Wörner.) 191 S. 8°

Wolff, Carl. Ueber Diallylacetessigester und seine Derivate. (Würzburg) Tübingen, 1876

Wolff, Karl: Ueber cyclische D i s u l f i d e und Disulfone. Freiburg i. B. 1900: C. A. Wagner. (58 S.) 8°
Freiburg i. B., Phil. Diss. v. 1900.

Wolff, Carl, kurze Anleitung in das alte und neue Testament. Zum Schulgebrauch. gr. 8. (III und 155 S.) Stuttgart 867, Schweizerbart.

Wolff, Carl, kurze Einleitung in das alte und neue Testament. Zum Schulgebrauch. 2., unveränd. Abdr. gr. 8. (III, 155 S.) Stuttgart 869, Schweizerbart'sche Verlagsh. *

Wolff, Karl, Entbindungsanstalten u. Hebammenschulen, s.: Handbuch der Architektur. IV. 5.

Wolff, Karl, Erinnerungen an die Wiener Reise des Kölner Männer-Gesangvereins im April 1901. gr. 8. (V, 85 S. m. 2 Bildnissen.) Köln 901. Kölner Verlags-Anstalt u. Druckerei. 1. 50

Wolff, Carl: Einige F ä l l e von Strychninvergiftung . . . Halle a. S., Hofbuchdr. v. C. A. Kaemmerer & Co., 1887. 33 [falsch pag.] + 1 S. + 1 Bl. 8°
Halle, Med. Fak., Inaug.-Diss. v. 11. Jan. 1887.

Wolff, Carl, einige Fälle von Strychninvergiftung. Diss. Halle 1887, Lippertsche Buchh. 8°. 33 S.

Wolff, Karl: Kl. vaterländ. G e s c h i c h t e. Geschichte d. brandenburg-preußischen Staats, s. W o l f , Karl.

Wolff, Carl: Die Geschichte der Hermannstädter allgemeinen Sparkassa während der ersten fünfzig Jahre ihres Bestandes von 1841 bis 1891. Jubiläums-Festschr. [Mit 2 Tab.] Hermannstadt: Selbstverl. 1891. VI, 94, CCLXIII S. 4°

Die versunkene Glocke. Musikdrama in 5 Aufz. von Heinrich Koellner. Erl. von Karl Wolff-Köln. *(Köln a. Rh.: Hoursch & Bechstedt [1903].)* (17 S.) 8°
— Opern-Führer, Hoursch's. No 24. [illegible]

Wolff, Carl, die elektrische Bahn Hermannstadt—Junger Wald—Resinar. Vortrag, geh. in der 1. elektr. Ausstellg. in Hermannstadt am 6. Juli 1893. gr. 8. (16 S.) Hermannstadt 893. (W. Krafft.) n.n. -- 20

— s.: **Hoursch's** Opern-Führer.

Wolff, Carl [illegible]
[illegible]

Der polnische Jude von Karl Weis. Erl. von Karl Wolff-Köln. *(Köln a. Rh.: Hoursch & Bechstedt [1903].)* (13 S.) 8°
— Opern-Führer, Hoursch's. No 19. [illegible]

Wolff, Carl, der Kaiserdom in Frankfurt am Main. Eine baugeschichtl. Darstellg. Hrsg. auf Veranlassg. u. m. Unterstützg. der Administratoren d. Joh. Frdr. Böhmer'schen Nachlasses. Lex.-8. (X, 150 S. m. 41 Text-Abbildgn., 38 Licht- u. 1 Farbdr.-Taf.) Frankfurt a/M. 892. C. Jügel's Verl. n. 10. —

Wolff, Carl, d. Kaiserdom in Frankfurt a. M. Eine baugeschichtl. Darstellung. Lex.-8. (X, 150 S. m. 41 Abb. u. 39 Taf.) Frankfurt a. M. 892. [Jügel.] K. Th. Völcker. n. 10. —

Wolff, Karl: K a n n nach gemeinem Recht das Pfandrecht die Pfandforderung überleben? Leipzig-Reudnitz 1899: A. Hoffmann. (VIII, 100 S.) 8°
Jena, Jur. Diss. v. (24. Okt.) 1899.

Die K ö n i g i n von Saba. Oper von Karl Goldmark. Erl. von Karl Wolff. (Köln a. Rh., Hoursch & Bechstedt [1903].) (13 S.) 8°
(Opern-Führer, Hoursch's, No 17.)

Wolff, Karl, Karl Goldmarks „Die Königin v. Saba", s. Hoursch's Opern-Führer.

Wolff, Carl. Die Kunstdenkmäler der Provinz Hannover. Hrsg. im Auftr. d. Provinzial-Kommission z. Erforschung u. Erhaltung d. Denkmäler in d. Prov. Hannover. [T.] 1 [illegible] Hannover 1899 ff. 4°.
1. Reg.-Bez. Hannover. Bd 1.
 1. Landkreise Hannover u. Linden. 1899
2. Reg.-Bez. Hildesheim. Bd 1. [illegible]
 1. 2. Stadt Goslar. [illegible] in Gemeinsch. m. A. v. Behr u. U. Hölscher vom Hrsg. 1901
 3. [illegible] Bearb. von Heinr. Siebern u. [illegible] 1910
3. Reg.-Bez. Lüneburg. Bd 1. [illegible]
 1. Kr. Burgdorf u. Fallingbostel. Unter d. Leitung d. Hrsg. bearb. von Heinr. Fischer u. Fritz [illegible] 1902
 2. 3. Stadt Lüneburg. Bearb. von Franz Krüger u. Wilh. Reinecke. 1906.
4. Reg.-Bez. Osnabrück. Bd 1. 2. 1907
 1. u. 2. Stadt Osnabrück. Bearb. von Heinr. Siebern u. Erich Fink. 1907.
5. Reg.-Bez. Stade. 1. 1908
 1. Kr. Verden, Rotenburg u. Zeven. Bearb. von Heinr. Siebern, Christian Wullmann, Georg Meyer. 1908

— die **Kunstdenkmäler** der Prov. Hannover. Hrsg. im Auftrage der Prov.-Kommission zur Erforschg. u Erhaltung der Denkmäler in der Prov. Hannover. 1. Reg.-Bez. Hannover. 1. Landkreise Hannover u. Linden. Mit 8 Taf. u. 68 Textabbildgn. Lex.-8. (XVI, 138 S.) Hannover 899. (Th. Schulze.) n. 6. —

— dasselbe. II. Reg.-Bez. Hildesheim. 1 u. 2. Stadt Goslar. Bearb. in Gemeinschaft m. A. v. Behr u. U. Hölscher vom Hrsg. (Hft. 2 u. 3 des Gesammtwerkes.) Mit 16 Taf. u. 348 Textabbildgn. Lex.-8. (XVI, 416 S.) Ebd. 901. Geb. in Leinw. n. 12. —

— die **Kunstdenkmäler** der Prov. Hannover. Hrsg. im Auftrage der Prov.-Kommission zur Erforschg. u. Erhaltg. der Denkmäler in der Prov. Hannover. 4. bis 6. Heft. Lex.-8. Hannover (Th. Schulze). Geb. od. geh. n. 18. —
4. III. Reg.-Bez. Lüneburg. 1. Kreise Burgdorf u. Fallingbostel. Mit 2 Taf. u. 62 Textabbildgn. (XI, 182 S.) 902. n. 6. —
5. 6. III. Reg.-Bez. Lüneburg. 2 u. 3. Stadt Lüneburg. Bearb. v. Frz. Krüger u. Wilh. Reinecke. Mit 12 Taf. u. 190 Textabbildgn. (XVI, 435 S.) 906. n. 12. —

Wolff, Carl, die Landwirthschaft und die Genossenschaft. Ein Beitrag zum Kampf gegen das Wucherthum nebst einem Musterstatut und Anleitung zur Gründung landwirthschaftl. Genossenschaften. 2. Aufl. gr. 8. (47 S.) Neuwied 870, Heuser's Verlag.

Wolff, Carl. Lehrbuch der allgemeinen Geschichte, s. Wolf, Carl.

Louise. Musikroman in 4 Akten von Gustave Charpentier. Erl. von Karl Wolff-Köln. *(Köln a. Rh.: Hoursch & Bechstedt [1903].)* (14 S.) 8°
= Opern-Führer, Hoursch's. No 20. [04. 6973

Wolff, Karl: Die rechtliche Natur des Postanweisungsgeschäftes ... München, Buchdr. v. J. Gotteswinter, 1892; 20 S. 8°
Erlangen, Jur. Fak., Inaug.-Diss. v. 1892.

Wolff, Car. (Guil. Immanuel) (geb. Rathenow 16. 2. 1822): Nonnulla de oculi semiotice. Berolini (1846). (20 S.) 8°
Berlin, Med. Diss. v. 6. Febr. 1846

— die Provinzial-Heil- und Pflegeanstalt bei Lüneburg. Fol. (62 S. m. 50 Abbildgn. u. 5 Taf.) Wiesbaden 902. C. W. Kreidel. Kart. n. 4. —
Sonderabdr. aus: „Zeitschr. f. Architektur u. Ingenieurwesen".

Wolff, Carl, der Rathgeber bei Anlage und Betrieb von Dampfmaschinen sowie von durch Wasser oder Wind bewegten Triebwerken oder Stau-Anlagen. Die darüber im deutschen Reiche geltenden Bestimmungen für Jedermann faßlich und verständlich erläut. und erklärt. 8. (50 S.) Berlin 873, Grosser.

—— der Rathgeber bei Errichtung und Veränderung gewerblicher Anlagen. Die darüber im preuß. Staate geltenden Bestimmungen für Jedermann faßlich und verständlich erläut. und erklärt. 8. (64 S.) Ebendas. 873.

Wolff, Karl, a. Meschede, Ref. b. d. Kgl. Staatsanwaltschaft zu Essen (Ruhr): Die Reallasten nach dem Bürgerlichen Gesetzbuche unter besonderer Berücksichtigung ihrer historischen und wirtschaftlichen Bedeutung. Borna-Leipzig 1905: R. Noske (IX, 92 S.) 8°
Erlangen, Jur. Fak., Ref. Sehling, Diss. v. 7. Nov. 1905
[Geb. 29. Aug. 78 Meschede; Wohnort: Meschede; Staatsangeh.: Preußen; Vorbildung: Gymn. Brilon Reife O. 99; Studium: Würzburg 1, Berlin 1, München 1, Berlin 1, Marburg 2 S.; Rig. 28. Juli 05.]

— die Rechte der Miether u. Vermiether in Preußen. Für Jedermann verständlich, nach den bisher ergangenen gesetzl. Bestimmgn. dargestellt. 4. verm. Aufl. gr. 16. (32 S.) Ebend. 876. n. — 50

Wolff, Carl, die Rechte der Miether und Vermiether in Preußen. Aus den Rechtsbüchern und durch die Rechtsprechung erläutert. Mit alphabet. Sachregister. 5. vollständig umgearb. Aufl. 8. (IV, 68 S.) Berlin 882, Grosser. cart.

Wolff, Carl, die Rechte der Miether und Vermiether in Preußen. Aus den Rechtsbüchern und durch die Rechtsprechung eingehend erläutert und bis in die neueste Zeit ergänzt. Mit ausführl. alphabet. Sachregister. 6. vollständig umgearb. Aufl. 8. (II, 82 S.) Berlin 888, Grosser. cart.

Wolff, Carl, die Rechtsverhältnisse von Grundeigenthümer und Nachbar, sowie Bauherrn und Baumeister. Nach dem allgemeinen Landrecht für Jedermann verständlich erläutert, erklärt und durch die neuen Bestimmungen, sowie die Entscheidungen des höchsten Gerichtshofs dargestellt. 2. verm. Aufl. 8. (69 S.) Berlin 876, Grosser. *

—— die Rechtsverhältnisse zwischen Herrschaft und Gesinde. Die allgemeine Gesinde-Ordnung der preuß. Monarchie vom 8. Novbr. 1810 für den pract. Gebrauch der Behörden, sowie für Jedermann verständlich erläutert, erklärt, durch die bezügl. §§ des Strafgesetzbuches und der Gewerbeordnung und andere neuere Bestimmungen ergänzt, auch mit ausführl. Sachregister versehen. 5. verm. und verb. Aufl. gr. 16. (40 S.) Ebendas. 876. cart.

—— die Rechtsverhältnisse zwischen Herrschaft und Gesinde. Die allgemeine Gesinde-Ordnung der preuß. Monarchie vom 8. Novbr. 1810 für den pract. Gebrauch der Behörden, sowie für Jedermann verständlich erläutert, erklärt, durch die bezügl. §§ des Strafgesetzbuches und der Gewerbeordnung und andere neuere Bestimmungen ergänzt, auch mit ausführl. Sachregister versehen. 6. verm. und verb. Aufl. gr. 16. (40 S.) Ebendas. 879. cart.
Spätere Aufl. vgl.: Rechtsverhältnisse, die, zwischen Herrschaft und Gesinde.

Wolff, Carl, Rechtswirkungen der Cession eines suspensiv bedingten Vermächtnisses. Eine gemeinrechtl. Untersuchung. gr. 8. (96 S.) Freiburg i. Br. 887, Mohr.

Wolff, Karl, die Reformation in Württemberg. Ein Volks- u. Schulblatt. 2. Aufl. 8. (..B.) Stuttgart 838, J. F. Steinkopf.

—— der Richter zwischen Grundeigenthümer und Nachbar, sowie zwischen Bauherrn und Baumeister. Das Baurecht des preuß. Staates nach dem Allgemeinen Landrecht für Jedermann verständlich erläut. und erklärt und durch die neuen Bestimmungen sowie die Entscheidungen des höchsten Gerichtshofes ergänzt. 8. (48 S.) Ebendas. 872. *

Wolff, Carl: Der Richter zwischen Grundeigenthümer und Nachbar sowie zwischen Bauherrn und Baumeister. Das Baurecht des Preuß. Staates nach dem ALR. ... erl. u. erklärt. Berlin [1874].

Wolff, Carl, der Richter zwischen Herrschaft und Gesinde. Die allgemeine Gesinde-Ordnung der preuß. Monarchie für den pract. Gebrauch der Behörden, sowie für Jedermann verständlich erläut., erklärt, durch die bezügl. §. §. des Strafgesetzbuches und die anderen neueren Bestimmungen ergänzt, auch mit ausführl. Sachregister versehen. 1. Aufl. 1871. * 25 Pf., und 2.—4. verm. und verb. Aufl. 8. (40 S.) Berlin 872—74, Grosser. cart. *

—— der Richter zwischen Miether und Vermiether. Die Rechtsverhältnisse zwischen Miether und Vermiether für Jedermann verständlich erläut. und erklärt, sowie durch die bis auf die neueste Zeit ergangenen Bestimmungen ergänzt. 1.—3. revid. Aufl. 8. (29 S.) Ebendas. 872—74. *

Wolff, Karl u. Rud. Jung

— — der Römer in Frankfurt am Main. M. 16 Taf. u. 78 Textabb. [Aus: „W. u. J., d. Baudenkmäler in Frankfurt am Main".] Lex.-8. (VI, 128 S.) Ebd. 897. n.n. 4. 50

Rymond. Oper in 3 Akten von Raoul von Koczalski. Erl. von Karl Wolff-Köln. *(Köln a. Rh.: Hoursch & Bechstedt [1903].)* (13 S.) 8°
= Opern-Führer, Hoursch's. No 21. [04. 6974

Samson und Delila. Oper in 3 Akten von Camillo Saint-Saëns. Erl. von Karl Wolff-Köln. *(Köln a. Rh.: Hoursch & Bechstedt [1903].)* (13 S.) 8°
= Opern-Führer, Hoursch's. No 23. [04. 6976

— Camillo Saint-Saëns' „Samson u. Delila", s. a. Hoursch's Opern-Führer.

Die St. Katharinen-Kirche in Frankfurt am Main. Von Dr. Carl Wolff, Stadtbauinsp., u. Dr. Rudolf Jung, Stadtarchivar. Zum Festgottesdienst am 10. Mai 1896. *Frankfurt a. M. 1896.* (32 S.) 4°
Aus: [Wolff, C., u. R. Jung]: Die Baudenkmäler in Frankfurt a. M. Lfg 2. [03. 14392 II

Wolff, Carl Frhr. v., der Schütze auf der Treibjagd. Vademekum f. angeh. Jäger u. Jagdliebhaber. gr. 16. (57 S.) Dresden-Blasewitz 896. Charlottenburg, G. Reuter. — 60

(B) Wolff, Carl Frhr. v., der Schütze auf der Treibjagd. 896. (KVB 30.) Jetzt: Wien, Huber & Lahme Nachf.

WOLFF, Carl Frhr. v.: Der Schütze auf der Treibjagd. Vademekum für angehende Jäger und Jagdliebhaber. - Dresden-Blasewitz 1896. 63 S.

Wolff, Karl Frhr. v., der Schütze auf der Treibjagd. Vademekum f. angeh. Jäger u. Jagdliebhaber. (Neue [Titel-] Ausg.) 8. (57 S.) Braunschweig [896.] 899. [G. Reuter.] München, E. Koch. n. — 60

Das städtische Schwimmbad zu Frankfurt a. M. Von Dr. Carl Wolff, Stadtbauinsp. in Frankfurt a. M. M. 16 in d. Text eingedr. Abb. u. 1 in d. Text eingehefteten Taf. Ergänzgsh. zu Th. IV, Bd 5, H. 3 des 'Handbuchs der Architektur' ... *Stuttgart: A. Bergsträsser 1897.* (26 S., 1 Taf., 3 Pl.) 4.(S.)
= Fortschritte auf d. Gebiete d. Architektur. No 11. (97 3:6)

Wolff, Carl, die directen Staatssteuern in sächsischen Städten m. besond. Rücksicht auf Hermannstadt. gr. 8. (XLII, 40 S.) Hermannstadt 881. (Michaelis.) n. — 60

— sächsische Städte u. ihr Haushalt. [Vortrag, geh. im Hermannstädter Bürger- u. Gewerbeverein.] gr. 8. (32 S.) Ebend. 881. n. — 60

Wolff, Charles, Tableau synoptique des conjugaisons françaises. Contenant les verbes auxiliaires, les 4 conjugaisons régulières, actives et passives, les verbes neutres et pronominaux, avec deux tables comparatives. 2. Édit. Lex.-8. (16 S.) Stoutgart 850, libr. Metzler.

Wolff, Charles, tableau synoptique des conjugaisons Françaises. Contenant les verbes auxiliaires, les 4 conjugaisons régulières, actives et passives, les verbes neutres et pronominaux, avec deux tables comparatives. 2. édit. Lex. 8. (16 S.) Stoutgart 852, Metzler. 2 ngr

Wolff, Ch., Tableau synoptique des conjugaisons françaises contenant les verbes réguliers et les verbes irréguliers, suivis de remarques sur l'orthographe des verbes. 3. édit. augmentée. gr. 8. (24 S.) Stuttgart 862, Metzler's Verlag.

Wolff, Ch., Tableau synoptique des conjugaisons françaises contenant les verbes réguliers et les verbes irréguliers suivis de remarques sur l'orthographe des verbes. 5e édit., revue et corrigée par Gaille et Thomas. 8. Stuttgart 872, Metzler's Verlag.

Wolff, Ch., Tableau synoptique des conjugaisons françaises, contenant les verbes réguliers et les verbes irréguliers, suivis de remarques sur l'orthographie des verbes. 6e édit. revue et corrigée par Gaille. gr. 8. (24 S.) Stuttgart 877, Metzler'sche Buchh.

Wolff, Ch., tableau synoptique des conjugaisons françaises, contenant les verbes réguliers et les verbes irréguliers, suivis de remarques sur l'orthographe des verbes, revue et corrigée par Gaille. 8. éd. gr. 8. (24 S.) Stuttgart 899. J. B. Metzler. Kart. n. — 40

Wolff, Ch., tableau synoptique des conjugaisons françaises contenant les verbes réguliers et les verbes irréguliers, suivis de remarques sur l'orthographe des verbes. 9. éd. (24 S.) 8. Stuttgart 909. J. B. Metzler. Kart. — 40

Wolff, Karl: Die Terrassen des Saaletals und die Ursachen ihrer Entstehung. Stuttgart 1909: Union. 85 S. 8°
¶(Ersch. auch als: Forschungen z. dtsch. Landes- u Volksk. Bd 18, H. 2.)
Leipzig, Phil. Diss. v. 6. April 1909, Ref. Partsch, Credner
[Geb. 4 Sept. 85 Steinbach-Hallenberg; Wohnort: Steinbach-Hallenberg; Staatsangeh.: Preußen; Vorbildung: Gymn. Schleusingen Reife 0. 04; Studium: München 3, Leipzig 6 S.; Rig. 2. Dez. 08.] [U 09. 3087

Wolff, Karl: Die Terrassen des Saaletals und die Ursachen ihrer Entstehung. Mit 1 Kt. u. 1 Profiltaf. Stuttgart: Engelhorn 1909. 85 S. 8°
(Forschungen z. deutschen Landes- u. Volkskunde. Bd 18, H. 2.)

Wolff, Carolus: De Lucretii vocabulis singularibus. Halae 1878: Ploetz. 43 S. 8°
Halle-Wittenberg, Phil. Diss. v. 23. Febr. 1878
Geb. Halle a. d. S. 8. 8. 1852. V.
Verf. erlebte die Diplomerneuerung 1928 als Mittelschulrektor a. D., Major d. L. a. D. in Frankfurt a. d. O.

Wolff, Carl [Referendar aus Kreuznach]: Welche Rechtswirkungen hat die Cession eines suspensiv bedingten Vermächtnisses? ... Bonn, Univ.-Buchdr. v. Carl Georgi, 1887; 58 S. + 1 Bl. 8°.
Bonn, Jur. Fak., Inaug.-Diss. v. 19. März 1887

—— die Zukunft d. protestant. Kirche in Deutschland. Vom Standpunkt d. würtemberg. Verhältnisse aus. Eine kirchenrechtl. Abhandl. gr. 8. (24 1/2 B.) Stuttgart 840, J. F. Steinkopf.

Wolff, Carl Ad., Marienkranz. Gedichte. 3. Aufl. 8. (5 3/4 B.) Berlin 844, Lindow.

Wolff, Karl August (Hayna) A. S. 1318/23

Dissertatio moralis de caelibatu rationali, methodo mathematicis aemula conscripta.
Präs. Christoph Sankke.
Leipzig (Breitkopf) 3. V. 1727. 30 S.
37209

Wolff, Karl August [Praes.]. s. Dresig, Sigismund Friedrich: *Αορατα του θεου* seu invisibilia dei ex epist. ad Rom. I, 20.

Wolff, Car(o)l(us) Dagob(ertus): Nonnulla de fungo medullari. Halis (1843): Ruff. 32 S. 8°
Halle-Wittenberg, Med. Diss. v. 9. Okt. 1843
Geb. Berlin [16. 2.] 1821. V.

Wolff, Karl Fel.

— Die neue Dolomitenstraße u. ihre Zugänge. Tourist. Führer nebst besond. Angaben f. Automobilisten. Mit 6 Zeichngn. v. Rich. Wolff u. 1 Kartenskizze. (64 S.) kl. 8. Bozen 907. (Deutsche Buchh.) nn — 70
Sonderabdruck aus: „Bozner Zeitg."

— Führer durch Bozen-Gries. Unter besond. Berücksicht. der vier neuen Bergbahnen u. der großen Dolomitenstraße. Mit 24 Federzeichngn., 3 Tuschbildern sowie 1 farb. Titelbilde v. Rich. Wolff u. 2 Karten. (X, 160 S.) 8. Ebd. 909. 1.20; geb. 2. —

— Kleiner Führer auf der Dolomitenstrasse u. ihren Zugängen. Ein Wegweiser f. Touristen u. Automobilisten. 3. Taus. Mit Abb. u. 1 Kartenskizze. (56 S.) kl. 8. Meran 908. F. W. Ellmenreich. 1. —

→ Die neuen Hochstrassen in den Dolomiten, s.: Jahn, Gust.

— Monographie der Dolomitenstraße u. des v. ihr durchzogenen Gebiets. Ein Handbuch f. Dolomitenfahrer m. tourist., geschichtl. u. wissenschaftl. Erläutergn. (In 2 Bdn.) 1. Bd. Hierzu 23 Abb., nämlich: 3 Farbendr.-Bilder u. 4 Strichätzgn. nach Vorlagen des akad. Malers Rich. Wolff u. 16 Autotyp. nach photograph. Aufnahmen, sowie 1 Uebersichtskarte der Dolomiten. (XVI, 396 S.) 8. Bozen 908. F. Moser. 4. —

— Der Ritten u. die Rittner Bahn. (Umschlag: Von Bozen nach Klobenstein m. der Rittner Bahn.) (87 S. m. Abb. u. 1 farb. Karte.) kl. 8. Bozen (908). Deutsche Buchh. 1. 50

Wolff, Karl Fel., von Bozen-Gries auf die Mendel, s.: Heimfelsen, J.

Wolff, Carl Heinrich: Ueber Perinealhernien. Strassburg, Druck von G. Fischbach, 1880. 26 S. u. 2 Taf. 8°

Wolff, Karl Ign., faßl. Unterricht über d. Viehseuche, nebst der nöthigen Wartung d. gesunden Thiere. 8. Troppau 803.

Wolff, Karl Joseph (Koblenz)
Ueber einige an den Propylphycit sich anschliessende Körper.
[In: Annalen d. Chemie u. Pharmacie Bd 150 (1869) 28.]
Dr. phil. Giessen 25.4.1868.

Wolff, Karl Wilhelm

Wolff, C. W., ein Kaiser von Gottes Gnaden. Predigt über 1. Könige 3, 12–14, gehalten am Sonntage Laetare 1888 in der Kirche St. Ambrosii zu Magdeburg beim Trauergottesdienst für Se. Maj. Kaiser Wilhelm I. gr. 8. (8 S.) Magdeburg 888, Wennhacke und Zincke.

Wolff, C. W., John Knox und Maria Stuart. Vortrag. gr. 16. (57 S.) Quedlinburg 877, Vieweg. *

Wolff, C. W., John Knox u. Maria Stuart. Vortrag. gr. 16. (57 S.) Quedlinburg 878. Vieweg. n. — 50

— Lehrbuch des gemeinen deutschen Privatrechts. 1. Bd. Das deutsche Privatrecht, mit Ausschluß des Lehn- u. Handelsrechts. gr. 8. Göttingen 843, Vandenhoeck u. Rupr. 2 ℛ

Wolff, Carl Wilh., zur Lehre von der Mora. Ein civilist. Versuch. gr. 8. (33¼ B.) Göttingen 841, Dieterische Bh. Thlr. *

Wolff, Car. [illegible] Berolini (1848). (32 S.) 8°
Berlin, Med. Diss. v. 8. Mai 1848

—— Pflicht um Pflicht. Erzählung aus den Arbeiterkreisen. 8. (VII, 116 S.) Gotha 870, F. A. Perthes. [Basel, Spittler.] geb. (*ℳ 1,20.) *

—— Rechtsfälle zum Gebrauche bei prakt. Vorlesungen u. zum Privatstudium. 1. Aufl. 842. u. 2. Aufl. gr. 8. (18 B.) Göttingen 845, Vandenhoeck u. Ruprecht. *

Wolff, C. W., aus Brunsbüttels vergangenen Tagen. Ein Beitrag zur Geschichte Dithmarschens. 2 Vorträge, geh. am 10. u. 17. Decbr. 1872. Anh.: Verzeichniß sämmtl. Brunsbütteler Prediger seit der Reformation. 8. (63 S.) Itzehoe 873. Nusser. — 75

Kaspar Friedrich Wolff

Caspar Friedrich Wolff. Über die Bildung des Darmkanals im bebrüteten Hühnchen. Übers.u.mit e.einleitenden Abhandlung u.Anm.vers.von Johann Friedrich Meckel [1781-1833]. Halle: Renger 1812. 263 S. 8°

Wolf, C. F., s. Jh. Fr. Blumenbach u. Born, zwei Abhandlungen.

Wolf, Ksp. Fr., († d. 22. Febr. 1794.) Diss. inaug. sistens theoriam generationis. 4. Halle 759. Editio nova aucta et emendata. Cum II tabb. aen. 8maj. ibid. 774. Hendel. 18 𝔤𝔯

Theoria generationis. Auctore Casparo Friderico Wolff. Ed. nova, aucta et em. Halae: Hendel 1774. LXIV, 231 S. 8°

Caspar Friedrich Wolff's Theoria generationis. (1759.) Uebers. u. hrsg. von Dr. Paul Samassa. Th. 1. 2. Leipzig: W. Engelmann 1896. 8°
1. (Vorrede, Erklärung d. Plans, Entwicklung d. Pflanzen.) Mit 1 Taf.
2. (Entwicklung d. Thiere, Allgemeines.) Mit 1 Taf.
(Klassiker, Ostwald's, d. exakten Wissenschaften. No 84. 85.)

Wolff's, Casp. Frdr., theoria generationis (Entwicklung d. Pflanzen u. d. Thiere), s.a. Ostwald's, W., Klassiker d. exakten Wissenschaften.

[Theoria generationis. Deutsch:] Theorie von der Generation. In 2 Abh. erklärt u. bewiesen von Caspar Friedrich Wolff. Berlin 1764: Birnstiel. 283 S. 8°

Wolff, Clemens [aus Neuss a/Rh.]: Über Puerperalinfektion der Neugeborenen ... Würzburg, P. Scheiner's Buchdr., 1893; 35 S. 8.
Würzburg, Med. Fak., Inaug.-Diss. v. 1893

Wolff, Konrad Gottlieb

***Wolf*, Konr. Gli., (†...) disquisitio juridica de jure decimandi principis saecularis in territorio alieno. 4. Hall in Schwaben 780.**

Wolff, Konrad Gottlieb (Schernau/Bay.) A. S. 187/23

Dissertatio iuridica de nonis.
Präs. Achaz Ludwig Karl Schmid.
Jena (Fickelscherr) 9. V. 1753. 18 S.

W. v.: Präs., Karl August Tittel (Opp.), Christian Hiskia Heinrich Fischer (Opp.), Friedrich Jakob Birkenstock (Opp.). 37210

Wolff, Kurt: Beitrag zur Therapie der Ischias. Leipzig 1906: B. Georgi. (29 S.) 8°
Leipzig. Med. Fak., Ref. Hoffmann. Diss. v. 9. März 1906.

Briefe und Verse aus Goethe's Zeit. (Hrsg.: Kurt Wolff.) Als Hs. Leipzig: (K. Wolff) 1910. 79 S. 8°

Wolff, Kurt: Haftung des Gesellschaftsvermögens für Privatschulden der Gesellschafter nach dem Bürgerlichen Gesetzbuche. Borna-Leipzig 1903: R. Noske. (VIII, 44 S.) 8°
Leipzig. Jur. Diss. v. 1903.

Wolff, Kurt: Das Rechtsschutzobjekt und das Problem der Bestrafung des Ehebruchs. Borna-Leipzig 1908: Noske. X, 110 S. 8°
Heidelberg, Jur. Diss. v. 12. Jan. 1909. Ref. v. Lilienthal
[Geb. 19. Sept. 84 Berlin; Wohnort: Berlin; Staatsangeh.: Preußen; Vorbildung: Gymn. Königsberg i. N. Reife M. 05; Studium: Berlin 1, Genf 1, Berlin 1, Heidelberg 1, Berlin 1, Heidelberg 2 S.; Rig. 4. Dez. 08.]
[U 09. 1941

Wolff, L., Adam u. Eva. Ein Beitrag zur Klärung der sexuellen Frage. (112 S.) 8. München (904). Seitz & Schauer. n. 2. —

(B) **Wolff,** L., Adam u. Eva. 904. (KBL 34.) Jetzt: München, Verlag d. ärztl. Rundschau.

Wolff, L. (Hrsg.), s.a. Almanach für Freunde der Schauspielkunst

Wolff's (L.), Almanach für Freunde der Schauspielkunst auf das Jahr 1846. Fortgesetzt von A. Heinrich. 11. Jahrg. 8. (XVI u. 448 S.) Berlin, F. Gelthaar, A. Duncker. n. 1½ ℛ

Wolff, L., kurze Antwort auf Anfragen über die erste Landessynode der evangelisch-luther. Kirche des Herzogth. Braunschweig. gr. 8. (21 S.) Braunschweig [Wolfenbüttel] 873, Zwißler.

—— das gute Bekenntniß. Confirmanden-Büchlein nach dem neuen Braunschweig. Landes-Katechismus. 8. (24 S.) Braunschweig 871, J. H. Meyer. cart.

Wolff, L., unsere Buße aus dem Gedächtnisse dessen, was Gott unsern Vätern gethan hat. Predigt am Bußtage, den 14. Novbr. 1866 in der Kirche zu Hehlen a. W. Ueber 1. Kön. 8, 57. 58. gr. 8. (13 S.) Braunschweig 867, G. C. E. Meyer sen.

Wolff, L., das Ganze der Landwirthschaft, s. Mertens, E.

—— das Gesetz über die Aufhebung der Stolgebühren und Opfer in der evangelisch=luther. Kirche des Herzogth. Braunschweig. Eine Studie. gr. 8. (15 S.) Ebendas. 871.

Wolff, L., die fünf Hauptstücke der christl. Lehre, s. Hauptstücke.

Wolff, L., die Katechismusfrage in besond. Anwendung auf die braunschw. luth. Landeskirche. Ein Conferenzvortrag. 8. (60 S.) Braunschweig 853, Leibrock. *

Wolff, L., weitere Mitteilungen üb. Kathetersterilisation m. Glycerin. gr. 8. (15 S.) Karlsruhe 899. Wiesbaden, O. Nemnich. n. — 60
Sonderabdruck aus: „Arbeiten aus dem bacteriolog. Institut der techn. Hochschule zu Karlsruhe".

Wolff, L., üb. d. Mysticismus in Bezug auf d. Pastor Helmuth Schrift, geg. Dr. Freudentheil. 8. (3¾ B.) Lüneburg 835, Herold u. Wahlstab'sche Buchh. Thlr.

Wolff, L., Prüfung dreier Predigten von Röhr, Bretschneider u. Dräseke. gr. 12. Hamburg 841. (Perthes=Besser u. Mauke.) 1/6 ß

Wolff, L. Wie schätze ich mich ein? Eine leicht faßl. Darstellung d. neuen Einkommensteuer=Gesetzes vom 24. Juni 1891 m. besond. Berücksicht. d. amtl. Ausführungs=Bestimmgn. u. e. ausgefüllten Steuerklärg. 1. Zehntaus. gr. 8. (IV, 39 S.) Berl. 891, Cassirer u. Danziger. * — 50

—— meine Zustimmung zu den Beschlüssen der Vorsynode zu Braunschweig 1869. 8. (15 S.) Braunschweig 870, Schulbuchh.

Wolff, Lebrecht

Wolff, Lebr., rationelle Bienenpflege. Praktische Winke f. angeh. u. vorgeschrittenere Imker zur rationellen Bienenpflege. gr. 8. (16 S. m. 11 Abbildgn.) Berlin (901). R. Kühn. — 30

Rationelle Bienenpflege. Prakt. Winke f. angehende u. vorgeschrittenere Imker. Mit 11 Ill. Von Lebrecht Wolff. *Berlin: R. Kühn [1902].* (16 S.) 8°

Wolff, Leo: Versuche über Doppelreizung bei isometrischer Muskelthätigkeit nebst Beschreibung eines neuen Spannungsmessers . . . Würzburg, Druck d. Ferdinand Röhrl'schen Buchdr., 1889; 34 S. u. 3 Taf. 8°
Würzburg, Med. Fak., Inaug.-Diss. v. 1889.

Wolff, Leonhard

Wolff, Leonh., aus der Rothenburger Chronik. Zwei Erzählungen. Rothenburg a. T. 868. Beck. gr. 8. (III, 361 S.) n. 1 ß

Wolff, Leonh., aus der Rothenburger Chronik. Bürgermeister Toppler's Leben u. trag. Ende. Die Grafen v. Nordenberg. (Zwei Erzählungen.) 2. Aufl. (321 S.) 8. Rothenburg 904. C. H. Trenkle. n. 3. —

Wolff, Leonh., Funken. Poetische Versuche. 8. (VIII und 216 S. mit 1 Stahlst.) Rothenburg ob d. T. 864, (Beck.) cart. * — 18

Wolff, Leonh., Funken. D. Meistertrunk in s. ursprüngl. Form, nebst and. Dichtgn. Poet. Versuche. (2. Aufl.) 8. (VIII, 231 S. m. Bildn.) Rothenburg o/T. 895. C. H. Trenkle. Kart. n. 1. 50

Wolff, Leonh., das musikalische Motiv, seine Entwicklung u. Durchführung. Lex.-8. (IV, 202 S.) Bonn 891. Fr. Cohen. n. 2. 80

Wolff, Leonhard: Geschichtliche Studien über das musikalische Motiv und seine Durchführung. . . . Leipzig, Druck v. C. G. Röder, 1890; 1 Bl. + 202 S. 4°
Leipzig, Phil. Fak., Inaug.-Diss. v. 1. Aug. 1890

Wolff, Leopold (*geb. Glewitz 8. 10. 1824*): De angina membranacea. Vratislaviae (1850). (40 S.) 8°
Breslau, Med. Diss. v. 12. Nov. 1850

Wolff, Leop., neue blei= u. zinnfreie Glasuren u. Emaillen. Oder: Ausführliche Anweisung zur Bereitung der mannigfachsten u. neuesten, bleihalt. u. bleifreien Glasuren, für alle Arten irdener Waaren, sowie für eiserne Geschirre, nebst Anleitung zu der Kunst, weiß glasirte Stubenöfen schöner, haltbarer u. billiger als bisher herzustellen. gr. 8. Quedlinburg 846, Basse. 1/3 ß

Wolff, Leopold (kais. General-Auditor-Lieut.). Hülfsbuch in Kriegsrechten, für Officiere und Mannschaft der k. k. österreichischen Armee. (115 S.) 8. Wien 1810.

Wolff, Leop., Hülfsbuch in Kriegsrechten für Offiziere 2c. 8. Wien 810. v. Mösle. 1 ß

—— die Kunst, wasserdichte Papier=Tapeten u. Farbenanstriche, welche ohne Nachtheil abgewaschen werden können, auf eine leichte u. wohlfeile Art ohne Anwendung v. Oel= u. Weingeistfirnissen herzustellen. 8. (2 B.) Quedlinburg 846, Basse.

Wolff, Leop.: Von d. Verlassenschafts-Abhandl. der k. k. Armee. 2. Aufl. *Wien*, v. Mösle u. Braumüller. (802.) 810. 8.

Verlassenschafts=Abhandlungen bey der k. k. Armee. 2. verb. Aufl. Wien 1810. 213 S.

— von d. Verlassenschafts=Abhandll. d. k. k. Armee. 8. Wien 802. 2e A. 811. v. Mösle. 20 gl.

—— das Wasserglas. Seine Darstellung, Eigenschaften u. seine mannichfache Anwendung in d. techn. Gewerben. gr. 8. (1¼ B.) Quedlinburg 846, Basse.

Wolff, Lina: Gesundheitslexikon, s. Wolff, Flora: Koch- u. Wirtschaftsbuch f. jüd. Hausfrauen.

Wolff, Lion, die Festtage Israels. Für israelit. Schulen methodisch bearb. 4., verm. Aufl. 8. (IV, 42 S.) Frankfurt a/M. 892. J. Kauffmann. Geb. n. — 50

Wolff, Lion, israelitische Haus= u. Familien=Chronik. 2. Aufl. gr. 4. (IX, 113 S.) Berlin 886. Cronbach. geb. in Leinw. m. Goldschn. n. 12. —; in Kalbldr. m. Schloß n. 15. —

— Hochzeits=Agende. Nebst Anh.: Trauungs=Agende. gr. 8. (109 u. 4 S.) Ebend. 886. geb. n. 3. 50

Wolff, Lion: Gesammelte Humoresken u. Kulturbilder, s. Bibliothek, Jüdisch-humoristische. II.

Wolff, Lion, Humoresken aus dem jüdischen Volksleben. 1. und 2. Aufl. 12. (IV, 85 S.) Rostock 881, Meyer.

Wolff, Lion, Jiskor! Buch d. Erinnerg. Gebete u. Betrachtgn. f. d. Seelenfeier, Jahrzeit u. an d. Gräbern. gr. 8. (VI, 112 S.) Berlin 894. (M. Poppelauer.) Geb. in Leinw. 3. —

— **Lehrbuch der Schachita u. Bedikah in 5 Tln.** (I. u. II. Tl.: Umfassende Darstellg. der Regeln üb. das Schächten, das Untersuchen der inneren Organe u Entadern des Vorderviertels m. 3 Taf. III. Tl.: Die Schächtfrage vom Standpunkt der Wissenschaft. IV. Tl.: Repetitorium. V. Tl.: Leitfaden f. die Laien-Fleischbeschau m. den betr. Gesetzen.) gr. 8. (182 S.) Leipzig 901. M. W. Kaufmann. n. 3. 50; Einbd. in Leinw. n.n.n. — 50

—— der jüdische Lehrer, sein Wirken und Leben. Kulturbilder aus der Gemeinde. gr. 8. (VIII, 174 S.) Rostock 882, Werther's Verlag.

— e. Stiefkind der jüdischen Gemeinden. Der jüd. Kultusbeamte. gr. 8. (26 S.) Berlin 891. Bibliograph. Bureau. n. — 60

— Stimmen der Freude. Reden, Toaste u. Lieder bei freud. Gelegenheiten. gr. 8. (IV, 240 S.) Frankfurt a/M. 894. A. J. Hofmann. n. 3. —

Wolff, Lion, Tagebuch f. Einjährig-Freiwill. währ. des Dienstjahres f. alle Waffengattungen. gr. 8. (60 S.) Aschersleben 898. K. Kinzenbach. Geb. in Leinw. m. Goldschn. n. 2. —

— Universal-Agende f. jüdische Kultusbeamte. Handbuch f. den Gebrauch in Synagoge, Schule u. Haus. 2., umgearb. Aufl. gr. 8. (XIII, 674 S.) Nebst Kompendium dazu. Handbuch f. den prakt. Gebrauch in der Synagoge u. f. Kasualien. 12. (VII, 198 S.) Berlin 891. C. Boas Nachf. n. 12. 50; geb. n. 14. —

Wolff, Louis

Wolff-Kassel, Ludw., Pietro Aretino. Charakterlustspiel in 3 Akten. 8. (IV, 104 S.) Kassel 886. Klaunig. n. 2. —

Wolff, Ludw., Auferstehung. Wiener Geschichten. 8. (V, 283 S.) Leipzig 898. C. F. Tiefenbach. n. 2. —; geb. 3. —

Wolff, Louis v., Benutzung gesunder und kranker Kartoffeln, sowie der Roßkastanien zu Stärke und Stärke-Fabrikaten. gr. 8. (25 S.) Berlin 852, [Schneider.]

Wolff-Kassel, Ludw, gestohlen. Drama in 3 Akten. gr. 8. (II, 48 S.) Leipzig 899. Neu-Weißensee (H. W. Th. Dieter). n. — 80

Goethebund contra Byzantinismus! Ein Weckruf an Alle von L. **Wolff**, Cassel. *Berlin: A. Dressel 1900.* (29 S.) 8° [F. u. Ant.] [00. 9592

'Ich.' Liedeskunst von Louis **Wolff**-Cassel. Der Lieder 4., erw. Aufl. Mit d. Bilde d. Verf. Dresden & Leipzig: E. Pierson 1901. (x, 270 S.) 8° [F.] [07. 8802

Wolff, Louis, jenseits v. Nietzsche u. Hornesser. (Warum bleiben wir in der Landeskirche?) (15 S.) 8. Cassel 906. C. Vietor. — 40

Wolff, Louis, Konrad von Marburg. Drama in 5 Aufzügen. gr. 8. (112 S.) Kassel 881, Klaunig. geb.

Wolff-Cassel, L., graue Lieder. 2. Aufl., vom Verf. bericht. 8. (VIII, 122 S.) Cassel 887. (Klaunig.) n. 2. —

Wolff, Louis, helle Lieder. 8. (VII, 144 S.) Kassel 878, Wigand.

Wolff-Cassel, Louis, die Nation Goethes. (174 S. m. 1 eingedr. Bildnis.) 8. Leipzig (909). Th. Thomas. 2. —; geb. 3. —

Wolff, Ludw., Olympia im Kattenlande. E. Nationalfest-Schrift. gr. 8. (32 S.) Kassel 897. E. Hühn. n. — 50

[F.] Der Ort der deutschen Nationalfeste, Kassel, Leipzig, Rüdesheim, Goslar, Kyffhäuser, Mainz? Von Ludwig **Wolff**. *Kassel: L. Dell 1897.* (10 S.) 1 Bd 8. [98. 5213 Ma

— **der Ort d. deutschen Nationalfeste, Kassel, Leipzig, Rüdesheim, Goslar, Kyffhäuser, Mainz?** gr. 8. (16 S.) Cassel 897. L. Döll. n. — 20

Wolff-Kassel, Ludw., Rachegeister oder Dämon uns'rer Zeit. Orig.-Drama in 3 Akten. 8. (52 S.) Berlin 884, Kruse.

—— Ruth. Biblisches Schauspiel in 1 Act. 8. (30 S.) Ebendas. 884.

—— die Schlacht von Bionville—Mars la tour. Ein Gedenkblatt an 16. Aug. 1870. 8. (XVI, 104 S. mit 1 lithogr. Karte.) Guben 884, Koenig. *M 2.; geb.

— **dunkle Sehnsucht, s.: Sammlung mod. Belletristik in- u. ausländ. Autoren, III, 6.**

— **Studentenroman.** gr. 8. (191 S.) Dresden 900. C. Reißner. n. 3. —; geb. n. 4. —

Wolff-Cassel, Louis, Unehrlich. Drama in 4 Akten. (75 S.) 8. Dresden 903. E. Pierson. n. 1. 50

— **im toten Wasser. Ein Wiener Roman. Mit e. Vorwort v. Jak. Wassermann.** gr. 8. (VII, 207 S.) Dresden 899. C. Reissner. n. 3. —; geb. n. 4. —

Anna Willing. Schauspiel in 1 Akt von Louis **Wolff**-Cassel. Cassel: Selbstverl.; Gebr. Gotthelft in Komm. 1904. (28 S.) 8° [F.] [07. 6839

Wolff(-Kassel), Ludwig, s. Wolff, Louis.

Beobachtung einer chronischen Entzündung des Rückenmarks mit ungewöhnlichem Ausgange nebst Bemerkungen darüber. Von Ludwig Wolff. Hamburg: Campe 1824. 154 S. 8°

Wolff, Ludw., Briefe in die Heimath. Geschrieben auf e. Reise nach England, Italien, d. Schweiz u. Deutschland. Hrsg. v. G. Lotz. 2 Bde. 8. (29¼ B.) Hamburg 833, Herold.

Wolff, Ludwig [aus Neustadt a. d. Haardt]: Ueber eine einfache Darstellungsweise und die Constitution des Valerolactons und über das chemische Verhalten der δ-Oxycapronsäure. (J. H. Meyer's Buchdruckerei, Hamburg.) O. J. (1882.) 8, 41 S.

Wolff, Ludwig: Ueber Gesichtsfeldeinengungen bei allgemeinen Neurosen . . . Strassburg i. E., Buchdr. C. Goeller, 1890; 30 S. + 1 Bl. u. 2 Taf. 8°
Strassburg, Med. Fak., Inaug.-Diss. v. 1890.

Rudolphi, Car. Asmund. praes., **Wolff**, Ludov., [resp.] auctor: Dissertatio anatomica de organo vocis mammalium. Berolini (1812). (X, 46 S.) 4°
Berlin, Med. Diss. v. 23. Mai 1812

— **Diss. anatom. de organo vocis mammalis etc. Cum fig. 4maj. Berl. 812. Reimer.** 1 ℔ 8 gr

Wolff, *Karl* Ludwig [app. Arzt aus Seeheim]: Aus d. städt. Krankenhause in Kiel. Ueber Phosphorsäure- und Kalkausscheidungen im Harn bei einem Fall von Osteomalacie und einigen anderen Erkrankungen . . . Kiel, Druck v. H. Fiencke, 1896; 26 S., 1 Bl. 8.
Kiel, Med. Fak., Inaug.-Diss. v. [7. März] 1896

Wolff, Ludwig Karl

Wolff, L. C. Betriebskosten der Dampfkraft. gr. 4. (5 S.) Lpz. 891 Th. Fritsch. * — 50'
Aus: Deutscher Müller, besonders abgedruckt.

Wolff, L[udwig] C[arl], aus Bartenstein ⟨Ostpr.⟩: **General-Bericht** über die Torfversuche zu Oldenburg ⟨Monat November 1901⟩ im Auftrage der Kgl. Preußischen Ministerien für Handel und Gewerbe und für Landwirtschaft. *Berlin 1904: L. Simion Nf.* (56, 4 [nicht: 444] S.) 4°
Gießen, Phil. Diss. v. 1904

Wolff, L. C., der Landwirt u. die Ueberland-Zentrale. 2. Aufl. (28 S.) gr. 8. Berlin-Groß-Lichterfelde-West (910). „Ceres". 1. —

Wolff, M.: Bemerkungen zu dem Wortlaute der Emunot we-Deot. [SA. a. d. Mag. f. d. Wiss. des It. Berlin 1880.]

Wolff, M., muhammedanische Eschatologie. Nach der Leipziger u. der Dresdener Handschrift zum 1. Male arabisch u. deutsch m. Anmerkgn. hrsg. gr. 8. (XIV, 326 S.) Leipzig 872. Brockhaus Sort. in Comm. n. 11. —

Wolff, M., die Interpretirkunst des deutschen Patentamtes in den Bock'schen Patentprozessen. gr. 8. (III, 119 S.) Köln 901. (J. & W. Boisserée.) n. 1. —

Wolff, M., s.: Maimonides, 8 Capitel.

Wolff, M., die Philonische Philosophie in ihren Hauptmomenten dargestellt. 8. (IV u. 50 S.) Leipzig 849, C. L. Fritzsche. n. 8 ngl

Wolff, M., die philonische Philosophie. In ihren Hauptmomenten dargestellt. 2., verm. und theilweise umgearb. Ausg. gr. 8. (X und 61 S.) Gothenburg 858, Bonnier. **

Wolff, M. F.

Wolff, der Hauseigenthümer und Miether. Ein prakt. Handbuch für jeden Miether und Vermiether, nicht weniger auch für den Juristen und Geschäftsmann. 1. Ausg. 1865. und 2. Ausg. unter Berücksichtigung der preuß. Stempelgesetzgebung und des Gesetzes über die Gebäudesteuer. gr. 8. (VI und 96. S.) Frankfurt a. M. 867, Boselli'sche Buchh. *

Wolff, der Hauseigenthümer und Miether nach dem zu Frankfurt a. M. geltenden Rechte. Ein prakt. Handbuch für jeden Miether und Vermiether, auch für den Juristen und Geschäftsmann. 3. Aufl. Neu durchgesehen und mit besond. Rücksicht auf die neuere Rechtsprechung vervollständigt von Körner. gr. 8. (VI, 104 S.) Frankfurt a. M. 875, Rommel. *

Wolff, M. F., der Hauseigenthümer u. Miether nach dem zu Frankfurt a/M. geltenden Rechte. Ein prakt. Handbuch f. jeden Miether u. Vermiether, auch f. den Juristen u. Geschäftsmann. 4. Aufl. Neu durchgesehen u. m. Rücksicht auf die neuere Gesetzgebg. u. Rechtsprechg. vervollständigt v. Körner. 8. (VIII, 115 S.) Frankfurt a/M. 885. Rommel. n. 1. 50

Wolff, M. F., Hauseigenthümer u. Miether nach dem zu Frankfurt a. M. geltenden Rechte. 5. Aufl. Neu durchgesehen u. m. Rücksicht auf die neuere Gesetzgebg. u. Rechtsprechg. vervollständigt v. Körner. 8. (VIII, 125 S.) Frankfurt a/M. 889. Rommel. n. 1. 50

Wolff, M. P., die Ernährung der arbeitenden Klassen. Ein Plan für Gründung öffentl. Küchen. Deutsche, vom Verf. bearb. Ausg. Mit einer Vorrede von J. König. gr. 8. (XI, 144 S. mit 1 lithogr. Plan.) Berlin 885, Springer. *

Wolff, Frl. Margar., s.: Wolff-Reder, Margar.

Wolff, Markus

Wolff, Marc., die Lungenschwindsucht, e. Darstell. d. Ursachen, d. Symptome, d. Verlaufs, d. Behandl. u. Verhütung dieser Krankheit; mit vorzügl. Rücksicht auf diejen., welche schwindsüchtig zu werden befürchten. gr. 8. (16¾ B.) Breslau 835, [Berlin,] Richtersche Buchh. *

Wolff, Marcus *(geb. Zülz in Oberschles. 3. 6. 1809)*: Symbolae ad phthiseos pulmonalis historiam stadiorumque illius monographiam. Vratislaviae (1835). (XVI, 41 S.) 4° *[Im Buchhandel 1835 bei Richter in Berlin.]*
Breslau, Med. Diss. v. 10. Jan. 1835

Wolff, Martin: Der Bau auf fremdem Boden, insbesondere der Grenzüberbau nach dem Bürgerl. Gesetzb. f. d. Dt. R. auf geschichtl. Grundlage dargest. Jena: G. Fischer 1900. (XII, 200 S.) 8°
(Abhandlungen z. Privatrecht u. Civilprozess d. Dt. R. Bd 6. H. 2.)

Wolff, Martin: Das beneficium excussionis realis . . . Berlin. Druck v. W. Issleib, 1894; 58 S., 1 Bl. 8°
Berlin, Jur. Fak., Inaug.-Diss. v. 3. Nov. 1894.

Wolff, Mart., über einige Grundbegriffe des Handelsrechts, s.: Festgabe der Berliner jurist. Fakultät f. Otto Gierke.

— Lehrbuch des bürgerlichen Rechts, s.: Enneccerus, Ludw.

Die Neugestaltung des Familienfideikommisses in Preußen von Martin **Wolff**, Prof. zu Berlin. *Berlin: C. Heymann 1904.* (VIII, 114 S.) 8° [04. 358. 6

— Die Ordnung des Rechtsstudiums usw. in Preußen, s.: Daube, Paul.

Das Recht zum Besitze. Von Dr. Martin **Wolff**, Prof., Berlin. *Berlin: O. Liebmann 1903.* (32 S.) 8°
Aus: Festgabe d. Jurist. Gesellsch. zu Berlin z. 50jähr. Dienstjubiläum d. Wirkl. Geh. R. Dr. Richard Koch. [03. 15530

Das Sachenrecht. Von Dr. Martin **Wolff**. 1. u. 2. Aufl. Marburg: Elwert 19(09–)10. VII, 614 S. 8°
(Enneccerus, Ludwig: Lehrbuch d. bürgerl. Rechts. Bd 2, Abt. 1.)

Wolff, Martin. Das Sachenrecht 1 u 2. Aufl (4 u. 5 Aufl.) Marburg 1910 8°

— die Zwangsvollstreckung in e. dem Schuldner nicht gehörige bewegliche Sache. (24 S.) gr. 8. Berlin 905. F. Vahlen. n. — 60
Sonderabdruck aus: „Festgabe f. B. Hübler".

Wolff, Martin Luther, Casualpredigten u. Reden. 1r Bd. 8. Petersburg, Logan 792.

Wolff, Mart. Luther, (†d. 2. Febr. 1801.) Predigten u. Reden bei besondern Veranlassungen. 1r Bd. 8. Petersb. 793. Logan. 1 ₰ 4 gl

Wolff, Max., kleine Abenteuer. 12. (VII, 171 S.) Baden-Baden 882. Wild. n 2. —

Wolff, Max, Betrachtungen zur Religion und Ethik der Gegenwart. gr. 8. (146 S.) Hamburg 869, Grüning.

Wolff, Max Frhr. v., d. Beziehungen Kaiser Maximilian I. zu Italien 1495—1508. (126 S.) gr. 8. Innsbruck 909. Wagner. 3. 50

Wolff, Maximilianus: Dissertatio... sistens diagnosin bronchitidis. Halis Saxonum (1832): Baentsch. 57 S. 8°
Halle-Wittenberg, Med. Diss., nachgeliefert von dem am 10. Nov. 1832 auf Thesen promovierten Verf.
Geb. Warschau (Polen) 1809. V. vorh. Marburg UB
Verf. wurde ohne rigorosum promoviert.

—— das Evangelium Johannes in seiner Bedeutung für Wissenschaft und Glauben. gr. 8. (XI, 132 S.) Hamburg 870, O. Meißner.

Wolff, Max, Tierarzt in Cleve: Über einen Fall von Hypophysis-Sarkom beim Pferde. Berlin 1900: L. Schumacher. (28 S.) 8° ¶(Aus: Archiv f. wiss. u. prakt. Tierheilkunde. Bd 32.)
Gießen, Med. Fak., Ref. Olt, Diss. v. 20. Febr. 1906
[Geb. 1. Okt. 56 Dülmen i. W.; Wohnort: Cleve; Staatsangeh.: Preußen; Vorbildung: Gymn. Cöln Reife 83; Studium: Hannover Tierärztl. Hochsch. 7 S.; Rig. 3. Aug. 05.]

Wolff, Max [aus Darkehmen]: Ein Fall von „sogenannter" amyotrophischer Lateralsclerose ... Berlin, gedr. bei L. Schumacher, 1894; 31 S. 8.
Berlin, Med. Fak., Inaug.-Diss. v. 26. Jan. 1894

Wolff, Max [aus Arnswalde]: Ueber ein sarkomatös degeneriertes Fibromyom des Ovarium ... Greifswald, Druck v. J. Abel, 1895; 31 S. 8.
Greifswald, Med. Fak., Inaug.-Diss. v. 17. Okt. 1895

Wolff, Max, die Geschwister. Eine Tragödie. gr. 8. (123 S.) Zürich 876. Orell, Füßli & Co. n. 3. 20

Wolff, Max, die Getreidefliegen, s.: Flugblatt Nr. 5 der Abteilg. f. Pflanzenkrankheiten des Kaiser Wilhelm-Instituts f. Landwirtschaft in Bromberg.

Heimatkunde des Kreises Trebnitz. Beilage z. Flemmingschen Schulkarte d. Kreises Trebnitz. Von Lehrer Max **Wolff** in Esdorf. Glogau: C. Flemming [1906]. (12 S.) 8° [F.] [07. 3931

Wolff, Maxim. (geb. Potsdam 6. 5. 1844): De organorum parenchymatosa intumescentia acuta. Berolini (1866). (31 S.) 8°
Berlin, Med. Diss. v. 21. Juni 1866

Wolff, Max: Zur Kritik der Lehre vom Eigentumserwerb durch Spezifikation im römischen Recht ... Breslau, Druck v. Th. Schatzky, 1897; 2 Bl., 36 S., 2 Bl. 8°
Breslau, Jur. Fak., Inaug.-Diss. v. 3. Aug. 1897.

Wolff, Max, zur Kritik d. Lehre vom Eigentumserwerb durch Spezifikation im röm. Recht. Diss. gr. 8. (39 S.) Breslau 897. (Schletter.) n. — 80

Wolff, Max v., Leben u. Werke des Antonio Beccadelli genannt Panormita. gr. 8. (VII, 98 S.) Leipzig 894. E. A. Seemann. n. 2. —

Wolff, Max: Das Nervensystem der polypoiden Hydroz und Scyphozoa. Ein vergleichend-physiol. u. -anat. Beitrag zur Neuronlehre. Mit 5 Taf. u. 1 Abb. im Text. Jena: G. Fischer 1903. (91 S.) 8°
[Aus: Zeitschr. f. allg. Physiol., Bd 3.]
Jena, Phil. Diss. v. (24. Juli) 1903.

Wolff, Max, die Nierenresection u. ihre Folgen. Mit 20 Taf. enth. 86 Abbildgn. gr. 4. (82 S.) Berlin 900. A. Hirschwald. Geb. in Leinw. n. 20. —

—— die natürliche Religion in neuer Aufl. gr. 8. (200 S.) Hamburg 869, Grüning.

—— **Roland und Blanchefler. Eine Romanze. gr. 8. (8 S.) Heidelberg 879, (C. Winter's Universitäts-Buchh.)**

Wolff, Max. Studien über das Sandarakharz. Diss. Phil. Bern. VIII + 80 S. 8. Zürich, Orell Füssli, 1906.

Wolff, Maximilianus: Theses medicae, ... loco dissertationis de diagnosi bronchitidis iam exhibitae et propediem publici iuris faciendae. Halis Saxonum (1832): Baentsch. 2 Bl. 8°
Halle-Wittenberg, Med. Thesen v. 10. Nov. 1832

Wolff, Max., unsere Erde keine Kugel!! Eine Zeit- und Streitschrift. gr. 8. (11 S.) Berlin 888, (Wagner.) *

Wolff, Max Frhr. v., Untersuchungen zur Venezianer Politik Kaiser Maximilian I. während der Liga von Cambray m. besond. Berücksicht. Veronas. (V, 181 S.) gr. 8. Innsbruck 905. Wagner. n. 3. 50

— Lorenzo Valla, sein Leben u. seine Werke. Eine Studie zur Litteraturgeschichte Italiens im XV. Jahrh. gr. 8. (VII, 134 S.) Ebd. 893. n. 2. 50

Wolff, Max Josef

Wolff, M. John Ford, ein Nachahmer Shakespeare's. Diss. Heidelberg 1880. 71 S.

Wolff, Max J., Heimfahrt. Roman. (271 S.) 8. Berlin 909. F. Fontane & Co. 3. —; geb. 4. —

Max J[osef] **Wolff.** Heimfahrt. Roman. (2. Aufl.) Berlin: F. Fontane & Co. 1909. (271 S.) 8° [F.] [08. 15711

— Molière. Der Dichter u. sein Werk. (XII, 632 S. m. 2 Bildnissen.) 8. München 910. C. H. Beck.
9. —; geb. in Leinw. 10. —; in Halbkalbldr. 12. 50

Wolff, Max J., die Rächerin u. andere Novellen. 1. u. 2. Aufl. (III, 273 S.) 8. Berlin 905. F. Fontane & Co. n. 3. —; geb. n. 4. —

— Die Schönheitsucher. Roman. (428 S.) 8. Berlin 908. F. Fontane & Co. 5. —; geb. 6. 50

Shakespeare. Der Dichter u. s. Werk. Von Dr. Max J[osef] **Wolff.** In 2 Bden. Bd 1. 2. Mit e. Nachbildung d. Portr. München: C. H. Beck 1907. 2 Bde 8° [F.] [07. 15217

— Shakespeare, der Dichter u. sein Werk. 2 Bde. Mit e. Nachbildg. des Chandos-Portr. in Gravüre. 1.—6. Taus. (V, 477 u. III, 470 S.) 8. München 907. 08. C. H. Beck. à 5. —; geb. in Leinw. à 6. —; in Halbkalbldr. à n 8. 50

— William Shakespeare. Studien u. Aufsätze. (VII, 410 S.) gr. 8. Leipzig 903. [H. Seemann Nachf.] Berlin, F. Fontane & Co. n. 3. 50; geb. n. 5. —

Wolff, Max J., Tanz der Gedanken. Gedichte. Neue Ausg. 8. (VIII, 179 S.) Leipzig (902). Berlin, H. Seemann Nachf. n. 3. —

(B) — Tanz d. Gedanken. 902. (VBL 82.) Jetzt: Berlin, F. Fontane & Co.

— Irene Wesenburg. Roman. 1. u. 2. Aufl. (à 284 S.) 8. Berlin 905. F. Fontane & Co. n. 3. —; geb. n. 4. —

Wolff, Maximilian, s. Wolff, Max

Wolff, Mich. (geb. Warschau 1812): De herniarum abdominalium origine atque diagnosi. Berolini (1834). (30 S.) 8°
Berlin, Med. Diss. v. 14. Aug. 1834

WOLFF, Moritz: Ein Fall von Entbindungslähmung des Plexus brachialis.- München: Kastner & Lossen 1897. 44 S.
21.12.1897 - Chr 1897/98,19; Jv 1897/98,222 (Prom.-Datum: 1898)
Diss. Ingolst.-Landsh.-Mchn.

Wolff, Moritz: Sepsis, später acute gelbe Atrophie der Leber ... Leipzig, G. Thieme, 1893; 28 S. 8°
Tübingen, Med. Fak., Inaug.-Diss. v. 1893.

Wolff, Moses (geb. Konigsberg in d. Neum. 27. 1. 1817): De lupo. adjecta morbi historia. Berolini (1830). (35 S.) 8°
Berlin, Med. Diss. v. 23 März 1839

Wolff, Moses Abraham (Neuweida) A. S. 1206/24

Dissertatio inauguralis medica de morborum inconsulta ratione suppressorum revocatione.
Halle (Hilliger) 5. X. 1737. 30 S.

W. v.: Johann Heinrich Schulze, Anton Wilhelm Amo.
37211

Wolff, Nathanael Matthaeus (Konitz) U. S. Erfurt 1748, 4

Dissertatio inauguralis medica de senectutis natura et artibus longissimam vivendi senectutem veris.
Erfurt (Hering) 8. X. 1748. 40 S.
37212

Wolff, Nic., ganz verläss. Methode, Tagbuch u. Hauptbuch (Journal u. Manual) in fortwähr. Uebereinstimmung zu erhalten, wie auch d. jeweil. Kassa-Bestand auf d. Stelle zu ersehen. Eine Schrift f. Vormünder, Curatoren ꝛc. so wie f. alle diejen., welche sich mit Cassen- u. Rechnungswesen zu beschäftigen haben. 8. (½ B. u. 1 Tab.) Augsburg 838, Kollmann'sche Buchh.

Wolff, O., Geschichte der Mongolen oder Tataren besonders ihres Vordringens nach Europa, so wie ihrer Eroberungen und Einfälle in diesem Welttheile, kritisch bearb. gr. 8. (IV, 427 S.) Breslau 872, Dülfer's Sortiment.

—— **das Buch Judith als geschichtliche Urkunde vertheidigt und erklärt, nebst eingehenden Untersuchungen über Dauer und Ausdehnung der assyr. Obmacht in Asien und Aegypten, über die Hyksos, über die Ursitze der Chaldäer und deren Zusammenhang mit den Skythen, über Phud, Lud, Elam, Chna u. s. w. gr. 8. (VIII und 196 S.) Leipzig 861, Dörffling und Franke.** *

Wolff, O., verschiedene Leut'. E. dramat. Dichtg. in 3 Akten. 8. (III, 85 S.) Dresden 897. E. Pierson. n. 1.50

—— alttestamentliche Studien und Kritiken. 1. und 2. Bd. gr. 8. Ebendas. [1. Bd. (IV, 203 S.) 874. *M 4.; 2. Bd. (IV, 224 S.) 875. *M 4,40.]

Wolff, O. J. B., Charakteristik des Arterienpulses. Eine physiologisch-patholog. Monographie. Leipzig 865. Engelmann. gr. 8. (VIII, 152 S. mit 241 Abbild. in eingedr. Holzschn.) 2 ₰

Wolff OJP, die Mechanik des Riechens. (Slg wiss. Vortr. 289) Berlin 1878

Wolff, O. J. B., die Mechanik des Riechens, s. Sammlung gemeinverständl. wissenschaftl. Vorträge.

Wolff, O. J. B., das Riechorgan der Biene, nebst e. Beschreibg. d. Respirationswerkes der Hymenopteren, d. Saugrüssels u. Geschmackorganes der Blumenwespen, e. vergleich. Betrachtg. der Riechhaut sämmtl. Adlerflüglerfamilien u. Erläutergn. zur Geruchs- u. Geschmacksphysiologie überhaupt. Mit 8 lith. Taf. [Aus: „Nova Acta d. ksl. Leop.-Carol. deutschen Akademie der Naturforscher."] gr. 4. (251 S.) Dresden 875. Jena, F. Frommann in Comm. n. 13. 60

Wolff, O. J. B., über den Ursprung der Elektrizität u. ihre unmittelbare Wirkungsweise. gr. 8. (XIV, 329 S. m. 150 Abbildgn.) Leipzig-Reudnitz 900. A. Hoffmann. Geb. in Halbldr. n. 6. —

Wolff, Odilo, Besuche bei Unserer Lieben Frau. Lex.-8. (V, 247 S. m. Abbildgn.) Augsburg 892. Literar. Institut v. Dr. M. Huttler. n. 3. —

—— **Beuron. Bilder u. Erinnerungen aus dem Mönchsleben der Jetztzeit. 1. Aufl. (IV, 157, 34 S. m. Bildern); 2. verb. Aufl. 8. (IV, 193 S. m. Abbildgn. u. 2 Bildnissen in Lichtdr.) Stuttg. 889,92, Süddeutsche Verlagsbuchh. * 2 —; geb. * 3 —**

Wolff, Odilo, O. S. B., Beuron. Bilder u. Erinnergn. aus dem Mönchsleben der Jetztzeit. 3. verb. Aufl. 8. (VI, 215 S. m. Abbildgn. u. 12 Taf.) Stuttgart (896). Süddeutsche Verlagsbuchh. n. 2. —; geb. n. 3. —

Wolff, Odilo, O. S. B., Beuron. Bilder u. Erinnergn. aus dem Mönchsleben der Jetztzeit. 5. verb. Aufl. (VII, 225 S.) 8. Stuttgart 903. Süddeutsche Verlagsbuchh. n. 2. —; geb. n. 3. —

Wolff, Odilo, Der Tempel von Jerusalem und seine Maße. Graz, Styria, 1887, 4°, 104 S. mit 8 Textfiguren, 1 Titelbild in Tondruck „Der Tempel von Jerusalem zur Zeit Christi" und 10 Tafeln Grundrisse u. Aufbau. 8 Mk.

Wolff, Oscar: Ueber fettige Entartung der Organe nach längerem Gebrauch von Chloralhydrat . . . Bonn, Buchdr. J. Bach Wwe., 1891; 28 S., 1 Bl. 8°
Bonn, Med. Fak., Inaug.-Diss. v. 14. März 1891.

Wolff, Oscarus: De enuntiatis interrogativis apud Catullum. Tibullum. Propertium. Halis Saxonum 1883: (Schottlaender in Breslau). 62 S. 8°
Halle-Wittenberg. Phil. Diss. v. [29. Aug.] 1883
Geb. Ratibor 2. 7. 1856. V.
Im Buchhandel Leipzig: Fock 1886.

Wolff, Osk., Folgerungen aus dem 3. Kepler'schen Gesetze. Eine Studie f. Naturfreunde. (29 S.) gr. 8. Dux 909. (Teplitz-Schönau, A. Becker.) 1.50

Wolff, Osk., die heutige Socialdemokratie und der Staat. gr. 8. (39 S.) Berlin 878, Puttkammer und Mühlbrecht.
—— dass. — 2. unter Berücksicht. der neuesten Wahlen ergänzte und verm. Aufl. gr. 8. (63 S.) Ebendas. 878.

—— Welche Wirthschafts-Politik erscheint für Deutschland als die geeignetste? Vortrag, gehalten am 6. März in Görlitz in einer vom conservativen Wahlverein Görlitz-Lauban einberufenen Versammlung. [Nebst einer tabellar. Vergleichung der Zollsätze von 1864 und 1877.] gr. 8. (22 S.) Ebendas. 879.

Wolff, Osk., praktische Winke f. Börsenaufträge. 8. (94 S.) Berlin 894. Puttkammer & Mühlbrecht. n. 1. —

Wolff, Oskar Ludwig Bernhard

Wolff, Oskar Ludw. Bernh., Abälard u. Heloise. Ein Cyclus epischer Dichtungen. 8. (11¾ B.) Bielefeld 838, Velhagen u. Klasing.

Wolff, Oskar Ludwig Bernhard, s. Abentheuer u. Gesänge Körroglou's.

Wolff, Oskar Ludw. Bernh., Album heiterer und komischer deutscher Dichtungen, s. Album.

Wolff, Oskar Ludwig Bernhard, s. Ausland, Das maler. u. romant.

Wolff, Oskar Ludwig Bernhard, s. Babel.

Wolff, Oskar Ludwig Bernhard, s. Bacchus in Deutschland.

Wolff, Oskar Ludwig Bernhard, s. B a l z a c , v.: Neue Erzählungen.

Wolff, Oskar Ludwig Bernhard, s. B a r g i n e t : Chronik der Kaiserzeit. – Dess. die 32e Halbbrigade.

Wolf, Oskar Ldw. Bhrd., Beiträge für die Bühne, in Uebersetzungen. 8. Hamb. 825. ...

Wolff, Oskar Ludwig Bernhard, s. B e r n h a r d , Carl: Sämmtl. Werke.

—— einhundert B i l d e r u. Lieder. Stoffe f. Musiker u. Maler. 8. (12½ B.) Jena 840, Mauke.

Wolff, Oskar Ludwig Bernhard (ed). Blumenlese komischer deutscher Dichtungen ... NY, c 1857.

Wolff, Oskar Ludwig Bernhard, s. B o i l e a u - Despreaux: Satires.

—— Briefe, geschrieben auf e. Reise längs d. Niederrhein, durch Belgien u. Paris. 8. (23¼ B.) Leipzig 836, Kollmann.

W o l f f, Oskar Ludw. Bernh., französ. C h r e s t o m a t h i e f. d. unteren Classen hoher Schulen. 8. (11 B.) Jena 828, Frommann.

Wolff, Oskar Ludwig Bernhard, s. C o n s c i e n c e , H.: Hugo von Craenhove.

Wolff, Oskar Ludwig Bernhard [Übers.]
s. Conscience, H.: Jakob von Artevelde. 1849.

W o l f f, Oskar Ludw. Bernh., †(Plinius der Jüngste,) neues elegantestes C o n v e r s a t i o n s - L e x i k o n, s. C o n v e r s a t i o n s - L e x i k o n.

—— D ä m m e r s t u n d e. Ein Gedicht. 12. (4 B.) Berlin 845, Veit u. Comp.

—— D e n k w ü r d i g k e i t e n e. Hoflakeien. In Bruchstücken aus seinem Tagebuche. 2 Thle. gr. 12. (21 B.) München 830. [Stuttgart, Hallberger.]

—— die deutschen D i c h t e r 2c., s. Dichter.

—— die deutschen D i c h t e r der Gegenwart. Supplementband zum poet. Hausschatz des deutschen Volkes. Lex.-8. (VIII und 224 S.) Leipzig 847, O. Wigand. *

Wolff, Oskar Ludwig Bernhard, s. D i c h t u n g e n , Engl., nach W. Scott ...

—— nouv. D i c t i o n n a i r e franç.-allem. etc., s. L e n g, H.

W o l f f, Oskar Ludw. Bernh., †(Plinius der Jüngste,) die D o n a u, ihre Anwohner, Ufer, Städte, Burgen u. Schlösser. Von ihrer Quelle bis zu ihrer Mündung. Illustrirt m. 100 Holzschn. v. W. Henry Bartlett. 23 Lfgn. gr. 4. (32 B., 80 Stahlst. u. gest. Ttl.) Leipzig 843, [Lorck.] à L. * 20 Ngr. Geb. m. Goldschn. Thlr. **

— die D o n a u, ihre Anwohner, Ufer, Städte, Burgen u. Schlösser. Von ihrer Quelle bis zu ihrer Mündung. Illustr. mit 80 Stahlst. u. 100 Holzschn. von W. Henry Bartlett. 23 Liefg. gr. 4. (Mit 24 Stahlst. u. gest. Titel.) Leipzig 843, 44, Weber. (à n. ⅔ ℛ) compl. geb. baar 16⅔ ℛ

— die D o n a u u. ihre Ufer. Mit 12 Stahlst. u. 63 Holzschn. v. W. H. Bartlett. (2. Ausg.) gr. 4. (VIII u. 244 S.) Leipzig 847, Lorck. n. 6⅔ ℛ

Wolff, Oskar Ludwig Bernhard, s. E g e r i a .

Wolff, O. L. B., E l e u t h e r i a. Vollständigste Sammlung der Freiheitslieder u. Klagen aller bekannten Nationen in wörtlichen metrischen Uebertragungen. Leipzig 861. O. Wigand. 16. (250 S.) n. 25 ngr

—— E n g l a n d u. Wales, s. A u s l a n d, das belletristische.

—— E n c y k l o p ä d i e d. deutschen Nationallitteratur, s. E n c y k l o p ä d i e.

Wolff, Oskar Ludwig Bernhard, s. E r z ä h l u n g e n d. deutsch. Improvisators.

(——) E r z ä h l u n g e n, 2. Folge, s. E r z ä h l u n g e n.

Der Märkische Eulenspiegel, das ist, Seltsame und kurzweilige Geschichten von H a n s C l a u e r t in Trebbin. (Hlzschn.) Von O. L. B. W o l f f. Volksbücher. 39. Leipzig, Verlag von O. Wigand. 8°. Mit Hlzschn.

—— F a m i l i e n - S h a k s p e a r e, s. F a m i l i e n - S h a k s p e a r e.

— Formenbildung der französ. S p r a c h e. Für die untern Klassen hoher Schulen. Fol. Weimar 842, Hoffmann. ⅛ ℛ

—— la F r a n c e poétique, od. poet. Hausschatz der Franzosen. Vollständ. Sammlung franz. Gedichte nach d. Gattungen geordnet, v. den frühesten Zeiten bis auf unsere Tage, zugl. Handbuch der franz. Poesie, Poetik u. Geschichte der Poesie. 2 Abthlgn. gr. 8. (30½ B.) Leipzig 843, [Renger'sche Buchh.]

— la F r a n c e poetique, oder poet. Hausschatz der Franzosen. Vollständ. Sammlung französ. Gedichte nach den Gattungen geordnet, von den frühesten Zeiten bis auf unsere Tage, zugleich Handbuch der französ. Poesie, Poetik u. Geschichte der Poesie. 1. Hälfte. gr. 8. Leipzig 843, Volckmar. 1 ℛ

W o l f f, der Führer u. Rathgeber auf der Reise nach Ungarn u. Siebenbürgen. Mit 2 Karten (1 Blatt in gr. 4.) 8. (57 u. 40 S.) Reutlingen 847, Kurtz. (Leipzig, Herbig.) n. 9 ngr

—— das G e d i c h t vom Cid, s. G e d i c h t.

— Gedichte, nebst Portrait. 8. Gera 828. Heinsius.

—— G e d i c h t e u. poet. Uebersetzungen. gr. 12. (13 B. u. Ttl.-kpfr.) Leipzig 834, [Weber.]

W o l f f, O. L. B., G e r m a n i a. Bilder aus Deutschland's ältester und neuester Zeit. 4., wohlfeile (Titel-)Ausg. gr. 8. (471 S.) Leipzig (850)63, O. Wigand.

WOLFF, O. L. B., A l l g e m e i n e G e s c h i c h t e d e s R o m a n s, v o n d e s s e n U r s p r u n g b i s z u r n e u e s t e n Z e i t. (Motto: „Man muß wissen, wo man steht u. wohin die Anderen wollen." Goethe.) Jena, Frdr. Mauke, 1841. 8°.
XIV—694 S., 1 Bl. Druckf. Dr. Gust. F i s c h e r, a. o. Prof. d. Staatswiss. in Jena, gewidmet. — Vergriffen!

—— allgemeine G e s c h i c h t e des Romans, von dessen Ursprung bis zur neuesten Zeit. 2., verm. Ausg. 8. (XIV und 728 S.) Jena 850, Mauke.

Wolff, Oskar Ludwig Bernhard
Geschichte von der geduldigen Helena, Tochter des Kaisers Antonius. Nebst der Geschichte von dem edlen Finkenritter Polycarpus von Clarissa. Leipzig 1847.
In: Volksbücher. Bd 37.

—— Geschichte der deutschen Poesie. Supplement zu dem poetischen Hausschatz des deutschen Volkes. gr. 8. (69 S.) Leipzig 851(52,) O. Wigand.

Wolff, Oskar Ludwig Bernhard, s. Hage, v. d.: Die Schafzucht.

Wolff, Oskar Ludwig Bernhard, s. Hage, J. v. den: Sämmtl. Werke.

—— Halle der Völker. Samml. vorzügl. Volkslieder d. bekanntesten Nationen, größtenth. z. ersten Male, metr. in d. Deutsche übertragen. 2 Bde. 8. (38⅛ B.) Frankfurt a. M. 837, [Sauerländer's Verl.]

— Dasselbe. Ebd. 1847. 8⁰. (Citirt O. Schell.)

— — Dasselbe. 4. Aufl. Ebd. 1853. 8⁰. (1 Mk. 75 Pfg., Keller Carlsruhe, vor 1900.)

— — Dasselbe. 2 Thle. Ebd. 1857. 8⁰. (2 Mk. O. Richter & Harrassowitz, Lpz., vor 1885.)

Wolff, Osc. Ldw. Bernh., Handbuch deutscher Beredsamkeit, enthalt. eine Uebersicht der Geschichte u. Theorie der Redekunst, zugleich mit einer vollständ. Sammlung deutscher Reden jedes Zeitalters u. jeder Gattung. Mit besond. Rücksicht auf höhere Schulen u. Selbststudium. 2 Thle. Die geistl. Beredsamkeit. — Die weltliche Beredsamkeit. gr. 8. Leipzig 846, Lorck. 3 ℛ

—— Handbuch der weltlichen Beredsamkeit. (Neue Titel-Ausg. des Handbuchs der Beredsamkeit. 2. Bd.) gr. 8. (VIII und 567 S. mit dem Portr. Mirabeau's nach Raffet in Stahlst.) Leipzig 848, [Brockhaus.] *

—— classischer Hausschatz der Poesie des römischen und griechischen Alterthums in zahlreichen, meisterhaft übersetzten Auszügen und Musterstellen seiner besten Dichter mit biographisch-historisch-krit. Erläuterungen für alle Gebildete deutscher Nation bearb. 2 Bde. 16. Grimma. [Wurzen,] Verlags-Comptoir. [1. (XII und 818 S.) 851—52. 26 Ngr., 2. (VIII und 884 S.) 852. 28 Ngr.]

Wolff, poetischer Hausschatz des Auslandes. Uebersetzungen in den Versmaaßen der Originale. 8. (XVI und 434 S.) Reutlingen 847, Kurtz. (Leipzig, Herbig.) Thlr. *

— poet. Hausschatz des Auslandes. Uebersetzungen in den Versmaaßen der Originale. 8. (XVI u. 434 S.) Leipzig 847, O. Wigand. n. 1⅚ ℛ

—— poet. Hausschatz d. deutschen Volkes. Vollständigste Samml. deutscher Gedichte nach d. Gattungen geordnet, beglelt. v. e. Einleit., die Gesetze d. Dichtkunst im Allgem., so wie d. einzelnen Abthln. insbesond. enth., nebst e. kurzen Uebersicht ihrer Bildungsgesch. seit d. frühesten Zeiten ihres Erscheinens in Deutschland bis auf uns. Tage, u. biograph. Angaben üb. d. Dichter, aus deren Werken Poesieen gewählt wurden. Ein Buch f. Schule u. Haus. 1—3. Aufl. u. 4. u. 5. Ausg. gr. 8. (à 73⅛ B.) Leipzig 839—42, Otto Wigand. à *

—— dass. — Verzeichniß der hierin enth. Gedichte, nach d. Dichtern geordnet. Von Müller. gr. 8. (1 B.) Ebds. 840. *

— dass. Supplementband. Lex.-8. Ebend. 842. ½ ℛ — 2. Aufl. Lex.-8. Ebend. 843. ½ ℛ

— poetischer Hausschatz des deutschen Volkes. Vollständigste Sammlung deutscher Gedichte nach den Gattungen geordnet, begleitet von einer Einleitung, die Gesetze der Dichtkunst im Allgemeinen, so wie der einzelnen Abtheil. insbesondere enthaltend, nebst einer kurzen Uebersicht ihrer Bildungsgeschichte seit den frühesten Zeiten ihres Erscheinens in Deutschland bis auf unsere Tage, und biograph. Angaben über die Dichter, aus deren Werken Poesieen gewählt wurden. Ein Buch für Schule u. Haus. 3. Aufl. Lex.-8. Leipzig 841, O. Wigand. n. 2 ℛ — 4. Aufl. Lex.-8. Ebend. 842. n. 2 ℛ — 5. Aufl. Lex.-8. Ebend. 842. n. 2 ℛ — 6. Aufl. Lex.-8. Ebend. 844. n. 2 ℛ — 7. Aufl. Lex.-8. Ebend. 845. n. 2 ℛ — 8. gänzl. umgearb. Aufl. Lex.-8. Ebend. 847 (846). n. 2 ℛ (Angeheftet ist: Verzeichniß der hierin enthalt. Gedichte, nach den Dichtern geordnet. Von Dr. Müller. — Auch einzeln für ⅛ ℛ zu haben.)

—— poetischer Hausschatz des deutschen Volkes. Vollständigste Sammlung deutscher Gedichte nach den Gattungen geordnet, begleitet von einer Einleitung, die Gesetze der Dichtkunst ꝛc. enthaltend. 12. Aufl. (1208 S.) 1849. und 15., gänzlich umgearb. und verm. Aufl. Lex.-8. (1208 S.) Leipzig 851, O. Wigand. *

—— dass. — Supplementbd.: Die deutschen Dichter der Gegenwart. 2. (Titel-)Aufl. Lex.-8. (VIII und 224 S.) Ebds. 852. *

—— dass. — 2. Abthl.: Hausschatz der Volkspoesie. Sammlung der vorzüglichsten und eigenthümlichsten Volkslieder aller Länder und Zeiten in metr. deutschen Uebersetzungen. 4. Aufl. Lex.-8. (XVI und 500 S.) Ebds. 853. *

—— dass. — 3. Abthl.: Hausschatz deutscher Prosa. Theorie des deutschen prosaischen Styls, verbunden mit einer vollständ. Auswahl von Musterstücken jeder Gattung der Schreibart. Ein Buch für Schule und Haus. 6. Aufl. 1852. und 7. Aufl. Lex.-8. (IV und 1124 S.) Ebds. 853. *

Wolff, Oskar Ludw. Bernh., poetischer und prosaischer Hausschatz des deutschen Volkes. (In 3 Abthlgn. 1. Abthl.: Poetischer Hausschatz des deutschen Volkes. Ein Buch für Schule und Haus. 16. Aufl. 1853. und 17., verm., neu bearb. und verb. Aufl. Lex.-8. (X und 1157 S.) Leipzig 856, O. Wigand. *

—— poetischer Hausschatz des deutsches Volkes. Ein Buch für Schule und Haus. 18—20., verm., neu bearb. und verb. Aufl. Lex.-8. (X und 1157 S.) Leipzig 858—61, O. Wigand. *

— poetischer Hausschatz des deutschen Volkes. Ein Buch für Schule u. Haus. 19. Aufl. 860. — 20. Aufl. 861. — 21. verm., neu bearb. u. verb. Aufl. Ebend. 863. Lex.-8. (X, 1157 S.) n. 2 ℛ

Wolff, O. L. B., poetischer Hausschatz des deutschen Volkes. Ein Buch für Schule und Haus. Erneuert von Carl Oltrogge. 21.—24., neu bearb. und verb. Aufl. Lex.-8. (XXXII und 1024 S.) Leipzig 863—67, O. Wigand. * 2 Thlr.; geb. *

Wolff's, (O. L. B.), poetischer Hausschatz des deutschen Volkes. Ein Buch für Schule und Haus. Erneuert von Carl Oltrogge. 25. und 26. neu bearb. und verb. Aufl. gr. 8. (XXXII, 1024 S.) Leipzig 871, 74, O. Wigand. *ℳ 6.; geb.

Wolff's, [O. L. B.], poetischer Hausschatz des deutschen Volkes. Ein Buch für Schule und Haus. Erneuert von Carl Oltrogge. 27. neu bearb. und verb. Aufl. Lex.-8. (XXXII, 1024 S.) Leipzig 876, O. Wigand.

Wolff's [O. L. B.], poetischer Hausschatz des deutschen Volkes. Ein Buch für Schule und Haus. Erneuert von Carl Oltrogge. 28. neu bearb. und verb. Aufl. Lex.-8. (XXXII, 1024 S.) Leipzig 884, O. Wigand. *ℳ 6.; geb.

Wolff's poetischer Hausschatz des deutschen Volkes. Ein Buch f. Schule u. Haus. Erneuert v. Carl Oltrogge. 29., neu bearb. u. verb. (Titel-)Aufl. gr. 8. (XXXII, 1024 S.) Leipzig 893. O. Wigand. n. 6.—; geb. n. 7.50

Wolff, [Oscar Ludwig Bernhard]. Wolffs Poetischer Hausschatz des Deutschen Volkes. Unter Mitwirkung von Dr. Willy Scheel ... völlig erneut durch Dr. Heinrich Fränkel. Mit Geleitwort von Geheimrat Professor Dr. Wilhelm Münch. 30. Aufl. ⟨251. bis 254. Tausend.⟩ Ausgabe für den Schul- und Unterrichtsgebrauch. VIII + 804 S. 8. Leipzig, Otto Wigand, (1907).

— **dasselbe. Völlig erneut durch Heinr. Fränkel. Mit Geleitwort v. Wilh. Münch. 31. Aufl. (255.—260. Tauf. Erweiterte Ausg. (VIII, 1067 S.) gr. 8. Leipzig (907). O. Wigand. Geb. 12. —**

—— Hausschatz deutscher Prosa. Theorie des deutschen prosaischen Styls, verbunden m. e. reichhalt. Auswahl v. Musterstücken jeder Gattung der Schreibart aus d. Werken d. vorzügl. deutschen Schriftsteller in chronolog. Ordnung. Ein Buch f. Schule u. Haus. 1—3. Abdr. Lex.-8. (70½ B.) Leipzig 845—47, Otto Wigand. *

— Hausschatz deutscher Prosa. Theorie des deutschen prosaischen Styls, verbunden mit einer reichhaltigen Auswahl von Musterstücken jeder Gattung d. Schreibart aus den Werken der vorzügl. deutschen Schriftsteller in chronolog. Ordnung. Ein Buch für Schule u. Haus. In 6 Liefg. Lex.-8. Ebend. 845. (à n. ⅓ ₰) 2 ₰ — 2. Abdr. 846. n. 2 ₰

—— **Hausschatz deutscher Prosa. Theorie des deutschen prosaischen Styls, verbunden mit einer vollständ. Auswahl von Musterstücken jeder Gattung der Schreibart, aus den Werken der vorzüglichsten deutschen Schriftsteller in chronolog. Ordnung. 3. Aufl. Lex.-8. (IV und 1124 S.) Reutlingen 847, Kurtz. (Leipzig, Herbig.)**

— Hausschatz deutscher Prosa. Theorie des deutschen prosaischen Styls, verbunden mit einer vollständigen Auswahl von Musterstücken jeder Gattung der Schreibart, aus den Werken der vorzüglichsten deutschen Schriftsteller in chronolog. Ordnung. 6. Aufl. gr. 8. (IV u. 1124 S.) Ebd. 852. n. 2 ₰
Vgl. Wolff: Poet. (u. pros.) Hausschatz d. dt. Volkes. 3. Abthl.

—— **Hausschatz deutscher Prosa. Theorie des deutschen prosaischen Styls, verbunden mit einer vollständ. Auswahl von Musterstücken jeder Gattung der Schreibart, aus den Werken der vorzüglichsten deutschen Schriftsteller in chronolog. Ordnung. Ein Buch für Schule und Haus. 8. Aufl. Lex.-8. (IV und 1124 S.) Leipzig 857, O. Wigand. * 2 Thlr.; geb. * ***

—— Hausschatz deutscher Prosa. Theorie des deutschen prosaischen Styls, verbunden mit einer vollständ. Auswahl von Musterstücken jeder Gattung der Schreibart, aus den Werken der vorzüglichsten deutschen Schriftsteller in chronolog. Ordnung. Ein Buch für Schule und Haus. 9. Aufl. 1863. und 10. Aufl. Lex.-8. (IV und 1124 S.) Leipzig 868, O. Wigand. geb.

—— Hausschatz deutscher Prosa. Theorie des deutschen prosaischen Styls verbunden mit einer vollständ. Auswahl von Musterstücken jeder Gattung der Schreibart, aus den Werken der vorzügl. deutschen Schriftsteller in chronolog. Ordnung. Ein Buch für Schule und Haus. 11. Aufl. gr. 8. (IV, 1124 S.) Ebendas. 875. *ℳ 6.; geb.

—— Hausschatz der Volkspoesie. Samml. der vorzüglichsten u. eigenthüml. Volkslieder aller Länder u. Zeiten in metr. deutsch. Uebersetzungen. Lex.-8. (32¼ B.) Leipzig 846, Otto Wigand. *

— Hausschatz der Volkspoesie. Sammlung der vorzüglichsten u. eigenthümlichsten Volkslieder aller Länder u. Zeiten in metrischen deutschen Uebersetzungen. 2. (Titel-) Aufl. Lex. 8. (XVI u. 500 S.) Ebd. (846) 848. n. 1⅓ ₰

—— **Hausschatz der Volkspoesie. Sammlung der vorzüglichsten und eigenthümlichsten Volkslieder aller Länder und Zeiten in metrischen deutschen Uebersetzungen. 3. (wohlf.) Aufl. Lex.-8. (XVI und 500 S.) Leipzig 850, O. Wigand.**
Vgl. Wolff. Poet. (u. pros.) Hausschatz d. dt. Volkes. 2. Abthl.

—— **Herbstzeitlosen. Erzähln. u. Novellen. 8. (18 B.) Leipzig 831, Kollmann.**

—— **dass. — 1. Folge. 8. (14 B.) Leipzig 832, Kollmann.**

—— **Histoire de Gilion de Trasignyes et de Dame Marie etc., s. Histoire.**

—— **das Historienbuch d. Jongleurs, s. Maja, 4. Bd.**

Wolff, Oscar Ludwig Bernhard [Übers.]
s. Hugo, V.: Sämmtliche Werke. 1835 - 1839.

Wolff, Oskar Ludw. Bernh., Johann Friedrich VI., Herzog v. Sachsen-Weimar. Histor. Novelle in dramat. Form. gr. 12. (6½ B.) Leipzig 831, [Böhme.] Thlr.

— Johann Friedrich VI., Herzog v. Sachsen-Weimar. Histor. Novelle in dramat. Form. gr. 12. Leipz. 831. Hartmann. 15 Gr.

—— **die Irrwische d. Tages. Ein Roman aus d. neuesten Zeit. 8. (21 B.) Leipzig 831, Kollmann.**

Wolff, O. L. B. Der Kampf der Franzosen in Algerien. Leipzig 1845. 243 S.

—— **der Kampf d. Franzosen in Algerien. Eine histor. Skizze, nach d. besten vorhandenen Quellen. 1. Ausg. (15¾ B.) 845. u. 2., bis auf die Gegenwart verm. Ausg. gr. 8. (16 B.) Leipzig 846, Teubner. à**

(U.-Titel:) Der | lustige Kirmesbruder, | welcher durch listige Ränke auf den Kirmessen die Bauern und | andere Personen unterhalten und vergnügt gemacht hat | Der lustige Cavalier | Monsieur Hanß Guck in die Welt | mit seinen wohlgemeinten und fleißig gesammelten Scherzreden. | (Fig.: *Sechs Personen um einen Tisch gruppiert,* 65 89) | Von | O. L. B. Wolff. | Leipzig, Verlag von O. Wigand. (= *Volksbücher,* 45).
Kol.: Druck von Otto Wigand in Leipzig.
o. J. (1847), 60 S., 165 × 115, 5 Fig. im Text.
UB Tü Dk. XI. 241a.
Görres TVb Nr. 26, S. 177.

— **hundert Contraste. 8. Hamb. 824.**

—— **Lehr- und Handbuch der gerichtlichen Beredtsamkeit. Mit einer Einleitung versehen von Carl Jul. Guyet. gr. 8. (XX und 448 S.) Jena 850, Mauke. ***

— **französ. Lesebuch für Töchterschulen. 1. Cursus für die unteren Klassen. 8. (Mit 1 Tab.) Bielefeld 845, Velhagen u. Klasing. ¼ ₰**

— **dess. 2. Cursus für die mittleren Klassen. 8. Ebd. 845. ½ ₰**

— dess. 3. u. letzter Cursus für die obere Klasse. kl. 8. Ebend. 846. ⅔ ₰

—— **französisches Lesebuch für Töchterschulen. 1. Cursus, für die unteren Klassen. 2., verb. Aufl. 8. (VI und 92 S. mit 1 Tab. in qu. Fol.) Bielefeld 854, Velhagen und Klasing.**

—— die schöne Litteratur Europa's in d. neuesten Zeit, dargestellt nach ihren bedeutendsten Erscheinungen. Vorlesn., gehalt. vor e. gebild. Versamml. gr. 8. (44½ B.) Leipzig 832, Breitkopf u. Härtel.

Wolff, O. L. B. *Märchen-Schatz.* Sammlung der schönsten Märchen und Sagen aller Zeiten und Völker. Bearbeitet und herausgegeben von O. L. B. Wolff. Erster [Zweiter, Dritter] Band. Leipzig, Otto Wigand, 1845 u. 1846. 2 Bl. 268 S., 1 Bl. 223 S., 2 Bl. 256 S. und 3 schöne Holzschnitt-Frontispize: die ersten beiden v. Ludw. Richter, d. dritte (zu Apulejus) unsign. Kl.-8°. Hübsche Hlwdbde. d. Z. 35.—
H.-B. S. 171. ★ Erstausgabe dieser interess. u. wicht. Sammlung, die 29 größere Märchen (vor allem italien., russische, rabbinische, ungarische, oriental., irische) enthält. — Teilw. leicht fleckig, Stempel a. d. Titeln.

——, Mirabeau u. Sophie. Ein histor. Roman. 2 Bde. gr. 12. ($26^3/_4$ B.) Leipzig 834, Weber.

——, Mirabeau u. Sophie. Ein histor. Roman. 2 Bde. 2., verm. Aufl. gr. 12. ($27^1/_6$ B.) Leipzig 836, [Lorck.]

— English Miscellanies. Lesebuch für Anfänger in d. engl. Sprache. 8. Weimar 826. Hoffmann. 18 gr

Wolff, Oskar Ludwig Bernhard, s. Molière: Sämmtl. Werke.

—— et C. Schütz, Musée franç., s. Musée.

—— —— the british Museum, s. Museum.

Wolff, Oskar Ludwig Bernhard, s. Mythologie d. Feen u. Elfen.

—— die deutsche Nationalliteratur, s. Encyklopädie.

PLINIUS d. Jüngste (d. i. *Oskar Ludw. Bernh. Wolff*), Naturgeschichte des deutschen Studenten. Von † —. Mit 12 Federzeichnungen von Joh. Gottfr. Appelles. Leipzig 1841. 8⁰.
Das Anon.-Lex. III. p. 203 hat nur „1842" (nach Privatmitthlg.).

Plinius d. Jüngste [d. i. O. L. B. Wolff]. Naturgeschichte des Deutschen Studenten von Plinius dem Jüngsten. Mit Illustrationen von Apelles. 2. vermehrte u. verbesserte Aufl. Leipzig Carl B. Lorck 1847
XV + 208 S. m. zahlr. Abb. 8
2. Aufl. 1842.

— — Dasselbe. Neue (Titel-) Ausgabe. Ebd. 1850. 8⁰.
P. E. Richter, Bibl. geogr. Germaniae. Lpz. 1896. S. 789.

Vgl. Naturgeschichte...

—— Novellen. Fremd u. eigen: Ruhe im Sturm, Sturm in der Ruhe. — Die Perlen. — Drei Kapitel aus d. Leben e. Anatomen. — Fräulein von Marsan. gr. 16. (17 B.) Frankfurt a. M. 836, [Sauerländer's Verl.]

—— Pfennig-Encyklopädie rc., s. Pfennig-Encyclopädie.

Wolff, Oskar Ludwig Bernhard, s. Philipp August.

—— the Poets of Great Britain etc., s. Poets.

—— the poets of Great Britain from Chaucer to Bayly. Hausschatz engl. Poesie. Auswahl aus den Werken der bedeutendsten englischen Dichter seit Chaucer bis zur Gegenwart, in chronolog. Ordnung, begleitet von biograph. und literar. Einleitungen. 2. Aufl. (Ausg.) gr. 8. (XXVI und 355 S.) Leipzig 848, [Costenoble.]

— the poets of Great Britain from Chaucer to Bayly. Hausschatz engl. Poesie. Auswahl aus den Werken der bedeutendsten englischen Dichter seit Chaucer bis zur Gegenwart, in chronolog. Ordnung, begleitet von biograph. u. literar. Einleitungen. 2. Aufl. gr. 8. (XXVI u. 355 S.) Leipzig 848, Vereins-Verlagsbuchhandlung. — Hausschatz englischer Poesie. Auswahl aus den Werken der bedeutendsten englischen Dichter v. Chaucer bis auf die neueste Zeit in chronolog. Ordnung begleitet von biograph. u. literar. Einleitungen. Für Freunde engl. Literatur, wie für Lehranstalten. 3. sehr verm. u. verb. Aufl. Hrsg. v. H. A. Manitius. gr. 8. (XXVIII u. 399 S.) Leipzig 852, Costenoble. 1 ℛ; geb. n. $1^1/_3$ ℛ

—— Portraits u. Genrebilder. Erinnerungen u. Lebens-Studien. 3 Thle. 8. ($47^1/_2$ B.) Cassel 839, Fischer.

—— Portraits u. Genrebilder. 3 Thle. Neue Ausg. 8. ($47^1/_2$ B.) Quedlinburg 846, Ernst'sche Buchh.

Wolff, Oskar Ludwig Bernhard, s. Proben altholländ. Volkslieder.

Wolff, Oskar Ludwig Bernhard, s. Raymond: Die 7 Todsünden.

—— Sammlung histor. Volkslieder u. Gedichte, s. Sammlung.

Sammlung historischer Volkslieder und Gedichte der Deutschen ... von Dr. O. L. B. Wolff. Stuttgart und Tubingen, 1830. 8⁰.

—— Scherben. Novellen u. Erzähln. mit e. lyr. u. dramat. Zugabe. 2 Thle. gr. 12. ($22^1/_3$ B.) München 830. [Stuttgart, Hallberger.]

—— und L. v. Alvensleben, Schnellpost f. Moden, s. Schnellpost rc.

—— die weibliche Schönheit, s. Schönheit.

—— Schriften. I. Romane, Novellen u. Erzähln. Gesammtausgabe. 1—12. Bdchn. 8. (170 B.) Jena 841, 42, Mauke. à
Bdchn. 1. Alte u. neue Mährchen u. Sagen, nebst ein. autobiographischen Vorrede.
„ 2. Historische Novellen.
„ 3. 4. Miraubeau u. Sophie. Histor. Roman.
„ 5. Poetische Erzählungen.
„ 6. Historische Erzählungen.
„ 7. 8. Reisebriefe.
Bdchn. 9. Erzählungen aus d. täglichen Leben.
„ 10. Italien u. Deutschland. Erzählungen.
„ 11. Anhang zum Kirchenbuch d. Pfarrers v. Meierade. Denkwürdigkeiten eines Hoflakeien. In Bruchstücken aus seinem Tagebuche.
„ 12. Denkwürdigkeiten eines Hoflakeien. Zweites Bruchstück.

—— Schriften, Romane, Novellen u. Erzählungen. Gesammtausgabe. 13. u. 14. Bdchn. 8. (... B.) Jena 843, Mauke. à *
Bd. 13. Vermischte Aufsätze.
„ 14. Gedichte u. poetische Uebersetzungen.
1—12. Bdchn. Ebendas. 1841, 42. à * 15 Ngr.

—— historical sketch of modern german Literature (1785—1835. Reprinted from the Athenaeum). 8. ($7^1/_2$ B.) Weimar 837, Voigt. Thlr.

—— ein Sommernachtstraum. Verbindendes Gedicht für Felix Mendelssohn's Composition gleichen Namens. Zu Concert-Vorträgen bestimmt. gr. 8. (31 S.) Erfurt 851, Villaret. *

—— deutsches Taschenbuch, s. Taschenbuch.

— il Tesoretto. Hausschatz ital. Poesie. Auswahl aus den Werken von hundert ital. Dichtern seit den frühesten Tagen bis zur Gegenwart in chronologischer Folge, nebst biograph. Notizen über dieselben, zugleich Handbuch der ital. Poesie, Poetik u. Geschichte der Poesie. 4 Liefg. Lex.-8. Wien 846, Gerold's Verlag. (à n. $^1/_2$ ℛ) 2 ℛ

—— and H. Doering, german Tourist, or Asher's northern annual, transl. by H. E. Lloyd. gr. 8. (13 B. u. 17 Stahlst.) London 837. [Berlin, Asher and Comp.] *

— and Dr. H. Doering, German Tourist, or Asher's northern annual, transl. by H. E. Lloyd, Esq. Illustrated with 17 Engravings from Drawings, by A. G. Vickers, Esq. gr. 8. London 837. Asher. n. $2^1/_3$ ℛ

Wolff, Oskar Ludw. Bernh., † (Plinius der Jüngste,) Träume u. Schäume des Lebens. Poetische Glossen zu e. Radirung v. Carl Sandhaas. gr. Lex.-8. ($3^7/_8$ B. u. 1 Kpfrt.) Frankfurt a. M. 844, Ullmann'sche Buchh.

—— Versuch zur Lösung einiger practischen Fragen auf dem Gebiete der gerichtlichen Beredsamkeit, veranlaßt durch einige Ereignisse während der beiden Sitzungen des öffentl. Schwurgerichtes zu Weimar am 7. April 1851. Ein Nachtrag zum Lehr- und Handbuche der gerichtl. Beredsamkeit. gr. 8. (20 S.) Jena 851, Döbereiner. *

——, Vittoria Colonna, s. Vittoria.

Wolff, Oskar Ludwig Bernhard, s. Vittorio oder Bekenntnisse . . .

—— Volksbücher, s. Volksbücher.

Wolff, Oskar Ludwig Bernhard, s. Volkslieder, altfranzösische.

—— Volksromane, s. Volksromane.

—— Wanderung durch Weimar. Eine Weihnachtsgabe. (Gedicht.) gr. 12. (2 B.) Jena 833, Cröker.

— neues französ.-deutsches u. deutsch-französ. Wörterbuch, nach Noël u. Chapsal bearb., s. Dictionnaire nouveau franç.

—— neues französ.-deutsch. Wörterbuch, s. Wörterbuch.

Wolff, Oswald, de Iophonte poeta tragico. Dissertatio inauguralis. gr. 8. (28 S.) Misniae 884. (Leipzig, Fock.)

Wolff, O., die Pflege des Kindes. Anweisung für Mütter, ihre Kinder gesund zu erziehen, vor Krankheiten zu schützen u. bei Erkrankungen bis zur Ankunft des Arztes richtig zu behandeln. 8. (IV, 28 S.) Frankenstein 877. Philipp. n. — 75

. Wolff, Oswald: Polyneikes. Ein Beitrag zur thebanischen Sage. 26 S. 4. Progr Kgl. Gymn. *Chemnitz* 1906 (zu 667).

Wolff, Oswald Quaestiones iophonteae 24 S. Rsch. *Meissen* 1882.
Vgl. des Verf. De Iophonte poeta tragico. (28 S.) 8. Diss. in. Lipsiae 1884, Fock. 1 Mk. 20 Pf.

Progr.

Wolff, Oswald *(geb. Frankenstein in Schles. 29. 12. 1843)*: Ueber die Schusswunden der Brust. Breslau (1867). (31 S.) 8°
Breslau, Med. Diss. v. 24. Okt. 1867

Wolff, O., Verhaltungsmaßregeln f. Kranke u. Krankenwärter. 16. (82 S.) Frankenstein i/Schl. 892. (E. Philipp.) n. — 60

Wolff, Otto: Beiträge zur Lehre von dem Chromatgeschwür der Nase. Würzburg 1910: Staudenraus. 30 S. 8°
Würzburg, Med. Diss. v. 14. Dez. 1910, Ref. Lehmann
[Geb. 3. Jan. 85 Griesheim a. M.; Wohnort: Würzburg; Staatsangeh.: Preußen; Vorbildung: Gymn. Höchst Reife O. 05; Studium: Marburg 5, Kiel 1, Würzburg 4 S.; Coll. 27. Juli 10; Approb. 12. Juli 10.] [U 11. 4605

Wolff, Otto, Betkämmerlein f. christgläubige Seelen, in Abend- u. Morgenandachten, Bibelsprüchen, geistl. Liedern u. kurzen, erbaulichen Betrachtungen zubereitet. 8. (VI u. 99 S.) Grünberg 851, Weiß. 1/4 ₰; fein Pap. 1/3 ₰

WOLFF, Otto (Dillenburg): Drei Fälle von "Stupor".- München: Weiss 1894. 56 S.
26.7.1893 - Chr 1893/94,12; Jv 1893/94,206 (Prom.-Datum: 1894)
Diss. Ingolst.-Landsh.-Mchn.

Wolff, O., zum 18. Februar 1846 dem 300. Gedenktage des Todes Dr. M. Luthers. Eine Erinnerungsschrift aus den Quellen zusammengetragen für den evangel. Bürger und Landmann. Mit Luther's Bildniß. 8. Grünberg 846, Weiß. n. 8 ngl

Wolff, O(tto), des Curatus Mor. Effner zu Leubus Geschichte der katholischen Pfarrei Grünberg in Niederschlesien, nach ihrem traurigen Verhältnisse zur Wahrheit und Wissenschaft beleuchtet und dargestellt. In zwanglosen Heften. 8. (69 S.) Grünberg 852, Weiß.

—— Geschichte der Stadt Grünberg in Niederschlesien von ihrer Entstehung bis zur Einführung der Reformation. 8. (VIII und 344 S.) Grünberg 848, Weiß.

Wolff, O., Geschichte der evangel. Stadt- u. Landgemeinde Grünberg in Niederschlesien, von den Zeiten der Reformation bis zum ersten schlesischen Frieden, 1742. Eine Jubelschrift. 8. Grünberg 841, Levysohn u. Siebert. 1/2 ₰

— die christl. Heilslehre in kurzen Lehrsätzen u. bibl. Sprüchen, nach Ordnung des luther. Katechismus. Ein Leitfaden für den evangel.-luther. Confirmanden-Unterricht u. für den Religions-Unterricht in Volksschulen. 8. Grünberg 845, Weiß. 3 ngl 25 Exempl. mit den Hauptstücken 1 2/3 ₰; ohne dieselben 1 1/12 ₰ — 2. verb. Aufl. 8. Ebend. 846. 3 ngl

Wolff, O., die christliche Heilslehre in kurzen Lehrsätzen und biblischen Sprüchen, nach Ordnung des lutherischen Katechismus. Ein Leitfaden für den evang.-lutherischen Confirmanden-Unterricht und für den Religions-Unterricht in Volksschulen entworfen. 3. verb. Aufl. Grünberg 854. Weiß. 8. (41, 8 S.) 3 ngr

— die christliche Heilslehre in kurzen Lehrsätzen und biblischen Sprüchen, nach Ordnung des lutherischen Katechismus. Ein Leitfaden für den evangelisch-lutherischen Confirmanden-Unterricht u. für den Religions-Unterricht in Volksschulen. 4. verb. Aufl. Grünberg 861. Weiß. 8. (50 S.) 3 ngr

Wolff, Otto, Lebensskizze von John Prince-Smith, s. Prince-Smith, J., gesammelte Schriften.

Wolff, Otto, Referendar: Die rechtliche Natur der Arbitrageklausel im Handelsverkehr. Borna-Leipzig 1910: Noske. IX, 55 S. 8°
Königsberg, Jur. Diss. v. 25. April 1910, Ref. Gierke
[Geb. 5. Febr. 86 Rhein Opr.; Wohnort: Königsberg i. P.; Staatsangeh.: Preußen; Vorbildung: Wilhelms-Gymn. Königsberg Reife O. 04; Studium: Königsberg 2, Freiburg i. B. 1, Königsberg 3 S.; Rig. 26. Febr. 10.] [U 10. 2563

Wolff, Otto, Nürnberger Papiergulden u. Wohlfahrtspflege im J. 1870. Auf Grund amtl. Quellen dargestellt. (12 S. m. 2 Abb.) 8. Nürnberg 908. Heerdegen-Barbeck. — 40

Das Lübsche Recht in der Stadt Kiel. Ein Beitr. z. Ermittelung d. Grenzen zwischen d. Geltungsgebieten d. Lübschen Rechtes u. d. Sachsenspiegels. Von Rechtsanwalt Dr. Otto Wolff in Altona. Mit 3 Karten von H. B. Jahn. *Kiel 1898: A. F. Jensen.* (48 S.) 8° [δ.]
— Mitteilungen d. Gesellschaft f. Kieler Stadtgeschichte. H. 16.

Wolff, Otto, Referendar: Die Rechtsfolgen verspäteter Leistung nach dem Bürgerlichen Gesetzbuch. Greifswald 1910: Abel. 47 S. 8°
Greifswald, Jur. Diss. v. 25. April 1910, Ref. Walsmann
[Geb. 27. Juli 87 Greifenberg i. P.; Wohnort: Naugard; Staatsangeh.: Preußen; Vorbildung: Gymn. Greifenberg Reife O. 06; Studium: Freiburg i. B. 1, Heidelberg 1, Berlin 2, Greifswald 2 S.; Rig. 9. März 10.] [U 10. 1559

— kritische Sichtung der Geschichte der Stadt und des Herzogthums Sagan, wie sie namentlich von A. Leipelt, Mathematikus am Kgl. kathol. Gymnasium zu Sagan, dargestellt worden ist, nebst gründlicher Zurückweisung der von diesem vorgebrachten mancherlei Verunglimpfungen der Reformation und der Evangelischen. Grünberg 854. Weiß. gr. 8. (IX, 270 S.) n. 24 ngr

—— Sonntags-Blätter zur Erbauung, s. Sonntags-Blätter.

— Vertheidigung der Reformation, deren Einführung u. Befestigung in Schlesien bis zum J. 1621, gegen die Angriffe u. Verunglimpfungen eines ultramontanen Historikers u. seiner Helfer. gr. 8. Leipzig 845, Friedlein u. Hirsch. 1/8 ₰

— wachet, stehet im Glauben! 4 Predigten u. 4 Lieder. gr. 8. Grünberg 846, Weiß. n. 1/6 ℔

Wolff, O(tto), die berühmte Lehninsche Weissagung über das Schicksal der Mark Brandenburg und des Hauses Hohenzollern, deren Entstehung, Verfasser, Bekanntwerdung, Bedeutung und Inhalt, wie auch die darüber aufgestellten älteren und neueren Hypothesen historisch kritisch beleuchtet, gewürdigt und erklärt. gr. 8. (V und 180 S.) Grünberg 850, Weiß. Thlr.

—— motivirte Zurückweisung alles dessen, was der Licentiat Buchmann in Neiße gegen mich vorgebracht hat. gr. 8. (1½ B.) Grünberg 845, Weiß.

Wolff, Otto Jakob (Freyburg) A. S. 150/19

Exercitatio academica de officio iudicis et clerici in actu admonitionis eorumque honorario.
Präs. Gustav Heinrich Mylius.
Leipzig (Breitkopf) 8. VIII. 1737. 37 S.

Gew.: Kurt Friedrich von Schoenebeck.

37213

Wolff, O[tto] M[aximilianus] E[berhardus]: • De origine regni Arelatensis. 28 Bl. 8° (4°)
Halle-Wittenberg, Phil. Diss. v. 26. Febr. 1848
Geb. [Marienthal (Kr. Helmstedt) 24. 5. 1827]

v. *Wolff*, Frhr. Otto Siegm., († d. 4. März 1810.) oratio de cultu principibus juventutis antiquitus praestito. 4. Götting. 762.

Wolff (Wolf), Pankratius

Wolff, P., resp. **Kirchheim**, *Hippocratis* cautela exemplo Halicarnassensis super venaesectione intempestiva in phrenitide delirio febrili. Hal. 4°. 1706

Wolff, Pancr., Epistola gratulatoria, in qua secundum *Hippocratem* opinionum medicarum insomnia adumbrantur, ad Jo. Dan. *Creantum*. 12 pp. Hal. 4°. 1707.

Wolf, Panc., Physica Hippocratica, qua exponitur humanae naturae Mechanismus Geometr. chymicus. 8. Lips. Junius, 713.

Pancratii Wolffs [Wolf] Curiöses Tractätgen [Traktätchen] von Podagra, desselben Natur, Ursachen u. wie diese ingemein incurable Kranckheit gründlich zu curiren sey. Leipzig: Lanckisch 1726. 8 Bl. 8°

Wolff, Paul: Aus d. chir. Klinik zu Heidelberg. Ueber retroperitoneale Abscesse nach Appendicitis. Tübingen 1909: Laupp. 16 S. 8° ¶(Aus: Beiträge z. klin. Chirurgie. Bd 51, H. 3.)
Heidelberg, Med. Diss. v. 14. Febr. 1910, Ref. Narath
[Geb. 2. Aug. 85 Darmstadt; Wohnort: Darmstadt; Staatsangeh.: Hessen; Vorbildung: Ludwig-Georgs-Gymn. Darmstadt Reife M. 03; Studium: München 5, Heidelberg 1, Berlin 2, Heidelberg 2 S.; Coll. 15. Dez. 08; Approb. 10. Jan. 10.] [U 10. 2106

Wolff, P[aul], a. Düsseldorf: Die Bedeutung der ästhetischen Kultur für die Humanität. Jena 1905: G. Neuenhahn. (62 S.) 8°
Jena, Phil. Fak., Ref. Eucken, Diss. v. 27. Febr. 1905
[Geb. 7. Mai 73 Gräfrath; Wohnort: Gräfrath; Staatsangeh.: Preußen; Vorbildung: Gymn. Düsseldorf Reife O. 93; Studium: Tübingen 2, Halle 4. Göttingen 2, Jena 3 S.; Rig. 17. Dez. 04.]

Wolff, Paul, Beitrag zur Kenntniss der Ausscheidung des Kalkes durch den Harn. Inaugural-Dissertation. gr. 8. (41 S.) Jena 886, (Neuenhahn.)

Wolff, Paul: Beitrag zur Kenntnis der im Coniferenhonig vorkommenden Dextrine. München 1904: H. Biermann & Co., Barmen. (40 S.) 8°
München, Phil. Diss. v. 1904.

Wolff, Paul, Die Entwickelg. der einen christlichen Kirche durch Athanasius, Augustin, Luther. Eine kirchen- u. dogmengeschichtl. Studie. gr. 8. (III, 248 S.) Berl. 889, Wiegandt u. Schotte. * 3 —

Wolff, Paul: Die Erbschafts-Annahme in historischer Entwicklung und im Recht des BGB. Breslau 1909: (Schles. Volkszeitung). VII, 51 S. 8°
Heidelberg, Jur. Diss. v. 1. März 1909, Ref. Endemann
[Geb. 27. Dez. 82 Brilon; Wohnort: Breslau; Staatsangeh.: Preußen; Vorbildung: Gymn. Warendorf Reife M. 04; Studium: Münster 5, Breslau 3 S.; Rig. 29. Juli 08.] [U 09. 1942

Wolff, Paul, Geschichte der Belagerung von Belfort im J. 1870/71. Auf Befehl der königl. General-Inspection des Ingenieur-Corps und der Festungen unter Benutzung amtl. Quellen bearb. gr. 8. (VIII, 482 S. mit 3 chromolithogr. Plänen, 5 lithogr. Zeichnungen in Fol. und gr. Fol. und 13 Anlagen.) Berlin 875, [Schneider und Comp.] Wilhelm.

Wolff, Paul, Geschichte des Bombardements von Schlettstadt und Neu-Breisach im J. 1870. Auf Befehl der k. General-Inspection des Ingenieur-Corps und der Festungen unter Benutzung amtl. Quellen bearb. gr. 8. (IV, 91 S. mit 3 lithogr. Plänen, 4 lithogr. Skizzen in gr. 8., qu. 4. und Fol. und 10 Beilagen.) Berlin 874, Schneider und Comp.

Wolff, Paul *(Adolf)*: Über Geschwülste der Ileocoecalgegend und ihre chirurgische Behandlung . . . Berlin, Buchdr. v. G. Schade, 1893; 61 S., 1 Bl. 8°
Berlin, Med. Fak., Inaug.-Diss. v. 7. März 1893.

Wolff, Paul, westpreussisches Herdbuch. Im Auftrage der Herdbuchgesellschaft f. Züchtg. v. Holländer Rindvieh in Westpreussen hrsg. 1. Bd. gr. 8. (366 S. m. 1 farb. Karte.) Berlin 891. P. Parey. n. 3.—

Wolff, Paul, westpreussisches Herdbuch, Fortsetzg., s.: Herdbuch.

Wolff, Paul [aus Berlin]: Ueber eine eigenthümliche Isomerie in der Reihe der Semicarbazide. E. Beitr. z. Stereochemie d. Stickstoffs . . . Berlin, Buchdr. v. G. Schade, *1893*: 71 S. 8.
Berlin, Phil. Fak., Inaug.-Diss. v. 11. März 1893

Wolff, Paul: Ist die Glaubensheilung der Kranken schriftgemäß? Breklum. 1899. 8°

Wolff, Paul, über die Konfirmation und ihre liturgische Ausgestaltung mit besond. Berücksicht. der preuß. Agende, nebst liturg. Formularen. gr. 8. (III, 71 S.) Kropp 886, Buchh. „Eben-Ezer".

Philipp Melanchthon. Eine Jubiläums-Erinnerung. Von Paul **Wolff** Pfarrer. *Berlin: F. Heinicke 1897.* (30 S.) 8°
Aus: Kreuz-Zeitung. 1897.

Wolff, Paul [aus Prenzlau]: Ohraffectionen beim Abdominaltyphus . . . . Halle a. S., Hof-Buchdr. v. C. A. Kaemmerer & Co., 1887; 39 + 1 S. + 2 Bl. 8°.
Halle, Med. Fak., Inaug.-Diss. v. 30. Jul. 1887.

Wolff, Paul, Ohraffectionen beim Abdominaltyphus. Diss. Halle 1887, Lippertsche Buchh. 8°. 39 S.

Wolff, Paul, der preußische Subhastationsproceß. Eine systemat. Zusammenstellung der denselben betreffenden, zur Zeit geltenden gesetzl. Vorschriften mit erläuternden Anmerkungen und Formularen zur Bearbeitung von Subhastationssachen. gr. 8. (XIX und 438 S.) Berlin 861, Decker'sche geheime Ober-Hofbuchdruckerei.

Wolff, Paul, Verfügungen in Hypothekensachen. gr. 8. (XV und 240 S.) Berlin 855, Deckersche geheime Ober-Hofbuchdr.

Wolff, Paul, Verfügungen in Hypothekensachen. 2. Ausg. gr. 8. (XVI und 280 S.) Berlin 862, v. Decker'sche geheime Ober-Hofbuchdruckerei.

Wolff, Paul, Verfügungen in Grundbuchsachen. 3. umgearb. Aufl. der „Verfügungen in Hypothekensachen. (XV, 260 S.) 1875; 4. Ausg. gr. 8. (XV, 272 S.) Berlin 878, v. Decker's Verlag.

Wolff, Paul, Verfügungen in Grundbuchsachen. 5. verm. und verb. Aufl., bearb. von dem Verf. und Carl Wolff. 8. (XXII, 367 S.) Berlin 883, v. Decker's Verlag.

Wolff, Paul, Verfügungen in Grundbuchsachen. 6., verb. Ausg., bearb. v. dem Verf. u. Carl Wolff. gr. 8. (XXI, 338 S.) Berlin 891. R. v. Decker. n. 6. —

Wolff, Paul, Verfügungen in Grundbuchsachen nach d. Grundbuch-Ordng. v. 5. V. 1872. 7. Ausg., bearb. v. Paul Wolff. gr. 8. (XXII, 348 S.) Berlin 897. R. v. Decker. n. 6. —

Wolff, Paul: Das Verhalten des Koksschwefels im Hochofen. 1904. 68 S. 8⁰
¶ Ausz. in: Stahl u. Eisen. Jg. 25. 1905, Halbj. 1; Mitteilungen aus d. Eisenhüttenmänn. Institut d. Kgl. Techn. Hochschule Aachen. 1906 [Nr 99].
Aachen, Dr.-Ing.-Diss. v. 17. 10. 1904

WOLFF, Paul (München): Ueber Volvulus des Jejunum.- München: Kastner & Callwey 1903. 26 S.
19.6.1903 - Chr 1902/03,26; Jv 1903/04,335
Diss.Ingolst.-Landsh.-Mchn.

Wolff, Paul Alex., s.: Alexander, Paul.

v. Wolff, Paul Bdkt., († d. 8. Jan. 1805.) Bemerkk. über d. Anwendung d. Koppelwirthschaft in d. preuß. Staaten. gr. 8. Berl. 793. Braunschw., Vieweg. 12 gr.

Das Oderbruch. Eine hist. landwirtschaftl. Skizze von Paul M. C. Wolff, Landwirthschaftslehrer. *Berlin: 'Gutenberg' 1899.* (32 S.) 8° [F.] (03.5618

Wolff, Paul M. C., Tierarzneibuch, s.: Haselbach, H.

Wolff, Paul Walter, a. Berlin: Über traumatische Haematomyelie. Freiburg i. Br.: Speyer & Kaerner 1906. (34 S.) 8°
Freiburg i. B., Med. Fak., Ref. Hoche, Diss. v. 23. Apr. 1906
[Geb. 17. Mai 82 Berlin; Wohnort: Freiburg i. B.; Staatsangeh.: Preußen; Vorbildung: Friedrichs-Gymn. Berlin Reife M. 00; Studium: Berlin, München, Freiburg i. B.; Coll. 31. Juli 05.]

Wolff, Ph., Tabellen zur Vergleichung d. hauptsächl. europ. Wechselcourse, Maasse u. Gewichte, so wie fremder Münze, mit d. resp. Preussischen. 1—6. Hft. 4. (96½ B.) Köln 827—29. (Bremen, Kaiser.) à Hft.
Inh.: I. Amsterdam. II. Augsburg. III. Paris. IV. Bremen. V. Hamburg. VI. Frankfurt a. M.

Wolff, Philipp, s.a. Wolff, Philipp Heinrich

Wolff, Philipp, s. Abulfaraga.

Wolff, Phil., sieben Artikel über Jerusalem aus den J. 1859 bis 1869. Stuttgart 869. Belser's Sort. gr. 8. (V, 109 S.) n. 21 ngr.

Wolff, Philipp, s. Bitpai, Buch des Weisen.

Wolff, Phil., arabischer Dragoman für Besucher des heiligen Landes. Leipzig 857. Weber. 8. (VII, 77 S.) n. 15 ngr.

Wolff, Phil., arabischer Dragoman. Grammatik, Phrasensammlung und Wörterbuch der neu-arab. Sprache. Ein Vademecum für Reisende in Aegypten, Palästina und Syrien, sowie zum Gebrauch für den Unterricht. 2., verb. und verm. Aufl. gr. 8. (VIII und 274 S.) Leipzig 867, Brockhaus. geb.

Wolff, Phpp., arabischer Dragoman. Grammatik, Wörterbuch, Redestücke der neu-arab. Sprache. Ein Handbuch für Reisende in Ägypten, Palästina und Syrien, sowie für Studierende der arab. Sprache. 3. gänzlich umgearb. Aufl. 8. (VII, 369 S.) Leipzig 883, Brockhaus. *ℳ 5,50.; geb.

Wolff, Phil., die Drusen u. ihre Vorläufer. gr. 8. (30½ B.) Leipzig 845, Vogel. *

Wolff, Philipp, s. Erzählungen, Morgenländische.

— Flugblätter aus Jerusalem vom Novbr. u. Decbr. 1869. Stuttgart 870. Belser's Sort. gr. 8. (VII, 39 S.) n. 6 ngr.

— Jerusalem, s. a. Weber's illustrirte Reise-Bibliothek.

— Jerusalem. Nach eigener Anschauung und den neuesten Forschungen geschildert. 2., gänzlich umgearb. Aufl. 8. (XII und 225 S. mit 46 Abbild. in eingedr. Holzschn., 12 Holzschntaf. und 1 Grundriß von Jerusalem in Holzschn. in gr. 4.) Leipzig 862, Weber. * 1 Thlr.; geb. *
[Stuttgart, Belser'sche Sortimentsh.] Ermäßigter Preis

Wolff, Phpp., Jerusalem. Nach eigener Anschaug. u. den neuesten Forschgn. geschildert. Mit 66 Abbildgn. (Holzschntaf.) u. e. (lith.) Grundriß v. Jerusalem (in 4.) 3., nach e. wiederholten Pilgerfahrt ganz umgearb. Aufl. 8. (XIV, 231 S.) Leipzig 872. Weber. geb. n. 6. —

Wolff, Ph., die drei ersten Moallakât der Araber, s. a. Moallakât.

— die drei ersten Moallakât oder Preis-Gedichte der Araber, übersetzt und erläutert. Rottweil 856. (Tübingen, Fues' Sortbdlg.) gr. 4. (36 S.) n. 10 ngr.

Wolff, Phil., Reise in das gelobte Land. Mit einem neuen (lith. u. color.) Plane von Jerusalem (in 4.) 16. (VIII u. 276 S.) Stuttgart 849, Metzler. 1 ℔

— s. Sadi's Rosengarten.

Wolff, Philipp Heinrich, s.a. Wolff, Philipp

Wolff, Phil. Heinr., neuer Apparat z. Entwickelung von Dämpfen, welche in die Tuba Eustachii eingeleitet werden u. Anwendung desselb. bei Schwerhörigen. 8. (1½ B. u. 1 Stnt.) Berlin 843, Oehmigke's Buchh.

Wolff, Phil. Heinr., sieben Artikel über Jerusalem aus den J. 1859 bis 1869. gr. 8. (V, 109 S.) Stuttgart 869, Belser's Sortiment.

Wolff, P[hilipp] H[einrich]. Erinnerungen eines alten Thierschützers. [Mit Porträt-Tafel und Umschlag-Vignette.] IV + 23 S. 8. Zürich. Hans Wirz, 1901.
2 Ausgaben mit verschiedenen Umschlag-Vignetten.

Wolff, P. H., vom Erzwingen u. vom Zusehen beim Bauen des Reiches Gottes. Synodalpredigt über Marc. IV, 26—29 zur Eröffnung der Zürcher Synode. 2. Oktbr. 1866. Zürich 866. Schultheß. gr. 8. (15 S.) n. 4 ngr.

— Flugblätter aus Jerusalem vom Novbr. und Decbr. 1869. gr. 8. (VII, 39 S.) Ebendas. 870.

(W[olff, Philipp Heinrich].) Gedächtnissfeier zum Andenken an den. sel. Ehrenpräsidenten Herrn Oberst Paul Karl Eduard Ziegler von Zürich. Geboren ... 1800. Gestorben am 11. August 1882. Abgehalten am 8. Januar 1883 ... [zu Zürich von der] Zunft zur Schiffleuten. 8. Zürich 1883.

Wolff, Ph(ilipp) H(einrich): Heilung der Schwerhörigkeit durch ein neues, höchst einfaches Verfahren durch Einleitung von Dämpfen in die Ohrtrompete. 16 S., gbd.

Berlin: Voss 1841

— Heilung d. Schwerhörigkeit durch ein neues, höchst einfaches Verfahren zur Einleitung von Dämpfen in die Ohrtrompete. (Für Aerzte und Kranke.) gr. 8. Berlin 841, Vossische B. n. 1/6 ₰ — 2. Aufl. gr. 8. Ebend. 844. n. 1/6 ₰ — 4. Aufl. 8. Berlin 846, Rieß. n. 1/4 ₰

Wolff, Ph. H., Jerusalem. 3. Aufl. Leipzig 872. Gera, Köhler.

— s. Lincke, Carl Gust., Handbuch d. Ohrenheilkunde, 3. Bd.

Wolff, Philipp Heinrich (Bearb.):

s.: Lincke, Karl Gustav: Die Nervenkrankheiten des Ohrs, die Taubstummheit und die Ohrenoperationen. Leipzig: 1845

Wolff, Philipp Heinrich: Menschenschutz und Thierschutz. Ein freundlicher Mahnruf an alles Volk, insbesondere d. Schweizervolk. 8 Stn. Zürich: J. Herzog 1871. 8°

Wolff, P[hilipp] H[einrich]. Menschenschutz und Tierschutz. Ein Mahnruf an alles Volk, insbesondere das liebe Landvolk. Von Pfarrer P. H. W' [in Weiningen].... [Illustriert.] [2 S.] 4. (Berlin, Deutscher Verlag, [1902/3].)
([Flugblätter, hrg. vom] Berliner Tierschutz-Verein...) Nr. 266.

Wolff, Ph. H., neue Methode der Operation des Schielauges durch subcutane Tenotomie. Mit 1 Steintaf. gr. 8. Berlin 840. Hirschwald. n. 1/3 ₰

Wolff, Phil. Hein. (geb. Berlin 1813). Nonnulla de contagiis. Berolini (1836). (11 S.) 8°
Berlin, Med. Diss. v. 6. Juli 1836.

—— Jerusalems Opfertod. Das Lied von der Völkerfreiheit. Epos in 15 Gesängen. 8. (III, 323 S.) Berlin 870, Wegener.

Wolff, Phil. Heinr., Jerusalems Opfertod. Das Lied von der Völkerfreiheit. Epos in 15 Gesängen. 2. Ausg. 8. (321 S.) Berlin 874, Liepmannssohn.

Wolff, Phil. Heinr., die Pflege des Ohres im gesunden u. kranken Zustande. Nebst einer Anweisung zur Selbstuntersuchung dieses Organs. gr. 8. (37 S.) Berlin 847, Rieß. n. 1/3 ₰

Wolff, Philipp Heinrich: Die nervöse Schwerhörigkeit und ihre Behandlung durch eine neue Methode. 116 S., gbd., 2 Taf.

Leipzig: Hinrichs 1844

Wolff, Phil. Heinr., die nervöse Schwerhörigkeit u. ihre Behandlung durch eine neue Methode. 2., neu bearb. u. verm. Aufl. Berlin 866. Liebrecht. gr. 8. (XIV, 177 S. mit 3 Steintaff. in qu. 4. u. Fol.) n.n. 2 ₰

Wolff, Phil. Heinr., die Weihe des Genius. Ein Festspiel den Manen Schillers dargebracht zum 10. Novbr. 1859. gr. 8. (14 S.) Berlin 859, Hasselberg'sche Verlagsh. * *

Wolff, Phil. Heinr., dramatische Werke. 3 Thle. Berlin 860. Lassar. gr. 8. Jeder Thl. n. 15 ngr.
1. Thl.: Makkabäus. Drama in 5 Aufzügen. (XI, 72 S.)
2. Thl.: Mohammed. Drama in 5 Akten. (XIII, 72 S.)
3. Thl.: Wilhelm von Oranien. Trauerspiel in 5 Aufzügen. (VI, 99 S.)

Wolff, Phil. Heinr., dramatische Werke. Neue (Titel-)Ausg. gr. 8. (XXVIII und 243 S.) Leipzig (860)65, (Werner.)

Wolff, Ph. Das Wurstmahl. Ein Volksschriftchen im Interesse des Thierschutzes. Herausgegeben vom zürcher Thierschutzverein. In-8°, 22 S. Zürich, Druck von J. Herzog. 1881.

WOLFF, Philipp Maria (Augsburg): De epilepsia. (Titel nach der Urkunde)
13.6.1860 - Urk: F 70
Diss. Ingolst.-Landsh.-Mchn.

Wolff, Philipp Wilhelm, s.a. Wolf, Philipp Wilhelm

Wolff, Phil. Wilh., auserles. Predigten, Homilien u. Anreden. 2. Ausg. 8. (24½ B.) Berlin 828, [Rücker u. Püchler.]

Das große Geheimnis (Le Secret de Polichinelle). Lustspiel in 3 Akten von Pierre Wolff. Deutsch von Max Schoenau. Berlin, Köln, Leipzig: A. Ahn 1903. (111 S.) 8° [J.]
— Theater, Französisches. No 6. [oś. 16560]

Wolff's, Pius Alexander, Biographie, s.: Martersteig, M.

Wolff, Pius Alex., der Kammerdiener, s. Jahrbuch deutscher Bühnenspiele.

Wolff, P. A., der Kammerdiener, s. Universal-Bibliothek.

— Pflicht um Pflicht, s. A. Müllner, Almanach für Privatbühnen. 16 Bdchen.

Wolff, Pius Alex., Preciosa, s. Breitkopf und Härtel's Text-Bibliothek Nr. 100.
—— dass. — s. Mode's, G., Opern-Text-Bibliothek.

Wolff, P. A., Preciosa, s.: Repertoir d. herzogl. Meiningen'schen Hof-Theaters.

— Preciosa, s. Theater-Bibliothek, classische. — Universal-Bibliothek.

—— Preciosa. Schauspiel in 4 Aufzügen. Neue Aufl. 16. (III und 119 S.) Leipzig 865, Gerhard.

Preciosa. Schauspiel in 4 Aufz. von Pius Alexander Wolff. Für d. Bühne eingerichtet u. mit d. Extempores vers. von Demetrius Schrutz. Mit e. Vorbemerkung. *Halle a. S.: O. Hendel (1901).* (65 S.) 8° [J.]
(Bibliothek d. Gesamtlitteratur d. In- u. Auslandes. No 1486.)

Wolff, Pius Alex., Preciosa, s. Bibliothek der Gesamtlitteratur.

Wolf, Pius Alex., dramat. Spiele. 1r Bd. Pflicht um Pflicht. — Preciosa. — Cäsaria. — Adele v. Buday. gr. 12. Berl. 823. Duncker u. H. 1 ₰ 16 gl

Wolff, R.

Grammatik der Kinga-Sprache (Deutsch-Ostafrika, Nyassagebiet) nebst Texten u. Wörterverzeichnis von R. Wolff, Missionar (Berlin 1) in Tandala. Berlin: G. Reimer in Komm. 1905. (VIII, 243 S.) 8°
= Archiv f. d. Studium deutscher Kolonialsprachen. Bd 3.

Wolff, *Reinhard*: Ottokars II. Beziehungen zu Preufsen und dem Orden der Deutschherren. 8 (S. 3—7).
Zur Gedächtnisfeier f. Phil. Ferd. Ad. Just. G. *Zittau* 1898.
Nicht im Tauschverkehr.
Progr.

Wolff, *Reinhard* Zur Geschichte der Stadt Zittau im 14. Jahrhundert. 4 (38 S.). **Progr.** G. *Zittau* 1892 (544).

Wolff, Rhard., Heldengestalten des Hauses Wettin. Vaterländ. Festsp. zur Feier d. 70. Geburtstages u. des 25jähr. Regierungs-Jubiläums Sr. Maj. d. Königs Albert v. Sachsen. gr. 8. (40 S. m. Bildn.) Zittau 898. A. Graun. n. — 60

Wolff, Reinhold

Wolff, Dr. R., Aecidium Pini Pers. und sein Zusammenhang mit Coleosporium Senecionis Lév. Eine entwicklungsgeschichtliche Untersuchung. Festschrift zur 150jährigen Gedenkfeier der kaiserl. Akad. d. Wissensch. zu St. Petersburg. Riga 1876. Text 26 S. mit 2 Tfln. 4°. brosch.

Wolff, Reinhold: Beitrag zur Kenntniss der Schmarotzerpilze. ⟨Erysiphe graminis und Erysiphe communis.⟩ Berlin 1875: Unger. 39 S., Taf. III u. IV. 8°
Halle-Wittenberg, Phil. Hab.-Schr. v. 19. März 1875
Aus: Landwirthschaftliche Jahrbücher. Bd. 4. Berlin 1875. S. 351—397.
Vom Verf. ersch. noch: Beitrag zur Kenntnis der Schmarotzerpilze. Entwickelungsgeschichte des Kiefernblasenrostes. Aecidium pini, Persoon .. In: Landwirthschaftl. Jahrbücher. Bd. 6. Berlin 1877. S. 723—757, Taf. 18

Wolff, Reinhold: Der Brand des Getreides. Halle 1873: Waisenhaus. 34 S., 1 Taf. 8°
Halle-Wittenberg, Phil. Diss. v. 8. Aug. 1873
Geb. Deutsch-Würbitz (Kr. Kreuzburg, Oberschles.) 27. 4. 1845. V.
Im Buchhandel u. d. T.: Der Brand des Getreides, seine Ursachen u. seine Verhütung. Eine pflanzen-physiolog. Untersuchung in allgemein verständl. Form. Halle: Waisenhaus 1874. VI, 37 S., 5 Taf. 8° Vom Verf. ersch. ferner: Beitrag zur Kenntniss der Ustilagineen. Der Roggenstengelbrand ... In: Botanische Zeitung. Jg. 31. Leipzig 1873 Sp. 657—661, 673—677, 689—694 u. Taf. 7.

Wolff, R., Krankheiten der landwirtschaftlichen Nutzpflanzen durch Schmarotzerpilze. s. a. Thaer-Bibliothek, Bd. 65.

Wolff, R., Krankheiten der landwirtschaftlichen Nutzpflanzen durch Schmarotzerpilze. Hrsg. v. W. Zopf. Mit 50 Textabbildgn. 8. (VIII, 150 S.) Berlin 887. Parey. geb. n. 2. 50

Wolff, Richard

Wolff, Rich., Corfu. Ein satyr. Zeitbild. Dem Andenken Heine's gewidmet. (70 S.) kl. 8. Berlin (909). Zehlendorf, R. Eckstein Nachf. 1. 50

Wolff, Richard [pr. Arzt aus Finsterwalde i. L.]: Über das Flimmerepithel der Uterusschleimhaut ... Berlin, Druckerei d. Berliner Börsen-Zeitg, 1895; 29 S., 1 Bl. 8.
Berlin, Med. Fak., Inaug.-Diss. v. 15. Marz 1895.

Wolff, Richard: Die jüngste wirtschaftliche K r i s i s in der deutschen Baumwollindustrie mit besonderer Berücksichtigung der sächsischen Spinnerei und Weberei. Cassel 1905: C. Richartz. (201 S.) 8°
Tübingen, Staatsw. Fak., Ref. v. Schönberg, Diss. v. 29. Dez. 1905.

— Aus Mangel an Beweisen (non liquet). Das Drama e. Tages in 5 Akten. (58 S.) 8. Leipzig 909. Raschwitz b. Leipzig, B. Volger. 1. —

Wolff, Richard, Oberarzt in d. Schutztruppe f. Deutschostafrika: Ueber Nadeln im Herzen. Giessen 1908: v. Münchow. 32 S. 8°
Gießen, Med. Diss. v. 4. Sept. 1908, Ref. Bostroem
[Geb. 27. März 80 Berlin; Wohnort: Gießen; Staatsangeh.: Preußen; Vorbildung: Friedrichs-Gymn. Berlin Reife M. 98; Studium: Berlin K. W. A 9 S.; Coll. 31. Okt. 05; Approb. 28. Juli 04.] [U 09. 1128

Wolff, Richard: Die Reichspolitik Bischof Wilhelms III. von Strassburg, Grafen von Honstein ⟨1506—1541⟩, während seiner Mainzer Statthalterschaft. Herbst 1524 bis Frühjahr 1526. Berlin 1909: Ebering. S. 197—257. 8° ⟨Ersch. vollst. als: Historische Studien. H. 74.⟩
Straßburg, Phil. Diss. v. 24. Juli 1909, Ref. Wiegand
[Geb. 9. März 85 Berlin; Wohnort: Berlin; Staatsangeh.: Preußen; Vorbildung: Protest. Gymn. Straßburg Reife O. 05; Studium: Straßburg 5, Heidelberg 1, Straßburg 3 S.] [U 10. 4102

— R., Die Reichspolitik Bischof Wilhelms III. v. Strassburg, Grafen v. Honstein. 1506—1541. Ein Beitrag zur Reichsgeschichte im Zeitalter Maximilians I. u. Karls V. Gr. 8. (8, 395 S.) Berlin, E. Ebering. 1909. 10. —
Historische Studien. Veröff. v. E. Ebering, 74. Heft.

Wolff, Rich., was ist unzüchtig? Was ist unsittlich? Was ist normal? Die Gefahren f. den Buch- u. Kunsthandel aus § 184 R.Str.-Ges.B. (80 S.) 8. Berlin 909. Herm. Walther. 1. 50

Wolff, Rich. Otto, die Notwendigkeit e. Neueinteilung der preußischen Landtagswahlkreise. Ein Beitrag z. Wahlreform in Preußen. (39 S.) gr. 8. Stettin 907. M. Bauchwitz. — 50

Wolff, Rob. Theod. (geb. Jauer 1804): De morte recens natorum putativa. Berolini (1841). (31 S.) 8°
Berlin, Med. Diss. v. 22. Sept. 1841

Wolff, Rosa, vierundzwanzig Erzählungen für Kinder. gr. 8. Bautzen ... Reichel. 1841.

Wolff, Rudolf, Referendar: Die Erbengemeinschaft nach dem Bürgerlichen Gesetzbuch. Greifswald 1910: Abel. 50 S. 8°
Greifswald, Jur. Diss. v. 25. April 1910, Ref. Frommhold
[Geb. 27. Juli 87 Greifenberg i. P.; Wohnort: Naugard; Staatsangeh.: Preußen; Vorbildung: Gymn. Greifenberg Reife O. 06; Studium: Freiburg i. B. 1, Berlin 1, Heidelberg 1, Berlin 1, Greifswald 2 S.; Rig. 9. März 10.] [U 10. 1500

Frühlingswehen. Roman von W. R u d e l l i [d. i. Rudolf **Wolff**]. Leipzig-Gohlis: Volger 1908. 510 S. 8° [11. 4800 5

Wolff, Rud., s. a. Rudelli, W.

Wolff, Rudolf *(Friedrich)*: U n t e r s u c h u n g der Laute in den kentischen Urkunden ... Heidelberg, Druck v. J. Groos, 1893; XII, 71 S. 8°
Heidelberg, Phil. Fak., Inaug.-Diss. v. [10. März] 1893.

Wolff, S. A., .חר והזכרת נשמות Jahrzeit und Todtenfeier in Israel. Waisengebete im Trauerjahr, an der Jahrzeit und bei der Gedächtnißfeier der Todten. (Ebräisch und deutsch.) Zunächst für vater- und mutterlose Waisen u. Alle, die das Andenken theurer Todten ehren &c. wollen. Zum Gebrauch bei der öffentlichen und häuslichen Andacht herausg. Leipzig 853. Hunger. 8. (28 S.) n. 4 ngr.

Wolff, S. A., Mischna-Lese oder Talmud-Texte religiös-moralischen Inhalts. Größtentheils in vokalisirtem Urtext mit deutscher Uebersetzung und erläut. Anmerkungen. Zu häusl. Erbauung und Belehrung. 2 Hefte. gr. 8. (IV und 158 S.) Leipzig 866,68, Fritsch. à Heft * 15 Ngr. *

Wolff, S. A., Mischna-Lese oder Talmud-Texte religiös-moralischen Inhalts. Größtentheils in vokalisirtem Urtext mit deutscher Uebersetzung u. erläut. Anmerkungen. Zu häusl. Erbauung u. Belehrung. 2 Hefte. Leipzig 866, 68. Theile. gr. 8. (IV, 158 S.) Jedes Heft n. 15 ngr.

—— des Israeliten Rückblick an eines verhängnißvollen Jahres letztem Sabbath. Kanzelvortrag bei einem am Sabbath Nizabim 5614, den 16. Septbr. 1854, in der Synagoge zu Cöthen gehaltenen Confirmationsfeier. gr. 8. (16 S.) Cöthen 854. (Leipzig, C. L. Fritzsche.) **

Wolff, S. A., 23 Sätze über die Beschneidung und den jüdisch-confessionellen Charakter. Auszüglich des III. Heftes seiner Mischnalese oder Talmudtexte. gr. 8. (15 S.) Leipzig 869, Fritsch. *

Wolff, S. A., Sunamith. Sabbaths- u. Gelegenheitspredigten, größtentheils in der Synagoge zu Goldberg gehalten. gr. 8. (IV u. 156 S.) Dessau 851, Neubürger. n. 2/3 ℛ

Wolff, Sabattja Josef

Wolf, Sabattja Jos., Ausverkauf meiner schriftstellerischen Arbeiten. 12. Berl. 823.

Wolff, Sabattja Josef, s. Gedanken über d. Verbesserung d. Juden im preuß. Staate.

— wider d. Juden. Sendschreiben an Jul. v. Voß, veranlaßt durch d. Schrift: d. Hep Heps. 8. Berl. 819. Maurers B. 6 K

Wolff, Sabattja Josef: Die Kunst krank zu seyn nebst e. Anh. Von Krankenwärtern wie sie sind und seyn sollten. Berlin: Amelang 1811. 254 S. 8°

— Launen-Pastete, als 2s Gerichtchen d. Tripotage. 12. Berl. 816.

— Launen-Pastete, nach der Tripotage. Ebend. 1816. 8°.
Notiz des Verfassers.

— aus dem Leben eines reisenden Schauspielers, als 3s Bdchen meiner Streifereien. Aus d. Span. übersetzt. Mit 1 Kpf. 12. Berl. 821.
Vgl. Aus dem Leben ...

Sabattin Jos. **Wolff's** Maimoniana, od. Rhapsodieen z. Charakteristik Sal. Maimon's a. sm. Privatleben gesamm. *Berl.*, Hayn. 814. 8°
Vgl. Maimoniana.

Wolff, Sabattja Josef, s. Sendschreiben e. Christen wider d. heutigen Juden.

— Streifereien im Gebiete des Ernstes und des Scherzes, mit einem Vorworte von Büschenthal. 2 Bdchn. Ebd. 1818–19. 8°.

— Streifereien im Gebiete des Ernstes u. des Scherzes. 1s u. 2s Bdchen. Mit e. Vorwort von Lippm. Mos. Büschenthal. 12. Berl. 818, 19. (Mittler). 2 ℛ

— Der Tändler, oder Früchte gut gelaunter müssiger Augenblicke. (Anekdoten, Aphorismen u. einige Reime.) Berlin, 1822. In Commiss. in der Maurerschen Buchhandlung, Poststr. Nr. 29. — *A. E.* d. Reg.: Gedr. bei Trowitzsch u. Sohn, in Berlin. Breit.-12°.

— Tripotage! bey verschiedenen Gelegenheiten eingebrockt u. zubereitet, beygesetzt, gekocht und aufgetragen im Jahr 1814. Erstes Gerichtgen zur Speise 1815. Ebd. 1815. 8°. 16 u. 208 S. (5 Mk., schönes Expl., O. Rauthe, Friedenau-Berlin, 1808.)

Wolff, S(alomon), aus Oppeln: Beitrag zur Kenntniss des Pfahls und seiner Nebengesteine. *Neisse 1898: P. Neumann.* (33 S.) 8°
Erlangen, Phil. Diss. v. 15. Dez. 1897

Wolff, Salomo (geb. am 30 Juli [nicht im Aug.] 1805 in Bonn): De morbillorum epidemia annis 1829 et 1830 Bonnae et in agro Bonnensi grassante ... Bonnae, typ. C. F. Thormanni (1831). VI, 54 S., 1 Bl. 8.
Bonn, Med. Fak., Diss. v. 28 Mai 1831

Wolff, Siegfr. (geb. Guttentag in Schles. 15. 4. 1850): Zur Entstehung von Geschwülsten nach traumatischen Einwirkungen. Berlin (1874) (42 S.) 8°
Berlin, Med. Diss. v. 31. Okt. 1874

Wolff, Sigism., Arthur Görgey. Eine Charakteristik. gr. 8. (X u. 51 S.) Leipzig 850, Avenarius & Mendelssohn. n. 1/3 ℛ

Wolff, Th., und C. Schneitler, die Dampf-Maschine, s. Schneitler.

Die Drei Gleichen in Thüringen. Kurze Beschreibung mit Abb., Geschichtliches und Sagen. Den Besuchern gewidmet vom Wachsenburg-Comitée. (Verf.: Th. **Wolff**.) *(Gotha [1900]: F. A. Perthes.)* (16 S.) 8° [F.] (oo. 8305 8

Wolff, Theo

Wolff, Th., Elektromobile im kommunalen Transportwesen. (12 S.) gr. 8. Leipzig 910. Hachmeister & Thal. — 50

Wolff, Theo: Vom Ochsenwagen zum Automobil. Geschichte d. Wagenfahrzeuge u. d. Fahrwesens von ältester bis zu neuester Zeit. Mit 34 Abb. Leipzig: Barth 1909. VII, 170 S. 8°
(Wissen u. Können. Bd 10.)

— Vom Ochsenwagen z. Automobil, s. Wissen u. Können.

Wolff, Theodor

Wolff, Thdr., s. a. Wolff-Thüring, Thdr.

Wolff, Th. Das Absonderungsrecht im Konkurse, m. besond. Berücksicht. d. preußischen u. gemeinen Rechts systematisch dargestellt. gr. 8. (XVI, 526 S.) Berl. 892, Guttentag. * 10 —

Das Preussische Ausführungsgesetz zum Reichsgesetz über die Zwangsversteigerung u. Zwangsverwaltung vom 25. Sept. 1899. Erl. von Dr. Th[eod.] **Wolff**, Oberl.Ger.R. in Hamm. *Berlin: C. Heymann 1900.* (90 S.) 8°
— Wolff: Reichsgesetz üb. d. Zwangsversteig. u. Zwangsverw. Th. 2
= Kommentar z. Bürg. Gesetzbuche u. s. Nebenges. D, 6, a. (oo. 8364

Wolff, Thdr., die Bauernkreuzzüge d. J. 1096. Ein Beitrag zur Geschichte d. 1. Kreuzzugs. gr. 8. (IV, 194 S.) Tübingen 892. (F. Fues.) n. 3. —

Wolff, Theo., ein verunglücktes Debüt. Erzählungen. (112 S.) 8. Mülheim-Ruhr (910). J. Bagel. — 30

Wolff, Th., die Eintragung in das Grundbuch zur Vollstreckung einer Forderung sowie zur Vollziehung eines Arrestes und einer einstweiligen Verfügung, systematisch dargestellt. gr. 8. (VII, 191 S.) Berlin 886, Vahlen.

Wolff, Thdr., Fibel für den vereinigten Unterricht im Sprechen, Rechtschreiben und Lesen für Elementarklassen mit mehrjähr. Cursus. 8. (64 S.) Erfurt 864, Körner's Verlag. *

— Geschlagen. Erzählungen. (112 S.) 8. Ebd. (910). — 30

— die Grenzanlagen. gr. 8. (21 S.) Hannover 900. Helwing. n. 1. —
Sonderabdruck aus: „Das Recht".

Wolff, Thdr., der Heide. Roman. 8. (152 S.) Berlin 891. Freund & Jeckel. n. 2. —

Wolff, Thdr., die stille Insel. Schauspiel in 4 Akten. 8. (78 S.) Berlin 894. Bibliograph. Bureau. n. 1. —

Wolff, Th., s.: Kommentar zum bürgerl. Gesetzbuche.

Wolff, Thdr., die Königin. Schauspiel in 3 Aufzügen. 8. (III, 104 S.) Köln 898. A. Ahn. n. 1. 50

— Konkursordnung m. Einführungsgesetz, Nebengesetzen u. Ergänzungen in der Fassung des Gesetzes vom 17. V. 1898. Kommentar. gr. 8. (XV, 450 S.) Berlin 900. J. Guttentag. n. 11. —; geb. n. 12. —

— dasselbe, s.: Taschen-Gesetzsammlung.

Wolff, Thdr., Niemand weiß es. Stück in 3 Aufzgn. 8. (48 S.) München 895. A. Langen. n. 1. 50

WOLFF, THEOD., Diss. inaug. de pretio juris Justinianei sacri, in qua autoritas ususve illius in Germaniæ judiciis, ad seriem Tractat. Grönwegii de L. L. Abrogatis in Belgio modeste asseritur. Kilonii. 1702. 4. [Præs. Sim. Henr. Musæus].

Wolff, Theodor (Schleiz) A. S. 744/5

Dissertatio inauguralis, de pretio juris Justinianei sacri ... Präs. Simon Heinrich Musaeus.
Kiel (Reuther) VII. 1702. 64 S. 37217

Wolff, Th., das Reichsgesetz üb. die Zwangsversteigerung u. Zwangsverwaltung nebst dem Einführungsgesetz u. d. preuß. Ausführungsgesetz, s.a. Kommentar zum bürgerlichen Gesetzbuch u. seinen Nebengesetzen.

Wolff, Th.: Das Reichsgesetz über die Zwangsversteigerung u. Zwangsverwaltung nebst dem Einführungsgesetze vom vom 24. März 1897. Berlin 1899.
(Kommentar z. BGB. u. s. Nebengesetzen. II, 6.)
— 3. Aufl. [mit d. Zusatz:] . . . und dem Preuß. Ausführungsgesetz. 1909.

— Spaziergänge. 1.—3. Taus. (VIII, 278 S.) 8. Köln (909). Bonn, A. Ahn. 3. —

—— der Sprech-Schreib-Leseunterricht in Theorie und Praxis. Commentar zu meiner: „Fibel für den vereinigten Unterricht im Sprechen, Rechtschreiben und Lesen." gr. 8. (14 S.) Erfurt 864, Körner's Verlag. *

— die Sünder. Eine Liebesgeschichte. 8. (122 S.) Berlin 894. Freund & Jeckel. n. 2. —

Theodor Wolff. Die Sünder. Eine Liebesgeschichte. (Hans Narr 1.) 2. Aufl. Köln: Ahn [1909]. 147 S. 8° [10. 2602

Wolff, Thdr., Pariser Tagebuch. (VIII, 273 S.) 8. München 908. A. Langen. 3.—; geb. in Leinw. 4. —

—— Der Untergang. Roman. 8. (VII, 166 S.) Ebd. 892. * 2 —

— das Wildschadengesetz, s.: Holtgreven, A.

Wolff, Theodor O. G.

Wolff Th.: Theorie u. Praxis. Ein Bericht üb. den Streit zwischen Liebig u. den Herren Gilbert u. Lawes zu Rothamsted in England. (Berl. 1857). (24) S. 4°.
(I 12 Nr. af »Landw. Zeitung f. Nord- u. Mitteldeutschland«).

Wolff, Thdr. O. G., die Wirkung des Düngers und Liebig's neuere Behauptungen. gr. 8. (IV und 163 S.) Berlin 858, [Franz Duncker.] *

Wolff, Theod. Paul. Walt. (geb. Plänitz in d. Mark 17. 7. 1835): De urina in morbis. Berolini (1859). (31 S.) 8°
Berlin, Med. Diss. v. 16. März 1859

Wolff, Therese. Beiträge zur Anthropologie der Orbita. Diss. Phil. [II.] Univ. Zürich. [Mit 5 Tafeln.] *Kopftitel:* Aus dem Anthropologischen Institut der Universität Zürich. 63 S. 4. Zürich, J. F. Kobold, 1906.

Wolff, Therese, mein Führer beim Gebete. Vollständiges Gebetbuch f. die Jugend. Hrsg. im Auftrage d. Vereins kathol. deutscher Lehrerinnen. (III, 180 S. m. Abb. u. 1 Farbdr.) 16. Freiburg i/B. (909). Herder. — 45; geb. — 75

Wolff, Traugott: Ueber Einwirkung von Chloriden organischer Säuren auf Natriumphenylhydrazin und salzsaures Phenylhydrazin . . . Rostock, Univ.-Buchdr. v. Adler's Erben, 1894; 54 S. 8°
Rostock, Phil. Fak., Inaug.-Diss. v. [17. Nov.] 1894.

Wolff, Ulla, s.a. Frank, Ulr.

[F.] Die Berlinerin. Bilder und Geschichten v. . . . Hrsg. v. Ulrich Frank [d. i. Ulla **Wolff**]. M. 90 Ill. v. Friedrich Stahl. *Berlin: Concordia 1897.* (VII, 423 S.) 1 Bd 8. [97. 728

Die Einsiedlerin. Roman von Ulrich **Frank** [d. i. Ulla Wolff]. Breslau: Schles. Verl.-Anst. 1905. (421 S.) 8° [F.]
(Collektion Schottlaender.) [05. 16171

Frauen von heute. Roman von Ulrich Frank ⟨Ulla **Wolff**-Frank⟩. Berlin: Steinitz [1908]. 260 S. 8°

[F.] Die Frühlingsgnade. Novellen v. Ulrich Frank [d. i. Ulla **Wolff**]. *Berlin: Freund & Jeckel (1897).* (4 Bl., 136 S.) 1 Bd 8. [97. 3889

Der Kampf ums Glück. Roman von Ulrich Frank ⟨Ulla **Wolff**-Frank⟩. 7. Aufl. Berlin: Steinitz [1907]. 318 S. 8°

Die Lene. Roman von Ulrich **Frank** [d. i. Ulla Wolff]. (2. Aufl.) *Berlin: C. Freund 1903.* (164 S.) 8° [F.] [04. 4838

Beim Patriarchen. Die Toten. Von Ulrich **Frank** [d. i. Ulla Wolff]. *Breslau: S. Schottlaender 1903.* (296 S.) 8° [F.] [04 4419

Der Stern. Roman von Ulrich **Frank** [d. i. Ulla Wolff]. Berlin: A. Schall [1905]. (293 S.) 8° [F.]
= **Verein** d. Bücherfreunde. [Jg. 14, 6.] [05. 15239

Wolff, Vict., s. a.: Baysen, Hans.

Einhard von Stachen. Eine Mär von d. Donau von Victor **Wolff**. Berlin: A. Hofmann & Co. 1908. (271 S.) 8° [F.] [08. 1891

Wolff, W., d. Arbeiterversicherung in Grossbritannien, s.: Zacher, die Arbeiter-Versicherung im Auslande.

Wolff, W., Von d. Begriffe d. Aristoteles über die Seele u. d. Anwend. a. d. heutige Psychologie. Pr. 1848. 16 S. 4°.
Progr. Bayreuth

Wolff, W., liturgische Christmettfeier. Ausg. A. Lehrerheft. 12. (24 S.) Leipzig 892. B. Franke. n. — 40; Ausg. B. Schülerheft. (8 S.) n. — 12

Wolff, W., der persönliche, lebendige Gott. Ein Versuch. Dinkelsbühl 855. Walthr. gr. 8. (VIII, 164 S.) 27 ngr.

Wolff, W.: De formularum non (modo) et non modo non – sed (etiam) et ne-quidem quaeque sunt similes usu Ciceroniano. 24 S. – Ratibor, Progr. 1856.

Wolff, W.: Der Deutsche V e r b a n d für das Kaufmännische Unterrichtswesen und seine bisherige Wirksamkeit. Denkschr. dem 3. Kongr. d. Deutschen Verbandes . . . in Hannover vorgelegt. Braunschweig: Braunschw. Verl. f. kaufm. Unterrichtsw. 1899. (92 S.) 8°
[Veröffentlichungen d. Deutschen Verbandes f. d. Kaufmännische Unterrichtswesen. Bd 10.]

Wolff, W., die drohende Zerstörung d. evangelischen Kirche in Deutschland, besonders in Preußen u. ihre Abwehr. Eine geschichtl. Betrachtg. (40 S.) 8. Eschwege (903). J. Braun. n. — 50

Wolff, Waldemar Über Charakterbildung der Schüler höherer Lehranstalten. 4 (S. 3—9). **Progr.** Städt. G. *Kattowitz* 1892

Wolff, Walther (geb. Elberfeld 17. 12. 1850): Ueber einige ketonartige Abkömmlinge des Hydrochinons und des Brenzkatechins. Berlin (1879). (42 S.) 8°
Berlin, Phil. Diss. v. 16. Dez. 1879

Wolff, Walther: Über metapneumonische A b s c e s s e nebst Mitteilung eines im St. Elisabeth-Krankenhauses [!] zu Halle beobachteten Falles von Pneumococcenabscess. Halle a. S. 1906: C. A. Kaemmerer. (29 S.) 8°
Halle, Med. Fak., Ref. v. Mering, Diss. v. 4. Aug. 1906.

Wolff, Walter: B e i t r a g zur Kenntnis von den Lymphosarkomen. Greifswald 1903: J. Abel. (30 S.) 8°
Greifswald, Med. Diss. v. 16. März 1903.

Wolff, Walth., Beiträge zu e. Reformationsgeschichte der Stadt Aachen. Hauptsächlich nach bisher unbenützten Quellen. (S. 95—109.) gr. 8. Tübingen 903. J. C. B. Mohr. n. — 70

— dasselbe. III. (S. 69—103.) gr. 8. Ebd. 905. n. 1. 60
2 Sonderabdrucke aus: „Theol. Arbeiten a. d. rhein. wiss. Prediger-Ver."

Wolff, **Walth.**, **Beiträge zu e. Reformationsgeschichte der Stadt Aachen. IV u. V. (S. 50—103.) gr. 8. Tübingen 907. J. C. B. Mohr. 2. —**
Sonderabdruck aus: „Theolog. Arbeiten a. d. rhein. wiss. Prediger-Ver."

Wolff, Walter: Die B e w e g u n g e n des Duodenums, nebst Bemerkungen über einzelne Bewegungsformen des Dünndarms überhaupt. Giessen 1902: Heppeler & Meyer. (38 S.) 8°
Giessen, Med. Diss. v. 1902.

Wolff, Walter: Über E n t s t e h u n g und Behandlung des runden Magengeschwüres. Leipzig: Barth 1910. 40 S. 8°(4°) [Umschlagt.]
(Sammlung Klinischer Vorträge N. F. Nr 572/573.)

Wolff, Walter: Ueber den spastischen I l e u s . Leipzig 1905: B. Georgi. (24 S.) 8°
Leipzig, Med. Fak., Ref. Trendelenburg, Diss. v. 23. Nov. 1905.

Wolff, Walter [aus Berlin]: Jodinjectionen in den Glaskörper von Hunden. E. experiment. Studie zu Schoeler's „Operativer Behandlg u. Heilg d. Netzhautablösg" . . . (Aus: v. Graefe's Arch. f. Ophthalmol., Bd XL Abth. 2.) Leipzig, W. Engelmann, 1894; 54 S., 1 Taf. 8.
Jena, Med. Fak., Inaug.-Diss. v. [20. März] 1894

Wolff, Walter, approb. Arzt aus Berlin: Ueber **Neurofibromatose**, mit Benutzung von 4 in der Strassburger chirurgischen Universitäts-Klinik beobachteten Fällen. *Steglitz-Berlin 1900: M. Drewitz.* (35 S.) 8°
Strassburg, Med. Diss. v. 1900

[J.] Der Apostel Paulus. E. Lebensb. v. W a l t h e r **Wolff**, Pfarrer. *Giessen: J. Ricker 1897.* (3 Bl., 98 S.) 1 Bd 8. [97. 6783

Wolff, Walther: R e l i g i o n und Politik. Halle: Evang. Bund 1909. 26 S. 8° [Umschlagt.]
(Flugschriften d. Evang. Bundes. 267.)

— Religion u. Politik, s. a. Flugschriften des Evangel. Bundes.

Wolff, Walther, Dr., Vollständiges Sachregister zu „Die Physik auf Grundlage der Erfahrung", von Dr. Albert Mousson. Zürich 1890.

Wolff, Walth. Vollständiges Sachregister, s. a. **Mousson**, Alb., die Physik etc.

Wolff, Walther: Ueber S a u e r s t o f f z e l l e n . . . Freiburg i. B., Druck d. Fr. Wagner'schen Buchdr., 1888; 51 S. u. 1 Taf. 8°
Freiburg i. B., Phil. Fak., Inaug.-Diss. v. 1888.

Wolff, Walther, aus Breslau: **Untersuchungen** über Bromierungs- und Oxydationsprodukte des as. o-Xylenols. *Heidelberg 1899: J. Hörning.* (46 S.) 8°
Heidelberg, Naturw.-math. Diss. v. 1899

Wolff, Walth., Preußens Werdegang. Festrede, geh. bei der Preußenfeier des „Vereins deutscher Reichsfreunde" in Odenkirchen am 22. I. 1901. gr. 8. (8 S.) Odenkirchen 901. Dr. W. Breitenbach. n. — 30

— wie predigen wir der Gemeinde der Gegenwart? Ein Konferenzvortrag. (54 S.) 8. Gießen 904. A. Töpelmann. n. 1. —

— s.: Wir sahen ihn.

Wolff, Werner: Beiträge zur Pathologie der durch den Bazillus Friedlaender erzeugten Sepsis. Leipzig 1909: Lehmann. 55 S. 8°
Leipzig, Med. Diss. v. 17. Mai 1909, Ref. Curschmann
[Geb. 24. April 83 Leipzig; Wohnort: Leipzig; Staatsangeh.: Sachsen; Vorbildung: Thomas-Gymn. Leipzig Reife O. 02; Studium: Leipzig 12 S.; Coll. 29. Mai 09; Approb. 1. Juni 09.]

Wolff, Wilhelm

Wolff, Wilh., Abhandlungen aus d. bürgerl. Rechte. 1. Hft. gr. 8. (6¼ B.) Kassel 840, Bohné. *

Wolff, Wlh., Abhandlungen aus dem bürgerl. Rechte. Neue Aufl. 8. Fulda 841, Müller'sche B. (G. F. Euler.) n. ½ ♁

Wolff, Wilh., Abhandlungen aus d. bürgerl. Rechte. 2. Hft. gr. 8. (5½ B.) Fulda 842, (Müller'sche Buchh.) *
1. Hft. Ebendas. 1841. * 15 Ngr.

Wolff, Wilh., Abschieds-Predigt, geh. am 2. Weihnachts-Tage 1893 in der St. Martinskirche zu Kassel. gr. 8. (8 S.) Kassel 894. E. Röttger. n. — 20

Wolff, Guil. (geb. Berlin 20. 11. 1823): De arteritide. Berolini (1847). (31 S.) 8°
Berlin, Med. Diss. v. 7. Apr. 1847

—— Bemerkungen üb. d. Entwurf d. Gesetzes: die Abstellung mehr. in d. Strafrechtspflege wahrgenomm. Mängel betreffend. gr. 8. (1½ B.) Kassel 840, Bohné. *

Wolff (Wilh.). Geologische Beobachtungen auf Sylt nach der Dezemberflut 1909.
Aus: Monatsber. d. Deutsch. Geol. Gesellsch. Bd 62, Jg. 1910, No 1.

Wolff, W[ilhelm] u. J. Stoller: Über einen vorgeschichtlichen B o h l w e g im Wittmoor ‹Holstein› und seine Altersbeziehungen zum Moorprofil. Sonderabdruck aus dem Jahrbuch der Preuss. Geologischen Landesanstalt und Bergakademie für 1904, Bd. 25, H. 2. Berlin. 1905. 4°

Wolff, Wilhelm: Haemorrhagische Diathese eine Infektionskrankheit . . . Würzburg, Paul Scheiner's Buchdr., 1889; 27 + 1 S. 8°
Würzburg, Med. Fak., Inaug.-Diss. v. 1889.

Die Entstehung der Insel Sylt. Von Dr. Wilhelm Wolff, Landesgeologe. Mit 16 Abb. Halle a. S. & Westerland a. Sylt: Pfennigsdorf 1010. 64 S. 8° [11. 3197

—— und Ranke, zur Erinnerung an Heinrich Heppe, weil. Doctor der Philosophie und Theologie und ordentl. Prof. der Theologie an der Universität Marburg. Reden, an seinem Grabe gehalten am 27. Juli 1879. gr. 8. (19 S.) Marburg 879, Elwert'sche Verlagsh.

[Umschlagt.:] Wolff, Wilhelm: ... Die Fauna der südbayerischen Oligocaenmolasse. M. 9 Taf. (Aus: Palaeontographica, Bd XLIII.) Stuttgart, E. Schweizerbart, 1897; 223—311 S. [ohne d. Taf.] 4.
München, Phil. Fak., Inaug.-Diss. v. 1897

Wolff, W., Festpredigt über Richter V, 1—2, gehalten am 2. Septbr. 1874 in der reformirten Kirche zu Marburg. gr. 8. (16 S.) Marburg 874, Ehrhardt.

Wolff, Wilh., Gedichte. 16. (VII, 146 S.) Kassel 885, (Baier und Comp.) *ℳ 1.—; geb.

Die evangelisch-reformierte Gemeinde in Marburg. Ein Rückblick auf ihre Entstehung u. Entwickelung seit 250 Jahren. Von W[ilhelm Daniel] Wolff, Superint. Kassel: Röttger (1890). 30 S. 8° [10. 791

Wolff, W., ist Harnack's „Wesen des Christentums" e. Ergebnis geschichtlicher Forschung? Eine krit. Reflexion f. denk. Christen. 8. (29 S.) Kassel (901). E. Röttger. n. —30

— Kanon der im evang. Religionsunterricht zu lernenden Bibelsprüche, Lieder etc. S. 10—15. Progr. *Dirschau* 1885.

Wolff, Wilhelm, aus Stettin: Zur Kenntnis der Triketone. *Berlin (1904): G. Schade.* (39 S.) 8°
Berlin, Phil. Diss. v. 9. Jan. 1904

Wolff, W., die Klage des Herrn Jesu über Jerusalem. Eine Weckstimme an unser Geschlecht. Predigt über Matthäus 23, 34—39 gehalten am 10. Sonntage nach Trinitat., den 21. Aug. 1870, in der reformirten Kirche zu Marburg. 3. Aufl. Marburg 870. Elwert. gr. 8. (14 S.) n. 2 *ngr.*

Wolff, Wilh., d. schlesische Milliarde. Abdr. aus d. „Neuen rhein. Zeitg." März—Apr. 1849. M. Einleitg. v. Frdr. Engels. 8. (59 S) Hottingen-Zürich 886. Berlin, Buchh. Vorwärts. n. —20

Wolff, Wilh., Missa solemnis, f. Solostimmen, Chor, Orchester u. Orgel komp. v. Ludwig van Beethoven, op. 123 (geb. 16. XII. 1700 in Bonn, gest. 26. III. 1827 in Wien). Analytische Erläuterg. Als Progr. hrsg. (44 S.) 8. Tilsit (908). (M. Bergens.) —50

Wolff, Wilh.(Dan.) Kurze Nachricht über die geschichtlichen und rechtlichen Verhältnisse der evangelisch-reformierten Stadt- und Universitätskirche zu Marburg. 12 S. Rpg. *Marburg II.* 1883. Progr.

—— kurze Nachricht über die geschichtlichen und rechtlichen Verhältnisse der evangelisch-reformirten Stadt- und Universitäts-Kirche zu Marburg. gr. 4. (12 S.) Marburg 883, (Ehrhardt's Universitäts-Buchh.)

Wolff, Wilh., praktischer Rathgeber f. Gartenfreunde. Auf Grund eigener Erfahrgn. u. unter Benutzg. bester Quellen bearb. 8. (VIII, 366 S. m. 200 Abbildgn.) Berlin (901). R. Mosse. Geb. in Leinw. 3.—

Praktischer Rathgeber für Gartenfreunde. Mit über 100 Abb. Auf Grund eigener Erfahrungen u. unter Benutzung bester Quellen bearb. von Wilh. Wolff. 2. Aufl. Berlin: R. Mosse (1906). (VIII, 376 S.) 8° [F.] [07. 12835

Wolff, Wilh., das gute Recht der reformirten Gemeinde zu Marburg an den Mitgebrauch der Elisabeth-Kirche. Eine geschichtl. und kirchenrechtl. Untersuchung. gr. 8. (VIII, 24 S.) Marburg 880, Ehrhardt's Universitäts-Buchh.

Wolff, Wilhelm: Die materiellrechtliche Regelung der Haftung des Kommanditisten nach dem Deutschen Handelsgesetzbuch vom 10. Mai 1897. Berna-Leipzig 1910: Noske. IX, 104 S. 8°
Leipzig, Jur. Diss. v. 1. April 1910.

Wolff's, Wilh., Wiener u. Pariser Schnittmuster f. Taillen, Jackets u. Morgenröcke in Orig.-Grössen von 80 bis 116 cm Oberweite, also f. sehr schlanke bis stärkste Damen passend, nebst Rockschnittmuster u. Aermelschnittmuster. 2. Aufl. gr. Fol. Nebst Text u. 2 Fig. auf dem Umschlag. gr. 4. Berlin (901). (H. Friedländer.) In Mappe 3.—

Wolff, Wilhelm: Gesammelte Schriften. Nebst e. Biogr. Wolffs von Friedrich Engels. Mit Einl. u. Anm. hrsg. von Fr[anz] Mehring. Jubiläums-Ausg. Berlin: Vorwärts 1909. 123 S. 8°
(Sozialistische Neudrucke. 3.)

Wolff, Wilh., gesammelte Schriften, s. Neudrucke, sozialistische. III.

Wolff, Wilh., Stoffberechnungs-Tabelle f. alle Zweige der Confection. Nach langjähr., prakt. Erfahrgn. zusammengestellt u. hrsg. gr. 16. (17 S.) Hannover 886. Selbstverlag, Lützowstr. 4, III geb. n. —50

— Stoffberechnungs-Tabelle f. alle Zweige der Confection. — Maaß-Anleitg. f. Damen-, Herren- u. Wäsche-Confection. — Der Confectionär od. die Kunst, durch Selbstunterricht sich in einigen Stunden zum perfecten Confections-Einkäufer, Confections-Verkäufer od. Confectionär auszubilden. — Des Handlungsgehülfen u. des Chefs Rechte u. Pflichten. Auszug aus Rechtsbüchern m. Angabe der Bezugsquellen. — Der Cassen-Controlleur od. die sicherste Controlle, sofort anzugeben, wie viel jedes Metermaaß u. andere Waaren nach allen vorkomm. Preisen kostet. 2. verb. Aufl. 12. (76 S. m. Abbildgn. u. 2 Tab.) Hannover (Lützowstr. 4) (902). Selbstverlag. n. 1.—

Wolff's Stoffberechnungs-Tabelle für alle Zweige der Confection. Maaß-Anleitung f. Damen-, Herren- u. Wäsche-Confection. Der Confectionär ... Bearb. u. hrsg. von Wilhelm Wolff. 2. verb. Aufl. *Hannover: Selbstverl. [1903].* (73 S.) 8° [F.]
[Umschlagt.:] Wolff's Taschen-Lexikon f. Kaufleute aller Branchen.

Wolff, Wilh.(Daniel) Die wichtigsten Thatsachen der Kirchengeschichte (Pensum der Tertia bezw. Sekunda) 2 Teile. 32, 40 SS. Progr. Rpg. *Marburg II.* 1878. 1879.

Wolff, W., die wichtigsten Thatsachen der Kirchengeschichte im Lichte des Neuen Testaments. Für höhere Schulen bearb. 4. (72 S.) Marburg 879, (Ehrhardt's Universitäts-Buchh.)

Wolff, Wilh., im malaiischen Urwald u. Zinngebirge. Mit 16 Abb. (auf 11 Taf.) nach Aufnahmen d. Verf. (XI, 240 S.) gr. 8. Berlin (909). A. Schall. 5.—; geb. 6.—

Wolff, Wilh., für's Vaterland, s. Familien-Bibliothek.

Wolff, Wilh., e. Verlobung beim Frühschoppen. Humorist. Gesammtspiel m. Gesang u. Pianoforte-Begleitg. f. 6 Personen. Op. 15. Textbuch. 8. (31 S.) Leipzig (896). E. Eulenburg. —60

Welche Rechtsansprüche haben die evangel. Gemeinden des Konsistorial-Bezirks Kassel an ihre Volksschulen? (Verf.: Wilhelm **Wolff**, Sup. a. D.) Kassel (1904): E. Röttger. (8 S.) 4° [F.] {06. 13048 4

Wolff, Wilh., wie bilde ich mich zu e. gewandten Verkäufer? Stoffberechnungs-Tabelle f. alle Zweige der Confection. — Maaß-Anleitg. f. Damen-, Herren- u. Wäsche-Confection. — Der Confectionär od. die Kunst, durch Selbstunterricht sich zum Confections-Einkäufer, Confections-Verkäufer od. Confectionär auszubilden. — Zuschneide-Akademie, ganz speziell f. den Selbstunterricht bearb. Preisgekrönt. Gründliche Erlernung des Zuschneidens tadellos sitz. Kostüme u. Mäntel nur m. e. Zahl zu konstruiren, sowie Leibwäsche für Damen, Herren u. Kinder. Des Chefs u. des Handlungsgehülfen Rechte u. Pflichten., 4., bedeutend verb. u. verm. Aufl. (120 S. m. 2 Taf.) kl. 8. Hannover (Lützowstr. 4) (905). Selbstverlag. Kart. n. 1. —

Wolff's, Wilh., Zeichen- u. Zuschneide-Akademie im eig. Hause durch d. System d. Selbstunterrichts. Ohne Lehrer u. ohne Vorkenntnisse d. Maßnehmen u. Zuschneiden tadellos sitz. Damen- u. Mädchengarderobe in einigen Stunden zu erlernen. Vollst. Ersatz f. Kurse. gr. 4. (20 S. m. 1 Tab.) Nebst Zeichenbuch m. Abb. f. d. Costumes- u. Mäntel-Confection. qu. gr. 4. (13 S.) Hannover (Lützowstr. 4) 898. Selbstverlag. n. 3. —

— dasselbe f. Leibwäsche u. Negligé-Kleidg. f. Damen, Herren u. Kinder, sow. f. Taillen. gr. 4. (20 S. m. 7 Tab.) Nebst Zeichenbuch m. Abb. f. Leibwäsche. qu. gr. 4. (10 S.) Ebd. 898. n. 3. —

Wolff, Wilhelm (geb. [illegible] 1852): Ueber den Zusammenhang des Muskels mit der Sehne. Berlin (1877). (30 S.) 8°
Berlin, Med. Diss. v. 11. Juli 1877

Wolff, Wilhelm Alfred, Referendar: Der Selbstmord im Zivilrecht. Borna-Leipzig 1910: Noske. VIII, 94 S. 8°
Erlangen, Jur. Diss. v. 5. Dez. 1910, Ref. Oertmann
[Geb. 9. Febr. 85 Buir, Kr. Bergheim; Wohnort: Cöln; Staatsangeh.: Preußen; Vorbildung: Gymn. Düren Reife M. 05; Studium: Freiburg i. B. 1, München 1, Kiel 1, Bonn 3 S.; Rig. 10. Nov. 10.] [U 11. 801

Wolff, Wilhelm Theodor: Ueber Verengerung und Thrombose der Lebervenen. Halle (1875): Plötz. 36 S. 8°
Halle-Wittenberg, Med. Diss. v. 6. März 1875
Geb. Niederorschel (Kr. Worbis) 26. 10. 1849. V.

Wolff, Willy. Zur Kenntniss der Xanthene. (Bern) Bernburg, 1893. Diss.

Wolff, Willy, a. Berlin, Referendar in Berlin: Die Legitimation des Nachlasspflegers und Testamentsvollstreckers zur Geltendmachung des Erbschaftsanspruchs nach dem bürgerlichen Gesetzbuche. Berlin 1907: E. Ebering. (84 S.) 8°
Erlangen, Jur. Fak., Ref. Binder, Diss. v. 16. Dez. 1907

Wolff, Willy, Arzt aus Inowrazlaw: Aus d. Kgl. med. Universitätspoliklinik zu Berlin. (Direktor: Herr Geh. Med.-Rat Prof. Dr. Senator.) Ueber die Methoden der auskultatorischen Perkussion und ihren Wert für die Bestimmung der Herzgrenzen. *Leipzig (1904): A. Edelmann.* (22 S.) 8°
Leipzig, Med. Diss. v. (21. Juni) 1904

Wolff, Willi, die feine Partie. Gereimte Satiren. Illustrationen v. Mart. Boy. (53 S.) gr. 8. Berlin (908). Harmonie. 2.—; geb. 3.—

Wolff, Willy, aus Köln: Aus d. chirurg. Universitäts-Klinik zu Bonn. Ueber die Radicaloperationen von Leistenbrüchen bei kleinen Kindern. *Bonn 1900: J. Trapp.* (45 S.) 8°
Bonn, Med. Diss. v. [1. März] 1901

Wolff, Willy. Die Verwerthung unserer äquatorialen Kolonien in Westafrika. 8. (64 S.) Berl. 889, G. Reimer. * — 80

Wolff, Willy, von Banama zum Kiamwo. Eine Forschungsreise in Westafrika, im Auftrage der Afrikan. Gesellschaft in Deutschland. gr. 8. (IV, 248 S. mit 1 Karte.) Oldenburg 889, Schulze'sche Hofbuchh. geb.

Wolff, Woldemar, Assistenzarzt am Krankenh. d. Diakonissenanst. zu Dresden: Aus d. med. Abt. d. Krankenhauses d. Diakonissenanstalt zu Dresden. Die autochthone Sinusthrombose. (Mit Veröffentlichung von 2 Fällen.) *Leipzig 1902: B. Georgi.* (48 S.) 8°
Leipzig, Med. Diss. v. (21. Juni) 1902

Wolff, Wolff [pr. Arzt aus Kruschwitz, Posen]: Die in den Jahren 1885—1890 in der chirurg. Klinik zu Greifswald wegen septischer Erkrankung ausgeführten Amputationen und Exarticulationen. . . . Greifswald, Druck v. Julius Abel, 1890; 46 S. 8°
Greifswald, Med. Fak., Inaug.-Diss. v. 20. März 1890

Wolff, Wolff Samuel (geb. Märkisch-Friedland 1808): De puerili ad medicinam relata institutione. Berolini (1839). (31 S.) 8°
Berlin. Med. Diss. v. 14. Sept. 1839.

Wolff, Wolfgangvs (geb. am 20 Okt. 1837 in Bonn): De scarlatinae morbis in policlinico Bonnensi inter proximam epidemiam observatis ... Bonnae, form. F. Krueger (1861). 28 S., 2 Bl. 8.
Bonn, Med. Fak., Diss. v. 15 Aug. 1861

Wolff, Wolrad

Wolff, befiehl dem Herrn deine Wege. Rede bei der Konfirmation Ihrer Hoh. der Herzogin Cecilie zu Mecklenburg, geh. in der Schloßkirche zu Schwerin am 5. VII. 1903. (11 S.) gr. 8. Schwerin 903. F. Bahn. n. — 25

Wolff, die Freude am Herrn ist unsre Stärke. Predigt am Sonntag Quasimodogeniti 1901 in der Schloßkirche zu Schwerin geh. gr. 8. (16 S.) Schwerin 901. F. Bahn. n. — 25

Wolff, Wolrad, habe deine Lust am HErrn! Taufrede bei der Taufe des Herzogs Friedrich Franz Michael zu Mecklenburg-Schwerin, geh. in Palermo den 26. Mai 1882. — Habe deine Lust am HErrn! Sei getreu bis an d. Tod! Rede, geh. bei d. Confirmation Sr. kgl. Hoh. d. Erbgroßherzogs Friedrich Franz Michael u. Ihrer Hoh. d. Herzogin Alexandrine Auguste in d. Schloßkirche zu Schwerin, am 21. Septbr. 1896. gr. 8. (15 S.) Schwerin 896. (F. Bahn.) n. — 20

— ich will dich segnen u. du sollst e. Segen sein! Traurede zur Vermählungs-Feier Sr. kgl. Hoh. d. Erbgroßherzogs Friedrich August v. Oldenburg m. Ihrer Hoh. d. Herzogin Elisabeth zu Mecklenburg am 24. Oktbr. 1896, geh. in d. Schloßkirche zu Schwerin. gr. 8. (8 S.) Ebd. 896. n. — 20

Wolff, Herzogin Johann Albrecht zu Mecklenburg, Elisabeth, Prinzessin v. Sachsen-Weimar-Eisenach, Prinzessin zu Sachsen. Gedächtnispredigt, geh. am 5. Sonntag nach Trinitatis, den 19. VII. 1908, in der Schloßkirche zu Schwerin i. M. (16 S.) 8. Ebd. 908. — 30

Wolff, W., Rede zum Gedächtnis des am 26. V. 1857 erfolgten feierlichen Einzuges Sr. königl. Hoh. des Großherzogs Friedrich Franz II. u. seiner Gemahlin Auguste in das wiederhergestellte Schloß zu Schwerin, geh. in der Schloßkirche am 24. VIII. 1907. (8 S.) 8. Schwerin (907). F. Bahn. — 20

Wolff, Rede am Sarge weil. Sr. Hoh. d. Herzogs Friedrich Wilhelm zu Mecklenburg. Bei d. Beisetzg. im Dom zu Schwerin am 5. X. 1897 geh. gr. 8. (8 S.) Schwerin 897. M. Bahn. n. — 20

— Rede am Sarge weil. Ihrer Hoh. der Frau Herzogin Johann Albrecht z. Mecklenburg, Elisabeth Prinzessin v. Sachsen-Weimar-Eisenach, Herzogin z. Sachsen, geh. in der Schloßkirche zu Schwerin i. M. am 15. VII. 1908. (14 S.) 8. Ebd. (908). — 30

Wolff, W., Rede bei d. Trauung Sr. kgl. Hoh. d. Prinzen Christian v. Dänemark m. Ihrer Hoh. der Herzogin Alexandrine zu Mecklenburg, geh. in d. deutschen evang. Kirche zu Cannes am 26. IV. 1898. gr. 8. (12 S.) Schwerin 898. F. Bahn. n. — 25

— Rede bei der Trauung Sr. Hoh. des Herzogs Johann Albrecht zu Mecklenburg, Regent des Herzogt. Braunschweig, m. Ihrer Durchl. der Prinzessin Elisabeth zu Stolberg-Roßla am 15. XII. 1909, geh. im Dom zu Braunschweig. (8 S. m. 1 Bildnis.) gr. 8. Braunschweig 909. H. Wollermann. — 30

Wolff, Reden, geh. bei d. Trauerfeier f. d. Oberkirchenraths-Präsidenten D. Kliefoth am 31. Jan. 1895. gr. 8. (16 S.) Schwerin 895. M. Bahn. n. — 80

Wolff, Zacharias, Hammaggid. Anleitung zu Sabbath- u. Festvorträgen. (VIII, 325 S.) 8. Straßburg (906). J. Singer. Geb. in Leinw. n. 5. 50

[Wolff, Zacharias]: *Quid inter theodiscorum medii ac nostri aevi vocabulorum significationes discriminis intercedat atque quibus de causis mutatio facta sit. 74 S. 4°
Halle-Wittenberg, Phil. Diss. v. 19. März 1863
Geb. [Pfungstadt (Hess.-Darmst.) 21. 9. 1841]

Wolff-Apolant, Margar., Liebe. Roman. (138 S.) 8. Straßburg 909. J. Singer. 2. 50

Wolff-Beckh, Bruno, Johann Friedrich Böttger, der deutsche Erfinder des Porzellans. (48 S. m. 1 Bildnis.) gr. 8. Steglitz bei Berlin 903. F. G. B. Wolff-Beckh. n. 1. —

Gedichte von Bruno **Wolff**-Beckh. 2. Aufl. *Steglitz bei Berlin: F. G. B. Wolff-Beckh [1903].* (68 S.) 8° [F.] [03. 13653

Das Recht des bildenden Künstlers und des Kunstgewerbetreibenden. Von Bruno **Wolff**-Beckh. *Steglitz: F. C. Wolff-Beckh 1903.* (79 S.) 8° [03. 184

— Kaiser Titus u. der jüdische Krieg. (35 S. m. 1 Bildnis.) Lex.-8. Ebd. 905. n. 1. 80
Sonderabdruck aus: „Neue Jahrbb. f. d. klass. Altertum".

Wolff-Beckh, Bruno, Zitherklänge. Gedichte. 12. (68 S.) Hagen 886, Risel und Comp.

Wolff-Eisner, Alfr., Frühdiagnose u. Tuberkulose-Immunität unter Berücksicht. der neuesten Forschgn.: Konjunktival- u. Kutan-Reaktion, Opsonine etc., speziell der Therapie u. Prognose der Tuberkulose. Ein Lehrbuch f. Ärzte u. Studierende. Mit e. Vorwort v. H. Senator u. A. Wassermann. Mit 7 farb. lith. Taf., 1 schwarzen Taf., 14 Kurventaf., zahlreichen Abb. u. Kurven im Text. 2. verm. Aufl. (X, 378 S.) Lex. 8. Würzburg 909. C. Kabitzsch. 12. —; geb. 13. 50
1. Aufl. u. d. T.: Wolff-Eisner: Die Ophthalmo- u. Kutan-Diagnose d. Tuberkulose . . .

— s.: Handbuch der Serumtherapie u. experimentelle Therapie.

Wolff-Eisner, Alfr., das Heufieber, sein Wesen u. seine Behandlung. Mit 10 Kurven u. Abbildgn. u. 2 grossen Tab. (VIII, 139 S.) gr. 8. München 906. J. F. Lohmann's Verl. n. 3. 60

— Klinische Immunitätslehre u. Serodiagnostik. Ein Lehrbuch f. Ärzte. (VIII, 187 S. m. 5 Abbildgn.) gr. 8. Jena 910. G. Fischer. 3.60; geb. 4.50

— Die Ophthalmo- u. Kutan-Diagnose der Tuberkulose (kutane u. konjunktivale Tuberkulin-Reaktion nach v. Pirquet u. Wolff-Eisner), nebst Besprechg. der klin. Methoden zur Frühdiagnose der Lungen-Tuberkulose. Mit e. Vorwort v. H. Senator. Mit 2 farb. lith. Taf., 11 Kurventaf., 15 Abbildgn. u. zahlreichen Kurven im Text. (IV, II, 198 S.) Lex. 8. Würzburg 908. C. Kabitzsch. 6. —; geb. 7. —
Sonderabdruck aus: „Beiträge z. Klinik d. Tuberkulose".

Wolff-Eisner, Schema zur kutanen u. konjunktivalen Tuberkulinanwendung, s.: Stadelmann.

Wolff-Frank, Ulla. s. Wolff, Ulla

Wolff von Gudenberg, der Offizier als Schießlehrer. Mit 1 lith. Taf. (in 4.) Berlin 864. Stilke & v. Muyden. 8. (38 S.) 7½ *ngr.*

Wolff von Hegyközszentimre. Joh., s. Wolff, Joh.

Wolff-Immermann, F[elix]. Beiträge zur Kenntnis des Höhenklimas. (Separatabdruck aus: Deutsche Praxis. Zeitschrift für praktische Aerzte 1902, Nr. 9 u. 10.) 22 S. 8. München, Seitz & Schauer, 1902. [M. 1. —]

(B) **Wolff-Immermann,** F., Höhenklima. 902. (KBl. 32.) Jetzt: München, Verlag d. ärztl. Rundschau.

Wolff-Küchler, Frau Lina, s.: Supp', Gemüs' u. Fleisch.

Wolff-Laitzen, A. v. Beitrag zur ländlichen Arbeiterfrage in Pommern. 8°. Dessau 1875.

Wolff-Lindenberg, Baron Jos. v., Forstculturen und deren Arbeitsaufwand. Ein kleiner Leitfaden f. niedere Forstschutz-Beamte in den Ostsee-Provinzen. Hrsg. vom balt. Forst-Verein. 8. (37 S.) Riga 899. (J. Deubner.) Kart. u. durchsch. n.n. 1. —

Wolff-Maage, Hugo, Vegetationsbilder der Jetzt- u. Vorzeit, s.: Potonié, H., u. W. Gothan.

Wolff-Meder, Margar., die rosenrote Flagge. Tagebuchdichtung. (240 S.) 8. Dresden 906. E. Reißner. n. 3. —; geb. n. 4. —

Wolff-Meder, Margarete, die Macht des Guten. Roman. 8 (373 S.) Berlin (902). O. Janke. n. 4. —

In den Sielen. Roman von Margarete **Wolff**-Meder. Ill. von H. M. Glatz. Berlin-Leipzig: Buchverl. fürs Deutsche Haus 1908. (288 S.) 8° [F.]
= **Bücher,** Die, d. Deutschen Hauses. Reihe 2, Bd 37. [08. 13331

Wolff-Metternich, v.: Wanderung üb. die Schlachtfelder der deutschen Heere der Urzeiten, s. Peucker, v.

Wolff-Metternich, Graf Levin: Die Rechtslage des Gläubigers einer verjährten Forderung. Bonn 1906: S. Foppen. (68 S.) 8°
Rostock, Jur. Fak., Ref. Matthiaß, Diss. v. 5. Nov. 1906.

Wolff-Thüring, Thdr. (Thdr. Wolff), die Amazone, s.: Eckstein's illustrierte Romanbibliothek. III. 10.

Die Amazone. Roman einer Frauenkämpferin von Theodor **Wolff**-Thüring. Mit Buchschmuck von Walter Caspari. 1.–10. Taus. *Berlin: R. Eckstein Nachf. [1903].* (206 S.) 8°
= Romanbibliothek, Ecksteins illustrierte. Jg. 3, Bd 10. [03. 13434

— rote Byzantiner! Eine moral. u. krit. Würdigg. der Sozialdemokratie u. ihrer Führer. (38 S.) gr. 8. Leipzig 903. [F. Luckhardt.] O. Gracklauer. n. — 50

— Frauenschlacht. Ein krit. Bericht zur Frauenfrage. (120 S.) 8. Zürich 904. [C. Schmidt]. Schweizer Druck- u. Verlagshaus. 1. 60

Wolff-Thüring, Thdr., Leiden u. Leidenschaften. Seelen-skizzen. schmal gr. 8. (VII, 110 S.) Berlin 902. Herm. Walther. n. 1. 20

— Philosophie der Gesellschaft. I. Tl. Individualismus u. Sozialismus. (VII, 231 S.) gr. 8. Berlin (903). R. Schröder. (Cöpenik, R. Schön.) n. 4. —

— kritische Studien. 1. Heft. (47 S.) gr. 8. Ebd. 903. n. — 40

— arme Sünder! Novellen. (135 S.) schmal 8. Zürich 904. [C. Schmidt.] Schweizer Druck- u. Verlagshaus. n. 1. 60

Wolff-Thüring, Theodor. Wilhelm II. Eine kritische und Charakterstudie. 36 S. 8. Zürich, Caesar Schmidt, 1903. [fr. 1. —]

Julius **Wolff-Album**. Ein Bilder-Cyklus nach Zeichngn. v. Wold. Friedrich, Carl Gehrts, Phpp. Grot Johann, Hans Looschen, Paul Thumann, Herm. Vogel u. Wilh. Weimar. 15 Kupferdr. m. dem Portr. Jul. Wolff's u. kurzem Text aus den Dichtgn. gr. 4. (61 S.) Berlin 899. G. Grote.

Wolffarth, H., die bayerische katholische Presse — die braunschweigische Angelegenheit — Preußen. gr. 8. (21 S.) Freising 885, Kreichauf.

Wolffberg, Mortara oder das Ereigniß in Bologna. Nach den authentischsten Quellen erzählt u. betrachtet. Ein Beitrag zur Culturgeschichte des 19. Jahrhunderts. Stettin 859. Graßmann. gr. 8. (30 S.) n. 5 *ngr.*

Wolffberg's, [Louis], Augenklinik [gegründet 1865 v. Dr. Jany] Freiburgerstr. 9. Jubiläums-Bericht anlässlich d. 25jähr. Bestehens der Anstalt [zugleich Jahresbericht f. 1889]. gr. 8. (27 S. mit 1 Grundriss.) Bresl. 890, (Preuss u. Jünger). * — 80

— üb. d. diagnost. Bedeutg. d. Augenfunktionsprüfgn., s.: **Beiträge zur Augenheilkunde**, 17. Hft.

Wolffberg, Bilderbuch f. die Sehschärfe-Prüfung v. Kindern. Beilageheft zu den Buchstaben- u. Zahlentafeln. gr. 8. (17 Taf.) Breslau 892. Preuss & Jünger. n. 1. 20

— Buchstaben-, Zahlen- u. Bildertafeln zur Sehschärfe-Prüfung, nebst e. Abhandlg. üb. die Sehschärfe. (Streifentafeln Nr. 1—6, nebst Indexstreifen auf Leinw., 6 grosse Buchstaben, Bilderbuch v. 9 Taf. u. 3 Blatt Leseproben.) Mit Text gr. 8. (40 S.) Ebd. 892. In Karton. n. 6. —

—— Diagnostischer Farben-Apparat. 3. Aufl. qu. 8. (4 m. farb. Tuch überzog. Papptaf. u. 4 desgl. Täfelchen.) Nebst Erläutergn. u. Gebrauchsanweisg. gr. 16. (16, 39 S. m. 1 Tab.) (Ebd.) 891. In Karton. ** 4 —
Erläuterungen u. Gebrauchsanweisung allein * 1 —

— dasselbe. 4., verb. Aufl. Mit Gebrauchsanweisung. gr. 8. (40 S. m. 2 Sehproben, 1 Tab. u. 7 Farbentäfelchen auf Pappe.) Ebd. 894. In Holzkasten. n.n. 10. —; Gebrauchsanweisung allein n. 2. —

Wolffberg, Opto-Sphärometer. Skala zur approximativen Ausmessg. sphär., zylindr., prismat. u. kombinierter Brillengläser. Nebst Gebrauchsanweisg. (XII, 19 S. m. Fig.) u. e. blauen Hilfsglase. 8. (1 Bl. auf Pappe.) 40,5×51,5 cm. Bonn 908. (Habicht.) 6. —

Wolffberg, [Louis]: Opto-Sphärometer. Skala z. approximativen Ausmessung sphärischer, zylindrischer, prismatischer u. kombinierter Brillengläser. [Nebst] Gebrauchsanweisung. Bonn: Herschel 1908. 1 Taf. 4°, 8°

—— Relieftafeln zur Prüfung der Sehschärfe, zur Controlle der Beleuchtungsintensität u. zu diagnostischen Zwecken. Eine vorläuf. Mittheilg. gr. 8. (7 S.) Ebd. 889. * — 50

Wolffberg, L. Schutzmassregeln gegen die Augeneiterung der Neugeborenen u. gegen Ansteckung durch dieselbe. (Nebst Begleitworten f. den behandelnden Arzt.) gr. 8. (16 S. m. 1 Abbildg.) Dresden 902. Steinkopff & Springer. n. — 60

—— Über Statistik v. Augenkrankeiten [nebst e. Schema für die Lidkrankheiten] u. üb. Lidrandleiden u. Seifenbehandlung [e. Beitrag zur Hygiene der Augen]. gr. 8. (20 S.) (Ebd.) 890. * — 60

Wolffberg, Louis, zur Symptomatologie des chronischen Glaucoms. Inaugural-Dissertation. gr. 8. (41 S.) Königsberg 882, (Gräfe und Unzer.)

— s.: **Wochenschrift f. Therapie u. Hygiene d. Auges.**

Wolffberg, Siegfried

Wolffberg, S., neue Beiträge zum Studium der Vaccination, s. Centralblatt für allgemeine Gesundheitspflege.

Wolffberg, s.: **Centralblatt f. allgem. Gesundheitspflege.**

Wolffberg S, über die Impfung. (Sammlung wiss. Vorträge 437) Berlin 1884

Wolffberg, S., über die Impfung, s. Sammlung gemeinverständlicher wissenschaftlicher Vorträge.

—— die Impfung und ihr neuester Gegner. gr. 8. (71 S.) Bonn 880, Cohen und Sohn.

—— über den Nährwerth des Alkohols. gr. 8. (15 S.) Bonn 883, Strauss.
Aus: Centralblatt für allgemeine Gesundheitspflege, besonders abgedruckt.

— **Pettenkofer.** Festschrift des niederrheinischen Vereins f. öffentliche Gesundheitspflege etc.

Wolffberg, Siegfried (geb. am 10 Juni 1853 in Bonn): Ueber das physikalische Princip der Lungenathmung ... Bonn, Druck v. C. Georgi 1873. 27 S., 1 Bl. 8. ¶ Erschien zugleich selbständig bei Cohen & Sohn in Bonn.
Bonn, Med. Fak., Diss. v. 19 Juni 1873

— üb. d. Schutzwirkung d. Impfung, sow. üb. d. Erfolge d. deutschen Impfgesetzes v. 8. Apr. 1874. [Aus: „Centralbl. f. allg. Gesundheitspfl."] M. d. Bilde Jenner's. gr. 8. (26 S.) Bonn 896. E. Strauss. n. — 60

Wölffel, Emanuel: Repertorium alphabeticum, oder Register, Darinnen nach Ordnung des A. B. C. die Sachen und Wörter, die im Jütischen Loh-Buche fürkommen, enthalten etc. vor diesem, als AnnO 1593. und 1603. also vom Blasio Eckenbergern verfasset und im Druck gegeben; anitzo aber ... wiederum von neuen zum Druck befördert. Flensburg. 1717.

Wölffel, Heinrich: Carmen votivum (z. 200jähr. Bestehen d. Gymn. zu Bayreuth). Nürnberg 1864. 4°. Schulprogr.

Wölffel, H., Emendationes ad Caesaris libros de bello civili. Pr. 1865. 14 S. 4°. 1.50
— — II. Pr. 1866. 22 S. 4°. Nürnberg. 1.—

Woelffel, Henr., emendationes in Cornelii Taciti libros. Norimbergae 856. (Korn.) gr. 8. (68 S.) n. 8 *ngr.*

Festode zu Philipp Melanchthons dreihundertjährigem Todestag am 19. April 1860 von Dr. Heinr. Wölffel. — Nürnberg. — S. 3—6 in 8. — 28 Strophen.
Progr. Nürnberg.

[Wölffel, Heinrich:] Naenia in Dr. Ernestium Guilelmum Fabri, Gymnasii Norimbergensis Rectorem a. d. XIII. Cal. Dec. 1845 defunctum. Collegarum nomine. – Typis Sebaldianis. 1/2 Bog. 11 alk. Strophen.
Progr. Nürnberg.

Woelffel, Mina, 1000 Fragen zum selbständigen Beantworten. Hülfsbuch zum raschen Erlernen der deutschen Sprache. 8. (40 S.) Leipzig 881, (A. Twietmeyer.)

—— 1000 questions à répondre librement par écrit ou oralement, pour faciliter la conversation. 12. (51 S.) (Ebendas.) 882. cart.

Woelffel, Mina, Semaphor. Geistes- u. Herzensfunken edler Menschen. Gesammelt u. Schülern u. Freunden in England, Deutschland u. weiter Ferne in treuer Liebe gewidmet. (160 S.) kl. 8. Stuttgart (906.) (C. Grüninger.) Geb. in Leinw. m. Goldschn. 2. —

Gleich- und Anklänge bei Äschylus. — Von Rudolf Woelffel, G.-P. — 1906, Bamberg, Johann Nagengast. — P. 3—58.
Progr. Bamberg, K. Neues Gymnasium

Wolffeldt, M. v., **Mittheilungen aus d. Strafrecht u. dem Strafprocess in Livland, Ehstland u. Kurland durch actenmässige Darstellung merkwürd. Verbrechen u. geführter Untersuchungen, mit Voraussendung einer Abhandlung üb. d. Strafrechtsverfassung der Provinz Livland.** 2 Thle. gr. 8. (25½ B.) Dorpat 844. [Moskau, Severin's Verl.] *

—— dass. — 2. Bd. 2 Thle. gr. 8. (IX und 411 S.) Ebds. 848.

v. Wolffeldt, M., Mittheilungen aus dem Strafrecht u. dem Strafprocess in Livland, Ehstland u. Kurland durch actenmässige Darstellung merkwürdiger Verbrechen u. geführter Untersuchungen, mit Voraussendung einer Abhandlung über die Strafrechts-Verfassung der Provinz Livland. 1. Thl. 2. (Titel-) Ausg. 2 u. 3. Bd. à 2 Thle. gr. 8. (1: X u. 390 S. 2: X u. 401 S. 3: XII u. 383 S.) Mitau (844) 848. 53. Reyher. (à 2 ₰) 6 ₰

Wolffenstein, der innere Ausbau, s. Cremer.

Wolffenstein, Eduard *(Felix)*: Über parasacrale Kolpopexie . . . Berlin, Druck v. Marschner & Stephan, 1896; 38 S., 1 Bl. 8°
Leipzig, Med. Fak., Inaug.-Diss. v. 1. Okt. 1896.

Wolffenstein, Emil: Mora accipiendi des gemeinen Rechts und Gläubigerverzug des Bürgerlichen Gesetzbuchs. Guben 1902: A. Koenig. (VI, 84 S.) 8°
Leipzig, Jur. Diss. v. 1902.

Mora accipiendi des gemeinen Rechts und Gläubigerverzug des bürgerlichen Gesetzbuchs. Von Dr. jur. Emil **Wolffenstein**. *Berlin: K. Hoffmann 1902.* (IV, 82 S.) 8°
[Erschien zuerst als Inaug.-Diss. Leipzig 1902.] [03. 3584 II

Wolffenstein, O., über das Sortiren von Saatgut. Inaugural-Dissertation. gr. 8. (45 S.) Göttingen 875, (Vandenhoeck und Ruprecht's Verlag.)

Wolffenstein, Richard: Beitrag zur Kenntnis der Constitution der *a*-Oxynaphtoesäure . . . Berlin, Buchdr. v. Gustav Schade (Otto Francke) (1888); 2 Bl. + 54 S. + 1 Bl. 8°
Berlin, Phil. Fak., Inaug.-Diss. v. 8. Dez. 1888.

Wolffenstein, Siegfried, a. Friedeberg N.-M., Referendar in Berlin: Das Wesen der condictio im römischen und heutigen bürgerlichen Recht. Berlin 1906: E. Ebering. (98 S.) 8°
Erlangen, Jur. Fak., Ref. Binder, Diss. v. 25. Jan. 1907
[Geb. 5. Dez. 83 Friedeberg N.-M.; Wohnort: Berlin; Staatsangeh.: Preußen; Vorbildung: Königstadt. Gymn. Berlin; Studium: Berlin 6 S.; Rig. 26. Okt. 06.]

Wolffers, F. v., flandrisches Album. Stillleben, Genrebilder, Geschichte. Nach dem Leben gezeichnet. 8. (VII und 282 S.) Leipzig 849, G. Mayer.

v. Wolffers, F., tabellarische Grammatik der englischen Sprache, nebst Anweisung über deren Gebrauch. Für den Unterricht in höheren Lehranstalten, für Privat-Docenten u. Selbstunterricht. Nebst einem kleinen Glossarium der schott. u. gälischen in Walter Scott vorkomm. Wörter u. Redensarten u. einigen Anmerkungen über Aussprache u. Betonung der engl. Sprache von Demselben. Mit 1 Tab. Lex.-8. Eisenach 833. Bärecke. ⅓ ₰

Wolffers, F. v., tabellar. Grammatik d. engl. Sprache, nebst Anweis. üb. deren Gebr. Für d. Unterr. in höh. Lehranstalten, f. Privat-Docenten u. Selbstunterr. Nebst e. kleinen Glossarium d. schott. u. gaelischen in Walter Scott vorkomm. Wörter u. Redensarten u. einigen Anmerkn. üb. Aussprache u. Betonung d. engl. Sprache v. Demselben. Lex.-8. (1 Tab., gr. Fol. u. 2½ B. Text.) Eisenach 835, Bärecke.

v. Wolffersdorff, E., Katechismus d. Algebra, zum Gebrauch in Schulen u. zum Selbstunterricht. 8. Leipz. 824. Baumgärtner. 18 *K*

de Wolffersdorff, (Guenther. Frid.) Otto (geb. Sondershausen 29. 5. 1822). De morbo Brightii. Berolini (1846). (32 S.) 8°
Berlin, Med. Diss. v. 14. Aug. 1846

von Wolffersgrün, Der Totenkultus bei den alten Völkern. I. Feldkirch 1890, 8°, 29 S., Progr. d. Realgymn.

Wolffgang, Johann Christian (Cottbus) A. S. 137/24

Dissertatio iuris feudalis de successione legitimatorum in feudis occasione cap. naturales 2. f. 26.
Präs. Johann Friedemann Schneider.
(Halle)(Zeitler) I. 1706. 44 S. 37225

Wolffgang, Johann Georg. Der Koniglich-Preußischen Cronung Hochfeyerliche Solemnitäten . . . In zwantzig Kupffer-Platten vorgestellet Durch Johann Georg Wolffgang . . . Berlin Anno 1712 . .
Tit. u. 27 Taf. in Kupferst. 2°
Die Taf. des vorigen Werkes ohne Text.

[Wolffgang, L. G.], Beiträge zur Entwicklung der Compositen-Blume. Frauenfeld 1869.
Progr.

Wolffgarten, Hilarius

Wolffgarten, H.: Blätter f. die Fortbildung des Lehrers u. der Lehrerin.

— Die Dienstvorschriften f. Lehrer im Amte, in fortlaufender Darbietung, f. Lehrer- u. Lehrerinnen-Seminare sowie f. junge Lehrer u. Lehrerinnen zusammengestellt. (IV, 138 S.) 8. Essen 908. G. D. Baedeker. Geb. in Leinw. 1.80

Wolffgarten, Dienstvorschriften für die Volksschule. II. Tl. der Lehrer im Amte. Enth. die üb. Schulpflicht, Dispensationen, Schulentlassg., Schulversäumnisse, Schulgesundheitspflege, Schulzucht u. die Fürsorgeerziehg. erlassenen behördl. Anordngn., insbesondere der königl. Regiergn. in Düsseldorf u. Arnsberg. (IV, 336 S.) gr. 8. Essen 903. G. D. Baedeker. n. 4.50; geb. in Leinw. n. 5.50
Den I. Tl. bildet: Der Lehrer im Unterricht.

Wolffgarten, Hilarivs (geb. am 22 März 1845 in Weingarten bei Euskirchen): De Ephori et Dinonis historiis a Trogo Pompeio expressis ... Bonnae, form. C. Georgi (1868). 2 Bl., 86 S., 1 Bl. 8.
Bonn, Phil. Fak., Diss. v. 19 Dez. 1868

Der Lehrer im Unterricht. Verordnungen betr. d. Volksschulen in Preußen nebst kurzgef. Methodik d. sämtl. Unterrichtsfächer. Von Dr. [Hilarius] **Wolffgarten**, Schulrat. *Essen: G. D. Baedeker 1900.* (IV, 262 S.) 8° [F.]
— [**Wolffgarten**: Dienstvorschriften f. d. Volksschule. T. 1.] [03. 10590

— Der Lehrer im Unterricht. Verordnungen betr. das Volksschulwesen in Preußen, nebst kurzgefaßter Methodik der sämtl. Unterrichtsfächer. 2. Aufl. (VIII, 296 S.) 8. Ebd. 908. Geb. in Leinw. 4. 50

Sammlung der für Präparandenanstalten, Lehrer- und Lehrerinnenseminare, höhere Mädchenschulen, Taubstummen- und Blindenanstalten ergangenen Bestimmungen und Verordnungen. Zsgest. von Dr. [Hilarius] **Wolffgarten**, Prov.Schulrat. Essen: G. D. Baedeker 1905. (856 S.) 8° [F.] [05. 8455

Wolffgarten, Otto, bacc. jur., Referendar am Kgl. Landgericht zu Köln: Der Schutz des Nacherben gegen Verfügungen des nicht befreiten Vorerben sowie Dritter über die Gegenstände der Vorerbschaft nach heutigem Burgerlichen Rechte. Crefeld 1907: W. Greven. (68 S.) 8°
Leipzig, Jur. Fak., Diss. v. 20. Febr. 1907
[Geb. 29. März 81 Aachen; Wohnort: Cöln a. Rh.; Staatsangeh.: Preußen; Vorbildung: Städt. Gymn. Crefeld Reife O. 00; Studium: München 1, Berlin 2, Kiel 4, Munster 2 S.; Rig. 30. Sept. 05.]

Wolffgram, Hugo: Neue Forschungen zu Werner Rolevinck's (Carthäusermönch 1425–1502) Leben und Werken ... Münster, Regensberg'sche Buchh. u. Buchdr., 1890; 1 Bl. + 30 S. + 2 Bl. 8°
Münster, Phil. Fak., Inaug.-Diss. v. [10. Mai] 1890.

Wolffgramm: Das Evangelienbuch Otfrid's von Weissenburg, ein Denkmal der deutschen Literatur. 13 S.– Stargard, Progr. 1869.

Wolffgramm, Fr., Cn. Domitius Corbulo. 4. (15 S.) Prenzlau 874. Mieck.

Wolffgramm, F., Rubellius Plautus und seine Beurteilung bei Tacitus und Juvenal. Diss. 1871. 36 S. u. 1 Taf.

— Rubellius Plautus u. seine Beurtheilung bei Tacitus u. Juvenal. Ein Beitrag zur Geschichte d. Claudisch-Julischen Geschlechts. gr. 8. (37 S.) Prenzlau 871. Uhse. n. 1. 25

Wolffgramm, F. Nero's Politik dem Ausland gegenüber. 30 S.
Progr. *Prenzlau* 1880.

Wolffhardt, Emil, Absolutorial-Aufgaben aus der protestantischen Religionslehre f. die humanistischen Gymnasien im rechtsrheinischen Bayern während der J. 1890–1898, nebst Dispositionen zur Fertigg. derselben. Zusammengestellt u. bearb. 8. (IV, 14 S.) Würzburg 899. Ballhorn & Cramer Nachf. n. —40

Wolffhardt, Paul Philipp

Wolffhardtus, Paul. Phil.: De crimine fractae urphedae comm. Rintelii 1748.

Wolffhardt, Paul Philipp (Magdeburg) A. S. 289/28

Dissertatio juridica inauguralis de dote in secundo matrimonio tacite renovata.
Präs. Johann Christian Schroeter.
Jena (Müller) VI. 1723. 47 S.

Gew.: Augustin Leyser. 37230

Wolffhardt, Paul Philipp: Programma de locatione militum. Rintelii 1745. 8° [4°].

Wolffhardtus, Paul. Phil.: Schediasma de modis adquirendi notitiam ictorum. Acc. progr. tria: 1. De supremis vitae diebus C. Cassii Longini icti. 2. De responso Trebatii ad quaestionem Ciceronis: possitne heres, quod furtum antea factum esset, furti recte agere? 3. De Thoma Diplovatatio icto. Rintelii 1746.

Wolffhandt: Pr. d. Q. Cl. Saturnino. *Rintel.* 747. 4.

Wolffhardt, Richard [cand. med. aus Weiltingen]: Ueber den Einfluss des Alkohols auf die Magenverdauung. ... München, J. A. Finsterlin, 1890; 1 Bl., 12 S. 8°
Erlangen, Med. Fak., Inaug.-Diss. v. 18. Jan. 1890

WOLFFHEIM, Hans (Braunsberg): Ein Beitrag zur Aetiologie und Diagnostik der Kryptogenetischen Septico-Pyämie.- München: Kastner & Callwey 1904. 44 S.
11.5.1904 - Chr 1903/04,19; Jv 1903/04,335
Diss.Ingolst.-Landsh.-Mchn.

Wolffheim, Heinrich, prakt. Arzt: Aus d. pathol.-anat. Anstalt d. Städt. Krankenhauses am Urban zu Berlin. (Prof. Dr. C. Benda.) Über einen umfangreichen porencephalischen **Defekt** des Gehirns eines Kindes mit frischer Poliomyelitis anterior. *Königsberg i. Pr. 1902: Hartung.* (49 S.) 8°
Königsberg, Med. Diss. v. 15. Okt. 1902

Wolffheim, Johannes: Der Einfluss des Zeithandels auf die Preisgestaltung des Berliner Aktienmarktes. Göttingen 1910: Dieterich. 45 S. 4°
Göttingen, Phil. Diss. v. 9. Aug. 1910, Ref. Lexis
[Geb. 28. Jan. 78 Berlin; Wohnort: Berlin; Staatsangeh.: Preußen; Vorbildung: Wilhelms-Gymn. Berlin Reife M. 99; Studium: Berlin Techn. Hochsch. 10, Göttingen 4 S.; Rig. 29. April 10.] [U 10. 1483

Wolffheim, Ludwig [app. Arzt aus Landsberg a. W. '(Brandenb.)']: Über [!] den angeborenen Hochstand des Schulterblatts ... Berlin, Druck v. G. Meyer, *1895*; 22 S., 1 Bl. 8.
Leipzig, Med. Fak., Inaug.-Diss. v. 22. Okt. 1895

Wolffheim, Nelly, zur Geschichte der Prügelstrafe in Schule u. Haus. Eine pädagog. Studie. (71 S.) gr. 8. Berlin 906. E. Frensdorff. n. 1. —

Wolffheim N., soll ich mein Kind in einen Kindergarten schicken? (32 S.) (Kultur und Fortschritt 317/18) Gautzsch 1910

Wolffheim, Nelly, soll ich mein Kind in e. Kindergarten schicken? s. Kultur u. Fortschritt.

Wolffhügel, Eugen: Ueber spontanen Verschluss sämmtlicher Halsarterienstämme als Ursache epileptischer Anfälle ... Strassburg, Univ.-Buchdr. v. J. H. Ed. Heitz (Heitz & Mündel), 1888; 43 S. 8°
Strassburg, Med. Fak., Inaug.-Diss. v. 1888.

Wolffhügel, Gustav

Wolffhügel, G., die Einrichtung der öffentlichen u. privaten Erziehungs-Institute m. besond. Rücksicht auf die Gesundheitspflege betr., s.: Mittheilungen u. Auszüge aus dem ärztl. Intelligenzblatt.

Wolffhügel, Gust., zur Lehre vom Luftwechsel. [Aus: „Archiv f. Hygiene".] gr. 8. (75 S.) München 893. R. Oldenbourg. n. 1. 25

Wolffhügel, G. Üb. d. Prüf. v. Ventilations-Apparat. Hab. Schr. München 1876.

Wolffhügel, Gustav. Untersuchungen des Kaiserl. Gesundheitsamtes über die Beschaffenheit des Berliner Leitungswassers 1884–85. 4.

Wolffhügel G, Wasserversorgung. (Handbuch der Hygiene von Pettenkofer und Ziemssen II, 1. 2) Leipzig 1882

Wolffhügel, G., Wasserversorgung, s. Handbuch der speciellen Pathologie und Therapie.

Wolffhügel, Kurt [Tierarzt aus Landau (Rheinpfalz)]: Beitrag zur Kenntnis der Vogelhelminthen. Freiburg i. Br. 1900. 204 S. 7 Taf. 8°.
Basel. Phil. Diss. 1899/1900.

Wolffhügel, K., s.: Zeitschrift f. Infektionskrankheiten usw. der Haustiere.

Wolffianerin, Schöne, 3ter Theil, nebst des Herrn *Crusaz* Anmerck. über alle 3 Theile. Franckfurth, b. Joh. Geo. Eßlingern. 8°.
So im O. M. V. 1744. H 4a, s. l. f. n. p. — Wirklich erschienen?

Vgl. Wolfianerin....

Wolffin, Alexander [aus Warschau, z. Z. Assist. am hygien. Inst.]: Bacteriologische und chemische Untersuchungen über Sauerteiggärung ... München, Druck v. R. Oldenbourg, 1894; 42 S. 8.
Würzburg, Phil. Fak., Inaug.-Diss. v. 1894

Wolffing, Jakob: Die rechtliche Stellung des Nebenklägers im deutschen Strafverfahren. Breslau: Schletter 1900. (110 S.) 8°
Würzburg, Jur. Diss. v. 1900.

Die rechtliche Stellung des Nebenklägers im deutschen Strafverfahren. Eine prozessuale Abhandlung. Von Dr. jur. et rer. pol. J[akob] Wolffing. *Breslau: Schletter 1900.* (110 S.) 8°
= Abhandlungen, Strafrechtliche. H. 29. [illegible] 2

Wölffing, Ernst. Mathematischer Bücherschatz. Systematisches Verzeichnis der wichtigsten deutschen und ausländischen Lehrbücher und Monographien des 19. Jahrhunderts auf dem Gebiete der mathematischen Wissenschaften. In zwei Teilen. Teil 1: Reine Mathematik. Mit einer Einleitung: Kritische Übersicht über die bibliographischen Hilfsmittel der Mathematik. XXXVI + 416 S. 8. Leipzig, Teubner, 1903. [M. 14. —, geb. 15. —]
Abhandlungen zur Geschichte der mathematischen Wissenschaften mit Einschluss ihrer Anwendungen. Begründet von Moritz Cantor. Heft 16, 1.

Wölffing, Ernst, Generalregister, s.: Jahresbericht der deutschen Mathematiker-Vereinigung.

— **Generalregister, s.: Zeitschrift f. Mathematik u. Physik.**

Wölfing, Ernst [aus Stuttgart]: Über die Hesse'sche Covariante einer ganzen rationalen Function von ternären Formen.... Leipzig, Druck v. B. G. Teubner, 1890; 26 S. 8°
Tübingen, Naturw. Fak., Inaug.-Diss. v. 1890

Wölffing, Ernst, Dr.: Die singulären Punkte der Flächen. 1896. 25 S. 8° *S*
Stuttgart Te. H., Hab.-Schr. v. 2. 5. 1895

Wölffing, Ernst, Verzeichnis der Zeitschriften f. die Gebiete der Mathematik, der Physik, der Technik u der verwandten Wissenschaften, welche auf württemberg. Bibliotheken vorhanden sind. Im Auftrag des mathematisch-naturwissenschaftl. Vereins v. Württemberg zusammengestellt. gr. 8. (18 S.) Stuttgart 899. (H. O. Sperling.) n.n. 1.50

Woelffing, Ferdinand Friedrich (Stuttgart) A. S. 190/10

Dissertatio inauguralis, de promissione sub amissione honoris et existimationis, famae et fidei, German. Bey Verlust Ehr und Gefahr, Treu und Glauben, Item, Bey Schelmen schelten. Präs. Michael Grass.
Tübingen (Eitel) X. 1702. 48 S. 37091

Woelffing, Jo. Christoph (Gochsheim) A. S. 1381/7

Exercitatio de religione revelata eiusque necessitate. Präs. Johann Friedrich Cotta.
Tübingen (Cotta) IX. 1761. 56 S.

5 Resp. 37092

Woelffing, Johann Heinrich (Stuttgart) A. S. 1248/6

Disputatio inauguralis medica, de praeparatione artificiali, pro circulatione humorum vitali, secretoria et excretoria. Präs. Georg Ernst Stahl.
Halle (Henckel) 8. VII. 1710. 23 S.

W. v.: Veit Heinrich Höllin, Nikolaus Thiessen. 37093

Wölffler, Bernh., das alte und neue Wiener Israeliten-Spital nach authent. Quellen dargestellt. gr. 8. (IV, 114 S. mit 5 autograf. Tafeln in gr. Fol.) Wien 873, Gerold's Sohn. *

Wölfflin, Eduard

Woelfflin, Ed. (Hrsg.), s. Acta seminarii philologici Erlangensis.

Wölfflin, Ed., Prof., Antiochos von Syrakus u. Caelius Antipater. Winterthur. 1872.

Wölfflin, Ed., Antiochos von Syrakus und Coelius Antipater. gr. 8. (VIII, 99 S.) Leipzig 872, (Teubner.)

Wölfflin, Eduard v., s.: Archiv f. lateinische Lexikographie u. Grammatik.

— Die neuen Aufgaben des Thesaurus linquae Latinae. Ak. 1894. 28 S.

Wölfflin, E., Ein Beitrag z. Kenntnis des afrikan. Lateins. S.-A. 1892. 18 S.

Wölfflin, E., Epigraphische Beiträge: Ueber 2 Inschriften d. Kaiser Augustus u. Hadrian. 2 Tle. Ak. 1886 u. 1896. 47 u. 28 S.

— Beiträge zur lateinischen Lexikographie. gr. 8. (S. 8—80.) München 900. (G. Franz' Verl.) n. — 60
Sonderabdr. aus: Sitzungsber. d. bayer. Akad. d. Wiss.

Wölfflin, E., Bemerkungen üb. das Vulgärlatein. S.-A. s. a. 29 S.

— s.: Benedicti regula monachorum.

Wölfflin, E., Neue Bruchstücke der Freisinger Itala. Ak. 1893. 28 S.

Wölfflin, Eduard. Das Collegium musicum und die Concerte in Basel. (o. O. u. J.)

Wölfflin, E., Der Dichter der Scipionenelogien. Ak. 1892. 32 S.

Wölfflin, Ed., Gedächtnissrede auf Karl v. Halm, gehalten in der öffentl. Sitzung der königl. bayer. Akademie der Wissenschaften zu München zur Feier ihres 124. Stiftungstages am 28. März 1883. gr. 4. (36 S.) München 883, (Franz'sche Buchh.)

— Die Gemination im Lateinischen. S.-A. 1882. 70 S.

Wölfflin, E., Jahresbericht üb. Tacitus (1876) 1877—1880. S.-A. 1879. 46 S.

— Die Inschrift der Columna rostrata. Ak. 1890. 29 S.

Wölfflin, Ed., lateinische und romanische Comparation. gr. 8. (VI, 91 S.) Erlangen 879, Deichert.

Wölfflin, Ed., lateinische u. romanische Comparation. gr. 8. (VI, 91 S.) Erlangen 880. Deichert. n. 2.—

— **zur Composition der Historien des Tacitus. gr. 8. (S. 3—52.) Ebd. 901.** n. — 80
Sonderabdr. aus: „Sitzungsber d. bayer. Akad. d. Wiss."

Wölfflin, Ed., Livianische Kritik und Livianischer Sprachgebrauch. Winterthur 1864. Progr.

Wölfflin, Ed., Livianische Kritik und Livianischer Sprachgebrauch. gr. 4. (32 S.) Berlin 864, Calvary und Comp.

Wölfflin, E., Ueb. d. Latinität d. Afrikaners Cassius Felix. Ak. 1880. 52 S.

Woelfflin, E., L. A. Senecae monita. et eiusdem morientis extremae voces. ed. Pr. 1878. 32 S. 4°. 1.—

Woelfflin, E., De Lucii Ampelii libro memoriali quaestiones criticae et historicae. Diss. 1854. 50 S. 2.—

Wölfflin, E., De Scriptores historiae Augustae. Ak. 1891. 74 S.

-- Sescenti, mille, centum, trecenti als unbestimmte u. runde Zahlen. S.-A. 1892. 14 S.

—— die allitterierenden Verbindungen der lateinischen Sprache gr. 8. (94 S.) (Ebendas.) 881.
Aus: Sitzungsberichte der k. bayr. Akademie der Wissenschaften, besonders abgedruckt.

— Das Wortspiel im Lateinischen. Ak. 1887. 22 S.

Wölfflin, Ernst [prakt. Arzt von Basel]: Die Beeinflussung der chirurgischen Tuberkulose durch das Hochgebirge mit spezieller Berücksichtigung des Engadins. Basel 1899. 80 S. 8°.
Basel. Med. Diss. 1899/1900

Wölfflin, E[rnst]. Schemata für Augenmuskellähmungen. Von Dr. E. W', Privatdozent ... [in] Basel. 25 Blatt in Mappe. 2. Bl. fol. *zus.-gefaltet in Mappe* 4. Wiesbaden, J. F. Bergmann, 1907. [M. 1.30]

Wölfflin, Heinrich

Wölfflin, Heinr., Arnold Böcklin. Festrede, geh. am 28. X. 1897. [Aus: „Basler Jahrb."] gr. 8. (14 S.) Basel 898. R. Reich. n. — 50

Wölfflin, Heinr. Salomon Geßner. Mit ungedruckten Briefen. Mit Reproduktionen v. Radirgn. S. Geßners. 8. (VIII, 163 S.) Frauenfeld 889, Huber. * 3 60

—— Die Jugendwerke d. Michelangelo. gr. 8. (VIII, 87 S. m. 13 Abbildgn.) Münch. 891, Th. Ackermann's Verlag. * 3 60

Wölfflin, Heinrich. Die Kunst Albrecht Dürers. Mit 132 Abbildungen [wovon 32 Tafeln]. VIII + 316 S. gr.-8. München, F. Bruckmann A.-G., 1905. [M. 10. —]

Wölfflin, Heinrich. Die Kunst Albrecht Dürers. 2. vermehrte Aufl. Mit 144 Abbildungen [wovon 8 Tafeln]. II + VIII + 379 S. gr.-8. München, F. Bruckmann A.-G., 1908. [M. 10. —, geb. 12. —]

Wölfflin, Heinr, die klassische Kunst. Eine Einführg. in die italien. Renaissance. Mit 112 erläut. Abbildgn. 2. Aufl. Lex.-8. (XIV, 271 S.) München 901. Verlagsanstalt F. Bruckmann. n. 9. —; geb. in Leinw. n. 10. —
1. Aufl. (XII, 279 S.) 899. n. 9. —; geb. n. 10. —.

Wölfflin, Heinrich. Die Klassische Kunst. Eine Einführung in die italienische Renaissance. Mit 114 erläuternden Abbildungen. 3. Aufl. XII + 272 S. gr.-8. München, F. Bruckmann A.-G., 1904. [M. 9. —, geb. 10. —]

Wölfflin, Heinrich. Die Klassische Kunst. Eine Einführung in die italienische Renaissance. Mit 126 erläuternden Abbildungen. 4. Aufl. XII + 279 S. gr.-8. München, F. Bruckmann A.-G., 1908. [M. 9. —, geb. 10. —]

Wölfflin, Heinrich: Prolegomena zu einer Psychologie der Architektur .... München, Kgl. Hof- & Univ.-Buchdr. v. Dr. C. Wolf & Sohn, 1886; 50 S. 8°.
München, Phil. Fak., Inaug.-Diss. v. 1886.

Wölfflin, Heinrich, Prolegomena zu einer Psychologie der Architektur. Diss. München 1886, A. Buchholz. 8°. 50 S.

Wölfflin, Heinr., Renaissance und Barock. Eine Untersuchung über Wesen und Entstehung des Barockstils in Italien. gr. 8. (X, 135 S. mit 22 Abbild.) München 888, Th. Ackermann Verlag.

Wölfflin, Heinrich. Renaissance und Barock. Eine Untersuchung über Wesen und Entstehung des Barockstils in Italien. 2., vollständig neu illustrierte Aufl., bearb. von Hans Willich. [Mit Textabbildungen und 16 Tafeln.] XIV + 128 S. gr.-8. München, F. Bruckmann A.-G., 1907. [M. 4.80, geb. 6. —]

Wölfflin, Heinrich. Renaissance und Barock. Eine Untersuchung über Wesen und Entstehung des Barockstils in Italien. 3. Aufl. Mit 16 Tafeln und 19 Textabbildungen. XII + 128 S. gr.-8. München, F. Bruckmann A.-G., 1908. [M. 4.80, geb. 6. —]
(Neudruck *der* 2. [von Hans] Willich [bearbeiteten] Aufl.)

Wolffowitz, G., Infectionsversuche mit Typhusbacillen, s. Beiträge zur pathologischen Anatomie und Physiologie.
Vgl. auch: Wolfowicz, Grigory.

Wolffradt, Gustav Anton von (Rügen) A. S. 127/2

Dissertatio iuridica sistens theoriam generalem de adquisitione fructuum. Präs. Georg Ludwig Boehmer. Göttingen (Dieterich) 26. V. 1783. 125 S.

Gew.: Friedrich Wilhelm von Hessenstein, Malthe Friedrich Gf. von Putbus, Johann Gustav Friedrich von Engelbecht.
W. v.: Präs. 37231

Dass.s.a.:Wolfrath,Gust.Ant.v.

Wolffradt, Hermann Bernhard

Wolffradt, H. B., De fundam. usurarum pecuniae mutuaticiae. 4°. Hal. 1728.

Wolffradt, Hermann Bernhard (Stralsund) A. S. 55/9

Dissertatio inauguralis iuridica de fundamento usurarum pecuniae mutuaticiae.
Präs. Justus Henning Boehmer. Rec.
Halle (Grunert) 1735. 51 S.

Diss. 26. VIII. 1728.
W. v.: Präs. 37232

Wolffram, H., Mittheilungen üb. Tuffstein, Trass u. einige andere Baumaterialien der vulkanischen Eifel. Zusammengestellt im Auftrage der königl. Regierg. zu Wiesbaden. gr. 8. (43 S. m. Abbildgn.) Diez a/L. 885. (Münster i/W., E. Obertüschen.) n. 2. —

Wolffram, Hans: Ueber aethylaminhaltige Platinbasen. Königsberg i. Pr. 1900: R. Leupold. (52 S.) 8°
Königsberg, Phil. Diss. v. 3. Aug. 1900.

Wolffram (Wolfram), Johann Chr.

Wolffram, Jh. Chr., s. Adonis u. Zerbino.

— vollständ. Anleitung zur Kenntniß, Beurtheilung u. Erhaltung d. Orgeln. Ein unentbehrl. Handbuch für Orgelspieler, mit 2 Kpf. 8. Gotha 812. Steudel. 20 gr.

Wolfram, J. C: Anleitung zur Kenntniß, Beurtheilung und Erhaltung der Orgeln. Gotha 1815

— Etwas zur Verbesserung des Schicksals vieler Lehrlinge in den Werkstätten d. Professionisten, Künstler ꝛc. 8. Leipz. 800. Benj. Fleischer.

Wolffram, Jh. Chr., Lehren u. Ermahnungen über d. gute Anwendung d. Jünglingsjahre ꝛc., mit F. H. Gebhards Vorrede. 2 Thle. 8. Erfurt 794, 95. Keyser. 14 gr.

— Magazin für Kinder, s. K. Dilthey.

— Technologie oder Gewerbkunde für Bürger- u. Landschulen, nebst e. prakt. Anleitung zum Gebrauche beim Unterricht d. Jugend. 8. Gotha 813. Perthes. 10 gr.

— kleine Unterhaltungen für Kinder u. ihre Freunde. 8. Gotha 812. Ettinger. 8 gr.

— s. Unterhaltungen e. Landschullehrers.

— Unterricht an Schulkinder über Feuersgefahr u. Quacksalberei, mit 1 Kpf. 8. Gotha 815. Ettinger. 9 gr.

Wolffram, Peter Michael (Gotha) A. S. 89/7

De consuccionibus advocatorum dissertatio.
Präs. Johann Georg Cramer.
Leipzig (Cruciger) 17. III. 1729. 39 S.

37233

Wolffram v. Wolfframitz, Karl Joh. Gottlieb von, s. August Wilhelm, Wechselordnung.

Wolffram **v. Wolfframitz, Karl Jh. Gli., epistola gratulatoria, cui inest periculum I. lectionum et observationum criticarum in Tibullum. 8maj. Erfurt 784.**

Wolffram v. Wolfframitz, Karl Joh. Gottlieb von, s. Grundriß e. Geschichte d. deutschen Fürsten.

— Nachricht von den Herzogen v. Braunschweig-Lüneburg aus d. Wolfenbüttel. Hause, welche Gelehrte waren. 8. Helmst. 788.

Nachtrag zu der Anfrage, die römische Octavia des Herzogs *Anton Ulrich* betreffend. (Vf.: *Carl Joh. Gottlieb* Frhr. *v. Wolffram und Wolfframitz.*) (Leipzig 1798.)
Anon.-Lex. III. p. 197 (nach Meusel).

Wolffram, Carl J. Gtl. von: „Vollständige Sammlung der herzogl. Braunschw.-Lüneburgischen Wechselordnungen und deren landesherrl. Declarationen", mit erläuternden Anmerkungen, Braunschweig 1793 (Schulbuchh.). — Vorh.: Com. Bibl. Hamburg.

Wolfram (v. Wolframitz), K. J. Gli.: Vollständ. Samml. d. Braunschw.-Lüneburg. Wechsel-Ordnn. u. deren landesherrl. Declarationen; mit erläut. Anmerkk. *Braunschw.* (Vieweg.) 793. gr. 8. (16 Gr.)

Wolffram v. Wolfframitz, Karl Joh. Gottlieb von, s. Schönheit, Weisheit, Stärke.

Wolffram v. Wolfframitz, Karl Joh. Gottlieb von, s. Versuch e. Nachr. von d. gelehrten Herzögen.

Wolfframm, Osw., das Kranken-Thermometer in d. Familie. Eine allgemein verständl. Anleitg. zum richt. Gebrauch desselben. 8. (28 S.) Leipzig (899). Ernst. — 50

Wolff's, Dr., Sendung nach Bokhara zur Erforschung des Schicksals des Oberst Stoddart u. Capitän Conolly. Aus d. Engl. von Ed. Amthor. 1. u. 2. Bd. gr. 8. Leipzig 846, T. O. Weigel. à n. 1½ Thlr

Wolffs, Gerh., († im Oct. 1821.) Anweis. die Zeichnungskunst u. die damit verschwisterten Künste ohne mündl. Unterricht zu erlernen. 5r Thl. 1e Abtheil. vom Lackiren. 8. Lingen 796. (Theyssing in Münster). 8 gr. 2e Abtheil. von spirituösen Firnissen. 8. Ebd. 796. 4 gr. (Weiter ist nichts erschienen).

Wolffs, Jo. Anton Theod. (Horstena-Westphalus)
Dissertatio inauguralis juridica, complectens conclusiones miscellaneas theoretico-practicas ex jure civili, Romano, Germanico, canonico et feudali, in XX. theses partitas.
Giessae 13. Aug. 1732: Eberh. Henr. Lammers. 19 S. 4°
pro licentia summos in utroque jure honores rite capessendi.

Wolffsburg, W. v., und H. Dennstedt, preußisches Polizei-Lexikon, s. Dennstedt.

Wolffsheim, F. S., der Arzt und die Heilkraft der Natur für Aerzte u. Nichtärzte. Braunschweig 861. Neuhoff & Co. 8. (27 S.) 6 ngr.

Wolffsheim, F. S., Beleuchtung d. Schrift des Hrn. Geh. Hofr. Dr. Mühlenbein betitelt: Rechenschaft über mein ärztliches Handeln beim Schlusse meiner 50jähr. prakt. Laufbahn. 8. Braunschweig 839. Lucius. n. 1/6 Thlr

Wolffsheim, F. S., Beleuchtung d. Schrift d. Geh. Hofr. Dr. Mühlenbein betit.: Rechenschaft üb. mein ärztl. Handeln beim Schlusse meiner 50jähr. prakt. Laufbahn. 8. (2 B.) Braunschweig 839. [Leipzig, Gebhardt u. Reisland.] •

Wolffsheim, F. S., über Bordelle, in medizin.-polizeil. Hinsicht. gr. 8. (3 B.) Hamburg 845, Hamburg-Altonaer Volksbh. -

Wolffsheim, F. S., Ueber Bordelle in medizinisch-polizeilicher Hinsicht. **Hamburg** 1845. 8°.
46 S. Zur Hälfte Geschichte der Bordelle. (7 Sgr. Scheible 6. p. 90.)

— s. Conversations-Blatt, medizinisches. — Conversations-Lexicon, neues elegantes.

— sichere Heilung der Scropheln und Flechten auf einfachem und gefahrlosem Wege. Für Nichtärzte. 16. (32 S.) Braunschweig 859, Dehne und Müller.

Cantate zur St. Johannis- u. Stiftungsfeier in der Gr. Nat.-Mutter-Loge der Freimaurer in den preussischen Staaten gen. Zu den drei Weltkugeln. [Am Ende:] Text von Fehrenbach u. Tewson. Musik von Wolffsohn. [Berlin] o. J.: Hönig. 2 Bl. 8° [Umschlagtit.]
Ohne Noten: „Seid gegrüsst, geweihte Festeshallen, ..." 23.

Wolffsohn, Arthur, Referendar: Notwehr, Notstand und Nothilfe in Voraussetzungen und Wirkungen nach dem B.G.B.
Posen 1901: W. Decker & Co. (61 S.) 8°
Breslau, Jur. Diss. v. [24 Juni] 1901

Wolffsohn, S., Anleitung zur Pflege u. Erhaltung der Zähne in gesunden u. krankhaften Zuständen, für Jedermann, mit einigen Andeutungen zur Odontechnik für angehende Zahnärzte. 8. Berlin 840. (Liebmann u. Comp.) ⅓ ß

Wolffsohn, S., Anleitung z. Pflege u. Erhalt. d. Zähne in gesunden u. krankhaften Zuständen, f. Jedermann, mit einigen Andeutn. z. Odontechnik f. angeh. Zahnärzte. 8. (4¼ B.) Berlin 840. (Nordhausen, Büchting.)

Wolffsohn, S., der Zahnarzt. Ein Sendschreiben an Mütter, denen d. Wohl ihrer Kinder in dieser Hinsicht am Herzen liegt. 16. Berl. 829. Plahn. 8 ggr Hbg. Pr. 4 ggr

Wolffsohn, S., der Zahnarzt. Ein Sendschr. an Mütter, denen das Wohl ihrer Kinder in dieser Hinsicht am Herzen liegt. 16. (5 B.) Berlin 829, (Schultze.)
8 Gr., hrbgf. Pr. ·

Wolffsohn, Sally Seelig [illegible] Wreschen [illegible] De [illegible]
Berolini 1844 [illegible] S. 8°
Berlin, Med. Diss. v. 20. Apr. 1844

Wolffson, Ernst, Medizinalpraktikant a. Hamburg: Aus d. Psychiatrischen Klinik zu Kiel. Ein Beitrag zur Frage der nosologischen Stellung der Hypochondrie. Kiel 1906: A. F. Jensen. (29 S.) 8°
Kiel, Med. Fak., Ref. Siemerling, Diss. v. 26. Juli 1907
[Geb. 24. Dez. 81 Hamburg; Wohnort: Hamburg; Staatsangeh.: Hamburg; Vorbildung: Wilhelm-Gymn. Hamburg Reife O. 00; Studium: Tübingen 4, München 1, Straßburg 2, Kiel 4 S.; Coll. 24. Apr. 07; Approb. 2. Apr. 06.]

Wolffson, J., das Staatsrecht der freien und Hansestadt Hamburg, s. Handbuch des öffentlichen Rechts der Gegenwart.

Wolffson, Johannes, Referendar: Die Voraussetzungen der Haftung für zugesicherte Eigenschaften der Kaufsache nach bürgerlichem Recht (ausschließlich des Tierkaufs). Borna-Leipzig 1910: Noske. VI, 47 S. 8°
Heidelberg, Jur. Diss. v. 6. Dez. 1910, Ref. Heinsheimer
[Geb. 3. Nov. 83 Hamburg; Wohnort: Hamburg; Staatsangeh.: Hamburg; Vorbildung: Gelehrtensch. d. Johanneums Reife M. 03; Studium: Straßburg 2, Tübingen 3, Göttingen 2 S.; Rig. 29. Juli 10.] [U 11. 2168

Wolffter, Johann Balthasar (Mainz - Castell)
A. S. 607/15

Disputatio inauguralis juridica canonico civilis, de probatione quae fit per testes.
Giessen (Vulpius) 20. IV. 1713. 32 S.
Gew.: Abt Konrad zu Arnsburg. 37236

Wolffter, Martin Ignaz (Civitatis Amoenoburgensis Praetor)
Dissertatio inauguralis juridica de primatu sedis Moguntinae, eiusque singularibus juribus et praerogativis in I. R. G.
Gissae 3. Mai 1737: Eb. Henr. Lammers. (4), 28 S. 4°
pro supremis in utroque jure honoribus et privilegiis doctoralibus majorum more rite consequendis.

Wolfgang [Sachl. OW]

Wolfgang, A. J. u. J. G., zweyer in d. Algierische Leibeigenschaft gerathener Brüder, Reisen und Schicksale. 8. Augsb. Stage. 769.

Wolfgang und Clara, oder die reindeutsche Erziehungsanstalt, von Jul. v. Voß. 8. Berlin, Sandersche Buchhdl. 819.

Der heilige **Wolfgang.** Kurze Lebensbeschreibung mit Andachtsübungen und Gebeten zum 900jährigen Jubiläum. [Mit 1 Tafel.] Freiburg ‹Schweiz› 1895. 8°

Wolfgang [Schlagwort]

Wolfgang, Fürst v. Anhalt, s. Lindner, Heinr. — Lorenz, Herm. — Wäschke, H. — Westphal, F.

Wolfgang, Oberförsterei, s.: Forstkarten. Fenner.

Wolfgang [Verfasser]

— Dankrede bei d. Salzburg. Jubelfeier des 12n Jahrhunderts. gr. Fol. Salzb. ... 3e Aufl. 784. Duyle. 3 ggr

Wolfgang, Abbt, († ...) gesammelte Ehrenreden, welche bei verschied. Feierlichkeiten gehalten worden. 8. Steyr 774.

Wolfgang, s. Gaichie: Lehrsätze...

Wolfgang, lose Lieder. (62 S.) 8. Leipzig 903. O. Mutze. n. 1. —

— Lob- u. Trauerrede auf Maria Theresia. Fol. Augsb. 780. Wolff. 6 ggr

Wolfgang. Supplementband zu der Geschichte der letzten 40 Jahre. (1856—1860.) 8. Stuttgart 1860.

Wolfgang, ..., die Wunderbohnen. Eine Erzählung für Kinder. gr. 12. Nürnberg 841. Winter. ⅛ ß

Wolfgang, Eberhard

Wolfgang, Eberh., er darf, s.: Heidelmann's, A., Theaterbibliothek.

Koppen-Lieder für Rast und Wanderung von Eberhard **Wolfgang.** Landeshut i. Rsgb.: Werner [um 1910]. 14 S. 8° [11. 1489

Wolfgang, Eberh., der Rat der Geisha. Lustspiel in 3 Aufzügen. (32 S.) 8. Leipzig (905). Rauh & Pohle. n. 1.50

Wolfgang, Ed., Verzeichniss der Sammlung der Abgüsse im herzogl. Museum zu Gotha. Gotha 869. Thienemann. 8. (V, 26 S.) n. 5 ngr.

Wolfgang, Emilie

Kriegers Abschied und Heimkehr. Erzählung von E[milie] **Wolfgang.** Berlin: Vereins-Buchh. 1895. (10 S.) 8° [F.]
= **Kleinkindergarten.** No 7. [05. 6237

Das Bärble vom Schwarzenberg. Erzählung von E. **Wolfgang.** *Berlin: Schriftenvertriebsanst. 1901.* (15 S.) 8° [F.]
= **Kleinkindergarten.** No 52. [03. 6797

Gerettet. Von Emilie **Wolfgang.** Berlin: Schriftenvertriebsanst. 1899. (14 S.) 8° [F.]
= **Kleinkindergarten.** No 39. [05. 6289

Wolfgang, Emilie, s.: Kleinkindergarten.

Der schwarze Siegfried. Erzählung von E[milie] **Wolfgang.** Berlin: Vereins-Buchh. 1895. (16 S.) 8° [F.]
= **Kleinkindergarten.** No 8. [05. 6258

Treu um Treue. Erzählung von E. **Wolfgang.** *Berlin: Schriftenvertriebsanst. 1901.* (16 S.) 8° [F.]
= **Kleinkindergarten.** No 53. [03. 6798

Ein seliges Weihnachtsfest. Erzählung von E. **Wolfgang.** *Berlin: Schriftenvertriebsanst. 1901.* (16 S.) 8° [F.]
= **Kleinkindergarten.** No 54. [03. 6799

Wolfgang, Hermann

Moloch. Musikal. Tragödie in 3 Aufz. von Max Schillings. Dichtung ... von Emil Gerhäuser. Dichtung u. Musik erl. von Hermann **Wolfgang.** Berlin: Schlesinger [1908]. (24 S.) 8° [F.]
= **Opernführer.** No 91.
(Schlesingersche Musik-Bibliothek.) [08. 10342

Wolfgang, Julius
Der Erbschaftsprozeß. Roman. Stuttgart 1877.
In: Bibliothek der Unterhaltung und des Wissens. Bd 11 ff.

WOLFGANG, Th. Die Courtisanen Brahmas. Budapest, Gustav Grimm, 1903. 8°.
Verb. d. Ldg. I Berlin 3 E. M. 101/04.

Wolfgang, Wilh., Lieder. 8. (VIII, 75 S.) Dresden 899. E. Pierson. n. 1. 50; geb. n. 2. 50

Wolfgardt, Rhold., Chorbuch f. höhere Lehranstalten u. Kirchenchöre. 58 geistl. u. weltl. Gesänge f. 3stimm. gemischten Chor (Sopran, Alt u. e. Männerstimme). gr. 8. (IV, 68 S.) Quedlinburg (900). Gr. Lichterfelde, Ch. F. Vieweg. n. — 60

Wolfgarten, G., die Bisquit u. der Bisquitprozeß, s.: Theater, kleines.

Wolfgarten, G., Deklamationsbuch für christliche Vereine, besonders Gesellenvereine. gr. 16. (VIII, 526 S.) Freiburg i. Br. 878, Herder'sche Verlagsh. geb. *

Wolfgarten, G., Deklamationsbuch f. christliche Vereine, besonders Gesellenvereine. 2. Aufl. 12. (XVI, 640 S.) Freiburg i/Br. 886. Herder. n. 2. 40; Einbd. n.n. — 60

Wolfgarten, G., Declamationsbuch f. christliche Vereine, besonders Gesellenvereine. 3., verb. Aufl. 12. (XV, 669 S.) Freiburg i/B. 893. Herder. n. 2. 40; geb. in Leinw. n. 3. 40

Wolfgarten, G., Deklamationsbuch f. christliche Vereine, besonders Gesellenvereine. 4., verb. Aufl. 12. (XII, 642 S.) Freiburg i/B. (901). Herder. n. 2. 40; geb. in Leinw. n. 3. 40

— **neue Sammlung v. Vorträgen f. christl. Vereine.** 12. (XI, 538 S.) Freiburg i/B. 896. Herder. n. 2. 40; geb. in Leinw. n. 3. 20

Wolfgarten, (Ed.) Gottfried

Wolfgarten, G., Ave Maria. Vollständiges Gebetbuch f. fromme Verehrer der hochgebenedeiten Gottesmutter. 4. Aufl. 30.—40. Taus. (VIII, 447 S. m. Titelbild.) 16. Geb. in Leinw. n. — 90

— **Festtags-Homilieen u. Fasten-Predigten.** 8. (IV, 139 S.) Paderborn 899. F. Schöningh. n. 1. —

Wolfgarten, Gottfr., Festtags-Homilien u. Fasten-Predigten. 2. Aufl. (IV, 143 S.) 8. Paderborn 908. F. Schöningh. 1. —

Wolfsgarten, G., ganz kurze Frühreden f. drei Jahrgänge. gr. 8. (XV, 591 S.) Mainz 891. F. Kirchheim. 5. 25

— **ganz kurze Frühreden für drei Jahrgänge.** 2. Aufl. gr. 8. (XV, 606 S.) Mainz 900. [F. Kirchheim.] Regensburg, F. Habbel. n. 5. 25; geb. n. 6. 40

— **ganz kurze Frühreden f. drei Jahrgänge. 3. u. 4. Aufl.** (704 S.) gr. 8. Regensburg 904. F. Habbel. n. 5. 25; geb. in Halbfrz. n. 6. 40

[F.] Vollständiges Gebet- und Erbauungsbuch für den Verein zur heiligen Familie von Nazareth v. [Ed. Gottfr.] **Wolfgarten,** Pfarrer in Elsdorf. *Kevelaer: J. Thum [1893?].* (320 S., 1 Taf.) 1 Bd 8. [96. 7035

— **vollständiges Gebet- u. Erbauungsbuch f. den Verein zur hl. Familie v. Nazareth.** 16. (320 S. m. 1 Stahlstich.) Kevelaer 893. J. Thum. Geb. in Leinw. n. — 75

[F.] Gelegenheitsreden und ausserkirchliche Ansprachen. Von G. **Wolfgarten,** Pfarrer ... *Paderborn: F. Schöningh 1897.* (IV, 168 S.) 1 Bd 8. [97. 8743

— **Gelegenheitsreden u. außerkirchliche Ansprachen.** 2. Aufl. 8. (IV, 168 S.) Paderborn 900. F. Schöningh. 1.20

Gelegenheitsreden und außerkirchliche Ansprachen. Von G[ottfried] **Wolfgarten,** Pfarrer. 3. Aufl. Paderborn: F. Schöningh 1907. (IV, 180 S.) 8° [F.] [07. 14535

— **Himmelsbrot.** Kurzes Gebetbüchlein f. die liebe Jugend. 32. (252 S. m. Abbildgn. u. 1 Farbendr.) Ebd. 888. Geb. in Ldrpap. m. Goldschn. — 50

[F.] Himmelsbrot. Kurzes Gebetbüchl. enth. d. nothwendigsten Gebete u. Andachten f. kathol. Christen. Von [Ed. Gottfr.] **Wolfgarten,** Pfarrer in Elsdorf ... *Kevelaer: J. Thum [1895].* (256 S.) 1 Bd 8.

— **dasselbe, f. d. liebe Jugend.** 32. (252 S. m. farb. Meßbildchen u. farb. Titelbild.) Ebd. 895. Geb. in Leinw. n. — 50

[F.] Himmelsbrot. Kurzes Gebetbüchl., enth. d. notwendigsten Gebete u. Andachten f. kathol. Christen v. [Ed. Gottfr.] **Wolfgarten,** Pfarrer in Elsdorf ... [Neue Aufl.] *Kevelaer: J. Thum [1896?].* (256 S.) 1 Bd 8. [97. 6259

— **Himmelsbrot.** Kurzes Gebetbüchlein, enth. d. nothwendigsten Gebete u. Andachten f. kathol. Christen. 16. (255 S. m. 1 Farbendr.) Kevelaer 896. J. Thum. Geb. in Leinw. m. Goldschn. — 60

— **Himmelsbrot.** Kurzes Gebetbüchlein, enth. die notwendigsten Gebete u. Andachten f. kathol. Christen. 130.—150. Taus. 16. (221 S. m. Titelbild.) Kevelaer 901. J. Thum. Geb. in Leinw. n. — 50

— dreifacher Jahrgang ganz kurzer Homilien auf alle gebotenen, sowie die sonstigen wichtigsten Festtage d. Kirchenjahres. 8. (VIII, 217 S.) Ebend. 885. 1. 50

— **Dreifacher Jahrgang ganz kurzer Homilien auf alle gebotenen sowie die sonstigen wichtigsten Festtage des Kirchenjahres.** 2. Aufl. (VIII, 217 S.) 8. Freiburg i/B. 909. Herder. 1.80; geb. in Leinw. 2. 60

Jesus meine Zuversicht! Mess-, Beicht-, Kommunion-Andachten etc. Von Pfarrer [Ed. Gottfr.] **Wolfgarten.** *Kevelaer: J. Thum 1900.* (192 S.) 8° [F.] [01. 9230 5

— **Jesus, meine Zuversicht! Meß-, Beicht-, Kommunion-Andachten** rc. 2. Aufl. (192 S. m. Titelbild.) 16. Kevelaer (903). J. Thum. Geb. in Ldr. m. Goldschn. n. 1. 35

— **Leitstern christl. Familien.** E. Gebet- u. Andachtsbuch f. kathol. Christen, d. nach Tugend u. Frömmigkeit streben nach dem Vorbild d. hl. Familie. 16. (XL u. S. 21—320 m. 1 Stahlst.) Ebd. 896. Geb. in Leinw. n. 1. —

— **Manna der Seele!** Vollständiges Gebet- u. Andachtsbuch f. Katholiken aller Stände, besonders f. Erstkommunikanten. 32. (384 S. m. 1 Stahlst.) Ebd. 893. Geb. in Chagrinldr. m. Goldschn. 1. 50

Manna der Seele! Vollst. Gebet- u. Andachtsbuch f. Katholiken aller Stände von Pfarrer [Ed. Gottfr.] **Wolfgarten-Elsdorf.** 3. Aufl. *Kevelaer: J. Thum [1900].* (413 S.) 8° [F.] [01. 9231 5

[F.] Mariengruss. Kurzes Gebetbüchlein ... f. kathol. Christen v. [Ed. Gottfr.] **Wolfgarten,** Pfarrer in Elsdorf ... *Kevelaer: J. Thum [1896].* (256 S.) 1 Bd 8. [96. 76316

Wolfgarten, G[ottfried]: Mariengruss. Kurzes Gebetbüchl. enth. d. notwendigsten Gebete u. Andachten f. kath. Christen. 90.–150. Taus. Kevelaer: J. Thum 1899. (224 S.) 8°

— **Mariengruß. Kurzes Gebetbüchlein, enth. die notwendigsten Gebete u. Andachten für katholische Christen. 106.–130. Tauf. 32. (221 S. m. Titelbild.) Ebd. 899. Geb. in Leinw. m. Goldschn. — 45**

— **Mariengruß. Kurzes Gebetbüchlein, enth. die notwendigsten Gebete u. Andachten f. kathol. Christen. 200.–210. Tauf. (192 S. m. Titelbild.) 10,5×7,5 cm. Kevelaer 907. J. Thum. Geb. in Leinw. m. Goldschn. — 50**

— himmlisches Palmgärtlein. Gebet- u. Andachtsbuch f. kathol. Christen. Ausg. f. Amerika 32. (416 S.) Ebd. 893. Geb. in Ldr. m. Goldschn. n. 1. 40

— Schritte zur Liebe Gottes. Vollständiges Gebetbuch f. fromme Verehrer der hochgebenedeiten Gottesmutter. Auszug aus „Marienpreis". 2. Aufl. 32. (391 S.) Ebd. 894. Geb. in Leinw. — 75

[F.] Schritte zur Liebe Gottes. Vollständ. Gebetb. f. fromme Verehrer d. hochgebened. Gottesmutter. Ausz. aus 'Marienpreis' v. G[ottfr.] **Wolfgarten,** Pfarrer. 3. Aufl. *Kevelaer: J. Thum [1896?].* (383 S.) 1 Bd 8. [96. 88162

Schritte zur Liebe Gottes. Vollst. Gebetbuch f. fromme Verehrer d. hochgebenedeiten Gottesmutter. Auszug aus 'Marienpreis' von [Ed.] G[ottfr.] **Wolfgarten,** Pfarrer. 4. Aufl. *Kevelaer: J. Thum [1900].* (383 S.) 8° [F.] [01. 9232 5

— short, practical sermons for early masses. Containing one sermon for every sunday in the year. From the German by a priest of the archdiocese of St. Louis, Mo. 3 vols. 8. (292, 293 u. 276 S.) Ebd. 893. 94. 96. Geb. in Leinw. à n. 5. —

Sonntagshomilieen. Von [Ed.] G[ottfried] **Wolfgarten,** Pfarrer. *Paderborn: F. Schöningh 1898.* (IV, 212 S.) 8° [F.] [00. 1619

Sonntagshomilien. Von G[ottfried] **Wolfgarten,** Pfarrer. 2. Aufl. Paderborn: F. Schöningh 1907. (IV, 212 S.) 8° [F.] [07. 14...

Stern des Heils! Vollständ. Gebet- u. Andachtsbuch f. Katholiken aller Stände von Pfarrer [Ed. Gottfried] **Wolfgarten**-Elsdorf. 60.–70. Taus. *Kevelaer: J. Thum [1902].* (VIII, 408 S.) 8° [F.] [04. 7458

Wolfgramm, Albert: Die Einwirkung der Gefangenschaft auf die Gestaltung des Wolfsschädels ... (Aus: Zool. Jahrb., Bd. 7. Abth. f. Syst.) Jena, G. Fischer, 1894; 61 S., 3 Taf. 8°
Rostock, Phil. Fak., Inaug.-Diss. v. [29. Juli] 1893.

Wolfgramm, Fr., s. Wolffgramm, Fr.

Wolfgramm Oskar: Der Idealismus und die Realschule in Österreich. 16. Pilsen R. 04.
Progr.

Wolfgruber, Matthias, Beichtbüchlein. Ein Beichtunterricht f. Kinder. (147 S. m. Titelbild.) 16. Linz 905. Preßverein. Geb. n. — 50

— **Beicht-Unterricht f. Erwachsene m. dazugehöriger Beicht- u. Kommunionandacht. (191 S.) 16. Salzburg (904). A. Pustet. Kart. n. — 50**

Wolfgruber, Matthias, die Gnadenstunde. Ein Lehr- u. Gebetbüchlein f. Erstkommunikanten u. die gesamte Jugend, welche zum Gastmahle des Herrn geladen ist. (III, 800 S. m. Abbildgn. u. 1 Farbdr.) 16. München (907). C. A. Seyfried & Co. Geb. in Leinw. — 70; m. Goldschn. 1. —

— Das Gotteskind. Ein Lehr- u. Gebetbüchlein f. kathol. Kinder. (III, 380 S. m. Abbildgn. u. 1 Taf.) 16. Ebd. (907). Geb. in Leinw. — 70; m. Goldschn. 1. —

Wolfgruber, Matthias, das Vater unser im Munde des Arbeiters. E. kleiner Beitrag zur Lösg. d. socialen Frage. 16. (180 S.) Salzburg 897. A. Pustet. n. — 60

Wolfhagen, E., pädagogische Studien, s.: Pfeil, E.

Wolfhagen, Friederike [Wirkl. Name]
s. Norden, Marie [Pseud.]

Die Dänen hinter dem Danewerk. Historischer Roman aus der jüngsten Vergangenheit Schleswig-Holsteins v. M. Norden [d. i.: Friederike **Wolfhagen**]. Leipzig. 1867. 8°

See- und Landgeschichte aus Schleswig-Holstein v. M. Norden [d. i. Friederike **Wolfhagen**]. Bd. 1. 2. Leipzig. 1866. 8°

Wolfhagen, Friedrich

Wolfhagen, F., Beschreibung der Stadt Tönning, nebst Erinnerungen, das erste Viertel dieses Jahrhunderts umfassend. 8. Friedrichstadt 838. (Altona, Aue.) n. 1 1/6 ßf

Wolfhagen, F., Beschreibung d. Stadt Tönning, nebst Erinnern., d. erste Viertel dies. Jahrh. umfassend. 8. (9 B.) Friedrichstadt 838. (Dessau, Aue.)

Gemeinde Wolfhalden. Der Gemeinderat an die werten Stimmberechtigten (über die finanzielle Besserstellung der Lehrer. 1902 Februar 5). [4 S.] 8.

Wolfhard, Adf., Kampf u. Friede. Gedichte. (95 S.) 8. Heidelberg 903. Ev. Verlag. n 1. 20

Wolfhardt, Helmuth, Mächte der Finsternis, s.: Weichert's Criminal-Bibliothek. 5. Bd.

Wolfheim, Maximilian: Casuistische Beiträge zur Symptomatologie der traumatischen Facialisparalysen ... Berlin, C. Vogt's Buchdr., 1892; 42 S., 2 Bl. 8°
Berlin. Med. Fak., Inaug.-Diss. v. 8. Nov. 1892.

[Russ.] Lečebnyja sredstva Naugejma i sposob ich dějstvija. Populjarno-naučnoe izloženie D-ra med. M. V. Vol'fgejma, ([Maximilian] **Wolfheim**), vrača v Naugejmě. Berlin: Murawkin [1910]. 61, II S. 8°
[Auf d. Umschl.:] Die Heilmittel Bad Nauheims u. ihre Wirkungsweise von M. Wolfheim

Wolfheim, Paul [pract. Arzt]: Ueber die eigentlichen Sehnervengeschwülste .... Königsberg, Emil Rautenberg's Buchdr., 1887; 26 S. + 1 Bl. u. 1 Taf. 8°
Königsberg, Med. Fak., Inaug.-Diss. v. 23. Dez. 1887

Wolfheim, Paul, über die eigentlichen Sehnervengeschwülste. Diss. Königsberg i. Pr. 1887. Graefe & Unzer. 8°. 26 S. mit einer Taf.

Wolfheim, Richard, appr. Arzt a. Breslau: Aus der Frauenklinik der Universität Heidelberg (Direktor: Geh. Hofrat Prof. Dr. von Rosthorn). Experimentelle Untersuchungen über die Durchlässigkeit des Keimepithels für corpusculäre Elemente und Bakterien (zugleich e. Studie üb. d. Topographie d. Bursa ovarica b. Tieren). Berlin 1906: S. Karger. (34 S.) 8°
Heidelberg, Med. Fak., Ref. v. Rosthorn, Diss. v. 1906
[Geb. 24. Juni 77 Breslau; Wohnort: Breslau; Staatsangeh.: Preußen; Vorbildung: Maria-Magdalenen-Gymn. Breslau Reife M. 95; Studium: Breslau 7, Göttingen 6, München 1, Heidelberg 4 S.; Coll. 14. Mai 06; Approb. 22. Juni 06.]

Wolfianer, Der Verliebte und Galante. (Freie satyr.-kom. Erzählung.) Franckfurth u. Leipzig 1739. 4⁰. (Auch in Dresden: Hist. philos. 83. LXII.)
14 SS. (incl. Titel, dessen Rücks. leer).

Wolfianerin, Die schöne, nebst zween philosophischen Briefen, deren einer von der Unsterblichkeit der Seelen, der andere aber von der vorherbestimmten Übereinstimmung handelt, aus dem Französ. übersetzt, mit Anmerkungen von C. G. J. 2 Bdchn. Franckfurt und Leipzig (F. Daniel Knochs Wittib in Franckf. a. M.) 1741. 8⁰. (In Stralsund, Rathsbibl.; auch in Carlsruhe: Ca 422; ferner in Dresden: Philos. A. 426.)
Vgl. Wolffianerin, ...

Wolfien, Reinhold: Ueber Chlorbrom-o-xylole und deren Derivate ... Freiburg i. B., Buchdr. v. Chr. Ströcker, 1889: 44 S. + 1 Bl. 8⁰
Freiburg i. B., Phil. Fak., Inaug.-Diss. v. 1889.

Wolfinan, v.: Geologische Studien aus Böhmen. 34 S. 8⁰
Leitmeritz, OR., Progr. 1873.

Wölfing, Gedenkbüchlein an Philipp Melanchthon. Eine Erzählung für Schule u. Haus. Hildburghausen 866. Kesselring'sche Hofbuchh. gr. 16. (VI, 68 S. mit dem Bildniß Melanchthons in Stahlst.) 5 ngr.; cart. 6 ngr.

Wölfing, E. B., und J. M. Anding, Altarliturgie für die Fest- und Feiertage beim evangel. Gottesdienst. gr. 8. (172 S.) Hildburghausen 852, Kesselring'sche Hofbuchh. *

Wölfing, E. B., Aurora. Eine poetische Gabe f. Musenfreunde. 8. Nürnberg 833. Riegel u. Wießner. 1/2 ₰

Wölfing, E. B., evangelischer Katechismus für Stadt und Landschulen. 4. unveränd. Aufl. 8. (124 S.) Hildburghausen 874, Gadow und Sohn. *

Wölfing, E. B., evangelischer Katechismus für Stadt- und Landschulen. 5. unveränd. Aufl. 8. (124 S.) Hildburghausen 878, Gadow und Sohn. * — 40

Woelfing, Georg Carl Eulogius: Versuch einer Kritik der von Herrn Hofrat Richter in seiner chirurgischen Bibliothek bekannt gemachten Rezension vor Herrn Hofrath Wedekinds allgemeiner Theorie der Entzündung und ihrer Ausgänge. Leipzig 1792. XVI, 70 S.

Wölfing, Geo. Karl Eulog., Versuch e. Kritik d. v. Richter in seiner chirurg. Bibliothek bekannt gemachten Recension von Wedekinds Entzündungen 2c. gr. 8. Leipz. 792. Jacobäer. (Aue in Altona). 6 gl.

Wölfing, Max

[F.] Totenfest-Predigt über Offenbarung Johannis 7, 13—17, geh. in d. hies. Garnisonkirche u. dem Andenken seines theuren Amtsvorgängers u. Freundes D. Emil Frommel gewidmet v. d. Militär-Oberpfarrer d. Garde- u. III. Armee-Korps Konsistorialrath [Max] Wölfing ...
Berlin: E. S. Mittler & Sohn 1896. (14 S.) 1 Bd 8. [97. 268]

Wölfing, Max, Worte ehrenden Gedächtnisses am Grabe des herzogl. S.-M. Kirchenraths, Superint. und Oberpfarrers zu Hildburghausen Dr. Wölfing, gesprochen am Himmelfahrtstage, den 25. Mai 1876. gr. 8. (8 S.) Hildburghausen 876, (Kesselring'sche Hofbuchh.) *

WÖLFINGER, Franz Xaver (Miesbach): Untersuchungen über den Staub in den Kranken-Sälen der Ersten medicinischen Abtheilung des städtischen Krankenhauses München 1.d.I.- München: Wolf 1877. 1 Bl.,66 S.
24.7.1877 - Urk (Titel: Disquisitiones de pulvere in cubilibus aegrotorum in aere suspenso.); Chr 1877/78,9
Diss. Ingolst.-Landsh.-Mchn.

Wolfinger, Max, das Freihandzeichnen an der Primarschule IV., V. und VI. Schuljahr. Aufgabensammlung für den Lehrer zum Vorzeichnen an der Schultafel, zusammengestellt aus den Vorlagswerken von Herdtle, Jakobsthal und eigenen Entwürfen. qu. gr. 4. (41 autogr. Bl.) Nebst autogr. Text. gr. 8. (27 S.) Baden 875. (Aarau, Sauerländer's Verlag.) In Mappe **

Wolfinger, Vikt., Ergebnisse e. Schulreise durch die fränkische Schweiz. Festgestellt aus freien Schüleraufsätzen. (IV, 98 S.) 8. Nürnberg 908. F. Korn. 1. 40

Wolfke, Mieczyslaw: Ueber die Abbildung eines Gitters bei künstlicher Begrenzung. Breslau 1910: Fleischmann. 51 S., 2 Taf. 8°
Breslau, Phil. Diss. v. 22. Aug. 1910, Ref. Lummer, Pringsheim
[Geb. 29. Mai 83 Lask; Wohnort: Czenstochau; Staatsangeh.: Rußland; Vorbildung: Realsch. Sosnowice Reife O. 01; Studium: Lüttich 4, Paris 6, Breslau 6 S.; Rig. 20. Juli 10.] [U 11. 753

Wölfl, G. G., Katechismus d. christl. Glückseligkeitslehre, fragweise entworfen. 2e Ausg. 8. Berl. 820. Nicolai. 4 gl.
— — s. auch Taschen-Katechismus.

WÖLFL, Jacob (Hohenau): De metrophlebitide.- Monachii: Wild 1840. 27 S.
25.?.1840 - Urk; F 64
Diss. Ingolst.-Landsh.-Mchn.

Wölfl, Valentin, a. München: Das Radioblei der Pechblende und seine Begleiter. München 1905: M. Ernst. (54 S.) 8°
München, Phil. Fak., Ref. v. Baeyer, Diss. v. 27. Juli 1905
[Geb. 8. Aug. 79 München; Wohnort: München; Staatsangeh.: Bayern; Vorbildung: Maximilians-Gymn. München Reife Juli 98; Studium: München 14 S.; Rig. 27. Juli 05.]

Wölfle, Gebh., Gedichte in der Mundart v. Bizau (im hintern Bregenzerwald). Mit e. Einleitg. u. e. Vorwort zur 2. Aufl. v. Herm. Sander. 2. verm. Aufl. (XXIV, 98 S. m. Bildnis.) 8. Dornbirn 907. F. Rusch. 1. —

Wölfle, Gebhard. Schwänke in der Mundart von Bizau, für die Bregenzerwälder Bauernbühne, von G' Wölfle. Mit einer Einleitung von Hermann Sander. XXII + 73 S. 8. Innsbruck, Wagner, 1908. [M. 1. —]

Wölfle, Herm., die Landshuter Hochzeit (1475). Lex.-8. (17 S.) Landshut 897. Ph. Krüll. n. — 40

Wölfle, Herm., Landshut im J. 2000. Fantasia. 12. (22 S.) Landshut 900. (Ph. Krüll.) n. — 20

Woelfle, Johannes, Ottoburanus: De adiectivi verbalis praesertim in Iliade usu Homerico. *Neoburgii 1902: Griessmayer.* (42 S.) 8°
München, Phil. Diss. v. 1902

Wölfle, Johannes: De adiectivi verbalis praesertim in Iliade usu Homerico. 42 S. 8. **Progr.** K. hum. Gymn. *Neuburg a. D.* 1902.

Wölfle, Joh. Bapt., Schreib- und Lese-Fibel, zugleich der erste Hauptheil einer gründl. Rechtschreibschule, mit einer Menge geeigneter Stoffes zu den ersten Sprachübungen für Kinder von 6—10 Jahren. 3., verb. Aufl. gr. 16. (68 S. und 4 lithogr. Bl.) Dillingen 847. (Nördlingen, Beck'sche Buchh.)

Wölfler, Anton

Wölfler, Ant., die Amputationen an Professor Billroth's Klinik 1877—1880. Ein Beitrag zur Amputations-Technik und Wundbehandlung. gr. 8. (III, 103 S. mit 6 eingedr. Holzschn.) Wien 882, Braumüller.

Ueber die Bedingungen der Wundheilung v. Prof. Dr. A[nton] Wölfler in Prag. *Berlin & Prag: Fischer 1895.* (14 S.) 1 Bd 8.
= Wander-Vorträge, Medicinische. II. 45. 97. 7371

Wölfler, Ant., die chirurgische Behandlung des Kropfes. gr. 8. (IX, 90 S. mit 1 Tab.) Berlin 887, Hirschwald.

Wölfler, Ant. Die chirurgische Behandlg. d. Kropfes. 2. u. 3. Thl. gr. 8. Berl., A. Hirschwald. * 17 —
2. Chirurgische Anatomie u. Pathologie des Kropfes u. Nebenkropfes. Mit 4 Taf. Abbildgn. u. Holzschn. (X, 157 S.) 890. * 8 —.
3. Die Behandlungsmethoden d. Kropfes, m. besond. Berücksicht. der von Hofr. Billroth von 1878—1884 an der Wiener Klinik u. vom Verf. von 1886—1890 an der Grazer Klinik behandelten Fälle. Mit 2 (1 farb.) Taf. Abbildgn. u. Holzschn. (II, 283 S.) * 9 —. 1891
[1. Thl.] Ebd. 1887. * 2 40.

Wölfler, Ant., die Chirurgie in ihrer Vergangenheit u. Zukunft m. besond. Berücksicht. steiermärkischer Verhältnisse. Antrittsrede, geh. am 20. Octbr. 1886. gr. 8. (34 S.) Graz 886. Leuschner & Lubensky. n. 1. —

—— über die Entwickelung und den Bau des Kropfes. gr. 8. (210 S. mit 19 lithogr. Taf.) Berlin 883, Hirschwald.
Aus: Archiv für klinische Chirurgie, besonders abgedruckt.

—— über die Entwickelung und den Bau der Schilddrüse mit Rücksicht auf die Entwickelung der Kröpfe. Imp.-4. (VII, 59 S. mit 4 lithogr. Taf. und 4 eingedr. Holzschn.) Berlin 880, G. Reimer. cart.

Wölfler, A[nton]: Ueber einige Fortschritte auf dem Gebiete der Magen-Darmchirurgie. Berlin: Fischer 1896. (20 S.) 8°
(Wander-Vorträge, Medicinische. H. 48.)

Wölfler, Ant., u. Vikt. **Lieblein,** die Fremdkörper des Magen-Darmkanals d. Menschen, s.: Chirurgie, deutsche. 46b.

Wölfler, Ant., u. Gust. Doberauer, Kunstfehler in der Chirurgie, s.: Handbuch der ärztlichen Sachverständigen-Tätigkeit. III.

—— über die von Hrn. Prof. Billroth ausgeführten Resectionen des carcinomatösen Pylorus. gr. 8. (V, 54 S. mit 5 lithogr. Taf. und 5 eingedr. Holzschn.) Wien 881, Braumüller.

Wölflin-Adamović, Wilhelmine, meine Memoiren. Hrsg. v. Jos. Schmall. 1.—9. Tausend (IV, 217 S. m. 7 Bildn.) 8. Berlin 908. Herm. Walther. 3.—; geb. 4. —

BRIEFE eines reisenden Franzosen über die Deutschen, ihre Verfassung, Sitten u. Gebräuche. Nebst Berichtigungen und Bemerkungen von einem Deutschen. (Verf.: *Wölfling* oder *Welfing.*) Franckfurth u. Leipzig (Dresden), 1796. 8°. VIII—352 S. (2 Mk., Lesesp., Lehmann & Lutz, 1884.)
Anon.-Lex. I. p. 264 (nach Meusel). — Nicht mit Riesbeck's Werk zu verwechseln!

Wölfling, s. Reise durch Thüringen.

Wölflinger, Christian [pr. Arzt in Zellerfeld]: Die Resultate von 60 Frühgeburtseinleitungen m. bes. Berücks. d. Barnes-Fehling'schen Methode. '(Nr. 106 bis 165 aus d. Klinik d. Prof. Ahlfeld)' ... Marburg, Univ.-Buchdr. '(R. Friedrich)', 1895; 55 S. 8.
Marburg, Med. Fak., Inaug.-Diss. v. 13. Apr. 1895

Wolfmann, Jul., Feuchtigkeit u. Schwammentwickelg. in Wohngebäuden. Technologische Studien üb. die Schwammgefahr, ihre Bekämpfung sowie ihre Beurteilg. bei Rechtsfragen. Mit 1 Titelbilde, 29 (z. Tl. farb.) Textbildern u. 25 Autotypietaf. (VIII, 175 S.) gr. 8. Berlin 910. F. Siemenroth. 5.—; geb. in Leinw. 6. —

Wolfner's Reisehandbücher, s. Singer.

Wolfowicz, Grigory [aus Miro (Russland)]: Ueber die Frage der pathogenen Eigenschaften des „Typhusbacillus" . . . Königsberg, Druck v. A. Hausbrand's Nachf. (1887); 32 S. + 1 Bl. 8°.
Königsberg, Med. Fak., Inaug.-Diss. v. 4. Aug. 1887

Wolfowicz, Grigory, über die Frage der pathogenen Eigenschaften des „Typhusbacillus". Inaugural-Dissertation. gr. 8. (32 S.) Königsberg 887, Koch.
Vgl. auch: Wolffowitz, G.

Wolfradt, Ant., Fürstbischof v. Wien etc., s. Hopf, Alex.

Wolfradt, Christian Daniel A. S. 579/6a

Dissertatio inauguralis juridica, de sagacitate judicis in criminalibus.
Präs. Ernst Johann Friedrich Mantzel.
Rostock (Adler) 17. IV. 1738. 20 S. 37238

Wolfram [Persönl. Name]

Wolfram v. Eschenbach, s. a. Eschenbach, Wolfram v.

—— s. National-Litteratur, deutsche. — Sammlung Göschen. — Schaefer, Karl. Titurel.

Wolfram v. Eschenbach, Auswahl, s.: Hagen, Paul.

— Auswahl, s: Hartmann v. Aue.

— Parcival. Rittergedicht. Aus dem Mittelhochdeutschen zum ersten male übers. von San Marte (Alb. Schulz). 2. verb. Aufl. Leipzig 858. Brockhaus. 16. (CXXIV, 359; XXVI, 520 S.) n. 4 ₰.

Wolfram v. Eschenbach, Parcival. Rittergedicht. Aus dem Mittelhochdeutschen zum ersten male übers. von San-Marte [Alb. Schulz]. 2 Bde. 3. verb. Aufl. 8. (XCII, 328; XXVI, 482 S. mit 1 Tab.) Halle 886, Niemeyer.
—— dass. — Auszug zum Schulgebrauche. Hrsg. von Friedr. Polack. gr. 8. (72 S.) Gera 886, Th. Hofmann. geb.
—— dass. — in neuer Übertragung, für alle Freunde deutscher Dichtung erläut. und zum Gebrauche an höheren Lehranstalten eingerichtet von Ghold. Bötticher. 8. (LXXI, 352 S.) Berlin 885, Friedberg und Mode.

Parcival. Rittergedicht v. Wolfram von Eschenbach. Aus dem Mittelhochdeutschen zum ersten male übersetzt v. San Marte (Albert Schulz). 3. Aufl. Bd. 1—2. Halle a. S. 1887. 8°

— **Parzival** in neuer Übertragung, f. alle Freunde deutscher Dichtg. erläutert u. zum Gebrauche an höheren Lehranstalten eingerichtet v. Ghold. Bötticher. 2., durchgeseh. u. verb. Aufl. 8. (XII, 410 S.) Berlin 893. Friedberg & Mode. n. 3. —; geb. in Leinw. n. 4. —

— dasselbe, im Sinne der amtl. Bestimmgn. zum Gebrauche an höheren Lehranstalten übers. u. eingerichtet v. Ghold. Bötticher. Kleine Ausg. 8. (VI, 199 S.) Ebd. 893. n. 1. 25

— dasselbe. Auszug zum Schulgebrauche. Hrsg. v. Frdr. Polack. 2., verm. Aufl. gr. 8. (76 S.) Gera 893. Th. Hofmann. n. — 60

[F.] Parzival v. Wolfram v. Eschenbach. Neu bearb. v. Hertz. *Stuttgart: J. G. Cotta Nachf. 1898.* (VI S., 1 Bl., 558 S.) 1 Bd 8. [97. 7677

[F.] Parzival von Wolfram von Eschenbach. Neu bearb. v. Wilhelm Hertz. 2. Aufl. *Stuttgart: J. G. Cotta Nachf. 1898.* (VI S., 1 Bl., 558 S.) 1 Bd 8. [98. 2812 Ma

— Parzival. Rittergedicht. Auszug zum Schulgebrauche. Hrsg. v. Frdr. Polack. 3. Aufl. gr. 8. (76 S.) Gera 899. Leipzig. Th. Hofmann. n. — 60; kart. n. — 75

— Parzival, im Sinne der amtl. Bestimmgn. zum Gebrauche an höh. Lehranstalten übers. u. eingerichtet von Ghold. Bötticher. Kleine Ausg. 2. Aufl. 8. (205 S.) Berlin 903. Friedberg & Mode. n. 1. 25

Parzival von Wolfram von Eschenbach. Übers. u. bearb. von Dr. G[ustav] Bornhak, Prof. zu Berlin. 2. Aufl. *Leipzig & Berlin: B. G. Teubner [1903].* (X, 94 S.) 8° [F.]
— Sammlung, Teubners, deutscher Dicht- u. Schriftwerke f. höh. Mädchenschulen. Bdch. 3. [04. 8585

— dasselbe, s. a. Teubner's Sammlung deutscher Dicht- u. Schriftwerke f. höhere Töchterschulen.

Parzival von Wolfram von Eschenbach. Im Ausz. übertr. u. erkl. von Dr. Gustav Legerlotz, Dir. in Salzwedel. *Bielefeld & Leipzig: Velhagen & Klasing 1903.* (XXI, 259 S.) 8° [F.]
— Sammlung, Velhagen & Klasings, deutscher Schulausg. Lfg 91. [03. 12691

— dasselbe, hrsg. v. Gust. Legerlotz, s. a. Velhagen & Klasing's Sammlung deutscher Schulausgaben.

Parzival von Wolfram von Eschenbach. Neu bearb. von Wilhelm Hertz. 3. Aufl. *Stuttgart & Berlin: J. G. Cotta Nachf. 1904.* (VII, 562 S.) 8° [F.] [03. 15523

— dasselbe. Rittergedicht. Auszug zum Schulgebrauche, hrsg. v. Frdr. Polack. 4. Aufl. (III, 73 S.) 8. Leipzig 905. [Th. Hofmann.] B. G. Teubner. n. — 60; geb. n. — 90

— dasselbe. In neuer Uebertragg. f. alle Freunde deutscher Dichtg. erläutert u. zum Gebrauch an höheren Lehranstalten eingerichtet v. Ghold. Bötticher. 3., durchgeseh. u. verb. Aufl. (XII, 412 S.) 8. Berlin 906. Friedberg & Mode. n. 3. —; geb. n. 4. —

— Parzival. Neu bearb. v. Wilh. Hertz. 4. Aufl. (VIII, 559 S.) 8. Stuttgart 906. J. G. Cotta Nachf. n. 6. 50; geb. in Halbfrz. n. 8. 50

Parzival. Ein höfisches Epos von Wolfram von Eschenbach. Übers. von Karl Simrock. Für Schulgebr. u. Selbstunterr. hrsg. von Dr. Johannes Spitzner, Oberl. zu Leipzig. Leipzig & Berlin: B. G. Teubner 1907. (IV, 144 S.) 8° [F.]
(Deutsche Schulausgaben, hrsg. von H. Gaudig u. G. Frick.) [07. 18301

— dasselbe, s. a. Schulausgaben, deutsche.

Parzival von Wolfram von Eschenbach im Sinne d. amtl. Bestimmungen z. Gebr. an höh. Lehranst. übers. u. eingerichtet von Prof. Dr. Gotthold Bötticher, Dir., Berlin. Kleine Ausg. 3. Aufl. Berlin: Friedberg & Mode 1908. (203 S.) 8° [F.] [08. 16618

— Parzival. Neu bearb. v. Wilh. Hertz. 5. Aufl. Mit e. Nachtrag v. Gust. Rosenhagen. (X, 581 S.) 8. Stuttgart 911. J. G. Cotta Nachf. 6.50; geb. in Halbfrz. 8. 50

— dasselbe, bearb. v. Emil Engelmann, s.: Parzival.

— dasselbe s.: Schaffstein's Volksbücher. (Henningsen, Nicol.

— dasselbe, s.: Universal-Bibliothek.

Wolfram v. Eschenbach, Parzival u. Titurel, s. Classiker, deutsche, des Mittelalters.

— Parzival u. Titurel, s.: Hesse's, Max, Volksbücherei.

— Parzival und Titurel. Rittergedichte. Uebersetzt und erläutert von K. Simrock. 3., wohlfeilere Ausg. Stuttgart 857. Cotta. 8. (2 Bl., 816 S.) n. 3 ℛ︀. 10 ngr.

— dass. — Rittergedichte. Uebersetzt und erläutert von Karl Simrock. 5. verb. Aufl. gr. 8. (376 S.) Stuttgart 876, Cotta'sche Buchh.

Wolfram v. Eschenbach, Parzival und Titurel. Rittergedichte, übers. und erläut. von Karl Simrock. 6. durchges. Aufl. gr. 8. (376 S.) Stuttgart 883, Cotta'sche Buchh. *
— dass. — für die Jugend, s. Niffert, J.

Wolframs von Eschenbach Parzival und Titurel. Hrsg. u. erkl. von Ernst Martin. T. 1. 2. *Halle a. S.: Waisenhaus 1900–03.* 2 Bde 8°
1. Text. 1900. 2. Kommentar. 1903.
— Handbibliothek, Germanistische. 9.

Die Amberger Parcifal-Fragmente [Ver.: Wolfram v. Eschenbach] u. ihre Berliner u. Aspersdorfer Ergänzungen. Hrsg. von Anton Beck. Amberg: H. Böes 1902. (50 S.) 4°

Wolfram von Eschenbach. 2. Ausg. von Karl Lachmann. (Herausg. von Mor. Haupt.) Berlin 854. G. Reimer. Lex.-8. (XLIV, 639 S.) 4 ℛ︀.

Wolfram von Eschenbach. 4. Ausg. von Karl Lachmann. gr. 8. (XLV, 640 S.) Berlin 879, G. Reimer. *

Wolfram v. Eschenbach. 5. Ausg. von Karl Lachmann. gr. 8. (XLVI, 640 S.) Berlin 891. G. Reimer. n. 8. —

Wolfram von Eschenbach hrsg. von Albert Leitzmann. H. 1–5. Halle a. S.: M. Niemeyer 1902–06. 5 Bde 8°
1. Parzival, buch 1 bis 6. 1902. 2. ... b. 7 bis 11. 1903.
3. ... b. 12 bis 16. 1903 4. Willehalm buch 1 bis 5. 1905
5. Willehalm buch 6 bis 9; Titurel; lieder. 1906.
— Textbibliothek, Altdeutsche. No 12–16. [07. 6380

Wolfram [Familienname]

Wolfram, zwei Ansprachen, s.: Zülch, H.

Wolfram, Gewerbefreiheits-Doctrin u. Lohnkampf, in deren Bedeutung f. die bürgerliche Ordnung. Offene Denkschrift, gerichtet an e. Staatsmann d. Gegenwart. gr. 8. (170 S.) Hamburg 888. Grädener's Sort. 3. —

Wolfram, Tafel f. d. Unterricht üb. das Gewehr 98, s.: Schaefer.

Wolfram Albin: De epistularum ad Atticum codicis Medicei pl. XLIX. 18 origine et auctoritate. II. 1896 PN 959 Diss. Wien, Univ.

Wolfram, August

Wolfram: Lessing und das Drama. I. II. 44 S. -Magdeburg D., Progr. 1860, 1866

Wolfram, Aug., Musterblätter für Stubenmaler. In natürl. Grösse. Enthalt.: Bordüren, Rosetten, Friese, Medaillons etc. 1—8. Hft., enthalt. (lith.) Taf. I—LXIII. Roy.-Fol. Quedlinburg 843—47, Basse. à 1 Thlr. 10 Ngr.

Wolfram, Aug., Musterblätter für Stubenmaler. In natürl. Grösse. Enth.: Bordüren, Rosetten, Friese, Medaillons etc. 9. Heft. Taf. LXIV — LXXI in grossen Royalbogen. Fol. Quedlinburg 850, Basse.
1—8. Heft. Ebendas. 1843—47. 10 Thlr. 20 Ngr.

Wolfram, Aug., Musterblätter für Stubenmaler. In natürl. Grösse. Enthaltend Bordüren, Rosetten, Friese, Medaillons etc. 10. Heft, enthaltend Taf. 72—79 in grossen (lithogr.) Royalbogen. Fol. Quedlinburg 853, Basse. Thlr.
1—9. Heft. Ebendas. 1843—50. zusammen * 3 Thlr., einzeln à Heft * 20 Ngr.

Wolfram, C. (Hrsg.). s. Anzeiger, Aussiger

Wolfram, C.: Feuerwehr in Dorf und Stadt. Eine Reihe lebender Bilder aus d. Feuerwehrleben mit verbind. Text u. Musikbegleitung. Berlin: (M. Böhm [1901]). (12 S.) 8°

Wolfram, C., Feuerwehr in Dorf u. Stadt. Eine Reihe leb. Bilder aus dem Feuerwehrleben, m. verbind. Text u. Musikbegleitg. gr. 8. (12 S.) Berlin (902). M. Böhm. 1.—

Wolfram, C. Chr. A., s. Wolfram, Karl Christian August

Wolfram, E., die germanischen Heldensagen als Entwickelungsgeschichte der Rasse. (248 S.) 8. Leipzig 910. M. Altmann. 3.—; geb. 4.—

Wolfram, E. Ch. A. „Die Anwendung der Algebra auf solche Rechnungen, welche im bürgerlichen Leben gewöhnlich vorkommen". pg. 11—17. 4°. H. Mintzel.
Hof, Progr. 1836/37

Wolfram, E. Ch. A. „Entwickelung der Methode, durch welche nach den Gauss'schen Formeln die schon vorläufig bekannten elliptischen Elemente einer Kometenbahn verbessert werden können, und Anwendung derselben auf den Halley'schen Kometen". Am Schluss des Programms steht die Titeländerung: „Entwickelung und Zusammenstellung derjenigen Gauss'schen Differenzialformeln, welche zur Verbesserung schon vorläufig bekannter elliptischer Elemente gebraucht werden, und Anwendung derselben auf die Bahn des Halley'schen Kometen". pg. 3—16. 4°. H. Mintzel.
Hof, Progr. 1837/38

Wolfram, E. Ch. A. (Lehramtsverweser) „Die apollonisch-parabolische Spirale". pg. 11—18. Nebst 2 Steindrucken. 4°. Hof, gedr. bei Heinr. Mintzel.
Hof, Progr. 1835/36

Wolfram, E. Ch. A. „Die archimedische Spirale". pg. 8—16. 4°. Mit 2 Tafeln. H. Mintzel.
Hof, Progr. 1834/35

Wolfram, Frau Elise, s.: Wolf-Rabe, F.

Wolfram, Erdmann, Progr. Einige Gedanken über den Unterricht in frequenten Schulanstalten. gr. 8. Posen 808.

Wolfram, Erdmann, latein. Lesebuch für untere Klassen. 8. Halle 788. 2e A. 797. 3e A. 804. Waisenh.-B. 10 gr.

— Nachricht von d. neu organisirten königl. Gymnasien in Posen. 8. Leipz. u. Posen ... 2e A. 804. Kühn. 4 gr.

— Pr. kurze Nachricht von d. beabsichtigten Verbesserung des Schulwesens in Posen u. vom Gymnasium insbesondere. gr. 8. Posen 808.

— Progr. über den Vortrag d. Naturlehre auf Schulen. gr. 8. Posen 806.

[F.] Bürgerzopf. Schausp. in 4 Aufz. v. Ernst Wolfram. *Aarau: H. R. Sauerländer & C. 1896.* (VI S., 1 Bl., 182 S.) 1 Bd 8.
= Bibliothek vaterländischer Schauspiele. [No] 46. 47. [96. 257

Wolfram, Ernst, der Landvogt von Speier. Schauspiel in 3 Acten. 8. (128 S.) Solothurn 879, Jent und Gaßmann.

Wolfram, Ernst H., evangelisches Choralmelodienbuch. Die Melodien nach dem Nassauischen Choralbuch mit sämmtlichen Lesarten der in den Hess. Landen, in Rheinland u. Westfalen gebräuchlichen Choralbücher von Wigand, Rinck u. Ritter. 3 Hfte. Für Seminare, Präparanden-Anstalten u. Volksschulen. gr. 8. Wiesbaden 876. Limbarth. n. 1. 60
1. 50 der gangbarsten Melodien. (28 S.) n. — 60
2. 50 weitere alt- u. neukirchliche Melodien. (28 S.) n. — 60
3. Biographische Notizen über die Dichter der Lieder u. kurzer Abriß der Geschichte des christlichen namentlich des evangelischen Kirchengesangs. (26 S.) n. — 40

Wolfram, Ernst H., evangelisches Choralmelodienbuch. Die Melodien nach dem Nassauischen Choralbuch und sämmtl. Lesarten der in den Hess. Landen, in Rheinland und Westfalen gebräuchl. Choralbücher von Wigand, Rinck und Ritter. Für Seminare, Präparanden-Anstalten und Volksschulen. 3 Hefte. gr. 8. Wiesbaden 878, Limbarth. *

Inhalt:
Heft 1. Fünfzig der gangbarsten Melodien. (28 S.) * 60 Pf.
" 2. Fünfzig weitere alt- und neukirchliche Melodien. (28 S.) * 60 Pf.
" 3. Biographische Notizen über die Dichter der Lieder und kurzer Abriß der Geschichte des christlichen namentlich des evangelischen Kirchengesanges. (26 S.) * 40 Pf.

Wolfram, Ernst, Führer durch Dillenburg u. Umgegend. Oberes Dillthal, südl. Rothaargebirge, nördl. Westerwald. Im Auftr. d. Dillenburger Verschönerungs-Vereins bearb. 12. (85 S. m. 2 Karten.) Dillenburg 895. (C. Seel's Nachf.) n. 1.—

Wolfram, Ernst H., Führer durch die Umgebung von Dillenburg, Dill-, Lahn- u. Sieggebiet zwischen Rothaargebirge u. Westerwald. Mit 1 Karte. Im Auftrage des Dillenburger Verschönerungsvereins bearb. 2. Aufl. gr. 16. (IV, 107 S.) Dillenburg 901. (O. Seel's Nachf.) n. 1.—

Wolfram, Ernst H., Führer durch die Umgebung v. Dillenburg u. durch das Dill-, Lahn- u. Sieggebiet zwischen Rothaargebirge u. Westerwald. Mit 2 Karten, 1 Stadtplan u. vielen Abbildgn. nach photograph. Aufnahmen. Im Auftrage des Dillenburger Verschönerungsvereins verf. 3., vollst. umgearb. Aufl. (168 S.) kl. 8. Dillenburg (906). C. Seel's Nachf. Geb. in Leinw. n. 1. 50

Handbuch des gottesdienstlichen Orgelspiels. Eine Sammlung von über 1000 Intonationen, Vor- u. Nachspielen ... f. Orgel u. Harmonien mit Berücks. aller kirchl. Verhältn. Bearb., komp. u. hrsg. von Ernst H. Wolfram. 1. 2 (in 1 Bde). *Leipzig: A. Deichert Nachf. [1901].* (93, 45 S.) quer-8° [F. u. Ant.] [01. 11317

Wolfram, Ernst H., geistliches Liederbuch für Kirchengesangvereine, Schulchöre und Familien. Enthaltend 100 Melodien mit 123 Texten, 18 liturg. Chöre und 3 Festandachten. Ausgewählt und bearb. gr. 8. (XVI, 135 S.) Wiesbaden 885, Limbarth.

Wolfram, Ernst H., nassauische Volkslieder. Nach Wort u. Weise aus dem Munde des Volkes gesammelt, m. litterarhistor. Anmerkgn. versehen u. auf Veranlassg. d. Bezirksverbandes d. Reg.-Bez. Wiesbaden hrsg. gr. 8. (482 S.) Berlin 894. R. Siegismund. n. 4.—; geb. in Leinw. n. 5.—

Wolfram, Ernst H., Wegweiser zur musikalischen Fortbildung des Volksschullehrers. 8. (VI, 46 S.) Leipzig 870, Merseburger.

Wolfram, Wesen, Bedeutung u. Einführung unseres neuen Choralbuches. Vortrag. — Jäger, die gottesdienstliche Benutzung der liturg. Stücke unseres Gesang- u. Choralbuches. 8. (58 S.) Herborn 899. Buchh. des nass. Colportagevereins. n. — 40; geb. n. — 55

Wolfram, Erwin, Irrlicht u. Sonnentau. 8. (VII, 148 S.) Dresden 901. E. Pierson. n. 2.—; geb. n. 3.—

Wolfram, Erwin, s. Wochenschrift, Süddeutsche.

Wolfram, F., Grundzüge zur Geschichte der neuen deutschen Dichtung. Von Schiller's Tod bis zur Gegenwart. Für höhere Lehranstalten u. zum Selbstunterricht. Leipzig 870. Matthes. gr. 8. (VII, 181 S.) 1 ₰ 7½ ngr.

Wolfram, Frz., Meister Heinrich. Eine Mär aus der Zeit der Bauernkriege in Salzburg u. Gastein. 1. u. 2. Aufl. (148 S.) kl. 8. Salzburg 907. [A. H. Huber.] E. Höllrigl. Geb. 1.70; erm. Pr. 1. —

Wolfram, G., die hannoversche Armee u. ihre Schicksale in u. nach der Katastrophe v. 1866, s.: Cordemann.

Wolfram, G.: Eine Reise nach Berlin im J. 1787, aus Heinr. Harries Tagebuche, s. Schriften d. Vereins f. d. Geschichte Berlins, Hft. 34.

Wolfram, Georgs.: Dex, Jaique, Metzer Chronik usw.

Wolfram, Georg: Friedrich I. und das Wormser Concordat. Marburg, N. G. Elwert'sche Verlags-Buchhandlung, 1883. 8. VIII, 176 S.

Geschichte der Stadt Metz von Dr. [Georg] **Wolfram**, Archivdir. Straßburg: J. H. E. Heitz 1905. (83 S.) 8°
Aus: Das Reichsland Elsaß-Lothringen.
— **Städte** u. Burgen in Elsaß-Lothringen. No 6. los. 5647

Wolfram, Geo., u. J. B. **Prenner**, Gesetze üb. die direkten Steuern im Königr. Bayern vom 9. VI. 1899. Hand-Ausg. m. Einleitg., Erläutergn. u. Vollzugsvorschriften nebst Sachregister. 2 Bde. 8. München 899. J. Lindauer. n. 8. 10; geb. in Leinw. n. 9. 10
1. Einkommensteuergesetz u. Kapitalrentensteuergesetz. (IX, 266 S.) n. 3. —; geb. n. 3. 50
2. Gewerbsteuergesetz. (IX, 449 S.) n. 5. 10; geb. n. 5. 60

Wolfram, G., s.: **Kunstdenkale**, elsässische u. lothring.

Wolfram, Geo. Die Reiterstatuette Karls d. Grossen aus der Kathedrale zu Metz. gr. 8. (III, 26 S. m. 2 Lichtdr.-Taf.) Strassburg i. E. 890, Trübner. * 2 —

Wolfram, G., s. Urkunden und Akten der Stadt Strassburg.

— die Dufresnesche Urkundensammlung. [Aus: „Jahrb. der Gesellsch. f. lothring. Geschichte etc."] Lex.-8. (30 S.) Metz 895. G. Scriba. n. 1. —

— u. F. **Bonnardot**, les voeux de l'épervier. Kaiser Heinrichs VII. Romfahrt. [Aus: „Jahrb. d. Gesellsch. f. lothring. Gesch. u. Altertumskde."] 4. (104 S.) Ebd. 895. n. 2. 50

Wolfram, (Lehrer) Gttl. Wlh. Alex., Briefsteller, welcher eine kurze Anleit. zu allerlei Arten von Briefen u. and. im tägl. Leben vorkommenden schriftl. Aufsätzen nebst Beispielen enthält ꝛc. 8. Halle 809. Dietlein. (Leipz., Lauffer). 6 ₰

Wolfram, Hans, Ref. in Werder a. d. Havel: Die L 11 § 2 de pignoribus et hypothecis etc. D. 20,1 und die Beurteilung ihres Tatbestandes nach heutigem bürgerlichem Rechte. Borna-Leipzig 1906: R. Noske. (VIII, 49 S.) 8° [J.]
Leipzig, Jur. Fak., Diss. v. 22. Febr. 1906
[Geb. 12. Jan. 81 Gerbstädt; Wohnort: Potsdam; Staatsangeh.: Preußen; Vorbildung: Landessch. Pforta Reife O. 02; Studium: Tübinger 3, Berlin 3 S.; Rig. 28. Sept. 05.]

Wolfram, Hugo: Behandlungsmethoden der in der Chirurgischen Klinik zu Würzburg in den letzten 10 Jahren operierten Strumen und Erfolge derselben. Berlin (1898): E. Streisand. (74 S.) 8°
Würzburg, Med. Diss. v. 1898.

Wolfram, Joh. Geschichte des Oldenburger Singvereins von 1821 bis 1896, nebst einem einleitenden Beitrage zur Geschichte der Musik in Oldenburg .... (1603—1821). Oldenburg 1896.

Wolfram, Johann Chr., s. Wolffram, Johann Chr.

Wolfram, Johann Georg, s. Wolframm, Johann Georg

Wolfram, Johann Ludwig Friedrich, s. Wolfram, Ludwig Friedrich

Wolfram, Joan. Steph. (geb. Posen 6. 1. 1826): De tribunis plebis usque ad decemviralem potestatem. Berolini (1856). (33 S.) 8°
Berlin, Phil. Diss. v. 19. März 1856

Wolfram, Karl Christian August

Wolfram, Christian August Dr. „Geometrische Ableitung der Differenziale der Grundfunktionen". pg. 3—14. 4°. Mit einer Tafel. Carl Anton Zürn.
Würzburg, Progr. 1851/52

Wolfram, Carl August Dr. „Die Ausdehnung der Körper durch die Wärme und der Wasserdampf". III/IV und pg. 1—44. 4°. Fried. Ernst Thein.
Würzburg, Progr. 1855/56

Wolfram, C. Chr. A. „Planimetrische und trigonometrische Entwicklung der bei den regulären Figuren vorkommenden Relationen und Berechnungen nebst den darauf basirten Ableitungen der Ludolphischen Zahl". pg. 3—18. 4°. Mit einer Tafel. Mintzel.
Hof, Progr. 1843/44

Wolfram, Carl Aug., Führer in das Reich der Geometrie für Schüler und Selbstlernende. gr. 8. (95 S. mit eingedr. Holzschn.) Würzburg 860, Stahel'sche Buchh. *

Wolfram, C. C. A. (kgl. Lehrer der Mathematik und Physik) „Ueber das spezifische Gewicht der Körper nebst seiner rein wissenschaftlichen und technischen Anwendung". pg. 3—20. 4°. Mit 2 Tafeln. Heinr. Mintzel.
Hof, Progr. 1840/41

— Hülfstafeln zur Berechnung der Holzpreise bei verschied. Taxen im 24½ Gld. Fuss. gr. 8. (33 S.) Hof 847, Grau.

— dass. — bei verschied. Taxen im 14 Thlr. Fuss. (1 Gr. = 12 Pf.) gr. 8. (55 S.) Ebds. 847.

— dass. — bei verschied. Taxen im 14 Thlr. Fuss in Groschen zu 10 Pf., zunächst für das Königr. Sachsen und die sächs. Herzogth. entworfen. gr. 8. (47 S.) Ebds. 848.

Wolfram, C. Chr. A., Cubaturen durch elementare Summationen. Eine Abhandlg. gr. 8. (15 S. m. 1 lith. Taf.) Hof 848, Grau in Comm. n. 6 ngr.

— Cubiktafeln, welche nach theoret.-prakt. Untersuchungen u. Erfahrungen den Inhalt runder Hölzer durchschnittlich am genauesten angeben. gr. 8. (XII u. 353 S. m. 1 lith. Taf.) Hof 847, Grau. n. 2 ₰

Wolfram, Carl Aug., Studien aus der höhern Analysis. I. Ueber die arithmetische und geometrische Bedeutung und Construktion der Taylorschen Reihenglieder und Differenzialquotienten nebst der directen Integration (Summation). Eine Abhandlung. gr. 8. (VIII und 24 S. mit 2 Stndr.-Taf. in 4.) Würzburg 867, Julien's Buchh. *

Wolfram, C. Chr. A. Dr. „Versuch einer neuen Darstellung der Lehre von den Potenzial- und Wurzelgrössen". pg. 3—22. 4°. Mintzel'sche Buchdr. (C. Hörmann).
Hof, Progr. 1848/49

Wolfram, C. Aug. Dr. „Von den Wärmemengen der Körper". pg. 3—36. 4°. F. E. Thein.
Würzburg, Progr. 1858/59

Wolfram, Carl G., s.: Kunstdenkmäler, elsässische u. lothringische.

Wolfram, Leo [Pseud.]
s.a. Prantner, Ferdinand [Wirkl. Name]

Wolfram, Leo, Wiener Federzeichnungen. gr. 8. (III, 292 S.) Berlin 871, Janke.

Wolfram, Leo, ein Goldkind. Roman. 2 Bde. Berlin 867. Janke. 8. (455 S.) 3 ᵭ

—— verlorene Seelen. Roman. 3 Bde. 8. (870 S.) Berlin 867, Janke.

Wolfram, Leo, Dissolving views. Romanfragmente. 3 Bde. 2. Aufl. 8. (XIV und 1378 S.) Hamburg 862, Hoffmann und Campe.

Wolfram, Ludwig: Heinrich Braun geb. 1732. † 1792. Ein Beitrag zur Geschichte der Aufklärungsepoche in Bayern. . . . München, k. Hof- u. Univ.-Buchdr. v. Dr. C. Wolf & Sohn, 1891; 31 S. 8°
München, Phil. Fak., Inaug.-Diss. v. 1891.

Wolfram, Ludw., Heinrich Braun, s.a. Abhandlungen, historische, aus dem Münchener Seminar.

Wolfram, Ludw., allgemeine Chronik des Volksschulwesens. 1—5. Jahrg. 1865—69. Altona, Haendcke & Lehmkuhl. br. 8. [1865. (VIII, 160 S.) 1866. (VIII, 160 S.) 1867. (VII, 166 S.) 1868. (VI, 176 S.) 1869. (VIII, 154 S.)] Jeder Jahrg. n. 12 ngr.

Wolfram, Ludw., allgemeine Chronik d. Volksschulwesens, fortgesetzt v. Rob. Wolfram. 6. Jahrg. 1870. br. 8. (VIII, 168 S.) Stuttgart 871. Haendcke & Lehmkuhl. n. 1. 20

— dasselbe. 1871 u. 1872. 7. u. 8. Jahrg. br. 8. (X, 170 u. X, 176 S.) Ebend. 872. 73. à n. 1. 50

Wolfram, Ludw., s. Chronik, allgemeine, des Volksschulwesens.

Wolfram, Ludw., the german echo; a faithful mirror of german every-day conversation. With a vocabulary by Henry Skelton. 8. (X und 195 S.) Leipzig 856, [Giegler.] *

—— dass. — Die tägliche Umgangssprache gebildeter Deutschen. A faithful mirror of german conversation. With a vocabulary by Henry P. Skelton. 2. revised edition. 8. (VI und 206 S.) [Ebendas.] 858. geb. *

—— deutsches Echo, die tägliche Umgangssprache gebildeter Deutschen. — The German Echo: a faithful mirror of German conversation. With a vocabulary by Henry P. Skelton. 3. revised edit. 8. (197 S.) Leipzig 864, Violet. geb. *

—— dass. — The German Echo: a faithful Mirror of German Conversation. With a Vocabulary by Henry P. Skelton. 4th and 5th revised edit. 8. (197 S.) Ebendas. 870,73. geb. *

—— dass. — The German Echo: a faithful Mirror of German Conversation. With a Vocabulary by Henry P. Skelton. 6th revised edit. 8. (197 S.) Ebendas. 879. geb. *

Wolfram, Ludw., deutsches Echo, die tägliche Umgangssprache gebildeter Deutschen. — Nouveau cours de conversation allemande. Avec un vocabulaire complet arrangé par F. Booch-Arkossy. 8. (IV und 220 S.) Leipzig 860, Violet. * geb. *

—— deutsches Echo, die tägliche Umgangssprache gebildeter Deutschen. — Nouveau cours de conversation allemande. Avec un vocabulaire complet arrangé par F. Booch-Arkossy. 2e édit. 8. (IV, 220 S.) Leipzig 870, Violet. geb. *

Wolfram, Ludw., deutsches Echo. Die tägliche Umgangssprache gebildeter Deutschen. — Nouveau cours de conversation allemande. Avec un vocabulaire complet arrangé par F. Booch-Arkossy. 3e édit. 8. (IV, 220 S.) Leipzig 879, Violet. geb. *

—— deutsches Echo, die tägliche Umgangssprache gebildeter Deutschen. Hoogduitsche Zamenspraken. Met een volledig Woordenboek door A. Gubitz. 8. (IV und 199 S.) Leipzig 865, Violet. geb. *

—— dass. — Hoogduitsche Samenspraken. Met eene volledige Woordenlijst bewerkt door A. Gubitz. 2. verb. Druk. 8. (IV, 128 S. und Wörterbuch 71 S.) Ebendas. 873. geb. *

Wolfram, Ludw., deutsches Echo. Unterhaltungen üb. alle Gebiete des modernen Lebens in deutscher Sprache. 9., gänzlich neubearb. Aufl. Mit 1 Karte des Deutschen Reiches. (VI, 132 S.) 8. Stuttgart (909). W. Violet. Geb. in Leinw. 1. 60

Wolfram, Ludwig, Dr.: Die Illuminaten in Bayern und ihre Verfolgung. Auf Grund aktenmässigen Befundes dargest. T. 1. *Erlangen 1899: F. Junge.* (44 S.) 8°
Erlangen, k. humanist. G, P 1899*

Wolfram, Ludwig, Dr.: Die Illuminaten in Bayern und ihre Verfolgung. Auf Grund aktenmässigen Befundes dargest. T. 2. *(Erlangen) 1900: F. Junge.* (78 S.) 8° ¶ [Forts. d. P-Beil. 1899.]
Erlangen, k. humanist. G, P 1900*

Wolfram, Ludw., die Illuminaten in Bayern u. ihre Verfolgung. Auf Grund aktenmäss Befundes dargestellt. 2 Tle. Progr. gr. 8. (44 u. II, 78 S.) Erlangen 899. 900. (Th. Blaesing.) à n. 1. —

— sind zur Erlernung der deutschen Rechtschreibung besondere Regeln nöthig? Ein Gutachten aus der Schulstube. gr. 8. (52 S.) Leipzig 858, Schlicke. *

Wolfram, Ludwig Friedrich

Wolfram, Jh. Ldw. Fr., vollständ. Abhandlung über Kalk, Gips u. Mörtel, für Cameralisten, Baumeister rc. 8. Culmb. 812. (Erlang., Palm). 12 gr.

Wolfram, Ludw. Friedr., Darstellungen d. Zimmerbauwerke, von d. einfachsten Holzverbindungen bis zu großen zusammengesetzten Dächern, Treppen rc.; entworfen u. erläut. f. Baugewerks- u. polytechn. Schulen, f. Bau- u. Werkmeister rc. Hft. I. u. II. gr. Fol. (17 Stnt. u. 4 B. Text.) Augsburg 831, Ebner.

Wolfram, Ludw. Friedr., Darstellungen d. Zimmerbauwerke, von d. einfachsten Holzverbindungen bis zu grossen zusammengesetzten Dächern, Treppen etc., entworfen f. seine Vorträge an d. k. bair. polytechn. Centralschule in München. 2 Hfte. Neue Ausg. gr. Fol. (18 Stnt. u. 4 B. Text.) Augsburg 839. (Stuttgart, Ebner u. Seubert.) *

Wolfram, Ludwig Friedrich: Darstellungen der Zimmerbauwerke von den einfachsten Holzverbindungen bis zur großen zusammengesetzten Dächern, Treppen, Brücken, Maschinen u. s. w. Neue Auflage. Stuttgart. 1842. Folio.

Wolfram's, Ldw. Fr., Darstellungen der Zimmerbauwerke von den einfachsten Holzverbindungen bis zu großen zusammengesetzten Dächern, Treppen, Brücken, Maschinen rc., erläutert durch besondern Text. Für technische Schulen, Bau- u. Werkmeister rc. Neue, durchaus verb. u. verm. Aufl. gr. Fol. (20 Taf. u. Text.) Stuttgart 843, Ebner u. Seubert. 4½ ᵭ

Wolfram, Ludw. Friedr., Darstellung der Zimmer-Bauwerke von den einfachsten Holzverbindungen bis zu großen zusammengesetzten Dächern, Treppen, Brücken, Maschinen ꝛc. Für technische Schulen, Bau- u. Werkmeister. Neue, durchaus verb. u. verm. Aufl. 2 Abthlgn. Stuttgart 867, 68. gr. Fol. [1. Abthl. (10 Steintaff. in Imp.-Fol. u. 36 Sp. Text.) 2. Abthl. (10 Steintaff. in Imp.-Fol. u. 81 Sp. Text.) Jede Abthl. n. 2 ß 4 ngr.

Wolfram, Ludw. Frdr., Darstellung der Zimmer-Bauwerke von den einfachsten Holzverbindungen bis zu großen zusammengesetzten Dächern, Treppen, Brücken, Maschinen ꝛc. Für techn. Schulen, Bau- u. Werkmeister. Neue, durchaus verb. u. verm. Aufl. gr. Fol. (84 Sp. m. 20 Steintaf. in Imp.-Fol.) Stuttgart 872. Wittwer. n. 12. —

— Handbuch für Baumeister. 1e Abtheil., d. Wissenschaftliche u. d. Kunst des Maurers u. Steinsetzers. 1r Thl. Maurerstofflehre. Mit 100 Figuren in Steindr. gr. 8. Rudolst. 817. 2e umgearb. Aufl. 821. Hofbuchh. 3 ß 2r Thl. Form- u. Verbindungslehre, mit 300 Fig. u. 2 Tabb. Ebd. 818. 3 ß 3r Thl. 1e Abtheil. (A. u. d. T.: d. Zimmermannskunst. 1e Abtheil.) Mit 453 Fig. auf 25 Kpft. gr. 8. Ebd. 824. 4 ß

Wolfram, (L. Fr.,) Handbuch f. Baumeister. 2r Thl. A. u. d. T.: Bau-, Form- u. Bauverbindungslehre. 1e Abthlg. 2e Aufl. 827. 3 Rthl. 18 gr. — 3r Theil, A. u. d. T.: die Zimmerwerkskunst 1e Abthlg. Mit 453 Figuren auf 25 Kupferpl. gr. 8. Rudolst. 824, Hofbuchh.

—— vollständ. Lehrbuch d. gesammten Baukunst. 1. Bd. 1—4. Abthl. — A. u. d. T.: Lehre v. d. Baustoffen. 1—4. Abthl. gr. 4. Stuttgart, Hoffmann.

Abthl. 1. Lehre v. d. natürl. Bausteinen, in Bezug auf ihr Vorkommen, ihre Erkennung, Benennung, Gewinnung, Prüfung, Behandlung, Zurichtung u. Anwendung als Mauer-, Deck-, Pflaster-, Straßenbau- u. Zierdestoff, mit Rücksicht auf d. bedeutendsten Bauwerke d. Alten u. Neuern, nebst Anh. üb. d. natürl. Baufarbstoffe. (26 B. u. 7 Stnt.) 833. 2 Thlr.

- 2. Lehre v. d. künstl. Bausteinen u. Verbindungsstoffen, od. Lehre von getrockneten Lehmsteinen, von d. Zubereitung, vom Brennen u. von d. Anwendung aller Ziegeleierzeugnisse, vom Brennen d. Kalkes u. Gipses, vom Baue d. Ziegel-, Kalk- u. Gipsöfen, von d. Mörteln aller Art, von d. Kitten ꝛc. (17 B. u. 12 Stnt.) 833. 1 Thlr. 16 Gr.
- 3. Lehre vom Bauholze, od. Lehre v. dessen Wuchs, Eigenschaften, Beschaffenheiten u. den Mitteln zu dessen längerer Erhaltung gegen Brand, Fäulniß u. Insektenfraß ꝛc.; Berechnung d. Widerstände geg. Bruch u. Biegnng in allen Lagen; vom Fällen, Transport; v. d. Berechnung, den Sorten d. Wald- u. Flößhölzer; sämmtl. Holztheile beim Land-, Erd-, Wasser-, Maschinen- u. Schiffbaue; Naturbeschreibung mit Angabe der Anwendung d. Bauhölzer in allen Zweigen d. Bauwesens, mit Rücksicht auf and. Gewerbe; übrige Nebenbaustoffe aus d. Pflanzenreiche. (24 B. u. 5 Stnt.) 833. 2 Thlr.
- 4. Lehre von d. Metallen (mit 181 ausgeführten erläut. Zeichnungen der vorzüglichsten in England, Frankreich, Oesterreich, Preußen, Schweden ꝛc. besteh. Schmelz- u. a. Metallöfen, Hammer-, Walz-Werke u. a. Maschinen, auf 20 Taf.). (21¾ B.) 835. 3 Thlr.

—— vollständ. Lehrbuch d. gesammt. Baukunst. 2. Bd. u. 3. Bd. 1—3. Abthl. gr. 4. Stuttgart, Hoffmann'sche Vrlsbuchh.

A. u. d. Ttln.:

Bd. 2. Lehre von den Erd-Bauarbeiten. 2 Abthln.

Abthl. 1. Lehre v. d. Erd-Bauarbeiten im Allgem. u. vom Gründen d. Gebäude ins Besondere. (23¾ B. u. 29 Stnt.) 837. 3 Thlr.

- 2. Lehre v. d. Erdarbeiten beim Wasserbau. (24¾ B. u. 7 Stnt.) 837. 2 Thlr. 18 Gr.

- 3. Lehre von den Hochgebäuden. 1—3. Abthl.

Abthl. 1. Lehre v. d. Formen u. Größenverhältnissen d. Hochgebäude in allen ihren massiven Theilen, in Absicht auf Schönheit, Zweck, Festigkeit, Dauer, Wohlfeilheit ꝛc. (22 B. u. 44 Stnt.) 838.

Abthl. 2. Lehre v. d. Ausführung d. Hochgebäude in allen ihren massiven Theilen, in Absicht auf Schönheit, Zweck, Festigkeit, Dauer, Wohlfeilheit ꝛc. (19½ B. u. 26 Stnt.) 839. 2 Thlr. 18 Gr.

- 3. Lehre vom Steinschnitte bei Mauern u. Gewölben. (18 B. u. 375 erläut. Fig.) 842. 2 Thlr. 18 Gr.

1. Bd. 4 Abthln. Ebendas. 1833—35. 8 Thlr. 16 Gr.

—— vollständiges Lehrbuch der gesammten Baukunst. 3. Bd. 4. u. 5. Abthl. A. u. d. Ttl.: Lehre von den Hochgebäuden. 4. u. 5. Abthl. gr. 4. Stuttgart, Hoffmann'sche Vrlgsh.

Inhalt:

Abthl. 4. Lehre von den Zimmer-Bauwerken der Hochgebäude. (23¼ B. u. 63 Stnt.) 844. 3 Thlr. 15 Ngr.

- 5. Von den Dachbedeckungen. (11 B. u. 20 Stnt.) 846. 1 Thlr. 15 Ngr.

Bd. 1, 2 u. 3. Bd. 1—3. Abthl. Ebendas. 1833—42. 23 Thlr. 8¾ Ngr.

Wolfram, Ludw. Herm., s. Marlow, F.

Wolfram, L(udw. Herm.), † (F. Marlow,) Parvulus. Novelle. (16½ B.) Leipzig 836, [Gebhardt u. Reisland.]

Wolfram, L., Parvulus. Novelle. 8. Leipz. 836. Weygand'sche Verlags-Buchh. (Gebhardt.)

Wolfram, Max. Untersuchungen über die Wirkung der Extracte von lebensfrischer Thymusdrüse. Diss. Vet.-Med. Bern. [Mit Figuren.]. *Kopftitel:* Aus dem physiologischen Institute der Tierärztlichen Hochschule zu Hannover... 56 S. 8. Berlin, Emil Streisand, 1909.

Wolfram Nuchim: Heinrich Heine und Ludwig Börne im Lichte des Saint Simonismus.
1899 PN 1223 **Diss**. Wien, Univ.

Wolfram, Pius: Die letzten Karthäuser, s. Dasbach's Novellenkranz.

Wolfram, Robert

Wolfram, Rob., Blicke in's Reich der Thiere. Zwickau 859. Verlagsbuchhdlg. des Volksschriften-Vereins. 8. (152 S.) 7½ ngr.

Wolfram, Rob., Chronik der Stadt Borna mit Berücksicht. der umliegenden Ortschaften. Neu bearb. gr. 8. (IV, 564 S.) Borna 886, (Schumann.)

—— Chronik der Stadt Borna. Ergänzungsbd. für die Besitzer der Ausg. von 1859. gr. 8. (140 S. und Nachträge 66 S.) (Ebendas.) 886.

Wolfram, Rob., Flora von Borna. Uebersicht der in der Bornaer Pflege wachsenden phanerogam. Gewächse. gr. 8. (XII, 82 S.) Borna 878, (Schumann.) *

—— Geographie von Sachsen, s. Geographie.

Wolfram, R., Geographie von Sachsen. Ein Leitfaden für Schulen und ein Wiederholungsbüchlein für Erwachsene. 2. verm. u. verb. Aufl. Borna 857. (Leipzig, C. L. Fritzsche.) 8. (24 S.) n. 1 ngr.

Wolfram, Rob., Männer des Verdienstes um Volkswohl, s. Männer.

—— sächsische Volkssagen. 8. (V und 90 S.) Zwickau 863, Buchh. des Volksschriften-Vereins. *

Wolfram, Rob., sächsische Volkssagen. 3. Bdchn. 8. (110 S.) Zwickau 873, (Döhner.)

Wolfram, Siegb., die neue Welt. Ein Vorspiel u. 3 Akte aus der Geschichte e. ersten Liebe. (VII, 142 S.) 8. Hamburg 909. C. H. A. Kloß. 2.—

Wolfram, William. Zur Statistik u. Technik der Resection bei gonitis tuberculosa. Diss. gr. 8. (56 S.) Königsb. i. Pr. 889, (Koch). * 1 —

Wolfram von Wolframitz, Karl Joh. Gottlieb von, s. Wolffram von Wolfframitz, Karl Joh. Gottlieb von.

Johann Georg Wolframm

Versuch über die höchstwahrscheinlichen Ursachen und Entstehung des Weichselzopfes nebst e. sichern Heilung desselben,... Von Johann Georgg Wolframm. Breslau: Korn 1804. XXII, 124 S. 8

Wolframm, J. G., Versuch über die höchstwahrscheinlichen Ursachen d. Weichselzopfs rc. 8. Glogau, G. Günther. 804.

Johannes Wolframm

Magnetismus und Immoralität. Ein merkwürdiger Beitrag zur geheimen Geschichte der medicinischen Praxis. Hrsg. von Johannes Wolframm. Leipzig: Hartknoch 1821. VI,93 S. 8°

Wolframm, (Joh., ps.) Magnetismus u. Immortalität. 2e Aufl. 8. Leipz. 823. Hartknoch.

Portraits de la cour de Pologne (par *Jean Frédéric de Wolframmsdorf*). Cologne 1704.
Anon.-Lex. VI., p. 270 (nach: Der neue Pitaval v. Hitzig u. Häring. Neue Serie 3. S. 129 u. 146).

WOLFRAN: Lobrede auf die heilige Elisabeth als . . . die Chorfrau Maria Anna . . . von Reichenau . . . ihre feyerliche Ordensgelübde . . . in . . Preßburg ablegte den 19ten Tag des Wintermonat im Jahre 1777. Verfasset von Wolfran. Preßburg 1777: Patzko 22 S. - 4°

Wolfrath, Dietr. Sam., Sammlung einiger Predigten. 8. Altona, Iversen. 763.

Wolfrath, Friedrich Wilhelm

— Abschiedspredigt gehalten in der Hauptkirche zu Altona am 2. Sonnt. n. Trin. über Philipp 1. 3—11. Altona. 1790. P.

— Abschiedspredigt gehalten in der Kirche zu Ottensen am 1. Sonnt. n. Trin. 1789 über Luc. 10. 5—6. Altona. 1790. P.

— Abschiedspredigt in d. Schloß- u. Garnisongemeinde zu Glückstadt über Eph. 4, V. 3. 8. Lemgo 806. Meyer. 3 ℊ

Wolfrath, Fr. Wlh., († d. 26. Juni 1812.) 2 Abschieds- u. 1 Antrittspredigt. 8. Altona 791. Hammerich. 6 ℊ

— Antrittspredigt gehalten bey der Gemeine zu Rellingen 1789 über Röm. 15. 29—30. Altona. 1790. P.

— Antrittspredigt in d. Stadtkirche zu Rinteln am 22. Trinit.-Sonntage 1805 über Ps. 25, V. 10. 8. Lemgo 806. Meyer. 3 ℊ

— Aussichten in d. unsichtbare Welt, ein Beitrag zu den Predigten über d. Bestimmung d. Menschen zum ewigen Leben. 8. Mělldorf 787. Mit n. Titel Hamb. 790.

— Auszug aus d. Katechismus d. christl. Lehre für d. Kirchen u. Schulen d. Graffschaft Schaumburg. 8. Rinteln 806.

Wolfrath, Friedrich Wilhelm: Charakteristik edler und merkwürdiger Menschen. Eine Fortsetzung der Feddersenschen Nachrichten. Th. 1. 2. Halle: Gebauer 1791–92. 8°
Vorh. u.d.T.: Feddersen, Jakob Friedrich: Nachrichten von dem Leben und Ende gutgesinnter Menschen.

— über den wirksamen Einfluß eines prakt. Geschichtsstudiums in d. Geistes- u. Herzensbildung, wie ins gemeinnützige Geschäftsleben. 8. Rinteln 806.

— Eintrittsfeier des 19n Jahrhunderts. 8. Hamb. 801. Kratsch. 10 ℊ

— Fragen üb. litura. Gegenstände rc. s. Fragen.

— liturgische Fragen, s. Fr. Konr. Lange.

— Freuden d. einsamen Andacht für denkende Christen. 3 Bde. 8. Hamb. 784—89. Bohn. 3 ℛß

— homilet. Handbuch über einige d. gewöhnl. Sonn- u. Festtags-Evangelien u. über freie Texte, fortgesetzt von W. A. Teller u. J. W. Olshausen. 3 Jahrgg. gr. 8. Schlesw. 798—807. (Hammerich in Altona). 10 ℛß 17 ℊ Zugabe dazu, s. J. W. Olshausen.

— W. A. Teller u. J. W. Olshausen, homilet. Handbuch üb einige d. gewöhnl. Sonn- u. Festtags-Evangelien und über freye Texte. 3 Jahrg. gr. 8. Schleswig, Röhs. 798–807. (1r Thl. 1s 22 gr. 2s 16 gr. 3s 12 gr. 4s 18 gr. Register 5 gr. 2r Jahrg. 1s 20 gr. 2s 16 gr. 3s 18 gr. 4s 22 gr 3r Jahrg. 1s 1 Rthlr. 6 gr. 2s 20 gr. 3s 1 Rthlr. 4 gr. 4s 1 Rthlr. 6 gr.)

— liturg. Handbuch, oder Anhang zur Schleswig-Holstein. Kirchenagende. 2 Thle. gr. 8. Marb. 806—9. Krieger. 1 ℛß 4 ℊ (1r Thl. A. u. d. T.: Anhang zur Schleswig-Holstein. Kirchenagende.)

— über militär. Institute u. Garnisonschulen, in Rücksicht auf d. preuß. Verordnung vom 31. Aug. 1799 rc. 8. Hamb. 800. Kratsch. 6 ℊ

Wolfrath, Friedrich Wilhelm, s. Lange, Fr. Konr.: Predigten.

— Lasset uns Gutes thun ohne müde zu werden. Eine Predigt über Gal. 6. 9—10. Glückstadt. U. A. P.

— Leben u. Charakter J. F. Feddersen, (aus d. 6n Bde d. Feddersen Nachrichten abgedruckt). 8. Lemgo 780. Meyer. 6 ℊ

— Menschenleben und Schicksal, Tod und Unsterblichkeit, 12 Predigten nebst 2 Anh. u. e. Friedenspred. 8. Rinteln, Steuber. 808.

— Menschenleben u. Schicksal, Tod u. Unsterblichkeit, 12 Predigten, nebst 2 Anh. u. e. Friedenspredigt. 8. Rinteln 808. Struber. 2e Aufl. gr. 8. Ebd. 812. (Meyer in Lemgo). 18 ℊ

— De poenis divinis haudquaquam arbitrariis. Diss. theol. inaug. Pars. I. Tychopoli. 1801. 4. (Mere udkom ikke).

Wolfrath, Friedrich Wilhelm: Predigt am öffentlichen Dankfeste für die glückliche Erhaltung der königlichen Familie bei Einäscherung des Schlosses Christiansburg in Copenhagen, geh. über Jesaia 43, 1–3 am Sonntage Oculi o. O. 1794. 8°

— Predigt bei Gelegenheit d. Vermählung des jetzigen Königs von Dänemark. 8. Altona 791. Hammerich. 2 ℊ

— Predigten über die Bestimmung des Menschen zum ewigen Leben. Altona. 1785.

— Predigten über d. Bestimmung d. Menschen zum ewigen Leben. 8. Hamb. 780. Bohn. 1 ℛß 8 ℊ

— geistl. Reden bei besondern Gelegenheiten gehalten. 8. Altona 791. Hammerich. 20 ℊ

— Religionslehrbuch für den fortgesetzten Schul- u. Confirmandenunterricht. 8. Hamb. 811. Vollmer. (Herold). 16 ℊ

Wolfrath, Friedrich Wilhelm, s. S t u r m, Cph.: Predigten.

— Versuch eines Lehrbuchs d. allgem. Katechetik u. Didaktik, als Vorbereit. auf d. religiös-moralische, zum Gebrauch f. academ. Vorlesungen. 8. Lemgo 807. Meyer. 12 ℛ

Wolfrath, Fr. Wlh., Lehrbuch d. allgem. Katechetik rc. Fortsetzung desselben, oder Versuch eines Lehrbuchs d. religiös-moralischen Katechetik u. Didaktik, zum Gebrauch für academ. Vorlesungen. 8. Lemgo 808. Meyer. 1 ℬ

Wolfrath, F[riedrich] W[ilhelm]: W a s soll der Candidat der Theologie wissen, um im Oberconsistorialexamen zu bestehen? Und wie kann er das am füglichsten lernen? Altona: Hammerich 1800. 8°

— Ueber den Werth der Freundschaft. Vier Predigten. Altona. 1805. Hammerich.

F. W. **Wolfrath**: Woran unterscheidet man d. wahre gemeinnütz. Aufklär. in der Religion v. d. falschen, gefährlichen? u. durch welche Mittel wird jene am glücklichsten gefördert, diese am sichersten verhindert od. verdrängt? *Alt.*, Hammerich. 803. 8° 1 ℬ

— W ö r t e r b u c h f. Theologen, Moralisten u. Denker aller Classen, 1ste Probe. gr. 8. Schleswig, Röhß. 794.

— Wörterbuch für Theologen, Moralisten u. Denker aller Klassen. 1e Probe. gr. 8. Schlesw. 794. (Hammerich in Altona). 20 ℛ Das ganze Wörterbuch. gr. 8. Ebd. 796.

Wolfrath, Gustav Anton von, s.a. W o l f f r a d t, Gustav Anton von

W o l f r a t h, G. A., Diss. jurid. sistens theoriam generalem de adquisitione fructuum. 4. Göttingen, Dietrich. 783.

W o l f r a t h s h a u s e n. Im Jahre 1814 v. K. Steuer-Kataster. 1 : 2,500. 1 Bl.

Wolfring, Lydia von

Wolfringů, L., Co jest ochrana dítek? K —.20
Wien: Pestalozziverein 1906.

Wolfring, Lydia v., E n t w u r f e. landwirtschaftlich-gewerblichen Kolonie. (I. internationaler Kongress f. Schulhygiene, Nürnberg, 4.—9. IV. 1904.) (32 S. m. Abbildgn.) gr. 8. Wien (VI, Dreihufeisengasse 3) 904. Pestalozzi-Verein. — 50

— Die schutzbedürftige J u g e n d u. ihre Wohlfahrt. (34 S.) Lex. 8. Wien 908. Manz. — 85

Erster Österr. Kinderschutzkongreß. Wien 1907. Die Kindermißhandlungen, ihre Ursachen und die Mittel zu ihrer Abhilfe von Lydia v. **Wolfring**. Wien: Manz in Komm. 1907. (125 S.) 4°(8°) 07. 5070

Wolfring, Lydia v., Kinderschutz u. Schule, s.: R e c h t s s c h u t z der Jugend. I u. II.

— Die Ursachen der V e r w a h r l o s u n g der Jugend. (51 S.) Lex. 8. Wien (VI, Dreihufeisengasse 3) 907. Pestalozzi-Verein. 1. 70
Sonderabdr. aus: „Schriften d. 1. österr. Kinderschutzkongresses".

Wolfring, L., Was ist Kinderschutz? Mit einem Anhang: Schutz des Kindes durch die österreich. Justizverwaltung. 8°. Wien, Fromme, 1905. (59 S.)

Wolfring, Lydia v., wie schützen wir die Kinder vor Misshandlung u. Verbrechen? Vortrag, geh. am 14. XII. 1899 im Saale des niederösterr. Gewerbevereines in Wien. gr. 8. (24 S.) Wien 899. (F. Deuticke.) n. 1. —

WOLFRING, Maximilian Candidus (Grafenau): Autocratia naturae.- Monachii: Poessenbacher (1834). 20 S. 24.4.1834 - Urk (Titel: Therapia naturalis.); F 62
Diss. Ingolst.-Landsh.-Mchn.

Wolfring, M. C., Kritik der Schrift: „Die Allöopathie u. Homöopathie verglichen in ihren Prinzipien von C. A. Eschenmayer;" in kurzen Umrissen gezeichnet. gr. 8. Eichstätt 835. (Regensburg, Pustet.) $^5/_{12}$ ℬ

Wolfring, M. C., Verhältniss des Organischen zum Anorganischen oder Grundlinien der vergleichenden Physiologie u. Physik. Lex. 8. (VIII u. 381 S.) Erlangen 848. Enke. n. 2 ℬ

W o l f r i n g, Wilhelm, Statistik der Masern, des Scharlachs und der Varicellen nach den Daten der Kieler medicin. Poliklinik von 1865 bis 1886. Diss. Kiel 1887, Haeseler-sche Sort.-Buchh. 8°. 23 S.

Wolfrom, J., s. *Voyageur*, le.

Wolfrum, August: Über die Bildung isomerer Verbindungen bei der Anlagerung von Bromwasserstoff an Diallyl, sowie ein Beitrag zur Kenntnis des Diallyls. . . . Leipzig. Druck v. Metzger & Wittig, 1890; 39 + 1 S. 8°
Leipzig, Phil. Fak., Inaug.-Diss. v. 12. Jul. 1890

Wolfrum, A., die G r u n d z ü g e der chemischen Didaktik. Eine Studie üb. das Studium der Chemie u. den Laboratoriumsunterricht. (V, 147 S.) gr. 8. Leipzig 903. W. Engelmann. n. 8. —

— die M e t h o d i k der industriellen Arbeit als Teilgebiet der Industriekunde beziehungsweise der technischen Chemie. (VII, 310 S.) gr. 8. Stutgart 904. F. Enke. n. 8. —

Wolfrum, A., chemisches Praktikum. 1. Tl. Analytische Übgn. 8. (XVII, 562 S. m. 25 Fig.) Leipzig 902. W. Engelmann. Geb. in Leinw. n. 10. —

— chemisches P r a k t i k u m. II. Tl. Präparative u. fabrikator. Uebgn. Mit 13 Fig. im Text u. e. Atlas u. d. T.: „Die Apparate der chem. Technik u. des Laboratoriums sowie die Einrichtg. vollständ. Betriebe"; enth. 721 Einzelbilder in 564 Fig. u. 11 Taf. (XII, 580 S. u. Atlas VIII, 156 S. in gr. 4.) 8. Leipzig 903. W. Engelmann. Geb. in Leinw. n. 28. —; Text allein n. 15. —; Atlas allein n. 20. — (Vollst.: n. 38. —)

Wolfrum, Bruno, Anleitung zum Studium der Militär-Geographie u. zur militärischen Länderbeschreibung. Ein Vortrag für Kriegsschüler u. junge Officiere. München 870. Lit.-art. Anstalt. gr. 8. (X, 79 S. mit 2 Steintaff. in 4.) n. 18 ngr.

Wolfrum, Carl, s. W o l f r u m, Karl

Wolfrum, Christian

Wolfrum, Ch., methodisches Handbuch f. den Rechenunterricht in der Volksschule, s.: L i e b, A.

Wolfrum, Christian, Max Langheinrich u. Heinr. Wolfrum, Schulfreude. Lesebuch f. das 1. Schulj. Bilder v. L. R. Spitzenpfeil. (II, 118 S.) gr. 8. Hof 910. R. Lion.
Geb. in Leinw. — 80

Wolfrum, Ch., Verordnungen u. Entschließungen f. den Unterrichtsbetrieb in den Volksschulen usw. Oberfrankens, s.: Seyffert h.

Wolfrum, Friedr., praktische Anleitung zur chemischen Prüfung, s. Schmid, F. Chr.

Wolfrum, Georg

Wolfrum, (G.,) Handbuch f. Jünglinge, welche den Stand d. Kaufmanns od. Fabrikanten als ihren künftigen Beruf erkennen, u. denen eine höhere u. zeitgemäße Bildung am Herzen liegt. gr. 8. Bamb. 825, (Dresch.)

Wolfrum, Geo., Handbuch für Jünglinge, welche den Stand des Kaufmanns oder Fabrikanten als ihren künftigen Beruf erkennen, u. denen eine höhere u. zeitgemäße Bildung am Herzen liegt. gr. 8. Bamb. 826. (Dresch). 1 ₰ 12 gl

Wolfrum, Geo., pract. Handbuch d. kaufmänn. Arithmetik. gr. 8. (13½ B.) Bamberg 835. (Nürnberg, Korn.) *

Wolfrum, G., Wechsel-Staats-Effecten- u. Geld-Course d. vorzügl. Handelsplätze mit Erklär. d. festen u. bewegl. Valuten, nebst e. Anh. üb. d. Staatspapierhandel, u. 2 Reductions-Tab. d. gebräuchl. Handelsgewichte u. Ellenmaasse. Lex.-8. (5¼ B.) Bamberg 834. (Nürnberg u. Fürth, Korn.) Thlr.

Wolfrum, G., Manuel für Kaufleute, Fabrikanten und Handlungszöglinge. Enthaltend: die Erklärungen der Wechsel- und Staatseffekten-Course der vorzüglichsten Handelsplätze; Aufgaben zur Berechnung der Wechselcourse; die allgem. deutsche Wechselordnung etc. 2., verb. Aufl. gr. 8. (IV und 107 S.) Bamberg 850, (Buchner'sche Buchh.) Thlr. *

Wolfrum, Gustav Adolf Karl

Wolfrum, Gust., Handels-Gewichts-Reduction des französ. Gewichtes in's Englische; in's deutsche Zollgewicht, das Pfund zu 30 Loth und zu 32 Loth; in's österreich. und in's russ. Handelsgewicht, und umgekehrt jedes einzelne derselben in die andern. Gründlich bearb. und verfasst von Gust. Adph. Carl Wolfrum. gr. 8. (XII und 70 S.) Frankfurt a. M. 861. (Leipzig, Hinrichs'sche Sortimentsh.) *
Feine Ausg. *

—— Münzen-Vergleichung mit Paritäts-Berechnung der Gewichte der meisten Länder Europa's und von Nord-Amerika. Gründlich bearb. und verfasst von Gust. Adph. Carl Wolfrum. qu. gr. 4. (VIII und 118 S.) Frankfurt a. M. 863. (Leipzig, Hinrichs'sche Sortimentsh.) * 2 Thlr.; geb. *

Wolfrum, Gust. Adf. Carl, Vergleichung der Handelsgewichte der meisten Länder Europas, sowie Nord-Americas, nebst Tafeln, Zeichnungen, wie auch Vergleichungen der hauptsächlichsten Fuss- und Ellenmaasse mit dem Metermaasse enth. 8. (VIII, 70 S.) Frankfurt a. M. 869, (Auffarth.) *

— Vergleich. d. Hohlmasse Europas sow. Nordamerikas m. d. Litermasse. Frankfurt 1869

—— Vergleichung der Hohlmaasse für Flüssigkeiten aller Länder Europas, sowie Nordamericas mit dem Litermaasse. Nebst Tab. über Preisumrechnungen etc. 8. (60 S.) (Ebendas.) 870. *

—— Vergleichung der Medicinal-[Apotheker-]Gewichte fast aller Länder, insbesondere Preussens, Oesterreichs, Bayerns, Hamburgs, Frankreichs, Englands [sowie Americas]; nebst einer Tab., Vergleichung der hauptsächlichsten Längenmaasse mit dem Meter enth. 8. (IV, 19 S.) (Ebendas.) 869. *

Wolfrum, Gust. Vergleichung der Münzen nebst Paritäts-Berechnungen f. Importeure u. Exporteure, Banquiers, Kapitalisten etc. 8. (36 S.) Frankf. a. M. 890, Rommel. * 1 50

Wolfrum, Heinrich: Schulfreude, s. Wolfrum, Christian.

WOLFRUM, Joh. Benj., Moralität von der äusserlichen Sinnlichkeit des Menschen, dem Geschmack der Wollust. Leipzig 1733. 8⁰. (1 Mk., Pgt., Liebner, Dresden, vor 1825; jetzt theurer!)

Wolfrum, Joh. Benj., Moralität v. d. äußerl. Sinnlichkeit d. Menschen, d. Geschmack. 8. Leipz. Fritsch. 733.

Wolfrum, Carl: Der kaufmänn. Briefverkehr u. Geschäftsbetrieb d. Gegenwart, s. Wolfrum, Max.

Wolfrum, Carl, die öffentl. Handelslehranstalt zu Leipzig in den J. 1831—1881. Zur Jubelfeier am 23. Jan. 1881 verf. Hrsg. v. der Kramer-Innung zu Leipzig. gr. 8. (114 S. m. 2 Lichtdr.) Leipzig 881. (Hinrichs' Verl.) n.n. 2. 50

Wolfrum, Carl, Mittheilungen über die Gründung u. Einrichtung der Handelsschule zu Gotha. Zur Jubelfeier des 50jähr. Bestehens dieser Anstalt verf. Gotha 868. (Thienemann.) gr. 8. (IV, 67 S.) n. 10 ngr.

—— u. Jos. Aymeric. Französische Originalbriefe über Wechsel- u. Warengeschäfte. gr. 8. (75 S.) Lpz. 890, Renger. cart. * 1 —

Wolfrum, Carl, u. Jos. Aymeric, französische Orig.-Briefe üb. Wechsel-, Waren- u. Speditionsgeschäfte. 2., verm. Aufl. gr. 8. (IV, 124 S.) Leipzig 896. Renger. Kart. n. 1. 50

Wolfrum, Carl (kgl. Lehrer der kaufm. Arithmetik) „Skizze der nordamerikanischen Handelsgeschichte". Erste Hälfte. Vom Jahre 1496—1791. pg. 3—23. 4⁰. Albr. Volkhart.
Augsburg, Progr. 1853/54

Wolfrum, Carl „Skizze der nordamerikanischen Handelsgeschichte". Zweite Hälfte. Vom Jahre 1791 bis auf die neueste Zeit. pg. 3-31. 4⁰. Albr. Volkhart.
Augsburg, Progr. 1854/55

Wolfrum, Carl, Uebersicht der Handelsbewegung in den Vereinigten Staaten von Nordamerika. Von der Gründung des nordamerikanischen Staatenbundes bis auf die neueste Zeit, mit besonderer Rücksicht auf die Handelsverbindungen Bayerns mit Nordamerika. Augsburg 855. v. Jenisch u. Stage in Comm. gr. 4. (31 S.) n. 6 ngr.

WOLFRUM, Ludwig (Augsburg): Statistisch-casuistische Beiträge zur Pathogenese der Hirnapoplexie.- München: Kastner & Callwey 1904. 56 S.
28.7.1904 - Chr 1904/05,13; Jv 1904/05,463 (Prom.-Datum: 28.11.1904)
Diss.Ingolst.-Landsh.-Mchn.

Wolfrum, Ludw., Beiträge zur Pathogenese der Hirnaploplexie, s.A. Abhandlungen. Münchener medizinische. 75. Hft.

Wolfrum, Ludwig: (I.) Ueber Quantitative Bestimmungen, welche auf Messung von Wasserstoffgas beruhen. (II.) Calciumcarbid. – (III.) Natriumsuperoxyd . . . Augsburg, Buchdr. v. Th. Lampart, 1896; 72 S., 8 Tab. 8⁰
Erlangen, Phil. Fak., Inaug.-Diss. v. 4. März 1896.

Wolfrum, Ludwig. Flammengrab und Erdgrab. Augsburger Verein für Feuerbestattung. 1906. 8⁰.

Wolfrum, L., Flammengrab u. Erdgrab. (80 S.) 16. Augsburg (906). (Lampart & Co.) n. — 20

Wolfrum, Max, ein Beitrag zur internationalen Buchhaltung. (76 S.) gr. 8. Aussig (908). (A. Becker.) 1. —

— u Carl **Wolfrum**, d. kaufmännische Briefverkehr u. Geschäftsbetrieb der Gegenwart unt. Berücksicht. der wichtigsten Fälle d. Waren-, Speditions-, Bank-, Export- u. Importgeschäftes, sow. d. kaufmänn. Auskunftswesens, Mahnverfahrens, d. Beschwerden u. Rundschreiben, nebst ausführl. Erklärgn. d. betreff. Geschäftsformen u. zahlr. Uebungsaufgaben. gr. 8. (VI, 292 S.) Leipzig 898. (Dürr'sche Buchh.) n. 4. —; geb. n. 4. 50

— u Carl **Wolfrum**, der kaufmännische Briefverkehr und Geschäftsbetrieb der Gegenwart unter Berücksicht. der wichtigsten Fälle des Waren-, Speditions-, Bank-, Export- u. Importgeschäftes sowie des kaufmännischen Auskunftswesens, Mahnverfahrens, der Beschwerden u. Rundschreiben, nebst ausführl. Erklärgn. der betr. Geschäftsformen u. zahlreichen Übungsaufgaben. 2., verm. u. verb. Aufl. (VIII, 320 S.) Lex. 8. Leipzig 908. (Dürr'sche Buchh.) 4.—; geb. 4. 50

Wolfrum, M., Die Buchführung beim Kohlenbergbau. Gr.-8°. (149 S.) † K 3.50
Aussig: A. Becker 1909.

Wolfrum, Max, Lehrbuch der Buchhaltung Für 2class. Handelsschulen u. z. Selbstunterricht bearb. gr 8. (80, 114 u. 85 S. m. 3 Bl. in qu. Fol. u. 5 Formularen.) Gablonz 897. H. Rössler. Kart. n. 2. 40

— Leitfaden d. amerikan. Buchhaltung, nebst d. Verbuchgn. nach d. italien. Methode im Commissions-, Speditions- u. Gesellschaftshandel. Für Handelsschulen, kaufmänn. Fortbildungsschulen u. z. Selbstunterricht. gr. 8. (85 S. u. 3 Bl. in qu. Fol.) Ebd. 897. Kart. n. 1. —

— Leitfaden d. doppelten Buchhaltung, nebst d. Wichtigsten aus der Lehre d. Conto-Corrent-Zinsrechng. Für kaufmänn. Fortbildungsschulen u. zum Selbstunterricht. bearb. gr. 8. (114 S.) Ebd. 897. Kart. n. — 90

Wolfrum, Max, Leitfaden der doppelten Buchhaltung nebst dem Wichtigsten aus der Lehre der Konto-Korrent-Zinsrechnung. Für kaufmänn. Fortbildungsschulen u. zum Selbstunterricht bearb. (Neue Aufl.) (112 S.) 8. Gablonz 906. H. Rössler. Kart. n. — 90

Wolfrum Max, Leitfaden der doppelten Buchhaltung nebst dem Wichtigsten aus der Lehre der Kontokorrent-Zinsrechnung. 4. Aufl. Aussig 1909. Verlag Ad. Becker. Kart. K 1.20. (112 S.)

— Leitfaden d. einfachen Buchhaltung nebst dem Wichtigsten f. d. Wechselverkehr, sow. d. Check- u. Clearingverkehr m. dem k. k. Postsparcassen-Amte. Für kaufmänn. Fortbildungsschulen u. z. Selbstunterr. gr. 8. (82 S. m. 5 Formularen.) Ebd. (896). Kart. n. — 80

— Leitfaden der einfachen Buchhaltung nebst dem Wichtigsten f. den Wechselverkehr sowie den Scheck- u. Clearingverkehr m. dem k. k. Postsparkassenamte. Für kaufmänn. Fortbildungsschulen u. zum Selbstunterricht bearb. 3. Aufl. Unveränderter, nach der neuen Rechtschreibg. hergestellter Abdr. der 1. Aufl. (80 S. m. 5 Formularen.) 8. Aussig 906. A. Becker. Kart. n. 1. —

Wolfrum M., Leitfaden der einfachen Buchhaltung nebst dem Wichtigsten für den Wechselverkehr sowie den Scheck- und Clearingverkehr mit dem k. k. Postsparkassenamte. 3. Auflage. Aussig 1907. Verlag von A. Becker. Geb. K 1.—

— Leitfaden der einfachen Buchhaltung nebst dem Wichtigsten f. den Wechselverkehr, sowie d. Scheck- u. Clearingverkehr m. dem k. k Postsparkassenamte. Für kaufmänn. Fortbildungsschulen u. zum Selbstunterricht bearb. 5. unveränd. Aufl. (80 S. m. 5 Formularen.) 8. Ebd. 911. Kart. 1. —

Wolfrum, Max, Leitfaden der Handelscorrespondenz, f. kaufmännische Fachschulen u. zum Selbstunterricht bearb. gr. 8. (III, 108 S.) Gablonz (899). (H. Rößler.) Kart. n. 1. 40

— das Mustercontor. E. Aufgabensammlg., enth. d. Geschäftsvorfälle v. sechs untereinander in Geschäftsverbindg. steh. Firmen f. Handelsschulen. gr. 8. (112 S. m. 1 Abb.) Ebd. 898. Kart. n. 1. 25

— das Musterkontor. Eine Aufgabensammlg., enth. die Geschäftsvorfälle v. 6 untereinander in Geschäftsverbindg. steh. Firmen, für Handelsschulen. 2. Aufl. (107 S.) gr. 8. Ebd. 906. Kart. n. 1. 50

Wolfrum, M., Das Musterkontor. Eine Aufgabensammlung, enthaltend die Geschäftsvorfälle von sechs miteinander in Geschäfsverbindung stehenden Firmen, für Handelsschule oder Handelsakademien. 3. Aufl. Gr.-8°. (106 S.) kart. K 1.50
Aussig: A. Becker 1909.

— Das Musterkontor. Eine Aufgabensammlg., enth. die Geschäftsvorfälle v. 6 untereinander in Geschäftsverbindg. steh. Firmen, f. Handelsschulen od. Handelsakademien. 3. Aufl. (unverändert). (106 S.) 8. Ebd. 910.

— zur Reform des Börsenwesens. (43 S.) gr. 8. Ebd. 904. n. 1. —

Das internationale Übungskontor. Zum Gebrauche an Handelshochschulen und Handelsakademien verfasst von Max Wolfrum. Olmütz. 1901. Grosse. Gr.-8°. XVI, 480 S. K 7.--

Das kaufmännische Unterrichtswesen in den Vereinigten Staaten von Nord-Amerika. Von Max **Wolfrum**, Dir. d. Außiger Handels-Akad. *Außig: (Selbstverl.); [A. Becker in Comm.] (1903).* (52 S.) 8° [04. 2827

— Währungsreform u. d. Notenbanken in Deutschland. gr. 8. (18 S.) Ebd. 898. — 50

Wolfrum, Moritz, Dr. med.: Beiträge zur Anatomie und Histologie der Aderhaut beim Menschen und bei höheren Wirbeltieren. Mit 2 Tafeln und 2 Figuren im Text. Leipzig: W. Engelmann 1908. (53 S. mit Taf.) 8° ¶(Aus: v. Graefe's Archiv für Ophthalmologie Bd 67 H. 2.)
Leipzig, Med. Fak., Hab.-Schr. v. 1908

Wolfrum, Moriz, approb. Arzt aus Hof: Aus d. anat. Institut zu Erlangen. Beiträge zur Entwickelungsgeschichte der Cornea der Säuger. *Wiesbaden: J. F. Bergmann 1902.* (35 S.) 8°
Erlangen, Med. Diss. v. [25. Juni] 1901

Joh. Seb. Bach von Philipp **Wolfrum**. Mit 16 Vollbild. u. 11 Faks. (Berlin): Bard, Marquardt & Co. [1906]. (179 S.) 8° [F.]
= **Musik**, Die. Bd 13. 14. [06. 5027

Wolfrum, Philipp, Johann Sebastian Bach. 2 Bde. 8. Leipzig 910. Breitkopf & Härtel. à 3. —; geb. in Leinw. à n 4. —; in Ldr. à n 5. —
1. Bachs Leben, die Instrumentalwerke. Mit 15 Vollbildern u. 10 Fksms. 2., neu durchgeseh. Aufl. (184 S.)
2. J. S. Bach als vokaler Tondichter. Mit Notenbeilagen u. Fksms. (217 S.)

Wolfrum, Ph., die Entstehung u. erste Entwickelung d. deutschen evangelischen Kirchenliedes in musikalischer Beziehung. Für Theologen u. kirchl. Musiker dargestellt. Mit musikal. Beilagen. gr. 8. (XIV, 250 S.) Leipzig 890. Breitkopf & Härtel. n. 5. —; geb. n. 6. 20

Wolfrum, Ph., Rhythmisch! Eine hymnolog. Streitschrift gegen Hrn. Prof. D. Cornill in Königsberg. gr. 8. (28 S.) Leipzig 894. Breitkopf & Härtel. n. — 75

Wolfrum, Ph., Schluss-Erwiderung auf d. „nichtrhythmischen" Auslassgn. des Hrn. Prof. Dr. C. H. Cornill in Königsberg. gr. 8. (15 S.) Leipzig 895. Breitkopf & Härtel. n. — 75

Wolfrum, Philipp, Text- u. Programmbuch zur Jubelfeier d. Bachvereins u. akad. Gesangvereins in Heidelberg 23.—25. X. 1910. Entworfen u. m. Randbemerkgn. verseh. Mit Bildern u. e. Notenbeilage. (66 u. 5 S.) gr. 8. Heidelberg (910). (E. Pfeiffer.) nn 1. —

Text- und **Programmbuch** zum Heidelberger **Musik-Fest**, 24.–26. Okt. 1903. Mit e. Einl. u. Beiträgen von Philipp Wolfrum, sowie mit Beiträgen von ... Mit Plänen, Ansichten u. Noten-Beigaben. *Heidelberg: K. Pfeiffer (1903).* (79 S.) 8° 104 850

Wolfrum, Philipp: Ein Weihnachtsmysterium nach Worten der Bibel und Spielen des Volkes. Op. 31. Vollst. Klavierauszug vom Komponisten. Heidelberg: F. W. Rochow in Comm. (1899). (113 S.) 4⁰

Wolfrum, Philipp: Ein Weihnachts-Mysterium nach Worten der Bibel und Spielen des Volkes zur Darstellung durch Musik . . . und lebende Bilder. Heidelberg: Rochow in Komm. [1899]. 16 S. 8⁰

Wolfrum, Wilh., Briefe u. Tagebuchblätter aus Ostafrika. gr. 8 (VI, 174 S. m. Bildnis, 4 Illustr. u. 1 farb. Karte.) München 893. H. Lukaschik. n. 2. 80

Wolfs, Hans, Beiträge zur Kenntnis primärer Disazofarbstoffe. Diss. gr. 8. (VII, 32 S.) Tübingen 899. F. Pietzcker. n.n. 1. —

Wolfs, Jean (geb. Cöln a. Rh. 26. 7. 1844) Einiges über den patholog.-anatom. Befund in den Organen bei der acuten Phosphorvergiftung, zusammengestellt nach den Obductionsberichten der Jahre 1861-68 aus den Journalen des hies. path. Instituts. Berlin (1868). (32 S.) 8°
Berlin, Med. Diss. v. 25. Juli 1868

Wolfs-Augen: 1900
Weekly. Reported by DABZ Dec. 1, 1900. Printed by Phillip Morlang.
St. Louis, MO

Wolfsberg, K. v., der Epauletten wegen. Schauspiel in 5 Aufzügen. (74 S.) 8. Dresden 905. H. Kramer. n. 1.—

— kleine Großstadt- u. große Kleinstadt-Geschichten. Ausgewählte Humoresken. (111 S.) 8. Ebd. 904. n. 2. —; geb. n. 3. —

— Liebe u. Leben. Lyrische Gedichte. (80 S.) 8. Ebd. 904. n. 2. —; geb. n. 3. —

— neue Lieder. 66 ausgewählte lyr. Gedichte. (80 S.) 8. Ebd. 904. n. 2. —; geb. n. 3. —

Wolfschläger, Caspar, a. Neger i. W.: Erzbischof Adolf I. von Köln ⟨1193--1205⟩ als Fürst und Politiker. Munster, Westf.: Coppenrath 1905. (112 S.) 8°
Münster, Phil. Fak., Ref. Meister, Diss. v. 26. April 1905
[Geb. 10. Okt. 82 Neger in Westf.; Wohnort: Münster i. W.; Staatsangeh.: Preußen; Vorbildung: Gymn. Paderborn Reife O. 01; Studium: München 1, Münster 6 S.; Rig. 16. Dez. 04.]

Erzbischof Adolf I von Köln als Fürst und Politiker ⟨1193–1205⟩. Von Dr. Caspar **Wolfschläger**. Münster ⟨Westf.⟩: Coppenrath 1905. (112 S.) 8°
Erschien auch als Inaug.-Diss. Münster 1905.
= **Beiträge**, Münstersche, z. Geschichtsforschung. N. F. 6. 1.6 6719

Wolfsdorf, Eugen: Die Auferstehung der Toten, s. Volksschriften zur Umwälzung der Geister.

Wolfsdorf, Eug., helle Augen! Klarer Sinn! Ein Buch f. Kinder freidenk. Eltern. (86 S.) kl. 8. Bamberg (908). Handels-Druckerei u. Verlagsh. Kart. — 75

— s.: Freidenker-Almanach.

Wolfsdorf, Eugen: Friedensgott od. Kriegsgott?, s. Volksschriften zur Umwälzung der Geister.

Wolfsdorf, Eugen: Das Gebet, s. Volksschriften zur Umwälzung der Geister.

— Freie Gedanken. Ein Lesebuch f. Kinder freidenkend. Eltern. (88 S.) kl. 8. Bamberg (909). Handelsdruckerei u. Verlagsh. Kart. — 75

Wolfsdorf, Eugen: Das jüngste Gericht, s. Volksschriften zur Umwälzung der Geister.

Gotteswort oder Menschenwerk? Von Eugen Wolfsdorf. *Bamberg: Handels Dr. 1901.* (61 S.) 8° [δ.]
= **Volksschriften** z. Umwälzung d. Geister. H. 28.

Wolfsdorf, Eugen: Auf der Grenze zweier Weltanschauungen. Eine Jahresschlussbetrachtung geh. in d. freireligiösen Gemeinde zu Liegnitz 1901. Bamberg: Handels-Dr. 1902. (60 S.) 8⁰
(Volksschriften z. Umwälzung d. Geister. H. 31.)

— Das Himmelreich, s.: Volksschriften zur Umwälzung d. Geister.

— der Kampf um die höchsten Güter der Menschheit. gr. 8. (28 S.) Bamberg (902). Handels-Druckerei & Verlagsh. — 30

— Konfessionsschule od. Simultanschule?, s.: Volksschriften zur Umwälzung der Geister.

Wolfsdorf, Eugen: Jesu Lehre, s. Volksschriften zur Umwälzung der Geister.

— Freie Religion, s.: Volksschriften zur Umwälzung der Geister.

Wolfsdorf, Eugen: Jesu Schicksal, s. Volksschriften zur Umwälzung der Geister.

Wolfsdorf, Eugen: Die Tiefen der Gottheit, s. Volksschriften zur Umwälzung der Geister.

— Die Todesstrafe, s.: Volksschriften zur Umwälzung der Geister.

— warum bin ich aus der Landeskirche ausgetreten? Antrittsvortrag, geh. in der freireligiösen Gemeinde zu Nürnberg am 15. VI. 1902. 12 (16 S.) Ebd. (902). — 20

Wolfsdorf, Eugen: Die Weisheit Israels, s. Volksschriften zur Umwälzung der Geister.

— Zeppelin, s.: Volksschriften zur Umwälzung der Geister.

Wolfsdorf, Wilhelm: Einfluss der Schrift auf die Aussprache des Neufranzösischen. *Bonn 1898: A. Henry.* (31 S.) 8° ¶(Soll vollständig erscheinen.)
Bonn, Phil. Diss. v. 6. Aug. 1898

Wolfsgruber, Cölestin O. S. B., s.: Abteien u. Klöster in Oesterreich.

— Augustinus. Auf Grund des kirchengeschichtl. Nachlasses v. Jos. Othmar Kardinal Rauscher. M. e. Bildn. v. Führich. gr. 8. (XVI, 952 S.) Paderborn 898. F. Schöningh. n. 15. —

— s.: Augustinus', des hl., Ostergruß.

—— s. De imitatione Christi libri IV.

— Franz I., Kaiser v. Oesterreich. 2 Bde. gr. 8. Wien 899. W. Braumüller. n. 12. —

1. Der Kronprinz v. Toscana 1768—1784. Mit 7 Bildern. (XII, 346 S.)
2. Der Erbprinz in Oesterreich. 1784—1792. Mit 2 Bildern u. der Nachbildg. e. Handschreibens Franzens. (VII, 246 S.)

Wolfsgruber, Cölestin, Giovanni Gersen, sein Leben und sein Werk De imitatione Christi. Mit Facsimiles mehrerer wichtiger Codices manuscripti. Lex.-8. (VIII, 268 S. mit 7 lithogr. und phototyp. Taf.) Augsburg 880, [Literar. Institut von Dr. M. Huttler.] Haugg. *

Wolfsgruber, Cölestin, O. S. B., Gertruden-Buch, s.: Reuter's Bibliothek f. Gabelsberger-Stenographen.

Wolfsgruber, Cölestin, Geschichte der Loretokapelle bei St. Augustin in Wien. gr. 8. (VI, 122 S. mit 4 Abbild.) Wien 886, Hölder.

Wolfsgruber, Colest. Gregor der Große. gr. 8. (XIV, 610 S. m. 2 Bildern.) Saulgau 890, Kitz. * 6 —; geb. ** 7 50
Feine Ausg. * 7 50; geb. ** 9 —

— Gregor d. Große. 2. Aufl. gr. 8. (XIV, 610 S. m. 2 Bild.) Ravensburg 897. H. Kitz. 5. —

Wolfsgruber, Cölestin Abt Ernest Hauswirth. S. 53—60. 8.
Progr. K. k. Ober-Gymn. zu den Schotten Wien 1901.

— die k. u. k. Hofburgkapelle u. die k. u. k. geistliche Hofkapelle. (XVII, 638 S. m. 84 Abbildgn. u. 11 Taf.) Lex.-8. Wien 905. Mayer & Co. n. 20. —; geb. n. 24. —

— die Hofkirche zu S. Augustin in Wien. Lex.-8. (VI, 155 S.) Augsburg 888. Literar. Institut v. Dr. M. Huttler. n. 5. —

— hortulus animae. Praecationes in usum omnium eruditorum praesertim studiosae iuventutis. 16. (XXVIII, 605 S. m. Holzschn.) Augsburg 884. Literar. Institut v. Dr. M. Huttler. n.n. 2. 50; geb. n. 4. —

— das Kaiser Ferdinand-Kruzifix in der k. u. k. Hofburgkapelle in Wien. 3 Predigten. Mit e. (farb.) Abbildg. dieses Kruzifixes. gr. 8. (31 S.) Wien 903. Mayer & Co. n. 1. 50

— die Kaisergruft bei den Kapuzinern in Wien. Mit 1 Plane, 1 Stammtaf. u. 4 Abbildgn. gr. 8. (X, 366 S.) Wien 887. Hölder. n. 7. —

Wolfsgruber, Cölestin, Carolina Auguste, die „Kaiserin-Mutter". gr. 8. (X, 299 S. m. Bildnis u. Fksm.) Wien 893. H. Kirsch. n. 6. —

Carolina Auguste, die Kaiserin-Mutter, u. ihr charitatives Wirken. Autor. Auszug a. d. biograph. Werke „Carolina Auguste, d. Kaiserin-Mutter" von Cölestin Wolfsgruber, Benedictiner. 8. (IX, 93 S. m. 1 Bildn.) Wien 898. H. Kirsch. n. 1. —

Wolfsgruber, Cölestin: Kirchengeschichte Oesterreich-Ungarns. — Wien. Kirsch 1909. VI, 215 S., 1 Kt.

Wolfsgruber, P. Cölestin, Die Correspondenz des Schottenabtes Anton Spindler v. Hofegg. Zur Secundiz des Hochwürdigen Herrn Abtes Ernest Hauswirth herausgegeben Gr.-8. (VI, 181 S.) Ebda. 1893. 2.—

— Kreuz, Krone u. Zepter. Drei Predigten, geh. zur Feier des Jubiläums der 60jähr. Regierg. Sr. Maj. d. Kaisers Franz Joseph I. (28 S.) gr. 8. Ebd. 908. — 50

Wolfsgruber, Cölestin Die vorpäpstliche Lebensperiode Gregors des Grossen. Nach seinen Briefen dargestellt. 8 (50 S.).
Progr. K. k. Ober G. z. d. Schotten Wien 1886.

—— die vorpäpstliche Lebensperiode Gregors des Grossen, nach seinen Briefen dargestellt. gr. 8. (50 S.) Wien 886. (Augsburg, Literar. Institut von Dr. M. Huttler.)

—— Lehrbuch der Kirchengeschichte für Gymnasien. gr. 8. (VI, 156 S. mit 20 eingedr. Holzschn.) Wien 883, Hölder. *

—— Lehrbuch der Kirchengeschichte für Mittelschulen. 2. verb. Aufl. gr. 8. (VI, 212 S. mit 25 Holzschn.) Ebendas. 884. *

— s.: Merici, Angela v., die hl. Ordensstifterin.

Wolfsgruber, Cölest., Christoph Anton Cardinal Migazzi, Fürsterzbischof v. Wien. Mit dem Portr. Migazzi's u. e. Fcsm. seiner Handschrift. (In 10 Lfgn.) 1. Lfg. gr. 8. (XII u. S. 1—96.) Saulgau 890. Kitz. n. 1. 50

— Christoph Anton Kardinal Migazzi, Fürsterzbischof v. Wien. Mit dem Portr. Migazzi's u. e. Fksm. seiner Handschrift. 2.—10. (Schluß-)Lfg. gr. 8. (XIII—XX u. S. 97—908.) Saulgau 891. H. Kitz. à n. 1. 50
(kplt.: n. 15. —; geb. in Halbfrz. n. 18. —)

— Christoph Anton Kardinal Migazzi, Fürsterzbischof v. Wien. E. Monographie u. zugl. e. Beitrag z. Geschichte d. Josephinismus. Mit d. Portr. Migazzis u. e. Fcsm. s. Handschr. 2. [Titel-]Ausg. gr. 8. (XX, 908 S.) Ebd. (891) 897. 15. —; geb. in Halbfrz. 18. —

Wolfsgruber, Cölestin Septem motiva contra Thomam de Kempis. VI, 108 SS. 8. Progr. Schott. G. Wien 1882.

—— septem motiva contra Thomam de Kempis. gr. 8. (VI, 108 S.) Wien 882. (Augsburg, Haugg.)

Wolfsgruber, Cölestin Nachruf an Abt Othmar Helferstorfer. 8 S. 8. Progr. Schott. G. Wien 1881.

— Predigt, geh. zur Sekundiz, die Se. Exz. der hochwürdigste Herr Bischof Dr. Laurenz Mayer, k. u. k. Hof- u. Burgpfarrer, Komtur des kaiserlich-österreich. Franz Josef-Ordens m. dem Sterne, Sr. k. u. k. apostol. Maj. wirkl. geheimer Rat, Obervorsteher des k. k. höh. Weltpriester-Bildungsinstitutes zum hl. Augustin, am 11. X. 1903 in der k. u. k. Hofburgkapelle gefeiert hat. (19 S. m. Titelbild.) gr. 8. Wien 903. Mayer & Co. n. — 60

— Apokalyptische Predigten. Mit den (16) Bildern zur Apokalypse v. Albr. Dürer. (VI, 140 S.) Lex. 8. Ebd. 908. 3. —

—— Joseph Othmar Cardinal Rauscher, Fürsterzbischof von Wien. Sein Leben und sein Wirken. gr. 8. (XXIII, 622 S. mit dem Portr. Rauschers und 1 Facs. seiner Handschrift.) Freiburg i. Br. 888, Herder'sche Verlagsh.

— der Rosenkranz. 6 Predigten. Mit e. Bilde v. Führich. gr. 8. (45 S.) Wien 901. H. Kirsch. n. — 80

(F) Die Schönheit, Heiligkeit und Wahrheit der katholischen Kirche. Drei Predigten des k. u. k. Hofpredigers Dr. Cölestin Wolfsgruber. Mit der „Roma“ von Führich. Wien. 1901. Mayer & Co. Lex.-8°. 27 S. K —.60

— Friedrich Kardinal Schwarzenberg. 1. Bd. Jugend- u. Salzburgerzeit. (XV, 372 S. m. Abbildgn., Titelbild u. 1 Taf.) Lex.-8. Wien 906. C. Fromme. n. 9.—; geb. in Leinw. n. 11.—

Wolfsgruber, Coelestin: Friedrich Kardinal *Schwarzenberg*. Bd 1—3. Wien & Lpz. '06—17. 4°

— Vademecum. Preces in usum cotidianum maxime necessariae. 2. Aufl. 32. (83 S.) Augsburg 888. Literar. Institut v. Dr. M. Huttler. n.n. — 25; geb. n.n. — 60

— Vademecum. Preces in usum cotidianum maxime necessariae. Collegit et ed. W. Ed. IV. (99 S.) 16. Augsburg 908. Literar. Institut v. Dr. M. Huttler. Geb. in Leinw. — 80

—— s. Van der navolginge Cristi ses boeke.

— das Vater Unser in zehn Betrachtungen. Mit 9 Stahlst. nach den bekannten Führich'schen Zeichnungen. gr. 8. (123 S.) Wien 879. Kirsch. n. 2. —

— das Vater unser. 2., verm. Aufl. Mit dem Pater noster (9 Stahlst.) v. Führich. gr. 8. (III, 151 S.) Wien 894. H. Kirsch. n. 3. —

— s.: Vie de la sainte fondatrice Angèle de Mérici.

Wolfsgruber, H., volkstümliche Kunst aus Ober-Oesterreich. Photograph. Aufnahmen v. Profanbauten des 18. u. 19. Jahrh. (30 Lichtdr.-Taf.) Fol. Wien 906. A. Schroll & Co. In Mappe n. 20. —

Wolfsgruber, Hans, die Buchhaltung des Maurers, s.: Gruber, Joh., u. Karl Wallantschek, Lehrbuch der gewerblichen Buchführung. (Betsche, Matthias.)

Wolfsgruber, Hanns, illustrirter Führer im Curorte Gmunden am Traunsee u. dessen Umgebung. Hrsg. anlässlich d. 25jähr. Jubiläums d. Curortes. Mit 17 Illustr., 1 Panorama u. 3 Karten in Farbendr. 8. (VII, 48 S.) Gmunden 886. (Mänhardt.) n. — 60

— illustrirter Führer im Curorte Gmunden am Traunsee u. dessen Umgebung. Mit 17 Illustr., 1 Panorama u. 3 Karten. 2. Aufl. 8. (VII, 48 S.) Gmunden 887. (Mänhardt.) n. — 80

Wolfsgruber, Hanns, illustr. Führer im Curorte Gmunden am Traunsee u. dessen Umgebung. 3. Aufl. 8. (74 S. m. 17 Illustr., 1 Panorama u. 3 Karten.) Gmunden 894. (E. Mänhardt.) n. — 80

Wolfsgruber, Hanns, illustr. Führer im Curorte Gmunden am Traunsee u. dessen Umgebg. M. 17 Illustr., e. Panorama u. 3 Karten. 4. Aufl. 8. (78 S.) Gmunden 897. (E. Mänhardt.) n. — 80

Wolfsgruber, Hans, illustr. Führer im Curorte Gmunden am Traunsee u. dessen Umgebung. Mit 17 Illustr., e. Panorama u. 3 Karten. 6. verb. Aufl. 8. (77 S.) Gmunden 901. (E. Mänhardt.) n. 1.20

Wolfsgruber, H, Illustrierter Führer im Curorte Gmunden am Traunsee und dessen Umgebung. 7. Aufl. Gr.-8°. (ill. 82 S. mit 1 Panorama und 3 Karten.) † Ebda 1903. K 1.40

Wolfsgruber, Hans, illustr. Führer im Kurorte Gmunden am Traunsee u. dessen Umgebung. Mit 18 Illustr., 1 Panorama, 3 Karten u. 1 Wegmarkierungstaf. 8., verb. Aufl. (83 S.) 8. Gmunden 906. (E. Mänhardt.) n. 1.20

Wolfsgruber, Hans, illustrierter Führer im Kurorte Gmunden am Traunsee u. dessen Umgebung. Mit 18 Illustr., 1 Panorama, 3 Karten u. 1 Wegmarkierungstaf. 9., verb. Aufl. (83 S.) 8. Gmunden 908. (E. Mänhardt.) 1.20

—— Karte der Alpen zwischen Lech und Inn und die Umgebung von München. 1 : 400,000. Chromolithogr. Fol. Ebendas. 887.
Aus: Topographische General-Karte von Südwestdeutschland.

Wolfsgruber, Hanns, illustrirte Karte von Aussee und und Hallstatt, des Gosau-, Hallstätter-, Altausseer-, Grundl-, Toplitz- und Kammer-Sees mit 50 in die Karte eingedr. Ansichten der schönsten Punkte etc. 1 : 50,000). Photolithogr. und color. qu. gr. Fol. Gmunden 886, (Mänhardt.)

—— illustrirte Karte des Curortes Ischl sammt Umgebung mit 40 in die Karte eingedr. Ansichten der schönsten Punkte etc. 1 : 25,000. Photolithogr. und color. gr. Fol. Ebendas. 886.

Wolfsgruber, Hanns, illustrirte Karte des Schafberg-Gebietes mit dem Atter-, Mond-, Zeller-, St. Wolfgang- und Fuschl-See, mit 45 in die Karte eingedr. Ansichten der schönsten Punkte etc. 1 : 50,000. Photolithogr. und color. gr. Fol. Gmunden 886, (Mänhardt.)

—— illustrirte Karte des Traun-See's sammt Umgebung mit 50 in die Karte eingedr. Ansichten der schönsten Punkte, einzelner Villen etc. 1 : 25,000. Photolithogr. und color. gr. Fol. (Ebendas.) 886.

—— dass. — Mit 50 in die Karte eingedr. Ansichten der schönsten Punkte, einzelner Villen und Angabe der Wegmarkirungen. 2. Aufl. Photolithogr. und color. gr. Fol. (Ebendas.) 888.

—— Karte des Salzkammergutes und Berchtesgaden mit Chiemsee, Kaisergebirge, Gross-Glockner und Gr. Venedigergruppe, zugleich Touristenkarte der Giselabahn. 1 : 400,000. Fol. Ebendas. 887.

—— Karte der Umgebung von München. Starnberger-, Ammer-, Kochel-, Tegern- und Schliersee. 1 : 400,000. kl. Fol. Ebendas. 887.

Wolfsgruber, Hanns, die Curmittel von Gmunden. Aerztlicher Rathgeber beim Curgebrauche. 8. (32 S.) Gmunden 885. (Mänhardt.) n. — 40

Wolfsgruber, Hanns, die Curmittel u. Cur-Anstalten v. Gmunden. Ärztlicher Rathgeber zum Curgebrauche. 2. Aufl. Mit e. Ansicht u. e. Plane d. Curortes. 8. (VII, 43 S.) Wien 890. Braumüller. n. 1.20

—— Touristen-Karte der Bayerischen Alpen mit ihren Vorlandseen und Nord-Tyrol, Salzburg, Steyermark, Innviertel. 1 : 400,000. 2. Aufl. Chromolithogr. qu. gr. Fol. Ebendas. 887.

Wolfshagen [Schlagwort]

Wolfshagen, s.: Braunschweig. Landeskarte. — Preussen. Messtischblätter.

Wolfshagen, G. v. (Carl Cassau), die Pluderhosen des Junkers v. Bützow. Die Ueberschwemmten. Ein Päckchen Briefe. Heimchen, s.: Enßlin's Roman- u. Novellenschatz.

Was muß man von der Milch-, Butter- und Käsewirtschaft wissen? Von Bernhard Wolfshofer. *Berlin: H. Steinitz (1904).* (80 S.) 8° [ß.] (04. 8353)

Wolfshofer, Bernh., wie schützt man sich gegen Raubzeug u. Ungezieser jeder Art? gr. 8. (78 S. m. Abbildgn.) Berlin (902). H. Steinitz. n. 1. —

Wolfshöhle, od. d. Glücklichen in Eckendorf; ländl. Gemälde v. Montanus. 8. Zerbst, Füchsel. 807.

WOLFSJAGD, Die. Sittengemälde aus Neuabdera oder Ernst und Scherz. Philadelphia (Zürich). 1836. 8°. Selten! (8 Sgr. Steinkopf. Stuttg., 1874; jetzt hoher!)

WOLFSKEHL, Henry (Frankfurt a.M.): Auffassungs- und Merkstörungen bei manischen Kranken.- Leipzig: Engelmann 1905. 58 S.- S.-Abdr.aus: Kraepelin, Psycholog. Arbeiten. Bd.5, H.1. 16.5.1905 - Chr 1904/05,16: Jv 1904/05,465 (Prom.-Datum: 2.8.1905)
Diss.Ingolst.-Landsh.-Mchn.

Wolfskehl, Karl, s.: Dichtung, deutsche.

— u. Frdr. v. der Leyen, älteste deutsche Dichtungen, übers. u. hrsg. (II, 110 S.) 8. Leipzig 909. Insel-Verlag. 5.—; geb. in Pappbd. 6.—; in Perg. 10.—

Wolfskehl, Karl, gesammelte Dichtungen. (135 S.) gr. 8. Berlin 903. G. Bondi. n. 2. 50

Wolfskehl, Karl: Germanische Werbungssagen. I. Hugdietrich. Jarl Apollonius . . . Darmstadt, A. Bergsträsser. 1893; 4 Bl., 33 S. 8°
Giessen, Phil. Fak., Inaug.-Diss. v. 1893.

Wolfskron, Adolph R. von —. Beiträge zur Geschichte des Meistergesanges in Mähren. Von — —. (Mit einer Kunstbeilage.) (Aus dem 7ten Hefte der Schriften der historisch statistischen Sektion besonders abgedruckt.) 8. (54 S.) Brünn. Druck von R. Rohrers Erben. 1854

Wolfskron, Otto Ritt. v. Rundschau von Klgft. Klgft. u. Villach, Liegel. (v. Waldheim in Wien). (1872). Folio/Oktav. 1 Bl.

Wolfsleben, Kurt: Über Naphtoresorcin und 1-3-Amidonaphtol. 1909. 48 S. 8°
¶ Vgl. Berichte d. Deutschen Chem. Gesellschaft. Jg. 44. 1911.
Braunschweig, Dr.-Ing.-Diss. v. 20. 7. 1909

Wolfsohn (Carl Maien), C. Wilh., Biographien russischer Poeten rc., s. Literatur, die schönwissenschaftl., d. Russen.

†Wolfsohn, C. Wilh., (Carl Maien), die schönwissenschaftl. Literatur der Russen, s. Literatur.

Wolfsohn, Georg [app. Arzt aus Berlin]: Beitrag zur Aetiologie des Orbitalabscesses . . . Wittenberg, Druck v. F. Wattrodt, 1896; 29 S., 1 Bl. 8.
Leipzig, Med. Fak., Inaug.-Diss. v. 8. Juni 1896

Wolfsohn, Georg, approb. Arzt aus Berlin: Ueber **Spontanluxationen** der Hüfte nach acuten Infektionskrankheiten. *Freiburg (Baden) 1904: E. Kuttruff.* (28 S.) 8°
Freiburg i. B., Med. Diss. v. 1904

Wolfsohn, J., zwölf Predigten. Neue (Titel-)Ausg. 8. (X, 195 S.) Berlin (838)69, Benzian. *

Wolfsohn, J., zwölf Reden für Israeliten, s. Religions- u. Schulreden 16 Bdchn.

Wolfsohn, Julius, aus Dresden: Der Einfluß Gazâlî's auf Chisdai Crescas. Leipzig 1905: W. Drugulin. (78 S.) 8°
Erlangen, Phil. Fak., Ref. Falckenberg, Diss. v. 4. Aug. 1904
[Geb. 10. Apr. 81 Dresden; Staatsangeh.: Sachsen; Vorbildung: Gymn. z. hl. Kreuz Dresden Reife O. 00; Studium: Halle 2, Breslau 6, Erlangen 1 S.; Rig. 4. Aug. 04.]

Wolfsohn, Jul., der Einfluss Gazâlî's auf Chisdai Crescas. Preisgekrönt m. dem Josef Lehmannschen Preis des jüdisch-theolog. Seminars in Breslau. (78 S.) gr. 8. Frankfurt a/M. 905. J. Kauffmann. n. 2. —

Wolfsohn, Ludwig: Das Targum zum Propheten Jeremias in Jemenischer Überlieferung. Halle a. S. 1902: W. Drugulin in Leipzig. (34 S.) 8° (Erscheint vollst. im Buchhandel.)
Halle, Phil. Diss. v. 1902.

Wolfsohn, Meyer (geb. Schönlanke in Pos. 24. 4. 1825): De lacte et sero lactis. Berolini (1854). (27 S.) 8°
Berlin, Med. Diss. v. 4. Nov. 1854

Wolfsohn, Ryssia. Die Heredität bei Dementia praecox. Diss. Med. Univ. Zürich. [Sep.-Abdr. aus: Allgemeine Zeitschrift für Psychiatrie.... Band 64, Heft 2/3.] 19 S. 8. Berlin, Georg Reimer, 1907.

Wolfsohn, Salomon, üb. die Wirkung der Salicylsäure d. salicylsauren Natrons auf den Stoffwechsel. Inaugural-Dissertation. gr. 8. (34 S.) Königsberg 876. (Leipzig, Kessler.) n. 1. 20

Wolfsohn, Sigmund: Abhandlung über den Inhalt eines vollständigen Nothkastens zur Wiederbelebung der Todtscheinenden. 42 S., gbd., 1 Taf.
Wien: (1820)

Wolfsohn, Wilhelm

Wolfsohn, W., siehe: Bibliothek, ausgewählte, der Classiker. 75 — 77. Bd.

Wolfsohn, Wilh., Briefwechsel, s.: Fontane, Thdr.

Wolfsohn, Wilhelm, approb. Arzt aus Graudenz i. Westpr.: **Aus** d. Universitätskinderklinik zu München. ⟨Prof. H. v. Ranke.⟩ Ein **Fall** von Melaena neatorum [I]. *Leipzig 1900: B. Georgi.* (31 S.) 8°
Leipzig, Med. Diss. v. (20. Jan.) 1900

Wolfsohn, W., neues Laienbrevier, s. Laienbrevier, neues.

Wolfsohn, Wilh., neues Laienbrevier. Aus deutschen Dichtern der Vergangenheit und Gegenwart. 2. verm. Ausg. Dessau 854. Katz. 16. (XV, 392 S.) 22½ ngr.

Wolfsohn, W., Rußlands Novellendichter, s. Rußlands.

Wolfsohn, nur e. Seele, s.: **Bibliothek, russische.**

Вольфзонъ, В., она только душа (Wolfsohn, W., sie ist nur eine Seele), s. Библіотека (Biblioteka), русская.

— dramatische Werke. 1. u. 2. Bd. Dresden 857. Kuntze. 8. Jeder Bd. n. 20 ngr.
1. Bd.: Zar und Bürger. Schauspiel in 5 Akten. (XIV, 153 S.)
2. „ Nur eine Seele. Schauspiel in 5 Akten. (XVI, 156 S.)

Wolfsohn's, Wilh., dramatische Werke. 3. Bd.: Die Osternacht. Schauspiel in 5 Akten. Dresden 859. Kuntze. 8. (XV, 139 S.) n. 20 ngr.
Ausg. in 16. (XVI, 153 S. u. 1 Stahlst.) n. 24 ngr.

Wolfsohn, Wilh., aus trüber und aus heit'rer Zeit. Gedichte. 8. (IV, 80 S.) Leipzig 882, M. Schäfer. *
geb. *

Wolfson, F., Examensfragen der Botanik, s.: Examensfragen, repetitorische. 4.

— dasselbe der Zoologie, s.: Examensfragen, repetitorische. 5.

Wolfson, Franz: Beiträge zur Kenntnis der aromatischen Aldehyde. Freiburg i. Br.: Speyer & Kaerner 1905. (36 S.) 8°
Freiburg i. B., Phil. Fak., Ref. Gattermann, Diss. v. 8. Jan. 1906.

Wolfson, Franz: Das Weingesetz vom 7. April 1909, für Nahrungsmittelchemiker, Weinproduzenten, Weinhändler und Juristen erl. Leipzig: Helios-Verl. Franz A. Wolfson 1909. 133 S. -- 3*

Wolfson, J., s. Hiob, das Buch.

Wolfssohn, Aaron

— exeget.-krit. Anmerkungen über Habakuks Vision. Berl., Büreau f. Lit. u. K. 4 gr

Wolfssohn, Aaron, († im März 1835.) Jeschurun, oder unpartheiische Beleuchtung der dem Judenthum neuerdings gemachten Vorwürfe. 8. Bresl. 805. Gehr. (Berl., Büreau f. Liter.) 16 gr

— der Sammler, s. Sammler, der.

— der Kinder Vater für d. israelit. Jugend u. Liebhaber d. hebräischen Sprache. 8. Berl. 790.

Wolfssohn, T., (Prof.), Lustspiele zur Unterhaltung am Purimfeste, in hebr. Schrift. 8. Berl., Büreau f. Liter. 9 gr

Wolfssohn, Lustspiele, s. Lustspiele.

Wolfstein, Franz, od. Begebenheiten ein. dummen Teufels, v. F. C. Laukard. 2 Bde. 8. Lpz. Gerh. Fleischer. 799.

v. Wolfstein, Hedwig. Trspl. in 3 A. (von Chr. J. S. Contessa). 8. Berl. 795. Leipz., Sommer. (Nauck). 4 gr

Wolfstein, Hedwig von,. Trsp. in 3 Akt. v. Verf. d. Herrmann v. Hartenstein. 8. Bresl. (Sommer in Lpz.) 795.

Wolfstein, Gius. Carlo, Trattato sul Cholera, dietro ad osservazioni fatte in generale e particolarmente in Moravia negli anni 1831 e 1832. 8maj. (6 B.) Vienna 837, (Volke.)*

Wolfstein, Leo: Das spezifische Gewicht des Harns der Haustiere und seine klinische Bedeutung. Hannover: Schaper 1909. 103 S. 8°
Gießen, Veterinär-Med. Diss. v. 19. Okt. 1909, Ref. Pfeiffer.

Wolfsteiner, Josef

—— und v. Pettenkofer, ueber die Aetiologie des Typhus. [Vorträge, gehalten in den Sitzungen des aerztl. Vereins zu München.] gr. 4. (38 S.) Ebendas. 872.

WOLFSTEINER, Joseph (Holzheim): De decubitu in typho. (Titel nach der Urkunde)
23.6.1849 - Urk; F 67
Diss. Ingolst.-Landsh.-Mchn.

Wolfsteiner, München ein Typhusheerd. gr. 8. (40 S.) München 878, J. A. Finsterlin.

Wolfsteiner, Dr. (k. b. Medizinalrath), über *Typhus* u. *Cholera* in ihrer Beziehung zu Grundwasser u. Trinkwasser. München, Finsterlin, 1886. 8°. Cart. *)
XXIII—67 S.

Wolfsthal, Emmerich v., s. Emmerich.

v. Wolfsthal, Emmerich, od. das Preßburger Schloß-Gespenst. Eine wundervolle Sage aus den Zeiten Mathias Korvinus, Königs von Ungarn. 2e Aufl. mit Titelkpfr. 8. Preßburg 837. (Wien, Karl Doll.) 7/12 ℛ

v. **Wolfsthal**, Ritter Emmerich, oder: das tobende Gespenst in den Schloß-Ruinen zu Preßburg. Eine Ritter- u. Geister-Geschichte aus den Zeiten Mathias Korvinus, Königs von Ungarn. 3. Ausg. (Mit Titelkupfer.) 8. Preßburg 842. (Leipzig. Kummer.) 7/12 ℛ

Wolfsthal in Nieder-Oesterreich. Beschrieben und frommen **Katholiken gewidmet vom Pfarrer daselbst. 8. (48 S.) Preßburg. Schnellpressendruck von Alois Schreiber. 1853.**

Wolfsthal in Unter-Österreich. Beschrieben und frommen Katholiken gewidmet . . . Pressburg 1853. V: *Ressl, Frz Adalb.* (KU) (Pk)

Wolfstieg, August: Die Anfänge der freikonservativen Partei. 8°
Aus: Delbrück-Festschrift. 1908.

Aufruf des bibliographischen Ausschusses. [Unterz.:] A[ug.] **Wolfstieg.** [Berlin 1908.] 1 Bl. 8° [Kopftit.]
Abgedr. in: DrL. 38 (1907—1908) S. 248—249; Z. 38 (1907—1908) S. 384; Brh. 5 (1908) S. 87, 89; Bbl. 22 (1908) S. 299—301; FZ. 62 (1908) S. 147; H. 19 (1908) No 15; SL. 28 (1908) S. 69 bis 70; R. 35 (1908) S. 30—31; S. 15 (1908) S. 46; DrL. 39 (1908—1909) S. 220; HL. 42 (1908—1909) S. 215—216; ML. 37 (1908—1909) S. 141—142; Bh. 52 (1909) S. 70; Bbl. 23 (1909) S. 205—206; Brh. 6 (1909) S. 97—99; FZ. 63 (1909) S. 57; H. 20 (1909) Nr. 17.
cf. Lt. 1 (1910) S. 81. 3.

Bericht des Bibliotheksdirektors ([August] **Wolfstieg**) an die Bibliothekskommission über den Stand der Angelegenheiten der Bibliothek des Hauses der Abgeordneten. (Berlin, Dat. 1909.) 12 S. 4° [Kopft.]

Freimaurerische Betrachtungen über [Adolf] Harnack's Wesen des Christenthums. Vom Verf. des „Christenthum, Humanität und Freimaurerei" [d. i. Aug. **Wolfstieg**]. Berlin: Stankiewicz 1901. 21 S. 8°

[Dasselbe.] 2. Aufl. Ebendas. 21 S. 8°
cf. Bbl. 15 (1901) S. 597 (G. Diercks).
Betr. Stellung der Frmrei zum Christentum.

Christenthum, Humanität und Freimaurerei. Von .·. [d. i. Aug. **Wolfstieg**]. Berlin: Stilke 1900. 23 S. 8°
Aus: Preuss. Jahrbücher. 99 (1900) S. 21—41.
Recens: A. (NF.) 19 (1900) S. 211—212; Bh. 43 (1900) S. 97—99; Bbl. 14 (1900) S. 120 (G. Diercks); FZ 54 (1900) S. 112 (K. Pilz); G. 2 (1900) Nr 2; L. 23 (1900) S. 56; SL. 20 (1900) S. 43; O. 25 (1900) S. 52; BZC. 29 (1900) S. 103—104 (W. Wald).
cf. S. 7 (1900) S. 16—18 (J. G. Findel); BZC. 32 (1903) S. 28—29. 23. 25.

Wolfstieg, August, Exempla titulorum annotavit vocabulariumque breviloquum adiecit W. (50 S.) gr. 8. Berlin 905. W. Moeser. Geb. in Leinw. n. 2. —

Exempla titulorum annotavit vocabulariumque breviloquum adiecit Augustus **Wolfstieg**, Biblioth. Berolini: W. Moeser 1906. (50 S.) 8° [07. 6.

Wolfstieg, August (Ludw. Ferd.) (geb. Wolfenbüttel 21. 6. 1859): Geschichte der Stadt Goslar im 11. und 12. Jahrhundert. (Neu-Ruppin) 1883. (32 S.) 8° * Vollst. erscn. u. d. T.: Verfassungsgeschichte von Goslar. Berlin: W. Hertz 1885

Berlin, Phil. Diss. v. 15. Dez. 1883

Herausgabe einer wissenschaftlichen deutschen Freimaurer-Bibliographie. Referat, erstattet von Aug. **Wolfstieg**, bei d. 43. Jahres-Versamml. d. Ver. deutscher Freimaurer in Hanau-Wilhelmsbad am 24. Sept. 1905. Leipzig 1905: Zechel. 12 S. 8° [Umschlagtit.]
Aus: MitthVdF. 1905—1906 S. 58—69.
Auszug in: H. 18 (1907) Nr. 2.

Ist der freimaurerische Begriff „Humanität" ein rein christlicher? Vom Verf. von „Christenthum, Humanität und Freimaurerei" [d. i. Aug. **Wolfstieg**]. Berlin: Stilke 1900. 9 S. 8°
Verf. bejaht die Frage in dem Sinne, dass der Begriff „christlich" nicht auf kirchlichen Glaubenssätzen, sondern nur auf der Lehre Jesu von der wahren Humanität u. der Gotteskindschaft aller Menschen beruhe. 25.

Das Sittengesetz und die Freimaurerei „nach den Grundsätzen des Christenthums". Vom Verf. von „Christenthum, Humanität und Freimaurerei" [d. i. Aug. **Wolfstieg**]. Berlin: Stankiewicz 1902. 27 S. 8°
cf. BZC. 31 (1902) S. 290—291; DrL. 34 (1903 bis 1904) S. 140—142 (A. Denecke). KB.

Wolfstieg, A., Verfassungsgeschichte v. Goslar bis zur Abfassung der Statuten u. d. Bergrechtes. gr. 8. (IV, 96 S.) Berlin 885. Hertz. n. 2. 40

Wolfstrigl-Wolfskron, Max Reichsritter v., die Tiroler Erzbergbaue. 1301—1665. Mit Unterstützg. der kaiserl. Akademie der Wissenschaften in Wien. (XV, 473 S.) gr. 8. Innsbruck 903. Wagner. n. 10. —

Wolfter, Peter

— Abhandl. zur Beleuchtung d. deutschen Geschichte. gr. 8. Dürkheim 792. (Braun in Heidelb.) 16 ℊ

BEYTRÄGE zur Sittlichkeit der Geistlichen aus dem 16ten Jahrhundert, mit Anmerkungen (verfaßt von *P. Wolfter*). (1790.) 8°.
Anon.-Lex. I. p. 159 (nach Meusel).

Wolfter, Pet., salisch-pfälzische, oberrheinisch-fränkische Denkmäler aus den 9n bis 12n Jahrhundert. 8. Heidelb. 786. (Braun). 12 ℊ

— Geschichte Dr. Martin Luthers u. der durch ihn bewirkten Reformation. gr. 8. Manh. 806. Schwan u. G. 2 ℛ 8 ℊ

Wolfter, Peter, s. Geschichte d. Reformation.

Wolfter, Peter, s. Geschichte d. Exarchats Rom.

— Geschichte d. Veränderungen des deutschen Reichsstaats. 8. Zürich 789. Orell. 1 ℛ 16 ℊ

Wolfter, Peter U. S. Heidelberg 1788/1

Dissertatio inauguralis juris publici historico-diplomatica de personis imperii Romano-Germanici, ac de juribus Caesareis.
Heidelberg (Wiesen) 23. VII. 1788. 84 S.
37240

Revolutionen (Ueber), ihre Wirkungskraft und aus welchen Gesichtspunkten sind sie zu betrachten? (Von P. Wolfter.) gr. 8°. (Frankfurt a. M.) Guilhaumann, 1795.

Wolfter, Peter, s. Was hatten Luthers Bemühungen . . .

Wolfter, Peter, s. Winckelmann, J. H. L. v.: Kaiser- u. Reichsgeschichte.

Der **Wolgabote.** Kalender für die dt. Ansiedler an der Wolga. Jg 1—33. 1883—1915. — Saratow: Winkler 1883—1915

Wolgacolonien, die deutschen. gr. 8. (16 S.) Göttingen 892, Dieterich's Verlag. * — 30

Wolga-Delta. 530,000. G. M. 1858.

Wolgast [Schlagwort]

Wolgast, s.: Deutschland. Kürschner-Pelp.

Wolgast [Verfasser]

Wolgast, Alexander, Referendar in Kiel: Das Pfandrecht an Forderungen nach dem geltenden Rechte unter Berücksichtigung des römischen und gemeinen Rechtes. Kiel 1904: H. Fiencke. (VIII, 121 S.) 8°
Leipzig, Jur. Diss. v. 1904

Das Sonntagsheim für Handwerkerlehrlinge in Kiel. Zu s. 10jähr. Bestehen. Von d. Leiter d. Heims Friedrich **Wolgast**, Lehrer. (Kiel 1904: Kieler Zeitung.) (8 S.) 8° [Kopft. F.] [06. 419. 8

Was will der Druiden-Orden? Nach einem Vortrag von Fritz Wolgast. Hamburg: Lehnert o. J. [ca. 1900]. 24 S. 8°.

[Dasselbe.] 7. unveränd. Aufl. Redig. von Hans Peters. Hamburg: Grünwaldt 1909. 23 S. 8°.

Wolgast, Heinr., die Bedeutung der Kunst f. die Erziehung. Vortrag, geh. auf der deutschen Lehrerversammlg. in Chemnitz, Pfingsten 1902. gr. 8. (23 S.) Leipzig 903. E. Wunderlich. n. — 50

Wolgast, Heinr., üb. Bilderbuch u. Illustr. gr. 8. (22 S.) Hamburg 894. (C. Kloss.) n. — 40

Wolgast, Heinr., das Elend unserer Jugendlitteratur. E. Beitrag zur künstler. Erziehg. d. Jugend. gr. 8. (VII, 218 S.) Hamburg 896. (Leipzig, L. Fernau.) n. 2. —

— das Elend unserer Jugendlitteratur. Ein Beitrag zur künstler. Erziehg. der Jugend. 2. Aufl. (3. u. 4. Taus.) gr. 8. (VII, 219 S.) Hamburg 899. (Leipzig, L. Fernau.) n. 2. —

Wolgast, Heinr., das Elend unserer Jugendliteratur. Ein Beitrag zur künstler. Erziehg. der Jugend. 3. Aufl. (5. u. 6. Taus.) (VIII, 225 S.) 8. Leipzig 905. B. G. Teubner. n. 2. 40

— alte Fabeln zur Lust u. Lehr. Für Kinder ausgewählt. Mit lust. Bildern v. Jos. Mauder. (IV, 67 S.) 8. München (906). Verlag der Jugendblätter. Kart. n — 85

Alte Fabeln zur Lust und Lehr. Für Kinder ausgewählt v. H[einrich] Wolgast. Mit lustigen Bildern v. Jos. Mauder. München. [1907.] 8°

— vom Kinderbuch. Gesammelte Aufsätze. (IV, 140 S.) 8. Leipzig 906. B. G. Teubner. n. 1. 60; geb. in Leinw. n. 2. 20

— schöne alte Kinderreime. Für Mütter u. Kinder ausgewählt. gr. 16. (IV, 79 S.) Hamburg 902. (Leipzig, Leipz. Buchdruckerei.) Kart. n. — 20

Schöne alte Kinderreime. Für Mütter und Kinder ausgewählt v. Heinrich Wolgast. Hamburg. 1903. 8°.

— schöne alte Kinderreime. Für Mütter u. Kinder. Ausgewählt v. W. Buchschmuck von Jos. Mauder. (88 S.) kl. 8. München (904). Verlag der Jugendblätter. Kart. n. — 60; Luxusausg. geb. n. 1. 20

Ganze Menschen! Ein sozial-pädagogischer Versuch von Heinr. **Wolgast.** Berlin-Schöneberg: „Hilfe" 1910. 144 S. 8°
Wurde vom Verein deutsch. Frmr mit einem Preise gekrönt. Wunder, Berlin.

— s.: Quellen.

Wolgast, Karl, a. Lauenburg (Elbe): I. Zur Konstitution der Cyansäure. II. Zur Kinetik der Reaktion zwischen Natrium und Säuren in indifferenter Lösung. Weida i. Th. 1907: Thomas & Hubert. (88 S.) 8°
Leipzig, Phil. Fak., Ref. Hantzsch-Beckmann, Diss. v. 15. April 1907
[Geb. 9. März 81 Lauenburg a. Elbe; Wohnort: Berlin; Staatsangeh.: Preußen; Vorbildung: Realgymn. Lüneburg Reife O.00; Studium: T. H. Hannover 2, Univ. Leipzig 4, Heidelberg 2, Leipzig 5 S.; Rig. 10. Jan. 07.]

Wolgemut, Gemälde, s.: Dürer.

Wolgemut, s.: Gemälde, die, v. Dürer u. W. in Reproductionen.

(*Johann Heinrich Wolgemuth's*) Vermehr. und Verbesserung des *Lambeck*ischen Rechenbuchs. 1717.

Wolghi, H., Sociale Briefe an Schulze und Genossen. 8°. Leipzig 1896.

Wolheim; od. die Freude in d. Nacht. Lstsp. 8. Stendal, Franzen. 779. —

Wolheim, A. E. Der deutsche Seehandel und die französischen Prisengerichte. Berlin 1873.

Wölheim, oder die Freude in der Nacht. Stendal 1779. V: *Bischoff, L. C. H.* (MGT) (GGr)

Woljan, Wasyłyj, Naczałnoje osnowanyje rosłynosłowija pro nyznyji reałnyji gymnazia u nyznyji reałnyji szkoły w c. k. austryjskoj derżawi. Obrobył — —. 8. (XII, 272 S.) W Widny. Typom OO. Mechitarystiw. 1854. (Anfangsgründe der Botanik für die Unter-Gymnasien und Realschulen im Kaiserthume Oesterreich) Gebunden in Leinwandrücken 33 kr. C. M.
Verlag der Schulbücher-Verschleiß-Administration.

Woljan, Wasylyj, Perwyji ponjatyja o carstwi iskopajemych yly Mineralogija dla nyżnych gymnazij i reałnych szkił w c. k. austryjskoj derżawi. Soczynył — —. 8. (202 S. 6 Taf.) W Widny. Typom OO. Mechitarystiw. 1854. (Anfangsgründe der Mineralogie für die Unter-Gymnasien und Realschulen im Kaiserthume Oesterreich) Gebunden in Leinwandrücken 33 kr. C. M.
Verlag der Schulbücher-Verschleiß-Administration.

Wolicka, Stephanie, griechische Frauengestalten. 1. Thl. gr. 8. (VI, 77 S.) Zürich 875, (Höhr.) *

Wolicka, Stephanie, aus Warschau: Griechische Frauengestalten. Erster Theil. Zür. Zürcher u. Furrer Dr. 1875. VI S., 1 Bl., 77 S., 1 Bl. 8°.
[Zürich, Phil. Diss. v. 6. März 1875].

Woliński, J., u. K. A. Schönke. Polnisches Elementarbuch zum Schul- u. Selbstunterricht. 6., m. e. Vokabularium verseh., Aufl. 8. (III, 237 S.) Posen, Türk. * 1 60

Woliński, J., und C. A. Schönke, polnisches Elementarbuch zum Schul- und Selbstunterricht. br. 8. (VI und 238 S.) Posen 861, Mai'sche Buchh. *

Woliński, J., und K. A. Schönke, polnisches Elementarbuch zum Schul- und Selbstunterricht bearb. 2. Aufl. 1863. und 3., verb. Aufl. br. 8. (IV und 227 S.) Posen 867, Türk. *

Woliński, J., und K. A. Schönke, polnisches Elementarbuch zum Schul- und Selbstunterricht. 4. und 5. verb., mit einem polnisch-deutschen und deutsch-polnischen Vocabularium vers. Aufl. 8. (237 S.) Posen 872,81, Türk. *

Woliński, J., u. K. A. **Schönke**, polnisches Elementarbuch zum Schul- u. Selbstunterricht. 6., m. e. polnisch-deutschen u. deutsch-polnischen Vokabularium verseh., sorgfältig bericht. Aufl. 8. (III, 237 S.) Posen 891. L. Türk. n. 1. 60

Woliński, J., u. C. **Hensel**, Handbuch zum Uebertragen aus dem Deutschen in das Polnische. Für den Gebrauch in höheren Unterrichts-Anstalten u. zur Selbstübung methodisch geordnet u. bearb. A. u. d. T.: Wypisy niemieckie dla szkól polskich. gr. 8. (VIII u. 208 S.) Posen 852, Merzbach. n. ½ ₰

—— und C. **Tiesler**, Materialien zum Uebersetzen aus dem Deutschen ins Polnische, s. **Tiesler**, C.

Wolinsky geb. Duschkewitsch, **Elisabeth,** Kandidatin d. Med.: Ueber die Wassermann'sche Seroreaktion. Leipzig 1909: Lehmann. 56 S. 8°

Leipzig, Med. Diss. v. 12. Juli 1909, Ref. Curschmann

[Geb. 19. Feb. 82 Tiflis; Wohnort: Petersburg; Staatsangeh.: Rußland; Vorbildung: Alexander-Stift Petersburg Reife Mai 01; Studium: Petersburg 4, Königsberg 2, Leipzig 5 S.; Rig. 16. Juli 09.] [U 09. 2910

Wölk, Frz., vom Ostseestrand. Plattdütsche Gedichte. 12. (VIII, 80 S.) Königsberg 899. E. Rautenberg. n. —50

Wölk, Konrad: Geschichte und Kritik des englischen Hexameters. 1. Königsberg i. P. 1908: Hartung. 66 S. ¶(Ersch. vollst. als: Normannia. Bd 3.)

Königsberg, Phil. Diss. v. 10. Okt. 1908, Ref. Kaluza

[Geb. 23. Aug. 84 Drengfurt; Wohnort: Königsberg i. P.; Staatsangeh.: Preußen; Vorbildung: Gymn. Allenstein Reife O. 04; Studium: Königsberg 8 S.; Rig. 21. Juli 08.] [U 09. 2425

Wölk, Konr., Geschichte u. Kritik des englischen Hexameters, s. Normannia. 3. Bd.

Wölk, Konrad: Geschichte und Kritik des englischen Hexameters von Dr. --. Berlin: Felber 1909. 146 S. 8°
(Normannia. Bd 3.)

Wolkan, Rudolf

Wolkan, R., die Anfänge der Reformation in Joachimsthal. [Aus: „Mittheilgn. d. Vereins f. Geschichte der Deutschen in Böhmen".] gr. 8. (29 S.) Prag 894. Czernowitz, Selbstverlag.)
Nicht im Handel.

Böhmens Antheil an der deutschen Litteratur des XVI. Jahrhunderts. Von R(udolf) **Wolkan.** Th. I—III. *Prag: A. Haase 1890—94.* 3 Bde 4.
I. ... [A. T.:] Bibliographie d. deutschen Litt. Böhmens im XVI. Jh. Von ... Wolkan. 1890. (VIII, 136 S., 2 Bl.)
II. ... [A. T.:] Ausgewählte Texte aus d. d. Litt. Böhmens im XVI. Jh. ... v. ... Wolkan. 1891. (IX, 205 S., 1 Bl.)
III. ... [A. T.:] Geschichte d. d. Litt. in Boehmen bis z. Ausg. d. XVI. Jhs. Von ... Wolkan. 1894. (XVI, 538 S.) [97. 651

Wolkan, Rudolf: Ausstellung von Originalbriefen deutscher Dichter. Czernowitz: Pardini 1900.

Wolkan, R., **Beiträge zu einer Geschichte der Reformation in Böhmen. I. Das Dekanat Aussig.** gr. 8. (81 S.) Prag 886, Calve'sche Hof- und Universitäts-Buchh. *
Aus: Jahrbuch der Gesellschaft für die Geschichte des Protestantismus in Oesterreich, besonders abgedruckt.

Wolkan Rudolf, Dr.: Die Briefe des Eneas Silvius vor seiner Erhebung auf den päpstlichen Stuhl. Reisebericht Nr. 93. 351 . . . . —.40
Separatabdruck

Wolkan, Rud., die **Briefe** des Eneas Silvius vor seiner Erhebung auf den päpstlichen Stuhl. (19 S.) gr. 8. Wien 905. (A. Hölder.) n. — 40
Sonderabdruck aus: „Archiv f. österr. Gesch."

— Der Briefwechsel des Eneas Silvius Piccolomini. I. Abteilung: Briefe aus der Laienzeit (1431—1445). I. Band: Privatbriefe. Siehe F. II. 61. Band.
— — 2. Band: Amtliche Briefe. Siehe F. II. 62. Band.
— — 2. Abteilung: Briefe als Priester und als Bischof von Triest (1447—1450). Siehe F. II. 67. Band.

Wolkan, R., Der Briefwechsel des Äneas Silvius Piccolomini. I. Abteilung. Briefe aus der Laienzeit (1431—1445). I. Band: Privatbriefe. [Fontes rerum Austriacarum. Österr. Geschichtsquellen. 2. Abt. Diplomataria et Acta. LXI. Bd.] Gr.-8°. (XXVIII, 595 S.) † Wien: Hölder 1909. K 11.70

Wolkan, Rud., s.: Fontes rerum austriacarum. (Piccolomini, des Eneas Silvius, Briefwechsel.)

Wolkan, Dr. Rudolf, Geschichte der deutschen Literatur in Böhmen bis zum Ausgange des XVI. Jahrhunderts. Lex.-8. (XVI, 538 S.) Prag: Haase 1894. 10.—

Wolkan, R., das deutsche **Kirchenlied** der böhmischen Brüder im XVI. Jahrh. 12. (V, 178 S.) Prag 891. A. Haase. n. 8. —

Wolkan, Rud., s.: Lieder, deutsche, auf den Winterkönig.

Wolkan, Rudolf. Die Lieder der Wiedertäufer. Ein Beitrag zur deutschen und niederländischen Litteratur- und Kirchengeschichte. Mit Unterstützung der Gesellschaft zur Förderung deutscher Wissenschaft, Kunst und Litteratur in Böhmen. II + X + 296 S. 8. Berlin, B. Behr, 1903. [M. 8. —]

—— Nordböhmen und die Reformation, s. Für die Feste und Freunde des Gustav-Adolf-Vereins.

Wolkan, Dr. R., Georg Tectaneders v. Gabel Reise nach Persien. Neudruck vom J. 1610. 8. (144 S.) Reichenberg: Fritsche 1889. —.80

Wolkan, R., **Studien zur Reformationsgeschichte Nordböhmens.** 5 Hefte. gr. 8. (13; 15; 31; 23; 60 S. mit 1 Stammtaf.) Wien 882—84. (Prag, Calve'sche Universitäts-Buchh.) *
Aus: Jahrbuch der Gesellschaft für die Geschichte des Protestantismus in Oesterreich, besonders abgedruckt.

Wolke, Die, mit dem silbernen Hintergrunde. Aus dem Engl. Kiel 1865. Ü: *Ratjen, Christoph Karl Andr.* (A II, 233) (Zeitschr. f. Büch. N. F. 15, 1923, 127)

Wolke, die, mit dem silbernen Hintergrund. Aus dem Engl. Kiel 865. Schwers'sche Buchh. 16. (VII, 88 S.) 12 *ngr.*; geb. mit Goldschn. 21 *ngr.*

Wolke, Die schwarze. Ein bedeutender Wink für Katholiken in Ungarn. . . . O. O. 1790. V: *Szeitz, Leo Maria.* (Pk)

Zweihundert und zehn Lider [!] frölicher Gesellschaft und einsamer Frölichkeit, gesamlet von **Wolke.** Dessau: Philantrop. Buchh. 1782, Leipzig: Crusius in Komm. XXIV, 262 S. 8°
Ohne Noten. Enth. auch einige frmrische Gesänge.

Wolke, Chr. Hnr., († d. 8. Jan. 1825.) Alexander dem Ersten — dem Guten, dem muth- u. kraftvollen Vertheidiger seiner großen Staaten, dem großmüthigen Mitbefreier d. deutschen u. anderer Völker ꝛc. Mit e. Umrisse, gezeichn. u. rad. von G. v. Kügelgen. Fol. (Dresd. 814.)

Wolke, Chrn Hnr., Anleitung zur deutschen Gesammtsprache oder zur Erkennung und Berichtigung einiger (zu wenigst 20) tausend Sprachfehler in der hochdeutschen Mundart. Dresden 1812. 8. . . . . 1 09

— Anleit. zur deutschen Gesammtsprache oder zur Erkennung u. Berichtigung einiger, wenigstens 20tausend Sprachfehler in d. hochdeutschen Mundart. 8. Leipz. 812. Reclam. 4 ℔ 2e Aufl. unt. d. T.: Anleit. zur deutschen Volkssprache durch Erkennung u. Berichtigung einiger tausend fehlerhaft gebildeten Wörter ꝛc. 2e wohlf. Ausg. gr. 8. Berl. 816. Maurers B. 3 ℔

— Anweis. für Mütter u. Kinderlehrer, die es sind oder werden können, zur Mittheilung d. allerersten Sprachkenntnisse u. Begriffe, von d. Geburt des Kindes an, bis zur Zeit des Lesenlernens anwendbar in jeder menschl. Sprache d. Jemand versteht. Mit Kpf. gr. 8. Leipz. 805. Voß. 2 ℔ 16 gr

— Anweis. wie Kinder u. Stumme ohne Zeitverlust u. auf naturgemäße Weise zum Verstehen u. Sprechen, zum Lesen u. Schreiben, oder zu Sprachkenntnissen u. Begriffen zu bringen sind ꝛc. Mit 3 Kpf. u. 1 Lesetabelle. gr. 8. Leipz. 804. W. Vogel. 2 rß 8 gl Die Lesetabelle apart 2 gl

— Anzeige von mehr als 1800 deutschen Sprachfehlern. 8. ... 810.

(—) avis sur une maison de d'éducation et d'instruction, établie à St. Petersbourg. 8 (St. Petersb.) 785.

— s. Basedow, Erklärung.

— Beschreibung d. zum Elementarwerk gehörigen u. von Dr. Chodowiecky gezeichneten 100 Kupfertafeln, enthaltend d. Methoden, durch welche d. Jugend auf eine leichte u. angenehme Weise Kenntnisse d. Sachen u. Sprachen zugleich können mitgetheilt werden. 1e u. 2e Liefer. gr. 8. Leipz. 782—87. (W. Vogel). 1 rß 12 gl

— hundert u. sechzig in Kupfer gestochene Bilder, mit Beschreib. derselben, zu leichter Erlernung d. russ. Sprache. 8. St. Petersb. 786.

Wolke, Chr. Hnr., das Buch für Anfänger im Lesen u. Denken. gr. 8. St. Petersb. 785. (Leipz., W. Vogel). 1 rß Mit n. folg. Tit.: kleine Encyklopädie d. nützl. Kenntnisse für Anfänger im Lesen. gr. 8. Hamb. 803. (A. Campe). 1 rß Schrbp. 1 rß 8 gl

Wolke, Christian Heinrich.

Commentarius in tabulas centum elementares, aeri incisas, a Daniele Chodowiecco . . . Lips. 1784—89. H: *Reichard, Heinrich Gottfried.* (MGT) (Adel) (Ky)

— commentarius in tabulas centum elementares, aeri incisas, a D. Chodowiecco, exceptis XVIII, delineatas, rationem continens juventutis doctrinarum et linguarum scientia simul facile et jucunde imbuendae, in latinam linguam conversus (a H. G. Reichard). In priores LIII tabulas. II Tom. 8maj. Leipz. 784 et 89. (W. Vogel) 1 rß 8 gl

— premières connaissances pour la jeunesse, ou description de 160 figures gravées en taille-douce à l'usage des jeunes gens qui veulent apprendre l'Allemand, le Russe et le Français, trad. de l'allemand, av. fig. 8. Leipz., W. Vogel. (A. Campe in Hamb.) 12 gl ill. 18 gl

— Dudsge or Säisische Sinngedigte, Gravsgriften, Leder un Vertelsels (Romansen un Balladen nömt) mit e. Anwising dat Hochdüdsge u. Düdsge in Häl korter tid rigtig uttrospreken, to lesen un to sgriven. 8. Leipz. 804. Reclam. 1 rß 4 gl 2e wohlf. Ausg. 8. Berl. 816. Maurers B. 1 rß

— kleine Encyklopädie d. nützl. Kenntnisse, s.a. Wolke: d. Buch f. Anfänger im Lesen.

— kl. Encyklopädie d. nützlichsten Kenntnisse f. Anfänger im Lesen u. Denken. gr. 8. Hamb. Campe. 803. Schreibp.

— Erklärung wie d. Pasigraphie möglich. 4. Dessau 797. 5 gl

— kurze Erziehungslehre, oder Anweisung zur körperlichen, anständlichen u. sittlichen Erziehung ꝛc. gr. 8. Leipz. 805. Voß. 1 rß 8 gl

— kleine Fibel, od. Vorbereitung zum Lesenlernen für lernbegierige Kinder vom Anfange bis zum Ende ihres 6ten Jahres. 12. Berl. 820. Verfass. (Maurers B.) 3 gl

— erste Kenntnisse für Kinder, von d. Buchstabenkenntniß an bis zur Weltkunde. 8. Leipz. 783. (W. Vogel). 6 gl

— drittes Lesebuch für sechs- bis virzehnjarige Kinder ꝛc. 8. Ebd. 820.

— erstes Lesebuch für sechs- bis zwelfjarige Kinder u. für ire si belerenden u. erzihenden Freunde. Mit 5 Kpft. 8. Leipz. u. Berl. 820. Maurers B. (A. u. d. T.: erstes Lesebuch für sechs- bis zwelfjarige Kinder. Seid mir willkommen, ihr kentnissuchenden Kinder!)

— Lesebuch d. deutschen Sprache. 8. ... 810.

— virtes Lesebuch für sechs- bis virzehnjarige Kinder ꝛc. Mit 4 Kpf. 8. Ebd. 822. Alle 4 Thle 5 rß

— zweites Lesebuch für sechs- bis zwelfjarige Kinder u. für die sie lerenden u. erzihenden Freunde. Mit 5 Kpf. 8. Ebd. 820.

— die Lesetabelle daraus besonders. Fol. Leipz. 804. W. Vogel. 2 gl

— 210 Lieder fröhl. Gesellschaft u. einsamer Fröhlichkeit. 8. Dessau 782. (Leipz., W. Vogel). 14 gl

Wolke, C. H.

Livre pour apprendre à lire et à penser. . . . Leipz. 1785. Ü: *Kolbe, Carl Wilhelm.* (Ky)

— livre p. apprendre à lire et à penser. Ouvrage consacré à la jeunesse, trad. de l'allem. (par K. W. Kolbe). gr. 8. Leipz. 785. W. Vogel. (Campe in Hamb.) 1 rß

— petit livre elementaire p. apprendre à lire et à penser. 8. Hamb. 787. Ed. n. 803 (A. Campe). 6 gl

Wolke, C. H.

Methode naturelle d'instruction . . . Leipzig 1782—88. Ü: *Kolbe, Carl Wilhelm & Ludw. Hnr. Ferd. Olivier.* (Ky)

— methode naturelle d'instruction etc. explicat. des 100 planch. de l'ouvrage élémentaire, trad. de l'allemand, (par K. W. Kolbe et H. Fd. Olivier), revue p. Mich. Huber. II Vols. gr. 8. Leipz. 782—88. (W. Vogel). 1 rß 12 gl

— Nachricht von d. zu Jever durch d. Galvani-Voltaische Gehör-Gebe-Kunst beglückten Taubstummen u. v. Sprengels Methode sie auszuüben. Mit 1 Kpf. 8. Oldenb. 802. Schulze. 18 gl

— Nachricht von einem traurigen Zufalle in dem Dessauschen Erziehung-Institute. 8. (Dessau 784.)

— Schriften. 6 Bochen. 8. Berl. 820. Maurers B. 10 rß (Enthalt. 1) Anleitbuch zum Unterricht u. Erzuge für Mütter, Kinderlehrer ꝛc. 2) Drei Lesebücher mit 1 Kpf. 3) Kurzer Erklärer d. Rechnen- oder Zahldenkkunst, mit deutl. Darstellung d. vier Rechnenarten in ganzen Zahlen u. Brüchen, auf einem Großbogen). NB. Ist e. neuer Abdruck seiner Lesebücher u. and. Jugendschriften ohne d. Verf. Vorwissen.

— düdische oder saddische Sinngedichte, Grabschriften, Lieder, singbare Erzehle und wunderbare Ebenteuer, Romanzen und Balladen. 2te wohlf. Ausg. 8. Berlin, Maurersche Buchhandl. 816.

— Vortrag, gehalten am ersten Pfingstfeiertage in der von Prof. Fr. Wadzeck seit 1819 in Berlin gestifteten Erziehungsanstalt für schon mehr als 220 teils älternlose, teils verlassene Kinder, (1—6 u. mehrjarige Knaben u. Mädchen) gants armer Aeltern. 8. Berl. 821.

Wolke, Chr. Hnr., Welt- u. Menschengeschichte. Mit 60 Kpf. 8. Leipz. 791.

Wolke, J., s.: Amts-Kalender f. Gutsvorsteher.

Wölke, *Adolf Reinhold* Dem Kaiser Wilhelm I. Dem Kaiser Friedrich III. 4 (S. 11). **Progr.** Rsch. *Mittweida* 1889 (515).

Wolken. Ein Nachspiel Sokratischer Denkwürdigkeiten. ... Altona 1761. V: *Hamann, Joh. Georg.* (Hamann's Werke. hsg. v. Roth. Bd. II.) (R-N) (Ky) (Mn) (ML)

Wolken, die,. Comödie aus d. Griech. des Aristophanes. 8. Bamberg, Göbhard. 772. — 8

Wolken, Geladene, oder die dialogisirte Darstellung der gegenwärtigen Weltlage. O. O. 1791. V: *Stiehl, Maximilian Christian Friedrich.* (MGT)

Wolken, geladene, oder dialogisirte Darstellung d. gegenwärtigen Weltlage, (von M. C. F. Stiehl). 8. (Heidelb.) 791. Pfähler. 12 gr.

Wolkenau, A., Ist Christus Gottes Sohn? Ein Sendschreiben an d. Archidiak. u. Senior Krause. 8. (1 B.) Breslau 845, Verlags-Comptoir. —

—— Lieder eines Römlings. 16. (1 B.) Breslau 845, Verlags-Comptoir.

Wolkenau, Karl: Die Seelsorge im Fürstbistum Bamberg in der Zeit vom Abschlusse des Westfälischen Friedens bis zum Ende des Fürstbistums. Bamberg 1911: Mahlmeister. VIII, 77 S. 8°

Straßburg, Kath.-theol. Diss. v. 16. Juli 1909, Ref. Zahn

[Geb. 13. Dez. 75 Nürnberg; Wohnort: Bamberg; Staatsangeh.: Bayern; Vorbildung: Gymn. Bamberg Reife 94; Studium: Bamberg 8, Straßburg 2 S.] [U 11. 4193

WOLKENBERG, Aloisius: Discrimen obiectivum et internum inter bonum et malum morale esse probatur et praecipue contra rationalismum a philosopho Kant statutum defenditur. — (1896) IV, 130 S. 4° (Handschr.) Diss. 524

Diss. Wien, Univ.

Wolkenbruch. Der W. bei Leutwyl, Bonniswyl und Birrwyl am Hallwyler See in der Nacht des 20./21. Mai 1897. (*Unterschrieben:* Der Alte vom Berge.) [Mit 2 Illustrationen.] 8. Wytikon-Zürich (1897).

Wolkenbrüche u. Hagelschläge in Württemberg in der Schreckensnacht d. 30. VI. z. 1. VII., wobei 5 Menschen u. viel Vieh ihr Leben verloren u. 50,000,000 Mk. Schaden entstand. 8. (14 S.) Wytikon-Zürich 897. G. Schilde. — 15

Wolkenhauer, August, a. Bremen: Beiträge zur Geschichte der Kartographie und Nautik des 15. bis 17. Jahrhunderts. Mit 12 Fig. im Text. München 1904: F. Straub. (79 S.) 8° ¶ (Ersch. vollst. 1905 in: Mitteilungen der geographischen Gesellschaft in München, Bd 1 H. 2.)

Göttingen, Phil. Fak., Ref. Wagner, Diss. v. 20. Aug. 1904

[Geb. 8. März 77 Bremen; Wohnort: Bremen; Staatsangeh.: Bremen; Vorbildung: Gymn. Bremen Reife O. 96; Studium: Göttingen 3, München 1, Bonn 1, Göttingen 9 S.; Rig. 21. Juli 03.]

Wolkenhauer, Aug., Sebastian Münsters handschriftliches Kollegienbuch aus den J. 1515—1518 u. seine Karten, s. a. Abhandlungen der königl. Gesellschaft der Wissenschaften zu Göttingen. Philol.-histor. Kl. XI, 3.

Sebastian Münsters handschriftliches Kollegienbuch aus den Jahren 1515—1518 und seine Karten. (Cod. lat. 10691 d. Kgl. Hof- u. Staatsbibl. zu München.) Von August **Wolkenhauer.** Mit 8 Lichtdrucktaf. (14 Kt.) u. 2 Abb. Berlin: Weidmann 1909. 68 S. 4°

(Abhandlungen d. Kgl. Gesellschaft d. Wiss. zu Göttingen. Math.-phys. Kl. N. F. Bd 11, Nr 3.) 09. 9173

Wolkenhauer, Karl, a. Hildesheim: Das Mystère de Saint André. Greifswald 1905: F. W. Kunike. (60 S.) 8°

Greifswald, Phil. Fak., Ref. Stengel, Diss. v. 21. Juni 1905

[Geb. 1. Okt. 82 Hildesheim; Wohnort: Greifswald; Staatsangeh.: Preußen; Vorbildung: Gymn. Andreanum Hildesheim Reife O. 01; Studium: Göttingen 3, Berlin 1, Greifswald 1, Paris 1, Greifswald 2 S.; Rig. 30. Jan. 05.]

Wolkenhauer W. Zur Theorie der Parallelcurven. 1874. 8. Diss. Jena.

Wolkenhauer Wilhelm: J. B. Bourguignon d'Anville. Ein Erinnerungsblatt zu seinem 200. Geburtstage. (S.-A.: Deutsche Rundschau für Geographie und Statistik. Jahrg. 19. Heft 10.) Wien 1897. 4 S. 8°.

Wolkenhauer, W., s.: Blätter, deutsche geograph.

— illustr. kleineres Handbuch d. Geographie, s.: Daniel, H. A.

— kleineres Handbuch d. Geographie, } s.: Daniel, H. A.

Wolkenhauer, W. Landeskunde der freien Hansestadt Bremen u. ihres Gebietes. Zunächst zur Ergänzg. der Ausgaben A u. B der Schulgeographie von E. v. Seydlitz hrsg. gr. 8. (32 S. m. e. Karten- u. Bilderanh.) Bresl. 889, F. Hirt. cart. * — 40

Wolkenhauer, W., Landeskunde der freien Hansestadt Bremen u. ihres Gebietes. Zunächst zur Ergänzg. der Schulgeographie von E. v. Seydlitz hrsg. Mit e. Karten- u. Bilderanh. 2., verb. Aufl. gr. 8. (36 S.) Breslau 894. F. Hirt. Kart. n. — 40

— Landeskunde d. freien Hansestadt Bremen u. ihres Gebietes. Zunächst zur Ergänzg. d. Schulgeographie v. E. v. Seydlitz hrsg. Mit e. Karten- u. Bilderanh. 3., verb. Aufl. gr. 8. (40 S.) Breslau 898. F. Hirt. Kart. n. — 40

— Landeskunde der freien Hansestadt Bremen u. ihres Gebietes. Zunächst zur Ergänzung der Schulgeographie von E. v. Seydlitz hrsg. Mit e. Karten- u. Bilderanh. 4., verb. Aufl. gr. 8. (40 S.) Breslau 901. F. Hirt. Kart. n. — 50

— Landeskunde der freien Hansestadt Bremen u. ihres Gebietes. Zunächst zur Ergänzg. der Schulgeographie von E. v. Seydlitz hrsg. Mit e. Karten- u. Bilderanh. 5., verb. Aufl. (40 S.) 8. Breslau 905. F. Hirt. Kart. n. — 50

— Landeskunde der freien Hansestadt Bremen u. ihres Gebietes. Landeskunden, zunächst zur Ergänzg. der Schulgeographie v. E. v. Seydlitz. Mit 23 Karten u. Abbildgn. 6. verb. Aufl. (48 S.) 8. Breslau 908. F. Hirt. Kart. — 55

— Lehrbuch der Geographie, s.: Daniel, H. A.

— Leitfaden zur Geschichte der Kartographie in tabellar. Darstellg. Mit Hinweis auf d. Quellen-Litteratur unt. bes. Berücksicht. Deutschlands, Österreichs u. d. Schweiz. gr. 8. (93 S.) Ebd. 895. n. 2. —

— Leitfaden f. den Unterricht in der Geographie, s.: Daniel, H. A.

Wolkenhauer Wilhelm: Geographische Nekrologie für die Jahre 1884, 1885, 1886 und 1887. (Geographisches Jahrbuch. Bd 12. 1888. S. 349–408.) Gotha 1888. 60 S. 8°

Wolkenhauer, Wilhelm: Geographische Nekrologie für die Jahre 1896 und 1897. (Geographisches Jahrbuch. Bd. 20. 1897. S. 463–490.) Gotha 1898. 28 S. 8°

Wolkenstein [Schlagwort]

Wolkenstein, s.: **Annaberg.** Gaebler.

Wolkenstein [Sachliches OW]

Wolkenstein, Schloss. Vom Verf. der »neuen deutschen Zeitbilder« ... Leipzig 1854. V: *Temme, Jodocus Donatus Hubert.* (Ky)

Wolkenstein, Schloß. Vom Verf. der „neuen deutschen Zeitbilder" und der „schwarzen Mare". (Von J. D. H. Temme). 2 Bdchn. Leipzig 854. H. Schultze. 8. (223, 186 S.) n. 2 ℛ.

Wolkenstein [Schlagwort]

Wolkenstein, s.: **Geologische Karten. Spezialkarte. (Sachsen.)**

Wolkenstein [Verfasser]

Wolkenstein, s.: **Oswald v. Wolkenstein.**

Wolkenstein, A. v., Schloß Stuifen. Romantische Erzählg. aus der schwäb. Vorzeit. 8. (II, 80 S.) Stuttgart 886. Schott. — 80

Wolkenstein, Ludmilla Alexandrowna, 13 Jahre gefangen in der Schlüsselburger Festung. Memoiren. Uebers. von Herm. Paul. Und Anderes. (94 S.) kl. 8. Neuweißensee, E. Bartels. 2.—

[Russ.] 13 lět v Šlisseľburgskoj krěposti. Zapiski Ljudmily Aleksandrovny Volkenštejn (**Wolkenstein**). *Berlin: G. Štejnic 1902.* (96 S.) 8°
[Auf d. Umschl.:] Wolkenstein, 13 Jahre in d. Schlüsselburger Festung.
(Izvěstnějšaja russkaja biblioteka. Č. 36.) [03. 10617

Franz Joseph II., Kaiser von Österreich: Hymne. Gewidmet zu Ehren des Allerhöchsten vierzigjährigen Regierungs-Jubiläums S. Maj. des Kaisers Franz Josef II. Gewidmet von Louis **Wolkenstein.** 2. Dec. 1848—1888. [Leipzig 1888: Zechel.] 2 Bl. 4° [Umschlagtit.] Ohne Noten: „Schwestern, Brüder stimmt mit ein, . . ."

Wolkenstein, Oswald von. Dichtungen, s. Universal-Bibliothek.

Wolkenstein, Oswald Graf, Gedanken über das Pferd und seine Behandlungsweise. 8. (V, 98 S.) Wien 886, F. Beck. *
Vgl.: **Rückblicke, kritische.**

Wolkenstein, Oswalds v., Gedichte. Mit Einleitung, Wortbuch und Varianten hrsg. von Beda Weber. gr. 8. (534 S. und 4 S. Musikbeilagen.) Innsbruck 847, Wagner'sche Buchh. *

Die Gedichte Oswalds v. **Wolkenstein** hrsg. von J. Schatz. 2. verb. Aufl. des in d. Publik. d. Ges. z. Hrsg. d. Denkmäler d. Tonkunst in Österr. veröffentl. Textes. *Göttingen: Vandenhoeck & Ruprecht 1904.* (312 S.) 8° [04. 14058

Oswald von **Wolkenstein**. Geistliche und weltliche Lieder ein- u. mehrstimmig. Bearb.: der Text von Josef Schatz, die Musik von Oswald Koller. *Wien: Artaria & Co. 1902.* (XX, 233 S.) 2°
= Publikationen d. Gesellschaft z. Herausgabe d. Denkmäler d. Tonkunst in Österreich. Jg. 9. Th. 1. [02. 8573

Wolkenstein-Rodenegg, Alex. v., mathematisches Hülfsbuch für Praktiker, oder Sammlung von Regeln, Formeln, Grund- und Lehrsätzen und Construktionen der Elementar-Mathematik, nebst systemat. Zusammenstellung der vorzüglichsten europäischen Maaße und Gewichte, im Vergleiche mit jenen von Frankreich und Bayern. Zum besond. Gebrauche für Civil- und Militär-Ingenieure, Artilleristen und Polytechniker in 2 Abthlgn. entworfen und berechnet. 1. Abthl. gr. 8. (XVI und 159 S.) Augsburg 851, Lampart und Comp. Leipzig, Hübner. *

—— dass. — 2. Abthl. Enthaltend: Geometrie und Trigonometrie. gr. 8. (VI und 61 S. mit 1 Stnt. in Fol.) Ebds. 851. *
Zinzeln *

Wolkenstein-Rosenegg, Arth. Graf, s.: **Rodank, Arth. v.**

*__Wölker__, Albert Theodor Eduard, von Eimbeck, Hannover: De actione quae ex cambio competit secundum principia legis cambialis Germaniae et codicis generalis juris Borussici.
Promotion vom 10. Juli 1857.

Woelker. Frz. Laudatio funebris Leopoldi I. 8. Pragae 1705.

Woelker, Georg Christoph (Nürnberg) A. S. 363/57

Specimen juris publici publicum de auxilio ordinum imperii communi, Von der gemeinen Reichs=Hülfe.
Präs. Heinrich Hildebrand.
Altdorf (Meyer) V. 1707. 40 S. **37094**

Woelker, Georg Christoph (Nürnberg) A. S. 154/29

Judex in propria causa.
Altdorf (Meyer) IX. 1709. 48 S.

W. v.: Simon Tobias Wölker (Vetter).
37095

Woelker, Georg Friedrich (Nürnberg) A. S. 334/9

Genealogia familiae augustae Stauffensis, ex diplomatibus et optimis scriptoribus asserta et correcta.
Präs. Johann David Koeler.
Altdorf (Meyer) 20. IX. 1721. 50 S.

Gew.: Christoph Fürer. 37097

Woelker, Georg Friedrich (Nürnberg) A. S. 2/10

Genealogia familae augustae Staufensis.
Präs. Johann David Koeler.
Altdorf (Kohles) 1733. 68 S., 4 Taf.

Diss. 20. IX. 1721. 37098

Woelker, Georg Friedrich (Nürnberg) A. S. 341/16

Specimen iurisprudentiae antiquariae de iure Italico.
Präs. Christian Gottlieb Schwarz.
Altdorf (Meyer) 19. X. 1720. 40 S. 37096

Woelker, Georg Friedrich (Nürnberg) Altd. lose Jur.

Specimen iurisprudentiae antiquariae de iure Italico.
Präs. Christian Gottlieb Schwarz. Rec.
Altdorf (Graebner) 1741. 40 S.

Diss. 19. X. 1720. 37099

Wölker, H. L. W.: Preisschrift üb. d. Frage: Unte welchen Umständen ist es rathsam, in einer Stadt die Meiser eines Handwerks auf eine gewisse Anzahl einzuschränken? Welche Vortheile u. Nachtheile sind davon zu erwaten? Und wie sind letzt. z. vermeiden? *Freyb.* 801. 8.

Wölker, W., Handbuch für Reisende auf Eisenbahnen, Posten und Dampfschiffen. 8. (V und 147 S.) Berlin 854, Heipel. • — 10

Wölke, W., Meilenzeiger für Deutschland. 2. Aufl. Berlin 1850. 12. . . . . (RPA.)

Wölkerling, Wilhelm

Wölkerling, W., ausländische Kulturpflanzen. Für die Hand des Lehrers zum Gebrauch beim naturgeschichtl. Unterricht auf der Oberstufe mehrklass. Volks- u. Bürgerschulen bearb. 8. (IV, 52 S. m. 27 Abbildgn.) Berlin 89. Seehagen. cart. n. — 80

Wölkrling, W., ausländische Kulturpflanzen. Ihr Wachstum u. ihre Verwertg. 2. Aufl. 8. (III, 52 S. m. 27 Abb.) Berlin 897. O. Seehagen. Kart. n. — 80

Wölkrling, Wilh., kleine Mineralogie f. Bürger- u. Volksschulen. 8. (34 S.) Potsdam 887. Stein. cart. n. — 40

— Naturgeschichte der drei Reiche in Einzelbeschreibungen für die Mittelstufe der mehrklass. Volks- und Bürgerschulen, zugleich ein Lesebuch für die Jugend. gr. 8. (III, 112; 88; 34 S. mit Abbild.) Ebendas. 887. *

— praktische Pflanzenkunde in Einzelbeschreibungen für die Mittelstufe mehrklassiger Volks- und Bürgerschulen. gr. 8. (88 S. mit Abbild.) Ebendas. 887. cart. *

— praktische Tierkunde in Einzelbeschreibungen für die Mittelstufe mehrklassiger Volks- und Bürgerschulen. gr. 8. (112 S. mit Abbild.) Ebendas. 887. cart. *

— das Wichtigste aus der reinen und angewandten Chemie in Einzeldarstellungen für die Oberstufe mehrklassiger Volks- und Bürgerschulen. gr. 8. (III, 52 S. mit Abbild.) Ebendas. 888. * 60 Pf.; geb. *

Wölkrling, Wilh., das Wichtigste aus der reinen u. angewandten Chemie in Einzeldarstellungen f. die Oberstufe mehrklassiger Volks- u. Bürgerschulen. 2. erweit. Aufl. gr. 8. (II, 59 S. m. Abbildgn.) Potsdam (902). A. Stein. n. — 80; kart. n. 1. —

Wölkern, **Geo. Chr., Specimen, selecta capita de constitutione civitatum Imperii interna exhibens. 4. Nürnb. 787 Monath u. K. 3 ℛ**

v. **Wölkern**, (M. C. W.,) Beschreibung aller. Wappen rc., s. Wappenbuch.

Wolking, Aurelian, philosoph.-theolog. Katechismus zur Gründung des Christenthums. 8. Emmerich 801.

Wolk, Josef: Beiträge zur Geschichte der legio XI Claudia. Breslau 1908: Grosser & Co. (51 S.) 8°
Bresla, Phil. Fak., Ref. Cichorius, Diss. v. 7. Febr. 1908
[Ge. 19. Juli 80 Breslau; Wohnort: Breslau; Staatsangeh.: Preußen; Vorbildung: Matthias-Gymn. Breslau Reife O. 02; Studium: Breslau 11 S.; Rig. 8. Ja. 08.]

Wolloff, A. v., die Lichtabsorption in den Chlorophylllösungen. gr. 8. (29 S. mit 1 lithogr. Taf.) Heidelberg 876 C. Winter's Universitäts-Buchh. *
Au: Verhandlungen des naturhistorisch-medicinischen Vereins zu Heidelberg, besonders abgedruckt.

Woloff, Theod., s. Channing, W. E., seid mäßig!

Wolkomitsch, Elisabeth, Exenteratio (Evisceratio) bulbi, s.: Mittheilungen aus Kliniken u. medicinischen Instituten der Schweiz.

Wolkonski, Fürst, eine merkwürdige Geschichte, s.: Gabelsberger-Bibliothek. A. 1.

Wolkonski, Fürstin Marie Nikolaijewna, Memoiren, m. Vorwort u. Beilagen hrsg. vom Fürsten M. S. Wolkonski. Aus dem Russ. von C. v. Gütschow. (144 S.) 8. Leipzig (905). B. Elischer Nachf. n. 2. 50

Wolkonskij, Fürst Sergei, Bilder aus der Geschichte u. Litteratur Rußlands. Autor. Uebersetzg. von A. Hippius. gr. 8. (VIII, 317 S.) Basel 898. F. E. Perthes. n. 5. —

Wolkonskij, Fürst Sergei, Bilder aus der Geschichte u. Litteratur Rußlands. Autor. Uebersetzg. von A. Hippius. gr. 8. (VIII, 317 S.) Basel 898. F. E. Perthes. n. 5. —

(B) **Wolkonskij**, Fürst Sergei, Bilder. 905. (KVZ 34.) Jetzt: Leipzig, O. Himly.

Wolkonsky, Fürst Gregor, ein Blick auf die heutige Lage Russlands. (In russ. Sprache.) (48 S.) gr. 8. Stuttgart 903. J. H. W. Dietz Nachf. n. 2. —

— Mitteilungen an die Redaktion der Zeitung „Das Recht" zum Prozess M. A. Stachowitsch gegen Fürst W. P. Meschtschersky. (In russ. Sprache.) (39 S.) gr. 8. Berlin 905. H. Steinitz. n. 2. —

Wolkonsky, Michael: Mémoire sur les reformes à introduire en Russie, s. Bibliothek. Russische.

Wolkow, Die deutschen Müllerabsatzorganisationen. 8°. St. Petersburg 1908.

Wolkow, M. M., u. S. N. Delitzin, die Wanderniere. Ein Beitrag z. Pathologie des intraabdominalen Gleichgewichtes. Experimentell-anatom. Studien. Lex.-8. (XVI, 350 S. m. Abbildgn. u. 35 lith. Taf.) Berlin 899. A. Hirschwald. n. 14. —

Wolkowa, Adf. v., auf der Kriegsschule. Novellette. gr. 8. (220 S.) Köln 878. Lengfeld. n. 3. —

Wolkwitz-Fankhauser, C. Rob., leichtfaßlicher Unterricht in einer neu erfundenen chemischen Schnellfärbemethode für alle Arten Hasen- u. Kaninchenhaare, Hüte in feinem Filz u. Wolle rc. Für die Hasen- u. Kaninchenhaarfabrikanten, Hutfabrikanten rc. Zürich 868. Verlags-Magazin. 8. (24 S.) Verkiebt n. 15 ngr.

Woelky, Johannes Edwin Benno (geb. Königsberg i. Pr. 25. 4. 1844): Ueber Haemophilie. Berlin (1868). (39 S.) 8°
Berlin, Med. Diss. v. 2. Mai 1868

Woelky, Karl Peter

Woelky, Carl Pet., und Joh. Mart. Saage, Codex diplomaticus Warmiensis, s. Zeitschrift für die Geschichte und Alterthumskunde Ermlands.

Woelky, C. P., der Katalog der Bischöfe von Culm. gr. 8. (81 S.) Braunsberg 878. Huye. n. 1. 80

Woelky, C. P., Scriptores rerum Warmiensium, s. Scriptores.

Woelky, C. P., Urkundenbuch des Bisth. Culm, s. Urkundenbuch, neues preussisches.

Woelky, C. P., s.: Urkundenbuch, neues preuss.

Woelky, C. P., u. H. **Mendthal**, Urkundenbuch d. Bisth. Samland, s.: Urkundenbuch, neues preussisches.

Woelky, Guil. Car. (geb. Guttstadt 31. 5. 1813): Nonnulla de operatione hydroceles palliativa. Berolini (1835). (37 S.) 8°
Berlin, Med. Diss. v. 28. Sept. 1835

Woll, Karl August, e. pfälzischer Dichter u. Schriftsteller. Von e. St. Ingberter. (75 S.) kl. 8. St. Ingbert 906. (H. Eder.) nn — 30

Woll, C. F., Oratio de usu jurisprud. magistro. 8. Leipz. 784. Jacobäer. 4 gl

Woll F. W. A.: Über die Zersetzung organischer Ammoniak-Verbindungen in Silofuttermitteln. (Berl. 1889). (19) S. (Særtr.). P.

Woll, Hnr. Jak., (†...), s. J. J. Bachmaier, engl. Grammatik.

Woll, Karl August, Gedichte. Speyer 868. (Kleeberger.) 8. (VIII, 185 S.) n. 25 ngr

— neue pfälzische Gedichte. Aus seinem Nachlasse gesammelt u. hrsg. v. Emil Woll. Mit e. Vorwort von Fritz Claus. 8. (96 S.) St. Ingbert 902. H. Eder. n. 1. —; geb. in Leinw. n. 1. 60; m. Goldschn. n. 1. 80

Woll, Karl Aug., pfälzische Gedichte. 2. verm. Aufl. 8. (X, 156 S.) Heidelberg 873. K. Groos. 1. 50

Woll, Karl Aug., pfälzische Gedichte. 3. Aufl. 8. (X, 156 S.) Heidelberg 881, K. Groos.

Woll, Karl Aug., pfälzische Gedichte. 4., verm. Aufl. 8. (X, 164 S.) Heidelberg 893. K. Groos. n. 1. 50; geb. in Leinw. m. Goldschn. n. 2. 50

Woll, Karl Aug., pfälzische Gedichte. 5. unveränd. Aufl. 8. (X, 164 S.) Heidelberg 901. K. Groos. n. 1.50; geb. n. 2. 50

Woll, Leo, Alsata: De poetis latinis Lucreti imitatoribus. Freiburg i. B. 1907: Charitas-Druckerei. (62 S.) 8°
Freiburg i. B., Phil. Fak., Ref. Hense, Diss. v. 1907
[Geb. 14 März 83 Hagenau (Elsaß); Wohnort: Freiburg i. B.; Staatsangeh.: Elsaß-Lothringen; Vorbildung: Gymn. Hagenau Reife M. 02; Studium: Straßburg 4, Freiburg i. B. 3 S.; Rig. 16. Dez 05.]

Wöll, A., die erste Tiroler Scharfschützen-Kompagnie vom J. 1848 d. Hauptmanns Gottlieb Zötl, k. k. Bergrath u. Tirolischer Forstreferent in Hall. Als Vorläufer d. 40jähr. Jubeljahres 1888 geschrieben. gr. 8. (132 S. m. Bild Zötl's.) Innsbruck 887. Wagner. n. 1. 60

Wöll, Friedr. Gen. Custine in Nassau-Weilburg. (16.) 4. Weilburg 1875.

Woell, Wilhelm [Referendar aus Weilburg a. d. L.]: Über die regula Catoniana ... Strassburg i. E., Buchdr. Ch. Müh & C., 1894; 120 S., 1 Bl. 8.
Strassburg, Rechts- u. staatswiss. Fak., Inaug.-Diss. v. 1894

Wollaeger, H(ermann) W(ilhelm) F(ranz): Studien über Swinburne's poetischen Stil. *Heidelberg 1899: E. Geisendörfer.* (VI, 106 S.) 8°
Heidelberg, Phil. Diss. v. 1899

Wollak, Franz

Mähr. Schönberg: Katalog der Lehrerbibl. 99. v. Franz Wollak. 25. Progr.

Wollank, Theod., de derivata possessione juris romani. Dissertatio inauguralis. gr. 8. (IV, 84 S.) Berlin 864. (Puttkammer & Mühlbrecht.) n. 1. —

Wollanky und **Kowastch.** Patent-Sicherheits-Grubenstempel. Berlin. 1889.

Wollay, Geo., Leben, Reisen in verschied. Welttheile u. außerordentl. Abentheuer, nebst e. Beschreib. der von ihm entdeckten Länder, ihrer Einwohner, deren Sitten u. Gebräuche; aus d. Französ. 3 Thle. 8. Leipz. 788. Schwickert. 1 ℔ 12 gl

Wollaston, Will. Hyde

Wollaston, W. H., Dr., Ueber die begrenzte Ausdehnung der Atmosphäre und damit zusammenhängende Untersuchungen über die Theilbarkeit der Materie. (Annal. d. Phys. B. 72. St. 1. J. 1822. St. 9.)

Wollaston, W. H., die Grundlagen der Atomtheorie, s.: Dalton, J.

— Ueber den scheinbaren Magnetismus des Titan Metalls. (Aus den Philos. Mag. and Journ. Vol. 63, Jan 1824, No. 309, übersetzt von Dr. Meissner.) (Aus. Journ. für Chem., N. R., 12 Bd., 2 Heft.)

Wollaston, W. H., Metallisches Titan, aufgefunden von —. (Nach den Philos. Transact. für 1823 frei übersetzt von Gilbert.)

Wollaston, Will. Hyde, Untersuchungen, wie durch atmosphärische Strahlenbrechung doppelte Bilder von Gegenständen entstehen. (Annalen der Physik, Jahrg. 1802, 5. St.)

Wollaston, Will. Hyde, Versuche über die chemische Erzeugung und Wirkung der Elektricität (Zusammengezogen aus den Philosophical Transactions for 1801 vom Herausg.) (Ann. der Phys., B. 11, St. 1, J. 1802, St. 5.)

Wollberg, Die Gräfin von; ein Trauerspiel. Berlin 1776. V: ***Riebe.*** **(Ky) (MGT)**

Wollberg, die Gräfin von,. Trsp. 8. Berl. Decker. (Rottmann.) 776. — 12

v. **Wollberg**, die Gräfin. Trspl. (von ... Riebe). 8. Berl. 776. Rottmann. 12 gl

Wollburg, Georg, a. Steglitz: Aus d. Kgl. Psychiatrischen u. Nerven-Klinik zu Kiel. Über Dementia paralytica im jugendlichen Lebensalter. Kiel 1906: C. H. Jebens. (43 S.) 8°
Kiel, Med. Fak., Ref. Siemerling, Diss. v. 27. April 1907
[Geb. 31. Dez. 78 Berlin; Wohnort: Steglitz; Staatsangeb.: Preußen; Vorbildung: Gymn. Königsberg Neum. Reife M. 99; Studium: Berlin 7, Kiel 3 S.; Coll. 24. Febr. 06; Approb. 15. März 07.]

Wollburg, Hans, Kammergerichtsreferendar: Fallen Forderungsrechte unter den Begriff „sonstiges Recht" im § 823 B.G.B.? Rostock 1904: Adlers Erben. (78 S.) 8°
Rostock, Jur. Fak., Ref. Matthiass, Diss. v. 31. Okt. 1904
[Geb. 28. Dez. 81 Berlin; Wohnort: Berlin; Staatsangeh.: Preußen; Vorbildung: Gymn. Steglitz Reife O. 00; Studium: Berlin 2, Freiburg i. B. 1, Berlin 3 S.; Rig. 24. Juli 03.]

Wolle, A., Vorlegeblätter zum Zeichnen u. Malen, in monatl. Lfrgg. 16 u. 26 Hft. qu. 1/2 Fol. Erfurt 838. (Otto.) à n. 1/4 ℔

Wolle, C., de commendatione animae in manum Domini. Lips. 1726. 4.

Wolle, C., de δεισιδαιμονίᾳ Antonini. Lips. 1730. 4.

Wolle, C., de ignoto Judaeorum (Exod. 3, 17.) et Atheniensium Deo. Lips. 1727. 4.

Wolle, C., Judicium emendatae rationis de interitu mundi ac aeternitate poenarum infernalium. Lips. 724. 4.

Wolle, C., de tribunalibus profanarum gentium Christo ejusque legatis jure meritoque odiosis. Lips. 1731. 4.

Wolle, Christoph [Praes.], s. Bertram, Johann Philipp: De singulari facto ac fato uxoris Lothi ad Genes. XVIIII com. XXVI.

— Betrachtungen über die in der augsburgisch. Confession enthalt. Sittenlehre Jesu Christi v. d. innerl. Verderbnissen d. menschl. Seele. 4. Lpz. Breitkopf. 745.

— Betrachtungen über d. Tugendlehren d. Christen, nach d. Vorbilde d. heilsamen Werke. gr. 4. Ebend. 768.

Wolle, Christoph [Praes.], s. Dathe, Gottlob Liborius: De facultatibus intellectualibus in bonos habitus mutandis.

— Ecclesia pharisaica et christiana. 8. Altona. Korte. 730.

— examen regular. hermeneuticar. ab Aug. Calmete monach. Parisino civitati christ. commendatarum. 8. Lips. Löwe. 733.

Christophorus Wollius [Wolle]: De Honoribus medicorum apud veteres. [Resp.:] Polycarpus Fridericus Schacher. Lipsiae 1732: Langenheim. 48 S. 8°
Leipzig, Phil. Disp. v. 9. Apr. 1732

Wolle, Christoph [Praes.], s. Jobus, Johann Friedrich: De finibus poenarum civilium.

Wolle, Christ., Antonini imperatoris meditat. in se ipsum lib. XII. graece et latine. 8. Lips. Löwe. 729.

Wolle, Christoph [Praes.], s. Opitz, Johann Christian: De ignoto Judaeorum et Atheniensium Deo אחיה.

— commentatio philologica de parenthesi sacra, accedu II dissertationes. 4. Lips. 726.

— heilige Reden bey verschied. Gelegenheiten gehalten. Lpz. Breitkopf. 748.

Wolle, Christoph [Praes.], s. Richter, Johann Georg: De introitu in ovile per ostium ad parabolam Christi Johann.X.

— Ruhe d. Seele, od. d. Prediger Salomo, kürzlich erklärt 8. Ebend. 729.

Wolle, Christoph [Praes.], s. Schacher, Polykarp Friedrich: De honoribus medicorum apud veteres.

Wolle, Christoph [Praes.], s. Schwan, Georg Wilhelm: Soma psyche pneuma sive dissertatio philologica de abusu Platonico trium hominis partium in explanatione novi foederis.

Wolle, Cph., († d. 6. Juli 1761.) Sittenlehre d. Augsburg. Confession, von dem innern Verderbniß d. menschl. Seele. gr. 4. Leipz. 745. ... 2r Thl. A. u. d. T.: Betrachtt. über d. Tugendlehren d. Christen, nach d. Vorbilde d. heils. Werke. gr. 4. Leipz. 768. Breitkopf u. H. 2 ₰ 16 ℊ

— de verbis graecorum mediis commentationes. 4. Altona 733. Editio altera. 8. Leipz. 752. (Cnobloch). 18 ℊ

Wolle, Christoph Friedrich [Praes.], s. Geissler, Johann Georg: Observationes juris ecclesiastici.

Wolle, Christoph Friedrich: Meletematum juris civilis specimen I, s. a. Püttmann, Josias Ludwig Ernst

Wolle, Christoph Friedrich A. S. 565/38a

Meletematum iuris civilis specimen I.
Präs. Josias Ludwig Ernst Püttmann.
Leipzig (Langenheim) 21. III. 1771. 39 S.

37241

Wolle, Christoph Friedrich A. S. 166/27

De rationario imperii Romani dissertatio.
Leipzig (Langenheim) 3. V. 1773. 44 S.

37242

Wolle, Christoph Friedrich [Praes.], s. Richter, Georg Christoph: De restituta memoria.

Wolle, Christoph Friedrich [Praes.], s. Seger, Heinrich Adolph: Archaeologiae iuridicae specimen.

Wolle, Christoph Friedrich [Praes.], s. Solbrig, Johann Gottlob: De damnata memoria dissertatio prima.

Wolle, Christoph Friedrich [Praes.], s. Stieglitz, Christian Ludwig: De damnata memoria.

Wolle, Gottlob Friedrich Nikolaus (Rudolstadt)
A. S. 1332/2

Disputatio philosophica mundum finitum maximum unicum et optimum esse evincens.
Präs. Johann Gottfried Ehwalt.
Jena (Marggraf) 7. IV. 1742. 48 S.

Gew.: Stadt Elbing. 37243

Wolle, Gottlob Friedrich Nikolaus [Praes.], s. Roessel, Christoph Heinrich: De adfectibus, qui hominibus tribuuntur.

Wolle, Marianna, Sammlung d. neuesten, schönsten u. elegantesten Touren zu Strümpfen. Ein unentbehrl. Handbüchl. f. d. strickende Welt. 12. (2 B.) Nürnberg 836, [Bauer u. Raspe.]

Wolle, Marianna, Sammlung der neuesten, schönsten u. elegantesten Touren zu Strümpfen. 12. Nürnberg 836. Schneider u. Weigel. (Merz.) 1/6 ₰

Wolle, Marianne, Sammlung der neuesten, schönsten u. elegantesten Touren zu Strümpfen u. Spitzen-Muster. Ein unentbehrl. Handbüchl. f. die strickende Welt. 3. Aufl. (3 B.) 842. u. 4., verb. u. verm. Aufl. 16. (4 B.) Nürnberg 846, Bauer u. Raspe. à .

Wolle, Marianna, Sammlung der neuesten, schönsten u. elegantesten Touren zu Strümpfen u. Spitzen-Muster. Ein unentbehrliches Handbüchlein für die strickende Welt. 5. (Titel-)Aufl. Nürnberg (846)69. Korn. 16. (VIII, 56 S.) n. 5 ngr.

—— dass. — 6. Aufl. 8. (42 S.) Ebendas. 874. *

Wolleb, Alexander. Der Beste Entschluß Einer Gott ergebenen Seele ... Bey ... Bestattung, Der ... Frawen Magdalena Leüchtin, Des ... Herren Andreas Burckhard, des Raths, Ehelicher Haußfrawen. Vorgestellet ... [zu Basel] den 26. Martii 1707. 4. Basel.

Wolleb, Alexander. Grund Säule Seliger Aufferstehung ... erkläret den 12. Novembr. 1707. zu Basel ...: Bey ... Bestattung Des ... Emanuel König. ... Buchhändler ... daselbst. 4. [Basel] 1707.

Wolleb, Alexander. Christliche Leichpredigt, Von der Beschaffenheit menschlichen Lebens .... Gehalten ... den 13. Augusti 1707, zu Basel .... Bey ... Bestatung. Der ... Frau Elisabeth Sarasin, Deß ... Lucas Hagenbach. ... alhier. gewesenen Ehelichen Haußfrauen. 4. Basel.

Wolleb, Alexander. Christliche Leich-Predigt Von der Seligen Hinfahrt ... Abrahams .... Gehalten In Basel ..., den 11. Martii 1708. Bey Bestattung ... Hrn. Nicolai Bernoulli. Gewesenen Beysitzern eines Ehrsamen Statt-Gerichts der mehreren Statt .... 4. Basel.

Wolleb, Alexander. Christliche Leich-Predigt Von der Lobpreisung Gottes ... Gehalten ... zu Basel, den 2. 7br. 1709. Bey ... Bestattung. Der ... Frauen Ursula Socin. Des ... Hanß Heinrich Ryhiners ... Hauß-Frauen. 4. Basel.

Wolleb, Alexander. Christliche Leich-Predigt. Von dem Verlangen Der Gläubigen .... Gehalten In Basel den 24. Julii 1711 .... Bey ... Bestattung. Der ... Frauen Elisabeth Thierry. Des ... Andreas Burckhardt. Obrist-Zunfftmeisters ... Haußfrauen. 4. [Basel.]

Wolleb, Alexander. Christliche Leich-Predigt, Von der Vollkommenen Seligkeit .... Gehalten den 1. Octobr. 1709. zu Basel .... Als zur Erden bestattet war ... Fraw Valeria Fäschin, Des ... Lucas Burckhardt sel. ... Wittib. 4. Basel.

Wolleb, Alexander. Spiegel der Demuth ... Vorgestellet, Den 22. Tag Maji, An. 1690 .... zu Basel, Bey ... Leich-Begängnuß Der ... Frawen, Maria Salome Werenfelsin, Des ... Johan Rudolph Fäschen, des Raths. ehelicher Haußfrawen. 4. [Basel.]

Wolleb, Dan., Delectus notarum ad Virg. Ecl. IV. Basil. 789. 4.

Wolleb, Daniel U. S. Basel 1776/1

Observationes botanico-medicae.
Präs. Wernerus de La Chenal.
Basel (Im-Hof) 26. XI. 1776. 16 S. 37244

Wolleb, Dan., 6 Predigten über einige Wahrheiten Sprüche heil. Schrift. 8. Lpz. 736.

Wolleb, Dn., († d. 9. Mai 1763.), s.a. d. Psalmen Davids.

— die Psalmen Davids, m. Beybehaltung d. üblichen Mel dien, in deutsche Verse übersetzt. 8. Quedlinb. Ernst. 763.

Wolleb, Dan., Basel. Theses miscellaneae [u. a. embryologische, geburtshilfliche]. Basel, Med. Diss. 1702.

Wolleb, Emanuel

Wolleb, Emanuel. Disquisitio historica de causis antecedentibus Romæ fundationem. Quam ... Examini subjicit E' W' ... d. 3. Septembris. 1737. 4. Basileæ (1737).

s.a. Gedanken über d. Seele.

Gedanken über die Seele des Menschen und Muthmaßungen über den Zustand derselben nach dem Tode meistens auf Erfahrung gegründet. In 4 Th. [Verf.: Emanuel Wolleb.] Nebst e. Anh. von den übrigen denkenden Wesen. Bd 1.2. Berlin & Leipzig: Decker 1777. 1 Bd 8°

Wolleb, Emanuel: G e n e r a l i a juris naturae et singularia quaedam de legitimatione, de tutelis, de acquirendo rerum dominio. 13 S.– Basel, Jur. Diss. v. 6. Febr. 1731.

– s. Nachlese, Helvetische.

s. Patriot, d. Helvetische.

Wolleb, Emm., († ...) verschiedene kleine Schriften über philosoph. u. prakt. Gegenstände. 8. Basel 769. Thurneysen. 20 K Schrbp. 1 ½

Wolleb, Emanuel: De s t a t u hominum naturali originario. (Resp.: Joh. Jakob Ulrich). 7 S.–
Basel, Phil. Diss. v. 23. Mai 1738.

— Theresia u. Friedrich. 8. ... 762.

Wolleb, Emanuel: T h e s e s ex omni jure. 7 S.–
Basel, Jur. Diss. v. 2. April 1731.

Wolleb, Emanuel: T h e s e s philosophicae miscellaneae (ex jure naturae). (Resp.: Joh. Jakob Dummelin). 18 S.–
Basel, Phil. Diss. v. 7. Juni 1737.

Wolleb, Joh. Jac., Gespräche zwischen einem Pietisten un Wiedertäufer. 8. Basel, Brandmüller. 732.

Wolleb, Joh. Jac., Pr. — Herif, Abraham, Straßburg. Disquisitio philosophica de origine motus brutorum cum observatione de cicindela.
Basel, Med. Diss. 1780

Wollebaek, Alfr., Uebersicht üb. die Seefischerei Schwedens, s.: Trybom, Filip.

Wolleben, s. A n l e i t u n g zum christl. Glauben.

Wollehn oder Wohlleben? (Kutscher) Chr., die besten, einfachsten, bewährtesten u. sichersten Mittel, das Durchgehen der Wagenpferde zu verhindern. 8. Dresd. 830. (Walther.) 6 K

Wollemann, August

Bedeutung u. Aussprache der wichtigsten schulgeographischen Namen von Dr. phil. A[ugust] Wollemann. Braunschweig: W. Scholz 1905. (68 S.) 8° (05. 1905) 7

Wollemann, A., Bedeutung u. Aussprache der wichtigsten schulgeographischen Namen. 2., verb. u. verm. Aufl. (IV, 80 S.) gr. 8. Braunschweig 906. W. Scholz. n. 1. 20

Wollemann, A., die Bivalven u. Gastropoden des deutschen u. holländ. Neocoms, s.a. A b h a n d l u n g e n der königl. preuss. geolog. Landesanstalt. N. F. 31.

Wollemann, August: Die B i v a l e n und Gastropoden des deutschen und holländischen Neocoms. Von Dr. phil. A[ugust] Wollemann in Braunschweig. [Nebst] Atlas. Berlin: S. Schropp in Komm. 1900. 1 Bd 4° (8°), 1 Bd 2°
(Abhandlungen d. K. Preuss. geol. Landesanstalt. N. F. H. 31.)

Wollemann (A.), Ueber den Charakter der Quartärfauna von Thiede bei Braunschweig. (Verh. d. nat. Ver. Jahrg. 46. 6. Folge. Band 6.) 8.

Wollemann (A.), Ueber die Diluvialsteppe. (Ohne Druckort und -Jahr.) 8.

— die Fauna der Lüneburger Kreide, s.a. A b h a n d l u n g e n der königl. preuss. geologischen Landesanstalt. N. F. 37.

Die Fauna der Lüneburger Kreide. Von A[ugust] Wollemann in Braunschweig. Hierzu e. Atlas mit 7 Taf. Hrsg. von d. Kgl. Preuss. Geol. Landesanst. *Berlin: Geol. Landesanst. 1902.* 1 Bd 8°, 1 Bd 4°
= A b h a n d l u n g e n d. K. Preuss. geol. L a n d e s a n s t a l t. N. F. H. 37. (03. 1903)

Wollemann, A. [aus Braunschweig]: Zur Kenntniss der Erzlagerstätte von Badenweiler und ihrer Nebengesteine .... Wurzburg, Druck d. Stahl'schen Buchdr., 1887; 42 S. 8°.
Wurzburg, Phil. Fak., Inaug. Diss. v. 1887.

Wollemann, A., zur Kenntniss der Erzlagerstätte v. Badenweiler u. ihrer Nebengesteine. [Aus: „Verhandlgn. d. physikal.-medicin. Gesellsch. zu Würzburg".] gr. 8. (39 S.) Würzburg 887. Stahel. n. 1. —

Wollemann, A., die Molluskenfauna des Untersenon von Braunschweig u. Ilsede, s.: Abhandlungen der königl. preuss. geolog. Landesanstalt. (Müller, G.)

— Nachtrag zu meinen Abhandlgn. üb. die Bivalven u. Gastropoden der unteren Kreide Norddeutschlands. (S. 151—193 m. 5 Taf. u. 5 Bl. Erklärgn.) Lex. 8. Berlin (N. 4, Invalidenstr. 44) 908. Vertriebsstelle der kgl. geolog. Landesanstalt. nn 4. —
Sonderabdr. aus: „Jahrb. d. kgl. preuss. geol. Landesanst."

Wollemann (A.). Geologische und palaeontologische Notizen aus der Umgegend Braunschweigs. (Sep.-Abdr. a. d. Centralbl. f. Mineral. etc., 1903.) Stuttgart 1903. 8.

— Die Völkerkunde im Unterricht an den höh. Schulen. (34 S.) 8. Braunschweig 910. A. Graff. — 40

Wollemann, B.: Befehls-Büchlein für den Turnunterricht an Volksschulen. Braunschweig & Leipzig 1900. 13 S.

Wollen, deutsches! Eine nationale Bücherei, geleitet v. O. Hötzsch u. Walth. Graef. 1.—3. Bd. 8. Prenzlau, A. Mieck. n. 2. 80
1. Die Kämpfe um die akademische Freiheit einst u. jetzt. Eine Geschichte der Freiheit der deutschen Studenten. Von Paul Baecker. (84 S.) 905. n. — 80
2. Das Evangelium der Rasse. Briefe üb. das Rassenproblem. Von L. Kuhlenbeck. (72 S.) 905. n. 1. —
3. Der Freiheitskampf des Mittelstandes. Von Frdr. Wegener. (104 S.) 906. n. 1. —

Wollen, deutsches! Eine nationale Bücherei, geleitet von O. Hötzsch u. Walth. Graef. 4. Bd. 8. Prenzlau, A. Mieck. 1. —
4. Kolonialpolitik. Im Lichte der kolonialen Entwicklg. Englands, Frankreichs u. Deutschlands. Von H. Plehn u. Helmut Sarwey. (109 S.) 906.
1.—3. Bd. Ebd. 905. 06. 2.80.

Wollen, ernstes. Monatsschrift. Hrsg. v. Mitarbeitern der früheren Versöhng. M. v. Egidys. Hrsg.: R. Deutsch u. H. Driesmans. Schriftleitung: H. Driesmans. 1. Jahrg. April 1899—März 1900. 12 Nrn. gr. 8. (à ca. 16 S.) Berlin [Geschäftsstelle]. Gose & Tetzlaff. n. 2. 50

— dasselbe. Halbmonatsschrift. Hrsg. v. Mitgliedern der früheren Versöhng. M. v. Egidys. Hrsg.: Regine Deutsch u. Heinr. Driesmans. Schriftleitung: H. Driesmans. 2. Jahrg. April 1900—März 1901. 24 Nrn. gr. 8. (à ca. 16 S.) Berlin [H. Walther]. Gose & Tetzlaff. n. 5. —

— dasselbe. Eigentümer: Regine Deutsch u. Heinr. Driesmans. Schriftleitung: H. Driesmans. 3. Jahrg. April 1901—März 1902. 24 Nrn. gr. 8. (IV, 384 S.) Berlin (Gose & Tetzlaff). 6. —

— dasselbe. Nebst Beilage: Die Kunst im Leben d. Kindes. Schriftleitung: Wilh. Spohr. 4. Jahrg. April 1902—März 1903. 24 Nrn. gr. 8. (à ca. 16 u. 8 S.) Ebd. 6. —

Wollen, ernstes. Monatsschrift f. aufbauende Kulturbewegg. Eigentümer: Regine Deutsch u. Heinr. Driesmans. Schriftleitung: H. Driesmans. Mit den Mitteilgn. der Vereinigg.: Die Kunst im Leben des Kindes. Schriftleitung: C. L. A. Pretzel. 5. u. 6. Jahrg. April 1903 bis März 1905. 24 u. 12 Nrn. (à ca. 16 u. 4, bezw. 40 u. 8 S.) gr. 8. Berlin [Gose & Tetzlaff]. Leipzig, Deutscher Kulturverlag. à Jhrg. n. 6. —
Fortsetzg., s.: Kultur, deutsche.

Christoph Wollens Betrachtungen über die in der Augsburgischen Confession enthaltene Sittenlehre Jesu Christi, von den innerlichen Verderbnissen der menschlichen Seele. Leipzig: Breitkopf 1745. 19 Bl. 862 S. 40 Bl. 4°
cf. Ehrhardt, S. J.: Kurzgef. Gesch. d. Frmr-Ordens. 1754 S. 106.
Legt den Frmrn die Bedeutung von Freigeistern, Freidenkern, Indifferentisten bei.

Bücherverzeichniss der Loge zu den drei Schwertern und Asträa zur grünenden Raute im Or. Dresden. [Zsgest. von John Lloyd **Wollen.**] Dresden 1862: Wulffen. 63 S. 8° [Umschlagtit.]

Wollenberg v.

Wollenberg, Handbuch der gerichtlichen Psychiatrie, s.: Hoche, A.

Copia zweyer Registratur-Protocolla, So der Kayserl. . . . Director Herr von Wollenberg über dessen Ausrichtung bei dem Chur-Braunschweigischen Gesandten, Freyherrn von Gemmingen verfasset hat. 1759. 4.

Wollenberg, Leitfaden der Krankenpflege, s.: Rumpf

Wollenberg, Alb.

Wollenberg, Christus in der Kammer? u. Wer ist klug? Zwei Predigten üb. die letzten Dinge, auf Grund von Mt. 24, 15—28 u. Mt. 25, 1—13 geh. am XXIV. u. XXVI. n. Tr. 1891 im Dom zu Güstrow. gr. 8. (23 S.) Güstrow 891. Opitz & Co. n. — 50

Wollenberg, Gedächtnisrede auf weil. Consistorialrat D. Polstorff, Superintendenten d. Güstrowschen Diöcese, geh. am Tage s. Begräbnisses als am 10. III. 1898 im Dom zu Güstrow. gr. 8. (8 S.) Wismar 898. (Güstrow, Opitz & Co.) n. — 20

Wollenberg, Alb., Nietzsche's Gigantomachie. Vortrag, geh. in der Aula des Güstrower Realgymnasiums. (21 S.) gr. 8. Güstrow 906. Opitz & Co. n. — 40

Wollenberg, wie Güstrow eine lutherische Stadt geworden und geblieben ist. Ansprache bei Gelegenheit des 350jähr. Gedenktages der ersten in der hiesigen Pfarrkirche gehaltenen luther. Predigt. gr. 8. (15 S.) Güstrow 883, Opitz und Comp. *

Wollenberg, Ernst, Univ.-Richter: Handbuch der Königlichen Albertus-Universität zu Königsberg Pr. Im Auftr. d. akad. Senats hrsg. Königsberg i. Pr.: Gräfe & Unzer 1908. (309 S.) 8° [J.]
(Nicht für den Austausch)

Wollenberg, Ernst, Handbuch der königl. Albertus-Universität zu Königsberg i. Pr. Im Auftrage des akadem. Senats hrsg. (VI, 309 S.) Lex. 8. Königsberg 908. Gräfe & Unzer. 10. —

Wollenberg, Ernst Julius August, s. Wollenberg, Julius

Wollenberg, Eugen [pr. Arzt]:Ein Fall von Hydrencephalocele posterior mit Spina bifida und cystischer Degeneration beider Nieren. . . . Königsberg i. Pr.: Druck v. M. Liedtke 1889. 22 S., 1 Bl. u. 1 Taf. 8°
Königsberg, Med. Fak., Inaug.-Diss. v. 14. Mai 1889

Wollenberg, Eug. Ein Fall v. Hydrencephalocele posterior m. Spina bifida u. cystischer Degeneration beider Nieren. Diss. gr. 8. (21 S. m. 1 Taf.) Königsb. 889, (Koch). * — 80

Wollenberg, Gust. Alb., **arthritis deformans u. sogenannter chronischer Gelenkrheumatismus,** s.: **Hoffa**, Alb.

— Aetiologie der Arthritis deformans. (III, 103 S. m. 28 Abb.) Lex. 8. Stuttgart 910. F. Enke. 4. —
Sonderabdr. aus: „Ztschr. f. orthopäd. Chirurgie".

Wollenberg, Gustav Albert, approb. Arzt aus Güstrow: Aus d. med. Universitätsklinik zu Rostock. Klinische Erfahrungen über die Behandlung der Tuberkulose mit Geosot (Guajacolum valerianicum). *Rostock 1902: C. Hinstorff.* (44 S.) 8°
Rostock, Med. Diss. v. [25. Juni] 1902

Wollenberg, Gust. Alb., die tuberkulöse Wirbelentzündung u. die moderne Behandlung derselben, s.a. Klinik, Berliner.

Die tuberkulöse Wirbelentzündung und die moderne Behandlung derselben. Von Dr. Gustav Albert **Wollenberg**. Berlin. Berlin: Fischer 1906. (18 S.) 8° [Umschlagt.]
= **Klinik**, Berliner. II. 217. [08. 1703]

Wollenberg, Heinrich, Arzt aus Thorn: Aus d. chirurg. Klinik d. Julius-Spitals zu Würzburg. Beitrag zur Therapie der Unterschenkelfrakturen, besonders der Malleolen- und Flötenschnabelbrüche. *Würzburg 1900: Becker.* (21 S.) 8°
Würzburg, Med. Diss. v. 1900

Wollenberg, J., Cornutus de natura deorum. Pr. 1858. 8 S. 4°.

Wollenberg, J. L'évangile selon Saint-Jean en vieux provençal, publié. Berlin, Franz. G., 1868. II u. 29 S. 4.
Progr.

Wollenberg, J., Excerpta ex Joanne Antiocheno ad librum Peirescianum a se excussum emend. Pr. 1861. 26 S. 4°. 1.20

Wollenberg: LXIII Locos ex Herodoto excerptos, qui ex conlectaneis. Constantini Augusti Porphyrogenetae περὶ ἀρετῆς καὶ κακίας in codice Peiresciano exstant. 24 S.–Berlin Coll.Fr., Progr. 1862

Wollenberg, J., De Probo carminum Vergilianorum editore. Pr. 1857. 12 S. 4°.

Wollenberg, J.: Recensentur LXXVII ex Flavi Josephi scriptis excerpti qui ex conlectaneis Constantini Augusti Porphyrogenetae περὶ ἀρετῆς καὶ κακίας in codice Peiresciano extant. 36 S. – Berlin Coll. Franc., Progr. 1871.

Wollenberg, J., De Porphyrii studiis philologis capita V. Diss. 1854. 80 S. 1.20

Wollenberg, Ison, a. Thorn: Beitrag zur Kasuistik der Myxome der Kiefer. Borna-Leipzig 1906: R. Noske. (18 S.) 8°
Würzburg, Med. Fak., Ref. Schönborn, Diss. v. 23. Febr. 1907
[Geb. 27. Jan. 83 Thorn; Wohnort: Würzburg; Staatsangeh.: Preußen; Vorbildung: Gymn. Thorn Reife O. 01; Studium: München 1, Berlin 4, Würzburg 6 S.; Coll. 13. Juli 06; Approb. 12. Juni 06.]

Wollenberg, (Ern.) Julius (Augustus) (geb. Merz bei Beeskow 19. 7. 1829): De Porphyrii studiis philologis. Capita quinque. Berolini (1854). (30 S.) 8° *: Enthält nur Cap. I: De Porphyrii studiis Homericis.
Berlin, Phil. Diss. v. 19. Jan. 1854

Wollenberg, M. J., le dit de l'unicorne et del serpent, en vieux Picard. hoch 4. (7 S.) Berlin 862, Calvary und Comp.

Wollenberg, Ludov. (geb. Danzig 18. 2. 1826): De signis morborum cordis acusticis. Berolini (1850). (28 S.) 8°
Berlin, Med. Diss. v. 23. Aug. 1850

Wollenberg, Robert

Wollenberg, R., Chorea, Paralysis agitans, Paramyoclonus multiplex (Myoklonie), s.a. Pathologie u. Therapie, specielle.

WOLLENBERG, R.
Chorea, Paralysis agitans, Paramyoclonus multiplex (Myoklonie). Von Prof. Dr. R. Wollenberg in Hamburg. Mit 8 Abbildungen und 5 Tafeln. Wien. 1899. Hölder. Gr.-8°. 177 S. fl. 3.—

Wollenberg, R., Handbuch der gerichtlichen Psychiatrie, s.: Hoche, A.

Wollenberg, R., die Hypochondrie, s.a. Pathologie u. Therapie, specielle. XII. 1. 111.

Die Hypochondrie. Von Prof. Dr. R[obert] Wollenberg in Tübingen. *Wien: A. Hölder 1904.* (66 S.) 4°(8°)
= Pathologie, Specielle, u. Therapie. Bd. 12, Th. 1, Abth. 3. [04. 327]

— s.: Lehrbuch der Psychiatrie.

— über das Querulieren Geisteskranker, s.: Grenzfragen, jurist.-psychiatrische. II. 1. 2.

Wollenberg, Robert [Dr. med.]: Untersuchungen über das Verhalten der Spinalganglien bei der Tabes dorsalis ... M. 2 lithogr. Taf. (Aus: Arch. f. Psychiatrie etc. Bd. XXIV.) Berlin, gedr. bei L. Schumacher, 1892; 1 Bl., 52 S., 2 Taf. 8.
Halle, Med. Fak., Hab.-Schr. v. [20. Juli] 1892

Wollenberg, Woldemar, aus Grodno (Rußl.): Ueber Derivate des Dioxytriphenylmethans. *Marburg 1902: R. Friedrich.* (54 S.) 8°
Marburg, Phil. Diss. v. [9. Sept.] 1902

Wollenburg, Richard[us]: * Quis Ciris auctor habendus sit quaeritur. 65 Bl. 4° (2°)
Halle-Wittenberg, Phil. Diss. v. 4. Dez. 1871
Geb. [Mühlenbeck (Kr. Greifenhagen, Pomm.) 3. 12. 1842]

Wollengarnfärberei, die praktische. Handbuch u. Anleitg. zur Wollengarnfärberei unter Berücksicht der neuesten Verfahren u. der Verwendg. v. Anilinfarbstoffen m. e. dazu gehör. grossen Musterkarte v. 160 Farben [auch der neuesten Modefarben] in eleganter Ausstattg. (in schmal-Fol.). gr. 8. (16 S.) Dresden 885. Bloem. n. 10. —

Wollen-Gewerbe, das deutsche. Organ für die gesammte Wollen-Waaren-Industrie und bezügl. Geschäftsbranchen hrsg. vom Curatorium der Muster-Webe- und Fabrikanten-Schule zu Grünberg i. Schl., redig. von Hugo Söderström. 1.—3. Jahrg. Oktbr. 1868—1871. à Jahrg. 24 Nrn. gr. 4. Grünberg, (Weiß.) à Jahrg. *

—— dass. — zugleich Organ des deutschen Fabrikantentages, hrsg. vom Curatorium der Muster-Webe- und Fabrikanten-Schule zu Grünberg i. Schl., redig. von Hugo Söderström. 4. Jahrg. 1872. 24 Nrn. (Bog.) Mit Beilagen. gr. 4. Grünberg, Expedition. *

—— dass. — zugleich Organ der Muster-Webe- und Fabrikanten-Schule zu Grünberg i. Schlesien. Unter Mitwirkung namhafter Fachcapacitäten hrsg., verlegt und redig. von Hugo Söderström. 5. und 6. Jahrg. 1873 und 1874. à Jahrg. 24 Nrn. (Bog.) Mit Beilagen. gr. 4. Grünberg, Expedition. à Jahrg. *

Wollen-Gewerbe, das deutsche. Zeitschrift für die gesammte Wollen-Waaren-Industrie und bezügl. Geschäftsbranchen. Organ der Musterwebe- und Fabrikanten-Schule zu Grünberg i. Schl. und des Centralvereins der deutschen Wollwaaren-Fabrikanten. Unter Mitwirkung namhaftester Fachcapacitäten hrsg. und redig. von Hugo Söderström. 7. und 8. Jahrg. 1875 und 1876. à Jahrg. 52 Nrn. (à 2—2½ Bog. mit eingedr. Holzschn.) gr. 4. Grünberg, Expedition. à Jahrg. *

—— dass. — Organ des Centralvereins der deutschen Wollenwaaren-Fabrikanten. Unter Mitwirkung namhaftester Fachcapacitäten hrsg. und redig. von Hugo Söderström. 9.—11. Jahrg. 1877—1879. à Jahrg. 52 Nrn. (à 2 Bog.) gr. 4. Ebendas. à Jahrg. *

Wollen-Gewerbe, das deutsche. Zeitschrift für die gesammte Wollen-Waaren-Industrie und die bezügl. Geschäftsbranchen. Organ des Centralvereins der deutschen Wollenwaaren-Fabrikanten. Unter Mitwirkung namhaftester Fachkapacitäten hrsg. und redig. von Hugo Söderström. 12. und 13. Jahrg. 1880 und 1881. à Jahrg. 52 Nrn. (à Nr. 2—3 Bog.) gr. 4. Grünberg, Weiß' Nachf. à Jahrg. *

—— dass. — 14.—16. Jahrg. 1882—1884. à Jahrg. 104 Nrn. (à Nr. 2—3 Bog.) gr. 4. Ebendas. à Jahrg. *

Wollen-Gewerbe, das deutsche. Zeitschrift für die gesammte Wollen-Industrie und die bezügl. Geschäftsbranchen. Organ des Centralvereins der deutschen Wollenwaaren-Fabrikanten. Unter Mitwirkung namhaftester Fachkapazitäten hrsg. und redig. von Hugo Söderström. 17.—19. Jahrg. 1885—1887. à Jahrg. 104 Nrn. (à Nr. 2—3 Bog.) gr. 4. Grünberg, Weiß Nachf. à Jahrg. *

—— dass. — Zeitschrift für die gesammte Wollen-Industrie, Baumwollen-Industrie und die bezügl. Geschäftsbranchen. Organ des Centralvereins der deutschen Wollenwaaren-Fabrikanten. Unter Mitwirkung namhaftester Fachkapazitäten hrsg. und redig. von Hugo Söderström. 20. Jahrg. 1888. 104 Nrn. (à Nr. 2—3 Bog.) gr. 4. Ebendas. *

Wollen-Gewerbe, das deutsche. Zeitschrift f. die gesammte Wollen-Industrie, Baumwollen-Industrie u. die bezügl. Geschäftsbranchen. Organ d. Centralvereins der deutschen Wollenwaaren-Fabrikanten. Hrsg. u. redig. v. Hugo Söderström. 21. u. 22. Jahrg. 1889 u. 1890. à Jahrg. 104 Nrn. (à Nr. 2—3 Bog.) gr. 4. Grünberg, Weiß Nachf., Verlag. à Jahrg. * 12 —

—— dass. — Hrsg. v. Hugo Söderström. Spezial-Redact.: Otto Löbner. 23. u. 24. Jahrg. 1891 u. 1892. à Jahrg. 104 Nrn. (à Nr. 2—3 Bog.) gr. 4. Ebd. à Jahrg. * 12 —

— dasselbe. Hrsg. v. Otto Löbner. 25. u. 26. Jahrg. 1893. 1894. à 104 Nrn. (à 2—3 Bog.) gr. 4. Grünberg, Löbner & Co. à Jahrg. n. 12. —

Wollen-Gewerbe, das deutsche. Zeitschrift f. d. ges. Wollen-Industrie, Baumwollen-Industrie u. d. bezügl. Geschäftsbranchen. Organ d. Centralvereins der deutschen Wollwaaren-Fabrikanten. Hrsg. v. Otto Löbner. 27.—30. Jahrg. 1895—1898. à 104 Nrn. (à ca. 16 S.) gr. 4. Grünberg, Löbner & Co. à Jahrg. n. 12. —
Kann auch vierteljährlich bezogen werden.

Wollen-Gewerbe, das deutsche. Zeitschrift f. die gesammte Wollen-Industrie, Baumwollen-Industrie u. die bezügl. Geschäftsbranchen. Organ des Centralvereins der deutschen Wollwaaren-Fabrikanten. Red.: Carl Löbner. 31.—34. Jahrg. 1899—1902. à 104 Nrn. gr. 4. (à ca. 16 S. m. Abb.) Grünberg, Löbner & Co. à Jahrg. n. 12. —

Wollen-Gewerbe, das deutsche. Zeitschrift f. die gesammte Wollen-Industrie, Baumwollen-Industrie u. die bezügl. Geschäftsbranchen. Organ f. die Interessen aller deutschen Wollwaaren-Fabrikanten. Red.: Carl Löbner. 35.—38. Jahrg. 1903—1906. à 104 Nrn. (VIII, 1650; VIII, 1624; VIII, 1684 u. VIII, 1608 S. m. Abbildgn.) gr. 4. Grünberg, Löbner & Co. à Jhrg. n. 12. —

Wollen-Gewerbe, das deutsche. Zeitschrift f. die gesammte Wollen-Industrie, Baumwollen-Industrie u. die bezügl. Geschäftsbranchen. Organ f. die Interessen aller deutschen Wollwaaren-Fabrikanten. Red.: Otto Löbner. 39.—42. Jahrg. 1907—1910. à 104 Nrn. (1582, 1616, 1596 u. 1670 S. m. Abbildgn.) 32×24 cm. Grünberg, Löbner & Co. à Jahrg. nn 12. —

Wollen-Gewerbe-Adressbuch, europäisches. Verzeichniss aller namhaften Firmen von Tuch- und Wollenwaarenfabriken, Wollwäschereien, Streichgarn- und Kammgarn-Spinnereien, Webereien und Appretur-Anstalten, Filz- und Filzhutfabriken, Kunstwollfabriken etc. von ganz Europa. Hrsg. von der Fachzeitschrift „Das deutsche Wollen-Gewerbe". gr. 8. (XXI, 495 S.) Grünberg 885, Weiss Nachf., Verlag. * geb. *

Wollenhaupt. General-Situations- und Nivellements-Plan der Wilhelms-Bahn und ihrer Zweigbahnen. Ratibor 1853. 2 Bl. L. Ff.

Wollenhaupt, Diss. de venaesectione intempestiva in phrenitide. Vitemb. 4°. 1706

Wollenhaupt, F., kurze Anweisung z. einträgl. u. angenehmen Bienenzucht in hölzernen Magazinen. Nach prakt. Erfahrn. bearb. gr. 12. (2 B. u. 2 Stnt.) Lissa 837, E. Günther.

—— guter Rath, um frühe, schöne u. große Weintrauben zu erziehen. gr. 12. (1 B.) Lissa 837, E. Günther.

Wollenhaupt, Kuno (Alexand.) (geb. Sulau 27. 8. 1812): De cordis valvularum vitiis. Berolini (1838). (28 S.) 8°
Berlin, Med. Diss. v. 23. Febr. 1838

Wollenhaupt, Lutherus Rich. (Henr.) (geb. Sulau 1. 11. 1817): De pelvis ex ossium mollitie deformationibus. Berolini (1840). (36 S.) 8°
Berlin, Med. Diss. v. 1. Aug. 1840

Wollenhaupt, Rich., Ideen zur Reform des Militär-Medizinal-Wesens Preußens in Verbindung gebracht mit dem Bericht der vom Kriegsministerium am 16. Aug. 1848 zur Einleitung einer Reform des Militär-Medizinal-Wesens niedergesetzten Commission mit Berücksichtigung des gesammten Staats-Sanitäts-Wesens. 8. (72 S.) Schweidnitz 849. (Breslau, Gosohorsky.) n. ¼ ℛ

Wollenhaupt, Rich. Luther, die Beurtheilung der Militärsanität oder Militärrüstigkeit für das Königl. Preußische Heer, mit Berücksichtigung aller vom Eintreten bis zum Ausscheiden in u. aus demselben in Friedens- wie Kriegs-Zuständen, in militär- u. marine-ärztlicher, militärischer u. rechtlicher Hinsicht vorkommenden bezüglichen Verhältnisse systematisch bearb. Nordhausen 861. Büchting. (Leipzig, Wilfferodt.) gr. 8. (VI, 252 S.) 1 ℛ 15 ngr.

Wollenhof, Der, nach seiner 300jährigen Bedeutung für die Industrie Zürichs. [Zürich 1878.] V: *Bürkli, Adolph.* (Cat. d. Stadtbibl. Zürich. Zürich 1864—97.)

Wollenik, Joh., Zusammenstellung der Rechtssätze nach der Judicatur des k. k. Verwaltungsgerichtshofes in Grund- u. Gebäudesteuersachen, sowie über das administrative Verfahren im allgemeinen. 12. (XVI, 386 S.) Wien 899. Hof- u. Staatsdruckerei. n. 3.60

Wollenindustrie. — Oesterreichs Wollen- und Leinen-Industrie. Zeitschrift für die gesammte Wollen-Industrie. Reichenberg: Expedition 1881—1892. 2°
[Red.: W. F. Profeld.]

Wollensack, Ant., Beobachtungen, Fragen u. Aufgaben aus dem Gebiete der elementaren astronomischen Geographie, s.: Rusch, Gust.

Wollensack, Ant., s.a. Charaktorbilder, geographische, aus Österreich-Ungarn.

Wollensack, A., Geographische Charakterbilder aus Österreich-Ungarn. Gr.-8°. (ill. 52 S.) Wien: Pichler 1909. K 1.50

— Die hauptsächlichsten Formen der Erdoberfläche, s.: Heilmann, A.

— astronom. Geographie, s.: Rusch, Gust., Lehrbuch der Geographie.

Wollensack, Ant., Himmelskunde, s.: Rusch, Gust., Lehrbuch der Geographie.

— Lehrbuch der Geographie, s.: Rusch, Gust.

Wollensack, A. und **Heilmann,** A., Wandbilder der Erdoberfläche. I. und II. Wien: Pichler 1908. aufgezogen à K 3.—

Wollensack, Frz., der Damenfriseur. Enth.: 40 verschied. Frisuren, 3 Arten v. Brautschleier-Stecken, Anleitg. z. Haarfärben, Shampooingieren u. Eincing. 8. (19 S.) Stuttgart 897. (Leipzig, A. Wehner.) n. — 75

Wollensack, Heinrich. Hotel, Pension und Kuranstalt Giessbach ... . Eine balneologische Studie für Ärzte und Kurgäste. Mit 12 Bildern [wovon 1 Tafel], einer Terrain- und einer Routenkarte [sowie illustriertem Umschlag]. 8. Selbstverlag... Giessbach, Druck: Zürich (1897).

Wollensak, Jos., nach des Tages Last u. Arbeit. Deklamationsbuch f. christl. gesell. Vereine. 12. (384 S.) Ravensburg (902). Dorn. Geb. in Leinw. n. 2. 70

Wollenweber, Eugen Ferdinand [aus Dieringhausen, Rheinprov.]: Vergleichende Anatomie der Schwimmblätter ... Bonn, Buchdr. v. A. Henry, 1897; 34 S., 1 Bl. 8.
Freiburg i. B., Phil. Fak., Inaug.-Diss. v. 1897

Wollenweber, H.W., Die Kultur als Grundlage z. besseren Unterscheidung, s. Appel, Otto.

Wollenweber, L. A.

— Die beiden ersten deutschen Ansiedler in Pennsylvanien. *Philadelphia, Pa.: 1882.* S. . . .

Wollenweber, L. A., Gemälde aus dem pennsylvanischen Volksleben. Schilderungen und Aufsätze in poet. und pros. Form, in Mundart und Ausdrucksweise der Deutsch-Pennsylvanier. 1. und 2. Aufl. 1869,72. *ℳ 2., und 3. Aufl. gr. 16. (143 S.) Philadelphia 875, Schäfer und Koradi.

--Zwei treue Kameraden. Die beiden ersten dten Ansiedler in P-ien. Hist Erzä aus d ersten Epoche der dten Einwanderer in P-ien im Jahre 1680. Illusn v F. Schlitte. Phila, 1880.

--Treu bis in den Tod. Die Berg-Maria: oder, wer nur den Lieben Gott läßt walten. Eine geschl Erzä aus P-ien. Phila. 1880, 1882.

Wollenweber, L. A. [Alter vom Berge], aus Berks County's schwerer Zeit. Eine geschichtl. Erzählg. gr. 8. (40 S.) Reading. Pa. 875. (Philadelphia, Schäfer & Koradi.) n. 1. —

Wollenweber, Max [aus Gummersbach]: Aus d. medicin. Poliklinik. Ueber kombinierte posthemiplegische Bewegungsstörungen ... Bonn, Univ.-Buchdr. v. C. Georgi, 1894; 39 S. 8.
Bonn, Med. Fak., Inaug.-Diss. v. [24. Febr.] 1894

Wollenweber, N[athanael], approb. Arzt aus Freudenberg: Die Therapie des Prolapsus uteri in der Geburt nebst Bericht über eine durch Prolapsus uteri et vaginae incompletus, Zwillinge, Prolapsus placentae und Atonia uteri complicierte Geburt. *Bonn 1900: J. Bach Wwe.* (31 S.) 8°
Bonn, Med. Diss. v. [14.] Apr. 1900

Wollenweber, W., Anleitung zur Gründung v. Baugenossenschaften, nebst Vorschlägen zur Kassen- u. Rechnungsführg. f. Spar- u. Bauvereine. gr. 8. (79 S. m. 10 Tab.) Hannover 894. L. Ost. n. 3. —

Wollenweber, Wilhelm, a. Osnabrück: Beitrag zur Kenntnis der Filixgerbsäure. Berlin 1906: L. Simion Nf. (47 S.) 8°
Leipzig, Phil. Fak., Ref. Beckmann, Pfeffer, Diss. v. 19. Juni 1906
[Geb. 22. März 77 Osnabrück; Wohnort: Erkner b. Berlin; Staatsangeh.: Preußen; Vorbildung: Gymn. Norden Pharmaz. Staatsexamen Leipzig Nov. 03; Studium: Leipzig 7 S.; Rig. 27. Febr. 06.]

Wollenweber, Wilhelm: Grundlagen einer Monographie der Gattung Fusarium (Link), s. Appel, Otto

Wollenweber, Wilhelm: Die Kultur als Grundlage z. besseren Unterscheidung systematisch schwieriger Hyphomyceten, s. Appel, Otto.

Wollenweber, Wilhelm: Untersuchungen über die Algengattung Haematococcus. (Berlin 1909: Unger.) 61 S. 8°
Berlin, Phil. Diss. v. 9. Jan. 1909, Ref. Schwendener
[Geb. 9. Sept. 79 Stadthagen; Wohnort: Berlin; Staatsangeh.: Preußen; Vorbildung: Realgymn. Leer Reife M. 04; Studium: Göttingen 3, Berlin 3 S.; Rig. 21. Dez. 08.] U 09. 302

Wollenzien, J.

— u. H. **Walter**, die Buch- u. Rechnungsführung bei den Gefangenen-Arbeitsverdienst-Kassen u. Gefängniß-Oekonomie-Verwaltungen der preußischen Justizbehörden. Systematische Zusammenstellg. aller einschläg. Vorschriften nach ihrer heut. Geltg. Mit Erläutergn., Formularen u. Beispielen hrsg. gr. 8. (XV, 227 S.) Berlin 888. Siemenroth & Worms. cart. n. 4. 50

Wollenzien, J., die Buch- u. Rechnungsführung bei den Gefangenen-Arbeitsverdienst-Kassen u. Gefängniß-Oekonomie-Verwaltungen der preußischen Justizbehörden. Systematische Zusammenstellg. aller einschläg. Vorschriften nach ihrer heut. Geltg. Mit Erläutergn., Formularen u. Beispielen hrsg. 2., sehr verm. u. umgearb. Aufl. gr. 8. (VIII, 326 S.) Berlin 901. F. Siemenroth. n. 6. 50; geb. n. 7. 50

Wollenzien, J., die Büreau-Verwaltung bei den preußischen Justizbehörden. Systematische Zusammenstellg. der wichtigsten, die Büreau-Verwaltg. bei den preuß. Justizbehörden betr., administrativen Vorschriften. Mit Erläutergn. gr. 8. (V, 469 S.) Breslau 890. Kern's Verl. n. 6. —

— Examinatorium f. d. mittleren Justizbeamten in Preußen, s.: Conradi.

— die Gefängniß-Verwaltung bei den preußischen Justizbehörden. Systematische Zusammenstellg. der wichtigsten, die Gefängniß-Verwaltg. bei den preuß. Justizbehörden betr., administrativen Vorschriften. Mit Erläutergn. gr. 8. (VII, 305 S.) Ebd. 890. n. 3. 60

Wollenzien, J., das Gerichtskassenwesen in Preußen. Systematische Zusammenstellung aller das Kassenwesen bei den preuß. Justizbehörden betr. gesetzl. und administrativen Vorschriften. Mit Erläuterungen. 6 Lfgn. gr. 8. (XXIV, 474 S.) Berlin 885,86, Siemenroth und Worms. à Lfg. *ℳ 1.50. * geb. *

—— dass. — 2. wesentlich verm. und bis auf die Neuzeit vervollständ. Aufl., bearb. von Johs. Wollenzien und Heinr. Walter. 7 Lfgn. oder 1 Bd. gr. 8. (XXIV, 636 S.) Ebendas. 887,88. [Subscr.-Pr. à Lfg. *ℳ 1.50.] Ladenpr. 1. Bd. compl. * geb. *

Wollenzien, Johs., das Gerichtskassenwesen in Preußen. Systematische Zusammenstellg. aller das Kassenwesen bei den preuß. Justizbehörden betr. gesetzl. u. administrativen Vorschriften. Mit Erläutergn. 2., wesentlich verm. u. bis auf die Neuzeit vervollständ. Aufl., bearb. v. Johs. Wollenzien u. Heinr. Walter. 8.—14. (Schluß-) Lfg. gr. 8. (XVIII u. S. 637—1269.) Berlin 891—894. Siemenroth & Worms. à n. 1. 50 (kplt.: n. 22. —; geb. n. 26. —)

Wollenzien, J., das Gerichtskassenwesen in Preußen. Systematische Zusammenstellg. aller das Kassenwesen bei den preuß. Justizbehörden betr. gesetzl. u. Verwaltungs-Vorschriften. Mit Erläutergn. 3., vollständig umgearb. u. bis auf die Neuzeit vervollständ. Aufl. (XX, 852 S.) gr. 8. Berlin 908. 09. J. Siemenroth. 15.—; geb. in Halbfrz. 17.—; auch in 10 Lfgn. à 1. 30

—— Das preußische Gerichtskostengesetz vom 10. Mai 1851 nebst Tarif, in heut. Gestaltg. u. Geltg. u. in Beziehg. auf die Kosten f. Handlgn. der freiwill. Gerichtsbarkeit, sowie in Nachlaß- u. Vormundschaftssachen dargestellt u. erläutert. gr. 8. (VIII, 328 S.) Bresl. 889, Kern's Verlag. geb. * 7 —

Wollenzien, J., Gesetz betr. die Pensionierung der Lehrer und Lehrerinnen an den öffentlichen Volksschulen. Vom 6. Juli 1885. Mit Erläuterungen und einer Pensions-Tabelle. 12. (55 S.) Berlin 886, Siemenroth und Worms. *

— s.: Kalender f. preußische Justizbeamte.

— u. W. **Jacobeit**, die gerichtliche Kalkulatur. Systematische Darstellg. der gesammten, auf die Bearbeitg. der gerichtl. Kalkulaturgeschäfte Bezug hab. gesetzl. u. administrativen Vorschriften. 10 Lfgn. gr. 8. (XXII, 621 S.) Leipzig 894. G. Lang. n. 12. —; geb. in Halbfrz. n. 14. —

Wollenzien, J., u. W. **Jacobeit**, die gerichtliche Kalkulatur in Preußen. 2., verm. u. verb. Aufl. 10 Lfgn. bearb. v. Wilh. Jacobeit. (XXII, 902 S.) gr. 8. Leipzig 905—907. Roßberg'sche Verlagsbuchh. n. 15. —

— u. W. Jacobeit, die Kosten- u. Stempelgesetzgebung in Grundbuchs- [Hypothekenbuchs- u. Stockbuchs-]Sachen in der Preußischen Monarchie, dargestellt u. erläutert. gr. 8. (XII, 254 S.) Ebd. 889. geb. n. 6. —

Wollenzien, J., Leitfaden f. d. preuß. Gerichtsvollzieher. Zusammenstellg. aller einschläg. Vorschriften nach ihrer heut. Geltg. M. Erläutergn. hrsg. gr. 8. (VIII, 159 S.) Berlin 895. O. Liebmann. Kart. n. 2. 20

– und Heinrich Walter

— — das gerichtliche Rechnungslegungswesen in Preußen. Systematische Zusammenstellg. aller die Rechnungslegg. bei den Kassen der preuß. Justizbehörden betr. gesetzl. u. administrativen Vorschriften. Mit Erläutergn. u. Beispielen hrsg. 14 Lfgn. = 2 Bde. gr. 8. Ebd. 887—890. Subscr.-Pr. à Lfg. n. 1. 50
1. Bd. (XX u. S. 1—740.) n. 13. —; geb. n. 15. —
2. Bd. (S. 741—1294.) n. 9. —; geb. n. 11. —

— die Standesämter in Preußen. Systematisches Verzeichniß der sämmtl. Standesämter in Preußen m. Angabe ihrer polit. Lage u. Sitze, sowie der f. die letzteren maßgeb. Postorte. Auf Grund amtl. Materialien zusammengestellt u. m. e. alphabet. Namenregister versehen. gr. 8. (XIV, 220 S.) Pleschen 886. (Breslau, Kern's Verl.) n. 6. —

Woller, Heinrich

Woller, H., tägliches Geschäftstaschenbuch z. Maaßnehmen nach Zoll- u. Centimeter für Herrenkleidermacher. 8. (3⅛ B.) Demmin 845, [Gesellius.] Thlr.

— der vollständige Herrnbekleider, oder: leicht faßliche prakt. Anweisung, sowohl die neueste Preuß. Militair- als die modernste Civilbekleidung, letztere nicht nur für Erwachsene, sondern auch für Kinder, auf die zweckmäßigste Weise anzufertigen. gr. 8. (Mit 1 lith. Taf.) Berlin 844. Demmin. (Gesellius u. Co.) n. 2/3 ℛ

—— Maßtabelle od. Reductionsschema, nebst Beschreibung u. Abbildung der neuesten Modeformen f. Herren-Kleidermacher. 6., verm. u. verb. Aufl. 8. (1 B. u. 1 Tab.) Berlin 844. (Demmin, Gesellius.) *.

Woller, Hnr., der Rathgeber am Schreibtische, oder Anweisung zur Selbstanfertigung der im bürgerl. Leben vorkomm. schriftlichen Aufsätze. 2. verb. Aufl. 8. Berlin 842. (Guben, Pölitz,) 6 ngr — 4. verm. u. verb. Aufl. 8. Demmin 845, Gesellius u. Co. n. 1/3 ℛ

Woller, Heinr., deutsche Zuschneidekunst v. Herrenkleidern, f. Civil, Militär-, Forst- u. Eisenbahn-Beamte. 8. verb. Aufl., 6 (lith.) Taf. (in gr. Fol.) Reductions-Schema nebst Text. gr. 16. (39 S.) Demmin 871. (Berlin, Conrad.) n. 2. 50

— neueste engl. Zuschneide-Methode von Herrenkleidern für jedes Alter, vom Kinde u. Knaben bis zum vollständ. ausgewachsenen Manne, für regelmäßig u. unregelmäßig gebaute Körper, nebst zweckmäß. verb. Maaß-Tabelle. Mit sehr vielen Abbild. gr. 8. Berlin 846. (Mecklenburg.) n. 2/3 ℛ

Woller, J., die Beatushöhle. Schausp. s.a. Jugend-Bildersaal

Woller, J., die Beatus-Höhle, Schauspiel in 4 Aufz. Nach der bekannten Erzählung gleichen Titels. kl. 8. Augsburg 833. Schlosser. 1/8 ℛ

——, Rosa v. Tannenburg. Schausp. s.a. Jugend-Bildersaal

— Rosa von Tannenburg. Schauspiel in 2 Aufz., nach Chph. Schmid's Erzählung. kl. 8. Ebd. 832. 1/8 ℛ

Woller, J., neue deutsche Theater-Bibliothek, s. Theater-Bibliothek.

WOLLER Edler von Wollersthal Ignaz Josef]. Patriotischer Gedanke, wie die Guter in sammtlichen k. k. Staaten nach den bestehenden k. k. Generalien zum Besten der k. k. Unterthanen, zur Erhaltung deren Staaten und zum offentlichen Kredit zu schatzen waren: nebst dem n. ost. Land-Kompass von Pfundgeldern und deren Benutzung . . . Druck. F. Seizer, Wien 1794.
1 vol. 120 S. + 2 Bl. Reg.

WOLLER Edler v. WOLLERSTHAL, Ign. Jos.: Vermehrte Samml. d. Lehnrechte, alter Gewohnh., Gebräuche u. Herkommen, dann allerhöchster k. k. Resolutionen und Patente aller k. k. Staaten in Lehnssachen. ***Wien,*** **Trattner. 795. 2 Thle. gr. 8. (1 Thl. 8 Gr.)**

Woller, Johann Jakob

Woller, J. J., Abhandl. von Erzeugung, Erziehung u. Mästung des Hornviehes. 8. Wien 801. Pichler. 8 gr.

Woller, J. J., Abhandl. v. Erzeugung, Erziehung u. Mästung d. Hornviehes. 8. Wien, Pichler. (Sammer.) 805.

Woller, Jh. Jak. Edler v. Wollersthal, Samml. d. Lehnrechte alter Gewohnheiten, Gebräuche u. Herkommen, d. k. k. Resolutionen u. Patente. 8. Brünn 779.

— vermehrte Samml. d. Lehnrechte, alter Gewohnheiten, Gebräuche u. Herkommen, dann allerhöchsten k. k. Resolutionen u. Patente aller k. k. Staaten in Lehnsachen. 2 Thle. 8. Wien 785. (795?) Trattner. 1 ℛ 8 gℊ

Woller, J. J., v. Wollersthal, vermehrte Sammlung d. Lehenrechte, alter Gewohnheiten, Gebräuche u. Herkommen dann allerhöchsten K. K. Resolutionen u. Patenten aller K. K. Staaten in Lehensachen. 2 Thle. 8. Wien, Trattner (Tendler.) 785.

Woller, Jh. Ldwg. Hnr., (†...), s. Cicero, Brutus. — Reden. — vom Redner.

Woller, Thdr., Artiges u. Unartiges. Anekdoten, humorist. Vorträge, Couplets, Gedichte etc. I.—IV. Portion. (S. 1—64.) 8. Budapest 906. (Wien, G. Szelinski.) à n. — 40

WOLLER, Theod. (Budapest), Bauern-Brett'ln. (Pikante Vorträge.) Budapest, o. J. (190*). 8°. (2 Mk. J. Taussig. Prag, 1904.)

Bauern-Brett'ln von Theodor Woller. *Wien, Leipzig & Budapest: A. Grünbaum [1903].* (VIII, 143 S.) 8° [03. 836

Woller, Thdr. (Thdr. Wenzlik), Bauern-Brett'ln. 2. Aufl. (VIII, 144 S.) 8. Wien (910). G. Szelinski. 1.65

— **Erzählungen v. oan Berchtesgadner Marterl-Maler. Trauri' soan d' Gschicht'ln u. net g'spoaßi. D' Bild'ln soan v. Hans Holm.** (136 S.) gr. 8. Ebd. (908). 2. —

Woller, Theodor: Erzählungen von oan Bercht'sgadner Marterl-Maler. Trauri' soan d'G'schicht'ln und net g'spoaßi von mir Theodor Woller, so hoaß i. d'Bild'ln soan von Hans Holm. Wien: Szelinski [1909]. 135 S. 8° [Umschlagt.]

— Unterspicktes. Anekdoten, Scherze, Rätsel etc. etc. 1.—8. Dosis. (128 S.) 8. Ebd. 906. à n. — 40; in 1 Bd. geh. n. 2. 50

— **Was der Waldfriedhof erzählt.** (238 S.) 8. Ebd. (910). 1.65

Woller's, Thdr., Zwischenbrettl. Sammlung v. Couplets, humorist. Vorträgen, Solo- u. Duo-Scenen. 1.—3. Tauf. 8. (VII, 217 S.) Wien (901). J. Dirnböck. n. 2. —

Wöller's Comptoir-Kalender in Monatstabellen f. 1903. schmal Fol. (14 S. auf Karton in Leporelloform.) Leipzig, I. T. Wöller. n. — 50

Wöller's Comptoir-Kalender (in Monatstabellen) 1907. (14 S. auf Karton in Leporelloform.) schmal Fol. Leipzig, I. T. Wöller. n. — 50

Wöller's Comptoir-Kalender (in Monatstabellen) 1911. (14 S. auf Karton in Leporelloform.) 31,5×16 cm. Leipzig, I. T. Wöller. — 50

Wöller's Jugend- und Volksbibliothek. 1.—9. Thl. 8. Leipzig 874, Wöller. à Thl.

Inhalt:

Thl. 1. Köhne, Adph., die Rosen von Gorze. Die Waisenknaben. Zwei geschichtl. Erzählungen aus der Zeit des französisch-deutschen Krieges 1870/1871. (121 S.)
„ 2. — die Oel-Farm. Eine Erzählung für die reifere Jugend. (144 S.)
„ 3. — alte Schulden. Eine geschichtl. Erzählung für die Jugend aus dem französisch-deutschen Kriege 1870/71. (146 S.)
„ 4. Alberti, E., Wege und Umwege zum Berufe. Eine Erzählung für die Jugend. (95 S.)
„ 5. — Louis und Jeanette oder deutsche Marineleute in Frankreich. Eine Erzählung für die Jugend aus dem deutsch-französ. Kriege 1870/71. (117 S.)
„ 6. — die Probezeit. Freunde für's Leben. Zwei Erzählungen für die reifere Jugend. (123 S.)
„ 7. Horn, W. O. v., Gg. A. Winter u. A., Lebensbilder aus der Heimath und Fremde. Zur Unterhaltung und Belehrung für Jung und Alt. (184 S.)
„ 8. Stein, Eberh., der Tyroler Kampf für ihr Vaterland unter Andreas Hofer. Eine Jugend- und Volksschrift. Neu bearb. und erweitert von Gg. A. Winter. 2. verm. Aufl. (133 S.)
„ 9. Nieritz, Gust., Gutenberg und seine Erfindung. Eine unterhalt. und belehr. Erzählung für Jung und Alt über Sprache, Schrift und Buchdruckerkunst. 4. Aufl. (164 S.)

Wöller's Jugend- und Volksbibliothek. 2.—8. und 10.—12. Bd. 8. Leipzig 874,75, Dietz und Zieger. cart.

Wöller's Jugend- und Volksbibliothek. Erzählungen für die deutsche Jugend und das Volk. 10.—12. Thl. 8. Leipzig 875, Wöller. à Thl.

Inhalt:

Thl. 10. Alberti, E., am Rhein während der Belagerung und Uebergabe Straßburgs im J. 1870. Eine Erzählung für die Jugend. (103 S.)
„ 11. — Emil und Ehlke auf der Insel und Hallig der Nordsee. Eine Erzählung für die reifere Jugend. (136 S.)
„ 12. — Hüben und Drüben oder von Düppel nach Alsen. Eine Erzählung aus dem Schleswig-Holstein. Kriege 1864. (111 S.)

— Jugendbibliothek. 1.—4. Bdchn. (Mit je 1 Titelbild.) kl. 8. Ebd. à n. — 75; kart. à n. 1. —

1. Die Rosen v. Gorze. — Die Waisenknaben. 2 geschichtl. Erzählungen aus der Zeit des französisch-deutschen Krieges 1870/71. Von Adph. Köhne. 2. Aufl. (114 S.) (904.)
2. Hüben u. drüben od. Von Düppel nach Alsen. Eine Erzählg. aus dem schleswig-holstein. Kriege im J. 1864. Von Eduard Alberti. 2. durchgeseh. Aufl. (IV, 107 S.) (904).
3. Am Rhein während der Belagerung u. Uebergabe Straßburgs im J. 1870. Eine Erzählung für die Jugend. Von Eduard Alberti. 2. durchgeseh. Aufl. (IV, 100 S.) (904.)
4. Die Buschmühle od. Elternsegen — Gottessegen. Erzählung zur Unterhaltg. u. Belehrg. f. Jung u. Alt. Von Ottobald Bischoff. (Neue Aufl.) (144 S.) (904.)

Wöller, Franz, a. Gr. Woltersdorf: Die Bewegung eines Punktes, der von einem festen Zentrum angezogen, von einem andern festen Zentrum abgestoßen wird. Kiel 1905: Schmidt & Klaunig. (55 S.) 8°

Kiel, Phil. Fak., Ref. Stäckel, Diss. v. 21. Jan. 1905

[Geb. 26. Apr. 79 Gr.-Woltersdorf; Wohnort: Gr.-Woltersdorf; Staatsangeh.: Preußen; Vorbildung: Gymn. Wittstock Reife M. 00; Studium: Halle 1, Freiburg i. B. 1, Berlin 1, Kiel 5 S.; Rig. 19. Nov. 04.]

Wöller, J. T., und M. A. Löhm, Weihnachtsblumen. Sang und Klang zu fröhl. Christfestfeier am Pianoforte. qu. 4. (37 S. mit chromolithogr. Titel.) Leipzig 857, Wöller.

Wöller, Rich., bedeutungsvolle Hohenzollernworte, s. a Für d. Schule aus d. Schule, Hft. 70.

[S.] Bedeutungsvolle Hohenzollernworte. Von Richard Wöller. *Neuwied [&] Leipzig: Heuser 1897.* (18 S.) 1 Bd 8.
= Schule, Aus der, für die Schule. H. 70. [90. 236

Wöller, Rich., Lehrer u. Sittlichkeitsvergehen. Ein Beitrag zur Beurteilg. u. Verhütg. v. sittl. Verbrechen. 8. (24 S.) Neuwied 894. Heuser's Verl. n. — 50

Wöller, Rich., homöopathischer Ratgeber. Nach langjähr. Erfahrgn. am Krankenbett zusammengestellt. 8. (62 S.) Wiesbaden 893. H. Sadowsky. n. — 80

Wöller, Rich., die Schulzucht u. die körperliche Züchtigung, s. a. Für die Schule aus der Schule.

Wöller, Richard: Die Schulzucht und die körperliche Züchtigung. Ein unentbehrl. Mentor d. preuss. u. deutschen Lehrers in Cirkulation gesetzt von Richard Wöller, Lehrer. Neuwied & Leipzig: Heuser 1902. (24 S.) 8°
(Schule, Für die, aus der Schule. H. 93.)

— alte u. neue bewährte Volks-, Haus- u. Heilmittel in ihrer Anwendung am Krankenbette, sowie Instrumente u. Apparate zur Kranken- u. Gesundheitspflege. 8. (76 S.) Stuttgart 894. Druckerei u. Verlagshaus Stuttgart, Dr. Foerster & Co. n. 1. —; geb. n.n. 1. 30

Wollermann, Emil (geb. Schlochau in Westpr. 14. 1. 1848): Ueber die fibrösen Geschwülste der Gebärmutter. Berlin (1872). (34 S.) 8°
Berlin, Med. Diss. v. 16. Mai 1872

Wollermann, Frz., Wegweiser f. Lehrer. Sammelwerk gesetzl. u. amtl. Bestimmgn. üb. die persönl. u. amtlichen Rechtsverhältnisse des Lehrers. 2. Aufl. 8. (III, 89 u. III S.) Neuwied 899. J. H. Heuser. n. 1. —

Wollermann, Gustav *Heinrich Theodor* [pr. Arzt]: Die Operationsmethoden für Epispadie und Ectopie ... Königsberg i. Pr., Druck v. M. Liedtke, 1895; 2 Bl., 27 S., 2 Bl. 8.
Königsberg, Med. Fak., Inaug.-Diss. v. 20. Juni 1895

Wollermann, Gust., die Operationsmethoden f. Epispadie u. Ectopie. Diss. gr. 8. (27 S.) Königsberg 895. (W. Koch.) n. — 80

Wollermann, Gustav, a. Braunschweig: Studien über die deutschen Gerätnamen. Parchim 1904: H. Freise. (81 S.) 8°
Göttingen, Phil. Fak., Ref. Schröder, Diss. v. 17. März 1905
[Geb. 16. Jan. 80 Braunschweig; Wohnort: Braunschweig; Staatsangeh.: Braunschweig; Vorbildung: Neues Gymn. Braunschweig Reife M 99; Studium: Göttingen 2, Heidelberg 2, Göttingen 5 S.; Rig. 22. Juni 04.]

Wollermann, Gust., Studien üb. die deutschen gerätnamen. Diss. (81 S.) gr. 8. Parchim 904. Braunschweig, H. Wollermann. n. 1. 50

Wollermann, Hans, Wegweiser f. Lehrer. Sammelwerk gesetzl. u. behördl. Bestimmgn. üb. d. persönl. u. amtl. Rechtsverhältnisse d. Lehrers. gr. 8. (III, 89 u. III S.) Anklam 897. (Neubrandenburg, C. Brünslow.) n. 1. 25

Wollermann, Hellm., s.: Aus dem kirchl. Leben Braunschweigs.

Wollermann, Rud., Otto Wollermann u. Emil Wollermann, Lehr- u. Lernbuch f. den Absehunterricht. (XI, 331 S.) 8. Stettin 909. Teetzmann & Randel. 3.—; geb. n 3.50

Wollermann, Th., die Ergebnisse der Timmermannschen Injektionsmethode zur Behandlung v. Hernien usw. in den J. 1891/1904. (20 S.) gr. 8. München (908). Verlag der ärztl. Rundschau. — 60

Wollermann, Th., wie überwinden wir Aerzte unsere wirtschaftliche Not? Ein Aufruf zur Einigkeit u. Selbsthilfe! gr. 8. (46 S.) Leipzig 902. W. Schumann Nachf. n. 1.—

— Wundbehandlung u. Blutstillg. (Schumanns medizin. Volksbücher.) 8. (114 S.) Ebd. 902. Geb. in Leinw. n. 1. 50

Wollermann, Theod. (geb. Schlochau in Westpr. [4. 2. 1841]): Ueber plica polonica. Berlin (1868). (32 S.) 8°
Berlin, Med. Diss. v. 4. Jan. 1868

WÖLLERN, Joh. Christ.: Unterricht zu einer kleinen, aber auserlesenen ökonomischen Bibliothek, bestehend in einer Anzeige der besten ökonomischen Bücher und der vornehmsten in grössern Werken zerstreut befindlichen Abhandlungen. - 2 Tl. Berlin 1764 u. 1765. 786 S.

Wollers, Eide Peke (Wursten) A. S. 120/2

Dissertatio iuridica de dote virgini a marito vitiatae non praestanda.
Präs. Gebhard Christian Bastineller. Rec.
Wittenberg (Scheffler) 1743. 40 S.

Diss. 20. XII. 1715. 37246

Wöllersdorf [Schlagwort]

Wöllersdorf, s.: Wiener Ausflugskarten.

Wollersheim, Fr.: Abhandlung über d. vorzügl. Eigenschaften der bisher unbekannten d. Tonnersteiner- u. Heilbrunnen unweit Andernach. 8°. Andernach, Lassaulx.

Wollersheim, R. v., die Schwester, s.: Weber's moderne Bibliothek.

Wollersheim, Thdr., theoretisch praktische Anweisung zur Erlernung des gregorianischen oder Choral-Gesanges. 2. Aufl. gr. 8. (XII und 248 S.) Paderborn 858, Schöningh. *

Wollersheim, Thdr., theoretisch-praktische Anweisung zur Erlernung des gregorianischen oder Choral-Gesanges. 3., verb. Aufl. Paderborn 865. Schöningh. gr. 8. (134 S.) 15 ngr.

Wollersheim, Thdr., Blüthen aus dem himmlischen Palmgarten, } s. Nacatenus, W.

Wollersheim, Thdr., die gemischten Ehen u. deren Folgen. Eine Thatsache nebst 10 Fragen. gr. 12. Köln 846, Bachem. n. 6 ngl

—— das Leben der ekstatischen und stigmatischen Jungfrau Christina v. Stommeln, wie solches von dem Augenzeugen Petrus von Dacien und Andern beschrieben ist, nach authent. Quellen verfaßt. gr. 8. (516 S. mit der lithogr. Abbildung des frühern Grabmals der seligen Christina zu Jülich.) Köln 859, Heberle.

Wollersheim, Thdr., Melodien zum geistlichen Palmgärtlein. gr. 8. (137 S.) Köln und Neuß 855, Schwann'sche Vrlgsh. * –

Wollersheim, Th., der himmlische Palmgarten, siehe: Nakatenus.

—— geistliches Palmgärtlein. Ein vollständ. Gebet- und Gesangbuch für die Jugend und Erwachsene. 1. Aufl. (Gebetbuch 192 S. und Gesangbuch 184 S.) 1855. und 2. Aufl. 12. (164 S.) Köln und Neuß 856, Schwann'sche Vrlgsh.

—— geistliches Palmgärtlein. Ein vollständ. Gebet- und Gesangbuch für die Jugend und Erwachsene. 4. Aufl. 12. (348 S.) Köln und Neuß 861, Schwann'sche Verlagsh.

— — Orgel- und Pianofortebegleitung dazu, s. Schilberg, Chrn.

—— geistliches Palmgärtlein. Ein vollständ. Gebet- und Gesangbuch für die Jugend und Erwachsene. 5. Aufl. 12. (348 S.) Köln und Neuß 864, Schwann's Verlag.

Wollersheim, Thdr., geistliches Palmgärtlein. Ein vollständ. Gebet- und Gesangbuch für die Jugend und Erwachsene. 7. Aufl. 16. (348 S.) Köln und Neuß [Düsseldorf] 874, Schwann's Verlag.

—— die Reform des gregorianischen Gesanges. gr. 8. (IV und 131 S.) Paderborn 861, Schöningh. *

Wollert, Joh. Heinr., die Schneiderkunst, od. d. vollständ. Herrnbekleider. Eine durch 63 mathemat. Zeichnn. erläut., prakt. Anweis. z. Anfertigung aller Arten Herrnbekleidungen, sowie mehr. Hülfsmittel bei Veränderung d. Façon u. Moden ꝛc. Nebst e. Anh. üb. d. Verhalten im bürgerl. Leben u. kurzen Anweis. in schriftl. Aufsätzen ꝛc. gr. 8. (3½ B., 4 Stnt. auf beiden Seiten bedr. u. 1 lith. Maaß-Tab.) Demmin 837. (Anclam, Dietze.) *

Wollert, [Paul]: [**Bericht** über die vom Direktor der Anstalt geleitete Ferienreise der Oberklassen ins Riesengebirge.] *Marienburg 1899: H. Stamm.* (S. 13—16.) 4°
Marienburg, k. ev. G, OP 1899 (34)

*Wollert, Paul: Volkstum, Individualität. Stil. S. 3—6. 4.
Zur Gedächtnisfeier für Ph. F. A. Just Gymn. *Sorau* 1905.
Progr.

Wollesen, Chr., Lucubrationen über das Urelement der Natur. Schleswig 853. Bruhn in Comm. (Linnich.) gr. 8. (32 S.) n. 6 *ngr.*

Wollesen, Chr., Lucubrationen über das Urelement der Natur. gr. 8. (32 S.) Schleswig 853, [Linnich's Buchh.] *

Wollesen, Chr., die Physiognomie Sundewitts in den Kriegsjahren 1848 und 1849. gr. 12. (80 S.) Schleswig 850, Bruhn's Buchh.

Wollesen, E., Beiträge zur Geschichte des Kreises Osterburg. 3 Tle. Osterburg, (Th. Schulz). à nn 2.50
1. (VI u. S. 3—295.) kl. 8. (905.)
2. (V, 207 S.) kl. 8. (906.)
3. (V, IV u. S. 3—242.) 8. (908.)

[F.] Chronik der altmärkischen Stadt Werben und ihrer ehemaligen Johanniter-Komturei. M. 34 Ill. im Text. Von E. **Wollesen**, P. *Werben a. d. Elbe: Selbstv.; (Dr. v. O. v. Holten, Berlin) 1898.* (XI, 258 S.) 1 Bd 8. [98 8948

Die Elbüberschwemmung der altmärkischen Wische im Jahre 1909. Von E[rnst] **Wollesen**, Werben-Elbe. Magdeburg 1910: Baensch. 77 S. 8° [10. 16094 3

Führer durch die altmärkische Stadt Werben, insbes. durch d. Johanniskirche. Von E[rnst] **Wollesen**-Werben, (Werben): Selbstverl. 1905. (23 S.) 8° [F.] [05. 1215 3

Führer durch die altmärkische Stadt Werben, insbesond. durch d. Johanniskirche. Von E[rnst] **Wollesen**-Werben (Elbe). 2. Aufl. (Werben): Selbstverl. 1910. 24 S. 8° [10. 16093 3

Wollesen, Jenny, was ich der Kaiserin Alexandra Feodorowna v. Russland riet, damit sie e. Sohn bekam. (23 S.) gr. 8. München (906). Seitz & Schauer. n. 2. —

Wollesky, Joh. Hch., theolog. Abhandlung von d. lieben Niemand, als e. unbekannten Gott. 8. Leipzig, Breitkopf. 748.

— heilige Fastenzeit, od. Predigten üb. die ordentl. 6 Fastensonntags-Evangelia. 8. Leipz. Dyk. 744.

Wollesky, Jh. Hnr., (†...) etliche Predigten. 16 Heft. gr. 8. Leipz. 797. (Brockhaus). 6 gr.

— etliche Predigten. 16 Hft. gr. 8. Leipz. Feind. (a. Gleditsch.) 797.

— Religion; von d. philosoph. Seite nach richtigen Grundsätzen d. Vernunft betrachtet. 1r Thl. 8. Frberg 785.

— Winke d. Religion für Soldaten. 8. Dresd. 776.

Wolletz Karl: Über eine von Jakob Steiner aufgestellte birationale geometrische Verwandtschaft vom zweiten Grade nebst Anwendungen. (Mit 1 Tafel). 37 Jagerndorf R. 03.
Progr.

Wolff, Anton (*geb. Leobschütz 16. 4. 1846*): Vier Fälle von Echinococcus hominis nebst Bemerkungen über das Vorkommen der Echinokokken in Breslau. Breslau 1869. (33 S.) 8°
Breslau, Med. Diss. v. 26. Nov. 1869

Wolff, Karl, sozialer Geist. Sein Wesen u. seine Entfaltg. gr. 8. (152 S.) Mannheim 901. E. Aletter. n. 2. 40

Wolff, Karl: Katechismus der Frauenbewegung. Gekr. Preisschrift, hrsg. v. Verein Frauenbildung—Frauenstudium. — Leipzig u. Berlin: Teubner 1905. VIII, 80 S. 8°

Wolff, Karl, Schiller u. das Unsterblichkeitsproblem. (VII, 134 S.) kl. 8. München 910. C. H. Beck. 2. 50

— aus Sturm u. Sonne. Gedichte. (148 S.) 8. Freiburg i/B. 907. J. Bielefeld. n. 3. —; geb. in Leinw. n. 4. —

(B) **Wolff**, Karl, aus Sturm u. Sonne. 907. Jetzt: Heilbronn, E. Salzer.

Wolff, Karl, Dr. jur.: Schillers Theodizee bis zum Beginn der Kantischen Studien. Mit e. Einl. über das Theodizee-Problem in d. Philosophie u. Literatur des 18. Jhs. T. 1. Einl. (Leipzig: Haupt & Hammon 1909.) 111 S. 8° ¶(Ersch. vollst. in Kürze ebd.)
Berlin, Phil. Diss. v. 14. Aug. 1909, Ref. Riehl
[Geb. 27. Juni 76 Koblenz; Wohnort: Berlin-Friedenau; Staatsangeh.: Preußen; Vorbildung: Gymn. Mannheim Reife M. 94; Studium: Heidelberg 2, München 2, Berlin 2, Heidelberg 1 S.; Rig. 27. Mai 09.] [U 09. 303

— Schillers Theodizee bis zum Beginn der Kantischen Studien. Mit e. Einleitg. üb. das Theodizee-Problem in der Philosophie u. Literatur des 18. Jahrh. (III, 257 S.) gr. 8. Leipzig (909). Haupt & Hammon. 5. —

Wolff, Carolus Adolfus (*geb. Leobschütz 2. 9. 1834*): De hepatis carcinomate. Vratislaviae (1858). (36 S.) 8°
Breslau, Med. Diss. v. 17. Aug. 1858

Wolff-Friedberg, Johanna, Präludien. Gedichte. (77 S.) 8. Ebd. 907. n. 1. 50; geb. in Leinw. n. 2. —

(B) **Wolff-Friedberg**, Joh., Präludien. 907. Jetzt: Heilbronn, E. Salzer.

Wollgast, Jh. Fr., Kirchenagende für Stadt- u. Landprediger; theils aus den neuesten u. besten liturgischen Werken sorgfältig gesammelt, theils selbst ausgearbeitet. 3 Bde, nebst Musik-Beilage. gr. 8. Bresl. 811, 12. W. G. Korn. 3 ℛ 12 gr.

– Christl. Religionsgesänge zur Beförderung häusl. u. öffentl. Erbauung u. vorzügl. an Sterbebetten u. Gräbern. Schweidnitz 1807. 8°

Wollhandel, über Englands, nebst Andeutungen über d. Zunahme d. Schafwollenerzeugung in Australien. Nach d. Engl. im Auszuge bearbeitet von C. E. Mayer. gr. 8. Wien 829. Wallishauser. 8 gr.

Wollheim oder die Freunde in der Noth. Lustspiel. Stendal 1779. V: *Bischoff, L. C. H.* (Ky)

Wollheim, oder die Freunde in d. Noth. Lstspl. (von L. C. H. Bischoff). 8. Stendal 779. Franzen u. Gr. 2 gr

Wollheim, Armin. (geb. Breslau 16. 3. 1817): De vulnerum faciei suturis Berolini (1840). (32 S.) 8°
Berlin, Med. Diss. v. 25. Juli 1840

Caesar **Wollheim**, Werft und Rhederei Cosel bei Breslau. [Nebst] (Ansicht d. Werft.) Originalradierung von Hugo Ulbrich 1903. *Berlin (1904): Eckstein.* (35 S.) 1 Bd quer-4°, 1 Bl. gr.2° [Deckelt.] [...] 2

Wolheim, H., Lehrbuch für Heildiener. Ein Leitfaden für die bei Ausübung der Heilkunst erforderlichen Hülfsverrichtungen und für die Krankenpflege. 8. (X und 182 S. mit 56 Abbld. in eingedr. Holzschn.) Berlin 853, Hempel. *

Wolheim, H., Versuch e. medicinischen Topographie u. Staistik von Berlin. Mit e. Vorw. v. J. L. Casper. gr. 8. (35 B.) Berlin 844, Aug. Hirschwald, Vrlgsh. ;

Wollheim, H. J. Karte vom Herzogthum Lauenburg. Nach der Kopenhagener Generalstabs-Karte von 1844 entworfen. Ratzeburg 1852. 1 Bl. c. I. Ff.

Wollheim H. J. Karte vom Herzogthum Lauenburg. 1:83333. Ratzeburg 1871. 1 E. c. I. Ff.

Tannhäuser oder: Die Keilerei auf der Wartburg. Große sittlich-germanische Oper mit Gesang und Musik in 4 Aufzügen (von *Hermann Wollheim*). Hoyerswerda, o. J. (1856 (In Breslau, Stadtbibl.)
Anon.-Lex. V. p. 285 (nach Erman & Horn, sowie nach d. Kat. genannter Bibl.).

Wolheim, J., Taschenbuch der Chemie. Ein Vademecum u. Repetitionsbuch der anorgan. Chemie f. Studier. u. Schüler höh. Lehranst. 12. (VIII, 128 S.) Belin 897. Friedberg & Mode. Kart. n. 1.—

Wolheim, Jul. Carl, Anleitung z. Bearbeitung v. Hypothekensachen, insbes. bei Untergerichten. gr. 8. (16½ B.) Berlin 846, Heymann. *

Wolheim, Jul. Carl, Anleitung zur Bearbeitung von Hypothekensachen. 2., neu bearb. Aufl. gr. 8. (XII und 240 S.) Berin 851, C. Heymann. *

Wolheim, Jul. Carl, Anleitung zur Bearbeitung von Hypothekensachen. 3., verb. Aufl. gr. 8. (XII und 245 S.) Berlin 860, C. Heymann's Verlag. Thlr. *

Wolheim, Jul. C., tabellar. Berechnung bei Fristen zur Anmedung u. Rechtfertigung der Rechtsmittel in Civilprozessen, zum Handgebrauch f. Beamte u. Geschäftsmänner. 8. (24 S.) Sttin 847, Nagel. ¼ th

Wollheim, Leonhard, See-Thermo- und Manometer.

Wollheim, Siegfried (*geb. Breslau 22. 12. 1825*): De signis suicidi. Vratislaviae (1847). (23 S.) 8°
Breslau, Med. Diss. v. 22. [vielmehr 23.] Dez. 1847

Wollheim da Fonseca, Anton Edmund

Wolheim da Fonseca, A. E., eine deutsche Antwort auf die dänische Frage. Unparteiische Betrachtungen und Vorschläge. Lex.8. (40 S.) Hamburg 857, Fr. Schuberth.

Wolheim da Fonseca, A. E., l'Autriche et la Pologne. Essai politique. gr. 8. (48 S.) Leipzig 863, Gerhard. *

— s. Bibliothek, klassische, des In- u. Auslandes.

Wolheim da Fonseca, Chev. A. E., fliegende Blätter. Dom Sebastiam von Portugal u. Midas Rötscher von Berlin. 8. (20 S.) Hamburg 847, Schuberth & Co. n. 4 ngr

— s. Bremer, Frieder., ausgewählte Schriften. 4.—6. Thl.

—— Bühnenbearbeitung des 2. Thls. von Goethe's Faust, s. Goethe.

—— Bühnenzustände und Vorschläge zur Verbesserung derselben. Ein offenes Sendschreiben an Se. Exc. den k. preuß. Hrn. Minister der Geistlichen und Unterrichtsangelegenheiten. 8. (23 S.) Hamburg 850, Schuberth und Comp.
Aus des Verf.: Kurzgefaßte Geschichte der deutschen Literatur, besonders abgedruckt.

—— die Bundesreform. Eine polit. Skizze. 1. Heft. gr. 8 (120 S.) Leipzig 863, Gerhard. *

Wollheim, Ant. Edm., de nonnullis Padma-Purani capitibus, textum e Cod. Mst. Bibl. Reg. Berol. edidit, versione latina et annotationibus illustravit. 4. Berl. 831. (Jonas). 20 gr

— de nonnullis Padma-Purani capitibus textum e Cod. Mss. Bibl. Reg. Berol. edidit versionem latinam et annotationibus illustravit. 4. Berlin 831, jetzt Heymann. 5/6 th

Wollheim, Ant. Edmund, Diccionario portatil das linguas Portugueza e Alleman. — Handwörterbuch der deutschen u. portugiesischen Sprache. 2 Thle. 16. Leipzig 844, Fr. Fleischer. n. 2⅓ th

Wollheim da Fonseca, Ant. Edm., diccionario portatil das linguas portugueza e alleman. 2. ediçano revista e augmentada. Tomo I. Portuguez-allemano. — 2. Thl.: Deutsch-Portugiesisch. A. u. d. T.: Handwörterbuch der deutschen und portugiesischen Sprache. 2., durchges. u. verm. Aufl. Leipzig (856.) Fr. Fleischer. br. 16. (408; 338 S.) n. 2 th 10 ngr

—— Erläuterungen und Gesänge zum 2. Theil von Gothe's Faust, bearb. und für die Bühne eingerichtet. 3. Aufl. 8. (32 S.) Hamburg 854, (B. S. Berendsohn.) *

Wollheim Chev. da Fonseca, A. E., die Fahrt der „Vega" um Asien und Europa; nach Nordenskiöld's schwed. Werke frei bearb. und mit Anmerkungen begleitet. Mit 66 (eingedr. Holzschn.-)Illustr., 2 (lithogr.) Reisekarten und den (Holzschn.-) Portr. Nordenskiölds und Palanders. gr. 8. (XII, 514 S.) Berlin 883, Janke. *

—— Fiammina, s.a. Fiammina.

— Fiammina oder Vater und Sohn. Schauspiel in 4 Aufzügen. Frei nach dem Französ. Hamburg 858. Verlags-Comptoir. 8. (79 S.) 12 ngr

— s. Florian's ausgewählte Werke.

Wollheim da Fonseca, Chevalier A. E., zur nordschleswig'schen Frage. gr. 8. (102 S.) Leipzig 874, Hartknoch.

—— das Geheimniß der alten Mamsell oder Haß und Liebe. Schauspiel in 3 Abthlgn. [5 Acten] nebst einem Vorspiel: Die Gauklerstochter. Mit freier Benutzung des gleichnam. Romans von E. Marlitt. [Den Bühnen gegenüber Mscr.] gr. 8. (III, 68 S.) Hamburg 869, B. S. Berendsohn. *

Wollheim, Ant. Edm., Geschichte d. Bürgerkrieges in Spanien, s. Volks-Bibliothek, wohlfeilste, 18. Bdchn.

—— Geschichte d. deutschen Freiheitskrieges in d. J. 1813—15, s. Volksbibliothek, wohlfeilste, 11. Bdchn.

—— kurzgefaßte Geschichte der deutschen Literatur. Nebst einem Anhange: Bühnenzustände und Vorschläge zur Verbesserung derselben. 1. Aufl. (IX und 216 S.) 1851. 1 Thlr. und 2. Aufl. 12. (X und 215 S.) Hamburg 852(53,) Schuberth und Comp.

—— Gold-Else oder die Egoisten. Schauspiel in 5 Acten. Mit freier Benutzung des gleichnam. Romans von E. Marlitt. [Den Bühnen gegenüber Mscr.] gr. 8. (86 S.) Ebendas. 869. *

Wollheim da Fonseca, A. E., kurzgefaßte holländische Grammatik für Schulen und zum Selbstunterricht. 8. (VII und 215 S.) Leipzig 863, Schuberth's Buchh.

—— kurzgefaßte neugriechische (romaische) Grammatik. Für Lehrer und zum Selbstunterrichte. 8. (VIII und 147 S.) Hamburg 851, Schuberth und Comp.

s. Handbibliothek ausländ. Classiker.

Wollheim da Fonseca, A. E., Handwörterbuch der deutschen und portugiesischen Sprache. — Diccionario portatil das linguas portugueza e allemã. 2 Thle. 3. durchgeseh. und verm. Aufl. gr. 16. (436; 366 S.) Leipzig 877, F. Fleischer. *

Wollheim da Fonseca, Ant. Edm., Handwörterbuch der deutschen u. portugiesischen Sprache. 2 Thle. 3. Aufl. 12. (436 u. 366 S.) Leipzig 883. F. Fleischer. n. 9. —; in Leinw. in 1 Bd. cart. n. 10. —

Wollheim da Fonseca, Ant. Edm., Handwörterbuch der deutschen u. portugiesischen Sprache. 2 Thle. in 1 Bd. 4., durchgeseh. u. verm. Aufl. 12. (436 u. 366 S.) Leipzig 893. F. Fleischer. In Leinw. kart. n. 1. —

—— Hoei-lan-ki, s. Universal-Bibliothek Nr. 768.

—— neue Indiskretionen. Mittheilungen aus der geheimen Diplomatie der letzten 30 Jahre. 17 Lfgn. oder 2 Bde. gr. 8. (552; VII, 494 S.) [Berlin 883,84, Hempel.] Gera, Köhler. à Lfg. * ℳ 1. *

—— Kronos, s. Kronos.

—— orientalisches Liederbuch, s. a. Liederbuch.

— orientalisches Liederbuch. Perlen aus dem Morgenlande, in metrischen Uebersetzungen mit kritischen und erläuternden Anmerkungen. Hamburg 853. (Leipzig,) Schuberth u. Co. 16. (VIII, 151 S.) 25 ngr.

Wollheim, Ant., Don Lottario. Roman in 4 Abthlgn. [nach den Memoiren eines Abgeschiedenen]. 1. Abthl.: Im Süden. 3 Bde. 8. (334; 275; 388 S.) Berlin 879, Janke.

— die Moldau und Walachei, oder: l'Union ne fait pas la force. Ein Beitrag zur Beleuchtung der Donaufürstenthümerfrage. Hamburg 857. F. Schuberth. gr. 8. (32 S.) n. 8 ngr.

—— allgemeine vergleichende Mythologie. Mit einem alphabetisch geordneten Register. Mit zahlreichen in den Text eingedr. Holzschn. und Kunstbeilagen. 1. Lfg. gr. 8. (XI und S. 1—72 mit 1 Chromolith.) Berlin 856, Hempel. *

—— allgemeine vergleichende Mythologie. Mit einem alphabet. geordneten Register. Mit zahlreichen in den Text gedr. Holzschn. und Kunstbeilagen. 2. und 3. Lfg. gr. 8. (S. 73—198.) Berlin 857, Hempel. à Lfg. * 10 Ngr. *

—— dass. — 4. Lfg. gr. 8. (Mythologie des alten Indien. V und S. 199—225. Schluß.) Ebendas. 860.

—— Mythologie des alten Indien. Mit vollständ. Namen-Register. gr. 8. (XVI und 225 S. mit eingedr. Holzschn. und 1 Chromolithogr.) Hamburg 857, Fr. Schuberth. *
Aus des Verf. „Allgemeine vergleichende Mythologie" besonders abgedruckt.

—— kurzgefaßte Mythologie aller Völker der Erde. Mit Abbildungen. gr. 12. (XII und 324 S. mit 36 Stnt.) Hamburg 849, Schuberth und Comp. * 1
Vgl.: Omnibus für Wissenschaft.

— s. a. National-Literatur, die, der Skandinavier.

Wollheim, A. E. da Fonseca. Die Nationalliteratur der Skandinavier. Berlin 1875—76. 2 Bde.

—— die National-Literatur sämmtlicher Völker des Orients. Eine pros. und poet. Anthologie aus den besten Schriftstellern des gesammten Orients, mit erläut., krit., literar. und biograph. Notizen. 2 Bde. in 28 Lfgn. Lex.-8. (VIII, 683; XIII, 859 S.) Berlin 869—73, Hempel. à Lfg. * ℳ 1. *

s. Nibelungenlied, das.

—— Oesterreich, Venetien und Deutschland. Ein Wort über die Cession Venetiens. gr. 8. (31 S.) Berlin 866, Hempel. *

——, Eduard Maria Oettinger, auch ein Zeitgenosse. 2. Hft. gr. 12. (1 B.) London 837. (Hamburg, Schuberth u. Comp.) *
1. Hft., s. Oettinger, Herr Ed. Marie.

— Spanischer Pfeffer u. Deutsches Salz. Briefe einer Dame 8. Hamburg 835. Literatur-Comptoir. $1^{3}/_{4}$ ℳ

—— spanischer Pfeffer geg. deutsches Salz. Briefe einer Dame. 1. Aufl. 835. $1^{1}/_{4}$ Thlr., (u. neue Ausg.) 8. (à 21 B.) Hamburg 849, Schuberth u. Comp.

—— Pourquoi trembler? oder Oesterreich und der Napoleonische Congreß. gr. 8. (31 S.) Leipzig 864, Gerhard. *

—— la question danoise. 1. Cahier. gr. 8. (111 S.) Leipzig 863, Gerhard. *

—— la question italienne. No. 1. Réponse à la lettre de M. de La Guéronnière. gr. 8. (56 S.) Leipzig 863, Gerhard. *

—— Raphael Sanzio. Romantisches Trauerspiel in fünf Aufzügen. Nebst einem Vorworte: über das romant. Drama. 8. (XXIII und 135 S.) Leipzig 855(56,) Fr. Fleischer. *

—— der deutsche Seehandel und die französ. Prisen-Gerichte. Ein Beitrag zur Kriegsgeschichte von 1870/71 nebst einem offenen Schreiben an des Herrn Reichskanzlers fürstl. Durchlaucht. gr. 8. (128 S.) Berlin 873, C. Heymann. [Bichteler und Comp.] *

—— praktische dänische Sprachlehre. Leichtfaßliche Anweisung, das Dänische in kurzer Zeit zu erlernen. Für Schulen und zum Selbstunterricht. 3., verb. und verm. Aufl. gr. 12. (130 S.) Hamburg 853, Schuberth und Comp.

—— praktische italiänische Sprachlehre für Schulen und zum Selbstunterrichte. 1. und 2. Aufl. 12. (IV und 211 S.) Hamburg 849, Schuberth und Comp. —

—— prakt. portugies. Sprachlehre für Schulen u. z. Selbstunterricht. gr. 12. ($6^{1}/_{2}$ B.) Hamburg 844, Schuberth u. Comp. * —

—— praktische portugiesische Sprachlehre für Schulen und zum Selbstunterrichte. 2., verb. Aufl. 12. (IV und 156 S.) Hamburg 849, Schuberth und Comp. —

—— praktische schwedische Sprachlehre für Schulen und zum Selbstunterrichte. gr. 12. (IV und 140 S.) Hamburg 850, Schuberth und Comp. —

—— prakt. spanische Sprachlehre f. Schulen u. zum Selbstunterricht. 8. (13¼ B.) Hamburg 816, Schuberth u. Comp.

—— praktische spanische Sprachlehre für Schulen und zum Selbstunterricht. 2., verb. Aufl. 8. (IV und 210 S.) Hamburg 819, Schuberth und Comp. *

—— der dänische Sprachmeister. Leichtfaßlich prakt. Anweisung, das Dänische in kurzer Zeit zu erlernen. Für Schulen u. zum Selbstunterricht. gr. 12. (4½ B.) Hamburg 843, Schuberth u. Comp.

s. Tegnér, Ej., die Frithjofssage.

— der deutsche Trelawney, oder Abentheuer eines reisenden Gules. Auf der Landstraße gefunden u. mit einer Vorrede versehn. 8. Ebd. 835. 1¼ ℳ

— der deutsche Trelawney, oder Abenteuer eines reisenden Gules. Auf der Landstraße gefunden u. mit einer Vorrede versehen. (Neue Ausg.) gr. 16. Ebend. 842. 1¼ ℳ

— Undine, s. Bloch's Volks-Theater.

Wolheim, Bruno da Fonseca-, approb. Arzt aus Neumünster: Aus d. pathol. Institute zu Kiel. Ein Fall von primärem Magenkrebs mit schleimproducirenden Metastasen. *Kiel 190: Vollbehr & Riepen.* (11 S.) 8°
Kiel Med. Diss. v. [22. März] 1900

Wolheim de Fonseca, Max [approb. Arzt aus Neumünster]. Beitrag zur Frage der nächtlichen Harnabsonderung und zur Physiologie der Harnansammlung in der Blase . . . Neumünster, R. Hieronymus Buchdr., 1888; 22 S. + 1 Bl. 8°
Kil, Med. Fak., Inaug.-Diss. v. 21. Jun. 18..

Wolheim de Fonseca, M., Beitrag zur Frage der nächtlichen Harnabsonderung u. zur Physiologie der Harnansammlung in der Blase. Inaug.-Diss. gr. 8. (22 S.) Kiel 888. (Lipsius & Tischer.) n. 1. —

Wolin [Schlagwort]

Wolin, s.: Deutschland. Uebersichtskarte.

Wolin, s.: Flaggenkarte.

Wolin, Kreis, s.: Usedom-Wollin.

Wolin [Verfasser]

Wolin, Chr., von der Verfälschung d. Weins mit Bleiglätte; aus dem Engl. 8. Altenb. 778. Richter. (Hennings in Neiße.) 4 gr.

Wolinger, Jos., Anleitung zum schriftl. Gedankenvortrag, s. Buchner, J. N.

—— Lehrbuch für den gesammten deutschen Sprachunterricht an Gewerbschulen und verwandten Lehranstalten mit Uebungsaufgaben. Nach den Bestimmungen der Schulordnung für die techn. Lehranstalten bearb. 2. umgearb., verm. und verb. Aufl. gr. 8. (VII, 425 S.) Regensburg 872, Pustet. *

Wolinger, Jos., Lehrbuch für den gesammten deutschen Sprachunterricht an Gewerbeschulen und verwandten Lehranstalten mit Uebungsaufgaben. Nach den Bestimmungen der Schulordnung für techn. Lehranstalten bearb. 3. verm. und verb., mit einem orthograph. Wörterverzeichniß verseh. Aufl. gr. 8. (VIII, 472 S.) Regensburg 876, Pustet. *

Wollinger, Jos., Lehrbuch für den gesamten deutschen Sprachunterricht an Realschulen und verwandten Lehranstalten mit Übungsaufgaben. Nach den Bestimmungen der Schulordnung für die Realschulen bearb. 4. und 5. verm. und verb., mit einem orthograph. Wörterverzeichnis vers. Aufl. gr. 8. (VIII, 478 S.) Regensburg 879,84, Pustet. *

Wollinger, Jos. Lehrbuch f. den gesamten deutschen Sprachunterricht an Realschulen u. verwandten Lehranstalten m. Übungsaufgaben. Nach den Bestimmgn. der Schulordng. f. die Realschulen bearb. 6. verm. u. verb., m. e. orthograph. Wörterverzeichnis verseh. Aufl. gr. 8. (VIII, 480 S.) Regensb. 889, Pustet. * 3 —

Wollinger, Jos., Lehrbuch f. den gesamten deutschen Sprachunterricht an Realschulen u. verwandten Lehranstalten. Nach den Bestimmgn. der Schulordng. f. die Realschulen bearb. 7., verm. u. verb., m. e. orthograph. Wörterverzeichnis versch. Aufl. gr. 8. (VIII, 486 S.) Regensburg 893. F. Pustet. n. 3. —

Wollinger, Jos., Lehrbuch f. den ges. deutschen Sprachunterricht an Realschulen u. verw. Lehranst. Nach den Bestimmgn. d. Schulordng. f. d. Realschulen bearb. 8., verm. u. verb., m. e. orthograph. Wörterverzeichnis versch. Aufl. gr. 8. (VIII, 496 S.) Regensburg 897. F. Pustet. n. 3. —; geb. in Halbleinw. n. 3. 40

Wollinger, Jos., Lehrgang für den gesammten deutschen Sprachunterricht an Gewerbschulen und verwandten Lehranstalten mit Uebungsaufgaben. Nach den Bestimmungen der Schulordnung für die techn. Lehranstalten bearb. gr. 8. (312 S.) Regensburg 865, Pustet.

—— Leitfaden zum Vorunterricht in die Lateinschule. Das für den Anfänger Nöthigste aus der latein. und deutschen Sprache in Regeln und Beispielen. Nach den an den meisten Studienanstalten eingeführten Lehrbüchern bearb. gr. 8. (254 S.) Regensburg 864, Pustet.

Wollinger, Jos., Leitfaden zum Vorunterricht f. die Lateinschule. Das f. den Anfänger Nöthigste aus der deutschen u. latein. Sprache in Regeln u. Beispielen. Nach den an den meisten Studienanstalten eingeführten Lehrbüchern bearb. 2. verm. u. verb. Aufl. gr. 8. (III, 272 S.) Regensburg 872. Pustet. 1. 80

—— deutsches Lesebuch für die unteren Klassen der Latein-, Gewerb-, Präparanden-, Real- und höheren Bürger-Schulen. Mit einem Anh., die Satzlehre enth. gr. 8. (IV und 288 S.) Regensburg 867, Pustet.

—— deutsches Lesebuch für die unteren Klassen der Latein-, Gewerb-, Präparanden-, Real- u. höheren Bürger-Schulen. Mit einem Anh., die Satzlehre enthltd. Ebend. 868. gr. 8. (IV, 288 S.) 18 ngr.

—— deutsches Lesebuch für Realschulen und verwandte Lehranstalten. 3 Teile. gr. 8. Ebendas. *
Inhalt:
Teil 1. Für die unteren Kurse. (III, 380 S.) 877. * ℳ 2.40.
„ 2. Für die mittleren Kurse. (IV, 380 S.) 879. * ℳ 2,40.
„ 3. Für die oberen Kurse. (V, 416 S.) 880. * ℳ 2,60.

Wollinger, J., deutsches Lesebuch f. Realschulen u. verwandte Lehranstalten. 1. Tl. Für die unteren Kurse. 3. Aufl. gr. 8. (IV, 416 S.) Regensburg 888. Pustet. n. 2. 60

Wollinger, Jos., deutsches Lesebuch f. Realschulen u. verwandte Lehranstalten. II. Tl. Für die mittleren Kurse. 2., verm. u. verb. Aufl. gr. 8. (IV, 428 S.) Regensburg 894. F. Pustet. n. 2. 60

— deutsches Lesebuch f. Realschulen u. verw. Lehranst. 1. u. 3. Tl. gr. 8. Ebd. à n. 2. 60; geb. in Halbleinw. à n. 3. —
1. Für d. unt. Klassen. 4., verm. u. verb. Aufl. (IV, 432 S.) 896.
3. Für d. oberen Kurse. 2. Aufl., umgearb. v. E. Piher. (IV, 392 S.) 898.

Wollinger, Jos., deutsches Lesebuch f. Realschulen u. verwandte Lehranstalten. 1. u. 2. Tl. gr. 8. Regensburg, F. Pustet. n. 4. 20; geb. in Leinw. n. 5. 40
1. Für die 1. u. 2. Klasse. 5. Aufl., neu bearb. von E. Pitzer. (III, 392 S.) 902. n. 2. 20; geb. n. 2. 80
2. Für die 3. u. 4. Klasse. 3. Aufl., neu bearb. von E. Pitzer. (IV, 352 S.) 902. n. 2. —; geb n. 2. 60

Wollinger, Jos., deutsches Lesebuch f. Realschulen u. verwandte Lehranstalten, neu bearb. v. E. Pitzer. I. u. III. Tl. 8. Regensburg, F. Pustet. 4.80; geb. 6. —
I. Für die 1. u. 2. Klasse. 6. Aufl. (III, 392 S.) 909. 2.20; geb. 2. 80
III. Für die 5. u. 6. Klasse. 8. Aufl. (VI, 404 S.) 907. 2.60; geb. 3. 20

Wollinger, Joseph „Welche Mittel liegen in unsern Realschulen, um den Vorwurf des Materialismus von sich abzuweisen?" pg. 3—14. 8°. Fr. Dempf. Wasserburg, Progr. 1880/81

Wolliński, J., und K. A. Schönke, polnisches Elementarbuch zum Schul- und Selbstunterricht. 4. verb. Aufl. br. 8. (IV, 229 S.) Posen 872, Türk. *

—— methodisches Vokabel- und Gesprächbuch zur praktischen Erlernung der polnischen wie der deutschen Sprache. br. 8. (IV, 226 S.) Posen 872, Jolowicz. *

Wollkopf, ..., vom Werth u. Nutzen der Runkelrüben. Zur allgemein. Beherzigung u. Nachahmung in Deutschland. 8. Glogau 799. N. Güntersche B. 4 gr.

***Wollkopf,* Jh. Balth, Pharmacopoea extemporanea. Oder Handbuch für selbstdispensirende Aerzte am Krankenbette. 8. Leipz. 811. Barth. 21 gr.**

Wollkopf, Joh(ann) Balthasar: Untersuchungen über die Erscheinung, Bildung und Heilung des Blutausflusses. Nach den Grundsätzen der Erregungstheorie unternommen. Th.1: Die Phänomenohistorie des Blutausflusses überhaupt, 275 S., gbd.

Leipzig: Fleischer 1805

JB 2.586

Wollmagazinirungs- u. Sortirungsanstalt, über die öffentliche, zu Paris. Aus dem Französ. (von K. W. H. Klebe.) 8. Berl. 817.

Wollmann, Adolph, nach seinem gefährlichen Tagebuche ... Dresd. u. Leipz. 1790. V: *Seidel, Carl August Gottlieb.* (StAt)

Wollmann, Adolph, nach s. gefährten Tagebuche; ein Beytrag z. Gesch. d. menschl. Herzens. 2 Thle. 8. Dresd. Richter. (Kummer in Lpz.) 790. 1 16

Wollmann, (des Malers), kleine Bilder, mit Erklärungen für wißbegierige Kinder. Nebst 48 Darstellungen. 8. Berl. 827. Hasselberg. 1 rß

Wollmann, kurze Darstellung der Geschichte d. Brandenburgischen Pionier-Bataillons Nr. 3. 1742—1887. Auf dienstl. Veranlassg. zusammengestellt. 8. (76 S. m. 1 Bild.) Minden 888. Bruns. n. — 60

Wollmann, Adolf: Der Begriff des Unendlichen in der Religionswissenschaft. S. 1—20. 8. K. k. Staats-Ober-Gymn. *Böhm.-Leipa* 1904. Progr.

Wollmann, Anna, aus Odessa: Ueber Luxation des Nervus ulnaris. Bern 1906. 28 S. 8°. [22. VII. 08.]
Bern. Med. Diss. 1907/08.

Wollmann, Christian Friderich (Markersdorf)
A. S. 68/4

Specimen continens caput iuris controversi an advocato liceat litem negative contestari contra conscientiam. Präs. Christian Heinrich Breuning.
Leipzig (Rumpf) 29. VII. 1769. 8 S. 37248

Wollmann Dr. Franz: „Les Femmes savantes" par Molière et „Le Monde où l'on s'ennuie" par Pailleron. 15. Krems R. 03.
Progr.

Wollmann Franz: Ueber altschottische satirische Gedichte. **Diss.** Wien, Univ.
D: Wiener Beiträge, Bd. VIII, 1898.
D: 1896 PN 1025 1931

Wollmann, Frz., über politisch-satir. Gedichte aus d. schottischen Reformationszeit, s.a. Beiträge, Wiener, zur engl. Philologie, VIII. Bd.

Über politisch-satirische Gedichte aus der schottischen Reformationszeit v. Franz **Wollmann**, Dr. phil. '(Wien)'. *Wien & Leipzig: W. Braumüller 1898.* (VI S., 1 Bl., 96 S.) 1 Bd 8.
= Beiträge, Wiener, z. englischen Philologie. Bd VIII. [98 10544

Wollmann, Franz: Katalog der Lehrerbibliothek. 40; 41S.
Krems. LOR., Progr. 1900. 1901

Wollmann Franz: Zur Quellenfrage von Gotters „Erbschleichern". 16. Wien I. R. 98.
Progr.

Wollmann, Frz., Sprachübungen für ein- bis dreiklassige Volksschulen, s.: Merth, Bernh.

— der deutsche Sprachunterricht in der Volks- u. Bürgerschule nach den Grundsätzen Rudolf Hildebrands. Mit besond. Berücksicht. des Sprachinhaltes. 1. u. 2. Aufl. gr. 8. (à IV, 58 S.) Wien 902. 903. A. Pichler's Wwe. & Sohn. n. 1. —

— der deutsche Sprachunterricht in der Volks- u. Bürgerschule nach den Grundsätzen Rudolf Hildebrands. Mit besond. Berücksicht. des Sprachinhaltes. 3., durchgeseh. Aufl. (IV, 58 S.) gr. 8. Wien 904. A. Pichler's Wwe. & Sohn. n. 1. —

— Der deutsche Sprachunterricht in der Volks- u. Bürgerschule nach den Grundsätzen Rudolf Hildebrands. Mit besond. Berücksicht. des Sprachinhaltes. 4. durchgeseh. Aufl. (IV, 58 S.) 8. Wien 909. A. Pichler's Wwe. & Sohn. 1. —

Wollmann, Georg, Der Kampf um das Vereinsvermögen des Verbandes der Porzellan- und verwandten Arbeiter 116 200 Mark Wertpapiere deutsche Reichsanleihe. Bericht des Verbandsvorsitzenden. 4°. Berlin, G. Wollmann 1901.

Wollmann, H., Einer aus der Gerichtszeitung, s. Bloch's, E., Dilettanten-Bühne.

Wollmann, H., junge Leute, s. Both's, L. W., Bühnen-Repertoir.

Wollmann, Hans [app. Arzt aus Dresden]: Ein Fall von Agenesie der linken Lunge mit Bronchiektasien. ... Dresden: Lehmannsche Buchdr., 1891. 36 S. 8°
Freiburg i. B., Med. Fak., Inaug.-Diss. v. 1891

Kartographische Uebersicht der Freimaurer-Logen in Nord- und Mittel-Europa aufgest. von [Heinr.] **Wollmann.** Juni 1881. [Mit 5 Nebenkt.] Berlin [1881]: Kuntze. 62,5×47 cm. 8⁰ [Lithgr., kol.]
Tt 425.

Wolmann, Herbert, Referendar: Die Anwendung des § 829 B.G.B. auf kontraktliche Verletzungen. Breslau 1910: Breslauer Genossensch.-Buchdr. 29 S. 8°
Breslau, Jur. Diss. v. 28. Juli 1910, Ref. Schott, Leonhard
[Geb. 9. Juni 86 Bielewo; Wohnort: Bernstadt i. Schl.; Staatsangeh.: Preußen; Vorbildung: Gymn. Hohensalza Reife O. 06; Studium: Breslau Phil. 1, Jura 1, München 2, Breslau 3 S.; Rig. 15. Juli 10.] [U 10. 553

Vollmann, Julius (geb. Putzig 9. 2. 1842): Beiträge zur Kenntniss des chronischen Magengeschwürs. Berlin (1868). (33 S.) 8°
Berlin, Med. Diss. v. 15. Aug. 1868

Wolmann, M., Beitrag zur klinischen Erscheinungsform der chronischen Magenaffection nach der Anätzung mit kaustischem Alkali. Inaugural-Dissertation. gr. 8. (20 S.) Jena 82, (Neuenhahn.)

Wolmann, P [Übers.]
→ Hungerford, Margaret: Prinzeßchen. 1907.

Wolmann, Paul, der kirchliche Conflict am Gymnasium zu Braunsberg. Abwehr gegen die Schrift des Dr. A. Kolberg: „Die Secte der Protestkatholiken ꝛc." gr. 8. (46 S.) Königsberg i. P. 872, Braun und Weber. *

Wollmann, Paulus (*geb. Marienburg in Westpr. 29. 6. 1837*): De provisoribus ecclesiasticis secundum jus canonicum. Vratislaviae (1863). (43 S.) 8°
Breslau, Jur. Diss. v. 15. Aug. 1863

Wie kann das Elternhaus die erziehende Thätigkeit der Schule unterstützen und fördern? v. Paul **Wollmann.** Neumünster. 1875. 4⁰. Realsch.-Progr.

Vollmann, Guil. (Adolph.) (geb. Breslau 1819): Nonnulla de meteorismo. Berolini (1845). (29 S.) 8°
Berlin, Med. Diss. v. 6. Mai 1845

Wölmann, F. Geschichtsbilder, s. Krause, G.

—— Liedersammlung für Schule und Haus. 2 Tle. gr. 8. Königsberg 887, Hartung'sche Verlagsdr. cart. *
Inhalt:
I. 1. 110 ausgewählte Lieder in zweistimmiger Bearbeitung. (IV, 68 S.) * 50 Pf.
• 2. 90 ausgewählte Lieder in dreistimmiger Bearbeitung. (IV, 92 S.) * 60 Pf.

Wölmann, F., Liedersammlung f. Schule u. Haus. 1 Tl., enth. 110 ausgewählte Lieder in 2stimm. Bearbeitg. 2 Aufl. gr. 8. (IV, 68 S.) Königsberg 897. Hartung. Kart. n. — 60

Wollmar vom Verf. der Scenen aus Fausts Leben. Bremen 1794. V: *Schreiber, Alois Wilhelm.* (EE) (Ky) (Kn) ›1'93‹ (NN)

Wolmar, v. Verfasser d. Scenen aus Fausts Leben. 8. Bremen. (Willmanns in Frkf.) 794. — 22

Wolmar u. Camille; od. d. Schicksale eines Deutschen in Preuß. Trsp. 8. Pyrmont, Helwing. 790. — 6

Wollmar, Charlotte

Wollmar, (Charlotte,) Erinnerungen aus meinem Leben in 5 Erzählungen, als: Clara Loder. — Der erste April. — Geschwister-Liebe. — Agathe. — Theodor od. Stolz u. Liebe. 8. Ulm 825, Stettin. 1 12

Wollmar, Charlotte, (Charl. v. Witzleben), Erinnerungen aus meinem Leben in 10 Erzählungen. 2 Bde. 8. Ulm 825, 826. Stettin. 3 ℛ 4 gl

—— letzte Erzählungen. 8. (23 B.) Leipzig 830, Nauck.

— 2 Erzählungen: Schloß u. Hütte. — Das Bild. Mit 1 Kupf. 8. Leipz. 827, Liebeskind. — 14

†Wollmar, Charlotte, (Charlotte v. Witzleben,) Agnes Felser. Erzähln. in Briefen. 8. (22 B. u. 1 Kpfr.) Ellwangen 828, Schönbrod. 20 Gr., Blnp.

— Muße-Stunden. Erzählungen. (Die Täuschung. — Das Kleeblatt.) 8. Leipz. 829. Abel. 1 ℛ

—— Muße-Stunden. Erzähln. 8. (13 B.) Leipzig 829, (Kupfer.)

Wollmar, Leop., Daheim u. im Felde, s. a. Kürschner's Jos., Bücherschatz.

Wollmar, Leopold: Daheim und im Felde. Die beiden Ehestifter. Der Lichte u. der Finstere. 2 heitere Erzählungen von –. Ill. von A. v. Schrötter. Berlin, Eisenach, Leipzig: H. Hillger [1900]. (127 S.) 8⁰
(Bücherschatz, Kürschner's. No 193.)

— der deutsche Reichs-Krieg. Schauspiel in 5 Aufzügen. 8. (208 S.) Leipzig 899. M. Altmann. n. 3.—

Wollmar, Leopold: Der deutsche Reichs-Krieg. Schauspiel in 5 Aufz. von –. Leipzig: W. Friedrich [1899]. (208 S.) 8⁰

Wollmar, Mor. Ueber Ursachen von Krankheiten u. Mittel, dieselben zu verhüten. Vortrag. gr. 8. (16 S.) Dresd. 890, (C. Winter). — 40

Wollmer, F., die deutschen Gewerkvereine und die Baare'sche Denkschrift, s. Hirsch, Max.

Wöllmer, Ferdinand

Wöllmer, F., Haftpflicht und Arbeiterversicherung. 8⁰. Berlin 1880.

Wöllmer, Ferd., die Invaliden-Pensions-Kassen u. die Gesetzgebung. 8. (50 S.) Berlin 879. Staude. n. — 60

WÖLLMER, Max. Die Liebesfahrt eines Päderasten. Ein Dialog in zwei Aufzügen. Nürnberg, August Henning, 1909. 8⁰.
Verb. d. Ldg. Plauen 2 A. 193/08.

Wöllnau, Aug., Adelgunde, od. die Ruinen auf Brandeis. 8. Hildburgh. (Leipz.) 802. Er. Fleischer; (a. Krappe). 14 gl

Wollner, Bernh., die Verstaatlichung der Arbeitsvermittlung. Vortrag, geh. am 7. XII. 1900 im „Verein deutscher Handelsangestellter in Prag". gr. 8. (15 S.) Prag 901. (G. Neugebauer.) n. — 60

Wollner, Carl, s. Wollner, Karl

Wollner, David

Wollner, David: Die auf das Kriegswesen bezüglichen Stellen bei Plautus und Terentius. E. Beitr. z. Beurteilg d. Plautus als Dichter. 1. Tl. Landau, Buchdr. K. & A. Kaussler, 1892; 58 S. 8.
Landau, k. StA, P 1892*

Wollner, David, Prof.: Die auf das Kriegswesen bezüglichen Stellen bei Plautus und Terentius. Ein Beitrag zur Beurteilung d. Plautus als Dichter. T. 2, Abschn. 1. *Landau 1901: K. & A. Kaussler.* (S. 59–100.) 8° ¶(Forts d. P-Beil. 1892.)
Landau, k. humanist. G, P 1901*

Wollner, David: Die auf das Kriegswesen bezüglichen Stellen bei Plautus und Terentius. Ein Beitr. z. Beurteilung d. Plautus als Dichter. T. 2, Abschn. 2. Landau 1909: Kaussler. S. 101–141. 8° ¶[Forts. d. P-Beil. 1892. 1901.]
Landau, k. G P 1909* [S 09. 517

Die von der Beredsamkeit aus der Krieger- und Fechtersprache entlehnten bildlichen Wendungen in den rhetorischen Schriften des Cicero, Quintilian und Tacitus. — Von David Wollner, Stdl. – 1886, Landau, ebenda. — S. 3–44.
Progr. Landau (Pfalz), K. Gymn.

Wollner, Gustav, prakt. Arzt in Fürth: Zur Kasuistik der Leberabscesse im Anschluß an Perityphlitis. *Fuerth 1903: L. Lion.* (20 S.) 8°
Erlangen, Med. Diss. v. 27. Okt. 1903

Wollner, Hans [Dr.]: Bewegung der Bevölkerung der Stadt Fürth in den Jahren 1876–1890 ... München, Buchdr. J. Gotteswinter, *1892;* 52 S., 5 Doppeltaf. 8.
Erlangen, Med. Fak., Inaug.-Diss. v. 1892

Wollner, J., die Voruntersuchung, verbunden mit der pract. Anwendung des preuß. Strafrechts. gr. 8. (XVI und 306 S.) Berlin 856, C. Heymann.

Wollner, J., die Voruntersuchung, verbunden mit der prakt. Anwendung des preuß. Strafrechts. 2., nach der neuesten Strafgesetzgebung umgearb. (Titel-)Ausg. gr. 8. (VIII und 306 S.) Berlin (856)57, C. Heymann's Verlag.

Wollner, Karl

Sammlung poetischer Beispiele zu den Hauptregeln der griechischen Syntax. — Von Carl Wollner, G. P. — 1876. Kaiserslautern, Herrm. Kayser. — S. 3–30[a].
Progr. Kaiserslautern, K. Gymn.

Sammlung poetischer Beispiele zu den Hauptregeln der griechischen Syntax. — Von Carl Wollner, G. P. — 1881, Kaiserslautern, Emil Thieme. — S. 3–29[a].
Progr. Kaiserslautern, K. Gymn.

Wollner, Carl Sammlung poetischer Beispiele zu den Hauptregeln der griechischen Syntax. Dritter Teil. 8 (37 S.)
Progr. Studienanst. *Kaiserslautern* 1886

Wollner, L., der Mosesstab. Sabbat- und Festreden. Betrachtungen über die fünf Bücher Moses nach Ordnung der Wochenabschnitte für die Schuljugend beiderlei Geschlechts. Ein Buch zur Erbauung, Belehrung und Unterhaltung für Gottes-, Schul- und Familienhaus. 8. (III, 100 S.) Wien 881, [D. Löwy.] Lippe. *

— dass. — (2. Abthl.): Betrachtungen zum vierten Buche Moses. 8. (IV, 104 S.) Ebendas. 882. *

Wollner, Leopold — Das sittlich fromme Kind. Vierzig Eigenschaften in Gedichten, für die zarte Jugend zur Deklamation dargestellt von — —. Wien, 1856. Gedruckt bei Anton Pichlers Witwe & Sohn. (8 S. 8.)

Wollner, Mich. (geb. Gleiwitz 22. 1. 1828): De variolis. Berolini (1851). (26 S.) 8°
Berlin, Med. Diss. v. 11 Juli 1851

Wollner, Robert [aus Moskau]: Ueber Methyl-p-Xylylketon... Freiburg i. B.: Druck d. Fr. Wagner'schen Buchdr. 1885. 51 S. 8°
Freiburg i. B., Phil. Fak., Inaug.-Diss. v. 1885

Wollner, Siegmund, Medizinalprakt.: Ein Fall von Pemphigus conjunctivae. Erlangen 1908: Junge. 35 S. 8°
Erlangen, Med. Diss. v. 18. März 1909, Ref. Oeller
[Geb. 15. Jan. 81 Forth; Wohnort: Nürnberg; Staatsangeh.: Bayern; Vorbildung: Gymn. Münnerstadt Reife 02; Studium: München 4, Erlangen 1, München 1, Berlin 1, Erlangen 3 S.; Coll. 9 Febr 08; Approb. 15 März 09.] [U 09. 794

Wollner, Wilh.: Untersuchungen üb. den Versbau d. südslavischen Volksliedes .... Leipzig, Druck v. Breitkopf u. Hartel. 1886; 105 S. 8°.
Leipzig, Phil. Fak., Hab.-Schr. v. 2. März 1886

Wollner, Wilh., Untersuchungen über den Versbau des südslavischen Volksliedes. Hab.-Schr. Leipzig 1886, Gustav Fock. 8°. 105 S.

Wollner, Wilh., Untersuchungen über die Volksepik der Grossrussen. Mit einem Anhang: Analyse einiger der wichtigeren grossruss. Volksepen. A. Die älteren Helden. B. Die Helden von Kiev. gr. 8. (VIII, 147 S.) Leipzig 879, Engelmann. *

W.*** **Wöllner,** Dank-Predigt über den Sieg bey Leuthen. Berlin 1757. 8.

Wöllner, Discours prononcé le 24. Janv. 1777. jour de naissance de Frédéric le Grand dans la loge des trois globes à Berlin. (Accessit chanson maçonnique.) Berlin. 8. Chez G. L. Decker, Imprimeur du roi.

WÖLLNER, Aug., Adelgunde, oder die Ruinen auf Brandeis. Leipzig (o. Adresse) 1802. 8°.
Tit. u. 198 S. Einiges anstößig. Fehlt Kayser.

Wöllner, E., Anleitung zur hauswirtschaftlichen Buchführung nebst Übungsheft. Zum Gebrauche in Mädchenschulen u. zum Selbstunterricht. 2 Tle. (31 S. u. 24 S. in Lex. 8.) 8. Langensalza 910. H. Beyer & Söhne. — 80

— Präparationsskizzen: Bergpredigt, Jakobusbrief u. Galaterbrief. Für den Schulgebrauch u. zur Vorbereitg. auf die 2. Lehrerprüfg. u. das Mittelschulexamen. Ausgearb. nach den 5 Formalstufen. (VI, 49 S.) gr. 8. Ebd. 907. — 75

Wöllner, Friedrich, Lobrede, verlesen den 18. Julii 1777 in einer zur Einführung des Königlichen Bildnisses von der Mutterloge zu den drey Weltkugeln in Berlin angeordneten feyerlichen Freymaurer-Versammlung, welche beym Schlusse jeder Strophe (5) den Namen Friederich wiederholte. 8.

Abrégé historique concernant la mère et primitive loge des francs-maçons établie à Berlin sous le nom des trois Globes. [Von Joh. Christoph v. Wöllner.] Trad. de l'allemand. Berlin 1777. 4 Bl. 8°
Kl. 2916, Tt. 465.

s.a. Aufhebung d. Gemeinheiten.

Die Aufhebung der Gemeinheiten in der Marck Brandenburg nach ihren grossen Vortheilen ökonomisch betrachtet. [Verf.: Johann Christoph von Woellner.] Berlin: Buchh. der Real-Schule 1766. 160 S. 8

Angeb.: Tom Have, E.G.: Bemerkungen und Vorschläge wie im Herzogthume Bremen die Aufhebung und Vertheilung der Gemeinheiten... vorzunehmen... sey. Celle 1800.

s. Chrysophiron.

W.*** Wöllner, Joh. Christoph, Danck-Predigt über den Sieg bei Lowoschütz. Berlin 1756. 8.

Wölner, Jos. Christoph, Dank-Predigt über den Sieg bei Prag. Berlin 1757. 8.

— Dankpredigt wegen d. Siegs bei Prag. 8. Berl. 758. Lange. 2 gr.

Discours prononcé le 24 janv. 1777, jour de naissance de Frédéric le Grand dans la loge des trois globes a Berlin. [Von Joh. Christoph v. **Wöllner.**] Berlin [1777]: Decker. 19 S. 8⁰
(Sammlung neuer Frmr-Reden. [1,5.])
cf. Frmr-Bibliothek. 1 (1778) S. 157—158; 2. Aufl. 1782; 3. Aufl. 1792.
K. 944. Feiert Friedrich d. Gr. als Vater des Vaterlandes. Beigefügt ein Lied ohne Noten zum Preise des Königs.

s. Frz. Home, Grundsätze.

Historische kurze Nachricht von der Freymäurer Mutterloge zu den drey Weltkugeln in Berlin. [Von Joh. Christoph v. **Wöllner.**] Berlin 1775. 4 Bl. 8⁰
K. 2915, Tt. 464. In der Hauptsache Verzeichn. der von der Gr. Nat.-M. gestifteten Logen.

Wölner, Johann Christoph. „Preisschrift wegen der eigenthümlichen Besitzungen der Bauern, welche bey der russisch-kayerlich freyen ökonomischen Gesellschaft zu St. Petersburg den 1. May 1768 das Accessit erhalten", Berlin 1768 (Realschulbuch.). — Vorh.: Bibl. des Oberlandesgerichts Celle — Md. 6 — und Preuß. Staatsbibliothek Berlin.

Predigten. Vom Jahr 1761. Nebst einer merkwůrdigen maurerischen Rede vom nåmlichen Verf., welche ůber Manches Licht verbreitet. [Von Joh. Christoph v. Wöllner.] [Berlin: Realschulbuchh.] 1789. 126 S. 8⁰
Kl. 2656.
[N. Ausg. u. d. Tit.:]

v. Wöllner, Jh. Cph., († d. 10. Sept. 1800.) Predigten (anonym.) gr. 8. o. O. (Berl.) 761. N. A. unt. d. T.: Predigten vom J. 761, nebst e. merkwürd. maurerischen Reden. gr. 8. Hamb. (W. Nauck in Leipz.) 1 ₰ 8 gr. N. A. gr. 8. Berl. 789. Leimer. 1 ₰ 8 gr.

Wölner, J. Ch. v., Predigten. gr. 8. Berlin, Realschulbhdl. 790.

Einige Predigten des [Br. Joh. Christoph] v. Wöllner. Nebst einer merkwůrdigen maurerischen Rede vom nåmlichen Verf., welche ůber Manches Licht verbreitet. Neue Ausg. [Berlin: Realschulbuchh.] 1794. 126 S. 8⁰
Kl. 2656.

— einige Predigten, nebst e. merkwürd. maurerisch. Rede, welche über Manches Licht verbreitet. gr. 8. Leipzig, Sommer. 794.

— Preisschrift wegen d. Besitzungen der Bauern. gr. 8. Berl. 768. (Reimer.) 4 gr.

Rede auf den Geburtstag des Königs gehalten in der alten und ger. Loge zu den drey Weltkugeln [in Berlin]. [Von Joh. Christoph v. Wöllner.] Berlin 1777: Decker. 22 S. 8⁰
(Sammlung neuer Frmr-Reden. [1, 8.])
[Dasselbe.] Ebendas. 1777. 16 S. 8⁰
Kl. 959. Das Lied zum Preise des Königs fehlt.

Rede auf den Geburtstag des Königs gehalten in der alten und ger. Loge zu den drey Weltkugeln. Berlin, den 24. Jan. 1778. [Von Joh. Christoph v. **Wöllner?**] Berlin [1778]: Decker. 14 S. 8⁰
(Sammlung neuer Frmr-Reden. 2, [10].)
Kl. 971. Friedrichs Grösse im Krieg u. im Frieden. 23. 25.

Rede als Ms. für wenige Bbr von J[oh.] C[hristoph v.] W[öllner]. Berlin, den 5. Dec. 1775. 19 S. 8⁰ [Umschlagtit.]
Abgedr. in: Wöllner, J. Ch. v.: Predigten. 1789 S. 103—126; Wöllner, J. Ch. v.: Einige Predigten. 1794 S. 103—126; D. Signatstern. 16 (1821) S. 3—25.
Kl. 919 b. Selten. Allgemeine Betrachtungen üb. d. Mrei u. üb. d. Pflichten e. Maurers.

Wöllner, Joh. Chr. von, Chrysophirons Reden über einige Pflichten der Gold- und Rosen-Kreuzer alten Systems. Herausgegeben ohne Erlaubniss der Obern. München. Altona, Hammerich.) 1792. 8. XX. 164 S. 1 Bl.

— sermon d'action de grace sur la victoire près de Loweschutz. 8. Berl. 757. Lange. 2 gr.

— vom Unterricht zur ökonom. Bibliothek. 2 Thle. gr. 8. Berl. 764,65. (Reimer). 1 ₰

Versammlungs-Rede der R. C. des alten Systems. [Von Joh. Christoph v. **Wöllner.**] Wien: Ghelen 1781. 8 Bl. 8⁰
Kl. 2647. Verf. nach Kloss' Angabe; wahrscheinlicher ist J. F. Göhrung. Üb. den Ursprung des Frmrbundes, seine Grösse, sein Ziel; Mittel, dieses zu erreichen. 193.

Wöllner, Johann Wilhelm (Arnstadt) A. S. 1172/21

Disputatio inauguralis medica sistens casum novi morbi spasmodico-convulsivi, rigidi dicti, vulgo Steiffenüss, Steiffe Kranckheit, die Kramffsucht, ziehende Seuche und Kriebel=Kranckheit.
Präs. Hieronymus Ludolff.
Erfurt (Grosch) 15. VII. 1727. 28 S.

W. v.: Peter Michael Woellner, Georg Volcmar Hartmann (Opp.), Volcmar Gottfried Scheidemantel (Opp.). 37101

Wollny, Andr., historiae naturalis Elementa. 8maj. Budae 806. (Eggenberger in Pest.) 1 ℔ 12 𝒦

Wollny, Carl, s. Wollny, Karl

Wollny, Ewald, üb. die Anwendung der Elektricität bei der Pflanzenkultur. Für die Bedürfnisse der Landwirthschaft u. d. Gartenbaues dargestellt. Mit 2 Abbildgn. gr. 8. (37 S.) München 883. Th. Ackermann's Verl. n. 1. —

Wollny, E., über die Bedeutung der physikalischen Eigenschaften des Bodens für die Pflanzencultur. gr. 8. (10 S.) Leipzig 879. (München, Th. Ackermann.) *
Aus: Fühling's landwirthschaftliche Zeitung, besonders abgedruckt.

—— ein Beitrag zur Frage des Einflusses der Nahrung auf die Eigenschaften der Hausthiere. gr. 8. (12 S.) München 877, (Th. Ackermann.) *

— Ueber die physikalischen Beziehungen zwischen hydro-dynamischen und elektro-dynamischen Erscheinungen. 8°. Leipzig. 1876.

Wollny E.: Bodenphysik. U. St. o. A. (36) S. (Særtr.). 4°.

Wollny, E., der Einfluss der Pflanzendecke und Beschattung auf die physikalischen Eigenschaften und die Fruchtbarkeit des Bodens. gr. 8. (VI, 197 S. mit 10 lithogr. Taf. und 4 eingedr. Holzschn.) Berlin 877, [Wiegandt, Hempel und Parey.] Parey. *

Wollny, Ewald. Ueber Fett- und Fleischbildung im thierischen Organismus. Leipzig, 1870.

Wollny, E., s. a. Forschungen auf dem Gebiete der Agrikulturphysik.

Wollny, Dr. E., Forschungen auf dem Gebiete der Agriculturphysik. Heidelberg 1878—80 — Bd. 1—3 — 8°.

Wollny, E., die Kultur der Getreidearten m. Rücksicht auf Erfahrung u. Wissenschaft. Mit 19 Holzschn. gr. 8. (X, 247 S.) Heidelberg 887. C. Winter. n. 7. —

Wollny, Ewald. Die Kultur der Getreidearten m. Rücksicht auf Erfahrung u. Wissenschaft. 2. (Titel-)Ausg. gr. 8. (X, 247 S. m. 19 Holzschn.) Heidelb. 891, C. Winter. * 5 —; geb. * 6 —

—— Saat und Pflege der landwirthschaftlichen Kulturpflanzen. Handbuch für die Praxis. gr. 8. (XVI, 833 S. mit 38 in den Text gedr. Holzschn.) Berlin 885, Parey. geb. *

— über die Thätigkeit niederer Organismen im Boden. Vortrag, geh. am 30. Juni 1886 auf der hygien. Ausstellg. in Berlin. gr. 8. (26 S.) Braunschweig 883. Vieweg & Sohn. n.n. — 50

—— Untersuchungen über Temperatur und Verdunstung des Wassers, s. Mittheilungen aus dem agrikultur-physikalischen Laboratorium und Versuchsfelde der polytechnischen Hochschule in München.

—— Untersuchungen über die Werthbestimmungen der Samen als Saat- und Handelswaare. gr. 8. (79 S.) Göttingen 877. (München, Th. Ackermann.) *
Aus: Journal für Landwirthschaft, besonders abgedruckt.

Wollny E.: Untersuchungen üb. die Zersetzung d. organischen Substanzen. Berl. 1886. (108) S. (Særtr.).

—— Welche Moorgattungen eignen sich f. die Anlage v. Rimpau'schen Dammculturen? gr. 8. (9 S.) Wien 890, (Frick). * — 60

— d. Zersetzung d. organ. Stoffe u. d. Humusbildgn. M. Rücksicht auf d. Bodenkultur. gr. 8. (X, 479 S. m. 52 Abb.) Heidelberg 897. C. Winter. n. 16. —; geb. in Halbfrz. n. 18. —

Wollny, Franz

Wollny, F. Vermischte Abhandlungen u. Aufsätze. gr. 8. (150 S.) Lpz. 892, O. Wigand. * 3 —

Wollny, F., Apologie d. Materialismus. 8. (38 S.) Leipzig 890. O. Wigand. — 60

— e. Appellation an die deutsche Ehrlichkeit u. Wahrheitsliebe in Sachen der Hypnose u. Suggestion. 8. (39 S.) Leipzig 894. O. Mutze. n. 1. —

—— Der Atheismus als Heilswahrheit. gr. 8. (25 S.) Ebd. 890. * — 50

Wollny, F., Bestätigung der Erklärungen der Tollheit. Ein Vademecum f. die Recensenten der Haslam'schen Schrift u. ihre Meinungsgenossen. gr. 8. (31 S.) Leipzig 890. O. Wigand. — 60

— freisinnige Betrachtungen über die neue Militärorganisation. gr. 8. (16 S.) Leipzig 899. O. Mutze. n. — 40

— das causale Denken. E. Antikritik auf Prof. Wundt's neueste Kritik d. Causalitätsbegriffes. gr. 8. (III, 20 S.) Leipzig 895. O. Mutze. n. — 50

Wollny, F., Berliner Fragen. Etwas auf den Weg in das neue Jahrhundert. gr. 8. (111 S.) Berlin 901. Herm. Walther. n. 2.—

Wollny, Frz., ueber Freiheit und Charakter des Menschen. Eine philosoph. Betrachtung. gr. 8. (V, 73 S.) [Leipzig 876, Koschny.] Heidelberg, Weiss. *

Wollny, F., Gedanken üb. das politische Parteiwesen. gr. 8. (24 S.) Leipzig 900. O. Mutze. n. — 30

— Gedanken in Betreff des Münchener Processes gegen d. Hypnotiseur Czynski. 8. (36 S.) Ebd. 895. n. — 50

— Gedanken, welche der projectirte Bau der Unterpflasterbahn in Berlin erwecken kann. 8. (20 S.) Berlin 902. Herm. Walther. n. — 30

— üb. die Grenzen d. menschlichen Erkennens. 8. (26 S.) Leipzig 887. Thomas. n. — 50

— die wahren Gründe wider den Socialismus. gr. 8. (24 S.) Ebd. 899. n. — 40

— Grundriß der Psychologie. gr. 8. (VII, 121 S.) Ebd. 887. n. 2. —

— in Sachen der Hypnose u. Suggestion. Ein Vademecum f. Hrn. Prof. Wundt. gr. 8. (24 S.) Leipzig 893. O. Wigand. n. — 50

— üb. den Hypnotismus. Nebst e. Anh.: Über die Todesstrafe nach neuem System. gr. 8. (35 S.) Ebd. 891. n. — 50

— Irrwege der Gegenwart. gr. 8. (26 S.) Ebd. 899. n. — 60

— über Krieg u. Frieden. Nebst Betrachtgn. über die Friedensgedanken in dem Programm der deutschen Volkspartei u. dem der freisinn. Volkspartei. gr. 8. (25 S.) Ebd. 900. n. — 30

— Kritik d. Socialismus. 8. (26 S.) Leipzig 890. O. Wigand. n. — 50

— Kritiken u. Erklärungen. gr. 8. (90 S.) Berlin 901. Herm. Walther. n. 1. 50

Wollny, F., moderne Cultur. Eine philosoph. Betrachtg. (37 S.) gr. 8. Berlin 905. (L. Simion Nf.) n. 1. —

Wollny, F., Culturgedanken in Anknüpfg. an d. Mißgriff, begangen m. d. Verlegg. d. botan. Gartens in Berlin. gr. 8. (30 S.) Berlin 896. H. Walther. n. — 50

— Leitfaden der Moral. 8. (III, 52 S.) Leipzig 887. Thomas. n. 1. —

— Leitfaden der Moral. 2. verb. Aufl. (60 S.) 8. Leipzig (903). Th. Thomas. n. 1. —

Wollny, F., der Materialismus im Verhältniß zu Religion u. Moral. gr. 8. (VII, 66 S.) Leipzig 886. Thomas. n. 1. 50

— der Materialismus im Verhältniß zu Religion u. Moral. 2. verb. u. verm. Aufl. gr. 8. (VIII, 76 S.) Leipzig 902. Th. Thomas. n. 1. 50

— Naturwissenschaft u. Occultismus. gr. 8. (22 S.) Berlin 902. Herm. Walther. n. — 50

— noch ist es nicht zu spät! Ein Votum in Ansehg. der Flottenvorlage nach erfolgter Entscheidg. des Reichstags. gr. 8. (19 S.) Leipzig 900. O. Mutze. n. — 40

— das dunkle Phänomengebiet der Magie. gr. 8. (18 S.) Ebd. 899. n. — 40

— Philosophie u. Naturwissenschaft. gr. 8. (V, 31 S.) Ebd. 895. n. 1. —

— die Philosophie im Verhältniß zu Religion u. Wissenschaft. Nebst e. kurzgefaßten philosoph. Katechismus im Anh. 8. (67 S.) Leipzig 888. O. Wigand. n. 1. —

— Prolegomena der natürlichen Moral. gr. 8. (48 S.) Ebd. 890. n. 1. —

— Sammlung v. Actenstücken, als da sind: Eingaben u. Adressen in Sachen der gemeingefährl. Einwirkgn. durch Magnetisation auf telepathischem Wege, an verschiedene Behörden, Vereine ꝛc. gerichtet. gr. 8. (32 S.) Ebd. 888. — 60

— zum Schutze d. Psychologie. E. philosoph. Streitschrift. gr. 8. (30 S.) Ebd. 896. n. — 60

— über die neuesten, auf Landerwerb u. Colonisation in den Ländern fremder Welttheile ausgehenden Staatsunternehmungen. gr. 8. (19 S.) Ebd. 899. n. — 40

— die Stubenweisen unserer Zeit od. Jugend hat keine Tugend. Aus dem Russ. 12. (21 S.) Ebd. 899. — 30

— über Telepathie. 8. (42 S.) Ebd. 888. n. — 60

—— Telepathie u. Hypnotismus. 8. (22 S.) Ebd. 890. * — 40

Wollny, F. Historisch-psychologischer Tractat. Nebst e. kurzgefaßten philosoph. Katechismus im Anh. gr. 8. (288 S.) Lpz. 892 O. Wigand. * 5 —

— Zukunftsphantasien von ehedem u. heute. gr. 8. (29 S.) Ebd. 899. n. — 60

Wollny, Gertrud Schmidt -, s. Schmidt-Wollny

Wollny, Karl

Wollny, Carl, die Muse des Anakreon. Ein ausgegrabenes Lied. (89 S.) 8. Strassburg 907. J. Singer. 1. —

Wollny, Rud.

—— Abhandlung über die Kunstbutterfrage. Nachtrag. gr. 8. (16 S.) Kiel 887, (Biernatzki.) **

Wollny, Rud., über die Kunstbutterfrage. Auf Grund eigener Beobachtungen und Erfahrungen in der Kunstbutter-Industrie und mit besond. Berücksicht. des Gesetzentwurfs über den Verkehr mit Kunstbutter. gr. 8. (IV, 52 S.) Leipzig 887, (Matthes.) *

Wollny, R., über die Kunstbutterfrage. Mit besond. Berücksicht. d. Gesetzentwurfs über den Verkehr m. Kunstbutter. gr. 8. (IV, 52 S.) Leipzig 887. Kiel, Selbstvorlag des Verfassors. n. 1. —

Wollny, Walter: Untersuchungen über den Einfluss der Luftfeuchtigkeit auf das Wachsthum der Pflanzen. *Halle a. S. 1898: (C. F. Winter).* (43 S. mit Taf.) 8° (Aus: Forschungen auf dem Gebiete der Agrikultur-Physik, Bd 20 H. 4.)
Halle, Phil. Diss. v. [3. Juni] 1898

Wollnzihn, F., Zoll-Handbuch in Verbindung mit dem am 1. Juli 1865 in Kraft tretenden Vereins-Zolltarif, dem ausführlichen Waaren-Verzeichniß u. den vor wenigen Tagen ergangenen Nachträgen, die weitern Zoll-Ermäßigungen u. Zoll-Freiheiten enthltd., für Steuerpflichtige u. Beamte. Stettin 865. (Saunier's Buchh.) gr. 8. (VII, 399 S.) n. 1 ℛ 25 ngr.

Die Etatsgrundsätze der Stadt Charlottenburg von G[ustav] Wollnzihn, Städt. Rechn.-Revisor. *Charlottenburg 1897: A. Gertz.* (20 S.) 8° [F.]

Wollowicz, Graf C. J. v., Beiträge zur Lehre von der Iritis. Inaugural-Dissertation. Imp.-4. (39 S. mit 3 chromolithogr. Taf.) München 862, Lindauer'sche Buchh. *

Wollpert, J. G.

Wollpert, was das Gebet vermag. Erläutert und bestätigt durch verbürgte Beispiele aus dem Leben. 8. (IV, 140 S.) Stuttgart 888, Verlag der Evangel. Gemeinschaft. geb.

Wollpert, J. G., was das Gebet vermag. Erläutert u. bestätigt durch verbürgte Beispiele aus dem Leben. 3. Aufl. 8. (IV, 148 S.) Stuttgart (902). Christl. Verlagshaus. n. — 80; geb. in Leinw. n. 1.25

Wollrabe, Louis, Trauer, Verlobung u. Hochzeit, oder das Gericht zu Riebfelden. Posse in 2 Aufz. 8. Emmerich 837. Romen. (Leipzig, Hermann.) 1/3 ℳ

Wollrabe, Ludw., Chronologie sämmtl. hamburger Bühnen, nebst Angabe der meisten Schauspieler, Sänger, Tänzer u. Musiker, welche seit 1230 (1630) bis 1846 an denselben engagirt gewesen u. gastirt haben. Lex.-8. (21 B. u. 2 Stahlst.) Hamburg 846, (47,) Berendsohn.

—— Hoch- u. Wohlgeboren. Original-Lustsp. in 4 Aufz. 8. (6 B.) Leipzig 842, Hunger.

Wollrabe, Ludw., der schwarze Kater, od.: Zwei Schneider auf Reisen. Posse in 1 Akt. 8. (2 B.) Leipzig 841, Hunger.

—— N. N. N. N. Original-Lustsp. in 4 Aufz. 8. (8 B.) Leipzig 842, Hunger.

—— Trauer, Verlobung u. Hochzeit, od. d. Gericht zu Riebfelden. Posse in 2 Aufz. 8. (3¼ B.) Emmerich 837, Roman. *

Woll-Regime System Prof. Dr. G. Jäger, Stuttgart. Fol. (4 S.) Stuttgart 883. (Metzler's Sort.) — 15

Woll-Revolution bei Schulze u. Siebenmark. Eine Ballade, zur Warnung für Fabrikanten u. solche, die es werden wollen von Isidora Nemesis. Berlin 868. (Sandrog's Antiqu.) gr. 8. (4 S.) 1 ngr.

Woll-Schaare, Die berühmte, zu Breszlau. In Kupfer und Lustigen Reimen vorgestellet. O. O. u. J. V: *Kottwitz und Köben, Carl Siegmund von* [?]. (Kat. d. Druckschr. üb. Breslau. Breslau 1903. S. 162.)

Wollschack, Thdr., s. a. Teifen, T. W.

Wollschack, Theodor: Die Besitzenden und die Besitzlosen in Österreich. Von T. W. Teifen [d. i. Theodor Wollschack]. — Wien: Brand 1906. IV, 268 S. 8°

Wollschack, Theodor Die Verhältnisse Italiens, insbesondere der Langobarden nach dem Briefwechsel Gregors I. 8 (28 S.) Progr. Landes-R.- u. Oberg. *Horn* 1888

Wollschläger, C. S.

—— die Grundzahlen der Universal-Geschichte, nach der Folge der Weltalter, in ethnographischer Anordnung bis auf die jüngste Epoche der Gegenwart. Ein kürzeres chronolog. Handbuch zum Lehren und Memoriren. gr. 8. (VII, 263 S.) Leipzig 869, Fues's Verlag. [Gera, Griesbach.] (ℳ 2,70.)

—— Handbuch der Ethnographie und der Verbreitung der Sprachen nach den Ergebnissen der modernen Forschungen. Ein erläut. Hilfsmittel beim Studium der allgemeinen Weltgeschichte, für Lehrer wie für Geschichtsfreunde überhaupt. gr. 8. (168 S.) Oberhausen 873, Spaarmann.

—— Handbuch der allgemeinen Literaturgeschichte. 1. Ausg. 1873. *ℳ 6., und 2. Ausg. Lex.-8. (VIII, 352 S.) Eisenach 875, Bacmeister. *ℳ 4,80.; geb. *

Wollschläger, C. S., Handbuch der allgemeinen Literaturgeschichte. 2. mit einem Register verseh. (Titel-)Ausg. gr. 8. (VIII, 367 S.) [Eisenach (873)76, Bacmeister.] Dresden, Bleyl und Kaemmerer. *ℳ 4,80.; geb.

—— Handbuch der vorhistorischen, historischen und biblischen Urgeschichte. gr. 8. (IV, 245 S.) Oberhausen 873, Spaarmann.

Wollschläger, C. S., die Cardinalzahlen der Geschichte des classischen Alterthums [bis 476 nach Chr.]. gr. 8. (VII, 113 S.) Eisenach 873, Bacmeister. (*ℳ 2.) *

—— Leitfaden beim ersten Unterricht in der Geschichte für Töchterschulen. gr. 8. (VIII, 148 S.) Eisenach 873, Bacmeister. *ℳ 1,10.; geb. *

—— genealogische Tabellen für die hervortretenden Partien der Weltgeschichte. gr. 8. (IV, 88 S.) Ebendas. 874. *

—— universal-historische Uebersicht der Geschichte des alten Orients [bis zum Beginn der griech. Perserkriege]. gr. 8. (IV, 378 S.) Oberhausen 873, Spaarmann.

—— Uebersicht der Weltgeschichte in ethnographischer Anordnung nach den Perioden bis auf die Gegenwart. Ein allgemein historisch-chronolog. Hilfsbuch mit genauer Benutzung der neuesten Forschungen [besonders die ältere Geschichte betr.] als Vorschau und Rückblick, zum Nachschlagen bei histor. Lectüre. Lex.-8. (XX, 754 S.) Eisenach 873, Bacmeister. *

—— kleine Weltgeschichte für die oberen Klassen der Töchterschulen und zum Gebrauch in Haus und Familie. Lex.-8. (XIII, 364 S.) Ebendas. 873. *ℳ 3.; geb. *

Wollschläger, Weltgeschichte in Lebensbildern f. Mittelschulen, höh. Mädchenschulen u. verw. Anstalten. In Rücksicht auf d. neuen Lehrpläne obiger Schulen bearb. gr. 8. (IX, 316 S. m. 4 Plänen.) Leipzig 897. J. Baedeker. n. 1.80; geb. n. 2. —

—— die Zeitreihe der Päpste bis auf die Gegenwart. Eine kurzgefasste chronolog. Uebersicht der Geschichte der Päpste als histor. Hülfsbuch zum Nachschlagen. gr. 8. (44 S.) Ebendas. 873. *

—— kurzgefaßte Zeittafel der Geschichte des Alterthums [bis 476 nach Christi] zum Auswendiglernen. gr. 8. (72 S.) Oberhausen 873, Spaarmann.

Der Barbier und Friseur. Lehrbuch f. d. Unterricht in d. Fachschulen d. Barbier-, Friseur- u. Perrückenmacher-Gewerbes u. z. Selbstunterr. Hrsg. von Fr[itz] **Wollschläger,**] unter Mitw. der Oberl. F. W[ilh.] Pattky, P. Reisch u. H[einrich] Leopold. Mit zahlr. Abb. 1. Aufl. *Berlin: Bund Deutscher Barbier-, Friseur- u. Perrückenmacher-Innungen 1902.* (III, 34 S.) 8° [F.]

Wollschläger, Georg, pract. Arzt: Zur Lehre von den unstillbaren endotritischen [!] Blutungen. *Königsberg i. Pr. (1901): L. Krause & Ewerlien.* (23 S.) 8°
Königsberg, Med. Diss. v. 18. März 1901

Wollschlaeger, Herm., Sommerferien in Tirol. Reise-Erinnerungen. (1.—8. Tauf.) (76 S.) 8. Berlin (909). O. Janke. —50; geb. n 1. —

Wollschläger, W., Choräle u. Volkslieder f. evangelische Volksschulen. Nach den 8 Schuljahren geordnet. Unter Mitwirkg. v. Iserlohner Lehrern. 2 Hfte. 2., verm. Aufl. 8. (34 u. 50 S.) Leipzig 889. J. Baedeker. à n.n. — 20

—— Erzählungen aus der vaterländischen Geschichte f. Volksschulen. 1. Tl. 2. Aufl. 8. (VII, 108 S.) Eb. 890. * — 50

Wollschläger, W., s. a. Festzug, der historische, in Torgau zur Feier d. 400jähr. Geburtstages Luthers.

Wollschläger, W. & Curt Jacob. Der historische Festzug in Torgau am 12. November 1883 zur Feier des vierhundertjährigen Geburtstages Dr. Martin Luthers entworfen ... von W. Wollschläger ... hrsg. von Curt Jacob. Torgau, Friedr. Jacob 1884
44 S., 15 Taf. 4°

Wollschläger, W., üb. die Kassettenmalerei im Hause Breitestraße Nr. 364, s.: Publikationen des Altertums-Vereins zu Torgau.

Wollseiffen, Karl

Wollseiffen, Carl [aus Köln]: Aus d. chirurg. Klinik zu Bonn. Ueber Lupuscarcinom ... Bonn, Buchdr. J. Bach Wwe., 1892; 21 S., 1 Bl. 8.
Bonn, Med. Fak., Inaug.-Diss. v. [7.] März 1892

Wollseiffen, M., De syllabarum in brevem vocalem desinentium apud Homerum productione. Diss. 1862. 48 S. 1.20

Wollseiffen, Matt., Achilles und Hektor auf einer praenestinischen Ciste ... 16 S. ... Taf. ... Crefeld 1883
Progr.

Wollseiffen, Matthias, Dir. Dr.: [Kurzes Bild von der Gründung, Entwicklung und Umgestaltung der Anstalt bei Gelegenheit ihres fünfzigjährigen Bestehens.] Crefeld (1902): Kramer & Baum. (S. 22–23.) 4°
Crefeld, G. P. 1902 (505)

Woellsz, J. A. Österr. Militair-Kalender für das Jahr 1837. Wien 1837. 1 Bl.

Wollstadt, Jh. Ph., chronolog. Abriß der deutschen Geschichte in Verbindung mit dem deutschen Staatsrechte von den ältern Zeiten bis auf Kaiser Leopold II. gr. 8. Manh. 793. Schwan u. G. 9 gr

— vollständige Darstellung d. Geschichte u. heutigen Beschaffenheit der deutschen Reichsversammlung ꝛc. In 5 Tabellen. Fol. Manh. 792. Schwan u. G. 6 gr

— der Geist d. allgemeinen positiven Staatsrechts ꝛc. In 12 Tabellen. Fol. Frankf. 792. Varrentrapp. 20 gr Dass. systemat. u. mit Geschichtserläuterungen dargestellt. 8. Manh. 793. Löffler. 6 gr

— s. Helmbusch, d. weiße.

Wollstadt, Jh. Ph., s. Manufacturier, der wohlthätige.

— Tableau de la diète générale de l'empire d'allemagne etc. Fol. Manh. 792. Schwan u. G. 6 gr

Wollstadt, Otto, Referendar in Cassel: Die auflösende Bedingung. Cassel 1908: Gebr. Schönhoven. (VIII, 56 S.) 8°
Heidelberg, Jur. Fak., Ref. Endemann, Diss. v. 1908
[Geb. 9. Jan 86 Frankfurt a. M.; Wohnort: Fritzlar, Reg.-Bez. Cassel; Staatsangeh.: Preußen; Vorbildung: Gymn. Dillenburg Reife O. 04; Studium: Grenoble 1, München 2, Bonn 3 S.; Rig. 3. März 08.]

Bildnerkunst dekorativer Art der Bildhauer Wilhelm & Bruno **Wollstädter**, Leipzig 1910. Mit Vorw. von G[ustav] Wustmann. 40 Taf. Berlin: Baumgärtel (1910) 2 Bl., 40 Taf. 2° 10. 400

Wollstein [Sachliches OW]

Wöllstein, Bertha von, eine Reihe von Briefen aus dem Mittelalter, herausgegeben von Pahl, 8. Nördlingen, 794. Beck. 8 gl.

Wollstein [Schlagwort]

Wollstein, Kreis, s.: Bomst.

Wollstein [Verfasser]

Wollstein, Alfred, Referendar: Die rückwirkende Kraft der Eheanfechtung. Berlin 1910: Blanke. 43 S. 8°
Erlangen, Jur. Diss. v. 28. Juli 1910, Ref. Oertmann
[Geb. 3. April 87 Berlin; Wohnort: Liebenwalde; Staatsangeh.: Preußen; Vorbildung: Königstädt. Realgymn. Berlin Reife M. 06; Studium: Berlin 5, München 1 S.; Rig. 13. Mai 10.] [U 10. 786

Wollstein, Christian Gottlob (Breslau) A. S. 1117/6

Dissertatio inauguralis medica de suffimentis.
Präs. Johann Heinrich Schulze.
Halle (Hilliger) V. 1741. 26 S.

W. v.: Andreas Christ. Bezel (Opp.), A. Schaarschmidt (Opp.), C. N. Reinhold (Opp.). 37249

Wollsteiner, Martin, approb. Arzt aus Hoyerswerda: Ueber rechtsseitige Conusstenosen mit Defect im Septum ventriculorum. Leipzig 1900: B. Georgi. (26 S.) 8°
Leipzig, Med. Diss. v. (25. Juli) 1900

Genealogische Uebersicht über einige Zweige der Nachkommenschaft des Rabbi Meir Katzenellenbogen von Padua. Mit Anh. u. Namen-Reg. hrsg. von Max **Wollsteiner**. Berlin 1898. (14 S.) 8° [07. 1660

Wollstonecraft, Marie, Briefe während ihres Aufenthalts in Schweden, Dänemark u. Norwegen geschrieben. Aus d. Engl. 8. Hamb. 766. (A. Campe.) 20 gr

Wolstonecraft, Marie, Briefe während ihres Aufenthalts in Schweden, Dänemark u. Norwegen geschrieben, a. d. Engl. 8. Hamb. Hoffmann. 796.

— Elements of morality transl. for the germ. 8. Schnepfenth. 796. Erziehungs-Anst. 16 gr

Wolstonecraft, Mary. Erzählungen für Kinder. A. d. Engl. Schnepfenthal 1794. Ü: *Weissenborn, Georg Friedrich Christian* (NN) oder: *Andreae, Dietrich Wilhelm* [?]. (MGT) (Ky)

— Erzählungen für Kinder. Aus d. Engl. (von G. F. C. Weißenborn oder D. W. Andreä?) 8. Schnepfenth. 795. Erz.-Anst. 12 gr

— Marie et Caroline, ou entretiens d'une institutrice avec ses élèves. 8. Dresd. 803. Walther. 12 gr

— Natur- u. Sittengemälde von Schweden ꝛc., s. kleinere Länder- u. Reisebeschreibungen. 6r Bd. 26 Hft. u. 7r Bd. 16 Hft.

Wolstonecraft, M. Rettung der Rechte des Weibes ... Schnepfenthal 1793–94. Ü: *Weissenborn, Georg Friedrich Christian.* (Ky) (NN) (ErschDL) (MGT)

— Rettung der Rechte d. Weibes, mit Bemerkk. über polit. u. moral. Gegenstände; aus d. Engl. übersetzt (von G. F. C. Weißenborn). Mit Anmerkk. u. einer Vorrede von Chr. G. Salzmann. 2 Thle. 8. Schnepfenth. 793, 94. Erz.-Anst. 1 Rthlr. 8 gr

— s. Chr. Gtth. Salzmann, Elements of Morality.

Wollstonecraft, Mary, Eine Verteidigung der Rechte der Frau mit kritischen Bemerkungen über politische und moralische Gegenstände. London 1792. Aus dem Englischen von P. Berthold. 8⁰. Dresden, E. Pierson, 1898.

Wollstonecraft, Mary, e. Verteidigg. d. Rechte d. Frau m. kritischen Bemerkgn. üb. polit. u. moral. Gegenstände. London 1792. Aus d. Engl. übers. v. P. Berthold. 8. (IV, XX, 229 S. m. 1 Bildn.) Dresden 899. E. Pierson. n. 3. 50

Wollt ihr auch weggehen? Konfirmandenreden, hrsg. v. Ernst Rolffs, s. Predigt-Bibliothek, Moderne, VIII. 8.

WOLLUST, Die, vorzüglich aus dem Gesichtspunkte des Staats. Ein Wort für Gegenwart u. Zukunft. Leipzig 1824. 8⁰. (1/3 Rthl.) (9 Mk. [!] Oskar Rauthe, Berlin. 1909.)
Bibl. Günther. no. 7180.

WOLLUST, Die, im Lande der Venus. 2 Thle. Amerika (Stuttgart, c. 1856) 1791. Kl. 8⁰. 234 S. (In Wien. Stadtbibl.: Secr. A 30.) (3 1/3 Rthl. Maske, Breslau, Cat. 93.)

— — Dasselbe. (Neudruck, gleichlautend in 2 Theilen.) Ebd. 1791. (Stuttgart, Scheible, c. 1870). Kl. 8⁰. I: 124 S. II: 144 S. (4 Rthl. Scheible. Fischhaber etc.; 25 Mk. Ernst Geibel. Hannover, 1907.)

— — Dasselbe. (Neudruck.) 2 Thle. Boston (c. 1880). 8⁰. (12 Mk. Gustav Klötzsch, Lpz., 1885.) Vergriffen!

Wollust, die, vorzügl. aus d. Standtpunkte d. Staates betrachtet. Ein Wort f. Gegenwart u. Zukunft. 8. Leipz. 824, Hartmann.

Wollust, die, vorzügl. aus d. Standpunkte des Staates betrachtet. Ein Wort für Gegenwart u. Zukunft. 8. Leipz. 824. (Lehnhold). 10 gr.

WOLLUST, Die, als Zeitvertreib der Langen Weile. Aus hinterlassenen Papieren der Gräfin I. D. von *A. M.* (Ende XIX. Jh.) 8⁰. 175 S. (3 Mk., eine böhmische Firma, 1901.)
Wirklich erschienen?

Wollüstige, Der, oder die mit den seltsamsten Zufällen und Verwickelungen erfüllte Lebensgeschichte des Versorand . . . a. d. Franz. Freystadt [Frankf.] 1754. V: *Lasolle, Henri Franç. Marquis de.* (BGE)

Wollüstige, d., od. Liebesgeschichte des Versorand. 8. Frkft. Fleischer. 754. — 6

Wöllwarth, Frhr. v., Gedanken über das Charakterbild Christi von Kirchenrath Dr. v. Schenkel. Stuttgart 865. Aue. gr. 8. (31 S.) 5 ngr.

Wöllwarth, Frhr. v., s.: Militär-Vorlage.

Wöllwarth, Frhr. v., noch ein Wort über den „alten und neuen Glauben" von Dav. Friedr. Strauß. 4. (32 S.) Stuttgart 874, J. F. Steinkopf.

Woellwarth, Julie v. Unter den Verwundeten v. 1870/71. Aufzeichnungen aus großer Zeit. Stuttgart 1887. 162 S.

Wöllwarth, Julie v. Unter den Verwundeten von 1870—71. Aufzeichnungen aus einer großen Zeit. 2. Aufl. 8. (168 S.) Stuttg. 890, J. F. Steinkopf. geb. * 1 60

Woellwarth, Karl Ludwig Georg Fhr. von (Schwaben)
A. S. 386/14

Historia iuris Germanici antiquissimi circa homicidium. Präs. Johann Christian Maier. Jena (Heller) 7. IV. 1770. 72 S.

Gew.: Johann Eustachius von Schliz gen. Goerz.
W. v.: Präs. 37103

Wöllwarth-Lauterburg, Frhr. Geo. v., s.: Ferroviarius.

Wöllwarth-Lauterburg, Wilh. v., Gedanken über das Charakterbild Christi von Kirchenrath Dr. Schenkel. Stuttgart 865. Aue. gr. 8. (31 S.) 5 ngr.

Wöllwarth-Lauterburg, Frhr. Wilh. v., der neueste Stand der württembergischen Ablösungsgesetzgebung. gr. 8. (23 S.) Stuttgart 863, (Aue.) *

Wöllwarth-Lauterburg, Frhr. Wilh. v., die Vertretung des ritterschaftlichen Adels in Württemberg. Im Hinblick auf die Reformbestrebungen der dortigen Verfassung. Mannheim 865. Wittwer. gr. 8. (23 S.) 6 ngr.

Wollweber, Emil

Wollweber, E., und V. Wollweber, Karte des Grossherzogt. Hessen für die Heimatkunde gezeichnet. 1 : 600,000. Chromolithgr. Fol. Giessen 885,88, Roth. * — 20

Wollweber, Emil, Karte des Reg.-Bez. Wiesbaden. Entworfen und gezeichnet nach der gleichnamigen Schulwandkarte. Mit Angabe aller Stadtgemeinden, Ortschaften und Flecken, Kreisstädte, Kreisorte, Gebirge, Eisenbahnen, Landstrassen etc. 1 : 340,000. Wiesbaden 886, Bechtold und Comp. * — 40

Wollweber, E., u. V. Wollweber. Karte d. Reg.-Bez. Wiesbaden, entworfen u. gezeichnet f. den Unterricht in der Heimathskunde. 1 : 340,000. (2. Aufl.) Farbendruck. (36×26,5 cm.) Wiesb. 891, Bechtold u. Comp. * — 20

—— und V. Wollweber, Karte des Stadt- und Landkreises Wiesbaden für die Heimatkunde. 1 : 125,000. Chromolithogr. qu. gr. 4. Frankfurt a. M. 886, Jaeger'sche Buchh. ** — 15

Wollweber, E., u. V. Wollweber. Schul-Karte d. Grossherzogt. Hessen, f. d. Heimatkunde gezeichnet. 1 : 600,000. 6. Aufl. Farbendr. qu. Fol. Giessen 892, Roth. * — 20

—— Schulkarte, kleine, des Reg.-Bez. Wiesbaden. 1 : 340,000. [29 × 40 cm gross, in 7 Farben.] Ebendas. 886. * — 20

—— Schulwandkarte, neue grosse, des Reg.-Bez. Wiesbaden. 1 : 85,000. [Grösse 120 × 164 cm, in 7 Farben.] Ebendas. 886. * 6 —
Aufgezogen auf Leinw. mit Stäben * 10 —

— Umgebungskarte von Osnabrück, gezeichnet von Offizieren des Ostfries. Infanterieregiments Nr. 78 im J. 1885. 1 : 25,000. 14 Bl. Autogr. Fol. Osnabrück 886, (Pillmeyer.) à Bl. * 1 —

Wollweber, F. G. s. Wollweber, J. G.

Wollweber, J. G., Globuskunde zum Schulgebrauche und Selbststudium. Gekrönte Preisschrift. 8. (III, 112 S. mit 18 eingedr. Abbild.) Freiburg i. Br. 879, Herder'sche Verlagsh. *

Wollweber, J. G., Globuskunde zum Schulgebrauche und Selbststudium. Gekrönte Preisschrift. 2. verb. und verm. Aufl. gr. 8. (VI, 158 S. mit 40 Abbild.) Freiburg i. Br. 885, Herder'sche Verlagsh. *

Wollweber, J. G., Globuskunde zum Schulgebrauche und Selbststudium. Gekrönte Preisschrift. 8., verb. Aufl., m. 40 Abbildgn. 8. (VIII, 158 S.) Freiburg i/B. 899. Herder. n. 1. 60; Einbd n.n.n. — 25

Wollweber, J. G., der Himmelsglobus als Mittel zur Kenntnis d. gestirnten Himmels. Für Lehrer u. Freunde der Sternkunde bearb. Mit 124 Fig. u. 2 Sternkarten. 8. (XI, 270 S.) Freiburg i/Br. 888. Herder. n. 2. 20; geb. n.n. 2. 50

Wollweber, Otto: I. Ueber Condensationen mit Hilfe lactonartiger Verbindungen. II. Methode zur Gewinnung aromatischer Alkylidenmalon- und Acrylsäuren. *Heidelberg 1897: Ph. Wiese.* (70 S.) 8°
Heidelberg, Naturw.-math. Diss. v. [22. Dez.] 1897

Wollweber, V., Heimatkunde des Reg.-Bez. Cassel. gr. 8. (II, 68 S. m. 12 Abbildgn. u. 1 farb. Karte.) Frankfurt a/M. 894. Kesselring. n. — 50

Wollweber, V., Heimatskunde des Reg.-Bez. Cassel. Mit 1 Titelbild, 11 Abbildgn. u. 1 (farb.) Karte. 2. verb. Aufl. gr. 8. (II, 68 S.) Frankfurt a/M. (901). Kesselring. n. — 50

Wollweber, V., Heimatkunde vom preuß. Reg.-Bez. Kassel (Kurhessen). 6. verb. Aufl. (Neue Orthographie.) (II, 68 S. m. Titelbild, 11 Abbildgn. u. 1 farb. Karte.) 8. Frankfurt a/M. (905). Kesselring. n. — 50

— Heimatkunde des Reg.-Bez. Wiesbaden. gr. 8. (II, 50 S. m. 12 Abbildgn. u. 2 Karten.) Ebd. 893. n. — 40

Wollweber, V., Heimatkunde des Reg.-Bez. Wiesbaden. M. 1 Titelbild, 12 Abb. u. 2 Karten. 4., verb. Aufl. gr. 8. (II, 52 S.) Frankfurt a/M. 898. Kesselring. n. — 40

— Heimatkunde des Reg.-Bez. Wiesbaden. Mit 1 Titelbild, 12 Abbildgn. u. 1 Karte. 12. verb. Aufl. (II, 52 S.) Ebd. (902). n. — 40

— dasselbe vom preuß. Reg.-Bez. Wiesbaden (Nassau). 19. verb. Aufl. (Neue Orthographie.) (56 S. m. Titelbild, 12 Abb. u. 1 farb. Karte.) 8. Ebd. (905). n. — 40

Wollweber, V., Karte des Stadt- und Landkreises Frankfurt für die Heimatkunde. 1 : 133,333. 1. und 2. Aufl. Chromolithogr. qu. 4. Frankfurt a. M. 886, Jaeger'sche Buchh. ** — 15

Wollweber, V. Karte des Stadt- u. Landkreises Frankfurt, für die Heimatkunde gezeichnet. 1 : 133,333,3. 4. Aufl. Farbendr. 18×21 cm. Frankf. a. M. 892, Jaeger's Verlag. ** — 15

Wollweber, V., Karte des Kreises Hanau für die Heimatskunde. 1 : 200,000. Chromolithogr. qu. 4. Hanau 883, Alberti. * — 15

Wollwitze, Berliner. Halle 1838. V: *Glassbrenner, Adolph Gg Theodor.* (Ky)

Wollwitze, Berliner. (Von Ad. Glaßbrenner.) 8. 838. Halle, Colditz'sche Buchh. 1/6 ₰

Woelm, Arthur *Felix:* Über Jodoformbehandlung bei Tuberkulose der Knochen und Gelenke ... Breslau, Druck v. C. Dülfer, *1892;* 34 S., 1 Bl. 8.
Breslau, Med. Fak., Inaug.-Diss. v. 29. Juli 1892

Woelm, Arth., üb. Jodoformbehandlung bei Tuberkulose der Knochen u. Gelenke. Diss. gr. 8. (34 S.) Breslau 892. (L. Köhler.) n. 1. —

Wolman, Ludwig, aus Frankenthal: Studien über Acetondicarbonsäure. (Synthese der Hydrochinontetracarbonsäure und der Orcintricarbonsäure.) *Strassburg i. E. 1898: C. & J. Goeller.* (48 S.) 8°
Tübingen, Naturw. Diss. v. 1898

Wolmar und Camilla oder das Schicksal eines Deutschen in Paris. Trauerspiel in fünf A. Pyrmont 1790. V: *Christel, Franz.* (Gr) (Ky)

Wolmar, Henriette, ou la mère jalouse de sa Fille. Histoire véritable par J. J. Rousseau. 8. Münster, Coppenrath. 769. — 6

Wolmar, Julie, ein Bild d. Weibes, wie es sich der Weise denkt u. der Mann von Geist u. Herz träumt. 8. Leipz. 803. Martini. (Cnobloch). 1 ₰ 12 gr

v. **Wolmar,** Therese, od. die Waise aus Genf. Bearb. aus d. Memoiren d. Fräulein v. Wolmar, von der Frau Baron. v. Meré, u. ins Deutsche übers. von der Baronesse v. B. 3 Thle. 8. Dresd. 827. Hilscher. 3 ₰

Wolmar, Charl. (Charlotte v. Witzleben), Musestunden. Erzählungen. 8. Leipzig 829. (Melzer.) 1 ₰

Wolmar, Enrico di: Abhandlung über die Pest nach vierzehnjährigen eigenen Erfahrungen und Beobachtungen. 383 S., gbd.

Berlin: Voss 1827

JB 5.028

Wolmarscher Kreis [Schlagwort]

Wolmarscher Kreis. Wege-Karte des Wolmarschen Kreises mit den Kirchspiels- u. Gutsgrenzen. Hrsg. vom liv-estländ. Landeskulturbureau auf Grund der im Besitz der livländ. Ritterschaft befindl. Kreis-Wegekarte. 1 : 210,000. 58,5×42 cm. Lith. Nebst Namens-Verzeichniss der Güter-Pastorate u. der zugehör. Gemeindeverwaltgn. (auf dem Umschlag). Riga 903. Jonck & Poliewsky. n. 2. —; kolor. Ausg. n. 3. —

Wolmershausen, Georg Balthasar (Justizrat beim Grafen von Solms-Rödelheim) "ohne Vorsitz"
Theses juridicae inaugurales.
Giessae 23. Juli 1772: Braun. 8 S. 4°

Wolmirstedt [Schlagwort]

Wolmirstedt, s.a. Preussen, Messtischblätter.

Wolmirstedt. Spezialkarte des Kreises Wolmirstedt. 1 : 100,000. 53,5×49 cm. Farbdr. Magdeburg (907). J. Neumann. — 80

Wolmünster [Schlagwort]

Wolmünster, s.: Geologische Karten (Elsass-Lothringen).

Wolmünster, s.: Preussen. Messtischblätter.

Wolmuth, Bonifaz, *Steinmetz und Baumeister Kais. Ferdinand I.* Grundriss der Stadt Wien vom Jahre 1547. Gezeichnet und lithographirt von Albert Camesina, Ritter des k. k. niederländ. Ordens der Eichen-Krone, k. k. Conservator für Wien, Mitglied der k. k. Central-Commission zur Erforschung und Erhaltung d. Baudenkmale etc. Herausgegeben durch den Alterthums-Verein zu Wien im J. 1857 u. 1858. *Wien. K. k. Hof. u. Staatsdr.* 9 Bl. H. 2'. Br. 2' $5^1/_2$''.

Die Karte ist in Farbendruck ausgeführt. Die Häuser der Stadt sind lichtbraun, die Gärten und Wiesen grün, das Wasser blau. Rothe Schrift bezeichnet Objecte, welche der Jurisdiction der Stadt nicht unterworfen sind; rothe Zahlen bedeuten den Abstand der Basteien von einander in Klaftern ausgedruckt, auch ist der Umfang der Stadt in schwarzen Ziffern ersichtlich gemacht.

Wolniewicz, I. T., mały deklamator polski czyli wybór bajek systematycznie ułożonych, dla użytku szkół publicznych, prywatnych, jako tez familijnych. Zebrany z różnych autorów, i opatrzony obiaśnieniem miejsc trudniejszych. (2., nieodmienione wydanie.) 16. (206 S.) Wolstein 849. Berlin, (C. Heymann.) *

Wolność, hasłem naszem! Leipzig 867. (Rohde.) 8. (106 S.) n. 10 ngr.

Wolny, Andr., Historiae naturalis Elementa. 8. maj. Budae. (Eggenberg, Pest.) 806.

Wolny, Antonius *(geb. Rudzinitz in Oberschles. 31. 12. 1788)*: De vita. Vratislaviae (1822). (39 S.) 4°

Breslau, Med. Diss. v. 9. Juli 1822

Wolny, Gregor

Bericht [illegible] Mähren [illegible] vgr

Separatabdruck

Wolny, Gregor: Bericht über den historischen Vorrat im Archive des Benediktinerstiftes Raygern in Mähren. Ar. I. Heft V. [illegible] vgr

Separatabdruck

Wolny, Gregor, die k. Hauptstadt Brünn u. d. Herrschaft Eisgrub sammt d. Umgebung d. letzteren; topograph., statist. u. histor. geschildert. gr. 8. (..B.) Brünn 836, (Winiker's Bh.) *
Aus nachstehendem Werke besond. abgedruckt.

Excommunication des Markgrafen von Mähren Prokop und seines Anhanges im Jahre 1399 und was damit zusammenhängt. Ein Beitrag zur Kirchengeschichte von Mähren. Ar. S. [illegible] K. 50

Separatabdruck

Wolny, Gregor, Excommunication des Markgrafen von Mähren Prokop und seines Anhanges im Jahre 1399, und was damit zusammenhängt. Ein Beitrag zur Kirchengeschichte von Mähren. (Aus dem Archiv für Kunde österreich. Geschichtsquellen.) Wien (854.) (Gerold.) gr. 8. (33 S.) n. 5 ngr.

Wolny, Gregor, Lehrbuch d. allgem. Weltgeschichte, mit stäter Rücksicht auf d. Fortschritte in d. Wissenschaften u. Künsten; nach d. Quellen u. d. besten Hülfsmitteln bearb. (M. 4 synchronist.-ethnograph. Tab. auf 11 Bog. gr. Fol.) gr. 8. ($37^1/_8$ B.) Wien 830, Heubner.)

Wolny, Gregor., die Markgrafschaft Mähren, topographisch, statistisch u. histor. geschildert. 1r Bd. Prerauer Kreis. (4 Hfte.) gr. 8. Brünn 835, 36. (Seidel'sche Buchh.) à Hft n. $^2/_3$ ß

— dass. 2r Bd. Brünner Kreis. 1e Abthl. 1e—4e Hft. (Schluss der 1n Abthl.) gr. 8. Ebd. 836. n. $2^2/_3$ ß

— dass. 2r Bd. Brünner Kreis. 2e Abthl. (1e—5e Hft.) u. 3r Bd. Znaimer Kreis. 5 Hfte. gr. 8. Ebd. 837, 38. n. $6^1/_2$ ß

— dass. 4r Bd. Hradischer Kreis. 4 Hfte. gr. 8. Ebd. 838. $2^2/_3$ ß

— dass. 5r Bd. Olmützer Kreis. 1e—7e Hft. gr. 8. Ebd. 839, 840. n. 5 ß

Wolny, Gregor, Mähren, topographisch, statistisch u. historisch geschildert. VI. Bd. Iglauer Kreis. I.—VII. Heft. gr. 8. (Mit Karte.) Brünn 841, 42, Seidel u. Co. n. $6^7/_{12}$ ß

— s. a. **Taschenbuch für die Geschichte Mährens u. Schlesiens.**

Wolny, Gregor Taschenbuch für die Geschichte Mährens und Schlesiens. 1.–3. Jahrg. (Mit Abbild.) (3 Bde.)
8 Brünn 1826–1829.

—— kirchliche Topographie von Mähren, meist nach Urkunden und Handschriften. I. Abthl.: Olmützer Erzdiöcese. I. Bd. gr. 8. (XIII und 454 S.) Brünn 855, (Nisch und Große.) *

Wolny, P. Gregor *Dr.* Kirchliche Topographie von Mähren, meist nach Urkunden und Handschriften, durch — —. I. Abtheilung. Olmützer Erzdiözese. II. Band. *Brünn* 1857. Selbstverlag. Gedruckt bei *Franz Gastl.* In Commission der *Nitsch & Grosse*'schen Buchhandlung. V. 484 S. 1. Bl. 8°.

Wolny, Greg., kirchliche Topographie von Mähren, meist nach Urkunden und Handschriften. 1. Abthl.: Olmützer Erzdiöcese. 2. und 3. Bd. gr. 8. (XIV und 964 S.) Brünn 860, (Nitsch.) à Bd. * 2 Thlr. 12 Ngr. *

—— dass. — 2. Abthl.: Brünner Diöcese. 4 Bde. (Schluß.) gr. 8. (Ebendas.) [1. Bd. (VII und 471 S.) 857., 2. (XVIII und 436 S.) 858., 3. (XI und 512 S.) 860., 4. (LXX und 362 S.) 861. à Bd. * 2 Thlr. 12 Ngr.] *

Wolny, Greg., kirchliche Topographie von Mähren, meist nach Urkunden und Handschriften. 1. Abthl.: Olmützer Erzdiöcese. 4. und 5. Bd. und General-Inder. gr. 8. Brünn, (Nitsch.) [4. Bd. (VIII und 398 S.) 862. * 2 Thlr. 12 Ngr., 5. Bd. (XX und 367 S.) 863. * * 2 Thlr., General-Inder. (IV und 64 S.) 866. * * 14 Ngr.] * *

Die Wiedertäufer in Mähren. Ar. 5. 67 vgr

Separatabdruck

Wolny, Gregor, die Wiedertäufer in Mähren. [Aus dem I. Hft. des II. Bdes. des Jahrg. 1850 des von der kaiserl. Akad. der Wiss. hrsg. Archivs f. Kunde österreich. Geschichtsquellen abgedr.] Lex. 8. (72 S.) (Wien 850, Braumüller.) n. $^1/_3$ ß

Wolny, Josef: Das christliche Leben nach dem heil. Justin, dem Märtyrer. 8 (S. 3–28).
Progr. Leopoldstädter Communal-Real- u. Oberg. *Wien* 1897
Nicht im Tauschverkehr

Wolný, Wácław, čili malý štěpař. Důkladné poučení o chowání owocných stromů. W němčině sepsané promládež. Přeložil a rozšířil Fr. Jos. Kučera. S mnohými obrázky. gr. 12. (VI u. 92 S.) Brünn 850, Nitsch & Grosse. n. $^1/_6$ ß

Wolný, Wáclaw, čili malý štěpař. Důkladné poučení o chowání owocných stromů. W němčině sepsané promládež. Přeložil a rozšířil Fr. Jos. Kučera. S mnohými obrázky. gr. 12. (VI und 92 S.) Brünn 852, Nitsch und Große. *

Woloch, M[oses] aus Koutais im Kaukasus (Russland): Ueber Prostatektomie. Basel 1908. 27 S. 8°.
Basel, Med. Diss. 1908/09.

Woloch, M[oses]. Ueber Prostatektomie. Diss. Med. Basel. 27 S. 8. Basel, Brin & Cie., 1908.

Woloch, Salomon. Ein Beitrag zur Tuberkulose der Symphysis ossium pubis. ⟨Aus der Chirurgischen Klinik zu Basel⟩. ⟨Direktor: Herr Prof. Dr. E[ugen] Enderlen.⟩ Diss. Med. Basel. 37 S. 8. Basel, Brin & Cie., 1907.

Wolodkewitsch, Nicolai, eine Untersuchung der höh. Geistesfähigkeiten bei Schulkindern. Aus dem Russ. ins Deutsche übertr. v. Fr. Aldinger. (61 S.) gr. 8. Berlin 906. Herm. Walther. 2. —

Wolokitin, A[rkadij]: Über die Stickoxydbildung bei der Wasserstoffverbrennung. 1910. 59 S., 1 Taf. 8° ¶ Ausz. in: Zeitschrift f. Elektrochemie. Jg. 16.
Karlsruhe, Dr.-Ing.-Diss. v. 11. 5. 1910

Paaugusių Żmonių Knygelė. Paraše Vyskupas M[atyas] Valančius [Wolonczewski]. Tilżeje: Kaštu 'Tevynės Sargo' 1902. (104 S.) 8°
[Büchlein f. erwachsene Leute. Geschrieben von Bischof M. Wolonczewski. Tilsit: Auf Kosten des 'Tevynes Sargas'.] 05. 4256 10

Wolosewicz, Josef Edmund von: Die quantitative Bestimmung des Stickstoffs der Eiweißstoffe und deren Trennung von anderen stickstoffhaltigen Verbindungen der Nahrungs- und Futtermittel. Königsberg i. Pr. 1905: H. Jaeger. (56 S.) 8°
Königsberg, Phil. Fak., Ref. Stutzer, Diss. v. 4. Aug. 1905
[Geb. 2. Apr. 68 Radziwilow, Gouv. Wolhynien (Russl.); Wohnort: Königsberg i. Pr.; Staatsangeh.: Preußen; Vorbildung: Oberrealsch. Kiew Reife O. 92; Studium: Nowo-Alexandrija 2, Halle 2, Leipzig 8, Gießen 2, Königsberg 6 S.; Rig. 26. Juli 05.]

Wolosewicz, Joz. Edm. v., Mitteilung aus dem agrikulturchemischen Institut: Die quantitative Bestimmung des Stickstoffs der Eiweissstoffe und deren Trennung von anderen stickstoffhaltigen Verbindungen der Nahrungs- und Futtermittel. Berlin 1905. 8°.
(*Ulrich*, Paul. Ueb. d. Durchführ. u. d. Wert d. agronom. Bodenuntersuch (Berichte d. landwirtschaftl. Instituts d. Univ. Königsberg i. Pr. (II.) 6.)

Woloshinsky, Adf., bacteriologische Brunnenwasseruntersuchungen auf dem rechten Embachufer zu Dorpat m. besond. Berücksicht. d. Hospitalbezirks. Diss. gr. 8. (85 S.) Jurjew (Dorpat) 892. (E. J. Karow.) n. 1. 60

Wolowelsky, Abraham. Ueber die Häufigkeit des Ulcus ventriculi et duodeni, auf Grund von 3000 Protokollen der Basler pathologisch-anatomischen Anstalt ⟨Vorsteher: Prof. E[duard] Kaufmann⟩. 27 S. 8. Basel, Friedrich Reinhardt, 1906.

Wolowski, L., die Banken von Schottland. Als Beitrag zur Lösung der landwirthschaftl. Creditfrage aus dem Französ. übertragen von Jul. v. Holtzendorff. gr. 8. (72 S. mit 1 Tab. in qu. 4.) Berlin 870, Habel. *

Wolowski, L., die Banken von Schottland, als Beitrag zur Lösung der landwirthschaftlichen Creditfrage aus dem Französ. übertragen von Jul. von Holtzendorff. Berlin 870. Lüderitz' Verl. gr. 8. (72 S. mit 1 Tab. in qu. 4.) n. 12½ ngr.

Wolozkoi, Oberstlieut., Erzieher am 1. Kadetten-Corps zu Moskau. Das Gewehrfeuer im Gefecht. Beitrag zur Psycho-Physik. Uebersetzt aus dem Russischen von Eugen Revensky, Stabs-Capitain im 3. pernau'schen Grenadier-Regiment (König Friedrich Wilhelm IV.) gr. 8. Darmstadt 1883.

Wolozkoi, das Gewehrfeuer im Gefecht. Beitrag zur Psycho-Physik. Uebers. aus dem Russ. v. Eug. Revensky. gr. 8. (VII, 159 S.) Darmstadt 883. Zernin. n. 2. 50

Wolozkoi, Nicolaus, das kleine Kaliber u. das weittragende Gewehr. Studie. Autoris. deutsche Uebersetzg. [Aus: „Allg. Militär-Zeitg."] gr. 8. (IV, 60 S.) Darmstadt 889. Zernin. n. 1. 50

Wolpe. Hermann [prakt. Arzt]: Untersuchungen über die Oxybuttersäure des diabetischen Harns .... Leipzig, Druck v. J. B. Hirschfeld, 1886; 6 + 23 S. 8°.
Königsberg, Med. Fak., Inaug.-Diss. v. 5. Apr. 1886.

Wolpe, Hermann, Untersuchungen über die Oxybuttersäure des diabetischen Harns. Diss. Königsberg i. Pr. 1886, Graefe & Unzer. 8°. 23 S.

Wölpe, Wildgraf Eckart von der, eine Sage aus dem vierzehnten Jahrhunderte mit 1 Kupf. 8. Braunschweig, 795. Schröder. 1 Rthl. 10 sgl.

Wolper, August Friedrich (Bearb.), s. Aeschines, Socratius: Die Reden.

Wolper, (A. Fr.,) Commentationes tres: De antiquitate carminum Anacreonteorum, de forma hodierna orationis Demosthenis pro corona et de Medea Euripidis. 8 maj. Lips. 825, Hartmann.

Wolper**, Aug. Fr., commentationes tres: de antiquitate carminum Anacreonteorum, de forma hodierna orationis Demosthenis pro corona et de Medea Euripidis. 8. Götting. 818. u. 8 maj. Leipz. 825. (Lehnhold). 9 gr.**

Wolper — Einige Gedanken über den Schulstand. Progr. Lingen 822. 8. (21 S.)

Wolper, A. F., Diss. de Medea Euripidis tragoedia correcta et denuo edita. Götting. 818. 8.

— oratio qua disseruntur nonnulla de utilitate et necessitate studii literarum graecarum et romanarum. 4. Lingen 820.

Wolper, Aug. Fr., kleine Schulgrammatik für geborne Deutsche. gr. 8. Götting. 822. Rosenbusch. (Lauffer in Leipz.) 8 gr.

Wolper, F. G. Étude sur le conditionnel. Son mode de formation et son développement dans la langue française. Hannover, H. B., u. Diss. Rostock 1874. 12 S. 4.

Wolper, Max [aus New-York]: Über Kropfexstirpationen nebst einem Fall von Echinococcus der Schilddrüse. ... Berlin: Buchdr. v. Gustav Schade (Otto Francke) (1888). 31, 1 S. 8°
Berlin, Med. Fak., Inaug.-Diss. v. 17. Aug. 1888

Wolper, [Wilhelm]: [Kurzer Abriß der Geschichte der Schule.] S. I—V. 4.
Progr. Vollberecht. Städt. Realprogymn. *Frankenhausen* 1907 (895).

Wolper, *Wilhelm* [Dr., Dir.]: Berechtigungen der Realprogymnasien und Realgymnasien. Frankenhausen, Druck v. E. Krebs, *1893;* 15—16 S. 4.
Frankenhausen, st. RPG, OP 1893 (715)

Wolper, Wilh. Nachrichten über das Lyzeum zu Frankenhausen (1552—1831). 57 S. **Progr.** *Frankenhausen* 1885.

(**Wolper,** Wilhelm): Das Städtische Realprogymnasium zu Frankenhausen am Kyffhäuser. Seine Gründung und Entwickelung von 1872 bis 1897. *Frankenhausen (1897): E. Krebs.* (45 S.) 8° [Umschlagt.]
Frankenhausen, st. RPG, Festschr. 1897**

Seebad zu Düsternbroock bei Kiel. Ernst **Wolperding** gez. Kiel. o. J. Lithogr. 1 Bl. 4°. 28/36.5 cm.

Seebad zu Düsternbroock bei Kiel. Ernst **Wolperding** del. Lithogr. Kiel. o. J. 1 Bl. Fol., 36/55.5 cm.

Wolpers, Geo., kurze Geschichte des Bist. Hildesheim u. seiner Bischöfe. Mit dem Titelbilde des zeit. Bischofs v. Hildesheim u. 10 Abbildgn. Nach Adf. Bertram: „Die Bischöfe v. Hildesheim" u. „Geschichte des Bist. Hildesheim" Bd. I dargestellt. (72 S.) 8. Hildesheim 906. A. Lax. n.n. — 50

Geschichte der katholischen Pfarrei Peine und des ehem. dortigen Kapuzinerklosters. Ein Beitrag z. Kirchengeschicte d. Stifts Hildesheim v. Georg **Wolpers**. Hildesheim: J. Kornacker 1908. (58 S.) 8° [F.] 08. 9700 7

Wolpert, Adolf

—— sieben Abhandlungen aus der Wohnungs-Hygiene. gr. 8. (117 S. mit 26 Holzschn.) [Ebendas. 887.] Leipzig, Mendelssohn. *

Die Heizung. Von Dr. phil. Adolf **Wolpert**, Prof., u. Dr. med. Heinrich Wolpert, Privatd. Mit 333 Abb. (4. Aufl.) Berlin: W. & S. Loewenthal [1905]. (XV, 475 S.) 8°
= **Wolpert**, A.: Theorie u. Praxis d. Ventilation u. Heizung. Bd 4. 05. 14104

Wolpert, Adf., Leitfaden zum Verständniß der Heizungs- und Ventilations-Apparate. Zur allgemeinen Belehrung, vorzugsweise für die Besucher der Casseler Ausstellung solcher Apparate. 8. (64 S.) [Stuttgart 877, Meyer und Zeller.] Kaiserslautern, Tascher. *

Wolpert, Adolf: Die Luft und die Methoden der Hygrometrie. Von Dr. phil. Adolf Wolpert, Prof. . . . in Nürnberg, u. Dr. med. Heinrich Wolpert, Privatdoc. . . . a. d. Univ. . . . Berlin. M. 108 Abb. im Text. Berlin: W. & S. Loewenthal (1899). (XII, 388 S.) 1 Bd 8°
(Wolpert, A.: Theorie u. Praxis d. Ventilation u. Heizg. 4. Aufl. Bd 2.)

Wolpert, Adph., Principien der Ventilation und Luftheizung. Nebst Anleitung zur Verhütung des Rauchens der Stubenöfen und Kochherde. Für Architekten, Bauhandwerker, Bauherren etc. gr. 8. (XII und 320 S. mit 165 in den Text gedr. Holzschn.) Braunschweig 860, Schwetschke und Sohn. *

Wolpert, Adolf: Physikalisch-chemische Propaedeutik v. Dr. phil. Adolf Wolpert, Prof. ... in Nürnberg, u. Dr. med. Heinrich Wolpert, Assistent am Hyg. Inst. d. Univ. Berlin ... M. 188 Textabb., 50 chem. Structurformelbild. in Farbendr. u. 1 ebensolchen Systemtaf. Leipzig: Baumgärtner 1896. (XII, 407 S.) 1 Bd 8°
(Wolpert, A.: Theorie u. Praxis d. Ventilation u. Heizg. 4. Aufl. Bd 1.)

Wolpert, A., Prüfung und Verbesserung der Schulluft. Abhandlung. gr. 8. (20 S. mit 2 Illustr.) Kaiserslautern 883, (Tascher.)
Aus: Pfälzische Lehrerzeitung, besonders abgedruckt.

—— s. Staebe's, C. L., Preisschrift über die zweckmassigsten Ventilations-Systeme.

—— Theorie und Praxis der Ventilation und Heizung. Besonders für Architekten, Bauhandwerker und Bauherren. Zugleich ein Lehrbuch zum Selbstunterrichte und zum Gebrauche bei Vorlesungen über baul. Gesundheitslehre. 2. Aufl. der „Principien der Ventilation und Luftheizung". 2 Hälften. gr. 8. Braunschweig, Schwetschke und Sohn. [1. Hälfte. (S. 1—352 mit eingedr. Holzschn.) 879. *M 7,50.; 2. Hälfte. (XVIII, S. 353—980 mit eingedr. Holzschn.) 880. *M 12,50.] *

Wolpert, Adf., Theorie und Praxis der Ventilation und Heizung. Besonders für Heizungstechniker, sowie für Architekten, Bauhandwerker und Bauherren. Zugleich ein Lehrbuch zum Selbstunterrichte und zum Gebrauch bei Vorlesungen über bauliche Gesundheitslehre. Neue, durch einen 7 Abhandlungen aus der Wohnungs-Hygiene umfassenden Anhang ergänzte Ausg. der 2. Aufl. [1880]. gr. 8. (XXIII, 1095 S. mit 431 Holzschn.) Leipzig 887, Baumgärtner's Buchh. *M 20.—; geb. in Halbfrz. *
Daraus einzeln:

Wolpert, A., Theorie u. Praxis der Ventilation u. Heizung. Handbuch der Ventilation u. Heizg. m. Einschluss d. Hilfswissenschaften z. Selbststudium u. zum Gebrauch bei Vorlesgn. üb. Wohnungshygiene. 4., völlig neu bearb. Aufl. in 5 Bdn. Bearb. v. Adf. Wolpert u. Heinr. Wolpert. 1. u. 2. Bd. gr. 8. Leipzig. Berlin, W. & S. Löwenthal. n. 22. —; geb. in Halbfrz. n.n. 26. —
1. Physikalisch-chemische Propaedeutik. Mit 188 Textabb., 50 chem. Structurformelbild. in Farbendr. u. e. ebensolchen Systemtafel. (XII, 407 S.) 898. n. 12. —; geb. n.n 14. —
2. Die Luft u. d. Methoden d. Hygrometrie. (XII, 388 S. m. 108 Abb.) 898. n. 10. —; geb. n.n. 12. —

Wolpert, A., Theorie u. Praxis der Ventilation u. Heizung. Handbuch der Ventilation u. Heizung m. Einschluss der Hilfswissenschaften zum Selbststudium u. zum Gebrauch bei Vorlesgn. üb. Wohnungshygiene. 4. völlig neu bearb. Aufl. in 5 Bdn. Bearb. v. Adf. Wolpert u. Heinrich Wolpert. 3. Bd. gr. 8. Berlin 901. W. & S. Loewenthal. n. 15. —
Die Ventilation. Mit 215 Abbildgn. im Text. (XV, 608 S.) I u. II. Ebd. 896. 898. n. 22.—; geb. n. 26.—.

Wolpert, A., Theorie u. Praxis der Ventilation u. Heizung. Handbuch der Ventilation u. Heizg. m. Einschluss der Hilfswissenschaften zum Selbststudium u. zum Gebrauch bei Vorlesgn. über Wohnungshygiene. 4. völlig neu bearb. Aufl. in 5 Bdn. Bearb. v. Adf. Wolpert u. Heinrich Wolpert. 4. Bd. Die Heizg. (XV, 475 S. m. 333 Abbildgn.) gr. 8. Berlin (905). W. & S. Loewenthal. n. 13. —; geb. in Halbfrz. n. 15. —
Bd. I—III. Ebd. 896. 898. 901. n. 37. —.

Die Ventilation. Von Dr. phil. Adolf **Wolport**, Prof. in Nürnberg, u. Dr. med. Heinrich Wolpert, Privatd. zu Berlin. Mit 215 Abb. im Text. (4. völlig neubearb. Aufl.) *Berlin: W. & S. Loewenthal 1901.* (XV, 608 S.) 8°
= **Wolpert**: Theorie u. Praxis d. Ventilation u. Heizung. Bd 3. 01. 7232

Wolpert, David: Polyposis intestini. Berlin (1909): Ebering. 28 S. 8°
Berlin, Med. Diss. v. 12. Febr. 1909, Ref. Hildebrand
[Geb. 21. Dez. 84 Moskau; Wohnort: Astrachan; Staatsangeh.: Rußland; Vorbildung: Gymn. Astrachan Reife O. 03; Studium: Berlin 10 S.; Rig. 5. Febr. 09.] U 09. 120

Wolpert, Ernst, aus Kaiserslautern: Über die Einwirkung von Senföl auf Sulfo-Carbazinsäuren. *Erlangen 1899: A. Vollrath.* (58 S.) 8°
Erlangen, Phil. Diss. v. 20. Okt. 1898

Wolpert, G., De catalepsi. Herbipoli. 4°. 1753.

Wolpert, G., Militia. Uebungen im Uebersetzen aus dem Deutschen in das Französische. Im Anschluß an das Elementarbuch und die Elementar-Grammatik der französ. Sprache von Karl Ploetz. 1. Ausg. 1871, und 2. Ausg. gr. 8. (X, 144 S.) Berlin 873, Nicolai's Verlag. *

Wolpert, Georg [aus Kaiserslautern]: '[Aus d. medicin. Klinik zu Jena.]' Ueber Lumbalpunktionen ... Jena, Univ.-Buchdr. G. Neuenhahn, 1896; 33 S. 8.
Jena, Med. Fak., Inaug.-Diss. v. [1. Dez.] 1896

Wolpert, *Heinrich* [in Nürnberg]: Eine einfache Luftprüfungs-Methode auf Kohlensäure mit wissenschaftlicher Grundlage ... M. mehr. eingedruckten Holzschnitt-Abbild. u. Tab. ... Nürnberg, W. Tümmel's Buch- u. Kunstdr., 1891; VII, 123 S. 8.
Jena, Med. Fak., Inaug.-Diss. v. [10. Okt.] 1891

Wolpert, Heinr. Eine einfache Luftprüfungs-Methode auf Kohlensäure m. wissenschaftl. Grundlage. Mit mehreren eingedr. Holzschn.-Abbildgn. u. Tab., ausserdem e. Anh. v. 16 Tab. u. 9 Taf. Diagrammen, letztere theilweise in mehrfarb. Lithogr. gr. 8. (VII, 123 S.) Lpz. 892, Baumgärtner. * 4 —

Wolpert, Heinr., die Tageslichtmessung in Schulen, s.: Gotschlich, F.

Wolpert, Josef: Vergleichende Anatomie und Entwicklungsgeschichte von Alnus alnobetula und Betula nebst einem Beitrag zur Mycorrhizenfrage. Jena: Fischer 1909. 33 S. 8° ¶ (Aus: Flora oder Allg. botan. Zeitung. Bd 100, H. 1.)
München, Phil. Diss. v. 5. März 1909, Ref. v. Göbel
[Geb. 26. Juni 81 Erding; Wohnort: Aschaffenburg; Staatsangeh.: Bayern; Vorbildung: Progymn. Memmingen bis Juli 98, pharm. Staatspr. 00; Studium: München 9 S.; Rig. 5. März 09.] [U 10. 3711

Wolpert, Raphael, aus Astrachan: Über die Häufigkeit und Entstehung des Aortenaneurysma. Berlin-Charlottenburg (1905): I. Zalachowski. (31 S.) 8°
Berlin, Med. Fak., Ref. Kraus, Diss. v. 29. Juni 1905
[Geb. 1. März 81 Moskau; Heimatsort: Astrachan; Staatsangeh.: Rußland; Vorbildung: Gymn. Astrachan Reife Juni 00; Studium: Berlin 9 S.; Rig. 20. Juni 05.]

Wolphius, Joh. Rud., historia vitae et obitus I. H. Suiceri, I. Casp. filii. 4. Zürich, Orell. 745.

Wolpinsky, Marie. Beiträge zur Kenntnis der abdominalen Fettgewebsnekrose. Diss. Med. Univ. Zürich. *Kopftitel:* Arbeiten unter Leitung von Privatdozent Dr. [Otto] Naegeli, Zürich. 32 S. 8. Zürich, J. F. Kobold-Lüdi, 1906.

Wolpmann, Matthias (Hamburg) A. S. 134/16

Dissertatio inauguralis iuridica de usufructu materno in bonis adventitiis liberorum secundum ius Saxonicum spectato. Präs. Johann Kaspar Heimburg. Jena (Fickelscherr) 8. IV. 1763. 42 S.

37255

Wolpmann, Nikolaus (Hamburg) A. S. 331/25

Dissertatio inauguralis iuridica de vera indole testamenti coniugum reciproci secundum iura Germanica et speciatim secundum statuta Hamburgensia. Altdorf (Meyer) 4. XI. 1746. 51 S.

Gew.: Stadt Hamburg.
W. v.: Friedrich Wilhelm Dannreuther.

37256

Wolrad, E., Bertrada. Trauerspiel in 5 Aufzügen. 8. (III, 149 S.) Berlin 883. Freund & Jeckel. n. 2. —

—— **Gedichte aus Arco. 16. (III, 96 S.) Arco 881, Emmert.** *

Wolschak, Theodor: Politische, soziale und kirchliche Verhältnisse der Langobarden nach dem Briefwechsel Gregors I. Diss. Wien, Univ.

Wolschendorff, J.: König Fußball. Sport- u. Weihnachtsmärchen in 7 Bildern mit Gesang u. Tänzen. Kiel. 46 S.

Wolschitz, L. J., Gebühren-Tarif der österreichischen Staats-, Eisenbahn- und Privat-Telegraphen-Anstalten, enthaltend die Bestimmungen und Tarife für den telegraph. Verkehr mit allen europ. und aussereurop. Ländern. Ausg. am 15. April 1881. 8. (41 S. mit 2 Tab.) Wien 881, Hof- und Staatsdruckerei. *

Wolschitz, L. J. [Red.], s. Telegramm, Das.

Wolschitz, L. J., Zusammenstellung der Bestimmungen u. Tarife für die telegraphische Correspondenz der Stationen des deutsch-österreich. Telegraphen-Vereines. Hersg. im Auftrage des deutsch-österreich. Telegraphen-Vereines. Wien 835. Geitler. Imp.-4. (XV, 83 S.) n. 1 ₰ 6 ngr.

Zusammenstellung der Bestimmungen und Tarife für die telegraphische Correspondenz der Vereins-Telegraphen-Station. Herausgegeben im Auftrage des deutsch-österreichischen Telegraphen-Vereins. Redigirt von L. J. Wolschitz, k. k. Concipist. (3 Bde.) 4. Wien, im Februar 1866, Juli 1867 u. 1869.

Wolschner, A., Leitfaden d. Zoologie, s.: Hillmann, R.

Wolscht, E., De Ps. Josephi oratione quae inscribitur περὶ αὐτοκράτορος λογισμοῦ. Diss. 1881. 54 S. 4°. 1.20

Festschrift zur Erinnerung an die vor 50 Jahren geschehene Gründung der Gesellschaft Abendverein zu Rinteln von Dr. E[mil] Wolscht. *Rinteln 1900: C. Bösendahl.* (23 S.) 8° [Umschlagt.] [01. 217 4

Wolsegger, J., Zur Frage des bäuerlichen Erbrechtes. Von einem Tiroler Landmanne. (S.-A.) 8°. Wien 1883.

Die Geschichte eines Soldatenlebens [Story of a Soldier's Life] von Feldmarschall Vct [Garnet Joseph] Wolseley. Autor. Uebers. Bd 1. *Berlin: K. Siegismund 1905.* 8° [F.] [04. 15,11

Wölsickendorf [Schlagwort]

Wölsickendorf, s.: Geologische Karten. Karte (Preussen).

Wolsieffer, P. M., practical instructions in singing for schools and singing classes. Part 1 and 2. — Praktische Sing-Lehre für Schulen und Sing-Classen. 1. und 2. Thl. qu. gr. 4. (76 S.) Philadelphia 850, (Schäfer und Koradi.) *

Wolsieffer, P. M., practical instructions in singing for schools and singing classes. Part. 3. and 4. — Praktische Sing-Lehre für Schulen und Sing-Classen. 3. und 4. Thl. qu. gr. 4. (85 S.) Philadelphia 851, (Schäfer und Koradi.) *

Wólšinski, s.: Duĉman, Handrij.

Wolska, Wenzeline, über die von Ruge beschriebene foetale Vascularisation der Serotina. Inaugural-Dissertation. gr. 8. (16 S.) Bern 888, (Huber und Comp.) *

Wolski, Oesterreichisch oder Kosakisch? s. Hausner.

Wolski, Hugo, a. Graudenz, Referendar am kgl. Amtsgericht zu Briesen: Lex 51 pr. D. ad legem Aquiliam (9,2) und die Unterbrechung des Kausalzusammenhanges im römischen und heutigen Rechte. Graudenz 1907: G. Jalkowski. (VIII, 60 S.) 8°
Erlangen, Jur. Fak., Ref. Oertmann, Diss. v. 24. Juli 1907
[Geb. 26. Dez. 80 Floetenau, Kr. Schwetz; Wohnort: Briesen W.-Pr.; Staatsangeh.: Preußen; Vorbildung: Gymn. Graudenz Reife O. 00; Studium: Berlin 6 S.; Rig. 30. Nov. 06.]

Wolski, Ludw. Das Judikatenbuch d. k. k. Verwaltungsgerichtshofes, enth. sämmtl., von dem genannten Gerichtshofe in Verwaltungsgegenständen ausgesprochenen Rechtsgrundsätze in übersichtlich-organ. Zusammenstellg. gr. 8. (XXII, 453 S.) Wien 884, Manz. * 8 40
Fortsetzg. s. Alter, Rud. Judikatenbuch d. Verwaltungsgerichtshofes.

Wolski, W., Der hydraulische Bohr-Widder. Lemberg, 1905. 36 S. mit 17 Abb.

Wolson, Thomas, s.a. Wilson

Le Maçon démasqué ou le vrai secret des francs-maçons, mis au jour dans toutes ses parties avec sincérité & sans déguisement. [Par Thom. Wolson.] A Berlin, aux depens de la compagnie. 1752. 112 S., 3 Taf., 5 Bl. Noten.
Selten. — Die Tafeln enthalten Gebrauchtum, Noten und Geheimschrift. Vgl. W. 29975.

Wolstadt, Johann Ph., s. Wollstadt.

Wolstein, I. F., Deutschlands Feldbau, nach den neuesten Erfahrungen und Entdeckungen praktischer Landwirthe bereichert und bearbeitet; herausg. von J. V. Sickler. (Th. 5. von Sicklers Deutscher Landwirthschaft.) Erfurt 1805. 8.

Wolstein, Jh. Fr., die Kunst ohne Anleitung Pferde, Rindvieh, Schaafe, Schweine, Ziegen, Hunde u. d. sämmtl. Federvieh, Bienen, Seidenwürmer ꝛc. selbst zu erziehen. Herausg. von J. V. Sickler. 8. Erf. (u. Gotha) 805. Hennings. 16 ℊ (A. u. d. T.: die deutsche Landwirthschaft. 5r Thl. Deutschlands Feldbau. 2r Thl.

Wolstein, Johann Gottlieb

— — Anfangsgründe zur Anatomie der Pferde, s.: Tögl, M. A.

Wolstein, Ritter Jh. Gli., († d. 3. Juli 1820.) Anmerkk. über d. Aderlassen der Menschen u. Thiere. gr. 8. Wien 791. (Hammerich in Alt.) 12 ℊ gr. 8. Braunschw. 796. 2e Aufl. Wien 804. K. Haas. 6 ℊ

Wolstein, Johann Gottlieb: Anmerkungen über das Aderlassen der Menschen und der Thiere. 109 S., gbd.

Wien: typ.Trummer 1791

JB 6.583

Wolstein, Johann Gottlieb: Anmerkungen über die Viehseuchen in Oesterreich, nebst einer Abhandlung gegen das Umbringen der Thiere in Seuchen. 208 S., gbd., 2 Tab.

Wien: typ.v.Kurzbeck 1781

JB 5.875

Wolstein, Johann Gottlieb: Anmerkungen über die Viehseuchen in Österreich, nebst e. Abh. gegen d. Umbringen d. Thiere in Seuchen. 3. Aufl. Wien 1782. 208 S., 1 Taf.
— Neue Aufl. 1796. XII, 147 S., 2 Taf.
— Neue Aufl. 1798. XII, 147 S., 2 Taf.

— Anweisung für die Einwohner der Gegenden, in welchen die Pferde von der jetzt grassirenden Seuche ergriffen werden. 8. Alt. 805. Hammerich. 2 ℊ

— kurze Anweisung zu einer richt. Zucht u. Wartung der Füllen von der Geburt bis zum 4n Jahre; mit e. Vorrede u. Anmerkk. von E. Viborg. Aus d. Französ. u. Dän. von J. A. Markussen. 8. Kopenh. 800. Schubothe. 4 ℊ

— Anweis. wegen der 1805 grassirenden Pferdeseuche. 8. Altona, Hammerich. 805.

— Bemerkk. über die Entstehung u. Verbreitung des Rotzes unter den Pferden, Maulthieren u. Eseln u. über die Entwickelung anderer Seuchen u. Pesten bei Menschen u. Thieren. 8. Hamb. 807. Bohn. (Campe). 4 ℊ

— Bemerkk. u. Erfahrr. über die Bestandtheile u. Kräfte der schleimigen, fetten, öligen, scharfen u. riechenden oder gewürzhaften thierischen Arzneisubstanzen, nebst verschied. Geschichten. 8. Wien 787. v. Mösle. 12 ℊ

Wolstein, J. G. Bemerkungen über die vorzüglichsten Krankheiten, welchen die Kriegspferde am Ende des Feldzuges, besonders nach Beziehung der Winterquartiere, unterworfen sind. Nebst den Ursachen, die dazu Anlass geben und den Anstalten und Hilfsmitteln, die dawider anzuwenden sind. 4. Wien 1794.

Wolstein, Johann Gottlieb: Bruchstück über die Leisten- und Nabelbrüche der Menschen und einiger Arten Thiere. 39 S., gbd.

Wien u.Leipzig: Mößle 1784

JB 3.057

— Bruchstücke über d. Leisten- u. Nabelbrüche d. Menschen u. einiger Arten Thiere. 8. Wien 784. v. Mösle. 8 ℊ Neue Aufl. 8. Marb. 799. Krieger. 2 ℊ

— Bruchstücke üb. wilde, halbwilde, Militair- u. Land-Gestute. 2r Thl. gr. 8. Wien, Blumauer. 786.

— das Buch von innerlichen Krankheiten d. Füllen der Kriegs- u. Bürgerpferde. gr. 8. Wien 787. 3e A. 808. Binz. (Liebeskind in Leipz.) 20 ℊ

Wolstein, Johann Gottlieb: Das Buch von innerlichen Krankheiten der Füllen, der Kriegs- und Bürgerpferde. 359 S., gbd.

Wien: Gräffer 1787

JB 5.878

— Das Buch von innerlichen Krankheiten der Füllen, der Kriegs- und Bürger-Pferde. 2. Auflage. 8. Wien 1798.

— Das Buch von den innerlichen Krankheiten der Füllen, der Kriegs- u. Bürgerpferde. (III.) Wien 808. Binz. M. 2,50

— das Buch von den Seuchen d. Hornviehes, der Schafe u. der Schweine. gr. 8. Wien 791. a. 808. (Liebeskind in Leipz.) 10 ℊ gr. 8. Braunschw. 796. ... gr. 8. Hamb. 800. (A. Campe). 12 ℊ

Wolstein, Johann Gottlieb: Das Buch von den Seuchen und Krankheiten des Hornviehes, der Schaafe und der Schweine für die Einwohner auf dem Lande. 118 S., gbd.

Wien: typ.Trummer 1791

JB 5.880

Wolstein, Johann Gottlieb: Das Buch für Thierärzte im Kriege, über die Verletzungen, die den Pferden durch Waffen zugefügt werden. 246 S., gbd.

Wien: Gräffer 1788

JB 5.879

— Das Buch für Thierärzte im Kriege über die Verletzungen die den Pferden durch Waffen zugefügt werden. Mit Kpf. gr. 8. Wien 1788 a. 1798. (Schaumburg.) 2. Aufl. gr. 8. Braunschweig: Schulbuchh. 1797.

[Das Buch für Thierärzte im Kriege über die Verletzungen, die den Pferden durch Waffen zugefügt werden. Lat.:] Tractatus de vulnerationibus equorum, per arma inflictis, pro veterinariis belli tempore, ab Joanne Theophilo Wolstein. Ed.2., multis add. et 2 novis capitibus aucta, ex idiomate germanico in lat. versa a Georgio de Högelmüller. Vindobonae: In Libraria Camesiniana 1803. IV [vielm.VI], 194 S. 8°

— d. Buch von Viehseuchen, nebst Anmerkk. über d. Viehseuchen in Oesterreich u. über d. Umbringen der Thiere in Seuchen. gr. 8. Wien 781. N. A. 811. (Heubner). 16 ℊ

— das Buch v. Viehseuchen, nebst Anmerk. üb. d. Viehseuchen in Oesterreich u. üb. das Umbringen der Thiere in Seuchen. gr. 8. Wien, Camesina. 804.

Wolstein, Johann Gottlieb: Das Buch von Viehseuchen für Bauern. 72 S., gbd.

Wien: v.Kurzbek 1783

JB 5.876

— dBuch von der Viehseuche für Bauern. gr. 8. Preßb. 789. Lpz. 3 gr Daff. 8. Augsb. 797. (Schaumburg in Wien.) 5 gr

— Laff. 8. Ulm 796. Stettin. 3 gr

Wolstein, Johann Gottlieb: Die Bücher der Wundarzney für Thiere. Bd 1, 240 S., gbd.

Wien: typ.Schmidt 1784

JB 5.877

Wolstein, Johann Gottlieb: Die Bücher der Wundarzney der Thiere. 2.verm.und verbess. Aufl. 320 S., gbd., Abb.

Wien: typ.Seizer 1793

JB 6.681

— de (5) Bücher der Wundarzneikunst d. Thiere. gr. 8. Wien 784. N. A. 793. a. 796—99. (Hammerich in Altona.) 1 ₰ 8 gr

— ie Bücher d. Wundarzeneykunst der Thiere. gr. 8. Hamburg, Campe. 799.

s. M. Fugger, über die Zucht u. Wartung der Kriegs- und Bürgerpferde.

– Lehrbuch der Pferdekenntnis, oder vollständiger Unterricht von den Schönheiten und Fehlern dieser Tiere, von den Kennzeichen des Alters, irer verschiedenen Anwendbarkeit zum Dienste etc. Nebst der genauen Anzeige ihrer Krankheiten. Leipzig 790.

Wolstein, Johann Gottlieb: Über die Leisten- und Nabelbrüche der Menschen und Thiere. Neue Aufl. Wien u. Leipzig 1799. 32 S.

s. vom Menschen.

Von den Menschen, von ihren Arten und von ihrer Zucht nebst den Grundursachen der Neigungen u. Abneigungen zwischen dem Manne u. dem Weibe (von *Johann Gottlieb v. Wolstein*). Leipzig (Wien), J. G. Mössle, 1784. 12°. (2 fl. Gilhofer & Ranschburg, 1899.)
Das Anon.-Lex. IV. p. 343 hat (nach Meusel u. Will) „Wien 1785. 1814".

VON den Menſchen, von ihren Arten und von ihrer Zucht nebſt den Grundurſachen der Neigungen und Abneigungen zwiſchen dem Manne und dem Weibe. Leipzig, bei Joh. G. Mößle (1784). 12°.
[Verfaſſer: J. G. v. Wolſtein.]

— der das Paaren u. Verpaaren d. Menschen u. Thiere. 8. Alt. 84. Hammerich. 10 gr (N. Titel: das Buch vom Menschen.)

Wolstein, J. G., üb. das Paaren u. Verpaaren d. Menschen u. Thiere. 8. Altona, Hammerich. 815.

Wolstein, Joh. Gtli., üb. d. Paaren u. Verpaaren d. Menschen u. d. Thiere, nebst e. Abhandl. üb. d. Folgen u. Krankheiten, die aus d. Verpaarung entstehen. 3. Aufl. 12. (5½ B.) Altona 86, Hammerich. Thlr.

– s. Tögl, Anfangsgründe.

— Unterricht f. Fahnenschmiede üb. d. Verletzungen, die den Pferden durch Waffen zugefügt worden. 1r Thl. gr. 8. Wien, Kurzbock. 779.

— Unterricht für Fahnenschmiede über die Verletzungen, die den Pferden durch Waffen zugefügt werden. 1r Thl. gr. 8. Wien 779. 3e A. 796. Kurzbeck. 12 gr 2r Thl. Bruchstücke über wilde, halbwilde, militair. u. Landgestüte. gr. 8. Ebd. 786. Blumauer. 14 gr

Wolstein, Johann Gottlieb: Unterricht für Fahnenschmiede, über die Verletzungen, die den Pferden durch Waffen zugefüget werden. Neue Aufl. 148 S., gbd.

Wien: Camesina 1796

JB 5.881

— über das Verhalten der Kriegspferde in Winterquartiren nach schweren Sommer- u. Herbst-Campagnen. gr. 4. Wien 792.

Wolstein, J. Üb. d. Verletzungen, d. d. Pferden durch Waffen zugefügt werden. 2. Aufl. Braunschweig 1797.

Wolstein, Johann Theophil: Tractatus de vulnerationibus equorum per arma inflictis pro veterinariis belli tempore. 2. ed. . . . ex idiomate germanico in latinum versa a Georgio equite de Högelmüller. Vindobonae 1802. VI, 194 S.

— tractatus de vulnerationibus equorum per arma inflictis pro veterinariis belli tempore; auct. et ex idiomate germanico in latinum vers. ab G. S. T. R. de Högelmüller. Cum 2 fig. 8maj. Wien ... Ed. II. 803. (Heubner.) 18 gr

— u. Mar. Fugger, üb. die Zucht u. Wartung d. Kriegs- u. Bürgerpferde. gr. 8. Ebend. 800.

Wolstonecraft, Mary, s. Wollstonecraft.

Woltag, Wilhelm

Woltag, W., eine Sommerfahrt in den Tropenwinter. Deutsch- u. Britisch-Ostafrika Juni bis Aug. 1908. (124 S.) 8. Königsberg (909). Riesemann & Lintaler. 2.—

Woltair, Johann Christian, s. Woltaer.

Woltaer, Johann Christian

— Ausführung der Schuldigkeit d. akadem. Rechtslehrer an d. Verfall der ächten Rechtsgelehrsamkeit. 8. Halle 789.

Woltaer, Johann Christian [Praes.], s. Berendes, Johann Friedrich: De feudo alienabili occas. II. feud. 26. § 23 et II. feud. 48.

Woltair, Joh. Chr., allgem. jurist. Bibliothek. 3 Thle. 8. Hamburg, Vollmer. 793—94. (I. u. II. à 7 gr. II. 10 gr.)

Woltair, Jh. Chr., († d. 22. Juni 1815.) allgemeine Hallische jurist. Bibliothek. 3 Thle. 8. Thorn 793, 94. (Hamb., Herold jun.) 1 ₰

Woltair, Jh. Chr., commentarii juris Justinianei novissimi ex ipsis fontibus deducti. Tom. I. 8maj. Halle 796. Schwetschke u. S. 2 ℞ 16 ℊ

Woltaer, Johann Christian [Praes.], s. Dickow, Friedrich Wilhelm August: Flores ad jus querelae de inofficioso testamento sparsos.

— **Einleitung z. allgemein. preuß. Landrecht. 1r Th. gr. 8. Halle, Curt. 796.**

— **Einleitung zum allgem. preuß. Landrecht. 1r Thl. gr. 8. Halle 796. (Laue in Berl.) 21 ℊ**

— **Exercitationes academicae varii argumenti; fasciculus de a. 1772—83. VI Dissertt. continens, cum indice. 4. Halle 783. Schwetschke u. S. 6 ℊ**

Woltaer, Joh. Chr.: De feudis Marchicis allodificatis censuali qualitati haud obnoxiis. [Progr.] Halae 1782.

Woltaer, Johann Christian [Praes.], s. Friccius, Karl Friedrich: De jure poenarum criminis graviditatis celatae et parturitionis clandestinae dubio.

Woltaer, Johann Christian [Praes.], s. Gründler, Karl August: De fidejussore fidejussoris, nec non de differentiis inter fidejussorem succedaneum et indemnitatis.

— Grundsätze d. Rechtsgelehrsamkeit für diejenigen, welche nicht Juristen sind. gr. 8. Halle 785. Schwetschke u. S. 1 ℞

Woltaer, I. C. (Präs.), s. Hagen, Wilhelm Philipp August von (Resp.): De jurisjurandi justo pravoque usu.

s. Heineccii elementa juris.

s. J. A. Hommel Anleitung.

Woltaer, Joh. Chr.: Kriminalrecht. Nach Meister's principiis iuris criminalis vorgetragen. Kollegienheft. Halle 1804.

s. K. A. Möller, primae lineae.

— **observationum quae ad jus civile et Brandenburg. pertinent, Fasc. I. II. 8maj. Halle 777—79. Schwetschke u. S. (à 12 ℊ) 1 ℞**

s. A. L. K. Schmidt, principia.

Woltaer, Johann Christian [Praes.], s. Stelzer, Christ. Julius Ludwig: De furibus armatis.

Woltaer, Johann Christian A. S. 173/25

Dissertatio inauguralis iuris feudalis de successione agnatorum in feudo paterno legitma lineali, non graduali nec mixta.
Halle (Grunert) III. 1772. 38 S. 37257

Woltaer, Johann Christian [Praes.], s. Volcmar, Friedrich Nathanael: De condictionum indole atque natura.

Woltema, Aug., 3 Predigten, ächten Religionsverehrern u. Vaterlandsfreunden gewidmet. 8. Berl. ... Mittler. 4 ℊ

Wolter, Charlotte, in ihren Glanzrollen, dargest. in 40 Bild. nach Photographien v. Székely. Hrsg. v. Emil M. Engel. gr. 8. (3 S. Text.) Wien 897. E. M. Engel. Geb. in Leinw. 5.—

Wolter's, Charlotte, Künstlerlaufbahn, s. Ehrenfeld, M.

Wolter

— Das Taxverfahren. Berater f. Abschätzg., Rentabilitätsberechng., Kauf u. Beleihg. v. Grundstücken in alphabet. Reihenfolge. Vollständig neue Bearbeitg. (4. Aufl. v. Unverdrossen, das Taxverfahren). (97 S. m. Abbildgn. u. 1 Taf.) gr. 8. Lübeck (910). Ch. Coleman. 3.—; geb. in Leinw. 3. 50

Wolter, Albert, a. Templin in der Mark: Untersuchungen am Metacarpus von Lauf- und Schrittpferden, besonders auf Biegefestigkeit. Mit 34 Abbildgn im Text. Merseburg 1907: Fr. Stollberg. (85 S.) 8°
Jena, Phil. Fak., Ref. Nathusius, Diss. v. 22. Mai 1907
[Geb. 22. März 66 Templin; Wohnort: Groß-Salze; Staatsangeh.: Preußen; Vorbildung: Lehrerseminar Oranienburg Reife M. 86; Studium: Jena 6 S.; Rig. 26. Juli 06.]

Wolter, Anton. (geb. Bonn 29. 9. 1836): De tracheotomia. Berolini (1862). (32 S.) 8°
Berlin, Med. Diss. v. 8. Juli 1862

Wolter, (Carolus Johannes) Arminius (*geb. Breslau 22. 8. 1831*): De tumoribus uteri fibrosis. Vratislaviae (1853). (36 S.) 8°
Breslau, Med. Diss. v. 3 Nov. 1853

Wolter, A., Aussprüche bewährter Pädagogen üb. die Behandlung der verschiedenen Unterrichtsdisciplinen. gr. 8. (XIV, 418 S.) Gütersloh 883. Bertelsmann. n. 5.—

Wolter, A., kleine Bibelkunde. E. Hülfsbuch f. Lehrer, Seminaristen u. Präparanden. gr. 8. (VI, 75 S.) Gotha 896. G. Schloeßmann. n. — 80

— **einfache u. doppelte Buchführung durch Selbst-Unterricht. Enth.: Einf., dopp. u. amerikan. Buchführg. in überaus einf., leichtfaßl. Darstellg. Mit Anh.: Die Fabrikbuchführg. 8. (80 S. m. 2 Formularen.) Berlin 896. Braunschweig, Fr. Euler's Verl. n. 1.—**

Wolter, A., einfache u. doppelte Buchführung durch Selbst-Unterricht. Enth.: Einfache, doppelte u. amerikan. Buchführg. in überaus einfacher, klarer, leichtfaßl. Darstellg., f. Selbstbelehrg. u. Selbstunterricht bestimmt. Mit Anh.: Die Fabrikbuchführg. 14. Aufl. (80 S. m. 2 Taf.) 8. Berlin 910. F. Euler. 1.—

— **Buchführung u. Korrespondenz f. Hauswirtschaft u. Gewerbebetrieb. Ein Hülfsbuch f. den Unterricht in Volks- u. Fortbildungsschulen, sowie z. Selbstunterr. f. jedermann. gr. 8. (IV, 103 S.) Düsseldorf 896. L. Schwann. n. 1. 20**

—— Kaiser Friedrich III. Ein Lebensbild des kaiserl. Dulders. Für das deutsche Volk und die deutsche Jugend bearb. 8. (88 S. mit Portr.) Wittenberg 888, Herrosé Verlag. *

— Führer in die Feldmeß- u. Nivellierkunst. Zum Gebrauch in landwirtschaftl. u. ähnlichen Lehranstalten, sowie zum Selbstunterricht. Mit 47 Fig. u. e. Situationsplan in Farbendr. 8. (64 S.) Oranienburg 883. Freyhoff. cart. n. 1. 60

—— Führer in die Feldmeß- u. Nivellierkunst. Zum Gebrauch in landwirtschaftl. u. ähnl. Lehranstalten, sowie zum Selbstunterricht. Bevorwortet von Frhrn. v. Canstein. Mit 50 Fig. u. e. Situationsplan in Farbendr. 2. neubearb. Aufl. 8. (95 S.) Oranienburg 889, Freyhoff. cart. * 1 60

Woter, A., Führer in die Feldmeß- u. Nivellierkunst. Zum Gebrauch in landwirthschaftl. u. ähnl. Lehranstalten, sowie zum Selbstunterricht. Bevorwortet von Frhr. v. Canstein. 3. neubearb. Aufl., durchgesehen u. teilweise ergänzt v. C. Gieseler. Mit 56 Fig. u. 1 Situationsplan in Farbendr. 8. (112 S.) Berlin 902. E. Freyhoff. Geb. in Leinw. n. 1. 80

Woter, A., die Geschichte des Reiches Gottes. Ausgewählte Historien, f. Schüler im 1.—4. Schuljahre an der Hand der hl. Schrift erzählt. Ausg. A. 8. (VI, 9 S.) Berlin 894. G. Nauck. Geb. n.n. — 50

— dasselbe. Für mehrklass. Schulen u. f. Präparandenanstalten. Ausg. B. 8. (XI, 296 S.) Ebd. 894. Geb. n.n 1. —

— dasselbe. Begleitwort. 8. (VIII S.) Ebd. 894. Kostenlos.

— Grundriß d. Kirchengeschichte f. Schulen, Seminare u. Präparandenanstalten. gr. 8. (VI, 104 S.) Halle 896. R. Mühlmanns Verlag. n. — 90

— vaterländische Helden u. Ehrentage im Spiegel deutscher Dichtg. E. Sammlg. v. Gedichten f. Schulen, Präparandenanst. u. Seminare zur Verwertg. im Geschichtsunterricht u. bei patriot. Festen. gr. 8. (XVI, 110 S.) Berlin 898. E. S. Mittler & Sohn. Kart. n. 1. 60

—— Hülfsbuch für die Präparation zur zweiten Prüfung der Volksschullehrer. Nach den besten Lehrbüchern übersichtlich zusammengestellt. 2 Tle. 8. Ebendas. 881. *

Inhalt:
1. 1. Religion, Deutsch, Rechnen, Pädagogik. (204 S.) * ℳ 3.
- 2. Gesang, Zeichnen, Naturbeschreibung, Naturlehre, Geschichte, Geographie, Raumlehre. (71 S.) * ℳ 1.

—— dass. — 2 verb. und verm. Aufl. 8. (311 S.) Ebendas. 882. *

—— Hülfsbuch für die Präparation zur zweiten Prüfung der Volksschullehrer. Nach den besten Lehrbüchern übersichtlich zusammengestellt. 3. verb. und verm. Aufl. 8. (312 S.) Gütersloh 885, Bertelsmann. *

— Hülfsbuch f. die Präparation zur zweiten Prüfung der Volksschullehrer. Nach den besten Lehrbüchern übersichtlich zusammengestellt. 4., zum Tl. völlig umgearb. u verm. Aufl. 8. (334 S.) Gütersloh 892. C. Bertelsmann. n. 4. —; geb. n. 4. 50

— Jesus Christus. E. Lebensbild, nach d. vier Evangelien zusammengest. M. 4 Karten in Farbendr. gr. 8. (49 S.) Gera 896. Th. Hofmann. n. 1. 20; geb. n.n. 1. 60

— das Land Kanaan. E. Wanderg. durch dasselbe an d. Hand d. bibl. Geschichte. Als Beigabe zu den bibl. Historienbüchern bearb. 2. Aufl. 8. (32 S.) Halle 897. R. Mühlmann's Verl. n. — 15

— der geschulte Kaufmann. E. Comptoirhandbuch z. Selbstbelehrg. in allen kaufmänn. Fächern. Enth.: Buchführung. Handelskorrespondenz. Kaufmänn. Rechnen. Kaufmänn. Gesetzeskunde. Schnell- u. Schönschreibschule. Briefsteller u. Ratgeber f. Stellesuchende. 8. (IV, 80; 128, 112, 47, 159 u. VIII, 120 S. m. Fig. u. 2 Formularen.) Berlin 897. Aug. Schultze's Verl. Kart. n. 4. —; geb. in Leinw. n. 5. —

— dasselbe. 8. (VII, 80 S. m. 2 Formularen; 128, 112, 4; VIII, 120 u. 72 S.) Ebd. 898. 3. —; kart. n. 3. 50

— Der geschulte Kaufmann. Ein Handbuch zur Selbstbelehrg. 12. Aufl. (VII, 80 S. m. 2 Formularen; 128, 47, 159, 64 u. 88 S.) 8. Berlin 907. Aug. Schultze, Verl. 3.—; kart. 3. 50

—— Lebensbilder und Charakterzüge der Hohenzollerschen Fürsten seit dem dreißigjährigen Kriege. Stoff für den Geschichtsunterricht in der Mittelklasse der preuß. Volksschule. 8. (198 S.) Ebendas. 882. *

— Lehrbuch der vereinfachten Stenographie. Einigungs-System—Stolze-Schrey. Für Schul- u. Selbstunterricht bearb. 23. Aufl. (64 S.) 8. Berlin 910. F. Euler. 1. —

—— Lernstoffe für evangel. Kinder der mehrklassigen Volksschule. Enth. das Wissenswerte aus der Religion, der deutschen Sprachlehre, der Geschichte, der Geographie, der Naturkunde und der Raumlehre. 8. (75 S.) Potsdam 887, Stein. *

—— Dr. Martin Luther. Eine Festgabe zum 400jähr. Geburtstage des großen Reformators. Dem deutschen evangel. Volke gewidmet. 12. (64 S.) Oranienburg 883, Freyhoff's Buchh. *

— Melanchthon-Büchlein. Eine Festgabe f. evang. Deutsche. 1.—4. Taus. 8. (64 S. m. Abb.) Barmen 897. D. B. Wiemann. — 30

—— das Mittelschul- und Rektoratsexamen. Ein Wegweiser durch die Vorarbeiten für diese Prüfungen. 8. (III, 143 S.) Gütersloh 888, Bertelsmann. *

— das Mittelschul- u. Rektoratsexamen. Ein Wegweiser durch die Vorarbeiten f. die Prüfgn. 2. verb. Aufl. 8. (IV, 181 S.) Gütersloh 899. C. Bertelsmann. n. 2. 40; geb. n. 3. —

— unser Moltke. Ein Lebensbild d. großen Schlachtendenkers. Für die deutsche Jugend u. das deutsche Volk bearb. 1.—10. Tausend. 8. (77 S. m. Abbildgn.) Leipzig 890. Levien. n. — 40

Wolter, Aug., die Neuerungen auf dem Gebiete der Tonverhältnisse, Tonbenennungen und Tonschriften zur Erzielung der Klangeinheit. Eine Studie. [Mit einer lithogr. Beilage.] gr. 8. (36 S.) Bamberg 880, Hepple'sche Buchh. *

— die Rechte u. Pflichten d. Handlungs-Gehilfen, Prokuristen, Handlungsbevollmächt., Handlungslehrlinge nach d. neuen Handelsgesetzbuch giltig v 1. I. 1898 ab. M. Anh.: Rechte u. Pflichten d. Gewerbe-Gehilfen, Gewerbe-Lehrlinge u. Arbeiter. 8. (16 u. 24 S.) Berlin 898. Braunschweig, Friedr. Euler's Verl. n. — 50

— die Sage u. d. Volkslied, s. a. Festspiele f. Schulen, Pensionate u. Vereine. Nr. 6.

Die Sage und das Volkslied. Lebende Bilder mit verbind. Worten u. Gesängen von A[ugust] Wolter. *Berlin: E. Bloch (1896).* (20 S.) 8° [F.] = Festspiele f. Schulen, Pensionate u. Vereine. No 6.

— Sedan-Gedenkbuch 1870—1895. Eine Jubiläums-Gabe f. d. deutsche Volk. M. 2 Illustr.-Taf. 1.—100. Taus. gr. 8. (80 S.) Berlin 895. P. Kittel. — 30

— das Spiel im Freien, s. a. Hesse's, M., Lehrer-Bibliothek.

Wolter, A.: Das Spiel im Freien. Eine Anl. zur Ausführung der beliebtesten Jugendspiele. Leipzig 1886. 124 S.

— das Spiel im Hause, s. a. Hesse's M., Lehrer-Bibliothek.

Wolter, A.: Das Spiel im Hause. Eine Anl. für Eltern u. Erzieher in der Beaufsichtigung u. Leitung der im Zimmer spielenden Jugend. Leipzig 1880. 150 S.

— vereinfachte Stenographie, Einheits-System — Stolze-Schrey. Für Schul- u. Selbstunterricht bearb. 8. (72 S.) Berlin 898. Braunschweig, Friedr. Euler's Verl. n. 1. —

Wolter, A.: Vereinfachte Stenographie. Einheits-System – Stolze-Schrey. F. Schul- u. Selbstunterr, bearb. v. –. Berlin: A. Schultze 1898. (72 S.) 1 Bd 8°

—— die Taktschreibmethode. Ein Beitrag zur Beförderung des Schreibunterrichts. 8. (IV, 43 S.) Langensalza 885, Schulbuchhandlung. cart.

— pädagogisches Vademekum. Eine Nachweisg. gediegener pädagog. Aufsätze u. Broschüren. 8. (VIII, 123 S.) Ebd. 892. n. 1. 50; geb. n. 2. —

—— Verfügungen der königl. Regierungen zu Potsdam und Frankfurt a. O., betr. das Volksschulwesen in den bezügl. Regierungsbezirken. Zugleich eine Sammlung der wichtigsten Ministerial-Erlasse. Zusammengestellt und hrsg. gr. 8. (284 S.) Potsdam 887, Stein. *M 2.—.; geb. *

— Verfügungen d. kgl. Regierg. zu Potsdam, betr. d. Volksschulwesen. Zugl. e. Sammlg. d. wichtigsten Ministerial-Erlasse. 2., vervollst. u. bis auf d. Gegenwart fortges. Aufl. 12. (XXXI, 846 S.) Potsdam 897. A. Stein. n. 5. —; geb. in Leinw. n. 6. —

—— E. Lemcke und W. Lahn, Volksschul-Lesebuch. 1. Tl. der Ausgaben A und B. gr. 8. (VI, 138 S.) Hannover 885, Helwing's Verlag. *

—— —— —— dass. — Ausg. A. In 3 Tln. 2. und 3. Tl. gr. 8. Ebendas. 885. [2. Tl. (VII, 284 S.) **M 1.—.; 3. Tl. (VIII, 496 S.) **M 1.30.] **

—— —— —— dass. — Ausg. B. In 2 Tln. 2. Tl. gr. 8. (VIII, 436 S.) Ebendas. 885. **

— Vorbereitungen f. die Behandlung der Kirchenlieder in der evangelischen Volksschule. gr. 8. (107 S.) Bielefeld 893. A. Helmich. n. 1. 60; geb. n. 2. —

Wolter, Aug., Wegweiser für den schriftlichen Verkehr des Lehrers mit seinen vorgesetzten Behörden, s. Hesse's, M., Lehrer-Bibliothek.

—— Kaiser Wilhelm I., der große Kriegs- u. Friedensheld. Ein Lebensbild f. die deutsche Jugend u. das deutsche Volk. 12. (143 S. m. 4 Stahlst.) Stuttg. 889, Schmidt u. Spring. cart. — 75

— Kaiser Wilhelm d. Große als Herrscher, Mensch u. Christ. E. Charakterbild, aus s. Leben geschildt. gr. 8. (IV, 124 S. m. 55 Abb.) Berlin 897. E. S. Mittler & Sohn. n. 1. —; kart. n. 1. 25

— Kaiser Wilhelm II. Festschrift z. 39. Geburtstage u. zugl. z. 10jähr. Regierungs-Jubiläum uns. kaiserl. Herrn. M. 56 Abb. gr. 8. (VI, 74 S.) Ebd. 898. n. — 40

Wolter, Aug., zwei Attentate auf das Leben unsers theuren Kaisers. Ein ernstes Wort zur Sedanfeier für Deutschlands Jugend. 8. (16 S.) Hagen 878, Hammerschmidt.

Wolter, A. Sittlich-religiöse Epistel-Erklärung, s. Nesemann, L.

Wolter, Aug., sittlich-religiöse Evangelien-Erklärung, s. Nesemann, L.

— Frauensorge zur Kriegszeit, s.a. Festspiele f. Schulen, Pensionate u. Vereine, Nr. 7.

Frauensorge zur Kriegszeit. Lebende Bilder mit verbind. Worten u. Gesängen von A[ugust] Wolter. *Berlin: E. Bloch (1896).* (18 S.) 8° [F.]
= Festspiele f. Schulen, Pensionate u. Vereine. No 7. [01. 9963

Wolter, C., kleine Farbenlehre für Schule und Haus, nebst Anweisung, wie man Kinder im Hause in rechter Art und Weise mit dem Farbkasten zu beschäftigen hat. gr. 8. (VIII, 68 S.) Ludwigslust 878, Hinstorff'sche Verlagsh. *

—— 64 Farbentafeln zu: Kleine Farbenlehre für Schule und Haus. 16. Ebendas. 878. *

Wolter, C., Korea, einst u. jetzt. gr. 8. (15 S.) Hamburg (902). L. Friederichsen & Co. n. 1. —
Sonderabdr. a.: „Mitth. d. geograph. Gesellsch. in Hamburg".

Wolter, Carl August, s. Wolter, Karl August

Wolter, Clara, s. Wolter, Klara

Wolter, (Theod.) Eduard. (geb. Berlin 31. 10. 1828): De encephalomalacia. Berolini (1852). (31 S.) 8°
Berlin, Med. Diss. v. 10. Jan. 1852

Wolter, Emil: Untersuchungen zum St. Galler Spiel vom Leben Jesu. Teildr. Marburg a. L.: (Breslau: Marcus) 1910. XII, 64 S. 8° ¶ (Ersch. vollst. in: Germanist. Abhandlungen.)
Marburg, Phil. Diss. v. 14. Juni 1910, Ref. Vogt
[Geb. 9. Juli 86 Hannover; Wohnort: Posen; Staatsangeh.: Preußen; Vorbildung: Oberrealsch. I Hannover Reife O. 00, Erg. Realgymn. Hannover O. 07; Studium: Göttingen 2, Marburg 8 S.; Rig. 24. Febr. 09.] [U 10. 3407

Nachdr. = Z. A 9969 [41]

Wolter, Eug., Frankreich. Geschichte, Land u. Leute. Ein Lese- u. Realienbuch f. den französ. Unterricht. (In 2 Tln.) 1. Tl.: Histoire et biographies. Mit 3 Plänen u. 2 (farb.) Karten. gr. 8. (VIII, 227 S.) Berlin 894. R. Gaertner. n. 2. 60; geb. n.n. 3. —

Wolter, Eug., Frankreich. Geschichte, Land u. Leute. Ein Lese- u. Realienbuch f. d. französ. Unterricht. 2 Tle. gr. 8. Berlin 895. R. Gaertner. n. 4. —; Einbde. n.n. — 70
1. Histoire et biographies. (VIII, 225 S. m. 2 Tab., 3 Plänen u. 2 Karten.) n. 2. 20; Einbd. — 40
2. La France et les Français. Lectures pratiques. — Correspondance. (V, 206 S. m. 7 Plänen u. 1 Karte.) n. 1. 80; Einbd. n. — 30

– dasselbe. Woerterbuch. 2 Tle. Bearb. v. Verf. gr. 8. (66 u. 73 S.) Ebd. 896. n. 1. 10
1. n. — 50. – 2. n. — 60.

Wolter, Eug., Frankreich. Geschichte, Land u. Leute. Ein Lese- u. Realienbuch f. den französ. Unterricht. 2 Tle. 2. Aufl. gr. 8. Berlin 900. [R. Gaertner.] Weidmann. n. 4. —; geb. n.n. 4. 70
1. Histoire et biographies. Mit 3 Plänen u. 2 Karten. (VIII, 228 S.) n. 2. 20; geb. n.n. 2. 60
2. La France et les Français. Lectures pratiques. — Correspondance. Mit 7 Plänen u. 1 Karte. (VII, 206 S.) n. 1. 80; geb. n.n. 2. 10

Wolter, Eug., Frankreich. Geschichte, Land und Leute. Ein Lese- u. Realienbuch für den französ. Unterricht. (In 2 Tln.) 2. Tl. La France et les Français. Lectures pratiques. — Correspondance. Mit 7 Plänen u. 1 Karte. 3. Aufl. (VII, 206 S.) 8. Berlin 905. Weidmann. Geb. n. 2. 20; Wörterbuch. (78 S.) n. — 80

Wolter, Eug., Frankreich. Geschichte, Land u. Leute. Ein Lese- u. Realienbuch f. den französ. Unterricht. 2 Tle. 8. Berlin, Weidmann. Geb. 5. —
1. Histoire et biographies. Mit 3 in den Text gedr. Plänen u. 2 Karten. 3. verb. Aufl. (VIII, 230 S.) 907. Geb. 2.80; Wörterbuch (72 S.) 907. — 80
2. La France et les Français. Lectures pratiques. — Correspondance. Mit 7 Plänen u. 1 Karte. 4. Aufl. (VII, 206 S.) 909. Geb. 2. 20

Wolter, Eug., ein Französisch in Laut u. Schrift. Lehrbuch für höhere Schulen. 1. Tl. Mit 1 Münztaf. Nebst Wörterverzeichnis. (XVI, II, 288 u. 68 S.) 8. Berlin 910. Weidmann. Geb. in Leinw. 3.—

Wolter, E., der Judenknabe, s.: Bibliotheca normannica.

Wolter, Eugenius: Die Legende vom Judenknaben. Halis Saxonum 1879: Karras. 31 S. 8°
Halle-Wittenberg, Phil. Diss. v. [12. Sept.] 1879
Geb. Berlin 11. 2. 1855. V.
Ersch. vollst. im Buchhandel u. d. T.: Der Judenknabe. 5 griech., 14 latein. u. 8 franz. Texte, hrsg. v. Eug. Wolter. Halle: Niemeyer 1879. 128 S. 8° (Bibliotheca normannica. Bd 2.)

Wolter, Eug., Lehr- und Lesebuch der französischen Sprache. 2 Tle. gr. 8. Berlin, Gaertner's Verlag. [1. Tl. (VIII, 220 S.) 887. *ℳ 1.50.; geb. **ℳ 1.80.; 2. Tl. (X, 510 S.) 889. *ℳ 3.60.; geb. **ℳ 4.—.] *
geb. **

Wolter, Eug. Lehr- u. Lesebuch der französischen Sprache. 1. Tl. 2.—4. Aufl. gr. 8. (VIII, 246 S.) Berl. 889—92, Gaertner. * 1 70; geb. ** 2 —

— Lehr- u. Lesebuch der französischen Sprache. 2 Tle. gr. 8. (X, 420 S.) Ebd. n. 5. 30; geb. in Leinw. 6. —
1. 5., durchgesehene Aufl. (VIII, 246 S.) 893. n. 1. 70; geb. n.n. 2. —
2. 2., verb. Aufl. (X, 420 S.) 895. n. 3. 60; geb. n.n. 4. —

— Lehr- u. Lesebuch d. franz. Sprache. 1. Tl. 7. Aufl. [Unveränd. Abdr. d. 6. Aufl.] gr. 8. (VIII, 246 S.) Ebd. 897. n. 1. 70; Einbd. in Leinw. n.n. — 30

Wolter, Eug., Lehr- u. Lesebuch der französischen Sprache. 1. Tl. 8. Aufl. gr. 8. (VIII, 246 S.) Berlin 899. [R. Gaertner.] Weidmann. n. 1.70; geb. in Leinw. n.n. 2.—

— Lehr- u. Lesebuch der französischen Sprache. I. u. II. Tl. Ebd. Geb. n. 6. 40
I. 10. verb. Aufl. (VIII, 249 S.) 906. n. 2.—
II. 3., verm. u. verb. Aufl. In neuer Rechtschreibg. (XII, 455 S.) 903. n. 4. 40

— Lehr- u. Lesebuch der französischen Sprache. 1. Tl. 11. verb. Aufl. (VIII, 249 S.) 8. Ebd. 910. Geb. in Leinw. 2.—

Wolter, E., s.: Literaturen u. Sprachen, die ost-europäischen u. slawischen.

Wolter, Eugen [Dr.]: Zum französischen Unterricht. Kritische Bemerkgn u. prakt. Erfahrgn. Berlin, R. Gaertner, 1893; 31 S. 4.
Berlin, Erste R, OP 1893 (118)

SCHNUDRIAN, M. Elias Nik. (d. i. *F. Wolter*). — Briefe des Magisters Elias Nik. Schnudrian an seinen Freund Fedor Ismael, den Landtag von Nadelfixhausen betreffend. 2 Hefte. Strassburg (Marx in Karlsruhe) 1822.
Weller fing. Dr. — Selten!

Wolter, Ferd. Albert, Andeutungen üb. d. zeitgemäße Reform evangelischer Kirchengesangbücher. Lex.-8. (2 B.) Magdeburg 842, [Baensch.] *

Wolter, Fd. Alb., Andeutungen über die zeitgemäße Reform evangel. Kirchengesangbücher. Lex.-8. Magdeburg 842, Schmilinsky. n. 1/6 Thlr.

Wolter, F. A., Entwurf einer Gemeinde-Ordnung für den Preuß. Staat, nebst Motiven. 4. (16 S.) Magdeburg 849, Quednow. 1/8 Thlr.

—— Geschichte der Stadt Magdeburg von ihrem Ursprunge bis auf die Gegenwart. gr. 8. (29 B.) Magdeburg 845, [Baensch.]

Wolter, F. A. Geschichte der Stadt Magdeburg von ihrem Ursprung bis auf die Gegenwart. 2. nach den Ergebnissen der neuesten Forschgn. umgearb. Aufl. Lex.-8. (X, 374 S. m. 15 Abbildgn. u. 6 Plänen.) Magdeb. 890, Faber. * 6 —; cart. * 6 50; geb. * 7 50

Wolter, F. A., Geschichte der Stadt Magdeburg von ihrem Ursprung bis auf die Gegenwart. 3. Aufl. Lex.-8. (XI, 336 S. m. Abbildgn. u. 1 farb. Karte.) Magdeburg 901. Faber'sche Buchdr. n. 4. 50; geb. n. 5. —; in Leinw. n. 6. —; Liebhaberausg. n. 8. —; geb. in Halbldr. n. 10.—

Wolter, F. A., zur Geschichte und Verfassung der evangelischen Kirche in Preußen. gr. 8. (V, 103 S.) Berlin 869, F. Lobeck. [Anders.]

Wolter, F. A., Mittheilungen aus der Geschichte der Stadt Burg. Nach den Quellen bearb. gr. 8. (241 S. mit 2 Stnt.) Burg 881, Hopfer. geb. *

Wolter, Mittheilungen über das Gewerbegericht zu Magdeburg aus dem Geschäftsjahr 1850. In amtl. Auftrage hrsg. gr. 8. (45 S.) Magdeburg 851, Baensch.

— Mittheilungen über das Gewerbegericht zu Magdeburg aus dem Geschäftsjahr 1850. In amtlichem Auftrage hrsg. gr. 8. (45 S.) Magdeburg 852, Baensch. n. 1/3 Thlr.

Wolter, F. A., die staatsrechtliche Stellung Magdeburgs u. d. öffentlich-rechtl. Beziehungen zwischen d. Altstadt, d. Neuen Markt u. den Vorstädten, v. geschichtl. Beginne d. Stadt bis zu ihrem Uebergange an d. Haus Hohenzollern. gr. 8. (79 S.) Magdeburg 895. J. Neumann. Geb. in Leinw. n. 2. 50

Wolter, die Vorbildung der höheren Verwaltungsbeamten in Preußen. gr. 8. (19 S.) Berlin 868, Guttentag.

Wolter, Fr.

Wolter, F., kleines Schul-Rechenbuch f. Volksschulen, in Tafeln mit ausgerechneten Exempeln, enthalt. d. 4 Species in gleich- u. ungleich benannten Zahlen. Nebst e. Anh.; nach Silbergroschen berechnet. 2., verm. u. verb. Aufl. (4 B. 8., u. 10 B. qu. 8.) Helmstädt 830, Fleckeisen.

Wolter, Fr. A.

Wolter, F. A., dramat. Kleinigkeiten. gr. 12. (7¾ B.) Basel 832, Schweighauser.
Enth.: Der Priester. Tragödie. — Die Faktionen. Tragödie.

Wolter, Fr., dramat. Kleinigkeiten. (Enth.: Der Priester, Tragödie. — Die Faktionen, Tragödie). gr. 12. Hannov. 832. Hahn. 21 gGr.

Wolter, Fr. A., Lieder. 8. Frankf. a. M. 181.. 2e A. 820.

Wolter, Fr., der Priester. — Die Faktionen. Zwei Tragödien. 2. Ausg. gr. 12. Basel 842, Schweighauser. 5/8 Thlr.

—— Versuch e. Geschichte d. Alterthums d. afrikan. u. asiat. Völker u. Staaten. 2., veränd. Aufl. gr. 8. (34¾ B.) Basel 831, Schweighauser.

—Vorstudien zur Weltgeschichte. 1r Bd. gr. 8. Basel 824. Schweighäuser. 2 ℔ 12 gr

(Wolter, Franz.) Erinnerungen an Giovanni Segantini. [Mit 1 Illustration und 1 Porträt. A.] 4. (München 1900.)

Wolter, Friederike. Stefanie-Kochbuch. Für die bürgerl. u. feine Küche hrsg. 8. (XVI, 255 S.) Berl. 892, Neufeld u. Henius. geb. 3 —

Wolter, Friederike, Stefanie-Kochbuch. F. d. bürgerl. u. feine Küche. 3. Aufl. 8. (XVI, 255 S.) Berlin 896. Neufeld & Henius. Geb. n. 3. —

Wolter, Frdr., d. Auftreten d. Cholera in Hamburg in d. Zeitraume v. 1831—1893 m. besond. Berücksicht. d. Epidemie d. J. 1892. Ein Beitrag zur Epidemiologie d. Cholera. gr. 8. (XVIII, 374 S. m. 2 Kurventaf. u. 3 farb. Karten.) München 898. J. F. Lehmann's Verl. n. 10. —

Wolter, Frdr., s.: Cholera, die, in Hamburg.

Wolter, Frdr., die Entstehungsursachen der Gelsenkirchener Typhusepidemie v. 1901, s.: Emmerich, Rud.

Wolter, Frdr., die Hauptgrundgesetze der epidemiologischen Typhus- u. Choleraforschung in Rücksicht auf die Pettenkofersche u. die Kochsche Auffassung der Typhus- u. Choleragenese, s.a. Jubiläumsschrift zum 50jährigen Gedenken der Begründung der lokalistischen Lehre Max v. Pettenkofers.

Die Hauptgrundgesetze der epidemiologischen Typhus- und Choleraforschung in Rücksicht auf die Pettenkofersche und die Kochsche Auffassung der Typhus- und Choleragenese. Auf Grund e. vergleichend-epidemiolog. Betrachtung e. größeren Reihe von Typhus- u. Choleraepidemien dargelegt von Dr. Friedrich Wolter. München: Lehmann 1910. XII, 337 S. 4°
(Jubiläumsschrift z. 50jähr. Gedenken d. Begründung d. lokalist. Lehre Max v. Pettenkofers. Bd 2.) [10. 11836

Wolter, Friedrich [approb. Arzt aus Altona]: Ueber die functionelle Prognose der Sehnennaht .... Berlin, gedr. bei L. Schumacher, 1888; 2 Bl. + 42 S. 8°
Heidelberg, Med. Fak., Inaug.-Diss. v. [28. Jul.] 1887

Wolter, Friedr. Zur Radikaloperation der Unterleibsbrüche, s. Sammlung klinischer Vorträge.

Wolter, G., Predigt, nach dem Ausbruch der Cholera in dem Filiale Elvese gehalten zu Hillerse. 12. (11 S.) Göttingen 850, Vandenhoeck und Ruprecht. *

Wolter, Gustavus Rudolphus ⟨geb. am 4 Juni 1825 in Bonn⟩: De spatio et tempore ... praecipue Aristotelis ratione habita ... Bonnae, form. C. Georgii 1848. 2 Bl., 80 S., 1 Bl. 8.
Bonn, Phil. Fak., Diss. v. 20 Dez. 1848

Wolter, H., die Beamtin. Rathgeber f. weibl. Personen, welche sich dem Reichs- od. Staatsdienste widmen wollen. 12. (81 S.) Charlottenburg (900) (Berlin, Berolina-Versand-Buchh.) 1. —

Wolter, Hans: Die Post im Dienste des nationalen Zahlungs- und Kreditverkehrs. Erlangen 1910: Junge. VII, 111 S. 8°
Erlangen, Phil. Diss. v. 15. April 1910, Ref. v. Eheberg
[Geb. 18. März 86 Seelow i. M.; Wohnort: Berlin; Staatsangeh.: Preußen; Vorbildung: Gymn. Königsberg i. N. Reife O. 04; Studium: Berlin 5, Halle 2 S.; Rig. 28. Febr. 10.] [U 10. 916

Wolter, Herm., Alarich. Schauspiel in 5 Aufzügen u. 1 Nachspiel. (67 S.) 8. Leipzig-Gohlis (910). Raschwitz b. Leipzig, B. Volger. 1. 50

Wolter, Hermann [app. Arzt aus Schleswig]: Ein Fall von chronischer Pyaemie ... Kiel, Druck v. L. Handorff, 1892; 21 S., 1 Bl., 1 Taf. 8.
Kiel, Med. Fak., Inaug.-Diss. v. [8. Apr.] 1892

Wolter, Hermann ⟨geb. am 21 Jan. 1849 in Bonn⟩: Ueber das Ferrum candens als sog. Derivans ... Bonn, Druck v. C. Georgi (1873). 30 S., 1 Bl. 8.
Bonn, Med. Fak., Diss. v. 3 Apr. 1873

Wolter, Hermann, approb. Arzt aus Königsberg O. Pr.: Aus d. Ambulatorium d. Herrn Privatdoc. Dr. P. Gerber, Königsberg O. Pr. Ueber den Krebs der Nasenhöhle. *Leipzig 1900: B. Georgi.* (69 S.) 8°
Leipzig, Med. Diss. v. (8. Dez.) 1900

Herm(annus) Joseph(us) Wolter: De Incubo. Berolini (1827:) Petsch. 22 S. 8°
Berlin, Med. Diss. v. 3. Sept. 1827

Wolter, J., das Ganze d. Taubenzucht u. Pflege. E. populäre prakt. Anleitg. f. d. Freunde d. Haustaube. M. vielen Abb. 12. (92 S.) Mülheim a/d. R. 897. J. Bagel. 1. —

Wolter, J., das Ganze der Taubenzucht u. Pflege. Eine populäre prakt. Anleitg. f. die Freunde der Haustaube. (2. [Umschlag-]Aufl.) 12. (92 S. m. Abb.) Mülheim a/d. R. (900). J. Bagel. 1. —; erm. Pr. — 75

Wolter, J. W., s. *Herbarium* pharmaceuticum.

v. Wolter, Jh. Ant., († d. ... 1787.) Analysis d. Dietzenbacher Gesundbrunnens in der Herrsch. Wiesensteig in Schwaben. 8. Deggingen 755. Kolb.

— gründl. Bericht von d. Dietzenbacher Gesundbrunnen in d. Herrschaft Wiesensteig in Schwaben. 8. Ulm 755.

— s. Bevölkerung, Rußlands.

— Nachricht von dem Torf. Münch., (G. Franz). 2 gr

— oratio de utilitate artis Chemiae ad rem publicam. 4. Münch. 764.

— Ordnung über die militärischen Hospitäler u. Krankenhäuser, u. die Kost u. Verpflegung der Kranken, nebst d. Apothekertaxe. Fol. Augsb. 755.

— Pharmacopoea militaris, oder wohleingerichtete Apotheke für die Soldatenspitäler. 8. Frankf. a. M. 759. Garve. 5 gr

— de pharmacopoea militaris in Bataviae nosocomiis usitata. 8. Paris 754.

— Pharmacopoea theoretico-practica ad usum Nosocomiorum Militum. 8. Münch. 754. Vötter. — Ins Deutsche übers. von Dr. Schaur unt. d. T.: Apotheke für d. Soldatenspitäler. 8. Ebd. 754.

Wolter, Jh. Cph., kurze, faßl. u. method. Anleitung zur Bestellung eines Küchengartens. 8. Mitau 805. (84 S.)

Johannes Guilielmus Wolter: Descriptio tumoris durae matris, cujus substantia cerebro non dissimilis erat. Duisburgi (1817:) Krämer. 17 S. 8°
Duisburg, Med. Diss. v. 26. Aug. 1817

Wolter, Joseph, Assistenz-Arzt am Augusta-Hospital Cöln: Das Fieber bei Cholelithiasis. (Köln 1907:) Kölner Verlagsanstalt & Druckerei. (30 S.) 8°
Bonn, Med. Fak., Ref. Schultze, Diss. v. 7. Febr. 1907
[Geb. 23. Juli 81 Cöln; Wohnort: Cöln; Staatsangeh.: Preußen; Vorbildung: Kaiser-Wilhelms-Gymn. Cöln Reife O. 00; Studium: Bonn 4, Heidelberg 1, Würzburg 1, Bonn 2 S.; Coll. 7. Febr. 07; Approb. 1. Juli 05.]

Volter, Joseph, Kgl. Seminarlehrer: Gustav Friedrich Wilhelm **Grossmann, ein Beitrag zur deutschen Litteratur- und Theatergeschichte des 18. Jahrhunderts.** *Köln 1901: W. Hoster.* (83, C S.) 8°
Bonn, Phil. Diss. v. 10. Juni 1901

Wolter, Karl August

Volter, Carl August, prakt. Arzt, Rudau Ostpreußen: Aus d. Institut f. gerichtl. Medizin zu Königsberg i. Pr. Die Wirkung der Flobertpistole und ihre gerichtsärztliche Bedeutung. Königsberg i. Pr. 1907: O. Kümmel. (37 S.) 8°
Königsberg, Med. Fak., Ref. Lexer, Diss. v. 15. Dez. 1907
[Geb. 10. Nov. 67 Goldbach (Ostpr.); Wohnort: Rudau (Ostpr.); Staatsangeh.: Preußen; Vorbildung: Realgymn. Königsberg i. Pr. Reife O. 87, Erg.-Prüfung Wilhelms-Gymn. Königsberg i. Pr. O. 89; Studium: Königsberg 21 S.; Coll. 12. Dez. 07; Approb. 19. Juli 00.]

Volter, Karl Johannes Armin, s. Wolter, Armin

Volter, Klara

Volter, Clara, die Nähmaschine, ihr Nutzen u. ihre Bedeutung für die Familie u. im Haushalte. Ein Wort des Rathes u. der Belehrung für deutsche Hausfrauen. Berlin 865. Moeser. 8. (47 S. mit eingedr. Holzschn.) 5 ngr.

Volter, Konrad, a. Berlin: Alfred de Musset im Urteile **George Sand's.** Eine kritische Untersuchung über den **historischen** Wert von George Sand's Roman „Elle et **Lui". Marburg 1907.** (XII, 36 S.) 8° ¶(Erscheint vollst. **im Verlage v. Weidmann, Berlin.)**
Marburg, Phil. Fak., Ref. Wechssler, Diss. v. 28. Mai 1907
[Geb. 12. Juni 82 Berlin; Wohnort: Berlin; Staatsangeh.: Preußen; Vorbildung: Ascan. Gymn., Luisenstädt. Gymn., Luisenstädt. Realgymn. Reife O. 02; Studium: Marburg 2, Berlin 2, Marburg 4 S.; Rig. 12. Dez. 06.]

Volter, Konr., Alfred de Musset im Urteile George Sand's. Eine krit. Untersuchg. üb. den histor. Wert v. George Sand's Roman „Elle et Lui". (XII, 80 S.) gr. 8. Berlin 907. Weidmann. 2.40

Wolter, Kurt, gepr. Nahrungsmittelchemiker: Über Cyanbenzylamine und über deren eigentümlichen Verhalten bei einigen ihrer Reaktionen. Erlangen 1908: Junge. 66 S. 8°
Erlangen, Phil. Diss. v. 8. Jan. 1909, Ref. Fischer-Paal
[Geb. 29. Sept. 77 Finsterwalde; Wohnort: Nürnberg; Staatsangeh.: Preußen; Vorbildung: Realgymn. Dessau Reife 95; Studium: München 6, Erlangen 5 S.; Rig. 28. Okt. 08.]

Volter, L., 80 Bibelabschnitte, s. Reiemann, L.

Wolter, Ludwig

Volter, A.: **Bau-Journal.**

Volter, Ludw., Dachkonstruktionen aller Art, Baugerüste, Dachdecker- u. Klempnerarbeiten. Für Selbstunterricht u. Schulgebrauch hrsg. (IV, 47 S. m. 96 Abbildgn.) Lex.-8. Halle 906. L. Hoffstetter, Verl. n. 2.50

– Konstruktions-ABC des Bautechnikers, s.: Sammlung v. Kompendien f. das Studium u. die Praxis. III, 1.

Wolter, Ludwig, a. Frankfurt a. M.: 1. Über die Tetrafluoride des Zirkoniums und Zinns. 2. Über die Einwirkung von Jod auf Phosphorsesquisulfid. 3. Über die Bestimmung des Wolframs im Wolframstahl. (Frankfurt a. M. 1908: Gebr. Knauer.) (55 S.) 8°
Berlin, Phil. Fak., Ref. Gabriel, Diss. v. 4. Juli 1908
[Geb. 6. Juni 81 Frankfurt a. M.; Wohnort: Wilmersdorf; Staatsangeh.: Preußen; Vorbildung: Klinger-Oberrealsch. Frankfurt a. M. Reife M. 99; Studium: Berlin 10 S.; Rig. 20. Juni 07.]

Wolter, M., kurzes Repetitorium der Botanik für Studierende der Medizin, Mathematik und Naturwissenschaften. 1. und 2. Aufl. 8. (120 S. mit 16 Taf. Abbild.) Anklam 888, Wolter. *

Wolter, M. Kurzes Repetitorium der Botanik f. Studierende der Medizin, Mathematik u. Naturwissenschaften. 4. u. 5. Aufl. 8. (120 S. m. 16 lithogr. Taf.) Anklam 890,91, Wolter. * 2 — geb. * 2 50

Wolter, M., kurzes Repetitorium der Botanik f. Studierende der Medizin, Mathematik u. Naturwissenschaften. 7. Aufl. Mit 16 Taf. Abbildgn. 8. (120 S.) Anklam 893. H. Wolter. n. 2. —; geb. n. 2. 50

Wolter, M., kurzes Repetitorium d. Botanik für Studierende d. Medizin, Mathematik u. Naturwissenschaften. 11. Aufl. M. 16 Taf. Abb. 8. (120 S.) Anklam 898. H. Wolter, Verl. n. 2. —; geb. in Leinw. 2. 50

—— kurzes Repetitorium der Zoologie für Studierende der Medizin, Mathematik und Naturwissenschaften. 1. und 2. Aufl. 8. (IV, 77 S. mit 8 Taf.) Ebendas. 887. *

Wolter, M. Kurzes Repetitorium der Zoologie f. Studierende der Medizin, Mathematik und Naturwissenschaften. 3. u. 4. verm. u. verb. Aufl. 8. (IV, 135 S. m. 24 Taf. Abbildgn.) Anklam 890,91, Wolter. * 2 —; geb. * 2 50

— kurzes Repetitorium der Zoologie f. Studierende der Medizin, Mathematik u. Naturwissenschaften. 6., verm. u. verb. Aufl. Mit 24 Taf. Abbildgn. 8. (IV, 135 S.) Ebd. 893. n. 2. —; geb. 2. 50

— dasselbe. 7., verm. u. verb. Aufl. 8. (IV, 135 S. m. 24 Taf.) Ebd. 894. n. 2. —

— kurzes Repetitorium d. Zoologie f. Studierende d. Medizin, Mathematik u. Naturwissenschaften. 10., verm. u. verb. Aufl. M. 24 Taf. Abb. 8. (IV, 135 S.) Ebd. 897. n. 2. —; geb. in Leinw. 2. 50

Wolter, Maurus

Wolter, M., ein Besuch im Buschland, s.: Scharf, A.

Wolter, Maur., O. S. B., s. a. Gertrudenbuch.

Wolter, Maur., Gertrudenbuch oder geistliche Uebungen der heiligen Jungfrau Gertrud der Großen, Äbtissin vom Orden des heiligen Benedikt u. Sammlung täglicher Gebete. Nach dem latein. Orig.-Text. Schaffhausen 864. Hurter. 16. (XLI, 384 S. u. 1 Stahlst.) 12 ngr.

Wolter, Maurus, Gertrudenbuch, oder geistl. Uebungen der heil. Jungfrau Gertrud der Großen vom Orden des heil. Benedikt, und Sammlung tägl. Gebete. Nach dem latein. Originaltext. 2. verb. und verm. Aufl. gr. 16. (XLII, 412 S. mit 1 Stahlst.) Schaffhausen 871, Hurter'sche Buchh. [Regensburg, Manz.]

Wolter, Maur., die römischen Katakomben, s. a. Broschüren-Verein, katholischer.

Wolter, Maurus, Die römischen Katakomben und ihre Bedeutung für die kath. Lehre von der Kirche. Kath. Broschüren-Verein (Frankfurt. Fösser), Jahrg. 4 (1866), Nr. 7.

—— Sein Leben, s. Schott, A.

—— Psallite sapienter. „Psalliret weise!" Erklärung der Psalmen im Geiste des betrachtenden Gebets und der Liturgie. 1.—3. Lfg. gr. 8. Freiburg i. Br., Herder'sche Verlagsh. [1. Lfg. (1. Bd. XV, S. 1—240.) 869. *M. 2,40.; 2. Lfg. (S. 241—603.) 871. *M. 3,60.; 3. Lfg. (2. Bd. S. 1—208.) 873. *M. 2.]

Wolter, Maurus, Psallite sapienter! „Psalliret weise!" Erklärung der Psalmen im Geiste des betrachtenden Gebets und der Liturgie. 4.—6. Lfg. gr. 8. Freiburg i. Br., Herder'sche Verlagsh. [4. Lfg. (2. Bd. S. 209—716.) 876. * *M.* 6.; 5. und 6. Lfg. (3. Bd. 567 S.) 878. * *M.* 6.] *

Wolter, Maurus, Psallite sapienter! [Psalliret weise]. U. O. U. Kurze Betrachtungen zur Morgen-Andacht für Psalmenfreunde und vorzüglich für Mitglieder des „Psalmenbundes", in Auszügen aus den Psalmen-Erklärungen hrsg. von J. M. 16. (VIII, 342 S.) Augsburg 883, Literar. Institut von Dr. M. Huttler.

—— dass. — Erklärung der Psalmen im Geiste des betracht. Gebets und der Liturgie. 4. Bd.: Psalm CI—CXX. [Des ganzen Werkes 7. und 8. Lfg.] gr. 8. (624 S.) Freiburg i. Br. 883, Herder'sche Verlagsh. *

Wolter, Maurus, psallite sapienter! [Psalliret weise!] U. o. u. Kurze Betrachtungen zur Morgen-Andacht für Psalmenfreunde und vorzüglich für Mitglieder des „Psalmenbundes", in Auszügen aus den Psalmen-Erklärungen hrsg. von JM. 2. unveränd. Aufl. 16. (XIII, 300 S.) Augsburg 887, Literar. Institut von Dr. M. Huttler. * *M.* 1.50.; geb. **

Wolter, Maurus, psallite sapienter. „Psalliret weise!" Erklärung der Psalmen im Geiste d. betracht. Gebets u. der Liturgie. 5. (Schluß-)Bd. gr. 8. (515 S.) Freiburg i/Br. 890. Herder. n. 5.—; Einbd. n.n. 2.—
(5 Bde. cplt.: n. 31.—)

Wolter, Maurus. Psallite sapienter. „Psalliret weise!" Erklärg. der Psalmen im Geiste d. betracht. Gebets u. der Liturgie. 1.—4. Bd. 2. Aufl. u. 5. (Schluß-)Bd. gr. 8. Freib. i. Br., Herder. * 31 —
geb. in Hlbfrz. ** 41 —
1. Psalm 1—35. (XVI, 606 S.) 891. * 7 —; geb. ** 9 —.
2. Psalm 36—71. (IV, 702 S.) 891. * 7 —; geb. ** 9 —.
3. Psalm 72—100. (IV, 574 S.) 892. * 6 —; geb. ** 8 —.
4. Psalm 101—120. (IV, 624 S.) 891. * 6 —; geb. ** 8 —.
5. Psalm 121—150. (IV, 515 S.) 890. * 5 —; geb. ** 7 —.

— Psallite sapienter. Psallieret weise! Erklärung der Psalmen im Geiste des betracht. Gebets u. der Liturgie. Dem Klerus u. Volk gewidmet. 3. Aufl. (In 5 Bdn.) 1.—4. Bd. gr. 8. Freiburg i/B., Herder. n. 29.60; geb. in Halbfrz. n. 38.40; auch in Lfgn. à — 90
1. Psalm 1—35. (XX, 614 S.) 904. 7.20; geb. 9.40
2. Psalm 36—71. (V, 710 S.) 905. 8.—; geb. 10.20
3. Psalm 72—100. (V, 574 S.) 906. 7.20; geb. 9.40
4. Psalm 101—120. (V, 624 S.) 906. 7.20; geb. 9.40

— Psallite sapienter. Psallieret weise! Erklärung der Psalmen im Geiste des betracht. Gebets u. der Liturgie. Dem Klerus u. Volk gewidmet. 3. Aufl. 5. (Schluß-)Bd. Psalm 121—150. Mit e. Generalregister üb. alle 5 Bde. (V, 565 S.) gr. 8. Freiburg i/B. 907. Herder. 6.40; geb. in Halbfrz. 8.60

Wolter, Maurus, Der Psalm 100. Fürstenpsalm. Freiburg, Herder, 1878, gr. 8°, 20 S., 50 Pf.

—— der Psalm 100 erklärt. gr. 8. (20 S.) Ebendas. 879. *

— St. Jan u. sein Missionar, s.: Traktate, kleine, aus d. Brüdermission. 35. 36.

Wolter, M., ein Sonntag in Friedensfeld auf St. Croix, s.: Traktate, kleine, aus d. Brüdermission. 35. 36.

Wolter, Max [app. Arzt aus Altona]: Cystische Bruchsäcke ... Leipzig, Druck v. A. Edelmann, *1893;* 32 S. 8.
Leipzig, Med. Fak., Inaug.-Diss. v. 30. Juli 1893

Wolter, Max, a. Finsterwalde: Die Dereliktion des ideellen Anteils eines Miteigentümers. Leipzig 1904: G. Ficker. (57 S.) 8°
Rostock, Jur. Fak., Ref. Matthiass, Diss. v. 2. Jan. 1904
[Geb. 31. März 74 Finsterwalde, Prov. Brandenburg; Wohnort: Finsterwalde; Staatsangeh.: Preußen; Vorbildung: Gymn. Guben Reife M. 95; Studium: München 3, Berlin 4, Rostock 2 S.; Rig. 8. Sept. 04.]

Wolter, Max, Syndikus: Die Frage der Regentschaft in Preussen. Würzburg 1909: Staudenraus. 09 S. 8°
Würzburg, Jur. Diss. v. 30. März 1909, Ref. Piloty
[Geb. 29. Jan. 79 Liegnitz; Wohnort: Berlin; Staatsangeh.: Preußen; Vorbildung: Gymn. Darmstadt Reife O. 98; Studium: Göttingen 1, Leipzig 1, Heidelberg 2, Berlin 2, Würzburg 1 S.; Rig. 2. März 09.] [U 09. 4099

Wolter, Otto, a. Cöthen: Über das Harneisen. Rostock 1909: Adler. 52 S. 8°
Rostock, Med. Diss. v. 5. Dez. 1910, Ref. Kobert
[Geb. 5. Aug. 85 Schönebeck a. E.; Wohnort: Rostock; Staatsangeh.: Preußen; Vorbildung: Gymn. Köthen Reife M. 04; Studium: Halle 2, Rostock 8 S.; Coll. 19. Nov. 09; Approb. 15. Nov. 10.] [U 11. 4134

Wolter, Otto, über das Harneisen. (6 S.) gr. 8. Rostock 910. H. Warkentien. — 40
Sonderabdruck aus: „Sitzungsber. u. Abhandlgn. der naturforsch. Gesellsch. zu Rostock".

Wolter, *Peter* Otto [aus Bonn]: Aus d. medizin. Klinik zu Bonn. Tetania gravidarum m. bes. Berücks. d. Facialis Phaenomens bei Schwangern überhaupt ... Bonn, Buchdr. v. A. Henry, 1896; 27 S. 8.
Bonn, Med. Fak., Inaug.-Diss. v. [15.] Febr. 1896

Wolter, Paul, a. Prettin a. E.: William Fullwood The Enimie of Idlenesse. Der älteste englische Briefsteller. Potsdam 1907: A. W. Hayn. (80 S.) 8°
Rostock, Phil. Fak., Ref. Lindner, Diss. v. 3. Aug. 1906
[Geb. 5. Juli 66 Prettin, Kr. Torgau; Wohnort: Wilmersdorf-Berlin; Staatsangeh.: Preußen; Vorbildung: Realsch. Grimma, Falk-Gymn. Berlin Reife O. 01; Studium: Berlin 10 S.; Rig. 30. Juli 06.]

Harmonielehre Selbst-Unterrichts-Briefe, Methode Rustin. Bearb. von Dir. Dr. Paul **Wolter**. Hrsg. vom Rustinschen Lehrinst. f. briefl. Unterricht. Red. von Prof. Carl Ilzig. 4. Aufl. (In 7 Lfg.) Potsdam & Leipzig: Bonneß & Hachfeld [1909]. 230 S. 4°(8°)
(Das Konservatorium. Schule d. gesamt. Musiktheorie. Lfg. 1. 2. 4. 6. 10. 13. 30.)
[11. 11304

Methode Rustin. Harmonielehre von Lehrer Paul **Wolter**, (Wilmersdorf). Lfg 1. Potsdam & Leipzig: Bonneß & Hachfeld [um 1905]. 4°(8°) [75.]
= **Selbst-Unterrichts-Briefe**. [27.] [08. 310

Wolter, Peter Otto

Wolter, Steph., Gedanken üb. die Passion. 4. Danzig. (Boie in Königsb.) 706.

Wolter, Theodor Eduard, s. Wolter, Eduard

Wolter, Wilhelm, Referendar: Außerberufliche Immunität der Volksvertretungen nach deutschem Recht. *Göttingen 1902: (Schlüter in Hannover).* (65 S.) 8°
Göttingen, Jur. Diss. v. [15. Apr.] 1903

Wolter, Wilh., ausserberufliche Immunität der Volksvertretungen nach deutschem Recht. Diss. (IV, 66 S.) gr. 8. Göttingen 902. (Vandenhoeck & Ruprecht.) n. 1.60

Wolter-Borbé, C., der Herr Professor, s.: Gaben, humoristische, f. Vergnügungsvereine. Nr. 28.

Wolter-Borbé, C., d. Fritz v. Blasewitz, s.: Volkstheater, sächsisches.
— der Räuber, s.: Volkstheater, sächsisches.

Wolter Edler v. Eckwehr, Ernest, Hauptm. in der k. k. Genie-Truppe. Festungsbau. (Lithogr.) Fol. 1863.

Wolter-Pecksen, Julius, appr. Arzt aus Lüneburg: Die Fälle von Diabetes mellitus, behandelt in den Jahren 1888—1900 in der Königlichen medicinischen Universitätsklinik zu Göttingen. *Göttingen 1902: E. A. Huth.* (54 S.) 8°
Göttingen, Med. Diss. v. [17. Apr.] 1902

Wolter-Pecksen, Jul., die Fälle v. Diabetes mellitus, behandelt in den J. 1888—1900 in der königl. medicinischen Universitätsklinik zu Göttingen. Diss. gr. 8. (54 S.) Göttingen 902. (Vandenhoeck & Ruprecht.) n. 1.20

Wolter-Pecksen, Otto, a. Lüneburg: Blutuntersuchungen bei Syphilis mit besonderer Berücksichtigung der sogenannten Justus'schen Hämoglobinprobe. Göttingen 1906: W. F. Kaestner. (45 S.) 8°

Göttingen, Med. Fak., Ref. Waldvogel, Diss. v. 25. Sept. 1906

[Geb. 17. Apr. 82 Lüneburg; Wohnort: Göttingen; Staatsangeh.: Preußen; Vorbildung: Gymn. Göttingen Reife O. 01; Studium: Göttingen 4, München 1, Göttingen 5 S.; Coll. 26. Juli 06; Approb. 8. Aug. 06.]

Woltereck, Christoph

Woltereck, E. Chronik von der Stadt u. Festung Wolfenbüttel. Hrsg. von A. R. Nolte Wolfenbüttel 1747.

WOLTERECK, Christoph. Goslarische Ehren- u. Schertz-Gedancken: grosstenteils in kurtzen Sinn-Gedichten verfasset. Glückstadt 1716. 8°. Rar!

Electa rei numariae, sive Selectae dissertationes de rarioribus numis Graecis et Latinis. Cum 5 tabb. Hamb. 709. 4. 1 rthl. 12 gr. (Der Sammler ist Chr. Woltereck).

— Ruhige Gedancken in der Unruhe; über alle Sonn- und Apostel-Tage, auch über einige biblische Sprüche und Namen: in Cantaten, Oden, Arien, Sinn-Gedichten und Grab-Schriften verfasset. Blanckenburg. 1731. (U. B.).

Woltereck, Chr., ruhige Gedanken in der Unruhe, od Cantaten auf die sonntägl. Evangelien u. Episteln. 8. Wolfenbüttel. 732.

— Wolfenbüttelsche Merkwürdigkeiten. 4. Ebend. 735.

— Holsteinische Musen, worinnen enthalten Ehren-Gedichte, Briefe, Cantaten, Oden, Sonnette, Madrigalen, Sinn-Gedichte und Grabschriften. Glückstadt. 1712. (Slutn. af Registeret mglr. i K. B.; komplet Ex. i U. B.).

WOLTERECK, CPH., Oden, Sonnette, Madrigalen und Sinn-Gedichte. Der 1ste Theil. Die 2. Aufl. vermehrt. Glückstadt. 1711. — Der 2te Theil. Sm. St. o. A.

Woltereck, E., s. Woltereck, Christoph

Woltereck, F., ein Wechsel, s. Bloch's, E., Dilettanten-Bühne.

Woltereck, Fr. Ad., (†...) kurz. Begriff d. Braunschweig-Wolfenbüttelschen Landesordnungen u. Gesetze rc. gr. 4. Braunschw. 750. — Dann unt. d. T.: kurzer Begriff d. Braunschw.-Wolfenbüttelschen Landesverordnungen u. Gesetze, welche seit den ältesten Zeiten bis im Monat Decbr. des 1750sten Jahres ergangen. Mit e. Real-Repertorium von Joach. Dieter. Lichtenstein. gr. 4. Braunschw. 771. Meißner. (Albrecht in Wolfenbüttel.) 2 ℔

Woltereck, Otto [Referendar]: Der minderjährige Kaufmann im gemeinen Recht ... Göttingen, Druck d. Dieterich'schen Univ.-Buchdr., 1894; 4 Bl., 44 S. 8.

Göttingen, Jur. Fak., Inaug.-Diss. v. [8. Aug.] 1894

Stammbaum der Familie Woltereck. Hrsg. von Dr. Otto **Woltereck** zu Hannover. Goslar 1910: Lattmann. 47 S. 8° [illegible]

Woltereck, R[ichard], Dr., Assist. am zool. Inst.: Über den feineren Bau der Polygordius-Larve der Nordsee und die Entstehung des Annelids in derselben. Leipzig-Reudnitz 1901: A. Hoffmann. (84 S.) 8°

Leipzig, Phil. Hab.-Schr. v. 16. Febr. 1901

Woltereck, Richard: Zur Bildung und Entwicklung des Ostrakoden-Eies. Kerngeschichtliche und biologische Studien an parthenogenetischen Cypriden. M. 2. lithogr. Taf. Leipzig: W. Engelmann 1898. (30 S. mit Taf.) 8°
(Aus: Zeitschrift für wissenschaftliche Zoologie, Bd 64 H. 4.)

Freiburg i. B., Phil. Diss. v. 1898

Woltereck, R., über die Entwicklung der Velella aus e. in der Tiefe vorkomm. Larve, s.: Jahrbücher, zoologische. Suppl.

Woltereck, R., Trochophora-Studien, s. Zoologica. 34.

Woltereck, Richard: Trochophora-Studien. Von Dr. R[ichard] Woltereck, Privatd., Leipzig: I. Stuttgart: E. Nägele 1902. 4°
(Zoologica. H. 34.)

— Tierische Wanderungen im Meere, s. Meereskunde. II. 3.

Woltereck, Richard: Tierische Wanderungen im Meere von Prof. R[ichard] Woltereck. Berlin: Mittler 1908. 44 S. 8° [Umschlagt.]
(Meereskunde. Jg. 2, H. 3.)

Woltereck, Rob., s.: Jahresbericht üb. die hydrobiologische u. hydrographische Literatur.

— s.: Monographien einheimischer Tiere.

Wolterhoff, Hermann, Referendar a. Düsseldorf: Die Haftung aus § 836 B.G.B. Borna-Leipzig 1908: R. Noske. (VIII, 42 S.) 8°

Heidelberg, Jur. Fak., Ref. Heinsheimer, Diss. v. 1908

[Geb. 28. Mai 85 Dusseldorf; Wohnort: Dusseldorf; Staatsangeh.: Preußen; Vorbildung: Oberrealsch. Düsseldorf Reife O. 04; Studium: Tübingen 1, Berlin 3, Freiburg i. B. 1, Bonn 2 S.; Rig. 3. Juli 08.]

Woltering, Formular m. Erläuterungen u. Zahlenbelegen zu Diät-Vorschriften f. acute u. chronische Krankheiten. 2. Aufl. [3. u. 4. Tausend.] gr. 4. (4 S.) Neuwied 888. Heuser's Verl. — 25

Woltering's diätetisches Handbuch f. praktische Aerzte. II. [Schluss-] Bd.: Allgemeine u. spezielle Kranken-Diätetik v. A. Kühner. 6 Lfgn. gr. 8. (VII, 290 S.) Neuwied 891,92, Heuser's Verlag. à Lfg. * 1 —; * 6 —

[1. Bd.] Ebd. 1888. * 12 —.

—— diätetisches Handbuch für Aerzte und Studierende. (1. Bd.): Chronische Krankheiten. 12 Lfgn. gr. 8. (XXIV, 605 S.) Ebendas. 888. à Lfg. * ℳ 1.—. *

Woltering, Alexander, Ref. i. Münster: Die rechtliche Natur des politischen Wahlrechts. Borna-Leipzig 1906: R. Noske. (IX, 78 S.) 8°

Münster, Jur. Fak., Ref. v. Savigny, Schreuer, Diss. v. 17. April 1906

[Geb. 24. Dez. 82 Münster i. W.; Wohnort: Münster; Staatsangeh.: Preußen; Vorbildung: Paulin.-Gymn. Münster Reife O. 01; Studium: Freiburg i. B. 1, Berlin 1, Münster 4 S.; Rig. 25. Nov. 05.]

Wolterman, Alhard Wilhelm A. S. 374/20

Disputatio juridica de nequitia advocatorum, Von Tücken und Bubenstücken der Advocaten.
Präs. Arnold Moritz Holtermann. Ed. 3. Rec.
Marburg 1712. 40 S.

Diss. 4. XI. 37263

Wolters, ..., allgem. Grundsätze zum ordnungsmäß. Verfahren in Deich- u. Abwässerungssachen d. deutschen Marschprovinzen. 4. Glückst. 795.

Wolters, A. C.: Ueb. die Actio de recepto, in Bezug auf d. Gastwirthe als Recipienten, u. deren heut. Anwend. in Deutschl., besond. in Hamburg; nebst e., d. Urtheile so wie d. Zweifels- u. Entscheidungsgründe d. Akademien Jena u. Gött. in e. prakt. Falle enthalt. Anh. *Hamb.*, Hoffmann. 804. 8. (12 Gr.)

Wolters, A. C., über die actio de recepto in Bezug auf die Gastwirthe als Recipienten u. deren heutige Anwendung in Deutschland, besonders in Hamburg. 8. Hamb. 805. (A. Campe). 12 ɡ

Wolters, A. E.: Ein Wort über Defensionen, nebst einem, *Rüsau's* Criminalfall und 3 gerichtl. Vertheidigungen enthaltenden Anhange. *Hamburg*, Perthes-Besser u. Mauke. 805. 8. (16 Gr.)

Wolters, Adolf: Das ternäre System $Na_2SO_4 + NaFl + NaCl$. Göttingen 1909: (Grüninger, Stuttgart). 42 S. 8° *(Aus: Neues Jahrbuch f. Mineral., Geol. u. Paläontol. Beil.-Bd 30.)
Göttingen, Phil. Diss. v. 13. Dez. 1909, Ref. Mügge
[Geb. 5. Sept. 85 Braunschweig; Wohnort: Braunschweig; Staatsangeh.: Braunschweig; Vorbildung: Oberrealsch. Braunschweig Reife O. 05; Studium: Braunschweig Techn. Hochsch. 4, Göttingen 4 S.; Rig. 26. Mai 09.] [U 10. 1484

Wolters, Albr., der Abgott zu Halle 1521—1542. Mit 1 photolithogr. Nachbildung des Brustbildes des Card. Albrecht von Mainz von A. Dürer. gr. 8. (56 S.) Bonn 877, A. Marcus. *

Wolters, Albr., Ernst Moritz Arndt, ein Zeuge für den evangelischen Glauben. Elberfeld 860. Bädeker. 8. (47 S.) n. 5 ngr.

Wolters, Albr., ein Blatt aus der Geschichte des Truchseß'schen Krieges. gr. 8. (76 S.) Bonn 872, Marcus.

Wolters, Albr., Erinnerungen, s. Beyschlag, Willib.

Wolters, Albrecht: Hat Cardinal Albrecht von Mainz im Jahre 1521 den Tetzel'schen Ablasshandel erneuert? Bonn (1877): Georgi. 24 S. 8° (4°)
Halle-Wittenberg, Oster-Progr. 1877
Die vervollständigte Arbeit erschien u. d. T.: Der Abgott zu Halle 1521—1542 bei Marcus in Bonn 1877. 56 S. 1 Taf.

ALBRECHT WOLTERS, Konrad von Heresbach und der Clevische Hof zu seiner Zeit, nach neuen Quellen geschildert. Ein Beitrag zur Geschichte des Reformationszeitalters und seines Humanismus. Veröffentlicht durch den Bergischen Geschichts-Verein. Mit 1 Tafel. Elberfeld 1867. Sam. Lucas. 8°.

Wolters, A., der Heidelberger Katechismus, s. Katechismus.

Wolters, Albr. Luther u. der Kardinal Albrecht v. Mainz, s. Für die Feste u. Freunde d. Gustav-Adolfs-Vereins.

— Predigten in der evangelischen Gemeinde zu Bonn während der letzten Jahre gehalten. gr. 8. (VIII, 391 S.) Ebendas. 874. *

Wolters, Albr., zwei Predigten, über das Gleichniß des Herrn vom unfruchtbaren Feigenbaum, und über das Wort des Apostels Paulus, daß Christus sein Leben sei. Vor der evangel. Gemeinde zu Crefeld gehalten. gr. 8. (29 S.) Crefeld 850, Funcke'sche Buchh. *

— zwölf Predigten. gr. 8. (IV u. 167 S.) Ebd. 847. n. 5/12 ɡ

— zwölf Predigten. gr. 8. (III und 167 S.) Crefeld 851, Funcke'sche Buchh. *

— und H. Achenbach, über die Prinzipien der rheinisch-westphälischen Kirchen-Ordnung und über die rechtl. Bedeutung des Art. 15 der preuß. Verfassungs-Urkunde. Zwei Vorträge gehalten auf der Bonner Pastoral-Conferenz am 2. Juli 1862. gr. 8. (77 S.) Bonn 862, Marcus. *

— Reformationsgeschichte der Stadt Wesel bis zur Befestigung ihres reformirten Bekenntnisses durch die Weseler Synode. gr. 8. (IV, 478 S.) Ebendas. 868. *

— Sammlung evangelischer Predigten, in den letzten zwei Jahren gehalten. gr. 8. (VIII und 340 S.) Bonn 860, Marcus. *

Wolters, C., die Heilkraft der Rose bei drohender Auszehrung u. Schwindsucht; Warnung gegen Charlatanerieen der Engländer Ramadge u. Weatherhead, u. Veröffentlichung von Medicamenten gegen Kopfweh, Migräne, die in drei Tagen gefahrlos vertilgbare Krätze u. des Krätzewürmchen. gr. 8. Stuttgart 837. Neff. 1/3 ɡ

Wolters, Carl, s. Wolters, Karl

Wolters, Clemens, s. Wolters, Klemens

Wolters, C. Hilfsbüchlein f. den Religions-Unterricht. 1. u. 2. Aufl. 8. (48 S.) Neubrandenb. 889,92, Brünslow. 1. Aufl. * — 30
2. Aufl. * — 35

Wolters, C., Hilfsbüchlein f. den Religions-Unterricht. 3. Aufl. gr. 8. (48 S.) Neubrandenburg 894. C. Brünslow. n. — 40

Wolters, F., und H. L. Peters, Gebührenordnung für die Rechtsanwälte des deutschen Reiches, erläutert aus den amtl. Motiven und den Reichstags-Verhandlungen und ergänzt aus den einschlägigen Bestimmungen der Reichsjustiz-Gesetze, mit 7 Tabellen. gr. 8. (54 S.) Limburg a. d. Lahn 879, (Glaeser.) *

Wolters, (F. A.,) Vorstudien z. Weltgeschichte. 1r Bd. gr. 8. Basel 824, Schweighauser.

Wolters, F. J. M. Gedanken über die Armuth. *Braunschweig.* 1791

Wolters, Friedrich: Herrschaft und Dienst. Berlin: (v. Holten) 1909. 31 ungez. Bl. 2°
(Opus 1 der Einhorn-Presse.)

Wolters, Frdr., Herrschaft u. Dienst. (Plan u. Ausschmückg. sind v. Melch. Lechter.) (67 S.) 36×24 cm. Berlin (910). O. v. Holten. Auf Büttenpap. 24.—; auf Perg. nn 300.—

— s.: Jahrbuch f. die geistige Bewegung.

— u. Frdr. Andreae, arkadische Launen. (84 S.) gr. 8. Berlin 908. S. Calvary & Co. Geb. in Leinw. 7.—

— Minnelieder u. Sprüche. (Uebertragungen aus den deutschen Minnesängern des 12.—14. Jahrh.) (159 S.) gr. 8. Berlin 909. O. v. Holten. Geb. in Pappbd. 4.50; in Ldr. 8.—

Wolters, Fritz, Grundrisse u. Bausteine zur Staats- u. zur Geschichtslehre, s.: Breysig, Kurt.

Wolters, Fritz, aus Uerdingen: Studien über Agrarzustände und Agrarprobleme in Frankreich von 1700 bis 1790. Kap. 1: Das Eigentum am Grund und Boden am Vorabende der Revolution. *(Altenburg) 1903: (Pierer.)* (VI, 40 S.) 8°
¶ (Erscheint vollst. in: Schmollers Staats- u. socialwiss. Forschungen.)
Berlin, Phil. Diss. v. 14. Okt. 1903

Volters, Fritz, Studien üb. Agrarzustände u. Agrarprobleme in Frankreich von 1700—1790, s.a. Forschungen, staats- und sozialwissenschaftliche. XXII, 5.

Volters, Fritz. Studien über Agrarzustände und Agrarprobleme in Frankreich von 1700 bis 1790. X + 438 S. 8. Leipzig, Duncker & Humblot, 1905. [M. 10. —]

Staats- und sozialwissenschaftliche Forschungen, hrg. von Gustav Schmoller und Max Sering. Band 22. Heft 5. ⟨Der ganzen Reihe Heft 105.⟩

Darin S. 44/50. 65. 77/9. 84/93. 105. 112 f. 167. 180. 187/90. 206 f. 280 f. 330. 368 f. 408/10. 417 etc. die Schweiz und Schweizer betr.

Volters, Geo., eine Kaiserjagd bei Blankenburg a. H. 16 Lichtdr. auf 14 Taf. nach Guasch-Originalen. (VIII S. Text.) 42,5×33 cm. Wolfenbüttel 909. J. Zwißler. In Mappe 10. —

Volters, Geo., Wald u. Waidmann. 24 Blätter aus d. Skizzenbuche. Fksm.-Druck. Fol. München 896. Jos. Albert. In Leinw.-Mappe 25. —

Volters, H.: Beobachtungen über die Heilkraft des thierischen Magnetismus, s. Bakker, Gerbrand

Volters, Hans, Andreas Hofer. Historisch-dramat. Festspiel in 5 Abtlgn. (54 S.) 8. Strassburg 909. J. Singer. 1. 50

Volters, Hermann, Referendar in Münster: Die Sammlungen zu wohltätigen oder gemeinnützigen Zwecken. Borna-Leipzig 1906: R. Noske. (IX, 92 S.) 8°

Rostock, Jur. Fak., Ref. Matthiaß, Diss. v. 10. Okt. 1906

[Geb. 23. Okt. 81 Coesfeld; Wohnort: Münster (Westf.); Staatsangeh.: Preußen; Vorbildung: Gymn. Coesfeld Reife O. 00; Studium: Tübingen 1, Berlin 1, Tübingen 1, Berlin 1, Göttingen 2 S.; Rig. 27. Juli 06.]

Volters, J. G., ein populärer Vortrag über die Koliken der Pferde, ihre Behandlung und Heilung. Nebst Anhang, was der Thierheilkundige wissen muß, um eine Krankheit mit Erfolg behandeln zu können, sowie die verschiedenen Koliken und die mit den Koliken in Symptomen verwandten Krankheiten, ihre Kennzeichen, Behandlung und Heilung. gr. 8. (136 S.) Schöppingen 879. (Burgsteinfurt, Fürstenow.) *

***Volters*, J. J. C., de jure singulari de Privilegiis, eorum collisione et praestatione inter se etc.** 4. Götting. 809. Dieterich. 6 gr.

Wolters, Johannes [app. Arzt aus Coesfeld]: Aus d. patholog. Istitut zu Kiel. Ueber Hydrocele feminae. . . . Kiel, Druck v. L. Handorff, 1891; 17 S., 1 Bl. 8°

Kiel, Med. Fak., Inaug.-Diss. v. [21. Febr.] 1891

Volters, K. J. W., s.: Hamburg vor 200 Jahren.

Volters, K. J. W., Rede, bei der Confirmation am 5. April 1881 gehalten. gr. 8. (12 S.) Hamburg 881, Nolte. *

Volters, K. J. W., wie gelangen wir zu wahren kirchlichen Gemeinden bei unseren Hamburgischen Verhältnissen? Ein Vorschlag zu besserer Verwendung unserer geistlichen Kräfte. Hamburg 869. Nolte. gr. 8. (24 S.) n. 3 ngr.

Wolters, Karl: Die störenden Bevegungen der Lokomotive unter Berückschtigung der auftretenden Reibungswidersände. (Berlin: Dietze 1903.) 58 S. 8°

• Aus: Dinglers Polytechn. Journal. Jg. 84. Bd 318.
Hannover, Dr.-Ing.-Diss. v. 16. 7. 1903

Wolters, Carl: Die eingetragenen Genossenschaften mit unbeschränkter Haftpflicht und mit unbeschränkter Nachschusspflicht. Eine vergleichende Studie. *Berlin 1897: H. Schmidt.* (73 S.) 8°

Erlangen, Jur. Diss. v. 9. Dez. 1897

Wolters, Klemens

Wolters, Clemens [app. Arzt aus Stadtlohn i. Westf.]: Über Entropium u. Trichiasis-Operationen ... Strassburg, Buchdr. M. DuMont-Schauberg, 1896; 24 S., 1 Bl. 8.

Kiel, Med. Fak., Inaug.-Diss. v. [4. Juni] 1896

Wolters, Max [aus Bonn]: Aus d. chirurg. Klinik zu Bonn. Angeborene spastische Gliederstarre und spastische Contracturen . . . Bonn, Univ.-Buchdr. v. Carl Georgi, 1888; 55 + 1 S. 8°

Bonn, Med. Fak., Inaug.-Diss. v. 21. März 1888

Wolters, Max, Mycosis fungoides, s.a. Bibliotheca medica. D. II. 7.

Wolters, Max: Aus d. Kgl. Dermatolog. Universitätsklinik zu Bonn. Mycosis fungoides. Von Prof. Dr. Max Wolters, Privatdoc. ... zu Bonn. M. 16 Taf. Stuttgart: E. Nägele 1899. (3 Bl., 74 S., 16 Taf.) 1 Bd 4°

(Bibliotheca medica. Abth. Du. H. 7.)

Wolters, Max, s.: Neisser, A., stereoscop. medicin. Atlas, Lfg. 7 u. 16.

Wolters, Mich., († d. 3. April 1803.) Erinnerungen an Luthers Reformation, in 3 Predigten, ein Beitrag zur Belebung ihres Geistes, nebst e. Vorbericht. gr. 8. Hamb. 799. (A. Campe.) 12 gr.

— Predigten, gehalten in der Schloßkirche zu Kiel. 8. Hamb. 781. (A. Campe). 14 gr.

— Predigten während d. Vacanz des Pastorats gehalten gr. 8. Ebend. 797.

— Vormittagspredigten, während der Vacanz des Pastorats gehalten. gr. 8. Hamb. 797. (A. Campe.) 20 gr.

Wolters, D. L. S., vier Advents-Predigten. gr. 8. (4 B.) Hamburg 832, [Perthes-Besser u. Mauke.]

—— Betrachtungen üb. d. sieben letzten Worte d. sterbenden Erlösers. 6 Fastenpredigten. gr. 8. (7 B.) Hamburg 828, [Perthes-Besser u. Mauke.]

Wolters, D. L. S., Predigt am 18. Sonntage n. Trinit. (Worauf es bei der Beantwortung der Frage ankommt „Wie dünket euch um Christo, weß Sohn ist er?") 8. (1 B.) Hamburg 845, Heroldsche Buchh. *

— zehn Predigten über die neuen Evangelien. gr. 8. Hamburg 843, Meißner. n. 2/3 Rthlr.

Wolters, Otto, s.: Literatur, technische.

Wolters, Paul: Zu Griechischen Agonen. (Mit 1 Taf. u. mehr. Abb. im Text.) *Würzburg: Stahel 1901.* (S. 5—23.) 4°

Würzburg, 30. Progr. d. Kunstgeschichtl. Museums (M. v. Wagner-Stiftung) d. Univ. Mit d. Jahresber. f. 1899—1900

Wolters, Paul, zu griechischen Agonen. 30. Programm des kunstgeschichtl. Museums (M. v. Wagner-Stiftg.) der Universität Würzburg. Mit dem Jahresberichte f. 1899—1900. gr. 4. (23 S. m. Abbildgn. u. 1 Taf.) Würzburg 901. Stahel's Verl. n. 1. 50

Wolters, Paulus ⟨geb. am 1 Sept. 1858 in Bonn⟩: De epigrammatum Graecorum Anthologiis libellus ... Halis, form. Hendeliis (1882). 40 S. 8. ¶ In Komm. bei Behrendt in Bonn.

Bonn, Phil. Fak., Diss. v. 29 Juli 1882

Wolters, Paul, de epigrammatum graecorum anthologiis libellus. gr. 8. (36 S.) Halis 882. (Bonn, Behrendt.) *

Wolters, P., Beiträge z. griech. Ikonographie: Archidamos. S.-A. 6 S. u. 1 lith. Taf.

Wolters, Paul, Beschreibung der Glyptothek König Ludwig's I. zu München, s.: Furtwängler, A.

Wolters, P., Darstellungen des Labyrinths. (S. 113—132 m. 2 Abbildgn. u. 3 Taf.) gr. 8. München 907. G. Franz' Verl. — 60
Sonderabdr. aus: „Sitzungsber. d. bayer. Akad. d. Wiss."

Wolters, Paul (Bearb.), s. Friederichs, Karl: Die Gipsabdrücke antiker Bildwerke der königl. Museen zu Berlin.

— Adolf Furtwängler. Gedächtnisrede, geh. in der öffentl. Sitzg. der k. Akademie der Wissenschaften am 20. XI. 1909. (40 S.) Lex. 8. München 910. G. Franz' Verl. 1. 50

— s.: Jahrbuch, Münchner, der bildenden Kunst.

Wolters, Paul, H. G. Lolling, geb. am 23. Novbr. 1848, gest. am 22. Febr. 1894. Nebst Verzeichnis d. Schriften Lollings. [Aus: „Jahresber. üb. d. Fortschr. d. class. Altertumswiss."] gr. 8. (28 S.) Berlin 896. S. Calvary & Co. n.n. 1.20

— Die antiken Vasen v. der Akropolis zu Athen, s.: Graef, Botho.

— Der Westgiebel des olympischen Zeustempels, s.: Sitzungsberichte der königl. bayerischen Akademie der Wissenschaften. Phil.-histor. Klasse 1908. VII.

Der Westgiebel des olympischen Zeustempels von Paul **Wolters**. Mit 1 Taf. München: Akad. d. Wiss. 1908. (20 S.) 8°
= Sitzungsberichte d. Kgl. Bayer. Akad. d. Wiss. Philos.-philol. u. hist. Kl. Jg. 1908, Abh. 7. [08. 17772

Wolters, Rudolf, appr. Arzt: Einiges über die Bewertung der Einäugigkeit und der Gewöhnung an die Einäugigkeit in forensischer Hinsicht. Rostock 1909: Adler. 30 S. 8°
Rostock, Med. Diss. v. 25. Juni 1909, Ref. Peters
[Geb. 27. Jan. 60 Wolfenbüttel; Wohnort: Rostock; Staatsangeh.: Braunschweig; Vorbildung: Gymn. Wolfenbüttel Reife M. 80; Studium: Berlin 2, Erlangen 2, Kiel 4, München 2, Rostock 6 S.; Coll. 13. Aug. 06; Approb. 26. Juli 06.] [U 09. 3736

Wolters, Wilhelm

— Ach, wenn du wärst mein eigen ..., s.a. Kürschner's Bücherschatz.

Wolters, Wilh., ach, wenn du wärst mein eigen ... Erzählg. 8. (148 S.) Dresden 896. Dresdener Verlagsanstalt, B. W. Esche. n. 2. —

Wolters, Wilhelm: Ach, wenn du wärst mein eigen ... Roman von —. Mit Ill. von W. Roegge. Berlin, Leipzig: H. Hillger [1908]. (96 S.) 8°
(Bücherschatz, Kürschners. No 595.)

Wolters, Wilh., sein Alibi, s.a. Universal-Bibliothek.

Wolters, Wilhelm: Sein Alibi. Schwank in 3 Aufz. von —. Einrichtung nach d. Soufflierbuche d. Lustspielhauses in Berlin. Leipzig: Reclam jun. [1909]. 96 S. 8°
(Universal-Bibliothek. 5116.)

Wolters, Wilh., ein Blick ins Nest (Der Glückliche. Die Hochzeitsreise. Kinderkrankheiten), s.: Universal-Bibliothek.

— **Er u. Sie. Eheliche Geschichten.** (191 S.) 8. Leipzig (906). G. Müller-Mann. n. 2. —

— s.: Fontane's, Thdr., Briefwechsel m. Wilh. Wolfsohn.

— Ein Gastspiel, s.a. Universal-Bibliothek.

Wolters, Wilh., e. Gastspiel. Roman. 2. (Titel-)Aufl. 8. (V, 288 S.) Dresden 894. H. Minden. n. 3. —

Wolters, Wilhelm: Ein Gastspiel. Roman von —. Mit e. Bildn. d. Verf. u. e. Einl. (von Dr. O[skar] F[riedrich] Damm). Leipzig: Reclam [1908]. 191 S. 8°
(Universal-Bibliothek. 5046. 5047.)

— geliebt werden. Roman. 8. (337 S.) Dresden 895. E. Pierson. n. 5. —; geb. n. 6. —

— e. Gewissensfrage. Scherzetto. 8. (91 S.) Leipzig 896. R. Friese, Sep.-Cto. n. 2. —

— sterbliche Götter. Roman. 8. (284 S.) Berlin 894. Deutsches Verlagshaus Bong & Co. n. 6. —; geb. n. 7.50

— Halkalm. Roman. 8. (309 S.) Berlin 897. Deutsches Verlagshaus Bong & Co. n. 3. —; geb. 4.50

Wolters, Wilh., u. Königsbrun-Schaup, der Hochzeitstag, s.a. Universal-Bibliothek.

— u. Frz. v. **Königsbrun-Schaup,** der Hochzeitstag. Schwank in 4 Aufzügen. 8. (103 S.) Dresden (900). E. Pierson's Verlag. n. 1. —

— tragische Konflikte, s.: Universal-Bibliothek.

Wolters, Wilhelm. Ueber die chemische Constitution des Bleichkalks. Leipzig, 1874.

— Liebe um Liebe. Lustsp. in 2 Aufzgn. 8. (59 S.) Leipzig 896. R. Friese, Sep.-Cto. n. 1. —

— u. **Karl Gjellerup,** die thörichte Liebe, s.: Universal-Bibliothek.

Wolters, Wilh., Herr Liebetreu u. seine Frau. Heitere Kapitel aus e. Ehestands-Romane. 12. (115 S. m. Titelbild.) Leipzig (900). G. Müller-Mann. n. 1. —

— Mädchen am See. Erzählung. 8. (156 S.) Dresden 893. E. Pierson. n. 2. —; geb. n. 3. —

— Mädchen am See. Erzählg. (2. [Titel-]Aufl.) 8. (156 S.) Dresden (893) 896. E. Pierson. n. 2. —

— u. **Karl Gjellerup,** e. Million. Schauspiel in 3 Aufzügen (m. freier Benutzg. der gleichnam. Novelle des Nik. Pawlow). 8. (V, 131 S.) Ebd. 894. n. 2. —

— Advokat Patelin, s.: Brueys.

— Helene Pawlowna. Roman. 8. (307 S.) Dresden 898. E. Pierson. n. 4 —

— Rache. Roman. 8. (237 S.) Leipzig 898. R. Friese, Sep.-Cto. n. 3. —; geb. n. 4. —

— aus der Rentiersecke. Humoresken im sächs. Dialecte. 3. Aufl. 8. (VII, 86 S.) Ebd. 893. n. 1. —; geb. n. 2. —
Die 1. u. 2. Aufl. erschienen unter dem Pseudonym: Lauscher, Wilh.

— Siebenschön. Erzählung. (248 S.) 8. Dresden 904. E. Pierson. n. 2. 50; geb. n. 3. 50

Wolters, Wilh., Siebenschön. 904. sowie die übrigen Schriften aus E. Pierson's Verl. jetzt: Berlin, Verlag Berlin-Wien.

Wolters, Wilh., Indian Summer. E. Herzensgeschichte. 8. (117 S.) Dresden 895. E. Pierson. n. 2. —

— nach dem Urteil, s.: Daheim. Stenographen-Bibliothek. 2. Bd.

— Verlobungsfieber. Humoristischer Roman. (175 S.) 8. Leipzig (907). G. Müller-Mann. 2. —

— unehrliche Waffen. Komödie in 4 Akten. 8. (86 S.) Dresden 896. E. Pierson. n. 1. 50

Wolters, Wilh. Aus der Welt d. Scheins. Sittenbilder. 1. Bd.: Ein Gastspiel. Roman. 8. (288 S.) Dresd. 890, Minden. * 3 — geb. ** 4 —

— der Wohlthäter, s.: Engelhorn's allgem. Romanbibliothek.

Woltersdorf, Stamm- u. Ranglisten sämtlicher Offiziere des westpreuß. Infanterie-Regiments Nr. 129, s.: Heyn.

Woltersdorf, E. G., das Ganze der Brot-, Semmel-, Kuchen- u. Pfefferkuchenbäckerei ꝛc. 8. Ilmenau 824. Voigt. 1 Thlr 18 Gr (Vergl. Schauplatz d. Künste ꝛc. 7r Bd.)

Woltersdorf, Ernst Bohumil, krasna kwalba wumozeneho jeschnika. Prjedowanje s 1 Tim. 1, 16. Do serbskeho pscheożene. 8. (20 S. mit lithogr. Portr.) Löbau 855, Centralschulbuchh.

Woltersdorf, Ernst Gabriel

— Abhandl. über die kollegial. Pflichten der Lehrer d. Jugend. 4. Bresl. 786.

s. Ansichten der Natur.

s. Cadeau, un petit, pour l'instruction etc., u. setze hinzu: (von Er. G. Woltersdorf.)

— Handbuch der französ. Sprache für d. jüngern Töchter. 1r Thl. die Anfangsgründe d. Sprachlehre u. leichte Leseübungen, nebst d. Anweis. zum Gebrauch d. Buchs enth. (a. u. d. T.: Manuel de la langue française à l'usage des Cadettes etc.) 8. Züllich. 792. Frommann in Jena. 18 Gr

— Jahrbuch der gesammten Literatur u. Ereignisse, betreffend die Erdbeschreibung, Geschlechter-, Wappen-, Münz- u. Staatenkunde ꝛc. gr. 8. Berl. 827. L. Oehmigke. 2 Thlr 20 Gr

— französische Lehrstunden für Anfänger. 1r Lehrgang. 8. Bresl. 817. Graß, B. u. C. 16 Gr

s. Lesebuch, neues französ.

— evangel. Liederpsalmen, nebst einem Anhang vorzüglich guter bekannter Lieder mit den nöth. Veränderungen. 8. Berl. 818. Leimer. 1 Thlr 8 Gr N. A. 827. 1 Thlr 4 Gr
s.a. Woltersdorf, Ernst Gottlieb

Woltersdorf, Er. Gabr., Progr. über die deutsche Aussprache u. Rechtschreibung. 4. Bresl. 813.

— Progr. über die ältesten geografischen Karten. 8. Bresl. 803.

s. Recueil des Synonymes.

— Schlesische Regententafel. Fol. Bresl. 796.

— Repertorium der Land- u. Seekarten, sowie d. vorzüglichsten Grundrisse u. topograph. Ansichten der merkwürd. Städte. 1r Thl. gr. 8. Wien 812. (Heubner.) 1 Thlr

s. Testament, d. neue, unsers Herrn u. Heilandes Jesu Christi verdeutscht von M. Luther, mit Summarien.

Woltersdorf, Ernst Gerhard, s. Woltersdorf, Gerhard

Woltersdorf, Ernst Glieb., Abendstunde, gehalten im bunzlauer Waisenhause am 3. Osterfeiertage über den Blick in's ewige Leben im J. 1761. Von Neuem wörtl. abgedr. 8. (47 S.) Nürnberg 857, Raw'sche Buchh. *

Woltersdorf, Ernst Gtli., Abendstunden, geh. im bunzlauer Waisenhause am 3. Osterfeiertage üb. d. Blick in's ewige Leben. 3. Aufl. (..B.) Nürnberg 836, (Raw'sche Buchh.) *

— eine gewaltige Anmahnung d. Todes Jesu an unser Herz, in e. Predigt. 8. Bresl. 757. W. G. Korn. 3 Gr Dass. 8. Nürnb. 830. Raw. 1½ Gr

—— eine gewaltige Anmahnung d. Todes Jesu an unser Herz. Eine Charfreitagspred., geh. im J. 1756. 8. (2 B.) Nürnberg 835, (Raw'sche Buchh.) -

Woltersdorf, E. G., der Blick in das ewige Leben. Abendstunde, geh. am 3. Osterfeiertage 1761. 12. (48 S.) Basel 888. Kober. n. — 20

• Woltersdorf, E. G., fliegender Brief an die Jugend, von d. Glückseligkeit solcher Kinder u. jung. Leute, die sich frühzeitig bekehren. 8. Züllichau. (Jena, Frommann.) 772.

Woltersdorf, Ernst Gottl., fliegender Brief an die Jugend, von d. Glückseligkeit solcher Kinder u. junger Leute die sich frühzeitig bekehren. 8. Frankf. Hermann. 789.

—— fliegender Brief an die Jugend. Abgekürzt, geordnet und bearb. für Sonntagsschulen von Wilh. Nast. 8. (173 S.) Cincinnati 857. (Philadelphia, Schäfer und Koradi.) geb. *

Woltersdorf, Ernst Gottlieb, fliegender Brief evangelischer Worte ꝛc. s.a. Brief.

Woltersdorf, Er. Gtl., († d. 17. Dec. 1761.) fliegender Brief evangel. Worte an die Jugend von der Glückseligkeit solcher Kinder u. junger Leute die sich frühzeitig bekehren. 8. Züllichau ... 5e A. 772. Frommann in Jena. 5 Gr auch 12. Berl. 827. L. Oehmigke. 8 Gr Frankf. 789. Hermann. 6 Gr

— fliegender Brief, evangel. Worte an die Jugend, von der Glückseligkeit solcher Kinder u. jungen Leute, die sich frühzeitig bekehren, aus dringender Liebe geschrieben von einem, der sich nicht schämet, ein junger Prediger zu heißen. Neueste unveränd. Aufl. (Mit Bildniß u. Facsimile.) 8. Dresden 841, Naumann. n. 1/3 Thlr — Neue Ausg. 842. n. 1/3 Thlr — Neue Ausg. 846. 1/4 Thlr

Woltersdorf, Ernst Glieb., fliegender Brief evangelischer Worte an die Jugend v. der Glückseligkeit solcher Kinder u. jungen Leute, die sich frühzeitig bekehren. 12. Aufl. 8. (180 S.) Leipzig 886. J. Naumann. n. 1. —; geb. n. 1. 75

Woltersdorf, Ernst Gottlieb: Fliegender B r i e f. Geschrieben von ... Ernst Gottlieb Woltersdorf, ev. Prediger zu Bunzlau, der allen s. Jugendgenossen, Kindern ... d. Liebe Jesu anpreisen möchte. Szillen: J. L. Sakuth (1903). (176 S.) 8°

— Entwürfe d. über die Sonn- u. Festtags-Evangelien des ganzen Jahres gehaltenen Predigten. gr.8. Bunzlau 772. (J. Fr. Korn in Bresl.) 1 Rthlr

— Gartengedanken, ein reimfreies Gedicht. 8. Bresl. 755. W. G. Korn. 2 gr (oder 22 gr ?)

Woltersdorf, Ernst Gottl., die alles allein wirkende Gnade Gottes. Ein Lied. Neuer Abdr. 12. (32 S.) Mülheim 881, Buchh. des evangel. Vereinshauses.

— französ. Handbuch f. die jüng. Töchter, 1r Thl. d. Anfangsgr. d. Sprachlehre u. leichte Lesübungen, nebst e. Anweis. z. Gebr. d. Buchs enthalt. (hat a. d. Titel: Manuel de la langue française à l'usage des Cadettes etc.) 8. Züllichau. (Frommann in Jena.) 792.

Woltersdorf, Jesus der wahrhafte Sünderfreund, s. a. Jesus.

— Jesus der wahrhaftige Sünder-Freund. 8. Bunzlau 838. (A. Wohlgemuth in Berlin.) 1½ gr

Woltersdorff, Ernst Glieb., Jesus, der wahrhaftige Sünderfreund. Luc. 15, 1—7. 3. Aufl. [Ster.-Ausg.] 8. (16 S.) Barmen 875, Wiemann.

—— Jesus, der wahrhaftige Sünderfreund. Luc. 15, 1—7. Hrsg. von der Wupperthaler Tractat-Gesellschaft. 12. (16 S.) Barmen 881, Wiemann. *

Woltersdorff, Ernst Glieb., Jesus, der wahrhaftige Sünderfreund. Luc. 15, 1—7. 3. Aufl. [Ster.-Ausg.] 8. (16 S.) Barmen 875. Wiemann. — 12

Woltersdorf, Ernst Gottlieb: J e s u s, der wahrhaftige Sünderfreund. Von Ernst Gottlieb Woltersdorf, weil. Prediger in Bunzlau. Ziegenrück: Ziegenr. Kolport.-Ver. 1896. (32 S.) 8°
(Haus- u. Herzbücher. 6.)

—— Kinder-Lieder. gr. 16. (96 S. mit eingedr. Holzschn.) New-York 861. (Philadelphia, Schäfer und Koradi.) geb. *

— Lutheri kleiner Katechismus in Tabellen. 8. Jena 768. Cröcker. 3 gr

— kraßna kwałba wumozeneho rjeschnika. Prjedowanje s 1. Tim. 1, 16. Do serbskeho pschetozene. Löbau (855.) Centralschulbuchhandlung. 8. (20 S. u. lith. Portr.) 1½ ngr.
s. Woltersdorf, Ernst Bohumil

Woltersdorf, Er. Gli., sein Leben u. Wirken ein Zeugniß göttl. Gnade, ein Vorbild christl. Lehrerliebe u. Lehrertreue. Von Dr. K. F. R. Schneider. Mit Woltersdorf's Bildniß. 8. Bunzlau 838. (A. Wohlgemuth in Berlin.) 1/6 Rthlr

Woltersdorff, E. G., französische Lehrstunden für Anfänger. 1r Jahrg. 8. Breslau, Graß, Barth u. Comp. (Leipzig, Barth.) 817.

— Lieder. New-York 864. (Philadelphia, Schäfer & Koradi.) gr. 16. (256 S.) geb. n. 20 ngr.

— sämmtl. neue Lieder od. evangel. Psalmen. 8. Berlin, Realschulbhdl. 790.

— sämmtl. neue Lieder oder evangel. Psalmen. 8. Berl. ... 2e A. 768. 3e A. 777. 4e A. 790. (Reimer). 16 gr

Woltersdorf, Ernst Gottlieb: Evangelische L i e d e r p s a l m e n, nebst e. Anh. vorzüglich guter bekannter Lieder. Unveränd. Abdr. Memel: C. Gedrat 1900. (543 S.) 8°

—— Mitgabe des Lehrers an seine Konfirmanden, s. Mitgabe.

— die unschätzbare Predigt von der Vergebung der Sünden als die allernothwendigste u. allerkräftigste. 8. Bielefeld 830. (A. Wohlgemuth in Berlin.) 1/4 Rthlr

Woltersdorf, Ernst Glieb., die unschätzbare Predigt von der Vergebung der Sünden, als die allernothwendigste und die allerkräftigste. Im J. 1754 der evangel. Gemeinde zu Bunzlau vorgetragen. 8. (62 S.) Schaffhausen 851, Schalch. *

—— die unschätzbare Predigt von der Vergebung der Sünden, als die allernothwendigste und allerkräftigste. Vorgetragen am 19. Sonntag nach Trinitatis 1754. 8. (48 S.) Dresden 867, Naumann.

—— die unschätzbare Predigt von der Vergebung der Sünden als die allernotwendigste und allerkräftigste. Vorgetragen am 19. Sonntag nach Trinitatis 1754. 2. Aufl. 8. (47 S.) Basel 887, Spittler. — Dresden, H. J. Naumann. *

Woltersorf, Ernst Gottlieb: Die unschätzbare P r e d i g t von der Vergebung der Sünden über den Text: 'Vom Gichtbrüchigen' ⟨Matth. 9, 1–8⟩ geh. von – . Szillen: J. L. Sakuth [um 1900]. (64 S.) 8°

— Predigten. 8. Jena. (Korn d. ält. in Bresl.) 769.

— Predigten, so ehemals einzeln herausg. u. nun in eine Samml. gebracht. 8. Jena, Cröcker. 769.

— Predigten. 8. Jena 775. (J. Fr. Korn in Bresl.) 12 gr

— die evangel. Psalmen. Von Neuem vollständig u. mit des Verfassers Lebenslauf vermehrt; herausg. von einigen Freunden u. Bekennern lutherischer Wahrheit. Mit 1 Bildniß. 8. Nürnberg 837. Raw. 2/3 Rthlr — dass. 8. Bunzlau 837. (Dresden, Naumann) n. 3/4 Rthlr

—— die evangelischen Psalmen. Von neuem gesammelt u. durch einige bis jetzt noch ungedruckte Lieder u. des Verf. Lebenslauf verm. hrsg. v. K. F. Rob. Schneider. 2. Aufl. gr. 8. (30½ B. u. W's. Bildn.) Dresden 842, Naumann. * —

— evangelische Psalmen. Von neuem gesammelt u. durch einige bis jetzt noch ungedruckte Lieder und des Verf. Lebenslauf vermehrt hrsg. v. K. F. Rob. Schneider. 3. Aufl. gr. 8. (464 S. mit des Verf. lith. Portr.) Dresden 849, Naumann. n. 3/4 Rthlr

—— die evangelischen Psalmen. Von neuem gesammelt und durch einige bis jetzt noch ungedr. Lieder und des Verf. Lebenslauf verm. hrsg. von C. F. Rob. Schneider. 4. Aufl. gr. 8. (456 S. mit Woltersdorf's lithogr. Bildniß.) Dresden 855, Naumann. * -

—— die evangelischen Psalmen. Von neuem gesammelt und durch einige bis jetzt noch ungedruckte Lieder und des Verf. Lebenslauf vermehrt hrsg. von K. F. Rob. Schneider. 5. Aufl. gr. 8. (456 S. mit Woltersdorf's Bildn. in Stahlst.) Leipzig und Dresden 863, Naumann. * -

Evangelische Psalmen. Von d. Hocherleuchteten u. Treuen Gottesmann E[rnst]G[ottlieb]**Woltersdorf**, Pred. in Bunzlau. Neu aufgelegt mit e. Anh. von 15 geistreichen Liedern. (Vorr.: J[ohann] Ludwig Sakuth.) *Szillen, Ostpr.: J. L. Sakuth (1901).* (196 S.) 8° [F.] [04. 6/60 10

— Repertorium d. Land- u. Seecharten, so wie d. vorzüglichst. Grundrisse u. topograph. Ansichten d. merkwürdigsten Städte. 1r Thl. gr. 8. Wien, Camesina. 812.

Woltersdorf, E. G., Repertorium der Land- und Seekarten, so wie der vorzüglichsten Grundrisse und topographischen Ansichten der merkwürdigsten Städte. Th. 1. Wien 1813. 8. . . . . (D.)

— die Schächer am Kreuze, eine erbaul, Monatsschrift. 2 Bde. 8. Görlitz 777, 78. Deinzer. (Arnold in Bauzen.) 3 ß

— die Tage des Menschen, als gezählte, schnelle u. wichtige Tage, in einer Neujahrspredigt 1757 betrachtet. 8. Bresl. 757. W. G. Korn. 4 gr

—— die Thränen u. das Glück d. Marie Magdalena. 8. (..B.) Bunzlau 830. (Berlin, J. A. Wohlgemuth.) *

— d. Vergebung d. Sünden, e. Pred. 8. Bresl. 755. W. G. Korn. 4 gr

Woltersdorf, Ernst Gtli., Bethlehems erste Weihnachts-Feier. Ueber Luc. 2, 1—20. 8. (1½ B.) Berlin 844, Grobe. *

— Davids Weihnachtslied, der 8e Psalm. 4. Bresl. 758. W. G. Korn. 2 gr

Woltersdorf, Ernst Glieb. Das Wiegenband. (Gedicht.) 16. (8 S.) Stuttg. 890, Buchh. der Evangel. Gesellschaft. — 03

— Worte eines offenen Herzens bei öffentl. Einsegnung d. Kinder. 8. Züllich. 756. (Frommann in Jena). 1 gr

— zwei Worte des Lebens aus d. Munde d. lebendigen Heilandes. 4. Bresl. 759. W. G. Korn. 4 gr

Woltersdorf, Fritz, Gerichtsassessor in Weimar: Die rechtliche Natur des Mäklervertrags. *Jena 1904: Frommann.* (62 S.) 8° [F.]
Jena, Jur. Diss. v. (21. März) 1904

Woltersdorf, Fritz, die rechtliche Natur des Mäklervertrags. (Diss.) (62 S.) gr. 8. Berlin 905. Struppe & Winckler. n. 1. 50

Woltersdorf, *Ernst* Gerhard [aus Greifswald]: Beitrag zur Pathologie der Fallopischen Tuben. ... Greifswald, Druck v. J. Abel, 1891; 36 S. 8°
Greifswald, Med. Fak., Inaug.-Diss. v. 10. Jul. 1891

Woltersdorf, Gerh., üb. feuchte Wohnungen. E. hygienisch-sanitätspolizeil. Studie. gr. 8. (VII, 79 S.) Greifswald 896. J. Abel. n. 2. —

Woltersdorf, J. E. Ethnographiae comparativae elementa. 8 S. . . .
Breslau, F., Progr. 1830

Woltersdorf, J. E., Commentatio vitam Mithridatis M. per annos digestam sistens. 4maj. Gottingae, Dieterich. 813.

Woltersdorf, Jak. Fr., Predigten, größtentheils gehalten während d. Feldetats von 1790—91. 8. Königsb. 79?. (Unzer). 12 gr

Woltersdorf, Jh. Hnr., s. Batrachomyomachie.

Woltersdorf, Jh. Lukas, († 1772.) Anfangsgründe der christl. Lehre. 8. Berl. 777. (Reimer). 2 gr

— Auszug daraus. 8. Ebd. 777. Ebd. 1 gr

— Mineralsystem. 4. Königsb. Hartung. 751.

— — dasselbe. 4. Ulm, Bartholomäi. 755.

Woltersdorf, Jh. Lukas, Sammlung einzelner Predigten. 8. Berl. 762. Rüdiger. 12 gr

— systema minerale in quo regni mineralis producta omnia systematice, per classes, ordines, genera et species proponuntur, das ist, Mineralsystem, worin alle zum Mineralreich gehörigen Körper im ordentl. Zusammenhange rc. vorgetragen werden. 4. Berl. 748. 10 gr Von neuem herausg. v. Herm. ***. (Eb. Fr. Stadel). 4. Ulm 755. Bartholmai. 10 gr Neue Ausg. vom Verf. selbst. längl.-4. Berl. 755.

Woltersdorff, Johann Lucas.
Systema minerale . . . Mineralsystem . . . Ulm 1755. V: *Stadel, Eberhard Friedrich.* (ML) (Ky)

v. **Woltersdorf**, K., der Lebenspunkt, oder Grund u. Ursache aller Krankheiten, u. Mittel f. gründl. Heilung derselben. — Ein Buch in Briefen für jeden denkenden Leser. gr. 8. Berlin 841. (Voß.) n. 1 ß

Abschieds-Grüsse. 2. Samml. von Leichenreden nebst 2 Predigten von D. Th[eodor] Woltersdorf. *Greifswald: L. Bamberg 1900.* (135 S.) 8°
= Woltersdorf: Leichenreden. Samml. 2. [ω. 597a 9

Woltersdorf, Thdr., zur Geschichte der evangelisch-kirchlichen Selbständigkeits-Bewegung. Hrsg. v. Jul. Websky. (IV, 75 S.) gr. 8. Berlin 905. [C. A. Schwetschke & Sohn.] Leipzig, M. Heinsius Nachf. n. 1. 25

Woltersdorf, Th. Zur Geschichte u. Verfassung der evangelischen Landeskirche in Preußen. Gesammelte Aufsätze. 8. (VII, 275 S.) Greifswald 891, Bamberg. * 3 —

Woltersdorf, Th., die Kirche, s. Vorträge, protestantische.

Woltersdorf, Theodor: Leichenreden von D. Th[eodor] Woltersdorf, Greifswald. [Samml. 1.2.] Greifswald: L. Bamberg 1888–1900. 2 Bde 8°
[1.] 1888 [2 u. d. T.:] Abschieds-Grüsse. 2. Sammlung von Leichenreden nebst 2 Predigten. 1900.

—— Schleiermachers Predigten über die augsburg. Confession. Ein Vortrag, gehalten im Verein für wissenschaftl. Vorträge zu Greifswald. gr. 16. (58 S.) Greifswald 868, Bamberg. *

—— die Rechtsverhältnisse der Greifswalder Pfarrkirchen im Mittelalter, nach den Quellen untersucht. [Vereinsschrift der Rügisch-Pommerschen Abtheilung der Gesellschaft für Pommersche Geschichte und Alterthumskunde in Stralsund und Greifswald.] gr. 8. (VII, 79 S.) Greifswald 888, (Bindewald.) *

— Sprachbuch f. den Confirmanden-Unterricht, im freien Anschluß an Luther's kleinen Katechismus zusammengestellt. Ausg. B. 16. (36 S.) Greifswald 874. Bamberg. n. — 30

—— Spruchbuch für den Konfirmanden-Unterricht, im freien Anschluß an Luthers kleinen Katechismus zusammengestellt. 2. Aufl. 8. (32 S.) Greifswald 886, Bamberg. *

— das preußische Staatsgrundgesetz u. die Kirche. Studien u. Urkunden zur Verfassungsfrage der evangel. Landeskirche in Preußen. gr. 8. (XII, 556 S.) Berlin 873. G. Reimer. n. 7. —

— über gesunde Vernunft. 8. Berl. 792.

Woltersdorf, Thdr. Karl Geo., († d. 10. Febr. 1806.) Anleit. für angehende Katecheten u. Schulhalter d. Jugend, d. Katechismus Lutheri nach d. Wortverstande gehörig beizubringen. 8. Halle 771. Waisenh.-B. 4 gr

— s. Jubelfeier, die, der St. Georgen-Gemeine.

Woltersdorf, Th. C. G., Weihnachtsbüchlein. Ein Geschenk für Kinder. 8. Berlin 833. (Eichler.) n. 1/3 ₰

Woltersdorf, Th. C. G., Weihnachtsbüchlein. Geschenk f. Kinder, enth. 21 Betrachtungen ꝛc. 1. u. 2. Aufl. 8. (à ..B.) Berlin 833, ..., (J. A. Wohlgemuth.) à*

Woltersdorf, Theod. Carl Geo., Weihnachtsbüchlein. Ein Geschenk für Kinder, enthaltend 21 Betrachtungen über Luc. 2, 1—40. und Matth. 2, 1—23. 4. Aufl. 8. (136 S. mit 8 ill. Stnt.) Berlin 853, (Wohlgemuth.) *

Woltersdorf, W., der Helden Prima's und Sekunda's Schneekampf. 2. Aufl. besorgt von W. Gliemann. 12. (XII und 68 S.) Salzwedel 860, Schmidt. **

Woltersdorfer Schleuse [Schlagwort]

Woltersdorfer Schleuse, s.: Wanderkarten.

Woltersdorff, (?). Das Theater in Königsberg [von 1820–1855]. (In: Der neuen Preussischen Provinzial-Blätter andere Folge, Band X). Königsberg 1856.

Woltersdorff, Arth., Theatralisches. In vier Abschnitten. Berlin 856. Janke. 8. (XV, 172 S.) n. 1 ₰.

Woltersdorff, Ernst Gottlieb, s. Woltersdorf.

Rede am 72. Geburtstage Sr. Herzogl. Durchlaucht des Herzogs Ferdinand von Braunschweig und Lüneburg in der Loge zu den drei Weltkugeln [in Berlin] gehalten vom Br. G[abr.] L[ukas] W[oltersdorff]. Berlin; am 12. Jan. 1792. [Berlin 1792]: Kgl. Hofbuchdr. 14 S. 8⁰ [Umschlagtit.]
Kl. 1104. Feiert Ferdinand als Christ und Maurer. Beigefügt eine Ode von F. Wadzeck.

Woltersdorff, Greg. v. (Paul Feige). Offener Brief an Herrn A. Rollmann, geistl. Inspektor der protest. Gemeinde zu Fulda. Aus Anlaß der Predigt über Röm. 3, 28, geh. am Lutherfest den 11. Nov. 1883. Frankf. a. M., Fösser Nachf., 1884, gr. 8°, 22 S., 40 Pf.

Woltersdorff, Johann Lukas, s. Woltersdorf.

Woltersdorff, Max *Heinrich Wilhelm* [aus Dramburg in Pomm.]: Ein Beitrag zur Lehre von den Tumoren des Nabelstranges ... Halle a. S., Hofbuchdr. v. C. A. Kaemmerer & C., 1895; 22 S., 2 Bl., 1 Taf. 8.
Halle, Med. Fak., Inaug.-Diss. v. 26. Nov. 1895

Woltersdorff, O., Dictionis Aeschyleae quae sint proprietates. Diss. 1874. 29 S. 1.—

Woltersdorff, T. C. G. Dank-Predigt über den d. 5. May 1762 zu St. Petersburg zwischen Sr. Königl. Maj. von Preussen u. Sr. Russ. Kais. Maj. geschlossenen Frieden. Berlin, Stettin und Leipzig. 8.

Woltersdorff, Willy, s. Wolterstorff.

Wolterstorff, Albert

Wolterstorff, A., Bilder aus dem römischen Alterthum. Halberstadt 865. Franck. 8. (XI, 178 S.) 22½ ngr.

Wolterstorff, Albert. Ueber den Einfluß, welchen Tiberius auf die im Senate verhandelten Prozesse ausgeübt hat. Nach Tac. Ann. 1—6. 32 S.
Halberstadt, Progr. 1853

Wolterstorff, Godofredus, Ballenstedtensis Anhaltinus: Historia pronominis ille exemplis demonstrata. Marpurgi Cattorum 1907: J. A. Koch. (75 S.) 8°
Marburg, Phil. Fak., Ref. Birt, Diss. v. 13. Juni 1907
[Geb. 30. Juli 82 Osterburg i. d. Altm.; Wohnort: Ballenstedt; Staatsangeh.: Anhalt; Vorbildung: Progymn. Osterburg, Gymn. Dessau Reife O. 01; Studium: Grenoble 1, Marburg 3, München 1, Berlin 1, Marburg 3 S.; Rig. 28. Nov. 06.]

Wolterstorff, Hermann [Dr.]: Essai sur la vie et les oeuvres de Rodolphe Töpffer. I. Magdeburg, Druck v. E. Baensch jun., 1894; 1 Bl., 22 S. 4.
Magdeburg, RG, OP 1894 (267)

Wolterstorff, Hermann [Dr.]: Essai sur la vie et les oeuvres de Rodolphe Töpffer. II. [Forts. d. P-Beil. 1894.] Magdeburg, Druck v. E. Baensch jun., 1895; 1 Bl., 29 S. 4.
Magdeburg, RG, OP 1895 (269)

Wolterstorff, Hermann. Aus dem Hochgebirge. Erinnerungen eines Bergsteigers. [Mit vielen Illustrationen, 11 Tafeln und 2 Karten.] XII + 212 S. 8. Magdeburg, Selbstverlag des Verfassers; Komm. O. R. Reisland in Leipzig, 1902. [M. 7. —]

Wolterstorff, Hermann. Aus dem Hochgebirge. Erinnerungen eines Bergsteigers. 2. vermehrte und verbesserte Aufl. Teil 1: Zermatt und die Zermatter Bergwelt. [Mit Illustrationen und 10 Tafeln.] XII + 148 S. 8. Magdeburg, Selbstverlag des Verfassers, 1909. [geb. M. 5. —]

Wolterstorff, Hermann: Das Perfekt der zweiten schwachen Conjugation im Altfranzösischen. Halle a. S. 1882: Plötz. 34 S. 8°
Halle-Wittenberg, Phil. Diss. v. [21. Febr.] 1882
Geb. Halberstadt 3. 2. 1859. V.

Wolterstorff, J. A. G., das Alt-Lutherthum nach Lehre und Verfassung kurz dargestellt. Ein Wort an die Gemeinen der evangelisch-unirten Kirche. gr. 8. (44 S.) Stendal 851, Franzen und Grosse. *

Wolterstorff, J. A. G., Beleuchtung der Antwort Kämpfe's auf Uhlich's Bekenntnisse. gr. 8. (5 B.) Wolfenbüttel 846, Holle'sche Buchh. * -

Wolterstorff, J. A. G., die erste hundertjährige Jubelfeier des Gymnasiums zu Salzwedel. Nebst 8 Beilagen. gr. 8. (Mit 1 lithogr. Tafel.) Salzwedel 844. (Schmidt'sche Buchh.) n. 3/8 ₰

Wolterstorff, J. A. G., Predigten. gr. 8. Neust. 828. (Wagner). 12 gr

—— die Selbstständigkeit der evangelischen Kirche und der erste Paragraph der Grundzüge einer evangel. Gemeinde-Ordnung für die östl. Provinzen. 1. und 2. Aufl. gr. 8. (47 S.) Stendal 851, Franzen und Große. *

—— die rationale Theologie. Kurz dargestellt u. gegen die evang. Kirchenzeitung, so wie m. bes. Rücksicht auf Hrn. Pred. Kämpfe vertheidigt. gr. 8. (9 B.) Wolfenbüttel 846, Holle'sche Buchh. *

Wolterstorff, J. A. G., die kirchliche Union oder die Vereinigung der lutherischen und der reformirten Kirche zur evangelischen Kirche besonders in Preußen. Für Gemeinen in Stadt und Land dargestellt. gr. 8. (117 S.) Stendal 852, Franzen und Grosse. -

Wolterstorff, Jacobus Albertus Godofredus: In Alexandrinam Habacuci capitis tertii versionem.
Halle-Wittenberg, Phil. Diss. v. 8. März 1820
Geb. [Salzwedel 2. 4. 1800]
Verf. war der drittjüngste Hallische Dr. phil. in unserer Periode.

Wolterstorff, Maria, Dämmerung. Roman. (227 S.) 8. Stuttgart 910. J. F. Steinkopf. 3.—; geb. in Leinw. 4.—

Wolterstorff, Marie [Wirkl. Name], s.a. Burmester, Marie [Pseud.]

Wolterstorff, Ricardus [Magdeburgensis]: Sophoclis et Euripidis Electrae quo ordine sint compositae ... Ienae, in aed. Pohlii, 1891; 1 Bl., 65 S. 8.
Jena, Phil. Fak., Inaug.-Diss. v. 1891

Wolterstorff, Willy

Beiträge zur Fauna der Tucheler Heide. Von Willy **Wolterstorff.** Nebst Beitr. v. A. Dollfus [u. a.] Mit 1 Taf. u. 5 Textfig. Danzig; W. Engelmann, Leipzig, in Komm. 1904. 102 S. 8° [Umschlagt.]
Aus: Schriften d. Naturforsch. Ges. in Danzig. N. F. Bd 11, H. 1. 2. [09. 18158 5

Wolterstorff (W.), Ueber fossile Frösche, insbesondere das Genus Palaeobatrachus. Theil 1 und 2. (Sep.-Abdr. a. d. Jahrb. d. Naturwiss. Vereins zu Magdeburg f. 1885 u. 1886.) Magdeburg 1886 und 1887. 8.

Woltersdorff, W., unsere Kriechthiere und Lurche. Vorläufiges Verzeichniss der Reptilien und Amphibien der Prov. Sachsen und der angrenzenden Gebiete, nebst einer Anleitung zu ihrer Bestimmung. gr. 8. (38 S.) Halle 888, Tausch und Grosse. *

Woltersdorff, W., die Reptilien u. Amphibien der nordwestdeutschen Berglande. Unter Mitwirkg. v. E. Cruse, W. Henneberg, Klöber, H. Kloos, P. Krefft, J. Sömmering, Fr. Westhoff u. A. bearb. [Aus: „Jahresbericht u. Abhandlgn. d. naturwissenschaftl. Vereins zu Magdeburg".] gr. 8. (VI, 242 S.) Magdeburg 893. (W. Niemann.) n.n. 2. 50

Wolterstorff, W., üb. ausgestorbene Riesenvögel. Vortrag, geh. im naturwissenschaftl. Verein zu Magdeburg. gr. 8. (20 S. m. 2 Taf.) Stuttgart (900). E. Nägele. n. —60

— Streifzüge durch Corsica. Mit Orig.-Aufnahmen [3 Taf.] von Lor. Müller. gr. 8. (35 S.) Magdeburg 901. Faber'sche Buchdr. n. 1. 50; geb. n. 2.—

— die Tritonen der Untergattung Euproctus Gené u. ihr Gefangenleben, nebst e. Ueberblick der Urodelen der südwestl. paläarkt. Region. gr. 8. (47 S. m. 1 farb. Taf.) Stuttgart 902. E. Nägele. n. 1.—

Wolterstorff, Willy, Museums-Custos aus Calbe a. S.: Das Untercarbon von Magdeburg-Neustadt und seine Fauna. (Hierzu Taf. II u. III.) Berlin 1899: A. W. Schade. (64 S.) 4° (8°) (Aus: Jahrbuch d. Kgl. Preuss. geol. Landesanst. u. Bergakad., 1898.)
Erlangen, Phil Diss. v. 15. Dez. 1898

Wöltge, C., s. Woltje, C. L. H.

Wöltge, Hnr. Chr., († d. 18. März 1793.) observationum medicarum fasciculus; observatio de chorea Sancti Viti. 4. Götting. 783. Dieterich. 2 *K*

Wolthaus, Heinrich, approb. Arzt aus Nortrup ⟨Hann.⟩: Ein Beitrag zur Therapie des chronischen Ekzems. *Leipzig 1902: B. Georgi.* (28 S.) 8°
Leipzig, Med. Diss. v. (14. Febr.) 1902

Wolthaus, Wilhelm, aus Nortrup: Aus d. Universitäts-Augenklinik in Freiburg i. Br. Über die operative Behandlung der Cataracta congenita und ihre Prognose. *Freiburg i. B. 1904: K. Henn.* (80 S.) 8°
Freiburg i. B., Med. Diss. v. 1904

Wolthers, W., Diss. juridica inaug., de auctoribus, sociis et fautoribus delictorum, eorumque poenis. 8maj. Gröning. 823. v. Bökeren. ...

Wöltje, C. L. H.

Wöltge, C., neue Grammatik der Tonsetzkunst. Mit 2 (lith.) Notentaf. (in Fol.). Leipzig 853. Hinze. (Matthes.) gr. 8. (XV, 240 S.) n. 1 *ℛ*. 15 *ngr.*

Wöltje, C. L. H., Versuch e. ration. Construction d. modernen Tonsystems. 8. (14 B. u. 9 Stnt.) Celle 832, Schulze.

Woltjer, Rob. Herm., de Platone prae-socraticorum philosophorum existimatore et iudice. Diss. (IX, 219 S.) gr. 8. Leiden 904. Buchh. u. Druckerei vorm. E. J. Brill. n.n. 6.—

Woltin [Schlagwort]

Woltin, s.: Geologische Karten. Preussen. 89.

Woltman, Reinhard, s. Woltmann.

Woltmann, Gedächtnisfeier des deutschen Kriegervereins Lachendorf-Beedenbostel und Umgegend für Se. Maj. den hochsel. Kaiser und König Wilhelm I. Predigt, geh. am Sonntage Judica, den 18. März 1888 in der Kirche zu Beedenbostel. gr. 8. (14 S.) Celle 888, Schulze'sche Buchh.

Woltmann, Superint., s. Sonntags-Blatt, christliches.

Woltmann. Wallenstein. [Historischer Kalender auf das Jahr 1803.] 16. Berlin (1802).

Woltmann, Wirtschaftsgeschichte Deutschlands, s.: Kreuzkam.

Woltmann, A., & F. Frölich, Denkschrift zur Erinnerung an das 100jährige Bestehen der Gutehoffnungshütte Oberhausen: 1810 bis 1910. Düsseldorf, 1910. 177 S. mit 200 Abb. u. 32 Taf.

Woltmann, Alfr., die Baugeschichte Berlins bis auf die Gegenwart. Mit zahlreichen Holzschntaf. gr. 8. (VIII, 312 S.) Berlin 872. Gebr. Paetel. n. 7.—; geb. n. 9.—

Woltmann, Alfr., Hans Burckmair, s.a. Kunst und Künstler des Mittelalters und der Neuzeit.

Woltmann, Alf. Hans Burckmair. (Dohme, Kunst und Künstler. Abth. 1. Bd. 1.)

Woltmann, Alfr., s.: Deutschlands Kunstschätze.

— Geschichte der deutschen Kunst im Elsass. Lex.-8. (XVI, 330 S. mit 74 Illustr. in Holzschn., eingedr. und auf Taf.) Leipzig 876, Seemann. * *M* 10.; geb. *

Woltmann, A., Geschichte der deutschen Kunst im Elsass. Lex.-8. Leipzig 876. Strassburg, Trübner. (* *M* 10.) *

— Geschichte der Malerei. [Die Malerei des Alterthums von Karl Woermann. — Die Malerei des Mittelalters von Alfr. Woltmann.] Mit 140 Illustr. in Holzschn. 1.—5. Lfg. 1. Hälfte oder 1. Bd. gr. 8. Ebendas. [1.—3. Lfg. (1. Bd. S. 1—320.) 878. à * *M* 3.; 4. und 5. Lfg. 1. Hälfte (XII, S. 321—483.) 879. * *M* 4,50.] *
geb. *

Woltmann, Alfr., Geschichte der Malerei. [Die Malerei des Alterthums von Karl Woermann. — Die Malerei des Mittelalters und der Neuzeit von Alfr. Woltmann.] Mit vielen Illustr. in Holzschn. 5. Lfg. 2. Hälfte bis 14. Lfg. gr. 8. (2. Bd. XIII, 800 S.; 3. Bd. S. 1—224.) Leipzig 880—84, Seemann. *

—— und Karl Woermann, Geschichte der Malerei. 15.—22. (Schluss-)Lfg. gr. 8. (3. Bd. X, S. 225—1138 mit vielen Illustr. in Holzschn.) Leipzig 885—88, Seemann. à Lfg. *ℳ 3.—. *

—— Hans Baldung Grien, s.a. Kunst und Künstler des Mittelalters und der Neuzeit.

Woltmann, Alfr. Hans Baldung Grien. (Dohme, Kunst und Künstler. Abth. 1, Bd. I.)

—— Matthias Grünewald, s.a. Kunst und Künstler des Mittelalters und der Neuzeit.

Woltmann, Alf. Matthias Grünewald. (Dohme, Kunst und Künstler. Abth. 1, Bd. I.)

Woltmann, Alfred. Die beiden Hans Holbein. [Illustriert. A.] 8. (Braunschweig 1872.)

Woltmann, Alfr., s.: Holbein's des Aelteren, Hans, Silberstift-Zeichnungen.

Woltmann, Alfr., Holbein und seine Zeit. 2 Thle. gr. 8. Leipzig, Seemann. [1. Thl. (XVI und 376 S. mit 31 Holzschn. und 1 Photolithogr.) 866. * 3 Thlr. 20 Ngr., 2. Thl. (XX und 396 S. mit eingedr. Holzschn. und 9 Holzschntaf. in 8. und 4.) 868. * 3 Thlr. 20 Ngr., Suppl., enth. Verzeichniß der Werke Holbein's, nebst Namen- und Sachregister. S. 401—496.) 868. * 24 Ngr.] *
geb. *

—— Holbein und seine Zeit. 2. umgearb. Aufl. 1. Bd.: Des Kuenstlers Familie, Leben und Schaffen. gr. 8. (XVI, 493 S. mit Illustr. in eingedr. Holzschn., Holzschntaf. und 1 Photolithogr.) Leipzig 873, Seemann. *
geb. *

Woltmann, Alfred. Holbein und seine Zeit. Mit Holzschnitten und 1 Photolithographie. 2 Bde. Leipzig 1866—1868. 8°. Zweite umgearbeitete Auflage. Leipzig 1874. 8°.

—— Holbein und seine Zeit. 2. (Schluss-)Bd.: Excurse, Beilagen, Verzeichnisse der Werke von Hans Holbein den Aelt., Ambrosius Holbein, Hans Holbein den Jüng. 2. umgearb. Aufl. gr. 8. (VIII, 232 S. mit 1 Holzschntaf.) Ebendas. 876. *ℳ 7.; geb. *

—— aus vier Jahrhunderten niederländisch-deutscher Kunstgeschichte, s. Verein, allgemeiner, für deutsche Literatur.

— die deutsche Kunst u. die Reformation, s.a. Sammlung gemeinverständlicher wissenschaftlicher Vorträge.

Woltmann A, die deutsche Kunst und die Reformation. (Samml wiss. Vortr. 31) Berlin 1867

Woltmann, Alfr., Die deutsche Kunst u. die Reformation. Berlin 1868. 8. Int: Samml. gem.-verst. wiss. Vortr. Bd. 2. S. 211—251.

—— Andrea Mantegna, s.a. Kunst und Künstler des Mittelalters und der Neuzeit.

Woltmann, A. Andrea Mantegna. (Dohme, Kunst und Künstler. Abth. 2, Bd. I.)
Gutbier. Museum d. ital. Malerei in Photogr. XVII.

—— die königlichen Museen zu Berlin, s. Grieben's Reise-Bibliothek.

Woltmann A, das Königliche alte und neue Museum in Berlin. Verzeichnis der Galerien etc. nebst einer Übersicht der antiquarischen Sammlung. 10. Auflage. Berlin 1865

Woltmann, Alfr., biographische Notizen, s.: Deutschlands Kunstschätze.

Woltmann, Alfredus (Fridericus Godofredus Albertus) *(geb. Charlottenburg 18. 5. 1841)*: De Johannis Holbenii, celeberrimi pictoris, origine, adolescentia, primis operibus. Vratislaviae (1863). (32 S.) 8°
Breslau, Phil. Diss. v. 26. Nov. 1863

Hans Holbein's des Aelteren Silberstift-Zeichnungen im Königl. Museum zu Berlin. In Originalgrösse durch Lichtdruck ausgeführt von A. Frisch in Berlin. Mit Text von **Alfred Woltmann.** Nürnberg. Fol.

Die Gutehoffnungshütte, Oberhausen, Rheinland. Zur Erinnerung an das 100jähr. Bestehen 1810—1910. (Verf.: Arnold Woltmann u. Fr[iedrich] Frölich. — (Düsseldorf 1910: Bagel.) VII, 177 S. 4°

Woltmann, Arnold, aus Husum: Der Hochmeister Winrich v. Kniprode und seine nordische Politik. Wittingen 1901: Neef. (72 S.) 8°
Berlin, Phil. Diss. v. 21. Dez. 1901

Woltmann, C. L. von, politische Blicke und Berichte. 1r Theil. 8. Leipzig, Brockhaus. 816.

— — Geschichte der Reformation in Deutschland.
Auch unter dem Titel:
Historische Darstellungen ꝛc. 2te wohlfeile Auflage. 8. Altona, Hammerich. 817.

— — Geschichte der europäischen Staaten. 2 Bände. gr. 8. Berlin. 797 — 99. Ist jetzt Verlag von Reimer.

Woltmann, F., Ueb. d. Ordnung d. Bücher in d. aristot. Politik. S.-A. 1842. 84 S.

Woltmann, Fr. A., Betrachtt. über d. Sünde, nach Jacobi 1, 13—15. Eine gekrönte Preisschrift. gr. 8. Götting. 823. Dieterich. 4 gGr.

Woltmann, Fr[idericus]: •De doctrina quam Aristoteles in libris politicis de civitate proposuerit [verb. u. im Diplom: proposuit]. 135 S. 4°
Halle-Wittenberg, Phil. Diss. v. 13. März 1840
Geb. [Berlin 3. 12. 1815]
Vom Verf. ersch.: Ueber die Ordnung der Bücher in der Aristotelischen Politik. In: Rhein. Museum f. Philologie. N. F. Jg. 1. Frankfurt a. M. 1842. S. 321—354.

Woltmann, H[ermann]: Französische Sprechübungen im Anschluß an den geographischen Lehrstoff. ⟨Vocabulaire, Phraséologie, Questionnaire⟩. Oschersleben 1905: W. Eichel. (35 S.) 8°
Oschersleben, R OP 1905 (320)

Woltmann, J., Dolli und sein Schwesterchen. Eine Erzählung aus dem Engl. 12. (80 S.) Elberfeld 882, (Buchh. der Evangel. Gesellschaft.) *

Woltmann, J. F. A. L., Beschreibung e. Reise nach St. Petersburg, Stockholm u. Kopenhagen. gr. 8. (21¾ B.) Hamburg 833, Hoffmann u. Campe.

Woltmann, J. F. A. L., christlicher Haus-Altar. Eine Sammlung von Gebeten für die häusl. Erbauung evangel. Christen veranstaltet und bearb. 2 Thle. gr. 8. Clausthal 851, Schweigersche Buchh. -
Inhalt:
Thl. 1. Wochengebete, Festgebete und Gebete für besond. Verhältnisse, Zeiten und Umstände. (219 S.) 12½ Ngr.
" 2. Communion- und Kranken-Buch. (X und 200 S.) 15 Ngr.

Woltmann, J. J., der Taubenschlag oder die Wartung und Pflege, das Paaren und die Brützeit der Tauben, ihre Krankheiten und deren schnelle Heilung durch bewährte Mittel. Nebst einem Anhang: die Beschreibung der verschiedensten Taubenracen. 8. (VIII, 47 S. mit 13 lithogr. Abbild. auf 11 Taf.) Altona 876, Verlags-Bureau.

Woltmann, Jh. Gf., († d. 14. Juli 1822.), s. K. Fr. Becker's Weltgeschichte.

Woltmann, Karl Ludw. von, deutsche Blätter, siehe Blätter.

— politische Blicke u. Berichte. 1r Thl. 8. Leipz. 816. Brockhaus. 1 Rthlr.

— s. J. B. Calvi, span.-deutsche Sprachlehre.

— historische Darstellungen. 3 Bde. (A. u. d. T.: Geschichte der Reformation in Deutschland. 3 Thle.) 8. Altona 800—2. Hammerich. 4 Rthlr. 4 gr. Schrbp. 5 Rthlr. 16 gr. Hbp. Pr. 1817. 3 Rthlr. 12 gr.

— Geist der neuen preuß. Staatsorganisation. 8. Züllichau, Darnmann. 810.

— Geist der neuen preuß. Staatsorganisation. 8. Züllich. 810. (Henning in Greiz.) 20 gr.

— Geschichte der Deutschen in d. Sächs. Periode. 1r Thl. 8. Gött. 794. Dieterich. 16 gr.

— Gesch. des westphäl. Friedens. 2 Thle. s. a. Fr. v. Schiller's Geschichte d. 30jähr. Krieges. 3r, 4r Thl.

v. Woltmann, K. L. Geschichte des westphälischen Friedens. 2 Th. 8. Leipzig 1809 7.50.

Woltmann, Karl, u. Alfr. Woltmann, Geschichte der Malerei, fortges. von K. Woermann. Th. 1—3, 1. 2. Leipzig 1879—88. 4. (D.)

— Geschichte u. Politik, eine Zeitschrift. 1r—6r Jahrg. 1800—5. 8. Berl., Reimer. (à J. 5 Rthlr.) 30 Rthlr.

Woltmann, Karl Ludw. v., Geschichte der Reformation in Deutschland. Th. 1—3. Altona 1801—5. 12. . . . . (D.)

— Geschichte der engl. Revolution. gr. 8. Berl. 797. (Reimer). 16 gr.

— Geschichte der europäischen Staaten. 2 Bde. 8. Berl. 797—99. Unger. (Reimer). 4 Rthlr. (1r Bd. A. u. d. T.: Gesch. Frankreichs. 2 Rthlr. 2r Bd. A. u. d. T.: Gesch. Großbrittanniens. 1r Thl. 2 Rthlr.)

— Grundriß d. ältern Menschengeschichte. 1r Thl. 8. Jena 796. (Brockhaus in Leipz.) 1 Rthlr. 8 gr.

— Grundriß der ältern Menschengeschichte. 1r Thl. 8. Jena. (Gleditsch in Leipz.) 797.

— Grundriß der neuern Menschengeschichte. 1r Thl. u. 2r Thl. 1e Hälfte. 8. Jena 796—800. (Brockhaus in Leipz.) 1 Rthlr. (Ist unvollendet.)

— das Brandenburgische Haus. 8. Berl. 801. (Reimer). 12 gr.

— Inbegriff der Gesch. Böhmens. 2 Bde. 8. Prag 815. Calve. 3 Rthlr. 8 gr.

Gloxin, C. D. (d. i. *Carl Ludw. v. Woltmann*, 1770—1817), Maria Aurora Gräfin v. Königsmark. Ein Originalgemählde. Berlin, Unger, 1797. 8⁰. (1 Rthl.) (3 Mk. Scheible, 1886.)

Eine schwedische Uebersetzung citirt Oettinger I, 899.

— s. a. Memoiren d. Freiherrn S—a, u. setze hinzu: (von K. L. v. Woltmann).

§ **MEMOIREN** des Freiherrn von S—a (d. i. Sommariva's, Diplomaten, verfasst von *Carl Ludw. v. Woltmann*, geb. 1770, † 1817). 3 Thle. Prag und Leipzig 1815, 15, 16. Im deutschen Museum. 8⁰. (In München: P. o. germ. 1639 d.) (18 Mk. E. Frensdorff, 1906; 18 Mk. Südd. Antiqu., München, 1907; 24 Mk. Edm. Meyer, Berlin, 1908.)

— — Dasselbe (mit d. Namen d. Verf.). 2 Thle. Zweite Ausgabe. Berlin, bei August Rücker. 1827. (Sämmtl. Werke, hrsg. von seiner Frau. Bd. 13—14.) Gr. 8⁰. (8 Mk. E. Frensdorff, 1907.)

1: VIII—274 S., 1 Bl. Inh. 2: Doppeltit., 1 Bl. Inh., 237 S.

— — Dasselbe (mit d. Namen d. Verf.). Neu hrsg. von R. Müldener. 3 Bdchn. Altona, Verlagsbüreau (A. Prinz) 1874 bis 75. 8⁰. (Mk. 7,50.) (Frau Antiquar F. Waldau in Fürstenwalde offerirte um 1902 Rest-Expll. zu Mk. 3—.) (6 Mk. S. Calvary & Co., Berlin, Dezbr. 1900.)

Woltmann, Carl Ludw., Memoiren des Freiherrn von S—a. Neu hrsg. von Rud. Müldener. 3 Thle. 16. Altona 874, Verlags-Büreau. [1. Thl. (132 S.) *M* 3.; 2. und 3. Thl. (96; 181 S.) *M* 4,50.]

WOLTMANN, K.(arl) L.(udw.) v. (1770—1817). Mathilde von Merveld, ein Roman. 2 Bde. Mit 2 Titelkpfrn. u. 2 Titelvignetten. Altenburg, Schnuphase, 1799. 8⁰. (2 Rthl.) (2 Mk 50 Pfg. Beck, Nördl., 1888.)

— Dasselbe. (Nachdruck.) Mit 1 Titelkpfr. u. 1 Titelvign. Hohenzollern, Wallishausser, 1800. 8⁰. (1 fl. 20 xr. Gilhofer & Ranschburg, Wien, c. 1888, ohne Theilesangabe und mit d. Druckf. „Marveld".)

— Johann von Müller (nebst e. Anh. Johann von Müllers Briefe an den Verf. enthaltend.) 8. Berl. 810. (Dümmler.) 1 Rthlr. 21 gr.

— Plan für historische Vorlesungen. gr. 8. Jena 795. Gabler. (Cnobloch in Leipz.) 4 gr.

(Woltmann, K. L. von.) Oesterreichs Politik und Kaiserhaus. 8. Frankfurt a/M. 1815.

— s. Sallust Catilina u. Jugurtha.

— u. Karoline, Schriften. 5 Bde. 8. Berl. 806, 7. (Reimer). 8 Rthlr. Velinp. 14 Rthlr. (Einzeln unt. folg. Tit.: I. II. Erzählungen. 2 Thle. 3 Rthlr. 20 gr. III. Gedichte. 1r Thl. 1 Rthlr. 8 gr. IV. Blätter d. Liebe. 1r Thl. 1 Rthlr. 16 gr. V. Lebensbeschreibungen. 1r Thl. 1 Rthlr. 16 gr.)

— kleine histor. Schriften. 2 Thle. 8. Jena 767. (Brockhaus in Leipz.) 1 Rthlr. 8 gr.

— kleine historische Schriften. 2 Thle. 8. Jena. (Gleditsch in Leipz.) 797. (à 16 gr.)

— erneuerter Streit zwischen Staat u. Kirche, oder Mißhelligkeiten zwischen d. Senat u. den luther. Diaconen u. Predigern in Bremen. 8. Berl. 804.

v. Woltmann, Karl Ldw., († d. 19. Jan. 1817.) sämmtliche Werke. Herausg. von seiner Frau. 12 Bde. gr. 8. Prag 818—21. Museum. (Leipz., Fr. Fleischer.) 21 ℛ 4 gl 1e—8e Liefer. 1r u. 2r Bd. 14 Thle. gr. 8. Leipz. 818—27. (Berl., Rücker). 25 ℛ (8e Liefer. A. u. d. T.: Memoiren des Freiherrn v. S—a. 2 Thle. 2e Ausg. 2 ℛ 12 gl)

Woltmann, Karoline v.

s. **Bibliothek neuer engl. Romane.**

Woltmann, Karoline v., die Bildhauer. 2 Thle. 8. (44½ B.) Berlin 829, Duncker u. Humblot.

Woltmann, Karoline von [Übers.]

s. Bouilly, J.-N.: Geschichten für junge Frauen. 1820.

Woltmann, Caroline v., historische Darstellungen zu mehr als individueller Kenntniß der Zeiten und Personen. gr. 8. Halberstadt, Vogler. 820.

— historische Darstellungen ꝛc. gr. 8. Halberst. 820, jetzt Brüggemann.

Woltmann, Karoline v., histor. Darstellungen zu mehr individueller Kenntniß d. Zeiten u. Personen. 2. Ausg. (14½ B.) Leipzig 835, Schreck.

Woltmann, Caroline von, Deutschland und die Schweiz. Breslau 1835. 8.
[illegible] C. v. Woltmann, Menschen und Gegenden. Bd. 1

Woltmann, Karoline von [Übers.]

s. Edgeworth, M.: Schleichkünste. 1814.

—— das Erbe. Novelle in 3 Abthln. 8. (48 B.) Gera 831, Heinsius.

— das Erbe Novelle. 2 Thle. 8. Gera 832. Heinsius. 3 ℛ

—— die weiße Frau, u. d. Eiche d. starken Ritters. Zwei Volkssagen. 8. (..B.) Leipzig 835, Schreck.

— Heloise, ein kleiner Roman, s. L. Berg.

v. Woltmann, Karoline, die weißen Hüte. Eine histor. Darstell a. d. Mittelalter. gr. 8. Halberst. 822. (Brüggemann). 1 ℛ 12 gl

v. Woltmann, (Karoline,) die weißen Hüthe; eine histor. Darstellung aus dem Mittelalter. gr. 8. Halberst. 822, Vogler.

—— die weißen Hüthe. Eine histor. Darstell. a. d. Mittelalter. Neue Aufl. gr. 8. (..B.) Leipzig 835, Schreck.

—— der siebenjährige Kampf d. Stadt Gent. Roman. 8. (..B.) Leipzig 835, Schreck.

s. **Kranz, der.**

(Karol. v. **Woltmann:**) das Lebensgesetz, d. Formen u. d. gesetzl. Zusammenh. d. Lebens. *Berl.*, Veit u. C. 842. gr 8° 1 ℛ 16 gl

— Maria u. Walpurgis. 2 Thle. 8. Prag 817. (Leipz., Fr. Fleischer). 3 ℛ 16 gl

—— Menschen u. Gegenden. 2 Bde. Deutschland u. d. Schweiz. — Italien. 8. (40¾ B.) Breslau 835, Max u. Komp.

— *Eb.* üb. Natur, Bestimm., Tugend u. Bild. d. Frauen. *Wien*, Wallishausser. 826. gr 12° 2 ℛ 12 gl

v. Woltmann, Karol., Orlando; Trspl. gr. 8. Prag 815. (Fr. Fleischer in Leipz.) 18 gl

Carol. v. **Woltmann:** Spiegel d. grossen Welt u. ihrer Forderungen; allen, die in jene treten u. diesen entsprechen wollen, insbesondere jungen Frauenzimmern gewidmet. *Pesth*, Hartleben. 824. gr 12° 18 gl

—— der Ultra u. der Liberale, u. die weiße Frau. Ausgewählte Erzähln. 8. (19½ B.) Hamburg 832, Hoffmann u. Campe.

— Volkssagen d. Böhmen. 2 Bde. 8. Prag 815. Calve. 2 ℛ 8 gl

v. Woltmann, (Karoline,) neue Volkssagen d. Böhmen. 8. Halberst. 821, jetzt Brüggemann.

—— neue Volkssagen d. Böhmen. 2. Aufl. 8. (..B.) Leipzig 835, Schreck.

s. **K. L. v. Woltmann, sämmtl. Werke u. dess. Schriften.**

Woltmann, Ludw., politische Anthropologie. Eine Untersuchg. üb. den Einfluss der Descendenztheorie auf die Lehre v. der polit. Entwicklg. der Völker. (IV, 326 S.) Lex.-8. Eisenach 903. Leipzig, Thüring. Verlags-Anstalt. n. 6. —; geb. in Leinw. n. 7. —

Woltmann, Ludwig [aus Solingen]: Über die forensische Bedeutung der hypochondrischen Seelenstörungen ... Freiburg i. B., Buchdr. H. Epstein, 1895; 51 S. 8.
Freiburg i. B., Med. Fak., Inaug.-Diss. v. 1895

Woltmann, Ludw. [Med. et phil. Dr.]: Kritische und genetische Begründung der Ethik ... Freiburg i. B., Buchdr. v. H. Epstein, 1896; 54 S., 1 Bl. 8.
Freiburg i. B., Phil. Fak., Inaug.-Diss. v. 1896

Woltmann, Ludwig. Die Germanen in Frankreich. Eine Untersuchung über den Einfluss der germanischen Rasse auf die Geschichte und Kultur Frankreichs. Mit 60 Bildnissen berühmter Franzosen. VI + 151 + *Bildnisse* II + 60 S. 8. Jena, Eugen Diederichs, 1907. [M. 7.50, geb. 9.—]
Darin S. 16 ff. über den Homo alpinus, *S. 92 f. 99. 102/9 etc. auch Schweizer betr.; Bildnisse 10 u. 17:* [Jean-Paul] Marat *u.* J[ean-]J[acques]) Rousseau.

— die Germanen u. die Renaissance in Italien. Mit üb. 100 Bildnissen berühmter Italiener. (VIII, 150 u. 48 S.) Lex.-8. (Eisenach u.) Leipzig 905. Thüring. Verlagsanstalt. n. 8. —; geb. n. 10. —

— Der historische Materialismus. Darstellung und Kritik der Marxistischen Weltanschauung. gr. 8°. Düsseldorf, H. Michels Verl., 1899.

Woltmann, Ludw., der historische Materialismus. Darstellung u. Kritik der Marxistischen Weltanschaug. gr. 8. (IX, 430 S.) Düsseldorf 900. H. Michels' Verl. n. 4. 50; geb. n. 5. 50

— Pilgerfahrt. Skizzen aus Palästina. gr. 8. (71 S.) Eisenach 901. Thüring. Verlags-Anstalt. n. 1. —

Woltmann, Ludw., s.: Revue, polit.-anthropologische.

— d. Stellung d. Sozialdemokratie zur Religion, s.a. Bibliothek f. mod. Geistesleben. I. 2.

Woltmann, L., Die Stellung der Sozialdemokratie zur Religion (32 S.) gr. 8. Coburg '01. Eisenach, Thüring Verlags-Anstalt. 1. —; ermässigter Preis —. 50.

— System d. moralischen Bewusstseins m. bes. Darlegg. d. Verhältnisses d. kritischen Philosophie zu Darwinismus u. Socialismus. gr. 8. (XII, 391 S.) Ebd. 898. n. 4. 50; geb. n. 5. 50

Die Darwinsche Theorie und der Sozialismus. E. Beitr. z. Naturgeschichte d. menschl. Gesellschaft. Von Ludwig Woltmann, Dr. med. et phil. *Düsseldorf: H. Michels 1899.* (VIII, 397 S.) 1 Bd 8. 98. e 545 61

Woltmann, Reinh., Beiträge z. hydraul. Architektur. 4 Bde. gr. 8. Götting. 791—99. Dieterich. 4 ß 12 g/

— Beitrr. zur Baukunst schiffbarer Kanäle, mit 6 Kpft. gr. 4. Götting. 802. Dieterich. 4 ß

Woltmann, (Reinh.,) Beitrr. z. Schiffbarmachung d. Flüsse. Mit 7 Steint. gr. 8. Hamb. 826, (Herold.)

Woltmann, Reinh., Beschreibung d. hydrometr. Flügels, u. dess. Gebr. als Wind- u. Strom-Messer. Neue Aufl. gr. 8. (3 B. u. 1 Stnt.) Hamburg 835, A. Campe. (Leipzig, Brockhaus.)

Beschreibung des Schleswig-Holsteinischen Kanals und Vergleichung desselben mit dem Kanale von Forth und Clyde u. s. w. v. Reinhard **Woltmann.** Mit 1 Taf. (VI.) Siehe in desselben Beyträge zur Baukunst schiffbaren Kanäle, Göttingen. 1802. 4°.

Woltmann, R., Sur l'effet du Mouton pour l'enfoncement des pieux. Goettingue 1801

— über die Konstruktion des hydrometr. Flügels u. über dessen Gebrauch als Wind- u. Strommesser. 8. Hamb. 791.

* Ueber die Construktion des hydrometrischen Flügels und über dessen Gebrauch als Wind und Strommesser, von *R. Woltmann.* Hamburg. 8. 45 S. m. 1 Kupf. 1792

— Theorie u. Gebrauch d. hydrometrischen Flügels, od. e. zuverläss. Methode, die Geschwindigkeit d. Winde u. strömende Gewässer zu beobachten, m. Kpf. gr. 4. Hamburg, Hoffmann. 790.

— **Theory and description of a Ventilator for airing, Vessels, Vaults, Mines, Coal-Pils etc.** with some remarks on airing **vessels and** goods suspicted of infection with. 3 Pl. gr. 8. **Hamb.** 805. Fr. Perthes 1 ß Theorie u. Beschreibung e. Ventilators z. Erfrischung d. Luft in Schiffen, unterird. Gewölben u. Bergwerken ꝛc., mit 3 Kpft. 8. Ebd. 808. Fr. Perthes. 1 ß

— Theorie u. Gebrauch d. hydrometrischen Flügels, od. eine zuverlässige Methode, die Geschwindigkeit d. Winde u. strömenden Gewässer zu beobachten, mit 3 Kpft. gr. 4. Hamb. 790. (A. Campe). 14 g/ 2e verb. Aufl. gr. 8. Ebd. 832. Ebd. 16 g/

— theoret. u. prakt. Untersuchung üb. d. Wirkung d. Maschinen u. Werkzeuge, deren man sich bedient, um augenblickliche Bewegungen hervorzubringen, mit deutschem u. französ. Texte: recherches theoretiques et experimentales sur l'effet des machines etc. gr. 8. Götting. 804. Dieterich. 16 g/

Woltmann, R., über das baurechtliche Verfahren bey Verbesserungen der Flüsse, insonderheit der sehr verkrümmten, mit vorzüglicher Hinsicht auf Beförderung der Flußschiffart. Mit 2 Steintaf. gr. 8. Hamburg, Perthes und Besser. 820.

— über das baurechtliche Verfahren bei Verbesserungen d. Flüsse, insonderheit der sehr verkrümmten, mit vorzüglicher Hinsicht auf Beförderung der Flußschifffahrt. Mit 2 Steint. gr. 8. Hamb. 821. Fr. Perthes. 20 g/

Woltmann, W., Zur Statistik der Leinenindustrie und des Leggewesens der Provinz Hannover. Minden 1873

WOLTTER, JOHANN ANTONIUS DE.
Utilitatem artis chemiæ ad rem publicam ipsumque principem redeuntem . . Monachii, *n. d.* [1764]. pp. [28], sm. 4to.

Woltze, Karl, aus Köln a. Rh.: Ueber äthylierten m-Kresol. *Heidelberg 1902: J. Horning.* (44 S.) 8°
Heidelberg, Naturw.-math. Diss. v. 1902

Woltze, Pet., die Saalburg. Castellum limitis romani Saalaburgense. Auf Grund der Ausgrabgn. u. der teilweisen Wiederherstellg. durch Geh. Baurat Professor L. Jacobi. 5 Bilder in Farbendr. (darunter e. Doppelblatt) nach Aquarellen v. W. Gotha 904. F. A. Perthes. n. 15. —; auf Leinw. m. Stäben n. 25. —; einz. Blatt: 1 u. 2: 8. —; auf Leinw. m. Stäben 12. —; 3—6: à 3. —; auf Leinw. m. Stäben à 4. 50; Text v. E. Schulze. (34 S. m. 5 Taf.) gr. 8. n. — 80

1. 2. Castellum limitis romani Saalaburgense. 63×123,5 cm.
3. Porta decumana. Sacellum et quae sunt ei vicina. Principia. Atrium cum porticibus. 62×83,5 cm.
4. Limes Germaniae superioris et limes Raetiae. Turris limiti tutando destinata. 83×62 cm.
5. Fabrica. Canabae. Hypocaustum. 62,5×83,5 cm.
6. Mithraeum cum fonte perenni. Mithrael par interior. 83×61,5 cm.

— dasselbe, s.a. Spiel u. Arbeit 10. Bdchn.

Woltze, Pet., das klassische Weimar. Nach Aquarellen von W. Mit erläut. Text v. Eduard Scheidemantel. (12 farb. Taf. m. 19 S. Text.) 39,5×29,5 cm. Weimar 907. H. Böhlau's Nachf. In Leinw.-Mappe 10. —

Wolvekamp, Mari E., aus Madioen (Java): Die Constitution der sogenannten Dithiocyansäure und Persulfocyansäure. *(Leipzig) 1901: (Leipz. Tagebl.).* (39 S.) 8°
Würzburg, Phil. Diss. v. 1901

Wołyń i jego mieszkańce w. r. 1863. Krótkie opisanie gubernii Wołyńskiej pod względem jeograficznym i statystycznym przez F. N. Dresden 870. Kraszewski. 8. (VIII, 138 S.) n. 24 ngr.

Wolyncewicz [illegible]
Separatabdruck

Wolyncewicz, Stef., Bahnbestimmung des Planeten (210) „Isabella". Imp.-4. (17 S.) Wien 883, (Gerold's Sohn.)
Aus: Denkschriften der k. Akademie der Wissenschaften, besonders abgedruckt.

Wolynski, Akim Lvovič

Wolynski, A. L., „Das Buch vom grossen Zorn". Autoris. Uebersetzg. nach dem vollständ. russ. Mskr. v. Jos. Melnik. (IX, 301 S. m. 2 Taf.) gr. 8. Frankfurt a/M. 905. Literar. Anstalt. n. 6. —; geb. n. 7. —

— der mod. Idealismus u. Russland. Eine Studie. Autoris. Uebersetzung von Jos. Melnik. (III, 125 S. m. Titelbild.) 8. Ebd. 905. n. 3. 50; geb. n. 4. 50

Wolynski, A. L., die russische Litteratur der Gegenwart, s.a. Essays, moderne, zur Kunst u. Litteratur.

Die russische Litteratur der Gegenwart von A[kim] L[vovič] Wolynski [Volynskij]. Autor. Uebers von Josef Melnik. *Berlin: Hose & Tetzlaff 1902.* (43 S.) 8° [J.]
— Essays, Moderne, z. Kunst u. Litteratur. H. 20. 14. 926

— **Anton Tschechow. Autoris. Uebersetzg. v. Jos. Melnik. (III, 30 S. m. 1 Bildnis.) 8. Ebd. 904. n. 1.—**

Wolz, Diss. in daemoniacos Evang. hist. etc. Fulda. 4°. 1779

WOLZ, Friedrich: Verzeichnis sämtlicher Gewächse, welche in dem Herzoglich Nassauischen Hofgarten cultiviert werden nebst dem Situationsplan des dasigen Gartens. - Wiesbaden 1831. 88 S.

Wolz, Kurt: Die Bestimmung von $\frac{e}{m_0}$. Mit 2 Taf. Leipzig: J. A. Barth 1909. 20 S. 8° ¶ (Aus: Annalen d. Physik. F. 4, Bd 30.)
Bonn, Phil. Diss. v. 22. Dez. 1909, Ref. Kayser
[Geb. 20. Jan. 84 Poppelsdorf; Wohnort: Bonn; Staatsangeh.: Preußen; Vorbildung: Realgymn. Remscheid Reife O. 06; Studium: Bonn 3, Freiburg i. B. 1, Berlin 1, Bonn 4 S.; Rig. 10. Nov. 09.] [U 10. 437

WOELZ, ADOLPH. Ueber einige aromatische Verbindungen. Tübingen, 1872.

Wölz, Otto, Rechtsanwalt in Stuttgart: **Das Gesellschaftsvermögen nach bürgerlichem Recht und bei der offenen Handelsgesellschaft. Stuttgart 1908: Strecker & Schröder. (VIII, 143 S.) 8°**
Tübingen, Jur. Fak., Ref. Heck, Diss. v. 27. Juni 1908
[Geb. 13. Juli 77 Friesenheim (Rheinpfalz); Wohnort: Stuttgart; Staatsangeh.: Württemberg; Vorbildung: Karls-Gymn. Stuttgart Reife M. 95; Studium: Neuchatel 1, Tübingen 2, Berlin 2, Leipzig 1, Tübingen 1, Leipzig 1 S.]

Wölz, Otto, eine kritische Studie üb. die geplante Erhöhung der sachlichen Zuständigkeit der Amtsgerichte, s.: Jehle, Ernst.

Wolze, Ch., über Bedeutung u. Errichtung der den Volksschulen kleiner Städte angegliederten gehobenen Schulabteilungen, s.a. Lehrer-Prüfungs- u. Informations-Arbeiten. 41. Heft.

Wolze, Ch.: Über Bedeutung und Errichtung der von Volksschulen kleiner Städte angegliederten gehobenen Schulabteilungen. Von Ch. Wolze, Rektor. Minden: Hufeland 1910. 37 S. 8°
(Lehrer-Prüfungs- u. Informations-Arbeiten. H. 41.)

Wolze, Wilhelm [app. Arzt aus Ortshausen (Braunschw.)]: Ueber einige Fälle von Hysterie im Kindesalter ... Göttingen, Druck d. Dieterich'schen Univ.-Buchdr., 1895; 31 S. 8.
Göttingen, Med. Fak., Inaug.-Diss. v. [2. Febr.] 1895

Wolze, Wilh., üb. ein. Fälle v. Hysterie im Kindesalter. Diss. gr. 8. (31 S.) Göttingen 895. (Vandenhoeck & Ruprecht.) -- 80

Wolzendorff, Gust., Gesundheitspflege u. Medizin der Bibel. (Christus als Arzt.) Studien und Betrachtgn. (63 S) gr. 8. Wiesbaden 903. Leipzig, O. Nemnich. n. 1.—

Wolzendorff, Gust., Handbuch der kleinen Chirurgie f. praktische Aerzte. Mit 375 Holzschn. gr. 8. (VI, 467 S.) Wien 883. Urban & Schwarzenberg. n. 12.—

Wolzendorff, Gust. Handbuch der kleinen Chirurgie f. praktische Aerzte. Mit 525 Holzschn. 2. verm. u. verb. Aufl. gr. 8. (VI, 565 S.) Wien 889, Urban u. Schwarzenberg. * 10 —
geb. * 12 —

Wolzendorff, Gust., Handbuch d. kleinen Chirurgie f. prakt. Ärzte. 3., verm. u. verb. Aufl. 2 Bde. gr. 8. (VIII, 488 S. m. 356 Holzschn. u. III, 459 S. m. 328 Holzschn.) Wien 896. Urban & Schwarzenberg. à n. 7.—; geb. à n. 9.—

Wolzendorff, Gustaf [!]: De luxatione manus. Halis (1867): Lipke. 30 S. 8°
Halle-Wittenberg, Med. Diss. v. 28. März 1867
Geb. Zuchau (Kr. Kalbe) 1. 11. 1839. V.
Verf. erlebte die Diplomerneuerung 1918 als Arzt in Wiesbaden, vgl. Anh. Nr. 446.

—— **Die Massage in ihrer Bedeutung f. den practischen Arzt. gr. 8. (III, 104 S. m. Holzschn.) Hamb. 890, Gebr. Lüdeking. * 2 80**

Wolzendorff, Kurt, die Grenzen der Polizeigewalt, s. a. Arbeiten aus dem juristisch-staatswissenschaftlichen Seminar der königl. Universität Marburg. 3. u. 5. Heft.

Die Grenzen der Polizeigewalt. Von Dr. jur. Kurt **Wolzendorff.** T. 1. 2. Marburg: O. Ehrhardt 1905–06. 2 Bde 8°
1. Über d. Umfang d. Polizeigewalt im Polizeistaat. 1905.
2. Die Entwicklung d. Polizeibegriffs im 19. Jh. 1906.
= **Arbeiten** aus d. jurist.-staatswiss. Seminar d. Kgl. Univ. Marburg. H. 3. 5. [06. 814

WOLZENDORFF, Dr. Kurt, Polizei und Prostitution. Eine Studie zur Lehre von der öffentlichen Verwaltung und ihrem Recht. (Aus: Zeitschrift für die gesamte Staatswissenschaft, Tübingen 1911. H. Laupp.) III u. 76 S. Gr. 8°. (Mk. 2—.)

Wolzendorff, Kurt, Referendar am Kgl. Landgericht Wiesbaden: **Über den Umfang der Polizeigewalt im Polizeistaat.** Marburg 1905: H. Bauer. (VII, 81 S.) 8°
Marburg, Jur. Fak., Ref. Schücking, Diss. v. 22. Mai 1905
[Geb. 12. Apr. 82 Nassau; Wohnort: Nassau; Staatsangeh.: Preußen; Vorbildung: Gymn. Wiesbaden Reife O. 00; Studium: Lausanne 1, München 3, Marburg 2 S.; Rig. 28. Nov. 03.]

Wolzendorff, Reinhold: • Ueber die Quellen des Gallus Oheim vornehmlich für das 11. Jahrhundert. 80 S. 4° (2°)
Halle-Wittenberg, Phil. Diss. v. 9. März 1875
Geb. [Zuchau (Kr. Kalbe) 18. 11. 1851]

Wölzl, Robert, Rechtsprakt.: **Das Lagergeschäft insbesondere die Rechte und Pflichten des Lagerhalters. Erlangen 1909: Junge. XI, 125 S. 8°**
Erlangen, Jur. Diss. v. 27. Nov. 1909, Ref. Sehling
[Geb. 16. Okt. 82 München; Wohnort: Starnberg; Staatsangeh.: Bayern; Vorbildung: Luitpold-Gymn. München Reife 03; Studium: München 4, Erlangen 4 S.; Rig. 11. Nov. 09.] [U 10. 785

v. Wolzogen, Frau, s. Agnes v. Lilien. – Erzählungen, von d. Verfass. der Agnes v. Lilien.

v. Wolzogen, Frhr. ..., Briefe auf e. Reise, s. v. Wurmb.

Wolzogen, Alfr. Frhr. v., Peter v. Cornelius. Berlin 867. C. Duncker. gr. 8. (VII, 160 S.) n. 1 ₰ 7½ ngr.

Wolzogen (und **Neuhaus,** Karl Aug.) Alfr. v., über die scenische Darstellung von Mozart's Don Giovanni, mit Berücksichtigung des ursprünglichen Textbuches von Lorenzo da Ponte. Breslau 860. Leuckart. 8. (80 S. u. 1 Musikbeil. in 4.) 15 ngr.

— Geschichte des Reichsfreiherrlich von Wolzogen'schen Geschlechts. 2 Bde. Mit 10 Lithogr. (in Lex.-8. u. Fol.) Leipzig 859. Brockhaus. Lex.-8. (XVI, 591 S. u. 9 Tab. in 4. u. Fol.) n. 4 ₰

Wolzogen, A. Frhr. v., zwei Humoresken, s.: Universal-Bibliothek.

— Don Juan. Oper von Mozart. Auf Grundlage der neuen Text-Uebersetzung von B. v. Gugler [nach dem Italien. des Lorenzo da Ponte] neu scenirt u. mit Erläuterungen versehen. [Bühnen u. Musikverlegern gegenüber Mscr.] Breslau 869. Leipzig, Leuckart. 8. (XXIV, 121 S.) 15 ngr.;
der Text apart (80 S.) n. 5 ngr.

—— **Katalog des künstlerischen Nachlasses von C. F. Schinkel, s. Aus Schinkel's Nachlaß.**

— Schillers Leben, s.: Bibliothek, Cotta'sche, der Weltlitteratur.

Wolzogen, Alfred Freih. v. Memoiren des königlich preussischen Generals der Infanterie Ludwig Freiherrn von Wolzogen. Aus dessen Nachlass unter Beifügung officieller militärischer Denkschriften mitgetheilt. 8. Leipzig 1851.

—— aus Schinkel's Nachlaß, s.a. Aus Schinkel's Nachlaß.

v. Wolzogen Alfr. Aus Schinkels Nachlass. Reisetagebücher, Briefe u. Aphorismen. Mit einem Verzeichniss sämmtlicher Werke Schinkels. Berlin 1852-64. 4 Bde. 8. [3 Ex., das eine in 3 Bdn.]

von Wolzogen, Alfred. Aus Schinkels Nachlass. Reisetagebücher, Briefe und Aphorismen. Mit einem Verzeichniss sämmtlicher Werke Schinkels. Bd. 1—3. — Bd. 4: Katalog des künstlerischen Nachlasses von Karl Friedrich Schinkel im Beuth-Schinkel-Museum. Berlin 1862—1864. 8°.

—— Reise nach Spanien. 8. (XVI und 365 S.) Leipzig 856(57,) H. Schultze. *

Wolzogen, A. Frhr. v., Sakuntala, s.a. Universal-Bibliothek Nr. 1209.

Wolzogen, Alfr. Frhr. v., Sakuntala. Schauspiel in 5 Aufzügen, frei nach Kalidasa's altind. Drama. 8. (136 S.) Schwerin 869, Stiller'sche Hofbuchh. *

— Rafael Santi. Sein Leben u. seine Werke. Leipzig 865. Brockhaus. gr. 16. (IX, 206 S.) n. 25 ngr.; cart. n. 1 ℛ

—— Schinkel als Architect, Maler und Kunstphilosoph. Ein Vortrag, gehalten im Verein für Geschichte der bild. Künste zu Breslau. gr. 8. (109 S. mit 1 Portr. Schinkels in Holzschn.) Berlin 864, Ernst und Korn. *

—— Wilhelmine Schröder-Devrient. Ein Beitrag zur Geschichte des musikal. Dramas. 8. (XII und 351 S.) Leipzig 863, Brockhaus. *

Wolzogen, Alfr. v., Preußens Staatsverwaltung mit Rücksicht auf seine Verfassung. gr. 8. (VI und 115 S.) Berlin 851, Barthol. *

— über Theater und Musik. Historisch-kritische Studien. Breslau 860. Trewendt. gr. 8. (VII, 330 S.) 1 ℛ 7½ ngr.

Wolzogen, Alfr. Frhr. v., die Unke. Lori, s.: Reclam's Novellen-Bibliothek.

—— Wallenstein Trilogie von Friedr. v. Schiller. Als fünfactiges Trauerspiel für die Bühne bearb. Lex.-8. (XI, 57 S.) Ebendas. 869. *

—— und L. A. v. Winterfeld, dramatische Werke, s. Winterfeld, L. A. v.

Wolzogen, Caroline v., s. Wolzogen, Karoline v.

Wolzogen, Christian Wilhelm Frh. von A. S. 25/17

Dissertatio iuris publici et ecclesiastici, de principum S. R. I. potestate in sacris, ante paces religionis. Präs. Johann Peter von Ludewig. Halle (Grunert) 1738. 114 S.

Diss. 7. V. 1729.
W. v.: Präs. 37265

Wolzogen, Elsa Laura Freifr. v., 100 deutsche Volkslieder. Ausgewählt, bearb. u. zur Laute gesungen. (VI, 96 S.) 25×11,5 cm. Stettin (908). E. Simon. — 50

Wolzgen, Ernst (Ludwig) v.

Wolzogen, Ernst v., mein erstes Abenteuer u. andere Novellen, s.a. Ullstein-Bücher.

Mein erstes Abenteuer u. andere Novellen von Ernst v. Wolzogen. Berlin-Wien: Ullstein [1910]. 302 S. 8°
(Ullstein-Bücher. [7.]) [10. 13542

Ernst Ludwig und Elsa Laura v. Wolzogens Eheliches Andichtbüchlein. Buchschmuck von J. Martini. *Berlin: F. Fontane & Co. 1903.* (79 S.) 8° [03. 13136

— Ansichten u. Aussichten. Ein Erntebuch. Gesammelte Studien üb. Musik, Literatur u. Theater. (XVI, 399 S.) 8. Berlin 908. F. Fontane & Co. 5.—; geb. 6.—

— Augurenbriefe. 1. Bd. 1. u. 2. Aufl. (XII, 162 S.) 8. Ebd. 908. 2.—; geb. 3.—

Wolzogen, Ernst v., Basilla, s.a. Romane, moderne, aller Nationen.

Wolzogen, Ernst v., Basilla. Ein thüring. Roman. 8. (322 S.) Stuttgart 887. [Spemann.] Union. n. 6.—

Ernst v. Wolzogen. Basilla. *Stuttgart, Berlin, Leipzig: Union [1900].* (232 S.) 8° [F.]
= Romane, Moderne, aller Nationen. 11. [01. 13081

— Der Bibelhase. Eine Begebenheit aus Friderician. Zeit. (200 S.) 8. Stuttgart 908. J. Engelhorn Nachf. 3.—; geb. in Leinw. 4.—

— dasselbe, s.a. Engelhorn's allgemeine Roman-Bibliothek.

Wolzogen, Ernst v.: Der Bibelhase. Eine Begebenheit aus d. Friderican. Zeit. Von -. Stuttgart: Engelhorn 1909. 160 S. 8°
(Engelhorns Allgem. Roman-Bibliothek. Jg. 25, Bd 15.)

– Ein unbeschrieb. Blatt, s. Universal-Bibliothek.

Blau Blut. Eine Romanreihe von Ernst v. Wolzogen. 1–3. Stuttgart: Engelhorn 1892–1906. 8°
1. Schwertadel. 1906. [Sondert.:] Die Kinder der Excellenz …
2. Landadel. 1900. [Sondert.:] Die tolle Komteß …
3. Hofadel. 1892. [Sondert.:] Der Thronfolger …
(Engelhorns Allgemeine Romanbibliothek. Salon-Ausg.) [11. 1551

Wolzogen, Ernst v., die kühle Blonde, s.: Engelhorn's allgemeine Roman-Bibliothek.

Wolzogen, Ernst v., Wilkie Collins. Ein biographisch-krit. Versuch. 8. (184 S.) Leipzig 885. Unflad n. 2. 80

— Da werden Weiber zu Hyänen. Novellen. 1.—4. Aufl. (V, 240 S.) 8. Berlin (909). F. Fontane & Co. 3.—; geb. 4.—

Wolzogen, Ernst v., Ecce ego. Erst komme ich! Roman. 1. u. 2. Aufl. 8. (430 S.) Berlin 896. F. Fontane & Co. n. 5.—; geb. n. 6. 50

— Ecce ego. Erst komme ich! Roman. 3. Aufl. 8. (430 S.) Berlin 902. Grunewald, F. Fontane & Co. n. 5.—; geb. n. 6. 50

—— George Eliot. Eine biographisch-krit. Studie. 8. (VI, 228 S.) Ebendas. 885. *

— die Entgleisten. Eine Katastrophe in 7 Tagen, nebst e. Vorabend. 1.– 3. Aufl. 8. (347 S.) Berlin 894. 895. F. Fontane & Co. n. 3.50; geb. n.n. 5.—

Wolzogen, Ernst (Ludw.) v., die Entgleisten. Eine Katastrophe in sieben Tagen nebst e. Vorabend. 4. Aufl. (347 S.) 8. Berlin 903. F. Fontane & Co. n. 3.50; geb. n. 5.—

— Er photographirt. Eine nervöse Geschichte in Versen. Mit Illustr. v. C. W. Allers. 8. (23 S.) Berl. 890, S. Fischer Verlag. * 1 —

— die Erbschleicherinnen, s.a. Engelhorn's Romanbibliothek, 12. Jahrg.

[F.] Die Erbschleicherinnen. Roman in zwei Bdn v. Ernst v. Wolzogen. Bd 1. 2. Stuttgart: J. Engelhorn 1895. 2 Bde 8. 1 (160 S.) 2 (160 S.)
= Romanbibliothek, Engelhorns Allgem. Jg. 12. Bd 1. 2.

Die Erbschleicherinnen. Roman von Ernst v. Wolzogen Stuttgart: Engelhorn [1909]. 525 S. 8°
(Bibliothek August Scherl. Bd 60. 61.)

— Erlebtes, Erlauschtes u. Erlogenes. 1. u. 2. Aufl. 8. (VII, 331 S.) Berl. 892, Fontane u. Comp. * 3 —; geb. ** 4 —

— Erlebtes, Erlauschtes, Erlogenes. 3. Aufl. 8. (VII, 331 S.) Ebd. 900. n. 3.—; geb. n. 4.—

— Erlebtes, Erlauschtes, Erlogenes. 4. Aufl. (VII, 331 S.) 8. Ebd. 906. n. 3.—; geb. n. 4.—

— Fahnenflucht. Novelle. 1.—3. Aufl. 8. (113 S.) Ebd. 894. 895. n. 1.—; geb. n. 2.—

— Feuersnot. Ein Singgedicht in 1 Akt. Musik v. Rich. Strauß. (Textbuch.) 8. (47 S.) Berlin (901). A. Fürstner n. — 80

— die rote Franz. Roman. 8. (159 S.) Berlin 888, Dominik. *M 3.—; geb. *

Wolzogen, Ernst v. Die rote Franz. 8. Berl. 888, Fontane u. Comp. [* 3 —] * 2 —; geb. ** 3 —

— die rote Franz. Roman. 3. u. 4. Aufl. gr. 8. (à 85 S.) Berlin 900. Grunewald, F. Fontane & Co. n. 1.—; geb. n. 2.—

— die rote Franz. Roman. 5. Aufl. (85 S.) 8. Ebd. 906. n. 1.—; geb. n. 2.—

Wolzogen, H. v., Führer durch die Musik zu Richard Wagner's Festspiel. Der Ring d. Nibelungen. Ein themat. Leitfaden. Neue wohlf. Ausg. 8. (102 S.) Leipzig 887. Reinboth. n. 1.—; geb. n.n. 1.50

— Führer durch d. Musik zu Richard Wagner's Festspiel Der Ring d. Nibelungen. Ein themat. Leitfaden. Neue wohlf. Ausg. 8. (94 S.) Leipzig 896. F. Reinboth. n. 1.—; geb. n. 1.50

— Geschichte u. Gesetze der deutschen Rechtschreibung. Zur Orientirg. f. weitere Kreise. 3. (Titel-)Aufl. 8. (IV, 47 S.) Ebd. 890. n. — 50

— Geschichten v. lieben süßen Mädeln. Novellen. M. Umschlagzeichng. v. Walt. Caspari. 4. Aufl. 8. (VII, 167 S.) Berlin 898. F. Fontane & Co. n. 2.—; geb. n. 3.—

— Geschichten von lieben süßen Mädeln. Novellen. Mit Umschlagzeichng. von Walt. Caspari. 5. Aufl. 8. (167 S.) Ebd. 902. n. 2.—; geb. n. 3.—

— Geschichten v. lieben süßen Mädeln. Novellen. Mit Umschlagzeichng. v. Walt. Caspari. 6. Aufl. (VII, 167 S.) 8. Ebd. 906. n. 2.—; geb. n. 3.—

— seltsame Geschichten. 1.—4. Aufl. (à V, 156 S.) 8. Ebd. 906. n. 2.—; geb. n. 3.—

— das dritte Geschlecht, s.a. Eckstein's illustr. Roman-Bibliothek. II. Jahrg. 1. Bd.

Das dritte Geschlecht. Roman von Ernst v. Wolzogen. Mit Buchschmuck von Walter Caspari. 1–20. Taus. Berlin: R. Eckstein [1899]. (171 S.) 8°
= Romanbibliothek. Eckstein's illustrierte. Jg 2, Bd 1.

— Gevattersprüche, s.: Ganghofer, Ludw.

— die Gloriahose. 's Meikatel u. d. Sexack. Zwei Geschichten. Illustr. v. Fritz Reiß. gr. 8. (87 S.) Stuttgart 897. C. Krabbe. n. 1.—; geb. in Ldr. n. 2.50

— die Gloriahose. — 's Meikatel u. der Sexack. Zwei Geschichten. Illustriert von Fritz Reiß. 2. u. 3. Aufl. gr. 8. (à 87 S.) Stuttgart (899. 901). C. Krabbe. n. 1.—; geb. in Ldr. n. 2.50

— die Gloriahose. — 's Meikatel u. der Sexack. 2 Geschichten. Illustriert v. Fritz Reiß. 4. u. 5. Aufl. (36. bis 45. Taus.) (87 S.) Stuttgart 903. 906. C. Krabbe n. 1.—; geb. in Ldr. n. 2.50

— Die Gloriahose u. andere Novellen, s.a. Bücher, die, des deutschen Hauses.

Wolzogen, Ernst Frh. v.: Die Gloriahose u. and. Novellen von . Ill. von W. Caspari. Berlin-Leipzig-Wien: Buchverlag fürs Deutsche Haus 1908. 303 S. 8°
(Die Bücher d. Deutschen Hauses. Bd 52.)

— Die Großherzogin a. D. Roman. (425 S.) 8. Berlin 908. F. Fontane & Co. 5.—; geb. 6.—

— guide through the music of R. Wagner's „The Ring of the Nibelung" [der Ring d. Nibelungen]. Translated by Ernst v. Wolzogen. 3. ed. 8. (79 S.) Ebd. 888. n. 2.—; geb. n. 2.50

— Heiteres u. Weiteres. Kleine Geschichten. 8. (VII, 234 S.) Stuttgart 886. Spemann. n. 4.—

[F.] Heiteres und Weiteres. Kleine Geschichten v. Ernst v. Wolzogen. 3. Aufl. Berlin: F. Fontane & C. 1896. (2 Bl., 194 S., 1 Bl.) 1 Bd 8.
(Fontane's 2-Mark Bücher.)

Wolzogen, Ernst (Ludw.) v., Heiteres u. Weiteres. Kleine Geschichten. 4. Aufl. (195 S.) 8. Berlin (905). F. Fontane & Co. n. 2.—; geb. n. 3.—

— zwei Humoresken, s.: Reclam's Unterhaltungs-Bibl.

Wolzogen, Ernst v., Immaculata. Erzählung. 8. (III, 160 S.) Leipzig 881, Reißner.

— die Kinder der Excellenz, s.a. Engelhorn's allgemeine Romanbibliothek.

— u. William Schumann, die Kinder der Excellenz, s.a. Universal-Bibliothek.

Die Kinder der Excellenz. Roman von Ernst v. **Wolzogen**. Stuttgart: Engelhorn 1906. 159 S. 8°
(Wolzogen: Blau Blut. 1.)
(Engelhorns Allgemeine Romanbibliothek. Salon-Ausg.) [11. 15. 2

Wolzogen, Ernst v.: Dr. Porphyrios Dermenjoglus merkwürdige Klinik. (Aus: Seltsame Geschichten.) Von . [Stenogr.] Berlin: Steffenhagen [1910]. 66 S. 8°
(Auf Höhenpfaden neuerer Literatur. Bd 5.)

— die tolle Komteß, s.a. Engelhorn's allgemeine Romanbibliothek.

Wolzogen, Ernst v.: Die tolle Komteß. Roman in 2 Bden. Von –. Bd 1. 2. Stuttgart: Engelhorn 1900. 8°
(Wolzogen: Blau Blut. 2.)
(Engelhorns Allgemeine Romanbibliothek. Salon-Ausg.)

— der Kraft-Mayr, s.a. Engelhorn's allgem. Romanbibliothek, 14. Jahrg.

Wolzogen, Ernst v.: Der Kraft-Mayr. Ein humorist. Musikanten-Roman. Dem Andenken Franz Liszts gewidmet von –. Bd 1. 2. Stuttgart: J. Engelhorn 1897. 8°
(Romanbibliothek, Engelhorns Allgemeine. Jg 14. Bd 1. 2.)

— Der Kraft-Mayr. Ein humorist. Musikanten-Roman. Dem Andenken Franz Liszts gewidmet. 2 Bde. (Engelhorn's allgemeine Romanbibliothek. Salonausg.) (160 u. 158 S.) kl. 8. Stuttgart 904. J. Engelhorn Nachf. Geb. in 1 Halbleinw.-Bd. (urspr. Pr. 3. —)

— der Kraftmayr. Lustspiel in 4 Akten nach dem gleichnam. Roman. (169 S.) 8. Berlin (906). Vita. n. 2. —

Wolzogen, Ernst v.: Der Kraft-Mayr. Ein humorist. Musikanten-Roman. Dem Andenken Franz Liszts gewidmet von . Bd 1. 2. Stuttgart: Engelhorn [1909]. 8°
(Engelhorns Allgemeine Romanbibliothek. Jg. 14. Bd 1. 2.)
(Bibliothek August Scherl. Bd 561.)

— das gute Krokodil u. andere Geschichten aus Italien. 1. u. 2. Aufl. 8. (303 S.) Ebd. 893. n. 3. 50; geb. n.n. 5. —

— thematischer Leitfaden durch die Musik d. Parsifal, nebst e. Vorworte üb. den Sagenstoff d. Wagner'schen Dramas. 7. u. 8. Aufl. 8. (82 S.) Ebd. 888. 889. n. 2. —; geb. n. 2. 50

— thematischer Leitfaden durch die Musik zu Richard Wagner's Tristan u. Isolde, nebst e. Vorwort üb. den Sagenstoff d. Wagner'schen Dramas. 4., unveränd. Aufl. 8. (47 S.) Ebd. 889. n.n. — 75; in engl. Sprache n. 1. —

— links um kehrt schwenkt — Trab! E. ernstes Mahnwort an d. herrsch. Klassen u. d. deutschen Adel insbes. 1.—4. Aufl. 8. (40 S.) Berlin 895. F. Fontane & Co. n. — 50

— Aus Schnurrpfeifers Lügensack. Zehn Märlein f. gescheite Kinder. (188 S.) 8. Leipzig (908). F. Moeser Nachf. Kart. 3. —

Wolzogen, Ernst v., das Lumpengesindel. Tragikomödie in 3 Aufzügen. 8. (80 S.) Berlin 892. F. Fontane & Co. n. 1. 50

— das Lumpengesindel. Tragikomödie in 3 Aufzügen. 2. Aufl. 8. (VIII, 74 S.) Berlin 902. Grunewald, F. Fontane & Co. n. 1. 50; geb. n. 2. 50

— Die Maibraut. Ein Weihespiel in 3 Handlgn. Musik v. Art. Rother. (Umschlag: 2. Aufl.) (IX, 86 S.) 8. Berlin (909). F. Fontane & Co. 1. —

— Der unverstandene Mann. Komödie in 3 Aufzügen. (VIII, 72 S.) 8. Ebd. (909). 1. 50

— die Miether d. Herrn Thaddäus, s.a. Was Ihr wollt-Bibliothek.

— dasselbe. Das ewige Gesetz. Novelle v. Emil Marriot. 12. (68 u. 71 S.) Leipzig 886. Werther. n. — 75

—— die Miether des Herrn Thaddäus oder die braunschweigische Frage. Eine mecklenburg. Geschichte. — Das ewige Gesetz. Novelle von Emil Marriot. 12. (68, 71 S.) Leipzig 886, Werther. *

— vom Peperl u. and. Raritäten, s.a. Bibliothek Langen, kleine, 13. Bd.

Ernst v. **Wolzogen**. Vom Peperl und andern Raritaten. Paris, Leipzig, München: Langen 1898. 147 S. 8°
(Kleine Bibliothek Langen. Bd 13.) [10. 8717

— s.: Roman, der, der XII.

— Leidige Schönheit. Ein Roman im Laufschritt. Illustriert v. Paul Telemann. (104 S.) gr. 8. Berlin (910). S. Schottlaender's schles. Verlagsanstalt. 1. 50

—— s. Schweinichen, des schlesischen Ritters Hans v., eigene Lebensbeschreibung.

— die Sprache in Richard Wagner's Dichtungen. 3. (Titel-)Aufl. 8. (VI, 115 S.) Ebd. 889. n. 1. 20

— die arme Sünderin, s.: Engelhorn's allgem. Romanbibliothek. XVIII. 1. 2.

— der Thronfolger, s.a. Engelhorn's allgemeine Romanbibliothek.

Wolzogen, Ernst v.: Der Thronfolger. Roman in 2 Bden. Von –. Bd 1. 2. Stuttgart: Engelhorn 1892. 152 S. 8°
(Wolzogen: Blau Blut. 3.)
(Engelhorns Allgemeine Romanbibliothek. Salon-Ausg.)

— der Topf der Danaiden u. andere Geschichten aus der deutschen Bohême. 3. Aufl. (383 S.) 8. Berlin (906). [Vita.] F. Fontane & Co. n. 3. 50; geb. n. 4. 50

Der Topf der Danaiden u. andere Geschichten aus der deutschen Bohême von Ernst v. **Wolzogen**. 6. Aufl. Berlin: Vita (1906). (383 S.) 8° [F. u. Ant.] [07. 17917 II

— der Trottel u. das Gansl, s.a. Sammlung moderner Meisterskizzen. I.

Ernst v. **Wolzogen**. Der Trottel und das Gansl ... Groß-Lichterfelde-Ost: P. Langenscheidt [1906]. (158 S.) 8°
= **Sammlung** moderner Meisterskizzen. Bd 1. [07. 11671

— um 12 Uhr in der Christnacht, s.a. Eckstein's Miniaturbibliothek.

Wolzogen, Ernst v., um dreizehn Uhr in der Christnacht. Eine Weihnachtsgeschichte. 16. (101 S.) Leipzig 879, Eckstein. cart. * M. 1,50.: geb. *

Wolzogen, Ernst Frh. v.: Um dreizehn Uhr in der Christnacht. E. Weihnachtsgesch. v. . Ill. v. W. Werner. 3.(-7.) Aufl. Berlin: E. Eckstein Nachf. [1895]. (127 S.) 1 Bd 8°

— **um dreizehn Uhr in d. Christnacht. E. Weihnachtsgeschichte. Illustr. v. Willy Werner. 6. Aufl. 12. (127 S.) Berlin 896. Leipzig, G. Müller-Mann. n. 1.—**

— Unjamwewe. Komödie in 4 Aufzgn. 8. (104 S.) Berlin 897. F. Fontane & Co. n. 1. 50

— **Verse zu meinem Leben. 1.—3. Aufl. (à 194 S. m. Bildnis.) qu. kl. 8. Berlin 907. F. Fontane & Co.** n. 3. 50; geb. n. 5. —

— **was Onkel Oskar mit seiner Schwiegermutter in Amerika passierte. Erzählt v. ihm selbst u. mitgeteilt von v. W. 1.—7. Aufl. (à 92 S.) schmal gr. 8. Berlin 904. F. Fontane & Co. n. 1. —; geb. n. 2. —**

— Daniela Weert. Schauspiel in 4 Akten. 8. (99 S.) Berlin 895. F. Fontane & Co. n. 1. 50

— **ein königl. Weib u. andere Geschichten vom Münchener Fasching. Illustriert von F. v. Reznicek. 1.—3. Aufl. (1.—80. Taus.) gr. 8. (à 92 S.) Stuttgart (900. 901.) C. Krabbe.** n. 1. —; geb. in Ldr. n. 2. 50

— **ein königliches Weib u. andere Geschichten. Illustr. von F. v. Reznicek. 4. Aufl. 36.—40. Taus. (92 S.) 8. Stuttgart (905). C. Krabbe.** n. 1. —; geb. in Ldr. n. 2. 50

— **das Wunderbare, s.a. Collection Fischer, Bd. 10.**

Wolzogen, Ernst v.: Das Wunderbare. Novelle. Berlin: S. Fischer 1899. (2 Bl., 197 S.) 1 Bd 8°
(Collection Fischer. Bd X.)

— **das Wunderbare. Novelle. 2. u. 3. Aufl. 8. (à 192 S.) Berlin 900. 901. S. Fischer, Verl. n. 2. —; geb. n. 3. —**

Wolzogen, Friedrich Fhr. von A. S. 5/25

Dissertatio juridico-politica de connubiis infantum inter illustres maxime frequentatis. Von Ehel. Bündnüssen grösstentheils zarter und unmündiger Printzen und Printzessinnen.
Wittenberg, Leipzig (Eichsfeld) 1735. 122 S.
37266

Wolzogen, Hans v., 1849, s.: Ellis, Will. Ashton.

Wolzogen, Hans v., Bayreuth, s.a. Musik, die. 5. Bd.

Bayreuth von Hans v. **Wolzogen.** Mit 21 Vollbild. u. 1 Facs. (Berlin): Bard, Marquardt & Co. [1904]. (81 S.) 8°
= **Musik**, Die. Bd 5. [05. 3098

Bayreuth von Hans v. **Wolzogen.** 2. Aufl. Mit 21 Vollbild. u. 1 Facs. (Berlin): Bard, Marquardt & Co. [1906]. (81 S.) 8°
= **Musik**, Die. Bd 5. [08. 10079 11

Wolzogen, Hans v., s.: Blätter, Bayreuther.

— Briefwechsel, s.: Stein, Heinr. v.

Wolzogen, Hans v., zur Einführung in die Bayreuther Festspieldramen 1886 „Tristan" und „Parsifal", ihre Entstehung und ihre Bedeutung. Mit 2 Notenbeilagen. 8. (51 und Notenbeilage 11 S.) [Leipzig 886, Schloemp. — Freund.] Hannover, Oertel. * 75 Pf.; cart. *

Wolzogen, Hans v. Erinnerungen an Richard Wagner, s.a. Universal-Bibliothek.

Wolzogen, Hans v., Erinnerungen an Richard Wagner. Ein Vortrag, gehalten am 13. April 1883 im Wissenschaftl. Club zu Wien. Hrsg. vom Wiener akadem. Wagner-Verein. gr. 8. (50 S.) Wien 883, Konegen.

Wolzogen, Hans von- Erinnerungen an Richard Wagner. Neue, um das Doppelte vergrösserte Ausgabe. Leipzig (1891).

Wolzogen, Hans v., Erläuterungen zu Richard Wagner's Nibelungendrama. 4. umgearb. Aufl. gr. 8. (83 S.) Leipzig 878, [Schloemp.] Gebr. Senf. *

Wolzogen, Hans v.: Flauto solo, s. Albert, Eugen d'

—— Führer durch die Musik zu Rich. Wagner's Festspiel „Der Ring des Nibelungen". Ein themat. Leitfaden. Neue wohlf. Ausg. 8. (101 S.) Leipzig 882, Gebr. Senf. *
geb. *
—— dass. — Wohlf. Ausg. 8. (100 S.) Ebendas. 882. *

—— Führer durch die Musik zu Richard Wagner's Festspiel: Der Ring des Nibelungen. Ein themat. Leitfaden. Neue wohlf. Ausg. 8. (102 S.) Leipzig 887, Reinboth. *
geb. **

— **Aus Richard Wagners Geisteswelt.** Neue Wagneriana u. Verwandtes. (322 S.) 8. Ebd. 908. 4.—; geb. 5. —

Wolzogen, Hans v., Geschichte und Gesetze der deutschen Rechtschreibung. Zur Orientirung für weitere Kreise. 8. (47 S.) Leipzig 880, Schloemp. *
—— dass. — 2. Aufl. 8. (IV, 47 S.) Leipzig 881, Gebr. Senf. **

—— Geschichte u. Gesetze der deutschen Rechtschreibung. Zur Orientirg. f. weitere Kreise. 3. (Titel-)Aufl. 8. (IV, 47 S.) Ebd. 890. * — 50

— Deutscher Glaube, s.: Wertung. 3. Heft.

— Glaube u. Leben. Dichtungen. (203 S.) 8. Berlin 908. Schuster & Loeffler. 3.—; geb. 4. —

[F.] Grossmeister deutscher Musik. Von Hans v. **Wolzogen.** Bd 1. *Hannover: Dunkmann (1897).* 4. [97. 7675

— **Großmeister deutscher Musik. 1. Bd.: Bach — Mozart — Beethoven — Weber. M. d. Bildnissen d. Meister. gr. 4. (VII, 110 S.) Hannover 897. Berlin, Georg Minuth.** Geb. n. 5. —

—— Grundlage und Aufgabe des allgemeinen Patronatvereines zur Pflege und Erhaltung der Bühnenfestspiele zu Bayreuth. gr. 8. (56 S.) Chemnitz 877, Schmeitzner. *

— guide to the legend poem and music of Richard Wagner's Tristan and Isolde. Translated and illustrated with extracts from Swinburne's Tristram of Lyonesse etc. by B. L. Mosely. 8. (52 S.) Leipzig 884. Breitkopf & Härtel. n. 1. —

— Guide to the legend poem and music of Richard Wagner's Tristan and Isolde. Translated and illustrated with extracts from Swinburne's Tristam of Lyonesse etc. by B. L. Mosely. (New ed.) 8. (52 S.) Leipzig 902. Breitkopf & Härtel. n. 1. —

— **guide through the musical motives of Richard Wagner's Tristan and Isolde. With a preface on the legend and the poem of Wagner's Drama. 8. (47 S.) Leipzig 891. F. Reinboth. n. 1. —**

— **Thematic guide through the music of Parsifal, with a preface upon the legendary material of the Wagnerian drama. Translated by E. C. Carrick. (77 S.) 8. Leipzig (904). Leipziger Export- & Verlagsgesellsch.** n. 2.—

Ⓑ — Guide through the musik of Parsifal. **904.**
Jetzt: Leipzig, G. Esseger.

—— Guide through the music of R. Wagner's „The ring of the Nibelung" [der Ring des Nibelungen]. Translated by Ernst v. Wolzogen. 8. (79 S.) Leipzig 882, Gebr. Senf. *
geb. **

—— guide through the music of R. Wagner's „The Ring of the Nibelung" [der Ring des Nibelungen]. Translated by Ernst v. Wolzogen. 3th edit. 8. (79 S.) Ebendas. 888. *
geb. *

— **der liebe Heiland. Sonntagsgeschichten f. Christenkinder. 8. (X, 72 S.) Carlshorst-Berlin 898. H. Friedrich. n. 1.—**

Der liebe Heiland. Sonntagsgeschichten f. Christenkinder, erzählt von Hans v. Wolzogen. *Carlshorst-Berlin: H. Friedrich [1899].* (72 S.) 8°
[F.] [03. 10592

—— Richard Wagner's Heldengestalten. Erläutert. 2. Aufl. gr. 4. (X, 94 S. mit 18 Porträtbildern nach Orig.-Photogr. in Autotypie von Angerer und Göschl in Wien.) [Leipzig 886, Schloemp. — Freund.] Hannover, Oertel.
geb. mit Goldschn. [*ℳ 15.—.] *

— Richard Wagners Heldengestalten. Erläutert v. W. 8. (VII, 76 S.) Hannover 896. L. Oertel. n. 1.50

— Das Himmelreich in uns. Christliche Festgedanken. (211 S.) 8. Berlin 909. M. Warneck. 3.—;
geb. in Leinw. 3.50

— **E. T. A. Hoffmann u. Richard Wagner, s.a. Bücherei, deutsche.**

Wolzogen, Hans v.: E. T. A. Hoffmann und Richard Wagner. Harmonien u. Parallelen. Von —. Berlin: H. Neelmeyer [1906]. (94 S.) 8°
(Bücherei, Deutsche. Bd 63.)

—— die Idealisirung des Theaters. Geschichte einer Kunstentwickelung aus Moden zum Styl. gr. 8. (IV, 113 S.) München 886. (Leipzig, Leede.)
Aus: Bayreuther Blätter, besonders abgedruckt.

Wolzogen, Hans von. Von deutscher Kunst. [Gesammelte Aufsätze.] VI + 280 S. 8. Berlin, C. A. Schwetschke & Sohn, 1906. [M. 4.—, geb. 5.—]
Darin S. 264–274: «Heimatkunst» in der Höhenkunst. Eine lokalgeographische Kuriosität in Schillers «Wilhelm Tell»: *S. 109 ff. 162 ff. etc. über* Richard Wagner.

Ⓑ — **Von deutscher Kunst. 906. Jetzt: Leipzig, Xenien-Verlag.**

—— poetische Lautsymbolik. Psychische Wirkungen der Sprachlaute im Stabreime aus R. Wagner's „Ring der Nibelungen" versuchsweise bestimmt. 1. und 2. Abdr. 8. (IV, 52 S.) Leipzig 876, [Schloemp.] Gebr. Senf. *

— **Poetische Lautsymbolik. Psychische Wirkgn. d. Sprachlaute aus R. Wagner's „Ring d. Nibelungen", versuchsweise bestimmt. 3., verb. Aufl. 8. (61 S.) Leipzig 897. F. Reinboth. n. 1.—**

Ⓑ **Wolzogen, Hans (Paul), Frhr. v., poetische Lautsymbolik. 897. sowie die übr. Schriften aus F. Reinboth's Verlag. Jetzt: Leipzig, G. Esseger.**

—— thematischer Leitfaden durch die Musik zu Richard Wagner's Festspiel „Der Ring der Nibelungen". 1.—3. Aufl. (124 S.) 1876. *ℳ 2.; 4. verb. und verm. Aufl. 8. (107 S.) Ebendas. 878. *

—— thematischer Leitfaden durch die Musik des Parsifal, nebst einem Vorworte über den Sagenstoff des Wagner'schen Dramas. 1.—5. Aufl. 8. (82 S.) Ebendas. 882—84. *
geb. *

—— **thematischer Leitfaden durch die Musik des Parsifal, nebst einem Vorworte über den Sagenstoff des Wagner'schen Dramas. 7. Aufl. 8. (82 S.) Leipzig 885. Reinboth.** *
geb. *

—— Thematischer Leitfaden durch die Musik zu Rich. Wagner's Parsifal, nebst e. Vorworte üb. den Sagenstoff d. Wagner'schen Dramas. 8.—10. Aufl. 8. (82 S.) Lpz. 889—92, Reinboth. * 2 —
geb. * 2 50; engl. Ausg. (77 S.) * 2 —

— **thematischer Leitfaden durch die Musik zu Rich. Wagner's Parsifal, nebst e. Vorworte üb. den Sagenstoff d. Wagner'schen Dramas. 9.—11. Aufl. 8. (82 S.) Ebd. 891—894. n. 2.—; geb. n. 2. 50;
engl. Ausg. (77 S.) n. 2. —**

—— **thematischer Leitfaden durch die Musik zu Rich. Wagner's Tristan und Isolde, nebst einem Vorworte über den Sagenstoff des Wagner'schen Dramas. 3. unveränd. Aufl. 8. (47 S.) Ebendas. 886.** **

—— Thematischer Leitfaden durch die Musik zu Richard Wagner's Tristan u. Isolde, nebst e. Vorwort üb. den Sagenstoff d. Wagner'schen Dramas. 4.—6. Aufl. 8. (47 S.) Ebd. 889—92. ** — 75
In engl. Sprache * 1 —

— **thematischer Leitfaden durch die Musik zu Rich. Wagner's Tristan u. Isolde, nebst e. Vorworte üb. den Sagenstoff des Wagner'schen Dramas. 5. unveränd. Aufl. 8. (47 S.) Ebd. 894. n. — 75; kart. n. 1.—**

— der starke Mann. Ein Gespräch. 12. (62 S.) Berlin 902. Schuster & Loeffler. n. 1.—

—— der Nibelungenmythos in Sage und Literatur. 8. (XVI, 143 S.) Berlin 876, Weber. *

— **musikalisch-dramatische Parallelen. Beiträge zur Erkenntnis v. der Musik als Ausdruck. (237 S.) gr. 8. Leipzig 906. Breitkopf & Härtel. n. 5.—;
geb. in Leinw. n. 6.—**

—— das Prinzip der neuhochdeutschen Orthographie und die Fricke'sche Reform. Eine krit. Ergänzung zu „Geschichte und Gesetze der deutschen Rechtschreibung". 8. (31 S.) Leipzig 880, [L. Senf.] Gebr. Senf. (* 60 Pf.) *

— **Raabenweisheit. Zum 70. Geburtstage des Dichters aus den Werken Wilhelm Raabe's ausgewählt, zusammengestellt u. hrsg. 8. (174 S.) Berlin 901. O. Janke. n. 2.—; geb. n. 3.—**

— **Ferdinand Raimund, s.a. Bücherei, deutsche.**

Wolzogen, Hans v.: Ferdinand Raimund. Eine Erinnerung u. e. Mahnung. Von —. Mit e. Anh.: Der Alpenkönig u. d. Menschenfeind von Ferdinand Raimund. Berlin: Deutsche Bücherei [1907]. (121 S.) 8°
(Bücherei, Deutsche. Bd 66.)

— **recollections of Richard Wagner. Translated from the German with the author's permission by Agnes and Carnegie Simpson. 12. (103 S.) Bayreuth 894. C. Giessel. n. 1. 20**

— die Religion d. Mitleidens u. die Ungleichheit der menschlichen Racen. Lex.-8. (155 S.) Bayreuth 882. (Leipzig, Th. Fritsch.) n. 2 40

Wolzogen, Hans Paul v., das Rheingold, s.: Weimar, Wilh.

— das Schloß der Herzen, s.a. Bibliothek der Gesamtlitt.

Wolzogen, Hans v.: Das Schloss der Herzen. Zauberspiel in 5 Bild. Neugestaltet auf Grund e. Dichtung Flauberts von Hans v. Wolzogen. Die zur Handlung gehörige Musik von Hans Sommer. Halle a. d. S.: O. Hendel (1900). (93 S.) 8°
(Bibliothek d. Gesamtlitteratur d. In- u. Auslandes. No 1325. 26.)

— kleine Schriften. 1. Bd. Ueber Sprache u. Schrift. [Ethnologie, Sprachwissenschaft, Stilistik u. Orthographie.] gr. 8. (VII, 248 S.) Leipzig 886. Schloemp. n. 3. —

—— Wagners Siegfried, s.a. Sammlung musikalischer Vorträge.

— Wagners Siegfried. = Sammlung musikal. Vorträge (Waldersee). Ser. I, 2.

Wolzogen, Hans v., die Sprache in R. Wagner's Dichtungen. gr. 8. (V, 115 S.) Leipzig 878, [Schloemp.] Gebr. Senf. *

—— die Sprache in R. Wagner's Dichtungen. 2. (Titel-) Aufl. gr. 8. (V, 115 S.) Leipzig 881, Gebr. Senf. *

—— Die Sprache in Richard Wagners Dichtungen. 3. (Titel-)Aufl. 8. (VI, 115 S.) Ebd. 889. * 1 20

— die Tragödie in Bayreuth u. ihr Satyrspiel. 3. Aufl. gr. 8. (83 S.) Leipzig 877. Schloemp. n. 1. 50

—— die Tragödie in Bayreuth und ihr Satyrspiel. Erläuterungen zu Rich. Wagner's Nibelungendrama für alle Leser und Hörer des Werkes. 4. und 5. Aufl. gr. 8. (83 S.) Ebendas. 881. *

—— Richard Wagner's Tristan und Isolde. Ein Leitfaden durch Sage, Dichtung und Musik für das deutsche Theaterpublikum. 8. (47 S.) Leipzig 880, Schloemp. *
2. Aufl., s. Leitfaden, thematischer.

— „Tristan" und „Parsifal", ihre Entstehung und ihre Bedeutung. Leipzig 1886.

—— über Verrottung und Errettung der deutschen Sprache. gr. 8. (99 S.) Ebendas. 880. *
—— dass. — 2. (Titel-)Aufl. gr. 8. (98 S.) Leipzig 881, Gebr. Senf. *

—— Ueber Verrottung u. Errettung der deutschen Sprache. 3. (Titel-)Aufl. gr. 8. (99 S.) Ebd. 890. * 1 20

Hans v. Wolzogen. Das Veverl vom Walchensee. Oberbayerische Volkssage in 3 Aufz. *Leipzig & Berlin: Meyer & Wunder 1902.* (100 S.) 8° [J.] [03. 10593

Ⓑ — Das Veverl v. Walchensee. 902. Jetzt: Berlin, F. Wunder.

— Richard Wagner, s.a. Dichtung, die, 27. Bd.

Wolzogen, Hans v.: Richard Wagner von —. Berlin & Leipzig: Schuster & Loeffler [1905]. (97 S.) 8°
(Dichtung, Die. Bd 27.)

— Richard Wagner, l'anneau des Nibelungen. L'or du Rhin, la Walkyrie, — Siegfried, — le crépuscule des dieux. Guide musical. 8. (133 S.) Ebd. 896. n. 1. 50; geb. n. 2. —

—— Richard Wagner und die deutsche Kultur. Ein Vortrag. gr. 8. (32 S.) Leipzig 882, Schloemp. *

von Wolzogen, Hans. Richard Wagner und die deutsche Kultur. (Sammlung kunstgewerbl. u. kunsthistor. Vorträge. No. 7.) Leipzig 1883. 8°.

— Richard Wagner u. die Tierwelt. Auch e. Biographie. 12. (71 S.) Leipzig 890. Hartung & Sohn. n. 1. —

— Richard Wagner u. die Tierwelt. Auch e. Biographie. 3., verm. Aufl. (92 S.) 8. Berlin 910. Schuster & Loeffler. 1.—; geb. 2. —

— Wagner-Brevier, s.a. Musik, die. 3. Bd.

Wolzogen, Hans v., Wagner-Brevier. Berlin 1906.] 8°.
(D. Musik; hrsg. von Rich. Strauss. Bd 3.)

Wolzogen, Hans v., Wagneriana. Gesammelte Aufsätze über R. Wagner's Werke vom Ring bis zum Gral. Eine Gedenkgabe für alte und neue Festspielgäste zum J. 1888. gr. 8. (VII, 263 S.) Leipzig 888, Freund. *

— s.: Wagnerianer-Spiegel.

—— Was ist Styl? Was will Wagner? Was soll Bayreuth? Betrachtungen und Beispiele zur Kritik der Idee einer „Stylbildungsschule" in Bayreuth. 2. (Titel-)Ausg. gr. 8. (III, 50 S.) Leipzig 881, Gebr. Senf. *

Wolzogen, Hans v. Was ist Styl? Was will Wagner? Was soll Bayreuth? Betrachtungen u. Beispiele zur Kritik der Idee e. „Stylbildungsschule" in Bayreuth. 3. (Titel-)Aufl. 8. (IV, 50 S.) Lpz. 889, Reinboth. * 1 —

— aus deutscher Welt. Gesammelte Aufsätze üb. deutsche Art u. Kultur. (212 S.) 8. Berlin 905. C. A. Schwetschke & Sohn. n. 3. —; geb. n. 4. —

—— unsere Zeit und unsere Kunst. Zwei Bücher im Anschlusse an ein Buch. gr. 8. (236 S.) Ebendas. 881. *

Wolzogen, Hans Paul Frhr. v., Karl August Alfred Freiherr v. Wolzogen. Ein biograph. Erinnerungsbild. Mit e. (Lichtdr.-)Portr. 8. (75 S.) Rostock 883. Hinstorff's Verl. n. 1. 50

Wolzogen, Isolde, italienische Renaissancegewänder, s.: Jaeger, Julie.

(Wolzogen, Karol. v.,) Cordelia, s. Cordelia.

Wolzogen (Wohlzogen), Karoline v., Schillers Jugendjahre in Schwaben. [Aus: „Schillerbiographie".] (32 S.) kl. 8. Lorch 905. K. Rohm. n. — 10

— dasselbe, s.a. Volks-Bibliothek, deutsche. 2.

—— Schillers Leben, s.a. Bibliothek, Cotta'sche, der Weltlitteratur.

— Schillers Leben, s.a. Handbibliothek, Cottasche.

Wolzogen, Karoline v., Schiller's Leben, s.a. Meyer's Volksbücher.

(Wolzogen, geb. v. Lengefeld, Caroline v.,) Schillers Leben, s.a. Schiller.

von Wolzogen, Karoline. Schiller's Leben. Stuttgart. 8°.

Wolzogen, Karoline v., Schillers Leben. Verfasst aus Erinnerungen der Familie, seinen eigenen Briefen und den Nachrichten seines Freundes Körner (1830). Stuttgart: Cotta 1850.

Wolzogen, Caroline v., Schillers Leben. Verfaßt aus Erinnergn. der Familie, seinen eigenen Briefen u. den Nachrichten seines Freundes Körner. 5. durchgeseh. Aufl. gr. 16. (VIII, 383 S.) Stuttgart 876. Cotta. n. 2. —; geb. n. 3. —

Schillers Leben von **Karoline v. Wolzogen**. Verf. aus Erinnerungen d. Familie, s. eigenen Briefen u. d. Nachrichten s. Freundes Körner. *Stuttgart & Berlin: J. G. Cotta Nachf [1903].* (279 S.) 8° [F.]
= **Handbibliothek**, Cotta'sche. No 82. [c4. 2974

Wolzogen, Karoline v. [Schiller's Schwägerin], Agnes v. Lilien. Roman in 2 Bdn. Neu hrsg. und mit einem Vorworte versehen von Ludw. Salomon. 2 Bde. 8. (XVI, 184; 166 S.) Stuttgart 881, Levy und Müller. *
—— dass. —s.a. Collection Spemann.

Wolzogen, Caroline von.

Literarischer Nachlass. Leipz. 1848. 2. A. 1852. H: *Hase, Carl August.* (BrMm)

v. **Wolzogen**, Caroline, († d. 11. Jan. 1847), literarischer Nachlaß. 2 Bde. 8. (1: XII u. 486 S. 2: IV u. 479 S.) Leipzig 848. 49, Breitkopf & Härtel. (à 1 1/4 ₰) 3 1/2 ₰; in Engl. Einb. 4 ₰

Wolzogen, Caroline v., literarischer Nachlaß. 2 Bde. 2. Aufl. Leipzig 867. Breitkopf & Härtel. 8. (XXIII, 966 S.) n. 3 ₰ 15 ngr.

v. **Wolzogen**, Ludw. Frhr., Memoiren. Aus dessen Nachlaß unter Beifügung officieller militär. Denkschriften mitgetheilt von Alfred Frhrn. v. Wolzogen. Lex. 8. (VI, 311 u. CXXXVI S.) Leipzig 851, O. Wigand. In Engl. Einb. n. 3 1/3 ₰

Wolzogen, des kgl. preuß. Generals der Infanterie Ludw. Frhrn. v., Memoiren. Für Schule u. Haus bearb. von Ernst Keller. Mit 1 Haupt- u. 4 Seitenkarten. (VII, 215 S.) 8. Frankfurt a/M. 908. M. Diesterweg. 1.60; geb. in Leinw. 2.40

— dasselbe, s.a. Diesterweg's deutsche Schulausgaben.

Womačka, A. F., die Erhaltung der Wälder. Ein Beitrag zur Erörterung einer zeitgemäßen Frage. gr. 8. (47 S.) Wien 876, [Faesy und Frick.] Frick. *

Woman, the clever, of the family, s. **Collection of British authors.**

Woman's kingdom, the, s. **Collection of British Authors.**

Woman's, a, vengeance, s.: **Collection of brit. authors.**

Womans, a, thougths about women, s. **Collection of british authors.**

Womberger, C., unsere Lieder. Geistl. u. weltl. Männerchöre. 3. Aufl. 8. (350 S.) Reading, Pa. 887. Pilger-Buchhandlg. n. 5. —

— Sonntags-Schul-Harfe. Sammlung drei- und vierstimm. Lieder, Choräle u. Responsorien. Der Jugend der deutschen evangelisch-luther. Kirche in Amerika zugeeignet. Neueste Aufl. 8. (205 S.) Ebd. 888. n. 1.40

Womelsdorf Gazette: Apr. 1847 - Dec. 31, 1848.
Weekly. Edited & published by George Maurer; by Samuel Maury & Fasnacht Brothers. Womelsdorf, PA

Women in Industrial Life. The Transactions of the Industrial and Legislative Section of The Internat. Congress of Women, London, July 1899. With an Introd. by Mrs J. R. (d. i. M. E.) Macdonald. London: T. F. Unwin 1900. (XII, 252 S.) 8° [F. u. Ant.]
= **Congress**, The International, of Women 1899. Vol. 6. [o4. 3460

Womit das Kind am liebsten spielt. Unzerreißbares Leinwand-Bilderbuch. Nürnberg 866. P. C. Geißler. 4. (16 color. Steintaff.) cart. 20 ngr.

Womit man vor Sozialdemokraten graulich macht. Ein Mahnwort an die Wähler. (16 S.) gr. 8. Berlin 907. Buchh. Vorwärts. — 10

Womit soll ich mich belustigen? oder: Gründliche Anweisung zu einer Menge Spiele, und kurzweiliger Beschäftigungen für die Jugend; dienlich zur Entwickelung u. Stärkung der Körper- u. Verstandeskräfte, (mit 115 theils erläuternden, theils zierenden Holzschn.) Mit einzelnen Zusätzen, auszugsweise bearb. nach dem Englischen: the boys own book. 16. Kopenhagen 842; Leipzig, W. Vogel. n. 3/4 ₰

Wommelsdorf, Heinrich: Die Kondensatormaschine mit Doppeldrehung, Mitteilung ihrer Anordnung, Theorie und Wirkungsweise. 1904. 58 S. 8° ¶ Nur Abschn. 1 u. 2; Abschn. 3 u. 5 in: Annalen d. Physik. Folge 4, Bd 15; Abschn. 4 in: Physik. Zeitschrift. Jg. 5.
Berlin, Dr.-Ing.-Diss. v. 15. 7. 1904

Wommerlsdorff-Friedrichsen, Willy, Referendar: Vorverträge und Realkontrakte. Borna-Leipzig 1909: Noske. IX, 97 S. 8°
Jena, Jur. Diss. v. 21. Sept. 1909, Ref. Thon

Wömpner, Max, approb. Arzt aus Bückeburg: Ein Fall von 'Deciduoma malignum'. *Kiel 1900: P. Peters.* (15 S.) 8°
Kiel, Med. Diss. v. [10. Okt.] 1900

Woempner, Maximilian, Stabsarzt im Infanteriereg. Nr. 178: Gibt es eine Tabes traumatica? Borna-Leipzig 1910: Noske. 102 S. 8°
Leipzig, Med. Diss. v. 7. Mai 1910, Ref. Flechsig
[Geb. 11. Sept. 70 Stramehl; Wohnort: Kamenz i. Sa.; Staatsangeh.: Sachsen; Vorbildung: Gymn. Doberan Reife O. 91; Studium: Halle 1, Rostock 3, München 7 S.; Coll. 13. Mai 10; Approb. 23. Dez. 97.] [U 10. 3088

Won! By the author of „Jennie, of ‚the prince's'", s. Collection of British Authors.

Wona: Jamaikanische Negerlegenden. Anancy-Erzählgn., s.a. Aus fremden Zungen. 4. Bd.

Wona: Jamaikanische Negerlegenden. Anancy-Erzählungen. Aus d. Engl. übers. von J. v. Quistorp. Berlin: F. Ledermann 1907. (105 S.) 8° [F.]
= 'Zungen, Aus fremden', Bibliothek. Bd 4. [o8. 4834

Das **Waldmännlein.** Ein Kindermärchen von Wilibald **Wonderer.** Das weisse Hühnchen. Ein Waldmärchen f. d. Kleinen von Felix van Hambrock. *Einsiedeln, Waldshut: Benziger & Co. 1896.* (148 S.) 8° [F.]
(Benziger's Märchenbücher-Sammlung.) [o1. 7233 5

Wonderland. Bernese W.... Bern s. [Hartmann, Hermann].

Wondra, Bruno, Grabdenkmäler u. Feldkreuze in allen Stilarten, v. d. einfachsten bis zu d. reichsten Formen. Alle Vorlagen sind in d. verschied. Steinarten leicht ausführbar. Zusammengest. f. Architekten, Bildhauer u. Steinmetze, sow. auch als Vorbilder-Sammlg. f. Auftraggeber. gr. 8. (46 Taf. m. 1 Bl. Text.) Leipzig 895. K. Scholtze. n. 5. —

Wondra, Bruno, Übungsheft zur einfachen Buchführung. 2. Auflage. Verlag von J. Rippol & Sohn in Iglau. Preis 86 h. 1904.

Wondra, Hub., theoretisch-praktische Musik- u. Harmonielehre, s.: **Heinze, Leop.**

Wondra, Ludwig: Über zwei Fälle von Caissonkrankheit. Königsberg i. P. 1908: Kemsies. 39 S. 8°
Königsberg, Med. Diss. v. 13. Mai 1909, Ref. Lichtheim
[Geb. 4. Juni 79 Darmstadt; Wohnort: Königsberg i. P.; Staatsangeh.: Hessen; Vorbildung: Gymn. Darmstadt Reife M. 97; Studium: Heidelberg 4, München 10, Königsberg 6 S.; Coll. 10. Aug. 08; Approb. 28. Okt. 08.] [U 09. 2387

Wondráček, Eman.

Wondraczek, Eman., die Grundsteuer-Regelung in Böhmen. Eine Skizze üb. die Thätigkeit der Bezirks-Schätzungs- u. der Landes-Kommissionen v. 1871—1875. Nebst der v. Sr. Exc. dem Hrn. Finanz-Minister im Juli 1874 erlassenen Anleitg. f. das formelle Verfahren bei der Einschätzg., u. den Klassifikations-Tarifen f. die im Zuge befindl. Einschätzg. der einzelnen Grundstücke v. sämmtl. 91 Schätzungs-Bezirken d. Königr. Böhmen. Nach amtl. Quellen f. die Bezirks-Schätzungs-Kommissionen u. deren Mitglieder f. die Gemeinde-Vorstände, Domänen-Vertreter u. alle zur Einschätzg. als Vertrauensmänner berufenen Grundbesitzer. gr. 16. (V, 144 S.) Prag 876. Mercy. n. 2. —

Wondráček, Em., Tabelle I. zur Umrechnung der österreichischen Joche u Quadrat-Klafter in Hektar, Ar u. Quadrat-Meter von 1 □ Klafter bis 2000 Joch. II. Zur Berechnung der Grundsteuer nach dem neuen Katastral-Reinertrage von 1 kr. bis 5000 fl. gr. 8. (10 S.) Prag 886. (Kytka) n. — 80

—— 11 Tabellen zur Berechnung der Zinsen von 1 bis 10.000 fl. Kapital, zu 1, 2, 3, 3½, 4, 4½, 5, 5½, 6, 7 und 8 Percent von 1 bis zu 12 Monaten. schmal Fol. (23 S.) Melnik 885. (Prag, Calve'sche Hof- und Universitäts-Buchh.) **

Wondráczek, Joh.: Der syntaktische Gebrauch des Instrumentals im Polnischen. 31 S.– Teschen kath., Progr. 1864.

Wondrák, Frz., Bemerkungen üb. den Wassertransport der Hölzer in Oesterreich-Ungarn. gr. 8. (101 S.) Linz 878. Eurich in Comm n. 2. —

Wondrak, Franz: Germanische Kultur im Lichte der antiken Überlieferung. S. 3—31. 8. **Progr.** K. k. Staats-Gymn. *Krems* 1910.

Wondrak Franz: Quaestiones in Alciphronis rhetoris atticismum.
II. 1903 PN 1581 **Diss.** Wien, Univ. 1587

Wondrascheck, Andr. Matth., der aus Liebe zur Wahrheit bewiesene Ungrund des von Greg. Norb. Korber verfaßten Beitrags zu d. Hrn. Fr. Xav. Gmeiner Beweis: die Klostergelübde sind nicht unauflöslich. 8. Bresl. (Brünn). 784.

Wondratschek, F., d'unterbroche' Lehrbuebekonferenz. Der Ausg'lernt'. 2 Gespräche f. Konfirmandenabende. (19 S.) kl. 8. Stuttgart (910). Holland & Josenhans. — 25

Wondre, Karl, der Infanterie-Angriff. 2 Hfte. (I. Vergleich d. Infanterie-Regl. v. Oesterreich-Ungarn, Deutschland, Russland u. Frankreich. — II. Notizen aus d. Infanterie-Reglements v. Oesterreich-Ungarn, Deutschland, Russland u. Frankreich) gr. 8. (X, 42 u. VIII, 105 S.) Wien 898. L. W. Seidel & Sohn. n. 2. 80

— **Telemetrie.** gr. 8. (IV, 100 S. m. 7 Taf.) Brünn 887. (C. Winkler.) n. 2. 80

Wondrich, Estella, Floreal. (V, 112 S.) 8. Dresden (907). E. Pierson. 1.50; geb. n 2. 50

Wongrowitz [Schlagwort]

- s. a.: Forstkarten.

Wongrowitz, Kreis. Baron, Paul, Spezial-Karte des Kreises Wongrowitz. Rev. v. den zuständ. Behörden. 1:100,000. 61,5×39 cm. Farbdr. Lissa (908). O. Eulitz. n. — 50; auf Leinw. n. 1. —

Wongrowitz, Kreis. Spezialkarte v. Kreise Wongrowitz. 2. Aufl. Rev. v. den zuständ. Behörden. 1 zu 100,000. 61,5×39 cm. Farbdr. Lissa (908). O. Eulitz. — 50; auf Leinw. 1. —

Wongtschowski, Adolf [aus Kreuzburg (Oberschl.)]: Ueber Dystrophia muscularis progressiva ... Berlin, Buchdr. v. G. Schade, *1892*; 29 S., 1 Bl. 8.
Berlin, Med. Fak., Inaug.-Diss. v. 6. Aug. 1892

Woenig, Frz., Dielytra. Ein Blumenmärchen für die Frauenwelt. Illustrirt von Herm. Heubner. 16. (82 S. mit 1 Holzschntaf. und 2 Lichtdr.) Leipzig 880, Ehrlich. *
geb. mit Goldschn. **

—— das Gewitter im Brummbaß. Original-Humoreske. 8. (24 S.) Chemnitz 880, Hager.

Woenig, Frz., „Hej, die Pußta!", s.: **Universal-Bibliothek.**

Woenig, Frz. Deutschlands Hort in Bild u. Wort. 12. (14 S. m. 1 Bild.) Lpz. 889, [Fock.] Barthel. * — 25

Woenig, Frz., am Nil. Bilder aus der Kulturgeschichte d. alten Aegyptens, s.: **Universal-Bibliothek.**

Woenig, Frz., die Pflanzen im alten Aegypten. Ihre Heimat, Geschichte, Kultur u. ihre mannigfache Verwendung im sozialen Leben in Kultus, Sitten, Gebräuchen, Medizin, Kunst. Nach den eigenen bildl. Darstellgn. der alten Aegypter, Pflanzenresten aus Gräberfunden, Zeugnissen alter Schriftsteller u. den Ergebnissen der neueren Forschgn. Mit zahlreichen Orig.-Abbildgn. gr. 8. (245 S.) Leipzig 886. Friedrich. n. 12. —

— die Pflanzen im alten Aegypten. Ihre Heimat, Geschichte, Kultur u. ihre mannigfache Verwendung im sozialen Leben, in Kultus, Sitten, Gebräuchen, Medizin, Kunst. Nach den eigenen bildl. Darstellgn. der alten Aegypter, Pflanzenresten aus Gräberfunden, Zeugnissen alter Schriftsteller u. den Ergebnissen der neueren Forschgn. Mit zahlr. Orig.-Abbildgn. 2. (Titel-) Aufl. gr. 8. (425 S.) Leipzig 888. Friedrich. n. 8. —

Woenig, Frz., Pflanzenformen im Dienste der bildenden Künste. Ein Beitrag zur Aesthetik der Botanik, zugleich ein Leitfaden durch das Pflanzenornament aller Stilperioden der Kunst. Zum Gebrauch beim Unterricht an Bau- und Gewerbeschulen, für Architekten, Zeichenlehrer, Lehrer der Naturwissenschaften u. s. w., sowie für jeden gebildeten Laien. 2. wesentlich erweit., mit 130 Holzschn.-Illustr. verseh. Abdr. aus: „Der prakt. Schulmann". gr. 8. (IV, 60 S.) Leipzig 881, Ehrlich. *

—— Eine Pusztenfahrt. Bilder aus der ungar. Tiefebene. Illustr. v. A. Klamroth. gr. 8. (VIII, 196 S. m. 83 Illustr. u. Musikeinlagen.) Lpz. 892, Jacobsen. * 6 —; geb. 8 —

Woenig, Frz., die Pusztenflora der grossen ungarischen Tiefebene. Mit e. farb. Beilage u. zahlreichen Pflanzenbildern im Text v. Ernst Kiesling. Nach des Verf. Tode hrsg. v. E. S. Zürn. gr. 8. (VII, 146 S.) Leipzig 899. [C. Meyer's graph. Institut.] Berlin, Herm. Seemann Nachf. n. 3. —

— im Reigen des Lebens, s.: Klimsch, Eug.

—— Der Todesritt v. Bionville. Dichtung. 2. Aufl. 8. (15 S.) Lpz. 889, W. Friedrich. ** — 50

—— Vöglein vom Walde. Eine einfache Geschichte vom Ostseestrand. 2. Aufl. 16. (48 S.) Leipzig 881, Freyer. *

—— was die Tannengeister flüsterten, s. Universal-Bibliothek Nr. 1679.

—— vom Wegrande. Ein neuer Liederstrauß. 12. (54 S. mit Portr.) Ebendas. 887. *

—— das Weltgericht bei Sedan. Epische Dichtung. 16. (24 S.) Chemnitz 880, Hager.

— Im Zauberbanne der Weihnacht, s.: Universal-Bibliothek.

— aus großer Zeit, s.: Universal-Bibliothek.

Woeniger, August Theodor: „Publicistische Abhandlungen", I. (einziger) Teil, enthaltend: 1. „Die Gründe des wachsenden Pauperismus", 2. „Die Publicistik des Herrn von Bülow-Cummerow", Berlin 1843. — Vorh.: Büch. der Industrie- und Handelskammer Leipzig.

Woeniger, Aug. Theod., publicistische Abhandlungen. I. Thl. I. Die Gründe des wachsenden Pauperismus. II. Die Publicistik des Herrn v. Bülow-Cummerow. 2. Aufl. gr. 8. (13¼ B.) Berlin 843, Hermes. *

—— die preußische Bank. Ein geschichtl.-krit. Beitrag zur Beurtheilung der neuesten Bankreform. gr. 8. (10½ B.) Berlin 846, Cohn u. Comp. —

Woeniger, Aug. Theod., das Petitionsrecht und die preuß. Verfassung. Beitrag zur Beurtheilung der preuß. Verfassungsgesetze vom 3. Febr. 1847. gr. 8. (31 S.) Leipzig 847, Koffka. Thlr. *

Woeniger, Aug. Theod., die Rechtsphilosophie Stahl's u. d. histor. Juristenschule. Eine krit. Würdigung der v. Kammerger.-Assessor Wolff wider Beide gerichteten Angriffe. gr. 8. (3 B.) gr. 8. Berlin 841, A. Hirschwald.

—— Preußens erster Reichstag, s.a. Reichstag.

Woeniger, August Theodor. Preußens erster Reichstag Eine Zusammenstellung der ständischen Gesetze, der Mitglieder und der Verhandlungen des ersten vereinigten Landtages, nebst einem geschichtlichen Umriß seiner Verhältnisse. Mit Portraits und einer Kunstbeilage. 10 Bde. Berlin, Stuhr 1847. 8. (Portr. u. Kunstbeil. fehlen.)

—— das Sacralsystem u. das Provocationsverfahren der Römer. Zwei Beiträge z. Kunde des röm. Staats- u. Rechtslebens. gr. 8. (23¼ B.) Leipzig 843, Brockhaus.

— s. Staat, der. Monatsschrift.

Eb.: d. christl. Staat u. s. Verhältniss zu Deismus u. Judenthum; e. durch d. Verhandll. d. verein. Landtags hervorgeruf. Abhandl. *Berl.*, Oehmigke. 847. gr 8° 8 *gl*

Woeniger, Aug. Theod. Die Vertagung der Kammern. Berlin, L. Lassar 1849. 13 S. 8.

Woeniger, August Th. An die Wahlmänner des St. Georgen-Kirchenbezirks zu der auf den 20. Mai Nachmittags 4 Uhr anstehenden Neuwahl. Druck von Brandes und Schultze in Berlin. 2 Bl. 8.
Flugblatt. Berlin, 17. Mai 1848.

— Bülow-Cummerow's Zettelbankproject. Ein kritischer Beitrag zur Geschichte der Geldaristokratie. 8. Berlin 846, Hofmann u. Comp. ½ *ϐ*

—— Zigeuner u. Edelleute. Ein Roman. Mit (4) Federzeichnungen v. Th. Hosemann. 2 Bde. 8. (30¾ B.) Berlin 844, Simion. 1

Woeniger, Aug[ust] Theod[or]: Die Zustände der Prostitution in Berlin u. ihre Gefahren f. d. städt. Grundbesitz. Bericht. (Leipzig 1892.) 8°

— die Westphälische Zwangs-Anleihe. 8. Berlin 844, Springer. n. $^1/_{12}$ *ϐ*

Wöniger, Aug. Wlh. Albr., († d. 23. März 1818.) Auszug aus d. wicht. Theil d. bibl. Gesch. 8. Hamb. 778. Buchenröder. 1 *ϐ* 12 *gl*

— s. Gedanken üb. Erziehung d. Töchter.

— Samml. einiger Predigten in Stockholm gehalten. 4. Stockh. 772. (Hamb., Buchenröder). 3 *gl*

Woeniger, Jul., üb. Brennmaterialien u. die Ausnutzung der Torfmoore durch Torfpressen. Vortrag, geh. im Schweriner Gewerbe-Verein am 29. Febr. 1876. gr. 8. (28 S.) Schwerin 876. (Schmale.) n. — 50

Woeniger, Jul., Deutschlands Kampf u. Sieg. Historischer Roman aus den Kriegsjahren 1870 u. 1871. 2 Bde. 8. (342 S.) Schwerin 880. Schmale. n. 6. —; bessere Ausg. n. 5. 50

Wöniger, Wlh., die in d. 10 Geboten enthaltenen Pflichten durch lehrreiche Beispiele f. die heranwachsende Jugend erläutert. 8. Berl. 812. (Mittler). 12 *gl*

Wonisch Franz: Über den Gefäßbündelverlauf bei den Cyrtandroideen (mit 18 Textfiguren). S. 118 I 173 . . . . 1 35
Separatabdruck

Wonisch, Frz., über den Gefässbündelverlauf bei den Cyrtandroideen. (34 S. m. 18 Fig.) gr. 8. Wien 909. A. Hölder. 1. 35
Sonderabdr. aus: „Sitzungsber. d. k. Akad. d. Wiss."

WONISCH, Michael: Kirchliche Bestimmungen über das Vermögen der Weltgeistlichen. — 1901. 164 S. Diss. Graz, Univ.

Wonlarlarski, W. A., die große Dame. Novelle. Aus dem Russischen von A. v. Arndt. Bromberg 863. (Berlin,) Roskowski. 8. (194 S.) 20 *ngr.*

Wonna, G., de cultu Simonis Magi apud Romanos. Jen. 1703. 4.

Wonna, Georg [Praes.], s. Ritter, Johann Leonhard: De geniis II. describens naturam geniorum ex mente Platonicorum.

Wonna, Georg [Praes.], s. Schenck, Hartmann: De geniis I., continens onomatologian.

Wonna, Georg [Praes.], s. Stechau, Ludolph Otto: De geniis deorum et hominum.

Wonnberger, Johs., die Schulen u. ihre Beziehungen zu Staat, Kirche, Gemeinde u. bürgerl. Leben. Ein Broschüren-Cyklus, im Auftrage der Gesammt-Red. der „Neuen deutschen Schulzeitung" hrsg. 1. Thl. gr. 8. (77 S.) Berlin 876. Muskalla. n. — 50

Wonne in Gott. Vollständiges Andachtsbuch des guten Christen in der Unterhaltung mit Gott. Hrsg. von einem kathol. Priester. 3. Aufl. 24. (XVI, 528 S.) Dülmen 888, Laumann'sche Verlagsh. *M 1.—; geb. *

Wonne in Gott. Gebet- u. Andachtsbüchlein f. römisch-kath. Christen. (Auszug der schönsten Gebete aus „Gott mein Trost".) 16. (VIII, 842 S. m. farb. Titel.) M. Gladbach (896). A. Riffarth. Geb. in Halbldr. — 60

Wonne in Gott. Vollst. Andachtsb. des guten Christen in d. Unterhaltg m. Gott. Hrsg. v. e. kathol. Priester. 6. Aufl. Dülmen i. W.: A. Laumann 1898. (1 Bl., XVI, 464 S., 1 Taf.) 1 Bd 8°

Wonne in Gott. Gebet- u. Andachtsbuch des guten Christen in d. Unterhaltung mit Gott. Hrsg. von e. kath. Priester. 8. Aufl. *Dülmen: A. Laumann 1902.* (XVI, 464 S.) 8° [F.] 03. 4370

Wonne in Gott. Gebet- u. Andachtsbuch des guten Christen in der Unterhaltg. m. Gott. Hrsg. v. e. kathol. Priester. 9. Aufl. (XVI, 464 S. m. farb. Titel u. 1 Stahlst.) 32. Dülmen 906. A. Laumann. Geb. in Ldr. m. Goldschn. n. — 75

Wonne in Gott. Gebet- u. Andachtsbuch des guten Christen in d. Unterhaltung mit Gott. Hrsg. von e. kath. Priester. 10. Aufl. Dülmen: A. Laumann 1905. (XII, 464 S.) 8°

WONNE, Die, der Grausamkeit. (Szene zwischen Vater und Tochter im Walde, von einem versteckten Zeugen belauscht.) (Aus d. Engl.) O. O. (Chemnitz?) u. J. (1897). Kl. 8°. 8 Seiten.
Verboten v. L.-G. Wien, 26. V. 1897. § 516. — Dühren, Das Geschlechtsleben in England. III, S. 87, Anmerkg.
— — Dasselbe. Dresden, Verlag von Stoll.

Wonne der christlichen Seele. Vollständiges Gebet- und Andachtsbuch für katholische Christen. Bearb. u. herausg. von einem Pfarrer der Erzdiözese Köln. Saarlouis 861. Stein. 16. (543 S. u. 1 Stahlst.) 12 ngr.; Velinp. mit 2 Stahlst. u. lith. Titel in Farbendr. 15 ngr.

Woenne, Paul, Lehrgang f. Lithographen, s.: Pötter, Wilh.

Wonnemonde, Die, der Liebe. Hamb. u. Mainz o. J. [ca. 1800]. V: *Müller, H.* (BGE VIII³, 575)

Wonnemonde, d., d. Liebe; eine Erzählung v. Müller. 8. Hamb. Vollmer. — 21

Wonnen, Geheime. Masochistische Episoden aus dem Leben des Baron Theodor von S. von R. B. O. O. u. J. [1908]. V: *Broehmeck, Richard.* (BGE II³, 316)

WONNEN, Die, der Grausamkeit, aus d. Engl. übertragen von Dr. (E.) Neumann. (Curiosa der Weltliteratur, Bd. V.) Privatdruck von 500 numer. Expll. O. O. (Pressburg, Hartleb) 1908. 8°. (Br. Mk. 18—, Ganzleder Mk. 25—.) (18 Mk., br., F. Waldau, 1908; 16 Mk. Adolf Weigel, 1908; 18 Mk. Derselbe, 1910.)
Uebersetzung von „The Pleasures of Cruelty", Seitenst. zu Marquis de Sade's „Justine et Juliette. — „Ein Neudruck findet niemals statt."
Doppeltit. in Roth u. Schwarz, 345 S. (incl. 2 Bl. Einleitung), 1 weisses Bl.

Wonnen, der Liebe, d. Ehe u. Erziehung, ein Frühlingsgeschenk für Ehelustige u. Verehelichte v. Karl Eugen v. S.** 1s Bdchn. 8. Frankf. u. Leipz. ... (Sonnewald in Stuttg.) 7 K

Wonnen d. Liebe, d. Ehe u. Erziehung, ein Frühlingsgeschenk f. Ehelustige u. Verehlichte von Karl Eugen v. S**. 1s Bdch. 8. Frankf. u. Leipz. (Magaz. f. Lit. in Stuttg.) 793. Nthlr.

WONNEN der Liebe, der Ehe u. Erziehung. Ein Frühlingsgeschenk für Ehelustige u. Verehlichte. von *Karl Eugen v** S****** Erstes (einz.) Bdchn. („Welches die Theorie enthält, u. der Praxin (sol) den Weg bahnen soll.") Frankfurt u. Leipzig (Stuttgart, Sonnewald, 1798. (1793? Jahrz. undeutlich.) 8°. (Im Besitze des Herrn Geheimen Sanitätsraths Dr. Carl Gerster in Braunfels a. L.) (3 Mk. L. Rosenthal, 1907.)

Wonnen, Die, der Rute (Les callipyges). Von E. D. Zum erstenmal ins Deutsche übertragen von Dr. P. van Houten. O. O. u. J. [1906]. V: *Droz, E.* (?). (BGE II³, 317)

Wonner, Leo, a. Flörchingen i. Lothr.: (Aus der an d. chir. Poliklinik zu Straßburg angeschlossenen Freisprechstunde f. Harnkranke.) Beitrag zur Kenntnis der nervösen Erkrankungen der Harnwege. Straßburg i. E. 1907: Mûh & Cie. (40 S.) 8°
Straßburg, Med. Fak., Ref. Moritz, Diss. v. 10. Okt. 1907
[Geb. 3. Dez. 81 Flörchingen i. Lothr.; Wohnort: Flörchingen; Staatsangeh.: Elsaß-Lothringen; Vorbildung: Gymn. Metz, Diedenhofen Reife Aug. 01; Studium: Straßburg 5, München 1, Straßburg 4 S.; Coll. 25. Juli 07; Approb. 12. Dez. 06.]

v. Wönsel, P., neue mit dem Merkur in den Blattern gemachten Erfahrungen. 8. Leipz. 783. Schneider. 2 K

Wonsidler, A. J., Grätzer Taschenbuch 1829, s. Taschenbuch.

Wonsidler, J., die Künste im Gotteshause, oder: aufrichtige und nützliche Andeutungen im Gebiete der kirchlichen Kunst für die hochwürd. kathol. Geistlichkeit als Vorsteher der Gotteshäuser. Nebst einer Anleitung, sich auf kürzestem Wege ein richtiges Urtheil über Kunstgegenstände anzueignen 2c. 16. (75 S.) Graz 858, (Ferstl'sche Buchh.) *

Wonsidler, J., *akad. Historienmaler.* Die Künste im Gotteshause oder: aufrichtige und nützliche Andeutungen im Gebiete der kirchlichen Kunst für die hochw. kath. Geistlichkeit als Vorsteher der Gotteshäuser. Nebst einer Anleitung, sich auf kürzestem Wege ein richtiges Urtheil über Kunstgegenstände anzueignen und leitenden Bemerkungen über Kunst und Geschmack. *Graz* 1858. *A. Leykam's* Erben. 71 S., 2 Bl., kl. 8°.

Wood, A. T., Geschichte der Republik Liberia, seit ihrer Gründung bis zu ihrer Unabhängigkeitserklärung; nebst Bemerkungen über den Zustand der Landestheile und der bürgerlichen und religiösen Verhältnisse der Eingeborenen und Eingewanderten. Aus dem Engl. übers. von A. 12. (96 S.) Hamburg 854, (G. W. Niemeyer.)

[Umschlagt.:] **Wood,** Augustus: Einfluss Fieldings auf die deutsche Literatur ... Yokohama, "Eastern World" Druck, ?95; 53 S. 8.
[Hei]delberg, Phil. Fak., Inaug.-Diss. v. [5. Aug.] 1896

Wood, Ellen

Wood, Mrs. Henry, William Allair, or running away to sea, s.: Series for the joung.

— Mildred Arkell, s.a. Collection of British authors.

— Mildred Arkell. Roman. Frei nach dem Engl. von Elise Mirus. 4 Bde. 8. (276; 249; 259; 346 S.) [Leipzig 875, C. J. Günther.] Berlin, Nicolai'sche Buchh. *

— Avenged on society, s. Library, the English.

— the Channings, s.a. Collection of British authors.

Wood, Frau Henry, die Channings. Roman. Aus dem Englischen von A. Kretzschmar. Autoris. Ausg. 4 Bde. Leipzig 862. (Voigt &) Günther. 8. (978 S.) n. 2 Thlr. 20 ngr.

Wood, Mrs. H. (†Johnny Ludlow), s. Collection of British Authors.

— Oswald Cray, s.a. Collection of British authors.

— Oswald Cray. Eine Erzählung. Deutsch von J. R. Heynrichs. 3 Thle. Autoris. Ausg. Dresden 866. Wolf. [Leipzig, Stangel.] 8. (862 S.) 3 Thlr.; ermäßigter Preis 18 ngr.

— Lord Oakburn's daughters, s. Collection of British Authors.

Wood, Henry, die vereinfachte neue Denkungsart. Die Möglichkeit, Harmonie u. Gesundheit zu erlangen. Aus dem Engl. übers. v. L. S. (184 S.) 8. Leipzig (904). Lotus-Verlag. n. 2. —; geb. n. 3. —

— Drangsale einer Frau oder die Halliburtons. Roman. Aus dem Englischen von A. Kretzschmar. Autoris. Ausg. 5 Bde. Ebend. 863. 8. (1092 S.) n. 3 Thlr. 10 ngr.

— im Dunkel der Nacht. [Aus: „Argosy."] Aus dem Engl. Autoris. Ausg. 4 Bde. 8. (200, 203, 211 u. 208 S.) Berlin 876. Janke. n. 12. —

Wood, Henry, East Lynne, s.a. Collection of british authors.

— East Lynne. Aus dem Engl. von Heinr. v. Hammer. Autoris. Ausg. 4 Bde. 8. (935 S.) Leipzig 862, Günther. *

— dass. — s.a. Salon, belletristischer. [Berlin, F. Mecklenburg.] Ermäßigter Preis

— Edina, s.a. Collection of British Authors.

— Edina. Roman. Autoris. Ausg. 3 Bde. 8. (252, 256 u. 288 S.) Berlin 878. Janke. n. 10. —

Wood, H. F. Auf der Fährte, s. Engelhorn's allgemeine Roman-Bibliothek.

— Lady Flavia. Roman. Deutsch von C. Büchele. 2 Bde. Stuttgart 865. C. Ebner. gr. 16. (566 S.) 1 Thlr. 10 ngr.

— Elstor's folly, s. Collection of British Authors.

— das Geheimniß eines Lebens. Roman. Autorisirte Ausg. Aus dem Engl. übers. von Marie Giese. 2 Bde. Berlin 868. Janke. 8. (393 S.) n. 2 Thlr.

— die Geheimnisse des Irrgartens. Roman, aus dem Engl. übersetzt. 3 Bde. 8. (280; 284; 344 S.) Ebendas. 878.

— die Grafen-Töchter. Eine Erzählung aus der Gegenwart. Deutsch von J. R. Heynrichs. Einzig autoris. Ausg. 3 Bde. Dresden 865. Wolf. 8. (896 S.) n. 3 Thlr.

— Adam Grainger, s.: Collection of brit. authors.

— der Herr v. Greylands. Roman. Aus dem Engl. Autoris. Ausg. 4 Bde. 8. (240, 257, 228 u. 180 S.) Berlin 874. Janke. 15. —

Wood, Ellen

Der Herr von Greylands. Roman. Von Mrs. Henry Wood [d.i. Ellen Wood]. Aus dem Englischen. Autorisirte Ausgabe. Bd 1-3.
Berlin: Janke 1875. 8°

— the master of Greylands, s.: Collection of brit. authors.

— Anne Hereford, s.a. Collection of British Authors.

— Anna Hereford. Aus dem Engl. übersetzt von Marie Saphir. 4 Bde. 8. (227; 235; 183; 167 S.) Ebendas. 870. *

— der rothe Hof. Roman. Aus dem Engl. von J. R. Heynrichs. Autorisirte Ausg. 4 Bde. Berlin 868. Janke. 8. (224, 197, 191 u. 221 S.) n. 2 Thlr. 20 ngr.

— der Hohlweg auf Dene. Roman. Aus dem Engl. autoris. Ausg. 4 Bde. 8. (249; 251; 251; 207 S.) Berlin 873, Janke.

— Trevlyn Hold, s.a. Collection of British authors.

— Trevlyn Hold. Deutsch von J. R. Heynrichs. 4 Bde. Leipzig 866. Matthes. [Stangel.] 16. (998 S.) 3 Thlr.; Ermäßigter Preis 1 Thlr.

— Dene Hollow, s.: Collection of brit. authors.

— Lady Isabel (East Lynne). Traduit de l'anglais par North Peat. 7 Vols. (Bibliothèque choisie. Vol. 439—445.) 16. (1119 S.) Naumburg 862, Pätz.

— s. †Ludlow, J.

Wood, Mrs. Henry, Court Netherleigh, s.a. Collection of British Authors.

— Schloß Netherleigh. Roman. Frei nach dem Engl. 3 Bde. 8. (232; 307; 308 S.) Berlin 884, Janke. *

— the foggy night at Offord, s.: Collection of brit. authors.

Wood, Henry, Lady Adelaide's oath. s. Collection of British authors.

— Orville college, s. Collection of British Authors.

Wood, H., Ost-Lynne, s: Romane, d. besten, d. Weltliteratur. 6. Serie. 1/4. Bd.

— Parkwater. Roman. Aus dem Engl. Autoris. Ausg. 2 Bde. 8. (197 u. 199 S.) Berlin 876. Janke. 6. —

— the passenger from Scotland yard, s.: Collection of British authors.

— Pomeroy Abbey, s. Collection of British Authors.

— Verner's pride, s. Collection of British Authors.

— Bessy Rane, s.a. Collection of British Authors.

— Betty Rane. Roman. Aus dem Engl. Autoris. Ausg. 4 Bde. 8. (III, 244; III, 246; III, 263 u. III, 240 S.) Berlin 873. Janke. 15. —

— the Red Court farm, s. Collection of British Authors.

— St. Martin's eve, s. Collection of British Authors.

— der Schatten von Ashlydyat. Roman. Aus dem Engl. von A. Kretzschmar. Autoris. Ausg. 6 Bde. 8. (1311 S.) Leipzig 864, Günther. *

— Lady Adelaide's Schwur, s.a. Romane, moderne, des Auslandes.

Wood, Ellen
Lady Adelaide's Schwur. Roman. Von Mrs. Henry Wood [d.i. Ellen Wood]. Aus dem Engl. übers. von C. Büchele. Berlin 1867.
In: Roman-Magazin des Auslandes. Nr 1-3.

— a life's secret, s. Collection of British Authors.

— the shadow of Ashlydyat, s. Collection of British authors.

— Georg Canterbury's Testament. Roman. Aus dem Engl. von Marie Scott. Autorisirte Ausg. 4 Bde. 8. (193; 193; 181; 194 S.) Leipzig 871, E. J. Günther. *

— Told in the Twilight, s. Collection of British Authors.

— Elster's Thorheit, s. Romane, moderne, des Auslandes.

— Mrs. Halliburton's troubles, s. Collection of British Authors.

— der Vorabend des St. Martinstages, s.a. Romane, moderne, des Auslandes.

Wood, Ellen
Der Vorabend des St. Martinstages. Roman. Von Mrs. Henry Wood [d.i. Ellen Wood]. Aus dem Engl. übers. von Julie Hallervorden . Berlin 1867.
In: Roman-Magazin des Auslandes. Nr 1-3.

— Wernerskron, oder: Recht muß Recht bleiben, s.a. Salon, belletristischer.

Wood, Mrs. Henry, Wernerskron oder: Recht muß Recht bleiben. Aus dem Englischen von Eduard Singer. 4 Bde. 8. (1016 S.) Wien 1864, Markgraf. 4 fl. 40 kr

— George Canterbury's will, s. Collection of British Authors.

— Within the maze, s. Collection of British Authors.

— Roland Yorke, s.a. Collection of British Authors.

— Roland Yorke. Einzig autorisirte deutsche Uebersetzung. 4 Bde. Berlin 871. Janke. 8. (III, 236; III, 252; III, 200 u. III, 176 S.) n. 2 ℛ 20 ngr.

Wood, [Sir] Evelyn, vom Seekadetten zum Feldmarschall. Autoris. Übersetzg. aus dem Engl. v. M. Plüddemann. (XVI, 560 S. m. Bildn.) gr. 8. Berlin 910. K. Siegismund. 10.—; geb. in Leinw. 12. —

Wood, Francis A., Color-names and their congeners. A semasiological investigation. gr. 8. (III, 141 S.) Halle 902. M. Niemeyer. n. 4. —

Wood, Francis A., Indo-European aˣ:aˣi:aˣu. A study in Ablaut and in Wordformation. (VIII, 159 S.) gr. 8. Strassburg 905. K. J. Trübner. n. 4. —

Wood, Frank Hoyt, aus Westbury in d. Vereinigten Staaten: Ursprung und Entwickelung der Sklaverei in den ursprünglich von Frankreich und Spanien besessenen Teilen der Vereinigten Staaten und Canadas. Leipzig 1900: B. Zechel. (59 S.) 8° [Umschlagt.]
Leipzig, Phil. Diss. v. [18. Mai] 1900

(Wood, G.) Der Subaltern, od. Tagebuch eines britischen Offiziers. Übers. von G. Nagel (14½ B.) 8. Hannover 1829. 4,50

Wood, H. Chaucer's influence upon king James I. of Scotland as poet. Diss. Leipzig 1880. 43 S.

Wood, Henr. (geb. Bristol in England 18:1): De puris natura atque formatione. Berolini (1837). (45 S.) 4°
Berlin, Med. Diss. v. 28. Sept. 1837

Wood, H., de puris natura atque formatione. Disquisit. physiolog. 4maj. (7 B. u. 1 Kpfrt.) Berolini 837, Thome. *

Wood, Henry [Pseud.]
s. Wood, Ellen [Wirkl. Name]

Wood, J. Mart., Whistler, s.a. Meisterbilder in Farben.

Wood, J. Martin: Whistler. Von —. Übers. von Alice Fliegel. Ill. durch 8 Reprod. Berlin: Harmonie [1910] 93 S. 8°
(Meisterbilder in Farben.)

Wood, James, s.a. Liebbach, H.

Wood, James, John Wilkes Booth oder das Opfer der Rebellion. Illustrirter histor. Roman aus der neuesten Geschichte der Vereinigten Staaten von Amerika. 24 Lfgn. gr. 8. (1152 S. mit eingedr. Holzschn.) Berlin 865,66, Humburg und Comp. à Lfg. 4 Ngr.

Wood, John, der Freihandel eine Frage der Beschäftigung für die Arbeiter. Gespräche über Freihandel und Schutzzoll. Aus dem Engl. gr. 8. (39 S.) Berlin 877, Expedition des Merkur.

Wood, Kinder: [History of a case of chorea Sancti Viti. Deutsch:] Geschichte eines Falls von Veitstanz bei einer Erwachsenen und der Heilung desselben auf eine ungewöhnliche Weise. 8°
Aus: Medico- chirurgical Transactions. Bd 7. 1816.

Wood, Nicol., prakt. Handbuch d. Eisenbahnkunde u. innern Communikation im Allgem. Nebst zahlr. Versuchen üb. d. Kräfte d. verbess. Locomotiv-Maschinen u. Tabellen üb. d. relat. Transportkosten auf Kanälen, Eisenbahnen u. Kunststraßen. Die deutsche Uebersetz. nach d. 3. engl. Aufl. revid., u. mit e. Einleit. z. Uebersicht d. Eisenbahnwesens f. d. deutsche Publikum versehen v. Herm. Köhler. Lex.-8. (33⅛ B., 15 Stnt. u. Holzschn. u. 2 Tab.) Braunschweig 839, Westermann. *

Wood, Robert. Versuch über das Originalgenie des Homers; a. d. Engl. Frankf. a. M. 1773—78. ... Ü: *Michaelis, Christian Friedrich.* (Stri) (AarK) (MGT) (Gi) (ErschDI.) (Adel) »1773—77« (Ky)

Wood, Rob., Versuch über d. Originalgenie d. Homer; aus d. Engl. (v. Chr. Fr. Michaelis I.) gr. 8. Frankf. 773. Andreä. 20 ℊ

— Zusätze u. Veränderungen zu demselben, (v. Chr. Fr. Michaelis I.), mit Kpf. gr. 8. Frankf. 777. Andreä. 16 ℊ

Wood, Rolf, s.: **Erzählungen f. die Jugend.**

Wood, Thdr., Naturgeschichte d. Tierreiches, s.: Marshall, William.

Wood-Allen, Mary. Sag' mir die Wahrheit, liebe Mutter! Von [Frau] Dr. M' W'-A'. (Deutsche Übersetzung.) Mit einem Vorwort von Dr. Marie Heim-Vögtlin. 32 S. 8. Zürich ⟨*und* Leipzig⟩, Th. Schröter, 1904. (M. —. 40)

Wood-Allen, Mary. Sag' mir die Wahrheit, liebe Mutter! [Von Frau] Dr. M' W'-A'. (Deutsche Übersetzung.) Mit einem Vorwort von Dr. Marie Heim-Vögtlin. 2. Aufl. 32 S. 8. Zürich ⟨*und* Leipzig⟩, Th. Schröter, [1905]. (M. —. 40)

Wood-Allen, Mary, was e. junges Mädchen wissen muß, s. a. Puritas-Bibliothek.

Mary **Wood-Allen**: Was ein junges Mädchen wissen muß [What a young woman ought to know]. Einzige autor. deutsche Ausg. von Dr. P[aul] v. Gizycki. Berlin: Gerdes & Hödel [1907]. (XX, 283 S.) 8° [F.]
(Puritas-Bibliothek.) [07. 17479

— Was e. kleines Mädchen wissen muß?, s.: Stall's Bücher.

Wood-Allen, Mary, wenn der Knabe zum Mann wird ... (43 S.) 8. Zürich 904. Th. Schröter Verl. — 60

Wood-Allen, Mary. Wenn der Knabe zum Mann wird. ([Deutsch] Nach [Frau]) Dr. M. W'-A'. 2. Aufl. 48 S. 8. Zürich ⟨*und* Leipzig⟩, Th. Schröter, [1905]. (M. —. 60)

Woodard's, Geschichte s. Schicksale u. Aufenthalt auf d. Insel Celebes s. a. **Bibliothek** d. neuesten u. wicht. Reisebeschreibungen v. M. C. Sprengel. 24 Bd.

(**Woodard**, David): Kapt. David Woodard's Geschichte seiner Schicksale und seines Aufenthalts auf der Insel Celebes, nebst Nachrichten von derselben und ihren Bewohnern. Aus dem Englischen. Mit einer Einleitung und einigen Anmerkungen herausgegeben von T. F. Ehrmann. (Bibliothek der neuesten und wichtigsten Reisebeschreibungen. Bd 24.) Weimar 1805. XXVIII, 159 S., 1 Krt. 8°.

Woodard's Geschichte sein. Schicksale u. Aufenthalt auf d. Insel Celebes, a. d. Engl. mit 1 Karte. (a. d. Bibliothek d. neuest. u. wichtigst. Reisebeschr. von M. C. Sprengel. 24r Bd.) gr. 8. Weimar, L. Ind. Compt. 806.

Woodbury, od. Nachrichten in Briefen von Wilh. Marchmont u. der Miß Walbrook; aus dem Engl. 8. Leipz. 779. Schwickert. 21 ℊ

Woodbury, A. M.

Woodbury's neue Methode zur Erlernung der englischen Sprache. 2. Aufl. Umgearb. und verb. nach „Woodbury's method with German" von W. H. Woodbury. 8. (XVI und 317 S.) Braunschweig 852, Westermann. *

Woodbury, A. M. Woodbury's neue Methode zur Erlernung der englischen Sprache. 10. Aufl. Umgearb. u. verb. nach „Woodbury's Method with German". 8. (XVI, 317 S.) New York, Cincinnati, Chicago 892, American Book Company. geb. ** 5 50

Woodbury, W. H., kurzgefaßte praktische englische Grammatik, besonders für Anfänger, welche die engl. Sprache in möglichst kurzer Zeit zu erlernen wünschen. Nebst einem Lesebuche mit vollständ. Anmerkungen und auf die Grammatik sich beziehenden Erklärungen. Nach einem neuen und selbstständ. Plane ꝛc. gr. 12. (220 S.) New-York 850. (Philadelphia, Schäfer und Koradi.) *

Woodcock-Savage, Charles, die Hofdame der Königin. Nach Tagebuchblättern der Gräfin Julie de Chesnil, Hofdame der Königin Marie Antoinette. Deutsch v. E. Vely. (III, 230 S.) 8. Berlin (907). H. Hillger. 2. —

Wood County Freie Presse: 1887? - 1888?
Democratic weekly. Edited & published by William B. & R. T. Dobson.
Bowling Green, OH

Woodgate, Walter Bradford

Woodgate, W. B.: Rudern und Skullen. Berlin 1905. 188 S.

Woodgate, Walter Bradford, Rudern u. Scullen. Autorisierte Uebersetzg. v. O. S. Wohlfeile Ausg. (VIII, 171 S. m. 8 Fig.) kl. 8. Berlin 910. Wassersport-Verlag. Geb. in Leinw. 2. —

Woodhead, G. Sims, Wunder u. Christentum. Autoris. Uebersetzg. aus dem Engl. v. Carl Herrmann. (29 S.) kl. 8. Gross-Lichterfelde 904. C. Herrmann. n. — 40

Woodhead, Thomas William. Ecology of Woodland Plants in the Neighbourhood of Huddersfield. Diss. Phil. [II.] Univ. Zürich. ([With] Figs. 1—70. Extracted from the Linnean Society's Journal – Botany, vol. 37. October 1906.) II p. + p. 333–406 ⟨74 p⟩. 8. Zürich [London, Printed by Taylor & Francis], 1906.

Woodhouse, J. Th., Gewisse Prob-Stücke in Augen-Krankheiten. Jon. 24°. 1715

Woodkok, d Miß Sophia, Geschichte. 8. Copenhag. Rothe. 769. — 8

Woodroffe, Dan., The beauty-shop, s. a. Collection of British authors.

The Beauty-Shop. By Daniel **Woodroffe** [d. i. Mrs. J. C. Woods]. Copyright ed. Leipzig: Tauchnitz 1906. 296 S. 8°
(Collection of British authors. Tauchnitz Ed. Vol. 3876.) [11. 8054

Woodroffe, Dan., Tangled trinities, s. a. Collection of British authors.

Tangled Trinities. By Daniel **Woodroffe** [d. i. Mrs. J. C. Woods]. Copyright ed. Leipzig: Tauchnitz 1901. 285 S. 8°
(Collection of British authors. Tauchnitz Ed. Vol. 3518.) [11. 8391

Woods, Frederick Shenstone [aus Boston, Mass.]: Über Pseudominimalflächen ... Göttingen: Druck d. Dieterich'schen Univ.-Buchdr., 1895. 2 Bl., 73 S. 8°
Göttingen, Phil. Fak., Inaug.-Diss. v. [17. Apr.] 1895

Woods, Frederick Shenstone, üb. Pseudominimalflächen. Diss. gr. 8. (73 S. m. 33 Fig.) Göttingen 895. (Vandenhoeck & Ruprecht.) n. 2. —

Woods, H., über die Züchtung u. Behandlung der Fleischschafe. Ein Vortrag. Aus dem Engl. übertragen u. mit Zusätzen versehen von N. M. Witt. Glogau 865. Flemming. 8. (V, 112 S. mit 1 Steintaf.) 15 ngr.

Woods, James Haughton: Thomas Brown's Causationstheorie und ihr Einfluss auf seine Psychologie ... Leipzig, J. A. Barth, 1897; 71 S. 8.
Strassburg, Phil. Fak., Inaug.-Diss v. 1897

Woods, Margaret Louise

Woods, Margar. L., the invader, s. Collection of British authors.

The Invader. By Margaret L[ouise] **Woods**. Copyright ed. Leipzig: Tauchnitz 1907. 288 S 8°
(Collection of British authors. Tauchnitz Ed. Vol. 3977.) [11. 8731

Woods, Margaret L., sons of the sword, s.a. Collection of British authors.

Sons of the sword. A romance of the Peninsular war. By Margaret L[ouise] **Woods**. Copyright ed. In 2 vol. Vol. 1. 2. Leipzig: Tauchnitz 1902. 8°
(Collection of British authors. Tauchnitz Ed. Vol. 3582/3.) [11. 8440

Woods, Margaret L., the vagabonds, s.a. Collection of British authors.

The Vagabonds. By Margaret L[ouise] **Woods**. Copyright ed. Leipzig: Tauchnitz 1895 280 S. 8°
(Collection of British authors. Tauchnitz Ed. Vol. 3081.) [11. 8081

—— Esther Vanhomrigh, s. Library, the English.

Wood's, M. L., a village tragedy, s.: Collection of British authors.

Woodville, Will., Beschreib. e. Reihe von Kuhpockenimpfungen nebst Bemerkk. u. Beobachtt. darüber; aus d. Engl. mit Anmerkk. von F. G. Friese. gr. 8. Bresl. 800. (Gosohorsky). 12 gr

Woodward, Arthur Smith: On some Fish-Remains from the Lameta Beds at Dongargaon, Central Provinces. By A[rthur] Smith Woodward. Pl. 1. Calcutta: Off. of the Geol. Survey; Berlin: Friedländer 1908. 6 S. 2° (4°)
(Memoirs of the Geolog. Survey of India. Palaeontologia Indica. New Series. Vol. 3, Nr 3.)

Woodward, Emma, s.a. Hosken-Woodward, Emma.

Männer, Frauen und Fortschritt (Men, women and progress). Aus d. Engl. d. Frau Emma Hosken-**Woodward**. Autor. Übertr. von K[äthe] Schirmacher. Weimar: Weimarer Verl.-Anst. [1893]. 82 S. 8°
(Bibliothek d. Frauenfrage. Nr 8.) [11. 5177

Woodward, J.

-- Abhandl. von Fossilien. 8. Ebend. 746.

— — Beantwort. der von E. Camerarius darüber gemachte Anmerk. 8. Ebend. 746.

Woodward, J., physikal. Erdbeschreibung, od. Versuch ein. natürl. Historie des Erdbodens. 6 Thle. 8. Erfurt Weber. 744.

Woodward, J. Specimen Geographiae Physicae ... Tiguri 1704. Ü: *Scheuchzer, Johann Jacob.* (BrMm)

Woodward, John. Medicinae et morborum status ... Tiguri 1720. Ü: *Scheuchzer, Johann Jacob.* (BrMm)

Woodwill, Lucie, bürgerliches Trauerspiel in fünf Handlungen. 1756. N. A. Leipzig 1787. V: *Pfeil, Joh. Gottlob Benjamin.* (Archiv f. Litt. VII, 524 ff; VIII, 222 ff.) (ML) (Mn) (ADB) »1786« (Ky)

Woodwill, Lucie; Trspl. (von Jh. Gbhd. Pfeil). 8. Leipz. 786. (Linke). 4 gr

Woodwille W.: Beschreibung einer Reihe v. Kuh-Pocken-Impfungen, nebst Bemerkungen u. Beobachtungen üb. diese Krankheit, als Substitut d. Kinder-Pocken betrachtet. Aus d. Engl. übers. u. m. einigen Anmerk. u. e. Anh. begl. v. F. G. Friese. Bresl. 1800. 152 S.

Woodworth, Arthur V., B. A., Boston: Christian socialism in the Church of England. o. O. 1902. (67 S.) 8°
Freiburg i. B., Rechts- u. staatswiss. Diss. v. 1902

Woodworth, Jos. V., die Herstellung v. Werkzeugen u. die Massenfabrikation nach amerikanischem System. Autoris. deutsche Ausg., bearb. v. C. Heine. (XVI, 468 S. m. 601 Abb.) gr. 8. Leipzig 910. O. Spamer. 14.—; geb. in Leinw. 15.—

Woog, Fr. Jgn., Elsassische Schaubühne, oder Geschichte d. Elsasses. 8. Straßb. 784. Akadem. Buchh. 18 gr

Woog, Karl Christian

Woog, C. C., presbyterorum et diaconorum Achajae epistola, de S. Andreae apostoli martyrio graece et latine. 8 Lips. Ienius. 740.

Woog, C. C., de eruditione Hadriani. Lips. 1769. 4.

Woog, C. C., de genuinis antiquitt. sacrarum in primitiva ecclesia obviarum fontibus. Lips. 17[illegible]. 4.

Woog, C. C., fragmentum Hippolyti Martyris. Lips. 1762. 4.

Woog, Car. Chr., Dissertatio de hereditate sacrorum privatorum apud Romanos. Lips. 738. 4.

Woog, Karl Christian (Dresden) A. S. 1333/36

De Luca evangelista medico.
Präs. Johann Dietrich Winckler.
Leipzig (Langenheim) 7. XI. 1736. 39 S.
37269

Woog, Carolus Christianus. De numis plumbeis veterum Romanorum. Lipsiae 1769. 4°.

Woog, C. C., de verbo προκόπτειν ad Luc. 2, 52. Lips. 1754. 4.

Woog, Moritz Karl Christian

— Betrachtungen üb. die Eitelkeit aller irdischen Dinge a. d. Sonn- u. Festtags-Evangelien 1747 vorgetragen. 4 Ebend. 748.

Woog, Mor. K. Chr., erbaul. Betrachtungen üb. verschied. Bußtexte, in 16 Predigten. 4. Dresden, Gerlach 737.

— Buß-, Beicht- u. Communionbuch. 8. Ebend. 730.

— erbauliche Gedanken üb. die Sonn- u. Festtags-Evangelia. 4. Ebend. 730.

— Casual- u. Miscellan-Predigten. 2 Thle. 8. Ebenda 734.

Woog, Mor. Karl Chr., († nach 1754.) Lob- u. Trauerrede, nebst e. Vorrede, woher es komme, daß manche die Beredsamkeit nicht auf der Kanzel leiden wollen? 8. Leipz. 735. 2e A. 750. (W. Vogel). 12 gr

— erbauliche Passionsandachten. gr. 8. Dresd. 753. Walther. 20 gr

Woog, Moritz Karl Christian A. S. 1379/34

... ritus convocandi ad sacra, maxime apud veteres. Präs. Johann David Schieferdecker. Zeitz (Hucho) 1701. 16 S.

Diss. Jena 5. XI. 1701.
Gew.: Samuel von Christell. 37270

— der Sarg ein. gläubigen Christen als Noä Kasten, od. Sterbensgedanken üb. die gewöhnlichen Sonn- u. Festtags-Evangelien. 4. Dresd. Gerlach. 736.

Wooldridge, L. C., die Gerinnung d. Blutes. Nach dem Tode d. Verf. hrsg. von M. v. Frey. gr. 8. (XII, 61 S.) Leipzig 891. Veit & Co. n. 2. —

Wooler, J. P., Allow me to apologize, s. im II. Bde.: Theatre, the modern english comic.

Wooler, J. P., a man without a head, s. Theatre, the modern English comic.

Dissertations scavantes & critiques de [John Thomas] Woolhouse sur la cataracte et le glaucome de quelques modernes et principalement de... Brisseau, Antoine & Heister... Tirées des ms de l'auteur et mises au jour par Christoffle Le Cerf. Offenbach sur le Mein: de Launoy [um 1730]. 365 S. 8°

Woolhouse, (John Thomas) de: Schreiben an den Herrn Johann Palfyn...vom 6.Martii Anno 1714.über die Cataractam. (Lettre á Monsieur Jean Palfin... Dt.) 7 S.(S.483 - 489), gbd.

Nürnberg: Wolrab 1725
in: Maître-Jan, Antoine: Tractat von den Kranckheiten des Auges... (Traité des maladies de l'oeil... Dt.) 1725

JB 4.199

Woolhusius, dissertationes ophthalmicae de cataracta e glaucomate. 8. Francf. Mulz. 719.

Woollett, Cresswell, vier Bleistiftstudien weiblicher Schönheiten. 4 Lith. gr. Fol. Leipzig 886. (Baldamus' Sep.-Cto.) n. 5. —

Woolls (G.). Species pl. paramattensium . . . Gottingae, 1871. 8°.

Woolner, Thomas. My beautiful lady. Nelly Dale. gr. 16. (192 S.) Lpz. 889, Gressner u. Schramm. * — 80

Woolson, Constance Fenimore, Anne, — Jupiter lights, } s.: Library, the English.

Woolston, T., Vertheidigung der Wunderwerke Jesu. 8 Dresden. 732.

† **Woolstone, Francis,** (Geo. C. L. Schöpfer,) die Kahlköpfigkeit u. ihre Heilung 2c. N. d. 16. Orig.-Aufl. a. d. Engl. übers. v. **r. 1. Aufl. 16. (4¾ B.) 838., u. 2., verm. A. 12. (3½ B.) Nordhausen 839, Fürst. à Thlr.

† Woolstone, Francis (Geo. C. L. Schöpfer.), die Kahlköpfigkeit u. ihre Heilung oder Anweisung, auf entblößten Stellen des Hauptes den dichtesten u. schönsten Haarwuchs hervorzubringen, nebst Belehrungen u. Vorsichtsmaaßregeln f. Alle, welche Perücken tragen. Nach der 16. Original-Aufl. aus d. Engl. übers. v. **r. 4—8. Aufl. 842—45. 9., mit Benutzung der neuesten Quellen verm. u. verb. Aufl. 12. (4 B.) Nordhausen 846, Fürst. à

Woolstone, Francis, unentbehrlicher Rathgeber für das Leben in und außer der Ehe. Aufrichtige Belehrung über die Geschlechtsverhältnisse des Menschen, die Erhaltung der Gesundheit im ehel. und außerehel. Leben, die Sicherung gegen geheime Krankheiten und die Heilung selbstverschuldeter Schwächen. 1—5., verm. Aufl. gr. 8. (VI und 85 S.) Altona 859—61, (Verlags-Bureau.)

Woolstone, Francis, unentbehrlicher Rathgeber für das Leben in und außer der Ehe. Aufrichtige Belehrung über die Geschlechtsverhältnisse des Menschen, die Erhaltung der Gesundheit im ehel. und außerehel. Leben, die Sicherung gegen geheime Krankheiten und die Heilung selbstverschuldeter Schwächen. 6. Aufl. 1863 und 7., verm. Aufl. 8. (IV und 85 S.) Altona 867, Verlags-Büreau. 9 Ngr.; Ausg. mit 1 ill. Emt.

Woolstone, Francis, unentbehrlicher Rathgeber für das Leben in und außer der Ehe. Aufrichtige Belehrung über die Geschlechtsverhältnisse des Menschen, die Erhaltung der Gesundheit im ehelichen und außerehelichen Leben, die Sicherung gegen geheime Krankheiten und die Heilung selbstverschuldeter Schwächen. 8. verm. Aufl. 8. (89 S.) Altona 870, Verlags-Bureau. *

—— die Selbstbefleckung. Beseitigung ihrer Ursachen und Folgen. 1. Aufl. (24 S.) 1860. 3 Ngr. und 2. Aufl. 16. (32 S.) Altona 861, (Verlags-Bureau.) *

Woolstone, Francis, die Selbstbefleckung. Beseitigung ihrer Ursachen und Folgen. 4. Aufl. 16. (32 S.) Altona 863, (Verlags-Bureau.) *

Woolwich und Kruppsche Kanonen. Übs. aus „Engineering". (Autogr.) o. O. 1875. 119 S. 4°

Woordenboek, nieuw, der nederduitsche en engelsche taal in zak-formaat, s. Pocket-dictionary.

Woordenboek, nieuw, der Fransche en Nederduitsche Talen, siehe: Dictionnaire, nouveau, Français-Hollandais.

Woordenboek der nederduitsche en hoogduitsche Talen, s. Taschen-Wörterbuch.

Woort, Joh. Albr., Predigt am heil. Osterfeste 1833, als an welchem zugleich die v. Ihro Kgl. Hoheit d. verwittw. durchlaucht. Frau Fürstin v. Thurn u. Taxis, geb. Herzogin v. Mecklenburg-Strelitz zur hies. Kirche gnädigst gestiftete Orgel feyerlichst eingeweiht wurde. gr. 8. (1 B.) Nördlingen, Beck.

Woort, Lüder, plattdeutsche Dichtungen. 2. (Titel-)Ausg. 8. (IV, 218 S.) Bremen (861)69, Kühtmann und Comp. *

Woort, Lüder, plattdeutsche Dichtungen. 3. (Titel-)Ausg. 8. (IV, 218 S.) [Bremen 880, Kühtmann und Comp.] Norden, Fischer Nachf. *

van Woortman, Henr. Jac. Berghuis, Dissertatio historico-politico-medica inaug. de ratione, qua medicina, tum veteriori, tum recentiori tempore, in civitate Groningana est factitata. 8 maj. Groningae 839, Wolters. (Lipsiae, Friese.) n. ⅔ ₰

Woortman, J. C., Reductions-Tabellen. (Vergleichung des Liters mit Hamburger Viertel, französ. Viertel, Old Gallon, Imp. Gallon, russ. Wedro, dän. Pott, schwed. Kanne.) 1. und 2. Aufl. 8. (22 S. mit 1 lithogr. Vergleichstab. von specif. Gewicht.) Hamburg 888, Herold'sche Buchh., Verlag. *

Woortman, J. C., Reductions-Tabellen. (25 S.) 8. Hamburg 905. Herold. n. 2. —

Woortmann, J. C., Reductions-Tabellen über Flüssigkeits-Maasse und Vergleichung verschiedener Alkoholometer. gr. 16. (22 S. mit 1 lithogr. Tab.) Hamburg 878, Nolte. *

Woost, Gustav Ed.

Gust. Ed. Woost diss. quaedam de acupunctura Orientalium ex oblivionis tenebris ab Europaeis medicis nuper revocata. Cum tab. lithogr. Lips. 1826. 4. — *German.*: Die Acupunctur oder der Nadelstich, ein den Chinesen u. Japanern entlehntes Mittel gegen Gicht, Rheumatismus etc. Mit Berücksichtigung des geschichtlichen Ursprungs dieser Operationsmethode, deren Anwendungsart u. Wirkung. Mit 1 Steindr. Leipz. 1826. 8.

Woost, (G. E.,) die Akupunktur od. d. Nadelstich, ein von den Chinesen entlehntes Mittel wider die Gicht rc. gr. 8. Leipz. 826, Hartmann.

— s. Beschreibung d. Räucherungs-Apparate.

Wooster Journal: 1881–1894

Weekly. Independent, 1882–84; Democratic, 1885–94. Circulation: 1885, 785; 1900, 650
Edited & published by Adolph Weixelbaum, 1881–86; by M. W. Weixelbaum, 1887–94
Wooster, OH

Woothke, Hermann, Referendar: Die Theorie der Einheit der Reise der Kriegskonterbandegüter. Bonn 1910: Ludwig. 114 S. 8°

Tübingen, Jur. Diss. v. 4. Okt. 1910, Ref. Thoma

[Geb. 24. Juli 88 Cöln; Wohnort: Bonn; Staatsangeh.: Preußen; Vorbildung: Kgl. Gymn. Bonn Reife O. 06; Studium: Lausanne 1, Tübingen 3, Bonn 2 S.; Rig. 3. März 10.] [U 11. 4360

Woepcke, F., über ein in der königl. Bibliothek zu Berlin befindliches arabisches Astrolabium. gr. 4. (31 S. mit 3 Kpfrt.) Berlin 858, (Dümmler's Verlagsh.) *

Aus: Abhandlungen der k. Akademie der Wissenschaften zu Berlin, Jahrg. 1858, besonders abgedruckt.

Woepcke, [illegible] Disquisitiones archaeologico-mathematicae circa solaria veterum. Berolini [illegible]

Berlin, Phil. Diss. v. [illegible] Aug. [illegible]

Woepcke, Franc., Disquisitiones archaeologico-mathematicae circa solaria veterum. Dissert. inaugur. astronomica. 4maj. (88 S. und 4 Stnt. in qu. gr. Fol.) Berolini 848, Subilia.

Wopfner, Herm., das Almendregal des Tiroler Landesfürsten, s.a. Forschungen zur inneren Geschichte Oesterreichs.

Wopfner, Hermann. Das Almendregal des Tiroler Landesfürsten. ([Mit Urkunden und Akten-]Beilagen.) XVI + 170 S. 8. Innsbruck, Wagner, 1906. [Subscr. M. 4.80, Einzelpreis 6.—]

Forschungen zur inneren Geschichte Österreichs, hrg. von Dr. Alfons Dopsch.... Heft 3....
Darin S. 3/5. 7. 17 f. 21 f. 25. 94. 137 etc. die Schweiz, *S. 118 f. u. sonst mehrfach den* Vintschgau *betr., u. s. w.*

Wopfner, Hermann, Dr. phil.: Beiträge zur Geschichte der freien bäuerlichen Erbleihe Deutschtirols im Mittelalter. Breslau: Marcus 1903. VIII, 239 S. 8° ¶(Untersuchungen z. dtsch. Staats- u. Rechtsgesch. H. 67.)

Tübingen, Jur. Diss. v. 6. Aug. 1909, Ref. Rietschel

(Nur in beschränkter Anzahl für den Austausch)

[Geb. 21. Mai 76 Innsbruck; Wohnort: Innsbruck; Staatsangeh.: Österreich; Vorbildung: Gymn. Innsbruck Reife M. 94; Studium: Innsbruck 7, Leipzig 1, Innsbruck 2 S.; Rig. 31. Juli 09.] [U 10. 4147

— Beiträge zur Geschichte der freien bäuerlichen Erbleihe Deutschtirols im Mittelalter, s.a. Untersuchungen zur deutschen Staats- u. Rechtsgeschichte. 67. Hft.

Beiträge zur Geschichte der freien bäuerlichen Erbleihe Deutschtirols im Mittelalter. Von Dr. phil. Hermann Wopfner. *Breslau: M. & H. Marcus 1903.* (XVIII, 239 S.) 8°
= Untersuchungen z. Deutschen Staats- u. Rechtsgeschichte. H. 67. [illegible]

Wopfner, Herm., die Lage Tirols zu Ausgang des Mittelalters u. die Ursachen des Bauernkrieges, s.a. Abhandlungen zur mittleren u. neueren Geschichte.

Wopfner, Hermann. Die Lage Tirols zu Ausgang des Mittelalters und die Ursachen des Bauernkrieges. XVI + 232 S. 8. Berlin und Leipzig, Dr. Walther Rothschild, 1908. (Einzelpreis M. 6.—, Subskr. 5.—)

Abhandlungen zur Mittleren und Neueren Geschichte. Hrg. von Georg v[on] Below Heinrich Finke Friedrich Meinecke. Heft 4....
Darin S. 81. 97. 99. 101. 114/7. 144. 166. 169 f. 194. 198. 202 f. etc. die Schweiz *u.* Schweizer, *insbes. auch das* Hochstift Chur *betr.*

s.a. Quellen zur Geschichte des Bauernkriegs in Deutschtirol 1525.

Wopfner Hermann, Dr.: Quellen zur Geschichte des Bauernkrieges in Deutschtirol 1525. I. Teil. Quellen zur Vorgeschichte des Bauernkrieges. Beschwerdeartikel aus den Jahren 1519–1525. *Acta Tirolensia.* Urkundliche Quellen zur Geschichte Tirols. Band III. Innsbruck, 1908. Wagner . . . .

Wopfner, Jos., s.a. Perlen aus den deutschen Alpen.

Wopfner, Jos., Perlen aus den deutschen Alpen. 1. Serie. qu. Fol. (12 Chromolith.) Leipzig 885. (Baldamus.) Ausg. A. à Blatt n. 1. 80; Ausg. B. qu. gr. Fol. à Blatt n 1. 60; Ausg C. à Blatt n 2. 10

München, Oberammergau, Partenkirchen, Hohenschwangau, Tegernsee, Kochelsee, Walchensee, Eibsee, Tölz-Krankenheil, Kreuth, Reichenhall, Gastein.

—, — von R. Püttner, J. Wopfner u. A. Ser. 2.: Bozen, Berchtesgaden, Schliersee, Innsbruck, Salzburg, Chiemsee, Hintersee, Achensee, Königsee, Meran, Starnbergersee, Zell am See. 21 Chromolith. Leipzig 1885—86. qu.-Fol.

Woepke, Franc., s. Woepcke

Wopkens, Thom., Adversaria critica in Ciceronem, Sallust. aliosque script. latin. colleg. et ed. C. H. Frotscher. II Vol. 8maj. (13 u. 32 B.) Lipsiae 828, [T. O. Weigel.]
2⅓ Thlr., Schrbp. 3½ Thlr., Vlnp.

***Wopken,* Th., lection. Tullianar. s. in opera quaedam Ciceronis philosophica, edid. et adnotat. adj. F Hand. 8maj. Jena 828. Cröker 1 ₰ 18 gr (s. auch *Corpus* scriptionum criticor. praestantissimorum. Vol. I.)**

— id. lib. ed. K. H. Frotscher. 8maj. Leipz. 828. Kühn. 16 gr

Wopperer, Jh.

— gründl. Abhandl. von d. Pferdekenntniß, zum nützl. Gebrauch für die Cavallerie-Officiere bei Remontirungen u. sonstigem Ankaufe e. Pferdes. 8. Pesth 799. (Schaumburg in Wien). 6 gr

Wopperer, Jh., kurze Abhandl. von den in- u. äußerl. Krankheiten u. sonstigen Beschädigungen, welche den Pferden bei d. Armee, im Felde u. Quartieren am gewöhnl. zustoßen. 8. Pesth ... 2e Aufl. 799. (Schaumburg in Wien). 8 gr

— nützl. Unterricht für d. Landmann, zur Erziegelung (sic) einer guten Gattung Pferde. 8. Wien ... (Schaumburg). 4 gr

Woppisch, Carolus Henricus: Dissertatio . . . sistens nonnulla de herniis sphacelosis earumque casum quendam memorabilem in specie. Halae (1831): Baentsch. 42 S. 8°

Halle-Wittenberg, Med. Diss. v. 19. März 1831

Geb. Dresden 30. 11. 1805. V. vorh. Marburg UB u. Berlin UB

Verf. erlebte die Diplomerneuerung 1881 als Sanitätsrat in Zeitz.

Woracz, F., s. Adressen-Buch der sämmtl. Industriellen, Handel- und Gewerbetreibenden des Erzherzogth. Oesterreich ob. der Enns.

Woracziczky, F. H., Geneal. Beschreibung des Woracziczky'schen Geschlechts. Prag 1705. fol. N. Aufl. Mit Portraits u. Wappen. Prag 1716. fol.

Woran erkennt man den deutschen Michel, s.: Fragen, brennende.

Woran fehlt es der katholischen Kirchendisziplin? Eine Ansicht, welche man bisher in unserer Tagesliteratur noch nirgends ausgesprochen hat. Von einem kathol. Layen. 8. Straubing 834. Schorner'sche Buchh. $1\frac{1}{2}$ gr.

Woran kann d. Landmann die des Rotzes u. des Wurmes verdächtigen Pferde erkennen. 4. Bresl. 809. W. G. Korn. 2 gr.

Woran uns gelegen ist. Ein Wort ohne Umschweif. Kiel 1859. V: *Tweston, Carl.* (A)

Woran uns gelegen ist. Ein Wort ohne Umschweife. gr. 8. (71 S.) Kiel 859. [Homann.] *

Woran uns gelegen ist. Ein Wort ohne Umschweife. Kiel 859. Schwers. gr. 8. (71 S.) n. 10 ngr.

Woran uns gelegen ist. Leipzig 1859. V: *Twesten, Carl.* (Treitschke, Heinrich, Briefe II, 21)

Woras: Interessenkampf zwischen Land u. Stadt. Leipzig 1903.

Worauf beruht die Macht der katholischen Kirche?, s. Streitschriften, freundschaftliche.

Worauf es beim Reiten ankommt. Ansichten über Reiterei von F. v. P. Potsdam 865. Riegel'sche Buchh. gr. 8. (56 S.) n. 10 ngr.

Worauf geht's los? Einundzwanzig Fragen und Antworten mit einem Schlußpunkte zum Verständnisse der Gegenwart für Jedermann. 1. Aufl. 1860. und 2. Aufl. gr. 8. (31 S.) Regensburg 861, Manz.

Worauf wir hoffen! Zur Frage der Justizorganisation im Königreiche Hannover. Berlin 1858. V: *Heimbruch, G. E. A. von.* (PROVBHANN 120)

Worb de Peima, J(an) I(gnatius): Vernünftige Untersuchung der Frage: Ob Galanten und andern Frauenzimmer nicht eben sowohl, als denen Manns-Personen, Toback zu rauchen erlaubt und ihrer Gesundheit nützlich sey? Nebst einer Vorrede Von der Vortreflichkeit des Thees und Caffees, aufs neue hrsg.von Justin Ferdinand Rauchmann. 24 S., 6 S.u.144 S., gbd.

Franckfurth u.Leipzig: Ritter 1743

JB 2.029/1

Peter Worbertz

Nonnulla de gravidi status affectionibus. Berolini (1829:) Jordan. 56 S. 8°

Berlin, Med. Diss. v. 8. Okt. 1829

Worbes, Carl, approb. Arzt, Assistenzarzt im städt. Krankenhaus zu Erfurt: (Aus d. med. Klinik in Jena.) Das Krankheitsbild **'Myokymie.'** *Erfurt 1901: Ohlenroth.* (29 S.) 8°
Jena, Med. Diss. v. (13. Juli) 1901

Worbes, W., Aufgaben zum Zifferrechnen im Zahlenraume von 1 bis 1000 und darüber. Zu häusl. Arbeiten und zur stillen Beschäftigung einzelner Abthlgn. in Elementarklassen. 2. Hftchn. (Addition und Subtraction. — Multiplication und Division.) 8. (68 S.) Quedlinburg 849, Basse. à Hftchn. $1\frac{1}{4}$ Ngr.

Worbis [Schlagwort]

Worbis, s.: Preussen. Messtischblätter.

Worboise, E. J., von der Hochkirche ins Kloster, s.: Wiemann's Hausbibliothek.

Worbs, Balduin, Assistenzarzt im Rhein. Pion.-Bat. No 8: Ein Fall von Cystadenoma papilliferum der männlichen Brustdrüse. Bonn 1902: C. Georgi. (31 S.) 8°
Bonn, Med. Diss. v. 3. Dez. 1902

Worbs, H.: Studien zur Geschichte des Ritterkrieges im J. 1522. 1 Th. 30 S. Köln, Ap.G., Progr. 1869.

Worbs, Dr. H. Studien zur Geschichte des Ritterkrieges im J. 1522. 1. Th. (30.) 4. Köln 1879.

Worbs, Herm. Geschichte des kön. Gymnasiums zu Coblenz von 1582 bis 1882. 38 S. 8. **Progr.** G. *Coblenz 1882

Worbs, Herm., deutsches Lesebuch für die oberen Klassen höherer Lehranstalten. gr. 8. (XV, 788 S.) Köln 878, DuMont-Schauberg'sche Buchh. *

Worbs, deutsches Lesebuch f. die oberen Klassen höherer Lehranstalten. 2. Aufl. gr. 8. (XVII, 764 S.) Köln 885. Du Mont-Schauberg. n. 5. 50

Worbs, deutsches Lesebuch f. die oberen Klassen höherer Lehranstalten. 3. Aufl. Anh.: I. Übersicht der Entwickelung der deutschen Nationallitteratur. II. Sprachproben aus dem Althochdeutschen u. Mittelhochdeutschen. gr. 8. (XIII, 693 S.) Köln 890. Du Mont-Schauberg. n. 5. 50

Worbs, deutsches Lesebuch f. die oberen Klassen höh. Lehranstalten. 4. Aufl. Anh.: I. Übersicht der Entwickelg. der deutschen Nationallitteratur. — II. Sprachproben aus dem Althochdeutschen u. Mittelhochdeutschen. gr. 8. (XII, 679 S.) Köln 899. M. Du Mont-Schauberg. n. 5. 50

Worbs, deutsches Lesebuch f. die oberen Klassen höh. Lehranstalten. 5. Aufl. v. L. Niessen. 2 Tle. gr. 8. Köln 908. M. Du Mont-Schauberg. Geb. à 3. —
1. Prosa. (VIII, 345 S.) — 2. Poesie. (VII, 300 S.)

Worbs, Hermannus Eduardus (geb. 1834 in Trier): De legibus a Gaio Sempronio Graccho latis dissertatio historica ... Bonnae, typ. Carthausianis (1857). 2 Bl., 43 S., 1 Bl. 8.
Bonn, Phil. Fak., Diss. v. 31 Jan. 1857

Worbs, Johann Gottlob

Worbs, J. G., Archiv für die Geschichte Schlesiens, der Lausitz u. zum Theil von Meissen. 1r Thl. gr. 8. Sorau. (Verlag in Leipz.) 798.

Worbs, Jh. Glo., († d. 12. Nov. 1833.) Archiv für d. Geschichte Schlesiens, d. Lausitz u. zum Theil von Meißen. 1r Thl. Mit 4 Kpf. gr. 8. Sorau 798. (Fr. Fleischer in Leipz.) 1 Thlr. 6 Gr.

Worbs, (J. G.,) neues Archiv für die Geschichte Schlesiens u. der Lausitzen. 2r Theil. gr. 8. Züllichau 825, Darnmann. 1 Rthl. 8 gr. 1r Thl. 804.

— neues Archiv d. Geschichte Schlesiens u. der Lausitz. 1r Thl gr. 8. Glogau 805. N. Güntersche B. 1 Thlr. 12 Gr. 2r Thl. gr. 8. Züllichau 825. (Fr. Fleischer in Leipz.) 1 Thlr. 8 Gr.

— über die Bundes- u. Freundschaftssymbole d. Morgenländer, z. Erläut. mehr. bibl. Stellen. 8. Sorau 792. 2e A. 8. Halle 793. Hendel. 2 Gr. (Nachdruck.)

— dass. neue rechtmäß. Aufl. 8. Görlitz 810. Anton in Halle. 2 Gr.

— s. J. F. Conradi, Kirchen-, Prediger- u. Schulgeschichte.

Worbs, Joh. Gottl. Denkwürdigkeiten aus der Geschichte der Reichsburggrafen und Grafen zu Dohna und Grafen zu Kospoth. 8. Sagan 1780. — 8. ib. 1800.

— Geschichte u. Beschreib. des Landes d. Drusen in Syrien, nebst e. bisher in Deutschland unbekannt. Religionsbuche dieses Volks. gr. 8. Görlitz, Anton. 791.
Schreibpap.

— Geschichte u. Beschreib. d. Landes d. Drusen in Syrien, nebst e. bisher in Deutschland unbekannten Religionsbuche dieses Volks. gr. 8. Görlitz 799. Anton in Halle. 21 Gr. Schreibp. 1 Thlr.

— Geschichte d. evangel. Kirchen, Prediger u. Schullehrer im Fürstenthume Sagan, bei Gelegenheit d. 100jähr. Kirchenjubelfeier d. 24. Sept. 1809 herausg. 8. Bunzlau 809.

— Geschichte d. Herzogthums Sagan. 8. Züllich. (795.) Frommann in Jena. 1 Thlr.

— Geschichte d. Herrschaften Sorau u. Triebel, mit 2 Stammt. 4. Sorau 826. (Julien). 2 Thlr.

Worbs, J. G. Inventarium diplomaticum Lusatiae inferioris. — Verzeichniß und wesentlicher Inhalt der bis jetzt über die Nieder-Lausitz aufgefundenen Urkunden. Lübben 1834. H: *Süssmilch, Frdr. Aug.* (Kat. d. Bibl. d. dtsch. Reichstages. Berl. 1882.)

Worbs, Jh. Glo., Inventarium diplomaticum Lusatiae inferioris. — Verzeichniß u. wesentlicher Inhalt der bis jetzt über die Nieder-Lausitz aufgefundenen Urkunden. Auf Veranstaltung der Herren Stände des M. Nieder-Lausitz gesammelt u. herausgegeben. 1r Bd. vom Jahre 873 bis 1620. gr. 4. Lübben 834. (Gotsch.) n. 3 Thlr.

— Katechismus der vaterländ. Geschichte, für Bürger- u. Landschulen. 8. Sagan 819. (Bresl., Leukart). 9 Gr. 2e verb. Aufl. 8. Liegnitz 821. (Kuhlmey). 9 Gr.

— Kirchen-, Prediger- u. Schul-Geschichte d. Herrsch. Sorau u. Triebel, v. Conradi. gr. 8. Görlitz 803, Verf.

— einige Nachrr. über die allgem. Brände, welche die Stadt Priebus erlitten, bei dem 100jähr. Andenken d. letzten Brandes d. 5. Juni 1819 aufgesetzt. Nebst beigefügter Beschreib. d. Feier dieses Andenkens. 8. Sagan 819.

— Predigt am Tage d. Einweihung d. neuen evangel. Kirche zu Priebus am 2. Nov. 1822. Nebst einigen histor. Nachrr. über die Kirchen in Priebus. 8. Sorau 823.

Worbs, J. Glo.: Die Rechte der evangel. Gemeinden in Schlesien, an den ihnen im 17. Jahrh. gewaltthätig genommenen Kirchen u. Kirchengütern, geschichtl. dargestellt. *Sorau*, Julien. 825. 8. (1 Thl. 8 Gr.)

— die Rechte der evangel. Gemeinden in Schlesien an den ihnen im 17. Jahrh. gewaltthätig genommenen Kirchen u. Kirchengütern, geschichtlich dargestellt. 8. Sorau 826. Julien. 1 Thlr. 8 Gr.

Worbs, Jh. Gottl., die Rechte der evangel. Gemeinden in Schlesien an den ihnen im 17. Jahrh. gewaltthätig genommenen Kirchen u. Kirchengütern. Neue unveränd. Ausg. 8. 829. Sorau, Julien. n. 1 Thlr.

— über d. gegenwärtigen Zustand d. evangel. Kirche. Eine Rede, gehalten d. 19. u. 20. Juni 1822. 8. Sorau (822.)

Worcester, A., Eklampsie u. deren diätetisch-physikal. Behandlung, s.: Bücherei, freie medizin. (Tarnier.)

Worcester, Elwood Ernest: The religious opinions of John Locke. . . . *Geneva, N. Y., press of W. F. Humphrey,* 1889. 124 S., 1 Bl. 8°
Leipzig, Phil. Fak., Inaug.-Diss. v. 16. Apr. 1891

Worcester, J. E., neuestes vollst. Wörterbuch der engl. u. deutschen Sprache, s.: Elwell, Wm. Odell.

Worcester, James, Vademecum für junge Freunde des Englischen. Enthaltend eine Auswahl von Sprichwörtern, Anekdoten, Schnurren, lustigen Geschichtchen, komischen u. ernsten Erzählungen. Englisch u. Deutsch mit der Aussprache jeden Wortes, in drei Spalten. gr. 8. Wien 840. Wallishausser. 1/2 Thlr.

Worcester County Rundschau: 1892–1902
Independent weekly. Edited by Joseph Joachim, & published by German American Publishing Co. Holyoke, Mass., 1892–1902.
Fitchburg, MA

Worch, Albert: Die fettige Degeneration des Herzfleisches als Ursache plötzlichen Todes. Halle (1873): Plötz. 28 S. 8°
Halle-Wittenberg, Med. Diss. v. 31. Dez. 1873
Geb. Wedringen (Kr. Neuhaldensleben) [21. 9. 1844]. V.

Worch, Gfried., Naturklänge. Gedichte. 2., verm. Aufl. 12. (VI und 142 S.) Berlin 852, Trowitzsch und Sohn. *

Worch, Gottfried. Probe-Blätter, Gedichte: Kartenspiel und Donnerschläge. StL. 1873.

Worch, Henricus (Theodorus) *(geb. Kreppelhof bei Landeshut in Schles. 15. 8. 1819)*: De Kalio jodato. Vratislaviae (1845). (35 S.) 8°
Breslau, Med. Diss. v. 31. Jan. 1845

Worch, Oscar, Veterinärarzt in Halle a. S.: Die Kastration und ihre Wirkungen auf den Organismus: der gegenwärtige Stand nach der Frage von der innern Sekretion. 1909. 56 S. 8°. [5. XI. 08.]
Bern, Vet.-med. Diss. 1908/09

Word, A, to the public . . . Leipsic 1847. V: *Bulwer, Edward Lytton.* (Cat. d. Stadtbibl. Zürich. Zürich 1864—97.)

Word, the unkind, s. Collection of British Authors.

Wördehoff, Joseph, aus Ueckendorf: Ueber die Genese der Lebercavernome. *Würzburg 1901: A. Boegler.* (21 S.) 8°
Würzburg, Med. Diss. v. 1901

Wördemann, Jan Hinnerk, Krusemünten. Twee Geschichten von'n Dörp. [De Waif'. — Adam u. Eva.] 8. (186 S.) Norden 889. Fischer Nachf. n. 3. —

Wördemann, Jan Hinnerk, Quecken u. Ranken. Allerhand Snaken u. Snurren, Gedichte un Vertellsel in plattdüütscher Mundart. 8. (VII, 149 S.) Großenhain 886. Baumert & Ronge. n. 1. —

Wördemann, Jh. Gerh., (†...) Anweis. z. holländ. Wechsel- u. Waarenberechnung d. vornehmsten Städte von Europa. gr. 4. Berl. 774. a. 784. (Sander). 1 Rthlr 12 gr (Auch u. d. T.: Anh. zu J. E. Krusens Comtoristen rc. 4. Ebd. 776.)

Wördemann, J. G., Anweis. zur vollständ. Wechsel- u. Waarenberechnung d. vornehmsten Städte v. Europa. gr. 4. Berlin, Weber. (Sander.) 774.

Worden, J. Perry, aus Hastings-on-Hudson, N.-Y.: Über Longfellow's Beziehungen zur deutschen Litteratur. Halle a. S. 1900: C. A. Kaemmerer & Co. (39 S.) 8° (Die vollst. Arbeit über Longfellow erscheint in englischer Sprache in Amerika.)
Halle, Phil. Diss. v. 1900

Words, some, about rhine-wines. gr. 8. (76 S. mit lithogr. Titel.) Coblenz 862, (Bädeker.) cart. *

Wordsworth, W., select poetical works, s. Collection of British authors.

Wordsworth, William, zwölf Gedichte. M. Bild u. Lebensabriss. 8. (39 S.) Zürich 897. Art. Institut Orell Füssli. n. — 40

Wordsworth, William, the highland girl, Lucy, She was a phantom of delight, Yarrow visited, hrsg. v. Heinr. Saure, s.: Authors, modern English. XI.

Worel Hugo. Vollständige Sammlung aller Nachtrags-Verordnungen zum Stempel-Patente (Verordnungen vom 9. Februar und 2. August 1850.) 8. (96 S.) Karlsbad, Gebr. Franiek 1852.

Worel, Hugo. Vollständige Sammlung aller Nachtrags-Verordnungen, Erläuterungen und Entscheidungen zu den Stempel- und Gebühren-Patenten vom 9. Februar, 1. August und 6. September 1850 und zu sämmtlichen Taxvorschriften wortgetreu herausgegeben von —. II. Theil. Jahrgang 1852. Anfangend in der ersten Jahreshälfte bis Ende Dezember 1852. 8. (2 Bogen. 14J S.) Karlsbad, Gebr. Franiek, 1853.

Worel, Karl, k. k. Militär-Verpflegs-Official Handbuch für den Verpflegsdienst. (Mit 2 Beilagen) 8. Olmütz 1881.

•Worell, A. Christliches Beginnen. (Die Assekuranz der Kirchen- und Klöstergüter.) Nebst Beilage: Statuten für Orion, österreichischer Verein katholischer Kirchengemeinden und Klöster für Schaden-Versicherungen. Wien 1887.

Worell, Anton Mauritz, Anleitung zur Spargel-Kultur nach dem Eibenschitzer Kultursystem überhaupt u. insbesondere die Spargelbeete so anzulegen, um den höchst möglichsten Ertrag u. schöne starke, dem weltberühmten Eibenschitzer Spargel gleichkommende Stämme zu erzielen. Brünn 864. (Karaflat.) 8. (15 S.) n. 6 ngr.

Worell, Stefan Alois, Liedersammlung, s. Liedersammlung.

Worell, Steph. Alois, Liedersammlung zum Gebrauche des katholischen Jünglingsvereines in Wien. Wien 858. Mechitaristen-Congreg.-Buchhdlg. 18. (110 S.) 7 ngr.

Worell, Stef. A., der heilige Norbert, Prediger, Stifter d. Prämonstratenser-Ordens u. Erzbischof v. Magdeburg. Zur 250jähr. Gedenk-Feier der Uebertragung der Reliquien dieses Heiligen von Magdeburg nach Prag. 8. (16 S.) Wien 877. (Mayer & Co.) n. — 20

Wörfel, Paul (Nürnberg) A. S. 256/7

Positiones de interdictis in genere, et quatuor prioribis illorum speciebus.
Präs. Wolfgang Adam Lauterbach.
In: Lauterbach: Disputationes Tubingenses. Vol. 4. (Tübingen 1728). 4 Bl.

Diss. 17. XII. 1655. 37106

Worfeld's Leiden u. Freuden, s. Erzählungen.

Worgitzky, G., Pflanzen-Tabellen, s.: **Frank, A. B.**

Worgitzky, Geo., Blütengeheimnisse. Eine Blütenbiologie in Einzelbildern. Mit 25 Abb. im Text, Buchschmuck v. J. V. Cissarz. 4. (X, 134 S.) Leipzig 901. B. G. Teubner. Geb. in Leinw. n. 3. —

Georg **Worgitzky** Blütengeheimnisse. Eine Blütenbiologie in Einzelbildern. Mit 47 Abb., Buchschmuck von J. V. Cissarz u. 1 Taf. Leipzig & Berlin: Teubner 1910. IX, 137 S. 8° [10. 2764

Georg **Worgitzky**. Blütengeheimnisse. Eine Blütenbiologie in Einzelbildern. Mit 47 Abb., Buchschmuck von J. V. Cissarz u. 1 Taf. 2. Aufl. Leipzig & Berlin: Teubner 1910. IX, 137 S. 8° [10. 7364 II

— Werden u. Vergehen der Erdoberfläche. Hauptthatsachen der phys. Erdkunde in allgemein verständl. Darstellg. Mit 76 Fig. im Text. gr. 8. (127 S.) Breslau 899. F. Hirt. n. 1. 60

Worgitzky, Georg Eugen [aus Eibenstock i. S.]: Vergleichende Anatomie der Ranken. . . . (Sep.-Abdr. aus d. „Flora" 1887.) Regensburg, Druck d. F. H. Neubauer'schen Buchdr., 1887. 1 Bl., 56 S., 1 Bl. 8°
Leipzig, Phil. Fak., Inaug.-Diss. v. 29. März 1887.

[Z.] **Worin** beruht die Stärke der kath. Kirche? *Paderborn: F. Schöningh 1898.* (81 - 96 S.) 8.
— **Broschüren-Cyclus** f. d. kathol. Deutschland. Jg. 33. H. 6. [98. 8135

Worin bestand das alte Recht? Was schlugen die Landstände vor? Was bietet der König an? Nebst Nachträgen und Berichtigungen. Stuttg. 1817. V: *Schwab, Carl H. & Alb. Schott.* V (Nachtr.): *Bolley, Heinrich Ernst Ferd.* (Kat. d. ständ. Bibl. Stuttg. 1907. S. 261.)

— bestand das alte Recht (Würtembergs)? was schlugen d. Landstände vor? was bietet der König an? gr. 8. Stuttg. 817. Steinkopf. 8 gr

Worin bestehen Preßfreiheit, Versammlungs- und Petitionsrecht? von v. G. Berlin 1848. 15 S. 8.

Worin besteht d. wesentl. Begriff einer Fabrik u. Manufaktur? welches sind ihre wesentl. Eigenschaften u. Gerechtsame? rc. 4. Leipz. 791. Breitkopf u. H. 4 gr

Worin besteht die wahre apostolisch-kathol. Kirche, u. kann sie durch eine deutsch-kathol. vermittelt werden? Den deutschen Katholiken zur Beruhigung, Kräftigung u. Mahnung, den Protestanten zur Beherzigung. gr. 8. (5½ B.) Leipzig 845, Hartung. *

Worin h a t die Unzufriedenheit ihren Grund, und wie gelangt man zur Zufriedenheit? Paderborn: F. Schöningh 1900. (S. 17-32.) 8°
(Broschüren-Cyklus f. d. kathol. Deutschland. Jg. 35, H. 2.)

— sind die guten Erziehungsanstalten d. Fürstenthums Würzburg noch zu verbessern? 2 gekrönte Preisschriften von N. A. Förtsch u. Geo. B. Ludwig. gr. 8. Bamb. 808. (Wesché in Frkf.) 14 gr

WORINGEN, Albrecht von, oder die Schauder der Todesnacht. Eine Geistergeschichte aus dem dreizehnten Jahrhundert. Mit Kupf. Leipzig, Commissions-Bureau, 1805. 8°. (½ Rthl.) Selten!

Woringen, Albrecht v., oder die Schauder d. Todesnacht; e. Geistergesch. a. d. 13ten Jahrh. 8. Lpz. Joachim. 805. — 12

Woringen, v.: Über die G r e n z e n des Einflusses des Sittengesetzes auf das Strafgesetz. Freiburg 1864. 47 S. 4°
Schul-/Univ.-Schrift

Woringen, Angelika v., suchet was droben ist, s.: Kögel, Rud.

Woringen, F. A. M. v., Beiträge z. Geschichte d. deutschen Strafrechtes. I. Beitr. Erläuterungen üb. d. Compositionswesen. gr. 8. (11½ B.) Berlin 836, Nicolaische Buchh.

v. **Woringen, F. A. M.**, gegen Temme's u. Noerner's Beleuchtung des Prozesses Lafarge nach preuß. Strafrechte. gr. 8. Berlin 841, Vereins-Buchh. ½ ℛ

Woringen, Frz., Gedichte. gr. 16. (VIII, 175 S.) Bremen 873. Müller's Verl. n. 2. 40; geb. m. Goldschn. n. 3. 60

— Jadwiga. Trauerspiel in 5 Aufzügen. [Den Bühnen gegenüber als Mscr. gedr.] 8. (126 S.) Berlin 870, v. Decker'sche Geh. Ober-Hofbuchdr.

Woringen, F. v., Märchen. Berlin 854. Decker. 16. (2 Bl., 287 S. u. 8 Holzschn.) 1 ℛ 7½ ngr

Woringen, Frz. v., Märchen. 2. Aufl. 8. (III, 199 S. mit 7 in den Text gedr. Holzschn.) Berlin 870, v. Decker'sche Geh. Ober-Hofbuchdr. cart. 2 50

Woringen, Frz. v., **Märchen**. 2. Aufl. mit 7 in den Text gedr. Holzschn. Brünn. 870. (Karafiat.) 8. (III, 199 S.) 25 ngr

Woringen, F. v., Märchen. 3. Aufl. Mit Bildern von Mart. Ränike. 8. (286 S.) Berlin 889. Pfeilstücker. geb. n. 3. —

— dasselbe. 4. Aufl. Mit Bildern v. Mart. Ränike. 12. (286 S.) Ebd. 889. geb. n. 2. 50

(Woringen, Franz von), Deutschlands Staatenbund und der deutsche Einheits-Staat. Versuch einer Vermittelung von F. v. W. Liegnitz, F. W. Grittner, 1849. 41 S. 8°.

Der V e r e i n für hessische Geschichte und Landeskunde in den Jahren 1884—1909. Von August **Woringer**. Kassel 1909: Schönhoven. 40 S. 8°
Aus: Zeitschrift d. Vereins f. hess. Geschichte u. Landeskunde. Bd 43.

Woringer, Benedikt, aus Basel: Ueber die Dampfspannungen einer Reihe von Benzolkörpern. *Berlin (1900): E. Ebering.* (151 S.) 8°
Berlin, Phil. Diss. v. 12. Mai 1900

Woringer, Bened., über die Dampfspannungen e. Reihe v. Benzolkörpern. gr. 8. (157 S. m. Fig.) Berlin 900. E. Ebering. n. 4. —

Woringer, Karl Ernst, aus Stossweier (Ob.-Els.): (Aus d. physiol. Institut d. Universität Strassburg.) Ueber eine neue Methode, die Lage des zweiten Herztons auf dem Kardiogramm zu bestimmen. *Strassburg i. E. 1901: C. & J. Goeller.* (45 S.) 8°
Strassburg, Med. Diss. v. 1901

Woringer, L. A., unsere Zeit und die sie unterscheidenden Merkmale, nach der heil. Schrift beleuchtet in zwei Vorträgen. 8. (IV, 172 S.) Augsburg 880, Preyß. *

Woringer, Leo [aus Strassburg]: Ueber neue Derivate der Camphansäure. Strassburg, Universitäts-Buchdruckerei von Johann Heinrich Eduard Heitz, 1883. 8. 31 S.

Wörishofen [Sachliches OW]

Bad Wörishofen. Kneipp'scher Wasser- und Luftkurort für Sommer- und Winterkuren. Buchdruckerei und Verlagsanstalt. Auch unter dem Titel: Wörishofen. Internationaler Kneipp'scher Wasser- und Luftkurort für Sommer- und Winterkuren. Auf der bayerischen Hochebene im Alpenvorlande, 629 m. ü. d. M. Buchdruckerei und Verlagsanstalt, Wörishofen. Wegweiser für Wörishofen und die Kneippkur. 1910. H. Hartmann's Verlag. Wörishofen. Später wiederverlegt durch Karl Neuwihler, Wörishofen. Illustrierter Führer durch Kaufbeuren, Mindelheim und Wörishofen. Den verehrten Gästen der Motorpostlinien gewidmet. 1913 Buchdruckerei J. Wagner & Co. Wörishofen.

Wörishofen [Schlagwort]

Wörishofen, s. a. Woerl's Reisehandbücher.

Wörishofen. Gäbelein, Andr., neuester Situations-Plan v. Wörishofen. Führer u. Rathgeber f. Kurgäste. 45,5×36 cm. Farbendr. Mit Text u. 3 Abbildgn. am Rand. Kempten 894. J. Kösel. n. — 50

Wörishoffer, Dr. Fr.,
— Bericht über die Ausbildung der Lehrlinge, besonders über die Errichtung von Lehrlingswerkstätten. 8°. s. l. 1880.

Wörishoffer, F. Die sociale Lage der Fabrikarbeiter in Mannheim, u. dessen nächster Umgebung. Hrsg. im Auftrage d. großherzogl. Ministeriums d. Innern. Lex.-8. (VII, 383 S.) Karlsr. 891, (A. Bielefeld's Hofbuchh.). * 5 —

— die sociale Lage der Fabrikarbeiter in Mannheim u. dessen nächster Umgebung. Hrsg. im Auftrage des großh. Ministeriums des Innern. gr. 8. (VII, 383 S.) Karlsruhe 891. F. Thiergarten. [5. —] ermäß. Preis n. 3. —

Wörishoffer, F., s.: Lage, die sociale, der Cigarrenarbeiter im Großherzogth. Baden.

Wörishöffer, Sophie

—— s.a. †Horst, S. v. der.

Wörishöffer, S., der letzte Arnsteiner, s. a. Bibliothek interessanter Romane. 10. Bd.

Der letzte Arnsteiner. Roman von S[ophie] Wörishöffer. 2. Aufl. Erfurt: F. Bartholomäus [1899]. (198 S.) 8° [F.]
= Bibliothek interessanter Romane. 10.

Wörishöffer, S., der letzte Arnsteiner. Roman. (Neue Aufl.) (203 S.) 8. Gotha (905). Verlagsanstalt u. Druckerei (H. Bartholomäus). 1. —

Wörishöffer, S., das Buch vom braven Mann. Bilder aus dem Seeleben. Mit besond. Berücksicht. der Gesellschaft zur Rettung Schiffbrüchiger. Der reiferen Jugend gewidmet. Mit vielen (Holzschn.-)Illustr. von Joh. Gehrts. gr. 8. (240 S.) Leipzig 883, Hirt und Sohn. M 4,50.; geb.

Wörishöffer, S., das Buch vom braven Mann. Bilder aus dem Seeleben. Mit besond. Berücksicht. der Gesellschaft zur Rettung Schiffbrüchiger. Der reiferen Jugend gewidmet. Mit vielen Illustr. v. Joh. Gehrts. 2.—4. Aufl. gr. 8. (240 S.) Leipzig 888. 889. Hirt & Sohn. 4. 50; geb. 6. —

— das Buch vom braven Mann. Bilder aus dem Seeleben. Mit besond. Berücksicht. der Gesellschaft zur Rettg. Schiffbrüchiger. Der reiferen Jugend gewidmet. Mit vielen Abbildgn. v. Johs. Gehrts. 5. Aufl. gr. 8. (240 S.) Leipzig 901. F. Hirt & Sohn. 3.50; geb. in Leinw. 5. —

— das Buch vom braven Mann. Bilder aus dem Seeleben. Mit besond. Berücksicht. der Gesellschaft zur Rettg. Schiffbrüchiger. Der reiferen Jugend gewidmet. Mit vielen Abbildgn. v. Johs. Gehrts. 6. u. 7. Aufl. (240 S.) gr. 8. Leipzig (903. 906). F. Hirt & Sohn. 3. 50; geb. in Leinw. 5. —

— die Diamanten d. Peruaners. Fahrten durch Brasilien u. Peru. Mit 16 Vollbildern. gr. 8. (VI, 552 S.) Bielefeld 888. Velhagen & Klasing. geb. n. 9. —

Wörishöffer, S., die Diamanten d. Peruaners. Fahrten durch Brasilien u. Peru. 2. Aufl. Mit 16 Vollbildern (v. Joh. Gehrts) u. 1 Aquarell-Titelbild. gr. 8. (VI, 552 S.) Bielefeld 891. Velhagen & Klasing. Geb. in Leinw. n. 9. —

Die Diamanten des Peruaners. Fahrten durch Brasilien und Peru. Von S[ophie] Wörishöffer. 3. Aufl. Mit 17 Bildern. Bielefeld & Leipzig: Velhagen & Klasing 1901. (VI, 552 S.) 8°

Wörishöffer, S., die Diamanten d. Peruaners. Fahrten durch Brasilien u. Peru. 4. Aufl. Mit 16 Vollbildern u. Aquarell-Titelbild. (VI, 552 S.) 8. Bielefeld 910. Velhagen & Klasing. Geb. in Leinw. 9. —

Wörishöffer, S., Robert d. Schiffsjungen Fahrten u. Abenteuer auf der deutschen Handels- u. Kriegsflotte. 2. vollständig umgearb. Aufl. Mit üb. 100 (eingedr. Holzschn.-) Illustr. v. B. Woltze. gr. 8. (680 S.) Bielefeld 877. Velhagen & Klasing. n. 9. —

—— Robert des Schiffsjungen Fahrten und Abenteuer auf der deutschen Handels- und Kriegsflotte. Mit über 100 (Holzschn.-) Illustr. (eingedr. und auf Taf.) von B. Woltze. 3. und 4. Aufl. gr. 8. (V, 664 S.) Ebendas. 880,84. *

—— Robert d. Schiffsjungen Fahrten u. Abenteuer auf der deutschen Handels- u. Kriegsflotte. 6. Aufl. Mit üb. 100 Illustr. u. Aquarell-Titelbild. gr. 8. (III, 664 S.) Ebd. 891. geb. * 9 —

Wörishöffer, S., Robert des Schiffsjungen Fahrten u. Abenteuer auf der deutschen Handels- u. Kriegsflotte 7. Aufl. Mit üb. 100 Textillustr., 12 Tonbildern u. Aquarell-Titelbild. gr. 8. (III, 664 S.) Bielefeld 895. Velhagen & Klasing. Geb. in Leinw. n. 9. —

— Robert des Schiffsjungen Fahrten u. Abenteuer auf der deutschen Handels- u. Kriegsflotte. 9. Aufl. Mit üb. 100 Textillustr., 12 Tonbildern u. Aquarell-Titelbild. (III, 664 S.) 8. Ebd. 907. Geb. in Leinw. n. 9. —

— der Fluch der Schönheit, s. a. Wiemann's Hausbibliothek.

Der Fluch der Schönheit. Roman von S[ophie] Wörishöffer. Barmen: D. B. Wiemann [1901]. (348 S.) 8° [F.]
= Hausbibliothek, Wiemanns. Bd 7.

Wörishöffer, S., Lionel Forster, der Quarteron. Eine Geschichte aus dem amerikan. Bürgerkriege. gr. 8. (IV, 610 S.) Bielefeld 887. Velhagen & Klasing. geb. n. 9. —

—— Lionel Forster, der Quarteron. Eine Geschichte aus dem amerik. Bürgerkriege. 2. Aufl. Mit 16 Vollbildern u. Aquarell-Titelbild. gr. 8. (IV, 610 S.) Bielef. 891, Velhagen u. Klasing. geb. * 9 —

Lionel Forster der Quarteron. Eine Geschichte aus d. amerikan. Bürgerkriege von S[ophie] Wörishöffer. 3. Aufl. Mit 17 Bildern. Bielefeld & Leipzig: Velhagen & Klasing 1901. (610 S.) 8°

— Lionel Forster, der Quarteron. Eine Geschichte aus dem amerikan. Bürgerkriege. 4. Aufl. (IV, 610 S. m. 16 Vollbildern u. farb. Titelbild.) 8. Ebd. 910. Geb. in Leinw. 9. —

Wörishöffer, S., das Geheimnis. Roman. (Neue Aufl. v. Geheimnis des Hauses Wolfram.) (232 S.) 8. Gotha (905). Verlagsanstalt u. Druckerei (H. Bartholomäus). 1.—

Wörishöffer, S., Geheimnis d. Hauses Wolfram. Roman. 8. (232 S.) Berlin 897. Erfurt, F. Bartholomäus. n. 1. 20

[F.] Geheimnis des Hauses Wolfram. Roman v. S. Wörishöffer. Berlin: C. Georgi 1897. (232 S.) 1 Bd 8.

Geheimnis des Hauses Wolfram. Roman von S[ophie] Wörishöffer. 2. Aufl. Erfurt: F. Bartholomäus [1899]. (232 S.) 8° [F.]
= Bibliothek interessanter Romane. 11.

— Geheimnis des Hauses Wolfram. Roman. (Neue Ausg.) 8. (232 S.) Erfurt 901. F. Bartholomäus. 1. 50

— dasselbe, s. a. Bibliothek interessanter Romane. 11. Bd.

- Dämon Geld, s.a. Bibliothek interessanter Romane.

Dämon Geld. Erzählung von S[ophie] Wörishöffer. 2. Aufl. Erfurt: F. Bartholomäus [1899].(248 S.) 8°
(Bibliothek interessanter Romane. 6.)

— Dämon Geld. Erzählung. 3. Aufl. 8. (248 S.) Erfurt (901). F. Bartholomäus. 1. 50

— Dämon Geld. Roman. (Neue Aufl.) (239 S.) 8. Ebd. (905). 1. —

—— gerettet aus Sibirien. Erlebnisse und Abenteuer einer verbannten deutschen Familie. Auf Grund einer Erzählung von Améro und Tissot für die reifere deutsche Jugend bearb. gr. 8. (239 S. mit vielen Illustr.) Leipzig 885, Hirt und Sohn. M 4.50.; geb. 6 —

—— Gerettet aus Sibirien. Erlebnisse u. Abenteuer e. verbannten deutschen Familie. Auf Grund e. Erzählg. v. Améro u. Tissot f. die reifere Jugend bearb. 3. Aufl. gr. 8. (224 S. m. Illustr.) Lpz. 890, Hirt u. Sohn. 4 50; geb. 6 —

— Gerettet aus Sibirien. Erlebnisse u. Abenteuer e. verbannten deutschen Familie. Auf Grund e. Erzählung v. Améro u. Tissot für die reifere deutsche Jugend bearb. Mit vielen Abbildgn. 5. Aufl. gr. 8. (240 S.) Leipzig 901. F. Hirt & Sohn. 3. 50; geb. in Leinw. 5. —

— gerettet aus Sibirien. Erlebnisse u. Abenteuer e. verbannten deutschen Familie. Auf Grund e. Erzählg. v. Améro u. Tissot f. die reifere deutsche Jugend bearb. Mit vielen Abbildgn. 6. u. 7. Aufl. (240 S.) gr. 8. Leipzig (903. 906). F. Hirt & Sohn. 3. 50; geb. in Leinw. 5. —

— im Goldlande Kalifornien. Fahrten u. Schicksale goldsuch. Auswanderer. Mit 16 Vollbildern u. Aquarell-Titelbild. gr. 8. (IV, 529 S.) Ebd. 891. geb. n. 9. —

Wörishöffer, S. Unter Korsaren. Irrfahrten, Abenteuer u. Kämpfe auf der Südsee u. Erlebnisse von Christensklaven in Tripolis. gr. 8. (IV, 556 S. m. 16 Tonbildern v. J. Gehrts.) Bielef. 890, Velhagen u. Klasing. geb. * 9 —

— unter Korsaren. Irrfahrten, Abenteuer u. Kämpfe auf d. Südsee u. Erlebnisse v. Christensklaven in Tripolis. 2. Aufl. M. 16 Vollbild. u. Aquarell-Titelbild. gr. 8. (IV, 556 S.) Ebd. 896. Geb. in Leinw. n. 9. —

—— kreuz und quer durch Indien. Irrfahrten zweier junger deutscher Leichtmatrosen in der ind. Wunderwelt. gr. 8. (VI, 629 S. mit 16 Abbild.) Bielefeld 884, Velhagen und Klasing. geb. *

—— kreuz und quer durch Indien. Irrfahrten zweier junger deutscher Leichtmatrosen in der ind. Wunderwelt. 2. Aufl. gr. 8. (VI, 629 S. mit 17 Abbild.) Bielefeld 886, Velhagen und Klasing. geb. * 9 —

Wörishöffer, S., kreuz u. quer durch Indien. Irrfahrten zweier junger deutscher Leichtmatrosen in der ind. Wunderwelt. 3. Aufl. gr. 8. (IV, 629 S. m. 17 Abbildgn.) Bielefeld 890. Velhagen & Klasing. geb. n. 9. —

— kreuz u. quer durch Indien. Irrfahrten zweier junger deutscher Leichtmatrosen in d. ind. Wunderwelt. 4. Aufl. M. 16 Vollbild. u. Aquarell-Titelbild. gr. 8. (IV, 629 S.) Bielefeld 897. Velhagen & Klasing. Geb. in Leinw. n. 9.—

— kreuz u. quer durch Indien. Irrfahrten zweier junger deutscher Leichtmatrosen in der ind. Wunderwelt. 5. Aufl. Mit 16 Vollbildern u. Aquarell-Titelbild. (IV, 629 S.) 8. Bielefeld 905. Velhagen & Klasing. Geb. in Leinw. n. 9. —

— auf dem Kriegspfade. Eine Indianergeschichte aus dem fernen Westen. Mit 16 Tonbildern v. H. Merté. gr. 8. (624 S.) Bielefeld 881. Velhagen & Klasing. geb. n. 9. —

—— auf dem Kriegspfade. Eine Indianergeschichte aus dem fernen Westen. 2. Aufl. gr. 8. (624 S. mit 16 Tonbildern von H. Merté.) Ebendas. 885. geb. * 9 —

—— Auf dem Kriegspfade. Eine Indianergeschichte aus dem fernen Westen. 3. Aufl. gr. 8. (624 S. m. 16 Tonbildern nach H. Merté.) Ebd. 890. geb. * 9 —

— auf dem Kriegspfade. E. Indianergeschichte aus d. fernen Westen. 4. Aufl. M. 16 Vollbild. u. Aquarell-Titelbild. gr. 8. (624 S.) Ebd. 898. Geb. in Leinw. n. 9. —

Wörishöffer, S., auf dem Kriegspfade. Eine Indianergeschichte aus dem fernen Westen. 5. Aufl. Mit 16 Vollbildern u. Aquarell-Titelbild. (624 S.) 8. Bielefeld 908. Velhagen & Klasing. Geb. in Leinw. 9. —

HORST, S. v. der (d. i. *Sophie Woerishoeffer)*, Lea, die schöne Jüdin oder das Geheimniss des Schlosses. Leipzig, o. J. (vor 1885). 8°. (2 Mk. P. Neubner, 1892.) Zahm.

—— das Naturforscherschiff oder Fahrt der jungen Hamburger mit der „Hammonia" nach den Besitzungen ihres Vaters in der Südsee. gr. 8. (IV, 464 S. mit zahlreichen Holzschn.-Abbild.) Ebendas. 880. geb. *

—— das Naturforscherschiff oder Fahrt der jungen Hamburger mit der „Hammonia" nach den Besitzungen ihres Vaters in der Südsee. 3. und 4. Aufl. gr. 8. (IV, 464 S. mit 25 Tonbildern.) Ebendas. 885,88. geb. * 7 —

—— Das Naturforscherschiff od. Fahrt der jungen Hamburger m. der „Hammonia" nach den Besitzgn. ihres Vaters in der Südsee. 5. Aufl. Mit 22 Vollbildern u. Aquarell-Titelbild. gr. 8. (IV, 464 S.) Ebd. 892. geb. * 7 —

— das Naturforscherschiff od. Fahrt d. jungen Hamburger m. d. „Hammonia" nach d. Besitzgn. ihres Vaters in d. Südsee. 6. Aufl. M. 24 Vollbild. u. Aquarell-Titelbild. gr. 8. (IV, 464 S.) Ebd. 899. Geb. in Leinw. n. 7. —

— das Naturforscherschiff od. Fahrt der jungen Hamburger m. der „Hammonia" nach den Besitzgn. ihres Vaters in der Südsee. 7. Aufl. Mit 24 Vollbildern u. Aquarell-Titelbild. (IV, 464 S.) 8. Ebd. 905. Geb. in Leinw. n. 7. —

—— Romane. 1.—3. Bd. 8. Berl., [Slottko.] Georgi. à Bd. 3 — geb. à Bd. 4 —

1. Der letzte Arnsteiner. (239 S.) 891.
2. Sensitive. (249 S.) 891.
3. Der Väter Schuld. (264 S.) 892.

—— Der Väter Schuld, s. a. Bibliothek interessanter Romane.

Der Väter Schuld. Erzählung von S[ophie] Wörishöffer. 2. Aufl. *Erfurt: F. Bartholomäus [1899].* (261 S.) 8° [F.]
= Bibliothek interessanter Romane. 5.

— der Väter Schuld. Erzählung. 3. Aufl. 8. (240 S.) Erfurt (901). F. Bartholomäus. 1. 50

— Sensitive, s. a. Bibliothek interessanter Romane. 9.

Sensitive. Roman von S[ophie] Wörishöffer. Erfurt: F. Bartholomäus [1899]. (253 S.) 8°
(Bibliothek interessanter Romane. 9.)

— um 60,000 Taler. (Sensitive.) Roman. (Neue Aufl.) (228 S.) 8. Gotha (905). Verlagsanstalt u. Druckerei (H. Bartholomäus). 1. —

—— durch Urwald und Wüstensand. gr. 8. (VI, 618 S. mit 16 Tonbildern.) Ebendas. 886. geb. * 9 —

— durch Urwald u. Wüstensand. 2. Aufl. Mit 16 Tonbildern v. Joh. Gehrts u. a. gr. 8. (IV, 618 S.) Ebd. 889. Geb. in Leinw. n. 9. —

— durch Urwald u. Wüstensand. 3. Aufl. gr. 8. (VI, 618 S. m. 16 Tonbildern u. 1 Farbdr.) Bielefeld 900. Velhagen & Klasing. Geb. in Leinw. n. 9. —

— Durch Urwald u. Wüstensand. 4. Aufl. (VI, 618 S. m. 16 [1 farb.] Vollbildern.) 8. Ebd. 910. Geb. in Leinw. 9. —

Wörishöffer, S., Onen Visser, der Schmugglersohn v. Norderney. Mit 16 Tonbildern v. Johs. Gehrts. gr. 8. (VI, 611 S.) Bielefeld 885. Velhagen & Klasing. geb. n. 9. —

—— Onnen Visser, der Schmugglersohn v. Norderney. 3. Aufl. Mit 16 Vollbildern u. Aquarell-Titelbild. gr. 8. (V, 611 S.) Bielef. 892, Velhagen u. Klasing. geb. * 9 —

— Onnen Visser, d. Schmugglersohn v. Norderney. 4. Aufl. M. 16 Vollbild. u. Aquarell-Titelbild. gr. 8. (IV, 611 S.) Ebd. 899. Geb. in Leinw. n. 9. —

— Onnen Visser, der Schmugglersohn v. Norderney. 5. Aufl. Mit 16 Vollbildern u. Aquarell-Titelbild. (IV, 611 S.) 8. Bielefeld 907. Velhagen & Klasing. Geb. in Leinw. n. 9. —

— vom Tode erstanden. (Der Väter Schuld.) Roman. (Neue Aufl.) (231 S.) 8. Ebd. (905). 1. —

— ein Wiedersehen in Australien. Mit 16 Vollbildern. gr. 8. (IV, 562 S.) Bielefeld 888. Velhagen & Klasing. geb. n. 9. —

— dasselbe. 2. Aufl. Mit 16 Vollbildern u. Aquarell-Titelbild. gr. 8. (IV, 562 S.) Ebd. 891. geb. n. 9. —

Wörishoffer, die deutsche allgemeine Kirche. Gruß an die deutschen Brüder aus Israel. 8. (14 S.) Darmstadt 848, Küchler.

Workman, Fanny Bullock u. William Hunter **Workman**, e. Radtour durch d. heutige Spanien. Reiseskizzen. M. 30 Illustr. u. 1 Karte. Deutsch v. M. Springer. 8. (XVI, 270 S.) Backnang 897. (J. Rath.) n. 3. 80; geb. n. 4. 80

Workman, George Coulson. The text of Jeremiah; or, a critical investigation of the Greek and Hebrew, with the variations in the LXX. Retranslated into the original and explained. With an introductory notice by Frz. Delitzsch. gr. 8. (XLIV, 396 S.) Edinburgh 889. (Lpz., Hinrichs' Verlag.) geb. ** 9 —

Workmann, F. B., s. Workman

Works, de dram., by W. Shakespeare, the last containing select explanatory notes, published by K. Wagner. 8 Vol. gr. 8. Braunschw. Schulbuchhandl. 799. 10 —

Works, the, of the English poets, with prefaces biographical and critical, by S. Johnsohn. 2 Vol. (Auch u. d. T.: the poetical Works of John Milton. 2 Vol.) 8. Götting. 784. Dieterich. 1 ₰ 2 gGr (s. a. S. *Johnson*, wo aber d. Titel unvollständig aufgeführt ist.)

Works, select dramatic, of the German theatre. Translated by John Hofstetter. The silver wedding. A drama in 5 acts. Translat. from the German of Aug. v. Kotzebue. 12. (141 S.) Vienna 847. (Leipzig, Hunger.) *

—— dass. — Emilia Galotti. A tragedy in 5 acts. Transl. from the German of Gotth. Ephr. Lessing. 12. (101 S.) Vienna 847. (Ebds.) *

Wörl. Königreich Dänemark und die angrenzenden Länder. Freiburg im Breisgau. 6 Bl. L. Ff.

Woerl, Elsass-Lothringen aus seinem Atlas von Central-Europa. 1 : 500,000. Nach den Versailler Friedenspräliminarien und mit Angabe der neuen Kreishauptstädte. Fol. Freiburg i. Br. 871, Herder'sche Verlagsh. 1 50

Woerl, Kriegsschauplatz. Nr. 1—3. (à 3 Bl.) Fol. Freiburg i. Br. 871, Herder'sche Verlagsh. à Nr. 3 50

Inhalt:

Nr. 1. Rouen. Paris. Strasbourg.
„ 2. Orléans. Dijon. Besançon.
„ 3. Limoges. Lyon. Genève.

Woerl, neueste Specialkarte vom Elsass. 1 : 200,000. 2 Bl. Ausg. 1879. Chromolithogr. Imp.-Fol. Freiburg i. Br., Herder'sche Verlagsh. * 3 —

Wörl, Dr. J. Karte der Schweiz. 1 : 200 000. Freiburg 1834. 20 Bl. c. K. Ff.

Woerl, J. C., s. Woerl, J. E.

Woerl, J. E., Atlas v. Europa, s. a. Atlas.

— Atlas von Europa in 220 Blätt. 7e — 15e Lfrg. — Atlas de l'Europe en 220 feuilles. Roy.-Fol. Ebd. 838. à Bl. n. 3/4 ₰

Woerl, J. E., Atlas der Schlachten, Treffen und Belagerungen aus der Geschichte der Kriege von 1792 bis 1815. 140 Blätter, verb. und mit kurzen Erläuterungen begleitet von Ferd. v. Dürrich. 10 Lfgn. 4. (140 lithogr. Bl. in 4., qu. 4., Fol., qu. gr. Fol. und Text 96 S.) Freiburg im Br. 857. 58, Herder'sche Verlagsbuchh. à Lfg. 15 Ngr.

Wörl, J. E. Atlas der Schlachten, Treffen u. Belagerungen aus der Geschichte der Kriege v. 1792—1815. 140 Bl. m. Erläut. von Ferd. v. Dürrich. (94) 4. Freiburg i. Br. 1857. — N. A. 1860. 15,00.

—— Atlas von Südwest-Deutschland u. dem Alpenlande in 48 Bl. u. 6 statist. Tabellen, mit roth eingedruckten Strassen, Ortspositionen u. Grenzen, bearb. im Massstab 1/200000 der natürl. Grösse. (Saub. lithogr.) Roy.-Fol. Freiburg 840, Herder'sche Vrlsbuchh.

— ders. (Neue Ausg.) 17 Liefg. Ebend. 842, 44. n. 16 1/3 ₰

Woerl, J. E., Atlas von Südwest-Deutschland u. dem Alpenlande. (Neue Ausgabe.) 17 Lfgn. gr. Fol. (49 lith. u. ill. Bl.) Freiburg 843, Herder'sche Vrlgsh. *

Woerl, J. E., Atlas über alle Theile d. Erde in 27 (lith. u. ill.) Blätt. qu. Fol. Freiburg 837. Herder. n. 2 ₰ — 2e Aufl., verm. mit der (lithogr. u. ill.) Karte von Palästina. qu. Fol. Ebd. 838. n. 2 ₰

Woerl, J. E., Atlas über alle Theile der Erde in 28 Blätt. 5. Aufl. Fol. Freiburg 843, Herder'sche Buchh. Thlr. *

Woerl, J. E., Atlas von Central-Europa. M. 1 : 500000. Karlsruhe u. Freiburg 1838. 35 Bll. Holzschn. schw. u. Titelbl.
No. 6. Danzig. — No. 7. Königsberg. — No. 8. Tonningen. — No. 9 Lübeck. — No. 10. Stettin. — No. 11. Marienwerder. — No. 12. Warschau. — No. 13. Oldenburg. — No. 14. Bremen. — No. 15. Braunschweig. — No. 16. Berlin. — No. 17. Posen. No. 21. Koln. — No. 22. Weimar. — No. 23. Dresden. — No. 24. Glatz. . . . . (Br. Mus.)

Woerl, Dr. J. E. Atlas von Central-Europa nebst angrenzenden Ländertheilen mit Einschluss der Niederlande, Belgien, der Schweiz, des lombardisch-venetianischen Königreiches etc. in 59 colorierten Blättern. Mit roth eingedruckten Eisenbahnen, Strassen, Ortspositionen und Grenzen. (Bruchstück in 32 Blättern.) 8. Carlsruhe und Freiburg 1840.

Woerl, J. E., die Badischen Bäder, Baden, Rippoldsau, Griesbach, Hub etc. oder Specialkarte der Gegend zwischen Strasburg, Carlsruhe, Offenburg u. Freudenstadt. gr. Fol. Lith. Freiburg im Br. 850, Herder. Auf Leinw. in Futteral. n. 3/4 ₰

Woerl, J. E., die badischen Bäder: Baden, Rippoldsau, Griesbach, Hub, Petersthal, Erlenbad, Antogast, Freiersbach etc. oder Specialkarte der Gegend zwischen Strassburg, Karlsruhe, Offenburg und Freudenstadt. Neuer Abdr. von 1884. Maassstab 1 : 135,000. Freiburg i. Br., Herder'sche Verlagsh. * 1 50
Aufgezogen auf Leinw. in Mappe * 2 50

— die Badischen Bäder: Baden, Lichtenthal, Hub, Erlenbad, Antogast, Griesbach, Petersthal, Freiersbach, Rippoldsau u. württ. Wildbad (im Maßstab 1/135,000). Spezial-Karte d. Gegend zwischen Straßburg, Carlsruhe, Pforzheim, Freudenstadt, Offenburg ꝛc. ꝛc. Steinstich. gr. Fol. Freiburg 84.., Herder'sche Verlagsh. n. 1/2 ℛ — Auf Leinwand in Etui n. 3/4 ℛ

Woerl, J. E. Die badischen Bäder Baden, Rippoldsau, Griesbach, Hub, Petersthal, Erlenbad, Antogast, Freiersbach etc. od. Specialkarte der Gegend zwischen Strassburg, Carlsruhe, Offenburg u. Freudenstadt. 1 : 135,000. Neuer Abdr. 1891. Steindr. 58×50,5 cm. Freib. i. Br. 891, Herder. * 1 50; auf Leinw. in Carton * 2 50

Dr. J. E. Worl. Bericht über eine Anzahl im Jahr 1849 aufgefundener römischen Münzen in Gross-, Mittel- und Klein-Erz. 90 S. Konstanz, P 1857

— Carte administrative et routière de la Belgique et de la Hollande, contenant aussi les pays limitrophes dépuis Paris jusqu'à Strasbourg et Bremen, dressée à l'échelle 1 : 500,000. En 7 Feuilles. Formant une subdivision de l'Atlas de l'Europe en 220 Feuilles. Roy.-Fol. (Sauber lithographirt). Karlsr. u. Freiburg 832. Herder. 5 ℛ 6 𝒢

—— Erläuterungen z. Theorie d. Statistik in näherer Rücksicht f. Staatszwecke. gr. 8. (5 3/4 B.) Freiburg 841, Herder's Vrlsbuchh.

Woerl, J. E., Geographie vom Großherzogthum Baden. 4., neu durchgeseh. Aufl. 12. (95 S.) Freiburg im Br. 865, Herder'sche Verlagsh. *
cart. mit 1 lithogr. und ill. Karte in Fol. *

—— Geographie und Statistik des Großherzogthums Baden. 5., durchgehends bericht. und ergänzte Aufl. von J. Bader. 8. (95 S. mit 1 Karte in Kpfrst. und ill. in gr. Fol.) Freiburg im Br. 867, Herder'sche Verlagsh. cart. * *

Woerl, J. E., Geographie und Statistik des Großherzogth. Baden. Mit 1 color. Karte von Baden, Württemberg und Hohenzollern. 6. durchgehends berichtigte und ergänzte Aufl. von Jos. Bader. 12. (104 S.) Freiburg i. Br. 871, Herder'sche Verlagsh. * — 75

—— und Bader, Geographie und Statistik des Großherzogth. Baden. 7. durchgehends verb. und ergänzte Aufl. Mit Uebersichts- und Specialkarte des Großherzogth. Baden. Bearb. von Karl Bürkel. 8. (IV, 106 S.) Ebendas. 880. geb. * * 1 —

Woerl, Professor Dr. J. E. Geschichte der Kriege von 1792 bis 1815 mit Schlachten-Atlas. (1 Bd. Text, 1 Bd. Atlas.)
4. Freiburg im Breisgau 1852.

— J. E., Karte von Deutschland u. den angrenzenden Ländertheilen in 28 Blättern. Mit roth eingedruckten Strassen, Ortspositionen u. Grenzen. Bearb. im M. 1 : 500000. Freiburg, Herder, 1838. Roy.-Fol. 3 ℛ) . . . . (HC.)

— Karte von Deutschland nebst angrenzenden Ländertheilen, mit Einschluß der Niederlande, Belgien, der Schweiz, des Lombardisch-Venetian. Königreichs ꝛc. in 32 color. Blättern. Mit roth eingedruckten Eisenbahnen, Straßen, Ortspositionen und Grenzen. Bearb. im Maaßstabe 1/500000. Lithogr. 1e Lfrg. (2 Blätter: Dresden — Wien, u lith. Titel.) Roy.-Fol. Karlsruhe u. Freiburg 840. Herder. n. 2/3 ℛ

— Karte der Landschaft Freiburg im Breisgau 6 Stunden im Umkreis. gr. Fol. Lith. Ebd. 850. Auf Leinw. in Futteral. n. 3/4 ℛ

Woerl, J. E., Karte der Landschaft Freiburg im Breisgau 6 Stunden im Umkreis. Neustich von 1872 mit Angabe der Höhe in Metern. 1 : 100,000. Fol. Freiburg i. Br. 872, Herder'sche Verlagsh. aufgez. in Carton *

Woerl, J. E., Karte der Landschaft von Freiburg im Breisgau, 6 Stunden im Umkreis. 1 : 100,000. Neuester Abdr. Lithogr. Imp.-Fol. Freiburg i. Br. 884, Herder'sche Verlagsh.
Auf Leinw. in Mappe * 2 50

Freiburg i. Br. — Woerl, J. E., Karte der Landschaft von Freiburg i. Br., 6 Stunden im Umkreis. 1 : 100,000. Neue Ausgaben 1885,86,87. Lithogr. Imp.-Fol. Freiburg i. Br., Herder'sche Verlagsh. * 1 50
Auf Leinw. in Mappe * 2 50

Woerl, J. E., Karte der Landschaft von Freiburg im Breisgau, 6 Stunden im Umkreis. 1 : 100,000. Ausg. 1887. Lithogr. qu. gr. Fol. Freiburg i. Br., Herder'sche Verlagsh. * 1 50
Auf Leinw. in Carton * 2 50

Woerl, J. E. Karte der Landschaft Freiburg im Breisgau 6 Stunden im Umkreis. 1 : 100,000. Neuer Abdr. 1891. 49×57 cm. Freib. i. Br. 891, Herder. * 1 50; auf Leinw. in Carton * 2 50

Woerl, J. E., Karte vom Preussischen Staate, nebst den angrenzenden Ländertheilen in 17 kolor. Blättern mit roth eingedruckten Strassen, Ortspositionen und Grenzen. Bearbeitet im M. von 1 : 500000 der nat. Grösse. Carlsruhe und Freiburg, Herder. 1843—44. Roy.-Fol. (4 ℛ)

Wörl, Dr. J. E. Karte von Sudeuropa, enthaltend Württemberg, Baden, Hohenzollern, Bayern, Schweiz, Oesterreich und Italien. 1 : 200 000., 41 Bl. L..

Wörl, J. E. Karte von Tyrol mit angrenzenden Ländertheilen 1 : 200000 Freyburg i. Br. 1835. 17 Bl. L. Ft.

—— die Kriege v. 1792—1815 in Europa, s. Kausler, F. v.

—— Leitfaden bei dem Unterrichte in der Geographie. Das Großherzogth. Baden. 1. und 2., verm. Aufl. 8. (IV und 66 S. mit 1 lithogr. und ill. Karte in Fol.) Freiburg im Br. 861, Herder'sche Verlagsbuchh. * *

—— Leitfaden bei dem Unterrichte in der Geographie. 2 Abthlgn. 12. Freiburg im Br., Herder'sche Verlagsh. *
Inhalt:
Abthl. 1. Allgemeine Erdkunde. 1. Aufl. 1862. und 2. Aufl. (IV und 147 S.) 863. * 5 Ngr.
» 2. Mittel-Europa: Deutschland mit den nichtdeutschen Ländern von Oesterreich und Preußen nebst der Schweiz. (483 S.) 864. * 18 Ngr.

— Reisekarte der Schweiz reducirt aus dessen Karte von der Schweiz u. dem Alpenlande in 20 Bl., mit einer Alpen-Ansicht vom Rigi. gr. Fol. Lith. u. color. Ebd. 848. n. 3/4 ℛ

— Schlachten-Atlas zur Geschichte der Kriege von 1792 bis 1815. 10 Lfgn. gr. 4. (VIII u. 367 S. m. 137 lith. zum Theil color. Karten.) Ebd. 847—50. (à 1/2 ℛ) 5 ℛ

— die Vereinigten Staaten von Nordamerika. (Texas, Oregon Gebiet, Mexico etc.) Imp. Fol. Bayreuth 847, Buchner. 12 ngl

— die Sud-Thaeler des Schwarzwaldes. gr. Fol. Lith. Ebd. 848. n. 1/2 ℛ

Woerl, J. E., die Südthäler des Schwarzwaldes oder Karte der Landschaft zwischen Müllheim, Badenweiler, Todtnau, St. Blasien und Waldshut. 1 : 100,000. Neue Ausg. von 1880/81. Lithogr. Imp.-Fol. Freiburg i. Br., Herder'sche Verlagsh. * 1 50
Auf Leinw. in Mappe * 2 40

—— die Südthäler des Schwarzwaldes oder Karte der Landschaft zwischen Müllheim, Badenweiler, Todtnau, St. Blasien und Waldshut. 1 : 100,000. Neue Ausg. von 1882, 1885 und 1887. Lithogr. Imp.-Fol. Ebendas. * 1 50
Auf Leinw. in Mappe * 2 50

Woerl, J. E. Die Südthäler des Schwarzwaldes oder Karte der Landschaft zwischen Müllheim, Badenweiler, Todtnau, St. Blasien u. Waldshut. 1 : 100,000. Neuer Abdr. 1891. Steindruck. 49×57,5 cm. Freiburg i. Br., Herder * 1 50
Auf Leinw. in Karton 2 50

Woerl, J. E., das Königreich Würtemberg, das Großherzogth. Baden u. die Fürstenthümer Hohenzollern. 1e u. 2e Liefer. Roy.-Fol. Freiburg u. Karlsr. 832. Herder. 3 ℛ

Woerl, Leo

Woerl's Album-Collection. Die bayrischen Königsschlösser. qu. 8. (10 Photogr.-Imitationen.) Würzburg 888, Woerl. geb. 2 —

— dasselbe. Hannover. gr. 16. (12 Taf. in Photogr.-Imitation.) Ebd. 889. In Leinw.-Decke. n. 1. —

Woerl's Album-Collection. Cassel u. Wilhelmshöhe. gr. 16. (11 Taf. in Photogr.-Imitation.) Würzburg 890. Woerl. In Leinw.-Decke. n. 1. —

— dasselbe. Coblenz u. Umgebung. gr. 16. (8 Taf. in Photogr.-Imitation.) Ebd. 889. In Leinw.-Decke. n. 1. —

— dasselbe. Köln. gr. 16. (12 Taf. in Photogr.-Imitation.) Ebd. 889. In Leinw.-Decke. n. 1. —

— dasselbe. Magdeburg. gr. 16. (10 Taf. in Photogr.-Imitation.) Ebd. 889. In Leinw.-Decke. n. 1. —

— dasselbe. München. gr. 16. (11 Photogr.-Imitationen.) Ebd. 888. geb. n. 1. —

— dasselbe. Der Rhein. gr. 16. (15 Taf. in Photogr.-Imitation.) Ebd. 889. In Leinw.-Decke. n. 1. —

— dasselbe. Starnberger See u. Umgebung. gr. 16. (10 Photogr.-Imitationen.) Ebd. 888. geb. n. 1. —

— dasselbe. Vues de Paris. qu. 8. (30 Photogr.-Imitationen.) Ebd. 889. In Leinw.-Decke. n. 2. —; kleinere Ausg. gr. 12. (12 Bl.) 1. —

— dasselbe. Würzburg. gr. 16. (10 Bl. in Photogr.-Imitation.) Ebd. 889. In Leinw.-Decke. n. 1. —

Cortina und Umgebung. Führer im Ampezzothal. Mit Pl. von Cortina u. Spezialkarte d. Ampezzothales. Hrsg. von Leo **Woerl** in Würzburg. (3. Aufl. Würzburg: L. Woerl 1894.) (34 S.) 8°
(Woerl's Reisehandbücher.) [05. 10101 10

Woerl, Leo., Dahomey, d. Land d. schwarzen Amazonen. E. Skizze v. Land u. Leuten. M. 10 Illustr. gr. 8. (24 S.) Leipzig 898. Woerl's Reisebücherverlag. n. 1. —

Woerl, Leo. Durch die Schweiz in 14 Tagen. Leipzig (1910) s. (Schupp, August).

Woerl's, L., Fahrplanbuch f. Süddeutschland. Enth. die Fahrpläne der Eisenbahnen u. Dampfschiffe in Baden, Bayern, Hessen, Württemberg, nebst entsprech. Anschlüssen. Nach officiellen Bekanntmachungen. Nr. 2. Sommerfahrpläne 1879. gr. 16. (115 S. m. 1 (lith.) Karte.) Würzburg 879. Woerl. n. — 80

Führer durch Allenstein und Umgebung. Hrsg. von Leo **Woerl**. Mit Pl. d. Stadt, Abb., e. Karte d. Stadtwaldes u. e. Karte von Ost- u. Westpreussen. *Leipzig: Woerl (1900).* (38 S.) 8°
(Woerl's Reisehandbücher.) [03. 3180 10

Woerl, Leo. Führer durch Bern und Umgebung. Hrg. von Leo Woerl. Nebst einem Plane der Stadt (und Eisenbahnkarte). 8. Leipzig (1898).
Woerl's Reisehandbücher.

Führer durch Breslau und Umgebung. Hrsg. von Leo **Woerl**. Mit Ill., Plan d. Stadt u. Karte d. Umgebung. 8. Aufl. *Leipzig: Woerl (1899).* (64 S.) 8°
(Woerl's Reisehandbücher.) [03. 13760 3

Führer durch Danzig und Umgebung. Hrsg. von Leo **Woerl**. Mit 1 Pl. d. Stadt, Ill. u. 1 Karte d. Umgebung. 10. Aufl. Leipzig: Woerl (1904). (49 S.) 8°
(Woerl's Reisehandbücher.) [07. 389 10

Führer durch Haupt- und Residenzstadt Dresden (u. Umgebung). Mit Pl. d. Stadt (u. Karte d. Umgebung). (Verf.: Leo **Woerl**. 8. Aufl.) Würzburg: Wien: L. Woerl (1892). (52 S.) 8°
(Woerl's Reisehandbücher.)

Führer durch die Haupt- und Residenzstadt Dresden und Umgebung. Hrsg. von Leo **Woerl**. Mit Ill., Plan d. Stadt u. Karte d. Umgebung. 16. Aufl. Leipzig: Woerl (1899). (131 S.) 8°
(Woerl's Reisehandbücher.)

Führer durch Frankfurt a. M. Hrsg. von Leo **Woerl**. Mit e. Pl. (50 Ill.) 25. (Jubiläums-)Aufl. Würzburg & Leipzig: Woerl (1898). 94 S. 8°
(Woerl's Reisehandbücher.)

Führer durch Halle a. S. und Umgebung. Hrsg. von Leo **Woerl**. 7. Aufl. Mit 1 Pl., Karte d. Umgeb. u. Ill. Leipzig: Woerl (1901). (40 S.) 8°
(Woerl's Reisehandbücher.) [06. 9347 8

Woerl, Leo. Illustrierter Führer durch Basel und Umgebung. Hrg. von Leo Woerl. Mit Plan der Stadt Basel, Illustrationen und einer Karte der Umgebung. 5. Aufl. 72 + *Inserate* 24 + XXXII S. 8. Leipzig, Woerl's Reisebücherverlag, (1903). (M. —. 50)
Woerl's Reisehandbücher.

Illustrierter Führer durch Bonn mit Umgebung nebst e. Führer durch d. Siebengebirge. Hrsg. von Leo **Woerl**. Mit e. Plan d. Stadt Bonn, e. Wegekt. d. Siebengebirges, e. Kt. d. Umgebung u. Ill. 8. Aufl. Leipzig: Woerl 1905. 68 S. 8°
(Woerl's Reisehandbücher.) [11. 9355 5

Woerl, Leo: Illustrierter Führer durch Karlsbad u. s. Umgebung. Mit e. Plan d. Stadt, Illustr. u. e. Karte d. Umgebung. 8. Aufl. Lpz. ['02]. 86 S. (Woerl's Reisehandbücher.)

Illustrierter Führer durch Königsberg in Ostpr. und Umgebung nebst Ausflügen nach d. Ostseebädern Cranz, Neukuhren, Rauschen, Neuhäuser etc. u. nach d. Masurischen Seen. Hrsg. von Leo **Woerl**. Mit e. Pl. d. Stadt, Ill. u e. Kt. d. Umgebung. 7. Aufl. Leipzig: Woerl (1904). 64, 23, XXII S. 8°
(Woerl's Reisehandbücher.) [11. 9661 10

Woerl, Leo. Illustrierter Führer durch Mailand und Umgebung <Certosa di Pavia usw.> und nach den Oberitalienischen Seen. <Comer-See, Luganer See, Lago Maggiore> mit Anhang: Praktische Winke für Italienreisende. Hrg. von Leo W'. Mit Plan von Mailand, einer Übersichtskarte der Ob' Seen und Abbildungen. 7. Aufl. VI + 98 S. + *Anzeigen*. 8. Leipzig, Woerl's Reisebücherverlag, (1909). (M. —. 50)
Woerl's Reisehandbücher.

Illustrierter Führer durch Nürnberg und Umgebung. Hrsg. von Leo **Woerl**. Mit 1 Pl. d. Stadt, Ill u. 1 Kt. d. Umgebung. (25. Aufl.) Leipzig: Woerl (1902). 120 S. 8°
(Woerl's Reisehandbücher.) [10. 13848

Illustrierter Führer durch die K. k. Reichs-Haupt- und Residenzstadt Wien und Umgebung. Hrsg. von Leo **Woerl**. Mit Plan u. 100 Ill. 16. Aufl. Leipzig: Woerl (1902). 208 S. 8°
(Woerl's Reisehandbücher.)

Woerl, Leo. Illustrierter Führer durch Zürich und Umgebung. Hrg. von L' W'. Nebst einem Plan der Stadt [und einer Karte der Umgebung]. 8. Aufl. 20.—25. Tausend. 72 + *Inserate* 24 + XXXII S. 8. Leipzig, Woerl's Reisebücherverlag, (1904). (M. —. 50)
Woerl's Reisehandbücher.

Führer durch Kassel und Umgebung und Wilhelmshöhe. Hrsg. von Leo **Woerl**. Mit Pl. d. Stadt. (8. Aufl.) Würzburg & Leipzig: Woerl (1896). (29 S.) 8°
(Woerl's Reisehandbücher.) [03. 10108 10

Führer durch Bad Kissingen und Umgebung. Hrsg. von Leo Woerl Mit Plan d. Stadt, Ill u. Karte d. Rhön. 11. Aufl. *Leipzig: Woerl (1899).* (84 S.) 8°
(Woerl's Reisehandbücher.) [03. 15761 3

— Führer für das Bad Tarasp-Schuls und Umgebung. 2. Aufl. In-16°, 12 S. mit 3 Karten. Ebendas. 1888. — 70

Führer durch Thorn und Umgebung. Hrsg. von Leo **Woerl.** Mit 1 Plane d. Stadt. Würzburg & Leipzig: Woerl's Reisebücherverl. [1897]. (20 S.) 8°
(Woerl's Reisehandbücher.) [06. 818, 10

Führer durch die k. k. Reichs-Haupt- und Residenzstadt Wien und Umgebung. Hrsg. von Leo **Woerl**. Mit 1 Pl. d. Stadt. *Leipzig: Woerl (1898).* (110 S.) 8°
(Woerl's Reisehandbücher.) [04. 16900 2

Führer durch Würzburg und Umgebung. Hrsg. von Leo **Woerl**. Mit Ill. u. Pl. d. Stadt. 15. Aufl. Leipzig: Woerl's Reisebücherverl. (1899). (136 S.) 8°
(Woerl's Reisehandbücher.) [07. 6378

Woerls Führer durch Zürich u. Umgebung. 6. Aufl. Mit Plan u. Karte. In-16°. 22 S. Würzburg, Woerls Reisebücherverlag. 1897. — 70

Woerl, Leo, guide tascabili. Cortina e dintorni. Guida nella Valle d'Ampezzo. gr. 16. (32 S. m. Plan u. 2 Karten.) Würzburg 891. L. Woerl. n. — 50

— dasselbe. Guida di Verona. gr. 16. (16 S. m. 1 Plan, 1 Abbildg. u. 2 Karten.) Ebd. 891. n. — 50

Woerl's, Leo, guide-books. Majorca. Illustrated guide to Palma and the island of Majorca. (62 S. m. 20 Abbildgn., 1 Plan u. 1 Karte.) kl. 8. Leipzig (905). Woerl's Reisebücherverl. n. — 50

— **guides de voyage.** Wildbad dans la Forêt-Noire du Wurtemberg. Guide des étrangers par Wagner. Avec 1 plan, une carte des environs, etc. gr. 16. (76 S.) Ebd. 887. n. 1. —

— **hand-books manual.** Guide to Donaueschingen and its environs. With a plan of the town, a map of Württemberg and a railway-map. 2. ed. gr. 16. (16 S.) Ebend. 885. n. — 50

— **handbooks for travel. Ramleh, the Eleusinian Riviera and Alexandria (Egypt). Where is the most suitable winter resort on the Mediterranean coasts? A contribution to a question concerning Italy, the Rivieras, Madeira, Algeria and Ramleh. Physiographical and medical notes by Charles Pecnik. With archaeological notes by J. Botti. (121 S. m. Abbildgn. u. 1 Plan. kl. 8. Ebd. (904).** n. 1. —

Woerl's hand-books for travellers. Guide to the baths of Kissingen and the environs. With a plan of the town and a map of the surrounding district. gr. 16. (48 S.) Würzburg 885. Woerl n. — 50

— **handbooks for travellers. Guide to the baths of Kissingen and the environs. 12. (50 S. m. Abb. u. 1 Plan.) Ebd. 896.** n. — 50

Woerl, Leo., die Hebung des Fremden-Verkehrs in Stadt u. Land. Anhaltspunkte, Winke u. Anreggn. f. Stadtverwaltgn., Badedirektionen, Verkehrsvereine u. alle jene, die sich f. diese Frage interessieren. gr. 8. (26 S.) Leipzig 901. Woerl's Reisebücher-Verlag. n. — 50

— **dasselbe. 2. verb. u. illustr. Aufl. Mit e. Eisenbahnkarte. gr. 8. (44 S.) Ebd. 901.** n. 1. —

Woerl's Karte des Rhöngebietes u. seiner nächsten Umgebungen. 1 : 150,000. Farbendr. 67×55,5 cm. Nebst e. Zusammenstellg. empfehlensw. Ausflüge mit Touren, von Leop. Höhl. gr. 16. (16 S.) Würzb. 892, L. Woerl. * 1 20

— manuali di viaggio. Guida di Como e del suo lago. gr. 16. (16 S. m. Plan u. 2 Karten.) Ebd. 891. n. — 50

Woerl. Manuali di viaggio. Guida di Grado e dintori pel P. Candioli. Con la pianta della città e due illustrazioni di C. Sykora. gr. 16. (30 S.) Würzb. 892, Woerl. * — 50

— dasselbe. Guida di Grado e dintorni pel P. Candioli. 2. ed. gr. 16. (30 S. m. 2 Illustr. u. 1 Plan.) Ebd. 893. n. — 50

—— dass. — Guida di Napoli e dintorni. gr. 16. (55 S. m. Illustr., 2 Karten u. 2 Plänen.) Ebd. 892. * 1 —

—— **manuals of travel. Guide to Bath Krankenheil-Tölz and environs. With maps of town and surrounding districts etc.** 2d edit. gr. 16. (15 S.) Ebendas. 888. * — 50

—— **Manuals** of travel. gr. 16. Ebd.
Guide to Carlsbad. For cureguests and visitors of Carlsbad by W. Strunz. (19 S. m. Plan u. Karte.) 891. * — 50.
Guide to Coblenz, the metropolis of the Rhine Province. (24 S. m. Plan u. Karte.) 890. * — 50.
Guide to Cologne [Köln] and suburbs. (30 S. m. 1 Ansicht, 1 Grundriss u. 1 Karte.) 892. * — 50.
Guide to Frankfort on the Main and its suburbs. (78 S. m. Illustr., Plan u. Karte.) 891. * 1 —.
Heidelberg Castle and neighbourhood. (54 S. m. Illustr. u. Plan.) 889. * — 50.
Guide to Munich and its suburbs. With illustrations and map of the city, map of Bavaria and railway-map. (58 S.) 889. * 1 —.
Guide to Naples and its neighbourhood. (58 S. mit Illustr., 2 Karten und 2 Plänen.) 892. * 1 —
Guide to Nürnberg, Nuremberg, and neighbourhood. With map of the city, illustration, map of Bavaria and railway-map. 3. ed. (18 S.) 889 * — 50.
Guide to the passion-play at Oberammergau during the year 1890. Including hints for excursions through the Bavarian highlands. With maps and illustrations. (78 S.) 890. * 1 —.
The Jodide of Magnesia and Chloride of Sodium springs of the climatic health resort Sulzbrunn in the Allgäu (Bavaria) and their effects by Geo. Schrank. (36 S. m. 1 Illustr., 1 Panorama u. 1 Karte.) 892. * — 50.
Guide to Wiesbaden and suburbs. (22 S. m. 1 Illustr., Plan u. 2 Karten.) 891. * — 50.

— **Manuals of travel. Guide to Frankfort on the Main and its suburbs. 2. ed. gr. 16. (66 S. m. Abb. u. Plan.) Ebd. 898.** n. — 50

— **manuals of travel. Guide to Heidelberg and its environs. 5. ed. gr. 16. (66 S. m. Abbildgn., 2 Plänen u. 2 Panoramen.) Ebd. (902).** n. — 50

—— Manuel du voyageur. Guide de Trèves et des alentours. 4. éd. gr. 16. (31 S. m. Illustr., 1 Plan u. 2 Karten. Ebd. * — 50

—— **manuels de voyages. Guide de Frankfort s. M. Avec le plan de la ville et une carte de la Hesse.** gr. 16. (38 S.) Ebendas. 887. * — 50

—— dass. — Rome. Guide de voyageur dans la Ville Eternelle. Avec plan de la ville, cartes et illustrations. gr. 16. (IV, 80 S.) Ebendas. 887. geb. * 4 —

—— **dass. — Les châteaux royaux de Herrenchiemsee, Hohenschwangau, Neuschwanstein, Linderhof et Berg en Bavière. gr. 16. (52 S. mit Illustr. und 2 Karten.) Ebendas. 888.** * — 50

—— Manuels de voyages. gr. 16. Ebd.
Guide de la Haye et de ses environs. II. éd. (24 S. m. Plan.) 892. * — 50.
Le château et les environs de Heidelberg. (55 S. m. Illustr. u. 1 Plan.) 889. * — 50.
Guide d'Ischl et de ses environs. (21 S. m. Plan d. Stadt, Illustr. u. Karte.) 890. — 50.
Guide de Munich et de ses environs. Avec plan de la ville, carte de la Bavière, carte des chemins de fer et diverses illustrations. (64 S.) 889. * 1 —.
Guide de Naples et de ses environs. (59 S. m. Illustr., 2 Karten u. 2 Plänen.) 892. * 1 —.

Woerl. Manuels de voyage etc.
Les bains de Nauheim et leurs environs. (20 S. m. 2 Karten.) 892. * — 50.
Oberammergau et les représentations de la passion de Jésus-Christ. Guide publié à l'occasion des réprésentations de 1890. Avec cartes et illustrations. (96 S.) 890. * 1 —.
Guide de Schéveningue [la Haye]. Avec illustr. et plan de la ville et des environs, suivi d'une étude médicale sur la cure de mer, par W. Francken. 2. éd. (79, LII S. m. 1 Eisenbahnkarte.) 890. * 1 —.
Guide de Vérone et de ses environs. (19 S. m. 1 Plan, 1 Abbildg. und 2 Karten.) 891. * — 50.

— dasselbe. Guide de Trèves et des alentours. 4. éd. gr. 16. (31 S. m. Illustr., 1 Plan u. 2 Karten.) Ebd. 891. n. — 50

— dasselbe. Guide pour Heidelberg, et ses environs. 4. éd. gr. 16. (24 S. m. 3 Plänen u. 1 Karte.) Ebd. 894. n. — 50

— dasselbe. Guide de la ville et du grand-duché de Luxembourg. gr. 16. (31 S. m. Abbildgn., Karte u. Plan.) Ebd. 894. n. — 50

— dasselbe. Guide pour Kissingen, ses bains et les alentours. 3. éd. entièrement refondue. 12. (48 S. m. Abb. u. 1 Plan.) Ebd. 896. n. — 50

— Manuals de voyages. Guide de Francfort sur-le-Main et de ses environs. 2. éd. gr. 16. (60 S. m. Abb. u. 1 Plan.) Ebd. 898. n. — 50

— Manuels de voyages. Guide de la ville et du Grand-Duché de Luxembourg. gr. 16. (36 S. m. Abbildgn. Plan u. Karte.) Ebd. (900). n. — 50

— dasselbe. Pecnik, Charles: Ramleh. La Riviera eleusinienne et Alexandrie (Egypte). Introduction: Où est située la meilleure station climatérique d'hiver des côtes de la Méditerranée? Comparaison entre l'Italie, les Rivieras, Madère, l'Algérie, et Ramleh. Un itinéraire de physiographie et de médecine. Avec notes archéologiques par le Comm. J. Botti. gr. 16. (114 S. m. Abbildgn., Plan u. Karte.) Ebd. (901). n. 1. —

— Manuels de voyage. Majorque. Guide de Palma et l'île de Majorque. Avec 1 plan de Palma, 1 carte de l'île de Majorque et des illustrations. (66 S.) kl. 8. Ebd. (905). n. — 50

— manuels des voyageurs. Guide pour Aix-la-Chapelle. Avec le plan de la ville et des cartes. 2. éd. gr. 16 (16 S.) Ebend. 885. n. — 50

— f.: Presse, die katholische, in Europa 1877.

(— —) Die Publicistik der Gegenwart. Die Pressverhältnisse (I. Bd.) im Kaiserstaate Österreich-Ungarn. (II. Bd.) im Königreich Preussen. (Hessen, Baden, Württemberg und Schweiz; beigebunden zu: „Woerl. Statistik der kath. Zeitungen etc.") (2 Bde.) kl. 8. Wien u. Würzburg 1881.

—— Reisebibliothek. gr. 16. Ebendas. geb. *
Inhalt:
Berthold, Carl, an frischen Quellen. Gedichte. (VII, 200 S.) 879. geb. *ℳ 3.
Brunner, Seb., Gebetbuch für Reisende. (136 S. mit 1 Stahlst.) 879. geb. *ℳ 2.
George-Kaufmann, Amara, auf deutschem Boden. Novelle. (123 S.) 877. geb. *ℳ 2.
Humoristisches in Wort und Bild. (148 S. mit vielen eingedr. Holzschn.-Illustr.) 879. geb. *ℳ 2.
Kaiserstadt, die, an der Donau. Kleine Bilder aus dem großen Wien. 2.—4. Aufl. (151 S.) 879. geb. *ℳ 2.
Landsteiner, Carl, Vater Eisenhammer. Roman. (440 S.) 878. geb. *ℳ 4.
Münich, Walter von, lustige Geschichten vom Rhein. (IV, 203 S.) 879. geb. *ℳ 3.
Schweizer-Album. Eine Sammlung der interessantesten Ansichten der Schweiz. in Photographien ausgeführt und mit Gedenksprüchen begleitet. (31 Photogr. mit 18 S. Text.) 878. geb. mit Goldschn. *ℳ 12.
Sickinger, Conr., Reisebilder aus Italien. 1. und 2. Thl. 879. [1. Thl.: Vom St. Gotthard bis Rom. (V, 256 S.) geb. *ℳ 3. — 2. Thl.: Rom. (VI, 406 S.) geb. *ℳ 4.] geb. in 1 Bd. *ℳ 7.
Zingeler, K. Th., rund um den Bodensee. (289 S.) 879. geb. *ℳ 3.
Zschokke, Herm., Reiseerinnerungen aus Spanien. 2 Thle. 879. [1. Thl.: Von Barcelona nach Cadiz. (280 S.) geb. *ℳ 3. — 2. Thl.: Von Cadiz nach Irun. (385 S.) geb. *ℳ 4.] geb. in 1 Bd. *ℳ 7.
—— Reiseerinnerungen aus Südfrankreich. (312 S.) 879. geb. *ℳ 4.

— Reisebibliothek. Der Gotthard einst u. jetzt. Vom Verf. der „Schweizer Alpen". Mit Illustr. (Holzschntaf.). 12. (X, 292 S.) Ebend 883. n. 4. 50; geb. n. 5. —

— dasselbe. Jenseits d. Brenners. Ein Ferienausflug von Franzisca v. Hoffnaaß [Rheinberger]. Mit 8 Illustr. (Holzschntaf.) 12. (III, 256 S.) Ebend. 883. n. 2. 50; geb. n. 3. —

— dasselbe. Konstantinopel. Eine Fahrt nach dem goldenen Horn beschrieben v. Herm. Zschokke. Mit 1 Karte u. 31 Bildern. 12. (VII, 370 S.) Ebend. 884. n. 4. 50; geb. n. 5. —

— dasselbe. Wanderungen durch Palästina. Ernstes u. heiteres, zwanglos erzählt v. J. Fahrngruber. Mit vielen Bildern (Holzschntaf.) 12. (XV, 420 S.) Ebend. 883. n. 5. — ; geb. n. 6. —

— dasselbe. Um die Welt ohne zu wollen. [Tagebuch Sr. k. u. k. Hoh. d. Erzherzogs Ludwig Salvator.] Mit 100 Illustr. (Orig.-Zeichngn. d. hoh. Verf., an Ort u. Stelle aufgenommen.] 3. Aufl. 12. (XII, 343 S.) Ebend. 884. 8. — ; geb. n. 9. —; in Prachtbd. n. 10. —

Woerl's Reisebibliothek. Reisebilder aus Italien. Von Konr. Sickinger. 2. verb. Aufl. [Illustr. Volksausg.] 12. (VIII, 480 S.) Würzburg 888, Woerl.
***ℳ 3.50.; cart. * 4 —**

— dasselbe. Kreuz- u. Querfahrten in Italien. Eine Lectüre f. Jene, die nach Italien reisen, als auch f. Jene, die zu Hause bleiben wollen, v. Seb. Brunner. Mit vielen Illustr. 12. (VI, 472 S.) Ebd. 888. n. 3. 50; cart. n. 4. —

—— Reise-Bibliothek. Eine Orient-Reise. Geschildert von Heinr. Himmel. 3. verm. illustr. Aufl. 12. (XVI, 597 S.) Würzb. 889, Woerl. * 5 —; geb. * 6 —

— Reisebibliothek. Griechenland. Ein Reisebuch f. Touren durch das hellen. Königreich u. die griech. Länder im Bereiche d. aegaeischen Meeres. Bearb. von Amand Frhr. v. Schweiger-Lerchenfeld. Hrsg. v. Leo Woerl. gr. 16. (XIV, 189 S. m. Illustr., Karten u. Plänen.) Ebd. 890. geb. n. 5. —

—— Reisebibliothek. Eine Yachtreise an den Küsten von Tripolitanien u. Tunesien. Von Erzherzog Ludwig Salvator. (2. Aufl.) gr. 16. (XII, 383 S. m. farb. Abbildgn.) Würzb. 890, Woerl's Sep.-Cto. geb. * 5 —

— Reisebibliothek. Bayern. Für Reise u. zum Studium hrsg. v. Leo Woerl. 2 Bde. 12. (XIV, 724; VIII, IX u. VIII S. m. Abbildgn., Karten u. Plänen.) Ebd. 891. Geb. n. 8. —

—— Reisebibliothek. Rhönspiegel. Kulturgeschichtliche Bilder aus der Rhön. Arbeit, Sitten u. Gebräuche der Rhöner. Von Leop. Höhl. 2. verm. u. verb. Aufl. gr. 16. (VI, 232 S.) Ebd. 892. * 1 —

—— Reisebibliothek. Eine Rundreise in Spanien. Ein Führer zu seinen Denkmalen insbesonders christl. Kunst v. Joh. Graus. gr. 16. (414 S. m. Text-Illustr. u. Taf.) Ebd. 892. * 4 —

—— **Reisehandbücher.** gr. 16. Ebendas. *

Inhalt:

Führer für deutsche Auswanderer nach den Vereinigten Staaten von Nordamerika. (160 S.) 877. geb. *ℳ 2.
Paris. Ein Führer durch Paris und seine Umgebung. Mit 1 (chromolithogr.) Karte, 2 grossen und 3 kleinen (lithogr. und chromolithogr.) Plänen und 20 (eingedr. Holzschn.-)Illustr. (XIII, 322 S.) 878. geb. *ℳ 6.
Rheinlande, die, und die anstossenden Gebiete vom Bodensee bis zur holländischen Grenze. Reisehandbuch. Mit 1 Rheinpanorama, 1 Karte von Mitteleuropa, 1 Eisenbahnkarte von Deutschland, 1 Karte des besprochenen Gebiets [Rheinlande], 15 Stadtplänen, 19 Routenkarten, Grundrissen der hervorragenden Kirchen und 3 Ansichten des Frankfurter Palmen- und Zoologischen Gartens. (X, 627 S.) 879. geb. *ℳ 10.
Schweiz, die, Reisehandbuch. Mit einer grossen (chromolithogr.) Karte der Schweiz und 34 kleinen (lithogr.) Routenkarten. (XXXI, 496 S.) 879. geb. *ℳ 8.

Woerl's Reisehandbücher und Reisebibliothek. 12. Würzburg, Woerl. geb. *

Inhalt:

Deutsche Alpen. [Südbayern, Tirol, Salzburg etc.] Ein Führer für Reisende in die Alpenländer. Mit vielen Plänen, Karten, Panoramas, Grundrissen. (XX, 390 S.) 882. geb. *ℳ 6.
Von Constanz bis zur holländischen Grenze. Mit 4 Karten und 15 Stadtplänen. (VIII, 254 S.) 883. cart. *ℳ 3.
Corsica und Sardinien. Ein Führer für Touristen. Mit Karten und Illustr. (VI, 78 S.) 883. cart. *ℳ 2.
Fahrngruber, J., Wanderungen durch Palästina. Ernstes und Heiteres, zwanglos erzählt. Mit vielen Bildern (Holzschntaf.). (XV, 420 S.) 883. *ℳ 5.; geb. *ℳ 6.
Der Gotthard einst und jetzt. Vom Verf. der „Schweizer Alpen". Mit Illustr. (Holzschntaf.). (X, 292 S.) 882. *ℳ 4,50.; geb. *ℳ 5.
†Hoffnaaß, Franzisca v. [Rheinberger], jenseits des Brenners. Ein Ferienausflug. Mit 8 Illustr. (Holzschntaf.). (III, 256 S.) 883. *ℳ 2,50.; geb. *ℳ 3.
Um die Welt ohne zu wollen. [Tagebuch Sr. k. und k. Hoh. des Erzherzogs Ludwig Salvator.] Mit 100 Illustr. (Orig.-Zeichnungen des hoh. Verf., an Ort und Stelle aufgenommen). 1.—3. Aufl. (XII, 343 S.) 883,84. ℳ 8.; geb. *ℳ 9.; in Prachtbd. *ℳ 10.
Zschokke, Herm., Konstantinopel. Eine Fahrt nach dem goldenen Horn beschrieben. Mit 1 Karte und 31 Bildern. (VII, 370 S.) 884. *ℳ 4,50.; geb. *ℳ 5.

—— **dass. — Städteführer.** 16. Würzburg 883,84, Woerl. à *

Inhalt:

Aachen. Mit 1 Plane der Stadt und 1 Eisenbahnkarte. 2. Aufl. (16 S.)
Amberg in der Oberpfalz. Mit 1 Plane der Stadt und 1 Eisenbahnkarte. (16 S.)
Aschaffenburg. Mit 1 Plane der Stadt, Ansicht der Stiftskirche und 1 Eisenbahnkarte. 2. Aufl. (15 S.)
Augsburg. Mit 1 Plane der Stadt und 1 Eisenbahnkarte. 1—3. Aufl. (16 S.)
Baden-Baden. Mit 1 Plane der Stadt und 1 Eisenbahnkarte. 3. Aufl. (16 S.)
Berlin. Mit 1 Plane der Stadt und 1 Eisenbahnkarte. 2. Aufl. (16 S.)
Bonn. Mit 1 Plane der Stadt und 1 Karte von Coblenz-Köln. (16 S.)
Brixen an der Eisack. Mit 1 Plane der Stadt und 1 Umgebungskarte. (32 S.)
Chemnitz. Mit 1 Plane der Stadt und 1 Eisenbahnkarte. 2. Aufl. (15 S.)
Coblenz. Mit 1 Plane der Stadt, 1 Eisenbahnkarte und verschiedenen Ansichten. (16 S.)
Dortmund. Mit 1 Plane der Stadt. (16 S.)
Dresden. Mit 1 Plane der Stadt und 1 Eisenbahnkarte. 3. Aufl. (16 S.)
Düsseldorf. Mit 1 Plane der Stadt, 1 Eisenbahnkarte und der Karte von Köln—Kleve. 3. Aufl. (16 S.)
Elberfeld. Mit 1 Plane der Stadt und 1 Eisenbahnkarte. 2. Aufl. (16 S.)
Frankfurt a. M. Mit 1 Plane der Stadt, 2 Ansichten und 1 Eisenbahnkarte von Deutschland. 1.—5. neurevid. Aufl. (16 S.)
Frankfurt a. O. Mit 1 Plane der Stadt und 1 Eisenbahnkarte. 2. Aufl. (22 S.)
Freiburg im Breisgau und seine Umgebung. Mit 1 Plane der Stadt, 1 Eisenbahnkarte und 1 Karte der bad. Bahnen. 2. Aufl. (16 S.)
Die Gotthardbahn. Ein Führer für Reisende auf der Route Basel [Zürich] — Luzern — Rothkreuz — Brunnen — Flüelen. — Göschenen — Airolo — Biasca — Bellinzona — Locarno — Lugano — Chiasso — Mailand. Mit mehreren Karten. (16 S.)
Graz. Mit 1 Plane der Stadt und Ansichten des Stiftes Admont. 2. Aufl. (15 S.)
Heidelberg und Umgebung. Mit Plänen der Stadt, der Schlossruine, des Schwetzinger Gartens und 1 Routenkarte. 1.—4. Aufl. (24 S.)
Jena und Umgebung. Mit 1 Plane der Stadt und 1 Eisenbahnkarte. (15 S.)
Innsbruck. Mit 1 Plane und 1 Ansicht der Stadt, Umgebungskarte und Karte vom Oberinnthal. 2. Aufl. (15 S.)
Karlsruhe. Mit 1 Plane der Stadt und 1 Eisenbahnnetz der bad. Bahnen. 2. Aufl. (16 S.)
Kissingen und Umgebung. Mit 1 Plane der Stadt und 1 Karte der Umgebung. 2. umgearb. Aufl. (52 S.)
Köln. Mit 1 Plane der Stadt, 1 Ansicht und 1 Grundriss des Domes und 1 Eisenbahnkarte. 1.—4. Aufl. (24 S.)
Konstanz. Mit 1 Plane der Stadt und 1 Eisenbahnkarte von Baden (15 S.)
Landshut an der Isar. Mit 1 Plane der Stadt und 1 Eisenbahnkarte. 2. Aufl. (16 S.)
Linz an der Donau. Mit 1 Plane der Stadt, 3 Ansichten und der Karte von Passau-Wien. 2. Aufl. (16 S.)
Mainz. Mit 1 Plane der Stadt, Grundriss des Doms, Ansicht des Niederwalddenkmals und der Rheinkarte von Worms-Bingen. (16 S.)
Mannheim. Mit 1 Plane der Stadt und 1 Routenkarte der grossherzogl. bad. Staatseisenbahnen. (15 S.)
München. Mit 1 Plane. (48 S.)
Münster in Westfalen. Mit 1 Plane der Stadt und 1 Eisenbahnkarte. 2. Aufl. (15 S.)
Nürnberg und Umgebung. Mit 1 Plane der Stadt und 1 Eisenbahnkarte. 2. Aufl. (16 S.)
Paderborn. Mit 1 Plane der Stadt und 1 Eisenbahnkarte. 2. Aufl. (15 S.)
Prag. Mit 1 Plane der Stadt, 3 Ansichten und 1 Eisenbahnkarte. 2. Aufl. (16 S.)
Pressburg. Mit 1 Plane der Stadt und 1 Eisenbahnkarte. 2. Aufl. (16 S.)
Regensburg. Mit 1 Plane der Stadt, verschiedenen Ansichten und 1 Eisenbahnkarte. 2. Aufl. (15 S.)
Strassburg im Elsass. Mit 1 Plane der Stadt, Grundriss vom Dom und der Rheinkarte von Kolmar-Karlsruhe. (16 S.)
Stuttgart und nächste Umgebung. Mit 1 Plane von Stuttgart. (32 S.)
Trier. Mit 1 Plane der Stadt und 1 Eisenbahnkarte. 2. Aufl. (16 S.)
Engl. und französ. Ausg. zu gleichem Preise.
Wien. Mit vielen Illustr. und 1 Routenkarte. (52 S.)
Wiesbaden. Mit 1 Plane der Stadt, Ansicht des Niederwalddenkmals und 1 Eisenbahnkarte. 2. Aufl. (16 S.)
Würzburg und nächste Umgebung. Mit 1 Plane der Stadt. (56 S.) 882.

— dasselbe. Führer durch Wien. Mit vielen Illustr., e. Grundriss d. Stefansdomes, Plan d. Stadt, Karte v. Oesterreich u. Eisenbahnkarte. 4. Aufl. gr. 16. (52 S.) Ebend. 885. n. — 50

— dasselbe. Führer durch die Regierungshauptstadt Wiesbaden. Mit Stadtplan, Ansicht d. Niederwalddenkmals, Karte der hess. Länder u. Rheinkarte. 3. Aufl. gr. 16. (16 S.) Ebend. 885. n. — 50

—— **Reisehandbücher.** gr. 16. Ebendas.

Inhalt:

Führer durch Aarau und Umgebung. 2. Aufl. (16 S. mit Plan der Stadt, Karte der Schweiz und Eisenbahnkarte.) 888. * 50 Pf.
—— durch Agram und Umgebung. 2. Aufl. (16 S. mit Plan der Stadt und Eisenbahnkarte.) 885. * 50 Pf.
—— durch Altbreisach und Umgebung. 2. Aufl. (18 S. mit Plan der Stadt, 1 Illustr., Umgebungskarte und Karte von Baden und Württemberg.) 888. * 50 Pf.
—— durch Altötting. (15 S. mit Plan der Stadt und Umgebung, Karte von Bayern und Eisenbahnkarte.) 888. * 50 Pf.
—— durch Andernach und Umgebung. 2. Aufl. (13 S. mit Plan der Stadt, Illustr., Karte von Rheinland und Westfalen und Eisenbahnkarte.) 888. * 50 Pf.
—— durch Annaberg und Umgebung. 2. Aufl. (16 S. mit Plan der Stadt, Karte von Sachsen und Eisenbahnkarte.) 885. * 50 Pf.
—— für die Arlbergbahn und ihre Seitenthäler. (40 S. mit Plan von Innsbruck, Karte von Vorarlberg und Tirol, 2 Routenkarten, mehreren Panoramen und Illustr.) 886. *ℳ 1.—.
—— durch Augsburg. 4. Aufl. (16 S. mit Plan der Stadt und Eisenbahnkarte.) 886; neueste Aufl. (16 S. mit Plan der Stadt, Karte von Bayern und Eisenbahnkarte.) 887. * 50 Pf.
—— durch den Kurort Aussee, das Ausseer Thal und die angrenzenden Gebiete Alt-Aussee, Grundlsee und Hallstatt. (43 S. mit Plan der Stadt und Umgebung, Karte von Steiermark, Eisenbahnkarte und Illustr.) 888. * 50 Pf.
—— durch Baden in der Schweiz und Umgebung. (15 S. mit Plan der Stadt und Umgebung, Karte der Schweiz und Eisenbahnkarte.) 887. * 50 Pf.
—— durch Baden-Baden. 4. Aufl. (16 S. mit Plan der Stadt und Eisenbahnkarte.) 886; 5. Aufl. (16 S. mit Plan der Stadt, Karte von Baden und Württemberg und Eisenbahnkarte.) 887. * 50 Pf.
—— durch Bamberg und Umgebung. (32 S. mit Plan der Stadt, Illustr. und Karte von Bayern.) 886. * 50 Pf.
—— durch Barmen und Umgebung. (17 S. mit Plan der Stadt, Umgebungskarte und Eisenbahnkarte.) 885. * 50 Pf.
—— durch Basel. (16 S. mit Plan der Stadt, Illustr., Karte der Schweiz, Rheinkarte und Eisenbahnkarte.) 885. * 50 Pf.
—— durch Bayreuth. (15 S. mit 1 Karte von Bayern und 1 Eisenbahnkarte.) 886. * 50 Pf.
—— durch den Bayrischen Wald. (44 S. mit Illustr., Karten und Plänen.) 888. 50 Pf.
—— durch Berlin. 2. umgearb. und verm. Aufl. (48 S. mit Plan der Stadt, Karte der Mark Brandenburg, Eisenbahnkarte und mehreren Illustr.) 886; 3. und 4. Aufl. (50 S.) 887,88. * 50 Pf.
—— durch Bern und Umgebung. (16 S. mit Plan der Stadt, Karte der Schweiz und Eisenbahnkarte.) 886. * 50 Pf.
Das Kloster Beuron im Donauthale. (48 S. mit 1 Illustr. und 1 Karte.) 888. * 50 Pf.
Führer durch Biberach a. Riss und Umgebung. 2. Aufl. (15 S. mit Plan der Stadt, Karte von Württemberg und Eisenbahnkarte.) 888. * 50 Pf.
—— durch Bochum und Umgebung. 2. Aufl. (12 S. mit Plan der Stadt, Karte von Westfalen und Eisenbahnkarte.) 888. * 50 Pf.
Bad Bocklet. Führer für Kurgäste. Bearb. von L. Scherpf. (16 S. mit Karte der Umgebung, Karte von Bayern und Eisenbahnkarte.) 886. * 50 Pf.
Führer durch Bologna. (12 S. mit Bild, Plan und 2 Karten.) 888. * 50 Pf.
Die Insel Bornholm. (44 S. mit Karten und Illustr.) 888. * 50 Pf.
Führer durch Bregenz und Umgebung, nebst Bregenzer Wald. (24 S. mit Plan der Stadt, Illustr., Karte von Tyrol und Eisenbahnkarte.) 885. * 50 Pf.
—— durch Bremen und Umgebung. (25 S. mit Plan der Stadt und 2 Karten.) 887. * 50 Pf.
—— durch Breslau und Umgebung. (15 S. mit Plan der Stadt, Karte von Schlesien und Eisenbahnkarte.) 885. * 50 Pf.
—— durch Brünn und Umgebung. 2. und 3. Aufl. (18 S. mit Stadtplan, Karte von Mähren und Eisenbahnkarte.) 885,86. * 50 Pf.
—— durch Brüssel und Umgebung. 2. Aufl. (30 S. mit Plan der Stadt, Karte von Belgien und Eisenbahnkarte.) 888. * 50 Pf.
—— durch die Reichshauptstadt Budapest. 2. Aufl. (45 S. mit Plan der Stadt, Führer durch die Ausstellung nebst Plan, sowie 12 Illustr.) 885. * 50 Pf.
—— durch Budweis und Umgebung. (16 S. mit Plan der Stadt, Karte von Böhmen und Eisenbahnkarte.) 887. * 50 Pf.
—— durch Cannstatt, klimatischer Bade- und Trinkkurort, und seine Umgebung. (42 S. mit Plan der Stadt, Umgebungskarte und Eisenbahnkarte.) 887. * 50 Pf.

— durch Carlsbad und Umgebung. (16 S. mit Plan der Stadt, Karte von Böhmen und Eisenbahnkarte.) 887. * 50 Pf.

— durch Chur und Umgebung. (16 S. mit Plan der Stadt, Umgebungskarte und Karte der Schweiz.) 886. * 50 Pf.

— durch Coblenz. 3. Aufl. (33 S. mit Plan der Stadt, Illustr., Karte der Rheinlande und Eisenbahnkarte.) 888. * 50 Pf.

2. Aufl., s. Koblenz.

Woerl's Reisehandbücher etc.

Führer durch Coburg. (32 S. mit Plan der Stadt, Karte von Thüringen und Eisenbahnkarte.) 886. * 50 Pf.

— durch See- und Soolbad Colberg und Umgebung. 2. Aufl. (13 S. mit Plan der Stadt, Karte von Pommern und Eisenbahnkarte.) 888. * 50 Pf.

— durch Colmar und Umgebung. 2. Aufl. (16 S. mit Plan der Stadt, Umgebungskarte und Eisenbahnkarte.) 885. * 50 Pf.

— durch Crefeld. (15 S. mit Plan der Stadt, Karte von Rheinland und Westfalen und Eisenbahnkarte.) 887. * 50 Pf.

— durch Danzig und Umgebung. (16 S. mit Plan der Stadt und 2 Karten.) 888. * 50 Pf.

— durch Darmstadt. (16 S. mit Plan der Stadt, Karte von Hessen und Eisenbahnkarte.) 886. * 50 Pf.

— durch Deggendorf und Umgebung. 2. Aufl. (13 S. mit Plan der Stadt, Karte von Bayern und Eisenbahnkarte.) 888. * 50 Pf.

— durch Donaueschingen und Umgebung. 2. Aufl. (14 S. mit Plan der Stadt, Karte von Württemberg und Baden und Eisenkarte.) 885. * 50 Pf.

Donauführer. Von Passau bis Budapest. (50 S. mit Illustr., Karten und Plänen.) 888. *ℳ 1.—.

Führer durch das obere Donauthal von Donaueschingen bis Sigmaringen, nebst Seitenthälern. (89 S. mit Karten und Illustr.) 888. *ℳ 1.—.

— durch Donauwörth. (15 S. mit Plan der Stadt, Karte von Bayern und Eisenbahnkarte.) 886. * 50 Pf.

— durch Dresden. Mit Plan der Stadt, Karte von Sachsen und Eisenbahnkarte. 4. Aufl. (16 S.) 886; 5. Aufl. (20 S.) 888. * 50 Pf.

— durch Duisburg und Umgebung. 2. Aufl. (16 S. mit Plan der Stadt, Karte der Rheinlande und Eisenbahnkarte.) 885. * 50 Pf.

— durch Dürkheim a. H., Soolbad und Traubenkurort in der bayer. Rheinpfalz. 2. Aufl. (15 S. mit Plan der Stadt, 2 Illustr., Karte von Bayern r. Rh. und der bayer. Pfalz.) 888. * 50 Pf.

— durch Durlach und Umgebung. 2. Aufl. (18 S. mit Plan der Stadt, Illustr., Karte von Baden und Württemberg und Eisenbahnkarte.) 888. * 50 Pf.

— durch Düsseldorf und Umgebung. 4. Aufl. 885; neue verb. Aufl. (16 S. mit Plan der Stadt, Eisenbahnkarte und Umgebungskarte.) 886. * 50 Pf.

— durch Eberbach am Neckar und Umgebung. (22 S. mit Illustr., Umgebungskarte, Karte von Württemberg und Baden und Eisenbahnkarte.) 888. * 50 Pf.

— durch Eger und Umgebung. 2. Aufl. (16 S. mit Plan der Stadt, Karte von Böhmen und Eisenbahnkarte.) 885. * 50 Pf.

— durch Eichstätt. (24 S. mit Plan der Stadt, Karte von Bayern und Eisenbahnkarte.) 886. * 50 Pf.

— durch Einsiedeln und Umgebung. (23 S. mit Illustr., Karte der Schweiz und Eisenbahnkarte.) 886. * 50 Pf.

— durch Eisenach, die Wartburg und Umgebung. (15 S. mit Plan der Stadt, Karte von Thüringen und Eisenbahnkarte.) 886. * 50 Pf.

— durch Bad Elgersburg und Umgebung. 2. Aufl. (26 S. mit Karte der Umgebung und Eisenbahnkarte.) 888. * 50 Pf.

— durch die Kreishauptstadt Emden und Umgebung. (16 S. mit 1 Plane der Stadt und 1 Eisenbahnkarte.) 885. * 50 Pf.

— durch Bad Ems und Umgebung. (25 S. mit Plan der Stadt, Karte von Hessen-Nassau und Eisenbahnkarte.) 887. * 50 Pf.

— durch Erfurt und Umgebung. 2. und 3. Aufl. (16 S. mit Plan der Stadt, Karte von Thüringen und Eisenbahnkarte.) 885,88. * 50 Pf.

— durch die Universitätsstadt Erlangen und Umgebung. 2. Aufl. (15 S. mit Plan der Stadt, Karte von Bayern und Eisenbahnkarte.) 885. * 50 Pf.

— durch Essen. (16 S. mit Plan der Stadt, Karte von Rheinland und Westfalen und Eisenbahnkarte.) 886. * 50 Pf.

— durch Feldkirch und Umgebung. (46 S. mit 2 Karten und 1 Illustr.) 888. * 50 Pf.

— durch Fiume. 2. Aufl. (33 S. mit Plan der Stadt und 2 Karten.) 888. * 50 Pf.

— durch Florenz und Umgebung. (31 S. mit Bildern, Plan und 2 Karten.) 888. * 50 Pf.

Das Frankenland. Kreuz- und Querzüge. Gewidmet allen Naturfreunden von F. Trabert. (68 S.) 887. * 50 Pf.

Führer durch Frankfurt a. M. und Umgebung. 6. Aufl. (18 S. mit Plan der Stadt, Umgebungskarte, Eisenbahnkarte und 3 Illustr.) 885. * 50 Pf.

7.—9. Aufl. u. d. T.:

— durch Frankfurt a. M. 7. Aufl. (18 S. mit Plan der Stadt, Umgebungskarte, Eisenbahnkarte und 3 Illustr.) 886; 8. und 9. illustr. Ausg. (36 S. mit Plan der Stadt, Karte der hessischen Länder und Eisenbahnkarte.) 887,88. * 50 Pf.

— durch Frankfurt an der Oder. 3. Aufl. (24 S. mit Plan der Stadt, Karte der Provinz Brandenburg und Eisenbahnkarte.) 887. * 50 Pf.

Kleiner Führer nach Frankreich und Spanien. Tagebuch des 1. Münchener Pilgerzuges nach Montserrat und Paray-le-Monial, Lourdes, Santiago [Herbst 1887], skizzirt von P. Kolb. Mit einem Vorbericht vom Veranstalter der Karawane Mgr. Herm. Geiger. (64 S.) 888. * 50 Pf.

Woerl's Reisehandbücher etc.

Führer durch Freiburg im Breisgau und seine Umgebung. (16 S. mit Plan der Stadt, Eisenbahnkarte, Karte der bad. Bahnen.) 886. * 50 Pf.

— durch Freiburg in der Schweiz. (14 S. mit Plan der Stadt, Karte der Schweiz und Eisenbahnkarte.) 886. * 50 Pf.

— durch Freising und Umgebung. (16 S. mit Plan der Stadt, Karte von Bayern und Eisenbahnkarte.) 886. * 50 Pf.

— durch Freudenstadt und Umgebung. (24 S. nebst Plan der Stadt, Karte von Württemberg und Baden und Eisenbahnkarte.) 886. * 50 Pf.

— durch Fulda und Umgebung. 2. Aufl. (16 S. mit Plan der Stadt, Karte von Hessen und Eisenbahnkarte.) 886. * 50 Pf.

— durch St. Gallen und Umgebung. (15 S. mit Plan der Stadt, Karte der Schweiz und Eisenbahnkarte.) 886. * 50 Pf.

— durch Gastein und das Gasteiner Thal. (15 S. mit 1 Illustr. und Karten.) 886. * 50 Pf.

— durch Gelsenkirchen und Umgebung. (13 S. mit Plan der Stadt, Karte von Rheinland und Westfalen und Eisenbahnkarte.) 886. * 50 Pf.

— durch Genf. (16 S. mit Plan der Stadt, Karte der Schweiz und Eisenbahnkarte.) 886. * 50 Pf.

— durch Genua und die Riviera. (46 S. mit Plan der Stadt Genua, Illustr. und Karten.) 888. *ℳ 1.—.

— durch Gera und Umgebung. (16 S. mit Plan der Stadt, Karte von Thüringen und Eisenbahnkarte.) 886. * 50 Pf.

— durch Gernsbach und Umgebung. 2. Aufl. (21 S. mit Plan der Stadt, Karte von Württemberg und Baden und Eisenbahnkarte.) 888. * 50 Pf.

— durch Görbersdorf und Umgebung. 2. Aufl. (14 S. mit Umgebungskarte, Karte von Schlesien und Eisenbahnkarte.) 888. * 50 Pf.

— durch Goerz und Umgebung. (16 S. mit Plan der Stadt, Karte vom Küstenland und Kärnten, sowie Eisenbahnkarte.) 886. * 50 Pf.

— durch Gotha. 1. und 2. Aufl. (16 S. mit Plan der Stadt, Karte von Thüringen und Eisenbahnkarte.) 885,87. * 50 Pf.

— durch Graz. 3. Aufl. (16 S. mit Plan der Stadt, Karte von Steyermark und Eisenbahnkarte.) 886. * 50 Pf.

— durch Greifswald und Umgebung. (16 S. mit Plan der Stadt, Karte von Pommern und Eisenbahnkarte.) 886. * 50 Pf.

— durch Hagenau im Elsass und Umgebung. 2. Aufl. (14 S. mit Stadtplan, Karte von Elsass-Lothringen und Eisenbahnkarte.) 885. * 50 Pf.

— durch Hamburg und Umgebung. (29 S. mit Plan der Stadt und 2 Karten.) 887. * 50 Pf.

— durch Hamm, nebst Thermal-Soolbad Hamm und Umgebung. (14 S. mit Plan der Stadt, Karte von Westfalen und Eisenbahnkarte.) 888. * 50 Pf.

— durch die Stadt Hannover und Umgebung. (24 S. mit Plan der Stadt, Karte von Hannover und Eisenbahnkarte.) 887. * 50 Pf.

— durch Heidelberg und Umgebung. 5. Aufl. (24 S. mit Illustr., Plänen der Stadt, der Schlossruine, des Schwetzinger Gartens, Karte von Baden und Routenkarte.) 885. * 50 Pf.

6. Aufl. u. d. T.:

— durch Heidelberg. 6. Aufl. (24 S. mit Illustr., Plänen der Stadt und der Schlossruine, Karte von Baden und Eisenbahnkarte.) 886. * 50 Pf.

— durch Heilbronn und Umgebung. 2. Aufl. (16 S. mit Plan der Stadt, Karte von Württemberg und Baden und Eisenbahnkarte.) 885. * 50 Pf.

3. Aufl. u. d. T.:

— durch Heilbronn. 3. Aufl. (16 S. mit Plan der Stadt, Illustr., Karte von Württemberg und Baden und Eisenbahnkarte.) 886. * 50 Pf.

— durch Hermannstadt und Umgebung. 2. Aufl. (16 S. mit Plan der Stadt und Eisenbahnkarte.) 885. * 50 Pf.

— durch Hildesheim und Umgebung. 2. Aufl. (16 S. mit Plan der Stadt, Karte von Hannover und Eisenbahnkarte.) 885. * 50 Pf.

3. Aufl. u. d. T.:

— durch Hildesheim. 3. Aufl. (16 S. mit Plan der Stadt, Karte von Hannover und Eisenbahnkarte.) 886. * 50 Pf.

Die Höllenthalbahn. (20 S. nebst Plan von Freiburg, Illustr. und Karten.) 887. * 50 Pf.

Führer durch Bad Homburg und Umgebung. (15 S. mit Plan der Stadt, Karte von Hessen-Nassau und Eisenbahnkarte.) 887. * 50 Pf.

— durch Iglau. (12 S. mit Plan der Stadt, Karte von Mähren und Eisenbahnkarte.) 886. * 50 Pf.

— durch Ilmenau und Umgebung. (19 S. mit Karte der Umgebung, Karte von Thüringen und Eisenbahnkarte.) 888. * 50 Pf.

— durch Innsbruck. 3. und 4. Aufl. (16 S. mit Plan der Stadt, Umgebungskarte, Karte von Tirol und Eisenbahnkarte.) 887,88. * 50 Pf.

— durch Interlaken und Umgebung. (14 S. mit Plan der Stadt und Umgebung, Karte der Schweiz und Eisenbahnkarte.) 887. * 50 Pf.

— durch Ischl und Umgebung. (16 S. mit Ortsplan, Illustr., Karte des Salzkammergutes und Eisenbahnkarte.) 885. * 50 Pf.

— durch Iserlohn und Umgebung. (16 S. mit Plan der Stadt, Karte von Westfalen und Eisenbahnkarte.) 886. * 50 Pf.

Woerl's Reisehandbücher etc.

Führer durch Karlsruhe. 3. Aufl. (16 S. nebst Plan der Stadt, Illustr., Karte von Baden und Württemberg und Eisenbahnkarte.) 885. * 50 Pf.

— durch Kassel nebst Wilhelmshöhe. (26 S. mit Plan der Stadt, Karte der hess. Länder und Eisenbahnkarte.) 887. * 50 Pf.

2. Aufl. u. d. T.:

— durch Kassel und Umgebung, nebst Wilhelmshöhe. 2. Aufl. (26 S. mit Plan der Stadt, Karte der hess. Länder und Eisenbahnkarte.) 888. * 50 Pf.

— durch Kempten und Umgebung. 2. Aufl. (16 S. mit Plan der Stadt, Karte von Bayern und Eisenbahnkarte.) 885. * 50 Pf.

— durch Bad Kissingen und Umgebung. 3. Aufl. (52 S. nebst 1 Plane der Stadt, 1 Karte der Umgebung und 1 Eisenbahnkarte.) 885. * 50 Pf.

4. und 5. Aufl. u. d. T.:

— durch Bad Kissingen. 4. und 5. Aufl. (52 S. mit Plan der Stadt, Karte der Umgebung und Eisenbahnkarte.) 886,87. * 50 Pf.

— durch Klagenfurt. (15 S. mit Plan der Stadt, Karte von Kärnten und Eisenbahnkarte.) 886. * 50 Pf.

— durch Koblenz. 2. Aufl. (32 S. mit Illustr., Plan der Stadt, Karte der Rheinlande und Eisenbahnkarte.) 886. * 50 Pf.

3. Aufl., s. Coblenz.

— durch die Stadt Köln. 5. Aufl. (28 S. mit Plan der Stadt, Ansicht und Grundriss des Domes, Karte der Rheinlande und von Westfalen und Eisenbahnkarte.) 885. * 50 Pf.

6. und 7. Aufl. u. d. T.:

— durch Köln. Mit Plan der Stadt, Ansicht und Grundriss des Domes, Karte der Rheinlande und Eisenbahnkarte. 6. Aufl. (32 S.) 887; 7. Aufl. (28 S.) 888. * 50 Pf.

— durch Königsberg in Ostpreussen und Umgebung. (18 S. mit Plan der Stadt, Karte von Preussen und Eisenbahnkarte.) 888. * 50 Pf.

— durch Königshütte, Oberschlesien. (12 S. mit Plan der Stadt, Karte von Schlesien und Eisenbahnkarte.) 887. * 50 Pf.

— durch die Königsschlösser Herrenchiemsee, Hohenschwangau, Neuschwanstein, Linderhof und Berg. 1.—4. Aufl. (45 S. mit Illustr., Plan von München, Routenkarte für die Königsschlösser und Karte von Bayern.) 887. * 50 Pf.

Vgl.: München.

— durch Königstein, Falkenstein und Cronberg im Taunus, nebst Ausflügen in der Umgebung. Anhang: Homburg v. d. Höhe. (16 S. mit Karte vom Taunus und Eisenbahnkarte.) 886. * 50 Pf.

— durch Königswinter und das Siebengebirge. (23 S. mit 2 Karten.) 887. * 50 Pf.

— durch Kopenhagen und Umgebung. (56 S. mit Plan der Stadt, Karte von Dänemark und Eisenbahnkarte.) 887. * 50 Pf.

— durch Krakau und Umgebung. 2. Aufl. (16 S. mit Plan der Stadt und Eisenbahnkarte.) 885. * 50 Pf.

— durch Bad Krankenheil-Tölz und Umgebung. 2. Aufl. (17 S. mit Plan der Stadt, Umgebungskarte, Karte von Bayern und Eisenbahnkarte.) 888. * 50 Pf.

— durch Bad Kronthal im Taunus und seine Umgebungen. (16 S. nebst Taunuskarte und Eisenbahnkarte.) 886. * 50 Pf.

— durch Landsberg an der Warthe. 2. Aufl. (12 S. mit Plan der Stadt, Karte von Brandenburg und Eisenbahnkarte.) 888. * 50 Pf.

Der Längsee und Umgebung. (59 S. mit Specialkarte des Längsees, Übersichtskarte und Eisenbahnkarte.) 888. *ℳ 1.—.

Führer durch Lausanne. (16 S. mit Plan der Stadt, Karte der Schweiz und Eisenbahnkarte.) 886. * 50 Pf.

— durch Leipa in Böhmen und Umgebung. 2. Aufl. (20 S. mit Plan der Stadt, Karte von Böhmen und Eisenbahnkarte.) 888. * 50 Pf.

— durch Leipzig und Umgebung. (32 S. mit Plan der Stadt und 2 Karten.) 887. * 50 Pf.

Das Kloster Lichtenthal bei Baden-Baden, dessen Kirche und Gruftkapelle, beschrieben von Th. Gutgesell. (98 S. mit Bildern.) 888. *ℳ 1.—.

Führer durch Lindau im Bodensee und Umgebung. (16 S. mit Plan der Stadt und 2 Karten.) 888. * 50 Pf.

— durch die Stadt Linz a. d. Donau. 3. Aufl. (17 S. mit Plan der Stadt, Karte von Ober-Österreich, Donaukarte und Eisenbahnkarte.) 887. * 50 Pf.

— durch Bad Lippspringe und Umgebung. 2. Aufl. (13 S. mit Plan der Stadt, Karte der Umgebung, von Westfalen und Eisenbahnkarte.) 888. * 50 Pf.

— durch Lippstadt und Umgebung. 2. Aufl. (15 S. mit Plan der Stadt, Karte von Westfalen und Eisenbahnkarte.) 888. * 50 Pf.

— durch Lörrach und das Wiesenthal. (15 S. mit Umgebungs- und Eisenbahnkarte und Karte von Baden und Württemberg.) 888. * 50 Pf.

— durch Lourdes in Südfrankreich. (26 S. mit Karten und 1 Illustr.) 886. * 50 Pf.

— durch Ludwigshafen a. Rh. und Umgebung. (20 S. mit Plan der Stadt, Illustr., Karte der Pfalz und Eisenbahnkarte.) 888. * 50 Pf.

— durch Lüneburg und Umgebung. 2. Aufl. (16 S. mit Stadtplan, Karte von Hannover und Eisenbahnkarte.) 885. * 50 Pf.

— durch Luxemburg. (14 S. mit Plan der Stadt, Karte des Grossherzogthums und Eisenbahnkarte.) 887. * 50 Pf.

Führer durch Luzern. (16 S. mit Plan der Stadt, Karte der Schweiz und Eisenbahnkarte.) 886. * 50 Pf.

— durch Madrid und Umgebung. (52 S. mit Plan der Stadt und Karte von Spanien.) 888. *ℳ 1.—.

— durch Magdeburg. (16 S. mit Plan der Stadt, Karte der Prov. Sachsen und Thüringen und Eisenbahnkarte.) 888. * 50 Pf.

— durch Mailand und Umgebung. (24 S. mit Plan der Stadt, Karte von Oberitalien und Eisenbahnkarte.) 887. * 50 Pf.

— durch das untere Mainthal von Wertheim bis Aschaffenburg. (21 S. mit Karten.) 888. * 50 Pf.

— durch Mainz und Umgebung. 4. und 5. Aufl. (16 S. mit Plan der Stadt, Grundriss des Domes, Ansicht des Niederwald-Denkmals, Rheinkarte Worms-Bingen und Eisenbahnkarte.) 885,87. * 50 Pf.

— durch Mannheim. 2. und 3. Aufl. (16 S. mit Plan der Stadt, Rheinkarte von Karlsruhe—Worms und Eisenbahnkarte.) 886,88. * 50 Pf.

— für Maria Taferl und Umgebung in Nieder-Oesterreich. 2. Aufl. (32 S. mit Illustr. und Umgebungskarte.) 886. * 50 Pf.

Maria-Zell und Umgebung. 1. und 2. Aufl. (28 S. mit Karten und Illustr.) 887. * 50 Pf.

Führer durch Marienbad in Böhmen und Umgebung. (15 S. mit Plan der Stadt, Karte von Böhmen und Eisenbahnkarte.) 887. * 50 Pf.

— durch Meiningen und Umgebung. 2. Aufl. (15 S. mit Plan der Stadt, Karte von Sachsen und Thüringen und Eisenbahnkarte.) 888. * 50 Pf.

— durch Meissen und Umgebung. (16 S. mit Plan der Stadt und Umgebung, Karte von Sachsen und Eisenbahnkarte.) 888. * 50 Pf.

— durch Memmingen und Umgebung. (14 S. mit Plan der Stadt, Karte von Bayern und Eisenbahnkarte.) 886. * 50 Pf.

— durch Meran und Umgebung. (14 S. mit Plan der Stadt, Illustr., Karte von Tyrol und Eisenbahnkarte.) 887. * 50 Pf.

— durch Metz. (16 S. mit Plan der Stadt, Karte von Elsass-Lothringen und Eisenbahnkarte.) 886. * 50 Pf.

Der Millstätter See und Umgebung. (19 S. nebst Specialkarte des Millstätter Sees, Uebersichtskarte und Eisenbahnkarte.) 887. * 50 Pf.

Führer durch Miltenberg und Umgebung. 2. Aufl. (23 S. mit Plan der Stadt und 2 Karten.) 888. * 50 Pf.

— durch Bad St. Moritz und Umgebung. (14 S. mit Illustr. und 3 Karten.) 888. * 50 Pf.

— durch Mühlhausen in Thüringen. 2. Aufl. (11 S. mit Plan der Stadt, Karte von Thüringen und Eisenbahnkarte.) 888. * 50 Pf.

— durch Mülhausen i. E. und Umgebung. 2. Aufl. (14 S. mit Plan der Stadt, Karte von Elsass-Lothringen und Eisenbahnkarte.) 888. * 50 Pf.

— durch Mülheim a. d. Ruhr und Umgebung. (16 S. mit Plan der Stadt, Umgebungskarte und Eisenbahnkarte.) 885. * 50 Pf.

— durch München und Umgebung. 5. Aufl. (48 S. mit Plan der Stadt, Karte von Bayern, Eisenbahnkarte und Illustr.) 885. * 50 Pf.

6. und 7. Aufl. u. d. T.:

— durch München. Neueste [6.] verb. und 7. Aufl. (52 S. mit Plan der Stadt, Karte von Bayern und Illustr.) 887,88. * 50 Pf.

— dass. — Nebst Anhang: Ausführlicher Führer durch die Königsschlösser Herrenchiemsee, Hohenschwangau, Neuschwanstein, Linderhof und Berg. (52, 45 S. mit Illustr.) 887. *ℳ 1.—.

Anhang allein, s. Königsschlösser.

Führer durch München-Gladbach und Umgebung. 2. Aufl. (16 S. mit Plan der Stadt, Karte der Rheinlande und Eisenbahnkarte.) 885. * 50 Pf.

— durch die Provinzialhauptstadt Münster in Westfalen. 3. Aufl. (16 S. mit Plan der Stadt, Karte der Rheinlande und von Westfalen und Eisenbahnkarte.) 885. * 50 Pf.

— durch das Neckarthal von Heidelberg bis Heilbronn, nebst einigen Seitenthälern. 2. Aufl. (88 S. mit Stadtplänen von Heidelberg und Heilbronn, Grundriss des Schlosses von Heidelberg, des Gartens von Schwetzingen, vielen Illustr., mehreren Karten und Neckarthal-Panorama.) 886. *ℳ 1.—.

— durch Neumarkt in der Oberpfalz und Umgebung (22 S. mit Karte der Umgebung, Illustr., Karte von Bayern und Eisenbahnkarte.) 888. * 50 Pf.

— durch Nürnberg. 3.—5. Aufl. (19 S. mit Illustr., Plan der Stadt, Karte von Bayern und Eisenbahnkarte.) 885,87. * 50 Pf.

— durch das oberbayrische Gebirge und zum Achensee, Ammersee, Chiemsee, Königssee, Kochelsee, Starnberger See, Walchensee und Tegernsee. (54 S. mit Karten und Illustr.) 885. *ℳ 1.—.

— durch Offenbach a. M. (17 S. mit Plan der Stadt, Karte von Hessen und Eisenbahnkarte.) 887. * 50 Pf.

— durch Offenburg und das Kinzigthal, nebst dessen Seitenthälern [Schwarzwaldbahn]. (16. S. mit Schwarzwaldkarte, Karte von Württemberg und Baden, sowie Eisenbahnkarte.) 885. * 50 Pf.

— durch Oldenburg und Umgebung. (15 S. mit Plan der Stadt und 2 Karten.) 887. * 50 Pf.

— durch Olmütz und Umgebung. 2. Aufl. (16 S. mit Plan der Stadt, Karte von Mähren und Eisenbahnkarte.) 885. * 50 Pf.

— durch Osnabrück. (15 S. mit Plan der Stadt, Karte von Hannover und Eisenbahnkarte.) 886. * 50 Pf.

Der Ossiacher See und Umgebung. (25 S. nebst Specialkarte des Ossiacher Sees, Uebersichtskarte und Eisenbahnkarte.) 887. * 50 Pf.

Woerl's Reisehandbücher etc.

Führer durch Passau und Umgebung. 2. Aufl. (16 S. mit Plan der Stadt, Illustr., Karte von Bayern und Eisenbahnkarte.) 888. * 50 Pf.

— durch Pforzheim. (16 S. mit Plan der Stadt, Karte von Württemberg, Baden und Eisenbahnkarte.) 886. * 50 Pf.

— durch Plauen und Umgebung. 2. Aufl. (16 S. mit Plan der Stadt, Karte von Sachsen und Eisenbahnkarte.) 885. * 50 Pf.

— durch St. Pölten und Umgebung. 2. Aufl. (13 S. mit Plan der Stadt, Karte von Ober- und Niederösterreich und Eisenbahnkarte.) 888. * 50 Pf.

— durch Pörtschach am See in Kärnten und Umgebung. 2. Aufl. (22 S. mit Plan und Illustr.) 885. * 50 Pf.

— durch Prag und Umgebung. 3. Aufl. (17 S. mit Plan der Stadt, 8 Ansichten, Karte von Böhmen und Eisenbahnkarte.) 885. * 50 Pf.

— durch Rastadt und Umgebung. (14 S. mit Plan der Stadt, Karte von Baden und Württemberg und Eisenbahnkarte.) 887. * 50 Pf.

— durch Regensburg und Umgebung. Nebst Plan der Stadt, Illustr., Karte von Bayern und Eisenbahnkarte. 3. Aufl. (16 S.) 885; 4. Aufl. (28 S.) 887. * 50 Pf.

Vgl.: Walhalla.

— durch Bad Reichenhall und Umgebung. (16 S. mit Plan der Stadt, Karte von Bayern und Eisenbahnkarte.) 887. * 50 Pf.

— durch Bad Reinerz und Umgebung. 2. Aufl. (14 S. mit Karten.) 888. * 50 Pf.

— durch Reutlingen und Umgebung. 2. Aufl. (16 S. mit Stadtplan, Karte von Württemberg und Eisenbahnkarte.) 885. * 50 Pf.

Die Rheinlande und die anstossenden Gebiete vom Bodensee bis zur holländischen Grenze. 2. vollständig umgearb. Aufl. 12. (XV, 448 S. mit 1 Rhein-Panorama, 7 Karten des Rheines von Konstanz bis Kleve, 3 Uebersichtskarten, 1 Eisenbahnkarte, 19 Routenkarten, 18 Stadtplänen und 4 Grundrissen von Kirchen.) 885. geb. *ℳ 6.—.

Führer durch die Rhön. (50 S. mit Karte der Rhön, Karte von Kissingen und Umgebung und Stadtplan von Kissingen und Fulda.) 887. *ℳ 1.—.

Rom. Ein Führer durch die ewige Stadt. 2. vollständig umgearb. Aufl. 12. (VII, 208 S. mit Karten, Plänen, Grundrissen und Illustr.) 886. geb. *ℳ 6.—.

Führer durch Rostock und Umgebung. (15 S. mit Plan der Stadt und 2 Karten.) 887. * 50 Pf.

— durch Rothenburg ob der Tauber und Umgebung. 2. Aufl. (16 S. mit Illustr., Plan der Stadt, Karte von Bayern und Eisenbahnkarte.) 885. * 50 Pf.

— durch Rottweil und Umgebung. 2. Aufl. (19 S. mit Plan der Stadt, Karte von Württemberg und Baden und Eisenbahnkarte.) 888. * 50 Pf.

— durch Rovereto. 2. Aufl. (14 S. mit Plan der Stadt, Karte von Tirol und Eisenbahnkarte.) 888. * 50 Pf.

— durch Salzburg und Umgebung. (16 S. mit Illustr., Karten und Plänen.) 886. * 50 Pf.

2. Aufl. u. d. T.:

— durch Salzburg und Umgebung mit Berchtesgaden und Königssee. 2. Aufl. (32 S. mit Bildern, Panorama, Plan und Karte.) 888. * 50 Pf.

— durch das Salzkammergut. (58 S. nebst Karten, Plänen und Illustr.) 887. *ℳ 1.—.

— durch Schaffhausen. (15 S. mit Plan der Stadt, Ansicht des Rheinfalls, Karte der Schweiz und Eisenbahnkarte.) 886. * 50 Pf.

— durch Schleswig und Umgebung. (24 S. mit Plan der Stadt, Karte von Schleswig-Holstein und Eisenbahnkarte. 886. * 50 Pf.

— durch Schwäbisch-Gmünd und Umgebung. 2. Aufl. (27 S. mit Plan der Stadt, Karte von Württemberg und Baden und Eisenbahnkarte.) 888. * 50 Pf.

— durch Schwäbisch-Hall und Umgebung. (27 S. mit Plan der Stadt, Karte von Württemberg und Baden und Eisenbahnkarte.) 887. * 50 Pf.

— für die Schwarzwaldbahn und ihre Seitenthäler. (40 S. mit Plänen, Karten, Illustr. und Panorama.) 886. *ℳ 1.—.

— durch Schweinfurt und Umgebung. 2. Aufl. (16 S. mit Plan der Stadt, Karte von Bayern und Eisenbahnkarte.) 885. * 50 Pf.

Die Schweiz mit den anstossenden Gebieten. Ein Führer für Reisende. 2. durchaus umgearb. Aufl. (VIII, 317 S. mit vielen Stadtplänen, Karten, Panoramen etc.) 887. geb. *ℳ 6.—.

Schweizer-Führer. Durch die Schweiz in 8 Tagen. (VIII, 177 S. mit vielen Stadtplänen und Karten.) 888. cart. *ℳ 3.—.

Führer durch die fränkische Schweiz. 1. und 2. Aufl. (16 S. mit Karten.) 887. * 50 Pf.

— durch Schwerin und Umgebung. 2. Aufl. (14 S. mit Plan der Stadt, Karte von Mecklenburg und Eisenbahnkarte.) 888. * 50 Pf.

— durch Schwetzingen und Umgebung. 2. Aufl. (15 S. mit Plan des Schlossgartens, 2 Illustr., Karte von Baden und Eisenbahnkarte.) 885. * 50 Pf.

3. Aufl. u. d. T.:

— durch Schwetzingen. 3. Aufl. (20 S. mit Plan des Schlossgartens, mehreren Illustr., Karte von Baden und Eisenbahnkarte.) 886. * 50 Pf.

— durch Siegen. 2. Aufl. (14 S. mit Plan der Stadt, Karte von Westfalen und Eisenbahnkarte.) 888. * 50 Pf.

— durch Solothurn und Umgebung. (10 S. mit Plan der Stadt, Karte der Schweiz und Eisenbahnkarte.) 886. * 50 Pf.

Woerl's Reisehandbücher etc.

Führer durch den Spessart. (45 S. mit Karten.) 888. *ℳ 1.—.
— durch Speyer und Umgebung. 2. Aufl. (16 S. mit Plan der Stadt, Umgebungskarte und Eisenbahnkarte.) 885. * 50 Pf.
3. Aufl. u. d. T.:
— durch Speyer. 3. Aufl. (16 S. mit Plan der Stadt, Grundriss des Domes, Umgebungskarte und Eisenbahnkarte.) 886. * 50 Pf.
— durch Stettin. 2. und 3. Aufl. (16 S. mit Plan der Stadt, Karte von Pommern und Eisenbahnkarte.) 886,87. * 50 Pf.
— durch Steyr und Umgebung. 2. Aufl. (16 S. mit Plan der Stadt, Karte des Salzkammergutes und Eisenbahnkarte.) 885. * 50 Pf.
— durch Stralsund und Umgebung. 1.—3. Aufl. (23 S. mit Stadtplan, Illustration, Karte von Pommern und Eisenbahnkarte.) 885—87. * 50 Pf.
— durch Strassburg i. E. 2. umgearb. Aufl. (20 S. mit Plan der Stadt, Karte von Elsass-Lothringen und Eisenbahnkarte.) 887. * 50 Pf.
— durch Straubing und Umgebung. 2. Aufl. (18 S. mit Plan der Stadt, Karte von Bayern und Eisenbahnkarte.) 888. * 50 Pf.
— durch Stuttgart. 2. Aufl. (36 S. mit Plan der Stadt, Illustr., Karte von Württemberg und Eisenbahnkarte.) 885. * 50 Pf.
Sudbahnführer. Von Wien nach Triest. (40 S. mit Illustr., Plänen und Karten.) 888. *ℳ 1.—.
Führer für das Bad Tarasp-Schuls und Umgebung. 2. Aufl. (13 S. mit Karte der Umgebung, Karte der Schweiz und Eisenbahnkarte.) 888. * 50 Pf.
— durch Temesvár und Umgebung. 2. Aufl. (16 S. mit Plan der Stadt, Karte von Galizien, Ungarn, Siebenbürgen und Eisenbahnkarte.) 888. * 50 Pf.
— durch Bad Teplitz-Schönau und Umgebung. 2. und 3. Aufl. (16 S. mit Plan der Stadt und 2 Karten.) 888. * 50 Pf.
— durch Todtnau und Umgebung. 2. Aufl. (16 S. mit Illustr., Plan der Stadt, Karte von Württemberg und Baden, Eisenbahnkarte und Umgebungskarte.) 885. * 50 Pf.
— durch Traunstein und Umgebung. (15 S. mit Umgebungskarte, Karte von Bayern, Eisenbahnkarte und Illustr.) 886. * 50 Pf.
— durch Triberg. Neue verb. Aufl. (16 S. mit Plan der Stadt, 1 Illustr., Karte von Württemberg und Baden und Eisenbahnkarte.) 886. * 50 Pf.
— durch Trient. (20 S. mit Plan der Stadt, Karte von Oberitalien und Eisenbahnkarte.) 888. * 50 Pf.
— durch die Stadt Trier. 3. illustr. Aufl. (26 S. mit Plan der Stadt, Karte der Rheinprovinz und Eisenbahnkarte.) 887. * 50 Pf.
— durch Triest und Umgebung. (16 S. mit Plan der Stadt, Karte und Eisenbahnkarte.) 886. * 50 Pf.
— durch Tübingen und Umgebung. 2. Aufl. (16 S. mit Stadtplan, Karte von Württemberg und Eisenbahnkarte.) 885. * 50 Pf.
3. Aufl. u. d. T.:
— durch Tübingen. 3. Aufl. (14 S. mit Plan der Stadt, Karte von Württemberg und Baden und Eisenbahnkarte.) 888. * 50 Pf.
— durch Turin und Umgebung. (18 S. mit Plan der Stadt, Karte von Nordwest-Italien und Eisenbahnkarte.) 888. * 50 Pf.
— durch Tuttlingen und Umgebung. 2. Aufl. (20 S. mit Plan der Stadt, Illustr., Karte von Württemberg und Baden und Eisenbahnkarte.) 888. * 50 Pf.
— durch Ueberlingen am Bodensee und Umgebung. (26 S. mit Illustr., Plan der Stadt, Karte von Baden und Eisenbahnkarte.) 887. * 50 Pf.
— durch Ulm und Umgebung. (16 S. mit Plan der Stadt, Karte von Württemberg und Eisenbahnkarte.) 885. * 50 Pf.
Ungarn, Land und Leute. Zur Reise und zum Studium von Rud. Bergner. (XIII, 319 S. mit 47 Illustr., Karte und Stadtplänen.) 888. geb. *ℳ 5.—.
Führer durch den königl. Hofgarten in Veitshöchheim. (29 S. mit Plan des Gartens und Illustr.) 888. * 50 Pf.
— durch Venedig. 1. und 2. Aufl. (18 S. mit Plan der Stadt, Illustr., Karte von Oberitalien und Eisenbahnkarte.) 886,88. * 50 Pf.
— nach den Vereinigten Staaten von Nord-Amerika für deutsche Auswanderer. 2. vollständig umgearb. Aufl. (IV, 150 S. mit 1 Karte.) 888. *ℳ 1.—.
— durch Verona. (15 S. mit Karten und Illustr.) 888. * 50 Pf.
— durch Waidhofen a. d. Ybbs und Umgebung. 2. Aufl. (16 S. mit Plan der Stadt und Umgebung, Karte von Ober- und Nieder-Oesterreich und Eisenbahnkarte.) 888. * 50 Pf.
— durch Waldkirch und Umgebung. 2. Aufl. (15 S. mit Plan der Stadt, Illustr., Karte von Baden und Württemberg und Eisenbahnkarte.) 888. * 50 Pf.
— durch Waldshut und Umgebung. (16 S. mit Plan der Stadt und Umgebung, Karte von Baden und Eisenbahnkarte, sowie Illustr.) 887. * 50 Pf.
Die Walhalla bei Regensburg. Nebst Anh.: Befreiungshalle bei Kelheim. (29 S. mit Illustr. und Karten.) 887. * 50 Pf.
Führer durch Weimar und Umgebung. (18 S. mit Plan der Stadt, Karte von Thüringen und Eisenbahnkarte.) 885. * 50 Pf.
— durch Wels und Umgebung. 2. Aufl. (26 S. mit Plan der Stadt, Umgebungskarte, Karte von Ober- und Nieder-Oesterreich und Eisenbahnkarte.) 888. * 50 Pf.
Die Nordseebäder Westerland und Wenningstedt auf Sylt. 2. Aufl. (16 S. mit Karten.) 888. * 50 Pf.

Woerl's Reisehandbücher etc.

Westindien. Zur Reise und zum Aufenthalt. Begonnen von Damian Frhrn. v. Schütz-Holzhausen, nach dessen Tode fortgesetzt von Rob. Springer. (XII, 388 S. mit vielen Illustr. und 1 Karte.) 887. *ℳ 5.—.; cart. *ℳ 5.50.; geb. *ℳ 6.—.
Führer durch Wetzlar und das Lahnthal. 2. Aufl. (22 S. mit Plan der Stadt, Illustr., Karte von Hessen und Eisenbahnkarte.) 888. * 50 Pf.
— durch Wien. 6. Aufl. (55 S. mit Plan der Stadt, vielen Illustr. und Grundrissen, Karte von Oesterreich und Eisenbahnkarte.) 887. * 50 Pf.
— durch Wiesbaden. 5. Aufl. (16 S. mit Plan der Stadt, Ansicht des Niederwalddenkmals, Karte der hess. Länder und Rheinkarte.) 887. * 50 Pf.
Wildbad im Schwarzwald. Ein Führer für Kurgäste von Wagner. 1. und 2. Aufl. (80 S. mit Plan, Grundriss des grossen Badgebäudes, Umgebungskarte und Eisenbahnkarte.) 886,87. *ℳ 1.—.
Führer durch Wismar und Umgebung. 2. Aufl. (16 S. mit Plan der Stadt und Umgebungskarte, Karte von Mecklenburg und Eisenbahnkarte.) 888. * 50 Pf.
— durch Witten a. d. Ruhr. 2. Aufl. (16 S. mit Plan der Stadt, Karte der Rheinlande, von Westfalen und Eisenbahnkarte.) 885. * 50 Pf.
— durch Wolfach und Umgebung. 2. Aufl. (16 S. mit Plan der Stadt, Karte von Baden und Württemberg und Eisenbahnkarte.) 887. * 50 Pf.
— durch Worms und Umgebung. 2. Aufl. (16 S. mit Plan der Stadt, Umgebungskarte und Eisenbahnkarte.) 885. * 50 Pf.
— durch die Gegend des Wunnenstein und umliegendes Gebiet. Nach einer Anregung [Reiseerfahrung] J. V. v. Scheffel's. (17 S. mit Ansicht des Wunnensteindenkmals [1888], Karte der Wunnensteingegend und Karte von Württemberg.) 887. * 50 Pf.
— durch Würzburg und Umgebung. 4. und 5. Aufl. (32 S. mit Plan der Stadt, Eisenbahnkarte und Karte von Bayern.) 885,87. * 50 Pf.
— durch Zittau und Umgebung. 2. Aufl. (16 S. mit Illustr., Plan der Stadt, Gebirgskarte, Karte von Sachsen und Eisenbahnkarte.) 885. * 50 Pf.
— durch Znaim und Umgebung. (16 S. mit Plan der Stadt, Karte von Mähren und Eisenbahnkarte.) 886. * 50 Pf.
— durch Zürich. (16 S. mit Plan der Stadt, Karte der Schweiz und Eisenbahnkarte.) 886. * 50 Pf.
— durch Zwickau und Umgebung. 2. Aufl. (16 S. mit Plan der Stadt, Karte von Sachsen und Eisenbahnkarte.) 885. * 50 Pf.

— **Reisehandbücher.** Führer durch die wichtigeren Städte u. Bäder, die schönsten Thäler u. Gebirgsgegenden Deutschlands, Oesterreich-Ungarns, der Schweiz u. des Auslandes. Mit Städteplänen, Karten u., zum Theil, Illustrationen. gr. 16. Ebd.

Aachen u. Umgebung. 5. Aufl. Mit Plan von Aachen u. Burtscheid u. 2 Karten. (18 S.) 890. n. — 50
Aarau u. Umgebung. 2. Aufl. Mit Plan, Karte der Schweiz u. Eisenbahnkarte. (16 S.) 888. n. — 50
Abbach u. Umgegend. 2. Aufl. Mit Plan, Karte v. Bayern u. Eisenbahnkarte. (16 S.) 890. n. — 50
Achensee, s.: Das oberbayerische Gebirge.
Agram u. Umgebung. 3. Aufl. Mit Plan, Illustr. u. 2 Karten. (16 S.) 889. n. — 50
Bad Aibling u. Umgebung. 2. Aufl. Mit Situationsplan, Karte der Umgebg. u. Eisenbahnkarte. (13 S.) 889. n. — 50
Alexandersbad [Wasserheilanstalt, Stahlbad] u. Umgebg. 2. Aufl. Mit Karte der Umgebg., Illustr. u. Eisenbahnkarte. (23 S.) 889. n. — 50
Altbreisach u. Umgebung. 2. Aufl. Mit Plan, 1 Illustr., Umgebungskarte u. Karte v. Baden u. Württemberg. (18 S.) 888. n. — 50
Altona u. Umgebung. 2. Aufl. Mit Plan, Karte v. Westfalen u. Eisenbahnkarte. (15 S.) 890. n. — 50
Altötting. Mit Plan, Karte v. Bayern u. Eisenbahnkarte. (15 S.) 888. n. — 50
Der Ammersee u. seine Umgebung. Mit 1 Uebersichtskarte u. Eisenbahnkarte. (34 S.) 889. n. — 50
— s.: Das oberbayerische Gebirge.
Ampezzothal, s.: Cortina.
Andernach u. Umgebung. 2. Aufl. Mit Plan, Illustr., Karte v. Rheinland u. Westfalen u. Eisenbahnkarte. (13 S.) 888. n. — 50
Kurort Arco u. Umgebung m. dem Gardasee. Mit Plan u. Karte. (21 S.) 889. n. — 50
Arnstadt u. Umgebung. 2. Aufl. Mit Plan, Karte von Thüringen u. Eisenbahnkarte. (18 S.) 890. n. — 50
Asch u. Umgebung. 2. Aufl. Mit Plan, Karte v. Böhmen u. Eisenbahnkarte. (16 S.) 890. n. — 50
Aschaffenburg u. Umgebung. 3. Aufl. Mit Plan, Illustr., Karte v. Bayern u. Eisenbahnkarte. (16 S.) 889. n. — 50
Auerbach an der Bergstrasse u. Umgebung. 2. Aufl. Mit Karte der Umgebg., Panorama v. Darmstadt bis Heidelberg u. Eisenbahnkarte. (16 S.) 889. n. — 50
Augsburg. Mit Plan, Karte v. Bayern u. Eisenbahnkarte. Neueste Aufl. (16 S.) 887. n. — 50
Kurort Aussee, das Ausseer Thal u. die angrenzenden Gebiete Alt-Aussee, Grundlsee u. Hallstatt. Mit Plan, Karte v. Steiermark, Eisenbahnkarte u. Illustr. (43 S.) 890. n. — 50
Baden in der Schweiz u. Umgebung. Mit Plan, Karte der Schweiz u. Eisenbahnkarte. (15 S.) 887. n. — 50
Baden-Baden u. Umgebung. 6. Aufl. Mit Plan, Karte v. Baden u. Württemberg u. Eisenbahnkarte. (16 S.) 889. n. — 50
Bamberg u. Umgebung. 2. Aufl. Mit Plan, Illustr. u. Karte v. Bayern. (32 S.) 890. n. — 50
Basel u. Umgebung. 2. Aufl. Mit Plan, Illustr. u. Eisenbahnkarte. (18 S.) 890. n. — 50
Der Bayerische Wald. Mit Karten u. Illustr. (43 S.) 889. n. — 50
Bayreuth u. Umgebung. Mit Plan, Karte v. Bayern u. Eisenbahnkarte. (15 S.) 890. n. — 50
Berg, s.: Die Königsschlösser.
Bergstrasse u. ihre Umgebung. Mit Illustr., Stadtplänen, Karte der Bergstrasse von Seeheim bis Heppenheim u. d. vorderen Odenwaldes, sowie Panorama von Darmstadt bis Heidelberg. (48 S.) 889. n. 1.—
Berlin. 7. Aufl. Mit Plan, Illustr. u. Karten der Umgebg. v. Berlin u. Potsdam. (52 S.) 890. n. — 50
Das Kloster Beuron im Donauthale. Mit 1 Illustr. u. 1 Karte. (48 S.) 888. n. — 50
Beuthen in Oberschlesien u. Umgebung. Mit Plan, Karte v. Schlesien u. Eisenbahnkarte. (13 S.) 889. n. — 50
Biberach a. Riss u. Umgebung. 2. Aufl. Mit Plan, Karte v. Württemberg u. Eisenbahnkarte. (15 S.) 888. n. — 50
Bielitz-Biala u. Umgebung. 2. Aufl. Mit Plan u. Karte der Umgebung. (15 S.) 890. n. — 50
Blankenburg im Schwarzathale u. Umgebung. Mit Karte der Umgebg., Illustr. u. Eisenbahnkarte. (30 S.) 890. n. — 50
Blasewitz u. Umgebung. Mit Karte der Umgebg. u. Eisenbahnkarte. (16 S.) 890. n. — 50
Bochum u. Umgebung. 2. Aufl. Mit Plan, Karte v. Westfalen u. Eisenbahnkarte. (12 S.) 888. n. — 50

Bologna. Mit Bild, Plan u. 2 Karten. (12 S.) 888. n. — 50
Bonn u. Umgebung. 3. Aufl. Mit Plan, Karte der Rheinlande u. Eisenbahnkarte. (16 S.) 889. n. — 50
Die Insel **Bornholm.** Mit Karten u. Illustr. (44 S.) 888. n. — 50
Bozen-Gries in Südtirol u. Umgebung. Mit Plan, Illustr. u. Karte v. Tirol. (32 S.) 890. n. — 50
Braunsberg in Ostpr. u. Umgebung. Mit Plan, Karte v. Preussen u. Eisenbahnkarte. (18 S.) 890. n. — 50
Braunschweig u. Umgebung. 3. Aufl. Mit Plan, Karte v. Hannover u. Braunschweig u. Eisenbahnkarte. (22 S.) 890. n. — 50
Bregenz u. Umgebung, nebst Bregenzer Wald. Mit Plan, Illustr., Karte v. Tyrol u. Eisenbahnkarte. (24 S.) 888. n. — 50
Bremen u. Umgebung. 2. Aufl. Mit Plan, Karte der Umgebung u. Eisenbahnkarte. (31 S.) 890. n. — 50
Bremerhaven u. Umgebung. Mit Plan u. Eisenbahnkarte. (20 S.) 890. n. — 50
Breslau u. Umgebung. 2. Aufl. Mit Plan, Karte v. Schlesien u. Eisenbahnkarte. (32 S.) 889. n. — 50
Bad **Brückenau** u. Umgebung. 2. Aufl. Mit Plan, Illustr. u. Karte der Umgebg. (19 S.) 890. n. — 50
Brüssel u. Umgebung. 2. Aufl. Mit Plan, Karte v. Belgien u. Eisenbahnkarte. (30 S.) 888. n. — 50
Budapest u. Umgebung. 3. Aufl. Mit Plan, Illustr. u. 2 Karten. (50 S.) 889. n. — 50
Budweis u. Umgebung. Mit Plan, Karte v. Böhmen u. Eisenbahnkarte. (16 S.) 887. n. — 50
Bulgarien in Wort u. Bild. Mit 25 Illustr. (in Lichtdr.) u. 1 Karte der Balkan-Staaten. (61 S.) 889. geb. n. 2. —
Calw u. Umgebung. Mit Plan, Karte v. Württemberg u. Baden u. Eisenbahnkarte. (20 S.) 886. n. — 50
Cannstatt, klimatischer Bad- u. Trinkkurort, u. Umgebg. Mit Plan, Umgebungskarte u. Eisenbahnkarte. (42 S.) 887. n. — 50
Carlsbad u. Umgebung. 2. Aufl. Mit Plan u. 2 Karten. (17 S.) 889. n. — 50
Celle u. Umgebung. 2. Aufl. Mit Plan, Karte v. Hannover u. Eisenbahnkarte. (15 S.) 890. n. — 50
Chemnitz u. Umgebung. 3. Aufl. Mit Plan, Karte v. Sachsen u. Eisenbahnkarte. (18 S.) 889. n. — 50
Chiemsee, s.: Das oberbayerische Gebirge.
Coblenz. 3. Aufl. Mit Plan, Illustr., Karte der Rheinlande u. Eisenbahnkarte. (33 S.) 888. n. — 50
Coburg. 3. Aufl. **Mit Plan, Illustr. u. Karte der Prov.** Sachsen u. Thüringen. (32 S.) 890. n. — 50
See- u. Soolbad **Colberg u. Umgebung.** 2. Aufl. Mit Plan, Karte v. Pommern u. Eisenbahnkarte. (13 S.) 888. n. — 50
Colmar u. Umgebung. 3. Aufl. Mit Plan, Karte v. Elsass-Lothringen u. Eisenbahnkarte. (16 S.) 890. n. — 50
Cortina u. Umgebung. Führer im Ampezzothal. 2. Aufl. Mit Plan u. Spezialkarte d. Ampezzothales. (30 S.) 890. n. — 50
Crailsheim u. Umgebung. Mit Plan, Karte v. Württemberg u. Baden u. Eisenbahnkarte. (16 S.) 890. n. — 50
Crefeld. Mit Plan, Karte v. Rheinland u. Westfalen u. Eisenbahnkarte. (15 S.) 887. n. — 50
Danzig u. Umgebung. 2. Aufl. Mit Plan, Karte der Umgebg. u. Eisenbahnkarte. (16 S.) 890. n. — 50
Darmstadt u. Umgebung. 2. Aufl. Mit Plan, Karte der hess. Länder u. Eisenbahnkarte. (17 S.) 889. n. — 50
Davos u. Umgebung. 2. Aufl. Mit Umgebungskarte, Illustr. u. Karte der Schweiz. (21 S.) 890. n. — 50
Deggendorf u. Umgebung. 2. Aufl. Mit Plan, Karte v. Bayern u. Eisenbahnkarte. (13 S.) 888. n. — 50
Donauführer. Von Passau bis Budapest. Mit Illustr., Karten u. Plänen. (50 S.) 888. n. 1. —
Das obere **Donauthal** von Donaueschingen bis Sigmaringen, nebst Seitenthälern. Mit Karten u. Illustr. (89 S.) 888. n. 1. —
Dortmund u. Umgebung. 3. Aufl. Mit Plan, Karte v. Westfalen u. Eisenbahnkarte. (15 S.) 889. n. — 50
Dresden. 5. Aufl. Mit Plan, Karte v. Sachsen u. Eisenbahnkarte. (20 S.) 888. n. — 50
Dürkheim a H., Soolbad u. Trauben-Kurort in der bayer. Rheinpfalz. 2. Aufl. Mit Plan, 2 Illustr., Karte v. Bayern r. Rh. u. der bayer. Pfalz. (15 S.) 888. n. — 50
Durlach u. Umgebung. 2. Aufl. Mit Plan, Illustr., Karte v. Baden u. Württemberg u. Eisenbahnkarte. (18 S.) 888. n. — 50
Umgebung v. **Düsseldorf.** Beschreibung der beliebtesten Spaziergänge u. Ausflüge. Nebst interessanten Notizen üb. die betreff. Orte. 7. Aufl. Mit Plan, Umgebungs- u. Eisenbahnkarte. (47 S.) 890. n. — 50
Eberbach am Neckar u. Umgebung. Mit Illustr., Umgebungskarte, Karte v. Württemberg u. Baden u. Eisenbahnkarte. (22 S.) 888. n. — 50
Eifel, s.: Vorder-Eifel.
Elberfeld u. Umgebung. 3. Aufl. Mit Plan, Karte der Rheinlande u. Eisenbahnkarte. (18 S.) 889. n. — 50
Bad **Elgersburg** u. Umgebung. 2. Aufl. Mit Karte der Umgebg. u. Eisenbahnkarte. (26 S.) 888. n. — 50
Ellwangen u. Umgebung. Mit Plan, Karte v. Württemberg u. Baden u. Eisenbahnkarte. (16 S.) 890. n. — 50
Bad **Elmen** u. Umgebung. 2. Aufl. Mit Situationsplan, Karte der Prov. Sachsen u. Eisenbahnkarte. (15 S.) 890. n. — 50
Elsass-Lothringen, in die Vogesen u. zu den deutsch-französ. Schlachtfeldern. Mit Karten u. Plänen. (88 S.) 889. n. 1. —
Bad **Ems** u. Umgebung. Mit Plan, Karte v. Hessen-Nassau u. Eisenbahnkarte. (25 S.) 887. n. — 50
Erfurt u. Umgebung. 3. Aufl. Mit Plan, Karte v. Thüringen u. Eisenbahnkarte. (16 S.) 888. n. — 50
Das **Erzgebirge.** Mit 4 Spezial-Karten. (59 S.) 890. n. 1. —
Eupen u. Umgebung. 2. Aufl. Mit Plan, Illustr. u. Eisenbahnkarte. (17 S.) 890. n. — 50
Feldkirch u. Umgebung. Mit 2 Karten u. 1 Illustr. (46 S.) 888. n. — 50
Fiume. 2. Aufl. Mit Plan u. 2 Karten. (33 S.) 888. n. — 50
Florenz u. Umgebung. Mit Bildern, Plan u. 2 Karten. (31 S.) 888. n. — 50
Frankenhausen am Kyffhäuser u. Umgebung. Mit Plan, Karte der Prov. Sachsen u. Thüringen u. Eisenbahnkarte. (31 S.) 890. n. — 50
Das **Frankenland.** Kreuz- u. Querzüge. Gewidmet allen Naturfreunden v. F. Trabert. (68 S.) 887. n. — 50
Frankfurt a M. u. Umgebung. 10. Aufl. Mit Plan, Illustr., Karte der Umgebg. u. Eisenbahnkarte. (47 S.) 890. n. — 50
Frankfurt a. d. Oder. 3. Aufl. Mit Plan, Karte der Prov. Brandenburg u. Eisenbahnkarte. (24 S.) 887. n. — 50
Die **fränkische Schweiz.** 2. Aufl. Mit Karten. (16 S.) 887. n. — 50
Frankreich u. Spanien. Tagebuch d. 1. Münchener Pilgerzuges nach Montserrat u. Paray-le-Monial, Lourdes, Santiago [Herbst 1887], skizzirt v. P. Kolb. Mit e. Vorbericht vom Veranstalter der Karawane Mgr. Herm. Geiger. (64 S.) 888. n. — 50
Freiburg i. Br. u. Umgebung. 4. Aufl. Mit Plan, Illustr. u. Karte v. Baden u. Württemberg. (23 S.) 890. n. — 50
Freudenstadt u. Umgebung. 2. Aufl. Mit Plan, Illustr. u. Karte v. Württemberg u. Baden. (27 S.) 890. n. — 50
Fulda u. Umgebung. 3. Aufl. Mit Plan, Karte v. Hessen u. Eisenbahnkarte. (16 S.) 889. n. — 50
Fürth u. Umgebung. 2. Aufl. Mit Plan, Illustr. u. Karte der Umgebg. (23 S.) 890. n. — 50
Gardasee, s.: Kurort Arco.
Gebirge, das oberbayerische, s.: Das oberbayerische Gebirge.
Genua u. die Riviera. Mit Plan, Illustr. u. Karten. (46 S.) 888. n. 1. —
Gernsbach u. Umgebung. 2. Aufl. Mit Plan, Karte v. Württemberg u. Baden u. Eisenbahnkarte. (21 S.) 888. n. — 50
M.-Gladbach u. Umgebung. 3. Aufl. Mit Plan, Karte der Rheinlande u. v. Westfalen u. Eisenbahnkarte. (16 S.) 889. n. — 50
Bad Gleisweiler u. Umgebung. 2. Aufl. Mit Karte der Umgebg., Illustr. u. Eisenbahnkarte. (14 S.) 889. n. — 50
Gmunden, seine Umgebung u. um den Traunsee. Mit Plan, Illustr. u. Karte v. Ober- u. Nieder-Oesterreich. (38 S.) 889. n. — 50
Görbersdorf u. Umgebung. 2. Aufl. Mit Umgebungskarte, Karte v. Schlesien u. Eisenbahnkarte. (14 S.) 888. n. — 50
Görz u. Umgebung. 3. Aufl. Mit Plan, Karte v. Küstenland, Kärnten u. Krain u. Eisenbahnkarte. (19 S.) 890. n. — 50
Gotha. 2. Aufl. Mit Plan, Karte v. Thüringen u. Eisenbahnkarte. (16 S.) 887. n. — 50
Die **Gotthardbahn.** Ein Führer f. Reisende auf der Route Basel [Zürich] — Luzern — Rothkreuz — Brunnen — Flüelen — Göschenen — Airolo — Biasca — Bellinzona — Locarno — Lugano — Chiasso — Mailand. 3. Aufl. Mit Karten. (18 S.) 890. n. — 50
Göttingen u. Umgebung. Mit Plan, Karte v. Hannover etc. u. Eisenbahnkarte. (14 S.) 889. n. — 50
Greiz u. Umgebung. Mit Plan, Karte der Umgebg. u. Eisenbahnkarte. (22 S.) 890. n. — 50
Grenzach m. Emilienbad u. Umgebung. 2. Aufl. Mit Karte der Umgebg., Illustr. u. Eisenbahnkarte. (25 S.) 890. n. — 50
Grünberg i Schl. u. Umgebung. Mit Plan, Karte v. Schlesien u. Eisenbahnkarte. (15 S.) 890. n. — 50
Haag, s.: Nordseebad Scheveningen.
Hagen i W. u. Umgebung. 2. Aufl. Mit Plan, Karte v. Westfalen u. Eisenbahnkarte. (15 S.) 890. n. — 50
Halberstadt u. Umgebung. Mit Plan, Karte der Prov. Sachsen u. Eisenbahnkarte. (15 S.) 890. n. — 50
Halle a S. u. Umgebung. 3. Aufl. Mit Plan, Karte der Prov. Sachsen u. Thüringen u. Eisenbahnkarte. (19 S.) 890. n. — 50
Hamburg u. Umgebung. 5. Aufl. Mit Plan, Karte der Umgebung u. Eisenbahnkarte. (35 S.) 890. n. — 50
Hamm, nebst Thermal-Soolbad Hamm u. Umgebung. Mit Plan, Karte v. Westfalen u. Eisenbahnkarte. (14 S.) 888. n. — 50
Hanau u. Umgebung. 2. Aufl. Mit Plan, Karte der hess. Länder u. Eisenbahnkarte. (17 S.) 890. n. — 50
Hannover u. Umgebung. 5. Aufl. Mit Plan, Karte v. Hannover u. Eisenbahnkarte. (24 S.) 890. n. — 50
Der **Harz.** 2. Aufl. Mit Karten u. Plänen. (56 S.) 890. n. 1. —
Heidelberg u. Umgebung. 11. Aufl. Mit Plan der Stadt u. der Schlossruine, Illustr., Karte v. Baden u. Eisenbahnkarte. (27 S.) 890. n. — 50
Das **Heidelberger Schloss** u. seine Umgebung. Mit Illustr. u. 1 Stadtplan. (50 S.) 889. n. — 50
Helgoland, e. Reise-Skizze v. Erzherzog Ludwig Salvator, nebst kurzem Anh., Verkehr, Aufenthalt u. Kur in Helgoland betr. Mit 1 Abbildg. u. 1 Karte. (31 S.) 890. n. 1. —
Helmstedt u. Umgebung. 2. Aufl. Mit Plan u. Eisenbahnkarte. (16 S.) 890. n. — 50
Herkulesbad bei Mehadia u. Umgebung. 2. Aufl. Mit Situationsplan d. Bades u. Karte v. Ungarn. (16 S.) 890. n. — 50
Herrenchiemsee, **Hohenschwangau,** } s.: Die Königsschlösser.
Zum **Hohentwiel** durch Singen, Radolfzell u. die Reichenau. Mit Illustr. u. Karten. (30 S.) 889. n. — 50
Die **Höllenthal-Bahn.** 2. Aufl. Nebst Plan v. Freiburg, Illustr. u. Karten. (21 S.) 889. n. — 50

Bad Homburg u. Umgebung. Mit Plan, Karte v. Hessen-Nassau u. Eisenbahnkarte. (15 S.) 887. n. — 50

Jena u. Umgebung. 5. Aufl. Mit Plan, Karte der Prov. Sachsen u. Thüringen u. Eisenbahnkarte. (16 S.) 890. n. — 50

Nach Jerusalem. Ein Führer f. Pilgerfahrten u. Reisen nach u. in dem heil. Lande. Hrsg. v. J. Fahrngruber. 2 Tle. 2., verb. Aufl. Mit Karten, Plänen u. Grundrissen. (X, 284 u. IV, 260 S.) 890. geb. n. 12. —

Ilmenau u. Umgebung. Mit Karte der Umgebg., Karte v. Thüringen u. Eisenbahnkarte. (19 S.) 888. n. — 50

Innsbruck. 4. Aufl. Mit Plan, Umgebungskarte, Karte v. Tyrol u. Eisenbahnkarte. (16 S.) 888. n. — 50

Das Inselbad u. seine Umgegend. 2. Aufl. Mit Karte der Umgebg., Illustr. u. Eisenbahnkarte. (17 S.) 890. n. — 50

Interlaken u. Umgebung. Mit Plan der Stadt u. Umgebg., Karte der Schweiz u. Eisenbahnkarte. (14 S.) 887. n. — 50

Jordanbad u. Umgebung. 2. Aufl. Mit Umgebungskarte, Illustr., Karte v. Württemberg u. Baden u. Eisenbahnkarte. (24 S.) 890. n. — 50

Ischl u. Umgebung. 3. Aufl. Mit Plan, Illustr. u. Karte d. Salzkammergutes. (18 S.) 890. n. — 50

Isny u. Umgebung. 2. Aufl. Mit Umgebungskarte, Illustr., Karte v. Württemberg u. Baden u. Eisenbahnkarte. (18 S.) 890. n. — 50

Italien. Handbuch f. Reisende zur Orientierg. üb. Land u. Leute. 2., umgearb. Aufl. Mit zahlr. Illustr., Plänen u. Karten. (X, 269 S.) 890. geb. n. 6.

Jugenheim an der Bergstrasse u. Umgebung. 2. Aufl. Mit Karte der Umgebg., Panorama v. Darmstadt bis Heidelberg u. Eisenbahnkarte. (20 S.) 889. n. — 50

Kainzenbad u. Umgebung. 2. Aufl. Mit Illustr. u. Karte der Umgebg. (19 S.) 890. n. — 50

Karlsruhe u. Umgebung. 5. Aufl. Mit Plan, Illustr., Karte v. Baden u. Württemberg u. Eisenbahnkarte. (19 S.) 890. n. — 50

Kassel u. Umgebung, nebst Wilhelmshöhe. 7. Aufl. Mit Plan, Karte der hess. Länder u. Eisenbahnkarte. (20 S.) 890. n. — 50

Kaufbeuren u. Umgebung. 2. Aufl. Mit Plan, Karte v. Bayern u. Eisenbahnkarte. (16 S.) 890. n. — 50

Kiel u. Umgebung. 2. Aufl. Mit Plan, Illustr., Karte v. Schleswig-Holstein u. Eisenbahnkarte. (23 S.) 890. n. — 50

Bad Kissingen. 5. Aufl. Mit Plan, Karte der Umgebg. u. Eisenbahnkarte. (52 S.) 887. n. — 50

Klaushof bei Bad Kissingen u. Umgebung. 2. Aufl. Mit Illustr. u. Karte der Umgebg. (17 S.) 890. n. — 50

Kochelsee, s.: Das oberbayerische Gebirge.

Köln u. Umgebung. 18. Aufl. Mit Plan, Ansicht u. Grundriss d. Domes u. Karte der Umgebg. (28 S.) 890. n. — 50

Königsberg in Ostpreussen u. Umgebung. Mit Plan, Karte v. Preussen u. Eisenbahnkarte. (18 S.) 888. n. — 50

Königshütte, Oberschlesien. Mit Plan, Karte v. Schlesien u. Eisenbahnkarte. (12 S.) 887. n. — 50

Die Königsschlösser Herrenchiemsee, Hohenschwangau, Neuschwanstein, Linderhof u. Berg. 7. Aufl. Nebst Routenkarte f. die Königsschlösser, Illustr. u. Eisenbahnkarte. (46 S.) 890. n. — 50

Königssee, s.: Das oberbayerische Gebirge.

Königswinter u. das Siebengebirge. Mit 2 Karten. (23 S.) 887. n. — 50

Konstanz u. Umgebung. 2. Aufl. Mit Plan, Illustr., Karte v. Baden u. Württemberg u. Eisenbahnkarte. (16 S.) 889. n. — 50

Kopenhagen u. Umgebung. Mit Plan, Karte v. Dänemark u. Eisenbahnkarte. (56 S.) 887. n. — 50

Bad Kösen u. Umgebung. 2. Aufl. Mit Plan, Karte der Umgebg. u. Eisenbahnkarte. (15 S.) 890. n. — 50

Bad Krankenheil-Tölz u. Umgebung. 2. Aufl. Mit Plan, Umgebungskarte, Karte v. Bayern u. Eisenbahnkarte. (17 S.) 888. n. — 50

Bad Kreuznach u. Umgebung. 2. Aufl. Mit Plan, Karte v. Rheinlande u. Westfalen u. Eisenbahnkarte. (13 S.) 889. n. — 50

Lahr u. Umgebung. 4. Aufl. Mit Plan, Illustr., Panorama u. Karte v. Baden. (32 S.) 890. n. — 50

Bad Landeck i Schl. u. Umgebung. 2. Aufl. Mit Situationsplan d. Bades, Illustr. u. Eisenbahnkarte. (25 S.) 890. n. — 50

Landsberg a. d. Warthe. 2. Aufl. Mit Plan, Karte v. Brandenburg u. Eisenbahnkarte. (12 S.) 888. n. — 50

Landshut a. d. Isar u. Umgebung. 1. Aufl. Mit Plan, Karte v. Bayern u. Eisenbahnkarte. (17 S.) 889. n. — 50

Bad Langenschwalbach u. Umgebung. 2. Aufl. Mit Situationsplan, Illustr. u. Umgebungskarte. (32 S.) 889. n. — 50

Der Längsee u. Umgebung. Mit Spezialkarte d. Längsees, Übersichtskarte u. Eisenbahnkarte. (59 S.) 888. n. 1. —

Leipa in Böhmen u. Umgebung. 2. Aufl. Mit Plan, Karte v. Böhmen u. Eisenbahnkarte. (20 S.) 888. n. — 50

Leipzig u. Umgebung. 3. Aufl. Mit Plan u. Karte der Umgebg. (35 S.) 890. n. — 50

Leoben u. Umgebung. 2. Aufl. Mit Umgebungskarte, Illustr. u. Karte v. Steiermark. (21 S.) 890. n. — 50

Das Kloster Lichtenthal bei Baden-Baden, dessen Kirche u. Gruftkapelle, beschrieben v. Th. Gutgesell. Mit Bildern. (98 S.) 888. n. 1.

Bad Liebenstein u. seine Umgebung. 8. Aufl. Mit Plan, Karte v. Thüringen u. Eisenbahnkarte. (16 S.) 889. n. — 50

Liechtenstein, s.: Vorarlberg.

Lindau im Bodensee u. Umgebung. Mit Plan u. 2 Karten. (16 S.) 888. n. — 50

Lindenfels u. Umgebung. 2. Aufl. Mit Karte der Umgebg., Illustr. u. Eisenbahnkarte. (20 S.) 890. n. — 50

Linderhof, s.: Die Königsschlösser.

Linz a. d. Donau. 3. Aufl. Mit Plan, Karte v. Ober-Österreich, Donaukarte u. Eisenbahnkarte. (17 S.) 887. n. — 50

Linz a. Rhein u. Umgebung. 2. Aufl. Mit Plan, Situationskarte, 2 Illustr., Karte der Rheinlande u. Eisenbahnkarte. (19 S.) 889. n. — 50

Bad Lippspringe u. Umgebung. 2. Aufl. Mit Plan, Karte der Umgebg., v. Westfalen u. Eisenbahnkarte. (13 S.) 888. n. — 50

Lippstadt u. Umgebung. 2. Aufl. Mit Plan, Karte v. Westfalen u. Eisenbahnkarte. (15 S.) 888. n. — 50

Bad Lobenstein u. Umgebung. Mit Karte der Umgebg., Illustr. u. Eisenbahnkarte. (29 S.) 890. n. — 50

Lörrach u. das Wiesenthal. Mit Umgebungs- u. Eisenbahnkarte u. Karte v. Baden u. Württemberg. (15 S.) 888. n. — 50

Lübeck u. Umgebung. Mit Plan u. 2 Karten. (16 S.) 889. n. — 50

Ludwigshafen a Rh. u. Umgebung. Mit Plan, Illustr., Karte der Pfalz u. Eisenbahnkarte. (20 S.) 888. n. — 50

Lüneburg u. Umgebung. Mit Plan, Karte v. Hannover u. Eisenbahnkarte. (16 S.) 890. n. — 50

Luxemburg. Mit Plan, Karte d. Grossherzogthums u. Eisenbahnkarte. (14 S.) 887. n. — 50

Madrid u. Umgebung. Mit Plan u. Karte v. Spanien. (52 S.) 888. n. 1.

Magdeburg. Mit Plan, Karte der Prov. Sachsen u. Thüringen u. Eisenbahnkarte. (16 S.) 888. n. — 50

Mailand u. Umgebung. Mit Plan, Karte v. Oberitalien u. Eisenbahnkarte. (21 S.) 887. n. — 50

Das untere Mainthal v. Wertheim bis Aschaffenburg. Mit Karten. (21 S.) 888. n. — 50

Mainz u. Umgebung. 6. Aufl. Mit Plan u. 2 Karten. (19 S.) 889. n. — 50

Mannheim. 3. Aufl. Mit Plan u. 2 Karten. (16 S.) 888. n. — 50

Maria-Zell u. Umgebung. 2. Aufl. Mit Karten u. Illustr. (28 S.) 887. n. — 50

Marienbad in Böhmen u. Umgebung. Mit Plan, Karte v. Böhmen u. Eisenbahnkarte. (15 S.) 887. n. — 50

Maulbronn u. Umgebung. Mit Illustr., Karte v. Württemberg u. Eisenbahnkarte. (26 S.) 889. n. — 50

Meerane u. Umgebung. Mit Plan, Karte v. Sachsen u. Eisenbahnkarte. (14 S.) 890. n. — 50

Meiningen u. Umgebung. 2. Aufl. Mit Plan, Karte v. Sachsen u. Thüringen u. Eisenbahnkarte. (15 S.) 888. n. — 50

Meissen u. Umgebung. Mit Plan d. Stadt u. Umgebg., Karte v. Sachsen u. Eisenbahnkarte. (16 S.) 888. n. — 50

Meran u. Umgebung. Mit Plan, Illustr., Karte v. Tyrol u. Eisenbahnkarte. (14 S.) 887. n. — 50

Der Kurort Meran-Mais. Illustr. Führer f. Kurgäste, hrsg. vom Maiser Kurverein. Mit medizin. Einleitg. v. B. Mazegger. Mit 67 Illustr. u. e. Plan. (105 S.) 890. n. 1. —

Mergentheim u. Umgebung. 2. Aufl. Mit Plan u. 2 Karten. (15 S.) 889. n. — 50

Miesbach u. Umgebung. 2. Aufl. Mit Karte der Umgebg. u. Eisenbahnkarte. (22 S.) 890. n. — 50

Der Millstätter See u. Umgebung. Nebst Spezialkarte d. Millstätter Sees, Übersichtskarte u. Eisenbahnkarte. (19 S.) 887. n. — 50

Miltenberg u. Umgebung. 2. Aufl. Mit Plan u. 2 Karten. (23 S.) 888. n. — 50

Mühlhausen in Thüringen. 2. Aufl. Mit Plan, Karte v. Thüringen u. Eisenbahnkarte. (11 S.) 888. n. — 50

Mülhausen i E. u. Umgebung. 3. Aufl. Mit Plan, Karte v. Elsass-Lothringen u. Eisenbahnkarte. (14 S.) 890. n. — 50

München u. Umgebung. 8. Aufl. Mit Plan, Illustr. u. Karte v. Bayern. (55 S.) 889. n. — 50

— dasselbe. Nebst Anh.: Ausführlicher Führer durch die Königsschlösser Herrenchiemsee, Hohenschwangau, Neuschwanstein, Linderhof u. Berg. Mit Illustr. (52 u. 45 S.) 887. n. 1.

Münster in Westfalen u. Umgebung. 3. Aufl. Mit Plan, Karte v. Westfalen u. Eisenbahnkarte. (16 S.) 890. n. — 50

Das Nagoldthal von Pforzheim bis Horb, nebst Seitenthälern. Mit Karten u. Plänen. (78 S.) 889. n. 1. —

Neapel u. Umgebung. 2. Aufl. Mit Illustr., Plan, Spezialkarte der Umgebg. u. der Insel Capri, Karte v. Italien u. Eisenbahnkarte. (50 S.) 890. n. 1. —

Bad Nenndorf u. Umgebg. 2. Aufl. Mit Situationsplan d. Bades u. Karte der Grafschaft Schaumburg. (17 S.) 890. n. — 50

Neumarkt in d. Oberpfalz u. Umgebung. Mit Karte der Umgebg., Illustr., Karte v. Bayern u. Eisenbahnkarte. (22 S.) 888. n. — 50

Neuschwanstein, s.: Die Königsschlösser.

Nordhausen u. Umgebung. Mit Plan, Karte der Prov. Sachsen u. Eisenbahnkarte. (16 S.) 890. n. — 50

Nürnberg u. Umgebung. 8. Aufl. Mit Plan, Illustr. u. Karte der Umgebg. (22 S.) 890. n. — 50

Das oberbayerische Gebirge u. zum Achensee, Ammersee, Chiemsee, Königssee, Kochelsee, Starnberger See, Walchensee u. Tegernsee. Mit Karten u. Illustr. (54 S.) 888. n. 1. —

Touren im Oberengadin. Mit Übersichtskarte u. Karte der Schweiz. (31 S.) 890. n. — 50

Oberlahnstein u. Umgebung. 2. Aufl. Mit Plan u. 2 Karten. (18 S.) 889. n. — 50

Oberstdorf u. Umgebung. Führer im Algäu, bearb. v. Hans Modlmayr. Mit Plan, Panorama u. Spezialkarte d. Algäu's. (79 S.) 890. n. 1. —

Der Odenwald. Mit Karten u. 3 Illustr. (30 S.) 889. n. — 50

Offenbach a/M. Mit Plan, Karte v. Hessen u. Eisenbahnkarte. (17 S.) 887. n. — 50

Oldenburg u. Umgebung. Mit Plan u. 2 Karten. (15 S.) 887. n. — 50

Der Ossiacher See u. Umgebung. Nebst Spezialkarte d. Ossiacher Sees, Übersichtskarte u. Eisenbahnkarte. (25 S.) 887. n. — 50

Paderborn u. Umgebung. 3. Aufl. Mit Plan, Karte v. Westphalen u. Eisenbahnkarte. (16 S.) 889. n. — 50
Paris u. Umgebung. 2. Aufl. Mit Plan, Illustr. u. Karte v. Frankreich. (IV, 83 u. 18 S.) 889. n. 1. —
Passau u. Umgebung. 2. Aufl. Mit Plan, Illustr., Karte v. Bayern u. Eisenbahnkarte. (16 S.) 888. n. — 50
Führer zum Passionsspiel in Oberammergau f. d. J. 1890. Nebst einigen Ausflügen ins Oberbayer. Gebirge. 3. Aufl. Mit Illustr. u. 2 Karten. (104 S.) 890. n. 1. —
Kurort Petersthal u. Umgebung. 2. Aufl. Mit Karte der Umgebg., Illustr. u. Eisenbahnkarte. (28 S.) 890. n. — 50
Pforzheim. Mit Plan, Karte v. Württemberg, Baden u. Eisenbahnkarte. (16 S.) 887. n. — 50
Pörtschach am See u. Umgebung. 4. Aufl. Mit Situationsplan u. Illustr. (24 S.) 890. n. — 50
Posen u. Umgebung. Mit Plan, Karte der Prov. Posen u. Eisenbahnkarte. (26 S.) 890. n. — 50
Prag u. Umgebung. 4. Aufl. Mit Plan, Illustr., Karte v. Böhmen u. Eisenbahnkarte. (21 S.) 889. n. — 50
Bad Pyrmont u. Umgebung. 3. Aufl. Mit topograph. Karte d. Fürstenth. Pyrmont u. e. Eisenbahnkarte. (22 S.) 890. n. — 50
Quedlinburg u. Umgebung. Mit Plan, Karte der Prov. Sachsen u. Eisenbahnkarte. (16 S.) 890. n. — 50
Rastadt u. Umgebung. Mit Plan, Karte v. Baden u. Württemberg u. Eisenbahnkarte. (14 S.) 887. n. — 50
Ravensburg u. Umgebung. Mit e. Umgebungskarte, Illustr., Karte v. Württemberg u. Baden u. Eisenbahnkarte. (22 S.) 889. n. — 50
Regensburg u. Umgebung. 4. Aufl. Mit Plan, Illustr., Karte v. Bayern u. Eisenbahnkarte. (28 S.) 887. n. — 50
Reiboldsgrün u. Umgegend. 2. Aufl. Mit Karte der Umgebg. u. Eisenbahnkarte. (18 S.) 890. n. — 50
Reichenbach u. Umgebung. 2. Aufl. Mit Plan, Karte v. Sachsen u. Eisenbahnkarte. (15 S.) 890. n. — 50
Bad Reichenhall u. Umgebung. Mit Plan, Karte v. Bayern u. Eisenbahnkarte. (16 S.) 887. n. — 50
Bad Reinerz u. Umgebung. 2. Aufl. Mit Karten. (14 S.) 888. n. — 50
Die bayerische Rheinpfalz. Mit Karte u. Plänen. (62 S.) 889. n. 1. —
Das Rheinthal von Mainz bis Köln u. seine Seitenthäler. Mit Spezialkarten u. Plänen. (82 S.) 890. n. 1. —
Die Rhön. Mit Karte der Rhön, Karte v. Kissingen u. Umgebg. u. Stadtplan v. Kissingen u. Fulda. (50 S.) 887. n. 1. —
Rohitsch-Sauerbrunn u. Umgebung. 2. Aufl. Mit Situationsplan v. Sauerbrunn, Karte v. Steiermark u. Eisenbahnkarte. (16 S.) 889. n. — 50
Römerbad u. Umgebung. 2. Aufl. Mit Plan, Karte v. Steiermark u. Eisenbahnkarte. (20 S.) 890. n. — 50
Rosenheim u. Umgebung. 2. Aufl. Mit Plan, Panorama u. Eisenbahnkarte. (22 S.) 890. n. — 50
Rostock u. Umgebung. Mit Plan u. 2 Karten. (15 S.) 887. n. — 50
Rottweil u. Umgebung. 2. Aufl. Mit Plan, Karte von Württemberg u. Baden u. Eisenbahnkarte. (19 S.) 888. n. — 50
Rovereto. 2. Aufl. Mit Plan, Karte v. Tirol u. Eisenbahnkarte. (14 S.) 888. n. — 50
Rudolstadt u. Umgebung. 2. Aufl. Mit Plan, Karte der Prov. Sachsen u. Thüringen u. Eisenbahnkarte. (19 S.) 890. n. — 50
Saarbrücken-St. Johann u. Umgebung. 2. Aufl. Mit Plänen u. Eisenbahnkarte. (19 S.) 890. n. — 50
Die Sächsische Schweiz. 2. Aufl. Mit 3 Karten. (29 S.) 890. n. — 50
Salzburg u. Umgebung m. Berchtesgaden u. Königsee. 4. Aufl. Mit Plan, Illustr., Panorama u. Karte der Umgebg. (36 S.) 890. n. — 50
Das Salzkammergut. Mit Karten, Plänen u. Illustr. (58 S.) 887. n. 1. —
Soolbad Salzungen u. Umgebung. Mit Umgebungskarte u. Karte der Prov. Sachsen u. Thüringen. (29 S.) 890. n. — 50
Bad St. Moritz u. Umgebung. Mit Illustr. u. 3 Karten. (14 S.) 888. n. — 50
St. Pölten u. Umgebung. 2. Aufl. Mit Plan, Karte v. Ober- u. Nieder-Oesterreich u. Eisenbahnkarte. (13 S.) 888. n. — 50
Hoch vom Säntis. Spaziergänge im Appenzellerland von Alwin v. Baldingen. 2., verb. Aufl. Mit 1 Karte. (112 S.) 890. n. 1. —
Nordseebad Scheveningen, die Stadt Haag u. Umgebung. 2. Aufl. Mit Illustr., Karte der Stadt, Eisenbahnkarte u. e. ärztl. Abhandlung über die Seekur v. W. Francken. (82 u. LII S.) 890. n. 1. —
Schleswig u. Umgebung. 2. Aufl. Mit Plan, Karte von Schleswig-Holstein u. Eisenbahnkarte. (24 S.) 889. n. — 50
Schwäb.-Gmünd u. Umgebung. 2. Aufl. Mit Plan, Karte v. Württemberg u. Baden u. Eisenbahnkarte. (27 S.) 888. n. — 50
Schwäbisch-Hall u. Umgebung. Mit Plan, Karte von Württemberg u. Baden u. Eisenbahnkarte. (27 S.) 887. n. — 50
Die Schweiz m. den anstossenden Gebieten. Ein Führer f. Reisende. 2., umgearb. Aufl. Mit vielen Stadtplänen, Karten, Panoramen etc. (VIII, 317 S.) 887. geb. n. 6. —
Schweiz, die fränkische, s.: Die fränkische Schweiz.
Schweizer Führer. Durch die Schweiz in 8 Tagen. Mit vielen Stadtplänen u. Karten. (VIII, 177 S.) 888. cart. n. 3. —
Schwerin u. Umgebung. 2. Aufl. Mit Plan, Karte v. Mecklenburg u. Eisenbahnkarte. (14 S.) 888. n. — 50
Bad Seeon u. Umgebung. 2. Aufl. Mit Umgebungskarte, Karte v. Bayern u. Eisenbahnkarte. (14 S.) 889. n. — 50
Der Semmering. 2. Aufl. Mit Übersichtskarte u. Eisenbahnkarte. (47 S.) 890. n. — 50
Wanderungen durch Sicilien. Mit Spezialkarte der Insel u. Karte v. Italien. (78 S.) 890. n. 1. —
Siegen. 2. Aufl. Mit Plan, Karte v. Westfalen u. Eisenbahnkarte. (14 S.) 888. n. — 50
Der Spessart. Mit Karten. (45 S.) 888. n. 1. —
Starnberger See, s.: Das oberbayerische Gebirge.
Stendal u. Umgebung. 2. Aufl. Mit Plan, Karte der Prov. Sachsen u. Eisenbahnkarte. (15 S.) 890. n. — 50
Stettin u. Umgebung. 4. Aufl. Mit Plan u. 2 Karten. (16 S.) 890. n. — 50
Stralsund u. Umgebung. 3. Aufl. Mit Plan, 1 Illustr., Karte v. Pommern u. Eisenbahnkarte. (23 S.) 887. n. — 50
Strassburg i E. u. Umgebung. 4. Aufl. Mit Plan, Karte v. Elsass-Lothringen, Eisenbahnkarte u. Abbildgn. (20 S.) 890. n. — 50
Straubing u. Umgebung. 2. Aufl. Mit Plan, Karte von Bayern u. Eisenbahnkarte. (18 S.) 888. n. — 50
Stuhlweissenburg u. Umgebung. 3. Aufl. Mit Plan, Karte v. Ungarn u. Eisenbahnkarte. (16 S.) 890. n. — 50
Stuttgart u. Umgebung. 3. Aufl. Mit Plan, Illustr., Karte v. Württemberg u. Baden u. Eisenbahnkarte. (36 S.) 889. n. — 50
Südbahnführer. Von Wien nach Triest. Mit Plänen, Karten u. Illustr. (10 S.) 888. n. 1.
Süddeutschland, m. den anstoss. Gebieten Österreichs u. der Schweiz. Ein Führer f. Reisende. 2., umgearb. Aufl. Mit Plänen u. Karten. (X, 328 S.) 890. geb. n. 5. —
Bad Tarasp-Schuls u. Umgebung. 2. Aufl. Mit Karte der Umgebg., Karte der Schweiz u. Eisenbahnkarte. (13 S.) 888. n. — 50
Der Taunus. Mit Karten u. Plänen. (49 S.) 889. n. 1. —
Tegernsee, s.: Das oberbayerische Gebirge
Temesvár u. Umgebung. 2. Aufl. Mit Plan, Karte v. Galizien, Ungarn, Siebenbürgen u. Eisenbahnkarte. (16 S.) 888. n. — 50
Bad Teplitz-Schönau u. Umgebung. 3. Aufl. Mit Plan u. 2 Karten. (16 S.) 888. n. — 50
Thüringen. Mit 4 Karten. (62 S.) 890. n. 1. —
Trautenau u. Umgebung. 2. Aufl. Mit Plan, Illustr. u. Spezialkarte d. Riesengebirges. (30 S.) 890. n. — 50
Trient. Mit Plan, Karte v. Oberitalien u. Eisenbahnkarte. (20 S.) 888. n. — 50
Trier. 3., illustr. Aufl. Mit Plan, Karte der Rheinprovinz u. Eisenbahnkarte. (26 S.) 887. n. — 50
Triest u. Umgebung. 4. Aufl. Mit Plan, Illustr. u. Eisenbahnkarte. (15 S.) 890. n. — 50
Troppau u. Umgebung. Mit Plan, Karte v. Oesterr.-Schlesien u. Eisenbahnkarte. (16 S.) 889. n. — 50
Tübingen. 3. Aufl. Mit Plan, Karte v. Württemberg u. Baden u. Eisenbahnkarte. (14 S.) 888. n. — 50
Turin u. Umgebung. Mit Plan, Karte v. Nordwest-Italien u. Eisenbahnkarte. (18 S.) 888. n. — 50
Tuttlingen u. Umgebung. 2. Aufl. Mit Plan, Illustr., Karte v. Württemberg u. Baden u. Eisenbahnkarte. (20 S.) 888. n. — 50
Ueberlingen am Bodensee u. Umgebung. Mit Illustr., Plan, Karte v. Baden u. Eisenbahnkarte. (26 S.) 887. n. — 50
Ulm u. Umgebung. 2. Aufl. Mit Plan, Illustr. u. Karte v. Württemberg. (26 S.) 890. n. — 50
Ungarn, Land u. Leute. Zur Reise u. zum Studium v. Rud. Bergner. Mit 47 Illustr., Karte u. Stadtplänen. (XIII, 319 S.) 888. geb. n. 5. —
Der königl. Hofgarten in Veitshöchheim. Mit Plan d. Gartens u. Illustr. (29 S.) 888. n. — 50
Bad Veldes u. Umgebung. 2. Aufl. Mit Karte der Umgebg., v. Steiermark, Kärnthen, Krain u. Küstenland u. Eisenbahnkarte. (16 S.) 889. n. — 50
Venedig u. Umgebung. 4. Aufl. Mit Plan, Illustr., Karte v. Oberitalien u. Eisenbahnkarte. (24 S.) 889. n. — 50
Führer nach den Vereinigten Staaten v. Nord-Amerika f. deutsche Auswanderer. 2., umgearb. Aufl. Mit 1 Karte. (IV, 150 S.) 888.
Verona. Mit Karten u. Illustr. (15 S.) 888. n. — 50
Vorarlberg u. Liechtenstein. Mit Karten. (38 S.) 890. n. — 50
Die vulkanische oder Vorder-Eifel. Mit Spezialkarte u. Eisenbahnkarte. (35 S.) 890. n. — 50
Waidhofen a. d. Ybbs u. Umgebung. 2. Aufl. Mit Plan, Karte v. Ober- u. Nieder-Oesterreich u. Eisenbahnkarte. (16 S.) 888. n. — 50
Walchensee, s.: Das oberbayerische Gebirge.
Waldkirch u. Umgebung. 2. Aufl. Mit Plan, Illustr., Karte v. Baden u. Württemberg u. Eisenbahnkarte. (15 S.) 888. n. — 50
Waldshut u. Umgebung. Mit Plan, Karte v. Baden u. Eisenbahnkarte, sowie Illustr. (16 S.) 887. n. — 50
Die Walhalla bei Regensburg. Nebst Anh.: Befreiungshalle bei Kelheim. Mit Illustr. u. Karten. (29 S.) 887. n. — 50
Walldürn u. Umgebung. 2. Aufl. Mit Karte der Umgebg., Illustr. u. Eisenbahnkarte. (26 S.) 889. n. — 50
Wanderbuch f. Handwerker, Techniker u. alle gewerblichen Berufsklassen v. Jos. Schneider. Ein Führer u. Rathgeber auf der Wanderschaft, nebst Beschreibg. d. bedeutendsten Städte Deutschlands, Oesterreichs u. der Schweiz, m. Angabe der in denselben besteh. Gesellenvereine, Herbergen „zur Heimath" 2c., 353 Reiseplänen u. 5 Karten. 2., verm. Aufl. (XVI, 298 S.) 887. cart. 1. 50
Weissenfels u. Umgebg. Mit Plan, Karte der Prov. Sachsen u. Thüringen u. Eisenbahnkarte. (15 S.) 890. n. — 50
Der Weissensee u. Umgebung. Mit Spezialkarte d. Weissensees, Übersichtskarte u. Eisenbahnkarte. (34 S.) 889. n. — 50
Wels u. Umgebung. 2. Aufl. Mit Plan, Umgebungskarte, Karte v. Ober- u. Nieder-Oesterreich u. Eisenbahnkarte. (26 S.) 888. n. — 50
Wenningstedt, s.: Westerland.
Wertheim u. Umgebung. Mit 2 Karten. (17 S.) 889. n. — 50
Die Nordseebäder Westerland u. Wenningstedt auf Sylt. 2. Aufl. Mit Karten. (16 S.) 888. n. — 50
Westindien. Zur Reise u. zum Aufenthalt. Begonnen v. Damian Frhrn. v. Schütz-Holzhausen, nach dessen Tode fortgesetzt v. Rob. Springer. Mit vielen Illustr. u. 1 Karte. (XII, 388 S.) 887. n. 5. —; cart. n. 5. 50; geb. n. 6. —

Wetzlar u. das Lahnthal. 2. Aufl. Mit Plan, Illustr., Karte v. Hessen u. Eisenbahnkarte. (22 S.) 888. n. — 50

Wien. 9. Aufl. Mit Plan, Illustr., Grundrissen u. Eisenbahnkarte. (58 S.) 890. n. — 50

Wiesbaden. 8. Aufl. Mit Plan, Ansicht d. Niederwalddenkmals, Karte der hess. Länder u. Eisenbahnkarte. (17 S.) 890. n. — 50

Wildbad im Schwarzwald. Ein Führer f. Kurgäste v. **Wagner.** 2. Aufl. Mit Plan, Grundriss d. grossen Badgebäudes, Umgebungskarte u. Eisenbahnkarte. (80 S.) 887. n. 1. —

Wimpfen am Neckar u. Umgebung. Mit Umgebungskarte, Illustr. u. Eisenbahnkarte. (18 S.) 890. n. — 50

Wismar u. Umgebung. 2. Aufl. Mit Plan, Umgebungskarte, Karte v. Mecklenburg u. Eisenbahnkarte. (16 S.) 888. n. — 50

Wolfach u. Umgebung. 2. Aufl. Mit Plan, Karte v. Baden u. Württemberg u. Eisenbahnkarte. (16 S.) 887. n. — 50

Worms u. Umgebung. 3. Aufl. Mit Plan, Illustr., Karte der hess. Länder u. Eisenbahnkarte. (19 S.) 889. n. — 50

Die Gegend d. **Wunnenstein** u. umliegendes Gebiet. Nach e. Anregg. [Reiseerfahrg.] J. V. v. Scheffel's. Mit Ansicht d. Wunnensteindenkmals [1888], Karte der Wunnensteingegend u. Karte v. Württemberg. (17 S.) 887. n. — 50

Württemberg in Wort u. Bild. Zur Reise u. zum Studium. Mit Illustr., Karten u. Plänen. (VIII, 416 S.) 889. geb. n. 6. —

Würzburg u. Umgebung. 6. Aufl. Mit Plan, Illustr., Karte v. Bayern u. Eisenbahnkarte. (52 S.) 889. n. — 50

Zell am See u. Umgebung. 2. Aufl. Mit Situationsplan, Panorama von der Schmittenhöhe, Illustrationen u. Karte der Umgebg. (32 S.) 890. n. — 50

Zittau u. Umgebung. 3. Aufl. Mit Plan, Illustr., Karte v. Sachsen u. Eisenbahnkarte. (24 S.) 889. n. — 50

Zwickau u. Umgebung. 3. Aufl. Mit Plan, Karte v. Sachsen u. Eisenbahnkarte. (17 S.) 889. n. — 50

—— Reisehandbücher. [A. Führer durch nachstehende Städte und Gegenden.] gr. 16. (à ca. 20 S. m. Illustr., Plänen u. Karten.) Würzb., Woerl. à * — 50

Aachen. 6. Aufl. 892.
Abbach. 2. Aufl. 890.
Abbazia. 891.
Achensee. 891.
Agram. 3. Aufl. 889.
Bad Aibling. 2. Aufl. 889.
Alexandersbad [Wasserheilanstalt, Stahlbad]. 2. Aufl. 889.
Altena. 2. Aufl. 890.
Der Ammersee u. seine Umgebg. 889.
Amsterdam. 892.
Ansbach. 891.
Antwerpen. 892.
Arco m. dem Gardasee. 889.
Ardennen. 891.
Arenberg. (Heilige Orte.) 891.
Arnstadt. 2. Aufl. 890.
Asch. 2. Aufl. 890.
Aschaffenburg. 3. Aufl. 889.
Auerbach a. d. Bergstrasse. 2. Aufl. 889.
Aussee, das Ausseer Thal etc. 2. Aufl. 890.
Baden bei Wien. 892.
Baden-Baden. 7. Aufl. 892. — (Vgl. auch Abthl. C.)
Bamberg. 4. Aufl. 892.
Barmen. 3. Aufl. 891.
Basel. 2. Aufl. 890.
Der Bayerische Wald. 889.
Bayreuth. 2. Aufl. 890.
Belgische Seebäder. 891.
(Berchtesgaden, s. Abthl. B.)
(Bergstrasse, s. Abthl. B.)
Berka a. d. Ilm. 891.
Berlin. 6. Aufl. 890.
Beuthen in Oberschlesien. 889.
Bielitz-Biala. 2. Aufl. 890.
Bingen. 2. Aufl. 891.
Blankenburg im Schwarzathale. 890.
Blasewitz. 890.
Bonn. 5. Aufl. 891.
Boppard a. Rhein. 892.
Bozen-Gries in Südtirol. 2. Aufl. 891.
Braunsberg in Ostpr. 890.
Braunschweig. 3. Aufl. 892.
Bregenz. 2. Aufl. 892.
Bremen. 2. Aufl. 890.
Bremerhaven. 890.
Breslau. 4. Aufl. 891.
Brixen. 3. Aufl. 892.
Bromberg. 892.
Bruchsal. 891.
Bad Brückenau. 2. Aufl. 890.
Brügge. 892.
Brünn. 4. Aufl. 892.
Brüssel. 4. Aufl. 891.
Budapest. 3. Aufl. 889.
(Bulgarien, s. Abthl. C.)
Calw. 889.
Carlsbad. 2. Aufl. 889.
Celle. 2. Aufl. 890.
Bad Charlottenbrunn. 891.
Chemnitz. 3. Aufl. 889.
Chur. 3. Aufl. 891.
Coburg. 3. Aufl. 890.
Colberg. 4. Aufl. 891.
Colmar. 3. Aufl. 890.
Como u. der Comer-See. 891.
Coepenick. 891.
Cortina u. Ampezzothal. 2. Aufl. 890.
Crailsheim. 890.
Crefeld. 3. Aufl. 891.
Nordseebad Dangast. 891.
Danzig. 2. Aufl. 890.
Darmstadt. 2. Aufl. 889.
Davos. 2. Aufl. 890.
Dessau u. der herzogl. Garten zu Wörlitz. 891.
Dortmund. 3. Aufl. 889.
Dresden. 7. Aufl. 892.
Duisburg. 4. Aufl. 891.
Düsseldorf. 6. Aufl. 890.
Eberbach am Neckar. 3. Aufl. 892.
Eberswalde. 891.
Eger. 5. Aufl. 891.
Die vulkanische od. Forder-Eifel. 890.
Eisenach. 3. Aufl. 892.
Elberfeld. 5. Aufl. 891.
(Elberfeld u. Barmen, s. Abthl. B.)
Ellwangen. 890.
Bad Elmen. 2. Aufl. 890.
(Elsass-Lothringen, s. Abthl. B.)
Emden. 2. Aufl. 892.
Erfurt. 5. Aufl. 892.
Erlangen. 4. Aufl. 891.
(Erzgebirge, s. Abthl. B.)
Eupen. 2. Aufl. 890.
(Fichtelgebirge, s. Abthl. B.)
Fiume. 4. Aufl. 891.

Woerl's Reisehandbücher etc. A.

Frankenhausen am Kyffhäuser. 890.
Frankfurt a./M. 10. Aufl. 890.
Fränkische Schweiz. 4. Aufl. 891.
Franzensbad. 891.
Freiberg i. S. 892.
Freiburg i./Br. 4. Aufl. 890.
Freudenstadt. 2. Aufl. 890.
Friedrichshafen. 891.
Durch Fulda. 3. Aufl. 889.
Fürth. 2. Aufl. 890.
Gelnhausen. 891.
Gemünden. 892.
Genf. 3. Aufl. 892.
Gent. 892.
Giessen. 891.
Giesshübl-Puchstein. 892.
M.-Gladbach. 3. Aufl. 889.
Glauchau. 892.
Gleichenberg. 2. Aufl. 891.
Bad Gleisweiler. 2. Aufl. 889.
Gleiwitz. 891.
Glogau. 892.
Gmunden u. der Traunsee. 889.
Gnesen. 891.
Görbersdorf. 891.
Goerz. 3. Aufl. 890.
Die Gotthardbahn. 3. Aufl. 890.
Das Stahlbad Königswart. Bearb. v. A. Kohn. 891.
(Konstantinopel, s. Abthl. B.)
Konstanz. 2. Aufl. 889.
Bad Kösen. 2. Aufl. 890.
Krakau. 4. Aufl. 891.
Bad Kreuznach. 2. Aufl. 889.
Das Lahnthal von Coblenz bis Lahnhof. 891.
Lahr. 2. Aufl. 890.
Landau. 891.
Bad Landeck i. Schl. 2. Aufl. 890.
Landshut. 4. Aufl. 889.
Bad Langenau. 891.
Bad Langenschwalbach. 2. Aufl. 889.
Leipzig. 10. Aufl. 892.
Leitmeritz. 892.
Leoben. 2. Aufl. 890.
Lichtenfels. 892.
Bad Liebenstein. 8. Aufl. 889.
Lindenfels. 2. Aufl. 890.
Linz a. d. Donau. 892.
Linz am Rhein. 2. Aufl. 889.
Bad Lobenstein. 890.
(London, s. Abthl. B.)
Löwen. 892.
Lübeck. 889.
Göttingen. 889.
Grado. Von P. Candioli. 892.
Gran (Esztergom). Bearb. v. László Körösi. (In ungar. Sprache.) 892.
Graudenz. Von H. Froelich. 892.
Graz. 5. Aufl. 891.
Greiz. 890.
Grenzach m. Emilienbad. 2. Aufl. 890.
Grünberg i./Schl. 890.
Guben. 891.
Haag. 2. Aufl. 892.
Haarlem. 892.
Hagen i./W. 2. Aufl. 890.
Hagenau i. Els. 4. Aufl. 891.
Halberstadt. 890.
Halle a./S. 890.
Hamburg. 5. Aufl. 891.
Hameln. 891.
Hanau. 4. Aufl. 891.
Hannover. 5. Aufl. 891.
(Harz, s. Abthl. B.)
Heidelberg. 10. Aufl. 890.
Das Heidelb. Schloss. 2. Aufl. 892.
Heilbronn. 5. Aufl. 891.
Heimstedt. 2. Aufl. 890.
(Helgoland, s. Abthl. B.)
Ostseebad Heringsdorf. 891.
Herkulesbad [bei Mehadia]. 2. Aufl. 890.
Hildesheim. 4. Aufl. 891.
(Hindelang, s. Abthl. B.)
Hof. 892.
Hohentwiel durch Singen, Radolfzell u. die Reichenau. 889.
Die Höllenthal-Bahn. 889.
Bad Homburg. 2. Aufl. 891.
Jagstfeld. 2. Aufl. 892.
Jena. 4. Aufl. 890.
(Jerusalem, s. Abthl. C.)
Innsbruck. 6. Aufl. 892.
Das Inselbad. 2. Aufl. 890.
Insterburg. 891.
Interlaken. 2. Aufl. 892.
Jordanbad. 2. Aufl. 890.
Ischl. 2. Aufl. 890.
Isny. 2. Aufl. 890.
(Italien, s. Abthl. C.)
Jugenheim a. d. Bergstrasse. 2. Aufl. 889.
Kainzenbad. 890.
Kaiserslautern. 891.
Karlsbad. 4. Aufl. 892.
Karlsruhe. 6. Aufl. 890.
Kassel u. Wilhelmshöhe. 7 Aufl. 891.
Kaufbeuren. 2. Aufl. 890.
Kempten a. d. Iller. 4. Aufl. 891.
Kiel. 2. Aufl. 890.
Klagenfurt. 3. Aufl. 892.
Klaushof b. Bad Kissingen. 2. Aufl. 890.
Köln. 10. Aufl. 890.
Königsberg in Ostpr. 3. Aufl. 891.
Bad Königsbrunn i. d. Sächs. Schweiz. 891.
Königsschlösser; Herrenchiemsee, Hohenschwangau, Neuschwanstein, Linderhof u. Berg. 6. Aufl. 890.
Lüdenscheid. 892.
Lüneburg. 3. Aufl. 890.
Lussinpiccolo u. die Insel Lussin. 892.
Lüttich. 892.
Stadt u. Land Luxemburg. 3. Aufl. 892.
Luzern nebst Vierwaldstätter See. 3. Aufl. 891.
Maastricht. 892.
Das Mainthal von Wertheim bis Aschaffenburg. 3. Aufl. 891.
Mainz. 9. Aufl. 891.
Mannheim. 5. Aufl. 892.
Marienburg. 891.
Maulbronn. 889.
Meerane. 890.
Memel. 892.
(Meran-Mais, s. Abthl. B.)
Mergentheim. 2. Aufl. 889.
Metz. 3. Aufl. 891.
Miesbach. 2. Aufl. 890.
(Mittelfranken, s. Abthl. B.)
Das Moselthal v. Coblenz b. Trier. 891.
Mühlhausen i. Th. 3. Aufl. 891.
Mülhausen i. Els. 3. Aufl. 890.
München. 19. Aufl. 892.
Münster i./W. 5. Aufl. 891.
(Mürzzuschlag am Semmering, s. Abthl. B.)
(Nagoldthal v. Pforzheim bis Horb, s. Abthl. B.)
Namur. 892.
Bad Nauheim. 891.
(Neapel, s. Abthl. B.)
Neisse. 891.
Bad Nenndorf. 2. Aufl. 890.
Neuberg. 892.
Neumünster. 891.
Neu-Ruppin. 891.
Neustadt a. d. H. 892.
Neustadt in Oberschlesien. 891.
Neustadt a. d. S. m. Bad Neuhaus. 891.
Neustettin. 891.
(Niederbayern, s. Abthl. B.)
Der Niederwald. 891.
Norden. 892.
Nordseebad u. Insel Norderney. 891.
Nordhausen. 891.
Nördlingen. 891.
Northeim. 891.
Nürnberg. 12. Aufl. 891.
(Oberammergau, s. Abthl. B.)
(Oberbayern, s. Abthl. B.)
Oberengadin. 890.
(Oberfranken, s. Abthl. B.)
Oberlahnstein. 2. Aufl. 889.
(Oberpfalz, s. Abthl. B.)
(Oberstdorf, s. Abthl. B.)
Odenburg. 891.
Odenwald. 2. Aufl. 892.
Offenbach a. M. 3. Aufl. 891.
Olmütz. 4. Aufl. 891.
Osnabrück. 4. Aufl. 892.
Ossegg. 891.

Woerl's Reisehandbücher etc. A.

Ostende. 891.
Paderborn. 3. Aufl. 889.
(Padua, s. Abthl. B.)
(Paris, s. Abthl. B.)
Kurort Petersthal. 2. Aufl. 890.
Pilsen. 2. Aufl. 891.
—— dass. — (In böhm. Sprache.) 892.
Pörtschach a. S. 4. Aufl. 890.
Posen. 890.
Prag. 8. Aufl. 892.
Pressburg. 4. Aufl. 892.
(Pusterth.-Kärntnerbahn, s. Abthl. B.)
Bad Pyrmont. 3. Aufl. 890.
Quedlinburg. 890.
Radolfzell. 892.
Rappoltsweiler u. das Carolabad. 891.
Ravensburg. 889.
Regensburg. 5. Aufl. 892.
Reiboldsgrün. 2. Aufl. 890.
Reichenbach i. Sachs. 2. Aufl. 890.
Bad Reichenhall. 3. Aufl. 892.
Soolbad Rheinfelden [Schweiz]. 2. Aufl. 891.
(Rheinpfalz, s. Abthl. B.)
(Rheinthal, s. Abthl. B.)
Riesa i. Sachs. 892.
(Riesengebirge, s. Abthl. B.)
Rohitsch-Sauerbrunn. 2. Aufl. 889.
Römerbad. 890.
Rosenheim. 2. Aufl. 890.
Rothenburg o./T. 4. Aufl. 891.
Rotterdam. 892.
Rudolstadt. 2. Aufl. 890.
Die Insel Rügen. 891.
Saarbrücken-St. Johann. 2. Aufl. 890.
Die Sächsische Schweiz. 890.
Salzbrunn. 2. Aufl. 892.
Salzburg m. Berchtesgaden u. Königs-See. 8. Aufl. 891.
Salzerbad. 892.
(Säntis, s. Abthl. C.)
Soolbad Salzungen. 890.
Sangerhausen. 2. Aufl. 892.
St. Goar. 892.
St. Johann im Pongau. 892.
(Scheveningen, s. Abthl. B.)
Schlangenbad. 891.
Schleswig. 2. Aufl. 889.
Schneeberg. 891.
(Schwaben u. Neuburg, s. Abthl. B.)
(Schwarzwaldbahn, s. Abthl. B.)
Schweinfurt. 4. Aufl. 891.
Bad Seeon. 2. Aufl. 889.
Der Semmering. 2. Aufl. 890.
(Sicilien, s. Abthl. B.)
Siebengebirge. 2. Aufl. 892.
(Sonneberg, s. Abthl. B.)
Speyer. 5. Aufl. 891.
Der Starnberger See. 891.
Bad Stein in Krain. 892.
Stendal. 2. Aufl. 890.
Stettin. 4. Aufl. 890.
Stockholm. Von P. Wittmann. 892.
Strassburg i./E. 4. Aufl. 890.
Stuhlweissenburg. 3. Aufl. 890.
Stuttgart. 5. Aufl. 891.
(Süddeutschland, s. Abthl. C.)
Sulzbrunn im Allgäu, mit den jodhaltigen Kochsalzquellen. Von Geo. Schrank 3. Aufl. 892.
Szegedin (in ungar. Sprache). 2. Aufl. 892.
Tangermünde. 892.
Tarnowitz. 891.
(Taunus, s. Abthl. B.)
Der Tegernsee. 891.
Bad Teplitz-Schönau. 5. Aufl. 891.
Bad Thalkirchen bei München. 891.
Thorn. 891.
Thournay. 892.
(Thüringen, s. Abthl. B.)
Trautenau. 2. Aufl. 890.
Travemünde. Von E. Mueller. 3. Aufl. 892.
Trencsén-Teplicz. 2. Aufl. 892. (Auch in ungar. Sprache.)
Triberg. 6. Aufl. 892.
Triest. 3. Aufl. 890.
Trimburg. 2. Aufl. 892.
Troppau. 889.
Ulm. 2. Aufl. 890.
(Unterfranken u. Aschaffenburg, s. Abthl. B.)
Bad Veldes. 3. Aufl. 892.
Venedig. 7. Aufl. 891.
Verona. 4. Aufl. 891.
Vorarlberg u. Liechtenstein. 890.
Vöslau. 891.
Waldsassen. 892.
Walldürn. 2. Aufl. 889.
(Wanderbuch f. Handwerker, s. Abthl. C.)
Weimar. 3. Aufl. 891.
Weissenfels. 890.
Der Weissensee. 889.
Wertheim. 889.
Westerland u. Wenningstedt auf Sylt. 4. Aufl. 891.
Wien. 8. Aufl. 890.
Wiesbaden. 9. Aufl. 892.
Bad Wildungen. 891.
Wilhelmshaven. 891.
Wimpfen am Neckar. 890.
Wismar. 6. Aufl. 891.
Wörishofen. 4. Aufl. 892.
Worms. 3. Aufl. 889.
(Württemberg, s. Abthl. C.)
Würzburg. 6. Aufl. 889.
Zell am See. 890.
(Zermatt, s. Abthl. B.)
Zittau. 3. Aufl. 889.
Zschopau. 891.
Zwickau. 3. Aufl. 889.

—— desgl. — [B. Führer durch nachstehende Städte u. Gegenden.] gr. 16. (à 30—120 S. m. Illustr., Plänen u. Karten.) Würzb., Woerl. à * 1 —

Berchtesgaden v. Rob. A. Pohl. 892.
Die Bergstrasse. 889.
Elberfeld u. Barmen. 892.
Elsass-Lothringen. 889.
Das Erzgebirge. 890.
Fichtelgebirge. 891.
Der Harz. 2. Aufl. 890.
Helgoland, e. Reise-Skizze v. Erzherzog Ludwig Salvator. 890.
Hindelang. Von Karl A. Reiser. 892.
Konstantinopel. 2. Aufl. 891.
London. 891.
Der Kurort Meran-Mais. Mit medizin. Einleitg. v. B. Mazegger. 890.
Mittelfranken, die Hersbrucker u. Fränkische Schweiz. 891.
Mürzzuschlag am Semmering. 892.
Das Nagoldthal v. Pforzheim bis Horb. 889.
Neapel. 3. Aufl. 892.
Niederbayern. 891.
Oberammergau m. d. Passionsspiel. 3. Aufl. 891.
Oberbayern. 891.
Oberfranken. 891.
Oberpfalz, Regensburg u. der bayerische Wald. 891.
Oberstdorf. Bearb. v. Hans Modlmayr. 3. Aufl. 892.
Padua v. A. Radovanovic. 891.
Paris. 2. Aufl. 889.
Die Pusterthal-Kärntnerbahn. 891.
Die bayerische Rheinpfalz. 889.
Das Rheinthal von Mainz bis Köln. 3. Aufl. 892.
Das Riesengebirge u. seine Vorgebirge. 891.
Das Nordseebad Scheveningen u. die Stadt Haag. 2. Aufl. Mit e. Abhandlg. üb. die Seekur v. Willem Francken. 890.
Schwaben u. Neuburg. 891.
Die Schwarzwaldbahn. 2. Aufl. 892.
Sicilien. 890.
Sonneberg. 892.
Der Taunus. 889.
Thüringen. 890.
Unterfranken u. Aschaffenburg. 891.
Zermatt u. Walliser Alpen. 891.

Woerl's Reisehandbücher. [C. grössere Reisehandbücher.] Würzb., Woerl.

Baden in Wort u. Bild. gr. 16. (563 S. m. Illustr., Karten u. Plänen.) 891. geb. * 6 —.
Führer durch Bulgarien in Wort u. Bild. Mit 25 Illustr. (in Lichtdr.) u. 1 Karte der Balkan-Staaten. gr. 16. (61 S.) 889. geb. * 2 —.
Nach Jerusalem. Ein Führer f. Pilgerfahrten u. Reisen nach u. in dem heil. Lande. Hrsg. v. Joh. Fahrngruber. Mit Karten, Plänen u. Grundrissen. 2 Tle. 2. verb. Aufl. gr. 16. (X, 284; IV, 260 S.) 890. geb. * 12 —.
Italien. Handbuch f. Reisende zur Orientierg. üb. Land u. Leute. Mit zahlreichen Illustr., Plänen u. Karten. 2. gänzlich umgearb. Aufl. gr. 16. (X, 269 S.) 890. geb. * 6 —.
Hoch vom Säntis. Spaziergänge im Appenzellerland von Alwin v. Baldingen. 2. verb. Aufl. 12. (112 S. m. 1 Karte.) 890. * 1 —.
Süddeutschland, m. den anstoss. Gebieten Österreichs u. der Schweiz. Mit Stadtplänen u. Karten. 2. gänzlich umgearb. Aufl. gr. 16. (X, 328 S.) 890. geb. * 5 —.
Wanderbuch f. Handwerker, Techniker u. alle gewerblichen Berufsklassen von Jos. Schneider. Beschreibung der bedeutendsten Städte Deutschlands, Oesterreichs u. der Schweiz, m. Angabe der Gesellenvereine, Herbergen „Zur Heimat" 2c. 3. verm. u. verb. Aufl. 12. (XIV, 308 S. m. 6 Karten.) 891. 1 50.
Führer durch Württemberg in Wort u. Bild. 12. (VIII, 416 S. m. Illustr., Karten u. Plänen.) 889. geb. * 6 —.

Woerl's Reisehandbücher. Führer durch nachsteh. Gegenden u. Städte u. deren Umgebung. gr. 16. (à ca. 20 S. m. Illustr., Plänen u. Karten.) Würzburg, L. Woerl. à n. — 50

Aachen. 6. Aufl. 892. — Abbazia. 891. — Achensee. 891. — Ampezzothal, s.: Cortina. — Amsterdam. 892. — Anspach. 891. — Antwerpen. 892. — Ardennen. 891. — Arenberg (Heilige Orte). 891. — Aussee. 4. Aufl. 894. — Baden bei Wien. 892. — Baden-Baden. 7. Aufl. 892. — Bamberg. 4. Aufl. 892. — Barmen. 3. Aufl. 891. — Bautzen. 893. — Belgische Seebäder. 891. — Berchtesgaden, s.: Salzburg. — Berka a. d. Ilm. 891. — Kloster Beuron im Donauthale. 3. Aufl. 894. — Bingen. 2. Aufl. 891. — Bludenz. 893. — Bonn. 5. Aufl. 891. — Boppard a. Rhein. 892. — Bozen-Gries in Südtirol. 2. Aufl. 891. — Schloss Braunfels. Ein geschichtl. Führer. Von C. Allmenröder. 893. — Braunschweig. 3. Aufl. 892. — Bregenz. 2. Aufl. 892. — Bremen. 9. Aufl. 893. — Breslau. 4. Aufl. 891. — Brixen. 3. Aufl. 892. — Bromberg. 892. — Bruchsal. 891. — Brügge. 892. — Brünn. 4. Aufl. 892. — Brüssel. 4. Aufl. 891. — Cham. 893. — Bad Charlottenbrunn. 891. — Chur. 3. Aufl. 891. — Colberg. 4. Aufl. 891. — Como u. der Comer See. 891. — Coepenick. 891. — Cortina u. Umgebung. Ampezzothal. 3. Aufl. 894. — Crefeld. 3. Aufl. 891. — Crimmitschau. 894. — Nordseebad Dangast. 891. — Dessau u. der herzogl. Garten zu Wörlitz. 891. — Dettelbach. 894. — Dresden. 7. Aufl. 892. — Duisburg. 4. Aufl. 891. — Soolbad Dürrheim (Bad. Schwarzwald). 893. — Umgebung von Düsseldorf. 3. Aufl. 892. — Eberbach am Neckar. 3. Aufl. 892. — Eberswalde. 891. — Eger. 5. Aufl. 891. — Eisenach. 3. Aufl. 892. — Elberfeld. 5. Aufl. 891. — Emden. 2. Aufl. 892. — Erfurt. 5. Aufl. 892. — Erlangen. 4. Aufl. 891. — Essegg. (In kroat. Sprache.) 893. — Fiume. 4. Aufl. 891. — Fränkische Schweiz. 4. Aufl. 891. — Franzensbad. 891. — Freiberg i. S. 892. — Friedrichroda. 893. — Friedrichshafen. 891. — Gastein u. das Gasteiner Thal. 3. Aufl. 893. — Gelnhausen. 891. — Gemünden. 892. — Genf. 3. Aufl. 892. — Gent. 892. — Giessen. 891. — Giesshübl-Puchstein. 892. — Glauchau. 892. — Gleichenberg. 2. Aufl. 891. — Gleiwitz. 891. — Glogau. 892. — Gnesen. 891. — Görbersdorf. 891. — Grado. Von P. Candioli. 2. Aufl. 893. — Gran (Esztergom). Bearb. v. Laszlo Körösi. (In ungar. Sprache.) 892. — Graudenz. Von X. Froelich. 892. — Graz. 5. Aufl. 891. — Guben. 891. — Györ, s.: Raab. — Haag. 2. Aufl. 892. — Haarlem. 892. — Hagenau i. Els. 4. Aufl. 891. — Hamburg. 5. Aufl. 891. — Hameln. 891. — Hanau. 4. Aufl. 891. — Hannover. 5. Aufl. 891. — Heidelberg. 17. Aufl. 894. — Das Heidelberger Schloss. 2. Aufl. 892. — Heilbronn. 5. Aufl. 891. — Ostseebad Heringsdorf. 891. — Hildesheim. 4. Aufl. 891. — Hof. 892. — Hohenfurth. 893. — Bad Homburg. 2. Aufl. 891. — Jagstfeld. 2. Aufl. 892. — Innsbruck. 6. Aufl. 892. — Insterburg. 891. — Interlaken. 2. Aufl. 892. — Kaiserslautern. 891. — Karlsbad. 4. Aufl. 892. — Kassel u. Wilhelmshöhe. 7. Aufl. 891. — Kempten a. d. Iller. 4. Aufl. 891. — Bad Kissingen. 10. Aufl. 894. — Klagenfurt. 3. Aufl. 892. — Königsberg i. Ostpr. 3. Aufl. 891. — Bad Königsbrunn in d. sächs. Schweiz. 891. — Königsee, s.: Salzburg. — Krakau. 4. Aufl. 891. — Thermal-Curort Krapina-Töplitz in Croatien. 893. — Krumau. 893. — Das Lahnthal von Coblenz bis Lahnhof. 891. — Landau. 891. — Bad Langenau. 891. — Leipzig. 10. Aufl. 892. — Leitmeritz. 892. — Lichtenfels. 892. — Linz a. d. Donau. 892. — Löwen. 892. — Lüdenscheid. 892. — Lussinpiccolo u. die Insel Lussin. 892. — Lüttich. 892. — Stadt u. Land Luxemburg. 3. Aufl. 892. — Luzern nebst Vierwaldstätter See. 3. Aufl. 891. — Maastricht. 892. — Das Mainthal von Wertheim bis Aschaffenburg. 3. Aufl. 891. — Mainz. 9. Aufl. 891. — Mannheim. 5. Aufl. 892. — Marburg a. d. Drau. 893. — Marienbad in Böhmen. 2. Aufl. 893. — Marienburg. 891. — Memel. 892. — Metz. 3. Aufl. 891. — Das Moselthal von Coblenz bis Trier. 891. — Mühlhausen in Thüringen. 3. Aufl. 891. — München. 19. Aufl. 892. — Münster i/W. 5. Aufl. 891. — Namur. 892. — Bad Nauheim. 891. — Neisse. 891. — Neuberg. 893. — Bad Neuhaus bei Cilli in Untersteiermark. 894. — Neumünster. 891. — Neu-Ruppin. 891. — Neustadt a. d. Haardt. 892. — Neustadt in Oberschlesien. 891. — Neustadt a/d. Saale m. Bad Neuhaus. 891. — Neustettin. 891. — Der Niederwald. 891. — Nizza. 893. — Norden. 892. — Nordseebad u. Insel Norderney. 891. — Nördlingen. 891. — Northeim. 891. — Nürnberg. 19. Aufl. 894. — Ödenburg. 891. — Odenwald. 2. Aufl. 892. — Offenbach am Main. 3. Aufl. 891. — Olmütz. 4. Aufl. 891. — Osnabrück. 4. Aufl. 892. — Ossegg. 891. — Ostende. 891. — Pilsen. 2. Aufl. 891. — Pilsen (Plzni). (In böhm. Sprache.) 892. — Prag. 9. Aufl. 893. — Prenzlau. 894. — Pressburg. 4. Aufl. 892. — Raab (Györ). (In ungar. Sprache.) 893. — Radolfzell. 892. — Rappoltsweiler u. das Carolabad. 891. — Regensburg. 5. Aufl. 892. — Bad Reichenhall. 3. Aufl. 892. — Soolbad Rheinfelden (Schweiz). 2. Aufl. 891. — Riesa i. S. 892. — Rosenberg. 893. — Rothenburg o/T. 4. Aufl. 891. — Rotterdam. 892. — Die Insel Rügen. 891. — Salzbrunn. 2. Aufl. 892. — Salzburg m. Berchtesgaden u. Königsee. 9. Aufl. 893. — Salzerbad. 892. — Sangerhausen. 2. Aufl. 892. — St. Goar. 892. — St. Johann im Pongau, die Liechtensteinklamm u. das Hochgründeck. 892. — Schlangenbad. 891. — Schneeberg. 891. — Schweinfurt. 4. Aufl. 891. — Siebengebirge. 2. Aufl. 892. — Speyer. 5. Aufl. 891. — Der Starnberger See. 891. — Bad Stein in Krain. 893. — Stockholm. Von P. Wittmann. 892. — Stuttgart. 5. Aufl. 891. — Szegedin. (In ungar. Sprache.) 2. Aufl. 892. — Tangermünde. 892. — Tarnowitz. 891. — Der Tegernsee. 891. — Bad Teplitz-Schönau. 5. Aufl. 891. — Bad Thalkirchen b/München. 891. — Thorn. 891. — Tournay. 892. — Travemünde. Von E. Müller. 3. Aufl. 892. — Trencsin-Teplicz. (Auch in ungar. Sprache.) 2. Aufl. 892. — Triberg. 6. Aufl. 892. — Trimburg. 2. Aufl. 892. — Bad Veldes. Neue Ausg. 892. — Venedig. 7. Aufl. 891. — Verona. 4. Aufl. 891. — Vöslau. 891. — Waldsassen. 892. — Weimar. 3. Aufl. 891. — Wels. 4. Aufl. 894. — Die Nordseebäder Westerland u. Wenningstedt auf Sylt. 4. Aufl. 891. — Wiener-Neustadt. 893. — Berggebiet v. Wiener-Neustadt (Rosaliengebirge, Bucklige Welt, Pittenthal, Fischau, Hohe Wand). 893. — Wiesbaden. 14. Aufl. 894. — Bad Wildungen. 891. — Wilhelmshaven. 891. — Wismar. 6. Aufl. 891. — Wittenberg. 893. — Wörishofen. 4. Aufl. 892. — Zschopau. 891.

Woerl's Reisehandbücher. Baden in Wort u. Bild. Zur Reise u. zum Studium hrsg. v. Leo Woerl. gr. 16. (563 S. m. Illustr., Karten u. Plänen.) Würzburg 891. L. Woerl. Geb. in Leinw. n. 6. —

— dasselbe. Führer durch Berchtesgaden u. Umgebg. v. Rob. A. Pohl. gr. 16. (44 S. m. Illustr. u. 2 Karten.) Ebd. 892. n. 1. —

— dasselbe. Führer durch Chicago. gr. 16. (120 S. m. Illustr. u. 2 Plänen.) Ebd. 893. n. 1. —

— dasselbe. Führer durch Elberfeld u. Barmen. gr. 16. (54 S. m. 2 Plänen u. 2 Karten.) Ebd. 892. n. 1. —

— dasselbe. Führer durch Elsass-Lothringen, in die Vogesen u. zu den deutsch-französ. Schlachtfeldern. 2. Aufl. gr. 16. (125 S. m. Karten u. Plänen.) Ebd. 893. n. 1. —

— dasselbe. Führer durch das Fichtelgebirge. Mit Plänen, Illustr. u. Karten. gr. 16. (135 S.) Ebd. 891. n. 1. —

— dasselbe. Führer durch den Harz. 3. Aufl. gr. 16. (88 S. m. Karten u. Plänen.) Ebd. 893. n. 1. —

— dasselbe. Führer durch Hindelang u. Umgebung v. Karl A. Reiser. gr. 16. (87 S. m. 1 Karte.) Ebd. 892. n. 1. —

— dasselbe. Führer durch Hirschberg i. Schl. u. Umgebung v. Gust. Schneider. gr. 16. (66 S. m. Plan u. Karte.) Ebd. 893. n. 1. —

— dasselbe. Das Stahlbad Königswart. Ein Führer f. Kurgäste, bearb. v. A. Kohn. gr. 16. (28 S. m. Illustr., Plan u. Karte.) Ebd. 891. n. — 50

— dasselbe. Führer durch Konstantinopel u. Umgebung. 2. Aufl. gr. 16. (92 S. m. Abbildgn., Plan u. Karte.) Ebd. 891. n. 1. —

— dasselbe. Führer durch London u. Umgebung. gr. 16. (80 S. m. 1 Karte u. 1 Plan.) Ebd. 892. n. 1. —

— dasselbe. Führer durch Mittelfranken, die Hersbrucker u. Fränkische Schweiz. gr. 16. (107 S. m. Illustr., Karten u. Plänen.) Ebd. 891. n. 1. —

— dasselbe. Führer durch Mürzzuschlag am Semmering u. Umgebung. gr. 16. (48 S. m. Illustr., Plan u. Karte.) Ebd. 892. n. 1. —

— dasselbe. Führer durch Neapel u. Umgebung. 3. Aufl. gr. 16. (58 S. m. Illustr., 2 Karten u. 2 Plänen.) Ebd. 892. n. 1. —

— dasselbe. Das Neckarthal von Heidelberg bis Heilbronn u. seine Seitenthäler. 4. Aufl. gr. 16. (103 S. m. Abbildgn., Plänen, Karten u. 1 Panorama.) Ebd. 893. n. 1. —

— dasselbe. Führer durch Niederbayern. gr. 16. (93 S. m. Stadtplänen, Illustr. u. Spezialkarte d. Kreises.) Ebd. 891. n. 1. —

— dasselbe. Führer durch Oberbayern. gr. 16. (210 S. m. Stadtplänen, Illustr. u. Spezialkarten.) Ebd. 891. n. 1. —

— dasselbe. Führer durch Oberfranken. gr. 16. (88 S. m. Stadtplänen, Illustr. u. Spezialkarten.) Ebd. 891. n. 1. —

— dasselbe. Führer durch Oberpfalz, Regensburg u. den bayerischen Wald. gr. 16. (89 S. m. Illustr., Spezialkarten u. Stadtplänen.) Ebd. 891. n. 1. —

— dasselbe. Oberstdorf u. Umgebung. Führer im Allgäu. Bearb. v. Hans Modlmayr. 3., umgearb. Aufl. gr. 16. (115 S. m. 1 Abbildg., Plan, Panoramen u. Karten.) Ebd. 892. n. 1. —

— dasselbe. Führer durch Padua u. Umgebung v. A. Radovanovic. Mit Plan der Stadt, illustr. Karte v. Oberitalien u. Eisenbahnkarte. gr. 16. (35 S.) Würzburg 891. L. Woerl. n. 1. —

Woerl's Reisehandbücher. Führer f. die Pusterthal-Kärntnerbahn. gr. 16. (69 S. m. Plänen u. Karten.) Würzburg 891. L. Woerl. n. 1. —

— dasselbe. Die Insel Reichenau. Von Adf. Wehrle. gr. 16. (106 S. m. Abbildgn.) Radolfzell 892. Ebd. n. 1. —

— dasselbe. Reutte u. Umgebung. Führer durch das Lech-, Thannheimer- u. Vilsthal, bearb. v. Geo. Roggenhofer. gr. 16. (82 S.) Ebd. 893. n. 1. —

— dasselbe. Das Rheinthal von Mainz bis Köln u. seine Seitenthäler. Mit Spezial-Karten u. Plänen. 3. Aufl. gr. 16. (140 S.) Ebd. 892. n. 1. —

— dasselbe. Das Riesengebirge u. seine Vorgebirge. gr. 16. (122 S. m. Karten u. Plänen.) Ebd. 891. n. 1. —

— dasselbe. Führer durch Schwaben u. Neuburg. Mit Stadtplänen, Illustr. u. Specialkarte d. Kreises. gr. 16. (95 S.) Ebd. 891. n. 1. —

— dasselbe. Führer durch die Schwarzwaldbahn u. ihre Seitenthäler. 2. Aufl. gr. 16. (100 S. m. Abbildgn., Karten u. Plänen.) Ebd. 892. n. 1. —

— dasselbe. Führer durch Schweden. Bearb. v. P. Wittmann. gr. 16. (136 S. m. Plänen u. Karten.) Ebd. 893. n. 2. —

— dasselbe. Führer durch Sonneberg u. Umgebung. gr. 16. (30 S. m. Illustr., Plan u. 2 Karten.) Ebd. 892. n. 1. —

— dasselbe. Die jodhaltigen Kochsalzquellen d. klimatischen Höhenkurortes Sulzbrunn im Allgäu u. ihre Wirkungen v. Geo. Schrank. 1.—3. Aufl. gr. 16. (35 S. m. 1 Panorama, 1 Ansicht u. 1 Karte.) Ebd. 891. 892. n. — 50

— dasselbe. Führer durch Tetschen-Bodenbach u. Umgebung. gr. 16. (53 S. m. 2 Plänen.) Ebd. 893. n. 1. —

— dasselbe. Führer durch Thüringen. 4. Aufl. gr. 16. (93 S. m. Abbildgn. u. 9 Karten.) Ebd. 893. n. 1. —

— dasselbe. Führer durch Unterfranken u. Aschaffenburg. Mit Stadtplänen, Illustr. u. Spezialkarten. gr. 16. (148 S.) Ebd. 891. n. 1. —

— dasselbe. Führer durch die Vogesen. 2. Aufl. gr. 16. (125 S. m. Plänen u. Karten.) Ebd. 893. n. 1. —

— dasselbe. Zermatt u. Umgebung. Führer in die Walliser Alpen. gr. 16. (59 S. m. 1 farb. Karte.) Ebd. 891. n. 1. —

— Reisehandbücher. Führer durch nachsteh. Städte u. deren Umgebung. gr. 16. (M. Illustr., Plänen u. Karten.) Ebd. à n. — 50

In alphabetischer Ordnung:

Aachen. 8. Aufl. (32 S.) 898. — **Abbazia.** 4. Aufl. (48 S.) 898. — **Agram.** 4. Aufl. (22 S.) 897. — **Augsburg.** 12. Aufl. (29 S.) 896. — **Baden-Baden.** 12. Aufl. (32 S.) 897. — **Bamberg.** 8. Aufl. (44 S.) 898. — **Basel.** 4. Aufl. (31 S.) 897. — **Bayreuth.** 6. Aufl. (34 S.) 898. — **Berchtesgaden,** s.: Salzburg. — **Berg,** s.: Königsschlösser. — **Berlin.** 9. Aufl. (80 S.) 898. — **Bern.** 2. Aufl. (27 S.) 898. — **Bingen.** 3. Aufl. (35 S.) 898. — **Bonn.** 7. Aufl. (22 S.) 897. — **Die Insel Bornholm.** 2. Aufl. (48 S.) 898. — **Braunschweig.** 6. Aufl. (22 S.) 896. — **Bremen.** 11. Aufl. (56 S.) 898. — **Breslau.** 7. Aufl. (32 S.) 896. — **Brüssel.** 5. Aufl. (35 S.) 897. — **Budapest.** 4. Aufl. (51 S.) 896. — **Budweis.** 2. Aufl. (29 S.) 896. — **Chemnitz.** 4. Aufl. (22 S.) 897. — **Coblenz.** 8. Aufl. (20 S.) 895. — **Dänemark,** s.: Kopenhagen. — **Danzig.** 8. Aufl. (40 S.) 898. — **Davos.** 4. Aufl. (20 S.) 895. — **Dresden.** 15. Aufl. (124 S.) 898. — **Bad Driburg.** (28 S.) 898. — **Düsseldorf.** 8. Aufl. (18 S.) 897. — **Eisenach.** 6. Aufl. (40 S.) 897. — **Bad Ems.** 2. Aufl. (25 S.) 897. — **Essen.** 2. Aufl. (16 S.) 897. — **Fiume.** 6. Aufl. (46 S.) 898. — **Frankfurt a/M.** 25. Aufl. (94 S.) 898. — **Freiburg i/Br.** 10. Aufl. (50 S.) 898. — **Fürth.** 3. Aufl. (22 S.) 896. — **Gera.** 2. Aufl. (20 S.) 896. — **Gotha.** 2. Aufl. (24 S.) 898. — **Göttingen.** 2. Aufl. (20 S.) 898. — **Graz.** 8. Aufl. (24 S.) 897. — **Schwäb. Hall.** 2. Aufl. (31 S.) 897. — **Hamburg.** 8. Aufl. (35 S.) 896. — **Hannover.** 7. Aufl. (35 S.) 898. — **Heidelberg.** 18. Aufl. (31 S.) 897. — **Heringsdorf.** 3. Aufl. (35 S.) 898. — **Herrenchiemsee,** s.: Königsschlösser. — **Hohenschwangau,** s.: Königsschlösser. — **Jena.** 5. Aufl. (16 S.) 898. — **Inns-**

bruck. 11. Aufl. (28 S.) 898. — Jordanbad. 3. Aufl. (24 S.) 897. — Ischl. 4. Aufl. (34 S.) 897. — Karlsbad. 7. Aufl. (45 S.) 898. — Karlsruhe. 7. Aufl. (25 S.) 896. — Kassel u. Wilhelmshöhe. 9. Aufl. (47 S.) 898. — Kiel (einschliesslich Ostholstein). 5. Aufl. (56 S.) 896. — Koblenz, s.: Coblenz. — Köln. 18. Aufl. (56 S.) 898. — Königsberg i/Ostpr. 6. Aufl. (30 S.) 898. — Königsschlösser Herrenchiemsee, Hohenschwangau, Neuschwanstein, Linderhof u. Berg. 10. Aufl. (48 S.) 897. — Königsee, s.: Salzburg. — Kopenhagen m. kurzem Wegweiser f. Reisende in Dänemark u. Südschweden. (56 S.) 897. — Bad Kösen. 3. Aufl. (15 S.) 897. — Krakau. 5. Aufl. (18 S.) 897. — Lahr. 5. Aufl. (67 S.) 898. — Landshut a. d. Isar. 5. Aufl. (35 S.) 897. — Leipzig. 20. Aufl. (104 S.) 897. — Lindau am Bodensee. 3. Aufl. (25 S.) 898. — Linderhof, s.: Königsschlösser. — Lübeck. 6. Aufl. (16 S.) 896. — Luxemburg (Stadt u. Land). 4. Aufl. (30 S.) 898. — Luzern. 5. Aufl. (82 S.) 898. — Magdeburg. 5. Aufl. (33 S.) 896. — Mainz. 14. Aufl. (40 S.) 898. — Mannheim. 10. Aufl. (82 S.) 896. — Meiningen. 3. Aufl. (19 S.) 898. — Metz. 5. Aufl. (18 S.) 897. — Mülhausen i/E. 5. Aufl. (14 S.) 896. — München. 24. Aufl. (120 S.) 898. — Münster i/Westf. 7. Aufl. (29 S.) 896. — Neuhaus im Wienerwald. (21 S.) 897. — Neuschwanstein, s.: Königsschlösser. — Neuss u. Umgebung. (19 S.) 896. — Nürnberg. 21. Aufl. (30 S.) 897. — Ostholstein, s.: Kiel. — Passau. 3. Aufl. (23 S.) 898. — Pforzheim. 2. Aufl. (25 S.) 896. — Pilsen. 3. Aufl. (29 S.) 898. — Posen. 2. Aufl. (27 S.) 896. — Pozsony, s.: Pressburg. — Prag. 12. Aufl. (44 S.) 898. — Pressburg (Pozsony) (in ungar. Sprache). (28 S.) 896. — Regensburg. 9. Aufl. (44 S.) 897. — Riviera di Levante, s.: Sestri Levante. — Rostock. 2. Aufl. (24 S.) 898. — Bad Salzbrunn i/Schlesien. 3. Aufl. (25 S.) 898. — Salzburg mit Berchtesgaden u. Königsee. 12. Aufl. (42 S.) 898. — Sestri Levante (Riviera di Levante). (58 S.) 898. — Der Starnberger See. 2. Aufl. (28 S.) 898. — Stettin. 6. Aufl. (28 S.) 897. — Stralsund. 4. Aufl. (34 S.) 898. — Strassburg i/E. 14. Aufl. (29 S.) 898. — Stuttgart. 7. Aufl. (51 S.) 898. — Südschweden, s.: Kopenhagen. — Szegedin. (21 S.) 896. — Thorn. 3. Aufl. (20 S.) 897. — Trencsin-Teplicz in Oberungarn. 6. Aufl. (32 S.) 898. — Trier. 8. Aufl. (40 S.) 898. — Triest. 8. Aufl. (20 S.) 897. — Ueberlingen am Bodensee. (36 S.) 897. — Der königl. Hofgarten Veitshöchheim. 3. Aufl. (29 S.) 897. — Venedig. 10. Aufl. (44 S.) 898. — Weimar. 4. Aufl. (32 S.) 898. — Wien. 15. Aufl. (110 S.) 898. — Wiesbaden. 16. Aufl. (37 S.) 898. — Wilhelmshöhe, s.: Kassel. — Zürich. 6. Aufl. (22 S.) 897. — Zwickau. 4. Aufl. (26 S.) 898.

Woerl's, Leo, Reisehandbücher. Führer in den Bayrischen Wald u. durch Niederbayern. 2. Aufl. gr. 16. (93 S. m. Abb., Karten u. Plänen.) Leipzig 896. Woerl's Reisebücherverlag. n. 1. —

— dasselbe. Führer durch Genua u. d. Riviera. gr. 16. (62 S. m. Abb., 1 Plan u. 1 Karte.) Ebd. 898. n. 1. —

— dasselbe. Führer durch Nürnberg u. Fürth u. d. Umgebg. beider Städte. gr. 16. (28 u. 23 S. m. Abb., 2 Plänen u. 1 Karte.) Ebd. 896. n. 1. —

— dasselbe. Oberstdorf u. Umgebg. Führer im Algäu, bearb. v. Hans Modlmayr. 4., umgearb. Aufl. M. Karten u. Panoramen. gr. 16. (119 S.) Ebd. 897. n. 1. —

— dasselbe. Das Rheinthal v. Mainz bis Köln u. s. Seitenthäler. 8. Aufl. gr. 16. (140 S. m. 6 Plänen u. 4 Karten.) Ebd. 896. n. 1. —

— dasselbe. Führer durch Rhön u. Spessart u. d. mittl. Mainthal. 2. Aufl. gr. 16. (148 S. m. Abb., Karten u. Plänen.) Ebd. 896. n. 1. —

— dasselbe. Rom-Führer. Kleines Reisebuch f. Pilger nach d. ewigen Stadt. 3. Aufl. gr. 16. (III, 74 S. m. Illustr., 1 Plan u. 1 Karte.) Ebd. 896. n. 1. —

— dasselbe. Führer durch d. Salzkammergut. Nebst Karten, Plänen u. Illustr. 2. Aufl. gr. 16. (84 S.) Leipzig 898. Woerl's Reisebücherverlag. n. 1. —

Woerl's, Leo, Reisehandbücher. Führer durch d. Schwarzwald u. d. angrenz. Gebiete. Mit Plänen, Karten u. Illustr. gr. 16. (328 S.) Ebd. 898. n. 2. —

— dasselbe. Führer durch Tirol. gr. 16. (229 S. m. Karten, Plänen u. Panoramen.) Ebd. 896. n. 1. —

— dasselbe. Wildbad im Schwarzwald. E. Führer f. Kurgäste v. Wagner, rev. v. C. Haussmann. 6. Aufl. gr. 16. (94 S. m. 1 Abb., 1 Plan, 2 Grundrissen u. 1 Karte.) Ebd. 898. n. 1 —

— dasselbe. Wohin gehe ich in d. Sommerfrische? Ein Büchlein zu Nutz u. Frommen Aller, d. Erholg. suchen, hrsg. v. Leo Woerl. gr. 16. (120 S. m. Abb. u. 1 Karte.) Ebd. 898. n. — 50

Woerl's, Leo, Reisehandbücher. Führer durch nachstehende Städte u. deren Umgebung. (Mit Abbildgn., Plänen u. Karten.) gr. 16. Leipzig, Woerl's Reisebücher-Verlag. à n. — 50

In alphabetischer Ordnung:

Allenstein. (31 S.) (900.) — Allerheiligen im badischen Schwarzwald. Einst u. Jetzt. Von J. P. Scherer. 2. verm. Aufl. (101 S.) (900.) — Amsterdam. 3. Aufl. (54 S.) (901.) — Arco in Südtirol, Gardasee u. dessen Umgebung, nebst Führer durch Rovereto, Trient, Verona, Brescia u. Mantua. 2. Aufl. (56 S.) (901.) — Augsburg u. Umgebung. 13. Aufl. (44 S.) (899.) — Kurort Aussee, das Ausseer Thal u. die angrenzenden Gebiete Alt-Aussee, Grundlsee u. Hallstatt. 5. Aufl. (61 S.) (902.) — Baden-Baden. 13. Aufl. (50 S.) (900.) — Barmen. 4. Aufl. (72 S.) (902.) — Berchtesgaden. 3. Aufl. (64 S.) (901.) — Berlin. 10. Aufl. (160 S.) (901.) — Bernburg. 3. Aufl. (50 S.) (901.) — Bonn. 8. Aufl. (40 S.) (900.) — Bozen-Gries in Südtirol. 8. Aufl. (56 S.) (901.) — Bremen m. Bremerhaven. 12. Aufl. (110 S.) (901.) — Breslau u. Umgebung. 8. Aufl. (64 S.) 899. — Brieg (Bez. Breslau). (45 S.) (902.) — Brixen am Eisack u. Umgebg. (64 S.) 899. — Bad Brückenau. 3. Aufl. (36 S.) 899. — Brüssel. 6. Aufl. (62 S.) (902.) — Budapest. 5. Aufl. (92 S.) (900.) — Celle. 3. Aufl. (26 S.) (900.) — Coblenz. 9. Aufl. (80 S.) (901.) — Danzig. 9. Aufl. (58 S.) (901.) — Darmstadt u. Umgebung. 7. Aufl. (48 S. m. Vogelschaubild der Bergstrasse.) 899. — Donaueschingen. 3. Aufl. (42 S.) (902.) — Dortmund u. Umgebung. 4. Aufl. (48 S.) 899. — Dresden. 18. Aufl. (130 S.) (901.) — Eberbach am Neckar. 4. Aufl. (48 S.) (902.) — Eisenach. 7. Aufl. (48 S.) (900.) — Florenz. 2. Aufl. (67 S.) (901.) — Frankfurt a. M. 28. Aufl. (104 S.) (902.) — Frankfurt a. d. Oder u. Umgebg. 8. Aufl. (63 S.) 899. — Giessen. 3. Aufl. (34 S.) (900.) — Gleichenberg (Steiermark). 3. Aufl. (48 S.) (902.) — Goerz. 5. Aufl. (44 S.) (900.) — Halle a. S. 7. Aufl. (40 S.) (901.) — Hamburg-Altona m. Einschluss von Cuxhaven u. Helgoland. 10. Aufl. (118 S.) (902.) — Heidelberg. 20. Aufl. (70 S.) (901.) — Heilbronn u. Umgebung. 7. Aufl. (52 S.) 899. — Iglau. 2. Aufl. (25 S.) (902.) — Ilmenau. 2. Aufl. (56 S.) (901.) — Isny. 3. Aufl. (40 S.) (901.) — Karlsbad. 8. Aufl. (64 S.) (902.) — Karlsruhe u. Umgebung. 8. Aufl. (40 S.) 899. — Kassel u. Wilhelmshöhe. 10. Aufl. (64 S.) (900.) — Kiel (einschliesslich Ostholstein). 6. Aufl. (80 S.) (900.) — Bad Kissingen u. Umgebung. 11. Aufl. (84 S.) 899. — Kohlgrub-Bad u. Kohlgrub-Dorf im bayrischen Oberlande. Für Einheimische u. Gäste nach eigener Erfahrung zusammengestellt v. H. Baumgartner. (52 S.) (900.) — See-, Sol- u. Moorbad Kolberg. 5. Aufl. (18 S.) (902.) — Köln. 19. Aufl. (62 S.) (902.) — Königl. Hauptstadt Krakau. 6. Aufl. (38 S.) (902.) — Kufstein u. Umgebung. 3. Aufl. (72 S.) 899. — Bad Landeck i. Schl. 2. Aufl. (31 S.) (900.) — Bad Langenschwalbach u. das Ahrthal von Langenschwalbach bis Diez. 8. Aufl. (54 S.) (902.) — Leipzig. 25. Aufl. (206 u. 4 S.) (902.) — Drei Tage in Leipzig. Illustrierter Führer. (110 S.) (900.) — Bad Liebenstein. 9. Aufl. (25 S.) (900.) — Lindenfels. 3. Aufl. (36 S.) (902.) — Linz an der Donau. 8 Aufl. (47 S.) (901.) — Lübeck u. Umgebung. 7. Aufl. (36 S.) 899. — Lussinpiccolo u. die Insel Lussin. 3. Aufl. (36 S.) 899. — Mailand u. oberitalienische Seen. 6. Aufl. (71 S.) (901.) — Mannheim nebst Ausflügen nach Schwetzingen, Heidelberg, Speyer, Worms u. s. w. 12. Aufl. (60 S.) (902.) — Marienbad in Böhmen. 4. Aufl. (40 S.) (901.) — Miesbach. 2. Aufl. (51 S.) (901.) — Badeort Millstatt a. See in Kärnten (Oesterreich). Hrsg. vom Seebad Millstatt-Förderungsverein. 2. Aufl. (57 S.) (902.) — Mülheim a. d. Ruhr. 2. Aufl. (30 S.) (902.) — Bad Nauheim. 2. Aufl. (60 S.) (900.) — Neuenahr u. das Ahrthal. (44 S.) (902.) — Neuhaus im Wienerwald. Bahnstation Weissenbach-Neuhaus, Post- u. Telegraphenstation, öffentl. Telephon-Sprechstelle Neuhaus bei Weissenbach an der Tristing. 2. Aufl. (32 S.) 899. — Nürnberg. 25. Aufl. (114 S.) (902.) — Olmütz. 5. Aufl. (44 S.) (901.) — Weltausstellg. 1900 in Paris. (IV, 144 S.) (900.) — Bad Polzin. (63 S.) 899. — Kurort Pörtschach a/See in Kärnten (Oesterreich). 5. Aufl. (56 S.) (901.) — Posen. 3. Aufl. (48 S.) (900.) — Königl. Landeshauptstadt Prag. 14. Aufl. (81 S.) (902.) — Bad Pyrmont u. Umgebung. 5. Aufl. (44 S.) 899. — Regensburg. 10. Aufl. (53 S.) (901.) — Reichenberg. (88 S.) (900.) — Bad Reichenhall. 4. Aufl. (46 S.) (901.) — Reutlingen. 3. Aufl. (43 S.) (901.) — Rosenheim. 4. Aufl. (48 S.) (902.) — Saalfeld in Thüringen. (47 S.) (900.) — Bad Salzbrunn in Schlesien. 4. Aufl. (32 S.) (901.) — Sestri Levante (Riviera di Levante). Führer durch Ligurien von Recco bis Spezia. 2. Aufl. (61 S.) (901.) — Bad Soden am Taunus. Seine Heilmittel u. seine Indikationen. 5. Aufl. (39 S.) 899. — Speyer. 8. Aufl. (51 S.) (901.) — Stettin. 7. Aufl. (40 S.) (901.) — Strassburg i. E. 16. Aufl. (60 S.) (902.) — Bad Tölz-Krankenheil. 3. Aufl. (80 S.) (900.) —

Triest, nebst Führer durch die Bäder Grignano, Sistiana, Monfalcone u. Grado, sowie längs der istr. Küste bis Pola. 9. Aufl. (64 S.) (902.) — Venedig. 12. Aufl. (44 S.) (901.) — Warmbrunn. (45 S.) (902.) — Weimar. 7. Aufl. (104 S.) (901.) — Bad Wildungen. 19. Aufl. (51 S.) (901.) — Witten an der Ruhr. 3. Aufl. (86 S.) (901.) — Worms. 6. Aufl. (51 S.) (900.) — Würzburg. 16. Aufl. (158 S.) (902.) — Zell am See. 3. Aufl. (70 S.) (902.)

— dasselbe. Führer durch den Bayerischen Wald u. die angrenzenden Gebiete des Böhmerwaldes. 3. Aufl. gr. 16. (120 S. m. Abbildgn., Plänen u. Karten.) Ebd. (901). n. 1. —

Woerl's, Leo, Reisehandbücher. Illustrierter Führer durch das Erzgebirge. Mit Spezial-Karten u. Plänen. 3. neubearb. Aufl. gr. 16. (146 S.) Leipzig (902). Woerl's Reisebücher-Verlag. n. 1. —

— dasselbe. Rund um den Genfer See (Lac Léman). Ein Führer durch die Orte: Genf, Lausanne, Vevey, Montreux etc., nebst Ausflügen in die Umgebg. 7. Aufl. gr. 16. (78 S. m. Abbildgn., 2 Plänen u. 1 Karte.) Ebd. 903. n. 1. —

— dasselbe. Illustr. Führer durch den Harz m. Einschluss des Kyffhäuser-Gebirges. Mit Illustr., Karten u. Plänen. 5. Aufl. gr. 16. (178 S.) Ebd. (902). n. 1.—

— dasselbe. Helgoland. Eine Reise-Skizze v. Erzherzog Ludwig Salvator. Nebst kurzem Anhang: Verkehr, Aufenthalt u. hygien. Winke über Kuren auf Helgoland u. in den Nordseebädern. 2. Aufl. gr. 16. (54 S. m. Abbildgn., 6 farb. Taf. u. 1 farb. Karte.) Ebd. (901). n. — 50

— dasselbe. Führer durch Konstantinopel u. Umgebung. 3. Aufl. gr. 16. (128 S. m. Abbildgn. u. Plan.) Ebd. (901). n. 1. —

— dasselbe. Der Kurort Meran-Mais. Illustrierter Führer f. Kurgäste, hrsg. v. B. Mazegger. 2., neu durchgesch. Aufl. gr. 16. (XII, 132 S. m. 66 Illustr., 1 Plan u. 1 Karte.) Ebd. 899. n. 1. —

— dasselbe. Führer zum Passionsspiel in Oberammergau f. d. J. 1900. Nebst e. Führer durch München u. einigen Ausflügen ins oberbayer. Gebirge. 7. Aufl. gr. 16. (198 S. m. Abbildgn., 1 Plan u. 1 Karte.) Ebd. (900). n. 1. —

— dasselbe. Oberstdorf u. Umgebung. Führer im Allgäu. Verf. v. Hans Modlmayr. 6. verb. Aufl. Mit Plan von Oberstdorf, Kartenbeilagen, Panoramen u. Illustr. gr. 16. (150 S.) Ebd. (902). n. 1. —

— dasselbe. Kleiner Orientführer f. Reisende nach Unterägypten, Palästina u. Syrien. gr. 16. (248 S. m. 120 Abbildgn, 3 Plänen, 2 Karten u. 1 Panorama.) Ebd. (901). n. 2. —

— dasselbe. Führer nach Ost-Asien m. besond. Berücksicht. des deutschen Schutzgebietes v. Kiautschou. Mit 25 Illustr., 1 Seekarte u. 1 Karte des deutschen Schutzgebietes Kiautschou. gr. 16. (98 S.) Ebd. (901). n. — 50

— Führer durch Paris u. Umgebung. Mit Plan der Stadt, Karte v. Frankreich u. Illustr. 5. u. 6. Aufl. gr. 16. (à 262 S.) Ebd. (900). n. 1.—

— dasselbe. Ramleh. Die eleusin. Riviera bei Alexandrien (Aegypten). Als Einleitung: Wo liegt der pass. Winterkurort der Mittelmeerküsten? Eine Zeit- u. Streitfrage üb. Italien, die Rivieren, Madeira, Algerien u. Ramleh. Ein Führer u. ärztl. Wegweiser v. Carl Pecnik. Mit e. Beitrage v. G. Botti. gr. 16. (88 S. m. Abb.) Ebd. (900). n. 1. —

— dasselbe. Kleiner Rheinführer. Das Rheinthal von Mainz bis Köln u. seine Seitenthäler. Mit Spezialkarten u. Plänen. 9. Aufl. gr. 16. (174 S.) Ebd. (900). n. 1. —

— dasselbe. Kleiner Rom-Führer. 4. Aufl. 16. (108 S. m. Abbildgn., 1 Plan u. 1 Karte.) Ebd. 900. n. 1. —

— dasselbe. Illustr. Führer durch die Insel Rügen. Mit e. Karte der Insel Rügen u. e. (farb.) Plan von Stralsund. 3. Aufl. gr. 16. (95 S.) Ebd. (902). n. — 50

— dasselbe. Führer durch die sächs. Schweiz. 4. Aufl. gr. 16. (70 S. m. 2 Karten.) Ebd. (899). n. — 50

— dasselbe. Das Suldenthal und seine Berge. Ein Führer im Ortlergebiet. gr. 16. (78 S. m. Abbildgn. u. 1 Karte.) Ebd. (902). n. — 50

— dasselbe. Führer durch den Taunus. 5. Aufl. gr. 16. (134 S. m. Abbildgn., 1 Plan u. 3 Karten.) Ebd. (901). n. 1. —

— dasselbe. Thüringen u. das Kyffhäuser-Gebirge. 5. Aufl. gr. 16. (123 S. m. 8 Karten u. 7 Plänen.) Ebd. (900). n. 1. —

— dasselbe. Herbsttage in Venedig. Von H. Benjamin. gr. 16. (84 S. m. Abb. u. Plan.) Ebd. (902). n. — 50

Woerl's, Leo, Reisehandbücher. Illustr. Führer durch die k. k. Reichshaupt- u. Residenzstadt Wien u. Umgebung. 16. Aufl. gr. 16. (208 S. m. 100 Abbildgn. u. 2 Plänen.) Ebd. 902. n. 1.—

— dasselbe. Wildbad im Schwarzwald. Ein Führer f. Kurgäste v. Wagner, rev. v. C. Haussmann. Mit Plan v. Wildbad, Grundrissen der Badgebäude, Illustr. u. 1 Karte der Umgebg. 7. Aufl. gr. 16. (90 S.) Ebd. (902). n. 1.—

— Reisehandbücher. Illustrierte Führer m. Abbildgn., Karten u. Plänen. gr. 16. Ebd.

Aachen. 10. Aufl. (80 S.) 906. — 50
Amerika. Wegweiser durch Amerika f. Einwanderer, v. Emil Dorn. (VI, 136 S.) (904.) — 50
Aschaffenburg u. Spessart nebst Ausflügen in den östlichen Odenwald. 5. Aufl. (102 S.) (903.) 1. —
Aue i. Erzgeb. (34 S.) 906. — 50
Augsburg. 14. Aufl. (51 S.) (905.) — 50
Aussig. 3. Aufl. (64 S.) (903.) — 50
Baden bei Wien. 3. Aufl. (56 S.) (903.) — 50
Baden-Baden. 14. Aufl. (68 S.) 906. — 50
Bamberg, nebst e. Anh.: Ausflüge in die fränk. Schweiz. 9. Aufl. (78 S.) (905.) — 50
Basel. 5. Aufl. (64 S.) (903.) — 50
Bayreuth, nebst Ausflügen in das Fichtelgebirge u. die Fränkische Schweiz. 7. Aufl. (48 S.) 906. — 50
Berchtesgaden. 4. Aufl. (55 S.) (905.) — 50
Bergstrasse, Odenwald u. Neckarthal, m. Reiseplänen f. Radfahrer. Mit Vogelschaubildern der Bergstrasse u. vom Neckarthal. (196 S.) (903.) 1. —
Berlin. 11. Aufl. (170 S.) (904.) 1. —
Beuthen O.-S. u. Umgebung. 2. Aufl. (38 S.) (905.) — 50
Biebrich a. Rh. u. den ob. Rheingau. (64 S.) (904.) — 50
Bonn, nebst e. Führer durch das Siebengebirge. 8. Aufl. (68 S.) (905.) — 50
Brandenburg a. H. u. Umgebung. (47 S.) (905.) — 50
Braunschweig m. Einschluss v. Wolfenbüttel. 7. Aufl. (56 S.) (904.) — 50

Bremen m. Bremerhaven. 13. Aufl. (110 S.) (903.) — 50
Breslau. 10. Aufl. (84 S.) (903.) — 50
Brückenau, Bad, u. Umgebung. 4. Aufl. (32 S.) (905.) — 50
Brünn. 5. Aufl. (58 S.) (903.) — 50
Bückeburg. (34 S.) (906.) — 50
Budapest. 6. Aufl. (92 S.) (903.) — 50
Budweis, Kgl. Bergstadt, u. Umgebung, nebst e. Führer durch den unteren Böhmerwald u. e. Anh.: Radfahrtouren in die Umgebg. v. Budweis. 3. Aufl. (64 S.) (905.) — 50
Bukarest u. Rumänien. Verf. v. Karl Th. G. Lange. (124 S.) 906. 1. —
Coburg u. Umgebung, nebst e. Führer durch Lichtenfels u. Umgebg. 6. Aufl. (48 S.) (905.) — 50
Danzig u. Umgebung. 12. Aufl. (78 S.) (905.) — 50
Darmstadt, Residenzstadt, m. Ausflügen nach der Bergstrasse u. in den Odenwald. 8. Aufl. (70 S. m. 1 Panorama.) 906. — 50
Dessau m. Einschluss v. Cöthen, Zerbst etc. u. den herzogl. Garten zu Wörlitz. 3. Aufl. (59 S.) (903.) — 50
Dinkelsbühl u. Umgebung. (38 S.) (905.) — 50
Donauführer, kleiner illustr. Die Donau von Passau bis Budapest. 2. Aufl. (112 S.) (903.) 1. —
Dresden. 21. Aufl. (156 S.) (905.) — 50
Dürrenberg a. S., königl. Solbad, u. Umgebung. (32 S.) (905.) — 50
Dürrheim, Bad, (bad. Schwarzwald). 2. Aufl. (39 S.) 906. — 50
Düsseldorf. 10. Aufl. (98 S.) (903.) — 50
Eichstätt u. das Altmühltal. 2. Aufl. (54 S.) (905.) — 50
Eisenach. 8. Aufl. (62 S.) (904.) — 50
Elmen, Bad. 2. Aufl. (43 S.) (905.) — 50
Erfurt. 8. Aufl. (34 S.) (905.) — 50
Erlangen, nebst e. Ausflug durch die fränk. Schweiz. 7. Aufl. (64 S.) (905.) — 50
Fichtelgebirge. Mit Spezialführern durch die Städte Hof, Bayreuth, Eger u. Franzensbad. 3. Aufl. (76 S.) 905. 1. —
Fiume u. Umgebg., m. Berücksicht. v. Cirkvenica, der Plitvicer Seen u. der Inseln des Quarnero. 7. Aufl. (72 S.) (904.) 1. —
Frankfurt a. M. 39. Aufl. 350—365. Taus. (90 S.) (904.) — 50
Freiburg im Breisgau m. Einschluss der Höllentalbahn. 11. Aufl. (88 S.) 906. — 50
Freistadt (Oberösterreich). (43 S.) (904.) — 50
Fulda u. die Rhön m. Berücksicht. der Badeorte Kissingen u. Brückenau. 4. Aufl. (152 S.) (903.) 1. —
Genua u. längs der Riviera von Nizza bis Spezia. 3. Aufl. (110 S.) (904.) 1. —
Görz m. Ausflügen nach Monfalcone, Aquileja u. Grado, sowie noch der Adelsberger Grotte, nebst e. Beschreibg. der neuen Alpenbahn (Wocheinerbahn) von Assling bis Triest. 6. Aufl. (60 S.) 907. — 50
Graz u. Umgebung. 9. Aufl. (108 S.) 905. 1. —
Haag. 3. Aufl. (24 S.) (904.) — 50
Hagen i. Westf. 4. Aufl. (52 S.) (905.) — 50
Halle a. S. 8. Aufl. (47 S.) (904.) — 50
Hamburg, von, zum Nordkap u. nach Spitzbergen. Eine Nordlandfahrt an Bord der „Prinzessin Viktoria Luise". Geschildert v. Wilh. Frank. (110 S.) (904.) 1. —
Hamburg-Altona m. Einschluss v. Cuxhaven u. Helgoland. 11. Aufl. (120 S.) (906.) — 50
Hannover m. Einschluss von Hildesheim. 8. Aufl. (82 S.) (903.) — 50
Heidelberg, Universitätstadt, m. 1 Panorama. 21. Aufl. (76 S.) (904.) — 50
Höritz u. das Passionsspiel des Böhmerwaldes. Bearb. v. Karl Landsteiner. (40 S.) 903. — 50
Innsbruck u. Umgebung sowie für die Brennerbahn von Innsbruck bis Sterzing, nebst den lohnendsten Ausflügen in die Oetzthaler u. Stubaier Alpen. 12. Aufl. (78 S.) (903.) — 50
Italien. Mit Rundreisebillet durch Italien. Eine Reiseschilderg. m. Beschreibung der hauptsächlichsten Sehenswürdigkeiten der Hauptstädte Italiens, nebst prakt. Winken u. Reisevorschlägen. Allen Italienreisenden gewidmet von Ed. Mager. (282 S.) (903.) 2. —
Kanarischen Inseln, die. (72 S.) 906. 1. —
Karlsruhe m. Ausflügen nach Durlach, Ettlingen, Rastatt u. auf der Albtalbahn. 9. Aufl. (76 S.) 906. — 50
Kiel u. Umgebung, nebst Ausflügen in die holsteinische Schweiz. 7. Aufl. (100 S.) (905.) — 50
Königsberg in Ostpreussen, nebst Ausflügen nach den Ostseebädern Cranz, Neukuhren, Rauschen, Neuhäuser etc. u. nach den Masurischen Seen. 7. Aufl. (64 S.) (904.) — 50
Königsschlösser, die bayer., Herrenchiemsee, Hohenschwangau, Neuschwanstein, Linderhof u. Berg. 11. Aufl. (66 S.) (904.) — 50
Kopenhagen. Mit kurzem Wegweiser f. Reisende in Dänemark u. Südschweden. 3. Aufl. (126 S.) (904.) 1. —
Kulmbach. (52 S.) (906.) — 50
Lahnthal, das. Die Lahn von der Quelle bis zur Mündg. Mit Spezialführer durch Ems, Limburg, Wetzlar, Giessen, Marburg usw., nebst Ausflügen in den Westerwald. 3. Aufl. (78 S.) (904.) 1. —
Landshut an der Isar. (48 S.) (903.) — 50
Leipzig, nebst e. Führer durch die städt. Museen. 27. Aufl. 201—215. Taus. (216 S.) 906. — 50
London. 3. Aufl. (104 S.) (904.) 1. —
Lörrach u. das Wiesenthal. 2. Aufl. (80 S.) (903.) — 50
Lübeck, nebst Ausflügen in die Holstein. Schweiz. 9. Aufl. (79 S.) 906. — 50
Lussinpiccolo u. die Insel Lussin (Quarnero, österreichisches Küstenland). 4. Aufl. (42 S.) (904.) — 50
Lüttich u. Umgebung. 3. Aufl. (27 S.) (905.) — 50
Luxemburg. 5. Aufl. (76 S.) (904.) — 50
Luxemburg, Grossherzogt., nebst Reiseplänen f. Radfahrer u. Autler. (304 S.) (904.) 2. —
Magdeburg u. Umgebung. 7. Aufl. (86 S.) (905.) — 50
Mähr.-Ostrau, Industriegebiet. Verf. von Alois Schwarz. 5. Aufl. (108 S.) 906. 1. —
Mainz. 15. verm. u. verb. Aufl. (64 S.) (903.) — 50
Markt-Tarvis in Ober-Kärnten (Oesterreich), dessen Umgebung u. das Kanalthal. Verf. v. Joh. Siegel. Mit Panorama vom Luschariberge. (205 S.) 903. 1. —
Mölln i. Lbg. (47 S.) (903.) — 50
Mondorf, Bad, (Grossherzogt. Luxemburg) u. Umgebung. (31 S.) (905.) — 50
Moseltal, das, von Koblenz bis Tier, nebst e. Führer durch die Eifel. 3. Aufl. (108 S.) 905. 1. —
München, königl. Haupt- u. Residenzstadt, nebst einigen Ausflügen in das oberbayerische Gebirge. 27. Aufl. (182 S.) 906. 1. —
Münster in Westf. 8. Aufl. (48 S.) (904.) — 50
Neapel u. Umgebung. 5. Aufl. (104 S.) (903.) 1. —
Neustettin u. Umgebung. 2. Aufl. (46 S.) (905.) — 50
Niederwald. Zugleich ein Führer durch Bingen u. das Nahetal, m. Berücksicht. v. Rüdesheim, Assmannshausen, Bad Kreuznach, Münster am Stein usw. 4. Aufl. (94 S.) (904.) 1. —
Nürnberg. 26. Aufl. (128 S.) (906.) — 50
Oberbayerische Gebirge, das, u. die angrenz. Gebiete v. Tirol, Salzburg usw., nebst e. kurzen Führer durch München. 4. Aufl. (216 S.) 905. 1. —
Oberschlesische Industriegebiet, das, m. besond. Berücksicht. der Orte Kattowitz, Königshütte, Beuthen, Tarnowitz, Zabrze u. Gleiwitz. (104 S.) (904.) 1. —
Oberstdorf, Führer im Allgäu. Verf. v. Hans Modlmayr. 8. umgearb. u. verb. Aufl. (167 S. m. 2 Panoramen.) 906. 1. —
Osnabrück, nebst e. kurzen Führer durch den Teutoburger Wald von Ibbenbüren bis Detmold. 6. Aufl. (68 S.) (906.) — 50
Passau u. Umgebung, nebst Ausflügen in den bayer. Wald. 4. Aufl. (48 S.) (905.) — 50
Pörtschach a/See in Kärnten (Oesterreich). Kurort nebst Seebad. 6. Aufl. (80 S.) (906.) — 50
Prag. 15. Aufl. (94 S.) (904.) — 50
Pyrmont, Bad. 6. Aufl. (53 S.) (903.) — 50
Regensburg. 11. Aufl. (68 S.) (905.) — 50
Reichenhall, Bad. 5. Aufl. (56 S.) (904.) — 50
Rheinführer, kleiner. Das Rheintal von Mainz bis Köln u. seine Seitentäler. 10. Aufl. (176 S.) (904.) 1. —
Rom-Führer nebst kleinem Sprachführer. 5. Aufl. (V, 111 S. m. 1 Plan.) (903.) 1. —
Rotterdam m. Einschluss von Dordrecht, Haag, Scheveningen etc. 3. Aufl. (62 S.) (903.) — 50
Sachsen, das Königr., in Wort u. Bild. Mit Unterstützg. u. unter Mitarbeit zahlreicher Behörden etc. hrsg. (XV, 558 S.) (906.) Geb. in Leinw. 4. —
Sächsische Schweiz. 7. verb. u. verm. Aufl. (122 S.) 906. — 50
Salzburg u. Umgebung m. Berchtesgaden u. Königssee. 15. Aufl. (63 S.) (903.) — 50
Salzkammergut, das. 3. Aufl. (110 S.) (904.) 1. —
Schwäbisch-Gmünd. 3. Aufl. (51 S.) (903.) — 50
Semmering, nach u. auf dem, sowie durch Gloggnitz, Payerbach-Reichenau, Schottwien, Mürzzuschlag u. s. w. 4. Aufl. (80 S.) (905.) — 50
Stendal. 3. Aufl. (60 S.) (906.)
Strassburg i. Els. nebst Ausflügen in die Nord-Vogesen. 16. Aufl. (86 S.) (906.) — 50
Stühlingen. (40 S.) 907. — 50
Stuttgart m. Einschluss von Cannstatt, Esslingen, Ludwigsburg u. Marbach a. N. 8. Aufl. (93 S.) (904.) n. — 50
Teplitz-Schönau, Kurort. 8. Aufl. (53 S.) (904.) — 50
Thorn. 4. Aufl. (44 S.) (903.) — 50
Thun u. Thunersee. (53 S.) (904.) — 50
Thüringen u. das Kyffhäuser-Gebirge. Mit Anh.: Tourenvorschläge u. Radfahrtouren. 6. Aufl. (148 S.) (906.) 1. —
Tirol u. die angrenz. Gebiete. (326 S.) 906. 1. —
Trier u. Umgebung. 9. Aufl. (62 S.) (905.) — 50
Ueberlingen am Bodensee. 4. Aufl. (46 S.) 906. — 50
Venedig. 14. Aufl. (56 S.) (905.) — 50
Weimar. 8. Aufl. (108 S.) (906.) — 50
Wien. 17. Aufl. (XIV, 228 S.) (906.) — 50
Wiener-Neustadt, nebst e. Führer auf der Schneeberg-Bahn. 2. Aufl. (76 S.) (904.) — 50
Wiesbaden, Reg.-Bez.-Hauptstadt. 19. Aufl. (76 S.) 906. — 50
Wiesbadens Umgebung. 300 Ausflüge. Vorschläge zu Fusswandergn. ins Rhein-, Main- u. Lahntal, in den Taunus, Westerwald, Spessart, Odenwald u. auf den Donnersberg, nebst Radtouren v. Wiesbaden aus. (108 S.) 906. — 50
Wildungen, Bad. 20. Aufl. (51 S.) 906. — 50
Wismar. 7. Aufl. (51 S.) (904.) — 50
Zürich. 8. Aufl. 20.—25. Taus. (66 S.) (904.) — 50

Woerl's, Leo, Reisehandbücher. Illustrierter Führer m. Karten u. Plänen. kl. 8. Leipzig, Woerl's Reisebücher-Verl.

Abbazia—Lovrana u. Umgebg., m. Ausflügen nach der Adelsberger Grotte u. nach d. Grotten v. St. Canzian. 6. Aufl. (63 S.) 910. — 50
Agram u. Umgebung, nebst Ausflügen nach den Badeorten Krapina-Töplitz, Rohitsch-Sauerbrunn u. Warasdin-Töplitz, sowie nach den Plitvicer Seen. 5. Aufl. (58 S.) 907. — 50
Alexanderbad (Stahl-, Moor- u. Fichtennadelbad, Anstalt f. physikal. Heilmethoden, Erholungsaufenthalt u. Sommerfrische) u. Umgebung. 3. Aufl. (38 S.) 908. — 50

Amrum. Ein Führer nach u. auf der Insel. Zugleich e. Wegweiser durch d. Nordseebäder Norddorf, Satteldüne, Wittdün, Steenodde u. Nebel. (68 S.) (907.) — 50

Amsterdam u. Umgebung, m. Einschluss v. Haarlem, Utrecht u. Leyden u. der Badeorte Zondvoort u. Wijk aan Zee. 4. Aufl. (VII, 78 S.) 908. 1. —

Antwerpen u. Umgebung. 6. Aufl. (VIII, 84 S.) 909. — 50

Arco u. Riva sowie rings um den Gardasee, m. Einschluss der Städte Rovereto, Trient, Verona, Brescia u. Mantua. 3. Aufl. (74 S.) 908. 1. —

Aussee, das Ausseer Tal u. die angrenzenden Gebiete (Alt-Aussee, Grundlsee u. Hallstatt). 6. Aufl. (69 S.) 909. — 50

Aussig u. Umgebung m. Ausflügen in d. böhmische Mittelgebirge u. ins Erzgebirge. 4. Aufl. (70 S.) 910. — 50

Baden bei Wien, der Kurort u. Umgebung, nebst Ausflügen in den Wienerwald. 4. Aufl. (80 S.) 908. — 50

Bayerischer Wald u. Böhmerwald. 4. Aufl. (116 S.) 910. 1. —

Berlin, Charlottenburg u. Umgebung nebst e. Ausflug nach Potsdam. 14. Aufl. (176 S.) 909. 1. —

Bochum u. Umgebung. 3. Aufl. (42 S.) 908. — 50

Bodensee, der, u. seine Ufer. Ein Führer rund um das schwäb. Meer. (160 S.) 908. 1. —

Bonn u. Umgebung nebst e. Führer durch das Siebengebirge. 9. Aufl. (76 S.) 910. — 50

Bozen—Gries in Südtirol u. Umgebg. (Ritten, Mendel, Welschnofen-Karersee usw.), nebst Beschreibg. der Dolomitenstrasse von Bozen bis Cortina d'Ampezzo. 4. Aufl. (78 S.) 909. — 50

Braunschweig u. Umgebg., m. Einschluss v. Wolfenbüttel. 8. Aufl. (64 S.) 910. — 50

Bremen u. Umgebung m. Einschluss der Unterweserstädte Geestemünde, Bremerhaven u. Lehe nebst Ausflügen nach Oldenburg sowie nach den Nordseebädern: Wangerooge, Spiekeroog, Langeoog, Norderney, Juist, Borkum und nach der Insel Helgoland. 14. Aufl. (158 S.) 908. 1. —

Bremerhaven, Geestemünde, Lehe, die Unterweserstädte u. Umgebung, nebst Ausflügen nach d. Nordseebädern: Wangerooge, Spiekeroog, Langeoog, Norderney, Juist, Borkum u. nach der Insel Helgoland. 3. Aufl. (62 S.) 908. — 50

Breslau. 11. Aufl. (120 S.) (907.) — 50

Brixen am Eisack u. Umgebg. 6. Aufl. (55 S.) 908. — 50

Brückenau, Bad, u. Umgebung. Neu bearb. m. bes. Berücksicht. der Kurmittel u. der näheren Umgebung des Bades v. Conr. Schneider. 5. Aufl. (60 S.) 909. — 50

Brüssel u. Umgebung. 8. Aufl. Nebst: Die Welt-Ausstellg. Brüssel 1910. (86 u. 7 S.) 910. — 50

Budapest, die Königl. Haupt- u. Residenzstadt, und Umgebung, nebst Katalogen der Museen. 7. Aufl. (136 S.) 908. — 50

Cassel m. Wilhelmshöhe, nebst e. Katalog d. Gemäldegalerie. 11. Aufl. (72 S.) (907.) — 50

Chemnitz u. Umgebung. 5. Aufl. (62 S.) 908. — 50

Crefeld u. Umgebung. 4. Aufl. (40 S.) 909. — 50

Dresden, die Haupt- u. Residenzstadt, sowie Beschreibung der lohnendsten Ausflüge in die Umgebg. 23. Aufl. (172 S.) 909. — 50

Düsseldorf. 11. Aufl. (94 S.) (907.) — 50

Eisenach m. der Wartburg u. Umgebung. 10. Aufl. (76 S.) 910. — 50

Eisenberg (S.-A.) u. Umgebung (Mühltal, Klosterlausnitz usw.) (36 S.) 909. — 50

Elberfeld u. Umgebung. 9. Aufl. (80 S.) 910. — 50

Erzgebirge, das sächsische u. böhmische, sowie das böhmische Mittelgebirge links der Elbe. 4. Aufl. (124 S.) 909. 1. —

Essen u. Umgebung nebst Beschreibung der Krupp'schen Gussstahlfabrik. 3. Aufl. (60 S.) 909. — 50

Fiume u. Umgebung m. Berücksicht. v. Cirkvenica nebst Ausflügen nach den Plitvicer Seen u. d. Inseln des Quarnero. 8. Aufl. (64 S.) 910. — 50

Frankfurt a. M. u. Umgebg. 31. Aufl. (124 S.) 909. — 50

Frankfurt a. d. Oder u. die weitere Umgegend. 9. verm. u. verb. Aufl. (106 S.) 908. — 50

Franzensbad, Kurort u. Umgebung m. Einschluß von Eger. 7. Aufl. (70 S.) 908. — 50

Gastein, das Bad u. das Gasteiner Tal. 5. Aufl. (64 S.) (907.) — 50

Genua u. längs der Riviera von Nizza bis Spezia. 4. Aufl. (122 S.) 908. 1 —

Gera u. Umgebung m. Ausflügen nach Klosterlausnitz u. Eisenberg, sowie nach Greiz, Elsterberg u. in die Vogtländische Schweiz (Rentzschmühle, Barthmühle, Jocketa usw.). 3. Aufl. (60 S.) (907.) — 50

Giessen u. Umgebung m. Ausflügen nach Wetzlar u. Marburg sowie nach dem Vogelsberg. 4. Aufl. (64 S.) 910. — 50

M. Gladbach u. Umgebung. 4. Aufl. (37 S.) 909. — 50

Göttingen, die Universitätsstadt u. Umgebung. 3. Aufl. (44 S.) 909. — 50

Hall, Jod-Sol-Bad, in Oberösterreich u. Umgebg. (63 S.) 908. — 50

Halle a. S. u. Umgebung m. Einschluss v. Merseburg u. Lauchstedt. 9. Aufl. (62 S.) 909. — 50

Hamburg-Altona u. Umgebung m. Einschluss von Cuxhaven u. Helgoland. 12. Aufl. (142 S.) 909. — 50

Hanau u. Umgebung m. Einschluss von Gelnhausen. 7. Aufl. (76 S.) 910. — 50

Hannover, die Kgl. Haupt- u. Residenzstadt, u. Umgebung m. Einschluss v. Hildesheim u. Umgebg. 9. Aufl. (94 S.) 908. — 50

Harz m. Einschluss des Kyffhäuser-Gebirges nebst e. Anh.: Tourenvorschläge f. Radfahrer. 6. Aufl. (134 S.) 909. 1. —

Heidelberg. 22. Aufl. (76 S.) (907.) — 50

Jena, Universitätsstadt, u. Umgebung, nebst e. Wanderung durch das Saaletal von Camburg bis Orlamünde. 6. Aufl. (58 S.) 909. — 50

Innsbruck, Landeshauptstadt, u. Umgebung (Stubaital, Igls, Hall usw.) sowie die Brennerbahn v. Innsbruck bis Sterzing, nebst d. lohnendsten Ausflügen in die Oetztaler, Stubaier u. Zillertaler Alpen. 14. Aufl. (112 S.) 909. — 50

Insterburg, nebst e. Führer durch das masur. Seengebiet. 3. Aufl. (48 S.) 907. — 50

Jordanbad u. Umgebung. Hrsg. v. den Ärzten des Jordanbades. 4. Aufl. (46 S.) 908. — 50

Karlsbad u. Umgebung. 9. Aufl. (62 S.) 908. — 50

Kiel u. Umgebung nebst Ausflügen in die holsteinische Schweiz. 8. Aufl. (VIII, 102 S.) 908. — 50

Kirn a. d. Nahe u. Umgebung. Zugleich e. Führer durch das mittlere Nahetal. (154 S.) (907.) — 50

Kissingen, Bad, u. Umgebung m. Einschluss v. Bad Bocklet u. Bad Brückenau. 12. Aufl. (94 S.) 908. — 50

Köln u. Umgebung. 20. Aufl. (88 S.) 908. — 50

Königsberg i. Pr. u. Umgebung, nebst Ausflügen nach den Ostseebädern: Cranz, Neukuhren, Rauschen u. Neuhäuser, sowie nach den Masurischen Seen. 8. Aufl. (84 S.) 908. — 50

Königsschlösser, bayerische. Berg am Starnberger See, — Linderhof, — Hohenschwangau u. Neuschwanstein, nebst Führer durch Füssen u. Umgebung m. Ausflügen in die Vilser u. Tannheimer Berge, nach Garmisch-Partenkirchen u. Mittenwald, ins Karwendel- u. Wettersteingebirge, zum Kochel- u. Walchensee, nach Oberammergau usw. 12. Aufl. (94 S.) 910. — 50

Konstantinopel u. Umgebg. 4. Aufl. (118 S.) 910. 1. —

Kopenhagen u. Umgebung. Mit kurzem Wegweiser f. Reisende in Dänemark u. Südschweden sowie Ausflügen nach den Inseln Møen u. Bornholm. 4. Aufl. (142 S.) 908. 1. —

Kösen, Bad, m. Einschluss v. Rudelsburg u. Schulpforta sowie e. Ausflug nach Naumburg u. Umgebg. 4. Aufl. (62 S.) 908. — 50

Kufstein u. Umgebung. 4. Aufl. (68 S.) (907.) — 50

Leipzig u. Umgebung, nebst e. Führer durch die städt. Museen. 28. Aufl. (253 S.) 909. — 50

— Spaziergänge durch die Umgegend Leipzigs im Anschluss an die Leipziger Aussenbahn. (15 S.) (907.) — 10

— im Universitäts-Jubiläumsj. 1909. (LVI, 222 S.) 909. 1. —

Lindau u. Bregenz, die Städte am Bodensee u. deren Umgebung, nebst Ausflügen in den Bregenzer Wald sowie m. Benutzung der Arlbergbahn. 6. Aufl. (80 S.) 908. — 50

Linz a. d. Donau u. Umgebung nebst Beschreibung e. Donaufahrt v. Passau nach Wien. 9. Aufl. (86 S.) 910. — 50

Lissabon nebst kurzen Anmerkungen üb. Portugal. Bearb. v. Luise Ey. (134 S.) 908. 1. —

London, nebst e. Ausflug nach der Insel Wight. 4. Aufl. (109 S.) 907. 1. —

Lourdes, Gnadenort, nebst e. Übersicht der Reise durch die Schweiz, Südfrankreich üb. Lyon u. nach Paray le Monial. Von Karl Landsteiner. 2., gänzlich umgearb. Aufl. (55 S.) 908. — 50

Ludwigshafen a. Rh. u. Umgebung. Bearb. vom Verkehrs-Verein Ludwigshafen a. Rh. 2. Aufl. (40 S.) 909. — 50

Lussinpiccolo-Cigale, Lussingrande u. die Insel Lussin (Quarnero, österreichische Riviera). 5. Aufl. (54 S.) 909. — 50

Mailand u. Umgebung (Certosa di Pavia usw.) u. oberitalienische Seen (Comer See, Luganer See, Lago Maggiore), m. Anh.: Praktische Winke f. Italienreisende. 7. Aufl. (VI, 96 S.) 909. — 50

Mainz u. Umgebung, nebst e. Rheinfahrt von Mainz bis Bingen (Niederwald). 17. Aufl. (94 S.) 908. — 50

Marienbad. 5. Aufl. (52 S.) (907.) — 50

Meran m. den Kurgemeinden Ober- u. Untermais u. Gratsch, nebst Ausflügen in die Umgebung u. m. Benutzung der Vintschgaubahn. 3. Aufl. (91 S.) 908. — 50

Mülhausen i. Els. u. Umgebung, nebst Ausflügen in die Süd-Vogesen. 6. Aufl. (51 S.) 909. — 50

München u. Umgebung, m. den Katalogen der Museen u. Sammlgn., nebst Beschreibg. einiger Ausflüge in das oberbayr. Gebirge u. nach den bayr. Königsschlössern: Herrenchiemsee, Hohenschwangau, Neuschwanstein, Linderhof u. Schloss Berg. Mit Stadtplan v. München, 1 Karte v. oberbayr. Gebirge u. 45 Abb. 29. Aufl. (190 S.) 910. 1. —

Münster i. Westf. u. Umgebung. 9. Aufl. (60 S.) 908. — 50

Neustadt in Oberschlesien u. Umgebung m. Ausflügen in die Sudeten. 2. Aufl. (46 S.) (907.) — 50

Neustadt a. S. u. Bad Neuhaus a. S. u. Umgebung. 2. Aufl. (52 S.) 908. — 50

Nordkap. Hinauf ins Land des ewigen Eises. Eine Nordlandfahrt von Hamburg zum Nordkap u. nach Spitzbergen, sowie nach den Färöern u. Island. Reiseschilderung v. Reichst.-Abg. Wilh. Frank. 2. verb. u. verm. Aufl. (140 S.) 908. 1. —

Nürnberg u. Umgebung. 27. Aufl. (114 S.) 909. — 50
Oberammergau. Passionsspiel in Oberammergau f. d. J. 1910. Nebst e. kurzen Führer durch München u. Beschreibg. einiger Ausflüge ins Oberbayr. Gebirge. 8. Aufl. (168 S.) 910. 1. —
Oberbayern. Zwölf Ferienreisen nach Oberbayern u. Tirol nebst angrenzenden Gebieten: Salzburg, Salzkammergut, Kärnten, Ostschweiz (Engadin) u. den oberitalien. Seen. Prakt. Winke u. Ratschläge f. Alpenreisende. Von Elisab. Graue. (196 S.) (907.) 1. —
Oberstdorf u. Umgebung. Führer im Allgäu. Verf. v. Hans Modlmayr. 9. verb. Aufl. (167 S. m. 9 Panoramen.) 909. 1. —
Ostende u. die übrigen belgischen Seebäder: Blankenberghe, Heyst, Knokke, Mariakerke, Middelkerke u. Nieuport nebst Ausflügen nach Brügge u. Ypern, u. e. Anh.: Hygienische Winke üb. Kuren in den Nordseebädern. 3. Aufl. (64 S.) (907.) — 50
Paris u. Umgebung. 8. Aufl. (253 S.) 910. 1. —
Pörtschach, Kurort, a. See (Kärnten, Österreich), nebst Ausflügen rings um den Wörther See. 7. Aufl. (94 S.) 908. — 50
Prag. 16. Aufl. (92 S.) (907.) — 50
Regensburg u. Umgebung nebst e. Beschreibung der Walhalla u. der Befreiungshalle bei Kelheim. 12. Aufl. (94 S.) 910. — 50
Reichenberg u. Umgebung m. Ausflügen in das Jeschken- u. Isergebirge. 2. Aufl. (94 S.) 909. — 50
Reichenhall, Bad, u. Umgebung. 6. Aufl. (60 S.) 908. — 50
Rheinpfalz u. die angrenzenden Gebiete. 3. Aufl. (138 S.) (907.) 1. —
Rheintal, das, von Mainz bis Köln u. seine Seitentäler. 11. Aufl. (198 S.) 908. 1. —
— Rhein u. Rheinschiffahrt. 2., verm. u. verb. Aufl. (112 S.) 910. 1. —
Riesengebirge, das, u. seine Nachbargebirge. Bearb. v. Siegfr. Beck. 3. Aufl. (251 S.) (907.) 1. —
Rom, das, der Kunst. Ein kurzer Cicerone v. Ernst Alves. Kommentar zu Woerl's illustr. Rom-Führer. (72 S.) (907.) — 50
— Plan der Stadt Rom. 5. Aufl. 1:11100. 42×55,5 cm. Mit alphabet. Verzeichnis der Strassen, Plätze, Sehenswürdigkeiten usw. (16 S.) 16. 910. — 50
Rothenburg o. d. Tauber u. das Taubertal v. Rothenburg bis Wertheim. 5. Aufl. (54 S.) 909. — 50
Rotterdam u. Umgebung, m. Einschluss v. Dordrecht, Haag, Scheveningen usw. 4. Aufl. (68 S.) 909. — 50
Sachsen, das Königr., in Wort u. Bild. Mit Unterstützg. u. unter Mitarbeit zahlr. Behörden etc. hrsg. (Volks-[Titel-]Ausg.) (XV, 558 S.) [906] 909. 1. —
Sächsische Schweiz nebst e. kurzen Wegweiser durch Dresden u. Umgebung. 8. verb. u. verm. Aufl. (117 S.) 909. — 50
Salzburg m. Hallein, Gollin, Berchtesgaden u. Königssee. 16. Aufl. (92 S.) (907.) — 50
Salzkammergut u. die angrenzenden Gebiete m. Einschluss v. Salzburg, Hallein u. Golling. 4. Aufl. (112 S.) (907.) 1. —
Sauerland, das, m. Berücksicht. der Städte Hagen, Altena, Arnsberg, Iserlohn u. Lüdenscheid. (99 S.) 908. 1. —
Schweiz. Durch die Schweiz in 14 Tagen. Zugleich e. Führer f. Benutzer d. Eisenbahn-Generalabonnements. (324 S.) 910. 1. 50
Semmering. Nach u. auf d. Semmering, sowie durch Gloggnitz, Payerbach-Reichenau, Schottwien, Mürzzuschlag u.s.w. m. e. Anh.: Der Semmering als Winterstation u. e. Übersicht d. Wegmarkiergn. im Semmeringgebiet. 5. Aufl. (96 S.) 910. — 50
Sestri-Levante (Riviera di Levante) u. seine Umgebung. Führer durch Ligurien von Recco bis Spezia. 3. Aufl. (70 S.) 909. — 50
Stettin u. Umgebung nebst Ausflügen nach d. Ostseebädern auf den Inseln Usedom u. Wollin: Zinnowitz, Bansin, Heringsdorf, Ahlbeck, Swinemünde, Misdroy, Ost-Dievenow usw. 8. Aufl. (68 S.) 908. — 50
Stralsund u. Umgebung sowie die Universitätsstadt Greifswald nebst Ausflügen nach den Ostseebädern Prerow, Zingst, Devin, Lubmin u. nach d. Insel Rügen. 5. Aufl. (68 S.) 909. — 50
Strassburg i. E. u. Umgebg. 17. Aufl. (72 S.) 909. — 50
Stuttgart, die Haupt- u. Residenzstadt u. Umgebg., m. Einschluss v. Cannstatt, Esslingen, Ludwigsburg u. Marbach a. N. 9. Aufl. (96 S.) 909. — 50
Taunus, zugleich e. Wegweiser durch die Kurorte: Homburg v/H., Bad Nauheim, Bad Soden, Wiesbaden, Schlangenbad u. Langenschwalbach, nebst e. kurzen Führer durch Frankfurt a. M. 6. Aufl. (124 S.) 909. 1. —
Tölz, Bad, m. den Krankenheiler Jodquellen u. Umgebg. 4. Aufl. (92 S.) 909. — 50
Triberg, der Höhenluftkurort u. Wintersportplatz im Schwarzwald u. Umgebung. 8. Aufl. (54 S.) 909. — 50
Triest u. Umgebung m. Einschluss v. Monfalcone, Aquileja u. Grado, sowie längs d. istrischen Küste bis Pola, nebst e. Ausflug in die Grottenwelt d. Karstes, speziell nach St. Canzian u. der Adelsberger Grotte. 11. Aufl. (96 S.) 910. — 50
Venedig. 15. Aufl. (58 S.) 908. — 50
Vogesen zugleich e. Wegweiser durch d. Städte Strassburg, Colmar u. Mülhausen i. E. 4. Aufl. (156 S.) 909. 1. —
Weimar u. Umgebung. 10. Aufl. (90 S.) 909. — 50
— Der alte Friedhof vom J. 1818. Die Begräbnisstätte aus Weimars Glanzzeit. Mit e. Spezialkarte v. J. 1907 nach eigener Aufnahme, e. Namensregister, sowie zahlreichen biograph. u. sonst. Notizen versehen u. zusammengestellt v. Guido Schnaubert. (104 S.) (907.) — 50
Wien, die Reichs-Haupt- u. Residenzstadt u. Umgebg. 18. Aufl. (XV, 213 S.) 909. 1. —
Wiener-Neustadt u. Umgebung nebst e. Führer auf der Schneeberg-Bahn. 3. Aufl. (78 S.) 908. — 50
Wilhelmshaven, der Reichskriegshafen u. Umgebg. nebst Ausflügen nach Oldenburg sowie nach d. Nordseebädern: Wangerooge, Spiekeroog Langeoog, Norderney, Juist, Borkum u. nach der Insel Helgoland, nebst Anh.: Hygienische Winke üb. Kuren in den Nordseebädern. 3. Aufl. (86 S.) 908. — 50
Windsheim u. d. Aischtal. Verf. v. städt. Rechnungsführ. Matthäus Geuder. (66 S.) 908. — 50
Wismar, die Seestadt u. die mecklenb. Ostseebäder: Boltenhagen, Alt-Gaarz, Arendsee, Brunshaupten, Heiligendamm, Nienhagen u. Warnemünde. 8. Aufl. (66 S.) 910. — 50
Wittenberg, d. Lutherstadt. 2. Aufl. (70 S.) (907.) — 50
Würzburg u. Umgebung. 18. Aufl. (110 S.) 910. — 50
Zell am See u. Umgebung. Mit Ausflügen im Pinzgau (Salzachtal, Kaprunertal, Fuscher Tal, Rauriser Tal, Gasteiner Tal, Liechtenstein-Klamm usw.) u. Beschreibg. e. Besteigg. d. Grossglockner. 4. Aufl. (68 S.) 910. — 50
Zürich u. Umgebung. 9. Aufl. (80 S.) 908. — 50
Zwickau in Sachsen u. Umgebung, m. Ausflügen in das westliche Erzgebirge u. nach der Vogtländischen Schweiz. 5. Aufl. (64 S.) 910. — 50

Woerl, Leo., Reise-Kompaß. Wegweiser f. Reisen nach den besuchtesten Teilen der Erde nebst e. Zusammenstellg. der einschlägigen Woerl'schen Reiseführer ꝛc., nach Ländern, Gegenden u. Städten geordnet. Dem reis. Publikum dargeboten. (133 S. m. 2 Karten.) gr. 8. Leipzig (903). Woerl's Reisebücherverl. n. — 50

Woerl's Reise-Lexicon. Deutsch-Englisch und Englisch-Deutsch von F. E. Feller. 2 Thle. in 1 Bd. 16. (425; 504 S.) Würzburg 882, Woerl. geb. 3 —

—— dass. — Deutsch-Französisch und Französisch-Deutsch von F. E. Feller. 2 Thle. in 1 Bd. 16. (377; 543 S.) Ebendas. 882. geb. 2 25

—— dass. — Deutsch-Italienisch und Italienisch-Deutsch von F. E. Feller. 2 Thle. in 1 Bd. 16. (409; 532 S.) Ebendas. 882. geb. 3 —

(Woerl, Leo.) Rheinführer. Von Constanz bis zur holländischen Grenze. ([Hrg. von] Leo Woerl.) Mit 4 Karten und 15 Stadtplanen. 8. Würzburg, Wien (1883).
Woerl's Reisehandbücher

(Woerl, Leo.) Die Rheinlande und die anstossenden Gebiete vom Bodensee bis zur holländischen Grenze. ([Hrg. von] Leo Woerl.) Mit 1 Rheinpanorama, 1 Karte von Mitteleuropa, 1 Eisenbahnkarte von Deutschland, 1 Karte des besprochenen Gebiets (Rheinlande), 15 Stadtplänen, 19 Routenkarten, Grundrissen der hervorragenden Kirchen und 3 Ansichten des Frankfurter Palmen- und Zoologischen Gartens [auf 1 Tafel]. 8. Würzburg (1879).
Woerl's Reisehandbücher.

Woerl, Leo. Rund um den Genfer See <Lac Léman>. Ein Führer durch die Orte: Genf, Lausanne, Vevey, Montreux etc., nebst Ausflügen in die Umgebung. Hrg. von Leo Woerl. Mit Plänen von Genf und Lausanne, Illustrationen und einer Karte vom Genfer See. 7. Aufl. 80 + *Inserate* [16] + 32 S. 8. Leipzig, Woerl's Reisebücherverlag, 1903. (M. 1.—)
Woerl's Reisehandbücher.

— Erzherzog Ludwig Salvator aus dem österreichischen Kaiserhause als Forscher des Mittelmeeres. Mit 3 Illustr. u. 1 Übersichtskarte. gr. 8. (211 S.) Ebd. (899). Geb. in Leinw. n. 8. 50

— Samoa, Land u. Leute. Mit 28 Illustr. u. 2 Karten. gr. 8. (48 S.) Ebd. 901. n. 1. —

—— Statistik der katholischen Zeitungen und Zeitschriften in der ganzen Welt zu Neujahr 1879. gr. 16. (64 S.) Ebendas. 879. *

—— Statistik der katholischen Zeitungen und Zeitschriften in Deutschland, Oesterreich-Ungarn, Luxemburg und der Schweiz zu Neujahr 1882. 12. (73 S.) Ebendas. 882. * — 80

Woerl, Leo. Thun und Thunersee. Ein Führer für Fremde. Hrg. von L. W. Mit Illustrationen und [3] Kartenbeilagen. II + 56 + *Inserate* 16 + XXIV S. 8. Leipzig, Woerl's Reisebücherverlag, 1904. (M. —. 50)
Woerl's Reisehandbücher.

— die Touristik od. das Wanderleben in unserer Zeit. Eine Anregg. zur Pflege u. Förderg. vaterländ. Gesinng. Allen Naturfreunden u. Wanderlustigen dargeboten. Mit 30 Illustr. u. Verzeichnissen der Touristen-, Alpen- u. Verkehrs-Vereine u. e. Eisenbahn-Uebersichtskarte. gr. 8. (104 S.) Ebd. 902. 1. 50

Woerl's travelling handbooks. Wildbad in the Wurtemberg Black Forest. A guide for visitors by Wagner. With maps of the town, the environs etc. gr. 16. (74 S.) Würzburg 887. Woerl. n. 1. —

— dasselbe. Wander-Buch für Handwerker, Gesellen u. Arbeiter aller gewerbl. Berufsklassen. Ein Führer u. Ratgeber auf der Wanderschaft, nebst Beschreibg. v. üb. 500 der bedeutendsten Städte Deutschlands, Oesterreichs u. der Schweiz, m. Verzeichnis der in denselben besteh. Gesellenvereine, Herbergen „Zur Heimat" rc., 353 Reiseplänen u. Eisenbahnkarte. Von Jos. Schneider. 3. verm. u. verb. Aufl. gr. 16. (VIII, 312 S.) Leipzig (901). Woerl's Reisebücher-Verlag. n. 1. 50

—— dass. — Wanderbuch für Handwerker, Techniker und alle gewerblichen Berufsklassen von Jos. Schneider. Ein Führer und Rathgeber auf der Wanderschaft, nebst Beschreibung der bedeutendsten Städte Deutschlands, Oesterreichs und der Schweiz, mit Angabe der in denselben bestehenden Gesellenvereine, Herbergen „Zur Heimath" rc. 2. verm. und verb. Aufl. 12. (XVI, 298 S. mit 353 Reiseplänen und 5 Karten.) Ebendas. 887. cart. 1 50

— dasselbe. Wanderbuch f. Handwerker, Techniker u. alle gewerblichen Berufsklassen v. Jos. Schneider. Ein Führer u. Ratgeber auf der Wanderschaft, nebst Beschreibung der bedeutendsten Städte Deutschlands, Oesterreichs u. der Schweiz, m. Angabe der in denselben besteh. Gesellenvereine, Herbergen „Zur Heimat" rc., 353 Reiseplänen u. 6 Karten. 3., verm. Aufl. 12. (XIV, 308 S.) Ebd. 891. 1. 50

— Wegweiser zu den hauptsächlichsten Sehenswürdigkeiten, öffentlichen u. Privatbauten, Denkmälern etc. in Leipzig u. Umgebung. 3. Aufl. (3 S. m. 1 Plan, 1 farb. Karte u. 10 Ansichtspostkarten.) gr. 16. Leipzig (903). Woerl's Reisebücherverl. n. — 20

—— Welt-Rundschau über die katholische Presse zu Neujahr 1878. gr. 8. (327 S.) Ebendas. 878. *

WÖRL, Leopold (Pfaffenhofen): De aneurysmatibus. (Titel nach der Urkunde)
9.1.1828 - Urk; F 59
Diss. Ingolst.-Landsh.-Mchn.

(*Woerl*, Leop., Dr. med., prakt. Arzt in Aybling.) Das *Theresien-Monument bei Aybling* (Ldger. Rosenheim). Zum Andenken an den Abschied unserer erhabenen Königin, Ihrer Majestät *Therese*, von Allerhöchst Ihrem Sohne, *Otto I.*, König von Griechenland, am 6. Decbr. 1832. Aybling (o. A. d. V. u. D.), am Tage d. Grundsteinlegung, d. 15. Octob. 1833. 4°. Cart. *)
78 S. Lat. Lett. Umschl. m. Bordüre.

Woerl, Leop., Magni Hippocratis secundi vita et scripta. Adjecta sunt Hippocratis jusjurandum et asclepiadarum praecepta de sanitate conservanda. Dissert. inaug. 8maj. (4 B.) Friburgi 835, libr. Herder.

World, the English. A monthly review. Hrsg. v. H. P. Junker. 1. Jahrg. 1901. 12 Nrn. gr. 8. (à ca. 80 Sp. m. Abbildgn.) Leipzig, B. G. Teubner. n. 6. 60

— dasselbe. 2. Jahrg. 1902. 6 Nrn. gr. 8. (à ca. 80 Sp. m. Abbildgn.) Ebd. n. 3. 60
Erscheint nicht mehr.

World, the, and a man von „Z. Z.", s.: Collection of British authors.

World, Harry, der schwarze Kapitän. E. Erzählg. aus d. nordamerikan. Bürgerkriege. 8. (112 S. m. 4 Farbdr.) Berlin 897. A. Weichert. Geb. 1. —

World, Harry, der schwarze Kapitän. Eine Erzählung aus d. nordamerikan. Bürgerkriege. 12. (112 S.) Berlin 898. A. Weichert. — 50; kart. — 60

World-News: 1885? 1895?
Independent weekly, published in English and German. Circulation: 1895, 550. Title varies: Erich Worth, 1885 94. Edited & published by Charles H. Swallow, 1885? 1895.
Leigh, NE

World's, the, coins, s.: Geldsorten, die, aller Länder.

World's Fairs, the. Letters on international exhibitions by a commissioner to Vienna in 1873. gr. 8. (48 S.) Geneva 879. (Mailand, Schramm.) *
Aus: The Continent and Swiss Times, besonders abgedruckt.

Wörle, Ernst, die Verhältnisse in den Freisinger Seminarien u. am dortigen Lyceum od.: Wie der Klerus der Erzdiözese München-Freising herangebildet wird! gr. 8. (21 S. m. Bildn.) München 899. (M. Ernst.) n. — 60

Woerle, Hans, k. Reallehrer: Der Erschütterungsbezirk des grossen Erdbebens zu Lissabon. Ein Beitrag zur Geschichte der Erdbeben. Mit 2 Karten. *München: Th. Ackermann 1900.* (VI, 148 S.)
München, Phil. Diss. v. 1900

Woerle, Hans, der Erschütterungsbezirk des grossen Erdbebens zu Lissabon, s.: Studien, Münchener geogr.

Der Erschütterungsbezirk des grossen Erdbebens zu Lissabon. Ein Beitrag z. Gesch. der Erdbeben von Hans Woerle. Mit 2 Karten. *München: Th. Ackermann 1900.* (VI, 148 S.) 8°
— Studien, Münchener geographische. Stück 8. [ω. 9849

*Wörle, Hans: Geschichte der Realschule Neuburg a. D. Festschrift zur Fünfzigjahrfeier der K. Realschule Neuburg a. D. im Juli 1909. IV S., S. 3—149, 2 Tab. 8.
Progr. Kgl. Realschule *Neuburg a. D.* 1909.

Wörle, Hans, Rad-Wanderfahrten durch Schwaben u. Neuburg u. das östlich angrenzende Gebiet. Unter besond. Berücksicht. der Fusstouristik. Hrsg. vom deutschen Radfahrer-Bund Gau XI. Augsburg. (VII, 389 S. m. 1 Karte.) kl. 8. Augsburg (905). (Lampart & Co.) Kart. n. 4. —

— Turnspiele. Mit 52 zeichner. Darstellgn. Ein Beitrag zu den Spielnachmittagen der bayer. Mittelschulen. (XI, 91 S.) 8. Neuburg a/D. 906. Griessmayer. In Leinw. kart. n. 1. —

Wörle, Joh. Geo. Chr., Anweisung zum Lesen mit Ausdruck, f. Lehrer an Volksschulen dargest. in 40 d. besten in ganz Deutschland eingeführten Kirchen-Liedern. Im Anh.: Der Segen, das Gebet d. Herrn u. d. christl. Glaubens-Artikel. 1. Aufl. Stuttgart 836. * 7 Gr., u. 2., unveränd. A. gr. 8. (6½ B.) Ulm 841, Fr. Ebner.

Wörle, Jh. Geo. Chr., freimüthige Beleuchtung des Auffallendsten in dem neuesten würtemberg. Schulgesetz. 8. Ulm 839. Ebner. 1/4 ₰

Wörle, Jh. Geo. Chr., Briefmuster für Kinder in Volksschulen. Mit (344) Briefen u. (114) Aufgaben über alle Vorfälle des Lebens. gr. 12. Blaubeuren 841, Mangold'sche B. 1/4 ₰ — 2. verm. Aufl. gr. 8. Ebend. 845. Drechsler in Heilbronn. 1/4 ₰

Wörle, J. G. C., Briefmuster für Kinder in Volksschulen. Mit 373 Briefen und 154 Aufgaben über alle Vorfälle des Lebens rc. 3., verb. und verm. Aufl. 1863. * 10 Ngr. und 4. (Titel-)Aufl. 8. (140 S.) Stuttgart 867, Lubrecht. *

— Diktirschule, oder stufenweis geordneter Stoff zum Diktiren u. Materialien zu Vorschriften. gr. 8. Heilbronn 844, Drechsler'sche Buchh. 3/4 ₰

— die Emancipation der Volksschule von der Bevormundung der Geistlichkeit. Eine Lebensfrage rc. gr. 8. Wiesensteig 844, Schmid'sche Buchh. (Leipzig, Melzer.) 1/2 ₰

—— Fibel zum Lesenlernen. 8. (2 1/8 B.) Ulm 839, [Stettin'sche Brlsbuchh.]

Wörle, Jh. Geo. Chr., Gebete f. Kinder, in e. auserles. Sammlung von Morgen-, Tisch- u. Abendgebeten, u. Gebete für besondere Fälle. Mit 1 Titelkpf. 12. Ulm 829. (Stettin). 6 gl

— Gebete für Kinder, in einer auserles. Sammlung von Morgen-, Tisch- u. Abendgebeten u. Gebete für besondere Fälle. 2e Ausg. Mit ill. Titelkpfr. 12. Heilbronn 835. Drechsler. 1/4 ₰

— s. a Gebete für Volksschulen.

(——) Gebete f. Volks-Schulen. Ein Beitr. zur Beförd. d. Schul-Liturgie, in e. auserles. Samml. v. Gebeten in Prosa u. in Versen. Im Anh.: Gebete f. besond. Fälle. 8. (6 B.) Stuttgart 829, [Beck u. Fränkel.]

—— kleine Geographie f. Volksschulen u. z. Selbstunterr., mit besond. Berücksichtigung d. Königr. Bayern u. Würtemberg. gr. 8. (6 3/4 B.) Nördlingen 838, Beck'sche Buchh.

— kurzgefaßte Geographie für die Hand der Schüler in Volksschulen. gr. 12. Blaubeuren 839. Mangold'sche Buchh. (Lubrecht.) 1/12 ₰ — 3e verm. Aufl. 8. Ebd. 840. 1/12 ₰

—— kurzgefaßte Geographie f. d. Hand d. Schüler in Volksschulen. 1. Aufl. (2 B.) 839., 2., verb. u. verm. A. (1 5/6 B.) 840., 3., verm. Aufl. (2 1/4 B.) 841. à 2 Gr., u. 4., verm. Aufl. gr. 12. (3 B.) Blaubeuren 842, Mangold'sche Buchh.

—— kurzgefaßte Geographie m. e. Abrisse d. bibl. Geographie f. die Hand der Schüler in Volksschulen. 5—7. Aufl. (à 3 B. 843—45. à 2 1/2 Ngr., u. 8., verb. Aufl. 8. (4 B. u. 1 Karte v. Europa.) Heilbronn 846, Drechsler'sche Buchh.

Wörle, J. G. C., kurzgefaßte Geographie nebst einem Abrisse der bibl. Geographie f. die Hand der Schüler in Volksschulen. 9. verb. u. verm. Aufl. Mit einer (lith.) Karte von Europa. 8. (74 S.) Heilbronn 849, Drechsler. — 10. verb. u. verm. Aufl. Mit einer (lith.) Karte von Europa (in 4.) 8. (80 S.) Stuttgart 852, Lubrecht & Co. 3 ngl

Wörle, Joh. Geo. Chr., kurzgefaßte Geographie nebst einem Abrisse der bibl. Geographie für die Hand der Schüler in Volksschulen. 9. Aufl. (74 S. mit 1 Karte.) 1849. und 10., verb. und verm. Aufl. 8. (80 S. mit 1 lithogr. Karte in 4.) Stuttgart 851(52,) Lubrecht und Comp.

Wörle, J. G. C., kurzgefaßte Geographie nebst einem Abrisse der bibl. Geographie für die Hand der Schüler in Volksschulen. 11., verb. und verm. Aufl. 8. (79 S. mit 1 lithogr. Karte von Europa in 4.) Stuttgart 853, Lubrecht und Comp. Thlr.

Wörle, J. G. C., kurzgefaßte Geographie nebst einem Abriß der biblischen Geographie für die Hand der Schüler in Volksschulen. 12., verb. und verm. Aufl. 8. (80 S. mit 1 lithogr. Karte von Europa in 4.) Stuttgart 857, Schaber.

—— kurzgefaßte Geographie nebst einem Abriß der biblischen Geographie für die Hand der Schüler in Volksschulen. 13., verb. und verm. Aufl. 8. (79 S. mit 1 lithogr. Karte von Europa in 4.) Stuttgart 863, Lubrecht.

Wörle, J. G. C., kurzgefaßte Geographie nebst einem Abriß der biblischen Geographie für die Hand der Schüler in Volksschulen. 14. Aufl. 1869. * 35 Pf., und 15. verb. und verm. Aufl. 8. (102 S. mit 1 lithogr. Karte von Europa in qu. 4.) Stuttgart 874, Wittwer. * — 50

—— die deutsche Geschichte. Für Volksschulen bearb. 8. (III und 80 S. mit dem Bildn. Karl's des Großen in Holzschn.) Stuttgart 864, Lubrecht. *

— die deutsche Geschichte bis zum J. 1871. Für Schulen bearb. 2. verm. Aufl. Mit dem Bildniß d. Kaisers Wilhelm I. (in Holzschn.) gr. 8. (103 S.) Stuttgart 871. Lubrecht. — 60

—— Geschichte u. Geographie d. Königr. Württemberg f. Volksschulen. 12. (3 B.) Blaubeuren 840, Mangold'sche Buchh.

Wörle, Jh. Geo. Chr., kleines Handwörterbuch der deutschen Sprache, mit Beifügung der gewöhnlichsten Fremdwörter und Angabe der richtigen Aussprache. Ein Hilfsmittel zur Erleichterung der Orthographie für Kinder in Volksschulen und zum Privatgebrauch. gr. 8. Blaubeuren 843, Mangold. 3/8 ₰

— kleines Handwörterbuch der deutschen Sprache m. Beifügung der gewöhnlichsten Fremdwörter u. Angabe der richtigen Aussprache. Ein Hilfsmittel zur Erleichterung der Orthographie für Kinder in Volksschulen u. zum Privatgebrauch. 2. Aufl. gr. 8. (IV u. 152 S.) Schw. Hall 849, Pfeiffer. n. 8 ngl

Wörle, Joh. Geo. Chr., die Himmelskunde, mit zwei (lith.) Wandtafeln (in Imp.-Fol. u. theilweise illum.) f. Volksschulen u. z. Selbstbelehr. f. Jedermann. gr. 8. (5 B.) Stuttgart 836, Beck u. Fränkel. Thlr. *

— s. a Kenntnisse, gemeinnützige, für die reifere Jugend.

—— gemeinnützl. Kenntnisse f. d. reif. Jugend. Enth. Himmelskunde, Erdbeschreib., Naturgesch., Naturlehre, physikal. Experimente z. Naturlehre, Geschichte d. merkwürd. Erfindn. in ökonom. u. techn. Künsten, Technologie rc. 1. Aufl. (9 1/4 B.) 838., u. 2., verb. Aufl. 8. (9 1/2 B.) Ulm 840, [Fr. Ebner.]

— Kopfbuchstabierbuch in einer lückenlosen Stufenfolge, u. in Verbindung mit Verstandesübungen. 8. Stuttg. 820. 2e A. Darmstadt 822. 3e A. 829. (Heyer). 12 gl

Wörle, J. G. C., Kopfbuchstabierbuch in einer lückenlosen Stufenfolge, und in Verbindung mit Verstandesübungen. 8. Stuttgart, Löflund (in Comm.) 821.

Wörle, (J. G. Ch.,) Kopfbuchstabirbuch in der lückenlosen Stufenfolge u. in Verbind. mit Verstandsübung od. prakt. Orthographie, 2e Aufl. gr. 8. Darmst. 823, Heyer.

—— Kopfbuchstabirbuch, in e. lückenlosen Stufenfolge, u. in Verbind. mit Verstandes-Uebungen, od. prakt. Vorübungen zur Orthographie. 3., verm. Aufl. 8. (14 1/4 B.) Darmstadt 829, [Heyer'sche Brlsbuchh.]

—— Kopfrechnen-Schule in Elementar-Uebungen u. e. sehr reichhalt. Samml. v. method. geord. u. auf mannichfache, sehr gründl. Weise aufgelösten Aufgaben üb. d. gewöhnl. Rechnungs-Arten. Ein Hilfs-Mittel f. Lehrer u. Lernende. 8. (22 1/4 B.) Stuttgart 832, [Beck u. Fränkel.]

Wörle, Jh. Geo. Chr. Kopfrechnen-Schule in Elementarübungen u. einer sehr reichh. Samml. v. method. geordn. u. auf mannigfache, sehr gründl. Weise aufgelösten Aufgaben üb. die gewöhnl. Rechnungsarten. Ein Hülfsmittel f. Lehrer u. Lernende. 8. Stuttg. 832. Löflund Söhne. 20 gl

—— encyklopäd.-pädagog. Lexikon, od. vollständ., alphabet. geordn. Hand- u. Hilfsbuch d. Pädagogik u. Didaktik; zum Behuf d. prakt. Lehrfachs, so wie zu Conferenz-Aufsätzen u. Examina f. Volks-Lehrer u. Seminaristen, nach d. besten Quellen u. d. neuesten Standpunkt d. Literatur bearb. (9 Lfgn.) gr. 8. (54¾ B.) Heilbronn 835, C. Drechsler.

— Materialien u Fragen zum Bibelaufschlagen in verschied. Uebungen, ein Handbuch f. Volksschullehrer u. Eltern. Mit einer Vorrede v Jh. Gf. Pahl. 8. Stuttg. 822. (Löflund). 6 gl

— Materialien zu 1500 Vorschriften aus dem Gebiete der Pflichten- u. Religionslehre, der Naturlehre u. Naturgeschichte, der Bibel-, Erd-, Himmels-, Kalender- u. Menschenkunde, der Sitten-, Sprach-, Seelen- u. Gesundheitslehre nebst Sprüchwörter u. sprüchwörtl. Redensarten mit u. ohne Erklärungen ꝛc. für Lehrer in Volksschulen u. Schreiblehrer. 8. Ebend. 844. ¾ rf

—— Materialien zu 1500 Vorschriften aus dem Gebiete der Pflichten- u Religionslehre, der Naturlehre u. Naturgeschichte, der Bibel-, Erd-, Himmels-, Kalender- u. Menschenkunde, der Sitten-, Sprach-, Seelen- u. Gesundheitslehre nebst Sprüchwörter u. sprüchwörtl. Redensarten m. u. ohne Erklärungen ꝛc. für Lehrer in Volksschulen u. Schreiblehrer. 8. (13 B.) Ulm 845, Friedr. Ebner.

—— Muster-Sammlung von Geschäfts-Briefen über Gegenstände des gemeinen Lebens als Vorlege-Blätter f. Schulen. 4. (13 B.) Ulm 845, Friedr. Ebner.

— Muster-Sammlung von Geschäfts-Briefen über Gegenstände des gemeinen Lebens als Vorlegeblätter für Schulen. 4. Ebend. 847. 18 ngl

— Naturgeschichte in Verbindung mit Technologie f. Kinder in Volksschulen. Mit 135 naturgetreuen Abbild. auf 14 (Stein-) Tafeln. 8. Tübingen 842. (Sortimentshandl. Zu-Guttenberg.) n. ½ rf

—— das Nothwendigste aus d. deutschen Sprach- u. Rechtschreib-Lehre f. d. Hand d. Schüler in Volksschulen. gr. 12. (1½ B.) Ulm 839, [Fr. Ebner.]

—— Palästina. Geschichte und Beschreibung des heiligen Landes. Für Volksschulen bearb. 8. (III und 52 S. mit 1 lithogr. Kärtchen in 4.) Stuttgart 864, Lubrecht.

—— Realbuch f. Volksschulen u. Privatlehranstalten. 8. (10½ B.) Ulm 840, [Fr. Ebner.]

—— Rechnen-Exempelbuch f. Lehrer u. Lernende. 2., umgearb., verb. u. mit sehr vielen neuen Aufgaben bereich. Aufl. 8. (25 B.) Stuttgart 830, [Beck u. Fränkel.]

— Rechnen-Exempelbuch für Lehrer u. Lernende. 2e mit sehr viel. neuen Aufgaben bereich. Aufl. 8. Stuttg. 830. Löflund S. 14 gl

— christlicher Reise-Liederschatz. Ein Gesang- u. Erbauungsbüchlein f. Auswanderer. 8. (31 S.) Backnang 849. (Schw. Hall, Pfeiffer.) n. ⅙ rf

—— Sammlung v. 400 auserles. Zwischenspielen u. 100 vorzügl. Ausweichungen durch alle Tonarten, f. angeh. Organisten. Lehrer u. Seminaristen. Lith. qu. 4. (4 B.) Heilbronn 835, C. Drechsler.

—— das Unentbehrlichste z. fertigen Kopf- u. Tafelrechnen f. d. Hand d. Schüler in Volksschulen u. Privat-Instituten. gr. 12. (2¼ B.) Ulm 839, [Fr. Ebner.]

—— die Versinnlichung d. vier Rechnungsarten, ganzer u. gebrochener Zahlen, nebst vielen durch d. Bruchform u. a. Auflösungsarten aufgelösten Regel de tri Aufgaben. 8. (9½ B.) Stuttgart 834, [Beck u. Fränkel.]

—— 60 Vorlegeblätter zu Geschäfts-Aufsätzen üb. Gegenstände d. gemeinen Lebens, f. Volks-, Sonntags-, Handwerks- u. Abendschulen. 4. (15 B. nur auf einer Seite bedr.) Ulm 840, Fr. Ebner.

—— drei Wandtafeln f. d. Anschauungs-Unterricht im Rechnen, nebst e. Wandtafel mit Ziffern, f. Deutschlands Stadt- u. Volksschulen. gr. 8. (3 B. u. 4 B. in Roy.-Fol.) Heilbronn 835, C. Drechsler.

—— 6 arithmet. Wandtafeln m. 2″ hoh. Ziffern. Enthalt.: 2500 Aufgaben u. deren Auflösn. üb. d. 4 Rechnungsarten ganzer u. gebrech. Zahlen. Ein nöth. Hilfsmittel f. Deutschlands Stadt- u. Volksschulen. Lex.-8. (2 B. u. 6 B. Roy.-Fol.) Stuttgart 834, [Beck u. Fränkel.]

—— 14 arithmet. Wandtafeln, m. 2″ hoh. Ziffern. Enthalt. e. unerschöpfl. Quelle v. Aufgaben üb. d. Numeriren, die 4 Rechnungs-Arten unbenannter u. ungleichbenannter Zahlen, Reductions- u. Resolutions-Rechnung u. Regel de tri mit u. ohne Brüche. (14 B. Roy.-Fol. u. 3½ B. Lex.-8.) Ulm 827, (Stettin.)

— vierzehn Wandtafeln (B.) für den Rechtschreibunterricht, wie auch brauchbar zu den ersten Lese-, Sprech-, Sprach-, Schreib-, Denk- u. Satzübungen. 2. verm. Aufl. gr. Fol. Schwäb. Hall 849, Pfeiffer. n. 12 ngl

— zwölf Wandtafeln für den Rechtschreibunterricht, wie auch brauchbar zu d. ersten Lese-, Sprech-, Sprach-, Schreib-, Denk- u. Satzübungen. gr. Fol. Ulm 842, Wohler'sche B. (Lindemann.) ¾ rf

Wörle, Karl, Amalasuntha. Histor. Trauerspiel in 5 Aufzügen. 8. (XI, 114 S.) Barmen 881, Inderau. 2 —

Die Bundesbrüder. Ein Freimaurer-Roman von Osw. Stein [d. i. Karl Wörle]. Bd 1. 2. Leipzig: Priber 1864. 8°

1. 1864. 258 S.; 2. 1864. 279 S.
Recens: L. 23 (1864) S. 248—249.
T. 2681; TB. 351.

Festgedicht zur Einweihungsfeier der Loge Carl und Charlotte zur Treue im Or.˙. zu Offenbach a. M. am 24. Febr. 1856. [Unterz.:] Karl Wörle. [Lauterbach 1856: J. Meyer.] 2 Bl. 8° [Kopftit.]

„Als aus dem Mund d[es] Schöpfers laut . . .“

Zwei Festgedichte von Karl Wörle. Dortmund o. J.: Wörle. 2 Bl. 8°. [Kopftit.]

Wörle, Karl, Gedichte. Leipzig 861. Kollmann. 16. (256 S.) n. 20 ngr

Wörle, Carl, ein poetisches Gemälde der Befreiungskriege Patriotische Ehrengabe zur Erinnerung an die glorreiche Erhebung unseres Vaterlandes vor 50 Jahren, dem deutschen Volke gewidmet. Mainz 863. (Leipzig, Priber.) gr. 8. (36 S. mit eingedr. Holzschn. u. 1 Holzschntaf.) 3 ngr.

Wörle, Karl. Deutscher Geschichtskalender über die wichtigsten politischen u. kulturhistorischen Ereignisse f. jeden Tag d. Jahres von den ältesten Zeiten bis zur Gegenwart. gr. 8. (VI, 726 S.) Lpz. 891, Abel u. Müller. geb. * 8 50

Wörle, Karl, Miterlebtes. Aus den Tagen der deutschen Revolution u. deren Vorgeschichte. Erinnerungen. (VI, 352 S.) gr. 8. Leipzig 906. Abel & Müller. n. 4. —

—— die Schweiz, der Schwarzwald, der Odenwald rc., s. Schweiz.

Wörle, Karl, eine Statistik von Dortmund. Handbuch zur Beurtheilung städt. Verhältnisse. Nach amtl. Quellen bearb. gr. 8. (XII, 119 S.) Dortmund 869, Köppen. * 3 —

Die Phanerogamen- und Gefäss-Krytogamen-Flora der Münchner Thalebene mit Berucksichtigung der angrenzenden Gebiete nebst Aufzählung der sämtlichen von Garcke in seiner Flora von Deutschland 1890 angeführten Arten und Varietäten. Zusammengestellt von GEORG WOERLEIN; München-Nymphenburg 1893. Mit 1 Karte der Münchener Thalebene nach Dr. von Gumbel, Dr. Penk, Hauptmann Stark, Dr. Chr. Gruber und Dr. von Ammon. Herausgegeben von der Bayerischen botanischen Gesellschaft zur Erforschung der heimischen Flora. Munchen 1893. Druck von Val. Höfling. 4°.

Woerlein, Geo., die Phanerogamen- u. Gefäss-Kryptogamen-Flora der Münchener Thalebene m. Berücksicht. der angrenzenden Gebiete, nebst Aufzählg. der sämtl. v. Garcke in seiner Flora v. Deutschand 1890 angeführten Arten u. Varietäten. Mit 1 Karte der Münchener Thalebene nach v. Gümbel, Penk, Stark, Chr. Gruber u. v. Ammon. Hrsg. v. der bayer. botan. Gesellschaft zur Erforschg. der heim. Flora. Lex.-8. (XX, 216 S.) München 893. (R. Jordan.) n. 3. 50

Woerlein, J., das Reich unseres Gottes ist ein herrliches Reich. Predigt über Psalm 93, gehalten am Bibelfeste zu Nürnberg in der St. Aegidienkirche am 19. Juni 1878. 1. und 2. Aufl. gr. 8. (13 S.) Nürnberg, 878, Raw'sche Buchh. *

Wörlein, J. C. M., Predigt üb. 1. Cor. 10, 12 geh. am Sonntag Septuagesimae 1871 in der protestant. Stadtpfarrkirche zu Lindau. [Nach der Capitulation v. Paris.] 8. (11 S.) Lindau 871. Stettner. — 20

—— einige Predigten, der protestantischen Gemeinde Lindau gewidmet zur Erinnerung an die großen J. 1870 und 1871. Mit der (photogr.) Ansicht des Altars und Chors der St. Stephanskirche am Friedensfeste. 8. (90 S.) Ebendas. 871. * 1 —
cart. mit Goldschn. * 1 50

Woerlein, Joh. Wolfg., Aufruf an alle Schulgemeinden u. Volksschullehrer Deutschlands zu Petitionen an die Stände d. Reichs um Verbesserung der mangelhaften Zustände der deutschen Volksbildung. Mit steter Hinsicht auf Bayern. gr. 8. (15 S.) Fürth 848, Schmid. 3 ngr

Woerlein, J. Wolfg., Briefe üb. Bildung d. deutschen Lehrer. Ein vollständ. methodolog.-literar. Lehrkursus d. deutschen Schulstudiums. Allen Schulpräparanden, Schulseminaristen u. Schullehrern, ihren Bildnern u. Aufsehern gewid., welche sich z. Führung d. deutschen Schulamtes theoret. u. prakt. gründl. bilden, u. mit d. neuesten Fortschritten d. Elementarpädagogik u. ihrer besten Literatur bekannt machen wollen. 8. (12 B.) Nürnberg 836, Riegel u. Wießner. *

—— Denkschrift an die National-Versammlung des deutschen Reichs zur Emancipation der deutschen Volksbildung, ihrer Schulen und Lehrer. 8. (28 S.) Nürnberg 848, (Korn'sche Buchh.) *

Wörlein, J. W., enzyklopäd. Handwörterbuch d. bibl. Grund-Realien u. Haupt-Verbalien, zur gründl. Erklärung d. heil. Schrift nach d. gegenwärt. Standpunkte d. bibl. Exegese. 2 Bde. gr. 8. Nürnberg 829, Schrag.
Bd. 1. A—G. Mit e. Anweis. zum Gebr. d. Bibel in Volksschulen. (12 B.) 15 Gr.
„ 2. H—Z. Mit synchronist. Tafeln d. hebr.-jüdischen Geschichte. (14 1/4 B.) 21 Gr.

—— die Houbirg, od. Gesch. d. nürnberger Schweiz, Hersbruck, Altdorf u. Lauf mit ihren Umgebungen in welthistor. Zusammenhang. 8. (15 1/2 B. u. 1 Abbild.) Nürnberg 838, Riegel u. Wießner. *

— die Houbirg, oder Geschichte d. Nürnberger Schweiz, Hersbruck, Altdorf u. Lauf mit ihren Umgebungen in welthistor. Zusammenhang. Mit 1 Abbildung des Riesenwalles der kelto-germanischen Götterburg auf der Houbirg. 8. Ebd. 838. n. 5/6 rß

Wörlein, (J. W.,) Idee einer pädagogischen Wissenschaftskunde f. deutsche Volksschulen. 8. Nürnb. 824, Campe.

—— bibliolog. Lehrbuch d. deutschen Volks-Pädagogik. 2 Bde. — A. u. d. T.: Bibliolog. Lehrbuch d. deutschen Volks-Schulkunde. 2 Bde. Begründung u. Ausführung d. deutschen Volks-Schulkunde. gr. 8. (50 1/2 B.) Sulzbach 829, 30, v. Seidel.

—— die Nazional-Geschichte d. Bayern, f. Schule u. Haus. 3., umgearb. Aufl. gr. 8. (21 1/2 B.) Nürnberg 840, Riegel u. Wießner.

— Rechnungsaufgaben (auf Vorlege-Blättern) f. baier. Volksschulen. Nach Türk, Stephani, Pöhlmann, Dinter, Hoffmann rc., methodisch bearb. gr. qu. 8. Erlang. 824. Palm. 1 rß

— encyklop.-krit. Repertorium d. neuen pädagog. Literatur. 1r u. 2r Bd. gr. 8. Nürnb. 827, 28. Riegel u. W. 1 rß 4 kr

—— System d. Pädagogik. Ein vollständ. Handbuch d. Theorie u. Praxis, d. Literatur u. Geschichte d. gesammten Erziehungs-, Unterrichts- u. Schulwesens. In 9 Bdn. — 1. Bd. — A. u. d. T.: Fundamental-Pädagogik. Eine enzyklopäd.-literar.-krit. Einleitung in d. pädagog. Studium. gr. 8. (16 B.) Nürnberg 830, Riegel u. Wießner.

— das gegenwärtige Verhältniß des Schullehrers als Volksbildner u. Kirchendiener, aus dem Gesichtspunkte des Staats, der Kirche u. der Schule. gr. 8. Passau ... (Augsburg, Kollmann.) 1/2 rß

— das gegenwärt. Verhältniß des Schullehrers als Volksbildner u. Kirchendiener, aus dem Standpunkte des Staats, d. Kirche u. d. Schule beurtheilt. Auch u. d. T.: Kritik des deutschen Volksschulwesens rc. 8. Passau 826. Pustet. 12 kr

— die deutsche Volksschule, mit Politik, Hierarchie u. Barbarei im Kampfe, od. üb. die Hindernisse des deutschen Volksschulwesens, besonders auf dem Lande. Mit steter Hinsicht auf Baiern. 8. Erlang. 823. Palm. 20 kr

— pädagog. Wissenschaftskunde. Ein encyklopädisch-historisch-literarisch-krit. Lesebuch des pädagog. Studiums. 3 Thle. gr. 8. Erlang. 826. Palm u. E. 2 rß 18 kr

Wörlen, J. L. „Beantwortung der Frage: Warum mancher Schüler so hart lernt?“ pg. 3–9. 4°. Jul. Volkhart.
Fürth, Progr. 1840/41

Worlitschek, Georg

— Ueber die Entwicklung der Sprache und Rede. Ein erläuternder Beitrag zu meinem Programm „über Erfindung und anfängliche Anlage der Rede und Schrift“ vom Jahre 1850. Landshut, G., 1853. 28 S. 4. Progr.

Ueber Erfindung und anfängliche Anlage der Rede und Schrift von G. Worlitschek, P. — 1850.
Ebend — S. 3–25. [S. Nr. 583.]
Progr. München.

Worlitschek, Ueber Gebr., Bedeutg. u. Wurzelverwandtsch. d. griech. Part. ἄν. Pr. 1885. 26 S. 4°. 1.20

Worlitschek, Karl, Jahresbericht der unter ärztlicher Leitung von Prof. Dr. A. Rothmund jun. stehenden Heilanstalt für Augenkranke in München für das J. 1864. Inaugural-Dissertation. München 866. Lentner'sche Buchh. hoch 4. (23 S.) 9 ngr.

WORLITSCHEK, Karl (Tengling): Jahresbericht der unter ärztlicher Leitung von Prof. Dr. A.Rothmund jun. stehenden Heilanstalt für Augenkranke in München für das Jahr 1864.- München: Stahl 1866. 23 S.
7.11.1864 - Urk (Titel: Observationes in instituto ophthalmiatrico Monacensi.); F 71
Diss. Ingolst.-Landsh.-Mchn.

Wörlitz [Schlagwort]

Wörlitz, s.a. Zur Erinnerung an W.

Wörlitz. Zur Erinnerung an Wörlitz. 12 photogr. Ansichten in Lichtdr., hrsg. v. J. B. Obernetter. Mit erläut. Beschreibg. v. Wilh. Hosäus. 8. (31 S. m. 1 Karte.) Dessau 892. R. Kahle. Geb. in Leinw. n.n. 3.—

Wörlitz. Plan von Stadt u. Park Wörlitz. 1 : 8750. 23 × 24,5 cm. Farbdr. Dessau 904. W. Claass. n. — 20

Worlitzer, Karl, Cyclus praktisch-kaufmännischer Geschäfte in systematisch geordneten Fragen u. Ausarbeitungen für Handelslehranstalten sowie für angehende Geschäftsleute. I. Kolonial- u. Materialwaaren-Geschäft. Leipzig 865. G. Wigand. hoch 4. (IV, 128 S.) n 22½ ngr.

Woerl's ... s. Woerl, Leo

Worm, A., Gedichte. 8. Leipz. Sommer. 79¹.

Worm's, A., zwei Predigten nach der Völkerschlacht bei Leipzig. gr. 8. Jena 814. Frommann. 4 gr.

Worm, Edgar, Arzt aus Halle a. S.: Blasenblutungen nach künstlicher Entleerung einer chronisch gefüllten Harnblase. *Halle a. S. 1900: C. A. Kaemmerer & Co.* (30 S.) 8°
Halle, Med. Diss. v. 16. Juni 1900

Worm, Ernst Aug., Predigten. gr. 8. (12½ B.) Leipzig 846, [Carl Engelmann jun.]

Worm, Fritz, Mönchguter Bilder. Schildergn. der Halbinsel Mönchgut. M. Illustr. 8. (39 S.) Greifswald 898. F. Bärwolff. n. 1. —

Worm, Fritz, Bur orer Engländer? Entwerer — orer! Plattdütsches Lustspill in ein'n Uptogg. 8. (42 S.) Stralsund 901. (Bremer.) n. — 50

Bur orer Engländer? Entwerer — orer! Plattdütsches Lustspill in 1 Uptogg von Fritz Worm. *Stralsund: F. Moh 1901.* (42 S.) 8° [S.] 1901. 1671 9

Hans möt frigen, s.a. Theater, Plattdeutsches. Nr. 6.

Hans möt frigen. Lustspill in ein'n Uptogg von Fritz **Worm.** Mühlhausen i. Th.: G. Danner [1901]. (24 S.) 8°
(Theater, Plattdeutsches. No 6.)

Worm, Fritz: Hei will woll frigen, äwers blots „Ein", s.a. Theater, Plattdeutsches.

Hei will woll frigen äwers blots 'Ein'. Plattdütsches Lustspill in 1 Uptogg von Fritz **Worm.** Mühlhausen i. Th.: G. Danner [1904]. (20 S.) 8°
(Theater, Plattdeutsches. No 11.)

Worm, Fritz (Hrsg.), s. Husfründ, De truge.

— In Treue fest, s.: Jugend- u. Volksbühne.

De Kaiser kummt. Lustspil in 3 Uptäg' von Fritz **Worm.** (Greifswald: F. Bärwolff [1904].) (15 S.) 8° [F.] 07. 17480 B

Worm, Fritz, der Landesverräter, s.a. Volksbücherei, Rügensche. 1. Heft.

Der Landesverräter. Von Fritz **Worm.** Bergen (Rügen): Baethge 1910. 20 S. 8°
(Rügensche Volksbücherei H. 1.) 10. 17059

— Truge Leiw, s.a. Theater, plattdeutsches.

Truge Leiw. Ein plattdütsches Volksstück in 3 Uptäg von Fritz **Worm.** Putbus: R. Decker (1906). (23 S.) 8° [F. u. Ant.] 07. 17481 B

Truge Leiw. Ein plattdütsches Volksstück in 4 Uptäg von Fritz **Worm.** Mühlhausen i. Th.: Danner [1908]. 46 S. 8°
(Plattdeutsches Theater. No 15.)

Truge Leiw. Ein plattdütsches Volksstück in 4 Uptäg von Fritz **Worm.** 2. Upl. Mühlhausen i. Th.: Danner [1908]. 46 S. 8°
(Plattdeutsches Theater. Nr 15.)

— Die Halbinsel Mönchgut, s.: Haas, A.

— för Old un Jung, s.a. Sammlung plattdeutscher Werke.

För Old un Jung. Plattdütsche Humoresken in vörpommersche Mundort von Fritz **Worm.** Bergen & Sassnitz: F. Becker (1895.) (128 S.) 8°

— vom Ostseestrand. Gedichte. gr. 16. (18 S. m. Abb.) Greifswald 898. F. Bärwolff. 1. —

— de drei Rügamer ore: Wer bringt d. Kaiser dat best' Geschenk? Patriot. Festspill in 2 Uptög. gr. 8. (23 S.) Bergen a/Rügen (897). F. Becker. — 50

Mein Rügenland. Lieder v. Fritz **Worm.** *Greifswald: F. Bärwolff [1896?].* (9 Bl.) 1 Bd 8. 98. 6433

— **mein Rügenland.** Lieder. gr. 16. (18 S. m. Abb.) Greifswald 898. F. Bärwolff. 1. —

De Schwiggervadder in de Klemm, s.a. Theater, Plattdeutsches.

De Schwigervadder in de Klemm. Plattdütsches Lustspill in 2 Uptäg von Fritz **Worm.** *Mühlhausen i. Th.: G. Danner [1902].* (24 S.) 8° [F.]
— **Theater, Plattdeutsches.** No 9. 03. 850

— Die Seemannsbraut, s.a. Volksbücher, pommersche.

Die Seemannsbraut. Von Fritz **Worm.** Stargard i. P.: Prange [1909]. 14 S. 8°
(Pommersche Volksbücher. H. 7.)

— Der Seeräuber v. Mönchgut. Sein Leben u. seine Taten, ihm nacherzählt. (38 S. m. 1 Bildnis.) gr. 8. Baabe a. Rüg. 907. (Saßnitz, E. Fack.) 1. 25

Der Seeräuber von Mönchgut. Sein Leben u. s. Taten ihm nacherzählt von Fritz **Worm**. Baabe a. Rüg.: M. Looks [aufgestempelt: Sassnitz: E. Gauge's Nachf.] 1907. (38 S.) 8° [F.] [07. 17482 9

[F.] Mönchgauder Spaukgeschichten. Allerhand Döntgens von'n Drak un Puk, von de Unnerirdschen, den Nachtjäger u. s. w. vertellt v. **Fritz Worm**, Vf. v.: 'För Old un Jung' ... *Greifswald: F. Bärwolff (1898).* (3 Bl., 35 S., 1 Bl.) 1 Bd 8. [98. 7665

Ut de mönchgauder Spinnstuw. Allerhand Sagen un Vertelles in plattdütscher Mundort vertellt von Fritz **Worm**. Greifswald: F. Bärwolff [1899]. (29 S.) 8° [F.] [07. 17483 9

In letzter Stuun'. Eine einfache, lütte Geschicht von Freud un Led vertellt von Fritz **Worm**. (Greifswald: F. Bärwolff [1902].) (41 S.) 8° [F.] [07. 17484 9

Worm, Hans, Cand. d. höh. Schulamtes: In der Ebene einem gegebenen Viereck ein Viereck von kleinstem Umfange einzubeschreiben. (Analyt. Ableitung d. geometr. Resultate von Rud. Sturm, Crelles Journal Bd 96, pag. 71.) *Zwickau 1900: R. Zückler.* (47 S.) 4°
Leipzig, Phil. Diss. v. [21. Juli] 1900

Worm, J. G., Ostindianische u. Persianische Reisen. 8. Leipzig, Gröll. 745.

Worm, Johann Gottfried (Chemnitz) A. S. 312/18

Dissertatio iuridica de vasallo exheredante.
Präs. Johann Gottfried Bauer.
Leipzig (Titius) 11. VIII. 1729. 40 S.

Gew.: Heinrich von Bünau. 37275

***Worm,* O., epistolae medici et anatomici argumenti. 8 maj. Kopenh. 757. Iversen. 2 ℔ 16 ß**

Worman, James, a first course in the German Language: embracing both the analytic and synthetic modes of instruction. gr. 8. (296 S.) Berlin 871, Adf. Cohn. 4 50

Wormanns, Vater, Briefwechsel mit seinen Kindern, (v. K. F. W. Zinckernagel). 8. Schneeb. (u. Dresd.) 793. Arnold. 16 ß

Moden-Magazine Wormann Söhne, Basel... . **Katalog No. 32.** Sommer-Saison, 1901, Saison d'Eté. [Illustriert.] IV + 36 S. 8. (Basel, R. Ehrich.)

Moden-Magazine Wormann Söhne, Basel... . Katalog No 33. Oktober 1901. Winter-Saison — Saison d'Hiver 1901/02. [Illustriert.] IV + 32 S. 8. (Basel, R. Ehrich.)

Moden-Magazine Wormann Söhne, Basel... . Katalog No. 34. Sommer 1902 Été. [Illustriert.] IV + 36 S. 8. (Basel, R. Ehrich.)

Wörmann, A.: Die Neutralisationswärme starker Säuren und Basen und ihre Änderung mit Temperatur und Konzentration. Münster i. Westf. 1905: Westfäl. Vereinsdruckerei. (37 S.) 8°
Münster, Phil. Fak., Ref. Heydweiller, Diss. v. 11. Juli 1905
[Geb. 10. Juni 81 Münster i. W.; Wohnort: Münster; Staatsangeh.: Preußen; Vorbildung: Realgymn. Münster Reife O. 01; Studium: Münster 8 S.; Rig. 12. Mai. 05.]

Woermann, Adf., Mission und Branntwein-Handel. Offene Antwort an Herrn Missions-Insp. auf seinen Offenen Brief in der Weser-Zeitung vom 3./4. Febr. gr. 8. (26 S.) Hamburg 886, O. Meißner's Verlag. * — 50
Vgl.: Zahn, F. M., der westafrikanische Branntweinhandel.

Wörmann, E., Caesaris de bello Gallico commentarii breviter comparati cum Xenophontis Anabasi. Pr. 1883. 16 S. 4°. 3.—

Wörmann, Fr. Caesaris de bello gallico commentarii breviter comparati cum Xenophontis Anabasi. 16 S. *Recklinghausen* 1883
Progr.

Wörmann, Franz: Der lateinische und griechische Memorierstoff . . . Recklinghausen, Druck v. J. Bauer (1889); 74 S., 1 Bl. 8°
Recklinghausen, G, OP 1889 (342)

Woermann, Frz., das Wiederaufnahmeverfahren u. d. Entschädigg. unschuldig Verurtheilter. Kommentar z. 4. Buch (§§ 399—413) d. Strafprozeßordng. u. z. Gesetz betr. d. Entschädigg. der im Wiederaufnahmeverfahren freigesproch. Personen v. 20. V. 1898. 12. (VIII, 68 S.) Berlin 899. C. Heymann's Verl. Kart. n. 1. —

Woermann, Karl, „Anathema sit!" 12 Zeit- und Streit-Sonette. 16. (16 S.) München 871, Th. Ackermann. — 30

Woermann, Karl, die italienische Bildnis-Malerei der Renaissance, s. Führer zur Kunst. 4. Bdchn.

Woermann, Karl: Sandro Botticelli, s. Kunst und Künstler des Mittelalters und der Neuzeit.

Woermann, Karl, Catalogue de la Galerie Royale de peinture de Dresde. Edité par la direction générale des collections artistiques et scientifiques royales. Petite éd. Avec 93 reproductions. Traduction de la 7. éd. par Paul Martin. (VIII, 363 S. m. 2 Grundrissen.) 8. Dresden 908. (H. Burdach.) nnn 2. —

Woermann, Karl, catalogue of the royal picture gallery in Dresden. Published by the general direction of the royal collections. Translated by B. S. Ward. 8. (X, 336 S. mit 1 Plan.) Dresden 887, (Warnatz und Lehmann.) * 2 —

Woermann, Karl. Catalogue of the royal picture gallery in Dresden. Published by the general directory of the royal collections. Translated by B. S. Ward. 2. ed. 8. (XV, 339 S. mit 1 Plan.) Dresd. 892, (Warnatz u. Lehmann). * 2 70

Woermann, Karl, **catalogue of the royal picture gallery in Dresden. Published by the general direction of the royal collections. Translated by B. S. Ward. 3. ed. Improved and enlarged, with 100 illustr. 12. (XVI, 344 S. m. 2 Plänen.) Dresden 896. (H. Burdach.) n. 2. 70**

Woermann, Karl, **Catalogue of the royal picture gallery in Dresden. Published by the general direction of the royal collections. Translated by B. S. Ward. 4. ed. Improved and enlarged, with 100 illustr. 12. (XVI, 348 S. m. 2 Plänen.) Dresden 899. (H. Burdach.) n. 2. 70**

— Catalogue of the pictures in the Royal Gallery at Dresden. Published by authority. 7. ed. Revised and augmented, with 93 illustr. (VIII, 352 S. m. 2 Grundrissen.) 8. Ebd. 908. nnn 2. —

Woermann, Karl, neue Gedichte. 12. (XI, 247 S.) Düsseldorf 884. Voß & Co. n. 3. —;
geb. m. Goldschn. n. 4. —

— Geschichte der Kunst aller Zeiten u. Völker. 1. Bd.: Die Kunst der vor- u. außerchristl. Völker. Mit 615 Abbildgn. im Text, 15 Taf. in Farbendr. u. 35 Taf. in Holzschn. u. Tonätzg. Lex.-8. (XVI, 667 S.) Leipzig 900. Bibliograph. Institut. n. 15.—; geb. in Halbfrz. n.n. 17.—

— Geschichte der Kunst aller Zeiten u. Völker. 2. Bd.: Die Kunst der christl. Völker bis zum Ende des 15. Jahrh. Mit 418 Abbildgn. im Text, 15 Taf. in Farbendr. u. 39 Taf. in Holzschn. u. Tonätzg. (XVIII, 719 S.) Lex.-8. Leipzig 905. Bibliograph. Institut. n. 15. —;
Einbd. in Halbfrz. n.n. 2. —

Geschichte der Kunst aller Zeiten und Völker. Von Karl **Woermann.** Mit Abb. u. Taf. Bd 1–3. Leipzig & Wien: Bibliogr. Inst. 1900–11. 4°(8°)

1. Die Kunst d. vor- u. außerchristl. Völker. 1900. 2. Die Kunst d. christl. Völker bis z. Ende d. 15. Jhs. 1905. 3. Die Kunst d. christl. Völker v. 16. bis z. Ende d. 19. Jhs. 1911. [11. 5115

Woermann, Karl. Zur Geschichte der Düsseldorfer Kunstakademie. Abriss ihres letzten Jahrzehnts und Denkschrift zur Einweihungsfeier des Neubaus. Düsseldorf 1880. 4°.

—— Geschichte der Malerei, s. Woltmann, A.

Domenico Ghirlandajo, s.a. Kunst und Künstler des Mittelalters und der Neuzeit.

Woermann, K. Domenico Ghirlandajo. (Dohme, Kunst und Künstler. Abth. 2, Bd. I.)

— s.: Handzeichnungen alter Meister im kgl. Kupferstichkabinet zu Dresden.

Deutsche Herzen. Erzählende Dichtungen u. and. Gedichte von Karl Woermann. *Dresden: L. Ehlermann 1895.* (159 S.) 8° [F.] [00. 1111

— deutsche Herzen. Erzähl. Dichtgn. u. and. Gedichte. 2., verm. Aufl. 8. (III, 172 S.) Dresden 896. L. Ehlermann. n. 3. —; geb. n. 4. —; in Geschenkbd. n. 5. —

—— Katalog der königl. Gemäldegallerie zu Dresden. Hrsg. von der Generaldirection der königl. Sammlungen für Kunst und Wissenschaft. Grosse Ausg. 8. (XXVIII, 887 S.) Dresden 887, (Warnatz und Lehmann.) * * 5 —

—— dass. — Kleine Ausg. 8. (X, 336 S.) (Ebendas.) 887. * * 1 80

Woermann, Karl, Katalog der königl. Gemäldegalerie zu Dresden. Hrsg. v. der Generaldirection der königl. Sammlgn. f. Kunst u. Wissenschaft. 2., verm. Aufl. Grosse Ausg. 8. (XXXII, 916 S. m. 1 Plan.) Dresden 892. (Warnatz & Lehmann.) n. 5. 40; kleine Ausg. (XV, 335 S. m. 1 Plan.) n. 2. –

Katalog der Königlichen Gemäldegalerie zu Dresden v. Karl Woermann, Dir. d. Gemäldegal. Hrsg. v. d. Generaldir. d. kgl. Sammlgn f. Kunst u. Wiss. Grosse Ausgabe. 3., verm. u. verb. Aufl. M. 100 Abb. *Dresden: Dr. d. Albanus'schen Buchdr. 1896.* (XXXII, 911 S., 1 Pl., 25 Taf.) 1 Bd 8.

— **Katalog** d. kgl. Gemäldegalerie zu Dresden. Hrsg. v. d. Generaldirection d. kgl. Sammlgn. für Kunst u. Wissenschaft. Grosse Ausg. 3., verm. u. verb. Aufl. 8. (XXXII, 911 S. m. 100 Abb. u. 2 Plänen.) Dresden 896. (H. Burdach.) Geb. in Leinw. n. 5. 50; kleine Ausg. (XVI, 336 S. m. 100 Abb. u. 2 Plänen.) n. 2. —

— Katalog der königl. Gemäldegalerie zu Dresden. Hrsg. v. der Generaldirektion der königl. Sammlgn. f. Kunst u. Wissenschaft. Grosse Ausg. 4., verb. u. verm. Aufl. 8. (XXXII, 911 S. m. 100 Abbildgn. u. 2 Plänen.) Dresden 899. (H. Burdach.) Geb. in Leinw. n. 5. 50; kleine Ausg. (XVI, 340 S. m. 100 Abbildgn. u. 2 Plänen.) n. 2. —

Katalog der Königlichen Gemäldegallerie zu Dresden von Karl **Woermann**, Dir. Grosse Ausg. Mit 100 Abb. 4., verb. u. verm. Aufl. Dresden 1899: W. Hoffmann. XXXII, 911 S. 8° [11. 13918 7

Katalog der Königlichen Gemäldegallerie zu Dresden von Karl Woermann, Dir. Hrsg. von d. Generaldir. d. kgl. Sammlungen f. Kunst u. Wiss. Grosse Ausg. 5., verb. u. verm. Aufl. mit 92 Abb. *Dresden 1902: W. Hoffmann.* (XXVI, 919 S.) 8° [03. 3581 11

— Katalog der königl. Gemäldegalerie zu Dresden. Hrsg. v. der Generaldirektion der königl. Sammlgn. f. Kunst u. Wissenschaft. Grosse Ausg. 6., verb. u. verm. Aufl. (XXVIII, 927 S. m. 92 Abbildgn. u. 2 Plänen.) kl. 8. Dresden 905. (H. Burdach.) Geb. in Leinw. n. 5. 50; kleine Ausg. 6., verb. u. verm. Aufl. (XVI, 347 S. m. 92 Abbildgn.) u. 2 Plänen.) n. 2. —

— Katalog der königl. Gemäldegalerie zu Dresden. Hrsg. v. der Generaldirektion der königl. Sammlgn. f. Kunst u. Wissenschaft. Grosse Ausg. 7., verb. u. verm. Aufl. (XXX, 948 S. m. 92 Abb. u. 2 Plänen.) kl. 8. Ebd. 908. Geb. in Leinw. 5.50; kleine Ausg. 7., verb. u. verm. Aufl. (XVI, 351 S. m. 92 Abb. u. 2 Plänen.) 2. —

— Von deutscher Kunst, s.a. **Führer zur Kunst.**

Woermann, Carl. Von deutscher Kunst. Betrachtungen und Folgerungen von K. W. Mit 8 Tafeln in Tonätzung und 52 Abbildungen im Text. VI + 85 S. 8. Esslingen, Paul Neff, 1907. (M. 2. —)

Führer zur Kunst. Hrg. von Dr. Herm[ann] Popp. Bändchen 11 und 12. *Darin S. 25. 45,50. 54. 77/9 etc. (mit Abbildungen und 1 Tafel Schweizerische Künstler, insbes.* Hans Holbein d. J. *und* Arnold Böcklin, *betr.*

Woermann, Karl, die alten und die neuen Kunstakademien. Festrede zur Einweihung der neuen Düsseldorfer Kunstakademie. Lex.-8. (26 S.) Düsseldorf 879, Voss und Comp. * — 75

—— Kunst- und Natur-Skizzen aus Nord- und Süd-Europa. Ein Reise-Tagebuch. 2 Bde. gr. 8. (XII, 403; VIII, 404 S.) Düsseldorf 880, Voß und Comp. * 12 — geb. * * 17 —

—— **die Landschaft in der Kunst der alten Völker. Eine Geschichte der Vorstufen und Anfänge der Landschaftsmalerei. Lex.-8. (VII, 431 S. mit 10 Stnt.) München 876, Th. Ackermann.** * 12 —

—— **Filippo Lippi und Filippino Lippi, s. Kunst und Künstler des Mittelalters und der Neuzeit.**

— Ludwig Richter-Feier der Dresdner Kunstgenossenschaft. Lebende Bilder nach Richter'schen Holzschnitten. Dichtung v. K. W. Fol. (20 S. m. Holzschn.) Ebd. 890. n.n. 1. –

—— **die Malerei des Alterthums, s. Woltmann, A., Geschichte der Malerei.**

—— **Masaccio, s. Kunst und Künstler des Mittelalters und der Neuzeit.**

—— aus der Natur und dem Geiste. Gedichte. gr. 16. (XV, 256 S.) Hamburg 870, Hoffmann und Campe. * 3 —

—— **über den landschaftlichen Natursinn der Griechen und Römer. Vorstudien zu einer Archäologie der Landschaftsmalerei. gr. 8. (X, 130 S.) München 871, Th. Ackermann.** * 2 —

—— **Neapel. Elegien und Oden. br. 8. (63 S.) München 877, Th. Ackermann.** * 1 50

—— **die antiken Odyssee-Landschaften vom esquilinischen Hügel zu Rom. In Farben-Steindr. hrsg. und erläutert. 6 farb. Taf., 1 schwarze Taf. und Text qu. gr. Fol. (VII, 18 S.) Ebendas. 876.** In Mappe * 80 —

Woermann, Karl, s.a. Verzeichnis der Gemälde usw. im Besitze der Frau Konsul Ed. F. Weber in Hamburg.

Sächs. Kunstausstellung Dresden 1903. Abt.: Ludwig-Richter-Ausstellung zu Ehren d. 100. Geburtstags d. Meisters.
Verzeichnis der ausgestellten Oel-Gemälde, Wasser-Farben-Bilder, Zeichnungen. (Verf.: Karl **Woermann**, 2., verb. Aufl. Dresden 1903: Heinrich.) 103 S. 8°
[Umschlagt.:] Ludwig Richter. Sonder-Katalog d. Sächs. Kunst-Ausstellung Dresden 1903.

— wissenschaftliches Verzeichnis der älteren Gemälde der Galerie Weber in Hamburg. gr. 8. (XV, 240 S.) Dresden 892. (Hamburg, C. Boysen.) Kart. n.n. 4. —

— **Wissenschaftl. Verzeichnis der älteren Gemälde der Galerie Weber in Hamburg. 2. stark verm., verb. Aufl. (XIV, 288 S. m. Abb.) 8. Dresden 907. (Hamburg, C. Boysen.)** Kart. nn 4. —

Wissenschaftl. Verzeichnis der älteren Gemälde der Galerie Weber in Hamburg von Dr. Karl **Woermann**. 2. stark verm. verb. Aufl. Dresden 1907: W. Hoffmann. (XIV, 288 S.) 8° [illegible]

— was uns die Kunstgeschichte lehrt. Einige Bemerkgn. üb. alte, neue u. neueste Malerei. 1.—3., verb. Aufl. gr. 8. (IV, 202 S.) Dresden 894. L. Ehlermann. n. 3. —; geb. n. 4. —

— dasselbe. 4. Ster.-Aufl. gr. 8. (IV, 202 S.) Ebd. 894. n. 3. —; geb. n. 4. —; in Geschenkeinbd. n. 5. —

Zu Zwei'n im Süden. Dichtungen von Karl Woermann. *Dresden: L. Ehlermann 1892.* (160 S.) 8° [J.] [illegible]

—— Zu Zwei'n im Süden. Dichtungen. 12. (IX, 160 S.) Dresd. 892, Pierson. * 2 50; geb. m. Goldschn. * 4 —

— zu Zwei'n im Süden. Dichtungen. 1. u. 2., durchgeseh. Aufl. 12. (IX, 160 S.) Dresden 893. L. Ehlermann. n. 2. 50, geb. n. 4. —

Wörmann, Rudolph W. A.

Wörmann, R. W. A., u. H. **Godemann**, das praktische Feldmessen u. seine Anwendung in der Gärtnerei u. Landwirtschaft. Ein Leitfaden zum Selbstunterricht, sowie zum Gebrauch an Gartenbau- u. landwirtschaftl. Unterrichtsanstalten, leichtverständlich bearb. 2., umgearb. Aufl. gr. 8. (IV, 66 S. m. 5 lith. Taf.) Leipzig 894. H. Voigt. n. 3. —

Wörmann, R. W. A., der Garten-Ingenieur. Handbuch der gesammten Technik des Gartenwesens. Eine prakt. Anleitung zur Anlage der Culturkasten, der Gewächshäuser, der Gärtnerwohnungen etc. für Gärtner, Gartenbesitzer, Gärtner-Gehilfen etc. 1.—7. Abthl. Lex.-8. Berlin, Schotte und Comp.

Inhalt:

Abthl. 1. Die Culturkasten und Mistbeete. Practische Anleitung zur Anlage und Unterhaltung der Holzkasten, gemauerten Kasten, der Mistbeetfenster oder Fensterdecken etc. Nach langjähr. eigenen Erfahrungen. (VIII und 51 S. mit 5 Stnt. Abbild. in qu. Fol.) 864. 22½ Ngr.

» 2. Die Teppichgärten, deren Entwurf und Anlage. Eine Sammlung der neuesten und geschmackvollsten Muster zu Teppichen. Nach eigenen Entwürfen. (46 S. mit 7 Stnt. Abbild. in Farbendr. in qu. Fol.) 864. 1 Thlr. 6 Ngr.

» 3. Die Kanal- und Ofenheizungen. Die Gärtner-Wohnungen. Deren Anlage und zweckmässige Einrichtung. Nach eigenen Erfahrungen und Entwürfen. (III und 88 S. mit 6 Stnt. Abbild. in qu. Fol.) 864. 1 Thlr.

» 4. Practische Mathematik als Vorbereitung zum Feldmessen. (VI und 176 S. mit 8 Stnt. Abbild. in qu. Fol.) 864. 1 Thlr. 17½ Ngr.

» 5. Die künstlichen Schutz- und Cultur-Räume. 1. Thl. (V und 238 S. mit 19 Stnt. in qu. Fol.) 864. 3 Thlr.

» 6. Die Circulations-Wasserheizungen mit Nieder- und Hochdruck in ihrer Anwendung auf die Gärtnerei. Nach langjähr. eigenen Erfahrungen und Entwürfen. (135 S. mit 8 Stnt. Abbild. in qu. Fol.) 865. 1 Thlr. 15 Ngr.

» 7. Das Wasser und seine Verwendung in der Gärtnerei. 4 Hefte. (620 S. mit 28 Stnt. in qu. Fol.) 865—67. 5 Thlr. 20 Ngr.

Wörmann, R. W. A., der Garten-Ingenieur. Vollständiges Handbuch der gesammten Technik des Gartenwesens für Gärtner, Gärtner-Gehülfen und Lehrlinge etc. 8. und 9. Abthl. gr. 8. Berlin, Schotte und Comp. [Leipzig, H. Voigt.] 9 75

Inhalt:

Abthl. 8. Das practische Feldmessen und seine Anwendung in der Gärtnerei. (112 S. mit 7 lithogr. Taf. Abbildungen in qu. Fol.) 869. ℳ 3,75.

» 9. Die praktische Mathematik als Vorbereitung zum Planzeichnen. (163 S. mit 7 Stnt. in qu. 4.) 871. *ℳ 6.

1.—4. Bd. oder 1.—8. Abthl. 1864—69. ℳ 44,25.

Wörmann, R. W. A., der Gärtner und der Garten in landwirthschaftlicher Beziehung. 2. (Titel-)Aufl. 8. (IV und 91 S.) Bromberg (860)64, Levit.

— Die Kanal- u. Ofenheizungen. — Die Gärtner-Wohnungen ... Berl. 1864. 88 S. 6 Tvl.
(: Do. Abth. 3). 547.

Wörmann R. W. A.: Die Culturkasten u. Mistbeete ... Berl. 1864. 51 S. 5 Tvl.
(: Der Garten-Ingenieur ... Abth. 1). 547.

Wörmann, R. W. A., der Obstbau und die Feldwirthschaft. 860. — 2. Aufl. Bromberg 864. Levit. 8. (45 S.) n. 8 ngr.

— Die künstlichen Schutz- u. Cultur-Räume ... Th. 1. Berl. 1865. 238 S. 19 Tvl.
(: Do. Abth. 5). 547.

—— über ländliche Spielschulen. Ein Beitrag zur landwirthschaftl. Unterrichtsfrage. gr. 8. (21 S.) Ebendas. 875. * — 50

Wörmann R. W. A.: Die Teppichgärten, deren Entwurf u. Anlage ... Berl. 1864. 45 S. 7 Tvl.
(: Der Garten-Ingenieur. Abth. 2). 547.

—— die Teppich-Gärten, deren Entwurf und Anlage. Eine Sammlung der neuesten und geschmackvollsten Muster zu Teppichen. Nach eigenen Entwürfen. 2. Aufl. gr. 4. (19 S. mit 7 lithogr. Taf., 65 Fig. enth.) Ebendas. 874. * 6 —

Wörmann, R. W. A., die Teppich-Gärten, deren Entwurf und Anlage. Eine Sammlung von Mustern zu Teppich-Gärten. Nach eigenen Entwürfen. 3. Aufl. Fol. (19 S. mit 7 lithogr. Taf., 65 Fig. enthaltend.) Leipzig 880, H. Voigt. * 6 —

—— über Wegebepflanzung. Im Anh.: die Kultur der Korbweide. 2. (Titel-)Aufl. 8. (46 S. mit 1 Stnt.) Bromberg (860)64, Levit. *

— Die Circulations-Wasserheizungen mit Nieder- u. Hochdruck in ihrer Anwendung auf die Gärtnerei ... Berl. 1865. 134 S. 8 Tvl.
(: Do. Abth. 6). 547.

Die Woermann-Linie (Hamburg) während des Aufstandes in Deutsch-Südwest-Afrika. (Dampfschiffsverbindung mit Deutsch-Südwest-Afrika.) — (Hamburg 1906.) 53, 20 S. 8° 38 A.

Wormatia, Libera imperialis, pressa suspirans und acta Wormatiensia. S. l. 1739. V: *Burgermeister, Wolfg. Paul.* (Pütter, Litt. d. Teutsch. Staatsr. Gött. 1773—91. IV, 202.)

Wormatia libera imperial., pressa, suspirans, sive acta etc. fol. Wormat. 739.

Wörmbcke, Mart., die freiwillige Invalidenversicherung u. die bedeutenden Leistungen bei längerer Krankheit, dauernder Erwerbsunfähigkeit u. im Alter. (12 S.) gr. 8. Duckenhuden (-Hamburg, Hermannstr. 5) (906). Selbstverlag. n. — 20
Sonderabdruck aus: „Hamburger Fremdenbl."

Wörmbcke, Mart., die freiwillige Invalidenversicherg. auf Grund des Reichsgesetzes vom 13. VII. 1899 u. ihre bedeutenden Leistungen bei längerer Krankheit, dauernder Erwerbsunfähigkeit u. im Alter. (12 S.) 8. Hamburg (909). R. Gottwald. p — 20

Wormberg, C., moralische Schilderungen d. Jahreszeiten. 8. Wien 775. Kurzböck. 4 gr.

Wormeley, Mary Elisab., Amabel, s. Bibliothek, amerikanische.

— our cousin **Veronica**, s. Dürr's Collection of standard american authors.

— Cousine **Veronica**, s. Bibliothek, amerikanische.

Wörmer, A., u. **H. Meyer**, deutsche Aufsätze f. Volksschulen. Im Anschluß an die Hauptstufe des Lüneburger Lesebuchs bearb. gr. 8. (XV, 165 S.) Hannover 899. Hahn. Geb. n. 2. —

Wormes, [illegible]

Worminghaus, Heinrich, approb. Arzt aus Kirchlengern (Westf.): **Fremdkörper** der Harnblase und ihre Beziehung zur Steinbildung. *Freiburg i. B. 1904: U. Hochreuther.* (57 S.) 8°
Freiburg i. B., Med. Diss. v. 1904

Geschichte der Gemeinde Allenburg. Eine Festgabe z. 500j. Jubiläum d. Kirche von Anton Wormit, Pfarrer. Königsberg i. Pr. 1905: E. Rautenberg. (249 S.) 8° [5.] [illegible] 10

Worms [Schlagwort]

— s. a.: **Deutschland**, **Kürschner-Pelp.**

— s. a.: **Europa**. Spezialkarte.

Worms, (Städteführer), s. a. **Miniatur-Bibliothek**.

Worms a. Rh. Beckmann's neuester Plan d. Stadt Worms a. Rh., m. den eingemeindeten Vororten Hochheim, Neuhausen, Pfiffligheim. Nach der Bearbeitg. d. Stadtbauamtes Worms. 1 : 8000. 48×61 cm. Farbdr. (Mit Strassenverzeichnis an der Seite.) Stuttgart (902). Klemm & Beckmann. — 50

Worms. Beckmann-Plan. Neuester Plan v. Worms (m. den Stadtteilen Worms-Hochheim, Worms-Neuhausen, Worms-Pfiffligheim, nach der Bearbeitg. des Stadtbauamts Worms) in 5 farb. Ausführg. m. Hausnummern u. Strassenverzeichnis. 1 : 8,000. (Neudr.) 48,5×61 cm. Stuttgart (910). W. Seifert. — 50

Worms. Plan der Stadt Worms. Verkleinerung d. f. die Verwaltung der Stadt Worms nach amtl. Unterlagen v. Hofmann zusammengestellten u. entworfenen, sowie v. Blass kartirten grossen Stadtbauplanes vom Apr. 1889. Ausg. 1891. 1 : 7500. Farbendr. 41×52,5 cm. Worms, Reiss. n. — 80

Wormatiensis — Territorium Seculare Episcopatus — Tabula geographica delineatum, cui accedit Praefectura Palatinatus Alzey. Opera Homannianorum Heredum Ao. 1752. 1 : 175,000. 1 Bl.

— **Wamser, Alb.**, Plan der Stadt Worms, f. die Heimatkunde bearb. 1 : 2000. 6 Blatt à 56,5×77.5 cm. Farbendr. Giessen 893. E. Roth. n. 24 —; auf Leinw. m. Stäben. n.n. 30. —

— — dasselbe. (Schüler-Ausg.) 1 : 10,000. 34×31,5 cm. Farbendr. Ebd. 894. n. — 20; Taschenausg. n. — 40

Worms [Verfasser]

Worms, Recherches sur la constitution de la propriété territoriale dans les pays musulmans, et subsidiairement en Algérie. gr. in-8. (32½ B.) Paris et Leipzig 846, Franck. *

Worms u. Lüthgen, moderne Schrift im Schaufenster, f. den Selbst-Unterricht hrsg. (24 S.) 8. Krefeld (906). Worms & Lüthgen. n. 3. —

Worms, Aser Anselm (Frankf. a. M.)
Dissertatio philologico-medica de causa immunditiei leprosorum. Giessae 1740: E. H. Lammers. 16 S. 4°

Worms, Eugen [aus Crefeld]: Untersuchungen über die Oberflächen, deren Gleichung für die rechtwinkligen Coordinaten x, y, z die Gestalt hat $xm \pm ym \pm zm = 1$, wobei m eine beliebige positive gerade Zahl bedeutet. . . . Bonn: Univ.-Buchdr. v. Carl Georgi 1888. 2 Bl., 40., 1 Bl. u. 1 Taf. 8°
Freiburg i. B., Phil. Fak., Inaug.-Diss. v. 1888

Worms, H.: Der Kulanzbegriff im Versicherungswesen. Köln 1907.

Worms, Hans, Referendar a. Cöln a. Rh.: Bedenkung einer noch nicht erzeugten Person im Testament. Cöln 1905: Th. Fröhlich. (75 S.) 8°
Rostock, Jur. Fak., Ref. Bernhöft, Diss. v. 25. Febr. 1905
[Geb. 24. Febr. 77 Cöln a. Rh.; Wohnort: Cöln; Staatsangeh.: Preußen; Vorbildung: Gymn. Cöln Reife O. 96; Studium: München 3, Bonn 4 S.; Rig. 5. Okt. 04.]

Der neue Feuerversicherungs-Vertrag. Erläuterungen zu d. neuen Feuerversicherungs-Bedingungen nebst Zusatzbedingungen f. Landwirtschaft ... Von Dr. H[ans] **Worms**. Berlin: Archiv f. Versicherungswirtschaft (1910). II, 84 S. 8° [11. 66]

Worms, J. G. Ost-Indian u. Persianische Reisen, od. zehenjährige auf Gross-Java etc. geleistete Kriegsdienste. Mit Anmerk. von Crisp. Weise. 8. M. K. Franckf. u. Leipzig 1745

Worms, Karl

Worms, Carl, aus roter Dämmerung. Baltische Skizzen. (205 S.) 8. Stuttgart 906. J. G. Cotta Nachf. n. 2. 50; geb. in Leinw. n. 3. 50

Worms, Carl, aus roter Dämmerung. Baltische Skizzen. 2. Aufl. (205 S.) 8. Stuttgart 907. J. G. Cotta Nachf. 2.50; geb. in Leinw. 3. 50

Worms, Carl, Du bist mein. E. Zeitroman in 2 Büchern. 8. (424 S.) Stuttgart 899. J. G. Cotta Nachf n. 4. —; geb. n. 5. —

— Du bist mein. Ein Zeitroman in 2 Büchern. 2. Aufl. (424 S.) 8. Ebd. 910. 4.—; geb. 5. —

Erdkinder. Roman von Carl **Worms**. *Stuttgart & Berlin: J. G. Cotta Nachf. 1903.* (388 S.) 8° [5.] [03. 1384]

— **Erdkinder.** Roman. 2. u. 3. Aufl. (388 S.) 8. Ebd. 903. 904. n. 3. 50; geb. in Leinw. n. 4. 50

Worms, Carl, die Stillen im Lande. 3 Erzählgn. aus dem Winkel. 8. (321 S.) Stuttgart 902. J. G. Cotta Nachf. n. 3. —; geb. in Leinw. n. 4. —

— Die Stillen im Lande. 3 Erzählgn. aus dem Winkel. 2. Aufl. (320 S.) 8. Ebd. 907. 3.—; geb. in Lw. 4. —

— Thoms friert. Ein Roman aus der Gegenwart. 8. (524 S.) Ebd. 901. n. 4.—; geb. n. 5.—

— Thoms friert. Ein Roman aus der Gegenwart. 2. Aufl. (486 S.) 8. Ebd. 904. n. 4.—; geb. n. 5.—

— Ueberschwemmung. Eine balt. Geschichte. 1. u. 2. Aufl. (202 S.) 8. Ebd. 905. 906. n. 2. 50; geb. in Leinw. n. 3. 50

Worms, Moses, aus Saarwellingen: Die Lehre von der Anfangslosigkeit der Welt bei den mittelalterlichen arabischen Philosophen des Orients und ihre Bekämpfung durch die arabischen Theologen (Mutakallimûn). *Münster i. W. 1900: Aschendorff.* (VIII, 49 S.) 8° ¶ (Erschien vollst. in: Beiträge zur Gesch. d. Philos. d. Mittelalters, Bd 3, H. 4.)
Erlangen, Phil. Diss. v. 4. Juli 1899

Worms, M., die Lehre v. der Anfangslosigkeit der Welt bei den mittelalterlichen arabischen Philosophen des Orients u. ihre Bekämpfung durch die arabischen Theologen (Mutakallimûn), s.a. Beiträge zur Geschichte der Philosophie des Mittelalters. III. 4.

Die Lehre von der Anfangslosigkeit der Welt bei den mittelalterlichen arabischen Philosophen des Orients u. ihre Bekämpfung durch d. arab. Theologen (Mutakallimûn). Dargest. von Dr. M. **Worms.** Münster: Aschendorff 1900. (VIII, 70 S.) 8°
(Beiträge z. Geschichte d. Philosophie d. Mittelalters. Bd 3, H. 4.)

Worms, [Paul], Prof.: Vorlagen für die lateinischen Extemporalien in den oberen Klassen nebst kurzer Einleitung über Wesen und Wert der Extemporalien. Meldorf 1906: P. Bundies. (31 S.) 4°
Meldorf, k. G OP 1906 (346)

Die Verwertung von Erfindungen. Von Dr. R. **Worms,** Patentanw. Halle a. S.: Marhold 1910. 99 S. 8° [11. 7109]

Worms, R., der Warenzeichenschutz bei Erzeugnissen der chemischen Industrie. An der Hand des Warenzeichengesetzes erläutert. (62 S.) 8. Augsburg 904. Verlag f. chem. Industrie. n. 1.—

Worms, Rudolf. Die Orthonitro- und Orthoamidoverbindungen der Naphtalinreihe. (Freiburg in B.) Leipzig, 1883.

Worms, [illegible] Geräusch bei [illegible] Berlin [illegible]
Berlin, Med. Diss. v. [illegible] Aug. 1879

Worms, Simon Wolf (Frankfurt a.M.)
Dissertatio medica de causa immunditiei spermatis humani apud Hebraeos. Gissae 1768: Braun. 23 S. 4°
pro licentia impetrandi privilegia doctoralia.

Worms, Stephen

— **Schwazer Bergbau** im 15. Jahrh. Ein Beitrag zur Wirtschaftsgeschichte. (X, 177 S.) Lex.-8. Wien 904. Manz. n. 6.—

Worms, Stephen, das Gesetz der Güterconcentration in der individualistischen Rechts- u. Wirtschaftsordnung. 1. Halbbd. Das Gesetz der Güterconcentration u. seine Bedeutg. f. die Wirtschaftspolitik. gr. 8. (XIV, 238 S. Jena 901. G. Fischer. n. 5.—

Worms, Stephen, das Gesetz der Güterconcentration in der individualistischen Rechts- u. Wirtschaftsordnung. I. Bd. 2. Halbbd.: Die Aufgaben der Socialpolitik gegenüber den Gruppen ohne Wirtschaft. (IX, u. S. 239—483.) gr. 8. Jena 903. G. Fischer. n. 5.—

Wörmseegebiet [Schlagwort]

Wörmseegebiet, s.: Ammersee.

Wormser, ..., die reine kathol. Lehre, vor d. Augen seiner protest. Glaubensgenossen beleuchtet. 8. Leipz. 826. Gnobloch. 12 gr.

Wormser, A., s.: Vortolibri, ilustrita teknikal.

Wormser J., J. A., englische Lügen üb. Transvaal. Aufschlüsse üb. die Ursachen des südafrikan. Krieges, sowie üb. den Unterricht in Transvaal. Ins Deutsche übertr. v. F. C. Köhler-Haussen. Autoris. Ausg. gr. 8. (IV, 63 S.) Leipzig 901. Berlin, H. Seemann Nachf. n. 1.—

Wormser, J. A., durch Südafrika. Von Amsterdam nach Pretoria. Autoris. u. vom Verf. durchgeseh. Übersetzg. aus dem Holl. v. K. Robolsky. Lex.-8. (238 S. m. 80 Abbildgn.) Leipzig (899). L. Hamann. n. 4.—; geb. in Leinw. n. 5.—; in Ldr. n. 7.—

Wormser, J. A. Durch Südafrika. Von Amsterdam nach Pretoria. Autorisierte und vom Verfasser durchgesehene Übersetzung aus dem Holländischen von K. Robolsky. (Mit 2 Porträts und 80 Illustrationen im Text.) 8. Leipzig (1900).

Wormser, M., Pfarrer Kneipp im Lichte der Wissenschaft. gr. 8. (29 S.) Neuwied 894. Heuser's Verl. —75

Wormser, Moritz [app. Arzt aus Karlsruhe]: Ein Fall von Morbus Parkinsonii „à forme fruste". Strassburg i. E., Buchdr. C. Goeller, 1892; 32 S., 1 Bl. 8.
Strassburg, Med. Fak., Inaug.-Diss. v. 1892

Wormser, S. Über einige Condensationsprodukte v. Paratoluidin mit Acet- und Propionaldehyd. In-8°. 38 S. Basel (Georg & Co.). Thèse.

Wormser, S. Ueber einige Condensationsprodukte von Paratoluidin mit Acet- und Propionaldehyd. (Basel) München, 1895.

Wormstall, Albertus [Guestfalus]: De Corinthiacis tabellis fictilibus ... Monasterii Guestf.: ex typogr. Aschendorffiana 1890. 40 S. + 3 Bl. 8°
Münster, Phil. Fak., Inaug.-Diss. v. 31. März 1890

Wormstall, A., de Corinthiacis tabellis fictilibus. gr. 8. (42 S.) Monasterii Guestf. 890. (Leipzig. Fock.) n. 1. 20

[5.] Judocus Vredis und das Kartäuserkloster zu Weddern bei Dülmen in Westf. Von Albert **Wormstall.** *Münster i. W.: H. Schöningh 1898.* (3 Bl., 43 S., 9 Taf.) 1 Bd 4. [97. 1..]

Wormstall, Alexander

Wormstall, Alex., Rechentafel f. den Güterverkehr. Ausgerechnete Frachten nach den Frachtsätzen v. 0,01 bis 10,00 Mark f. Gewichtsmengen von 10 bis 1000 kg, von 10 zu 10 kg, u. v. 1000 bis 25000 kg, in d. am häufigsten vorkomm. Gewichten steigend. Ein m. fünffachem Register versehenes Hilfsbuch z. schnellen u. sicheren Berechnen der Frachten, bes. bearb. zur Frachtermittelg. f. die Stückgutklassen unmittelbar nach d. Entferngn. 2. Aufl. (250 S.) 34×22 cm. Elberfeld (Marienstr. 78) (907). Eisenb.-Sekretär Wormstall. Kart. 10.—; Register m. Leinw. unterlegt 11. 50

Wormstall, D., 500 Aufsätze, s.: Heck, W.

— dasselbe, } s.: Herold, Heinr.
— Aufsätze f. Oberklassen, }

Wormstall, D., 400 Aufsätze der verschiedensten Art, s.: Herold, H.

Wormstall, Joseph

Wormstall, Jos., über die Chamaver, Brukterer und Angrivarier, mit Rücksicht auf den Ursprung der Franken und Sachsen. Neue Studien zur Germania des Tacitus. gr. 4. (24 S.) Münster 888, Coppenrath'sche Buchh. * 1 —

Wormstall, Jos., deutsches Deklamatorium. Ein poet. Lesebuch für Mittel- u. Oberklassen höherer Lehranstalten. Münster 867. Regensberg. gr. 8. (XV, 483 S.) n. 1 ₰ 10 ngr.

Wormstall, Jos., Annette v. Droste-Hülshoff im Kreise ihrer Verwandten u. Freunde. Lex.-8. (28 S. m. 30 Illustr.) Münster 897. Regensberg. 1. 50

Wormstall, Jos. Emendationen und Erläuterungen zur Germania des Tacitus. 12 S. **Progr.** G. *Münster* 1876.

Wormstall, Jos., ethnographische Forschungen zur Geschichte Nordwestdeutschlands in der Römer-, Sachsen- u. Frankenzeit. (71 S.) 8. Münster 901. Aschendorff. — 80

Wormstall, Jos., Gedichte. 12. (VII, 128 S. m. Bildnis.) Münster 900. Regensberg. Geb. i. Leinw. m. Goldschn. n. 2.50

Wormstall, Jsf, Über die linksrheinischen Germanen, zu Tac. Germ. II, 4. Münster 1866. 4.
Gymn.-Progr. . . . . (D.)

Wormstall, Jos., die Herkunft der Franken von Troja. Zur Lösung eines ethnograph. Problems. gr. 8. (III, 62 S.) Münster 869, Russell's Verlag. * 1 50

Wormstall, Jos., Hesperien. Zur Lösung des religiös-geschichtlichen Problems der alten Welt. gr. 8. (80 S.) Trier 878, Lintz'sche Buchh. * 3 —

Wormstall, Jos., Landeskunde der Prov. Westfalen u. der Fürstentümer Lippe, Schaumburg-Lippe u. Waldeck. Zunächst zur Ergänzg. der Schulgeographie von E. v. Seydlitz hrsg. Mit e. Bilderanh. gr. 8. (47 S.) Breslau 894. F. Hirt. Kart. n. — 50

— Landeskunde d. Prov. Westfalen u. d. Fürstentümer Lippe, Schaumburg-Lippe u. Waldeck. Zunächst z. Ergänzg. d. Schulgeographie von E. v. Seydlitz insbes. f. d. höh. Lehranst. Westfalens hrsg. M. e. Bilderanh. 2., durchgeseh. Aufl. gr. 8. (48 S.) Breslau 898. F. Hirt. Kart. n. — 60

Wormstall, Jos., Landeskunde der Prov. Westfalen u. der Fürstentümer Lippe, Schaumburg-Lippe u. Waldeck. Zunächst zur Ergänzg. der Schulgeographie von E. v. Seydlitz hrsg. Mit e. Bilderanh. 3., durchgeseh. Aufl. Gedr. in der neuen deutschen Rechtschreibg. (48 S.) Breslau 902. F. Hirt. Kart. n. — 60

— Landeskunde der Prov. Westfalen u. d. Fürstentümer Lippe, Schaumburg-Lippe u. Waldeck. (Landeskunden zunächst zur Ergänzg. d. Schulgeographie von E. v. Seydlitz.) 4., durchgeseh. Aufl. (48 S. m. 22 Abb.) 8. Breslau 907. F. Hirt. Kart. — 70

— der Tempel der Tanfana. Ein altgerman. Heiligtum in neuer Beleuchtg. (24 S.) 8. Münster 906. Aschendorff. n. — 50

— Thusnelda u. Thumelikus. 8. (16 S.) Münster 902. Aschendorff. n. — 50

— über die Tungern und Bastarnen. Studien zur Germania des Tacitus. gr. 8. (40 S.) Münster 868, Regensberg. * 1 —

— über die Wanderung der Bataver nach den Niederlanden. Festschrift zum fünfzigjährigen Amtsjubiläum des Prof. Th. B. Welter. gr. 8. (VII, 34 S.) Ebendas. 872. * 1 —

Wormstall, Jos. Die Wohnsitze der Marsen, Ansibarier und Chattuarier. 10 S. **Progr.** G. *Münster* 1880.

Wornast, Carl, dipl. Ing., aus Aachen: Umwandlung des Camphersäureimids in Tetrachlorcamphidin, Dichlorcampholin, α-Camphernitrilsäure und Dimethyl-hopten-nitril. Aachen 1907. 37 S. 8°. [23. V. 06.]
Bern. Phil. Diss. 1906/1907.

Wornast, Carl. Umwandlung des Camphersäureimids in Tetrachlorcamphidin, Dichlorcampholin, α-Camphernitrilsäure und Dimethylhepten-nitril. Diss. Phil. Bern ... von ... K' W'.... 37 S. 8. Aachen, Aachener Verlags- und Druckerei-Gesellschaft, 1907.

Wörndel, Frdr., d. Klassiker im Hause. Praktische Winke f. d. Einrichtg. e. klass. Hausbibliothek. gr. 8. (32 S.) Berlin 895. G. Schuhr. n. — 50

Wörndl, Friedr. Dämon u. Engel. Roman. gr. 8. (276 S.) Danzig 890, Hinstorff. * 4 —; geb. * 5 —

Wörndl, Frdr., Engelsgruß. Dichtung aus Alt-Nürnberg, m. Abbildgn. v. Eduard Schotte. (130 S.) gr. 8. Nürnberg 908. S. Soldan'sche Verlagsbuchh. 2. 50

Wörndl, Frdr., **der Hohensteiner. Dichtung. 8. (83 S.) Dresden 894. E. Pierson.** n. 2. —; geb. in Leinw. m. Goldschn. n. 3. —

Wörndl, Frdr., Kyffhäusersage. Geschichtliche Erzählg. f. Jugend u. Erwachsene. (254 S. m. Abb. u. Titelbild.) 8. Dresden (910). H. Jaenicke.
Geb. in Leinw. 3. —; Schulausg., geb. in Leinw. 2. —

— Das neue deutsche Reich in Freud u. Leid. Ein Erinnerungsblatt für das deutsche Volk. 8. (99 S. m. 5 Portr.) Ebd. 890. * 1 50; geb. * 2 —

Wörndl, Frdr., Wilhelm Tell. Nach Sage u. Dichtg. f. d. Jugend bearb. M. 5 Bild. in Farbdr. nach Aquarellen v. G. Franz. 12. (77 S.) Stuttgart 895. G. Weise. Kart. n. — 50

Woerndle, Edm. u. Aug. v., Bilder-Cyclus zu Wolfram v. Eschenbach's Parcival. 18 Compositionen. In heliograph. Reproductionen d. k. k. militär-geograph. Instituts. Mit Text v. J. Seeber. qu. Fol. (4 S. Text.) Wien 887. Gesellschaft f. vervielfältigende Kunst. In Leinw.-Mappe. n. 30. —

Wörndle, Heinr. v., s.: „**Aus vergilbten Blättern**".

WÖRNDLE, Heinrich von

(F) Festschrift zur Fahnenweihe der akademischen Schützengilde an der k. k. Universität Innsbruck von Heinrich von Wörndle. (Akademische Legionen. Der Antheil d. Innsbr. Universitäts-Studenten an der Tiroler Landesvertheidigung.) Innsbruck. 1901. Selbstverlag der akademischen Schützengilde. In Comm. Vereinsbuchhandlung. Gr.-8°. 59 S. mit 1 Tafel. K —.80

WÖRNDLE, Heinrich von

Gebhard Flatz der vorarlbergische Fiesole. (Geb. 11. Juni 1800, gest. 19. Mai 1881.) Vortrag, gehalten in der St. Lucas-Gilde zu Innsbruck von Heinrich von Wörndle. Sonderabdruck aus der „Kathol. Kirchenzeitung". Salzburg. 1901. Selbstverlag. [In Comm. Vereinsbuchhandlung. Innsbruck.] 8°. 38 S. K —.30

Wörndle, Heinr. v., Ritter Jürg v. Frundsberg, Herr v. Mindelheim, der Landsknechtvater. Ein Lebensbild aus der letzten Ritterzeit. 16. (65 S.) Meran 886, Jandl. * — 60

Wörndle, Heinr. v., s.: Führich, Lucas Ritter v., ausgewählte Schriften.

Markt Gossensass in Wort und Bild. 'Blätter aus d. Ortsgeschichte'. Zur Erinnerung an d. Markterhebungs-Feier, im Auftr. d. Gemeinde- u. Kurvorstehung gesammelt von Heinrich v. **Wörndle.** Mit 4 Voll- u. 27 Textbild. Gossensass: Marktgemeinde 1908. 68 S. 8°

— Markt Gossensass in Wort u. Bild. „Blätter aus der Ortsgeschichte". Zur Erinnerg. an die Markterhebungs-Feier, im Auftrage der Gemeinde u. Kurvorstehg. gesammelt. Mit 4 Voll- u. 27 Textbildern. (IV, 68 S.) Lex. 8. Gossensass 908. (Innsbruck, Wagner.) 2. —

— Zwei tiroler Jungschützen: Paul Halder v. Sellrain u. Paul Hilber v. Igls, s.a. Anno Neun. 12. Bdchn.

Zwei Tiroler Jungschützen: Paul Haider von Sellrain und Paul Hilber von Igls. Nach einschläg. Quellen bearb. von Heinrich v. **Wörndle.** Innsbruck: Vereinsbuchh. 1909. 65 S. 8°
(Anno Neun. Bdch. 12.)

— Siard Haser, der patriotische Kurat v. Straß, s.a. Anno Neun. 2. u. 3. Bdchn.

Siard Haser, der patriotische Kurat von Straß. Ein Lebensbild aus Tirols Ruhmeszeit. Nach dessen eigenen Aufzeichn. u. einschläg. Quellen bearb. von Heinrich v. **Wörndle.** Mit 5 Abb. Innsbruck: Vereinsbuchh. 1907. 148 S. 8°
(Anno Neun. Bdch. 2 u. 3.)

— Kriegsereignisse in Kirchdorf u. Umgebung aus den Tagen der Tiroler Freiheitskämpfe. Denkschrift zur Enthüllungsfeier des „Wintersteller-Denkmales" in Kirchdorf (Tirol). Mit Benützg. eigenhänd. Aufzeichngn. des Kirchdorfer Viertelschreibers Leonhard Millinger im Auftrage des Denkmal-Comitó's bearb. u. hrsg. gr. 8. (72 S. m. 1 Abbildg. u. 1 Bildnis.) Innsbruck 901. (Vereinsbuchh. u. Buchdr.) n. 1. —

— akademische Legionen. Der Antheil der Innsbrucker Universitäts-Studenten an der Tiroler Landes-Vertheidigg. Festschrift zur Fahnenweihe der akadem. Schützengilde an der k. k. Universität Innsbruck. 8. (60 S. m. Titelbild.) Ebd. 901. n. — 80

— An den Thermopylen Tirols, s.a. Anno Neun. 6. u. 7. Bdchn.

An den Thermopylen Tirols. Nach Archivalien u. einschlägigen Quellen bearb. von Heinrich v. **Wörndle.** (T. 1. 2.) Innsbruck: Vereinsbuchh. 1908. 8°
1. Johan Benno Hörwarter. Johann Jakob Stainer.
2. Schützenmajor Rupert Wintersteller, e. Held aus d. Unterlande.
(Anno Neun. Bdch. 6. 7.)

— Anton Wallner u. die Blutzeugen aus dem Iseltale, s.a. Anno Neun. 25. u. 26. Bdchn.

Anton Wallner und die Blutzeugen aus dem Iseltale. (Ein Lebensbild aus Tirols Heldenzeit.) Nach d. Gedenkblatt von Maximus Ringlschwendtner bearb. von Heinrich v. **Wörndle.** 3. Aufl. Mit 8 Bildern. Innsbruck: Vereinsbuchh. 1910. 125 S. 8°
(Anno Neun. Bdch. 25/26.) (10. 10321

— Dechant Mathias Wishofer, der treue Seelenhirte v. St. Johann. Schützenmajor Rupert Wintersteller, s.a. Anno Neun. 10. Bdchn.

Dechant Mathias Wishofer, der treue Seelenhirte von St. Johann. Nach hs. Aufzeichn. bearb. von Heinrich v. **Wörndle.** Innsbruck: Vereinsbuchh. 1908. 59 S. 8°
(Anno Neun. Bdch. 10.)

— Dr. Philipp v. Wörndle zu Adelsfried u. Weierburg, Tiroler Schützenmajor u. Landsturmhauptmann. Ein Lebensbild aus der Kriegsgeschichte Tirols. Zumeist nach urkundl. Quellen bearb. u. m. Unterstützg. der Leo-Gesellschaft hrsg. 8. (206 S. m. Bildnis.) Brixen 894. Buchh. des Kath.-polit. Preßvereins. n. 2. 20

Wörndle, Heinz v., kurze Hauschronik des „Wirthes zum weißen Schwanen" vulgo Krimpelstätter, in der salzburgischen Vorstadt Mülln. (1548—1881.) Eine lokalgeschichtl. Studie. [Aus: „Salzb. Zeitg."] 8. Salzburg 894. Selbstverlag.
Nicht im Handel.

v. Wörndle, Joh. Kasp., christliches Anekdoten-Buch für Freunde u. Verehrer der Religion. Enthalt. lehrreiche u. nachahmungswürdige Züge aus d. Lebensbeschreibungen verklärter Freunde Gottes rc. 16 Bdchn. gr. 12. Augsburg 833. n. 5/12 Rthlr. — 2e unveränd. Ausg. gr. 12. Ebd. 838. (Lampart u. C.) 3/8 Rthlr.

—— der Apfelbaum, od. Vater Bertram's Erzähln. im Kreise seiner Kinder. 1. Hft. 12. (4 B.) Augsburg 835, Kollmann'sche Buchh.

v. Wörndle, J.C , Cosmus I., Herzog v. Florenz. Dramat. Gemälde d. 15ten Jahrh. 12. Insbr. 808. Wagner. 4 fl

— s. Jh. Crolset, christl. Betrachtungen u. dess., von den Täuschungen.

—— Fabeln, Parabeln u. Erzählungen d. Wahrheit im Kleide d. Dichtung, in 2 Bdchn. Der reif. Jugend gewid. — 1. Bdchn. 12. (8 B. u. Ttlkpfr.) Augsburg 834. (Regensburg, Manz.)

—— Fabeln, Parabeln u. Erzählungen, od. Wahrheit im Kleide d. Dichtung. Der reif. Jugend gewidmet. 2 Bdchn. 2., unveränd. Ausg. 12. (15½ B. u. 2 Ttlkpfr.) Augsburg 838, [Lampart u. Comp.]

— scherzhafte Gedichte für Freunde heiterer Laune u. gesitteter Fröhlichkeit. 12. Augsb. 828. Kranzfelder. 6 fl

Wörndle, Joh. Kasp. v., der arme Heinrich. — Die junge Melania. Zwei Erzähln. f. d. reif. u. gebild. Jugend (beiderlei Geschlechts). 12. (4 B.) Augsburg 833. (Regensburg, Manz.) Thlr.

— der arme Heinrich. — Die junge Melania. Zwei Erzählungen für die reifere u. gebild. Jugend. 12. Augsburg 833. n. 7 fl — 2e Aufl. 12. Ebd. 838. Veith u. Rieger. ¼ Rthlr.

—— der arme Heinrich, u. d. junge Melania. Zwei Erzähln. f. d. reif. u. gebild. Jugend. 2. Aufl. 12. (4 B. u. Ttlbild.) Augsburg 838, [Lampart u. Comp.]

— die Schule der Erfahrung. Eine Reihe von Erzählungen aus dem Leben einzelner Menschen. Zur Belehrung, Warnung u. Unterhaltung besonders für die reifere u. gebild. Jugend beiderlei Geschlechts. 2e unveränd. Ausg. Mit Titelkpfr. 12. Augsburg 838. (Lampart u. Comp.) 3/8 Rthlr.

—— leichtfaßl. u. kurzer Unterricht üb. d. zweckmäß. Führung d. Vormundschaften u. Kuratelen f. d. Bürger u. Landmann. Dargest. in e. Reihe v. Gesprächen. M. 13 Formularen. gr. 8. (7¼ B.) Innsbruck 832, (Wagner.)

— der Veilchenkranz, od. kleinere sittl. Erzählungen wirklicher Begebenheiten neuerer Zeit, zur nützl. Unterhaltung u. Belehrung der reifern Jugend. 1e Lief. 12. Insb. 829. (Landsh., Krüll). 5 fl

—— der Veilchenkranz, od. kleinere sittl. Erzähln. wirkl. Begebenheiten neuerer Zeit, zur nützl. Unterhalt. u. Belehr. d. reif. Jugend. 1. Lfg. 1. u. 2. Aufl., u. 2. Lfg. 12. (7⅚ B.) Innsbruck 829, 30, 34, (Wagner.)

Wörndle v. Adelsfeld, Edm., Bildercyklus aus dem Leben des Walter v. der Vogelweide. Fol. (6 Lichtdr. m. 1 Bl. Text.) Innsbruck 893. C. Rauch. n. 7. —

Wörndle von Adelsfried, Edm., Bildercyklus aus dem Leben des Walter von der Vogelweide. 6 Blatt in Lichtdruck. Folioformat, mit erläuterndem Text. In eleg. Carton 4.20
Innsbruck: Rauch 1893.

Wörndle v. Adelsfried, Edm., Schulwandbilder aus Palästina. 12 Taf. in Farbendr. nach Aquarellen. 43×60,5 cm. Mit begleit. Text v. Leonard Wiedemayr. (26 S.) gr. 8. München 904. Piloty & Loehle. In Mappe n.n. 12. 50

Wörner. Jahresbericht d. Krankenspitals zu Hechingen über die J. 1890 u. 1891 m. besond. Berücksicht. der chirurgischen Abteilung. gr. 8. (85 S.) Tüb. 892, (Moser). * 1 60

Wörner, Jahresbericht d. Krankenspitals zu Hechingen üb. die J. 1890 u. 1891 m. besond. Berücksicht. der chirurgischen Abteilung. gr. 8. (85 S.) Tübingen 892. (F. Pietzcker.) n. 1. 60

— dasselbe üb. die J. 1892 u. 1893. II. Jahresbericht. gr. 8. (88 S.) Ebd. 894. n. 1. 80

Wörner, das Reichsvereinsgesetz m. den hessischen Ausführungsvorschriften, s.: Sicherheits- u. Fremdenpolizei. 2. Heft.

Wörner, A., das städtische Hospital zum Hl. Geist in Schwäb. Gmünd in Vergangenheit u. Gegenwart. Mit e. Abhandlg. üb. die Geschichte der Hospitäler im Altertum u. Mittelalter u. e. medicinisch-wissenschaftl. Anh. Unter Mitwirkg. v. J. N. Denkinger hrsg. (X, 308 u. 265 S. m. 34 Abbildgn., 5 Taf. u. 1 farb. Titelbild.) gr. 8 Tübingen 905. H. Laupp. n. 12. —; geb. n.n. 15. —

Wörner, Alfred [Hrsg.], s. Hospital, Das städtische . . .

Woerner, Arnold (geb. Wahlbach in Westf. 3. 2. 1809): De mollitie medullae spinalis. Berolini (1835). (37 S.) 8.
Berlin, Med. Diss. v. 28. Jan. 1835

Wörner, B., auf Leben u. Tod, s.: Volksschriften, Münchener.

Wörner, Balth., Johann Adam Möhler. Ein Lebensbild. Mit Briefen u. kleineren Schriften Möhlers herausg. von Pius Bonif. Gams. Regensburg 866. Manz. gr. 8. (VIII, 408 S. mit einem Bildnisse u. Facs. Möhlers in Stahlst.) 1 ꝛ 15 ngr.

Wörner, Bern., Amt und Welt. Erzählungen aus dem deutschen Dienstleben. 1. Bd. 1. und 2., verb. Aufl. und 2. Bd. gr. 16. (VII und 438 S., IV und 466 S.) Augsburg 865—67. [Bamberg, Reindl.] à Bd. 1 Thlr.
geb. à Bd. * 1 Thlr. 10 Ngr. *

Wörner, Bern., **Amt und Welt. Erzählungen aus dem deutschen Dienstleben. 1. Bd. Augsburg 865. Schlosser.** 16. (2 Bl., 445 S.) 1 ꝛ

Wörner, Bern., Amt und Welt. Erzählungen aus dem deutschen Dienstleben. 2. Bd. 2. Aufl. und 3. Bd. gr. 16. Bamberg, Reindl. [Regensburg, Pustet.] à Bd. M. 3. 6 —

Inhalt:
Bd. 2. Fernes Leuchten. (VIII, 464 S.) 871.
" 3. Schlagende Wetter. (IV, 482 S.) 869.
1. Bd. In tiefem Schacht. [Ebendas.] M. 3.

— lebende Bilder. Zum Beschauen für das Volk. 2 Abthlgn. gr. 16. (IV und 548 S.) Augsburg 866. [Bamberg, Reindl.] à Abthl. 18 Ngr.

Wörner, Bernard, zwei Familien. Nach einer wahren Begebenheit für Katholiken erzählt. gr. 8. (VII und 164 S.) Stuttgart 857, Gebr. Scheitlin. Thlr.

— zwei Familien. Nach einer wahren Begebenheit für das deutsche Volk erzählt. 2., verb. Aufl. 8. (VIII und 167 S.) Stuttgart 864, Gebr. Scheitlin.

— dass. — s. Bibliothek katholischer Volksschriften.

Wörner, B., Vater Felix: Bilder aus dem Leben, s. Unterhaltungsschriften, lehrreiche.

— Gabriel, ein April-Scherz, oder Abenteuer eines verliebten Schriftsetzers. Ein Skizze aus dem „fashionablen" Leben in America. gr. 8. (36 S.) St. Louis 851. (Philadelphia, Schäfer und Koradi.) *

— Josepha Linden, } s. Unterhaltungsschriften,
— Loretto: oder die Wahl, } lehrreiche.

— Lust und Leid. Geschichten aus unsern Tagen. 2 Bde. gr. 16. (X und 768 S. mit Illustr. in eingedr. Holzschn.) Augsburg 861. 62. Schlosser's Buchh.

— Lust und Leid. Geschichten aus unsern Tagen. 3. Bd. gr. 16. (VII und 580 S.) Augsburg 863, Schlosser's Buchh.

— dass. — 3 Bde. 2., verb. Aufl. gr. 16. (XXIII und 1349 S. mit Illustr. in eingedr. Holzschn.) Augsburg 864. [Bamberg, Reindl.] à Bd. 1 Thlr.
geb. à Bd. 1 Thlr. 10 Ngr.

— Lust und Leid. Geschichten aus unsern Tagen. 1. und 3. Bd. 3. verb. Aufl. gr. 16. Regensburg 871, Pustet. à Bd. M. 3. 6 —

Inhalt:
Bd. 1. Knospen. Erzählungen. (VI, 384 S.)
" 3. Immergrün. (XI, 586 S.)
2. Bd. Blüthen. Ebendas. 864. M. 3.

Das Rosenmädchen von Salancy, s. Erzählungen und Novellen, Neue.

— die Sclavin. Eine Erzählung aus dem amerikan. Volksleben. gr. 8. (IV und 114 S.) St. Louis 850. (Philadelphia, Schäfer und Koradi.) *

— Treffer und Niete, s. Erzählungen und Novellen, Neue.

— die Waise, s. Unterhaltungsschriften, lehrreiche.

Wörner, C. H., Fastenpredigten über die fünf letzten Dinge des Menschen, die fünf Gebote der Kirche und die fünf Geheimnisse des schmerzenreichen Rosenkranzes. gr. 8. (IV und 164 S.) Regensburg 849, Manz. Thlr.

Wörner, E., 'Ανοπαια; zur Erklär. des Wortes. S.-A. s. a. 23 S.

Wörner, E. Darmstadt u. seine Umgebung, s. Zernin, G.

— geschichtliche Einleitung, s.: Windhaus, G., Führer durch den Odenwald u. die Bergstrasse.

— Gebrauch d. homer. m. Präpos. zusammenges. u. m. d. Suffix ιο gebild. Adjectiva. Pr. 1879. 7 S. 4°. —.90

Woerner, E., Substantivorum Homericorum quae appellativa dicuntur ordine etymologico dispositorum index. Pr. 1869. 48 S. 4°. 1.50

Wörner, E., Regesten der bis jetzt gedruckten Urkunden zur Landes- u. Ortsgeschichte des Grossherzogth. Hessen, s.: Scriba, Heinr. Ed.

-- Die Substantiva auf *ια*. S.-A. 1878. 16 S.

Wörner, Eduard: Über Pilze im Urin. . . . Freiburg i. B., Univ.-Buchdr. v. Chr. Lehmann, 1889; 36 S. 8°
Freiburg i. B., Med. Fak., Inaug.-Diss. v. 1889

Agathyllus. Wörner, Emil De Ariaetho et Agathyllo fabulae apud Arcades Aeneïae auctoribus 8 (26 S.).
Festschrift z. 350jähr. Jubiläum der Fürsten- u. Landessch. St. Afra in Meissen Kgl. G. *Leipzig* 1893.
Nicht im Tauschverkehr.
Progr.

Wörner, Emil, de Ariaetho et Agathyllo fabulae apud Arcades Aeneïae auctoribus. Progr. gr. 8. (IV, 26 S.) Leipzig 893. (J. C. Hinrichs' Sort.) n. 1. —

Wörner, Emil [aus Unteröwisheim '(Amt Bruchsal)']: Beiträge zur Beurteilung der Isomerie der Trithioaldehyde ... Heidelberg, Univ.-Buchdr. v. J. Hörning, 1895; 49 S. 8.
Rostock, Phil. Fak., Inaug.-Diss. v. [16. Jan.] 1895

Wörner, (Emil), Konrekt.: [Dr. Richard Immanuel Richter, erster Rektor d. König-Albert-Gymnasiums und ord. Honorarprofessor an der Universität Leipzig, gestorben am 27. Mai 1901.] *Leipzig 1902: A. Edelmann.* (S. 3 7.) 4°
Leipzig, König Albert-G, OP 1902 (600)

Wörner, E., die Sage von den Wanderungen des Aeneas bei Dionysios von Halikarnasos und Vergilius. gr. 4. (28 S.) Leipzig 882, (Hinrichs'sche Buchh.) * 1 20

Wörner, [Emil]: [Scheidegruß bei der Trauerfeier für den am 27. Mai 1901 verstorbenen Rektor der Anstalt Richard Immanuel Richter.] S. 4 6. 4. **Progr.** König Albert-Gymn. *Leipzig* 1902 (600).

Wörner, Ernst, biblische Anthropologie. Vorlesungen, aus dem Nachlaß hrsg. von L. Pregizer. Mit einem Vorwort von W. Arnold. 8. (V, 120 S.) Stuttgart 887, Kitzinger. * 1 80

Wörner, Ernst (I.), Auslegung des Briefes an die Galater. Vorlesungen aus dem Nachlaß. Hrsg. von W. Arnold. 8. (V, 188 S.) Basel 882, Spittler. * 2 —

Woerner, Ernst, der Brief St. Pauli an die Hebräer ausgelegt. gr. 8. (VII, 254 S.) Ludwigsburg 876. Neubert. n. 3. —

Wörner, Ernst, der Erstling der Entschlafenen. Auslegung der Schriftstelle 1. Cor. 15, 20—28. Ein Beitrag zum Schriftverständnis auch für Ungelehrte. 8. (55 S.) Tübingen 864, Osiander'sche Buchh. *

— der Erstling der Entschlafenen. Auslegung der Schriftstelle 1. Cor. 15, 20—28. Ein Beitrag zum Schriftverständniß auch für Ungelehrte. Neue (Titel-)Ausg. 8. (55 S.) Heilbronn (1864) 878. Scheurlen's Verl. n. — 50

Wörner, Ernst, die Grundwahrheiten des biblischen Christenthums. Vorträge. 2., neu durchgearb. und mit Vorträgen verwandten Inhaltes erweit. Ausg. gr. 8. (XVIII, 246 S.) Stuttgart 873, J. F. Steinkopf. * 3 —

— die Lehre Jesu. Vorlesungen aus dem Nachlaß. Mit einem Vorwort von C. v. Orelli. 8. (VI, 208 S.) Basel 882. Spittler. n. 2. —

Wörner, Ernst (II.) und Max Heckmann, Orts- und Landesbefestigungen des Mittelalters mit Rücksicht auf Hessen und die benachbarten Gebiete. gr. 8. (IV, 87 S. mit Abbild.) Mainz 884, Faber'sche Buchh. * 2 50
Aus: Korrespondenzblatt des Gesamtvereins der deutschen Geschichts- und Altertumsvereine, besonders abgedruckt.

Wörner, E., römische Steinbrüche auf dem Felsberg an der Bergstraße, s. Cohausen, A. v.

Wörner, Ernst, das Verhältniß des Geistes zum Sohne Gottes aus dem Johannes-Evangelium dargestellt. gr. 8. (114 S.) Stuttgart (861)62, J. F. Steinkopf.

— der Weg der Christus-Erkenntnis. Oeffentliche Vorlesung, gehalten zu Zürich den 28. Janr. 1865. 8. (32 S.) Tübingen 865, Osiander'sche Buchh.

— der Weg der Christus-Erkenntniß. Oeffentliche Vorlesung, gehalten zu Zürich am 28. Jan. 1865 zur Habilitation an der dort. Hochschule. Neue (Titel-)Ausg. 8. (32 S.) Heilbronn (1865) 878. Scheurlen's Verl. — 30

Wörner, E., Kreis Worms, s. Kunstdenkmäler im Grossherzogth. Hessen.

Woerner, Frz., die Weiterführung der Canalisirung des Mains bis Aschaffenburg. gr. 8. (V, 86 S.) Aschaffenburg 893. (C. Krebs.) n. 1. 60

Wörner, G.

— s. Versicherten-Zeitung, deutsche.

Wörner, G., u. F. Withum. Die Zerstörung der Stadt Bretten [Brettheim] vor 200 Jahren. Denkwürdige Ereignisse aus d. Kriegsjahren 1688—1697, gesammelt u. zusammengestellt zu d. Gedächtnißfeier am 13. Aug. 1889. 8. (IV, 96 S.) Karlsruhe 889, (Braun). * — 80

Woerner, Georg [app. Arzt aus Aschaffenburg]: Ueber angeborene ringförmige Stenosen der Vagina ... Aschaffenburg, Buchdr. Schippner We. & C., 1892; 25 S. 8.
Würzburg, Med. Fak., Inaug.-Diss. v. 1892

Wörner, Gerh., das sächsische Beamten-Unfallfürsorgegesetz, s.: Handbibliothek, juristische. 149. Bd.

Wörner, Gerhard, Referendar aus Leipzig: Der **Fremdenstreit** der alten Kulturvölker. *Borna-Leipzig 1902: R. Noske.* (VI, 32 S.) 8°
Leipzig, Jur. Diss. v. 1902

— Grundriss der besonderen Versicherungslehre. 1. Buch. Die Privatversicherg. 1. Abtlg. Einleitung. Sachversicherung. Forderungsversicherung. (III, 190 S.) gr. 8. Ebd. 908. 4. 50

Wörner, Gerh., Grundriss der Versicherungslehre. 1. Buch. Allgemeine Versicherungslehre. 2., verm. u. verb. Aufl. (VIII, 174 S.) Lex. 8. Leipzig 910. J. Wörner. 4.50; geb. 5. —

— **Das Kennzeichnungsrecht d. Persönlichkeit. (XI, 74 S.) gr. 8. Ebd. 909.** 1. 80

— das Mobiliar- u. Privat-Feuerversicherungswesen im Königreich Sachsen, s.a. Handbibliothek, juristische. 376. Bd.

Das Mobiliar- und Privat-Feuerversicherungswesen im Königreich Sachsen. Hrsg. von Dr. jur. Gerhard Wörner. 7. Aufl. *Leipzig: A. Roßberg 1903.* (IV, 110 S.) 8° [F.]
= **Handbibliothek,** Juristische. Bd 376. [03. 8633]

— die Nebengesetze zur Reichs-Unfallversicherungsgesetzgebung, s.: Handbibliothek, juristische. 161. Bd.

— der Versicherungsverein auf Gegenseitigkeit. Nach dem Reichsgesetz üb. die privaten Versicherungsunternehmgn. vom 12. V. 1901. (VIII, 252 S.) gr. 8. Leipzig-Reudnitz 904. A. Hoffmann. **n. 4. —**

Wörner, Heinr. Roman, Licht und Finsterniß, Wahrheit oder Lüge, Segen oder Fluch. Zwölf Fastenpredigten über die wichtigsten Fragen der gegenwärtigen Zeit. gr. 8. (VIII und 262 S.) Regensburg 856, Pustet.

Woerner, J., s. Woerner, Bernard

Woerner, J. G. and Charles Gildehaus. Die Rebellin, Amerikanisches Schauspiel in fünf Aufzügen. St. Louis, 1894. GSP

Wörner, K. H., Fastenpredigten über die fünf letzten Dinge des Menschen, die fünf Gebote der Kirche u. die fünf Geheimnisse des schmerzenreichen Rosenkranzes. gr. 8. (IV u. 164 S.) Regensburg 849, Manz. 1/2 ℳ

Wörner, Karl: Über eine besondere Gattung von Gruppen. *Leipzig 1902: Breitkopf & Härtel.* (36 S.) 8°
Freiburg i. B., Phil. Diss. v. 1902

Wörner, L., Das Schlosserhandwerk in Donaueschingen. Schriften des Vereins f. Socialpolitik, Bd. 69. gr. 8°. Leipzig 1897.

Wörner, Leopold, Der Hausierhandel im Amtsbezirk Donaueschingen. Schriften des Vereins f. Socialpol., Bd. 80. gr. 8°. Leipzig 1899.

Woerner, Ludwig, appr. Tierarzt, z. Z. 1. Assist. an d. chirurg. Klinik d. Tierärztl. Hochsch. zu Stuttgart: Aus d. med. Klinik d. Tierärztl. Hochsch. zu Stuttgart. Vorstand: Klett. Über gefärbte Nährböden. Ein Beitr. zu ihrem Verhalten bei d. Einimpfung d. Milzbrand-, Rauschbrand-, Malignen Ödem- und Heubacillus, sowie der Bakterien d. Gruppen d. Paratyphus u. d. hämorrhagischen Septicämie. Stuttgart 1909: Belser. 139 S. 8°
Gießen, Veterinär-Med. Diss. v. 5. Juni 1909, Ref. Olt
[Geb. 24. Dez. 78 Mergentheim; Wohnort: Stuttgart; Staatsangeh.: Württemberg; Vorbildung: Gymn. Eßlingen Reife O. 00; Studium: Tierärztl. Hochschulen Stuttgart 3, München 1, Stuttgart 8 S.; Rig. 30. Apr. 09.] [U 09. 1190

Wörner, Ludwig „Die ebenen Spiegel". pg. 3—16. 4°. Mit einer Tafel. Wailandt'sche Dr.
Aschaffenburg, Progr. 1855/56

Wörner, Ludw., Theorie des Planzeichnens. Fol. (IV und 40 S. mit 16 Stnt., wovon 6 ill.) Aschaffenburg 862, Krebs. *

Wörner, Ludwig „Der einfache Zins und einige Anwendungen desselben". pg. 3—24. 4°. Wailandt's Wittib.
Aschaffenburg, Progr. 1852/53

Woerner, Otto, das Disziplinarrecht in Bayern. (106 S.) gr. 8. Nürnberg (910). U. E. Sebald. nn 1.50

Woerner, Otto, Fachausdrücke in der Stenographie. Nebst e. Anh.: Die fremden Bezeichngn. in der Sprachlehre. Zusammengestellt u. erläutert. (32 S.) kl. 8. Wolfenbüttel 905. Heckner. n.n. — 60

Woerner, Otto: Die Frage der Gleichmässigkeit der Strafzumessung im Deutschen Reich. Auf kriminalstatistischer Grundlage bearbeitet. Erster Teil. München: E. Reinhardt 1907. (54 S.) 8° ¶ (Erschien vollst. als: Statistische u. national-ökonom. Abhandlungen H. 3. 1907.)
München, Staatswirtsch. Fak., Ref. v. Mayr, Diss. v. 14. Déz. 1906
[Geb. 12. Aug. 84 München; Wohnort: München; Staatsangeh.: Bayern; Vorbildung: Luitpold-Gymn. München Reife Juli 03; Studium: München 6 S.; Rig. 14. Dez. 06.]

— Die Frage der Gleichmässigkeit der Strafzumessung im Deutschen Reich, s.a. Abhandlungen, statistische u. nationalökonomische. 3.

Die Frage der Gleichmässigkeit der Strafzumessung im Deutschen Reich. Auf kriminalstatist. Grundlage bearb. von Dr. Otto Woerner. München: E. Reinhardt 1907. (107 S.) 4°(8°)
= Abhandlungen, Statistische u. national-ökonom. H. 3. [07. 5054

Woerner, Otto, s.: Gabelsberger, Dichtungen.

— Geschichte d. Satzkürzung seit Gabelsbergers Tod. In Kürze dargestellt. Preisschrift. (71 S.) 8. Wolfenbüttel 906. Heckner. nn 1.20

Wörner, Pauline, s.: Aus Wald u. Grund.

Wörner, Pauline, Orchideen im Lößgrund. Geschichten vom Kaiserstuhl. I u. II. gr. 8. Freiburg i/B. (899). [P. Waetzel.] Lahr, Groß & Schauenburg. Kart. à n. — 50
1. Im Brunnen. (29 S.) — II. Die blawe Blume. (42 S.)

— dasselbe. (III.) (Matthis u. Matthes. Judenkirschen. Die Galoschen des Herrn Lehrers. Die beiden Onkel. Der Müllarz.) 8. (437 S.) Ebd. 901. n. 3.50; geb. n. 4.50; erm. Pr. 2.50; geb. 3.50

(B) Wörner, Pauline, Orchideen im Lößgrund. 899. 901. (KBL 32.)
Jetzt: Karlsruhe, F. Gutsch.

— Der Winzer Schutzherr. Historischer Roman. (203 S.) 8. Ebd. (910). 2.40; geb. 3.—

Wörner, Pauline, heimlich stille Welt. Geschichten vom Kaiserstuhl. 1. Bd. (V, 275 S.) 8. Karlsruhe (905). F. Gutsch. n. 3.—; geb. n. 4.—

— Heimlich stille Welt. Geschichten vom Kaiserstuhl. 2. u. 3. Bd. (III, 312 u. III, 277 S.) 8. Karlsruhe (907. 08). F. Gutsch. à 3.—; geb. à 4.—

Woerner, Philipp Matthaeus (Rothenburg o. d. T.) F, zc/36

Dissertatio inauguralis medica de notialgia seu dolore dorsi eoque vario. Präs. Heinrich Friedrich Delius. Erlangen (Walther) (25.) I. 1765. 34 S.

Gew.: Stadt Rothenburg.
W. v.: Präs., Jakob Friedrich Isenflamm, Matthaeus Seutter von Loezen, G. F. Klein, W. H. Wörner, Johann Gottfried Flurer. 37108

Wörner, Robert [pr. Arzt]: Über die Anwendung des Pilocarpins.... Freiburg i. B., Univ.-Buchdr. v. Chr. Lehmann, 1888; 36 S. 8°
Freiburg i. B., Med. Fak., Inaug.-Diss. v. 1888

Woerner, Roman, s.: Abhandlungen, germanistische, Hermann Paul dargebracht.

— Fausts Ende. Antrittsrede, geh. den 18. XI. 1901 an der Universität Freiburg i. Br. gr. 8. (28 S.) Freiburg i/B. 902. C. Troemer. n. — 80

Woerner, Roman, Faust's Ende. Akademische Antrittsrede. 2. Aufl. (28 S.) 8. Freiburg i/B. 904. C. Troemer. n. — 80

—— die drei göttlichen Tugenden: Glaube, Hoffnung und Liebe Sechs Fasten-Predigten. Lex.-8. (84 S.) Würzburg 864, Stahel'sche Buchh.
aus: Philothea, besonders abgedruckt.

Woerner, Roman, Novalis' Hymnen an die Nacht u. geistliche Lieder. gr. 8. (58 S.) München 885. (Buchholz & Werner.) n. 1.—

— Henrik Ibsen. (In 2 Bdn.) 1. Bd. 1828—1873. gr. 8. (VIII, 404 S.) München 900. C. H. Beck. n. 8.—; geb. n. n. 9.—

Woerner, Roman, Henrik Ibsen. 2. (Schluß-)Bd. 1873—1906. (VII, 386 S.) 8. München 910. C. H. Beck. 8.—; geb. in Leinw. 9.—
1. Bd. Ebd. 900. 8.—; geb. 9.—

[F.] **Woerner,** Roman [Dr. phil.]: Henrik Ibsens Jugenddramen ... [Erschien vollst. 1895 bei C. H. Beck in München.] Nördlingen, Druck v. C. H. Beck, *1895;* 2 Bl., 59 S. 8.
München, Phil. Fak., Hab.-Schr. v. 1895

Woerner, Roman, Henrik Ibsens Jugenddramen. Mit 2 Beilagen. gr. 8. (IV, 119 S.) München 895. C. H. Beck. n. 2. 50

Wörner, Roman, die Religion. Sechs Fasten-Predigten. Lex.-8. (87 S.) Würzburg 863, Stahel'sche Buchh.
aus: Philothea, besonders abgedruckt.

— die Richterin. Schauspiel in 4 Aufzügen nach Conr. Ferd. Meyer. 8. (130 S.) Leipzig 899. H. Haessel Verl. n. 2.—

Wörner, Roman, das starke Weib. Neun Vorträge gehalten bei einer Novene für die Erzsodalität der christl. Mütter. gr. 8. (47 S.) Leipzig 877, Expedition der Philothea. — 30
Aus: Philothea, besonders abgedruckt.

Woerner, U. Carolina, Gedichte. (102 S.) 8. Berlin 906. B. Cassirer. n. 2.—

Woerner, U. C., Gerhart Hauptmann, s. a. Forschungen zur neueren Litteraturgeschichte. IV.

Gerhart Hauptmann. Von U. C. **Woerner.** *München: C. Haushalter 1897.* (3 Bl., 82 S.) 1 Bd 8.
= **Forschungen** z. neueren Litteraturgeschichte. [H.] IV. [97. 5139

Gerhart Hauptmann. Von U. C. **Woerner.** 2., verb. u. verm. Aufl. Berlin: A. Duncker 1901. (VI, 122 S.) 8°
(Forschungen z. neueren Litteraturgeschichte. 4.)

Woerner (U. Carolina), der König hat gesprochen. Erzählung. (131 S.) kl. 8. Berlin 911. Gebr. Paetel. 2.—; geb in Leinw. m. Goldschn. 3.—

— Imelda Lambertazzi. Drama in 1 Aufzug. (155 S.) kl. 8. Berlin 908. S. Fischer. Verl. 2.—; geb. n 3.—

Vorfrühling. Drama in 5 Akten von U. C(arolina) **Woerner.** Berlin: B. Cassirer 1906. (212 S.) 8° [F.] [06. 4191

— Vorfrühling. Drama in 5 Akten. 2. Ausg. (114 S.) 8. Berlin 909. B. Cassirer. 2.—

Woernhart, Fr. Leonhard Maria

Woernhart, L. M., Figura Jerosolymae tempore Jesu Christi D. n. existentis illustrata et in carta speciali adiecta delineata. Freiburg, Herder, 1882, gr. 4°, 12 S. Text. Größe der Karte: 39 auf 67,5 cm. ohne Rand. Zusammen 1,60 Mk.

—— Dieselbe Karte mit Erklärung der Nummern, nach der historischen Folge des Leidens Jesu Christi geordnet. Ebendas., gr. 4°, 2 S. Text, 1,20 Mk.

Woernhart, Fr. Leonh. Mar., Jerusalem zur Zeit Jesu Christi. (Ansicht aus der Vogelschau.) Lithogr. Imp.-Fol. Nebst Erklärung der Nummern, nach der histor. Folge des Leidens Jesu Christi geordnet. qu. gr. Fol. (1 Bl.) Freiburg i. Br. 882, Herder'sche Verlagsh. * 1 20
Mit latein. Text. gr. 4. (12 S.) * 1 60

Wörnhart, Fr. Leonh. Maria, das seraphische Kirchenjahr oder tägliche Betrachtungen zum Gebrauche für alle drei Orden des heil. Vaters Franziskus. 2 Bde. 12. (VI, 718; 723 S. mit 2 Stahlst.) Innsbruck 888, F. Rauch's Buchh. * 6 —
geb. ** 7 —

— Maria, die wunderbare Mutter Gottes u. der Menschen, nach allen Gesichtspunkten dargelegt u. m. sehr zahlreichen Stellen der hl. Väter u. theolog. Schriftsteller begründet. gr. 8. (VIII, 447 S. m. 1 Farbendr.) Ebd. 890. n. 4.—

—— Predigten über das christliche Leben. Missions- u. Exercitien-Predigten, nebst e. neuen Reihe v. Exhorten an die Tertiaren d. heil. Franciscus in 2 Cyclen. 1. Cyclus, 2 Halbbde., u. 2. Cyclus. gr. 8. [Münch. 890, Stahl sen.] Stuttg., J. Roth. * 9 —
1. Cyclus. 1. Missions- u. Exercitien-Predigten. 1. Halbbd. (IX, 400 S.) * 4 —. — 2. —— Dass. — 2. Halbbd. (S. 401—634.) * 2 40.
2. Cyclus. Exhorten an die Tertiaren d. heiligen Franciscus. Neue Reihe. (X, 256 S.) * 2 60.

—— 57 Predigten über den 3. Orden des heil. Vaters Franziskus bei Tertiaren-Versammlungen. gr. 8. (IV, 322 S.) Salzburg 885, Pustet. 2 40

Wörnhart, Jos., Soldaten-Liederbuch, s.: Dieter, Heinr.

Wörnhart, Jos.: Friedrich Schiller's „Wilhelm Tell" u. seine Vorstufen, s.a. Sammlung gemeinnütziger Vorträge.

Friedrich Schillers 'Wilhelm Tell' und seine Vorstufen, nebst der historischen Grundlage. Von Josef **Wörnhart.** (Prag: Deutsch. Ver. z. Verbreitung gemeinnütz. Kenntnisse 1906.) (S. 79–102.) 8° [Kopft. F.]
= Schiller-Vorträge. Drei. No 3.
= **Sammlung** Gemeinnütziger Vorträge. No 332. [07. 8551

Wörnhart, Leonard Maria, s. Wörnhart, Fr. Leonh. Maria

Wörnitz, Hans v. der, Aerztliches Allzuärztliches. (128 S.) 8. Leipzig 905. Modernes Verlagsbureau. n. 2. 50

Woernle, Martin, a. Stuttgart: Studien über die Verbindungen und das Atomgewicht des Palladiums. Erlangen 1907: Junge & Sohn. (33 S.) 8°
Erlangen, Phil. Fak., Ref. Fischer, Diss. v. 24. Apr. 1907
[Geb. 2. Okt. 83 Stuttgart; Wohnort: Erlangen; Staatsangeh.: Württemberg; Vorbildung: Oberrealsch. Stuttgart Reife Juli 02; Studium: T.H. Stuttgart 4, Univ. München 1, Erlangen 4 S.; Rig. 27. Febr. 07.]

WOERNLE, Paul: Die Bedeutung einer Forsteinrichtungs-Anstalt. Vortrag gehalten am 26. Juni 1906 auf der Versammlung des Württembergischen Forstvereins zu Schorndorf. - Stuttgart 1906. 45 S.

Woernle, die Bedeutung e. Forsteinrichtungs-Anstalt. Vortrag, geh. am 26. VI. 1906 auf der Versammlg. des württ. Forstvereins zu Schorndorf. (45 S.) 8. Stuttgart (906). (H. Lindemann.) — 80

[F.] **Wörnle,** Paul [k. württemb. Forstref. I. Kl.]: Anatomische Untersuchung der durch Gymnosporangium-Arten hervorgerufenen Missbildungen ... (Aus: Forstl.-naturw. Zeitschr., 1894.) München, M. Rieger'sche Univ.-Buchh., 1894; 2 Bl., 60 S. 8.
München, Staatswirtsch. Fak., Inaug.-Diss. v. 1894

— Der Wald u. dessen Bewirtschaftung, s.: Landmann's, des, Winterabende. (Fischbach, Heinr.)

Katalog der deutschen Buchgewerbe-Ausstellung Paris 1900. Hrsg. v. deutschen Buchgewerbeverein zu Leipzig. (Verf.: Arthur **Woernlein.**) (Leipzig 1900: Breitkopf & Härtel.) (151 S.) 8° [05. 10537

Woernlein, Hugo [aus Katzweiler '(Rheinpfalz)']: Inversio uteri post abortum ... Würzburg, Druck d. Köhl & Hecker'schen Buchdr., 1894; 25 S. 8.
Würzburg, Med. Fak., Inaug.-Diss. v. 1894

Worobkiewicz, Emanuel, Короткий катихизис для приготовляючих курсів при учительских семинариях, для низших клас лїцеальних і для V. і VI. шкільного року шкіл народних. Wien. K. k. Schulbücher-Verlag. 1902. Preis. in Halbleinen gebunden 60 h.

Worobkiewicz, Eug., die geographisch-statistischen Verhältnisse der Bukowina, nebst einigen vergleich. statist. Tabellen. gr. 8. (114 S.) Lemberg 893. (Czernowitz, H. Pardini.) n. 1. 60

Worobkiewicz, Isidor, kurze allgemeine Musiklehre für Schule und Haus. gr. 8. (IV, 33 S.) Czernowitz 871, (Szegierski.) * — 40

Worobkiewicz, Konstantin: Zur Handelsvertragspolitik. Erlangen 1897: F. Junge. (86 S.) 8°
Erlangen, Phil. Diss. v. 27. Okt. 1897

Woronichin, Nicol., zur Anatomie der indurativen Pneumonie. [Mit 1 (lith.) Taf.] [Aus den Sitzungsber. der k. Akad. der Wiss.] Wien 868. (Gerold's Sohn.) Lex.-8. (7 S.) n. 4 ngr.

Woronichin, Nikolaus, Dr.: Zur Anatomie der indurativen Pneumonie. S. 57. I. 958.
Separatabdruck

Woronicz, J. P., Dzieła poetyczne, s. Biblioteka klassików polskych.

—— Sybilla. Poema historyczne w 4 pieśniach. gr. 16. (115 S.) Leipzig 854, Librairie étrangère.

Woronin, Helene, geb. Wesselowska: Apogamie und Aposporie bei einigen Farnen. Jena: G. Fischer 1907. (62 S.) 8° [Aus: Flora oder Allg. bot. Zeitung Bd 98, 1907.]
München, Phil. Fak., Ref. Goebel, Diss. v. 24. Jul. 1907
[Geb. 18. April 79 Moskau; Wohnort: Karatschev (Rußland); Staatsangeh.: Rußland; Vorbildung: Mädchengymn. u. höh. Kurse f. Lehrerinnen Moskau Reife Mai 00; Studium: Genf 7, München 3 S.; Rig. 24. Juli 07.]

Woronin, M., Beitrag zur Kenntnis der Monoblephari-deen. (III, 24 S. m. 3 Taf.) 4. St. Pétersbourg 904. (Leipzig, Voss' Sort.) n. 2. —
Sonderabdruck aus: „Mémoires de l'acad. imp. des sciences de St. Pétersbourg".

Beitrag zur Kenntnis der Monoblepharideen von Dr. M. Woronin [Michail Stepanovič **Voronin**]. Mit 3 Taf. S.-Peterburg: Akad. Nauk 1905. (24 S.) 4°
= **Mémoires** de l'Académie Imp. d. sciences de St.-Pétersbourg. Sér. 8. Cl. phys.-math. Vol. 16, No 4. [05. 13961 3

Woronin, M., Beiträge zur Morphologie und Physiologie der Pilze, s. Bary, A. de.

Woronin, M., über Botrydium granulatum, s. Rostafiński, J.

Woronin, W., über zwei neue Formen von Schleimpilzen, s. Mémoires de l'Académie impér. des sciences de St. Pétersbourg.

[Ant. u. Russ.] Die Sclerotienkrankheit der gemeinen Traubenkirsche und der Eberesche. '(Sclerotinia Padi u. Sclerotinia Aucupariae.)' Von Dr. M. Woronin [**Voronin**]. M. 5 Taf. ... *St.-Pétersbourg: Acad. Imp. d. Sc. 1895.* (1 Bl., 27 S., 5 Taf.) 4.
= Mémoires de l'Académie Imp. d. sciences de St.-Pétersbourg. Sér. VIII. Cl. phys.-math. Vol. II. No 1. [96. 6378

Woronin, W., d. Sclerotienkrankheit d. gemeinen Traubenkirsche u. d. Eberesche. (Sclerotinia Padi u. Sclerotinia Aucupariae.) [Aus: „Mémoires de l'acad. imp. des sciences de St.-Pétersbourg".] gr. 4. (27 S. m. 5 Taf.) St.-Pétersbourg 895. (Leipzig, Voss' Sort.) n. 6. —

Woronin, M., über die Sclerotienkrankheit der Vaccinieen-Beeren, s. Mémoires de l'Académie impériale des sciences de St.-Pétersbourg.

Woronin M.: Ueber *Sclerotinia cinerea* u. *Sclerotinia fructigena*. St.-Pétersb. 1900. 38 S. 6 Tvl. 4°.
(Mémoires de l'Académie impériale des sciences de St.-Pétersbourg. 8. série. Classe physico-mathématique. Vol. 10. No. 5).

Woronin, M., über Sclerotinia cinerea u. Sclerotinia fructigena. gr. 4. (38 S. m. 6 Taf.) St. Petersburg 900. (Leipzig, Voss' Sort) n. 7. —
Sonderabdruck aus: „Mémoires de l'acad. imp. des sciences de St.-Pétersbourg".

Woronin, M., über die bei der Schwarzerle (Alnus Glutinosa) etc. auftretenden Wurzelanschwellungen, s. Mémoires de l'acad. imp. des sciences de St.-Pétersbourg.

Woronowicz, H., Des Horaz Epistel an Albinovanus Celsus. Pr. 1869. 13 S.

Woronowicz, H., Ueb. den Gebrauch von habere cum participio perfecti passivi. Pr. 1881. 68 S. 2,50

Woronzowa, L. Beitrag zu der Frage von der Anwendung der Gastrostomie beim Carcinom der Speiseröhre. In-8°. 32 S. Bern. These. 1896.

Woroschilsky, Jacob, Wirkung des Urans. Diss Dorpat. 8°. 86 pp. Abgedruckt in: Arbeiten des pharmakologischen Institutes zu Dorpat. Herausgegeben von Prof. Dr. R. Kobert. Bd. V. Stuttgart. Ferdinand Enke. 1890.

Woroschilsky, J., Wirkung d. Urans. Inaug.-Diss. gr. 8. (88 S.) Dorpat 889. (Karow.) n. 1. 50

Worosdar, s. Album der Nationen.

† **Worosdar, (Herm. Klencke,) Novellenstrauß. 2 Bde. 8. (41 B.) Leipzig 837, (C. L. Fritzsche.)** **Thlr.**
A. u. d. T.:
Bd. 1. Graf Königsmark. Histor. Novelle. Liebeszustände. Novelle.
: 2. Die Wunder d. Harzes. Eine Reisenovelle. Roxelane, od. d. Halbbrüder. Histor. Novelle.

Wörpel, G., De Plutarchi consolatione ad Apollonium quaestiones. 1899. 19 S.

Wörpel, G., Schedae criticae. (Zu Aristoph. Eq. 555. 707. 1079. 1162 sq. 1180. Eurip. Herc. fur. 944 sqq. 978.) Gel. 1899. 10 S.

Wörpel, Gustav (Hrsg.), s. Beiträge zur klassischen Philologie.

De Lysiae oratione ὑπὲρ τοῦ ἀδυνάτου quaestiones scripsit Gustav Woerpel. Lipsiae: Fock 1901. 32 S. 8° [illegible]

Wörpel, Wilhelm [app. Arzt aus Husum]: Casuistische Mitteilungen über Ileus im Anschluss an tuberkulöse Darmgeschwüre. ... München, Buchdr. v. M. Ernst, 1890; 35 S. 8°
München, Med. Fak., Inaug.-Diss. v. 1891

Worpitzky: Untersuchungen über d. Entwicklung d. monodromen u. monogenen Funktionen durch Kettenbrüche. 39 S.–Berlin Fr., Progr. 1865

Worpitzky, F., Plan des Ostseebades Heringsdorf. 1 : 6000. Nebst 1 Specialkarte der Umgebung. 1 : 90,000. Chromolithogr. qu. Fol. Nebst pract. Führer für Badegäste und Touristen. 8. (20 S.) Stettin 884, Dannenberg. * 1 —

Worpitzky, F., Situations-Plan des Ostseebades Heringsdorf. 1 : 5,400. Lithogr. und color. qu. gr. Fol. Berlin 876, D. Reimer. * 1 —

Worpitzky, F., Situations-Plan des Ostseebades Heringsdorf. Neue bericht. Ausg., Juni 1877, mit 1 Karte der Umgegend von Heringsdorf. 1:75,000. Mit genauem Namen-Verzeichniss der Hausbesitzer. Lithogr. qu. gr. Fol. Berlin 877, D. Reimer. * 1 20

Worpitzky, F. Situations Plan des Ostseebades Heringsdorf 1 : 5400 Berlin 1880 1 Bl. c. L.

— Situations-Plan des Ostseebades Heringsdorf. Neue berichtigte Ausg. 1 : 5,400. qu. gr. Fol. Nebst Karte der Umgebung. 1 : 75,000. qu. 4. Chromolithogr. Mit genauem Namen-Verzeichniss der Hausbesitzer. Berlin 883, D. Reimer. * 1 20

Worpitzky, J., Beitrag zur Integration der Riccatischen Gleichung. Greifswald 862. Koch. gr. 8. (IV, 74 S.) n. 15 *ngr.*

Worpitzky, Beiträge zur Functionentheorie. Als Mscr. gedr. gr. 8. (31 S.) Berlin 870, (Calvary und Comp.) * 1 20

— Elemente der Mathematik für gelehrte Schulen und zum Selbststudium. 1.—4. Heft. gr. 8. Berlin, Weidmann'sche Buchh. * 9 —

Inhalt:

Heft 1. Die Arithmetik. (IX, 138 S.) 872. *M. 2.
" 2. Algebra, Kettenbrüche, Combinationsoperationen nebst Wahrscheinlichkeitsrechnung, Kreisfunctionen nebst Trigonometrie. (134 S.) 872. (*M. 1,50.) *M. 1,60.
" 3. 4. Planimetrie. [3. Heft. (VI, 156 S.) 874. *M. 3.; 4. Heft. (110 S. mit eingedr. Holzschn.) 874. *M. 2,40.]

Worpitzky, J., **Elemente der Mathematik für gelehrte Schulen u. zum Selbststudium. 5. Hft. Stereometrie. Mit 56 in den Text eingedr. Holzschn. gr. 8. (88 S.) Berlin 878. Weidmann. n. 1. 60 (1—5.: n. 10. 50)**

Worpitzky, J., Elemente der Mathematik für gelehrte Schulen und zum Selbststudium. 2. umgearb. Aufl. 1. und 2. Heft. gr. 8. Berlin, Weidmann'sche Buchh. * 5 —

Inhalt:

Heft 1. Die Arithmetik. (VI, 156 S. mit 6 in den Text eingedr. Holzschn.) 881. *M. 2,40.
" 2. Algebra, Kettenbrüche, Kombinationsoperationen, nebst Wahrscheinlichkeitsrechnung, Kreisfunktionen nebst Trigonometrie. (VI, 155 S. mit eingedr. Fig.) 883. *M. 2,60.

— über die Endlichkeit von bestimmten Integralen und Reihensummen. gr. 8. (48 S.) Berlin 867, O. Müller's Verlag. *

Worpitzky, J., **Lehrbuch der Differential- und Integral-Rechnung. gr. 8. (XX, 784 S. mit 81 in den Text eingedr. Holzschn.) Berlin 880, Weidmann'sche Buchh.** * 24 —

— mathematische Wandtafel. Imp.-Fol. Ebendas. 873. * 2 —

Worpiz, Georg, **Cursus annuus marianus. 4. Augsb.** Wolf. 706.

Worpswede [Sachliches OW]

Worpswede. 10 farb. Reproduktionen nach Gemälden v. Hans am Ende, Fritz Mackensen, Otto Modersohn, Fritz Overbeck u. Heinrich Vogeler. Mit Text v. Paul Warncke. (VIII S.) 34,5×27 cm. Leipzig 907. E. A. Seemann. In Mappe 10. —

Worpswede [Schlagwort]

Worpswede, s.: Preussen. Messtischblätter.

Worpsweder, die, Kunstholzschnitte m. Text v. Aemil Fendler, s.: Meisterwerke der Holzschneidekunst.

Worrell, William Hoyt: Studien zum abessinischen Zauberwesen. Strassburg: Trübner 1909. 36 S. 8° (Aus: Zeitschr. f. Assyriol. Bd 23.)

Straßburg, Phil. Diss. v. 31. Juli 1908, Ref. Littmann

[Geb. 28. April 79 Toledo, Ohio; Wohnort: Toledo; Staatsangeh.: Vereinigte Staaten; Vorbildung: High School Toledo bis M. 99; Studium: Michigan 8, Berlin 2, Hartford, Conn. 3, Leipzig 2, Straßburg 2 S.] [U 09. 3862

Worret, Frdr., Leitfaden der allgem. Musiklehre. 2. Aufl. gr. 8. (VII, 76 S.) Karlsruhe 900. G. Braun'sche Hofbuchdr. n. 1. 50

Worret, J. C., Vorlegeblätter für Tapezirer und Decorateurs. Eine Auswahl der geschmackvollsten Drappirungen d. Zimmer, Fenster, Betten etc. 1s u. 2s Hft. 1s bis 8s Blatt. qu. gr. 4. Frankfurt a. M. 839. Küchler. à n. 1/3 ℛ

Worringer, Wilhelm: Abstraktion und Einfühlung, s. Worringer, Wilhelm Robert

— Lukas Cranach, s.a. Illustratoren, klassische. III.

Lukas Cranach von Dr. Wilhelm **Worringer**. Mit 63 Abb. nach Gemälden, Zeichn., Kupferstichen u. Holzschn. München & Leipzig: R. Piper & Co. 1908. (128 S.) 4°(8°)
= **Illustratoren**, Klassische. 3. [07. 17921

Worringer, Wilhelm Robert, aus Köln am Rhein: Abstraktion und Einfühlung. Ein Beitrag zur Stilpsychologie. Neuwied 1907. IV + 119 S. 8°.

Bern Phil. Diss. 1906/1907.

Worringer, Wilhelm Robert. **Abstraktion und Einfühlung. Ein Beitrag zur Stilpsychologie. Diss. Phil. Bern. IV + 119 S. 8. Neuwied, Heuser, 1907.**

Worringer, Wilh., Abstraktion u. Einfühlung. Ein Beitrag z. Stilpsychologie. (III, 116 S.) gr. 8. München 908. R. Piper & Co. 2. 50

— dasselbe. 2. Aufl. (Anastat. Neudr.) (III, 116 S.) 8. Ebd. 909. 2. 50

Worrings, H., Lehr-Buch der modernen Damen-Zuschneide-Kunst. 2 Thle. in 1 Bd. gr. 4. (115 u. 25 S. m. Fig.) Frankfurt a/M. 893. (W. Rommel.) Geb. in Leinw. n. 12. —

Wörrlein, Joh.: Hans Jakob Böttcher, Missionar in Indien, s. Missionsschriften, Kleine Hermannsburger.

Erinnerg. an Kodaikanal, uns. Gesundheitsstation in Indien, s. Missionsschriften, Kleine Hermannsburger.

Wörrlein, Joh., dreizehn Jahre in Indien. 8. (VI, 248 S.) Hermannsburg 884, Missionshausdruckerei. * 1 —

Wörrlein, I.: Ist in Indien e. besondere Frauenmission nötig?, s. Missionsschriften, Kleine Hermannsburger Nr. 31.

Die Hermannsburger Mission in Indien. Eine Jubil.-Gabe gewidmet seinen Mitarbeitern in Indien u. Afrika u. alten Missionsfreunden von Johann **Wörrlein**. *Hermannsburg: Missionshandl. 1899.* (VII, 236 S.) 8° [F.] [... 4672 4

— s.: Missionsschriften, kleine Hermannsburger.

Paul Otto Petersen, s. Missionsschriften, Kleine Hermannsburger.

Gerhard Schepmann, s. Missionsschriften, Kleine Hermannsburger.

Karl Scriba, Missionar in Indien,
s. Missionsschriften, Kleine Hermannsburger Nr. 32.

Die nationale Alterthumskunde in Deutschland. Reisebemerkungen v. Jens Jacob Asmussen **Worsaae**. Aus dem Dänischen. Kopenhagen, Leipzig. 1846. 8°.

Worsaae, J. J. A., die nationale Alterthumskunde in Deutschland. Reisebemerkungen. Aus d. Dän. 8. (3⅞ B.) Kopenhagen 846, Eibe. (Leipzig, Hartmann.) *

Worsaae, J. J. A., zur Alterthumskunde des Nordens. Enthaltend: I. Blekingsche Denkmäler aus d. heidnischen Alterthum in ihrem Verhältniß zu den übrigen scandinav. u. europ. Alterthumsdenkmälern. II. Runamo u. die Braavalleschlacht. Mit 20 lith. Taf. gr. 4. Leipzig 847 (846), Voß. n. 5 ℛ

Zur Alterthumskunde des Nordens v. Jens Jacob Asmussen **Worsaae**. Enthaltend: I. Blekingsche Denkmäler aus dem heidnischen Alterthum in ihrem Verhältniss zu den übrigen scandinavischen und europäischen Alterthumsdenkmälern. II. Runamo und die Braavalleschlacht. Mit 20 lithogr. Tafeln. Leipzig. 1847. 4°.

Worsaae, J. J. A., die Dänen und Nordmänner in England, Schottland und Irland. Deutsch von N. N. W. Meißner. Mit 51 Abbildungen. gr. 8. (X und 222 S. mit 4 Stnt. in qu. gr. 4. und 3 lithogr. Karten.) Leipzig 852, Dyk'sche Buchh.

Worsaae, J. J. A. Die Dänen und Normannen in England, Schottland und Irland. Deutsch v. Meissner. 222 S. 8. Mit 51 Abb. und 3 Ktn. Leipzig 1852. 7.90

— Danevirk, der alte Grenzwall Danemarks gegen Süden, s. a. Fragmente, antischleswigholsteinische, 2. Hft.

Danevirke, der alte Granzwall Danemarks gegen Süden, ein geschichtlicher Beitrag zur wahren Auffassung der Schleswigschen Frage v. Jens Jacob Asmussen **Worsaae**. A. d. Dän. übers. v. A. Courlander. Nebst einer illuminirten Sprachkarte über die jütländische Halbinsel und einer Karte über Südschleswig. Kopenhagen. 1848. = Antischleswigholsteinische Fragmente. Heft 2. 8°.

— Protest eines Jütländers gegen Jac. Grimm's neues teutsches „Volksrecht." Uebers. von Thdr. Schorn. gr. 8. (21 S.) Copenhagen 850, Reitzel. n. ⅛ ℛ

Die Vorgeschichte des Nordens nach gleichzeitigen Denkmälern v. Jens Jacob Asmussen **Worsaae**. Ins Deutsche übertragen von Johanna Mestorf. Hamburg. 1878. 8°.

Worsaae, J. J. A., die Vorgeschichte des Nordens nach gleichzeitigen Denkmälern. Ins Deutsche übertragen von J. Mestorf. gr. 8. (128 S.) Hamburg 878, O. Meissner. 3 —

Dänemarks Vorzeit durch Alterthümer und Grabhügel beleuchtet v. Jens Jacob Asmussen **Worsaae**. A. d. Dän. über. v. Niss Bertelsen. Kopenhagen. 1844. 8°.

— Dänemarks Vorzeit durch Alterthümer u. Grabhügel beleuchtet. Aus d. Dän. übers. von N. Bertelsen. gr. 8. (Mit Holzschn.) Kopenhagen 844, Reitzel. n. ⅔ ℛ

Worsch, Frz., s.: Jahrbuch f. Maschinisten, Dampfkesselheizer u. deren verwandte Berufe.

Wörsche, der zuverlässigste Augenarzt, e. Hülfsbüchl. f. alle Augenkranke, u. auch f. alle diejen., welche sich geg. Augenübel bewahren wollen, u. d. prakt. Zahnarzt, e. treuer Rathgeber u. unfehlbarer Helfer bei allen Zahnkrankheiten. 8. (4 B.) Leipzig 836, [Jackowitz.]

—— das Ganze d. Oel-Raffinerie. Nebst wicht. Nachträgen. Auf zuverläss. Erfahr. gegründet, u. f. Materialisten, Droguisten ꝛc. aufrichtig mitgetheilt. 8. (1 B.) Magdeburg 835, (841,) [Inkermann.] (Leipzig, Klinkhardt.)

—— aufricht. u. wahre Mittheilung d. Geheimnisses z. äußerst billigen u. prakt. Fabricirung e. dem Champagner ganz u. gar ähnl. Weins, so wie z. Fabricirung d. Gesundbrunnen u. eines d. Dünkerker ganz ähnl. Schnupftabacks. 12. (1 B.) Magdeburg 837, [Bänsch.] Verklebt

— aufrichtige u. wahre Mittheilung des Geheimnisses zur äußerst billigen u. prakt. Fabricirung eines dem Champagner ganz u. gar ähnlichen Weins, so wie zur Fabricirung der Gesundbrunnen u. eines dem Dünkerker ganz ähnlichen Schnupftabacks. 12. Magdeburg 837. Wagner u. Richter. ⅜ ℛ

Wörscher, D., das Ganze der Oel-Raffinerie, oder die Kunst mit sehr geringen Kosten jedes, auch das kleinste Quantum rohes Rüböl in der kürzesten Zeit zu raffiniren u. zu klären ꝛc. kl. 8. Magdeburg 835. Bühler. geh. u. verklebt ½ ℛ

Wörscher, D., das Ganze der Oel-Raffinerie. Nebst wichtigen Nachträgen. Auf zuverläss. Erfahrung gegründet, u. für Materialisten, Droguisten ꝛc. aufrichtig mitgetheilt. kl. 8. Magdeburg 841, Bühler'sche Buchh. ⅜ ℛ

Worscht, Mausche. Das Lied vum Lockschen. Parodie uf *Schiller* sein Lied vun de Glock. In jiddischdeutschem Dialekt un mit Erklärungen für Nichtjidden. Hamburg 1853. 8°. 15 S.
Max Perl's Berliner Okt.-Aukt. 1911

Koppelche und Liebetche. Schauspiel in 5 Acten. Nooch Schillersche sein Kabale und Liebe verarbeitet von *Mausche Worst*. Hamburg 1854. 8°. 32 S.
Goedeke unrichtig „Jabetsche", „Mausche", Weller Lex. Ps. p. 616.

Ein **Wort.** Festgesang dem Br. J. G. B. Maltz so wie dem Br. J. H. P. Koethcke und dem Br. J. H. Meiners gewidmet von sämmtlichen ihnen treuverbundenen Brüdern, am Johannisfeste 1844. Hamburg [1844]: Appel. 2 Bl. 8° [Umschlagtit.]
Lied ohne Noten: „Ein Hochgefühl durchdringet unser Sein, . . ."

„Wort, das!" Briefe an das deutsche Volk zur Förderg. der Erkenntnis Gottes u. seines Waltens in Natur u. Menschheit. Gesammelt u. ausgeschickt v. Leop. Engel. 1. Brief. gr. 8. (38 S.) Leipzig 894. Bacmeister. n. — 30
Fortsetzung u. d. Titel:

— das. Gott u. Mensch in freier Forschg. 2. Hft. gr. 8. Ebd. 894. n. — 30
Staat u. Recht, Religion u. Kirche. Von v. Bussow. 2. Aufl. (31 S.)

Wort, das. Gott u. Mensch in freier Forschg. 3.—5. Hft. gr. 8. Leipzig 895. Zürich, Johann Bacmeister. 1. 50 (1—5: n. 2. 10)
3. Die prakt. Nutzanwendg. philosoph. Erkenntnis auf d. tägl. Leben. Vortrag, geh. in d. philosoph. Gesellschaft zu Hamburg im Decbr. 1894 v. Cornelius Jacobs. (21 S.) n. — 30
4. Goethes Religion. Von Armin Seidel. 2. Aufl. (72 S.) n. — 60
5. Wirthschaftlich-socialer Neubau des Staates auf dem besteh. monarch. Fundament. Krieg geg. zwei Fronten. Von Ludw. Marschall v. Bibelung. (70 S.) n. — 60

— das. Zeitschrift f. die allseit. Erkenntniß Gottes u. seines Waltens in Natur u. Menschheit. Schriftleiter: Leop. Engel. (2.) Jahrg. Apr. 1894—März 1895. 26 Nrn. Lex.-8. (Nr. 1. 24 S.) Kötzschenbroda, L. Engel. n. 8. —
Vom 1. Jahrg. Oktbr. 1893—März 1894 erschienen 12 Nrn., doch sind dieselben z. Thl. vergriffen.

„Wort, das!" Monatsschrift f. d. allseit. Erkenntniß Gottes u. s. Waltens in Natur u. Menschheit. Hrsg. v. Leop. Engel. 2. u. 3. Jahrg. Oktbr. 1894—Septbr. 1896. à 12 Nrn. (à ca. 20 S.) 4. Bitterfeld, F. E. Baumann. à Jahrg. n. 4. —

— dasselbe. 4. Jahrg. Oktbr. 1896—Juni 1897. 9 Nrn. (à ca. 20 S.) 4. Ebd. n. 3. —

— dasselbe. Red.: S. Miller. 5. Jahrg. Juli 1897—Juni 1898. 12 Nrn. (à ca. 2 Bog.) gr. 8. Ebd. n. 6. —

— dasselbe. Monatsschrift f. d. allseitige Erkenntnis Gottes, d. Menschen u. d. Natur. Hrsg.: Leop. Engel. Red.: S. Miller. 6. Jahrg. Juli 1898—Juni 1899. 12 Nrn. (à ca. 2 Bog.) gr. 8. Nebst: Der Gesundheitshüter, Monatsblatt f. Medizinal-Reform u. Hygiene. Hrsg. v. Leop. Engel. Ebd. n. 6. —; einz. Hfte. n. — 75
Kann auch halbjährlich bezogen werden.

Das Wort! Monatsschrift für die allseitige Erkenntnis Gottes, des Menschen und der Natur. Hrsg.: Leopold Engel. Jg. 6. Bitterfeld: Baumann [1899]. 8°.
[Fortges. u. d. Tit.:]
Das Wort! Organ des Illuminaten-Ordens. Monatsschrift für allseitige Erkenntnis. Hrsg. von Leopold Engel: Jg. 7—9. Meerane i. S.: Otto [seit 1902]. Dresden: Engel 1900—1902. 8°.
[Fortges. u. d. Tit.:]

°**Das Wort! Organ der wissenschaftl. Vereinigung Kosmos. Monatsschrift für allseitige Erkenntnis. Hrsg. von Leopold Engel. Jg. 10. Dresden: Engel 1904. 8°.**
[Fortges. u. d. Tit.:]
Das Wort. Materialien zur Beförderung der Welt- und Menschenkunde. Organ des Illuminaten-Ordens. Hrsg. von Leopold Engel. XII. Jg. Meerane: Herzog. 8°.
[Fortges. u. d. Tit.:]

Das Wort. Monatsschrift für allseitige Erkenntnis. Materialien zur Förderung der Welt- und Menschenkunde. Hrsg. vom Illuminaten-Orden, Berlin. Jg. XIII. [seit Nr. 7:] „Das Wort". Monatsschrift für allseitige Erkenntnis. Bausteine für Freimaurerei. Organ des Bundes frei arbeitender Johannislogen. [In Nr. 10 dieses Jg. und Nr. 3—6 des XIV. Jg. lautet der Titel vorübergehend:] Das Wort. Monatsschrift für allseitige Erkenntnis. Organ der „Scientia" (W. V. f. a. E.). Hrsg.: Illuminaten-Orden, Berlin. [seit Nr. 8 XIV. Jg.:] Das Wort. Bausteine für Freimaurerei und allseitige Erkenntnis. Hrsg. vom Illuminaten-Orden, Berlin. [Schriftleiter: Willy Vierath.] [Meerane: Herzog.] 8°.
Jg. 6. 383 S. 1898—1899; 7. 478 S. 1900; 8. 476 S. 1901; 9. 476 S. 1902; 10. Nr. 1, 2 S. 1—64 1904; XII. Nr. 2 1911; XIII. 380 S. 1912; XIV. Nr. 1, 3, 4, 5, 6, 8, 12 1913; XV. Nr. 1—8 1914.

Das Wort: Band 1 - 38, no. 10, Jan 1898 - Oct 1931
Monthly. Published in English and German. [illegible] the German section titled "Deutsche Art". [illegible] Title varies. [illegible] with title-page & contents for earlier volumes.
Edited & [illegible] by H. H. Schroeder, 1898 - 1923 [illegible] & published by The Missouri College of Divine Science, 1924 - 31.
St. Louis, MO

— ein. 16. (3 S. m. 1 aufgeklebten Abbildg.) München (902). J. Pfeiffer. 100 Stück n. 5. —

Wort. Ein Wort über die Abberufungsfrage im Kanton Bern, von einigen Vaterlandsfreunden. 8. Bern 1852.

Wort, Das abgekürzte, des Herrn Herausgebers von einem Liebhaber der Wahrheit. 1783. V: *Siegel, Franz Xaver.* (wrztg 1782, Beil. bei Nr. 60) (Bespr. Realzeitung 1783, Nr. 31, S. 481—484) (wieser 1/1190) (biblport)

— d. abgekürzte, d. Herrn, herausg. v. e. Liebhaber der Wahrheit. 8. Prag 783. Schönfeld. 16 kr dass. in latein. Sprache. 8. Ebd. 783. 16 kr

Ein Wort über die Absetzung des ersten Turnlehrers Herrn Carl Cunz im Allgemeinen Turnverein zu Leipzig. v. O. J., Leipzig. 8 S., 8°.

Wort, ein, über die in Berlin angelegten geruchlosen Abtrittsgruben, die Bereitung des künstl. Düngers &c. 8. Berl. 823. Luderitz. 6 kr

Wort, ein, der Abwehr gegen protestantische Angriffe. Katholische Glossen zu e. Rede d. 2. protestant. Pfarrers Chr. Wolter v. St. Ulrich in Augsburg. [Aus: „Augsb. Postzeitg.] gr. 8. (47 S.) Augsburg 890. Literar. Institut v. Dr. M. Huttler. n. — 20

— ein, e. Adelichen an den Adel, z. Besten e. bedürft. Gelehrten. 8. Wien, Kupfer u. W. 810.

— ein, eines Adelichen an den Adel, z. Besten e. bedürft. Gelehrten. 8. Wien 810. (Wimmer). 1 gr

— eines Adelichen an den Adel, als Gegenstück zu Ewalds Schr.: was soll d. Adel jetzt thun? mit 1 Kpf. gr. 8. Karlshafen 797. (Hahn in Hannov.) 1 gr

Wort. Ein Wort über die Adresse an das Volk der sechs obern Zehnen. 8. Sitten 1844.

Wort, Ein, über Actenversendungen an teutsche Fakultäten oder Schöpfenstühle . . . Bremen 1817. V: *Meier, Diedrich.* (Roterm)

Ein Wort üb. d. Actenversendungen an deutsche Facultäten u. Schöppenstühle. Veranlasst durch d. 12. Art. d. deutsch. Bundesacte. *Bremen*, Heyse. 817. 8. (4 Gr.)

—— ein, an alle, welche dem Herrn angehören. 8. (15 S.) Elberf. 889, (Faßbender). — 05

Wort, Ein, des Andenkens an den verewigten Herrn Ildefons von Arx . . . St. Gallen 1834. V: *Wegelin, Carl.* (Ky) (Schmal) (ADB I, 616)

Wort, ein, des Andenkens an d. verewigten Hrn. Ildefons v. Arx, gewes. Mitglied d. ehemal. Benediktinerstifts St. Gallen, auch bischöfl. St. Gallischen Domcapitular u. geistl. Rath. (Von Karl Wegelin.) 8. (1½ B.) St. Gallen 834, Huber u. Comp.

— das andere, des Laien J. F. C. S. Ehrenfried in Sachen der sogenannten protestant. Freunde. gr. 8. Magdeburg 845, Falckenberg u. Co. 1/12 ℛ

Wort, Ein, an die Angehörigen meiner gewerblichen Anlagen. Essen 1877. V: *Krupp, Alfr.* (Bibl. d. stat. Bureaus. Dresden 1890.)

Wort, Ein, über die Vischersche Angelegenheit. Tübingen 1845. V: *Schwegler, Albert.* (Kat. der ständ. Bibl. Stuttg. 1907. S. 603.) (Jahrb. der Gegenw. 1845.)

Ein Wort der Anregung an die Bewohner des nordwestlichen Holsteins zu thätlicher Betheiligung des Tönning-Heide-Neumünster Eisenbahnprojects. Heide. 1856. 8⁰.

Wort, ein, über die Anstellung pensionirter Offiziere im Postwesen. — Einiges über das preußische Postwesen. Zur Prüfung u. Beurtheilung für Jedermann. Berlin 862. Gaertner. gr. 8. (15 S.) n. 3 ngr.

—— ein, zur Arbeiterfrage nach den kaiserl. Erlassen vom 4. Febr. 1890. gr. 8. (16 S.) Berl. 890, Wilhelmi. * — 50

Wort (Ein) an die Armen. Flugblatt. Sep.-Abdr. von den in der am 15. Nov. 1879 erschienenen Nummer der zu London hrsg. Zeitung „Freiheit" enthaltenen Artikeln: „Hungertyphus", „Vernichtet die Infamie", „Es lebe die Ordnung". s. l. s. a.

Wort, Ein, für die Armen wie sie durch Jesum . . . können reich und selig werden. [Halle 1750.] V: *Bogatzky, Carl Heinrich von.* (ML)

Wort, auch ein, über den im allgem. Anzeiger d. Deutschen befindl. Aufsatz, d. öffentl. Gottesdienst betreff., (v. L. S. Jaspis). 8. Leipz. 810.

— auch ein, über Auswanderung nach Amerika. gr. 8. Dresd. 832. Arnold. 2 ℊ

— auch ein, üb. Bildung u. Bestimmung künftiger Landprediger. 8. Coburg, Ahl. 788.

— auch ein, über Bildung u. Bestimmung künftiger Landprediger, (v. L. G. Stöcker). 8. Coburg 788. (Riemann). 3 ℊ

— auch ein, über Charitéen überhaupt, aber nicht v. Prediger Prahmer. 8. Berl. 798. Belitz. 2 ℊ

— auch ein, üb. den, durch das französ. neue Douanengesetz, auf das aus d. südöstl. Deutschland n. Frankreich gehende Schlachtvieh gelegten Einfuhr-Zoll. gr. 8. Stuttg. 823. v. Cotta. 6 ℊ

— auch ein, über die Ereignisse unserer Zeit. Ein bescheidener Versuch, die Gemüther seiner Mitbürger zu beruhigen, von einem Bürger. 8. Leipz. 830. Hinrichs. 3 ℊ

—— auch ein ernstes, an Deutschlands Reiter. Entgegnung der Seegerschen Schrift: Baucher und seine Künste. (Von v. Sierakowski.) gr. 8. (46 S.) Coblenz 855, Hergt.

Wort, auch ein, üb. geheime Gesellschaften u. Freimaurerei, v. e. sogenannten Uneingeweihten. 8. Berl. 798. Belitz. 3 ℊ

— auch ein, über das baier. Konkordat u. dessen Gegner, nebst e. Beitrage zur Erörterung der Frage: was haben die Protestanten in Baiern zu leiden? 4. Münch. 818. Lentner. 5 ℊ

— auch ein, üb. die Kuhpocken u. deren Impfung, (v. A. H. Hinze). 8. Bresl. 801. W. G. Korn. 3 ℊ

— auch ein, über die Kunstausstellung der königl. Akademie d. bildenden Künste im Herbste. .. Münch. 817. Lentner. 5 ℊ

— auch ein, über Privattheater. 8. Leipz. 800. Herzog. 4 ℊ

— auch ein, über das Säcularisationswesen. 8. Nürnb. 801. Grattenauer. 6 ℊ

— auch ein, bei Gelegenheit d. Türkenkrieges, v. e. patriot. Invalidenoffizier, (K. Glo. Cramer's). 8. Weißenf. 788. (Weygand in Leipz.) 4 ℊ

— auch ein, über die Vereinigung d. Vorstädte u. Umgebungen mit der Stadt Nürnberg. gr. 8. Nürnb. 818. Campe. 2 ℊ

— auch ein, über d. neueste Zeit. Nebst e. Beilagen (v. Fr. de la Motte-Fouqué). 8. Berl. 815. Dümmler. 3 ℊ

— auch ein, zu sr. Zeit über das Entschädigungswesen weltl. Fürsten mit geistl. Landen, (von Frz. Jos. Frhr. v. Stein). 8. ... 798.

— auch ein, üb. unsere Zeit. 8. Leipz. u. Altenb. 815. (Brockhaus). 6 ℊ

— auch ein, über die Civiladministration d. Kur-Hannöverschen Lande. 8. Hannov. 804. Hahn. 3 ℊ

— e., f. unser Auditoriat. gr. 8. (14 S.) Wien 899. L. W. Seidel & Sohn. n. — 80

Wort (Ein) zur Aufklärung. Flugblatt. 8°. Hottingen-Zürich, Schweiz. Genoss.-Buchdr., s. a.

Wort,* Ein, der Aufklärung über die Feuerbestattung. Herausgegeben vom Verein der Freunde der Feuerbestattung „Die Flamme" in Wien. Im Selbstverlag des Vereins. Druck von E. Kainz, vorm. J. B. Wallishauser, Wien. 3. umgearbeitete Auflage von Prof. Rud. Boeck-Wien. 1909. Mit 17 Abbildungen.

Wort, ein, zur Aufklärung in der Frage der rechtufrigen Seebahn. 8 Stn. 8. Zürich. 1873.

Wort, Ein, zur Aufklärung über die Nationalbahnfrage. Aarau 1903. V: *Suter, Rud.* (BBullschw 3, 1903)

— ein, der Aufmunterung für solche, die ein unter dunkeln Aussichten u schweren Erfahr. beginnendes Jahr zum Uebungsjahr in d. Gottseligkeit machen wollen. In zwei Predigten. 8. Stuttg. 813. Steinkopf. 2 gr.

Ein Wort über die Ausbildung der Einjährigen. Bochum (c. 1880). 8°.

Wort, ein, über Ausbildung der Infanterie im Gebrauch von Schützengräben und über Verwendung von Schützengräben. Von einem Infanterie-Offizier. gr. 8. (16 S.) Hannover 880, Helwing'sche Verlagsh. * — 50

— ein, über das Baalsfest des Nihilismus in Stuttgart, am 15. u. den folgenden Tagen des Septembers. Von e. Augenzeugen. 8. Schaffhausen 845, Hurter. ...

Wort, Ein, über den Bau evangelischer Hauptkirchen. [Petersburg 1867.] V: *Hippius, O. P.* (Kat. d. Bibl. d. Techn. Hochsch. Berlin 1900.)

— ein, über die Bauern-Vereine 1872. 8. (16 S.) Passau 873, Deiters. — 30

Wort, Ein, zur Beherzigung für die Grossen und Reichen. ... Wien 1817. V: *Wächter, Joh.* (EB)

— ein, zur Beherzigung für Leidende. 12. (8 S.) Barmen 880, Wiemann. * — 8

Wort, Ein, der Beherzigung an meine Mitbürger ... über die Gemeind-Güter. O. O. 1798. V: *Füsi, Joh. Casp.* (Cat. d. Stadtbibl. Zürich. Zürich 1864—97.)

Wort, Ein, zur Beherzigung an unser verehrliches Publikum. Erlangen 1796. V: *Martius, Ernst Wilhelm.* (Fiker) (Call) (MGT)

Wort, Ein, zur Beherzigung für solche Seelen, in welchen der Wunsch aufgehet, Gott gefällig zu werden. O. O. [18??]. V: *Campagne, J. H. v.* (Zuwachsverz. d. Bibliotheken in Zürich 1898 ff.)

Wort, Ein, zur Beherzigung veranlasst durch die jüngsten Vorgänge in München. O. O. 1847. V: *Rapp, Georg.* (Mitth. Grolig.)

Wort, Ein, zur Beherzigung, veranlasst durch die jüngsten Vorgänge in München. Augsburg 1847. V: *Kapp, Georg.* (BMarsch 94)

— ein, zur Bekämpfung der Trunksucht. Von einem Conservativen. gr. 8. (23 S.) Berlin 881, F. Luckhardt. * — 60

Wort. Ein belehrendes Wort über den Jesuitenhandel. 8. [Zürich 1845.]

Ein Wort der Belehrung an das Luzernervolk über die Berufung der Väter der Gesellschaft Jesu ... in Luzern. Luzern 1844. 8°

Wort, Ein, der Belehrung über das bevorstehende dritte Saecularfest der Schweizerischen Reformation 1819. O. O. 1818. V: *Denzler, Joh. Casp.* (Cat. d. Stadtbibl. Zürich. Zürich 1864—97.)

Wort. Ein Wort als Beleuchtung der Schrift: „Georg von Effinger...." Chur 1814 s. [Fluri, r. Bonifacius].

Wort, Ein, zur Beruhigung der Gerichts-Subalternbeamten im Hinblick auf die neuen Justizgesetze. Berlin 1878. V: *Reinecke, J. C.* (KGBerlin I, 864)

— zur Beruhig. für ehelose Priester. 8. Mannheim, Löffler. 794.

— ein, über die Beschuldigung, daß die Revolutionen durch d. Reformation Luthers hervorgebracht seien. 8. Nürnb. 823. Riegel u. W. 3 gr.

— ein, über Besoldung d. Staatsbeamten, mit besond. Hinsicht auf die königl. u. Reichs-Kammergerichts-Kanzlei. 8. Landsh. 801. Krüll. 4 gr.

— üb. Besoldungen d. Staatsbeamten rc. 8. Landshut, Krüll. 801.

— ein, über die Bestimmung in der Verfassung: „Beamte bedürfen keines Urlaubs zum Eintritt in die Kammer." (Artikel 78 Alin. 2.) gr. 8. (15 S.) Berlin 865, G. Reimer.

Wort, Ein, über Oesterreichs Betheiligung am Welthandel. Von A. v. K. Wien 1864. V: *Kremer-Auenrode, Alfred Ritter von.* (EB)

—— ein, über Oesterreichs Betheiligung am Welthandel. Von A. v. K. gr. 8. (21 S.) Wien 864, Braumüller und Sohn. *

Wort, Ein, zu den »Betrachtungen eines Bummlers über Duell und Verruf« von einem Corpsstudenten. Halle a. S. 1896. V: *Egloffstein, Claus Freiherr von und zu.* (Berl) (Erman & Horn, Bibliogr. d. dtsch. Universitäten. 1. Leipz. u. Berl. 1904.)

— e., zu d. „Betrachtgn. e. Bummlers üb. Duell u. Verruf" v. e. Corpsstudenten (Frhr. v. u. zu Egloffstein). gr. 8. (20 S.) Halle 896. (F. Starke.) n. — 75

Wort (Ein) an die landwirtschaftliche Bevölkerung. Flugblatt. 8⁰. Riessbach-Zürich, Verlag von A. Herter, s. a.

— e., e. alten Bibelfreundes f. d. alte Bibel. (Von A. Frese.) 2. Aufl. gr. 8. (46 S.) Zwickau 896. J. Herrmann. n. — 20

Wort, Ein, für das Bicycle und seine Berechtigung als öffentliches Verkehrsmittel. Wien [1884]. V: *Hildebrand, Theodor.* (EB)

— ein, f. das Bicycle u. seine Berechtigung als öffentliches Verkehrsmittel. 8. (19 S.) Wien 884. Verl. der Allg. Sportzeitg. — 60

— u. Bild. Nr. 1—6. 16. M.-Gladbach, Volksvereins-Verlag. 2. 40
Donders, Adf., Heimkehr. Stille Gedanken. (XV, 453 S.) (910.) (Nr. 4—6.) Geb. 1. 20
Füsser, J. X., Kunst u. Heim. Eine Anleitg. zur Pflege des Sinnes f. bild. u. angewandte Kunst u. zur Ausstattg. der Wohng. Einbd.: Pflege des Kunstsinnes, Wohnungseinrichtg., Zimmerschmuck. Mit Einbandzeichng. v. Karl Köster, 8 Bildern nach Schongauer, Dürer, Rethel, Schwind, Richter, Führich, Thoma u. M. Schiestl; 10 Entwürfen v. Max Heldrich u. 16 Zeichngn. vom Verf. 1.—10. Taus. (136 S.) 910. (Nr. 2. 3.) Geb. — 80
Konewka, Paul, Schattenbilder, m. Kinderreimen v. Ludw. Nüdling. 1.—5. Taus. (45 S.) 909. (Nr. 1.) Kart. — 40

Wort und Bild aus aller Welt
v. Tagblatt für die Kantone Luzern, Uri, Schwyz, Unter- und Obwalden und Zug

—— ein, über Bildung mit besond. Beziehung auf das weibl. Geschlecht, seinen Lebenszweck und seine Erziehung. Mit einem Vorwort von C. Brachmann. 16. (VIII, 75 S.) Gütersloh 868, Bertelsmann's Verlag. — 75

Ein Wort über die Bildung der katholischen Geistlichen bei dem erneuten Aufleben der deutschen katholischen Kirche zu allen jenen gesprochen, die es angeht. Von einem kathol. Geistlichen. Schmalkalden, Varnhagen, 1823, 8°, 73 S., 75 Pf.
Recens. Felder, Litt.-Ztg. 1823, Bd IV, S. 49—57.

— ein, über die Bildung der kathol. Geistl. bei dem erneuerten Aufleben der deutschen kath. Kirche. Von e. kath. Geistl. 8. Schmalkalden 824, Varnhagen.

—— ein, an den römisch-katholischen Bischof zu Paderborn, Herrn Dr. Konrad Martin, von einem evangel. Geistlichen in der preuß. Rheinprovinz. gr. 8. (19 S.) Göttingen 865, Vandenhoeck und Ruprecht's Verlag.

WORT UND BRAUCH. Volkskundliche Arbeiten namens der Schlesischen Gesellschaft für Volkskunde in zwanglosen Heften herausgegeben von THEODOR SIEBS (und) MAX HIPPE.
Heft 1. Breslau 1908. M. & H. Marcus. — A. u. d. T.: Die deutschen Familiennamen nach Breslauer Quellen des 13. und 14. Jahrhunderts von HERMANN REICHERT. ib. 1908. —
Heft 2. ib. 1908. — A. u. d. T.: Lateinisch-romanisches Fremdwörterbuch der schlesischen Mundart von ERICH JÄSCHKE. ib. 1908. —
Heft 3. ib. 1908. — A. u. d. T.: Die Schlesische Mundart in ihren Lautverhältnissen grammatisch und geographisch dargestellt von WOLF von UNWERTH. Mit 2 Karten. Als Preisarbeit gekrönt von der philosophischen Fakultät der Universität Breslau am 27. Januar 1907. ib. 1908. —
Heft 4. ib. 1908. — A. u. d. T.: Die Nationalhymnen der europäischen Völker von EMIL BOHN. Mit einer Notenbeilage. ib. 1908. —
Heft 5. ib. 1909. — A. u. d. T.: Rübezahl-Forschungen. Die Schriften des M. Johannes Prätorius von KARL de WYL. ib. 1909. —
Heft 6. ib. 1910. — A. u. d. T.: Martinslieder. Untersuchungen und Texte von WILHELM JÜRGENSEN. ib. 1910. —
Heft 7. ib. 1911. — A. u. d. T.: Eine vergessene deutsche Sprachinsel im polnischen Oberschlesien (die Mundart von Schönwald bei Gleiwitz) von KONRAD GUSINDE. ib. 1911. —
Heft 8. ib. 1912. — A. u. d. T.: Volkstümliche Sitten und Bräuche im mittelhochdeutschen Volksepos. Mit vergleichenden Anmerkungen. Von FRANZ KONDZIELLA. ib. 1912. —
Heft 9. ib. 1912. — A. u. d. T.: Das Pronomen in der schlesischen Mundart von THEODOR SCHÖNBORN. ib. 1912. —

— **u. Brauch.** Volkskundliche Arbeiten, namens der schles. Gesellschaft f. Volkskunde in zwanglosen Heften hrsg. v. Thdr. Siebs u. Max Hippe. 1.—6. Heft. gr. 8. Breslau, M. & H. Marcus. 29. 20
Bohn, Emil, die Nationalhymnen der europäischen Völker. Mit e. Notenbeilage. (75 S.) 908. (Heft 4.) 2. 40
Jäschke, Erich, lateinisch-romanisches Fremdwörterbuch der schlesischen Mundart. (XVI, 160 S.) 908. (Heft 2.) 5. 60
Jürgensen, Wilh., Martinslieder. Untersuchung u. Texte. (VI, 174 S.) 910. (Heft 6.) 5. 60
Reichert, Herm., die deutschen Familiennamen nach Breslauer Quellen des 13. u. 14. Jahrh. (IX, 192 S.) 908. (Heft 1.) 6. 40
Unwerth, Wolf v., die schlesische Mundart, in ihren Lautverhältnissen grammatisch u. geographisch dargestellt. Mit 2 Karten. Als Preisarbeit gekrönt v. der philosoph. Fakultät der Universität Breslau am 27. I. 1907. (XVI, 94 S.) 908. (Heft 3.) 3. 60
Wyl, Karl de, Rübezahl-Forschungen. Die Schriften des Mag. Johannes Prätorius. (VIII, 159 S.) 909. (Heft 5.) 5. 60

Wort (Ein) an unsere Brüder. Flugblatt, beginnend: „Den Kampf, welchen wir gegen die masslose Willkührherrschaft aller Despoten und Volksausbeuter führen". s. l. s. a.

Ein Wort an unsere Brüder im Heere. — Der Bürger-Verein der Friedrich-Wilhelmstadt. Druck von W. Fähndrich. 1 Bl. Fol.
Flugblatt. Berlin, 19. Sept. 1848

— ein, an den Bundestag, über deutsche Nationaltracht in Verbind. mit Landmiliz. gr. 8. Mannh. 816. Schwan u. G. 2 gr.

Wort, Ein, einer Bürgerin an ihre Mitbürgerinnen. Zürich 1798. V: *Lavater, Joh. Casp.* (Cat. d. Stadtbibl. Zürich. Zurich 1864—97.)

Ein Wort einer Bürgerinn an ihre Mitbürgerinnen. ([Mit] Nachschrift [des Herausgebers:] J[ohann] K[aspar] L[avater]. Zürich, den 15. II. 1798.) 8. *o. O.*

Wort, Ein, über die hervorragendsten Charaktere und Beamten in Holstein. Kopenhagen 1850. V: *Lobedanz, Edmund Adolph Johannes.* (A) (Collin, Anonymer. Kiobenh. 1869.)

Wort, Ein, über einige der hervorragendsten Charaktere und Beamten in Holstein . . . Kjøbenhavn 1850. V: *Hjort, Peter.* (schles)

Wort, ein, über einige der hervorragendsten Charaktere u. Beamten in Holstein, vom Verf. des „Holstenspiegel". gr. 8. (32 S.) Kopenhagen 850, Eibe. 5/6 ₰

— **ein, an d. Christen** od. Beweise f. d. Nichtgottheit Jesu. (Von e. Laien.) 8. (57 S.) Berlin-Friedrichshagen 895. Verlagshaus f. Volkslitteratur, C. Teistler & Co. n. 1. —

—— ein, an alle Christen über die Wichtigkeit des christlichen Gemeinschaftslebens. 2. Aufl. 8. (31 S.) Basel 873, Spittler. — 15

— ein, an evangelische Christen von einem evangel. Prediger. Hrsg. vom Verein für evangel. Kirchengemeinschaft. gr. 8. (16 S.) Berlin 850. Potsdam, Riegel'sche Buchhandlung in Comm. n. 1 ngl

— dass. Nr. 2. Der Oberkirchenrath u. die kirchl. Gemeindeordnung. Herausg. von dem Vorstand der Unionsvereine. gr. 8. (16 S.) Ebd. 850. n. 1 ngl

— **an evangel. Christen, bei Gelegenheit d. Säcularfeier der Reformation. 8. Straßb. 817. (Kummer in Leipz.) 3 ₰**

Wort, ein christliches — über die Lösung der orientalischen Frage von J. J. (Pesth, 1856. Emil Müller. (41 S. gr. 8.)

—— **ein christliches,** gegen den Selbstmord. Von einem kathol. Priester. 8. (96 S.) Wien 861, Mechitharisten-Congregations-Buchh.

— **ein, über u. wider Hrn. Mathias Claudius in Wandsbeck, von d. Verf. d. Bemerkk. über Callisens Buch vom Werth d. Aufklärung unserer Zeit. 8. Altona 796. Hammerich. 3 ₰**

Wort, Ein dankend, als des Herrn J. G. Passy Bildniss im Versammlungssaale des hies. löbl. bürgerl. Handelsstandes feierlich aufgestellt wurde. Mai 1814. O. O. V: *Passy, Anton.* (GGr)

Wort, dein, ist die rechte Lehre. Eine Sammlg. v. Gotteskastenpredigten, hrsg. vom Vorstand d. luther. Gotteskastens im Königr. Sachsen. (168 S.) 8. Wilsdruff 910. Leipzig, P. Eger. 2.—; geb. n 2.60

— Dein, ist die Wahrheit. Christliche Vorträge u. Predigten in zwangloser Folge. 1. u. 2. Hft. 8. Stavenhagen, Beholtz. n. — 75

1. Wie hat der Christ sich drohender Todesgefahr gegenüber zu verhalten? Ein Vortrag v. Ulr. Behm. (28 S.) 893. n. — 50
2. Unser Hauptgottesdienst nach Anordnung u. Bedeutung. Vortrag, geh. am 10. Oktbr. 1893 auf der Abendversammlg. der kirchl. Landeskonferenz zu Parchim v. B. Rische. (18 S.) 894. n. — 25

—— Dein, ist meines Fußes Leuchte, s. a. Unterhaltungs-Bibliothek, christliche.

—— dein, ist meines Fußes Leuchte. Eine Erzählung aus der Zeit und für die Zeit von Th. M. Hrsg. und mit einem Vorworte versehen von Frz. Splittgerber. 8. (VII, 267 S.) Halle 885, Fricke's Verlag. * 2 40

Wort, dein, ist unseres Herzens Freude. Eine Sammlung von Predigten aus der reformierten Kirche der Schweiz. gr. 8. (VIII, 216 S.) Basel 886, Detloff's Verlag. * 2 —

— **eines freien Deutschen, an seine braven Kampfgenossen v. C. T. 8. Halberst. 814. (Vogler in Potsd.) 2 ₰**

Wort, Ein deutsches, zu deutschen Bürgern gesprochen. Leipzig 1813. V: *Müller, Johann Ernst Friedrich Wilhelm.* (Ky)

— ein deutsches, zu deutschen Bürgern gesprochen. **8. Leipz. 813.** Joachim. 2 ₰

Wort, Ein deutsches, in der ungarischen Frage ... Innsbruck 1861. V: *Terlago, Robert Graf.* (Margr)

—— **ein deutsches, in der ungarischen Frage. Von R. T. gr. 8. (52 S.) Innsbruck 861, (Wagner'sche Universitäts-Buchh.) ***

—— ein deutsches, an Deutschlands Fürsten und Volk. Ein Wort der Mahnung zum Kampfe wider Deutschlands innere Feinde, die Socialisten und Jesuiten. Vom Verf. des Schriftchens „Mein lieber Pius". gr. 8. (15 S.) Hagen 871, Hammerschmidt. — 30

— deutsches, **aus Preußen an die Rheinländer, als Antwort** auf die Uebergabe der Coblenzer Adresse. **gr. 8.** (Wiesbaden, Schellenberg.) 819.

—— ein deutsches, an Ungarn. Geschrieben in Wien, Mitte Jänner 1861. Vom Verf. des „Ermanne dich, Oesterreich!" gr. 8. (14 S.) Leipzig 861, Engelmann. **

— deutsch-österreishisches, zur Verfassungsfrage. gr. 8. (23 S.) Wien 871. Gerold's Sohn in Comm. n. — 60

—— **ein, über die Dienstzeit bei der preußischen Infanterie. 8. (23 S.) Hamburg 862, Hoffmann und Campe.**

—— ein, über d. vaterländ. Diöcesan-Vereine, v. e. Pfarrer. gr. 8. (1¼ B.) Stuttgart 832, [Beck u. Fränkel.]

— ein, über die vaterländ. Diöcesan-Vereine, **von einem Pfarrer.** gr. 8. Stuttg. 832. Löflund u. Sohn. 3 ₰

Wort, Ein dramatisches, zu seiner Zeit, die Cranzische Critik und die Königl. National-Bühne in Berlin betreffend. Berlin 1788. V: *Seyfried, Hch. Wilh.* (GGr V/396, Nr. 10/6) (BiblPort)

Wort, Ein dringendes, über Dämpfe. [Oldenburg 1792.] V: *Halem, Gerhard Anton von.* (MGT)

— dringendes, an Aeltern, Seelsorger u. Ortsobrigkeiten, üb. d. Wohlthätigkeit d. Schutzblattern-Impfung. 8. Prag 821, Calve.

Wort dringendes Eltern

Dringendes Wort an Eltern, Seelsorger und Obrigkeiten über die Wohlthätigkeit der Schutzpockenimpfung. 63 S., gbd.

Prag: k.k.Hofbuchdruckerey o.J.

JB 2.596

Wort, Dringendes, an Eltern ... über die Wohlthätigkeit der Schutzpocken-Impfung ... Prag 1821. V: *Bischoff Edler von Altenstern, Rudolph Ignaz.* (MGT) (BrMm) (Ky) (EngM) »Die Wichtigkeit« (Call)

— dringendes, an Eltern, Seelsorger u. Obrigkeiten, üb. d. Wohlthätigkeit d. Schutzpockenimpfung rc., (v. Ign. R. Bischoff). 8. Prag 821. Calve. 6 gl.

Wort, Dringendes, an das heilige römische Reich ... Altona 1797. V: *Visurgin (= Gerhard Anton v. Halem).* (Ky)

— dringendes, an das heilige römische Reich, (v. Visiurgin) rc. 8. Altona 797. Hammerich. 4 gl.

Wort, Ein dringendes, an das heilige römische Reich, zur Sicherung eines künftigen Friedens. Altona 1795. V: *Halem, Gerhard Anton von.* (MGT) (Halem, Selbstbiogr. Oldenburg 1840. S. 160.)

Wort, Ein, betreff unseres Düngerwesens. Radolfzell 1867. V: *Blumenkelch, Const. L.* (BaBb)

Wort. Ein Wort über die Echtheit der neutestamentlichen Schriften ans Volk, mit Berücksichtigung der „Rede gehalten am Sängerfest im Seefeld am 15. Juni 1840 von Joh[ann] Jakob Tobler...." 8. Zürich 1840.

— ein, über die christliche Ehe. Von J. M. gr. 8. (10 S.) Bern 889. Bonn, (Schergens). — 15

— ein, über Ehescheidungen. Mit besond. Rücksicht auf Preußen u. die daselbst im Werke begriffene neue Bearbeitung des Ehegesetzes. gr. 8. (4¼ B.) Halle 842, [Knapp.]

Ein Wort über Ehescheidungen. Mit besonderer Rücksicht auf Preußen und die daselbst im Werke begriffene neue Bearbeitung des Ehegesetzes. Halle, Kümmel 1842. 71 S. 8.

— ein, für ein neues Ehescheidungsgesetz. Sendschreiben an den Verf. der Schrift: Die Sitte ist besser als das Gesetz. gr. 8. (2½ B.) Berlin 842, [Adolf u. Comp.] *

Ein Wort für ein neues Ehescheidungsgesetz. Sendschreiben an den Verfasser der Schrift: Die Sitte ist besser als das Gesetz. Berlin, Leseklabinet 1842. 39 S. 8.

Wort, Das Eine, zum ersten Januar 1816. Berlin. V: *Förster, Friedrich.* (Antiqu. Kat. Nr. 56. Ernst Frensdorff-Berlin. S. 6.)

Wort, ein einfaches, an die hannoverschen Arbeiter. Bremen 866. (Celle, Schulze'sche Buchh.) gr. 8. (4 S.) 15 ngr.

— ein, über die Einführung d. Real- u. höhern Lehranstalten. 8. Heilbronn 825. Drechsler. 3 gl.

Wort an die Einwohner der Landschaft Stapelholm, ein. 1832. Schleswig. P. (undertegnet N. N.).

— ein, über die Chemnitz-Riesaer Eisenbahn. Der außerordentlichen Ständeversammlung von 1847 gewidmet. gr. 8. (27 S.) Leipzig 847, Bamberg. n. ⅙ rf.

Wort, Ein, über die projektirten Bodensee-Züricher Eisenbahnen. St. Gallen 185?. V: *Hartmann, Frdr. Wilh.* (Cat. d. Stadtbibl. Zürich. Zürich 1864—97.)

Wort, ein, über die projektirten Bodensee-Zürich Eisenbahnen. Aus den Verhandlungen der gemeinnützigen Gesellschaft abgedr. St. Gallen 852. Huber u. Co. 12. (25 S.) 3 ngr.

Wort, Ein, über die Sächsischen Eisenbahnen ... Leipzig 1847. V: *Zeschau, Hnr. Ant. von.* (Ky) (EngMt)

— ein, über die Sächs. Eisenbahnen, von ....u. (v. Zeschau). gr. 8. (47 S.) Leipzig 847, Teubner. n. ⅙ rf.

— ein, zu der Eisenbahnfrage des Kreises Soest unter gleichzeitiger Berücksicht. der Interessen der Kreise Arnsberg, Beckum, Iserlohn, Meschede und Brilon. Projekt einer Lokalbahn Wickede-Werl-Welwer-Beckum. Hrsg. von dem Verf. der „Studie über eine Eisenbahn-Verbindung der Ruhrthalbahn mit der Linie Werl-Soest", veröffentlicht in Nr. 82, 83 und 85 v. Js. des Central-Volksblattes. — ff. gr. 8. (122 S. mit 1 Eisenbahnkarte.) Werl 886, Stein. ** 1 —

— ein, zur Eisenzollfrage. Von einem Fachmanne. gr. 8. (38 S.) Berlin 878, Puttkammer und Mühlbrecht. * 1 —

— ein, üb. d. Emancipation d. Bekenner d. Mosaischen Glaubens in Baden. Von e. christl. Badenser. 8. (3½ B.) Heidelberg 831, (Winter.)

— ein, zur Emancipation der Unterrichter in Preußen. gr. 8. (4¼ B.) Stettin 843, Nicolaische Buchh.

— ein, über die Entscheidung des Oberappellationsgerichts in Sachen des Präsidenten der holsteinischen Ständeversammlung wider den Minister ad interim für die Herzogth. Holstein und Lauenburg. 8. (39 S.) Kiel 856, Akademische Buchh. *

— ein, der Erfahrung zur bessern Befähigung des Land-Volkes f. seinen landwirthschaftl. Beruf. gr. 8. (2⅙ B.) Nürnberg 814, (Recknagel.) *

Wort, Ein, der Erinnerung zu M. J. G. Schützens sogenannten abgedrungenen Bekenntniss ... Leipz. u. Görl. 1744. V: *Knochenhauer, Mathias.* (OL)

— ein, der Erinnerung an Dr. Georg Hartog Gerson. (Aus Oppenheim's Zeitschr. für die Medicin. Bd. 28. Hft. 1.) 8. Hamburg 845, Perthes-Besser u. Mauke. ⅛ rf.

— liebender Erinnerung an Konfirmanden. 9., verm. Aufl. gr. 16. (71 S.) St. Gallen 878. Huber & Co. n. — 35; cart. n. — 45

Ein Wort der Erinnerung an Dr. Otto Lindner. Am Jahrestage seines Todes den 7. August 1868. [Dazu:] Der 28. November 1870. Ernst Otto Lindner's 50jähriger Geburtstag. (Berliner Musikzeitung Echo, 1870. No. 47 und 48.)

— ein, der Ermahnung an Confirmanden, zum Andenken ihres Confirmationstages. 12. Stuttg. 809. Steinkopf. 2 ₰

Wort, Ein, des Ernstes an die Bewohner . . . Hamburg 1853. V: *Berlien, J. H. F.* (Collin, Anonymer. Kiobenh. 1869.)

Ein Wort des Ernstes an die Bewohner der Herzogthümer Schleswig und Holstein, an das dänische Volk und an die Regierung. Hervorgerufen durch die in Kopenhagen erschienene Broschüre: „Der passive Widerstand in den Herzogthümern." Hamburg. 1853. 8°

—— ein ernstes, von Meister Arnold an seine Elsässer Landsleute. 12. (32 S.) Straßburg 888, Le Roux und Comp. * — 10

Wort. Ernstes Wort zur Beherzigung für das gefahrbedrohte Appenzellervolk, von einem Mitgenossen desselben .... 8. St. Gallen 1829.

Wort, Ein ernstes, an die Branntwein-Brenner, an die Branntwein-Verkäufer, an die Branntwein-Liebhaber und an allerlei Menschen. Bern 1882. 12 S.

Wort. Ein ernstes W' an die Bürgerschaft des Kantons Bern. Zur Volksabstimmung vom 23. Februar 1908: 1. Gesetz betreffend den Schutz von Arbeiterinnen; 2. G' b' Errichtung von Einigungsämtern u. Massnahmen gegen Ausschreitungen bei Streiks; 3. G' b' Massn' gegen die Tuberkulose und Erweiterung der Irrenpflege. [Mit 1 Wappenvignette.] II ; 23 S. 8. *o. O.*

—— ernstes, betreff. Dinter als Bibelerklärer. Antwort auf d. Bemerkn. e. evangel. Geistlichen in d. „Baslerischen Mittheilungen, Jahrg. 1831. No. 13." Nebst e. Gespräche zwischen e. Beamten u. einigen Schullehrern. (Und: Ueber Dinter's Leben. Aus d. „homilet.-liturg. Correspondenzblatte 1830" abgedruckt.) gr. 8. (2 B.) Basel 830, (Spittler.)

— ein ernstes, an Eltern, Lehrer, Ärzte, Vormünder, Erzieher, Lehrherrn, Dienstgeber u. an Alle, welche sich selbst, ihre Kinder u. Schutzbefohlenen durch Nüchternheit, Fleiss u. freiwill. Ausübg. v. Tugenden, sowie durch Vermeidg. v. gewissen Lastern, glücklicher u. wohlhabender zu machen wünschen, v. Etfra Kosmopolitus (Edvard Frandsen). 8. (59 S.) Wien 894. (Leipzig, Literar. Anstalt A. Schulze.) n. — 80

Ein ernstes Wort an die Deutsche Kaufmannschaft. (Unterz.: Deutschnat. Handlungsgehilfen-Verband.) *(Hamburg [1899].)* (2 Bl.) 8° [Kopft. 𝔉.] — [Flugschrift d. Deutschnat. Handlungsgehilfen-Verbandes No 1.]

—— ein ernstes, an die Männer der technischen Arbeit. Erwägungen über die gegenwärtigen Verhältnisse der produktiven techn. Arbeit, und über die Mittel zur Förderung derselben. Von W. N. gr. 8. (28 S.) Prag 879, Mikulaš und Knapp. * — 60

— e. ernstes, an Männer u. Väter, von S. v. R. S. b. 12. (8 S.) Lichtenthal bei Baden-Baden 900. Christl. Kolportage-Verein. — 02

Wort. Ein ernstes Wort auf Philipp und Jacob, oder die Maiwahlen 1859. Von einem Landmanne. 8. [St. Gallen] 1859.

Wort, Ein ernstes, an das versichernde Publikum in Österreich. Wien 1880. V: *Lindauer, Anton.* (EB)

—— ein ernstes, über eine ernste Sache. Für denkende Jünglinge. 8. (22 S.) Basel 869. (Barmen, Buchh. der evangel. Gesellschaft.) * — 40

Wort, ein ernstes, über eine ernste Sache. Für denkende Jünglinge. Basel 869. (Barmen, Klein.) 8. (22 S.) n. 4 ngr.

Wort. Ein ernstes W' über eine ernste Sache für erwachsene Mädchen s. a. [Pfeiffer, Carl Wilhelm Theodor].

Wort, Ein ernstes, über eine ernste Sache für erwachsene Mädchen. 3. Aufl. Basel 1901. V: *Pfeiffer, Carl Wilh. Theod.* (BBullschw 4, 1904)

— ein ernstes, üb. e. ernste Sache f. erwachsene Mädchen. (Vom Verf. des Ein ernstes Wort üb. e. ernste Sache f. denkende Jünglinge. K. W. T. Pfeiffer.) 3. Aufl. 12. (38 S.) Basel 901. (Missionsbuchh.) n. — 15

Ein ernstes Wort über Schäden in Preßsachen. Leipzig 1909: (Frankenstein & Wagner). 15 S. 8°

Wort, Ein ernstes, über den deutschen Schulverein von einem katholischen Priester. 2. Aufl. Wien 1880. V: *Marass, Joseph.* (EB)

—— ein ernstes, über den deutschen Schulverein von einem katholischen Priester. 8. (16 S.) Wien 885, Pichler's Wwe. und Sohn. * — 20

— ein ernstes, üb. den Studiengang u. die gesellschaftliche Stellung d. Ingenieurs in Oesterreich v. S. gr. 8. (23 S.) Wien 889. Spielhagen & Schurich. n. — 40

Wort. Ein ernstes treu gemeintes Wort, den Mitbundnern, die unbefangen urtheilen wollen und können, vorgelegt von einem alten evangel. Geistlichen. 8. *o. O.* [1847].

— ein ernstes, an unsere Zeit, Freunden des Vaterlands u. der Religion gewidmet. Von einem protestant. Geistlichen. 8. (44 S.) Breslau 847, Trewendt in Comm. n. 1/6 ₰

—— ein, zur Erörterung der Gewerbefrage in Bayern. 8. (22 S.) Ansbach 860, Seybold. *

—— das erste wichtige, der Prophezeiung über die Zukunft der Lokal-Vereine. gr. 8. (½ B.) Berlin 815, Schepeler.

—— ein evangelisches, an die neuesten Gegner von Johannes Ronge oder Prüfung d. Predigt v. J. Carl, u. des Zeitbildes v. G. Reich. Von e. protest. Geistlichen. 8. (5 B.) Hanau 846, Edler'sche Buchh.

—— ein evangelisches, über Pearsall Smith. Brief an eine christl. Freundin. gr. 8. (9 S.) [Frankfurt a. M. 875, Zimmer'sche Buchh.] Heilbronn, Gebr. Henninger. * — 20

Ein Wort der medicinischen Facultät (Johann Friedrich Ackermann, Johann Christian Karstens, Georg Heinrich Weber, Philipp Gabriel Hensler, Johann Leonhard Fischer) an ihre werthen Mitbürger in und um Kiel, über die jetzt herrschenden Seuchen. (Kiel. 1798.) 8°

Wort, ein, der medicinischen Facultät an ihre werthen Mitbürger in und um Kiel, über die jetzt herrschenden Seuchen. Kiel. d. 13. Aug. 1798. P. —. 3. Aufl. Sm. St. o. A. P.

—— ein, über das Feuerversicherungswesen im Königr. Sachsen unter besond. Berücksichtigung des Gesetzes das Immobiliar-Brandversicherungswesen betr. vom 23. Aug. 1862 und der zugehör. Verordnungen. gr. 8. (46 S.) Leipzig 864, G. Wigand.

—— ein, zur Frage d. Bantusseminares zu Trier. Von e. ehemal. Konviktoristen. gr. 8. (III, 62 S.) Trier 890, Paulinusdruckerei. * — 60

Wort (Ein) zur Frage der Malzgetränke. 1 Bd. 22 S. 8°. Helsingfors. 1894.

Wort, das freie. (Polit. Zeitschr., 2 Mal wöchentlich erscheinend.) Nr. 2. München, d. 11. Oktob. 1848. 4°. Cart.
4 S. à 2 Col. — Selten!

Wort: Das freie Wort (BS)
(1) Blätter für religiöse Aufklärung (5) 4. 10. 1856 – Juni 1859 (6) 8° (7) monatlich 2× (8) Basel, J. Seul (9) J. Wilhelm Rumpf-Heitz (11) J. Wilhelm Rumpf-Heitz (12) freisinnige Opposition auf kirchlichem Gebiet (14) Bs: U.

—— **das freie. Blätter für religiöse Aufklärung. Hrsg. von J. W. Rumpf. 1. Jahrg. 1857. 24 Nrn. (Bog.) gr. 8. Basel, Meyri.** *

—— **dass. — Hrsg. von J. W. Rumpf-Heitz. Jahrg. 1858 und 1859. à Jahrg. 24 Nrn. (Bog.) gr. 8. Basel, Expedition. [Strasburg, Noiriel.] à Jahrg. * halbjährlich ***
Ist nicht fortgesetzt worden.

Wort: Das Freie Wort (Ag)
(5) 1862 – mindestens 1894 (6) 2° (7) wöchentlich 3× (8) Baden: Jos. Zehnder (9) Sonntagsblätter (Baden Stadtbibliothek), Bauernfreund (10) der Drucker (11) freisinnig (12) der Drucker (13) Haberbosch: Badener Zeitungen (1950) (15) Inserat in der »Schweiz. Volkszeitung« (28. 12. 1861): »Von Neujahr ab wöchentlich 3× erscheinende Zeitung »Das Freie Wort«. – Demnach Gründungsjahr 1862. – Inserat im »Tagblatt der Stadt Baden« (31. 12. 1862): »Das freie Wort, ein freisinniges und unabhängiges Zeitungsblatt, erscheint wöchentlich 3× und wird demselben wie der »Volkszeitung« das »Sonntagsblatt« und der »Bauernfreund« gratis beigegeben.« — Also: Kopfblatt des »Tagblattes der Stadt Baden«.

Wort: Das freie Wort (Fr)
(5) 1874 (7) wöchentlich 2× (8) Murten (13) BGSZ. 12 (p. 50). 331.

——— das freie. Unparteiische Besprechg. u. Nachrichten üb. Ereignisse u. Zustände in der Gegenwart. Redact. u. Hrsgbr.: J. Pestalozzi. 1. Jahrg. Oktbr. 1892—Septbr. 1893. 52 Nrn. (à Nr. 2 Bog.) gr. 4. Haydau-Altmorschen, Verlag d. „Freien Worts". * 5 —

— dasselbe. 2. Jahrg. 5 Quartale. Oktbr. 1893—Dezbr. 1894. 30 Nrn. (2 Bog.) gr. 4. Ebd. n. 5. —

— das freie. Unparteiische Besprechg. u. Nachrichten üb. Ereignisse u. Zustände in d. Gegenwart. Red. u. Hrsg.: J. Pestalozzi. 3. Jahrg. 1895. 24 Nrn. (Bog.) gr. 4. Haydau-Altmorschen, Verlag d. „Freien Worts". n. 4. —

Das Freie Wort: 1895–?
Edited & published by Max Hempel. St. Louis, MO

— das freie. Frankfurter Halbmonatsschrift f. Fortschritt auf allen Gebieten des geist. Lebens, begründet v. Carl Saenger, hrsg. v. Max Henning. 1. u. 2. Jahrg. April 1901—März 1903. à 24 Nrn. gr. 8. (à ca. 32 S.) Frankfurt a/M., Neuer Frankfurter Verlag. à Jahrg. 8.—

— **das freie. Frankfurter Halbmonatsschrift f. Fortschritt auf allen Gebieten des geist. Lebens, begründet v. Carl Saenger, hrsg. v. Max Henning. 3.—6. Jahrg. April 1903—März 1907. à 24 Nrn. (VIII, 960; VIII, 968; VIII, 984 u. VIII, 984 S.) gr. 8. Frankfurt a/M. Neuer Frankfurter Verlag. à Jhrg. 8. —**

— **das freie. Frankfurter Halbmonatsschrift f. Fortschritt auf allen Gebieten des geist. Lebens, begründet v. Carl Saenger, hrsg. v. Max Henning. 6.—9. Jahrg. Mit dem Beiblatt: Der Dissident. Zentralorgan f. die Interessen aller Dissidenten. 1.—4. Jahrg. April 1907—März 1911. à 24 Nrn. (VIII, 960 u. 96 S.; VIII, 984 u. 96 S.; VIII, 976 u. 96 S. u. VIII, 968 u. 96 S.) gr. 8. Frankfurt a/M., Neuer Frankfurter Verlag. à Jahrg. 8.—**

— das freie. Eine Auswahl v. Beiträgen aus den beiden ersten Jahrgängen der Zeitschrift „Das freie Wort". Hrsg. v. Max Henning. gr. 8. (256 S.) Ebd. 903. Geb. in Leinw. n. 2. —

Wort: Das freie Wort für Frieden, Licht und Recht
(3) Der Schweizer-Freund (5) 1. 1. 1845—30. 6. 1847 (6) 4° (7) wöchentlich 3× (8) St. Gallen, Scheitlin & Zollikofer (12) konservativ (13) BGSZ: 1045–1047 (14) SG: Va (unvollst.), Kb; Be: L.

— **dasselbe in seinem Kampfe gegen die Bestechung v. Angestellten in Handel u. Industrie. Eine Sammlg. der in den J. 1902—1904 in der Halbmonatsschrift „Das freie Wort" zur Bestechungsfrage erschienenen Artikel nebst Vorwort u. e. Anh. (29 S.) gr. 8. Ebd. 905.** n. — 50

Wort, ein freies, über die Ausweisung der badischen Abgeordneten v. Itzstein u. Hecker aus Preußen. 8. (1⅛ B.) Leipzig 845, Hartknoch. *

Wort, Ein freies, über die Ausweisungen von v. Itzstein und Hecker aus Preussen. Leipzig 1845. V: ***Weiske, Julius.*** (Haan)

—— freies, an d. protestant. Deutschland, in Folge des kgl. bayer. Regierungsverbotes der Gustav-Adolph-Stiftung, von d. Verf. des offnen Sendschreibens an den Justizminister Mühler. 8. (1½ B.) Grimma 844, Verlags-Comptoir. *
Aus: Constitutionelle Staatsbürger-Zeitung rc. besond. abgedruckt.

Ein freies **Wort** an die Freimaurer. Nach einer am 13. Nov. 1902 anlässlich einer Diskussion über „Reformideen in der Freimaurerei" in der Loge Sokrates [in Pressburg] von dem Br.·. Redner [d. i. Karl Künn] gehaltenen Rede. In Folge Logenbeschlusses in Druck gelegt und an sämtliche in Wien lebende Freimaurer versendet. Pressburg 1902. 11 S. 8° [Umschlagtit.]
cf. Z. 33 (1902—1903) S. 227—228 (G. Winter), 244 (K. Ornstein), 249—255 (R. Mautner); S. 10 (1903) S. 29—32 (J. G. Findel).

— **ein, gegen die Freigebung der Advocatie. (Aus der Zeitschrift für das österreichische Notariat.) Wels 861. Haas in Comm. gr. 8. (15 S.)** 3 ngr.

—— ein, über bürgerliche Freiheit und Rechtsschutz in Preußen, s. Blätter für deutsche Politik und deutsches Recht.

Wort. Ein Wort über Freyheit und Gleichheit. Samt einem Freundes-Zuruf. Zur Belehrung meiner Brüder zu Stadt und Land. Von einem Vaterlands-Freunde. Geschrieben am Vereinigungs-Tage der Zürcherischen Freyheit.... Montags den 5. Hornung 1798.... 8. Zürich [1798].

— **ein freimüthiges, über Handel u. Zollgesetze. Mit Nachtrag. gr. Nürnb. 826. Riegel u. W. 8 gr. d. Nachtrag ap. 4 gr.**

Wort, Ein freimüthiges, über und wider die 95 mystischen Irrsätze des Herrn Archidiakonus Klaus Harms. . . . O. O. 1817. V: *Coch, Gge Frdr. Gerhard.* (LS)

— ein freymüthiges, üb. d. 95 Irrsätze d. C. Harms, von Philalethes. gr. 8. Altona, Hammerich. 818.

—— ein freimüthiges, an den katholischen Klerus von einem Weltpriester. gr. 12. (47 S.) Wiesensteig 854, Schmid'sche Buchh.

— ein freimüthiges, über den einjährigen freiwilligen Militairdienst im Preußischen Staate. 12. Berlin 844, Th. Enslin. 1/4 ₰

— ein freimüthiges, über die Stellung der Subaltern-Offiziere in der Preußischen Armee und Vorschlag, wie dieselbe ohne Kosten-Vermehrung und zum Vortheil, sowohl des stehenden Heeres, als der Landwehr verändert werden könnte. Von einem Preußischen Offizier. 8. Berlin 842, Morin. n. 1/6 ₰

Wort, Freimüthiges, über das Volksschulwesen des Kantons Zürich. Zürich und Basel 1856. V: *Grunholzer, Heinrich.* (BSchwLk V, 10c)

—— freimüthiges, über das Volksschulwesen des Kantons Zürich. gr. 8. (VII und 67 S.) Basel 856, Schabelitz'sche Buchh. *

— eines Freundes der Wahrheit über den um „Kirchenverbesserung", eigentlich aber um Befreiung v. Glauben an die christlichen Heilswahrheiten durch Geistliche u. Laien petitionir. Nationalisten. 8. Magdeburg 846, Falckenberg u. Comp. 1/4 ₰

Wort, Ein, an meine Freunde bezüglich der Effectenbank-Procedur. [Köln 1876.] V: ***Wendelstadt, V.*** (StBKöln II, 118)

—— ein freundl., zur Beherzigung f. Jungfrauen. 2., verb. Aufl. gr. 12. (6 B.) Berlin 834, (Eichler.)

— ein freundliches, an d. Christen z. gänzlichen Beilegung d. Streites mit d. Juden. 8. Königsb. 803. Unzer. 6 gr

— ein freundliches, an d. Christen zur gänzlichen Beylegung ihres Streits m. d. Juden. 8. Königsb. Unzer. 805.

Wort, Ein, der Freundschaft an den Verfasser der Beurtheilung der . . . Gedächtnisspredigten auf den hochsel. Herzog Friedrich. Rostock 1786. V: *Voss, Johann Ludwig.* (MGT)

— ein freundschaftliches, an d. Schriftsteller Baierns. 4. Münch. 799. (Fleischmann). 4 gr

Wort, Ein freundschaftliches, des Trostes, der Aufklärung u. Beruhigung über die neuesten Ereignisse. Gesprochen von einem Volksfreunde. Klgft., Sigmund (Liegel), 1848. 13 S.

—— ein, zum Frieden. Beitrag zum Verständniß des neuesten theolog. Streites, gerichtet an die Laien von F. L. gr. 8. (15 S.) Reval 885, (Kluge und Ströhm.) * — 60

Wort, Ein, zum Frieden und zur Einigkeit . . . Leipzig 1848. V: *Keudell, Rudolph von.* (Ky)

—— ein, zum Frieden und zur Einigung von einem des Krieges Fähigen (Rud. v. Keudell). 8. (32 S.) Leipzig 848, Arnoldische Buchh.

—— ein, zum Frieden in dem confessionellen Kampf der Gegenwart. Von e. evangel. Theologen. 2. verm. Aufl. [7. Tausd.] gr. 8. (63 S.) Frankf. a. M. 890, Foesser Nachf. * — 80

—— dass. — s. Broschüren, Frankfurter, zeitgemäße.

— ein, zum Frieden an die Sachsen. Von einem nicht-preußischen Deutschen. 8. Deutschland 815. (Jena, Cröker). 3 gr

Wort, Ein, Friedrich des Grossen über die Naturgrenze zwischen Deutschland und Frankreich. O. O. 1840. V: *Zeune, Johann August.* (ADB)

Ein **Wort** Friedrichs des Großen über die Naturgrenze zwischen Deutschland u. Frankreich. Berlin 1840. 16 S.

Wort, Friedrich des Grossen, über die Naturgränze zwischen Deutschland und Frankreich. Berlin 1840. V: *Zeune, Joh. August.* (Ky)

Wort, Ein, an Gattinnen und Mütter über das zu schnelle Wegnehmen der Nachgeburt. Hamb. 1801. V: ***Wigand, Just Heinrich.*** (Call) (Ky) (MGT)

— ein, an Gattinnen u. Mütter üb. das zu schnelle Wegnehmen d. Nachgeburt, (v. J. H. Wigand). 8. Hamb. 801. (Campe). 4 gr

Wort. Ein Wort zum Gedächtniss des sel. Hrn. Bürgermeisters Conrads von Escher.... Zürich 1815 s.a. [Meiss, Hans Conrad].

Wort, Ein, zum Gedächtniss des sel. Herrn Bürgermeisters Conr. v. Escher von Zürich . . . Zürich 1815. V: *Meiss, Conr. v.* (Cat. d. Stadtbibl. Zürich. Zürich 1864—97.)

— ein, zum Gedächtniß des sel. C. v. Escher, Bürgermeister zu Zürich. Gesprochen bei der demselben geweihten Todesfeier im großen Saale des Cassino d. 27. Dec. 1814. 8. Zürich 815. Orell. 3 gr

Wort, Dies, gehört dem Erbprinzen von Augustenburg. Die wirklichen politischen Interessen Schleswig-Holsteins und der deutschen Democratie . . . 2. Aufl. Hamburg 1865. V: *Möller, Cajus (Cay).* (A)

— dies, gehört dem Erbprinzen von Augustenburg. Die wirkl. Interessen Schleswig-Holsteins u. der deutschen Demokratie. Von einem Schleswig.-Holsteiner. 1. u. 2. Aufl. Hamburg 865. J. F. Richter. gr. 8. (16 S.) u. 5 ngr.

— Geist u. Praxis, über, d. baierischen Verfassungsurkunde, (herausg. v. J. C. v. Aretin). 1s u. 2s Heft. gr. 8. Münch. 830, 31. (Weber). (à 6 ℛ) 12 ℛ

Wort, Ein, für die braven Gemeinen des chursächsischen Kriegsheeres ... O. O. 1799. V: *Sörgel, Ernst August.* (MGT) (Ky)

— ein, für die braven Gemeinen d. königl. sächs. Kriegsheeres, (v. E. A. Sörgel). 8. Altenb. 799. Schnuphase. 3 ℛ

Wort und Gruss, Germaniens. Prolog. Salzburg 1813. V: *Weissenbach, Alois.* (GGr VI/662, Nr. 10/17a) (WBL 54/169) (BiblPort)

—— ein, über biblische Geschichte und biblischen Geschichtsunterricht, nebst einer kleinen Sammlung biblischer Geschichtchen als Vorläufer des l. Cursus. Von einem Kleinkinderfreund'. I. 8. (16 S.) Altona 849, Schlüter.

— ein, üb. deutsche Gesellschaften u. Berufung an Deutschlands Fürsten u. Volk. gr. 8. Frankf. 815. Eichenberg. 1½ ℛ

Wort. Ein Wort über das Gesetz gegen den Missbrauch der freien Meinungsäusserung. 8. (Luzern 1843.)

— ein, üb. die confessionelle Gesetzvorlage in Oesterreich. Geschrieben vor der Sanction; aber noch mehr zu beachten nach derselben. Von e. Theologen. 8. (46 S.) Mainz 874. Kirchheim. n. — 50

Wort, Ein, an das Gewissen. Bern 1866. V: *Schiferli, C. M. v.* (BSchwLk V, 9 j)

Das goldene Wort, oder Der wahre Weg zur menschlichen Glückseligkeit, ein Taschenbuch. Wien [Leipzig: Sommer] 1788. 8°
Kl. 516.

— das goldene, oder d. wahre Weg z. menschl. Glückseligkeit, ein Taschenbuch f. Philosophen u. Christen. 8. Wien 788. Wucherer. (W. Nauck in Leipz.) 4 ℛ

— das, Gottes. („Mosco".) Von Moses Maria (Mosco Wiener). (29 S.) Lex.-8. Leipzig (Kurprinzstr. 5) 905. Verlag der Schriften Moses Maria. n. 2. 50

—— Gottes, das Haupt-Bildungs-Mittel. 8. (24 S.) Basel 874, Spittler.
Aus: Appenzeller-Sonntagsblatt, besonders abgedruckt.

Für Gottes **Wort** und Luthers Lehr! Biblische Volksbücher. In Verbindung mit ... hrsg. von Lic. Dr. Johann Rump, Pfarrer. Reihe 1. H. 1. Gütersloh: C. Bertelsmann 1907. 8°

—— das, Gottes, in der Schule. Ein Wegweiser beim Unterrichte in der Religion in Elementar-, Bürger- und Mädchen-Schulen und den unteren Classen höherer Schulen für die Hand der Kinder. Nach den Anforderungen der preuß. Regulative vom 1., 2. und 3. Octbr. 1854 vom einem prakt. Schulmanne zusammengestellt. gr. 12. (II und 98 S.) Nordhausen 856, Büchting.

Wort, Ein, über die philosophische Gottheit Christi und über die Göttlichkeit der Bibel. Freiburg 1785. V: *Keller, Hch.* (Ky 3/325) (BiblPort)

— ein gutes, zur rechten Zeit, oder: Die Encyclika vom 8. December 1864. Was ist sie? Was will sie? Was wirkt sie? Vertrauliche Unterhaltung mit meinem Landsmanne. Graz 865. Kienreich. 8. (72 S.) n. 4 ngr.

Jahres-Bericht, Erster — des k. k. katholischen Gymnasiums zu Schemnitz am Schlusse des Schuljahres 1854. 4. (54 S.) Schemnitz. Gedruckt bei Franz Lorber.
Inhalt: Ein Wort über die Gymnasialbildung wie sie jetzt angestrebt wird. — Schulnachrichten.

—— ein, über die österreichisch-ungarischen Heeresverhältnisse. An die Mitglieder der Delegationen zum Neujahr 1871. gr. 8. (31 S.) Pest 871, Aigner. *

— das, des Heils. Eine volkstüml. Auslegg. d. Bücher des Neuen Testaments, hrsg. v. Herm. Josephson. I. Serie. 5 Hefte. gr. 8. Hamburg, Agentur d. Rauhen Hauses. Subskr.-Pr. 2. 50
Busch, Wilh., die beiden Briefe des Petrus. Eine volkstüml. Erklärg. 1.–5. Taus. (72 S.) (907.) — 75
Cordes, A., die Briefe an die Philipper u. Kolosser. Eine volkstüml. Erklärg. 1.—5. Taus. (45 S.) (907.) — 50
Meinhof, H., der Brief an die Römer. Eine volkstüml. Erklärg. 1.–5. Taus. (80 S.) (907.) — 75
Studemund, Wilh., das Evangelium des Matthäus. Eine volkstüml. Erklärg. 1.—3. Taus. (93 S.) (907.) — 90
Ulbrich, Mart., das Evangelium des Lukas. Eine volkstüml. Erklärg. 1.—5. Taus. (Je 80 S.) (907.) — 75

— dasselbe. II. Serie. 5 Hefte. gr. 8. Ebd. Subskr.-Pr. 2.50
Balke, S., erster Brief an die Korinther. Eine volkstüml. Erklärg. 1.—5. Taus. (91 S.) (908.) — 90
Blau, Paul, die drei Briefe des Johannes. Eine volkstüml. Erklärg. 4.–5. Taus. (56 S.) (908.) — 60
Burckhardt, der Brief an die Epheser. Eine volkstüml. Erklärg. 4.—5. Taus. (47 S.) (908.) — 50
Haarbeck, Th., die beiden Briefe an die Thessalonicher. Eine volkstüml. Erklärg. 4.—5. Taus. (61 S.) (908.) — 60
Haborn, W., die Apostelgeschichte. Eine volkstüml. Erklärg. 1.—5. Taus. (109 S.) (908.) — 90

— dasselbe. III. Serie. 4 Hefte. gr. 8. Ebd. Subskr.-Pr. 2.50
Cremer, E., die Offenbarung des Johannes. Eine volkstüml. Erklärg. 1.–4. Taus. (112 S.) (908.) 1. 20
Josephson, Herm., die Briefe des Jakobus u. Judas. Eine volkstüml. Erklärg. 1.—5. Taus. (47 S.) (908). — 50
Stuhrmann, H., die beiden Briefe an den Timotheus. Der Brief an den Titus. Der Brief an den Philemon. Eine volkstüml. Erklärg. 1.—4. Taus. (106 S.) (908.) — 90
Thiele, W., das Evangelium des Markus. Eine volkstüml. Erklärg. 1.–4. Taus. (73 S.) (908.) — 60

Wort, das, des Heils. Eine volkstüml. Auslegg. der Bücher d. Neuen Testaments, hrsg. v. Herm. Josephson. IV. Serie. 4 Hefte. gr. 8. Hamburg, Agentur d. Rauhen Hauses. Subskr.-Pr. Serie 2.50; (Vollst. in 3 Leinw.-Bdn. à 4. 80)
Conrad, P., zweiter Brief an die Korinther. Eine volkstüml. Erklärg. 1.—5. Taus. (75 S.) (909.) — 75
Rothweiler, H., der Brief an die Ebräer. Eine volkstüml. Erklärg. (125 S.) (909.) 1. 20
Ulrich-Kerwer, W., das Evangelium des Johannes. Eine volkstüml. Erklärg. (131 S.) (909.) 1. 20
Witz-Oberlin, C. A., der Brief an die Galater. Eine volkstüml. Erklärg. 1.—4. Taus. (63 S.) (909.) - 60

Wort, Ein, des Herrn an den Autorem der Schrift, betitelt: ein Wort des Herrn an die gesammte Geistlichkeit ... O. O. 1745. V: *Maier, Johann Chph.* (ML)

— ein, an Herrschaften, d. gutes Gesinde haben wollen. 8. Bresl. 797. (Gosohorsky). 4 ℊ

Ein Wort an Herrschaften, die gutes Gesinde haben wollen. *Bresl.*, Meyer. 797. 8° 4 ℊ

— ein, über die Herstellung der Justizämter u. deren Werth. Von einem praktischen Juristen. gr. 8. Magdeburg 846, Baensch. n. 1/6 ℛ

Wort, Ein, ans Herz und ins Ohr für Leute, die noch Christen seyn wollen. Zittau 1798—99. V: *Heinrich, Johann David.* (OL) (MGT) (Ky)

— ein, ans Herz u. ins Ohr für Leute, die noch Christen sein wollen (v. Jh. Dav. Heinrich). 3 Stücke. 8. Zittau 798, 99.

— ein herzliches, an die Eltern unserer lieben Konfirmanden. (Neue Ausg.) 8. (10 S.) Braunschweig (902). J. Neumeyer. n. — 05

Wort, Ein herzliches, an unsere Jugend, hauptsächlich den Zöglingen der Seminare . . . gewidmet. A. d. Russ. . . . Bremen 1881. V: *Pobedonošev, Konstantin Petrovič.* (Ky)

—— ein herzliches, an unsre Jugend, hauptsächlich den Zöglingen der Seminare und geistl. Akademieen gewidmet. (Von Pobedonoszeff.) Aus dem Russ. Bevorwortet von Herm. Dalton. 8. (45 S.) Bremen 881, Müller's Verlagsh. * — 60

—— ein, üb. Zahns bibl. Historien, u. üb. bibl. Geschichtsunterr. überhaupt. 8. (3 B. u. 1 Schul-Kalender, gr. Fol. Meurs 837, Rhein. Schul-Buchhandl.

—— ein, an teutsche Hochschulen u. ihre Behörden üb. Duelle u. Verbindungen. 8. (2 B.) Leipzig 829, Lehnhold.

— ein, hoffentlich zu fr. Zeit. Bei Erscheinung eines Gesetzesvorschlags z. Aufhebung d. Stifts. gr. 8. Zürich ... Schultheß. ½ ℊ

Ein Wort aus Holstein, veranlasst durch die Brochüre: Et Par Ord til Jyderne, i Anledning af H. M. Kongens Reise, af Intrepidus. Altona 1852. 8°

Wort, Ein, an die Holsteiner über . . . Verfassungskampf. Kopenhagen 1855. V: *Varberg, R. P. K.* (Collin, Anonymer. Kiobenh. 1869.)

Wort, Ein, für die katholischen Idioten in Elsass-Lothringen . . . Metz 1887. V: *Wilms.* (ELBibl)

Der Idishe Wort: 1910 ?
Weekly Circulation 11,900 Title varies: Dos Yiddishe Wort; Der Yid; Der Keneder Yid. Bilingual Editor S.M. Selchen
Winnipeg, Man.

—— ein, für u. wider die Jesuiten. gr. 8. (73 S.) Berl. 891, G. Reimer. * — 80

— ein, für Jetzt u. die Zukunft oder drei Reden über Feudallasten, absolute u. constitutionelle Monarchie u. die Errungenschaften, gehalten vor Bürger u. Landmann u. denselben, insbesondere seinen lieben Landsleuten, den Bewohnern der Grafschaft Mansfeld, so wie jedem wahrheitsliebenden Patrioten gewidmet vom Verf. in Preußen. gr. 8. (16 S.) Eisleben 850, Reichardt in Comm. n. 4 ℊ

—— ein, über schweizerische Industrie und eine schweizerische Export-Anstalt. 8. (50 S.) Basel 849, (Schweighauser'sche Vrlgsh.)

—— zur Judenfrage, von einem ehemal. Juden. 8. (19 S.) Berlin 880, Heinicke. — 30

— ein, an Jünglinge. 8. (4 S.) Basel 883. Spittler. n. — 2

Wort, ein, über die Jurisprudenz und das juristische Studium der Gegenwart. gr. 8. (24 S.) Riga 876, Brutzer und Comp. * — 75
Aus: Baltische Monatsschrift, besonders abgedruckt.

Wort, Ein, für Justen. [Schleswig u. Leipzig 1791.] V: *Camerer, Johann Friedrich.* (ML)

Wort, S. Käsborers Letztes, über den Adel. O. O. 1797. V: *Pahl, Johann Gottfried von.* (MGT) (NN) (GGr)

Ein KATHOLISCHES Wort aus Österreich-Ungarn an die Glaubensbrüder in Deutschland von einem Ultramontanen. (Neujahrsgabe). Presburg 1872. Verlag bei Rudolf Schmidt. Sieber's Erben Buchdruckerei. 20 S. - 190 mm

Ein Wort über Kirche u. Reformation, oder: Die kath. Kirche von dem ihr durch den Prediger F. H. G. Iterson angehängten Schimpfe gereinigt durch den Pfarrer u. die Kapläne der röm.-k. Gemeinde zu Arnheim. Ins Deutsche übersetzt nach der 2. Aufl. des holländ. Originals von Heinr. Gisb. Rütjes. Emmerich, Romen, 1842, 8°, 97 S.
Die Schrift wurde nicht nur in Holland stark verbreitet, sondern auch ins Franz. u. Engl. übers. Vgl. Littbl. zur Sion 1843, Nr. 3.

—— ein, über Kirche u. Reformation, oder die kathol. Kirche, von dem ihr, durch den Prediger F. H. G. van Iterson, in seiner „leerrede ter gedachtenis van de kerkhervorming, uitgegeven te Arnhem, bij J. An. Nijhoff" angehängten Schimpf, gereinigt durch den Pfarrer u. die Kapläne der römisch-kathol. Gemeinde zu Arnheim. Ins Deutsche übers. nach der 2. Aufl. des holl. Originals. 12. (9 B.) Emmerich 842, Romen. (Leipzig, Hermann.)

Wort, Ein, über die Kirchengesetze. Von einem Evangelischen. Halle a. S. 1873. V: *Zahn, Adolph.* (Russell, V 24)

—— ein, über die Kirchengesetze. Von einem Evangelischen. gr. 8. (16 S.) Halle 873, Barthel. *

Wort, Ein, über Kirchenmusik. Augsburg 1860. V: ***Aiblinger, Johann Caspar*** [?]. (Rothsch)

—— ein, über Kirchenmusik. Veranlaßt durch die Beilagen Nr. 72, 73, 74, der augsburger Postzeitung 1859. gr. 8. (28 S.) Augsburg 860, Kollmann'sche Buchh.

—— ein, für die Kleinen. Im Interesse der Sonntagsschule und der Kindererbauung von einem Kinderfreunde. gr. 16. (23 S.) Basel 876, Spittler. * — 12

Wort, Das Königliche. [Flensb.] 1823. V: *Thor Straten, Josias.* (Bruun, Bibl. Danica III, 662.)

Das Königliche **Wort**. o. O. [1843.] Lithogr. 1 Bl. Fol.
Christian I. und zwei allegorische Figuren, die Herzogthümer darstellend, mit den Inschriften:
Wy lauen dat Sleswigk vnd Holsten blinen ewich tosamende vngedelt. Christian I.
1460 am Freitag vor Palmarum Kiel.
1460 am 1. Sonntag in der Fasten Schleswig.
1840 d. 13 März Kopenhagen.
1842 d. 22 December Schleswig.

Wort, Das königliche, Friedrich Wilhelms III . . . Berlin 1844. V: *Müffling, Frdr. Carl Ferd. Freih. v. gen. Weiss.* (Mitth. Dr. A. Goldmann.)

— das Königliche, Friedrich-Wilhelms III. Eine Denkschrift an gewisse Staatsweise. gr. 8. Berlin 845, Röse. 1/12 ℛ

—— das königliche, Friedrich Wilhelms III. Eine Denkschrift an gewisse Staatsweise. gr. 8. (1 B.) Berlin 845, [A. Schultz.]

Ein königliches Wort! Die Urwähler der Dorfgemeinde Nessin bei Colberg hatten sich mit einer Vorstellung an Se. Majestät gewandt — An den Schulzen Krengel. . . Gedruckt bei J. Sittenfeld in Berlin. 1 Bl. Fol. Flugblatt. Berlin, 12. Jan. 1849.

—— ein, an die Kranken. 8. (12 S.) Herborn 880, Buchh. des Nassauischen Kolportagevereins. * 4 —

— das, vom Kreuze. Predigt in der Kirche zum heil. Kreuz in der Pfarre St. Gallen. Gehalten von einem Pfarrer derselben am Kreuz-Erhöhungs-Feste im Herbstmonat 1844. gr. 8. St. Gallen 844, Scheitlin u. Zollikofer. n. 1/12 ℛ

— ein, über die heutige Kriegsmanier. 1) von d. Einquartirungen. 2) v. Lieferungen. 3) v. Frohnden. 8. Frankf. 815. Eichenberg. 6 ℊ

Anonym: „Ein Wort über heutige Kriegsmanier; von der Einquartierung, von Lieferungen, Frohnden . . . .", Frankfurt a. M. 1816 (Eichenberg).

Wort, Ein, über Hamburgs Kriegspflichtigkeits-Ordnung . . . Hamb. 1822. V: *Bartels, Johann Heinrich.* (schr)

— ein, üb. Hamburgs Kriegspflichtigkeits-Ordnung u. üb. d. Ausführung u. Folgen derselben. Nebst anliegendem, von e. sachkundigen Officiere für Hamburg entworf. Organisationsplane. 2 Hefte. gr. 8. Hamb. 822. Hoffmann u. Campe. 9 ℊ

— ein, an die oberste Kriegsverwaltung u. an die politischen Vertretungskörper in e. Lebensfrage d. k. k. Heeres. 4. (8 S.) Teschen 874. Prochaska. n. — 50

— ein, über ein nationales Kunst-Museum. Berlin 864. Schröder's Verl. Lex.-8. (16 S.) 3 ngr.

Ein kurzes **Wort** über die Aufgabe des Unterrichtes in den neueren Sprachen an der Realschule. 8 S.– Klagenfurt OR., Progr. 1873.

Ein kurzes Wort über die Logen. St. Louis, Mo. [ca 1902]: Concordia. 21 S. 8° [Kopftit.]
Legt dar, dass Christen u. Kirchenglieder nicht zu einer Loge gehören dürfen.

— ein kurzes, üb. die Logen. 8. (21 S.) St. Louis, Mo. (902). (Zwickau, Schriften-Verein.) n. — 20

Wort. Ein Wort über die dermalige Lage von Thusis für Freunde und Gönner der Bedrängten. (Thusis, den 1. Oktober 1845. Namens der Gemeinde Th': Der Gemeindsrath.) 8. *o. O.*

Wort, Ein, über die Lage des Kaiserl. Reichskammergerichtes nach dem Presburger Frieden . . . O. O. 1806. V: *Reigersberg, Heinrich Alois Graf v.* (Mitth. Dr. A. Goldmann.)

Wort, Ein, zu den Landsleuten in Holstein und Schleswig. Schleswig 1831. V: *Rist, Johann Georg.* (schr) (schles) (NN) (CBH) (A) (Collin. Anonymer. Kiobenh. 1869.)

—— ein, zu d. Landsleuten in Holstein u. Schleswig (üb. den 13. Artikel d. Bundesacte) v. J. R. gr. 8. (6 B.) Schleswig 831. (Leipzig, Cnobloch.)

Wort, ein, an d. Zürichersche Landvolk vor d. Reformationsfest, s. a. H. Müller II.

— ein, an das Zürchersche Landvolk vor dem Reformationsfest des Jahres 1819. 8. Zürich, Orell.

Wort, Ein, an unser liebes Zürcherisches Landvolk, vor dem Reformationsfest des kommenden Jahres 1819. . . . Zürich 1818. V: *Müller, Joh. Hnr.* (AarK) (Cat. d. Stadtbibl. Zürich. Zürich 1864—97.)

— ein, zur Landwirtschafts-Politik. gr. 8. (VII, 51 S.) Halle 872. Petersen in Comm. — 60

— ein, an d. kathol. Lehrer Bayerns. 1. D. Hamburger Lehrertag 1896. 2. D. Lehrerbesoldungsfrage im bayer. Landtag. gr. 8. (28 S.) München 896. Regensburg, Verlagsanstalt vorm. G. J. Manz. n. — 50

[J.] Ein **Wort** an die katholischen Lehrer Bayerns. 1. Der Hamburger Lehrertag 1896. 2. Die Lehrer-Besoldungsfrage im bayerischen Landtag. *München: (Dr. v. Seitz & Schauer); (Commv.: Augsburg: M. Seitz.) 1896.* (28 S.) 1 Bd 8. [97 465]

Wort, Ein, über katholische Leichenbegängnisse. Salzburg 1884. V: *Hager, Edmund.* (Hr)

—— ein, an die Leiter der Juden-Auswanderung von Michel Simplex. gr. 8. (22 S.) Frankfurt a. M. 882, Keller. * — 50

— ein, an diejen. Leser der zweien Zeugen Jesu, welche vielleicht aus Mißverständniß mit demselben hie u. da im Widerspruch stehen. Von J. M. S. ersten Zeugen. 8. Leipz. 804. Rein. 6 ℊ

— d. letzte, s. Behauptung d. Mecklenburgischen Convention, Fol. Hambg. 745.

Wort, Das letzte, des Beyträgers zur Freyburger Predigerkritik. . . . Freyburg 1783. V: *Sautier, Heinrich.* (Jes)

— das letzte, über die Brentanosche Bibelübersetzung, s. Dom. v. Brentano.

Wort. Das letzte Wort eines Eidgenoßen an die Bündner. 4. *o. O.* Im Julio 1797.

Wort. Das lezte Wort eines Greisen im Kanton Glarus an sein Vaterland. 8. Glarus 1814.

Wort, Das letzte, über die Senate am Cammergerichte . . . Wezlar 1788. V: *Hofmann.* (Pütter, Litt. d. Teutsch. Staatsr. Gött. 1773—94. IV, 350.)

—— letztes, beim Austritte aus der Schule. 3. Aufl. 16. (7 S.) Ernstthal 868. (Dresden, Naumann.) *

— letztes, über das baierische Bierregulativ. Eine Lection gehalten den Bauern zu Nulldorf. 8. Landsh. 822. Thomann. 4 gr

Wort, Letztes, an die Eltern der Zöglinge, und die Freunde der Erziehungsanstalt. Pesth 1821. V: *Hoffmann, Georg Franz.* (Pk)

—— letztes, in der polnischen Frage Russlands. [In russ. Sprache.] gr. 8. (72 S.) Berlin 870, (Behr's Buchh.) * 1 50

Wort, Letztes, über Göttingen und seine Lehrer . . . Leipzig 1792. V: *Mackensen, Wilhelm Friedrich August* (Ky) oder *Ribini.* (Erman & Horn II, 4747.)

— letztes, über Göttingen u. s. Lehrer, mitunter ein Wörtchen raisonnirt, (v. W. F. A. Mackensen). 8. Leipz. 792. Schneider. 6 gr

Letztes **Wort** zu den Meistern bey der Meister Aufnahm[e] für die □ zur edlen Aussicht im O. Fr[eiburg i. B. Freiburg i. B. ca. 1790.] 3 S. 4° [Kopftit.]

Anonym: „Letztes Wort der Verfasser der Marginalien . . . . .". Dortmund 1812.

Wort, Letztes, über ein Wort, das ich 1786 zu Halle wider Herrn Nikolai zu einigen Freunden gesagt haben soll. An Freünde. O. O. 1793. V: *Lavater, Johann Kaspar.* (schstr S. 129)

Wort. Ein W' der Liebe an nachdenkende Christen s.a. [Schnell, Frl. Julie].

Wort, Ein, der Liebe an nachdenkende Christen. Bern 1903. V: *Schnell, Julie.* (Bibliogr. Bull. d. Schweiz 1907.)

Wort, Ein, christlicher Liebe an die Eidgenossenschaft der Urschweiz . . . Solothurn 1845. V: *Küenzi.* (Cat. d. Stadtbibl. Zürich. Zürich 1864—97.)

Wort, Ein mächtiges, von der »Gallerie« zu Warmbrunn. Warmbrunn [1879]. V: *Nagel, Frdr. Andr.* (Nent)

Wort, Ein, über animalischen Magnetismus, Seelenkörper und Lebensessenz . . . Leipz. 1840. V: *Szapáry, Franz Graf von.* (BrVV)

—— ein, üb. animal. Magnetismus, Seelenkörper u. Lebensessenz; nebst Beschreib. d. ideo-somnambülen Zustandes d. Fräuleins Therese v. B—y zu Vasárhely im J. 1838, u. ein. Anh. Beobachtet, geschrieben u. gegeb. v. Frz. v. Sz....y. gr. 8. (11¾ B.) Leipzig 840, Brockhaus. *

Wort (Ein) der Mahnung an die ländlichen Grundbesitzer. Als Mscr. gedr. 8°. Stettin, J. Hessenland, April 1873.

Anonym: „Ein Wort an Mallinckrodt, besonders in Hinsicht seiner Druckschrift: Ist der aufgehobene Besitz . . . . .", Dortmund 1812.

Wort, ein, an d. Männer. Hrsg. v. interkantonalen Komite d. Frauen d. Föderation (Hebg. d. Sittlichkeit). 2., durchgeseh. Aufl. 8. (10 S.) Basel 898. R. Reich. n. — 10

— ein, an junge Männer. Hrsg. vom Bund des weißen Kreuzes. 11.—15. Taus. 16. (20 S.) Berlin 893. (Leipzig, R. Werther.) n. — 10

— ein, der Mäßigung an Europa. 8. Braunschw. 792. Schulbuchh. 2 gr

—— ein, aus Mecklenburg an Mecklenburg. gr. 8. (14 S.) Schwerin 848, Stiller'sche Hofbuchh.

Wort, Mein letztes, an das Publikum in der bekannten Fehde. Salzb. 1798. V: *Steinhauer, Frz Michael.* (MGT)

Wort, ein, für die innere Mission an die Volksschullehrer. 8. (23 S.) Jena 849, (Frommann.) Thlr.

Wort, Ein, an meine Mitbürger bey Gelegenheit der neuen Gesindeordnung. [Magdeburg 1790.] V: *Rötger, Gotthilf Sebastian.* (MGT)

Wort, Ein, an meine lieben Mitbürger; Prov. 28. 13. O. O. [1806]. V: *Rothmund.* (Cat. d. Stadtbibl. Zürich. Zürich 1864—97.)

Wort. Ein Wort zunachst an die Mitglieder des Sangervereins am Zürichsee von Y⁎⁎, Mitglied desselben. 8. Zürich und Frauenfeld 1840.

— ein, an den deutschen Mittelstand über Mädchenbildung. 8. Elberfeld 844. (Hassel.) 1/12 ℛ

— der Mutter. 8. (24 S.) Barmen 874. Wiemann. n. — 20; Auszug. (8 S.) n. — 4

— ein, über Mystik, von e. Profanen u. Weltmann. 8. Augsb. 820. Wolff. 5 gr.

Ein **Wort** zum Nachdenken über die sogenannte unpartheiische und gründliche Nachricht von der Freimäurer-Loge der Juden und andern geheimen Gesellschaften in Hamburg. Altona 1786. 16 S. 8°.
Sehr selten. Wendet sich gegen anonyme Schriften über und wider Logen, die Juden aufnehmen.

Ein Wort zum Nachdenken über die sogenannte unpartheiische und gründliche Nachricht von der Freimäurer-Loge der Juden und andern geheimen Gesellschaften in Hamburg. Altona 1786. 16 S. 8° [Umschlagtit.]
Kl. 2705. Greift den Verf. der „Unparth. Nachricht" an.

— ein neutrales, über Preußens Neutralität. gr. 8. (20 S.) Berlin 854, Schindler. *

Wort, Ein, über das Nichtvertheilen des St. Gallischen Waidbodens. O. O. 1800. V: *Hartmann.* (Cat. d. Stadtbibl. Zürich. Zürich 1864—97.)

— noch ein, über den Artikel XXIV. des Hamburg. Hauptrecesses, s. Artikel üb. d. XXIV.

Wort, noch ein, üb. gemischte Ehen, in Bezug auf d. cölner Frage. Von e. Protestanten. gr. 8. (2 B.) Halle 838, Anton.

— noch ein, gegen die unbeschränkte Emancipation der Israeliten. schmal gr 8. Ulm 836. Ebners Buchh. 1/8 ℛ

— noch ein, über Kotzebue's Ermordung, (v. Karl v. Lüttwitz). 8. Schweidnitz 820. (Bresl., Holäufer). 4 gr.

— noch ein, dem Ernste der Zeit entsprechend, üb. die ursprüngliche Aufgabe des deutschen Parlamentes. 8. (23 S.) Kassel 848, Fischer. n. 2 ngr.

— noch ein, zur Lösung der Nationalitätsfrage in Ungarn, den Mitgliedern des hohen ungar. Landtages gewidmet von einem Vaterlandsfreunde. Pest 866. (Gebr. Lauffer.) 8. (29 S.) n.n. 6 ngr.

— noch ein, über die eidgenössische Münzfrage von einem Westschweizer. 8. (43 S.) St. Gallen 848, Scheitlin & Zollikofer. 1/8 ℛ

—— noch ein, über die eidgenössische Münzfrage von einem Westschweizer. 8. (43 S.) St. Gallen 850, Scheitlin und Zollikofer.

—— noch ein, über Organisation, Formation und Budget der bayerischen Armee. Von dem Verf. der Organisation und Formation rc. gr. 8. (23 S.) München 852, Literarisch-artistische Anstalt.

— noch ein, über d. Säcularisationswesen. 8. Nürnb. Grattenauer. 801.

—— noch ein, üb. d. span. Successionsfrage. Histor., antikrit., polemisch. gr. 8. (3¾ B.) Berlin 839, [C. G. Lüderitz'sche Vrlsbuchh.] *

— noch ein, über das Verhältniß der Juden, (v. El. Birkenstein). 8. Marb. 828. Krieger. ..

Wort, noch ein, zur Verständigung über das Ingenieur-Corps der preussischen Armee. gr. 8. (34 S.) Neuwied 853, van der Beeck. Thlr.

— noch ein, der Warnung vor Irvingistischen Irrlehren, besond. in Betreff der Zukunft Christi (von W. Bötticher). gr. 8. (16 S). Berlin 849. (J. A. Wohlgemuth.) n. 1/12 ℛ

— noch ein, in der Mecklenburgisch-Deutschen Zollfrage von X. Y. Z. gr. 8. (67 S.) Wismar 849. (Schwerin, Stiller.) n. 1/3 ℛ

— e., üb. d. Notstände der Hamburgischen Staatskirche v. ⁎⁎⁎. gr. 8. (36 S.) Hamburg 895. Herold's Verl. n. — 60

— noch ein, über die dithmarsche Zollfreiheit. gr. 8. Altona 838. Aue. 1/8 ℛ

Wort, Das offene, der Freimaurer an das schweizerische Volk. O. O. 1874. V: *Gysi, Hnr.* (Tt)

—— ein offenes. Schulpolitische Briefe, allen Parteien, den Vertretungskörpern und den Regierenden zur Beleuchtung der heut. Schulzustände in Oesterreich gewidmet. gr. 8. (IV, 37 S.) Znaim 887, Fournier und Haberler. * — 80

—— dass. — von Diogenes. 2. unveränd. Aufl. gr. 8. (IV, 37 S.) Ebendas. 887. * — 80

—— dass. — 3. unveränd. Aufl. gr. 8. (IV, 37 S.) Ebendas. 888. * — 60

Wort. Ein offenes W' an die sozialistische Arbeiterschaft zur Verteidigung der Wahrheit, die verdunkelt werden soll! ⟨Eine Antwort auf die Gedanken eines Ketzers.⟩ ([Hrg. vom] Maurerfachverein Basel in Verbindung mit 182 organisierten Arbeitern der verschiedensten Berufe. November 1904.) [4 S.] fol. (Zürich, A. Schaufelberger.)

Wort, e. offenes, an Bankdirectoren u. Bankangestellte. (16 S.) gr. 8. Leipzig 904. [F. Luckhardt.] O. Gracklauer. — 30

Wort, Offenes, an die Bauernschaft über die Thätigkeit ihrer Vertreter ... Würzburg u. Wien 1883. 2. Aufl. 1883. V: *Lienbacher, Georg.* (Hr)

—— offenes, an die Bauernschaft über die Thätigkeit ihrer Vertreter im Abgeordnetenhause des österreichischen Reichsrathes von 1873 bis 1883. gr. 8. (122 S.) Wien 883, Woerl. * — 60

— ein offenes, an die Bischöfe u. Katholiken Deutschland's angesichts des bevorstehenden allgemeinen Conciliums von einem katholischen Geistlichen. Oehringen 868. Schaber. 8. (VII, 87 S.) 6 ngr.

—— ein offenes, an die Bischöfe und Katholiken Deutschland's angesichts des bevorstehenden allgemeinen Conciliums von einem katholischen Geistlichen. 8. (VII, 87 S.) Oehringen 869, Schaber. München, Stahl. — 70

Wort, offenes, an den Hrn. v. Borries und seine Standesgenossen von einem Standesgenossen. gr. 8. (15 S.) Oldenburg 860, Schulze'sche Buchh. *

— ein offenes, ehrliches, im ernsten, gewichtigen Augenblicke an die Krone u. das Volk Preußens u. deren Stellvertreter. gr. 8. (28 S.) Berlin 848. Reichardt & Co. 3 ngr

— ein offenes, üb. die Gefahren d. überhandnehmenden Actienschwindels. gr. 8. (8 S.) Dresden 872. Türk in Comm. n. — 30

Wort, Offenes, an die antisemitischen Gesinnungsgenossen im deutschen Reiche. [Horn. 1891.] V: *Ohme, Anton.* (EB)

—— ein offenes, an Herrn Justizminister Dr. Glaser. Vom Verf. der Broschüre: „Lasser, genannt Auersperg". gr. 8. (15 S.) Amberg 877, Habbel. — 50

— e. offenes, an Deutschlands Kaiser. V. e. Patrioten. 8. (59 S.) Zürich 896. Verlags-Magazin. n. 1. —

—— ein offenes, über den Landgüter-Verkehr, beherzigenswerth für Güterkäufer, Güterverkäufer und Güter-Agenten. gr. 8. (28 S.) Berlin 854, Kühn.

Wort, Ein offenes, an den niederoesterreichischen Landtag als Antwort auf den von ... Schürer ... gestellten ... Antrag ... Wien 1884. V: *Glauber, Adolph.* (EB)

—— offenes, an Se. Maj. den König Friedrich August von Sachsen. Auf Veranlassung des offenen Briefes eines Staatsmannes a. D. an die Maj. des Königs Friedrich August von Sachsen. Von einem unabhängigen Unterthan des Staates. gr. 8. (18 S.) Dresden 850, Adler und Dietze. *

—— ein offenes, über die Mängel unserer Ausbildung und Vorschläge zum Besseren. Von L. gr. 8. (IV, 104 S.) Kassel 887, Fischer. * 1 60

— e. offenes, an junge Männer. (4 S.) gr. 8. Dresden (906). Verbandsbuchh. (E. Zacharias). 10 Stück — 10

Ein offenes **Wort** an die zur Aufnahme in den Maurerbund sich Meldenden über das Wesen und die Ziele der Freimaurerei. [Unterz.:] Die Loge zu den drei Bergen [in Freiberg]. [Freiberg] o. J.: [Gerlach]. 8 S. 8⁰ [Kopftit.]

Wort, Ein offenes, an die Mitglieder des Consum-Vereines Zürich. [Zürich 1860.] V: *Bürkli, Carl.* (Cat. d. Stadtbibl. Zürich 1864—97.)

—— ein offenes, aus der Mitte des landwirthschaftlichen Vereins zu Großhartmannsdorf gegen die übliche Art der Werthbestimmung der Güter, also gegen die alleinige Anwendung des Steuereinheiten-Maaßes. Von einem Mitgliede des Vereins. gr. 8. (19 S.) Freiberg 861, Craz und Gerlach. *

—— ein offenes, in Sachen der Religion. Für denkende Christen aller Confessionen geschrieben von einem Laien. gr. 16. (VII, 111 S.) Bern 870, Jenni. *

Wort, Ein offenes, an Herrn Prof. Schneider in Zürich. [Aarau 1886.] V: *Haberstich, Joh.* (Zuwachsverz. d. Bibliotheken in Zürich 1898 ff., 7.)

—— offenes, an die Wähler der österreichischen Landtage. gr. 8. (14 S.) Wien 861, Typographisch-literarisch-artistische Anstalt.

—— ein, über Organisation, Bekleidung, Ausrüstung und Bewaffnung der Linien-Infanterie. Von einem alten Soldaten. gr. 8. (24 S.) Wien 860, (Dirnböck.)

—— ein, an Oesterreich in der Elb-Herzogthümer-Frage. gr. 8. (37 S.) Berlin 865, Springer's Verlag.

—— ein, für Oesterreich im Januar 1860. gr. 8. (24 S.) Graz 860, Kienreich.

Wort, Ein, über Papiergeld; zur allgemeinen Beherzigung. Bautzen 1810. V: *Schmidt, August Gottlieb.* (KY)

— ein, über Papiergeld; zur allgem. Beherzigung, (v. Aug. Gli. Schmidt). 8. Bautzen 810.

— ein, üb. die Papstwahl. gr. 8. (37 S.) Berlin 872. van Muyden. n — 60

Wort (Ein) über den Passivzustand des französischen Finanzwesens. 8⁰. s. l. 1799.

— ein patriotisches, an die Einwohner Stettins, von ihren Berliner Mitbürgern. 8. Berl. 813. Mittler. 4 gr

Wort, Ein patriotisches, an meine Landsleute von einem Hannoveraner. Wien 1866. V: *Klopp, Onno.* (Biogr. Jahrb. 8, 123.) (SWKl)

— ein patriotisches, an meine Landsleute. Von einem Hannoveraner. 1. u. 2. Aufl. Wien 866. Leipzig, Fues' Verl. gr. 8. (22 S.) n. 2 ngr.

—— ein patriotisches, an meine Landsleute. Von einem Hannoveraner. 1. und 2. Aufl. gr. 8. (22 S.) Wien 866, Tendler und Comp. *

— ein, üb. d. Pflichten eines christl. Religionslehrers u. d. Hauptzweck d. christl. Religion ꝛc. Mit 1 Kpf. 8. Leipz. 795. Pott. (Reinike u. Cp. in Halle). 6 gr

Ein Wort über die Phrenologie. Von einem Arzte. 31 S., gbd.

Leipzig: Gebauer 1844

JB 4.417

—— ein, über die Phrenologie. Von e. Arzte. gr. 8. (2 B.) Leipzig 844. [Berlin,] Gebauer'sche Buchh.

—— ein, für Bismarck's innere Politik von einem Conservativen. gr. 8. (56 S.) Berlin 874, Schneider und Comp. 1 —

—— ein, üb. d. Polizey-Verwaltung in größeren Städten u. insbesond. üb. Stadtkommissariate ꝛc. Von Eugen Tr....... 8. (1½ B.) Augsburg 830, [Schlosser.]

— ein, über die Polizei-Verwaltung in größern Städten u. insbesond. über Stadtkommissariate ꝛc. Von Eugen Tr....... 8. Augsb. 830. Volkhart. 3 gr.

Ein populäres Wort zur Belehrung und Aufklärung über die Versicherung bei amerikanischen Lebensvers.-Gesellschaften. 1885.

—— ein populäres, an alle deutsch und groß-österreichisch Denkende. Von Fr. Br. P.... gr. 8. (29 S.) Wien 861, Sommer. (F. Klemm.) *

Wort (Ein praktisches) an die Reichen und Armen. 8°. Schwaz 1853.

— ein, an Prediger u. Consistorien. Darf man sich als Religionslehrer oder Prediger verpflichten lassen, wenn man die Religion oder den Lehrtypus, auf welche man verpflichtet werden soll ꝛc. anstößig findet ꝛc. 8. Halle 796. Renger. 6 gr.

Wort, ein, üb. die bei der protestant. Jubelfeier in Regensburg gehalt. Predigten. Abgedr. aus den „Kathol. Stimmen." Nr. 45 u. 46. gr. 8. Regensburg 843, Manz. 1/24 rf

Wort, Ein Preussisches. Berlin 1864. V: *Hepke, R.* (Kat. d. Bibl. d. K. Preuss. gr. Generalstabes. Berlin 1878.)

Wort, ein preußisches. Berlin 864. Berggold. gr. 8. (72 S.) n. 15 ngr.

— — 3. Aufl. Wohlf. Ausg. Ebend. gr. 8. (48 S.) n. 5 ngr.

— das prophetische. Ein Monatsheft f. gläub. Schriftforscher. Hrsg. v. Ernst F. Ströter u. e. Anzahl namhafter Mitarbeiter. 1.—4. Bd. Jahrg. 1907—1910. à 12 Nrn. (à 32 S.) 8. Bremen, Buchh. u. Verlag des Traktathauses. 1. Bd. 3.—; 2.—4. Bd. à 3.50

Wort, Das prophetische, des Herrn und unsere Zeit oder Betrachtungen über Matth. 24 und 25. Nürnberg 1849. V: *Lutz, Johann Evang. Gg.* (ADB)

—— das prophetische, des Herrn und unsere Zeit. Oder: Betrachtungen über Matthäus Kap. 24 und 25. gr. 8. (86 S.) Nürnberg 849, Raw'sche Buchh.

—— das prophetische, des Herrn und unsere Zeit. Oder: Betrachtungen über Matth. Kap. 24 und 25. Neue unveränd. Aufl. gr. 8. (86 S.) Nürnberg 857, Raw'sche Buchh.

— das prophetische, der heil. Schrift ist der einzige Schlüssel zum Verständniß der gegenwärt. Zeit. Zwei Unterredungen üb. die Zeichen der letzten Zeit, besonders über die bevorstehende Erscheinung des Antichrists, mit Hinsicht auf die neuesten Veränderungen in Europa. gr. 8. (54 S.) Dresden 848, Naumann in Comm. — 2. Aufl. gr. 8. (76 S.) Ebd. 848, in Comm. — Ein Weckeruf an die gesammte Christenheit. 3. sorgfältig durchgesehene Aufl. gr. 8. (IV u. 62 S.) Ebd. 849. n. 4 ngr

Wort eines Protestanten aus dem Kanton Zürich über die aargauischen Zustände. Luzern 1844. s. a. [Kitt, David].

Wort eines Protestanten aus dem Kanton Zürich über die aargauischen Zustände. Luzern 1844. V: *Keithard, Johann Jacob.* (CLZür Forts. III)

—— ein protestantisches, an den Bischof Herrn Dr. Conr. Martin, in der Diöcese Paderborn von einem ehemal. röm. Priester, jetzt protestant. Prediger. 8. (31 S.) Dortmund 864, Krüger.

Wort, Ein, an das Publikum ... von Seite der Pflege ... des Cantons-Spitals in Zürich. Zürich 1832. V: *Fäsi, Hans Conr.* (Cat. d. Stadtbibl. Zürich. Zürich 1864—97.)

— ein, des Rechts u. der Verständigung in der Schleswig'schen Frage. gr. 8. (48 S.) Mainz 849, Kupferberg. 4½ ngr

— d. rechte. Gedenksprüche, Wünsche, Patenbriefe u. Gelegenheitsgedichte. 4 Tle. 8. Stuttgart 899. Buchh. d. ev. Gesellschaft. n. 1. 10; in 1 Bd. (VI, 184 S.) n. 1. —; kart. n. 1. 20
1. Stammbuchverse. (S. 1—32.) n. — 20
2. Geburtstagswünsche. (S. 33—64.) n. — 20
3. Neujahrswünsche. Patenbriefe. (S. 65—112.) n. — 30
4. Gelegenheitsgedichte. (S. 113—184.) n. — 40

— das rechte! Gedenksprüche, Wünsche, Patenbriefe u. Gelegenheitsgedichte. 2., umgearb. Aufl. 4 Hefte. (IV, 192 S.) 8. Stuttgart (909). Verlag der ev. Gesellschaft. 1.35; in 1 Bd. kart. 1.50
1. Stammbuchverse. (32 S.) — 25. — 2. Geburtstagswünsche. (31 S.) — 25. — 3. Neujahrswünsche. (32 S.) — 25. — 4. Weihnachtsgespräche u. Gelegenheitsgedichte. (96 S.) — 60.

—— ein, über prinzipielle Reform der deutschen Gewerbeordnung. Den deutschen Handels- und Gewerbekammern unterbreitet von der Hamburg. Gewerbekammer. gr. 8. (VII, 100 S.) Hamburg 878, (Gräfe.) * 1 50

—— ein, zur Reform der Zuckersteuer in Oesterreich-Ungarn. gr. 8. (20 S.) Wien 886, Frick. * — 80

Wort, Ein, für die Reichen und die da reich werden wollen ... Halle 1750. V: *Bogatzky, Carl Hnr. von.* (ML) (Ky)

— ein, an die Reichen, u. die da reich werden wollen ꝛc., (v. K. H. v. Bogatzky). 12. Halle 771. Waisenhaus. ...

—— rein, und schriftgemäße Sacramente! Epistelchen an Hrn. Pastor Harms in Hermannsburg von einem Gaste des jüngsten Missionsfestes zu Retze im Fürstenth. Waldeck. gr. 8. (14 S.) Cassel 858, Bertram. *

— ein, üb. Professor Knöpfler's Rektoratsrede. [Aus: „Bayer. Volksbote".] 12. (16 S.) Regensburg 894. Nationale Verlagsanstalt. n.n. — 25

— ein, an Rom u. seine Hierarchie. Veranlaßt durch die Ausstellung des heil. Rockes zu Trier u. zugl. als Beleuchtung der Schrift: „Herr Joh. Ronge, der falsche kathol. Priester u. die schlechte Presse." 2. Aufl. 8. (1 B.) Hagen 845. [Iserlohn, Thieme.]

— ein, über Rübenzucker-Fabrikation, hervorgerufen durch den Regierungsrath und Prof. Hagen u. Consorten. Nebst Darlegung der wirklichen Resultate einer Fabrik in letzter Campagne; von keinem Professor, sondern einem praktischen Fabrikanten. gr. 8. Berlin 842, Hold. 1/2 ℛ

Ein Wort der Rückerinnerung an den sel. verstorbenen Herrn Dr. S. Gottl. Hünerwadel. . . . (Bern 1848), s.a. [Wyss, Carl Bernhard] .

Wort, Ein, der Rückerinnerung an den selig verstorbenen Hrn. Dr. S. G. Hünerwadel. Bern 1848. V: *Wyss, C.* (ADB 13, 412)

Wort. Ein ruhiges Wort über den Antrag des Burgerraths von Bern vom 13. Februar 1843, dessen Veranlassung und Folgen. Von einem abberufenen Mitgliede desselben. 8. Bern 1843.
Mutmasslicher Verfasser: Carl Bitzius.

— ein, üb. Marquis von Custine's Rußland im Jahre 1839. Von einem Russen. Aus dem Französ. übertragen und mit einem Nachworte von einem Deutschen. gr. 8. Berlin 844, Schröder. n. 1/3 ℛ

— ein, für Rußland und zwei für uns. Von Pacificus. Nach dem Engl. 8. (31 S.) Stuttgart 854, (Frz. Köhler.) *

Wort, Ein, über die neuen Schnürbrüste oder Korsetts . . . [Schleswig 1811.] V: *Asmussen, Bahne.* (NN) (1 S)

— das, der Schrift: (Marc. 8, 25.) „Er ward wieder zurecht gebracht, daß er Alles scharf sehen konnte." Sendschreiben eines Gymnasiallehrers an seinen geliebten Freund, Herrn Prediger Jonas in Berlin, bei Ueberreichung seiner „Prophet. Zeugnisse Dr. Martin Luthers 2c." gr. 8. Berlin 845, Grobe. n. 1/6 ℛ

— ein, üb. gelehrte Schulen, nebst e. Vorschlage eines polytechn. Instituts in Würtemberg. gr. 8. Stuttg. 825. Metzler. 4 K

Wort, Ein, über die Schulfrage. Veranlasst durch den Rath- und Bürger-Convent vom 24. April 1843. [Hamburg 1845.] V: *Baumeister, Hermann.* (schr I, 171) (DARP)

— ein, zur Schulreform von e. Philologen aus den Reichslanden. gr. 8. (22 S.) Hamb. 891, O. Meißner's Verlag. * — 50

— ein, zum Schutze d. Wildes u. gegen das Wildschadengesetz des Abgeordnetenhauses. Mit dem Gesetz als Beilage. gr. 8. (20 S.) Berl. 891, Walther. * — 50

Wort. Ein Wort an die Schweizer. Geschrieben im July 1799. 8. *o. O.*

Ein Wort an alle biedere Schweizer für die verläumdete Mehrheit der Bündner ... s. Worte. Zwei W' an alle biedere Schweizer. [Theil 2.]

Wort, Ein, eines freyen Schweitzers an die grosse Nation über das Betragen derselben gegen die Schweitz . . . Leipzig 1798. V: *Lavater, Joh. Casp.* (MGT) (Adel) (Ky)

— ein, e. freien Schweizers an die große Nation über das Betragen derselben gegen die Schweiz, v. J. C. L. (Lavater). 8. (Lpz.) 798.

Wort e. Schweizers an seine Landsleute, üb. die neuerdings erhöhten Eingangszölle in Frankreich. 8. Zürich 822. Orell. 2 K

— ein, üb. Christian Science. Aus dem Engl. gr. 8. (19 S.) Berlin (902). M. Warneck. — 25

— das, sie sollen lassen stan. Ein Mahnwort an die Freunde unserer lieben deutschen Muttersprache von Xanthippus. gr. 8. (30 S.) Schwerin 879, (Stiller'sche Hofbuchh.) * — 60

„— das, sie sollen lassen stahn!" 6 Vorträge, geh. im kirchl. Verein zu Hamburg im Winter 1903/04. (Glage, M., Gott u. die Dreieinigkeit. — Röbbelen, H., die Bibel u. ihre göttliche Eingebg. — Wohlenberg, G., das Gebet u. seine Erhörg. — Budde, E., Taufe u. Abendmahl u. ihre Wirkg. — Hunzinger, A. W., Jesus Christus u. seine Gottheit. — Hoppe, E., das Wunder u. die Naturgesetze.) (III, 95 S.) gr. 8. Schwerin 904. F. Bahn. n. 1. 80

— das, sie sollen lassen stahn, Und keinen Dank dazu haben. gr. 4. (1 Bl. mit Luthers Holzschn.-Portr. und umgeb. Text.) Halle 883, Petersen. * — 4

Wort und Sinn der Preußischen Verfassung vom 31. Jan. 1850. Hrsg. v. d. Redaction d. „Staatsbürger-Zeitung". — Berlin: v. Holten in Comm. 1866. 160 S. 8°

— ein, vom Sonntag an Gemeinden, Obrigkeiten u. Kirchendiener, zunächst unsres Hannoverschen Landes. [Abgedr. aus dem Sonntagsblatt für Bürger u. Landmann.] 8. (31 S.) Stade 850, Schaumburg. n. n. 1/12 ℛ

— ein, vom Sperling. 8. (16 S.) Barmen 874, Wiemann. Auszug. (8 S.) *

— ein, über Stenographie, System Gabelsberger. 16. (7 S.) Leipzig 885, Zehl. Für 25 Exempl. [* 80 Pf.] * — 40

— ein, über neue Steuern zur Verminderung d. alten. 8. Kempt. 810. Dannheimer. 2 K

Wort, Ein, über den Streit der Confessionen. Lübeck 1855. V: *Pauli, Carl Wilh.* (Hauptkat. d. Univ.-Bibl. Tübingen. G, Nachtr. 14.)

— ein, über den Streit der Confessionen. gr. 8. (19 S.) Lübeck 855, v. Rohden'sche Buchh.

— ein, über die historischen Studien in München. Eine Recension der Quellen und Erörterungen zur bayer. und deutschen Geschichte. 1. und 4. Bd. Quellen I. IV. München 1856 und 1857. gr. 8. (27 S.) Berlin 858, Heinicke.

Ein Wort zu ernster Stunde an die deutschen Mitbürger von einem polnischen Bürger . . . Posen: Kuryer Poznański 1893. (24 S.) 1 Bd 8°

Ein Wort über die Stuterei zu Zweibrücken und über die Pferdezucht in der Umgegend Zweibrückens. Zweibrücken 1844.

Wort, Ein, über das Tabakmonopol mit besonderer Rücksicht auf Ungarn. Wien 1867. V: *Perlep, Anton.* (WFM)

Wort ein, über das Tabakmonopol mit besond. Rücksicht auf Ungarn. Von A. P. gr. 8. (24 S.) Wien 867, Beck'sche Universitäts-Buchh. *

Wort, Ein, über das Technikum oder eine Fortbildungsschule für Werkführer ... Bern 1871. V: *Lerber, von.* (zuwzür 1912)

WORT, Ein, an Babilons Theater-Trinität, die auf dem Bretter-Feld viel arndtet, wenig sät; und die, um schnell auf's neu mehr Mammon zu erschnappen, den Pitt braucht jedem Glied am Sold brav abzuknappen. Im Herbste 1807. Hamburg. 4 Bl. unpagin. Sehr rar! (6 Mk. [illegible] Frensdorff, 1909.)

Wort, Ein, über das Theaterwesen überhaupt. Lübeck 1796. V: *Müller, Henriette geb. v. Cronstein.* (Ky)

— über das Theaterwesen überhaupt, (v. Henriette Müller). 8. Lübeck 796. (Altona, Kaven). 4 ℊ

Wort, ein, in Thierschutz-Angelegenheit. Von C. W. 8. (8 S.) Neustadt O/S. 859. (Oppeln, Clar.) Thlr. * *

Wort, Ein, an die Tyroler ... München 1810. V: *Prugger von Pruggheim, Carl.* (MGT) (GGr) (Ky)

— ein, an die Tyroler, von e. Tyroler (Karl Prugger v. Pruggheim). Münch. 810.

— ein treugemeintes, an die Kanalarbeiter, s.: Flugblätter des deutschen Vereins gegen den Mißbrauch geistiger Getränke. Nr. 7.

Wort, Ein, des Trostes an mein Teutsches Vaterland in Hinsicht des Livornesischen gelben Fiebers. Rom u. München [Würzburg] 1804. V: *Diruf, Carl Jacob Chph Jos.* (MGT) (Call) (Wr)

Wort, Ein, über die Truppenofficiere ... Graz 1902. V: *Wucherer, Carl Freih. v.* (KA)

— ein, üb. die Truppenofficiere. Von Frh. v. W. gr. 8. (26 S.) Graz 902. Leykam. n. — 40

Ein Wort zur Ehre der Tugend und Wahrheit ... 1816, s. [Meyenberg, E.]

Wort, Ein, für das Turnen gesprochen in einer Gesellschaft Zürcherischer Studirender. Zürich 1835. V: *Wolf, Joh.* (Cat. d. Stadtbibl. Zürich. Zürich 1864—97.)

Ein Wort für das Turnen, gesprochen in einer Gesellschaft Zürcherischer Studirender. Zürich 1835. 15 S.

— ein, üb. die Typhus-Epidemie im Plesser Kreise bis Ende Mai 1848. Von den daselbst stationirt gewesenen Aerzten Abarbanell, Deutsch, Heller, Holländer, Iteler, Lorenz, Meyer, Moll, Muche, Pohl, Semmler, Waldhaus. gr. 8. (32 S. m. 1 Tab. in gr. 4.) Gleiwitz 848, Bredull & Förster. ¼ ℛ

Wort, Ein, bey Umbildung eines Freystaats ... O. O. 1814. V: *Troxler, Ignaz Paul Vital.* (AarK) (MGT)

— ein, für d. Umschaffung d. Kinderlehre in ein. wirkl. Jugendgottesdienst. Vorzügl. d. Gliedern d. zürch. Geistlichkeit z. Prüfung empfohlen v. e. Synodalen. gr. 8. (1¼ B.) Zürich 836, Orell, Füßli u. Comp.

— ein unabhängiges, zur Reform der Handelsschulen in Oesterreich, v. ***. gr. 8. (48 S.) Prag 901. J. G. Calve. n. 2. —

— ein unpartei., friedl., üb. d. neuesten relig. Wirren. An sämmtl. Gebildete aller Confessionen, insoweit sie nach e. wahrhaften, mit d. gesetzl. Ordn. vereinbaren Volksbild. streben, z. näheren Erwägung gerichtet v. C. F. L. in Magdeburg. gr. 8. (1¼ B.) Leipzig 840, Otto Wigand.

Wort, Ein, fürs Vaterland am Bettage, den 16. Merz 1794. Bern 1794. V: *Wyss, H.* (Cat. d. Stadtbibl. Zürich. Zürich 1864—97.)

Wort, Das, des Vaterlandfreundes über die gegenwärtig in der Schweiz herrschende Noth und Theurung. O. O. 1817. V: *Mayenfisch, von.* (zuwzür 1911)

— väterliches, an wandernde Handwerksgesellen. gr. 8. Schlesw. 824. Taubst.-Inst. 1 ℊ

Wort (Ein veranlasstes) über Erbpacht in Livland. 8°. Berlin 1890.

— e., d. Vereinigung, od. Beantwort. d. Fr.: ist d. Tradition e. zuverläss. Erkenntnißquelle d. Lehren d. christl. Religion in unsern Zeiten? etc. gr. 8. Strasburg, Silbermann. (König.) 808.

— ein, der Vereinigung oder Beantwortung d. Fr.: ist die Tradition eine zuverläss. Erkenntnißquelle d. Lehren d. christl. Religion in unsern Zeiten etc. gr. 8. Straßb. 808. (Treuttel u. W.) 14 ℊ (Kummer in Leipz.) 16 ℊ

— ein, über die Vereinigung der Gläubigen in unsern Tagen. 3. Aufl. 8. (12 S.) Elberfeld 878, (Faßbender's Buchh.) * — 20

— ein, über die Vereinigung der Gläubigen in unsern Tagen. 3. Aufl. 8. (12 S.) Elberfeld 878. Langewiesche in Comm. n. — 20

— ein, über das Verhalten der Gläubigen im Hause Gottes. 8. (23 S.) Elberf. 889, (Faßbender). * — 08

— ein, üb. d. Verhalten d. Gläubigen im Hause Gottes. 2. Aufl. 8. (23 S.) Elberfeld 894. R. Brockhaus (durch J. Faßbender). n. — 08

Ein Wort über das Verhalten des Gläubigen im Hause Gottes. 3. Aufl. Elberfeld: R. Brockhaus 1903. (23 S.) 8°
([Schriften z. Erbauung d. Gläubigen.] No 244.)

Wort, Ein, über das Verhältniss der bekehrten Gläubigen zur Staatskirche . . . O. O. 1836. V: *Oncken, Johann Gerhard.* (schr)

— ein, über das Verhältniß des sächs. Kabinets zu den hohen verbündeten Mächten im J. 1813. 8. Leipz., Rein. 6 gr.

Anonym: „Ein Wort über das Verhältniss des sächsischen Cabinets zu den hohen verbündeten Mächten im Frühling und Sommer 1813", o. O. 1813.

— ein, über das Verhältniß unserer Landwehr nach der Reorganisation des Heeres. Berlin 862. Mittler & Sohn. gr. 8. (22 S.) n. 4 ngr.

— ein, über das Verhältniß zwischen Staat u. Kirche. (Veranlaßt durch d. neueste kirchl. Ereigniß zu Köln.) Keine Streitschrift. Von einem evangel. Laien. 8. Erfurt 838. Hennings u. Hopf. 1/4 rℓ

Wort, Ein, über Holsteinische Verhältnisse. Kopenh. 1855. V: *Stoppel.* (Collin, Anonymer. Kiobenh. 1869.)

Ein Wort über holsteinische Verhältnisse v. einem Holsteiner. Kopenhagen. 1863. 8°

—— ein, zum Verkauf der Kalisalzwerke. Eine Antwort auf die Schriften des Hrn. Schmidtmann: „Thesen, die Monopolfrage in der Kali-Industrie" und sonst. Veröffentlichungen. gr. 8. (8 S.) Berlin 880, H. Peters. * — 50

—— ein, über den Verkauf der Stassfurt-Leopoldshaller Kali-Salzwerke. gr. 8. (14 S.) Ebendas. 880. * — 50

Wort. Ein W' an die Vernunft und das Billigkeitsgefühl des schweizerischen Volkes von der Vereinigung der bei der Absinthfrage im Traverstal Beteiligten. 59 S. 8. Fleurier, Gebrüder Montandon, 1906.

Wort, Ein, der Verständigung über die Ausschliessung des Dr. Rupp aus dem Gustav Adolf-Verein . . . Neustrelitz 1847. V: *Kannengiesser, C.* (zu)

— ein, der Verständigung über die Ausschließung des Dr. Rupp aus dem Gustav-Adolf-Verein von einem Mitgliede des mecklenburg-strelitzischen Hauptvereins. gr. 8. (20 S.) Neustrelitz 847, Barnewitz.

Wort, Ein, zur Verständigung in der sozialen Frage. Berlin 1871. V: *Schramm, C. A.* (Lager-Kat. Joseph Baer & Co. Frankf. a. M. Nr. 552, S. 244.)

— ein, zur Verständigung in der socialen Frage v. C. A. S. gr. 8. (34 S.) Berlin 871. Rubenow. n.n. — 25

Wort, ein, z. Verständigung üb. die kgl. sächs. Schullehrerseminarien, von D. T. K. J. E. 8. (1 B.) Elsterberg 846. (Leipzig, C. L. Fritzsche.) Thlr.

—— ein, der Verständigung üb. d. deutsche Volkskirche als die höhere nationale Einheit von Protestantismus u. Katholicismus. An Joh. Ronge. Von ein. Protestanten. gr. 8. (1 1/4 B.) Stuttgart 845, Sonnewald'sche Buchh. *

— ein, zum Verständniß. An die Mitglieder des ersten vereinigten Landtages. gr. 8. (14 S.) Berlin 847, Nauck'sche Buchh. 3 ngr.

Wort. Ein Wort zur Vertheidigung der Eheleute Jean Baptiste Gueniat, zubenannt Feuche..., von Courroux, und der Geneviève, geb. Petermann ..., beide in der Strafanstalt Bern enthalten; von einem Juristen, der aus einem Doppelmord nicht einen vierfachen machen will. 8. [Bern 1861.]

Wort, Ein, im Vertrauen an den Herrn Peter Hammer von Cöln. Betreffend die Schrift: Vertraute Briefe über die innern Verhältnisse am Preußischen Hofe seit dem Tode Friedrichs II. Berlin, Oehmigte d. jüng., 1807, 8°. 71 S. (1/6 Rthl.) (4 Mk. K. W. Hiersemann, 1896; 3 Mk. E. Frensdorff, 1904.)

— ein, im Vertrauen an den Hrn. Peter Hammer von Cölln. Betreffend: vertraute Briefe üb. d. innern Verhältnisse am preuß. Hofe &c. gr. 8. Berl. 807. (Sander). 8 gr.

— ein, im Vertrauen, an Peter Hammer, e. Gegenstück d. vertrauten Briefe. 8. Berlin, Oehmigke d. jüng. 808.

Wort, Ein, im Vertrauen über die Universität Leipzig . . . Leipzig 1810. V: *Cäsar, Carl Adolph.* (Ky)

— ein, im Vertrauen über die Universität Leipzig &c. (von K. Ad. Cäsar.) 8. Leipzig 810. (Joachim.) 1/4 rℓ

—— ein, im Vertrauen an Hrn. Hofprediger Stöcker von Einem, dessen Name Nichts zur Sache thut. gr. 8. (20 S.) Berlin 880, Gerischel. * — 50

— ein, im Vertrauen, über den Türkenkrieg. 8. Frankf. 788. Brönner. 4 gr.

—— über die Vertreibung von Bibeln und Traktaten. gr. 16. (14 S.) Schwerte a. d. R. 870. (Barmen, Klein.) * — 20

—— ein, an das bayerische Volk und dessen Vertreter von einem Soldaten. gr. 8. (29 S.) Würzburg 868, Stahel'sche Buchh.

— ein, an das bayerische Volk u. dessen Vertreter von einem Soldaten. Würzburg 870. Stahel. gr. 8. (29 S.) 6 ngr.

— an's deutsche Volk v. e. Deutschen jenseits der Grenze. 8. (22 S.) Zürich 871. Verlags-Magazin. n. — 40

— ein, an das preußische Volk zur Jubelfeier der Wiedergeburt Deutschlands. Gegen die Kölner Loyalitäts-Deputation. Frankfurt a. M. 865. (Auffahrt.) gr. 8. (16 S.) n. 2 ngr.

Wort, Ein, an das Schweizervolk . . . Zürich 1845. V: *Hottinger, Joh. Jac.* (Cat. d. Stadtbibl. Zürich. Zürich 1864—97.)

Wort, Ein, an das Schweizervolk auf den 25. Oktober 1885. Basel 1885. V: *Siegfried, Traugott.* (BSchwLK V, 9 j)

Ein **Wort** zu Handen des Zürcherischen V o l k e s über das Sendschreiben des Hrn. Dr. [David Friedrich] Strauss an die Herren [Conrad Melchior] Hirzel, [Johann Caspar] Orelli und [Ferdinand] Hitzig, von einem Geistlichen des östlichen Cantons. Zürich 1839. 8°

Ein völkerrechtliches Wort aus Veranlassung der Ausweisung des Hofgerichtsrathes von Itzstein und des Dr Hecker aus Preußen. Berlin 1845. 32 S. 8.

Ein **Wort** über die jüngsten V o r f ä l l e in der Flensburger Liedertafel zugleich als Beitrag zur Beurtheilung Nordalbingischer Taktik. Flensburg 1844. 8°

— ein, üb. den neuesten Vortrag d. christl. Religionslehren in Kirchen u. Schulen, v. e. evangel. Prediger. 8. Frankf. 805. Hermann. 4 gr.

— ein, üb. d. Vorzug d. Realien vor d. Latinität in d. Landklassen Würtembergs. 8. Heilbronn 826. Drechsler. 3 gr.

—— das w a h r e. 1. Tim. 1, V. 15. Joh. 5, V. 24. Notizen einer Ansprache, in Kasernen gehalten. [Aus dem Engl. übers.] 16. (8 S.) Barmen 882. Wiemann. * — 10

Das wahre königliche Wort Friedrich Wilhelms III. dargestellt gegen die Verdrehungen des Dr. Johann Jacoby. Berlin 1845. 118 S. 8.

(W o r t. Wahres Wort an die Landleute des Kantons Schwyz [als Antwort auf den durch] die eidgenössische Tagsatzung unterm 28. Julii 1831 [erlassenen] Aufruf. Schwyz, den 1sten August 1831. Ein Landmann des altgefreiten Landes Schwyz.) 8. *o. O.*

—— ein w a h r e s, über das russische Volk. Von einem Russen. gr. 8. (64 S.) Leipzig 883, O. Wigand. * 1 —

— ein, der Wahrheit gegen böswillige Entstellung derselben in Betreff des neuen badischen Landes-Katechismus. Der evangel.-protest. Landes-Geistlichkeit Badens gewidmet. gr. 8. Heilbr. 832. (Drechsler). 2 gr.

Wort, Ein, der Wahrheit über Frau von Krüdener und ihre Lehre. Schaffhausen 1817. V: *Boshardt, Hnr.* [?]. (Cat. d. Stadtbibl. Zürich. Zürich 1864—97.)

Wort, Ein, der Wahrheit und Liebe; für Söhne und Töchter an dem Scheidewege des Lebens. Winterthur 1820. V: *Ziegler, Joh. Rudolph.* (Cat. d. Stadtbibl. Zürich. Zürich 1864—97.)

Wort, Ein, der Wahrheit für die deutsch evangelischen Prediger der Vereinigten Staaten Nordamerika's. Cincinnati 1879. V: *Bersch, Ernst.* (ZÜRKL)

W o r t. Ein Wort der Wahrheit an das gesammte Schweizervolk. Aus Liebe gesprochen von einem Mitbürger, dem das allgemeine Wohl am Herzen liegt. 8. Aarau 1831.

—— ein, der W a h r h e i t f. Solche, die durch Empfindung ihrer Unwürdigkeit v. heil. Abendmahle zurückgehalten werden. gr. 8. (1½ B.) Nördlingen 843, Beck'sche Buchh.

Wort, Ein, der Wahrheit an die eidgenössischen Waffenbrüder über die . . . Verläumdungen gegen . . . Oberst Wieland. Basel 1831. V: *Wieland, Joh.* (AARK)

Wort, Ein, der Warnung gesprochen bei Gelegenheit der Aufhebung der L.*. der vereinigten Freunde an der Nahe und am Rhein zu Kreutznach vom B.*. P. N. Thr am 29sten Okt. 1814. Kreuznach 1814. V: *Theyer, P. N.* (WOLFSTIEG I, 575)

— ein, zu ernstlicher Warnung für Jünglinge über die wichtigsten Angelegenheiten unsers Lebens. Aus d. Holländ. nach d. 10n Ausg. 8. Altona 800. Hammerich. 7 gr.

Wort, Ein, der Warnung an alle rechtschaffene Graubündtner über den Bruch des Bündnisses mit . . . Zürich. [Zürich 1795.] V: *Salis-Marschlins, Carl Ulysses v.* (Cat. d. Stadtbibl. Zürich. Zürich 1864—97.)

— u. **Werk.** Zeitschrift f. die christl. Jünglingsvereine deutscher Baptistengemeinden. Red.: Joh. G. Lehmann. 14. Jahrg. 1894. 12 Nrn. (Bog.) gr. 8. Hamburg, J. G. Oncken Nachf. n.n. 1. 80

— u. **Werk.** Zeitschrift f. d. christl. Jünglingsvereine deutscher Baptistengemeinden. Red.: Joh. G. Lehmann. 15.—18. Jahrg. 1895—1898. à 12 Nrn. (Bog.) gr. 8. Hamburg. Cassel, Verlagshaus d. deutschen Baptisten. à Jahrg. n.n. 1. 80

— u. **Werk.** Zeitschrift für die christl. Jünglingsvereine deutscher Baptistengemeinden. Red.: Joh. G. Lehmann. 19.—22. Jahrg. 1899—1902. à 12 Nrn. gr. 8. (à ca. 16 S.) Cassel, J. G. Oncken Nachf. à Jahrg. n.n. 1. 60

Wort u. Werk. Zeitschrift f. die christlichen Jünglingsvereine deutscher Baptistengemeinden. Red.: Joh. G. Lehmann. 23.—26. Jahrg. 1903—1906. à 12 Nrn. (à ca. 16 S.) gr. 8. Kassel, J. G. Oncken Nachf. à Jhrg. n. 1. 75

— u. **Werk.** Zeitschrift f. die christl. Jünglingsvereine deutscher Baptistengemeinden. Red.: Joh. G. Lehmann. 27.—30. Jahrg. 1907—1910. à 12 Nrn. (à Jahrg. IV, 192 S.) gr. 8. Kassel, J. G. Oncken Nachf. à Jahrg. 1.75

— wieder ein, für ächte Volksvertretung. 8. Heidelb. 816. Oswald. 12 gr.

— ein, über Wirkungsart äußerer Einflüsse, und Versuch einer Classification derselben in Hinsicht auf Wirkungsart. 8. Jena 801. (Schmid). 6 gr.

—— **wohlgemeintes, über Lese-, Denk-, Lern-Blättchen für die Hand der Schüler in einfacher Volks-Schule, im Geleite von andeutenden Proben — auch etlichen Gedanken — auf mehr denn 20jähr. Schulwegen von einem alten Schul-Freunde, veröff. am Schlusse der ersten Hälfte des 19. Jahrh. als Grüßlein für die zweite Hälfte. 8. (32 S. mit 4 Bl. in Fol.) Heilbronn 850, (Landherr.) ****

W o r t. Ein wohlgemeintes Wort an das Volk des Kantons Uri, zur Beleuchtung der demselben an der ausserordentlichen Landesgemeinde den 3. Weinmonat 1847 zum Entscheide vorzulegenden Fragen. 8. *o. O.*
Mutmasslicher Verfasser: Vincenz Muller.

—— ein, gegen W o r t u. Gegenwort in der berliner Sonntagsfeier-Angelegenheit, v. e. prakt. Geistlichen. gr. 8. (2½ B.) Glogau 842, Flemming.

—— des Worts aus der Höhe der Höhen an einen Erwählten am 11. Aug. 1862. Ein Nota bene zur Aufklärung und Erkenntniß der geistl. Verhältnisse der Zeit aus und im Lichte des Lichts. Hrsg. von einem im Geist Berufenen, am 25. Aug. 1863. gr. 8. (20 S.) Meißen 864, (Mosche.) *

Wort. Ein Wort zur Zeit. Dem Luzernervolke gewidmet. 8. Sursee 1840.

Wort, Ein, zur Zeit. Gutachten ... Lemberg 1848. V: *Mintz, Meir.* (EB)

—— ein, zur Zeit! Von einem Oesterreicher. 1. und 2. Aufl. 8. (14 S.) Wien 861, Dirnböck.

—— ein, zur Zeit. Lex.-8. (24 S.) Wien 861, Lechner's Universitäts-Buchh. *

— ein, zur Zeit von einem ungarischen Rechtsfreund. Pest 865. (Geibel.) gr. 8. (20 S.) n. 6 *ngr.*

—— ein, für die Zeit. Wie machen wir unsere Schutzgebiete am besten nutzbar? Von dem Verf. von „Koloniales". gr. 8. (20 S.) Hamb. 889, Verlagsanstalt u. Druckerei, A.-G. * — 40
Der Name d. Verf. ist Gust. Engler (s. d.).

—— ein, für diese Zeit, über die Wahrheit des Daseins des heil. Geistes in der Kirche, nebst einer Anwendung dieser Wahrheit, an alle diejenigen gerichtet, die den Herrn Jesum aufrichtig lieb haben. Aus dem Engl. gr. 8. (19 S.) Düsseldorf 850, (Buddeus'sche Buchh.)

Wort, Ein, zur rechten Zeit. ... Wien 1815. V: *Castelli, Ignaz Franz.* (Wertheimer, Wien u. d. Kriegsjahr 1813. Wien 1893. S. 19.)

—— ein, zur rechten Zeit üb. die Benutzung öffentlicher Wege f. elektrische Anlagen. g. 8. (27 S.) Berl. 891, J. J. Heine. * — 80

Wort, Ein, zur rechten Zeit an meine Brüder, veranlasst durch die ... Commission zur Veredlung des protestantischen Cultus. Leipzig 1814. V: *Pflaum, Joh. Christian Ludwig.* (MGT) (Ky)

— ein, zur rechten Zeit an meine Brüder, veranlaßt durch die zu Berlin allerhöchst angeordn. k. Commission zur Veredlung des protestant. Cultus, (v. J. Chph. L. Pflaum). 8. Leipz. 814. Dyck. 16 ℊ

—— ein, zu rechter Zeit oder wie der Getreide-Pflanzer noch reich und sein Arbeiter glücklich werden kann. Gewidmet dem kräftigen britischen Bauern. Uebers. von der 9. Aufl. der engl. Ausg. London 1851. Lex.-8. (36 S.) Canstatt 856(58), Bosheuyer.

Wort, Ein, zu seiner Zeit von einem christlichen Juristen. O. O. 1768. V: *Sack, August Frdr. Wilh.* (ADB 37, 299)

Wort, Ein, zu seiner Zeit! Über das neue Oldenburgische Gesangbuch ... Bückeb. 1792. V: *Grovermann, Arnold.* (MGT)

Wort, Ein, zu seiner Zeit. [Boyneburg] 1814. V: *Spiegel zum Diesenberg-Canstein, Franz Wilh. Freih. von.* (MGT)

— ein, zu seiner Zeit. gr. 12. Frankf. 814. Varrentrapp. 3 ℊ

— ein, zu sr. Zeit über die Anglomanie zu Berlin. 8. Gera 786. Beckmann. 3 ℊ

— ein, zu sr. Zeit, über die verbesserte Belehrung u. Erziehung d. Jugend in den Schulen. 8. Zwickau 805. Schumann. 8 ℊ

— ein, zu sr. Zeit z. Berichtigung einig. durch d. öffentl. Erklärung der von Berlepsch in Umlauf gebrachten Ideen. 8. Hannov. 804. Hahn. 8 ℊ

Wort, Ein, zu seiner Zeit, vielleicht brauchbar für die Zukunft oder Etwas über Kornmangel und Kornteuerung in Mecklenburg. Rostock 1795. V: *Mantzel.* (Bachmann, Mecklenburg. Güstrow 1889. S. 272.)

Anonym: „Ein Wort zu seiner Zeit, vielleicht brauchbar für die Zukunft; oder Etwas über Kornmangel und Korntheuerung in Mecklenburg", Rostock 1795 (Adler).

— ein, zu sr. Zeit üb. die Erfordernisse z. Zweckmäßigkeit d. Landtage überhaupt. 8. Leipz. 805. Baumgärtner. 12 ℊ

— ein, zu sr. Zeit, über weibliches Gesinde. 8. Berl. 799. Dieterici. (Mittler in Leipz.) 4 ℊ

Wort, Ein, zu seiner Zeit über Gleichheit und Freiheit. O. O. 1833. V: *Wenk, F. J.* (Cat. d. Stadtbibl. Zürich. Zürich 1864—97.)

Wort, Ein, zu seiner Zeit über die Homöopathie. ... St. Petersb. 1825. V: *Oldekop, Carl von.* (R-N) (Ky)

— ein, zu sr. Zeit, über die Homöopathie. Von e. Profanen (Karl v. Oldekop). 4. St. Petersb. 825.

—— ein, zu seiner Zeit, hinsichtl. der in fortificator. Beziehung gegenwärtig in Frage schweb. polit.-militär. Interessen Teutschlands. gr. 4. (1¾ B.) Ansbach 841, Brügel. (Erlangen, F. Enke, Vrlsh.) •

Wort, Ein, zu seiner Zeit an sämmtliche Mitglieder des Gr. Raths des Kantons St. Gallen im Jahr 1830. Schaffhausen 1830. V: *Müller, Johann Bapt.* (AarK) (Cat. d. Stadtbibl. Zürich. Zürich 1864—97.)

— ein, zu sr. Zeit für Mütter u. erwachsene Töchter in Briefen e. Mutter (Karol. Louise Bernhardi). Herausg. v. K. G. Sonntag. 8. Frberg 798. Graz u. G. 20 ℊ

Wort, Ein, zu seiner Zeit, für verständige Mütter und erwachsene Töchter. ... Freiberg 1798. Ü: *Bernhardi, Elisabeth Eleonora.* (MGT) (Ky) (Schl) (GGr) (R-N 4, 246)

— ein, zu sr. Zeit an die Pharisäer in Montopien. 8. Halle 788. Franke. 3 gr

— ein, zu seiner Zeit an das Volk und seine Stände über die Lehrerbildung und die Volksschulen wie sie jetzt sind und wie sie den gerechten Anforderungen der Zeit gemäß in Zukunft werden müssen. Von einem Schulmann. gr. 8. (32 S.) Nürnberg 848, Lotzbeck.

Wort, Ein, zu seiner Zeit von der Wahrheit und Vortrefflichkeit der christlichen Religion. Leipz. 1797. V: *Leuthier, Ernst Valentin.* (Ky) (MGT)

— ein, zu sr. Zeit von der Wahrheit u. Vortrefflichkeit d. christl. Religion, (v. E. V. Leuthier). 8. Leipz. 797. Hilscher. (Compt. f. Lit.) 12 gr

— ein, über die „Deutsche Zeitung." 8. (21 S.) Berlin 847. [Leipzig,] Herm. Schultze.

— ein, des Zeugnisses. 8. (8 S.) Augsburg 883, Preyß. * — 20

Wort, ein, über die Circulation der preußischen Thaler im Inlande. gr. 8. (8 S.) Altona 835, (Lehmkuhl und Comp.)

Wort, ein, über die Civilehe an seine römisch-katholischen Landsleute von einem Landpfarrer. 16. (8 S.) Kempten 876, Kösel'sche Buchh. — 6

Wort, Ein, über die Zukunft Sachsens und seines Königshauses. An meine Landsleute. O. O. 1814. V: *Bräuer.* (EB)

— ein, üb. die Zukunft Sachsens u. seines Königshauses. An meine Landsleute. Juni 1814. gr. 8. (Nürnb., Schrag). 4 gr

Wort, ein, über Zweck und Thätigkeit der deutschen Handelskammer in Brüssel. (Internationale Ausstellung Brüssel 1897) Brüssel 1897

Wort, Zweites, über die Anlage der Industrieschulen in unserm Vaterlande. ... [Altona 1792.] V: *Niemann, August Christian Heinrich.* (MGT)

— ein zweites, über Hamburgs Kriegspflichtigkeits-Ordnung und üb. d. Ausführung u. Folgen derselben. 8. Hamb. 822. Nestler u. M. 3 gr

Ein zweites Wort in der Logenfrage vom Verf. der Schrift: „Der Freimaurerorden in seiner Nichtigkeit dargestellt." Leipzig: Biedermann 1848. 10 S. 8⁰ [Umschlagtit.]
Recens: A. 14 (1849) S. 301—303.
cf. L. 11 (1848) S. 145—146.
Tt. 1830. Richtet sich gegen H. Schletter.

— ein zweites, in der Logenfrage, vom Verf. der Schrift: „Der Freimaurerorden in seiner Nichtigkeit dargestellt." gr. 8. (10 S.) Leipzig 848, [G. Wigand.]

Wort, K., Tomatenbüchlein. Kulturanweisung, Verwendg. in der Küche (36 Kochrezepte). (24 S.) 12. Leipzig (902). W. Möschke. n. — 40

Wortarten (Redetheile), die zehn verschied., d. deutschen Sprache. Eine Zugabe f. größere Elementarschüler, welche d. deutsche Sprache gründl. erlernen wollen. Von e. Elementarlehrer. 8. (4¼ B.) Münster 833, Deiters.

Wortarten (Redetheile), die zehn verschiedenen, der deutschen Sprache. Eine Zugabe für größere Elementarschüler, welche die deutsche Sprache gründlich erlernen wollen. 8. Münster 833. Deiters. 1/6 Thlr — 2e Aufl. 835. 1/8 Thlr

Wortberg, Lambert Ign.

— s. Boethius, Gesänge im Kerker.

(—) optimum interpretandi, praesertim Taciti, consilium ac nonnulli annalium loci tum emendati, tum explanati. 8. Greifsw. 819.

Wortberg, L. J., E Taciti Germania libri octo quos perpensos excutient etc. Resp. E. J. N. Fischer. Gryphiae 1823. 8.

Wortberg, L. J., Annalium Taciti locos tres explanatos dedit. Griphisw. 817. 8. 6 gr.

***Wortberg*, Lambert Ign., Dissert. philosophica de optima methodo institutionis publicae. 4. Greifsw. 805.**

— musa gallica rhythmi ὁμοιοτελεύτου vinculis soluta Periculum aestheticum. 4. Greifsw. 811.

— de natura boni et mali. 4. Greifsw. 805.

— nonnulla de heroismo et patriotismo meletemata. 4. Greifsw. 806.

— prodromus quaestionis: quid pietas erga muta animalia in mores civitatis valeat, et: possintne et quae de ea leges disciplinares ferri? Greifsw. 810.

s. Tacitus annalium.

Wortbildung der lateinischen Sprache durch Ableitung und Zusammensetzung. 2., durchgeseh. und bericht. Aufl. 8. (36 S.) Neu-Ruppin 852, Oehmigke und Riemschneider. *

Das Wörtchen Du! [Mannheim o. J.: Hogrefe.] 1 Bl. 4⁰. [Kopftit.]
„Ein süsser Ton, ein Wunderlaut" ...

⊙ Ein Wörtchen über den Religionsunterricht in den gelehrten Schulen; veranlasst durch die Schrift des Herrn Hofraths Voss: „Wie ward Fritz Stolberg ein Unfreyer?" Nebst einigen Bemerkungen und spätern Zusätzen, von einem geborenen Dänen im Auslande. Schleswig. 1821. 8⁰.

Wörtchen, ein, üb. den Religionsunterricht in d. gelehrten Schulen; veranlaßt durch d. Schrift des Hrn. Hofr. Voß: „wie ward Fritz Stollberg ein Unfreier?" Nebst einigen Bemerk. u. spätern Zusätzen, von e. gebornen Dänen im Auslande. gr. 8. Schleswig 822. Taubst.-Inst. 7 gr

Wörtchen, Ein, über den Religions-Unterricht in den Gelehrten-Schulen ... Schleswig 1827. V: *Witt, Johann Gottfried.* (LS)

Worte, ein paar, über die öffentl. Abgaben, u. die beste Art, sie zu erheben. 8. Berl. 808. (Ab. Wolff). 8 ggr

Worte, ein paar, üb. die öffentl. Abgaben u. die einfachste u. beste Art sie zu erheben. 8. Berl. Achenwall u. Comp. 815.

Worte des Abschiedes an die geliebte Kirchgemeinde Kappel. O. O. [1872]. V: *Esslinger, Joh. Dav.* (Cat. d. Stadtbibl. Zürich. Zürich 1864—97.)

Worte, einige, über den Alpenstreit von K. v. E. Wasserburg a. J. 869. (Stahl.) gr. 8. (11 S.) 3 ngr.

— zum Andenken des edlen Fürsten Karl Ludwig zu Hohenlohe-Langenburg, nebst dessen Biographie, gesprochen v. G. M. 4. Heilbr. 825. Claß. 3 ggr

[Worte.] Dem Andenken des Aug. Friedr. Krah die am 15. Nov. 1848 zur Trauerloge versammelten Brüder der Loge zum Todtenkopf und Phönix [in Königsberg]. Königsberg [1848]: Dalkowski. 15 S. 8⁰ [Umschlagtit.]

— des Andenkens. gesprochen am Grabe J. H. Ruths, gewes. Erziehungsrathes 2c. von e. Verehrer des Vollendeten. gr. 8. Hanau 835. Edler. 1/12 Thlr

Worte, einige, üb. d. Anerbieten d. Berlin-Potsdam-Magdeburger Eisenbahn-Gesellschaft, betreff. den Ankauf der Magdeburg-Cöthen-Halle-Leipziger Eisenbahn, mit einer Uebersicht des finanziellen Standpunktes der letztgedachten Bahn u. des Werthes ihrer Actien. gr. 8. (14 S.) Magdeburg 847, Baensch. n. 1/6 Thlr

Worte, Einige, zur Ankündigung meiner in Dessau etablierten Erziehungsfamilie. Dessau im März 1798. V: *Spazier, Carl.* (HHBD Anhaltina 165)

Worte, Ein Paar, über die Anmergemittel an das Futter des Rindviehes. [Leipz. 1808.] V: *Riemann, Joh. Frdr.* (MGT)

Ein paar **Worte** über die sog. Anmerkungen über die 73 Artickel des von Seiten des Erzbischofen von Kölln auf dem Reichstage eingegebenen Promemoria. o. O. 1789.

Worte der Anregung zur Erneuerung der Reformation. Nebst einigen dazu passenden Gedichten. 8. (40 S.) Tübingen 883, Lindenmaier. * — 30

— einige, zur richtigen Ansicht von Ostindien, veranlaßt durch Major Thorns Werk üb. den dortigen Krieg 1803—1806. 8. Neuwied 818. Lichtfers u. Faust. (Frkf. a. M., Guilhaumann). 3 ggr

Worte, einige, über den Antrag der holsteinischen Ständeversammlung in Betreff der Gesammtstaatsverfassung. gr. 8. (20 S.) Weimar 859, Böhlau.

Einige **Worte** über Armenpflege. Von einem Kleriker auf dem Lande des Kanton Luzern. Luzern I. M. Anich (Leipzig. Schmidt.) 1817. 8⁰

Worte, Einige, über Armenpflege, geistlichen und weltlichen Vorstehern gewidmet. ... Luzern 1817. V: *Kopp.* (AarK)

Einige **Worte** über die Art. 18, 19, 20, 21, 24 u. 25 des Gesetzes über das Gemeinde-Bürger- und Beisitz-Recht in Württemberg. Tübingen: Fues 1830.

— auch einige, üb. Deutschlands gegenwärtiges höchstes Interesse. Ein Nachtrag zu: üb. Deutschlands Wiedergeburt, (v. A. S. Stumpf). 3 ggr

— auch einige, üb. Deutschlands gegenwärtiges höchstes Interesse. Ein Nachtrag zu: üb. Deutschlands Wiedergeburt. gr. 8. (Leipz. Barth.) 814.

— auch ein paar, über die Motion des Abgeordn. Welker auf e. constitutionellere, weniger kostspielige u. mehr sichernde Wehrverfassung. Von e. Badisch. Officier. gr. 8. Karlsr. 832. Braun. 5 ggr NB. vergl. Begründung 2c. kostet jetzt 5 ggr

— auch einige, eines Niederdeutschen (J. C. E. v. Springer's), üb. d. hessische Brunnenanstalt zu Nenndorf. 8. Helmst. 795. Fleckeisen. 3 ggr

— auch einige, über die soviel besprochene Noth d. Landeigenthümer, (v. Gehe). 8. Halle 825. Kümmel. 2 ggr

— auch einige, üb. Runkelrüben-Bau 2c., s. a. Kauzmann.

— auch einige, über Runkelrüben-Bau u. Zuckerfabrikation 2c., (v. J. F. Kauzmann). gr. 8. Nürnberg 838. Campe. 1/6 Thlr

— auch einige, über die neueste Zeit. Hrsg. von einem Manne, der lange gelebt, Vieles erlebt u. die Welt gesehen hat. 8. (63 S.) Jüterbog 849, Colditz. 1/3 Thlr

— auch einige, über die neueste Zeit. Hrsg. von einem Manne, der lange gelebt, Vieles erlebt und die Welt gesehen hat. 8. (63 S.) Jüterbog 849, [Krause.]

Worte, Ein paar, zur Aufklärung in d. Freiburger Eisenbahnangelegenheit. Murten 1856.

— einige, zur Aufklärung über den Spiritismus. Von einem Spiritisten. gr. 8. (19 S.) Wien 869, (Lechner's Verlag.) *

Worte, Einige, bei der Aufnahme eines jungen Arztes, gesprochen ... [Kreuznach] o. J. V: *Recum, von.* (SJL)

Worte, Einige, gegen den wiederholten Aufruf an die Deutschen. (Wien) 1794. V: *Felner, Joseph.* (Mitth. Dr. Ign. Schwarz-Wien.)

— einige, des Aufschlusses über die beabsichtigte, sogenannt israelitische Synode zu Augsburg. Von einem Freunde der Wahrheit. 8. (12 S.) Mainz 871, Le Roux'sche Buchh. *

Worte, Die auserlesensten, Jesu unter Titel gebracht. [Winterthur] 1796. V: *Lavater, Johann Kaspar.* (schstr S. 131)

—— ausfliegende, natürliche Kinder der geflügelten Worte, auf der Citatenhatz angetroffen von einem alten Jäger. gr. 8. (80 S.) Neubrandenburg 883, Brünslow'sche Buchh. * 1 20

Worte, ausfliegende, natürliche Kinder der geflügelten Worte, auf der Citatenhatz angetroffen von einem alten Jäger. 2. durch 400 Ausflügler vervollständ. Aufl. gr. 8. (122 S.) Neubrandenburg 885, Brünslow'sche Hofbuchh. * 1 50

— einige, für Auswanderungslustige. Zusammengestellt nach Mittheilungen von früher u. neuerdings ausgewanderten Deutschen u. nach einigen über die Auswanderung erschienenen Schriften. 8. (72 S.) Bielefeld 849. (Helmich.) n. 1/6 ₰

Einige Worte für Auswanderungslustige. Zsgest. nach Mittheilungen von früher und neuerdings ausgewanderten Dtn und nach einigen über Auswanderung ersch. Schriften. — Bielefeld: Küster (1849). 72 S.

Worte, Ein paar, mit dem Herrn Professor und Medikus Bader zu München, der die Gassnerischen Kuren in seiner akademischen Rede eine Hanswurstiade nannte. O. O. u. J. V: *Gassner, Johann J.* (?). (BSchWLk V, 5, 1/1)

— einige, über d. Bau des neuen Hamburger Stadttheaters. Von einem Hamburger. 8. Altona 826. Aue. 1/8 ₰

— einige, über das öffentliche Bauwesen in Croatien. Agram 863. Jatic. 8. (22 S.) n. 6 ngr.

Worte. Bayers letzte Worte ... Liestal 1851, s. (S[acher, Johannes Chrysostomus]).

— einige, über das Bedürfniß unsrer Zeit, besonders in Rücksicht auf Baiern. 8. Nürnb. 827. Riegel u. W. 5 ₰

Worte gesprochen bei der Beerdigung von Frau Caroline Christ geb. Sarasin den 1. Februar 1861. 8. [Basel.]

Worte gesprochen bei der Beerdigung des A. F. J. Thibaut. Heidelberg [1840]. V: *Rothe, Rich.* (Hauptkat. d. Univ.-Bibl. Tübingen. K. Nachtr. 24.)

– gesprochen bei der Beerdigung des Großh. Bad. Geh. Raths u. Professors der Rechte Dr. A. Fr. J. Thibaut. (Von Prof. Rothe u. Dittenberger.) gr. 8. Heidelberg 840. Mohr. 1/8 ₰

Worte gesprochen beim Begräbniss von Mathilde Helene Burckhardt (geb. ... 1855, gest. den 24. März 1881) ... den 26. März 1881 ... [zu Basel]. 8. *o. O.*

Worte, Einige, zur Begrüssung des Entwurfes zu einem neuen Kriminalgesetzbuche für ... Sachsen ... Leipz. 1836. V: *Milhauser, Frdr.* (Schletter, Handb. d. jurist. Litt. Grimma 1843. S. 240.)

— einige, zur Begrüßung des Entwurfs zu einem neuen Criminalgesetzbuche für das Königreich Sachsen. Mit Rücksicht auf die künftige ständ. Berathung. 8. Leipzig 836. Kummer. 1/3 ₰

— einige, z. Beherzigung des deutschen Congresses. 8. Frankf. 815. Varrentrapp. 3 ₰

Worte zur Beherzigung über die von Schumann verfasste Schrift, der wahre Christ, sowohl Rationalist, als Supernaturalist ... Stolp 1835. V: *Zahn, Matthey & Fischer.* (ZU) (KY)

— zur Beherzigung über die von dem Prediger Schumann verfaßte Schrift „der wahre Christ, sowohl Rationalist, als Supernaturalist" von einigen Predigern der Stadt-Synode Stolp (Zahn, Fischer u. Matthey). 8. Stolp 835. Heinemann. 1/6 ₰

Worte tiefer Beherzigung, besonders für das liebe Landvolk in der Form eines Gespräches über den Zehent, vom Hülfsprediger A. A. F. 16. Regensburg 841, Pustet. 1/8 ₰

Worte zur Beherzigung und Wünsche, insonderheit für die Völker in Deutschland und der Schweiz. 8. Basel 1814.

Worte, Ein Paar, über die sogenannte Beleuchtung der Schrift: Über Aufklärung. Berlin 1788. V: *Schulz, Johann Heinrich.* (MGT)

— ein paar, zur Berichtigung der Untersuchungen eines Protestanten in d. Ansichten der Jubelfeier der Protestanten. 8. Augsb. 817. (Nik. Doll). 5 ₰

einige Worte z. Berichtigung der Urtheile üb. die Verfahrungsart des Feldm.-Lieut. Kray bei dem unglückl. Gefechte bei Neuwied 1797. 8. s. l.

Worte der Beruhigung und Ermunterung an das Volk. Veranlasst durch die gegenwärtigen Gerüchte und Umtriebe. Schleswig 1830. V: *Vent, Hans Lorenz Andreas.* (A) (schles) (CBII) (Collin, Anonymer. Kiobenh. 1869.) (Bruun, Bibl. Danica III, 838.)

— zur Beruhigung f. ehelose Priester. 8. Mannh. 794. Löffler. 4 ₰

— einige, über die d. evangel.-luther. Glaubensgenossen in Baiern bevorst. Beschränkung ihres Glaubens u. ihrer Gewissensfreiheit, durch die projectirte Einführung d. Presbyterial-Verfassung in ihren Kirchen. 2e Aufl. gr. 8. Nürnb. 822. Campe. 4 ₰

Worte, Ein Paar, über die Beschreibung des feierlichen Vivats, welches dem Erbprinzen ... Friedrich Ludwig am 21. Oct. 1794 ... dargebracht worden ... Rostock [179?]. V: *Kosegarten, Friedrich Franz von.* (GGr) (R-N)

Worte. – Einige Worte über maurerische Bestimmung. Erlangen [1808], s.a. Einsiedel

Worte, Einige, über maurerische Bestimmung. Gesprochen in der g. u. v. Loge Libanon zu den drey Cedern [in Erlangen] am Johannisfeste 5808 vom Br. Redner. Erlangen 1808. V: *Einsiedel.* (wolfstieg I, 129)

Worte, Einige, zur Beurtheilung der von dem Herrn Ruckert zu Kassel veröffentlichten Schrift: »Beiträge zur Geschichte der ... 1852 ... gehaltenen Diöcesansynode«. Darmstadt 1856. V: *Heppe, Heinrich Ludwig Julius.* (zu) (Ky)

Worte, einige, zur Beurtheilung der von dem Herrn Pfarrer Rückert zu Kassel veröffentlichten Schrift: „Beiträge zur Geschichte der am 20. Oktbr. 1852 zu Ziegenhain gehaltenen Diöcesansynode." (Von H. Heppe.) Abdr. aus der Allgem. Kirchenzeitung. Darmstadt 856. (Marburg, Bayrhoffer.) 8. (21 S.) n. 2½ ngr.

Einige **Worte** über die eigentlichen Bewandnisse der teutschen Vereine. o. O. Febr. 1816.

Worte zu neun lebenden Bildern, Hauptstufen der Tonkunst, von A. H. Bautzen 1863. V: *Hering, Alma.* (Russell XVI, I, 1. S. 290.)

—— **zu neun lebenden Bildern, Hauptstufen der Tonkunst, v. A. H. gr. 8. (14 S.) Bautzen 863, (Weller.)** * *

Worte, Einige, über die Bildung der Eidgenössischen Streitkräfte. Basel 1821. V: *Wieland, Johann.* (MGT) (Cat. d. Stadtbibl. Zürich. Zürich 1864—97.)

Worte eines Bruders an seine Brüder. In Vorträgen aus den letzten zehn Jahren. Erfurt 1853. V: *Werneburg, Gottfried Christian.* (wolfstieg I, 78)

Worte der Bruderliebe am Sarge des [Br.] Fch. zu Racknitz, in der siebenten Morgenstunde am Grabe gesprochen den 13. April 1818. Dresden 1818. V: *Boettger, Karl August.* (wolfstieg I, 900)

Worte aus d. Buche d. Bücher, s. a. Tappe, A. W.

— aus dem Buche d. Bücher, oder über Welt- u. Menschenleben, niedergeschrieben vom Fürsten N*: Gottheit, Weltall, Ordnung u. Gerechtigkeit. Herausg. v. D. A. W. Tappe, 8. Dresd. 824. (Arnold). 1 ₰**

— einige, über die Bulle Pius IX. vom 21. Octbr. 1858, auch mit Berücksichtigung der katholischen Gemeinde auf Nordstrand. Flensburg 859. Herzbruch in Comm. gr. 8. (16 S.) n. 2 ngr.

Worte, einige, üb. **Bürger** u. **Bürgerfeste**, bei Gelegenheit d. Schützengilde zu Pasewalk am 3. Aug. 1832. 8. ... Prenzlau, (Kalbersberg.)

— einige, über Bürger u. Bürgerfeste, bei Gelegenheit d. Schützengilde zu Pasewalk am 2. Aug. 1832. .. Prenzlau, Ragoczy. 2 gr

Worte, Einige, für Hamburgs Bürger. Hamburg 1813. V: *Abendroth, Amand Aug.* (schles)

Worte, Einige, eines hamburger Bürgers ... an alle seine Mitbürger in Hamburg. O. O. [1831]. V: *Jacobsen, Franz Hieronymus.* (schr)

Worte, Einige, über China, die Philippinnen und den Malayischen Archipel ... Hamb. 1845. V: *Henrici.* (EB)

Worte, einige, über die **Cholera** im Falle einer nöthigen Selbsthilfe. Von einem Arzte. gr. 8. (24 S.) Riga 848. (Kymmel.) n. ⅙ ₰

—— einige, üb. d. **Cholera Morbus**, nebst kurzer Hindeutung, was man bei ihrer allöopath. Behandlung sowohl zu thun, als wie man sich bei Anwendung d. homöopath. Heilart, zu verhalten habe; nebst e. Verzeichnisse der bereits üb. diese Krankheit erschien. bekanntesten Schriften; zunächst zur Beruhigung u. Belehrung seiner Mitbürger (nach d. neuesten Erfahrungen) mitgetheilt v. G. E. W. 8. (3¼ B.) Oschatz 831. (Leipzig, Kollmann.)

Worte, einige, e. **Christen** an seine Brüder üb. die Versammlung der Kinder Gottes in unseren Tagen. (Aus dem Franz. gr. 8. (20 S.) Bern 890. (Bonn, Schergens.) n. — 25

Einige **Worte** eines Christen an seine Brüder über das Zusammenkommen der Kinder Gottes in unseren Tagen. Aus d. Franz. übers. von M. L. Düsseldorf: Grube in Komm. [1907]. (16 S.) 8° [F.] 07. 4361

—— eines Christen üb. d. Geist d. gegenwärt. Unterrichts d. Kinder aus d. höh. u. höchsten Ständen an Aeltern u. Lehrer. gr. 8. (4¼ B.) Stuttgart 835, [Becher's Verl.] Thlr.

—— einige, eines orthodoxen Christen über die abendländischen Glaubensbekenntnisse. Aus dem Französ. gr. 8. (III und 109 S.) Bautzen 856, Schmaler.

—— eines orthodoxen Christen an die abendländischen Confessionen. gr. 8. (56 S.) Frankfurt a. M. 855, Auffarth. *

— Christi. (Hrsg. v. Houston Stewart Chamberlain.) gr. 8. (286 S.) München (901). Verlagsanstalt F. Bruckmann. Kart. n. 4. 50; geb. in Ldr. n. 7. —; auf holländ. Büttenpap. n. 12. —

Worte Christi. München [1902]. V: *Chamberlain, Houston Stewart.* (Berl)

Worte Christi. (Hrsg.: Houston Stewart Chamberlain. Neue kl. Ausg.) München: Bruckmann (1903). X, 316 S. 8°

Worte Christi. (Von Houston S. Chamberlain.) (Kleine Ausg.) (XI, 316 S.) gr. 16. München (903). F. Bruckmann. n. 2. —; geb. in Ldr. n. 3. 50

— über u. wider Math. Claudius in Wandsbeck ꝛc. 8. Altona 795. Hammerich. 3 gr

Worte des Dankes und der Weihe, am 11. December 1841 . . . Riga [1849]. V: *Pölchau, Pet. Aug.* (K-N)

Worte, Einige, zur Darlegung der Verwerflichkeit des Rechtsmittels der Nichtigkeits-Beschwerde im Preussischen Civil-Processe. Von einem praktischen Juristen. Berlin 1868. V: *Sonnenschmidt, Friedrich Hermann.* (KGBerlin I, 1606)

— einige, zur Darlegung der Verwerflichkeit des Rechtsmittels der Nichtigkeitsbeschwerde im preußischen Civil-Processe. Von einem prakt. Juristen. Berlin 868. Springer's Verl. gr. 8. (71 S.) 12 ngr.

—— deutsche. Monatshefte, hrsg. von Engelbert Pernerstorfer. 1.—4. Jahrg. 1881—1884. à Jahrg. 12 Hefte. (à Heft 2 Bog.) Lex.-8. Ober-Döbling. (Wien, Pichler's Wwe. und Sohn.) à Jahrg. * 6 —

—— deutsche. Monatshefte, hrsg. von Engelbert Pernerstorfer. 5.—7. Jahrg. 1885—1887. à Jahrg. 12 Hefte. (à Heft 2—3 Bog.) Lex.-8. Ober-Döbling. (Wien, Pichler's Wwe. und Sohn.) à Jahrg. *

—— dass. — 8. Jahrg. 1888. 12 Hefte. (à Heft 3 Bog.) gr. 8. Ober-Döbling. Wien, Verlag „Deutsche Worte". *

—— deutsche. Monatshefte, hrsg. v. Engelbert Pernerstorfer. 9.—11. Jahrg. 1889—1891. à Jahrg. 12 Hefte. (à Heft 2—3 Bog.) gr. 8. Wien, Verlag der „Deutschen Worte". à Jahrg. * 6 —
Einzelne Hefte à * — 72

— dasselbe. 12.—14. Jahrg. 1892—1894. à 12 Hfte. (à ca. 3 Bog.) gr. 8. Ebd. à Jahrg. n. 8. —;
einzelne Hfte. à n. 1. —

Worte, deutsche. Monatshefte, hrsg. v. Engelbert Pernerstorfer. 15.—18. Jahrg. 1895—1898. à 12 Hfte. (à ca. 3 Bog.) gr. 8. Wien, Verlag d. „Deutschen Worte".
à Jahrg. n. 8. —; einz. Hfte. n. 1. —

— deutsche. Monatshefte, hrsg. v. Engelbert Pernerstorfer. 19.—22. Jahrg. 1899—1902. à 12 Hfte. gr. 8 (à ca. 32 S.) Wien, Verlag der „Deutschen Worte".
à Jahrg. n. 8. —

— deutsche. Monatshefte, hrsg. v. Engelbert Pernerstorfer. 23. u. 24. Jahrg. 1903 u. 1904. à 12 Hefte. (1904. 512 S.) gr. 8. Wien (VIII, Langegasse 15). E. Pernerstorfer. à Jhrg. n. 8. —
Erscheint nicht mehr.

Worte, Deutsche, über die Ansichten der Frau v. Stael von unserer poetischen Litteratur . . . Heidelb. 1814. V. *Löben, Otto Heinrich Graf von.* (KY)

— deutsche, üb. die Ansichten d. Frau von Stael von uns. poetischen Literatur in ihrem Werke: üb. Deutschland. 8. Heidelb. Mohr u. W. 814.

Worte, Deutsche, eines Österreichers. Hamb. 1843. V: *Schuselka, Frz.* (WFM)

Deutsche **Worte** eines Oesterreichers. Hamburg: Hoffmann u. Campe 1843. IV, 212 S. 8°

Worte, deutsche, e. Oesterreichers üb. den deutsch-französischen Krieg. gr. 8. (15 S.) Wien 870. F. Beck. n. — 30

— deutsche, üb. d. Werk d. Frau von Stael: über Deutschland, sur l'Allemagne, (v. Otto Hnr. Graf v. Löben). 8. Heidelb. 814. Mohr. 1 ℛ

— eines freien Deutschen an seine braven Kampfgenossen im ersten Jahre d. deutschen Freiheit, v. C. T. 8. Halberst. ... Vogler in Potsd. 2 K

(C. T.): „Worte eines freien Deutschen an seine braven Kampfgenossen im ersten Jahre der deutschen Freiheit", Halberstadt 1814. — Vorh.: Preuß. Staatsbibl. Berlin.

Worte, Einige, zur Schrift: Deutschland und die Repräsentativen Verfassungen. Darmstadt 1839. V: *Erbach-Fürstenau, Albrecht August Ludwig Graf von.* (HS)

—— einige, zur Schrift(:) Deutschland u. d. Repräsentativ-Verfassungen, sowie zu d. Bemerkn. darüber. 8. (2 B.) Darmstadt 839, Jonghaus'sche Hofbuchh.

—— einige, über Dienst und Ausbildung der Kavallerie. gr. 8. (78 S.) Hannover 884, Helwing'sche Verlagsh. * 1 50

— einige, über den Dombau zu Köln, von einem Rheinländer an seine Landsleute gerichtet. gr. 8. Coblenz 840, Hölscher. 1/4 ℛ

Worte, Drei Deutsche. Für Freunde und Verständige. London [1838]. Leipzig 1838. V: *Ewald, Gg Hnr. Aug. von.* (Erman & Horn, Bibliogr. d. dtsch. Universitäten. 2. Leipz. u. Berl. 1904.) (Loewe, Bibliogr. d. Hann. u. Braunschw. Gesch. Hann. 1908. S. 148.)

Worte, Dreimal drei, zur Lehre und Warnung . . . Berlin 1796. V: *Moritz, Carl Philipp.* (Kl)

— drei mal drei, z. Lehre u. Warnung e. gewes. Freimaurers. Verlassenschaft an s. Mitbrüder. gr. 8. Berl. 796. Maurers B. 6 K

— drei, an die Polen-Fresser von einem Unverdauten. 2. Aufl. Posen 861. (Merzbach.) 8. (12 S.) n. 2 1/3 ngr.

—— drei, zur kurhess. Verfassungs-Urkunde v. 5. Jan. 1831; allen Kurhessen u. allen Katholiken d. oberrhein. Kirchenprovinz gewid. von e. kurhess. Staatsbürger zu Fulda (einem Laien). Mit Anlagen v. A—Z. gr. 8. (9 1/4 B) Würzburg 831, Etlinger.

Worte, dringende, in drängender Zeit. 3 Schulfragen. — Fragen der Zeit. (1. Welche Bedeutg hat die Volksschule? 2. Woran krankt sie? 3. Wie ist ihr zu helfen?) Von e. erfahrenen Lehrer. 8. (46 S.) Bremen 893. E. Hampe. n. — 50

Dringende **Worte** in drängender Zeit. Drei Schulfragen. Fragen d. Zeit. 1. Welche Bedeutung hat d. Volksschule? 2. Woran krankt sie? 3. Wie ist ihr zu helfen? Von e. erfahrenen Lehrer. 2. Aufl. Bremen: Hampe 1893. 46 S. 8° [11. 3979

Worte, ein paar, z. Ehrenrettung unserer deutschen Martiale. 8. Weißenf. 797. Severin. 4 K

Worte bei der Einführung eines Catecheten in Barmstedt an die Gemeine am 4. Aug. 1816, von dem derzeitigen Administrator. Als Manuscript gedruckt. Altona. 4. P.

Worte eines Einsiedlers an die Herren im Rath zu Bern. 28. April 1845. 8. Burgdorf.

Einige **Worte** über die Flensburger Eisenbahn-Sache. (Flensburg.) o. J. (1844?) 4° k.

—— einige, üb. d. Entbindung v. der Instanz. Mit besond. Beziehung auf den in 1840 den kurhess. Landständen vorgelegten Entwurf e. Gesetzes, betreff. die Abstellung mehrerer in der Strafrechtspflege wahrgenommener Mängel u. dessen Beurtheilung in der Zeitschrift f. deutsches Strafverfahren rücksichtl. jener Urtheilsform. gr. 8. (1½ B.) Cassel 843, Fischer. *

Worte, gesprochen bei der Enthüllung des vaterländischen Denkmals am dreizehnten August 1823. [Braunschweig 1823.] V: *Langerfeld, Fr.* (Bresl 31, S. 217)

Worte, einige. — 1) Ueber Entstehung der Krankenhäuser. 2) Vorzüge der Krankenpflege. 3) Krankenpflege der barmherzigen Schwestern. 8. (16 S.) Rumburg, Druck. Moriz Adam 1853.

—— einige, üb. d. Entstehung, d. Zweck u. d. Wirkung des, am 31. März 1831, durch d. Bevollmächtigten d. sämmtl. Uferstaaten in Mainz abgeschloss. Rhein-Schifffahrts-Vertrags u. Reglements. Durch ein. Niederländer. gr. 8. (7¼ B.) Amsterdam 835. (Leipzig, Barth.) *

—— der Erbauung in Sion. 16. (161 S.) Düsseldorf 881, Lafaire. * — 80

Worte der Erbauung in Sion. 16. (161 S.) Düsseldorf 881. Mischel. n. — 80

— der Erbauung u. des Trostes zur Zeit der Trübsal. Von e. kathol. Geistlichen. 12. Münch. 832. Giel. (Leipz., Barth). 4 gK

Worte, Einige, zur Erhaltung des Clausenthores. [Salzburg] o. J. V: *Pezolt, Georg.* (Hr)

—— der Erinnerung an Moriz v. Aberle, Dr. und Prof. der Theologie. Geb. den 25. April 1819, gest. den 3., beerdigt den 6. Novbr. 1875. gr. 8. (26 S.) Tübingen 876, Heckenhauer'sche Buchh. * — 50

—— der Erinnerung dem Andenken ihrer Maj. der hochsel. Kaiserin von Rußland Alexandra Feodorowna gewidmet. gr. 8. (23 S.) Stettin 861, Nagel. **

Worte der Erinnerung an den sel. Herrn Pfarrer Hans Emil Baiter von Zürich, gesprochen bei seinem Begräbnis am 12. Februar 1907. [Zürich 1907.] V: *Finsler, Rudolf.* (BBullschw 12, S. 102)

Worte der Erinnerung an Herrn Carl Franz Bally-Rychner, von Schönenwerd, geboren ... 1821, gestorben am 5. August 1899. [Mit Porträt-Tafel.] 8. Aarau 1899.

—— der Erinnerung an Ferd. Chrn. v. Baur, Dr. und ordentl. Professor der Theologie an der Universität Tübingen 2c. gr. 8. (88 S.) Tübingen 861. [Leipzig,] Fues' Verlag. *

—— der Erinnerung an Dr. Johann Tobias Beck, Professor der Theologie und ersten Frühprediger in Tübingen. gr. 8. (28 S.) Ebendas. 879. * — 50

Worte der Erinnerung an Dr. phil. Hermann Blattner, 1866—1910. II + 13 S. 8. (Aarau, H. R. Sauerländer & Co., 1910.)

—— dankbarer Erinnerung am Sarge des Herrn Consist.-R. Pfr. Joh. Heinr. Ludolf Schrader. Gesprochen am 13. Jan. 1875. gr. 8. (14 S.) [Frankfurt a. M. 875, Zimmer'sche Buchh.] Heilbronn, Gebr. Henninger. * — 50

Worte der Erinnerung an Herrn Peter Dietschi, Redaktor in Olten, geboren am 3. Februar 1830, gestorben am 9. Januar 1907. [Mit Porträt-Tafel.] II + 46 S. 8. [Olten, Buchdr. Dietschi, 1908.]

Worte der Erinnerung an die verstorbenen Professoren Johann Moritz Egloff und Urs Josef Schumacher ... s. K[aufmann], J[ohann].

Worte der Erinnerung an Dr. Karl Franz Sebastian Fahrländer von Laufenburg, in Aarau, (Regierungsrat,) geboren 29. Februar 1836, gestorben 23. April 1907, gesprochen bei seiner Beerdigung am 26. April 1907. II + 13 S. 8. (Aarau, Sauerländer & Co., [1907].)

Worte der Erinnerung an Dr. theol. Georg Finsler, letzten Antistes der zürcherischen Kirche .... Geboren ... 1819. Gestorben den 1. April 1899. (Reden gehalten bei der Leichenfeier ... [zu Zürich] am 4. April 1899.) 8. Zürich 1899.

Worte der Erinnerung an Hrn. Paul Forchhammer, weiland Pfarrer in Trimmis. [Mit 1 Porträt-Tafel.] 32 S. 8. Schiers, Walt & Fopp, 1908. (fr. —. 90)

Worte der Erinnerung und collegialen Freundschaft dem ... Advocaten Ernst Martini gesprochen ... Riga [1814]. V: *Streich, Benjamin Traugott.* (GGr) (R-N)

Worte der Erinnerung an den verstorbenen Oberstudienrath Rector Dr. v. Frisch. gr. 8. (6 S.) Tübingen 882, Fues. *
Aus: Correspondenzblatt für die württembergischen Gelehrten- und Realschulen, besonders abgedruckt.

Worte der Erinnerung an Joh. Friedr. Guth, Oberlehrer am königl. Schullehrer-Seminar in Nürtingen. 8. (18 S.) Nürtingen 885. (Reutlingen, Kocher.) n. — 25

Worte der Erinnerung an Hermann Gutscher, theol. Lehrer an der Evangelischen Predigerschule in Basel, geboren ... 1849, gestorben den 16. Juni 1899. 8. Basel 1899.

Worte der Erinnerung an Marie Härter. Strassburg 1887. V: *Härter.* (ELBibl)

Worte der Erinnerung an Herrn General Hans Herzog, von Aarau, geb. ... 1819, gest. den 2. Februar 1894, gesprochen bei seiner Beerdigung am 5. Februar 1894. 8. (Aarau 1895.)

Worte der Erinnerung an Dr. Friedrich Hessenberg, geb. 10. Juni 1810, gest. 8. Juli 1874. Bonn [1874]. V: *Rath, Gerhard vom.* (EB)

Worte der Erinnerung an das Jahr 1784 gerichtet an Herrn M. L. Biedermann von seinem ältesten Enkel Emma Biedermann. Wien den 1. August 1834. Gedruckt bei A. Strauss's sel. Witwe. 7 S. 8°. V: *Lucka (Lucca), Samuel Benedict.* [Jüd. Archiv N. F 1.2 (1928)]

Worte der Erinnerung an Marie Josenhans, geb. Gess. Geboren ... 1816, gestorben den 12. September 1881, beerdigt den 15. September 1881. 8. Stuttgart 1881.

— der Erinnerung an den Vater Dr. J. H. Jung, genannt Stilling. 8. Nürnb. 818. Raw. 2 gr

Worte der Erinnerung an Jünglinge und Mädchen, die sich auf eheliche Glückseligkeit vorbereiten wollen ... Stuttgart 1792. V: *Bäuerlen, Joh. Gg.* (MGT) (Ky) »1791« (Gradmann, Gel. Schwaben 1802.)

— der Erinnerung an Jünglinge u. Mädchen, die sich auf eheliche Glückseligkeit vorbereiten wollen; v. e. jungen Ehemanne, (Jb. Geo. Bäuerlen). 8. Stuttg. 792. Metzler. 5 gr 803. b. Sonnenwald das. 8 gr

— zur Erinnerung an Jünglinge u. Mädchen, üb. eheliche Glückseligkeit. 8. Stuttgart, Metzler. 793.

— der Erinnerung an Dr. Friedrich Heinrich Kern, ord. Prof. der evangel. Theologie an der Universität zu Tübingen, Frühprediger rc., gestorben den 3. Febr. 1842. Herausgeg. von Fd. Chr. v. Baur. 2. unveränd. Aufl. gr. 8. Tübingen 842, Fues. n. 1/4 ß

— der Erinnerung an Dr. Albert Maximilian Landerer, ord. Professor der Theologie. Geb. den 14. Januar 1810, gest. den 13. April 1878. gr. 8. (21 S.) Tübingen 878, Heckenhauer'sche Buchh. * — 50

— der Erinnerung an Herrn Dr. Fr. W. Jacob Lichtenstein, zweiter Pfarrer in Kulmbach, Kapitelssenior, Distrikts-Schul-Inspektor und Mitglied der theolog. Prüfungs-Commission, geb. am 8. Oktbr. 1826, gest. am 24. März 1875. 8. (15 S.) Kulmbach 875, Wanderer. * — 20

— liebender Erinnerung an Confirmanden. 2. Aufl. 1852. und 3., unveränd. Aufl. 8. (45 S.) St. Gallen 854, Huber und Comp. *

— liebender Erinnerung an Confirmanden. 5., umgearb. Aufl. 8. (42 S.) St. Gallen 858, Huber und Comp. *

— liebender Erinnerung an Konfirmanden. 6., umgearb. Aufl. St. Gallen 862. Huber & Co. 8. (42 S.) n. 4 ngr

— liebender Erinnerung an Konfirmanden. 7. Aufl. St. Gallen 869. Huber & Co. 8. (44 S.) n. 4 ngr

— liebender Erinnerung an Konfirmanden. 8. umgearb. Aufl. (48 S.) 1872; 9. verm. Aufl. gr. 16. (71 S.) St. Gallen 878, Huber und Comp. * 35 Pf.; cart. * — 45

— liebender Erinnerung an Konfirmanden. 10. Aufl. 12. (71 S.) St. Gallen. 882. Huber & Co. n. — 35

— liebender Erinnerung an Konfirmanden. 11. Aufl. 12. (71 S.) St. Gallen 887. Huber & Co. — 45

— einige, d. Erinnerung an d. liebe Menschheit. 8. Bresl. 795. Löwe. (W. Nauck in Leipz.) 8 gr

Worte der Erinnerung an den sel. Herrn Erziehungsrat H(einrich) Näf (1830–1888), gesprochen bei der Leichenfeier ... [zu Zürich] von den Herren Pfarrer Ad[olf] Ritter, Sekundarlehrer U[lrich] Wettstein, Regierungsrat Dr. [Johannes] Stössel, Sekundarlehrer [Johann Jacob] Egg, und den Eidgen. Experten [Johann] Weingart ..., Prof. [Frédéric] Scherf ... & Prof. [Antonio] Janner ... Zürich 1889. 8°

Worte der Erinnerung an Harald von Neergaard, weiland Pastor zu Aller. Altona 1867. 8°

— der Erinnerung an Prof. Dr. Gust. Frdr. v. Oehler. gr. 8. (40 S.) Tübingen 872. Heckenhauer. — 75

— der Erinnerung an Dr. Christian Palmer, ord. Professor der Theologie, geb. Winnenden 27. Jan. 1811, gest. Tübingen 29. Mai 1875, beerdigt 1. Juni 1875. gr. 8. (40 S.) Tübingen 875. Heckenhauer. n. — 70

— der Erinnerung an Ludwig Heinrich Pestalozzi, Pfarrer am Großmünster von 1867—1909. Geboren den 21. XI. 1742, gestorben den 28. IX. 1809. (Von Rud. Finsler u. v. Orelli.) (20 S. m. 1 Bildnis.) 8. Zürich 909. (Buchh. der ev. Gesellschaft.) — 30

Worte der Erinnerung an den selig verstorbenen Herrn Major Heinrich Pestalozzi von Zürich, geboren ... 1850, gestorben den 28. Februar 1892, gesprochen bei der Leichenfeier ... [zu Zürich] den 2. März 1892. 8. Zürich 1892.

Worte der Erinnerung an A. F. J. Preis. Libau 1833. V: *Henny, A. v.* (R-N)

— der Erinnerung an Albrecht Ritschl, gesprochen an seinem Sarge 23. März 1889. gr. 8. (14 S.) Bonn 889, Marcus. * — 40

— der Erinnerung am Sarge u. Grabe d. Dr. Richard v. Volkmann, ord. Professor der Medicin u. Direktor der chirurg. Klinik d. Universität Halle rc. gr. 8. (16 S.) Halle a. S. 889, Mühlmann's Verlag. * — 30

Worte der Erinnerung an Bundesrat Dr. Karl Schenk, gesprochen an dessen Leichenfeier den 21. Juli 1895 in Bern. Mit dem Bildnis des Verewigten [Tafel]. Bern. 8°

Worte der Erinnerung an Herm. Schönlein, geboren in Leipzig den 2. Dez. 1833, gestorben in Stuttgart den 11. Sept. 1908, beerdigt daselbst den 14. Sept. 1908. Ludwigsburg 1908: Ungeheuer & Ulmer. 13 S. 8°

Enth. auch den Nachruf von L. Petzendorfer namens der Grloge v. Hamburg u. der Loge zu den drei Cedern, Stuttgart.

Worte der Erinnerung an den Ober-Hofprediger Ober-Consistorialrath D. theol. Snethlage. Berlin 1871. V: *Kögel, Rud. & Wilhelm Hoffmann.* (ADB 34, 526)

— der Erinnerung an Jakob Heinrich Staudt, Pfarrer in Kornthal, † den 11. Novbr. 1884. Mit (Lichtdr.-) Bildnis u. Lebensabriß d. Entschlafenen. gr. 8. (46 S.) Stuttgart 884. (Buchh. der Evangel. Gesellschaft.) n. — 50; geb. n. 1. —

Worte der Erinnerung an Heinrich Steinemann, Kantonsrath und Gerichtspräsident, Mitglied des schweiz. Nationalrathes. (Geboren den 6. Februar 1840. Gestorben den 17. Januar 1902.) [Mit 1 Porträt-Tafel.] II + 20 S. 8. Regensberg, Heinrich Kunz, [1902].

Worte der Erinnerung an Johann Wilhelm **Stintzing**, weiland Dr. med. in Altona. Erlangen. (1859.) 8°.

— der Erinnerung und des Trostes am Sarge des am 20. Juni 1888 entschlafenen Domherrn Prof. D. Kahnis. gr. 8. (35 S.) Leipzig 888, Dörffling und Franke. *

— der Erinnernng an Theodor Weitbrecht, Dekan in Heilbronn. Geb. den 3. Aug. 1831, gest. den 7. Febr. 1887, beerdigt den 10. Febr. 1887. gr. 8. (19 S.) Heilbronn 887, Scheurlen's Verlag. **

Worte der Erinnerung an Pfarrer Achilles Zschokke in Gontenschwyl. Geboren ... 1823. Gestorben am 13. Mai 1896. Gesprochen an dessen Leichenfeier am 17. Mai 1896. Mit dem Bildniss des Verewigten [Tafel]. Hrg. von einigen Freunden des Verstorbenen .... 8. Menziken.

– d. Ermahnung u. Ermunterg. f. alle, die an d. Herrn Jesum Christum glauben. 16. Jahrg. 1897. 12 Nrn. (Bog.) 8. Herisau. (Frankfurt a/M., J. Schergens. n. 1.— Weiter nicht erschienen.

— einige, der Ermahnung und Ermuthigung, gerichtet an Christen und Juden bei Gelegenheit der Aufnahme des Herrn Moritz Brühl, Dr. d. Philos., in die kathol. Kirche durch das heilige Sakrament der Taufe. Nebst kurzen Gedanken vom Täuflinge. 8. Ulm 844, Seitz. 1/12 ₰

Worte der Ermahnung und des Trostes, an meine von den Drangsalen des gegenwärtigen Krieges betroffene ... Mitbrüder ... O. O. 1800. V: *Bühler*, *David.* (MGT) (Gradmann, Gel. Schwaben 1802.)

Worte der Ermahnung u. des Trostes, aus der heil. Schrift zusammengestellt; zur prakt. Anwendung bei Krankenbesuchen, besonders für angehende Geistliche. ... Ludwigsburg 827, jetzt Berendsohn in Hamburg. 1/6 ₰

— d. Ermahnung u. d. Trostes aus d. heil. Schrift, zusammengestellt z. prakt. Anwendung bei Krankenbesuchen. 8. Ludwigsb. 827. Nast. 4 ℊ

Worte der Ermunterung zur Kultur der Zuckerrunkel auf Schweizerboden. Von H. 1858. 4°

— bei dem Erneuerungsfeste der Thomasschule in Leipzig, am 20. Nov. 1829 um 5 Uhr Abends in den erstern Lehrsaale gesungen u. gesprochen. gr. 8. Leipz. 830. Reclam. 6 ℊ

— des Ernstes u. d. Liebe in einigen Confirmationsreden. Für junge Christen, deren Eltern u. Freunde zu erbaul. Erinnerung an e. heil. Zeit. 8. (6 B.) Leipzig 835, [Jackowitz.]

Worte des Ernstes in einer ernsten Sache. ... Altona 1831. V: *Moraht*, *Adolph.* (schr) (A)

Worte (Ernste) über falsche Finanzmassregeln durch indirekte Steuern in Bezug auf die Schrift: Ueber den Tabakshandel in Württemberg. Heidelberg, Winter, 1815.

— ernste, von Gott an das zarte Kindesalter. Mit Gebeten und Denksprüchen. 12. Kempt. 828. Dannheimer. 2 ℊ

— ernste, an die deutsche Jugend von e. älteren Offizier. gr. 8. (51 S.) Berl. 892, Mittler u. Sohn. * 1 —

Worte, Ernste, der Vaterlandsliebe an Alle, welche Deutsche sind und bleiben wollen. Deutschland [Marburg] 1813. V: *Wachler*, *Joh. Friedrich Ludw.* (MGT) (WR) (Nowack, Schles. Schriftst.-Lex. Breslau 1836—43. II, 162.) (GGr) (NN) »Cassel 1814« (Ky)

— ernste, d. Vaterlandsliebe, an alle, welche Deutsche sind u. bleiben wollen. gr. 8. Gießen 813. Krieger. 4 ℊ

Worte, Einige, bey Eröffnung des Ruffschen Familienlegats am 10. Nov. 1819. O. O. V: *Reimers*, *Martin Ernst.* (R-N)

— der Erquickung, des Trostes u. der Ermunterung. Ein Erbauungsb. f. alle, die an Jesum Christum glauben. 4. Aufl. 16. (4 1/2 B.) Düsselthal 842, Rettungsanstalt. (Leipzig, Barth.) *

Worte, Einige, über die Errichtung einer Darlehns-Anstalt. Hamb. 1806. V: *Haller*, *Martin Joseph.* (schr) (stam) (CBH)

Worte, Einige, über die projektirte Errichtung einer Eisenbahn München-Augsburg-Nürnberg. Augsburg 1836.

— erste, von Gott an d. zarte Kindesalter. Mit angehängten Gebeten u. frommen Denksprüchen. 12. (2 B.) Kempten 828, Dannheimer.

Worte, Erste, eines verstorbenen Lehrers an seine Gemeine ... Neubrandenburg 1795. V: *Schmidt*, *Friedrich Traugott.* (MGT)

— die ersten, d. Bibel. (Neuer Abdr.) 12. (8 S.) Basel 898. (Kober.) 10 Stück n. — 40

Einige Worte als Erwiederung auf die Prüfung der Bemerkung über die Forstschule zu Karlsruhe. - Karlsruhe 1833. 16 S.

— einige, als Erwiederung auf die Prüfung der Bemerkungen eines Badischen Forstmannes über die Forstschule zu Karlsruhe. 8. Karlsruhe 833. Braun. 1/12 ₰

Worte eines Erziehers an den Vater seiner ersten Zöglinge. Wien 1827. V: *Passy*, *Anton.* (GGr)

— eines Erziehers an den Vater seiner ersten Zöglinge, üb. Beruf, Amt u. Kunst eines Erziehers. 8. Wien 817. Tendler. 5 ℊ

— einige, über den Executivprozeß u. dessen Executionsinstanz, besond. in hypothekar. Schuldsachen. 8. Koburg 829. Riemann. 6 ℊ

Einige allgemein faßliche Worte über die Stuttgarter Allgemeine Rentenanstalt. Stuttgart 1838.

—— einige, über die Fechtübungen der preußischen Kavallerie von einem k. preuß. Officier. gr. 8. (18 S.) Berlin 868, Mittler und Sohn.

Einige Worte über die Fechtübungen der deutschen Kavallerien. Von einem preuß. Offiz. Berlin 1868. 18 S.

Einige **Worte** zur Feyer des letzten Abends des Jahrs 1802 in der g. u. v. L. L[ibanon] z. d. d[rei] Z[edern in Erlangen] gesprochen von dem Br. Redner. Erlangen [1802]. 16 S. 8⁰
Kl. 1133. Selten. Üb. die Quellen des Lebensgenusses.

Worte, Einige, zur Feyer des letzten Abends des Jahres 1802 ... Erlang. 1803. V: *Harles (Harless), Johann Chn Felch.* (MGT) (Ky) (BrMm)

— einige, zur Feier des letzten Abends d. J. 1802, in der g. u. v. L. z. d. d. Z., gesprochen v. d. Bruder Redner (J. C. F. Harles). gr. 8. Erlang. 803.

— einige, üb. die Feier d. Abendmahls nach der Schrift 8. (40 S.) Elberfeld 885. (Faßbender.) n. — 20

Einige Worte über die Feier des Abendmahls nach der Schrift. 2. Aufl. Elberfeld: R. Brockhaus 1898. (40 S.) 1 Bd 8⁰ ([Schriften z. Erbauung u. Befestigg der Gläubigen.] No 243.)

Worte, einige, üb. die Feier des Abendmahls nach der Schrift. 2. Aufl. 8. (40 S.) Elberfeld 898. R. Brockhaus (durch J. Faßbender). n. — 20

— ein paar, z. Feier des 18. Oktbr. 1831 in einer freien deutschen Stadt. An das deutsche Volk. 8. Bremen 832. Schünemann. 5 gr

Worte. Ein paar – an den Feind des Eisengeschirrs Meister Harnisch. S. Hartl, Wien 1781. 1 vol. 8 S.

Fischer, Hannibal: **Worte** gerichtet an Laur. Hann. Fischer, in der Loge zur Pflichttreue im Or. von Birkenfeld am 7ten April 1838, dem 54ten Jahrestage seiner Geburt. [Birkenfeld 1838.] 2 Bl. 4⁰ [Umschlagtit.]
Sprüche bei Überreichung des Blumenkranzes u. Lied ohne Noten.

— flammende, des Protestes. Deutschlands führ. Geister üb. d. Umsturzvorlage. gr. 8. (77 S. m. 1 Formular.) Zürich 895. C. Schmidt. n. 1. —

Worte, Einige, zu Gunsten der Flüchtlinge. Nebst einigen Bemerkungen über den Bericht des Herrn Roschi. Biel 1836. V: *Mandrot.* (Heinrich Schmidt, Die deutschen Flüchtlinge in der Schweiz und die deutsche Arbeiterbewegung 1833—1836. Zürich 1899. S. 11)

Worte im Fluge: über Armee-Verpflegung. Wien 1861. V: *Marenzi von Marenzfeld und Schönegg, Franz Freih.* (KA)

—— im Fluge. Ueber Armee-Verpflegung. 2. Heft: Die Mängel und die Hilfen. (Nach dem Manuscripte des J. 1860.) F. B. M. gr. 8. (VIII und 35 S.) Wien 861, Typographisch-literarisch-artistische Anstalt.

—— einige, geg. d. Flugschrift d. Hrn. G. L. C. Kopp geg. seine Eminenz d. Hrn. Cardinal-Dekan Barthol. Pacca. Mit Aktenstücken. gr. 8. (3½ B.) Augsburg 834, Kollmann. Vgl. Pacca.

—— einige, über Sachsens „Forstbedienten." Geschrieben im Monat August 1848. gr. 8. (52 S.) Freiberg 848, Reimmannsche Buchh. *

— einige, üb. die Frage: in wiefern sind Presbyterien mit d. Symbolen u. d. Verfassung d. evangel.-luther. Kirche vereinbar? gr. 8. Nürnb. 822. Campe. 4 gr

Worte, Ein paar, über die Frage: Ist die Ehe nach dem Ausspruche Jesu und der Apostel in keinem Fall auflösbar? O. O. 1810. V: *Goldwitzer, Franz Wenzel.* (schmal)

—— einige, über die orientalische Frage. Eine Stimme der Mahnung aus Athen. 8. (32 S.) Dresden 853, Schaefer's Verlag. *

Worte, Ein Paar, über die österreichische Frage. Frankfurt a. M. [1848]. V: *Unterrichter, Franz Freih.* (wen S. 184) V: *Unternichter, Franz Freih.* (BMarsch 136)

— einige, über die Frage: Sollte man nicht in unserer aufgeklärten Zeit die heil. Messe in deutscher Sprache lesen?, s. Kleinigkeiten von großem Werthe 5s Bd.

—— einige, einer Frau für Frauen über das Buch der Gräfin Hahn-Hahn: Von Babylon nach Jerusalem. gr. 8. (18 S.) Berlin 852, W. Schultze. *

An die deutschen Frauen treugemeinte Worte einer deutschen Frau (Elisa). Jena. 1849. 8⁰.

— freie, eines Bürgers an den Kaiser von Oesterreich. Leipzig 861. Grunow. gr. 8. (15 S.) n. 2 ngr.

—— freie, eines Bürgers an den Kaiser von Oesterreich. gr. 8. (15 S.) Leipzig 861, Herbig. *

— einige freie deutsche, über Ein- u. Durchgangszölle u. über eine Vereinigung des gesammten Deutschlands zu e. gemeinschaftl. Zoll- u. Handelssystem, von e. Kurhess. vorhinnigen Linnen-Ausfuhrhändler en gros. gr. 8. Cassel 832. Luckhardt. 3 gr

Anonym: „Einige freie deutsche Worte über Eisen- und Durchgangszölle", Cassel 1832. — Vorh.: Com. Bibl. Hamburg.

Freymüthige Worte eines Deutschen in Anhalt über die durch ein Königl. preuß. Ministerialrescript verfügte Ausdehnung der in dem Königl. Gesetze vom 26. Mai 1818 für die preuß. Staaten angeordneten Verbrauchssteuer auf die in den Anhaltischen Staaten transitirenden Waaren. Deutschland. 1819.

Worte (Freimüthige) eines Deutschen in Anhalt, über die, durch ein Kgl. preuss. Ministerialrescript verfügte Ausdehnung der Verbrauchssteuer auf die in die Anhalt. Staaten transitirenden Waaren. gr. 8°. Dessau, Ackermann, 1819.

Worte der Freude! bei der Allerhöchsten Anwesenheit Ihrer k. k. Majestäten Franz Joseph und Elisabeth von Oesterreich 2c. 2c. 2c., zu Prag im Juni 1854. In tiefer Ehrfurcht dargebracht von den blinden Pfleglingen der Versorgungs- und Beschäftigungsanstalt für erwachsene Blinde in Böhmen. Fol. (2 Blätter.) Leitmeritz. Druck von C. W. Medau.

Worte der Freude, Huldigung und Liebe, bei Gelegenheit der feierlichen Vermählung Sr. k. k. Apostol. Majestät Franz Joseph I. mit Ihrer königl. Hoheit der durchlauchtigsten Prinzessin Elisabeth in Baiern, am 24. April 1854. Gesprochen von einem Schüler der k. k. Unterreal- und Normal-Hauptschule bei St. Anna in Wien. 8. (2 Blätt.) Wien. Mechitharisten-Buchdruckerei. 1854.

Worte der Freude und Liebe aus dem Herzen der Gattinn and Kinder gesprochen zur Geburtstags Feyer des Herrn Adolf Bäuerle (am 9. April 1823). Wien 1823. V: *Langer, Johann.* (GGr IX, 80)

Worte eines Freundes an Fräulein Laura Trummler bei ihrer ehelichen Verbindung mit Herrn Doctor Ernst Giese den 14. April 1846. [Gotha.] V: *Welcker, Philipp Heinrich.* (ABJP)

Worte der Freundschaft. (Oval ausgestanzt.) 12. (12 S. m. farb. Illustr.) Leipzig 890. Meißner & Buch. n.n. — 50

Worte der Freundschaft und Liebe, an alle Teutsche Mädchen, die gern froh und glücklich werden wollen . . . Wittenberg u. Leipz. 1804. V: *Kühne, Christian Friedrich Gottlob.* (MGT) (Ky)

— der Freundschaft u. Liebe an alle deutsche Mädchen, die gern froh u. glücklich werden wollen, (v. Chr. Fr. Glo. Kühne). Seitenstück zu Elisa, od. d. Weib u. zu Ewalds Kunst, ein gutes Mädchen zu werden. 8. Leipz. 804. (Graffé in Weißenf.) 21 gl

— einige freundschaftliche, an die verschiedenen Parteien in Europa. In unsern so wichtigen u. ernsten Tagen. Aus dem Franz. 8. (40 S.) Stuttgart 852. Quack. 3 ngl

— zum Frieden, von e. nichtpreußischen Deutschen. 8. Jena 815. Cröker. 4 gl

— des Friedens, gesprochen von e. kathol. Pfarrer am Niederrhein an seine Mitbrüder, die kathol. Herren Pfarrer des Bisthums Trier. Veranlaßt durch einen Artikel der Hanauer Zeitung unter Nr. 277. im Nov. 1831. gr. 8. Köln u. Aachen 831. DuMont-Schauberg. 2 gl

Worte des Friedens. Münster 1870. V: *Galen, Ferdinand Graf von.* (Rass)

—— des Friedens. gr. 8. (III, 74 S.) Münster 871, Russell's Verlag. *

— einige, bei Gelegenheit des allgemeinen Friedens. 8. Neustrelitz 802. Albanus. 3 gl

Worte, Einige, zum Frieden und zur Verständigung. Wien 1848. V: *Königsbrunn, Arthur Freih. v.* (Sammlung Helfort. Wien 1898. S. 92.)

Worte Friedrichs des Großen. Berlin: Reuter u. Stargardt 1849. 16 S. 8°

— d. Fürsten, Stimmen d. Völker, Einflüsterungen d. Dämonen. gr. 8. Münch. 815. J. Lindauer. 6 gl (Aus d. Allemania abgedruckt.)

— ein paar, über die schamlose Schmähschrift: Gallerie d. merkw. baierschen Staatsbeamten. 3s Heft. 8. Sulzb. 803. v. Seidel. 3 gl

Worte zum Gedächtniss der Emilie Fr. Gräbener geb. Herbst. Sinsh. 1877. V: *Hess & Schmidthenner.* (Hof- u. Landesbibl. Carlsruhe. Zugangsverz. 1899.)

Worte zum Gedächtnis an den Geheimen Regierungsrat Prof. Dr. Emil Grosse, weil. Direktor des Kgl. Wilhelms-Gymnasiums zu Königberg, gesprochen am Grabe des Verewigten von seinem Amtsnachfolger. Königsberg, 3. Mai 1904. Königsberg i. Pr. 1904. V: *Wagner, Ernst.* (Berl 1904, S. 658)

— zum Gedächtnis an den Geh. Regierungsrat Prof. Dr. Emil Grosse, weiland Direktor des Königl. Wilhelms-Gymnasiums zu Königsberg, gesprochen am Grabe des Verewigten v. seinem Amtsnachfolger. Königsberg. 3. V. 1904. (7 S.) 8. Königsberg (904). (W. Koch.) n.n. — 25

Herz, Rud.: **Worte** des Gedenkens an Rud. Herz, geb. am 21. April 1842, gest. am 10. April 1897. o. O. [1897]. 11 S. 8° [Umschlagtit.]
Enth. S. 8—10 Gedächtnisworte von L. Laquer für die Loge Sokrates, Frankfurt a. M.

Worte, Ein paar, über die angebliche Gefährlichkeit der Rendsburg-Schleswig-Flensburger Eisenbahn. [Flensburg 1845.] V: *Jensen, H. C.* (schles)

Gefangenen, Des, auf St. Helena merkwürdigste Worte, Meinungen, Handlungen, Charakterzüge, Briefe und Anecdoten. 1815. 8°

—— geflügelte, s. Büchmann, Geo.

– geflügelte, von E. M. Arndt, Klopstock, Stolberg, Herder, Rückert u. Geibel an die Deutschen. Gütersloh 870. Bertelsmann's Verl. gr. 8. (36 S.) n. 10 ngr.

Worte, Geflügelte. Der Citatenschatz des deutschen Volkes. Gesammelt und erläutert von Georg Büchmann. Fortges. von Walter-Robert-Tornow. 20. Aufl. Berlin 1900. H: *Ippel, Eduard.* (Deutsche Rundschau 105, 471—472.)

— geflügelte, in Bildern u. Blüten. 8. (24 S. m. z. Tl. farb. Bildern.) Berlin 894. W. Schultz-Engelhard. 2. 50

— geflügelte, aus u. üb. Oesterreich. Von Argus. E. Suppl. zu Büchmann's „Geflügelten Worten". 8. (64 S.) Wien 896. F. Schalk. n. 1. —

—— für d. Gegenwart üb. die Bischöfe Ungarns u. ihre Güter. Von J. G. F. gr. 8. (2¾ B.) Tirnau 843, Wachter'sche Buchh.

Worte, Einige, über den Geist des Christenthums und der Litteratur . . . [Luzern] 1810. V: *Gügler, Alois.* (MGT) (Th) (AarK)

Worte [illegible] Landgespräche [illegible] Berlin [illegible] 8

—— eines kathol. Geistlichen üb. d. köln. Irrungen. Landgespräche u. Betrachtn. f. Gebildete. 8. (5⅛ B.) Berlin 838, Nubach.

Worte, Ein Paar, über das Geschick der Hülfsprediger . . . München 1809. V: *Wahl, Gg.* (MGT) »1810« (Ky)

— ein paar, über d. Geschick d. Hülfspriester, (v. Geo. Wahl). 8. Münch. 810. Fleischmann. 6 kr.

Worte, Einige, über den Gesundheitsdienst in den Schweizercorps . . . [Neapel 1855.] V: *Isenschmid.* (Cat. d. Stadtbibl. Zürich. Zürich 1864—97.)

— einige, üb. den tarif- u. nicht tarifmäß. Gewinn d. Bierbrauer in Braustätten, ein Augenwischer f. alle Biertrinker. 8. Erlang. 821. Heyder. 4 kr.

— einige, üb. den tarif- u. nicht tarifmäß. Gewinn d. Bierbrauer in Braustätten, ein Augenwischer f. alle Biertrinker. 8. Erlangen 822, Heyder.

Worte des Glaubens. Eine Sammlung kirchlich approb. Gebete. Einsiedeln, Köln: Benziger & Co. 1898. (256 S.) 8° [J.]

—— des Glaubens aus dem Munde des weil. evangel. Bischofes Dr. Dräseke. Eine Konfirmationsgabe, zusammengestellt von E. Lotze. gr. 8. (VI, 176 S. mit 1 Lichtdr.) Magdeburg 882, Heinrichshofen's Verlag. geb. mit Goldschn. *

— einige, über das Glaubensbekenntniß eines Rationalisten rc., ist (von M. W. G. Müller).

—— eines Gläubigen aus Deutschland. gr. 8. (10 B.) Leipzig 834, [Böhme.]

—— eines Gläubigen üb. Verehrung d. heil. Rockes, veranlaßt durch die Schrift: Urtheil e. kathol. Priesters über d. hl. Rock zu Trier. Von e. Weltpriester. 16. (1 B.) Borken 845, Brunn.

— die gleichlautenden, der franz. Sprache, siehe: Recueil.

— der Gnade u. Wahrheit. Hrsg. v. M. Springer. 1. Jahrg. 1893. 12 Nrn. 12. (332 S.) Vohwinkel. (Elberfeld, J. Faßbender.) Geb. in Leinw. n. 2. 50

— dasselbe. Monatsschrift zur Erbauung u. Belehrg. f. das christl. Volk. Hrsg. v. M. Springer. 2. Jahrg. 1894. 12 Nrn. (à ca. 2 Bog.) 12. Ebd. n. 2. —

—— goldene. Zum Ehrengedächtnis des evangel. Bischofs Dr. Draeseke hrsg. von E. Lotze. gr. 8. (IX, 176 S.) Ebendas. 882. *

Worte, goldene. 82. (64 S. m. farb. Illustr.) [Münch. 889.] Nürnb., Stroefer. geb. * 1 —

— - goldene. qu. 16. (14 S. m. farb. Abbildgn.) Lpz. 890, Meißner u. Buch. ** — 75

Goldene Worte fürs Leben. Gesammelt aus d. Born deutscher Dichtg u. Weisheit. Hannover: Dunkmann [1898]. (4 Bl., 112 S.) 1 Bd 4°

— goldene, fürs Leben. Gesammelt aus d. Born deutscher Dichtg. u. Weisheit. gr. 4. (IX, 104 S. m. Zierleisten u. Abb.) Hannover 898. Berlin, Georg Minuth. Geb. in Leinw. n. 6. —

— goldene, auf den Lebensweg aus der Hl. Schrift u. aus Werken deutscher Dichter m. Berücksicht. der Aussprüche u. Lieblingssprüche deutscher Fürsten u. Fürstinnen. qu. 64. (110 Bl.) Chemnitz 894. M. Bülz. Mit Goldschn. Ausg. A in Ldr.-Etui n. 4. —; Ausg. B n. 9. —

— goldne, f. d. Lebensweg aus der Hl. Schrift u. aus Werken deutscher Dichter m. Berücksicht. d. Aussprüche u. Lieblingssprüche deutscher Fürsten u. Fürstinnen. (Ausg. C.) qu. 32. (110 Bl.) Chemnitz 896. M. Bülz. In Etui n. 2. —

Worte, Goldene, aus der Nachfolge Christi auf jeden Tag des Jahres . . . neu bearb. von P. Cölestin Muff . . . Einsiedeln 1901. V: *Thomas a Kempis.* (BBullschw 4, 1904)

— göttliche, für leidende Christen, zur Heiligung u. Beruhigung. Gesammelt aus d. A. Testamente, auf alle Tage des Jahres. 12. Augsb. 828. Jos. Wolff. 4 kr.

[Worte.] An Joh. Nicol. Bischoff's Grabe gesprochen den 27. Oct. 1833. [Als Ms. f. Brr.] Dresden [1833]: Gärtner. 7 S. 8°

Hartz, Ernst Friedrich: **Worte** am Grabe des verewigten Br. [Ernst Friedrich] Hartz gesprochen den 22. April 1855. [Bautzen 1855:] Blochmann & Sohn. 2 Bl. 4°. [Kopftit.]

Kirchdörfer, Karl: **Worte** am Grabe des Herrn Carl Kirchdörfer. Geboren den 14. Sept. 1841. Gestorben den 17. Nov. 1875. Halle 1876: Fritsch. 10 S. 8° [Umschlagtit.]
Tt. 2248. Enth. auch den Nachruf der Loge zu den sieben Burgen in Hall, gesprochen von D. Stützner, zu den drei Cedern in Stuttgart, gesprochen von G. Roos.

Meissner: **Worte am Grabe des verewigten Br's Meissner.** Den 24sten Aug. 1821. o. O. [1821]. 4 Bl. 8° [Umschlagtit.]
Üb. den Trost am Grabe.

Worte am Grabe des Georg Friedrich Muller, Missionar. Geb. in Tuttlingen ... 1818. Gest. in Stuttgart, am 13. Apr. 1888. Beerdigt daselbst, am 16. Apr. 1888. 8. Stuttgart.

—— **am Grabe des sel. Prof. Dr. J. C. v. Orelli.** gr. 8. (16 S.) Zürich 848, Meyer und Zeller. *

Worte am Grabe des seligen Prof. Dr. J[ohann] C(aspar) v(on) Orelli. Zürich 1849. 8°

Ein paar Worte gratis. Wien, Hartl, 1781.
Citirt Geissau p. 49. — Gugitz (p. 148) konnte kein Expl. erlangen.

— — eines edlen Greises uber einen weisen und frohen Genuß des Lebens. Mit farbigem TKpfr. Leipzig 1806. 8°. 8 u. 220 SS.

Worte eines edlen Greises an seine Zeitgenossen über einen weisen und frohen Genuss des Lebens. Leipzig 1801. V: *Kerndörffer, Heinrich August.* (MGT) (NN) (ErGr) (Ky) »1800« (ErschDL)

— **e. edlen Greises an seine Zeitgenossen üb. e. weisen u. frohen Genuß d. Lebens, (v. H. A. Kerndörfer). 8. Leipz. 801.**

Worte eines Greises in unserer schleswig-holsteinischen Landessache zur Ermunterung seiner Landesbrüder und Landesschwestern ihr gutes Landesrecht mit aller Energie zu wahren. o. O. u. J. [1863.] 8°.

— **eines Greises an seinen Sohn.** 12. Stuttg. ... Magazin f. Lit. 6 gr mit Kpf. 12 gr mit illum. Kpf. 16 gr

Worte, Griechische, als Passworte in den Ordens-Systemen des 17. Jahrhunderts. Berlin 1908. V: *Keller, Ludwig.* (wolfstieg II, 464)

Worte, Einige, über die im preussischen allgemeinen Landrecht ausgesprochenen staatsrechtlichen Grundsätze. Berlin 1828. V: *Klewitz, Anton Wilhelm Ritt. von.* (Russell XVI, I, 2, 1871)

—— einige, üb. die im Preuß. Allgem. Landrecht ausgesproch. staatsrechtl. Grundsätze. Von W. v. K. 8. (3 B.) Berlin 828, Nicolai.

—— gute, oder goldene Aepfel in silbernen Schalen. 16. (96 S.) Cleveland 871. (Philadelphia, Schäfer und Koradi.) geb. *

— **gute, ausgewählt aus den Reden u. Verhandlungen der Landessynode des Königr. Sachsen vom Oktbr. 1906 u. weiteren Kreisen dargeboten v. e. Freunde der Landeskirche.** (64 S.) 8. Leipzig 906. H. G. Wallmann. n. — 50

— einige gutgemeinte, gegen Freimund Läster er. 8. Nürnberg 838. Raw. 1 gr

Worte. Einige gutgemeinte W' über die Wichtigkeit der Maiwahlen. von einem katholischen Rheinthaler an seine Mitbürger. 8. St. Gallen 1847.

Worte, Einige, über Callisens Handbuch . . . O. O. [1821]. V: *Decker, Jacob.* (LS)

— einige, über Bremens Handel, von einem Bremer Kaufmanne. gr. 8. Bremen 841. (Geisler.) n. 1/6 ℔

Worte, einige, über Handel u. Industrie in Deutschland, mit besond. Rücksicht auf Baiern. gr. 8. Münch. 830. v. Cotta. 16 gr

—— einige, üb. Handel u. Industrie in Deutschland, mit besond. Rücksicht auf Bayern. Geschrieben f. alle Stände, v. Einem Deutschen. (Mit e. Anh., e. krit. Vergleich d. preuss.-hess. u. bayerisch-würtemberg. Zolltarifs mit d. französ. enthalt.) gr. 8. (11 B.) München 830, [Literar.-artist. Anstalt.]

—— einige, üb. Handel u. freien Verkehr im Allgem., u. insbesond. zwischen d. verschied. Bundesstaaten, mit Hinblikk auf d. Art. 19 d. deutschen Bundesacte u. d. neuen Preuss.-Baierischen (Würtemberg, beide Hessen, Sachsen u. d. Thüring. Staaten) begreifenden Zollverband. gr. 8. (3 B.) Mainz 833, Kupferberg.
Aus d. „Archiv f. d. neueste Gesetzgebung v. Alex. Müller" besond. abgedruckt.

Worte, einige, über die Handels- und Industrie-Verhältnisse des Grossfürstenthums Siebenbürgen. *Kronstadt* 1857. Gedruckt bei *Johann Gött.* 14 S. 8°.

Worte, Ein Paar, an Berno de Hastefeld . . . Buchau 1790. V: *Vogler, Johann Baptist.* (MGT)

—— **des Heilandes an Christenkinder.** Eine Neujahrsgabe in 17 Kinderpredigten von Frauenhand. Nach dem Engl. 2., mit einigen Liedern verm. Aufl. 32. (VI und 72 S. mit 1 Holzschn.) Berlin 855(56,) Dümmler's Verlag. *

— des Heilandes, an Kinder, im neuen Jahre, siebenzehn Predigten von einer Dame, geschrieben für Kinder. Aus d. Engl. 12. Berl. 820. Dümmler. 6 gr

Worte, Heilige, Gottes, oder auserlesene Sammlung von Glaubens- und Klugheitssprüchen ... Coblenz 1824. V: *Dewora, Victor Joseph.* (Ky)

— heilige, Gottes, od. auserles. Samml. v. Glaubens-, Sitten-, Trost- u. Klugheitssprüchen, aus allen Büchern d. heil. Schrift, alten Testam. rc., (v. V. J. Dewora). 8. Coblenz 824. Hergt. 16 gr. dass. für Israeliten. 12 gr.

— Gottes, heil., od. auserl. Samml. v. Glaubens-, Sitten-, Trost- u. Klugheitssprüchen aus allen Büchern d. h. Schrift alt. Testam. Allen denkenden Menschen gewidmet, als ein kl. Beitrag, daß es besser auf Erden werde! 8. Coblenz 824, N. Gelehrt. Buchh. Für Christen. 16 gr. Für Israeliten.

Worte, Des Herrn, für sein Volk in dieser Zeit. O. O. 1789. V: *Schneider, Johann Friedrich.* (MGT)

— des Herzens. Eine Festgabe aus den Papieren einer Ungenannten. 12. (VI und 136 S.) Altona 859, Wendeborn'sche Buchh. * 15 Ngr.; geb. *

— des Herzens. Eine Festgabe aus den Papieren eines Ungenannten. 3. verm. Aufl. 8. (VI, 178 S.) Itzehoe 874, Nusser. *
geb. mit Goldschn. *

— des Herzens. Eine Blüthenlese aus deutschen Dichtern und Denkern. 40 Chromolithogr. gr. 8. (49 S.) Leipzig 888. Meissner & Buch. In Orig.-Prachtbd. m. Goldschn. n. 5. —

— des Herzens zum 3. August. Gedicht auf e. Gesundbrunnen. gr. 8. Berl. 817. Mittler. 3 gr.

Worte des Herzens, zur Erinnerung und Beherzigung ... Riga 1813. V: *Essen, Andreas Immanuel von.* (R-N)

— aus dem Herzen zum Herzen, gesprochen vor Eröffnung d. Tafel am Geburtstage Sr. Maj. d. Königs im Lokale der Loge Eugenia zu Danzig, am 3. Aug. 1831. 2e Aufl. gr. 8. Danzig 831. (Gerhard). 4 gr.

Worte des Herzens, dem Br. C. L. Wimmel und Br. E. H. Eden am Stiftungsfeste der ehrw. Loge z[um] r[oten] Adler dargebracht von den Beamten. Hamburg, den 14. Mai 1836. [Hamburg 1836]: Menck. 2 Bl. 8⁰
Ohne Noten: „Voll Lieb' und Lust sind wir vereint ..."

Worte, einige herzliche, in Antwort auf d. offene Sendschreiben des neubekehrten Dr. Carl Haas. An diesen, seine ehemal. Pfarrgemeinde u. seine Gegner gerichtet v. e. unpartheiischen Freunde d. Wahrheit. gr. 8. (1⅛ B.) Regensburg 841, Manz.

— hochwichtige, f. die guten Bewohner d. linken Rheinufers. 8. Thal Ehrenbreitstein ... Gehra. 4 gr.

Worte vaterländischer Hoffnung an alle, welche Deutsche sind und bleiben wollen. Deutschland [Marburg] 1813. V: *Wachler, Johann Friedrich Ludwig.* (GGr)

Worte Vaterländischer Hoffnung den edeln und biederen Männern deutscher Nation an das Herz gelegt. Marburg 1814. V: *Wachler, Johann Frdr. Ludwig.* (GGr)

Worte eines Holsteiner's im Jahre 1814. Germanien [d. i.: Hamburg]. 1814. 8⁰

— eines Holsteiners, im J. 1814. gr. 8. Hamb. 814. Perthes u. B. 5 gr.

Worte, Einige, zu William Miles Huf des Pferdes ... Dresden 1852. V: *Einsiedel, Curt Graf v.* (Ky)

— einige, zu William Miles Huf des Pferdes und dessen fehlerfreier Erhaltung von C. Gr. v. E. für Sachsen. 8. (13 S.) Dresden 852, Blochmann jun. **

Worte Jesu, zusammen geschrieben von einem christlichen Dichter. [Zürich] 1792. V: *Lavater, Johann Kaspar.* (schstr S. 127)

— Jesu Christi an das Herz des Jünglings; in 31 Betrachtungen. Aus d. Italien. 12. Innsbruck 837. (Augsburg, Kollmann.) 5 gr.

— Jesu Christi an d. Herz d. Jünglings; in 31 Betrachtn. A. d. Italien. 12. (5⅓ B.) Innsbruck 837. (Regensburg, Manz.)

Worte, Jesus einzelne. Zusammengestellt und zur Erbauung besonders hsg. St. Gallen 1848. V: *Bernet, Johann Jacob.* (Ky)

— Jesu an die Müden. 16. (126 S.) Barmen 874. Wiemann. n. — 50; geb. m. Goldschn. n. 1. —

— dasselbe. 3. Aufl. [28. Tausend.] 16. (126 S.) Barmen 874. (Berlin, Beck.) — 45; geb. m. Goldschn. n. — 80

— Jesu an die Müden. Vom Verf. der Schriften: „Er ist treu, der — verheißen hat" rc. 16. (126 S.) Barmen 879. Wiemann in Comm. — 60; m. Goldschn. 1. 20

Worte Jesu an die Müden. Vom Verf. der Schriften: „Er ist treu, der — verheißen hat", „Der Bogen in den Wolken" usw. 9. Aufl. (51.—54. Taus.) (127 S.) 8×13 cm. Barmen (908). Wuppertaler Traktat-Gesellschaft. — 30; geb. in Leinw. — 60; m. Goldschn. — 75

— einige, über die Industrie-Ausstellung in New-York so wie über den wahrscheinl. Einfluß, den dieselbe auf Deutschlands Handel und Gewerbe haben wird, und anhänglich über die Empfehlung des Eisens bei Bauten. Hrsg. von einem Bewohner Sachsens. gr. 16. (IV und 44 S.) Leipzig 853, C. L. Fritzsche.

Einige **Worte** aus dem Innersten, für die, die noch im Tempel und in den Vorhöfen sind. Von 15. Leipzig: Gräff in Komm. 1797. 30 S. 8⁰
Mystisch-frmrische Schrift. Enth. Sentenzen als „Regeln fürs Aeussere u. Innere".

— frohen Jubels u. freudiger Begrüßung, dem hochwürd. Metropoliten u. Erzbischofe Dr. Ign. Demeter, am Consecrationstage geweiht. gr. 8. Freiburg 837. Herder. 1/6 ℛ

Pohle, Gottl. J.: **[Worte.]** Dem maurerischen Jubelfeste des Brs. J. Gottl. Pohle in Glatz. 1827. 8⁰
Kl. 1823 b.

—— einige, zur Judenfrage. Von —ff— [Efferts]. 2. Aufl. gr. 8. (VIII, 107 S.) Berl. 892, Dewald. * 1 —

Worte, Einige, zur Judenfrage ... 2. Aufl. Berlin [1894]. V: *Effertz, Otto.* (Berl)

— einige, zur Judenfrage. Von —ff— (Otto Effertz). 2. Aufl. gr. 8. (VIII, 109 S.) Berlin 894. G. A. Dewald. n. 1. —

Worte, Einige, gesprochen den 2. Juli 1821 am Tage der Eröffnung der ... Erziehungsanstalt für ... taubstumm geborenen ... Kinder ... Breslau 1821. V: *Geiser, Johann Christian Daniel & Georg Philipp Mogalla.* (Kat. d. Druckschr. üb. Breslau. Breslau 1903. S. 327.) (Nent)

—— einige, zur Kaiser Franz-Josefs-Kirchen-Baufrage. Von E. H. gr. Lex.-8. (15 S.) Wien 853, Gerold's Sohn.

Worte, einige, über die Cassirung der Würzburger Landtagswahl von 1875, gleichzeitig ein Weckruf zur bevorstehenden Neuwahl. 8. (41 S.) Würzburg 876, Wörl. — 40

Worte eines gläubigen Katholiken an die gläubigen Protestanten ... über die Berufung des Dr. Strauss. St. Gallen 1839. V: *Höfliger, Frdr. Jos.* (Th)

—— eines gläub. Katholiken üb. d. Berufung d. Dr. Strauß, an d. gläub. Protestanten im Kant. Zürich u. außer demselben. gr. 8. (3/4 B.) St. Gallen 839, (Scheitlin u. Zollikofer.)

— einige, über die Katholiken in Würtemberg. gr. 8. Augsburg 834. Kollmann. 1/8 ℛ

—— einige, über die Kaymenen, s. a. Ludwig, Salvator.

Worte, Einige, über die Kaymenen. Prag 1875. V: *Ludwig Salvator Erzherzog von Österreich.* (EB)

—— an Kinder. gr. 16. (6 Bl.) Leipzig 859, (Bredt.) *

Worte, gesprochen in der Kirchenruine auf dem Oybin am 9. Sept. 1849; gerichtet an eine Versammlung von Brn von einem Br aus dem Or. B. [Bautzen 1849: Monse.] 2 Bl. 4⁰ [Kopftit.]
Üb. die in der Natur liegenden mrischen Symbole u. üb. das einigende Band in der Mrei.

Worte der Klage und Ermahnung an die Basler Mission ... Bern 1846. V: *Valenti, E. J. G. de.* (Zu) (Ky) V: *Valenti, L. de.* (Cat. d. Stadtbibl. Zürich. Zürich 1864–97.)

—— der Klage u. Ermahnung an d. baseler Mission, sowie an die Freunde u. Beförderer d. Mission u. des Reiches Gottes überhaupt. M. besond. Rücksicht auf die Missionsrede d. Hrn. Prof. Ebrard in Zürich: „Die Einwürfe wider d. Mission." (v. de Valenti.) gr. 8. (5 B.) Bern 846, Huber u. Comp. *

Worte, Klopstocks. An Seinem Sarge gesprochen den 22. März 1803. Hamb. 1803. V: *Meyer, Friedrich Johann Lorenz.* (Schr) (GGr)

—— einige, üb. d. Communalgarden im Königr. Sachsen. Von e. Communalgardisten. Bei Gelegenheit d. Feier d. 3. Constitutionsfestes in Leipzig, d. 4. Sept. 1834. 8. (1 B.) Leipzig, Fort.

Die Worte des Königs am 15. Oktober 1848. Auf die Anrede der Deputation der Stadtverordneten. Druck von W. Fähndrich. 1 Bl. Fol.
Flugblatt. Berlin, 13. Okt. 1848.

—— des Königs, an sein Volk in ihrer religiös-polit. Bedeutung. Als Anh. d. Reden Sr. Maj. d. Königs zu Königsberg in Pr. u. Berlin. gr. 8. (2½ B.) Berlin 840, Hayn.

Königliche Worte, zum Verständniß der neuesten Ereignisse. In der Nacht vom 18. zum 19. März — Druck von W. Fähndrich und Comp. 1 Bl. Fol.
Flugblatt. Berlin. 12. Nov. 1848.

— eines Kranken für Kranke. [Aus: „Kirchl. Wochenbl. f. d. Prov. Sachsen".] Mit einem Vorwort v. Moeller. 16. (IV, 24 S.) Magdeburg 882. Creutz in Comm. n. — 20

EINIGE Worte über Kranken- und Armenpflege in Spitälern. Den Freunden der Kranken und Armen gewidmet. I. Die barmherzigen Schwestern. II. Ausbreitung des Ordens Fünfkirchen 1846: Lyceums Buchdruckerei. 19 S. 1 t. - 204 mm

Worte, Einige, über die Krankheiten der hiesigen Bauern. Mitau 1793. V: *Balk, Dan. Georg.* (Call)

— etliche, über die Krankheiten d. kurländ. Bauern. gr. 8. Mitau 793. (Friedrich in Libau). 5 gr

Worte, Einige, über die gegenwärtig in der Gegend von Andernach herrschenden Krankheiten. Andernach 1803. V: *Sandfort.* (Ky)

— einige, über die gegenwärtig in d. Gegend v. Andernach herrsch. Krankheiten, (v. Sandfort). 8. Andernach 803. Lassaulx u. H. 4 gr

— einige, über den Criminal-Prozeß gegen D. Wilh. Jos. Behr aus Würzburg. gr. 8. Zürich 834. Geßner. 1/8 ℛ

—— einige, üb. d. Kriminal-Prozeß geg. D. Wilh. Jos. Behr, aus Würzburg. gr. 8. (2 B.) Zürich 834, [Siegfried.]

Worte, Einige, über die Kuhblattern und deren Impfung . . . Breslau 1802 [1801]. V: *Friese, Frdr. Ghelf, Joh. Frdr. Mich. Kruttge, Hartmann, Elias Henschel, Schwindt & Abraham Zadig.* (Call) (Nowack, Schles. Schriftst.-Lex. Bresl. 1843—46. V, 28.)

— einige, über die Kuhblattern ꝛc. u. deren Impfung, nebst Fortsetzung dazu. 8. Bresl. 802. (Gosohorsky). 8 gr

— einige, über die zweckmäßige Kultur der Maulbeerbäume, nebst einem Anh. über einige Gegenstände der Seidenzucht. Von einem prakt. Landwirthe. gr. 12. (36 S.) Bozen 848, Eberle. 3 ngl

Worte, Einige —. Ueber den gegenwärtigen waldbürgerlichen Kupfer- und Silberhütten-Betrieb in Ober-Ungarn, von einem oberungarischen Waldbürger. 8. (8 S.) Leutschau. Joh. Werthmüller und Sohn. 1852.

Worte, Kurze, zur Widerlegung des Pamphlets, welches Johann Schweizer gegen Jacob Schwander in's Publikum geben liess. 1836. O. O. 1836. V: *Schwander, Jacob.* (Cat. d. Stadtbibl. Zürich. Zürich 1864—97.)

—— eines Layen über den jüdischen Religions-Unterricht und über das Rabbinenthum in Ungarn. gr. 8. (16 S.) Pesth 850, Geibel.

Worte eines Laien über die christliche Sonntagsfeier . . . Berlin 1842. V: *Bötticher, Wilhelm.* (ZU) (KY)

—— eines Laien üb. d. christl. Sonntagsfeier an ihre Gegner u. Verächter (v. W. Bötticher.) gr. 8. (3 B.) Berlin 842, Wohlgemuth's Buchh.

Worte, Einige, über das neue Tiroler Landesstatut von einem Tiroler. München 1860. V: *Unterrichter, Karl Freiherr von.* (Margr)

Worte, Einige, über die nützlichsten und dringendsten Land- und Wasser-Strassen in Ungarn . . . 2. Aufl. Wien 1844. V: *Pidoll zu Quintenbach, Carl.* (WFM)

—— einige, üb. d. nützlichst. u. dringendsten Land- u. Wasser-Straßen in Ungarn, z. Erleichterung der Ausfuhr. Von O. P. C. 2., verb. u. verm. Aufl. gr. 8. (3 B. u. 1 Uebersichts-Karte.) Wien 844, Gerold, Verl.

—— einige, geg. das Lautiren, nebst e. kurzen Charakteristik d. gebräuchlichsten Landfibeln u. einigen Hindeutungen auf d. Erfordernisse e. zweckmäß. eingericht. ABC-Buches, von e. Hannoverschen Lehrer. gr. 8. (2 B.) Hannover 834, Helwing.

—— für's Leben. Lebensweisheit und Lebenstrost aus Dichtermund. Mit 12 Illustr. in Farbendr. von Felix Joerdens. gr. 16. (200 S.) Leipzig 879, Arnoldische Buchh.
geb. mit Goldschn. * 7 50

—— für's Leben. Lebensweisheit und Lebenstrost aus Dichtermund. Mit 12 Illustr. in Farbendr. von Felix Joerdens. 2. Aufl. 12. (201 S.) Leipzig 880, [Arnoldische Buchh.] Zehl's Verlag. geb. mit Goldschn. *

—— des Lebens. 100 Bibelsprüche in Farbendr. 24 verschiedene Zeichnungen (Ziehkästchen). 32. Berlin 884, (W. Schultze.) In Etui *

— für's Leben. Lebensweisheit u. Lebenstrost aus Dichtermund. Mit 12 Illustr. in Farbendr. v. Fel. Joerdens. 5. Aufl. 12. (204 S.) Leipzig 893. E. Haberland. Geb. in Leinw. m. Goldschn. n. 3. —

Worte, Ein paar, aus dem Leben Anscharius, Apostel des Nordens genannt. Altona 1826. V: *Bertels, Johann David.* (GGr) (NN) (LS)

— einige, fürs tägliche Leben, s. a. Strahlen, theosophische. 14.

Einige Worte fürs tägliche Leben. Geschrieben von e. 'Meister d. Weisheit'. *Berlin: P. Raatz 1904.* (14 S.) 8°
= Strahlen, Theosophische. No 14.

Lebende Worte und Werke. Bd. 1. (Düsseldorf & Leipzig: K. R. Langewiesche 1902.) 8°

— u. **Werke,** lebende. Auswahl u. Sammelbände. 1. bis 8. Bd. 8. Düsseldorf, K. R. Langewiesche. à n. 1. 80; geb à n. 3. —

Arndt, Ernst Mor., deutsche Art. Auszüge aus den Schriften v. A., nebst einigen Briefen u. Gedichten. Hrsg. v. Glieb Schilling. (172 S.) (903.) (Bd. 3.)
Carlyle, Thom., arbeiten u. nicht verzweifeln. Auszüge aus seinen Werken. Deutsch v. Maria Kühn u. A. Kretzschmar. 51.—60. Taus. (220 S.) (905.) (Bd. 1.)
Claudius, Matthias, bei den Demütigen ist Weisheit. Auszüge aus seinen Schriften, nebst ausgewählten Gedichten. Hrsg. v. Hans Thun. 1.—5. Taus. (208 S.) (905.) (Bd. 7.)
Kühn, Maria, macht auf das Tor! Macht auf das Tor! Sammlung deutscher Volkskinderlieder, Reime, Scherze u. Spiele. 1.—5. Taus. Mit Melodien. (231 S.) (905.) (Bd. 6.)
Luther, Mart., denn der Herr ist dein Trotz. Auszüge aus seinen Werken. Gewählt v. Fritz Bredow. (199 S.) (904.) (Bd. 2.)
Mörike, Eduard, „du bist Orplid, mein Land!“ Ausgewählte Gedichte u. Erzählgn. Hrsg. v. Will Vesper. Mit 1 Porträt-Silhouette u. m. 7 Zeichnungen Schwinds zur „schönen Lau“. 1.—10. Taus. (296 S.) (906.) (Bd. 8.)
Ruskin, John, Menschen untereinander. Auszüge aus seinen Schriften. Auswahl u. Uebersetzg. v. Maria Kühn. (228 S. m. Bildnis.) (904.) (Bd. 4.)
Volkslieder, deutsche. „Von rosen e. krentzelein“. Hrsg. v. Hub. Stierling. (232 S.) (904.) (Bd. 5.)

Worte u. Werke, lebende. Auswahl u. Sammelbände. 8. Düsseldorf 907. K. R. Langewiesche. Jeder Bd. 1.80; geb. 3. —

Emerson, Ralph Waldo, die Sonne segnet die Welt. Auswahl aus seinen Werken: Essays u. Vorträge. Hrsg. v. Maria Kühn. 1.—12. Taus. (313 S. m. Bildnis.)

— der Lehre u. des Trostes, oder Predigten zum Todlachen, von Pater Cochem d. Jüng. 8. Bresl. … Buchheister. 6 gr

— der Lehre u. d. Trostes, den Spöttern zum Spotte, den Aufgeklärten zum Hohn. 8. Leipz. … (Wienbrack). 6 gr

— d. Lehre u. d. Trostes, d. Spöttern z. Spotte, d. Aufgeklärten z. Hohn, u. d. Gläubigen als Wahrheit gesprochen, v. Pater Franz Cochem d. jüng. m. 1 K. 8. Lpz. (Schall in Breslau.) 802.

Worte, Die letzten, des sterbenden Jesus. Trost am Grabe unserer Lieben. Zwei metrische Predigten. Königsberg 1808. V: *Böckel, Ernst Gottfr. Adolf.* (Biederstedt, Nachrichten 1822, S. 24) (Zeitschr. f. Büch. N. F. 15, 1923, 128)

— die letzten, d. sterbenden Jesus. Trost am Grabe unsrer Lieben. 2 metrische Predigten. 8. Königsb. Göbbels. 808.

— die letzten, d. sterbenden Jesus. Trost am Grabe unserer Lieben, zwei metrische Predigten. 8. Königsb. 808. Unzer. 9 ℛ

—— die letzten, der Mutter. Nach einer engl. Dichtung für die Jugend, besonders in den Sonntagsschulen, frei erzählt von S. Z., geb. K. gr. 8. (15 S.) Karlsruhe 881, Reiff. *

— die letzten, e. treuen Zeugen Jesu Christi (Ferd. Wilh. Heinr. Koopmann). Hrsg. vom Kirchenvorstand der St. Anscharkapelle. (21 S. m. 1 Bildnis.) 8. Hamburg (906). (Ev. Buchh.) n. — 25

WORTE, Lichtvolle, zur Würdigung meines reinen unschuldigen Verhältnisses mit der sog. Madame Hornung, jetzigen Schuhmacherfrau Loehr. Lübeck, H. G. Rathgens, 1846. Gr. 8°. 344 S.

Worte der Liebe. Aus unsern Dichtern . . . Leipz. 1874. H: *Beckendorff, Elisabeth v. & Ernst Leistner.* (Ky)

— der Liebe. Aus unseren Dichtern Schiller, Goethe, Körner, Shakespeare gesammelt u. geordnet v. Frauen- u. Freundeshand. [Elisabeth v. Beckendorff u. Ernst Leistner.] 1. Sammlg. gr. 16. (191 S.) Leipzig 874. G. Schulze. geb. m. Goldschn. n. 3. —

Worte der Liebe an meine Brüder nach dem Fleisch, die Kinder Israel. 6. Aufl. Straßburg 1849. V: *Hausmeister, J. Aug.* (Hauptkat. d. Univ.-Bibl. Tübingen. G. S. 403.)

— der Liebe aus deutschen Dichtern. (Ausgestanzter Fächer.) qu. 12. (12 S. m. farb. Abbildgn.) Ebd. 890. n. — 60

— der Liebe bei Entlassung aus der Schule. 24. (16 S.) Dülmen 884. Laumann. n. — 6

— der Liebe z. göttl. Erlöser. Gebetbuch f. kathol. Christen. Zusammengest. aus d. werthvollsten kathol. Gebet- u. Andachtsbüchern. 16. (IV, 187 S. m. Titelbild.) Prag 896. Rohlíček & Sievers. n. 1. 60

— der Liebe u. Freundschaft. Eine reichhalt. Sammlg. der schönsten Stammbuch-Verse. Zusammengestellt von Eva v. Lohengrin. 16. (24 S.) Berlin 891. Gebr. Radetzki. — 10

Worte. Ein paar W. der Liebe, gesprochen am Grabe des sel. Herrn Pfarrer Muslin's.... Bern 1821. [Hünerwadel, Samuel Gottlieb].

Worte, Ein paar, der Liebe gesprochen am Grabe des seligen Herrn Pfr. Muslin's; den 28. November 1821. V: *Hühnerwadel, Samuel, Gottl.* (zuwzür 13, 1909, III, S. 50)

— der Liebe, gesprochen am Grabe des sel. Pfarrers Müslin, d. 28. Nov. 1821. Bern, Jenni. 2 ℛ

—— mütterl. Liebe an meine Tochter. Eine Gabe f. christl. Jungfrauen. Aus d. Nachlasse d. seel. Freifrau Wilhelmine v. Oeynhausen zu Grevenburg, geb. v. Mengersen. Bearb. u. hrsg. v. Aug. Huth. gr. 12. (12¾ B.) Frankfurt a. M. 835, Brönner. 1 Thlr., Blnp.

—— mütterlicher Liebe an meine Tochter. Eine Gabe f. christl. Jungfrauen. Aus d. Nachlasse der sel. Wilhelmine v. Oeynhausen, geb. v. Mengersen. Bearb. u. hrsg. v. Aug. Huth. 2. Aufl. 8. (22 B.) Frankfurt a. M. 845, Brönner. *

—— mütterlicher Liebe an meine Tochter. Eine Gabe für christl. Jungfrauen. Aus dem Nachlasse der sel. Freifrau Wilhelmine v. Oeynhausen zu Grevenburg, geb. v. Mengersen. Bearb. und hrsg. von Aug. Huth. 3. Aufl. 8. (XVI und 332 S.) Frankfurt a. M. 857, Brönner. *

— der Liebe u. des Trostes, gesprochen am Grabe eines in e. Duell gebliebenen edlen Mannes; nebst einem geschichtl. Anhange u. einem Beitrag zur Geschichte der Zweikämpfe. 8. Schmalkald. 822. Varnhagen. 4 ℛ

—— der Liebe an d. Verirrten uns. Zeit, u. Worte d. Warnung vor Absonderungssucht u. Schwärmerei aus voriger Zeit, v. C. E. A. Tr. 8. (3½ B.) Siegen 838. [Wiesbaden, Friedrich's Buchh.]

— der Liebe u. des Zutrauens an Dienende d. weibl. Geschlechts. 12. Halle 820. Waisenhaus-B. 2 ℛ

Worte eines Lombarden an die Deutschen. (Frankfurt a. M.) o. J. II, 32 S. 8°.

Worte eines Lutheraners an seine Brüder in Schlesien. Gotha 1835. V: *Hahn, August.* (Russell IV, 724)

—— eines Lutheraners an seine Brüder in Schlesien, nebst Berichten üb. d. neuesten Begebenheiten in d. evangel. Kirche dieses Landes. 1. Hft. gr. 8. (3 B.) Hamburg 835, Fr. Perthes.

—— ein paar, üb. die Macht d. Priesterthums wider uns. revolutionäre Zeit. gr. 8. (2½ B.) Landshut 830. [Regensburg, Manz.]

— ein paar, über die Macht des Priesterthums wider unsere revolutionäre Zeit. gr. 8. Landsh. 830. Thomann. 4 ℛ

— mahlerische, durch einen Theil des südlichen Frankreichs, mit Kupf. 8. Leipzig, 792. Kleyb. 25 gl.

— einige, an d. gemeinen Mann, Auswanderung nach d. vereinigten Staaten von Nordamerika betreff., vorzügl. in Bezug auf den, welcher seinen Unterhalt durch Landbau bezwecken will. 12. Rinteln 822. Osterwald. 1½ ℛ

Worte, einige, an d. gemeinen Mann, Auswanderung nach den vereinigten Staaten von Nord-Amerika betreffend. Vorzüglich in Bezug auf den, welcher seinen Unterhalt durch Landbau bezwecken will. gr. 12. Rinteln 832. Osterwald. 1½ ℛ

Worte eines geliebten, würdigen Maurers gesprochen bei der Aufnahme eines Bruders. [Unterz.:] T. f. M. o. O. 1804. 2 Bl. 8°
In Versen. Üb. Zweck u. Pflichten d. Mr.

Worte eines geliebten, würdigen Maurers, gesprochen bei der Aufnahme eines Bruders. [Unterz.:] T. f. M. [Erlangen] 1804. 2 Bl. 8⁰ [Umschlagtit.]
Gedicht: „Sei uns gegrüsst in diesem Heiligthum. . . .“

Peterson, Ernst Konr.: [Autogr.] [**Worte.**] Dem fuenfundzwanzigsten Maurerjahre des Brs. Peterson, gewidmet: Im Or. zu Bromberg am 6ten April 5830. [Bromberg 1830.] 1 Bl. 4⁰ [Kopftit.]

— eines Menschenfreundes über d. jüdische Nation, in Hinsicht d. z. bewerkst. mögl. so nothwend. Verbesserung d. Zustandes des ärmern Theils derselben ꝛc. 8. Berl. 802. Maßdorf. 4 ℊ

— Meinungen, Handlungen, Charakterzüge u. Anekdoten, merkwürdige, des Gefangenen (Napoleon's) auf St. Helena. 8. Deutschl. 815. (Wien, K. Haas). 12 ℊ

Worte, Einige, über mich und mein Betragen im Kriege 1813. Friedrichsstadt 1815. V: *Schütz, Ludw. Cl.* (Bruun, Bibl. Danica III. 1445.)

Einige **Worte** über des Herrn General-Auditeurs Friccius Werk: Das preußische Militair-Strafrecht, wie es besteht. Braunschweig 1836.

Worte, Einige, über unser Militärwesen, zur Abwehr; herausgegeben vom Offizierverein der Stadt St. Gallen. St. Gallen [1859]. V: *Seifert, Huldrich.* (Cat. d. Stadtbibl. Zürich. Zürich 1864—97.)

Worte einer edlen Mutter an den Geist und das Herz ihrer Tochter . . . Leipz. 1796. V: *Heydenreich, Carl Hnr.* (Ky)

— einer edlen Mutter an den Geist u. das Herz ihrer Tochter, nebst Worten d. Dankes e. guten Tochter an ihre Mutter bei d. Feier ihres Geburtstages, (v. K. H. Heydenreich). Mit ill. Kpf. 8. Leipz. 796. Martini. 3e A. 12. Ebd. 822. (Cnobloch). 20 ℊ

— e. edlen Mutter an den Geist u. d. Herz ihrer Tochter, nebst Worten d. Danks e. gut. Tochter an ihre Mutter bey der Feyer ihres Geburtstags, v. K. H. Heydenreich, m. 1 illum. K. 8. Lpz. Martini. 799. Rthlr.
Velinpap.

—— einer Mutter an ihre Tochter. (Von Frau Gieselen.) Nach der 3. Aufl. aus dem Norweg. übertragen von Julie Ruhkopf. 16. (III und 73 S.) Leipzig 857, Friese. geb. *

—— an deutsche Mütter u. Erzieherinnen. Eine Ermunterung u. Anleitung, durch treue Erfüllung ihres hohen Berufes f. das Wohl d. Vaterlandes thätig mitzuwirken. 8. (6 B.) Schnepfenthal 833, Buchh. d. Erziehungsanstalt.

Worte, Einige, zur Neutralitäts-Frage. Berlin 1855. V: *Mitschke-Collande, Aug. v.* (Ky)

—— einige, zur Neutralitäts-Frage (von v. Mitschke-Collande). gr. 8. (14 S.) Berlin 855, (Schneider.) *

— noch einige, üb. d. Büchernachdruck u. zugleich üb. d. Buchhandel. 8. Pappenh. 823. (Leipz., Barth). 2 ℊ

— noch einige, üb. d. Büchernachdruck u. zugleich üb. d. Buchhandel. 8. Pappenheim 824, (Leipz., Barth.)

— noch ein paar, über Dr. Ernesti, hauptsächlich üb. seine Orthodoxie, (v. Grafen H. K. G. zu Lynar). 8. Leipz. 782. (W. Vogel). 2 ℊ

—— noch einige, über die orientalische Frage. Von dem Verf. der Brochüre: „Die englisch-französische Politik“ (Tegoborsky). Aus dem Französ. übertr. von F. H. Ungewitter. gr. 8. (60 S.) Wien 854, [Hügel.]

— noch einige, über die Somnambüle zu Beienheim. Zur Ehre der Wahrheit und für Freunde dieser. gr. 8. Friedberg 843, Bindernagel. 1/12 ß

— noch zwei, über das logische Grundverhältniß 1s Wort. 8. Münch. 806. Lentner. 5 ℊ

— ein Paar nothwendige, über das Referat in der Königsberger Hartungschen Zeitung. Nr. 157, 9. Juli 1845, betreff. das Fest des diesjähr. Königsschießens zu Königsberg. gr. 8. Gumbinnen 845. (Königsberg, Universitäts-B.) n. 1/12 ß

Einige Worte über den Nutzen und die Notwendigkeit des Turnens, Vortr., Basel 1835, IV u. 39 S., 8⁰.

—— einige, üb. d. Nutzen u. d. Nothwendigkeit d. Turnens, gesprochen in d. Versamml. d. schweizer Turnvereins zu Basel d. 22. April 1835. 8. (2¾ B.) Basel 836. (Bern, Dalp.) *

Worte, Etliche, über die Offenbarung Johannis . . . Mitau 1813. V: *Oberlin, Heinrich Gottfried.* (R-N) (Ky)

— etliche, über die Offenbarung Johannis; zunächst bestimmt für das Rigische u. Pernausche Publikum in Liv- u. Ehstland, von e. unter ihnen lebenden Mitchristen (Hnr. Gf. Oberlin). 8. Mitau 813.

Worte, offene, üb. die österreichisch-ungarische Armee in ihrem Verhältniß zum deutschen Reichsheer. Auf Grund eigener Beobachtgn. von A. v. C. 1.—3. Aufl. gr. 8. (III, 54 S.) Leipzig 891. Braunschweig, Rauert & Rocco Nachf. n. 1. —

— dasselbe. 4. Aufl. m. Abfertigg. der Teuber'schen Erwiderg. Erweit. u. rev. Ausg. gr. 8. (VII, 61 S.) Ebd. 891. n. 1. —

— offene, an Jedermann u. an alle die Unglücklichen, welche an den traurigen u. schmachvollen Folgen der Selbstbefleckung leiden. Mit erläut. anatom. Abbildgn. 11. bis 20. Taus. (Hrsg. v. der Gesellschaft f. wahre Heilkunst u. Kultur.) (47 S.) 8. Leipzig (905). Ph. Hülsemann. — 50

—— offene, über baltische Landespolitik. 8. (VI, 97 S.) Leipzig 878, Duncker und Humblot. * 2 —

Worte, Einige, an Herrn Prof. Osiander in Göttingen. Hamburg 1801. V: *Wigand, Justus Heinrich.* (R-N) (Ky) (Call)

— einige, an Osiander in Göttingen, (v. J. H. Wigand). gr. 8. Hamb. 802. (Campe). 4 gr

Worte, Ein Paar, den Oybin bey Zittau betreffend. [Dresden 1809.] V: *Engelhardt, Carl August.* (MGT)

Worte, Patriotische, an Ungarns Adel. A. d. Ungar. Ofen 1809. V: *Kisfaludy, Alexander.* Ü: *Schedius, Johann Ludwig von.* (GGr) (KU) »Pesth 1809. V: *Blaskovits, Joseph.*« (KU) (Pk)

Worte, Einige, gegen die Schrift: die Pietisten als Revolutionäre ... Göppingen 1831. V: ***Weidemann, Glob Frdr.*** (Ky)

Worte, einige, geg. die Schrift: die Pietisten als Revolutionäre geg. Staat u. Kirche (v. G. F. Weidemann). Von e. Freunde d. Wahrheit in Württemberg. 8. (1¾ B.) Göppingen 831. (Leipzig, Herbig.) Thlr.

Praktische Worte [illegible] zur Hebung des Wein-, Obst- [illegible] Gartenbaues [illegible] d. T.: Zeitschrift für Wein-, Obst- und Gartenbau. Organ d. Gr. Wein- und Obstbauschule zu Oppenheim, des Pr[illegible]-Verbandes d. Obst- und Gartenbauvereine für die Provinz Rheinhessen. Hrsg. von d. Gr. Wein- und Obstbauschule zu Oppenheim a. Rh. Jg. 1-17. [Mehr nicht ersch.] Oppenheim [illegible] müller 1904-20. — 36*

— eines protestant. Predigers üb. die Liturgie an Sonn- u. Festtagen u. zur Abendmahlsfeier für die Hof- u. Domkirche zu Berlin. 8. Leipz. 822, Hinrichs.

Einige Worte über Preßfreiheit, gesprochen von dem Abgeordneten der Stadt Friedberg am 5. Juli 1833 in der Sitzung der zweiten Kammer der Stände des Großherzogthums Hessen. O. O. u. J. 22 S. 8.

Worte für ehelose Priester, 8. Mannh. 794. Löffler. 4 gr

Worte, Prognostikonische, der Wahrheit und epanorthosische Worte der Einigung und des Friedens ... Dresd. 1825. V: *Funcke, J. F.* (Ky)

— prognostikonische, d. Wahrheit, u. epanorthosische Worte d. Einigung u. d. Friedens, v. wegen d. zeitherigen Unruhen d. Welt. Vom Herausg. d. Hieroglyphik (J. F. Funcke). gr. 8. Dresd. 825. — 1826 mit folg. Titel: cosmotheolog. Beurtheill. d. jetzigen Zeitgeschichten, besonders in Hinsicht auf d. Krieg d. Perser mit d. Türken, d. griech. Insurrektion, d. russ. Stellung gegen d. Ottomanen rc. rc.

— einige, zur nähern Prüfung u. Würdigung d. Ordens- u. Krönungspredigt des Bischofs Eylert rc. Herausg. v. B. 8. Hamm 819. Wundermann. 4 gr

Worte, Ein Paar, an das Publikum über den Herrn ... D. Joh. Theod. Christ. Bernstein zu Neuwied ... Thal Ehrenbreitstein 1812. V: *Vogler, Joh. Phil.* (MGT) (Call) (Ky)

— ein paar, an d. Publikum über d. Hofr. Dr. J. Th. C. Bernstein zu Neuwied, u. seinen medicin. u. moral. Unwerth, (v. Jh. Ph. Vogler). 8. Thal Ehrenbreitstein 812.

Ein paar Worte an das deutsche Publikum über die Schrift: Sultan Peter nebst Schlüssel dazu vom Verfasser. O. O. 1795. 8⁰. (18 Sgr., mit dem vorigen, Ferd. Schmitz, Elberfeld, 1869; jetzt theurer!)

— ein paar, an das deutsche Publikum üb. d. Schr.: Sultan Peter d. Unaussprechliche u. seine Veziere. 8. Frankf. 795. Hermann. 4 gr

Worte, Ein Paar, über die Publicität von Staatsurkunden ... Regensb. u. Wetzlar [Mannheim] 1799. V: *Friedrich, Albrecht.* (MGT) (Wr) (Ky)

— ein paar, üb. die Publicität v. Staatsurkunden, (v. Albr. Friedrich). 8. Mannh. 801. Schwan u. G. 8 gr

Worte, Einige, über den Rechtszustand in den preussischen Rheinprovinzen ... Bonn 1835. V: ***Duden,** Gottfried.* (Wa) (EngJ) (Ky)

— einige, üb. d. Rechtszustand in d. preuß. Rheinprovinzen, u. sein Verhältniß zu d. Privilegien d. Apotheken (v. Gtfr. Duden). gr. 8. (2 B.) Bonn 835, Weber.

Worte, Einige, zu den Regierungsvorlagen über direkte Steuern von dem Erwerbe und dem sonstigen Einkommen in ihrer Beziehung zu den Gemeinde-Interessen. Innsbruck 1869. V: *Rothenau, Leopold R. v.* (WFM II, S. 271)

Worte, einige, über Religion, das Christenthum und die Religion des Geistes, von F. M. gr. 8. Königsberg 845, Theile. ⅛ Thlr.

— einige, üb. Repartition d. Communal-Lasten im Fürstenth. Osnabrück. Als Erwiderung auf d. Schrift d. D. Prüsmann üb. denselb. Gegenstand. gr. 8. (½ B.) Osnabrück 834, Rackhorst.

— einige, über die am 18. April 1831. erschienene Revision der organ. Statuts v. 18. Jan. 1829, für die Universität Tübingen. (Aus d. Verfassungsfreund von Benzel-Sternau II. 1s Heft abgedr.) gr. 8. Hanau 831. König. 2 gr

— einige, über die braunschweigische Revolution von 1830 und verschiedene Nachwirkungen derselben. 2. Aufl. gr. 8. (47 S.) Leipzig (861)62, (Schrag's Verlag.)

— ein paar, an zwei Recensenten d. zweiten Nachlese über Kantische Philosophie, v. A. T. 12. Salzb. 810. Duyle. 2 gr

Fülleborn, Friedr. Ludw. [Lithogr.] [**Worte.**] Am Sarge des [Br.] Fülleborn am 2ten Febr. 1858. Als Ms. f. Brr und Nächstbefreundete. o. O. [1858]. 8 S. 8⁰ [Umschlagtit.]

Worte gesprochen an Johann Friedrich Ludwig Göschens Sarge. Göttingen, den 27. September 1837. o. O. u. J. 8⁰

Worte gesprochen am Sarge des Sekretär Petersen. [Dorpat 1810.] V: *Lenz, Gottlieb Eduard.* (R-N)

— einige, üb. das Schreiben an König Friedrich Wilhelm III. von Preußen nach dem Frieden von Tilsit. gr. 8. Berl. 808. W. Oehmigke. 4 gl.

Anonym: „Einige Worte über die Schrift: Zur Geschichte des deutschen Zollvereins . . . ., von C. F. Wurm, und über die in der hamb. W. G. Nachrichten Nr. 172 enthaltene Recension dieser Schrift", Hamburg 1841. — Vorh.: Com. Bibl. Hamburg.

Einige Worte über die Schrift des Herrn Kanzleiraths Lornsen: Ueber das Verfassungswerk in Schleswig-Holstein. Schleswig 1830. 8°

Worte, Ein Paar, über Hr. Wiehes Schrift über den Wechselcours. Kopenh. 1789. V: *Kirstein, Ernst Phil.* (Bruun, Bibl. Danica II, 854.)

— ein paar, über Wiese's Schrift über d. Wechselcours. gr. 8. Kopenh. 789. Proft. 1 gl.

— einige, über neuere militärische Schriften von einem antediluvianischen Soldaten. 8. (30 S.) Augsburg 852, v. Jenisch & Stage in Comm. 1/6 ₰

— einige, über neuere militärische Schriften von einem antediluvianischen Soldaten. 2. Heft. Augsburg 853. v. Jenisch u. Stage. gr. 8. (56 S.) n. 8 ngr.

— eines Schweizers an seine Landsleute, üb. die neuerdings erhöhten Eingangszölle in Frankreich. gr. 8. Zürich 822, Orell.

— 680 gleich u. ähnlich lautende, mit kurzen Andeutungen über Abstammung u. Bedeutung nebst Anwendung derselben in mehreren hundert Sätzen. gr. 12. (28 S.) Würzburg 848. (Kellner.) n. 2 ngl.

Dass., s.a. Wörter

Worte, Die sieben, Christi am Kreuze. Salzburg 1885. V: *Näf, Johann B.* (Hr)

— die 7, Christi am Kreuze. 7 Fastenpredigten, geh. v. e. apostol. Missionär. gr. 8. (70 S.) Salzburg 885. Mittermüller. n. — 60

Worte. Die Sieben Worte Christi am Kreuz. In drei Passionsliturgien. 16 S. 8. Basel, M. Werner-Riehm, [1901].

— die sieben, des Herrn am Kreuze, mit kurzen Andachten für die Tage der Woche aus Gottes- und Kirchen-Wort, ein täglich Brod für Leidende, absonderlich in Kriegszeiten. gr. 16. (16 S.) Barmen 870, (Klein.) *

— die sieben, Jesu am Kreuze. 12. Neuburg 843, Prechter. 1/24 ₰

— die sieben letzten, Jesu am Kreuze. Nebst e. von Betrachtungen u. Gebeten üb. die Todesangst Jesu auf dem Oelberge; dann über die Feier des heil. Charfreitags, des Todestags Jesu; mit Beicht- u. Communion-Uebungen in der heil. Fastenzeit. — Das Ganze: eine Fasten-Andacht. Mit Titelkpf. 8. Augsb. 832. (Landsh., Krüll). 3 gl.

— die sieben letzten, Jesu am Kreuze, der Trost d. reuigen Sünder. Eine Fastenandacht. Nebst Betrachtn. u. Gebeten üb. d. Todesangst Jesu auf d. Oelberge, üb. d. Feyer d. heil. Charfreitags, als d. Todestags Jesu, u. Beicht- u. Kommunion-Uebungen in d. heil. Fastenzeit. (Neue Ausg.) 8. (3 B.) Augsburg 832, (34,) Kollmann.

— sieben, in Bezug auf die Wirren u. Mahnungen der Zeit im Glauben und Wissen 2c. gr. 8. Dresden 845. (Adler u. Dietze.) n. 2 ngl.

— der, sind genug gewechselt, lasst mich nun endlich Thaten sehn! Ein handelspolitisches Testament. (Zuerst als Manuscr. gedr. im Decbr. 1845.) Mit e. Nachtrage. gr. 8. (4¼ B.) Berlin 846, Besser, Vrlgsh. *

Worte, Einige, über den künftigen Sitz der Rheinischen Universität . . . Köln 1816. V: *Wallraf, Ferdinand Franz.* (Erman & Horn, Bibliogr. d. dtsch. Universitäten. 2. Leipz. u. Berl. 1904.)

— für deutsche Soldaten. Von e. Kameraden. gr. 8. (20 S.) Berlin 884. Schriften-Bureau der Berliner Stadtmission. — 15

— einige, für e. ernste, strenge Sonntagsfeier, besond. in Hamburg. gr. 12. (1½ B.) Hamburg 837, Perthes-Besser u. Mauke.

Worte. Einige W. über Staat und Volk, mit besonderer Beziehung auf die Schweiz. Von einem Ungenannten. 8. Schwyz 1833.

— einige, üb. d. Kgl. Sächs. Staatsforste u. deren Administration. Niedergeschr. im Jan. 1831 von e. Sachsen. 8. (2 B.) Dresden 831, Arnold.

Worte, Einige, über die Königsbergischen Staatsobligationen . . . Königsberg 1820. V: *Prin.* (Wa) (Ky) (BrMm)

Worte. Einige W. an die Stadt-Bürger über die neue Verfassung ([des Kantons] Basel). ([Veröffentlicht durch einen] Verein von Stadt-Bürgern den 25. Febr. 1831.) 8. *o. O.*

— einige, über die Königsbergschen Stadtobligationen, u. üb. das Vaterland, dem sie angehören, (v. Prin). gr. 8. Königsb. 820. (Gebr. Bornträger). 12 gl.

[Worte.] Surgite! Worte von den Standesinteressen der deutschen akademischen Techniker. Von e. deutschen Ingenieur. Dresden 1909. 8°

Worte, Einige, über die Statistik im Allgemeinen und über die Statistik von Frankfurt insbesondere. Frankf. a. M. 1855. V: *Biersack, Heinrich Ludwig.* (Kat. d. stat. Bureaus. Dresden 1890.) (Ky)

Worte, einige, über die Statistik im Allgemeinen und über die Statistik von Frankfurt insbesondere von H. L. B(iersack). Eine Vorlesung gehalten am 21. März 1855 in dem Hörsaal des Vereins für Geographie und Statistik. gr. 8. (29 S.) Frankfurt a. M. 855, Auffarth. Thlr. *

Worte eines Studierenden über die Reform der Universitäten. Leipzig 1834. V: *Oppermann, Heinrich Albert.* (ADB) *Wallier.* (Erman & Horn I, 2139 u. 13856.)

—— eines Studirenden üb. die Reform d. Universitäten, Burschenschaft u. Landmannschaften in ihrem Verhältniß unter sich, zu der vergang. u. gegenwärt. Zeit u. zu d. Reform. 8. (5½ B.) Leipzig 834, Lauffer.

Worte, Einige, über das Studium der vaterländisehen Geschichte. Jena 1811. V: *Luden, Heinrich.* (GGr VI, 337)

Brockdorff, Detlef Joachim: **[Worte].** Am Tage der Todesfeyer des Brs Detlef Joachim v. Brockdorff den 3. Febr. 1768. [Lübeck]: Donatius [1768]. 22 S. 8⁰ [Umschlagtit.]

— — einige, über den Tarif und nicht tarifmäßigen Gewinn der Bierbrauer in Braustädten. 8. Erlangen, Heyder. 821.

Worte und Thaten in Berlin seit dem 9. November 1848. . . . Berlin 1848. V: *Uhlich, Leberecht.* (Ky)

Worte und Thaten in Berlin seit dem 9. November 1848. 1. Kor. 13, 1. Nebeneinandergestellt von einem Mitgliede der Nationalversammlung. Gedruckt bei E. Krause. 4 Bl. 4. Flugblatt. Berlin. 24. Nov. 1848.

—— und Thaten in Berlin seit dem 9. Novbr. 1848. 1. Kor. 13, 1. Nebeneinandergestellt von einem Mitgliede der Nationalversammlung. (Uhlich). 4. (8 S.) Berlin 848, (Springer.)

Bornschein, Ernst Max: **Worte** trauernder Teilnahme und Liebe gesprochen am Altar und an der Gruft bei der Beerdigung unseres Freundes Ernst M. Bornschein am 2. Aug. 1854. Auf Verlangen zum Druck überlassen. Gera [1854]: Hofbuchdr. 8 S. 8⁰ [Umschlagtit.]

— einige, über Theater. 8. Münch. 827. Weber. 2 Gr.

— ein paar, über die Theaterkritik. 8. Bresl. 804. Barth. 3 Gr.

— der Trauer, gesprochen an d. Bahre d. am 18. XI. 1897 (23. Marcheschwan 5658) im Alter v. 69 Jahren heimgegang. Hrn. Emanuel Blumenthal gesegneten Andenkens. gr. 8. (23 S.) Berlin 898. Frankfurt a/M., J. Kauffmann. n. — 50

Worte der Trauer, gesprochen am Grabe eines geliebten Todten (G Gaa). Bern, den 17. März 1830. 8. [Bern] 1830.

— der Trauer, gesprochen beim Hinscheiden d. Hrn. Dr. H. Heinemann. gr. 8. (53 S. m. 1 Bildn.) Frankfurt a/M. 898. J. Kauffmann. n. 1. —

Worte, gesprochen bei der **Trauerfeier** für den Freiherrn Wilhelm Carl von Rothschild in der Aula der Realschule am 10. Febr. 1901. (Umschlagt.: Ansprachen bei d. Trauerfeier ..., geh. von Prof. Dr. A[braham] Sulzbach u. Herrn Jacob Rosenheim.) *Frankfurt a. M. 1901: L. Golde.* (S. 41—45.) 4⁰
Frankfurt a. M., R d. Isr. Religionsges., P 1901 (450)

Treffliche **Worte** über Tod und Unsterblichkeit. Rede bei der Gedächtnissfeier des Br. Zöllner's. [Berlin] 1819. 15 S. 8⁰ [Umschlagtit.]
Kl. 1451.

— einige, über die Trennung des Augsburg. Gymnasiums rc. 8. Augsb. 828. Jos. Wolf. 2 Gr. noch einige Worte üb. d. Trennung rc. 8. Ebd. 828. Ebd. 2 Gr.

Worte, Einige, über die von etwelchen Mitgliedern der badischen Ständeversammlung vorgeschriebene Trennung der Justiz von der Administration . . . Freiburg i. B. 1822. V: *Kettenacker, Joh. v.* (Kat. Herder 1801—95.)

—— einige treugemeinte, der Ermahnung und Warnung für Lehrlinge. 8. (80 S.) Berlin 853, (Wohlgemuth.)

— des Trostes. qu. 12. (14 S. m. farb. Bild.) Konstanz 895. C. Hirsch. M. Goldschn. — 75

—— des Trostes und der Aufmunterung in den verschiedenen Lebensverhältnissen. 8. (48 S.) Bremen 884, Verlag des Tractathauses. *

Worte des Trostes und der Beruhigung bey den unglücklichen Ereignissen unsers Zeitalters. O. O. 1814. V: *Knüppeln, August Friedrich Julius.* (Schr)

— d. Trostes an d. Bürger Passaus. 8. Passau 803. Ambrosi. 3 Gr.

— des Trostes, für Christen, welche um ihre entschlafenen Eltern, Geschwister, Gatten u. Freunde trauern. Mit 1 Kpf. 8. Stuttg. 818. Steinkopf. 1 Rthlr

— des Trostes für christliche Eltern, die um ihre entschlafenen Lieblinge weinen, m. 1 allegor. K. 8. Stuttgart, Steinkopf. 809.

Worte des Trostes und der Erbauung bey Begräbnissen . . . Stuttg. 1799. V: *Gess, Wolfgang Friedrich.* (MGT) (Ky)

— des Trostes u. d. Erbauung bei Begräbnissen, od. Samml. von Parentationen (v. W. F. Geß). 8. Stuttg. 799. Erhard. 20 Gr.

— des Trostes u. d. Erhebung des Gemüths zu Gott in den Tagen des Leidens, geschöpft aus der reich beseligenden Quelle d. heil. Schrift. Mit Vorwort v. G. C. F. Seidel. 8. Nürnb. 826. Haubenstricker. 8 Gr.

—— zu Trost und Frieden. Vornämlich den Leidenden dargeboten von einer Leidenden. Eingeleitet von Ernst Stähelin. 2. Aufl. 8. (77 S.) Basel 880, Schneider. *

—— zu Trost und Frieden. Vornämlich den Leidenden dargeboten von einer Leidenden. Eingeleitet von Ernst Stähelin. 3. Aufl. 8. (77 S.) Basel 887, Schneider. *

— des Trostes am Grabe geliebter Verwandten u. Freunde. 1e Abtheil. Auch u. d. T.: Worte des Trostes f. christl. Eltern, welche um ihre entschlafenen Lieblinge weinen. Neue verb. und verm. Aufl. Mit 1 Kpf. 8. Stuttg. 823. Steinkopf. 16 gr

— des Trostes an den unt. d. Geißel d. General-Superint. Dr. Röhr seufzenden Katholiken aus der weimar-jenaischen Gemeinde. Von e. Katholiken. 2. Aufl. gr. 8. (1 B.) Weimar 839, Hoffmann.

— des Trostes f. Leidende, s. a. Heß, J. H.

— des Trostes f. Leidende. Ein Erbauungsbuch. 12. Münch. 814. 2e A. 816. Giel. 3 gr

— — des Trostes, für Leidende. Ein Erbauungsbuch. 2te Aufl. 12. München, Giel. 817.

— des Trostes für Leidende. (Von Jh. H. Heß.) 16. Winterthur 832. (Leipzig, Rein.) 1/12 rf (Aus dessen Morgen- und Abend-Andachten ꝛc. abgedruckt.)

— des Trostes f. Leidende. Eine Erbauungsschrift. 2. Aufl. 16. (5 B.) Zürich 844, Hanke.

Worte des Trostes für Leidende. Eine Erbauungsschrift. 3. Aufl. Zürich 1850. V: *Hess, Johann Heinrich.* (Zu) (Ky;

— des Trostes für Leidende. Eine Erbauungsschrift. 3. sehr verm. Aufl. gr. 16. (156 S.) Zürich 850, Hanke. 6 ngl

— des Trostes für Leidende. 6. Aufl. 1871. * 18 Pf., und 7. Aufl. [Ster.-Ausg.] Hrsg. von der Wupperthaler Traktat-Gesellschaft. gr. 16. (48 S.) Barmen 874, (Wiemann.) *

— des Trostes für Leidende. 8. Aufl. [Ster.-Ausg.] 8. (48 S.) Barmen 880, Wiemann. *

— dass. — 10. verb. Aufl. 16. (64 S.) Stuttgart 881, Buchh. der Evangel. Gesellschaft. *

— des Trostes f. Leidende. 11. Aufl. 16. (64 S.) Stuttg. 890, Buchh. der Evangel. Gesellschaft. * — 20

— d. Trostes f. Leidende. 12. Aufl. gr. 16. (64 S.) Stuttgart 897. Buchh. d. Evang. Gesellschaft. n. — 20

— des Trostes, allen Leidenden und Leidensgenossen gewidmet. (Aus dem Engl. übers.) gr. 8. (V und 178 S.) Hamburg 867, Verlag der Alsterdorfer Anstalt.

— des Trostes u. Rath der Erfahrung, aus dem Tagebuche eines Bekümmerten. Nach der 9. Originalaufl. ins Deutsche übertragen. Chur 859. Grubenmann. (Gsell.) 16. (76 S.) 4 ngr.

— des Trostes u. Rath der Erfahrung aus dem Tagebuche eines Bekümmerten. Nach der 9. Orig.-Aufl. ins Deutsche übertragen. 2., durchgeseh. Aufl. Chur 866. Gsell. 16. (80 S.) n. 5 ngr.

— des Trostes u. Rat der Erfahrung, aus dem Tagebuch e. Bekümmerten. Nach der 9. Orig.-Aufl. ins Deutsche übertr. 3. Aufl. 16. (IV, 92 S.) Basel 883. Spittler. cart. n. — 60; geb. n. — 80; m. Goldschn. n. n. 1.—

— des Trostes und Rat der Erfahrung, aus dem Tagebuch eines Bekümmerten. Nach der 9. Orig.-Aufl. ins Deutsche übertr. 3. durchges. Aufl. 16. (IV, 92 S.) St. Gallen 883, Buchh. der Evangel. Gesellschaft. cart. * geb. * 80 Pf.; mit Goldschn. * *

— des Trostes u. Rat der Erfahrung aus dem Tagebuche eines Bekümmerten. Nach der 9. Orig.-Aufl. ins Deutsche übertr. 4. durchgeseh. Aufl. (IV, 92 S.) 16 St. Gallen 904. Buchh. der ev. Gesellschaft. Kart. n. — 60; geb. m. Silberschn. n. — 80

Worte des Trostes den Strafgefangenen. Berlin: Hayn 1829. *Als Erbauungsschrift zum Gebrauch der Gefangenen und zu deren Besten von dem Buchdruckereibesitzer* Hayn *in Berlin, herausgegeben.*

— des Trostes gegen d. Verläumdungen u. Klätschereien. 8. Ludwigsburg 826. Nast. 8 gr

— des Trostes gegen Verläumdungen u. Klatschereien. Eine moralisch-psychologische Vorlesung, in einer Koffee-Visite zu Krähwinkel gehalten. ... Ludwigsburg 827; jetzt Berendsohn in Hamburg. 1/3 rf

Worte eines Cechen veranlasst durch die Graf Jos. Math. v. Thun'sche Broschüre »Der Slawismus in Böhmen«. Leipzig 1845. V: *Malý, Jakub.* (Heidler, J., Čechy a Rakousko. V Praze 1920. S. 18)

— eines Cechen veranlaßt durch die Graf Jos. Math. v. Thun'sche Broschüre: Der Slavismus in Böhmen. 8. Leipzig 845, Exped. der slavischen Jahrbücher. n. 1/4 rf

Worte, Ein Paar, in Bezug auf Uneingeweihte, Gesprochen in der Loge St. Johannes ... in Darmstadt. Mainz 1815. V: *Wedekind, Georg Christian Gottlieb Freiherr von.* (MGT)

Worte, Ein Paar, in Bezug auf Uneingeweihte. Gesprochen in der Loge St. Johannes der Evangelist zur Eintracht in Darmstadt. Darmstadt [1816]. V: *Wedekind, Georg Christian Gottlieb Freih. von.* (KL 1192) (wolfstieg I, 103) Vgl. IV, 12996.

Worte, Unpartheiische, zur zürcherischen Bewegung. Zürich 1868. V: *Schauberg, Rudolph.* (Cat. der Stadtbibl. Zürich. Zürich 1864—97.)

— unparteiische, zur Zürcherischen Bewegung. (Von Schauberg.) 1. Heftchen. 8. (28 S.) Zürich 868, Schmidt. *

— einige, üb. den f. den 12. August 1872 verkündeten Untergang der Erde, m. Erwähng. der angebl. Vorzeichen dieses Ereignisses, nebst Bemerkgn. üb. die Ursachen, durch welche e. Zerstörg. unseres Weltkörpers herbeigeführt werden könnte. Von e. Freunde der Natur. gr. 8. (27 S.) Dresden 872. Tittel. — 20

— einige, über den Untugendbund. gr. 8. Heidelb. 815. Winter. 3 gr

Worte, Unverfälschte, von einem Theologen. Wien 1889. V: *Löwy, David.* (Lippe N. S. I, 247)

— unverfälschte, v. e. Theologen. gr. 8. (36 S.) Wien 889. (Lippe.) n. — 70

—— unverfälschte deutsche. Hrsg. von Geo. Ritter v. Schönerer. Jahrg. 1886 und 1887. à Jahrg. 24 Nrn. (à Nr. 3 Bog.) Imp.-4. Wien, (Kubasta und Voigt.) à Jahrg. *

— unverfälschte deutsche, d. Germanenbund-Verbandes „Armin". Hrsg. zur Gründungsfeier. Wien, 14. d. Wonnemonds 1892. 3. Vereinsj. gr. 8. (6 S.) Wien 892. (Lesk & Schwidernoch.) n. — 40

— e. edlen Vaters an d. Geist u. d. Herz sein. Sohnes. Seitenstück zu Heydenreichs Worte e. edlen Mutter rc. 8. Lpz. Supprian. (Mittler.) 800.

— — dieselben. 8. Wien, Bauer. 799.

— eines edeln Vaters an den Geist u. das Herz s. Sohnes, (v. H. A. Kerndörfer). Seitenstück zu Heydenreichs Worte einer edlen Mutter. 8. Leipz. 801. Mittler. 20 K

Worte eines edlen Vaters an das Herz und den Geist seines Sohnes. Leipzig 1801. V: *Kerndörffer, Heinrich August.* (MGT) (ErGr) (Ky) (ErschDL)

—— eines frommen Vaters an seine Söhne u. Töchter. 8. (2 B.) Amberg 831, (Klöber.)

— e. frommen Vaters an seine Söhne u. Töchter. 8. Amberg 831. (Pustet). 3 K

— eines Vaters an gute Mädchen z. Veredlung ihres Herzens und z. Beförderung ihrer Glückseligkeit rc. 8. Leipz. 805. Joachim. 16 K

Worte eines Vaters an seine Söhne am Tage ihrer Confirmation. Leipz. 1825. V: *Rüdel, Carl Ernst Gottlieb.* (Ky)

— e. Vaters an seine Söhne am Tage ihrer Confirmation, (v. K. E. G. Rüdel). gr. 8. Leipz. 825. Köhler. 4 K

Worte eines Vaters an seine Tochter am Tage ihrer Konfirmation. Leipzig 1822. V: *Rüdel, Karl Ernst Gottlieb.* (zuwzür 13, 1909, III, S. 93)

— eines Vaters an seine Tochter am Tage ihrer Konfirmation. (Von Karl Er. Rüdel.) 4e A. gr. 8. Leipzig 839. Rüdel. 1/8 ß

— einige, an das deutsche Vaterland, von e. Deutschen. 8. Gießen 815. Heyer. 2 K

Worte, väterliche, an Jünglinge, die zum Soldatenstand gerufen sind, oder sich demselben freiwillig widmen. Ein Geschenk f. die Jugend. 12. Salzb. 810. Duyle. 2 K

— väterliche, an Neuconfirmirte. 8. (Mit 1 Confirmationsschein.) Zwickau 845. (Leipzig, Klinkhardt.) $1\frac{1}{2}$ ngr

— väterliche, an Neuconfirmirte. 8. (24 S. m. 1 lithogr. Taf.) Zwickau 851, Verein zur Verbreitung von Volksschriften. $1\frac{1}{2}$ ngr

—— väterliche, an Neuconfirmirte. 4. Aufl. 8. (24 S. mit 1 Stnt.) Zwickau 863, Buchh. des Volksschriften-Vereins.

—— väterliche, am Vorabende der Confirmation des Sohnes. gr. 16. (48 S.) Leipzig 847, Köhler.

— väterliche, am Vorabende der Confirmation des Sohnes. gr. 16. (48 S.) Leipzig 847. (Winter.) 6 ngr

—— väterliche, am Vorabende der Confirmation der Tochter. 8. (36 S.) Leipzig 848, Köhler.

—— der Verehrung, Liebe u. Dankbarkeit, gesprochen bei der Begräbniß- u. Gedächtnißfeier des hochverdienten Dolz, veröffentlicht durch Döring u. Plato. gr. 8. (2 3/4 B.) Leipzig 843, Hofmeister.

Worte über die alte und neue Verfassung Württembergs an die Repräsentanten des Volks. Reutlingen 1831. V: *Fetzer, Joh. Jacob.* (Kat. der ständ. Bibl. Stuttg. 1907. S. 264.)

—— einige, üb. d. stralsund. Verfassung. Von e. Stralsunder. gr. 8. (1 B.) Stralsund 831, Trinius.

—— einige, üb. das neue Verfassungs- u. Verwaltungs-Gesetz f. d. Stadt Göttingen. 8. (1½ B.) Hannover 831, Hahn.

—— einige, zu d. hess. Verfassungsurkunde v. 5. Jan. 1831, insbesond. üb. die Ablösbarkeit d. gutsherrl. Gerechtsame u. d. Lehnverbandes. gr. 8. (1 B.) Rinteln 831, Osterwald.

— einige, zu d. hess. Verfassungsurkunde vom 15. Jan. 1831, insbesondere über d. Ablösbarkeit d. gutsherrl. Gerechtsame u. des Lehnsverbandes. gr. 8. Rinteln 831. Osterwald. 2 K

Worte, Einige, über die Verhältnisse und Lage der Central-Casse . . . Altona 1831. V: *Schädtler, Hnr. David.* (schr)

Worte, Einige, über die Verhältnisse der Vorstadt St. Georg und ihrer Bewohner zur Stadt. Hamb. 1816. V: *Behrmann, Joh. Heinrich Christian.* (schr)

Worte (Vermittelnde) eines Volksfreundes an die Landbewohner über die Regelung der gutsherrlichen und bäuerlichen Verhältnisse insbesondere für Schlesien. 8°. Breslau 1849.

Worte zur Vermittlung in den landständischen Angelegenheiten Würtembergs. O. O. 1816. V: *Eschenmayer, Carl Aug.* (Heyd)

—— der Vernunft, d. Rechtes u. d. Freiheit, geg. Abbé de la Mennais' „Worte e. Gläubigen." gr. 8. (11¼ B.) Leipzig 834, Weber.

—— verspätete, des Trostes, d. Ermahnung u. d. Friedens, die jetzigen Zeitläufte betreff. Seinen lieben züricher Mitbürgern u. Mitchristen aus d. Auslande zugerufen v. ein. züricher Christen. Im Märzmonden d. J. 1839. gr. 8. (1½ B.) St. Gallen 839, (Scheitlin u. Zollikofer.)

Worte zur Verständigung über das alte Kirchengut . . . in Würtemberg. Tübingen 1831. V: *Schneckenburger, Matth.* Heyd)

—— zur Verständigung üb. das alte Kirchengut u. die wahren Interessen d. evangel. Gemeinden u. Geistlichen in Würtemberg, v. D. X. gr. 8. (9¼ B.) Tübingen 831, (Osiander.)

Worte, Einige, zur Verständigung über den Krieg mit Dänemark. Von einem Norddeutschen Staatsmann. Berlin 1849. V: *Reventlow, Eugen Graf.* (PROVBHANN 387)

— einige, zur Verständigung über den Krieg mit Dänemark. Von einem Norddeutschen Staatsmanne. gr. 8. (27 S.) Berlin 849, G. Reimer. 3 ngr

Worte, Einige, zur Verständigung in der obschwebenden Schulfrage. Basel 1851. V: *Hess, Johann Wahrmund.* (BSchWLk V, 10c)

Worte, Einige, zur Verständigung über Sinn und Zweck unsres Gymnasialunterrichtes. . . . Jena 1841. V: *Seebeck, Moritz.* (Ky)

—— einige, zur Verständigung üb. Sinn u. Zweck uns. Gymnasialunterrichtes. An aufrichtige Schulfreunde gerichtet v. e. Schulmann (Moritz Seebeck). gr. 8. (3½ B.) Jena 841, Frommann.

Worte, Einige — der Verständigung über das große freiwillige Staats-Anleihen von 350 bis 500 Millionen von einem unparteiischen Oesterreicher. 12. (1 Blatt, 52 S.) Gratz. A. Leykam's Erben. 1854.

—— einige, zur Verständigung in dem deutsch-dänischen Streite. Von einem Schleswiger. Lex.-8. (36 S. mit 1 lithogr. Sprachenkarte.) Wien 863, Lechner's Universitäts-Buchh.

— der Verständigung u. Versöhnung an die Protestanten Deutschlands. Von einem deutschen Katholiken. Freiburg im Br. 863. Herder. gr. 8. (63 S.) 6 ngr.

— einige, zur Vertheidigung der bisherigen Rechtsverwaltung in Baiern rc. 8. München, Lentner. (Leipzig, Hartmann.) 820.

— einige, zur Vertheidigung des Herrn Weiß, Director der Wasserheilanstalt in Freiwalde, von einem Curgaste. Bevorwortet von Dr. Ehrenberg. 8. Leipzig 840. Voß. ⅙ ℛ

Worte aus dem Volk und an das Volk des Kantons Zürich. 8. Aarau 1839.

— ein paar, über die angesprochene politische Vorrechte der Gesellschaft Limburg. gr. 8. Frankf. 817. Varrentrapp. 1½ fl.

— einige, über die Wahl der Eisenbahn-Linie zwischen Frankfurt a/O. u. Breslau. gr. 4. Berlin, im Januar 842. (Leipzig, Krappe.) n. ¼ ℛ

—— einige, über das neue waldeckische Wahlgesetz. gr. 8. (8 S.) Mengeringhausen 848. (Arolsen, Speyer.)

— einige wahre, über d. dermal. Zustand d. Viehzucht im sogenannten baierschen Hochlande. 8. Münch.... Jaquet. 1½ fl.

—— der Wahrheit, abgedrungen v. Jul. Tutor, dem Vormunde heirathslust. Geistlichen, durch seine bei G. Ritter zu Zweibrücken 1832 erschien. Schrift geg. d. zwei heilf. Erinnerungen an Jun. Sempr. Gracchus, welcher die Geistlichen zum Heirathen ermuthigt. gr. 8. (1½ B.) Düsseldorf 832, Stahl.

Worte der Wahrheit und des Friedens an die gesammte jüdische Nation . . . Aus d. Hebr. Berlin 1782.

Worte der Wahrheit und des Friedens an die jüdische Nation; a. d. Hebr. von David Friedländer. Berl. 1798. V: *Wessely, Naphtali Hartwig Herz.* (Ky)

— der Wahrheit u. d. Friedens an die jüdische Nation; aus dem Hebräisch. (des Wessely) v. Dav. Friedländer. 8. Berl. 798. (Gehr in Bresl.) 3 fl.

— einige, der Wahrheit, üb. die 3 sächs. Fürstenschulen, (a. Steinbecks deutschen Patrioten besond. abgedr.) 8. Zwickau 807. Schumann. 4 fl.

—— der Wahrheit in Liebe über die Fragen unserer Zeit. Von dem Verf. des Schriftchens: „Prüfet die Geister, ob sie aus Gott sind!" gr. 8. (63 S.) Thannhausen 849. Augsburg, (Kollmann'sche Buchh.)

— der Wahrheit und Liebe am neuen Jahresmorgen an alle Freunde, Beförderer u. Sclaven d. Branntweins u. d. Trunksucht. (Gedichte.) 1. 8. Berlin 842, Wohlgemuth. $^1/_{24}$ ℛ

Worte der Wahrheit an die Menschen, meine Brüder. St. Gallen 1822. V: *Wachter.* (Kl) (Ky)

— der Wahrheit an d. Menschen, meine Brüder, (v.... Wachter). gr. 8. St. Gallen 822. Huber. 14 fl.

— der Wahrheit an die Menschen, meine Brüder. 8. 822. Zürich, Hanke. ¼ ℛ

— der Wahrheit, gerichtet an die Mitglieder der „israelitischen Religionsgesellschaft" dahier. (In hebr. Sprache.) gr. 8. (42 S.) Frankfurt a/M. 879. Kauffmann in Comm. n. 1. —

—— einige, über Sachsens Wälder. Geschrieben im Monat Mai 1848. 8. (14 S.) Leipzig 848, Arnoldische Buchh. *

Worte, Einige, mit Professor Walter dem Vater teutsch gesprochen, dabei auch dem Sohne etwas ins Ohr geraunt. [1790 (?).] V: *Meyer, Bernhard.* (Hessische Biographien. Hgbn. von Herman Haupt. Darmstadt 1918. I, 126)

—— warnende, an seine europamüden Landsleute von einem deutschen Arzte. Beobachtungen und Erfahrungen auf seiner Reise nach Nord-Amerika und während seines einjähr. Aufenthaltes in den Vereinigten Staaten, mit Rücksicht auf die bürgerl. und klimat. Verhältnisse des überseeischen „Eldorado." Ein gewissenhafter Rathgeber für Auswanderer nach Nord-Amerika. 8. (95 S.) Quedlinburg 855, Basse.

— einige warnende, über Stockjobbery in besond. Beziehung auf das verderbl. Spiel mit d. Steigen u. Fallen d. Oelpreise. Von e. Rechtsgelehrten. gr. 8. Cöln 831. Bachem. 5 ₰

—— einige warnende, über Stockjobery, in besond. Bezieh. auf d. verderbl. Spiel mit dem Steigen u. Fallen d. Oelpreise. Von e. Rechtsgelehrten. gr. 8. (2 B.) Köln 832, Bachem.

Worte der Warnung nebst gelegenheitlichen Schriftauslegungen veranlasst durch die irrlehrenden Anmerkungen des Herrn Nic Funk . . . Nürnb. 1847. V: *Kanne, Joh. Arnold.* (GGr)

—— einige, über das bevorstehende Weide-Gesetz. Vom Unterlande. gr. 8. (13 S.) Heilbronn 861, (Scheurlen.)

—— einige, über das bevorstehende Weide-Gesetz. Vom Unterlande. 2., verm. und verb. Aufl. gr. 8. (16 S.) Heilbronn 863, (Scheurlen.)

Worte der Weihe, und Gesänge zur Feier des 7. Juni 1816. Bei der Einweihung des Versammlungssaales der L. Friedrich August zu den drei Cirkeln, im Or. zu Zittau; von dem M. v. St.
Kl. 1816 b.

Worte der Weihe zur Todtenfeyer des verewigten Brs Schneider des Aelteren und ihm vorangegangener Brüder. Altenburg am 22. Dec. 1816. 2 Bl. 8⁰ [Umschlagtit.]
Gedicht: „Der Opfer viel hat unsre Zeit gefordert . . ."

Worte der Weihe und Verehrung, dem einzigen Künstler Ritter N. Paganini dargebracht von C. v. H. Leipzig 1829. V: *Holtei, Carl von.* (GGr IX, 518, 58) (Zeitschr. f. Büch. N. F. 15, 1923, 128)

—— der Weihe u. Verehrung, d. einzigen Künstler Ritter N. Paganini dargebracht v. C. v. H. gr. 8. (¼ B.) Leipzig 829, [Klinkhardt.]

— der Weihe u. Verehrung, dem einzigen Künstler Ritter N. Paganini dargebracht v. C. v. H. gr. 8. Leipz. 829. Sühring. 1⁄₄

Einige Worte über den Weinhandel und die Weincultur in Österreich. Von einem Weinschätzmeister. Wien: Dittmarsch 1866. 29 S. -- UB Wien*

—— einige, über den Weinhandel und die Weincultur in Oesterreich. Von einem Weinschätzmeister. gr. 8. (29 S.) Wien 866, Literarisch-artistische Anstalt. *

Einige Worte an die Württembergischen Weinpflanzer, Wein-Händler und Wirthe über Verbesserung des Weinbaues und inländischen Weinhandels. Als Zugabe zu Professor Gmelins Schrift: Behandlung der Trauben bei der Bereitung der Weine in Württemberg. Kannstadt: Richter 1823. 28 S. -- 21*

— der Weisheit. Ein Strauss köstl. Blüten aus dem Garten der Weisheit. Für alle Tage des Jahres. Gesammelt aus den Schriften der Weisen des Morgen- u. des Abendlandes u. zum Zwecke der Erbaug. f. geistig streb. Menschen systematisch geordnet v. J. F. (III, IV, 224 S.) 16. Leipzig (908). Theosoph. Buchhandlg. H. Tränker. 1. 50

— d. Weisheit f. d. Geist u. d. Herz aller Stände d. Menschen, m. K. 8. Wien, Alo, Doll. (Liebeskind in Leipzig in Commiss.) 799.

— der Weissagung so bisher in der Offenbarung Johannis verschlossen gelegen, oder derselben gründliche Erklärung. 4. Lpz. Groß. 722.

Worte, Einige, eines Weltbürgers über die Schiff- und Flossbarkeit der Pegnitz und Rednitz von Nürnberg und Schwabach nach Vorchheim und Bamberg . . . Frankf. u. Leipz. [Bamberg] 1816. V: *Jäck, Heinrich Joachim.* (MGT) (Ky)

— einige, eines Weltbürgers üb. die Schiff- u. Floßbarkeit d. Pegnitz u. Rednitz von Nürnberg u. Schwabach über Vorchheim ꝛc. (von H. J. Jäk) 8. Frankf. u. Leipz. (Bamb.) 816.

—— einige, über Rudolf Falb's Vortrag „Weltenbildung und Weltenuntergang" von einem Zuhörer. gr. 8. (12 S.) Klagenfurt 876, [Bertschinger und Heyn.] Heyn's Buchh. * — 40

Worte, Wenige, herzlicher Rührung gesprochen zu seinen Brüdern in der St. Johannis-Loge zum Fruchthorn [in Lübeck] nach seiner Aufnahme von Br. v. B. Lübeck den 8. Febr. 1791. [Lübeck 1791.] V: *Brömbsen, Friedrich August.* (Kl 1101) (wolfstieg I, 726)

Wenige Worte vom Untugendbund, in Bemerkungen zu d. Schrift d. Herrn Geheimen Raths Schmalz üb. politische Vereine u. der. Recension in d. allgemeinen Literaturztg. Septbr. 1815, Nr. 214, Westteutschland 1815, 15 S., 8⁰.

— —, Wenige, vom Untugendbunde. Westdeutschland (Winter in Heidelberg) 1815.
Weller, fing. Druckorte. — Rar1

Worte, Einige, über den Werth und die Verwendung der Karte beim geographischen Unterrichte. [Berlin 1847.] V: *Sydow, Theodor von.* (EB)

— einige, üb. das Wesen Gottes. Eine Stimme aus der Menschheit. (14 S.) 8. Strassburg (905). (C. Bongard.) n. — 75

Worte, Einige, über das Wesen und Treiben der Corps an Deutschlands Hochschulen. Eine Studie zu Nutz und Frommen der academischen Jugend . . . Berlin 1876. 2. Aufl. Kahla a. d. S. 1878. V: *Lutherkorth, Franz.* (Erman & Horn, Bibliogr. d. dtsch. Univ. 1. Leipz. u. Berl. 1904.)

— (ein paar wichtige u. nothwendige), zur Berichtigung der freimüthigen Untersuchungen eines Protestanten über die Ansichten der Reformationsfeier rc. 8. Straubing 818. (Schorner). 3 K

Worte, Einige, über die Wiederherstellung des Doms zu Bamberg . . . Bamberg 1837. V: *Brenner, Frdr.* (ADB 47)

Worte, Einige wohlgemeinte, über das Concordat und den Kirchenstaat. 2. Aufl. Bozen 1868. V: *Koch, Matthias.* (Mitth. Dr. Ign. Schwarz.)

Worte. Einige wohlgemeinte W' an meine werthen Mitbürger des Kantons Luzern. (Geschrieben den 21. Dezember 1830.) 8. *o. O. u. J.* [1830 31].

— wohlmeinende, zur Beachtung üb. das anonime Schriftchen: Synodal-Richter, Synodal-Examinatoren u. Diözesan-Synoden. gr. 8. (28 S.) Euskirchen 849. (Cöln, Lengfeld.) n. 1/12 ℛß

Einige Worte über die vielen Worte des Herrn Fürsten Ludwig v. Oettingen-Wallerstein u. sein politisches Glaubensbekenntniss. O. O. u. J. 8⁰. 35 S. Cart.

Einige **Worte** über die von einem Pseudo-Neu-Preußen herausgegebenen Wünsche bei der zu erwartenden Justiz-Reform in den Rheinländern. Köln 1816.

— zehn, an Jedermann (jung u. alt, hoch u. niedrig) f. das tägliche Leben. Mit Nachbemerkg. v. Antiquus. 8. (32 S.) Dessau (902). Königsberg, Ostdeutsche Buchh. — 25

— an die Zeit. 1. Serie. Nr. 1. gr. 8. Döbeln 891. H. Schmidt. n. — 80
Lob der Parlamente. Eine Scherzrede für Wähler u. Gewählte. Von Fr. Kretzschmar. 1.–3. Aufl. (IV, 46 S.)

— e., zu fr. Zeit üb. verb. Belehrung u. Erziehung d. Jugend in deutschen u. lat. Schulen, f. Schulpatrone, Schulinspektoren rc. 8. Zwickau 805. Schumann. 8 K

— ein paar, zu fr. Zeit an d. Archidiaconatsprengel Gars. gr. 8. Münch. 802. Lentner. 8 K

— einige, über die neuesten Zeitereignisse, (v. K. F. Fenkohl). 8. Deutschl. 813. (Wienbrack in Leipz.)

— einige, üb. die neuesten Zeitereignisse. 8. (Leipz. Gräff.) 815.

Worte, Einige, über die neuesten Zeitereignisse in Teutschland. O. O. 1813. V: *Fehnkohl, Carl Frdr.* (MGT) (Wr) (Ky)

Worte, Zeitgemässe, an die leibrechtlich grundbaren Landeigenthümer. . . . Passau 1848. V: *Messert.* (Ky)

Worte, zeitgemäße, an die leibrechtlich grundbaren Landeigenthümer. Vorschläge zur Bereitung einer glücklich zufriedenen Zukunft, zur Erlangung des erwünschten häusl. Wohlstandes von einem Freunde des Landvolks (Messert). gr. 8. (27 S.) Passau 848, Pustet'sche Buchh.

Anonym: „Zeitgemässe Worte eines Preussen an seine Landsleute, oder über der neuen deutschen Freiheitsprediger Constitutionsgeschrei und ihre Lästerung deutscher Fürsten", Leipzig 1815. — Vorh.: Preuß. Staatsbibl. Berlin.

Worte, Zeitgemässe, für Studirende, auf ihre Gesundheit aufmerksam zu sein. . . . Grimma 1834. V: *Rose, Dietrich Anton Carl.* (Ky)

— zweckmäß., f. Studirende, s. a. Rose, C. A.

— zeitgemäße, für Studirende, auf ihre Gesundheit aufmerksam zu sein. Eine Diätetik für Studirende. (Von C. A. Rose.) 8. Grimma 834. Gebhardt. 1/4 ℛß

Worte, Einige, zur Civilprozessordnung. Leipzig-Reudnitz [1896]. V: *Hettinger, Curt.* (Ky) (Berl)

— einige, z. Civilprozeßordnung. (Von Curt Hettinger.) gr. 8. (26 S.) Leipzig-Reudnitz 896. (A. Hoffmann.) — 60

Worte, Einige, der Zurechtweisung auf die Gegenschrift . . . über Criminaljustiz. Hamb. 1828. V: *Asher, Carl Wilhelm.* (Schr)

Worte, Zweckmäßige, für Studirende, s. Worte, Zeitgemäße . . .

Worte, zwei, oder d. Nacht im Walde. Lstspl. in 1 A. 8. Wien ... Wallishausser. 5 K

Worte, Zwei, über die allerneueste Ansicht u. Behandlungsart d. Typhus. Landshut 1814. V: *Schubauer, Luc.* (Call)

— zwei, über die allerneueste Ansicht u. Behandlungsart des Typhus. 8. Landsh. 814. Thomann. 5 K

Worte, Zwei, über die Entstehung und Bestimmung der Teutschen Legion. [Dresden] 1813. V: *Arndt, Ernst Moritz.* (GGr) (BrMm)

Worte, Zwei, über Colonial-Weisheit . . . Berlin 1883. V: *Bastian, Adolph.* (Kat. der stat. Bureaus. Dresden 1890.) (CBH)

— zwei, üb. Colonial-Weisheit v. Jemandem, dem dieselbe versagt ist. gr. 8. (III, 24 S.) Berlin 883. Dümmler's Verl. n. — 40

Zwei **Worte** an die Nordschleswiger von einem dänischen Schleswiger. o. O. u. J. 8°

Worte, Zwey, an den Reformator der katholischen Liturgie . . . oder Prüfung des ersten Versuches zur Verbesserung der katholischen Liturgie . . . Hollathau in Bayern 1808. V: *Wochinger, Sebast.* (MGT)

—zwei, an d. Reformator d. kathol. Liturgie. gr. 8. (Münch.) 808. Weber. 2 gr.

— (zwei), gegen die Schrift: über die Ehescheidung in katholischen Staaten, von Dr. Socher. 8. Augsb. 811. Doll. (Landsh., Krüll). 3 gr.

Worte, Zwei W. an alle biedere Schweizer. [2 Theile.] 8. *o. O. u. J.* [ca. 1798]

[Theil 1.] (Ein Wort an alle b. Sch. für die verläumdete Mehrheit der Bündner geschrieben im September 1798.)

[Theil 2.] (Ein zweites Wort an alle b. Sch., veranlaßt durch des Heinrich Zschokke Bittschrift an das fränkische Direktorium und seine Reden vor den gesezgebenden Räthen des neuen Helvetiens. im November 1798.)

Worte und Wünsche, Zwei, betreffend ein sehr wirksames Hülfmittel zur Verädelung unsrer gemeinschaftlichen Gottesverehrungen. Kopenh. 1803. V: *Paisen, Matth. Frdr.* (Bruun, Bibl. Danica I, 552.) (Collin, Anonymer. Kiobenh. 1869.)

—— zwölf, eines Vaters an seinen Sohn über Zufall und Materialismus von Jacob. 16. (11 S.) Düsseldorf 881, Lafaire. *

Wörteter [vielmehr Wörteler], Joan. Henr. (geb. Verl 1799): De antagonismo facultatis sexualis cum perfectibilitate organismi totius in regno animali. (Berolini 1822.) (38 S.) 8°

Berlin, Med. Diss. v. 5. März 1822

Wörter, die bekanntesten latein. u. französ., im Reden u. Schreiben, wie auch bei den Zeitungen zu gebrauchen. 12. Wittenb. 784. Zimmermann. 3 gr.

Wörter. Deutsche W. u. Uebungen s. a. R[aymond], C[harles].

Wörter und Übungen, Deutsche. Genève 1903. V: *Raymond, Charles.* (Bibliogr. Bull. d. Schweiz 1907.)

Wörter, Deutsche, und Übungen mit Sprachlehre. Genève 1908. V: *Raymond, Charles.* (BBullschw 16, S. 138)

Wörter, französische, f. die Klassen III—VII der württembergischen Gymnasien. Im Anschluß an Plötz-Kares, kurzer Lehrgang der französ. Sprache. 2. Aufl. (74 S.) 8. Berlin 907. F. A. Herbig. Geb. 1.30; Register (28 S.) 910. — 40

Wörter, gleichlautende, zum gründlichen Unterricht der französischen Sprache. Querfurth 857. Schmid. 12. (40 S.) 2⅓ ngr.

Wörter, die gleich- u. ähnlich lautenden unserer Sprache, als Stoff für Verstandes-Uebungen in den Elementar-Classen der deutschen Schulen. 8. Hamburg... Niemeyer. 1/12 rthl.

Wörter, die gleichlautenden, der französ. Sprache, s. a. Recueil.

Wörter, die gleichlautenden, der französischen Sprache, in lexikal. Ordnung für den Schulgebrauch. 16. (IV und 157 S.) Leipzig 864, Violet.

— griechische, f. die Klassen IV u. V der württemberg. Gymnasien. 2. Aufl. (72 S.) 8. Stuttgart 910. A. Bonz & Co. Kart. — 80

— die Laut-verwandten, der deutschen Sprache. Mit den nöthigen Erläuterungen u. Beispielen aus der neunten Auflage des Wismayrischen Lehrbuchs besonders abgedr. gr. 8. Münch. ... (Landsh., Thomann). 4 gr.

— u. **Sachen.** Kulturhistorische Zeitschrift f. Sprach- u. Sachforschg. Hrsg. v. R. Meringer, W. Meyer-Lübke, J. J. Mikkola, R. Much u. M. Murko. 1. u. 2. Bd. (2. Bd. 1. Heft. 160 S. m. 27 Abbild.) Lex. 8. Heidelberg 909. 10. Carl Winter. à Bd. 20. —

Wörter u. Sätze. Zum Unterricht der deutschen Sprache in den französ. Gymnasien. Sexta u. Quinta. (36 S.) 12. Nizza (903). L. Gross.) — 75

Wörter, 680 gleich und ähnlich lautende, mit kurzen Andeutungen und Abstammung und Bedeutung nebst Anwendung derselben in mehreren hundert Sätzen. gr. 12. (28 S.) Würzburg 848, (Kellner.) *

Dass., s. a. Worte

Wörter, 680 gleich u. ähnlich lautende, mit kurzen Andeutungen über Abstammung oder Bedeutung nebst Anwendung derselben in mehreren hundert Sätzen. 2. Aufl. Würzburg 861. Richter. 8. (31 S.) 2 ngr.

— — 3. Aufl. Würzburg 861. Kellner. 8. (31 S.) n. 2 ngr.

Wörter für französische Sprechübungen VI—IV. Barmen 1904: Wilh. Wandt. (23 S.) 8°

Barmen-Wupperfeld, OR P 1904 (572)

Wörter, die alte häusliche und bürgerliche Verfassung der Teutschen betreffend. [Braunschweig 1786.] V: *Ress, Joh. Hnr.* (MGT)

Wörter, Frdr., Beiträge zur Dogmengeschichte d. Semipelagianismus. gr. 8. (VI, 128 S.) Paderborn 898. F. Schöningh. n. 3. —

Wörter, Frdr., zur Dogmengeschichte des Semipelagianismus, s. a. Studien, kirchengeschichtl. V. 2.

Zur Dogmengeschichte des Semipelagianismus.
1. Der Lehrinhalt d. Schrift de vocatione omnium gentium.
2. Die Lehre d. Faustus v. Riez.
3. Die Lehre d. Fulgentius v. Ruspe. Von Friedrich **Wörter**. Münster i. W.: H. Schöningh 1899. (VI, 155 S.) 8°
(Studien, Kirchengeschichtliche. Bd 5, H. 2.)

Wörter, Friedr. Die Geistesentwicklung d. hl. Aurelius Augustinus bis zu seiner Taufe. gr. 8. (IV, 210 S.) Paderb. 892, F. Schöningh. * 4 —

Wörter, Friedr., die christliche Lehre über das Verhältniß von Gnade und Freiheit von den apostolischen Zeiten bis auf Augustinus. 1. Hälfte: Die Lehre des neuen Testaments und der griech. Väter. gr. 8. (VII und 380 S.) Freiburg im Br. 856, Herder'sche Vrlgsh. *

Wörter, Friedr., die christliche Lehre über das Verhältniß von Gnade und Freiheit von den apostolischen Zeiten bis auf Augustinus. 2. Hälfte. 1. Abthl.: Die Lehre der latein. Väter vor Augustinus. gr. 8. (1. Bd.: Die Lehre des neuen Testamentes und der voraugustinischen Väter. S. 381—724. Schluß.) Freiburg im Br. 860, Herder'sche Verlagsh. *
1. Hälfte. Ebendas. 1856. * 1 Thlr. 12 Ngr.

Wörter, Friedr., der Pelagianismus nach seinem Ursprunge u. seiner Lehre. Ein Beitrag zur Geschichte des Dogma's von der Gnade und Freiheit. Freiburg i. Br. 866. Wagner'sche Buchh. gr. 8. (V, 420 S.) n. 2 ₰ 20 ngr.

Wörter, Frdr., der Pelagianismus nach seinem Ursprung u. seiner Lehre. Ein Beitrag zur Geschichte d. Dogma's v. der Gnade u. Freiheit. 2. m. Zusätzen u. e. Register verseh. Ausg. gr. 8. (429 S.) Freiburg i/Br. 874. Wagner. 5. 25

Wörter, **Friedrich**, Augustins Unsterblichkeitslehre. Freiburg i. B. 1880. Academ. Schrift (?)

— Zurückweisung der jüngsten Angriffe auf die dermalige Vertretung der katholischen Dogmatik an der Universität zu Freiburg. Ebend. 868. gr. 8. (77 S.) n. 10 ngr.

Wörterbuch d. französ. Academie, s. Dictionnaire.

Wörterbuch der französischen Akademie, mit deutscher Uebersetzung. Nach der achten Original-Ausgabe bearbeitet. (2 Bde.) 4. Grimma u. Leipzig 1851.

Wörterbuch d. **Akten- u. Geschäftssprache**, od. Erklär. der im amtl. Verkehr vorkomm. fremden Ausdrücke. Von e. prakt. Juristen. gr. 8. (5¾ B.) Glogau 834, [Berlin,] Heymann.

Wörterbuch der **Akten- und Geschäftssprache**. 13. Aufl. 8. Berlin 846, Heymann. 9 ngr

Wörterbuch der Akten- und Geschäftssprache mit Einschluß der in der neueren Politik üblichen Ausdrücke. 8. (118 S.) Berlin 850, C. Heymann.
Aus: Schmalz's Haussekretair 14. Aufl. 4. Thl., besonders abgedruckt.

— allgemeines Deutsch-Lateinisches, s. Lexicon Catholicon 2r Thl.

— allgem. homiletisches, od. prakt. Handbuch f. Prediger od. Candidaten d. Predigtamts, enthält Predigtentwürfe ꝛc. 1r Bd. A—G. 8. Leipz. 800. (W. Nauck). 16 gr Sommer.

Wörterbuch, Allgemeines hydrographisches, aller Ströme und Flüsse in Teutschland. Frankf. a. M. 1741. V: *Dielhelm, Johann Hermann.* (ML)

—— allgem., d. heil. Schrift. Ein Supplembd. zu allen Bibelausgaben nach der Vulgata, besond. aber z. heil. Schrift v. J. F. Allioli. Hrsg. v. ein. Vereine kathol. Geistlichen. 2 Bde. A—Z. Mit chronolog. u. histor. Tabn. 1. Aufl. (u. 2. Ausg.) gr. 8. (à 62 B.) Regensburg 838, 40, Manz. à

—— allgemeines, der heiligen Schrift. Hrsg. v. einem Vereine kathol. Geistlichen. Ein Supplementband zu allen Bibelausgaben nach der Vulgata, besonders aber z. h. Schrift, übersetzt v. J. F. Allioli. Mit e. Zugabe: Die heil. Schrift, ihr Charakter, ihre Bedeutung u. wie sie zu lesen. Von J. P. Silbert. 2., umgearb. u. verm. Aufl. 2 Bde. Lex.-8. (73½ B.) Regensburg 844—46, Manz.

— dass. Ausg. in gr. 4. (78 B.) Ebds. 844—46.

— alphabetisch-geordnetes, üb. deutsche Idiotismen, Provinzialismen, proverbialische Sprechearten, Volks-Ausdrücke u. andere im gemeinen Leben vorkommende Sprachwendungen ꝛc. in entsprechendes Latein übertragen v. J. S. M—r (Meiner). gr. 8. Leipz. 820. Baumgartner. 1 ₰

— **amtliches, für die Abfassung der Telegramme in verabredeter Sprache. Bearb. vom internationalen Bureau der Telegraphen-Verwaltgn. in Bern 1894 Nichtamtlicher Neudr. gr. 4. (XII, 856 S.) Amsterdam 901. (Hamburg, L. Friederichsen & Co.)**
Kart. n.n. 25. —

Wörterbuch, Apocalyptisches, brauchbar als ein Schlüssel zur Eröffnung der geheimen Winke, die . . . der Kirche ertheilt worden. . . . Basel u. Stuttgart 1834. V: *Brunn, Nicolaus von.* (Ky) (Cat. d. Stadtbibl. Zürich. Zürich 1864—97.)

—— apokalyptisches, brauchbar als e. Schlüssel z. Eröffnung d. geheimen Winke, die in d. Offenbarung Jesu Christi durch den Jünger, den Er lieb hatte, der Kirche ertheilt worden. Von d. Verf. d. „Blicke in d. Offenbarung" (N. v. Brunn). gr. 8. (25 B.) Basel 834, Spittler.

Wörterbuch, Architektonisches, oder kurze Erklärung der in der bürgerl. Mühlen- und Wasserbaukunst vorkommenden . . . Kunstwörter. Gotha 1790. V: *Schmidt, Frdr. Christian.* (EngMt)

Wörterbuch, ästhetisches ꝛc. s. K. H. Heydenreich.

Wörterbuch, astronomisches, s. Klein, Herm. J.

— zur Beförderung d. deutschen Sprachreinigung. 8. Berl. 813. (Rücker). 1 ₰ 8 gr (Vergl. Handwörterbuch für deutsche Sprachreinigung.)

Wörterbuch der vornehmsten Belagerungen u. Schlachten der Geschichte älterer u. neuester Zeiten bis 1789, s. Zeil, Reichsgraf, zu.

Wörterbuch vornehmster Belagerungen und Schlachten, der Geschichte älterer und neuer Zeiten . . . Stift Kempten 1789. V: *La Croix de Castries, Jean Franç. Marquis de.* (BrMm)

— bergmännisches, worin die deutschen Benennungen erklärt, u. zugleich d. in Schriftstellern befindl. latein. u. französ. angezeigt werden. gr. 8. Chemnitz 779. (Starke). 1 ℛ 4 gℊ 630 S.

— biblisch=emblematisches, d. Tellerschen entgegengesetzt, s. F. C. Oettinger.

— biblisches, s. a. Wiedebantt, H.

— biblisches, z. Nachschlagen, s. J. Ch. Vollbeding.

— biblisches, zugleich Register über die sämmtlichen Ausgaben der Schriften des alten und neuen Testamentes von Jos. Fr. v. Allioli. München 856. v. Vogel. Lex.=8. (VI. 345 S.) n. 1 ℛ. 14 ngr.

— biblisches, zugleich Register über die sämmtl. Ausgaben der heil. Schrift des alten und neuen Testaments von Jos. Frz. v. Allioli. Neue (Titel=)Ausg. 3 Lfgn. Lex.=8. (VI und 345 S.) München (856)59, v. Vogel'sche Verlagsbuchh. *

Wörterbuch, biblisches, zugleich Register über die sämmtlichen Ausgaben der heiligen Schrift des alten u. neuen Testaments von Jos. Frz. von Allioli. Neue Ausg. München 859. v. Vogel. Lex.=8. (VI, 345 S.) n. 21 ngr.

Wörterbuch, biblisches, für das christliche Volk. In Verbindung mit den evangel. Geistlichen Württembergs Fronmüller, Hainlen, Klaiber rc. hrsg. von H. Zeller. Mit einem Vorwort von W. Hoffmann. 1—4. Lfg. Lex.=8. (1. Bd. IV und 776 S. und 2. Bd. S. 1—112.) Stuttgart 855—56. [Gotha,] Besser. à Lfg. 15 Ngr.

Wörterbuch, biblisches, für das christliche Volk. In Verbindung mit den evangel. Geistlichen Württembergs Fronmüller, Hainlen, Klaiber rc. hrsg. von H. Zeller. Mit einem Vorwort von W. Hoffmann. 5—7. (Schluß=)Lfg. Lex.=8. (2. Bd. VI und S. 113—916.) Stuttgart 857.58, Besser. à Lfg. * 15 Ngr. *
1—4. Lfg. Ebendas. 1854,55. * 2 Thlr.

Wörterbuch, biblisches, für das christliche Volk. In Verbindung mit den evangel. Geistlichen Württemberg's Fronmüller, Hainlen, Klaiber rc. hrsg. von H. Zeller. Mit einem Vorwort von W. Hoffmann. 2., verb. Aufl. 2 Bde. in 12 Heften. Lex.=8. (866 S., XXIII und 800 S.) Gotha 866,67, Besser. à Heft * 10 Ngr. *

Wörterbuch, biblisches, für das christliche Volk. In Verbindung mit den evangel. Geistlichen Württembergs: Fronmüller, Hainlen, Klaiber rc. hrsg. von H. Zeller. 3. durchgehends neu bearb. Aufl. 2 Bde. Mit Kartenbeilagen. Lex.=8. (724; XII, 687 S.) Karlsruhe 884, Reuther. à Bd. * M 5. *

Wörterbuch, biblisches, f. das christliche Volk. In Verbindg. m. den evang. Geistlichen Württembergs: Fronmüller, Hainlen, Klaiber u. a. hrsg. v. H. Zeller. 3., durchgehends neu bearb. Aufl. Neue (Titel=)Ausg. 10 Lfgn. Lex.=8. (1. Bd. XII, 724 S. u. 2. Bd. XXIII, 663 S. m. 6 Kartenbeilagen.) Berlin 894. Reuther & Reichard. à n. — 35

— der Blumen=Sprache, s. a. Miniatur=Bibliothek des Nützlichen und Angenehmen.

Wörterbuch der Blumensprache, für Verzierungsmaler und Stickerinnen . . . Leipzig 1822. V: *Voigt, Amalia von geb. Ludecus.* (MGT) (Schl)

Wörterbuch der Blumensprache, f. Verzierungmahler u. Stickerinnen von Cäcilie. 12. Leipz. 823, Herbig.

Wörterbuch, böhmisch=deutsch=lateinisches rc. s. Palkowitsch, G.

Botanisches Woerterbuch, . . . St. Petersb. 1795. 4°.
Title-pages in Russ and German.

Wörterbuch, Botanisches, in Bildern oder 100 Abbildungrn von in- und ausländischen Blumen mit . . . einem kleinen Abrisse ihrer Naturgeschichte. Wien 1831. V: *Bermann, Joseph.* (Ky)

— in Bildern, botanisches, oder 100 Abbildungen von in= und ausländischen Blumen mit deutscher, französ. u. latein. Benennung u. einem kleinen Abrisse ihrer Naturgeschichte (von Jos. Bermann). kl. 16. Wien 831, Bermann u. Sohn. $1^{2}/_{3}$ ℛ

— bremisches niedersächsisches, herausg. v. d. bremischen deutschen Gesellschaft. 5 Thle. gr. 8. Bremen 767—70. Förster. (Müller). 6 ℛ 12 gℊ

Wörterbuch, bremisch=niedersächsisches, worin nicht nur die in u. um Bremen, sondern auch fast in ganz Niedersachsen gebräuchl. eigenthüml. Mundart, nebst den schon veralteten Wörtern u. Redensarten, in brem. Gesetzen, Urkunden u. Diplomen, gesammelt, zugleich auch nach einer behutsamen Sprachforschung, u. aus Vergleichung alter u. neuer verwandter Dialekte, erkläret sind. Hrsg. von der brem. deutschen Gesellschaft. 8. (421 S.) Bremen 881. Haake. 9. —

Wörterbuch, bremisch-niedersächsisches, worin nicht nur die in und um Bremen, sondern auch in fast ganz Niedersachsen gebräuchl. eigenthüml. Mundart nebst den schon veralteten Wörtern und Redensarten, in brem. Gesetzen, Urkunden und Diplomen gesammelt, zugleich auch nach einer behutsamen Sprachforschung, und aus Vergleichung alter und neuer Dialekte, erklärt sind. Hrsg. von der brem. deutschen Gesellschaft. 2. (Titel=) Ausg. gr. 8. (424 S.) Bremen 886, Haake. *

— burschikoses, oder Studentensprache. Allen deutschen Studenten, insbesondere dem jungen Zuwachs gewidmet von einem bemoosten Haupte. (Mit Titelbild.) kl. 16. Bonn 841, Dunst. n. $^{1}/_{8}$ ℛ

— — Dasselbe. Ebd. 1865. 16°.

Wörterbuch, burschikoses, oder Studentensprache. Allen deutschen Studenten, insbesondere dem jungen Zuwachs gewidmet von einem bemoosten Haupte. 16. (32 S.) [München 878, Unflad.] Chemnitz, Winter. *

— chemisches, von Brandes rc., s. Repertorium.

— zur griechischen Chrestomathie von W. Bäumlein und A. Pauly, für die mittleren Abtheilungen der Gymnasien. gr. 12. Stuttgart 838. Metzler. $^{3}/_{8}$ ℛ

— dajacksch-deutsches. Bearb. und hrsg. im Auftrage und auf Kosten der niederländ. Bibelgesellschaft (von Aug. Hardeland.) hoch 4. (VIII und 638 S.) Amsterdam 859. (Leipzig, T. O. Weigel.) **

Wörterbuch, Dajacksch-deutsches. Bearbeitet und hsg. im Auftrage der niederländischen Bibelgesellschaft. Amsterdam 1869. V: *Hardeland*, *August.* (EB)

Wörterbuch, Teutsch, Franzoesisch, Italienisch, Englisch, Lateinisch und Spanisches, worinnen die allergebräuchlichsten Wörter . . . eingetheilet und befindlich sind . . . Nürnberg 1786. V: *Schmidt*, *Anton Wilh.* (ML) (MGT) (Ky) (will)

— deutsch., franzöſ., italien., engl., latein. u. ſpaniſches, (v. A. W. Schmidt). 3 Theile. 8. Nürnb. 787. Zeh. 2 ℛ

— deutsch-onglischos u. englisch-deutsches, technischer Ausdrücke, vorzüglich zum Gebrauch f. Ingenieuro, Schiffsmaschinisten, Maschinenbauer, Schiffbauer, Schiffs-Capitäne, Steuerleute u. Handwerker. Mit Bezeichng. der Aussprache. 8. (52 S.) Kiel 886. Lipsius & Tischer. n. 1. 20

Wörterbuch, Deutsch und illyrisches, zum Gebrauch der illyrischen Nation in den k. Staaten. Wien 1790. V: *Avramovič*, *Teodor.* H: *Kurzbeck*, *Jos. Edl. v.* (CBH)

— deutſches u. illyriſches, z. Gebrauch d. illyriſchen Nation in den k. k. Staaten. 2 Thle. gr. 8. Wien 790. Kurzböck. 5 ℛ

—— deutſches, nebſt Regeln für die Rechtſchreibung zum Gebrauche in Schule und Haus. Hrsg. von einer Kommiſſion des pädagog. Vereins zu Schwerin. br. 8. (88 S.) Schwerin 870, Schmale. *

— deutſches ſeemänniſches. Im Auftrage des Staatsſekretärs des Reichs-Marine-Amts hrsg. v. A. Stenzel. Bearb. v. H. J. F. Ahlers, Bölſche, Credner u. a. Mit 2 bunten u. 7 ſchwarzen Taf., ſowie 6 Taf. u. 33 Abbildgn. im Text. (XV, 484 S.) Lex.-8. Berlin 904. E. S. Mittler & Sohn. n. 10. —; geb. n. 12. —

(F) Deutsches und ungarisches Wörterbuch. Redigiert von Siegmund Simonyi und Josef Balassa. I. deutsch-ungarischer Theil. Budapest. 1899. Franklin-Verein. Gr.-8°. VIII, 474 S. fl. 3.—

Wörterbuch, Deutsch-Esperanto, unter Red. von Zamenhof hrsg. von Herm. Jürgensen u. M. Pagnier. 2., verm. Aufl. (VI, 278 S.) kl. 8. Berlin (906). Esperanto Verlag Möller & Borel. n. 2. —; geb. n. 2. 50
Esperanto-Deutsch, s.: Jürgensen, Herm.

Wörterbuch Deutsch-Esperanto, unter Red. v. Zamenhof hrsg. v. Herm. Jürgensen u. M. Pagnier. 4. unveränd. Aufl. (V, 278 S.) kl. 8. Berlin (910). Esperanto Verlag Möller & Borel. 2.—; geb. 2. 50

— deutſch-franzöſiſches. 8. Braunſchw. 758. Schröder. 2 ℛ

Wörterbuch, Deutsch-französisches, des Schiffs-Dampfmaschinen-Wesens. Paris. V: *Witzel*, *E.* (Bücherverz. d. Hauptbibl. d. Reichs-Marine-Amts. Berlin 1902.)

Wörterbuch, Deutsch-kroat., der techn. Terminologie f. Ingen., Arcbitekten etc. (Riečnik njemačko-hrvatskoga technologic̆koga etc.) 8. (385 S.) Agram, Leop. Hartmán's akad. Buchh. (Kugli & Deutsch.) 5 fl. 20 kr. 1883.

Wörterbuch, Teutsch-orthographisches, nach den Regeln der Anleitung zur teutschen Sprache . . . Münch. 1767. 2. Ausg. 1771. 3. Ausg. 1778. Neue Aufl. 1774. V: *Braun*, *Heinrich.* (ML)

Wörterbuch, deutsch-russisches und russisch-deutsches, für juristische Ausdrücke aus dem Gebiete des Civil- und Handelsrechtes. I. Deutsch-russ. Thl. 8. (350 S.) St. Petersburg 878. (Berlin, Puttkammer und Mühlbrecht.) *

— deutſch-ungariſches u. ungariſch-deutſches, nach Holzmann, Scheller, Pariz-Papai u. von Marton bearb. u. zum Gebrauch beider Nationen herausg. 2 Bde. gr. 8. Peſth 827. Hartleben. 5 ℛ vergl. Joſ. Marton.

— engliſch-deutſches, für Landwirthe. Gegen 700 der gebräuchlichſten Ausdrücke enth. u. nach den einzelnen Zweigen der Landwirthſchaft geordnet von L. R. Mit 1 Tab. über Gewichte u. Maaße. Stuttgart 862. Ebner & Seubert. 16. (40 S.) 5 ngr.

— encyklopädiſches, oder alphabet. Erklärung aller Wörter aus fremden Sprachen, d. im Deutſchen angenommen ſind, wie auch aller in den Wiſſenſchaften, bei d. Künſten u. Handwerken üblichen Kunſtausdrücke, (v. Gli. H. Heinſe). 11 Bde. 8. Zeiz 793—805. Webel. 10 ℛ 2e Aufl. in 3 Bden od. 6 Abtheill. gr. 8. Ebd. 825. (Boike in Berl.) 5 ℛ

Wörterbuch, Encyclopaedisches, oder alphabetische Erklärung aller Wörter aus fremden Sprachen die im Teutschen angenommen sind . . . Bd. 2—10. Zeitz 1800—3. H: *Heinse*, *Gottlob Heinrich.* (MGT) (ErschDL) »1793—1805« (GGr) (Ky)

— encyclopädiſches, od. alphabet. Erklärung aller Wörter aus fremden Sprachen ꝛc. 3 Bde. in 6 Abthlgn. 2e Aufl. gr. 8. Zeitz 824, Boike in Berlin.

—— encyclopädiſches, der Künſte und Handwerke mit Berückſicht. der neueſten Erfindungen. Hrsg. von einer Geſellſchaft von Technologen, Künſtlern und Profeſſioniſten. 2. Bd. A. u. d. T.: Wörterbuch der geſammten Bleicherei, Färberei und Zeugdruckerei. Enthaltend eine Beſchreibung der in obigen Induſtriezweigen in Anwendung kommenden Stoffe, Chemicalien und Operationen nach dem neueſten Standpuncte. In alphabet. Ordnung mit Benutzung deutſcher, franzöſ. und engl. Literatur zuſammengeſtellt von Chr. Heinr. Schmidt. gr. 8. (270 S.) Weimar 856, Voigt.
Der 1. Bd. iſt zur Zeit noch nicht erſchienen.

— encyklopädiſches, d. Wiſſenſchaften u. Künſte, herausg. v. A. Binzer u. H. A. Pierer. 1r—18r Bd., jed. in 2 Abtheill. gr. 8. Altenb. 822—32. Literar.-Ecmpt. (à 2 ℛ) 36 ℛ Schreibp. (à 2 ℛ 16 ℘) 48 ℛ

—— encyclopädiſches, der Wiſſenſchaften, Künſte u. Gewerbe bearb. v. mehr. Gelehrten, hrsg. v. A. v. Binzer u. H. A. Pierer. 26 Bde. (à 2 Abthln.) gr. 8. (1208 B.) Altenburg 822—36, [Pierer.]
à Bd. 2 Thlr., hrbgſ. Pr. zuſamm. genomm.
Wurde nur bis zum 12. Bde. von Binzer u. Pierer gemeinſchaftl. redigirt, vom 13. Bde. an beſorgte letzterer die Herausgabe allein. — Seit 1835 erhielt dies Werk noch den Beiſatz: „Univerſal-Lexikon (od. encyclopäd. Wörterbuch) ꝛc.

Wörterbuch, encyclopädisches, (Universal-Lexicon) der Wissenschaften, Künste u. Gewerbe, bearb. von mehreren Gelehrten, herausg. v. H. A. Pierer. Supplemente. 1r Bd. 1s u. 2s Hft. gr. 8. Ebd. 840. (à 1/8 Thlr.) 1/4 Thlr. Schreibp. (à 1/6 Thlr.) 1/3 Thlr.

— dass. 3e Aufl., s. Universal-Lexicon.

—— encyclopäd., der medicin. Wissenschaften. Hrsg. v. D. W. S. Busch, C. F. v. Graefe, C. W. Hufeland, H. F. Link, K. A. Rudolphi, J. Müller. 1—12. Bd. gr. 8. Berlin, Veit u. Comp. à

Bd. 1. Aachen — Agyrta. (43 B.) 828.
- 2. Ahnung — Antimonium. (44 B.) 828.
- 3. Antipathie — Attractio. (46 B.) 829.
- 4. Attrahentia — Band. (45 B.) 830.
- 5. Bandage — Blutfluss. (45 B. u. 3 Abbild.) 830.
- 6. Blutgefässe — Cardialgia. (45 1/2 B.) 831.
- 7. Cardianastrophe — Cirkelbinde. (44 3/4 B.) 831.
- 8. Cirillo's Salbe — Crocidismus. (43 B.) 832.
- 9. Crocus — Dysthymia. (44 1/2 B.) 833.
- 10. Dystocia — Encanthis scirrhosa. (43 1/2 B.) 834.
- 11. Encephalon — Fallkraut. (46 B.) 834.
- 12. Falloppii — Frohgeburt. (46 B.) 835.
1—9. Bd., hrbgs. Pr. à 2 Thlr.

Wörterbuch, encyclopäd., d. medicinischen Wissenschaften. Hrsg. v. D. W. H. Busch, J. F. Dieffenbach, C. F. v. Graefe, J. F. C. Hecker, E. Horn, C. W. Hufeland, J. C. Jüngken, H. F. Link, J. Müller etc. 13—29. Bd. gr. 8. Berlin, Veit u. Comp. à 3 1/3 Thlr., Schrbp. 4 1/3 Thlr., Schwzr.-Vlnp.

Bd. 13. Frühlingsadonis — Gebärmuttervorfall. } (82 B.) 835, 36.
- 14. Gebärmutterwassersucht — Gift. }
- 15. Giftbaum — Heckinghausen. (44 1/4 B.) 837.
- 16. Hectica — Homoeopathia. } (à 45 B.) 837, 38.
- 17. Humoplata — Iliacus Musculus. }
- 18. Ilingus — Jochbein. (46 1/2 B.) 838.
- 19. Jochbeinmuskel — Klopfkur. } (88 1/2 B.) 838, 39.
- 20. Klotzzange — Ladanum. }
- 21. Laehme d. Thiere — Luscitas. (43 1/4 B.) 839.
- 22. Luxatio — Mellago graminis. } (91 B.) 840.
- 23. Meloe — Monro'sche Oeffnung. }
- 24. Mons veneris — Natrium. (45 1/2 B.) 840.
- 25. Natron — Ophthalmia scarlatinosa. } (89 1/4 B.) 841.
- 26. Ophthalmia scorbutica — Pestis. }
- 27. Petasites — Pneumonia. (45 1/4 B.) 842.
- 28. Pneumothorax — Reconvalescenz. (44 1/4 B.) 842.
- 29. Recorporatio — Säugungsgeschäft. (44 B.) 842.
1—12. Bd. Ebendas. 1828—35. à 3 Thlr. 8 Gr., Schrbp. 4 Thlr. 8 Gr., Schwzr.-Vlnp. 5 Thlr.

—— encyklopädisches, der medicin. Wissenschaften. Hrsg. v. D. W. H. Busch, J. F. Dieffenbach, J. F. C. Hecker, E. Horn, J. C. Jüngken, H. F. Link, J. Müller. 30—36. Bd. gr. 8. Berlin, Veit u. Comp. à 3 Thlr. 10 Ngr. Schrbp. à 4 Thlr. 10 Ngr. Velinp. à

Bd. 30., 31. Säure — Spätgeburt. (86 1/2 B.) 843.
32. Spalatro — Syphiliden. (49 B.) 844.
33. Syphilis — Trieb. (44 1/2 B.) 845.
34. Triebfeder der Geburt — Uvulitis. (43 B.) 845.
35. Vaccina — Wehen. (43 B.) 846.
36. Wehenbefördernde Mittel — Zertheilung. (44 B.) 847.
1—29. Bd. Ebendas. 1828—42. à 3 Thlr. 10 Ngr., Schrbp. à 4 Thlr. 10 Ngr. Velinp. à 5 Thlr.

—— **encyclopädisches, der medicinischen Wissenschaften.** Hrsg. von W. H. Busch, J. F. C. Hecker, J. C. Jüngken, H. F. Link, J. Müller. 37. (letzter) Bd. (Zertrennung — Zymon. Nachträge. Sachregister.) gr. 8. (VI und 761 S.) Berlin 849, Veit und Comp. Schrbp. Vlnp.

1—36. Bd. Ebendas. 1844—47. à Bd. 3 Thlr. 10 Ngr., Schrbp. à 4 Thlr. 10 Ngr., Vlnp. à 5 Thlr.

— u. a. die Erklärung der sämtlichen in Dr. med. Schüßlers medizinischen Schriften vorkommenden fremdsprachlichen Ausdrücke enth. Anh.: Anleitung f. den Gebrauch der biochem. Hausapotheke. (IV, 61 S.) 8. Oldenburg 904. H. Ronne. n. — 75

— für den Ersatz bisher gebräuchlicher Fremdwörter. Entwurf! (Hrsg. im Reichs-Marine-Amt.) (24 S.) gr. 8. Berlin 905. (E. S. Mittler & Sohn.) n.n. — 30

Wörterbuch, Erstes, des angehenden Lateiners. Ellwangen 1830.
V: *Högg, Gebhard Hilar.* (Gi) *Hoegg, Frz Xav.* (Ky)

Wörterbuch, erstes, d. angeh. Lateiners. (Von F. X. Högg.) 8. (6 B.) Ellwangen 830, Schönbrod. Thlr.

Wörterbuch der internationalen Esperanto-Sprache. Nürnberg 1891.
V: *Samenhof, L.* (Ky)

Wörterbuch der internationalen Esperanto-Sprache. (Vom Samenhof.) Deutsch-internationaler Thl. 12. (66 S.) Nürnb. 891. (Lpz., Uhlig.) * — 50

Wörterbuch, etymologisches, für Thierärzte, s. Hering jun., E.

[F.] Forstliches **Wörterbuch.** E. Wörter- u. Auskunftsbuch f. Betriebs- u. Schutzbeamte, Verwalter kleiner Forstreviere u. Waldbesitzer. Hrsg. v. d. Redaktion d. 'Deutschen Forst-Zeitg'. M. vielen in d. Text gedr. Abb. *Neudamm: J. Neumann 1893.* (IV, 263 S.) 1 Bd 4. (96. 455)

— forstliches. E. Wörter- u. Auskunftsbuch f. Betriebs- u. Schutzbeamte, Verwalter kleiner Forstreviere u. Waldbesitzer. Hrsg. v. d. Red. der „Deutschen Forst-Zeitg." Lex.-8. (IV, 263 S. m. Abb.) Neudamm 896. J. Neumann. n. 5. —; geb. in Halbleinw. n. 6. —

— Französisch-deutsch- und deutsch-französisches. 8. Leipz. 744.

— französisch-deutsches, zu Charles XII., Roi de Suède par Voltaire. Besonderer Abdruck aus K. W. Schieblers Ausg. d. Charles XII. 8. Leipz. ... J. Müller. 3 gr.

—— (Vocabulaire.) französ.-deutsches, z. Gebr. f. d. Besitzer d. „Répertoire du Théâtre franç. à Berlin." gr. 8. (2 1/4 B.) Berlin 838, Schlesinger'sche Buchh. •

— französ., f. die ersten Anfänger. 8. Berl. 815. Hayn. 2 gr.

—— erklär., der in d. Kriegskunstsprache vorkomm. Fremdwörter, s. Bibliothek für Militärs, 10. Lfg.

— **fünfsprachiges,** f. d. Gummiwarenhandel. Deutsch — Französisch — Englisch — Italienisch — Spanisch. (III, 140 S.) qu. 8. Dresden (904). Berlin, Union, Deutsche Verlagsgesellsch. Zweigniederlassg., vorm. Steinkopff & Springer. Geb. in Leinw. n. 4. —; durchsch. n. 4.50

— üb. d. 6 ersten Gesänge d. Ilias ꝛc. herausgegeb. v. Brohm 8. Stendal, Franzen u. Gr. 786.

— zur latein. Grammatik, mit leichten Lectionen, vermehrt u. zu dessen Schulgebrauch eingerichtet, nach d. Wörterbuche der kl. Grammatik v. C. G. Bröder. 8. Bamb. 810. (Wesché in Frkf.) 6 gr.

— griechisch-deutsches, zu Xenophons Anabasis u. Kyropädie, s. a. J. M. Holzmann.

— — griechisch-deutsches, zu Xenophons Anabasis und Kyropädie, welches alles enthält, was der Schüler zur zweckmäßigen Vorbereitung auf beyde Werke bedarf. Neu bearbeitet von (J. M. Holzmann.) gr. 8. Carlsruhe, Marx. 818.

— griechisch-deutsches, erklärendes, über Xenophons Memorabilien d. Socrates, von Jos. Karl Fr. Henrici u. F. A. Stroth. 8. Gotha 799. Ettinger. 12 gr. N. Aufl., s. V. C. K. Rost.

Wörterbuch, Griechisch-deutsches, zu Homers Odyssee, für Anfänger der Homerischen Lectüre. Königsb. 1822. 2. Aufl. 1823. V: *Lünemann, Johann Christian Heinrich.* (MGT)

Wörterbuch, Griechisch-deutsches, über das Neue Testament. Berl. 1796. V: *Henrici, Joh. Carl Frdr.* (Ky)

Wörterbuch, griechisch-deutsches, über d. N. Testam., (v. J. K. F. Henrici). .. Berl. 796. Voß. 8 ℊ

Wörterbuch, vollständig Griechisch-deutsches,. 2 Bde., J. G. Haas.

Wörterbuch der Handels- u. Geschäftssprache, s. a. Bibliothek der gesammten Handelswissenschaften.

— der Handels- und Geschäftssprache. Deutsch, holländisch, englisch, französisch, italienisch, spanisch, nebst ausführl. Waarenverzeichniß und 5 Sachregistern bearb. von H. Brutzer, W. Binder, J. Bos, M. W. Brasch u. A. 2. Aufl. gr. 8. (542 S.) Stuttgart 873, Maier. geb. *

— Hebräisch-deutsches,. 8. Danzig, Knoch. 745. Rthlr.

— zu Hoffmanns historia antiqua, s. a. Rožek, J. A.

— zu Hoffmanns historia antiqua. (Von J. A. Rožek.) 8. (IV und 305 S.) Wien 859, Gerold's Sohn. *

— historisches, der ungarischen Sprache von den ältesten Zeiten bis zur Sprachreform, im Auftrage der ungar. Akademie der Wissenschaften unter Mitwirkung vieler Fachmänner redig. von Gabr. Szarvas und Sigm. Simonyi. 1. Lfg. Lex.-8. (XXIV S., 144 Sp.) Budapest 888, Hornyánszky. *

— historisches, der ungarischen Sprache von den ältesten Zeiten bis zur Sprachreform, im Auftrage d. ungar. Akademie d. Wissenschaften unter Mitwirkung vieler Fachmänner redig. von Gabr. Szarvas u. Sigm. Simonyi. 3 Bde. Lex.-8. (XXIV, 1654; 1630; 1316 Spalten.) Budap. 889—92, Hornyánszky. geb. à Bd. * 24 —; * 72 —

— historisches, üb. d. poet. Werke d. Weltweisen von Sanssouci. 8. Frankf. u. Leipz. 764. (Gosohorsky in Bresl.) 10 ℊ

Des Holzhändlers Forstliches Wörterbuch. Was der Holzhändler u. Holzindustrielle v. Forstwesen wissen muß. Mit 37 Abb. Hrsg. v. 'Holzmarkt'-Bunzlau. *Bunzlau: L. Fernbach 1903.* (95 S.) 8° [F.] [04. 869]

— der französischen Homonymen oder vollständiges Verzeichniss derjenigen französischen Wörter, welche bei gleicher Aussprache sich in der Bedeutung oder in der Orthographie unterscheiden, nebst der deutschen Uebersetzung jedes Homonyms und mehr als 1500 aus den besten Schriftstellern und dem Dictionnaire de l'académie franç. ausgewählten Beispielen. 8. (VI und 282 S.) Dresden 863, Schrag's Verlags-Anstalt.

Wörterbuch, Ikonologisches, oder Einleitung zur Kenntnis der Gemälde, Bildhauerarbeiten ... A. d. Franz. ... Gotha 1759. V: *Lacombe de Prezel, Honoré.* (schles)

— ikonologisches, oder Einleitung z. Kenntniß d. Gemälde, Bildhauerarbeiten, Münzen, Kupferstiche u. dergl. 8. Gotha 759. (Dieterich in Götting.) 12 ℊ

Wörterbuch zu Homer's Ilias. Königsberg 1824. 2. Aufl. 1830. V: *Lünemann, Joh. Hnr. Chn.* H (2. Ausg.): *Ebert, Joh. Frdr.* (Hoff)

Wörterbuch, Illustriertes, der modernen Maschinenwerkstatt. Englisch-Deutsch. 2. Aufl. Berlin 1910

— illustriertes technisches, in 6 Sprachen: Deutsch, Englisch, Französisch, Russisch, Italienisch, Spanisch. Nach besond. Methode bearb. v. K. Deinhardt u. A. Schlomann. 1. Bd. kl. 8. München, R. Oldenbourg. Geb. in Leinw. n. 5. —
Die Maschinen-Elemente u. die gebräuchlichsten Werkzeuge. Von P. Stülpnagel. Mit 823 Abbildgn. u. zahlr. Formeln. (IV, 403 S.) 906.

— illustriertes technisches, Fortsetzg., s.: Wörterbücher.

— internationales, der Marine, s. Tecklenborg, H.

— internationales, der Pfanzennamen, s. Ulrich, W.

Wörterbuch, Italienisch deutsches, der Marine-Artillerie-Gegenstände. 4. (Ohne Erscheinungsort und Jahr.)

— vollständig jüdisch-deutsches u. deutsch-jüdisches; ein unentbehrliches Handbuch f. alle, die mit Israeliten in Geschäften od. Verbindung stehen. gr. 8. Hamb. 805. (Herold jun.) 16 ℊ

— juristisches, od. alphabet. Erklärung aller in den Rechten vorkomm. Redensarten z. gemeinnütz. Gebrauche. 2 Thle. 8. Lüneb. 797. (Herold u. W.) 16 ℊ

— juristisches, od. alphabet. Erklärung aller in den Rechten vorkomm. Redensarten, zum gemeinnütz. Gebr. f. Gelehrte u. Ungelehrte. Von B.... 2., verm. u. verb. Aufl. gr. 8. (12 B.) Lüneburg 833, Herold u. Wahlstab.

— juristisches, od. Handbüchlein z. Verstehen aller in d. Actensprache, d. gerichtl. Bekanntmachungen u. allen dahin bezügl. Aufsätzen u. Verhandln. vorkomm. fremden Wörter. Nebst e. Anh.: Advocaten-Spiegel betitelt. Ein Noth- u. Hilfsbüchl. f. Jedermann. 8. (6½ B.) Saalfeld 837, Niese.

— nach den Kapiteln des Paläphatus von unglaublichen Begebenheiten f. Anfänger d. griech. Sprache (v. Jh. Geo. Schwarz II.) 8. Coburg 784. (Riemann). 8 ℊ

— class.-franz.-deutsch. u. deutsch-franz., s. Dictionnaire classique etc.

— kleines deutsch-russ. Eine Samml. der am häufigsten vorkomm. Wörter, Zahlen, Redensarten u. Gespräche. 8. Hamb. 813. Perthes u. B. 6 ℊ

— kleines englisches, f. Auswanderer, s. Engländer, der neue kleine, 2. Bdchn.

— kleines französ.-deutsches, zum Auswendiglernen. gr. 12. Bern 824. Jenni. 8 ℊ

— kleines Französisch-deutsches, u. deutsch-französisches, s. J. G. Heinzmann.

Wörterbuch, Kleines franzoesisch-deutsches und deutsch-franzoesisches, sogenannter kurzer Waaren... Nürnb. 1792. V: *Ebermeyer*. (Merk)

— kleines französisch-deutsches u. deutsch-französ., sogenannter kurzer Waaren. (A. u. d. T.: le clincailleur franç.-allemand et allem.-français ou nomenclature etc.) 8. Nürnb. 792. (G. Winter). (Cnobloch in Leipz.) 8 gl.

— kleines französ.-deutsch-merkantil.-terminologisches, sammt Formularen d. vorzügl. kaufmänn. Papiere u. Rechnungen, ein Anhang zu P. v. Vernon's französ. Handlungscorrespondenz. 8. Königsb. 806. (J. Müller in Leipz.) 8 gl.

— kleines Französisch-deutsch-merkantil. terminologisches, sammt Formularen d. vorzügl. kaufmännischen Papiere und Rechnungen, e. Anh. zu P. v. Vernons, franz. Handlungscorrespondenz. 8. Königsb. Nicolovius. 806.

— kleines gemeinnütziges, oder Conversations- u. Zeitungslexikon, enthalt. eine deutliche Erklärung aller fremden Wörter, die im Sprechen u. Schreiben d. Deutschen vorkommen rc. 8. Hamb. 808. (Herold jun.) 10 gl.

Wörterbuch, kleines geograph., enth. die nähere Bezeichnung v. wohl 1000 der wissenswürd. Städte, Provinzen, Staaten rc. Deutschlands, Oestreichs, Preußens u. aller angränz. europ. Länder. Ein namentlich für alle Zeitungsleser unentbehrl. Handbüchlein. gr. 16. (35 S.) Villingen 849, Förderer. — 3. Aufl. 16. (72 S.) Ebd. 849. 3 ngl.

— kleines historisches, von allen Kaiserthümern, Königreichen, Republiken, welche bestanden haben u. noch bestehen v. ihrem Ursprunge u. Dauer bis auf d. jetzigen Zeiten. 4. Leipz. 799. (Hinrichs). 12 gl. die dazu gehörige große histor. Karte. Fol. Ebd. 799. 4 gl. 16 gl.

Wörterbuch, Kleines Italienisch-Franzoesisches, ein Auszug aus Rastelli. O. O. 1802. V: *Heinzmann, Johann Georg*. (MGT)

Wörterbuch, Kleines jüdisch-deutsches. Prag 1773.

— kleines, der vorzüglichsten Kunstausdrücke in d. Zeichen- u. Malerkunst. gr. 8. Leipz. 815. Joachim. 6 gl.

— kleines lateinisch-französ.-deutsches, zum Gebrauch d. Jugend bei dem ersten Unterrichte ders. in d. latein. u. französ. Sprache. 8. Lüneb. 798. Herold u. W. 4 gl.

— kleines, f. das tägl. Leben. Schwedisch u. deutsch. .. Stralf. ... Löffler. 2 gl.

— kleines musikalisches, worin die in musikal. Stücken vorkommenden Kunstwörter u. Zeichen in alphabet. Ordnung erklärt werden. 8. Ulm 815. 2e A. 823. Stettin. 4 gl.

Wörterbuch, Kleines orthographisches, für Schule und Haus. Nebst 70 Regeln über deutsche Rechtschreibung und Interpunktion. Eßlingen 1884. 3. Aufl. 1889. V: *Schmid, Chr.* (Russell XVI, I, 3, 4858)

— kleines orthographisches, f. Schule u. Haus. Nebst 70 Regeln üb. deutsche Rechtschreibg. u. Interpunktion. [Auf Grund d. amtl. Regel- u. Wörterverzeichnisses.] 3. Aufl. Norddeutsche Ausg. 8. (32 S.) Eßlingen 884. Langguth. — 15

— kleines orthographisches, für Schule und Haus. Nebst 70 Regeln über deutsche Rechtschreibung und Interpunktion. Auf Grund des amtl. Regel- und Wörterverzeichnisses. 8. (32 S.) Eßlingen 886, Langguth. *
Norddeutsche Ausg.
Württemberg. Ausg.

Wörterbuch, Kleines, der Ortschaften des Canton Bern. Bern 1816. V: *Heinzmann, Joh. Gg.* (Cat. d. Stadtbibl. Zürich. Zürich 1864—97.)

— kleines russisch-deutsches u. franz., geschöpft aus d. Quelle des Hrn. Joh. Heym. 8. Halle, Dreyßig. 813.

— kleines russisches. 8. Hamb. Perthes u. B. 813.

— kleines schwedisch-deutsches, nebst Redensarten u. Gesprächen. gr. 12. Greifsw. 813. Mauritius. 4 gl.

— kleines, spanisch u. deutsch u. deutsch u. spanisches. 16. Lüneb. ... 2e A. 807. Herold u. W. 5 gl.

— kl. spanisch-deutsches. 8. Kreuzn. ... Kehr. 1½ gl.

Wörterbuch, Kleines, der deutschen Sprache nach J. C. Adelungs grösserem Wörterbuche . . . Sulzb. 1828. V: *Aurbacher, Ludw.* (Mz) (Kn) (Ky) (Ba) (Gi)

— kleines, der deutschen Sprache nach J. Chr. Adelung's größ. Wörterbuche, mit besond. Rücksicht auf d. oberdeutsche Mundart. (Von L. Aurbacher.) 8. (29½ B.) Sulzbach 828, v. Seidel. 1 Thlr., Schrbp.

— kleines, der englisch-deutschen Sprache. Durchgehends mit Angabe der Aussprache; für Anfänger und Auswanderer. 32. (330 S.) Leipzig 857, Wengler.

— kleines, der slovenischen und deutschen Sprache, s. Besednják.

Wörterbuch, kleines, der slovenischen und deutschen Sprache. Zunächst für Slovenen, welche die deutsche Sprache lernen wollen. 3. verm. Aufl. A. u. d. T.: Mali besednják slovénskiga in némškiga jezika etc. Laibach 854. v. Kleinmayr u. Bamberg. 8. (261 S.) n. 20 ngl.

— kleines, doch mögl. vollständ. französ.-deutsch u. deutsch-französ., nebst auserles. Redensarten, Gesprächen rc., um aufs schnellste u. ohne fernere Anweis. französ. sprechen zu lernen. 8. Hamb. 807. (Herold jun.) 6 gl.

— kleines, doch möglich vollständ. Französisch-deutsch- und deutsch-französisches, n. auserles. Redensarten, Gesprächen rc. um aufs schnellste und ohne fernere Anweis. französ. sprechen zu lernen. 8. Hamb. Vollmer. 807.

— kleines, für Zeitungsleser. Zum Frommen des kathol. Bürgers- u. Bauersmanns u. auf daß er die Zeitungen mit größerem Nutzen lesen möge. 12. (23 S.) Münster 848, Coppenrath in Comm. 1½ ngl.

Wörterbuch zur Kritik der reinen Vernunft . . . Pressburg 1788. V: *Heinicke, Sam.* (Cat. d. Stadtbibl. Zürich. Zürich 1864—97.)

— zur Kritik d. reinen Vernunft u. zu den philos. Schriften Kants. 8. Presb. 788. Mahler. 8 ℊ

— kritisches, üb. juristische Sachen, (v. J. J. Nehring). 8. Alphabete u. Beilagen. 4. Frankf. 768—72. Brönner. 1 ℛ 12 ℊ

Wörterbuch, Kritisches, über Juristische Sachen. Frankf. a. M. 1770—72. V: *Eberhard, Johann Heinrich.* (EB) (Pütter, Litt. d. Teutsch. Staatsr. Gött. 1773—91. I, 22.) (Schletter, Handb. d. jurist. Litt. Grimma 1843.) »1768—72« V: *Nehring, J. J.* (Ky) (EngJ)

—— kritisch-etymologisches, s. a. Fähnrich, A.

Wörterbuch, Kritisch-etymologisches, oder vergleichende Anatomie der deutschen Sprache. Gitschin 1843. 8.
Ist: Pallas Athene. Ein etymol. Taschenbuch von A. Fähnrich. Jhg. 1.

Wörterbuch, erklärendes, der im Bergbau, in der Hüttenkunde u. in Salinenwerken vorkommenden technischen Kunstausdrücke u. Fremdwörter. Ein unentbehrl. Handbuch für Gewerke, Hüttenbesitzer ꝛc. [Auch als Ergänzung zu jedem Conversations-Lexikon zu betrachten.] Burgsteinfurt 869. Faltenberg. gr. 8. (176 S.) n. 22½ ngr.

—— erklärendes, der in d. Gerichtssprache vorkomm. Kunstausdrücke, nebst andern in d. gewöhnl. Leben häufig gebräuchl. Fremdwörtern. A. u. d. T.: Die Gerichtssprache ꝛc. 32. (128 Seit.) Erfurt 840, Hennings u. Hopf.

Wörterbuch. Kurzes, der vornehmsten bey dem Kriegswesen vorkommenden Kunstwörter. Aus „Militärisches Taschenbuch auf das Jahr 1779". Altona 1779.

Wörterbuch, Kurzgefasstes, zur Erläuterung der lutherischen Übersetzung der heiligen Schrift . . . Leipzig 1792. V: *Kottmeier, Adolph Georg.* (Ky)

— kurzgef., z. Erläuterung d. lutherischen Uebersetz. d. h. Schrift, ein Handbuch f. unstudirte selbstdenkende Bibelleser, insbesondere f. Lehrer, Bürger u. Landschulen, (v. A. G. Kottmeier). 8. Leipz. 792. Barth. 12 ℊ

Wörterbuch, Kurzgefaßtes, französ.-dt. ... Koblenz 1874. s. a. Baumgarten, Johann

Wörterbuch, kurzgefaßtes französisch-deutsches, zum Gebrauche bei der französ. Lectüre in den mittleren Klassen höherer Lehranstalten. Mit e. Verzeichniß der unregelmäß. Zeitwörter. gr. 8. (64 S.) Coblenz 874. Hergt. — 75

Kurtzgefasstes Mythologisches Wörterbuch, welches nebst der Heidnischen Götterlehre die Bildungen der Tugenden und Laster, Jahreszeiten, Monate, Welttheile, Künste und Wissenschaften in Alphabetischer Ordnung vorträgt. Sowohl zum Gebrauche der Schulen und Verständnisse alter Schriftsteller als auch zu Nutzen der Mahler, Bildhauer und anderer Künstler entworfen. Berlin 1752. 8°.

— kurzgefaßtes mythologisches. 8. Berl. 753. Nicolai. 8 ℊ

Wörterbuch, Kurzgefasstes mythologisches. Leipzig 1824. V: *Hamann, Johann Georg.* (Schr)

—– kurzgefasstes, der in d. Musik gebräuchl. italien. Wörter u. Redensarten. Lex.-8. (1⅛ B.) Mainz 839, Schott's Söhne.

—— latein.-deutsches, zum Gebr. in höh. Bürger- u. Elementarschulen, sowie auch in unt. u. mittl. Classen d. Gymnasien, mit besond. Rücksichtnahme auf d. leichteren Classiker u. Gedike's „Chrestomathie." Mit e. Anh., enthalt.: Erklärung d. wichtigsten Nomina propria. gr. 8. (17½ B.) Darmstadt 830, Leske.

Wörterbuch, Lateinisch-Teutsches, zum Gebrauch in höheren Bürger- und Elementarschulen . . . Darmst. 1831. V: *Scriba, Ludw. Heinrich Wilhelm Eduard & C. Zimmermann.* (HS) (Ky)

— lateinisch-deutsches, über Joach. Lange's Colloquia. 8. Leipz. ... 2e A. 774. (W. Vogel). 1¼ ℊ 8. Ansb. 779. (Gassert). 1 ℊ Grau in Hof 791. 2 ℊ

Lehrreiches landwirtschaftliches Wörterbuch oder Sammlung der bewährtesten Mittel wider mancherley Uebel, die den Landmann in vielen Theilen seiner Wirthschaft ... treffen ... In alphabet. Ordnung hrsg. von J G F Belz. - Berlin: Verf.: Hartmann in Comm. 1797. VIII, 214 S. 8°

Wörterbuch für scharfsichtige Leute. Wien 1789. V: *Traunpaur Chev. d'Ophanie, Alph. Hnr.* (Allgem. Übersicht der Wiss. u. Künste in den k. k. Staaten. März 1789. Bd. 1. Heft 3, 305.)

— f. scharfsichtige Leute; aus d. Französ. .. Wien 789. Wucherer. 6 ℊ

Wörterbuch, Das, der Liebe oder Erzählungen aller Liebesgeschichten, Intriguen und Abentheuer, welche vom Stammvater Adam mit seiner Eva an bis auf unsere Zeiten sich zugetragen haben. Nach dem Französischen des »Dictionnaire de l'amour«. Leipz. 1821. V: *Mouchet.* (BGE VIII², 563/4)

— der Liebe, oder Erzählungen aller Liebesgeschichten, Intriguen u. Abenteuer, welche vom Stammvater Adam mit seiner Eva bis auf unsere Zeiten sich zugetragen haben. (Nach d. Französ. des Dictionnaire de l'amour.) 1r Thl. gr. 8. Leipz. 821. Ind.-Compt. 1 ℛ 12 ℊ

— d. physischen u. moralischen Liebe. 2 Thle. 8. Riga 798. Müller. (Meinshausen). 1 ℛ 10 ℊ

Wörterbuch der modernen Maschinenwerkstatt. Englisch-Deutsch. Berlin (1909)

— der angewandten Mathematik. Ein Handbuch zur Benutzung beim Studium u. prakt. Betriebe derjenigen Wissenschaften, Künste und Gewerbe, welche Anwendung der reinen Mathematik erfordern. Im Vereine mit mehreren Gelehrten und Praktikern herausgeg. von G. A. Jahn. Zugleich als Fortsetzung des Klügel'schen Wörterbuchs der reinen Mathematik. 9 Liefg. (od. 2 Bde.) gr. 8. (Mit lithogr. Tafeln.) Leipzig 844, 45, Gebr. Reichenbach. (à 3/4 ℳ) 6 3/4 ℳ

— der angewandten Mathematik. Ein Handbuch zur Benutzung beim Studium u. prakt. Betriebe derjen. Wissenschaften, Künste u. Gewerbe, welche Anwendungen der reinen Mathematik erfordern. Zugleich als Forts. des Klügel'schen Wörterbuchs der reinen Mathematik. Im Vereine mit mehreren Gelehrten u. Praktikern hrsg. v. G. A. Jahn. 2. wohlf. mit einem Nachtr. verm. Aufl. Mit 12 lithogr. Taf. (in gr. 4.) 2 Bde. gr. 8. (VIII, 815 u. 614 S.) Leipzig 847, Reichenbach. 4 ℳ

Wörterbuch, mathematisches von G. S. Klügel, C. Br. Mollweide und J. A. Grunert. Leipzig 1803—31. 5 Thle. Suppl. v. J. A. Grunert 1833—36. 2 Thle. Suppl. v. G. A. Jahn 1855. 2 Thle.

Wörterbuch mathematisches v. L. Hoffmann u. L. Natani. Berlin 1858—67. 7 Bde.

Wörterbuch medizinisch-chirurgisches

Medicinisch-chirurgisches Wörterbuch, nicht nur für Aerzte und Wundärzte, sondern auch für Jedermann. 235 S., gbd.

Berlin u.Leipzig: 1784

JB 516

— medizin.-chirurg. terminologisches, s. Knabstädt.

— medicinisch-chirurgisch-therapeutisches, od. Repertor. d. vorzügl. Kurarten, die in d. Zeitraume v. 1750—1838, mit Rückblicken auf d. ältere u. älteste Zeit, v. d. berühmt. Aerzten Deutschlands, Englands, Frankreichs u. Italiens angewendet u. empfohlen worden sind. Hrsg. durch e. Verein v. Aerzten. Mit e. Vorw. d. etc. Prof. Dr. Barez. 3 Bde (à 10 Lfgn.) gr. 8. (147 3/4 B.) Berlin 839, Alex. Duncker. *

— medicin.-chirurg.-therapeutisches. Fortsetzung und Supplement dazu, s. Siegert, medicin.-therapeut. Wörterbuch.

Wörterbuch, Das militärische. [Wien ca. 1800.] V: *Richter, Jos.* [?]. (WBL)

— mittelhochdeutsches, aus dem Nachlasse von Georg Friedr. Benecke hrsg. und bearb. von Wilh. Müller. I. Bd. 1—3. Lfg. (S. 1—768.) A—Jamer. Lex.-8. Leipzig 847—51, [Hirzel.] à Lfg. * 1 Thlr. 10 Ngr. *

— mittelhochdeutsches, mit benutzung des nachlasses von Geo. Friedr. Benecke ausgearb. von Wilh. Müller. I. Bd.: A—L. 4. Lfg. (Jamer—Lysander.) Lex.-8. (XXII und 769—1061.) Leipzig 854, Hirzel. *

— dass. — ausgearb. von Wilh. Müller und Friedr. Zarncke. 2. Bd. 1. Lfg. Bearb. von Fr. Zarncke. (M—Mite.) Lex.-8. (S. 1—192.) Ebds. 855. *

— dass. — 3. Bd. 1. Lfg. Bearb. von Wilh. Müller. (T—Uop.) Lex.-8. (S. 1—192.) Ebds. 856. *

1. Bd. 1—3. Lfg. Ebendas. 1847—51. * 4 Thlr.

— mittelhochdeutsches, mit benutzung des nachlasses von Geo. Friedr. Beneke ausgearb. von Wilh. Müller und Friedr. Zarncke. 2. Bd. Bearb. von Friedr. Zarncke. 2. und 3. Lfg. und 3. Bd. Bearb. von Wilh. Müller. 2—5. Lfg. Lex.-8. (2. Bd. S. 193—576 und 3. Bd. S. 193—963 [Schluss].) Leipzig 857—61, Hirzel. à Lfg. * 1 Thlr. *

1. Bd. 4 Lfgn., 2. Bd. 1. Lfg. und 3. Bd. 1. Lfg. Ebendas. 1847—56. * 7 Thlr. 15 Ngr.

— mittelhochdeutsches, mit benutzung des nachlasses von Geo. Friedr. Benecke ausgearb. von Wilh. Müller und Friedr. Zarncke. 2. Bd. 1. Abthl. bearb. von Friedr. Zarncke. 4. Lfg. und 2. Bd. 2. Abthl. bearb. von Wilh. Müller. 4 Lfgn. Lex.-8. (1. Abthl. VI und S. 577—825 und 2. Abthl. IV und 815 S.) Leipzig 862—67, Hirzel. [1. Abthl. 4. Lfg. * 1 Thlr. 10 Ngr., 2. Abthl. 1.—3. Lfg. à * 1 Thlr., 4. Lfg. * 1 Thlr. 5 Ngr.]

1. Bd. 4 Lfgn., 2. Bd. 1. Abthl. 1.—3. Lfg. und 3. Bd. 5 Lfgn. Ebendas. 1847—61. * 13 Thlr. 15 Ngr.

— mittellateinisch-hochdeutsch-böhm., nach einer Handschrift v. Jahr 1740. Z. erstenmale hrsg. u. m. erläut. Zusätzen verseh. v. Lorenz Diefenbach. 8. (9 1/2 B.) Frankfurt a. M. 846, Literarische Anstalt.

WÖRTERBUCH der Mode fur das schone Geschlecht und seine Freunde. („Ridendo.“) 2 Thle. Hamburg, bey F. C. Ritter 1777. 12°. (2 Mk., Th. 1 apart, Frdr. Kluber, Munchen, 1905.)

— d. Mode, f. das schöne Geschlecht u. s. Freunde. 2 Thle. 8. Hamb. 782. Möller. 10 ₰

WÖRTERBUCH der Mode für das schöne Geschlecht und seine Freunde. („Ridendo“.) 2 Thle. 2. Aufl. Hamburg 1782. Kl. 8°. (2 Mk. Friedr. Klüber, Munchen, c. 1902; jetzt viel theurer!)

Zuerst gedr. Hamburg, bey F. C. Ritter 1777. Kl. 8°. 78 S. (16 Mk. [!], Prachtexpl., Paul Graupe, Berlin, 1910.)

Worterbuch der **Mode** fur das Schone Geschlecht und dessen Verehrer. Zwey Theile. („Ridendo.“) Hamburg, 1781. In der Mollerschen Buchhandlung. 8°.

1. 78 S. (m. i. Tit. u. Vorr. unterz. N. S. X.), 1 weiße Bl. 2. S. 79—172.

— der Elberfelder Mundart nebst Abriß der Formenlehre u. Sprachproben. Zur Dreijahrhundertfeier der Stadt Elberfeld m. Unterstützg. des allgemeinen deutschen Sprachvereins hrsg. v. dessen Zweigverein zu Elberfeld. (196 S.) 8. Elberfeld 910. A. Martini & Grüttefien. Geb. in Leinw. 2. —

— der Coblenzer Mundart. (Von J. Wegeler.) [Aus dem rhein. Antiquarius.] Coblenz 869. Hergt. gr. 8. (IV, 68 S.) 7 1/2 ngr.

Woerterbuch der Koelner Mundart von Fritz **Hoenig** hrsg. von s. Freunden u. Verehrern. [2. Aufl.] (Hrsg.: Heinrich Hack.) Koeln 1905: J. P. Bachem. (XXVI, 312 S.) 8°

— der luxemburgischen Mundart. (XV, 532 S.) gr. 8. Luxemburg 906. (Leipzig, O. Harrassowitz.) 8. —

Wörterbuch der luxemburgischen Mundart. Luxemburg 1906: M. Huss. (XV, 532 S.) 8°

Wörterbuch der mecklenburgisch-vorpommerschen Mundart. Leipzig 1876. V: *Sibeth, F. G.* (Bachmann, Mecklenburg. Güstrow 1889.) (Ba)

Wörterbuch der mecklenburgisch-vorpommerschen Mundart von Mi. gr. 8. (IV, 110 S.) Leipzig 876, C. A. Koch's Verlagsh. *

—— **musikalisches**, s.a. Vocabulaire.

Wörterbuch, Musikalisches. Erklärung aller in d. Musik vorkommenden Kunstwörter. 12. (48 S.) Wien, Carl Fritz. 20 kr. 1884.

— mythologisches. 8. Wien 793. 8. Grätz 808. Ferstl. 1 *ℛ*

— mythologisches. 8. Wien, Fritster. (Beygang in Lpz.) 793.

Wörterbuch, Mythologisches.

[Wien ca. 1800.] V: *Richter, Jos.* [?]. (WBI.)

— d. Naturgeschichte, dem gegenwärtigen Stande d. Botanik, Mineralogie u. Zoologie angemessen. 1r — 4r Bd. 1e u. 2e Hälfte. gr. 8. Weimar 824—27, Industr.-Compt. à Bd. 3 Rthl. —

— Atlas hierzu. 1e — 8e Liefrg. Mit fein ill. u. schwarzen Kupfrt. gr. 4. Ebd. 827, Ebd. à 2 Rthl. 12 gr. 20 Rthl. — Schwarz à 1 Rthl. 6 gr.

—— der **Naturgeschichte**, dem gegenwärt. Stande d. Botanik, Mineralogie u. Zoologie angemessen. 5—9. Bd. (à 2 Hälften.) Eisen — Mauhlia. gr. 8. (211½ B. incl. Register.) Weimar 828—33, Landes-Indust.-Compt. à Bd.
1—4. Bd. Ebendas. 1824—27. à 3 Thlr.

—— dass. — Atlas hierzu, 9. u. 10. Lfg. gr. 4. (à 10 Kpfrt. u. ¼ B. Text.) Ebds. 829, 30. Schw. à 1 Thlr. 6 Gr., ill.
1—8. Lfg. Ebendas. 1824—27. Schw. à 1 Thlr. 6 Gr., ill. 2 Thlr. 12 Gr.

—— der **Naturgeschichte**, dem gegenwärt. Stande d. Botanik, Mineralogie u. Zoologie angemessen. 10. Bd. (2 Hälften.) u. 11. Bd. 1. Hälfte. Maulin — Oceanides. gr. 8. Weimar, Landes-Indust.-Comptoir. [10. (40 B.) 835, 36., 11. 1. (20 B.) 837. à H. 1½ Thlr.]
1—9. Bd. Ebendas. 1824—33. à 3 Thlr. — Atlas hierzu, 1—10. Lfg. Ebendas. 1824—30. à 1 Thlr. 6 Gr., ill. 2 Thlr.

—— dass. (Neue Ausg.) 1. u. 2. Bd. (à 2 Hälften.) Aal — Chai. gr. 8. (41 u. 40 B.) Ebds. 837. à Bd.
Atlas hierzu. 1. u. 2. Lfg. gr. 4. à 1 Thlr., ill. 2 Thlr.

— dass. 2e unverand. Ausg. 1r—5r Bd. gr. 8. Ebd. 837—39. à Bd. 2¼ *ℛ* — Jede Lieferung des Atlasses dazu kostet 1 *ℛ* illum. 2 *ℛ*

Moskau, Kaiserl. Gesellschaft zur Hebung des Seewesens Russlands. — Nautisches Wörterbuch, in russischer, englischer, französischer, deutscher, italienischer, dänischer, schwedischer, lettischer, holländischer und spanischer Sprache. Moskau 1881.

Wörterbuch, nautisch-technisches, der Marine. Deutsch, italienisch, französisch u. englisch. Hrsg. v. der Red. der „Mittheilgn. aus dem Gebiete des Seewesens". Ergänzung zum 1. Bde. Bearb. v Jul. Heinz. gr. 8. (XII, 872 S.) Pola 900. (Triest, F. H. Schimpff. — Wien, Gerold & Co.) Geb. in Leinw. n. 24. —; (1. Bd. u. Ergänzg. geb. 57. —)

— **nautisch-technisches**, der Marine, vol. II, s.a. Dictionnaire technique et nautique de marine.

Wörterbuch, Nautisch-technisches, der Marine. Deutsch, Jtalienisch, Französisch und Englisch. Hrsg. von der Red. der »Mitteilungen aus dem Gebiete des Seewesens«. Pola
Bd 1. Deutsch, Jtalienisch, Französisch und Englisch. Jtalienisch, Deutsch, Französisch und Englisch. Bearb. von P. E. Dabovich. 1883
Ergänzung zu Bd 1. Bearb. von J. Heinz. 1900
Bd 2. English, French, German and Jtalian. French, English, German and Jtalian.
P. 1. A—K. Compiled by E. v. Normann-Friedenfels and J. Heinz. 1905
P. 2. L—Z. Compiled by J. Heinz. 1910

Neues amtliches **Wörterbuch** für die Abfassung der Telegramme in verabredeter Sprache bearb. vom Internat. Bureau d. Telegraphen-Verwaltungen gemäss den Beschl. d. Internat. Telegraphenkonferenz von Budapest. Bd 1-4 & Appendice. *Bern: Internat. Bureau d. Telegraph.-Verw. 1899-1901.* 5 Bde 4°
App. [u. d. T.:] Nouveau Vocabulaire officiel pour la rédaction des télégrammes en langage convenu. 1901. [or. 12579]

— neues, der in Jakobs u. Döring latein. Elementarbuche vorkomm. Aufgaben. 8. Ausgb. ... 3e A. ... Schlosser. 3 *ℊℊ*

—— neues, der **Blumen-Sprache** oder die Blumen und deren sinnige Deutung. 8. (32 S.) Hamburg 849, [Richter.]

— neues, der Blumen-Sprache oder die Blumen u. deren sinnige Deutung. 8. (32 S.) Hamburg 849, Volksbuchhandlung in St. Pauli. 3 *ngl*

— neues deutsch-polnisches, nebst e. Anweisung z. polnischen Poesie. 8. Königsb. 769. (Unzer). 16 *ℊℊ*

—— neues **franz.-deutsches u. deutsch-franz.**, nach d. Plane d. franz. Wörterbuchs d. Hren. Noël u. Chapsal, u. den besten u. neuesten Hülfsmitteln, bearb. v. Heinr. Leng u. O. L. B. Wolff. 1. Bd., die franz.-deutsche Abthl. enthalt. Neue, durch Nachträge bereich. Ausg. (12 Lfgn.) gr. 8. (87½ B.) Weimar 834—36, Landes-Indust.-Compt.
Vgl. Dictionnaire, nouv., franç.-allem. et allem.-franç., etc.

—— neues **französ.-deutsches u. deutsch-französ.**, nach d. Plane d. französ. Wörterbuchs d. Hren. Noël u. Chapsal u. d. besten u. neuesten Hülfsmitteln; bearb. v. Heinr. Leng u. O. L. B. Wolff. 2. Bd., die deutsch-französ. Abthl. enth., bearb. v. Wolff. (17 Lfgn.) — A. u. d. T.: Nouv. Dictionnaire franç.-allem. et allem.-franç. etc. Tome II. cont. la partie allemande expliquée par le français, par O. L. B. Wolff. gr. 8. (107 B. u. 2 Tabn.) Weimar 836—41, Landes-Indust.-Comptoir.
1. Bd. Ebendas. 1834—36. 3 Thlr. 18 Gr. — 2 Bde. vollständ., herabges. Pr. 3 Thlr.

Wörterbuch, Neues grammatisch-Kritisches,

der englischen Sprache für die Teutschen ... Leipzig 1783—96. V: *Adelung, Johann Christoph.* (MGT) (Kläbe, Neuest. Gel. Dresden. Leipz. 1796.) (ErschDL) (CBH) (Vater) (Gi)

— neues grammatisch-kritisches, d. **Englischen** Sprache f. d. Deutschen; vornehmlich aus dem größ. engl. Werke Sam. Johnsons nach d. 4ten Ausg. gezog. u. m. vielen Wortbedeut. u. Beyspielen vermehrt v. J. C. Adelung. 2 Bde. gr. 8. Lpz. Schwickert. 796.

—— neues **holländ.-deutsches** u. deutsch-holländ., in möglichster Vollständigkeit, bearb. v. ein. Lehrer d. deutschen u. holländ. Sprache u. revid. v. Ludw. Tross. 1—8. Hft.: Holländ.-deutsch. gr. 8. (à 5 B.) Emmerich 837—41, Romen. à *

Wörterbuch, neues **holländisch-deutsches** u. deutsch-holländ., in möglichster Vollständigkeit bearb. v. e. Lehrer, revid. u. ergänzt v. Ludw. Tross u. Gottfr. Overmann. 9—15. Hft. Holländisch-Deutsch. gr. 8. (...B.) Emmerich 842—46, Romen. à
1—8. Hft. Ebendas. 1837—41. 1 Thlr. 20 Ngr.

—— neues **holländisch-deutsches**, in möglichster Vollständigkeit, bearb. von einem Lehrer der deutschen und holländ. Sprache, revid. und ergänzt durch Ludw. Tross und Gfried. Overmann. Lex.-8. (VIII und 1360 S.) Emmerich 852(53,) Romen. *

* — neues **italienisch-deutsches**, u. deutsch-italienisches *rc.*, s. a. Castelli.

Wörterbuch, Neues italienisch-deutsches und deutsch-italienisches. 2. Ausg. Leipzig und Mailand
Bd 1. Rigutini, G., und O. Bulle: Jtalienisch-Deutsch. 1895—1897
Bd 2. Bulle, O., und G. Rigutini: Deutsch-Jtalienisch. 1900

— neues kleines gemeinnütziges, oder Conversations- u. Zeitungs-lexikon f. Leser aller Klassen, besonders f. Damen u. Unstudirte. gr. 8. Regensb. 820. Daisenberger. 8 gr.

—— neues kleines polnisch-deutsches, — Nowy Słowniczek polsko-niemiecki. 8. (14½ B.) Posen 837, [Gebr. Scherk.]

— neues latein.-deutsch-böhmisches, zum 1n Theile der lateinischen Sprachlehre. gr. 8. Prag 830. (Volke in Wien). 8 gr.

Wörterbuch, neues, auf eine andere Manier von d. Rothanker-schen Schulmeister. 8. Leipz. ... 2e A. 777. (Enobloch). 8 gr.

— neues medicin.-chirurg., nicht blos f. Aerzte u. Wundärzte, sond. auch f. Jedermann. gr. 8. Wien 784. Hörling. 12 gr.

— neues philosophisches. 1r Bd. 8. Brandenb. 766. Halle. 10 gr.

Wörterbuch, Neues, der Politik. Ein Vermächtnis des Grafen von Herzberg an seine Zöglinge. Warschau 1795. V: *Wilhorpanjovsky*. (BMarsch 221)

Neues **Wörterbuch** der Französischen und Deutschen Sprache mit e. Verz. d. Eigennamen, deren Rechtschreibung von der französ. abweicht, und e. Tab. d. unregelmäss. Zeitwörter von Prof. Dr. G[eorge] Rose, Dir. zu Berlin. 2 Teile in 1 Bde. 3. Aufl. *Berlin: Bibliogr. Anst. [1900].* 8°
1. Franz.-Deutscher Teil. 2. Deutsch-franz. Teil.
[Nebent.:] Nouveau dictionnaire des langues franç. et allem. Par Rose. [ol. 167

Wörterbuch, Neues, der kroatischen und deutschen Sprache. 1. Theil. Deutsch kroatisch. 1. 2. Lfg. 12. (S. 1–160.) Agram: Hartman. a 25 kr. (Erscheint in ca.2) Lfgn.) 1869

—— neues, der Studenten-Sprache. Ein Vademecum für deutsche Studenten. Zusammengestellt von einem bemoosten Haupte. 2. gänzlich umgearb. Aufl. 16. (29 S.) Wien 888, Daberkow.

— — neues topographisch-statistisch-geographisches, des preußischen Staats. s. Krug, L.

— neues u. vollständ. deutsch-Englisches, zu d. vorhergeh. bearb. v. C. G. Küttner u. W. Nicholson, (a. unt. d. Tit.: C. G. Küttner, and W. Nicholson new and complete Dictionary of the German Language for Englishmen according to the German Dictionary of I. C. Adelung.) 2 Bde. gr. 8. Ebend. 805—8. (à 3 Rthlr. 12 gr.)

Wörterbuch, neues u. vollständ. deutsch-englisches, zu J. C. Adelung's englisch-deutschem Wörterbuche, bearbeit. von J. G. Küttner u. William Nicholson. IIIr Thl.
Auch unt. dem Titel:
Küttner, K. G., and W. Nicholson, new and complete Dictionary of the German Language for Englishmen according to the German Dictionary of J. C. Adelung. IIIr u. letzter Theil. gr. 8. Leipz. Schwickert. 815.

— neues vollständ. deutsch-französisches u. franz.-deutsches, s. Harwen.

— neues vollständ. französisches, s. Mozin.

— neuestes deutsch-russ. gr. 8. Frankf. 814. Gebhard u. K. 3 gr.

Wörterbuch zu Homers Odyssee, für Anfänger der Homerischen Lektüre. Königsberg 1812. V: *Lünemann, Johann Heinrich Christian.* (R-N) (Hoff) (Ky) (ADB)

— zu Homers Odyssee, f. Anfänger d. homerischen Lectüre, (v. G. Chr. Lünemann). gr. 8. Königsb. 822. 2e A. 824. Unzer. 18 gr.

— — ökonomisch-technologisches rc. s. Siller, J. V.

Wörterbuch, Orthographisches, nebst den wichtigsten Regeln der deutschen Rechtschreibung . . . Wien 1894. V: *Tomberger, Franz.* (EB)

— orthographisches, nebst den wichtigsten Regeln der deutschen Rechtschreibg. nach den vom h. k. k. Ministerium f. Cultus u. Unterricht festgestellten Grundsätzen. Hrsg. vom Lehrerhaus-Verein in Wien. 16. (147 u. XII S.) Wien 894. (A. Siegl's Buchh.) n. 1. 20

— phraseol., d. engl. u. deutsch. Sprache, od. Samml. engl. Redensarten aus den besten Schriftstellern dieser Nation gezogen u. ins Deutsche übersetzt von C. G. Hausner, nebst e. Vorrede von D. Forster. gr. 8. Leipz. 802. Voß. 2 ß 12 gr.

Wörterbuch, physikalisches, von J. S. T. Gehler. Leipzig 1798. 4 Bde. Suppl. 1799. Register 1801.

Wörterbuch, physikalisches, von J. S. T. Gehler. Neue A. von L. Gmelin, J. Horner, K. v. Littrow, G. W. Muncke und Chr. Heinr. Pfaff. Leipzig 1825—45. 11 Bde. Unvollst.

— d. Politik. 8. Frankf. 796. Eßlinger. (Schäfer). 4 gr.

Wörterbuch der preussischen Politik. Wien ca. 1800. V: *Richter, Josef.* (BiblPort) (WBL XXVI, 162) (Hans Viktor Pisk: Josef Richter. Diss. Wien 1927. S. 147) S. a. IV, 12760.

—— politisches, für die Deutschen in Oesterreich. Hrsg. von mehreren Mitgliedern des Deutschen Vereins in Wien. gr. 8. (V, 160 S.) Wien 885, Pichler's Wwe. und Sohn. *

— pohlnisch-deutsches, s. Ch. Glo. Eberlin.

—— d. polnischen, französischen u. deutschen Sprache. 16. (15½ B.) Grimma 846, Verlags-Comptoir.

Wörterbuch, prakt. zu Caesar: de bello Gallico. Nach d. 8 Büchern in 8 Einzelheften kapitelweis ausgearb. u. m. e. Vorwort vers. v. e. Schulmanne. 8 Hfte. 12. (50, 31, 32, 35, 35, 36, 40 u. 39 S.) Berlin 895. J. Harrwitz Nachf. à n. — 30

— für Rechtschreibung. 2.—5. Schulj. Bearb. v. Mitgliedern des Dresdner Lehrplan-Ausschusses f. Deutsch. 1.—5. Taus. (20 S.) 8. Dresden 908. Holze & Pahl. — 12

Wörterbuch f. Rechtschreibung. Jetzt: Dresden, C. Adler. — 15.

— der bei d. Handlung in d. Sprache des Umgangs u. d. gerichtl. Verfahren vorkommenden Redensarten. 8. Leipz. 787. Schwickert. 8 gr

— d. französ. Revolutionssprache. 8. Paris 799. (Nürnb., Bauer u. R.) 2 gr

— russisches. 1. Thl.: Russisch-Deutsch. Suppl. zu den russ. Unterrichts-Briefen von Iwan Wasjemonoff und Theophil Helmhorst. 1. Lfg. gr. 8. (S. 1—32.) Leipzig 880, [Knapp.] Morgenstern. *
Nicht weiter erschienen.

— der heil. Schrift, s. Real-Bibel-Lexikon.

Wörter- und Gesprächs-Buch, schwedisch-finnisch-deutsches, s.a.Tolk, svensk-finsk och tysk.

Wörter-undGespräch-Buch, Schwedisch-Finnisch-Deutsches. Helsingf. 1847. V: *Lönnrot, Elias.* (Hauptkat. d. Univ.-Bibl. Tübingen. C. S. 303.)

— siebenbürgisch-sächsisches. Mit Benützg. der Sammlgn. Joh. Wolffs hrsg. vom Ausschuss des Vereins f. siebenbürg. Landeskunde. 1.—3. Lfg., bearb. v. Adf. Schullerus. (IX—LXXII u. S. 1—416.) Lex. 8. Strassburg 908—10. K. J. Trübner. à 4. —

— der deutschen Sprache, zur nähern Kenntniß derselben, durch e. Anzahl v. fast 3000 Wörtern bezeichnet, die in Adelungs Wörterbuche nicht stehen. gr. 4. Prag 821. (Centr.-Cpt. in Leipz.) 3 ℔

— der französ. Sprache, f. die Deutschen, worinnen alles enthalten ist, was erford. wird, diese Sprache zu lehren u. zu lernen. gr. 8. Nördl. ... Beck. 4 gr

Wörterbuch der jüdisch-deutschen Sprache, enth. sämmtliche zum Verständniss der jüdisch-deutschen Markt-, Handels- u. Geheimsprache nothwendigen Bezeichngn. 12. (68 S.) Marburg 888. Verlag d. „Reichs-Herold". — 50

— der schweizerdeutschen Sprache, s.: Idiotikon, schweizerisches.

— für die von Specht herausg. griech. Syllogen. 8. Würzb. 787. Stahel. 6 gr

Wörterbuch, zur Syntax d. Bröderschen Grammatik. gr. 8. Nördling. ... 2e A. 808. Beck. 5 gr

Wörterbuch, systematisches, der Handelskorrespondenz, deutsch-französisch-englisch, insbesondere zu Robolsky-Meissner, französische u. englische Handelskorrespondenz (VI, 27 S.) 8. Leipzig 906. Renger. n. — 50

— technisches, od. Handbuch d. Gewerbkunde. Bearb. nach Andr. Ure's dictionary of arts, manufactures and mines v. Karl Karmarsch u. Friedr. Heeren. Mit über 1200 in d. Text gedr. Abbildn. 1—9. Lfg. (A — Kattundruckerei.) gr. 8. (72 B. u. 1 Tab.) Prag 841, 42, Haase Söhne. à * Thlr.

— technisches, od. Handbuch der Gewerbskunde. Bearb. nach Andr. Ure's Dictionary of Arts etc., v. Carl Karmarsch u. Friedr. Heeren. 10—18. Lfg. (Kattundruckerei — Schluß.) gr. 8. (75⅛ B.) Prag 842—44, Haase Söhne, Verlags-Expedition. à * 25 Ngr. *
1—9. Lfg. Ebendas. 1841, 42. * 7 Thlr. 15 Ngr.

— technisches, f. d. exportier. Kaufmann u. Ingenieur. I. Tl.: Deutsch-Englisch. (In ca. 8 Lfgn.) 1. Lfg. 12. (S. 1—32.) Chemnitz 898. C. Strauss. — 50

— technisches, f. den exportierenden Kaufmann u. Ingenieur. 1. Tl.: Deutsch-Englisch. Schluss-Lfg. 12. (S. 81—184.) Chemnitz (898. 899). C. Strauss. — 75; (kplt. 1. 25)

Wörterbuch, technologisches. 1. Bd. Deutsch-englisch-französisch. Gewerbe, Civil- u. Militär-Baukunst, Artillerie etc. umfassend, bearb. v. E. Althans, L. Bach, F. C. Glaser etc. u. hrsg. v. Carl v. Albert. Mit e. Vorw. v. Karl Karmarsch. 3. verb. u. bedeutend verm. Aufl. Lex.-8. (XII, 743 S.) Wiesbaden 876. Kreidel. n. 10. —

— technologisches. 2. Bd. Englisch-deutsch-französisch. Gewerbe-, Civil- u. Militär-Baukunst, Artillerie etc. umfassend, bearb. v. E. Althans, L. Bach, F. C. Glaser etc. u. hrsg. v. Erich Schiller. Mit einem Vorwort v. Karl Karmarsch. 3., verb. u. bedeutend verm. Aufl. Lex.-8. (VIII, 761 S.) Wiesbaden 878. Bergmann n. 10. —

— technologisches, deutsch-englisch-französisch. Gewerbe, Civil- u. Militär-Baukunst, Artillerie, Maschinenbau, Eisenbahnwesen, Strassen-, Brücken- u. Wasserbau, Schiffbau u. Schiffahrt, Berg- u. Hüttenwesen, Mathematik, Physik, Elektrotechnik, Chemie, Mineralogie u. a. m. umfassend. Bearb. v. E. Althans, L. Bach, C. Biedermann etc. Hrsg. v. Ernst Röhrig. M. e. Vorwort v. Karl Karmarsch. 1. Bd. 4. Aufl. Lex.-8. (XII, 879 S.) Wiesbaden 887. Bergmann. n. 10. —

— technologisches. Deutsch-Englisch-Französisch. Gewerbe, Civil- u. Militär-Baukunst, Artillerie u. Marine, Maschinenbau, Eisenbahnwesen, Strassen-, Brücken- u. Wasserbau, Schiffbau u. Schiffahrt, Berg- u. Hüttenwesen, Mathematik, Physik, Elektrotechnik, Chemie, Mineralogie u. a. m. umfassend. Bearb. v. E. Althans, L. Bach, C. Biedermann etc. Hrsg. von C. Dill, E. v. Hoyer u. E. Röhrig. Mit e. Vorwort von weil. Karl Karmarsch. 2. Bd. Englisch-Deutsch-Französisch. 4. verb. u. bedeutend verm. Aufl. Lex.-8. (XII, 909 S.) Wiesb. 891, Bergmann. * 12 —
1. u. 3. Bd. Ebd. 1887. * 22 —.

— technologisches. 1. Bd. Berg- u. Hüttenwesen, Metallindustrie, Maschinen- u. Schiffbau m. Einschluss aller Transportmittel. Unter Mitwirkung hervorrag. Fachmänner hrsg. v. Paul Blaschke. 1. Tl. Deutsch-Französisch. Französisch-Deutsch. 1.—5. Lfg. gr. 8. (S. 1—240.) Wien 893. 894. Kirchner & Schmidt. à 1. —

— technologisches. Deutsch-Englisch-Französisch. Gewerbe, Civil- u. Militär-Baukunst, Artillerie u. Marine, Maschinenbau, Eisenbahnwesen, Strassen-, Brücken- u. Wasserbau, Schiffbau u. Schiffahrt, Berg- u. Hüttenwesen, Mathematik, Physik, Elektrotechnik, Chemie, Mineralogie u. a. m. umfassend. Bearb. v. E. Althans, L. Bach, C. Biedermann etc. Hrsg. v. C. Dill, E. v. Hoyer u. E. Röhrig. Mit e. Vorwort v. weil. Karl Karmarsch. 2. u. 3. Bd. Lex.-8. Wiesbaden, Bergmann. n. 24. — (1—3.: n. 34. —)
2. Englisch-Deutsch-Französisch. 4., verm. Aufl. (XII, 909 S.) 891. n. 12. —
3. Französisch-Deutsch-Englisch. 3., verm. Aufl. (XII, 783 S.) 887. n. 12. —

— technologisches. Deutsch-Englisch-Französisch. Gewerbe & Industrie, Civil- & Militär-Baukunst, Artillerie u. a. m. umfassend. Neu bearb. u. hrsg. von Egb. v. Hoyer u. Frz. Kreuter. (3 Bde.) 5. Aufl. 1. u. 2. Bd. Lex.-8. Wiesbaden, J. F. Bergmann. à n. 12. —
1. Deutsch-Englisch-Französisch. (VIII, 884 S.) 902.
2. Englisch-Deutsch-Französisch. (VIII, 877 S.) 903.

— technologisches. Deutsch-Englisch-Französisch. Gewerbe u. Industrie, Civil- u. Militär-Baukunst, Artillerie u. a. m. umfassend. Neu bearb. u. hrsg. von Egbert v. Hoyer u. Frz. Kreuter. 5. Aufl. 3. (Schluss-) Bd. Französisch-Deutsch-Englisch. (VIII, 790 S.) Lex.-8. Wiesbaden 903. J. F. Bergmann. n. 12. —

—— **technologisches**, in deutscher, französischer und englischer Sprache, Gewerbe, Civil- und Militär-Baukunst, Artillerie, Maschinenbau etc. umfassend. 1. Bd. von J. A. Beil. Mit einem Vorwort von Carl Karmarsch und 2. Bd. Englisch-deutsch-französisch von (T.) Franke. hoch 4. Wiesbaden, Kreidel und Niedner. [Bd. I. (VIII und 679 S.) 853., 2. (V und 616 S.) 855. à Bd. * 2 Thlr. 20 Ngr.] *

— technologisches, in deutscher, französischer u. englischer Sprache, Gewerbe, Civil- u. Militar-Baukunst, Artillerie, Maschinenbau, Eisenbahnwesen etc. umfassend. Mit einem Vorwort von Karl Karmarsch. 3. Bd. A. u. d. T.: Dictionnaire technologique français-allemand-anglais, par Chrét. Rumpf. 1. u. 2. Liefg. Wiesbaden 863, 64. Kreidel. 4. (VIII, S. 1—224.) Jede Liefg. n. 20 *ngr.*

—— technologisches, in deutscher, französischer und englischer Sprache, Gewerbe, Civil- und Militär-Baukunst, Artillerie, Maschinenbau, Eisenbahnwesen etc. umfassend. Bearb. von E. Althans, L. Bach, J. Hartmann etc. und hrsg. von C. Rumpf, O. Mothes, W. Unverzagt. Mit einem Vorwort von Karl Karmarsch. 3. Bd. A. u. d. T.: Dictionnaire technologique français-allemand-anglais. 4 Lfgn. hoch 4. (XV und 592 S.) Wiesbaden 867, Kreidel's Verlag. [1.—3. Lfg. à * 20 Ngr., 4. Lfg. 1 Thlr.] *

1. und 2. Bd. 2. Aufl. Ebendas. 1869—70. * 6 Thlr. 10 Ngr.

—— **technologisches**, in deutscher, französischer und englischer Sprache, Gewerbe, Civil- und Militär-Baukunst, Artillerie, Maschinenbau, Eisenbahnwesen, Strassen- und Wasserbau, Schiffbau und Schifffahrt, Berg- und Hüttenwesen, Mathematik, Physik, Chemie, Mineralogie u. A. m. umfassend. Bearb. von E. Althans, L. Bach, F. C. Glaser, J. Hartmann, E. Heusinger von Waldegg, E. Hoyer, G. Leonhard, F. E. Mathiessen, O. Mothes, G. A. v. Oppermann, C. Rumpf, F. Sandberger, B. Schönfelder, G. Ph. Thaulow, W. Unverzagt, H. Wedding. Hrsg. von O. Mothes, C. Rumpf und W. Unverzagt. Mit einem Vorwort von K. Karmarsch. 2. vollständig umgearb. Aufl. 3 Bde. Lex.-8. Wiesbaden, Kreidel's Verlag. [Bergmann.] *

Inhalt:

Bd. 1. Deutsch-englisch-französisch. Hrsg. von Wilh. Unverzagt. (X, 640 S.) 868. * *M.* 9.
» 2. Englisch-deutsch-französisch. Hrsg. von O. Mothes. (VIII, 663 S.) 870. * *M.* 10.
» 3. Französisch-deutsch-englisch. Bearb. von O. Mothes. (609 S.) 874. * *M.* 10.

Auszug daraus vgl.: Taschenwörterbuch, technisches, welches in den gleichen Verlag übergegangen ist.

—— **technologisches, in deutscher, französischer und englischer Sprache, Gewerbe, Civil- und Militär-Baukunst, Artillerie, Maschinenbau, Eisenbahnwesen, Strassen- und Wasserbau, Schiffbau und Schifffahrt, Berg- und Hüttenwesen, Mathematik, Physik, Chemie, Mineralogie u. A. m. umfassend. Bearb. von E. Althans, L. Bach, F. C. Glaser, J. Hartmann, E. Heusinger von Waldegg, E. Hoyer, G. Leonhard, F. E. Matthiessen, O. Mothes, G. A. v. Oppermann, C. Rumpf, F. Sandberger, B. Schönfelder, A. Schück, G. Ph. Thaulow, W. Unverzagt, H. Wedding. Hrsg. von C. Rumpf, O. Mothes, W. Unverzagt und C. v. Albert. Mit einem Vorwort von K. Karmarsch. 3. verb. und bedeutend verm. Aufl. 1. und 2. Bd. Lex.-8. Wiesbaden, Bergmann. à Bd. * *M.* 10. ***

Inhalt:

Bd. 1. Deutsch-englisch-französisch. Hrsg. von Carl v. Albert. (XII, 743 S.) 877.
» 2. Englisch-deutsch-französisch. Hrsg. von E. Schiller. (VIII, 761 S.) 878.
3. Bd. Ebendas. 1874. * *M.* 10.

Wörterbuch, Telegraphisches, für die k. k. Kriegsmarine. 8. Triest 1853.

— terminologisch-technisches rc., s. F. A. Schröter.

Wörterbuch, Terminologi-tectonisches, oder Erklärung der . . . fremden Wörter und Redensarten. **Erfurt** 1788. V: *Schröter, Frdr. Aug.* (MGT) (KY)

— theolog.-kritisches. 8. Liegnitz 778. (Heymann in Glogau). 12 *g.*

— d. Thierheilkunde, s. a. D'Arboval, Hurtrel.

—— der Thierheilkunde, zum Gebr. der Thierärzte, Cavallerieofficiere, Landwirthe u. aller derjen., welchen d. Wartung u. Pflege d. Hausthiere obliegt, nach d. franz. Orig. d. Hrn. H. D'Arboval übers. u. durch Zusätze aus d. besten deutschen Werken üb. Thierheilkunde verm. Nebst vielen Anmerkn. v. Th. Renner. 4 Bde. A—Z. gr. 8. (155¼ B.) Weimar 830—32, Landes-Indust.-Compt. 15 Thlr., hrbgs. Pr.
Vgl. Veterinär-Atlas.

Wörterbuch, Topographisch-statistisch-geographisches, der sämtlichen Preussischen Staaten, oder Beschreibung aller Provinzen . . . in den Preussischen Staaten. Halle 1796—1803. V: *Krug, Leopold.* (StAt) (CBH) (MS) (MGT)

— topographisch-statistisch-geographisches, d. sämmtl. Preussischen Staaten. 1r bis 12r Bd. gr. 8. Halle, Kümmel. 796—802. (à 1 Rthlr.)

— — desselb. Buchs neue Auflage. 1r u. 2r Bd. gr. 8. Ebend. 805. 6. (à 2 Rthlr. 8 gr.)

Ungarisches und deutsches technisches Wörterbuch. Redigirt von Eugen Acsády. I. Deutsch-ungarischer Theil. II. Ungarisch-deutscher Theil. Budapest. 1900. Athenaeum. VIII, 426; VI, 412 S. Geb. K 20.—

— das, zur Unterhaltung und Verstandesübung für die Jugend. (48 illum., $2^1/_2$ Zoll hohe u. $1^1/_2$ Zoll breite Kärtchen u. Erklärung.) Halle 833. Schimmelpfennig. $^1/_3$ *ß*

—— s. Versuch eines bremisch-niedersächsischen.

—— d. deutschen Verwaltungsrechts. In Verbindg. m. vielen Gelehrten u. höheren Beamten hrsg. von Karl Frhr. v. Stengel. 2 Bde. Lex.-8. Freib. i. Br. 1889, 90, J. C. B. Mohr. [1. Bd. (VIII, 895 S.) * 19 —; geb. ** 21 40; 2. Bd. (XVI, 1040 S.) * 22 —; geb. ** 24 40.] * 41 —; geb. * 45 80

Die Ausgabe erfolgte in 21 Lfgn. zum Subscr.-Pr. à Lfg. * 2 —.

—— dass. — 1. Ergänzungsbd. [Abgeschlossen im Dezbr. 1891.] Lex.-8. (III, 118 S.) Ebd. 892. * 4 —; geb. in Halbfrz. ** 6 —

Wörterbuch, Volksthümliches, der deutschen Sprache für die Geschäfts- und Lesewelt. Hannover 1818—22. V: *Heinsius, Theodor.* (Hitzig) (Koner)

Wörterbuch d. Volkswirtschaft in 2 Bdn. Bearb. von v. Below, Biermer, van d. Borght u. a., hrsg von **Ludw. Elster.** Lex.-8. (1. Bd. X, 1092 S.) Jena 898. G. Fischer. n. 20. —; geb. n. 25. —

Wörterbuch der Volkswirtschaft in 2 Bden. Bearb. von ... hrsg. von Prof. Dr. Ludwig Elster. 2., völlig umgearb. Aufl. Bd 1. 2. (In 15 Lfgen.) Jena: G. Fischer 1906-07. 2 Bde 4°(8°)
1. Abbau-Gutsherrschaft. 1906.
2. Haftpflicht-Zwecksteuern. **Nachträge.** 19(06-)07. [07. 10136

— der Volkswirtschaft in 2 Bdn. Bearb. von Geo. Adler, G. v. Below, M. Biermer u. a., hrsg. v. Ludw. Elster. 2., völlig umgearb. Aufl. 1.—8., 10. u. 11. Lfg. (1. Bd. IV, 1160 S. m. Fig. u. 1 Karte u. 2. Bd. S. 1—160 u. 321—640 m. Fig. u. 1 Karte.) Lex.-8. Jena 906. G. Fischer. n. 23. 50 (1. Bd. vollst. n. 16. —; geb. n. 18. 50)
Die 9. Lfg. ist noch nicht erschienen.

— der Volkswirtschaft in 2 Bdn. Bearb. v. Geo. Adler, G. v. Below, M. Biermer u. a., hrsg. v. Ludw. Elster. 2., völlig umgearb. Aufl. 9. u. 12.—15. Lfg. (2. Bd. II, S. 161—320 u. 641—1144.) Lex. 8. Jena 907. G. Fischer. 9. — (2. Bd. 19.—; geb. n 21. 50)
1. Bd. Ebd. 906. 16.—; geb. 18.50.

— dasselbe. 3., völlig umgearb. Aufl. (In ca. 18 Lfgn.) 1. u. 2. Lfg. (1. Bd. S. 1—240.) Lex. 8. Ebd. 910. 3. 50

— vollständ., über Geßners griech. Chrestomathie. 8. Halle 800. (Reinike u. C.) 18 gr

— vollständ., üb. d. Chrestomathie aus röm. Klassikern f. d. mittleren Abtheill. an Gelehrten-Schulen. gr. 8. Stuttg. 826. Metzler. 8 gr

— vollst. deutsches u. dänisches, aus den besten deutschen Wörterbüchern zusammengetragen v. e. Gesellsch. Gelehrten. Mit e. Vorrede versehen v. Jak. Baden. 3 Thle. gr. 8. Kopenh. 789—810. Bonnier. 12 ₰

Wörterbuch, Vollständiges deutsches und französisches. Halle 1781. V: *Schrader, Chn Frdr. & Reichard.* (Rüdiger, Neuester Zuwachs. Liegnitz 1782—93. Theil IV, 100.)

— vollständ., z. Eutropii breviarum historiae Romanae, f. Schulen. 8. Berl. 807. Maasdorf. 6 gr

— vollständiges hebräisch-chaldäisch-rabbinisches, über das alte Testament, die Thargumim, Midraschim u. den Talmud; mit Erläuterungen aus dem Bereiche der histor. Kritik, Archäologie, Mythologie, Naturkunde rc. u. besond. Berücksichtigung der Dicta messiana als Bindemittel der Schriften des alten u. neuen Bundes. 1e—3e Lfrg. gr. Lex.-8. Grimma 840. Verlags-Compt. $2^2/_3$ ₰

— vollständiges hebräisch-chaldäisch-rabbinisches, über das alte Testament, die Thargumim, Midraschim u. den Talmud; mit Erläuterungen rc. 4. 5. Liefg. gr. Lex.-8. Grimma 841, Verlags-Compt. à 1 ₰ (compl. 6 ₰)

Wörterbuch, Vollständiges, zu des Herrn D. Ant. Friedr. Büschings . . . Liber latinus oder lateinischem Lesebuche für die ersten Anfänger. Berlin u. Stralsund 1788. V: *Jördens, Carl Hnr.* (MGT) (NN)

Wörterbuch, vollständiges mathematisches. Leipzig 1742—47. 2 Thle.

Wörterbuch, worinnen der Kräuter Namen, Beyworte, und sonst gewöhnliche Redens-Arten a. d. Lat. übertragen sind . . . Leipzig 1741. V: *Probst, Johann Ernst.* (BrMm)

— von denjenigen Wörtern im Talmud, od. sonst rabbinischen Schriften, die eine genaue Aehnlichkeit mit lateinischen haben. Erklärt von S. Bondi. 8. Dessau, Philippson. (Leipz. Bruder.) 812.

Worter-Buch, von der Zigeuner-Sprache, nebst einem Schreiben eines Zigeuners an seine Frau, darinnen er ihr von seinem elenden Zustande, in welchem er sich befindet, Nachricht ertheilet. Beytrag zur Rotwellischen Grammatik. Frkft. 1755. 12°. Selten! (2 Mk. Th. Ackermann, München, 1913.)

Zoologisches **Wörterbuch**. Erklärung d. zool. Fachausdrücke. Zum Gebr. beim Studium zool., entwicklungsgeschichtl. u. naturphilos. Werke verf. von ..., hrsg. von Prof. Dr. H[einrich] E[rnst] Ziegler, Prof., Jena. Lfg 1. Jena: G. Fischer 1907. 4°(8°) [07. 10704

Wörterbuch. Zoologisches W'. Erklärung der zoologischen Fachausdrücke. Zum Gebrauch beim Studium zoologischer, entwicklungsgeschichtlicher und naturphilosophischer Werke; verfasst von Dr. E(rnst) Bresslau ..., Professor J[ulius] Eichler ..., Prof' Dr. E[berhard] Fraas ..., Prof' Dr. K[urt] Lampert..., Dr. Heinrich Schmidt ... und Prof' Dr. H[einrich] E[rnst] Ziegler ..., hrg. von Prof. Dr. H. E. Ziegler.... Mit 529 Abbildungen im Text. XVI + 646 S. 8. Jena, Gustav Fischer, 1909. [M. 9. —, geb. 10. —]

Wörterbücher, hrsg. vom Verein für niederdeutsche Sprachforschung. I. Wörterbuch der westfälischen Mundart von Fr. Woeste. gr. 8. (VIII, 331 S.) Norden 882, Soltau's Verlag. *

Wörterbücher. Hrsg. vom Verein für niederdeutsche Sprachforschung. 2. Bd. 2 Hälften und 3. Bd. gr. 8. Norden, Soltau. *
Inhalt:
Bd. 2. Lübben, Aug., und C. H. F. Walther, mittelniederdeutsches Handwörterbuch. 1. Hälfte. (S. 1—240.) 885. *ℳ 4.50.; 2. Hälfte. (X, S. 241—559.) 888. *ℳ 5.50.; compl. geb. **ℳ 11.75.
» 3. Molema, H., Wörterbuch der Groningenschen Mundart im 19. Jahrh. (VIII, 583 S.) 888. *ℳ 10.—; geb. **ℳ 11.75.
1. Bd. Ebendas. 1882. *ℳ 8.—.

Wörterbücher. Hrsg. vom Verein für niederdeutsche Sprachforschg. IV. Bd. gr. 8. Norden, D. Soltau. n. 8. — (I.–IV.: n. 36. —)
Waldeckisches Wörterbuch nebst Dialektproben. Von Karl Bauer. Hrsg. v. Herm. Collitz. (XXVI, 106 u. 320 S. m. Bildnis.) 902.

Wörterbücher, illustrierte technische, in 6 Sprachen: Deutsch, Englisch, Französisch, Russisch, Italienisch, Spanisch. Nach der besond. Methode Deinhardt-Schlomann bearb. v. Alfr. Schlomann. 2.—10. Bd. kl. 8. München, R. Oldenbourg. Geb. in Leinw. 104. 50
II. Elektrotechnik, die. Unter red. Mitwirkg. v. C. Kinzbrunner. Mit nahezu 4000 Abbildgn. u. zahlreichen Formeln. 9. u. 10. Taus. (XII, 2100 S.) 908. Geb. 25. —
III. Dampfkessel, Dampfmaschinen, Dampfturbinen. Unter red. Mitwirkg. v. Wilh. Wagner. Mit nahezu 3500 Abb. u. zahlreichen Formeln. 7. u. 8. Taus. (XI, 1322 S.) 908. Geb. 14. —
IV. Verbrennungsmaschinen. Unter redaktioneller Mitwirkg. v. Karl Schikore. Mit üb. 1000 Abbildgn. u. zahlreichen Formeln. 7. u. 8. Taus. (X, 618 S.) 908. Geb. 8. —
V. Eisenbahnbau u. -Betrieb. Unter Mitwirkg. des Vereines f. Eisenbahnkunde zu Berlin, des Vereines deutscher Maschineningenieure u. zahlr. hervorrag. Fachleute bearb. Von Aug. Boshart. Mit üb. 1900 Abbildgn. u. zahlreichen Formeln. (XIV, 870 S.) 909. Geb. 11. —
VI. Eisenbahnmaschinenwesen. Unter Mitwirkung des Vereines f. Eisenbahnkunde zu Berlin, des Vereines deutscher Maschineningenieure u. zahlr. hervorrag. Fachleute bearb. Von Aug. Boshart. Mit üb. 2100 Abbildgn. u. zahlreichen Formeln. (XIII, 796 S.) 909. Geb. 10. —
VII. Hebemaschinen u. Transport-Vorrichtungen. Unter red. Mitwirkg. v. Paul Stülpnagel. Mit üb. 1500 Abb. u. zahlreichen Formeln. (VIII, 651 S.) 910. Geb. 9. —
VIII. Eisenbeton, der, im Hoch- u. Tiefbau. Unter der red. Mitarbeit v. Heinr. Becher. Mit üb. 900 Abbildgn. u. zahlreichen Formeln. (VII, 415 S.) 910. Geb. 6. —
IX. Werkzeugmaschinen (Metallbearbeitg., Holzbearbeitg.) Unter red. Mitwirkg. v. Wilh. Wagner. Mit üb. 2400 Abbildgn. u. zahlreichen Formeln. (X, 706 S.) 910. Geb. 9. —

X. Motorfahrzeuge (Automobile, Motorboote, Motorluftschiffe, Flugmaschinen). Unter dem Protektorate des kaiserl. Automobilklubs zu Berlin usw. u. unter Mitwirkg. der automobiltechn. Gesellschaft, des Motor-Yacht-Verbandes, der Motorluftschiff-Studiengesellschaft u. a. Von Rud. Urtel. Mit etwa 1800 Abbildgn. u. zahlreichen Formeln. (XVI, 998 S.) 910. Geb. 12.50

Wörterbüchlein, Mülhauser. [Mülhausen 1876.] V: *Maeder*, *Adam* & *August Stöber*. (Mz)

Wörterbüchlein, polnisch-deutsches, enthaltend die gebräuchlichsten Wörter und Gespräche zum Schul- und Handgebrauche. — Słowniczek polsko — niemiecki. — 5., verb. Aufl. gr. 8. (80 S.) Teschen 858, Prochaska. *

Wörterbüchlein, mit 6000 Sinnbildern, deutsch u. latein 8. Nürnb. 733.

Wörterfamilien u. Rechtschreibung, über deutsche, (von A. G. Mätzke). 8. Leipz. 780. (Frommann in Jena). 8 gr.

Wörterfamilien, Franzoesische, zum Gebrauch für Schulen. Frankf. a. M. N. A. 1828. V: *Solomé*, *J. A.* (Gi)

Wörtergruppen f. den Unterricht in der Rechtschreibung. In konzentr. Kreisen zusammengestellt f. die Hand der Schüler. 2. Aufl. (10.—15. Taus.) (36 S.) 8. Dortmund (903). F. W. Ruhfus. — 20

Wörter- u. Namenskatechismus, biblischer, d. Jugend zum Besten. 8. Bautzen 762. Deinzer. 3 gr.

Worterklärung des kleinen Katechismus Dr. Mart. Luthers in Frage u. Antwort. 1. Aufl. 1865 u. 2. durchgeseh. Aufl. Erlangen 867. Deichert. 8. (IV, 68 S.) n. 2 ngr.

Worterklärung des kleinen Katechismus Dr. Martin Luthers in Frage u. Antwort. 3., durchgeseh. Aufl. 8. (IV, 64 S.) Erlangen 879. Deichert. cart. n. — 35

Wörtersammlung, kleine, als Nachhülfe zum Rechtschreiben. 2e Aufl. 12. Tübing. 824. Laupp. 2 gr.

Wörterschatz, kleiner, unserer lieben deutschen Muttersprache, z. vollständ. Veranschaulichung der Wortbilder in der gewöhnl. Schreibschrift ausgeführt. Von e. prakt. Schulmanne. 8. (6 B.) Leipzig 841, Frohberger. Thlr.

Wörterschatz, kleiner politischer, für humoristische Zeitungsleser von J. F. 16. (96 S.) Leipzig 864, Wengler.

Wörterschau, die,. Posse v. Vetter Jacob. 8. Lpz. Göschen. 802.

Wörterspiel, zur Uebung des Witzes, aus einzelnen Wörtern kleine Erzählungen zu machen. 12. Halle 778. (Hahn in Hannov.) 9 gr.

Wörterspiel, das, zur Unterhaltung u. Verstandesübung der Jugend. (48 illum., $2^1/_2$ Zoll hohe u. $1^1/_2$ Zoll breite Kärtchen u. Erklärung.) Halle 833. Schimmelpfennig. In Etuis $^1/_3$ rf.

Wörterverzeichniß, Alphabetisches zu Engelbert Neubauer's lateinischem Uebungsbuche für die zweite Classe der Gymnasien. 8. (53 S.) —.30
Wien: Alfred Hölder 1891.

Wörterverzeichnis, amtliches, f. die deutsche Rechtschreibung zum Gebrauch in den preußischen Kanzleien. Gemäß dem Beschlusse des königl. Staatsministeriums vom 11. VI. 1903. (32 S.) 8. Berlin 903. Weidmann. n.n.n. — 10; 10 Stück n.n. 1. —

Wörterverzeichniss, (sic), deutsch-böhmisches, für jene Schüler, welche nach der Grammatik von Karlik unterrichtet werden. *Troppau. Alf. Trassler.* 94 S., 1 Bl. 8°. Ohne Titelblatt.

Wörterverzeichniß zu Koblicka's lateinischem Lesebuche für die 2. Gymnasialklasse. 8. 1866. (165 S.) Prag, Kober. 1865 84 S.

Wörterverzeichniß zu Rožek's lateinischem Lesebuche. 1. Thl und 2. Thl. 2. Aufl. gr. 8. (67 S., 77 S.) Wien 867,68. Gerold's Sohn. à Thl. * 8 Ngr. *

Wörter-Verzeichniß zu Rožek's lateinischem Lesebuche. 1. Thl. 3. Aufl. gr. 8. (61 S.) Wien 871, Gerold's Sohn. *

— zu Weller's lateinischem Lesebuch aus Livius. 2. verm. u. verb. Aufl. Hildburghausen 868. Kesselring. 8. (74 S.) n. 5 ngr.

Wörterverzeichniss zu Weller's lateinischem Lesebuch aus Herodot. 8. Aufl. 8. (91 S.) Hildburghausen 871. Kesselring. n. — 15

— dasselbe. 9. Aufl. 8. (91 S.) Ebend. 873. 20

Wörterverzeichnis f. die deutsche Rechtschreibung. 8. (20 S.) Stuttgart 884. Metzler's Verl. n. — 10

— f. die neue deutsche Rechtschreibung. Nach der f. Deutschland, Oesterreich u. der Schweiz gelt. Orthographie zusammengestellt. (12 S.) 8. Gebweiler 903. J. Boltze. n. — 10

— dasselbe. Nach den amtl. Bestimmgn. unter Berücksicht. der Verf. des kaiserl. Oberschulrates f. Elsaß-Lothr. O. 8. 7882 zusammengestellt. (12 S.) 8. Ebd. 903. n.n. — 10

Wörterverzeichnis f. die neue deutsche Rechtschreibg. Nach der f. Deutschland, Österreich u. der Schweiz gelt. Orthographie zusammengestellt. 11.—20. Taus. (16 S.) 8. Gebweiler 909. J. Boltze. — 15

Technisches Wörterverzeichnis der graphischen Branchen in deutscher, englischer und französischer Sprache. Bearbeitet von Max Pellnitz. Wien, Pest. Leipzig. 1899. Hartleben. 8°. VII, 98 S. Geb. fl. 1.10

Wörterverzeichnisse für den griechischen Unterricht. gr. 8. (IV, 45 S.) Berlin 877, H. W. Müller. cart. *

Wörteter, Johann Heinrich, s. Wörteler

Wortfamilien, französische, e. Hilfsmittel z. leichteren Erlernung v. Wörtern. Zusammengestellt f. d. Dresdner Reform-Fortbildungsverein. (Hrsg. v. L. Carl.) (20 S.) gr. 8. Kötzschenbroda-Dresden (908). (Dresden, H. Hackarath.) — 30

Wortformenlehre der deutschen Sprache für die oberen Klassen der Volksschule. Zusammengestellt von einem prakt. Schulmanne. 3., mit einer kurzen Satzlehre verm. Aufl. 8. (IX und 174 S.) Brünn 865, Seipt und Hoffmann. cart. *

Wortformenlehre der deutschen Sprache für die oberen Klassen der Volksschule. Zusammengestellt von einem prakt. Schulmanne. 3—5. mit einer kurzen Satzlehre verm. Aufl. Brünn 865—69. Buschak & Irrgang. 8. (IX, 174 S.) cart. n. 9 ngr.

Wortformlehre der deutschen Sprache für die oberen Klassen der Volksschule. [Mit einer kurzen Satzlehre.] Zusammengestellt von einem prakt. Schulmanne. 5. und 6. Aufl. 1869,72. * 90 Pf., und 7. verb. Aufl. 8. (172 S.) Brünn 874, Buschak und Irrgang. geb. *

Wortformenlehre der deutschen Sprache für die oberen Classen der Volksschule. Mit einer kurzen Satzlehre. Zusammengestellt von einem pract. Schulmann. 8. verb. Aufl. Mit der gesetzlich vorgeschriebenen Orthographie. 8. (IV, 178 S.) Brünn 882, [Buschak und Irrgang.] Irrgang. cart. *

Wortforschung der französischen aus der lateinischen Sprache zu Wien. O. O. 1714. V: *Max, Johann Maria.* (Reichard, Vers. e. Hist. d. deutsch. Sprachk. Hamb. 1747. S. 399.)

Wortführer, Die altkatholischen, in Dortmund. Knoodt, v. Schulte, Reinkens, drei gefährliche Konzilskranke untersucht und behandelt von einem röm. Doktor. Paderborn 1874. V: *Rebbert, Joseph.* (Gla I/2 732)

Wortführer, die „altkatholischen", in Dortmund: Knoodt, v. Schulte, Reinkens, drei gefährliche Concilskranke, untersucht und behandelt von einem römischen Doctor. Mit Berücksicht. aller Leidensgenossen speciell der hochwürd. Herren Hoffmann, Michelis, Reusch, Hochstein, Tangermann, Paffrath. 1. und 2. revid. Aufl. gr. 8. (64 S.) Paderborn 874, Bonifacius-Druckerei.

Die „altkatholischen Wortführer" in Dortmund: Knoodt, v. Schulte, Reinkens, drei gefährliche Konzilskranke, untersucht u. behandelt von einem röm. Doktor [Joseph Rebbert]. Mit Berücksichtigung aller Leidensgenossen, speciell der hochw. HH. Hoffmann, Michelis, Reusch, Hochstein, Tangermann, Paffrath. Paderborn, Bonif.-Dr., 1874. gr. 8°, 80 S., 3. erweit., die neuesten Krankheitserscheinungen u. die jüngste Bonner Pfingstsynode beachtende Aufl., 75 Pf.

Worth, Claud., das Schielen. Aetiologie, Pathologie u. Therapie. Autoris. deutsche Ausg. v. E. H. Oppenheimer. (VII, 134 S. m. 25 Fig.) 8. Berlin 905. J. Springer. n. 4. —

Worth, Gerd v. der, Wildland 1929! (104 S.) 8. Stade 909. Ostwald & Huth. (Firma erloschen.) nn 2. 50

Wörth [Schlagwort]

Wörth (Schlachtfelder), s.: Militärkarten.

Wörth (an der Sauer), s.: Preussen. Messtischblätter.

Wörth, s.: Vogesen.

Wörth-Reichshofen — Situations-Plan des Schlachtfeldes bei —. 40,000. 1 Bl.

Wörther, Franz, e. Dichter u. Denker aus d. Volke, s.: Schrattenthal, Karl.

Wörther-See [Schlagwort]

Wörther-See. Richter, E., Karte des Wörther-Sees. 1 : 25,000. 24,5 × 76,5 cm. Farbdr. Klagenfurt 897. A. Raunecker. n. 2. 40

Wörthersee-Dampfboot-Fahrordnung. Klagenfurt, Pörtschach und Velden. Klagenfurt, Heyn. gef. d. —.05. 1886.

Worthington, J., allgem. Gebetbuch, oder System von Familienandachten auf alle Tage d. Woche; aus d. Engl. 8. Leipz. 780. Schneider. 3 ℛ

— v. d. groß. Pflicht d. Gottesgelassenheit. 8. Hannov. Helwing. 717.

Worthington Dampf-Pumpen der Worthington Pumpen-Compagnie. Berlin (1888?)

Worthington-Pumpen-Compagnie A.-G.: Pumpen, Apparate und Armaturen. Berlin 1900

Worthmann, Ferd., Heinrich v. Treitschke und die Kathedersozialisten. Nebst einem Anhang: Die Betheiligung der Arbeiter am Gewinn. gr. 8. (VIII, 54 S.) Jena 878, Fischer. *

Worthmann, Fritz, prakt. Arzt a. Schweidnitz i. Schl.: Beiträge zur Kenntnis der Nervenausbreitung in Clitoris und Vagina. Hierzu 2 Taf. (Frankfurt a. M. 1906: A. Weisbrod.) (15 S.) 8° Aus: Archiv für mikroskopische Anatomie und Entwicklungsgeschichte Bd 68. 1906.
Breslau, Med. Fak., Ref. Hasse, Diss. v. 4. Mai 1906
[Geb. 18. Febr. 82 Schweidnitz; Wohnort: Schweidnitz; Staatsangeh.: Preußen; Vorbildung: Gymn. Schweidnitz Reife O.00; Studium: Tübingen 6, Breslau 4 S.; Coll. 2. Aug. 05; Approb. 18. April 06.]

Worthmann, Ludwig

Worthmann, L., die Friedenskirche zur hl. Dreifaltigkeit vor Schweidnitz. Festgabe zur Vierteljahrtausend-Feier am 22. IX. 1902. gr. 8. (72 S.) Schweidnitz 902. C. F. Weigmann. n. — 75

Worthmann, Ludwig Die deutschen Kolonieen in Westafrika. (42 S., 2 Karten) **Progr.** Ev. G. *Schweidnitz* 1887 (193)

Worthmann, Ludw., die deutschen Kolonieen in Westafrika. 4. (42 S. mit 2 Karten.) Schweidnitz 887, (Heege.) *

Worthmann, Ludwig *(geb. Breslau 1. 7. 1852)*: Die Wahl Karl's IV. zum römischen Könige. Th. 1. Breslau (1875). (42 S.) 8° *[Vollst. 1875 bei Trewendt & Granier in Breslau.]*
Breslau, Phil. Diss. v. 26. Juni 1875

Worthmann, Ludw., die Wahl Karls IV. zum römischen Könige. gr. 8. (65 S.) Breslau 875, Trewendt und Granier. *

Worthy, ein Drama in fünf Aufzügen. Berlin 1776. V: *Ephraim, Benjamin Veitel.* (ML) (Ky) (Mn) (GGr)

Wortitsch, Theobald, das evangelische Kirchengebäude in Bistritz. Eine kunstgeschichtl. Studie. Mit Orig-Zeichngn. v. dem Verf. (6 z. Thl. color. Steintaf.) gr. 4. (38 S.) Bistritz 885. Haupt. 3. —

VORT-Krieg, Gespassiger, bestehend in einer lächerlichen Schertz-Frag, ob denen Brat- oder Leber-Würsten; oder Bluntzen? denen Sau-Köpf: oder Schunken die Vorgangs-Ehre gebühre. Mit Titelholzschnitt. O. O. 1708. 4 Bll. 4°. Rariss. (6 Mk. Jacques Rosenthal, München, 1912.)

Wortkürzung, die, der Gabelsberger'schen Stenographie. In domonstrativer Behandlg. an Satzbeispielen. 8. (16 S.) Wien 884. (Berman & Altmann.) n. — 40

Wortkürzung, die, d. Gabelsberger'schen Stenographie. In demonstrativer Behandl. u. Satzbeispiel. 8. (48 S.) Wien, *L. Steckler. 20 kr. 1884.

Wortlaut und Erläuterung der neuesten Statuten und Etats der Universitäten und Gymnasien. St. Petersburg 1866. H: *Woldemar, Carl.* (EB)

Wort- und Satz-Lehre, nebst Beugungen und Ablautungen in tabellar. Uebersicht zum Zwecke der Repetition des gesammten Sprachstoffes. Neu umgearb. und verm. Aufl. 8. (15 S.) Landshut 880, Attenkofer. *

Wortley Montague, Lady M., s. Montague.

Wortmann, Alexander (Giessen)
Ueber den Vorfall der Nabelschnur.
Giessen: Keller 117 S. + 2 Bl. Thesen.
Diss. med. 10.2.1860. vorh. 26. 7. 11.Δ.

Wortmann, Carl August, s. Wortmann, Karl August

Wortmann, Constantin, s. Wortmann, Konstantin

Wortmann, E. F., De comparationibus Plautinis et Terentianis ad animalia spectantibus. Diss. 1883. 59 S.

Wortmann, Franz *Wilhelm* [app. Arzt aus Twistringen i. Hann.]: Aus d. Laboratorium d. pharmakognost. Sammlung in Kiel. Beitrag zur Kenntnis der Wirkung des Cyansilbercyankalium ... Kiel: Druck v. A. F. Jensen 1897. 24 S., 1 Bl. 8°
Kiel, Med. Fak., Inaug.-Diss. v. [26. Juli] 1897

Wortmann, **Georg Friedrich (Bremen) A. S. 182/10**

Vindiciae dissertationis de eiuranda eiuratione bonae spei adversus dissertationem quandam Vitembergensen Präs. Johann Tobias Carrach.
Halle (Grunert) 26. II. 1731. 42 S.

Gew.: Stadt Hamburg
W. v.: Präs., Fhr. von Schoenstett (Opp.), A. Schoene (Opp.), C. W. von Reck (Opp.). 37284

Wortmann, H., s. a. Franke, J. H.

— — Eine Brautnacht. Nach den hinterlassenen Aufzeichnungen einer Unglücklichen. Dresden, Hygienischer Verlag D. Wortmann, ca. 1895. (Nicht im Buchhandel.)
Verb. d. Ldg. Breslau 12/7 J. M. 325/15.

Wortmann, Heinr., Keulenreigen, s.: Reigen f. das Turnen der Knaben, der Mädchen u. der Erwachsenen.

Wortmann, H., das Keulenschwingen, in Wort und Bild dargestellt für Turnlehrer, Turner und alle anderen Freunde einer kunstvollen und gesunden Körperbewegung. 16. (XVI, 267 S. mit 73 Holzschn.) Hof 885, Lion. cart. *

— das Keulenschwingen, in Wort u. Bild dargestellt f. Turnlehrer, Turner u. alle anderen Freunde e. kunstvollen u. gesunden Körperbewegg. 2., verm. Aufl. 16. (XV, 404 S. m. 78 Holzschn.) Hof 892. R. Lion. Kart. n. 2. 50

Wortmann, H., das Keulenschwingen in Wort u. Bild, dargest. f. Turnlehrer, Turner u. alle and. Freunde e. kunstvollen u. gesunden Körperbewegg. 3., verb. u. verm. Aufl. 16. (XXIII, 402 S. m. 86 Holzschn.) Hof 897. R. Lion. Geb. in Leinw. n. 2. 50

Wortmann, H., das Keulenschwingen in Wort u. Bild, dargestellt f. Turner, Turnlehrer u. alle Freunde e. kunstvollen u. gesunden Körperbewegg. 4. Aufl. Vollständig neubearb. v. Paul Heutzschel. (236 S. m. 105 Abbildgn.) 8. Hof 905. R. Lion. Geb. in Leinw. n. 2. 80

— das jetzige Klassenturnen u. die Bewegungsspiele, s. a. Sammlung v. Vorträgen.

Wortmann, Heinrich, Das jetzige Klassenturnen und die Bewegungsspiele, Heidelberg 1883, 128 S., 8°.

—— **Dr. Justus Carl Lion. Sein Wirken für die deutsche Turnkunst. Aus Anlass seines 25jähr. Jubiläums als Leiter des städt. Schulturnens zu Leipzig dargestellt. Erweiterter Sonderabdr. aus den „Jahrbüchern der deutschen Turnkunst". gr. 8. (136 S. mit J. C. Lion's Holzschn.-Bildnis.) Leipzig 887, Strauch.** *

— die Uebungen m. d. Doppelkeule in Wort u. Bild dargest. E. Ergänzg. zu „Keulenschwingen" v. demselben Verf. 16. (24 S.) Ebd. 897. n. — 25

Wortmann (J.). Beziehungen der Intramolecularen zur normalen Athmung der Pflanzen. Wuertzb. 1879. 8°.

Wortmann, J. H., Katechismus der Bewegungsspiele f. die deutsche Jugend, s.: Lion, J. C.

Wortmann, J. J., De decretis in Demosthenis Aeschineae exstantibus atticis libelloque Aeschinis. Diss. 1877. 65 S. 2.—

Wortmann, Joh. Balthasar (Gießen)
Theses.
Giessae 22. Dez. 1790.

Wortmann, Joh. Balthasar
De usu opii in morbis venereis.
Giessae 1790. 4°

Wortmann, Johannes [prakt. Arzt aus Lünen in Westfalen]: Beitrag zur Meningitis tuberculosa und der Gehirntuberbulose im Kindesalter. Druck von B. G. Teubner in Leipzig, 1883. 8. 43 S.

Wortmann, Jul., Anwendg. u. Wirkg. reiner Hefen in d. Weinbereitg. Lex.-8. (V, 62 S. m. 12 Abb.) Berlin 895. P. Parey. n. 2. 50

Wortmann, Jul., s. a. Bericht der königl. Lehranstalt f. Wein-, Obst- u. Gartenbau zu Geisenheim a. Rh.

[F.] **Wortmann,** Julius [Dr., Dirigent d. Versuchsstat.]: Bericht über die Thätigkeit der pflanzenphysiologischen Versuchsstation. Wiesbaden, Druck v. R. Bechtold & C., 1893; 61—69 S. 8.
Geisenheim a. Rh., k. Lehr-A f. Obst- u. Weinbau '(h. Gärtner-lehr-A)', P 1893**

Wortmann, Julius, approb. Arzt aus Overberge (Westf.): Aus d. chirurg. Klinik zu Kiel. Ein Fall von Enchondrom der Tibia. *Kiel 1902: H. Fiencke.* (26 S.) 8°
Kiel, Med. Diss. v. [4. Aug.] 1902

— Führer durch die kgl. Lehranstalt f. Wein-, Obst- u. Gartenbau zu Geisenheim a. Rh. 2. Aufl. (VII, 93 S. m. 55 Abb. u. 2 Plänen.) gr. 8. Wiesbaden (910). R. Bechtold & Co. 1. —

— die wissenschaftlichen Grundlagen der Weinbereitung u. Kellerwirtschaft. (VIII, 314 S. m. 30 Abbildgn.) gr. 8. Berlin 905. P. Parey. Geb. in Leinw. n. 12.

— Handbuch des Weinbaues u. der Kellerwirtschaft, s.: Babo, A. Frhr. v., u. E. Mach.

— üb. künstl. hervorgeruf. Nachgärungen v. Weinen in d. Flasche u. im Fasse. Zugl. e. Beitrag zur Kenntnis d. d. Flaschenentwickelg. d. Weine herbeiführ. Ursachen. [Aus: „Landwirtschaftl. Jahrbb."] gr. 8. (26 S.) Ebd. 897. n. 1. —

Wortmann, J.: Untersuchungen über das Bitterwerden der Rotweine. Berlin. 1900.

— Vorkommen u. Wirkung lebender Organismen in fert. Weinen u. ihre Bedeutg. f. d. Praxis d. Weinbereitg. [Aus: „Landw. Jahrbb."] Lex.-8. (110 S.) 898. n. 2. 50

— s: Zeitung, botanische.

Wortmann, Karl [app. Arzt Cöln-Lindenthal]: Ein Fall von Carcinoma ventriculi im Anschluss an chronisches Magengeschwür ... Würzburg, F. Scheiner, kgl. bayer. Hoflief., 1896; 20 S. 8.
Würzburg, Med. Fak., Inaug.-Diss. v. 1896

Wortmann, Karl August

Wortmann, Carl Aug., Danket dem Herrn! Predigt an dem am 18. Juni 1871 gehaltenen Dankgottesdienste. 8. (18 S.) Ruhrort 871, (Andreae und Comp.)

Wortmann, Carl Aug., Denkmal der Liebe, dem Hrn. Dr. Frz. Friedr. Graeber, Gen.-Superint. der Provinz Westphalen, gesetzt. gr. 8. (16 S.) Duisburg 857, (Ewich.)

Wortmann, Carl Aug., Gedächtnißpredigt über Maleachi 2, 6. auf den am 11. Septbr. 1853 entschlafenen Pfarrer zu Duisburg Hrn. Gustav Forstmann am 18. Septbr. gehalten. gr. 8. (16 S.) Duisburg 853, Ewich.

Wortmann, Konstantin

Wortmann, Constantin, Assistenzart am Louisenhosp. zu Derne: Aus d. Frauenklinik Bonn: Über Haematoma Vulvae. Bonn 1905: J. Trapp. (35 S.) 8°
Bonn, Med. Fak., Ref. Fritsch, Diss. v. 28. Juni 1905
[Geb. 3. Mai 78 Altenessen; Heimatsort: Altenessen; Staatsangeh.: Preußen; Vorbildung: Gymn. Essen Reife O. 00; Studium: Rostock 1, Bonn 8 S.; Coll. 28. Juni 05; Approb. 1. Mai 05.]

Wortmann, W., Ansichten über den gegenwärtigen Stand des deutschen Volksschulwesens, nebst Vorschlägen zur zeitgemäßen Verbesserung desselben. gr. 8. Wiesbaden 839. Ritter. 2/3 ₰

Wortmann, W., Kirchen-Gesangstücke, 30 ältere mehrstimmige, s. Kirchen-Gesangstücke.

Wortmann, W(ilhelm) (geb. am 7 Okt. 1851 in Overberge bei Schwerte Westf.): Ueber Hemiopie und Sehnervenkreuzung ... Bonn, Druck v. J. F. Carthaus (1876). 26 S., 1 Bl. 8.
Bonn, Med. Fak., Diss. v. 2 Aug. 1876

Wortmann, Wilhelm, Assist. d. anat. Inst.: Über eine seltene Herzmissbildung. Zugleich e. Beitrag z. Frage d. Netzbildungen im rechten Vorhofe. Würzburg 1909: Staudenraus. 31 S. 8°
Würzburg, Med. Diss. v. 16. Dez. 1909, Ref. Borst
[Geb. 17. Nov. 84 Bielefeld; Wohnort: Würzburg; Staatsangeh.: Preußen; Vorbildung: Gymn. Bielefeld Reife M. 03; Studium: Marburg 5, Würzburg 1, München 2, Würzburg 2 S.; Coll. 17. Nov. 09; Approb. 21. Dez. 09.]
[U 10.4374

Wortmann, Wilhelm, aus Gießen: Zur Kenntnis der N-Arylhydroxylamine. Roßwein i. S. 1903: A. Haubold. (49 S.) 8°
Leipzig, Phil. Diss. v. [14. Aug.] 1903

Wortmarken-Verzeichnis der Registrierungsjahre 1895 bis einschliesslich 1901. Hrsg. vom k. k. Handels-Ministerium. gr. 4. (II, 292 S) Wien 902. Hof- u. Staatsdruckerei.) n. 10. —

Wortmarken-Verzeichnis 1902. 4°. (73 S.) K 5.—
Wien: Hof- u. Staatsdruckerei 1903.

Wortmarken-Verzeichnis 1903. Hrsg. vom k. k. Handels-Ministerium. (81 S.) 4. Wien. Hof- u. Staatsdruckerei. 1904. 6. -

Wortmarken-Verzeichnis 1904. Hrsg. vom k. k. Handels-Ministerium. (113 S.) Lex.-8. Wien 905. (Lehmann & Wentzel.) n. 6. —

— dasselbe 1896—1905. Hrsg. vom k. k. Handelsministerium. (364 S.) Lex.-8. Ebd. 906. n.n. 25. —

Wortmarken-Verzeichnis 1908. Hrsg. v. k. k. Ministerium f. öffentl. Arbeiten. (100 S.) Lex. 8. Wien 909. (Lehmann & Wentzel.) 8. —

— dasselbe 1900—1909. Hrsg. v. k. k. Ministerium f. öffentl. Arbeiten. (585 S. u. Nachträge, 3 gummierte Bl.) Lex. 8. Ebd. 910. 20. —

Wortner, Frz., Geometrie u. geometr. Zeichnen f. Knaben-Bürgerschulen. 3 Thle. gr. 8. Wien u. Prag 895. F. Tempsky. — Leipzig, G. Freytag. Geb. in Leinw. n. 2. —
1. 2. (IV, 42 u. IV, 43 S. m. 103 u. 68 Fig.) à n. — 60
3. (IV, 52 S.) n. — 80

Wortner, Frz., Geometrie u. geometrisches Zeichnen für Knabenbürgerschulen. Mit 290 Fig. u. 12 Fig.-Taf. gr. 8. (VII, 170 S.) Wien 900. F. Tempsky. Geb. in Leinw. n. 1. 80

Wortner, Frz., Geometrie u. geometr. Zeichnen f. Knabenbürgerschulen. Mit 290 Fig. u. 12 Fig.-Taf. 2., im wesentlichen unveränd., in der neuen Rechtschreibg. durchgeführte Aufl. (176 S.) 8. Wien 905. F. Tempsky. Geb. n. 1. 80

Wortner, Frz., Geometrie u. geometrisches Zeichnen f. Knaben-Bürgerschulen. 3 Tle. 8. Wien 908. F. Tempsky. Geb. 3. 20
I. Mit 140 Fig. u. 4 Fig.-Taf. 3., nach d. Lehrplane v. 15. VII. 1907, Zahl 2368, umgearb. Aufl. (63 S.) Geb. 1.—
II. Mit 116 Fig. u. 2 Fig.-Taf. 3., nach d. Lehrplane v. 15. VII. 1907, Zahl 2368, umgearb. Aufl. (60 S.) Geb. 1.—
III. Mit 87 Textfig. u. 6 Fig.-Taf. 2., nach dem Lehrplane vom 15. VII. 1907, Zahl 2368, umgearb. Aufl. (72 S.) Geb. 1. 20

— dasselbe. Ausg. in 1 Bde. Mit 343 Fig. — hiervon 44 farbig — u. 12 Fig.-Taf. 3., nach dem Lehrplane v. 15. VII. 1907, Zahl 2368, umgearb. Aufl. (189 S.) 8. Ebd. 908. Geb. 2. 20

— dasselbe f. Mädchen-Bürgerschulen. 3 Tle. 8. Ebd. 908. Geb. 2. 90
I. Mit 123 Textfig. u. 3 Fig.-Taf. (54 S.) Geb. 1. 10
II. Mit 63 Textfig. u. 2 Fig.-Taf. (45 S.) Geb. — 90
III. Mit 46 Textfig. u. 2 Fig.-Taf. (45 S.) Geb. — 90

Wortregister zu dem kleinen dänischen Lesebuche von Tobiesen. Altona 1818. V: *Friedrichsen, Peter.* (LS)

Wort- u. Sachregister zur Militär-Strafprocess-Ordnung (amtliche Zusammenstellung der üb. das Strafverf. bei den Gerichten des stehenden Heeres u. der Kriegsmarine bestehenden Gesetze und Vorschriften). Herausg. mit Bewilligung des k. k. Reichs-Kriegs-Ministeriums. 8°. (81 S.) Wien, Hof- u. Staatsdruckerei. 1886.

Wort-, Sach- und Spruch-Register zu Windscheid's Lehrbuch des Pandektenrechts. Bearbeitet unter Vorwissen des Verfassers von einem höheren Justizbeamten. Düsseldorf 1874. V: *Walther, O. A.* (KGBerlin I, 333)

Wort- und Sachregister, vollständiges, für das Wochenblatt für merkwürdige Rechtsfälle 1841—1855 (von Ed. Siebenhaar). gr. 8. (V und 66 S.) Leipzig 856, B. Tauchnitz. *

Wort- und Sachregister, vollständiges, für die Zeitschrift, für Rechtspflege und Verwaltung. Bd. 1—3. und Neue Folge Bd. 1—13. gr. 8. (IV und 114 S.) Leipzig 856, B. Tauchnitz. Thlr. *

Wortschatz, lateinischer, der Klassen Sexta, Quinta u. Quarta d. großherzogl. Gymnasiums zu Jena. Progr. gr. 8. (45 S.) Jena 898. (G. Neuenhahn.) n. 1. —

Wortsetzung, gemeine französ., zur Erleichterung derjen., welche in kurzer Zeit französ. zu sprechen gedenken rc. gr. 8. Münch. 805. (Fleischmann). 3 K

Wortsmann, Chaskel [aus Zwanez, Russland]: Ueber p-nitrobenzylierte Acetondicarbonsäureester. Basel 1903. 31 S. 8°.
Basel. Phil. Diss. 1902 1903.

Wortsmann, Chaskel. Ueber p-nitrobenzylierte Acetondicarbonsäureester. Diss. Phil. Basel. 31 S. 8. Basel, Kreis, 1903.

Wortspiele in Bildern, vierzig sinnreiche. Mit 40 ill. Kupferbl. Wien, Müller. 1 ß

Wortverzeichnis zu dem kleinen dänischen Lesebuch von Tobiesen. Altona 1818. V: *Friedrichsen, Peter.* (MGT) (KY)

Wörtz, Emil, prakt. Arzt a. Waldenbuch: Aus der Tübinger Universitäts-Augenklinik. Ueber eiserne Fremdkörper im Augapfel und die Resultate ihrer Entfernung. Tübingen: F. Pietzcker 1906. (33 S.) 8°
Tübingen, Med. Fak., Ref. Schleich, Diss. v. 15. Nov. 1906
[Geb. 7. Nov. 62 Kirchheim u./Teck; Wohnort: Waldenbuch, O.-A. Stuttgart; Staatsangeh.: Württemberg; Vorbildung: Realgymn. (bzw. Gymn.) Stuttgart Reife Sommer 81; Studium: Tübingen 3, München 4, Kiel 3, Würzburg 3 S.; Coll. 3. Aug. 06; Approb. 29. Juli 95.]

Wörtz, Eugen [app. Arzt aus Kirchheim u. T.]: Ein Beitrag zur Chemie der roten und weissen Muskeln. . . . Tübingen, Druck v. F. Riecker's Buchdr., 1889; 27 S. 8°
Tübingen, Med. Fak., Inaug.-Diss. v. 1889

Wörtz, Eug. Ein Beitrag zur Chemie der roten u. weissen Muskeln. Diss. gr. 8. (27 S.) Tüb. 889, (Moser). ** — 70

Wortzeichen, eingetragene, der Tabakbranche (Kl. 38) bis Ende 1909. (IV, 280 S.) kl. 8. Hamm 910. Th. O. Weber. Geb. in Leinw. 5. —

Worüber streiten die preußische Regierung u. der Papst? Eine kurze Angabe der Ursachen dieses Streits, einschließend eine Beleuchtung der aus demselben entsprungenen Befürchtungen auf kathol. u. protestant. Seite. Nebst einigen Vorschlägen, wie der Streit über die gemischten Ehen am leichtesten behoben werden könne rc. Von e. Schlesier. gr. 8. Oppeln 839. Baron. $^1/_8$ ß

Worüber streiten d. preuß. Regierung u. d. Papst? Eine kurze Angabe d. Ursachen dies. Streits, einschließ. e. Beleucht. der aus demselben entsprung. Befürchtungen auf kathol. u. protestant. Seite. Nebst einigen Vorschlägen, wie der Streit üb. d. gemischten Ehen am leichtesten gehoben werden könne rc. Von e. Schlesier. gr. 8. (1½ B.) Oppeln 839, [Graß, Barth u. Comp.]

Worum! — Dorum! f. Gedichte u. Scherze in jüdischer Mundart.

Worum 's Kuerete-Hansheiris Heiggel wott hürete. Scherz für 2 Herren. Elgy [1905]. V: *Huggenberger, Alfred.* (BBullschw 14, S. 175)

Woerz. Ueber die Scenirung des „Don Juan" im k. k. Hofoperntheater. (Wien.)

Wörz, Alfons: Ueber traumatische Epithelcysten ... (Aus: Beitr. z. klin. Chir., Bd XVIII Heft III.) Tübingen, H. Laupp'sche Buchh., 1897; 1 Bl., 12 S. 8.
Tübingen, Med. Fak., Inaug.-Diss. v. 1897

(August) **Woerz'** Billardbuch. Prakt. Anleitung z. Erlernung d. Karambole-Spieles. Mit 151 Ill. (Vorr.: Dr. Fr. Ranzow.) Berlin: A. Goldschmidt 1904. (VIII, 297 S.) 8° 106. 3460

Woerz' (Aug.) Billardbuch. Praktische Anleitg. zur Erlernung des Karambole-Spieles. 2. (unveränd.) Aufl. (VIII, 297 S. m. 151 Abbildgn.) 8. Berlin 906. A. Goldschmidt. Geb. in Leinw. n. 6. —

Woerz, (Aug.), Billardbuch. Kleine Ausg. Anleitg. zur Erlernung des Karambole-Spieles. (115 S. m. 66 Abbildgn.) kl. 8. Berlin 911. A. Goldschmidt. Geb. in Leinw. 2. —

Wörz, E., der Luxushund, seine Züchtung, Erziehung u. Dressur sowie die Hundekrankheiten u. deren Heilung. 2. Aufl. (4. Tauf.) (VIII, 320 S. m. Abbildgn. u. 27 Taf.) 8. München 905. [E. Ertel.] Frankfurt a/M., Kern & Birner. n. 3. —; geb. n. 4. —

Wörz, E., der Luxushund, seine Züchtg., Erziehg. u. Dressur sowie die Hundekrankheiten u. deren Heilung. 3. Aufl., durchgeseh. v. E. Prösler. (VIII, 331 S. m. Abb. u. 32 Taf.) 8. Frankfurt a/M. 909. Kern & Birner. 3. —; geb. in Leinw. 4. —

Wörz, E., die Luxushunde, ihre Züchtg., Erziehg. u. Dressur, sow. ihre Krankheiten u. deren Heilung. 12. (XII, 212 S. m. Abb.) München 896. H. Killinger. n. 2. 50; geb. in Halbleinw. n. 3. —

— Der Vorsteh- u. Gebrauchshund. 4., vollständig umgearb. u. wesentlich erweit. Aufl. Nach dem Tode W.'s hrsg. v. A. Ströse u. J. Müller-Liebenwalde. (327 S. m. 76 Abb.) kl. 8. Neudamm 909. J. Neumann. Geb. in Leinw. 3. —

Wörz, E., der vollständige Vorsteh- und Gebrauchshund, seine Züchtung nach den neuesten kynolog. Grundsätzen, seine Erziehung, Dressur und Führung für Haus und Jagd, in Feld, Wald und Wasser, unter Zugrundelegung der Oswald'schen Methode und besond. Berücksicht. des Todtverbellens und Abrichtung zu Sicherheit und Schutz der Person und des Eigenthums seines Herrn. 8. (XIV, 227 S. mit 21 Abbild.) München 888, Killinger. geb. *

Wörz, E., der vollständige Vorsteh- u. Gebrauchshund, seine Züchtung, Erziehung, Dressur u. Führung f. Haus u. Jagd, in Feld, Wald u. Wasser auf bewährter Grundlage. 2., veränd. u. verm. Aufl 12. (XVI, 288 S. m 28 Abbildgn.) München 894. H. Killinger. Geb. in Leinw n. 8. 4C

Woerz, Hans R. v., Beiträge zur Beurtheilung der Bedeutung der vaginalen u. sacralen Totalexstirpation des Uterus für die Radicalheilung des Gebärmutterkrebses, s.: Erlach, Herm. v.

Woerz, J. G. Ritter v., Johann Gänsbacher. 12. (57 S. Innsbruck 893. Wagner. n. — 50

—— Gesetze u. Verordnungen in Bezug auf die Kultur d. Bodens in d. Provinz Tirol u. Vorarlberg. 1. Thl. u. 2. Thl. 1. Abthl. gr. 8. (..B.) Innsbruck 835, (Wagner'sche Buchh.)*

Woerz, J. G., Leitfaden zu Vorträgen über Handelswissenschaft. Mit besond. Rücksicht auf das Bedürfniß der österreich. Mittelschulen. gr. 8. (X und 130 S.) Wien 864, Gerold's Sohn. *

Woerz jun., J. G., der Verein zur Beförderung der Tonkunst [Musikverein] in Innsbruck. Geschichtliche Darstellung seines Entstehens und Wirkens. gr. 8. (VI, 92 S.) Wien 868, (Gerold's Sohn.) *

Woerz, Johann Jakob

Wörz, J. J., die halb-acute Gehirn-Entzündung oder Kopf-Krankheit der Pferde. gr. 8. (IX und 98 S.) Stuttgart 858, Ebner und Seubert.

Wörz, J. J., die Gesundheitspflege des Pferdes oder die Lehre von der Ernährung, Fütterung, Stallung, Pflege, Wartung und sonst. Behandlung desselben. gr. 8. (XII, 302 S. mit in den Text gedr. Abbild. in Holzschn.) Ulm 874, Ebner'sche Buchh.

Wörz, J. J., die Pferdezucht, oder praktische Anleitung zur Verbesserung und Veredlung der Pferde. gr. 8. (XIX und 242 S.) Stuttgart 863, Ebner und Seubert.

— die Staats- u. Landespferdezucht-Anstalten Württembergs. m. e. Einleitg. üb. ihre geschichtl. Entwicklg. aus den vormal. fürstl. Hofgestüten, nebst e. Darlegg. der früheren u. jetz. Betriebsweise der württemberg. Landespferdezucht. gr. 8. (VIII, 183 S.) Ebend. 876. n. 2. 60

Wörz, Joh. Geo., Kongrua der Kuratgeistlichkeit in der Provinz Tirol und Vorarlberg. gr. 8. (122 S.) Innsbruck 847, (Wagner'sche Buchh.) *

Wörz, Jh. Geo., d. Tischtitel für Weltpriester in der Provinz Tirol und Vorarlberg. gr. 8. Innsbruck 846, Wagner'sche Buchh. n. 18 n*y*l

Wörz, Rhold., neuer Liederborn. 60 Männerchöre, ausgewählt, bearb. u. komponiert. (168 S.) 8. Reutlingen (903). Enßlin & Laiblin. — 75

Wörz, Rhold., neue Tübinger Liedertafel. 60 Männerchöre, ausgewählt, bearb. u. komponiert von W. 8. (168 S.) Reutlingen 899. Enßlin & Laiblin. Geb. in Leinw. — 90

Wosáhlo, A. C., vergilbte Papiere. Skizzen eines Schwärmers. 8. (96 S.) Wien 873, Fr. Beck's Verlag. *

Wosatka, Jaroslav. Die praktische Ausbildung der Compagnie. Villach, Muhr, 1900. 117 S.

Wosatka, Jaroslav. Die feine Sitte in der Familie, Gesellschaft u. im öffentlichen Leben. Villach, (Muhr, 1903). 134 S.

Wosatka, Jaroslav, die feine Sitte in der Familie, Gesellschaft u. im öffentlichen Leben. (134 S.) 8. Villach (904). (Prag, G. Neugebauer.) Geb. in Leinw. n. 2.40

— Studienbehelf f. die Einjährig-Freiwilligen des k. u. k. Heeres. Schiesswesen. (74 S. m. 50 Abbildgn. u. 7 Tab.) gr. 8. Villach (904). (Wien, L. W. Seidel & Sohn.) n. 1. 20

— dasselbe. Waffenwesen. 2. Aufl. Mit 66 Abbildgn., 2 Taf. u. 1 Tab. (114 S.) gr. 8. Kremsier (904). (Wien, L. W. Seidel & Sohn.) n. 1. 80

Wosatka, Jaroslav, k. u. k. Hauptmann im Feldjäger-Bataillon Nr. 9. Vorgang bei der Schiessausbildung. Zum Gebrauche in den Mannschafts-, Unterofficiers- und Einjährig-Freiwilligen-Schulen und als Hilfsbuch für die Zöglinge des IV. Jahrganges der k. u. k. Infanterie-Cadettenschulen 8. **Villach 1899.**

Wöscher, August [app. Arzt aus Landau '(Pfalz)']: Über den Einfluss des Nicotins und Digitalins auf die Kohlensäureausscheidung des Tierkörpers. '(Nach Versuchen am Kaninchen)' ... Erlangen, Druck v. A. Vollrath's k. b. Hofbuchdr., 1891; 81 S. 8.
Erlangen, Med. Fak., Inaug.-Diss. v. Juli 1890

WOSCHNAK, Johannes: Tribunal inquisitionis ejus historia et dijudicatio. — (1847) 114 S. 4° (Handschr.) Diss. 72
Diss. Wien, Univ.

Wosilat, Paul, Referendar: Die Wirkung der confusio als Aufhebungsgrund der Obligation im Vergleich zur solutio im römischen und gemeinen Recht. Berlin 1904: W. Pilz. (VIII, 67 S.) 8°
Greifswald, Jur. Fak., Ref. Jung, Diss. v. 22. März 1905
[Geb. 5. März 78 Tilsit; Wohnort: Tilsit. Staatsangeh.: Preußen; Vorbildung: Gymn. Tilsit Reife O. 96; Studium: Königsberg 3, Jena 1, Königsberg 2 S.; Rig. 19. Dez. 04.]

Wosinski, Mauritius, s. Wosinsky, Moriz

Die inkrustierte Keramik der Stein- und Bronzezeit. Von Moriz **Wosinsky.** Mit 1447 Abb. Berlin: A. Asher & Co. 1904. (188 S., 150 Taf.) 8° (05. 99)

Wosinski, Mauritius, das prähistorische Schanzwerk v. Lengyel, seine Erbauer u. Bewohner. 1. u. 2. Hft. Autoris. deutsche Ausg. gr. 8. Budapest, Kilián. n. 14. —
1. (96 S. m. 24 Steintaf.) 888. n. 6. —
2. (22 S. m. 23 Steintaf.) 890. n. 8. —

Wosinsky, Mauritius, das prähistorische Schanzwerk v. Lengyel, seine Erbauer u. Bewohner. 3. Thl. Mit Abhandlgn. v. Rud. Virchow u. Emerich Deininger. Autoris. deutsche Ausg. Lex.-8. (291 S.) Budapest 891. F. Kilián. n. 6. — (kplt.: n. 20. —)

Woesler, M., Heimatkunde des Stadt- u. Landkreises Recklinghausen. Ein Landschafts- u. Kulturbild der Heimat. (64 S. m. 1 Abbildg.) 8. Arnsberg 906. J. Stahl. — 80

Wosnik, Franz, approb. Arzt aus Weißak, Schl.: **Zur Frage der Lungensequester.** *Greifswald 1903: J. Abel.* (15 S.) 8°
Greifswald, Med. Diss. v. 1. Apr. 1903

Wosnitza, Oskar, pr. Arzt: Beitrag zur Kasuistik des Botulismus. Borna-Leipzig 1909: Noske. 50 S. 8°
Leipzig, Med. Diss. v. 13. Juli 1909, Ref. Boehm
[Geb. 29. Aug. 68 Oppeln; Wohnort: Groschowitz; Staatsangeh.: Preußen; Vorbildung: Matthias-Gymn. Breslau Reife O. 89; Studium: Breslau 9 S.; Coll. 20. Juli 09; Approb. 11. Juni 94.] [U 09. 2911

Wosolsobe F. und Zellner Julius: Zur Chemie heterotropher Phanerogamen. 2. Mitteilung (mit 2 Textfiguren). S. 123. IIb. 1911 . . . .
Separatabdruck

Wöß, Frdr. v., u. Ferd. Pröll, d. Stipendienstiftung d. Joachim Grafen v. u. zu Windhag m. Bezug auf ihre Verleihg. an Verwandte u. Verschwägerte, dargest. zum Theile nach amtl. Quellen. M. d. Bildnisse d. Stifters, 42 Urkunden u. 15 Stammtaf. gr. 8. (XI, 108 S.) Wien 895. C. Konegen. n. 8. —

Wöss Jos.: Die Bedingungssätze im Franz. 28. Böhm-Leipa R. 87.
Progr.

WÖSS, JOSEPH: Grösles Liebs Zeichen zwischen Gott und dem Menschen. Das in dem alten Testament verborgene / im neuen Gnaden-Gesetz durch Christum die geoffenbarte gröste Geheimnuss unzertheilter göttl. Drey-Einigkeit Bey offentlichen Ehr- und Danck-Fest der in der Löbl. Pfarr-Kirchen Königl. Haupt-Stadt Ofen in Hungarn neuaufgemachten Löbl. Bruderschaft von der allerheiligsten Dreyfaltigkeit. Den 7 September a. 1727 als in ipsa Octava neo Sanctorum e Soc. Jesu Aloysii et Stanislai. In kurtzer Ehren-Rede von dem gewöhnlichen Sonntags-Prediger der allhiesigen Haupt-pfarr R. P. Joseph Wöss der Gesellschaft Jesu vorgetragen. Ofen 1728. Gedr. bey Johann Georg Nottenstein. 18 S. - 4°

Wossidlo, Erich, appr. Arzt a. Berlin: Aus der Königl. chirurgischen Universitätsklinik ⟨Geheimrath Prof. Bier⟩ und dem anatomisch-biologischen Institut ⟨Geheimrath Prof. Hertwig⟩ zu Berlin. Experimentelle Untersuchungen über Veränderungen der Nissl'schen Granula bei der Lumbalanästhesie. Berlin 1908: L. Schumacher. (41 S.) 8° ¶ (Aus: Archiv für klinische Chirurgie Bd 86.)
Berlin, Med. Fak., Ref. Bier, Diss. v. 24. Juli 1908
[Geb. 7. Juli 82 Berlin; Wohnort: Berlin; Staatsangeh.: Preußen; Vorbildung: Gymn. Eisenberg (S.-A.) Reife O. 02; Studium: Freiburg i. B. 1, München 2, Berlin 4, Leipzig 1, Berlin 1, Bonn 1 S.; Coll. 26. Mai 08; Approb. 1. Juni 08.

Wossidlo, Fridericus Robertus: De staphylomate corneae opaco sive vero. Halae (1836): Scharre 38 S. 8°
Halle-Wittenberg, Med. Diss. v. 11. Juli 1836
Geb. Posen 8. 5. 1813. V.

Wossidlo, Georg, approb. Arzt aus Stettin: Aus d. chirurg. Klinik zu Kiel. Vier Fälle von Peniskarcinom. *Kiel 1902: Schmidt & Klaunig.* (26 S.) 8°
Kiel, Med. Diss. v. [3. Sept.] 1902

Wossidlo, Hans (geb. Gardelegen 3. 7. 1854): Ueber das vesiculäre Athemgeräusch. Berlin (1877). (43 S.) 8°
Berlin, Med. Diss. v. 24. Dez. 1877

Wossidlo, Hans, die Gonorrhoe des Mannes u. ihre Komplicationen. Mit 44 Abbildgn. im Text u. 4 Taf. in Farbendr. (X, 306 S.) gr. 8. Berlin 903. O. Enslin. n. 10. —; geb. in Leinw. n. 11. 20

Wossidlo, Hans, die Gonorrhoe des Mannes u. ihre Komplikationen. 2. umgearb. Aufl. (XII, 337 S. m. 54 Abb. u. 8 [7 farb.] Taf.) Lex. 8. Leipzig 909. G. Thieme. 12.—; geb. in Leinw. 13. —

Wossidlo, H., d. Stricturen d. Harnröhre, s.: Bibliothek, medicin., f. prakt. Aerzte.

Wossidlo, Paulus *(geb. Krotoschin in Pos. 11. 5. 1836)*: Quaedam additamenta ad palmarum anatomiam. P. 1. Vratislaviae (1860). (23 S.) 8° *[Vollst. in deutscher Sprache mit 5 Taf. und d. T. „Über die Structur der Jubaea spectabilis. Ein Beitrag zur Anatomie der Palmen" in: Nova Acta Acad. Leop.-Carol. T. 28. 1861.]*
Breslau, Phil. Diss. v. 8. Aug. 1860

Wossidlo, Paul, Anfangsgründe der Mineralogie f. Gymnasien, Real- u. höhere Bürgerschulen. gr. 8. (VI, 111 S. m. 373 Abbildgn.) Berlin 892. Weidmann. Geb. in Leinw. n. 1. 80

Wossidlo, Paul [Dir. Dr.]: *Bericht über die Feier des 25-jährigen Bestehens der Anstalt.* Tarnowitz, Ch. Reimann's Buchdr., 1890; 16—17 S. 4.
Tarnowitz, k. RG, P 1896 (225)

Wossidlo, P. Buffon als Mensch, Gelehrter und Schriftsteller. Tarnowitz, Rg., 1884. 22 S. 4. **Progr.**

Wossidlo, Paul, Dr., Dir.: Flora von Tarnowitz und der angrenzenden Teile der Kreise Beuthen, Gleiwitz und Lublinitz. Zum Gebrauche auf Ausflügen, in d. Schule u. beim Selbstunterricht. *Tarnowitz 1900: (Ch. Reimann).* (XVI, 181, 9 S.) 8°
Tarnowitz, k. RG, OP 1900 (232)

Wossidlo, Paul, Flora v. Tarnowitz u. der angrenzenden Teile der Kreise Beuthen, Gleiwitz u. Lublinitz. Zum Gebrauche auf Ausflügen, in der Schule u. beim Selbstunterricht. 12. (V, XVI, 181 u. 9 S.) Tarnowitz 900. A. Kothe. Geb. in Leinw. n. 1. —

Wossidlo, Grundriß der Mineralogie für Schulen. 1. Hälfte: Kennzeichenlehre. Breslau 869. Maruschke & Berendt. S. (VII, 48 W.) n. 6 ngr.

Wossidlo, Paul, Lehrbuch der Botanik für höhere Lehranstalten, sowie zum Selbstunterricht. gr. 8. (X, 402 S. mit ca. 700 in den Text gedr. Abbild. und 1 Karte der Vegetationsgebiete in Buntdr.) Berlin 887, Weidmann'sche Buchh. *

—— Lehrbuch der Naturgeschichte. 1. Bd.: Lehrbuch der Zoologie für höhere Lehranstalten, sowie zum Selbstunterricht. gr. 8. (XVI, 425 S. mit 649 in den Text gedr. Abbild.) Ebendas. 886. *ℳ 4.—.: geb. *

—— Leitfaden der Botanik für höhere Lehranstalten. gr. 8. (VIII, 255 S. mit 494 in den Text gedr. Abbild. und 1 Karte der Vegetationsgebiete in Buntdr.) Ebendas. 888. geb. *

— Leitfaden der Botanik f. höhere Lehranstalten. Mit 500 in den Text gedr. Abbildgn. u. e. Karte der Vegetationsgebiete in Buntdr. 2., verb. Aufl. gr. 8. (VIII, 256 S.) Ebd. 890. geb. n. 3. —

—— Leitfaden der Botanik f. höhere Lehranstalten. 2. verb. Aufl. (VIII, 256 S. m. 500 Abbildgn. u. 1 farb. Karte.) 890; 3. verb. Aufl. gr. 8. (VII, 288 S. m. 525 Abbildgn. u. 1 farb. Karte.) Ebd. 892. geb. * 3 —

— Leitfaden der Botanik f. höhere Lehranstalten. 4., verb. Aufl. gr. 8. (VII, 288 S. m. 525 Abbildgn., 4 Holzschn.-Taf. u. 1 farb. Karte.) Ebd. 894. Geb. n. 3. —

Wossidlo, Paul, Leitfaden d. Botanik f. höh. Lehranst. M. 531 in d. Text gedr. Abb., 4 Taf. in Holzschn. u. 1 Karte d. Vegetationsgebiete in Buntdr. 6., verb. Aufl. gr. 8. (VII, 290 S.) Berlin 897. Weidmann. Geb. n. 3. —

Leitfaden der Botanik für höhere Lehranstalten. Von Dr. Paul Wossidlo, Direktor ... zu Tarnowitz. Mit 535 Abb., 16 Taf. u. 1 Karte. 8. verb. Aufl. *Berlin: Weidmann 1900.* (VII, 294 S.) 8° [F.]

— Leitfaden der Botanik f. höhere Lehranstalten. Mit 585 in den Text gedr. Abbildgn., 16 Taf. in Farbendr. u. 1 Vegetationskarte in Buntdr. 9. verb. Aufl. gr. 8. (VII, 294 S.) Berlin 902. Weidmann. Geb. in Leinw. n. 3. 30

Wossidlo, Paul, Leitfaden der Botanik für höhere Lehranstalten. Mit 558 in den Text gedr. Abbildgn., 16 Taf. in Farbendr. u. 1 (farb.) Vegetationskarte. 11., verm. Aufl. (VIII, 329 S.) gr. 8. Berlin 906. Weidmann. Geb. in Leinw. n. 3. 30

Wossidlo, Paul, Leitfaden der Botanik f. höhere Lehranstalten. Mit 558 in den Text gedr. Abbildgn., 16 Taf. in Farbendr. u. 1 (farb.) Vegetationskarte. 12. verb. Aufl. (VIII, 329 S.) gr. 8. Berlin 908. Weidmann. Geb. 3. 30

— dasselbe u. der Zoologie. Ausg. B., s.: Heering, W., Leitfaden f. den naturgeschichtl. Unterricht.

— Leitfaden der Mineralogie u. Geologie f. höhere Lehranstalten. Mit 696 in den Text gedr. Abbildgn. u. e geolog. Karte in Buntdr. gr. 8. (VI, 238 S.) Ebd. 889. geb. n. 3. —

— Leitfaden der Mineralogie u. Geologie f. höhere Lehranstalten. 2. verb. Aufl. Mit 693 in den Text eingedr. Abb. u. 1 geolog. Karte in Buntdr. (VI, 240 S.) gr. 8. Berlin 910. Weidmann. Geb. in Leinw. 3. 40

— Leitfaden der Zoologie f. höhere Lehranstalten. Mit 487 in den Text gedr. Abbildgn. gr. 8. (VIII, 314 S.) Ebend. 886. geb. n. 3. —

—— dass. — 2. verb. Aufl. gr. 8. (VIII, 314 S. mit 487 in den Text gedr. Abbild.) Ebendas. 888. geb. *

— Leitfaden der Zoologie f. höhere Lehranstalten. 3., verb. Aufl. gr. 8. (VIII, 320 S. m. 515 Abbildgn.) Ebd. 889. geb. n. 3. —

—— Leitfaden der Zoologie f. höhere Lehranstalten. 3. verb. Aufl. (VIII, 320 S. m. 515 Abbildgn.) 889; 4. verb. Aufl. gr. 8. (VIII, 335 S. m. 518 Abbildgn.) Ebd. 891. geb. * 3 —

— Leitfaden der Zoologie f. höhere Lehranstalten. 6. Aufl. gr. 8. (VIII, 335 S.) Ebd. 894. Geb. in Leinw. n. 3. —

— Leitfaden d. Zoologie f. höh. Lehranst. 1. Tl.: D. Tiere. 8. Aufl. M. 445 in d. Text gedr. Abb. u. 4 Taf. gr. 8. (VIII, 276 S.) Ebd. 898. Geb. in Leinw. n. 2. 80

Leitfaden der Zoologie für höhere Lehranstalten. Von Dr. Paul Wossidlo. T. 1. 10. Aufl. 2. Abdr. *Berlin: Weidmann 1901.* 8° [02. 6676]

— Leitfaden der Zoologie f. höhere Lehranstalten. 2 Tle. gr. 8. Ebd. Geb. in Leinw. n. 4. —
1. Die Tiere. 11. Aufl. Mit 508 in den Text gedr. Abbildgn. u. 8 Taf. in Farbendr. (VIII, 331 S.) 902. n. 3. —
2. Der Mensch. Beschreibung des Baues u. der Verrichtungen seines Körpers, nebst Unterweisgn. üb. die Gesundheitspflege. 9. verb. Aufl. Mit 104 in den Text gedr. Abbildgn. (6, 97 S.) 901. n. 1. —

— Leitfaden der Zoologie f. höhere Lehranstalten. 2 Tle. gr. 8. Ebd. Geb. in Leinw. n. 4. 20
1. Die Tiere. 12. verb. Aufl. Mit 521 in den Text gedr. Abbildgn. u. 4 Taf. in Farbendr. (VIII, 332 S.) 905. Geb. n. 3. —
2. Der Mensch. Beschreibung des Baues u. der Verrichtungen seines Körpers nebst Unterweisgn. üb. die Gesundheitspflege. 11. Aufl. Mit 101 in den Text gedr. Abbildgn. (IV, 105 S.) 906. Geb. n. 1. 20

Leitfaden der Zoologie für höhere Lehranstalten. Von Paul Wossidlo. 13., verb. Aufl. T. 1. Berlin: Weidmann 1907. 8° [F.] [08. 5156]

— Leitfaden der Zoologie f. höhere Lehranstalten. 1. u. 2. Tl. gr. 8. Ebd. Geb. 4. 20
1. Die Tiere. 14. verb. Aufl. (VIII, 334 S. m. 526 Abb. u. 4 farb. Taf.) 910. Geb. 3. —
2. Der Mensch. Beschreibung des Baues u. der Verrichtungen seines Körpers nebst Unterweisgn. üb. die Gesundheitspflege. 12. Aufl. Mit 104 in den Text gedr. Abbildgn. (IV, 105 S.) 909. Geb. 1. 20

Der Mensch. Beschreibung d. Baues u. d. Verrichtungen s. Körpers nebst Unterweisungen über d. Gesundheitspflege. Von Dr. Paul Wossidlo. Dir. Mit 78 Abb. Berlin: Weidmann 1894. (71 S.) 8° [F.]
Aus: Wossidlo: Leitfaden d. Zoologie. [07. 4724]

[F.] Der Mensch. Beschreibg d. Baues u. d. Verrichtgn s. Körpers nebst Unterweisgn üb. d. Gesundheitspflege. Von Dr. Paul Wossidlo, Dir. ... zu Tarnowitz. 2. Aufl. M. 78 in d. Text gedr. Abb. *Berlin: Weidmann 1895.* (71 S.) 1 Bd 8. [96. 3144]

— der Mensch. Beschreibg. d. Baues u. d. Verrichtgn. s. Körpers, nebst Unterweisgn. üb. d. Gesundheitspflege. 2. Aufl. gr. 8. (71 S. m. 78 Abb.) Ebd. 896. n. 1. —

Wossidlo, Paul [Dr., Dir.]: Das Tarnowitzer Plateau nach seinen geographischen und naturwissenschaftlichen Beziehungen. I. Tl nebst e. Anh. Die Entstehung d. norddeutschen Diluviums. Tarnowitz, Ch. Reimann's Buchdr., 1891; 32 S. 8°
Tarnowitz, RG, OP 1891 (217)

— das Tarnowitzor Plateau nach seinen geographischen u. naturwissenschaftlichen Beziehungen. Nebst e. Anh.: Die Entstehg. des norddeutschen Diluviums. gr. 8. (32 S.) Tarnowitz (891.) A. Kothe. n.n. — 50

Das Tarnowitzer Plateau nach seinen geographischen und naturwissenschaftlichen Beziehungen. Nebst e. Anh.: D. Entstehg. d. norddeutschen Diluviums. Von Dr. Paul Wossidlo, Realgymnasialdir. Tarnowitz: A. Kothe [1899]. (32 S.) 1 Bd 8°

Wossidlo, Paul [Dir. Dr.]: Rede, am 27. April 1895 in Anlass des fünf und zwanzigjährigen Bestehens des Realgymnasiums zu Tarnowitz in d. Aula dess. geh. Tarnowitz, Ch. Reimann's Buchdr., 1896; 1—10 S. 4.
Tarnowitz, k. RG, P 1896 (225)

Wossidlo, P., über die Structur der Jubaea spectabilis. Ein Beitrag zur Anatomie der Palmen. gr. 4. (32 S. mit 5 Stnt.) Jena 861, Frommann. *
Aus: Verhandlungen der k. Leop.-Carolin. deutschen Akademie der Naturforscher, besonders abgedruckt.

Wossidlo, Paul [Dir. Dr.]: Vorgeschichte des Königlichen Realgymnasiums zu Tarnowitz und Überblick über die ersten fünfundzwanzig Jahre seines Bestehens. M. e. Abb. d. Schulgebäudes u. e. Lageplan d. Schulgrundstücks. Tarnowitz, Ch. Reimann's Buchdr., 1895; 33 S., 1 Taf., 1 Pl. 4.
Tarnowitz, k. RG, OP 1895 (224)

Wossidlo, Richard [Hulfsl.]: Imperativische Bildungen im Niederdeutschen. Erster Teil. Waren: Druck v. C. Quandt (1890). S. I—II, 1—17. 4°
Waren, st. G. P. 1890.

Wossidlo, R., aus dem Lande Fritz Reuters. Humor in Sprache u. Volkstum Mecklenburgs. Mit e. Einleitg. üb. das Sammeln volkstüml. Überliefergn. (IV, 211 S.) 8. Leipzig 910. O. Wigand. 2.40; geb. 3. —

Wossidlo, Rich., Volksthümliches aus Mecklenburg. 1. Hft. Beiträge zum Thier- u. Pflanzenbuch, Thiergespräche, Räthsel, Legenden u Redensarten, aus dem Volksmunde gesammelt 8. (32 S.) Rostock 885. Werther. n. — 50

Wossidlo, Rich., mecklenburgische Volksüberlieferungen. Im Auftr. d. Vereins f. mecklenburg. Geschichte u. Altertumskunde gesammelt u. hrsg. I. Bd.: Rätsel. gr. 8. (XXIV, 372 S.) Wismar 898. Hinstorff's Verl. n. 5. —

Wossidlo, Rich., mecklenburgische Volksüberlieferungen. Im Auftrage des Vereins für mecklenburg. Geschichte u. Altertumskunde gesammelt u. hrsg. II. Bd.: Die Tiere im Munde des Volkes. 1. Tl. gr. 8. (XIII, 504 S.) Wismar 899. Hinstorff's Verl. n. 6. 60
I. Bd. Ebd. 898. n. 5. —.

Wossidlo, Rich., mecklenburgische Volksüberlieferungen. Im Auftrage des Vereins f. mecklenburg. Geschichte u. Altertumskunde gesammelt u. hrsg. III. Bd.: Kinderwartung u. Kinderzucht. (IX, XIX, 453 u. 10 S.) gr. 8. Wismar 906. Hinstorff's Verl. n. 6. 40
Bd. I u. II. Ebd. 898. 899. n. 11.60.

Wossidlo, R., imperativische Wandlungen im Niederdeutschen. I. Tl. gr. 4. (II, 18 S.) Waren 890. (Leipzig, Fock.) n. 1. 20

— ein Winterabend in e. mecklenburg. Bauernhause. Nach mecklenburg. Volksüberliefergn. zusammengestellt. 8. (III, 60 S. m. 3 Taf.) Ebd. 901. n. 1. —

Ein Winterabend in einem mecklenburgischen Bauernhause. Nach mecklenburg. Volksüberlieferungen zsgest. von Richard **Wossidlo**. 2. verb. Aufl. Wismar: Hinstorff 1906. (66 S.) 8° [F.] [07. 17485 B

Wossidlo, Rich., einige beachtenswerthe Wortbedeutungen im Meklenburger Platt, s. a. Festschrift für Gymn.-Dir. Dr. Nölting.

Wossidlo, Richard Einige beachtenswerte Wortbedeutungen im Mecklenburger Platt. 8 (S. 167—172).
In: Festschrift zur Feier des 50 jähr. Dienst-Jubiläums des
Progr. Direktors Nölting Gr. Stadtsch. *Wismar* 1886.
Nicht im Tauschverkehr.

Adolphe Adam, Der Postillon von Lonjumeau. Populärer Führer durch Poesie u. Musik von Walther **Wossidlo**. *Leipzig: Rühle & Wendling [1900]*. (19 S.) 8°
= **Opern-Bibliothek**, Wossidlo's. No 44. [03. [illegible]

Eugen d'Albert, Die Abreise. Populärer Führer durch Poesie u. Musik von Walther **Wossidlo**. *Leipzig: Rühle & Wendling [1903]*. (12 S.) 8°
= **Opern-Bibliothek**, Wossidlo's. No 95. [04. [illegible]

Eugen d'Albert, Kain. Populärer Führer durch Poesie u. Musik von Walther **Wossidlo**. *Leipzig: Rühle & Wendling [1903]*. (16 S.) 8°
= **Opern-Bibliothek**, Wossidlo's. No 92. [04. [illegible]

Eugen d'Albert, Tiefland. Populärer Führer durch Poesie u. Musik von Walther **Wossidlo**. Leipzig: Rühle & Wendling [1908]. (24 S.) 8°
= **Opern-Bibliothek**, Wossidlo's. No 107. [08. [illegible]

D. F. E. Auber, Des Teufels Anteil. Populärer Führer durch Poesie u. Musik von Walther **Wossidlo**. *Leipzig: Rühle & Wendling [1901]*. (23 S.) 8°
= **Opern-Bibliothek**, Wossidlo's. No 58. [03. [illegible]

D. F. E. Auber, Fra Diavolo. Populärer Führer durch Poesie u. Musik von Walther **Wossidlo**. *Leipzig: Rühle & Wendling [1900]*. (19 S.) 8°
= **Opern-Bibliothek**, Wossidlo's. No 45. [03. [illegible]

D. F. E. Auber, Maurer und Schlosser. Populärer Führer durch Poesie u. Musik von Walther **Wossidlo**. *Leipzig: Rühle & Wendling [1901]*. (20 S.) 8°
= **Opern-Bibliothek**, Wossidlo's. No 57. [03. [illegible]

D. F. E. Auber, Die Stumme von Portici. Populärer Führer durch Poesie u. Musik von Walther **Wossidlo**. *Leipzig: Rühle & Wendling [1901]*. (22 S.) 8°
= **Opern-Bibliothek**, Wossidlo's. No 46. [03. [illegible]

Ludwig van Beethoven, Fidelio. Populärer Führer durch Poesie u. Musik von Walther **Wossidlo**. *Leipzig: Rühle & Wendling [1899]*. (20 S.) 8°
= **Opern-Bibliothek**, Wossidlo's. No 20. [03. 3789 11

Vincenzo Bellini, Die Nachtwandlerin. Populärer Führer durch Poesie u. Musik von Walther **Wossidlo**. *Leipzig: Rühle & Wendling [1901]*. (20 S.) 8°
= **Opern-Bibliothek**, Wossidlo's. No 59. [03. [illegible]

Vincenzo Bellini, Norma. Populärer Führer durch Poesie u. Musik von Walther **Wossidlo**. *Leipzig: Rühle & Wendling [1901]*. (20 S.) 8°
= **Opern-Bibliothek**, Wossidlo's. No 60. [03. [illegible]

Hektor Berlioz, Benvenuto Cellini. Populärer Führer durch Poesie u. Musik von Walther **Wossidlo**. Leipzig: Rühle & Wendling [1905]. (18 S.) 8°
= **Opern-Bibliothek**, Wossidlo's. No 98. [08. [illegible]

Georges Bizet, Carmen. Populärer Führer durch Poesie u. Musik von Walther **Wossidlo**. *Leipzig: Rühle & Wendling [1899]*. (20 S.) 8°
= **Opern-Bibliothek**, Wossidlo's. No 16. [03. 3785 11

Leo Blech, Das war ich. Populärer Führer durch Poesie u. Musik von Walther **Wossidlo**. Leipzig: Rühle & Wendling [1905]. (19 S.) 8°
= **Opern-Bibliothek**, Wossidlo's. No 101. [05. [illegible]

A. Boieldieu, Die weiße Dame. Populärer Führer durch Poesie u. Musik von Walther **Wossidlo**. *Leipzig: Rühle & Wendling [1901]*. (20 S.) 8°
= **Opern-Bibliothek**, Wossidlo's. No 47. [03. [illegible]

A. Boieldieu, Johann von Paris. Populärer Führer durch Poesie u. Musik von Walther **Wossidlo**. *Leipzig: Rühle & Wendling [1901]*. (19 S.) 8°
= **Opern-Bibliothek**, Wossidlo's. No 61. [04. [illegible]

Ignaz Brüll, Das goldene Kreuz. Populärer Führer durch Poesie u. Musik von Walther **Wossidlo**. *Leipzig: Rühle & Wendling [1901]*. (23 S.) 8°
= **Opern-Bibliothek**, Wossidlo's. No 48. [03. [illegible]

Gustave Charpentier, Louise. Populärer Führer durch Poesie u. Musik von Walther **Wossidlo**. *Leipzig: Rühle & Wendling [1902]*. (18 S.) 8°
= **Opern-Bibliothek**, Wossidlo's. No 91. [04. [illegible]

L. Cherubini, Der Wasserträger. Populärer Führer durch Poesie u. Musik von Walther **Wossidlo**. *Leipzig: Rühle & Wendling [1902]*. (14 S.) 8°
= **Opern-Bibliothek**, Wossidlo's. No 83. [04. [illegible]

Peter Cornelius, Der Barbier von Bagdad. Populärer Führer durch Poesie u. Musik von Walther **Wossidlo**. *Leipzig: Rühle & Wendling [1901]*. (24 S.) 8°
= **Opern-Bibliothek**, Wossidlo's. No 62. [04. [illegible]

Carl Ditters von Dittersdorf, Doktor und Apotheker. Populärer Führer durch Poesie u. Musik von Walther **Wossidlo**. *Leipzig: Rühle & Wendling [1901]*. (19 S.) 8°
= **Opern-Bibliothek**, Wossidlo's. No 63. [04. [illegible]

G. Donizetti, Lucrezia Borgia. Populärer Führer durch Poesie u. Musik von Walther **Wossidlo**. *Leipzig: Rühle & Wendling [1902]*. (18 S.) 8°
= **Opern-Bibliothek**, Wossidlo's. No 84. [04. [illegible]

G. Donizetti, Lucia von Lammermoor. Populärer Führer durch Poesie u. Musik von Walther **Wossidlo**. *Leipzig: Rühle & Wendling [1901]*. (18 S.) 8°
= **Opern-Bibliothek**, Wossidlo's. No 49. [03. [illegible]

G. Donizetti, Der Liebestrank. Populärer Führer durch Poesie u. Musik von Walther **Wossidlo**. *Leipzig: Rühle & Wendling [1902]*. (20 S.) 8°
= **Opern-Bibliothek**, Wossidlo's. No 85. [04. [illegible]

G. Donizetti, Die Regimentstochter. Populärer Führer durch Poesie u. Musik von Walther **Wossidlo**. *Leipzig: Rühle & Wendling [1901]*. (20 S.) 8°
= **Opern-Bibliothek**, Wossidlo's. No 50. [03. [illegible]

August Enna, Die Hexe. Populärer Führer durch Poesie u. Musik von Walther **Wossidlo**. *Leipzig: Rühle & Wendling [1903]*. (20 S.) 8°
= **Opern-Bibliothek**, Wossidlo's. No 81. [04. [illegible]

Leo Fall, Die Dollarprinzessin. Populärer Führer durch Poesie u. Musik von Walther Wossidlo. Leipzig: Rühle & Wendling [1908]. 18 S. 8°
(Wossidlo's Operetten-Bibliothek. Nr 309.) [09. 8302

Friedrich von Flotow, Martha. Populärer Führer durch Poesie u. Musik von Walther **Wossidlo**. *Leipzig: Rühle & Wendling [1900]*. (22 S.) 8°
= **Opern-Bibliothek**, Wossidlo's. No 52. [03. [illegible]

Friedrich von Flotow, Alessandro Stradella. Populärer Führer durch Poesie u. Musik von Walther **Wossidlo**. *Leipzig: Rühle & Wendling [1901]*. (19 S.) 8°
= **Opern-Bibliothek**, Wossidlo's. No 51. [03. [illegible]

M. J. Glinka, Das Leben für den Zar. Populärer Führer durch Poesie u. Musik von Walther **Wossidlo**. *Leipzig: Rühle & Wendling [1902]*. (20 S.) 8°
= **Opern-Bibliothek**, Wossidlo's. No 64. [04. [illegible]

Christoph R^r v. Gluck, Alceste. Populärer Führer durch Poesie u. Musik von Walther **Wossidlo**. Leipzig: Rühle & Wendling [1905]. (15 S.) 8°
= **Opern-Bibliothek**, Wossidlo's. No 99. [08. 8933

Christoph R^r v. Gluck, Iphigenie auf Tauris. Populärer Führer durch Poesie u. Musik von Walther **Wossidlo**. *Leipzig: Rühle & Wendling [1901].* (16 S.) 8°
= **Opern-Bibliothek**, Wossidlo's. No 66. [04. 11958

Christoph R^r v. Gluck, Orpheus. Populärer Führer durch Poesie u. Musik von Walther **Wossidlo**. *Leipzig: Rühle & Wendling [1901].* (19 S.) 8°
= **Opern-Bibliothek**, Wossidlo's. No 65. [04. 11957

Charles Gounod, Margarethe (Faust). Populärer Führer durch Poesie u. Musik von Walther **Wossidlo**. *Leipzig: Rühle & Wendling [1899].* (24 S.) 8°
= **Opern-Bibliothek**, Wossidlo's. No 19. [03. 3788 11

Charles Gounod, Romeo und Julia. Populärer Führer durch Poesie u. Musik von Walther **Wossidlo**. Leipzig: Rühle & Wendling [1905]. (18 S.) 8°
= **Opern-Bibliothek**, Wossidlo's. No 100. [08. 8934

Carl Goldmark, Das Heimchen am Herd. Populärer Führer durch Poesie u. Musik von Walther **Wossidlo**. *Leipzig: Rühle & Wendling [1901].* (24 S.) 8°
= **Opern-Bibliothek**, Wossidlo's. No 69. [04. 11961

Carl Goldmark, Die Königin von Saba. Populärer Führer durch Poesie u. Musik von Walther **Wossidlo**. *Leipzig: Rühle & Wendling [1902].* (28 S.) 8°
= **Opern-Bibliothek**, Wossidlo's. No 68. [04. 11960

Hermann Goetz, Der Widerspänstigen Zähmung. Populärer Führer durch Poesie u. Musik von Walther **Wossidlo**. *Leipzig: Rühle & Wendling [1902].* (26 S.) 8°
= **Opern-Bibliothek**, Wossidlo's. No 67. [04. 11959

C. H. Graun, Der Tod Jesu. Populärer Führer durch Poesie u. Musik von Walther **Wossidlo**. Leipzig: Rühle & Wendling [1908]. (15 S.) 8°
= **Oratorien-Bibliothek**, Wossidlo's. No 206. [08. 8969

J. F. Halevy, Die Jüdin. Populärer Führer durch Poesie u. Musik von Walther **Wossidlo**. *Leipzig: Rühle & Wendling [1901].* (22 S.) 8°
= **Opern-Bibliothek**, Wossidlo's. No 53. [03. 11307

G. F. Händel, Judas Maccabäus. Populärer Führer durch Poesie u. Musik von Walther **Wossidlo**. Leipzig: Rühle & Wendling [1908]. 16 S. 8°
(Wossidlo's Oratorien-Bibliothek. Nr 208.) [09. 8588

G. F. Händel, Der Messias. Populärer Führer durch Poesie u. Musik von Walther **Wossidlo**. Leipzig: Rühle & Wendling [1908]. 15 S. 8°
(Wossidlo's Oratorien-Bibliothek. Nr 207.) [09. 8587

G. F. Händel, Samson. Populärer Führer durch Poesie u. Musik von Walther **Wossidlo**. Leipzig: Rühle & Wendling [1908]. 14 S. 8°
(Wossidlo's Oratorien-Bibliothek. Nr 209.) [09. 8589

Joseph Haydn, Die Jahreszeiten. Populärer Führer durch Poesie u. Musik von Walther **Wossidlo**. Leipzig: Rühle & Wendling [1906]. (29 S.) 8°
= **Oratorien-Bibliothek**, Wossidlo's. No 201. [08. 8964

Joseph Haydn, Die Schöpfung. Populärer Führer durch Poesie u. Musik von Walther **Wossidlo**. Leipzig: Rühle & Wendling [1906]. (25 S.) 8°
= **Oratorien-Bibliothek**, Wossidlo's. No 200. [08. 8963

Engelbert Humperdinck, Hänsel und Gretel. Populärer Führer durch Poesie u. Musik von Walther **Wossidlo**. *Leipzig, Berlin: Rühle & Wendling [1899].* (16 S.) 8°
= **Opern-Bibliothek**, Wossidlo's. No 12. [03. 3781 11

Wilhelm Kienzl, Der Evangelimann. Populärer Führer durch Poesie u. Musik von Walther **Wossidlo**. *Leipzig: Rühle & Wendling [1902].* (20 S.) 8°
= **Opern-Bibliothek**, Wossidlo's. No 80. [04. 11970

Edmund Kretschmer, Die Folkunger. Populärer Führer durch Poesie u. Musik von Walther **Wossidlo**. *Leipzig: Rühle & Wendling [1902].* (27 S.) 8°
= **Opern-Bibliothek**, Wossidlo's. No 70. [04. 11962

Konradin Kreutzer, Das Nachtlager in Granada. Populärer Führer durch Poesie u. Musik von Walther **Wossidlo**. *Leipzig: Rühle & Wendling [1901].* (22 S.) 8°
= **Opern-Bibliothek**, Wossidlo's. No 54. [03. 11308

Franz Lehár, Die lustige Witwe. Populärer Führer durch Poesie u. Musik von Walther **Wossidlo**. Leipzig: Rühle & Wendling [1908]. (23 S.) 8°
= **Operetten-Bibliothek**, Wossidlo's. No 305. [08. 8948

R. Leoncavallo, Bajazzi. Populärer Führer durch Poesie u. Musik von Walther **Wossidlo**. *Leipzig, Berlin: Rühle & Wendling [1899].* (19 S.) 8°
= **Opern-Bibliothek**, Wossidlo's. No 13. [03. 3782 11

R. Leoncavallo, Roland von Berlin. Populärer Führer durch Poesie u. Musik von Walther **Wossidlo**. Leipzig: Rühle & Wendling [1905]. (28 S.) 8°
= **Opern-Bibliothek**, Wossidlo's. **No 102.** [08. 8935

Albert Lortzing, Die beiden Schützen. Populärer Führer durch Poesie u. Musik von Walther **Wossidlo**. *Leipzig: Rühle & Wendling [1901].* (18 S.) 8°
= **Opern-Bibliothek**, Wossidlo's. No 71. [04. 11963

Albert Lortzing, Undine. Populärer Führer durch Poesie u. Musik von Walther **Wossidlo**. *Leipzig: Rühle & Wendling [1899].* (23 S.) 8°
= **Opern-Bibliothek**, Wossidlo's. No 21. [03. 3790 11

Albert Lortzing, Der Waffenschmied. Populärer Führer durch Poesie u. Musik von Walther **Wossidlo**. *Leipzig: Rühle & Wendling [1900].* (19 S.) 8°
= **Opernbibliothek**, Wossidlo's. No 28. [03. 7228

Albert Lortzing, Der Wildschütz. Populärer Führer durch Poesie u. Musik von Walther **Wossidlo**. *Leipzig: Rühle & Wendling [1900].* (22 S.) 8°
= **Opernbibliothek**, Wossidlo's. No 29. [03. 7229

Albert Lortzing, Zar und Zimmermann. Populärer Führer durch Poesie u. Musik von Walther **Wossidlo**. *Leipzig: Rühle & Wendling [1904].* (22 S.) 8°
= **Opernbibliothek**, Wossidlo's. No 30. [03. 7230

Wossidlo, Walth., Carl Löwe als Balladenkomponist. Einführung in das Verständniß u. in den Vortrag Löwe'scher Balladen f. Löwe-Freunde u. Solche, die es werden wollen. 8. (72 S.) Berlin 894. Schlesinger'sche Buchh.
n. 1. —

Aimé Maillart, Das Glöckchen des Eremiten. Populärer Führer durch Poesie u. Musik von Walther **Wossidlo**. *Leipzig: Rühle & Wendling [1903].* (18 S.) 8°
= **Opern-Bibliothek**, Wossidlo's. No 94. [04. 11986

Heinrich Marschner, Hans Heiling. Populärer Führer durch Poesie u. Musik von Walther **Wossidlo**. *Leipzig: Rühle & Wendling [1901].* (28 S.) 8°
= **Opern-Bibliothek**, Wossidlo's. No 42. [03. 11296

Heinrich Marschner, Der Templer und die Jüdin. Populärer Führer durch Poesie u. Musik von Walther **Wossidlo**. *Leipzig: Rühle & Wendling [1902].* (19 S.) 8°
= **Opern-Bibliothek**, Wossidlo's. No 72. [04. 11964

Heinrich Marschner, Der Vampyr. Populärer Führer durch Poesie u. Musik von Walther **Wossidlo**. *Leipzig: Rühle & Wendling [1901].* (28 S.) 8°
= **Opern-Bibliothek**, Wossidlo's. No 43. [03. 11297

Pietro Mascagni, Cavalleria rusticana. Populärer Führer durch Poesie u. Musik von Walther **Wossidlo**. *Leipzig: Rühle & Wendling [1899].* (16 S.) 8°
= **Opern-Bibliothek**, Wossidlo's. No 14. [03. 3783 11

J. Massenet, Manon. Populärer Führer durch Poesie u. Musik von Walther **Wossidlo**. Leipzig: Rühle & Wendling [1908]. (28 S.) 8°
= **Opern-Bibliothek**, Wossidlo's. No 105. [08. 8939

E. N. Méhul, Joseph in Aegypten. Populärer Führer durch Poesie u. Musik von Walther **Wossidlo**. Leipzig: Rühle & Wendling [1908]. (15 S.) 8°
= **Oratorien-Bibliothek**, Wossidlo's. No 205. [08. 8968

F. Mendelssohn-Bartholdy, Elias. Populärer Führer durch Poesie u. Musik von Walther **Wossidlo**. Leipzig: Rühle & Wendling [1906]. (27 S.) 8°
— **Oratorien-Bibliothek**, Wossidlo's. No 202. [08. 8965

F. Mendelssohn-Bartholdy, Paulus. Populärer Führer durch Poesie u. Musik von Walther **Wossidlo**. Leipzig: Rühle & Wendling [1906]. (18 S.) 8°
— **Oratorien-Bibliothek**, Wossidlo's. No 203. [08. 8966

G. **Meyerbeer**, Die Afrikanerin. Populärer Führer durch Poesie u. Musik von Walther **Wossidlo**. *Leipzig: Rähle & Wendling [1900].* (32 S.) 8°
— **Opernbibliothek**, Wossidlo's. No 33. [03. 7033

G. **Meyerbeer**, Die Hugenotten. Populärer Führer durch Poesie u. Musik von Walther **Wossidlo**. *Leipzig: Rähle & Wendling [1900].* (28 S.) 8°
— **Opernbibliothek**, Wossidlo's. No 32. [03. 7032

G. **Meyerbeer**, Der Nordstern. Populärer Führer durch Poesie u. Musik von Walther **Wossidlo**. *Leipzig: Rühle & Wendling [1902].* (18 S.) 8°
= **Opern-Bibliothek**, Wossidlo's. No 90. [04. 11?81

G. **Meyerbeer**, Der Prophet. Populärer Führer durch Poesie u. Musik von Walther **Wossidlo**. *Leipzig: Rähle & Wendling [1900].* (29 S.) 8°
— **Opernbibliothek**, Wossidlo's. No 31. [03. 7031

G. **Meyerbeer**, Robert der Teufel. Populärer Führer durch Poesie u. Musik von Walther **Wossidlo**. *Leipzig: Rähle & Wendling [1900].* (20 S.) 8°
= **Opernbibliothek**, Wossidlo's. No 34. [03. 7034

Carl Millöcker, Der Bettelstudent. Populärer Führer durch Poesie u. Musik von Walther **Wossidlo**. Leipzig: Rühle & Wendling [1908]. (21 S.) 8°
= **Operetten-Bibliothek**, Wossidlo's. No 304. [08. 8947

Carl Millöcker, Gasparone. Populärer Führer durch Poesie u. Musik von Walther **Wossidlo**. Leipzig: Rühle & Wendling [1908]. (18 S.) 8°
= **Operetten-Bibliothek**, Wossidlo's. No 303. [08. 8946

W. A. **Mozart**, Cosi fan tutte. (So machen es alle.) Populärer Führer durch Poesie u. Musik von Walther **Wossidlo**. *Leipzig: Rühle & Wendling [1901].* (28 S.) 8°
= **Opern-Bibliothek**, Wossidlo's. No 73. [04. 11?88

W. A. **Mozart**, Die Entführung aus dem Serail. Populärer Führer durch Poesie u. Musik von Walther **Wossidlo**. *Leipzig: Rähle & Wendling [1900].* (22 S.) 8°
— **Opernbibliothek**, Wossidlo's. No 25. [03. 7025

W. A. **Mozart**, Figaros Hochzeit. Populärer Führer durch Poesie u. Musik von Walther **Wossidlo**. *Leipzig: Rähle & Wendling [1899].* (23 S.) 8°
= **Opern-Bibliothek**, Wossidlo's. No 22. [03. 3791 II

W. A. **Mozart**, Don Juan. Populärer Führer durch Poesie u. Musik von Walther **Wossidlo**. *Leipzig: Rühle & Wendling [1899].* (20 S.) 8°
= **Opern-Bibliothek**, Wossidlo's. No 23. [03. 3792 II

W. A. **Mozart**, Titus. Populärer Führer durch Poesie u. Musik von Walther **Wossidlo**. *Leipzig: Rühle & Wendling [1903].* (16 S.) 8°
= **Opern-Bibliothek**, Wossidlo's. No 82. [04. 11?14

W. A. **Mozart**, Die Zauberflöte. Populärer Führer durch Poesie u. Musik von Walther **Wossidlo**. *Leipzig: Rühle & Wendling [1899].* (22 S.) 8°
= **Opern-Bibliothek**, Wossidlo's. No 24. [03. 3793 II

Victor E. **Nessler**, Der Rattenfänger von Hameln. Populärer Führer durch Poesie u. Musik von Walther **Wossidlo**. *Leipzig: Ruhle & Wendling [1902].* (24 S.) 8°
= **Opern-Bibliothek**, Wossidlo's. No 87. [04. 11?75

Victor E. **Nessler**, Der Trompeter von Säkkingen. Populärer Führer durch Poesie u. Musik von Walther **Wossidlo**. *Leipzig: Rühle & Wendling [1902].* (20 S.) 8°
= **Opern-Bibliothek**, Wossidlo's. No 74. [04. 11?

Otto **Nicolai**, Die lustigen Weiber von Windsor. Populärer Führer durch Poesie u. Musik von Walther **Wossidlo**. *Leipzig: Rühle & Wendling [1901].* (23 S.) 8°
= **Opern-Bibliothek**, Wossidlo's. No 55. [03. 11369

J. **Offenbach**, Hoffmanns Erzählungen. Populärer Führer durch Poesie u. Musik von Walther **Wossidlo**. Leipzig: Rühle & Wendling [1905]. (19 S.) 8°
= **Opern-Bibliothek**, Wossidlo's. No 96. [08. 8950

Wossidlo's, Walth., Operetten-Bibliothek. Fortsetzg. v. Wossidlo's Opern-Bibliothek. Populäre Führer durch Poesie u. Musik. Nr. 301—309. kl. 8. Leipzig, Rühle & Wendling. à — 20

Fall, Leo, die Dollarprinzessin. (18 S.) (908.) (Nr. 309.)
Lehár, Franz, die lustige Witwe. (23 S.) (908.) (Nr. 305.)
Millöcker, Carl, der Bettelstudent. (21 S.) (908.) (Nr. 304.)
— Gasparone. (18 S.) (908.) (Nr. 303.)
Planquette, Robert, die Glocken v. Corneville. (28 S.) (908.) (Nr. 308.)
Strauß, Oskar, e. Walzertraum. (22 S.) (908.) (Nr. 306.)
Strauß, Johann, die Fledermaus. (21 S.) (908.) (Nr. 301.)
— Der lustige Krieg. (19 S.) (908.) (Nr. 307.)
— Der Zigeunerbaron. (18 S.) (908.) (Nr. 302.)

Wossidlo's, Walth., Opern-Bibliothek. Populäre Führer durch Poesie u. Musik. Nr. 1—80 u. 83—91. 8. Leipzig, Rühle & Wendling. à — 20

Inhaltsübersicht in alphabetischer Ordnung:

Adam, Adolphe, der Postillon v. Lonjumeau. (19 S.) (899.) (Nr. 44.)
Auber, D. F. E., Fra Diavolo. (19 S.) (899.) (Nr. 45.)
— Maurer u. Schlosser. (20 S.) (900.) (Nr. 57.)
— die Stumme v. Portici. (22 S.) (901.) (Nr. 46.)
— des Teufels Anteil. (23 S.) (900.) (Nr. 58.)
Beethoven, Ludw. van, Fidelio. (20 S.) 899. (Nr. 20.)
Bellini, Vincenzo, die Nachtwandlerin. (20 S.) (901.) (Nr. 59.)
— Norma. (20 S.) (900.) (Nr. 60.)
Bizet, Georges, Carmen. (20 S.) 899. (Nr. 16.)
Boieldieu, A., die weiße Dame. (20 S.) (900.) (Nr. 47.)
— Johann v. Paris. (19 S.) (900.) (Nr. 61.)
Brüll, Ignaz, das goldene Kreuz. (23 S.) (901.) (Nr. 48.)
Charpentier, Gustave, Louise. (18 S.) (902.) (Nr. 91.)
Cherubini, L., der Wasserträger. (14 S.) (902.) (Nr. 83.)
Cornelius, Peter, der Barbier von Bagdad. (24 S.) (900.) (Nr. 62.)
Ditters v. Dittersdorf, Carl, Doktor u. Apotheker. (19 S.) (901.) (Nr. 63.)
Donizetti, G., Lucrezia Borgia. (18 S.) (902.) (Nr. 84.)
— der Liebestrank. (20 S.) (902.) (Nr. 85.)
— Lucia v. Lammermoor. (18 S.) (900.) (Nr. 49.)
— die Regimentstochter. (20 S.) (901.) (Nr. 50.)
Flotow, Friedrich v., Alessandro Stradella. (19 S.) (900.) (Nr. 51.)
— Martha. (22 S.) 899. (Nr. 52.)
Glinka, M. J., das Leben f. den Zar. (20 S.) (902.) (Nr. 64.)
Gluck, Christoph Ritter v., Iphigenie auf Tauris. (16 S.) (901.) (Nr. 66.)
— Orpheus. (19 S.) (901.) (Nr. 65.)
Goldmark, Carl, das Heimchen am Herd. (24 S.) (901.) (Nr. 69.)
— die Königin v. Saba. (28 S.) (902.) (Nr. 68.)
Goetz, Hermann, der Widerspänstigen Zähmung. (26 S.) (902.) (Nr. 67.)
Gounod, Charles, Margarethe. (Faust.) (24 S.) 899. (Nr. 19.)
Halévy, J. F., die Jüdin. (22 S.) (901.) (Nr. 53.)
Humperdinck, Engelbert, Hänsel u. Gretel. (16 S.) 899. (Nr. 12.)
Kienzl, Wilhelm, der Evangelimann. (20 S.) (902.) (Nr. 80.)
Kretschmer, Edmund, die Folkunger. (27 S.) (902.) (Nr. 70.)
Kreutzer, Konradin, das Nachtlager in Granada. (22 S.) (900). (Nr. 54.)
Leoncavallo, R., Bajazzi. (19 S.) 899. (Nr. 13.)
Lortzing, Albert, die beiden Schützen. (18 S.) (901.) (Nr. 71.)
— Undine. (23 S.) 899. (Nr. 21.)
— der Waffenschmied. (19 S.) 899. (Nr. 28.)
— der Wildschütz. (22 S.) 899. (Nr. 29.)
— Zar u. Zimmermann. (22 S.) 899. (Nr. 30.)
Marschner, Heinrich, Hans Heiling. (28 S.) (901.) (Nr. 42.)
— der Templer u. die Jüdin. (19 S.) (902.) (Nr. 72.)
— der Vampyr. (28 S.) (900.) (Nr. 43.)
Mascagni, Pietro, Cavalleria rusticana. (16 S.) 899. (Nr. 14.)
Meyerbeer, G., die Afrikanerin. (32 S.) (899.) (Nr. 33.)
— die Hugenotten. (28 S.) (899.) (Nr. 32.)
— der Nordstern. (18 S.) (902.) (Nr. 90.)
— der Prophet. (29 S.) 899. (Nr. 31.)
— Robert der Teufel. (26 S.) (899.) (Nr. 34.)
Mozart, W. A., cosi fan tutti. (So machen es alle.) (28 S.) (901.) (Nr. 73.)
— Don Juan. (20 S.) 899. (Nr. 23.)
— die Entführung aus dem Serail. (22 S.) 899. (Nr. 25.)
— Figaros Hochzeit. (23 S.) 899. (Nr. 22.)
— die Zauberflöte. (22 S.) 899. (Nr. 24.)
Neßler, Victor E., der Rattenfänger v. Hameln. (24 S.) (902.) (Nr. 87.)
— der Trompeter v. Säkkingen. (20 S.) (902.) (Nr. 74.)
Nicolai, Otto, die lustigen Weiber v. Windsor. (23 S.) (900.) (Nr. 55.)
Rossini, G., der Barbier v. Sevilla. (20 S.) 899. (Nr. 40.)
— Othello. (12 S.) (902.) (Nr. 86.)
— Wilhelm Tell. (22 S.) (900.) (Nr. 41.)
Rubinstein, Anton, der Dämon. (22 S.) (902.) (Nr. 75.)
Saint-Saëns, Camille, Samson u. Dalila. (18 S.) (902.) (Nr. 89.)
Smetana, Friedrich, die verkaufte Braut. (23 S.) (900.) (Nr. 56.)
Spohr, L., Jessonda. (20 S.) (902.) (Nr. 76.)
Thomas, Ambroise, Mignon. (19 S.) 899. (Nr. 18.)
Verdi, Giuseppe, Aida. (28 S.) 899. (Nr. 39.)
— Falstaff. (19 S.) (900.) (Nr. 38.)
— der Maskenball. (18 S.) (902.) (Nr. 78.)
— Othello. (27 S.) (900.) (Nr. 37.)
— Rigoletto. (20 S.) (901.) (Nr. 77.)

— la Traviata. (Violetta.) (24 S.) (899.) (Nr. 36.)
— der Troubadour. (20 S.) (899.) (Nr. 35.)
Wagner, Rich., Götterdämmerung. (20 S.) 899. (Nr. 10.)
— der fliegende Holländer. (20 S.) 899. (Nr. 2.)
— Lohengrin. (24 S.) 899. (Nr. 4.)
— die Meistersinger v. Nürnberg. (29 S.) 899. (Nr. 6.)
— Parsifal. (30 S.) 898. (Nr. 11.)
— das Rheingold. (11 S.) 899. (Nr. 7.)
— Rienzi. (14 S.) 898. (Nr. 1.)
— Siegfried. (15 S.) 899. (Nr. 9.)
— Tannhäuser. (20 S.) 899. (Nr. 3.)
— Tristan u. Isolde. (28 S.) 899. (Nr. 5.)
— die Walküre. (10 S.) 899. (Nr. 8.)
Wagner, Siegfr., der Bärenhäuter. (31 S.) 899. (Nr. 15.)
Weber, Carl Maria v., Euryanthe. (20 S.) 899. (Nr. 26.)
— der Freischütz. (20 S.) 899. (Nr. 17.)
— Oberon. (27 S.) 899. (Nr. 27.)
— Silvana. (26 S.) (902.) (Nr. 79.)
Zöllner, Heinrich, die versunkene Glocke. (19 S.) (902.) (Nr. 88.)

Wossidlo's, Walth., Opern-Bibliothek. Populäre Führer durch Poesie u. Musik. Nr. 81. 82 u. 92—104. kl. 8. Leipzig, Rühle & Wendling. à — 20
d'Albert, Eugen, die Abreise. (12 S.) (903.) (Nr. 95.)
— Kain. (16 S.) (903.) (Nr. 92.)
Berlioz, Hektor, Benvenuto Cellini. (18 S.) (905.) (Nr. 98.)
Blech, Leo, das war ich. (19 S.) (904.) (Nr. 101.)
Enna, August, die Hexe. (20 S.) (904.) (Nr. 81.)
Gluck, Christoph Ritter v., Alceste. (15 S.) (904.) (Nr. 99.)
Gounod, Charles, Romeo u. Julia. (18 S.) (904.) (Nr. 100.)
Leoncavallo, R., Roland v. Berlin. (28 S.) (905.) (Nr. 102.)
Maillart, Aimé, das Glöckchen des Eremiten. (18 S.) (903.) (Nr. 94.)
Mozart, W. A., Titus. (16 S.) (905.) (Nr. 82.)
Offenbach, J., Hoffmanns Erzählgn. (19 S.) (904.) (Nr. 96.)
Puccini, G., Tosca. (24 S.) (906.) (Nr. 103.)
Strauß, Richard, Feuersnot. (27 S.) (903.) (Nr. 93.)
Tschaikowsky, Pet., Eugen Onégrin. (18 S.) (906.) (Nr. 104.)
Weis, Karl, der polnische Jude. (28 S.) (904.) (Nr. 97.)

— Opern-Bibliothek Populäre Führer durch Poesie u. Musik. Nr. 105—110. kl. 8. Ebd. à — 20
d'Albert, Eugen, Tiefland. (24 S.) (908.) (Nr. 107.)
Massenet, J., Manon. (28 S.) (908.) (Nr. 105.)
Puccini, Giacomo, die Bohème. (20 S.) (908.) (Nr. 108.)
— Madame Butterfly. (Die kleine Frau Schmetterling.) (23 S.) (908.) (Nr. 109.)
Strauß, Richard, Elektra. (22 S.) (909.) (Nr. 110.)
— Salome. (17 S.) (908.) (Nr. 106.)

Robert Planquette, Die Glocken von Corneville. Populärer Führer durch Poesie u. Musik von Walther **Wossidlo**. Leipzig: Rühle & Wendling [1908]. 28 S. 8°
(Wossidlo's Operetten-Bibliothek. Nr 308.)

Giacomo Puccini, Die Bohème. Populärer Führer durch Poesie u. Musik von Walther **Wossidlo**. Leipzig: Rühle & Wendling [1908]. (20 S.) 8°
= **Opern-Bibliothek**, Wossidlo's. No 108. [08. 8962

Giacomo Puccini, Madame Butterfly. (Die kleine Frau Schmetterling.) Populärer Führer durch Poesie u. Musik von Walther **Wossidlo**. Leipzig: Rühle & Wendling [1908]. 23 S. 8°
(Wossidlo's Opern-Bibliothek. Nr 109.)

G. Puccini, Tosca. Populärer Führer durch Poesie u. Musik von Walther **Wossidlo**. Leipzig: Rühle & Wendling [1906]. (24 S.) 8°
= **Opern-Bibliothek**, Wossidlo's. No 103. [08. 8957

G. Rossini, Der Barbier von Sevilla. Populärer Führer durch Poesie u. Musik von Walther **Wossidlo**. *Leipzig: Rühle & Wendling [1900].* (20 S.) 8°
= **Opern-Bibliothek, Wossidlo's.** No 40. [03. 11294

G. Rossini, Othello. Populärer Führer durch Poesie u. Musik von Walther **Wossidlo**. *Leipzig: Rühle & Wendling [1902].* (12 S.) 8°
= **Opern-Bibliothek, Wossidlo's.** No 86. [04. 11978

G. Rossini, Wilhelm Tell. Populärer Führer durch Poesie u. Musik von Walther **Wossidlo**. *Leipzig: Rühle & Wendling [1901].* (22 S.) 8°
= **Opern-Bibliothek, Wossidlo's.** No 41. [03. 11295

Anton Rubinstein, Der Dämon. Populärer Führer durch Poesie u. Musik von Walther **Wossidlo**. *Leipzig: Rühle & Wendling [1902].* (22 S.) 8°
= **Opern-Bibliothek, Wossidlo's.** No 75. [04. 11967

Camille Saint-Saëns, Samson und Dalila. Populärer Führer durch Poesie u. Musik von Walther **Wossidlo**. *Leipzig: Rühle & Wendling [1902].* (18 S.) 8°
= **Opern-Bibliothek, Wossidlo's.** No 89. [04. 11981

Robert Schumann, Paradies und Peri. Populärer Führer durch Poesie u. Musik von Walther **Wossidlo**. Leipzig: Rühle & Wendling [1908]. (22 S.) 8°
= **Oratorien-Bibliothek**, Wossidlo's. No 204. [08. 8967

Friedrich Smetana, Die verkaufte Braut. Populärer Führer durch Poesie u. Musik von Walther **Wossidlo**. *Leipzig: Rühle & Wendling [1901].* (23 S.) 8°
= **Opern-Bibliothek, Wossidlo's.** No 56. [03. 11310

L. Spohr, Jessonda. Populärer Führer durch Poesie u. Musik von Walther **Wossidlo**. *Leipzig: Rühle & Wendling [1902].* (20 S.) 8°
= **Opern-Bibliothek, Wossidlo's.** No 76. [04. 11968

Oskar Straus, Ein Walzertraum. Populärer Führer durch Poesie u. Musik von Walther **Wossidlo**. Leipzig: Rühle & Wendling [1908]. (22 S.) 8°
= **Operetten-Bibliothek**, Wossidlo's. No 306. [08. 8949

Johann Strauss, Die Fledermaus. Populärer Führer durch Poesie u. Musik von Walther **Wossidlo**. Leipzig: Rühle & Wendling [1906]. (21 S.) 8°
= **Operetten-Bibliothek**, Wossidlo's. No 301. [08. 8944

Johann Strauß, Der lustige Krieg. Populärer Führer durch Poesie u. Musik von Walther **Wossidlo**. Leipzig: Rühle & Wendling [1908]. 19 S. 8°
(Wossidlo's Operetten-Bibliothek. Nr 307.) [09. 8590

Johann Strauss, Der Zigeunerbaron. Populärer Führer durch Poesie u. Musik von Walther **Wossidlo**. Leipzig: Rühle & Wendling [1908]. (18 S.) 8°
= **Operetten-Bibliothek**, Wossidlo's. No 302. [08. 8945

Richard Strauss, Elektra. Populärer Führer durch Poesie u. Musik von Walther **Wossidlo**. Leipzig: Rühle & Wendling [1909]. 22 S. 8°
(Wossidlo's Opern-Bibliothek. Nr 110.) [09. 8594

Richard Strauß, Feuersnot. Populärer Führer durch Poesie u. Musik von Walther **Wossidlo**. *Leipzig: Rühle & Wendling [1903].* (27 S.) 8°
= **Opern-Bibliothek, Wossidlo's.** No 93. [04. 11985

Richard Strauss, Salome. Populärer Führer durch Poesie u. Musik von Walther **Wossidlo**. Leipzig: Rühle & Wendling [1908]. (17 S.) 8°
= **Opern-Bibliothek**, Wossidlo's. No 106. [08. 8960

Ambroise Thomas, Mignon. Populärer Führer durch Poesie u. Musik von Walther **Wossidlo**. *Leipzig: Rühle & Wendling [1899].* (19 S.) 8°
= **Opern-Bibliothek, Wossidlo's.** No 18. [03. 3787 II

Peter Tschaikowsky, Eugen Onégin. Populärer Führer durch Poesie u. Musik von Walther **Wossidlo**. Leipzig: Rühle & Wendling [1906]. (22 S.) 8°
= **Opern-Bibliothek**, Wossidlo's. No 102 [vielm. 104]. [08. 8958

Giuseppe Verdi, Aida. Populärer Führer durch Poesie u. Musik von Walther **Wossidlo**. *Leipzig: Rühle & Wendling [1900].* (28 S.) 8°
= **Opern-Bibliothek, Wossidlo's.** No 39. [03. 11293

Giuseppe Verdi, Falstaff. Populärer Führer durch Poesie u. Musik von Walther **Wossidlo**. *Leipzig: Rühle & Wendling [1901].* (19 S.) 8°
= **Opern-Bibliothek, Wossidlo's.** No 38. [03. 11299

Giuseppe Verdi, Der Maskenball. Populärer Führer durch Poesie u. Musik von Walther **Wossidlo**. *Leipzig: Rühle & Wendling [1901].* (18 S.) 8°
= **Opern-Bibliothek, Wossidlo's.** No 78. [04. 11970

Giuseppe Verdi, Othello. Populärer Führer durch Poesie u. Musik von Walther **Wossidlo**. *Leipzig: Rühle & Wendling [1901].* (27 S.) 8°
= **Opern-Bibliothek, Wossidlo's.** No 37. [03. 11291

Giuseppe Verdi, Rigoletto. Populärer Führer durch Poesie u. Musik von Walther **Wossidlo**. *Leipzig: Rühle & Wendling [1901].* (20 S.) 8°
= **Opern-Bibliothek, Wossidlo's.** No 77. [04. 11969

Giuseppe Verdi, La Traviata. (Violetta.) Populärer Führer durch Poesie u. Musik von Walther **Wossidlo**. *Leipzig: Rühle & Wendling [1900].* (24 S.) 8°
= Opernbibliothek, Wossidlo's. No 36. [05. 7636

G. Verdi, Der Troubadour. Populärer Führer durch Poesie u. Musik von Walther **Wossidlo**. *Leipzig: Rühle & Wendling [1900].* (20 S.) 8°
= Opernbibliothek, Wossidlo's. No 35. [05. 7035

Siegfried Wagner, Der Bärenhäuter. Populärer Führer durch Poesie u. Musik von Walther **Wossidlo**. *Leipzig, Berlin: Rühle & Wendling [1899].* (31 S.) 8°
= Opern-Bibliothek, Wossidlo's. No 15. [03. 3784 11

Carl Maria v. Weber, Euryanthe. Populärer Führer durch Poesie u. Musik von Walther **Wossidlo**. *Leipzig: Rühle & Wendling [1900].* (20 S.) 8°
— Opernbibliothek, Wossidlo's. No 26. [05. 7046

Carl Maria von Weber, Der Freischütz. Populärer Führer durch Poesie u. Musik von Walther **Wossidlo**. *Leipzig: Rühle & Wendling [1899].* (20 S.) 8°
— Opern-Bibliothek, Wossidlo's. No 17. [03. 3786 11

Carl Maria v. Weber, Oberon. Populärer Führer durch Poesie u. Musik von Walther **Wossidlo**. *Leipzig: Rühle & Wendling [1900].* (27 S.) 8°
= Opernbibliothek, Wossidlo's. No 27. [05. 7047

Carl Maria v. Weber, Silvana. Populärer Führer durch Poesie u. Musik von Walther **Wossidlo**. *Leipzig: Rühle & Wendling [1901].* (26 S.) 8°
= Opern-Bibliothek, Wossidlo's. No 79 [04. 2571

Karl Weis, Der polnische Jude. Populärer Führer durch Poesie u. Musik von Walther **Wossidlo**. Leipzig: Rühle & Wendling [1905]. (28 S.) 8°
= Opern-Bibliothek, Wossidlo's. No 97. [08. 8031

— **wie verstehen wir Richard Wagners Musik-Dramen? Populärer Führer durch Poesie u. Musik. 11 Nrn. 8. Berlin 898. Rühle & Wendling.** à — 20
1. Rienzi. (14 S.) — 2. Der fliegende Holländer. (20 S.)
3. Tannhäuser. (20 S.) — 4. Lohengrin. (24 S.)
5. Tristan u. Isolde. (28 S.)
6. Die Meistersinger v. Nürnberg. (20 S.)
7. Das Rheingold. (10 S.) — 8. Die Walküre. (10 S.)
9. Die Nibelungen: c) Siegfried. (15 S.)
10. Die Nibelungen: d) Götterdämmerung. (20 S.)
11. Parsifal. (30 S.)
= [Opern-Bibliothek, Wossidlo's. No 1–11.]

Wossidlo, Walth., wie verstehen wir Richard Wagners Nibelungen? Populärer Führer durch Poesie u. Musik. 8. (53 S.) Berlin 895. R. Rühle. n. — 60

Heinrich Zöllner, Die versunkene Glocke. Populärer Führer durch Poesie u. Musik von Walther **Wossidlo**. *Leipzig: Rühle & Wendling [1902].* (19 S.) 8°
= Opern-Bibliothek, Wossidlo's. No 88. [04. 11 40

Woeste, Fr., Wörterbuch der westfälischen Mundart, s. Wörterbücher, hrsg. vom Verein für niederdeutsche Sprachforschung.

Woeste, J. F. L., Iserlohn und Umgegend. Beiträge zur Ortsnamendeutung, Ortsgeschichte und Sagenkunde. 8. (106 S.) Iserlohn 871, Baedeker. *

Woeste, J. F. L., Volksüberlieferungen in der Grafschaft Mark nebst einem Glossar. Gesammelt u. hrsg. gr. 12. (VIII u. 112 S.) Iserlohn 849. (Elberfeld, Bädeker.) 12 ngl

Woestmann, H., eine Pilgerfahrt in das heil. Land, s. Familienfreund.

Wostrowsky, Paul, zur Feldgeschützfrage. Vortrag, geh. im militär-wissenschaftl. u. Kasino-Verein zu Nagy-Várad. (35 S.) gr. 8. Wien 903. L. W. Seidel & Sohn. n. 1. —

Wostrý, Jos., Hilfsbuch f. die Gerichtskanzlei. Dieses Buch umfasst die sämmtl. seit dem J. 1898 bis 1904 (sowie die aus früheren Jahrgängen herrühr., durch die neue Gerichtsorganisation unveränd. gebliebenen) vom hohen k. k. Justizministerium im Sinne der Geschäftsordng. u. der einschläg. Gesetze ergangenen die Gerichtskanzlei betr. Belehrgn. in allen Zweigen des Kanzleidienstes. Gesammelt u. alphabetisch geordnet. (205 S.) 8. Prag 905. (F. Řivnáč.)
Geb. in Leinw. 3. —

Wostrý, Dr. Karl Karte des Saazer Kreises im Königreiche Böhmen, nach der neuesten politischen und gerichtlichen Eintheilung entworfen von — —. Steindruck und Verlag von Ferd. Ritt v. Schönfelds Witwe und Komp. in Brüx. 1 Bl. 25'' hoch, 19½'' breit, ohne Gradeintheilung und Netz, mit einer Tabelle der Eintheilung der Gerichtshöfe und Amtssitze, der Katastralgemeinden, Flächenraum und Bevölkerung, Anführung der Bildungsanstalten des Kreises nebst einer Zeichenerklärung.

Wostry, Wilh., König Albrecht II. (1437—1439), s.a. Studien, Prager, aus dem Gebiete der Geschichtswissenschaft. 12. u. 13. Heft.

König Albrecht II. (1437–1439). Von Dr. Wilhelm **Wostry**. 1. 2. Prag: Rohlíček & Sievers 1906–07. 2 Bde 8°
— **Studien**, Prager, aus d. Geb. d. Geschichtswissenschaft. H 12. 13. [07. 16606

Wostry, Wilhelm: Albrecht II. (1437–1439) als deutsch-böhmischer und ungarischer König.
Phil. Diss., Prag 1902/1903

Woestyne, s.a. Plason de la Woestyne.

Woestyne, A. de, Plason de la, Recueil des traités et conventions conclus par l'Autriche-Hongrie avec les puissances étrangères. XVI. Gr.-8°. (688 S.) *Wien: Fromme 1903. K 28.—

Wosyka, J., üb. einige mechanische Wirkungen d. elektrischen Funkens, s.: Mach, E.

Wotanismus, Der, s.a. Schuler, Georg Michael

Wotanismus, Der. Oder Los von Rom . . . **Münster i. W. 1900.** V: *Schuler, Greg. Mich.* (Berl)

Wotanismus, der, od.: „Los v. Rom!" Von v. 12. (52 S.) Münster 900. Alphonsus-Buchh. n. — 35

Wotas, Heinz, das Licht-Luftbad. Eine Anregung f. den Großstadtbewohner. (16 S.) 8. Lübeck 905. Lübcke & Nöhring. n. — 20

Wotawa, Aug. Ritter v., der deutsche Schulverein 1880 bis 1905. Eine Gedenkschrift, im Auftrage der Vereinsleitg. verf. v. ihrem Mitgliede W. (72 S. m. 1 Tab. u. 2 farb. Karten.) gr. 8. Wien 905. (A. Pichler's Wwe. & Sohn.) n. 1. —

Wotawa August Ritter von: Die Usurpation vom Jahre 355 n. Chr.
H. 1899 PN 1200 Diss. Wien, Univ. 822

Woth, Fr. Aug. Fd., das Wort, oder die Offenbarung Gottes vor und in Christo. Dreimal drei Predigten, nach dem Anfange des Evangelii Johannis gehalten. gr. 8. Marienwerder 841. (Baumann.) n. ½ ngl

Wothe, Anny (Anny Mahn), d. Berg d. Lichts. Roman. 8. (248 S.) Leipzig 897. P. List. n. 3. —; geb. 4. —

Wothe, Anny (Anny Mahn), bilde den Geist! E. zuverläss. Führer u. Ratgeber bei d. Wahl uns. Lektüre. gr. 8. (VIII, 192 S. m. Abb.) Leipzig 896. A. Mahn. Geb. n. 2. —

Wothe, Anny, Blüten u. Ranken. In der Stille gepflückt u. zum Strauße gewunden f. die Frauenwelt. 8. (VIII, 200 S. m. Illustr.) Leipzig 888. Legel. geb. m. Goldschn. n. 4. 50

— Blüten u. Ranken. In d. Stille gepflückt u. z. Strauße gewunden f. d. Frauenwelt. 2. (Titel=) Aufl. 8. (VIII, 200 S. m. Abb. u. 1 Heliograv.) Leipzig (888) 895. Frankfurt a/M., Jäger's Verl. Geb. in Leinw. m. Goldschn. n. 3. —

— es tagt! Roman. 8. (270 S.) Chemnitz 894. B. Richter. n. 3. —; geb. n. 4. —

(B) — Es tagt. 894. (ABL 28.) Jetzt: Leipzig, A. Mahn.

Wothe, Anny, frohe Feste. Ein unentbehrl. Führer u. Ratgeber zur Unterhaltg. u. Belehrg. Für die Frauenwelt zur Verschönerung v. Festen aller Art hrsg. unter Mitwirkg. namhafter Schriftstellerinnen. 12. (VII, 235 S.) Leipzig 893. G. A. Müller & Co. Volks=Ausg. n. 2. 50; geb. in Leinw. n. 3. —; Pracht=Ausg. geb. m. Goldschn. 5. —

— frohe Feste. Ein unentbehrlicher Führer u. Ratgeber zur Unterhaltg. u. Belehrg. Für d. Frauenwelt hrsg. 12. (VII, 235 S.) Leipzig 893. Mühlhausen i/Th., G. Danner. Geb. 3. —; erm. Pr. n. 2. —

Wothe, Anny (Frau Anny Mahn), Firnenglanz. Roman. (252 S.) 8. Bremerhaven (904). L. v. Vangerow. n. 4. —; geb. n. 5. —

Wothe, Anny, Frauenliebe u. Leben. Eine Mitgabe auf den Lebensweg f. Frauen u. Mädchen. 16. (V, 101 S.) Leipzig 884. Werther. geb. m. Goldschn. n. 2. 50

— Frauenliebe u. Leben. Eine Mitgabe auf den Lebensweg f. Frauen u. Mädchen. 2. Aufl. 12. (V, 101 S.) Leipzig 888. Werther. geb. n. 2. 25

Wothe, Anny. Frauenliebe u. Leben. Eine Mitgabe auf d. Lebensweg f. Frauen u. Mädchen. 3. Aufl. 12. (VII, 105 S.) Bresl. 892, Freund. geb. 3 —

— Frauen=Liebe u. Leben. Eine Mitgabe auf den Lebensweg f. Frauen u. Mädchen. 4. Aufl. 8. (VIII, 102 S. m. Bildern.) Leipzig 894. A. Bergmann. Geb. in Leinw. n. 3. —

Wothe, Anny: Das Gift unserer Zeit. Inhalt: Lohnverhältnisse der Arbeiterinnen, Verbesserung der Sittenzustände, Lösung der Frauenfrage. — Cannstadt: Stehn 1886. 40 S. 8°

— des Weibes Glück. Eine Mitgabe auf den Lebensweg für Frauen und Mädchen. 8. (106 S.) Stuttgart 887, Greiner und Pfeiffer. geb. *

— Des Weibes Glück. Eine Mitgabe auf den Lebensweg f. Frauen u. Mädchen. 2. Aufl. 8. (110 S.) Stuttg. 889, Greiner u. Pfeiffer. geb. * 2 50

— Goldjäger. Roman. Mit e. Phototyp. der Verf. 8. (290 S.) Chemnitz 899. Leipzig, C. B. Richter. n. 3. 50; geb. n. 4. 50

— Haidezauber. Roman. 8. (VII, 265 S.) Breslau 892. [L. Freund.] Leipzig, H. Paul. 3. 50; geb. in Leinw. 4. 50

— dasselbe, s. a. Bücherschatz, neuer.

— Haidezauber. Roman. 2. Aufl. gr. 8. (VII, 263 S.) Chemnitz 895. B. Richter. 3. 50; geb. 4. —

— Das Haus am Rhein. Roman. 8. (234 S.) Chemnitz 890, Richter's Verlag. * 3 —; geb. * 4 —

(B) Wothe, Anny (Frau Anny Mahn), das Haus am Rhein. 890. Jetzt: Leipzig, A. Mahn.

— der Hausschatz. Ein Freund und Ratgeber für die Frauenwelt, unter Mitwirkung hervorragender Männer und Frauen. 8. (VI, 425 S. mit dem Portr. der Verf.) Oranienburg 886, Freyhoff's Verlag. * geb. mit Goldschn. *

— das Hochzeitsbuch. Ein Wegweiser u. Ratgeber für Bräute u. junge Hausfrauen bei Hauseinrichtgn., Aussteuern, Hochzeitsgeschenken, Festlichkeiten, Polterabendaufführgn. etc., unter Mitwirkg. hervorrag. Schriftsteller u. prakt. Hausfrauen hrsg. 2. Aufl. gr. 8. (XVI, 264 S. m. Abbildgn.) Leipzig (901). A. Mahn. Geb. 3. —

— Kantate. Roman. (289 S.) 8. Leipzig (908). G. H. Wigand. 4.—; geb. 5. —

— Am roten Kliff. Ein Roman v. der Insel Sylt. (296 S.) 8. Halle (910). Westerland, C. Pfennigsdorf. 4.—; geb. 5. —

— Im Klosterhof. Roman. 8. (313 S.) Chemnitz 891, Richter. * 3 50; geb. * 4 50

(B) — Im Klosterhof. 891. — Das Märchenschloß. 892. Jetzt: Leipzig, A. Mahn.

— Frau v. Kolemine [Gräfin Czapska=Romrod.] Nach sicheren Quellen bearb. Mit Portr. u. fesm. Brief. 4. Aufl. 8. (72 S.) Leipzig 884. Unflad. n. 1. 60

— Lenzesblüten. Zum Strauß gewunden für die Frauenwelt. 8. (VII, 243 S. mit 8 Illustr. in Lichtdr.) Stuttgart 886, Greiner und Pfeiffer. geb. mit Goldschn. *

— irrendes Licht. Roman. (281 S.) 8. Ebd. 903. n. 4. —; geb. in Leinw. n. 5. —

Wothe, Anny (Frau Anny Mahn), unsere Mädel u. Buben. Ein prakt. Wegweiser für Eltern u. Erzieher, unter Mitwirkung erfahrungsreicher Mütter u. Pädagogen hrsg. gr. 8. (XII, 215 S. m. Abbildgn.) Leipzig (900). A. Mahn. Geb. 3. —

— das Märchenschloß. Roman. 8. (324 S.) Ebd. 892. n. 4. —; geb. n. 5. —

— Sündige Mütter. Roman. (322 S.) 8. Berlin 910. A. Goldschmidt. 4.—; geb. in Leinw. 5. —

— moderne Pilger. Novellen. (V, 332 S.) 8. Ebd. (904). n. 4. 50; geb. n. 6. —

— Ragna. Roman. 8. (284 S.) Ebd. 898. 3. 50; geb. 4. 50

—— ein Rosenstrauß. Allen deutschen Frauen und Mädchen dargeboten. 12. (171 S.) Leipzig 883, Selbstverlag. geb. mit Goldschn.

—— ein Rosenstrauß. Allen deutschen Frauen und Mädchen dargeboten. 2. Aufl. 8. (VIII, 160 S. mit eingedr. Holzschn. und Portr. in Holzschn.) Stuttgart 886, Glaser und Comp. geb. mit Goldschn. *

—— dass. — 3. Aufl. 8. (VII, 160 S. mit Illustr. und Bild der Verf.) Ebendas. 888. geb. * geb. mit Goldschn.

— auf Ruinen. Roman. 8. (VII, 271 S.) Dresden 893. E. Pierson. n. 4. —; geb. n. 5. —

(B) — Auf Ruinen. 893. Jetzt: Berlin, Verlag Berlin-Wien.

— San Martino. Roman. (261 S.) 8. Berlin 906. C. A. Schwetschke & Sohn. n. 4. —; geb. n. 5. —

— San Martino. Roman. 2. Aufl. (261 S.) 8. Berlin (908). C. A. Schwetschke & Sohn. 4.—; geb. 5. —

— suchende Seele. Roman. (VII, 288 S.) 8. Bremerhaven (906). L. v. Vangerow. n. 3. —; geb. n. 4. —

— Sei sparsam! E. prakt. Führer u. Ratgeber f. sorgsame Hausfrauen u. solche, die es werden wollen. Unt. Mitwirkg. namhafter Schriftsteller u. prakt. Hausfrauen hrsg. 4. Aufl. gr. 8. (XVI, 268 S. m. Abb.) Leipzig 898. A. Mahn. Geb. n. 2. —

— sei sparsam! Ein prakt. Führer u. Ratgeber f. sorgsame Hausfrauen u. solche, die es werden wollen. Unter Mitwirkg. namhafter Schriftsteller u. prakt. Hausfrauen hrsg. 8. Aufl. gr. 8. (XVI, 304 S. m. Abbildgn.) Leipzig (902). A. Mahn. Geb. 3. —
5. Aufl. (XVI, 252 S. m. Abb.) Ebd. 899. n. 2. —.

— sei sparsam! Ein prakt. Führer u. Ratgeber f. sorgsame Hausfrauen u. solche, die es werden wollen. Unter Mitwirkg. namhafter Schriftsteller u. prakt. Hausfrauen hrsg. 12. Aufl. (XVI, 408 S. m. Abbildgn.) gr. 8. Leipzig (906). A. Mahn. Geb. 3. —

— Selbsterlebtes. Aus den Werkstätten deutscher Poesie u. Kunst. Hrsg. v. W. (V, 136 S. m. Abbildgn.) 4. Ebd. (904). Geb. in Leinw. n. 10. —

— die Siegerin. Roman. 8. (268 S.) Chemnitz 901. Leipzig, C. B. Richter. n. 3. —; geb. n. 4. —

—— Sommerträume. Novellen und Skizzen. 8. (166 S.) Leipzig 884, Unflad. * ℳ 2, 40.; geb. *

—— Sommerträume. Novellen u. Skizzen. 2. verm. Aufl. Mit 5 Vollbildern nach Orig.-Zeichngn. v. berühmter Künstlerhand. 8. (VII, 184 S.) Bresl. 891, Freund. geb. * 3 50

— Sonnenfunken. Novellen u. Skizzen f. die Frauenwelt. Mit 4 Vollbildern nach Orig.-Zeichngn. 12. (VII, 141 S.) Breslau 892. [L. Freund.] Leipzig, H. Paul. Geb. in Leinw. 3. 50

— dasselbe. (2. Aufl.) 12. (VII, 120 S. m. Bildnis.) Elberfeld 894. G. ten Winkel. n. 1. 20; geb. in Leinw. n. 1. 80

[F.] Sonnenfunken. Novellen u. Skizzen f. d. Frauenwelt v. Anny Wothe, Hrsg. . . . der Wochenschrift 'Von Haus zu Haus'. M. d. Bildn. der Vf. (2. Aufl.) *Elberfeld: G. ten Winkel (1895).* (4 Bl., 129 S., 1 Portr.) 1 Bd 8. (96. 5316

— versunkene Sterne. Novellen u. Skizzen f. die Frauenwelt. gr. 8. (VII, 192 S.) Wiesbaden 886. Bechtold & Co. n. 3. —; geb. n.n. 4. —

— versunkene Sterne. Novellen u. Skizzen f. die Frauenwelt. 2. Aufl. 8. (VIII, 200 S.) Bayreuth 894. Niehrenheim & Bayerlein. n. 2. 50; geb. in Damast n. 3. 50

—— Suse. Roman. 8. (353 S.) Chemnitz 890, Richter's Verlag. * 4 —; geb. * 5 —

— Suse. Roman. Mit Illustr. v. Ant. C. Bawarowski. 2. Aufl. 8. (338 S.) Chemnitz 901. Leipzig, C. B. Richter. n. 4. —; geb. n. 5. —

Wothe, Anny (Frau Anny Mahn), das Tor des Lebens. Ein Roman. (305 S.) 8. Berlin 910. Boll & Pickardt. 4.—; geb. 5. —

Wothe, Anny (Frau Anny Mahn), und doch. Roman. 8. (VII, 283 S.) Chemnitz 900. Leipzig, C. B. Richter. n. 3. —; geb. n. 4. —

— Verfemt. Roman. (279 S. m. Bildnis.) 8. Bremerhaven 904. L. v. Vangerow. n. 4. —; geb. in Leinw. n. 5. —

— s.: Von Haus zu Haus.

— warum? Roman. gr. 8. (VII, 233 S.) Chemnitz 895. B. Richter. 4. —; geb. 5. —

— Wellenrauschen. Stimmungsbilder u. Skizzen f. die jüngere Frauenwelt. 8. (VII, 211 S. m. Abbildgn.) Breslau 891. Freund. geb. n. 4. —

— Versunkene Welten. Ein Roman v. der Insel Sylt. (301 S.) kl. 8. Flensburg (908). G. Soltau. 4.50; geb. 5.—

— weltvergessen. Roman. 8. (218 S.) Leipzig 896. P. List. n. 3. —; geb. 4. —

—— wie lebt man glücklich? Ein Handbuch der mehr oder weniger richtigen Wege zu innerem und äußerem Wohlbefinden. 12. (93 S.) Frankfurt a. M. 887, Koenitzer's Verlag. geb. *

— wohin? E. praktischer Ratgeber f. alle Reiselustigen. 4. Aufl. gr. 8. (VIII, 399 S. m. Abb.) Leipzig 898. A. Mahn. Geb. in Halbleinw. n. 2. —

— Wohin? Ein prakt. Ratgeber für alle Reiselustigen. 8. Aufl. gr. 8. (XII, 540 S. m. Abbildgn.) Leipzig (902). A. Mahn. Geb. in Halbleinw. 3. —

— Wohin? Ein prakt. Ratgeber für alle Reiselustigen. 12. Aufl. (XVI, 566 S. m. Abbildgn.) gr. 8. Leipzig (906). A. Mahn. Geb. in Halbleinw. 3. —

— Wohin? Ein prakt. Ratgeber f. alle Reiselustigen. 13. Aufl. (XVI, 476 S. m. Abb.) gr. 8. Leipzig (907). A. Mahn. Geb. in Halbleinw. 3. —

— Zigeunerliebe. Der Frauenwelt erzählt. Mit Illustr. v. B. Bartonek u. P. Körber. Lex.-8. (57 S.) Leipzig 894. F. Cavael. Geb. in Leinw. m. Goldschn. 3. —

Wothe, F., die Kunst, od.: Das Geheimniß ohne Hülfe e. Rechenbuches jedes Regula de Tri-Exempel, es sei in ganzen od. gebroch. Zahlen etc., nicht allein aufgeben, sond. auch sogleich das Facit wissen zu können. Für Lehrer d. Rechenkunst sowohl an höh. als nied. Stadt- u. Landschulen. 8. Potsdam 834, (Vogler.) Versiegelt.

Wothe, Georg

Wothe, G., die Halskrankheiten, ihre Entstehung, Verhütung, Behandlung u. Heilung, gemeinverständlich dargest. gr. 8. (63 S.) Berlin (902). Deutscher Verl. 1.—

— die Nasenkrankheiten, ihre Entstehung, Verhütung, Behandlung u. Heilung. gr. 8. (83 S.) Ebd. (902). 1.25

— die Ohrenkrankheiten, ihre Entstehung, Verhütung Behandlung u. Heilung gemeinverständlich dargestellt. gr. 8. (64 S.) Ebd. (902). 1.—

Die Ohrenkrankheiten, ihre Entstehung, Verhütung, Behandlung u. Heilung, gemeinverständl. dargest. von Dr. G[eorg] Wothe, prakt. Arzt. *Berlin: Deutscher Verl. [1903].* (64 S.) 8° [F.] [04. 1606

Wothe, G., therapeutischer Wegweiser f. Ärzte u. Studierende. 12. (VIII, 268 S.) Leipzig 896. J. A. Barth. n. 4.—; geb. in Leinw. u. durchsch. n. 5.—

Wothe, J., der kleine Feuerwerker. Kurze Anleitung, die gewöhnlichsten Feuerwerkskörper [Schwärmer, Fontainen, Raketen, bengal. Flammen etc.] sich selbst zu fertigen und dieselben in geeigneter Weise abzubrennen. 16. (21 S. mit 1 lithogr. Taf. Zeichnungen.) Kattowitz 881, Siwinna. *

Wothe, J., der kleine Feuerwerker. Kurze Anleitung, die gewöhnlichsten Feuerwerkskörper [Schwärmer, Fontainen, Raketen, bengal. Flammen etc.] sich selbst zu fertigen und dieselben in geeigneter Weise abzubrennen. 2. Aufl. 16. (21 S. mit 1 Taf. Zeichnungen.) Kattowitz 885, Siwinna. *

Wothe, Mart., Predigt, gehalten auf dem Annaberge bei Burrweiler am Feste der heil. Anna [am 26. Juli 1869]. 1. und 2. Aufl. 8. (17 S.) Speyer 869, Kleeberger.

Wothenstern, Athelin Graf von, und seine Familie. Leipz. 1797. V: *Kerndörffer, Heinrich August.* (BGE VIII³, 577)

Wothenstern, Graf Athelin von, und seine Familie, 8. Daselbst, 797. Köhler. 23 gl.

Wothke, F., Handbuch zur Vorbereitung auf die Postsekretärprüfung im Verwaltungswesen, Postdienst, in den schriftlichen Arbeiten u. in der Geographie. 2. verb. u. verm. Aufl. (VIII, 512 S.) gr. 8. Schleusenau-Bromberg 902. (Bromberg, A. Dittmann.) (Nur direkt.) n. 3.—; geb. in Leinw. n. 3.50

— Leitfaden zur Vorbereitung auf die Post- u. Telegraphen-Assistenten-Prüfung. 2. Aufl. (VIII, 482 S.) gr. 8. Ebd. 905. n. 3.75; geb. n. 4.25

Leitfaden zur Vorbereitung auf die Post- und Telegraphen-Assistenten-Prüfung. Bearb. von F. **Wothke**, Ober-Postsekretär. 3. Aufl. Nakel: Selbstverl. 1908. VIII, 440 S. 8°

— der Post- u. Telegraphen-Anwärter. (III, 132 S.) gr. 8. Ebd. 902. n. 1.60; geb. n. 1.90

Wotitz, Karl

Wotitz, Carl, erster Unterricht in der italienischen Sprache. Für die Elementarstufen des Schul- und Privatunterrichtes im Allgemeinen und insbesond. als: Vorschule der Ollendorff'schen italien. Sprachlehre nach Geo. Traut's neuem Systeme. gr. 16. (X und 345 S.) Groß-Kanizsa 865. (Pest, Gebr. Lauffer.)

Wotitz, Carl, erster Unterricht in der italienischen Sprache. Für die Elementarstufen des Schul- und Privatunterrichtes im Allgemeinen und insbesondere als: Vorschule der Ollendorff'schen italien. Sprachlehre nach Geo. Traut's neuem Systeme. 2. Ausg. gr. 16. (344 S.) Groß-Kanizsa 872, Fischel. *

Wotitz, Carl. Erster Unterricht in d. italienischen Sprache nach Ollendorff's Methode. 2. neu verb. Aufl. Bearb. von Wilh. Hochwald. 8. (403 S.) Gr. Kanizsa 889. Fischel. geb. * 2 75

Wotke, C., s. Wotke, Karl

Wotke, Joh., hinaus ins Freie! 2. Folge des „Veilchenstraußes"! 100 ausgew. Deklamationen f. Schulfeste u. Schülerausflüge nebst e. Anh. v. Gedichten für Weihnachten u. Neujahr, patriot. Feste, den Schulschluß u. damit verbund. Festlichkeiten. Gesammelt u. geordnet. (IV, 202 S.) 8. Sternberg 906. A. R. Hitschfeld. 1.40; geb. 2.—

Wotke, Joh., Veilchenstrauß f. die Jugend. Ausgewählte Declamationen zum Gebrauche bei Schulfeierlichkeiten u. anderen Anlässen in Schule u. Haus. Hrsg. vom Bez.-Lehrer-Verein Freiwaldau. (IV, 248 S.) 8. Freiwaldau (898.) (A. Blažek.) 2.50

Wotke, Karl

— Ein Beitrag zur Geschichte des Kantianismus in Österreich. (14). Wien VIII. (Langer). 03.
Progr.

Wotke, Karl, Beiträge zur Gymnasiallehrerfrage in Österreich in den J. 1796—1800, s.: **Beiträge** zur österreich. Erziehungs- u. Schulgeschichte.

Wotke, Karl, s. a. Bruni Aretini, Leonardi, dialogus de tribus vatibus florentinis.

Wotke, Dr. Karl, Leonardi Bruni Aretini dialogus de tribus vatibus Florentinis. Gr.-8. (32 S.) Prag: Tempsky 1889. —.30

Wotke, K., Darstellung u. Kritik d. pädagog. Hauptgrundsätze Platons. S.-A. 1898 46 S.

Wotke, K., Demosthenes. Ausgewählte Reden. 5. Aufl. 8°. (ill. XXVI, 122 S.) Wien: Tempsky 1902. geb. K 1.60

Wotke, Karl, über alte Formen bei Vergil, s. a. Studien, Wiener, 8. Jahrg.

Wotke, K., Ueber alte Formen bei Vergil. S.-A. 1886. 18 S.

Wotke Dr. Carl: Der Genesiscommentar (I-IV 1) des Pseudoeucherius im Codex Augiensis CXCI. herausgegeben und eingeleitet. 37. Wien XVII. 97.
Progr.

Wotke Karl, Dr.: *Glossae spiritales secundum Eucherium episcopum.* S. 115. 445 .
Separatabdruck

Wotke, K., glossae spiritales secundum Eucherium episcopum. [Aus: „Sitzungsberichte d. k. Akad. d. Wiss."] Lex.-8. (17 S.) Wien 888. (Tempsky.) n. —40

Wotke, Karl, das österreich. Gymnasium im Zeitalter Maria Theresias, s. a. Monumenta Germaniae paedagogica. XXX.

Das Oesterreichische Gymnasium im Zeitalter Maria Theresias von Karl Wotke, Gymn.Prof. Bd 1. Berlin: A. Hofmann & Co. 1905. 8°
= Monumenta Germaniae Paedagogica. Bd 30. [es €uo]

Wotke, Karl: Inspektionsbericht über d. Brünner Gymnasium v. J. 1786. Wien & Lpz. '06. S. 1—27. (Beitr. z. Österr. Erziehgs- u. Schulgesch. 8.)

Wotke, Karl, Vincenz Eduard Milde als Pädagoge u. sein Verhältnis zu den geistigen Strömungen seiner Zeit, s.: Beiträge zur österreich. Erziehungs- u. Schulgeschichte. Hft. 4.

Vincenz Eduard Milde als Pädagoge und sein Verhältnis zu d. geistigen Strömungen seiner Zeit. Eine cultur- u. quellengesch. Einleitung in s. 'Erziehungskunde' von Dr. Karl **Wotke**, k. k. Prof. Wien & Leipzig: W. Braumüller 1902. (XII, 264 S. 8°
(Beiträge z. österr. Erziehungs- u. Schulgeschichte. H. 4.)

Wotke, C., Persiusexcerpte. S.-A. 1888. 11 S.

Wotke, Karl: Die ältesten Piaristenschulen Mährens. Ein Beitrag zur österreichischen Schulgeschichte. (Umschlagtitel: ... Mährens.) 8 (S. III—XV, 22 S.)
Progr. K. k. Staatsg. im XVII. Bezirke von *Wien* (Hernals) 1900.

— Karl Heinrich Seibt, der erste Universitätsprofessor der deutschen Sprache in Prag, s.a. Beiträge zur österreich. Erziehungs- u. Schulgeschichte.

Karl Heinrich Seibt. Der erste Univ. Prof. d. deutschen Sprache in Prag, e. Schüler Gellerts u. Gottscheds. Ein Beitrag z. Geschichte d. Deutschunterr. in Österreich. Von Prof. Dr. Karl **Wotke**. Wien & Leipzig: C. Fromme 1907. (174 S.) 8°
= **Beiträge** z. Österr. Erziehungs- u. Schulgeschichte. H. 9. [1.] [08. 13176

—— und H. Usener, epikurische Spruchsammlung, s. Studien, Wiener, 10. Jahrg.

Wotke, K. Ercolo Strozza. Ein Hofdichter des Hauses Este. Wien, St. U. R. II. Bez., 1892. 15 S. **Progr.**

— Isidors Synonyma (II. 50—103) im Papyrus Nr. 226 der Stiftsbibliothek von St. Gallen (mit 1 Taf.). S. 127/1 . . . .
Separatabdruck

Wotke, Karl, Isidors Synonyma (II, 50—103) im Papyrus Nr. 226 der Stiftsbibliothek v. St. Gallen. [Aus: „Sitzungsber. d. k. Akad. d. Wiss."] Lex.-8. (18 S. m. 1 Lichtdr.-Taf.) Wien 892. (F. Tempsky.) n. — 90

Wotke Karl: Vergiliana cum appendice.
1885 PN 377 **Diss.** Wien. Univ. 1449

Wotke Dr. Karl: Die griechische Version der epitome operum Cassiani des Pseudo-Eucherius im Codex Vindobonensis Graec. theol. Nr. CXXI. (14). Wien VIII. (Langer) 98.
Progr.

— Die griech. Version der Epitome operum Cassiani des Pseudo-Eucherius im Cod. Vindob. Graec. theolog. Nr. CXXI. II. Pr. 1899. 17 S. 1.—

Wotoch-Rekowski, Frz. v., Versuch einer Geschichte der aus den Landen Bütow und Lauenburg in Pommern stammenden Adelsgeschlechter v. Wotoch, v. Stypp, v. Wrycz und v. Gynz Rekowski. Gesammelt, zusammengestellt und hrsg. gr. 8. (VII, 199 S. mit eingedr. Wappen und 1 Wappentaf.) Berlin 887, (Stargardt.) geb. *

Catalogue thématique des œuvres de Chr. W. v. Gluck (1714–1787). Publ. par Alfred **Wotquenne**. Leipzig, Bruxelles [usw.]: Breitkopf & Härtel 1904. XI, 249 S. 4°

— alphabet. Verzeichnis der Stücke in Versen aus den dramatischen Werken v. Zeno, Metastasio u. Goldoni. (VIII, 77 S.) Lex.-8. Ebd. 905. Kart. n. 7. 50

Wotquenne, Alfr., thematisches Verzeichnis der Werke von Carl Philipp Emanuel Bach (1714—1788). (III, 111 S.) Lex.-8. Leipzig 904. Breitkopf & Härtel. Kart. n. 10. —

— thematisches Verzeichnis der Werke von Chr. W. v. Gluck (1714—1787). Deutsche Uebersetzg. v. Jos. Liebeskind. (XI, 246 S. m. 1 Bildnis.) Lex.-8. Ebd. 904. Kart. n. 15. —

Wotruba, Rudolf

Wotruba, R., Einleitg. in die Trigonometrie. Für techn. Lehranst. u. zum Selbstunterr. gr. 8. (V, 56 S. m. 4 lith. Taf.) Altenburg 897. O. Bonde. n. 1. 70; geb. in Leinw. n. 2. —

Wotruba, Rud., analytische Geometrie der Ebene. Ein Leitfaden f. Studierende techn. Mittelschulen. (VI, 58 S. m. 63 Fig.) Lex. 8. Leipzig 910. J. M. Gebhardt. 1.60; geb. n 2. —

Wotruba, Rud., die Grundlehren der mechanischen Wärmetheorie u. ihre elementare Anwendung in den hauptsächlichsten Gebieten der Technik. Für Techniker, Maschinenbauer u. Schüler höherer techn. Anstalten. gr. 8. (VI, 282 S. m. 115 Abb.) Berlin 902. H. Costenoble. n. 10. —

— **Lehrbücher der Elektrotechnik. Einführung in die Hauptgebiete der Elektrotechnik zum Gebrauch an techn. Lehranstalten, f. Techniker u. Industrielle u. z. Selbststudium. 1. u. 2. Bd. gr. 8. Ebd. 902. à n. 5. —**
1. **Der elektrische Strom, seine Gesetze u. Wirkungen in der Strombahn. Nebst Anleitung zur Durchführung v. Praktikums-Arbeiten. 2. Ausg. Mit 109 Abb. (V, 162 S.)**
2. **Das magnetische Feld e. Strombahn, Stromerzeugung durch Induktion. Nebst Anleitung zur Durchführung v. Praktikums-Arbeiten. Mit 146 Abbildgn. (V, 195 S.)**

— Technische Mechanik der starren, flüssigen u. ausdehnsam-flüssigen Körper. Kurzgefasstes Hand- u. Hilfsbuch f. Techniker u. Studierende an mittl. techn. Lehranstalten sowie zum Selbstunterricht. (X, 134 S. m. 136 Abb.) Lex. 8. Leipzig 908. B. F. Voigt. 4.50; geb. 5. 50

Wotschitzky, Ferd*inand* Beiträge zur Geschichte des Krieges Erzherzog Siegmunds mit Venedig 1487. 8 (S. 3—43).
Progr. Staats-Oberg. *Bielitz* 1890.

Wotschke, Leopold *Friedrich Martin* [app. Arzt aus Meseritz '(Posen)']: Über frühzeitige Muskelatrophie nach cerebraler Hemiplegie ... Halle a. d. S., Druck v. O. Hendel, 1896; 39 S. 8.
Leipzig, Med. Fak., Inaug.-Diss. v. 13. Aug. 1896

Wotschke, Theodor, Dr., Pastor in Gogolin: **Brenz** als Katechet. *Wittenberg: P. Wunschmann 1899.* (86 S.) 8°
Breslau, Ev.-theol. Diss. v. 8. Dez. 1899

Wotschke, Th., Brenz als Katechet. Ein Beitrag zur Feier des 400jähr. Geburtstages d. schwäb. Reformators. gr. 8. (III, 86 S.) Wittenberg 900. P. Wunschmann. n. 1. 40

Wotschke, Thdr., der Briefwechsel der Schweizer m. den Polen, s.a. Archiv f. Reformationsgeschichte. 3. Erg.-Bd.

Wotschke, Theodor. Der Briefwechsel der Schweizer mit den Polen (1546—1593). [Gesammelt und hrg.] Von Lic. Dr. Th' W'.... II + 444 S. 8. Leipzig, M. Heinsius Nachfolger, 1908. (für Subskribenten M. 12. 60, einzeln 15. 75)

(Archiv für Reformationsgeschichte. Texte und Untersuchungen ... hrg. von Walter Friedensburg. Ergänzungsband 3.)

Wotschke, Theodor [Predigtamts-Kand. aus Meseritz]: Fichte und Erigena. Darstellg u. Kritik zweier verwandter Typen e. idealist. Pantheismus ... Halle a. S., Druck v. Wischan & Wettengel, 1896; 3 Bl., 72 S., 1 Bl. 8.

Leipzig, Phil. Fak., Inaug.-Diss. v. [16. Okt.] 1896

Wotschke, Thdr., Fichte u. Erigena. Darstellg. u. Kritik zweier verw. Typen e. idealist. Pantheismus. gr. 8. (IV, 72 S.) Halle 896. J. Krause. n. 1.50

Wotta, Jos., Anhang zur Sammlung der f. die Bukowina in Kraft besteh. Gesetze u. Verordnungen, welche das Volksschulwesen betreffen. (64 u. XIX S.) gr. 8. Czernowitz 903. R. Schally. n. 1.—

Hauptwerk Ebd. 899. Geb. n.n. 5.—.

Wotta, Josef. Der Niedergang des deutschen Schulwesens im ruthenischen Teil der Bukowina. Czernowitz: Buchdruckereiges. 1900.

Wotta, Jos., Sammlung der f. die Bukowina in Kraft bestehenden Gesetze u. Verordnungen, welche das Volksschulwesen betreffen. gr. 8. (IV, 580 S.) Czernowitz 899. R. Schally. Geb. in Leinw. n.n. 5.—

Wottge, Franz *(geb. Eiau bei Neiße [15. 10. 1840]):* Beiträge zur Casuistik der Osteomyelitis acuta spontanea diffusa. Breslau (1872) (30 S.) 8°

Breslau, Med. Diss. v. 26. März 1872

Wottitz, J. Der Bau von Vicinal-Eisenbahnen nach dem System Larmanjat. Wien 1869

Wottitz, J., Special-Bericht über die Maschinen u. Geräthe der internationalen Industrie- u. landwirthschaftlichen Ausstellungen zu Stettin u. Cöln im Mai u. Juni 1865. Ueber Aufforderung des hohen k. k. Ministeriums für Handel u. Volkswirthschaft verfasst. Wien 866. Herzfeld & Bauer. gr. 8. (III, 172 S. mit 5 Holzschn. in 4. u. Fol. u. vielen in den Text gedr. Holzschn.) n. 1 ₰ 10 ngr

Wotton, Henry, ein Frühlingsfest. Spiel in 1 Aufzug. (40 S.) 8. Berlin-Friedenau (910). Bureau Fischer. 1.—

Wotton, Tom S., a dictionary of foreign musical terms and handbook of orchestral instruments. (VII, 226 S.) gr. 8. Leipzig 907. Breitkopf & Härtel. 3.—; geb. in Leinw. n 4.—

Wotton, W., s. *Pocket*-Edition.

Wotton, W., s. Swift, J., Tale of a Tub.

Wotypka, Alex., die contagiöse Bindehaut-Entzündung (Conjunctivitis contagiosa). Ein Beitrag zur richtigen Würdigung dieser Krankheit nach den während der in Florenz im J. 1849 unter den k. k. österr. Truppen ausgebrochenen Epidemie geschöpften Beobachtungen und mit besond. Berücksichtigung der militär. Verhältnisse. gr. 8. (XIV und 118 S.) Wien 852, Braumüller. *

Wotypka, Karl Wratislaw

Wotypka, Carl Wratislaw, Dickmann's Münzsammlung in Wien, verzeichnet z. versteigerungsweisen Verkaufe, welcher v. 16. Nov. 1836 angefangen, zu Wien vorgenommen werden wird. Beschrieben. gr. 8. (18¼ B.) Wien 836, [Gerold's Vrlsh.]

Wotzel, Alois, erster Anschauungs-Unterricht für die Jugend. gr. 12. (VII und 255 S. mit eingedr. Holzschn.) Prag 850, (André.) *

Wotzel, Alois, erster Anschauungs-Unterricht durch Wort und Bild für das erste Jugendalter, verf. und hrsg. 2., umgearb. und mit neuen Abbildungen verm. Aufl. gr. 12. (IV und 336 S. mit eingedr. Holzschn.) Prag 854, André.

Wötzel, J. K.

— s. auch **Wetzel.**

— abgenöthigte Antwort, auf das an ihn gerichtete Sendschreiben &c. 8. Leipz. Jacobäer. 805.

Wötzel, J. K., unmittelbare prakt. Declamirschule, oder Auswahl d. schönsten Gedichte erhabenen u. traurigen Inhalts, so charakterisirt u. bezeichnet, daß sie auch ohne Vorbereitung sogleich gut vorgelesen werden können. 8. Wien 817.

— — nähere Erklärung und Aufschlüsse über meine Schrift: Meiner Gattin wirkliche Erscheinung nach ihrem Tode. Leipz. 805. 8.

*W(ötzel) J. C., meiner Gattin wirkliche Erscheinung nach ihrem Tode. Eine wahre, unlängst erfolgte Geschichte. Aufl. 4. Chemn. (804) 805. 8.

— meiner Gattin wirkliche Erscheinung n. ihrem Tode &c. 8. Leipz. Jacobäer. 805.

— — der Geisterseher. Ein Büchlein, worin die Wirklichkeit der Erscheinung seiner Gattin durch historische, psychologische und philosophische Gründe bewiesen wird. Leipz. 805. 8.

— Grundriß einer pragmat. Geschichte d. Declamation u. d. Musik, nach Schochers Ideen. gr. 8. Wien 814. v. Mösle. 1 ₰ 4 gr 1817 Hbg. Pr. 7 gr

Wötzel, J. C., Grundriß einer pragmat. Geschichte der Declamation und der Musik, nach Schochers Ideen. gr. 8. Wien, v. Mösle. 816.

— kurzer Grundriß einer declamator.-charakterist. Statistik u. Physiognomik aller gebildeten Staaten u. Völker, nach Schochers Ideen. gr. 8. Wien 815. v. Mösle. 20 gr Hbg. Pr. 6 gr

— Grundriß e. allgem. Lehrgebäudes d. Declamation u. Musik &c. gr. 8. Wien 814. 2e Aufl. unt. d. T.: Grundriß e. allgem. interessanten umfaßl. Lehrgebäudes, oder System d. Declamation u. Mimik, mit Anwendung ihrer Gesetze auf Musik, Poesie, Oper, Pantomime u. Ballet. 8. Wien 817. v. Mösle. 1 ₰

— Grundriß d. einzig zweckmäß. Propädeutik z. gründl. u. fruchtb. Studio d. Metaphysik, od. der Transcendentalphilosophie. gr. 8. Ebend. 802.

— Grundr. e. zweckmäß. Propädeutik, od. Moralphilosophie. gr. 8. Leipz. Leo. 803.

— Grundr. d. eigentl. Systems d. anthropolog. Psychologie überh. u. d. empirischen insbesondere. 2 Thle. gr. 8. Leipz. Dyk. 804. 5. (I. allgemeiner Theil. 2 Rthlr. 8 gr. II. Empirische Psychologie. 2 Rthlr.)

— der deutsche Kinderfreund Rosenau, od. Originalübungen im Lesen, f. die Jugend. 8. Leipz. Becker. (Hinrichs.) 798.

Wötzel, J. K., System der empirischen Anthropologie od. d. ganzen Erfahrungsmenschenlehre in 2 Haupttheilen; a. u. d. Titel: System d. Anthropolog. physiolog. Somatologie od. d. Naturlehre d. thierisch-menschl. Körpers und Lebens. 2 Thle. gr. 8. Leipz. Dyk. 803. 4. (I. analyt. Theil der Somatologie. 2 Rthlr. II. synthetischer Theil. 2 Rthlr. 12 gr.)

— Versuch e. neuen Entwurfs d. einz. richtig. und zweckmäß. dargestellten Systems der transcendentalen Elementar-philosophie, od. d. so genannte Metaphysik als d. Grundlage d. Kerns u. Geistes aller wahren Philosophie u. Wissenschaften überhaupt. gr. 8. Leipz. Küchler. (Meysel.) 802.

Wözel, J. K., Versuch eines Entwurfs d. Systems der transcendent. Elementarphilosophie ꝛc. gr. 8. Leipzig. 802. Ist jezt Verlag von Cnobloch.

— Versuch einer einzig zweckmäß. Propädeutik z. richtig. gründl. u. fruchtb. Studio d. Vernunftlehre od. Logik, als d. allgem. Grundlehre alles richtigen Denkens. gr. 8. Leipzig, Breitkopf u. H. 802.

— Versuch einer völlig zweckmäßigen Theaterschule, oder d. einzig richtigen Kunst u. Methode, vollkommener Kunstschauspieler, Opernsänger, Pantomime u. Ballettänzer, im höheren Grade u. in kürzerer Zeit zu werden, als auf dem bisher. Wege. 8. Wien 818. v. Mösle. 20 gr. Schrbp. 1 Thlr. 4 gr.

— Versuch ein. zweckmäß. vollständ. Vorbereitungswissenschaft z. richt. Studio d. Metaphysik, od. d. transcendentalen Fundamentalphilosophie. gr. 8. Leipz. (Graffé in Weißenfels.) 803.

Wözel, J. K., schöne Vorlesekunst für alle gebildete Personen beiderlei Geschlechts. 8. Wien 816. 2e Aufl. 817. Verfasser. (v. Mösle). 12 gr.

— s. Breim. Walter.

Woude, Johanna van, im eigenen Nest, s.: Engelhorn's allgemeine Romanbibliothek. 16. Jahrg. 7. Bd.

Woude, J. van, Tom u. Ich. Novelle. Nach dem Holl. frei bearb. v. A. Herbst. 8. (267 S.) Köln 894. J. P. Bachem. 3. —; geb. n. 4. 50

Woude, Johanna v., Traudel u. ich. s.: Universal-Bibliothek.

Woudenberg, Nicolaas Pieter, Tierarzt aus den Haag (Holland): Über Vergrösserung der Schilddrüse bei Haustieren. Mit neun Abbildungen im Text. Berlin 1909. II + 18 S. 8°. S.-A. aus Virchows Archiv für pathologische Anatomie und Physiologie und für klinische Medizin. [29. V. 08.]
Bern. Vet.-med. Diss. 1908/09.

Wouters, Io. Bapt., Epitome sacrae scripturae hexametris memorialibus concinnata. Appendix cujusuis biblior. sacror. edit. utilissima. 8. (10 Seit.) Bonnae 832, Habicht.

Wouters, Ludov., C. Ss. R., de minus probabilismo. Ed. altera, penitus recognita et aucta, additis imprimis responsis ad novissimus obiectiones. (154 S.) gr. 8. Amsterdam 908. C. L. van Langenhuysen. 2. —

Wouters, Martinus, Dilucidationes selectarum s. Scripturae quaestionum. Würzburg, Stahel, 1763, gr. 8°, 7 Teile; 1773 und 1774, 8° in 6 Bänden; Köln, 1776, 4°, 2 Bde. Löwen, 1779, 8°, 7 Bde.
Erörtert einleitungswissenschaftliche und exegetische Fragen.

Wouters, F. M., dilucidationes selectarum sacrae scripturae quaestionum. VII Ptes. 8. maj. Würzb. Stabel. 773. 74.

Wouters, F. Mart., dilucidationes selectarum sacrae scripturae quaestionum. VII Ptes. 8maj. Würzb. 773, 74. Stahel. 4 Thlr. VII Tom. 8. Lovanii 780. Pott u. Comp. 5 Thlr.

Wouverman's, Aimé v., Dichtungen. gr. 8. (130 S.) Wien 847, (Lechner's Universitäts-Buchh.) *

Wouverman, Philips

Wouwerman, (Philips), Meisterbilder, s.a. Weicher's Kunstbücher.

Die Meisterbilder von [Philips] Wouverman. Eine Auswahl von 60 Reprod. nach Franz Hanfstaengls Orig.-Aufnahmen. Leipzig: Weicher 1907. 60 S. 8°
(Weichers Kunstbücher. Nr 11.) [10. 1763]

— Der Scheck vor der Schmiede, s.: Blätter, bunte, aus aller Welt.

Wouwerman, Philips, s. Wouverman

Wouwermans, Aimé v., Bilder aus Salzburg. Mit Photog. von Ant. Lentsch. 1. Heft. Salzburg 867. (Taube.) 16. (31 S. mit dem Bildniss Wolf Dietrich's, in Photogr.) n. 6 ngr.

— Handels- u. Gewerbe-Schematismus für das Herzogthum Salzburg, s. Handels- u. Gewerbe-Schematismus.

— der Lebzelter von Werfen (Joh. Oberreiter). Nach den Ergebnissen der beim k. k. Landesgerichte in Salzburg am 27. u. 28. Febr., am 1., 2., 3. u. 4. März 1865 wegen Meuchelmord durch Vergiftung durchgeführten Schlußverhandlung zusammengestellt. Salzburg 865. Mayrische Buchh. gr. 8. (56 S.) n. 6 ngr.

Wouwermans, Alwin v., E. S. Engelsberg [k. k. Sectionschef Dr. Ed. Schön]. Zur Erinnerung an die Enthüllung des Denkmales des Componisten E. S. Engelsberg in Engelsberg in Oesterreichisch-Schlesien am 11. Septbr. 1881. 8. (99 S. m. Portr. u. 1 Taf. in Lichtdr. u. 3 Photozinkogr.) Freudenthal 882. Kromner. n. 2. —

Wouwermans A. v.: Die Farben. 17. Krainburg 75.
Progr.

Wouwermans, Alwin v., die Farben u. die Aquarellmalerei. Eine prakt. Zusammenstellung der wichtigsten Grundsätze d. Farbenlehre u. d. Anwendg. d. Farben bei ornamentalen u. techn. Zeichngn. 12. (37 S.) Wien 896. C. Graeser & Co. n. — 80

Wouwermans, A. v: Farbenlehre. Wien, Pest und Leipzig 1869

Wouwermans, Alwin v., Farbenlehre. Für die prakt. Anwendung in den verschiedenen Gewerben und in der Kunstindustrie bearb. 8. (VII, 155 S. mit 7 eingedr. Holzschn.-Abbild. und 6 Farbentaf.) Wien 879. Hartleben's Verlag.

Wouwermans, Alw. v., Farbenlehre. Für die prakt. Anwendung in den verschiedenen Gewerben u. in der Kunstindustrie bearb. 2. verm. Aufl. Mit 7 Abbildgn. 8. (VIII, 196 S.) Wien 891, Hartleben. * 2 25; geb. * 3 05

v. Wouwermans Alwin: Der Stil in der bildenden Kunst. (28). Pilsen R. 91.
Progr.

Wovor fürchtet man sich? Ein ruhiges Wort über einige von den Kreis-Synoden im Jahre 1844 gestellte Anträge. Von einem protestantischen Geistlichen. gr. 8. Magdeburg 845, Falckenberg u. Co. n. 1/12 Thlr.

Wowy, Jac., neue mnemotechnische Anleitung die ungrische Sprache nach Jacotot's Lehrmethode auf die leichteste, natürlichste Art ꝛc. u. auf Grundlage einer Laut-, Schreib- u. Abstammungsähnlichkeit auch die franz., latein., engl. u. italien. Sprache, in so weit sie sich aus dem Ungrischen mnemotechnisch entwickeln lassen, zu erlernen, nebst einer deutschen Uebersetzung d. neuen gerühmten Geschichtswerkes: A magyar nemzet napjai a Mohácsi vész után. gr. 12. (VIII u. 190 S.) Wien 847, Lechner. 2/3 Thlr.

Woy, Ernst Friedrich Rudolf [aus Schrimm, Pr. Posen]: Chemische Untersuchungen über das Massoyrindenöl. . . . *Breslau,* Druck d. Bresl. Gen.-Buchdr., E. G. (1889); 38 S. + 1 Bl. 8°
Breslau, Phil. Fak., Inaug.-Diss. v. 16. Nov. 1889

Woy, Rud., Rechenknecht f. Chemiker. schmal Fol. (24. lackierte Taf.) Breslau 900. Berlin, E. Trewendt. Geb. in Leinw. n. 8. —

Woy, R., Tabelle zur Bestimmung der Zuckerarten durch Reduktion Fehling'scher Lösg. nach Kjeldahl f. Kupferoxyd als Wägungsform berechnet. [Aus: „Zeitschr. f. öffentl. Chemie".] gr. 8. (20 Blatt.) Weimar 897. C. Steinert. n. 1. 20; kart. n. 1. 50

Woyand, E., s.: Corpus iuris civilis.

Woycicki, K. W., polnische Volksagen u. Märchen. A. d. Poln. v. Friedr. Heinr. Lewestam. 8. (10½ B.) Berlin 839, Schlesinger'sche Buchh.

Woycke, Aug., Gedichte. 12. (11¾ B.) Danzig 845, (Kabus.) *

Woycke, Aug., Proben neuerer polnischer Lyrik u. Epik. In den Versmaßen der Urschrift übersetzt u. mit literarhistorischen u. biographischen Notizen versehen. Berlin 861. Nicolai'sche Sorthdlg. (Posen, Jagielski.) 16. (VIII, 198 S.) n. 1 ₰ 10 ngr.

—— Sitten- und Charakterbilder aus Polen und Litthauen. Mit biograph. Notizen. 2 Bde. 8. (X und 360 S.) Berlin (861)62. [Posen, Jagielski.]

Woycke, Rob., Karte der Eisenbahnen in Elass-Lothringen und Luxemburg mit Anschlüssen nach Belgien, Frankreich, Deutschland und der Schweiz. Nach amtl. Quellen bearb. 1 : 500,000. Fol. Strassburg 875, Bensheimer. In Carton * aufgez. * ℳ 5.; mit Stäben *

Woycziechowski, Paul, Referendar a. Crone a. Br.: Die Erbfolge nach § 2269 B.G.B. Bromberg 1904: A. Dittmann. (63 S.) 8°
Rostock, Jur. Fak., Ref. Matthiass, Diss. v. 20. Aug. 1904
[Geb. 20. Febr. 82 Turoscheln, Kr. Johannisburg O.-Pr.; Wohnort: Crone a. Br.; Staatsangeh.: Preußen; Vorbildung: Gymn. Lyck Reife O. 00; Studium: Königsberg 6, Jena 1 S.; Rig. 19. Mai 04.]

Woyda, Carl, s. Woyda, Karl

s. **Briefe über Frankreich u. Paris.**

s.a. **Briefe eines französ. Offiziers.**

(v. Woyda.) Briefe e. französ. Offiziers i. J. 1800 aus Steiermark, Kärnthen, Italien etc. 8. Leipzig 1803. 5,50.

v. Woyda, des Grafen, Briefe auf einer Reise über Italien. 3 Thle. 8. Altenb. 802. Petersen. 4 ₰ 8 ℊ

BRIEFE, Vertraute, über Frankreich u. Paris im Jahr 1797 (von *Carl Woyda*). 2 Bde. Mit 2 Kpfrn. Zürich, H. Geßner, 1798. 8°. (In München: Gall. rev. 968 o.) (36 xr. A. Coppenrath, Regensburg, vor 1870; jetzt theurer!)

(W[oyda, Carl] F[riedrich].) Vertrauliche Briefe über Frankreich und Paris im Jahr 1797. 2 Bändchen. 8. Zürich 1798.
Bändchen 1. [Mit 1 Tafel.]

– s.a. **Geist d. Rechte d. Menschen.**

Woyda, K., d. Geist d. Rechte d. Menschen in seiner Anwendung auf d. Bedürfnisse uns. Zeit 2c. mit Kpf. 8. Augsburg, Stage.

FISCHER, Carl (d. i. *Carl Woyda*), Liebesabentheuer des Grafen Carl von Eugen. Leipzig, 1812. bey Wolf u. Co. Kl. 8°.
Tit. u. 327 SS. (6 Mk. Lesser, Breslau, c. 1875.) Fehlt bei Kayser, 1827 u. 36, sowie in Weller's Lex. Ps.
Die beiden ersten frivolen Capitel stehen castrirt auch in: Woyda, K., Graf Eugen v. Rosenau. 2 Thle. Berlin, Voss, 1805. Gr. 8°. (In München: P. o. g. 1641.)

– s.a. **Moreau u. sein letzter Feldzug.**

(v. Woyda.) Moreau u. s. letzter Feldzug, v. e. Offizier s. Generalstabs. 8. Tübingen 1801. 1,00.

ROSENAU, Graf Eugen von. (Pikanter Roman von *Woyda.*) 2 Bde. Berlin 1805. 8°. Selten! IV, 363+334 S. (2 Mk. Ausrufspreis, R. Zinke's Dresdener März-Auct. 1906, no. 298:)
Vf. giebt in vorliegendem Buche Sittenrichtern zu bedenken, dass er mit demselben keine moralische Abhandlung liefern wollte.

Woyda, K., Graf Eugen v. Rosenau. 2 Thle. 8. Berl. 805. Voß. 2 ₰

s.a. **Versuch einer Geschichte d. poln. Revolution.**

(Woyda.) Versuch e. Geschichte der letzten Polnischen Revolution v. J. 1794. 2 Bd. 8. s. l. 1794. 5,00.

Woydt, Christian Friedrich (Seyda) A. S. 575/93

Specimen continens caput iuris controversum an prohibitio detractionis Falcidiae excludat pactum cum legatariis de ea detrahenda.
Präs. Christian Heinrich Breuning.
Leipzig (Langenheim) 19. XII. 1767. 12 S.

Gew. : Stadt Freiberg/Sa. 37285

Woyna, v., die neuere preußische Verwaltungsgesetzgebung, für die Rheinprovinz bearb. gr. 8. (VII, 376 S.) Trier 887, Lintz'sche Buchh. * ℳ 6.—.; geb. *

Woynar Karl, Dr.: Österreichs Beziehungen zu Schweden und Dänemark, vornehmlich seine Politik bei der Vereinigung Norwegens mit Schweden in den Jahren 1813 und 1814. Ar. 77. 337 . . . . ,
Separatabdruck

Woynar, Karl. Oesterreichs Beziehgn. zu Schweden u. Dänemark, vornehml. seine Politik bei der Vereinigg. Norwegens m. Schweden in den J. 1813 u. 1814. Mit Benützg. v. Acten d. k. u. k. Haus-, Hof- u. Staats-Archivs in Wien. Lex.-8. (166 S.) Wien 891, (Tempsky). * 3 20
Aus: Archiv f. österr. Geschichte, besonders abgedruckt.

Woynar, Karl, Lehrbuch der Geschichte des Mittelalters f. die ob. Klassen der Gymnasien. (X, 198 S.) gr. 8. Wien 904. F. Tempsky. Geb. in Leinw. n. 2. 60

Woynar Karl: Oesterreichs Politik bei der Vereinigung Norwegens mit Schweden in den Jahren 1813 und 1814.
1889 PN 596 Diss. Wien, Univ. 723

Woynar Dr. Karl: Schiller-Gedenkrede. (6). Wien III. R. 05.
Progr.

Woynar Dr. Karl: Das Verhältnis der praktischen Philosophie Herbarts zu den englischen Moralphilosophen Shaftesbury, Hutcheson und Hume, mit bes. Berücksichtigung der ethischen Idee des Wohlwollens. 31. Neutitschein R. 97.
Progr.

Woynesco II. J., s. Behse, Ed., Tafeln der Geschichte 2c. in Wallachischer Sprache.

Passions-Oratorium nach Worten der heiligen Schrift für gemischten Chor, Soli, Orchester und Orgel ad lib. von Felix **Woyrsch**. Op. 45 Klavierausz. bearb. von Herm. Gärtner. The English Version by John Bernhoff. *Quedlinburg: Ch. F. Vieweg 1899.* (208 S.) 4°

Woysch, Otto, der Materialismus und die christliche Weltanschauung. Mit einem Vorwort von W. Hoffmann. gr. 8. (VII und 107 S.) Berlin 857, Wiegandt und Grieben. *

Woysch, Otto, Mittheilungen über das sociale u. kirchliche Leben in der Republik Uruguay. Berlin 864. Hertz. gr. 8. (IV, 444 S.) 2 ⅔

Woysche, E., Aufgaben zum Rechnen. 1—5. Heft.: Aufgaben zum Zifferrechnen. 8. Frankfurt a. O. 853, Trowitzsch und Sohn. à Heft 2 Ngr.

Inhalt:

- Heft 1. Die vier einfachen Rechnungsarten mit unbenannten Zahlen. (27 S.)
- „ 2. Die vier einfachen Rechnungsarten mit mehrfach benannten Zahlen. (32 S.)
- „ 3. Die einfachen Rechnungsarten mit Brüchen. (32 S.)
- „ 4. Die zusammengesetzten Rechnungsarten. (40 S.)
- „ 5. Die Flächen- und Körperberechnung. (24 S. mit 4 Stnt.)

— Auflösungen zu obigen 5 Heften. (51 S.) Ebds. 853. *

— und F. Baumgart, Fibel. — Deutsches Lesebuch, s. Baumgart.

— Glaube, Liebe, Hoffnung. Eine Unterweisung zur christl. Gottseligkeit, in Form eines Selbstbekenntnisses mit Bibelsprüchen und Liederversen zusammengestellt für Schule und Haus. 8. (168 S.) Frankfurt a. O. 853, Trowitzsch und Sohn. * fein Papier

— Dr. Martin Luther's kleiner Katechismus, zergliedert, erklärt und mit erläut. Bibelsprüchen, bibl. Geschichten und Liederversen versehen. Ein Handbuch für Lehrer und Schüler. 8. (244 S.) Ebendas. 872.

Woysche, E., Lasset die Kindlein zu mir kommen. 34 biblische Geschichten A. u. N. T. für den ersten Religionsunterricht in der Elementar-Schule verbunden mit Sprüchen, Gebeten und Liederversen sowie auch mit den drei ersten Hauptstücken des Luther'schen Katechismus, bevorwortet von Goltzsch. 2. Aufl. 8. (98 S.) Wriezen 872, Riemschneider.

Woysche, Ed., zur Emancipation der Schule. Ein Wort der Zeit. 8. (19 S.) Königsberg i. d. N. 849, Windolff & Striese in Comm. 1/12 ⅔

Woysko-Polskie. Das polnische Heer i. J. 1831. Posen 1831. 24 farb. Bl. 4°

Woyt, G. C., Lutherus biblicus, od. alte u. neue Testament aufs neue übers. 2 Thle. Fol. Frankf. Brönner. 736—39.

Woyt, Johann Christian (Königsberg/Pr.) A.S. 1411/4

Dissertatio inauguralis medica de haemorrhoidum salubri et insalubri promotione. Präs. Michael Alberti. Halle (Hendel) XI. 1726. 35 S. 37286

Woyt, Johann Jakob: Abhandlung aller innerlichen Kranckheiten, in welcher jedwede Kranckheit deutlich beschrieben, und zur Cur die bewährtesten Artzney-Mittel aus denen Schrifften derer berühmtesten Practicorum an die Hand gegeben werden. 2.verm.Aufl. 892 S., gbd., Abb.

Leipzig: Lanckisch 1740

JB 1.792

— Abhandlung aller innerlichen und äußerlichen Krankheiten. 8. Leipz. Junius. 753.

Woyt, Johann Jakob: Abhandlung aller innerlichen und äusserlichen Kranckheiten, in zwey Theilen, in welchen jedwede Kranckheit deutlich beschrieben, und zur Cur die bewärtesten Artzney-Mittel aus denen Schrifften derer berühmtesten Aertzte an die Hand gegeben werden. 3.verbess.Aufl. 1156 S., gbd., Abb.

Leipzig: Lanckisch 1753

JB 1.793

Woyt, J. Ja., physikalische u. medicinische Abhandlung von sein Selbsterkenntniß, od. v. Erzeugung d. Menschen. 8. Dresden, Walther. 723. Vithlr.

Woyt, Johann Jakob: Vernünfftige und in der Erfahrung gegründete Abhandlung aller im menschlichen Leibe vorfallenden Kranckheiten, in welcher jedwede Kranckheit nach ihren Kennzeichen deutlich beschrieben, die Ursachen ohne vorgefaste Meynung untersuchet, der Ausgang aus denen Zufällen vernünfftig beurtheilet, und zur Cur die bewährtesten Artzney-Mittel aus denen Schrifften...berühmten Practicorum an die Hand gegeben werden. 708 S., gbd., Abb.

Leipzig: Lanckisch 1735

JB 1.791

Woyt, J. Ja., kurieuse Chirurgie. 8. Dresden, Walther. 730.

Johann Jakob Woyt

Der neu-vermehrt-und verbesserte Galanterie-Arzt [Galanteriearzt], vorstellend mancherley Unzierden u. Heßligkeiten der Menschen, wider welche auch zugleich bewährt u. offt probirte Hülffs-Mittel angeführet werden... von J[ohann] J[akob] W[oyt]. Dresden: Winckler 1710. 336 S. 8°

[Nebent.:] [Woyt] Kurtze magische Kunst- Geheimnüsse der Natur. Von S. Philaleth [d.i. Johann Jakob Woyt]

Woyts, Jo. Jac., Gazophylacium med.-physicum, od. Schatz-Kammer, medicinisch. u. natürl. Dinge, in welcher alle Medicinische Kunst-Wörter, (2) inn- u. äußerliche Kranckheiten, nebst dererselben Genes-Mitteln, (3) alle Mineralien, Metalle, Ertze, Erden, (4) zur Medicin gehörige fremde u. einheimische Thiere, (5) Kräuter, Blumen, Samen, Säffte, Oele, Hartze ꝛc, (6) alle rare Specereyen u. Materialien, u. (7) viel curiöse zur Mechanic gehörige Kunst-Griffe, in einer richtigen lat. Alphabet-Ordnung auf das deutlichste erkläret, vorgestellet, u. mit e. nöthigen Register versehen worden. Die Fünffte Auflage. 1035 S. Lpz. 1727. 4°.

Woyt, Johann Jakob: Gazophylacium medico-physicum oder Schatz-Kammer Medicinisch- und Natürlicher Dinge... 6.Aufl. 1104 S., gbd., Abb.

Leipzig: Lanck 1729

JB 505

Woyt, Johann Jakob: Gazophylacium medico-physicum oder Schatz-Kammer Medicinisch- und Natürlicher Dinge... 8.Aufl. 1104 S., gbd., Abb.

Leipzig: Lanck 1734

JB 506

Johann Jakob Woyt

Johann Jacob Woyts [Woyt] Gazophylacium medico-physicum, oder Schatz-Kammer medicinisch- u. natürlicher Dinge... 13.Aufl. Leipzig: Lanckisch 1751. 2380,538 Sp. 8°

[Sondert.:] Hebenstreit, Johann Ernst: Εξηγησις νο-ματων των περι παθων. Exegesis nominum Graecorum, quae morbos definium.

Woyt, Johann Jakob: Gazophylacium medicophysicum oder Schatz-Kammer Medicinisch- und natürlicher Dinge..., 14. Aufl. 2512 Sp., gbd., Abb.

Leipzig: Lanck 1755

JB 507

Woyt, Johann Jakob: Gazophylacium medicophysicum oder Schatz-Kammer Medicinisch- und natürlicher Dinge,...übersehen, verbessert und vermehret von Johann Ernst Hebenstreit. 16.Aufl. 2686 Sp., gbd.,Abb.

Leipzig: Junius 1767

JB 508

Woyt, J. J., († ...) Gazophylacium, oder Schatzkammer medicinischer u. natürl. Dinge, von J. E. Hebenstreit. 4. Leipz.... 17e Aufl. 783. Linke. 3 ß

Johann Jakob Woyt

Eröffnete Heimligkeiten [Heimlichkeiten] des gantzen weiblichen Geschlechts, oder Medicinischer Bericht aller weiblichen Kranckheiten mit ihren darwider befindlichen bewährten Artzney- Mitteln,... Alles mit Fleiß zs. getragen... von I[ohann] I[acob] W[oyt]. 2. Aufl., mit e. vollst. Reg. verm. Leipzig & Dantzig: Fischer 1701. 296 S. 8°

Johann Jakob Woyt

Unterricht von den tödtlichen Wunden des gantzen menschlichen Leibes, wie selbige ein Medicus... nach dem Grund der Anatomie erkennen...soll. Nebst e. Vorr. von den chirurgischen Medicamenten hrsg. durch Joh[ann] Jacob Woyt. Dreßden: Winckler 1716. 482 S. 8°

Woyte, Curtius, Glauchaviensis: De Isocratis quae feruntur epistulis quaestiones selectae. Lipsiae 1907: Borna, R. Noske. (53 S.) 8°

Leipzig, Phil. Fak., Ref. Lipsius-Heinze, Diss. v. 7. Mai 1907

[Geb. 14. Nov. 79 Glauchau; Wohnort: Leipzig-Gohlis; Staatsangeh.: Sachsen; Vorbildung: König-Albert-Gymn. Leipzig Reife O. 99; Studium: Leipzig 10 S.; Rig. 21. Febr. 07.]

Woytt, F. L., (praes. J. G. Walch) de temperamento Christi hominis. Jen. 1753. 4.

Woytt, Gust., Darstellungen schöner Gebilde der Natur als Vorlagen für den Unterricht im Freihandzeichnen. Entworfen, systematisch zusammengestellt und hrsg. 1. und 2. Heft. qu. gr. 4. (à Heft 10 Stnt.) Koblenz 877. (Neuwied, Heuser'sche Verlagsh.) à Heft * M. 1,50. *

Woytt, Gust., Entwurf e. Lehrplanes f. den Zeichenunterricht an preußischen Gymnasien auf Grundlage der Ministerialverfügungen vom 6. Jan. 1892. gr. 8. (19 S.) Leipzig 893. E. Pfeiffer. n. — 40

— 21 Erklärungstafeln f. die Hand des Lehrers zu den 22 Vorhängetafeln. gr. 8. Ebd. 894. In Mappe. n. 1. —

Woytt, Gust., das Skizzenbuch d. Zeichenlehrers, zum Gebrauche beim Unterrichte in der Schule u. zum Selbstunterrichte gezeichnet u. systematisch zusammengestellt. 1. Thl. [Stufe I—III.] Ausg. A. gr. 8. (95 Steintaf. m. 16 S. Text.) Essen 883. Bädeker. geb. n. 4. 50; Ausg. B: Einzelne Blätter in Mappe. n. 5. —

— 22 Vorhängetafeln f. den Zeichenunterricht an Gymnasien u. anderen höheren Lehranstalten. 1.—3. Lfg. à 4 Taf. à 50,5×71 cm. Farbendr. Nebst Anleitg. zum Gebrauche. gr. 8. (12 S.) Ebd. 894. In Mappe. à n. 8. —; auf Pappe à n. 12. —

Woytt, Gust., 22 Vorhängetafeln f. den Zeichenunterricht an Gymnasien u. anderen höheren Lehranstalten. 4. u. 5. (Schluss-)Lfg. à 4 Taf. à 50,5×71 cm. Farbdr. Leipzig 894. E. Pfeiffer. In Mappe à n. 8. —; auf Pappe à n. 12. —

— dasselbe. (Neue[Titel-]Aufl.) 5 Lfgn. à 4 Taf. à 50,5×71 cm. Farbdr. Ebd. [894.] 899. In Mappe à n. 8. —; auf Pappe à n. 5. —

WOYTT, L. W. Der auf dem Bibraischen Golgatha von Jesu Creutz wohlüberschattete Jünger, d. i. Ausführlich u. Grund — richtige Vorstellung des fast nie erhörten Unglücks — Triffts, so Gott über biß anherigen bey die acht Jahr gewesenen Adelich-Bibraischen Pfarrer verhänget u. im gantzen Lande ruchbar werden lassen. Worinnen der Historische Verlauff fälschlicher Beschuldigungen, gerichtlicher Procedur, verweigerter Gerechtigkeit, gewaltthätiger Abschaffung u. arglistig-erfolgter Gesangennehmung erzehlet wird. Römhild, G. H. Oppermann, 1704. 4°. 100 S.

Woywod's Volks- u. Jugend-Bibliothek. 1.—10. Bd. 8. Breslau, M. Woywod. n. 5. —; geb. in Leinw. n. 8. —

1. Spare in der Zeit, so hast du in der Not. Eine Erzählung aus dem oberschles. Volksleben. Von Osk. Höcker. (VII, 85 S.) 891. n. — 50; geb. n. 1. —
2. 3. Ferdinand der Ziegenhirt, od.: Schicksale e. armen Weberfamilie. Der reiferen Jugend u. dem Volke gewidmet von Carl Lichtenfeldt. 2., umgearb. Aufl. (VII, 163 S.) 891. n. 1. —; geb. n. 1. 50
4. Die Arbeitseinstellung. Eine Erzählung aus dem Volksleben v. Jean Bern. Muschl. (92 S.) 892. n. — 50; geb. n. 1. —
5. 6. Der verlorene Sohn, od. die Hütte im Ilsethale. Für die reifere Jugend u. das Volk aus dem Zeitalter d. „schwarzen Todes" erzählt v. Carl Lichtenfeldt. (IV, 215 S.) 892. n. 1. —; geb. n. 1. 50
7. 8. Der Mutter Segen od. die beiden Waisenkinder. Für die reifere Jugend u. das Volk erzählt v. Carl Lichtenfeldt. 2 Tle. (IV, 104 u. IV, 107 S.) 893. n. 1. —; geb. n. 1. 50
9. 10. Im Dienste der Nächstenliebe. Erzählung f. die reifere Jugend u. das Volk v. Carl Lichtenfeldt. 2 Tle. (IV, 103 u. IV, 97 S.) 894. n. 1. —; geb. n. 1. 50

Woywod's Volks- u. Jugend-Bibliothek. 11.—15. Bd. 8. Breslau, M. Woywod. à Bd. n. — 50

11. 12. Der Holzschnitzer. Ein Lebensbild f. d. reifere Jugend u. d. Volk v. Carl Lichtenfeldt. 2 Tle. (IV, 100 u. IV, 99 S.) 896. In 1 Leinwbd. n. 1. 50
13. Verschiedene Lebenswege. Eine Erzählg. Von O. Bayer. (114 S.) 898. Geb. n. 1. —
14. Frühes Leid. Erzählg. f. d. Jugend u. d. Volk. Von Alb. Friese. (105 S.) 898. Geb. n. 1. —
15. Daniel Hausen. Eine Erzählg. v. d. Halbinsel Hela. Von Otto Wald. (104 S.) 898. Geb. n. 1. —

Woywod's Volks- u. Jugend-Bibliothek. 1.—3., 5.—8. u. 16.—21. Bd. 8. Breslau, M. Woywod. à n. — 50

1. Spare in der Zeit, so hast Du in der Not. Eine Erzählung aus dem oberschles. Volksleben. Von Osk. Höcker. 2., umgearb. Aufl. (VI, 106 S.) 900. n. — 50; geb. n. 1. —
2. 3. Ferdinand, der Ziegenhirt od. Schicksale e. armen Weberfamilie. Der reiferen Jugend u. dem Volke gewidmet. Von Karl Lichtenfeldt. 3. verm. u. verb. Aufl. 2 Tle. (VII, 100 u. 99 S.) 900. n. 1. —; geb. n. 1. 50
5. 6. Der verlorene Sohn od. Die Hütte im Ilsethale. Der reiferen Jugend u. dem Volke gewidmet. Von Karl Lichtenfeldt. 2. umgearb. Aufl. 2 Tle. in 1 Bd. (IV, 116 u. IV, 103 S.) 901. n. 1. —; geb. n. 1. 50
7. 8. Der Mutter Segen od. die beiden Waisenkinder. Für die reifere Jugend u. das Volk erzählt. Von Karl Lichtenfeldt. 2 Tle. 3., verb. Aufl. (IV, 108 u. IV, 111 S.) 902 n. 1. —; in 1 Leinw.-Bd. n. 1. 50
16. Drahtbinder-Franz. Eine Erzählung vom Hunsrück f. die Jugend u. das Volk. Von Ernst Neumann. (100 S.) 900. n. — 50; geb. n. 1. —

17. Durch Nacht zum Licht. Eine Erzählg. f. die Jugend u. das Volk. Von S. Michaut. (115 S.) 901. n. —50; geb. n. 1.—
18. Handwerk hat goldnen Boden. Erzählg. f. die Jugend u. das Volk. Von Paul Frieben. (90 S.) 901. n. —50; geb. n. 1.—
19. Der kleine Stiefelputzer am Brandenburger Thore. Erzählg. f. die Jugend u. das Volk. Von Ernst Neumann. (106 S.) 901. n. —50; geb. n. 1.—
20. Vor e. grauen Haupte sollst du aufstehen u. die Alten ehren. Eine Erzählg. f. die Jugend. Von Ed. Frdr. Schmiedeberg. (103 S.) 901. n. —50; geb. n. 1.—
21. Der Bienen-Hannes od. der Wohltäter v. Sulzbach. Erzählg. f. die Jugend u. das Volk. Von Ernst Neumann. (104 S.) 902. n. —50; geb. n. 1.—

Woywod's Volks- u. Jugend-Bibliothek. 9.—12. u. 22. bis 28. Bd. 8. Breslau, M. Woywod. n. 5.50; geb. in Leinw. n. 9.50

Düsterhoff, Cl., Beten hilft. Erzählung f. die Jugend u. das Volk. (120 S.) 906. (Bd. 24.) n. —50; geb. n. 1.—
Frieben, Paul, aus Großvaters Märchenschatz. Neue Märchen. (181 S.) 906. (Bd. 25. 26.) n. 1.—; geb. n. 1.50
Gröger, Eduard, Vertrau auf Gott, er hilft in Not. Eine Erzählg. (IV, 105 S.) 906. (Bd. 28.) n. —50; geb. n. 1.—
Haegeholz, W., im Kampf um Liebe u. Pflicht. Erzählung f. das Volk u. die Jugend. (86 S.) 906. (Bd. 27.) n. —50; geb. n. 1.—
Lichtenfeldt, Carl, im Dienste der Nächstenliebe. Erzählung f. die reifere Jugend u. das Volk. 3., verb. Aufl. 2 Tle. (IV, 102 u. IV, 101 S.) 903. (Bd. 9. 10.) n. 1.—; in 1 Bd. geb. n. 1.50
— der Holzschnitzer. Ein Lebensbild f. die reifere Jugend u. das Volk. 2., verb. u. verm. Aufl. 2 Tle. (IV, 103 u. 107 S. m. je 1 Titelbild.) 904. (Bd. 11. 12.) n. 1.—; in 1 Bd. geb. n. 1.50
Michaut, S., Ehrlich währt am längsten. Erzählung f. das Volk u. die Jugend. (IV, 110 S.) 904. (Bd. 23.) n. —50; geb. n. 1.—
Schulz, Gabriele, wer hat's am besten? Erzählung für die Jugend u. das Volk. (107 S.) 904. (Bd. 22.) n. —50; geb. n. 1.—

Woywod's Volks- u. Jugendbibliothek. 1.—3. u. 29.—31. Bd. 8. Breslau, [M. Woywod]. F. Goerlich. 3.—; geb. in Bibliotheksbd. 4.25; in Leinw. 5.50

Beetschen, Alfr., Streitdämonen. Soziale Erzählg. aus der Gegenwart. (IV, 87 S.) 907. (Bd. 29.) —50; geb. in Bibliotheksbd. —75; in Leinw. 1.—
Gröger, Eduard, Gottes Wege sind nicht unsere Wege. Eine Erzählg. f. die Jugend. (94 S.) 908. (Bd. 31.) —50; geb. in Bibliotheksbd. —75; in Leinw. 1.—
Höcker, Osk., spare in der Zeit, so hast du in der Not. Eine Erzählg. aus dem oberschles. Volksleben. 3., verb. Aufl. (VII, 103 S.) 907. (Bd. 1.) —50; geb. in Bibliotheksbd. —75; in Leinw. 1.—
Lichtenfeldt, Karl, Ferdinand der Ziegenhirt od. Schicksale e. armen Weberfamilie. Der reiferen Jugend u. dem Volke gewidmet. 4. verb. Aufl. (VII, 99 u. IV, 98 S.) (910.) (Bd. 2. 3.) 1.—; geb. in Bibliotheksbd. 1.25; in Leinw. 1.50
Neumann, Ernst, vorgetan u. nachbedacht hat manchem schon groß Leid gebracht. Eine Erzählg. f. Jugend u. Volk. (91 S.) 907. (Bd. 30.) —50; geb. in Bibliotheksbd. —75; in Leinw. 1.—

Woywod, Ernest(us) Adolph(us): Casus nonnulli peritonaei morbosi. Halae (1841): Ploetz. 31 S. 8°

Halle-Wittenberg, Med. Diss. v. 30. März 1841

Geb. Tilsit [10. 2.] 1817. V.

Im KB lautet des Verf. Name: Woiwod.

Wozak, Jos., Leitfaden f. Schweinezüchter, im Einvernehmen m. der deutschen Section des Landesculturrathes f. das Königr. Böhmen bearb. gr. 8. (82 S.) Prag 899. (F. Haerpfer.) n. —70

Wozak, Jos., Leitfaden f. Schweinezüchter. 2. verm. Aufl. (39 S.) gr. 8. Prag 905. (R. G. Calve.) n.n. —80

Wozak J.: Massnahmen z. Hebung d. Milchwirtschaft . . . Prag 1900. 30 S.
(Arbeiten d. d. Sect. d. Landesculturrathes f. d. Königr. Böhmen. H. 2). 373.

— die Pflege des Stalldüngers, s.: Arbeiten der deutschen Section des Landesculturrathes f. das Königr. Böhmen. IV.

Wozak, Jos., der Schweinestall, s.: Sammlung gemeinnütz. Vorträge.

Wozék, Louise, geb. Erdtel, das Kind am Strande. [Erinnerung an die Ueberschwemmten bei Kiel, den 22. Septbr. 1868.] gr. 8. (2 S.) Berlin 872, (Heinersdorff.) [Bielefeld, Gülcker und Comp.] **

Wozelka, Karl, neues Fischzuchts-Verfahren, verbunden m. Weiden-Cultur, basirt auf die natürl. Fütterg. d. Fisches, u. anwendbar bei Teichen, Bächen u. bei der Aufzucht v. Jungfischen in Fischzuchts-Anstalten, nebst e. neuen Krebszuchts-Verfahren. Auf Grund langjähr. Erfahrgn. im Fischereiwesen verf. u. zur Erprobg. empfohlen. gr. 8. (VIII, 90 S. m. Abbildgn. u. 2 farb. Taf.) Prag 893. (Wien, W. Frick.) Kart. n.n. 2.50

Wozu? Eine politische Studie . . . Wien 1896. V: *Piwonka, Wilhelm Ritter von.* (EB)

Wozu? Eine polit. Studie v. Wilh. *,*. gr. 8. (19 S.) Wien 896. C. Vetter. n. —40

Wozu bedarf die katholische Kirche fernerhin der Bischöffe? . . . Augsb. 1805. V: *Christmann, Franz Xaver.* (Th) (Ky) (MGT) (Fr)

Wozu bedarf d. kathol. Kirche Bischöfe; wozu bedarf sie derselben fernerhin nicht? (von F. X. Christmann). 8. Augsb. 805. (Korn in Fürth). 8 K

Wozu der Lärm? Talmud-Auszüge in philosemit. u. in antisemit. Beleuchtg. gr. 8. (47 S.) Lpz. 892, Verlag der Neuen deutschen Zeitg. * —50

Wozu die griechische Sprache? 11 S. Progr. Oedenburg kath. 1852.

Wozu ist der Kärntner Landtag u. was hat er heuer gethan? Klgft., St. Josefs-Druck., 1899. 68 S.

Wozu könnte der Kalender gebraucht werden? [Nürnb. 1797.] V: *Siebenkees, Johann Christian.* (MGT) (Will)

Wozu leben wir? Fragt ihr euch das nicht? Kein Buch f. kleine u. große Kinder, nur deutschen Männern zu empfehlen. Von einem Lebenden (Fritz Mader). (VI, 277 S.) gr. 8. Leipzig 903. [F. Luckhardt.] O. Gracklauer. n. 3.—

Wozu noch mehr Papier? Flugblatt. Abdr. des gleichlautenden Artikels aus Nr. 40 der in London erscheinenden Zeitschrift „Freiheit" vom 5. März 1881. s. l. s. a.

Wrabecz, Wenz. Joach., († d. 15. Dec. 1804.) tabellar. Abriß für d. Anfänger d. Zergliederungskunst. 8. Bruchsal 782.

— Berathungschreiben an unsere Wundärzte. 8. Bruchsal 779.

— Geschichte d. Abnehmung eines nach einem kunstmäßig unterbundenen Schlagaderkropf abgestorbenen Oberarms ohne Messer. 8. Frburg 782. Wagner. 4 K

— Lehrsätze aus d. chirurg. Pathologie u. Operationen. 8. Bruchsal 780.

— Prüfungssätze aus d. prakt. Wundarzneiwissenschaft. 8. Bruchsal 781.

— Prüfungssätze aus d. Zergliederungs- u. Wundarzneiwissenschaft. 4. Bruchsal 779.

Wrabetz. Vide: Debatte über die Sonntagsruhe.

Wrabetz, Karl

Wrabetz, Carl, die Erwerbs- u. Wirthschaftsgenossenschaften in Oesterreich, s. a. Verwaltung, sociale, in Oesterreich. I. 8.

Wrabetz, Karl: Die Erwerbs- und Wirtschaftsgenossenschaften und ihre Bedeutung für die Gewerbetreibenden. Wien: Allg. Verband 1889.

— Genossenschaftliche Grundsätze. Systematische Zusammenstellung der Vereinstagsbeschlüsse des Allgem. Verbandes der auf Selbsthilfe beruhenden deutschen Erwerbs- u. Wirtschaftgenossenschaften in Oesterreich, nebst einer Geschichte des Verbandes und der Vereinstage. 8⁰. Wien 1883. 2. bed. vermehrte u. verb. Aufl. gr. 8⁰. Wien, Manz, 1904.

Wrabetz, Carl, Jahresbericht für 1910 über die dem Allg. Verbande der auf Selbsthilfe beruhenden Erwerbs- und Wirtschaftsgenossenschaften angehörenden Genossenschaften. 4⁰. Wien, Selbstverlag, 1911.

WRABLANSZKY, JOHANN BAPT.: Andachts-Verehrung der Grossen Frauen des Königreichs Ungarn ... Marias zu Schoss-Berg. Tyrnau 1735: Akad. Druck. 12 S. - 120 mm

WRABLANSZKY, JOHANN BAPT.: Übung die Schmerzhaffte und Wunderthätige Seeligste Jungfrau Maria zu Schossberg zu verehren. Tyrnau 1735: Akad. Druck. 12 S - 120 mm

Wrabritz, Jo., s. Wrabecz, Joachim

Das **Wrack**. Skizze von K. (Berlin: F. Schulze [1907].) (16 S.) 8° [Umschlagt. Text stenogr.]
= **Zehnpfennigbücher**, Schulzes. No 58. [07. 2723

Wrack Ju-Va-Vo. Salzburg [1891]. V: *Strele Ritter von Bärwangen, Richard.* (Hr)

Wradatsch, G. Die neue Civilprozessordnung in Reimen. Klgft., Bertschinger, (1897). 198 S.

Wradatsch, Gust. Formularien-Sammlung zu gerichtlichen, protokollarischen Aufnahmen u. deren Erledigungen f. das Verfahren außer Streitsachen nach dem kaiserl. Patente vom 9. Aug. 1854 Nr. 208 R. G. Bl., nach dem allgemeinen bürgerl. Gesetzbuche, sowie zu den Vorschriften über die Behandlg. alter Depositen u. üb. Amortisirgn. gr. 8. (VII, 178 S.) Wien 892, Perles. * 4 —

—— desgl. — zu gerichtlichen, protokollarischen Aufnahmen u. deren Erledigungen durch Bescheide, Unterbescheide, Urtheile etc. f. das Verfahren in Streitsachen u. die besonderen Verfahrensarten, m. besond. Berücksicht. aller einschläg. Verordngn. bis in die neueste Zeit. gr. 8. (VIII, 240 S.) Ebd. 890. * 4 —

Wrage, C., s. Wrage, Klaus

Wrage, Klaus

Wrage, C., Entwurf d. Anschauungsunterrichts, s. Denzel, B. G.

Wrage, C., Denzel's Entwurf d. Anschauungsunterrichts, s. a. Denzel, B. G.

Wrage, C., Denzel's Entwurf des Anschauungsunterrichts in katechetischer Gedankenfolge; praktisch ausgeführt. Mit einem Vorwort von Denzel. 1. Cursus. 8. verb. Aufl. Altona 863, Hammerich. gr. 8. (X, 214 S.) 15 ngr.

Wrage, C., Denzel's Entwurf des Anschauungsunterrichts in katechetischer Gedankenfolge. Praktisch ausgeführt. Mit einem Vorwort von Denzel. 1. Curs. 10., verm. u. verb. Aufl. gr. 8. (XII, 228 S.) Altona 879. Jena, Matthäi. 1. 50

Wrage, C., Denzel's Entwurf des Anschauungsunterrichts in katechetischer Gedankenfolge ausgeführt. 2. Cursus. 6. zum Theil ganz umgearb. Aufl. von Friedr. Harder. gr. 8. (VIII, 388 S.) [Altona 880, Hammerich.] Gotha, Matthaei.
1. Cursus. Ebendas. 1879. ℳ 1,50.

—— Gedächtnißübungen f. Elementarschüler. 2 Thle. 12. (5½ B.) Altona, [Dessau,] Aue. [1. (2 B.) 838. 1⅓ Gr., 2. (5½ B.) 839. 4 Gr.]

Wrage, Walter: Englische Bühnenbearbeitungen von Shakespeares King Henry IV. Part I. Hamburg 1910: Philipsen. X, 77 S. 8°
Rostock, Phil. Diss. v. 22. Dez. 1909, Ref. Lindner
[Geb. 29. Jan. 88 Hamburg; Wohnort: Hamburg; Staatsangeb.: Hamburg; Vorbildung: Realgymn. d. Johanneums Hamburg Reife O. 06; Studium: Freiburg i. B. 1, Marburg 3, Rostock 3 S.; Rig. 16. Dez. 09.] [U 10. 3997

Wrampelmeyer, Carl, s. Wrampelmeyer, Karl

Wrampelmeyer, Eduard [aus Duisburg]: Einige substituierte Harnstoffe der aromatischen Reihe. — Para- und Meta-Phenylencyanat ... Göttingen, Druck d. Univ.-Buchdr. v. E. A. Huth, 1887; 33 + 1 S. 8⁰
Göttingen, Phil. Fak., Inaug.-Diss. v. 20. Jun. 1887.

Wrampelmeyer, E., einige substituirte Harnstoffe der aromatischen Reihe. Para- u. Meta-Phenylencyanat. Inaug.-Diss. gr. 8. (31 S.) Göttingen 887. (Vandenhoeck & Ruprecht's Verl.) n. — 80

Wrampelmeyer, Herm., Codex Wolfenbuttelanus Nr. 205, olim Helmstadiensis Nr. 304, primum ad complures, quas continet, Ciceronis orationes collatus. Pars I et II. gr. 4. Hannover, (Schmorl und v. Seefeld.) *
Inhalt:
Pars I. Caelianam spectans. (50 S.) 872. *ℳ 1,20.
» II. Orationem pro Murena habitam spectans. Adjecta est integra varia lectio Roscianae, Sestianae, Ligarianae, ex eodem codice allata, commentatioque de codicum mutua ratione. (62 S.) 874. *ℳ 1,60.

Wrampelmeyer, Herm., Codex Wolfenbuttelanus Nr. 205, olim Helmstadiensis Nr. 304, primum ad complures, quas continet, Ciceronis orationes collatus. Pars III et IV. gr. 4. Hannover, (Schmorl und v. Seefeld.) *
Inhalt:
Pars III. Orationem pro Murena habitam spectans [§ 61—64.] (8 S.) 876. * 50 Pf.
» IV. —— dass. — [§ 65—76.] (23 S.) 878. *ℳ 1,50.
Pars I et II. (Ebendas.) 1872,74. *ℳ 2,80.

Wrampelmeyer, H., Codex Wolfenbuttelanus Nr. 205, olim Helmstadiensis Nr. 304, primum ad complures Ciceronis orationes collatus. Pars V et VI. gr. 4. Clausthaline. (Hannover, Schmorl und v. Seefeld.) *
Inhalt:
Pars. V. (48 S.) 880. ℳ 2.
» VI. Addita sunt complura de cod. Cic. epist. ad famil. adhuc incoguito. (46 S.) 881. *ℳ 1,20.
Pars. I—IV. (Ebendas.) 1872—78. *ℳ 4,80.

Wrampelmeyer, H.: Festschrift zum Lutherjubiläum am 10. November 1883. – Clausthal. – G. – 42 S. – (276).

Wrampelmeyer, Herm.: Librorum Mscc. qui Ciceronis orationes pro Sestio et pro Caelio continent ratio qualis sit, demonstratur. 31 S. 4°. – Detmold, Progr. 1868.

—— librorum manuscriptorum, qui Ciceronis orationes pro Sestio et pro Caelio continent, ratio, qualis sit, demonstratur. Dissertatio inauguralis. gr. 4. (31 S.) Detmold 868, Meyer'sche Hofbuchh. *

Wrampelmeyer, Herm. Mitteilungen und Bekanntmachungen aus gedruckten und ungedruckten Schriften Dr. Martin Luthers, Dr. Philipp Melanchthons und Dr. Konrad Cordatus nebst einer Abhandlung über die in der Calvör'schen Kirchenbibliothek in Zellerfeld aufgefundene Handschrift, sowie über das Leben und die Schriften des Dr. Konrad Cordatus. 42 S. Progr. *Clausthal* 1884.
Vgl. des Verf. Dr. K. Cordatus Tagebuch über Dr. Martin Luther, geführt 1537. Zum ersten Male herausgegeben. (521 S.) 8. Halle 1885, Niemeyer. 14 Mk.

—— Mitteilungen und Bekanntmachungen aus gedruckten und ungedruckten Schriften Dr. Martin Luthers, Dr. Phpp. Melanchthons und Dr. Conr. Cordatus', nebst einer Abhandlung über die in der Calvör'schen Kirchenbibliothek in Zellerfeld aufgefundene Handschrift, sowie über das Leben und die Schriften des Dr. Conr. Cordatus. 4. (IV, 42 S.) Clausthal 883. (Halle, Niemeyer.) *

Wrampelmeyer, (H[ermann]): Ungedruckte Schriften Philipp Melan[ch]thons. Zum ersten Male hrsg. aus d. Berliner Hs. d. Sebastian Redlich aus Bernau. ⟨Codex manusc. theol. lat. Berolinensis n. 97⟩. [T. 1.] Leipzig 1910: Teubner. IV, 39 S. 8°
Klausthal, k. G. OP 1910 (410) [S 10. 479

*Wrampelmeyer, H[ermann]: Tischreden Dr. Martin Luthers aus einer Sammlung des Dr. C. Cordatus. Nach der Berliner Handschrift des Sebastian Redlich zum ersten Male veröffentlicht von H. Wr. S. 39—86. 8.
In: Festschrift zu der am 30. September 1905 stattfindenden Einweihung des neuen Schulgebäudes Kgl. Gymn. *Clausthal* 1905. Progr.

Wrampelmeyer, Karl

Wrampelmeyer, Carl, dritter Bericht über die höhere Töchterschule zu Duisburg. gr. 8. (22 S.) Duisburg 860, (Ewich.) *

Wrampelmeyer, Carl, die höhere Töchterschule zu Duisburg, in ihrer Richtung und Praxis dargestellt. gr. 8. (16 S.) Duisburg 853, Ewich. *

Wrampelmeyer, C., höhere Mädchenschule [Töchterschule] zu Duisburg in ihren Zielen u. Mitteln u. in ihrem Verhältniß zum Elternhause. Eine Denkschrift f. ähnl. Schulen u. f. Eltern. gr. 8. (31 S.) Duisburg 875. Raske. n. — 50

Wrampelmeyer, C., die höhere Mädchenschule in Siegen, nach ihrer innern Organisation dargestellt. gr. 8. (47 S.) Siegen 847, Schulze. n. ⅓ ℛ

Wrampelmeyer, C., Rechenbuch, s.: Noodt, G., mathemat. Unterrichtsbücher f. höhere Mädchenschulen.

Wramschowski, M., (K. F. Bahrdt), s. Geschichte des Prinzen Yhakanpol.

Wrána, Adalb., Pravopis český. Böhmische Rechtschreibung. 8. (63 S.) Prag 862, Storch.

— böhmische Rechtschreibung. — Pravopis český. Ebend. 862. 8. (63 S.) 6 ngr.

Wrána, Adalb., deutsche und böhmische Sprechübungen. — Německá i česká mluvní cvičení. — 8. (XV und 253 S.) Prag 860, Storch.

Wrána, Adalb., deutsche u. böhmische Sprechübungen. — Německá i česká mluvní cvičení. 2., verm. u. verb. Aufl. Prag 866. Stýblo's Verl. 8. (232 S.) n. 16 ngr.

Wrana, M. A., der Platzeinkäufer in Wien. gr. 8. (36 S.) Wien 860, Selbstverlag.

Wrangel, Feldmarschall v., s. a. Soldaten-Freund, der.

Wrangel, Graf v., s. a. Volksbücher, preußische.

(Gegen Wrangel.) General! Die Unterzeichneten, die in Schleswig-Holstein gekämpft haben, werden auch jetzt für die Freiheit kämpfen — Sämmtliche Berliner Freischaaren. Druck von F. Reichardt. 1 Bl. Fol.
Flugblatt. Berlin. 19. Sept. 1848.

Wrangel. Sein Armeebefehl u. die enthüllte Kabinets-Politik von Sanssouci. gr. 8. (16 S.) Berlin 848, L. Schlesinger. 3 ngr.

General-Feldmarschall Graf von **Wrangel** und der Krieg in Schleswig-Holstein bis zur Erstürmung der Düppeler Schanzen und Einnahme der Insel Alsen u. Jütland. Nach zuverlässigen Berichten zsgest. ⟨3. Aufl.⟩ Mohrungen. o. J. 8°

Graf v. Wrangel, Gen.-Feldm. u. der Krieg in Schleswig-Holstein bis zur Erstürmung der Düppler Schanzen. [Preuss. Volksbücher 31.] (191. 12.) Mohrungen 1864. 1.00.

Wrangel's Biographie, s.: Köppen, F. v.

Wrangel's, Graf v., Biographie, s. Meerheimb, F. v.

Wrangel, B. W. B., s. F. G. W. Struve, Beschreibung der 2c. Breitengradmessung.

Wrangel, C. G. Graf, s. Wrangel, Karl Gustav Graf

Wrangel, Ernst Frhr. v., mit den Boeren gegen Albion. (III, 99 S. m. Bildnis.) gr. 8. Zürich 903. Schweizer Druck- u. Verlagshaus. n. 1. 20

Wrangel, Ernst Freiherr von. Mit den Boeren gegen Albion. [Mit 1 Porträt-Tafel und illustriertem Umschlag.] IV + 99 S. 8. Zürich, Verlag für Europa von Caesar Schmidt, 1903. [fr. 1.50]

Wrangel, F. U. Graf v., die souveränen Fürstenhäuser Europas. Porträtsammlg., nebst genealog. Notizen. Zeichngn. v. Agi Lindegren. Autoris. Ausg. 1.—11. Lfg. gr. 4. (IX u. S. 1—340.) Stockholm 898. H. W. Tullberg. — (Berlin [W, Linkstr. 16], Otto Mertz.) à Lfg. n. 2.— (1. Bd. [IX, 331 S.] kplt. geb. in Leinw. m. Goldschn. n. 25.—; in Saffianldr. n. 35.—)
Französische Ausg. zu gleichen Preisen.

Wrangel, F. U. Graf v., die souveränen Fürstenhäuser Europas. Porträtsammlung, nebst genealog. Notizen. Zeichnungen v. Agi Lindegren. Autoris. Ausg. 12.—27. Lfg. gr. 4. (XI u. S. 341—845.) Stockholm 899. H. W. Tullberg. à n. 2.—; (2. Bd. Geb. in Leinw. m. Goldschn. n. 35.—; in Saffianldr. n. 55.—; kplt. n. 60.—; bezw. n. 80.—; ermäss. Pr. n. 45.—; Luxusausgabe 3 Bde. in grösserem Format auf Velinpap., geb. in Maroquinldr. n. 400.—
Französische Ausg. zu gleichen Preisen. — Die Restbestände sind an N. Pehrsson in Leipzig übergegangen.

Wrangel, Ferdinand Baron v.

v. Wrangel, Baron, physikal. Beobachtungen während seiner Reisen auf d. Eismeere in d. J. 1821—23. Herausg. von G. F. Parrot. Mit 4 ill. Kpf. u. 1 Landkarte. gr. 8. Berl. 827. Reimer. 2 Rß 18 gl

Wrangel, Ferd. v., Die Elemente des russischen Staates und die Revolution. gr. 8°. Leipzig, Duncker-Humblot, 1907.

v. **Wrangel**, Fd., Fahrten und Abentheuer auf der Reise von Petersburg nach der Nordostküste von Sibirien, s. Reisen für die Jugend. 2. Thl.

—— Reise längs d. Nordküste v. Sibirien etc., s. Magazin von merkwürd. neuern Reisebeschreibungen, 38. u. 39. Bd.

v. Wrangel, Fd., Reise längs der Nordküste von Sibirien u. auf dem Eismeere in den Jahren 1820 bis 1824. Nach den handschriftl. Journalen u. Notizen bearbeitet von G. Engelhardt. Herausg. von C. Ritter. Mit Taf. u. 1 Karte. gr. 8. Berlin 839. Voß. 5 Rß (Vgl. Magazin von Reisebeschreibungen rc.)

Wrangel, Ferd. v., und seine Reise in Sibirien, s. Engelhardt, L. v.

Wrangel, Friedrich Heinrich Ernst Graf v.

Wrangel, Ueber Ausbildung und Gebrauch der Cavallerie. Beiheft z. „Milit.-Wochenblatt“. Berlin 1851.

(Wrangel, F. H. E. Graf v.) Bemerkungen über die Ausbildung und Verwendbarkeit der Cavallerie. Berlin 1862. 8°.
Dass. 1863.

Beschreibung von den in dem Hause Pariser Platz Nr. 3 in Berlin befindlichen Gemälden u. Kunstgegenständen, mit erl. Bemerkgn. u. hieran sich knüpfenden Erinnerungen aus dem Leben des Feldmarschalls [Friedrich Heinrich Ernst] Grafen von **Wrangel.** Mit Abb. Als Ms. gedr. — Berlin 1870: v. Decker. 72 S. 8°

Wrangel, v. Disposition und Bericht zu dem Gefecht bei Nübel und Satrup am 5. Juni 1848. (Berlin 1848.) 8°. (Aus: Bh. z. M. W. B.)

Gemälde, Statuetten und Kunstgegenstände im Hause des Feldmarschalls Grafen [Friedrich Heinrich Ernst] v. **Wrangel.** — Berlin (1875): (v. Decker). 12 S. 8°

Wrangel, Gust. Graf, militärische Reiseeindrücke aus Schweden, s. Beiheft zum Militär-Wochenblatt. 1905. Hft. 2.

Militärische Reiseeindrücke aus Schweden von Gustav Graf **Wrangel,** k. u. k. Rittmeister. Berlin: E. S. Mittler & Sohn 1905. (S. 67-98.) 8° [J.]
= **Militär-Wochenblatt.** 1905, Beih. 2, [2.]

— **die Reiterei im ostasiatischen Feldzuge. Lehren u. krit. Betrachtgn. (71 S.) gr. 8. Wien 907. L. W. Seidel & Sohn. n. 2.—**

Wrangel, Freiherr Karl von, General der Infanterie. Ein Lebensbild nach seinen eigenen Aufzeichnungen von A. von **Liliencron.** Mit 2 Porträts. 8. Gotha **1903**

Wrangel, Karl Gustav Graf

Wrangel, Graf C. G., das Buch vom Pferde, e. Handbuch f. jeden Besitzer u. Liebhaber v. Pferden. Mit vielen Abbildgn. 19 Lfgn. gr. 8. (1. Bd. 560 S.; 2. Bd. VI, 495 S.) Stuttgart 887. 888. Schickhardt & Ebner. à Lfg. n. 1.— (2 Bde. cplt. geb.: à n. 11.—)

Wrangel, Graf C. G. Das Buch vom Pferde. Ein Handbuch für jeden Besitzer u. Liebhaber v. Pferden. 2. verm. u. verb. Aufl. Mit üb. 700 Abbildgn. in Holzschn. u. 19 Kunstbeilagen. 2 Bde. gr. 8. (VII, 639; III, 596 S.) Stuttg. 889, Schickhardt u. Ebner.
Die Ausgabe erfolgte in 19 Lfgn. à * 1 — geb. * 23 —

Wrangel, Graf C. G., das Buch vom Pferde. Ein Handbuch f. jeden Besitzer u. Liebhaber v. Pferden. 3. verm. u. verb. Aufl. Mit 875 Abbildgn. in Holzschn., 20 Kunstbeilagen u. dem Portr. d. Verf. 20 Lfgn. gr. 8. (1. Bd. VII, 692 S. u. 2. Bd. III, 672 S.) Stuttgart 894. 895. Schickhardt & Ebner. à n. 1.— (kplt.: n. 20.—; in 2 Leinw.-Bdn. n. 25.—)

Wrangel, Graf C. G., das Buch vom Pferde. Ein Handbuch f. jeden Besitzer u. Liebhaber v. Pferden. 2 Bde. 4. verm. u. verb. Aufl. Mit 629 Abbildgn. in Holzschn., 10 Kunstbeilagen u. dem Portr. des Verf. gr. 8. (VII, 708 u. III, 688 S.) Stuttgart 902. Schickhardt & Ebner. n. 20.—; geb. in Halbfrz. n. 25.—; auch in 20 Lfgn. à n. 1.—

Wrangel, Graf C. G., das Buch vom Pferde. Ein Handbuch f. jeden Besitzer u. Liebhaber v. Pferden. 2 Bde. 5. verm. u. verb. Aufl. Mit 960 Abb., 20 Kunstbeilagen u. dem Portr. des Verf. (VIII, 709 u. III, 738 S.) gr. 8. Stuttgart 910. Schickhardt & Ebner. 20.—; geb. in Halbfrz. n 25.—

Wrangel, Graf C. G., einiges üb. Fahren, s. Pferde, unsere, 3. Hft.

Wrangel, (C. G.): Einiges über das Fahren. 1897. Stuttgart. 8°. (98 S. m. Abb.)

Wrangel, Karl Gustav Frh. v., Referendar: Die Erfordernisse eines gültigen und verbindlichen Reichsgesetzes. Borna-Leipzig 1907: R. Noske. (VII, 68 S.) 8°
Breslau, Jur. Fak., Ref. Brie-Dahn, Des. v. 10. April 1907
[Geb. 14. Dez. 80 Kassel; Wohnort: Hohnecken, Oberhessen; Staatsangeh. Preußen; Vorbildung: Ritterakad. Liegnitz Reife M. 02; Studium: Leipzig 1, Freiburg i. B. 1, Berlin 1, Breslau 4 S.; Rig. 14 Jan. 07.]

— **das Luxus-Fuhrwerk. E. Handbuch f. Equipagenbesitzer. Lex.-8. (VII, 192 S. m. 134 Abb.) Stuttgart 898. Schickhardt & Ebner. n. 10.—; geb. in Leinw. n. 12.—**

— Ungarns Pferdezucht in Wort u. Bild. 1.—24. Lfg. gr. 8. (1. Bd. VII, 337 S.; 2. Bd. VII, 323 S.; 3. Bd. VII, 335 S.; 4. Bd. S. 1—176, m. Textabbildgn. u. Holzschn.-Taf.) Ebd. 891—894. à Lfg. n. 2.—

— **Ungarns Pferdezucht in Wort u. Bild. 25.—28. (Schluss-) Lfg. gr. 8. (4 Bd. VIII u. S. 177—359 m. Textabb. u. 17 Holzschn.-Taf.) Ebd. 895. à n. 2.— (kplt. geb. in Halbfrz.: n. 64.—)**

Wrangel, Graf C. G., die Rassen des Pferdes. Ihre Entstehg., geschichtl. Entwicklg. u. charakterist. Kennzeichen. (In 20 Lfgn.) 1.—4. Lfg. (1. Bd. S. 1—288 m. Abbildgn.) gr. 8. Stuttgart (906). Schickhardt & Ebner. à n. 1.50

— Die Rassen des Pferdes. Ihre Entstehg., geschichtl. Entwicklg. u. charakterist. Kennzeichen. 5.—16. (Schluss-) Lfg. (1. Bd. VIII u. S. 289—632 u. 2. Bd. VII, 456 S. m. Abb. u. 2 Taf.) gr. 8. Ebd. 907—09. à Lfg. 1.50

— dasselbe. 2 Bde. gr. 8. 24.—; geb. in Halbfrz. 30. —
1. Mit 87 Abbildgn., vielen Tabellen u. Stammbäumen u. 1 Kunstbeilage. (VIII, 632 S.) 908. 15.—; geb. 18. —
2. Mit 81 Abbildgn., vielen Tabellen u. Stammbäumen sowie 1 Kunstbeilage. (VII, 456 S.) 909. 9.—; geb. 12. —

—— Taschenbuch d. Kavalleristen. Enth. die Grundlagen der Pferdekunde, zum Selbststudium u. zum Gebrauch an militär. Unterrichtsanstalten. 12. (VII, 317 S. m. 194 Holzschn.) Ebd. 890. geb. * 3 —

— Taschenbuch des Kavalleristen. Enth. die Grundlagen der Pferdekunde zum Selbststudium u. zum Gebrauch an militär. Unterrichtsanstalten. 2. verm. u. verb. Aufl. (VII, 318 S. m. 197 Abb.) 12. Ebd. 903. Geb. in Leinw. n. 3. —

Wrangel, Graf C. G., Taschenbuch d. Kavalleristen. Enth. die Grundlagen der Pferdekunde zum Selbststudium u. zum Gebrauch an militär. Unterrichtsanstalten. 3. verm. u. verb. Aufl. (VII, 316 S. m. 206 Abb.) kl. 8. Stuttgart 911. Schickhardt & Ebner. Geb. in Leinw. 3. —

—— Der Training d. Pferdes. s.a. Bibliothek f. Pferdeliebhaber.

— der Training d. Pferdes zu verschiedenen Gebrauchszwecken. Nach den besten Quellen u. auf Grund persönl. Erfahrg. geschildert. 8. (III, 128 S.) Ebd. 889. n. 3. —; geb. n. 3. 40

Wrangel, L. v., flücht. Skizzen aus Ost u. Süd, gesammelt auf e. Reise nach Wosnesensk, Odessa, Constantinopel, Smyrna, Athen u. Corfu. gr. 8. (20¼ B. u. 8 Stnt.) Danzig 839, [Gerhard'sche Buchh.] *

Wrangel, Rob. Frhr. v., die Familie v. Wrangel 1887—1908, als Nachtrag zu Emil v. Maltitz. Geschichte der Familie v. Wrangel, im Auftrage des Familienconvents hrsg. (VIII, 54 S.) 31,5×24 cm. Görlitz 909. (C. A. Starke.) 12. —

Wrangel, R. Frhr. v., s. Geschichte des Königl. Preußischen 2. Hessischen Husaren-Regiments Nr. 14 und seiner Hessischen Stammtruppen 1706—1886.

⟨2.⟩ Hessisches Husaren-Regiment. A. Kurf. Hessisches 1806–66. B. Kgl. Preußisches ⟨No 14⟩ 1866–86. Bearb. von Robert Frh. v. Wrangel. *(Leipzig: A. Dürr 1887).* (S. 195–511.) 8°
= Geschichte des k. Preuß. 2. Hess. Husaren-Regiments No 14. Bd [1] Th. 2. [05. 7909 4

Wrangel de Saga: De tentatione Christi in deserto. – Gotting. 1757.

Hedwig Baronin Wrangel-Sehmen. Ein Lebensbild. (Verf.: Fritz Frh. v. Wrangel-Sehmen.) Königsberg i. Pr.: Ostpr. Dr. u. Verlagsanst. 1902. (24 S.) 8°

Wrangel-Waldburg, Karl

Wrangel-Waldburg, Frhr. v., die Entwickelung des bäuerlichen Besitzes u. die Arbeiterfrage in Ostpreußen. gr. 8. (23 S.) Berlin 899. E. Apolant. n. — 50

Wrangell, Chronik von Ehstland nebst angehängten ehstländ. Capitulations-Punkten u. nystädter Friedensschluß. In Druck gegeben v. C. J. A. Paucker. gr. 8. (15½ B.) Dorpat 845, (Gläser's Verl.) *

Wrangell, Constantin Baron v., s. Wrangell, Konstantin Baron v.

Wrangell, Daisy v.: Isomerieerscheinungen beim Formylglutakonsäureester und seinen Bromderivaten. Tübingen 1909: Laupp. 56 S. 8°
Tübingen, Naturwiss. Diss. v. 4. Aug. 1909, Ref. Wislicenus
[Geb. 7. Jan. 77 Moskau; Wohnort: Tübingen; Staatsangeh.: Rußland; Vorbildung: Petri-Realsch. Reval Reife 06; Studium: Tübingen 5, Leipzig 1, Tübingen 4 S.; Coll. 4. Aug. 09.] [U 10. 4255

Wrangell, F. v., abweichende Ansichten. (166 S.) kl. 8. Leipzig (905). G. Wigand. n. 1. 50

Wrangell, Ferd. v., die Elemente des russ. Staates u. die Revolution. (VIII, 84 S.) gr. 8. Leipzig 907. Duncker & Humblot. 1. 80
Vgl. Wrangel

Wrangell, Baron F., die baltische Frage in persönlicher Beleuchtung. Autoris. Uebersetzg. aus dem Russ. von A. v. Gernet. (63 S.) 8. Reval 907. F. Kluge. 1. 20

Wrangell, F. v., die russisch-baltische Frage. Aus dem Russ. übers. von A. R. gr. 8. (61 S.) St. Petersburg 883. (Leipzig, Brockhaus.) *

— Russlands innere Lage. (24 S.) kl. 8. Ebd. 905. n. — 50

— Lebensfragen. (101 S.) kl. 8. Ebd. 905. n. 1. —

— Im neuen Rußland. Eindrücke, Gespräche, Betrachtgn. (XI, 116 S.) 8. Ebd. 908. 2. —

— weshalb sind die Deutschen unbeliebt? (24 S.) kl. 8. Ebd. 906. n. — 50

Wrangell, Ferdinand Petrowitsch v.

Wrangell, v., statist. u. ethnograph. Nachrichten üb. d. russ. Besitzungen an d. Nordwestküste v. Amerika, s.a. Beiträge zur Kenntniss d. russ. Reichs, 1. Bd.

von Wrangell, Ferd. Petrowitsch: Statistische und ethnographische Nachrichten über die russischen Besitzungen an der Nordwestküste von Amerika. Auf Kosten der Kaiserl. Akademie der Wissenschaften herausgegeben und mit den Berechnungen aus Wrangell's Witterungsbeobachtungen und andern Zusätzen vermehrt von Karl Ernst von Baer. St. Petersburg 1839. XXXVII, 332 S., 1 Tf, 1 Krt.
= Beiträge zur Kenntniss des russischen Reiches. Bdch. 1. 8°.

Wrangell, Baron Georges, s.: Löwenstern, des Generals Eduard v., Denkwürdigkeiten.

Wrangell, Konstantin Baron v.

Wrangell, Baron Constant. v., die Principien des literarischen Eigenthums mit specieller Rücksicht auf dessen jurist. Form, ökonomische, sociale u. internationale Bedeutung, sowie auf die natürliche Begrenzung seines Inhaltes u. seiner Ausdehnung. Berlin 866. Peters. gr. 8. (XI, 150 S.) 27 ngr.

Wrangell, Moritz Freiherr von, a. Reval: Die Eigengerichtsbarkeit der Souveräne und Gesandten über ihr Gefolge. Borna-Leipzig 1908: R. Noske. (IX, 74 S.) 8°
Leipzig, Jur. Fak., Diss. v. 23. Mai 1908
[Geb. 23. Febr. 83 (a. St.) Reval; Wohnort: Ruil b. Wesenberg (Estland); Staatsangeh.: Rußland; Vorbildung: Wilhelm-Ernst-Gymn. Weimar Reife O. 02; Studium: Kaiserl. Rechtssch. Petersburg 6, Leipzig 3 S.; Rig. 29. April 08.]

Wrangell, Mor. v., üb. eine Sammlung geschichtl. Notizen, den Adel in Liefland betreffend. gr. 8. (.. B.) Riga 836, [Frantzen's Verls.-Compt.] Thlr.

Wrangell, Baron Nicolas, s.: Chefs d'oeuvre, les, de la galérie de tableaux de l'Ermitage de St.-Pétersbourg.

Les Chefs-d'œuvre de la galérie de tableaux de l'Ermitage impérial à St-Pétersbourg. 239 ill. d'après les originaux. Texte par le Bn Nicolas Wrangell. Londres, Munich, New York: Hanfstaengl (1909). XXXII, 239 S. 4°(8°)
(Hanfstaengls Maler-Klassiker. [Bd 7.])

***Wrangham*, Fr, s. B. *Waltoni*, in biblia polyglotta.**

Wranitzky, Hugo, neueste Postzonenkarte der österreichisch-ungarischen Monarchie, nebst einem Zonenzeiger und alfabet. Verzeichnisse sämmtl. Postämter zum Zwecke der Ermittelung der Zonen von einem Postorte zu jedem beliebigen Postorte und einer Anleitung zur Berechnung der inländ. Fahrpost-Gebühren mit verschiedenen Posttarifen, nach amtl. Quellen bearb. 2., bis 30. Juni 1881 ergänzte Aufl. gr. 8. (40 S.) Tabor 881, Jansky. *

Wranitzky, Hugo, neuestes Verzeichniss sämmtlicher Postanstalten der österreichisch-ungar. Monarchie, nebst einer Anleitung zur Berechnung der inländ. Fahrpostgebühren, mit einer Taxfeldkarte, einem Zonenzeiger, den neuesten Postverordnungen und den verschiedenen Posttarifen, nach amtlichen Quellen bearb. gr. 8. (40 S.) Tabor 879, Janský.

Wrankmore, W. C., s.: Taschenbuch der Handelscorrespondenz.

Wrann, Emil, der elektrische Gutshof, s.: Volksbühne.

— Neueste Humoristika, Couplets u. Parodien auf bekannte Melodien. 1. Bd. Mit e. Vorwort des Verf. (24 S.) 8. Leipzig (910). P. Schirmer. — 50

Wraný, Adalb., Geschichte der Chemie u. der auf chemischer Grundlage beruhenden Betriebe in Böhmen bis zur Mitte des 19. Jahrh. gr. 8. (VII, 397 S.) Prag 902. F. Řivnáč. n. 10. —

Wraný, Adb., d. Pflege d. Mineralogie in Böhmen. Ein Beitrag zur vaterländ. Geschichte der Wissenschaften. gr. 8. (VIII, 421 S.) Prag 896. J. G. Calve. n. 10. —

Wrany, Dr. Adalbert, Die Pflege der Mineralogie in Böhmen. Ein Beitrag zur vaterländischen Geschichte der Wissenschaften. 1. Hälfte. Gr.-8. (VI, 160 S.) 1.80
Prag: Dominikus 1895.

Wraný, Dr. Adalbert, Die Pflege der Mineralogie in Böhmen. Ein Beitrag zur vaterländischen Geschichte der Wissenschaften. 2. Hälfte. I. Thl. Gr.-8. (S. 161—320) 1.80
Prag: Dominikus 1896.

Wraný, Dr. Adalbert, Die Pflege der Mineralogie in Böhmen. Ein Beitrag zur vaterländischen Geschichte der Wissenschaften. Gr.-8. (VIII. 421 S.) 5.—
Prag: Dominikus 1896.

Wraný, Dr. Adalbert, Die Pflege der Mineralogie in Böhmen. Ein Beitrag zur vaterländischen Geschichte der Wissenschaften. Schluss. Gr.-8. (421 S. u. Register VIII S.)
Prag: Dominikus 1896. 1.40

— die Teplitz-Schönauer Thermen in physicalischer u. chemischer Beziehung, s.: Reuss, Aug. Em., die Geologie des böhm. Mittelgebirges.

Wrany, Eug., s. a. Raaben, Eug.

— die Rechtsfindung nach d. neuen österr. Civilprocesse. [Aus: „Allg. österr. Gerichtszeitg."] gr. 8. (40 S.) Wien 897. Manz. n. — 80

Wrany, Eug., üb. Veruntreuungen an Krankencassen. gr. 8. (32 S.) Wien 893. C. Konegen. n. — 60

Wrany, W., und A. Walter, Aufgabensammlung für das mündliche Rechnen und kurzgefaßte und methodische Anleitung zum Gebrauche der Rechenschule. Für die Hand des Lehrers. 2 Hefte. 8. Wien 879, Klinkhardt. à Heft * 80 Pf. *

Inhalt:

Heft 1. (Für das erste Schuljahr.) (50 S.)
" 2. (Für das zweite Schuljahr.) (48 S.)

—— —— Rechenschule für die österreichischen Volks- und Bürgerschulen. 6 Hefte. 8. Ebendas. *

Inhalt:

Heft 1. Der Zahlenraum von 1—20. (48 S.) 878. * 25 Pf.
" 2. Der Zahlenraum von 1—100. (64 S.) 878. * 25 Pf.
" 3. Der Zahlenraum von 1—1000. (48 S.) 878. * 30 Pf.
" 4. Unbegrenzter Zahlenraum. Die vier Grundrechnungsarten mit einnamigen und mehrnamigen ganzen Zahlen, mit Decimalen und den häufiger vorkommenden gemeinen Brüchen. (72 S.) 878. * 36 Pf.
" 5. Theilbarkeit der Zahlen. Verwandlung der gemeinen Brüche in Decimalen und umgekehrt. Verwandlung mehrnamiger Zahlen in gemeine oder Decimalbrüche und umgekehrt. Die vier Grundrechnungsarten in ganzen und gebrochenen, in benannten und unbenannten Zahlen. (92 S.) 879. * 36 Pf.
" 6. Wiederholungsübungen über das Rechnen mit ganzen Zahlen, decimalen und gemeinen Brüchen mit den gebräuchlichsten Rechnungsvortheilen. Abgekürzte Multiplication und Division. Verhältnisse und Proportionen. (136 S.) 879. * 56 Pf.

Wrany, W. Deutsche Sprachschule, s. Stein, M.

Wrasky, Nadeschda v. (N. S. Wraskaja), a. St. Petersburg: A. G. F. Rebmann. Leben und Werke eines Publizisten zur Zeit der großen französischen Revolution. Heidelberg 1907: J. Hörning. (VIII, 164 S.) 8°
Heidelberg, Phil. Fak., Ref. Marcks, Diss. v. 7. Mai 1907.
[Geb. 10/23. Juli 78 St. Petersburg; Wohnort: St. Petersburg; Staatsangeh.: Rußland; Vorbildung: Abgangszeugnis d. höh. Frauenkurse St. Petersburg O. 00; Studium: Berlin 2, Jena 1, Heidelberg 5 S.; Rig. 19. Dez. 05.]

Wrasky, Nadeschda v. (N. S. Wraskaja), A. G. F. Rebmann. Leben u. Werke e. Publizisten zur Zeit der grossen französ. Revolution. (IX, 165 S.) gr. 8. Heidelberg 907. (J. Hörning.) 2. —

Wrasmann, Adf., die Sagen der Heimat. Sagenschatz des Reg.-Bez. Osnabrück, gesammelt u. hrsg. (VII, 127 S. m. 23 Abb.) gr. 8. Osnabrück 908. G. Pillmeyer. Kart. 1.50

Wrassiwanopulos-Braschowanoff, George, a. Warna: Richard Wagner und die Antike. Ein Beitrag zur kunstphilosophischen Weltanschauung Richard Wagners. Bayreuth 1905: L. Ellwanger. (94 S.) 8°
Erlangen, Phil. Fak., Ref. Falckenberg, Diss. v. 9. Febr. 1906.
[Geb. 5. Mai 70 Warna; Wohnort: Erlangen; Staatsangeh.: Bulgarien; Vorbildung: Gymn. Athen Reife Aug. 88; Studium: Athen 10, Jena 12, Erlangen 1 S.; Rig. 2. Aug. 05.]

Wratislaw, merkwürdige Gesundheitsreise von Wien nach Konstantinopel. 8. Leipz. 786. (Schönfeld in Prag). 1 ₰

Wratislaw, A. H., Manuscript of the queen's court, s. Manuscript.

Wratitsch, Josef. 's Franzerl. Wiener Volksstück von Phm. Lauris (Josef Wratitsch). Klgft., v. Kleinmayr, 1905. 79 S.

Wratitsch, Jos., s.: Lauris, Phm.

[F.] In französischem Sold. Erinnergn aus s. Legionärsleben in Algerien, Formosa, Tonkin v. Otto **Wratzke**. Bearb. v. Reinhard Werner. M. 3 Textb. u. 1 Kt. v. Tonkin. *Berlin: Selbstv.; (Dr. v. A. W. Schade) 1897.* (2 Bl., 92 S., 1 Kt.) 1 Bd 8. [97. 6261

Wratzke, Otto, in französischem Sold. Erinnerungen aus s. Legionärsleben in Algerien, Formosa, Tonkin. Bearb. v. Rhard. Werner. M. 3 Textbild. u. 1 Karte v. Tonkin. gr. 8. (III, 92 S.) Berlin (N, Triststr. 40c.) 897. Selbstverlag. 1. —

Wraxal, Nathan. William, Bemerkk. auf einer Reise durch das nördl. Europa, besonders Kopenhagen, Stockholm u. Petersburg. Aus d. Engl. 8. Leipz.... 2e Aufl. 776. (Brockhaus). 8 gr

— histor. Denkwürdigkeiten meiner Zeit. Aus d. Engl. nach d. 2n Ausg. übersetzt. gr. 8. Weimar 816. Industr.-Compt. 1 Thlr 12 gr

Wraxall, N. W. Geschichte der Regierung Georgs III. von 1780 bis 1790. A. d. Engl. 8. Hannover 1791.

— **Cursory remarks made in a Tour through some of the Northern parts of Europe, particulary Copenhagen, Stockholm and Petersburgh. gr. 8. London 774. in 18. Wien 797. Sammer. 19 gr Postp. 1 Thlr**

— Tour through some of the Northern parts of Europe, particularly Copenhagen, Stockholm and Petersburgh. 18. Wien, Sammer. 797.

Postp.

Wraxall, L., wild oats, s. Collection of British authors.

Wray, Leopold

Wray, L., der rothe Doctor, s. Lese-Cabinet, neuestes belletristisches.

Wray, Leop., der Vater vieler Töchter. Roman. Mit Autorisation des Verf. deutsch von G. Cleeves. 4 Bde. Wien 856. Hartleben. 8. (183; 183; 174; 182 S.) 2 Thlr.

Wray, Leop., der Vater vieler Töchter. Roman. Mit Autorisation des Verf. deutsch von G. Cleeves. 4 Bde 8. (722 S.) Wien 857, Hartleben's Verlagsexpedition. Thlr.

Wrazidlo, Bruno, appr. Arzt a. Naumburg am Queis: Sectio caesarea in moribunda. Leipzig (1906): A. Edelmann. (24 S.) 8°

Leipzig, Med. Fak., Ref. Zweifel, Diss. v. 20. Jan. 1906.

[Geb. 5. Febr. 78 Naumburg a. Queis; Wohnort: Leipzig; Staatsangeh.: Sachsen; Vorbildung: Kgl. Gymn. Leipzig Reife O. 00; studium: Leipzig 10 S.; Coll. 20. Jan. 06; Approb. 21. März 05.]

Wrasidlo, Georg, approb. Arzt aus Leobschütz i. Schl.: Ein **Fall** von sympathischer Entzündung nach Neurotomia optico-ciliaris. *Greifswald 1902: J. Abel.* (26 S.) 8°

Greifswald, Med. Diss. v. 26. Apr. 1902

Wrbacky, Jos., Leitfaden für den k. k. österreich. Staats-Rechnungs- und Controls-Dienst, systematisch dargestellt auf Grund der kaiserl. Verordnung vom 21. Nov. 1866 [R.-G.-Bl. LVII, Stück Nr. 140, S. 293] und mit Berücksicht. der seither erflossenen Vorschriften. gr. 8. (IX, 106 S. mit vielen Formularien und Tab.) Brünn 885, Irrgang. *

Wreath, the british, a literary Album and Christmas and New Year's Present for 1829. 16. (20½ B., 7 Kpfr. u. 1 Vign.) Leipsic, Indust. - Compt.

Wreath, a, of tales; by various authors, s. Library, little english.

Wreath, William, die Pollutionen und deren sichere Heilung. 32. (23 S.) Weißenfels 856, Sueß.

Wreath, William, die Pollutionen u. deren sichere Heilung. 2. Aufl. Weißenfels 859. Sueß. 24. (23 S.) n. 5 Ngr

Wrede, Carl Philipp Graf von, königl. bayerischer General der Cavallerie . . . Wien [1814]. V: *Rittig von Flammenstern, Andreas.* (EB)

Wrede, (auch Schäfer gen.,) J. H., aus Eltze im K. Hannöv. Amte Meinersen, der am 27. Febr. 1829 hingerichtete Mörder der Dienstmagd H. E. Hornbostel aus Eltze. Dargest. aus d. gerichtl. Untersuchungs-Acten. gr. 8. (1½ B.) Celle, Schulze.

Wrede, Adam: Das Klostergut Sülz bei Köln. Köln-Ehrenfeld: Muench 1909. 81 S. 8° ¶[Ersch. auch als Buch b. Stauff, Cöln in Komm.]

Cöln-Ehrenfeld, st. Schiller-G P 1909 (611) [S 09. 518

Wrede, Adam, das Klostergut Sülz bei Köln. (III, 82 S. m. 1 Karte.) 8. Köln 909. K. A. Stauff & Co. nn 1.60

Wrede, Adam Jos., Dr.: Die Kölner Bauerbänke. Köln-Ehrenfeld 1905: Muench. (86 S.) 8°

Cöln-Ehrenfeld, st. G P 1905 (537)

Wrede, Adam Joseph, a. Köln: Die Kölner Bauerbänke. Köln-Ehrenfeld 1905: Muench. (86 S.) 8°

Tübingen, Phil. Fak., Ref. v. Below, Diss. v. 11. Apr. 1905

[Geb. 12. Apr. 75 Dusseldorf; Wohnort: Cöln; Staatsangeh.: Preußen; Vorbildung: Gymn. Cöln Reife O. 96; Studium: Bonn 5, Munster 3 S.; Rig. 7. März 05.]

Die Kölner Bauerbanke von Dr. Adam Jos. **Wrede,** Oberl. Köln: Muench 1905 (86 S.) 8° 05. 1, 267

Wrede, Adam Jos., die Kölner Bauerbänke. (86 S.) 8. Köln 905. (K. A. Stauff & Co.) n.n. 1.50

Wrede, Adolf [aus Gross-Freden]: Die Einführung der Reformation im Fürstentume Lüneburg bis zum Jahre 1530 . . . Göttingen, Druck d. Dieterich'schen Univ.-Buchdr. (W. Fr. Kästner), 1887; 1 Bl. + 109 + 1 S. 4°

Göttingen, Phil. Fak., Inaug.-Diss. v. 15. Febr. 1887.

Die Einführung der Reformation im Lüneburgischen durch Herzog Ernst der Bekenner. Eine von der philos. Fakultät der Georg-Augusts-Universität zu Göttingen am 4. Juni 1886 gekrönte Preisschrift. Von Adolf Wrede aus Gross-Freden. Göttingen. Druck d. Dieterich'schen Univ.-Buchdr. (W. Fr. Kästner), 1887; 3 Bl. + 227 S. 4°

Wrede, Adf., die Einführung der Reformation im Lüneburgischen durch Herzog Ernst den Bekenner. Eine von der philosoph. Fakultät der Georg-Augusts-Universität zu Göttingen gekrönte Preisschrift. gr. 4. (VI, 227 S.) Göttingen 887, (Dieterich'sche Universitäts-Buchh.) *

— Ernst der Bekenner, Herzog v. Braunschweig u. Lüneburg, s.: Schriften des Vereins f. Reformationsgeschichte.

Wrede, Adf., deutsche Reichstagsakten unter Kaiser Karl V., s.: Reichstagsakten, deutsche. III.

Wrede's, Adph. v., Reise in Hadhramaut Beled Beny 'Yssà und Beled el Hadschar, s. Maltzan, Heinr. Frhr. v.

Wrede's, Adph. v., Reise in Hadhramaut Beled Beny 'Yssa u. Beled el Hadschar. Hrsg. mit einer Einleitung, Anmerkungen u. Erklärung der Inschrift von 'Obne versehen von Heinr. Frhr. v. Maltzan. Nebst (lith.) Karte (in qu. Fol.) u. Facs. der Inschrift von 'Obne (in Holzschn.). Braunschweig 870. Vieweg & Sohn. gr. 8. (VIII, 375 S.) n. 2 Thlr (von Wrede, Adolph): Adolph von Wrede's Reise in Hadhramaut, Beled Beny 'Yssà und Beled el Hadschar. Herausgegeben, mit einer Einleitung, Anmerkungen und Erklärung der Inschrift von 'Obne versehen von Heinrich, Freiherrn von Maltzan. Nebst Karte und Facsimile der Inschrift von 'Obne. (Reisen in Arabien. Bd. 2.) Braunschweig 1873. VIII, 375 S. 8°.

Geschichte der K. und K. Wehrmacht. Die Regimenter, Corps, Branchen und Anstalten v. 1618 bis Ende d. XIX. Jhs. Bearb. v. Major Alphons Frh. v. Wrede. Bd 1–3, Hälfte 1. 2. *Wien: L. W. Seidel & Sohn 1898–1901.* 4 Bde 8°
= Mitteilungen d. k. u. k. Kriegs-Archivs. Suppl. Bd. [01. 610]

Wrede, Alphons Frhr. v., Geschichte d. k. u. k. Wehrmacht. D. Regimenter, Corps, Branchen u. Anstalten von 1618 bis Ende des XIX. Jahrh. A. u. d. T.: Supplement zu d. „Mittheilungen d. k. u. k. Kriegs-Archivs". Hrsg. v. d. Direction d. k. u. k. Kriegs-Archivs. 1. u. 2. Bd. gr. 8. (XVII, 752 u. IX, 668 S.) Wien 898. L. W. Seidel & Sohn. à n. 10. —

Wrede, Alphons Frhr. v., Geschichte der k. u. k. Wehrmacht. Die Regimenter, Corps, Branchen u. Anstalten von 1618 bis Ende des XIX. Jahrh. A. u. d. T.: Supplement zu den „Mittheilgn. des k. u. k. Kriegs-Archivs". Hrsg. von der Direction des k. u. k. Kriegs-Archivs. 3. Bd. 2 Hälften. gr. 8. (XXXV, 964. XXVI S. u. S. XXXIX–LXXXIX.) Wien 901. L. W. Seidel & Sohn. n. 15. —; geb. in 2 Leinw.-Bde. od. 1 Halbfrzbd. n. 19. —
Bd. 1 u. 2. Ebd. 898. à n. 10. —.

Wrede, Alphons Frhr. v., Geschichte der k. u. k. Wehrmacht. Die Regimenter, Corps, Branchen u. Anstalten von 1618 bis Ende des XIX. Jahrh. A. u. d. T.: Supplement zu den „Mittheilgn. des k. u. k. Kriegs-Archivs". Hrsg. v. der Direction des k. u. k. Kriegs-Archivs. 5. Bd. (XVIII, 800 S.) gr. 8. Wien 903. L. W. Seidel & Sohn. n. 15. —; geb. n. 18. —
Fortsetzg., s.: Geschichte.

Wrede, Alf. Frhr. v., Orts-, Namen- u. Sachregister, s.: Feldzüge d. Prinzen Eugen v. Savoyen.

Wrede, Carl, s. Wrede, Karl

Wrede, Christian, Referendar: Ansprüche des Gläubigers aus dem Bodmereivertrage nach dem deutschen Handelsgesetzbuche vom 10. Mai 1897. Borna-Leipzig 1908: Noske. VIII, 86 S. 8°
Erlangen, Jur. Diss. v. 10. Okt. 1908, Ref. Sehling.
[Geb. 24. Apr. 84 Bremen; Wohnort: Emden; Staatsangeh.: Bremen; Vorbildung: Wilhelms-Gymn. Emden Reife O. 03; Studium: Tübingen 1, Leipzig 3, Göttingen 2 S.; Rig. 24. Juli 08.] [U 09.758

Wrede, E. Chr. C.

Wrede, C. Ch. C., Verzeichniß meiner Rosen nach e. genauen systemat. Bestimmung. 3te Aufl. 8. Leipzig, Ind. Comt. 814.

Wrede, E. Chr. C., Verzeichniß meiner Rosen nach einer genauen systemat. Bestimmung. 3e Aufl. 8. Leipz. 814. (Magaz. für Ind.) 4 gr (Jäger in Frankf.) 5 gr

Wrede, E. Chr. C., Verzeichniss meiner Rosen nach e. systemat. Bestimmung. 8. Leipzig. 3. Aufl. 1815. (Hunger.) — 5

Wrede, E. F., s. Wrede, Erhard Georg Friedrich

Wrede, Erhard Georg Friedrich

— Anfangsgründe d. Naturgeschichte, nach dem neuesten Zustande dieser Wissenschaft, besonders ihres psycholog. Theils. gr. 8. Berl. 806. Sander. 1 Rthlr 4 gr

Wrede, Er. G. Fr., Antilogie d. Realismus u. Idealismus. gr. 8. Halle 791. (Anton). 20 gr

— s. Archiv, Königsberger, für Naturwissenschaft.

Wrede, Ernst Friedrich, Kritische Bemerkungen über die neueren Hypothesen, wodurch man die unter dem Namen der Feuerkugeln bekannten Lufterscheinungen zu erklären sucht. (Ann. der Phys., Bd. 14, St. 1, J. 1803, St. 5.) (S. 5340)

— de calculo infinibilis argumento mere analytico. P. I. II 4. Königsb 808.

— gründl. Darstellung d. Differential- u. Integral-Rechnung, nach d. eigenen Idee ihres Erfinders, von E. F. Wrede. Mit 1 Kpf. gr. 4. Königsb. 818. Unzer. 2 Rthlr 12 gr

— kurzer Entwurf d. Naturwissenschaft für den ersten systemat. Unterricht, mit besond. Hinsicht aufs gemeine Leben. 8. Berl. 801. Reimer. 14 gr

— Grundriß e. Theorie des Stoßhebers nach Maßgabe d. höhern Mechanik. gr. 4. Berl. Neue Soc. Buchh. 815.

Wrede, Er. G. Fr., Grundriß einer Theorie des Stoßhebers nach Maßgabe d. höhern Mechanik. Mit 1 Kpf. gr. 4. Berl. 815. (Sander). 16 gr

— s. W. T. Krug, encyklop.-scientif. Literatur.

s. J. B. Lamark's Hydrogeologie.

Ernst Friedr. Wrede u. Friedr. Bened. Weber encyklopädisch-physikalische Literatur. Der encyklopädischen Literatur von Traug. Wilh. Krug 6. Heft. Leipz. u. Züllichau 1806. 8.

— encyklopäd.-mathemat. Literatur, (über Krug's Handbuch d. Literatur. 3s Heft). gr. 8. Züllichau 811. Darnmann. 1 Rthlr 8 gr

— Preisschrift, s. Preisschrift.

Erhard Georg Friedrich Wrede

Geologische Resultate aus Beobachtungen über einen Theil der südbaltischen Länder. Von E[rhard] G[eorg] F[riedrich] Wrede. Halle: Renger 1794. XII, 204 S. 8°

Wrede E. F.: Geognostische Untersuchungen üb. die südbaltischen Länder, besonders üb. das untere Odergebiet ... Berl. 1804. (16) 132 S. 1 Tvl.

— geognostische Untersuchung über d. südbaltischen Länder rc. Mit 1 Kpf. gr. 8. Berl. 804. Schüppel. 16 gr

— Versuch e. Beantwortung d. Preisfr.: Wirkt d. Elektricität auf Stoffe die gähren? Berl. 804. (Rücker). 8 gr (s. auch 3 Preisschriften d. Acad. zu Berlin.)

Wrede, Ernst Friedrich: Versuch einer Beantwortung der Preisfrage: Wirkt die Electricität auf Stoffe die gähren; und wie? befördert oder hindert sie die Gährung, und verändert sie die Producte derselben? Wie liesse sich durch die electrische Materie die Kunst Wein zu machen, das Bier- und Essig-Brauen und das Destilliren des Weingeists vervollkommnen? welche von der Königlichen Academie der Wissenschaften zu Berlin seit geraumer Zeit aufgeworfen ist. Berlin: Unger 1804. 56 S. -- 1a*

Wrede, E. F., s. J. C. Wutzke, Bemerkk. über d. Gewässer rc.

Fickordbok öfver svenska och tyska spraket. Med uttalsbeteckning efter Toussaint-Langenscheidts fonet. system af Ernst **Wrede**. D. 1. 2. Berlin-Schöneberg: Langenscheidt (1909). 8°
[Nebentit.:] Taschenwörterbuch d. schwed. u. deutschen Sprache ... zsgest. von Ernst Wrede.

Wrede, Ernst, Taschenwörterbuch der schwedischen u. deutschen Sprache, s.a. Langenscheidt's Taschenwörterbücher.

Methode Toussaint-Langenscheidt. Taschenwörterbuch der schwedischen und deutschen Sprache. Mit Angabe d. Aussprache nach d. phonet. System d. Methode Toussaint-Langenscheidt. Von Ernst **Wrede** (T. 2: von C. G. Morén). T. 1. 2. Berlin-Schöneberg: Langenscheidt [1907–10]. 8°
1. Schwedisch-Deutsch. [1910.] 2. Deutsch-Schwedisch. [1907.]
[Nebent.:] Fickordbok öfver svenska och tyska språket. Af Ernst Wrede (2: af C. G. Morén). Köpenhamn: Ursin (2: Berlin-Schöneberg: Langenscheidt).
(Langenscheidts Taschenwörterbücher f. Reise, Lektüre, Konversation u. d. Schulgebrauch.) [10. 1608]

Wrede, Ernst Friedrich, s. Wrede, Erhard Georg Friedrich

Wrede, F. Ch. W. R. Die internationale Korrespondenz-Association. (I-C-A.) Ihr Wesen u. ihre Bedeutg. 8. (30 S.) Braunschw. 892, A. Graff. * — 40

Wrede, Fabian von, Versuch, die Absorption des Lichts nach der Undulations-Theorie zu erklären. (Kgl. Vetensk. Acad. Handl. f. 1831.) (Aus Poggendorff's Ann., Bd. XXXIII, 1831, No. 23—25.)

— Wird beim Schalle Wärme frei? (Aus: Ann. der Physik, Bd. 18, St. 4, Jahrg. 1804, St. 12.)

Wrede, Ferd., die Diminutiva im Deutschen, s.a. Dialektgeographie, deutsche. 1.

Die Diminutiva im Deutschen von Ferdinand **Wrede**. Marburg: Elwert 1908. S. 71–144. 8°
(Deutsche Dialektgeographie. H. 1, [2].)

Wrede, F., üb. richtige Interpretation d. Sprachatlas-Karten, s.: Wenker, G., u. F. Wrede, d. Sprachatlas d. Deutschen Reichs.

Wrede, Ferdinand [Dr. phil.]: Specimen einer ostgotischen Grammatik ... (Ersch. vollst. als H. 68 d. „Quellen u. Forsch." ... 1891.) Marburg, G. Otto's Hof-Buchdr. in Darmstadt, 1890; 1 Bl., 33 S. 8°
Marburg, Phil. Fak., Hab.-Schr. v. [8. Nov.] 1890.

Wrede, Ferd. Über die Sprache der Ostgoten in Italien, s. Quellen u. Forschungen zur Sprach- u. Culturgeschichte der germanischen Völker.

Wrede, F., über die Sprache der Wandalen, s.a. Quellen und Forschungen zur Sprach- und Culturgeschichte der germanischen Völker.

Wrede, Ferdinand [aus Spandau]: Über die Sprache der Wandalen. (Erster Teil) ... [Sep.-Abdr. aus: Quellen u. Forsch. z. Sprach- u. Culturgesch. d. german. Völker. Heft LIX.] Strassburg, Karl J. Trübner. London, Trübner & Comp., 1886; 2 Bl. + 35 + 2 S. 8°
Berlin, Phil. Fak., Inaug.-Diss. v. 3. Nov. [handschr.] 1886.

Wrede, Ferd., s.: Stamm's, Frdr. Ludw., Ulfilas.

— Ulfilas, s.: Bibliothek d. ältesten deutschen Literatur-Denkmäler. (Stamm, Frdr. Ludw.)

v. Wrede, Fr., dürfen wir uns schämen Deutsche zu seyn, oder ein Blick auf Deutschlands Vergangenheit u. Zukunft rc. 8. Münster 810. Waldeck. 6 gr.

— über den Geist, welcher in den gegenwärt. Zeitumständen den deutschen Beamten in d. Ausübung seiner Pflicht leiten soll. 8. Dorsten (814.)

— über d. Breslauer Theater. 8. Bresl. 798.

— einige Worte an d. Bewohner des Münsterlandes bei Gelegenheit d. Errichtung d. Landwehr u. d. Landsturms in hiesiger Gegend. 8. (Köln 814.)

Wrede, Frz., über die Bestimmung der Verbrennungswärme organischer Verbindungen m. Benutzung des Platinwiderstandsthermometers, s.a. Fischer, Emil.

Wrede, Franz, aus Berlin: Zur Bestimmung der Verbrennungswärme organischer Verbindungen mittels der kalorimetrischen Bombe. *Berlin (1903): G. Schade.* (37 S.) 8°
Berlin, Phil. Diss. v. 2. Mai 1903

Wrede, Franz, Referendar aus Köln a. Rh.: Giebt es im gemeinen Recht einen Selbsthülfeverkauf? *Köln 1898: F. A. Uckelmann.* (74 S.) 8°
Erlangen, Jur. Diss. v. 1. Juli 1898

Wrede, F., De origine praepositionis εἰς et varia apud Graecos scriptura. Diss. 1868. 79 S.

Wrede, Franz De praepositione εἰς. Part. I. 4 (15 S.).
Progr. Kath. G. an Aposteln Köln 1887 (399)

Wrede, Frz., über die Verbrennungswärme einiger organischer Verbindungen, s.: Fischer, Emil.

Wrede, Fürst Frdr. (Friedrich vom Stein), s. a.: Stein, Frdr. v.

Wrede, Friedrich [pr. Arzt aus Geestendorf]: Beitrag zur Diagnose der Pleuro-Pericarditis (Pericarditis externa) ... Würzburg, Köhl & Hecker'sche Buchdr., 1888; 22 S. 8°
Würzburg, Med. Fak., Inaug.-Diss. v. 1888.

— Entnervt! Drama in 4 Aufzügen. 8. (94 S.) Leipzig 895. W. Friedrich. n. 2. —

Wrede, Frdr. Fürst, Evoe? Neue Novellen. (259 S.) 8. Berlin (908). E. Hofmann & Co. 8.—; geb. 4 —

Wrede, Friedrich ⟨geb. am 30 Juni 1847 in Köln⟩: Ueber Fremdkörper im Auge ... Bonn, Druck v. J. Trapp (1873). 27 S., 2 Bl. 8.
Bonn, Med. Fak., Diss. v. 2 Aug. 1873

Die Goldschilds. Kulturgesch. Roman aus d. 2. Hälfte d. 19. Jhs. von Friedrich Fürst **Wrede**. *Berlin: E. Hofmann & Co. [1900].* (299 S.) 8°
[02. 6679 11

Der stumme Herzog. Ein Riviera-Roman von Friedrich Fürst **Wrede**. Berlin: E. Hofmann [1910]. 191 S. 8° [11. 970

Wrede, Frdr. Fürst, Durchlaucht Iff u. andere Novellen. 8. (208 S.) Berlin 901. E. Hofmann & Co. n. 3.—; geb. n. 4.20

— das Laster, s.a. Friedrich's Bücherei, 5. Bd.

Wrede, Fürst Frdr. (Friedrich vom Stein), das Laster. Roman. 2. (Titel-)Aufl. 8. (301 S.) Leipzig 894. W. Friedrich. n. 5. —
Die 1. Aufl. erschien unter dem Pseudonym F. vom Stein.

WREDE, Friedrich Fürst, Das Liebesleben des Menschen. Roman. „Psychologus nemo nizi physiologus." (Vignette.) Berlin (1907), Verlag von Ernst Hofmann & Co. 8°. 345 S.

Das Liebesleben des Menschen. Roman von Friedrich Fürst **Wrede**. 2. Aufl. Berlin: E. Hofmann & Co. [1907]. (345 S.) 8° [F.] [07. 1980 11

— blutender Lorbeer. s.a. Friedrich's Bücherei, 1. Bd.

— blutender Lorbeer. Roman. 8. (III, 329 S.) Leipzig 895. W. Friedrich. n. 6. —; geb. n.n. 7. —

Wrede, Frdr. Fürst (Frdr. vom Stein), blaue Novellen. 8. (VII, 183 S.) Dresden 897. E. Pierson. n. 2.—

(B) — Blaue Novellen. 897. Jetzt: Berlin, Verlag Berlin-Wien.

— Pflicht. Dramat. Studie in 1 Aufz. 8. (64 S.) Salzburg 897. H. Kerber. n. 1. 20

— e. Räthsel. Die „Gausse". Ich?, s. a. Unterwegs u. Daheim, 10. Bd.

[F. u. Ant.] Ein Räthsel. — Die 'Gausse.' — Ich? Von Friedrich Fürst Wrede. *Breslau: S. Schottlaender 1896.* (142 S.) 1 Bd 8.
= Unterwegs und Daheim. (Ser.) 1. (Bd) 10. [96. 1339

— das Recht auf sich selbst. Schausp. in 4 Aufzgn. 8. (88 S.) Salzburg 898. H. Kerber. n. 1. 50

— der Liebe Weh. Novellen. 8. (V, 123 S.) Ebd. 894. n. 2. —; geb. n.n. 3. —

Wrede, Friedrich W. von.

Lebensbilder aus den vereinigten Staaten von Nordamerika und Texas. ... Cassel 1844. H: *Drescher, E. D.* (EngG) (CBH) (Ky)

Wrede, Fr. W. v., Lebensbilder aus den vereinigten Staaten von Nordamerika u. Texas. In der Fortsetzung nach Tagebüchern u. mündl. Mittheilungen bearb. v. E. D(rescher). gr. 8. (20⅞ B.) Cassel 844, (Fischer.)

Wrede, Gabriele Fürstin, kleine Gedichte. 8. (144 S.) Wien 883. (Gerold's Sohn.) n. 2. 60

Wrede, Gabriele Fürstin, in Schranken frei. Gedichte. (VII, 96 S.) gr. 16. Dresden 904. E. Pierson. n. 1. 50 geb. n. 2. 50

Wrede, Hans, Diplom-Ingenieur, a. Hannov.-Münden: Uber das 4-Amidoisoantipyrin, das 4-Amido-Methyl-Phenylpyrazolon und deren Derivate. Rostock 1906: C. Boldt. (59 S.) 8°
Rostock, Phil. Fak., Ref. Michaelis, Diss. v. 10. Okt. 1906
[Geb. 15. Apr. 82 Hann.-Münden; Wohnort: Rostock; Staatsangeh.: Preußen; Vorbildung: Kaiser-Wilhelms-Realgymn. Berlin Prima-Reife O. 01; Studium: T.H. Berlin 7, Univ. Rostock 3 S.; Rig. 2. Okt. 06.]
37

Wrede, Henr. (geb. Meschede 20. 6. 1834): De signis auscultatoriis in utero gravido oriundis eorumque in diagnosi dignitate. Berolini (1857). (28 S.) 8°
Berlin, Med. Diss. v. 5. Aug. 1857

Wrede, J. E., s. Wreden, Johann Ernst

Wrede, J. H. P., pomolog. Handbuch, oder Auszug aus d. deutschen Obstgärtner, für d. Besitzer u. Nichtbesitzer dieses Werks. 1r Thl., welcher d. 12 ersten Bde umfaßt, mit e. Vorrede von L. F. v. Laffert. 8. Hannov. 802. Hahn. 1 ₰

Wrede, J. H. Ph., pomologisches Handbuch, od. Auszug aus d. deutschen Obstgärtner v. J. V. Sickler. (1. Thl., welcher d. ersten 12 Bde umfasst.) Mit e. Vorrede v. L. F. v. Laffert. 8. Hannover, 1803. Hahn. 2. —

Wrede, Johann Ernst, s. Wreden

Wrede, Julius, Referendar in Sangerhausen: Das Notverordnungsrecht nach preußischem und österreichischem Staatsrecht. Borna-Leipzig 1908: R. Noske. (VIII, 54 S.) 8° [F.]
Leipzig, Jur. Fak., Diss. v. 12. Juni 1908
[Geb. 1. Dez. 81 Oschersleben; Wohnort: Sangerhausen; Staatsangeh. Preußen; Vorbildung: Gymn. Goslar Reife O. 00; Studium: Heidelberg 3, Berlin 1, Halle 2 S.; Rig. 18. März 04.]

Wrede, K. F., Kritische Bemerkungen über einige neue Hypothesen in der Hygrologie, besonders über Parrots Theorie der Ausdünstung und Niederschlagung des Wassers in der atmosphärischen Luft. (Annalen der Physik, Bd. 12, St. 3, Jahrg. 1802, St. 11.)

— Bemerkungen über ein an den Ringmauern von Berlin beobachtetes optisches Phänomen, ein Beitrag zur Theorie der Luftspiegelung. (Annalen der Physik, Bd. 11, St. 4, Jahrg. 1802, St. 8.)

— Beobachtung zweier merkwürdigen optischen Erscheinungen in den Dünsten der Atmosphäre. (Annalen der Physik, Jahrg. 1804, 9. St.)

— Ueber die scheinbare Lage paralleler Strahlen in der Atmosphäre, und ihre Anwendung zu meteorologischen Messungen. (Annalen der Physik, Bd. 83, Jahrg. 1826.)

Wrede, Karl

Wrede, Carl [app. Arzt aus Barlt in Süder-Dithmarschen]: Aus d. patholog. Institute zu Kiel. Ein Fall von Oesophagus-Carcinom mit Fortsetzung auf den Bronchus ... Kiel, Druck v. Ch. Donath, 1897; 14 S. 8.
Kiel, Med. Fak., Inaug.-Diss. v. [2. Aug.] 1897

Wrede, Kurt, Gerichtsassessor in Stettin: Wie gestalten sich die in Art. 354, 355, 356 des allgemeinen deutschen Handelsgesetzbuches geregelten Rechtsverhältnisse nach der mit dem 1. Januar 1900 in Kraft getretenen Gesetzgebung? Borna-Leipzig 1904: R. Noske. (VII, 76 S.) 8° [F.]
Leipzig, Jur. Fak., Diss. v. 9. Sept. 1904
[Geb. 22. Aug. 74 Havelberg; Wohnort: Stettin; Staatsangeh.: Preußen; Vorbildung: Gymn. Prenzlau Reife M. 92; Studium: Göttingen 1, Halle 3, Berlin 2 S.; Rig. 1. Febr. 02.]

Wrede L, Kollektivausstellung des Vereins für die Rübenzuckerindustrie des Deutschen Reichs. Wien 1873

Wrede, L. Liste 1—5 der deutschen Kriegsgefangenen. Berlin 1871. 4°

Wrede, L.: Über das Todte Meer. Berlin 1866—1867

Wrede, L., Wiederholungsbuch für den geographischen &c. Unterricht, s.: Schumacher, K.

Wrede, L., s. Wiederholungsbuch für den geograph., geschichtl., naturkundl. und deutschen Unterricht.

Mit Genehmigung der med. Fak. d. Albertus-Universität wird Mittwoch den 11. Juli 1906 ... Herr Dr. med. Ludwig **Wrede,** Assistent an der chirurg. Klinik der Universität ... seine öffentliche Antrittsvorlesung „Ueber Aktinomykose in chirurgischer Beziehung" halten. Zu diesem Akte ladet ein der Dekan der med. Fak. R[ichard] Pfeiffer. Königsberg i. Pr. (1906): O. Kümmel. (1 Bl.) 4°

Wrede, Ludwig, aus Berlin: Die Bedeutung des Traumas für die Entstehung freier Gelenkkörper. Berlin (1899): G. Schade. (29 S.) 8°
Berlin, Med. Diss. v. 31. Jan. 1899.

Wrede, O., s. Wreden, Otto Just

[F.] Vom Baume des Lebens. Erlebtes u. Erdachtes v. Richard Wrede. M. Deckelbild v. Th. Th. Heine, Randzeichngn v. H. Baluschek. *Berlin: Kritik 1897.* (4 Bl., 79 S.) 1 Bd 8. [97. 2668

— dasselbe. 2. [Titel-] Aufl. 8. (III, 79 S.) Berlin (897) 898. Dr. R. Wrede. 1.—

Wrede, Rich., vom Baume des Lebens. Erlebtes u. Erdachtes. Umschlag v. Th. Th. Heine, Kopfleisten v. H Baluschek. 4. Aufl. 8. (80 S.) Berlin 899. Dr. R. Wrede. 1.—

— s.: Berlin, das geistige.

Wrede, Rich. v., Brotneid, Männerfreundschaft, Thron, Ehrenrat, s. a. Vehmgerichte, moderne. 2 Hft.

Brodneid, Männerfreundschaft, Thron, Ehrenrat. Schlaraffische Erinnerungen von Dr. Richard Wrede. *Berlin: C. A. Schwetschke & Sohn 1898.* (49 S.) 8°
— Vehmgerichte, Moderne. H. 2. [99. 3973

Wrede, Rich., Eine? Schauspiel. 8. (64 S.) Leipzig 894. W. Friedrich. n. 1.—

— s.: Fragen d. öffentl. Lebens.

— s. a. Handbuch der Journalistik.

Wrede R. Handbuch der Journalistik. (272 S 1 T) Berlin 1902

— die Körperstrafen bei allen Völkern von d. ältesten Zeiten bis auf d. Gegenwart. Kulturgeschichtl. Studien. M. vielen Illustr. (In 15 Lfgn.) 1.—4. Lfg. gr. 8. (S. 1—192 m. 1 Taf.) Dresden 898. H. R. Dohrn. à Lfg. n. 1. 50

— die Körperstrafen bei allen Völkern von den ältesten Zeiten bis auf die Gegenwart. Kulturgeschichtliche Studien. (Schluss [pag. 417 u. ff.] v. H. Dohrn.) Mit vielen Illustr. 5.—10. Lfg. gr. 8. (S. 193—480) Dresden 898. H. R. Dohrn. à n. 1. 50; (kplt. geb. in Leinw. n. 18.—; in Halbfrz. n. 20.—)

— s.: Kritik, die.

Wrede, Rich., Leitfaden der Institutionen d. römischen Rechts. gr. 8. (IV, 44 S.) Berlin 893. Mayer & Müller. Kart. n. 1.—

— Leitfaden d. Institutionen d. röm. Rechts. 2., verb. u. verm. Aufl. gr. 8. (IV, 44 S.) Berlin 898. Mayer & Müller. Kart. n. —80

— allerlei Liebe. Ein Geschichtenbuch. 8. (87 S.) Berlin 900. Dr. R. Wrede. n. 2.—

9. Internat. Pressekongreß Wien 11.–17. Sept. 1904. Journalistischer Fachunterricht. Ein Rückblick auf d. Entwicklung d. Journalisten-Hochschule zu Berlin. (Verf.: Dr. R[ichard] Wrede.) *(Berlin [1904]: O. Dreyer.)* (12 S.) 8° [04. 13739

— s.: Redaktion, die.

— was heisst u. wie werde ich Journalist? Ein Wegweiser. gr. 8. (22 S.) Berlin (902). Dr. R. Wrede. n. —50

— sächsische Civilrichter in Fragen des Urheberrechts. Auch e. Beitrag zum „Entwurf". gr. 8. (23 S.) Berlin 899. Dr. R. Wrede. n. —50

Wrede, Vikt., u. Paul Oehmke, Recht u. Unrecht im Pferde- u. Viehhandel. Systematische Darstellg. nach Reichsrecht m. tierärztl. Erläutergn. (XVIII, 196 S.) gr. 8. Berlin 909. C. Heymann. 4.—; geb. 5.—

Wrede, Wilhelm Anton (Paderborn) U. S. Erfurt 1752/1

Dissertatio juridica inauguralis de statu hominum. Erfurt (Hering) 12. X. 1752. 36 S. 37289

[Ant. u. F.] Über Aufgabe und Methode der sogenannten Neutestamentlichen Theologie. Von D. W[illiam] Wrede, o. Prof. . . . zu Breslau. *Göttingen: Vandenhoeck & Ruprecht 1897.* (80 S.) 1 Bd 8. [97. 7374

Wrede, W., Charakter u. Tendenz des Johannesevangeliums, s. a. Sammlung gemeinverständlicher Vorträge u. Schriften aus dem Gebiet der Theologie. 37.

Charakter und Tendenz des Johannesevangeliums. Von W[illiam] Wrede. *Tübingen & Leipzig: J. C. B. Mohr 1903.* (IV, 71 S.) 8°
— Sammlung gemeinverständlicher Vorträge u. Schriften aus d. Geb. d. Theol. u. Religionsgeschichte. 37. [03. 13993 7

Wrede, W., die Echtheit des 2. Thessalonicherbriefs, s. a. Texte u. Untersuchungen zur Geschichte der altchristl. Literatur.

Die Echtheit des zweiten Thessalonicherbriefes untersucht von D. W[illiam] Wrede, Prof. in Breslau. *Leipzig: J. C. Hinrichs 1903.* (VIII, 116 S.) 8°
— Texte u. Untersuchungen z. Geschichte d. altchristl. Literatur. Bd 24, H. 2. (N. F. Bd 9, H. 2.) [03. [illegible]

Wrede, William, die Entstehung der Schriften des Neuen Testaments, s. a. Lebensfragen. 18.

Die Entstehung der Schriften des Neuen Testaments. Vorträge von William Wrede, † Prof. in Breslau. Tübingen: J. C. B. Mohr 1907. (VIII, 112 S.) 8° [F.]
— Lebensfragen. 18. [07. 7370

Wrede, W., das Messiasgeheimnis in den Evangelien. Zugleich ein Beitrag zum Verständnis des Markusevangeliums. gr. 8. (XIII, 291 S.) Göttingen 901. Vandenhoeck & Ruprecht. n. 8.—; geb. in Leinw. n. 9.—

— Paulus, s. a. Volksbücher, religionsgeschichtliche. I. 5. 6.

Paulus von Prof. D. W[illiam] Wrede-Breslau. 1.–10. Taus. Halle a. S.: Gebauer-Schwetschke 1904 (1905). (113 S.) 8° [F.]
— Volksbücher, Religionsgeschichtliche, f. d. deutsche christl. Gegenwart. R. 1, H. 5/6. [05. 4741

Paulus. Von William Wrede. 2. Aufl. Tübingen: Mohr 1907. 15, 112 S. 8°
(Religionsgeschichtl. Volksbücher f. d. deutsche christl. Gegenwart. Reihe 1, H. 5/6.) [11. 4344 5

— das literar. Rätsel des Hebräerbriefes, m. e. Anh. üb. den literar. Charakter des Barnabasbriefes, s. a. Forschungen zur Religion u. Literatur des Alten u. Neuen Testaments.

Das literarische Rätsel des Hebräerbriefs. Mit e. Anh. über d. literar. Charakter d. Barnabasbriefes. Von D. W[illiam] Wrede, Prof., Breslau. Göttingen: Vandenhoeck & Ruprecht 1906. (VIII, 98 S.) 8°
— Forschungen z. Religion u. Literatur d. Alten u. Neuen Testaments. H. 8. [06. 11806

Wrede, W. [Pastor]: Untersuchungen zum ersten Klemensbriefe . . . (Vollst. ersch. im Verl. v. Vandenhoeck & Ruprecht in Göttingen, 1891; IV, 112 S.) Göttingen, Druck d. Dieterich'schen Univ.-Buchdr., 1891; 1 Bl., 45 S. 8°
Göttingen, Theol. Fak., Inaug.-Diss. v. [21. Febr.] 1891.

Wrede, W., Untersuchungen zum 1. Klemensbriefe. gr. 8. (IV, 112 S.) Göttingen 891. Vandenhoeck & Ruprecht. n. 2. 50

Vorträge und Studien. Von William Wrede, † Prof. (Hrsg.: Adolf Wrede.) Tübingen: J. C. B. Mohr 1907. (XV, 231 S.) 8° [F.] [07. 11174

Wrede-Peine, Jul. Die Branntweinsteuer-Reform. 8°. Berlin 1878.

Wreden's Sammlung medizinischer Lehrbücher, Fortsetzg., s.a. Sammlung medizinischer Lehrbücher.

Wreden's Sammlung medizinischer Lehrbücher. 1., 6., 9.—11., 16. u. 17. Bd. gr. 8. Berlin, F. Wreden. n. 88. 80; geb. n. 99. 20
1. Die Krankheiten der Frauen, f. Aerzte u. Studirende dargestellt v. Heinr. Fritsch. 6., neu bearb. Aufl. (XI, 554 S. m. 220 Holzschn. u. 4 Heliograv.) 894. n. 11. 40; geb. n. 12. 80
6. Lehrbuch der Kinderkrankheiten f. Aerzte u. Studirende Von Adf. Baginski. 4., vielfach verm. u. verb. Aufl (XVI, 986 S.) 892. n. 19. —; geb. n. 20. 80
9. Specielle Chirurgie f. Aerzte u. Studirende v. H. Fischer. (XXXI, 890 S. m. 190 Holzschn.) 892. n. 20 —; geb. n. 21. 80
10. Augenheilkunde u. Ophthalmoskopie. Für Aerzte u. Studirende bearb. v. Herm. Schmidt-Rimpler. 6., verb. Aufl. (XIII, 647 S. m. 185 Holzschn. u. 2 farb. Taf.) 894. n. 14. —; geb. n. 15. 60
11. Handbuch der Ohrenheilkunde. Für Aerzte u. Studirende v. Wilh. Kirchner. 4. Aufl. Mit 42 Abbildgn. in Holzschn. (VIII, 235 S.) 892. n. 4. 80; geb. n. 6. —
16. Kurzes Lehrbuch der Physiologie d. Menschen v. Johs. Gad u. J. F. Heymans. (VII, 515 S. m. 62 Holzschn. u. 1 lith. Taf.) 892. n. 10. —; geb. n. 11. 40
17. Psychiatrie. Für Aerzte u. Studirende bearb. v. Th. Ziehen. Mit 10 Abbildgn. in Holzschn. u. 10 physiognom. Darstellgn. auf 6 Lichtdr.-Taf. (IX, 472 S.) 892. n. 9. 60; geb. n. 10. 80

Wreden's Sammlg. medizin. Lehrbücher. 1. Bd. (7. u. 8. Aufl.), III., VI. u. XI. Bd. gr. 8. Berlin 896. Braunschweig, F. Wreden. n. 67. 80; geb. n. 75. 40
I. Die Krankheiten d. Frauen, f. Aerzte u. Studierende dargestellt v. Heinr. Fritsch. 7., neu bearb. Aufl. (XII, 645 S. m. 225 Holzschn. u. 4 Heliogr.) n. 11. 40; geb. n. 12. 80; 8., neu bearb. Aufl. (XIII, 691 S. m. 244 Holzschn.) 897. n. 12. 40; geb. n. 13. 80
III. Lehrbuch d. klin. Untersuchungsmethoden innerer Krankheiten v. Herm. Eichhorst. 4., umgearb. Aufl. Mit 281 Abb. in Holzschn. (XIV, 842 S.) n. 20. —; geb. n. 21. 80
VI. Lehrbuch d. Kinderkrankheiten f. Aerzte u. Studirende v. Adf. Baginsky. 5., vielfach verm. u. verb. Aufl. (XVI, 1057 S.) n. 19. 20; geb. n. 21. —
XI. Handbuch d. Ohrenheilkunde f. Aerzte u. Studirende v. Wilh. Kirchner. 5. Aufl. (VIII, 232 S. m. 44 Holzschn.) n. 4. 80; geb. n. 6. —

Wreden, Friedr., s. Hilfsbuch f. den Berliner Buchhandel.

Wreden, Johann Ernst

Wrede, J. E., Collect. chir. T. I et II. Hann. 1721—2. 8°.

Johann Ernst Wreden

J[ohann] E[rnst] Wreden, Vernünfftiger Gedancken [Gedanken] von der Inoculation der Blattern vier Abhandlungen. Hanover: Förster 1724. 79 S. 8°

Wrede, Johann Ernst: Untersuchung der jetzt grassirenden Vieh-Seuche ... Hannover 1745. 48 S.

Wreden, Karl Josef v.

– s.a. Beleuchtung d. Fakultäten.

Ders.: **Kurze Beleuchtung d. Facultäten Päbstl. Nunzien in Deutschland.** (*Cölln*, 789.) 8.

Wreden, Otto Just, s. Wreeden, Otto Justus

Wreden, Rob., die Myringomykosis Aspergillina und ihre Bedeutung für das Gehörorgan. Ein Beitrag zur Lehre von den am lebenden Menschen vorkommenden Schimmelbildungen. Lex.-8. (53 S. mit 1 chromolithogr. Taf.) St. Petersburg 868, Röttger. *

—— die Otitis media neonatorum vom anatomisch-pathologischen Standpunkte. Eine auf Grund der Sectionsergebnisse von 80 Kinderleichen entworfene Schilderung. gr. 8. (IV, 66 S.) Berlin 868. St. Petersburg, Münx. [Deubner.] *
Aus: Monatsschrift für Ohrenheilkunde, besonders abgedruckt.

Wredow, Aug. **Eine Gedächtnissrede, s. Lehfeld, Rich.**

Wredow, Johann Christoph Ludwig

Wredow, Jh. Cph. Ldw., († d. 11. Aug. 1823.) ökonom.-technolog. Flora Mecklenburgs, oder Beschreibung nicht nur aller in Mecklenburg wildwachsenden Pflanzen, sondern auch derer, die in Feldern, Wiesen, Wäldern ꝛc. bei uns kultivirt werden. 2 Bde. gr. 8. Läneb. 809—12. Herold u. W. 4 ß

Wredow's, J. C. L., der Gartenfreund, oder vollständ. auf Theorie und Erfahrung gegründeter Unterricht über die Behandlung des Bodens und Erziehung der Gewächse im Küchen-, Obst- und Blumengarten, in Verbindung mit dem Zimmer- und Fenstergarten. nebst Anhange über den Hopfenbau. gr. 8. Berlin, Amelang. 818.

Wredow, Joh. Chr. Ludw., Gartenfreund, od. vollständ. auf Theorie u. Erfahr. gegründ. Unterricht üb. d. Behandl. d. Bodens u. Erziehung d. Gewächse in Gemüse-, Obst- u. Blumengärten, in Wohnzimmern, Gewächshäusern u. Mistbeeten. Nebst e. Anh. üb. Ananas-Zucht. gr. 8. Berlin, 1818. 2. Aufl. 1823. 3. Aufl. 1827. 4—8. Aufl. v. Carl Helm, 1832, 37, 43, 49 u. 53. 9. Aufl. v. H. Gaerdt u. E. Neide. 1859. Gärtner. 562 S. 2. —

Wredow, J. C. L., Gartenfreund, od. vollständ., auf Theorie u. Erfahr. gegründ. Unterr. üb. d. Behandl. d. Bodens u. Erziehung d. Gewächse im Küchen-, Obst- u. Blumengarten. Nebst e. Anh. üb. d. Hopfenbau. 4. Aufl., verb. u. verm. mit e. Anweis. zur Behandl. d. Pflanzen in Gewächshäusern vers. v. C. Helm. gr. 8. (45 B., Ttlkpfr. u. Ttlvign.) Berlin 832, Amelang. Thlr.

Wredow's, J. C. L., der Gartenfreund, oder vollständiger auf Theorie u. Erfahrung gegründ. Unterricht über d. Behandlung des Bodens u. Erziehung der Gewächse im Küchen-, Obst- u. Blumengarten, in Verbindung mit dem Zimmer- u. Fenstergarten. Nebst e. Anhange über den Hopfenbau. 5e Aufl., verb. u. verm. u. mit e. Anweisung zur Behandlung der Pflanzen in Gewächshäusern versehen von Karl Helm. Mit Titelkupfer u. Titelvign. gr. 8. Berlin 837. Amelang. 2 ß

Wredow's, J. C. L., Gartenfreund, od. vollständ. auf Theorie und Erfahrung gegründeter Unterricht über die Behandlung des Bodens u. Erziehung der Gewächse ꝛc. 6. Aufl., verb. u. verm. u. mit e. Anweisung zur Behandlung der Pflanzen in Gewächshäusern versehen von Carl Helm. gr. 8. (Mit Titelkpfr.) Berlin 843, Amelang. 2 ß

Wredow's, (J. C. L.), Gartenfreund oder vollständiger auf Theorie und Erfahrung gegründeter Unterricht über die Behandlung des Bodens und Erziehung der Gewächse im Küchen-, Obst- und Blumengarten, in Verbindung mit dem Zimmer- und Fenstergarten. Nebst einem Anhang über den Hopfenbau. 7., verb. und verm. Aufl. mit einer Anweisung zur Behandlung der Pflanzen in Gewächshäusern versehen von Carl Helm. gr. 8. (VI und 795 S. mit 1 allegor. Titelbilde in Stahlst.) Berlin 849, [Gaertner.]

Wredow's, J. C. L., Gartenfreund oder vollständiger, auf Theorie und Erfahrungen gegründeter Unterricht über die Behandlung des Bodens und Erziehung der Gewächse im Küchen-, Obst- und Blumengarten, in Verbindung mit dem Zimmer- und Fenstergarten. Nebst einem Anhang über den Hopfenbau. 8., verb. und verm. Aufl. mit einer Anweisung zur Behandlung der Pflanzen in Gewächshäusern versehen von Carl Helm. gr. 8. (VI und 760 S. mit einem allegor. Titelbilde in Stahlst.) Berlin 853, Gaertner.

Wredow's Gartenfreund. Eine Anleitung zur Erziehung und Behandlung der Gewächse im Gemüse-, Obst- und Blumengarten, in Wohnzimmern, Gewächshäusern und Mistbeeten, sowie der Bäume und Ziersträucher im freien Lande. 9. Aufl. in 8 Lfgn. und 10. Aufl., nach den neuesten Erfahrungen verm. von H. Gaerdt und E. Neide. gr. 8. (VIII und 756 S.) Berlin (861)62, Gaertner. 2 Thlr.; geb.

Wredow's Gartenfreund. Eine Anleitung zur Erziehung und Behandlung der Gewächse im Gemüse-, Obst- und Blumengarten, in Wohnzimmern, Gewächshäusern und Mistbeeten, sowie der Bäume und Ziersträucher im freien Lande. 11. Aufl., nach den neuesten Erfahrungen verm. von H. Gaerdt und E. Neide. gr. 8. (VI und 737 S.) Berlin 864, Gaertner. 2 Thlr.; geb.

Wredow's Gartenfreund. Eine Anleitung zur Erziehung und Behandlung der Gewächse im Blumen-, Gemüse- und Obstgarten, in Wohnzimmern, Gewächshäusern und Mistbeeten, sowie der Bäume und Ziersträucher im freien Lande. 12.—14. Aufl. nach den neuesten Erfahrungen verm. von H. Gaerdt und E. Neide. gr. 8. (IV, 722 S.) Berlin 869—74, Gärtner. geb. *

Wredow's Gartenfreund. Eine Anleitung zur Erziehung und Behandlung der Gewächse im Blumen-, Gemüse- und Obstgarten, in Wohnzimmern, Gewächshäusern und Mistbeeten, sowie der Bäume und Ziersträucher im freien Lande. 15. Aufl., nach den neuesten Erfahrungen bearb. und verm. von H. Gaerdt und E. Neide. gr. 8. (IV, 736 S.) Berlin 878, Gärtner.

—— dass. — Ein Rathgeber für die Anlage und Pflege des Küchen-, Obst- und Blumengartens in Verbindung mit dem Zimmer- und Fenstergarten. Neu bearb. und verm. mit einer Uebersicht der Geschichte des Gartenbaues, sowie mit einem Gartenkalender, die Arbeiten für jeden Monat des Jahres enthaltend, von O. Hüttig. 8. (XIII, 508 S. mit 1 lithogr. Titelbild.) Berlin 881, Cronbach. *

Wredow's Gartenfreund. Eine Anleitung zur Erziehung und Behandlung der Gewächse im Blumen-, Gemüse- und Obstgarten, in Wohnzimmern, Gewächshäusern und Mistbeeten, sowie der Bäume und Ziersträucher im freien Lande. 16. Aufl., nach den neuesten Erfahrungen bearb. von Heinr. Gaerdt und Ed. Neide. gr. 8. (IV, 736 S.) Berlin 881, Gaertner's Verlag.
In Cattunbd. M 8.; in Halbfrzbd.

—— dass. — Illustr. Ausg. Ein Rathgeber für die Anlage und Pflege des Küchen-, Obst- und Blumengartens in Verbindung mit dem Zimmer- und Fenstergarten. Neu bearb. und verm. mit einer Übersicht der Geschichte des Gartenbaus, sowie einem Gartenkalender, die Arbeiten für jeden Monat des Jahres enth., von O. Hüttig. 2. verb. und verm. Aufl. gr. 8. (XV, 544 S. mit 1 chromolithogr. Titelbild und 252 in den Text gedr. Abbild.) Berlin 886, Cronbach. *
geb. *

Wredow's Gartenfreund. Eine Anleitung zur Erziehung und Behandlung der Gewächse im Blumen-, Gemüse- und Obstgarten, in Wohnzimmern, Gewächshäusern und Mistbeeten, sowie der Bäume und Ziersträucher im freien Lande. 17. Aufl., nach den neuesten Erfahrungen bearb. von Heinr. Gaerdt. gr. 8. (IV, 996 S.) Berlin 886, Gaertner's Verlag. *
geb. *

Wredow's Gartenfreund. Eine Anleitg. zur Erziehg. u. Behandlg. der Gewächse im Blumen-, Gemüse- u. Obstgarten, in Wohnzimmern, Gewächshäusern u. Mistbeeten, sowie der Bäume u. Ziersträucher im freien Lande. 18. Aufl., nach den neuesten Erfahrgn. bearb. v. Heinr. Gaerdt. gr. 8. (IV, 996 S.) Berlin 891. R. Gaertner. n. 9. —; geb. in Leinw. n. 10. —

Wredow's Gartenfreund. Illustr. Ausg. E. Rathgeber f. d. Anlage u. Pflege des Küchen-, Obst- u. Blumengartens in Verbindg. m. d. Zimmer- u. Fenstergarten. Neu bearb. u. verm. m. e. Uebersicht der Geschichte des Gartenbaues, sow. e. Gartenkalender, d. Arbeiten f. jeden Monat d. Jahres enthaltend. 3., verb. u. verm. [Titel-] Aufl. m. 1 (farb.) Titelbild u. 252 in d. Text gedr. Abb. gr. 8. (XV, 544 S.) Berlin (886) 899. S. Cronbach. n. 6. —; geb. n. 7. —

Wredow's Gartenfreund. Eine Anleitg. zur Erziehg. u. Behandlg. der Gewächse im Blumen-, Gemüse- u. Obstgarten, in Wohnzimmern, Gewächshäusern u. Mistbeeten, sowie der Bäume u. Ziersträucher im freien Lande. Nach den neuesten Erfahrgn. bearb. v. Heinr. Gaerdt. 19. Aufl. gr. 8. (III, 996 S. m. 2 Taf.) Berlin (901). [R. Gaertner.] Weidmann. 8. 40; geb. in Leinw. n. 10. —

Wredow's Gartenfreund. Ein Ratgeber f. die Einrichtg. u. Pflege des Gemüse-, Obst- u. Blumengartens sowie des Zimmer- u. Fenstergartens. Mit e. Uebersicht der Geschichte des Gartenbaues sowie e. immerwähr. Gartenkalender, neubearb. v. Axel Fintelmann. 4. verb. u. verm. Aufl. (CXII, 491 S.) 8. Berlin 904. S. Cronbach. Geb. in Leinw. n. 5. —

— tabellar. Uebersicht der in Mecklenburg wild wachsenden phänogamischen Pflanzengeschlechter u. einer allgem. Einleitung in d. Pflanzenkunde rc. 8. Lüneb. 808. Herold u. W. 1 ₰

Wreech, Kurt Friedrich v.

v. Wreech, C. Frd. Warhafte u. umständl. Historie von den Schwedischen Gefangenen in Russland und Sibirien. (861) 8. Sorau 1725.

Wreech, Kurt Fr. v., Historie v. d. schwedischen Gefangenen in Rußland u. in Siberien, u. deren kräftige Erweckung zur Buße. 8. Halle, Waisenh. Bchhdl. 728.

Wreeden, Otto Justus

Wreden, Otto Just, Anweis. z. chirurgischen Praxis. 8. Hannov. Helwing. 732.

Wreeden, Otto Justus (Hannover) A. S. 1166/47

Dissertatio inauguralis de debilitate fibrarum.
Präs. Lorenz Heister.
Helmstedt (Schnorr) 13. V. 1728. 64 S.

Gew.: Hermann Boerhaave, Präs., Bernhard Siegfried Albinus. 37290

Wreden, Otto Just: Kurtze und gründliche Demonstration des Gehirns und derer Theile, welche selbes umgeben. 60 S., gbd.

Leipzig u.Zelle: Gsellius 1741

JB 3.521

— General-Tabelle v. d. Knochen. Fol. Ebend, 725.

s. Geschichte d. Appellationen.

Otto Just Wreden

Deutlicher und gründlicher Unterricht von der Nutrition, wie auch Wachsthum, und Sterben der Menschen, wobey zugleich die Härte der Knochen, die Stärcke der Menschen... erl. ...wird. Hrsg. von O[tto] J[ust] Wreden. [Hannover:] Förster 1731. 120 S. 8°

Beigeb.: Wreden: Kurtzer Unterricht von der Structur und Action der Musculn. Hannover 1731

Wreden, Otto Just: Kurzer und deutlicher Unterricht von denen Theilen des menschlichen Cörpers, sowol nach ihrer Structur und Lage, als auch nach ihren Nutzen, was denen festen und flüßigen Theilen wie auch der Seele angehet. 2.verbess.Aufl. 312 S., gbd.

Hannover: Förster 1743

JB 3.521

Wreden, Otto Just: Kurtzer Unterricht vom chirurgischen Feld-Kasten...nebst desselben Abzeichnung und Beschreibung... 304 S., gbd., Abb.

Hannover: Förster 1743

JB 3.521

Wreden, Otto Just: Kurzer Unterricht vom chirurgischen Feld-Kasten, worinnen diejenigen Arzneyen, so in e. kleine Feld-Apotheke gehören ..., imgleichen was ein Regiments-Chirurgus ... wissen muß ... beschrieben von Otto Just Wreden. Nunmehro aufs neue übersehen u. z. Druck befördert von C[hristian] T[edel] H[einrich] von Hagen. Hannover: Förster 1757. 304 S. 8°

Otto Just Wreden

Kurtzer Unterricht von der Structur und Action der Musculn. ...Hrsg. von O[tto] J[ust] Wreden. Hannover 1731. 39 S. 8°

Angeb.an: Wreden: Deutlicher und gründlicher Unterricht von der Nutrition...Hannover 1731.

— Untersuch. d. Viehseuche, n. e. Hülfsmitteln. 8. Ebend. 745.

Wrege, A., Lehrplan f. die Unterstufe der utraquistischen Schulen. Mit ausführl. Stoffverzeichnis. gr. 8. (41 S. m. 1 Tab.) Breslau 887. F. Hirt. n. -- 80

Wrege, Eduard [aus Westfalen]: Die Myomtherapie m. bes. Berücks. d. Totalexstirpation d. Uterus von d. Vagina aus ... Greifswald, Druck v. J. Abel, 1892; 24 S. 8°
Greifswald, Med. Fak., Inaug.-Diss. v. 23. Juli 1892.

Wrege, Ferd., der praktische Rechner f. Schule, Kontor u. Privatgebrauch. (64 S.) gr. 8. Prenzlau 909. A. Mieck. 1. —

Wrege, Rhold., der Besen. Eine Studenten-Liebesgeschichte in 8 Gesängen und 123 (eingedr. photozinkotyp.) Federzeichnungen. gr. 8. (103 S.) [Bern 879, Frobeen und Comp.] Essen, Erdmann.

Wrege, Rhold., der Besen. Eine Studenten-Liebesgeschichte in 8 Gesängen u. 123 (photozinkogr.) Federzeichnungen. 4. Aufl. gr. 8. (103 S.) Essen 882. Erdmann. n. 2. —

Wrege, Rhold., der Besen. Eine Studenten-Liebesgeschichte in 8 Gesängen und 123 Federzeichnungen. 6. Aufl. gr. 8. (104 S.) Krefeld 886, Erdmann. *

—— vier Bücher vom Studiosus Faß in 487 Federzeichnungen. 4 Lfgn. gr. 8. Ebendas. 884. à Lfg. *M* 1. *

Inhalt:
Lfg. 1. Der Kneipabend. (84 S.)
" 2. Die Hochquart. (80 S.)
" 3. Der Besen. (103 S.)
" 4. Das alte Haus. (74 S.)

—— das alte Haus. Ein Philister-Idyll in 7 Szenen und 108 Federzeichnungen. 1. und 2. Aufl. gr. 8. (73 S.) [Bern 879,80, Frobeen und Comp.] Essen, Erdmann. *

—— das alte Haus. Ein Philister-Idyll in 7 Szenen und 108 Federzeichnungen. 6. Aufl. gr. 8. (73 S.) Ebendas. 886. *

—— die Hochquart. Eine Studenten-Epopöe in sechs Gängen und 121 Federzeichnungen. gr. 8. (80 S.) Ebendas. 879.

Wrege, Rhold., die Hochquart. Eine Studenten-Epopöe in 6 Gesängen und 121 (photozinkogr.) Federzeichnungen. 2. und 3. Aufl. gr. 8. (80 S.) Essen 880,82, Erdmann. *

—— die Hochquart. Eine Studenten-Epopöe in 6 Gesängen und 121 Federzeichnungen. 6. Aufl. gr. 8. (80 S.) Ebendas. 886. *

— der Kneipabend. Allerhand Studentenulk in 135 (photozinkotyp.) Federzeichnungen. gr. 8. (83 S.) Ebend. 878. n. 2. 40

—— der Kneipabend. Allerhand Studentenulk in 135 Federzeichnungen. 6. Aufl. gr. 8. (84 S.) Ebendas. 886. *

—— des Handwerkers Lehrjahre oder Willy, der Schlosserstift. In lustigen Versen und 114 Federzeichnungen geschildert. 1. und 2. Aufl. gr. 8. (72 S.) [Bern 880, Costenoble.] Essen, Erdmann. *

—— Zookomisches in 98 Federzeichnungen. [Der Elephant auf Kunstreisen. — Mylord im Bärengraben. — Heute mir, morgen Dir. — Der Besuch im Aquarium. — Schwarz und Weiß.] 2. Aufl. gr. 8. (80 S. mit eingedr. Photozinkotyp.) [Bern 880, Costenoble.] Essen, Erdmann. *

Wrelen, die homöopath. Arzneien in Hauptsymptomengruppen, od. die charakterist. Eigenthümlichkeiten d. homöopath. Heilmittel übersichtl. dargest. f. angeh. homöop. Aerzte u. Laien rc.; nebst Angabe d. gewöhnl. Gabengröße, Wirkungsdauer u. Antidote d. Arzneien, vorzügl. f. Solche, die in Ermangelung e. Arztes im ersten Augenblick e. Buch consuliren müssen. gr. 8. (18 B.) Leipzig 834, Köhler.

Wrelen, die homöopath. Arzneien in Hauptsymptomengruppen, od. d. charakterist. Eigenthümlichkeiten d. homöopath. Heilmittel, übersichtl. dargest. rc. Zum 2. Mal aufgelegt, sehr vervollständ. u. verbess. von e. Andern. gr. 8. (18½ B.) Leipzig 835, [Winter.]

—— und H....., der homöopath. Rathgeber bei allen Krankheiten d. Menschen. Alphabet. geordnet, mit Angabe d. heil. homöopath. Mittel u. erklär. Einleit. üb. d. Namen, Wirkungsdauer u. Antidote. Beigefügt sind d. Bedingungen, unt. welchen d. Symptome d. Arzneien zu erscheinen pflegen. gr. 8. (32 B.) Leipzig 836, [Winter.]

— Sendschreiben an den Hofrath Hrn. Dr. Samuel Hahnemann, den großen Reformator der Heilkunde. Ein Beitrag zur Würdigung der Homöopathie, für Laien dargestellt. 8. Leipzig 833. Franke, jetzt Melzer. 1/8 ₰

Wrembel, Wenzel, a. Florynki: Ueber ungewöhnliche Lokalisation subperiostaler Abscesse im Anschluß an akute Streptococcus-mucosus-Otitis. Greifswald 1907: H. Adler. (41 S.) 8°
Greifswald, Med. Fak., Ref. Wittmaack-Strübing, Diss. v. 15. Juni 1908
[Geb. 9. Sept. 77 Floryuki, Kr. Gostyn; Wohnort: Jena; Staatsangeh.: Preußen; Vorbildung: Gymn. Nakel Reife O. 02; Studium: Greifswald 10 S.; Coll. 18. Aug 07; Approb. 3. Juni 08.]

Временщикъ. Комедія въ 5 дѣйствіяхъ. [Der Zeitgenosse.] 8. (323 S.) Berlin 862, Behr's Buchh. *

Wren, Henry, a. Leicester (Engl.): Synthese von Aryl-Nitromethanen und Stilbenderivaten. Würzburg 1904: C. J. Becker. (32 S.) 8°
Tübingen, Naturw. Fak., Ref. Wislicenus, Diss. v. 30. Juli 1904.
[Geb. 11. Sept. 81 Leicester; Wohnort: Tübingen; Staatsangeh.: England; Vorbildung: Gymn. Leicester bis 97; Studium: Oxford 6, Tübingen 2 S.; Rig. 30. Juli 04.]

WRENK, EDUARD: Die Annagelung Christi am Kreuze. Innsbruck. Theol. Diss. Kriegsverlust.

Wreschen [Sachliches OW]

Wreschen und die Interpellation Fürst Radziwill u. Gen. im Reichstag. Berlin: W. Baensch 1902. (31 S.) 8° [ß.] [07. 23/1 11

Wreschen [Schlagwort]

— s. a.: **Deutschland, Uebersichtskarte.**

Wreschen, Kreis, s.a. Forstkarten. — Posen, Reg.-Bez.

Wreschen, Kreis. Baron, Paul, Special-Karte des Kreises Wreschen. Neueste Ausg., rev. v. den zuständ. Behörden. 1 : 125,000. 29×31,5 cm. Farbdr. Lissa (900). F. Ebbecke. u. — 50

— — Wandkarte des Kreises Wreschen, entworfen nach den Messtischblättern der kgl. preuss. Landes-Aufnahme. 1 : 30,000. 4 Blatt à 63,5×57,5 cm. Farbdr. Ebd. (900). n. 12.—; auf Leinw. m. Stäben n. 15.—

Wreschner, Arth., methodolog. Beiträge zu psychophys. Messungen, s.a. Schriften der Gesellschaft f. psycholog. Forschung, 11. Hft.

Methodologische Beiträge zu psychophysischen Messungen (auf experimenteller Grundlage)' v. Dr. Arthur **Wreschner.** *Leipzig: J. A. Barth 1898.* (VI, 238 S.) 8.
= Schriften d. Gesellschaft f. psycholog. Forschung. Sammlg III. H. 11. [98 7,6

Wreschner, Arthur [Cand. phil. aus Breslau]: Ernst Platners und Kants Erkenntnistheorie mit besonderer Berücksichtigung von Tetens und Aenesidemus . . . (Ersch. vollst. in Fichtes Zeitschr. f. Philos. u. philos. Kritik.) Halle a. S., Heynemann'sche Buchdr., 1891; 2 Bl., 25 S., 1 Bl. 8°
Berlin, Phil. Fak., Inaug.-Diss. v. 28. Jul. 1891.

Wreschner, Arthur. Das Gedächtnis im Lichte des Experimentes. (Separat-Abdruck aus der «Schweizerischen Lehrerzeitung» Jahrg. [51,] 1906, [Nr. 15–21].) II + 52 S. 8. Zürich. Orell Füssli, 1906. [fr. —.80]

Das Gedächtnis im Lichte des Experimentes. Von Dr. Arthur **Wreschner,** Prof. 2. verm. Aufl. Zürich: Orell Füssli (1910). 77 S. 8° [11.6721

Wreschner, Arth., Ernst Platner u. Kant's Kritik der reinen Vernunft m. besond. Berücksicht. v. Tetens u. Aenesidemus. Nach e. v. der philosoph. Facultät der Friedrich-Wilhelms-Universität zu Berlin preisgekrönten Schrift. gr. 8. (VII, 144 S.) Leipzig 893. C. E. M. Pfeffer. n. 2. 50

— Die Reproduktion u. Assoziation v. Vorstellungen, s.a. Zeitschrift f. Psychologie u. Physiologie der Sinnesorgane. III. Erg.-Bd.

Wreschner, Arthur. Die Reproduktion und Assoziation von Vorstellungen. Eine experimentell-psychologische Untersuchung von Dr. phil. et med. A' W', Privatdozent ... in Zürich. Teil 1. VI + 328 S. 8. Leipzig, Johann Ambrosius Barth, 1907. [M. 10. —]
Zeitschrift für Psychologie und Physiologie der Sinnesorgane, hrg. von Herm[ann] Ebbinghaus und W[illibald] A Nagel. Abteilung I: Zeitschrift für Psychologie. ... Ergänzungsband 3... . (Teil 1.)

Wreschner, Arthur. Die Reproduktion und Assoziation von Vorstellungen. Eine experimentell-psychologische Untersuchung. (2 Teile.) VIII + VI + 600 S. 8. Leipzig, Johann Ambrosius Barth, 1907–1909. [*cpl.* M. 18. —]
Teil 1. II + VI S. + S. 1–328. 1907. [M. 10. —]
(Teil 2.) II + VIII S. + S. 329–600. 1909. [M. 8. —]
Zeitschrift für Psychologie und Physiologie der Sinnesorgane, hrg. von Herm[ann] Ebbinghaus und W[illibald] A Nagel. Abteilung I: Zeitschrift für Psychologie ... Ergänzungsband 3... .

Wreschner, Arthur, Dr. phil., approb. Arzt, Privatdoz. f. Philosophie an d. Univ. Zürich: Aus d. Psychiatr. Klinik zu Giessen. Eine experimentelle Studie über die Association in einem Falle von Idiotie. Berlin 1900. (35 S.) 8°
(Erscheint vollst. in: Allgem. Zeitschrift f. Psychiatrie, Bd 57.)
Giessen, Med. Diss. v. 1900.

Wreschner, Emanuel: *De linguae Hebraicae semivocalibus a Salomone Hanau Iudaeo de grammatica Hebraica egregie merito, medio fere saeculo praeterito repertis commentatus est. 16 Bl. 2°
Halle-Wittenberg, Phil. Diss. v. 13. März 1854
(Geb. Exin (Kr. Schubin, Posen) 14. 12. 1828. V.

Wreschner, Leop., Rabbi Akiba Eger, der letzte Gaon in Deutschland. Ein kulturhistor. Zeitbild, quellenmässig dargestellt. (III, 129 u. 18 S.) gr. 8. Frankfurt a/M. 906. J. Kauffmann. n.n. 2. —

Wreschner, Leopold: Samaritanische Traditionen, mitgeteilt und nach ihrer geschichtlichen Entwickelung untersucht . . . Halle, Druck v. H. Itzkowski, Berlin, 1888; XXXI + I + 38 S. + 1 Bl. 8°
Halle, Phil. Fak., Inaug.-Diss. v. [19. Apr.] 1888.

Wreschner, Leop., **samaritanische Traditionen, mitgeteilt und nach ihrer geschichtlichen Entwickelung untersucht.** gr. 8. (XXXI, 64 S.) **Berlin 888, (Mayer und Müller.)** *

Wreschner, Ludw., die geplante Beschränkung der freien Advokatur, s.: Wilmowski, v.

Wreschner I, Ludw., s.: Blätter f. Rechtspflege im Bezirk des Kammergerichts.

Wreschniok, Robertus, Silesius: De Cicerone Lucretioque Ennii imitatoribus. Vratislaviae 1907: R. Nischkowsky. (62 S.) 8°
Breslau, Phil. Fak., Ref. Skutsch, Diss. v. 10. Aug. 1907
[Geb. 3. Dez 79 Reichthal, Kr. Namslau. Wohnort: Breslau; Staatsangeh.: Preußen; Vorbildung: Kgl. Matthias-Gymn. Breslau Reife O. 02; Studium: Breslau 11 S.; Rig. 15. Mai 07.]

Wreszinski, Hugo [Apotheker aus Berlin]: Ueber die Einwirkung von Formaldehyd auf die ortho-Diamino. Potsdam, Buchdr. v. J. Grossmann, 1891; 32 S. 8°
Erlangen, Phil. Fak., Inaug.-Diss. v. 1891

Wreszinski, Walter, aus Berlin: Die Hohenpriester des Amon. *Berlin 1904: B. Paul.* (62 autogr. S.) 4°
Berlin, Phil. Diss. v. 30. Jan. 1904

Wreszinski, Walt., ägyptische Inschriften aus dem k. k. Hofmuseum in Wien. (VII S. u. 215 S. in Autogr. m. 5 Lichtdr.-Taf.) Lex.-8. Leipzig 906. J.C. Hinrichs' Verl. n. 25. —

W(alter) **Wreszinski.** Die Medizin der alten Ägypter. Bd 1. Leipzig: Hinrichs 1909. 4° [09. 18389

Wreszinski, Walt., s.: Papyrus, der grosse, medizin., des Berliner Museums.

Wretschko, A.: Ableitung und einige Anwendungen des Begriffes „Rest einer discontinuirlichen Function." 16 S. 8°
Marburg, OG., Progr. 1873.

Wretschko, Alfred Ritter von (Hrsg.), s. Beiträge zur Rechtsgeschichte Tirols.

Wretschko, Alfr. Ritter v., Ernst Demelius, o. ö. Professor des österr. Zivilrechtes, Rektor magnificus der Universität Innsbruck, †28. VII. 1904. Zur Erinnerg. an die Trauerkundgebg. am 4. VIII. 1904 u. an den v. der deutsch-freiheitl. Studentenschaft Innsbrucks am 30. XI. 1904 veranstalteten Trauerkommers. (31 S. m. 1 Bildnis.) gr. 8. Innsbruck 905. Wagner. n. — 40

Eine siedlungskundliche Exkursion ins Innviertel. Besprochen von Univ.-Prof. Dr. Alfred R^r. v. **Wretschko** (Innsbruck). *Salzburg: Salzburger Tagblatt 1903.* (8 S.) 8° [Umschlagt. J.]
Aus: Salzburger Tagblatt. [03. 13137

Wretschko, Alfr. v., zur Frage der Besetzung des erzbischöflichen Stuhles in Salzburg im Mittelalter. (IV, 111 S.) gr. 8. Stuttgart 907. F. Enke. 3. —
Sonderabdr. a.: „Mitteilgn. d. Gesellsch. f. Salzburger Landeskde."

— die Geschichte der juristischen Fakultät an der Universität Innsbruck 1671—1904. (71 S.) 8. Ebd. 904. n. — 50
Sonderabdruck aus: „Beiträge z. Rechtsgesch. Tirols".

Wretschko, Alfr. Ritter v., das Gesetz v. 26. Decbr. 1895, R. G. Bl. Nr. 197, betr. d. Urheberrecht an Werken d. Literatur, Kunst u. Photographie, sammt d. das Verhältnis zu d. Ländern d. ungar. Krone, zum Deutschen Reiche u. zu and. Staaten regelnden Vorschriften m. Materialien u. Anmerkgn. 12. (IV, 210 S.) Wien 896. Manz. n. 1. 80; geb. in Leinw. n. 2. 40

Die akademischen Grade namentlich an den österreichischen Universitäten. Von Prof. A[lfred] v. **Wretschko**. Innsbruck: Wagner 1910. 124 S. 8°
Rektoratsschrift d. Leopold-Franzens-Universität in Innsbruck f. d. Studienjahr 1909/10. [10. 17:08

Das österreichische Marschallamt im Mittelalter. E. Beitr. z. Gesch. der Verwaltg in den Territorien des Deutschen Reiches. Auf urkundl. Grundlage dargest. v. Jur. D^r. Alfred R^r v. **Wretschko**. *Wien: Manz 1897.* (XXV, 263 S.) 1 Bd 8. [97. 3053

Die R e c h t s h a n d s c h r i f t e n der Universitätsbibliothek in Innsbruck zsgest. auf Anregung d. Vorstehung dieser Bibl. (Verf.: A[lfred] v. **Wretschko**.) Innsbruck: Wagner 1904. (41 S.) 8⁰
Erw. SA. aus: Beiträge z. Rechtsgesch. Tirols. Festschr. 1904.

Wretschko, Alfr. v., Heinrich Siegel. Ein Bild seines Lebens u. Wirkens (1830—1899). gr. 8. (48 S. m. 1 Bildnis.) Berlin 900. F. Vahlen. n. 1. 20
Sonderabdruck aus: „Allg. Zeitg."

— S k i z z e n zur bambergischen Zentralverwaltung in Kärnten vornehmlich im 14. Jahrh. (27 S.) Lex. 8. Weimar 909. H. Böhlau's Nachf. 1. 20
Sonderabdr. aus: „Histor. Aufsätze". Festgabe f. K. Zeumer.

— s.: Laurentius de Somercote, Traktat üb. die Vornahme v. Bischofswahlen.

Die Verleihung gelehrter Grade durch den Kaiser seit Karl IV erl. von A[lfred] v. **Wretschko**, Prof. Weimar: Böhlau 1910. 77 S. 8°
Erw. Abdr. aus d. Festschrift f. Heinrich Brunner. [11. 3300 9

Wretschko, Andreas

W r e t s c h k o, Andr. Bemerkungen zur Behandlung der analytischen Geometrie der Ebene an Obergymnasien. 13 S. 8.
Progr. I. d. G. *Brünn* 1879.

Wretschko, Andr., Elemente der analytischen Geometrie der Ebene. Zum Gebrauche in den oberen Klassen der Mittelschulen u. anderer höheren Lehranstalten, sowie zum Selbstunterrichte. gr. 8. (94 S. m. eingedr. Fig.) Brünn 880. Winiker. n. 1. 60

Wretschko Andreas: Experimentaluntersuchungen über die Diffusion von Gasgemengen. (Den zwei diffundierenden Gasen ist zu gleichen Volumprozenten ein drittes Gas beigemengt.) S. 62. II. 575 . . . .
Separatabdruck

Wretschko, Andr., Experimental-Untersuchungen üb. die Diffussion v. Gasgemengen [den 2 diffendir. Gasen ist zu gleichen Volumprocenten e. drittes Gas beigemengt.] [Aus: „Sitzungsber. d. k. Akad. d. Wiss.] Lex.-8. (15 S.) Wien 870. (Gerold's Sohn.) — 30

W r e t s c h k o, Andreas Georg Freiherr von Vega. Sein Leben und Wirken. 26 S. 8. **Progr.** I. d. Staatsg. *Brünn* 1885.

W r e t s c h k o, A., Georg Frhr. v. Vega. gr. 8. (26 S.) Brünn 885. (Wien, Pichler's Wwe. und Sohn.) *

W r e t s c h k o, Andreas Professor Michael Żolgar †. 8 (S. 25—26).
Progr. Staats-G. *Cilli* 1890.

Wretschko, Matthias v.

Wretschko, M.: Beitrag zur Entwicklung der Inflorescenz in der Familie der Asperifolien. 23 S. 8⁰. – Wien ak.G., Progr. 1866.

Wretschko, M.: B e i t r a g zur Entwickelungsgeschichte getheilter u. gefiederter Blattformen. Wien. 24 S. u. 2 Tafeln. 1865.
Schul-/Univ.-Schrift

W r e t s c h k o, Math., **Beitrag** zur Entwickelungsgeschichte getheilter und gefiederter Blattformen. Lex.-8. (24 S. mit 2 Stnt. in Lex.-8. und 4.) Wien 865, (Gerold's Sohn.) *
Aus: Sitzungsberichte der k. Akademie der Wissenschaften, besonders abgedruckt.

— Beitrag zur Entwicklungsgeschichte der Kruziferenblüte (mit 2 Taf.). S. 58. I. 211
Separatabdruck

W r e t s c h k o, M., Beitrag zur Entwicklungsgeschichte der Cruciferen-Blüthe. Lex.-8. (16 S. mit 2 lithogr. Taf. in Lex.-8. und qu. 4.) Wien 868, (Gerold's Sohn.) *
Aus: Sitzungsberichte der k. Akademie der Wissenschaften, besonders abgedruckt.

Wretschko: M.: Entwickelungsgeschichte d. Laubblattes. 16 S. – Laibach. Progr. 1862.

Wretschko, M., die Fachbildung u. Prüfung der Lehramtscandidaten f. Mittelschulen, s.: V o l k s b i l d u n g u. S c h u l w e s e n.

—— zur Frage über die künftige Stellung der Naturwissenschaften an unseren Gymnasien. gr. 8. (46 S.) Wien 862, Gerold's Sohn. * *
Aus: Zeitschrift für die österreichischen Gymnasien, besonders abgedruckt.

W r e t s c h k o, Math., kurzes Lehrbuch der Botanik für Schulen mit besond. Rücksicht auf die Bedürfnisse der Lehramts-Candidaten und zum Selbststudium. gr. 8. (XII, 141 S. mit 108 in den Text gedr. Abbild.) Wien 888, Hölder. *

W r e t s c h k o, Math., Naturgeschichte für Lehrer- und Lehrerinnen-Bildungsanstalten, s. B i s c h i n g, A.

— über die Reform des landwirthschaftlichen Unterrichts an Mittelschulen. [Aus der Zeitschrift für österreich. Gymnasien.] Ebend. 870. gr. 8. (23 S.) 6 *ngr.*

—— über die Reform des naturwissenschaftlichen Unterrichtes an Mittelschulen. gr. 8. (23 S.) Ebendas. 868.
Aus: Zeitschrift für österreichische Gymnasien, besonders abgedruckt.

Wretschko, Dr. M., Kurzer erläuternder Text zu Dr. J. L. Fitzinger's Bilder-Atlas zur wissenschaftlich-populären Naturgeschichte der Wirbelthiere. 4. (VIII u. 102 S.) 1867. Wien, k. k. Hof- u. Staats-Druckerei. 1 n.

— Vorschule der Botanik für den Gebrauch an höheren Classen der Mittelschulen. Ebend. 866. gr. 8. (XVI, 208 S. mit vielen in den Text gedr. Holzschn.) n. 21 *ngr.*

—— Vorschule der Botanik für den Gebrauch an höheren Classen der Mittelschulen und verwandten Lehranstalten. 2. Aufl. gr. 8. (XVI, 112 S. mit vielen in den Text gedr. Holzschn.) Wien 877, Gerold's Sohn. *

Wretschko, Mathias, Vorschule der Botanik für den Gebrauch an höheren Classen der Mittelschulen u. verwandten Lehranstalten. 3. Aufl. Mit vielen in den Text gedr. Holzschn. gr. 8. (VIII, 246 S.) Wien 880. Gerold's Sohn. n. 2. 60

Wretschko, Dr. Matthias, Vorschule der Botanik für den Gebrauch an höheren Classen der Mittelschulen und verwandten Lehranstalten. Mit 156 in den Text gedruckten Holzschnitten. 5. Auflage. Wien 1891. (Min.-Erl. 9. März 1891. Z. 4340.) Gebunden 1.40

Wretschko's, Matthias v., Vorschule d. Botanik, f. den Gebrauch an höh. Classen d. Mittelschulen u. verw. Lehranst. neu bearb. v. Ant. Heimerl. 6., verb. Aufl. M. 642 Einzelbild. in 271 Fig. gr. 8. (XII, 218 S.) Wien 898. C. Gerold's Sohn. Geb. in Leinw. n. 2. 80

Dr. Mathias v. Wretschko's Vorschule der Botanik für den Gebrauch an höheren Classen der Mittelschulen und verwandter Lehranstalten. Vollständig umgearbeitet und neu herausgegeben von Dr. Anton Heimerl. 7. Auflage. Mit 638 Einzeldarstellungen in 323 Figuren und einem Titelbilde. Laut hohen Ministerial-Erlasses vom 26. Juni 1901, Z. 18474, zum Lehrgebrauche an Mittelschulen mit deutscher Unterrichtssprache allgemein zulässig erklärt. Wien. 1901. Gerold's Sohn. Gr.-8°. XIII, 224 S. Geb. K 2.50

Wretschko's, Matthias v., Vorschule der Botanik f. d. Gebrauch an höh. Klassen der Mittelschulen u. verwandter Lehranstalten. Vollständig umgearb. u. neu hrsg. v. Ant. Heimerl. 8. Aufl. Mit 740 Einzeldarstellgn. in 329 Fig., 4 schwarzen u. 2 farb. Taf. (IV, 209 S.) gr. 8. Wien 907. C. Gerold's Sohn. Geb. 3. 50

Wretschko, Vict., die Verwalterstochter, s. a. Theater, neues Wiener. 158. Hft.

WRETSCHKO, Victor 83.2
(F) Die Verwalterstochter. Volksstück in fünf Aufzügen von Victor Wretschko. Den Bühnen gegenüber als Manuscript gedruckt. (Neues Wiener Theater. Nr. 158.) Wien. 1901. Künast. 8°. 96 S. K 2.40

Fischerlüd. En Truerspill van Hinrich Wriede. Hamburg-Finkenwärder: Möhlmann (1909). 31 S. 8°

Wriede, Hinrich, Fischerlüd, en Truerspill. (81 S.) 8. Hamburg-Finkenwärder 909. (Unterelbische Ztg.) (Nur direkt.) 1. —

Wriedel [Schlagwort]

Wriedel, s.: Preussen. Messtischblätter.

Wriedt, E., Predigt über 1. Cor. 13, 13. zufolge der Anordnung der Tillemann-Müller'schen Stiftung am Sonntage Remin. gehalten. gr. 8. (16 S.) Kiel 857, (Akademische Buchh.) **

Wriesberg, C. v., Gedächtniß, nebst d. Geschichte d. Schmalkaldischen Krieges. Fol. Hildesheim. 742.

Wriezen [Schlagwort]

Wriezen, s.: Deutschland. Kürschner-Peip.

Wriezen, s.: Freienwalde.

Wriezen, s.: Mark. — Wanderkarten.

Wright, ..., s. Ansichten von Spanien.

Kurze Abhandlung über Anti-Typhus-Inokulationen, enth. e. Erklärung d. Prinzipien d. Methode u. summarische Behandlung der durch ihre Anwendung erhaltenen Resultate von A[lmroth] E. Wright. Mit 6 Fig. u. 24 Kurven. Jena: G. Fischer 1906. (VI, 81 S.) 4°(8°) 105. 15700

Wright, Sir A. E., Studien üb. Immunisierung u. ihre Anwendg. in der Diagnose u. Behandlg. v. Bakterieninfektionen. Mit 1 Taf. u. 88 Kurven im Text. (XXVI, 538 S.) gr. 8. Jena 909. G. Fischer. 15. —

Wright, Claude Falls, populäre Geheim-Wissenschaft. (Guptâ Vidyâ.) Mit e. Einführg. v. William Q. Judge. (Autoris. Übersetzg. v. Helene Frink.) (255 S.) 8. Berlin (908). P. Raatz. 4. —

Wright, Miß Franz., Gesellschaftsleben u. Sitten in den vereinigten Staaten von Amerika. In Briefen an einen Freund in England während d. J. 1818—20. Aus d. Engl. von Constantia v. B. 2 Bde. 8. Berl. 824. Stuhr. 2 ₰

Wright, Fred. Eugene, (aus Marquette, Mich.): Die foyaitisch-theralithischen [!] Eruptivgesteine der Insel Cabo Frio, Rio de Janeiro, Brasilien. (Hierzu 2 Taf.) Wien: A. Hölder (1901). (S. 233–306.) 8° [Umschlagt.]
Aus: Tschermak's Mineral. u. petrogr. Mittheil., Bd 20, H. 3.
Heidelberg, Naturw.-math. Diss. v. 1901.

Wright, G. N., s. Ufer und Inseln des mittelländischen Meeres.

Wright, Harry v., Geschichte des Füsilier-Regiments v. Gersdorff, s.: Dechend.

Wright, Henry, soziale Briefe a. Schulze u. Genossen, neue Ausg., s. a. Blatchford, R., i. Reiche d. Freiheit.

Wright, Henry, soziale Briefe an Schulze u. Genossen. Aus dem Engl. d. Rob. Blatchford übers. u. f. deutsche Verhältnisse bearb. 1.—3. Taus. gr. 8. (XII, 228 S.) Leipzig 896. Hannov. Münden, R. Werther. n. 1. —

Wright, Henry, üb. die vorgeburtliche Erziehung od. üb. den Einfluß der Mutter auf den Charakter u. auf das künft. Schicksal ihres Sprößlings während seines vorgeburtl. Lebens. Aus dem Engl. 8. (XIII, 136 S.) Leipzig 876. Dousset. n. 2. —

Wright, Henry, Nuremburg. A complete and practical guide to all the objects of interest in the town and copious and interesting notices of its history. With a (lith.) plan of the town (in qu. 4.). Nürnberg 870. Stein. 8. (28 S.) cart. 12 ngr.

Wright, Henry Robert: Photometrische Messung diffus reflectirender Substanzen unter verschiedenen Incidenz- und Emanationswinkeln. Leipzig: J. A. Barth 1899. (48 S.) 8°
München, Phil. Diss. v. 1899.

Wright, J., the accidence of the German language, s.: Otto, E.

Wright, J., englische Chrestomathie, s.: Süpfle, L.

— elementary French grammar. gr. 8. (VI, 165 S.) Heidelberg 887. J. Groos. geb. n. 2. —

— elementary French grammar. (Method Gaspey-Otto-Sauer.) 2. ed. with vocabulary. gr. 8. (VI, 172 S.) Heidelberg 900. J. Groos. Geb. in Leinw. n. 2. —

Wright, J., elementary French grammar. 3. ed. Revised by C. Talbut Onions, MA. (Method Gaspey-Otto-Sauer.) (VII, 184 S. m. 1 Karte u. 1 Plan.) 8. Heidelberg 906. J. Groos. Geb. in Leinw. n. 2. —

— **elementary German grammar,** s.: Otto, Emil.

Wright, J., materials for translating English into German, s.: Otto, Emil.

— **the German reader,** s.: Otto, Emil.

Wright, L., der praktische Hühnerzüchter. Ein vollständ. Musterbuch für die Hühnerzucht. Hrsg. von dem Verein für Geflügelzucht in München. Aus dem Engl. übers. von Friedr. Trefz. 8. (XII, 302 S.) München 880, (Buchholtz und Werner.) *ℳ 4,50.; geb. *

—— der praktische Taubenzüchter. Aus dem Engl. übers. von Friedr. Trefz. Illustr. Ausg. Hrsg. von dem Verein für Geflügelzucht in München. 8. (XII, 306 S. mit eingedr. Holzschn.) (Ebendas.) 880. *ℳ 4,50.; geb. *

Wright, Ralph Garrigue [B. S. aus Saint Louis, Missouri, U. S. A.]: Zur Kenntnis des Auramins G. Zürich 1902. 64 S. 8°.
Basel, Phil. Diss. 1901/1902.

Wright, Ralph Garrigue. Zur Kenntnis des Auramins G. Diss. Phil. Basel. [Mit Figuren.] 64 S. 8. Zürich, J. Frank, 1902.

Wright, Sam., über Physiologie, s. Bird, G., Vorlesungen.

Wright, Sam., der Speichel, s. Handbibliothek des Auslandes, Nr. II., III.

Wright, Thom., a History of English Culture from the earliest known period to modern times. With numerous woodcut illustrations from authentic sources. Lex.-8. (XV, 511 S.) Strassburg 874, Trübner. *

Wright, Thomas, sketches of English culture, s.: Textausgaben französ. u. engl. Schriftsteller f. d. Schulgebrauch, 22. Bd.

Wright, Thomas, Anglo-Saxon and Old English Vocabularies. 2d edit. Edited and collated by Rich. Paul Wülcker. 2 vols. (XIX, 814 Sp. mit eingedr. Fig.; 485 S.) London 884. (Strassburg, Trübner.) *

Wright, W., the Book of Jonah, s. Book, the, of Jonah.

Wright, W., s. Kâmil, the, of El-Mubarrad.

v. **Wright,** Wilh., Skandinaviens Fiskar, målade efter lefvande Exemplar och ritade på Sten. Med text af B. Fr. Fries och C. U. Ekström. 1sta och 2dra Häftet. (13 Taf., wovon 12 sauber color. sind, u. Text.) stor 4. Stockholm 836, 37. (Fritze u. Bagge.) à n. $3^1/_2$ ℳ

Wright, Willbur, u. Orville **Wright,** unsere Flieger, s.: Adams, Heinr., Flug.

Wright, William (Hrsg.), s. Ascham, Roger: English works.

The Beginner. Ein Lehrb. d. engl. Sprache z. schnellen Erlernung derselben durch Selbstunterr. von William **Wright.** System: Repeater. *Berlin: Rosenbaum & Hart 1901.* (VIII, 208 S.) 8° [F.] [ov. 1137]

A catalogue of the Syriac manuscripts preserved in the library of the University of Cambridge. By the late William **Wright,** Prof. With an introd. and app. by Stanley Arthur Cook. In 2 vols. Vol. 1. *Cambridge: Univ. Pr.; (Leipzig: F. A. Brockhaus) 1901.* 8° [01. 10582] 10

Wright, William, englisches Unterrichtswerk, s.: Krüger, Gust.

Wrightson, Francis. Ueber das Atomgewicht und die Constitution der Alkohole. Marburg, 1853.

Wrightson, Richard Heber

Wrightson, R. H., Geschichte des neuern Italiens, s. a. Hausbibliothek, historische.

Wrightson, R. H., Geschichte des neuern Italiens, s. a. Lorck's, C. B., Hausbibliothek.

Wrightson, R. H., **Geschichte des neueren Italiens. 3. (Titel-)Ausg. gr. 8. (XVI, 264 S. mit 1 Stahlst.) Leipzig (856)74, Senf.**

Wrightson, Rich. Heber, Geschichte des neuern Italiens. Von der ersten französ. Revolution bis auf die neueste Zeit. Aus dem Engl. von Jul. Seybt. 3., unveränd. (Titel-)Ausg. gr. 8. (XVI und 264 S. mit dem Portr. des Papstes Pius IX. in Stahlst.) Leipzig (859)65, Senf.

Wrightson, R. H., Geschichte d. neueren Italiens. 3. Ausg. gr. 8. (XVI, 264 S. m. 1 Stahlst.) Leipzig 874. G. Senf. 3. —

Wrigley, Thomas, Beschreibung des patentirten Holländers. Aus dem Engl. und mit Vorwort von W. D. 8. (47 S. und 1 Kpfrt. in 4.) Siegen 847, Schulz.

Wrinch, Frank S(idney), aus Toronto: Ueber das Verhältniß der ebenmerklichen zu den übermerklichen Unterschieden im Gebiet des Zeitsinns. Mit 2 Fig. im Text. *Leipzig: W. Engelmann 1902.* (60 S.) 8° (Aus: Wundts Philos. Studien, Bd 18, H. 2.)
Würzburg, Phil. Diss. v. 1902

Wrisberg, C. F., († 1798.) histor. Darstell. d. vornehmsten Begebenheiten aus d. Gesch. d. Religions- u. Kirchenverbesserung in d. Stadt Braunschweig. 8. Braunschw. 798.

— s. Dialogue des Medailles.

Wrisberg, Heinrich August

— Beitrag zur Pockengeschichte. 1r Thl. gr. 4. Götting. 770. Vandenhöck u. R. 14 gGr

Wrisberg, Heinrich August [Praes.], s. Beyer, Christian Gunther: Observationes de febribus continuis longis cum melancholia conjunctis.

-- s. **J. G. Brendel, opusculorum.**

Heinrich August Wrisberg

Henr[ici] Aug[usti] Wrisbergii [Wrisberg] Dissertatio de praeternaturali et raro intestini recti cum vesica urinaria coalitu, et inde pendente ani defectu. Observationibus anatomicis superstructa. Goettingae: Dieterich 1779. 23 S. 8°

2. Ex.: Mx 45 (14)

Heinrich August Wrisberg

Henrici Augusti Wrisbergii [Wrisberg] Commentationum medici, physiologici, anatomici et obstetricii argumenti Societati reg. scient. Goettingensi oblatarum et ed. vol. 1. Gottingae 1800: Dieterich. 8°
Vol. 1: 1800.

— commentatio de singulari genitalium deformitate in puero hermaphroditum mentiente; cum quibusdam observationibus de hermaphroditis. Annexae sunt II tabb. aen. 4maj. Götting. 796. Dieterich. 16 ℊ

Heinrich August Wrisberg

Descriptio anatomica embryonis observationibus illustr. Auctore Henrico Augusto Wrisberg. Goettingae: Vandenhoeck 1764. 80 S. 8°

— experimenta et observationes anatomicae de utero gravido, tubis, ovariis, et corpore luteo quorundam animalium cum iisdem partibus in homine collatis. 4maj. Götting. 782. Dieterich. 4 ℊ

Wrisberg, (Heinrich August) (Comm.):

s.: Haller, Albrecht von: Grundriß der Physiologie für Vorlesungen (Primae lineae physiologiae. Dt.) mit den Verbesserungen von (Samuel Thomas von) Sömmerring und (Philipp Friedrich Theodor) Meckel umgearb. von Heinrich Maria von Leveling jun. Th.1 - 2. Erlangen: 1795 - 1796

JB 6.521

Heinrich August Wrisberg

Henricus Augustus Wrisberg: De insitione variolarum nonnulla Momenta. Goettingae (1765): Schulzius. 28 S. 8°

Göttingen, Univ.-Schr. v. 3. Apr. 1765

— observationes anatomicae de corde testudinis marinae mytas dictae collectae et cum corde humano collatae. 4maj. Götting. 808. Dieterich. 4 ℊ

Heinrich August Wrisberg

Henr[ici] Aug[usti] Wrisbergii [Wrisberg]: Observationes anatomicae de testiculorum ex abdomine in scrotum descensu ad illustrandam in chirurgia de herniis congenitis utriusque sexus doctrinam. Goettingae: Dieterich 1779. 60 S. 8°

Wrisberg, Heinr(ich) Aug(ust): Observationum anatomicarum de nervis viscerum abdominalium particula prima, quae de ganglio plexuque semilunari agit. 39 S., gbd.

Goettingae: Dieterich 1780

JB 771

Heinrich August Wrisberg

Henr[ici] Aug[usti] Wrisbergii [Wrisberg] Observationes anatomicae de quinto pare nervorum encephali et de nervis qui ex eodem duram matrem ingredi falso dicuntur. Goettingae: Dieterich 1777. 28 S. 8°

Heinrich August Wrisberg

Henrici Aug[ustini] Wrisbergii [Wrisberg] Observationes anatomicae de vena azyga duplici, aliisque huius venae varietatibus. Gottingae: Dieterich 1778. 22 S. 8°

Wrisberg, Henr. Aug., Obs. anat.-neurologicae de ganglio plexuque semilunari in abdomine et nervis illum formantibus. Gott. 1779. 4°. *Ludwig*, Lps. 1795, IV, 79—111.

— observationum anatomico-neurologicarum de nervis viscerum abdominal. P. III. de nervis system. coeliaci Sectio II. de nervis hepaticis et splen. continuatio II. 4maj. Götting. 808. Dieterich. 4 ℊ

—, Obs. anat.-phys. de nervis arterias venasque comitantibus. 39 pp. Gott. 4°. *Ludwig*, Scr. Lps. 1793, p. 24—47. 1786.

Wrisberg, Hnr. Aug., observationes anatomico-physiologicae de nervis. 4maj. Götting. 786. Dieterich. 8 ℊ

— observationes de febribus contin. longis cum melancholia conjunctis. 4. Götting. 781. Brose. 4 ℊ 40 S.

— observationum de animalculorum infusoriorum genesi et indole satura, c. tab. aen. 8maj. Götting. 764. (Vandenhöck u. R.) 7 ℊ

Heinrich August Wrisberg

Henrici Augusti Wrisberg Observationum de animalculis infusoriis satura... Goettingae: Vandenhoeck 1765. 110 S. 8°

— observationes de structura ovi et secundinarium humanar. in partu maturo et perfecto collectae, c. tab. aen. 4maj. Götting. 783. Dieterich. 6 ℊ

Heinrich August Wrisberg

Henrici Augusti Wrisberg Commentatio de uteri mox post partum naturalem resectione non lethali. Observatione illustr. cum brevissima principiorum lethalitatis sciagraphia. Gottingae 1787: Dieterich. 32 S. 8°

—, De respiratione prima, nervo phrenico et calore animali. 16 pp. Gott. 4°. *Sandifort*, Thes. diss. Roterod. 1769, II, 255—264. Weiz, N. Ausg. 1783, XVII, 137—9.

1763

s. J. G. Röder, tract. de morbo.

Wrisberg, Heinrich August: Sylloge commentationum anatomicarum.
1. De membranarum ac involucrorum continuationibus.
2. De nervis arterias venasque comitantibus.
3. De nervis pharyngis.
92 S., gbd.

Goettingae: Dieterich 1784 JB 772

Heinrich August Wrisberg

Henrici Augusti Wrisberg, Sylloge commentationum anatomicarum. 1. de membranarum ac involucrorum continuationibus. 2. nervis arterias venasque comitantibus et 3. de nervis pharyngis. Goettingae: Dieterich 1786. 92 S. 8°

Wrisberg, Heinr(ich) Aug(ust): De utero gravido, tubis, ovariis et corpore luteo quorundam animalium cum iisdem partibus in homine collatis. 40 S., gbd.

Gottingae: Dieterich 1782

JB 4.144

Wrisberg, Heinr(ich) Aug(ust) (Ed.):

s.: Zinn, Johann Gottfried: Descriptio anatomica oculi humani iconibus illustrata, nunc altera vice edita, et supplemento, novisque tabulis aucta. Goettingae: 1780

JB 4.206

Wrisberg, Justus Johann [Praes.], s. Schreiber, Georg Christoph: De perfecta imperfectae obligationis denominatione.

Wrisberg, Justus Jo. Christoph (Ilfeld) A. S. 54/22

Dissertatio iuridica inauguralis de eo quod iustum est circa autochiriam.
Göttingen (Vandenhoeck) 16. IX. 1740. 47 S.

Gew.: Friedrich Ludwig von Haus, Krafft von Erffa, Rudolph Johann Fhr. von Wrisberg, Heinrich Fhr. Grote, Gerlach Adolph von Münchhausen, Ernst von Steinberg. 37291

Writers, modern English. I.—III. 8. Wolfenbüttel, J. Zwissler. n. 2. 35; kart. à n. 1. —
I. Alone in London, by Hesba Stretton. Für den Schulgebrauch hrsg. v. Hans Nehry. (IV, 96 u. Wörterbuch 34 S.) 895. n. — 75
II. Autobiography of a slander, and Abraham Lincoln. By Edna Lyal. F. d. Schulgebrauch bearb. v. Camilla Hammond. (IV, 93 u. 27 S.) 898. n. — 80
III. Great Englishmen. By F. J. Wershoven. Biographien. F. d. Schulgebrauch m. Anmerkgn. u. m. e. Wörterbuch hrsg. (IV, 82 u. 36 S.) 898. n. — 80

Writers, modern English. I. Bd. 8. Wolfenbüttel, J. Zwissler. n. — 80; kart. n. 1. —
Alone in London. By Hesba Stretton. Für den Schulgebrauch (m. Anmerkgn. u. e. Wörterbuch) hrsg. v. Hans Nehry. 2. durchgeseh. Aufl. (96 u. 34 S.) 900.

Writers, popular of our time, ausgewählt v. J. Klapperich, s.: Schriftsteller, englische u. französische, der neueren Zeit.

Wrnak, Frz., die Kunst der Selbsterlernung des Carambole-Spiels nach einer neuen und leicht fasslichen Methode. 8. (IV, 10 S. mit 76 Stnt.) Wien 876, F. Beck. *

Wrnak, Frz., die Kunst der Selbsterlernung d. Carambole-Spiels nach e. neuen u. leicht fasslichen Methode. 8 (IV, 10 S. m. 76 Steintaf.) Wien 876. (Gerold & Co.) n. 6. —

Wrnak, Frz., die Kunst der Selbsterlernung des Carambole-Spiels nach einer neuen u. leicht fasslichen Methode. 8. (II, 10 S. mit 74 Steintaf.) Wien 877. (F. Beck.) n. 1. 20

Wrobel, August, Assistenzarzt an d. chirurg. Abt. d. Wenzel Hancke'schen Krankenh.: Aus d. Breslauer Chirurg. Universitäts-Klinik. **Beiträge** zur Kenntnis der malignen Hodengeschwülste. *Breslau 1902: Bresl. Genoss.-Buchdr.* (31 S.) 8°
Breslau, Med. Diss. v. 19. Juli 1902

Wrobel, E., s.: Siekmann's Taschen-Kalender für Beamte der Militär-Verwaltung.

Wrobel, *Eduard* Ableitung einer Theorie der Kreisfunktionen einer reellen Veränderlichen aus einer Differentialgleichung. 4 (S. 7—23).
In: Festschrift zum 25 jähr. Direktorjub. von K. E. H. Krause.
Gr. Stadtsch. *Rostock* 1890
Nicht im Tauschverkehr
Progr.

Wrobel, E(duard), Dr., Dir.: **Beiträge** zur Geschichte der Grossen Stadtschule zu Rostock. *Rostock (1901): C. Boldt.* (27 S.) 4° [F.] ¶ (Forts. d. Lehrer-Verz. 1580—1832 von Ludw. Bachmann in d. P-Beil. 1865: Kleine Beiträge zur Gesch. d. Gr. Stadtschule in Rostock.)
Rostock, G u. RG, OP 1901 (715)

Wrobel, E.: Ueber eine Beweg. ein. mat. Punktes a. ein. Kugeloberfl. 1871. 8°
Diss. Greifswald

Wrobel, E[duard], Dr., Dir.: **Klassensystem** und Schülerfrequenz der Großen Stadtschule zu Rostock von Ostern 1830 bis Ostern 1901. *Rostock (1902): C. Boldt.* (17 S.) 4° [F.]
Rostock, G u. RG, OP 1902 (731)

Wrobel, *Eduard: Kurzer Lebensabriss des nach Berlin berufenen Direktors Dr. Rudolf Lange.* 4 (S. 13—44 d. Schuln.).
Progr. G. u. Rg. *Rostock* 1900

Wrobel, E., Leitfaden der Stereometrie, nebst 134 Übungsaufgaben. Zum Gebrauche an höheren Lehranstalten bearb. gr. 8. (V, 102 S. mit Fig.) Rostock 886, Werther's Verlag. *

Wrobel, E., Leitfaden der Stereometrie, nebst e. großen Anzahl v. Übungsaufgaben. Zum Gebrauche an höheren Lehranstalten bearb. 2., verb. Aufl. gr. 8. (IV, 104 S. m. Fig.) Rostock 895. W. Werther's Verl. n. 1. 40; geb. n. 1. 75

Wrobel, E., Leitfaden der Stereometrie nebst e. großen Anzahl v. Uebungsaufgaben. Zum Gebrauche an höheren Lehranstalten bearb. 3. verb. u. verm. Aufl. (IV, 106 S. m. 98 Fig.) gr. 8. Rostock 906. H. Koch. Geb. n. 2. —

Wrobel, E., die Physik in elementar-mathematischer Behandlung. Ein Leitfaden zum Gebrauche an höheren Lehranstalten, zugleich eine Ergänzung zu jedem Schullehrbuche der Physik. I. Statik fester Körper. II. Dynamik fester Körper. gr. 8. (VIII, 78 und 96 S. mit eingedr. Holzschn.) Rostock 879, Werther. *

—— die Physik in elementar-mathematischer Behandlung. Ein Leitfaden zum Gebrauche an höheren Lehranstalten. I: Die Mechanik. 3. Abthl.: Statik und Dynamik der Flüssigkeiten und Gase. gr. 8. (IV, 143 S.) Ebendas. 885. *
1. und 2. Abthl. Ebendas. 1879. *M 2.40. — 1.—3. Abthl. in 1 Bde. *M 4.50.

Wrobel, E. Übungsbuch zur Arithmetik u. Algebra, enth. die Formeln, Lehrsätze u. Auflösungsmethoden in systemat. Anordnung u. e. große Anzahl von Fragen u. Aufgaben. Zum Gebrauche an Gymnasien, Realgymnasien u. andern höhern Lehranstalten bearb. 2 Tle. u. Anh. gr. 8. Rostock, Werther's Verlag. * 4 80
1. Tl.: Die 7 arithmet. Operationen. Proportionen. Gleichungen 1. Grades m. 1 od. mehreren Unbekannten. (XI, 291 S.) 889. * 2 60.
2. Tl.: Pensum der Obersekunda u. Prima des Gymnasiums. (III, 190 S.) 890. * 1 40.
Anh. für höhere realistische Lehranstalten. (S. 191—260.) 892. * — 80.

—— dass. — Resultate. gr. 8. Ebd. 890.
Zu Tl. 1. (82 S.) 889. ** 1 —.
Zu Tl. 2. (98 S.) 890. ** 1 25.
Zum Anhang. (S. 99—130.) ** — 60.

— Übungsbuch zur Arithmetik u. Algebra, enth. die Formeln, Lehrsätze u. Auflösungsmethoden in systemat. Anordng. u. e. große Anzahl v. Fragen u. Aufgaben. Zum Gebrauche an Gymnasien, Realgymnasien u. andern höheren Lehranstalten bearb. 1. Tl. Die 7 arithmet. Operationen, Proportionen, Gleichgn. 1. Grades m. 1 u. mehreren Unbekannten. Anh.: Quadratische Gleichgn. m. 1 Unbekannten. 2. Aufl. gr. 8. (XII, 299 S.) Ebd. 893. n. 2. 60; geb. n. 3. —

— dasselbe. 2. Tl. Anh. f. höhere realist. Lehranstalten [Realgymnasien, Oberrealschulen u. s. w.] gr. 8. (S. 191—260. Ebd. 892. n. — 80 (2. Tl. m. Anh.: n. 2. 20)

Wrobel, E., Uebungsbuch zur Arithmetik u. Algebra, enth. die Formeln, Lehrsätze u. Auflösungsmethoden in systemat. Anordnung u. e. große Anzahl v. Fragen u. Aufgaben. Zum Gebrauche an Gymnasien, Realgymnasien u. and. höh. Lehranst. bearb. 1. Tl. Pensum d. Tertia u. Untersekunda. 3., verb. Aufl. gr. 8. (XII, 320 S.) Rostock 898. Herm. Koch. n. 2. 90
Auch die übrigen Wrobel'schen Bücher sind in den Verlag von Herm. Koch in Rostock übergegangen.

Wrobel, E., Übungsbuch zur Arithmetik u. Algebra, enth. die Formeln, Lehrsätze u. Auflösungsmethoden in systemat. Anordng. u. e. große Anzahl v. Fragen u. Aufgaben. Zum Gebrauche an Gymnasien, Realgymnasien u. andern höheren Lehranstalten bearb. 1. Tl. Pensum der Tertia u. Untersekunda. 6., 7. u. 8. (Ster.=)Aufl. gr. 8. (XII, 320 S.) Rostock 901. H. Koch. Geb. in Leinw. n. 3. 30

— dasselbe. Resultate. 2. Aufl. gr. 8. (92 S.) Ebd. 902. n. 2. 80
Wird nur direkt an Lehrer abgegeben.

— dasselbe. 2. Tl. Pensum der Obersekunda u. Prima des Gymnasiums. 3. (Ster.=)Aufl. gr. 8. (IV, 164 S.) Ebd. 900. Geb. in Leinw. n. 1. 60; m. Anh., f. höhere realist. Lehranstalten (Realgymnasien, Oberrealschulen u. s. w.). 2., verb. u. verm. Aufl. (III, 71 S.) n. 2. 40; Anh. allein n. — 80

— Uebungsbuch zur Arithmetik u. Algebra, enth. die Formeln, Lehrsätze u. Auflösungsmethoden in systemat. Anordng. u. e. große Anzahl v. Fragen u. Aufgaben. Zum Gebrauche an Gymnasien, Realgymnasien u. andern höh. Lehranstalten. 2 Tle. In neuer Rechtschreibg. gr. 8. Ebd. Geb. n. 4. 90
1. Pensum der Tertia u. Untersekunda. 11. durchgeseh. Doppel-Aufl. (XII, 320 S.) 906. Geb. n. 3. 30
2. Pensum der Obersekunda u. Prima des Gymnasiums. 5., durchgeseh. Aufl. (IV, 164 S.) 904. Geb. n. 1. 60

— dasselbe. Anh., für höhere realist. Lehranstalten (Realgymnasien, Oberrealschulen usw.). 4. Aufl. (III, 71 S.) 8. Ebd. 906. Kart. n. 1. —

Wrobel, E., Ubungsbuch zur Arithmetik u. Algebra, enth. die Formeln, Lehrsätze u. Auflösungsmethoden in systemat. Anordng. u. e. große Anzahl v. Fragen u. Aufgaben. Zum Gebrauche an Gymnasien, Realgymnasien u. and. höh. Lehranstalten bearb. 2 Tle. 8. Rostock, H. Koch. Geb. 4. 90
1. Pensum der Tertia u. Untersekunda. 15. Aufl. (XII, 320 S.) 909. 3. 30
2. Pensum der Obersekunda u. Prima des Gymnasiums. 3. Aufl. (IV, 164 S.) 909. 1. 60

— die arithmetischen und geometrischen Verhältnisse, Proportionen und Progressionen, mit Anwendung auf die Zinseszins- und Rentenrechnung [Kursus der Obersekunda des Gymnasii] für den Schulgebrauch bearb. gr. 8. (IV, 44 S.) Ebendas. 885. *

Moderne Gutsschmiede. Von Reg.R. E[rnst] Wrobel, Steglitz. [Berlin: Selbstverl. 1909.] 180 S. 8°

Wrobel, E., landwirtschaftliche Maschinen u. Geräte, s.a. Bibliothek der gesamten Technik.

Landwirtschaftliche Maschinen und Geräte zur Bodenbearbeitung, Düngung, Saat und Pflege der Pflanzen. Von Dipl.Ing. E[rnst] Wrobel, Steglitz. Mit 140 Fig. Hannover: M. Jäuecke 1907. (218 S.) 8°
= Bibliothek d. gesamten Technik. Bd 19. [o8. 11019 7

Wrobel, Johann

Wrobel, J., de generis numeri, casuum anacoluthia apud tragicos Graecos, s.: Abhandlungen zur Grammatik etc. der alten Sprachen.

Wrobel, Joannes *(geb.[Oppeln]23.10.1831)*: De anacoluthis apud tragicos Graecos. P. 1: De generis, numeri casuumque anacoluthia. Vratislaviae (1865). (VI, 56 S.) 8
Breslau, Phil. Diss. v. 11. Dez. 1865

Wrobel Johann, Dr.: Über eine neue Hesiodhandschrift. S. 94. 615 . . . .
Separatabdruck

Wrobel, Joh., über eine neue Hesiodhandschrift. Lex.-8. (4 S.) Wien 879, (Gerold's Sohn.) **
Aus: Sitzungsberichte der k. Akademie der Wissenschaften, besonders abgedruckt.

Wrobel, Johann: Zehnter Rektorats-Jahresbericht, erstattet am 4. Oktober 1885. In: CZ, 5. 10. 1885. Sonderdruck: Czernowitz: Pardini 1885

— Quaestionum grammaticarum capita III. De generis, numeri, casuum anacoluthia apud Graecos poetas tragicos. 1872. 120 S. 2.—

Wrobel, Richard, appr. Arzt: Beiträge zur Umwandlung von Lipomen in Sarkome. Rostock 1906: Adlers Erben. (20 S.) 8°
Rostock, Med. Fak., Ref. Müller, Diss. v. 31. Dez. 1906
[Geb. 12. Apr. 79 Rostock; Wohnort: Rostock; Staatsangeh.: Mecklenburg; Vorbildung: Gymn. Rostock Reife O. 00; Studium: Rostock 7, München 1, Marburg 1 S.; Coll. 9. Juni 05; Approb. 26. Nov. 06.]

Wróbel, V., Aristotelis de perturbationibus animi doctrina. Dissertationis particula I. gr. 8. (58 S.) Sanoci 886. (Leipzig, Fock.) n. 1. 20

Wróbel, V., Aristotelis locum de poetica XIX. 1456 a 33—1456 b 8 explicavit et emend. Gel. 1900. 12 S.

Wróblewski, die „Appendicitis" vom Standpunkte des praktischen Arztes, s.: Festschrift, dem Aerztevereine der Kreise Birnbaum usw. gewidmet.

Wróblewska, Mia, der Froschprinz u. die Rockensee, s.: Jugend- u. Volksbühne.

Wróblewski, Augustin, Beiträge zur Kenntniss des Frauencaseïns u. seiner Unterschiede vom Kuhcaseïn, s.a. Mittheilungen aus Kliniken u. medicinischen Instituten der Schweiz.

Wroblewski, Augustin: Beiträge zur Kenntniss des Frauencaseïns und seiner Unterscheidung vom Kuhcaseïn. Bern, 1894.

Wroblewski, Leonhard, aus Briesen i. Wpr.: Über die altenglischen Gesetze des Königs Knut. *Berlin: Mayer & Müller 1901.* (60 S.) 8°
Berlin, Phil. Diss. v. 3. Juli 1901

Wroblewski, Leonh., über die altenglischen Gesetze des Königs Knut. Diss. gr. 8. (60 S.) Berlin 901. Mayer & Müller. n. 1. 50

Wroblewski, Sigmund

— Über die Darstellung des Zusammenhanges zwischen dem gasförmigen und flüssigen Zustande der Materie durch die Isopyknen (mit 1 Taf.). S. 94. II. 57 . . . .
Separatabdruck

Wroblewski Sigmund von: Über den Gebrauch des siedenden Sauerstoffs, Stickstoffs, Kohlenoxyds sowie der atmosphärischen Luft als Kältemittel (mit 1 Taf.). S. 91. II. 667 . . . .
Separatabdruck

Wroblewski, Sigm. v., üb. den Gebrauch d. siedenden Sauerstoffs, Stickstoffs, Kohlenoxyds, sowie der atmosphärischen Luft als Kältemittel. [Mit 1 (lith.) Taf.] Lex.-8. (45 S.) Wien 885. (Gerold's Sohn.) n. 1. 20

Wroblewski, Sigm. v., über den Gebrauch des siedenden Sauerstoffs, Stickstoffs, Kohlenoxyds, sowie der atmosphärischen Luft als Kältemittel. Lex.-8. (45 S. mit 1 lithogr. Taf.) Wien 885, (Tempsky.) *
Aus: Sitzungsberichte der k. Akademie der Wissenschaften, besonders abgedruckt.

Wroblewski, Sigm. v., und K. Olszewski, über die Verflüssigung des Sauerstoffes und die Erstarrung des Schwefelkohlenstoffes und Alkohols. Lex.-8. (2 S.) Wien 883, (Gerold's Sohn.)

—— —— über die Verflüssigung des Stickstoffs und des Kohlenoxydes. Lex.-8. (2 S.) (Ebendas.) 883.
Vorstehende zwei Schriften sind aus: Anzeiger der k. Akademie der Wissenschaften, besonders abgedruckt.

— Über das Verhalten der flüssigen atmosphärischen Luft (mit 1 Holzschnitt). S. 92. II. 69 . . . .
Separatabdruck

— Über den elektrischen Widerstand des Kupfers bei den niedrigsten Kältegraden (mit 1 Holzschnitt). S. 92. II. 311 . . . .
Separatabdruck

— Die Zusammendrückbarkeit des Wasserstoffes (mit 4 Taf.). S. 97. IIa. 1321 . .
Separatabdruck

Wroblewski, Sigm. v. Die Zusammendrückbarkeit des Wasserstoffes. Lex.-8. (59 S. m. 4 Taf.) Wien 889, (Tempsky). * 1 80
Aus: Sitzungsber. d. k. Akad. d. Wissensch., besonders abgedruckt.

Wróblewski, Stanisl., zur Lehre v. der Collision der Privatrechte. gr. 8. (250 S.) Wien 894. Manz. n. 6. -

Wrochem, Albrecht v., Gerichtsrefer.: Der Schultheiß in der Gerichtsverfassung des Sachsenspiegels. Heidelberg: Winter 1908. 30 S. 8° ¶(Ersch. vollst. als: Deutschrechtl. Beiträge. Bd 2, H. 4.)
Leipzig, Jur. Diss. v. 23. Nov. 1908
[Geb. 10. Dez. 80 Trier; Wohnort: Münster i. W.; Staatsangeh.: Preußen; Vorbildung: Paulin. Gymn. Münster Reife O. 02; Studium: Berlin 1, Kiel 1, Münster 4 S.; Rig. 10. März 05.] [U 09. 2732

Wrochem, Albr. v., der Schultheiss in der Gerichtsverfassg. des Sachsenspiegels, s. a. Beiträge, deutsch-rechtliche. II, 4.

Der Schultheiß in der Gerichtsverfassung des Sachsenspiegels. Von Dr. Albrecht v. **Wrochem**. Heidelberg: Winter 1908. 62 S. 8°
(Deutschrechtliche Beiträge. Bd 2, H. 4.)

Wrochem, Hans v., Erinnerungen e. „Chinesen". Den Kameraden gewidmet. (80 S.) 8. Gr. Lichterfelde-Berlin 910. E. Runge. 1.20; geb. in Leinw. 1.80

Wrochem, J. v.: Über das Calciumchromat, s. Mylius. F.

Wrochem, Max v.

— Heer u. Flotte, s. a. Staats- u. Bürgerkunde in Einzeldarstellungen. VI.

Heer und Flotte. Von [Max] v. Wrochem, Generallt. z. D. Berlin: Voss 1910. 50 S. 8°
(Staats- u. Bürgerkunde in Einzeldarstellungen. 6.) [10. 14160

Wrochem, Paul v.

Wrochem, P. v., und O. Haevernick, Geschichte des großherzogl. Mecklenburgischen Füsilier-Regiments Nr. 90. 1788—1888. Auf Befehl des Regiments zusammengestellt. gr. 8. (XI, 406 S. mit 2 Uniformbildern und 3 Uebersichtskarten.) Berlin 888, Mittler und Sohn. *

Geschichte des Großherzoglich Mecklenburgischen Füsilier-Regiments Nr. 90. Auf Befehl d. Regts zsgest. von P(aul) v. **Wrochem**, Major, u. O(skar) Haevernick, Prem.Lt. Fortges. u. mit neubearb. Stammliste versehen von M(aximilian) v. Below, Major. 2. Aufl. Mit 2 Uniformbild., 7 Karten u. Pl. Berlin: E. S. Mittler & Sohn 1907. (VII, 399 S.) 4°(8°) [F.] [07. 7242

Familien-Geschichte des Geschlechts v. Wrochem. Bearb. von Victor v. **Wrochem**. T. 1. Ratibor 1908: Riedinger. 8°

Familien-Geschichte des Geschlechts v. Wrochem. Bearb. von Victor v. **Wrochem**, Major a. D. (T. 2: zsgest. von Max v. Wrochem, Gen.Lt. z. D., u. Paul v. Wrochem, Geh. Ober-Reg.R.; 3: verf. von Arthur v. Wrochem, Gen.Major z. D.) T. 1–3. Ratibor (2 f.: Berlin: Siegismund) 1908–12: Riedinger. 8°
1. 1908. 2. 1912. 3. Geschichte d. 2. Linie d. Geschlechtes u. s. Zeit bis 1911. 1912. A 12. 13101

Wromschewsky, Magister [Pseud.], s. Bahrdt, Carl Friedrich

Wronka, Ernst, Assist. am Kgl. pharm.-chem. Univ.-Laboratorium: Beiträge zur Kenntnis einiger angeblich stereoisomerer Verbindungen. (Königsberg i. Pr. 1904:) Gutenberg-Druckerei. (50 S.) 8°
Königsberg, Phil. Diss. v. 9. Juli 1904.

Wronka, H.: Zur Würdigung des Turnens. Über die Nothwendigkeit, die Wichtigkeit u. den Zweck des Turnunterrichts in der Volksschule. Deutsch-Krone 1876. 42 S. Hs.

Wronka, Herm., katholische Kirchengesänge für Gymnasien und höhere Schulen. Gesammelt und für gemischten Chor bearb. gr. 8. (VIII, 200 S.) Leipzig 871, Teubner.

Wronka, Herm., katholische Kirchengesänge f. Gymnasien u. höh. Schulen. Gesammelt u. f. gemischten Chor bearb. 2. Ster.-Aufl. 8. (VIII, 200 S.) Leipzig 897. B. G. Teubner. Kart. n. 1.60

Wronka, Ludwig *(geb. Allenstein in Ostpr. 16. 6. 1845)*: Beiträge zur Kenntniss der angeborenen Leberkrankheiten. Breslau 1872. (28 S.) 8°
Breslau, Med. Diss. v. 16. März 1872

Wronker, Herm., das Lohnbeschlagnahmegesetz u. seine Wirkungen auf die Privatangestellten. Eine krit. Betrachtg. (67 S.) gr. 8. Leipzig 910. Rechtsverlag. — 80

Wronsky, R., das Intensitäts-Gesetz und die Gleichartigkeit der analytischen Formen in der Lehre von der Energie. Eine elementare Einführung in die Energetik. gr. 8. (24 S.) Frankfurt a. O. 888, Harnecker und Comp. *

Wrotnowski, F., et A. H. Dufour, Carte de la Pologne, siehe: Dufour, A. H.

Wrotnowski, Fel., historja powstania w 1831 roku na Wolyniu, Podolu, Ukrainie, Zmudzi i Litwie, s. Biblioteka pisarzy polskich.

Wrotnowski, Franz [aus Warschau]: Über die Kondensation der Phtelaldehydsäure mit Benzylcyanid, dessen p-Nitroderivat und mit Phenylmethylpyrazolon. Freiburg (Schweiz) 1899. 61 S. 8°
Freiburg i. Schw., Math.-naturw. Diss. 1899/1900.

Wrottesley, Lord, Gedanken über Regierung und Gesetzgebung. Aus dem Engl. übersetzt von G. F. Stedefeld. 8. (V, 459 S.) Berlin 869, Kortkampf. *

Wróżewski, F., Kazania na uroczytości i święta całego roku, s. Kazania.

Wróżewski, X. Franc., Kazania adwentowe, świętne, passyjne, przygodne i pogrzebowe. Za pozwoleniem zwierzchności duchownéj. gr. 8. (II und 220 S.) Breslau 851, Schletter.

Wṛtta-sañćaya, oudjavaansch leerdicht over versbouw in Kawi-Tekst en nederlandsche vertaling bewerkt door H. Kern. gr. 8. (III, 207 S.) Leiden 875, Brill. **

Wrubel, Friedrich

Wrubel, F., kurzer Abriß der Kirchen-Geschichte, f. die oberen Klassen der Volksschulen u. f. Mittelschulen bearb. 2. Tausend. 8. (40 S.) Zürich 890. Schröter & Meyer. n. — 40

Wrubel, Frdr., Anregg. zur Gründg. e. schweizerischen Eisenbahnmuseums. [Aus: „Schweizer-Bahnen".] gr. 8. (48 S.) Zürich 898. Zürcher & Furrer. n. — 40

—— Ponte Brolla. Erzählung aus dem Tessin. 12. (73 S. m. 2 Lichtdr.) Zür. 890, Alb. Müller's Verlag. * 2 —; geb. ** 3 50

Wrubel, Friedr., instruktives Diktirbuch für Stenographen aller deutschen Systeme. gr. 8. (IV, 191 S.) Wetzikon 888. (Aarau, Sauerländer's Verlag.) geb. **

— s.: Gegen Rom.

Wrubel, Friedr. Zu Gott! Predigten. gr. 8. (168 S.) Zür. 892, A. Müller's Verlag. * 2 —; geb. * 3 —

— Madonna del Sasso. Eine Erzählg. aus dem Tessin. 12. (226 S.) Zürich 894. A. Raustein. n. 2. 80; geb. n. 4. —

— Madonna del Sasso. E. Erzählg. aus d. Tessin. 2. [Titel-] Aufl. 12. (226 S.) Zürich 898. A. Raustein. Geb. in Leinw. n. 2. 40

Die Schweizerische Nordbahn. Ein Beitrag z. Vorgesch. d. Nordostbahn anlässl. d. 50. Jahrestages d. Eröffnung d. ersten schweizer. Eisenbahn nach amtl. Quellen bearb. v. Dr. Friedrich Wrubel. Zürich: Zürcher & Furrer 1897. (125 S.) 8°

— die schweizerische Nordbahn. E. Beitrag zur Vorgeschichte d. Nordostbahn, anlässl. d. 50. Jahrestages d. Eröffng. d. ersten schweizer. Eisenbahn nach amtl. Quellen bearb. II. Aufl. gr. 8. (125 S.) Ebd. 897. n. 1. 60

Wrubel, Fr., Sammlung bergmännischer Sagen. Mit einem Vorwort von Ant. Birlinger. 8. (VIII, 176 S.) Freiberg 883, Craz und Gerlach. *ℳ 2.; geb. *

Wrubel, Fr., Sammlung bergmännischer Sagen. Mit einem Vorwort von Ant. Birlinger. Neue bill. (Titel-)Ausg. 8. (VIII, 176 S.) Freiberg 888, Craz und Gerlach. *

—— ? Die Wiederzulassung der Jesuiten. Ein Warnruf. gr. 8. (22 S.) Baden-Baden 891, Sommermeyer. * — 50

Wrubel, Frdr., ein Winter in der Gletscherwelt. Skizzen vom Bau der Jungfraubahn. 1. u. 2. Aufl. 8. (à 92 S. m. Abbildgn.) Zürich 899. Zürcher & Furrer. n. 1. 20

— wo Liebe — da Friede! Zwölf Predigten. gr. 8. (VI, 140 S.) Zürich 889. Schröter & Meyer. n. 1. 60; geb. n. 2. 60

Wruck, Adf., die Geheimnisse der Edelsteine. Praktische Winke zur Erkenng. der Edelsteine u. gemeinverständl. Abhandlg der einzelnen Fächer m. 61 Abbildgn. Text u. Orig.-Zeichngn. v. W. gr. 8. (34 S.) Berlin 901. R. F. Funcke. n. — 75

Wrzal, Friedrich Zum Gesangunterrichte an österreichischen Mittelschulen. 8 (S. 3—36) **Progr.** Staats-G. *Weidenau* 1889

Wrzal, Friedrich Klimatische Verhältnisse von Barzdorf und seiner Umgebung. 8 (S. 3 - 17). Staats-G. *Weidenau* 1886. **Progr.**

WRZAL, Friedrich: Wärmecapacität der Wasserdämpfe bei constanter Sättigung. — 1881. 27 S. **Diss**. Graz, Univ.

Wrzal, Friedr. Wärmekapazität der Wasserdünste und Wasserdämpfe bei konstanter Sättigung. 13 S. 8. **Progr.** *Weidenau* 1884.

Wrzal, Friedrich Übersichtliche Zusammenstellung der meteorologischen Verhältnisse von Weidenau für die Jahresperiode vom 1. Jänner bis 31. December 1886. (Umschlagtitel: Die meteorologischen Verhältnisse in Weidenau im Jahre 1886.) 8 (S. 33—37) Übersichtliche ... 1887 (Umschlagtitel: Die ... 1887.) 8 (S. 58—62). Übersichtliche ... 1888. (Umschlagtitel: Die ... 1888.) 8 (S. 36 40). Übersichtliche ... 1889. (Umschlagtitel: Die ... 1889) 8 (S. 31 35) **Progr.** Staats-G. 1887. 1888. 1889. 1890

Wrzal, Friedrich Uebersichtliche Zusammenstellung der meteorologischen Verhältnisse von Weidenau für die Jahresperiode vom 1. Jänner bis 31. December 1890. (Umschlagtitel: Die meteorologischen Verhältnisse von Weidenau im Jahre 1890.) 8 (S. 37 - 40). **Progr.**

Wrzecionko, Rudolf [cand. theol. ev. aus Teschen, Oesterr.-Schles.]: Die metaphysische Bedeutung der Gefühlstheorie in Schleiermacher's Dialektik ... Breslau, Druck v. Brehmer & Minuth, 1890: 3 Bl. + 39 + 1 S. 8°
Breslau, Phil. Fak., Inaug.-Diss. v. 29. März 1890.

Wrzecionko, R., der Grundgedanke der Ethik des Spinoza. Eine Untersuchg. üb. Inhalt u. Methode der Metaphysik überhaupt u. der Metaphysik des Spinoza im Besonderen. gr. 8. (V, 57 S.) Wien 894. W. Braumüller. n. 1. 40

Wrzecionko, R., das Wesen d. Denkens. Beiträge zu e. Grundlegg. d. Logik. gr. 8. (39 S.) Wien 896. W. Braumüller. n. 1. —

Wrzeszieski, Richard, s. Wrzeszinski

Wrzeszinski, Richard, Kammergerichtsref. aus Berlin: Die Konkurrenz der Ansprüche nach gemeinem Recht und dem Recht des Bürgerlichen Gesetzbuches. *Berlin 1902: J. S. Preuß.* (57 S.) 8°
Freiburg i. B., Rechts- u. staatswiss. Diss. v. 1902

Wrzeszieski, Rich., die Konkurrenz der Ansprüche nach gemeinem Recht u. dem Recht des bürgerlichen Gesetzbuches. Ein Beitrag zur Lehre v. der Rechtsverwirklichg. gr. 8. (VII, 57 S.) Berlin 902. Struppe & Winckler. n. 1. 60

Wrzodek, G., die Entwicklung der Handfeuerwaffen seit der Mitte des 19. Jahrh. u. ihr heutiger Stand, s. a. Sammlung Göschen.

Die Entwicklung der Handfeuerwaffen seit der Mitte des 19. Jahrhunderts und ihr heutiger Stand. Von G. **Wrzodek**. Mit 21 Abb. u. 2 Tab. Leipzig: Göschen 1908. 118 S. 8°
(Sammlung Göschen. 366.)

WRZOL, Josef: Die Echtheit des 2. Thessalonicherbriefes. — (1910) X, 181 Bl. 4° (Handschr.) Diss. 898
Diss. Wien, Univ.

WRZOL, Ludwig: Konstantins des Großen persönliche Stellung zum Christentum. -- (1908) 135 S. 4° (Handschr.) Diss. 657
Diss. Wien, Univ.

Wrzosek, Adam: Die acute Osteomyelitis mit besonderer Berücksichtigung der Osteomyelitis im Säuglingsalter. *Berlin (1898): E. Ebering.* (51 S.) 8°
Berlin, Med. Diss. v. 19. Juli 1898

Wrzyszczynski, Casimir [pr. Arzt aus Jaktorowo]: Ein Fall von Ovarialcystom mit Complication von Pleuritis ... Greifswald, Druck v. J. Abel, 1892; 33 S. 8.
Greifswald, Med. Fak., Inaug.-Diss. v. 2. Jan. 1892

Wspomnienia kapitana wojsk polskich z roku 1863. 8. (III und 79 S.) Leipzig 866, Kasprowicz. *

Wspomnienia Wschodu. Dziennik podróży do Syryi, Egiptu, Palestyny, Turcyi i Grecyi przez Z. S. z 6 rycinami. Leipzig 854. Librairie étrangère. gr. 8. (3 Bl., 262 S.) 2 *ₒ𝒽*. 15 *ngr.*

Wspomnienia Wschodu. Dziennik podróży do Syryi, Egiptu, Palestyny, Turcyi i Grecyi przez Z. S. Z (6) rycinami. Lex.-8. (V und 262 S.) Leipzig 855, Librairie étrangère.

Wssehrd's, böhm. Landrecht, s. Bibliotéka staročeska.

Wuebbe, Hermann [aus Roenneburg in Hannover]: Die Erhöhung des Reinertrages der deutschen Merinoschafzucht ... Halle a. S., *Druck v. J. Pässler, Dresden,* 1892; 51 S., 2 Bl. 8.
Halle, Phil. Fak., Inaug.-Diss. v. 7. Jan. 1893

Wübbe, Herm., die Erhöhung des Reinertrages der deutschen Merinoschafzucht, s.a. Berichte aus dem physiologischen Laboratorium u. der Versuchsanstalt des landwirthschaftlichen Instituts der Universität Halle.

Wübbel, F. W., der Geist des Herrn regiert die Kirche. Pfingst-Predigt. gr. 8. Osnabrück 843, Rackhorst. 1/8 ₰

— Predigt, s. Versammlung, die, der Deputirten u. Vorstände des Osnabrück. Gustav-Adolph-Vereins.

Ueber die Arbeitsverhältnisse in der Provinz Schleswig-Holstein. Nach d. Berichten d. landwirthschaftl. Kreis- u. Bezirksvereine bearb. von Vol.-Ass. Dr. [Alfred] **Wübbena.** *Kiel 1900: Vollbehr & Riepen.* (24 S.) 4°(8°) [F.]
Aus: Jahres-Ber. d. Landwirthschaftskammer f. d. Prov. Schlesw.-Holst. 1899.
= **Arbeiten** d. Landwirtschaftskammer f. d. Prov. Schleswig-Holstein. H. 2. (01. 1538 8

Beitrag zur Statistik der Brandgilden in der Provinz Schleswig-Holstein. Von Dr. A[lfred] **Wübbena.** Hrsg. vom Vorst. d. Landwirthschaftskammer. Kiel 1901: Vollbehr & Riepen. (38 S.) 4°(8°)
(Arbeiten d. Landwirthschaftskammer f. d. Prov. Schleswig-Holstein. H. 5.)

Beitrag zur Viehseuchen-Statistik in der Provinz Schleswig-Holstein. Im Auftr. d. Vorst. d. Landwirthschaftskammer von Dr. A[lfred] **Wübbena.** Kiel 1901: Vollbehr & Riepen. (42 S.) 4°(8°)
(Arbeiten d. Landwirtschaftskammer f. d. Prov. Schleswig-Holstein. H. 4.)

Milz- und Rauschbrand in der Provinz Schleswig-Holstein während der Jahre 1889–1899 u. d. Entschädigungsfrage. Im Auftr. d. Vorst. d. Landwirthschaftskammer bearb. von Dr. A[lfred] **Wübbena.** Mit 1 Übersichtskarte. *Kiel 1900: Vollbehr & Riepen.* (15 S.) 4°(8°) [F.]
= **Arbeiten** d. Landwirtschaftskammer f. d. Prov. Schleswig-Holstein. H. 3. (01. 1939 8

Wübbena, Alfred, aus Hofel (Hannover): I. Untersuchungen über die Änderung der Quell- u. Keimfähigkeit harter Rot- und Weisskleesamen. II. Berechnung von Qualitätskoeffizienten aus der mittleren chemischen Zusammensetzung und den mittleren Marktpreisen landwirtschaftlich wichtiger Futtermittel. Kiel 1899: P. Peters. (87 S.) 8°
Kiel, Phil. Diss. v. [29. Juli] 1899.

Wübbena, Wilhelm, approb. Arzt aus Eilsum (Ostfriesl.): Aus d. Kgl. Augenklinik zu Kiel. Zur Statistik der Keratitiden. *Kiel 1902: Schmidt & Klaunig.* (14 S.) 8°
Kiel, Med. Diss. v. [7. Febr.] 1902

Wübbenhorst, B., Briefe für Schule und Haus. Ein kleiner Beitrag zur Aufsatzbildung. gr. 12. (54 S.) Oldenburg 857, Schulze'sche Buchh.

Wübbens, Toni, ut min Dörp. Gedichte. Mit Buchschmuck v. Fanny Wübbens. (45 S.) kl. 8. Hannover 910. H. Feesche. 1. —

Wublitz, H. v. d., wie Mädchen lieben, s.: Thalia.

WUCHER. Ueber den – bey Anticipationen der Besoldungen und Gnadengelder ... Kurzbeck, Wien 1781. 1 vol. 28 S.

Wucher, d. beste,. Schsp. in 3 Aufz. v. Lamotte. 8. Mannh. Schwan.

Wucher, Der, und seine Folgen
2. Aufl. Czernowitz 1891. V: *Klimkiewicz, Romuald.* (EB)

Wucher, als Hauptursache d. Theuerung in den J. 1816 u. 17, u. Getreidemagazine als d. vorzügl. Mittel gegen den Wucher, v. J. L. 8. Landsh. 817. Krüll. 6 ₰

Wucher und Intoleranz . . .
Zürich 1879. V: *Röhrich, Wilhelm.* (Stam)

Wucher und Intoleranz. Zugleich eine Antwort auf die Schrift von W. Marr: „Der Sieg des Judenthums über das Germanenthum". Von einem Unpartheiischen. 8. (36 S.) Zürich 879, Verlags-Magazin. *

Wucher, der, e. actives Creditverbrechen, betrachtet vom Standpunkte e. wahren Idealismus. gr. 8. (201 S.) Linz 900. E. Mareis. n. 2.40; erm. Pr. 2. —

Wucher auf dem Lande, Der. Berichte und Gutachten ... Leipzig 1887. 8.
A. u. d. T.: Schriften d. Ver. f. Socialpolitik. 35. . . . . (D.; BRG.)

Wucher, der, u. d. deutsche Michel, s.a. Knute, die.

Wucher (Der) und der deutsche Michel. Von Dr. F. O. u. L. M. (Die Knute. Kritische Beleuchtung unserer Tagesfragen. 1. Heft.) gr. 8°. Berlin 1895.

Wucher? (Was ist) Zwei Briefe in dieser Frage von R—g. gr. 8°. Wien, Perles in Comm., 1880.

WUCHER. Was ist –? und durch welche Mittel ... s. Was.

Wucher und Weibertrug. Ein Lustspiel in drei Aufzügen. Vom Verfasser der Eipeldauerbriefe. Aufgeführt auf der kk. priv. Marinellischen Schaubühne. Wien bey Christoph Peter Rehm 1800. 87 S. 8°. [Aufgeführt im Leopoldstädter Theater 17/10 1799—2/5 1800 achtmal.] V: *Richter, Joseph.* (wrztg 1800, S. 1268) (Hans Viktor Pisk: Josef Richter. Diss. Wien 1927. S. 148)

Wucher (Vom) und widerkeufflichen Zinsen. 4°. s. l. s. a. (1521.)

WUCHER, Cajetan (Dürnhausen): Krankheits-Geschichten aus dem Bereiche des Nerven-Systems.- München: Fritsch 1869. 19 S.
26.10.1865 - Urk (Titel: De morbis quibusdam cerebri et medullae spinalis.); F 71
Diss. Ingolst.-Landsh.-Mchn.

Wucher, Ernst, doppelte Buchführung. Welt-System. (16 S. m. 2 Taf.) gr. 8. Gera (903). E. Wucher. n. 1. —

Wucher, Ernst, praktischste Zins- u. Diskont-Berechnung, s.: Wolf, Max.

Wucher, Joseph, appr. Arzt: Versuche über resorptionshindernde Wirkung der Mucilaginosa im Darm. *München 1901: Kastner & Lossen.* (23 S.) 8°
München, Med. Diss. v. 1901

Wucher, Oskar, approb. Tierarzt aus Neuberg a. D.: Über die Anordnung der Blutgefässe bei Doppelbildungen des Hühnchens. Mit 1 Doppeltaf. *Wiesbaden: J. F. Bergmann 1900.* (30 S.) 8° ¶(Aus: Anatom. Hefte, Abth. 1, H. 47.)
Giessen, Veterinär-med. Diss. v. 1900

Wucher, Pet., Schul- und Volkszustände im Algäu. Wohlgemeinter Mahnruf an das bayer. Landvolk. gr. 8. (37 S.) Kempten 872, Dannheimer. *

—— dass. — 2. Aufl. 8. (55 S.) Augsburg 872, Lampart und Comp. *

Wucher, Pet., über Waldverwüstung und Güterzertrümmerung in ihrem Einfluß auf die volkswirthschaftlichen Verhältnisse im Algäu. Ein Mahnruf an Bayern's Landwirthe. gr. 8. (35 S.) Augsburg 875, Lampart und Comp. *

Wucherer, der, und sein Kind, s. Novellen, Hamburger.

Wucherer, ein, als Vater. Lustspiel in 1 Akte. 8. (30 S.) Regensb. 892, Habbel. * — 60

Wucherer

Wuchereri, Elementa etymologica linguae graecae. Edita a Malero. Revisa, aucta et emendata. Carlsr. 796. 8. 14 gr.

—— Meine Gedanken über die Frage: Warum wird Kaiser Josef von seinem Volke nicht geliebt? In zween Briefen an einen Freund. Wien 1787. 8°. (Ebd.)

— Kaiser Josef wird doch geliebt Eine kleine Antwort auf die kürzlich erschienene Schrift: Warum wird Kaiser Josef von seinem Volke nicht geliebt? Wien 1787. 8°. (Ebd.)

Wucherer, Frhr. v., e. Patrouillen-Dienstübung des Feld-Jäger-Bataillons Nr. 11. Versuch zur Ermittelg. e. zweckmäss. Vorganges bei grösseren Übgn. in diesem Dienstzweige. gr. 8. (39 S. m. 1 Karte.) Wien 893. L. W. Seidel & Sohn. n. 1. 20

Wucherer, Frh. v., Studie üb. d. Aufklärungsdienst u. d. diesfäll. Verwendg. v. Fusstruppen. M. 6 Skizzen. gr. 8. (III, 131 S.) Wien 896. L. W. Seidel & Sohn. n. 3. —

— Warum bekömmt Wucherer nicht fünfzig Prügel??? Ein Pendant zu der Frage: Warum wird Kaiser Josef von seinem Volke nicht geliebt? Nebst einer vertrauten Epistel an Wucherer von seinem Geheimsetzer 1787. Kl. 8°. 30 S. Mit 1 Kpfr. (Ebd.) (8 Kr. die Vorigen.)

WUCHERER (Buchhändler, Schartekenverleger). Warum wird Kaiser Josef II. von seinem Volke nicht geliebt? Wien, Wucherer. Kl. 8°. (In Wien, Stadtbibl.) (6 Mk. Gilhofer & Ranschburg, 1912.)

Wucherer: Zusammenstellungen und Wiederholungen für meine Schüler. II. Die synthetischen Gleichungen der ersten beiden Grade. 50 S.—Augsburg A., Progr. 1868

Wucherer, Carl . . ., s. Wucherer, Karl . . .

Wucherer, Christian Ludwig

—, Ch. L., resp. A. C. **Bieler,** Diss. de amore insano. 24 pp. Vitenb. 4°. 1717

Wucherer, Chr. L., resp. J. M. **Welsch,** Diss. de epilepsia. 48 pp. Jen. 4°. 1719

Wucherer, Christ. Lud. Meditatio de eo quod justum est circa Lotterias. 4°. Jenae, Cröcker, 1715.

— pathologia specialis corporis humani. 4. ibid. 722.

Wucherer, Christian Ludwig: Semiotica specialis, signa diagnostica et prognostica morborum, causarum morbificarum, atque symptomatum, corpus humanum adficientium exponens... 182 S., gbd.

Jenae: Mayer 1722

JB 1.100

Wucherer, Christian Ludwig [Praes.], s. Siegfried, Johann Konrad: De apoplexia oder: Von Rührung des Schlags.

Wucherer, Chr. Ludw., signa de morbis, caussis morbificis atque symptomatibus corpus hum. adficientibus. 4. Ienae, Meyer, 729.

Wucherer, Christian Ludwig [Praes.], s. Steube, Johann Sebastian: De corpulentia nimia.

Wucherer, Christian Ludwig (Meiningen) A. S. 848/13

Disputatio inauguralis medica de tumoribus artuum fungosis. Präs. Johann Adrian Slevogt.
Jena (Müller) VIII. 1715. 32 S. 37292

Wucherer, Christian Ludwig [Praes.], s. Welsch, Johann Melchior: De epilepsia.

Wucherer, Conrad Christian, s. Wucherer, Konrad Christian

Wucherer, Edm. Frhr. v., Beitrag zur Ausbildung der Feld-Artillerie. Zusammengestellt nach den mit Preisen betheilten Arbeiten. gr. 8. (38 S.) Wien 883, (Seidel und Sohn.) *

Wucherer, Friedrich: Mittelschulwesen im Hochstift Bamberg 1773—1802. Bamberg 1904: W. Gärtner. (44 S.) 8° [3.]
Bamberg, k. Altes G P 1904*

Wucherer, G.

Wucherer, G., De diaeta et regimine hypochondriacorum. Hal. 4°. 1717

— die Inhalation u. die örtliche Anwendung d. Schwefeläthers u. Chloräthérids als Heilmittel. gr. 8. (VI u. 40 S. m. 1 Tab. in qu. Fol. u. 1 lith. Taf. in Fol.) Freiburg i. Br. 848. (Herder.) n. 1/6 rß

Wucherer, (G.), die Construction einer neuen Heftpflaster-Streichmaschine. gr. 8. (8 S.) Freiburg im Br. 849, (Herder'sche Vrlgsh.)

Wucherer, Guido, neue Behandlungsweisen der Krätze. Physiologisch-klinische Untersuchung. gr. 8. (60 S.) Freiburg im Br. 853, Herder'sche Vrlgsh.

—— die Heilkunde der Gegenwart und der Zukunft nebst dem Verhältnisse der Physiologie von K. H. Baumgärtner zu derselben. Historisch-krit. Untersuchung. Lex.-8. (IV und 102 S.) Stuttgart 854, Rieger'sche Vrlgsh.

Wucherer, Gust. Fr., Andeutungen auf dem Gebiete d. höhern Physik, nebst e. Anh., welcher einige d. wichtigsten Sätze aus d. Reflexionsphysik in mathemat. Form enthält. 8. Frburg 817.

Wucherer, Gust. Fr., von Anlegung d. Blitzableiter auf Kirchen- u. and. Hoch-Gebäuden, mit spec. Berücksichtig. d. Freiburger Münsters. Eine Relation üb. die besond. Berathung, welche bei d. 16. Versamml. d. Naturforscher u. Aerzte Deutschlands am 21. Sept. 1838 Statt hatte. gr. 8. (2½ B.) Karlsruhe 839, Müller'sche Hofbuchh. *

—— **Bericht** üb. d. **Versammlung** deutscher **Naturforscher** in Freiburg, s. **Bericht.**

— d. Bilder d. gestirnten Himmels, auf 18 kleinen Sternkarten dargestellt u. mit einigen Erläuterr. begleitet. qu. 4. Karlsr. 824. Müller. 1 rß 6 gr

s. Böckmann, J. L.: Über Blitzableiter.

— graphische Darstell. des Ganges d. meteorolog. Instrumente zu Karlsruhe von 1821 u. 22. 1s u. 2s Blatt. Fol. Karlsr., Braun. 8 gr

— d. Elementarlehren d. mechan. Wissenschaften, oder d. leichtern Sätze d. Gewichts- u. Bewegungslehre fester, tropfbarer u. elastisch-flüssiger Körper. Mit 13 Steindruckt. gr. 8. Karlsr. 821. Braun. 2 rß 2 gr

— über d. specifischen Gewichte des Zinnbleies. 4. Frburg 818. Herder. 12 gr

— die Größenlehre auf Realschulen populär bearbeit. 1r Thl. 1r—3r Curs., Zahlenlehre. 2 rß 16 gr 2r Thl. 1r u. 2r Curs., Raumlehre. Mit 5 Kpf. 2 rß 4 gr gr. 8. Karlsr. 807—13. Braun. 4 rß 20 gr

– s. Kaiserstuhl, Der.

— Leitfaden zum Gebrauch bei Vorlesungen über d. Stöchiometrie d. unorgan. Körper. gr. 8. Karlsr. 820. Braun. 7 gr

—— üb. **Luftpumpen-Konstruktionen**, **e. Vortr., ursprüngl. bestimmt f. d. 16. Versamml. d. deutschen Naturforscher u. Aerzte. gr. 8. (2¾ B. u. 6 ill. Stnt., gr. Fol.) Karlsruhe 839, Müller'sche Hofbuchh.** *

– s. Maler, J. Fr.: Algebra u. dessen Geometrie.

Dr. G. Fr. Wucherer. Richtung und Umfang der bisherigen Vorträge über *Physik* in weiterer Bedeutung. Vor dem Lektionsverzeichnis S. 7–18. Karlsruhe, P 1834

— d. Sommer-Temperatur zu Karlsruhe nach d. Resultaten zwanzigjähr. Beobachtungen, tabellar. u. graphisch dargestellt. Mit 2 Tafeln in Steindr. gr. 4. Karlsr. 822. Müller. 21 gr

— über d. mittlere Temperatur Freiburgs. gr. 4. Frburg 819. Herder. 6 gr

— ein nothwendiger Unterricht für Schulen u. Volk, sowohl über d. Ceremonien, welche bei dem Opfer d. heil. Messe vorkommen, als auch über d. Messe selbst rc. 8. Rotweil 822. Herder. 4 gr

— über d. Verhältniß des Studiums d. Naturlehre zur übrigen wissenschaftl. Ausbildung. gr. 4. Frburg 814. Herder. 6 gr

Wucherer, J. F. Quaestio physico-moralis de cometis malorum nunciis. Jenae 1744.

Wucherer, J. M., De apoplexia. Erf. 4°. 1718

Wucherer, J. M., Diss. de equilibrio adfectuum in temperamento cholerico-melancholico. Jen. 4°. 1722

Wucherer, J. M., De aequilibrio adfectuum in temperamento cholerico-sanguineo. Jen. 4°. 1721

—, Path. specialis. Jen. 4°. 1721

Wucherer, Jh. Chr. Jak., s. Muradgea, Beschreibung.

– s. Traum u. Wahrheit.

Wucherer, Johann Friedrich

—, Jo. Fr., Pr. de causa motus immediata orationi auspiciali de incrementis studii physici ab emendatae religionis tempore futuro martis die hora x habendae qua munus physicae dogmaticae publice tradendae a serenissimis academiae Jenensis nutritoribus clementissimo sibi demandatum suscipit praemissum. 34 pp. Jenae 1717. 4°.

— delineatio physicae divinae. 4. Ienae, Schulz. 721.

Wucherer, Jo. Frid.: Meditationes de eo, quod iustum est circa lottarias. Jenae 1715.

Wucherer, J. Fr., vom Evangel. luther. Hauptgottesdienste. Eine historisch-liturgische Verständigung mit besond. Berücksichtigung von Löhe's Agende u. Zellfelder's: Gefahr für die evangel. Kirche! 8. Nördlingen 846, Beck'sche B. 8 ngr

— fundamenta, quibus via ad theologiam dogmaticam superstruitur methodo demonstrativa. 4. Lips. 745.

Wucherer, Johann Friedrich [Praes.], s. Hamm, Georg Sebastian: De atheo ex structura του εγκεφαλου convincendo.

— Historia creationis, quatenus illa capite primo Geneseos continetur, observationibus physicis illustr. 4. Ienae, Cröcker. 753.

— institutiones philosophiae naturalis eclesiasticae. 8. Ienae, Buch. 725.

Wucherer, J. F., Kleeblätter. Biblisches, Christliches, Kirchliches in mancherlei Form. Nördlingen 869. Beck. 8. (VIII, 188 S.) 15 ngr.

—— kirchliche Mittheilungen, s. Mittheilungen.

Wucherer, Joh. Friedr., ausführlicher Nachweis aus Schrift und Symbolen, daß das evangelisch-luther. Pfarramt das apostol. Hirten- und Lehramt, und darum göttl. Stiftung sei. 8. (VIII und 129 S.) Nördlingen 853, Beck'sche Buchh. Thlr. *

Wucherer, J. Fr. Pastoralbriefe. Briefe e. Vaters an seinen Sohn, der ins heil. Amt getreten ist. 8. (VI, 198 S.) Münch. 889, Beck. * 1 80

— praecognita theol. dogmaticae capitibus VI. comprehensa. 4. Ienae, Ritter. 739.

Wucherer, ...(Pfarrer), s. Sonntagsblatt.

Wucherer, Ioh. Fr., vindiciae aeternae divinitatis Iesu Christi adversus Whiston. 4. Ienae, Meyer. 732.

Wucherer, Johann Friedrich [Praes.], s. Werner, Friedrich Wilhelm: De adfectuum remediis sanantibus.

Wucherer, Joh. Friedr., das Wort der Wahrheit. Oder: Populäre Einleitung in die Schriften des neuen Testaments. Ein Buch für alles Volk. 2 Thle. 8. Nördlingen, Beck'sche Buchh. [1. (X und 371 S. mit 1 Karte in qu. gr. 4.) 848. 1 Thlr., 2. (IV und 435 S.) 850. 25 Ngr.]

—— zu einem Zeugniß. Fünf Predigten. gr. 8. (3¼ B.) Nördlingen 846, Beck'sche Buchh.

Wucherer, Joh. Friedr., zu einem Zeugnis. Predigten über die sonn- und festtägl. Evangelien des ganzen Kirchenjahres. Mit einem Vorwort von Wilh. Löhe. gr. 8. (XI und 912 S.) Nürnberg 867, Löhe. *

Wucherer, Johann Friedrich [Praes.], s. Zeumer, Jo. Christian: De aequilibrio adfectuum in temperamento cholerico-melancholico, in ordine ad religionem, muneris curam et patientiam, i.e. Von der Balance und Contre-Balance derer menschlichen Gemüths-Neigungen etc.

Wucherer, Johs., Etwas über Rosenkultur. Prakt. Anweisung für Rosendilettanten. 8. (VI, 51 S. mit Illustr.) [Nördlingen 886.] München, Beck'sche Verlagsh. cart. *

Wucherer, Karl

Wucherer, Carl, die Rose, ihre Anzucht u. Pflege im Erzgebirge. (10 S.) 8. Schwarzenberg (903). M. Helmert. n. — 40

(Wucherer, Karl Frh. v.) Ein Wort über die Truppenofficiere. Von Frh. von. W., k. u. k. Oberst i. R. 8. Graz 1902.

Wucherer, Karl Christian Wilhelm F, zu/2

De Euripidis Hippolyto.
Präs. Gottlieb Christoph Harless.
Erlangen (Hilpert) 11. X. 1791. 34 S.

Gew.: Ernst Ludwig Sebastian von Crailsheim.
W. v.: Präs. 37293

Ueber Elimmation mittelst analytischer Gleichungen bei bestimmten Formen der gegebenen synthetischen Gleichungen. Von Carl Friedr. Ludw. Otto Wucherer, P. d. M. — 1844. Augsb. Wirth. — S. 1—32.
Progr. Augsburg

Ueber den naturwissenschaftlichen Unterricht an Gelehrtenschulen mit besonderer Berücksichtigung des Lehrplanes der bayerischen Studienanstalten. Von Carl Friedr. Ludw. Otto Wucherer, P. d. M. — 1852. Augsburg, Wirth. — S. 3—33.
Progr. Augsburg

Wucherer, Konrad Christian

Wucherer, Conrad Christian (Ulm)
Dissertatio inauguralis juridica de legibus fundamentalibus in genere, et singulatim in Imperio Romano Germanico.
Giessae Juli 1709: J. R. Vulpius. 40 S. 4°
(Juli im Heidelb. Ex. hs. verbessert zu "1. August")
pro licentia summos in utroque jure honores ... capessendi

Wucherer, Rupert, s. Seitenstück zu dem von W(immer) vorgelegten Radicalmittel ...

— s. Warum steht es mit d. Religion so schlecht.

Wucherer, Wlh. Fr., Anfangsgründe d. Arithmetik, Geometrie, ebenen u. sphär. Trigonometrie, mit 13 Kpf. 8. Karlsr. 783 (Braun). 2 ₰

* *W. Fr. Wucherer's* Anfangsgründe der Arithmetik, Geometrie und Trigonometrie. Carlsruhe, Macklott. 8. m. 13 Kupf. (2 Rthlr.)
1783

Wucherer, Wlh. Fr., 2000 systemat. zweckmäßig geordnete arithmet. Aufgaben. Berechnet zur Erleichterung u. Beförd. in d ausübenden Rechenkunst. gr. 8. Karlsr. 803. (Braun). 1 ₰

W. F. Wucherer. Beytrag zur Pyrotechnik. Bey J. G. Müller, älterem Hochfürstl. Markgräfl. Bad. Hof- und Canzley-Buchdrucker. 1787. Karlsruhe, P 1787

Wucherer, W. F.: „Beyträge zum allgemeinen Gebrauch der Decimalbrüche oder Tafeln, welche alle gemeinen Brüche von 1—1000, eine Anweisung, aus der die übrigen bis 100 000 leicht zu finden sind, und ihre Anwendung vorzüglich im gemeinen Leben, auf Zinsberechnungen in den wichtigsten Geldsorten, Renten usw., nebst den Sexagesimalbrüchen, enthalten", Karlsruhe 1795 (Mackelot).

— Beiträge zum allgem. Gebrauch d. Decimalbrüche rc. gr. 8. Karlsr. 796. (Braun). 20 kr

— Erläuterungen u. Ergänzungen d. Auszugs aus den Anfangsgründen d. Wolfschen Trigonometrie. gr. 8. Karlsr. 778. Macklott. (Gebhardt u. K. in Frankf.) 6 kr

Wucherer, Wlh. Fr., s. Julie, oder d. gerettete Kindesmörderin.

— s. J. F. Maier, Elementa.

Wilhelm Friedrich Wucherer. Über Missbrauch der Einbildungskraft. Nebst einer Anzeige der Wintervorlesungen auf unserer Akademischen Fürstenschule. 8°. 46 S.
Karlsruhe, P 1782

* Einige geometrische Sätze nebst einer Anzeige der Sommervorlesungen auf unserer Akademischen Fürstenschule, von *Wilh. Friedr. Wucherer* der Weltweish. Doct. und öffentl. Lehr. der rein. Mathematik zu Carlsruhe. Carlsruhe, gedruckt bey Michael Makklot, Markgräfl. Badischen Hofbuchhändl. und Hofbuchdruck. 8. 45 S. m. F. 1780

— Schicksal d. Weltmenschen u. d. Christen, in dieser u. in jener Welt. 8. Ebend.

— kleine Schriften. 8. Karlsr. 799. (Braun), 1 ℛ

Wucherer, Wilhelm Friedrich. Untersuchung der Frage von Kometen. Nürnberg 1769—70. Ü: *Schmidbauer, Chph Melch.* (ML)

— **Untersuchung d. Frage von Kometen, frei übersetzt von Chr. M. Schmidbauer. 2 Stücke. 8. Nürnb. 769, 70. Ammermüller. 8 gr**

Wucher-Feind (Christ.) verdammlicher Juden-Spiess, oder Bedencken von der Juden verdammlichem Geld-Wucher. 8°. 1688.

Wucherfrage (Die). Protokoll der Verhandlungen der deutschen evang.-luther. Gemeinde U. A. C. zu St. Louis, Mo., über diese Frage nebst einigen Auszügen aus den Schriften von Theologen vor und nach der Reformation und andern dieselbe betr. Documenten. gr. 8°. St. Louis Mo. 1867. (Dresden, Naumann.)

Wucherfrage, die, vor dem preußischen Landtage. Verhandlungen des Abgeordnetenhauses am 26. Novbr. 1878. 8. (40 S.) Berlin 878, Germania. *

Wuchergesetz vom 24/5. 80.
Mit Erläuterungen von:
Freudenstein. Minden 882.
Marcuse. Berlin 886.
Reinwald. Lpzg. 882.
v. Schwarze. Erlgn. 881.

Wuchergesetz vom 19. VI. 893.
Textausgabe und mit Erläuterungen von:
Barre. Berlin 893.
Friedmann. Berlin 894.
Fuld. Leipzig 893.
Decker. Berlin 894.
Henle. München 893.
Höinghaus. Berlin 893.
Kahn. Bamberg 895.
Koffka. Berlin 894.
Meisner. Berlin 894.
Vogtherr. Ansbach 893.

Wucher-Gesetze. 1868 31. G.-A. über die Abschaffung der Wuchergesetze. 1877 8. G.-A. über die Beschränkung des Wuchers. gr. 8. (8 S.) Budapest 877, Ráth. *

Wucher-Gesetze. 1883 XXV. G.-A. über den Wucher und die schädl. Creditgeschäfte. Mit Anmerkungen, Parallelstellen und Erläuterungen. 1868 XXXI. G.-A. über die Abschaffung der Wuchergesetze. 1877 VIII. G.-A. über die Beschränkung des Wuchers. gr. 8. (22 S.) Budapest 883, Ráth. *

Wucherjude und Vorschussverein. berlin 1877.

Wucherjude und Vorschußverein oder: wo borgt man am Besten. Von einem Bauernfreund im Eisenacher Oberlande. 2. Aufl. 16. (31 S.) Berlin 878, Germania.
Aus: Dem schwarzen Blatte, besonders abgedruckt.

Wucherlied, das. Ein Lied zu Jedermanns Beherzigg. 16.—20. Taus. 16. (2 S.) Kaiserslautern 889, Gotthold. * — 10

Wucherpatent vom 2. Dezember 1803, nebst nachträglichen Verordnungen. kl. 8. Lemberg, Frz. Galinski 1852.

Wucher-Pest, die. Eine zeitgemäße, populäre Studie von A. H. gr. 8. (23 S.) Brünn 879, Winkler's Buchh. *

Wucherthum u. berufsmäßige Spekulation. Enthüllungen üb. 1) den Wechselwucherer, 2) den Hypothekenwucherer, 3) den Börsenwucherer u. die Kniffe der berufsmäß. Spekulation bei Ausbeutg. d. Publikums. Aufklärungen f. das noch unerfahrene Publikum u. Rathschläge an Geldbedürftige u. Leute, die mit der Börse verkehren, nach Erfahrgn. geschildert v. A. Mentor. gr. 8. (80 S.) Leipzig 893. F. E. Fischer. n. 1. 20

— u. **Spekulation.** Enthüllungen üb. Wechselwucher, Hypothekenwucher u. Börsenwucher, wie üb. die Kniffe der berufsmäß. Spekulation bei Ausbeutg. d. Publikums. Von A. Mentor. 2. unveränd. Abdr. 3.—6. Taus. gr. 8. (80 S.) Leipzig 894. R. Gerhard. n. — 75

Wucherunwesen, hat ihm das Judentum Vorschub geleistet? Flugblatt, hrsg. vom deutsch-israelit. Gemeindebunde. 8°. Leipzig 1879.

WUCHSMUTH, RICHARD. Untersuchungen auf dem Gebiet der inneren Wärmeleitung. Leipzig, 1892.

Wuchteln, Erfurter. Eine Morgengabe zum Kaffee. Für die Mitglieder, Freunde u. Feinde des Reichstags. (Gedichte.) 16. (16 S.) Erfurt 850, Gebhardi. 1/12 ℛ

Wuck, s. Wuk

Wück, Alois, Hauptmann des Regiments und **Kuorz,** Justus, k. u. k. Oberst des Ruhestandes früher Oberstlieutenant im Regimente. Geschichte des k. k. Infanterie-Regiments Erzherzog Rainer Nr. 59 von seiner Errichtung 1682 bis 3. Juni 1882. Nach den Akten des k. u. k. Kriegs-Archivs, den Dokumenten und Befehlen des Regiments, sowie sonstigem historischem Materiale zusammengestellt. I. Abtheilung. Von seiner Errichtung 1682 bis 1791. (Mit 1 Porträt.) II. Abtheilung vom Jahre 1792 bis 3. Juni 1882. 8. Salzburg 1882—1901.

Wucke, Ch. Ludwig

Wucke, C. L., Sagen der mittleren Werra nebst den angrenzenden Abhängen des Thüringer Waldes und der Rhön. 2 Bde. 8. (1. Bd. XV und 150 S.) Salzungen 864, Scheermesser.

Wucke, Ch. L., Sagen der mittleren Werra, der angrenzenden Abhänge d. Thüringer Waldes, der Vorder- u. der Hohen Rhön, sowie aus dem Gebiete der fränkischen Saale. 2. Aufl., m. biograph. Skizze, Anmerkgn. u. Ortsregister hrsg. v. H. Ullrich. 8. (XV, 530 S.) Eisenach 890. Kahle, Verl. n. 4. 50; geb. n.n. 5. —

Wucke, Ch. Ludw. Sagen der mittleren Werra, der angrenz. Abhänge d. Thüringer Waldes, der Vorder- u. hohen Rhön, sowie aus dem Gebiete der fränkischen Saale. 2. sehr verm. Aufl., mit biograph. Skizze, Anmerkgn. u. Ortsregister hrsg. von Herm. Ullrich. gr. 8. (XV, 530 S.) Eisenach 891, Kahle. * 4 50, geb. ** 5 —

Wuczba Wot Spoczatka teho Kschesziijanstwa, aby Krotke Ros wuczenje wot tych najnusnischich Wuczbow teho Kschesziijanstwa, woszebje sa tych, kotsiz kprjenemu Molej k Bozemu Blidu hicz chzedza. 1/2 8. (60 S.) Budyschini 842, Reichel.

Wuczkowski, R., u. Fr. **Lorey**, Flüssigkeitsbehälter, röhrenförmige Leitungen u. offene Kanäle, Aquadukte u. Kanalbrücken, s.a. Handbuch f. Eisenbetonbau.

Flüssigkeitsbehälter, Röhren, Kanäle. Flüssigkeitsbehälter. Röhrenförmige Leitungen u. offene Kanäle. Aquadukte u. Kanalbrücken. Bearb. von R. **Wuczkowski** [u.] Fr. Lorey. Mit 838 Textabb. Berlin: Ernst 1910. XII S., S. 273–693. 4°(8°)
(Handbuch f. Eisenbetonbau 2. Aufl. Bd 4 [vielm. 5.]) [10. 5525

Wudce duchownj — nebo krátký Wytáh missionarny Knizky. Od L.M. Druhe Wydánj 8. (128 S.) We Widnj, Karl Ueberreuter 1853. (Die geistlichen Führer.)

Wu ding fu [Schlagwort]

Wu ding fu, s.: Tschili.

Wudrian, Erich Adolph (Tribsees) A. S. 1337/13

Commentatio academica de olla vulcani quae olim Julini Pomeranorum fuit.
Präs. Albert Georg Schwartz.
Greifswald (Struck) 10. XII. 1745. 24 S.

Gew.: Peter Bleichard Meyen (Onkel). 37294

Wudrian, Lorenz Christoph (Mecklenburg) A. S. 1356/7

Dissertatio historica, in qua Arius misero abreptus fato, contra obs. Halensium VII. additament. ... disquisitioni subjicietur. Präs. Georg Nikolaus Ockell. Rostock (Weppling) 25. II. 1708. 10 Bl.

W. v.: Jo. Fecht, Jo. Peter Gruenenberg, Johann Joachim Weidener, Christoph Matthaeus Pfaff, Johann Arnd (Opp.), Christian David Sadewasser.
37295

Wudrian, V., Kreuzschule, oder Kennzeichen aller wahren evangelischen Christen; zur Unterweisung u. Trost allen mit Trübsal beladenen Herzen. Aus Gottes Wort u. berühmter Kirchenlehrer Trostschriften zusammen getragen ꝛc. Neue Aufl. 8. Reutlingen ... Fischer. 1/3 ℛ

— — dieselbe. 12. Nördlingen. 759.

Wudrian, Valent., Kreuzschule u. Kennzeichen aller wahren evangelischen Christen, mit Joh. Habermanns Morgen- und Abendsegen u. and. geistreichen Gebeten vermehrt. 8. Berl. Rudiger. 747.

— — dieselbe mit Starkens Morgen- u. Abendgebeten, m. K. 8. Nürnb. Raspe. 755.

Wudrian's, Valent., Kreuz-Schule, oder Kennzeichen aller wahren evangelischen Christen; zur Unterweisung u. Trost allen mit Trübsal beladenen Herzen. Aus Gottes Wort u. berühmter Kirchenlehrer Trostschriften zusammengetragen. Mit einem Anh. von Morgen- u. Abendsegen, geistl. Liedern u. Herzensseufzerlein. Reutlingen **865**. Kurtz'sche Buchh. 8. (400 S. mit 1 Holzschntaf.) n. 12 ngr.

Wudrian's, Val., Kreuz-Schule od. Kennzeichen aller wahren evangel. Christen; zur Unterweisg. u. Trost allen m. Krübsal beladenen Herzen. Aus Gottes Wort u. berühmter Kirchenlehrer Trostschriften zusammengetragen. Mit e. Anh. v. Morgen- u. Abendsegen, geistl. Liedern u. Herzensseufzerlein. 8. (400 S. m. 1 Holzschn.) Reutlingen 871. Kurtz. 1. 20; geb. n. 1. 60

Wudrian's, Valentin, Kreuz-Schule oder Kennzeichen aller wahren evangel. Christen, zur Unterweisung und Trost allen mit Trübsal beladenen Herzen. Aus Gottes Wort und berühmter Kirchenlehrer Trostschriften zusammengetragen. Mit einem Anhang von Morgen- und Abendsegen, geistl. Liedern und Herzensseufzerlein. 8. (400 S. mit 1 Holzschntaf.) Reutlingen 878, Kurtz'sche Verlagsh. *

Wudrian's, Val., Kreuzschule, od. Kennzeichen aller wahren evang. Christen; zur Unterweisg. u. Trost allen m. Trübsal belad. Herzen. Aus Gottes Wort u. berühmter Kirchenlehrer Trostschriften zusammengetragen. M. e. Anh. v. Morgen- u. Abendsegen, geistl. Liedern u. Herzensseufzerlein. 8. (384 S. m. Titelbild.) Reutlingen 896. B. G. Kurtz. 1. 20; geb. in Halbfrz. 1. 80

Wudrian, Valent., christliche Kreuz-Schule oder: Ausführlicher Unterricht von dem lieben Kreuz. Nebst einem Anhang andächtiger Gebete, biblischer Herzens-Seufzer u. geistreicher Gesänge. Rengshausen 854. (Neu-Ruppin, Bergemann.) 8. (IV, 354 S.) 12½ ngr.

Wudrian, Valent., christliche Kreuz-Schule oder: Ausführlicher Unterricht von dem lieben Kreuz. Nebst einem Anhang andächtiger Gebete, bibl. Herzens-Seufzer und geistreicher Gesänge. 8. (IV und 354 S.) Rengshausen 854(60.) (Neu-Ruppin, Bergemann.)

Wudrian, Valentin, christliche Kreuz-Schule oder ausführl. Unterricht von dem lieben Kreuz. Nebst einem Anhang andächt. Gebete, bibl. Herzens-Seufzer und geistreicher Gesänge. Neu bearb. von Emil Rausch. gr. 8. (315 S.) Kropp 883, Buchh. „Eben-Ezer". *ℳ 1,50.; geb. *

Wudrian's, Val., christliche Kreuz-Schule. Ein Trostbuch f. **Leidende** u. Angefochtene. Neue, durchgesch. Ausg. 12. **(322 S. m. 1 Stahlstich.) Leipzig 888. A. H. Payne. Geb. in Leinw.** 2. 50

Wüerst, Rich., die Elementartheorie der Musik u. die Lehre von den Accorden. Ein Lehrbuch der Musiker u. Musikfreunde. Berlin 867. Bote & Bock. Lex.-8. (VIII, 39 S.) n. 15 ngr.

Wüerst, Rich., die Elementartheorie der Musik u. die Lehre v. den Accorden. Ein Lehrbuch f. Musiker u. Musikfreunde. 2. verm. u. verb. Aufl. gr. 8. (VI, 40 S.) Berlin 874. Bote & Bock. n. 2. —

— Leitfaden der Elementar-Theorie der Musik nebst einer Auswahl zweistimm. Choräle u. weltl. Lieder zum Gebrauch für Schulen zusammengestellt. Ebend. 867. Lex.-8. (44 S.) 15 ngr.

Wüest, C., Abriss der Geschichte der Elektrizität. Mit 18 Abbildgn. gr. 8. (68 S.) Aarau 886. Wirz-Christen. n. — 80

Wüest, C. Elektrische Ausstellung in Frankfurt a. M. Bericht. gr. 8. (54 S. m. 22 Abbildgn.) Aarau 892, (Sauerländer). * 1 20

Wüest, Kurt

Wüest, Curt, aus Aarau: Heinrich Zschokke. Heinrich Pestalozzi und Heinrich von Kleist. Eine kritische Biographie Heinrich Zschokke's. Chur, Manatschal Ebner & Cie., 1910. VIII, 108 S. 8°. [11.II.10.]
Bern, Phil. Diss. 1910/11.

Wuff, Karl, Hauptm. und Compagnie-Chef im Grenadier-Reg. „König Karl" Nr. 123. Das 3. württembergische Jäger-Bataillon, jetzt Füsilier-Bataillon des Grenadier-Reg. „König Karl" (5. württemb.) Nr. 123. Ein Erinnerungsblatt. 8 Tübingen 1883.

Wüifler, Heinr., Beispiele von freigewählten Übungsverbindungen für Einzelwettturner, 1., u. 3. verm. Aufl., 8°. 2 Bde.

Wuffli, Emil, Pflanzenzeichnen in der Schule, s.: Brand, Fritz.

Wugk, Emil

Wugk, Aemil. (geb. Konitz in Westpr. 3. 10. 1842): De diagnosi paralysium. Berolini (1865). (32 S.) 8°
Berlin, Med. Diss. v. 7. Aug. 1865

Wugk, Ernst, a. Elberfeld: Über die Einwirkung von Brom und von Salpetersäure auf Oxyderivate des Tri- und Tetraphenylmethans. Marburg 1900: R. Friedrich. (58 S.) 8°
Marburg, Phil. Fak., Ref. Zincke, Diss. v. 27. Sept. 1900
[Geb. 21. Mai 81 Elberfeld; Wohnort: Elberfeld; Staatsangeh.: Preußen; Vorbildung: Realgymn. Elberfeld Reif. O. 00; Studium: Univ. Marburg 1, T.H. Hannover 2, Univ. Berlin 2, Marburg 6 S.; Rig. 20. Juni 06.]

Wugk, Frz., Heer u. Republik, s.a. Beiträge zu konservativer Politik u. Weltanschauung.

Heer und Republik. Von Franz **Wugk**. Berlin: Hobbing [1910]. 29 S. 8°
(Beiträge z. konservativer Politik u. Weltanschauung. H. 6.) [10. 17505

Wühl, Frz., vollständig. Sach- u. Nachschlage-Register zu sämmtl. Landesgesetzblättern des Erzherzogth. Oesterreich ob der Enns von deren Beginn **1849** bis einschließlich 1900. Nach Materien chronolog. geordnet. (XI, 212 S.) 8. Linz a/D. 902. J. Feichtinger's Erben. (Nur direkt.) Geb. in Leinw. n. 3. 40

Wühlereien und Raufereien, antisemitische, in Pleiß-Athen, s. Zeit- und Cultur-Bilder.

Wühlerpraxis. Commentar zu Struwwelpeters Handbuch für Wühler. Zum Besten eines allgem. deutschen Wühlerspitals. gr. 8. (36 S.) Grimma 849. [Wurzen,] Verlags-Comptoir. Thlr.

Wühlerpraxis. Commentar zu Stuwwelpeters Handbuch für Wühler. Zum Besten eines allgemeinen deutschen Wühlerspitals. gr. 8. (36 S.) Grimma 850, Verlags-Comptoir. 1/4 ℛ

LIES'L WÜHLHUBER oder Treibe mit deinem Glück kein Spiel. In: Katholische Volkserzählungen Nr. 9. Szt. Gotthard 1899. Druck u. Verlag v. A(dalbert) Wellisch. 16 S. - 160 mm

Wühlisch, Georg

Wühlisch, G. Die Schwedter Dragoner bei Kollin. Berlin 1892. 8°.

Wühlisch, G., Dragoner-Bilder, s.a. Sochtke, Ernst, das Dragoner-Regiment Ansbach.

[Deckelt.:] Dragoner-Bilder v. G. **Wühlisch.** [Bildert.:] Uniformen d. 1ten Brandenburg. Dragoner-Regiments No 2. [Taf.] ([Berlin]: Photolith. Meisenbach Riffarth & C. [1896].) [Druckschrift soll noch erscheinen.] gr. 2.

— **Ernstes u. Heiteres v. der Festfahrt nach Jerusalem. Miterlebt u. in Reime gebracht. gr. 8. (VI, 86 S.) Berlin 899. C. Heymann's Verl. n. 1. —**

Wühlisch, G. Uniformen des 1. Brandenburgischen Dragoner Regiments Nr. 2. [Berlin] o. J. Meisenbach & Riffarth.
20 farb. Taf. gr. 2°

Wührer, Nikol., s.: **Personalstatus der humanistischen usw. Mittelschulen im Königr. Bayern.**

Wuhrmann, C. H. Vergleichung der Schulgesetzgebung verschiedener Kantone u. Nachbarländer. 1875?

Wuhrmann, F. Kritische Beleuchtung des bundesräthlichen Entwurfes vom 23. Juni 1890 zu einer Revision des Bundesgesetzes über die Ausgabe und Einlösung von Banknoten vom 8. März 1881 in seinen Hauptpunkten. Gr. in-8°. 57 S. Zürich, Comm.-Verlag von S. Höhr. 1890 1 —

Wuhrmann, Ferdinand, med. prakt. von Zürich: Die Struma intrathoracica. [S.A. aus: Deutsche Zeitschrift f. Chirurgie. Bd 43. S. 1—117]. Leipz. J. B. Hirschfeld Dr. 1895. 2 Bl., 117 S. 8°.
Zürich. Med. Diss. [v. 31. Jan. 1896].

Wuhrmann, H., s.: Bericht üb. Gruppe 22 der schweizerischen Landesausstellung Zürich 1883: Maschinen-Industrie.

Wuhrmann, Johann Ulrich

Wuhrmann, J. U., Entronnen. Historische Erzählg. aus der Revolutionszeit. 2. Aufl. 8. (208 S.) Langnau (899). (Bonn, A. Falkenroth.) n. 1. 20; geb. n. 1 60

Wuhrmann, J[ohann] U[lrich]. Entronnen. Historische Erzählung aus der Revolutionszeit. 3. Aufl. 208 S. 8. Langnau ⟨Emmenthal⟩. G. Tillmann, [1903]. [fr. 1. 20, geb. 1. 60]

— **s.: Festfahrt, die officielle, nach Jerusalem.**

— **feurige Kohlen. Erzählung f. jung u. alt. 3. Aufl. 8. (126 S.) Ebd. 897. n. — 60; geb. n. 1. —**

Wuhrmann, J. U. In Jesu Schule. Beschauliches und Erbauliches aus der Geschichte vom kananäischen Weibe. 8. (XII, 148 S.) Brem. 891, Verlag d. Tractathauses. geb. * 1 60

Wuhrmann, H. Präparationen zu d. bibl. Geschichten, s. Meyer, K.

Wuich, Nik. Ritter v., Erläuterungen u. Beispiele zu den Schiess-Instructionen. Vorträge. gr. 8. (VI, 98 S. m. 5 Taf.) Wien 895. (L. W. Seidel & Sohn.) n. 2. 40

Wuich, Nik., Lehrbuch der äusseren Ballistik. gr. 8. (1. Lfg. VI, 144 S. m. 1 Steintaf.) Wien 882. Seidel & Sohn. n. 14.40

Wuich, Nik., Notizen aus der Mathematik, Mechanik, Physik, Chemie und Ballistik, Münz-, Maass- und Gewichts-Tabellen, s. Handbuch für die kaiserl. königl. Artillerie.

— **Repetierfrage, Caliberfrage u. Pulverfrage bei d. Handfeuerwaffen. 6 Vorträge. gr. 8. (V, 115 S. m. 1 Tab.) Ebd. 895. n. 2. 40**

—— elementare Schießtheorie, s. Lauffer, E.

—— die Theorie der Flugbahn-Parabel und ihre wichtigsten Anwendungen. Elementar behandelt. gr. 8. (VIII, 112 S. mit 2 lithogr. Taf. in qu. Fol.) Wien 876, Seidel und Sohn. *

—— die Theorie der Wahrscheinlichkeit und ihre Anwendung im Gebiete des Schiesswesens. Gemeinfasslich behandelt. 2 Lfgn. gr. 8. Ebendas. [1. Lfg. (III, S. 1—144 mit 1 lithogr. Taf. in qu. Fol.) 877. * ℳ 4.; 2. Lfg. (S. 145—392 mit 1 lithogr. Taf.) 879. * ℳ 6.] *

—— 15 gemeinverständliche Vorträge über die Wirkungsfähigkeit der Geschütze. gr. 8. (VII, 232 S. m. 2 Taf.) Ebd. 891. * 5 —

Wuich, Nik. R. von. Vorträge über den theoretischen Theil der Schiess-Instructionen. gr. 8. (72 S. m. 2 Taf.) Wien 892, Seidel u. Sohn. * 1 60

Wuich, Nik. R. v., u. F. **Lankmayr**, Waffenlehre f. die k. k. Infanterie-Cadetenschulen. 2. Aufl. Mit 8 Taf. u. 143 Textfig. gr. 8. (336 S.) Wien 889. Seidel & Sohn. n. 4. 80

Wujky, X. Jac., lekcye i ewangelie na wszystkie niedziele i swięta całego roku. Stósownie do Mszału Rzymskiego wydał X. Ant. Tyc. Nowe przejrzane wydanie. Lissa 855. E. Günther. 8. (3 Bl., 288 S. u. lith. Titel in Farbendr.) 1 ℛ.

Wuilleumier, Henri, von La Sagne, Kt. Neuenburg: Recherches expérimentales sur l'influence exercée par le milieu ambiant dans les phénomènes d'induction électro-dynamique. Zur. Zurcher et Furrer Impr. 1885. 39 S., 1 Taf. 8°.
Zürich, Phil. Diss. [v. 7. Juli 1885].

Wuitsch, G., Czerny Georg's und des Fürsten Milosch Leben, s. Volksbücher aus alter und neuer Zeit.

Wuk, Jos., technisches Polyglott-Onomasticum oder Worterbuch der Namen der Geistlichen, Civil- u. Militar-Wurden u. Chargen, der Professionisten, Kunstler u. Handwerker etc. in sieben Sprachen u. dem friaulischen Dialekte u. zwar in der deutschen parallel zu der italienischen [zu dem friaulischen Dialekte], zu der franzos., engl., sloven., latein. u. griech. Sprache. 1—6 Liefg. Triest 864. (Munster.) Lex.-8. (S. 1—264.) Jede Liefg. n. 10 ngr.

Wuk Stephanowitsch Karadschitsch, siehe Vuk.

Wuck, Stephanowits Karadschitch, kleine serbische Grammatik, verdeutscht, mit e. Vorrede versehen von Jak. L. K. Grimm. Nebst Bemerk. über d. neueste Auffassung langer Heldenlieder aus d. Munde des serbischen Volks u. d. Uebersicht d. merkwürdigsten jener Lieder von J. S. Vater. gr. 8. Berl. 824. Reimer. 20 gl.

Wuk Steph. Karadschitsch, Kästlein für die Sprache, Geschichte, Sitten und Gebräuche der Serben. КОВЧЕЖИЋ ЗА ИСТОРИЈУ, ЈЕЗИК НОБИЧАЈЕ СРБА СВА ТРИ ЗАКОНА. I. (Heft.) gr. 8. (III und 154 S. mit 1 Stnt.) Berlin 849, (G. Reimer.) *

— Narodne Srpske Piesme etc., d. i. serbische Lieder in d. Ursprache. 3 Thle, mit 1 Titelkpf. 8. Berl. 824. Reimer. 6 ℛ 16 gl

Wuk Steph. Karadschitsch, Srpske narodne pjesme. (Serbische Volkslieder.) Neue Ausg. Thl. I—III. gr. 8. (120½ B.) Berlin 841, 45, 46, G. Reimer. à * 2 Thlr. 20 Ngr. *

Вук Стеф. Караџић, Српске народне пјесме. (Wuk Stephanowitsch Karadschitsch. Serbische Volkslieder.) IV. und V. (Bd.) gr. 8. [IV. (XV und 545 S. mit 1 Portr. in Stahlst.) V. (IV und 559 S.)] Wien 862,65. (Berlin, G. Reimer.) à Bd. * 2 Thlr. 20 Ngr. *
I.—III. Ebendas. 1841—46. * 8 Thlr.

— Српске народне пјесме из Херцеговине. (Женске.) (Serbische Volkslieder [weiblich] aus der Herzegowina.) Ebend. **866**. 8. (XVI, 360 S.) n. 1 ℛ 10 ngr.

Wuk Steph. Karadschitsch, Примјери Српско-Славенскога Језика. Wien (856.) (Berlin, G. Reimer.) Lex.-8. (80 S. u. 1 lith. Taf. in Fol.) n. 1 ℛ. 10 ngr.

— Српске Народне Приповијетке скупио их и на свијет издао. Berlin 853. G. Reimer. 8. (XII, 263 S.) n. 1 ℛ. 10 ngr.

Wuk Steph. Karadschitsch, der serbische Senat unter Kara Georg oder das Streben der damaligen Oberhäupter nach der höchsten Gewalt. (In serbischer Sprache.) Wien 860. (Berlin, G. Reimer.) gr. 8. (V, 178 S.) n. 1 ℛ

—— serbische Sprichwörter. Alphabetisch geordnet hrsg. СРПСКЕ НАРОДНЕ ПОСЛОВИЦЕ. gr. 8. (LIV und 358 S.) Berlin 849, (G. Reimer.) *

Wuk Stephanowitsch, serbische Volkslieder, s. Volkslieder.

Wuck, (Stephanowits,) Serbische Volkslieder. 3 Thle. 8 Berl. 824, Reimer. Rthlr.

—— Volksmärchen der Serben, s. Volksmärchen.

— **Volksmärchen der Serben. Gesammelt und herausg. Ins Deutsche übers. von dessen Tochter Wilhelmine. Mit einer Vorrede von Jac. Grimm. Nebst einem Anhange von mehr als tausend serbischen Sprichwörtern. Berlin 854. G. Reimer. 8. (XII, 345 S.)** 1 ℛ. 5 ngr.

— serbisch-deutsch-latein. Wörterbuch. Lex.-Form. Berl. 818. Reimer. 7 ℛ 8 gl

Wukadinović, Spiridion

— Josef Emanuel Hilscher, s.: Sammlung gemeinnütziger Vorträge.

Wukadinović, Sp.: Hilscher-Heft. Zum 100. Geburtstag des Dichters. [Sammlung gemeinnütziger Vorträge. Nr. 337–338.] 8°. (Pag. 161–194) Josef Koch J. G. Calve'sche k. u. k. Hofbuchhandlung, Prag 1907.

Wukadinović, Spiridion, Kleist-Studien. (VII, 192 S.) gr. 8. Stuttgart 904. J. G. Cotta Nachf. n. 3. —

Wukadinovic, Sp., Goethes „Novelle". Der Schauplatz. Cooperſche Einflüsse. Mit e. Ganzzeichng. Goethes, 2 Abbildgn. u. 1 Situationsplan. (VII, 128 S.) gr. 8. Halle 909. M. Niemeyer. 3. 60

Wukadinović, Spiridion, Prior in Deutschland, s.: Studien, Grazer, zur deutschen Philologie, 4. Hft.

Wukasinović, Ant., praktisch-populäre Regeln zur Maulbeerbaum- und Seidenzucht mit besond. Rücksicht auf Vereinfachung und Zeitersparniss, nebst einem Anh. über Obstbaum- und Bienenzucht. 3. verb., verm. und gänzlich umgearb. Aufl. 8. (102 S.) Prag 868, Calve'sche Universitäts-Buchh. *

WUKU, Robertus: Breviarium vitae sancti Bernardi ratione speciali habito epistolarum hujus sancti. — (1909) 113 Bl. 4° (Handschr.) Diss. 623

Diss. Wien, Univ.

Wuku, P. Robert: Mellifluus. Wien: Kirsch 1906. (17 S.) 8°

Wuku, Robert, O. Cist., Vita S. Bernardi, s.: Mellifluus.

Wulach, M[endel]: Aus d. Med. Universitätsklinik zu Jena. Beitrag zur Kenntnis der Rückenmarkstumoren. ⟨Mit 2 Taf.⟩ Jena 1909: Vopelius. 44 S. 8°
Jena, Med. Diss. v. 22. Sept. 1909, Ref. Stintzing
[Geb. 7. Sept. 82 Odessa; Wohnort: Jena; Staatsangeh.: Rußland; Vorbildung: Kais. Kommerzsch. Odessa Reife 03, Erg. Gymn. Odessa 08; Studium: Leipzig 1, Jena 10; Rig. 6. Aug. 09.] [U 10. 2318

Wülbern, Arth. Die Postwertzeichen Helgolands mit besond. Berücksicht. der Falsifikate, sowie der falschen Abstempelgn., nebst e. Abriss der Postgeschichte Helgolands. 8. (IV, 32 S.) Bremen 892, A. Marbes. * — 50

Wülcker, Ernst, Die Entstehung der Kursächsischen Kanzleisprache. Jena 1885. 8.
Sep.-Abdr. aus: Zschr. d. Ver. f. thür. Gesch. Bd. 4. . . . . (D.)

Wülcker, Ernst, Mittheilungen aus dem Frankfurter Stadt-Archiv, s. Neujahrs-Blatt des Vereins für Geschichte und Alterthumskunde zu Frankfurt a. M.

Wülcker, Ernst, s.: Planitz, des kursächs. Rathes Hans v. der, Berichte aus dem Reichsregiment in Nürnberg.

Wülcker, E., Urkunden u. Acten betr. die Belagerung der Stadt Neuss a/Rh. [1474—75], s.a. Neujahrs-Blatt des Vereins für Geschichte u. Alterthumskunde zu Frankfurt a/M.

Wülcker, E., Urkunden u. Akten betr. die Belagerung der Stadt Neuss a/Rh. 1474–75. Mittheilungen aus dem Frankfurter Stadtarchiv. (III) 4. Frankfurt a/M. 1877. 5,00.

Wülcker, E., Urkunden u. Schreiben, betr. den Zug **der Armagnaken. s.:** Neujahrsblatt d. Vereins f. Geschichte u. Alterthumskunde zu Frankfurt a/M.

Wülcker, Ernst, deutsches Wörterbuch, s.: Grimm, Jac.

—— hoch- und nieder-deutsches Wörterbuch der mittleren und neueren Zeit, s. Diefenbach, L.

Wülcker, R., Mess-Memorial, s.: Kelchner, E.

Wülcker, Rich. Paul, kleinere angelsächsische Dichtungen. Abdruck der handschriftl. Ueberlieferung, mit den Lesarten der Handschriften und einem Wörterbuche versehen. kl. 4. (IV, 169 S.) Halle 882, Niemeyer. *

Wülcker, R. P. Das Evangelium Nicodemi in der abendländischen Literatur. Diss. Marburg 1872. 101 S.

Wülcker, Rich. Paul, das Evangelium Nicodemi in der abendländischen Literatur. Nebst drei Excursen über Jos. v. Arimathia als Apostel Englands, das Drama „Harrowing of Hell" und Jehan Michel's Passion Christi. gr. 8. (VIII, 101 S.) Paderborn 872, Schöningh. *

Wülcker, Rich. Paul, 50 Feldpostbriefe eines Frankfurters, aus den J. 1870 und 1871. 2. Aufl. gr. 8. (VIII, 91 S.) Halle 876, Niemeyer. *
Die 1. Aufl. war nicht im Handel.

Wülcker, Rich. P., Grundriss zur Geschichte der angelsächsischen Litteratur. Mit einer Übersicht der angelsächs. Sprachwissenschaft. Unter Rücksicht auf den Gebrauch bei Vorlesungen. gr. 8. (XII, 532 S.) Leipzig 885,86, Veit und Comp. *
Auch unter dem Namen Wülker, R. P. (s. d.).

—— altenglisches lesebuch. Zum gebrauche bei vorlesungen und zum selbstunterricht. 1. teil: die zeit von 1250—1350 umfassend. gr. 8. (XII, 228 S.) Halle 874, Lippert'sche Buchh. *

— altenglisches lesebuch. Zum gebrauche bei vorlesungen u. zum selbstunterricht hrsg. 2. teil, die zeit von 1350—1500 umfassend. 1. u. 2. abteilg.: gr. 8. Ebend. 879. 80. n. 8. 60 (cplt.: n. 12. 50)
1. Texte u. anmerkungen. (IV, 323 S.) n. 6. 60
2. Glossar. (V, 95 S.) n. 2. —

Wülcker, R. P. Uebersicht der neuangelsächsischen Sprachdenkmäler, nebst einer Abhandlung über die Sprache und den Verfasser der Nonnenregel Ancren Riwle und der Homilie Hali Meidenhad. Hab. Leipzig 1873. 32 S. Progr.

—— s. Wright, Th., Anglo-Saxon and Old English-Vocabularies.

Wulcknitz, Gottfried Erdmann von (Thür.) A. S. 310/7

Exercitationes academicae de veterum arte luctandi.
Präs. Johann Ernst von Auerswald.
Wittenberg (Gerdes) 5. III. u. 8. IV. 1720. 48 S., 2 Taf.

W. v.: Präs. 37315

Wülcknitz, A. L. Berichts-Erstattung an des Heiligen Römischen Reichs-Churfürsten etc., auf was für eine feindliche und unerhörte Art die Crone Frankreich des Herrn Landgrafen von Hessen-Cassel Hochfürstliche Durchlaucht und dero Lande, durch die in Teutschland von zweyen Seiten eingerückte Königlich französische sogenannte Hülfs-Trouppen, vor den Augen Seiner Kayserlichen Majestät und im Angesichte des ganzen Reichs, seit dem Junio vorigen Jahrs, bis nunmehro in den neunten Monath behandeln lassen.
Fol. Regensburg, den 5. April 1758.

Schreiben des Hochfürstl. Hessen-Cassel. Comitial-Gesandtens Herrn von Wülcknitz an E. Hochlöbl. Reichstags-Versammlung zu Regenspurg d. d. Regenspurg d. 5. April et Dictatum d. 26. Apr. 1758. die feindliche Behandlung der Fürstl. Hessen-Casselischen Lande von Seiten der Krone Frankreich betreffend. Mit Beylagen No. I—XCVIII. (64 S. — Beylagen pag. 1—102.) 4.

Wulckow, R., Die lateinische Deklination. Pr. 1867. 16 S. 4°.

Wulckow, Rich., pädagogische Briefe an eine Mutter. 12. (IV, 164 S.) Leipzig 888, Haessel. *
geb. *

Wulckow, Rich., die ethischen Erziehungsaufgaben unserer Zeit. gr. 8. (IV, 93 S.) Gießen 894. E. Roth. n. 1. 50; geb. in Leinw. n.n. 2. —

— zum religiösen Frieden. Ein Laienwort. 8. (67 S.) Braunschweig 893. C. A. Schwetschke & Sohn. n — 75

Wulckow, Rich., Luise, Königin von Preußen. Ein Lebensbild für die deutschen Frauen. 8. (80 S.) Frankfurt a/M. 882 Diesterweg. cart. n. 1. 60; feine Ausg. geb. n. 3. 50

Wulckow, Rich., Luther u. die Musik. Ein Beitrag zur Luther-Jubelfeier. gr. 8. (35 S.) Darmstadt 883. Brill. n. — 80

— die höhere Mädchenschule in Preußen. Ein Mahnwort. 8. (35 S.) Gießen 890. Roth. n. — 80

Wulckow, Rich. Die höhere Mädchenschule in Preußen. Ein Mahnwort. gr. 8. (35 S.) Gießen 891, Roth. * — 80

Wulckow, Rich., Vater u. Sohn. Ein Sang f. deutsche Lehrer u. fürs deutsche Haus. 4. (III, 2, 71 S.) Braunschweig 900. R. Sattler. n. 1. 50

Wulf, Der altrömische Pontifex Maximus. Vechta 1861/62, 4°, 33 S., Progr. des Gymn.

Wulf, Arth., Album der Rasse-Kaninchenzucht mit Rasse-Beschreibungen u. e. erläuternden Text, enth. 17 Kaninchenrassen nach Naturaufnahmen auf 14 Farbendr.-Taf. (m. Text auf der Rückseite). (14 S.) 22×30,5 cm. Würzburg (908). H. Stürtz. Kart. 3. —

Wulf, Arth., Anleitung zur einträgl. Hühnerzucht, s.: Bosse, F.

– Prakt. Fischzucht u. Teichnutzung, s. Miniatur-Biblothek.

— Der Geflügel-Aussteller. Eine kurze Anleitg. zur Vorbereitg. auf die Schau f. Liebhaber schönen Rassegeflügels. (50 S.) kl. 8. Chemnitz (910). Verlag der Geflügel-Welt. — 80

— die Geflügelzucht, s.: Miniatur-Bibliothek.

— Praktische Geflügelzucht, s.a. Hillger's, Herm., illustr. Volksbücher.

Praktische Geflügelzucht für Stadt und Land von Red. Arthur **Wulf**. Mit 76 Ill. Berlin, Leipzig: H. Hillger [1907]. (112 S.) 8° [F.]
= **Volksbücher**, Hillgers illustrierte. Bd 74. [07. 16183]

— s.: Geflügelzüchter-Kalender, Leipziger.

— Hühnerzucht in der Stadt. Eine prakt. Anleitg. zur erfolgreichen Zucht auf beschränktem Raume f. Nutz- u. Rassezüchter. Mit zahlreichen Bildern u. Skizzen zu bill., leicht ausführbaren Stallanlagen. (44 S.) 8. Leipzig (908). Chemnitz, Verlag der Geflügel-Welt. 1. —

— s.: Jahrbuch, kleines, f. praktische Geflügelzüchter.

— Der Kanarienvogel, s.: Hillger's, Herm., illustrierte Volksbücher.

— der Kanarienvogel, s.: Miniatur-Bibliothek.

Wulf, A: Der Kanarienvogel als Hausfreund der deutschen Familie. Berlin (1908)

— Die Kaninchenzucht, s.: Grethlein's praktische Hausbibliothek.

— die Kaninchenzucht, s.: Miniatur-Bibliothek.

— Molkerei, s.: Miniatur-Bibliothek.

— Der Praktiker in der Geflügelzucht. Leichtverständliche Anleitg. zur Selbstanfertigg. aller erforderl. Geräte, Stallgn. usw. f. die Geflügelzucht. (112 S. m. 167 Abbildgn.) 8. Leipzig (909). [Dr. F. Poppe.] Chemnitz, Verlag d. Geflügel-Welt. 2. —

— Ratschläge u. Ausführungsskizzen f. den Bau von Geflügel- u. Kaninchenställen. Enth. Angaben üb. die äußere Anlage u. die innere Einrichtg., sowie die Erläuterg. der Selbstanfertigg. vieler Hühnerhäuser, Enten- u. Gänseställe, der Taubenschläge u. Kaninchenkäfige nebst Bauplänen. (108 S.) 8. Leipzig 908. A. Michaelis. 1. —

— Taschenbuch der Rassegeflügelzucht, s.: Kramer.

— die Taubenzucht, s.: Miniatur-Bibliothek.

— Wirtschaftsgeflügelzucht, s.: Miniatur-Bibliothek.

— unsere in- u. ausländischen Zimmervögel, s.a. Grethleins prakt. Hausbibliothek.

Wulf, A: Unsere in- und ausländischen Zimmervögel . . . Leipzig (1904)

Wulf, Biner, aus Bredstedt, Assistenzarzt am Anscharkrankenhaus in Kiel: Über die Dimensionen des Bogengangssystems bei den Wirbelthieren. *Leipzig: Veit & Co. 1901.* (19 S.) 8° ¶(Aus: Archiv f. Anat. u. Physiol., 1901, Anat. Abth.)
Kiel, Med. Diss. v. [21. Febr.] 1901

Wulf, C., Die Gefängnisse der Justizverwaltung in Preussen, ihre Einrichtung u. Verwaltung. Ein Handbuch f. den prakt. Gebrauch. 2. Aufl. gr. 8. (XII, 656 u. 198 S.) Hamburg, Verlagsanstalt u. Druckerei. 1900
16. — ; geb. in Halbfrz. 18. 50.

Wulf, Harro, de fabellis cum collegii septem sapientium memoria coniunctis quaestiones criticae, s.a. Dissertationes philologicae Halenses, XIII, 3.

Wulf, Harro [Slesvigo-Holsatus]: De fabellis cum collegii septem sapientium memoria coniunctis quaestiones criticae ... [Erschien vollst. in: Dissert. philol. Halenses, vol. XIII.] Halis Sax., form. descr. E. Karras, 1896; 1 Bl., 32 S., 1 Bl. 8.
Halle, Phil. Fak., Inaug.-Diss. v. [20. Aug.] 1896

Wulf, Heinrich [aus Sassendorf bei Soest]: Beitrag zur Petrographie des Hererolandes in Südwest-Afrika . . . Wien. Alfred Hölder, k. k. Hof- u. Univ.-Buchdr., 1887; 1 Bl. + 47 S. 8°
Leipzig, Phil. Fak., Inaug.-Diss. v. 8. März 1887.

Wulf, J., s. Augustin, der heil., Unterweisung zum Gebet. — v. Bommel, C., über die Freiheit des öffentlichen Unterrichtes.

Wulf, J., der Geist Christi, s. Geist, der, Christi.

Wulf, (J.), das segensreiche Wirken der barmherz. Schwestern. Nebst Vorbericht über Ursprung, Einrichtung u. Verbreitung ihrer Genossenschaften, insbesondere der vom seligen Clemens August, Erzbischofe v. Köln, gestifteten Genossenschaft im Bisthume Münster. 2. Aufl. 8. (127 S.) Münster 849, Theissing. 6 ngr

Wulf, das segensreiche Wirken der barmherzigen Schwestern. Nebst Vorbericht über Ursprung, Einrichtung und Verbreitung ihrer Genossenschaften, insbesondere der vom sel. Clemens August, Erzbischofe von Köln, gestifteten Genossenschaft im Bisthume Münster. 2. Aufl. 8. (127 S.) Münster 851, Theissingsche Buchh.

Wulf, J. E., Grundsätze aus d. Seligkeitslehre der römisch-kathol. Kirche. Eine Versöhnungsschrift. Mit Rücksicht auf den „Verdammungsstreit" in den oldenb. „Neuen Blättern." Nebst e. Blumenlese aus der Seligkeitslehre Luthers. gr. 8. (6½ B.) Vechta 845. (Bremen, Kaiser.) *

Wulf, J. E., Kreuzweg-Andacht für öffentlichen und Privat-Gebrauch, nebst Vorbemerkungen. 16. (40 S.) Münster 876, Theissing'sche Buchh. *

Wulf, J. E., Kreuzweg-Andacht f. öffentlichen u. Privat-Gebrauch, nebst Vorbemerkgn. 4. Aufl. gr. 16. (40 S.) Münster 886. Theissing. n. — 20

Wulf, J. E. Sanct Willehad, Apostel der Sachsen u. Friesen an der deutschen Nordseeküste u. erster Bischof v. Bremen. Zum 11hundertjahr-Gedächtnis an St. Willehads Tod zu Blexen im oldenburg. Butjadingen 789 Novbr. 8. gr. 8. (X, XIV, 100 S. m. 1 Abbildg.) Bresl. 889, Müller u. Seiffert. * — 80

Wulf, J. H., Raumlehre f. Volks- u. Mittelschulen, sow. f. Präparandenanst. Ausg. A f. Lehrer. gr. 8. (IV, 86 S. m. Fig.) Braunschweig 899. H. Wollermann. Kart. n. 1. 50

— dasselbe. Ausg. B für Schüler. gr. 8. (IV, 72 S. m. Fig.) Ebd. 899. n. — 80

Wulf, Marg., s. S t e i n , A.

Wulf, Max v., über Heilige u. Heiligenverehrung in den ersten christlichen Jahrhunderten. Ein religionsgeschichtl. Versuch. (VIII, 577 S.) 8. Leipzig 910. F. Eckardt. 6.—; geb. 8. —

von Wulf, Max [aus Livland]: Die husitische W a g e n b u r g . . . Berlin, Buchdr. v. Gustav Schade (Otto Francke) (1899); 62 S. + 1 Bl. 8°
Berlin, Phil. Fak., Inaug.-Diss. v. 12. Jul. 1889.

Wulf, Moissey, a. Odessa (Rußland): Der Intelligenzdefekt bei chronischem Alkoholismus. Berlin (1905): W. Pilz. (107 S.) 8°
Berlin, Med. Fak., Ref. Ziehen, Diss. v. 27. Febr. 1905
[Geb. 27. Apr. 78 Odessa; Heimatsort: Odessa; Staatsangeh.: Rußland; Vorbildung: Richelieugymn. Odessa Reife Juni 98; Studium: Berlin 9 S.; Rig. 24. Febr. 05.]

Wulf, Otto, a. Altona, Ref. in Hamburg: Die Nichtigkeitserklärung einer Aktien-Gesellschaft nach dem neuen Handelsgesetzbuch. Borna-Leipzig 1900: R. Noske. (IX, 52 S.) 8°
Erlangen, Jur. Fak., Ref. Sehling, Diss. v. 10. Jan. 1906
[Geb. 24. Dez. 78 Altona; Wohnort: Altona; Staatsangeh.: Preußen; Vorbildung: Gymn. Hamburg Reife O. 98; Studium: München, Leipzig, Berlin Rig. 23. Okt. 05.]

Wulf, Paul (geb. Lenzen 6. 9. 1861): Beiträge zur Kenntniss de fractionirten Destillation. Berlin (1885). (51 S.) 8°
Berlin, Phil. Diss. v. 26. Juni 1885

Wulf, Paul, Beiträge zur Kenntniss der fractionirten Destillation. gr. 8. (51 S.) Berlin 885. (Mayer & Müller.) n. 1. 20

Wulf, Paul [app. Arzt aus Horst i. H.]: Aus d. patholog. Institute zu Kiel. Entstehung der Dickdarmkrebse aus Darmpolypen ... Kiel, Druck v. L. Handorff, 1892; 13 S., 1 Bl. 8.
Kiel, Med. Fak., Inaug.-Diss. v. [illegible] März [illegible]

Wulf, S., Versuch über Verbrechen und Strafen. 8. Leipzig, Cnobloch. 818.

Chronik des Elisabethstifts zu der am 15. Oktober 1901 stattfindenden Jubelfeier seines fünfzigjährigen Bestehens. Von Th. **Wulf,** Hausvater d. Elisabethstifts Zachan. *Stargard i. P. 1901: O. Straube.* (16 S.) 8°
[F. u. Ant.] [01. 10427 9

Wulf, Thdr., S. J., Beobachtgn. an geschlossenen Clark-schen Normalelementen. [Aus: „Sitzungsber. d. k. Akad. d. Wiss."] gr. 8. (18 S. m. 6 Fig.) Wien 897. (C. Gerold's Sohn.) n. — 60

— üb. die Bestimmung der Frequenz v. Wechselströmen. [Aus: „Sitzungsber. d. k. Akad. d. Wiss."] Lex.-8. (4 S.) Ebd. 895. n. — 20

— üb. Rückstandsbildung u. Oscillationen bei verschied. Condensatoren. [Aus: „Sitzungsber. d. k. Akad. d. Wiss."] gr. 8. (28 S. m. 2 Fig. u. 2 Taf.) Ebd. 896. n. — 80

Wulf, Wold. v., Vorschriften f. freiwillige Wehren des flachen Landes im Gouvernement Livland (Rußland). 8. (IV, 81 S.) München 895. Ph. L. Jung. n. 1. 50

Wülfel, Eisenwerk: K a t a l o g über Transmissionen. Hannover 1893.

Wulfen [Schlagwort]

Wulfen, s.: Preussen. Messtischblätter.

Wulfen [Verf.]

W u l f e n , C. von: „Ueber die Taxen der Guths-Inventarien bei der Annahme und Zurückgabe der Landgüther", Potsdam 1830 (Horvath).

W u l f e n , E. von: „Versuch einer Theorie über das Verhältniss der Erndten zu dem Vermögen und der Kraft des Bodens und dessen Bereicherung und Erschöpfung", Berlin 1815 (Reimer).

Wulfen, Franz Xaver Frhr. von

v. Wulffen, Frhr. Frz. Xav., († d. 17. März 1805.) Abhandlung vom Kärnthnerischen Bleispathe, mit 21 ill. Kpft. gr. 4. Wien 785. Kraus. 10 ℛ Dass., ohne d. Kpf. gr. 4. Leipz. 785. (W Nauck). 1 ℛ 16 ℊ

— — dasselbe ohne die Kupfer. gr. 4. Lpz. Sommer. 785.

— Abhandlung v. Kärnthenschen pfauenschweifigen H e l m i n t h o l i t h, od. d. sogenannten opalisirenden Muschelmarmor, m. 32 illum. K. nebst d. Grundr. d. Gebirges. gr. 4. Nürnb. Bischoff. (Palm in Erlangen.) 793. (1ste Lief. 2 Rthlr. 2te 16 gr. 3te 2 Rthlr. 4te 8 Rthlr.)

— Abhandl. von Kärnthenschen pfauenschweifigen Helmintholith, oder d. sogenannten opalisirenden Muschelmarmor, mit 32 ill. Kpf. nach den Grundriß des Gebirges. gr. 4. Nürnb. 790. Mit n. Titel Erlang. 793. 2e—4e Lief. Ebd. 795—99. (Palm). 12 ℛ 16 ℊ

— C r y p t o g a m a aquatica, c. tab. aen. 4. Lips. Schäfer. (Kühn.) 803.

— Descriptiones quorundam Capensium Insectorum. Mit 2 ill. Kpf. 4maj. Erlang. 786. (Heyder). 1 ℛ 8 ℊ

— descriptiones quorundam Capensium I n s e c t o r u m c. tab. aen. ad naturam pictis. 4. maj. Erlang. Walther. 786.

— P l a n t a r u m rarior. descriptiones. 4. Lipsiae, Schäfer. (Kühn.) 805.

Wulfen's, Frz. Xav. Frhrn. v., Flora norica phanerogama. Im Auftrage des zoologisch-botan. Vereines in Wien hrsg. von Ed. Fenzl und Rainer Graf. Lex.-8. (XIV und 816 S.) Wien 858, Gerold's Sohn. *

— tractatus de minera plumbi spatosa carinthiaca ex german. transtulit J. Eyerel. C. fig, 4maj. Wien 791. Degen 10 ℛ

Wulfer, Georg Andreas (Nürnberg) A. S. 351/14

Dissertatio inauguralis juridica, de metu potentiae. Altdorf (Meyer) 1. XI. 1712. 32 S.
37317

Wulfer, Georg Friedrich: De C a r o l o Bellicoso . . . , s.a. F a b e r , Samuel

Wulfer, Georg Friedrich (Nürnberg) A. S. 334/7

Dissertatio altera de Carolo bellicoso ultimo Burgundiae duce. Präs. Johann David Koeler. Altdorf (Meyer) II. 1713. 39 S. 37318

Wulfer, Gottfried (Plauen) A. S. 810/38

Disputatio iuridica de testamento solenni.
Präs. Jo. Friedrich Scharf.
Wittenberg (Kreusig) 5. XII. 1702. 12 Bl.
37319

Wülfer, Georg Andreas (Nürnberg) A. S. 839/36

Collegii disputatorii quo institutionum imperialium paraphrasis paratitlaris ... committitur, exercitium III. continens lib. III. tit. XXIII. XXIV. XXV. XXVI. et XXVII. Präs. Felix Spitz.
Altdorf (Meyer) IV. 1708. S. 553 - 592.

Gew.: Andreas Ingolstaetter. 37296

Wülfer, Jh., Hellas an d. Deutschen. Ein Jammergeschrei um Hülfe, in griechischen Hexametern, jungen Deutschen, Freunden d. hellenischen Literatur, mitgetheilt von Jh. Adm. Göz. gr. 8. Nürnb. 822. Monath u. K. 7 Gr.

— Dass., aus d. Griech. 8. Amberg 826. Müller. (Magaz. für Ind. in Leipz.) 4 Gr.

Wulferdingen, s. a. Hugo.

WULFERDINGEN, Hugo von, oder die Zerstörung der Teufelsburg. Eine Rittergeschichte aus den Zeiten der Kreuzzüge vom Verfasser Veits von Helmenrodt etc. Mannheim 1825. 8⁰. (1 Mk. 50 Pfg. Frz. Teubner. Bonn. c. 1895.)

Wulfert: Beiträge zur Geschichte des Wortes Vernunft. 24 S. Kreuznach, Progr. 1865.

Wulfert: Ueber Glauben und Wissen. 12 S. – Progr. Cleve 1859.

Wulfert, A., Rückkehr ins Vaterland. 8. (Abo 819. Meyer). 3 Gr.

Wulfert, F., s.: **Archiv, sächsisches, f. bürgerl. Recht.**

— Generalregister, s.: **Annalen des kgl. sächs. Ober-Landes-Gerichts zu Dresden.**

— bürgerl. Gesetzbuch f. das Deutsche Reich, s.: **Tränkner, H.**

— das königl. sächsische Oberlandesgericht vom 1. X. 1879 bis zum 1. X. 1904. (S. 397—489.) Lex.-8. Leipzig 905. Roßberg'sche Verlagsbuchh. n. 2. —
Sonderabdruck aus: „Sächs. Archiv f. deut. bürgerl. Recht".

Wulfert, G. Die Universalmonarchie des Mittelalters u. das neue deutsche Reich. (Festrede zu Königsgeburtstag.) S. 15—20.
Progr. *Creuznach* 1882.

Wulfert, G. Zur Würdigung des Zoilus mit dem Beinamen *Ὁμηρομάστιξ.* 13 S. **Progr.** *Creuznach* 1882.

Wulfert, G., Zur Würdigung des Zoilus mit dem Beinamen *Ὁμηρομάστιξ.* Pr. 1882. 21 S. 4°. 2.—

Wulfert G(ustavus): • De christianismo Plotini. 10 Bl. 4° (2°)
Halle-Wittenberg, Phil. Diss. v. 25. Okt. 1846
Geb. Hemer (Kr. Iserlohn) 2. 10. 1823. V.

Wulfert, Gust., Das gelehrte Schulwesen Kreuznachs in geschichtlichen Umrissen. Kreuznach 1869. 8⁰ (4⁰).
Kreuznach, Kgl. Gymnas., P. (1869).

***Wulfert*, J., commentatio exhib. censuram rationum variarum, quibus argumentatio physico-theologica temporibus nostris impugnata est etc. 4maj. Götting. 817. Dieterich. 4 Gr.**

Wulfert, Jac[ob], aus Troisdorf: Die Embryonalentwicklung von Gonothyraea loveni Allm. Mit 3 Taf. Leipzig: W. Engelmann 1902. (34 S.) 8⁰
(Aus: Zeitschrift f. wiss. Zool., Bd 71, H. 2.)
Rostock, Phil. Diss. v. [2. Aug.] 1901.

Wülfert, Handbuch f. d. selbstständigen Reiter (Jäger zu Pferd, Meldereiter, Patrouillenführer ꝛc.), an d. Hand d. einschläg. Vorschriften zusammengest. gr. 16. (86 S. m. z. Tl. farb. Fig., 2 Taf. u. 1 Tab.) Nürnberg 897. (Bamberg, Schmidt.) Kart. n.n. — 70

Wulfes, E., Spruchbuch f. den Religions-Unterricht. gr. 16. (22 S.) Emden **876**. Haynel. n. — 10

Wulfes, E. C. L. G. De litterarum inventione. Diss. Rostock 1870. 15 S.

Wulfes, Ernst, allein durch Glauben. Volks-Schauspiel in 5 Aufzügen. (62 S.) 8. Bad Lauterberg 902. C. Mittag's Nachf. n. 1. 20; geb. n. 2. —

Wulfes, Wilhelmine. Der sichere Taillenschnitt durch Selbstunterricht od. die Kunst des Musterzeichnens f. jeden Wuchs, in leichtester Methode durch Linien abzählen auf e. Tabelle als Vorlage bearb. u. hrsg. f. Schule u. Haus. gr. 8. (17 S. m. 6 Fig.-Taf. u. 1 Schnittbog.) Hannov. 892, (Warnecke). * 1 60

Wulff, über die Einrichtung d. amerikan. Mühlen ꝛc., s. Ganzel.

Wulff, die Geistesschwachen, ihre Behandlung u. Pflege. Ein Beitrag zur Orientierg. f. den prakt. Arzt. gr. 8. (15 S.) Leipzig 899. H. Hartung & Sohn. n. — 60

Wulff, die Krankenkasse im Herzogt. Oldenburg in den J. 1900—1902. Nach offiz. Quellen zusammengestellt (46 S.) 8. Oldenburg 904. (A. Littmann). n. — 75

— s.: Kurpfuscherei- u. Geheimmittelunwesen, das, im Herzogt. Oldenburg.

— die Wirkung des Bromipin, zugleich e. Beitrag in Bezug auf die Seekrankheit. gr. 8. (12 S.) Ebd. 899. n. — 60
Sonderabdruck aus: „Aerztl. Monatschr."

Wulff, A., Quaestiones in Xenophontis de republica Lacedaemoniorum libello institutae. Diss. 1884. 64 S. 1.25

Wulff, Alb., die Börsengesetznovelle. Kritische Bemerkgn. u. Vorschläge. (46 S.) gr. 8. Hamburg 905. O. Meissner's Verl. n. 1. —

Wulff, Alb. Hamburgische Gesetze u. Verordnungen. Systematisch geordnete Zusammenstellung m. kurzen Anmerkgn. u. e. Sachregister. 2 Bde. gr. 8. (XII, 592 S. m. 1 Karte; VI, 575 S.) Hamb. 889—91, Oberstedt u. Schering. * 27 —; geb. in Halbfrz. * 33 —
Die Ausgabe erfolgte in 18 Lfgn. à * 1 50.

Wulff, Alb., hamburgische Gesetze u. Verordnungen. Systemat. geordn. Zusammenstellg. m. Anmerkgn. 8. Bd. Hrsg. v. Alb. Wulff u. Mart. Leo. gr. 8. (III, VII, 876 S.) Hamburg 896. O. Meißner. n. 10. —; geb. in Halbfrz. n. 12. 50

— dasselbe. 8. Bd. Nachtrag. gr. 8. (29 S.) Ebd. 897. n. — 80 (1.—8. m. Nachtrag zu 8.: n. 87. 80; geb. n.n. 46. 30)

Wulff, Alb., hamburgische Gesetze u. Verordnungen. Systematisch geordnete Zusammenstellg. m. Anmerkgn. 2. Aufl., bearb. v. Ed. Kannengießer, Mart. Leo, A. Nöldeke, Alb. Wulff. 1. Bd. gr. 8. (XII, 662 S.) Hamburg 902. O. Meißner's Verl. n. 16. —; geb. in Halbfrz. n. 18. —

— hamburgische Gesetze u. Verordnungen. Systematisch geordnete Zusammenstellg. m. Anmerkgn. 2. Aufl., bearb. v. Ed. Kannengießer, Mart. Leo, A. Nöldeke, Alb. Wulff. II.—IV. Bd. gr. 8. Ebd. 903. n. 35. —; geb. n. 43. —

II. (XI, 560 S.) 903. n. 12. —; geb. n. 15. —
III. (VIII, 595 S.) 903. 904. n. 14. —; geb. n. 17. —
IV. (Ergänzungsbd.) (X, 371 S.) 904. n. 8. —; geb. n. 11. —

Wulff, Albert *Siegfried* [Rechtsanw. aus Hamburg]: Das Vollindossament zu Inkassozwecken . . . [Erschien vollst. 1892.] Hamburg. Buchdr. v. H. O. Persiehl. 1891; 2 Bl., 64 S., 1 Bl. 8⁰

Breslau, Jur. Fak., Inaug.-Diss. v. 28. Nov. 1891.

—— Das Vollindossament zu Inkassozwecken. gr. 8. (VIII, 111 S.) Berl. 892, C. Heymann. * 2 60

Wulff, C., Dienstanweisung f. Stations-, Nacht- u. Arbeits-Aufseher. [Aus: „W., die Gefängnisse d. Justizverwaltg. in Preußen".] gr. 8. (25 S.) Hamburg 890. Verlagsanstalt u. Druckerei. n. — 40

Wulff, C., der Kontrollverein. (Umschlag: Der Rindviehkontrollverein.) Ein Handbuch f. Mitglieder der Kontrollvereine sowie f. Kontrollbeamte. (VII, 152 S. m. Abb. u. 4 Tab.) Lex. 8. Leipzig 907. F. Hugershoff. 5.—; geb. n 6. 50

— Das Melken, s.: Petersen, J.

Mitteilungen über Kontrollvereine in Schleswig-Holstein. Im Auftr. d. Vorst. d. Landwirtschaftskammer bearb. von C. Wulf [f] (Wulff) in Kiel. Kiel 1905: Schmidt & Henkel. (26 S.) 8° [J.]
— Arbeiten d. Landwirtschaftskammer f. d. Prov. Schleswig-Holstein. H. 10. [05. 14890

Mitteilungen über Rindvieh-Kontrollvereine in der Provinz Schleswig-Holstein. Zsgest. von C. Wulff, Geschäftsführer. Kiel 1904: L. Handorff. (58 S.) 4°
— Arbeiten d. Landwirtschaftskammer f. d. Prov. Schleswig-Holstein. H. 9. [05. 14889

Ueber Viehzucht und Milchwirtschaft in Dänemark. Von C. Wulff, Geschäftsführer. Kiel 1905: Vollbehr & Riepen. (43 S.) 8⁰

(Arbeiten d. Landwirtschaftskammer f. d. Prov. Schleswig-Holstein. H. 8.)

Wulff, Carl, s. Wulff, Karl

Wulff, Caspar Wilhelm, s. Wulff, Kaspar Wilhelm

Wulff, Constantin, s. Wulff, Konstantin

Wulff, C. L., die deutschen Gewerkvereine und die Baare'sche Denkschrift, s. Hirsch, Max.

Wulff, Eberhard

—— vollständige Anleitung zur Construction massiver Brücken, Durchlässe und Unterführungen bis zu 40 Fuß Spannweite mit besond. Rücksicht auf den Eisenbahnbau. Für Bautechniker, Bauunternehmer und Bauhandwerker. Zugleich Vorschule zum höheren Brückenbau. gr. 4. (III, 28 S. mit 7 lithogr. Taf. mit 127 Fig.) Leipzig 869, Seemann. [Gerhardt.] *

Wulff, Eb., das Eisenbahn-Empfangs-Gebäude nach seinen praktischen Anforderungen und seiner künstlerischen Bedeutung. An den Bauausführungen der Rhein. Eisenbahn erläutert. gr. 4. (VIII, 58 S. mit 8 Stnt. in qu. gr. Fol.) Leipzig 881, Scholtze. *

Wulff, E.: Das Eisenbahn-Empfangs-Gebäude nach seinen praktischen Anforderungen und seiner künstlerischen Bedeutung. Leipzig 1882

Wulff, Eberh., architektonische Harmonielehre in ihren Grundzügen dargestellt. Fol. (36 S. mit 11 Kpfrt.) Wien 874, v. Waldheim. *

Wulff, Erich: Aus d. Chir. Univ.-Klinik zu Königsberg i. P. Zur operativen Behandlung der Aneurysmen nach dem Verfahren von Mikulicz. Königsberg i. P. 1910: Hartung. 26 S. 8⁰

Königsberg, Med. Diss. v. 25. Juli 1910, Ref. Lexer.

[Geb. 25. März 87 Petersburg; Wohnort: Reval; Staatsangeh.: Rußland; Vorbildung: Gymn. Reval Reife M. 05; Studium: Königsberg 7, Freiburg i. B. 1, Königsberg 2 S.; Rig. 22. Juli 10.] [U 10.2590

Wulff, Ernst [aus Hamburg]: Einige Derivate der Cinnamylidenmalonsäure ... Hamburg, Druck v. G. J. Herbst, 1896; 35 S., 2 Bl. 8.

Kiel, Phil. Fak., Inaug.-Diss. v. [22. Juli] 1896

Wulff, Ernst, approb. Arzt: Über einen Fall von sensorischer Aphasie. Greifswald 1902: J. Abel. (26 S.) 8⁰

Greifswald, Med. Diss. v. 5. Apr. 1902.

Wulff, Ernst Ludw., Gedichte. 12. (73 S.) Wismar (901). Willgeroth & Menzel. n. 1. 20

Ⓑ Wulff, Ernst Ludw., Gedichte. 901. [illegible] M. Hansen.

Wulff, F. G. A., De primo inter Romanos et Carthaginienses foedere. Pr. 1842. 20 S. 4°. Γ20

Dass., s.a. Wulff, Wilhelm

Wulff's, Friedr., schriftlicher Nachlaß. gr. 8. (IV und 48 S.) Hamburg 849, Agentur des Rauhen Hauses. *

Wulff, Friedrich. Schriftlicher Nachlass. Hamb. 1849. 2. Aufl. 1854. II: *Stöter, Ferdinand.* (schr VIII, 183)

Wulff's, Friedr., schriftlicher Nachlaß. 2., unveränd. Aufl. 16. (X und 69 S.) Hamburg 854, Agentur des Rauhen Hauses. *

Wulff, Friedrich. Vergleichende Untersuchungen mit rohem und mit getrocknetem Rauschbrandvirus. Diss. Vet.-Med. Bern. (Sonderabdruck aus der Zeitschrift für Tiermedizin 1909.) 31 S. 8. Jena, Gustav Fischer, 1909.

Wulff, Friedrich Behrend Jakob

Wulff, F. B. J., Verzeichniß der im Schleswig-Holsteinischen Amtsexamen bestandenen Theologen, nebst einigen Angaben, das Leben und die Beförderung derselben betreffend. gr. 4. Kiel 844, Schwers'sche Buchh. n. 1 ₰

—— dass. Nachtrag. (Enthalt. die Jahre 1844—1847.) gr. 4. Ebds. 847. *

Wulff, Fr. Wilib., Belladonnen. Novellen. 8. (191 S.) Hamburg 874. Richter. 2. 40

Wulff, Friedr. Wilib., am Fichtelgebirge. Bilder u. Skizzen in 3 Erzählungen. Hamburg 865. Kittler. 8. (III, 143 S.) 18 ngr.

Wulff, Friedr. Willibald, im Frühling. Gedichte. 856. (IV, 72 S.) — 2. verm. Aufl. Altona 857. Verlagsbureau. 16. (VIII, 190 S. u. 1 Lithogr.) 24 ngr.

— der Haidehof, s.a. Bibliothek interessanter Erzählgn.

Wulff, F. W.: Der Heidehof, s.a. Erzählungen aus Heimat u. Ferne.

Wulff, Fr. Willib., der Heidehof. Eine Erzählg. (112 S.) 8. Mülheim a/R. (905). J. Bagel. -- 30

—— mit dem Tode gesühnt, s.a. Bibliothek interessanter Erzählungen.

— Mit dem Tode gesühnt, s.a. Erzählungen aus Heimat u. Ferne.

Wulff, F. W., m. d. Tode gesühnt. — Insubordination v. R. Müldener. gr. 8. (109 S.) Mülheim a/R. 896. J. Bagel. 1. —

— mit dem Tode gesühnt. — **Müldener**, R., Insubordination. — **Hirschberg-Jura**, Rud., der tote Liebhaber. Kriminal-Roman aus der Theaterwelt. (Umschlag: Hirschberg-Jura, Rud., u. F. W. Wulff, wer sind die Täter? Kriminal-Novellen.) (109 u. 136 S.) 8. Ebd. (904). — 60

Wulff, Frdr. Wilib., Novellen. 1. Bd. Dresden 864. Kuntze. 8. (3 Bl., 302 S.) 1 Thlr

— poetische Schriften, s. Wilibald.

— im Sonnenschein. Gedichte. Hamburg 865. Kittler. 16. (2 Bl., 80 S.) 15 ngr.

—— am Strande, s. Reisebibliothek, Hamburger.

— u. Frdr. **Friederich**, treu bis in den Tod. 2 Erzählgn. (Der Heidehof v. W. — Im falschen Verdacht v. F.) (112 u. 127 S.) 8. Ebd. (905). — 60

— Venezia. Sonette. gr. 16. (45 S.) Hamburg 873. O. Meißner. n. 1. 20

Wulff's, F. W., poetische Werke, s. Wilibald, W.

Wulff, Gottlieb, aus Wickede-Asseln: Über die Ermüdung der Nervenendorgane und des Muskels. *Leipzig* **1896** *[eigtl. 1901/02]: M. Hoffmann.* (20 S.) 8°
Würzburg, Med. Diss. v. 1896

Wulff, H. F., Heil Dir, Germania! Anfangs- u. Schlußchor kompon. v. Arnold Krug, op. 79 (z. 9. Dtsch. Turnf. in Hamburg 1898), Hamburg 1898, 4°.

Wulff, Heinrich

Norddeutsche Bank in Hamburg. 1856–1906. Verf. von Henry **Wulff**. (Berlin: Eckstein [1906].) (39 S.) 4° [F.] 1o6. 11039

Wulff, H., [Denkschrift zum 50jährigen Bestehen der] Norddeutschen Bank in Hamburg: 1856–1906. Berlin, 1906. 39 S. mit Abb.

Wulff, Heinrich, 1. Beigeordneter d. Stadt Mülheim a. Rh., Gerichtsass. a. D.: Über die verschiedenen **Rechtsformen** der Aufbewahrung fremder Wertpapiere ("Depots"), mit Rücksicht auf das sogen. Depot-Gesetz (Gesetz, betreffend die Pflichten der Kaufleute bei Aufbewahrung fremder Wertpapiere, vom 5. Juli 1896). *Köln: Kölner Verlags-Anst. u. Druckerei 1899.* (81 S.) 8° [F.]
Tübingen, Jur. Diss. v. 1899

Wulff, Heinr., über Tracheotomie bei Croup. Ein Beitrag aus der chirurgischen Universitats-Klinik zu Dorpat. Inaug.-Dissert. Dorpat 862. (Glaser.) gr. 8. (85 S.) n. 15 ngr.

Wulff, J., Quaestiones Accianae. Diss. 1875. 50 S.

Herzenserguss am feierlichen Krönungstage Ihrer Königl. Majestäten Christian VIII. und Caroline Amalie am 28. Juni 1840. Dem allgeliebten Herrscher-Paare von Dänemark ehrfurchtsvoll gewidmet von den Brüdern der ▭ Carl zum Felsen i. O. von Altona. [Verf. von] J. M. **Wulff.** [Altona 1840: Hammerich & Lesser.] 2 Bl. 4⁰ [Umschlagtit.]
Gedicht: „Dir, der in Ehrfurcht sich beugt vor dem Strahlenglanze im Osten, . . ."

Christian VIII., König von Dänemark: **Lieder** gesungen bei der höchsterfreulichen Anwesenheit des Hochw. General-Grossmeisters Sr. Königl. Hoheit des Kronprinzen Christian Friedrich in der ▭ C[arl] z[um] F[elsen] zu Altona von J. M. **Wulff.** [Altona] o. J.: [Hammerich & Lesser]. 4 Bl. 8⁰
3 Lieder ohne Noten. — Üb. König Christian VIII. s. Allgemeine Deutsche Biographie Bd 4 1876 S. 195—205 (Lorentzen).

Lieder, gesungen von den Brrn. der ▭ Carl zum Felsen [in Altona] am feierlichen Krönungstage unsers allergn. Königs und General-Grossmeisters Christian VIII. und der hochverehrtesten, allgeliebtesten Bundes-Schwester Caroline Amalie, Königinn v. Dänemark. [Verf. von] **J. M. Wulff.** [Altona 1840: Hammerich & Lesser.] 2 Bl. 4⁰ [Umschlagtit.]
3 Lieder ohne Noten.

Die Bezauberung auf dem Blocksberg (v. Jens **Wulff**) Romanze. In's Buch des Brockenhauses eingetragen. Husum. o. J. (vor 1848) 4 Bl. 8⁰

Wulff, Jh. Cph., († d. 19. Febr. 1767.) Flora Borussica denuo efflorescens auctior. C. fig. 8maj. Königsb. 765. (Unzer). 12 gr.

— Ichthyologia cum Amphibiis regni borussici 305 methodo Linnéana. 8maj. Königsb. 765. Kanter. 5 gr.

Wulff, Jos., der lateinische Anfangs-Unterricht im Frankfurter Lehrplan. gr. 8. (42 S.) Frankfurt a/M. 902. Kesselring. n. — 80

— E. **Bruhn** u. R. **Preiser**, Aufgaben zum Uebersetzen ins Lateinische (Frankfurter Lehrplan). 3 Tle. u. Wörterverzeichnis zum 2. u. 3. Tl. 8. Berlin, Weidmann. Geb. n. 8. —

1. Aufgaben zum Uebersetzen ins Lateinische f. den Anfangsunterricht nach dem Frankfurter Lehrplan (Untertertia) v. W. 5. unveränd. Aufl. (XVI, 92 S.) (906.) Geb. n. 1. 40
2. Aufgaben f. die Obertertia u. Untersekunda der Realgymnasien. 2. Aufl. (IX, 201 S.) 906. Geb. n. 2. 20; Wörterverzeichnis v. E. Bruhn. (68 S.) 906. Geb. n. 1. —
3. Aufgaben f. die Sekunda der Gymnasien u. die oberen Klassen der Realgymnasien v. B. u. P. (VIII, 207 S.) 905. Geb. 2. 20; Wörterverzeichnis. (96 S.) 905. Geb. n. 1. 20

— E. Bruhn u. R. Preiser, Aufgaben zum Übersetzen ins Lateinische (Frankfurter Lehrplan). 1. u. 3. Tl. 8. Ebd. Geb. 3. 80

1. Aufgaben zum Übersetzen ins Lateinische f. den Anfangsunterricht nach dem Frankfurter Lehrplan (Untertertia). Von J. Wulff. 6. Aufl., besorgt v. J. Schmedes. (XV, 92 S.) 908. Geb. 1. 40
3. Aufgaben zum Übersetzen ins Lateinische (Frankfurter Lehrplan) f. die Sekunda der Gymnasien u. die oberen Klassen der Realgymnasien. Von E. Bruhn u. R. Preiser. 2. Aufl. (X, 215 S.) 908. Geb. 2. 40

Aufgaben zum Übersetzen ins Lateinische ⟨Frankfurter Lehrplan⟩ von Dr. J[osef] Wulff, weil. Prof., Dr. E[wald] Bruhn, Dir., u. Dr. R[ichard] Preiser, Oberl. zu Frankfurt a. M. T. 1. Ausg. B. Berlin: Weidmann 1907. 8° [F.] [07. 14538

Wulff, J., E. Bruhn u. R. Preiser, Aufgaben zum Übersetzen ins Lateinische (Frankfurter Lehrplan). Ausg. B. 1. u. 2. Tl. nebst Wörterverzeichnis. Berlin 910. Weidmann. Geb. in Leinw. 5. —

1. Übersetzen ins Lateinische f. den Anfangsunterricht nach dem Frankfurter Lehrplan (Untertertia). Ausg. B, besorgt v. J. Schmedes. 3. Aufl. (VIII, 94 S.) 910. Geb. in Leinw. 1.40; Wörterverzeichnis. 2. Aufl. (30 S.) 909. — 40
2. Aufgaben zum Übersetzen ins Lateinische (Frankfurter Lehrplan) f. die Obertertia der Gymnasien bezw. Obertertia u. Untersekunda der Realgymnasien. Von J. Wulff u. E. Bruhn. Ausg. B, besorgt v. J. Schmedes. (VII, 187 S.) 908. Geb. 2.20; Wörterverzeichnis v. E. Bruhn. 2. Aufl. (68 S.) 910. Geb. 1. —

Wulff, J., lateinisches Lesebuch f. den Anfangsunterr. reiferer Schüler, nach Perthes' latein. Lesebüchern bearb. Hierzu gehört: Wortkunde z. latein. Lesebuche v. Wulff. gr. 8. (XI, 71 u. Wortkunde II, 152 S.) Berlin 895. Weidmann. Geb. in Leinw. n. 3. —

Lateinisches Lesebuch für den Anfangsunterricht reiferer Schüler nach Perthes' lateinischen Lesebüchern bearb. v. Dr. J[oseph] **Wulff**, Prof. . . . zu Frankfurt a/M. 2. Aufl. Hierzu gehört: Wortkunde . . . Berlin: Weidmann 1898. 2 Bde 8°
Leseb. (XII, 75 S.) Wortkunde . . . v. . . . Wulff. (1 Bl., 156 S.)

— **lateinisches Lesebuch** f. den Anfangsunterricht reiferer Schüler nach Perthes' lateinischen Lesebüchern bearb. Nebst Wortkunde. 3. Aufl. 2 Tle. gr. 8. (XII, 75 u. II, 156 S.) Berlin 901. Weidmann. Geb. in Leinw. n. 3. 40

Wulff, Jos., **lateinisches Lesebuch** für den Anfangsunterricht reiferer Schüler, nach Perthes' latein. Lesebüchern bearb. Nebst Wortkunde. 6. unveränd. Aufl. 2 Tle. (XII, 75 u. II, 158 S.) 8. Berlin 906. Weidmann. Geb n. 3. 40

Wulff, J., lateinisches Lesebuch f. den Anfangsunterricht reiferer Schüler, nach Perthes' lateinischen Lesebüchern bearb. Nebst Wortkunde. 8. Aufl., besorgt von J. Schmedes. 2 Tle. (X, 75 u. II, 158 S.) 8. Berlin 910. Weidmann. Geb. in Leinw. 3. 40

Lateinisches Lesebuch für den Anfangsunterricht reiferer Schüler. Nach Perthes' Lat. Lesebüchern bearb. von Dr. J[osef] **Wulff**. Ausg. B, besorgt von Dr. J[ulius] Schmedes. Hierzu gehört: Wortkunde z. Lat. Lesebuch von Wulff, Ausg. B. Berlin: Weidmann 1907. 2 Bde 8° [07. 9315

— dasselbe. Ausg. B, besorgt v. J. Schmedes. Nebst: Wortkunde. 3. Aufl. 2 Tle. (VIII, 68 u. II, 152 S.) 8. Ebd. 910. Geb. in Leinw. 3. 20

— dasselbe. Ausg. C f. höhere Mädchenschulen, besorgt v. J. Schmedes. Nebst Wortkunde. (VIII, 70 u. II, 155 S.) 8. Ebd. 909. Geb. 3. 40

— lateinische Satzlehre, s.: Reinhardt, Karl.

Wulff, J., Übungsbuch zum Übersetzen aus dem Deutschen ins Lateinische, s.: Jahr, K.

Übungsbuch (2: Aufgaben) zum Übersetzen aus dem Deutschen ins Lateinische ⟨Frankfurter Lehrplan⟩ bearb. von Dr. J[osef] **Wulff**, Prof. (2: u. Dr. E[wald] Bruhn, Oberl.). T. [1.] 2. Berlin: Weidmann 1898–1903. 2 Bde 8°
1. Für d. Anfangsunterr. reiferer Schüler. 1898.
2. Für d. Obertertia d. Gymn. bezw. Obertertia u. Untersekunda d. Realgymn. 1903.

Übungsbuch zum Übersetzen aus d. Deutschen ins Lateinische f. d. Anfangsunterr. reiferer Schüler '(Frankfurter Lehrplan)' bearb. v. Dr. J[osef] **Wulff**, Prof. . . . zu Frankfurt a. M. Berlin: Weidmann 1898. (XI, 92 S.) 1 Bd 8°

— Übungsbuch zum Übersetzen aus dem Deutschen ins Lateinische, f. den Anfangsunterricht reiferer Schüler (Frankfurter Lehrplan) bearb. 2. Aufl. gr. 8. (XI, 92 S.) Berlin 901. Weidmann. Geb. in Leinw. n. 1. 40

Wulff, J. Der lateinische Unterricht in Quarta im Zusammenhang mit den Perthesschen Reformvorschlägen. 20 S.
Progr. Must. *Frankfurt a/M.* 1884.

Wulff, Jul., Deutschland, eine constitutionelle Monarchie oder Republik?, s. Republik!

—— republikanischer Katechismus, s. Katechismus.

—— die Natur d. Monarchie und d. Republik, s. Republik!

Wulff, Jul. Vide: Process (Erster politischer).

Wulff, Karl

Wulff, Carl [aus Hoerde]: Beiträge zur Kenntniss der Nucleinbasen . . . Strassburg, K. J. Trübner, 1892; 2 Bl., 43 S. 8°
Berlin, Phil. Fak., Inaug.-Diss. v. 21. Dez. 1892.

Bei den Buren. Erinnerungen e. deutschen Freiwilligen aus d. Burenkriege. Erzählt von Carl **Wulff**, Leutn. a. D. Mit 1 Karte. *Bonn: P. Hanstein 1902.* (95 S.) 8° [02. 4203 5

Wulff, Carl, Gedichte. (242 S. m. Abbildgn.) kl. 8. Breslau 905. Berlin, S. Schottländer's Schles. Verlagsanst. n. 2. 50; geb. n. 3. 50

Wulff, C., die Gefängnisse der Justizverwaltung in Preußen, ihre Einrichtg. u. Verwaltg. Ein Handbuch f. den prakt. Gebrauch. gr. 8. (XXIII, 712 S.) Hamburg 890. Verlagsanstalt u. Druckerei, A.-G. n. 16. —; geb. n. 19. —

Wulff, C., die Gefängnisse d. Justizverwaltg. in Preußen, ihre Einrichtg. u. Verwaltg. Ergänzungsbd. f. d. prakt. Gebrauch. gr. 8. (225 S.) Hamburg 898. Verlagsanstalt u. Druckerei. n. 5. —; geb. in Halbfrz. n.n. 7. — (Hauptwerk u. Ergänzungsbd.: n. 11. —; geb. n.n. 19. 50)

Wulff, C., die Gefängnisse der Justizverwaltung in Preußen, ihre Einrichtung u. Verwaltung. Ein Handbuch f. den prakt. Gebrauch. 2. vollständig umgearb. Aufl. gr. 8. (XII, 656 u. 198 S.) Hamburg 900. Verlagsanstalt u. Druckerei. n. 16. —; geb. in Halbfrz. n.n. 18. 50

Wulff, Karl, neue Märchen u. Erzählungen. (1. Bd.) Mit Farbendr.-Illustr. nach Aquarellen v. Marie Koch. 1. u. 2. durchgeseh. Aufl. gr. 8. (IV, 284 S.) Leipzig 887. 893. O. Drewitz Nachf. Kart. 4. 50

— dasselbe. 2. Bd. Mit reichen Illustr. v. E. Schmidt. 1. Tausd. gr. 8. (IV, 314 S. m. Textillustr. u. Farbendr.) Hannover 894. Steinbicker. Kart. 4. 50

Wulff, Karl, neue Märchen u. Erzählungen. Mit farb. Abbildgn. nach Originalen v. M. Koch. 6. Aufl. gr. 8. (IV, 284 S.) Leipzig (899). O. Drewitz Nachf.
Geb. in Leinw. 3. —

Wulff, Karl, Referendar aus Laer i. Westf.: Das 'arglistige **Verschweigen**' in dem Abschnitte über die Gewährleistung wegen physischer Mängel der Sache beim Kauf. (§§ 459 493 d. Bürgerl. Gesetzbuchs.) *Borna-Leipzig 1903: R. Noske.* (VI, 53 S.) 8°
Leipzig, Jur. Diss. v. 1903

Wulff, Kaspar Wilhelm

Wulff, Caspar Wilhelm, prakt. Tierarzt, Oelde in Westfalen: U n t e r s u c h u n g e n über das Vorkommen von Amyloidkörperchen im Tierharn. Oelde 1908. 32 S. 8°. [3.XII.08.]
Bern, Vet.-med. Diss. 1908/09.

W u l f f, Caspar Wilhelm. Untersuchungen über das Vorkommen von Amyloidkörperchen im Tierharn. Diss. Vet.-Med. Bern. 32 S. 8. Oelde, E. Holterdorf, 1908.

Wulff, Konstantin

Wulff, C[onstantin], Reg.-Bauführer: Die Talsperrengenossenschaften im Ruhr- und Wuppergebiet. Jena: Fischer 1908. VI, 169 S. 8° ¶ Auch als: Mitteilungen d. Gesellschaft f. wirtschaftl. Ausbildung. N. F. H. 4.
Darmstadt, Dr.-Ing.-Diss. v. 18. 9. 1908

Wulff, C., die Talsperren-Genossenschaften im Ruhr- u. Wuppergebiet, s.a. Mitteilungen der Gesellschaft für wirtschaftliche Ausbildung. N. F. 4.

Rotdeutschlands Aufstieg. Wahlkampf-Lieder von C. M. Scävola [d. i. Leo **Wulff**]. Berlin: Vorwärts 1907. (31 S.) 8° [F.] [07. 4362

Wulff, Leo, s.: Drehwurm, der, im Ueberbrettl.

— s.: Insel, die, der Blödsinnigen.

Kartätschen-Schüsse von Leo **Wulff**. Mit Orig.-Ill. von F. Graetz, A. Wilke u. A. 5. Taus. Berlin: Harmonie [1905]. (64 S.) 8° [F.] [06. 686

Wulff, Leo, Kartätschen-Schüsse. Mit Orig.-Illustr. v. F. Graetz, A. Wilke u. A. 10. Aufl. (64 S.) kl. 8. Berlin (905). Harmonie. n. 1. —

— na also! sprach Zarathustra u. anderes, s.a. Brettl- u. Theater-Bibliothek, bunte. XI.

Na also! sprach Zarathustra und anderes. Humoristisches u. Parodistisches von Dr. Leo **Wulff**. Berlin: Harmonie [1902]. (127 S.) 8° [F.]
= **Brettl- u. Theater-Bibliothek**, Bunte. 11. [06. 18602 11

Na also! sprach Zarathustra und anderes Humoristisches u. Parodistisches von Dr. Leo Wulff. (2. Aufl.) *Berlin: Harmonie [1902].* (127 S.) 8° [F.]
= Brettl- u. Theater-Bibliothek, Bunte. 11. [04. 5258

Wulff, Leop., Feder u. Feile. Poesie u. Satire. gr. 8. (VI, 71 S.) Leipzig 897. C. Wild. n. 2. —; geb. n. 3. —

— kurzgef. Geschichte d. Tasteninstrumente. I. Die Orgel. 12. (36 S.) Ebd. 898. n. — 40

Wulff, Leopold: Die G e s c h i c h t e der grossstaatlichen Rentenschulden und das Problem ihrer Tilgung in grossen Zügen. Leipzig-A. 1898: E. Glausch. (39 S.) 8°
Erlangen, Phil. Diss. v. 21. Dez. 1896.

Wulff, Leop., die Geschichte der großstaatl. Rentenschulden u. das Problem ihrer Tilgung, s.a. **Miniatur-Bibl.**

— die W e b e r od. die eigentl. Morituri v. Rautendelein Hauptmann. E. Litteraturkomödie. (Umschlag: Hauptmann im Hohlspiegel.) 1.—3. Taus. gr. 8. (60 S.) Ebd. 898. n. 1. —

Wulff, Ludw., D e k a l o g u. Vaterunser. (IV, 68 u. 4 S. m. 1 Fig.) gr. 8. Parchim (907). (H. Wehdemann.) 1. —

— Für die E c h t h e i t vom Dekalog u. vom Vaterunser. (V, 69 S.) gr. 8. Ebd. 908. 1.20; geb. 1.80

Für die E c h t h e i t vom Dekalog und vom Vaterunser von Dr. Ludwig Wulff-Parchim. Parchim: Selbstverl.; Wehdemann in Comm. (1908). 69 S. 8°

— H e r b a r v o r s c h u l e u. Herbarpflanzenregister für kleine Herbarien. 1.—7. Taus. (24 u. 40 S. m. 4 Tab.) 8. Ebd. (909). —40; Herbarpflanzenregister, 1.—12. Taus. (40 S.) allein — 25

Wulff, Margarethe, s.a. † S t e i n, A.

Blüten und Perlen. Kleine Erzählungen für Kinder von 5–8 Jahren v. A. Stein (Margarethe **Wulff**). Mit 6 Bildern in Farbendruck nach Aquarellen v. Bürkner. Berlin. [1879.] 8°

Wulff, M., Geschichten für Kinder, s. Stein, A.

Wulff, Osk., A l e x a n d e r m. d. Lanze. E. Bronzestatuette der Sammlg. des Hrn. A. v. Nelidow veröffentl. u. erläut. gr. 8. (V, 93 S. m. Abb. u. 2 Taf.) Berlin 898. A. Asher & Co. n. 3. —

Wulff, Osk., s.: B e i t r ä g e, kunstwissenschaftliche.

— Altchristliche u. mittelalterliche byzantinische u. italienische Bildwerke, s.a. B e s c h r e i b u n g der Bildwerke der christlichen Epochen. 3. Bd.

(Königl. Museen zu Berlin.) Altchristliche und mittelalterliche byzantinische und italienische Bildwerke. Bearb. von Oskar **Wulff**. T. 1. 2. Berlin: G. Reimer 1909–11. 4°
1. Altchristl. Bildwerke. 1909. 2. Mittelalterl. Bildwerke. 1911.
(Beschreibung d. Bildwerke d. christl. Epochen. 2. Aufl. Bd 3.) [11. 14364

Wulff, Oskar: Cherubim, Throne und Seraphim. Ikonographie d. ersten Engelshierarchie in d. christl. Kunst. I ... Altenburg, Druck v. O. Bonde, 1894; IV S., 1 Bl., 90 S., 2 Taf. 8.
Leipzig, Phil. Fak., Inaug.-Diss. v. [16. Apr.] 1894

Wulff, Osk.: Das K a t h o l i k o n v. Hosios Lukas u. verwandte byzantinische Kirchenbauten, s.a. B a u k u n s t, Die. H. 11.

Das Katholikon von Hosios Lukas u. verwandte byzantin. Kirchenbauten von O[skar] **Wulff**. Berlin & Stuttgart: W. Spemann [1903]. (24 S., 6 Taf.) 2°
= **Baukunst**, Die. Ser. 2. H. 11. [07. 3581 11

— die Koimesiskirche in Nicäa u. ihre Mosaiken, s.a. Z u r Kunstgeschichte des Auslandes. 13. Hft.

Die Koimesiskirche in Nicäa und ihre Mosaiken nebst den verwandten kirchlichen Baudenkmälern. Eine Untersuchung z. Gesch. d. Byzant. Kunst im 1. Jahrtausend. Von Oskar **Wulff**. Mit 6 Taf. u. 43 Abb. *Strassburg: J. H. E. Heitz 1903.* (VII, 329 S.) 4°(8°)
— **Kunstgeschichte**, Zur, d. Auslandes. H. 13. [03. 188

Wulff, Osk. Zur Theseussage. Archäologische Untersuchungen u. mytholog. Beiträge. Diss. gr. 8. (204 S.) Dorpat 892, (Karow). * 3 —

Wulff, Otto: Über Abkömmlinge des Dimethylosotetrazins und des Dimethyl-N-amidoosotriazols. Heidelberg 1910: Rößler & Herbert. 55 S. 8°
Heidelberg, Naturw.-math. Diss. v. 21. April 1910, Ref. Curtius
[Geb. 30. Dez. 85 Hamburg; Wohnort: Heidelberg; Staatsangeh.: Hamburg; Vorbildung: Realgymn. d. Johanneums Hamburg Reife O. 04; Studium: Göttingen 2, Heidelberg 9 S. Rig. 12. Jan. 10.] [U 10. 2211

Wulff, Otto, die Blasen-Scheiden-Fisteln sow. d. Incontinentia urinae u. ihre Behandlg. Nach langjähr. Beobachtgn. gr. 8. (III, 47 S. m. 2 Fig.) Berlin 896. A. Hirschwald. n. 1. 40

Wulff, Paul [Cand. d. Med. aus Hamburg]: Ein Fall von congenitalem Sacraltumor '(Cysto-Sarkom)' ... München, Buchdr. Kastner & Lossen, 1896; 28 S., 1 Bl. 8.
München, Med. Fak., Inaug.-Diss. v. 1897

Wulff, Robert

Wulff, R., Auslegung d. kleinen Katechismus Luthers, s.: Maaß, B.

Wulff, Rob., der Galaterbrief des Paulus, f. jedermann, insbesondere f. Studierende der Theologie, sowie f. Seminarien u. Lehrer m. Einleitung versehen, übers. u. erklärt. (65 S.) 8. Leipzig 908. [Dürr'sche Buchh.] Berlin, Union, Zweigniederlassg. 1. 20

— evangelische Glaubens- u. Sittenlehre f. Seminarien m. Literaturangaben für die Fortbildung des Lehrers. (XX, 187 S.) gr. 8. Leipzig 905. Dürr'sche Buchh. n. 2. 20; geb. n. 2. 60

— Hannoversche Kirchengeschichte, s.: Sammlung v. Provinzial-Kirchengeschichten. 2. Heft.

— der Römerbrief des Paulus, f. jedermann, insbesondere f. Seminarien, übers. u. erklärt. (107 S.) gr. 8. Ebd. 907. n. 2. —

Wulff, Rudolf [pr. Arzt aus Wickede, Landkr. Dortmund]: Acht Fälle von Wangenschleimhautcarcinom ... Marburg, Buchdr. F. Sömmering, 1892; 28 S. 8.
Marburg, Med. Fak., Inaug.-Diss. v. [20. Aug.] 1892

Wulff, Simon

— kurze Nachricht über die im April 1824 begründete Anstalt u. Rechnung d Einnahme u. Ausgabe. 8. Mitau 824. (16 S.) Zweite halbjähr. Nachricht. 8. Ebd. 825. (15 S.) Gedr. bei Steffenhagen.

Wulff, Simon, (ein Jude), Versuch über Verbrechen u. Strafen. 8. Dorpat 816. (Leipz., Enobloch). 8 K (76 S.)

Wulff T.: Ein wiesenschädigender Myxomycet. U. A. [Rostr. Saml.].

WULFF, Thorild.
Botanische Beobachtungen aus Spitzbergen. Lund 1902. 8:o. (115, III s., 4 pl.) Diss. Lund. phil.

Wulff, Thorild, einige Botrytis-Krankheiten der Ribes-Arten. (18 S. m. 4 Fig. u. 2 Taf.) 8. Uppsala 908. (Berlin, R. Friedländer & Sohn.) nn 1. 25

— Studien üb. heteroplastische Gewebewucherungen am Himbeer- u. am Stachelbeerstrauch. (32 S. m. 1 Fig. u. 7 Taf.) 8. Ebd. 908. nn 2. 40

— Weitere Studien üb. die Kalluskrankheit des Himbeerstrauches. (6 S.) 8. Ebd. 909. nn — 80
Sonderabdruck aus: „Arkiv f. botanik".

Wulff, W., die ländliche Fortbildungsschule in der Praxis. (40 S.) gr. 8. Schwerin 909. F. Bahn. — 90

Wulff, W., die Ortsschulaufsicht der Geistlichen. Vortrag, geh. auf der Hauptversammlg. der Vereinigg. mecklenburg. Geistlicher in Güstrow 1905. (32 S.) 8. Schönberg i/M. 905. (Schwerin, F. Bahn.) n. — 50

Wulff, W. Wilib., die dunkelste Seite der Wissenschaft und ihre Enthüllung. gr. 8. (16 S.) Hamburg 878, Peuser. *

Wulff, Wilhelm

Wulff, Guil., de primo inter Romanos et Carthaginenses foedere. 4. (2¾ B.) Neobrandenburgi 843, Brünslow. *

– Dass., s.a. Wulff, F. G. A.

Den Unvergesslichen am Tage d. Hundertjahr-Feier weiland Sr. M. Kaiser Wilhelms d. Grossen. Dichtg u. Weise v. Wilhelm **Wulff**, Kriegsfreiwilliger Kaiser-Franzer v. 1870/71 . . . Berlin: O. Drewitz 1897. (4 Bl.) 1 Bd 4°

de **WulffCrona,** Eduard. Gust. (geb. Stralsund 17. 9. 1818): De asphyxia neonatorum. Berolini (1840). (28 S.) 8°
Berlin, Med. Diss. v. 17. Sept. 1840

Wulffen, Carl von, s. Wulffen, Karl von

*Wulffen, E. Formularbuch für Brandstiftungsuntersuchungen unter eingehender Berücksichtigung der erforderlichen gesetzlichen kriminaltaktischen und technischen Kenntnisse. S. A. Merseburg 1906.

*— Zusammenstellung der für die polizeilichen Erörterungen von Brandstiftungen in Betracht kommenden Bestimmungen des Str. G. B., G. V. G., Str. Pr. O. und der Landesgesetzgebung. S. A. Merseburg 1906.

Wulffen, Emil Frhr. v., die kurpfalzbayerischen Truppen während der französischen Revolutionszeit. Ein Beitrag zur bayer. Geschichte. gr. 8. (IV, 68 S.) München 875, Stahl. *

Wulffen, Erich, Gauner- u. Verbrecher-Typen. 1.—10. Taus. (315 S.) 8. Gr.-Lichterfelde 910. Berlin, Dr. P. Langenscheidt. 3.—; geb. 4. —

Wulffen, Erich, Handbuch f. den exekutiven Polizei- u. Kriminalbeamten. 2. veränd. u. verb. Aufl. 2 Bde. (728, 538 u 220 S. m. 4 Taf.) Lex.-8. Dresden 905. Lehmann'sche Buchdr. Geb. in Halbfrz. n. 25. —

— Gerhart Hauptmann vor dem Forum der Kriminalpsychologie u. Psychiatrie. Naturwissenschaftliche Studien. (208 S.) 8. Breslau 908. [A. Langewort.] Berlin, Dr. P. Langenscheidt. Kart. 2.—; geb. 3. —

— die Kriminalität der Jugendlichen, s.: Schriften des deutschen Centralvereins f. Jugendfürsorge. 1.

— Kriminalpsychologie im Mordprozeß Hau. (32 S.) kl. 8. Breslau (907). A. Langewort. — 50
Sonderabdruck aus: „Gesetz u. Recht".

— Kriminalpsychologie u. Psychopathologie in Schillers Räubern. (80 S.) gr. 8. Halle 907. C. Marhold. n. 1. 20

Georges Manolescu und seine Memoiren. Kriminalpsycholog. Studie von Dr. Erich **Wulffen**, Staatsanw. Mit mehreren Portr. u. Facs. Berlin-Groß-Lichterfelde-Ost: P. Langenscheidt [1907]. (122 S.) 8° [07. 11803

— Ibsens Nora vor dem Strafrichter u. Psychiater. (59 S.) gr. 8. Halle 907. C. Marhold. n. 1. 20

Wulffen, Erich, Poëta laureatus. Drama in 1 Aufz. 8. (43 S.) Dresden 899. E. Pierson. n. 1.—

— **Psychologie des Verbrechers, s.a. Encyklopädie der modernen Kriminalistik. I. II.**

— — Psychologie des Verbrechers. Ein Handbuch für Juristen, Aerzte, Pädagogen u. Gebildete aller Stände. 2 Bde. (190*.) Lex.-0⁰. 744 S. (30 Mk., Prachtbde., O. Rauthe, Berlin, 1909, ohne Orts- u. Jahrsangabe.)

Psychologie des Verbrechers. Ein Handbuch f. Juristen ... u. Gebildete aller Stände. Von Dr. Erich **Wulffen**, Staatsanw. Bd 1. 2. Gr.-Lichterfelde: P. Langenscheidt (1908). 2 Bde 4°(8°)
= **Enzyklopädie** d. modernen Kriminalistik. Bd 1. 2. [08. 6171

— **Reformbestrebungen auf dem Gebiete des Strafvollzugs, s.a. Zeit- u. Streitfragen, neue. II. 6.**

Reformbestrebungen auf dem Gebiete des Strafvollzugs. Bearb. f. d. Jahrbuch d. Gehe-Stiftung zu Dresden von Dr. Erich **Wulffen**, Staatsanw. Dresden: v. Zahn & Jaensch 1905. (43 S.) 8⁰
(Zeit- u. Streitfragen, Neue, hrsg. von d. Gehestiftung. Jg. 2, H. 6.)

— **Gerhart Hauptmann's „Rose Bernd" vom kriminalistischen Standpunkte, s.: Grenzfragen, juristisch-psychiatrische.**

— **Der Sexualverbrecher, s.a. Encyklopaedie der modernen Kriminalistik. 8. Bd.**

Der Sexualverbrecher. Ein Handbuch f. Juristen, Verwaltungsbeamte u. Ärzte. Mit zahlr. kriminalist. Orig.-Aufn. Von Staatsanw. Dr. Erich **Wulffen**. Berlin-Gr.-Lichterfelde: Langenscheidt 1910. XVI, 727 S. 4°(8°)
(Enzyklopädie d. modernen Kriminalistik. Bd 8.) [10. 2297 8

Der Sexualverbrecher. Ein Handbuch f. Juristen, Verwaltungsbeamte u. Ärzte. Mit zahlr. kriminalist. Orig.-Aufnahmen. Von Staatsanw. Dr. Erich **Wulffen**. 4. unveränd. Aufl. Berlin, Groß-Lichterfelde: Langenscheidt 1910. XVI, 727 S. 4°(8°)
(Enzyklopädie d. modernen Kriminalistik. Bd 8.) [11. 6131

— **Staatsanwaltschaft u. Kriminalpolizei in Deutschland, s.a. Beiträge zur Reform des Strafprozesses. I, 2.**

Staatsanwaltschaft und Kriminalpolizei in Deutschland. Von Staatsanw. Dr. Erich **Wulffen** in Dresden mit Einzelberichten von . . . Berlin: J. Guttentag 1908. (160 S.) 8⁰
(Beiträge z. Reform d. Strafprozesses. Bd 1, H. 2.)

— Strafgesetzbuch f. das Deutsche Reich. Nebst e. Zusammenstellg. der f. das Verständnis des Strafgesetzbuchs wesentl. Bestimmgn. des bürgerl. Gesetzbuchs, der Zivilprozeßordng., der Wechselordng. u. des Handelsgesetzbuchs. Unter gemeinverständl. Berücksicht. der Rechtsprechg. des Reichsgerichts. (XIII u. S. 2–295.) Lex.-8. Dresden 906. Lehmannsche Buchdr. u. Verlagsbh.
Geb. in Leinw. n. 2.50

— **Der Strafprozeß e. Kunstwerk der Zukunft. Ein Vortrag, geh. im gemeinnütz. Verein zu Dresden am 5. II. 1908. (41 S.) 8. Stuttgart 908. Deutsche Verlags-Anstalt.** —75

— **Tasso in Darmstadt. Lustspiel in 1 Aufz. Nach e. Idee v. Schücking. gr. 8. (45 S.) Chemnitz 897. M. Bülz.** n. 1.—

Wulffen, Erich, die Varusschlacht. Komödie in 3 Aufzügen. 8. (128 S.) Dresden 900. E. Pierson. n. 2.—

— **Vergehen in Beziehung auf die Ausübung der Religion. Verbrechen u. Vergehen gegen die Ordng. der Ehe u. des Personenstandes u. gegen die Sittlichkeit im Vorentwurf zu e. deutschen Strafgesetzbuch. (85 S.) gr. 8. Berlin 910. J. Guttentag.** —80
Sonderabdruck aus: „Die Reform d. Reichsstrafgesetzb."

Nachrichten von der Familie von Wulffen vormals auf Haus-Neindorf im Halberstädt'schen. Gesammelt u. zsgest. von Ferdinand v. **Wulffen**. Als Ms. f. d. Mitgl. d. Familie gedr. u. diesen verehrt von Oberst Adolph u. Generallt. Ferdinand v. Wulffen. Frankfurt a. O.: Trowitzsch & Sohn 1900. (VIII, 303 S.) 8⁰

Wulffen, Franz Xaver von, s. Wulfen

Wulffen, H. v., Betrachtungen eines „alten Soldaten" über die Leistungen der norddeutschen Feldpost während des Krieges mit Frankreich 1870—71. gr. 8. (IV, 48 S.) Berlin 886, Wilhelmi. *M. 1.—.; cart. *

WULFFEN, Herbert v. (ps.), Qualvolle Flitterwochen. Flagellomanische Novelle. Mit Titelbild. Privatdruck. O. O. u. J. (190*). (Mk. 2—.)

WULFFEN, Herbert v. Qualvolle Flitterwochen. Bd. I. Im Netz der Spinne Weib. Drei masochistische Erzählungen. Budapest, Schneider & Kunert (um 1907). 8⁰.
[E. II, 317.]
Verb. d. Ldg. München A. B. XVI. 3182/07.

— — Grausame Liebesbeweise. Eine masochistisch-sadistische Erzähgung. Budapest, Schneider (190*). (Mk. 2—.)

— — Die 3 letzten Erzählungen mit dem Gesammttitel: Im Netz der Spinne „Weib". Drei masochistische Erzählungen. 2 Bde. Ebd. (190*). (Mk. 6—.) (4 Mk., br. im Orig.-Umschl., O. Rauthe, 1909; 7 Kr. 20 H. W. Schindler, Pressburg, 1910.)

— — Die Rache der Haremsfrauen. Erzählung. Mit Titelbild. Privatdruck. Budapest, Schneider, o. J. (190*). 8⁰. 78 S. (Mk. 2—.) (1 Mk. 50 Pfg. Adolf Weigel, 1908.)

v. Wulffen, Ritter Karl, über den Anbau d. weißen Lupine im nördl. Deutschland. 8. Magdeb. 828. Heinrichshofen. 6 gr.

v. Wulffen, Carl, Entwurf einer Methodik zur Berechnung der Feldsysteme. Besond. Abdr. aus den Annalen des K. Pr. Landes-Oekonomie-Collegiums. gr. 8. (X u. 188 S.) Berlin 847, Veit & Co. 1 ℛ

Wulffen, Carl v., über die Taxen d. Guts-Inventarien bei d. Annahme u. Zurückgabe d. Landgüter. gr. 8. (1½ B.) Potsdam 830, (Horvath.)

— Versuch e. Theorie über d. Verhältniß d. Ernten zum Vermögen u. d. Kraft des Bodens. 8. Berl. 815. Maurers B. 10 gr.

—— die Vorschule der Statik d. Landbaues. gr. 8. (10¼ B.) Magdeburg 830, Heinrichshofen.

Wulffen, C. von: „Ueber den Albertschen Wirthschaftsplan", Magdeburg 1824 (Heinrichshofen).

Wulffen, Xaver, s. Wulfen, Franz Xaver Frhr. von

WULF[F]ER, DANIEL. Fatum Das ist: Das vertheidigte Gottes-Geschick und vernichtete Heyden-Glück. Aus Heiliger Göttlicher Schrifft, den Alten Kirchen-Vättern, Geist- und Weltlichen Schrifften und Zeit-Geschichten vorgewiesen. Mit schönen, und etlichen gantz neuen Sinn-Bildern, Poetereyen und Liedern gezieret . . . vermehret, und zum drittenmahl auffgelegt. Nürnberg, A. J. Felßecker, 1701. Kl. 8°. *Portrat des Verf. (G. Strauch delin., A. Khol sc.), allegor. Titelblatt und zweiseitiges Frontispiz (beide von P. Troeschel nach Strauch gestochen),* 16 Bl. (dabei der gedruckte Titel), 665 S. 11 Bl. (letztes leer) und *15 hübsche Kupferstichtafeln mit Emblembildern.* Am Rücken beschäd. Pbd. d. Z.

G. III 128, 172 (zitiert nur die weniger umfangreiche 2. Ausgabe von 1666, der Erstdruck war lt. Vorrede 1656 erschienen)

Wulffers, Dietrich [cand. med. aus Soest in Westfalen]: Ein Fall von Luxatio humeri erecta . . . Soest, Buchdr. v. Wilh. Tappen, 1888; 34 S. 8°
Würzburg, Med. Fak., Inaug.-Diss. v. 1888.

Wulffert, Frdr., die Akklimatisation der europäischen u. insbesondere der germanischen Rasse in den Tropen, s.a. Sammlung klinischer Vorträge.

Die Akklimatisation der europ. u. insbes. d. german. Rasse in d. Tropen u. ihre hauptsächl. Hindernisse von Friedrich **Wulffert**. *Leipzig: Breitkopf & Härtel 1900.* (26 S.) 8°
= Sammlung klinischer Vorträge. N. F. No 279.

Wulffert, Friedrich (geb. am 31 Jan. 1854 in Soest): Eine neue Form von Missbildung der Papilla nervi optici . . . Mit 1 Taf. Bonn, Druck v. J. F. Carthaus (1877). 29 S., 1 Bl., 1 Taf. 8.
Bonn, Med. Fak., Diss. v. 13 Okt. 1877

Wulffgartner, Heinr., Gesetzesverletzung durch Jugendliche, s.: Zeitfragen, pädagogische. IV, 6.

Wülffing, Pet., d. geistliche Hirtenstab, od. Bündlein verschiedener Predigten. 8. Düsseldorf. 735.

Wülffing, der Erwerb v. Ackerbau- u. Handels-Colonien durch das Deutsche Reich. gr. 8. (32 S.) Köln 881. Mayer.
n. — 80

Wülffing, Carl, s. Wülffing, Karl

Wülffing, Frz., Anleitung zu e. zweckmäß. Arbeitsbetriebe in Gefangen-Anstalten, nebst freimüth. Bemerkn. üb. d. verschied. Methoden desselben. 8. (4 B.) Köln 832, Bachem.

Wülffing, F., Beiträge zur Kritik d. preuß. Steuer-Systems. gr. 8. (7¼ B.) Potsdam 844, Riegel's Vrlgsh. *

Wülffing, Fr., der von der preuß. Regierung vorgelegte Entwurf nebst Grundzügen einer Gemeinde-Ordnung, historisch und kritisch beleuchtet. Beigefügt sind die beiden Vorlagen der Regierung, und zwar: 1. Der Entwurf der Gemeinde-Ordnung vom 18. Jan. 1849; 2. Die Grundzüge zu dem Entwurfe vom 20. März 1849. gr. 8. (VI und 166 S.) Düsseldorf 849, Buddeus.

— die Nothwendigkeit der Gruntsteuer-Ausgleichung im Preuß. Staate, historisch, statistisch u. kritisch nachgewiesen. gr. 8. (32 S.) Potsdam 849, Riegel (Verlag). 6 ngr

— die Stellung der Vertreter des Gouvernements u. der Conservativen in Staat u. Kirche auf dem Preuß. Landtage. gr. 8. (23 S.) Breslau 847, F. Aderholz. n. 4 ngr

Wülffing, Johann Jakob (Ronsdorf) U. S. Halle 1755/1

Meditationes iuris criminalis de relegatione cum fustigatione coniuncta. Präs. Johann Philipp Carrach. Halle (Grunert) VI. 1755. 38 S.

W. v. Johann Tobias Carrach, Präs.

37300

Wülffing, Karl

Wülffing, Carl, über die Verbindungen des Thymochinons mit Methylamin. Inaugural-Dissertation. gr. 8. (37 S.) Jena 881, (Neuenhahn.)

Wulffius, Eman., über den Nachweis von Salpetersäure im Harn. Inaugural-Dissertation gr. 8. (89 S.) Dorpat 861, (Gläser's Verlag.)

Wulffsohn, Guil. (Simon.) (geb. Libau 15. 10. 1837): Analecta ad morborum hepatis pathologiam generalem. Berolini (1862). (31 S.) 8°
Berlin. Med. Diss. v. 25. Juli 1862

Wulfhorst, aus den Anfangstagen der Ovambomission, s.a. Missionstraktate, rheinische. Nr. 124.

Aus den Anfangstagen der Ovambomission. Nach d. Aufzeichn. d. Missionars **Wulfhorst**. Barmen: Missionshaus 1904. (34 S.) 8° [F.]
= **Missionstraktate**, Rheinische. No 124. [05. 2314

Wulfing, C.: Üb. d. Verbdgn. d. Thymochinons m. Methylamin. 1881.

Wülfing v. Stubenberg. Histor. Schspl. in 5 A. Wien .. K. Haas. 8 ⅓

Wülfing v. Stubenberg,. Schsp. v. Kalchberg. gr. 8. Wien, Wallishäußer. 797.

Wülfing, Austritt dreier Offiziere aus der preuß. Armee nach der Märzrevolution. gr. 8. (VI u. 36 S.) Köln 848. (Greven.) n. ⅙ ℛ

Wülfing, Währungsfrage u. Industrie. Denkschriften f. die Silberkommission v. 1894, nebst Antwort auf ein Rundschreiben der Handelskammer Frankfurt a/M. üb. diese Denkschriften. 3. Aufl. Berlin 895.

Wülfing, Ernst [aus Bonn]: Darstellung der Syntax in König Alfred's Übersetzung von Gregor's des Grossen „Cura Pastoralis". Erste Hälfte . . . Bonn, Univ.-Buchdr. v. Carl Georgi, 1888; 1 Bl. + 72 S. 8°
Bonn, Phil. Fak., Inaug.-Diss. v. 7. Jul. 1888.

Wülfing, E., Darstellung der Syntax in König Alfred's Übersetzung v. Gregor's d. Grossen „Cura Pastoralis". 1. Hälfte. gr. 8. (69 S.) Bonn 888. (Leipzig, Fock.) n. 1. 50

Wülfing, Ernst Anton [Dr.]: Beiträge zur Kenntnis der Pyroxenfamilie in chemischer und optischer Beziehung . . . Heidelberg, Univ.-Buchdr. v. J. Hörning, 1891; 1 Bl., 65 S. 8°
Tübingen, Naturw. Fak., Hab.-Schr. v. 1891.
(Nicht für den Austausch)

Wülfing, E. A., über die empfindlichen Farben u. üb. ihre Anwendung bei der Erkennung schwach doppelbrechender Medien, s.a. Sitzungsberichte der Heidelberger Akademie der Wissenschaften. Mathemat.-naturwiss. Kl. 1910, 24.

Über die empfindlichen Farben und über ihre Anwendung bei der Erkennung schwach doppelbrechender Medien von E[rnst] A[nton] **Wülfing**. Mit 1 Abb. Heidelberg: Winter 1910. 16 S. 8°
(Sitzungsberichte d. Heidelberger Akad. d. Wiss. Math.-naturw. Kl. Jg. 1910. Abh. 24.) [10. 15637

Über einige kristallographische Konstanten des Turmalins und ihre Abhängigkeit von seiner chemischen Zusammensetzung. Mit 6 Textfig. u. 1 farb. Taf. von Dr. Ernst Anton **Wülfing**, Prof. *Stuttgart 1900: A. Müller & Co.* (99 S.) 8°
Programm z. 82. Jahresfeier d. k. württ. landw. Akad. Hohenheim. 1900. [01. 2295

Wülfing, E. A., die Meteoriten in Sammlgn. u. ihre Literatur, nebst e. Versuch, d. Tauschwert d. Meteoriten zu bestimmen. gr. 8. (XLVI, 460 S.) Tübingen 897. H. Laupp. n. 15. —; geb. n. 16. —

Wülfing, E. A., mikroskopische Physiographie der Mineralien u. Gesteine, s.: Rosenbusch, H.

— tabellar. Uebersicht d. einf. Formen d. 32 krystallograph. Symmetriegruppen. 7 Taf. nebst Erläutergn. gr. 4. (11 S. m. 1 Tab.) Stuttgart 895. E. Schweizerbart. In Mappe n. 5. —

Verbreitung und Wert der in Sammlungen aufbewahrten Meteoriten von E[rnst] A[nton] Wülfing in Tübingen. Stuttgart: E. Schweizerbart 1894. (21 S.) 8° [Umschlagt.]
Aus: Jahreshefte d. Ver. f. vaterl. Naturkunde in Württemb. Jg. 1895. [05. 6.05 10

Wülfing, Friedr.: Über die Synthese β-alkylierter Zimtsäuren und Umwandlungsprodukte. Bonn 1906: C. Georgi. (83 S.) 8°
Bonn, Phil. Fak., Ref. Anschütz, Diss. v. 31. März 1906
[Geb. 7. April 80 Mülheim a. Rh.; Wohnort: Cöln; Staatsangeh.: Preußen; Vorbildung: Friedrich Wilhelms-Gymn. Cöln Reife O. 95; Studium: Bonn 2, Freiburg i. B. 2, Bonn 10 S.; Rig. 16. März]

Wülfing, Hans, (Dr. med.), Approb. Arzt aus Barmen: Zur Pathologie der Geschwulstbildung im weiblichen Geschlechtsapparat. *Stuttgart 1900: Union.* (25 S.) 8°
Würzburg, Med. Diss. v. 1900

Wülfing, Hanns von: Über Verbindungen von Aminosäuren und Ammoniak. (Berlin 1910: G. Schade.) 49 S. 8°
Berlin, Phil. Diss. v. 13. Aug. 1910, Ref. Gabriel.
[Geb. 28. Febr. 84 Barmen; Wohnort: Charlottenburg; Staatsangeh.: Preußen; Vorbildung: Gymn. Barmen Reife O. 04; Studium: Göttingen 3, Gießen 5, Berlin 5 S.; Rig. 28. Juli 10.] [U 10.281

Wülfing, Johann Ernst

Wülfing, J. Ernst, Handwörterbuch der deutschen Sprache, s.: **Sanders, Dan.**

Wülfing, J. Ernst, die Syntax in den Werken Alfreds des Grossen. 1. Tl. Hauptwort — Artikel — Eigenschaftswort — Zahlwort — Fürwort. gr. 8. (XXIX, 491 S.) Bonn, P. Hanstein. n. 12. —

Wülfing, J. Ernst, die Syntax in d. Werken Alfreds des Grossen. 2. Tl. 1. Hälfte. Zeitwort. gr. 8. (XIV, 250 S.) Bonn 897. P. Hanstein. n. 8. — (I u. II, 1.: n. 20. —)

Wülfing, J. Ernst, die Syntax in den Werken Alfreds des Grossen. 2. Tl. 2. Hälfte. Adverb. Präposition. Konjunktionen. Interjektionen. gr. 8. (Ib—IVb, VIIIa—j, XV—XIX u. S. 251—712.) Bonn 901. P. Hanstein. n. 15. —; (I u. II n. 35. —)

— die Verwirrg. in d. Schreibg. uns. Straßennamen. [Aus: „Grenzboten".] gr. 8. (16 S.) Leipzig 896. F. W. Grunow. — 30

Wülfing, J. Ernst, was mancher nicht weiß. Sprachliche Plaudereien. 1. u. 2. Aufl. 1.—4. Taus. (à VIII, 192 S.) 8. Jena 905. H. Costenoble. Geb. in Leinw. n. 2. 50

Wülfing, Otto, Erklärung. — Vorschlag, s.: Verhandlungen der Kommission behufs Erörterung v. Maßregeln zur Hebung u. Befestigung des Silberwerthes.

— Währungsfrage u. Industrie. Denkschriften f. die Silberkommission v. 1894, nebst Antwort auf e. Rundschreiben der Handelskammer Frankfurt a. M. üb. diese Denkschriften. gr. 8. (47 S.) Berlin 894. H. Walther. n. — 60

— dasselbe, s.a. Verhandlungen der Kommission behufs Erörterung v. Maßregeln zur Hebung u. Befestigung des Silberwerthes.

Wülfing, Otto, Währungsfrage u. Industrie. Denkschriften f. d. Silberkommission v. 1894, nebst Antwort auf e. Rundschreiben d. Handelskammer Frankfurt a/M. üb. diese Denkschriften. 2. u. 3., durchgeseh. Aufl. gr. 8. (47 S.) Berlin 895. H. Walther. n. — 60

— u. Adf. **Jäger**, ernste Worte f. d. deutsche Industrie u. Landwirtschaft. (Wülfing, O., Einigkeit macht stark. E. Wort an d. Industrie f. d. Landwirtschaft. — Jäger, A., nationale Agrarpolitik. E. ernstes Wort an d. deutsche Landwirtschaft.) 8. (46 S.) Ebd. 897. n. — 60

Wülfing, S. Plan der Kreis-Stadt **Neuwied.** Neuwied 1856. 1 Bl. 1.

Wülfingen, Adelheit v., e. Denkmal d. Barbarey des 13ten Jahrhund. m. Titelkupfr. 8. Lpz. Kummer. 792. — 12

WULFINGEN, Adelheid v. Ein Denkmal der Barbarey des 13. Jahrhunderts. Mit Titelkpfr. Leipzig 1792. 8°. (1/2 Rthl.)
Kayser p. 135.

v. Wülfingen, Lüder, (von K. Gtl. Kopf). 3 Thle. 8. Bayr. 793—95. (Grau in Hof). 3 ₰ 2 ℊ

Wülfingen, Lüder von, eine Sage der Vorzeit, 3 Theile mit Kupf. 8. Bayreuth, 793/95. Lübecks. 3 Rthl. 5 sgl.
Auch unter dem Titel:
Sammlung, neue, der merkwürdigsten altdeutschen Geschichten, 3 Theile.

Wülfingen, s.: **Bock v. Wülfingen.**

Rede in der ger. und vollk. Loge zum hellen Licht zu Hamm, bey der Feyer der Thron-Besteigung Friedrich Wilhelms III. gehalten. [Von J. J. E. Wülfingh. Hamm 1797.] 12 S. 8°
Gelegenheitsworte.

Wulfinghoff, Robert

Wulfinghoff, R., Invarianten-Rechnung. Methode zur Bestimmg. der gegenseit. Abhängigkeit der Concomitanten e. binären Form. gr. 4. (25 S.) Berlin 888. Gaertner. n. 1. —

Wülfke, Georg Nikolaus

Wülfke, G. N., Commentat. inaug. exhibens brevem de Hippocrate Hippocrateisque monimentis disquisitionem. 4. (8¼ B.) Kiliae 823, (Universitäts-Buchh.)

—— über d. Sylter Landschaftsverfassung u. ihre zeitgemäße Verbesserung. Hrsg. v. A. L. J. Michelsen. gr. 8. (7¼ B.) Kiel 831, (Universitäts-Buchh.)

Zur Würdigung des Strebens nach Verfassung in Schleswig-Holstein. [Von Georg Nikolaus **Wülfke.**] Beigefügt das Rechtsgutachten des Raths Schlosser über den Recurs der schleswig-holsteinischen Ritterschaft etc. an den Bundestag. Deutschland [d.i.: Hamburg]. 1830 [richtiger: 1831]. 8°

WÜLFKE, NIC. GOTTFRIED, Einige medicinisch-chirurgische Betrachtungen. Eine Probeschrift. Kiel. 1802. P. (U. B.).

Stätten germanischer Freiheitskämpfe und Götterheime bei Bielefeld. Untersuchungen über: Caesars Germanicus Rachezug vom Sommer d. J. 15 n. Chr., d. Überreste aus diesem Zuge in d. Gegend westl. Bielefelds u. d. Beziehungen d. altnordisch german. Göttersage zu diesem Gebiete. Von Albert **Wulfmeyer**. *Melle: F. E. Haag 1901.* (16, VII, 40 S.) 8° [F.]
[Beigeh.:] Die Hunenburg bei Bielefeld ... Von Wulfmeyer. 1900 [ot. 6104

Wulfmeyer, Alb., Stätten germanischer Freiheitskämpfe u. Götterheime bei Bielefeld. Untersuchungen üb. Cäsars Germanicus, des röm. Imperators, Rachezug vom Sommer des J. 15 n. Chr., die Überreste aus diesem Zuge in der Gegend Bielefelds u. die Beziehungen der altnordisch-german. Göttersage zu diesem Gebiete. 12. (40 S.) Melle 901. Bückeburg, O. Koch. n. — 85

Wulfram, Der unglückliche, oder der Bettesschimpf. Ein Schaummährchen aus den Ritterzeiten. Nach Stollberg's Ballade »die Büssende« bearb. Vom Vf. der Dianora Gräfin Martagno und der Elsbeth Gräfin von Sassenburg. Leipzig o. J. [ca. 1805]. Neue Aufl. Leipzig o. J. V: *Brückner, Johann Jacob.* (BGE VIII³, 590)

Wulfram, der unglückliche, od. des Bettes Schimpf. 8. Leipz., Joachim. 18 gr

Wulfsberg, N., Holarrhena Africana D. C., eine tropische Apocynacee. Inaugural-Dissertation. gr. 8. (31 S. mit 3 Stnt.) Göttingen 880, (Vandenhoeck und Ruprecht's Verlag.) *

Wulfsheim, Fel., s.: Woldeck, Fritz.

Wulfshein, S(olm) (geb. Berlin 1809): Monstri acephali descriptio anatomica. Berolini (1833). (15 S.) 4°
Berlin, Med. Diss. v. 28. Okt. 1833

Wulfsohn, Mor. Studien über Geburtshülfe u. Gynäcologie der Hippocratiker. Diss. gr. 8. (114 S.) Dorpat 889, (Karow). * 1 60

Wulfstan, s.: Sammlung englischer Denkmäler in kritischen Ausgaben.

Wülker, E. Mittheilungen aus dem Frankfurter Stadtarchiv. Urkunden und Schreiben betreffend den Zug der Armagnaken [1439 1444.] Neujahrsblatt des Vereins f. Gesch. u. Alterthumskunde (58.) 4. Frankfurt a. M. 1873. 3.00

Wülker, Gerhard: Über Japanische Cephalopoden. Beiträge z. Kenntnis d. Systematik u. Anatomie d. Dibranchiaten. Mit 5 Taf. München 1910: Straub. 72 S. 4° ¶ (Aus: Beiträge z. Naturgesch. Ostasiens hrsg. v. Doflein, in: Abhandlungen d. math.-phys. Kl. d. Bayer. Akad. d. Wiss. Suppl.Bd3.)
Leipzig, Phil. Diss. v. 19. April 1910, Ref. Chun, Pfeffer
[Geb. 5. Nov. 85 Leipzig; Wohnort: Leipzig; Staatsangeh.: Sachsen; Vorbildung: König-Albert-Gymn. Leipzig Reife O. 04; Studium: Heidelberg 1, Kiel 1. Leipzig 9 S.; Rig. 29. Okt. 09.] [U 10. 3275

Wülker, L., Lehrbuch der Geschichte f. höhere Mädchenschulen, s.: Froning, R.

— s.: Luise, Königin v. Preußen, 50 ausgewählte Briefe.

Wülker, Ludwig, aus Leipzig: Die geschichtliche Entwicklung des Prodigienwesens bei den Römern. Studien zur Geschichte u. Überlieferung d. Staatsprodigien. Leipzig 1903: E. Glausch. (103 S.) 8°
Leipzig, Phil. Diss. v. 1903.

Wülker, Nik. Fr. Er., († d. 21. Juli 1816.) über d. Löserdürre. Aus Bojanus u. Passina's Schriften gezogen. 4. Lemgo 814. Meyer. 3 gr

Wülker, Richard Paul

Ex ordinis philosophorum mandato renuntiantur philosophiae doctores ... inde a d. primo m. Nov. a. 1894 usque ad d. ultimum m. Oct. a. 1895 creati. — Praemissa est Ricardi **Wülker** dissertatio: Die Arthursage in der englischen Literatur. Lipsiae, typ. A. Edelmanni, typogr. acad., *1895*: 55 S. 4.

Wülker, Rich. Paul, d. Arthursage in d. englischen Literatur. Progr. 4. (39 S.) Leipzig (895). (A. Edelmann.) 1. —

Wülker, Rich. Paul, s.: Bibliothek der angelsächs. Prosa.

Wülker, Rich., s.: Codex Vercellensis.

— Charles Dickens u. s. Werke, s.a. Hochschul-Vorträge f. Jedermann, 8. Hft.

Charles Dickens und seine Werke. Vortrag geh. von Dr. Richard Wülker, Prof. Leipzig: Seele 1898. 21 S. 8°
(Hochschul-Vorträge f. Jedermann. H. 8.)

— Geschichte der englischen Litteratur von d. ältesten Zeiten bis zur Gegenwart. M. 162 Abb. im Text, 25 Taf. in Farbendr., Kpfrst. u. Holzschn. u. 11 Fksm.-Beilagen. gr. 8. (XII, 632 S.) Leipzig 896. Bibliograph. Institut. Geb. in Halbfrz. n. 16. —
Erschien auch in 14 Hftn. à n. 1. —.

— Geschichte der englischen Literatur von der ältesten Zeit bis zur Gegenwart. 2., neubearb. Aufl. Mit 208 Abbildgn., 26 Taf. u. 13 Fksm.-Beilagen. (In 15 Heften.) 1.—9. Heft. (1. Bd. VIII, 422 S. u. 2. Bd. S. 1 bis 80.) Lex.-8. Leipzig 906. Bibliographisches Institut. à n. 1. — (1. Bd. geb. in Halbfrz. n. 10. —)

— **Geschichte der englischen Literatur von der ältesten Zeit bis zur Gegenwart. 2., neubearb. Aufl. 2. Bd. Mit 129 Abbildgn. im Text, 14 Taf. in Farbendr., Holzschn. u. Tonätzg. u. 8 Fksm.-Beilagen. 10.–16. Heft. (2. Bd. VIII u. S. 81—571.) Lex. 8. Leipzig 907. Bibliograph. Institut. à 1.— (2. [Schluß-]Bd., geb. in Halbfrz. 10.—)**

Wülknitz, einige Präparationen zu profangeschichtlichen Quellenstoffen, s.: Wohlrabe.

Wulkow, die Sprachlehre in der ein- und zweiklassigen deutschen Volksschule, nebst Anleitung und Aufgaben zu stylist. Uebungen in derselben. gr. 8. (IX, 33 S.) Prenzlau 879, Biller. *

Wulkow, A., Anleitung zum Unterricht in den zusammengesetzten Rechnungsarten des bürgerlichen Lebens. Angeknüpft an die Aufgaben des 4. Rechenheftes von demselben Verf. Zunächst für Lehrer, dann auch zum Selbstunterricht geeignet. Stettin 862. v. der Nahmer. gr. 8. (VIII, 144 S.) n. 27½ ngr.

Wulkow, A., Aufgaben über die Decimal-Bruchrechnung. Mit Berücksichtigung der neuen Maß- u. Gewichtsordnung entworfen. Stettin 868. (v. d. Nahmer.) 8. (32 S.) n.n. 2½ ngr.

Wulkow, A., Aufgaben über die Dezimal-Bruchrechnung. Mit Berücksicht. der neuen Maß- und Gewichtsordnung entworfen. 8. (32 S.) Stettin 869, (v. der Nahmer.) **

—— dass. — Auflösungen. Mit einer Tab. zur Vergleichung der neuen Maße und Gewichte mit den bisher gebräuchl. 8. (20 S.) (Ebendas.) 869. cart. **

Wulkow, A., Rechenhefte. 1—3. Heft. (à 16 S.) 8. Stettin 851, (Graßmann.) à Heft 1½ Ngr.

Inhalt:
Heft 1. Die vier Grundrechnungen mit unbenannten und einfach benannten Zahlen.
" 2. Die vier Grundrechnungen mit mehrfach benannten Zahlen.
" 3. Die vier Grundrechnungen mit Brüchen nebst der Regeldetri.

—— Auflösungen zu Obigem. 1—3. Heft. (à 16 S.) 8. Stettin 850—51, (Graßmann.) à Heft 3 Ngr.

Wulkow, A., Rechenhefte. 1—3. Hft.: 1. Die vier Grundrechnungen mit unbenannten u. einfach benannten Zahlen. 2. Die vier Grundrechnungen mit mehrfach benannten Zahlen. 3. Die vier Grundrechnungen mit Brüchen nebst der Regeldetri. 8. (à 16 S.) Stettin 850. 51. (Graßmann.) (à 1½ ngr) 4½ ngr

— Auflösungen dazu. 1—3. Hft. 8. (à 16 S.) Ebd. 850. 51. (à 3 ngr) 9 ngr

Wulkow, E.

—— der Hausaltar. Ein für immer ausreichender bibl. Lesezettel nebst Gebeten für alle Tage und alle Verhältnisse zum Hausgottesdienst. gr. 8. (VI, 266 S.) Ebendas. 873.

Wulkow, E., das erste Capitel des Evangeliums Johannis. Elf Predigten. gr. 8. (IV, 95 S.) Braunschweig [Wolfenbüttel] 873, Zwißler. *

Wulkow, Felix, approb. Arzt aus Wittenberge: Aus d. pathol. Institut d. Universität Marburg. Ueber einen Fall von multiplen Embryomen des Ovariums. Marburg 1901: R. Friedrich. (22 S.) 8°
Marburg, Med. Diss. v. 16. Aug. 1901.

Wulkow, Martin (geb. Friesack 17. 5. 1846): Hundert Fälle von Abortus. Berlin (1872). (31 S.) 8°
Berlin, Med. Diss. v. 6. Aug. 1872

Wulle, Ernst: Ueber Acetyl-Xylylcyanide und einige Glyoxyltolylessigsäuren. Rostock 1909: Hinstorff. 125 S. 8°
Rostock, Phil. Diss. v. 2. März 1909, Ref. Michaelis, Kunckell
[Geb. 20. Juni 81 Stuttgart; Wohnort: Rostock; Staatsangeh.: Württemberg; Vorbildung: Realgymn. Stuttgart bis O. 97; Studium: Marburg 3, Rostock 7 S.; Rig. 21. März 09.] [U 09. 3771

Wulle, Friedrich

Wulle, F., Erdkunde. Hilfsbuch f. den vergleichend entwickelnden Geographieunterricht. 2., auf Grund der Lehrpläne f. die Lehrerbildungsanstalten in Preußen vom 1. VII. 1901 neu bearb. u. verm. Aufl. der Landschaftskunde. 1.—3. Tl. gr. 8. Halle 902. H. Schroedel. à n. 1. 80; geb. à n. 2. 20
1. Globuslehre. Allgemeine Erdkunde. Länderkunde der außereurop. Erdteile u. die Weltmeere (m. Ausschluß des Atlant. Ozeans). (IV, 194 S. m. Abbildgn.)
2. Länderkunde v. Europa u. der Atlant. Ozean. (IV, 142 S.) 902.
3. Länderkunde des Deutschen Reiches, der Niederlande u. Belgiens. Handelsgeographie u. Weltverkehr. (X, 190 S.)

Wulle, F., Erdkunde. Hilfsbuch f. den vergleichend entwickelnden Geographieunterricht. 3., auf Grund der Lehrpläne f. die Lehrerbildungsanstalten in Preußen vom 1. VII. 1901 neu bearb. u. verm. Aufl. der Landschaftskunde. 3 Tle. 8. Halle 905. H. Schroedel. à n. 2. —
1. Globuslehre. Allgemeine Erdkunde. Länderkunde der außereurop. Erdteile u. die Weltmeere (m. Ausschluß des Atlant. Ozeans). (VII, 216 S. m. Abbildgn.)
2. Länderkunde v. Europa u. der Atlant. Ozean. (VII, 160 S.)
3. Länderkunde des Deutschen Reiches, der Niederlande u. Belgiens. Handelsgeographie u. Weltverkehr. (VIII, 198 S.)

Erdkunde für Lehrerbildungsanstalten. Nach d. Lehrplänen v. 1. Juli 1901 bearb. von F[riedrich] Wulle. T. 1. Halle a. S.: H. Schroedel 1904. 8°

— Erdkunde f. Lehrerbildungsanstalten. Nach den Lehrplänen f. die Lehrerbildungsanstalten in Preußen vom 1. VII. 1901 bearb. 2 Tle. gr. 8. Ebd. n. 7.85; geb. n. 9. 25
I. Für Präparandenanstalten. 3. Aufl. (VIII, 242 S.) 906. n. 2. 25; geb. n. 2. 75
II. 1. Abtlg. Für Seminare. 1. Abtlg.: Allgemeine Erdkunde, Länderkunde, Handelsgeographie u. Weltverkehr. (XIV, 336 S.) 906. n. 4. —; geb. n. 4. 50
2. Abtlg. Dasselbe. 2. Abtlg.: Mathematische Erdkunde u. Kartenentwurfslehre. Mit 54 Fig. u. Abbildgn. im Text. (VIII, 88 S.) 906. n. 1. 60; geb. n. 2. —

Wulle, F., Erdkunde für Lehrerbildungsanstalten. Nach d. Lehrplänen f. d. Lehrerbildungsanstalten in Preußen vom 1. VII. 1901 bearb. 1. Tl. u. 2. Tl. I. Abtlg. gr. 8. Halle, H. Schroedel. 7.—; geb. n 8. —
I. Für Präparandenanstalten. 4. Aufl. (VIII, 261 S.) 907.
II. 1. Für Seminare. 1. Abtlg.: Allgemeine Erdkunde, Länderkunde, Handelsgeographie u. Weltverkehr, 2. Aufl. (XIV, 360 S.) 910. 4.—; geb. n 4. 50

[F.] Kaisers 39. Geburtstag. Festspiel v. Friedrich Wulle. *Berlin: E. Bloch [1898?].* (15 S.) 1 Bd 8. 98. 281

— Schlesische Heimatkunde f. die Volksschule. Für die Hand d. Schüler bearb. (47 S. m. Abbildgn.) 8. Stuttgart (907). W. Spemann. — 50

— Die deutschen Kolonien. Sonderabdr. aus Tl. I der Erdkunde f. Lehrerbildungsanstalten. Mit 6 Abbildgn. als Anh. (80 S.) 8. Halle 907. H. Schroedel. — 85

Wulle, F., Landschaftskunde. Hilfsbuch f. d. vergleich. entwickelnden Geographie-Unterricht. Zum Gebrauche an Lehrer-Seminaren u. f. Lehrer bearb. 3 Tle. gr. 8. Halle 897. H. Schroedel. à n.n. 1. 40; geb. à n.n. 1. 80
1. D. außereurop. Erdteile u. d. Weltmeere (m. Ausschluß des atlant. Ozeans.) (VII, 123 S.)
2. Europa u. d. Atlant. Ozean. (VII, 145 S.)
3. D. Deutsche Reich, d. Niederlande u. Belgien. (VIII, 136 S.)

— die Prov. Schlesien, s. a. Landeskunde Preußens. 8.

Die Provinz Schlesien bearb. von Fr[iedr.] Wulle. Mit 19 Abb. u. Skizzen. (Ausg. A.) Berlin & Stuttgart: W. Spemann 1901. (VI, 134 S.) 8°
(Landeskunde Preussens. H. 8.)

— der Unterricht in d. Heimatskunde, s.: Tromnau, Adf.

Wulle, Frdr., Volldampf voraus!, s. a. Bloch's, Ludw., Militär-Festmappe. 73. Hft.

Volldampf voraus! Festspiel zu Kaisersgeburtstag von Friedrich Wulle. Berlin: E. Bloch (1903). (16 S.) 8°
(Militär-Festmappe, Ludwig Blochs, f. vaterl. Gedenktage. H. 73.)

Wulle, Johann Albert (Beuthen) A. S. 1298/11

Dissertatio inauguralis medica sistens pathologiam et therapiam icteri sive morbi regii.
Präs. Hieronymus Ludolff.
Erfurt (Grosch) 18. IV. 1717. 20 S.
37324

Wulle, Wilh., Expectorationen über die Heranbildung und Stellung der Ingenieure und Architekten überhaupt und über einige sociale Fragen der ausübenden Ingenieure und Architekten in Oesterreich insbesondere. gr. 8. (21 S.) Wien 876, (v. Waldheim.) *
Aus: Wochenschrift des österreichischen Ingenieur- und Architekten-Vereins, besonders abgedruckt.

Wullen, Franz: Der syntaktische Gebrauch der Präpositionen fram, under, ofer, þurh in der angelsächsischen Poesie. T. 1. fram, under. Kiel 1908: Ehlers. 57 S. 8° ¶(T. 2. ersch. später in: Anglia.)
Kiel, Phil. Diss. v. 26. Sept. 1908, Ref. Holthausen
[Geb. 19. März 79 Gr.-Reken; Wohnort: Gr.-Reken; Staatsangeh.: Preußen; Vorbildung: Gymn. Recklinghausen Reife O. 00; Studium: Munster 4, Berlin 4, Kiel 4 S.; Rig. 9. Mai 08.] [U 09. 2345

Wullen, Wilh. Ludw., Blüthen aus Jak. Böhme's Mystik. 8. (7 B.) Stuttgart u. Tübingen 838, Cotta'sche Buchh.

Wullen, Wilh. Ludw., die Cultusformen der evangel. Kirche Württembergs. gr. 8. (131 S.) Stuttgart 847, Cotta. 18 ngr

——, Jak. Böhme's Leben u. Lehre. 8. (10½ B.) Stuttgart 836, S. G. Liesching.

Wullen, Wilh. Ludw., der Theismus. Philosoph. Erörterungen. gr. 8. (VIII, 72 S.) Schw.-Hall 888, Schober. *

Wullenweber u. Markus Meier. Eine geschichtl. Erinnerung von G. M. gr. 8. (23 S.) Leipzig 847, Thomas. n. 4 ngr

Wullenweber, Ernst [app. Arzt aus Lygumkloster]: Zur normalen und pathologischen Anatomie der Mesenterialdrüsen . . . Kiel, Druck v. A. F. Jensen, 1889; 35 + 1 S. u. 1 Taf. 8°
Kiel, Med. Fak., Inaug.-Diss. v. 20. Febr. 1889.

Wullenweber, E., zur normalen u. pathologischen Anatomie der Mesenterialdrüsen. Inaug.-Diss. gr. 8. (35 S. m. 1 Taf.) Kiel 889. (Gnevkow & v. Gellhorn.) n. 2. —

Wullenweber, Hans: Aus dem städtischen Krankenhause zu Kiel. Zur Verbreitung der venerischen Erkrankungen in Kiel. *Kiel 1898: P. Peters.* (37 S.) 8°
Kiel, Med. Diss. v. [14. Febr.] 1898

Wüllenweber, Albert, aus Berlin: Mrs. Centlivre's Lustspiel 'Love's Contrivance' und seine Quellen. *Halle a. S. 1900: H. John.* (43 S.) 8°
Halle, Phil. Diss. v. 1900

Wüllenweber, F. W., Diagramme der elektrischen u. magnetischen Zustände u. Bewegungen. Zugleich ein Beitrag zur Beantwortg. der Fragen: Was ist Elektrizität? Was ist Magnetismus? In Uebereinstimmg. m. den Ergebnissen der Experimental-Untersuchgn. entworfen u. begründet. Mit ca. 60 Orig.-Zeichngn. auf 10 (farb.) lithogr. Quart-Taf. gr. 8. (64 S.) St. Johann a. d. S. 901. (Leipzig, J. A. Barth.) n. 4. —

Diagramme der elektrischen und magnetischen Zustände und Bewegungen. Zugl. e. Beitrag z. Beantwortung d. Fragen: Was ist Elektrizität? Was ist Magnetismus? In Uebereinstimmung mit d. Ergebnissen d. Experimental-Untersuchungen entw. u. begründet von F. W. **Wüllenweber.** Mit ca. 60 Orig.-Zeichn. auf 10 Taf. Als Ms. gedr. *St. Johann a. d. Saar 1901: F. Courths.* (64 S.) 8° [J.] [01. 8;,8

Wüllenweber, Franz [Oberl.]: Beiträge zur Geschichte der englischen Grammatik. '(17. Jh.)' Berlin, R. Gaertner, 1892; 27 S. 4.
Berlin, III. st. HB. OP 1892 (110)

Wüllenweber, F[ranz]: [Kurzes Lebensbild des am 7. Septbr. 1908 verstorbenen Prof. Dr. Franz Grosse.] S. 16—17. 4.
Progr. Achte Realschule *Berlin* 1909 (160).

Wüllenweber, Heinrich

Wüllenweber, H., s. Lehrgang der französischen Sprache.

Wüllenweber, H., Lehrgang der französischen Sprache, s. Steinbart, Q.

—— Uebungsbuch zum Uebersetzen ins Französische, s. a. Steinbart, Q.

Wüllenweber, H. Uebungsbuch zum Uebersetzen ins Französische für höhere Lehranstalten, hrsg. 4. Aufl. 8. (VIII, 172 S.) Berl. 891, H. W. Müller. * 1 20
Vorstehendes bildet den 3. Tl. vom Lehrgang der französ. Sprache von Steinbart u. Wüllenweber.

— Uebungsbuch zum Uebersetzen ins Französische f. höhere Lehranstalten. 5. Aufl. (IV, 173 S.) 8. Berlin 906. H. W. Müller. n. 1. 20; geb. n. 1. 50

Wüllenweber, H. Vaugelas und seine Commentatoren. (Beitrag zur Geschichte der französischen Sprache während des 17. Jahrhunderts.) Berlin, Soph. R., 1877. 38 S. 4.

Wüllenweber, H., Wörterbuch der französischen u. deutschen Sprache. s.: Molé, A.

Wüllenweber, Heinr., Wörterbuch der französischen u. deutschen Sprache, s.: Thibaut, M. A.

Wüllenweber, Walther [aus Bergneustadt (Rheinprovinz)]: Über Tennysons Königsidylle The Coming of Arthur und ihre Quellen. Ein Beitrag zur Geschichte der Artus-Sage. . . . Marburg, *Druck v. George Westermann in Braunschweig,* 1889; 2 Bl. + 66 S. + 1 Bl. 8°
Marburg, Phil. Fak., Inaug.-Diss. v. [3. Mai] 1889

Wüllenweber, Walth., s.: Recueil de contes et récits pour la jeunesse.

Wüller, Cl., die Rheinbacher Hexe. Die Holländer in Rheinbach. Zwei histor. Erzählungen. 8. (VI, 279 S.) Paderborn 881. F. Schöningh. n. 2. 50

Wüllerstorf-Urbair, Bernhard von: Beitrag zur Theorie der Luftströmungen und der Vertheilung der Winde auf der Oberfläche der Erde. Mit 1 Karte. (Separ.-Abdr. aus den Mittheil. d. k. k. Geograph. Gesellsch. II. Jahrg., II. Heft.) Wien 1858.

Wüllerstorf-Urbair, Bernh. v., Bemerkungen über die physikalischen Verhältnisse des adriatischen Meeres. Mit 1 (lith.) Taf. (in Fol.) (Abdr. aus dem Sitzungsber. der k. Akad. der Wissensch.) Wien 863. (Gerold.) gr. 8. (23 S.) n. 6 ngr

Wüllerstorf-Urbair, B. v., die meteorologischen Beobachtungen und die Analyse des Schiffcurses während der Polarexpedition unter Weyprecht und Payer, 1872—1874. Imp.-4. (24 S. mit 1 Stnt. in gr. Fol.) Wien 875, (Gerold's Sohn.) *
Aus: Denkschriften der k. Akademie der Wissenschaften, besonders abgedruckt.

Wüllerstorff-Urbair, B. v., die meteorologischen Beobachtungen am Bord des Polarschiffes „Tegetthoff", Commandant: Linienschiffslieut. Carl Weyprecht, in den J. 1872—1874. Imp.-4. (148 S. mit 4 lithogr. Taf.) Wien 880, (Gerold's Sohn.) *
Aus: Denkschriften der k. Akademie der Wissenschaften, besonders abgedruckt.

von **Wüllerstorf-Urbair,** Bernhard Freiherr: Die meteorologischen Beobachtungen am Bord des Polarschiffes „Tegetthoff". Commandant: Linienschiffs-lieutenant Carl Weyprecht. In den Jahren 1872–1874. ([S.-A.] Denkschriften der mathematisch-naturwissenschaftlichen Classe der Kaiserlichen Akademie der Wissenschaften Bd. 43, S. 147–292.) Wien 1881. 148 S., 4 Tf. 4°

(Wüllerstorf und Urbair, Bernhard v., k. k. Contre Admiral.) Betrachtungen eines See-Officiers über die Verbindung der Donau mit dem adriatischen Meere. 8. Wien **1861.**

—— das Eisenbahnnetz im westlichen Theile der österreichisch-ungarischen Monarchie, mit besonderer Berücksichtigung des adriatischen Meeres. gr. 8. (141 S. mit 3 Tab. in qu. 4. und Fol.) Wien 875, Lehmann und Wentzel. *

Wüllerstorf-Urbair, B. v.: Reise der österreichischen Fregatte „Novara" um die Erde in den Jahren 1857, 1858, 1859 unter den Befehlen des Commodore –. Nautisch-physikal. Theil. I. Abth. Geograph. Ortsbestimmungen und Fluthbeobachtungen. II. Abtheil. Magnetische Beobachtungen. (Mittheil. der Hydrogr. Anst. der k. k. Marine, I. Bd., 1., 2. Heft.) Wien 1862, 63.

Wüllerstorf, B. v., über Schmalbahnen, speciell über eine Eisenbahn von Triest nach Pola. gr. 8. (51 S.) Wien 872, Gerold's Sohn. *

– Dass., s.a. Wüllner, Franz

Wüllerstorff-Urbair, Bernh. Frhr. v., vermischte Schriften. Hrsg. von s. Witwe. gr. 8. (XXIII, 684 S.) Graz 889. Selbstverl. d. Herausgeberin. Nicht im Handel.

Wüllerstorff-Urbair, Bernh. Frhr. v., über das Verhalten und die Vertheilung der Winde auf der Oberfläche der Erde, sowie insbesond. über die Windverhältnisse am Cap Horn. Zwei Briefe an Hrn. M. F. Maury. Lex.-8. (46 S. mit eingedr. Holzschn. und 4 S. Tab. in qu. gr. 4. und 6 lithogr. Taf. in qu. gr. 4., qu. Fol. und gr. Fol.) Wien 860, (Gerold's Sohn.) *

—— zur Vertheilung der Winde auf der Oberfläche der Erde, die Monsune, insbesond. jene des chines. Meeres und Schreiben an Hrn. k. k. Commodore v. Wüllerstorf von M. F. Maury. Zwei Mittheilungen vorgelegt von W. Haidinger. Lex.-8. (42 S.) Wien 859, (Gerold's Sohn.) * *
Vorstehende Schrift des Verf. wurde aus: Sitzungsberichte der k. Akademie der Wissenschaften, Jahrg. 1860 und 1859, besonders abgedruckt.

Wüllerstorf-Urbair, Frhr. B. v., zur wissenschaftlichen Verwerthnng des Aneroides. gr. 4. (16 S.) Wien 871, (Gerold's Sohn.) *
Aus: Sitzungsberichte der k. Akademie der Wissenschaften, besonders abgedruckt.

—— über die Wichtigkeit des adriatischen Meeres für Oesterreich und dessen Vertheidigung. gr. Lex.-8. (18 S.) Wien 861, (Gerold's Sohn.) * *
Aus: Oesterreichische militärische Zeitschrift, Jahrg. 1861, besonders abgedruckt.

Wullimann, A. Jubiläumsschiesset uf em Juraberg bim Hans Holderblust. Humor.-patr. Schwank m. Musik u. Tanz. 8°. 30 S. Grenchen, Niederhäusers Buchh. 1899 — 50

Wüllmers, Friedrich [app. Arzt aus Uenzen in Hannover]: Ueber Verblutungstod während der Gravidität ... Tübingen, F. Pietzcker, 1894; 14 S., 1 Bl. 8.
Tübingen, Med. Fak., Inaug.-Diss. v. 1894

Wüllner, Adolf: Ableitung der Kardinalpunkte eines centrischen optischen Systems. Aachen. 1865.
Schul-/Univ.-Schrift

ADOLPH WÜLLNER, Die Absorption des Lichtes in isotropen Mitteln. (Herrn Christian Ludwig Gerling ... zur Feier seines fünfzigjährigen Doctor-Jubiläums im Namen der Gesellschaft zur Beförderung der gesammten Naturwissenschaften zu Marburg am 21. Mai 1862 überreicht.) Marburg. 1862. N. G. Elwert'sche Universitäts-Buchdruckerei. 8°.

Wüllner, Adph., Einleitung in die Dioptrik des Auges. Leipzig 866. Teubner. gr. 8. (III, 92 S. mit 19 Figg. in eingedr. Holzschn.) 24 ngr.

Wüllner, A., Ueber Elektricitäts-Entwickelung beim Lösen von Salzen.

— Entgegnung auf die Erwiederung des Herrn Kirchhoff.

Wüllner, A[dolph]: Die Entwicklung der Grundanschauungen in der Physik im Laufe unseres Jahrhunderts. 1887. 14 S. 8°

Wüllner, Ad. Die Entwicklung der Grundanschauungen in der Physik im Laufe unseres Jahrhunderts. Rede. Aachen 1887.

Festrede zur Feier des hundertsten Geburtstages Kaiser Wilhelms I. geh. am 22. März 1897 in der Aula der Kgl. Technischen Hochschule zu Aachen von Prof. Dr. A[dolph] **Wüllner.** 20 S. 8°

Kaiser Friedrich III. Rede, geh. anlässlich der Trauerfeier in der Aula der Kgl. Technischen Hochschule zu Aachen am 30. Juni 1888 von Prof. Dr. [**Adolph**] **Wüllner.** 20 S. 8°

Wüllner, Adph., Compendium der Physik für Studirende an Universitäten und technischen Hochschulen. Mit eingedr. Holzschn. 2 Bde. gr. 8. Leipzig 879, Teubner. à Bd. * ℳ 9,60. *
Inhalt:
Bd. 1. Allgemeine Physik, Akustik und Optik. (VIII, 659 S. mit 1 Chromolithogr.)
„ 2. Die Lehre von der Wärme, dem Magnetismus und der Elektricität. (VIII, 703 S.)

Wüllner: Die Lage der Aetherschwingungen im polarisirten Lichte. Aachen. 1864. 19 S.
Schul-/Univ.-Schrift

—— Lehrbuch der Experimentalphysik mit theilweiser Benutzung von Jamin's cours de physique de l'école polytechnique. 2 Bde. à 2 Abthlgn. Lex.-8. Leipzig, Teubner. [1. Bd. 1. Abthl. (III und S. 1—599 mit eingedr. Holzschn.) 862. * 2 Thlr. 16 Ngr., 1. Bd. 2. Abthl. (XIV und S. 600—1069 mit eingedr. Holzschn. und 2 Chromolithogr.) 863. * 2 Thlr. 12 Ngr., 2. Bd. 1. Abthl. (S. 1—488 mit eingedr. Holzschn.) 863. * 2 Thlr. 12 Ngr., 2. Bd. 2. Abthl. 2 Lfgn. (XII und S. 489—1352 mit eingedr. Holzschn.) 865. (1. Lfg. * 2 Thlr., 2. Lfg. * 2 Thlr. 10 Ngr.) * 4 Thlr. 10 Ngr.] *

— Lehrbuch der Experimentalphysik mit theilweiser Benutzung von Jamin's cours de physique de l'école polytechnique. 1. Bd. Mechanik u. Akustik. [3. Ausg.] 2. vielfach umgearb. u. verb. Aufl. Ebend. 870. Lex.-8. (XII, 702 S. mit eingedr. Holzschn.) n. 2 ℛ𝓅 2 ngr.

Wüllner, Adf., Lehrbuch der Experimentalphysik. II—IV. Bd. [3. Ausg.] 2. vielfach umgearb. Aufl. Lex.-8. Leipzig 871. 72. Teubner. n. 30. — (cplt. n. 38. —)
II. Die Lehre vom Licht. Mit vielen (eingedr.) Holzschn. u. 4 (Chromolith.) Spectraltaf. (in qu. Fol.) (VII, 612 S.) n. 9. —
III. Die Lehre v. der Wärme vom Standpunkte der mechan. Wärmetheorie bearb. Mit vielen in den Text gedr. Holzschn. (XII, 660 S.) n. 8. —
IV. Die Lehre vom Magnetismus u. der Elektricität. Mit vielen in den Text gedr. Holzschn. (XII, 1006 S.) n. 13. —

— dasselbe. 4 Bde. 3. vielfach umgearb. u. verb. Aufl. Lex.-8. Ebend. 874—76. n. 41. —
1. Mechanik u. Akustik. (VIII, 737 S.) n. 9. —
2. Die Lehre vom Licht. Mit vielen (eingedr.) Holzschn. u. 3 (lith. u. chromolith.) Spectraltaf. (in qu. Fol. (VIII, 624 S.) n. 9. —
3. Die Lehre v. der Wärme. Mit vielen (eingedr.) Holzschn. (VIII, 717 S.) n. 9. —
4. Die Lehre vom Magnetismus u. v. der Elektricität. Mit vielen (eingedr.) Holzschn. (VIII, 1031 S.) n. 14. —

Wüllner, Adph., Lehrbuch der Experimentalphysik. 1.—3. Bd. 4. vielfach umgearb. und verb. Aufl. gr. 8. Leipzig, Teubner. *

Inhalt:
Bd. 1. Allgemeine Physik und Akustik. (VIII, 848 S.) 882. *ℳ 10.
» 2. Die Lehre vom Licht. (VII, 704 S. mit eingedr. Holzschn. und 3 zum Theil farb. Stnt.) 883. *ℳ 10.
» 3. Die Lehre von der Wärme. (VII, 825 S.) 885. *ℳ 12.

Wüllner, Adph., Lehrbuch der Experimentalphysik. 4. Bd.: Die Lehre vom Magnetismus und von der Elektricität, mit einer Einleitung „Grundzüge der Lehre vom Potential". 4. vielfach umgearb. und verb. Aufl. gr. 8. (XII, 1231 S. mit eingedr. Holzschn.) Leipzig 886, Teubner. *

Wüllner, Adph., Lehrbuch der Experimentalphysik. 1. Bd. Allgemeine Physik u. Akustik. 5., vielfach umgearb. u. verb. Aufl. gr. 8. (X, 1000 S. m. 321 Abbildgn.) Leipzig 895. B. G. Teubner. n. 12. —

Wüllner, Adph., Lehrbuch d. Experimentalphysik. 2. u. 3. Bd. 5., vielfach umgearb. u. verb. Aufl. gr. 8. Leipzig, B. G. Teubner. n. 30. —
2. A. u. d. T.: Die Lehre von der Wärme. (XI, 935 S. m. 131 Fig.) 896. n. 12. —
3. Die Lehre v. Magnetismus u. v. d. Elektricität m. e. Einleitg. Grundzüge der Lehre v. Potential. (XV, 1414 S. m. 341 Abb. u. Fig.) 897. n. 18. —

Wüllner, Adph., Lehrbuch der Experimentalphysik. 5. vielfach umgearb. u. verb. Aufl. 4. Bd. Die Lehre v. der Strahlg. 2 Halbbde. gr. 8. (XII, 1042 S. m. 299 Abbildgn., Fig. u. 4 lith. Taf.) Leipzig 899. B. G. Teubner. n. 14.—; (kplt. n. 56.—)

Wüllner, Adph., Lehrbuch der Experimentalphysik. 6. Aufl. 1. Bd. Allgemeine Physik u. Akustik. Bearb. v. A. Wüllner u. A. Hagenbach. (XIV, 1058 S. m. 333 Abbildgn. u. Fig.) gr. 8. Leipzig 907. B. G. Teubner. 16.—; geb. 18. —

— Ueber das Peltier'sche Phanomen und die thermo-elektromotorische Kraft der Metalle (Poggendorff's Annal., Bd. CXLV.)

Wüllner u. a. Reine und angewandte Physik. Berlin. 1887.

— Ueber die Spectra einiger Gase bei hohem Drucke. (Auszugl. vorgetragen in der allgem. Sitzung der niederrh. Ges. fur Natur- und Heilk. am 11. Marz 1869.) (Aus Poggendorff's Ann., Bd. CXXXVII.)

— Ueber die Spectra einiger Gase in Geissler'schen Rohren (Ann. d. Phys. und Chemie, Bd. CXLIV, 1871, No. 12, Bd. CXLVII, 1872, No. 11.)

— Ueber die Spectra der Gase in Geissler'schen Rohren. (Fortsetzung von Bd. CXLVII dieser Annalen.)

— Ueber die Spectra des gluhenden Wasserstoffes. (Besonders abgedruckt aus der Festschrift der Niederrh. Ges. fur Natur- u. Heilk. zum 50jahr. Jubilaum der Univers. Bonn.) [o. O. u. J.]

Wüllner, Adolph, Dr., Studien uber die Entladungen des Inductionsstromes in mit verdunnten Gasen gefullten Raumen. (Separ.-Abdr. aus Poggend. Annalen der Physik und Chemie. Jubelbd.) Leipzig [o. J.]

Wüllner, Adolph, Dr., Versuche uber die Spannkraft der Dampfe aus Losungen von Salzgemischen. (Habilitations-Arbeit.) Marburg 1858.

— Versuche uber die Spannkraft des Wasserdampfes aus wasserigen Salzlosungen. (Auszuglich mitgetheilt der Kgl. Akad. der Wissensch. zu Berlin am 25. Febr. 1858.) (Aus Poggendorff's Ann., Bd. CIII.)

— über den Wechsel u. die Erhaltung der Kraft. Ein Vortrag gehalten zu Marburg am 20. Decbr. 1859. (Abgedr. aus der Zeitschrift „Natur u. Offenbarung.") Münster 860. Aschendorff. 8. (23 S.) 3 ngr.

— Wind u. Wetter, s. Vorträge, öffentliche, 2c.

Ansprache beim Festakt zur Feier des 50jährigen Bestehens des Konservatoriums der Musik in Köln am 10. Mai 1900 von Franz Wüllner. Köln 1900: M. Dumont-Schauberg. (8 S.) 8° [Umschlagt.]

— die Bedeutung der sprachlichen Casus u. Modi. Ein Versuch. gr. 8. Münst. 827. Coppenrath. 10 gr.

Wüllner, F. Comment. de aliquot carm. Horatii. (Sat. II. 4. Od. I. 16, 22. III. 17.) 12 S. . . . .
Dusseldorf, Progr. 1833

Wüllner, Fz., Chorübungen der Münchener Musikschule. 1. Stufe. hoch 4. (90 S.) München 876. Th. Ackermann. n. 1. 80

Wüllner, Frz., Chorübungen der Münchener Musikschule. 1. und 2. Stufe. hoch 4. München, Th. Ackermann. [1. Stufe. 1. und 2. Aufl. (90 S.) 876,78. *ℳ 1,80.; 2. Stufe. (139 S.) 877. *ℳ 3.] *

Wüllner, Frz., Chorübungen der Münchener Musikschule. 1. und 2. Stufe. hoch 4. München, Th. Ackermann. [1. Stufe. 3.—7. Aufl. (90 S.) 880—83. *ℳ 1,80.; 2. Stufe. 2. Aufl. (139 S.) 883. *ℳ 3.] *

Wüllner, Frz., Chorübungen der Münchener Musikschule. 1. und 2. Stufe. hoch 4. München, Th. Ackermann's Verlag. [1. Stufe. 8.—11. Aufl. (90 S.) 885—88. *ℳ 1.80.; 2. Stufe. 3. Aufl. (139 S.) 888. *ℳ 3.—.] *

Wüllner, Frz. Chorübungen d. Münchener Musikschule. 1. Stufe. 12.—14. Aufl. Lex.-8. (90 S.) Münch. 890—92, Th. Ackermann's Verlag. * 1 80

Wüllner, Frz., Chorübungen der Münchener Musikschule. 1. Stufe. 14. u. 15. Aufl. Lex.-8. (90 S.) München 892. 893. Th. Ackermann. n. 1. 80

— dasselbe. 2. Stufe. 4. Aufl. hoch 4. (139 S.) Ebd. 894. n. 3. —

Wüllner, Frz., Chorübungen d. Münchener Musikschule. 1. u. 2. Stufe. Lex.-8. München, Th. Ackermann. n. 4. 80
1. 19. Aufl. (90 S.) 898. n. 1. 80
2. 5., unveränd. Aufl. (139 S.) 899. n. 3. —

—— dass. — 3. Stufe. Partitur. hoch 4. (X, 169 S.) Ebendas. 881. *

—— dass. — 3. Stufe. Partitur. 2. Aufl. hoch 4. (VIII, 169 S.) Ebendas. 885. *

—— dass. — 4 Stimmenhefte. hoch 4. (62; 60; 60; 57 S.) Ebendas. 881. à Heft *ℳ 3. *

— dasselbe. Neue Folge. Mustersammlung 5- bis 16 stimm. Gesänge aus dem 16., 17. u. 18. Jahrh. Partitur. 1. Abtlg. hoch 4. (137 S.) Ebd. 893. n. 6. —

— dasselbe. 4 Stimmen. 1. Abth. hoch 4. Ebd. 893. à 1. 50
Sopran I, II. (40 S.) — Alt I, II. (40 S.) — Tenor I, II. (43 S.) — Bass I, II. (39 S.)

— dasselbe. 2. u. 3. Abth. 4 Stimmen. hoch 4. Ebd. 893. 94. à n. 1. 50
Sopran I, II. (S. 41—139.) — Alt I, II. (S. 41—131.)
Tenor I, II. (S. 44—139.) — Bass I, II. (S. 40—124.)

— dasselbe. Neue Folge. Partitur. 2. Abth. Lex.-8. (S. 138—289.) Ebd. 893. n. 6.— (I—II, 2.: n. 21. 60)

— dasselbe. Partitur. 3. Abth. hoch 4. (S. 290—419.) Ebd. 894. n. 6.— (I—II, 3.: n. 27. 60)

— dasselbe. Neue Folge. Mustersammlung 5- bis 16 stimm. Gesänge aus d. 16., 17. u. 18. Jahrh. Gesammt-Ausg. Partitur. Lex.-8. (IX, 419 S.) Ebd. 895. n. 15.—

Wüllner, Frz., Chorübungen der Münchener Musikschule. 1. u. 3. Stufe. Lex.-8. München, Th. Ackermann. à n. 1. 80
1. 25. Aufl. (90 S.) 902. — 3. Sopran. 3. Abdr. (62 S.) 899.

Wüllner, Frz., Chorübungen der Münchener Musikschule. 3. Stufe. Partitur. 5. Aufl. (X, 169 S.) Lex.-8. München 905. Th. Ackermann. n. 4. 80

Wüllner, Frz., Chorübungen der Münchener Musikschule. I.—III. Stufe. Lex.-8. München, Th. Ackermann. n. 6. 80
I. 30. Aufl. (90 S.) 906. n. 1. 80; geb. in Leinw. n. 2. 60
II. 6. unveränd. Aufl. (139 S.) 903. n. 3.—
III. Alt. 3. Abdr. (60 S.) (905.) n. 2.—

Wüllner, Frz., Chorübungen der Münchener Musikschule. I.—III. Stufe. Lex. 8. München, Th. Ackermann. 9. 60
I. 36. Aufl. (90 S.) 911. 1.80; geb. 2. 60
II. 8. unveränd. Aufl. (139 S.) 911. 3.—
III. Partitur. 6. Aufl. (X, 169 S.) 910. 4. 80

Wüllner, Franciscus (geb. am 27 Nov. 1798 in Sollinghausen Rgbz. Arnsberg): De cyclo epico poetisque cyclicis commentatio philologica ab illustrissimo philosophorum ordine in academia Borussica Rhenana praemio ornata . . . Accedunt Excerpta ex Procli chrestomathia et fragmenta aliquot cyclicorum carminum. Monasterii, ex off. Coppenrathiana 1825. VI, 98 S. 8. * Erschien 1826 selbständig bei Coppenrath in Münster.
Bonn, Phil. Fak., Diss. v. 19 Sept. 1825

***Wüllner*, Frz. deP., de cyclo epico poetisque cyclicis comment. philologica. 8maj. Münst. 825. Coppenrath. 10 gr.**

Zu Johannes Brahms' Gedächtnis. Worte d. Erinnerg gespr. v. Franz Wüllner. 2. Mai 1897. *(Köln): Dr. v. M. du Mont Schauberg (1897).* (8 S.) 1 Bd 8.

Wüllner, F. Commentatio de Laevio poeta. 11 S. . . . . .
Recklinghausen, Progr. 1830

— Méthode élémentaire de chant choral. Traduite d'après la 25. éd. et précédée d'une brève introduction par Georges Humbert. (III, 82 S.) Lex.-8. Ebd. 904. n. 1. 60

Wüllner, F. Ueber den König Oedipus des Sophocles. 10 S. . . .
Düsseldorf, Progr. 1840

Wüllner, Fz., über Schmalbahnen speciell üb. e. Eisenbahn v. Triest nach Pola. gr. 8. (51 S.) Wien 872. Gerold's Sohn. n. 1. 60

Dass., s.a. Wüllerstorf-Urbair, Bernhard von

Wüllner, Franciscus (geb. am 27 Nov. 1798 in Sollinghausen Rgbz. Arnsberg): Theses controversae . . . quas una cum commentatione . . . De cyclo epico poetisque cyclicis . . . defendet. [Bonnae], ex off. Thormanniana (1825). 4 Bl. 8.
Bonn, Phil. Fak., Thes. v. 9 Sept. 1825

Wüllner, Frz., Treatise of Choral Singing. English copyright edition by Alb. Spengel. Lex.-8. (86 S.) München 882, Th. Ackermann. *

—— über Ursprung u. Urbedeutung d. sprachl. Formen. 8. (23 B.) Münster 831, Theissing.

Wüllner, Frz., üb. d. Verwandtschaft d. Indogermanischen, Semitischen u. Tibetanischen, nebst e. Einleit. üb. d. Ursprung d. Sprache. gr. 8. (13½ B.) Münster 838, Theissingsche Buchh.

Wüllner, F. De P. Terent. Varronis Atacini vita et scriptis. 34 S. . . . .
Munster. Progr. 1829

Wüllner, Franc., de P. Terentii Varronis Atacini vita et scriptis commentat. 4. (5 B.) Monasterii 829, Coppenrath.

Wüllner, J., Gesangbuch für ein- und zweiklassige katholische Volksschulen. Mit besond. Berücksicht. der Lieder in den Grüwell'schen Lesebüchern zusammengestellt und in Chevé'scher Ziffernnotation bearb. 8. (II, 112 S.) Arnsberg 886, (Stahl.) **

Wüllner, Ludw., das Hrabanische Glossar und die ältesten bairischen Sprachdenkmäler. Eine grammat. Abhandlung. gr. 8. (VIII, 136 S.) Berlin 882, Weidmann'sche Buchh. *

Wüllner, Ludwig: Die Lautlehre des Hrabanischen Glossars. Ein Beitrag zur Grammatik des Althochdeutschen. Berlin, Druck von W. Pormetter, 1882. 8. 47 S.

Wullschlägel, H. R., Aus dem Tode zum Leben. Christliche Erzählungen. Heidelberg 863. K. Winter. 8. (2 Bl., 200 S.) n. 12 ngr.

Wullschlägel, H. R., aus dem Tode zum Leben. Christliche Erzählg. 2. Aufl. 8. (179 S.) Heidelberg 874. C. Winter. n. 1. 20

—— **Draußen und Daheim! Christliche Erzählungen. (IV.) [Am Kaukasus. Die ersten Ansiedler auf dem Riesengebirge. Die Gepreßten. Drei Bilder in einem Rahmen: 1. Die Saat. 2. Die Blüthe. 3. Die Reife. Wohlthun trägt Zinsen.] 8. (III, 179 S.) Ebendas. 869.** cart. *

Wullschlägel, H. R., Lebensbilder aus d. Geschichte der Brüdermission. Ein Beitrag z. allgemeineren Kenntniß u. Förderung der evangel. Missionssache überhaupt u. der Missionen der Brüdergemeine insbesondere. 12. (7½ B.) Stuttgart 843, J. F. Steinkopf.

Wullschlägel, H. R., Lebensbilder aus d. Geschichte der Brüdergemeinde rc. 2. Hft., s. Lebensbilder.

— dass. Neue Sammlung rc, s. Lebensbilder aus d. Geschichte der Brudermission.

—— **Lebensführungen. Christliche Erzählungen. (II.) [Der Mensch denkt und Gott lenkt. Arm und doch reich.] 8. (III, 152 S.) Ebendas. 867.** cart. *

—— **Mancherlei Wege. Christliche Erzählungen. (III.) [Das Dohlennest. Der Bildermann. Die Auswanderer.] 8. (III, 179 S.) Ebendas. 867.** cart. *

Wullschlägel, H. R., mancherlei Wege. Christliche Erzählungen. [3. Sammlung.] 2. Aufl. 8. (154 S.) Heidelberg 881, C. Winter's Universitäts-Buchh. cart. *

Wullschlegel, Arnold s. Favre, Emile. Faune des macro-lépidoptères du Valais.... Schaffhouse 1899.

Wullschlegel, J. Faunistisches aus dem Aargau; Verzeichniss aargauischer Geometriden. In-8°, 20 S. Aarau, Sauerländer.
*** Separatabdruck aus den „Mittheilungen der aargauischen naturforschenden Gesellschaft", II. Heft (1880). Aarau, Sauerländer.

Wullschlegel, J., die Noctuinen der Schweiz. gr. 8. (VI, 101 S.) Aarau 873, (Sauerländer's Verlag.) *
Aus: Mittheilungen der schweiz. entomolog. Gesellschaft, besonders abgedruckt.

Wullschleger, Eugen (Red.), s. Arbeiterfreund, Basler.

Wullschleger, Otto (Red.), s. Blätter, Schweizerische, für Wirtschafts- und Sozialpolitik.

Wullstein, Johannes, appr. Arzt: Über Hydrocele feminae. Halle a. S. 1909: Kaemmerer. 30 S. 8°
Halle, Med. Diss. v. 22. Febr. 1909, Ref. Veit
[Geb. 18. April 82 Bilzingsleben; Wohnort: Hahnenklee b. Goslar; Staatsangeb.: Preußen; Vorbildung: Pädagog. z. Kloster U. L. F. Magdeburg Reife M. 02; Studium: Halle 10 S.; Coll. 19 Febr. 09; Approb. 16. Jan. 09.]
[U 09. 1625

Wullstein, Louis [aus Leopoldshall (Anhalt)]: Die Geschlechtslage. Berlin, Buchdr. v. G. Schade, 1891; 91 S. 8°
Berlin, Med. Fak., Inaug.-Diss. v. 25. März 1891

Wullstein, L[ouis], Dr., Assistenzarzt d. Klinik: Aus d. Kgl. chirurg. Universitätsklinik d. Hrn Prof. v. Bramann in Halle a. S. Die Skoliose in ihrer Behandlung und Entstehung nach klinischen und experimentellen Studien. (T. 1.) Stuttgart 1902: Union. (88 S.) 8°
(Erscheint vollst. in: Zeitschrift f. orthopäd. Chirurgie. Bd 10.)
Halle, Med. Hab.-Schr. v. 1902.

Wullstein, L., die Skoliose in ihrer Behandlung u. Entstehung. Nach klin. u. experimentellen Studien. gr. 8. (VIII, 212 S. m. 115 Abbildgn.) Stuttgart 902. F. Enke. n. 7. 60
Sonderabdruck aus: „Zeitschr. f. orthopäd. Chirurgie".

Wullstein (Ludw.), s.: Lehrbuch der Chirurgie.

Wulp, [Johann Heinrich]. Predigt zur Weihe des neuen vierstimmigen Geläutes in Zell, gehalten am 29. August 1886. 8. Elgg 1886.

Wulsch, Adf., die landwirtschaftl. Verwertg. der städt. Kanalwässer nach dem Vorbilde v. Eduardsfelde bei Posen. Mit Zeichngn., Tabellen u. Kostenberechngn. (X, 100 S. m. Abbildgn., 6 Plänen u. 2 Taf.) gr. 8. Posen 903. (Leipzig, F. Leineweber.)
Geb. in Leinw. n. 6. —

Wulsch, Gustavus: De praepositionis „per" usu Liviano. Halis Saxonum 1880: Karras. 79 S. 8°
Halle-Wittenberg, Phil. Diss. v. [1. Juli] 1880
Geb. Seehausen (Altmark) 21. 10. 1855. V.
Als Forts. dieser Studien ersch. vom Verf.: De verbis cum praepositione „per" compositis apud Livium. 1. Barmen 1889: Steinborn. 34 S. 8° Realgymn.-Progr.

Wulsch, Wilhelm, a. Berlin: Der öffentliche Rechtszustand auf der Insel Kreta dargestellt unter Zugrundelegung der Verfassungsurkunde vom 28. 4. 1899. Borna-Leipzig 1908: R. Noske. (IX, 90 S.) 8°
Münster, Rechts- u. staatsw. Fak., Ref. v. Savigny, Diss. v. 3. Febr. 1908
[Geb. 26. Sept. 82 Magdeburg; Wohnort: Berlin; Staatsangeb.: Preußen; Vorbildung: Realgymn. Magdeburg Reife O. 03; Studium: Berlin 6 S.; Rig. 2. Aug. 07.]

WULSCHNER, Reinhold (Königshofen): Über Myodegeneration des Herzens.- München: Bernhard 1884. 34 S., 1 Bl.
21.7.1884 - Urk (Titel: De cordis myodegeneratione.); Chr 1884/85,19
Diss.Ingolst.-Landsh.-Mchn.

Wulsten, Herrm., die neuen Agrar-Gesetze des preuß. Staats etc., s. a. Agrar-Gesetze.

Wulsten, Herrm.: Die neuen Agrar-Gesetze des Preußischen Staates. Vom 2. u. 11. März 1850. Mit d. Motiven der Regierung u. der Kammern nebst Anm. Frankfurt a. d. O. 1850.

Wulsten, (H.), Erfahrungen über die practischen Grundsätze u. die Erfolge der Drainage. Gesammelt auf einer Reise nach Neu-Pommern im Juni 1852. Lex. 8 (29 S. m. 4 lith. Taf. in gr. 8. u. qu. gr. 4.) Frankfurt a. O. 852, Trowitzsch & Sohn. 9 ngr

Wulsten, Max [pr. Arzt aus Treuenbrietzen]: Zur Indicationsstellung des hohen Forceps ... Berlin, Buchdr. v. Gustav Schade (Otto Francke) (1889); 45 + 1 S. + 1 Bl. 8°
Berlin, Med. Fak., Inaug.-Diss. v. 20. Aug. 1889.

Wultscheff, Nikola, a. Kasitschane in Bulgarien: Die verfassungsrechtlichen Befugnisse der bulgarischen Sobranje auf Grund der Konstitution von Tirnovo 1879. Greifswald 1904: H. Adler. (VI, 111 S.) 8°
Greifswald, Jur. Fak., Ref. Stoerk, Diss. v. 9. Jan. 1905
[Geb. 1. Mai 72 Kasitschani in Bulgarien; Wohnort: Sofia; Staatsangeh.: Bulgarien; Vorbildung: Gymn. Kasitschani M. 92; Studium: Jena 3, Bern 1, Greifswald 5 S.; Rig. 23. Okt. 01.]

Wultze, Adf., über die Einwirkung der Salpetersäure auf paranitrobenzoylirtes Anilin und Beitrag zur Kenntniss der Parachlormetanitrobenzoësäure. Inaugural-Dissertation. 8. (32 S.) Göttingen 878, (Vandenhoeck und Ruprecht's Verlag.) *

Wulz, Paul [aus Heidenheim a. d. Brenz]: Ueber Homologe des Tetrahydrochinolins und analoge Benzolderivate ... München, Buchdr. v. M. Ernst, 1891; 75 S. 8°
Erlangen, Phil. Fak., Inaug.-Diss. v. 1891.

(Wülzburg) Briefe (5) eines ausgewanderten Deutschen an den Fürsten v. Oettingen-Wallerstein. Augsburg [illegible] 18[illegible] [illegible]
[illegible]

Wulzinger, historisch-topographisch-statistische Beschreibung des Bezirksamts Eggenfelden und der umliegenden Gegend oder Lage, Beschaffenheit und früherer Zustand des Ysengaues, Rotach- und Quinzingaues, sammt der geschichtl. Beschreibung aller darin liegenden Kirchen, Schlösser, Burgen und Ortschaften, und einer Uebersicht der noch blühenden und erloschenen Geschlechter des uralten Rottgaues. gr. 8. (XIX, 320 S.) Regensburg 878. Coppenrath. *

WULZINGER, Emil (Eggenfelden): Beiträge zur Lehre von dem Bruch-Schnitte.- München: Stahl 1862. 16 S.
8.11.1862 - Urk (Titel: De herniotomia.); F 70
Diss.Ingolst.-Landsh.-Mchn.

Wulzinger, Michael

WULZINGER, Michael (Tittling): De aquis earumque usu medico.- Monachii: Auer 1831. 16 S.
30.8.1831 - Urk; F 60
Diss.Ingolst.-Landsh.-Mchn.

Wulzinger, M., Hydrologia, od. d. Heilkraft d. Wassers. Eine vollständ. Abhandl. üb. d. Eigenschaften u. d. Nutzen d. gem. Wassers u. d. Mineralquellen nach d. Grundsätzen d. Physik, Chemie u. Pharmakodynamik, z. Gebr. f. Aerzte u. Nichtärzte bearbeitet. 8. (9½ B.) Passau 839, [Pustet'sche Buchh.]

Wulzinger, M., Hydrologia oder die Heilkraft des Wassers. Eine vollständige Abhandlung über die Eigenschaften und den Nutzen des gemeinen Wassers und der Mineralquellen nach den Grundsätzen der Physik, Chemie und Pharmakodynamik, zum Gebrauche für Aerzte und Nichtärzte bearbeitet. Neue (Titel-)Ausg. Passau (838.) 853. Pleuger. 8. (VIII, 142 S.) 6 ngr.

WUNSCHMANN, E.
Geschichte der Physik im 19. Jahrhundert. ——. 1901.

Wund, s.a. **Wundt**.

Wund, Adalb., das Ringen nach Erfolg, Ehre u. Ansehen, Wohlstand u. Reichtum im Kampfe ums Dasein. Ein Wegweiser zum Glück, zur Erlangg. v. Beliebtheit, Einfluß, Erfolg im Geschäft, sowie e. zuverläss. Führer zur Herrschaft üb. seine Mitmenschen. Unter Zugrundelegg. der geheimnisvollen Kräfte der Faszination, der Suggestion, des persönl. Magnetismus, des Hypnotismus u. anderer Willensimpulse unter Ausnutzg. d. im Menschen schlummernden Kräfte. (III, 120 S.) 8. Leipzig (909). Modernmedizin. Verlag. 2.—

Wund, C. F., allgemein prakt. Anweisung für Großherzogl. Badische Landvorgesetzte u. Ortvorsteher, welche ihr Amt zur Zufriedenheit ihrer Obern bekleiden wollen. 8. Freiburg 810. Herder. 12 gr.

Wund, Martin, appr. Apotheker a. Breslau: Feststellung der Kardinalpunkte der Sauerstoffkonzentration für Sporenkeimung und Sporenbildung einer Reihe in Luft ihren ganzen Entwickelungsgang durchführender, sporenbildender Bakterienspecies. Marburg 1906: (Frommann, Jena). (65 S.) 8°
Marburg, Phil. Fak., Ref. Meyer, Diss. v. 20. Aug. 1906
[Geb. 12. März 76 Breslau; Wohnort: Marburg; Staatsangeh.: Preußen; Vorbildung: Gymn. Oels Primareife; Studium: München 2, Erlangen 2, Marburg 5 S.; Rig. 21. Febr. 06.]

Wundarzt, Der; eine Wochenschrift zur Beförderung der Kenntniss des menschlichen Körpers . . . Gera 1788—90. H: *Roth*, *Christian Gottfried.* (MGT)

— der, eine Wochenschrift von Chr. Gf. Roth. Jahrg. 1788. in 2 Bdn. 8. Leipz. 789—93. Schwickert. (1r Bd. 1 Thlr 4 gr 2r Bd. 20 gr) 2 Thlr

<u>Wundarzt</u> <u>philosophische</u> <u>praktische</u>
Der philosophische und praktische Wundarzt. Ein Seitenstück zu Weikard's philosophischem Arzte. Von einem Doktor und Professor der Chirurgie. 246 S., gbd.

Berlin: 1804

JB 3.072

— — dasselbe. 8. Wien, Gerold. 804.

Wundarzt, der philosophische u. praktische, ein Seitenstück zu Weickards philosoph. Arzte. 8. Wien 805. (Gerold; a. Rohrmann u. Schw.) 16 gr

Wundarzt, d. philosophische u. praktische, ein Seitenstück zu Weikards philosoph. Arzte. 8. Wien, Schalbacher. 805.

Wundärzte und Bader, ein offenherziger Briefwechsel zwischen einigen Freunden mit Biedergefühl jedem wackern Mann gewidmet. Wien 1783. V: *Madatdimsch*, *J.* (KY 6/295) ([Hch. Wolfg. Behrisch] Die Wiener Autoren. Pressb. 1784. S. 133)

Wundärzte u. Bader, ein offenherz. Briefwechsel zwischen einigen Freunden von Madatdemsch. 8. Wien 783. v. Mösle. 6 gr

Wundärzte, Die, in <u>Österreich</u> . . . Wels 1884. V: *Pröll*, *Dagobert.* (Hr)

P. G., Die Wundärzte in Oesterreich. Zur Frage der Wieder-Errichtung der medicinisch-chirurg. Lehranstalt in Salzburg. 8. (31 S.) Wels, Joh. Haas. 30 kr.
1884

<u>Wundärzte</u> <u>Österreich</u> <u>Pflichten</u>
Österreich's Wundärzte, ihre Pflichten und ihre Rechte; mit Rücksicht auf die oberherrlichen Vorrechte der Aerzte; nebst einem Plan zur zeitgemäßen Medizinal-Reform in Oesterreich; vom wundärztlichen Gremium in Wien. 64 S., gbd.

Wien: typ.Sommer 1848

JB 5.494

Wundel, C. A., der Magnetismus u. Hypnotismus zu Heilzwecken. 8. (14 S.) Berlin (W., Steinmetzstr. 39a I) 899. Selbstverlag. — 30

Wundemann, Johann Chr. Fr.

— Geschichte der christl. Glaubenslehren vom Zeitalter d. Athanasius bis auf Gregor den Großen. 2 Bde. gr. 8. Leipz. 798, 99. Kummer. 3 Thlr

— Mecklenburg, in Hinsicht auf Kultur, Kunst u. Geschmack. 2 Thle. 8. Schwerin 800—3. Bödner. 2 Thlr 16 gr

— Meletemata de Sacra Coena. Commentatio exeget.-hist. quam Univ. Liter. Rostochiensi sacra Saecularia quarta celebranda gratulaturus etc. 4. Rostock 819. Stiller. 16 gr

Wundemann, Jh. Chr. Fr., Helena Paulowna, eine Skizze zur Erinnerung an die entschlafene Holde. 8. Rostock 804. 2e A. 806. Stiller. 5 gr

Wunden, die blutenden, der Landwirthschaft in unserer Provinz. Enthüllt v. e. Ostpreußen, im Juli 1845. gr. 8. (2 B.) Gumbinnen 845, (Bönig.) Thlr. *

Wunden, Die, <u>Europas</u>; statistische Tatsachen, mit ethnographischen und historischen Erläuterungen. Leipzig 1875. V: *Reinhardt*, *L.* (Zuwachsverz. der Bibl. Zürich 1898 ff.)

Wunden, die, Europa's. Statistische Thatsachen mit ethnographischen und historischen Erläuterungen. gr. 8. (32 S.) Leipzig 875, Kasprowicz. *

Wunden, offene, oesterreichisch-ungarischer Volkswirthschaft. gr. 8. (VII, 51 S.) Leipzig 870, O. Wigand. *

Wundenmale. Die W' Jesu an... Dominika Lazari und Maria von Mörl.... Einsiedeln 1842 s. [Buchfelner, Simon].

Wunder, das, s.a. Volksbibliothek, apologetische.

Wunder, Das. (Ein Komödie in 4 A. von R. G. Berlin 1854.) 122 S. 8°. V: *Genée, Rudolf.* Vgl. XIV. Versteig.-Kat. v. Ign. Schwarz. 1. Teil. Wien 1926. Nr. 316. (DARP)

Wunder, das, im heiligen Abendmahl nach der altkirchlichen Lehre. Ein Beitrag zur friedl. Verständigung der streit. Confessionen. gr. 8. (IV, 87 S.) Breslau 872, Dülfer's Verlag. *

Wunder, die, der Ameisenwelt, siehe: Wochenbände.

Wunder, die, d. hl. Antonius v. Padua in uns. Jahrhundert. 3., unveränd. Aufl. (6. Taus.) gr. 16. (80 S.) Mainz 898. F. Kirchheim. n. — 40

— das, u. das Christentum, s.a. Katholisches f. Jedermann. 1.

Wunder, Das, und das Christenthum . . . Ravensburg 1894. V: *Hildebrand, Joh.* (Ky)

Wunder, das, u. das **Christentum.** Ein populär-apologet. Vortrag v. J(oh). H(ildebrand). 8. (59 S.) Ravensburg 894. Dorn. n. — 60

Drey Wunder, oder Beschreibung dreyer, dem Wesen nach unmöglicher, der Practic nach aber moglichen Particularien. Cassel 696. 737. 12.

Wunder und Merkwürdige Ereignisse aus unserem Jahrhunderte. Zusammengestellt von einigen Priestern der Diözese Gurk. Klgft., St. Josefs-Druck. 1894. 300 S.

— u. merkwürd. **Ereignisse** aus unserm Jahrhunderte. Zur Belehrg. u. Erbaug. nach glaubwürd. Schriften zusammengest. v. ein. Priestern d. Diöcese Gurk. 2. Aufl. 8. (IV, 296 S.) Klagenfurt 894. (A. Raunecker). n.n. 1. 20

Wunder der Furcht und Liebe in der gegen vierhunderte Jahre mit Gnaden scheinbaren Hostie zu Seefeld ... Neue Auflage. Innsbruck 1773. V: *Metzger, P. K.* (Margr 1723) V: *Metzger, Heinrich.* (Aug. Lindner, Die Aufhebung der Klöster. Innsbruck 1884/6. 3. Heft, S. 249) (Biblport)

Wunder, die, des Gebetes und der Vorsehung Gottes. Ein Erbauungsbuch für wahre Christen. Erfurt 853. Hennings u. Hopf. (Leipzig, Lehmann.) 16. (IV, 79 S.) 7½ ngr.

Wunder u. Geheimnisse, die, der Geisterwelt, s. Gallerie, neue, des Uebernatürlichen.

— die, der Geister oder Ursprung, Gang und Folgen des Tischklopfens. Mit einem ergötzlichen Vorspiel, zuverläss. Proben ꝛc. und dem Nachweis, wie wahr und wie heilvoll, wie wunderbar und wie natürlich die neue Offenbarung sei. Ein Geisterbüchlein von einem alten Schulmeister. Zur Unterhaltung und Belehrung für Jung u. Alt. Zürich 855. (Meyer u. Zeller.) 8. (2 Bl., 81 S.) 7½ ngr.

— die, der Gnade. Lebensbeschreibung einer Verbrecherin, von ihr selbst geschrieben im Gefängniß. Hrsg. von B. F. v. Tscharner. Nebst einem Vorwort von v. Kapff. 8. (243 S.) Stuttgart 851(52,) J. F. Steinkopf. Thlr.

Wunder. Die W' der Gnade. Lebensbeschreibung einer Verbrecherin.... Stuttgart 1852 s.a. Z[augg], Magdalena).

— die, der Gnade. Lebensbeschreibung einer Verbrecherin, von ihr selbst geschrieben im Gefängniß. Hrsg. von B. F. v. Tscharner. Nebst einem Vorwort von v. Kapff. 8. (243 S.) Stuttgart 852, J. F. Steinkopf.

— die, der Gnade. Nach unmittelbaren u. mittelbaren Zeugen. Von e. Apostel der hl. Liebe. 8. (304 S. m. 1 Holzschntaf.) Amberg 875. Habbel. 1. 50

— Gottes durch Maria und seine Heiligen von Jahrhundert zu Jahrhundert bis auf unsere Tage erzeigt zum Beweise der Wahrheit und Heiligkeit der römisch-kathol. Kirche. Aus dem Italien. übers. 8. (280 S. mit 1 Stahlst.) Regensburg 855, Manz. —

Wunder, die, Gottes, in d. Natur bey Erscheinung d. Cometen, od. besond. Anmerk. aller erschien. Himmelszeichen u. d. darauf erfolgten Begebenheiten, m. K. 8. Frkft. u. Lpz. (Rudiger in Berlin.) 744.

— das große, unserer Zeit oder das heilige Marienbild zu Rimini in Italien, verherrlichet durch öftere Bewegung d. Augen, durch viele Bekehrungen u. Heilungen. Nach authent. Quellen erzählt. 12. (60 S. m. 1 Lith.) Einsiedeln 850, Gebr. Benziger. 3 ngr

— die großen, der Sympathie, oder die enthüllten Geheimnisse der Natur u. des Magnetismus. Enthltd. mehrere 100 höchst nützl. u. wissenswerthe Vortheile u. Mittel der Sympathie ꝛc. Mügeln 867. (Leipzig, Senf.) 16. (70 S.) 5 ngr

— die großen, der Sympathie oder die enthüllten Geheimnisse der Natur und des Magnetismus. Enth. mehrere Hundert höchst nützliche und wissenswerthe Vortheile und Mittel der Sympathie und des Magnetismus, durch welche nicht nur viele Uebel und Krankheiten bei Menschen und Thieren schnell geheilt werden können, sondern auch der Hauswirthschaft, der Viehzucht, dem Feld-, Obst-, Gemüsebau und dgl. von großem Nutzen sind. 16. (70 S.) Mügeln 871. (Leipzig, Senf.)

Wunder, Das grösste, der Weltgeschichte. O. O. ca. 1886. V: *Ackerl, Joh.* (Ky)

Wunder, die, der Grotte v. Han (Belgien). Führer, Album, Beschreibg. schmal gr. 8. (41 S. m. 14 Abb., 6 Taf. u. 1 farb. Plan.) Brüssel 900. (Kiessling & Co.) n. — 80

— die, des Herrn in ihrer ewigen Bedeutung. 1e Abthl. Matth. 8—9, 35. gr. 8. Tübingen 840. Zu Guttenberg. ¼ ß

Wunder, die, des Herrn in ihrer ewigen Bedeutung. 1. Abthl. Matth. 8—9, 35. gr. 8. (4 B.) Tübingen 840. [Stuttgart, Ebner u. Seubert.]

Wunder, das, des Herrn in d. Schlacht wider d. Amoriter. Eine Entgegnung auf d. Aufsatz in d. „evangel. Kirchenzeitung" (Novbrhft. 1852): über d. Stillstand d. Sonne, Josua 10. Lex.-8. (1½ B.) Barmen u. Schwelm 853, Falkenberg.

Wunder, die des Himmels. Mainachts-Phantasie eines deutschen Reichsbürgers. 64 Stn. 8. Zürich, Verlags-Magazin. 1875 1. 25

Wunder, Die, des Himmels. Mainachts-Phantasie eines deutschen Reichsbürgers. Zürich 1876. V: *Graefe, Julius.* Vgl. BRÜ 1877, Nachtr. S. 61. (DARP)

—— die, des Himmels. Mainachts-Phantasie eines deutschen Reichsbürgers. Mit 1 lithogr. Sternkarte nach den neuesten Forschungen. 8. (IV, 59 S.) Zürich 876, Verlags-Magazin. *

Wunder, die, d. Himmels u. d. System d. Weltals in einem faßl. Vortrage zur Beförderung u. Erleichterung der astronomischen Kenntnisse für Jedermann; aus d. Engl. Mit 12 Tafeln in Steindr. gr. 8. Leipz. 822. Ind.-Compt. 1 ß Hbg. Pr. 16 gr

—— der Homöopathie. Eine kurze u. deutl. Darstellung dieses neuen Heilverfahrens f. gebild. Layen, zur gründl. Beurtheil. d. Hahnemann'schen Schriften, nebst e. kurzen pragmat. Lebensbeschreib. dieses großen Mannes, von e. prakt. Arzte. 8. (9 B.) Leipzig 833, [Gebr. Reichenbach.]

—— die, der Homöopathie. Allen Freunden der Wahrheit insbesond. den Regierungen ans Herz gelegt von einem Kenner derselben. 1. und 2. Heft. 8. (IV und 432 S.) Sondershausen (861)62, Neuse. à Heft 15 Ngr.

—— die, Jesu, in ihrer wahren Beschaffenheit und Bedeutung, erklärt aus der Geschichte seiner Gläubigen in verschied. Kirchen. Ein Wort nothwend. Belehrung für unsere Zeit. 8. (102 S.) Berlin 850, [Gaertner.]

— die, Jesu, in ihrer wahren Beschaffenheit u. Bedeutung, erklärt aus der Geschichte seiner Gläubigen in verschiedenen Kirchen. Ein Wort nothwendiger Belehrung für unsere Zeit. 8. (102 S.) Berlin 850, Nitze. 1/3 ß

[δ.] Die **Wunder** Jesu in 12 Bildern. M. d. 10 Geboten in Bildern. *Berlin: Schriftenvertriebsanst. [1898].* (46 S., 1 Bl.) 1 Bd 8.
= Geschichten, Biblische. [No] 2. [98. 9051

— die, unseres Heilandes Jesu Christi. Bremen 860. Verlag des Traktat-Hauses. 16. (16 lith. Bl. in Farbendr. mit Text.) n. 11½ ngr.

Wunder der Jetztzeit, s.: Rosen-Knospen. Nr. 8.

Wunder der sinnreichsten Karten- u. Rechnungs-Künste, so wie der interessantesten, leicht auszuführenden chemischen, optischen, physikalischen und ökonomischen Zauberkünste. 16. Erfurt 844, Bartholomäus. 1/6 ß

— der sinnreichsten Karten- u. Rechnungs-Künste, so wie der interessantesten leicht auszuführenden chemischen, optischen, physikal. u. ökonom. Zauberkünste. Zum Nutzen u. Vergnügen f. Jedermann. Insbesond. auch für lebensfrohe Gesellschaften. 2. Aufl. 16. (XVI u. 70 S.) Erfurt 850, Bartholomäus. 1/6 ß

Wunder, die der heiligen Kongregation der Riten vorgelegt u. von ihr bestätigt wurden zur Seligsprechung der ehrwürdigen Salesianerin Marguerite Marie Alacoque. Ein Andenken an die Seligsprechungsfeier zu Thurnfeld bei Hall 16.-19. Febr. 1865. Innsbruck 865. Vereins-Buchh. 16. (32 S.) 2 ngr.

—— die, d. menschl. Körpers, od. popul. Kenntnisse d. Anatomie z. Gebr. f. Kinder u. Erwachsene. N. d. Franz. v. R. Peel. 8. (7 B. u. 1 ill. Kpfrt.) Wien 841, [Dorfmeister.]

— die, des menschlichen Körpers, oder populäre Kenntnisse der Anatomie zum Gebrauche für Kinder und Erwachsene. Nach d. Französ. von R. Peel. Mit 1 illum. Kupfer. kl. 8. Wien 841, Mausberger. (Leipzig, Hunger.) 1/3 ß

—— das, von Lourdes. Kurz gefaßte Erzählung von der wunderbaren Erscheinung der allerseligsten Jungfrau Maria an der Grotte zu Lourdes. 8. (156 S. mit 1 Titelbild, Holzschntaf.) Regensburg 873, Manz. *

— die, des Magnetismus. Eine Zusammenstellung alles dessen, was in Hinsicht auf die wunderbaren Erscheinungen des Magnetismus als begründet u. unläugbar anzusehen ist, mit Berücksichtigung des Schlafwandelns ꝛc. 2. unveränd. (Titel-)Aufl. 12. (204 S.) Leipzig (845) 849, Brügmann. 1/2 ß

Wunder, die, v. Maria-Zell. Facsimile-Reproduction der 25 Holzschnitte e. unbekannten deutschen Meisters um 1520, nach dem einzigen bekannten Exemplar in der Samml g. d. Hrn. Alfr. Coppenrath in Regensburg. Fol. München 883. Hirth. In Mappe. n. 16. —

— das, v. Marpingen in Kurlebach v. Philokalon. 8. (63 S.) Berlin 877. Weile. n. 1. —

—— der Mechanik, Arithmetik, Chemie, Optik und Physik. Hrsg. von Albanus. 16. (XVI und 220 S.) Naumburg 858, [Tauerschmidt.] geb.

— das, des Menschenleibes. Der männl. u. der weibliche Körper in (2 farb.) zerlegbaren anatom. Taf. (Mit 10 S. Text.) gr. 8. Leipzig (910). M. Wendel. 1. 50

Wunder, Die, des Mikroskops, oder Darstellung der Weisheit des Schöpfers ... Leipz. 1823. V: *Bergk, Johann Adam.* (MGT) (NN) (KY) (EBHN)

— die, des Mikroskops, oder Darstellung d. Weisheit d. Schöpfers in verhältnißmäßig kleinen Gegenständen, übersetzt (v. J. A. Bergk.) Mit 1 Kpf. u. 8 Steindr. gr. 8. Leipz. 823. Indust.-Cpt. 1 ß Hbg. Pr. 16 gr

— die, d. Millenniums-Ausstellung Ös-Budavár u. Konstantinopel in Budapest. Hrsg. v. Jul. Laurencic. (In deutscher, ungar., französ. u. engl. Sprache.) qu. gr. 4. (40 S. m. Abb.) Budapest 896. W. Kunosy & Sohn. n. 1. 50

— ein nagelneues, geschehen in diesem Jahr, da die Köchin Gregora Herr Pfarrer in Nußbirch war. In 3 Kapiteln, mit kurzen Titeln. Bern 866. Jenni. gr. 8. (8 S. mit einem drolligen Holzschn.) 4 ngr.

— die, der Natur, s. Romane und Novellen, die neuesten.

Wunder, die, der Natur. Ein Lesebuch für die Jugend, nach Jauffret. Mit 5 ill. Kpf. 12. Zürich ... Trachsler. 18 gr

Wunder, Die, der Natur. Eine Sammlung ausserordentlicher und merkwürdiger Erscheinungen und Ereignisse ... A. d. Franz. ... Leipzig 1782—83. V: *Sigaud de la Fond, Jean René.* Ü: *Webel, Christian Gotthelf Frdr.* (EBHN) (MGT) (KY)

— der Natur, eine Samml. außerordentl. u. merkwürd. Erscheinungen u. Ereignisse in der ganzen Körperwelt; aus d. Französ. (d. Lefond) (von Chr. G. F. Webel.) gr. 8. Leipz. 782—83. (Brockhaus.) (à 1 ß) 2 ß

Wunder, Die, der Natur, ein neues physikalisches ABC- und Lesebuch . . . Hamburg 1809. V: *Albrecht*, *Joh. Frdr. Ernst.* (Ky)

— die, der Natur, ein neues physikal. ABC- u. Lesebuch nach Pestalozzi u. Olivier (von J. F. E. Albrecht). Mit 2 ill. Kpf. 8. Hamb. 809. (Herold jun.) 14 gr

— die, d. Natur, e. neues physikal. ABC- u. Lesebuch, nach Pestalozzi u. Olivier (v. J. F. E. Albrecht.) m. 24 illum. K. 8. Hamb. Vollmer. 809.

Wunder, Das neue, unserer Zeit, oder das entdeckte Geheimniss, die Kinder vor den Blattern zu schützen . . . Hersfeld 1801. V: *Spieker*, *Joh.* (Call)

— das neue, unserer Zeit; oder das entdeckte Geheimniß, die Kinder vor den Blattern zu schützen. 8. Cassel 801. (Luckhardt.) 2 gr

— der Natur, neuentdecktes, oder wunderbare Verwandlung d. Getreide, besonders d. Hafers in Gerste, Roggen u. Waizen 2c. gr. 8. Leipz. 809. Joachim. 4 gr

Wunder, Neunundsiebzig grosse und sonderbare, So in einem Special angegebenen Subjecto . . . sich befunden haben. Gotha 1725. V: *Reibhand*, *Christoph.* (EB)

Wunder, o! ein Weib verschweigt ein Geheimniß. Lstspl., aus d. Engl. d. Miß Centliver; nach d. Engl. von Frz. Deniefle. 8. Wien 796. Doll. 8 gr

— die, zu Paris, oder die verunglückte Allianz beim Jahreswechsel, ein lust. Schauer- u. Trauerspiel. 8. Meißen 814. Goedsche. 3 gr

— die, der Pflanzenwelt, siehe a. Hausbücher, Deutsche, Nr. 1.

— die, der Pflanzenwelt, siehe a. Wochenbände.

Wunder d. Pflanzenwelt. Aus d. Engl. v. Kottenkamp. (No. 132 d. Wochenbände f. d. geistige u. materielle Wohl d. deutschen Volkes). Mit Abb. kl. 8. Stuttgart, 1851. Rieger. — 1

— die, d. nördl. Polarwelt, od. Abenteuer in d. Eisgefilden d. Nordens. Zur belehr. Unterhalt. f. d. reif. Jugend. gr. 8. (8½ B. u. 4 ill. Stnt.) Reutlingen 836, Mäcken jun.

— und Schätze, die, d. unterird. Welt, od. d. Bergwerke, d. Metalle, d. Edelsteine, die Steinkohlen, d. Salz 2c. Zur Belehr. u. Unterhalt. f. d. Jugend. Mit einigen Bemerkn. üb. Geologie u. Geognosie, z. nähern Kenntniß d. jetz. Zustandes uns. Erde. A. d. Engl. 16. (11¾ B. u. 16 Kpfrt.) Stuttgart 836, Erhard.

Wunder, Die, des göttlichen Schonens . . . Bresl. 1751. V: *Burg*, *Johann Friedrich.* (Kat. d. Druckschr. üb. Breslau. Breslau 1903. S. 17.)

— die, d. menschl. Schöpfungskraft u. Kunst. Ein Lesebuch f. reif. Knaben, v. Carl Lehrreich. Breit 12. (10 B. u. 12 ill. Bildertaf.) Weimar 836, Voigt.

— die, des Somnambulismus oder merkwürdige Voraussagungen der Hellseherin Antonie Klein über die Zukunft Europa's in den Jahren 1859—1865. Arnheim 859. (Stuttgart, Fischhaber.) 8. (14 S.) n. 2 ngr.

Wunder, Die, des alten und neuen Testaments in ihrer wahren Gestalt. Rom [Berlin] 1799. V: *Steger*, *Joh. Andr. Frdr.* (wr)

— die, des alten u. neuen Testaments in ihrer wahren Gestalt für ächte Christusverehrer (von J. And. Steger). 8. Rom. 799. (Duncker u. H. in Berl.) 16 gr

— die, der Thierwelt, Naturscenen und Gemälde aus dem Thierleben in der Wildniß beider Hemisphären. Für die reifere Jugend. 4. (III und 132 S. mit 12 ill. Stahlst.) Nürnberg 855, Geißler.

— die, zu Trier od. Arnoldi u. Ronge, ein Wort der Belehrung u. Warnung f. d. deutsche Volk. 8. (1¼ B.) Dortmund 845, Krüger.

— die, d. Tropenländer Amerika's. Nach Alex. v. Humboldt's Reisen u. Forschungen z. belehr. Unterhalt. f. d. reif. Jugend bearb. gr. 12. (10 B. u. 12 Stnt.) Reutlingen 837, [Mäcken Sohn.]

Wunder, die, d. Unterwelt, od. maler. Beschreib. d. Merkwürdigkeiten unt. d. Erde. Ein Buch f. Alt u. Jung. 2 Bdchn. 16. (15 B. u. 2 Abbildn.) Nordhausen 838, Fürst. Thlr.

— die, der Uroscopie oder Zumptuarium uropoëticum. Qualitative Harnanalyse in chemisch-medicynischen Versen. Nebst einem Anhang über den Stein der Weisen und Unweisen. Vom Verf. des „Reactionair in der Westentasche oder rhythm. Gang der qualitativen chem. Analyse." 1. und 2. Aufl. 16. (55 S.) Breslau 861, Maruschke und Berendt. *

— die, der Urwelt, siehe: Hausbücher, Deutsche, Nr. 2.

— über die vermeintlichen, oder wirkliche, in Zons (von F. von Kerz). gr. 8. Mainz 823. Müller. 4 gr

Wunder, ein, der Vorsehung. Eine Weihnachtserzählung für jung und alt. 2. Aufl. 8. (48 S.) Stuttgart 888, Verlag der Evangel. Gemeinschaft.

— d. Weissagungen, oder Beurtheilungen rationalistischer Grundsätze (von Fr. Tr. Rühl.) 8. Weißenfels o. J.

Wunder der Weissagungen, oder Beurtheilungen rationalistischer Grundsätze. Weissenfels [ca. 1805]. V: *Rühl*, *Frdr. Traugott.* (Ky)

— die, der Welt. I. Europa. Eine maler. Wanderung durch die Länder und Städte Europas, mit besond. Rücksicht auf ihre geschichtl. Entwicklung, ihre kulturhistor. Bedeutung und die hauptsächlichsten Merkwürdigkeiten von Land und Leuten. Von Adf. Brennecke. (15 Lfgn.) gr. 4. (VIII, 360 S. mit ca. 180 Holzschn. nach Zeichnungen hervorragender Künstler.) Straßburg 885, Straßburger Druckerei und Verlagsanstalt, vorm. Schultz und Comp., Verlag. à Lfg. *M* 1.—. geb.

Nicht weiter erschienen.

— die, d. amerikan. Wildniß. Ein Natur- u. Sittengemälde f. d. Jugend. Nach Washington Irving. 8. (7¼ B. u. 4 ill. Stnt.) Reutlingen 836, [Mäcken Sohn.]

— über die, und heilsamen Wirkungen des kalten Wassers, und wie dasselbe in den mannigfachen Krankheitszuständen als das sicherste u. wohlfeilste Heil- u. Stärkungsmittel anzuwenden ist. 2e verm. Aufl. gr. 8. Glarus 837. (St. Gallen, Scheitlin u. Zollikofer.) 1/4 ℛ

— und Wirkungen, über die, des kalten Wassers u. wie dasselbe in den mannigfachen Krankheitszuständen als das sicherste u. wohlfeilste Heil- u. Stärkungsmittel anzuwenden ist. gr. 8. 836. Zürich, Hanke. 1/12 ℛ

Wunder über Wunder! oder der kleine Taschenspieler. Hamb. [18??]. 2. Aufl. 1842. V: *Hoffmann, Peter Friedrich Ludwig.* (schr)

—— über **Wunder**, od.: die enthüllten eleusin. Geheimnisse. Eine deutl. Anweis., wie man e. Menge überrasch., leicht auszuführ. u. größtentheils noch ganz unbekannter Kunststücke ausführen kann. A. d. Nachlasse d. berühmt. Taschenkünstler v. † Hilarius Pfifficus, (Geo. C. L. Schöpfer.) 12. (4 B.) Nordhausen 835. [Bautzen, Reichel.]
2. Aufl. Ebendas. 1839., s. † Pfiffikus.

WUNDER der Wunder, Das Wundervolle, Als eine Genaue Beschreibung Der Geburt, Auferziehung, Lebens-Art, Religion, Staats-Kunst, Gelehrsamkeit etc. Meines A = = S. (Typogr. Ornam.) O. O. u. J. (Berlin 1737.) (Reproduktion des Originals: Köln, Franz Teubner, 1890; Druck vermuthlich von Elias Neuwald, Budapest.) 8°. (2 Mk. Adolf Weigel, 1908.)

—— der **Zeit**, od. d. Antichrist u. sein Verkündiger L. H. Kelber. Von F. W—g. 8. (1 1/2 B.) Regensburg 839, Reitmayr.

—— die, der **Zeugung**. Von ein. franzöf. Arzte. gr. 12. (4 2/3 B.) Leipzig 837, Drobisch. (?)

Wunder's, Dr., gründliche Belehrungen für Geschlechts-Kranke zur sichern Heilung aller durch Onanie, Ausschweifungen und Ansteckungen verursachten Störungen des Nerven- und Zeugungssystems beider Geschlechter. 1. und 2. Aufl. 8. (IV, 152 S.) Leipzig 868, Arndt.

—— dass. — Anleitung zur sichern Heilung aller durch Onanie, Ausschweifungen und Ansteckungen veranlaßten Störungen des Nerven- und Zeugungssystems beider Geschlechter. 3. verm. Aufl. 16. (176 S.) Ebendas. 871.

Wunder, Beobachtungen über die Bildung von Krystallen in Glasflüssen bei Behandlung derselben vor dem Löthrohr (Progr.) Chemnitz 1870. 4.

Wunder, der Landesausschuss u. d. Notariat in Elsass-Lothringen. gr. 8. (15 S.) Strassburg 898. Schlesier & Schweikhardt. n. — 50

Wunder, A., die Gicht u. ihr naturgemäßer Heilungsproceß nach den neuesten wissenschaftlichen Hilfsmitteln dargestellt. Altona 863. Verlagsbureau. 8. (26 S.) 7 1/2 ngr.

Wunder, A., die öffentliche Urkunde nach bürgerl. Gesetzbuch u. nach dem Gesetz über die Angelegenheiten der freiwill. Gerichtsbarkeit. Beispiele zur Anwendung der Formvorschriften u. Erläutergn. Anh.: Die Ausführungsbestimmgn. üb. das Beurkundungswesen im bayr. Notariatsgesetz u. in den Ausführungsgesetzentwürfen für Preußen u. f. Elsaß-Lothringen. 1. u. 2. unveränd. Aufl. 12. (XI, 189 S.) Straßburg 899. 900. K. J. Trübner. Geb. in Leinw. n. 3. 50

Wunder, Alois, Rechtsprakt. v. Zeyern: Die Bundesexekution in historischer u. dogmatischer Darstellung. Augsburg 1907: Hans & Grabherr. (123 S.) 8° [F.]
Erlangen, Jur. Fak., Ref. Rehm, Diss. v. 10. Juli 1907
[Geb. 28. März 78 Zeyern b. Kronach; Wohnort: Krumbach; Staatsangeh.: Bayern; Vorbildung: Neues Gymn. Bamberg Reife M. 97; Studium: Erlangen 4, München 2, Würzburg 2 S.; Rig. 14. Mai 03.]

Wunder, Alwin, der Tausendkünstler. E. reichh. Auswahl v. Karten- u. Taschenspielerkunststücken, Gesellschaftsspielen u. Pfänder-Auslösgn., Räthsel- u. Rechenaufgaben 2c. 2c. 8 (88 S.) Berlin 898. A. Weichert. — 50

Wunder, C. Ueber Jacques Milet's Destruction de Troye la Grant. Diss. Leipzig 1869. 48 S.

Wunder, C. G. Disquisitio de superficiebus quae continentur aequationibus his: $mx^2 + ny^2 - z^2 = f^2$ et $x^2 - ny^2 + az = 0$. Misenae 1839. 4.

Wunder, Carl ..., s. Wunder, Karl ...

Wunder, Conrad Ludwig, s. Wunder, Konrad Ludwig

Wunder, Curt, s. Wunder, Kurt

Wunder, Ed., adversaria in Sophoclis Philoctetam. 8maj. Leipz. 823. (Lehnhold). 16 ℊ

Wunder, E., De Aeschyli Agamemnone. Pr. 1857. 31 S. 4°. 1.20

—— de scholiorum in Sophoclis Tragoedias auctoritate. Partic. I. 4maj. (4 3/4 B.) Grimmae 838, Gebhardt. •

—— üb. Christ. Aug. Lobeck's neue Ausg. d. Sophokleischen Aias. Eine Recension. gr. 8. (1 1/4 B.) Leipzig 837, C. H. Reclam sen.

s. Bibliotheca graeca etc. Gotha.

s. Cicero: Opera.

s. Cicero: Oratio pro Planco.

— Conspectus metrorum, quibus Sophocles in septem quas habemus tragoediis usus est. 8. Lips. 825, Hartmann.

— Conspectus metrorum, quibus Sophocles in septem quas habemus tragoediis usus est. 8. Leipz. 825. (Lehnhold.) 12 ℊ

Wunder, Ed., Emendationes in Sophoclis Trachinias. 8maj. Grimae 841, Gebhardt. n. 1 1/3 ℛ

Wunder, Ed., de Aeschyli Eumenidibus commentatio critica et exegetica. 4maj. (III und 32 S.) Grimae 854, Gebhardt's Verlag. •

Wunder, Ed., die Fürstenschulen neben den Gymnasien. Eine Schulrede bei dem 3. Jubelfeste der Königl. Landesschule zu Grimma d. 16. Septbr. 1850 gehalten. gr. 8. (16 S.) Grimma 850, Gebhardt. 3 ngr

—— illustris Moldani dedicati ante hos CCXCVI. annos memoriam anniversariam D. XIV. Septbr. pie celebrandam indicit. — Inest, Aug. Fr. Mülleri, colleg. VII., dissertatio, qua exponitur: Christianam educationem niti debere in ecclesiae confessione. 4maj. (2 3/4 B.) Grimma 846, (Gebhardt.)

— lectiones variae etc., s. Lectiones.

—– die schwierigsten Lehren der griech. Syntax zum Gebrauch für Schulen kurz und gemeinfaßl. dargestellt. 8. (IV und 104 S.) Grimma 848. [Wurzen,] Verlags-Comptoir. *

Wunder, Ed., Miscellanea Sophoclea. 4maj. (3¾ B.) Grimma 843, Verlags-Comptoir.

Wunder, E., Rez. O. M. Müllers Ausgaben von Ciceros Orat. pro Sestio et pro Milone. 1827. S.-A. 1327. 53 S. 1.25

—– Schedae criticae de locis nonnullis Sophoclis tragoediarum et M. Tullii Ciceronis orationis Murenianae. (Ex programmate Moldani.) 4. (VI und 20 S.) Grimae 856, Gebhardt's Verlag. *

—– Schulrede am Stiftungsfeste der kgl. Landesschule zu Grimma den 15. Sept. 1845 gehalten. gr. 8. (1 B.) Grimma, Verlags-Comptoir. *

—– Schulrede am Stiftungsfeste der kgl. Landesschule zu Grimma den 14. Septbr. 1846 gehalt. gr. 8. (1 B.) Grimma, Verlags-Comptoir.

— zwei Schulreden, gehalten am Stiftungsfeste der Königl. Landesschule zu Grimma 1843 u. 1844. gr. 8. Grimma 844, Verlags-Compt. n. ⅙ ℛ

s. Sophocles: Ajax.

s. Sophocles: Antigone.

s. Sophocles: Electra.

s. Sophocles: Oedipus Coloneus.

s. Sophocles: Oedipus Rex.

s. Sophocles: Philoctet.

— s. Sophocles Tragoediae

—– Uebungsstücke zum Uebersetzen aus dem Deutschen in das Lateinische und in das Griechische und Lateinische nebst Stoffen zu freien latein. Arbeiten in ungebundener und gebundener Rede. gr. 8. (XIII und 192 S.) Grimma 855, Gebhardt's Verlag. *

Wunder, E., s.: Zeitschrift f. weibliche Bildung.

Wunder, Emil, üb. den epischen Wert der Voltaireschen Henriade. Inauguraldissertation. gr. 4. (22 S.) Lübeck 876. (Jena, Deistung.) n. 1. —

Wunder, Erasm., s. Wundergeschichten.

Wunder, F., Präparation zu Ciceros Rede gegen Verres Buch IV. gr. 8. (48 S.) Leipzig 902. B. G. Teubner. n. — 60

Wunder, F., Präparation zu Ciceros Rede gegen Verres Buch V. (48 S.) 8. Leipzig 904. B. G. Teubner. n. — 60

Wunder, Friedr., die Archidiaconate u. Decanate des Bisthums Bamberg, nebst Nachrichten über die Capitels-Cassen u. Capitels-Bibliotheken. 8. (4¼ B.) Bamberg 845, Züberlein.

—– die Intercalar-Früchten-Berechnung im Erzbisth. Bamberg. 8. (1¼ B. u. 3 Tab.) Bamberg 842, (Züberlein.) *

Wunder, Friedr., Kosmographie. Der vaterländ. Jugend gewidmet. Lex.-8. (VIII und 132 S. mit 2 Stnt. in qu. gr. 4.) Bamberg 849, Züberlein. *

Wunder, F., die Siechen- und Pesthäuser in Bamberg, s. Bericht, 16., des histor. Vereins in Bamberg.

Wunder, G. Stereometrie und Trigonometrie. Leipzig. 1841.

Wunder, Gertrude, Karten m. Sprüchen f. Holzbrandmalerei. qu. 16. (10 Bl.) Berlin 897. W. Schultz-Engelhard. n. 2. —

Wunder, Gl. Christian Eberhard

— Anleitung zum amtl. Vollzuge des Grundlasten-Ablösungs-Gesetzes vom 4. Juni 1848. gr. 8 (VI u. 91 S.) Bayreuth 849, Buchner. — 2. verb. u. sehr verm. Aufl. gr. 8. (VIII u. 86 S.) Ebd. 850. n. ⅓ ℛ

Wunder, G. Chr. E., Anleitung zum Vollzuge des Gesetzes v. 25. Juli 1850 über die Einquartierungs- u. Vorspannslasten oder zur richtigen Uebernahme, Vertheilung u. Ausgleichung dieser Lasten in Friedenszeiten sowie der Kriegslasten im Königreich Bayern. gr. 8. (VI u. 102 S.) Bamberg 851, Buchner. 13 ngl

Wunder, Gl. Chrn. Eberh., Anleitung zum Vollzuge des Gesetzes vom 25. Juni 1850 über die Einquartierungs- u. Vorspannlasten oder zur richtigen Uebernahme, Vertheilung u. Ausgleichung dieser Lasten in Friedenszeiten sowie der Kriegslasten im Königr. Bayern. 2., bis zum Jahre 1859 ergänzte Ausg. Bamberg 859. Buchner. 8. (XVI, 102 S.) n. 18 ngr

Wunder, G. Ch. E. Anleitung zum Vollzuge des Gesetzes vom 25. Juni 1850 über die Einquartierung u. Vorspannlasten im Kgr. Bayern. 2. Ausg. Bamberg 1866. 102 S.

Wunder, Gl. Chr. Ebh., das Gewerbswesen in Bayern (diesseits des Rheins) nach den zur Zeit geltenden Bestimmungen. Ein Handbuch für Polizeibehörden, Anwälte, Gewerbs- und Handelsräthe, Gewerbsvereine und alle Gewerb- u. Handeltreibende. Bamberg 857. Buchner. gr. 8. (X, 188 S.) n. 1 ℛ

Wunder, G. Chr. E., Handbuch f. die Distrikts- u. Lokal-Polizeibehörden, sowie f. die Gemeindebehörden in Bayern diesseits des Rheins. Zum Gebrauche im administrativen u. polizeil. Berufe u. z. Förderung der gründl. Geschäftsführung mit Angabe der entscheidenden Gesetze u. Verordnungen. gr. 8. (32 B.) Erlangen 844, Heyder.

—– Handbuch zur Geschäftsführung der Magistrate und Kirchenverwaltungen im Königr. Bayern, diesseits des Rheins. (Mit Ausschluß der Polizeiverwaltung.) 4 Lfgn. gr. 8. (XXIII und 310 S. mit Formularen 71 S.) Bamberg 858. 59, Buchner'sche Buchh. à Lfg. * 15 Ngr. *

—– Handbuch f. Landgemeinde-Verwaltungen zur gründl. Geschäftsführung der Vorsteher, Pfleger, Gemeindebevollmächtigten, Kirchenverwaltungs-Mitglieder rc. gr. 8. (12½ B. u. 2 Tab.) Bayreuth 845, Buchner'sche Buchh. *

Wunder, G. Chr. E., Handbuch für Landgemeinde-Verwaltungen zur gründlichen Geschäftsführung der Vorsteher, Pfleger, Gemeinde-Bevollmächtigten rc. 2., umgearb., verm. und mit der „Grötz'schen Instruktion für Gemeinde-Vorsteher rc." verbundene Aufl. gr. 8. (XII und 295 S.) Bamberg 853, Buchner'sche Buchh. Thlr. *

Wunder, Handbuch für Landgemeinde-Verwaltungen zur gründlichen Geschäftsführung der Vorsteher, Pfleger, Gemeinde-Bevollmächtigten rc. 3., verm. Aufl. Lex.-8. (X, 189 und Formulare 140 S.) Bamberg 855, Buchner'sche Buchh.

— Handbuch für Landgemeindeverwaltungen zur gründlichen Geschäftsführung der Vorsteher, Pfleger, Gemeindebevollmächtigten rc. 4. Aufl., bearb. auf Grund der neuesten Gesetzgebung von Wilh. Stadelmann. Ebend. 863. gr. 8. (IX, 404 S.) n. 1 ℛ 2 ngr

—— Handbuch für Landgemeinde-Verwaltungen. 2. Thl., s. Hauff, L., Hülfsbuch für Landgemeinde-Verwaltungen.

Wunder, G. Chr. E., Handbuch der gesammten Polizeiverwaltung der äußeren Behörden im Königr. Bayern (diess. des Rheins.) gr. 8. (XII und 504 S.) Bamberg 854, Buchner'sche Buchh.

— zweiter Nachtrag zum Handbuche der gesammten Polizeiverwaltung der äußeren Behörden im Königr. Bayern diesseits des Rheins. Nebst einem Register über den Gesammtinhalt. Ebend. 859. gr. 8. (211 S.) 1 ℛ 10 ngr

—— die administrativen Rechtsstreitigkeiten im Königr. Bayern diesseits des Rheins und das gerichtsordnungsmäßige Verfahren in denselben. gr. 8. (XIII und 298 S.) Bayreuth 847, Buchner'sche Buchh.

Wunder, Gustav

—— s. Jahrbuch der Erfindungen.

Wunder, Gust., die Vorbereitung für den Eintritt in die chemische Technik. Eine Schrift zur Orientirung für künftige Techniker, nebst Beschreibung des neuen Laboratoriums der techn. Staatslehranstalten in Chemnitz. Mit 2 (lithogr.) Situations-Plänen. 1. und 2. Aufl. gr. 8. (56 S.) Chemnitz 879, Bülz. *

Wunder, Hermann

Wunder, H., das Ecce der Fürsten- u. Landesschule Grimma im J. 1888. X. Hft. d. Grimmaischen Ecce. gr. 8. (III, 77 S.) Grimma 888. Selbstverlag d. Verf.
Mit Porto n.n. 1. 30; geb. n.n. 1. 60

Wunder, H., Ecce, gehalten an der königl. Landesschule Grimma in den J. 1876, 1877, 1878. gr. 8. (VI, 145 S.) Grimma 879, (Gensel.) **

—— Ecce, gehalten an der königl. Landesschule Grimma am 22. Novbr. 1879. gr. 8. (42 S.) (Ebendas.) 879. **

Wunder, H., Ecce, gehalten an der königl. Landesschule Grimma am 20. Novbr. 1880 und vielfach erweitert hrsg. gr. 8. (96 S.) Grimma 880, (Gensel.) **

Wunder, Herm., s.: Ecce, grimmaisches.

Wunder, Herm. L. Annaeus Seneca quid de dis senserit exponitur. 21 S. Progr. Fürst. *Grimma* 1879.

Wunder, H., Vindiciarum Euripidearum I. Pr. 1867. 40 S. 4°. 1.25

Wunder, Herm., Vindiciarum Euripidearum particula I. gr. 4. (40 S.) Grimma 868, (Gensel.) *

Wunder, Karl

Wunder, Carl. Die doppelte Buchführung. Die Praxis im Waren-Groß-Geschäfte. 9 Hefte. gr. 8. (335 S.) Mannh. 891, (Hermann). In Mappe ** 7 —

Wunder's, Carl, Disconteur als Rechner od. Kontrolleur. E. Schatz f. d. kaufmänn. Welt. 134,310 Discontberechngn. schmal Fol. (III, 123 S.) Zittau 895. Frankfurt a/M., Jaeger'sche Verlagsbuchh.
Geb. in Leinw. n. 7. 50

Wunder, Karl [app. Arzt aus Lauf]: Ueber ein Fibrosarkom der Dura mater, des Keilbeins und des Nasenrachenraums ... München, Buchdr. v. M. Ernst, 1891; 37 S. 8.
München, Med. Fak., Inaug.-Diss. v. [27. Juli] 1891

Wunder, Carl, die doppelte Hôtelbuchführung der Neuzeit. Die Praxis im Hôtelbetrieb. Zum Selbststudium wie zur Stütze. Bearb. f. Hôteliers, Oberkellner, Hôtelbuchhalter u. solche, die es werden wollen. Leichtfaßlichste, in Kürze die weitgehendste, sich selbst kontrollier. Art m. allen Neuheiten. Höchst werthvolle Winke f. große Ersparnisse. Lex.-8. (VII, 318 S.) Zittau 895. Pahl.
n. 10. —; geb. in Leinw. n. 12. —

— die Praxis im Waren-Groß-Geschäfte. Die doppelte Buchführg. 9 Hfte. gr. 8. (335 S.) Mannheim 893. (Zittau, Pahl.) In Mappe. n. 7. —

Wunder, Karl Gustav

— Katechismus d. Mathematik, oder die gemeinnützigsten Lehren dieser Wissenschaft kurz u. faßl. dargestellt. Mit 4 Kft. gr. 8. Leipz. 826. Baumgärtner. 18 ℊ

Karl Gustav Wunder

Carl Gustav Wunder: Ueber Kombinationen des zweiten Grades oder Kombinationen von Kombinationen. Wittenberg 1826: Rübener. 36 S. 8°

Wittenberg, Lyceum, P. v. 15.-17. März 1826

Wunder, Carl Gust., Lehrbuch d. Mathematik f. Gymnasien. 1—4. Thl. gr. 8. Leipzig, [E. Engelmann jun.] *

Thl. 1. Die allgem. Arithmetik nebst den Elementen d. Buchstabenrechnung u. Algebra. (16 B.) 837. * 16 Gr.
" 2. Die allgem. Arithmetik. (22½ B.) 839. * 1 Thlr. 8 Gr.
" 3. Die Elemente d. ebenen Geometrie. (17½ B. u. 9 Stnt. 840. * 1 Thlr. 8 Gr.
" 4. Die Stereometrie, ebene u. sphärische Trigonometrie u. Lehre von den Kegelschnitten. (28 B. u. 11 Stnt.) 841. * 2 Thlr.

Wunder, Karl Gust., Versuch einer heuristischen Entwickelung d. Grundlehren der reinen Mathematik, z. Gebrauch auf gelehrten Schulen. Mit 3 Kpft. 8. Leipz. 823. Schwickert. 1 ℛ 6 ℊ

Wunder, Carl Gust., Versuch e. heuristischen Entwickelung der Grundlehren der reinen Mathematik, z. Gebrauche bei d. Unterrichte auf Gelehrtenschulen. 2., umgearb. u. verm. Ausg. gr. 8. (25¾ B. u. 4 Kpfrt.) Leipzig 844, Schwickert.

Wunder, Konr. Edw., theatral. Miscellen zu einem Taschenbuche für Schauspieler u. Schauspielfreunde. 1r Jahrg. gr. 12. Dorpat 815. (210 S.)

Wunder, C. L., theatral. Miscellen. gr. 12. Dorpat 815. (Enthalt.: Zwei Vetter für einen. Lstspl. in 1 A. von Edw. Jh. v. Knorring. — Der Jude im Fasse; e. kom. Singspl. in 1 A. von C. L. Wunder).

Wunder, Kurt

Wunder, Curt, üb. den Gebrauch der Präpositionen im Französischen u. Englischen. gr. 4. (49 S.) Döbeln 875. (Schmidt.) n. 1. —

Ueber künstliche Geiser von Ludwig Wunder. Schweinfurt 1902: F. J. Reichardt. (8 S.) 8° [J.]
Aus: Jahresbericht d. Naturwiss. Vereins Schweinfurt. 1902. [07. 1890]

Wunder, Mor., über Preisberechnung von Druckarbeiten. gr. 8. (56 S.) Leipzig 885, Waldow. *
Aus: Archiv für Buchdruckerkunst, besonders abgedruckt.

Wunder, M., üb. Preisberechnung v. Druckarbeiten. 2., neu bearb. Aufl. m. Anh.: Allgemeiner deutscher Buchdrucker-Tarif. gr. 8. (VIII, 80 S.) Leipzig 887. Waldow. n. 3. 50

Wunder, Mor., üb. die Preisberechnung v. Druckarbeiten. 3., vielfach verb. Aufl. gr. 8. (VIII, 65 S.) Leipzig 892. A. Waldow. n. 3. 50

Radfahrer-Karte für das Herzogtum Braunschweig u. Umgebung. Hrsg. u. bearb. von Robert **Wunder**. 9. verb. Aufl. (Maßst. 1:200,000.) [Mit 2 Nebenkarten.] Braunschweig: A. Limbach [1906]. (1 Kartenbl. 83 × 58 cm.) 8° [lith.] [kol.] [07. 4363

Specialkarte vom Herzogtum Braunschweig (u. Umgebung). Bearb. u. ausgeführt von Robert **Wunder**. 2. verb. Aufl. (Maßst. 1:200,000.) [Mit 2 Nebenkarten.] Braunschweig: A. Limbach [1906]. (1 Kartenbl. 83 × 58 cm.) 8° [lith.] [kol.] [07. 4364

Uebersichtskarte vom Elm. Hrsg. u. bearb. von Robert **Wunder**. Maassst. 1:35,000. Braunschweig: R. Wunder [1905]. (1 Kartenbl. 64 × 45 cm.) 8° [Umschlagt. lith.] [kol.] [07. 392

Wirtschaftskarte hrsg. u. bearb. von Robert **Wunder**, Braunschweig. Masst. 1:600,000. [1.] Sektion Hannover. (Braunschweig. R. Wunder [1904].) [kol.] [05. 7686

Wunder, W: Elektrische Schnellbahnen. Nürnberg 1901

Wunder, Wilhelm (Sevenich/NRW) A. S. 58/14

Non-ens actionis forensis contra aedificantem ex aemulatione. Präs. Christina Thomasius. Halle (Salfeld) 21. V. 1703. 32 S.

37326

Wunder, Wilhelm (Sevenich/NRW) A. S. 350/33

Non-ens actionis forensis contra aedificantem ex aemulatione. Präs. Christian Thomasius. Ed. rec. Halle (Salfeld) 1714. 32 S.

Diss. 21. V. 1703. 37327

Wunder, Wilhelm (Sevenich/NRW) U. S. Halle 1735/26

Non-ens actionis forensis contra aedificantem ex aemulatione. Präs. Christian Thomasius. Rec. Halle (Salfeld) 1735. 32 S.

Diss. 21. V. 1703. 37328

Wunder-Voelcker, O., ein Beitrag zur Geschichte der Stadt Mücheln auf Grund der Quellen des Stadt-Archivs. Vortrag, gehalten im Verein für freiwill. Kranken- und Armenpflege der Stadt Mücheln. 1. und 2. Abthl. gr. 16. (36; 32 S.) Halle 877,78, Fricke. à Abthl. * 50 Pf. *

Wunder-Voelcker, O., Luther's Traum auf der Wartburg. Ein romant. Gedicht. 8. (16 S.) Halle 876. Fricke. n. — 50

Wunder-Antwort, die, oder die Kunst, jeder Person zu sagen, wie alt sie ist &c. Ein unterhalt. Spiel für Jung u. Alt mit 7 Kärtchen. 32. Schwäb. Hall. 838. Haspel. 1/8 ₰

Wunder-Antwort, die, oder die Kunst jeder Person zu sagen, wie alt sie ist, oder welche Zahl sie sich gedacht hat etc. Ein unterhaltendes Spiel für Jung und Alt. Mit 7 Kärtchen. 128. Constanz 874, Fritz.

Wunderapotheke, die von Gust. Schilling. (der sämmtl. Schriften 31r Band.) 8. Dresden, Arnold. 816.

Wunderarzt, Der. Ein Mährchen . . . Augsburg 1844. V: *Schmid, Christoph von.* (Ky)

Wunderarzt, der. Ein Mährchen zum Ostergeschenke von dem Verf. der Ostereier. 12. Augsburg 844, Wolffische Buchh. 1/8 ₰

Wunderbach, Wilhelm, e. wahre Gesch. a. d. Tagebuche d. Liebe. 8. Lpz. Schneider. (Linke, Sommer.) 785.

— — dasselbe, s. auch neue Originalromane der Deutschen III.

Wunderbahn, Die, der Welt. Stuttgart 1866. V: *Zahn, L.* (Hauptkat. d. Univ. Bibl. Tübingen. G. Nachtr. 6)

Wunderbaldinger, Jos., Leitfaden zur praktischen Buchführung für kleinere Geschäftsleute, Handwerker u. Gewerbtreibende aller Art. Nebst den nothwendigsten Handels- u. Geschäftsbriefen, Stempel-Skalen &c. Durch 22jährige Praxis erprobt u. zum allgemeinen Besten herausg. Wien 864. Wenedikt. 8. (62 S.) 7½ ngr.

Wunderbaldinger, Josef. So führte ich meine Geschäftsbücher u. wurde reich dabei! Leitfaden zur praktischen Buchführung für kleinere Geschäftsleute, Handwerker u. Gewerbetreibende aller Art. Nebst den nothwendigsten Handels- u. Geschäftsbriefen, Stempel-Scalen u. den im gewöhnlichen Geschäftsleben vorkommenden gerichtlichen Eingaben, ferner einem Anhange. Formularien zur Firmeneintragung in das neue Handelsregister. 16. (62 S.) Wien 1864. Wenedikt. 36 kr.

Wunderbar geführt od. wie 2 Heidenkinder den Heiland gefunden, s. a. Missionstraktate, kleine.

Wunderbar geführt oder wie 2 Heidenkinder den Heiland gefunden. M. Abbild. In-16°. 16 S. Basel. Missionsbuchhandlung. 1894 — 05

Wunderbar sind Gottes Wege. Dargest. in drei moral. Erzähln. f. d. Jugend. 8. (12 B.) Ingolstadt 837. (Regensburg, Manz.) *

Wunderbar, R. J., kurze Auseinandersetzung der Gebräuche des israelitischen Cultus. Nach Schulchan-Aruch. I. Cursus. Enthält die Ritualien, welche sich auf Gebete und Feiertage beziehen. Als Leitfaden für hebr. Krons- und Privatschulen. gr. 8. (43 S.) Riga 852. (Leipzig, C. L. Fritzsche.) **

—— deutsches Elementar-Lesebuch für die israelitische Jugend. Zunächst für die hebr. Krons- und Privatschulen des dorpatschen Lehrbezirks bearb. gr. 8. (XII und 135 S.) Mitau 853. (Leipzig, C. L. Fritzsche.) *

—— Freuet Euch mit Erbeben. (Psalm 2, 11.) Gottesdienstlicher Vortrag zur Feier des Krönungs-Festes J. kaiserl. Majestäten, am Sabbat Roschchodesch-Elul 5613 (den 22. Aug. 1853), gehalten in der großen Synagoge zu Mitau. gr. 8. (16 S.) Riga 853. (Leipzig, C. L. Fritzsche.) *

—— Geschichte der Juden in den Provinzen Liv- und Kurland, seit ihrer frühesten Niederlassung daselbst bis auf die gegenwärtige Zeit. Nach den authentischsten Quellen bearb. 8. (80 S.) Mitau 853. (Leipzig, C. L. Fritzsche.) *

—— immerwährender Kalender der Juden. Deutsch und hebräisch. Nach den Quellen bearb. und hrsg. gr. 8. (24 S.) Dessau 854, Baumgarten und Comp. *

Wunderbar, R. J., biblisch-talmudische Medicin oder pragmat. Darstellung der Arzneikunde der alten Israeliten, sowohl in theoret. als pract. Hinsicht. Von Abraham bis zum Abschlusse des babylon. Talmuds, d. i. von 2000 v. Chr. bis 500 n. Chr. Mit Einschluss der Staatsarzneikunde und mit besond. Berücksicht. der Theologie. Nach den Quellen in gedrängtester Kürze bearb. 1—3. Abthl. gr. 8. Riga. (Leipzig, C. L. Fritzsche.) à Abthl. * 20 Ngr. *

Inhalt:

Abthl. 1. Allgemeine Einleitung, incl. der Geschichte und Literatur der israelit. Heilkunde; Materia medica und Pharmacologie der alten Israeliten. (XVI und 119 S.) 850.

- 2. Macrobiotik und Diätetik der alten Israeliten. (IV und 64 S.) 851.

- 3. Pathologie und Chirurgie der alten Israeliten. (IV und 68 S.) 852.

— biblisch-talmudische Medicin oder Pragmatische Darstellung der Arzneikunde der alten Israeliten, sowohl in theoret. als pract. Hinsicht. Von Abraham bis zum Abschlusse des babylon. Talmuds, d. i. von 2000 v. Chr. bis 500 nach Chr. Mit Einschluss der Staatsarzneikunde und mit besond. Berücksichtigung der Theologie. Nach den Quellen in gedrängtester Kürze bearbeitet. 4. Abth. Therapie und Sympathie der alten Israeliten. Riga 853. (Leipzig, C. L. Fritzsche.) gr. 8. (56 S.) n. 20 *ngr.*

— — (Neue Folge.) 2. Bd. 1. Abth. Staatsarzneikunde und gerichtliche Medicin der alten Israeliten. (1. Abschnitt.) Riga 857. (Leipzig, C. L. Fritzsche.) gr. 8. (50 S.) n. 15 *ngr.*

Wunderbar, J., biblisch-talmudische Medicin, oder pragmatische Darstellung der Arzneikunde der alten Israeliten, sowohl in theoretischer als practischer Hinsicht. Von Abraham bis zum Abschlusse des babylonischen Talmuds, d. i. von 2000 v. Chr. bis 500 n. Chr. Nach den Quellen in gedrängter Kürze bearb. [Neue Folge.] 2. Bd. 2—4. Abth. Riga 859, 60. (Leipzig, C. L. Fritsche.) gr. 8. Jede Abth. n. 15 *ngr.*; Register dazu (8 S.) n. 2 *ngr.*

Inhalt: 2. Abth.: Staatsarzneikunde u. gerichtliche Medicin der alten Israeliten. 2. Abschn. (48 S.) — 3. Abth.: Gerichtliche Medicin u. medicinische Polizei der alten Israeliten. (41 S.) — 4. Abth.: Medicinische Polizei der alten Israeliten. (39 S.)

Wunderbar, R. J., biblisch-talmudische Medicin. Staatsarzneikunde, gerichtl. Medicin u. medicin. Polizei der alten Israeliten. (Separat-Ausg.) Nach den Quellen in gedrängter Kürze bearb. Riga 865. (Leipzig, Leiner.) gr. 8. (178 S.) n. 1 ℛ

—— kurzgefaßte Religions- und Sittenlehre der Israeliten. Zum ersten Unterrichte sowohl für die männliche als für die weibliche Jugend. Als Leitfaden für hebräische Krons- und Privatschulen. gr. 8. (43 S.) Leipzig 860, C. L. Fritzsche. *

Wunderbare, d., romant. Geistergesch. von K. Rechlin. 8. Lübeck, Bohn. (Niemann.) 797.

Das Wunderbare in der Seele der Thiere. 1743. 8°.

Wunderbare, über das, und die Verwunderung, s. Frz. V. Reinhard.

Wunderbaum, Historischer, Bestehend von 200 Auss- und Inländischen alt und Neuen Historischen Aesten, deren Zweige, Auss den edelsten, fruchtbar und zierlichsten Wunder Gärten der vortrefflich- und berühmtesten Scribenden abgebrochen, zusammengelesen und mit hoher Mühe und Fleiss darauf geimpffet und gepropffet sind. Franckfurt [Ulm] [1700]. Franckfurt [Ulm] 1703. 1705. V: *Schmidt, Johann Georg.* (BGE VIII³, 591)

Wunderbaum, Historischer, merckwürdiger Curiositäten . . . Franckfurt u. Leipzig 1705. V: *Paullini, Christian Franz* [?]. (BrMm)

Historische Wunder Beschreibung von der sogenannten schönen Melusina . . . . — Holzschnitt. -- Auf ein neues übersehen . . . . O. O. u. J. (um 1700). 8⁰. (In Berlin: Yu 881.)
Mit Holzschnitten. — Weller, l. c.; Goedeke I. 355, 18.

Historische | Wunder-Beschreibung | von der sogenannten | schönen Melusina | König Helmas in Arabien | Tochter, | welche eine Sirene und Meer- | Wunder, und ihrer Herkunft nach | aus dem in Frankreich gelegenen | Berg Adelon | gewesen, | auch was sich allda seltsames und merkwür- | diges zugetragen. (Fig.: *Melusina im Bade*, 59 × 78) | Reutlingen, | bei Justus Fleischhauer.
o. J., 184 S., 166 × 99, 22 Fig. im Text.
UB Tü Dk XI. 232.

Wunder-Beschreibung, Historische, von der sogenannten schönen Melusina, Königs Helmas in Albanien Tochter, welche eine Sirene und Meer-wunder . . . gewesen, Mit vielen Holzschnitten. O. O. 1796. 8⁰.
Haydinger's Bibl. I. 1. no. 871.

Wunderbilder u. Träume in eilf Mährchen, (v. Sophie Bernhardi, geb. Tieck, nachher. v. Knorring). 8. Königsb. 802. (Kummer in Leipz.) 1 ℛ 4 ℊ

Wunderbilder u. Träume in eilf Mährchen, v. Sophie B 8. Königsb. Nicolovius. 802.

Wunderblume, die. Dramatisches Mährchen. 16. (36 S.) Leipzig 855, O. Wigand.

Wunderblumen, drei, s.: Schul- u. Vereinsbühne, christliche.

Wunderblat, das, zu Wilsnack, hrsg. v. Paul Heitz u. W. L. Schreiber, s. a. Drucke u. Holzschnitte des XV. u. XVI. Jahrh. in getreuer Nachbildung. X.

Das Wunderblut zu Wilsnack (De hystorie [Historie] unde erfindinghe des hillighen Sacraments tho der wilsnagk). Niederdeutscher Einblattdr. mit 15 Holzschn. aus d. Zeit von 1510–1520. Nach mehreren in d. Kgl. Univ.-Bibl. in Greifswald aufbewahrten Fragmenten hrsg. von Paul Heitz. Mit e. Einl. von W[ilhelm] L[udwig] Schreiber. *Straßburg: J. H. E. Heitz* 1904. (17 S.) 4°
= Drucke u. Holzschnitte d. 15. u. 16. Jahrhunderts. 10.

Wunder- und Gnadenbrunn, Neu Marianischer, bey Wemding hervorquellend . . . 3. Aufl. Eichstädt 1757. V: *Crammer, Anton.* (Jes)

Wunderbuch. Leipzig 1815—17. V: *Schulze, Friedrich August & Joh. Aug. Apel.* (GGr)

Wunderbuch. Herausg. v. A. Apel u. F. Laun. 2 Bde. m. K. 8. Leipz. Göschen. 815 u. 16. (à 1 Rthlr. 12 gr.)

Wunderbuch, herausgegeben von Friedr. Baron de la Motte Fouqué u. Fr. Laun. 3 Bdchn. mit Kupf. 8. Leipzig, Göschen. 817.

Wunderbüchlein, Das, oder Nachricht von blauen Feuern, Irrwischen ... Kempten 1806. V: *Wagenseil, Christian Jacob.* (Ky)

Wunderbüchlein, oder enthüllte Geheimnisse aus dem Gebiete der Sympathie, Naturlehre, natürl. Magie, Mathematik, Gewerbskunde, Haus- u. Landwirthschaft. 1—3. Aufl. 12. (à 4 B.) Ulm 843. [Adorf, Müller's Buchh.] à

Wunderbüchlein, od. enthüllte Geheimnisse aus dem Gebiete der Sympathie, Naturlehre und natürlichen Magie, Mathematik, Gewerbskunde, Haus- und Landwirthschaft. Zum Nutzen und Vergnügen. gr. 12. Ulm 843, Seitz. 1/4 ₰ — 2. Aufl. 12. Ebend. 843. 1/4 ₰ — 3. Aufl. 12. Ebend. 843. 1/4 ₰

Wunderbüchlein, das, oder Nachricht von blauen Feuern, Irrwischen ꝛc. (von Chr. Jak. Wagenseil.) 8. Kempt. 806. 2e A. 827. Dannheimer. 6 ₰ (Aus den „Beitrag zur Volksbibliothek" abgedruckt.)

—— landwirthschaftliches, oder 225 entsiegelte Geheimnisse aus der Haus- u. Landwirthschaft. 16. (5 B.) Bautzen 844, Reichel.

Wunderdoktor, der, od. vollständ. Rathgeber in allen Krankheiten d. menschl. Leibes, f. alle Stände. Nach d. vorzügl. Quellen, u. nach untrügl. Erfahrungen d. berühmtesten Aerzte aller Völker u. Zeiten bearb. gr. 8. (20 B. u. 2 Tab.) München 828, Lindauer.

Wunderdoctor, der, oder sichere und schnelle Heilung der meisten Krankheiten ohne Arzt durch Befolgung der Naturwinke und Benutzung einfacher oder bisher geheim gehaltener Heilmittel. 8. Hamburg 843, Berendsohn. 1/2 ₰

Wunderdoctor, der, in Radbruch (Schäfer H. Ast). Schildergn. e. Augenzeugen. 3. Aufl. 8. (32 S. m. Bildn.) Hamburg 895. Jürgensen & Becker. n. — 50

Wunder-Doctor u. Rathgeber, der sympathetische u. magnetische, oder Sammlung von 1260 bisher geheim gewesenen sympathetischen u. magnetischen Mitteln. Gesammelt u. hrsg. v. einer Gesellschaft Verehrer dieser geheimen Wissenschaften. 12. (XXVI u. 250 S.) Eisenberg 849, Schöne. — 2. Aufl. 12. (XXVI u. 250 S.) Ebd. 850. 1/2 ₰

Wunderer, Aug., woher nehmen wir Brot? Eine Zeit-Predigt üb. Ev. Marci VIII, 1—9, geh. in der Stadtkirche zu Weißenstadt. gr. 8. (10 S.) Nürnberg 892. J. Ph. Raw. n. — 20

Wunderer, Carl, s. Wunderer, Karl

Wunderer, Frdr., s.: Sicherheitsvorschriften f. elektrische Starkstrom-Anlagen.

— s.: Sondervorschriften f. die Ausführung u. den Betrieb von elektrischen Anlagen in Theatern usw.

Wunderer, G., s.: Schweitzer's Terminkalender f. die bayerischen Juristen.

Wunderer, G., s.: Stahl's Terminkalender f. die bayerischen Juristen.

Wunderer, Jh. Dav., (ein Reisebeschreiber d. 16. Jahrhund.), Reisen durch Dänemark, die südbaltischen Landschaften, e. Theil Rußlands, Lappland, Schweden, Liefland u. Curland, in d. J. 1589 u. 1590; in J. C. v. Fichard, Archiv für ältere deutsche Literatur u. Geschichte. Bd. 1. S. 171—256.

Wunderer, Karl

Wunderer, Carl, Prof. Dr.: Die psychologischen Anschauungen des Historikers Polybios. Untersuchung. Erlangen 1905: Junge. (59 S.) 8°
Erlangen, k. human. G P 1905*

Wunderer, Carl, die psycholog. Anschauungen des Historikers Polybios. Untersuchung. Progr. (60 S.) 8. Erlangen 905. (Th. Blaesing.) n. 1. —

Wunderer, C. [Dr.]: Bruchstücke einer afrikanischen Bibelübersetzung in der pseudocyprianischen Schrift Exhortatio de paenitentia neu bearbeitet. Erlangen, Druck d. Univ.-Buchdr. v. E. Th. Jacob, 1889; 57 S. 8°
Erlangen, k. StA, P 1889*

Wunderer, C., Bruchstücke e. afrikanischen Bibelübersetzung in der pseudocyprianischen Schrift Exhortatio de paenitentia, neu bearb. gr. 8. (57 S.) Erlangen 889. (Blaesing.) n. 1. 50

Wunderer, Carolus: Conjecturae Polybianae .... Erlangae, typis Jungii et filii, 1885; 39 S. 8°.
Erlangen, Phil. Fak., Inaug.-Diss. v. 1885.

Wunderer, Carolus, conjecturae Polybianae. Diss. Erlangen 1885, Th. Blaesing. 8°. 39 S.

Gleichnisse und Metaphern bei Polybios nach ihrer sprachl., sachl. u. kulturhist. Bedeutung bearb. von Carl Wunderer. Leipzig: Dieterich 1909. 145 S. 8°
(Wunderer: Polybios-Forschungen. T. 3.)

Wunderer, Carl, Polybios-Forschungen. Beiträge zur Sprach- u. Kulturgeschichte. I. Thl.: Sprichwörter u. sprichwörtl. Redensarten bei Polybios auf Herkunft u. Bedeutg. hin untersucht. gr. 8. (VII, 123 S.) Leipzig 898. Dieterich. n. 2. 80

Wunderer, Carl, Polybios-Forschungen. Beiträge zur Sprach- u. Kulturgeschichte. 2. Tl.: Citate u. geflügelte Worte bei Polybios, im Zusammenhang m. der ästhetisch-litterar. Richtg. des Historikers untersucht. gr. 8. (V, 100 S.) Leipzig 901. Dieterich. n. 2.40

Wunderer, Carl, Polybios-Forschungen. Beiträge zur Sprach- u. Kulturgeschichte. 3. (Schluss-)Tl.: Gleichnisse u. Metaphern bei Polybios nach ihrer sprachl., sachl. u. kulturhistor. Bedeutg. bearb. (VII, 145 S.) gr. 8. Leipzig 909. Dieterich. 3. 80

Sprichwörter und sprichwörtliche Redensarten bei Polybios auf Herkunft u. Bedeutg hin untersucht v. Carl Wunderer. *Leipzig: Dieterich 1898.* (4 Bl., 123 S.) 1 Bd 8.
= Wunderer, C.: Polybios-Forschungen. Tl 1. [98. 5714

— Dr. Adolf Westermayer, kgl. Gymnasialrektor in Erlangen. Lebensbild. gr. 8. (12 S. m. 1 Bildnis.) München 900. J. Lindauer. n. — 50
Sonderabdruck aus: „Blätter f. d. Gymnasial-Schulwesen".

Citate und geflügelte Worte bei Polybios im Zusammenhang mit d. ästhet.-litterar. Richtung d. Historikers untersucht von Carl Wunderer. *Leipzig: Dieterich 1901.* (100 S.) 8°
= Wunderer: Polybios-Forschungen. T. 2. [01. 10153

Wunderer, Wilh., deutsches Lesebuch f. die Oberklassen d. Gymnasien. I. Tl. Literaturproben zur Geschichte der neuhochdeutschen Literatur. (XVI, 404 S.) gr. 8. Bamberg 905. C. C. Buchner's Verl. Geb. 2. 50

Wunderer, Wilhelm [Dr.]: Manibiae Alexandrinae. E. Studie z. Gesch. d. röm. Kunstraubes. Würzburg, Druck d. kgl. Universitätsdr. v. H. Stürtz, 1894; 31 S. 8.
Würzburg, k. altes G, P 1894*

Wunderer, Wilh., Meditationen u. Dispositionen zu deutschen Absolutorialaufgaben f. d. bayer. Gymnasien. 1. Tl. gr. 8. (VIII, 67 S.) Bamberg 899. C. C. Buchner Verl. n. 1. 20

Wunderer, Wilh., Meditationen u. Dispositionen zu deutsch. Absolutorialaufgaben f. die bayerischen Gymnasien. 1. u. 2. Tl. gr. 8. Bamberg 902. C. C. Buchner's Verl.. à n. 1. 20
1. 2. Aufl. (VIII, 68 S.) — 2. (VI, 65 S.)

— **Meditationen u. Dispositionen zu deutschen Absolutorialaufgaben f. die bayer. Gymnasien. I. u. II. Tl. gr. 8. Ebd.** 2. 70
I. 3. Aufl. (VIII, 68 S.) 908. 1. 20
II. 2. Aufl. (VI, 65 S.) 900; 3. Aufl. (VI, 65 S.) 909. 1. 50

— Schulgesundheitspflege u. Schulärzte an den höh. Lehranstalten Bayerns, s.: **Doernberger, Eug.**

Wunderer, Wilhelm: Ovids Werke in ihrem Verhältnis zur antiken Kunst . . . Erlangen, Druck d. Univ.-Buchdr. v. Junge & Sohn, 1889; 1 Bl. + 68 S. 8°
Erlangen, Phil. Fak., Inaug.-Diss. v. Nov. 1889.

Wundergarten, der. Kalender f. die deutsche Jugend 1908. Begründet u. hrsg. v. Wilh. Kotzde. Mit Unterstützg. d. freien Lehrer-Vereinigg. f. Kunstpflege. 1. Jahrg. (XIV, 82 S. m. z. Tl. farb. Abbildgn. u. Taf.) 8. Mainz, J. Scholz. Kart. 2. —

Der Kinder Wundergarten. Hübsche Märchen f. liebe Kinder. M. 3 Farbendruckb. Mülheim a. d. R.: J. Bagel [1895]. (79 S., 2 Taf.) 1 Bd 8°

Wundergeschichte, Herkuliskus und Herkuladisla anmuthige. Frankfurt 1713. V: *Bucholtz, Andr. Heinr.* (JL) (Rotermund, Gel. Hannover. Bremen 1823.)

Wundergeschichten, Die biblischen. Vom Verfasser des Buches: »Im Kampf um die Weltanschauung«. Freiburg i. Br. 1890. V: *Wimmer, Richard.* (Russell XVI, I, 3, 5269)

Wundergeschichten, die biblischen. Vom Verf. d. Buches: „Im Kampf um die Weltanschauung". 1.—4. Aufl. gr. 8. (IV, 79 S.) Freiburg i/Br. 890. J. C. B. Mohr. n. 1. —

Wundergeschichten und Legenden der Teutschen. Quedlinburg 1817. V: *Nagel, Johann Friedrich Gottlieb.* (MGT) »1816« (Ky)

Wundergeschichten u. Legenden der Deutschen, (von J. Fr. G. Nagel). 2 Thle. 8. Quedlinb. 816. Basse. 1 ₰ 12 ℊ

Wundergeschichten, aus der Natur u. Menschenwelt, für Freunde des Wunderbaren, d. Menschen- u. Naturkenntniß (v. Erasm. Wunder). 2 Bde. 8. Leipz. 805. Joachim. 1 ₰ 12 ℊ

Wundergeschichten aus der Natur und Menschenwelt ꝛc. (von Erasm. Wunder) ist: Dr. Bergk.

Wundergeschichten, zwei, aus den deutschen Volksbüchern, durchgesehen von Severin Rüttgers, s.: Schaffstein's Volksbücher f. die Jugend.

Wunderglauben u. Wundersucht, über, Worte evangel. Ueberzeugung aus den Herzen e. Hessischen Geistlichen; Herausg. u. mit e. Vorwort begleitet v. G. Friederich. E. Frankf. 822. Boselli. 6 ℊ

Wundergürtel, Der; die Nebenbuhlerinnen; Abdolazi und Asmolan. Vier Erzählungen nach d. Franz. u. Span. . . . Leipz. 1813. V: *Lindau, Wilhelm Adolph.* (MGT) (NN) (Ky) (EE)

Wundergürtel, der, die Nebenbuhlerinnen, Abdelazi u. u. Asmolan. 4 Erzählungen, v. Verf. d. Heliodora. 8. Leipz. Hinrichs. 813.
Velinp.

Wunder-Heilkraft d. Spiegel. Heil-Mystik-Artikel u. deren Anwendg. f. Gesunde u. Kranke bei tägl. Vorkommnissen. Alte Geheimnisse f. Heil-Mystik-Aerzte u. Laien. 7., verm. Ausg. gr. 8. (45 S. m. Fig. u. Titelbild.) Leipzig 897. Chemnitz, M. Winter. n. — 50

Wunderheilung, e., der Neuzeit, s. a. Broschüren, Frankfurter zeitgemäße. 27, I.

Eine **Wunderheilung** der Neuzeit. Eine Herausforderung an d. moderne Wissenschaft von e. Freunde d. Wahrheit. Hamm i. W.: Breer & Thiemann 1907. (44 S.) 8° [Umschlagt. F.]
— **Broschüren**, Frankfurter Zeitgemäße. Bd 27, H. 1. 07. 16138

Wunderhold, s. Mädchen, das.

Wunderhold, Das Mädchen, eine abentheuerliche Romaneske im neuern Styl. Berlin 1809. V: *Wallenrodt, Augusta von vereh. von Fölsch* später: *Goldstein, Freiin.* (MGT) (schl) »1810« (Ky) »1808« (NN) (Nowack, Schles. Schriftst.-Lex. Bresl. 1843—46. V, 51.)

Wunderhold, d. Mädchen, eine abendländische Romaneske im neuern Styl, m. K. 8. Berlin, Brauns. 809.

Historie von dem Maler Adolphus Pann, wie er vom Teufel versucht, aber gerettet ist, durch Lebr. **Wunderhold.** Berlin 791. 8.

Wunderholds, Theodor, Geistersehers, Ordensbruders, Schauspielers, und Quacksalbers neuester Zeit, Abentheuer, Wanderschaften, Genie und Bocksstreiche, 2 Theile, 8. Altona, 794, 96. Verlags-Gesellsch. 1 Rthl. 18 sgl.

Wunderholds, Theod., Geistersehers, Ordensbruders, Quacksalbers u. Schauspielers neuester Zeiten, Abenteuer, Wanderschaften, Genie u. Bocksstreiche. 2 Bde. 8. Hamb. Vollmer. 796. (I. 18 gr. II. 20 gr.)

Wunderhorn. Oesterr. Taschenbuch. Hg.: J. M. Vogl (1834). Wien.

Wunderhorn, d. flotten Burschen. Nugel-Nagel-Neue Kneip- u. Bummellieder. Ein kom. Supplement zu jedem Liederbuche f. Freunde humorist. Gesanges v. A. W––s. gr. 16. (VII, 88 S.) Leipzig 871. R. Schäfer. n. – – 75

—— des Kindes. — Le monde merveilleux des enfants. — The world of wonders for children. 4. (10 S. mit 8 color. Stnt.) Alt-Gersdorf 873, Deckart. cart.

Wunderhorn, des Knaben, alte deutsche Lieder gesammelt von L. Ach. von Arnim u. Clemens Brentano. 3 Thle. gr. 8. Heidelb. 806–8. (1r Thl. 2e A. 8'9.) Mohr. 5 ℛ 12 𝒦 Postp. 7 ℛ — Anhang dazu, s. Kinderlieder.

Wunderhorn, des Knaben, alte deutsche Lieder von A. v. Arnim und Cl. Brentano. 1r Bd. 2te Aufl. gr. 8. Heidelberg. Mohr und W. 819.

Wunderhorn. Des Knaben Wunderhorn. Alte deutsche Lieder, gesammelt von L[udwig] Achim v. Arnim und Clemens Brentano. In einer Auswahl nach der Original-Ausgabe neu hrg. von Paul Ernst. [Mit Titelholzschnitt.] IV + 600 S. 8. Leipzig und Berlin, Georg Heinrich Meyer, 1903. [geb. M. 4.—]

Wunderhorn, des Mädchens, s. Amorinen und Amoretten.

Wunderhorn, des Mädchens. Aus lyrischen Dichtern gesammelt (von Arth. Frey.) 1. Aufl. (XVI und 260 S.) 1848., 2. Aufl. (X und 308 S.) Mannheim 1849., 3. Aufl. (V und 320 S.) Leipzig 1851. und 5. (Titel-)Aufl. 16. (V und 320 S.) Cassel 851(52,) Balde. *

Wunderhorn, des Mädchens, aus lyrischen Dichtern gesammelt (v. Ar. Frey). 16. (XVI u. 260 S. mit lithochrom Titel.) Mannheim 848, Grohe. n. 1 ℛ; in Engl. Einb. m. Goldschn. n. 1⅓ ℛ — 2. verm. Aufl. 16. (X u. 308 S. m. lithochrom. Titel.) Ebd. 849. In Seide geb. m. Goldschn. n. 1⅓ ℛ — 3. verm Aufl. 16. (VI u. 320 S.) Leipzig 851, Arnold. In Seide geb. n. 1½ ℛ — 5. (Titel-)Aufl. 16. (VI u. 320 S.) Cassel 852, Balde. In Engl. Einb. m. Goldschn. n. 1 ℛ (siehe auch: Amorinen u. Amoretten.)

Wunderhorn, des Mädchens. Lieder-Album aus Deutschlands lyrischen Dichtern. 6. Aufl. Sondershausen 857. Neuse. 16. (VIII, 312 S.) n. 22½ ngr.

Wunderhorn, des Mädchens, Lieder-Album aus Deutschlands lyrischen Dichtern. 7. Aufl. Sondershausen 860. Neuse. 16. (VIII, 316 S.) n. 1 ℛ

—— des Mädchens. Perlenkranz aus Deutschlands lyrischen Dichtern. 10. Aufl. Mit 3 Illustr. (in Holzschn.) von W. Georgy. Widmung von Adf. Böttger. 16. (XIV, 304 S.) Leipzig 869, Fr. Voigt's Buchh. geb. mit Goldschn.

—— dass. — 11. Aufl. Mit 3 Illustr. von W. Georgy. 16. (316 S.) Leipzig 873, Cnobloch. [Halle, Gesenius.] geb. mit Goldschn.

Wunderhorn, neues. Die schönsten deutschen Volkslieder aus alter u. neuer Zeit m. Singweisen u. Bildern v. Fr. Staffen, E. Liebermann, Fr. Hein u. a. Zusammengestellt u. hrsg. v. K. Henniger. (VII, 238 S.) kl. 8. Berlin (906). Fischer & Franke. Geb. in Leinw. n. 2.—

(S) **Wunderhorn, neues.** 906. (KBL 34.) Jetzt: Stuttgart-Cannstatt, A. W. Franke.

Wunderhorn, östreich., Taschenbuch d. Balladen, Romanzen, Sagen u. poet. Erzählungen. Mit Beiträgen v. mehr als 39 Gelehrten hrsg. v. Joh. N. Vogl. 16. (21 B.) Wien 834, (Beck.)

Wunderkind, das, aus der Schifferstraße vor Gericht. Darstellung des vor dem Criminal-Gericht zu Berlin verhandelten Betrugs-Prozesses gegen die unverehl. Marie Louise Braun, 16½ Jahr alt. 8. (39 S.) Berlin 853, Trowitzsch und Sohn.

Wunderkinder, die, od., aus d. Schule geplaudert. Große Polterabend-Kommunal-Mädchen-Schule m. Gesang in 1 Act. 12. (8 S.) Berlin (896). M. Böhm. 1.50

Wunderkraft, die, der Afterphilosophie rc. 8. Augsb. 792. Bolling. 6 𝒦

Wunderkraft, Die magnetische, oder aller Welt zum Trotz doch ein Arzt . . . Ein Lustspiel in drey Aufzügen. . . . A. d. Franz. [des J. A. Bourlain, ps. A. J. Dumaniant] frey übersetzt. Berlin 1790. Ü: *Huber, Ludwig Ferdinand.* (MGT) (GGr) (BrMm) Ü: *Unger, Friderike Helene geb. von Rothenburg.* (Schl) (Ky) (GGr VII, 671)

Wunderkraft, die, des Magnetismus. Lstspl. des Dumaniant. Aus d. Französ. (von L. Fr. Huber, oder Fr. Helene Unger?) 8. Berl. 790. Unger. 6 𝒦

Wunderkräfte, die, d. kalten Wassers in Heilung schwerer Krankheiten. Nach Theorie u. Erfahrung dargestellt von e. prakt Ärzte. 8. Arnst. 831. Mirus. 12 𝒦

Wunderkräfte, die, d. kalten Wassers in Heilung schwerer Krankheiten. Eine allgem. verständl. Anweis., sich dieses großen Mittels mit Nutzen zu bedienen. Nach Theorie u. Erfahr. dargest. von e. prakt. Ärzte. 8. (8 B.) Arnstadt 831, [Ohlenroth.]

——, die, d. kalten Wassers in vielen Krankheiten u. Uebeln, u. als Universalmittel zur Begründung e. dauerhaften Gesundheit. Nebst mehr. einfachen, von Aerzten empfohl. Hausmitteln geg. Schwindsucht, Auszehrung, Lungensucht u. einige and. Krankheiten. (1.) u. 2. Bdchn. 8. Ludwigsburg, Nast. [1. (7½ B.) 831. 12 Gr., 2. (8½ B.) 833. 8 Gr.]

Wunderkräfte, die, d. kalten Wassers in vielen Krankheiten u. Uebeln u. als Universalmittel z. Begründ. e. dauerhaften Gesundheit. Nebst mehr. einfachen, v. berühmten Aerzten empfohl. Hausmitteln geg. Schwindsucht, Auszehrung, Lungensucht u. a. schwier. Krankheiten. 2. Ausg. 8. (8½ B.) Hamburg 839, Berendsohn.

Wunderkuren, Die aufgedeckten Gassnerischen, aus authentischen Urkunden beleuchtet und durch Augenzeugen bewiesen. 1774. 2. Aufl. München u. Augsb. 1775. V: *Sterzinger, Ferdinand*[?]. (Ky) (BB) (Mp) (ADB) (AarK)

Wunderkuren, die aufgedeckten Gaßnerschen rc. 8. Augsb. 775 v. Jenisch u. St. 4 𝒦

Wunderlampe, die. Persische Volkssage, übers. von G. und B. Dom. 8. (71 S.) Urfahr-Linz 878, Kraußlich.

Wunderle, Georg, a. Weissenburg i. B.: Die Lehre des Aristoteles von der Zeit. Fulda 1908: Fuldaer Actiendruckerei. (49 S.) 8° ¶ [Aus: Philos. Jahrbuch Bd 21, 1908.]

München, Phil. Fak., Ref. Frh. v. Hertling, Diss. v. 5. Juli 1907

[Geb. 23. Sept. 81 Weißenburg i. B.; Wohnort: Weißenburg i. B.; Staatsangeh.: Bayern; Vorbildung: Gymn. Eichstatt Reife Juli 01; Studium: Phil. u. Theol. Lyzeum Eichstatt 10, Phil. Univ. München 2 S.; Rig. 5 Juli 07.]

Wunderle, Ph., der lebendige Rosenkranz. Kurz erläutert. Mit Zeichngn. nach Jos. Ritter v. Führich. (48 S.) 16. Mainz (909). Druckerei Lehrlingshaus. Geb. in Leinw. — 60

Wunderleugnung, die neueste, im badischen evangelischen Predigerverein. gr. 8. (16 S.) Karlsruhe 887, Evangel. Schriftenverein für Baden. *

Wunderli, Arnold, von Richtersweil [Kt. Zürich]: Beitrag zur Kenntniss des Tastsinns. Zür. F. Walder u. S. Dr. 1860. 28 S., 2 Bl. 8°. Zürich, Med. Diss. v. 15. Aug. 1860.

Wunderli, Gustav

Wunderli, G. H., Hans Waldmann u. seine Zeit. gr. 8. (III, 171 S.) Zürich 889. (Meyer & Zeller.) n.n. 2. 50

Wunderli, Gust., s. Zürich in der Periode 1519—1531.

Wunderli, G., Zürich in der Periode 1519—1531. Nach den Urkundensammlungen der eidgenöss. Abschiede u. zürcherisch-kantonalen v. Egli u. Strickler. In besond. Berücksicht. der Janssen'schen Angriffe. gr. 8. (67 S.) Zürich 887. Höhr. n. 2. —

Huldrych Zwingli und die Reformation in Zürich nach den Tagsatzgs-Protokollen u. Zürcherischen-obrigkeitl. Erlassen. Dargest. v. Gustav Wunderli. Zürich: Verl. d. Vfs; (Buchs: Buchdr. J. Kuhn) 1897. (2 Bl., 255 S., 1 Bl.) 1 Bd 8°

Wunderli, Heinrich, med. pract. von Richtersweil [Kt. Zürich]: Klinische Beiträge zur Aetiologie und Heilung der Sehnervenentzündung. Zür. Hofer u. Burger Dr. 1890. 2 Bl., 86 S., 1 Bl. 8°. Zürich, Med. Diss. [v. 6. Mai 1890].

Wunderli, H., klinische Beiträge zur Aetiologie u. Heilung der Sehnervenentzündung. Inaug.-Diss. gr. 8. (III, 86 S.) Zürich 890. (Wiesbaden, Bergmann.) n.n. 2. —

— Hilfsbuch f. den Unterricht zu den stilistischen Übungen in der einklassigen Volksschule. Mit Angabe der Ziele, d. Stoffes u. der unterrichtl. Behandlg. der Aufsätze auf der Unter-, Mittel- u. Oberstufe der Volksschule m. einfachen Schulverhältnissen unter steter Benutzg. der Musterstücke d. Lesebuchs u. in konzentr. Kreisen theoretisch u. praktisch dargestellt. gr. 8. (XVI, 212 S.) Dresden 888. Kühtmann. n. 2. 25

Wunderlich, Anleitung zur Buchführung seitens kleiner bäuerlicher Landwirte, s.: Buchführung, landwirthsch.

Wunderlich, Bis hieher hat uns der Herr geholfen! Predigt über 1. Sam. 7, 7—14, am 12. Sonntage nach Trinit. nach der Schlacht bei Sedan gehalten. 8. (16 S.) Hof 870, (Grau und Comp.) *

Wunderlich [Praes.], s. Buch, Eduard Theod.: Ueber d. Astragalus-Fracturen.

Wunderlich, die Jurisprudenz des Oberappellations-Gerichts der vier freien Städte Deutschlands rc., s. Jurisprudenz, die.

Wunderlich, d. Windmüller, m. K. 8. Neuburg, Commiss. Compt. 865.

Wunderlich, A., Fibel, s.: Schlimbach, G.

Wunderlich, A., s.: Schlimbach, G., Fibel.

Wunderlich, Ad., Chorgesangübungen für Gymnasien und Realschulen. 1. Tl. gr. 8. (47 S.) Nürnberg 886, Korn'sche Buchh. geb. **

Wunderlich, Ad., Gesanglehre u. Liedersammlung für die unteren Klassen d. Gymnasien u. Realschulen. 8. (220 S.) Nürnberg 900. F. Korn. Kart. n. 1. 20

Wunderlich, Ad., Gesanglehre u. Liedersammlung f. die unteren Klassen der Gymnasien u. Realschulen. 2., verm. Aufl. (206 S.) 8. Nürnberg 905. F. Korn. Geb. in Leinw. n. 1. 20

— Wegweiser f. Eltern u. Lehrer bei Einführung der Steilschrift. gr. 8. (16 S. m. 2 Taf.) Gotha 893. E. F. Thienemann. n. — 40

Wunderlich, Adam, Karte des königl. Bezirksamts Wunsiedel, umfassend die Amtsgerichte Kirchenlamitz, Thiersheim und Wunsiedel. 1 : 100,000. Lithogr. und color. qu. gr. Fol. Hof 882, [Grau und Comp.] Lion. *

Wunderlich, Adolf, a. Apeldoorn (Holland): Über die Rhamnoglucoside aus Viola Tricolor, Polygonum Fagopyrum, Capparis-Spinosa, Aesculus-Hippocastanum und Globularia Alypum. Marburg 1908: Scheltens & Giltay, Amsterdam. (83 S.) 8°
Marburg, Phil. Fak., Ref. Schmidt, Diss. v. 9. Juni 1908
[Geb. 18. Sept. 83 Apeldoorn; Wohnort: Haag; Staatsangeh.: Niederlande; Vorbildung: Oberrealsch. Apeldoorn Reife M. 99; Studium: Leyden 8, Marburg 5 S.; Rig. 5. März 07.]

Wunderlich, Agathon

Wunderlich, Agathon. s. Anecdota quae processum civilem spectant.

Wunderlich, Agathon, siehe: Aufgaben, juristische.

Wunderlich, Agath., de antiqua litterar. obligatione, dissertat. philolog.-jurid. 8 maj. (5 B.) Gottingae 832. (Hannover, Hahn.)

— s. Tancredi Summa de matrimonio.

Wunderlich, Aug., Turn- u. Wandersang, s.: Fickenwirth, Paul.

Wunderlich, August Heinrich (Rochsburg)
4° Misc. 180v/5

Dissertatio inauguralis juridica, sistens commentationem in pacta dotalia illustrissimorum comitum de Schönburg. Präs. Johann Heinrich Meier.
Erfurt (Grosch) 13. XII. 1728. 58 S.
37330

Wunderlich, C., über die Diagnose des Flecktyphus, s. Sammlung klin. Vorträge.

Wunderlich, C., über die luetischen Erkrankungen des Gehirns und Rückenmarks, s. Sammlung klinischer Vorträge.

Wunderlich, C. A., de actionibus quibusdam acidi nitrici caustici in corpus humanum intromissi. Lipsiae 855. (Dürr'sche Buchhdlg.) 4. (8 S.) 1½ ngr.

Wunderlich, C. A., de actionibus quibusdam acidi nitrici caustici in corpus humanum intromissi. gr. 4. (8 S.) Leipzig 857, Dürr'sche Buchh.

Wunderlich, C. F., Observat. criticae in Aeschyli tragoedias tragoediarumque reliquias. 8. Götting. Dieterich. 809

Wunderlich, C. G., die ehemal. Klosterschulen u. d. jetzigen niedern evangel. Seminarien in Würtemberg. Im Vereine mit G. A. Hauff u. C. W. Klaiber dargest. gr. 8. (6 B.) Stuttgart 833, [Beck u. Fränkel.]

Wunderlich, C. R. A. [Praes.], s. F r ö l i c h, Franz Hermann: Ergebniss meiner Beobachtungen über Eigenwärme im septentrionalen Abdominaltyphus.

Wunderlich, Carl ..., s. W u n d e r l i c h, Karl ...

Wunderlich, Christian August (Quedlinburg)
A. S. 129/4

Dissertatio inauguralis iuridica de computatione pretii in evictionis praestatione. Präs. Johann Samuel Boehmer.
Halle (Franck) 16. XI. 1745. 30 S.

W. v.: Präs., P. Homfeld (Opp.), Johann Heinrich Asbeck (Opp.). 37331

Wunderlich, C. N., Betrachtungen über das Evangelium des Lucas. Nach Quesnel als Zugabe zu Godet's Commentar zum Evangelium des Lucas frei bearb. 2. (Titel-)Ausg. gr. 8. (IV, 228 S.) Hannover 878, Meyer. *

Wunderlich, C. N., s. Erziehungsanstalt, die, zu Stetten.

Wunderlich, C. N., Fenelon, Erzbischof v. Cambrai. Ein Lebensbild. gr. 8. (VIII, 392 S.) Hamburg 873, Agentur des Rauhen Hauses. *

Wunderlich, C. N., christliche Gedanken über das Evangelium des Lucas. Nach Quesnel als Zugabe zu Godet's Commentar zum Evangelium des Lucas frei bearb. gr. 8. (IV, 228 S.) Hannover 874, Meyer. *

Wunderlich, Eduard

A u f dem Wege zum Reichtum. s.a. P i c h l e r 's Jugendbucherei.

(F) **Wunderlich,** E., Auf dem Wege zum Reichtum. [Pichler's Jugendbücherei. Bd. 51.] 8°. (65 S.) geb. K 1.—
Wien: Pichler 1908.

— Durch Trübsal zur Freude, nach Fr. Jakobs bearb., s.a. Pichler's Jugendbücherei.

Wunderlich, E.: D u r c h Trübsal zur Freude. Wien: Pichler 1908. (84 S.) 8°
[Pichlers Jugendbücherei. Bd. 47.]

Wunderlich, Eduard, Referendar in Danzig: Über die rechtliche Grundlage des Anfechtungsanspruches wegen Benachteiligung der Gläubiger. Borna-Leipzig 1907: R. Noske. (IX, 55 S.) 8° [J.]
Leipzig, Jur. Fak., Diss. v. 20. Juni 1907
[Geb. 12. Febr. 81 Osterwick W.-Pr.; Wohnort: Danzig; Staatsangeh.: Preußen; Vorbildung: Kgl. Gymn. Danzig Reife M. 00; Studium: Erlangen 3, Leipzig 1, Königsberg 3 S.; Rig. 4. Juli 04.]

(F) **Wunderlich,** E., Kleine Heimatskunde von Böhmen. 8°. (ill. 35 S.) 1907 K —.40

Wunderlich, Eduard, kleine Heimatkunde v. Böhmen. Ein Wiederholungsbüchlein f. Volksschüler. Mit 4 Kartenskizzen, 25 Ansichten u. 1 [farb.] Karte v. Böhmen. 2. Aufl. (35 S.) 8. Wien 908. A. Pichler's Wwe. & Sohn. — 40

(F) **Wunderlich,** E., Vater Mirbel oder Dorne und Rose. [Pichlers Jugendbücherei. Bd. 66.] 8°. (79 S. u. 8 Tafeln)
Wien: Pichler 1910. geb K 1.—

— Die zwei Schatzgräber, s.a. Pichler's Jugendbücherei.

(F) **Wunderlich,** E., Die zwei Schatzgräber. [Pichler's Jugendbücherei. Bd. 52.] 8°. (71 S.) geb. K 1.—
Wien: Pichler 1908.

— Die alte Schuld, s.a. Pichler's Jugendbücherei.

(F) **Wunderlich,** E., Die alte Schuld. [Pichlers Jugendbücherei. Bd. 53.] 8°. (ill. 86 S.) geb. K 1.—
Wien: Pichler 1908.

— Verschollen, s.: Schubert, G. H. v.

— Wiedervereint, nach Fr. Jakobs bearb., s.a. Pichler's Jugendbücherei.

(F) **Wunderlich,** E., Wiedervereint. [Pichlers Jugendbücherei. Bd. 44.] 8°. (83 S.) geb. K 1.—
Wien: Pichler 1908.

Wunderlich, Emil

Wunderlich, Aemilius, Configuration organischer Molekule. gr. 8. (32 S.) Leipzig 886, (Leitholdt.) *

Wunderlich, Aemilius Edwin [aus Neuenmörbitz (Sachsen-Altenb.)]: Ueber Carbaminocyamide ... Würzburg, Becker's Univ. Buchdr., 1886; 32 S. 8°.
Würzburg, Phil. Fak. Inaug.-Diss. v. 1886.

Wunderlich, Aemilius Edwin, über die Carbaminocyamide. Diss. Würzburg 1886. Stahelsche Univ.-Buchh. 8°. 32 S.

Wunderlich, Er. Karl Fr., s. A e s c h i n i s oratio in Ctesiphont.

Wunderlich, Er. Karl Fr., s. **Demosthenis oratio.**

Wunderlich, Er. Karl Fr., († d. 14. März 1816.) observat. criticae in Aeschyli tragoedias tragoediarumque reliquias. 8. Götting. 809. Dieterich. 14 gr.

— Observationes critic. in Aeschyli Tragoedias. Götting. 810. 8. 14 gr.

Wunderlich, E. C. F., Quid in Aeschyli tragoediis emendandis desiderandum sit? Götting. 806. 8.

s. A. T i b u l l i Carmina.

Wunderlich, E. C. F., De via atque ratione, quae novo Demosthenis Aeschinisque editori ineunda est. Gel. 1810. 42 S. 8°. 1.20

s. V i r g i l i i opera.

Wunderlich, Ernst, Bilder aus der Natur. Material für den naturgeschichtl. Unterricht in der Volksschule. Unter steter Berücksicht. des in den allgemeinen Bestimmungen vom 15. Oktbr. 1872 geforderten Stoffes bearb. und nach den Jahreszeiten zusammengestellt. gr. 8. (VIII, 332 S. mit zahlreichen Illustr. in eingedr. Holzschn.) Langensalza 877, Schulbuchh. von Greßler.

Wunderlich, Ernst, das christliche Kirchenjahr. Geschichte der Sonn- und Festtage desselben, der Festgebräuche und ihre Bedeutung, der heil. Handlungen und Ceremonien, sowie vieles andere Kirchlich-Wissenswerthe. Für Lehrer und Freunde der Kirchengeschichte. 1. Aufl. (96 S.) 1872. * 75 Pf.; 2. verm. Aufl. 8. (IV, 112 S.) Langensalza 877, Schulbuchh. von Greßler. *

—— die Seminarfrage, s. Sammelmappe, pädagogische.

Wunderlich, Ernst, die Seminarfrage. Polemische Abhandlungen. gr. 8. (76 S.) Leipzig 874, Siegismund und Volkening. *

Wunderlich (F.). Beitrag zur Kenntniss der Kieselschiefer, Adinolen und Wetzschiefer des nordwestlichen Oberharzes. (Dissertation Leipzig.) (Mittheilungen d. Maja, N. F. II.) Berlin 1867. 8.

Wunderlich, F. Beitrag zur Kenntniss der Kieselschiefer pp. des nordwestlichen Oberharzes. Dissertation. Leipzig. 1880.

WUNDERLICH, F.: De legitimatione p. oblationem curiae lib. sing. *Jen.* 759. 4.

Wunderlich, Felix, Referendar: Die Rechtsstellung des Vorerben. Greifswald 1910: Abel. IX, 80 S. 8°
Greifswald, Jur. Diss. v. 8. Okt. 1910, Ref. Frommhold
[Geb. 15. März 87 Stolp i. P.; Wohnort: Stolp; Staatsangeh.: Preußen; Vorbildung: Gymn. Stolp Reife O. 06; Studium: München 1, Berlin 3, Greifswald 3 S.; Rig. 11. Mai 10.] [U 11. 1625

Wunderlich, Georg, Ref. am Landgericht I Berlin: Die rechtliche Stellung von Verpfänder, Pfandeigentümer und Pfandschuldner beim Fahrnispfande nach deutschem bürgerlichen Rechte. Berlin u. Leipzig: W. Rothschild 1906. (VIII, 116 S.) 8°
Leipzig, Jur. Fak., Diss. v. 7. Aug. 1906.
[Geb. 2. Febr. 83 Allenstein, O.-Pr.; Wohnort: Berlin; Staatsangeh.: Preußen; Vorbildung: Köllnisches Gymn. Berlin Reife M. 01; Studium: Leipzig 1, Freiburg i. B. 1, Berlin 4 S.; Rig. 26. Jan. 05.]

Wunderlich, Geo., Verpfänder, Pfandeigentümer u. Pfandschuldner. Ihre rechtl. Stellg. beim Fahrnispfande. (VIII, 116 S.) gr. 8. Berlin 907. Dr. W. Rothschild. n. 2.80

WUNDERLICH, Georg Heinrich (Ebersdorf): De aquis mineralibus Sichersreuthensibus.- Culmbaci: Spindler 1835. 17 S.
10.7.1829 - Urk (Titel: De variis speciebus carcinomatis.); F 99
Diss. Ingolst.-Landsh.-Mchn.

Wunderlich, Geo. Rhold., Versuch einer medicin. Topographie d. Stadt Sulz am Neckar im Königreich Würtemberg. gr. 8. Tübing. 809. v. Cotta. 12 K

Wunderlich, Glo., Anleitung zum Betriebe kleinerer Landwirthschaften. Leipzig 861. Veit & Co. 8. (X, 161 S.) n. 15 ngr.

Wunderlich, Anleitung zur Instrumentirung v. Chorälen, Arien u. Chören. Ein unentbehrl. Hülfsbüchlein f. Kantoren u. Dirigenten v. Gesang- u. Musikchören auf dem Lande, sowie f. Alle die, denen die Leitg. d. Gesanges beim öffentl. Gottesdienste u. die Ausführg. v. Kirchenmusik obliegt. Mit vielen dem Text beigegebenen Notenbeispielen. 8. (VII, 80 S.) Leipzig 876. Merseburger. 1. 20

Anleitung zur Instrumentierung von Chorälen, Chorliedern und Gesangstücken jeder Art. Ein Hilfsbüchlein f. Kantoren ... Von G. **Wunderlich**. 2., vollst. umgearb. Aufl. von Carl Kipke. Mit vielen Notenbeispielen. Leipzig: C. Merseburger 1901. (IV, 102 S.) 8° [5.] 07. 3621

Wunderlich, G., Anleitung zur Kenntniß, Prüfung u. Werthbestimmung der im Handel vorkommenden wichtigsten Düngmittel u. ihre Anwendung in der Landwirthschaft mit Angabe ihrer Bezugsquellen u. ihres Preises sowie vieler praktischen Düngungsversuche. Ein sehr faßl. u. schnell Auskunft ertheil. Nachschlagebuch für jeden Landwirth, insbesondere für Oekonomie-Inspectoren, Guts-Administratoren, Pächter ꝛc. Leipzig 866. Wilfferodt. 8. (VII, 155 S. mit 1 Holzschntaf.) n. 20 ngr.

Wunderlich, G., Anleitung zur Kultur der Gemenge-Saaten u. deren Wichtigkeit f. die Landwirthschaft. Dargethan u. erläutert an vielen erprobten u. bewährten Beispielen aus der landwirthschaftl. Praxis. 8. (VII, 71 S.) Leipzig 873. Schmidt & Günther. 1. —

Wunderlich, G., die schriftlichen Arbeiten in der Oberklasse der Volksschule im strengsten Anschlusse an das Lesebuch. Ein Beitrag zur Lösung der durch die hohen ministeriellen Bestimmungen vom 15. Oktbr. 1872 an die Volksschule gestellten Forderung: das Lesebuch dem gesammten Unterrichte im Deutschen zu Grunde zu legen. 1. Aufl. (X, 104 S.) 1875. * 90 Pf.; 2. verm. und verb. Aufl. 8. (X, 149 S.) Langensalza 876, Schulbuchh. von Greßler. *

Wunderlich, G., die schriftlichen Arbeiten in der Oberklasse der Volksschule im strengsten Anschlusse an das Lesebuch. 3. verm. und verb. Aufl. (X, 218 S.) 1880; 4. verm. und verb. Aufl. 8. (XII, 228 S.) Langensalza 883, Schulbuchh. von Greßler.

Wunderlich, G., der deutsche Aufsatz und seine Behandlung in der Volksschule behufs Erreichung der ihm in den Allgemeinen Bestimmungen vom 15. Oktbr. 1872 vorgesteckten Ziele. 8. (III, 84 S.) Langensalza 885, Schulbuchhandlung.

—— Aufsatzbuch für einklassige Landschulen. In konzentr. Kreisen und im Anschlusse an das Lesebuch bearb. 1.—3. verb. Aufl. 8. (X, 137 S.) Ebendas. 881—83. *

Wunderlich, G., Aufsatzbuch f. einklassige Landschulen. In konzentr. Kreisen u. im Anschlusse an das Lesebuch bearb. 4. Aufl. 8. (X, 137 S.) Langensalza 892. Schulbuchh. n. 1. —

— **Aufsatzbuch f. einklassige Landschulen. In konzentr. Kreisen u. im Anschlusse an das Lesebuch bearb. 5. Aufl.** 8. (X, 137 S.) Langensalza 899. Schulbuchh. n. 1. —

Wunderlich, G., Aufsatzbuch f. einklassige Landschulen. In konzentr. Kreisen u. im Anschlusse an das Lesebuch bearb. 6. Aufl. (X, 139 S.) 8. Langensalza 905. Schulbuchh. n. 1. 20

-- die Befreier Deutschlands. Ein Gedenk- u. Erinnerungsbüchlein auf Deutschlands Einigg. im J. 1871. gr. 8. (IV, 112 S.) Berlin 871. Logier. n. 1. —

-- die Beschützer der Reformation. 8. (IV, 122 S.) Langensalza 873. Schulbuchh. — 90

—— Bilder aus der Natur. Material für den naturgeschichtl. Unterricht in der Volksschule. Unter steter Berücksicht. des in den allgemeinen Bestimmungen vom 15. Oktbr. 1872 geforderten Stoffes bearb. und nach den Jahreszeiten zusammengestellt. 2. unveränd. Aufl. gr. 8. (VIII, 332 S. mit zahlreichen eingedr. Holzschn.-Illustr.) Ebendas. 878.

Wunderlich, G., Bilder aus der Natur. Material f. den naturgeschichtl. Unterricht in der Volksschule. Unter steter Berücksicht. des in den allgemeinen Bestimmungen vom 15. Oktbr. 1872 geforderten Stoffes bearb. u. nach den Jahreszeiten zusammengestellt. 2. Bd. Mit zahlreichen (eingedr. Holzschn.-)Illustr. gr. 8. (III, 324 S.) Langensalza 879. Schulbuchh. 3. —

Wunderlich, (G. U.), Bilderbuch für fromme Kinder. br. 8. (12 chromolithogr. Bl. mit Text.) Langensalza 860, Schulbuchh. von Greßler.

Wunderlich, Glob., des Kindes liebstes Bilderbuch. 1. Aufl. 1853. und 3., verb. Aufl. 4. (16 lithogr. Bl. mit eingedr. Lithochrom.) Langensalza 855, Schulbuchhandlung des thüringer Lehrer-Vereins.

Wunderlich, Glob., des Kindes liebstes Bilderbuch. 4. u. 5. verb. Aufl. Langensalza 866,69. Schulbuchh. von Greßler. 4. (16 Chromolith mit Text.) cart. 18 ngr.

—— Biographieen, Geschichten und Sagen aus dem Tier- und Pflanzenleben. Ein Beitrag zur Belebung des naturgeschichtl. Unterrichts in der Volksschule. gr. 8. (III, 231 S. mit zahlreichen eingedr. Illustr.) Ebendas. 884.

— das Bismarck-Büchlein. Charakterzüge, histor. Fragmente, geflügelte Worte rc. aus dem Leben d. deutschen Reichskanzlers Fürst Bismarck. Allen Freunden u. Verehrern dieses großen Staatsmannes gewidmet. gr. 8. (63 S. m. e. Portrait in Holzschn.) Altona 872. Verlags-Büreau. n. — 50

—— Charakterbilder für den biblischen Geschichtsunterricht. gr. 8. (IV, 144 S.) Ebendas. 887.

— Charaktere und Betrachtungen aus der Thierwelt. Ein naturgeschichtliches Lesebüchlein für Oberklassen gehobener Volksschulen sowie auch für Realschulen rc. mit besonderer Rücksicht auf die ästhetische Belebung des naturgeschichtlichen Unterrichts. Langensalza 853. Klinghammer. 8. (XII, 362 S.) n. 25 ngr.

— Charakterschilderungen. Gegeben nach den Dichtungen deutscher Klassiker u. Schriftsteller u. als Aufgabe u. Hilfsbuch beim Unterricht der schriftlichen Arbeiten in der Oberklasse gehobener Volksschulen, in Mittel- u. Bürgerschulen rc. dargeboten. gr. 8. (VI, 112 S.) Hannover 879. Helwing's Verl. n. 1. 50

— die Düngerwirthschaft des Landwirths. Anleitung zur praktisch-zweckmäßigsten und vortheilhaftesten Erzeugung, Aufbewahrung, Vermehrung und Verwendung aller der Düngerstoffe, welche sich dem Landwirth in seiner Wirthschaft kostenlos darbieten. Ein Beitrag zur kostenlosen Beseitigung des Düngermangels und Vermehrung der jährl. Ernten. 8. (IV und 111 S.) Leipzig 865, Wilferodt. *

— der wohlberathene Fruchtwechselwirth, oder die bewährtesten u. besten 4—16felderigen Umläufe aus dem praktischen Betriebe der Fruchtwechselwirthschaft mit erläuternden u. belehrenden Bemerkungen. Ein höchst nützliches u. unentbehrliches Handbüchlein für praktische Landwirthe jeden Standes rc. Nach den Erfahrungen mehrerer praktischer Landwirthe bearb. Nordhausen 864. Büchting. 12. (81 S.) 10 ngr.

— Gedenkblätter zur Geschichte der Wiedereroberung v. Elsaß u. Lothringen. Dem deutschen Volke gewidmet. gr. 8. (III, 88 S.) Langensalza 871. Schulbuchh. — 60

—— unsere vaterländischen Gedenk- und Ehrentage. Zum Gebrauche in Volksschulen behufs Erweckung, Belebung und Förderung patriot. Sinnes und vaterländ. Geschichtskenntnis. gr. 8. (147 S.) Berlin 881, Th. Hofmann. *

Wunderlich, G., leichte Grabgesänge f. drei- u. vierstimmigen Männergesang. 4., verm. Aufl. 8. (34 S.) Langensalza 889. Beyer & Söhne. n. — 60

Wunderlich, G., leichte Grabgesänge f. 3- u. 4stimm. Männergesang. Bearb. u. hrsg. 5., verm. Aufl. gr. 8. (40 S.) Langensalza 896. H. Beyer & Söhne. n. — 60

—— Hilfsbuch für den Unterricht zu den stilistischen Übungen in der einklassigen Volksschule. Mit Angabe der Ziele, des Stoffes und der unterrichtl. Behandlung der Aufsätze auf der Unter-, Mittel- und Oberstufe der Volksschule mit einfachen Schulverhältnissen unter steter Benutzung der Musterstücke des Lesebuchs und in konzentr. Kreisen theoretisch und praktisch dargestellt. gr. 8. (XVI, 212 S.) Dresden 888, Kühtmann.

— der Unmündigen Hosianna. Die schönsten kirchlichen Arien der größten Meister älterer u. neuerer Zeit für 2stimmigen Kinderchor mit od. ohne Orgelbegleitung u. zum Gebrauche für Kirche u. Schule eingerichtet von einem Landschullehrer. 3., verb. Aufl. gr. 8. (45 S.) Langensalza 878. Beyer & Söhne. — 60

—— der Unmündigen Hosianna. Die schönsten Motetten und Hymnen der größten Meister älterer und neuerer Zeit, für dreistimmigen Kinderchor zum Gebrauche in Kirche und Schule eingerichtet. 2. Heft. gr. 8. (III, 80 S.) Langensalza 881, Beyer und Söhne.
1. Heft vgl.: Unmündigen, der, Hosianna.

—— der Unmündigen Hosianna. Die schönsten Motetten und Hymnen der größten Meister älterer und neuerer Zeit, für dreistimm. Kinderchor zum Gebrauch in Kirche und Schule eingerichtet. 2. Heft. 2. Aufl. gr. 8. (IV, 79 S.) Langensalza 886, Beyer und Söhne.

— der Unmündigen Hosianna. D. schönsten kirchl. Arien d. größten Meister ält. u. neuerer Zeit, f. 2stimm. Kinderchor m. od. ohne Orgelbegleitg. z. Gebrauche in Kirche u. Schule eingerichtet. 1. Hft. 5. Aufl. gr. 8. (IV, 40 S.) Langensalza 895. H. Beyer & Söhne. — 60

Wunderlich, G., der Unmündigen Hosianna. Die schönsten kirchlichen Arien der größten Meister älterer u. neuerer Zeit, f. 2stimm. Kinderchor, m. od. ohne Orgelbegleitg. zum Gebrauche in Kirche u. Schule eingerichtet. 2 Hefte. 8. Langensalza, H. Beyer & Söhne. 1. 50
I. 6. Aufl. (IV, 40 S.) 910. — 60
II. 3. Aufl. (IV, 78 S.) 910. — 90

— Jagdscenen u. Thierkämpfe. Unseren Knaben erzählt zur Erweiterg. ihrer Kenntnisse im Bereiche d. Thierlebens, sowie zur Belebg. d. naturgeschichtl. Unterrichts überhaupt. gr. 8. (IV, 208 S.) Altona 874. Verlags-Büreau. 2. 25; cart. n. 3. —

—— Jugendfreuden. Bilder und Liederbuch mit Begleitung des Pianoforte. 4. (16 Stnt.) Langensalza 853, Schulbuchhandlung des thüringer Lehrer-Vereins.

— Kinderfreuden. Volksreime mit Bildern zur Erweckung, Belebung und Förderung der ersten Sinnes- und Gemüthskräfte im Kinde. Freundliche Gabe an gute Kinder im Alter von 3—5 Jahren. br. 8. (12 chromolithogr. Bl.) Langensalza 859, Schulbuchh. von Greßler.

— das christliche Kirchenjahr. Geschichte der Sonn- u. Festtage desselben, der Festgebräuche u. ihre Bedeutung, der heiligen Handlungen u. Ceremonien, sowie vieles andere kirchlich Wissenswerthe. Für Lehrer u. Freunde der Kirchengeschichte. 2., verm. Aufl. 8. (IV, 112 S.) Langensalza 877. Schulbuchh. — 75

—— das christliche Kirchenjahr. Geschichte der Sonn- und Festtage desselben, der Festgebräuche und ihre Bedeutung, der heil. Handlungen und Ceremonieen, sowie vieles andere Kirchlich-Wissenswerte für Lehrer und Freunde der Kirchengeschichte. 3. verb. und verm. Aufl. 8. (VI, 122 S.) Langensalza 884, Schulbuchh. von Greßler. *

—— Landschullehrer als Landwirt. Eine auf Wissenschaft und Praxis basierte Darlegung, wie Landschullehrer die Dienstländerei der Schulstellen am zweckmäßigsten und vorteilhaftesten bewirtschaften. 4. umgearb. Aufl. gr. 8. (VII, 369 S.) Langensalza 885, Beyer und Söhne. *
geb. *

— der Leseunterricht u. seine Behandlung auf den einzelnen Lesestufen der Volksschule behufs Erreichung der ihm in den allgemeinen Bestimmungen vom 15. Oktbr. 1872 vorgesteckten Ziele. 8. (IV, 108 S.) Langensalza 884. Schulbuchh. — 90

—— Lieder-Sträußchen für fromme Kinder. 16 der schönsten und sinnigsten Kinderlieder mit Begleitung des Pianoforte und Illustr. 4. (16 chromolithogr. Bl. mit lithogr. Titel.) Langensalza 859, Schulbuchh. von Greßler.

—— deutsche Musterstücke erläutert und erklärt, sowie im Anschlusse an das Lesebuch ausgewählt. Zum Gebrauche in Volksschulen. 1. und 2. Bd. gr. 8. Langensalza, Schulbuchh. von Greßler. [1. Bd. 1. Aufl. (VIII, 307 S.) 1878; 2. und 3. Aufl. (VIII, 325 S.) 878,79. ℳ 2,40.; 2. Bd. 1. Aufl. (VIII, 334 S.) 879; 2. verm. und verb. Aufl. (VIII, 342 S.) 879. ℳ 2,60.]

—— deutsche Musterstücke erläutert und erklärt, sowie im Anschlusse an das Lesebuch ausgewählt. Zum Gebrauch in Volksschulen. 3 Bde. 8. Ebendas. [1. Bd. 4. Aufl. (VIII, 332 S.); 5. Aufl. (VIII, 335 S.) 882. ℳ 2,40.; 2. Bd. 3. und 4. Aufl. (VIII, 344 S.) 880,82. ℳ 2,60.; 3. Bd. 1. und 2. Aufl. (VIII, 360 S.) 881,82. ℳ 2,60.] *

— deutsche Musterstücke, erläutert u. erklärt. Zum Gebrauche in Volksschulen. 3. Bd. 3. Aufl. gr. 8. (VIII, 373 S.) Ebend. 885. 2. 60

—— deutsche Musterstücke, erläutert und erklärt. Zum Gebrauche in Volksschulen. 3 Bde. gr. 8. Langensalza, Schulbuchhandlung. [1. Bd. 6. Aufl. (VIII, 335 S.) 889. ℳ 2.40.; 2. Bd. 5. Aufl. (VIII, 344 S.) 886. ℳ 2.60.; 3. Bd. 3. Aufl. (VIII, 373 S.) 885. ℳ 2.60.]

— deutsche Musterstücke, erläutert u. erklärt. Zum Gebrauche in Volksschulen. 3. Bd. 4. Aufl. gr. 8. (VIII, 373 S.) Ebd. 894. 2. 60

Wunderlich, G., Deutsche Musterstücke, erläutert u. erklärt. Zum Gebrauche in Volksschulen. 1. u. 2. Bd. gr. 8. Langensalza, Schulbuchh. 5. —
1. 7. Aufl. (VIII, 335 S.) 898. 2. 40
2. 6., verb. Aufl (VIII, 344 S.) 896. 2. 60

— Nachschlagebuch f. Landwirthe jeden Standes. 8. (VIII, 146 S.) Ebend. 874. 1. 50

—— die Naturlehre in der Volksschule. Dargestellt in Fragen und Antworten, sowie in Beschreibungen der gebräuchlichsten Maschinen und Instrumente. Bearb. nach den hohen Ministerial-Bestimmungen vom 15. Oktbr. 1872. 2. Aufl. (VIII, 92 S. mit in den Text gedr. Holzschn.) 75 Pf., und 3. verb. und verm. Aufl. 8. (XVI, 112 S.) Langensalza 875, Schulbuchh. von Greßler.

—— die Naturlehre in der Volksschule. Dargestellt in Fragen und Antworten, sowie in Beschreibungen der gebräuchlichsten Maschinen und Instrumente. Bearb. nach den hohen Ministerial-Bestimmungen vom 15. Oktbr. 1872. Mit in den Text gedr. Holzschn. 4. Aufl. (XVI, 112 S.) 1876; 5. verb. und verm. Aufl. (XVI, 132 S.) 877; 6. verb. und verm. Aufl. 8. (XVI, 143 S.) Ebendas. 879.

—— die Naturlehre in der Volksschule. Dargestellt in Fragen und Antworten, sowie in Beschreibungen der gebräuchlichsten Maschinen und Instrumente. Nach den Hohen Ministerial-Bestimmungen vom 15. Oktbr. 1872 bearb. 7. verb. und verm. Aufl. 8. (XVI, 152 S. mit in den Text gedr. Holzschn.) Ebendas. 886.

Wunderlich, G., die Obstbaumzucht, s. Bibliothek, landwirthschaftliche.

— die Raumlehre als Formenlehre u. in Verbindg. m. dem Zeichnen f. die einklass. Volksschule. Nach den hohen Ministerial-Bestimmgn. vom 15. Oktbr. 1872 bearb. 2., verm. Aufl. 8. (IV, 54 S. m. eingedr. Holzschn.) Ebend. 875. — 50

— die Raumlehre als Formenlehre u. in Verbindung mit dem Zeichnen für die einklassige Volksschule. Nach den Hohen Ministerial-Bestimmungen vom 15. Oktbr. 1872 bearb. 3., verm. Aufl. 8. (IV, 76 S.) Ebend. 878. — 60

—— die Raumlehre in der Volksschule. 1. Aufl. 1869. 50 Pf.; 2. unveränd. Aufl. 60 Pf., und 3. sehr verm. Aufl. 8. (VIII, 88 S. mit eingedr. Holzschn.) Ebendas. 874.

—— die Raumlehre in der Volksschule. Nach den hohen Ministerial-Bestimmungen vom 15. Oktbr. 1872 bearb. 4. verm. Aufl. (VI, 106 S. mit eingedr. Holzschn.) 1875; 5. verb. Aufl. 8. (VI, 114 S. mit eingedr. Holzschn.) Ebendas. 877.

—— die Raumlehre in der Volksschule. 6. verb. Aufl. 8. (VI, 122 S. mit eingedr. Holzschn.) Ebendas. 883.

— die Raumlehre in der Volksschule. 7., verm. Aufl. 8. (VI, 136 S. m. Fig.) Ebd. 894. — 90

— die Raumlehre in der Volksschule. 8. Aufl. 8. (VI, 136 S. m. Fig.) Ebd. 900. — 90

—— deutsche Redensarten. Zur Pflege vaterländ. Sprachkenntnis in der Volksschule. 2. verm. und verb. Aufl. 8. (VIII, 176 S.) Ebendas. 886.

—— sprichwörtliche und bildliche Redensarten. Zur Pflege vaterländ. Sprachkenntnis in der Volksschule. 8. (VIII, 155 S.) Ebendas. 882.

Wunderlich, Glob, Sprichwörtliche und bildliche Redensarten. Zur Pflege vaterländischer Sprachkenntnis in der Volksschule. Langensalza 1882. 8.
——, —— 2. verm. u. verb. Aufl. Langensalza 1886. 8.

— die Reformatoren d. 14., 15. u. 16. Jahrh. In chronolog. Reihenfolge dargestellt. 8. (IV, 108 S.) Ebend. 872. — 75

— die Seminarfrage, s.: Sammelmappe, pädagog.

—— deutsche Sprichwörter volksthümlich erklärt und gruppirt. 2 Bdchn. 8. Ebendas. [1. Bdchn. 1. und 2. Aufl. 1876,77; 3. Aufl. (VIII, 72 S.) 878; 2. Bdchn. 1. und 2. Aufl. (VIII, 79 S.) 878.] à Bdchn. 75 Pf.

— deutsche Sprichworter, volkstümlich erklärt u. gruppiert. Zur Pflege nationaler Bildung in unseren Volksschulen. 1—3. Bdchn. 8. Langensalza 881. Schulbuchh. à — 75
1. 4., verb. u. verm. Aufl. (VIII, 72 S.) — 2. 3., verb. Aufl. (VIII, 80 S.) — 3. 2, verm. Aufl. (VIII, 104 S.)

—— deutsche Sprichwörter, volkstümlich erklärt und gruppiert. Zur Pflege nationaler Bildung in unseren Volksschulen. 3 Bdchn. 8. Ebendas. [1. Bdchn. 5. verb. und verm. Aufl. (VIII, 84 S.) 885; 2. Bdchn. 4. verb. Aufl. (VIII, 95 S.) 886; 3. Bdchn. 3. verm. Aufl. (VIII, 99 S.) 885.] à Bdchn. 75 Pf.

—— Deutsche Sprichwörter, volkstümlich erklärt u. gruppiert. 1. u. 2. Bdchn. 8. Langensalza, Schulbuchh. [1. Bdchn. 6. Aufl. (VIII, 84 S.) 892; 2. Bdchn. 5. Aufl. (VIII, 95 S.) 891.] à Bdchn. — 75; 1 50

— deutsche Sprichwörter, volkstümlich erklärt u. gruppiert. Zur Pflege nationaler Bildg. in unseren Volksschulen. 1. u. 3. Bdchn. 8. Ebd. à — 75
1. 6. Aufl. (VIII, 84 S.) 892. — 3. 4. Aufl. (VIII, 99 S.) 894.

— deutsche Sprichwörter, volkstümlich erklärt und gruppiert. Zur Pflege nationaler Bildg. in uns. Volksschulen. 1. u. 2. Bdchn. 8. Ebd. à — 75
1. 7. Aufl. (VIII, 84 S.) 897. — 2. 6. Aufl. (VIII, 95 S.) 898.

— deutsche Sprichwörter volkstüml. erklärt u. gruppiert. Zur Pflege nationaler Bildg. in unseren Volksschulen. 1.—3. Bdchn. 8. Ebd. n. 2. 30
1. 8. Aufl. (VIII, 88 S.) 904. — 80. — 2. 7. Aufl. (VIII, 95 S.) 906. — 75. — 3. 5. Aufl. (VIII, 100 S.) 903. — 75.

—— die Thierwelt in naturgeschichtlichen Schilderungen, Biographien, Charakterbildern, Thierkämpfen, Jagdscenen und Erzählungen. Illustrirt durch Abbild. nach Orig.-Zeichnungen der ersten Künstler. Aus dem Leben der Säugethiere. 18 Lfgn. gr. 8. (XIV und 866 S. mit eingedr. Holzschn. und 17 Holzschntaf.) Leipzig 863,64, Wilfferodt. à Lfg. 8 Ngr.

—— Vademecum für Landwirthe jeden Standes. 8. (VIII, 146 S.) Leipzig 872, Schmidt und Günther. *

— aus der Vogelwelt. Charakterschilderungen, Vogelkämpfe, Jagdscenen ꝛc. zur Unterhaltg. u. Belehrg. f. die Jugend. gr. 8. (155 S. m. Holzschntaf.) Gera 874. Izleib & Rietzschel. n. 3. —

Der Volksschullehrer vor Gericht. Eine Reihe von Rechtsfällen aus d. Schul-u. Lehrerleben ... [Verf.: Gottlob Wunderlich, † Lehrer.] Langensalza: F. G. L. Greßler 1893. (70 S.) 8° [F.] (08. 7087

— Vorlagen f. geometrisches Zeichnen in der einklassigen Volksschule. 4 Hfte. qu. 4. (à 16 Steintaf.) Langensalza 874. Schulbuchh. à — 90
1. Linie u. Winkel.
2. Dreieck u. Viereck.
3. Viereck u. Winkel.
4. Sternfiguren u. Körper.

—— Wiederholungsbuch in der Raumlehre für die Schüler der Oberklassen der Volksschule. Nach den „Allgemeinen Bestimmungen" vom 15. Octbr. 1872 bearb. 8. (33 S. mit 1 lithogr. Taf. Abbild. in qu. Fol.) Quedlinburg 877, Vieweg. *

— Wiederholungsbuch in der Raumlehre f. die Oberklassen der Volksschule. Nach den „Allgemeinen Bestimmungen" vom 15. Oktbr. 1872 bearb. Mit e. Taf. Abbildgn. 3. Aufl. 8. (32 S.) Quedlinburg 890. Vieweg. n. — 25

Wunderlich, der Zeichenunterricht in der Landschule. Was und Wie soll in unseren Landschulen gezeichnet werden? Theoretisch erörtert und an practisch ausgeführten Zeichenlektionen erläutert. gr. 8. (III, 27 S. mit 16 Stnt.) Hannover 880, Helwing'sche Verlagsh. *

—— die Zucht des Zwetschenbaumes nach langjährigen Erfahrungen verfaßt. Ein wohlgemeinter Mahnruf zur Hebung der gegenwärtig so sehr in Verfall gerathenen Zwetschenbaumzucht durch eine naturgemäße Zucht des Zwetschenbaumes. 8. (40 S.) Leipzig 869, Wilfferodt. *

Wunderlich, Gust., Vater Wirbel od.: Dornen u. Rosen, s.: Pichler's Jugendbücherei. 60. Bdchn.

– Dass., s. Wunderlich, E.

Wunderlich, H., Das Freihandzeichnen in Verbindung mit der geometrischen Formenlehre in der Volksschule. Methodisch durchgeführte Lehrgänge für das 3., 4. und 5. Schuljahr der fünfclassigen Volksschule. III. Classe. 8. (23 S. und 20 Tafeln) —.36
IV. Classe. 8. (27 S. u. 24 Tafeln) —.40
Wien: Sallmayer 1890.

Wunderlich, H., thermische Untersuchung an Luftkompressoren. (12 S. m. 7 Fig.) gr. 8. Wien 907. Akadem. Verlag. — 40
Sonderabdruck aus: „Österr. polytechn. Zeitschr."

Wunderlich, Hans, Ref. in Altenburg: Die Eintragungsbewilligung des heutigen Grundbuchrechts. Leipzig: Veit & Comp. 1906. (VII, 96 S.) 8°
Leipzig, Jur. Fak., Diss. v. 3. Juli 1906.
[Geb. 15. Febr. 82 Altenburg; Wohnort: Altenburg; Staatsangeh.: Sachsen-Altenburg; Vorbildung: Friedr.-Gymn. Altenburg Reife O. 00; Studium: Genf 2, Kiel 1, Leipzig 5 S.; Rig. 22. Febr. 04.]

Wunderlich, Hans, a. Thüngen: Das Verhalten des Rückenmarkes bei reflektorischer Pupillenstarre. Würzburg 1907: Verlagsdruckerei. (28 S.) 8°
Würzburg, Med. Fak., Ref. Rieger, Diss. v. 22. Juli 1908
[Geb. 20. Juni 82 Thüngen; Wohnort: Würzburg; Staatsangeh.: Bayern; Vorbildung: Gymn. Augsburg Reife Juli 01; Studium: Würzburg 11 S.; Coll. 29. Juli 07; Approb. 19. Juni 07.]

Wunderlich, Heinrich, *k. k. Berggeschworner.* Markscheids-Tafeln für den praktischen Bergmann zur schnellen und richtigen Berechnung markscheiderischer Aufnahmen mit besonderer Berücksichtigung der zehntheiligen Klafter. *Prag* 1857. *F. A. Credner.* Druck von *Gottl. Haase S.* 96 S., quer 8°. 36 kr.

Wunderlich, Heinr., Vergleichung des Heizwerthes verschiedener Stein- und Braun-Kohlen. Nach den Arbeiten der k. k. geolog. Reichsanstalt [veröffentlicht im oesterreich. Berg- und Hütten-Calender] und anderer chem. Laboratorien, zusammengestellt und bezüglich der Werthvergleichung ergänzt. gr. 8. (12 S.) Wien 874, Lehmann und Wentzel.

Wunderlich, Herm. (geb. Ulm 15. 6. 1858): Beiträge zur Syntax des Notker'schen Boethius. Berlin (1883). (126 S.) 8°
Berlin, Phil. Diss. v. 7. Apr. 1883

Wunderlich, Herm., s.: Festschrift z. 50jähr. Doktorjubelfeier Karl Weinholds.

Wunderlich, Herm., die Kunst der Rede, in ihren Hauptzügen an den Reden Bismarcks dargestellt. gr. 8. (VI, 158 S.) Leipzig 898. S. Hirzel. n. 3. —

Wunderlich, Herm., der deutsche Satzbau. 8. (XIV, 252 S.) Stuttgart 892. J. G. Cotta Nachf. n. 4. —

— der deutsche Satzbau. 2., vollständig umgearb. Aufl. 1. u. 2. Bd. gr. 8. (XLII, 418 u. X, 441 S.) Stuttgart 901. J. G. Cotta Nachf. à n. 9. —

Wunderlich, H., über nervöse Schlaflosigkeit u. deren Behandlung, s. a. Sammlung klinischer Vorträge.

Über nervöse Schlaflosigkeit und deren Behandlung v. H[ermann] Wunderlich (Kuranst. Schoeneck-Karlsruhe). Leipzig: Breitkopf & Härtel 1899. (22 S.) 8°
(Sammlung klinischer Vorträge. N. F. No 239.)

a. Wunderlich, Hermann [Dr. phil.]: Steinhöwel und das Dekameron. Eine syntaktische Untersuchung. . . . Braunschweig, Druck v. George Westermann (1888). 46 S. 8°
Heidelberg, Phil. Fak., Hab.-Schr. v. [18. Mai] 1889

Wunderlich, H., Steinhöwel u. das Dekameron. Eine syntakt. Untersuchung. Inaug.-Diss. 8. (46 S.) Braunschweig 889. (Leipzig, Fock.) n. 1. 50

Wunderlich, H. [Dr.]: Thesen . . . zur Erlangung der venia docendi an der Ruprecht-Carls-Universität Heidelberg . . . Heidelberg, Univ.-Buchdr. v. J. Hörning, 1889; 2 Bl. 8°
Heidelberg, Phil. Fak., Thes. v. 20. Mai 1889.

— unsere Umgangssprache, in der Eigenart ihrer Satzfügung dargestellt. 8. (XV, 271 S.) Weimar 894. E. Felber. n. 4. 50; geb. in Leinw. n. 5. 50

Wunderlich, Herm., Untersuchungen über den Satzbau Luthers. 1. Thl.: Die Pronomina. gr. 8. (72 S.) München 887, Lindauer'sche Buchh. *

Wunderlich, Herm., deutsches Wörterbuch, s.: Grimm, Jac.

Wunderlich, J., u. Cornelie Lechler, im Sonnenglanz bei Spiel u. Tanz. (Farb.) Bilder v. W., Verse v. L. (34 S.) Lex. 8. Nürnberg (910). Th. Stroefer. Kart. 2. 50

Wunderlich, Jh., Abriß eines Collegiums über d. Wechselrecht. 8. Jena 757. Gutsch. 2 gr.

Wunderlich, Jh., († d. 9. Juni 1778.) additamenta ad B Brissonii opus de verborum quae ad jus civile pertinent significatione volumen. Fol. Hamb. 778. (Weigel in Leipz.) 1 ℔

WUNDERLICH, J.: Additt. ad *Barn. Brissonii* op. de verb., quae ad jus civ. pertinent, signif. *Hamb.*, Bonn. 815. 4. (10 Gr.)

Wunderlich, Johann [Praes.], s. Blanck, Felix Christoph: De condictionis indebiti renunciatione.

Wunderlich, Johann [Praes.], s. Carstens, Christian Nicolaus: De remediis quae pro servandis recuperandisue impensis a bonae fidei possessore in rem alienam factis competunt.

— Grundsätze d. Geschichte des röm. Rechts zum Gebrauch seiner Vorlesungen. 8. Jena 757. Gutsch. 6 gr.

Wunderlich, Johann [Praes.], s. Himesch, Johann: De restitutione in integrum contra praescriptionem ex capite ignorantiae non competente.

— disquisitio de jure retentionis, quatenus tutori competat. 4. Jena 758. Schill. 3 gr.

— de legitimatione per oblationem cariore. 4. Jena 759. (Brockhaus in Leipz.) 6 gr.

— de legitimatione per oblationem curiae. 4. Hamburg Gleditsch. 775.

— memoria Guil. Clameri, Senatoris Hamburgensis. Fol Hamb. 775.

Wunderlich, Johann [Praes.], s. Oldenbruch, Friedr. Andreas: De evictione in donatione remuneratoria non praestanda.

— comment. de veterum popinis. 4. Jena 756. Schill. 8 gr.

— de veterum popinis commentatio. 4. Ienae, Schill 758.

— comment. de pupillaribus. 4. Jena 756. Schill. 2 gr.

Wunderlich, Johann A. S. 107/29

De remediis quae pro servandis recuperandisve impensis feudalibus competunt programma.
Jena (Schill) 12. II. 1768. 12 S.

37332

Wunderlich, J., de sacro silentio apud varias gentes Lips. 1741. 4.

— de usu inscriptionum Romanorum veterum maxime sepulchralium in jure. 4. Quedlinb. 750. Ernst. 7 gr.

— comment. de L. Volusio Maeciano Icto, itemque Seti Volusiano. 4. Hamb. Wittekind. 749.

Wunderlich, Johann Georg

— etwas zur kirchl. Verfassung der Stadt Wunsiedel um die Zeit der Reformation, nach einer Urkunde v. J. 1528. 8. Erlang. 784.

Wunderlich, Jh. Geo., († d. 6. Juni 1802.) Versuch einer Erklärung des Gleichnisses von dem Groschen für die Arbeiter im Weinberg bei Matth. 20, 1—16. 4. Erlang. 764.

Wunderlich, Johann Jakob (Marbach) A. S. 1379/10

Disputatio theologica de ecclesia repraesentativa in conciliis. Präs. Johann Christoph Pfaff.
Tübingen (Graez) VII. 1700. 18 S.

37334

Wunderlich, Johannes *Ludwig Erich* [aus Zwickau i. S.]: Beiträge zur anatomischen Charakteristik der Cirsium-Bastarde ... Altenburg, Pierer'sche Hofbuchdr., 1895: 40 S., 2 Bl., 2 Taf. 8.
Erlangen, Phil. Fak., Inaug.-Diss. v. 13. März 1895

Wunderlich, Prof. K. R. A., Denkrede, s. Korányi, F.

Wunderlich, Karl, Beschreibung u. Abbild. einer Kocheinrichtung u. eines neu erfundenen Stubenofens zur höchstmögl. Ersparung des Brennstoffes. Mit 2 Steindruckt. 8. Darmst. 822. (Leske). 16 gr.

Wunderlich, Carl, Gerichts-Assessor: Der Eigentumserwerb durch Verarbeitung nach dem Bürgerlichen Gesetzbuch. Schwerin i. M. 1904: Bärensprung. (51 S.) 8°
Rostock, Jur. Diss. v. [10. Apr.] 1904.

Wunderlich, Carl, das Linear-Zeichnen in der Volksschule. 1–4. Hft. qu. gr. 8. (à 16 Steintaf.) Gera 875. 76. Issleib u. Rietzschel. à n. — 30

1. Die gerade Linie.
2. Geradlinige Figuren.
3. Die Bogenlinie.
4. Figuren aus Bogenlinien.

Wunderlich, Karl August

Wunderlich, Dr...., s. Claud. Aelian, verm. Nachrichten.

Wunderlich, Carl Aug., s. Aelian's, Claud., Werke. — Archiv für physiolog. Heilkunde.

Wunderlich, Karl August [Praes.], s. Böttger, Hermann Heinrich: Nonnulla de vinctura gypsea.

Wunderlich, Karl August [Praes.], s. Brunner, Georg Bernhard: Nonnulla de vi secalis cornuti.

Wunderlich, C. A.: Cholera-Regulativ, s. Griesinger, W.

—— Geschichte der Medicin. Vorlesungen gehalten zu Leipzig im Sommersemester 1858. Lex.-8. (XVI und 366 S. mit Anh. 98 S.) Stuttgart 859, Ebner und Seubert. *

(Wunderlich, C. A.), Wilhelm Griesinger, s. Griesinger.

—— Grundriss der speciellen Pathologie und Therapie. Lex.-8. (XX und 854 S.) Stuttgart 858, Ebner und Seubert. *

Wunderlich, C. A., Handbuch der Pathologie u. Therapie. In 3 Bdn. III. Bd. 3 Abthlgn. Affectionen der Circulationsorgane. gr. 8. (52½ B.) Stuttgart 846, 47, Ebner u. Seubert. à Abth.

1. u. 2. Bd. sind noch nicht erschienen.

Wunderlich, C. A., Handbuch der Pathologie und Therapie. 3 Bde. Lex.-8. Stuttgart, Ebner und Seubert. [1. (41½ Bog.) 3 Thlr. 20 Ngr., 2. (1008 S.?) 4 Thlr. 12 Ngr.? 3. (78½ Bog.) 6 Thlr. 21 Ngr. 846—53.]

—— dass. — 2., verm. Aufl. (In 4 Bdn.) 1. Bd. Lex.-8. (X und 666 S.) Ebds. 852. *

— — 2. verm. Aufl. 2—4. Bd. Stuttgart 853—56. Ebner u. Seubert. gr. 8. (2. Bd.: XII, 552 S.; 3. Bd.: XII, 792 S.; 4. Bd.: VII, 703, 44 S.) n. 19 ℛ. 22 ngr.

Wunderlich, Karl August [Praes.], s. H a e r t i n g, Friedrich Hugo: Nonnulla de iridectomia.

Wunderlich, Karl August [Praes.], s. H e i n z e, Karl Wilhelm: De exophthalmo com struma et cordis affectione.

Wunderlich, Karl Aug., die Nosologie des Typhus. Eine Beleuchtung der wichtigsten Ansichten über dieselbe. Mit e. Vorrede von Ferd. von Gmelin. gr. 8. Stuttgart 839. Rieger u. Comp. n. ½ ℛ

—— das Verhalten der Eigenwärme in Krankheiten. gr. 8. (VIII, 384 S. mit 40 eingedr. Holzschn. und 7 lithogr. Taf. in qu. gr. 4.) Leipzig 868, O. Wigand. *

—— dass. — Eine Anleitung zur Thermometrie bei Kranken und zu ihrer Verwerthung für die Erkenntniss der Gesetze des Krankheitsverlaufs, sowie für eine schärfere Diagnose und Prognose für Aerzte und Studirende. 2. verm. Aufl. gr. 8. (VIII, 423 S. mit 38 eingedr. Holzschn. und 7 lithogr. Taf. in qu. gr. 4. und qu. gr. Fol.) Ebendas. 870. *

—— Versuch einer patholog. Physiologie des Blutes. gr. 8. (10⅞ B.) Stuttgart 845, Ebner u. Seubert.

Wunderlich, Versuch e. medicinischen Topographie d. Stadt Sulz am Neckar im Königreich Wirtemberg. gr. 8. Tübing Cotta. 809.

—— Wien u. Paris. Ein Beitr. z. Gesch. u. Beurtheil. d. gegenwärt. Heilkunde in Deutschland u. Frankreich. 8. (11½ B.) Stuttgart 841, Ebner u. Seubert.

Wunderlich, K(arl Reinhold) A(ugust) (Hrsg.)

s.: Archiv für physiologische Heilkunde. Jg. 1/1-2, 2/4, 3/1, 4/2-4, 5/1-4, 5/Suppl. 6, 7, 8/2-3,6-8, 12/1-2,4, 13/1-2. Stuttgart, Wien: 1842-54

JB 6.095

Wunderlich, (Karl Reinhold August) (Übers.):

s.: Guislain, J(oseph): Abhandlung über die Phrenopathien oder neues System der Seelenstörungen... (Traité sur les phrénopathies ou doctrine nouvelle des maladies mentales. Dt.) Mit einem Vorwort und Zusätzen von (Albert) Zeller. Stuttgart u.Leipzig: 1838

JB 4.544

Wunderlich Kaspar: Ein Beitrag zum Betriebe des altclassischen Unterrichtes am Gymnasium. 18. Teplitz-Schönau 02. **Progr.**

Wunderlich, Kaspar Julius [Praes.], s. K r u s e, Johann Nicolaus: An honestae foeminae ad tuendam suam pudicitiam violentum interficere liceat stupratorem?

Wunderlich, Kaspar Julius [Praes.], s. P o s s e l t, Gottfried: Biga quaestionum pneumaticarum, quae spectant ad recentiores controversias tam generaliores de spiritibus, quam specialiores de Deo.

Wunderlich, Ludwig

Wunderlich, L., Beiträge zur vergleichenden Anatomie und Entwickelungsgeschichte des unteren Kehlkopfes der Vögel, s.a. Acta, nova, acad. caes. Leopoldino-Carolinae.

Wunderlich, L., Beiträge zur vergleichenden Anatomie u. Entwickelungsgeschichte des unteren Kehlkopfes der Vögel. Mit 4 lith. Taf. [Aus: „Acta nova acad. caesareae Leop.-Carol.", Tom. 48.] gr. 4. (80 S.) Halle 884. (Leipzig, Engelmann.) n. 6. —

Wunderlich, Ludw., Beiträge zur vergleichendenden Anatomie u. Entwicklungs-Geschichte des unteren Kehlkopfes d. Vögel. [Nova Acta. XLVIII.] Leipzig 86. Engelmann. M. 6.-

Wunderlich, Ludov. (geb. Deutsch-Eylau 4. 10. 1834): De pneumoniae therapia. Berolini (1859). (32 S.) 8°

Berlin, Med. Diss. v. 7. Okt. 1859

Wunderlich, Ludw.: Der W e c h s e l des Hornes des Rhinocerus unicornis. (Festschrift - Leuckarts.) Ebd. 92.

Wunderlich, M., Dampfturbinen u. Verbrennungsmotoren, s.: Miniatur-Bibliothek.

Wunderlich, M. C. G., Vorschule d. Geometrie. Breit 8. (9¼ B. u. 2⅛ B. Stnt.) Stuttgart u. Tübingen 839, Cotta'sche Buchh.

Wunderlich, Frau Marie, s.: Müller-Wunderlich, Marie.

Wunderlich, Max, Gemeindeorganisation, e. Vorbedingg. der Gemeindepflege u. e. Mittel zur Belebung der Gemeinde. Gemeinde u. nicht Gemeinschaft! Ein Hülferuf an die kirchl. Körperschaften u. an Alle, die unsere Kirche lieb haben. (32 S.) gr. 8. Berlin 910. K. J. Müller. — 60

Wunderlich, Mich., Formensammlung für das Freihandzeichnen an Volks- und Bürgerschulen, s. B a y r, E.

— das Freihandzeichnen in Verbindung m. der geometrischen Formenlehre in der Volksschule. Methodisch durchgeführte Lehrgänge f. das 3., 4. u. 5. Schulj. der fünfclass. Volksschule. Auf Grund der gesetzl. Bestimmgn. bearb. 12. Wien 890. (Sallmayer'sche Buchhandlg.) n. 2. 48

3. (23 S. m. 20 Flg.-Taf.) n. — 72. — 4. (27 S. m. 24 Flg.-Taf.) n. — 80. — 5. (34 S. m. 32 Flg.-Taf.) n. — 96.

— das Freihandzeichnen in Verbindung m. der geometrischen Formenlehre in der Volksschule. Methodisch durchgeführte Lehrgänge für das 3., 4. u. 5. Schuljahr der fünfclass. Volksschule. Auf Grund der gesetzl. Bestimmgn. bearb. 3 Hfte. 2. Aufl. 12. Wien 900. Sallmayer'sche Buchh. n. 3. —

1. Für die III. Classe. (23 S. m. 20 Taf.) n. — 80
2. Für die IV. Classe. (27 S. m. 24 Taf.) n. 1. —
3. Für die V. Classe. (34 S. m. 32 Taf.) n. 1. 20

Wunderlich, Mich., Vorlagen für den Schreib-Unterricht an Volks- u. Bürgerschulen. Current. qu. schmal gr. 8. (17 Steintaf. m. 4 S. Text.) Wien 881. (Sallmayer'sche Buchh.) n.n. — 50

— dasselbe. Latein. qu. schmal gr. 8. (17 Steintaf.) Ebend. 881. n.n. — 50

— dasselbe. Rond. qu. schmal gr. 8. (5 Steintaf.) Ebend. 881. n.n. — 20

Wunderlich, Osc., die Gutsherrschaft v. Licht- u. Güldenfelde, s.: Adreßbuch d. Landkreises Marienburg in Westpreußen.

Wunderlich, Osc., über Wiedereinführung der Erbpacht. Inaugural-Dissertation. 8. (74 S.) Königsberg 884. (Leipzig, Fock.) *

Wunderlich, Osc., üb. Wiedereinführung der Erbpacht. 8. (74 S.) Königsberg 884. (Beyer.) n. 1. 20

Wunderlich, *Otto* [app. Arzt]: Klinische Untersuchungen ueber die Wirkung der Aether- und Chloroform-Narkose auf die Nieren . . . (Aus: Beitr. z. klin. Chir., Bd XI Heft II.) Tübingen, H. Laupp'sche Buchh., 1894; 2 Bl., 26 S. 8°
Tübingen, Med. Fak., Inaug.-Diss. v. 1894.

Wunderlich, Ph. Jak.: Abriss ein. Collegiums üb. d. Wechselrecht. *Jena*, Gutsch. 757. 8. (2 Gr.)

Wunderlich, Richard [aus Ebeleben '(Thür.)']: Ueber den Wert der Zählung der weissen Blutkörper und die Bestimmung des Albumingehaltes des Harns bei der Diagnose von Cystitis und der Complication von Cystitis mit Nephritis . . . Würzburg, P. Scheiner's Buchdr., 1895; 20 S., 1 Bl. 8.
Würzburg, Med. Fak., Inaug.-Diss. v. 1895

Wunderlich, Rob., der Beobachter und Berichterstatter in London, seiner Umgebung und seinem Kristallpalaste, oder Beschreibung Londons, seiner Umgebung und des — seiner Art größten menschl. Werkes der Welt, nämlich der großart. Welt-Industrieausstellung des 19. Jahrh. im gläsernen Tempel der Künste aller Nationen unserer Erde. Mit dem Bildnisse des Kristallpalastes. 8. (VI und 154 S. mit 1 Holzschn.) Winterthur 851. (Herisau, Meisel's Buchh.) *

Wunderlich, Thdr., der Freihandzeichenunterricht und sein Betrieb an unsern allgemein bildenden Lehranstalten. Nach den Urteilen und Aussprüchen der hervorragendsten Fachmänner und Pädagogen. gr. 8. (IV, 72 S.) [Bernburg 887, Bacmeister.] Dresden, Kühtmann. *

Wunderlich, Thdr., Geschichte der Methodik d. Freihandzeichenunterrichts an den allgemein wissenschaftlichen Lehranstalten. Leitfaden der histor. Entwickelg d. allgemeinen Freihandzeichenunterrichts in Bezug auf Wesen, Wert, Zweck u. method. Behandlg. d. Zeichnens. gr. 8. (VIII, 182 S.) Bernburg 886. Bacmeister. n. 2. 40

—— Geschichte der Methodik des Freihandzeichenunterrichts an den allgemein wissenschaftlichen Lehranstalten. Leitfaden der histor. Entwickelung des allgemeinen Freihandzeichenunterrichts in Bezug auf Wesen, Wert, Zweck und method. Behandlung des Zeichnens. gr. 8. (VIII, 182 S.) Dresden 886, Kühtmann. *

Wunderlich, Th., illustrierter Grundriss der geschichtlichen Entwicklung d. Unterrichts im freien Zeichnen. Mit Biographien u. Bildnissen der Förderer d. Zeichenunterrichts, sowie vielen weiteren Text-Illustr. gr. 8. (VIII, 170 S.) Stuttgart 892. F. Loewe. n. 3. —

Wunderlich, Thdr., aus der Jugendzeit. 8 (chromolithogr.) Orig.-Zeichnungen. 8. Langensalza 887, Beyer und Söhne. cart.

Wunderlich, Th., s.: Kalender u. Taschenbuch für Zeichenlehrer u. Zeichenlehrerinnen.

Wunderlich, Th., s.: Kalender f. Zeichenlehrer u. Zeichner.

—— Peter Schmid's Leben und Werke. Unter besond. Berücksicht. seiner Bedeutung für die Entwickelung des Körperzeichnens und auf Grund bisher nicht veröffentlichter Quellen dargestellt. gr. 8. (64 S. mit dem Portr. und der Handschrift Peter Schmid's.) Dresden 888, Kühtmann. *

—— Methodik des Freihandzeichenunterrichts der Neuzeit. Belehrung und Wesen, Zweck und Ziel des Freihandzeichenunterrichts, sowie über die method. Behandlung der einzelnen Zweige desselben. gr. 8. (XII, 128 S.) [Bernburg 886, Bacmeister.] Dresden, Kühtmann. *

Wunderlich, Th., die stilisierten Pflanzenformen in ihrer Anwendung bei dem Zeichenunterrichte, den bildenden Künsten und den weibl. Handarbeiten. gr. 8. (VIII, 88 S. mit 126 in den Text gedr. Holzst.) Langensalza 883, Schulbuchh. von Greßler.

—— der Stoff für den Schreibunterricht in der Volksschule. 8. (84 S.) Berlin 882, Th. Hofmann. *

—— der Zeichenstoff für die Mittelklasse der Volksschule in methodisch geordneten Aufgaben zur Auswahl für die Tafelvorzeichnung des Lehrers und mit erläuterndem Texte. 1. und 2. Bd. gr. 8. Mit Stnt. in 4. Langensalza, Schulbuchh. von Greßler.

Inhalt:
Bd. 1. Mit 24 Taf., enthaltend 200 Motive über geradlinige Figuren. (VIII, 52 S.) 882; 2. Aufl. (VIII, 56 S.) 882. ℳ 1,80.
= 2. Mit 16 Taf., enthaltend 142 Motive über gebogene Figuren. (III, 24 S.) 882. ℳ 1,50.

— der moderne Zeichen- u. Kunstunterricht. Illustr. Handbuch seiner geschichtl. Entwicklg. u. method. Behandlg. gr. 8. (VIII, 137 S. m. 24 Taf.) Stuttgart (902). Union. Geb. in Leinw. n. 4. —

Wunderlich, Wilhelm [pr. Arzt]: Ursachen des erblich-degenerativen Irreseins in der Schwarzburg.-Sondershäuser Unterherrschaft ... Jena, Frommannsche Buchdr., 1890; 2 Bl., 32 S. 8.
Jena, Med. Fak., Inaug.-Diss. v. [5. Sept.] 1890

Wunderlin, Siegfr., Heinrich an der Halden. Vaterländ. Schauspiel in 5 Aufzügen. (78 S.) 8. Rupperswil (908). (Aarau, H. R. Sauerländer & Co.) 1. 20

Wunderlin, S[ie]gfr[ied]. Hemmann von Reinach und Ursula von Homberg. Vaterländisches Schauspiel mit Gesang in 5 Akten. IV + 90 S. 8. Rupperswil b Aarau, Selbstverlag des Verfassers (Für den Buchh.: H. R. Sauerländer & Co., Aarau), [1906]. [fr. 1. 20]

Wunderling, Theobald, s.: Zum Gedächtnis d. Bischofs Theobald Wunderling.

Wunderling, Theob., Lebenslauf des seligen Bruders Carl Gottfried Theodor Wunderling, Diakonus der Brüderkirche, heimgegangen am 23. Jan. 1859 in Neuwied. Aus seinem schriftlichen Nachlaß zusammengestellt. Schreiberhau 859. (Breslau, Dülfer.) gr. 8. (96 S.) n. 6 ngr.

Wunderling's Reise-Führer auf d. kgl. bayer. Staats-Eisenbahnen nebst Kursbuch u. Routenkarte. Sommerfahrordg. v. 1. V. bis 30. IX. 1897. (In 12 Hftn.) 1. u. 2. Hft. 8. Regensburg 897. W. Wunderling. à n. — 20
1. Strecke Hof-Weiden-Regensburg-München u. zurück. (36 S.)
2. München-Rosenheim-Kufstein bezw. München-Salzburg nebst Reichenhall-Berchtesgaden u. zurück. (36 S.)

Wunderling, Chr. Ferd., Predigten über die 7 Sendschreiben der Offenbarung Johannis an die 7 Christengemeinen Klein-Asiens. gr. 8. (III und 147 S.) Grünberg 863, Weiß.

Wunderling, Chrn. Ferd., Predigten über die sieben Worte Jesu, am Kreuze von Ihm gesprochen. 4. Ausg. br. 8. (127 S.) Breslau 852, Hirt. n. 1/3 ₰

Wunderling, Theobald

Wunderling, Th., Gottes Antwort auf Menschenfragen. Leitfaden zum Confirmanden-Unterricht. 3. veränd. Ausg. 8. (40 S.) Neusalz 873. Lange in Comm. n. — 50

Wunderling, Th., Doxologieen, doxologische Lektionen u. Parallelsprüche aus der heil. Schrift. Zum liturg. Gebrauch an den Festen der evangel. Kirche. gr. 8. (III, 44 S.) Gnadau 889. Unitäts-Buchhandlg. n. — 60

Wunderling, Th. Auserlesene Gedenk- und Segenssprüche aus der heiligen Schrift zu reicher Auswahl für mancherlei Gelegenheit, besonders für Einsegnung der Konfirmanden. In-8°. IV, 52 S. Basel, Adolf Geering. 1891 — 75

Wunderling, Th., Immanuel. Predigten über freigewählte Texte des Neuen Testamentes auf alle Sonn- und Festtage des Kirchenjahres. (466 S.) 1880; 2. Aufl. gr. 8. (468 S.) Stuttgart 884, J. F. Steinkopf. *M 4.; geb. *

Wunderling, Th., Sonnenblicke der Ewigkeit für die Pilgertage auf Erden. Betrachtungen auf alle Tage des Jahres. gr. 8. (IV, 490 S.) Basel 886, Schneider. *
geb. *

— Sonnenblicke der Ewigkeit f. die Pilgertage auf Erden. Betrachtungen auf alle Tage d. Jahres. 2., verb. u. durch e. Bibelstellen-Verzeichnis verm. Aufl. gr. 8. (IV, 494 S.) Ebd. 891. n. 3. 60

—— Uraltes und doch Ewigneues. Predigtsammlung über alttestamentl. Texte auf alle Sonn- und Festtage des Kirchenjahres eingetheilt. In 3 Bdn. Gehalten in den Jahren 1870 bis 1872. gr. 8. Ebendas. [Stuttgart, J. F. Steinkopf.]
à Bd. *M 1. *
geb. *

Inhalt:
Bd. 1. Zwanzig Predigten über das 1. Buch Mose. Gehalten im J. 1870. 1.—3. Aufl. (V, 147 S.) 871—73. (M 1,50.) *M 1.
" 2. Zwanzig Predigten über das zweite bis fünfte Buch Mose. Gehalten im J. 1871. 1. Aufl. 1872, und 2. Aufl. (IV, 185 S.) 873. (M 1,50.) *M 1.
" 3. 24 Predigten über prophet. Texte für die Fastenzeit des Kirchenjahrs gehalten in den J. 1871 und 1872. 1. Aufl. 1872, und 2. Aufl. (188 S.) 874. (M 1,80.) *M 1.

Wunderling, Th., Uraltes und doch Ewigneues. Predigtsammlung über alttestamentl. Texte auf alle Sonn- und Festtage des Kirchenjahres eingetheilt. Gehalten in den J. 1870 und 1871. 1. und 2. Bd. gr. 8. Stuttgart, J. F. Steinkopf.
à Bd. *M 1. *

Inhalt:
Bd. 1. Zwanzig Predigten über das 1. Buch Mose. Gehalten im J. 1870. 4. Aufl. [1. Ster.-Aufl.] (147 S.) 876.
" 2. Zwanzig Predigten über das zweite bis fünfte Buch Mose. Gehalten im J. 1871. 3. Aufl. (186 S.) 879.
3. Bd. Ebendas. 1876. *M 1.; compl. geb. in 1 Bd. *M 4,40.

— Uraltes u. doch Ewigneues. Predigten üb. alttestamentl. Texte, auf alle Sonn- u. Festtage d. Kirchenjahres eingeteilt. Geh. in den J. 1870 bis 1872. [3 Bde.] 1. u. 3. Bd. gr. 8. Stuttgart 884. J. F. Steinkopf. à n. 1. —
1. 20 Predigten üb. das 1. Buch Mose. 5. Aufl. (148 S.)
3. 24 Predigten üb. prophetische Texte. 3. Aufl. (S. 317—538.)

Wunderly von Muralt, H., Ueber Haftpflicht aus Fabrikbetrieb und Einführung der allgem. Unfallversicherung. Vortrag, geh. am 4. Dec. 1885 in der Kaufmännischen Gesellschaft, Zürich. 8°. Zürich 1885.

Wundermädchen, Das Nordhäusische, ein weiblicher Rinaldini. Gera u. Leipz. 1802. 2. Aufl. 1804. V: *Bornschein, Joh. Ernst Dan.* (NN)

Wundermädchen, d. Nordhäusische, e. weibl. Rinaldini; e. romant. Gesch. in 4 Thlen. od. 8 Büchern, m. K. u. Mus. v. Ernst Bornschein. 8. Lpz. Joachim. 804.

— der, eine Wochenschrift für Wißbegierige. 12 Stck. 8. Eisen. 788. Wittekind. 1 ₰ 12 ℋ

WUNDERMANN, Der, oder: Die geraubten Mädchen. Sage der Vorzeit. Mit 2 Titelkpfrn. von Weinrauch. Wien und Prag, Haas, 1796. 8°. (10 Mk. 50 Pfg. [!], unbeschn., Edm. Meyer;, Berlin, 1908.)
Wildmoser's (München) Leihbibl.-Cat. (c. 1825), no. 8637. — Ziemlich zahm.

Wundermann; e. Samml. von Geistergeschichten 2c. 2 Bde. 8. Leipz. 805. Joachim. 16 ℋ

Wundermann, der, im J. 1821. 8. Lpz. 821, Brockhaus.

Wundermann, der, d. 19. Jahrh., od. Leben, Abentheuer u. Meinungen d. berücht. Propheten Bernhard Müller, gen. Proli, v. seinen Hintergang. Freunden der Welt zur öffentl. Schau aufgestellt. Treu a. d. Engl. v. J. Kreideburg. gr. 12. (2½ B.) Hanau 833, König. Thlr.

Wundermann, der kleine. (2. Aufl. neu bearb.) gr. 16. (VIII und 128 S.) Dresden 863, Breyer.

—— der kluge engl. u. franz., f. d. bürgerl. Leben, od. wohlerfahr. Rathgeber zur Erlangung vieler auf Erfahr. gegründ. bewährter Vortheile in d. verschied. Erwerbzweigen d. Menschen u. zur Hülfe in allerlei Unfällen im häusl. Leben 2c. 2 Bdchn. gr. 12. (22½ B.) Ulm 832, Ebner.

— d. neue, u. seine Lieblinge, od. Freund Graurock der alte Nirgends-Ueberall, als Retter in d. Noth; e. komische Geschichte mit treffenden Seitenhieben. 2 Thle. 8. Weißenfels, Severin. 802.

— —, Der neue, und seine Lieblinge, oder Freund Graurock der alte Nirgends-Ueberall als Retter in der Noth. Eine komische (zahme) Geschichte mit treffenden Seitenhieben. 2 Thle. Weissenfels u. Leipzig, Severin, 1803. 8°.
Kayser p. 136.

Wundermann, Ernst

Wundermann, E., 4 Alphabete, hrsg. im Auftrage des Lette-Vereins. (5 Bl.) qu. 8. Berlin (904). Hilfsverein deutscher Lehrer. — 25

— **4 Alphabete, hrsg. im Auftrage des Lette-Vereins.** (5 S.) 14,5×22 cm. Ebd. (909). — 25

Wundermann, Ernst, 2 Alphabete, hrsg. im Auftrage des Lette-Vereins. (8 S.) 14×22,5 cm. Berlin (910). Buchh. f. deutsche Lehrer. — 15

— **Steuern u. Zölle des Deutschen Reiches u. Preußens unter Berücksicht. der Gesetze des J. 1909 m. e. einleitenden Betrachtung üb. Verfassung u. Verwaltung. Als Beitrag zum Unterricht an Handelsschulen u. kaufmänn. Fortbildungsschulen u. zur Selbstbelehrg.** (35 S.) gr. 8. Berlin 909. L. Oehmigke's Verl. nn — 50

Wundermann, J. Ch. Fr., Meletemata de Sacra Coena. Commentatio exeg. hist. quam Univ. Liter. Rostochiensi sacra Saecularia quartum celebranda gratulaturus etc. 4. Rostock, Stiller. 819.

WUNDERMANN, Valerius (ps.). — Neu-hervorgekommene Glücks- und Unglücks-MACHINE, nach eines jedweden Temperament eingerichtet, welche aus denen hierinn befindlichen raresten Geschichten, so sich in der Welt hin und wieder ereignet und zugetragen haben, gantz deutlich zu beobachten; Jedermänniglich zu sonderbarem Nutzen an das Licht gebracht von VALERIO *Wundermann.* Nürnberg, verlegts Johann Leonhard Buggel, 1715. 12⁰. Rar! (In Breslau, Kgl. u. Univ.-Bibl.: Litt. teut. II 12⁰. 88.)

WUNDERMANN, V. Neu-hervorgekommene Glücks- und Unglücks-Maschine, nach eines jedweden Temperament eingerichtet, welche aus denen hierinn befindlichen raresten Geschichten, ... ganz deutlich zu beobachten ... an das Licht gebracht von Valerio Wundermann. Nürnberg, J. L. Buggel, 1715. 12⁰. 336 S. Hübscher älterer HPgtbd. m. Rsch.

H.-G. VIII 392. Enthält 163 kurze Geschichten, Schwänke, Anekdoten und Aphorismen. Der Verfassername dürfte ein Pseudonym sein.

Wundermänner des 18n Jahrhunderts. 8. Ruppin ... (Liesklind in Leipz.) 22 gl

Wundermappe, die, s. Strahlheim, C.

Wundermappe, die, der Donau, od. d. Schönste u. Merkwürdigste an d. Ufern dies. Stromes vom Ursprung bis z. Mündung. Nach Orig.-Zeichnn., grossenth. v. Thom. Ender, in Stahl gest. v. d. vorzügl. engl. u. deutschen Künstlern. 12 Lfgn. Lex.-8. (à ca. 1¼ B. u. 3 Ansichten.) Pesth 839, [Hartleben's Verl.-Exped.] à ⅓ Thlr.

Wunder-Medaille, die, welche 1832 zu Paris geprägt wurde, nebst d. Geschichte, Beschreib. u. deren Wunder-Wirkungen. A. d. Franz. 1—3. Aufl. (à 2 B. u. 1 Medaille.) 836—39. à ⅙ Thlr., 4. u. 5. A. (à 1½ B. u. 1 Medaille.) Aachen 840, Hensen u. Comp. à

Wunder-Medaille, die, welche 1832 zu Paris geprägt wurde, nebst deren Geschichte, Beschreibung u. Wunder-Wirkungen, u. einer 9täg. Andacht z. Mutter Gottes. Aus dem Französ. 6. Aufl. 12. (Mit 1 Medaille von Messing.) Aachen 842, Hensen u. Comp. ⅛ ℛ — 7. Aufl. Mit e. Anhange: Das Pflegekind Mariä. Oder fünf Andachtsübungen zur Mutter Gottes auf die verschiedenen Zeiten des Jahres, nebst beigefügten Meßgebeten, von P. Pauls. 12. (Mit Vignetten u. 1 Medaille von Messing.) Ebend. 843. ¼ ℛ — Ohne den Anhang ⅛ ℛ — 8. Aufl. 12. Ebend. 843. ⅛ ℛ — dass. Mit e. Anh.: Das Pflegekind Mariä. 2. Aufl. 12. Ebend. 843. ¼ ℛ — Der Anhang apart ⅛ ℛ — 9. Aufl. 12. Ebend. 844. ⅛ ℛ

WUNDERMENSCHEN, interessante Thatsachen und frappante Geschichtszüge aus dem Seyn und Wirken der Menschenwelt (von *Samuel Christoph Wagener*). 2 Bde. Leipzig 1812—15. 8⁰.
Anon.-Lex. IV. p. 419 (nach Kayser).

— intereff. Thatsachen u. Geschichtszüge aus dem Seyn u. Wirken d. Menschenwelt. 2 Bde. 8. Leipz. (812—15.) Joachim. 2 ℛ

Wundermenschen, oder Darstellung frappanter Eigenthümlichkeiten, außerordentl. Charaktere ꝛc. in der Menschennatur. 8. Grätz 815. Ferstl. 16 gl

Wundernacht, eine. 32. (16 S.) Nonnenweier 876. (Barmen, Klein.) *

Wunderquelle, od. die enthüllten Geheimnisse d. Natur. Mitgetheilt von e. Gesellschaft Menschenfreunde. 2. Aufl. gr. 12. (ca. 5 B.) Glarus 834. (Leipzig, Krappe.) Verklebt.

Wunderquelle, oder die enthüllten Geheimnisse der Natur. Ein unentbehrl. Handbuch f. alle Stände. Mitgetheilt von e. Gesellschaft Menschenfreunde. 4. u. 5., verb. Aufl. gr. 8. (à 7 B.) Schaffhausen 842, 45, Brodtmann'sche Buchh. à

Wunderquelle, oder: Die enthüllten Geheimnisse der Natur. Ein unentbehrliches Handbuch für alle Stände. Mitgetheilt von einer Gesellschaft Menschenfreunde. 7. verm. Aufl. 8. (IV u. 108 S.) Schaffhausen 847, Brodtmann. ½ ℛ

—— neueste geheimnißvolle, enth.: eine Sammlung sympathet., magnet. und natürlicher Mittel gegen Leiden und Gebrechen aller Art bei Menschen und Thieren; ebenso die erprobtesten Mittel und Vortheile für Haus-, Garten- und Landwirthschaft ꝛc., nebst einem Anhange der überraschendsten und belustigendsten Kunststücke aus der natürl. Magie ꝛc. Ein für Jedermann unentbehrl. Hand- und Hausbuch. 1. Thl. 16. (IV und 156 S.) Villingen 850, Förderer.

Wunderquelle, neueste geheimnißvolle. Enthaltend: eine Sammlung sympathet., magnet. und natürl. Mittel gegen Leiden und Gebrechen aller Art bei Menschen und Thieren; ebenso die erprobtesten Mittel und Vortheile für Haus-, Garten- und Landwirthschaft ꝛc., sowie die sichersten Geheimniße für Künstler, Fabrikanten und Handwerker; nebst einem Anhange der überraschendsten und belustigendsten Kunststücke ꝛc. Ein für Jedermann unentbehrl. Hand- und Hausbuch. 16. (IV und 618 S.) Villingen 854, Förderer.

Wunderreden von einer aus Teutschland in Entzückung gesetzten gemeinen Weibsperson ausgesprochen. 1700. 8⁰.

1700

Wunderrose. Die W. im Nesselbusch ... Schloss Buonas 1861 s. [Tschopp, Alois].

Wundersage, Die, von Alroy ... übers. von Th. Hell. Berlin 1833. V: *D'Israeli, Benjamin.* (EE)

Wundersage, die, v. Alroy. Vom Verf. d. „Vivian Grey." In's Deutsche übers. v. † Th. Hell. 2 Bde. 8. (35½ B.) Berlin 833, Duncker u. Humblot.

Wundersaphyr, s. Romane v. Genlis

Wunderschau, die. Den Nüchternen gewidmet. gr. 16. (68 S.) Zürich 873, Höhr. *

Wunderscheu, Die; den Nüchternen gewidmet. Zürich 1873. V: *Fröhlich, Edm.* (Cat. d. Stadtbibl. Zürich. Zürich 1864—97.) (Zuwachsverz. der Bibliotheken in Zürich 1898 ff.)

Wunder-Schauplatz, kleiner, der geheimen Wissenschaften, Mysterien, Theosophie, göttlichen und morgenländischen Magie, Naturkräfte, hermetischen und magnetischen Philosophie, Kabbala ꝛc. Nach alten Hand- u. Druckschriften und Erscheinungen der Neuzeit. Zugleich als Beiträge zur Geschichte der Kultur u. Literatur des Mysticismus, der religiösen Sekten ꝛc. herausg. von J. Scheible. 1—14. Thl. Stuttgart 855—57. Scheible. 32.

1. Thl.: Hermetis Trismegisti Einleitung in's höchste Wissen: von Erkenntniß der Natur und des darin sich offenbarenden großen Gottes. Begriffen in 17 Büchern, nach griech. und latein. Exemplaren in's Deutsche übers., nebst Nachricht von der Person des Hermetis, dessen Medicin, Chemie, Natur- u. Gottesgründe; mit der Egyptier wundervoller Weisheit und Enthüllung der Geheimnisse der Smaragdinischen u. Bembinischen Tafel. Verfertigt von Alethophilo. 1786. (230 S.) 14 ngr.
2. Thl.: Ferd. Santanelli's, Prof. der Medizin zu Neapel, geheime Philosophie oder magisch-magnet. Heilkunde. Eine Erklärung der wunderbaren Erscheinungen des Magnetismus u. Einleitung in die verborgensten Geheimnisse der Natur. Aus dem Latein. (213 S.) 14 ngr.

3. Thl.: Drei Bücher der magnetischen Heilkunde, worin sowohl die Theorie als Praxis dieser Wissenschaft enthalten ist, viele geheime Naturwunder geoffenbart, die bisher unbekannten Wirkungen des Lebensgeistes enthüllt und die Fundamente dieser ganzen verborgenen Kunst mit den stärksten, auf Erfahrung gestützten Beweisgründen dargestellt werden. Den Liebhabern der geheimen Philosophie gewidmet von dem Verf. William Maxwell, schottisch-brittischem Arzte. Herausg. von G. Frank. Aus dem Latein. (248 S.) 14 ngr.

4 Thl.: Die Cabbala des H. Cornelius Agrippa von Nettesheim. Vollständig aus dessen Werke: „De occulta Philosophia" und mit der Ansicht eines alten Esoterikers über Schöpfung durch Zahlen und Worte als Vorwort versehen durch Friedr. Barth. Mit vielen Holzschn. (im Text.) (209 S. u. 3 Tab. in 4.) 14 ngr.

5. 6. Thl.: Die Mysterien des Schlafes und Magnetismus, oder Physiologie des natürlichen und magnetischen Somnambulismus in Erzählungen und Anekdoten ꝛc. Die Physik des Tischruckens, natürliche Erklärung der dabei vorkommenden Bewegungen. Von A. Debay. Nach der neuesten Aufl. aus dem Französ. 2 Bde. (320; 271 S.) 1 ℛ𝓅. 2 ngr.

7—11. Thl.: H. Corn. Agrippa's v. Nettesheim magische Werke, sammt den geheimnißvollen Schriften des Petrus v. Abano, Pictorius v. Villingen, Gerhard v. Cremona ꝛc. Zum ersten Male vollständig in's Deutsche übers. Vollständig in 5 Thln., mit einer Menge Abbildgn. (Holzschn. im Text.) (358 S.; 311 S. u. 3 Tab. in 4.; 400 S.; 286 S.; 284 S.) 3 ℛ𝓅.

12. Thl.: Heinrich Heine, der Unsterbliche. Eine Mahnung aus dem Jenseits. Nur Thatsächliches, keine Dichtung. Nebst einem Anh. contra Dr. Zimmermann u. Herrn Ziegler. Von D. Hornung. (236 S.) $11^1/_2$ ngr.

13. Thl.: Teleskop des Zoroasters oder Schlüssel zur großen wahrsagenden Kabala der Magier. Aus dem Französ. Mit vielen Abbildgn. Neue Aufl. (190 S. u. 5 lith. Taf. in 4.) 21 ngr.

14. Thl.: Theoretischer u. praktischer Unterricht über das Buch Thot oder über die höhere Kraft, Natur u. Mensch, mit Zuverlässigkeit die Geheimnisse des Lebens zu enthüllen und Orakel zu ertheilen, nach der Egyptier wunderbarer Kunst. Neue Aufl. Mit 78 Abbildgn. (Holzschn.) (94 S.) 16 ngr.

WUNDERSCHLOSZ, Das, oder die Zerstörung der Vehmgerichte. Mit Titelkpfr. u. Titelvign. Hohenzollern (Wien, Wallishausser) 1799. 8⁰.

— — Dasselbe. Leipzig, Commissions-Büreau, 1805. 8⁰. (1/2 Rthl.)

Wunderschloß, das, od. die Zerstörung der Vehmgerichte. 8 Leipz. 806. Joachim. 12 𝔤𝔤

Wunder-Schloß, das, in der Höhle Xara oder wunderbare Geschichte eines türk. Tagelöhner-Sohnes. 2.—4. Aufl. 8. (64 S. mit 1 eingedr. Holzschn.) Reutlingen 870—75, Enßlin und Laiblin.

Wunderschön, das Büchlein. Lehrreiche und moralische Erzählungen mit Bildern vom Onkel Friedrich. Frankfurt a. M. 856. Krebs-Schmitt. 12. (48 S. u. 12 color. Lithogr.) n. 8 ngr.

Göttliche Wunderschrift, darinnen entdecket wird, wie aus dem ewigen Guten hat koennen ein Böses urständen. Ephrata: Brüderschaft. 1789. HSP

Wunderspiel, Paradisisches, welches sich in disen letzten Zeiten und Tagen in denen Abend-Ländischen Welt-Theilen als ein Vorspiel der neuen Welt hervorgethan . . . Ephrata 1754. V: *Beissel, Conr.* (Seidensticker, German Printing in America. Philad. 1893.)

Paradisisches Wunder-Spiel. Ephrata: Typis et Consensu Societatis, 1766. Contains 441 hymns by Beissel. AAS, HSP

Wundersprüche unserer aufgeklärten Zeiten. O. O. 1793. V: *Lidl, Ildephons.* (Hr) »1783« (Adel)

Wunderstadt, die, St. Joachimsthal. Eine Monographie, hrsg. v. Karl Knopf. (In 10 Bdn.) 1. u. 6. Bd. kl. 8. Weipert, Deutsch-böhm. Verlagsanstalt Sonnenwirbel. à 1. 25

1. Die Wunderstadt St. Joachimsthal. Von Karl Knopf. (60 S. m. 10 [2 farb.] Taf.) (909.)
6. Paulus Niavis. Von M. Urban. — Georgius Agricola. Von Gust. C. Laube. — Sylvius Egranus. Von Mich. Urban. — Johannes Mathesius. Von Geo. Loesche. (128 S. m. 1 Abb. u. 5 Taf.) (909.)

Bd. 2—5 sind noch nicht erschienen.

Wunderstein, der. Ein naturhistorisch-politischer Roman. Hamburg 860. Seitz. 8. (401 S.) n. 1 ℛ𝓅 15 ngr.

Wunderstein, Der. Ein Märchen. Wien [ca. 1890]. V: *Bartl, Hans.* (EB)

Wunderstern, Der, bey der Geburt des Erlösers, erleuchtend den prophetischen Zusammenhang himmlischer Erscheinungen mit irdischen. . . . Zeitz 1812. V: *Frege, Christian August.* (MGT) (Ky) (NN)

Wunderstern, der, bei der Geburt des Erlösers, erleuchtend den prophet. Zusammenhang himmlischer Erscheinungen mit irdischen (von Chr. A. Frege.) 8. Zeitz 812. Mit folgend. T.: der Komet 1759, wiederkehrend im J. 1835 ꝛc. 12. Ebd. 818. Webel. 8 𝔤𝔤

Wundertafeln, die fünf, aus welchen man auf eine deutsche Frage durch Rechnung eine französ. Antwort erhält. Leipz., Mag. f. Ind. in Etui. 12 𝔤𝔤

Wunderthaten, die, unserer lieben Frau von Lourdes, ihr Erscheinen der Bernadotte Soubirous, sowie Beschreibung der Errichtung einer Statue unserer lieben Frau von Lourdes in Breitensee. 12. (38 S.) Regensburg 885, Verlagsbureau. *

Wunderthäter, der. Illustr. Monatsheft der allgemeinen Bruderschaft d. hl. Antonius v. Padua. Der Kreuzzug des hl. Antonius. Red.: H. Jos. Bruniera. 1. u. 2. Jahrg. Mai 1893—Apr. 1895. à 12 Nrn. (à ca. 2 Bog.) gr. 8. Padua, Antonian. Buchdruckerei. à Jahrg. n. 2. —; feinere Ausg. n. 3. —

Wunderthäter, der. Illustr. Monatsheft d. allgem. Societät d. hl. Antonius v. Padua. Allgem. Gebetsverein. — D. Kreuzzug d. hl. Antonius. Red.: H. Jos. Bruniera. 3. u. 4. Jahrg. Mai 1895—Apr. 1897. à 12 Nrn. (à ca. 20 S.) gr. 8. Padua, Antonian. Buchdruckerei. à Jahrg. n. 2. —; feinere Ausg. n. 3. —

Wunderthäter u. Ablaßkrämer im 19. Jahrhundert. Eine Parallele des 16. u. 19. Jahrhunderts z. Charakteristik unserer Tage. Veranlaßt durch die Wallfahrt nach Trier, ihre Förderer u. Gegner, insbesond. durch die Schrift: Herr Joh. Ronge, der falsche kathol. Priester, u. die schlechte Presse. 8. ($8^1/_4$ B.) Wesel 815, Bagel.

— der, der Gesandte d. Großen Königs. Illustr. Monatsheft d. allgem. Antonius-Societät in Padua zur Beförderg. d. neuerricht. eucharist. Bundes. Red.: Jos. Bruniera. 5. Jahrg. Juni 1897—Mai 1898. 12 Hfte. (à ca. 20 S.) gr. 8. Ebd. n. 2. —; feine Ausg. n. 3. —

Wunderthäter, der, der Gesandte des Großen Königs. Illustrirtes Monatsheft der allgemein. Antonius-Sozietät in Padua. Red.: H. Jos. Milani. 6.—8. Jahrg. Juni 1898—Mai 1902. à 12 Hfte. gr. 8. (à ca. 20 S.) Padua, Tipographia Antoniana. à Jahrg. n. 2. —; feine Ausg. n. 3. —

Wunderthäterinn, die, des 19ten Jahrhunderts, oder die heilige Filomena, Jungfrau u. Martirinn. Aus d. Franz. ins Deutsche übersetzt. gr. 12. Innsbruck 836. (Augsburg, Kollmann; Regensburg u. Landshut, Manz.) 1/2 ₰

Wunderthäterin, Die, des 19ten Jahrhunderts, oder die heilige Filomena. A. d. Franz. Innsbruck 1837. V: *Barrelle, Joseph François.* (Jes)

Wunderthäterin, die, des 19. Jahrhund. Od.: Die heil. Jungfrau u. Martyrin Filomena. Mit e. neuntäg. Andacht. gr. 16. (5 1/4 B. u. Bildniß d. Heiligen.) Stadtamhof 838. (Regensburg, Manz.) Thlr.

Wunderthäterin, Die, des neunzehnten Jahrhunderts, oder: Die h. Jungfrau und Martyrin Filomena. Mit einer neuntägigen Andacht. 5. Aufl. Regensburg 1842. Ü: *Sintzel, Michael.* (Russell IX, 817)

Wunderthäterin, die, des 19. Jahrhunderts. Oder: Die heilige Jungfrau und Martyrin Philumena. 2. Ausg. 18. (Mit 4 Lithogr.) Einsiedeln 843, Gebr. Benziger. 6 1/4 ngl

Wunderthäterin, die, des 19. Jahrhundertes, oder die heil. Philomena, Jungfrau und Martyrin. Aus dem Französ. in's Deutsche übers. 2. Aufl. 12. (VIII und 216 S. mit 1 Stnt.) Innsbruck 855, F. Rauch.

Wundervogel, der, oder Prinz und Besenbinder. Eine höchst merkwürd. Geistergeschichte. Neu ans Licht gestellt von G. und B. Dom. 8. (53 S.) Urfahr-Linz 878, Kraußlich.

Wundervogel, der. Volksmährchen in 3 A. 8. Wien 801. Wallishausser. 6 ℔

Wunderwald, August [aus Oberneusulza]: Heilung des Uterusprolapses mittelst Laparotomie . . . Jena. Druck v. B. Engau. 1887; 20 S. 8°
Jena, Med. Fak., Inaug.-Diss. v. [12. Sept.] 1887.

Wunderwald, August, Heilung des Uterusprolapses mittelst Laparotomie. Diss. Jena 1887. G. Neuenhahn. 8°. 20 S.

Wunderwege Gottes. Eine Erzählung von M. K. Ein Weihnachtsbüchlein hrsg. von J. D. Prochnow. 16. (35 S.) Berlin 868, Prochnow's Selbstverlag.

Wunderwerk, das grösste, uns. Zeit, od. die Eisenbahn f. Dampfwägen zwischen Liverpool u. Manchester in England. qu. gr. 4. (1 B. u. 13 Kpfrt.) Nürnberg 832, Campe.

Wunderwerke der christl. Kirche in den ersten 300 Jahren. 2 Thle. 8. Wien 778. Kurzbeck. (Heubner). 12 ℔

Wunderwerke, d. christlichen Kirche, in d. ersten 300 Jahren. 2 Thle. 8. Wien, Kurzböck. (Camesina.) 788.

Wunderwerke, die, d. Welt, oder die schönsten Werke d. Natur d. Menschen. Neue Ausg. 2 Bde. Mit 16 Kpfr. 8. Berl. 827, Schlesinger.

Wündisch, Friedrich, Referendar, Zabern i. E.: Die Schutzgesetzbestimmung im § 823. Abs. 2. BGB. Straßburg i. E. 1905: J. H. E. Heitz. (92 S.) 8°
Straßburg, Rechts- u. staatsw. Fak., Ref. v. Tuhr, Diss. v. 1905.
[Geb. 31. Mai 81 Zabern i. E.; Wohnort: Zabern; Staatsangeh.: Elsaß-Lothringen; Vorbildung: Gymn. Zabern Reife M. 00; Studium: Erlangen 3, Berlin 1, Straßburg 3 S.; Rig. 5. Juni 05.]

Wundrack, A[ugust]: Beiträge zur Geschichte neupreussischer Kolonisation in Posen. T. 1. 1815—1830. Tremessen 1908: Marten. 15 S. 4°
Tremessen, k. PG OP 1908 (227) [S 08. 544

Wundrack, August: Der Linzer Entecrist. Eine litterarhistorische Untersuchung . . . Marburg, Buchdr. v. Asshauer & Co. in Cassel. 1886; 49 + 1 S. + 1 Bl. 8°
Marburg, Phil. Fak., Inaug.-Diss. v. [27. Okt.] 1886.

Wundrack, August, der Linzer Entecrist. Eine litterarhistorische Untersuchung. Diss. Marburg 1886, N. G. Elwertsche Univ.-Buchh. 8°. 49 S.

Wundrack, August, Dr.: Geschichte der Piaristen-Schule zu Reisen. (1774—1820). Ein Beitrag zur Geschichte des höheren Schulwesens in der Provinz Posen. Posen 1905: Merzbach. (54 S.) 4°
Posen, k. Marien-G P 1905 (196)

Wundram, Frz. Fr., kurze u. auf eigene Erfahrung gegründete Anweis. zum Seidenbau. 8. Hannov. 792.

Wundram, Georg, prakt. Tierarzt in Raschkow in Posen: Die Formen der Erythrocyten. Arnswalde [1909.] 33 S. 8°. [23. VII. 09.]
Bern. Vet.-med. Diss. 1909/10.

Wundram, Georg. Die Formen der Erythrocyten. Diss. Vet.-Med. Bern. 33 S. 8. Arnswalde, O. W. Wolff, (1909).

Wundram, Louis, Blood-sweetening and purgative herbs. 16. (8 S.) Brunswick 854. (Altona, Verlags-Bureau.) *

Wundram, Louis, Blutreinigungs- u. Abführungs-Kräuter. Neue Aufl. 16. (60 S.) Altona 850, Verlags-Bureau. 1 1/2 ngl

Wundram, Louis, Blutreinigungs- und Abführungs-Kräuter. Neue Aufl. 16. (60 S.) Altona 851, Verlags-Bureau.

Wundram, Louis, Blutreinigungs- und Abführungs-Kräuter. Neue, verm. Aufl. A. u. d. T.: Rathgeber für alle, welche an Hämorrhoiden, Gicht, Rheumatismus 2c. leiden. Von einem prakt. Arzte. Neue, verb. und verm. Aufl. 16. (64 S.) Altona 853, Verlags-Bureau. Thlr. *

Wundram, Louis, Blutreinigungs-Kräuter. 12. (21 S.) Bückeburg 861. (Gera, Illgen's Erben.)

—— radicale Heilung der Gicht und aller rheumatischen Uebel. 10. Aufl. 8. (7 S.) (Gera 855, Illgen's Erben.)

—— über Krankheitsstoffe und die Heilkraft blutreinigender und abführender Kräuter. Nebst 2 Anhängen, als: 1. Radicale Heilung der Gicht und rheumat. Uebel. 2. Auszüge aus Briefen. 2., umgearb. und verm. Aufl. 8. (IV und 60 S.) Braunschweig 850. (Altona, Verlags-Bureau.)

Wundram, Louis, über Krankheitsstoffe und der wohlthätigen Wirkung blutreinigender und abführender Kräuter, namentlich bei Gicht, Rheumatismus, Magenkrampf 2c. und allen Krankheiten, welche aus dem verdorbenen Blute entspringen. 16. (20 S.) Mainz 863. (Gera, Illgen's Erben.)

Wündrich, Arthur: Die deutsche Siebmacherei und Roßhaarweberei in ihrer historischen Entwicklung und ihre gegenwärtige Lage, vornehmlich in Hainewalde. Borna-Leipzig 1910: Noske. VIII, 64 S. 8°
Leipzig, Phil. Diss. v. 22. Febr. 1910, Ref. Bücher, Schmid
[Geb. 12. Sept. 84 Oberseifersdorf; Wohnort: Oberoderwitz; Staatsangeh.: Sachsen; Vorbildung: Realgymn. Zittau Reife O. 05; Studium: Leipzig 9 S.; Rig. 29. Okt. 09.] [U 10. 3270

Wündrich, Arth., die deutsche Siebmacherei u. Rosshaarweberei in ihrer historischen Entwicklung u. ihre gegenwärtige Lage, vornehmlich in Hainewalde. (Diss.) (VIII, 64 S.) gr. 8. Leipzig 910. Fritzsche & Schmidt. 1. 50

Wundsam, Jul. V. Ed.

Wundsam, Julius V. Ed. (Hrsg.), s.a. B u c h , Das, des Friedens.

Wundsam, das Buch des Friedens. Eingeleitet von **v. Suttner** u. **Henckell.** 2. Aufl. Bern **896**.

Wundsam, Jul. V. Ed., das Buch d. F r i e d e n s. Eingeleitet v. Bertha v. Suttner u. Karl Henckell. M. 8 statist. Farbendr.-Diagrammen u. 64 Portraits. 2. (rev.) Taus. gr. 8. (IV, 164 S.) Bern 897. Neukomm & Zimmermann. n. 2. 50; geb. n. 3. 30

Wundsch, Fräul. v., s.a. K o r t z f l e i s c h .

v. Wundsch, Fräulein, nachher. Kortzfleisch, s. L a u s u s u. Lydia.

Wundsch, Leitfaden zum planmäßigen Betriebe des Turnens der Infanterie nach den seit dem 1. Octbr. 1856 befohlenen Vorschriften. 8. (75 S.) Metz 877, Deutsche Buchh. *

Wundsch: Leitfaden zum planmäßigen Betriebe des Turnens der Infanterie nach den 1876 befohlenen Vorschriften. 2. Aufl. Metz um 1877. 75 S.

Wundsch, Leitfaden zum planmäßigen Betriebe des Turnens der Infanterie, nach den seit dem 1. Octbr. 1876 allerhöchst befohlenen Vorschriften zusammengestellt. 2. und 3. verm. und verb. Aufl. 8. (70 S.) Metz 879,80, Deutsche Buchhandlung. *

s. O s m a n u. Bella.

v. Wundsch, Fräul., nachherige v. Kortzfleisch, s. V e r s u c h e , Poet., e. adeligen Frauenzimmers.

Wundsch, Ed(uard.) Rob. (geb. Brzezinko bei Thorn 17. 10. 1818): De exstirpatione testiculi. Berolini (1843). (31 S.) 8°
Berlin, Med. Diss. v. 22. Aug. 1843

WÜNDSCH, Johann Wilhelm: Memoriale Oeconomico-Politico-Practicum oder Unterrichtung, wie die Haushaltungsämter, Rittergüter, Vorwerge oder Meyereyen oder andere Haushaltungen an Ackerbau Viehzucht Wiesen und Weinwachs, Fischereyen, Waldungen, Wildbahnen und Erbzinsen nützlich verwaltet auch allerhand ungeziemende Griffe und Finessen verhütet werden können. - Frankfurt, Leipzig o. J. (um 1680). 2 Tl.

Wundt. Bericht über die Kriegsübungen der k. württemb. Truppen im September 1857. Ludwigsburg 1858. 163 S.

W u n d t , C. C., **de vera advocatorum ecclesiae origine et indole. Heidelb. 1773. f.**

W u n d t , C. F., allgem. prakt. Anweis. f. großherzogl. Badische Landvorgesetzte u. Ortvorsteher, welche ihr Amt zur Zufriedenheit ihrer Obern bekleiden wollen. 8. Freyb. Herder. 810.

Wundt, Daniel Ludwig

— Entwurf seiner Vorlesungen über die Gesch. des Jüd. Volks. 8. Heidelb. 788.

Wundt, Dn. Ldw., († d. 19. Febr. 1805.) Grundriß der pfälz. Kirchengeschichte von der Gründung d. Christenthums an bis zum Jahre 1742. gr. 8. Heidelb. 796. (Braun in Karlsr.) 10 ℊ

— s. K i r c h e n g ü t e r , Über protestantische.

— u. Rheinwald, M a g a z i n f. d. Kirchen- u. Gelehrten-Geschichte in d. Pfalz. 3 Bde. gr. 8. Ebend. 769 — 93.

— u. J. L. C. Rheinwald, Magazin für die Kirchen- u. Gelehrten-Geschichte in der Pfalz. 3 Bde. gr. 8. Heidelb. 793. (Braun in Karlsr.) 2 ß 4 ℊ

— Samml. v. Predigten bei besond. Gelegenheiten gehalten. gr. 8. Heidelb. 784. (Braun in Karlsr.) 16 ℊ

— s. U n t e r r i c h t , Christl., für Kinder . . .

- s.a. V e r s u c h e. Geschichte des Lebens Karl Ludwigs.

V e r s u c h e i n e r G e s c h i c h t e d e s L e b e n s u n d d e r R e g i e r u n g K a r l L u d w i g s, C h u r f ü r s t e n v o n d e r P f a l z (von *Daniel Ludw. Wundt*). Genf (Heidelberg) 1786—88. (Expl. im British Museum.)

Wundt, Elise, der Arbeitsunterricht, s.: B e b e n k , Katharine.

Wundt, Friedrich Peter

Wundt, Fr. Pt., († d. 13. März 1808.) Beitr. zur Geschichte der Heidelberger Universität. Mit 1 Kpf. 8. Manh. 786. Schwan u. G. 14 ℊ bei Löffler. 9 ℊ

— s.a. B i b l i o t h e k , pfälz., topographische.

— topographisch-pfälzische **Bibliothek**, od. Verzeichn. d. pfälz. topograph. Schrift. 1r Bd. 1s 2s 3s Stck. gr. 8. Ebendas. (I II. 18 gr. III. 12 gr.)

— Entw. einer allgem. L a n d e s g e s c h i c h t e d. Rheinpfalz. 8. Mannh. Kaufmann.
Schreibp.

— Entwurf d. allgem. Rheinpfälz. Landesgeschichte. 8. Manh. 798. Kaufmann. 16 ℊ Schrbp. 20 ℊ 2e Aufl. 802. Groos in Heidelb. 1 ß

— Geschichte u. Beschreib. der Stadt Heidelberg. Mit Kpf. 1r Bd. gr. 8. Manh. 805. Heidelb., Mohr. 1 ß Schrbp. 1 ß 8 ℊ

— von Otto d. Fünfte, s.a. Vorlesungen, zwei.

Wundt, Frdr. Pet. Von Otto V, Pfalzgrafen von Wittelsbach, als dem gemeinschaftlichen Stammvater des baierschen und pfälzischen Hauses. 4. Mannheim u. Lautern 1779

— die Badische Pfalzgrafschaft, geograph., statist. u. topograph. bearbeitet, s. J. W. Schmidt, Beschreib. von Baden.

— Versuch einer statist.-Topographie d. churpfälz. Oberamts, Oppenheim. gr. 8. Manh. 791. Schwan u. G. (Löffler). 10 ℊ

— Vorlesungen 1) über Karl Theodors Verdienste. 2) Beschreibung der pfälzischen Bergstraße. gr. 8. Manh. 794. Schwan u. G. (Löffler.) 20 ℊ

Wundt, Maud (Hrsg.), s. A l p e n k a l e n d e r.

Wundt, Maud. Erinnerungen an Zermatt. Hierzu 8 photographische Aufnahmen von Wundt. 4.

In: Die Woche. Moderne illustrierte Zeitschrift. Jahrg. 12. Heft 21. 21. Mai 1910. Berlin, August Scherl. M. —.25. S. 875–882.

Wundt, Maximilianus, Lipsiensis: De Herodoti elocutione cum sophistarum comparata. *Lipsiae 1905: B. G. Teubner.* (63 S.) 8°
Leipzig, Phil. Diss. v. 1905

Wundt, Max, Geschichte der griechischen Ethik. 1. Bd. Die Entstehg. der griech. Ethik. (IX, 585 S.) gr. 8. Leipzig 908. W. Engelmann. 13. —

— Der Intellektualismus in der griech. Ethik. (V, 104 S.) gr. 8. Ebd. 907. 2. 80

— Griechische Weltanschauung, s. a. Aus Natur u. Geisteswelt.

Griechische Weltanschauung. Von Max **Wundt**, Privatd. Leipzig: Teubner 1910. IV, 130 S. 8°
(Aus Natur u. Geisteswelt. Bdch. 329.) 10. 1351

Wundt, Thdr., die Besteigung der Cimone della Pala. Ein Album f. Kletterer u. Dolomiten-Freunde. Mit 24 Lichtdr. u. zahlreichen Autotyp. nach photograph. Originalen. 1. u. 2. Aufl. qu. hoch 4. (71 S.) Stuttgart 892. 893. Greiner & Pfeiffer. Geb. in Leinw. n. 12. —

Wundt, Thdr., d. Besteigg. d. Cimone della Pala. E. Album f. Kletterer u. Dolomiten-Freunde. 3., umgearb. u. wesentl. verm. Aufl. gr. 4. (III, 69 S. m. Abb. u. 24 Lichtdr.-Taf.) Stuttgart 896. Greiner & Pfeiffer. Geb. in Leinw. n. 16. —

Engadin Ortler Dolomiten von Theodor u. Maud **Wundt**. Hrsg. von d. Sektion Berlin d. deutschen u. österr. Alpenver. (Mit Taf.) *Stuttgart: Greiner & Pfeiffer [1900].* (276 S.) 4°
= **Wundt**: In luftigen Höh'n. [3.] 100. 1448

— Grundzüge der physiologischen Psychologie. 4., umgearb. Aufl. 2 Bde. gr. 8. Leipzig 893. W. Engelmann. n. 22. —; geb. n. 26. —
1. (XV, 600 S. m. 143 Holzschn.) n. 10. —; geb. n. 12. —
2. (XII, 684 S. m. 94 Holzschn.) n. 12. —; geb. n. 14. —

Wundt, Theodor. In luftigen Höh'n. Skizzen aus dem Bergsteigerleben: Das Matterhorn und seine Geschichte. Hrg. von der Sektion Berlin des deutschen und österreichischen Alpenvereins. 2. Aufl. [Mit Illustrationen und 33 Tafeln.] 4. Berlin [1896]

— in luftigen Höh'n. Skizzen aus d. Bergsteigerleben. D. Jungfrau u. d. Berner Oberland. Hrsg. v. d. Section Berlin d. deutschen u. österreich. Alpenvereins. hoch 4. (VII, 248 S. m. 8 Abb., 16 Taf. u. 1 Karte.) Berlin 897. R. Mitscher. Geb. in Leinw. n. 20. —

— u. Maud Wundt, in luftigen Höh'n. Skizzen aus dem Bergsteigerleben. Engadin—Ortler—Dolomiten. Hrsg. von der Sektion Berlin des deutschen u. österreich. Alpenvereins. Lex.-8. (VII, 276 S. m. Abbildgn. u. Taf.) Stuttgart (900). Greiner & Pfeiffer. Geb. in Leinw. n. 20. —

Wundt, Theodor, und Wundt, Maud. In luftigen Höh'n. Skizzen aus dem Bergsteigerleben. Engadin — Ortler — Dolomiten. Hrg. von der Sektion Berlin des deutschen und österreichischen Alpenvereins. [Mit Illustrationen und 43 Tafeln.] VIII + 276 S. 4. Stuttgart, Greiner & Pfeiffer, [1901]. [geb. M. 20. —]

Die Jungfrau und das Berner Oberland v. Theodor **Wundt**. Hrsg. v. d. Sektion Berlin d. deutschen u. österreich. Alpenvereins. *Berlin: R. Mitscher [1897].* (3 Bl., 248 S., 16 Taf., 1 Kt.) 1 Bd 4.
= **Wundt,** Th.: In luftigen Höh'n. [Bd 2.] 98. 236

— das Matterhorn u. s. Geschichte. (In luft. Höh'n. Skizzen a. d. Bergsteigerleben.) Hrsg. v. d. Sektion Berlin d. deutschen u. österreich. Alpenvereins. 1. u. 2. Aufl. hoch 4. (V, 192 S. m. Abb. u. 32 Taf.) Ebd. 896. Geb. in Leinw. n. 20 —

Wundt, Thdr., Wanderbilder aus den Dolomiten. In Farben gesetzt v. G. Herdtle. Hrsg. v. der Sektion Berlin des deutschen u. österreich. Alpenvereins. gr. Fol. (16 farb. Lichtdr.-Taf. m. 10 S. illustr. Text.) Stuttgart 894. Deutsche Verlags-Anstalt. In Halbleinw.-Mappe. n. 30. —; auch in 4 Lfgn. à n. 6. 50

— Wanderungen in den Ampezzaner Dolomiten. Hrsg. v. der Sektion Berlin des deutschen u. österreich. Alpenvereins. gr. 4. (VII, 136 S. m. Abbildgn. u. 37 Lichtdr.-Taf.) Berlin 893. R. Mitscher. Geb. in Leinw. n. 20. —; Prachtausg., Lichtdrucke auf Bristolkartons, geb. n. 28. —

— Wanderungen in d. Ampezzaner Dolomiten. Hrsg. v. d. Sektion Berlin d. deutschen u. österreich. Alpenvereins. 2. Aufl. gr. 4. (VII, 136 S. m. Abb., 37 Lichtdr.-Taf. u. 1 farb. Karte.) Stuttgart 895. Deutsche Verlagsanstalt. Geb. in Leinw. n. 20. —

Wundt, Walter, aus Schorndorf i. Württ.: Barometrische Teil**depressionen** und ihre wellenförmige Aufeinanderfolge. *(Berlin 1904: A. W. Schade.)* (21 S.) 8°
Berlin, Phil. Diss. v. 13. Aug. 1904

Wundt, W., barometrische Teildepressionen u. wellenförmige Aufeinanderfolge, s. a. Abhandlungen des königl. preussischen meteorologischen Instituts. II, 5.

Barometrische Teildepressionen und ihre wellenförmige Aufeinanderfolge. Von W. **Wundt**. Mit 3 Taf. Berlin: Asher 1904. 25 S. 4°
(Abhandlungen d. Kgl. Preuss. Meteorol. Instituts. Bd 2. Nr 5.)

Wundt, Wilh., üb. die Aufgabe der Philosophie in der Gegenwart. Rede geh. zum Antritt d. öffentl. Lehramts der Philosophie an der Hochschule in Zürich am 31. Octbr. 1874. gr. 8. (21 S.) Leipzig 874. Engelmann. — 60

Wundt, Wilh., über die physikalischen Axiome, s. a. Festschrift zur fünfhundertjährigen Stiftungsfeier der Universität Heidelberg.

Wundt, Wilh., die physikalischen Axiome u. ihre Beziehung zum Causalprincip. Ein Capitel aus einer Philosophie der Naturwissenschaften. Erlangen 866. Enke's Verlag. gr. 8. (V, 137 S.) n. 24 ngr.

Wundt, Wilhelm: Die physikal. Axiome u. ihre Beziehung z. Kausalprinzip. 2. Aufl. 1910.
s. Wundt: Die Prinzipien d. mechan. Naturlehre.

Über den Begriff des Gesetzes, mit Rücksicht auf die Frage der Ausnahmlosigkeit der Lautgesetze, s. Studien, Philosophische.

—— Beiträge zur Theorie der Sinneswahrnehmung. gr. 8. (XXXII und 451 S.) Leipzig 862, C. F. Winter'sche Verlagsh. *

Wundt, Wilh., über den Einfluss der Philosophie auf die Erfahrungswissenschaften. Akademische Antrittsrede gehalten zu Leipzig am 20. Novbr. 1875. gr. 8. (27 S.) Leipzig 876, Engelmann.

Wundt, Wilh., Einleitung in die Philosophie. 1. u. 2. unveränd. Aufl. gr. 8. (XVIII, 466 S.) Leipzig 901. 902. W. Engelmann. Geb. in Leinw. n. 9. —

Wundt, Wilh., **Einleitung** in die Philosophie. 3. u. 4. Aufl. Mit e. Anh. tabellar. Uebersichten zur Geschichte der Philosophie u. ihrer Hauptrichtungen. (à XVIII, 471 S.) gr. 8. Leipzig 904. 906. W. Engelmann. Geb. in Leinw. n. 9.—

Wundt, Wilh., Einleitung in die Philosophie. 5. Aufl. Mit e. Anh. tabellar. Übersichten zur Geschichte der Philosophie u. ihrer Hauptrichtgn. (XVIII, 471 S.) 8. Leipzig 909. W. Engelmann. Geb. in Leinw. 10. —

Über die Eintheilung der Wissenschaften, s. Studien, Philosophische.

Die Empfindung des Lichts und der Farben. s. Studien, Philosophische.

—— zur Erinnerung an Gustav Theodor Fechner, s. Studien, philosophische.

— Essays. gr. 8. (V, 386 S.) Leipzig 885, Engelmann. geb.

— Essays. 2. Aufl. Mit Zusätzen u. Anmerkgn. (V, 440 S.) gr. 8. Ebd. 906. n. 9.—; geb. in Leinw. n. 10.50; in Halbfrz. n. 12.—

—— Ethik. Eine Untersuchung der Thatsachen und Gesetze des sittlichen Lebens. Lex.-8. (XI, 577 S.) Stuttgart 886, Enke. *

Wundt, Wilh., Ethik. Eine Untersuchg. der Thatsachen u. Gesetze d. sittl. Lebens. 2., umgearb. Aufl. gr. 8. (XII, 684 S.) Stuttgart 892. F. Enke. n. 15. —

Ethik. Eine Untersuchung d. Tatsachen u. Gesetze d. sittlichen Lebens. Von Wilhelm **Wundt**. 3. umgearb. Aufl. Bd 1. *Stuttgart: F. Enke 1903.* 8° [03. 13138

— Gustav Theodor Fechner. Rede, zur Feier seines 100jähr. Geburtstages geh. Mit Beilagen u. 1 Abbildg. des Fechner-Denkmals. gr. 8. (V, 92 S.) Ebd. 901. n. 2.—

— Festrede zur 500jähr. Jubelfeier der Universität Leipzig. Mit e. Anh.: Die Leipziger Immatrikulationen u. die Organisation der alten Hochschule. (III, 88 S. m. 1 Taf.) gr. 8. Ebd. 909. 1.50

— s.: Geschichte, allgemeine, der Philosophie.

Wundt, Wilh., Das Weber'sche Gesetz und die Methode der Minimänderungen. (Universitätsschrift.) 4°. *57 S.* Leipzig. 1883.

Grundriss der Psychologie v. Wilhelm **Wundt**. *Leipzig: W. Engelmann 1896.* (XVI, 392 S.) 1 Bd 8. [96. 3495

Grundriss der Psychologie v. Wilhelm **Wundt**. 2. Aufl. *Leipzig: W. Engelmann 1897.* (XVI, 392 S.) 1 Bd 8. [98. 4645 Bc

Wundt, Wilh., Grundriss d. Psychologie. 3., verb. Aufl. gr. 8. (XVI, 403 S.) Leipzig 898. W. Engelmann. n. 6.—; geb. n. 7.—

— Grundriss der Psychologie. 4. neu bearb. u. 5. verb. Aufl. gr. 8. (XVII, 411 bezw. XVI, 410 S.) Ebd. 901. 902. Geb. in Leinw. n. 7.—

Grundriß der Psychologie von Wilhelm **Wundt**. 6. verb. Aufl. Mit 22 Fig. *Leipzig: W. Engelmann 1904.* (XVI, 408 S.) 8° [04. 3937

— Grundriss der Psychologie. 7., verb. Aufl. (XVI, 414 S. m. 23 Fig.) 8. Leipzig 905. W. Engelmann. Geb. in Leinw. n. 7.—
6. Aufl. (XVI, 408 S. m. 22 Fig.) 904. Geb. n. 7.—.

— Grundriss der Psychologie. 8. u. 9. verb. Aufl. (XVI, 414 S. m. 23 Fig.) 8. Leipzig 907. 09. W. Engelmann. Geb. in Leinw. 8. —

—— Grundzüge der physiologischen Psychologie. 2 Hälften. gr. 8. Ebendas. [1. Hälfte. (S. 1—463 mit ca. 150 eingedr. Holzschn.) 873. *M. 9.; 2. Hälfte. (XII, S. 465—870 mit 155 eingedr. Holzschn.) 874. *M. 8.] *

Wundt, Wilh., Grundzüge der physiologischen Psychologie. 2. völlig umgearb. Aufl. Mit 180 (eingedr.) Holzschn. 2 Bde. gr. 8. (XII, 499; VIII, 472 S.) Leipzig 880, Engelmann. *

—— Grundzüge der physiologischen Psychologie. 3. umgearb. Aufl. 2 Bde. gr. 8. (XII, 544; X, 562 S. mit 210 Holzschn.) Leipzig 887, Engelmann. *
geb. *

Wundt, W.: Grundzüge der physiologischen Psychologie. 4. Aufl. Leipzig 1893. 2 Bde

— Grundzüge der physiologischen Psychologie. 5. völlig umgearb. Aufl. 2 Bde. gr. 8. Ebd. 902. n. 23.—; geb. in Halbfrz. n. 29.—
1. (XV, 553 S. m. 156 Abbildgn.) n. 10.—; geb. n. 13.—
2. (VIII, 686 S. m. 153 Abbildgn.) n. 13.—; geb. n. 16.—

Wundt, Wilh., **Grundzüge d. physiologischen Psychologie. 5., völlig umgearb. Aufl. 3. Bd. (IX, 796 S. m. 5 Abbildgn.) gr. 8. Leipzig 903. W. Engelmann. n. 14.—; geb. in Halbfrz. n. 17.—**

— Grundzüge der physiologischen Psychologie. 6., umgearb. Aufl. 1. u. 2. Bd. gr. 8. Ebd. 28.—; geb. in Leinw. 31.—; in Halbfrz. 34.—
1. Mit 161 Fig. im Text sowie Sach- u. Namenregister. (XVI, 725 S.) 908. 13.—; geb. in Leinw. 14.50; in Halbfrz. 16.—
2. Mit 167 Fig. im Text sowie Sach- u. Namenregister. (VIII, 782 S.) 910. 15.—; geb. in Leinw. 16.50; in Halbfrz. 18.—

— dasselbe. Gesamtregister. Bearb. v. Wilh. Wirth. (III, 134 S.) gr. 8. Ebd. 903. n. 3.—; geb. in Halbfrz. n. 5.— (Vollst. m. Register: n. 40.—; geb. n. 51.—)

—— Handbuch der medicinischen Physik. Lex.-8. (XVI und 555 S. mit 224 in den Text gedr. Holzschn.) Erlangen 867, Enke's Verlag. *

— Hypnotismus u. Suggestion. (Aus: „Philosoph. Studien".) gr. 8. (110 S.) Ebd. 892. n. 1.50

—— über die mathematische Induction, s. Studien, philosophische.

—— Lehrbuch der Physiologie des Menschen. 1. Aufl. 3 Lfgn. 1864,65. und 2., völlig umgearb. Aufl. Lex.-8. (XVII und 730 S. mit 143 in den Text gedr. Holzschn.) Erlangen 868, Enke's Verlag. *

—— Lehrbuch der Physiologie des Menschen. 3. völlig umgearb. Aufl. Lex.-8. (XII, 790 S. mit 164 in den Text gedr. Holzschn.) Erlangen [Stuttgart] 873, Enke. *

—— Lehrbuch der Physiologie des Menschen. 4. umgearb. Aufl. gr. 8. (XII, 851 S. mit 170 in den Text gedr. Holzschn.) Stuttgart 878, Enke. *

Wundt, Wilh., die Lehre von der Muskelbewegung. Nach eigenen Untersuchungen bearb. Lex.-8. (XIV und 241 S. mit 22 in den Text gedr. Holzschn.) Braunschweig 858, Vieweg und Sohn.

— neue Leistungen auf dem Gebiete der physiologischen Psychologie. [Aus: Vierteljahrsschrift für Psychiatrie.] gr. 8. Neuwied 867. Heuser's Verlag. (34 S.) n. 10 ngr.

Wundt, W.: Neue Leitung auf dem Gebiete der physiologischen Psychologie. Neuwied. 1867. 34 S.
Schul-/Univ.-Schrift

—— Logik. Eine Untersuchung der Principien der Erkenntniss und der Methoden wissenschaftl. Forschung. 2 Bde. gr. 8. Stuttgart, Enke. à Bd. * M 14. *
Inhalt:
Bd. 1. Erkenntnisslehre. (XII, 585 S.) 880.
» 2. Methodenlehre. (XIII, 620 S.) 883.

— Logik. Eine Untersuchg. der Principien der Erkenntniss u. der Methoden wissenschaftl. Forschg. (2 Bde.) 1. Bd. u. 2. Bd. 1. Abth. gr. 8. Stuttgart, F. Enke. n. 28. —
1. Erkenntnisslehre. 2., umgearb. Aufl. (XIV, 651 S.) 893. n. 16. —
2. Methodenlehre. 1. Abth. Allgemeine Methodenlehre. Logik der Mathematik u. der Naturwissenschaften. 2., umgearb. Aufl. (XII, 590 S.) 894. n. 13. —

— Logik. E. Untersuchg. d. Prinzipien d. Erkenntniss u. d. Methoden wissenschaftl. Forschg. (2 Bde.) 2. Bd. 2. Abth. (Schluss.) gr. 8. Stuttgart 895. F. Enke. n. 15. — (fplt.: n 43. —)
Methodenlehre. 2. Abth. Logik d. Geisteswissenschaften. 2., umgearb. Aufl. (VII, 643 S.)

— Logik. Eine Untersuchg. der Prinzipien der Erkenntnis u. der Methoden wissenschaftl. Forschg. (In 3 Bdn.) 1. Bd. Allgemeine Logik u. Erkenntnistheorie. 3. umgearb. Aufl. (XIV, 650 S.) Lex.-8. Stuttgart 906. F. Enke. n. 15. —; geb. in Leinw. n. 16. 60

— Logik. Eine Untersuchg. der Prinzipien der Erkenntnis u. der Methoden wissenschaftl. Forschg. (In 3 Bdn.) 2. u. 3. Bd. Lex. 8. Stuttgart, F. Enke. 30.80; geb. in Leinw. n 34. —
2. Logik der exakten Wissenschaften. 3. umgearb. Aufl. (XV, 653 S.) 907. 15.—; geb. n 16. 60
3. Logik der Geisteswissenschaften. 3. umgearb. Aufl. (XII, 692 S.) 908. 15.80; geb. in Leinw. n 17. 40
1. Bd. Ebd. 906. 15.—; geb. n 16.60

— Logik, Namenverzeichn. u. Sachregister, s.: Lindau, H.

—— über die Messung psychischer Vorgänge, s. Studien, philosophische.

Wundt, Wilh., über psychologische Methoden, s. Studien, philosophische.

—— zur Moral der literarischen Kritik. Ein moral-philosoph. Streitschrift. gr. 8. (77 S.) Ebendas. 887. *

— Naturwissenschaft u. Psychologie. Sonderausg. der Schlussbetrachtgn. zur 5. Aufl. der physiolog. Psychologie. (126 S.) gr. 8. Leipzig 903. W. Engelmann. n. 3. —; geb. in Leinw. n. 3. 50

— Outlines of psychology. Translated with the cooperation of the author by Charles Hubbard Judd. gr. 8. (XVIII, 342 S.) Leipzig 897. W. Engelmann. Geb. in Leinw. n. 7. —

— Outlines of psychology. Translated with the cooperation of the author by Charles Hubbard Judd. 2. revised English ed. from the 4. revised German ed. gr. 8. (XXII, 390 S.) Leipzig 902. W. Engelmann. Geb. in Leinw. n. 8. —

— Outlines of psychology. Translated with the cooperation of the author by Charles Hubbard Judd. 3. rev. English ed. from the 7. rev. German ed. (XXII, XXIV, 392 S.) gr. 8. Leipzig 907. W. Engelmann. Geb. in Leinw. 8. —

— s.: Philosophie, systematische.

— Die Prinzipien der mechanischen Naturlehre. Ein Kapitel aus e. Philosophie der Naturwissenschaften. 2. umgearb. Aufl. der Schrift: Die physikal. Axiome u. ihre Beziehg. zum Kausalprinzip. (XII, 217 S.) gr. 8. Stuttgart 910. F. Enke. 5.60; geb. in Leinw. n 6. 60

s. Schneidewin, Max: Die Wundt-Sommer'sche wissenschaftliche Fehde.

— Kleine Schriften. 1. Bd. (VIII, 640 S.) gr. 8. Leipzig 910. W. Engelmann. 14.—; geb. in Leinw. 15. 20

Selbstbeobachtung und innere Wahrnehmung. s. Studien. Philosophische.

s. Sommer, Hugo: Individualismus oder Evolutionismus?

—— der Spiritismus. Eine sogenannte wissenschaftliche Frage. Offener Brief an Hrn. Prof. Dr. Herm. Ulrici in Halle. gr. 8. (31 S.) Leipzig 879. Engelmann. *

— Sprachgeschichte u. Sprachpsychologie. Mit Rücksicht auf B. Delbrücks „Grundfragen der Sprachforschg." gr. 8. (110 S.) Ebd. 901. n. 2. —

— s.: Studien, philosophische.

— s.: Studien, psychologische.

— System der Philosophie. gr. 8. (X, 669 S.) Ebd. 889. n. 12. —; geb. n.n. 14. —

— System d. Philosophie. 2., umgearb. Aufl. gr 8. (XVIII, 689 S.) Leipzig 897. W. Engelmann. n. 12. —; geb. n.n. 14.50

— System der Philosophie. 3., umgearb. Aufl. 2 Bde. (XVIII, 436 u. VI, 302 S.) gr. 8. Leipzig 907. W. Engelmann. 14.—; geb. in Leinw. 16.—; in 1 Halbfrz.-Bd. 17. —

Wundt, Wilh., die geometrisch-optischen Täuschungen, s.a. Abhandlungen d. kgl. sächs. Gesellschaft d. Wissenschaften.

Die geometrisch-optischen Täuschungen v. Wilhelm Wundt, ord. Mitgl. d. Kgl. Sächs. Ges. d. Wiss. ... M. 65 Textfig. *Leipzig: B. G. Teubner 1898.* (1 kl. Bl., 1 Bl., 126 S.) 4.(8.)
= Abhandlungen d. Kgl. Sächs. Gesellschaft d. Wissenschaften. Math.-phys. Cl. Bd 24. No II.

— Untersuchungen zur Mechanik der Nerven und Nervencentren. 2 Abthlgn. gr. 8. Ebend. 871. 76. n. 9. 20
1. Ueber Verlauf u. Wesen der Nervenerregg. Mit 30 (eingedr.) Holzschn. (XI, 279 S.) n. 5. 20
2. Ueber den Reflexvorgang u. das Wesen der centralen Innervation. Mit 41 (eingedr.) Holzschn. (IV, 144 S.) n. 4.

— Völkerpsychologie. Eine Untersuchg. der Entwicklungsgesetze v. Sprache, Mythus u. Sitte. 1. Bd. Die Sprache. 2 Thle. gr. 8. Leipzig 900. W. Engelmann. n. 29. —; geb. n. 35. —
1. (XV, 627 S.) n. 14. —; geb. n. 17. —
2. (X, 644 S.) n. 15. —; geb. n. 18. —

— Völkerpsychologie. Eine Untersuchg. der Entwicklungsgesetze v. Sprache, Mythus u. Sitte. 2 Bde. à 2 Tle. gr. 8. Leipzig, W. Engelmann. n. 53. —; geb. in Halbfrz. n. 65. —
I. 1. Die Sprache. 2., umgearb. Aufl. 1. Tl. (XV, 667 S. m. 40 Abbildgn.) 904. n. 14. —; geb. n. 17. —
2. Dasselbe. 2. Tl. (X, 673 S. m. 4 Abb.) 904. n. 14. —; geb. n. 17. —
II. 1. Mythus u. Religion. 1. Tl. (XI, 617 S. m. 53 Abbildgn.) 905. n. 14. —; geb. n. 17. —
2. Dasselbe. 2. Tl. (VIII, 481 S. m. 8 Abbildgn.) 906. n. 11. —; geb. n. 14. —

— Völkerpsychologie. Eine Untersuchg. der Entwicklungsgesetze v. Sprache, Mythus u. Sitte. II. Bd. Mythus u. Religion. 3. Tl. (XII, 792 S.) gr. 8. Ebd. 909. 18.—; geb. in Halbfrz. 21. —

— dasselbe. III. Bd. Die Kunst. 2., neu bearb. Aufl. 2. Tl. (X, 564 S. m. 59 Abbildgn.) gr. 8. Ebd. 908. 12.—; geb. in Halbfrz. 15. —

— dasselbe. IV. Bd. Mythus u. Religion. 2., neu bearb. Aufl. 1. Tl. (XII, 587 S. m. 8 Abbildgn.) gr. 8. Ebd. 910. 13.—; geb. in Halbfrz. 16. —

—— Vorlesungen über die Menschen- und Thierseele. 2 Bde. gr. 8. Leipzig 863, Voß. [1. Bd. (XIV und 492 S.) * 3 Thlr., 2. Bd. (VIII und 464 S.) * 2 Thlr. 12 Ngr.] *

— Vorlesungen üb. die Menschen- u. Thierseele. 2., umgearb. Aufl. gr. 8. (XII, 495 S. m. Fig.) Hamburg 892. L. Voss. n. 10. —; geb. in Halbfrz. n. 12. 50

— Vorlesungen üb. d. Menschen- u. Thierseele. 3., umgearb. Aufl. gr. 8. (XII, 519 S. m. Fig.) Hamburg 897. L. Voss. n. 12. —; geb. n. 14. —

— Vorlesungen üb. die Menschen- u. Tierseele. 4., umgearb. Aufl. (XIV, 547 S. m. 53 Fig.) gr. 8. Hamburg 906. L. Voss. n. 12. —; geb. in Leinw. n. 13. 50

—— wer ist der Gesetzgeber der Naturgesetze, s. Studien, philologische.

Über Ziele und Wege der Völkerpsychologie. s. Studien, Philosophische.

Rectoratswechsel an der Universität Leipzig am 31. Oct. 1889. I. Rede des abtretenden Rectors Dr. Franz Hofmann: Bericht ueber das Studienjahr 1889/90 [sic!]. II. Rede des antretenden Rectors Dr. Wilhelm Wundt: Ueber den Zusammenhang der Philosophie mit der Zeitgeschichte. Eine Centennarbetrachtung. Leipzig, Druck v. Alexander Edelmann, Univ.-Buchdr., 1889. (13 + 19 S.) 4°

Wundtke, Max

— das freie Volk sind wir! Dramatische Scene aus der letzten Zeit des Burenkrieges 1901. 8. (27 S.) Dresden 902. E. Pierson. n. — 50

Wundtke, Max: Dunkle Gewalten, s.a. Kürschner's, Jos., Bücherschatz.

Dunkle Gewalten. Roman von Max Wundtke. Mit Ill. von W. Roegge. *Berlin, Eisenach, Leipzig: H. Hillger [1903].* (110 S.) 8° [F.]
= Bücherschatz, Kürschner's. No 341. [04. 962

Wundtke, Max, der Glückspudel u. andere Glückshumoresken, s.a. Kürschner's, Jos., Bücherschatz.

Der Glückspudel u. andere Glückshumoresken. Von Max Wundtke. Mit Ill. von Braune. *Berlin, Eisenach, Leipzig: H. Hillger [1903].* (108 S.) 8° [F.]
= Bücherschatz, Kürschner's. No 323. [04. 949

— das Gold der Sonnentochter. (Die Entdeckg. der arkt. Goldlager am Klondyke.) Roman aus der Gegenwart. (311 S.) 8. Mannheim (903). J. Bensheimer's Verl. n. 4. — (Ladenpreis aufgehoben.)

— Humoresken. 8. (III, 250 S.) Berlin 900. Freund & Jeckel. n. 3. —

— ich ruf' Dich, Germania! Drei Visionen eines Deutschgläubigen. Ein deutsches Wort in der Sache der Buren. gr. 8. (16 S.) Radebeul-Dresden 900. (Dresden, J. Juppé.) n. — 20

— immer lustig, s.: König, Ewald Aug.

— die unsterbliche Liebe. 6 Novellen. (328 S.) kl. 8. Leipzig 906. A. Cavael. n. 3. 50; geb. n. 4. 50

Wundtke, Max, die unsterbliche Liebe. 6 Novellen. 2. [Titel-] Aufl. (328 S.) kl. 8. Leipzig [906] (909). A. Cavael. 3.—; geb. 4. —

Wundtke, Max (Max Alfr. Ferdinand): Liebesweben. Gedichte u. Märchen. 2. [Titel-] Aufl. 12. (VIII, 178 S.) Dresden (889) 897. E. Pierson. n. 2. —; geb. n. 3. —
Die 1. Aufl. erschien u. d. Pseudonym Max Alfred Ferdinand.

— mit Lust u. Laune. Humor u. Satire. 1. Bd. (152 S.) kl. 8. Leipzig 904. [Verlag „Monopol".] Otto Dietrich. 1. —

Max [Alfred Ferdinand] Wundtke. Am Markstein. Ein lyrisches Inventarium. Dresden: E. Pierson [1905]. (VIII, 278 S.) 8° [F.] [05. 11037

— In der Maske. Märchen u. Fabeln aus der Zeit. (VI, 171 S.) 8. Ebd. 908. 2.—; geb. n 3. —

— die dumme Maus. Moderner Roman. (289 S.) 8. Leipzig 905. A. Cavael. n. 3. 50; geb. n.n. 4. 50

— Die dumme Maus. Realistischer Roman. 2. [Titel-] Aufl. (289 S.) 8. Leipzig [905] (909). A. Cavael. 3.—; geb. 4. —

— ein schlechter Mensch! Bühnenhumoreske in 2 Aufzügen. (51 S.) kl. 8. Ebd. (906). n. — 80

Wundtke, Max, der Pechvogel. Ein kom. Roman. (143 S.) gr. 8. Berlin (907). Harmonie. (Urspr. Pr. 2. —; geb. 3. —)

Verworrene Pfade. Roman von Max Wundtke. 2. unveränd. Aufl. *Erfurt: F. Bartholomäus [1901].* (120 S.) 8° [F.]
(Kollektion Kriminal. No 43.) [03. 367

— satt geworden. Roman. (196 S.) 8. Dresden (903). H. L. Diegmann. 2. —

— dasselbe. Ein Großstadtroman. 2. Aufl. (305 S.) 8. Leipzig 906. A. Cavael. n. 3. 50; geb. n. 4. 50

(S) — Satt geworden. 903. (KBL 34.) Pankow, H. L. Diegmann. Erh. Pr. 3. —

— Schicksal? Novellen. 8. (175 S.) Ebd. 897. n. 2. —

— d. Schule d. Zukunft. Zur Kritik u. Neubildg. uns. Schulorganisation. 1.—5. Taus. 1.—5. Aufl. gr. 8. (44 S.) Berlin 895. U. Kracht. — 50

— wie Peter Schwämmel unter die Haube kam. Eifersucht. Wie man sein Glück macht, s.: Ballenstedt, Thdr., Gaudeamus igitur.

Wundtke, Max (Max Alfr. Ferdinand), Wildlinge. Neue lyr. u. satyr. Dichtgn. gr. 8. (245 S.) Straßburg i/E. 893. H. Friedemann Nachf. n. 3. 50; geb. n. 4. 50

— ein Wohltäter? & Anderes. Grossstadtgeschichten. Orig.-Umschlagzeichng. v. W. Adf. Sander. (227 S.) Leipzig (903). C. F. Tiefenbach, Sept.-Cto. n. 2. —

Wundtke, M. A. F., s.: Zur Psychologie der Liebe.

Wünhardt, Gabriel. s. Wünnhardt

Wünkhaus, Osc. W., der Humor Jesu. Beitrag zur Skizzierg. des histor. Christusbildes. (117 S.) gr. 8. Heidelberg 909. Ev. Verlag. 2. —

Wünn, Anna, d. Vögleins Bilderbuch. gr. 16. (117 S.) Leipzig 875. E. J. Günther. n. 1. 50

Wünn, Anna, Märchen u. Lieder, s.: Siess, Anna.

Wuenn, Anna [Übers.]
s. Mulock, Dinah Maria: Meine Mutter und ich. 1876.

Wünn, Erich: Ueber Protargol. Berlin (1898): E. Ebering. (32 S.) 8°
Berlin, Med. Diss. v. 8. März 1898.

Wunne; od. die Thränen d. Wiedersehns. Schsp. m. Gesang v. Kosegarten. 8. Stralsund, Koppe. 7 0.

Wunnenberg, C. Kurt, Ref. a. Koln a. Rh.: Die Unterschiede zwischen der stillen Gesellschaft des HGB. einerseits, der offenen Handelsgesellschaft und der Gesellschaft des BGB. andererseits. Borna-Leipzig 1906: R. Noske. (VIII, 88 S.) 8°
Leipzig, Jur. Fak., Diss. v. 6. April 1906
[Geb. 10 Febr 77 Bonn; Wohnort: C. in a. Rh.; Staatsangeh.: Preußen; Vorbildung: Gymn. Heidelberg Reife Jan 94; St Jura, Genf 2, Bonn 4 S.; Rig. 5. Dez 05.]

Wünnenberg, E., die Feier d. nationalen Gedenktage in d. Schule. (Kaiser Wilhelms II. Geburtstagsfeier. — Gedenkfeier d. Todestages Kaiser Wilhelms I. — Gedächtnisfeier z. Todestage Kaiser Friedrichs III. — Die Sedanfeier.) gr. 8. (28 S.) Witten 896. R. Gräfe. — 50

[J.] Die Feier der nationalen Gedenktage in der Schule . . . v. E. Wünnenberg. *Witten, (Ruhr): R. Gräfe [1897].* (28 S.) 1 Bd 8. [98. 4947

Wünnenberg, F.: Ueber einige bemerkenswerthe Eigenschaften der Cissoide. 1884. 8°
Diss. Marburg

Wünnenberg, Ferd., König Enzio zu Bologna. Gedicht aus der Hohenstaufenzeit. (136 S.) Leipzig 904. (H. Lautenschläger.) n. 1. 50

Wünnenberg, Ludwig (geb. am 19 März 1845 in Blankenstein a. d. Ruhr): Ueber Diabetes mellitus ... Bonn, Druck v. J. F. Carthaus [1871]. 25 S., 1 Bl. 8.
Bonn, Med. Fak., nachträgl. erschienene Diss. v. 19 Juli 1870

Der Wunnenstein bei Winzerhausen. E. Beitrag zur Topogr. u. Geschichte Württembergs. 8. Ludwigsburg 1831. 0,25.

Wunnestein, der, bei Winzerhausen. Ein Beitrag zur Topographie u. Geschichte Württembergs. 2. Aufl. 8. ... Ludwigsburg 831, Nast.

Wunnenstein, Arth., die kirchlichen Zustände, insonderheit diejenigen der deutsch-evangelischen Landgemeinden. Zeitgemäße Betrachtgn. am Ende des scheid. Jahrhunderts. gr. 8. (55 S.) Stuttgart 893. M. Brennwald & Co. n. — 80

Wunner'sche Bitumen-Werke, G. m. b. H: Fabrikation der weltberühmten Bitumen-Emulsion zur Herstellung von Isoliermörtel. Datteln i. W. 1906

Wünnhardt, Gabriel

Wünnhardt, Gabr., († ...) kurze Andachten zum täglichen Gebrauch. 32. Augsb. 783. Veith. 6 kr

Wünnhardt, G., kurze Andachten z. täglichen Gebrauch 32. Augsb. Veith. 800.

— instructio practica confessarii circa praecepta decalogi et vitia magis communia, cum requisitis ad confessionem. 8maj. Augsb. 776. M. Rieger. 10 kr

— subsidia sacri Tribunalis. 8maj. Augsb. 778. M. Rieger 10 kr

Wünning, Ph., Zeitschrift zur Beförderung d. Humanität, in zwanglosen Heften. 1r Bd. 1s Stck. gr. 8. Leipz. 821. (Voß.) 12 kr

* Dissertatio gradualis Lunulas quasdam circulares quadrabiles exhibens, quam praes. *Martino Johanne Wallenio*, Mathem. Profess. Reg. et Ordin. Fac. Phil. h. t. Decano, publico examini submittit, *Daniel Wünquist* Wiburgensis. Aboae impressit Joh. Christoph. Frenckell. 4. 30 S. mit einer Kupfertafel. 1766.

Wunsch bei dem Anbruche des letzten Jahrs von diesem Jahrh. [1799.] V: *Reiter, Joseph.* (Guppenberger, Bibliogr. des Clerus der Diöcese Linz. Linz 1893. S. 172.)

Wunsch, der beste, des Christen für sein wahres Heil. Religiöse Betrachtung auf den hehren Neujahrstag. 8. (8 S.) Leitmeritz 858, [Mercy und Blömer.]

Wunsch, der beste, des Christen für sein wahres Heil. Religiöse Betrachtung auf den hehren Neujahrstag. Leitmeritz 858. Schnürlein. 8. (8 S.) n. 1 ngr.

Wunsch des guten Brandenburgers an seine Mitmenschen . . . [Halberstadt 1800.] V: *Fischer, Glob Nathanael.* MI.)

Wunsch, ein, bezüglich Hannovers wichtigster Frage bei Eintritt in das J. 1853, mit einigen Rückblicken in Stüve'sche Schriften von 1832 und 1852, nebst bezügl. Bemerkungen. gr. 8. (47 S.) Hannover 853, Helwingsche Hofbuchh. *

Wunsch, Lauter, für diejenigen Personen weiblichen Geschlechts, welche zu Fall gekommen. Frankf. u. Leipz. 1781. V: *Stemler, Wilhelm Christian.* (MGT)

Wunsch, lauter, für diejenigen Personen weiblichen Geschlechts, welche zu Falle kommen. 8. Berl. 781. Lange. 3 gr

Wunsch, Des alten Leyermanns, zum Weyhnachtsfest an seine Kinder. O. O. [ca. 1798]. V: *Nölting, Johann Heinrich Vincenz.* (MGT)

Wunsch die Materialien zu einem Teutschen Glossarium betreffend. [Leipzig 1797.] V: *Siebenkees, Johann Chn.* (MGT)

Wunsch, Ein patriotischer, eines Österreichers. Wien 1879. V: *Schlosser, Ignaz.* (EB)

Patriotischer Wunsch für die siegreichen Russischen Waffen, s.a. Kirchhoff, Joh. Heinr. 1773.

Wunsch, Patriotischer, für die . . . Russischen Waffen. Petersburg 1773. V: *Kirchhof, Joh. Hnr.* (Collin, Anonymer. Kiobenh. 1869.)

Wunsch, Ein, für die polytechnische Schule in Nürnberg . . . Nürnb. 1825. V: *Roth, Carl Ludw.* (Ky) (EngMt)

— ein, für d. polytechnische Schule in Nürnberg (von C. L. Roth.) 8. Nürnb. 825. Bauer u. R. 3 gr

Wunsch, ein, f. d. polytechnischen Schule in Nürnberg 826, Bauer u. Raspe.

Ueber den Kaiserschnitt. Von Adolph Wunsch. Erlangen 1872: Junge. 21 S. 8°

Wunsch, Arthur, Oberlehrer: Beiträge zur Reformtätigkeit des Hofrichters und Landrats Friedrich Ludwig v. Berlepsch. Göttingen 1909. 38 S. 8° ¶(Ersch. gleichzeitig in: Zeitschrift d. Histor. Vereins f. Niedersachsen. Jg. 1909, H. 1.)
Göttingen, Phil. Diss. v. 16. Jan. 1909, Ref. Lehmann
[Geb. 5. März 70 Osterburg; Wohnort: Krefeld; Staatsangeh.: Preußen; Vorbildung: Gymn. Zerbst Reife O. 95; Studium: Heidelberg 1, Leipzig 5, Göttingen 3 S.; Rig. 17. Jan 08.] [U 09. 1442

Wunsch, Chr. E., Visus phaenomena quaedam explicat. 12 pp. Lps. 4°. 1774.

Wunsch, Constantin, s. Wunsch, Konstantin

Wunsch, E. v.: Beiträge zur kriegsgemäßen Ausbildung, Besichtigung u. Verwendung der Hauptwaffe auf dem Exerzierplatz u. im Gelände, s. Brunn, A. v.

Wunsch, Erich, aus des lieben Gottes Arbeitsstübchen. Dichtungen. Zeichngn. v. Hans Lindloff. (79 S.) gr. 8. Berlin (908). Harmonie. 3.—; geb. 4.—

Wunsch, F. Auszug aus den Anleitungen für die takt. Übungen der k. k. Infanterie-Regimenter. Mit Taf. Wien 1842. 55 S.

Wunsch, F., Auszug aus den Anleitungen für die taktischen Uebungen der k. k. Infanterie-Regimenter. Mit 68 Manövrir-Plänen auf 30 Tafeln. 12. Wien 843, Strauß Wwe. u. Sommer. 1 Thlr

Wunsch, Frz., Erbschaftssteuergesetz vom 3. VI. 1906, s. a. Taschen-Gesetzsammlung 27.

Wunsch, Franz, Erbschaftssteuergesetz vom 3. Juni 1906 nebst Ausführungsbestimm. Erl. Berlin 1907. [illegible]
(Bestimmte Taschen-Gesetzsammlung 27)

Wunsch, Hans von, Referendar in Neu-Ruppin: Die Filialprokura des neuen Handelsgesetzbuchs. Borna-Leipzig 1908: R. Noske. (X, 98 S.) 8°
Leipzig, Jur. Fak., Diss. v. 12. März 1908
[Geb. 18 Juli 83 Brandenburg a. H.; Wohnort: Neu-Ruppin; Staatsangeh.: Preußen; Vorbildung: Archigymn. Soest (Westfalen) Reife O 03; Studium: Bonn 3, Berlin 3 S.; Rig. 23. Nov. 05.]

WUNSCH Karl. Ueber den Ursprunge der natürlichen Gesetze von — Hraschanzky, Wien 1786 1 vol. 19 S.

Karl Anton Wunsch
De capitis Laesionibus quae trepanationem exigunt addita pueri trepanationis ope feliciter sanati historia. Berolini (1819:) Petsch. 32 S. 8°
Berlin, Med. Diss. v. 8. Juni 1819

Wunsch, Konstantin

Wunsch, Constantin, Hof Rathsprotokollist des k. k. Hofkriegsrathes, etc. XXXIV Militarische Lieder sammt einer neuen Hymne 8. Wien 1811.

Wunsch, Max, aus Schuban: Multiple congenitale Contracturen. *Stuttgart 1901: Union.* (18 S.) 8°
Berlin, Med. Diss. v. 15. März 1901

Wunsch, Mizi, Gruss aus d. Alpen, — Gruss aus Meran, s.: Künstler-Grüsse.

Wunsch, Richard *Karl Franz Georg:* (Aus d. chirurg. Klinik zu Greifswald.) Zur Casuistik der Lymphangiome am Thorax nebst Mitteilg e. neuen durch Operation geheilten Falles . . . Greifswald, Druck v. J. Abel, 1894; 27 S. 8.
Greifswald, Med. Fak., Inaug.-Diss. v. 16. März 1894

Wunsch, Thdr., Jungfer Naseweis, s. Kühling's, A., Volks-Schaubühne.

Wünsch. Ueber das etymologische Element beim Sprachunterricht. Annaberg, R. u. Pg., 1869. 27 S. 4. Progr.

Wünsch, Christian Ernst

s. Bailly, Geschichte.

— philosoph. Beleuchtung einiger in d. heutigen Naturlehre gebräuchl. Stoffe, u. Polarisirung derselben. Mit 3 Steindr. 8. Frankf. a. d. O. 824. Hoffmann. 16 gr

— Beleuchtung einiger in der Naturlehre überflüssig eingeführten Stoffe u. Kräfte. 8. Frankf. 809. Akad. Buchh. 8 gr

s. a. Biographie meiner Jugend.

Wünsch, C. E., Biographie meiner Jugend, oder d. durch d. Komet von 1769 in einen Professor verwandelte Webermeister. Auch eine Bestätig. des Glaubens d. Gottes Vorsehung üb. d. Menschen waltet. 8. Leipzig, Schwickert. 817. Rthlr.

(Wünsch C. E.): Briefwechsel üb. die Naturprodukte. 2 Th. Leipz. 1781-87.
(1. V. den Mineralien. (10) 602 S. 16 kol. Tvl. — 2. V. den Gewächsen u. Thieren. 404 S. 20 kol. Tvl.).

— s. Esoterika, u. setze hinzu: (v. Chr. E. Wünsch.)

— Gedanken über den Ursprung d. Sprachen, Regierungsverfassungen, Künste rc. 8. Leipz. 782. Breitkopf u. H. 3 Rthlr

— s.a. Horus.

Horus oder Astrognostisches Endurtheil über die Offenbarung Johannis und über die Weissagungen auf den Messias wie auch über Jesum und seine Jünger. Mit einem Anh. von Europens neuern Aufklärung und von der Bestimmung des Menschen durch Gott. Ein Lesebuch zur Erholung für die Gelehrten und ein Denkzeddel [!] für Freimaurer. [Von Christian Ernst Wünsch.] Ebenezer: Vernunfthaus [Halle: Gebauer] 1783. XXVI, 474 S. 8°

[Dasselbe.] 2. Aufl. Ebendas. 1784. XXIX, 616 S. 8°
Recens: Archiv f. Frmr u. Rosenkreuzer. 2 (1785) S. 343—351.
cf. D. neuest. Religionsbegebenheiten. 6 (1783) S. 868—898.
Kl. 3821. Selten. Üb. die alten Einweihungen. Bringt die Mrei in Zshang mit der Offenbarung Johannis. Abafi 4 (1893) S. 133 erwähnt einen Nachdruck, der bei Mösle in Wien erschien.

Wünsch, Christianus Ernestus, Initia novae doctrinae de natura soni. (Dissertation?) Lipsiae 1776.

— Lucifer oder Nachtrag zu d. Untersuch. d. Erdatmosphäre vorzügl. in Hinsicht auf d. Höhenmessen mit Barometern. 8. Leipz. 802. Breitkopf u. H. 3 gr. Zusätze dazu. gr. 8. Leipz. 803. Breitkopf u. H. 1 gr.

— visus phaenomena quaedam. 4. Leipz. 776.

Wünsch, Chr. Ern., Diss. de auris humanae internae proprietatibus et vitiis quibusdam. 52 pp. Lps. 4°. Weiz, Ausz. 1777, VII, p. 106—117.

— s. Rosnay, Naturlehre.

s. Samml. brauchbarer Abhandl.

Wünsch, Chr. Er., neue Theorie von der Atmosphäre u. Höhenmessung mit d. Barometer. Mit Kpf. 8. Leipz. 782. Breitkopf u. H. 18 gr. Nachtrag. Ebd. 2 gr.

WÜNSCH, Christian Ernst 1744 - 1828
Unterhaltung über den Menschen.
Erster [- Zweiter] Theil.
Zweite Auflage.
Mit .. Kupfertafeln.
Leipzig: Breitkopf. 1796 [- 1798]. 8°.
Universitätsbibliothek Münster
1. Aufl. 1780 als Kosmologische Unterhaltungen, Bd. 3, s. Nr. 239.

s.a. Unterhaltungen, kosmologische.

— kosmologische Unterhaltungen 1ste Abthl. 1r 2r Bd. m. K. v. d. Himmelskörpern. 8. Ebd. 791-94. (I. 2 Rthlr 12 gr. II. 2 Rthlr. 20 gr.)

— — derselben 2te Abthl. 1r 2r Thl. 8. Ebendas. 796—98. (Ueb. d. Menschen. 1r Thl. von s. Cultur u. äußerlichen Bildung. 2 Rthlr. 2r Thl. v. d. Structur u. Bestimmung der vornehmsten Theile d. menschl. Korpers, nebst e. Anh. v. d. Erzeug. u. Geburt, d. Wachsthum u. natürl. Tode d. mensch. Korpers. 2 Rthlr.)
m. illum. Kpf. (à 4 Rthlr.)

— — derselb. 3te Abth. 1r 2r Thl. Briefwechsel über die Naturproducte, m. illum. K. 8. Ebend. 781-87. (1r Thl. Mineralien. 4 Rthlr. 12 gr. 2r Thl. Pflanzenreich. 4 Rthlr. 12 gr.)

[WUNSCH, Christian Ernst] 1744 - 1828
Kosmologische Unterhaltungen für die Jugend
Dritter Band: Von dem Menschen
Mit vielen gemalten Kupfertafeln
Leipzig: Breitkopf. 1780. 14, 464 S. 8°.
Universitäts- und Stadtbibliothek Köln
Bd. 1 u. 2: 1778 u. 1779.
2. Aufl. v. Bd. 3 u. d. T. Unterhaltungen über den Menschen, 1796-1798, s. Nr. 738.

— Unterhaltungen über die Menschen, s.a. Unterhaltungen, kosmologische.

— üb. d. Ursprung der Sprachen, Regierungsverfassungen, Künste rc. 8. Ebend. 782.

— de valetudine verna. 4. Leipz. 776.

— Versuche u. Beobachtungen über die Farben d. Lichts. Mit 4 Kpft. gr. 8. Leipz. 792. Breitkopf u. H. 20 gr.

Wuensch, Edwin: Über Tertiärbutylhydrazin und Ditertiärbutylhydrazin. Heidelberg 1907: K. Rössler. (45 S.) 8°
Heidelberg, Naturw.-math. Fak., Ref. Curtius, Diss. v. 3. Juni 1907
[Geb. 2. Jan. 81 Osterburken (Baden); Wohnort: Mannheim; Staatsangeh. Baden; Vorbildung: Realgymn. Mannheim Reife M. 99; Studium: Kiel 1, Heidelberg 8 S.; Rig. 10. Jan. 07.]

Wünsch, Ernst, Die Leibesübungen und ihre Einordnung in die Volkserziehung, m. Anh.: Das Tyrsche Turnsystem in dtsch. Beleuchtung, Vom Fachausch. d. Dtsch. Turnverbandes Brüx, 32 S., 8°.

Hebbels „Judith" v. Ferdinand Wünsch. Tetschen. 1909. 8°
Gymn.-Progr.

Wünsch, Hermann, s.a. Wünsch, Johann Leonhard

Wünsch, Herm., Fragen und Aufgaben aus der Geographie und Geschichte, zum Schulgebrauche zusammengestellt. 1. Heft. [Lehrer-Ausg.] gr. 8. (56 S.) Leipzig 877, (Siegismund und Volkening.) *
—— dass. — [Schüler-Ausg.] 1. Heft. gr. 8. (56 S.) (Ebendas.) 877. *

Jägerndorf, St.-R.: Zur Geschichte der Anstalt v. J. Wünsch. 13. 1878. Progr.

Wünsch, J.: Ueber Influenzmaschinen unter besonderer Berücksichtigung einer Holtz'schen Maschine erster Art mit zwei rotierenden Scheiben. 21 S. 8° – Troppau, OR., Progr. 1872.

Wünsch, J. L., Genealogia chronologica August. Carolina Palatina Boica per singulos decem seculorum dies nativitatem, matrimonium et mortem indicans in XII. Tab. Fol. maj. Manh. 773. Löffler. 2 ℛ︀ß

Wünsch, J. Guil.: Commentatio de actis judicialibus. *Francof. et Lips.* 683—705. 8. — *Wetzlar.* 729. 4.

Wünsch, Johann Ferdinand (Ansbach) F, zl/20

Dissertatio inauguralis medica de sulphure eiusque vi medica.
Erlangen (Hilpert) 1. 1798. 50 S.

Gew.: Johann David Schoepf. 37299

Wünsch, Johann Leonhard

Wünsch, J. Leonh., die schriftlichen Arbeiten des Gewerbsmannes. Für Gewerbtreibende und gewerbl. Fortbildungsschüler. 2 Abthlgn. 2., verb. und verm. Aufl. gr. 8. Stuttgart 862, Metzler's Verlag. *

Inhalt:

Abthl. 1. Geschäftsaufsätze, Geschäftsbriefe und eine Sammlung von Uebungsaufgaben über Geschäftsvorfälle. (X und 224 S.) * 10 Ngr.

" 2. Die gewerbliche Buchführung und die Lehre von den Wechseln. (VIII und 109 S.) * 10 Ngr.

Wünsch J.L., die gewerbl. Buchführung u. d. Lehre v. d. Wechseln. 2. A. Stuttgart 1862

Wünsch, Geschäftsaufsätze, Geschäftsbriefe und Wechsellehre. Für Gewerbetreibende und Fortbildungsschüler bearb. 3. verb. und verm. Aufl. gr. 8. (VIII, 267 S.) Stuttgart 878, Metzler'sche Buchh. *

Wünsch, Joh. Leonh., Musterbuch. Deutsches Lesebuch f. Realanstalten, Lehrer-Seminarien u. Sonntags-Gewerbeschulen. gr. 8. (23⅞ B.) Stuttgart 843, Ebner u. Seubert.

—— Sammlung von Beispielen aus der prakt. Stereometrie für Real- u. Sonntagsgewerbeschulen. gr. 12. (3⅔ B.) Nördlingen 844, Beck'sche Buchh.

Wünsch, Joh. Leonh., Sammlung von Beispielen aus der prakt. Stereometrie für Real- und Sonntagsgewerbeschulen. (Neue Titel-Ausg.) gr. 12. (XII und 74 S.) Nördlingen 848, Beck'sche Buchh.

Wünsch, J. Leonh., gewerbliches Schreiben zum Gebrauch für den Bürger u. Gewerbsmann, sowie für gewerbliche Fortbildungsschüler. Stuttgart 860. Schaber. gr. 8. (VI, 154 S.) n. 12 ngr.

Wünsch, J. L., Sprach-Fibel für die Vorschule der lateinischen Lehranstalten. gr. 8. (IV und 113 S. mit 1 Tab. in qu. Fol.) Stuttgart 855, Ed. Hallberger.

—— Stereometrie. Eine Anleitung zum Gebrauch der Sammlung von Beispielen aus der prakt. Stereometrie. gr. 12. (VIII und 112 S., wovon 21 lithogr.; nebst eingedr. Holzschn.) Nördlingen 848, Beck'sche Buchh.

—— Übungsaufgaben zur Ausarbeitung von Geschäftsbriefen und Geschäftsaufsätzen. Für Fortbildungsschüler bearb. gr. 8. (48 S.) Stuttgart 865, Metzler's Verlag. *

—— Uebungsaufgaben zur Ausarbeitung von Geschäftsbriefen und Geschäftsaufsätzen. Für Fortbildungsschüler bearb. 2. verb. und verm. Aufl. gr. 8. (52 S.) Ebendas. 877. *

Wünsch, Übungsaufgaben zur Ausarbeitung von Geschäftsbriefen und Geschäftsaufsätzen. Für Fortbildungsschüler bearb. 3. verb. und sehr verm. Aufl. gr. 8. (VII, 84 S.) Stuttgart 881, Metzler'sche Buchh. *

—— Übungsaufgaben zur Buchführung. Für Fortbildungsschüler bearb. 8. (56 S.) Stuttgart 867, Metzler's Verlag. *

Wünsch, Jos., Blasius Höfel. Geschichte seines Lebens u. seiner Kunst u. Verzeichnis seiner Werke. (IX, 284 S. m. 14 Taf.) Lex. 8. Wien 910. Gesellschaft f. vervielfältig. Kunst. 20. —

Wünsch Josef und Müller David Heinrich [illegible] Dr.: Die Keilinschrift von Aschrut-Darga. Mit 1 Taf., 1 Kartenskizze und 1 Plan. [illegible]

Separatabdruck

Wünsch, Jos., die Keil-Inschrift von Aschrut-Darga. Entdeckt und beschrieben. Publicirt und erklärt von Dav. Heinr. Müller. Imp.-4. (26 S. mit 1 Taf., 1 Kartenskizze und 1 Plan.) Wien 886, (Tempsky.) *
Aus: Denkschriften der k. Akademie der Wissenschaften, besonders abgedruckt.

Wünsch, Jos. Das Quellengebiet des östlichen Tigrisarmes. 1:400000. Gotha 1889 1 Bl. c. A. Sch.

Wünsch, Karl Über die „Naturales quaestiones" des Philosophen Seneca. 8 (S. 3—27).
Progr. Staatsg. mit deutsch. Unterrichtssprache *Prag-Altstadt* 1894.

Wünsch, Otto [Dr. jur.]: Ausgew. Doktordissertationen d. Leipz. Juristenfakultät. Zur Lehre vom Beneficium competentiae. Leipzig, Veit & C., 1897; 75 S. 8.
Leipzig, Jur. Fak., Inaug.-Diss. v. [3. Mai] 1897

Wünsch, Otto, zur Lehre v. Beneficium competentiae. (Ausgew. Doktordissertationen d. Leipziger Juristenfakultät.) gr. 8. (75 S.) Leipzig 897. Veit & Co. n. 2.20

Wünsch, Richard (Hrsg.), s. Apathanatismos.

Wünsch, Rich., s.: **Archiv f. Religionswissenschaft.**

— s.: **Bibliothek, religionswissenschaftliche.**

Wuensch, Ricardus [Mattiacus]: De Taciti Germaniae codicibus Germanicis ... Marpurgi Catt., typ. F. Soemmering, 1893; 2 Bl., 127 S. 8.
Marburg, Phil. Fak., Inaug.-Diss. v. [27. Mai] 1893

Wünsch, Richard, Festschrift zur 50jähr. Jubelfeier des Allgemeinen Turnvereins zu Leipzig-Reudnitz, 1849—1899, Leipzig-Reudnitz 1899, 54 S., Gr.-8°.
(Angeb.): Drucksachen üb. d. Feier.

Antike Fluchtafeln, s. Texte, Kleine, für theologische Vorlesungen und Übungen.

Wünsch, Rich., das Frühlingsfest der Insel Malta. Ein Beitrag zur Geschichte der antiken Religion. gr. 8. (70 S.) Leipzig 902. B. G. Teubner. n. 2. —

Wuensch, Ricardus, Mattiacus: Prolegomena in Ioannis Laurentii Lydi librum de mensibus denuo edendum. *Lipsiae: B. G. Teubner 1898.* (XXXII S.) 8° ¶ [Erschien vollst. u. mit d. Texte 1898 im gleichen Verlag.]
Breslau, Phil. Hab.-Schr. v. 17. [hs.: 19.] Okt. 1898

Wuensch, Ric., Defixionum tabellae atticae, s.: Corpus inscriptionum atticarum.

Wünsch, Rich., Sethianische Verfluchungstafeln aus Rom, hrsg. v. W. gr. 8. (V, 123 S. m. Abb.) Leipzig 898. B. G. Teubner. n. 5. —

Wünsch, Rich., s.: **Versuche u. Vorarbeiten, religionsgeschichtliche.**

— **antikes Zaubergerät aus Pergamon, s.: Jahrbuch des kaiserl. deutschen archäologischen Instituts. 6. Erg.-Hft.**

Antikes Zaubergerät aus Pergamon. Hrsg. von Richard Wünsch. Mit 4 Taf. u. 5 Abb. Berlin: G. Reimer 1905. (50 S.) 4°
= Jahrbuch d. Kais. Deutschen archäol. Instituts. Erg.H. 6. [05-13539]

Wünsch, Rud., Geschäftskunde f. Glaser, Glashändler u. Glasschleifer. (Geschäftsaufsätze, gewerbl. Rechnen, Kalkulation, Wechsellehre, Buchführg. u. Bürgerkunde. Leitfaden f. den Unterricht an gewerbl. Fortbildungsschulen u. Handbuch f. Gewerbetreibende.) (Die fachl. Beispiele wurden durchgesehen v. Ant. Walt.) (Lehrtexte f. Fach- u. gewerbl. Fortbildungsschulen.) (VI, 158 S.) 8. Wien 910. A. Hölder. Geb. 1. 60

Wunschbuch, großes. Sammlg. v. Gratulationsgedichten zu Hochzeiten (Polterabend), Geburtstagen, Weihnachten u. Neujahr, Jubiläen. 8. (190 S.) Berlin 897. Erfurt, Fr. Bartholomäus. n. 1. —

[F.] Grosses Wunschbuch. Sammlg v. Gratulationsged. zu Hochzeiten ... Geburtst., Weihnachten u. Neujahr, Jubiläen. *Berlin: C. Georgi [1897].* (186 S.) 1 Bd 8. [97-1557]

(G) **Kleines Wunschbuch.** 400 Neujahrs-, Geburtstags- und Namenstags-Wünsche. Herausgegeben von Josef Ambros. 3. Auflage. Wien. [1901.] Pichler's W. & S. 8°. 153 S. Geb. K 1.20

Wunschbuch, kleines, m. Sprüchen f. gute Kinder. Von e. Lehrer. 16. (55 S.) Wien 892. Daberkow). — 30

— **kleines**, m. Sprüchen f. gute Kinder. V. e. Lehrer. 2. durchges. Aufl. gr. 13. (54 S.) Wien 896. C. Daberkow. n. — 35

Wunsch- u. Gratulations-Buch, neues u. vollständiges, f. Geburts- u. Namenstage. Unentbehrlich f. Jung u. Alt. Neue Ausg. (32 S.) 8. Neuweißensee, E. Bartels. — 25

— — neues u. vollständiges, f. Jung u. Alt. Neue Aufl. (48 S.) 8. Ebd. — 30

Wunsch- u. Gratulations-Buch, neues u. vollständiges, f. Jung u. Alt. Eine Sammlg. der besten Neujahr's-, Namens-, Geburtstags-, Weihnachts-, Hochzeitswünsche, Sylvesterlieder rc. Neue Aufl. 8. (48 S.) Reutlingen 872. Enßlin & Laiblin. — 10

— dasselbe. 2. Aufl. 8. (48 S.) Ebend. 875. — 15

Wunsch- u. Gratulations-Buch, neues u. vollständiges, f. jung u. alt. Eine Sammlung der besten Neujahrs-, Namens-, Geburtstags-, Weihnachts- u. Hochzeitswünsche, Sylvesterlieder, Glückwünsche zu Verlobgn., Entbindgn., Stammbuchverse usw. Neue Ster.-Ausg. 8. (48 S.) Reutlingen (900). Enßlin & Laiblin. — 20

Wunschbuch, neuestes. Die schönsten Glückwünsche in Poesie u. Prosa f. alle Gelegenheiten. 16. (96 S.) Reutlingen (900). R. Bardtenschlager. — 20; bessere Ausg. — 50

—— vollständiges. Sammlg. der schönsten Glückwünsche u. Briefe rc. 12. (48 S.) Wien 892. (Lpz., Literar. Anstalt.) * — 40

Wünsche, Die. Hamb. 1743. V: *Hagedorn, Friedrich von.* (Schr)

Wünsche, Die. Ein Deklamations- und Gesangstück ... Lindau 1869. V: *Hafen, Joh. Bapt.* (Ky)

Wünsche, die. Ein Deklamations- u. Gesangstück von J. B. H(afen). Lindau 869. Stettner. gr. 16. (16 S.) 2 ngr.

Wünsche für Bayerns Agrikultur, Fabriken u. Handel, gegenüber dem Auslande. O. O. 1843. 8°. 23 S. Cart.

Wünsche wegen durchgreifender Aenderung der Baugesetze Württembergs, zusammengetragen in Folge der Berathungen der Bauhandwerker, welche zu Eßlingen zu Ende des vorigen Jahres versammelt waren, von den dazu erwählten Vertrauensmännern, und vorgelegt dem k. Ministerium des Innern. gr. 16. (80 S.) Stuttgart 849, (Schweizerbart'sche Vrlgsh.)

Wünsche und Ansichten über die zu entwerfende Verfassung des Cantons Bern. Bern 1831 8. [Haas.].

Wünsche und Aufgaben Nro. I. [Weim. 1800.] V: *Morgenstern, Carl von.* (R-N)

Wünsche f. den Aufklärungsdienst von K. v. K. gr. 8. (24 S.) Berlin 891. F. Luckhardt. n. 1. —

Aufrichtige Wünsche u. unpartheyische Gedanken eines teutschen Patrioten zur nächsten kaiserl. Wahlkap. *Frankf. u. Leipz. (Bruchsal).* 790. 4.

Wünsche, offen ausgesprochene, evangelisch-protestant. Einwohner der Stadt Magdeburg, wegen zeitgemäßer Umgestaltung u. Verbesserung ihres Kirchenwesens z. Beförderung eines erhöheten kirchlichen Sinnes u. eines wahrhaft religiösen Lebens. gr. 8. (2 B.) Altenburg 845, Helbig. * — 5

— u. Bemerkungen eines Layen über d. am 5. Juni 1817 zwischen Sr. päpstl. Heiligkeit u. Sr. Maj. von Baiern abgeschlossene Konkordat. 8. Augsb. 818. Wolff. 4 ℊ

Wünsche, Bescheidene, für eine künftige Medicinalordnung des Königreiches Sachsen. Leipzig 1831. V: *Choulant, Johann Ludwig.* (EngM) (call)

—— bescheidene, für e. künft. Medicinalordnung d. Königr. Sachsen. (Von L. Choulant.) gr. 8 (2¼ B.) Leipzig 831, Voß.

Wünsche über Bischöffe, Domkapitulare, neue Klösterbewohner, ehemalige Mönche, Professoren, Pfarrer, Kapläne, emeritirte Priester und deren Verhältnisse zu einander ... O. O. 1817. V: *Jäck, Heinrich Joachim.* (BMarsch 248)

Wünsche. Die Boltiger W. beleuchtet von einem bernischen Landmann. Ein Wort an sämmtliche Bernervereine. 8. Bern 1852.

— in Briefen auf alle Fälle im menschl. Leben. 8. Prag 797. Neureutter. 16 ℊ

— brüderliche, u. Vorschläge an kathol. Christen, von einem Akatholischen. 8. Jena 782. Akadem. Buchh. 4 ℊ

Wünsche dem geliebten Br. H. W. Buek und dem Br. C. E. Buek am St. Johannisfeste den 24. Juni 1869 treu gemeint dargebracht von sämmtlichen Brüdern. [›Das Bundesfest, das Tausende begehen...‹] Von Ppr. Hamburg [1869]. V: *Pepper, Peter Otto Heinrich.* (wolfstieg I, 729)

—— christliche, zum neuen Jahre von F. B. 8. (6 Bl.) Berlin 874, (W. Schultze.) *

— für Deutschland, nach dem Friedensschlusse von Schönbrunn. 8. Nürnb. 810. Campe. 1 ₰ 8 gr

Wünsche. Devoteste, bey der Thurn- und Taxischen und Herzog-Mecklenburg-Strelizischen hohen Vermählungs-Feyer abgelegt von G. G. P. Regensburg d. 25. May 1789. Mit dem Doppelwappen des Brautpaars u. 1 Vignette, J. C. Nabholz sc. 2 Bl. Fol. 12.—
Gedicht. 12 Strophen zu je 8 Versen. Vermählung des Erbprinzen Carl Alexander von Thurn und Taxis mit der Prinzessin Therese von M.-Strelitz.

Wünsche, Drey, eine Frage u. eine Bitte an den Verfasser der Gallerie der Teufel zum neuen Jahre 1782. Berlin, in Commiss. bey Siegm. Fr. Hessen. 8°. (1 Mk., „o. O.", Paul Lehmann, Berlin, Cat. 67, no. 2987.)
Magaz. d. Buch- u. Kunst-Handels. Jahrg. 1782. (Lpz.) S. 208.

— drei, eine Frage u. eine Bitte, an dem Verfasser der Gallerie d. Teufel. 8. Berl. 782. (Stuhr). 1 gr

—— dringende. Ein Kapitel f. die sächs. Landessynode d. J. 1891. Von Minimus Confessor. gr. 8. (III, 62 S.) Frankenberg i. S. 891, Roßberg. * — 70

— ehrerbietige doch dringende, für Deutschlands künftige Verfassung. Von e. deutschen Staatsbeamten. gr. 8. Leipz. 814. Er. Fleischer. 8 gr

— die Entwickelung des niederen und höheren Volksschulwesens betreffend, der Hohen Staatsregierung und dem Hohen Landtage des Großherzogthums S. Weimar-Eisenach ehrerbietigst vorgelegt von einer Anzahl S. Weimarischer Volksschullehrer. gr. 8. (XII u. 146 S.) Jena 847, Frommann. n. ½ ₰

— durch eigene Erfahrung angeregt u. einer geeigneten Berücksichtigung der zu haltenden Generalsynode empfohlen. 8. Nürnb. 824. Riegel u. W. 3 gr

Wünsche, Die erfüllten. Kleines Nachspiel. O. O. 1774. V: *Hartmann, Andreas Gottlieb.* (Ky)

Wünsche, die erfüllten. Kleines Nachspl. (von Andr. Gtl. Hartmann). 4. ...774.

Wünsche zur Erhaltung und Förderung des materiellen Wohles an den Gr. Rath des Kts Bern. Langnau [1854]. V: *Mosimann, P.* (AarK)

— und Forderungen, die, der Arbeiter an ihre Arbeitgeber u. an den Staat. Zur Verständigung u. Beruhigung Aller allseitig beleuchtet u. erläut. v. dem Arbeiter Vincens Veritas. 8. (168 S.) Leipzig 848, Matthes. n. ½ ₰

— —, Freundschaftliche, scherzhafte und zärtliche, für jeden Stand .... O. O. 1776. 8°. Selten!

Wünsche, Fromme. O. O. 1814. V: *Fischer, Carl.* (Ky)

— fromme, (v. Karl Fischer). 8. ... 814. ... (Daraus apart: 1) geheime Depesche an Napoleon den Großen, von einer geheimen Gesellschaft Malcontenten über d. jüngsten Pariser Frieden. 2e A. 815. 2) Rußland u. Preußen in Beziehung auf Polen u. Sachsen. Zwei dem europ. Congresse im Sept. 1814 eingereichte Sendschreiben. 2e A. 815.)

Wünsche, Fromme, für die Ausbreitung der Sparcassen in Kärnten. Klgft., v. Kleinmayr, 1853. 19 S. (Verf.: Jacomini.)

— fromme, eines Katholiken (Ignaz F. Wagners) bei der 3n Jubelfeier der Reformation Luthers. 8. Freiberg 817. Craz u. G. 4 gr

Wünsche, Fromme, eines Katholiken bey der Jubelfeyer der Reformation Luthers. Freyb. 1818. V: *Wagner, Ignaz F.* (MGT) (Wr) ›1817‹ (Ky) (AarK)

Wünsche, fromme, eines Katholiken (Ignaz Wagners) bey der 3ten Jubelfeyer der Reformation Luthers. 8. Freyburg, Craz und Gerlach. 818. — 6

o. N., Fromme Wünsche eines Landmannes in Baiern. 1810 o. O.

—— fromme, für das Deutsche Reich von einem Reichsfreunde. gr. 8. (27 S.) Berlin 884, Kortkampf.

Wünsche, fromme, f. das Deutsche Reich v. e. Reichsfreunde. gr. 8. (27 S.) Berlin 884. P. Schettler's Erben. — 60

Wünsche, Fromme, eine ächte Schaubühne und würdige Schauspieler zu bekommen. Linz 1785. V: *Cremeri, Bened. Dominic. Anton.* (wrztg 1791, S. 1959) (GGr V/346, Nr. 199/12) (Biblport)

— — fromme, für die Verbesserung d. Land-Wege. gr. 8. Heidelberg, Mohr und W. 818.

— fromme, für die Verbesserung d. Landwege. gr. 8. Heidelb. 818. (Winter.) 6 gr

Wünsche und Fürbitten der evangelischen Gemeinde in Pest für Se. Majestät Joseph dem Zweiten römischen Kaiser. O. O. 1790. V: *Molnár, Joh.* (Pk)

Wünsche d. evangel. Geistlichkeit Sachsens, die Verbesserung d. Kirchen-Verfassung betreff., vor Sr. Maj. d. Könige u. Sr. Kgl. Hoheit d. Prinzen-Mitregenten, sowie vor Allerhöchst-Deren evangel. Geheimen-Räthen allerunterthänigst ausgesprochen, nebst einigen Ideen zu ihrer Verwirklichung. Den Hohen Ständen d. Königr. ehrfurchtsvoll mitgeth. im März 1831. gr. 8. (8½ B.) Leipzig, Barth.

Wünsche, Einige, die Wirtembergische Geistlichkeit betreffend. O. O. 1797. V: *Breyer, Carl Wilhelm Friedrich von.* (MGT) (BB)

— eines deutschen Geschäftsmannes. 8. Leipz. 811. Göschen. 4 gr

Wünsche, Gut gemeinte, eines Landpfarrers in Hinsicht auf das Schulwesen in Baiern. Baiern [Sulzbach] 1800. V: *Sutor, Andreas.* (Wr) (Ky)

— gutgemeinte, eines Landpfarrers in Hinsicht auf d. deutsche Schulwesen in Baiern (von Andr. Sutor). 8. Sulzb. 800. v. Seidel. 4 gr

Wünsche, die, der preußischen Gymnasial-Lehrer. gr. 8. (24 S.) Grünberg i. Schl. 882, Weiß' Nachf. Verlag.
Aus: Monatsschrift für deutsche Beamte, besonders abgedruckt.

Über die Wünsche einer veränderten deutschen Heeresverfassung. Von einem deutschen Offizier. Stuttgart 1862. 8°. (Verm. Jähns.)

Wünsche und Hoffnungen eines Rheinländers. Paris 1815. V: *Benzenberg, Johann Friedrich.* (KGBerlin II, 2563) Vgl. IV, 13038.

Wünsche und Hoffnungen eines Rheinländers. Dortmund 1816. V: *Benzenberg, Johann Friedrich.* (MGT) (Ky)

— u. Hoffnungen, die, der neupreuß. Staatsbürger in dem Großherzogthum Niederrhein u. in den Großherzogthümern Cleve, Jülich u. Berg. gr. 8. Cöln 817. Rommerskirchen. 10 gr

Wünsche, die, vieler Katholiken in Deutschland üb. Verbesserung d. Kirchenwesens, u. e. zunächst zu veranlassendes National-Concilium. gr. 8. (4 B.) Leipzig 840. Michelsen.

Wünsche für die katholische Kirche Teutschlands über Bischöffe, Domkapitulare . . . und deren Verhältnisse zu einander . . . [Bamberg] 1817. V: *Jäck, Heinrich Joachim.* (MGT) (NN) (Th) (Ky)

— für die kathol. Kirche Deutschlands, über Bischöfe, Domkapitulare, neue Klosterbewohner etc. u. deren Verhältniß zu einander, ausgesprochen vor dem Bundestage z. Frankfurt (vom Biblioth. Jäk.) 8. (Bamb.) 817.

Wünsche, Kurze aufrichtige, bey der Feyer des Amtsjubiläi des Generalsup. J. H. Pratje. Stad. 1784. V: *Kieff, Joachim Heinrich.* (MGT)

Wünsche eines Laien für die Zukunft der christlichen Kirche. Zürich 1905. V: *Hirzel-Burkhard, Rud.* (Zuwachsverz. d. Bibl. Zürich 1898 ff.)

Wünsche der preuß. Landesdeputirtenversammlung zur Beherzigung vorgelegt. gr. 8. Berl. 811. Salfeld. 9 gr

— laute, d. stummen Patrioten, ein Fragment (v. K. F. Bahrdt). 8. Gotha 769. ... 6 gr

Wünsche, Laute, eines stummen Patrioten. Nürnberg [Gotha] 1769. V: *Bahrdt, Carl Friedrich.* (Wr) (Ml.) (Ky)

Wünsche Rheinischer Lehrer, betr. die Gestaltung der Schule u. ihrer Verhältnisse, die Bildung, Stellung u. Besoldung der Lehrer. gr. 8. (24 S.) Elberfeld 847, (Iserlohn) Bädeker. 1/6 Thlr

— die Leibrechtsgüter in Baiern betreffend. 8. Landsh. 822. (Thomann). 3 gr

— u. Gedichte, die neuesten u. vorzüglichsten, beim Jahreswechsel, an Geburts- u. Namenstagen u. bei andern festlichen Gelegenheiten. Ein Gratulationsbuch für die Jugend u. ihre Freunde; 2 Lfgn. 12. (15 1/3 B.) Ulm 845, Ebner'sche Buchh. –

Wünsche, die gesetzliche Ordnung des Schulturnunterrichts betreffend, d. Kgl. Minist. d. Kultus u. öffentl. Unterrichts überr. v. Sächs. Turnlehrerver., Leipzig 1869, 30 S., 8°.

Wünsche, Paradoxe. Göttingen 1770. V: *Wiese, Johann Gottlieb.* (RHMBF I, 43) S. a. IV, 13049 a.

— eines deutschen Patrioten zur nächsten Wahlcapitulation. 4. Manh. 790. Schwan u. G. 4 gr

Wünsche, Patriotische, in Absicht auf die jetzt am Reichstag bearbeitet werdende kammergerichtliche Gegenstände. O. O. 1788. V: *Reuss, Johann August.* (MGT) (Hoscher, Jahrb. d. k. Reichs-Kammer-Ger. Lemgo 1789—91. I, 2, 23.)

— patriot., zur Beherzigung der baier. Ständeversammlung. 8. Münch. 819. Lentner. 6 gr

— Bitten u. Vorschläge, patriot., der hohen Ständeversammlung des Königr. Baiern etc. zur Prüfung übergeben. gr. 8. Nürnb. 819. Bauer u. R. 1 Thlr 16 gr

— patriotische, zu d. Landtage in Neuburg. 8. Nürnb. 803. Lechner. (v. Ebner.) 3 gr

— patriotische, e. erfahrenen Landwirths d. sächs. Landesversammlung gewidmet. 8. Leipz. 799. Rein. 5 gr

Wünsche, Patriotische, des Kupferhammermeisters Pangraz zu Deggendorf. V: *Klüber* (?). (Carl Heinrich Lang, Memoiren II, 57)

Wünsche, patriotische, des Kupferhammermeisters Pangraz zu Deggendorf an seinen Freund Hildebrand zu München; für meine baierschen Landsleute neu in Druck gegeben u. vermehrt mit der christl. Vermahnung eines Kapuziner-Bruders zu Deggendorf an den Kupferhammer-Meister Pangraz daselbst u. den Herrn Hildebrand in München. O. O. 1805. Kl. 8°. Cart.
62 S., 1 Bl. Err. — Polit. Kannegiessereien. Selten!

— patriotische, das Postwesen in Deutschland betreffend. gr. 8. Frankf. 815. Schäfer. 8 gr

— patriotische, eines Schlesiers älterer Zeiten, zur Beherzigung f. seine Landsleute. 8. Leipz. 799. (Rauck.) 21 gr

— —, Patriotische, eines Schlesiers älterer Zeiten. Zur Beherzigung für seine Landsleute. Vorzüglich wichtig bey jetziger Lage der Dinge. Germanien (Leipzig, Sommer). 1799. 8°. (Besitzt Herr Fabrikbesitzer Wilh. Dender in Elberfeld.)

Patriotische Wünsche dem . . . Tage, welcher vor 50 Jahren der Tag . der Vermählung . . . Friedrichs des Grossen . . . und Elisabeth Christine Königin v. Pr. . . . . . war . . gewidmet. Berlin 1783. 4.

Wünsche, patriotische, eines Ungarn für Gesammt-Oesterreich. 2. Aufl. Nördlingen 860. (Wien, Wallishausser'sche Buchhdlg.) gr. 8. (2 Bl., 73 S.) n. 12 ngr.

— patriotische, die künftigen glückl. Verhältnisse des sächs. Soldaten zu den übrigen Mitbürgern betreffend. 8. Leipz. Bergang. 811.

—— die, der Presse an den ersten vereinigten preuß. Landtag. gr. 8. (32 S.) Berlin 847, Springer. *

Die Wünsche der neuen Preussen bei der zu erwartenden Justiz-Reform in den Rheinländern; und zu welchen Erwartungen die ernannte Immediat-Justiz-Commission berechtigt? Köln 1816.

Wünsche der neuen Preussen bei Gelegenheit der zu erwartenden Justiz-Reform in den Rheinländern. Cöln 1817. V: *Neigebaur, Johann Daniel Ferd.* (Nowack 3, 98) (Zeitschr. f. Büch. N. F. 15, 1923, 128)

— — der neuen Preußen, bey Gelegenheit der zu erwartenden Justiz-Reform in den Rheinländern. gr. 8. Cölln, Rommerskirchen. 817.

— der neuen Preußen, bei Gelegenheit d. zu erwartenden Justiz-Reform in den Rheinländern. gr. 8. Cöln 819. Rommerskirchen. 10 ℳ Schrbp. 12 ℳ

—— u. Rathschläge. Eine Bittschrift für's Landvolk. Vom Verf. der Zünfte u. des Sprachkampf's ꝛc. (4½ B.) Hermannstadt 843, v. Hochmeister'sche Buchh.

— für eine zeitgemäße Reformirung der kathol. Kirche in Sachsen. 8. Altenb. 830. (Köhler in Leipz.) 2 ℳ

— eines Würtemb. lateinischen Schullehrers bei der bevorstehenden Wiedergeburt seines Vaterlandes. 8. Stuttg. 817. Metzler. 4 ℳ

Wünsche wohl zu speisen! (Das kleine Kochbuch.) Die besten Kochrecepte f. d. bürgerl. Haushaltg. v. e. sparsamen Hausfrau. 8. (48 S.) Berlin 896. A. Weichert. — 25

—— der hohen Staatsregierung u. der hohen Ständeversammlung des Königr. Sachsen ehrerbietigst vorgelegt v. einer Anzahl sächs. Volksschullehrer. gr. 8. (5 B.) Grimma 845, Verlags-Comptoir.

Wünsche für das Studium der klassischen Litteratur in Teutschland. [Berl. 1798.] V: *Schmid, Christian Hnr.* (ML)

Wünsche und Träume eines vaterländischen Helvetiers . . . Basel 1800. V: *Afsprung, Joh. Mich.* (MGT) (GGr) (Ky)

Wünsche, unsere. Mal-Buch. (6 schwarze u. 4 farb. Bl.) gr. 8. Hannover (903). A. Molling & Co. — 50

Wünsche, Vaterländische, am Tage Theresiens. Wien 1772. V: *Rautenstrauch, Joh.* [?]. (WBL)

—— des Badischen Volkes. Eine Zuschrift an Se. Kgl. Hoheit den durchlaucht. Großh. v. Baden, von e. treuergeb. Bad. Staatsbürger. gr. 8. (1¾ B.) Zürich 830, Orell, Füßli u. Comp.

Wünsche für das vaterländische Volksschulwesen. Dresd. 1845. V: *Steglich, Frdr. Aug. Will. & Carl Frdr. Gotth. Baumfelder.* (Kat. d. stat. Bureaus. Dresd. 1890.)

— u. Vorschläge zum Besten d. geistl. Standes u. zur Vermehrung d. Wohlfahrt protestant. Länder. 8. Stendal 784. Franzen u. G. 6 ℳ

— einige, u. Vorschläge d. zweckmäßigere Einrichtung d. protest. Cultus in d. preuß. Monarchie betreffend, von S. in D. gr. 8. Duisb. 814. Bädeker. 6 ℳ

— einige, u. Vorschläge die zweckmäßigere Einrichtung des protestant. Cultus in d. preuß. Monarchie betreffend, von S. gr. 8. Duisb. Bädecker. 815.

—— und Vorschläge f. d. neue Communal-Verfassung zu Leipzig, wie sie der deßhalb allerhöchst verord. Commission von d. Bürgerschaft vorgetr. worden sind, u. getreuer Bericht üb. die an Se. Kgl. Majestät v. Sachsen u. an Se. Kgl. Hoheit d. Prinzen-Mitregenten von d. Bürgerschaft zu Leipzig gesandte Deputation. gr. 4. (4¼ B.) Leipzig 830, (Teubner.)

Wünsche, bey dem Wechsel des Jahres dem h. Römischen Reich und Noris geliebtester Stadt, den dreyen Ständen geweiht von Gottl. Siegm. Wolf Poes. Cult. auch Lobspr. in Nürnberg, 1. Jenner 1768. Einblattdruck. Anon. allegor. Kupfer, altkoloriert (13,2: 27 cm), darunter Gedicht von 104 Versen, in 2 Spalten. Fol. (42,5:35,8 cm). 15.—

Das Gedicht beginnt: Nicht neue Zierlichkeit, von erhabnen Dichtern entlehnet Verjüngt der Jahre Rest, giebt Safte dem trockenen Geist; .. Vgl. Nr. 1934.

—— **für Deutschlands Wiedergeburt.** Von einem Cosmopoliten in ungezwungenen Versen. gr. 8. (16 S.) Hamburg 848, (Nestler und Melle.) *

Wünsche bei Hamburgs Wiedergeburt im Jahre 1814. Kiel 1814. 2. Aufl. Hamburg 1814. V: *Abendroth, Amandus Augustus.* (schr)

WÜNSCHE und Wind. Eine maskirte Schlittenfahrt in 2 Abteilungen mit Noten eines Zusehers. Gehalten zu Wien in den Wintermonaten des Jahres 1805. Schilda, o. J. (c. 1805). 8°. 30 S. (6 Mk. L. Rosenthal, 1911.)
Weller, fing. Dr. p. 187. — Rar!

Berlin. Königl. Academie der Wissenschaften. Wissenschaftliche Wünsche zur geneigten Berücksichtigung bei Aufstellung der Instruction für S. M. Corvette „Gazelle“ dem Chef der Kaiserl. Admiralität, Staatsminister etc. Hrn. General-Lieutenant v. Stosch, Excel., auf dessen Aufforderung ehrerbietig mitgetheilt von einigen Mitgliedern der K. A. d. W. Berlin 1874.

— zwei, aus Oberschlesien, die Beförderung der Berg- u. Hütten-Industrie betreffend. 8. (44 S.) Breslau 847, Trewendt in Comm. 6 ngl.

Wünsche, A., deutsche Dichter von Gottsched bis auf unsere Tage in Urtheilen zeitgenössischer u. späterer deutscher Dichter, — Grundzüge der staatlichen u. geistigen Entwickelung der europäischen Völker,	s.: Mahrenholtz, R.

Wünsche, A., s.: Kolonial-Bilderbuch, deutsches.

— Kolonial-Wandbilder. 7 Blatt. (Bl. 1—4, 6 u. 7 gemalt v. Rud. Hellgrewe, Bl. 5 v. Osw. Pfennigwerth.) Je 80×110 cm. Farbdr. Dresden (902). (A. Müller-Fröbelhaus.) à n.n. 6.—; m. Leinw.-Rand u. Oesen à n.n. 6.50; auf Pappe m. Leinw.-Rand à n.n. 7.50; auf Leinw. m. Stäben à n.n. 8.50 u. n.n. 9.50; Luxusausg. auf Kpfrdr.-Karton à n.n. 12.—; m. Glas u. Rahmen à n.n. 30.—; Text à n. —20
1. Im Hafen v. Dar es Salâm. (15 S. m. 1 Kartenskizze u. 1 Abb.)
2. Auf der Steppe bei Windhoek. (8 S. m. 1 Abb.)
3. Viktoria u. die beiden Kamerunberge. (13 S. m. 1 Abb.)
4. Wochenmarkt an der Lagune v. Togo. (14 S. m. 1 Abb.)
5. Pfahldorf auf d. Admiralitäts-Inseln (Bismarck-Archipel). (16 S. m. 1 Abb.)
6. Tsingtau, Stadt u. Hafen. (11 S. m. 1 Abb.)
7. Dorf u. chinesische Mauer am Nankoupasse. (12 S. m. 1 Abb.)

Wünsche, A., Schulgeographie des Königr. Sachsen. (VI, 220 S. m. 17 Fig.) gr. 8. Leipzig 906. Dürr'sche Buchh. n. 2.—; geb. n. 2.50

Wünsche, A., Schulgeographie des Königr. Sachsen. 2. Aufl. (3.—5. Taus.) (VI, 254 S. m. 17 Fig.) gr. 8. Leipzig 909. Dürr'sche Buchh. 2.50; geb. 3.—

Wünsche, Alwin: Die geschichtliche Bewegung und ihre geographische Bedingtheit bei Carl Ritter und bei seinen hervorragendsten Vorgängern in der Anthropo-Geographie. Leipzig 1899: O. Franke, Dresden. (IX, 167 S.) 8°
Leipzig, Phil. Diss. v. [16. Dez.] 1899

Wünsche, Alwin, die geschichtliche Bewegung u. ihre geographische Bedingtheit bei Carl Ritter u. bei seinen hervorragendst. Vorgängern in der Anthropo-Geographie. Diss. gr. 8. (IX, 167 S.) Leipzig 899. (E. Gräfe.) n. 3.—

Wünsche, Aug., neue Beiträge zur Erläuterung der Evangelien aus Talmud und Midrasch. gr. 8. (XI, 566 S.) Göttingen 878, Vandenhoeck und Ruprecht's Verlag. *

—— s. Bibliotheca rabbinica.

Wünsche, Aug., die Bildersprache des Alten Testaments. Ein Beitrag zur aesthet. Würdigg. des poet. Schrifttums im Alten Testament. (VII, 187 S.) gr. 8. Leipzig 906. E. Pfeiffer. n. 4.60; geb. in Leinw. n. 5.60; in Halbfrz. n. 6.20

—— der lebensfreudige Christus der synoptischen Evangelien im Gegensatze zum leidenden Messias der Kirche. gr. 8. (XII, 446 S.) Leipzig 876, [Mengel.] A. Krüger. *

Wünsche, Aug., der Prophet Hosea übersetzt und erklärt mit Benutzung der Targumim, der jüd. Ausleger Raschi, Aben Ezra und David Kimchi. 1. Hälfte. gr. 8. (XXXXII und 288 S.) Leipzig 868, T. O. Weigel. *

Wünsche, Aug., der jüdische Humorist, s.: Dessauer, Jul.

Wünsche, Aug., der lebensfreudige Jesus der synoptischen Evangelien im Gegensatze zum leidenden Messias der Kirche. gr. 8. (XII, 446 S.) Leipzig 876. Mengel. n. 7.20

Wünsche, Aug., Jesus in seiner Stellung zu den Frauen mit Hinblick auf die Bedeutung derselben im Mosaismus, im talmud. Judenthum und Christenthum. 8. (VI, 146 S.) Berlin 872, Henschel. [Leipzig, Barth.] *

—— יִסּוּרֵי הַמָּשִׁיחַ oder die Leiden des Messias in ihrer Uebereinstimmung mit der Lehre des alten Testaments und den Aussprüchen der Rabbinen in den Talmuden, Midrashim und andern alten rabbin. Schriften. gr. 8. (VIII, 124 S.) Leipzig 870, Fues's Verlag. *

Wünsche, Aug., s.: Krause's, Karl Christian Frdr., Briefwechsel.

Wünsche, Aug., aus Israels Lehrhallen. I.—V. Bd. à 2 Hälften. gr. 8. Leipzig, E. Pfeiffer. 32.40
I. Kleine Midraschim zur späteren legendar. Literatur des Alten Testaments, zum ersten Male übers. I. Bd. (IV, III, 188 S.) 907. 4.80
II. Dasselbe. II. Bd. (IV, V, 201 S.) 907. 08. 5.20
III. Kleine Midraschim zur jüd. Eschatologie u. Apokalyptik. Zum ersten Male übers. u. durch religionsgeschichtl. Exkurse erläutert. (X, 238 S.) 909. 6.20
IV. Kleine Midraschim zur jüd. Ethik, Buchstaben- u. Zahlen-Symbolik. Zum ersten Male übers. (IV, III, 300 S.) 909. 7.80; geb. 8.80
V, 1. Der Midrasch Samuel. Zum 1. Male nach der Buberschen Textausg. ins Deutsche übers. (170 S.) 910. 4.40
2. Kleine Midraschim: Neue Pesikta u. Midrasch Tadsche. Zum 1. Male ins Deutsche übers. (143 S.) 910. 4.—; (V, 1 u. 2 in 1. Bd. geb. 9.40)

— Lesebuch f. höhere Mädchenschulen, s.: Hausmann, G.

Wünsche, Aug., d. jüdische Litteratur seit Abschluss d. Kanons, s.: Winter, J.

— s.: Mechiltha.

— s.: Monumenta judaica.

— die Pflanzenfabel in der Weltliteratur. (VI, 184 S.) gr. 8. Wien 905. Akadem. Verlag f. Kunst- u. Wissenschaft. n.n. 3.50

Wünsche, Aug. Die Räthselweisheit bei den Hebräern m. Hinblick auf andere alte Völker. gr. 8. Lpz. 883. Berl., Felber. * 1 50

Wünsche, Aug., die Räthselweisheit bei den Hebräern, mit Hinblick auf andere alte Völker dargestellt. gr. 8. (65 S.) Leipzig 883, O. Schulze. *

— die Sagen vom Lebensbaum u. Lebenswasser, s. a. Ex Oriente lux. I, 2. 3.

Die Sagen vom Lebensbaum und Lebenswasser. Altoriental. Mythen von August **Wünsche**. Leipzig: E. Pfeiffer 1905. (IV, 108 S.) 8°
= **Ex** oriente lux. Bd 1, H. 2. 3. (05. 216)

— der Sagenkreis vom geprellten Teufel. (IV, 129 S.) gr. 8. Wien 905. Akadem. Verlag f. Kunst- u. Wissenschaft. n. 3.—

— die Schönheit der Bibel. 1. Bd.: Die Schönheit des Alten Testaments. (X, 390 S.) gr. 8. Leipzig 906. E. Pfeiffer. n. 8.—; geb. in Leinw. n. 9.50; in Halbfrz. n. 10.—

— Schöpfung u. Sündenfall des ersten Menschenpaares im jüd. u. moslem. Sagenkreise, s. a. Ex Oriente lux. II, 4.

Wünsche, August: Schöpfung und Sündenfall des ersten Menschenpaares im jüdischen und moslemischen Sagenkreise mit Rücksicht auf d. Ueberlieferungen in d. Keilschrift-Literatur von –. Leipzig: E. Pfeiffer 1906. (84 S.) 8⁰
(Ex oriente lux. Bd 2, H. 4.)

— alttestamentliche Studien. I. Die Freude in d. Schriften d. alten Bundes. E. religionswissenschaftl. Studie. gr. 8. (VI, 47 S.) Weimar 896. Berlin, E. Felber. n. 1. —

—— der Talmud. gr. 8. (40 S.) Zürich 878, Verlags-Magazin. *

Wünsche, Aug., der babylonische Talmud in seinen haggadischen Bestandtheilen. Wortgetreu übers. und durch Noten erläutert. 1. Halbbd. und 2. Halbbd. in 2 Abthlgn. gr. 8. Leipzig, O. Schulze. [1. Halbbd. (XVI, 552 S.) 886. *ℳ 11.—; 2. Halbbd. 1. Abthl. (VIII, 278 S.) 886. *ℳ 7.—; 2. Abthl. (IV, 224 S.) 887. *ℳ 7.—.] *

—— Der babylonische Talmud in seinen haggadischen Bestandtheilen, wortgetreu übers. u. durch Noten erläutert. 2. Hlbbd. 3. u. 4. Abthl. gr. 8. [Lpz. 889, O. Schulze.] Berl., Felber. [3. Abthl. (X, 470 S.) * 11 —; 4. Abthl. (XII, 201 S.) * 7 —.] * 18 —
1. Hlbbd. u. 2. Hlbbd. 1. u. 2. Abthl. Ebd. 1886,87. * 25 —.

— der babylonische Talmud, in seinen haggadischen Bestandtheilen wortgetreu übers. u. durch Noten erläutert. Neue (Titel-)Ausg. 1.—8. Lfg. gr. 8. (1. Halbbd. XVI, 552 S. u. 2. Halbbd. VIII u. S. 1—16.) Weimar 894. E. Felber. Subskr.-Pr. à Lfg. n. 1. 50

— d. Jerusalemische Talmud i. seinen haggadischen Bestandtheilen, i. Deutsche übertr. gr. 8. (VIII, 297 S.) Zürich 880. Berlin, M. Poppelauer. n. 5. 60; erm. Pr. n. 4. —

—— der Jerusalemische Talmud in seinen haggadischen Bestandtheilen, zum ersten Male in's Deutsche übertragen. gr. 8. (VIII, 297 S.) Zürich 880, Verlags-Magazin. *

— Midrasch Tehillim od. haggad. Erklärgn. der Psalmen. Nach der Textausg. v. Salom. Buber zum 1. Male ins Deutsche übers. u. m. Noten u. Quellenangaben versehen. 7 Lfgn. gr. 8. (1. Bd., 368 u. 2. Bd., 256 S.) Trier 891—893. S. Mayer. à Lfg. n. 2. —

— Salomos Thron u. Hippodrom Abbilder des babylonischen Himmelsbildes, s.a.Ex oriente lux. II, 3.

Salomos Thron und Hippodrom. Abbilder d. babylonischen Himmelsbildes. Von August Wünsche. Leipzig: E. Pfeiffer 1906. (56 S.) 8° = Ex oriente lux. Bd 2, H. 3. [07. 13046

—— die Weissagungen des Propheten Joel uebers. und erklaert. gr. 8. (VII, 331 S.) Ebendas. 872. *

Wünsche, E. Führer durch die Sächsische Schweiz, Umgebung vom grossen Winterberg. 1 : 26,000. Farbendr. 32×48 cm. Dresd. 892, Höckner, Sep.-Cto. * 1 —
S. auch: Böhmisch-Sächsische Schweiz.

Plan durch die Sächsisch-Böhmische Schweiz von Schandau nach Osten u. Südosten. Von E. Wünsche. 4. Aufl. Masst. 1 : 26,000. [Mit 1 Nebenkarte.] Dresden: C. Damm 1906; (Lith. O. J. W. Schlenkrich, Radebeul). (1 Kartenbl. 70×48 cm.) 8° [kol.] [06. 14575

Skizzen aus Eckernförde, Borby und Altenhof gez. v. E. Wünsche. [Eckernförde. 1908.] Quer-8°

Skizzen aus Eckernförde-Borby und Umgegend. Gez. v. E. Wünsche. (Eckernförde. Kiel. [1910.]) Quer-8°

Sächs. Schweiz. Umgebung vom Grossen Winterberg. Gez. von E. Wünsche. [Mit e. Nebenkarte.] (Massst. 1 : 26,000.) 2. Aufl. *Dresden: C. Damm 1901; (Lith. P. Herrmann).* (1 Kartenbl. 48 × 32 cm.) 8° [Umschlagt.] [kol.] [01. 12888

Wünsche, E. L., Bibelstunden. 1. und 2. Thl. gr. 8. Berlin 858, (Beck.) * * 2
Inhalt:
Thl. 1. Das erste Buch Mosis. (III und 732 S.) * * 2 Thlr. 2½ Ngr.
" 2. Das Buch Hiob. (III und 272 S.) * * 25 Ngr.

Wünsche, E. L., die Brüder-Unität. Ein Vortrag, gehalten im evangel. Verein zu Berlin am 30. Jan. 1860. Berlin 860. Beck. gr. 8. (24 S.) n. 4 ngr.

—— das Fleisch und das Blut des Menschensohnes. Vier Predigten über Johannes 6, 47—71. br. 8. (40 S.) Berlin 860, [Beck.] *

—— die Menschwerdung des Sohnes Gottes. Fünf Predigten, zu Weihnachten und Neujahr gehalten. br. 8. (47 S.) Berlin (861)62, [Beck.] *

Wünsche, E. L., vier Predigten, gehalten im Januar 1871. gr. 8. (27 S.) Berlin 871, Matthies.

Wünsche, E. L., Schicket euch in die Zeit, denn es ist böse Zeit! Drei Predigten, am Bettag den 27. Juni und am 5. und 6. Sonntag nach Trin. gehalten. gr. 8. (16 S.) Berlin 866, Matthies. *

WÜNSCHE, Fr. Otto u. B. SCHORLER: Die verbreitetsten Pflanzen Deutschlands. Ein Übungsbuch für den naturwissenschaftlichen Unterricht. - Leipzig 1893. VIII, 269 S. - 10. wenig veränd. Aufl. ebd. 1938. VIII, 299 S. bearb. v. Wangerin

Wünsche, G. H: Preisverzeichnisse über Küchen-, Haus- und Wirthschaftsgeräthe. Hainewalde i. S. (1897)

Wünsche, Gust., empor zum Licht!, s.: Bühne, soziale.

Wünsche, Hans Arthur, Referendar: Die gemeinschaftliche Brandmauer nach dem im Königreiche Sachsen geltenden Rechte. Burgstädt 1909: Schmidt. X, 108 S. 8°
Leipzig, Jur. Diss. v. 26. März 1910
[Geb. 5. Juli 81 Oberschlema; Wohnort: Chemnitz i. S.; Staatsangeh.: Sachsen; Vorbildung: Gymn. Schneeberg Reife O. 01; Studium: Bonn 1, München 1, Leipzig 6 S.; Rig. 7. Febr. 05.] [U 10. 2927

Wünsche, Herm., Begleitwort zur Stufen- u. Vergleichskarte (Anschauungsmittel beim Volksschulrechnen.) (40 S. m. 2 [1 farb.] Abbildgn.) 8. Dresden (907). A. Huhle. — 75

Wünsche, Hermann: Studien auf der Halbinsel Hela. Dresden 1904: C. Heinrich. (79 S.) 8°
Leipzig, Phil. Fak., Ref. Ratzel u. Friedrich, Diss. v. 21. Okt. 1904
[Geb. 23. Febr. 65 Neuschönberg b. Löbau; Staatsangeh.: Sachsen; Vorbildung: Seminar Löbau Wahlfähigkeitsprüf. Dez. 87; Studium: Leipzig 6 S.; Rig. 17. Juli 03.]

Wünsche, Hermann, aus Dresden: Untersuchungen über den Magnetismus des Nickelamalgams. *Leipzig: J. A. Barth 1901.* (35 S.) 8°
Rostock, Phil. Diss. v. [27. Juli] 1901

Wünsche, Jh. Geo., enumeratio plantarum circa Vitebergam in aquis, locis paludosis et humidis praecipuarum nec non officinalium c. praefat. Fr K. Aug. Vogt. 8. Wittenb. 804. Zimmermann. 9 ℊ

Wünsche, Martin, Referendar: Die völkerrechtlichen und staatsrechtlichen Erfordernisse und Wirkungen eines vertragsmäßigen Gebietserwerbs von seiten des preußischen Staates. Borna-Leipzig 1909: Noske. X, 67 S. 8°
Breslau, Jur. Diss. v. 24. März 1909, Ref. Brie-Dahn
[Geb. 10. Dez. 84 Görlitz; Wohnort: Görlitz; Staatsangeh.: Preußen; Vorbildung: Gymn. Görlitz Reife O. 04; Studium: Göttingen 1, Berlin 1, Marburg 4 S.; Rig. 12. Mai 08.] [U 09. 537

Wünsche, Oscar: Zur Kenntnis der Sulfocarbanilide. 1901. 52 S. 8°
Dresden, Dr.-Ing.-Diss. v. 24. 5. 1901

Wünsche, Otto, die Alpenpflanzen. Eine Anleitg. zu ihrer Kenntnis. 8. (XVI, 244 S.) Zwickau i/S. 893. Gebr. Thost. n. 3. —; geb. n. 3. 60

Wünsche, Otto, d. Alpenpflanzen. E. Anleitg. zu ihrer Kenntnis. 2., unveränd. (Titel-) Ausg. 8. (XVI, 244 S.) Leipzig (893) 896. B. G. Teubner. Geb. in Leinw. n. 3. --

Wünsche, Otto, Anleitung zum Botanisieren u. zur Anlegung v. Pflanzensammlungen. Nach dem gleichnam. Buche von E. Schmidlin vollständig neu bearb. 4. Aufl. 8. (384 S. m. 245 Fig.) Berlin 901. P. Parey. Geb. in Leinw. n. 4. —

— Blicke auf die Entwickelg. der Naturwissenschaften. Vortrag, geh. im Verein f. Naturkunde zu Zwickau. gr. 8. (23 S.) Zwickau 902. Gebr. Thost. n. — 50
Sonderabdruck aus: „Jahresber. d. Vereins f. Naturkunde".

— Einiges üb. Bau u. Leben d. Pilze. [Aus: „W., d. naturkundl. Unterricht".] gr. 8. (12 S. m. 4 Taf.) Zwickau 896. Gebr. Thost. n. — 50

—— s. Etiketten für Schülerherbarien.

Wünsche, Otto, Excursionsflora für das Königr. Sachsen und die angrenzenden Gegenden. Nach der analyt. Methode bearb. 8. (XLVIII, 319 S.) Leipzig 869, Teubner. * geb. *

—— dass. — Die Phanerogamen. 2. Aufl. 8. (LV, 422 S.) Ebendas. 875. * ℳ 4.; geb. *

Wünsche, Otto, Excursionsflora für das Königr. Sachsen und die angrenzenden Gegenden. Nach der analyt. Methode bearb. Die Phanerogamen. 3. Aufl. 8. (LXIV, 420 S.) Leipzig 878, Teubner. * ℳ 4.; geb. *

Wünsche, Otto, Exkursionsflora für das Königr. Sachsen und die angrenzenden Gegenden. Nach der analyt. Methode bearb. Die Phanerogamen. 4. Aufl. 8. (LXIV, 422 S.) Leipzig 883, Teubner. * ℳ 4.; geb. *

Wünsche, Otto, Exkursionsflora für das Königreich Sachsen und die angrenzenden Gegenden. Nach der analyt. Methode bearb. Die Phanerogamen. 5. Aufl. 8. (424 S.) Leipzig 887, Teubner. * ℳ 4.—; geb. *

Wünsche, Otto. Exkursionsflora f. das Königr. Sachsen u. die angrenzenden Gegenden. Die höheren Pflanzen. 6. umgearb. Aufl. 8. (XXVIII, 468 S.) Lpz. 891, Teubner. * 4 —; geb. * 4 50

— Exkursionsflora f. d. Königr. Sachsen u. d. angrenz. Gegenden. Die höheren Pflanzen. 7. Aufl. 8. (XXIV, 475 S.) Leipzig 895. B. G. Teubner. Geb. in Leinw. n. 4. 60

—— Filices saxonicae. Die Gefässkryptogamen des Königr. Sachsen und der angrenz. Gegenden. gr. 8. (31 S.) Zwickau 871, (Gebr. Thost.)

—— Filices saxonicae. Die Gefässkryptogamen des Königr. Sachsen und der angrenz. Gegenden. 2. Aufl. 8. (31 S.) Ebendas. 878.

— Goethe als Naturfreund u. Naturforscher. Vortrag, geh. im Verein f. Naturkde. zu Zwickau. [Aus: „Jahresbericht des Vereins f. Naturkde. zu Zwickau 1892".] gr. 8. (30 S.) Zwickau 894. Gebr. Thost. n. — 50

—— die Insecten, s. Schlechtendal, D. H. R. v.

— d. verbreitetsten Käfer Deutschlands. E. Übungsbuch f. d. naturwissenschaftl. Unterricht. 8. (XVI, 212 S. m. 2 Taf.) Ebd. 895. Geb. in Leinw. n. 2. —

Wünsche, Otto, die Kryptogamen Deutschlands. Nach der analyt. Methode bearb. Die höheren Kryptogamen. 8. (XVI, 127 S.) Leipzig 875, Teubner. *

—— s. Krystallnetze zur Anfertigung d. wichtigsten Krystallgestalten.

—— s. Lenz, H. O., gemeinnützige Naturgeschichte.

— das Mineralreich, s.: Lenz, H. O., gemeinnützige Naturgeschichte.

— die Pflanzen Deutschlands. E. Anleitg. zu ihrer Bestimmg. Die höh. Pflanzen. 7. Aufl. 8. (XXIV, 559 S.) Ebd. 897. Geb. in Leinw. n. 5. —

Wünsche, O., die Pflanzen Deutschlands. Eine Anleitg. zu ihrer Erkenntnis. Die höheren Pflanzen. 9. neubearb. Aufl., hrsg. v. Joh. Abromeit. Mit e. Bildnis O. Wünsches. (XXIX, 689 S.) kl. 8. Leipzig 909. B. G. Teubner. Geb. in Leinw. 5. —

— die Pflanzen des Königr. Sachsen u. der angrenzenden Gegenden. Eine Anleitg. zu ihrer Kenntnis. 8. Aufl. 8. (XXIV, 447 S.) Ebd. 899. Geb. in Leinw. n. 4. 60

— die Pflanzen des Königr. Sachsen u. der angrenzenden Gegenden. Eine Anleitg. zu ihrer Kenntnis. 9. Aufl. (XXIV, 442 S.) kl. 8. Ebd. 904. Geb. in Leinw. n. 4. 60

— die verbreitetsten Pflanzen Deutschlands. Ein Übungsbuch f. den naturwissenschaftl. Unterricht. 8. (VIII, 269 S.) Leipzig 893. B. G. Teubner. Geb. in Leinw. n. 2. —

— die verbreitetsten Pflanzen Deutschlands. E. Übungsbuch f. d. naturwissenschaftl. Unterricht. 2. Aufl. 8. (VI, 272 S.) Ebd. 895. Geb. n. 2. 40

— die verbreitetsten Pflanzen Deutschlands. Ein Übungsbuch für den naturwissenschaftl. Unterricht 3. Aufl. 8. (VI, 282 S.) Leipzig 900. B. G. Teubner. Geb. in Leinw. n. 2. —

Wünsche, Otto, die verbreitetsten Pflanzen Deutschlands. Ein Uebungsbuch f. den naturwissenschaftl. Unterricht. 4. Aufl. (VI, 282 S.) 8. Leipzig 903. B. G. Teubner. Geb. in Leinw. n. 2. —

— Die verbreitetsten Pflanzen Deutschlands. Ein Übungsbuch f. den naturwissenschaftl. Unterricht. 5. Aufl. Hrsg. u. bearb. v. Bernh. Schorler. Mit 459 Umrisszeichngn. im Text. (VI, 290 S.) kl. 8. Ebd. 909. Geb. 2. 60

—— die Pilze. Eine Anleitung zur Kenntniss derselben. 8. (LII, 322 S.) Ebendas. 877. *

— die verbreitetsten Pilze Deutschlands. E. Anleitg. zu ihrer Kenntnis. 8. (XII, 112 S.) Ebd. 895. Geb. n. 1.40

— Die verbreitetsten Pilze Deutschlands ... Leipz. 1896. 112 S.

—— s. Schmidlin's, Ed., Anleitung zum Botanisiren.

—— Schulflora von Deutschland. Nach der analyt. Methode bearb. Die Phanerogamen. 8. (XLVII, 327 S.) Ebendas. 871. *M. 3.; geb. *

Wünsche, Otto, Schulflora von Deutschland. Nach der analyt. Methode bearb. Die Phanerogamen. 2. Aufl. 8. (LX, 412 S.) Leipzig 877, Teubner. *M. 4.; geb. *

—— Schulflora von Deutschland. Nach der analyt. Methode bearb. Die Phanerogamen. 3. Aufl. (LXIII, 427 S.) 1881; 4. Aufl. 8. (LXIII, 428 S.) Ebendas. 884. * geb. *

—— Schulflora von Deutschland. Ein botan. Übungsbuch. Die höheren Pflanzen. 5. umgearb. Aufl. 8. (LXVI, 430 S.) Ebendas. 888. *

— Schulflora v. Deutschland. 1. Tl. Die niederen Pflanzen. 8. (IV, 435 S.) Ebd. 889. n. 4. —; geb. n. 4. 60

Wünsche, Otto, Schulflora v. Deutschland. 2. Tl.: Die höheren Pflanzen. 6. Aufl. 12. (XXX, 472 S.) Leipzig 892. B. G. Teubner. Geb. in Leinw. n. 4. 60

Wünsche, Otto: Schulflora von Deutschland. 9. Aufl. 1909, s. Wünsche: Die Pflanzen Deutschlands.

— der naturkundliche Unterricht in Darbietungen u. Übungen. Für Lehrer an Volksschulen u. höheren Lehranstalten bearb. 1. Hft. Die Farne. gr. 8. (18 S. m. 1 Taf.) Zwickau 890. Gebr. Thost. n. — 30

— der naturkundliche Unterricht in Darbietungen u. Übungen. Für Lehrer an Volksschulen u. höheren Lehranstalten bearb. 1.—3. Hft. gr. 8. Zwickau, Gebr. Thost. n. 1. 55

1. Die Farne. 3. unveränd. Aufl. (18 S. m. 1 Taf.) 891. n. — 30
2. Die Laubmoose. (28 S. m. 1 Taf.) 892. n. — 50
3. Die Gräser. (42 S. m. 1 Taf.) 894. n. — 75

— der naturkundliche Unterricht in Darbietgn. u. Uebgn. Für Lehrer an Volksschulen u. höh. Lehranst. 1. u. 4. Hft. gr. 8. Zwickau 896. Gebr. Thost. n. — 90 (1.—4.: n. 2. 55)

1. Die Farne. 4. Aufl. (18 S. m. 2 Taf.) n. — 40
4. D. Pilze. 1. Tl. (16 S. m. 4 Taf.) n. — 50

— Vorarbeiten zu e. Flora v. Zwickau. gr. 4. (38 S. m. 1 Steintaf. in qu. 4.) Zwickau 874. Dominik. n. 1. —

Wünschelburg [Schlagwort]

Wünschelburg, s.: Geologische Karten. Preussen 115.

Wünschelmann's, August, goldne Wünschelruthe, oder die entdeckten Geheimnisse, wie derselbe als ein Mann mit etlichen Hundert Gulden zu wirthschaften anfing, u. mit vielen Tausend Gulden ein hohes, glückl. Alter erreichte 2c. gr. 8. Münch. 829. J. Lindauer. 1 ₰ 3 𝔤 Neue wohlf. Ausg. u. d. T.: Handlexikon, ökonom., oder erklärend. Darstell. u. Beschreib. aller zum Acker- u. Gartenbau, Viehzucht, Wieswachs u. a. zu einer Haushaltung gehör. Gegenstände 2c. Herausg. von e. prakt. Oekonomen. gr. 8. Münch. 831. Ebd. 20 𝔤

Wünschelruthe. Eine Zeitschrift. ... Göttingen 1818. H: *Hornthal, Joh. Peter von.* (MGT) (Ky)

— eine Zeitschrift. Jahrg. 1818. Januar—Juni. (von J. Pt. von Hornthal.) gr. 4. Götting., Vandenhöck u. R. 1 ₰ 8 𝔤

Wünschelruthe, die goldbringende, des reichen Deklamators, Nepomuk Goldhahn. Zum Nutz u. Frommen Aller, die gern reich werden möchten. (Gedichte). 8. Nördling. 820. Beck. 6 𝔤

Wünschel-Ruthe, die goldbringende, d. reichen Deklamators Nepomuk Goldhahn. Zum Nutz u. Frommen Aller, die gern reich werden möchten. (Gedichte.) 8. (10½ B.) Nördlingen 830, Beck.

Wünschelruthe, die goldene, f. alle Stände. Ein reicher Schatz d. längstvergess. 2c. wunderbarsten Geheimnisse, d. auffallendsten Kunststücke u. u. unbegreiflichsten Vortheile 2c. 2. Ausg. gr. 8. (14 B.) Augsburg 838, v. Jenisch u. Stage'sche Vrlsh.

Wünscher, A. R. O., aus düsteren Landen. Bilder u. Skizzen vom Tode. (III, 92 S.) 8. Dresden 905. E. Pierson. n. 1. 50; geb. n. 2. 50

— Sonnensehnsucht. Bilder u. Skizzen v. Leben u. Liebe. (V, 104 S.) 8. Ebd. 905. n. 1. 50; geb. n. 2. 50

Schwesternfest. Freimaurerisches Lustspiel in 3 Akten von H. Wünscher. Neustadt (Orla): Selbstverl. 1899. 15 S. 8° [Umschlagtit.]
Recens: FZ. 53 (1899) S. 272 (Winzer); L. 22 (1899) S. 128.
Weist nach, wie die Frmrei das Leben schön gestaltet u. Glück verbreitet.

Wünscher, Harry, die Gänsehirtin Ein Märchen. Dichtung, m. (z. Tl. farb.) Bildern v. Aug. H. Plinke. 4 (46 S.) Langensalza (899). H. Beyer & Söhne. Geb. n. 2.—

Wünscher, Harry, aus Herzeleid zur Siegesfreud, s.a. Mehrakter.

Aus Herzeleid zur Siegesfreud. Vaterländ. Schauspiel aus d. Zeit d. großen Krieges 1870/71 in 4 Akten von Harry Wünscher. *Mühlhausen i. Th.: G. Danner [1904].* (47 S.) 8°
= Mehrakter. No 15. [04. 16158 3

— Sagen, Geschichten u. Bilder a. d. Orlagau. 1. Bdchn. (VIII, 116 S.) kl. 8. Pößneck 902. F. Gerold Nachf. n. 1. 20

— Weihnachtssegen. Aufführung f. drei Mädchen. 12 (18 S.) Dessau 900. Buchh. d. ev. Vereinshauses. n. — 40

Wünscher, J. G., Unterricht v. röm. Frohnleichnamsfeste. Rinteln 1706. 12.

Wünscher, Sam., Spiegel für Freunde des Lebensgenusses. 12. Wien 810.

Wunschheim, Gustav

Wunschheim, v., d. Lungentuberculose als Mischinfection, s.a. Wandervorträge, medicin., 44. Hft.

Wunschheim, Gustav v.: Die Lungentuberculose als Mischinfection v. Dr. [Gustav] v. Wunschheim, I. Assist. . . . in Prag. Berlin-Prag: Fischer 1895. (15 S.) 1 Bd 8⁰
(Wander-Vorträge. Medicinische. H. 44.)

Wunschheim, Gust. Ritter v., Pathologie der Zähne, s.: Wedl, Carl.

Wunschheim, v., üb. Schutzkörper im Blute des Neugeborenen, s.: Fischl, Rud.

Wunschmann, Dr. Vide: Liedersammlung für den Handwerkerbund in Berlin.

Wunschmann, Ernst, Bentham und Boissier. Ein Beitrag zur Geschichte der Botanik. gr. 4. (34 S.) Berlin 887, Gaertner's Verlag. *

Wunschmann, Ernst (geb. Berlin 28. 6. 1848): Ueber die Gattung Nepenthes besonders in Rücksicht auf ihre physiologische Eigenthümlichkeit. Berlin (1872). (46 S.) 8°
Berlin, Phil. Diss. v. 18. Dez. 1872

Wunschmann, E., Geschichte der Physik im 19. Jahrh., s.: Jahrhundert, das deutsche, in Einzelschriften. 10.

Wunschmann, Leitfaden für den botanischen Unterricht auf Gymnasien und Realschulen. gr. 8. (IV und 84 S.) Berlin 851, [Gaertner.] *

Wunschmann, E., Leitfaden f. den physikal. u. chem. Unterricht an höh. Mädchenschulen, s.: Stemon, Paul.

— Leitfaden für den zoologischen Unterricht auf Gymnasien und Realschulen. Mit 1 Lith. u. einem Anh. mit 21 (eingedr.) Holzschn., die vorzüglichsten Organe des menschlichen Körpers darstellend. gr. 8. (VI u. 120 S.) Berlin 851, G. W. F. Müller. n. 7/12 ℛ

Wunschmann, Ernst [Dr.]: Carl Wilhelm von Naegeli. Berlin, R. Gaertner, 1893; 31 S. 4.
Berlin, Charlotten-S, OP 1893**

— Naturkunde f. höh. Mädchenschulen, s.: Stemon, Paul.

— Sarraceniaceae, Nepinthaceae, s.a. Engler, A., u. K. Prantl, die natürlichen Pflanzenfamilien.

—— das Skelett und die vorzüglichsten Organe des menschlichen Körpers in 22 Abbildungen und Erklärungen. Zum Schulgebrauche. gr. 8. (15 S. mit eingedr. Holzschn. und 1 Stnt.) Berlin 851, G. W. F. Müller.

[F.] Die Röntgen'schen X-Strahlen. Gemeinverständl. dargest. v. Prof. Dr. E[rnst] Wunschmann. M. 13 Abb. . . . (4. Taus.) *Berlin: F. Schneider & C. 1896.* (31 S.) 1 Bd 8. [96. 1340

Wunschmann, Friedrich

Wunschmann, F., Deutschlands gefährlichste Giftpflanzen, naturgetreu dargest. u. nach ihren Wirkungen u. Gegenmitteln beschrieben, nebst e. Uebersicht üb. d. Botanik, als Leitfaden beim Unterr. gr. 8. (4 B. u. 29 ill. Abbild.) Berlin 833, (Logier.)

Wunschmann, Gustav

Wunschmann, G., Hans Birkenstock, der Landsknecht, s. Geschichts- und Unterhaltungs-Bibliothek, vaterländische.

Wunschmann, Gust., offener Brief an Kaiser Wilhelm II. (24 S.) 8. Berlin (909). Herm. Walther. -- 30

—— eine feste Burg ist unser Gott, s. Geschichts- und Unterhaltungs-Bibliothek, vaterländische.

Wunschmann, Gust., s.: Geschichts- u. Unterhaltungs-Bibliothek, vaterländische.

—— der Kommandant von Spandau, s.a. Geschichts- und Unterhaltungs-Bibliothek, vaterländische.

Der Kommandant von Spandau. Erzählung aus d. Frühjahr d. J. 1813 von Gustav Wunschmann. 3., verb. Aufl. *Breslau: M. Woywod 1902.* (202 S.) 8° [F.]
= Geschichts- u. Unterhaltungs-Bibliothek, Vaterländische. Bd 14. [02. 4344

Wunschmann, G., Joachim Nettelbeck, s.: Geschichts- u. Universal-Bibliothek, vaterländische.

Wunschmann, Walth. Bloch-, s. Bloch - Wunschmann.

Wünschmann, Bruno. Die Studentenfamilie. Schwank in einem Aufzug. 1. Aufl. [Mit illustriertem Umschlag.] 80 S. 8. Zürich, Fritz Amberger, 1904. [fr. 2. ---]

Wuenschmann, Gustav: Ueber Spondylocace. Halle (1872): Hendel. 34 S. 8°
Halle-Wittenberg. Med. Diss. v. 16. Mai 1872
Geb. Schraplau (Seekr. Mansfeld) 11. 1. 1846. V.

Wünschmann, Karl: Über Berührungsbedingungen bei Integralkurven von Differentialgleichungen. Leipzig 1905: B. G. Teubner. (35 S.) 8°
Greifswald, Phil. Fak., Ref. Engel, Diss. v. 28. Okt. 1905
[Geb. 24. Juli 81 Mülsen St. Micheln, Kgr. Sachsen; Wohnort: Mülsen; Staatsangeh.: Sachsen; Vorbildung: Gymn. Zwickau Reife O. 00; Studium: Leipzig 8, Greifswald 3 S.; Rig. 24. Okt. 05.]

Wünschmann, Max, König Albert v. Sachsen. Ein Lebensbild f. das sächs. Volk. gr. 8. (67 S.) Glauchau 891. R. Dulce. n. — 75

Wünschmann, Max, Beiträge u. Vorarbeiten f. e. Würdigg. d. Stellg. Christian Weise's zu d. pädagog. Theoretikern u. innerhalb d. Schul- u. Bildungsgeschichte d. 17. Jahrh. gr. 8. (142 S.) Leipzig 895. (B. Liebisch.) n.n. 2. 50

Wünschmann, Max, Erinnerungen am Sarkophage Kaiser Friedrichs. Ein Nekrolog für das deutsche Volk. gr. 8. (16 S.) Werdau 888, Anz.

Wünschmann, Max, Lesebuch f. deutsche Volksschulen, s.: Hunger, F. W.

— Rede auf König Georg, geh. am 8. VIII. 1903 zu Annaberg. (15 S.) gr. 8. Annaberg (903). (Glaser.) n. — 20

— die Schiffbrüchigen, s.: Raynal, F. Ed.

Wünschmann, Max: Was die Akten der Freischützen-Kompagnie zu Annaberg über die Feier ihres 300jähr. Bestehens erzählen. 2) Der Annaberger Volksdichter Kürschner Johann Gottlieb Grund als Quellenschriftsteller f. d. Geschichte der Annaberger Freischützen-Kompagnie. 3) Festrede zur Feier des 400jährigen Bestehens der priv. Freischützen-Kompagnie zu Annaberg. Der Sehma Bote 1907 Nr. 1800, 1801, 1803.

—— Keise: Wilhelm I. Ein Rückblick auf sein Leben und seine Thaten. Für das deutsche Volk zusammengestellt. 8. (15 S.) Ebendas. 888.

[F.] **Wünschmann,** Max Carl Friedrich [aus Glauchau]: Gottfried Hoffmanns Leben und Bedeutung für das Bildungswesen und die pädagogische Theorie seiner Zeit, m. eingehenderer Berücks. seines Zittauer Vorgängers u. Lehrers Christian Weise. E. Beitr. z. Geschichte d. Pädagogik u. d. Schul- u. Bildungswesens im 17. u. 18. Jhe. 1. Tl. 1. Hälfte ... [Erschien 1896 auch u. d. T.: Beiträge u. Vorarbeiten f. e. Würdigg d. Stellg Chr. Weises zu d. pädagog. Theoretikern u. innerhalb d. Schul- u. Bildungsgeschichte d. 17. Jhs.] Leipzig, Druck v. G. Kreysing, 1895; 2 Bl., 142 S., 1 Bl. 8.
Leipzig, Phil. Fak., Inaug.-Diss. v. [21. Nov.] 1895

Wunschwitz

— Tabulae geneal. quam progonologicae. Viennae 1741.

Wunsiedel [Schlagwort]

Wunsiedel, s.: Deutschland. Grundkarte.

Wunsiedel, s: **Deutschland. Karte (Abt. Sachsen).**

Wunster, Henriette, die wohlerfahrne und belehrende deutsche Köchin und Wirthschafterin, oder das vollständigste Koch- und Wirthschaftsbuch für Mädchen u. junge Hausfrauen des höheren Mittelstandes. Nebst einem homöopath. Kochbuche. Mit Abbild. 8. Berlin 835. (Lewent.) 1 ₰

Wunster, Johann Benjamin

— ausführl. Nachricht von der reformirten Friedrichsschule zu Breslau. 6 Stcke. 8. Bresl. 808—13.

Wunster, Jh. Benj., Rede am Sarge d. Oberconsistorialraths Dr. Dn. Hnr. Hering's, d. 24. Aug. 1807 gehalten. 8. Bresl. (807.)

Wunster, Karl, Abendbibliothek, s.a. Abendbibliothek.

Wunster, Karl [Hrsg.]
Abend-Bibliothek für die elegante Welt. Bdchn 2-5.
Bunzlau: Appun 1831-33. 8°

—— Gemälde alter u. neuer Freimaurerei, s. Gemälde.

Wunster, K., die Gründung der Parochie Anhalt in Oberschlesien im J. 1770, s. a Für die Feste u. Freunde d. Gustav-Adolf-Vereins.

Wunster, C., Die Gründung der Parochie Anhalt in Oberschlesien 1770. Mit Nachrichten über die Familie von Woyrsch hrsg. v. W. Altmann. Breslau 1880. 8.

—— ist denn ein Frieden ꝛc., s. Ist.

Wunster, Karl, über den Kampf des Katholicismus u. Protestantismus, u. einen möglichen Friedensschluß zwischen ihnen. Ein histor. Versuch. gr. 8. Altenb. 828. Literatur-Compt. 20 ₰

——, Lojola u. Ganganelli, od.: die Jesuiten im Stande ihrer Erhöhung u. ihrer Erniedrigung. gr. 8. (11½ B.) Neustadt a. d. O. 828, Wagner.

Wunster, Karl, Polens ausgezeichnete Männer, biograph. bargest. 1. Thl. 8. (21½ B.) Glogau 829, [Flemming.] Thlr.

— Polens ausgezeichnete Männer, biographisch dargestellt. 1r Thl. 8. Glogau 829. Neue Günter'sche B. 1 ₰ 16 ₰

—— noch lebt Napoleon! Einen haltbaren Grund statt 18 unhaltbarer. 8. (6½ B.) Leipzig 829, Klein.

— Oberschlesien, wie es in der Sagenwelt erscheint. Mit 1 Kpf. u. 1 Vign. gr. 8. Liegn. 825. Kuhlmey. 1 ₰ 4 ₰

— die Schnitsch, eine Station des alten Landhandels. Mit 1 Steindr. gr. 8. Liegn. 827. Kuhlmey. 20 ₰

Wunstorf, W., Geologische Exkursionskarte für die Umgegend von Aachen. Nach den Aufnahmen von E. Holzapfel u. a. bearb. Hrsg. von der Kgl. Preuß. Geologischen Landesanstalt. 1:75000. Berlin, 1910. 1 Bl.

Wunstorf, W., und G. Fliegel. Die Geologie des Niederrheinischen Tieflandes. Berlin, 1910. 169 S. mit 1 Abb. und 7 Taf.

Wunstorf, Wilhelm, aus Dankelsheim: Die geologischen Verhältnisse des Kleinen Deisters, Nesselberges und Osterwaldes. *Berlin 1901: A. W. Schade.* (36 S.) 4° (8°) (Aus: Jahrb. d. Kgl. Preuss. geol. Landesanstalt u. Bergakad. f. 1900.)
Göttingen, Phil. Diss. v. [27. März] 1901

Wunstorf, Wilh., die geologischen Verhältnisse des kleinen Deisters, Nesselberges u. Osterwaldes. Diss. gr. 8. (86 S. m. 1 farb. Karte.) Berlin 901. (Göttingen, Vandenhoeck & Ruprecht.) n. 1. —
Sonderabdruck aus: „Jahrb. d. preuss. geolog. Landesanst."

s. Zeitblüthen.

Wuntsch, Heinr. v., s.: Apotheker-Kalender, schweizerischer.

— s.: Drogisten-Kalender, schweizerischer.

Wuntschli, B. G., pädagogische Briefe vom Rhein an den Verf. der Volksschule als Staatsanstalt. 8. (21 B.) Mannheim 845, Hoff.

Wupper-Gebiet [Schlagwort]

— s. a.: **Radfahrerkarten. Mittelbach.**

Wupper-Gebiet. Hammer's, Rich., Schul-Wand-Karte des Wupper-Gebietes (Bergischen Landes) u. d. benachbarten Flussgebiete. 1:25,000. 165×181 cm. Farbdr. Barmen (908). E. Biermann.
Auf Leinw. m. Stäben 24. —

Wupper-Gebiet. Herrig, E., topographische Special-Karten d. Wupper-Gebiets, im Auftrage d. Bergischen Touristenclub nach besten Quellen bearb. u. durch eigene Vermessgn. ergänzt u. berichtigt. 1:40,000. Nr. 1—3. 4. Elberfeld 887. Herrig. n. 1. 10;
auf Pappe n. 1. 70
1. Von Leichlingen bis zur Mündung in den Rhein. Autogr. n. — 25; auf Pappe n. — 45
2. Von Burg bis Leichlingen. Chromolith. n. — 35; auf Pappe n. — 55
3. Von Honsberg bis Rittershausen. Chromolith. n. — 50; auf Pappe n. — 70

Wuppergebiet. Uebersichtskarte der Hauptwege, Eisenbahnen u. s. w. im Wuppergebiete, als Führer durch das Bergische Land hrsg. vom Bergischen Landes-Verein. 1:50,000. 3., sehr verm. u. verb. Aufl. 55,5×55 cm. Lith. Lennep 905. R. Schmitz. n. — 60

— — des Wupperthals nebst Umgebung bis zum Rhein u. zur Ruhr. (Zugleich Touristen-Karte für Ausflüge nach dem Rhein u. der Ruhr.) 1 : 80,000. 9., ergänzte u. bericht. Aufl. 60×74 cm. Farbdr. Elberfeld (904). E. Loewenstein. n. 1. 50

Wupperman, Hermann

Wuppermann, Hermann

Wuppermann, Herm., die Industrie emaillierter Blechgeschirre in Deutschland, s.a. Abhandlungen, volkswirtschaftl., d. bad. Hochschulen. IX. 4. Erg.-Bd.

Die Industrie emaillierter Blechgeschirre in Deutschland von Dr. Herman **Wupperman**. Karlsruhe: G. Braun 1907. (VII, 100 S.) 8°
= **Abhandlungen**, Volkswirtschaftl., d. Badischen Hochschulen. Bd 9, Erg.H. 4. [07. 1149a

Wuppermann, Carl, s. Wuppermann, Karl

Wuppermann, Georg: Über Verdampfungsgeschwindigkeit. Borna-Leipzig 1910: Noske. 34 S. 8°
Leipzig, Phil. Diss. v. 8. Nov. 1910, Ref. Le Blanc, Des Coudres
[Geb. 27. März 82 Aachen; Wohnort: Düsseldorf; Staatsangeh.: Preußen; Vorbildung: Realgymn. Düsseldorf Reife O. 03; Studium: Heidelberg 1, Leipzig 10 S.; Rig. 21. Juni 10.] [U 11. 3348

Wuppermann, Hermann, s. Wupperman.

Wuppermann, Karl

Wuppermann, Carl, Referendar aus Schlebusch b. Köln: Worin weichen die Regeln des Bürgerlichen Gesetzbuchs über die Tragung der Gefahr beim Werkvertrag von denen des Römischen Rechts ab? *Coblenz 1902: Krabben.* (73 S.) 8° [δ.]
Rostock, Jur. Diss. v. [20. Dez.] 1902

Wüppermann, Ludwig Philipp

Wüppermann, L. Ph., Abhandlung über das Wesen der Inponderabilien. Ein Beitrag zur reinern Erkenntniss der Natur und der Naturkräfte. 1. Thl. 1. Abthl.: Materie. Stoff. gr. 8. (XII und 208 S.) Uetrecht 849, Dannenfelser. *

—— dass. — 1. Thl. 2. Abthl.: Wärme. gr. 8. (XVI und 608 S. mit 2 Stnt. in gr. 4.) Ebds. 850. *

Wüppermann, Ludw. Phil., Handbuch d. Hyppologie, od. die Lehre von d. Schätzung d. Pferdes auf dess. öconom. u. pecuniären Werth. Nach zeitgemäß. Grund- u. Erfahrungssätzen bearb. 8. (20½ B. u. 2 Stnt. gr. 4.) Osnabrück 832, Rackhorst.

Wüppermann, L. Ph., gemeinnütz. Vieharzneibuch, od. kurze u. gründl. Anweis. f. Viehbesitzer, Oeconomen u. Landleute, die gewöhnl. Krankheiten d. Pferde, Kühe, Schweine u. Schafe zu erkennen u. auf d. möglichst schnellste u. wohlfeilste Weise zu heilen. 3., verm. u. verb. Aufl. 8. (10½ B.) Osnabrück 835, Rackhorst.

Wupperthal [Schlagwort]

Wupperthal. Routenkarte der Haupt-Touristenwege, Eisenbahnlinien etc. im Wuppergebiete. 2., sehr verm. Aufl. Hrsg. vom berg. Landes-Verein. 1 : 50,000. 56× 55 cm. Lith. Lennep (902). (R. Schmitz.) n. — 60

Wupperthal. Uebersichtskarte des Wupperthals, nebst Umgebung bis zum Rhein u. der Ruhr. 1:80,000. 5., ergänzte u. bericht. Aufl. Lith. Imp.-Fol. Elberfeld 888. Loewenstein's Verl. n. 1. 50

Wupperthal. Übersichtskarte des Wupperthals. Zugleich Touristenkarte f. Ausflüge nach dem Rhein u. der Ruhr. 1 : 80,000. 6., ergänzte u. bericht. Aufl. 60×73,5 cm. Lith. Elberfeld 893. E. Loewenstein's Verl. n. 1. 50

Wupperthal. Uebersichtskarte des Wupperthals nebst Umgebung bis z. Rhein u. d. Ruhr. 1 :80,000. 7., ergänzte u. bericht. Aufl. 60 × 74 cm. Farbendr. Elberfeld 896. E. Loewenstein's Verl. n. 1. 50

— Uebersichtskarte des Wupperthals. Zugleich Touristen-Karte f. Ausflüge nach dem Rhein u. der Ruhr. 1 : 80,000. 8. ergänzte u. bericht. Aufl. 60,5× 74 cm. Farbdr. Elberfeld (899). E. Loewenstein. n. 1. 50

Wuppesahl, Octavio, ein Märchen aus der Opernwelt. Humoreske. gr. 8. (7 S.) München 886, (L. Finsterlin.)

Würbel, Frz., neuester Plan der Haupt- und Residenzstadt Wien mit ihren sämmtlichen Vorstädten, nach der neuesten Aufnahme, sowie der k. k. Ferdinands-Nordbahn und der Wien-Raaber-Eisenbahn. Mit 6 Ansichten u. a. Randverzierungen, sowie einem Wegweiser. Lithogr. Roy.-Fol. Wien 841, Singer u. Göring. ½ ₰

Wurchow [Schlagwort]

Wurchow, s.: Geolog. Karten (Preussen).

Würcker, Karl: Über Anaerobiose, zwei Fäulniserreger und Bacillus botulinus. Erlangen 1910: Junge. 50 S. 8° ¶(Aus: Sitzungsberichte d. Physik.-med. Sozietät in Erlangen. Bd 41. 1909.)
Erlangen, Phil. Diss. v. 23. März 1910, Ref. Solereder, Heim
[Geb. 14. Juli 79 Zwickau i. S.; Wohnort: Leipzig; Staatsangeh.: Sachsen; Vorbildung: Gymn. Zwickau Reife O. 99; Studium: Rostock 1, Leipzig 11, München 2, Berlin 1, Erlangen 6 S.; Rig. 28. Febr. 10.] [U 10. 917

WURDA, CARL: Die Gerechtigkeit der Verstorbenen zum Troste der Lebenden, dargestellt in einer Trauerrede auf den Tod des Herrn Anton Dréta Cistercienser Ordens Praelaten bey Gelegenheit des in der Stifts-Kirche zu Zircz am 17. Hornung 1824 gefeyerten Trauer-Gottes-Dienstes (Raab 1824). Gedr. mit Streibigschen Schriften in Raab 23 S. - 2°

Würde, Die, der Bühne und ihre Nützlichkeit. St. Petersburg den 1. Januar 1801. V: *Kaffka, Joh. Chph.* (GGr VII, 461, Nr. 5/16)

Würde u. **Bürde**, die, des Bischofsamtes. Nach der syr. Didaskalia, verf. um d. J. 250 n. Chr. Zur Konsekrationsfeier am 19. III. 1904. (23 S.) gr. 8. Mainz 904. Kirchheim & Co. n. — 40
Sonderabdruck aus: „Der Katholik".

Würde der Frauen. (Gedicht von Fr. v. Schiller.) 1 kalligraph. Blatt mit 1 Vignette. Sauber lithogr. Imp.-Fol. Rostock 836. (Leipzig, Wunder.) ¾ ₰

Würde und Hoffnung der protestantischen Kirche . . . Hildburghausen 1823. V: *Weinmann, Carl Wilhelm Chn.* (MGT) (Ky) (Winer)

— u. Hoffnung der protestant. Kirche, mit Rücksichtnahme auf die kathol. Kirche, von einem protestant. Pfarrer (Karl W. Chr. Weinmann). 8. Hildburgh. 823. Kesselring. 18 Kr

Würde, Kaiserliche, grundmässige Untersuchung von dem kayserlichen Titul und Würde . . . O. O. 1713. V: *Struve, Burkard Gotthelf.* (Myl)

Würde, üb. die, u. Keuschheit des Jünglings u. des Mannes; mit 1 K. 8. Berl. Schöne. 815.

Würde, über die, u. Keuschheit d. Jünglings u. des Mannes. Von e. Weibe. Mit 1 Kpf. 8. Berl. 816. Schöne. 18 ℊ

Würde, die lästige, ein Lustsp. in 5 Aufz. frei nach Duval, von M. G. Lambrecht. 8. Münch. Lindauer. 811. — 3

— des Mannes, ein Schausp. in 5 Aufz. von A. J. v. Guttenberg. Mit 1 K. 8. Augsb. Stage. — 16

Würde, die, des Mannes. Schsp. v. A. J. v. Guttenberg. Augsb. Stage. 800. — 14

Die **Würde** des Menschen, eine Rede, in der ger. und vollk. Loge zu den dreyen Rosen [in Jena] am Johannistage 1762 gehalten von dem Br. Redner. Jena [1762]: Marggraf. 24 S. 4⁰ [Umschlagtit.]
Kl. 851. Selten.

— über die, u. den Nutzen d. Tonkunst; aus d. Französ. gr. 8. Constanz 827. Seemüller. 5 ℊ

Würde, die, des kathol. Priesters, s. Riffel, C.

— des Priesteramtes. gr. 8. Landsh. 820. Thomann. 4 ℊ

— über die sittliche, d. Religion, eine erklärende Darstellung von Kants philosophischer Religionslehre. gr. 8. Leipz. 796. (Mittler). 12 ℊ

Würde und Unfehlbarkeit des römischen Papstes und der allgemeinen Concilien in der römisch-katholischen Kirche. Bewiesen aus der heil. Schrift, den Aussprüchen der heil. Väter, aus der Geschichte und Vernunft. Zur Befestigung der Katholiken im Glauben für die Tage der Gefahr, und zur Wiederlegung der Gegner geschrieben vom Verf. der bibl. Geschichts-Predigten über das Reich Gottes auf Erden ꝛc. (Peter Baldauf.) 1. Aufl. 1853. 16 Ngr. und 2. (Titel-)Ausg. 8. (159 S.) Gratz 856, [Mühlfeith.] *

WÜRDENTRÄGER und Ritter der grünen Insel. 21 Portraitkarikaturen der berühmtesten Mitglieder dieser lustigen Tafelrunde. Wien, o. J. 4⁰. In Mappe (15 Kr. Carl Greif, 1914.)

Würdig, ... (Past. M.), s. Erinnerung an die Weihe der protestantischen Kirche.

Würdig, Aug. Ludw., wonach hat die evangel.-luth. Kirche unseres Vaterlandes vor allen Dingen zu trachten, wenn ihr eine freiere Verfassung wirklich zum Heile gereichen soll? Predigt. gr. 8. (1 B.) Leipzig 845, Klinkhardt. *

Würdig, Ludwig

Würdig, L., 1813 und 1870, s. Jugend-Bibliothek, neue deutsche.

Würdig, L., goldene Aepfel in silbernen Schalen. Erzählungen für das deutsche Volk. 16. (143 S. mit eingedr. Holzschn.) Düsseldorf [Wiesbaden] 873, Gestewitz.

Würdig, L., kleine Bilder aus großer Zeit. Zur Erinnerg. an 1813. Für Jugend u. Volk. 8. (147 S. m. Bildern.) Düsseldorf 883. F. Bagel. cart. n. 1. 20

Würdig, L. Kleine Bilder aus großer Zeit. 8. Düsseld. 888. Bonn, Strauß. cart. * 1 20

Würdig, Ludw., der alte Blücher und sein Pate Leberecht, s. Jugendbibliothek, neue.

Würdig, L., Robert Blum. Gedicht. 8. (4 S.) Deßau 848, Fritsche. 1½ ngr

Würdig, Ludw., die Brüder oder Magdeburg u. Lützen, s.a. Flemming's, Carl, vaterländ. Jugendschriften.

— die Brüder, oder Magdeburg und Lützen. Eine Erzählung aus der Zeit des 30jähr. Krieges. Mit 4 (chromolithogr.) Illustr. von Jul. Scholz. 16. (136 S.) Glogau 871, Flemming. geb. *

— Brüderliebe, s. Erzählungen aus Heimat und Ferne.

— das Büchlein vom deutschen Reichsfreiherrn von und zum Stein. Der Jugend und dem Volke erzählt. Mit 4 (Tondr.-)Bildern von Rich. Knötel. 12. (144 S.) Glogau 881, Flemming. cart. *

— der Burgunderherzog und sein Edelknabe, s. Bibliothek interessanter Erzählungen.

— Chronik der Stadt Dessau. 11 Hefte. gr. 8. (X, 845 S. mit 2 Stnt.) Dessau 875.76. (Reißner.) **

— Daheim u. Drauß. In Feld u. Wald u. Vaterhaus. Lieder u. Fabeln. 2. Aufl. Berlin 867. Kastner. 16. (61 S. mit 4 lith. Tondr.-Bildern.) cart. 7½ ngr

— der Deserteur; die Einnahme von Moers, s. Bibliothek interessanter Erzählungen.

— unser Dessau innerhalb e. Jahrhunderts. [1786—1886.] Kulturgeschichtliche Blätter. 8. (115 S.) Dessau 887. (Baumann.) n.n. 1. —

— Dragoner u. Kurfürst od. Brandenburgische Treue, s.a. Flemming's, Carl, vaterländ. Jugendschriften.

Würdig, L., Dragoner und Kurfürst oder brandenburgische Treue. Eine Erzählung für Jung und Alt. gr. 16. (157 S. mit 4 lithogr. Illustr. in Tondr. von Carl Jäger.) Glogau 866, Flemming. cart. *

— durch Nacht zum Licht, oder Bruder und Schwester, s. Jugendbibliothek, neue.

— Erzählungen, s. Jugendbibliothek, neue.

Würdig, L., drei Erzählungen aus der Geschichte Englands. Nach den Romanen Walt. Scotts „Kenilworth", „Ivanhoe" u. „der Talisman" frei bearb. 8. (III, 212 S.) Glogau (900). C. Flemming. n. 2. —; geb. in Leinw. n. 2.50

— Prinz Eugen, s.a. Flemming's vaterländ. Jugendschriften

— Prinz Eugen, der edle Ritter. Für Jung und Alt erzählt. Mit 4 (lithogr.) Illustr. von Alfr. Diethe. 16. (146 S.) Glogau 875, Flemming. cart. *

— der Franzosenjunge, s. Jugendbibliothek, neue.

— die deutschen Freiheitskriege in den J. 1813. 1814. 1815. Für Deutschlands Jugend und Volk bearb. gr. 16. (IV und 360 S.) Dessau (861)62, Aue'sche Verlagsbuchh. * —

—— die deutschen Freiheitskriege in den J. 1813, 1814, 1815. Für Deutschlands Jugend und Volk bearb. 2. Aufl. gr. 16. (IV und 360 S. mit dem lithogr. Portr. des Fürsten Blücher.) Dessau 863. Aue'sche Buchh. cart. *

—— Hildebrandts Fried, s.a. Jugendbibliothek, neue.

—— Hildebrandts Fried oder unrecht Gut gedeihet nicht. Eine Jugend- und Volks-Erzählung. 8. (94 S. mit 1 Chromolithogr.) Mülheim 879, Bagel's Verlagsh. cart.

— der Burggraf Friedrich v. Nürnberg, s.: Jugendbibliothek, neue.

— König Friedrich Wilhelm I. u. Kronprinz Friedrich, s.a. Flemming's, Carl, vaterländ. Jugendschriften.

Würdig, L., König Friedrich Wilhelm I. u. Kronprinz Friedrich, s.a. Jugendschriften, vaterländische.

—— König Friedrich Wilhelm I. und Kronprinz Friedrich. Nach den besten Quellen für Jung und Alt erzählt. gr. 16. (140 S. mit 4 lithogr. Illustr. in Tondr. von Carl Jäger.) Glogau 866, Flemming. cart. *

[F.] König Friedrich Wilhelm I. und Kronprinz Friedrich. Nach d. besten Quellen f. jung u. alt erzählt v. L. Würdig. M. 4 Ill. *Glogau: C. Flemming [1895].* (147 S., 4 Taf.) 1 Bd 8.
= Jugendschriften, C. Flemmings Vaterländische. Bd 45. [96. 1555

Würdig, L., Friedrich Wilhelm, der große Kurfürst von Brandenburg. Ein Lebens- und Geschichtsbild. Für Deutschlands Jugend und Volk bearb. gr. 16. (IV und 163 S. mit 1 Stahlst.) Dessau 861, Aue'sche Verlagsbuchh. Thlr. *

— vom alten Fritz u. vom siebenjährigen Kriege für Jung u. Alt im deutschen Vaterlande erzählt. Ebend. 860. 16. (2 Bl., 195 S. u. 1 Holzschntaf.) n. 15 ngr

— Flgungen, s. Erzählungen aus Heimat und Ferne.

—— Fürst und Zigeuner, s. Jugendbibliothek, neue.

— ein Gang üb. die beiden alten Dessauer Friedhöfe. gr. 8. (164 S.) Dessau 886. (Heine.) n. 2 —

— Geld u. Herz, s.a. Verein f. Verbreitung guter Schriften, Zürich. Nr. 43.

Würdig, L. Geld und Herz. Eine Geschichte von L. Würdig. 71 S. 8. Zürich, Jacques Bollmann, August 1901. fr. —.15
Verein für Verbreitung guter Schriften. (Zürich) No. 43. 1901.

—— Germania. Vaterländische Geschichts-Bilder aus Kriegs- und Friedenszeiten. Skizzen und Erzählungen für Deutschlands Volk und Jugend. 5 Hefte. 8. (351 S.) Wiesbaden 873, Gestewitz. à Heft * 50 Pf.; complet geb. *

—— die Geschwisterkinder, s.a. Jugendbibliothek, neue.

— die Geschwisterkinder, oder verschiedene Wege. Wohlthun trägt Zinsen. Zwei Erzählungen. 8. (96 S. m. 1 Chromolith.) Mülheim 879. Bagel. cart. — 60

—— vor den Geschworenen, s. Erzählungen aus Heimat und Ferne.

—— vor den Geschworenen; Krieg und Frieden; Bruderliebe, s. Bibliothek interessanter Erzählungen.

— u. L. Habicht, vor den Geschwornen u. a. Kriminal-Erzählgn. 8. (127 S.) Mülheim a/R. 897. J. Bagel. 1. —

— u. L. Habicht, vor den Geschworenen u. a. Kriminal-Erzählungen. — Artopé, Thdr., die holde Kathinka. Nach Mitteilgn. e. Kriminalbeamten. — Hage, C. A., wer ist der Thäter? Kriminal-Erzählung. (Umschlag: Artopé, Thdr., u. a.: Gefährliche Existenzen. Kriminal-Novellen.) (127 u. 87 S.) 8. Mülheim a/R. (904). J. Bagel. — 60

—— Vetter Gottlieb, s.a. Jugendbibliothek, neue.

— Vetter Gottlieb oder: Selig sind die Barmherzigen. Eine Jugend- u. Volkserzählung. 8. (94 S. m. 2 Chromolith.) Mülheim 880. Bagel. cart. — 60

— Gustav Adolf, s.: Flemming's vaterländ. Jugendschriften.

— Gustav Adolf in Deutschland, s.: Jugendschriften, vaterländ.

— Hand in Hand. 4 Erzählungen für die reifere Jugend. Mit 4 (lith.) Bildern in Buntdr. nach Zeichnung von W. Schäfer. Neu-Ruppin 869. Leipzig, Oehmigke. br. 8. (177 S.) cart. 1 ℳ

— Handwerk hat goldenen Boden, s.: Bibliothek interessanter Erzählungen.

— Heimathklänge. Allerlei Alt-Dessauisches. Ein Haus- u. Familienbuch. 8. (116 S.) Dessau 888. (Baumann.) n. 1. 20

— brandenburgische Herzen, s.: Jugendbibliothek, neue.

Würdig, L., Andreas Hofer oder der Tyroler Freiheitskampf im J. 1809, s.: Köhlers ill. Jugend- u. Volksbibliothek. Volkserzählungen.

— Schallmeiers Hubert, s.: Jugendbibliothek, neue.

— Hurra, jung Preußenblut, s.: Jugendbibliothek, neue.

—— jede gute That findet ihren Lohn, s.a. Jugendbibliothek, neue.

—— jede gute That findet ihren Lohn. Murrfusel. Zwei Jugenderzählungen. 8. (95 S. mit 1 Chromolithogr.) Ebendas. 879. cart.

— in den Kasematten Küstrins; durch Nacht zum Licht, s.: Jugendbibliothek, neue.

— arme Kinder, oder die Wege des Herrn sind eitel Güte. Eine Jugend- u. Volkserzählung. gr. 16. (93 S. m. 1 color. Steintaf.) Mülheim 878. Bagel. — 60

Würdig, L., die Kinderwelt. Neue Fabeln und Lieder für artige Kinder. Zerbst 854. Wallerstein. (Leipzig, Klinkhardt.) 16. (120 S. u. 3 Lithogr. in Farbendr.) 15 ngr

— bei Königgrätz. Eine Erzählung für die Jugend. Glogau 867. Flemming. 16. (92 S. mit 4 lith. Illustr. in Tondr. von Hanns Williard.) cart. n. 7½ ngr

—— Königskrone und Bettelstab, s.a. Geschichtsbilder für Jugend und Volk.

— Königskrone u. Bettelstab. Die Schicksale Kurfürst Friedrichs V. v. der Pfalz. Mit Illustr. nach Orig.-Zeichngn. v. Carl Gehrts. 2. Aufl. 12. (112 S.) Gütersloh 899. C. Bertelsmann. — 60; kart. — 70; in Bibliotheksbd. — 80; in Leinw.-Bd. — 90

— Kreuz u. Halbmond, s: Jugend-Bibliothek, neue.

—— Krieg und Frieden, s. Erzählungen aus Heimat und Ferne.

—— Deutschlands Kriegs- und Siegeszug gegen die Franzosen im J. 1870—71. Eine gedrängte und volksthüml. Darstellung der Ereignisse. 1.—3. Aufl. gr. 8. (128 S.) Dessau 871, Reißner.

—— des alten Dessauers Leben und Thaten. Für Jung und Alt im deutschen Vaterlande erzählt. 8. (152 S.) Dessau 859, Baumgarten und Comp. *

—— des alten Dessauers Leben und Thaten. Für Jung und Alt im deutschen Vaterlande erzählt. 2., verb. Aufl. 8. (IV und 138 S. mit 1 Holzschntaf.) Berlin 864, Boettcher. cart. *

Würdig, L., des alten Dessauers Leben u. Thaten. Für jung u. alt im deutschen Vaterlande erzählt. 3. verb. Aufl., besorgt v. H. Wäschke. (III, 128 S.) 8. Dessau 903. [P. Baumann's Verl.] C. Dünnhaupt. n. 1. –; geb. in Leinw. n. 1. 50

Würdig, L. Leben des grossen Kurfürsten. (163) 12. Dessau 1861. 1,50.

—— der treue Leibpage, s. Jugendbibliothek, neue.

—— arme und reiche Leute, s. Jugendbibliothek, neue.

—— Lieder, Fabeln und Räthsel. Ein Weihnachtsbuch. Mit Zeichnungen (in Holzschn.) von G. Frank. 8. (V und 64 S. mit 2 Holzschn.) Dessau 853, Neubürger. mit 1 ill. und 5 schw. Holzschn.

—— Für junge Mädchen. Jede gute That findet ihren Lohn. — Murrsusel. — Arme u. reiche Leute. — Durch Nacht zum Licht. Erzählungen f. junge Mädchen. 8. (160 S. m. 3 Farbendr.-Bildern.) Mühlheim a. d. R. 891, J. Bagel. cart. 2 —

— das Mannlehngut. Das heiße ich brav u. rechtschaffen gehandelt, s.: Köhler's ill. Jugend- u. Volksbibliothek.

—— Menschenliebe und Bürgertreue, s. Jugendbibliothek, neue.

— mit Gott, für König u. Vaterland, s.: Jugendbibliothek, neue.

—— Mühlberg und Sievershausen. Eine geschichtl. Erzählung für Jung und Alt. 16. (155 S. mit 4 lithogr. Bildern von Jul. Scholtz in Tondr.) Glogau 867, Flemming. cart. *

—— Murrsusel, s. Jugendbibliothek, neue.

Würdig, L., nach gethaner Arbeit ist gut ruhen. Ein Büchlein für Alt und Jung im deutschen Vaterlande. 1. Jahrg. 8. (III und 156 S.) Dessau 860, Baumgarten und Comp.

—— der dankbare Negerknabe, s. Jugendbibliothek, neue.

— diesseit u. jenseit d. Oceans, s.: Bibliothek interessanter Erzählgn.

—— der Pflegesohn des Invaliden, s.a. Jugendbibliothek, neue.

— der Pflegesohn des Invaliden. Arme u. reiche Leute oder: Fürchte dich nicht, ich bin mit dir! Zwei Jugend- u. Volkserzählungen. 8. (96 S. m. 2 Chromolith.) Mülheim 880. Bagel. — 60

Würdig, Ludw., das Portrait des Vaters, s.a. Jugendbibliothek, neue.

—— das Portrait des Vaters. Erzählung für die Jugend und das Volk. 8. (96 S. mit 1 Chromolithogr.) Mülheim 879, Bagel's Verlagsh. cart.

—— Rittertrutz und Fürstenschutz, s. Bibliothek interessanter Erzählungen.

— Schuld u. Sühne, s.: Bibliothek interessanter Erzählungen.

— Schuld u. Sühne, s.: Erzählungen aus Heimat u. Ferne.

—— der Schwadronsjunge, s.a. Jugendbibliothek, neue.

— der Schwadronsjunge oder Vivat Fridericus Rex! Eine Jugend- u. Volkserzählung aus der Zeit des 7jähr. Krieges. 8. (94 S. m. 2 Chromolith.) Mülheim 880. Bagel. cart. — 60

— Spiegelbilder aus dem Leben f. das Leben, s.: Kracht's, U., Jugend-Bibliothek.

—— Spiegelbilder aus dem Leben für das Leben, s. Volksbibliothek, unterhaltende.

— Stadt- u. Dorfgeschichten aus alter u. neuer Zeit, s.: Kracht's, U., Jugend-Bibliothek.

— Stadt- u. Dorfgeschichten, s. Volks-Bibliothek, unterhaltende.

—— im Potsdamer Stadtschloß. Eine geschichtl. Erzählung. gr. 16. (64 S.) Mülheim 879, Bagel's Verlagsh. *

—— des Königs Stellvertreter. Ein Tag in Königs-Wusterhausen. Zwei geschichtl. Erzählungen. gr. 16. (64 S.) Ebendas. 879. *

—— die Storkows, oder Vom Rhein bis zum Rhein, s. Jugendbibliothek, neue.

— o Straßburg, o Straßburg, du wunderschöne Stadt! s.: Bibliothek interessanter Erzählgn.

— u. F. Schrader, um Thron u. Reich. 3 Erzählgn. (VII, 115, 120 u. 122 S. m. 12 Vollbild.) kl. 8. Berlin (910). Verlag Jugendhort. Geb. in Leinw. 3. —

—— die Völkerschlacht bei Leipzig vom 16. bis 19. Oktbr. 1813. Eine Erinnerungs- und Jubelschrift für das J. 1863. 3. Aufl. 8. (32 S.) Dessau 863, Aue'sche Buchh. *

— Volksgeschichten. Hildebrandt's Fried oder das Mannlehngut. — Die Angermüller. — Murrsusel. Dessau 853. Neuburger. 8. (166 S.) 12 ngr.

—— Anhaltischer Volks-Kalender für 1863—68. 1.—6. Jahrg. 8. [1. Jahrg. (XXXIV und 127 S. mit 2 lithogr. Bildern und einer Musikbeilage.) 2. (XXX und 134 S. mit 2 lithogr. Bildern.) 3. (XXVIII und 126 S. mit 2 Stnt.) 4. (XXVIII und 124 S. mit 1 Stnt.) 5. (XXIV und 122 S. mit 1 Stnt.) 6. (XXIV und 122 S. mit 1 Chromolithogr.)] Dessau, Aue'sche Buchh. à Jahrg. *

—— Anhaltischer Volks-Kalender für die J. 1869—1875. 7.—13. Jahrg. 8. (à Jahrg. ca. XXIV, 120 S.) Dessau, Heine. à Jahrg. *

—— Anhaltischer Volks-Kalender für die J. 1876—1880. 14.—18. Jahrg. (à ca. 140—150 S. mit Holzschntaf.) 8. Dessau, (Heine.) à Jahrg. *

—— anhaltischer Volks-Kalender für die J. 1881—1885. 19.—23. Jahrg. 8. (à Jahrg. ca. XXIV, 113 S.) Dessau, Heine. à Jahrg. *

—— Anhaltischer Volks-Kalender f. d. J. 1891—1893. 29.—31. Jahrg. Hrsg. v. Rob. Hannesen. 8. (à Jahrg. XLIV, 110 S. m. Text-Bildern u. 2 Lichtdr.-Bildnissen.) Dessau, (R. Kahle). à Jahrg. — 75

— Anhaltischer Volkskalender, Fortsetzung, s.: Volks-Kalender, anhalt.

—— Markgraf Waldemar von Brandenburg. Historische Erzählung für Jung und Alt. Mit 4 (lithogr.) Bildern von H. Vogel. 12. (131 S.) Glogau 880, Flemming. cart. *

— bis über's Weltmeer, s.: Jugendbibliothek, neue.

Würdig, L., wie Anhalt seines Herzogs Leopold Friedrich 50jähriges Regierungs-Jubiläum gefeiert hat. Ein Gedenkbuch an die festlichen Augusttage des Jahres 1867. Dessau 867. Aue'sche Buchh. 8. (112 S.) n. 6 ngr.; Velinp. n. 8 ngr.

—— unter den Wilden, s.a. Jugendbibliothek, neue.

— unter den Wilden oder der alte Gott lebt noch. Eine Jugend- u. Volkserzählung. 8. (96 S. m. 2 Chromolith.) Mülheim 880. Bagel. cart. — 60

— willkommen in Dessau! Eine Erinnerungsschrift an den festl. Einzug der Durchlauchtigsten Erbprinzl. Herrschaften am 9. Juni 1884. 8. (III, 64 S.) Dessau 884. Baumann. n — 80

—— Wohlthun trägt Zinsen, s. Jugendbibliothek, neue.

— Graf York v. Wartenburg, s.a. Flemming's, C., vaterländische Jugendschriften.

—— Graf York v. Wartenburg. Des Helden Leben und Thaten. Mit 4 (chromolithogr.) Illustr. von Jul. Scholz. 16. (149 S.) Glogau 871, Flemming. geb. *

— Hans Joachim v. Zieten, s.a. Flemming's, C., vaterländische Jugendschriften.

—— Hans Joachim v. Zieten. Für Jung und Alt erzählt. Mit 4 (lithogr.) Illustr. von Alfr. Diethe. 16. (121 S.) Glogau 875, Flemming. cart. *

—— ein Zuave, s. Jugend-Bibliothek, neue deutsche.

Würdigs, Traugott, Landpredig. z. Rosenfeld, Leben. 2 Thle. 8. Zerbst, Fuchsel. 1 20

Würdigung

—— actenmäß., e. Schmähschrift, welche u. d. T.: „Anklage d. Ministeriums Münster vor d. öffentl. Meinung" in d. Königr. Hannover verbreitet worden ist. gr. 8. (3¾ B.) Hannover 831, Hahn.

Würdigung der Angriffe d. Hrn. J. Ellendorf zu Berlin geg. d. Prof. Walter zu Bonn. 8.°(2¾ B.) Köln 841, Du Mont-Schauberg.

Würdigung der Angriffe des Dr. Frz Palacky auf die Mittheilungen des Vereines für Geschichte der Deutschen in Böhmen. Prag 1868. V: *Lippert, Jul.* (Ky)

Würdigung der Angriffe des Dr. Frz. Palacky auf die Mittheilungen des Vereines für Geschichte der Deutschen in Böhmen. (Von J. Lippert.) Lex.-8. (II, 16 S.) Prag 868. (Leipzig, Brockhaus' Sortiment und Antiq.) *

Würdigung [illegible] des Vereines für [illegible] I. II. [illegible] 1868. 15 [illegible]

— der im 22. Heft des „Janus" von Huber angeblich von Dr. Harnisch gegen das aufgelöste evang. Schullehrer-Seminar zu Breslau erhobenen Anklagen. 8. Leipzig 846, Hartknoch. 1/12 ₰

Würdigung der im 22. Heft des »Janus« von Huber . . . gegen das aufgelöste . . . Seminar . . . erhobenen Anklagen . . . Leipzig 1847. V: *Leisner, L.* (Kat. d. Druckschr. üb. Breslau. Breslau 1903. S. 296.)

Würdigung der im 22. Heft des „Janus" von Huber angeblich von Dr. Harnisch gegen das aufgelöste k. evangel. Schullehrer-Seminar zu Breslau erhobenen Anklagen. 8. (30 S.) Leipzig 847, Hartknoch.

— des Aufsatzes im Octoberheft 1834 des Kirchenboten S. 664 bis 666, u. seiner Folgen. Von einem Unbefangenen. gr. 8. Bremen 835. Heyse. 1/12 ₰

Würdigung des Beitrags zur Würdigung des Jesuiten-Ordens, von Burchard Leu . . . Luzern 1840. V: *Waser, Caspar.* (Jes) (so)

—— und Beleuchtung des die Volksschullehrer und den gebildeten Theil des Volks beschimpfenden Sendschreibens Eines, welcher der Kirche und Schule gleich nahe steht. Den Volksschullehrern und dem Volke Deutschlands freundlichst gewidmet von einem Landschullehrer. 8. (31 S.) Langensalza 849, [Bornbrück.]

— u. Beleuchtung des die Volksschullehrer und den gebildeten Theil des Volks beschimpfenden Sendschreibens Eines, welcher der Kirche u. Schule gleich nahe steht. Den Volksschullehrern und dem Volke Deutschlands freundlichst gewidmet von einem Landschullehrer. 8. (31 S.) Langensalza 849, Körner. 1/12 ₰

Würdigung der von der Württembergischen Ständeversammlung erhobenen Beschwerde über ein ohne ihre Mitwirkung errichtetes Schuiden-Tilgungs-Institut. [Stuttg.] 1816. V: *Wangenheim, Carl Aug. Frh. v.* (Kat. der ständ. Bibl. Stuttg. 1907. S. 258.)

Zur **Würdigung** der reformatorischen Bestrebungen in dem kath. Deutschland, mit kritischer Berücksichtigung von G. G. Gervinus: „Die Mission der Deutschkatholiken" [Heidelberg, Winter, 1845, 8°, 2. Aufl.]. Denkschrift für Staatsmänner. Mainz, Halenza, 1846, gr. 8°, 1,50 Mk.
Vgl. Hist.-p. Blätt. Bd. 17, S. 307—18 („Die Mission des Prof. Gervinus").

—— des hermesischen Beweises ꝛc., s. Volkmuth, P.

Zur **Würdigung** des vom Könige zu Dänemark unterm 8. Juli 1846 erlassenen Offenen Briefes die Erbfolge in den Herzogthümern Schleswig, Holstein und Lauenburg betreffend. Als Anhang: Die Adresse an die Holsteinische Ständeversammlung, berathen und unterschrieben auf der Volksversammlung zu Neumünster am 20. Juli 1846. Leipzig. 1846. 8°.

Würdigung der symbolischen Bücher, nach den jetzigen Zeitbedürfnissen; mit Augusti's Vorrede. gr. 8. Jena 799. (Leipz., Gleditsch.) 18 gr

Würdigung der Einwürfe gegen die alttestamentlichen Weissagungen an dem Orakel des Jesaia über den Untergang Babel C. XIII—XIV, 23 . . Rottenb. a. N. 1835. V: *Schleyer, Peter.* (Hauptkat. d. Univ.-Bibl. Tübingen. G. S. 147.)

Würdigung, Gehörige, und **aktenmässige** Abfertigung des gegen den regierenden Herzog von Braunschweig erschienenen Libells . . . [Strassburg] 1828. V: *Klindworth, Johann Georg Hnr.* (EngJ)

— gehörige, u. aktenmäßige Abfertigung des gegen den regier. Herzog von Braunschweig erschienen Libells. Nebst einem Anhange urkundl. Denkschriften u. officieller Aktenstücke (von Jh. Geo. Hnr. Klindworth.) gr. 8. (Straßb.) 828. Levrault. 1 Rthlr 4 gr

Würdigung, gehörige, d. geistl. u. weltl. Standes. 8. Leipz. 805. Compt. f. Lit. 805. 3 gr

— der protestantischen Geistlichkeit u. ihres Wirkens, besonders im Verhältnisse zu andern Staatsgliedern. 8. Stuttg. 820. Steinkopf. 14 gr

Anonym: „Kaufmanns Würdigung der Schrift: Preussen und Frankreich von D. Hansemann, widerlegt und gewürdigt", Leipzig 1834 — Vorh.: Preuß. Staatsbibl. Berlin.

— des Constitutionalismus nach seiner Natur, seinen Früchten u. seiner Geschichte. Zunächst für das Land Oldenburg, dann auch f. Jedermann. gr. 8. (24 S.) Oldenburg 852, Stalling. 1/8 Rthlr

—— kurze geschichtl., d. Jesuitenordens, von e. kathol. Geistlichen. 2. Aufl. 8. (6 B.) Kempten 829, Dannheimer.

Zur **Würdigung** der Lehrpläne für die Königlich preußischen Präparandenanstalten und Lehrerseminare vom 1. Juli 1901. Ein Beitrag z. Frage d. Lehrerbildung in Gemeinschaft mit ... hrsg. von Otto Gerstenhauer, Altdöbern. Breslau: F. Hirt 1906. (104 S.) 8° [F.] 07. 3932

—— der positiven Philosophie von Dr. M. Deutinger. gr. 8. (62 S.) Augsburg 853, (Pilon und Comp.) *

Die **Würdigung** der Presse anlässlich der Genfer Première der Lyrischen Komödie 'Sancho'. Franz. Text von R. Yve-Plessis, Deutsch von Felix Vogt. Musik von Emil Jaques-Dalcroze. (Vorr.: J. Sandmeier.) Genf 1898: Impr. Suisse. (24 S.) 8° 07. 7243

Würdigung. Rechtliche W. der gegen Altoberrichter Joseph Buhler ... erhobenen Beschuldigungen in Betreff der Theilnahme an der Tödtung des Ratsherrn Jos[eph] Leu von Ebersoll .... 8. Luzern 1849.

Anonym: „Rechtliche Würdigung der Schrift: Preussen und Sachsen „Berlin bei Duncker & Humblot", o. O. 1815.

Würdigung (Zur sachlichen) des geltenden Branntweinsteuergesetzes und der Liebesgaben-Theorie. 8°. Berlin, K. Steinitz, 1893.

Zur **Würdigung** (Friedrich v.) Schiller's in Amerika. Erinnerungsblätter an d. 100. Wiederkehr von Schillers Todestag. Hrsg. von d. Comite d. Chicago Schiller Gedenkfeier, Mai 1905. Chicago, Ill.: Koelling & Klappenbach (1905). (123 S.) 2° [G.]
[Umschlagt.:] Zur Schiller Gedenkfeier in Chicago, 1905 05. 13710

Würdigung der Schmähschrift des Buchhändlers Herrn Gall zu Trier gegen die Professoren Nees von Esenbeck und Goldfuss zu Bonn . . . Bonn 1829. V: *Nees von Esenbeck, Theod. Frdr. Ludw.* (Call) (Ky)

—— der Schmähschrift d. Buchhändlers Hrn. Gall zu Trier geg. die Prof. Nees v. Esenbeck u. Goldfuß zu Bonn, wegen Nichtherausgabe e. deutschen Büffon. Mit ergänz. Aktenstücken. (Von Nees v. Esenbeck.) gr. 8. (2½ B.) Bonn 829, Weber.

Würdigung der in dem Verlage von O. Janke in Berlin erschienenen und von dem ehemal. Flüchtling in der Schweiz Gustav Rasch verfaßten Schmähschrift „Kein Geld, kein Schweizer." Reisekalender für die Schweiz auf das J. 1858. Zum Schutz für deutsche Reisende. 5. Aufl. gr. 8. (8 S.) St. Gallen 858, Scheitlin und Zollikofer.

— der Schrift d. Hrn. Wolf. Fröhlich, als Gegenstück zu der Schr.: neue Erde u. neuer Himmel, mit e. kleinen Anhange. gr. 8. Landsh. 802. Weber in Münch. 8 gr

—— der Schrift d. Hrn. Prof. D. Kranichfeld: Ueber d. Nothwendigkeit gründl. pharmacolog. Kenntnisse zum Ueben e. glückl. Praxis in d. Medicin etc. Von d. Apothekern Berlins. gr. 8. (2 B.) Berlin 833, Oehmigke.

— der beiden Schriften: das Herzogthum Holstein unter dänischer Herrschaft u.: Worte e. Holsteiners ꝛc. 8. Hamb. 814. Campe. ...

Würdigung, Staatsrechtliche, des Patents vom 1. Nov. 1837. Hamb. 1837. V: *Heckscher, Joh. Gust. Mor.* (CBH)

— staatsrechtliche, des Patents Sr. Maj. des Konigs von Hannover vom 1. Nov. 1837. gr. 8. Hamburg 837. Perthes-Besser u. Mauke. n 1/6 Rthlr

— zur, des Strebens nach Verfassung in Schleswig-Holstein. Beigefügt das Rechtsgutachten des Hrn. Raths Schlosser über d. Recurs der schlesw.-holstein. Ritterschaft ꝛc. an den Bundestag. gr. 8. Deutschland, Nov. 1830. (Hamb. 831. Nestler u. M.) 11 gr

—— unmaaßgebl., d. Entwurfs e. Bittschrift an deutsche Fürsten. 8. (1½ B.) Kiel 830, Universitäts-Buchh.

—— unpartheiische, der Schmähschrift: Memoiren üb. Polen unt. Russ. Herrschaft, v. Harro Harring ꝛc. Von e. Russ. Unterthan. 8. (1½ B.) Altenburg 831. (Leipzig, Köhler.)

— u. Veredelung d. regelmäß. Gärten, s. a. Chr. A. Semler.

Würdigung u. Vereil. d. regelmassigen Garten, od. Versuch, d. nach d. franzos. Geschmack angelegten Garten nach d. Grundsatzen d. engl. Gartenkunst z. verbessern, (v. Chr. Aug. Semmler). 8. Leipzig, 1791. Leo. (H. Fritzsche.) — 10

Würdigung der Schrift: Geheime Verhaltungsbefehle der Jesuiten oder: Monita secreta societatis Jesu. Von G. Kl., Vic[ar] v. Hemmerden. Aachen 1824.

— d. Cölibats nach d. Vernunft u. Offenbarung zur Rechtfertigung d. Cölibats d. kathol. Geistlichen. 8. Coblenz 831. Hergt. 1½ ℛ

Würdinger Max, [illegible] Entwicklungs[illegible] des Embryo [illegible] von *Euphrasia Rostkoviana* [illegible] 3 Taf. 1855. 5[illegible]
Separatabdruck

Würdinger, Josef

Würdinger, J., die Alterthums-Sammlung, s. Sammlungen, die, des historischen Vereines für Oberbayern.

Würdinger, J. Antheil der Bayern an der Vertheidigung Candias 1645—69. (München 1881.) 8°. (Aus: Sitzungsberichte d. philos.-philol. u. hist. Classe d. k. b. Akad. d. Wissensch.)

(*Würdinger*, J., Oberstlieut. a. D.) Das Kgl. Bayer. Armee-Museum im Hauptzeughause zu München. 2. Aufl. Im Auftrage des k. b. Generalstabes bearb. (von *L. Popp*, Hauptm. a. D. u. Konservator d. Mus.). München 1866. Druck von R. Oldenbourg. 8°. Eleg. Hlbldrb. m. Fileten.*)
XII 175 S., 1 S. Inh., 1 Bl. Err. In 5 Sälen sind 8526 Nrn. aufgestellt.

— — Das k. b. Armee-Museum im Hauptzeughause zu München. München 1882. 140 S.
— — 2. Aufl. bearb. v. L. Popp. 1886.

Wuerdinger, J. Aufzeichn. Georg Schwartzerdts über den Bauernkrieg um Brettheim 1525. München 1879. 11 S.

Wuerdinger, J. Ausgang des österr. Erbfolgekrieges in Bayern. München 1889. 59 S.

— Beiträge zur Geschichte der Gründung und der ersten Periode des bayerischen Hausritterordens vom heiligen Hubertus 1444—1709. gr. 4. (44 S.) München 880, (Franz'sche Buchh.) **
Aus: Abhandlungen der k. bayer. Akademie der Wissenschaften, besonders abgedruckt.

— — Beiträge zur Geschichte des bayer. Landes-Defensionswesens unter Kurfürst Maximilian I. München 1886. 50 S.

Würdinger, J., Anton Freiherr von Berchem zu Blutenburg, Ober- und Untermenzing etc. Oberbayer. Archiv. 42. Bd. München 1885. 8. S. 261—273. Auch S.-A.

Bericht bei der Feier des fünfzigjährigen Bestehens des historischen Vereins von Oberbayern am 26. Mai 1888 erstattet durch den ersten Vorstand Joseph Würdinger. München. 1888. 8°

Wuerdinger, J. Bestrebungen des Kurfürsten Max Emanuel von Bayern, den wissenschaftl. Geist in seinem Heere durch Errichtung einer Artillerie-Schule (1685) zu heben, sowie deren Erfolge. (1685—1730.) München 1885. 7 Bl.

Wuerdinger, J. Ein Neuburger Falkonet. München 1880. 5 S.

Würdinger, Jos., prähistorische Funde in Bayern. Vortrag gehalten am 9. Aug. 1875 in der Generalversammlung der deutschen anthropolog. Gesellschaft. gr. 8. (40 S.) München 875, (Lindauer'sche Buchh.) *

Würdinger, Jos., Kriegsgeschichte von Bayern, Franken, Pfalz und Schwaben von 1347 bis 1506. 2 Bde. gr. 8. München, Literarisch-artistische Anstalt. [Stuttgart, Cotta'sche Buchh.] *
Inhalt:
Bd. 1. Kriegsgeschichte und Kriegswesen von 1347—1458. (XVII, 349 S.) 868. *ℳ 5,40.
„ 2. Kriegsgeschichte und Kriegswesen von 1458—1506. (XVII, 441 S.) 863. *ℳ 6,40.
Vgl.: Heilmann, J.

Würdinger, J., Kriegsgeschichte des k. bayer. 2. Infanterie-Regiments Kronprinz in den Jahren 1870—71. München 1873. 8.

Wuerdinger, J. Die bayer. Landfahnen vom Jahre 1651—1705. Ein Beitrag zur Geschichte der Volksbewaffnung. Landshut 1863. 19 S.

Würdinger, J., Friedrich von Lochen, Landes- und Feldhauptmann in der Mark Brandenburg. München 1874. 8.
— —, Maximilian, A. E., Graf Topor-Morawitzky, k. bayer. Kämmerer, Oberst und Secondlieut. der Leibgarde der Hartschiere. München 1875. 8.

Würdinger, Joseph, k. bayer. Major. Ueber die Töpfer'schen Materialien für die bayer. Kriegsgeschichte des 18. Jahrhunderts. (Aus: „Sitzungsberichte der philosophisch-philologischen und historischen Classe der k. bayer. Akademie der Wissenschaften zu München". 1878. Heft II.) 8. München 1878.

Würdinger, J., bayerischer Militär-Almanach, s. a. Militär-Almanach.

Würdinger, J., k. bayer. Oberlieut. Bayerischer Militär Almanach. 1.–4. Jahrgang (4 Bde.) 8. München 1856–1859.

Wuerdinger, J. Ein bayerisches Reiterstück aus dem Jahre 1805. Nach einer Aufzeichnung des Gen.-Maj. v. Schuh. München 1876. 8 S.

Wuerdinger. Die Römerstraße von Scharnitz (Scarbia) bis Partenkirchen (Parthanum) und die mit ihr zusammenhängenden Befestigungen. München 1882. 12 S.

— —, über die von Kaiser Ludwig gewonnene Schlacht bei Mühldorf. (Abdruck vom histor. Verein.) München 1872. 8.

Wuerdinger, J. Urkunden-Auszüge zur Geschichte des Landshuter Erbfolgekrieges. München 1862. 44 S.

Würdinger, Joseph. Urkunden-Auszüge zur Geschichte der Stadt Lindau, ihrer Klöster, Stiftungen und Besitzungen, vom Jahr 1240 bis zum Jahr 1621. Mitgetheilt von J. W.... (3 Reihen.) Hg. vom Verein für Geschichte des Bodensee's und seiner Umgebung. 4. Lindau [1870–]1872.
[Beilage zu: Schriften des Vereins für Geschichte des Bodensee's und seiner Umgebung. Heft 2. u. 3.]

— **Urkunden-Auszüge** zur Geschichte der Stadt Lindau, ihrer Klöster, Stiftungen u. Besitzungen vom J. 1240 bis zum J. 1621. Hrsg. vom Verein f. Geschichte d. Bodensee's u. seiner Umgebg. [Aus den Schriften d. Vereins f. Geschichte d. Bodensees u. seinen Umgebgn.] hoch 4. (88 S.) Lindau 872. Stettner in Comm. n. 1. 50

Wuerdinger, J. Pfalzgraf Philipp des Streitbaren Verteidigung Wiens gegen die Türken unter dem Sultan Suleiman I. 1529. Neuburg 1876. 20 S.

Würdinger, Luitpold [Militär-Assistenzarzt in München]: Über die vergleichende Anatomie des Ciliarmuskels. (Aus d. histiolog. Laboratorium d. Univ.-Augenklinik in München.) ... Würzburg, Druck der Thein'schen Druckerei (Stürtz), 1886; 19 S. 8°.
München, Med. Fak., Inaug.-Diss. v. 1886.

Würdinger, L., üb. die vergleichende Anatomie d. Ciliarmuskels. [Aus dem histiolog. Laboratorium der Univ.-Augenklinik in München.] Inaug.-Diss. gr. 8. (19 S.) Würzburg 886. (Wiesbaden, Bergmann.) n.n. — 80

Madubbi ya Damano ja Kae na Ibiya, yakoranyichweyo Kipokomo ni Wasumuizi Engili: **Ferdinando Wuerdsi** na Wilhelmi **Weber** na Mugicha chwao Abu Dula chwa Gerera. Ngao, Pokomoni mwaka wa 1895 m. k. J. M. Gedr. m. Unterstützg d. Relig. Tract Soc. in London. *Neukirchen, Kr. Moers: Stursberg & C. 1896.* [Biblische Geschichten in Pokomo.] (215 S.) 1 Bd 8. [98. 5712

WÜRDT, JOSEPH: Unendlicher Schatz denen die ihm gebrauchen ist der grosse Ablaß Portiunculae. Also in der Closter-Kirchen deren W.W. E.E. P.P. Franziscanern in der königl. Freyen-Stadt Raab vorgestellet ... den 2 August 1761. Raab 1761. Gedruckt bey Gregori Johann Streibig. 6 S. - 4°

Würdter, F., kurzgefaßte Geschichte Babyloniens und Assyriens nach den Keilschriftdenkmälern. Mit besond. Berücksicht. des Alten Testaments. Mit Vorwort von Friedr. Delitzsch. 8. (VIII, 279 S. mit 28 eingedr. Holzschn.-Abbild.) Stuttgart 882, Gundert. *

Würdtwein, Stephan Alexander

— Abhandlung über den literar. Zusammenhang der jetzigen u. vorigen Zeiten in d. Pfalz. gr. 8. Manh. 791. Bürgerhospital. 3 gl. Dass. in latein. Sprache. gr. 8. Ebd. 791. 3 gl.

Würdtwein, S. A., de baptisterio Moguntino. Manh. 1771. 8.

***Würdtwein*,, Steph. Alex.**, († d. 12. April 1796.) **Bibliotheca Monguntina, libris saeculo primo typographico Moguntinae inpressis instructa, hinc inde addita inventae Typographiae historia. Cum fig. 4. Augsb. 787. Ulm 791. Stettin. 2 rthl 8 gl.**

— chronicon diplomaticum Monasterii Schoenau in Sylva Odoniana ord. Cisterciensis. 8. Manh. 793. Löffler. 1 rthl

— Concilia Moguntina elencho nuper edito nuntiata, novis accessionibus aucta, queis disciplina Ecclesiae Moguntinae Saeculo XIV., XV. et XVI. praecipue vero obscura concordatorum Germaniae historia illustr. 4. Marb. 766.

Würdtwein, St. Alx.: Ad concordata Germaniae. *Frkf.* (*Bamb.*), Göbhardt. 776—78. 4 T. 4. (2 Thl.)

— dioecesis Moguntiana in archidiaconatus distincta, commentar. diplom. illustr. X Pts. 4. Manh. 767—77. Löffler. 8 rthl (Franz in Münch.) P. 1—III. 1 rthl 16 gl.

— diplomataria Moguntina pagos Rheni, Moguni, Navaeque, Witteraviae, Hassiae, Thuringiae, Eichsfeldiae, Taxaneire etc. illustrantia. II Tmi. 4maj. Mainz 788. Fischer. Wesché in Frankf. 2 rthl 8 gl (Leipz., Central-Cpt.) 2 rthl 8 gl

Elenchus conciliorum moguntinorum (Würdtwein) Mainz 1761. 4.

— ad rei diplomaticae cultores Epistola de datis diplomatum. 8maj. Bamb. 776.

— Epistolae St. Bonafacii, Archiepiscopi Magontrini et Martyris, ordine chronologico dispositae, notis et variantibus illustratae. Fol. Mainz 789.

— tres epistolae ad L.B. Karl Ant. de Dalberg de conciliis Moguntinis. 4. Manh. 766. Löffler. 3 gl

— historia diplomatica Abbatiae Ilbenstadiensis. 4. Manh. 766.

(—) Kriege u. Fehdeschaften des edeln Franz von Sickingen. 8. Manh. 787. Löffler. 4 gl

— Manipulus chartarum XVI, Palatinorum Rheniconitum historiam illustrantium cum notis. gr. 4. Münch. 787. (G. Franz.) 5 gl

— Monasticum Palatinum Chartis et Diplom. instruct. notitiis authent. illustrat. VI Vol. 8maj. Manh. 792—96. Löffler. 10 rthl

— Mainzer Münzen des mittlern u. jüngern Zeitalters, zum Behuf der Geschichte des Vaterlandes gesammelt u. beschrieben. 4. Manh. 769.

— Nero Claudius Drusus Germanicus, Moguntiacae superioris Germaniae metropolis conditor, e scriptoribus coaevis et classicis delineatus. 8. Mainz 782. (Streng in Frankf.) 5 gl

— comm. hist.-liturgica de stationibus ecclesiae Moguntinae ex antiquitatibus ecclesiasticis eruta et addito ecclesiarum trevirensis et coloniensis ritu illustrata. 8maj. Mogunt. 782. (Frankf., Streng). 12 gl

— subsidia diplomatica ad selecta juris ecclesiastici Germaniae et historiarum capita elucidanda; cum indicibus et sigillis aere incisis. XIII Tmi. 8maj. Bamb. 772—80. (Wesché in Frankf.) 13 rthl 8 gl

— nova subsidia diplomatica, ad selecta juris ecclesiastici Germaniae et historiarum capita elucidanda, ex originalibus et authenticis documentis congesta, notis hic inde et sigillis illustrata. XIV Tomi. 8maj. Bamb. 781—89. (Wesché in Frankf.) 19 rthl 16 gl

— Thuringia et Eichsfeldia medii aevi eccles. in archidiaconatus distincta; commentatio I. de archidiaconatu praepositi Ecclesiae collegiatae B. M. V. Erfordiens. in comitu Kevernberg, ex documentis authenticis eruta. 4. Manh. 790. (Löffler). 2 rthl (Franz in Münch.) 20 gl

Wurfbain, E. W. R., über die venerischen Krankheiten zum Behuf akademischen Vorlesungen. 8. Bresl. 804. Barth. (Holäufer.) 4 gl

Würfel, A., Mußestunden zur Unterhaltg. u. Belehrg. f. jung u. alt. 2. verb. Aufl. (IV, 269 S.) 8. Regensburg 911. Verlagsanstalt vorm. G. J. Manz. 2.50; geb. in Leinw. 8.50

— **Unterhaltungsbuch am häuslichen Herd** f. jung u. alt. 2. verb. Aufl. (III, 259 S.) 8. Ebd. 911. 2.40; geb. in Leinw. 3.40

Würfel, Adf., das Leben und Wirken der heil. Slavenapostel Cyrill und Method. Hrsg. zur 1000jähr. Jubelfeier. 8. (23 S.) Prag 863, (Credner.) *
Ist auch zu gleichem Preise in böhmischer Sprache erschienen.

— Legende des heiligen Johannes v. Nepomuk. 8. (28 S.) Prag 862, (Credner.) *

Würfel, Adph., Mahnruf des scheidenden Jahres. Predigt am Schlusse des J. 1859, gehalten in der k. k. Burgkapelle zu Prag. gr. 8. (15 S.) Prag 860, (Credner's Verlags-Conto.) *

Würfel, Andreas

— kurzer Auszug aus der Dypticha eccles. Norimbergensis etc. Mit 37 Kpf. 4. Nürnb. 766. Schneider u. W. 2 rthl 9 gl

Würfel, Andr., († d. 6. Oct. 1769.) Beschreibung einiger Bracteaten, Dickpfennige u. Geschmeide. Mit Kpf. 4. Nürnb. 761. a. 771. Zeh. 4 K

— Dypticha, s. a. Dypticha.

Würfel, Andr., Dipticha ecclesiae Sebaldinae, d. i. Verzeichn u. Lebensbeschreibb. d. Herren Prediger, Schaffer u. Diaconorum, welche seit der Reformation bis hierher an d. Haupt- u. Pfarrkirche bei St. Sebald in Nürnberg gedient haben. Mit 11 Bildn. u. 3 and. Kpf. 4. Nürnb. 756. Schneider u. W. 2 ꝛf 2r Thl. Verzeichn. der Prediger ꝛc. an d. Haupt- u. Pfarrkirche St. Lorenzen in Nürnberg, mit 2 Abbildd. 4. Ebd. 756. 2 ꝛf 3r Thl. enthalt. die Geistlichen zu Aegidien, d. Spitalkirche zu St. Marien, St. Jacob u. d. übrigen Kirchen, Klöster u. Kapellen in Nürnberg ꝛc. Mit Kpf. 4. Ebd. 757. 2 ꝛß 16 K 4r Thl. enth. die Geistlichen in d. Städtlein im Nürnberg. Gebiete, nebst topograph. Nachrichten u. 70 Prospekten. 4. Ebd. 759. 5 ꝛß 3 K 5r u. 6r Thl. enth. die Fortsetzung der Lebensbeschreibungen aller Geistlichen in den zu Nürnberg gehörigen Landstädten u. Dörfern von 1756—79, von G. E. Waldau. 4. Ebd. 779, 80. 2 ꝛß

— Geschichte des Nonnenklosters zu Pillenreuth, Maria Schiedung. 8. Nürnb. 764. Bauer. 4 K

(—) histor. Nachr. von der Judengemeinde in d. Hofmark Fürth; sammt Uebersetzung u. Erläuterung ihres Tekunos-Büchleins. 4. Frankf. u. Prag 754.

— historische Nachricht von d. Judengemeinde, welche ehehin in d. Reichsst. Nürnberg angerichtet gewesen, aber im J. 1499 ausgeschiffet worden. 4. Nürnb. 755. Monath u. K. 8 K

— histor., genealog. u. diplomat. Nachrichten zur Erläuterung der Nürnberg. Stadt- u. Adelsgeschichte. 2 Bde. in 12 Stücken. Mit Kpf. 8. Nürnb. 767, 68. Ammermüller. 2 ꝛß

— Nachr. z. Erläut. d. Nürnbergischen Stadt- u. Adelsgeschichte. 2 Bde in 12 Stück, m. K. 8. Nürnb. Ammermüller. 768.

Würfel, Andreas (Nürnberg) A. S. 1381/27

Observationes in versum I. capitis I. Geneseos.
Präs. Johann Andreas Michael Nagel.
Altdorf (Meyer) 1. III. 1741. 29 S.

Gew.: Gustav Philipp Moerl, Joachim Negelein, Johann Jakob Pfizer, Nikolaus Haecker, Johann Herdegen, Konrad Friedrich Feuerlein.
W. v.: Johann Schulz, Benedikt Wilhelm Munch, Georg Dehler, Georg Lorenz Nissler.

37301

— Samml. e. Nachrichten von der Kapelle zu St. Ottmar u. St. Ottilien auf dem Keilberg bei Offenhausen. 4. Altd. 757.

— Todtenkalender des St. Katharinenklosters in Nürnberg. 8. Alt. 769.

Würfel, Curt, s. Würfel, Kurt

Würfel, Erich, Gedichte. (111 S.) kl. 8. Kiel 905. R. Cordes. n. 1. 50

Würfel, F., Adreß- und Geschäfts-Handbuch für die Stadt Aschersleben, s. Adreß- und Geschäfts-Handbuch.

Würfel, F., s. Adreß- und Geschäfts-Handbuch der Stadt Sagan.

Würfel, Kurt

Würfel, Curt. Vergleichende anatomische und histologische Untersuchungen über den Bau des zweiten Magens und über die Muscularis mucosae des Vorderdarms der Wiederkäuer ⟨Rind und Schaf⟩. Diss. Vet.-Med. Univ. Zürich ... von K' W'.... Mit 5 [*d. i.* 4] Tafeln. *Kopftitel:* Aus dem Physiologischen und Histologischen Institut der Königl. Tierärztlichen Hochschule zu Dresden.... 63 S. 8. Dresden, Otto Franke, 1908.

Würfel, Leonhard (Nürnberg) **Altd. Phs. 36/33**

De innocentia et utilitate nostra ex aliorum incommodis non augenda, ad lib. III. offic. Cic. capp. V. et VI. edit. Graev. Präs. Magnus Daniel Omeis.
Altdorf (Meyer) 19. II. 1701. 4 Bl.

37302

Würfel, Leonhard (Nürnberg) A. S. 1362/50

Dissertatio theologica de herbae Borith usu legali, ex Jeremiae cap. II. v. 22. Präs. Johann Michael Lange
Altdorf (Kohles) 18. III. 1705. 24 S.

37303

Würfel, Ludwig August

— Anleitung z. Kammergerichts-Extrajudicialproceß. 4. Frankf. 751. Stock. 4 K 2e A. Wetzlar 755. — Mit e. Vorrede v. Jh. Fd. Wlh. v. Brandt. 4. Wetzlar 768. Winkler. 20 K

***Würfel*, Ldw. Aug., Jurisprudentia civilis definitiva. 8maj. Frankf. a. M. 749. 8. Amsterd. 753. Edit. nova ed. J. H. C. de Selchow. 8maj. Frankf. 768. 20 K**

Würfel, Lud. Aug., Jurisprudentia civilis definitiva. 8. maj. Francf. Andreä. 768.

Würfel, Walter [aus Zerbst]: Beiträge zur Molekulargewichtsbestimmung an krystallisierten Substanzen ... Marburg. Buchdr. v. J. Hamel, 1896; 90 S., 1 Bl., 1 Bl. Taf. 8.
Marburg, Phil. Fak., Inaug.-Diss. v. [10. Sept.] 1896

Würfel, Walter, Dr.: Faradays **Bestreitung** der Atomistik in erkenntniskritischem Lichte. *Neuhaldensleben 1901: E. Pflanz.* (S. 3—18.) 4°
Neuhaldensleben, G, P 1901 (262)

Würfel, [Walther], Dr.: Die realen Wissenschaften als Grundlage des Idealismus. Suhl 1905: A. Kaufmann. (S. 3—9.) 4°
Suhl, k. R P 1905 (324)

Würfel- od. Zauberbuch, neues, s. J. H. Meynier.

Würfeldame, die, od. das neue Damenbretspiel. Leipz. Industrie Comt. 815. — 9

WÜRFELSPIEL, Kurzweiliges, das mit 2 Würfeln muß geworfen werden. O. O. u. J. (Mitte XVIII. Jh.). 8°. 8 Bll.
In Versen. — Cat. Meissner III. p. 566.

Würfelspiel, militärisches, mit e. ill. Spielplan. Berl. 829. Herbig. 6 K

Würfelspiele, 60, s.: Miniatur-Bibliothek.

Wurffbain, **Nachrichten über Landes-Meliorationen, insbesondere über die Melioration der Boker-Heide in der Provinz Westfalen durch Ent- und Bewässerung. gr. Fol. (19 S. mit 7 Kpfrt. und eingedr. Holzschn.) Berlin 856,** Ernst und Korn. *

Wurffbain, Friedrich Sigismund (Nürnberg)
A. S. 939/40

Idea machinae humanae in exercitationibus anatomico-physiologicis delineata.
Präs. Johann Moritz Hoffmann.
Altdorf (Meyer) 3. II-1703. S. 309 - 328.
37336

Wurffbain, Friedrich Sigismund (Nürnberg)
A. S. 1307/7

Dissertatio physiologica IV., de principio vitali.
Präs. Johann Ludwig Apinus.
Altdorf (Meyer) 12. V. 1703. 4 Bl.
37337

Wurffbain, Friedr. Sigism., Nurnberg. Dissertatio inauguralis medico-botanica de rubea tinctorum, vulgo Farber-Rothe dicta. Basel, Med. Diss. 1707

Wurffbain, Friedrich Sigismund (Nürnberg)
A. S. 939/57

Disputatio medica sitim purgationis sufficientis productum ex Hippocr. sect. IV. aporism. XIX. exhibens.
Präs. Jakob Pankraz Bruno.
Altdorf (Meyer) 8. X. 1701. 2 Bl. 37335

Wurffbain, Friedrich Sigismund A. S. 1317/41

Dissertatio de technophysiotameis, Von Kunst= und Naturalien=Kammern. Präs. Daniel Wilhelm Möller.
Altdorf (Meyer) 26. IV. 1704. 68 S.
37338

Wurffbain Johann Augustin (Nürnberg) A. S. 1311/13

Dissertatio inauguralis medica de necessario plurium medicamentorum usu.
Altdorf (Hessel) 2. III. 1747. 29 S.

W. v.: Jo. Jakob Kirsten. 37339

Wurffbain, Johann Tobias (Nürnberg) Altd. Phs. 42/40

Lamprandrologiae Noribergensis disp. III. de Leonh. Wurffbainio. Präs. Daniel Wilhelm Moller.
Altdorf (Meyer) 4. X. 1710. 20 S.
37348

Würffel, E. A.: Ipdtia civilis definitiva exh. definitt. in juris civ. complexa obvias. Ed. nov. Recens. et brev. annotatt. aux. *J. H. Chr.* de Selchow. *Frcf.* 768. 8.

Würffel, J. L., naturalia in conceptione Chr. a supernaturalibus probe discernenda. Jen. 1720. 4.

Würffel, Johann Michael (Bayreuth) F, n/8

Epistola ex Laodicea in encyclica ad Ephesios adservata Col. IV. 16. Präs. Kaspar Jakob Huth.
Erlangen (Camerarius) 5. (korr.: 6.) XI. 1751. 55 S.

Gew.: Landeskirchenrat Bayreuth.
W. v.: **Präs.** 37304

Würffel, Johannes, Direktor Professor Dr.: Zur Lektüre französischer Gedichte im zehnten Schuljahre, mit besonderer Berücksichtigung der Dichtung Victor Hugos. Chemnitz 1905: J. C. F. Pickenhahn. (S. 3—9.) 8°
Chemnitz, st. HT P 1905 [48]

Würffel, Johannes *Paul.* Bulwer's O'Neill. . . . Leipzig-Reudnitz, Druck v. O. Schmidt, 1890; 4 Bl., 43 S. 8°
Leipzig, Phil. Fak., Inaug.-Diss. v. [11. Nov.] 1890

Würffel, Johannes: Wieviel Zeit sollen unsere Schülerinnen auf die häuslichen Schulaufgaben verwenden? Ein Wort an d. Elternhaus. (Chemnitz 1910: Pickenhahn.) S. 1—7. 8°
Chemnitz, st. HT P 1910 [51] [S 10. 480

Würffel, Lud. Aug.: Jurisprudentia civilis definitiva exhibens definitiones in iuris civilis complexu obvias ad normam logicae formatas. Ed. nova rec. et brevibus adnotationibus auxit Jo. Henr. Chr. de Selchow. Francofurti ad M. 1768.

Würffel, Ludwig August (Greifswald) U. S. Halle 1740/7

De Tiberio Coruncanio icto Romano divini humanique iuris instauratore atque interprete.
Halle (Gebauer) 29. I. 1740. 32 S.

Gew.: Justus Henning Boehmer. 37305

Würffel, Ludwig August (Greifswald) A. S. 289/15

Dissertatio iuridica de necessario parentum consensu in nuptiis liberorum cum legitimorum tum legitimatorum. Präs. Georg Ludwig Boehmer.
Halle (Grunert) 8. VI. 1740. 80 S.
37306

Wurffhain, S.F. (Resp.): De principio vitali, s. Apinus. Johannes Ludovicus (Präs.)

Würfl, Christoph Ein Beitrag zur Kenntnis des Sprachgebrauchs Klopstocks. 24, 56, 40 SS. 8
Progr. II. d. Staatsg. *Brünn* 1883. 1884. 1885

Würfl, Christoph:
K. k. Director der R. Friedrich Dworžak, gestorben am 2. October 1899. 8 (S. 60—61). — *K. k. Landesschulinspector d. R. Eduard Schwammel, gestorben am 23. Nov. 1899.* 8 (S. 61—62). **Progr.** K. k. Staats-G. *Linz* 1900.

Würfl, Christoph Das Ende Kaiser Friedrichs I. 26 S. 8.
Progr. II. d. Staatsg. *Brünn* 1877

Würfl, Christoph: Professor Julius Hebenstein †. S. 67—68. 8.
Progr. K. k. Staats-Gymn. *Linz* 1910.

—: Dr. Jakob La Roche † k. k. Gymnasialdirektor i. R. S. 69. 8.
Progr. K. k. Staats-Gymn. *Linz* 1907.

Würfl, Chrph., Lehrbuch der Geschichte für die unteren Classen der Mittelschulen, s.: Gindely.

Würfl, Christoph: Professor Dr. Siegmund Lutz †. S. 87 bis 88. 8. — Schulrath Anton Ozlberger †. S. 89—90. 8.
Progr. K. k. Staats-Gymn. *Linz* 1901.

Würfl, Christoph: Ihre Majestät die Kaiserin und Königin Elisabeth †. 8 (1 Bl.). **Progr.** K. k. Staats-G. *Linz* 1899.

Würfl, Chri*stoph* Professor Dr. Adalbert Wachlowski †. Landesrabbiner Dr. Lazar Igel †. 8 (S. 75—77). K. k. Ober-G. *Czernowitz* 1892.
Progr.

Würfler, Kinderschutzgesetzgebung. (31 S.) gr. 8. Hamburg 904. Agentur des Rauhen Hauses. n. — 60
Sonderabdruck aus: „Flieg. Blätter aus dem Rauhen Hause".

Wurfschmidt, Bernhard, Referendar: Die Gefährdung der Befriedigung durch Zwangsvollstreckung (StGB. § 288). Borna-Leipzig 1910: Noske. VIII, 49 S. 8°
Heidelberg, Jur. Diss. v. 1. März 1910, Ref. v. Lilienthal
[Geb. 29. Juli 73 Büschdorf b. Halle a. S.; Wohnort: Berlin; Staatsangeh.: Preußen; Vorbildung: Gymn. Salzwedel Reife O. 98; Studium: Halle a. S.; Rig. 15. Juli 09.] [U 10. 2047

Allgemeine Wurftafel für den 50 pfünd. Mörser C/1859. Berlin 1860. 8°.

Wurf-Tafel für glatte Mörser. Wien 1867. 8°

Wurf=Tafeln für 17cm und 21cm gezogene Hinterlad=Mörser. 2. Aufl. 8. (74 S.) Wien 876, k. k. Hof= und Staatsdr. cart. *

Wurf-Tafeln für glatte Mörser. Wien 1877. 8°

Wurftafeln für 9^{cm} [Neun-cm], 16^{cm} und 21^{cm} Mörser. Wien 1888. 8°

Würful, G. Gfrd., Sammlung einiger Predigten, vor der Garnison zu Groß=Glogau gehalten, mit d. Forts. 8. Berlin, Haude. 750. Rthlr.

Wurgaft, J. Condensation von Aldehyden mit α-Naphtohydrochinon. (Basel) Dresden, 1892.

Wurgatt, J. Condensation von Aldehyden mit α-Naphtohydrochionon. In-8°. 30 S. Basel. These. 1895

Würgengel, Der, ein Bruchstück aus den Annalen des französischen Revolutionskrieges. A. d. Franz. Kreuznach 1808. V: *Desessart, Nicolas Lemoyne.* (Ky)

Würgengel, der, ein Bruchstück aus d. Annalen des franzöf. Revolutionskrieges. Aus d. Französ. (des Desessart). 8. Kreuznach 808. Kehr. 10 gr.

Würgler, Heinrich, und Wyss, Hans. Meyringen und das Oberhasli. (2 Theile.) 8. Meyringen 1894.
Ausg. A — Ausg. B. [Mit Annoncen.]

(Würgler, Heinr[ich].) Meiringen-Haslithal (Handeggfall). [Illustrated Guide.] IV + 48 p. 8. (Berne, A. Benteli, [1902].)

(Würgler, Heinr[ich].) Meiringen-Haslithal (Handeggfall). [Illustrierter Führer.] IV + 48 S. 8. (Bern, A. Benteli, [1902].)

Würgler, Mag. Valentin, Loreto. Ein Pilgerbuch für die Besucher dieses Gnadenortes. Nebst einem Anhang über Assisi und Rom. 8. (VII, 273 S.) Würzburg 879, Bucher'sche Buchh.

Wurhaft, Elisabeth [Odessa (Russland)]: Über die Genese der Riesenzellen in einem grosszelligen Sarkom des Uterus. Zürich 1899. 28 S. 8°.
Zürich. Med. Diss. 1898/99.

Würker, Walter, a. Leipzig: Über die Einwirkung primärer und sekundärer Amine auf Dinitrophenylpyridiniumchlorid. Marburg 1905: R. Friedrich. (66 S.) 8°
Marburg, Phil. Fak., Ref. Zincke, Diss. v. 10. Febr. 1905
[Geb. 29. Nov. 78 Leipzig; Wohnort: Marburg; Staatsangeh.: Sachsen; Vorbildung: Realschule Leipzig, Gewerbe-Akademie Chemnitz Reife O. 01; Studium: Leipzig 4 S., seit O. 03 Marburg; Rig. 20. Dez. 04.]

Würkert, B. Beiträge zur Reform des Feuerversicherungswesens in Sachsen. Dresden 1874.

— Die landwirtschaftliche Feuerversicherung im Königreich Sachsen.

Würkert, Friedr. Ludw., populäre Astronomie. Vollständ. Lehrb. f. Schule u. Haus. gr. 8. (6 3/4 B. u. 1 Kpfrt. Leipzig 838, Otto Wigand.

Würkert, L(udwig), der Bau und die Bauleute oder die Reformatoren. Ein freier, zugleich für häusliche Andacht geeigneter, Blick auf Weltgeschichte und Kirche. (In ca. 40 Heften.) 1–22. Heft. gr. 4. (1. Bd. IV und 402 S., 2. Bd. S. 1—124 mit 44 Stahlst. und Titel in Stahlst.) Leipzig 861. 62, Payne. à Heft 7 1/2 Ngr.

Würkert, L., der Bau und die Bauleute oder die Reformatoren. Ein freier, zugleich für häusl. Andacht geeigneter Blick auf Weltgeschichte und Kirche. 23.—34. Heft. gr. 4. (2. Bd. S. 125—468 mit 19 Stahlst.) Leipzig 863,64, Payne. à Heft 7 1/2 Ngr.

Würkert, Friedr. Ludw., Blätter aus d. Gotteshause. 1. u. 2. Hft. gr. 8. Berlin, Hayn. [1. (13 1/2 B.) 830. 1 Thlr., 2. (12 B.) 831. 16 Gr.]

Würkert, Fr. Ldw., dramat. Dichtungen. (Enth.: Die Prüfung. — Der Schwur. — Das Rockenweibchen, oder d. Nessels auf d. Grabe). gr. 8. Leipz. 821. Baumgärtner. 1 rß

— die Erbauungsstunde im Hause, oder Morgen= u. Abendgebete zu den Wochen= u. Festtagen, so wie Betrachtungen u. geistige Erhebungen für die wichtigsten Stunden des Lebens. 8. Leipzig 840. Friese. 1/2 rß

—— die Erbauungsstunde im Hause, oder Morgen= u. Abendgebete zu den Wochen= u. Festtagen, sowie Betrachtungen für die wichtigsten Stunden des Lebens. 2. Ausg. 8. (9 B.) Leipzig 843, Friese.

—— **die Erbauungsstunde im Hause, od. Morgen= u. Abendgebete zu d. Wochen= u. Festtagen, so wie Bechtrachtn. u. geistige Erhebn. f. d. wichtigsten Stunden d. Lebens. 8. (9 B.) Leipzig 849, Friese.**

Würkert, (Friedr.) Ludw., Deutschlands Erntefest und Herbstfeier im J. 1847. Eine Dank= und Gedächtnißtafel für Jetzt und spätere Zeiten. Gedicht. Lex.-8. (13 S.) Leipzig 847, Baumgärtners Buchh.

—— Gedichte. Auszug aus einigen seiner größeren Werke: den „Kirchenbildern" — „Nordlichtern" — „Grundtönen". Zusammengestellt und hrsg. von Ferd. Hartmann. gr. 16. (62 S.) Chemnitz 851, Ernesti. *

—— **kleine Geographie od. Abriß d. gesammten Erdkunde. N. d. besten Quellen bearb. gr. 8. (14 3/4 B.) Leipzig 837, Otto Wigand.**
Aus: Dess., die Stadt= u. Landschule, besond. abgedruckt.

Würkert, Ludw., s.: Glocken, freie.

—— Grundtöne od. homilet. Umrisse. 1. u. 2. Hft. gr. 8. (10 1/2 B.) Berlin 850, Hayn.

—— **Hammerschläge aus Wittenberg, gerichtet an alle Mystiker u. ihre Gegner, sowie an d. evangel. Kirche überh. Lex.-8. (1 B.) Grimma 839, Verlags=Comptoir.** *

Würkert, Ludw., freireligiöse Hauskapelle: Vorträge, Gedichte und kleinere Artikel aus alter und neuer Zeit. 12 Hefte. gr. 8. (911 S.) Leipzig und Berlin 872,73, Luckhardt'sche Verlagsh. à Heft 75 Pf.

——, Jesus Christus, od. d. Leben d. Herrn f. d. evangel. Christenvolk. 2 Bde. (od. 12 Lfgn.) 16. (50 5/8 B., 26 Stnt. u. 1 Karte.) Meißen 841, 42, Goedsche. 1 1/3 Thlr., eleg. geb. 1 2/3 Thlr., ill. * 2 Thlr., eleg. geb. m. Silberdr. *

Würkert, (Friedr.) Ludw., Jesus Christus oder das Leben des Herrn f. das evang. Christenvolk. Mit Bildern. (Neue Ausg.) 1. Hft. 16. (4 B. lith. Ttl. u. 3 Stnt.) Meißen 846, Gödsche. ill. *

—— **Kirchenbilder, entlehnt aus Natur, Bibel u. Gemüth; e. Buch z. Erbau. u. Belehrung. 2 Thle. 8. (25 1/2 B. u. 27 1/2 B.) Berlin 836, 37, Hayn. à 1 1/2 Thlr.**

—— **deutsche Classiker. Prakt. Lehrbuch z. Deklamiren u. Unterr. üb. alle Formen d. Dichtkunst. gr. 8. (7 3/4 B.) Leipzig 838, Otto Wigand.**

—— vollständ. Länder- u. Völkerkunde, od. Beschreib. aller Länder, ihre Sehenswürdigkeiten u. Eigenthümlichkeiten, so wie die Sitten u. Gebräuche aller Nationen d. ganzen Erde. Nebst alphabet. Register. gr. 8. (24½ B.) Leipzig 838, Otto Wigand.
Aus: Dess., die Stadt- u. Landschule, besond. abgedruckt.

—— Leitsterne f. d. Familienleben, od. Erbau. u. Belehr. im Hause. 8. (33 B. u. Titkpfr.) Leipzig 839, Baumgärtners Buchh

Würkert, Ludw. (Ludw. Rein), Marlene oder Magd und Gräfin. Ein Tendenzroman. 2 Bde. 8. (IV und 571 S.) Leipzig 868, Matthes.

— Morgenklänge, eine Sammlung romant. Erzählungen u. Gedichte. 8. Leipz. 821. Magaz. f. Ind. 16 gr

—— Mythologie d. Aegypter, Griechen u. Römer f. Künstler, Lehrer u. Schüler. 8. (12 B.) Berlin 831, Hayn.

Würkert, Friedr. Ludw., Mythologie d. Griechen, Römer, Aegypter, Nordländer, Wenden u. Slawen. Vollständ. Lehrb. f. Schule u. Haus. gr. 8. (14½ B.) Leipzig 838, Otto Wigand. Thlr.
Aus: Dess., die Stadt- u. Landschule, besond. abgedruckt.

—— die Naturgeschichte f. Schule u. Haus. gr. 8. (17 B.) Leipzig 837, Otto Wigand.
Aus: Dess., die Stadt- u. Landschule, besond. abgedruckt.

—— die Naturlehre f. Bürger- u. Volksschulen. 1. Aufl. (5⅛ B.) 837., u. 2. Ausg. gr. 8. (7½ B.) Leipzig 838, Otto Wigand. à
Aus: Dess., die Stadt- u. Landschule, besond. abgedruckt.

—— Nordlichter. Gedichte. 8. (10½ B.) Berlin 831, Hayn.

† Würkert, Ludw. [L. Rein], gesammelte Novellen. 2 Bde. 8. Leipzig 875, [Thiele und Freese.] E. Thiele. à Bd. M 1,50.
Inhalt:
Bd. 1. Des Sohnes Rache. Geschichtliche Novelle. (187 S.)
„ 2. Rebellion im Kirchenstaate. Geschichtliche Novelle aus dem 14. Jahrh. (171 S.)

— Rede zur kirchl. Weihe der Stadtbehörden in Mittweida. 8. Mittweida ... Billig. ⅓ gr

Würkert, Ludw., der Rückfällige. Novelle in Versen oder ein Bild in 13 Rahmen. 8. (18 S.) Leipzig 888, E. Thiele.

—— Schmerz im Berufe: Ein Prüfstein f. den Beruf. Predigt. gr. 8. (1 B.) Dresden 833, Grimmer.

—— Schutzschrift, in der öffentlichen Sitzung des königl. Bezirksgerichts zu Oschatz am 15. Octbr. 1875 vorgetragen. [Beilage zu Nr. 30 der „Freien Glocken".] 1.—5. Aufl. 8. (16 S.) Ebendas. 875.

—— die Stadt- u. Landschule, s. Stadt- u. Landschule.

—— der Tempel z. Erbauung f. alle Christen, s. Tempel, der.

—— Volksbuch d. Deutschen f. Geist u. Herz. 2 Bde. (4 Lfgn.) (A—3.) gr. 8. (76¼ B.) Leipzig 837, 39, [Herm. Fritzsche.] 4 Thlr., hrbas. Pr.

—— Volksbuch der Deutschen f. Geist u. Herz. Wohlf. Ausg. in 1 Bde. gr. 8. (76¼ B.) Leipzig 846, Herm. Fritzsche.

— Griechenland's blutige Weihnacht. 8. Mittweida ... Billig. ⅛ ngr

Würkert, (L.,) Griechenlands blutige Weihnacht. Ein Gedicht. gr 8. Dresden u. Leipz. 827, Arnold.

—— die Weltgeschichte f. Schule u. Haus. gr. 8. (13⅓ B.) Leipzig 837, Otto Wigand.
Aus: Dess., Stadt- u. Landschule, besond. abgedruckt.

—— zehn Worte zur Versöhnung! oder: „Strauß", „Renan", „Schenkel" — und „das Leben Jesu". Für das Volk geschrieben. gr. 8. (16 S.) Leipzig 864, Häfele sen.

— zwölf deutsche Worte. Dargebracht zum 3. deutschen Turnfeste. Leipzig 863. Sturm u. Koppe. gr. 8. (11 S.) 1½ ngr.

Würkert, Georg, cand. rev. min.: Die Encyclopaedie des Petrus Ramus, ein Reformversuch der Gelehrtenschule des 16. Jahrhunderts. *Leipzig-R. 1898: O. Schmidt.* (56 S.) 8°
Leipzig, Phil. Diss. v. [17. Nov.] 1898

Würkert, (G[eorg]), Dr.: Ludwig Vives' Schrift von der Armenpflege. *(Pirna 1901: F. J. Eberlein.)* (19 S.) 4° [F.]
Pirna, st. R m. PG, OP 1901 (628)

Würkert, Ludwig, s. Würkert, Friedrich Ludwig

Würkert, Max [aus Dresden]: Zur Pathologie, Prognose und Therapie der durch Myome komplizierten Gravidität ... Erlangen, k. b. Hofbuchdr. v. A. Vollrath, 1893; 39 S. 8.
Erlangen, Med. Fak., Inaug.-Diss. v. März 1893

Würkert, Wilh. Bernh., Abschiedspredigt, gehalten am 25. Sonntage nach Trin. 1863 in der Hauptkirche zu Kamenz. gr. 8. (11 S.) Kamenz 864, Krausche. *

Würkert, Wilh. Bernh., Missionspredigt über Offenb. St. Joh. 22, 16—21 zu Elstra am 12. Juli 1854 gehalten. 8. (16 S.) Camenz 854, Krausche. *

Würkungen, s. a. Wirkungen.

WÜRKUNGEN (!) Die traurigen, der Liebe und die Ausschweifungen dieser Leidenschaft. 2 Thle. Aus d. Französ. übersetzt von Joh. Carl Mann. Danzig 1763. 8°. (In Stuttgart.) (4 Mk., defektes Expl., Kühl, Berlin, c. 1882.)

Wurl, E(rich), a. Bromberg: Über die Einwirkung von Halogenanilinen, Nitranilinen und Nitrotoluidinen auf das Antipyrinchlorid. Rostock 1907: Adlers Erben. (66 S.) 8°
Rostock, Phil. Fak., Ref. Michaelis, Diss. v. 2. Dez. 1907
[Geb. 10. März 77 Bromberg; Wohnort: Rostock; Staatsangeh.: Preußen; Vorbildung: Gymn. Bromberg bis Prima O. 90; Studium: Techn. Hochsch. Berlin 7, Univ. Berlin 6, Rostock 8 S.; Rig. 19. Nov. 07.]

Wurlitzer, C. F., gemeinnütz. Taschenrechner, nebst e. immerwährenden Kalender. 8. Naumb. ... Wild. 4 gr

Wurm, A. Risse von den Grubenbauen des Rammelsberges. 5 Blätter.

Wurm, Adf., Konradin. Der letzte Hohenstaufe. Trauerspiel in 5 Aufzügen. 8. (100 S.) Freiburg i. Br. 882, Kiepert und v. Bolschwingh. *

Wurm, Adolf: De villa rustica, qualis descripta inveniatur apud rei rusticae scriptores Romanos. *Kempten 1898: J. Kösel.* (43 S.) 8°
Kempten, k. humanist. G, P 1898*

Wurm, Alois, Autorität u. Subjektivismus. Eine Auseinandersetzung m. Foersters Buch: „Autorität u. Freiheit". (89 S.) gr. 8. Regensburg 910. F. Pustet. —60

Wurm, Alois [aus Paderborn]: Die Benzenylazoximmethenylkarbonsäure und einige ihrer Derivate. E. Beitr. z. Kenntnis d. stickstoffhaltigen Abkömmlinge d. Oxalsäure ... Warburg, Druck v. F. Quick, 1890; 2 Bl., 58 S., 1 Bl. 8.
Erlangen, Phil. Fak., Inaug.-Diss. v. 1890

Wurm, Alois, Eisen u. Stahl, s. Sammlung Kösel. 4. Bd.

Wurm, A., Eisen und Stahl. Eine gemeinfaßliche Eisenhüttenkunde. Kempten, 1906. 216 S. mit 32 Abb. u. 6 Taf.

— Shakespeare's Hamlet in seinen Beziehungen zur christlich-mittelalterlichen u. neuzeitlichen Kultur, s.a. Broschüren, Frankfurter zeitgemäße. 27, X.

Wurm, Alois: Shakespeares Hamlet in seinen Beziehungen zur christlich-mittelalterlichen und neuzeitlichen Kultur. Von Dr. Alois Wurm. Hamm i. W.: Breer & Thiemann 1908. (33 S.) 8° [Umschlagt.]
(Broschüren, Frankfurter Zeitgemässe. N. F. Bd 27, H. 10.)

Wurm, Alois, Dr.: Die Irrlehrer im ersten Johannesbrief. *Freiburg i. B.: Herder 1903.* (XII. 159 S.) 8° (= Biblische Studien, Bd 8, H. 1.)
München, Theol. Diss. v. 1903
(Nur in beschränkter Zahl für den Austausch)

— die Irrlehrer im ersten Johannesbrief, s.a. Studien, biblische.

Die Irrlehrer im ersten Johannesbrief. Von Dr. Alois Wurm. *Freiburg i. Br.: Herder 1903.* (159 S.) 8°
= Studien, Biblische. Bd 8, H. 1. [03. 5901]

Wurm, Alois, s.: Ludorff, A., die Bau- u. Kunstdenkmäler v. Westfalen.

— Meister- u. Schülerarbeit in Fra Angelicos Werk, s.a. Zur Kunstgeschichte des Auslandes.

Wurm, Alois: Meister- und Schülerarbeit in Fra Angelicos Werk von Dr. Alois Wurm. Mit 3 Lichtdrucktaf. Strassburg: J. H. E. Heitz 1907. (54 S.) 4° (8°)
(Kunstgeschichte, Zur, d. Auslandes. H. 53.)

— Moral u. bildende Kunst, s.: Glaube u. Wissen. 28. Heft.

— Osnabrück. Seine Geschichte, seine Bau- u. Kunstdenkmäler. Ein Städtebild. 8. (VIII, 144 S. m. 88 Abb. u. 1 Plan.) Osnabrück 901. G. Pillmeyer. n. 1.50

— Osnabrück, seine Geschichte, seine Bau- u. Kunstdenkmäler. Ein Städtebild. Mit 104 Abbildgn. u. 1 zweifarb. lith. Stadtplane. 2., verm. Aufl. (4. u. 5. Taus.) (VII, 179 S.) 8. Osnabrück 906. G. Pillmeyer. n. 1.—; Liebhaberausg. n. 3.—

Wurm, A., de tractatione syphilidis sine hydrargyro. Dissertat. inaug. med. 8. (3 B.) Campoduni 829, Dannheimer.

Wurm, Aloys, Versuch einer Gesundheitslehre des Weibes, mit einer einleitenden Abhandlung über gute Pflege der Kinder. 1s Bdchn. breit 12. Kempten 836. Dannheimer. 2/3 ß

Wurm, Aloys, Versuch e. Gesundheitslehre d. Weibes, mit e. einleit. Abhandl. üb. gute Pflege d. Kinder. 1. Bdchn. Breit 12. (12½ B.) Kempten 838, Dannheimer.

Wurm, C., aktenmäßige Geschichte meiner Abtretung vom königl. preuß. Finanzdienste. 8. Fürth 805. Korn. 9 K

Wurm, Christian

Wurm, Beleuchtung der Anzeige der 5. Lfg. des deutschen Wörterbuches von Jakob und Wilhelm Grimm. Ein neuer Beitrag zur Beurtheilung desselben. gr. 8. (24 S.) München 853, Franz.

—— Zur Beurtheilung des deutschen Wörterbuches von Jak. und Wilh. Grimm, zugleich ein Beitrag zur deutschen Lexikographie. 4. (34 S.) München 853, Franz.

Wurm, Chr., Commentarius in Dinarchi orationes tres. 8 maj. (13 B.) Norimbergae 828, Bauer et Raspe.

Commentatio de Livii loco Lib. I, c. 46. Scrips. Christianus Wurm, G. P. — 1828. Ibid. — S. 3—30.
Progr. Nürnberg.

Wurm, Chr., Freiheits-Grüße. (Gedichte.) 8. (VI und 86 S.) Hof 848, Grau und Comp.

Wurm, Chrstn., Gedichte. gr. 16. (10⅓ B.) Nürnberg 836, [Schrag, Brlsh.]

—— Commentar zu Göthe's west-östl. Divan, besteh. in Materialien u. Originalien zum Verständnisse desselben. 8. (18 B.) Nürnberg 834, Schrag.

—— über Latein auf Gymnasien. 8. (2½ B.) Erlangen 838, Palmsche Brlsbuchh.

Wurm, Chrstn., Dissertatio pro patria lingua. (Und: Jahresber. v. d. Gymnasium u. d. latein. Schule zu Hof im Studien-Jahre 18³⁶/₃₇.) 4maj. Curiae Regnitianae 837, (Grau.)*

Loci scriptorum Germanicorum in linguam Latinam conversi a Christiano Wurm. G. P. — 1835. Ibid. — S. 3—16.
Progr. Hof

—— die Nibelungen. Siegfrieds Tod. Eine romant. Tragödie in 5 Akt. 8. (13½ B.) Erlangen 839, Palm'sche Brlsbuchh.

—— die deutsche Sprache an der gelehrten Schule mit besond. Rücksicht auf die revidirte Studienordnung in Bayern. gr. 8. (VII und 108 S.) Freiburg im Br. 856, Herder'sche Brlgsh.

—— Stanzen auf Stanzen. Wider Hrn. Alb. Knapp, Hrsg. d. Christoterpe, die Verdammung Göthe's betreff. Vorangedr. sind d. Stanzen aus d. Christoterpe, 8. (4½ B.) Nürnberg 835, [Schrag, Brlsh.]

Ueber die Wichtigkeit der Analogie in der Etymologie. Als Fortsetzung des Programmes von 1841. Von Dr. Christian Wurm, G. P. — 1848. Ebend. — S. 3—16. [S. Nr. 485.]
Progr. Hof

Wurm, Chrn. Friedr., dem Andenken Christian Friedrich Wurms, s. Dem Andenken.

Wurm, Chr. Fr., krit. Blätter d. Börsenhalle, s. Blätter, literar., d. Börsenhalle.

—— fünf Briefe über die Freiheit der Flußschiffahrt und über die Donau-Akte vom 7. Nov. 1857. gr. 8. (XVI und 60 S.) Leipzig 858. [Altona, G. Mayer's Verlag.] *
Aus: Hamburgische Börsen-Halle, mit Beilagen und einem Vorwort besonders abgedruckt.

Wurm, C. F., vier Briefe über die freie Donau-Schiffahrt. gr. 8. (44 S.) Leipzig 855, G. Mayer.
Aus: Hamburg. Börsen-Halle, mit Zusätzen und einem Vorwort, besonders abgedruckt.

Wurm, C. F., die Diplomatie, das Parlament u. der deutsche Bundesstaat. 1. December 1848—März 1849. gr. 8. (VIII u. 165 S.) Braunschweig 849, Vieweg & Sohn. n. 2/3 ß

—— über d. Hamburg. Erklärung am Bundestag, das deutsche Zollwesen betreffend. Kritik e. Artikels d. deutsch. Vaterlands-Zeitung. gr. 8. (3 B.) Hamburg 833, [Perthes-Besser u. Mauke.]
Aus den „Krit. Blättern d. Börsen-Halle" besond. abgedruckt.

—— diplomatische Geschichte der orientalischen Frage. gr. 8. (XII und 520 S.) Leipzig 858, Brockhaus. *

Wurm, C. F., zur Geschichte d. deutschen Zollvereins. Zwei apokryph. Capitel u. e. prophet. gr. 8. (5 B.) Jena 841, Frommann.

—— the Gleaner, s. Gleaner.

—— die Gründe d. Patents v. 1. Nov. 1837. gr. 8. (2¼ B.) Hamburg 837, Perthes-Besser u. Mauke.

Wurm, Chr. Fr., Hamilton u. Jacotot. Ein Beitrag zur Geschichte der deutschen Reform des Sprachunterrichts. (Aus d. krit. Blättern der Börsen-Halle abgedr., mit Zusätzen.) 8 Hamb. 831. A. Campe. 6 ℊ

—— die Handelspolitik d. Hansestädte u. die Interessen d. deutsch. Vaterlandes. gr. 8. (2 B.) Hamburg 839, (Hoffmann u. Campe.)

Schleswig-Holsteins Kriegsmarine. 1848. 1849. 1850. (v. Christian Friedrich Wurm). Hamburg, im Febr. 1851. Ausschnitt aus: Germania. Bd. 1. [Leipzig. 1851.] 8°.

Wurm, C. F.: „Von der Neutralität des deutschen Seehandels in Kriegszeiten", Hamburg 1841. 4°. — Vorh.: Com. Bibl. Hamburg.

—— das k. hannoversche Patent, die deutschen Stände u. d. Bundestag. Publicist. Skizze. gr. 8. (4 B.) Leipzig 837, Brockhaus.

Wurm, Rede über den Anschluß Oesterreichs, s. Reden, 9.

Sendschreiben an Lord Palmerston, betreffend die Schleswig-Holsteinische Frage. [Von Christian Friedrich Wurm. Aus dem Englischen [A Letter to Viscount Palmerston concerning the question of Schleswig-Holstein. London. 1850]. Hamburg. 1850. 8°.

—— der Sundzoll u. dess. Verpflanzung auf deutsch. Boden. Ein Beitr. z. Gesch. d. Handelspolitik. gr. 8. (3¾ B.) Hamburg 838, Meißner. *

—— Verfassungs-Skizzen d. freien Hansestädte Lübeck, Bremen u. Hamburg. gr. 8. (8¼ B.) Hamburg 841, Meißner. *

—— krit. Versuche üb. d. öffentl. Rechtsverhältnisse in Deutschland seit d. Mitte d. J. 1832. (25⅓ B.) Leipzig 835, Breitkopf u. Härtel.

— s. L. Wächter's literar. Nachlaß.

An die Wähler des ersten Wahlbezirkes im württembergischen Neckarkreise. (Ansprache v. Christian Friedrich Wurm. Frankfurt am Main. 1848.) 8°.

Wurm, C. F., ein Wort an meine Mitbürger. 2. Aufl. gr. 8. (1 B.) Hamburg 842, (Nestler u. Melle.) Thlr. **

— Zugabe hierzu. gr. 8. Ebend. 842. baar 1¾ nℊ

Wurm, C. F., I. Was soll unsrer Jugend die Bekanntschaft m. d. Staatswesen d. class. Alterthums? II. Der polit. Standpunkt d. Polybius. Pr. 1841. 55 S. 4°.

Wurm, Chrn Frdr. Ldwg, Beiträge zur Begründung einer deutschen Philologie. Th. 1. 2. Hof 1841—45. 4.
Progr. Gymn. Hof.

Wurm, Chrn. Friedr. Ludw., Wörterbuch der deutschen Sprache von der Druckerfindung bis zum heutigen Tage. 1—6. Lfg. gr. 8. (1. Bd. XXVIII und S. 1—960.) Freiburg im Br. 858. 59, Herder'sche Verlagsbuchh. à Lfg. 20 Ngr.

Wurm, Eman., Alkoholfrage u. Sozialdemokratie. Referat auf dem sozialdemokrat. Parteitag zu Essen, den 20. IX. 1907. Nebst e. Anh. (56 S.) gr. 8. Berlin 908. Buchh. Vorwärts. 1. —

Wurm, E., d. Brand v. Moskau im Septbr. 1812, s.: Köhler's Bibliothek f. Alle.

— Die Finanzgeschichte des Deutschen Reiches. (272 S.) 8. Hamburg 910. Hamburger Buchdr. u. Verlagsanstalt Auer & Co. 1. —

— General-Register, s.: Zeit, die neue.

Wurm, Eman., Gesundheitsschutz in Staat, Gemeinde u. Familie. Hrsg. unter Mitwirkg. v. Aerzten u. Fachgelehrten. Mit 10 Taf. u. 134 in den Text gedr. Abb. gr. 8. (VIII, 824 S.) Stuttgart 900. 901. J. H. W. Dietz Nachf. n. 5. —; geb. in Leinw. n. 6. 50; auch in 25 Hftn. à — 20

Wurm, Eman., die Lebenshaltung der deutschen Arbeiter, ihre Ernährg. u. Wohng., Einkommen, indirekte Besteuerg., Erkrankg. u. Sterblichkeit. Nebst e. Anh.: Die Zusammensetzg. der Nahrungsmittel. 8. (IV, 140 S.) Dresden 892. R. Schnabel. — 60

Wurm, Eman. Die Volksernährung, wie sie ist u. wie sie sein soll, s. Volks-Bibliothek des menschlichen Wissens.

Wurm, Eman., s.a. Volks-Lexikon.

Wurm, F. A., Abriss der Geschichte Bayerns f. Schule u. Haus. gr. 8. (11¼ B.) Straubing 842. Schorner. *

Wurm, F. A., Ideen zu e. Religions-Philosophie. 4. (4¼ B.) München 831. (Regensburg, Manz.)

—— Nachtviolen. Sammlung vermischter Gedichte. gr. 12. (12 B. u. 1 Ttlvign.) Straubing 842, Schorner.

Wurm, F. A., Nachtviolen. Sammlung vermischter Gedichte. (Wohlf. Ausg.) 12. (VII und 278 S.) Straubing 848, Schorner.

Wurm, Ferdinand Albrecht

Gedanken über das Verhältniß und die Bedeutung der Musik an den Studien-Anstalten. Von Dr. F. A. Wurm, G. P. — 1846. K., Kösel. — S. 3 - 14.
Progr. Kempten

De aetate sacri Hecates cultus apud Graecos commentatio. Scrips. Dr. F. A. Wurm, Collaborator. — 1836. Ibid. — S. 3 - 22. — Der Jahresber. enthält außer einer pädagogischen Einleitung (S. 3 - 10) auch die Anrede, welche der k. Stdr. Reuter bei der halbjährigen Censur-Verlesung am 26. März 1836 zu den versammelten Schülern gehalten hat. (S. 10—12.)
Progr. Straubing.

Wurm, Franz

Wurm Frz. und Zimmerhackel P.: Basalt- und Phonolithkuppen in der Umgebung von Böhm.-Leipa mit Illustrationen von Dünnschliffen. 32. Böhm.-Leipa R. 82.
Progr.

Wurm F.: Phaenologische Beobachtungen aus dem Pflanzen- und Thierreiche. 6. Böhm.-Leipa R. 84.
Progr.

Wurm, F.: Phänologische Beobachtungen und Beitrag zur Flora der Umgebung von B.-L. 15 S. – Böhmisch-Leipa, Progr. 1889.

Wurm, Fr., Etiketten für Schüler-Herbarien. 2. verb. und verm. Aufl. Fol. (5 Bog.) Böhm.-Leipa 883, Künstner. *

Wurm, Fr., Etiketten f. Schüler-Herbarien. 3., bedeutend verm. Aufl. v. Ant. Schmidt. 8. (52 Bl.) Böhm.-Leipa 886. Künstner. n. — 65

Wurm, Fr. Etiketten f. Schüler-Herbarien. 4. Aufl. gr. 8. (70 Blatt.) Böhm.-Leipa 892, J. Künstner. * — 70

Wurm, Fr., Etiketten f. Schüler-Herbarien. 6., verm. u. verb. Aufl. gr. 8. (72 perforierte Bl.) Böhm. Leipa 896. J. Künstner. n. — 70

Wurm F.: Die Flechten der Umgebung von Böhm. Leipa. (80). Böhm. Leipa R. 95.
Progr.

Wurm F.: Über die wichtigsten Formen des sexuellen Fortpflanzungsapparates der kryptogamischen Gewächse. 18. ibd. 75.
Progr.

—— Ueber Grünsteine der Schluckenauer u. Nixdorfer Gegend. gr. 8. (8 S. m. 1 Holzschn.) Prag 890, (Řivnáč). * — 20

Wurm, Fr., üb. **Grünsteine der Schluckenauer u. Nixdorfer Gegend. [Aus: „Sitzungsber. der k. böhm. Gesellsch. d. Wiss."] gr. 8.** (8 S. m. 1 Holzschn.) Prag 890. (Řivnáč.) n. — 40

Das Kummergebirge, die umliegenden Teiche und deren Flora. Festschrift zur Decennalfeier des Nordböhmischen Excursions-Clubs. Von Fr. Wurm. Leipa. 1887. 8°.

— **Melilithbasalt zwischen Böhm.-Leipa u. Schwojka.** [Aus: „Sitzungsber. d. böhm. Gesellsch. d. Wiss."] gr. 8. (4 S.) Ebd. 890. n. — 20

—— **die Teufelsmauer zwischen Oschitz und Böhm.-Aicha. Mit einem Sagenanhang von A. Paudler. gr. 8. (35 S. mit 4 lithogr. Abbild. und 1 lithogr. Kärtchen.) Böhm.-Leipa 884, (Hamann.)**

Wurm, Frz., üb. die Verbreitung einiger seltener Nager in Nordböhmen. [Aus: „Sitzungsber. d. böhm. Gesellsch. d. Wiss."] gr. 8. (17 S.) Prag 894. (F. Řivnáč.) n. — 40

Wurm, *Franz Xaver* [cand. med., aus Schwarzach (Niederbayern)]: Ueber ein Aneurysma sinus valsalvae aortae cum perforatione in ventric. dextr. ... München, Münchn. Handelsdr. & Verlagsanst. M. Poessl, 1893; 23 S. 8.
München, Med. Fak., Inaug.-Diss. v. 1893

Wurm, Gustavus (geb 1819 in Barmen): De rebus gestis Actii ... Bonnae, impr. C. et F. Krueger 1844. 2 Bl., 101 S., 2 Bl. 8.
Bonn, Phil. Fak., Diss. v. 17 Febr. 1844

Wurm, Gustav [aus Wenden (Westf.)]: Über den heutigen Stand der Schilddrüsenfrage ... Würzburg, P. Scheiner's Buchdr., 1894; 33 S. 8.
Erlangen, Med. Fak., Inaug.-Diss. v. [22. Juli] 1893

Wurm, Hans, appr. Zahnarzt aus Erlangen: Aus dem Institut zur Erforschung der Infektionskrankheiten. Universität Bern. Direktor: Prof. Dr. Tavel. Über den Wert der Meerschweinchenimpfung zur Diagnose der Tuberkulose. Erlangen 1906. XII + 64 S. 8°. [4. VII. 06.]
Bern. Phil. Diss. 1905/1906.

Wurm, Hans. Über den Wert der Meerschweinchenimpfung zur Diagnose der Tuberkulose. Diss. Phil. Bern. *Kopftitel:* Aus dem Institut zur Erforschung der Infektionskrankheiten. Universität Bern. Direktor: Prof. Dr. [Ernest] Tavel. XII + 64 S. 8. Erlangen, E. Th. Jacob, 1906.

Wurm, Herm.Jos. (Hrsg.), s. Academia.

Wurm, Herm. Jos. Cardinal Albornoz, der 2. Begründer d. Kirchenstaates. Ein Lebensbild. gr. 8. (XVI, 280 S. m. Bildnis.) Paderb. 892, Junfermann. * 2 80

—— Der heilige Bernhard, Abt u. Kirchenlehrer. Ein Lebensbild zum 800jähr. Jubiläum seiner Geburt. gr. 8. (VIII, 116 S.) Ebd. 891. * 1 20

Wurm, Herm. Jos., Gottfried, Bischof von Langres († 1165). Ein biograph. Versuch als Beitrag zur Geschichte des 12. Jahrh. gr. 8. (V, 52 S.) Würzburg 886. (Leipzig, Fock.) *

Die Papstwahl. Ihre Geschichte u. Gebräuche. Von Dr. Hermann J[osef] Wurm. *Köln: J. P. Bachem in Komm. 1902.* (136 S.) 8° [F.] [03-10595]

Wurm, J., Anleitung zum Gebrauch d. Mineralwasser u. Bäder. 8. Presb. 807. Schwaiger. 9 gr

Wurm, J., General-Register zum Archiv für Ophthalmologie, s. **Archiv.**

Wurm, (J. F.), zur Beurtheilung des deutschen Wörterbuches v. Jak. u. Wilh. Grimm, zugleich ein Beitrag zur deutschen Lexikographie. 4. (34 S.) München 852, Franz. 1/3 ℛ

Wurm, J. F., s. **Diodor's** von Sicil., Werke.

Wurm, Jak., meine Schulzeit, s. a. **Volksschulbibliothek.**

Wurm, Jakob, Meine Schulzeit. Erinnerungen aus meinen Jugend-Jahren. Den Alten und Jungen erzählt. 8. (111 S.) Cart. —.80.
Korneuburg: Kühkopf & Habel 1898

Wurm, Jakob Gottlieb

***Wurm*, Jak Gtl., observationes ad philosophicum Kantii de hermeneutica sacra decretum. 4. Tübing. 799.**

— observationes ad dijudicandam S. R. Keilii sententiam de argumento loci Matth. XXV, 31—46 pertinentes. 4. Tübing. 815.

Wurm, Johann Friedrich

Wurm, Jh. Fr., Anleitung z. Parallaxen-Rechnung, sammt neu berechneter Tafeln des Nonagesimus u. andern Hülfstafeln ꝛc. Mit 1 Kpft. gr. 8. Tübing. 804. v. Cotta. 20 gr

Wurm, Joh. Friedr., über d. Beweisgründe f. Bengels apokalypt. Zeitrechnung, mit besond. Rücksicht auf d. Erwartungen im J. 1836. 8. (2 B.) Stuttgart 832, [Beck u. Fränkel.]Thlr.

— s. **Euclid's Data.**

— Geschichte d. neuen Planeten Uranus, sammt Tafeln für dessen heliocentrischen u. geocentrischen Ort. gr. 8. Gotha 791. Ettinger. 1 ℛ Auch latein.: historia novi Planetae Urani etc.

Wurm, J. F., de ponderum, nummorum, mensurarum ac de anni ordinandi rationibus apud Romanos et Graecos. cum tab. 8maj. Stuttgardiae ex typograph. Würtemberg. (Lips., Hartmann in comm.) 820.

— de ponderum, nummorum, mensurarum ac de anni ordinandi rationibus apud Romanos et Graecos. Cum tab. 8maj, Stuttg. 821. (Löflund.) 1 ℛ 8 gr Schrb. 2 ℛ

Wurm, Joh. Friedr., Joh. Albrecht Bengel's Cyklus, od. der astronom. Theil von dess. apokalypt. System, gemeinverständl. dargest. u. geprüft. gr. 8. (1¼ B.) Stuttgart 831, Steinkopf.

Wurm, Jh. Geo., kleine Sammlung von Pastoralstellen. 8. Münch. 816. Giel. 8 gr

Wurm, Isidorus *(geb. Breslau 14. 8. 1839)*: De atropino in ophthalmologia adhibendo. Vratislaviae 1862. (32 S.) 8°
Breslau, Med. Diss. v. 19. Nov. 1862

Wurm, die Pflege d. Augen im jugendl. Alter, s. a. Veröffentlichungen d. Vereins f. gesundheitsgem. Erziehg. d. Jugend, Nr. 8.

[F.] Die Pflege der Augen im jugendlichen Alter v. Dr. med. [Isid.] Wurm, Augenarzt in Berlin. *Berlin: C. Kantorowicz 1896.* (16 S.) 1 Bd 8. = Veröffentlichungen d. Vereins f. gesundheitsgemässe Erziehung d. Jugend. No 3. [98. 2514]

Wurm, die Pflege der Augen im gesunden u. kranken Zustande. Mit e. Anh.: Ratgeber f. die Berufswahl Schwachsichtiger nebst Anleitg. zur Untersuchg. der Augen. Gemeinverständlich dargestellt. Mit 2 Sehprüfungstaf. u. 4 Abbildgn. 1.—3. Aufl. (à 103 S.) 8. Berlin 903. Rixdorf, C. M. A. Müller & Co. Kart. n. 1. 20

Wurm, Jul. Friedr., Auszüge a. d. Schrift: Das Leben Luthers krit. bearb. v. Casuar. Mexiko 2836. gr. 8. (2¾ B.) Tübingen 836, [Fues, Brlsh.]

—— Uebersicht d. Elementar-Geometrie. gr. 8. (5¼ B. u. 2 Stnt.) Stuttgart 836, Metzler'sche Buchh.

Wurm, L.: Eine Studienreise. Solingen 1908: Boll. S. 24—27. 8°
Solingen, st. HM P 1908 [237] [S 08. 545

Wurm, Louis, Wiener Westend-Bauten. Eine Darstellung der Entwicklung der westl. Vororte Wiens. gr. 8. (23 S.) Wien 883, Spielhagen und Schurich. *

Wurm, Maria, die Speisetafel und ihr Arrangement. Ein prakt. Rathgeber für Alle, die der Küche und dem Serviren sich widmen. gr. 8. (VIII, 54 S. mit zahlreichen Holzschn.-Abbild. und Text-Fig.) Hamburg 879, Berendsohn. geb. *

Wurm, Mich., Vergissmeinnicht! Zerstreute Blumen auf dem Grabe eines Frühverblichenen. Gedichte. gr. 16. (50 S.) München 874, Wurm. ℳ 1.; geb. mit Goldschn.

Wurm, G.: Das Kontrollvereinswesen in Schleswig-Holstein. (zugl. Lehrb. f. d. Kurse z. Ausbild. v. Kontrollbeamten). Süderbrarup o. J. 8°

Wurm, O.: Mitteilungen über Rindviehkontrollvereine in der Provinz Schleswig-Holstein. (Husum) o. J. 8°

Wurm, Paul

Wurm, P., Joh. Val. Andreä, s.: Familienbibliothek, Calwer.

Wurm, Paul, der Buddhismus oder der vorchristl. Versuch einer erlösenden Universalreligion. gr. 8. (50 S.) Gütersloh 880, Bertelsmann. *

Wurm, Paul, Geschichte der indischen Religion im Umriss dargestellt. gr. 8. (303 S.) Basel 873, Bahnmaier's Buchh. *

Wurm, Paul, Geschichte der indischen Religion im Umriss dargestellt. Basel 1874.

Wurm, Paul: Philipp Matthäus Hahn. Leben u. Charakteristik s. Persönlichkeit u. s. Wirkens. s. Hahn: Betrachtungen u. Predigten.

Wurm, Paul, Handbuch der Religionsgeschichte. Hrsg. v. Calwer Verlagsverein. (431 S.) 8. Calw u. Stuttgart 904. Vereinsbuchh. n. 4.—; geb. in Halbfrz. n. 5.—

Wurm, Paul, Handbuch der Religionsgeschichte. Hrsg. v. Calwer Verlagsverein. 2. verm. u. verb. Aufl. (512 S.) gr. 8. Calw u. Stuttgart 908. Vereinsbuchh. 5.—; geb. in Leinw. 6.—; in Halbfrz. 7. —

—— die Möglichkeit eines ehrlichen und gesegneten Zusammenwirkens von kirchlich-konservativen und liberalen Elementen im Evangelischen Bund, s. Flugschriften des Evangelischen Bundes.

Wurm, Paul, religionsgeschichtl. Parallelen z. Alten Testament, s. Beiträge zur Förderg. christl. Theologie. III. 3.

Wurm, Paul: Religionsgeschichtliche Parallelen zum Alten Testament. Von Paul Wurm, Dekan in Stuttgart. Gütersloh: C. Bertelsmann 1899. (47 S.) 8°
(Beiträge z. Förderung christl. Theologie. Jg. 3. H. 3. [1.]

— die Religion der Küstenstämme in Kamerun, s. a. Missions-Studien. Basler. 22. Hft.

Wurm, Paul. Die Religion der Küstenstämme in Kamerun. Nach Berichten der Missionare [Jacob] Keller, [Eugen] Schuler, [Gottlieb] Spellenberg, [Georg] Schürle und [Ernst] Dinkelacker dargestellt. 36 S. 8. Basel, Missionsbuchh., 1904. (fr. —. 65)
Basler Missions-Studien. Heft 22.

Wurm, Peter Christian (Wesel) A. S. 213/17

Dissertatio inauguralis iuridica, de fide manuaria, Von Hand-Gelöbnissen.
Giessen (Vulpius) XI. 1711. 32 S.

Gew.: Benjamin Wurm.
W. v.: Simon Nikolaus Orth, Johann Christoph Bielefeld, Bernhard Ludwig Mollenbek, Melchior Dethm. Grolmann, Immanuel Weber. 37354

Wurm, Peter Christian (Wesel) A. S. 843/12

Dissertatio inauguralis juridica, de fide manuaria, Von Hand-Geloebnissen.
Giessen 1721. 24 S.

Diss. XI. 1711. 37355

Wurm, Stefan, approb. Arzt aus München: Aus d. Prosektur d. städt. Krankenhauses r. d. I. Prosektor: Dr. Albrecht. Beitrag zur Kasuistik des Carcinoma duodeni. München 1902: M. Ernst. (33 S.) 8°
München. Med. Diss. v. 1902

Wurm, Symmachus: Kapharnaum. S. 3—35. 8.
Progr. K. k. Franz Josef-Gymn. der Franziskaner *Hall* 1907

Wurm, Th., die evangel. Gesellschaft in Stuttgart 1830 bis 1905. Festschrift zum 75jähr. Jubiläum. (71 S. m. Abb.) 8. Stuttgart 905. Buchh. der ev. Gesellschaft. — 50

Wurm, Vict., Declamatorium f. Damen. Ernst u. Humor — Dialectscherze — Soloscenen. Erprobte Vorträge, gesammelt u. hrsg. v. W. gr. 8. (192 S.) Wien 896. C. Daberkow. n. 2. —

Wurm, Vikt. Treue Freundschaft. Erzählung f. junge Mädchen. Mit Titelbild in Heliograv. v. E. Klingebeil. 3. Aufl. gr. 8. (III, 223 S.) Berl. 892, H. J. Meidinger. geb. * 3 —
Die 1. u. 2. Aufl. erschien 1882 u. d. T.: Deutsche Mädchenherzen.

Wurm, Vict., s. Frötschner's, J., Wiener Galanthomme.

Wurm, Vict., die Grille, s.: Sand, George.

Wurm, Vict., der Humor bittet ums Wort. Orig.-Toaste in Prosa. 8. (IV, 156 S.) Hamburg 878, Berendsohn. cart. *

Wurm, Vict., deutsche Mädchenherzen oder im Wechsel des Schicksals. Orig.-Erzählung für Mädchen von 14 bis 16 Jahren. 8. (V, 218 S. mit 4 Farbendr.-Bildern.) Leipzig 882, Zieger. cart. * ℳ 3.; geb.

—— und Emma Kattner, Märchen und Erzählungen für Mädchen von 7—10 Jahren. 8. (121 S. mit 4 Farbendr.-Bildern.) Ebendas. 882. cart. *

—— die Märchenglocke. Moralische Erzählungen und Märchen für Kinder von 7—10 Jahren. 8. (124 S. mit 4 Farbendr.-Bildern.) Ebendas. 883. geb. *

Wurm, V., Toast-Vademecum. 16. Wien 873. Brünn, Karafiat's Verlag.

Wurm, Vict., Toast-Vademecum, oder: eine reiche Blumenlese von Tisch- und Trinksprüchen, Fest- und Tafelreden ernster wie heiterer Natur, für hohe und niedere Kreise und mit Berücksicht. aller im Leben vorkomm. Gelegenheiten. 16. (136 S.) Wien 873, Wenedikt. *

—— der beste Ton oder die Kunst in kürzester Zeit ein vollendeter Weltmann zu werden. Die Lehre vom tactvollsten Benehmen und Sprechen im Salon, wie im gewöhnl. Leben. Eine Fülle von Anstandsregeln für Jedermann. 16. (160 S.) Ebendas. 873.

—— Wiener Vergnügungs-Halle. Enth.: Komische Vorträge, Declamationen, Couplets und Intermezzo's der beliebtesten Wiener Volksdichter. Zum Vortrage für Herren und Damen. 2. Bd. 12 Hefte. 16. Ebendas. 872. [1.—4. Heft. (128 S.); 5.—8. Heft. 2. Ausg. (128 S.); 9.—12. Heft. (128 S.)] à Heft 20 Pf.

Wurm, Wilhelm

Wurm, W., der Auerhahnjäger. Ein Handbüchlein für Weidmänner und Jagdbedienstete. gr. 8. (VII, 60 S.) Wien 888, Gerold's Sohn. *

Wurm, W., das Auerwild, dessen Naturgeschichte, Hege und Jagd. Ein monograph. Beitrag zur Jagdzoologie. gr. 8. (XII, 184 S.) Stuttgart 874, Thienemann. *

Wurm, W., das Auerwild, dessen Naturgeschichte, Jagd u. Hege. Eine ornitholog. u. jagdl. Monographie. 2 Aufl. Mit 2 Taf in Steindr. Lex.-8. (XX, 340 S.) Wien 885. Gerold's Sohn. n. 12. —

Wurm, Wilh., über die richtigen Ausgangspunkte der medicinischen Wissenschaft [Physiatrie]. München 859. Palm. (Grubert.) gr. 8. (27 S.) n. 10 ngr.

—— Darstellung der mesmerischen Heilmethode nach naturwissenschaftlichen Grundsätzen. Nebst der ersten vollständigen Biographie Mesmer's und einer fasslichen Anleitung zum Magnetisiren. gr. 8. (VIII und 184 S.) München 857, [Grubert.] *

Wurm, W., auf den Fuchs! M. Textabb. (Weidmannsbücher.) 8. (IV, 89 S.) Berlin 898. P. Parey. Kart. n. 1. 50

—— über die Heilwirkung der Baquete. Ein Beitrag zur Metallotherapie. (Mit einer Antikritik an Hrn. Dr. Gleich.) gr. 8. (16 S.) München 858, Franz.

— Naturgeschichte u. Charakterschilderung d. zur hohen Jagd gehör. Thiere Mitteleuropas. E. Beitrag zur wissenschaftl. u. prakt. Thierkunde. Lex.-8. (234 S. m. Bild.) Leipzig 897. Otto Klemm. Geb. in Leinw. n. 10.—

(B) — Naturgeschichte der z. hohen Jagd gehör. Tiere Mitteleuropas. 897. Jetzt: Berlin, Neufeld & Henius.

Wurm, W., kritische Naturgeschichte des Auerwildes. Ein Vermächtnis an die Naturforschg. u. an das veredelte Weidwerk. (95 S. m. 6 Abbildgn.) 8. Berlin 909. P. Parey. 2. 50

Wurm, Wilh., über Naturhülfe in Krankheiten. Ein ärztliches Programm für Gebildete aller Stände. Landshut 867. Attenkofer. Lex.-8. (32 S.) 9 ngr.

—— das königl. Bad Teinach im württembergischen Schwarzwalde. Beschreibung der Landschaft, Mineralquellen und Wasserheilanstalt, mit Krankengeschichten und Curregeln. 2. Aufl. 1868, und 3. Aufl. gr. 16. (IV, 104 S. mit 4 Holzschntaf. und 1 chromolithogr. Karte in qu. Fol.) Stuttgart 872, Hoffmann'sche Verlagsh.

— das königl. Bad Teinach. [Mineralbad u. Wasserheilanstalt] im württemberg. Schwarzwalde. Aerzten u. Curgästen geschildert. 4. umgearb. Aufl. Mit 4 Holzschn.-(Taf.) u. 1 (chromolith.) Karte (in gr. Fol.) 8. (IV, 128 S.) Stuttgart 875. Hoffmann. n. 1. —

Wurm, W., das königl. Bad Teinach [Mineralbad und Wasserheilanstalt] im württembergischen Schwarzwalde. Aerzten und Curgästen geschildert. 4. umgearb. Aufl. 8. (IV, 128 S. mit 4 Holzschn. und 1 chromolithogr. Karte.) Wien 878, Braumüller. *

Wurm, W., das königl. Bad Teinach [Mineralbad und Wasserheilanstalt] im württembergischen Schwarzwalde. Aerzten und Curgästen geschildert. 5. umgearb. und verm. Aufl. 8. (IV, 158 S. mit 4 Holzschn. und 1 Farbendr.-Karte.) Stuttgart 884, Hoffmann'sche Buchdruckerei. *

— das Schwarzwaldbad Teinach (Mineralbad u. Wasserheilanstalt), Aerzten u. Curgästen geschildert. 7., neu bearb. Aufl. 12. (VIII, 169 S. m. 12 Illustr. u. 1 farb. Karte.) Wildbad 895. Stuttgart, Holland & Josenhans. Geb. in Leinw. n. 2. —

Wurm, W., das Schwarzwaldbad Teinach (Mineralbad u. Wasserheilanstalt). Neuer Führer für Kur- und Sommergäste nebst kurzer Charakteristik f. die Kollegen. 8. umgearb. Aufl. (143 S. m. 12 Abbildgn. u. 2 Karten.) kl. 8. Stuttgart 904. Holland & Josenhans. n. 1. 60

— Thier- u. Menschen-Seele. E. neue Realdefinition auf Grund eigener Beobachtgn. gr. 8. (48 S.) Frankfurt a/M. 896. Mahlau & Waldschmidt. n. 2. —

Wurm, W. Waldgeheimnisse. 16. (VIII, 104 S.) Stuttg. 892, C. Krabbe. * 1 20; geb. * 2 —

— Waldgeheimnisse. 2., verb. u. sehr verm. Aufl. Mit Illustr. von Ch. Votteler. 12. (XVI, 232 S.) Stuttgart 895. C. Krabbe. Kart. n. 3. —

— Waldgeheimnisse. 3., verb. u. bedeut. erweit. Aufl. (272 S. m. Abb. u. 4 Taf.) 8. Stuttgart (909). Franckh. 4.—; geb. 4. 80

[F.] Waldhühnerjagd. Von Dr. W[ilh.] Wurm. M. Textabb. *Berlin: P. Parey 1897.* (2 Bl., 79 S.) 1 Bd 8. (Weidmannsbücher. [No 9.]) (97. 235.)

—— das Wasser als Hausfreund in gesunden und kranken Tagen, s. Collection Spemann.

Wurm, W. s. Wildbad, Liebenzell, Teinach. Zürich ([18]95).

Wurmann, Sammlung aller Amts-Siegel u. Wappen der Magistrate, Bürgermeistereien u. Polizeibehörden der deutschen Städte u. der meisten Landgemeinden des deutschen Reiches. Alphabetisch geordnet u. speciell f. den Gebrauch im Sicherheitsdienst der Behörden, namentlich zur Erleichterg. der Prüfg. v. Pässen u. Ausweispapieren aller Art angelegt. (In 8 Lfgn.) 1. Lfg. gr. 4. (36 Taf. m. 4 S. Text.) Kaufbeuren 894. Actiengesellschaft vorm. H. Kohler & Co., Lithograf. Kunstanstalt rc. n. 3. 50

Wurmann, Sammlg. aller Amts-Siegel u. Wappen d. Magistrate, Bürgermeistereien u. Polizeibehörden der deutschen Städte u. d. meisten Landgemeinden d. deutschen Reiches. Alphabet. geordn. u. speciell f. d. Gebrauch im Sicherheitsdienst d. Behörden, namentl. zur Erleichterg. d. Prüfg. v. Pässen u. Ausweispapieren aller Art angelegt. 2.—4. Lfg. gr. 4. (92 Taf.) Kaufbeuren 895—896. Kunstanstalt u. Druckerei Kaufbeuren. à Lfg. n. 3. 50

Wurmatia Wurm Land sub Tropico Cancri ... Wurmlandiae [Nürnb.] 1714 [1715]. V: *Callenbach, Franz.* (Mn) (BrMm) (Jes)

Wurmatia, Wurmland, sub tropico cancri, quasi sive mundus qualificatus, uti ante hac, auf die alte Hack, Nis Stammbaum, Geburtsbrief 2c. 8 Thlr. 8. Nürnb. Lochner 740.

v. Wurmb u. Fehrr. von ... Wollzogen, Briefe auf ihren Reisen nach Afrika u. Ostindien in d. Jahren 1774—92. Mit Kpf. 8. Gotha 794. Ettinger. 1 ₰ 8 ℊ

— Merkwürdigkeiten aus Ostindien, die Länder, Völkerkunde u. Naturgeschichte betreffend. Aus seinen Papieren herausgeben. 8. Gotha 797. Ettinger. 1 ₰ 8 ℊ

Wurmb, Adolf [pr. Arzt aus Gelting]: Zur Behandlung peripherer Neuralgien mit Injectionen von Überosmiumsäure ... Kiel, C. Böckel's Buchdr., 1893: 20 S. 8.
Würzburg, Med. Fak., Inaug.-Diss. v. 1893

Wurmb, Alfred, approb. Arzt aus Gelting: Aus d. chirurg. Klinik zu Kiel. Ein Fall von multiplen Exostosen. *Kiel 1903: H. Fiencke.* (12 S.) 8°
Kiel, Med. Diss. v. [1. Juni] 1903

Wurmb, Alfr. v., in Hallstatt. Kleine Stimmungsbilder in Versen. 8. (40 S.) Wien 900. C. Konegen. n. 1.—

Wurmb, Alfr. v., zwischen Heuberg u. Donau. Humoresken u. Skizzen aus der Wienerstadt. (Text- u. Umschlagarrangement v. Ernst Liebisch.) (77 S.) 8. Berlin (910) Silva-Verlag. 2.—; geb. 3.—

— im Wachen u. Träumen. Gedichte. 8. (VII, 129 S.) Dresden 902. E. Pierson. n. 2.—; geb. n. 3.—

Wurmb, Anton, Straßenwesen. Ein Beitrag zum Straßen-Concurrenz-Gesetze für Oberösterreich. (Wimmer 865.) Linz, (Fink.) 8. (36 S. mit 1 Straßenkarte.) n. 10 ngr

Wurmb, C. F., s. Darstellung, aktengemäßige, des Prozesses in Sachen des verhängnißvollen Hauses.

Wurmb, C. F., Darstellung des Prozesses d. verhängnißvollen Hauses, s. Darstellung.

Wurmb, Eckart v., Dienst-Unterricht des deutschen Infanteristen, s.: Menzel, Max.

— Dienstunterricht des deutschen Pioniers, s.: Menzel, Max.

— der falsche Feldwebel, s. a. Bloch's, Ludw., Militär-Festmappe. 76.

Der falsche Feldwebel. Kaiser-Geburtstagsschwank in 1 Aufz. von Eckart v. **Wurmb**. *Berlin: E. Bloch (1904).* (28 S.) 8° [F.]
= **Militär-Festmappe**, Ludwig Blochs, f. vaterl. Gedenktage. H. 76.

— das Gewehr 98. Auf Grund des amtl. Leitfadens bearb. Anlage zu Hauptm. Menzels Buch: Der deutsche Infanterist als Lehrer u. Volkserzieher. gr. 8. (36 S. m. Abbildgn.) Berlin (901). R. Eisenschmidt. n. — 20

Der Infanterie-Einjährige u. Offizier des Beurlaubtenstandes, s. Menzel, Max.

Der deutsche Infanterist als Lehrer u. Volkserzieher, s. Menzel, Max.

— Rosa, die Feldwebelbraut, s. a. Bloch's, Ludw., Militär-Festmappe. 79. Hft.

Rosa, die Feldwebelbraut. Kaisergeburtstagsschwank in 1 Aufz. von Eckart v. **Wurmb**. Berlin: E. Bloch [1905]. (24 S.) 8° [F.]
= **Militär-Festmappe**, Ludwig Blochs, f. vaterl. Gedenktage. H. 79.

Wurmb, Erwin, Pfiff u. Rauch. Roman in Gedichten. (52 S.) 8. Wien 903. Verlagsanstalt neuer Literatur u. Kunst. n. 1.—

Wurmb, Fr., s. Zeitschrift, österr., f. Homöopathie.

v. Wurmb, Fr. Ldw., († d. 18. Jan. 1800.), s. Grabmahl d. Leonidas.

Wurmb, Frz., und Hugo Caspar, homöopathisch-klinische Studien. gr. 8. (270 S.) Wien 852, Greß's Verlag. *

Wurmb, Hans v., d. Wirkgn. d. Annahme an Kindesstatt u. ihrer Aufhebung nach röm. Recht. gr. 8. (61 S.) Berlin 895. W. Baensch. 1. 50

Wurmb, J., Lehrbuch der Kriegsbaukunst, zum Gebrauche der k. k. Génie-Academie. 2 Lfgn. gr. 8. (1. Lfg. S. 1—160 mit einem Atlas von 15 Stnt. in Fol.) Olmütz 852, Hölzel. Thlr. *

Wurmb, Karl Anton Ludwig von A. S. 633/46

Dissertatio iuridica de testamento principi oblato.
Präs. Karl Friedrich Walch.
Jena (Strauss) 1. III. 1777. 100 S.

W. v. - Präs., A. E. H. von Wolffersdorff (Opp.). Heinrich Ehrhard von Eichelberg (Opp.), Albert Wilhelm Ernst Conta. 37356

v. Wurmb, Kap. Geo. Karl, gegenwärtiger Be- u. Zustand der Churhannöverschen Truppen. 8. Götting. (791.) Vandenhöck u. R. 16 ℊ

Wurmb, Otto v., zur Reform der juridisch-politischen Studien in Oesterreich. Aus dem Nachlasse des Verf. hrsg. von einem Freunde. gr. 8. (VIII, 94 S.) Wien 870, Perles.

Gedichte von Pauli v. **Wurmb**. Berlin-Leipzig: C. Wigand 1910. 23 S. 8°

Wurmb, Pauli v., Gedichte. (23 S.) 8. Leipzig 910. Modernes Verlagsbureau. 1.—

Wurmb, Rich. v., die Babylon. Ein Dresdner Roman. 1.—4. Aufl. (à 264 S.) 8. Dresden (903). Moewig & Höffner. n. 2.—

— ein Bauspekulant. Roman. (299 S.) 8. Dresden (904). H. Minden. n. 3.—; geb. n. n. 4.—

Der Wolfe Not. Roman von Richard v. **Wurmb**. Berlin: Dreililien 1908. (118 S.) 8° [F.]

— die Träne Gottes. Roman. (140 S.) 8. Berlin(-Halensee) 906. Verlag Dreililien. n. 2.—

Wurmb, Rich. v., die Vitusmädel. Roman. (166 S.) 8. Berlin(-Halensee) 908. Verlag Dreililien. 2.—

[F.] **Wurmbach**, Felix: Die Wechselduplikate nach der Allgemeinen Deutschen Wechsel-Ordnung unt. Berücks. d. einschläg. Bestimmungen d. franzö. u. engl. Wechselrechts ... Leipzig-Reudnitz, Druck v. M. Hoffmann 1893: 44 S. 8.
Erlangen, Jur. Fak., Inaug.-Diss.

Wurmberg [Schlagwort]

Wurmberg, s.: **Württemberg**. Höhenkurvenkarte.

Wurmbrand, Comit., collectanea genealogico-historica ex archivis inclytorum Austriae inferioris statuum etc. c. fig fol. Wien. 751.

(**Wurmbrand**,) Memoire über die böhmische Kohlenbahn, s. **Memoire**.

Wurmbrand Gundaker Graf, über die Anwesenheit des Menschen zur Zeit der Löß-bildung (mit 4 Taf. und 2 Plänen). D.39. II. 105 . . . . 4.-
Separatabdruck

Wurmbrand, G. Graf, über die Anwesenheit des Menschen zur Zeit der Lössbildung. Imp.-4. (22 S. mit 1 Lichtdr.- und 3 lithogr. Taf. und 2 lithogr. und color. Plänen.) Wien 879, (Gerold's Sohn.) *
Aus: Denkschriften der k. Akademie der Wissenschaften, besonders abgedruckt.

Wurmbrand, J. W. de, Schema geneal. dominorum comitum de Wurmbrand. Viennae 1702. fol.

Wurmbrand, Johann Wilhelm Gf. von A. S. 843/10

Forum s. imperii Romano-Germanici principum. Leipzig (Trog) 1733. 80 S.

Diss. Utrecht 11. I. 1692.
W. v.: Johann Georg Graevius. 37358

v. Wurmbrand, Jos., (Ad. Frhrr. v. Knigge's) politisches Glaubensbekenntniß mit Hinsicht auf die französ. Revolution u. deren Folgen (von A. v. Knigge). 8. Hannov. 792. Helwing. 12 *K*
Schrbp. 14 *K*

Wurmbrand, Mich., unfruchtbare Seele. 3 Einakter. (Das Recht auf Unglück. — Unfruchtbare Seele. — Die Alten.) (95 S.) 8. Czernowitz 910. (H. Pardini.) nn 2. —

Wurmbrand, Naphthali, Reisen in Abyssinien, 30 Jahre nach d. dortigen Aufklärung, welche sehr interessante, polit., cameral., ökonom., veterinärische Bemerkungen enthalten (von J. Erdm. Keck.) 8. Adowa 803. (Rein in Leipz.) 16 *K*

Wurmbrand, Stephanie Gräfin, s.: **Brand-Brabély**, S.

Wurmbrand, Wilh. Grf. Bergzehentfrage in Böhmen, dem vormärzlichen Rechtssinne der Altösterreicher zur Beantwortung vorgelegt. 8°. Wien (Dürnböck) 1852.

Wurmbrand, Graf Wilh., offener Brief an den Hrn. Verf. der Flugschrift „Sustine et Abstine." gr. 8. (20 S.) Prag 859, Gredner's Verlag. *

Wurmbrand, Wilh., einige Worte über Preßanarchie, Preßfreiheit und Anonymität. gr. 8. (VI und 26 S.) Prag 850, Credner und Kleinbub. *

Wurmbrandt, G., Ueber vorgeschichtl. Funde in Gleichenberg. S.-A. 1875. 20 S. u. 2 Taf.

Wurmdocter, d., od. Lebensbeschr. d. Verfass. v. Wurmsaamen. 8. Halle, Hemmerde u. S. 751.

Wurmdoktor, der, oder Lebensbeschreibung d. Verfass. von Wurmsaamen. 8. Halle 751. Schwetschke u. S. 1 *K*

Wurmkraut für einen krankenevangel.-lutherischen Pastor, präparirt und verordnet [mit Rücksicht auf dessen Schriften: „Antwort auf das Sendschreiben Pius IX. vom 13. Septbr. 1868" und „Fehlbar oder unfehlbar", Gütersloh] von einem kathol. Homöopathen. 3. verm. und verstärkte Dosis mit einer Vorrede. gr. 16. (31 S.) Erfurt 870, Brodmann. *

Wurmland nach Lands-Art, Regiment, . . . Sitten und Lebenswandel. . . . [Nürnberg] 1714. V: *Callenbach, Franz.* (JES) (AARK) (WR)

Würmli, G., d. Leichenverbrennung u. d. Crematorium in Zürich. (Zur Aufklärg. üb. d. Durchführg. u. d. Kostenfrage. Unt. bes. Berücksicht. der bisher. Ergebnisse des Zürcher Crematoriums.) 8. (16 S. m. 1 Abb.) Zürich 895. Buchh. d. Schweiz. Grütlivereins. — 30

Würmli, Gottlieb, s. Alpenbahn. Die ostschweizerische.

Wurmsaamen, der. Sechs poet. Streitschriften aus den J. 1751 u. 1752, hrsg. v. Geo. Witkowski, i. d. Mitteilungen der deutschen Gesellschaft zur Erforschung vaterländischer Sprache u. Altertümer. X, 2.

Der Wurmsaamen. 6 poet. Streitschriften aus d. Jahren 1751 u. 1752. Hrsg. von Georg **Witkowski**. Mit Nachbild. d. 6 Originaltitel. Leipzig: Deutsche Gesellsch.; K. W. Hiersemann [in Komm.] 1908 (79 S.) 8° [F.]
= **Mitteilungen** d. Deutschen Gesellschaft z. Erforschung Vaterländ. Sprache u. Altertümer in Leipzig. Bd 10, H. 2. (08. 5205

Wurmsaamen, d., ein Heldengedicht in 3 Gesängen. 4. Leipz. 752. Crüll. 4 *K*

— — desselben 3r Gesang. 4. Halle, Hemmerde u. S.

— desselben. 3r Gesang. 4. Halle, Schwetschke u. S. 1 *K*

Wurmsamen, Der. Erster Gesang. Welchem bald noch XXIX folgen sollen. Nach der allerneuesten Mahlerischen, Schöpferischen, Heroischen und minnlichen Dichtkunst, ohne Regeln Regelmässig eingerichtet. O. O. 1751. V: *Triller, Dan. Wilh.* (Waniek, Gottsched. Leipz. 1897. S. 574.) (ADB)

Wurmsamen, Der. Ein Heldengedicht. Zweyter Gesang. Grund-Riss von 232 Zeylen zu eynem Gedichte, genannt: Apollo auf den Gletscher, Oder: Der Gryselmbergysche Phöbus . . . O. O. 1752. V: *Triller, Daniel Wilhelm* [?]. (SCHR) (GGR) V: *Börner* [?]. (Danzel, Gottsched. Leipzig 1848.) (Dagegen: Waniek, Gottsched. Leipz. 1897. S. 578.)

Wurmsamen, Der. Dritter Theil. Oder Klopfstock und die Klopfstockische Secte . . . Frankf. a. M. 1752. V: *Börner.* (Waniek, Gottsched. Leipzig 1897. S. 577.)

Wurmsamen von Wurmfeld, Huldreich, ein komischer Roman. Leipzig 1781—83. V: *Jünger, Johann Friedrich.* (ML) »1781—87« (JL) (GGR)

Wurmsamen, Huldreich, von Wurmfeld, (von J. F. Jünger) 3 Theile mit Kupf. 8. Leipzig, 781=82. Dyck. 2 Rthl. 25 fgl.

Über die Gedächtniskunst in den rhetorischen Schriften der alten Römer und ihre Anwendung beim Unterricht in der Geschichte und Geographie. — Von Konrad Wurmsee, G.-P. — 1886, Burghausen, ebenda. — S. 3—44.
Progr. Burghausen, K. Gymn.

Wurmsee, Konr., Geschichtstabellen bis zum J. 1815. Im Anschlusse an den Grundriss der Geschichte von Pütz nach Reventlow's System mnemonisch bearb. gr. 8. (VI, 136 S.) Augsburg 879, Kranzfelder'sche Buchh.

Würm-See [Schlagwort]

Würm-See. Karte des Würm-Sees u. seiner Umgebg. Aus Atlas-Blättern zusammengestellt. 1 : 50,000. 60 × 42,5 cm. Lith. Ueberdr. u. kolor. München 895. (Literar.-artist. Anstalt.) n.n. 1. 50

Wurmser, B., praktische englische Sprachlehre zum Gebrauche für Erwachsene in Abendschulen und zum Selbstunterrichte. In 2 Abthlgn. nebst einem Anhang. 8. (VII und 200 S.) Cincinnati 855(59). (Philadelphia, Schäfer und Koradi.) geb.

Wurmser, Hnr., s. Sue, E., die Spanierin.

Wurmser, Johann [Praes.], s. Schwartz, Andreas: De jure aggratiandi Vom Begnadigungs Recht disputatio inauguralis.

Wurner, [illegible] der meteorologischen Beobachtungen [illegible] Krainburg 1865
Schul-/Univ.-Schrift

Wurner, M.: Niederschlags-Verhältnisse Oberkrains aus den Beobachtungen der Jahre 1864 bis 1869. 13 S. 8°. Laibach OG., Progr. 1872.

Wurnig, Alois, das Drama v. 1809. Volksstück in 5 Aufzügen. (78 S.) 8. Innsbruck 909. (Wagner.) 1. 50

Würnitzer, Franz Sales

Würnitzer, Frz. Sales, Predigten zum Vortheile der Religion u. des Staats eingerichtet, als ein Lehr= u. Lesebuch für alle Stände. 1r, 2r Bd. 8. Pilsen 794. Morgensäuler. 12 gr. 3r Thl. 8. 794. (Köhler in Leipz.) 12 gr.

— Versuch über die Waldkultur für gemeine Förster. Pilsen 796. 2e 811. Morgensäuler. (Widtmann in Prag. Köhler in Leipz.) 12 gr.

Würnitzer, F. S., Versuch üb. die Waldkultur f. gemeine Förster. 2te Aufl. 8. Pilsen. (Prag, Widtmann in Comm.) 811.

Wurr, E., Handbuch f. Maschinisten u. Heizer. Ein Nachschlagewerk f. jeden Berufsgenossen. Aus der Praxis für die Praxis bearb. 8. (207 S.) Chemnitz 902. (E. Winter.) Geb. in Leinw. n. 1. 50

Wurr, E., Hilfsbuch für Maschinisten u. Heizer. Ein Lehr- u. Nachschlagewerk für jeden Berufsgenossen. Aus der Praxis f. die Praxis bearb. 2. verm. u. verb. Aufl. (VIII, 338 S. m. 166 Abbildgn.) 12. Leipzig 904. Hachmeister & Thal. Geb. in Leinw. n. 2. —

Wurr, E., Hilfsbuch f. Maschinisten u. Heizer. Ein Lehr- u. Nachschlagewerk f. jeden Berufsgenossen. Aus der Praxis f. die Praxis, begründet v. W. Neu bearb. v. H. Rupprecht. 4. Aufl. (VIII, 408 u. 107 S. m. 236 Abb.) kl. 8. Leipzig 909. Hachmeister & Thal. Geb. in Leinw. 3. —

Wurr, E: Hilfsbuch für Maschinisten und Heizer. 5. Aufl. von H. Rupprecht. Leipzig 1910

Wurr, Gust., s.: Brüder-Kalender.

Wurr, H. F., kurzer und bündiger Rathgeber für Auswanderer, oder Anweisung für einen jeden, wie er aus der Heimath bis in das Innere von Amerika sicher geleitet und nach deren genauer Befolgung vor allen möglichen Betrügereien bewahrt wird. Nebst einigen Worten über den Zweck und die Bedeutung der Auswanderung für Jedermann. Erfurt 853. Hennings u. Hopf. (Leipzig, Lehmann.) 16. (60 S.) 2½ ngr.

Dat Hanseatenleed vom hanseat. Jäger **Wurre** aus Lübeck gedichtet während d. Aufenthaltes d. Jäger-Kompagnie in Bremen Febr. 1814. Lübeck 1900. (2 Bl.) 4° [F.] [07. 17186 B

Wurrwitz, G. F., Alcidon u. Dorinde. 8. Küstrin 792. Nauck. 4 gr.

Wurrwitz, G. F., Wenda, Fürstin von Polen, oder unglückliche Heirath. Trspl. in 3 A. 8. Berl. 796. Schöne. 6 gr.

Würsch, J. M. J. Das Leben des Bildniss- und Historien-Malers J. M. J. Würsch von Buochs. (Biographie v. J. Hess.) Zürich 1863. 4.

Würsch, Jos[eph] Alois. Der Gnadenort zur göttlichen Mutter in Melchthal, Kanton Unterwalden. [Mit 1 Tafel.] 8. Einsiedeln und New-York 1858.

Würscher, Adolf: Die Ausgestaltung unserer geographischen Lehrmittelsammlung. 8 (S. 35–42)
Progr. [illegible] Staatsrsch. i. d. II. Bezirke Wien 1896

Würscher, Adolf: Beziehungen des Königs Matthias von Ungarn zu Georg Podiebrad und Wladislaw von Böhmen. 29 S. 8
Progr. OR II Bez. Wien 1885

Würschmidt, August [k. Assistenzarzt d. Kreisirrenanst. Bayreuth]: Ueber einige Hypnotica. Deren Anwendung und Wirkung bei Geisteskranken . . . Würzburg: Becker's Univ.-Buchdr. 1888. 111 S. 8°
Würzburg, Med. Fak., Inaug.-Diss. v. 1888

Würschmidt, August, über einige Hypnotica. Deren Anwendung und Wirkung bei Geisteskranken. Diss. Würzburg 1888. Stahelsche Univ.-Buchh. 8°. 111 S.

Würschmidt, Joseph: Über diskontinuierliche Entladungen und die Kapazität von Entladungsröhren. Erlangen 1909: Junge. 49 S. 8°
Erlangen, Phil. Diss. v. 20. März 1909, Ref. Wiedemann
[Geb. 5. Febr. 86 Bayreuth; Wohnort: Erlangen; Staatsangeh.: Bayern; Vorbildung: Gymn. Erlangen Reife 04; Studium: München 2, Erlangen 7 S.; Rig. 11. Febr. 09.] [U 09. 872

Würschmitt, Franz Gottfried (Heiligenstadt/Eichsfeld)
U. S. Erfurt 1788/1

Dissertatio inauguralis canonico-iuridica de successione monialis in hereditatem paternam monasterio suppresso.
Erfurt (Nonne) 16. VIII. 1788. 30, 12 S.
37308

Würsdörfer, J., Rechenbuch, s.: Ohlenburger, A.

— **Strömgn. auf d. Gebiete des Rechenunterrichts m. bes. Berücksicht. der „Sachgebiete d. Rechnens". Vortrag. [Aus: Pädagog. Monatshefte.] gr. 8. (33 S.) Stuttgart 897. Süddeutsche Verlagsbuchh.** n. — 50

Wurst, die braunschweiger, s. Museum komischer Vorträge.

Wurst, Raymund Jakob. Eine biographische Skizze. Mit dess. Bildn. gr. 8. Reutlingen 846, Mäcken Sohn. 3½ ngr.

Wurst wider Wurst. Ein historisches Drama in einem Aufzuge im Geschmack und im Tone des Ritter von Steinsberg. V: *Müller, Joh. Fch.* (GGr VI/698a) (Deutsche Arbeit, 2. Jg., S. 529) (Hartung S. 81) (Bbilport)

Wurst wieder Wurst. Organ gegen anarchische Bestrebungen. Breslau 1848—49. H: *Müller, Ludwig* & *Robert Tagmann*. (Kat. d. Druckschr. üb. Breslau. Breslau 1903. S. 62.)

Wurst, Adolf

Wurst, A., Czerski's Abfall von der röm.-kath. Kirche ist nicht gerechtfertigt. Entgegnung auf das Czerski'sche Sendschreiben, für Alle, die da hören, sehen u. prüfen wollen oder können. gr. 8. (1½ B.) Posen 845, Gebr. Scherk. *

Wurst, Adf., A. Thiers' volkswirtschaftliche Anschauungen, s. a. Sammlung nationalökonomischer u. statistischer Abhandlungen.

Wurst, Adolf [aus Winzig in Schles.]: A. Thiers' volkswirtschaftliche Anschauungen ... Halle a S., *Lippert & C., Naumburg a S.*, 1893; 2 Bl., 89 S. 8.
Halle, Phil. Fak., Inaug.-Diss. v. [illegible]

Wurst, Carl Julius, s. Wurst, Karl Julius

Wurst, Caspar, s. Wurst, Kaspar

Wurst, Chrn., Feststehen. Erzählung. 8. (70 S.) Straßburg 873, Seitz und Miller.

Wurst, Chrn., „Flammen-Schrift". Tragödie. gr. 8. (180 S.) Leipzig 877, Kummer.

— der Goldklumpen. Dorfgeschichte. 16. (51 S.) Ebendas. 873.

Wurst, Chrn., Piltrud. Tragödie in 5 Aufzügen. gr. 8. (399 S.) Straßburg 882, Noiriel. *

W(urst), Christian W. (W. v. W. pseud.). Katholische Bemerkungen über das Luthermonument zu Worms. Freiburg, Herder, 1868, 8°, 48 S., 40 Pf.
Wiener Allg. Littztg 1869, S. 17—8.

Wurst, Conrad, s. Wurst, Konrad

Wurst, Hans, Meister Pech u. s. Lehrbuch, s. a. Bloch's, Ludw., Herren-Bühne, Nr. 29.

Meister Pech und sein Lehrbub. Humorist. Scene mit Gesang von Hans **Wurst**. *Berlin: E. Bloch (1895).* (19 S.) 8° [F.]
= Herren-Bühne. Ludwig Blochs. No 29. [illegible]

Wurst, H., humoristisches Quodlibet, s. a. Quodlibet.

WURST, Hans (ps.), Humoristisches Quodlibet oder Quintessenz der ergotzlichsten Schwänke. Berlin 1847. 8°.

— — Dasselbe. 1854.
Weller, Lex. Ps. p. 616 citirt nur diesen Druck.

— d. Walpurgisnacht im Waldhorn od.: Auf der Walze, s.: Fastnachts-Bühne.

Wurst, J. P., der deutsche Volks-Briefsteller f. alle Fälle des menschl. Lebens. gr. 16. (11½ B.) Hanau 814, Edler'sche Bh.

Wurst, Karl Julius

Wurst, Car. Julius (geb. Königsberg i. Pr. 13. 2. 1823): De prolapsu uteri. Berolini: (1850). (30 S.) 8°
Berlin, Med. Diss. v. 30. Okt. 1850

Wurst, Kaspar

Wurst, Casp., Auswahl deutscher Sprichwörter, zunächst für Lehrer in Volksschulen als Hilfsmittel z. Bildung d. Verstandes u. des Gemüthes der Jugend. 12. (2½ B.) Freiburg 841. (Quedlinburg, Ernst'sche Buchh.)

Wurst, Konrad

Wurst, Conrad: Aus dem Convent-Hospital der Barmherzigen Brüder in Breslau. (Professor Dr. Partsch.) Beitrag zur operativen Behandlung der Hydrocele testis. *Breslau 1898: F. W. Jungfer.* (60 S.) 8°
Breslau, Med. Diss. v. 2. Apr. 1898

Wurst, Conr., Beitrag zur operativen Behandlung der Hydrocele testis. Diss. gr. 8. (60 S.) Breslau 898. (Schletter.) n. 1. 20

Wurst, Raimund Jakob

Wurst, Raim. Jak., ausführl. Anleitung z. Schreiblese-unterrichte, mit besond. Rücksicht auf „dess., das erste Schulbuch." 1., u. 2. durchges. Aufl. gr. 8. (à 7¾ B.) Reutlingen 837, 40. [Mäcken Sohn.] à

Wurst, Raim. Jac., ausführl. Anleitg z. Schreibleseunterricht. (118 S.) Reutlingen 18[illegible]

—— ausführl. Anleitung z. Schreibleseunterricht mit besond. Rücksicht auf die dritte, neu bearb. u. verm. Aufl. des Elementarbüchl.: „Das elterliche Haus." Umgearb. u. m. viel. Zusätzen versehen v. B. Fchmann. 3., verm. Aufl. gr. 8. (8½ B.) Reutlingen 846, Mäcken Sohn.

Wurst, Raym. Jac., Anleitung z. Benutzung d. Vorlegeblätter zum Schönschreiben rc. gr. 12. (2½ B.) Reutlingen 842, Mäcken Sohn.

—— theoret.-prakt. Anleitung z. Gebr. d. Sprachdenklehre. Ein Handb. f. Elementarlehrer, welche vorwärts schreiten u. sich vorbereit. mit d. neuesten Standpunkte d. deutschen Sprachwissenschaft bekannt machen wollen. 2 Thle. gr. 8. Reutlingen, [Mäcken Sohn.]
Thl. 1. Elementarische Satzlehre. 1—3. Abdr. (à 14½ B.) 836—39 à 22 Gr.
" 2. Wortlehre, Wortbildung u. Rechtschreiblehre. 1—3. Abdr. (à 29 B.) 838, 39. à 1 Thlr. 12 Gr.

Wurst, Raimund Jak., theoretisch-praktische Anleitung z. Gebrauche der Sprachdenklehre. Ein Handbuch für Elementarlehrer, welche vorwärts schreiten u. sich vorbereitend mit dem neuesten Standpunkte der deutschen Sprachwissenschaft bekannt machen wollen. 1. Thl.: Elementarische Satzlehre. 3. m. der 1. wörtlich gleichlautende Aufl. gr. 8. (XIV u. 216 S.) Reutlingen 847, Mäcken. — 2. Thl.: Wortlehre, Wortbildung u. Rechtschreiblehre. 6. Aufl. gr. 8. (XXIV u. 415 S.) Stuttgart 852, Mäcken. (1: 11/12 ₰ 2: 1½ ₰) 2 5/12 ₰

Wurst, Raimund Jak., theoretisch-praktische Anleitung zum Gebrauche der Sprachdenklehre. Ein Handbuch für Elementarlehrer, welche vorwärts schreiten und sich vorbereitend mit dem neuesten Standpunkte der deutschen Sprachwissenschaft bekannt machen wollen. 1. Thl.: Elementare Satzlehre. 3., mit der 1. wörtlich gleichlautende Aufl. gr. 8. (XIII und 216 S.) Reutlingen 851, Mäcken. Thlr. —

Wurst, Raimund Jak., theoretisch-praktische Anleitung zum Gebrauche der Sprachdenklehre rc. 2. Thl.: Wortlehre, Wortbildung und Rechtschreiblehre. 6. Aufl. gr. 8. (XXIV und 415 S.) Ebds. 852.

s. Anti-Wurst.

Wurst, Raim. Jak., Elementarbuch zu prakt. Denk- u. Styl-übungen f. Volksschulen u. d. Elementarklassen d. Gymnasial- u. Realanstalten. Ein Seitenstück z. Sprachdenklehre 1—3. Aufl. gr. 12. (à 7½ B.) Reutlingen 840, 41, [Mäcken Sohn.] à Thlr.

Wurst, Raimund Jakob, Elementarbuch zu prakt. Denk- u. Stylübungen für Volksschulen u. die Elementarklassen der Gymnasial- u. Realanstalten. Ein Seitenstück zur Sprachdenklehre. 4. Aufl. gr. 12. Reutlingen 843, Mäcken, Sohn. 3/8 ℛ — 5. verb. Aufl. Umgearb. v. B. Frohmann. gr. 12. Ebend. 846. 3/8 ℛ

—— Elementarbuch z. prakt. Denk- u. Stylübungen f. Volksschulen u. die Elementarklassen d. Gymnasial- u. Realanstalten. Ein Seitenstück z. Sprachdenklehre. 4. Aufl. (7½ B.) 843. u. 5., verm. Aufl. umgearb. u. ergänzt von B. Fohmann. gr. 12. (7⅙ B.) Reutlingen 846, Mäcken Sohn. à –

Wurst, Raimund Jak., Elementarbuch zu praktischen Denk- und Stylübungen für Volksschulen und die Elementarklassen der Gymnasial- und Realanstalten. Ein Seitenstück zur Sprachdenklehre. Stark verm., umgearb. und ergänzt von B. Fohmann. 16. Aufl. 12. (VIII und 164 S.) Stuttgart 852, Mäcken.

Wurst, Raim. Jak., Elementarbuch zu praktischen Denk- und Stylübungen für Volksschulen und die Elementarklassen der Gymnasial- und Realanstalten. Ein Seitenstück zur Sprachdenklehre. Stark verm. umgearb. u. ergänzt von B. Fohmann. 17. Aufl. Stuttgart 857. Mäcken. 12. (VIII, 164 S.) 11¼ ngr.

— Elementarbuch zu praktischen Denk- u. Stylübungen für Volksschulen u. die Elementarklassen der Gymnasial u. Realanstalten. Ein Seitenstück zur Sprachdenklehre. Stark verm., umgearb. u. ergänzt von B. Fohmann. 18. Aufl. Ebend. 865. 8. (VIII, 164 S.) 11¼ ngr.

—— **theoret.-prakt. Handbuch zu elementar. Denk- u. Stylübungen. Eine Anleit. z. Gebr. d. vorsteh. „Elementarbuchs". 1. Lfg. 1. u. 2. Aufl. gr. 8. (à 6¼ B.) Reutlingen 840, 41, [Mäcken Sohn.]**

—— theoretisch-prakt. Handbuch zu elementarischen Denk- u. Stylübungen. 1. Aufl. 2. Abdruck. 2. Lfg. gr. 8. (22¼ B.) Reutlingen 843, Mäcken Sohn.

—— **theoretisch-praktisches Handbuch zu elementar. Denk- und Stylübungen. Eine Anleitung zum Gebrauche des „Elementarbuches" zu prakt. Denk- und Stylübungen. 2., mit der 1. wörtlich gleichlautende Aufl. Versehen mit einem Anhange zum Gebrauche der verb. Aufl. des Elementarbuches rc. von B. Fohmann. gr. 8. (VIII und 433 S.) Reutlingen 851, Mäcken.**

— das elterliche Haus, eine Elementarbüchlein für den ersten Schreib-, Lese-, Sprach- u. Lebensunterricht für Elementarschulen auf dem Lande und in kleinern Städten. Nach Dr. Grasers Grundsätzen. Mit 7 gemalten Steindr. gr. 12. Reutlingen 834. Mäcken jun. 3/4 ℛ

— dass. Ausg. ohne Abbild. auch u. d. T.: Das erste Schulbuch für die unterste Klasse der Elementarschulen auf dem Lande und in kleinern Städten. 1r Thl. 1e Abth. gr. 12. Reutlingen 834. Mäcken jun. 5 gl — 2e umgearb. Aufl. 6r Abdruck. 12. Ebd. 840. 2½ gl — 1r Thl. 2e Abthl. 2e Aufl. 6r Abdruck. (Stoff zum Anschauungsunterricht rc.) 12. Ebd. 840. 1/16 ℛ

— dass. 2r Thl. Der Wohnort. Eine gekrönte Preisschrift. gr. 12. Ebd. 835. 7 gl — 2e Aufl. 839. 7 gl

— das elterliche Haus. Ein Elementarbüchlein f. den Schreibleseunterricht. 1. Abthl. Handfibel zum ersten Schreib- u. Leseunterricht. 3. neu umgearb. u. verm. Aufl. 8. Abdr. 12. (62 S. u. 8 S. Vorschriften.) Reutlingen 847, Mäcken. — 17. Abdr. 12. (62 S. m. 4 lith. Taf.) Ebd. 849. — 58. Aufl. 12. (62 u. 8 lith. S.) Stuttgart 853, Mäcken. 3½ ngl

— dasselbe. Ein Lehr-, Lese- u. Aufgabenbüchlein für die erste Elementarklasse. 2. Abth. Stoff zum Anschauungsunterrichte u. zu Lese-, Schreib- u. Denkübungen. 3. stark verm. Aufl. umgearb. von B. Fohmann. 3. Abdr. 12. (IV u. 144 S.) Reutlingen 847. — 5. Abdr. 12. (IV u. 144 S.) Ebd. 849. — 41. Aufl. 12. (IV u. 136 S.) Stuttgart 853, Mäcken. 1/6 ℛ

— das elterliche Haus. Ein Elementarbüchlein für den Schreibleseunterricht. 1. Abth.: Handfibel zum ersten Schreib- und Leseunterricht. 59—68. Aufl. Stuttgart 853—58. Mäcken. 12. (62 u. 8 lith. S.) 3½ ngr.

— — 2. Abth.: Stoff zum Anschauungsunterrichte und zu Lese-, Schreib- und Denkübungen. Umgearb. von B. Fohmann. 42—44. Aufl. Stuttgart 853—58. Mäcken. 12. (IV, 136 S.) 5 ngr.

Wurst, Raim. Jak., das elterliche Haus. Ein Elementarbüchlein für den Schreibunterricht. 1. Abth.: Handfibel zum ersten Schreib- u. Leseunterricht. 69—78. Aufl. Stuttgart 859—64. Mäcken. 12. (62 S. u. 8 lith. S.) 3½ ngr.

— das elterliche Haus. Ein Elementarbüchlein für den Schreibleseunterricht. 2 Abthlgn. Ebend. 865. 8. 8½ ngr.
1. Abthl. Handfibel zum ersten Schreib- u. Leseunterricht. 79. Aufl. (62 u. 8 lith. S.) 3½ ngr.
2. Abthl. Stoff zum Anschauungsunterrichte u. zu Lese-, Schreib- u. Denkübungen. Umgearb. von B. Fohmann. 46. Aufl. (IV, 144 S.) 5 ngr.

— siehe: Lesefrüchte, pädagogische.

—— **fünfzig zweistimm. Lieder f. d. Mittelklassen d. Elementarschulen. Ein Hülfsmittel z. method. Behandl. d. ersten Unterr. im Gesange. In Tonziffern gesetzt u. method. geordnet. 2 Hfte. qu. 16. (6 B.) Reutlingen 840, [Mäcken Sohn.]** •
Besondere Ausg. a. dess., das erste Schulbuch, 1. Thl.

— kleine Schriften über das prakt. Schulwesen. Aus seinem Nachlasse hrsg. von Einem seiner Freunde. Mit Wurst's Bildniß. (Stahlst.) gr. 8. (IV u. 428 S.) Ulm 847, F. Ebner. 1 ℛ 8 ngl

—— das erste Schulbuch f. Elementarschulen auf d. Lande u. in kleineren Städten. 2 Abthln. 8. Reutlingen, Mäcken jun.
Abthl. 1. Das elterl. Haus. Ein Elementarbüchlein f. d. ersten Schreib-, Lese-, Sprach- u Lebensunterr. f. Elementarschulen rc. Nach Grasers Grundsätzen bearb. (4⅔ gedruckte u. 2 lith. B.) 834. 5 Gr.
" 2. Der Wohnort. Ein Lehr- u. Lesebuch f. d. erste Klasse d. Elementarsch. rc. (11⅓ B.) 835. 7 Gr.

—— **das erste Schulbuch f. d. unterste Klasse d. Elementarschulen. 2 Thle. 2., umgearb. Aufl. 12. Reutlingen, [Mäcken Sohn.]** —
A. u. d. Ttln.:
Thl. 1. Das elterliche Haus, ein Elementarbüchlein f. d. Schreibleseunterricht. 2 Abthln.
Abthl. 1. Der Schreib- u. Leseunterricht. 2., umgearb. Aufl. 1—16. Abdr. (à 2 B. u. 6 Stnt.) 836—43 à 2¼ Gr.
" 2. Stoff zum Anschauungsunterrichte u. zu Schreib-, Lese- u. Denkübungen. 2., umgearb. Aufl. 1—11. Abdr. (à 6 B.) 837—42. à 4 Gr.
" 2. Der Wohnort. Ein Lehr- u. Lesebuch f. d. erste Klasse d. Elementarschulen auf d. Lande u. in d. kleineren Städten. Nach Graser's Grundsätzen bearb. 2., unveränd. Aufl. 1—4. Abdr. (11½ B.) 836—43. à 7 Gr.

—— das erste Schulbuch f. die unterste Klasse der Elementarschulen. 1. Thl., enthalt.: Das elterliche Haus in 2 Abtheil. 1. Abth. 2. Aufl. 19. Abdruck. gr. 12. (2½ B.) Reutlingen 841, Märken Sohn.

—— dess. 2. Abth. 2. Aufl. 15. Abdruck. gr. 12. (6 B.) Ebds. 844.

—— dess. 2. Thl. enthaltend: Der Wohnort. Eine gekrönte Preisschrift. 2. Aufl. 4. Abdruck. gr. 12. (11½ B.) Ebds. 843.

—— **die zwei ersten Schuljahre. Eine Anleit. z. Gebr. d. ersten Schulbuches u. z. Behandl. sämmtl. Unterrichts-Gegenstände in d. ersten Elementarklasse, nebst vollständ. Stoffsammlung zu d. ersten Denk-, Sprach- u. Rechtschreibübungen. Nach Graser's Grundsätzen bearb. (Eine Beil. zu der mit d. ersten Preise gekr. Abhandl. üb. d. Beschaffenheit ein. Schulbuches f. Elementarschulen rc.) (1. Aufl.) gr. 8. (25½ B. u. 4 Stnt.) Reutlingen 835, [Mäcken Sohn.]**

—— **dass. — Eine theoret.-prakt., auf d. neue psycholog. System v. Beneke gegründ. Anleit. z. Behandl. sämmtl. Unterrichtsgegenstände in d. ersten Elementarklasse, nebst e. reichl. Samml. v. Aufgaben z. stillen Beschäftigung. 2., durchaus neu bearb. u. verm. Ausg. u. 3., unveränd. A. gr. 8. (à 34½ B., 4 Stnt. u. 2 Tab.) Reutlingen 839, 43, [Mäcken Sohn.]** à

—— die zwei ersten Schuljahre. Eine theoretisch-prakt., auf das neue psycholog. System von Dr. Beneke gegründete Anleitung zur Behandlung sämmtlicher Unterrichtsgegenstände in der ersten Elementarklasse, nebst einer reichl. Sammlung von Aufgaben zur stillen Beschäftigung. 4., mit der 3. wörtlich gleichlaut. Aufl. gr. 8. (XX und 530 S. mit 4 Steindrtaf. und 2 Lektions-Plänen in gr. 4.) Reutlingen 849, Mäcken.

Wurst's, R. J., sämmtliche Schulschriften für die Hand des Lehrers. Gesammt-Ausg. in 4 Bdn. gr. 8. Stuttgart, Mäcken. 6

Inhalt:

Bd. 1. Lfg. 1. Kritiken über sämmtliche Werke R. J. Wurst's. Raim. Jak. Wurst. Biographische Skizze. (34 S. mit Portr. in Stahlst.) 863. * 5 Ngr.

" 1. " 2. Ausführliche Anleitung zum Schreibleseunterrichte mit besond. Rücksicht auf die 3., neu bearb. und verm. Aufl. des Elementarbüchleins: „Das elterliche Haus." Umgearb. und mit vielen Zusätzen versehen von B. Rohmann. 4. Aufl. (XII und 120 S.) 865. 15 Ngr.

" 2. Die zwei ersten Schuljahre. Eine theoretisch-prakt., auf das neue psycholog. System von Dr. Beneke gegründete Anleitung zur Behandlung sämmtl. Unterrichtsgegenstände in der ersten Elementarklasse, nebst einer reichl. Sammlung von Aufgaben zur stillen Beschäftigung. 5. Aufl. (XX und 532 S. mit 4 Stndrt. in gr. 4. und 2 Lektionsplänen.) 865. 2 Thlr.

" 3. Theoretisch-praktisches Handbuch zu elementarischen Denk- und Stylübungen. Eine Anleitung zum Gebrauche des „Elementarbuches" zu prakt. Denk- und Stylübungen. 3., mit der ersten wörtlich gleichlaut. Aufl. (XVI und 404 S.) 865. 1 Thlr. 26¼ Ngr.

" 4. Thl. 1. Theoretisch-praktische Anleitung zum Gebrauche der Sprachdenklehre. Ein Handbuch für Elementarlehrer, welche vorwärts schreiten und sich vorbereitend mit dem neuesten Standpunkte der deutschen Sprachwissenschaft bekannt machen wollen. 1. Thl. Elementarische Satzlehre. Neue Aufl. (XIII und 216 S.) 865. 27½ Ngr.

" 4. " 2. —— dass. — 2. Thl. Wortlehre, Wortbildung und Rechtschreiblehre. 7. Aufl. (XXIV und 423 S.) 866. 1 Thlr. 15 Ngr.

Wurst's, R. J., sämmtliche Schulschriften für die Hand des Lehrers. Gesammtausg. in 4 Bdn. 4. Bd. A. u. d. T.: Theoretisch-praktische Anleitung zum Gebrauche der Sprachdenklehre. Ein Handbuch für Elementarlehrer, welche vorwärts schreiten und sich vorbereitend mit dem neuesten Standpunkte der deutschen Sprachwissenschaft bekannt machen wollen. 1. Thl.: Elementarische Satzlehre. 5. Aufl. gr. 8. (VI, 196 S.) Altenburg 877, Pierer.

Wurst, Raimund Jakob

—— kleine prakt. Sprachdenklehre f. d. Elementarschulen auf d. Lande. Nach seiner größ. Sprachdenklehre bearb. gr. 12. (6½ B.) Reutlingen 841, [Mäcken Sohn.]

—— kleine prakt. Sprachdenklehre f. die Elementarschulen auf d. Lande. Nach seiner größern Sprachdenklehre bearb. 7—10. Aufl. gr. 12. (à 6½ B.) Reutlingen 843—47, Mäcken Sohn. à

— kleine prakt. Sprachdenklehre für die Elementarschulen auf dem Lande. Nach s. größ. Sprachdenklehre bearb. 10. mit der 1. wörtl. gleichlaut. Aufl. 12. (IV u. 152 S.) Ebd. 847. — 13. mit der 1. wörtl. gleichlaut. Aufl. gr. 12. (VI u. 150 S.) Ebd. 852. ¼ ℛ

— kleine praktische Sprachdenklehre für Elementarschulen. Nach seiner größeren Sprachdenklehre bearb. 14—16. unveränd. Aufl. Stuttgart 853—57. Mäcken. 12. (IV, 152 S.) 7½ ngr.

— kleine praktische Sprachdenklehre für Elementarschulen. Nach seiner größern Sprachdenklehre bearb. 17—19. mit der 1. wörtlich gleichlautende Aufl. Ebend. 859—63. 12. (IV, 152 S.) 7½ ngr.

—— kleine praktische Sprachdenklehre für Elementarschulen. Nach seiner größern Sprachdenklehre bearb. 17., mit der 1. gleichlautende Aufl. 12. (IV und 152 S.) Stuttgart 861, Mäcken.

—— kleine praktische Sprachdenklehre für Elementarschulen. Nach seiner größern Sprachdenklehre bearb. 19., mit der ersten wörtlich gleichlaut. Aufl. 12. (IV und 152 S.) Stuttgart 864, Mäcken.

Wurst, Raimund Jak., kleine praktische Sprachdenklehre für Elementarschulen. Nach seiner größeren Sprachdenklehre bearb. 20.—22. mit der 1. wörtlich gleichlaut. Aufl. 8. (150 S.) Stuttgart 869—75, Mäcken. [Altenburg, Pierer.]

Wurst's, R. J., kleine praktische Sprachdenklehre. Für Volksschulen nach dem gegenwärt. Standpunkte der Sprachwissenschaft u. der Unterrichtslehre neubearb. v. Gust. Fröhlich. 23. Aufl. 8. (IV, 156 S.) Altenburg 883. Pierer. n. — 80

Wurst's, R. J., praktische Sprachdenklehre. Für mehrklass. Volksschulen, Mittelschulen, Seminarien und die Unter- und Mittelklassen höherer Schulen, nach dem gegenwärt. Standpunkte der Sprachwissenschaft und der Unterrichtslehre neu bearb. von Gust. Fröhlich. 71. Aufl. (VIII, 224 S.) 1876; 72. verb. und verm. Aufl. Mi. Anwendung und Durchführung der neuen deutschen Orthographie nach den amtl. Festsetzungen in den Königr. Preußen, Bayern und Sachsen und unter Berücksicht. des k. k. österreich. Orthographiebuches. 8. (VIII, 256 S.) Altenburg 881, Pierer. *

Wurst's, R. J., praktische Sprachdenklehre. Für mehrklass. Volksschulen, Mittelschulen, Seminarien u. die Unter- u. Mittelklassen höherer Schulen, nach dem gegenwärt. Stande der Sprachwissenschaft u. der Unterrichtslehre neu bearb. v. Gust. Fröhlich. 73., verb. u. verm. Aufl. Mit Anwendg. u. Durchführg. der neuen deutschen Orthographie nach den amtl. Festsetzgn. in den Königreichen Preußen, Bayern u. Sachsen u. unter Berücksicht. des k. k. österreich. Orthographiebuchs. gr. 8. (XII, 201 S.) Altenburg 894. H. A. Pierer. n. 1. 75

—— prakt. Sprachdenklehre f. Volksschulen u. d. Elementarklassen d. Gymnasial- u. Real-Anstalten. Nach K. F. Becker's Ansichten üb. d. Behandl. d. Unterr. in d. Muttersprache bearb. 1—3. Aufl. 1—10. Abdr. gr. 12. (à 12 B.) Reutlingen 836—41, [Mäcken Sohn.] à

—— dass. für israelit. Schulen bearb. gr. 12. (12 B.) Ebds.

—— prakt. Sprachdenklehre f. Volksschulen u. die Elementarklassen der Gymnasial- u. Real-Anstalten. 3. Aufl. 16. u. 17. Abdruck. gr. 12. (à 10½ B.) Reutlingen 843, 45, Mäcken Sohn. à —

— prakt. Sprachdenklehre f. Volksschulen u. die Elementarklassen der Gymnasial- u. Real-Anstalten. Nach K. F. Becker's Ansichten über die Behandlung des Unterrichtes in der Muttersprache. 3. Aufl. 19. Abdr. 12. (XII u. 233 S.) Ebd. 848. — 23. Abdr. od. 57. Aufl. 12. (XII u. 233 S.) Ebd. 851. 7/12 ℛ

—— praktische Sprachdenklehre für Volksschulen und die Elementarklassen der Gymnasial- und Real-Anstalten. Nach Dr. C. F. Becker's Ansichten über die Behandlung des Unterrichtes in der Muttersprache bearb. 3. Aufl. 23. Abdr. oder 57. Aufl. gr. 12. (XII und 233 S.) Stuttgart 852, Mäcken.

— praktische Sprachdenklehre für Volksschulen und die Elementarklassen der Gymnasial- und Real-Anstalten. Nach Dr. K. F. Becker's Ansichten über die Behandlung des Unterrichtes in der Muttersprache bearb. 58—62. Aufl. Stuttgart 852—55. Mäcken. 12. (XI, 233 S.) 17½ ngr.

— praktische Sprachdenklehre für Volksschulen u. die Elementarklassen der Gymnasial- u. Real-Anstalten. Nach Dr. K. F. Becker's Ansichten über die Behandlung des Unterrichts in der Muttersprache bearb. 63—67. Aufl. Stuttgart 858—64. Mäcken. 12. (XI, 233 S.) 17½ ngr.

— praktische Sprachdenklehre für Volksschulen u. die Elementarklassen der Gymnasial- u. Real-Anstalten. Nach Dr. K. F. Becker's Ansichten über die Behandlung des Unterrichts in der Muttersprache bearb. 68. Aufl. Ebend. 867. 12. (X, 273 S.) 17½ ngr.

—— Uebungsbuch zum Kopf- u. Zifferrechnen f. d. Mittelklassen d. Elementarschulen. Nach J. Herr's Lehrbuch d. Denkrechnens zunächst f. Süddeutschland u. d. östliche Schweiz bearb. 1., u. 2., verb. Aufl. 12. (..B.) Reutlingen 839, 41, [Mäcken Sohn.] à

—— der erste Unterricht in d. franzöſ. Sprache in Verbind. mit d. deutschen Sprachdenklehre. gr. 8. (2¼ B.) Reutlingen 836. [Mäcken Sohn.]

—— 72 Vorlegeblätter z. Schönſchreiben, als Grundlage z. Rechtſchreibung u. Wortbildung. Lithogr. qu. 16. Reutlingen 842, Mäcken Sohn.

—— 42 neue Vorlegeblätter z. Schönschreiben, als Grundlage z. Rechtschreib. u. Wortbild., f. Elementarschulen. qu. 4. St. Gallen 839, [Scheitlin u. Zollikofer.] *

—— 16 Wandtafeln f. d. erſten Schreib- u. Leſeunterr. in Elementarſchulen u. mit Bezieh. auf: Das erſte Schulb. f. d. unterſte Klaſſe d. Elementarſchulen „Das elterl. Haus" entworfen. gr. Fol. Reutlingen 838, [Mäcken Sohn.] *

—— der Wohnort. Ein planmäßig unterhaltendes Geſchichten-, Lehr- u. Bilderbuch, vorzügl. geeignet zu Schul- u. Feſtgeſchenken f. fleißige Kinder von 7—9 Jahren. gr. 12. (11½ B. u. 25 z. Thl. col. Stnt.) Reutlingen 835, [Mäcken Sohn.] Thlr.
Besondere Ausg. von deſſ., das erſte Schulbuch, 2. Thl.

—— der Wohnort. Ein Lehr- und Leſebuch für die erſte Klaſſe der Elementarſchüler auf dem Lande und in kleinern Städten. Nach Dr. Graſers Grundſätzen bearb. Preisſchrift. 19. Aufl. 12. (266 S.) Stuttgart 865, Mäcken.

Wurst, Raimund Jakob. Die Wortbildung für die I. u. II. Klasse der Volksschulen. *Lemberg* 1858. *Stauropigianische* Instit.-Druckerei. 46 S. 16⁰.

[Lied.] Am Johannisfeste 1840. Preussens Trauertag. (Von Minna Wauer, comp. von W[ilh.] L[eop.] F[erd.] **Wurst.**) Gesungen in der Loge zu den drei Kronen [in Königsberg]. [Königsberg 1840.] 1 Bl. 8⁰ [Kopftit.]
Ohne Noten: „Was klagt das Volk? Was rinnen seine Thränen?"

[Lied der Treue von Ernst Burdach, komp. von Wilh. Leop. Ferd. **Wurst.**] Zur maurerischen Jubelfeier des geliebten [Br.] Christ. Fried. Dittrich in der St. Johannis-Loge zu den drei Kronen [in Königsberg]. Am 16. April 1837. Königsberg [1837]. 2 Bl. 8⁰ [Umschlagtit.]
Ohne Noten: „Dem treusten Bruder tönt heut Dank . . ."

Würſt, Alex., buntes Allerlei. Berliner Skizzen. 1. Hft. 12. (16 S.) Berlin (s.o. 16, Neanderſtr. 21) 896. A. Würſt. — 15

Wuerst, E. A., Bonn und seine Umgebung. Ein Handbuch für Fremde und Einheim. gr. 16. (VIII, 144 S. mit 1 lithogr. Plane der Stadt und Umgegend in qu. Fol.) Bonn 869, Henry. cart. *

Wuerst, E. A., Bonn und seine Umgebungen. Ein Handbuch für Fremde und Einheimische. Mit 1 Plane von Bonn, des Kirchhofes in Bonn und 1 Karte des Siebengebirges. 2. Aufl. 8. (X, 156 S.) Bonn 881, Henry. geb. *

Würſt, F. G., Bemerkk. über e. wichtige Gegenſtände der ruſſ. Staatswirthſchaft mit 14 Tabellen. gr. 8. Berl. 809. Maurers B. 1 ℛ 12 𝑔𝑟 Velinp. 2 ℛ 12 𝑔𝑟

Wuerst, Henr. Frid. Adolph. (geb. Berlin 26. 3. 1813): De glandula thyreoidea. Berolini (1836). (26 S.) 8°
Berlin, Med. Diss. v. 13. Aug. 1836

Würst, Otto: Ueber die elektrolytische Reduktion von aromatischen Nitrokörpern bei Gegenwart von aromatischen Aldehyden. *Heidelberg 1888: J. Hörning.* (34 S.) 8
Heidelberg, Naturw.-math. Diss. v. [30 März] 1808

Würst, Paul, approb. Arzt: Über einen Fall von Primärem Carcinom der Vagina kompliziert mit Schwangerschaft. *Leipzig: G. Fock 1900.* (43 S.) 8°
Leipzig, Med. Diss. v. 2. März 1900

Wurſt-Buch, vollſtänd., od. d. Kunſt alle Sorten Würſte zu bereiten, nebſt e. gründl. Anweiſ. z. Schlachten, Räuchern, Einpökeln allen Fleiſches. 32. (48 Seit.) Erfurt 840, Hennings u. Hopf.

Wurſt-Buch, vollſtändiges, oder die Kunſt, alle Sorten Würſte zu bereiten, nebſt e. gründl. Anweiſung z. Schlachten, Räuchern, Einpökeln alles Fleiſches. 2. u. 3. Aufl. 24. (à 48 S.) Erfurt 843, 44, Hennings u. Hopf. à

Wurstdörfer, Richard [aus Laer (Kr. Bochum)]: Erfolge der seit dem Jahre 1886—1893 in der chirurgischen Klinik zu Würzburg ausgeführten Kropfexstirpationen . . . Würzburg, P. Scheiner's Buchdr., 1894; 64 S. 8.
Würzburg, Med. Fak., Inaug.-Diss. v. 1894

Wursteisen s.a. Wurstisen.

Wurſteiſen, ..., Baſel. Chronik, oder Beſchreibung d. Geſchichten ſo ſich in der Stadt u. Landſchaft, auch der Eidgenoſſenſchaft u. Biethum Baſel, Burgund, Elſaß u. Breisgau zugetragen. 2 Thle. u. d. 1e Fortſetzung bis 1600. Fol. Baſel ... Em. Thurneiſen. 6 ℛ 16 𝑔𝑟 Fein Pap. 8 ℛ

— Fortſetzung derſelben von Dan. Bruckner verfaßt für 1600—1619. 2 Thle. Mit Titelvign. Fol. Baſel 782. Schweighäuſer. 2 ℛ

Wurſtemberger, Germanikus; Trauerſpiel. 8. Zürich 822, Orell. — 9

Wurstemberger, Arnold R. C. v., über Lias Epsilon. Inaugural-Dissertation. gr. 8. (45 S.) Stuttgart 876. (Tübingen, Osiander'sche Buchh.) *

[Wurstemberger, Johann Ludwig.] Buchegg, die reichsfreie Herrschaft, ihre Grafen und Freiherren, und die Landgrafschaft Klein-Burgund. Urkundlich bearbeitet. Als Beitrag zur ältern Geschichte der Städte Bern und Solothurn.... Ein historischer Versuch. Mit [2 genealogischen Tabellen,] einer Abbildung [Tafel], Charte und Urkundenverzeichniss. [SA.] 8. Bern 1840.

Wurstemberger, J[ohann] L(ud[wig].) Geschichte der Alten Landschaft Bern. 2 Bände. 8. Bern 1862 (*Band 1, Umschlag: 1861*).
Band 2. (Mit dem Portrait des Verfassers [Tafel].)

Wurſtemberger, J. L., Geſchichte der alten Landſchaft Bern. 2 Bde. Bern 862. Dalp. gr. 8. (XXI, 814 S.) n. 3 ℛ 8 𝑛𝑔𝑟.

[Wurstemberger, Johann Ludwig.] Lebensgeschichte des Schultheissen der Stadt und Republik Bern. Niklaus Friedrich von Mülinen (1760–1833). Mit dessen Bildniss [Tafel]. SA. 8. Bern 1837.

Wurstemberger, [Johann] L[udwig]. Peter der Zweite, Graf von Savoyen, Markgraf in Italien, sein Haus und seine Lande. Ein Charakterbild des dreizehnten Jahrhunderts, diplomatisch bearbeitet. 4 Theile. 8. Bern, Zürich 1856–1858.
Theil 1–3. Mit einem Urkundenbuche. — Theil 4. Urkunden.

Wurstemberger, [Johann] L[udwig]. Bernhard Emanuel v(on) Rodt (1776–1848). Lebensbild eines Alt-Berners (*Umschlag: Ein schweizerisches Lebensbild*).... Geschildert von L. W'.... Mit drei Plänen [auf 2 Tafeln]. 8. Bern 1851.

[Wurstemberger, Johann Ludwig.] Schwyz, das altgefreyte Land und die äussern Bezirke. Von einem warmen Vaterlandsfreunde aus keinem der Urkantone. 8. *o. O.* 1832.

[Wurstemberger, Johann Ludwig.] Carl Ludwig Tscharner (1787–1856). ⟨Als Manuscript gedruckt.⟩ 8. Bern 1857.

Wurstemberger, L. v., die gegenwärtigen Agrarverhältnisse Russlands. Urtheile eines ausländ. Landwirths. gr. 8. (IX, 90 S.) Leipzig 873, Duncker und Humblot. *

—— die evangelische Allianz-Deputation und Herr v. Tischendorf. Seine Widerlegung der gegen ihn in dem Buche „die Gewissensfreiheit in den Ostseeprovinzen Russlands" erhobenen Beschuldigungen. gr. 8. (XII, 52 S.) Ebendas. 873. *
Vgl.: Tischendorf, L. F. C. v.

—— die Gewissensfreiheit in den Ostsee-Provinzen Rußlands. Erfahrungen gesammelt während einiger Reisen vom Frühling 1870 bis in den Winter 1871/72. gr. 8. (VIII, 496 S.) Ebendas. 872. *

—— la liberté de conscience en Russie et l'alliance évangélique. 8. (VIII, 254 S.) Berlin 873, Behr's Buchh. *

Wurstemberger, Rud.

Wurstemberger, R., kleinere Aufsätze u. Gelegenheitsgedichte. 12. ... Bern 831, [Jenni, Sohn.]

Wurstenberger, Rud., Germanikus. Trspl. 8. Zürich 822. Orell. 9 K

— die Schlacht bei Sempach. Trspl. in 5 A. 8. Bern 818. Walthard. (Jenny). 14 K

— Treue siegt. Vaterländ. Drama in 3 A. 8. Bern 819. Jenny. 14 K

——, Hans Waldmann, Bürgermeister v. Zürich. Trauersp. in 5 Aufz. 8. (10 B.) Bern 828, [Jenni, Sohn.]

Würsten, C. Plan von Arolsen und dessen nächsten Umgebungen. 1839. 1 Bl. f.

Wurster, C., der Unteroffizier vom Dienst aller Truppengattungen. Seine sämtl. Obliegenheiten. (28 S.) kl. 8. Berlin (910). Buchh. des Invalidendank. nn — 25

Wurster, Casimir, s. Wurster, Kasimir

Wurster, Cph. Fr., († ...) Anleitung zur prakt. Feldmeßkunst, nebst e. Anh. von d. Trigonometrie, Gnomonik u. Visirkunst. Mit 7 Kpf. 8. Tübing. 786. Heerbrand. 12 K

* Einleitung, kurze u. gründliche, zur practischen Feldmesskunst, nebst einem Anhang von der Trigonometrie, Gnomonik u. Visierkunst, mit 7 Kpft. entworfen von *Cp. F. Wurster.* Tübingen, Heerbrandt. 240 S. 8. 1786.

— selbstlehrende Rechenkunst, worin die 5 Species, nebst der Regel de Tri enthalten. 8. Tübing. 772. v. Cotta. 10 K

Wurster, Cph. Hnr., Betrachtt. über d. Wesen u. die Verhältnisse d. Pietisten. 8. Heilbr. 821. 2e A. 822. Claß. 5 K

— s. Ph. M. Hahn, hinterlass. Schriften.

Wurster, Christoph Ludwig (Nürnberg) A. S. 1336/10

Dissertatio philosophica de idearum in anima conservatione. Präs. Johann Wilhelm Schaubert. Altdorf (Hessel) 21. IV. 1744. 48 S.

Gew.: Stadt Nürnberg. **37363**

Wurster, Georg: Beiträge zur Aetiologie der Paranephritis. Würzburg: Mönnich 1910. 118 S. 8°
Würzburg, Med. Diss. v. 24. März 1910, Ref. Enderlen
Geb. 26. Nov. 84 Kiew; Wohnort: Würzburg; Staatsangeh.: Rußland; Vorbildung: II. Gymn. Odessa Reife Mai 04; Studium: Odessa 2, Leipzig 2, Würzburg 7 S.; Rig. 9. März 10.] [U 10. 4375

Wurster, Georg, von Winterthur, Kanton Zürich: Beiträge zur Tocothermometrie mit besonderer Berücksichtigung des Neugebornen. Zür. Zürcher u. Furrer Dr. 1870. 2 Bl., 26 S., 1 Tabelle, 1 Bl. Thesen. 8°.
Zürich, Med. Diss. [v. 17. Dec. 1870].

WURSTER, Josephus: De Jansenismi historica evolutione et doctrina — (1875) 137 S. 8° (Handschr.) Diss. 272
Diss. Wien, Univ.

Wurster, Kasimir

Wurster, Casimir, aus Strassburg im Elsass: Ueber einige Gegenstände aus dem Gebiete der Organischen Chemie. Zür. Orell Füssli Cie Dr. 1873. 36 S. 8°.
Zürich, Phil. Diss. [v. 6. Mai 1873].

Wurster, C. Constitution der Dibrombenzole. etc. 1873.

Wurster, Casim., die neuen Reagentien auf Holzschliff u. verholzte Pflanzentheile zur Bestimmung des Holzschliffs im Papier. gr. 8. (7 S.) Berlin (900). R. Friedländer & Sohn. — 30

Wurster, Paul, Abendsegen für die christliche Familie. Abendandachten f. jeden Tag nach der Ordng. des Kirchenjahrs. 1.—5. Taus. (III, 396 S.) 8. Karlsruhe 906. Ev. Schriftenverein. Geb. in Leinw. n. 2. —

Wurster, Paul, Abendsegen f. die christliche Familie. Abendandachten f. jeden Tag nach der Ordnung des Kirchenjahrs. 5.—10. Taus. (IV, 396 S.) 8. Karlsruhe 907. Ev. Schriftenverein. Geb. in Leinw. 2. — ; m. Goldschn. 2. 80

Wurster, Paul s. Adamina, J[acques]. Gustave Werner. Neuchâtel 1891.

Wurster, Paul, Evangelisation u. innere Mission. Vortrag, geh. auf dem XXX. Congreß f. innere Mission zu Straßburg i. Els. den 5. X. 1899. [Aus: „Congreßverhandlgn."] gr. 8. (32 S.) Straßburg 899. Buchh. der ev. Gesellschaft. n. — 20

Wurster, Paul, christliche Glaubens- u. Sittenlehre. Leitfaden f. den Religionsunterricht, hauptsächl. an höh. Klassen v. Realanstalten u. Realgymnasien. 12. (VII, 106 S.) Heilbronn 896. E. Salzer. Kart. n.n. — 70

— christliche Glaubens- u. Sittenlehre. Leitfaden f. den Religionsunterricht, hauptsächlich an höheren Klassen v. Realanstalten u. Realgymnasien. 2. Aufl. (VIII, 144 S.) kl. 8. Heilbronn 906. E. Salzer. Kart. n. — 80

— die biblische Grundlage der inneren Mission. gr. 8. (110 S.) Gütersloh 902. C. Bertelsmann. n. 1. 60
Sonderabdruck aus: „Monatsschrift f. innere Mission".

— das eigene Haus. Gespräch in 5 Aufzügen zur Aufführg. in christl. Vereinen. 8. (16 S.) Stuttgart 901. M. Kielmann. n. — 30

Ⓑ Wurster, Paul, das eigene Haus. 901. Jetzt: Stuttgart, Holland & Josenhans.

— Hausbrot f. evangelische Christen. Ein Andachts- u. Gebetbuch f. jeden Tag, m. Bezeichng. v. Bibelabschnitten f. die Abendandacht. gr. 8. (IV, 395 S.) Karlsruhe 903. Ev. Schriftenverein. Geb. in Leinw. n. 2. —; m. Goldschn. n. 2. 80

— Hausbrot f. evangelische Christen. Ein Andachts- u. Gebetbuch f. jeden Tag, m. Bezeichng. v. Bibelabschnitten f. die Abendandacht. 6.—10. Taus. (IV, 395 S.) gr. 8. Karlsruhe 904. Ev. Schriftenverein. Geb. in Leinw. n. 2. —

— Hausbrot f. evangel. Christen. Ein Andachts- u. Gebetbuch f. jeden Tag, m. Bezeichng. v. Bibelabschnitten f. die Abendandacht. 21.—25. Taus. (IV, 395 S.) 8. Karlsruhe 907. Ev. Schriftenverein. Geb. in Lw. 2.—; m. Goldschn. 2. 80

— Kirche u. Gemeinschaft. Nach e. Ansprache über 1. Petri 2, 1—5 bei der Konferenz des hessen-nassauischen Vereins für evangel. Gemeinschaftspflege auf kirchl. Grundlage am 3. II. 1904 in Homburg v. d. H. (15 S.) gr. 8. Friedberg 904. (C. Bindernagel.) n. — 20

Wurster, Paul, Gustav Werners Leben und Wirken. Nach meist ungedruckten Quellen dargestellt. gr. 8. (VIII, 463 S. mit 1 photolithogr. Titelbild.) Reutlingen 888, Kocher. * geb. *

Wurster, Paul, die Lehre v. d. inn. Mission, s.: Sammlung v. Lehrbüchern d. prakt. Theologie, VI.

— innere Mission u. humanitäre Liebestätigkeit. Vortrag, geh. auf dem 32. Kongreß f. innere Mission in Braunschweig am 24. IX. 1903. [Aus: „Verhandlungen des 32. Kongresses f. innere Mission".] (20 S.) gr. 8. Braunschweig 903. H. Wollermann. n. — 30

— s.: Monatsschrift f. Pastoraltheologie.

Ph. Fr. Hiller: Der Sänger des „Geistl. Liederkästleins", s. Kirchenliederdichter, Unsere. I. 8.

Wurster, Paul. Segen d. Wohlthuns. [Charakterzüge aus Gellerts Leben.] Zur Aufführg. hauptsächlich in Jünglings- u. anderen christl. Vereinen. 2. durchgeseh. Aufl. 8. (27 S.) Heilbr. 891, Scheurlen's Sort. ** — 30

— Segen des Wohlthuns. (Charakterzüge aus Gellerts Leben.) Zur Aufführg. hauptsächlich in Jünglings- u. anderen christl. Vereinen. 4. Aufl. 8. (28 S.) Stuttgart 902. M. Kielmann. n. — 30

Ⓑ — Segen des Wohltuns. 902. Jetzt: Stuttgart, Holland & Josenhans.

— Die praktische Vorbildung der evang. Theologen in Württemberg. Zugleich e. Beantwortung der Frage: braucht Württemberg e. Predigerseminar? (48 S.) gr. 8. Heilbronn 907. E. Salzer. — 70

— u. M. Hennig, was jedermann heute von der inneren Mission wissen muß. 6.—10. Taus. (VI, 270 S.) gr. 8. Stuttgart 902. M. Kielmann. n. 1. 50; geb. in Leinw. n. 2. —

— u. M. Hennig, was jedermann heute von der inneren Mission wissen muß. 11.—16. Taus. (VI, 284 S. m. Abbildgn.) 8. Stuttgart (907). M. Kielmann. 1.50; geb. in Leinw. 2. —

— ernste Worte an Hoch u. Nieder. Predigt am Sonntag Lätare 1892 in der St. Kilianskirche in Heilbronn. gr. 8. (11 S.) Heilbronn 892. A. Scheurlen's Sort. n. — 20

— s.: Zeitfragen.

— die Zukunft, unsere Sorge u. unsere Hoffnung. Ansprache, geh. bei der XVI. Generalversammlung des ev. Bundes in Ulm a. D. am 29. IX. 1903. (12 S.) gr. 8. Leipzig 903. C. Braun. n.n. — 10

Wurster, Sim. Fr.

— s. Anleit. z. Bienenzucht.

— vollständige Anleitung zu e. nützlichen u. dauerhaften Magazinbienenzucht. Mit 5 Kpf. 8. Tübing. 790. 3e Aufl. mit 6 Kpft. 804. (Osiander). 1 ⁊ß 20 ꝗ

— s. Cornelius Nepos.

Wurster, Sim. Fr., Journal für Beobachtt. u. Erfahrr. in der Bienenzucht. 1r, 2r Bd. oder 4 Stücke. 8. Tübing. 805—7. (Osiander.) 2 ⁊ß 16 ꝗ

Wurster, Sim. Fr., Vocabularium graecum in IV Evangel. 8. Tübing. 784. (Osiander.) 12 ꝗ

— von der Weisellosigkeit u. dem Rauben d. Bienen, e. Abhandlung rc. 8. Tübing. 802. (Osiander). 6 ꝗ

Wursthorn, Ant., Blumen u. Früchte im Seelengarten. Predigt auf das Fest des hl. Fiacrius, geh. am 1. IX. 1907 beim Gärtnerfeste in der Ruprechtsau. (16 S.) 8. Rixheim 907. (Straßburg, F. X. Le Roux & Co.) nn — 20

Wurstisen, Christian. Ch' Wursteisens Kurzer Begriff der Geschichte von Basel, aus dem Lateinischen übersetzt. Ubersehen und mit Anmerkungen vermehret von Jacob Christoff Beck.... 8. Basel 1757.

Wurstisen, Christian. Baßler-Chronik, Darinn alles, Was sich in obern Teutschen Landen ... bis in das 1580. Jahr, gedenckwürdiges zugetragen ...: Sammt Vieler Herrschaften und Geschlechtern Wapen und Stammbäumen. Neue... nach einem durch den Authorn... vermehrten Exemplar ([von] Daniel Bruckner) herausgegebene Aufl.. sammt der Fortsetzung bis in das 1680. (*i. e.* 1620.) Jahr.... 4 Bände. fol. Basel 1765-1779.

Band 1. [Mit Titelvignette und 1 Tafel.] 1765.
Band 2. [Mit Titelvignette.] 1772.
[Band =] Buch 3. [Mit Titelvignette.] 1779.
[Band ==] Buch 4. [Mit Titelvignette.] 1779.

Wurstisen, Chrn., Baßler Chronick | darinn alles | was sich in Oberen Teutschen Landen | nicht nur in der Statt vnd Bistumbe Basel | von jhrem Vrsprung her | nach Ordnung der Zeiten | in Kirchen vnd Welt händlen | biß in das gegenwärtige M. D. LXX Jar | gedenckwirdigs zugetragen: Sonder auch der Eydtgenosthafft | Burgund | Elsaß vnd Breißgow | als beyligender Landtschafften | mit eingemischte Historische sachen | warhafftig beschrieben: sampt vieler Herrschafften vnd Geschlechtern Wapen vnd Stammbäumen. Neuwlich auß vnzalbarlicher menge Scribenten | Briefen | Büchern | Schrifften vnd Verzeichnussen mit fleiß vnd mühseliger Arbeit | weit her zusamen getragen. Durch Chr. W. | Freyer Mathematischer Kunsten Lehrer | bey der Löblichen Hohen Schul zu Basel. Mit Kay. May. Gnad vnd Freyheit. 3. Aufl. nach der Ausg. des Daniel Bruckner 1765. 18 Hefte. Fol. (608 S. mit eingedr. Zinkogr.) Basel 884, Birkhäuser. à Heft *M 1.; compl. geb. *

Würstl Julius: Zur Konstitution der Chinaalkaloide. 4. Mitteilung: Das Chinidin. S. 98. Hh. 48 . . . . vgr.
Separatabdruck

Wurstlergeschäft, das, in seinem ganzen Umgange gedrängt u. klar dargestellt. Von e. prakt. Metzger u. Wurstler. gr. 16. (4⁵⁄₈ B.) Mannheim 844, Hoff. Thlr.

Wurst- u. Fleischwaaren-Fabrikation, die. E. Sammlg. v. Rezepten zur Anfertigg. d. verschiedensten Wurstsorten, Fleischwaaren u. Conserven. Hrsg. von der „Central-Fleischer-Zeitung" Berlin. (Umschlag: Rezept-Buch üb. Pökelg., Fabrikation v. Wurst-, Fleisch- u. Räucherwaaren sow. Delikatessen u. Anwendg. v. Konservirungsmitteln.) gr. 8. (108 S.) Berlin 896. F. A. Günther's Zeitungsverl. n. 2. —

[F.] Die **Wurst- und Fleischwaaren-Fabrikation.** E. Sammlg v. Rezepten z. Anfertigg d. verschiedensten Wurstsorten, Fleischwaaren u. Conserven. (A. d. Umschl.: Rezept-Buch üb. Pökelung, Fabrikation v. Wurst-, Fleisch- u. Räucherwaaren sowie Delikatessen u. Anwendg v. Konservirgsmitteln.) Hrsg. v. d. Central-Fleischer-Zeitg Berlin. *Berlin: F. A. Günther [1897].* (108 S.) 1 Bd 8. [97. 1565

Würtele, Karl, Katechismus für Zoll- und Finanzwach-Organe und für Schüler und Interessenten der kaufmännischen Branchen. Zum Selbstunterrichte in Gegenständen des Zoll- und Berechnungswesens. In Fragen und Antworten. Den neuesten Gesetzen und Vorschriften angepaßt und mit einem Anhang, bestehend aus Formularien und Verzeichnissen aus dem prakt. Dienste, versehen. 3. stark veränd. und verm. Aufl. 8. (IV, 188 S.) Wien 888, Perles. *M 2.40.; geb. *

Würtele, Karl, Schnellrechner zur Umrechnung der österr. Währung in Gulden u. Kreuzer in die m. Regierungsvorlage dto. 14. Mai 1892 in Umlauf zu bringenden Kronen u. Heller, sowie auch die Gleichstellg. m. der deutschen Währg. in Mark u. Pfennige, beziehungsweise der franz. Währg. in Francs u. Centimes, resp. Lire u. Centesimi. 16. (8 S.) Wien 892. Leske & Schwidernoch. n. — 40

Würtemberg [Sachliches OW], s. Württemberg.

Würtemberg [Verfasser]

Würtemberg, Carl, s. Würtemberg, Karl

Würtemberg, Ernst: Literaturgeschichtliche Belehrungen im deutschen Unterricht der 1. Realklasse. Ein Hilfsheft. Straßburg i. E. (1910): Du Mont Schauberg. 50 S. 4°
Hagenau i. E., G m. Realabt. P 1910 (718) [S 10. 48!

Würtemberg, Karl

Würtemberg, Carl, Sammlung architectonischer Entwürfe. Als Beitrag zur Verschönerung und Vervollkommnung ländlicher Wohnungen und landwirthschaftlicher Gebäude. 1. Liefg. qu. ½Fol. (8 lithogr. Taf. mit Text.) Lissa 846, Günther. 1 ₰

Würtemberg, Karl, Sammlung architekton. Entwürfe. Als Beitrag zur Verschonerung u. Vervollkommnung landl. Wohnungen u. landwirthschaftl. Gebaude. 2. Lfg. gr. Fol. (4 S. m. 8 lith. Taf.) Lissa 847, Günther. 1 ₰ (1 u. 2: 2 ₰)

Würtemberg, Carl, Zbiór architektonicznych pomysłów, s.a. **Zbiór.**

— Zbior architektonicznych pomyslow służących do upiększenia i uzupelnienia wiejskich budowli i zabudowań gospodarskich, wyd. qu. Fol. (16 lith. Bl. u. 3 Bog. Text.) Ebd. 848. 2 ₰

Würtemberg, Wilh. Graf von, Graphisch-archaeologische Vergleichungen. Germanische Überreste aus der sogenannten Merovingerzeit. Heft 1—3. O.O. o.J. qu.-Fol. (D.)

Würtemberger [Sachliches OW], s. Württemberger

Würtembergia litterata varia. Tübingae 1724. V: *Moser, Johann Jacob.* (ML) (Heyd)

Würtenberger, Alex., die einträgliche Beerenkultur. Vollständige Anleitg. zur rationellen Anzucht u. Verwendg. d. Beerenobstes. 8. (IV; 96 S. m. Abbildgn.) München 891. G. D. W. Callwey. n. 1. 50

Würtenberger, Alex., s.: Gartenbau-Kalender, deutscher.

Würtenberger, Alex., alte Geschichten vom Oberrhein. 8. (222 S.) Waldshut 880. Zimmermann. 1. 50

Würtenberger, Alex., alte Geschichten vom Oberrhein. 8. (222 S.) Waldshut 881, Zimmermann.

— alte Geschichten v. Oberrhein. (Neue Titel-Ausg.) 8. (222 S.) Waldshut 891. H. Zimmermann. 1. 50

— unsere heimischen Orchideen. Ihre Kultur u. Verwendg. im Garten u. als Topfpflanzen. 8. (III, 32 S.) München 892. G. D. W. Callwey. n. — 60

—— Schwarzwaldsagen und Geschichten. 12. (VII, 160 S.) Baden-Baden 881, Wild. *

Würtenberger, Ernst, alemann. Bildnisse, s.a. Teuerdank.

Würtenberger, Ernst. Alemannische Bildnisse. 10 Zeichnungen. [Mit Titelbild.] 11 S. + 10 Bl. 4. Berlin, Fischer & Franke, [1901].
Teuerdank. Fahrten und Träume deutscher Maler. 11. Folge. (im Abonnement M. 1. 50, einzeln [M. 2. 50])

Wuertenberger, Ernst, Bildnisse deutscher Dichter u. Musiker, s.: **Teuerdank. 27.**

Wuertenberger, Ernst. Arnold Boecklin. Einiges ueber seine Art zu schaffen, seine Technik und seine Person. ([Mit] Bildniss Boecklins auf dem Umschlage, vom Verfasser 1898 gemalt.) VIII + 15 S. 8. Berlin, Verlag Dreililien, 1902. [M. 1. —]

Würtenberger, Ernst, s.: Maler, deutsche.

Würtenberger, Heinr., für die Bauernstube. Volkserzählgn. 1. Bdchn. D. Hasenhofbauer erzählt aus s. Leben. E. wahre Geschichte. 12. (109 S. m. Abb.) Karlsruhe 897. J. J. Reiff. Kart. n. — 75

— wie der Hubernaz aus den Schulden herausgekommen. Eine Geschichte aus dem Volksleben. 8. (IV, 50 S.) Karlsruhe 902. G. Braun'sche Hofbuchdr. Kart. n. — 50

Würtenberger, Johann Christoph (Breuberg/Höchst) A.S. 753/19

Dissertatio juridica inauguralis continens selectas conclusiones juris controversi.
Präs. Heinrich Bodinus.
Halle (Gruner) VI. 1707. 24 S. 37309

Würtenberger, K. Fr. Elsbeth v. Küssaberg, das Gotteli v. St. Agnesen. Ein episches Gedicht aus dem Kletgau. gr. 8. (816 S. m. Abbildgn. in Lichtdr.) St. Petersb. 888. (Waldshut, H. Zimmermann.) * 4 —; geb. * 5 —

Würtenberger, L., neuestes Auskunftsbuch f. Kontore kaufmännischer, Fabrik-, Bank- u. Speditions-Geschäfte, Buchhandlungen, Buchdruckereien, Hotels u. Brauereien etc. 1.—4. Taus. (60 S.) 8. Sonneberg 906. J. Seichter. n. — 50

Ⓑ **Würtenberger,** L., neuestes Auskunftsbuch f. Kontore. (KVB 34.) Jetzt: Gütersloh, L. Flöttmann.

Würtenberger, L., Studien üb. die Stammesgeschichte der Ammoniten, s.a. Schriften, Darwinistische.

Würtenberger, Leop., Studien über die Stammesgeschichte der Ammoniten. Ein geolog. Beweis für die Darwin'sche Theorie. gr. 8. (IX, 110 S. mit 4 Stammtaf.) Leipzig 880, E. Günther's Verlag. *

Würtenberger, P. F., vom Todten-Sonntag. Greitz 1755. 4.
Zeumer, J. C., de dominica Laetare. Jen. 1701. 4.

Würtenberger, Th[omas]. Ueber geologische Funde, die beim Bau des Eisenbahntunnels in Ueberlingen a. S. gemacht wurden. Vortrag, gehalten am 19. August 1900 in Radolfzell. Separatabdruck aus den Schriften des Vereins für Geschichte des Bodensees. Heft 30. 1901. S. 22 ff. [Mit 2 Profilen.] 9 S. gr.-8. [Lindau i. B., Komm. Joh. Thom. Stettner.]

Würtenberger, Th[omas]. Der Ueberlinger Tunnel und seine Bedeutung für die Bodensee-Geologie. [Mit 4 Profilen.] 22 S. 8. Frauenfeld, Huber & Co., 1901.

Andere Ex.: Frauenfeld, Huber & Co. (**Ueberdruck:* Comm. Wilh. Meck, Konstanz), 1901. [fr. —. 80]

Wurth, Albert, pr. Tierarzt: Arbeiten aus d. med. Veterinarklinik d. Univ. Giessen. Dir.: Gmeiner. Das Jodkalium und seine Ausscheidung im Harn der Haustiere. Giessen 1909: v. Münchow. 79 S. 8°

Gießen, Veterinär-Med. Diss. v. 9. Jan. 1910, Ref. Garten

[Geb. 24. Jan. 80 Nieder-Röttenscheid; Wohnort: Buchen, Baden; Staatsangeh.: Preußen; Vorbildung: Gymn. Höxter Reife M. 04; Studium: Tierärztl. Hochschulen Stuttgart 4, Berlin 1, Stuttgart 3 S.; Rig. 19 Juni 09.] [U 10. 1270

Wurth, Jean François Xavier: Holländisches Lesebuch oder auserlesene Sammlung von Aufsätzen aus den besten holländischen Schriftstellern, mit Anmerkungen über die Bedeutung der Wörter und Redensarten. Luxemburg: Schmit-Brück 1828. VIII, 96 S. 12°

Wurth Dr. Leopold: Zu Wielands, Eschonburgs u. A. W. v. Schlegels Übersetzungen des Sommernachtstraumes. 14. Budweis R. 97.
Progr.

Wurth, Leop., das Wortspiel bei Shakspere, s.a. Beiträge, Wiener, zur engl. Philologie, I. Bd.

Wurth Dr. Leopold: Das Wortspiel bei Shakspere. 31. Wien VII. R. 94.
Progr.

Wurth, Leopold

Das Wortspiel bei Shakspere. Von Leopold Wurth. Wien & Leipzig: Braumüller 1895. Repr.
London: Johnson (1964). XIV, 255 S. 8°

(Wiener Beiträge zur englischen Philologie. Bd. 1.)

Auch als Diss. Wien.

Wurth, Th[eophil]. **Beiträge zur Kenntnis der Pilz-Flora Graubündens. [Sep.-Abdr. aus: Jahres-Bericht der Naturforschenden Gesellschaft Graubündens. Neue Folge. Band 46.] II + 10 S. 8. Chur, Hermann Fiebig, 1904.**

Wurth, Theophil. Rubiaceen bewohnende Puccinien vom Typus der Puccinia Galii. Diss. Phil. Bern. [Mit Figuren.] (Abdruck aus dem Centralblatt f. Bakteriologie, Parasitenkunde u. Infektionskrankheiten. Abteilung II.... Band 14. 1905. No. 6/7.) VI + 28 S. 8. Jena, Gustav Fischer, 1905.

Wurth (V.). Luftzollrecht. Berlin. 1911. M. 1.80

Wurth-Paquet, s. Würth-Paquet

Würth, A. Album der Geschichte des Jahres 1848 in Europa. Aus den authentischsten Quellen geschöpft; nebst erläuterndem Rückblick auf die Vergangenheit. 2 Bde. 2. verb. Aufl. Düsseldorf u. Leipzig, Selbstverlag 1850. 1100, 631 S. 8.

Würth, A., († d. 13. Decbr. 1852), die Ereignisse Wiens im Oktbr. 1848. [Latour.] (Gedicht.) gr. 8. (4 S.) Düsseldorf 849. (Kampmann.) 1½ ngr

Würth, A., Frage, ob d. deutsche od. d. lateinische Vortrag in d. Philosophie nützlicher sey. 8. Augsb. Wolf. 793.

—— die Zigeuner-Königin von Ungarn im J. 1849. Historisches Schauspiel in 4 Abthlgn. mit Chöre, Tänze und Melodrama's. (Den Bühnen gegenüber Mscr.) gr. 8. (VIII und 109 S.) Düsseldorf 851, (Engels und Lensch.) *

Würth, Adam, belletrist. Beiträge. — A. u. d. T.: Belletrist. dramat. Beiträge. Enth.: Die Nachtwandler. — Die Wahrsagerin. — Die Sympathie. 16. (13¼ B.) Wien 838, (Kaulfuß Wtwe., Prandel u. Comp.)

Würth, Adolf [aus Darmstadt]: Ein Fall von Angio-Sarko-Gliom des Grosshirns ... München, Druck v. J. Schön, 1894; 23 S. 8.
München, Med. Fak., Inaug.-Diss. v. 1894

Würth, Ed., Geometrie für Volks- und Fortbildungsschulen, s. Niepoth-Würth's praktisches Rechenbuch.

—— s. Keilmann, F., Realien-Buch.

Würth, Ed., methodisch geordnetes Lehr- u. Aufgabenbuch zum Unterricht im Kopfrechnen. 4., neubearb. Aufl. d. Niepoth'schen Kopfrechenbuchs. Lehrg. 1—5. 8. (IV, 136 S.) Gießen 876. Roth. n. 1. 20

Würth, E., s. Niepoth, J. H., Rechenbuch.

— Realien-Buch, s.: Keilmann, F.

— praktisches Rechenbuch od. Aufgaben zum schriftl. Rechnen f. Schulen. 10. Aufl. d. Niepoth'schen Rechenbuchs od. 4. neubearb. Aufl. 1—4. Lehrg. 8. Gießen 875. Roth. n. — 80
1—3. (79 S.) n. — 40. — 4. (78 S.) n. — 40.

— dasselbe. Neueste Aufl. 2—6. Lehrgang. 8. (31 S.) Ebend. 871. n. — 50

— dasselbe zum 5. Lehrg. 2. Abth. Erweiterung d. kaufm. Rechnens v. Ed. Würth. [Zu Niepoth's Rechenbuch, 9. Aufl.] 8. (11 S.) Ebend. 875. n. — 20

— praktisches Rechenbuch od. Aufgaben zum schriftlichen Rechnen für Schulen. 11. Aufl. des Niepoth'schen Rechenbuchs od. 5. neubearb. Aufl. 1—4. Lehrgang u. 5. Lehrgang 1. Abth. 8. Gießen 878. Roth. n. 1. 20
1—3. (79 S.) n. — 40. — 4. (79 S.) n. — 40. — 5, 1. (78 S.) n. — 40

— dasselbe. 12. Aufl. d. Niepothschen Rechenbuchs od. 6. neubearb. Aufl. 1—3. Lehrg. 8. Ebend. 880. 81. n. — 70
1. (55 S.) n. — 50. — 2. 3. (80 S.) n. — 40.

Würth. Ueber das Schulbank-System v. Jost u. W., s. Jost.

Würth, Ed., neue Unterrichtsmethode in Formenlehre, Zeichnen, Rechnen, Sprechen, Denken und Gesang gegründet auf gleichzeitige anziehende Beschäftigung der Kinder von 6 bis 8 Jahren. Für denkende Elementarlehrer, Aeltern und Erzieher bearb. 1. Heft. gr. 8. (38 S. mit vielen eingedr. Holzschn. und 1 lithogr. Bildertaf. in Fol.) Stuttgart 855(56,) Chelius.

Würth, Eduard: Anleitung zur Kenntniss des Weinbaues. Im Auftrage der Weinbausection des landwirthschaftlichen Vereins in Rheinhessen. Mainz & Bonn: Le-simple (Habicht) 1875. IV, 65 S. -- 16*
--- Dass. Mainz: Stenz 1874. IV, 65 S. -- 17*. 36*

WÜRTH, Eduard: Herbarium Moguntinum. Verzeichnis der bei Mainz wildwachsenden und häufig kultivierten Pflanzen mit Angabe des Standortes. - Mainz 1865. 36 S.

Würth, Eduard Übersicht der Laubmoose des Großherzogtums Hessen. Mit Angabe der jetzt bekannten Fundorte. 4 (35 S.).
Progr Rg. u. Rsch *Darmstadt* 1888 (600)

Würth, Eduard: Die deutschen Weinproducenten. Systematisch geordnete Zusammenstellung der wichtigsten Verhandlungen derselben in den Jahren 1850 bis 1874. Fortsetzung des Dornfeld'schen Werkes: 'Die Wein- und Obstproducenten Deutschlands' (s. Nr 2"0). Wiesbaden & Leipzig: Killinger 1875. XIX, 267 S. -- 1.16.17. 37.98*.107. Gei 1

Würth, Eman., Beitrag zur Frage der Urzeugung, mit einem Anhang: Kritische Bemerkungen zur Micellartheorie. gr. 8. (45 S.) Wien 884, Faesy. *

Würth, Aem., (†...) Beantwort. der Fr.: welcher Lehrvortrag in d. Philosophie ist d. natürlichere, der latein. oder d. deutsche? 8. Augsb. 793. Wolf. 12 gr

Würth, F. „Ansprache, gehalten bei der Jahrhundertfeier des Bayerischen Königshauses an der K. Realschule Kempten am 13. Januar 1906". pg. 46—53. 8°. Jos. Kösel.
Kempten, Progr. 1905/06

Würth, Frdr., aus der Geschichte der Völker, s.: Förderreuther, Max.

Würth, Fritz, prakt. Arzt in Scheinfeld: Ueber infektiöse Granulome des Herzens unter Zugrundelegung eines seltenen Falles von gummöser, grossknotiger Herzsyphilis. Scheinfeld 1904: M. Ille. (25 S.) 8°
Würzburg, Med. Fak., Ref. v. Rindfleisch, Diss. v. 31. Okt. 1905
[Geb. 7. Febr. 74 Güglingen; Wohnort: Scheinfeld; Staatsangeh.: Württemberg; Vorbildung: Gymn. Weißenburg i/E. Reife 95; Studium: Genf 2, Tübingen 2, München 6 S.; Coll. 27. Juli 04; Approb. 5. Febr. 01.]

Würth, J. Chr. S. F. Ldw.

— über die Geltung des kleinen Katechismus Luthers als feststehende Lehrnorm der evangel.-protestant. Kirche ꝛc. Eine Synodalrede. gr. 8. Sulzb. 832. v. Seidel. 3 gr

Würth, J. C. S. F. Ldw., Spaziergang an das Mittelmeer. 2 Thle. Mit 2 Plan u. 1 Steindr. 8. Nürnb. 829—31. Riegel u. W. (à 1 Thlr 8 gr) 2 Thlr 16 gr Ansichten dazu 6 Blätter. Ebd. 830. 1 Thlr 8 gr

— die protestant. Pfarrei Voecklabruck, von ihrer Gründung im J. 1812 unter Baiern, bis zu ihrer förmlichen Auflösung im J. 1825, nach ihrem Rückfall unter Oesterreich. 8. Nürnb. 826. Riegel u. W. 18 gr

Würth, J. Chr. S. F. Ldw., des Vaterlandes Wünsche bei der gesegneten Erhöhung seines Königssohnes. Eine Predigt zum Andenken an die glorreiche Thronbesteigung des Königes Otto von Griechenland Majestät. gr. 8. Sulzb. 833. v. Seidel. 1/12 Thlr

Würth, Ig. v., Entwurf einer Apotheker-Ordnung für Oesterreich, s. Entwurf.

Würth, Joh., die Festzeiten des Kirchen-Jahres in 18 mehrstimmigen Kirchengesängen f. Singvereine, Kirchenchöre u. obere Schulklassen. qu. 16. (1½ B.) Darmstadt 844, Kern. *

Würth, Joh., 12 dreistimmige Lieder zum Gebrauche unter der heiligen Wandlung für die Hand der Kinder, in Ziffer- u. Notenschrift. 16 Heft. Op. 3. gr. 8. Mainz 839. Schott's S. n. 1/12 Thlr

Würth, Joh. Gfr., himmlische Seelenweide, e. Gebetbuch. 8. Nördlinger. 738.

Aus der Geschichte der Gemeinde und Pfarrei Appenheim. ⟨Mit 4 Abb.⟩ Anläßlich d. Umbaues d. evang. Kirche daselbst zsgest. von Johannes Würth, Pfarrer. Appenheim: Selbstverl. 1908. 139 S. 8°
[10. 16497

Würth, Joseph von: Die neuesten Fortschritte des Gefängnißwesens in Frankreich, England, Schottland, Belgien und der Schweiz. 424 S., gbd., 3 Taf.

Wien: Beck 1844

JB 5.387

— das Stadtrecht von Wiener-Neustadt aus dem 13. Jahrh. Ein Beitrag z. österreich. Rechtsgeschichte. gr. 8. Wien 846, Sollinger. 14 nyl

v. **Würth,** Jos., die österreichische Strafproceßordnung vom 17. Jänner 1850, erläut. u. in Vergleichung mit den Gesetzgebungen des Auslandes dargestellt. 1 u. 2. Lfg. gr. 8. (S. 1—192.) Wien 850, Braumüller. (à 1/2 Thlr) 1 Thlr

Verzeichniß der in dem Nachlasse des Herrn Dr Josef Edlen v. Würth, k. k. Oberlandesgerichtsrathes, vorgefundenen Bücher, vorzüglich juridische und geschichtliche Werke enthaltend, welche im März 1855 öffentlich gegen bare Bezahlung feilgeboten wurden. Wien. 1855. Gedruckt bei A. Dorfmeister. (14 S 8)

Würth, K.

Würth, Firmungsfeier oder Gesänge, Verse, Responsorien, Psalmen ꝛc., wie diese nach dem Pontificate bei Ausspendung des heiligen Sacramentes der Firmung vorgeschrieben sind. Für Organisten u. Kirchengesangchöre bearb. Mainz 862. Haas. gr. 8. (22 S.) 4 ngr

Würth, K., kurzes katholisches Gebetbuch nebst den gewöhnl. Bruderschaftsandachten. Zum andächtigen Gebrauche kathol. Christen zunächst der Stadt u. Pfarrei Gernsheim. Nach den alten kathol. Gebet- u. Gesangbüchern bearb. 2. m. einem Anh. verm. Aufl. 12. (IV u. 100 S.) Mainz 852. (Worms, Rahke.) n. 1/3 Thlr

Würth, Cantate. Sammlung ein- oder mehrstimmiger Kirchengesänge für Marianische Sodalitäten und Kirchengesangchöre. Mit oder ohne Orgelbegleitung. 1. Heft. 8. (16 S. mit Melodien.) Mainz 856, Kirchheim. *

—— Laudate. Mehrstimmige Choräle für Kirchen-Chöre auf die Feste des Kirchenjahres; dann Feier bei Grundsteinlegung eines Gotteshauses, Einweihungsfeier einer Kirche, eines Friedhofes ꝛc. qu. gr. 8. (64 S.) Mainz 863, (Haas.) *

Würth, Liederhalle. Sammlung mehrstimm. Gesänge für Schulen. Unter Mitwirkung mehrerer Lehrer ausgewählt, arrangirt und componirt. 2 Hefte. 16. Mainz 863.64, (Haas.) *
Inhalt:
Heft 1. Für die unteren und mittleren Schulklassen. (36 S.) * 2 Ngr.
" 2. Für obere Schulklassen und kleine Gesangvereine. (84 S.) 4 Ngr.

—— Passion, oder die Leidensgeschichte unseres lieben Heilandes Jesu Christi. (Matthäus vom 26.—28. Kap.) Nach der Uebersetzung von Dr. Jos. Frz. Allioli und dem alten Choralgesange für Solostimmen und Chor nebst Orgelbegleitung bearb. 2., unveränd. Aufl. 8. (80 S;) Mainz 862, Haas.

Würth, Passion od. die Leidensgeschichte unseres lieben Heilandes Jesu Christi. [Matthäus vom 26.—28. Kapitel.] Nach der Uebersetzg. v. Jos. Frz. Allioli u. dem alten Choralgesange f. Solostimmen u. Chor, nebst Orgelbegleitg. bearb. 4. unveränd. Aufl. 8. (32 S.) Mainz 892. J. P. Haas. — 70

Würth, C., Vorlegeblätter für den ersten Unterricht im Schönschreiben. 1. und 2. Heft. 2. Aufl. 1850. und 3., umgearb. Aufl. qu. 8. (36 lithogr. S.) Worms 852,51, Rahke. à Heft * 2 Ngr. *

Würth, C., Vorlegeblätter für den ersten Unterricht im Schönschreiben. 1. und 2. Heft. (Deutsche Schrift. — Deutsche und engl. Schrift.) 4., verb. Aufl. qu. 8. (36 lithogr. S.) Worms 853, Rahke. à Heft * 2 Ngr. *

—— dass. — 2. Heft: Deutsche und engl. Schrift. 5. Aufl. qu. gr. 8. (18 lithogr. S.) Ebds. 855. *

Würth, K.; Vorlegeblätter für den ersten Unterricht im Schönschreiben. 1. und 2. Heft. 6., umgearb. Aufl. qu. 4. (à Heft 16 lithogr. S.) Worms 869, Gönner. à Heft *

Würth, Weihnachtsfeier. Heilige Gesänge beim Gottesdienste für Kirchenchöre mit Orgel- oder Physharmonika-Begleitung. gr. 8. (16 S.) Mainz 859, Wirth'sche Sortimentsh.

Würth, Karl: Untersuchung eines Ölgasteers. 1904. 95 S., 1 Taf. 8° ¶ Auch bei Mayer & Müller in Berlin; vgl. Schilling's Journal f. Gasbeleuchtung. Jg. 48. 1905.
München, Dr.-Ing.-Diss. v. 21. 12. 1903

Würth, Karl: Untersuchungen über die Giftigkeit des Trichloraethylen bei einmaliger und mehrmaliger Einatmung. Würzburg 1909: Verlagsdr. 29 S. 8°
Würzburg, Med. Diss v. 10. Mai 1909, Ref. Lehmann
[Geb. 11. Febr. 83 Würzburg; Wohnort: Würzburg; Staatsangeh.: Bayern; Vorbildung: Gymn Würzburg Reife Juli 02; Studium Würzburg 10 S.; Coll. 28. Okt. 08; Approb. 19. Mai 08.] [U 09 4151

Würth, L., Tabellen zur Verwandlung des hessischen Maßes und Gewichtes in metrisches Maß und Gewicht sowie umgekehrt, und zur Umrechnung der Preise. 16. (IV, 148 S. mit 1 Holzschntaf.) Gießen 870, Roth. *

Würth, Philipp (Molsheim)
Ueber das übermässig weiblich gebaute Frauenbecken.
Giessen: M.A.J. Merck 1852. 17 S. u. 1 Taf.
Diss. med. 21.11.1852. vorh. 26. 7.

Würth-Paquet, M. F. X., et N. van **Werveke**, archives de Clervaux, s.: Publications de la section historique de l'institut r. g.-d. de Luxembourg.

Würth-Paquet, François Xavier: Entwurf zu einem Monumente für König Johann den Blinden. Luxemburg: Bück 1872. 7 S. 8°

Würth-Paquet, Esch an der Alzette und Schloß Berwart. Eine historisch-statist. Notiz. Nach dem französ. Mscr. deutsch bearb. von J. B. Kolbach. gr. 8. (VII, 255 S. mit 1 Stnt. in qu. Fol.) Luxemburg 871, Bück. *

Wurth-Paquet, François Xavier: Holländisches Lesebuch oder auserlesene Sammlung von Aufsätzen aus den besten holländischen Schriftstellern, mit Anmerkungen über die Bedeutung der Wörter und Redensarten. Lützemburg: Schmit-Brück 1828. VIII, 96 S. 12°

Würth-Paquet, Fr. X., Table analytique des chartes et documents concernant la ville d'Echternach et ses établissements. I. St. Willibrord, premier abbé d'Echternach de 690–739. Luxemburg 867. Bück. 8. (XVII, 77 S.) 12 ngr.

—— dass. — 2. livr. Depuis la mort de St. Willibrord a. 739—847, époque de l'introduction des chanoines à l'abbaye. 8. (VII und 60 S.) Ebendas. 868

Wurthe, Wilh., die praktische Betätigung der Schüler im physikal. Unterricht, s.a. Zur Volksschulpädagogik.

Die praktische Betätigung der Schüler im physikalischen Unterrichte. Von Wilhelm **Wurthe**. Langensalza: Beltz 1910. 23 S. 8°
(Zur Volksschulpädagogik. H. 19.) [11. 6201

— s.: Bücherei, naturwissenschaftliche.

— Präparationen f. den naturgeschichtlichen Unterricht, s.: Bücherschatz, der, des Lehrers. (Niemann, G.)

— Präparationen f. den Unterricht in der Naturlehre, s.a. Bücherschatz, der, des Lehrers.

Präparationen für den Unterricht in der Naturlehre. Von W. **Wurthe**. T. 1. Osterwieck/Harz & Leipzig: Zickfeldt 1910. 8°
(Der Bücherschatz d. Lehrers. Bd 16, T. 1.) [11. 12125

Würthenau, A. v. Denkschrift über die Erbauung der Bahnen im Badischen Oberland. Karlsruhe 1890. 4°.

von Würthenau, Karl *August* [aus Engen in Baden Unterarzt im 5. Bad. Inf.-Reg. No. 113]: Toxikologische Versuche bes. über d. Dosis letalis … Berlin, Buchdr. v. G. Schade, *1885*; 37 S., 1 Bl. 8.
Berlin, Med. Fak., Inaug.-Diss. v. 8. Okt. 1885

Würthle, F., s. Ansichten von dem Schloß und der Stadt Heidelberg.

Würthle, F(riedr.), malerische Ansichten von Süd und Nord Tirol nach der Natur gezeichnet; in Stahl gest. von demselben und Andern, nebst erklär. Texte, begonnen von J. (Friedr.) Lentner und fortgesetzt von Ludw. Steub und Geo. Mayr. (8 Lfgn.) qu. Fol. (à Lfg. 5 Stahlst. und 5 Bl. Text mit lithogr. Titel.) Salzburg 852—55, Scheitlin's Verlag. à Lfg. * 1 Thlr. 18 Ngr. *
chines. Pap. à Lfg. * 2 Thlr. 4 Ngr. *

Würthmann, Fr., s. Massimo di Trajano, die Vermählungsfeier des Herzogs Wilhelm V. v. Bayern.

Würthner, Emil. Vergleichende Untersuchungen über das chemische Verhalten aromatischer und fetter Diamine. Tübingen, 1884.

Württemberg [Sachliches OW]

— s.a. Weinbau- u. Weinkellerei-Kalender, deutscher.

Würtemberg. Pietismus. Schreiber. Schulen. Und Erziehung und Aufklärung überhaupt. O. O. 1787. V: *Weckherlin, Ferd. Aug. Hnr.* (Heyd)

Würtemberg, Pietismus, Schreiber, Schüler, Erziehung u. Aufklärung überhaupt. 8. Stuttg. 787. Metzler. 8 K

Württemberg. Land, Volk u. Staat. Mit Karten … u. Taf. Stuttgart: W. Kohlhammer [1905]. (II, 154 S.) 8° [F.]
Aus: Das Königr. Württemberg. Hrsg. v. Kgl. Statist. Landesamt. [08. 13712 4

Württemberg, Baden und Hohenzollern gez. u. bearb. von Ed. Winckelmann. 280.000. Esslingen, Verl. von Conr. Weychardt. Rev. Ausg. v. 1865. 4 Bl.

Württemberg, Herzog Christoph v., Lebensbild, s.: Mosapp, H.

Württemberg, Haus, u. dessen Familienangehörige. 36 Bildnisse nebst Namenszügen. (1 Bl. Text.) Lex.-8. Stuttgart (901). Zeller & Schmidt. In Mappe n. 12. —

Württemberg und Hohenzollern. Reisehandb. hrsg. v. d. Redaktion der Union-Führer. *Stuttgart, Berlin, Leipzig: Union [1896].* (VI, 322 S., 6 Kt.) 1 Bd 8.
(Union-Führer.) [97. 1360

Würtemberg im Jahre 1844. Winterthur 1844. V: *Scherr*, *Johannes.* (Heyd)

Würtemberg im Jahr 1845. Eine Stimme für Freund und Feind. Rellevue 1845. V: *Süskind*, *Ed.* (Kat. d. ständ. Bibl. Stuttg. 1907. S. 521.)

Württemberg in den Jahren 1848 u. 1849. Nach authent. Aktenstücken, öffentlichen Blättern und eigener Anschauung. Stuttgart 1851. V: *Schoettlen*, *Wilh.* (Kat. der ständ. Bibl. Stuttgart 1907. S. 521.)

— in den Jahren 1848 u. 1849. **Nach authent. Aktenstücken,** öffentl. Blättern u. eigener Anschauung v. **. **. 8. (VIII u. 194 S.) Stuttgart 851, Rieger. 3/4 ℛ

Württemberg u. sein König 1864—1889. Eine Festgabe zum 25jähr. Regierungs-Jubiläum Sr. Maj. d. Königs Karl v. Württemberg. Fol. (VIII, 168 S. m. Illustr., Taf. u. Karte.) Stuttgart 889. Süddeutsches Verlags-Institut. geb. n. 10.—; auch in 10 Hftn. à n. 1.—

Württemberg, Konigreich. — Grossherzogth. Baden. — Bayr. Rheinprovinz u. die angrenz Lander. Fol. Lithochrom. Darmstadt 849, Bauerkeller. 1/4 ℛ

Württemberg – Königreich – etc. Bearb. von v. Mittnacht. Herausg. von dem stat. topogr. Bureau in Stuttgart seit 1842. 200,000. Schluss 1853. Im Ganzen 4 Bl. (Vergl. II. Band „Geogr. G. K.")

Württemberg, das Königreich. Eine Beschreibung von Land, Volk u. Staat. Herausg. von dem k. statistisch-topographischen Bureau. Stuttgart 863. Nitzschke. Lex.-8. (XVI, 1004 S. mit 4. Tab. u. 1 lith. Karte in 4. u. Fol.) n. 3 ℛ 16 ngr.

Württemberg, das Königreich. 16 Karten zum Gebrauche für Geschäfts- und Vergnügungs-Reisende, bei militär. Uebungen und im Schulunterricht. 4. Bruchsal 870, Katz. *

Württemberg, das Königreich. Eine Beschreibung von Land, Volk und Staat. Hrsg. von dem königl. statistisch-topogr. Bureau. (In ca. 12 Lfgn.) 1.—9. Lfg. gr. 8. (VIII, 566; 2. Bd. 1. Hälfte VIII, S. 1—912.) Stuttgart 882—84, Kohlhammer. à Lfg. *M 2. *

Württemberg, das Königreich. Eine Beschreibung von Land, Volk und Staat. Hrsg. von dem königl. statistisch-topogr. Bureau. 10.—14. (Schluß-)Lfg. gr. 8. (3. Bd. XVI, 935 S. mit Illustr.) Stuttgart 885,86, Kohlhammer. Subscr.-Pr. *
1.—9. Lfg. Ebendas. 1882—84. Subscr.-Pr. à *M 2.—; Ladenpr. compl. *M 30.—; geb. in Leinw. *M 36.—; in Halbfrz. *M 38.—.

Das Königreich Württemberg. Hrsg von dem Königl. Statistischen Landesamt. 1 : 400000 1889. 1 Bl. L. H.

Württemberg, das Königr. Eine Beschreibg. v. Land, Volk u. Staat. Hrsg. v. dem königl. statistisch-photograph. Bureau in den J. 1882/86. (Neue Titel-Ausg.) 40 Lfgn. gr. 8. (1. Bd. VIII, 666 S.; 2. Bd. 1. Abth. VII, 912 S.; 2. Bd. 2. Abth. IV, 286 S.; 3. Bd. XVI, 935 S. m. Abbildgn.) Stuttgart 893. 894. W. Kohlhammer. à Lfg. — 40

Württemberg, das Königr. 16 lith. Karten zum Gebrauche für Geschäfts- u. Vergnügungs-Reisende, bei militär. Übgn. u. im Schulunterricht. **6. Aufl. 4.** Bruchsal (899). O. Katz. 1.20; einz. Karten n. — 10

Württemberg. Das Königreich W'. Eine Beschreibung nach Kreisen, Oberämtern und Gemeinden. Hrg. von dem K. Statistischen Landesamt. [Mit Illustrationen, 8 Tafeln und 9 Karten.] 4 Bände. 8. Stuttgart, W. Kohlhammer, 1904—1907. (*zus.* M. 25. 60, geb. 30. —)
Band 1: Allgemeiner Teil und Neckarkreis. [Mit 7 Tafeln und 6 Karten.] VIII + 676 S. 1904. (*Bd. 1–3 je* M. 5. 60, geb. 6. 70)
Band 2: Schwarzwaldkreis. [Mit 1 Karte.] IV + 683 S. 1905.
Band 3: Jagstkreis. [Mit . Karte.] IV + 567 S. 1906.
Band 4: Donaukreis; mit Personen- und Ortsregister zu Band 1—4. [Mit 1 Tafel und 1 Karte.] VIII + 834 S. 1907. (M. 8. 80, geb 9. 90)

Wurtemberg – Das Konigreich — nebst dem Großherzogthum Baaden, den Fürstenthümern Hohenzollern nach Lagen, herausgegeben von C. F. von Pfummern, K. Baier. Oberlieut. Nürnberg bey Schneider und Weigel. 1811. 1 : 450,000. 1 Bl.

Wurtemberg – Das Konigreich — Großherzogthum Baden, und das Fürstenthum Hohenzollern in Albers'scher Projection von C. G. Reichard, Stadt-Syndicus zu Lobenstein. Nurnberg bey Homanns Erben 1817, jetzt Christoph Fembo. 1 : 550,000. 2 Bl.

Wurttemberg – das Konigreich – das Großherzogthum Baden, und die Furstenthumer Hohenzollern, entworfen und bearbeitet von J. E. Woerl. In Stein gestochen unter seiner Leitung. Freiburg im Herderischen Kunst Institut 1831. 1 : 200,000. 12 Bl. Im Erscheinen.

Württemberg, das Königreich, nebst den von ihm eingeschloss. hohenzollern'schen Fürstenthümern in ihren Naturschönheiten, ihren merkwürdigsten Städten, Badeörtern, Kirchen u. sonstigen vorzügl. Baudenkmalen, f. d. Einheimischen u. Fremden dargest. in 48 Stahlst. mit beglelt. Text. (16 Hfte.) Lex.-8. (10 1/4 B. Text.) Ulm 839—41, [Stettin'sche Verlsbuchh.] à 1/4 Thlr.

Würtemberg, Das Koenigreich, nebst den von ihm eingeschlossenen Hohenzollerischen Fürstentümern . . . Ulm [1841]. V: *Adam*, *Phil. Ludw.* (Heyd)

—— das Königreich, nach Größe u. Bevölkerung seiner Kreise u. Oberämter. Tabellarisch dargestellt. Augsburg 837, Schlosser'sche Buchh.

Württemberg – Königreich – nebst den Hohenzollernschen Landen etc. Herausg. von dem K. stat. topogr. Bureau. Bearb. von Ed. Paulus. 1841, rect. 1863. Ueberdruck. 1 Bl.

Württemberg wie es war und ist. Geschildert in einer Reihe vaterländischer Erzählungen, Novellen und Skizzen aus Württembergs ältesten Tagen bis auf unsere Zeit. 2., verb. und verm. Aufl. 3 Bde. gr. 16. Stuttgart 861, Zu Guttenberg. [1. Bd. (IV und 576 S.) 1 Thlr. 6 Ngr., 2. und 3. Bd. (III und 1002 S.) à Bd. 1 Thlr. 2 Ngr.]

—— wie es war und ist. Geschildert in einer Reihe vaterländ. Erzählungen, Novellen und Skizzen aus Württembergs ältesten Tagen bis auf unsere Zeit. 3 Bde. 2., verb. und verm. Aufl. 2. Ausg. 8. (VII und 1578 S.) Stuttgart 863, Koch.
geb. *

—— dass. — Illustr. Ausg. Mit Orig.-Zeichnungen (in Holzschn.) von Ernst Sues. 3 Bde. in 18 Heften. gr. 16. (VII und 1578 S. mit 18 Holzschntaf.) Ebendas. 866. à Heft 3 3/4 Ngr.
geb.

—— dass. — Neue Folge. 8 Hefte. 16. (511 S. mit 8 Holzschntaf.) Ebendas. 868. à Heft 3³/₄ Ngr.
geb. *

Württemberg, wie es war und ist. Geschildert und in einer Reihe vaterländ. Erzählungen, Novellen und Skizzen aus Württembergs ältesten Tagen bis auf unsere Zeit. 3. und 4. Aufl. Mit Orig.-Zeichnungen (Holzschntaf.) von Ernst Sues. 4 Bde. 8. (576; 504; 498; 527 S.) Stuttgart 875, [Bruchmann.] Kupfer. ℳ 12.: geb. *

—— wie es war und ist. Geschildert in einer Reihe vaterländ. Erzählungen, Novellen und Skizzen aus Württembergs ältesten Tagen bis auf unsere Zeit. 6. (Titel-)Aufl. Mit Orig.-Zeichnungen (Holzschntaf.) von Ernst Sues. 4 Bde. 12. (à Bd. ca. 500 S.) Stuttgart 880, Kupfer.

Württemberg, wie es war u. ist. Geschild. in e. Reihe v. vaterländ. Erzählgn. aus Württembergs ältesten Tagen bis auf uns. Zeit. 8. Aufl. Neu hrsg. v. Carl Weitbrecht. M. Orig.-Zeichngn. v. A. Federer u. a. 1.—12. Lfg. gr. 8. (1. Bd. 518 S. u. 2. Bd. S. 1—256.) Stuttgart 898. Zeller & Schmidt. à n. — 40

Württemberg, wie es war u. ist. Geschildert in e. Reihe v. vaterländ. Erzählgn. aus Württembergs ältesten Tagen bis auf unsere Zeit. 8. Aufl. Neu hrsg. v. Carl Weitbrecht. Mit Orig.-Zeichngn. v. A. Federer u. a. 13.—30. Lfg. gr. 8. (2. Bd. S. 257—510; 3. Bd. 467 u. 4. Bd. 496 S.) Stuttgart 899. K. Daser. à n. — 40; (kplt. in 4 Leinw.-Bdn. à n. 4. —)

— dasselbe. Neue Folge. 9 Lfgn. gr. 8. Ebd. 899. à n. — 40
Schillers Heimatjahre. Historischer Roman. Von Herm. Kurz. Mit 50 Illustr. v. W. Planck. (290 u. 269 S.)

— dasselbe. 11. Aufl. Neu hrsg. v. Carl Weitbrecht. Mit Orig.-Zeichngn. v. A. Federer u. a. (In 40 Lfgn. od. 5 Bdn.) 1. Lfg. gr. 8. (1 Bd. S. 1—64.) Ebd. (900). n. — 40

Würtemberg in der neuesten Zeit, nach dem Conversations-Lexicon der neuesten Zeit . . . Stuttgart 1835. V: *Münch, Ernst.* (EngG)

Württemberg in der neuesten Zeit, nach dem Conversations-Lexicon der neuesten Zeit und Literatur, und nach der Wirklichkeit beleuchtet. gr. 8. Stuttgart 835. Hoffmann. ¹/₄ ℛ︎ß

Württemberg [Schlagwort]

s.a. Alpen. Michel, Chr.

s.a. Baden.

s.a. Bayern. Hirschmann, L.

s.a. Bayern. Karte.

s.a. Bayern. Wenng, L.

s.a. Deutschland. Karte d. Deutschen Reichs. Abth.: Königr. Württemberg.

s.a. Deutschland. Kürschner-Peip.

s.a. Deutschland. Schade, Th.

s.a. Eisenbahnkarten.

s.a. Europa. Touristen-Atlas.

s.a. Forstkarten.

s.a. Generalkarten. Flemming.

s.a. Geognostische Karten.

s.a. Geologische Karten. Karte. Spezialkarte. Uebersichtskarte.

s.a. Geologische Karten. Rumm. Spezialkarte.

s.a. Geschichtskarten

s.a. Handkarten.

s.a. Hand- und Reisekarten. 21.38.

s.a. Heimatskarten.

s.a. Radfahrerkarten.

s.a. Religionskarten.

s.a. Verkehrskarten. Muth.

Württemberg. Algermissen, J. L., Spezialkarte d. Königr. Württemberg. 1:200,000. 2 Blatt. Neue Ausg. m. Eisenbahn-Nachträgen bis 1891. Farbendr. Imp.-Fol. Leipzig 891. Lang. n. 6. —; gefalzt in Mappe n. 7. —; auf Leinw. in Etui od. m. Stäben n. 10. —

— Verwaltungs-Karte d. Königreichs Württemberg. 1:200,000. 2 Blatt. Neue Ausg. m. Eisenbahn-Nachträgen bis 1891. Farbendr. Imp.-Fol. Ebd. 891. n. 6. —; gefalzt in Mappe n. 7. —; auf Leinw. in Etui od. m. Stäben n. 10. —

— Atlas, topographischer, des Königr. Württemberg in 55 Blättern. 1:50,000. Nach den Ergebnissen der Landesvermessung bearb. u. hrsg. v. d. kgl. Württ. statist. Landesamt 1821—1851. Steindr. Stuttgart. (München, Literar.-art. Anstalt.) n.n. 42. —; einzelne volle Blätter à n.n. 1. —; Grenzblätter à n.n. — 75
Grenzblätter sind: Oberkessach, Isny, Fridingen, Hohentwiel, Rammingen, Friedrichshafen, Schwenningen, Kniebis, Oberthal.
1889 u. 1890 erschienen in neuer bericht. Ausg. die Blätter: 2. Mergentheim. — 5. Oehringen. — 6. Künzelsau. — 9. Besigheim. — 10. Löwenstein. — 11. Hall. — 16. Stuttgart. — 17. Waiblingen. — 20. Bopfingen. — 22. Altensteig. — 21. Böblingen. — 25. Kirchheim. — 31. Horb. — 32. Tübingen. — 34. Blaubeuren. — 35. Ulm. — 40. Riedlingen. — 42. Laupheim. — 48. Ochsenhausen. Titelblatt.

— — dasselbe. Neue Zeichenerklärung nebst Uebersichtskärtchen. Ebd. n.n. 1. —

— — dasselbe. Trigonometrische Höhenbestimmungen zu den einzelnen Atlasblättern. 2.—13. Lfg. Ebd. Lfg. 2—6 à n.n. — 50; Lfg. 7—13 à n.n. 1.
2. Lfg. Für die Atlasblätter: Stuttgart. Maulbronn. Liebenzell. Tübingen.
3. Lfg. Für: Böblingen. Göppingen. Heidenheim. Giengen.
4. Lfg. Für: Waiblingen. Kirchheim. Gmünd.
5. Lfg. Für: Aalen. Bopfingen. Blaubeuren. Urach.
6. Lfg. Für: Ellenberg. Ellwangen. Löwenstein.
7. Lfg. Für: Altensteig. Kniebis. Oberthal. Calw. Wildbad.
8. Lfg. Für: Balingen. Ebingen. Horb.
9. Lfg. Für: Fridingen. Hohentwiel. Schwenningen. Tuttlingen.
10. Lfg. Für: Ehingen. Laupheim. Riedlingen.
11. Lfg. Für: Hall. Kirchberg. Künzelsau.
12. Lfg. Für: Mergentheim. Neckarsulm. Niederstetten. Oberkessach. Oehringen.
13. Lfg. Für: Friedrichshafen. Isny. Leutkirch. Ravensburg. Tettnang. Wilhelmsdorf. Biberach. Ochsenhausen. Saulgau.

Württemberg. Atlas, topographischer, des Königr. Württemberg, nach den Ergebnissen der Landesvermessung bearb. u. hrsg. von dem königl. statist.-topogr. Bureau 1821—1851. Rektifikation 1886—1893. 1 : 50,000. 55 Blatt. 58,5×58,5 cm. Lithogr. Stuttgart, (K. Aue). [n. 42. —] n. 30. —
Einzeln: Vollblätter [à n. 1. —] à n. — 75;
Grenzblätter [à n. — 75] à n. — 60

19. Aalen. — 22. Altensteig. — 38. Balingen. — 9. Besigheim. — 47. Biberach. — 34. Blaubeuren. — 24. Böblingen. — 20. Bopfingen. — 23. Calw. — 39. Ebingen. — 13. Ellenberg. — 12. Ellwangen. — 41. Esslingen. — 30. Freudenstadt. — 45. Fridingen (Grenzblatt). — 53. Friedrichshafen (Grenzblatt). — 28. Giengen. — 18. Gmünd. — 26. Göppingen. — 11. Hall. — 27. Heidenheim. — 49. Hohentwiel (Grenzblatt). — 31. Horb. — 55. Isny (Grenzblatt). — 7. Kirchberg. — 25. Kirchheim. — 29. Kniebis (Grenzblatt). — 6. Künzelsau. — 42. Laupheim. — 52. Leutkirch. — 15. Liebenzell. — 10. Löwenstein. — 8. Maulbronn. — 2. Mergentheim. — 4. Neckarsulm. — 3. Niederstetten. — 1. Oberkessach (Grenzblatt). — 37. Oberndorf. — 21. Oberthal (Grenzblatt). — 48. Ochsenhausen. — 5. Öhringen. — 36. Rammingen (Grenzblatt). — 51. Ravensburg. — 40. Riedlingen. — 46. Saulgau. — 43. Schwenningen (Grenzblatt). — 16. Stuttgart. — 54. Tettnang. — 32. Tübingen. — 44. Tuttlingen. — 35. Ulm. — 33. Urach. — 17. Waiblingen. — 14. Wildbad. — 50. Wilhelmsdorf.

Die Blätter: Blaubeuren, Göppingen, Ravensburg u. Tübingen erschienen auch in einer Ausg. durch Heliogr. auf Kupfer übertragen. à 1. — [früher à 1. 50]

— — dasselbe. Photograph. Ausg. 1 : 100,000. Ebd. à Blatt n. — 40

— — dasselbe. Photo-heliograph. Ausg. 1 : 100,000. Ebd. à Blatt n. — 50

— — dasselbe. Neue Zeichenerklärung nebst Übersichtskärtchen. Ebd. [n. 1. —] n. — 75

— — dasselbe. Netzblatt. Ebd. gratis.

— — dasselbe. Trigonometrische Höhenbestimmungen (Normal-Null-Höhen in Württemberg) zu den einzelnen Atlasblättern. 3.—6. Lfg. Ebd. à n. — 50

3. Böblingen. Göppingen. Heidenheim. Giengen.
4. Waiblingen. Kirchheim. Gmünd.
5. Aalen. Bopfingen. Blaubeuren. Urach.
6. Ellenberg. Ellwangen. Löwenstein.

— — — dasselbe. 7.—13. Lfg. Ebd. à n. 1. —

7. Altensteig. Kniebis. Oberthal. Calw. Wildbad.
8. Balingen. Ebingen. Horb.
9. Fridingen. Hohentwiel. Schwenningen. Tuttlingen.
10. Ehingen. Laupheim. Riedlingen.
11. Hall. Kirchberg. Künzelsau.
12. Mergentheim. Neckarsulm. Niederstetten. Oberkessach. Öhringen.
13. Friedrichshafen. Tettnang. Wilhelmsdorf. Biberach. Ochsenhausen. Saulgau. Isny. Leutkirch. Ravensburg.

Wurttemberg — Topographisch militärischer Atlas von dem Königreiche — dem Grossherzogthume Baden und den Fürstenthümern Hohenzollern und Leyen in 19 Blättern herausgegeben von dem geographischen Institute. Weimar 1813. 1 : 180,000. 19 Bl. und 1 Titelblatt.

Württemberg. Atlas des Königr. Württemberg. 5 (farb.) Karten zur Heimatskunde (in qu. gr. 4) u. Text. gr. 8. (5 S. m. 1 Bildnis.) Leipzig 898. G. Lang. n. — 10

Württemberg. Bamberg, K., Heimatskarte d. Königr. Württemberg u. der hohenzollernschen Lande. [Aus: „Schul-Atlas".] 1 : 600,000. 42,5×33 cm. Farbdr. Berlin (900). C. Chun. n. — 15

Baur, C. F.

— — neueste Karte von Württemberg, Baden, Hohenzollern, der Rheinpfalz, nebst den deutschen Reichslanden Elsass u. Lothringen. Zum Hand- u. Comptoir-Gebrauch bearb. u. namentlich in. Rücksicht auf Eisenbahnen als Reise- u. Verkehrskarte angelegt. 1 : 450,000. Ausg. 1887. Lith. u. color. Imp.-Fol. Stuttgart 887. Wittwer's Verl. In Leinw.-Carton. n. 2. —; auf Leinw. gedruckt in Leinw.-Carton n. 3. —

— Baur, C. F., Karte v. Württemberg, Baden u. Hohenzollern. 1 : 815,000. Neuer Abdruck. Lith. u. color. Fol. Freiburg i/Br. 887. Herder. n. — 40

— Bauser, G. Wilh., Wandkarte von den königl. württ. Oberämtern Backnang, Böblingen, Brackenheim, Herrenberg, Leonberg, Nürtingen, Reutlingen, Rottenburg, Rottweil, Sulz u. Tuttlingen. 1 : 25,000. à 4 Blatt. Lith. u. color. gr. Fol. Tübingen 890. (Fues.) à n.n. 2. 50; auf Leinw. m. Stäben à n.n. 6. —

— — dasselbe v. dem königl. württ. Oberamt Balingen. 1 : 33,333 1/3. 2 Blatt. Lith. u. color. Imp.-Fol. Ebd. 890. n.n. 2. 50; auf Leinw. m. Stäben n.n. 6. —

— — dasselbe d. königl. württ. Oberamts Esslingen. 1 : 25,000. 2 Blatt. Farbendr. u. color. gr. Fol. Ebd. 890. n.n. 2. 50; auf Leinw. m. Stäben n.n. 5. —

— — dasselbe v. dem königl. württ. Oberamt Ludwigsburg. 1 : 25,000. 2 Blatt. Lith. u. color. Imp.-Fol. Ebd. 890. n.n. 2. 50; auf Leinw. m. Stäben n.n. 6. —

— — dasselbe v. dem königl. württ. Oberamt Oberndorf. 1 : 25,000. 6 Blatt. Lith. u. color. Fol., qu. gr. Fol. u. Imp.-Fol. Ebd. 890. n.n. 2. 50; auf Leinw. m. Stäben n.n. 6. —

Württemberg, Beschreibung des Königreiches. 8.
Heft 49. Oberamt Tübingen Stuttgart 1867.
„ 50. „ Oberndorf „ 1868.
„ 51. „ Gmünd „ 1870.
„ 52. „ Maulbronn „ 1870.
„ 53. „ Backnang „ 1871.
„ 54. „ Neresheim „ 1872.
„ 55. „ Brackenheim „ 1873.
„ 56. „ Rottweil „ 1875.
„ 57. „ Spaichingen „ 1876.

— Böhm, Wilh., Hand-Karte v. Württemberg, Baden u. Hohenzollern. Für den Schulgebrauch gezeichnet. 1 : 1,000,000. 21.—40. Taus. 31,5×25,5 cm. Farbendr. Mit Text auf der Rückseite. Stuttgart 894. R. Lutz. n. — 20

— **Böhm, Wilh., Hand-Karte v.** Württemberg, Baden u. Hohenzollern. Für den Schulgebrauch gezeichnet. 41. bis 70. Taus. 1 : 1,000,000. 31,5×26 cm. Farbdr. Mit Text auf der Rückseite. Stuttgart (900). R. Lutz. n. — 20

Württemberg. Böhm, physikalische Schulkarte v. Württemberg 1 : 1,000,000, m. Merksätzen v. F. Wink. Fol. Stuttgart 888. Lutz. — 20

— **Böhm, W., Schulwandkarte** v. Württemberg, Baden u. Hohenzollern. 1 : 200,000. 6 Blatt à 47,5 × 57,5 cm. Farbendr. Stuttgart 895. Holland & Josenhans. Auf Leinw. m. Stäben n. 11. —

— Durchlässigkeitskarte, hydrographische, d. Königr. Württemberg 1 : 600,000, bearb. im k. statist. Landesamt v. C. Regelmann. Hrsg. vom hydrograph. Bureau der k. Ministerial-Abtheilg. f. den Strassen- u. Wasserbau. Farbendr. 50,5×33 cm. Mit Text am Rande. Stuttgart 892. (K. Aue. — J. B. Metzler's Sort.) n. 2. —

Württemberg: Engel, T., Geognostischer Wegweiser durch Württemberg. Anleitung zum Erkennen der Schichten und zum Sammeln der Petrefakten. Mit 6 Taf. etc. Stuttgart 1883. 8.
Enthält »Verzeichnis der hieher gehörigen Literatur.«

Württemberg — Fluss- und Gebirgs-Karte von —, Baden und Hohenzollern mit Angabe der wichtigsten Höhenpunkte, bearb. in 450,000. von Heinrich Bach, Haupm. Stuttgart bei Metzler 1858. 1 Bl.

— Gachler, Eduord, Württembergischer Volksschul-Atlas. Mit besond. Berücksicht. der Heimats- u. Vaterlandskunde. 20 (farb.) Haupt- u. 10 Nebenkarten. Mit erläut. Texte v. Lauffer. 2. verb. Aufl. gr. 4. (4 S.) Tübingen 901. Osiander. n. — 40

Württemberg's Gebirge, Ebenen, Thäler, Flüsse u. Städte in Reimversen von Sch. Herausg. für die Jugend von B. Tübingen 862. Riecker. 8. (31 S.) 2⅓ ngr.

Württemberg — General-Charte des Königreichs — nach den 12 Landvogteien abgetheilt. Stuttgart und Tübingen in der Cotta'schen Buchhandlung 1812. 1 : 440,000. 1 Bl. lithographirt.

— Generalkarte d. Königr. Württemberg. nebst Theilen der angränzenden Länder in 6 Blättern. 1 : 200,000. Hrsg. vom k. w. statist. Landesamt 1885 etc. Bearb. von v. Finck. Blatt 1, 3. 5. Kpfrst. qu. gr. Fol. Stuttgart. (München, Literar.-artist. Anstalt.) à Blatt n.n. 2. 50
1. Heilbronn. — 3. Stuttgart. — 5. Tuttlingen.

— Generalkarte von Württemberg in 6 Blättern. Bearb. im königl. statist. Landesamt. 1 : 200,000. Bl. II. Hall. 47×69,5 cm. Kpfrst. Stuttgart 894. (K. Aue. — H. Lindemann.) n.n. 2. —

— Generalkarte von Württemberg in 6 Blättern. 1 : 200,000. Bl. IV. Ulm. Bearb. im königl. statist. Landesamt von v. Finck. 47×69,5 cm. Kpfrst. Stuttgart 900. (H. Lindemann.) n.n. 2. —

Württemberg. Generalkarte von Württemberg in 6 Blättern. 1 : 200,000. Bl. VI. Ravensburg. Bearb. im königl. statist. Landesamt von v. Finck. 48,5×69,5 cm. Kpfrst. Stuttgart 902. (H. Lindemann.) n.n. 2. —

Württemberg. General-Karte d. Königr. Württemberg nebst Theilen der angrenzenden Länder. Hrsg. v. dem k. w. statist. Landesamt. 1 : 200,000. Bearb. im königl. statist. Landesamt von v. Finck. II. Ausg. in 2 Farben. 6 Blatt. à 48×70 cm. Stuttgart 906. 07. (H. Lindemann). à nn 2.—; auf Leinw. à nn 2. 75
I. Heilbronn. (906.) — II. Hall. (906.) — III. Stuttgart (906.) — IV. Ulm. (907.) — V. Tuttlingen. (907.) — VI. Ravensburg. (907.)

Württemberg. Gewässer- u. Höhenkarte d. Königr. Württemberg. 1 : 600,000. Hrsg. v. dem kgl. statist. Landesamt. Bearb. v. C. Regelmann. 51×33 cm. Farbendr. Mit Höhenangaben an den Seiten. Stuttgart 893. (H. Lindemann.) n.n. 1. 50

— Handatlas v. Württemberg. (37 farb. Karten.) qu. 8. Berlin (902). H. Hillger. n. 2. 40

— Hand- u. Reisekarte, neue, von Württemberg, Baden u. Hohenzollern. 1 : 400,000. 66,5 × 58 cm. Farbdr. Cannstatt 897. G. Hopf. n. 1. 20

— Hand- u. Reisekarte, neue, von Württemberg, Baden u. Hohenzollern. 1 : 400,000. 4. Aufl. 67×58 cm. Farbdr. Cannstatt (902). G. Hopf. n. 1. —; auf Leinw. n. 1. 60

— Handtke, F., General-Karte v. Württemberg, Baden, Hessen u. Elsass-Lothringen. 1 : 600,000. Farbendr. 75,5×63 cm. Glogau 893. C. Flemming. n. 1. —

— Handtke, F., General-Karte v. Württemberg, Baden, Hessen u. Elsass-Lothringen. 1 : 600,000. 2. Aufl. 75,5 × 63 cm. Farbendr. Glogau 895. C. Flemming. n. 1. —

— Hartmann, Karte der kathol. Dekanate in dem Königr. Württemberg. Hrsg. v. dem kgl. statist. Landesamt. 1 : 600,000. 2. Ausg. Farbendr. 40×30 cm. Stuttgart 888. (K. Aue. — J. B. Metzler's Sort.) n.n. — 50

— — Karte der evang. Generalate u. Dekanate in dem Königr. Württemberg. Hrsg. v. dem k. stat. topogr. Bureau. 1 : 600,000. Farbendr. 40×30 cm. Ebd. 876. n.n. — 50

— Henzler, G., Schulkarte v. Württemberg, Baden u. Hohenzollern. 10. Aufl. Chromolith. Fol. Heilbronn 887. Scheurlen's Verl. n. — 30

— Henzler, G., Schul-Karte v. Württemberg, Baden u. Hohenzollern. 1 : 900,000. 12., verb. Aufl. 45,5×31,5 cm. Farbdr. Stuttgart 906. A. Bonz & Co. n. — 30

— — Schul-Wandkarte v. Württemberg. 6 Blatt. 5. Aufl. Chromolith. qu. gr. Fol. Stuttgart 888. Rieger. n. 7. —; auf Leinw., lackirt u. m. Stäben n. 12. —

— Henzler, G., Schul-Wandkarte von Württemberg. 6. Aufl. 6 Blatt à 50,5 × 70 cm. Farbendr. Stuttgart 895. A. Bonz & Co. n. 7. —; auf Leinw. m. Stäben u. lackirt n. 12. —

— Henzler, G., Schul-Wandkarte v. Württemberg. 7. Aufl. 6 Blatt à 51×70,5 cm. Farbdr. Stuttgart (900). A. Bonz & Co. n. 7. —; auf Leinw. m. Stäben u. lackiert n. 12. —

— — Schul-Wandkarte v. Württemberg. 8. Aufl. 6 Bl. à 55×70 cm. Farbdr. Ebd 906. n. 7. —; auf Leinw. m. Stäben u. lackiert n. 12. —

— Henzler, G., Schul-Wandkarte v. Württemberg. 9. Aufl. 6 Blatt. à 51×70 cm. Farbdr. Stuttgart 910. A. Bonz & Co. 7.—; auf Leinw. m. Stäben u. lackiert 12. —

Württemberg — Höhenkarte von — mit 1150 Höhenzahlen auf 10 geogn. Durchschnitten als Wandtafel etc. von Major v. Dürrich, 25,000. Stuttgart (bei Carl Aue). 1 Bl.

— Höhenkarte vom Königr. Württemberg. Bearb. im k. württ. statist. Landesamt. 1 : 1,000,000. 25×19,5 cm. Farbdr. Stuttgart 904. (H. Lindemann.) n.n. — 30

— Höhenkurvenkarte d. Königr. Württemberg. 1 : 25,000. Hrsg. v. dem k. statist. Landesamt. Nr. 66, 79, 80, 179 u. 184. à 46,5×52 cm. Kpfrst. u. Farbendr. Stuttgart 893. 894. (H. Lindemann.) à n n. 2. —
66. Wildbad. — 79. Simmersfeld. — 80. Stammheim. — 179. Friedrichshafen. — 184. Langenargen.

— — dasselbe m. Gebirgstönen. 1 : 25,000. 47×52 cm. Bl. 66. Wildbad. Kpfrst. u. Farbendr. Ebd. 894. n. 2. 40

— Höhenkurvenkarte vom Königr. Württemberg. Hrsg. v. dem k. württ. statist. Landesamt. 1:25,000. Bl. 43, 44, 56, 57, 73, 81, 91, 105. à 47×51,5 cm. Kpferst. u. Farbdr. Stuttgart 896—898. (H. Lindemann.) à n.n. 2. —
43. Bietigheim. — 44. Marbach. — 56. Leonberg. — 57. Cannstatt. — 73. Lorch. — 81. Aidlingen. — 91. Oberthal. — 105. Freudenstadt.

— — dasselbe m. Gebirgstönen. 1 : 25,000. Bl. 91, 105 u. 181. Kpfrst. u. Farbdr. Ebd. à n.n. 2. 40
91. Oberthal (Allerheiligen) 53×55 cm. 898. — 105. Freudenstadt. 47×51,5 cm. 896. — 181. Neukirch. 47×52,5 cm. 895.

— — dasselbe. Zeichenerklärung u. d. T.: Neue topographische Karte d. Königr. Württemberg. 1:25,000, bearb. u. hrsg. v. d. kgl. statist. Landesamt v. 1893 an. 47×51,5 cm. Kpfrst. u. Farbdr. Ebd. 898. n.n. 2.—

— Höhenkurvenkarte vom Königr. Württemberg. Hrsg. v. dem k. württ. statist. Landesamt. 1 : 25,000. Bl. 14, 15, 21, 22, 23, 26, 31—33, 55, 65, 67—70, 82, 83, 92—97, 104 u. 112. à ca. 47,5×52 cm. Kpfrst. u. Farbdr. Stuttgart (899—902). (H. Lindemann.) à n.n. 1. 50
14. Gundelsheim. — 15. Kochendorf. — 21. Niederhofen. — 22. Schwaigern. — 23. Heilbronn. — 26. Wildbad. Neue Aufl. — 31. Güglingen. — 32. Lauffen a. N. — 33. Grossbottwar. — 55. Weissach. — 65. Loffenau. — 67. Calw. — 68. Weil der Stadt. — 69. Möhringen. — 70. Stuttgart. — 82. Böblingen. — 83. Neuhausen auf den Fildern. — 92. Baiersbronn. — 93. Altensteig. — 94. Nagold. — 95. Herrenberg. — 96. Tübingen. — 97. Metzingen. — 104. Kniebis. 112. Böhringen. Truppenübungsplatz Münsingen.

— — dasselbe. Mit Gebirgsabtönung. Bl. 92 u. 104. à 47,5×52 cm. Kpfrst. u. Farbdr. Ebd. 899. 900. à n.n. 2. 40; erm. Pr. à n.n. 2. —
92. Baiersbronn. — 104. Kniebis.

Württemberg. Höhenkurvenkarte vom Königr. Württemberg. Zeichenerklärung u. d. T.: Neue topographische Karte des Königr. Württemberg. 1 : 25,000, bearb. u. hrsg. v. dem kgl. statist. Landesamt v. 1893 an. Ausg. 1899. 47×51 cm. Kpfrst. u. Farbdr. Stuttgart (H. Lindemann). n.n. 2. —

— Höhenkurvenkarte vom Königr. Württemberg. Hrsg. v. dem k. württ. statist. Landesamt. 1 : 25,000. Bl. 7. 8. 41. 45—47. 52. 54. 58—60. 70—72. 84—86. 98—100. 105 u. 179. à 47,5×52 cm. Kpfrst. u. Farbdr. Ebd. (903—906). à n.n. 1. 50
86. Altenstadt. — 45. Backnang. — 52. Bernbach. — 7. 8. Böttingerhof u. Siglingen. — 100. Deggingen. — 98. Dettingen an der Erms. — 105. Freudenstadt. (Neue Ausg.) — 179. Friedrichshafen. (II. Ausg.) — 60. Gmünd. — 72. Göppingen. — 47. Gschwend. — 84. Kirchheim unter Teck. — 46. Murrhardt. — 41. Oetisheim. — 71. Plochingen. — 59. Schorndorf. — Siglingen, s.: Böttingerhof. — 70. Stuttgart. — 85. Weilheim an der Teck. — 99. Wiesensteig. — 58. Winnenden. — 54. Wurmberg.

— Höhenkurvenkarte vom Königr. Württemberg. Hrsg. v. dem k. württ. statist. Landesamt. 1 : 25,000. Bl. 30, 53, 106—108 (preuss. Messtischblätter 3630—3632), 110, 114, 117, 118 (3638), 120—122 (3640—3642), 126, 129, 130, 133 (3649), 134 (3650), 141, 143—145 (3655 a, 3656, 3657), 151 u. 174—177. 47,5×52,5 cm. Kpfrst. u. Farbdr. Stuttgart (H. Lindemann). à nn 1.50; auf Leinw. à nn 2. 20
117. Alpirsbach. 908. — 114. Bermaringen. 909. — 106 (3630). Dornstetten (württ.) — Dettingen (preuss.). 909. — 133 (3649). Ebingen (württ.) — Burladingen (preuss.). 910. — 145 (3657). Emerfeld (württ.) — Veringenstadt (preuss.). 910. — 120 (3640). Hechingen (preuss.) — Bodelshausen (württ.). 910. — 107 (3631). Horb (württ.) — Imnau (preuss.). 909. — 177. Kisslegg. 907. 08. — 30. Knittlingen. (907.) — 134 (3650). Mägerkingen (württ.) — Gammertingen (preuss.). 910. — 143 (3655 a). Meszstetten (württ.) — Hohe Hülbe (preuss.). 910. — 53. Neuenbürg. (907.) — 130. Oberndorf. 908. — 174. Obertouringen. (907). — 175. Ravensburg. 907. 08. — 110. Reutlingen. 907. 08. — 108 (3632). Rottenburg (württ.) — Bietenhausen (preuss.). 909. — 141. Rottweil. 908. — 129. Schramberg. 907. 08. — 151. Schwenningen. 907. 08. — 118 (3638). Sulz (württ.) — Glatt (preuss.). 909. — 121 (3641). Talheim (württ.) — Jungingen (preuss.). 910. — 122 (3642). Trochtelfingen (preuss.) — Undingen (württ.). 910. — 126. Ulm. 909. — 176. Waldburg. 907. 08. — 144 (3656). Winterlingen (württ.) — Strassberg (preuss.). 910.

Württemberg. Höhenkurvenkarte vom Königr. Württemberg. (Ausg. m. Gebirgsabtöng.) 1:25,000. Blatt 110, 119 (Preuss. Messtischblatt 3639) u. 128. 47,5×52,5 cm. Kpfrst. u. Farbdr. Stuttgart (H. Lindemann). à nn 2. 50
110. Reutlingen. 910. — 119 (3639). Binsdorf (württ.) — Haigerloch (preuss.). 910. — 128. Lauterbachtal. 910.

— Horizontalkurvenkarten. Hrsg. von d. königl. General-Direction der württ. Staats-Eisenbahnen. 1 : 25,000. 71 Blatt. 26×26 cm. Lithogr. Stuttgart, (K. Aue). à n. 1. —
Die röm. Zahlen geben die Schicht, die arab. die Section an. Die Seitenlänge der Kärtchen beträgt 0,229 m, entsprechend e. natürl. Länge von 5729,8 m.
XXII. 25. Albeck. — XXV. 4. Alpirsbach. — XXI. 10. Altingen. — XIII. 17. Backnang. — XXII. 3. Baiersbronn. — XXI. 12. Bebenhausen. — XVIII. 12. Böblingen. — XIV. 16. Burzstall. — XVI. 14. Cannstatt. — XXV. 5. Dornhan. — XXIII. 5. Dornstetten. — XIX. 11. Ehningen. — XXI. 11. Entringen. — XXII. 9. Ergenzingen. — XXXVIII. 17. Fischbuch. — XXVI. 5. Fluorn. — XXIII. 4. Freudenstadt. — XXXIX. 18. Friedrichshafen. — XII. 21. Gaildorf. — XXXVIII. 18. Georgen, St. — XX. 27. Giengen. — X. 21. Hall. — XX. 28 Hermaringen. — XX. 10. Herrenberg. — XX. 11. Hildrizhausen. — XVIII. 14. Hohenheim. — XXII. 1. 2. Kniebis. — XV. 14. Kornwestheim. — XX. 8. Kuppingen. — XL. 19. Langenargen. — XXII. 26. Langenau. — XXIV. 4. Lossburg. — XIV. 14. Ludwigsburg. — XIV. 15. Marbach. — XXXIX. 19. Mariabronn. — XI. 2?. Michelbach. — VI. 16 Möckmühl. — XV. 15. Neckarrems. — XXIV. 5. Neuneck. — XXI. 27. Nieder-Stotzingen. — XXIV. 6. Ober-Iflingen. — XXII. 5. Obermusbach. — XII. 20. Oberroth. — XXI. 9. Öschelbronn. — XXII. 6. Pfalzgrafenweiler. — XIX. 14. Plattenhardt. — XXII. 27. Rammingen. — XXII. 4. Reichenbach. — VI. 15. Reichertshausen. — XIII. 21. Reippersberg. — V. 16. Roigheim. — V. 15. Schefflenz. — XIX. 12. Schönaich. — XXIII. 6. Schopfloch. — XV. 16. Schwalkheim. — XXII. 10. Seebronn. — XXVII. 5. Seedorf. — XXV. 6. Sigmarswangen. — XVII. 13. Solitude. — XXI. 28. Sontheim. — XVII. 14. Stuttgart. — XXIII. 25. Thalfingen. — XXII. 12. Tübingen. — XVIII. 13. Vaihingen. — XIX. 13. Waldenbuch. — III. 23. Weikersheim. — XVI. 13. Weil im Dorf. — XX. 12. Weil im Schönbuch. — VI. 17. Widdern. — XXII. 11. Wurmlingen. — XXIII. 2. 3. Zwieselberg.

— Karte

— — archäologische, v. Württemberg. Hrsg. v. dem kgl. statist. Landesamt. 4 Blätter. 1 : 200,000. Stuttgart 882. (München, Literar.-artist. Anstalt.) à Blatt n.n. 2. 25

— — der Bevölkerungsdichte des Königr. Württemberg nach den Ergebnissen der Volkszählung vom 3. XII. 1855. Hrsg. v. dem k. statist. Landesamt. 1:350,000. 65×49 cm. Farbdr. Stuttgart 907. (H. Lindemann.) nn — 75

— dasselbe nach den Ergebnissen der Volkszählung vom 1. XII. 1905. 65×49 cm. Farbdr. Ebd. 907. nn — 75

— — der kathol. Dekanate in dem Königr. Württemberg, hrsg. v. dem kgl. statist. Landesamt. 1 : 600,000. 40,5×30,5 cm. Farbdr. Ebd. 904. n.n. — 50

— — der evangelischen Generalate u. Dekanate im Königr. Württemberg. Hrsg. v. dem kgl. statist. Landesamt. 1 : 600,000. Stuttgart 876. Ebd. n.n. — 50

— — der evang. Generalate & Dekanate in dem Königr. Württemberg, hrsg. von dem k. statist. Landesamt. Entworfen v. J. Hartmann. 1 : 600,000. 40,5×30,5 cm. Farbdr. Ebd. 902. n.n. — 50

— — der katholischen Generalate u. Dekanate im Königr. Württemberg. Hrsg. v. dem kgl. statist. Landesamt. 1 : 600,000. Stuttgart 888. Ebd. n.n. — 50

Württemberg — Geognostische Karte von —, Baden und Hohenzollern — etc. von Heinr. Bach. Stuttgart 1860 bei Metzler. 450,000. 1 Bl.

Württemberg — Geognostische Karte von —. Herausg. von dem K. stat. top. Bureau. 50,000. In 55 Bl. mit Text. Stuttgart. In Comm. bei Carl Aue. Im Erscheinen. 1—5. Lief. 1865—71, mit 20 Bl. u. 16 Hftn.

Würtenbergischen Lande — Charte der Kön. — von J. Majer verbessert und mit den durch den Hauptdeputations-Recess von 1803 und den Pressburger Frieden von 1805 hinzugekommenen Besitzungen vermehrt 1806. Nürnberg bey Homanns Erben: Nach den Kreisen eingerichtet 1808. 1 : 250,000. 2 Bl.

— — des württembergischen Oberlandes. 1 : 200,000. Lith. gr. Fol. Tübingen 890. Fues. n. 1. 40; auf Leinw. n. 2. —

— — des mittleren Teils des württembergischen Donaukreises. 1 : 150,000. (Umschlag: 2. Aufl. Hrsg. v. Baab.) 47×54 cm. Farbdr. Biberach(-Riss) (910). Dorn. Auf Leinw. 2. —

— **Karte** vom südlichen Theil d. württembergischen Donaukreises. 1 : 150,000. 41 × 44 cm. Farbdr. Ravensburg 897. Dorn. n. 1. 75; auf Leinw. n.n. 2. 10

Würtemberg — Charte von — trigonometrisch aufgenommen und gezeichnet von Professor J. C. Bohnenberger. (Eigentlich von Amman und Bohnenberger bearbeitet) und in 60 Sections abgetheilt. Die Fortsetzung von Michaelis. Tubingen im Verlage der Cotta'schen Buchhandlung. Von 1790 anfangend. 1830 beendigt. 1 : 86,400. 56 Bl. nebst 1 Bl. Anleitung für Gelände-Zeichnung.

— — von Württemberg, Baden u. Hohenzollern m. sämmtl. Eisenbahnen. 1 : 450,000. 17. Aufl. Lith. u. color. gr. Fol. Stuttgart 889. A. Müller. n. 1. —; auf Leinw. n. 2. —

— **Karte** des Königr. Württemberg in 4 Blättern. 1 : 200,000. Hrsg. vom k. k. statist. Landesamt. Bl. I bis III. Farbdr. Ebd. 904. 905. à n. 1. 40

I. Neckarkreis. 50,5×38 cm.
II. Schwarzwaldkreis. 57×55 cm.
III. Jagstkreis. 63×46 cm.

— **Karte** des Königr. Württemberg. In 4 Blättern. 1 : 200,000. Hrsg. v. dem k. württ. statist. Landesamt. Bl. IV. Donaukreis. 72×41 cm. Farbdr. Ebd. 907. nn 1. 40

— — von d. Königr. Württemberg, nach der allgem. Landesvermessg. im Massstabe 1 : 50.000 bearb. v. d. k. statist. Landesamt. Nr. 43. Schwenningen. 48,5×48,5 cm. Lith. Ebd. (907). — 75

Würtemberg — Charte von dem Konigreiche — dem Grofsherzogthume Baden und den Ländern der Fürsten von Hohenzollern, entworfen von C. F. Weiland. 1 : 500,000. 1 Bl.

— **Karte** v. dem Königr. Württemberg, nach der allgemeinen Landesvermessung, 1 : 50,000, v. dem kgl. statistisch-topograph. Bureau. Photogr. 1 : 100,000 v. C. Schwarz. Heliogr. Abbildg. 10 neue Blätter. Fol. Stuttgart 888. Kohlhammer. à n.n. — 50

— — von dem Königr. Württemberg nach der allgem. Landesvermessung 1 : 50,000 v. dem königl. statist. Landesamt. Nr. 16. Stuttgart. Neue Ausg. 1898. 48 × 48 cm. Lith. Stuttgart 898. (H. Lindemann.) n.n. — 75

— **Karte** von dem Königr. Württemberg nach der allgemeinen Landesvermessung 1 : 50,000 v. dem königl. statist. Landesamt. Nr. 26. Göppingen. Neue Ausg. 1900. 48,5×48,5 cm. Kpfrst. Ebd. 900. n.n. — 75

Wurtemberg — Karte von dem Königreiche — nach der neuen Landesvermessung im 1 : 50,000 Maasstabe von dem K. statistisch-topographischen Bureau. Stuttgard und Tubingen in der J. G. Cotta'schen Buchhandlung. Geogr. Anstalt. Lithogr. von Fleischmann. 1 : 50,000. Im Erscheinen.

Wirtenberg — Karte von dem Kurfürstenthum — samt allen dessen Entschädigungen. Augsburg bey Johannes Walch 1804. 1 : 500,000. 1 Bl.

— **Liebenow's**, W., Spezialkarte vom Königr. Württemberg nebst Hohenzollern f. Reise. Bureau u. Verkehr, m. allen Orten, Bahnen, Strassen, Flüssen u. politischen Abgrenzungen. Neu bearb. v. Hans Ravenstein. Volks-Ausg. 1 : 300,000. 81×58,5 cm. Farbdr. Frankfurt a/M. (905). L. Ravenstein. n. 1. 50

— **Markungskarte** d. Königr. Württemberg. Hrsg. v. dem kgl. statist. Landesamt. 1 : 350,000. Stuttgart 890. (München, Literar.-artist. Anstalt.) Ausgabe ohne Flurkartennetz n.n. — 60; Ausg. m. Flurkartennetz n.n. 1. 20; Ausg. m. Eintheilung der Forst- u. Revieramtsbezirke ohne Flurkartennetz n.n. 1. 50; dieselbe Ausg. m. Flurkartennetz n.n. 2. 50

— **Markungs-Karte** des Königr. Württemberg u. der Hohenzollernschen Lande. Hrsg. v. dem k. statist. Landesamt. 1 : 350,000. 65×48,5 cm. Lith. Ebd. 908. nn 1.—; in 4 Farben nn 1. 50

— **Melching**, Osw., Hand- u. Verkehrs-Karte von Württemberg u. Hohenzollern. 1 : 500,000. Mit vollständ. Ortsverzeichnis (an den Seiten). 46,5 × 35 cm. Farbdr. Stuttgart 897. Hobbing & Büchle. n. 1. 50 mit Stäben n. 2. —

— **Melching**, Osw., Hand- u. Verkehrskarte Württemberg u. Hohenzollern. 1 : 500,000. 51,5×39 cm. Farbdr. Biberach (908). Dorn. — 60; auf Leinw. 1.20; Ausg. m. Gebirgszeichng., auf Leinw. 1. 50

Württemberg. Mittelbach's, R., neueste Specialkarte v. Württemberg u. Baden zum Hand- u. Bureaugebrauch. 1 : 300,000. 89×76,5 cm. Farbdr. Leipzig (906). Mittelbach. n. 1. 50

— Oberamtskarten, je einen württemb. Oberamtsbezirk umfassend. Hrsg. v. dem kgl. statist. Landesamt. 1 : 100,000. Hrsg. 1824 — 1885. Steindr. Stuttgart, (München, Literar.-artist. Anstalt.) à Blatt n.n. — 30
Rektifiziert sind die Blätter: Balingen, Cannstatt, Crailsheim, Ellwangen, Hall, Heilbronn, Herrenberg, Künzelsau, Ludwigsburg, Mergentheim, Neckarsulm, Ulm, Münsingen, Riedlingen, Heidenheim, Göppingen, Kirchheim. Ehingen, Wangen, Maulbronn, Vaihingen, Weinsberg, Backnang, Oehringen.

— Oberamtskarten, je einen württemberg. Oberamtsbezirk umfassend. Hrsg. von dem königl. statist. Landesamt. 1 : 100,000. 64 Blatt. 40×48 cm. Rektifiziert 1886—1887. Lithogr. Stuttgart, (K. Aue). à n.n. — 30
Aalen. — Backnang. — Balingen. — Besigheim. — Biberach. — Blaubeuren. — Böblingen. — Brackenheim. — Calw. — — Cannstatt. — Crailsheim. — Ehingen. — Ellwangen. — Esslingen. — Freudenstadt. — Gaildorf. — Geislingen. — Gerabronn. — Gmünd. — Göppingen. — Hall. — Heidenheim. — Heilbronn. — Herrenberg. — Horb. — Kirchheim. — Künzelsau. — Laupheim. — Leonberg. — Leutkirch. — Ludwigsburg. — Marbach. — Maulbronn. — Mergentheim. — Münsingen. — Nagold. — Neckarsulm. — Neresheim. — Neuenburg. — Nürtingen. — Oberndorf. — Öhringen. — Ravensburg. — Reutlingen. — Riedlingen. Rottenburg. — Rottweil. — Saulgau. — Schorndorf. — Spaichingen. — Stuttgart, Amt. — Stuttgart, Stadt. — Sulz. — Tettnang. — Tübingen. — Tuttlingen. — Ulm. — Urach. — Vaihingen. — Waiblingen. — Waldsee. — Wangen. — Weinsberg. — Welzheim.

— Paulus, archäologische Karte v. Württemberg. 4 Blatt. 1 : 200,000. Mit Darstellg. der röm., altgerman. [kelt.] u. fränk. [alemann.] Ueberreste. Fortgesetzt v. E. Paulus. Ausg. d. k. statistisch topogr. Bureau. 4., stark verm. Aufl. Lith. 62×47,5 cm. Stuttgart 892. (K. Aue. — J. B. Metzler's Sort.) à n.n. 2. 25

Württemberg. Rachel, L., Karte v. Württemberg, Baden u. Hohenzollern m. sämtlichen Eisenbahnen, nach den neuesten Materialien bearb. 1 : 450,000. 22. Aufl. 60×52 cm. Lith. u. kolor. Stuttgart 894. A. Müller. n. 1. —; auf Leinw. in Karton n. 2. —

— Rachel, L., Karte v. Württemberg, Baden u. Hohenzollern, nach d. neuesten Materialien bearb. 1 : 450,000. 26. Aufl. 60 × 52 cm. Lith. u. kolor. Stuttgart 898. A. Müller. n. 1. —; auf Leinw. in Karton n. 2. —

— Rachel, L., Karte v. Württemberg, Baden & Hohenzollern, nach d. neuesten Materialien bearb. 1 : 450,000. 29. Aufl. 60×52 cm. Lith. u. kolor. Stuttgart 901. A. Müller. n. 1. —; auf Leinw. in Karton n. 2. —

— Rachel, L., Karte v. Württemberg, Baden u. Hohenzollern, nach den neuesten amtl. Materialien bearb. (30. Aufl.) 1 : 450,000. 60×52 cm. Farbdr. Stuttgart (906). A. Müller. n. 1. —; auf Leinw. n. 2. —

— Rachel, L., Karte vom Württemberg, Baden u. Hohenzollern (m. sämtlichen Eisenbahnen), nach den neuesten Materialien bearb. (34. Aufl.) 1 : 450,000. 60×52 cm. Farbdr. Stuttgart (910). A. Müller. 1. —; auf Leinw. n 2. —

— Richter, Gust., Wandkarte von Württemberg u. Hohenzollern. Für den Schulgebrauch entworfen, gezeichnet u. hrsg. 1 : 150,000. 6 Blatt à 55,5 × 65 cm. Farbendr. u. kolor. Essen 896. G. D. Baedeker. n. 8. —; auf Leinw. m. Stäben n. 14. —

— Rumm, C., polit. Karte u. Reliefbild v. Württemberg, Baden u. Hohenzollern. Für den Schulgebrauch entworfen. 1 : 1,000,000. 2 Blatt à 28 × 24 cm. (Auf 1. Taf.) Farbdr. Stuttgart 897. Stüddeutsches Verlags-Institut. n. — 40

(B) — Rumm, C., Relief- u. politische Karte von Württemberg, Baden u. Hohenzollern. 897. Jetzt: Stuttgart, A. Bonz & Co. Erm. Pr. — 25

— Schulkarte von Württemberg, Baden u. Hohenzollern. 1 : 800,000. 30,5 × 39 cm. Photolith. u. Farbdr. Bruchsal (900). O. Katz. n.n. — 15

— Seytter, Wilh., Schulkarte von Württemberg, Baden u. Hohenzollern. 1 : 500,000. 2. verb. Aufl. 11.—20. Taus. 53 × 46 cm. Farbdr. Stuttgart 902. Hobbing & Büchle. n.n. — 20; auf Leinenpap. n.n. — 50

— Seytter, Wilh., Schulkarte v. Württemberg, Baden u. Hohenzollern. (Umschlag: 4., durchgeseh. Aufl. [31. bis 40. Taus.].) 1 : 600,000. 44×37,5 cm. Farbdr. Stuttgart 905. Holland & Josenhans. n.n. — 20; auf Leinw. — 50

— Seytter, Wilh., Schulkarte von Württemberg, Baden u. Hohenzollern. 1 : 500,000. IX. Aufl. 77.—96. Taus. 53×46 cm. Farbdr. Stuttgart 909. Holland & Josenhans. — 20; auf Leinw. — 40

Württemberg's Söhne in Frankreich 1870/71. Erinnergn. v. Kriegsteilnehmern, gesammelt u. hrsg. v. Paul Dorsch. Mit Titelbild nach e. Orig.-Aquarell v. K. Schott. (400 S.) 8. Calw u. Stuttgart 910. Vereinsbuchh. Geb. in Leinw. 3. —

— — Uebersichtskarte der Bodenkultur d. Königr. Württemberg f. Schule u. Haus. 1 : 500,000. 49,5 × 37 cm. Farbdr. Ebd. 901. n. — 40

— — württembergischer Volksschulatlas, enth. 17 Haupt- u. 12 Nebenkarten auf 20 (farb.) Kartenseiten. 2. verb. u. verm. Aufl. gr. 4. Ebd. 902. n.n. — 50; m. 8 S. Abbildgn. n.n. — 60; Einbd. n.n. — 25

— Spezialkarte vom württembergischen Oberland (Donaukreis) mit den angrenzenden Landesteilen. 1 : 200,000. 2 rev. Aufl. 61×41 cm. Farbdr. Cannstatt 899. G. Hopf. — 75; auf Leinw. n. 1. 25

— Stälin, v., u. Bach, die Herrschaftsgebiete des jetzigen Königr. Württemberg nach dem Stand vom J. 1801. Neubearb v. Stälin u. Bechtle. Hrsg. v. d. königl. statist. Landesamt. 1 : 260,000. 92,5 × 36 cm. Farbendr. Nebst Begleitworten. Lex.-8. (28 S.) Stuttgart 896. (H. Lindemann.) nn. 3. 50

— Streich, Tr. Fr., Handkarte v. Württemberg, Baden u. Hohenzollern. Für den Schulgebrauch. 16. Aufl. Chromolith. Fol. Esslingen 889. Lung. n. — 30

— Streich, Tr. Fr., Handkarte v. Württemberg, Baden u. Hohenzollern. 1 : 800,000. 27. Aufl. 39,5 × 30,5 cm. Farbendr. Esslingen 894. A. Lung. n. — 30

— Streich, Tr. Fr., Handkarte von Württemberg, Baden u. Hohenzollern. Für den Schulgebrauch entworfen u. gezeichnet. 1 : 800,000. 46. Aufl. 39,5 × 30,5 cm. Farbdr. Stuttgart 901. A. Lung. n.n. — 15; auf Leinw. n. — 30

— — Wandkarte v. Württemberg, Baden u. Hohenzollern. 1 : 200,000. Für den Schulgebrauch entworfen u. gezeichnet. 2. Aufl. 9 Blatt. Farbendr. gr. Fol. Stuttgart 885. [Paulus.] Bonz & Co. n. 6. —; auf Leinw. m. Stäben n. 10. —

— — Wandkarte v. Württemberg, Baden u. Hohenzollern. Für d. Schulgebrauch entworfen & gezeichnet. 3. Aufl. (m. Angabe der Höhenschichten [von je 100 Meter]). 1 : 200,000. 4 Blatt à 76,5×57 cm. Farbdr. Ebd. (900). n. 6. —; in Mappe n. 6. 50; auf Leinw. m. Stäben n. 10. —

— Trüdinger, Karte der Milchwirtschaft in Württemberg. Hrsg. v. dem k. statist. Landesamt. 1 : 350,000. 64,5×46 cm. Farbdr. Stuttgart (908). (H. Lindemann.) nn — 75

Übersichtskarte

— — hydrographische, d. Königr. Württemberg. Hrsg. von dem kgl. statist. Landesamt. 1 : 600,000. Farbendruck. 50,5×33 cm. Ebd. 891. [1. 50] n.n. 1. —

— Uebersichtskarte d. Königr. Württemberg. Hrsg. v. dem kgl. statist. Landesamt. 1 : 400,000. Neue Ausg. 1890. Steindruck in 2 Farben. Stuttgart. (München, Literar.-artist. Anstalt.) n.n. 2. —

— Übersichtskarte von Württemberg. Hrsg. v. dem k. statist. Landesamt. 1 : 400,000. 69×51,5 cm. Farbendruck u. kolor. Stuttgart 894. (K. Aue. — H. Lindemann.) n. 1. 20; auf Leinw. n.n. 2. —

— Uebersichtskarte des Königr. Württemberg, hrsg. v. dem k. statist. Landesamt 1905. Bearb. von v. Finckh. 1 : 400,000. 69×51 cm. Farbdr. Stuttgart (H. Lindemann). n.n. 1. 20; auf Leinw. n.n. 2. —

— Uebersichtskarte vom nordwestlichen Württemberg. 1 : 200,000. Bearb. im königl. statist. Landesamt von v. Finck. Ausschnitt aus der Generalkarte des Königr. Württemberg. 43,5×39,5 cm. Steindr. Stuttgart (899). (H. Lindemann.) n.n. — 50; auf Leinw.-Pap. n.n. — 70

— Württemberg's Unterland. Neueste Touristenkarte, umfassend das Gebiet vom Wunnenstein bis zum Lichtenstein u. vom Hohenstaufen bis zum Schwarzwald. 1 : 200,000. 2. Aufl. 37 × 46,5 cm. Farbendr. Cannstatt 896. G. Hopf. — 75

— Verkehrskarte, neue, v. Württemberg. Neueste Ausg., nach Angaben der Generaldirection d. württemberg. Eisenbahnen ergänzt. 1 : 600,000. 44×31 cm. Farbdr. Stuttgart 899. R. Munde. n. — 30

— Verkehrskarte v. Württemberg u. Baden (m. der bayer. Pfalz), zugleich Strassen- u. Ortsentfernungskarte. Nach amtl. Quellen bearb. 1 : 333,333 1/3. 92 · 76 cm. Farbdr. München (904). (Freiburg i. B., P. Waetzel.) n. 6. —; auf Leinw. in Taschenformat od. m. Oesen zum Aufhängen n. 8. 50; m. Stäben n. 9. —

— Verkehrskarte von Württemberg, Baden, Hohenzollern u. der Rheinpfalz. 1 : 450,000. 62,5×57,5 cm. Lith. Stuttgart (907). K. Wittwer. — 80

— Winckelmann, Ed., Wandkarte v. Württemberg, Baden u. Hohenzollern. 1 : 280,000. Rev. Ausg. v. 1893. 4 Blatt à 58×44,5 cm. Farbendr. u. kolor. Stuttgart, E. Schweizerbart. n. 6. —; auf Leinw. in Mappe n.n. 8. 40; u. lackiert m. Stäben n.n. 9. —

— Winckelmann, Ed., Wandkarte von Württemberg. Baden u. Hohenzollern. 1 : 280,000. 4., rev. Ausg. v. 1897. 4 Blatt à 58 × 44 cm. Farbdr. u. kolor. Stuttgart 898. E. Schweizerbart. n. 6. —; auf Leinw. in Mappe n.n. 8. 40; u. lackiert m. Stäben n.n. 9. —

Württemberg [Verfasser]

Württemberg, Adam Herzog v. Die Schlacht bei Ostrolenka, geliefert den 14/26. Mai 1831. Mit 2 Schlacht Plänen. 8. Nordhausen und Leipzig 1842.

Württemberg, Alexander

Württemberg, Graf v., s. a. Alexander.

Württemberg, Alex. Graf v., Gedichte. gr. 12. (9 1/2 B.) Stuttgart 837, [Rieger'sche Brlsbuchh.]

Württemberg, A. Graf v., sämmtliche Gedichte, s. Universal-Bibliothek Nr. 1481—1483.

Württemberg, Herzog Eugen v. Erinnerungen aus dem Feldzuge des Jahres 1812 in Russland. 8. Breslau 1846.

Württemberg, Paul Wilhelm Friedrich Herzog von. Der Naturforscher. Stuttgart 1861. [illegible]
Sonderabdr. aus [illegible]

Württemberger [Sachliches OW]

Der Württemberger [illegible] Philadelphia PA
[illegible]

Würtemberger, Die, in Mergentheim. O. O. 1818. V: *Kleudgen, von.* (Heyd)

Würtemberger, die, in Mergentheim. Von e. Augenzeugen im Jahre 1810. Mit 8 Beilagen. gr. 8. Erlang. 818. Palm u. E. 8 gr

Würtemberger, Der patriotische, von Umlegung der französischen Kriegssteuer. Stuttgart 1796. V: *Weckherlin, Ferdinand Aug. Heinr.* (MGT) (Ky)

Würtemberger, der patriot., von Umlegung der französ. Kriegssteuer (von Fd. A. H. Weckherlin.) 8. Stuttg. 796. Löflund. 3 gr (Vergl. Umlegung.)

Württemberger, der, als deutscher Reichsgenosse 1871. gr. 16. (22 S.) Blaubeuren 871, Mangold. *

Württemberger, Die, in Sizilien. [Stuttgart 1883.] V: *Pfister, Alb.* (Heyd)

Wurtz, Adf., Abhandlung üb. die Glycole oder zweiatomige Alkohole u. üb. das Aethylenoxyd als Bindeglied zwischen organischer u. Mineralchemie, s.a. Ostwald's, Wilh., Klassiker der exakten Wissenschaften.

Wurtz, Adolf: Abhandlung über die Glycole oder zweiatomige Alkohole [Memoire sur les glycols ...] u. über d. Äthylenoxyd als Bindeglied zwischen organischer u. Mineralchemie [Sur l oxyde d'ethylene ...] von . Aus d. Franz. übers. u. mit Anm. versehen von M. u. A[lbert] Ladenburg. Mit 1 Fig. Leipzig: W. Engelmann 1909. 95 S. 8⁰
(Ostwald's Klassiker d. exakten Wissenschaften. Nr 170.)

Wurtz, Ad., s. Gerhardt, Karl, Grundriß der organischen Chemie.

Wurtz, Ad., Geschichte der chemischen Theorien seit Lavoisier bis auf unsere Zeit. Deutsch hrsg. von Alph. Oppenheim. 8. (VIII, 164 S.) Berlin 870, Oppenheim. *

Wurtz, A., die atomistische Theorie, s.a. **Bibliothek, internationale wissenschaftliche.**

Die atomische Theorie. Autorisirte Ausgabe. Leipzig, 1879. 8vo.
Internationale wissenschaftliche Bibliothek, vol. XXXVII.

Würtz

— s. auch *Würz.*

Würtz, Adolf, appr. Arzt aus Strassburg i. Els.: Ein Beitrag zur posttyphösen Periostitis im Kindesalter. (Aus d. Universitäts-Kinder-Klinik zu Strassburg i. Els. Prof. Dr. Kohts.) *Leipzig 1898: B. G. Teubner.* (S. 12—25.) 8°
Strassburg, Med. Diss. v. 1898

Würtz, Adf., Säuglingsschutz durch Staat, Gemeinden u. Private innerhalb des deutschen Sprachgebiets. Preisschrift der Lamey-Stiftg. der Kaiser-Wilhelm-Universität Strassburg. (VIII, 116 S.) Lex. 8. Stuttgart 910. F. Enke. 8. —

Würtz, F., Wörterbuch des Ki-Tikun u. des Ki-Pokomo in Ost-Afrika. Nach s. Tode hrsg. von A. Seidel. [Aus: „Zeitschr. f. afrikan. u. ocean. Sprachen".] Lex.-8. (63 S.) Berlin 895. D. Reimer. n. 6. —

***Würtz*, Geo. Cph., conamen mappae generalis medicamentorum simplicium secundum affinitates virium naturalium nova methodo geographica dispositum, juncta mappa eleg. aeri incisa. 4. Strassb. 778. Treuttel u. W. 1 ß 4 𝒦 Fein Pap. 1 ß 16 𝒦**

— Memoire sur l'Etablissement des Ecoles de medicine pratique. 8. Strasb. 784. Treuttel u. W. 8 𝒦

— s. Schumlansky, de structura.

Würtz, M. Jos., Heinrich Biyar, O. Cist., Pfarrer u. Chronist v. Lutterbach, während des 30jähr. Krieges. Ein Beitrag zur Geschichte der Pfarrei Lutterbach (16 S.) gr. 8. Strassburg 906. F. X. Le Roux & Co. n. — 40

Würtz, Otto [aus Liedolsheim]: Zur Kenntniss der Sulfonsauren des Anabromchinolins. . . . Freiburg i. Baden, Univ.-Buchdr. H. M. Popper & Sohn 1889. 56 S., 1 Bl. 8⁰
Freiburg i. B., Phil. Fak., Inaug.-Diss. v. 1889

Würtz, S., die innere Mission in der Schule. Vortrag, geh. am 31. X. 1907 gelegentlich des Instruktionskurses für innere Mission zu Straßburg i. E. (24 S.) 8. Berlin (907). (Straßburg, Buchh. der ev. Gesellschaft.) — 80

WÜRTZ, T. F., De uxoribus militum, von Soldaten-Weibern. O. O. 1719. 4⁰.
36 pp. (1½ Mk. Bielefeld 60. no. 1072.)

Würtzburg [Schlagwort]. s. Würzburg

Wurtzol, Richard, aus Berlin: Die **Fehlerquellen** des le Boulengé-Chronographen. Eine Studie üb. d. Genauigkeitsgrenzen dieses Apparates. *Berlin (1902): 'Reichsbote'.* (85 S.) 8°
Erlangen, Phil. Diss. v. 24. Juli 1902

Wurtzel, Willi: Der Inseraten-Expedient und Buchhalter. Die Inseraten-Expedition im Zeitungs- u. Zeitschriftenverl. mit zahlr. Schemas in einfacher, leicht verständl. Darstellung ... Bearb. u. hrsg. von . Steglitz: Wurtzel [1908]. 80 S. 8⁰

Würtzer

— s. auch Würzer.

Würtzer, Heinrich

s. **Annalen, deutsche.**

Würtzer, Hnr., Beherzigung verschiedener Gegenstände oder Etwas gegen die Langeweile an Feiertagen. 8. Berl. 789. Maurers B. 8 𝒦

— Bemerkungen über d. preuß. Religionsedikt vom 9. Juli 1788. gr. 8. Berl. 788. (Wienbrack in Leipz.) 12 𝒦

s. **Briefe d. schles. Grafen, den Adel betreffend.**

s. **Briefe, hyperboreische.**

— Charakteristik Friedrich II. Königs von Preußen. 8. Chemn. 801. (Starke). 8 𝒦

— Charakteristik Friedrich II. König von Preußen. Mit Kpf. gr. 8. Leipz. 816. (Aue in Alt.) 1 ß 12 𝒦

s. **Gedanken** über polit. **Gegenstände.**

s. **Keralio, Geschichte.**

— über die Logik u. die philosophische Grammatik. 8. Götting. 779. Dieterich. 1 𝒦

s. **Memoiren** über **Venedig.**

Würtzer, H. De origine et natura poëseos. Diss. Göttingen 1780. 26 S. 4.

— Prozeß von den königl. Kammergericht zu Berlin, nebst desselbigen Appellation an das aufgeklärte Publikum. 8. Hamb. 794. (Campe). 18 𝒦

— Revolutionskatechismus. kl. 8. Berl. 793. Nauck. 12 𝒦

Versuch

in Gedichten von *H. W.* (d. i. *Heinrich Würtzer*). Göttingen 1774. 8⁰. (In München: A. gr. a. 1962, 3.) (8 Mk., schönes Expl. auf Schreibpap. Götting. Antiqu., 1911.)
Anon. Lex. IV p. 565 nach dem Neuen Nekrolog.

-- der patriot. Volksredner. 2 Bde. 8. Altona 795, 97. Bechtold. 1 ꝛß

Wurtzler, G., d. elektrische Betrieb in d. Landwirtschaft. E. Mittel zur Verminderg. d. Wirtschaftsunkosten, nebst nützl. Winken zur zweckmäß. Anwendg. gr. 8. (71 S. m. 19 Abb.) Dresden 897. Halle a/S., C. O. Lehmann. n. 2. —

Wurz, Meister, s.: Badekur, die, in Reichenhall.

Wurz, Armin, Finanzprakt.: Die Ergebnisse der direkten Staats-Steuern der Stadt Heidelberg seit Einführung der Einkommensteuer. Karlsruhe 1910: Thiergarten. 65 S. 8°
Heidelberg, Phil. Diss. v. 8. Febr. 1910, Ref. Schott
[Geb. 25. Juli 83 Bretten; Wohnort: Heidelberg; Staatsangeh.: Baden; Vorbildung: Gymn. Offenburg Reife Juli 03; Studium: Straßburg 2, Heidelberg 1, Berlin 1, Heidelberg 1, Freiburg i. B. 3 S.; Rig. 24. Juli 09.] [U 10. 2184

Wurz, Erwin, aus Stuttgart: Plastische Dekoration des Stützwerkes in Baukunst und Kunstgewerbe des Altertums. Mit 83 Abbildungen. Strassburg 1906. VI + 123 + 2 S. 8°. [17. VIII. 06.]
Zürich, Phil. Diss. [illegible] 1905/1906

Wurz, Erwin, plastische Dekoration des Stützwerkes in Baukunst u. Kunstgewerbe des Altertums, s.a. Zur Kunstgeschichte des Auslandes. 43. Heft.

Wurz, Erwin. Plastische Dekoration des Stützwerkes in Baukunst und Kunstgewerbe des Altertums. Mit 83 Abbildungen. gr.-8. Strassburg, J. H. Ed. Heitz, 1906.
Ausg. A: Diss. Phil. I. Univ. Zürich ... von E' W' aus Stuttgart.... VI + 123 + *Vita* 1 S.
Ausg. B: Von E' W'. X + 123 S. (M. 8. —.) — (Zur Kunstgeschichte des Auslandes. Heft 43.)

Wurz, Herm., zur Charakteristik der klassischen Basilika, s.: Zur Kunstgeschichte des Auslandes. 40. Heft.

Wurz, Hermann. Zur Charakteristik der klassischen Basilika. Mit 12 Abbildungen und 5 Lichtdrucktafeln. 63 S. gr.-8. Strassburg, J. H. Ed. Heitz, 1906.
Ausg. A: Diss. Phil. Bern ... von H' W' aus Stuttgart.
Ausg. B: Von Dr. H' W'. (M. 5. —.) — (Zur Kunstgeschichte des Auslandes. Heft 40.)

Wurz, Ign., († d. 24. März 1784.) Anleit. zur geistl. Beredsamkeit. 2 Thle. gr. 8. Wien 770—72. 2e 775. Wappler. (Beck.) 3 ꝛß 4 ɠ

— Dasselbe im Auszuge. gr. 8. Wien 776. Beck. 16 ɠ

Wurz, Ignaz. Anleitung zur geistlichen Beredsamkeit. Frankfurt 1837. H: *Brand, Ignaz.* (Jes)

— Eloge funèbre de Gerhard de Swieten. gr. 8. Wien 772. Camesina. 8 ɠ

— s. Larue, Lob- u. Trauerreden.

— Lob- u. Gelegenheitsreden. 2 Bde. gr. 8. Augsb. 735. Doll. 1 ꝛß 4 ɠ

— Predigten von den Leiden Jesu Christi. gr. 8. Wien 772. Beck. 16 ɠ

— sämmtliche Predigten. 8 Thle. gr. 8. Wien, Kurzböck. (Camesina.) 784—86.

— sämmtliche Predigten. 8 Thle. gr. 8. Wien 784—86. (Heubner). 12 ꝛß Hbg. Pr. 6 ꝛß 16 ɠ Dieselben. 16 Theile. 8. Cöln, J. G. Schmitz. 7 ꝛß 12 ɠ

— Prodromus isagogicus in Theologiam. 4. Regensb. 773.

— einige geistl Reden. 8. Wien 771.

— Trauerrede auf Kaiser Franz I. Fol. Wien 765.

— Trauerrede auf Gerh. von Swieten. 8. Wien 772. (Münster, Coppenrath.) 4 ɠ

Wurz, Ignaz: Trauerrede auf den hochwohlgebohrnen Herrn, Herrn Gerard Freyherrn van Swieten, Commandeur des Ritterordens vom Heil. Stephan, Ihrer K.K.A. Majestät Hofrath und ersten Leibarzt etc. etc. Auf dem akademischen Hörsaale gehalten. 85 S., gbd.
Wien: typ. v. Trattnern 1772
JB 5.745

Wurz, Ignaz, der Vorwitzige. Lstspl. 8. Wien 764. 8. München 772.

Würz, Friedrich

Würz, F., die mohammedanische Gefahr in Westafrika, s. a. Missions-Studien, Basler. 21. Hft.

Würz, F[riedrich]. Die mohammedanische Gefahr in Westafrika. 26 S. 8. Basel, Missionsbuchh., 1904. (fr. —. 50)
Basler Missions-Studien. Heft 21.

Würz, F., siehe: *Heidenbote.*

Würz, F., sieben Männer f. Christum. Von der Hochschule ins Innere Chinas. Jungen Männern gewidmet. 8. (32 S. m. Abbildgn.) Basel 893. Missionsbuchh. n. — 10

Würz, F., sieben Männer für Christum. Von der Hochschule ins Innere Chinas. Jungen Männern gewidmet. 2. Aufl. 8. (32 S. m. Abb.) Basel 898. Missionsbuchh. n. — 10

Würz, F., die Basler Mission in Kamerun u. ihre gegenwärt. Aufgaben, s. a. Missions-Studien, Basler. 9.

Würz, F[riedrich]. Die Basler Mission in Kamerun und ihre gegenwärtigen Aufgaben. 22 S. 8. Basel, Missionsbuchhandlung, 1902. (fr. —. 25)
Basler Missions-Studien. Heft 9.

Würz, F[riedrich]. Ein Monat in Ägypten. Reise- und Missions-Erinnerungen. [Illustriert.] 95 S. 8. Basel, Basler Missionsbuchh., 1906. [fr. —. 75]

— soll ich Missionar werden? Ein Ratgeber. 8. (56 S.) Ebd. 898. n. — 40

Würz, Geo. Chr., Conamen mappae generalis medicamentorum simplicium secundum affinitates virium naturalium nova methodo geographica dispositorum, juncta mappa eleg. aeri incisa. 4. Strasb. Treuttel et W. 778.
Fein Papier

— Mémoire sur l'Etablissement des Ecoles de medicine pratique. 8. Strasb. Treuttel et W. 784.

Würz, Karl, approb. Arzt aus Calw: Über die traumatische Entstehung von Geschwülsten. *Tübingen: H. Laupp 1900.* (24 S.) 8° ¶ (Aus: Beiträge zur klinischen Chirurgie, Bd 26, H. 3.)
Tübingen, Med. Diss. v. 1900

Würz, Carl Die sensualistische Erkenntnislehre der Sophisten und Platons Widerlegung derselben Nach dem Theaetet dargestellt und beurteilt. (Umschlagtitel: . . . derselben.) 4 (22 S.). Progr. G. Trier 1888 (432).

Wuerz, de mercede ecclesiastica Atheniensium. gr. 8. (39 S.) Berlin 878, Mayer und Müller.

Wuerz, [illegible] ecclesiastica Athen[illegible] quibus de causis quoque tempore instituta et qua ratione dispensata [illegible] Berolini 1878 (39 S.) 8°
Berlin, Phil. Diss. v. 4. März 1878

Wuerz, P

Die Tochter des Commerzienrathes. Von P. Würz. Stuttgart 1864.

In: Hausblätter. Bd 1.

Würz, Wilhelm, aus Eschenau: **Beiträge** zur Frage der Konservierung und Behandlung des Stalldüngers. *Pegau: H. Günther 1901.* (90 S.) 8°
Leipzig, Phil. Diss. v. [10. Dez.] 1901

Würz, Wilh., Beiträge zur Frage der Konservierung u. Behandlung des Stalldüngers. Diss. gr. 8. (91 S.) Pegau 901. (Leipzig, G. Wittrin.) n. 2. —

Wurzach [Schlagwort]

Wurzach, s.: Deutschland. Kürschner-Pelp.

Wurzaeus, Georg Heinrich (Simmern) A. S. 767/11

Dissertatio juridica de iudice procedente ex officio. Präs. Justus Henning Boehmer. Halle (Gruner) 7. VI. 1712. 72 S.

W. v.: Johann Peter Ludewig, Präs. 37366

Wurzaeus, Georg Heinrich (Simmern) A. S. 265/14

Dissertatio iuridica de iudice procedente ex officio in processu civili. Präs. Justus Henning Böhmer. Rec. Halle (Gruner) 1719. 68 S.

Diss. 7. VII. 1712. 37367

Wurzaeus, Georg Heinrich (Simmern) A. S. 329/3

Dissertatio iuridica de iudice procedente ex officio in processu civili. Präs. Justus Henning Böhmer. Rec. Halle (Grunert) 1726. 68 S.

Diss. 7. VII. 1712. 37368

Wurzaeus, Georg Heinrich (Simmern) A. S. 15/1

Dissertatio iuridica de iudice procedente ex officio in processu civili. Präs. Justus Henning Böhmer. Rec. Halle (Grunert) 1732. 68 S.

Diss. 7. VII. 1712. 37369

Wurzaeus, Georg Heinrich (Simmern) A. S. 264/28

Dissertatio iuridica de iudice procedente ex officio in processu civili. Präs. Justus Henning Boehmer. Halle (Grunert) 1741. 68 S.

Diss. 7. VII. 1712. 37370

Wurzbach, A. v., Geschichte der holländischen Malerei, s. a. Wissen, das, der Gegenwart.

Wurzbach A v, Geschichte der holländ. Malerei. (Wissen d. Geg. 40) Leipzig 1885

Wurzbach, A., Alexander Herzen. 8°. Wien 1871.

Wurzbach, C. von- Joseph Haydn und sein Bruder Michael. Wien 1861.

Wurzbach, C. v., Die Fürsten und Grafen Kinsky. Biographisch-geneal. Studie. Mit 2 geneal. Tfln. Wien 1864. 8. S.-A.

—— s. Klassiker, die, der Malerei.

Wurzbach, Alfr. v., niederländisches Künstler-Lexikon. Auf Grund archival. Forschgn. bearb. Mit mehr als 8000 Monogrammen. (In etwa 14 Lfgn.) 1.—10. Lfg. (1. Bd. VIII, 778 S. u. 2. Bd. S. 1—128.) Lex.-8. Wien 904—906. Halm & Goldmann.
Subskr.-Pr. à n. 4.—; auf holländ. Büttenpap. à n. 6.— (1. Bd. vollst. n. 40.—; geb. in Halbfrz n. 44.—)

**Wurzbach, Alfr. v., niederländ. Künstler-Lexikon. Auf Grund archival. Forschungen bearb. Mit mehr als 8000 Monogrammen. 11.—20. Lfg. (2. Bd. 3.—12. Lfg.) (2. Bd. VI u. S. 129—910 u. Ergänzungsbd. S. 1—16.) Lex. 8. Wien 906—09. Halm & Goldmann.
Subskr.-Pr. à 4.—; auf holländ. Büttenpap. 6. — (Bd. I u. II 88.—; geb. in Halbfrz. 97. —; Luxusausg. 132.—; geb. in Ldr. 160. —)**

**— dasselbe. Mit nahezu 8000 Monogrammen. 3. Bd. Ergänzungsbd. 1. Lfg. (S. 17—96.) Lex. 8. Ebd. 910.
Subskr.-Pr. 4. —; auf holländ. Büttenpap. à 6. —**

Wurzbach, Alfr. v., die niederländischen Landschafts-, See-, Thier- u. Schlachten-Maler des XVII. Jahrh., s.: Kunst u. Künstler des Mittelalters u. der Neuzeit.

Wurzbach, A. v., Ferdinand Lassalle. kl.-8°. Wien u. Leipzig, Hartleben, 1871. (Zeitgenossen, 3. Heft.)

Wurzbach, Alfr. v., Laura. Eine Novelle in Versen. 1. und 2. Aufl. 16. (88 S.) Wien 873, Rosner. *

Wurzbach, Alfr. v., Lieder an eine Frau. 16. (111 S.) Stuttgart 881, Neff. *
geb. mit Goldschn. *

Wurzbach, Alfr. v., s.a. **Maler, die französischen, des 18. Jahrhunderts.**

Wurzbach A v, die französ. Maler des 18. Jahrh. (44 S 60 T) fol Stuttgart 1878

von Wurzbach, Alfred. Die französischen Maler des achtzehnten Jahrhunderts. Photographiedruck von M. Rommel. Stuttgart 1879. Fol.

von Wurzbach, A. Paulus Potter. (Dohme, Kunst und Künstler. Abth. 1, Bd. II.)

von Wurzbach, A. Jacob und Salomon Ruysdael. (Dohme, Kunst und Künstler. Abth. 1, Bd. II.)

—— Martin Schongauer. Eine krit. Untersuchung seines Lebens und seiner Werke, nebst einem chronolog. Verzeichnisse seiner Kupferstiche. gr. 8. (IV, 125 S.) Wien 880, Manz'sche Hofverlagsh. *

Wurzbach Ritter von Tannenberg Alfred:
1. Arnold Houbrakens Große Schouburgh der niederländischen Maler und Malerinnen.
2. Die niederländischen Landschafts-, See-, Tier- und Schlachtenmaler des 17. Jahrhunderts.
3. Die Klassiker der Malerei, die Meister der Niederländer und Spanier.
D: Leipzig 1876.
1879 I N 131 Diss.Wien, Univ. 1850

-- David Teniers der Jüngere, s.a.Kunst u. Künstler des Mittelalters u. der Neuzeit.

von Wurzbach, Al. David Teniers der Jüngere. (Dohme, Kunst und Künstler. Abth. 1, Bd. I.)

von Wurzbach, A. Adriaan, Esaias und Willem van de Velde. (Dohme, Kunst und Künstler. Abth. 1, Bd. II.)

Wurzbach, Alfred von. Carl Vogt (geb. 1817). Mit Portrait [Tafel]. 8. Wien, Fest, Leipzig 1871.
Zeitgenossen. Biographische Skizzen von A' von W'. Heft 2.

von Wurzbach, A. Jan Weenix. (Dohme, Kunst und Künstler. Abth. 1, Bd. II.)

Wurzbach, A. v., Roger van der Weyden. Ergänzter Separatabdruck aus dem niederländischen Künstlerlexikon. Gr.-8°. (73 S.) Wien: Halm & Goldmann 1909. K 7.20

— Roger van der Weyden. [Ergänzter Sep.-Abdr. aus: „Niederländ. Künstler-Lex."] (III, 74 S.) gr. 8. Ebd. 910. 6. —

—— Zeitgenossen. Biographische Skizzen. 1.—12. Heft. 16. Wien, Hartleben's Verlag. à Heft

Inhalt:
Heft 1. Ludwig Uhland. (96 S. mit Portr. in Holzschn.) 871.
" 2. Carl Vogt. (92 S. mit Portr. in Holzschn.) 871.
" 3. Ferd. Lasalle. (96 S. mit Portr. in Holzschn.) 871.
" 4. Alex. Dumas Sohn. (96 S. mit Portr. in Holzschn.) 871.
" 5. Gioach. Rossini. (96 S. mit Portr. in Holzschn.) 871.
" 6. Arthur Schopenhauer. (96 S. mit Portr. in Holzschn.) 871.
" 7. Alexander Herzen. (96 S. mit Portr. in Holzschn.) 871.
" 8. Karl Gutzkow. (96 S. mit Portr. in Holzschn.) 871.
" 9. Wilhelm v. Kaulbach. (96 S. mit Portr. in Holzschn.) 871.
" 10. Richard Wagner. (94 S. mit Portr. in Holzschn.) 871.
" 11. Bogumil Dawison. (90 S. mit Portr. in Holzschn.) 872.
" 12. Gräfin Ida Hahn-Hahn. (95 S. mit Portr. in Holzschn.) 872.

Wurzbach, Fritz, Beiträge zur Chronik Crimmitschaus. 1. Heftchen. Crimmitschau vor 100 Jahren. Mit 1 Stadtplane „Crimmitschau ums J. 1800". Eine Wiedergabe nach den Ratsakten. (46 S.) 8. Crimmitschau 903. R. Raab. — 60

Wurzbach, Johann. De impossibilitate unionis admonitio ... Leucopoli 1731. V: *Neumeister, Erdmann.* (schr)

Wurzbach, Just., die k. Baierische Handelsschule in Nürnberg, in ihrem wirklichen Bestande, mit Hinsicht auf Unterricht, Sittlichkeit u. häusl. Verpflegung rc. 2e Aufl. 4. Nürnb. 827. Schneider u. W. 4 ℊ

Wurzbach, Just., Vermächtniß an meine lieben Zöglinge u. Vademecum für alle Jünglinge, welche dem Kaufmannsstande sich widmen. 12. Nürnb. 828. Schneider u. W. 6 ℊ

Wurzbach, Constant, Beiträge zur Culturgeschichte Polens. 1. Bd. A. u. d. T.: Die Sprichwörter der Polen historisch erläutert, mit Hinblick auf die eigenthümlichsten der Litthauer, Ruthenen, Serben und Slovenen und verglichen mit ähnlichen andrer Nationen; mit beigefügten Originalen. Ein Beitrag zur Kenntniß slav. Culturzustände. 2., veränd. und verm. Ausg. br. 8. (XV und 358 S.) Wien 851(52,) Pfautsch und Voß.

Wurzbach, Constant, **Elemente der Geometrie, oder: Theoretische u. praktische Planimetrie. Mit 352 Figuren auf 19 Taf.** gr. 8. Lemberg 845, Winiarz. n. $1^1/_2$ ₰

Wurzbach (v. Tannenberg), Constant, das Elisabethen-Buch. Festalbum denkwürdiger Fürstinnen. Zur Vermählungsfeier Sr. Maj des Kaisers Franz Joseph I. von Oesterreich mit Elisabeth Eugenie Herzogin in Baiern. gr. 8. (VIII und 122 S. mit 1 Portr. in Stahlst.) Wien 854, Pfautsch und Voß. *

Wurzbach v. Tannenberg, Constant, Glimpf u. Schimpf in Spruch u. Wort. Sprach- u. sittengeschichtliche Aphorismen. Wien 864. Lechner. gr. 16. (VII, 197 S.) 1 ₰ 15 ngr

Wurzbach, Constant. v., Glimpf u. Schimpf in Spruch u. Wort. Sprach- u. sittengeschichtliche Aphorismen. 2., wohlf. Ausg. Wien 866. Lechner's Buchh. br. 8. (VII, 197 S.) 16 ngr

Wurzbach, Constant v., Franz Grillparzer. gr. 8. (64 S.) Wien 871, Hügel's Verlag. *

—— die Großherzoge von Toscana. Secundo-Genitur des Kaiserhauses Habsburg-Lothringen. gr. 8. (55 S. mit 1 Stammtaf.) Wien 883. (Salzburg, Dieter.) *
Aus: Biographisches Lexikon des Kaiserthums Oesterreich, besonders abgedruckt.

Wurzbach v. Tannenberg, Constant., Habsburg und Habsburg-Lothringen. Eine biblio-biographisch-genealogische Studie. gr. 8. (VIII und 505 S. mit 3 Wappentaf., wovon 2 in Holzschn., 14 genealog. und andern Taf. in gr. 8., qu. gr. 4. und qu. Fol.) Wien 861, (Lechner's Universitäts-Buchh.)

Hausschatz, Der große österreichische —. Eine Nationalbibliothek für alle Stände. 4te Lieferung. Zweiter Band. Auch unter dem besondern Titel: Biographisches Lexikon des Kaiserthums Oesterreich, enthaltend die Lebensskizzen der denkwürdigen Personen, welche von 1750 bis 1850 im Kaiserstaate und in seinen Kronländern gelebt haben. Von Dr. Constant v. Wurzbach. I. Theil. 1te Lieferung. (Abel, Josef.— Axmann Josef.) Wien, 1856. Druck und Verlag von L. C. Zamarski. (XIV. S. 1—96. 8.) (Vgl. 3694/1855.)

—— Joseph Haydn, s. Haydn, Joseph.

Wurzbach, Const. v., Feldmarschall Erzherzog Carl, s. Helden, unsere.

—— die Kirchen der Stadt Krakau. Eine Monographie zur Geschichte und Kirchengeschichte des einstigen Königr. Polen. gr. 8. (XII und 402 S.) Wien 853, Mechitaristen-Congregations-Buchhandlung.

—— biographisches Lexikon des Kaiserth. Oesterreich, s.a. Hausschatz, der große österreichische.

—— biographisches Lexikon des Kaiserth. Oesterreich, enthaltend: die Lebensskizzen der denkwürdigsten Personen, welche seit 1750 in den österreichischen Kronländern geboren wurden oder darin gelebt und gewirkt haben. Mit genealog. und geschichtl. Tafeln. Mit Unterstützung des Autors durch die kaiserl. Akademie der Wissenschaften. 1—7. Bd. gr. 8. (... S.) Wien 857—61, Hof- und Staatsdruckerei. [1—5. Bd. à 1 Thlr. 10 Ngr., 6. und 7. Bd. à 2 Thlr.]

—— biographisches Lexikon des Kaiserth. Oesterreich, enth. die Lebensskizzen der denkwürd. Personen, welche seit 1750 in den österreich. Kronländern geboren wurden oder darin gelebt und gewirkt haben. 8.—18 Thl. [H—M.] gr. 8. (498, 514, VI und 504, VI und 458, 501, XXII und 504, 524, 484, 496, 493, IV und 492 S., mit 53 genealog. Taf., in 4. und qu. Fol.) Wien 862—68. k. k. Hof- und Staatsdruckerei. a Bd. ** 2 Thlr. 5 Ngr. **
1.—5. Bd. Ebendas. 1857—59. à Bd. ** 1 Thlr. 15 Ngr.; 6. und 7. Bd. 1860—61 à Bd. ** 2 Thlr. 5 Ngr.

—— biografisches Lexikon des Kaiserth. Oesterreich, enth. die Lebensskizzen der denkwürd. Personen, welche seit 1750 in den österreich. Kronländern geboren wurden oder darin gelebt und gewirkt haben. 19.—30. Thl. Moll — Schmuzer. gr. 8. (IV, 518; 502; 510; 512; 404; 434; 426; VI, 419; 374; V, 396; 362; IV, 370 S., mit genealog. Taf. in 8. und qu. 4.) Wien 868—75, k. k. Hof- und Staatsdruckerei. 19.—21. Thl. à (*ℳ 6.] * 22.—30. Thl. à *
1.—30. Thl. 1857—75. (*ℳ 175,50.) *ℳ 48.

Wurzbach, Const. v., biographisches Lexikon des Kaiserthums Oesterreich, enth. die Lebensskizzen der denkwürd. Personen, welche seit 1750 in den österreich. Kronländern geboren wurden oder darin gelebt und gewirkt haben. Mit Unterstützung des Autors durch die kaiserl. Akademie der Wissenschaften. 31.—39. Thl.: Schnabel. — Streel. gr. 8. (XX, 368; 397; III, 362; 374; IV, 364; 336; 346; 369; 385 S. mit genealog. Taf. in 8. und qu. 4.) Wien 876—79, k. k. Hof- und Staatsdruckerei. à Thl. *ℳ 6. *
1.—30. Thl. Ebendas. 1857—75. à Thl. *ℳ 6.

—— biographisches Lexikon des Kaiserth. Oesterreich, enthaltend die Lebensskizzen der denkwürd. Personen, welche seit 1750 in den österreich. Kronländern geboren wurden oder darin gelebt und gewirkt haben. Mit Unterstützung des Autors durch die kaiserl. Akademie der Wissenschaften. 40.—50. Thl. gr. 8. (368; V, 314; V, 330; 301; 327; V, 287; 309; 291; 319; VI, 326; 320 S. mit genealog. Taf. in 8. und qu. 4.) Wien 880—84, Hof- und Staatsdruckerei. à Thl. *ℳ 6. *
1.—39. Thl. Ebendas. 1857—79. à Thl. *ℳ 6.

Wurzbach, Const. v., biographisches Lexikon des Kaiserthums Oesterreich, enthaltend die Lebensskizzen der denkwürd. Personen, welche seit 1750 in den österreich. Kronländern geboren wurden oder darin gelebt und gewirkt haben. Mit Unterstützung des Autors durch die kaiserl. Akademie der Wissenschaften. 51.—56. Thl. gr. 8. Wien, Hof- und Staatsdruckerei. à Thl. *ℳ 6.—. *

Inhalt:
Thl. 51. Billata — Brbna. (338 S. mit 4 genealog. Taf.) 885.
" 52. Brčevic — Wallner. (314 S. mit 8 genealog. Taf.) 885.
" 53. Wallnöfer — Weigelsperg. (319 S. mit 4 genealog. Taf.) 886.
" 54. Weil — Weninger. (312 S. mit 11 genealog. Taf.) 887.
" 55. Weninger — Wied. (VI, 312 S. mit 7 genealog. Taf.) 887.
" 56. Wiedemann — Windisch. (316 S. mit 8 genealog. Taf.) 888.
1.—50. Thl. Ebendas. 1857—1884. à *ℳ 6.—.

Wurzbach, Constant. v. Biographisches Lexikon d. Kaiserth. Oesterreich, enth. die Lebensskizzen der denkwürd. Personen, welche seit 1750 in den österreich. Kronländern geboren wurden od. darin gelebt u. gewirkt haben. Mit Unterstützg. d. Autors durch die kaiserl. Akademie der Wiss. 57.—60. (Schluß-)Thl. gr. 8. Wien, Hof- u. Staatsdruckerei. à Thl. * 6 —; * 24 —
57. Windisch-Grätz — Wolf. Mit 4 genealog. Taf. (316 S.) 889.
58. Wolf — Wurmbrand. (342 S. m. 14 genealog. Taf.) 890.
59. Wurmser — Zhuber. (400 S. m. 12 genealog. Taf.) 890.
60. Zichy — Zyka. (XXXIX, 383 S. m. 8 genealog. Taf.) 892.
1.—56. Tl. Ebd. 1857—88. à * 6 —; compl. * 360 —.

Wurzbach, Const. v., ein Madonnen-Maler unserer Zeit. [Eduard Steinle.] Biographische Studie. Mit 2 (phototyp.) Kunstbeilagen. gr. 8. (VIII, 172 S.) Wien 879. Manz. n. 6. —

—— Mozart-Buch. 8. (IX, 304 S.) Wien 869, Wallishauser'sche Buchh. *

—— das Schiller-Buch. Festgabe zur ersten Säcular-Feier von Schiller's Geburt 1859. Imp.-4. (XXIV und 324 S. mit 40 Kpfr.-, Stn.- und Holzschnt., zum Theil in Ton- und Farbendr., und Photo-Autographen.) Wien 859, (Gerold's Sohn.) *

Wurzbach, C. v., Die Herren und Grafen von Stubenberg; geneal.-biograph. Studie. Mit Portr. u. 3 Stammtfln. Wien 1879. 8. S.-A.

—— publizistische und parlamentarische Studien, s. Studien.

Wurzbach (v. Tannenberg), Constant, bibliographisch-statistische Uebersicht der Literatur des österreichischen Kaiserstaates vom 1. Jänner bis 31. Decbr. 1853. Erster Bericht erstattet im h. Auftrage Sr. Exc. des Hrn. Ministers des Innern Alex. Frhrn. v. Bach. 2., verm. Aufl. Lex.-8. (VIII und 214 S. mit 42 Tab.) Wien 856, Manz. Thlr. *

—— bibliographisch-statistische Uebersicht der Literatur des oesterreich. Kaiserthumes vom 1. Jänner bis 31. Decbr. 1854. Zweiter Bericht, erstattet im h. Auftrage Sr. Excellenz des Hrn. Minister des Innern Alex. Frhr. v. Bach. gr. 8. (... S. mit 57 Tab.) Wien 856, Hof- und Staatsdruckerei. *

—— dass. — vom 1. Jänner bis 31. Decbr. 1854. Zweiter Bericht erstattet im h. Auftrage Sr. Exc. des Hrn Ministers des Innern Alex. Frhrn. v. Bach. Lex.-8. (XXIII und 686 S. mit 57 Tab.) Wien 856, Hof- und Staatsdruckerei. (Pfautsch und Voss.) *

—— dass. — vom 1. Jänner bis 31. Decbr. 1855. Dritter Bericht etc. 2 Bde. gr. 8. (... S. mit 83 Tab. und Repertorium.) Ebendas. 857. *

— siehe: Von einer verschollenen Königstadt.

Wurzbach v. Tannenberg, Constant., historische Wörter, Sprichwörter u. Redensarten. Gesammelt, erläutert u. herausg. Prag 863. Kober. (Hamburg, Richter.) 8. (367 S.) n. 1 ₰ 10 ngr.

—— historische Wörter, Sprichwörter und Redensarten. 1. Aufl. 4 Hefte. Prag 1862,63 und 2., verm. und verb. Aufl. 8. (XVI und 428 S.) Hamburg 866. J. F. Richter. *

Wurzbach, Wolfg. v., Gottfried August Bürger. Sein Leben u. seine Werke. gr. 8. (VIII, 382 S. m. 42 Abbildgn.) Leipzig 900. Dieterich. n. 7. —; geb. in Leinw. n. 8.50

— Uffo Horn, s. a. Sammlung gemeinnütziger Vorträge.

Wurzbach, Wolfgang von: Uffo Horn; Gellert im Karlsbade. Prag '01. (Dt. Dichtg u. Kunst 1.) (Sammlg gemeinnütz. Vortr. 268/69.)

— Josef Kriehuber. Katalog der v. ihm lithografirten Portraits. gr. 8. (XVIII, 307 S. m. 1 Bildnis.) München 902. H. Helbing. Geb. in Leinw. n. 20. —

— Lope de Vega u. seine Komödien. gr. 8. (III, 262 S. m. 1 Portr.) Leipzig 899. Dr. Seele & Co. n. 4. —; erhöht. Pr. n. 6. —

Wurzbach, Wolfg. v., s.: Villon, Maistre François, Werke.

Wurzberger, Anna, Verhütung der Schwangerschaft. Ratschläge. gr. 8. (31 S. m. Bildnis. u. 1 Fig.) Leipzig (901). (W. Besser.) n. — 60

Würzburg [Schlagwort]

— s. a.: Deutschland. Karte (Abt. Bayern). Kürschner-Peip. — Europa. Generalkarte. Liebenow. — Radfahrerkarten. Strassenprofilkarte.

— s. a. Westentaschen-Sammlung.

Würzburg-Eisenach, s.: Automobilkarten. Automobil-Tourenkarte.

Würzburg-Hof, s.: Automobilkarten. Mittelbach.

Würzburg-Ingolstadt, s.: Automobilkarten. Automobil-Tourenkarte.

Würzburg-Stuttgart, s.: Automobilkarten. Automobil-Tourenkarte.

Würzburg. Ausflugskarte f. Würzburgs Umgebung. 1 : 200,000. Farbendr. gr. Fol. Würzburg 890. Stuber's Verl. n. 1. 20; auf Leinw.-Pap. gedr. n. 1. 60

Würzburg. Ausflugskarte f. Würzburgs Umgebung. 1 : 200,000. Neue Ausg. 1893. 48×41 cm. Farbendr. Nebst Wandergn., genau nach den Richtgn. u. zusammenhäng. Strecken geordnet. 8. (6 S.) Würzburg, Ballhorn & Cramer. n. 1. 20; auf Leinw. n. 1. 60

Würzburg. Ausflugs-Karte für Würzburgs Umgebung. 1 : 200,000. (2. Aufl.) 43×42 cm. Farbdr. Würzburg (908). A. Herzer. 1.—; auf Leinw.-Pap. 1. 20

Würzburg. Beckmann-Plan, neuester, v. Würzburg. 1 : 7,500. 43,5×52,5 cm. Farbdr. Mit Strassenverzeichnis am Fusse u. an der Seite. Stuttgart (906). W. Seifert. n. — 50

— Beckmann-Plan, neuester Plan v. Würzburg in 5 farb. Ausführg. m. Strassenverzeichnis. 1 : 7,500. (Neudr.) 43×52 cm. Stuttgart (910). W. Seifert. — 50

— Bonn, Otto, Plan der kgl. Kreishaupt- u. Universitätsstadt Würzburg m. dem Stadterweiterungs-Gebiet. Stand nach dem J. 1894. Nach amtl. Materialien bearb. 1 : 5000. 79,5×121,5 cm. Farbendr. Würzburg 894. Ballhorn & Cramer. n.n. 5. —; m. polierten Stäben n.n. 6. —

Würzburg und Bamberg — Charte zur geographischen Darstellung der Eintheilung der churpfalzbaierisch-fränkischen Fürstenthumer, in Landgerichts- und Rentamts-Bezirke, mit hoher Genehmigung etc. herausgegeben von A. F. Klebe Professor der Statistik zu Würzburg 1805. Auf Stein gestochen und gedruckt bey F. Johannot in Offenbach a. M. 1 : 140,000. 2 Bl.

Würzburg — Milit. topogr. Karte des vormaligen Grossherzogthums — 6 Sectionen aus der M. T. Karte von Deutschland. Weimar im Verlage des geograph. Institituts 1817. 1 : 180,000. 1 Bl.

Würzburg — Charte von dem Grossherzogthum — nebst dem Fürstenthum Schwarzenberg, den Grafschaften Castel und Limburg-Speckfeld, der Herrschaft Wiesentheid etc. Nach verschiedenen Hülfsmitteln neu entworfen und gezeichnet von C. F. Hammer, Major. Nürnberg bei Homanns Erben 1810. 1 : 250,000. 1 Bl.

— Pharus-Plan v. Würzburg. (Mit Verzeichnis der Strassen, Plätze u. Brücken am Rande.) 1 : 9000. 37×47,5 cm. Farbdr. Berlin (910). Würzburg, F. Freudenberger. — 60

— Plan, neuester, der Kreishaupt- u. Universitätsstadt Würzburg. Auf Grund amtl. Aufnahmen. 1 : 7500. Chromolith. qu. gr. Fol. Mit Strassenverzeichniss. 8. (4 S.) Würzburg 889. Hertz. n. 1. 20; auf Leinw. n. 1. 80

Würzburg. Plan, neuester, der Kreishaupt- u. Universitätsstadt Würzburg. Auf Grund amtl. Aufnahmen. 1 : 7500. 5. verb. Aufl. 44,5×60 cm. Farbdr. Nebst Strassenverzeichnis etc. 8. (4 S.) Würzburg (901). E. Bauer. n. — 50

— Plan, neuester, der Kreishaupt- u. Universitätsstadt Würzburg. (Umschlag: Taschenplan. 6. verb. Aufl.) Auf Grund amtl. Aufnahmen. 1 : 7,500. 44×57 cm. Farbdr. Nebst: Alphabetisches Verzeichnis der Strassen, Plätze, öffentl. Gebäude etc. in Würzburg. (4 S.) kl. 8. Würzburg (904). E. Bauer. n. — 50

Würceburgensis — Nova et Accuratior Repraesentatio Geographica Sacr. Rom. Imperii Episcopatus — Franciae Orientalis Ducatus cum omnibus suis Praefecturis etc. Studio et impensis Matth. Seutteri. Aug. Vind. 1741. 1 : 360,000. 1 Bl.

Würzburg. Stahel's neuester Taschenplan v. Würzburg. Ein farb. Plan z. Orientirg. f. d. Fremden. 17,5×21,5 cm. Mit Wegweiser am Rande. Würzburg 895. Stahel's Verlagsanstalt. n. — 20

— Taschenplan, neuester, der Kreishaupt- u. Universitätsstadt Würzburg. Auf Grund amtl. Aufnahmen. 1 : 7500. Ausg. 1893. 44×57 cm. Farbendr. Mit Strassenverzeichnis. 8. (4 S.) Würzburg 893. E. Bauer. n. 1. 20; auf Leinw. n. 1. 80

— Umgebungskarte, neueste, v. Würzburg. 1 : 100,000. Farbendr. 38×89 cm. Mit Verzeichnis der Spaziergänge u. Ausflüge. 8. (4 S.) Würzburg 893. E. Bauer. n. 1. 20; auf Leinw. in Futteral n. 2. —

Würtzburg — Accurate Vorstellung der H. F. Residenz- und Haupt-Stadt — des Herzogthums Franken, wie solche unter Höchst Rühmlicher Regierung des jetzigen H. Fürsten und Herrn Joh. Phil. Franz Gr. v. Schönborn mit vielen neuerbauten herrlichen Palästen und Gebäuden vermehret worden. In Kupfer herausgegeben von J. B. Homann. A. 1725 in Nurnberg. Ohne M. 1 Bl.

Würzburg [Sachliches OW]

Würzburg — Das Bisthum — in Franken. J, H. S. delineavit. H. J. Schollenberg sc. Joh. Hoffmann excudit. Nürnberg 1670? 1 : 360,000 circa. 1 Bl.

Würzburg, insbesondere seine Einrichtungen f. Gesundheitspflege u. Unterricht. Fest-Schrift, gewidmet der 18. Versammlg. d. deutschen Vereins f. öffentl. Gesundheitspflege. Hrsg. im Auftrag u. auf Kosten der Stadt vom hygien. Vereine Würzburg unter Redact. v. K. B. Lehmann u. Jul. Röder. Lex.-8. (IX, 378 S. m. Abbildgn. u. 16 Taf.) Wiesb. 892, Bergmann. * 12 —

Würzburg, insbesond. s. Einrichtungen f. Gesundheitspflege u. Unterricht. Fest-Schrift gewidmet der 18. Versammlung d. deutschen Vereins f. öffentl. Gesundheitspflege. Hrsg. im Auftr. u. auf Kosten d. Stadt v. Hygien. Vereine Würzburg unter Red. von Prof. Dr. K[arl] B[ernhard] Lehmann, Vorst., u. Dr. Julius Röder, Bezirksarzt. Würzburg 1892: H. Stürtz. (IX, 378 S.) 4°(8°) [07. 14856

Würzburg — das Fürstenthum — aufgenommen und gezeichnet von C. J. Freyherrn von Fackenhofen (ohne Titel.) 1 : 22,500 circa. 4 Bl.

Würzburg — Das Fürstenthum — aufgenommen und herausgegeben von C. J. Freyherrn von Fackenhofen, Major in Churbayerischen Diensten 1804. Stumpf sc. 1 : 155,000. 4 Bl.

Würzburg u. seine Umgebung, s.: Miniatur-Bibliothek.

Würzburg mit seinen Umgebungen, eine Skizze. 8. Leipz. 805. Joachim. 16 gr.

—— als Wohnsitz. Hrsg. vom Hausbesitzer-Verein Würzburg. 8. (16 S. m. Plan.) Würzb. 890, (Stuber's Verlag). * — 20

Würzburg [Verfasser]

Würzburg, Arth., s.: Encyklopädie d. Therapie.

Würzburg, Arthur (geb. Stettin 30. 7. 1853): Zur Entwicklungs-Geschichte des Säugethier-Auges. Wiesbaden (1876). (35 S.) 8° ¶ Aus: Archiv f. Augen- u. Ohrenheilkunde Bd 5. 1876.
Berlin, Med. Diss. v. 8. Aug. 1876

Würzburg, Arth., die Nahrungsmittel-Gesetzgebung im Deutschen Reiche u. in den einzelnen Bundesstaaten, s.a. Bibliothek f. Nahrungsmittel-Chemiker.

WURZBURG, ARTHUR.
Die Nahrungsmittel-Gesetzgebung im Deutschen Reiche und in den einzelnen Bundesstaaten. Leipzig, 1894. 8vo.
Bibliothek für Nahrungsmittel-Chemiker, Vol. 1.

Würzburg, Konrad

Würzburg, Conrad von, die goldne Schmiede, s.a. Grimm, W. C.

v. **Würzburg, Conrad, die goldene Schmiede; aus Gothaischen Handschriften herausg. u. erklärt von Wlh. K. Grimm. gr. 8. Frankf. 816. Körner. 12 ℋ**

Würzburg, Ludw., Arkanum. Eine Geschichte aus der Rokokozeit. 8. (355 S.) Berlin 893. O. Janke. n. 5. —

Katalog der reichhaltigen Kunst-Sammlung des Herrn **Ludwig Würzburg** in Wandsbeck ... Anschliessend mehrere kleinere Nachlässe u. Sammlungen ... Versteig. zu Köln durch M. Heberle. *Koln 1901: M. DuMont Schauberg.* (88 S.) 4° [01. 1188. 5

Würzburg, Ludw., der Unbezwingliche. Historisches Genrebild. 3 Bde. 8. (219, 191 u. 218 S.) Berlin 900. O. Janke. n. 10. —

Würzburger, Abr. Mich. (geb. Buchum 1805): Quaedam de raucedine. Berolini (1829). (32 S.) 8°
Berlin, Med. Diss. v. 30. Juli 1829

Würzburger, Adolf [app. Arzt aus Rappenau]: Über die supravaginale Uterusamputation bei Uterusmyomen ... Heidelberg, Univ.-Buchdr. v. J. Hörning, 1892; 79 S., 1 Taf. 8.
Heidelberg, Med. Fak., Inaug.-Diss. v. [26. Febr.] 1892

Würzburger, Adolf, approb. Arzt aus Karlsruhe: Ueber die Wirkung von Milch und Seife als Mucilaginosa auf den motorischen und sensibeln Nerven. *München 1903: C. Wolf & Sohn.* (28 S.) 8°
München, Med. Diss. v. 1903

Würzburger, Eug., die Bearbeitg. der Statistik der Bevölkerungsbewegung durch die statistischen Ämter im Deutschen Reiche, s.a. Archiv, allgemeines statistisches. 7. Bd.

Die Bearbeitung der Statistik der Bevölkerungsbewegung durch die Statistischen Ämter im Deutschen Reiche. Von Dr. Eugen **Würzburger.** Tübingen: Laupp 1900. XXI, 77 S. 8°
(Allgemeines statistisches Archiv. Bd 6, Erg H.) [09. 1160]

Würzburger, E., s. Zeitschrift d. k. sächs. statist. Landesamts.

— s.: Zentralblatt, deutsches statistisches.

Würzburger, Geo., Glückwunsch-Büchlein f. kleine u. große Kinder. Enth. eine Auswahl kindl. Wünsche f. Neujahr, Weihnachten, Geburts- u. Namensfeste, Hochzeiten u. sonst. Gelegenheiten, sowie e. Anh. v. Declamationen, welche bei verschiedenen Anlässen benützt werden können. Unter Mitwirkg. der Dichter: Studienrect. Behringer, Frl. Anna Dollinger, Frau Emmy Giehrl u. a. 1. Abth. 12. Wien 890. Verlag „St. Norbertus". n. — 60
Weihnachts- u. Neujahrs-Grüße. (VIII, 56 S.)

Würzburger, Geo., Glückwunsch-Büchlein f. kleine u. große Kinder. Enth. e. Auswahl kindl. Wünsche f. Neujahr, Weihnachten, Geburts- u. Namensfeste, Hochzeiten u. sonst. Gelegenheiten, sowie e. Anh. v. Declamationen, welche bei verschiedenen Anläßen benützt werden können. Unter freundl. Mitwirkg. der Dichter: Behringer, Frl. Anna Dollinger, Frau Emmy Giehrl u. a. 12. (VIII, 271 S.) Wien 891. Verlag St. Norbertus. Kart. n. 1. 50; geb. n. 2. —

Würzburger, Geo., Glückwunsch-Büchlein f. kleine u. große Kinder. Enth. e. Auswahl kindl. Wünsche f. Neujahr, Weihnachten, Geburts- u. Namensfeste, Hochzeiten u. sonst. Gelegenheiten, m. e. Anh. v. Declamationen, welche bei verschiedenen Anläßen benützt werden können. Hrsg. unter Mitwirkg. von Behringer, Frl. Anna Dollinger, Frau Emmy Giehrl ec. 3., durchgeseh. Aufl. 12. (XVI, 288 S.) Wien 902. St. Norbertus. Kart. n. 1. 50; geb. in Leinw. n. 2. —

Würzburger, Julius (ed.) Abraham Lincoln; sein Leben u seine öffentlichen Dienste. Von P. A. Hanaford, frei bearb v Julius Würzburger. NY, c. 1865.

Würzburger, Jul., Abraham Lincoln. Sein Leben und seine öffentlichen Dienste. Nach dem Engl. von P. A. Hanaford frei bearb. gr. 8. (189 S. mit eingedr. Holzschn. und 1 Stahlst.) New-York 868. (Philadelphia, Schäfer und Koradi.) geb. *

Wuerzburger, Julius [Übers.]
s. Plouvier, Edouard: Erzahlungen für Regentage. 1854.

Würzburger, Jul., das Recht des strafrechtlichen Notstandes vor u. nach dem Inkrafttreten des bürgerl. Gesetzbuches, s.a. Abhandlungen, strafrechtl. 48. Hft.

Würzburger, Julius, aus Bayreuth: Das Recht des strafrechtlichen Notstandes vor und nach dem Inkrafttreten des Bürgerlichen Gesetzbuches. (Kap. 2.) (Umschlagt.: Das Recht d. strafrechtl. Notstandes nach d. Bürgerl. Gesetzbuche u. sein Einfluß auf d. Strafrecht.) *Breslau: Schletter 1903.* (S. 69—139.) 8° ¶ [Erschien vollst. 1903 als: Strafrechtl. Abhandl., H. 48.]
Würzburg, Jur. Diss. v. 1903

Das Recht des strafrechtlichen Notstandes vor und nach dem Inkrafttreten des Bürgerlichen Gesetzbuches. Von Julius **Würzburger.** *Breslau: Schletter 1903.* (139 S.) 8°
— Abhandlungen, Strafrechtliche. H. 48. [03. 9091 4

Würzburger, Julius [app. Arzt aus Riesbach]: Wie steht es mit den Pausen zwischen Geburten bei Stillenden und bei Nichtstillenden? ... Kaufbeuren, Buchdr. v. J. B. Dorn. 1890; 23 S. 8°
München, Med. Fak., Inaug.-Diss. v. 1890

Würzburger-Adresse, die, mit Noten v. e. Altbayern. gr. 8. (1 B.) München 831, (Finsterlin.)

Würze, geistliche, zu dem Unterrichte in den Realien und zu den Arbeiten in Gottes herrlicher Natur. Ein Handbuch für jene, welche sich mit dem Unterrichte, oder dem Studium der oben genannten Wissenschaften befassen. 8. (III, 110 S.) Oedenburg 881, (Schwarz.)

Wurzel, Tiyman's Leiden u. Freuden. Scene aus dem Gärtnerleben. Dramat. Kohlgemüse m. Couplet-Salat in 1 Akt. Musik von v. Weber. (15 S.) 8. Berlin 900. Verlagsbuchh. des allgem. deutschen Gärtnervereins. — 50
Sonderabdruck aus: „Des Gärtners Liederbuch", 1876.

Wurzel, Isidor, aus Berlin, Referendar am kgl. Amtsgericht I Berlin: Die **Rechtswirkungen** der Zuwiderhandlung gegen die gesetzlichen, richterlichen und die durch Rechtsgeschäft begründeten Veräusserungsverbote nach gemeinem Recht und Bürgerlichem Gesetzbuch. *Berlin 1901: J. S. Preuss.* (97 S.) 8°
Erlangen, Jur. Diss. v. 31. März 1901

Wurzel, Karl Geo., das juristische Denken. Studie. (VII, 102 S.) gr. 8. Wien 904. M. Perles. n. 2. —
Sonderabdruck aus: „Oest. Zentralbl. f. d. jurist. Praxis".

WURZEL, P.
Chemie; landwirthschaftliches Unterrichtsbuch. Zweite umgearbeitete Auflage. Berlin, 1894. 8vo.

Wurzel, P. J.: Chemie. Von P. J. Wurzel, Dir. in Saarlouis. 3., verm. Aufl. Berlin: P. Parey 1900. (VIII, 143 S.) 8°
(Unterrichtsbücher, Landwirtschaftliche. [10.])

Wurzelbau, J. Ph. v.: Uranies Noricae basis astronomica. Norimbergae 1719. fol.

Wurzelbau, Martin Benedikt von (Nürnberg)
A. S. 162/9

Dissertatio juridica inauguralis de quasi confessione.
Präs. Michael Grass.
Tübingen (Reis) 10. VI. 1719. 35 S.

Gew.: Stadt Nürnberg. 37371

Wurzelbaum, Joh. Phil. v., Opera geographico-astronomica. fol. Nürnb. Monath. 729.

— Stabilimentum astronom. et geograph. fol. ibid. 713.

Wurzellaus, die, des Weinstockes [Phylloxera vastatrix]. Kurzgefaßte Instruktionsschrift zum Gebrauche für die Local-Commissionen. Hrsg. im Auftrage des kgl. preuß. Ministeriums für Landwirthschaft, Domänen und Forsten. 8. (23 S. mit 12 eingedr. Holzschn. und 1 chromolithogr. Taf.) Berlin 880, [Wiegandt, Hempel und Parey.] Parey. *

Wurzelmann, Marcus. Synthese des 3'-Oxy-α-Naphtoflavonols. Diss. Phil. Bern. 32 S. 8. Bern, W. Wälchli, 1907.

Der Wurzelschimmel der Reben. Bayreuth [1880]: Burger. 7 S. -- UB Brünn*

Wurzen [Schlagwort]

Wurzen, s.: Deutschland. Kürschner-Pelp.

Wurzen, s.: Geologische Karten. Spezialkarte. (Sachsen.)

Wurzen, s.: Sachsen. Karte. Messtischblätter.

Wurzen. Naumann, Hugo, Plan der Stadt Wurzen. Auf Grund authent. Kartenmaterials bearb. u. gezeichnet. 1 : 4000. 56 × 56 cm. Lith. Wurzen (888). (C. Kiesler.) n. 1. —

Wurzen-Altenbach [Schlagwort]

Wurzen-Altenbach, s.: Geologische Karten. Karte. (Sachsen.)

Wurzer, Hauptm., das kleine Buch von der deutschen Flotte. 8. (35 S.) Varel 874, Bültmann und Gerriets Nachf.

Wurzer, die Invaliden-Beneficien für die Mannschaften des deutschen Reichsheeres und der kaiserl. Marine sowie die Bewilligungen für die Hinterbliebenen nach dem Reichsgesetze vom 27. Juni 1871. Anmeldung der Ansprüche, Prüfung derselben und Geschäftsgang bei den Behörden. Nach amtl. Quellen für Militair- und Civilbehörden, für Militair- und Civilärzte, sowie für Soldaten, Reservisten, Landwehrleute und Hinterbliebene, welche glauben, Ansprüche auf Invaliden-Beneficien und Bewilligungen zu haben, und für bereits anerkannte Invaliden zur Benutzung des Civilversorgungsscheines. gr. 8. (XII, 146 S.) Bonn 872, Marcus. *

—— Katechismus für den deutschen Militärpflichtigen oder was hat jeder Deutsche beim Eintritt in das militärpflicht. Alter zu beobachten? Nach amtl. Quellen bearb. 8. (48 S.) [Mainz 878.] Leipzig, Lesimple's Verlag. * 50 Pf.; cart. *

Wurzer, Vermischte Nachrichten (uber stinkenden Nebel). (Aus: Archiv für Chemie und Meteorologie. Bd. 2, H. 3.)

—— der Reservist und Landwehrmann aller Waffen des norddeutschen Bundesheeres oder die Dienstverhältnisse der Mannschaften des Beurlaubtenstandes nach der durch das Gesetz vom 9. Novbr. 1867 einzuführ. 12jähr. Dienstzeit. Für die Reservisten und Landwehrleute zusammengestellt. 8. (15 S.) Oberhausen 869, Spaarmann.

—— der Reservist, Landwehrmann und Ersatzreservist des deutschen Reichsheeres nach dem neuen Reichs-Militär-Gesetz vom 2. Mai 1874. 8. (14 S.) Mainz 874, v. Zabern. *

Wurzer, Balduin, († 1809.) Einleitung in die allgemeine Geschichte alter u. neuer Zeiten. Mit Karten. 4 Bde. Frankf. 776. Garve. 1 ℔ 12 ℊ

— Philosophia regularis, sive systema problematicum de Philosophia in asceteriis regularibus tradenda. 8maj. Regensb. 769. Montag u. W. 10 ℊ

— Prodromus isagogicus, historico-critico-literarius in theologiam regularem eclecticam, cui subjecta sunt corollaria theologica. 4. Regensb. 773. Montag u. W. 12 ℊ

— specimen theologiae moralis christianae, methodo acroamatica elucubratum. 8maj. Ingolst. 775.

— Diss. II. de statu religionis in Bavaria ab exordio praetensae reformationis ad nostra usque tempora. 4. Ingolst. 776, 77.

Wurzer, F. J. R.: De alcohole. Marburgi Cattorum. 1826.

Wurzer, Ritter Fd., zwei Abhandlungen 2c., s. Schriften der Gesellschaft zur Beförderung der gesammten Naturwissensch. zu Marburg. II. 5.

Wurzer, Ferd., chemische Analyse wesentl. verschieb. Harnsteine 2c. — Wer gab d. erste Idee zu einer aerostat. Maschine an?, s. a. Schriften d. Gesellsch. z. Beförderung d. ges. Naturwissensch., 2. Bd. 5. Hft.

— Analyse verschiedener Harnsteine. — Wer gab d. erste Idee zu einer aerostat. Maschine an? Cassel 829. Krieger. 2 ℊ (Auch u. d. T.: Schriften d. Gesellsch. zur Beförder. d. Naturkunde zu Marburg. 2r Bd. 5s Hft.)

— Analysis chemica Calculi renalis equini. 4. Marb. 813. Krieger. 3 ℊ

Wurzer, Beleuchtung der unter dem Titel: Praktische Anleitung, sehr gute Mittelweine selbst aus unreifen Trauben und vortrefflichen Nachwein aus den Trestern zu erzielen 2c. von Dr. Ludw. Gall, Trier 1854, erschienenen Schrift. 12. (51 S.) Coblenz 855, Hölscher's Verlag.

— Bemerk. üb. d. Branntwein, in polit. technolog. und medicin. Hinsicht, m. K. 8. Cöln, Kaufmann. (Fabricius.) 804. — 14

— Bemerkungen über d. Branntwein, in polit., technolog. u. medicin. Hinsicht. Mit 2 Kpf. 8. Cölln 804. (Rommmerskirchen.) 14 ℊ

s. Bericht an d. Nationalinstitut von Frankreich.

— Beschreib. der Heilquellen in Hofgeismar in Kurhessen. 8. Leipz. 816. Barth. 7 ℊ

— physikal.-chem. Beschreib. der Mineralquelle zu Godesheim bei Bonn. 8. Bonn 790.

— physikal.-chem. Beschreib. der Schwefelquellen zu Nenndorf, nebst vorangeschickten Bemerkk. über die Zerlegung der Mineralwasser im Allgemeinen. (A. u. d. T.: Analyse der Schwefelquellen zu Nenndorf.) Mit 1 Karte u. Kpf. gr. 8. Cassel u. Marb. 815. Krieger. 16 ℊ

s. Chaptal, Kunst Flecke auszumachen.

— etwas über die Rumfordschen Suppen. Mit 1 Kpf. gr. 8. Cöln 802. Haas. 6 ℊ

Wurzer, F.: „Gedanken über die in Deutschland herrschende Theurung, nebst Vorschlägen, dieselbe künftig abzuwenden", Leipzig 1805. — Vorh.: Com. Bibl. Hamburg.

— Gedanken, über die in Deutschland herrschende Theuerung, nebst Vorschlägen, dieselbe künftig abzuwenden. gr. 8. Leipz. 806. Barth. 4 ℊ

Ueber das Gemeinnützige der chemischen Kenntnisse. Marburg, 1805. 8vo.

— Grundriß d. Arzneimittellehre für Aerzte u. Wundärzte zum Gebrauch akadem. Vorlesungen. gr. 8. Leipz. 808. Barth. 1 ß

— chem. Grundſ. üb. d. Kunst Flecken auszumachen, s. M. J. A. Chaptal.

s. J. J. Günther, Darstellung.

— Handbuch der populären Chemie zum Gebrauch bei Vorlesungen u. zur Selbstbelehrung. gr. 8. Leipz. 806. 2e A. 814. 3e A. 820. 4e A. 826. Barth. 2 ß

— die Heilquelle zu Schwalheim im Fürstenthum Hanau. 8. Leipz. 821. Barth. 6 ℊ

Wurzer, Ferd., u. seine Jubelfeier zu Marburg am 22. Sept. 1838. Den Angehörigen, d. Freunden u. Verehrern d. Jubilars etc. z. Erinnerung gewidmet. gr. 8. (2½ B.) Marburg 838, Garthe. (?)

— d. Mineralquellen zu Hofgeismar in Kurhessen, im Jahre 1825 physikal. u. chem. untersucht. 8. Marb. 825. Garthe. 8 ℊ

s. K. Ph. K. Momberger, d. Gasarten.

— Praemittitur narratio de Analyse urinae insolitae. 4. Marb. 810. Krieger. 3 ℊ

Wurzer, Ferd., Praemittitur narratio de Analyse urinae insolitae. 4. Marb. Krieger. 813.

Brevis narratio de donis nonnullis quæ nuperis temporibus chemiæ debemus. Marburgi, 1821. 4to.

— das Neueste über die Schwefelquellen zu Nenndorf. 8. Leipz. 824. (Barth.) 9 ℊ

Wurzer, Ferd., De phrenitide. 36 pp. Bonnae. 8°. 1788

WURZER, FERDINAND.
Rede über die vornehmsten Schicksale der Chemie, ihren Einfluss auf die gesammte Naturkunde und über die durch sie dem Staate erwachsenden Vortheile. Bonn, 1793. 4to.

— Rede über die Schicksale der Chemie. 4. Bonn 794.

—— medicin.-pharmaceut. Receptirkunde f. angeh. Aerzte u. Wundärzte, z. Behufe d. Vorlesungen entworfen. 8. (9 B.) Marburg 839, Garthe. (?)

s. M. Richerand, über medicin. Volksirrthümer.

— über die Soolbäder zu Nenndorf. 8. Leipz. 819. (Barth) 4 ℊ

— Taschenbuch zur Bereisung d. Siebengebirges u. der benachbarten zum Theil vulkanischen Gegenden. 12. Cöln 805. Keil. (Du-Mont-Schauberg.) 16 ℊ

s. Van Mons, Grundsätze.

— Versuch über d. physische Erziehung der Kinder. gr. 8. Frankf. 797. Guilhaumann. 16 ℊ 2e A. 803. Cöln, Rommerskirchen. 14 ℊ 3e A. gr. 12. Marb. 832. Garthe. 16 ℊ

— üb. die Zerlegung d. Mineralwasser im Allgemeinen, u. die d. Schwefelquellen zu Nenndorf, mit 1 Charte, gr. 8. Cassel u. Marb. Krieger. 815. 1 16

Wurzer, Jos. (1770—1860), Bemerkungen über den Kindermord und dessen Bestrafung. Leipzig, Barth, 1822. 8°. (In Marburg, Univ.-Bibl.)

Wurzer, Jos., Bemerkk. üb. d. Kindermord u. dessen Bestrafung 8. Leipz. 824. Barth. 6 ℊ

Wurzer, Jos., Prüfung üb. d. Erkenntnißfähigkeiten der menschl Seele u. üb. die eigentl. Algebra. Bonn. 8°. 1787

Wurzer, Romuald De Cicerone tragoediae romanae iudice. 36 S. 8. Progr. G. *Czernowitz* 1885.

Wurzer, R., de Cicerone tragoediae romanae iudice. gr. 8. (36 S.) Wien 885, (Pichler's Wwe. und Sohn.) *

Wurzer, R(omuald): Festschrift z. hundertjähr. Gedenkfeier d. Gründg d. Gymnasiums. 1808. 16. Dez. 1908. Gesch. d. K. K. 1. Staatsgymnasiums in Czernowitz. Czernowitz '09. V, 286 S. 4°

Wurzer, R., Geschichte des k. k. I. Staatsgymnasiums in Czernowitz. (Festschrift zur 100jähr. Gedenkfeier der Gründg. des Gymnasiums. 1808. 16. XII. 1908.) (VI, 286 S. m. Abbildgn. u. 8 Taf.) Lex. 8. Czernowitz 909. (H. Pardini.) 4.—

— Zur Geschichte des k. k. I. Staatsgymnasiums in Czernowitz. Czernowitz '10. S. 3—49. Czernowitz, I. Staats-G., Jahresb. 1910.

—: Die Hundertjahrfeier des I. Staatsgymnasiums. S. 74—88. 8. Progr. K. k. Staatsgymn. *Czernowitz* 1909.

— s.: Jahrbuch des Bukowiner Landes-Museums.

Wurzer, Romuald: Reisebilder aus Italien. (Nach Erinnerungen und Tagebuchblättern.) I. Venedig – Ravenna (1897). S. 3–46. 8. II. Bologna – Marzabotto (1897). S. 3–30. 8.
Progr. K. k. I. Staatsgymn. *Czernowitz* 1904. 1905.

Wurzer Rom.: Über historische Treue und Bedeutung der Reden im Geschichtswerke des Th. 31. Radautz 89.
Progr.

Wurzer Romuald: Über historische Treue und Bedeutung der Reden im Geschichtswerke des Thukydides. (Schluß). 88. Radautz 90. (Vgl. das Progr. v. 89).
Progr.

Würzer, Heinrich

— deutsche Annalen, e. Monatsschr. 12 Stck. 8. Hamburg, Birchaur. 784.

— Beherzigung üb. verschied. Gegenstände, od. Etwas geg. d. Langeweile an Feyertagen. 8. Berlin, Maurer. 789.

— Bemerk. üb. d. preuß. Religionsedikt vom 9ten July 1788. gr. 8. Berlin, (Gräff in Lpz.) 788.

Würzer, Heinrich, Briefe e. Schles. Grafen an e. Kurländ. Edelmann d. Adel betreff. s. Briefe.

— Charakteristik Friedrichs II. Königs von Preußen. 8. Chemnitz, Jacobäer. (Mauke.) 801.

Würzer, H., Charakteristik Friedrich II. Königs von Preußen. N. A. gr. 8. Leipzig, Jacobäer. 816.

Würzer, H., Harmonia Evangelico-Biblica, od. Uebereinstimmung d. heil. Schr. im Evangelio. 4. Hamburg, Bohn. 716.

WÜRZERS, [HEINRICH], Prozesz vor dem Kgl. Kammergerichte zu Berlin nebst desselbigen Appellation an das aufgeklärete Publikum. Von ihm selbst herausgegeben. Altona. 1793. (U. B.).

Würzer, Heinr., Prozeß vor d. königl. Kammergericht zu Berlin, nebst desselbigen Appellation an d. aufgeklärte Publikum. 8. Hamb. Hoffmann. 794. Rthlr.

— Revolutions-Katechismus. 8. Berlin, Nauck. 793.

— d. patriot. Volksredner. 2 Bde. 8. Altona, Bechtold. 796—97.

Wurzian. E. Ritter v., Kohlenbrechapparat Patent Walcher. Wien, 1886. 7 S. mit 2 Taf.

Wurzian. E. Ritter v., Der Kohlensprengapparat Patent Walcher. Wien, 1887. 7 S. mit 1 Taf.

Wurzinger, Frz., Bilder aus Iglaus Vergangenheit. (VI, 159 S. m. Abbildgn. u. 1 Bildnis.) gr. 8. Brünn (Backhausg. 12) 904. Selbstverlag. n.n. 2. 80

Wurzinger, Jos., Vorschriften für den Unterricht im Schönschreiben für Schulen u. zum Selbstunterrichte. 1—3. Heft. Steyr 863. Sandböck. qu. Fol. (33 lith. Bl.) Jedes Heft n. 10 ngr.

WÜRZKÄSTLEIN, gefüllt mit probaten Universalmitteln zur Erweckung von Frohsinn u. heiterer Laune. Pikante Original-Scripturen, mit sonderbarem Fleiße gesammelt und an's Licht gebracht von L. und W. Mainz. o. J. (184*). 8⁰. 560 S. u. Reg. (18 Sgr. Fischhaber, Reutlingen, vor 1875. mit Abdruck folgender Reklame:)

— — Dasselbe. 7 Hefte. (Cplt.) Ebd. 1855. 16⁰. (26 Sgr.) (10 Sgr. Theod. Bertling, Danzig, vor 1875.)

Würzkästlein, gefüllt mit probaten Universalmitteln zur Erweckung von Frohsinn und heiterer Laune. Pikante Original-Scripturen, mit sonderbarem Fleiße gesammelt und an's Licht gebracht von L. und W. (In 2 Bdn. oder 10 Heften.) 1. Bd. 5 Hefte. 8. (1. Heft 80 S.) Mainz 855, Kunze.
einzelne Hefte à

Würzkästlein, gefüllt mit probaten Universalmitteln zur Erweckung von Frohsinn und heiterer Laune. Pikante Original-Scripturen, mit sonderbarem Fleiße gesammelt und an's Licht gebracht von L. und W. 6. und 7. Heft. 8. (XII und S. 401—560.) Mainz 857, Kunze.

Würzkrämer, der,. Lstsp. 8. Wittenb. Zimmermann. 772. — 2

Würzkrämer, Der, und sein Sohn, eine Schulkomödie in einem Aufz. Wittenberg 1773. V: *Schummel, Johann Gottlieb.* (Ky) (EE)

Wurzler, Joh. Chr., deutsche Gedichte. 8. Leipzig. Gollner. 743.

Die besondere Stellung der Freimaurerei in der Denkentwicklung der Menschheit. Festschrift der Loge Alexius zur Beständigkeit [in Bernburg] zur Feier des hundertjährigen Geburtstages des Brs. Brenning. Ein Beitrag zu dem Lehrinhalte des zweiten Grades von Carl **Würzler.** Bernburg 1910: [Dornblüth]. 43 S. 8⁰

Wuerzler, Car. Alex. Frid. (geb. Bernburg in Anh. 15. 1. 1841): De mogostocia spastica. Berolini (1865). (32 S.) 8⁰
Berlin, Med. Diss. v. 5. Okt. 1865

Würzner, Alois

Würzner, A. Ueber Chaucer's lyrische Gedichte. Steyr, O. R., 1879. 19 S. Progr.

Würzner, A., Lehrbuch der englischen Sprache, } s.: Nader, E.

Würzner, Dr. Alois, Deutsches Lesebuch für österreichische Realschulen. I. Band. Für die I. Klasse. Wien 1910. A. Hölder. Geh. K 1.90, geb. K 2.40.

Würzner, A., englisches Lesebuch f. höhere Lehranstalten, s.: Nader, Engelb.

Würzner Dr. Alois: Die Orthographie der beiden Quarto-Ausgaben von Shakspere's Sommernachtstraum. 91. Wien III. R. 93.
Progr.

Würzner, A. Die Orthographie der ersten Quarto-Ausgabe von Shakespeare's „Venus and Adonis“ und „Lucrece“. Wien, R. VII. Bez., 1887. 19 S. Progr.

Würzner, Alois: Die Orthographie d. beiden Quarto-Ausgaben v. Shaksperes Sommernachtstraum. *Wien 1893.*
in: Xenia Austriaca. Bd 1.

Würzner Dr. Alois: Die k. k. St.-Realschule im X. Wiener Gemeindebezirke. 18 Wien X. R. 03.
Progr.

Würzner, Kurt: Zur Kenntnis der Oxythiazoline. 1908. 38 S. 8°
Dresden, Dr.-Ing.-Diss. v. 16. 7. 1908

Würzner, Mary, Tagebuch. (71 S.) 8. Leipzig 909. Modernes Verlagsbureau. 2. —

Würzner, O[skar]: Die Düngung der Reben. Hannover [nach 190–]: Leunis & Chapmann. 22 S. -- 121*. UB Brünn*[um 1919]. LKRhld.*

Wuschak, F. A., die Rechte und Pflichten des Miethers und Vermiethers. Eine Zusammenstellung der hierauf Bezug habenden Gesetze, Verordnungen, Tribunals-Entscheidungen und Rescripte 2c. 2. Aufl. 8. (47 S.) Landsberg a. d. W. 859, Volger und Klein. *

Wuschack, F. A., die Rechte und Pflichten des Miethers und Vermiethers. Eine Zusammenstellung der hierauf Bezug habenden Gesetze, Verordnungen, Tribunals-Entscheidungen 2c. 2. Aufl. 16. (47 S.) Landsberg a. d. W. 872, Volger und Klein. * — 50

—— die Wechselbeziehung der Verkehrs- und der militärischen Interessen. Erläutert an dem oesterreich. Bahnnetze im Allgemeinen und an einzelnen Bahnlinien im Speciellen. 8. (46 S.) Teschen 873, Prochaska. *

Wüscher, G., s.: Tourenbuch, schweizerisches, für Rad- u. Automobilfahrer.

Wüscher, Gottlieb, von Schaffhausen: Der Einfluss der englischen Balladenpoesie auf die französische Litteratur von Percy's Reliques of Ancient English Poetry bis zu De la Villemarqué's Barzaz-Breiz. 1765—1840. Trogen Schläpfer Dr. 1891. 90 S., 2 Bl. 8°.
Zürich. Phil. Diss. [v. 1. Aug. 1891].

Wüscher, Heinr., Bilder aus der Geschichte der Pfarrkirche St. Johannes in Schaffhausen. Hrsg. bei Anlass der Orgeleinweihung im J. 1879. gr. 8. (51 S. mit 1 Illustr. in Holzschntaf.) Schaffhausen 879, (Schoch.) *

Wüscher, Heinr., der Munot in drei Jahrhunderten. Ein Festgedicht auf das J. 1881 mit verbindendem Prolog. 8. (41 S.) Schaffhausen 881, (Schoch.) · — 80

Wüscher-Becchi, H., italische Städtesagen u. Legenden. Nach alten Quellen neu erzählt. 8. (XV, 210 S.) Leipzig (900). M. Altmann. n. 3. -

Italische Städtesagen und Legenden. Nach alten Quellen neu erzählt von H. Wüscher-Becchi. Leipzig: W. Friedrich (1900). (XV, 210 S.) 8°

Wüschner, Aug., der Bursche als Lieutenant, s.: Theater-Bibliothek f. Vereine u. Dilettanten.

Wüscke, F., Grundzüge der deutschen Grammatik, 3. Aufl., s.: Hofmann, Fritz, kleines Handbuch.

Wüseke, F., Grundzüge der deutschen Grammatik, 4. Aufl., s.: Hofmann, Fritz, kleines Handbuch f. den deutschen Unterricht.

Wueseke, W., De Plauti et Terentii usu, adiectiva et participia substantive ponendi. Diss. 1884. 51 S.

[F.] **Wüseke,** Wilhelm [Dr.]: Grundzüge der deutschen Grammatik. F. d. Schüler d. Gymn. zu Recklinghausen nach d. Bestimmgn d. neuen Lehrpläne bearb. Recklinghausen, Druck v. F. Drecker, *1892;* VIII, 55 S. 8.
Recklinghausen, G, OP 1892 (360)

Wüscke, W., Grundzüge der deutschen Grammatik. Für Gymnasien u. Realgymnasien nach den Bestimmgn. der neuen Lehrpläne bearb. 2., verb. Aufl. gr. 8. (VIII, 69 S.) Leipzig 892. B. G. Teubner. Geb. in Leinw. n. 1. —

Wush, die Wechselbeziehung der Verkehrs- u. der militärischen Interessen. Erläutert an dem oesterreich. Bahnnetze im Allgemeinen u. an einzelnen Bahnlinien im Speciellen. 8. (46 S.) Teschen 873. Prochaska. n. 1. 20

Wüsinger, Jos., Geschichten u. Bilder aus den Voralpen, s. a. Für Hütte u. Palast. 24. Bd.

(F) **Wüsinger,** J., Geschichten und Bilder aus den Voralpen. [Für Hütte und Palast. 24. Bd.] 8°. (214 S.) K 2.–
Wien: Kirsch 1903.

Wussin, Johann. Cornel Visscher. Verzeichniss seiner Kupferstiche. Nebst 2 Abbildungen und dem Portrait des Meisters. Leipzig 1865. 8°.

Wussin, Joh., Cornel Visscher. Verzeichniss seiner Kupferstiche. Leipzig 865. Barth. gr. 8. (306 S. mit 2 Abbild. in Holzschn. u. Kpfrst. u. dem lith. Portr. des Meisters.) n. 3 ₰

Wussov, Ph. von, s. Wussow

Wussow [Schlagwort]

Wussow, s.: Geologische Karten. Preussen. 82.

Wussow [Verfasser]

Wussow, v., Grundsätze für die Behandlung des theoretischen Dienstunterrichtes nach den Anforderungen der heutigen Zeit. 8. (43 S.) Berlin 874, Mittler und Sohn. *

Wussow, v., die gegenwärt. Nothlage d. Landwirthschaft in Westpreußen u. d. Bund d. Landwirthe. Vortrag, geh. im landwirthschaftl. Verein Bischofswerder Westpr. am 16. Febr. 1895. gr. 8. (31 S.) Graudenz 895. (J. Gaebel.) n. — 60

Wussow, v., Staat u. Recht, Religion u. Kirche. Eine physiolog. Studie gr. 8. (32 S.) Graudenz 892. J. Gaebel. n. — 80

Wussow, A. v., die Erhaltung der Denkmäler in den Kulturstaaten der Gegenwart. Im Auftrag des Hrn. Ministers der geistl., Unterrichts- und Medizinal-Angelegenheiten nach amtl. Quellen dargestellt. 2 Bde. gr. 8. (VI, 254; V, 326 S.) Berlin 884, C. Heymann's Verlag. geb. * 15 —

Wussow, Friedrich: Die Wirkung der Anerkennung eines nichtigen Testaments von Seiten des berufenen Intestaterben gegenüber dem eingesetzten Erben und dem nachberufenen Intestaterben. *Berlin 1898: P. Stankiewicz.* (37 S.) 8°
Erlangen, Jur. Diss. v. 11. Sept. 1897

Wussow, [Fritz]: Die Haftpflicht der Strassenbahnen. Bericht an die X. Versammlung [des Vereins Dt. Strassenbahn- u. Kleinbahnverwaltungen] zu Frankfurt a. M. Berlin 1905.

Wussow, Gustav, a. Calau i. d. Mark: Die Säkularvariation des Erdmagnetismus auf Grund der erdmagnetischen Isanomalen. (Berlin 1906: A. W. Schade.) (21 S.) 8°
Berlin, Phil. Fak., Ref. v. Bezold, Diss. v. 24. Nov. 1906
[Geb. 15. März 77 Calau (Brandenburg); Wohnort: Berlin; Staatsangeh.: Preußen; Vorbildung: Friedrichs-Realgymn. Berlin Reife O. 97; Studium: Berlin T.H. 2, Univ. 8 S.; Rig. 21. Mai 06.]

Wussow, Otto Erich v., Geschichte u. Entwickelung der Warenhäuser, nach Mitteilgn. v. Osk. Tietz, s. a. Handel, Industrie u. Verkehr in Einzeldarstellungen.

Geschichte und Entwickelung der Warenhäuser von Otto Erich v. **Wussow** nach Mitteilungen von Oskar Tietz. Mit 9 Abb. Berlin: S. Simon [1906]. (83 S.) 8° [F.]
= **Handel**, Industrie u. Verkehr in Einzeldarstellungen. Bd 5. 108. 1631

Wussow, O. E. v.: Geschichte u. Entwickelung der Warenhäuser, nach Mitteilgn. v. O. Tietz. Mit 9 Abbildgn. (IV, 84 S.) Berlin, Verlag f. Sprach- u. Handelswissenschaft 1906. 8°
Handel, Industrie u. Verkehr in Einzeldarstellungen No. 5.

Wussow, P. v., geographische u. geschichtliche Darstellung der östlichen norddeutschen Tiefebene oder der südbaltischen Tieflande mit Hinweisung auf den Beruf des in diesen Landen von dem Hause Hohenzollern gegründeten preuß. Staates zur nationalen Vereinigung der deutschen Völkerschaften. Eine Denkschrift. Frankfurt a. O. 867. Harnecker & Co. 8. (XIII, 177 S. mit 1 lith. u. color. Karte in Imp.-4.) n. 20 ngr

Wusson, P. v. Festungsbaukunst gegenüber den neuen Verbesserungen im Geschützwesen. Stettin 1862. 8°.

Wussow, Phil. v., Uebersicht d. Kriegs-Schauplatzes d. europ. Türkei, von d. Donau u. d. Grenzen von Servien u. Macedonien bis Constantinopel. Ein Beitr. zur Militair-Geographie. 8. (4 B.) Koblenz 828, Bädeker.

Wust, Gustav, k. k. Hauptm. Geschichte des k. k. 34. L.-Inft.-Reg. Prinz-Regent von Preussen. Auf Befehl des Reg.-Commando nach amtlichen Quellen verfasst. 8. Wien 1860.

Wust, Mart., das dritte Reich. Ein Versuch über die Grundlagen individueller Kultur. (VIII, 231 S.) gr. 8. Wien 905. W. Braumüller. n. 4. —

Wüst, über das Geld Vortrag. Heilbronn 1871

Wüst: Das Kassen- u. Rechnungswesen bei den Post- u. Telegraphenämtern, s. Baeumer

Wuest, der exacte Nachweis des Schrumpfung-Prozesses der Erdrinde u. seine Bedeutung f. topographische u. geodätische Messungen. Vortrag, geh. in der allgemeinen naturforsch. Gesellschaft. 8. (10 S.) Aarau 893. H. R. Sauerländer & Co. Nicht im Handel.

— dasselbe, s. a. Wort, das.

Wüst, Albert

—— Anleitung zum Gebrauch des Taschen-Rechenschiebers für Techniker. 16. (16 S. mit 1 Rechenschieber.) Halle 880, Hofstetter. cart. * 1 25
Rechenschieber allein — 75

Wüst, Alb., Anleitung zum Gebrauch d. Taschen-Rechenschiebers f. Techniker. 2., verb. Aufl. 16. (16 S. m. e. Rechenschieber.) Halle a/S. 890. Hofstetter. cart. n. 1. 25

Wüst, Alb., Anleitg. z. Gebrauch d. Taschen-Rechenschiebers f. Techniker. 3. Aufl. Mit 1 Rechenschieber. gr. 16. (16 S.) Halle 895. L. Hofstetter. Kart. n. 1. 25

Wüst, Alb., Anleitung z. Gebrauch d. Taschen-Rechenschiebers f. Techniker. 4. Aufl. Mit e. Rechenschieber. 12. (16 S. m. 13 Fig.) Halle 900. L. Hofstetter. Kart. n. 1. 25

Anleitung zum Gebrauche des Taschen-Rechenschiebers für Techniker von Dr. Albert Wüst, weil. Prof., Halle a. S. 5. Aufl. hrsg. von Dr. Ewald Wüst. Mit e. Rechenschieber Halle a. S.: L. Hofstetter 1904. (21 S.) 8°
[Umschlagt.:] Wüst: Taschen-Rechenschieber f. Techniker.

Wüst, Alb. Leichtfassliche Anleitung zum Feldmessen u. Nivellieren, s. a. Thaer-Bibliothek.

Wüst, Alb., leichtfassliche Anleitung zum Feldmessen und Nivellieren. Für prakt. Landwirte und landwirtschaftl. Lehranstalten bearb. 8. (VI, 124 S. mit 70 in den Text eingedr. Holzschn.) Berlin 882, Parey. cart. * 2 50

Wüst, Alb., leichtfassliche Anleitung zum Feldmessen u. Nivellieren. Für prakt. Landwirte u. landwirtschaftl. Lehranstalten bearb. 2. Aufl. Mit 96 Textabbildgn. 8. (VIII, 138 S.) Berlin 886. Parey. geb. n. 2. 50

Wüst, Alb., leichtfassliche Anleitung zum Feldmessen u. Nivellieren. Für prakt. Landwirte u. landwirtschaftl. Lehranstalten bearb. 3., erweit. Aufl. 8. (VI, 154 S. m. 114 Abbildgn.) Berlin 892. P. Parey. Geb. in Leinw. n. 2. 50

Leichtfassliche Anleitung zum Feldmessen und Nivellieren. F. prakt. Landwirte u. landw. Lehranstalten bearb. v. Dr. Albert Wüst, Prof. an d. Univ. Halle a. S. 4. Aufl. M. 116 Textabb. Berlin: P. Parey 1896. (VI, 154 S.) 1 Bd 8°
(Thaer-Bibliothek. Bd 62.)

Wüst's leichtfassl. Anleitung z. Feldmessen u. Nivellieren, 5. Aufl. v. Alw. Nachtweh, s. a. Thaer-Biblioth.

(Dr. Albert) Wüst's leichtfassliche Anleitung zum Feldmessen und Nivelliren. Für prakt. Landwirte u. landwirtschaftl. Lehranstalten. 5. Aufl. durchges. u. vervollst. von Alwin Nachtweh, Prof., Halle a. S. Mit 127 Abb. Berlin: P. Parey 1901. (VIII, 160 S.) 8°
(Thaer-Bibliothek. Bd 62.)

(Albert) **Wüst's** leichtfassliche Anleitung zum Feldmessen und Nivellieren. Für prakt. Landwirte u. landwirtschaftl. Lehranstalten. 6. Aufl., durchges. u. vervollst. von Dr.-Ing. Alwin Nachtweh. Mit 182 Textabb. Berlin: P. Parey 1907. (VIII, 192 S.) 8°
= **Thaer-Bibliothek**. Bd 62. 108. 3305

—— Bericht über die Dampfpflug-Konkurrenz zu Banteln, s. Boysen, C.

Wüst, Alb., die Fortschritte im landwirthschaftlichen Maschinenwesen. Jahresbericht für landwirthschaftl. Maschinen und Geräthe zu Halle a. d. S. Verfasst im Auftrage des Vorstandes der Prüfungsstation. gr. 8. (IV, 130 S. mit eingedr. Holzschn.) Leipzig 875, Baumgärtner's Buchh. *
Die Fortsetzung bildet:

—— Jahresbericht über die Fortschritte im landwirthschaftlichen Maschinenwesen. 2. Jahrg. Im Auftrage des Vorstandes der Prüfungsstation für landwirthschaftl. Maschinen und Geräthe zu Halle a. S. verfasst. Mit 100 (eingedr. Holzschn.-)Abbild. und einem Anhang: Bezugsquellen-Verzeichniss landwirthschaftl. Maschinen und Geräthe. gr. 8. (VIII, 226 S.) Berlin 876, [Wiegandt, Hempel und Parey.] Parey. *

—— dass. — 3. Jahrg. Mit 142 (eingedr. Holzschn.-)Abbild. und einem Anhang: Bezugsquellen-Verzeichniss landwirthschaftl. Maschinen und Geräthe. gr. 8. (VIII, 234 S.) Ebendas. 877. *

—— dass. — 4. Jahrg. Mit 116 (eingedr. Holzschn.-)Abbild. und einem Anhang: Bezugsquellen-Verzeichniss landwirthschaftl. Maschinen und Geräthe. gr. 8. (VIII, 216 S.) Ebendas. 879. *

—— die Konkurrenzen von Lokomobilen, Getreidesortirmaschinen und Tiefpflügen bei der Magdeburger Ausstellung im J. 1880. gr. 8. (39 S. mit eingedr. Holzschn. und 1 Stnt.) Berlin 881, Parey. * 1 —
Aus: Landwirthschaftliche Jahrbücher, besonders abgedruckt.

—— die Leistungen der Kartoffel-Erntemaschinen. Amtlicher Bericht über die Kartoffel-Grabemaschinen-Concurrenz, welche von dem Magdeburger Verein für Landwirthschaft und landwirthschaftl. Maschinenwesen vom 19. bis 21. Septbr. 1877 in Wolmirstedt veranstaltet worden ist. Im Auftrage des Directoriums hrsg. gr. 8. (40 S. mit 7 in den Text gedr. Holzschn.) Ebendas. 878. *

—— die Leistungen der Mähe-Maschinen. Amtlicher Bericht über die Mähe-Maschinen-Concurrenz, welche von dem landwirthschaftl. Centralverein für den Reg.-Bezirk Potsdam vom 17. bis 23. Juli 1875 in Angermünde veranstaltet worden ist. Im Auftrage des Vorstandes hrsg. gr. 8. (VI, 126 S. mit 50 in den Text gedr. Holzschn.) Ebendas. 875. *

—— die Mähemaschinen der Neuzeit. Eine Darstellung ihrer Theorie und Construction. Mit einer Anleitung zur Prüfung von Mähemaschinen bei Concurrenzen. Zum Selbststudium für Landwirthe, Fabrikanten und Ingenieure und zum Gebrauche bei Vorlesungen an landwirthschaftl. und techn. Lehranstalten. gr. 8. (VIII, 378 S. mit 143 eingedr. Holzschn.-Abbild.) Leipzig 875, Baumgärtner's Buchh. (* *M.* 7.) *

—— landwirtschaftliche Maschinenkunde. Handbuch für den prakt. Landwirt. gr. 8. (VIII, 456 S. mit 454 in den Text gedr. Holzschn.) Ebendas. 882. 10 —

— landwirtschaftliche Maschinenkunde. Handbuch f. den prakt. Landwirt. 2., neu bearb. Aufl. Mit 516 in den Text gedr. Abbildgn. gr. 8. (XII, 436 S.) Berlin 889. Parey. geb. n. 12. —

Wüst, Alb., Theorie der Centrifugal-Regulatoren. gr. 8. (57 S. mit eingedr. Holzschn.) Stuttgart 871, Liesching und Comp. *

Wuest, [Maria] Alois, a. Colmar (Els.): Über die Fortpflanzungsgeschwindigkeit von Wellenbewegungen und einzelnen Stossen in ein- und zweiseitig von Wasser begrenzten Membranen mit Berücksichtigung der Verhältnisse im Ohr. Straßburg i. E. 1906: C. Muh & Cie. (44 S.) 8°
Straßburg, Math.-naturw. Fak., Ref. Braun, Diss. v. 1906
[Geb. 24. März 79 Colmar, Ob.-Els.; Wohnort: Colmar; Staatsangeh.: Elsaß-Lothringen; Vorbildung: Lyzeum Colmar, Gymn. Bruchsal Reife M. 99; Studium: T.H. Karlsruhe 2, Univ. Straßburg 2, Berlin 2, Straßburg 3 S.]

Wuest, Andreas A. S. 1344/27

Dissertatio physico-mathematica de effectibus, qui a virium compositione producuntur.
Präs. Johann Gesner.
Zürich (Gessner) II. 1747. 22 S.

7 Resp. 37313

Wüst, Augustus (Frid. Guil.) geb. Berlin: De dignoscendis hepatis morbis. Berolini 1840. (30 S.) 8°
Berlin, Med. Diss. v. 31 Okt. 1840

Programm der städtischen Schulen in Aarau. Ausgegeben im Auftrage der Schulpflege 1897/98 mit zwei wertvollen Beilagen: I. Ueber Blitzableiter von *C. Wuest.* II. Schützet die nützlichen Insekten von *S. Döbeli.* Aarau, Emil Wirz. 1898.

Wüst, C., die Einführung der Ketten-Schifffahrt auf dem Neckar. Denkschrift im Namen des Comités verfasst. 4. (32 S. mit 1 lithogr. und chromolithogr. Taf.) Heilbronn 874, Schmidt. *

Wüst, Carl, s. Wüst, Karl

Wüst, E., s.: Assanierung, die, v. Zürich.

Wüst, E., zehn Passions-Predigten gehalten in der Berdianischen Brüder-Gemeine am asowischen Meer in der Passions-Zeit 1852. gr. 8. (III und 240 S.) Reval 853, Kluge's Verlag. *

Wuest, E., Quid Sophocles de immortalitate animae et de inferis tradiderit. Diss. 1869. 30 S.

—— drei Weihnachts-Predigten gehalten in der Berdianischen Brüder-Gemeinde am asowischen Meere in der Weihnachts-Zeit 1851. gr. 8. (58 S.) Reval 853, Kluge's Verlag. *

Wüst, Eduard. Die sichernden Massnahmen im Entwurf zu einem schweizerischen Strafgesetzbuch. VIII + 246 S. 8.
Ausg. A: Diss. Staatsw. Univ. Zürich. Affoltern a. A., Buchdr. J. Weiss, 1904.
Ausg. B: Zürich, Albert Müller's Verlag, 1905. [fr. 4. —]

Wüst, [Wilhelm Traugott] Ernst: Aristophanes-Studien, als Vorläufer eines Aristophanes-Lexikons. 34 S. 8.
Progr. Kgl. Wittelsbacher-Gymn. *München* 1908.
I. Zu den Wolken. II. Erklärungen und Konjekturen zu einzelnen Stellen der Ach. Equ. Nub.

Wüst, Ernst: Aristophanes-Studien, als Vorläufer eines Aristophanes-Lexikons. München 1908: Wolf. 34 S. 8°
München, k. Wittelsbacher-G P 1908* [S 08. 543

Wüst, Ernst: **Beiträge** zur Textkritik u. Exegese der Platonischen Politeia. *Dillingen 1902: A. Kolb.* (33 S.) 8°
München, Phil. Diss. v. 1902

Wüst, Ernst, Dr.: **Beiträge** zur Textkritik u. Exegese der Platonischen Politeia. *Dillingen 1903: A. Kolb.* (33 S.) 8°
Dillingen, k. humanist. G, P 1903*

Wüst, E[rnst], Dir. Dr.: [**Bericht** über die Feier des 25jährigen Jubiläums der Anstalt.] *Osterode OP 1903: F. Albrecht.* (S. 11—15.) 4° [F.]
Osterode Ostpr., st. G, P 1903 (13)

[Ant. u. F.] **Wüst,** *Ernst* [Dir. Dr.]: Die ältesten Handfesten der Stadt Osterode in Ostpreussen. Osterode Ostpr., gedr. in d. Buchdr. v. F. Albrecht, 1894; 3—8 S. 4.
Osterode in Ostpr., st. RG, OP 1894 (21)

Wüst, Ernst: Ein Lehrplan für den latein. Unterricht auf Realgymnasien. 16 S. **Progr.** *Osterode Pr.* 1885.

Wüst, Ernst Leberecht

—: [Bericht über die Feier des 25jährigen Jubiläums der Anstalt.] S. 11—15. 4. **Progr.** Stadt. Gymn. *Osterode i. Ostpr.* 1903 (13)

Wüst, E[rnst] L[eberecht]: [Die Feier der Weihe des neuen Schulhauses.] S. 19—23. 4.
Progr. Kaiser Wilhelm-Gymn. *Osterode i. Ostpr.* 1908 (14).

Wüst, Ernst Leberecht: Festschrift zur Feier des fünfundzwanzigjährigen Bestehens der Anstalt am 14. Mai 1902. Zur Geschichte der Anstalt während der ersten 25 Jahre ihres Bestehens. 21 S. 4. **Progr.** Städt. Gymn. *Osterode i. Ostpr.* 1902 (13).

Wüst, Ernst Leberecht, Dir. Dr.: Zur **Geschichte** der Anstalt während der ersten 25 Jahre ihres Bestehens. *Osterode Ostpr. 1902: F. Albrecht.* (21 S.) 4° [Ant. u. F.]
Osterode i. Ostpr., st. G, OP 1902 (13)

—: [Professor Dr. Max Wagner, gest. am 25. Juni 1908.] S. 9 bis 10. 4. **Progr.** Kaiser Wilhelm-Gymn. *Osterode i. Ostpr.* 1909 (14).

Wüst, Ew., Beiträge zur Kenntnis des Flussnetzes Thüringens vor der ersten Vereisung des Landes. gr. 8. (17 S. m. 1 Karte.) Halle 901. Tausch & Grosse. n. 1. —
Sonderabdruck aus: „Mitteilgn. des Vereins f. Erdkunde. (Archiv f. Landes- u. Volkskde. der Prov. Sachsen.)“

— ein Sandlöss m. Succinea Schumacheri Andreae in Thüringen. gr. 8. (5 S.) Stuttgart 899. E. Schweizerbart. n. — 40
Sonderabdruck aus: „Zeitschrift f. Naturwiss.“

Wüst, Ewald, Dr. phil.: **Untersuchungen** über die Decapoden-Krebse der germanischen Trias. (Ausgew. Abschnitte.) *Jena: G. Fischer 1903.* (20 S.) 4° ¶(Erscheint vollst. in Geol. u. Paläontol. Abhandl., hrsg. v. Kayser u. Koken.)
Halle, Phil. Hab.-Schr. v. 28. Okt. 1903

Wüst, Ewald, aus Halle a. S.: Untersuchungen über das Pliozän und das älteste Pleistozän Thüringens nördlich vom Thüringer Walde und westlich von der Saale. *Halle a. S. 1900: E. Karras.* (45 S.) 8° ¶ (Erscheint vollst. in: Abhandl. d. Naturf. Ges. zu Halle, Bd 23.)
Halle, Phil. Diss. v. 12. Dez. 1900

— Untersuchungen über das Pliozän u. das älteste Pleistozän Thüringens nördlich vom Thüringer Walde u. westlich v. der Saale. Mit 9 Taf. (davon 4 Doppeltaf.) u. 2 Fig. im Texte, sowie 4 Tab. gr. 8. (352 S. m. 12 S. Erklärgn.) Ebd. 900. n. 16. —
Sonderabdruck aus: „Abhandlgn. d. naturforsch. Gesellsch. zu Halle".

Untersuchungen über das Pliozän und das älteste Pleistozän Thüringens nördlich vom Thüringer Walde und westlich von der Saale. Von Ewald **Wüst**. Mit 9 Taf. u. 2 Fig. sowie 4 Tab. Stuttgart: Schweizerbart 1900 (1901). 352 S. 8°
Aus: Abhandlungen d. naturforsch. Gesellsch. zu Halle. Bd 23.

Wüst, F.: Bergbau u. Hüttenwesen, s. Treptow, E.

Wuest, F., die Dame auf dem Pferde. (Roman e. seltsamen Leidenschaft.) (158 S.) 8. Budapest (906). Schneider & Kunert. n. 3. —

— u. W. **Borchers**, Eisen- u. Metallhüttenkunde. Zum Selbststudium f. Hüttenleute, Chemiker, Studierende an Bergakademien u. techn. Hochschulen, sowie f. weitere Kreise übersichtlich dargestellt. Mit 212 Text-Abbildgn. u. 6 Beilagen. Lex.-8. (V, 595 S.) Leipzig 900. O. Spamer. n. 6. —; geb. in Leinw. n. 7. 20
Sonderabdruck aus: „Buch der Erfindgn."

Wüst, F., Gedenkblätter von den Schlachtfeldern um Metz, nach Federzeichnungen. Den Gefallenen zum Gedächtniss, den Lebenden zur Erinnerung. qu. gr. 4. (12 Bl. in Zinkographie.) Metz 879, Scriba. * 3 60

Wüst, F., Gedenkblätter von den Schlachtfeldern um Metz nach Federzeichnungen von F. W. Cabinet-Ausg. (Neue verm. Aufl.) 12. (16 zinkogr. Taf.) Metz 887, Scriba. [*M 1.—.] * — 80

Wüst, F., Handbuch d. Metallgiesserei. Enth. die Arbeitseigenschaften der Metalle u. Legiergn., sowie prakt. Anleitg. z. Herstellg. v. Gussstücken in Bronze, Rot- u. Gelbguss, Weissmetall, Gold, Silber, Zink, Blei, Zinn u. s. w. Auf theoretisch-prakt. Grundlage bearb. 2., v. Grund aus neu bearb. Aufl. d. Metallgiesserei v. Abbass. gr. 8. (VIII, 256 S. m. 256 Abb.) Weimar 897. Leipzig, B. F. Voigt. 6. —

Wüst, Ferd., Cartouchen, entworfen u. gezeichnet. 4. (24 Steintaf.) Wien 884. Heim. In Mappe. n. 10. —

Wüst, Ferd. Figurale Compositionen. Amoretten u. Genien. gr. 4. (24 farb. Taf.) Wien 892, Jos. Heim. In Mappe * 12 —

Wüst, Fr. (Red.), s. Aristokratissmus.

Wüst, Fr. [aus Stuttgart]: Ueber einige neue Fettsäuren höheren Kohlenstoffgehalt's . . . Freiburg i. B., Univ.-Buchdr. v. H. M. Poppen & Sohn, 1886; 43 S. 8°
Freiburg i. B., Phil. Fak., Inaug.-Diss. v. 1886.

Wüst, Fr., über einige neue Fettsäuren höheren Kohlenstoffgehalt's. Diss. Freiburg i. B. 1886, Fr. Wagnersche Univ.-Buchh. 8°. 43 S.

Wüst, Friedrich (Bearb.), s. Abbass, F.W.: Handbuch der Metallgiesserei.

Wüst, Frdr., die Entwicklung der deutschen Eisenindustrie in den letzten Jahren. Festrede zur Vorfeier des Geburtstages Sr. Maj. Kaiser Wilhelms II., geb. am 26. I. 1909 in der Aula der königl. techn. Hochschule zu Aachen. (33 S. m. Fig.) Lex. 8. Halle 909. W. Knapp. 1. 50

Dass., s.a. Wüst, Fritz

Wüst, F., Legier- u. Lötkunst od. kurzer Abriß der Arbeitseigenschaften der Metalle u. Legiergn., Anleitg. zur Darstellg. der Legiergn. u. Lote, nebst Beschreibg. der verschiedenen Lötverfahren. Für Metallarbeiter aller Art, sowie auch sonst. Gewerbetreibende, deren Beruf es m. sich bringt, Lötgn. vorzunehmen. 6. Aufl. v. Wildbergers Legierkunst, in völl. Neubearb. hrsg. Mit 33 Textabbildgn. gr. 8. (VIII, 106 S.) Weimar 895. B. F. Voigt. 2.50

— Legier- u. Lötkunst. Kurzer Abriss d. Arbeitseigenschaften der Metalle u. Legiergn. nebst e. Anleitg. zur Darstellg. der Legiergn. u. Lote, sowie e. ausführl. Beschreibg. der verschiedenen Lötverfahren. 7. vollständig neubearb. Aufl. (VIII, 183 S. m. 50 Abb.) gr. 8. Leipzig 908. B. F. Voigt. 6.—; geb. 7. 50.

— s.: Metallurgie.

— s.: Mitteilungen aus dem eisenhüttenmännischen Institut der königl. techn. Hochschule Aachen.

Wüst, Fritz, die geschlechtliche Betätigung des Menschen unter besond. Berücksicht. der Homosexualität. (Eine Vorrede zu meinem Hauptwerk: Ueber die Wahrheit.) (Umschlag: 2. u. 3. Taus.) (4, 164 S.) gr. 8. Leipzig 906. Moderner Dresdner Verlag. n. 2. —

— eine Entgegnung auf „Die Grundlagen des 19. Jahrh. v. Houston Stewart Chamberlain". (245 S.) 8. Stuttgart 905. Strecker & Schröder. n. 3. —; geb. n. 4. —

Eine Entgegnung auf 'Die Grundlagen d. 19. Jhs von Houston Stewart Chamberlain'. Von Fritz **Wüst**. 2. Aufl. Stuttgart: Strecker & Schröder 1905. (245 S.) 8° [5.] 08. 393 8

Wuest, Fritz. Eine Entgegnung auf „Die Grundlagen des 19. Jahrhunderts von Houston Stewart Chamberlain". 3. Aufl. Stuttgart 1905. 8°.

Wüst, [Fritz]: Die Entwicklung der deutschen Eisenindustrie in den letzten Jahren. Halle: Knapp 1909. 33 S. 4°
• Aus: Metallurgie. Jg. 6; auch in: Mitteilungen aus d. Eisenhüttenmänn. Institut d. Kgl. Techn. Hochschule Aachen. Bd 3.

Dass., s.a. Wüst, Friedrich

Wüst, Fritz, Erziehung zum Blödsinn, gewidmet in Undankbarkeit u. Verachtg. der Bourgeoisie v. Parvenüpolis! gr. 8. (15 S.) Charlottenburg (899). (Berlin, E. Keil.) 1.—

— ideale Erziehung. Ein Buch f. höhere Menschen. (II, 46 S.) gr. 8. Berlin-Steglitz 903. Deutsch-Eylau. H. Priebe & Co. n. 2. —; geb. in Leinw. n.n. 3. —

— über die Freiheit des Willens. Philosophische Abhandlg. (30 S.) gr. 8. Ebd. (903). n. 1. 50

— Kritik der modernen militärischen Ausbildg. (27 S.) gr. 8. Ebd. 903. n. — 50

— die neue Kunst. (64 S.) gr. 8. Ebd. (903). n. 1. —; geb. n.n. 1. 60; erh. Pr. n. 2. —; geb. n.n. 3. —

— die Umwertung aller Werte. 1. Bd. Eine Philosophie der modernen Lebens. 1. u. 2. Aufl. (à 106 S.) 8. Berlin 904. J. Harrwitz Nachf. n. 3. —

Die neue Weltanschauung von Fritz Wüst. *Berlin-Steglitz: H. Priebe & Co. [1903].* (80 S.) 8° 03. 2152

— **die neue Weltanschauung. 1. u. 2. Aufl. (III, 89 S.) gr. 8. Berlin-Steglitz 904. Dt.-Eylau, H. Priebe & Co. n. 2. —**

Wüst, Geo., de clausula rhetorica quae praecepit Cicero quatenus, in orationibus secutus sit, s.a. Dissertationes philologicae Argentoratenses.

Wuest, Georgius [Nassoviensis]: De clausula rhetorica quae praecepit Cicero quatenus in orationibus secutus sit. Argentorati apud Carolum I. Truebner, 1881. 8. 102 S.

Wüst, Gust. Geschichte des k. k. 34. Linien-Infanterie-Regiments „Prinz-Regent von Preussen". (431) 8. Wien 1860.

Dat grote Glöck. Erinnerung einer alten Werderanerin von Jenny **Wüst**-Danzig. Danzig 1910: v. Kaminsky. 1 S. 8°
[Dialekt-Gedicht.] 11, 631 10

Wuest, Johannes Hubertus (Ubius, AA. LL. ET PH. M.)
Dissertatio juridica inauguralis de revisione actorum.
Giessae Mai 1743: E. H. Lammers. 31 S. 4°
pro licentia summos in utroque jure honores et privilegia doctoralia rite capessendi.

K. Wüst, Das Turnen an der Universität Tübingen in den 50 J. 1845—1895 (S. Abdr. a. d. Jbuch f. Statistik u. Landeskunde, 1895, H. 1), Stuttgart 1896, 64 S., Gr.-8°.

Wüst, Karl

Wüst, Carl, zwölf Aufmärsche nach Jägers Turnschule. gr. 8. (23 lithogr. S. mit 2 S. Text.) Ulm 882, (Frey.) * — 64

Wüst, Karl, die zusammengesetzten Instrumentalformen. Erläuterungen, f. Schüler höh. Lehranstalten u. jeden Musikfreund hrsg. (24 S.) 8. Leipzig (904). M. Hesse. — 40

—— Ordnungs- und Stabübungen, s. Hohenacker, G.

Wuest, Maria Alois, s. Wuest, Alois

Wüst, Otto

Wüst, O., Verbrennen od. Verwesen!, s.a. Volksschriften zur Umwälzung der Geister. 23.

Wüst, Otto. Verbrennen oder Verwesen. Volksschriften zur Umwälzung der Geister Nr. 23. Handelsdruckerei und Verlagshaus: Bamberg 1900 und 2. Aufl. 1904.

Wüst, Paul, s.: Lilie, die.

Wüst, Paul, aus Wiesbaden: Die deutschen Prosaromane von Pontus und Sidonia. *Marburg 1903: (S. Schabel, Wiesbaden.)* (75 S.) 8°
Marburg, Phil. Diss. v. [5. Dez.] 1903

Wuest, Rob. Otto Philipp (geb. Prenzlau 21. 3. 1832): De ... Berolini 1858. (28 S.) 8°
Berlin, Med. Diss. v. 26. März 1858

Wüst, B., d. Buch v. d. Biene, s.: Witzgall, J.

Wüst, Wilh., Eisenbahnrede zur Feier des ersten Spatenstichs auf der Main-Weserbahn, Section Butzbach, am 6. Aug. 1846. gr. 8. (15 S.) Friedberg 847, Bindernagel's Buchh.

Wüst, Wilh.: Volkslieder aus der Rheinpfalz, s. Heeger, Geo.

Wüst, Wilhelm Friedrich

Wüst, W. Fr., neues Fabelbuch für die Jugend und das Volk. gr. 8. (VIII und 152 S. mit 36 Kpfrn. auf 18 Bl. in Tondr.) Tübingen 857, Osiander'sche Buchh. *
ill. *

—— Fruchtrechner nach dem neuen Gewicht. Ein Hilfsbuch nach neuer Form bearb. für Käufer und Verkäufer in Tabellen, aus welchen der Preis für jedes beliebige Gewicht sogleich zu ersehen ist. Nebst einer kurzen Anweisung, für jedes Gewicht den Preis schnell und sicher zu berechnen und einer Belehrung über die Weinrechnung. 8. (25 S.) Tübingen 860, Osiander'sche Buchh. 3 Ngr.; cart.

—— Gedichte in schwäbischer Mundart. 16. (IV und 80 S.) Tübingen 857, Riecker.

Wüst, Wilh. Friedr., zwei- u. dreistimmige Gesänge f. Schulen. Lex.-8. (2 B.) Tübingen 840, [Fues, Brlsh.]

Wüst, (Schullehrer) Wlh. Fr., XII dreistimmige Gesänge für Schulen. 8. Tübing. 831. (Fues). 3 K.

Wüst, Wilh. Friedr., 12 Gesänge f. 3 Kinderstimmen. 8. (1 lith. B.) Tübingen 832, Fues.

Wüst, W. Fr., Geschichte der Agnes Bernauerin. 8. (55 S.) Reutlingen 855, Fleischhauer und Spohn.

(U.-Titel:) Der | Konstanzer Hans. | Merkwürdige Geschichte | eines | schwäbischen Gauners. | (Fig.: *Hans klettert auf einer Leiter zu einem Fenster empor,* 77 × 78) | Zur Lehre und Warnung geschrieben | von W. Fr. Wüst. | Reutlingen. | Druck und Verlag von Fleischhauer & Spohn. | 1852.
111 S., 170 × 105.
LBS d. D. oct K 3511.

Wüst, W. Fr., der Konstanzer Hans. Merkwürdige Geschichte eines schwäbischen Gauners. Zur Lehre u. Warnung geschrieben. Reutlingen 870. Fleischhauer & Spohn. 8. (111 S.) 2 ngr.

—— der Hundssattler und der Leineweber. Eine Criminal-Geschichte aus der Mitte des vorigen Jahrhunderts. Neu erzählt. 16. (42 S.) Tübingen 856, Riecker.

—— Interpunctions- u. Dictir-Uebungen f. deutsche Schulen. 8. (6 B.) Tübingen 832, Fues.

—— Leben und Thaten des berüchtigten Johann Bückler, gen. Schinderhannes. Für Jung und Alt zur Lehre und Warnung auf's Neue geschrieben. 8. (78 S. mit 1 Holzschn.) Reutlingen 854, Fleischhauer und Spohn.

Wüst, W. Fr., Leben und Thaten des berüchtigten Johann Bückler, genannt Schinderhannes. Für Alt und Jung zur Lehre und Warnung aufs Neue geschrieben. Neue Ausg. 8. (72 S.) Reutlingen 870—75, Fleischhauer und Spohn.

—— Lehrerfreuden und Lehrerleiden. Seinen Amtsbrüdern gewidmet. 12. (VII und 207 S.) Reutlingen 857, Enßlin und Laiblin.

SCHWAN, Joh. Friedr. — Der Sonnenwirthle, oder Leben und Thaten des berüchtigten Räuber und Mörders Johannes Friedrich Schwan von Ebersbach. (Vf.: *Wilh. Friedr. Wüst.*) Tübingen 1852. (In Tübingen, Univers.-Bibl.)
Anon. Lex. V. p. 272 (nach Cat. genannter Bibl.).

—— der Sonnenwirthle oder Leben und Thaten des berüchtigten Räubers und Mörders Johann Friedrich Schwan v. Ebersbach. Zur Lehre und Warnung auf's Neue erzählt. 8. (40 S.) Reutlingen 854, Fleischhauer und Spohn.

—— der Sonnenwirthle, ein berüchtigter Räuber und Mörder. 8. (40 S.) Ebendas. 870.

— der Sonnenwirthle, e. berüchtigter Räuber u. Mörder. 8. (40 S.) Ebend. 873. — 10

—— Stoff zu Dictir-Uebungen in Volksschulen. Ein Handb. f. Lehrer, welche bei d. Einübung d. Rechtschreiblehre ein. zweckmäß. Realienstoff mittheilen wollen. 8. (9½ B.) Tübingen 839. [Fues. Vrlsh.]

Wüst, W. Fr., die nützlichen und schädlichen Thiere der Landwirthschaft. Für die Volks- und Winter-Abendschulen bearb. gr. 16. (24 S.) Tübingen 861, (Osiander'sche Buchh.) Thlr. * *

Wüst, W. Fr., allgemeine Weltgeschichte bis auf unsere Tage für das deutsche Volk in Schule und Haus. 8. (IV und 150 S.) Reutlingen 851, Fleischhauer und Spohn.

—— das Wichtigste aus d. Geschichte Württembergs. Tabellar. bargest. gr. Fol. (1 B.) Tübingen 839, [Fues, Vrlsh.]

Wüst, Wilhelm Traugott Ernst, s. Wüst, Ernst

Die Jungfraubahn. Elektr. Betrieb u. Bau. M. e. ersten Preis gekr. Eingabe auf d. internat. Preisausschreibg ... M.: Titelb., 7 Taf. u. 7 Fig. im Text. Von C. Wüst-Kunz u. L. Thormann, Ingenieure d. Maschinenfabr. Oerlikon. *Brugg: Buchdr. 'Effingerhof' 1898.* (70 S., 8 Taf.) 1 Bd 8. [98. 7897]

Wüst-Kunz, C., u. L. Thormann, die Jungfraubahn. Elektr. Betrieb u Bau. M. e. 1. Preise gekrönte Eingabe auf d. internat. Preisausschreibg. zur Erlangg. v. Entwürfen f. die Anlage der Jungfraubahn. Mit 1 Titelbild, 7 Taf. u. 7 Fig. im Text. gr. 8. (70 S.) Brugg 898. Zürich, Art. Institut Orell Füssli. n. 2. 20

Wustaudt, E., Feuerungsanlagen, s.: Jeep.

Wustandt, [illegible]

Berlin, Med. Diss. v. [illegible] April 1845

Wüste Zend, die, ein Fragment aus der Jugendgeschichte Hyder Alys; aus d. Französ. Weim. 800. Land.-Ind.-Compt. 12 gGr.

Wüste, E., ein treuer Bekannter. gr. 16. (14 S.) Friedenau-Berlin 898. Buchh. d. Goßner'schen Mission. n.n. — 05

Wüste, E., ein treuer Bekenner. 2. Aufl. 12. (16 S.) Friedenau-Berlin (901). Buchh. der Goßner'schen Mission. n.n. — 05

Grausamkeit als Götzendienst. Von Missionar E. Wüste. *Friedenau-Berlin: Goßnersche Mission [1901].* (14 S.) 8° [Umschlagt. J.] [03. 7 75]

'Den Weg des Friedens wissen sie nicht.' Von Missionar E. Wüste (in Chaibassa). Friedenau-Berlin: Buchh. d. Gossnerschen Mission [1898]. (8 S.) 1 Bd 8°

— den Weg des Friedens wissen sie nicht. 2. Aufl. 12. (8 S.) Ebd. (901). n.n. — 05

Kelia Pakajaus jie ne pažysta [Den Weg des Friedens wissen sie nicht]. Wokiszkay surasze Pasiuntinys [E.] Wüste, lietuwiszkay Pas. Lauž-mis. *Friedenau-Berlin: Knygżinyczia Gossneriszkoses Pasiuntinystes 1902.* (11 S.) 8° [Umschlagt. J.] [03. 7376]

Wüsteberg, Ernst Heinr., die neueste, einfachste und vortheilhafteste Arak-, Rum-, Cognak-, Liqueur- und Essigfabrikation rc. auf kaltem Wege. Nebst untrüglichstem und kürzestem Verfahren, jeden rohen, fuselichten Branntwein zum Gebrauche der Liqueure schnell zu entfuseln. Für Materialisten, Gasthofsbesitzer, Schenkwirthe rc. 16. (29 S.) Erfurt 854, Bornemann. *

Wüstefeld, Fritz: Verwendbarkeit des Eucaïn in der Augenheilkunde. *Würzburg 1896: P. Scheiner.* (21 S.) 8°
Würzburg, Med. Diss. v. 1896

Wüstefeld, Heinrich Andreas: Ueber den Beschlag und die Behandlung gesunder und kranker Füsse der Pferde. Göttingen 1834. XVIII, 152 S.

Wüstefeld, Heinr. Andr., über d. Beschlag u. d. Behandlung gesunder u. kranker Füße d. Pferde. 8. (10½ B.) Göttingen 834, Vandenhoeck u. Ruprecht.

Johann Karl Wuestefeld

Joann(es) Carol(us) Wuestefeld: De Ruptura lienis et de ejus certo quodam casu. Berolini (1829:) Brüschcke. 34 S. 8°

Berlin, Med. Diss. v. 22. Apr. 1829

Schneewittchen. Ein Märchenspiel mit Gesang u. lebenden Bildern. Textdichtung von Fritz Fuldner. Musik von Karl Wüstefeld. [Textbuch.] Heiligenstadt: F. W. Cordier (1900). (16 S.) 8°

Schneewittchen für Soli und Chor mit Klavierbegl. u. verbind. Text mit lebenden Bildern. Dichtung von Fritz Fuldner. Musik von Carl Wüstefeld. (Nebst 4 Stimmen.) Heiligenstadt: F. W. Cordier [1899]. (Getr. Pag.) 4° [Umschlagt.]

Wüstefeld, Ludw. v., Andeutungen für die Ausarbeitung eines Befestigungs-Projectes. Nach einem Mscr. des Verf. bearb. von Andreas Ritter Tunkler v. Treuimfeld. Mit einem Atlas von 8 (lithogr.) Plänen (in qu. gr. Fol.). gr. 8. (IX, 120 S.) Wien 872, (Seidel und Sohn.) *

Wüstemann, Dem Herrn Professor Ernst Friedrich, bei seiner Vermählungsfeier . . . 1827. Gotha. V: *Welcker, Philipp Heinrich.* (ABJP)

Wüstemann, Memoria Caroli Gottl. Bretschneider. Pr. 1848. 16 S. 4°. —.60

Wüstemann, C. Fr., s. Wüstemann, Ernst Friedrich

Wüstemann, E. F.

— Ueber d. Kunst d. Römer Gewächse zu treiben u. üb. d. Treibhäuser ders. S.-A. 5 S. 4°. 1.50

Wüstemann, E. F., Ueber die Lust- u. Ziergärten der Römer. S.-A. 1856. 7 S. 4°.

Wüstemann, Ernst Friedrich

Wüstemann, E. F., und Valent. Chrn. Friedr. Rost, Anleitung zum Uebersetzen aus dem Deutschen in das Griechische, s. Rost, Valent. Chrn. Friedr.

Wüstemann, E. F., Anleitung zum Uebersetzen aus d. Deutschen ins Lateinische. 1. Thl., für die oberen Gymnasialclassen. 1. Cursus. A. u. d. T.: Aufgaben zu lateinischen Stilübungen für die oberen Gymnasialclassen. 1. Cursus. 8. Leipzig 844, Hahn'sche Verlagsbuchh. 5/6 Thlr.

— s. Euripides, Alcestes.

Wüstemann, Er. Fr., deutsch-latein. Handwörterbuch. 2 Thle. gr. 8. Gotha 826, 27. Hennings. à 1 Thlr. 12 gGr. 3 Thlr.

— s. Horatius Fl., Satiren.

Wuestemann, E. Fr., Friderici Jacobsii laudatio. 8maj. (94 S.) Gothae 849, Stollberg.

—— Chr. Ferdin. Schulzii laudatio. 8maj. (32 S.) Gothae 851, (Glaeser.) *

— Oratio memoriae Serenissimi Principis Ernesti Primi, Ducis Saxoniae, Principis Coburgensium et Gothanorum dicata. 4. (8½ B.) Gothae 844, libr. Hennings.

— s. Der Pallast d. Scaurus.

— s. Plinius histor. excerpta.

Wuestemann, Ern. Frid., Promptuarium sententiarium ex veterum scriptorum romanorum libris congessit. 16. (LI und 278 S.) Gothae 856, Scheube. *

Wuestemann, E. F., promptuarium sententiarum ex vetermu scriptorum romanorum libris. Edit. II. emendatior et auctior. Curavit Maur. Seyffertus. In usum scholarum. Nordhausen 864. Förstemann's Verlag. 16. (XLIII, 215 S.) 22½ ngr.; Velinp. 1 ℛ

— Unterhaltungen aus der alten Welt für Garten- und Blumenfreunde. Drei Vorträge, gehalten in den Versammlungen des Vereins zur Beförderung des Gartenbau's in Gotha. gr. 8. (68 S.) Gotha 854, (Gläser.) *

Wüstemann, J. E. (Hrsg.), s. Weidler, Johann Friedrich: De latitudine . . . Wittebergae . . .

Wüstemann, Justin Elias, († d. 24. Mai 1762.) Einleitung in Crusius philosoph. Lehrgebäude. 8. Wittenb. 757. Zimmermann. 16 gl

Wüstemann, Just. El., Diss. hist. phil. qua errorem de aeternitate angelorum ad loc. Ditmari Chron. lib. I investigat. Witt 761. 4.

(—) Geschichte d. Roswithe, e. Stiftsfräuleins v. Gandersheim. 8. Leipz. 758. 3 gl

Wüstemann, Justin Elia [Praes.], s. Justus. Karl Gottlob: De Hermunduris et Thuringis secundum Ptolemaeum.

Wüstemann, Justinus Elias. De urbibus Germaniae magnae secundum Ptolemaeum Def. Jo. Chrph Müllerus. Wittebergae 1755. 4. . . . . (D.)

— Versuch über den höchsten Grundsatz d. Vernunft wider eine Schrift von Huber. 8. Wittenb. 757. Ahlefeld. 5 gl

Wüstemann, Karl Fr., s. 1) Pallast d. Scaurus. 2) Theophilus, Paraphrase.

Wüsten, Michael (geb. am 8 Mai 1858 in Bonn): Ueber die Verwendung des Kaliumhydrosulfats als Condensationsmittel . . . Bonn, Univ.-Buchdr. v. C. Georgi 1883. 50 S., 1 Bl. 8.
Bonn, Phil. Fak., Diss. v. 26 Mai 1883

Wüstenähren. Lebensbilder aus alter Zeit. 8. (164 S.) Gütersloh 875, Bertelsmann. * 1 50

v. Wüstenau, Edler A., Vorschlag e. leichten u. nützl. Verbesserung d. gewöhnlichen Brauheerdes, Färbekessels, Salzpfanne u. andere Fabrikeninstrumente. 8. Wien 773. (Heubner.) 4 gl

Wustenberg, F. B., Melanchtoros Anhang zu Zöllners Reise durch Pommern. gr. 8. Berlin, Lange. 798.

Wüstenberg, Balth. Fr., Melanchtoros; als Anhang zu Zöllners Reise durch Pommern. gr. 8. Berl. 798. (Reimer). 8 gl

Wüstenberg, F., Uebersichtskarte der Eisenbahnen und Eisenbahn-Verwaltungs-Gebiete Mittel-Europa's. 4. und 5. Aufl. 1870,71. *ℳ 5.; 6. und 7. Aufl. 1872,73. *ℳ 6., und 8. Aufl. 4 Bl. Fol. Mit Stationsweiser. 8. (44 S.) Neuwied 875, Heuser's Verlag. *

Wuestenberg, O. Amand.: Commentatio juris feudalis generalia de rebus infeudandis cont. atque reinfeudandis. Halae 1774.

Wüstenberg, Wilhelm, approb. Arzt aus Burow i. Neuvorpomm.: Die Ovariotomie an der Greifswalder Universitäts-Frauenklinik vom 1. April 1899 bis 15. November 1903. Greifswald 1903: J. Abel. (29 S.) 8°
Greifswald, Med. Diss. v. 25. Jan. 1904.

Wüstenberg-Rexin, ein Grossgrundbesitzer über die Resultate seiner Wirthschaft. Die Forderung nach e. Enquete, insbesondere m. Rücksicht auf verschiedenart. Verhältnisse u. Bedürfnisse in Deutschland. gr. 8. (16 S.) Danzig (902). (A. W. Kafemann.) n. — 20

Wanderungen durch Fürth. Vf. u. hrsg. v. Georg Wüstendörfer . . . Fürth: Dr. v. J. Bollmann in Zirndorf 1898. (1 Bl., 171 S., 1 Bl.) 1 Bd 8°

Wüstendörfer, Geo., Wanderungen durch Fürth. gr. 8. (173 S.) Fürth 898. (G. Rosenberg.) n. 2. —; geb. 3. —

Wüstendörfer, H.

— Haftung des Reeders für Verschulden der Schiffsbesatzung bei der Schleppschiffahrt nach deutschem Recht. Berlin 1902.

Wüstendörfer, Hans: § 278 des Bürgerlichen Gesetzbuches im Lichte des Römischen Rechts. (Die Haftung des Schuldners für „Personen, deren er sich zur Erfüllung seiner Verbindlichkeit bedient", nach römischem Recht.) Strassburg i. E. 1897: C. & J. Gœller. (128 S.) 8°
Strassburg, Rechts- u. staatswiss. Diss. v. 1897

Studien zur modernen Entwicklung des Seefrachtvertrags. Von Dr. jur. Hans Wüstendörfer, Ger. Ass. T. 1. Dresden: O. V. Böhmert 1905. 8°
— Mitteilungen d. Gesellschaft f. wirtschaftl. Ausbildung. Frankfurt a. M. H. 5, T. 1. (05. 10337

Wüstendörfer, Hans, Studien zur modernen Entwicklung des Seefrachtvertrages, s. a. Mitteilungen der Gesellsch. f. wirtschaftliche Ausbildung e. V. Frankfurt a. M. V, 2.

Wüstendörfer, Hans, Dr. jur., Privatdoz. an d. Handelshochsch. Köln: Studien zur modernen Entwicklung des Seefrachtvertrags. T. 2. Die Rechtsentwicklung in ihren Grundzügen, Abschn. 3 u. 4. Dresden: Böhmert 1910. XV, 217—616, XXXIX S., 3 Taf. 8° [Umschlagt.] * (Mitteilungen d. Gesellsch. f. wirtsch. Ausbildung. Frankfurt a. M. H. 5.)
Würzburg, Jur. Hab.-Schr. v. 1910 [U 11. 1032

WÜSTENEI, Heinr., Lebensansichten. Eine Arabeske. Altona 1827. 8°.
Wildmoser's (München) Leihbibl.-Cat., No. 11.357.

Wüstenfeld, A. W., s. a. Wüstenfeldt

Wüstenfeld, A. W.: „Fortgesetzter Bowels, daß die Feuerversicherungsbank für Deutschland in Gotha auf durchaus ungerechten Grundsätzen beruht, nebst einer vollständigen Widerlegung des Herrn Dr. Unger", Rinteln 1844. — Vorh.: Com. Bibl. Hamburg.

Wüstenfeld, A. W.: „Die Mängel der Feuerversicherungsbank für Deutschland in Gotha bei der mit dem Jahre 1845 ins Leben getretenen Veränderung ihrer Verfassung wie nach fortbestehend", Hannover 1845. — Vorh.: Com. Bibl. Hamburg.

Wüstenfeld, A. W., „Nachweis, daß die Feuerversicherungsbank für Deutschland in Gotha auf durchaus ungerechten Grundsätzen beruhet und ihre Auflösung entgegensehen kann, sofern deren wesentlichste Verfassungspunkte nicht abgeändert werden, nebst Vorschlägen . . . .", Rinteln 1843. — Vorh.: Com. Bibl. Hamburg.

Wüstenfeld, F. W., prakt. Anleitung zur Vermessung u. Consolidation der Güterstücke. Mit Kpf. 8. Gießen 817. Heyer. 12 gl

Wüstenfeld, Ferdinand

Wüstenfeld, Ferd., s.: Abu Bekr Muhammed ben el-Hasan Ibn Doreid's genealog.-etymolog. Handbuch.

Wüstenfeld, Ferd., Abulfedae tabulae quaedam geographicae, s.a. **Abulfedae.**

— Abulfedae tabulae quaedam geographicae. Nunc primum Arabice edidit, Latine vertit, notis illustravit H. Ferdin. Wüstenfeld. Accedunt excerpta ex Jăcuto, Ibn Schohba, Ibn Challikān, Abu Zakarja Nawita et Ibn el-Athir, et dissertatio de scriptoribus et libris, quos Abulfeda in geographia laudat. Gottingae 1835.

—— die **Academien d. Araber u. ihrer Lehrer. Nach Auszügen aus Ibn Schobba's Klassen d. Schafeïten bearb. Zur 100jähr. Stiftungsfeier d. Acad, Georgia Augusta. gr. 8. (9 B. u. 11 Blätt. m. arab. Schrift.) Göttingen 837, Vandenhoeck u. Ruprecht.**

Wüstenfeld, F. (Hrsg.), s. Al-Makrizi's Abhandlung...

Wüstenfeld, F. (Hrsg.), s. Al-Makrizi's Beschreibung...

Wüstenfeld, F. (Hrsg.), s. Al-Makrizi's Geschichte...

Wüstenfeld, F., s. Al-Qalqašandī Ahmad.

Wüstenfeld, Ferdinand: Bahrein und Jemāma. Nach arabischen Geographen beschrieben. ([S.-A.] Abhandlungen der Königlichen Gesellschaft der Wissenschaften zu Göttingen. Bd. 19.) Göttingen 1874. 50 S., 1 Kr. 8°.

Wüstenfeld, Ferd., Bahrein und Jemâma. Nach arab. Geographen beschrieben. gr. 4. (50 S. mit 1 lithogr. Karte.) Göttingen 874, Dieterich'sche Verlagsh. * 2 80

Wüstenfeld, Ferd., die Chroniken der Stadt Mekka, s. Chroniken.

—— s. el-Bekrí, das geographische Wörterbuch.

— die Familie el-Zubeir. Der Tod d. Muç'ab ben el-Zubeir aus den Muwaffakîjat d. Abu Abdallah el-Dimaschki. Arabisch u. deutsch. [Aus: „Abhandlungen d. k. Gesellsch. d. Wiss. zu Göttingen".] gr. 4. (112 S. m. 1 Tab.) Ebend. 878. n. 5. —

Wüstenfeld, F., Fachr ed-dîn der Drusenfürst und seine Zeitgenossen. Die Aufstände in Syrien und Anatolien gegen die Türken in der ersten Hälfte des XI. (XVII.) Jahrh. gr. 4. (178 S.) Göttingen 886, Dieterich's Verlag. * 7 —
Aus: Abhandlungen der k. Gesellschaft der Wissenschaften zu Göttingen, besonders abgedruckt.

Wüstenfeld, Ferd., das Gebiet von Medina. Nach arab. Geographen bearb. gr. 4. (86 S. mit 1 lithogr. Karte.) Göttingen 873, Dieterich's Verlag. *
Aus: Abhandlungen der k. Gesellschaft der Wissenschaften zu Göttingen, besonders abgedruckt.

Wüstenfeld, F., die Geographie u. Verwaltung v. Aegypten, nach dem Arab. d. Abul-'Abbâs Ahmed ben 'Ali el-Calcaschandi. In 2 Abtheilungen. [Aus: „Abhandlungen d. k. Ges. d. Wiss. zu Göttingen".] gr. 4. (225 S.) Göttingen 879. Dieterich's Verl. n. 9. —

—— Geschichte d. arab. Aerzte u. Naturforscher. N. d. Quellen bearb. gr. 8. (11¼ B. u. 1 lith. B. arab. Schrift.) Göttingen 840, Vandenhoeck u. Ruprecht.

Wüstenfeld, F., Geschichte der Fatimiden-Chalifen. Nach arab. Quellen. gr. 4. (352 S. mit 1 lithogr. Karten-Skizze.) Göttingen 881, Dieterich'sche Verlagsh. * 14 —

— Geschichte der Stadt Medina. Im Auszuge aus dem Arabischen des Samhûdi. (Aus den Abhdlgn. der K. Gesellsch. der Wissensch. zu Göttingen. Mit einem Register verm.) Göttingen 860. Dieterich. gr. 4. (162 S.) n. 1 ℛ 20 ngr.

Wüstenfeld, Ferd. Geschichte der Stadt Mekka, nach den arabischen Chroniken bearb. (XIV. 344) 8. M. 1 Pl. Leipzig 1861. 6,00.

— Geschichte der Türken m. besond. **Berücksicht. des vermeintlichen Anrechts derselben auf den Besitz** v. Griechenland. gr. 8. (48 S. m. Bildnis.) Leipzig 899. Dieterich. **n. 1. 50**

— die Geschichtschreiber der Araber u. ihre Werke. [Aus: „Abhandlungen d. k. Gesellschaft der Wiss. zu Göttingen".] gr. 4. (VIII, 307 S.) Ebend. 882. n. 12. —

— die von Medina auslaufenden Hauptstrassen. Nach arabischen Schriftstellern beschrieben. (Aus den Abhdlgn. der k. Gesellsch. der Wissensch.) Ebend. 862. gr. 4. (52 S.) n. 16 ngr.

—— das Heerwesen der Muhammedaner und die arabische Uebersetzung der Taktik des Aelianus. Aus einer arab. Handschrift der herzogl. Bibliothek zu Gotha übers. Mit (eingedr. Holzschn.-)Zeichnungen und dem (lithogr.) Plan eines muhammedan. Lagers. gr. 4. (VII, 73, 72 S.) Ebendas. 880. * 6 —

s. **Jacut's Moschtarik.**

Wüstenfeld, F., Der Reisende Jâcût als Schriftsteller und Gelehrter. Göttingen 1865.

Wüstenfeld, Ferd., s. Jacut's geographisches Wörterbuch.

—— Ibn Challikani vitae, s. Ibn Challikani.

—— Ibn Hischâm, Abd el-Malik, das Leben Muhammed's, s. Ibn Hischâm.

— Jemen im XI. [XVII.] Jahrh. Die Kriege der Türken, die arab. Imâme u. die Gelehrten. Mit e. geograph. Anh. gr. 4. (127 S.) Ebend. 884. n. 5. —

Wüstenfeld, F. Der Imâm el-Schâfi'í, seine Schüler u. Anhänger. 3 Abthlgn. gr. 4. Gött., Dieterich's Verlag. * 18 —
1. Bis zum J. 300 d. H. (S. 1—106.) 890. * 5 —.
2. Die gelehrten Schâfi'iten d. IV. Jahrh. d. H. (VIII, S. 107—206.) 891. * 6 —.
3. Die gelehrten Schâfi'iten d. V. Jahrh. d. H. (S. 207—337.) 891. * 7 —.
Vorstehende 3 Abtheilgn. sind aus: Abhandlgn. d. k. Gesellsch. d. Wiss. zu Göttingen, besonders abgedruckt.

Wüstenfeld, F., die Çufiten in Süd-Arabien im XI. [XVII.] Jahrh. gr. 4. (148 S. mit 3 Tab.) Göttingen 883, Dieterich'sche Verlagsh. * 6 —
Aus: Abhandlungen der k. Gesellschaft der Wissenschaften zu Göttingen, besonders abgedruckt.

Wüstenfeld, Ferd., über das Leben u. die Schriften des Scheich Abu Zakarija Jahja el-Nawawi. Nach handschriftl. Quellen. [Auch als Vorrede zu el Nawawi's biographical dictionary zu betrachten.] Lex. 8. (78 S.) Göttingen 849, Dieterich. n. ½ ℛ

— كتاب طبقات الحفاظ Liber classium virorum qui Korani et traditionum cognitione excelluerunt, auctore Abu Abdalla Dahabio. In epitomen coegit et continuavit Anonymus. E Codice Ms. Bibliothecae Duc. Gothan. lapide exscribendum curavit. Part. I—III. 4. Gottingae 833, 34. (Vandenhoeck et Ruprecht.) n. 3 7/12 ℛ

***Wüstenfeld,* Dr. Hnr. Fd., كتاب تهذيب الاسماء لابي زكريا يحيي النووي Liber concinnitatis nominum id est: Vitae illustr. viror. auctore Abu Zacarja Jahja En-Navavi. E Codice Ms. Bibl. Reg. Gottingensis Arabice edidit, latine vertit, annotationes addidit. Sectio I., qua cont. praefatio et Mohammedis vita. 4maj. Götting. 832. Dieterich. 1 ℛ 8 gr**

— s. **Macrizi's Geschichte der Copten.**

—— die Mitarbeiter an den Göttingischen gelehrten Anzeigen in den J. 1801 bis 1830. Beilage zu den Nachrichten von der königl. Gesellschaft der Wissenschaften. Lex.-8. (87 S.) Ebendas. 887. * 3 —

— die Gelehrten-Familie Muhibbi in Damascus u. ihre Zeitgenossen im XI. [XVII.] Jahrh. gr. 4. (132 S.) Ebend. 884 n. 5. —

—— die Scherife von Mekka im XI. [XVII.] Jahrh. Fortsetzung der Geschichte der Stadt Mekka. gr. 4. (94 S. mit 1 Stammtaf. der Scherife.) Ebendas. 885. * 4 —
Aus: Abhandlungen der k. Gesellschaft der Wissenschaften zu Göttingen, besonders abgedruckt.

—— Specimen El-Lobabi sive genealogar. Arabum, s. Specimen.

— die Statthalter v. Aegypten zur Zeit der Chalifen. 4 Abthlgn. [Aus: „Abhandlgn. d. k. Ges. d. Wiss. zu Gött."] gr. 4. (IV, 52, 62. 62 u. 63 S.) Ebend. 875. 76. à n. 2. 40

—— die Strasse von Baçra nach Mekka mit der Landschaft Dharija nach arab. Quellen bearb. Mit einer von Prof. Kiepert entworfenen (lithogr.) Karte. gr. 4. (45 S.) Göttingen 871, Dieterich's Verlag. *
Aus: Abhandlungen der k. Gesellschaften der Wissenschaften zu Göttingen.

—— genealogische Tabellen der arabischen Stämme und Familien. Mit histor. und geograph. Bemerkungen in einem alphabet. Register. Aus den Quellen zusammengestellt. 1. Abthl.: Die Ismâ'îlitischen Stämme. qu. Fol. (52 Bl.) Göttingen 851(52,) Dieterichsche Buchh. *

—— dass. — 2. (letzte) Abthl.: Die Jemenischen Stämme. qu. Fol. (43 Bl.) Ebds. 852. *

Wüstenfeld, Ferd., Register zu den genealogischen Tabellen der arabischen Stämme und Familien. Mit histor. und geograph. Bemerkungen. gr. 8. (XV und 476 S.) Göttingen 853, Dieterichsche Buchh. Thlr. *
Die genealog. Tabellen des Verf. erschienen ebendas. 1851—52 und kosten * 5 Thlr. 10 Ngr.

— genealogische Tabellen der arabischen Stämme u. Familien. In 2 Abtheilgn. Mit histor. u. geograph. Bemerkgn. in e. alphabet. Register. Aus den Quellen zusammengestellt. (Anastatischer Neudr.) Göttingen. Leipzig (899). Dieterich. n. 15. —
Tabellen. qu. Fol. (95 Bl.) [852.]
Register. gr. 8. (XIII, 476 S.) [853.]

— der Tod d. Husein ben 'Ali u. die Rache. Ein histor. Roman aus dem Arab. Nach den Handschriften zu Gotha, Leiden, Berlin u. St. Petersburg übers. gr. 4. (IX, 213 S.) Ebend. 883. n. 9. —

Wüstenfeld, Ferdinand, Zur Topographie von Damascus. Aus einigen arabischen Handschriften zu Gotha. [Zeitschrift für vergleichende Erdkunde I.] [Magdeburg 1842.]

—— die Uebersetzungen arabischer Werke in das Lateinische seit dem XI. Jahrh. gr. 4. (133 S.) Ebendas. 877. * 5 —
aus: Abhandlungen der k. Gesellschaft der Wissenschaften zu Göttingen, besonders abgedruckt.

Wüstenfeld, Ferd., Vergleichungs-Tabellen der muhammedanischen und christlichen Zeitrechnung, nach dem ersten Tage jedes muhammedan. Monats berechnet und im Auftrage etc. der deutschen morgenländ. Gesellschaft hrsg. 4. (IV und 53 S.) Leipzig 854, (Brockhaus.) *

—— Vergleichungstabellen der Muhammedanischen und Christlichen Zeitrechnung (1854), Fortsetzung dazu, s. Mahler, Ed.

Vergleichungs-Tabellen der Muhammedanischen und Christlichen Zeitrechnung, nach d. ersten Tage jedes Muhammedan. Monats berechnet ... hrsg. von Dr. [Heinrich] Ferdinand **Wüstenfeld**. (Anastat. Neudr.) Leipzig: F. A. Brockhaus in Comm. 1854 (1903). (IV, 53 S.) 4°(2°) [08.4443] 11

— die Wohnsitze u. Wanderungen der arabischen Stämme. [Aus den Abh. der k. Ges. der Wiss.] Göttingen 869. Dieterich's Verl. gr. 4. (84 S.) n. 1 Thlr.

— s. Abu Zacarja.

Wüstenfeld, Heinrich: Über selektive Emission. Marburg 1908. 60 S. 8°
Marburg, Phil. Diss. v. 4. Nov. 1908, Ref. Richarz, Schaum
[Geb. 27. Aug. 83 Reinsdorf, Grafsch. Schaumburg; Wohnort: Marburg; Staatsangeh.: Preußen; Vorbildung: Gymn. Bückeburg Reife O. 03; Studium: Jena 4, Marburg 6 S.; Rig. 6. Mai 08.] [U 09. 3224

Wüstenfeld, Heinrich Ferdinand, s. Wüstenfeld, Ferdinand

Wüstenfeld, Hermann, a. Schweinfurt: Bildung von Citronensäure durch Citromyces. (Berlin 1908: E. Ebering.) (87 S.) 8°
Berlin, Phil. Fak., Ref. Gabriel, Diss. v. 12. Aug. 1908
[Geb. 28. Juni 79 Schweinfurt; Wohnort: Berlin; Staatsangeh.: Bayern; Vorbildung: Gymn. Schweinfurt Reife M. 00; Studium: Erlangen 4, München 4, Berlin 6 S.; Rig. 30. Juli 08.]

Wüstenfeld, Richard, aus Hann. Münden: Ueber die Bildung von Glycylketten mittelst Säureaziden. *Heidelberg 1903: K. Rößler.* (41 S.) 8°
Heidelberg, Naturw.-math. Diss. v. 1903

Wüstenfeldt, A. W., s.a. Wüstenfeld

Wüstenfeldt, A. W., fortgesetzter Beweis, daß die F.-V.-Bank f. Deutschland in Gotha auf durchaus ungerechten Grundsätzen beruhet, nebst e. vollständ. Widerlegung des Hrn. Unger in seiner Schrift: „Grundsätze des gesammten Versicherungswesens." gr. 8. (3 B.) Rinteln 844, Bösendahl.

—— die Mängel der Feuer-Versicherungs-Bank f. Deutschland in Gotha bei der mit dem Jahre 1845 ins Leben getretenen Veränderung ihrer Verfassung vor wie nach fortbestehend, nebst unzweideutigem Nachweis des Irrthums, welchen Hr. Unger sich bei seiner Vertheidigung eines jener Hauptmängel der Bank hat zu Schulden kommen lassen. gr. 8. (5 B.) Hannover 845, Kius. *

Wüstenfeldt, A. W. Nachweis, daß die Feuerversicherungsbank für Deutschland in Gotha auf durchaus ungerechten Grundsätzen beruht und ihrer Auflösung entgegensehen kann, sofern deren wesentlichste Verfassungspunkte nicht abgeändert werden, nebst Vorschlägen. Rinteln 1843 und 1844.

—— Nachweis daß die F.-V.-Bank f. D. in Gotha auf durchaus ungerechten Grundsätzen beruht u. ihrer Auflösung entgegensehen kann, insofern deren wesentlichste Verfassungspunkte nicht abgeändert werden. gr. 8. (4 B.) Rinteln 843, Bösendahl.

Wüstenhagen, Heinrich, a. Cöthen (Anhalt): Beiträge zur Siedelungskunde des Ostharzes. Halle a. S. 1905: Waisenhaus. (59 S.) 8°
Halle, Phil. Fak., Ref. Brückner, Diss. v. 20. Okt. 1905
[Geb. 12. April 83 Cöthen; Wohnort: Cöthen; Staatsangeh.: Anhalt; Vorbildung: Gymn. Cöthen Reife O. 01; Studium: Marburg 1, Halle 8 S.; Rig. 24. Juli 05.]

Wüstenharfe, die. Eine Sammlung arabischer Volkslieder. Nach in Rußland befindl., zum Theil slawisirten, zum Theil latinisirten Codices zum ersten Male ins Deutsche übertr. von Jul. Altmann. 8. (XX und 183 S. mit 1 Holzschnt.) Leipzig 856, Falcke und Rößler.

Wüstenhöfer u. Winkelmann, Jagd u. Fischerei. Die f. d. Prov. Westfalen gelt. Gesetze u. Verordngn., nebst d. bezügl. Ministerial-Erlassen u. zahlr. Entscheidgn. d. obersten Gerichtshöfe etc., m. e. Anh., betr. d. Bestimmgn. üb. d. Prüfg. der Handfeuerwaffen. 8. (IV, 100 S.) Hagen 895. K. Stracke. Geb. in Leinw. n. 2. 50

Wüstenhöfer, Fr.: Aus der chirurg. Klinik. Ueber Trigeminus-Neuralgie und deren operative Behandlung durch Neurectomie ....
Bonn, Jos. Bach Wwe., Buch- u. Steindr., 1887; 44 S. 8°.
Bonn, Med. Fak., Inaug.-Diss. v. 9. Jul. 1887.

Wüstenhöfer, Fr., aus der chirurg. Klinik. Ueber Trigeminus-Neuralgie und deren operative Behandlung durch Neurectomie. Diss. Bonn 1887, Emil Strauss. 8°. 44 S.

Wüster, Herm., praktische Buchführung f. Gewerbetreibende, s.: Hoffmeister, Wilh.

Wüster, Karl, Buchführung, s.: Hoffmeister, Wilh.

— Amerikanische Buchführung, s.: Hoffmeister, Wilh.

— Buchführg. f. ländl. Fortbildungsschulen, s.: Hoffmeister, Wilh.

— Gewerbliche Buchführung, s.: Hoffmeister, Wilh.

— Die Buchführung des Kaufmanns. Auflösung der Geschäftsgänge u. Übungsbeispiele v. Hoffmeister u. Wüster nebst theoret. u. method. Erläutergn. (240 S.) 8. Wittenberg 910. R. Herrosé. 3.50

— Buchungsstoff u. Aufgaben zur Wirtschaftsbuchführung f. Mittelschulen. — Wirtschaftsbuchführung, s.: Hoffmeister, Wilh.

— Geschäftsgänge u. Aufgaben f. den Unterricht in der gewerblichen Buchführung, s.: Hoffmeister, Wilh.

Wüster, Karl, Geschäftsgänge u. Uebungsbeispiele f. einfache u. doppelte Buchführung. (20 S.) 8. Hildesheim 906. H. Helmke. n. — 40

Wüster, K., Geschäftsgänge f. den Unterricht in der gewerbl. Buchführung f. Friseure, s.: Lehrhefte f. den Einzelunterricht.

— Der Handwerker, s.: Bedeschn, A.

— Ratgeber f. Gewerbetreibende, s.: Hoffmeister, Wilh.

— Übungs- u. Prüfungsaufgaben aus der Buchführung usw. f. die Meisterprüfung, s.: Hoffmeister, Wilh.

— Übungsstoff u. Aufgaben zur Wirtschaftsbuchführung, s.: Hoffmeister, Wilh.

— Wirtschaftsbuchführung f. Fortbildungsschulen, s.: Hoffmeister, Wilh.

Wüster, Wilhelm, Referendar in Elberfeld: Entwickelungsgang des Unterschiedes zwischen Vertrag zu Gunsten Dritter und Stellvertretung, insbesondere Vertrag im Namen Dritter, vom römischen Recht bis auf die heutige Zeit. Elberfeld 1906: E. Dick. (91 S.) 8°
Jena, Jur. Fak., Ref. Thon, Diss. v. 28. Sept. 1906.
[Geb. 15. Dez. 82 Windrath, Kr. Mettmann; Wohnort: Elberfeld; Staatsangeh.: Preußen; Vorbildung: Gymn. Elberfeld Reife O. 02; Studium: Bonn 3, Berlin 1, Marburg 1, Bonn 1 S.; Rig. 17. Juli 06.]

Wusterbarth [Schlagwort]

Wusterbarth, s.: Geologische Karten. Karte (Preussen).

Wusterhausen [Schlagwort]

Wusterhausen, s.a. Deutschland. Kürschner-Peip. — Geologische Karten. Preussen. 69.

Wusterhausen. Karte der Umgegend von Königs-Wusterhausen. 1 : 100,000. Lith. u. color. qu. Fol. Berlin 889. Schropp. n. 1.50

Wusterhausen [Verfasser]

Wusterhausen, A., Anleitung zur Herstellung von Zinkdächern nach der neuesten bewährtesten Methode (sogenanntes Leistendach.) Mit 18 erläut. Abbildungen. gr. 8. (16 S. mit 1 Taf. in qu. Fol.) Berlin 855, R. Kühn.

Wustermark [Schlagwort]

Wustermark, s.: Preussen. Messtischblätter.

Wusterwitz, Engelb., märkische Chronik nach Angelus und Haftitz hrsg. von Jul. Heidemann. gr. 8. (118 S.) Berlin 878, Weidmann'sche Buchh. * 4 —

Wüsthof, Robert: Die Centralbewegung im physikalischen Pensum der Prima. Ein Beitrag zu ihrer didakt. Behandlung. *Gartz a. O. (1899): K. Fiebelkorn.* (25 S.) 8°
Gartz a. O., G, OP 1899**

Wustl, J. N., Predigt am Sonntage Sexagesimä, als die Bürger u. Bewohner d. Vorstadt Wieden zu Wien nach geendigtem vorjähr. Feldzuge ein feierl. Dankfest begingen. gr. 8. Wien 796. Trattner. 2 K

Wüstling, Der, eine Geschichte aus Pyrmont. Nach d. Engl. [des Pratt]. Berlin [Wien] 1788. Ü: *Schulz, Joachim Christoph Friedrich.* (ML) (Wr) (RN) 1789 (Ky)

Wüstling, d., e. Gesch. a. Pyrmont, n. d. Engl. v. Fr. Schulz. 8. Berl. Realschule. 789. — 12

Wüstling, der; aus d. Engl. (von Fr. Schulz). 8. Berl. 789. (Reimer). 12 gr

Wüstling, Der. Aus dem Englischen übersetzt von J. Sporschil. Leipzig 1829. V: *Pratt, Samuel Johnson.* (BGE VIII², 588)

Wüstling, der. A. d. Engl. übers. v. J. Sporschil. 3 Thle. 8. (57¼ B.) Leipzig 829, Lehnhold.

Wustmann, Franz Rudolf, s. Wustmann, Rudolf

Wustmann, G. Leipziger Ausrufer vor hundert Jahren.
3 S. m. 6 Abb. 4°.
Aus: Zeitschrift des Leipziger Messverbandes 1896 H 18
Behandelt die von J. S. Richter gestochenen „Leipziger Nationaltrachten"

Wustmann, Georg: Das Freischießen zu Leipzig im Juli 1559. Nach einem gleichzeitigen amtlichen Bericht zum erstenmale herausgegeben. Leipzig, E. A. Seemann, 1884. 1723

Wustmann, Geo., die Heilsbedeutung Christi bei den apostol. Vätern, s. a. Beiträge zur Förderung christl. Theologie. IX. 2. 3.

Die Heilsbedeutung Christi bei den apostolischen Vätern. Von Georg Wustmann, Lic. Gütersloh: C. Bertelsmann 1905. (229 S.) 8° [F.]
= Beiträge z. Förderung christl. Theologie. Jg. 9, H. 2/3. [05. 2396 3

Wustmann, Geo., Jesus u. Paulus, s. a. Für Gottes Wort u. Luthers Lehr! I, 8.

Jesus und Paulus. Die Abhängigkeit d. Apostels von s. Herrn. Von Georg **Wustmann**, Pastor. Gütersloh: C. Bertelsmann 1907. (84 S.) 8° [F.]
= Für Gottes Wort u. Luthers Lehr! Reihe 1. H. 3. [07. 13963

— Konfirmandenbüchlein. Ein Leitfaden. (32 S.) kl. 8. Leipzig (910). G. Wigand. p — 20

— Luther in Jena. (10 S.) 8. Dresden (904). Verbands-buchh. (E. Zacharias.) — 15

— Die vollkommene Religion, s.a. Für Gottes Wort u. Luthers Lehr! II, 5.

Die vollkommene Religion. Ein Versuch über d. Absolutheit d. Christentums. Von Lic. Georg Wustmann, Pastor. Gütersloh: Bertelsmann 1909. 79 S. 8°
(Für Gottes Wort u. Luthers Lehr! Reihe 2. H. 5.)

— Schuster bleib bei deinem Leisten. Deklamatorium. (12 S.) 8. Ebd. (904). — 15

- im Waldhaus. Deklamatorium. (12 S.) 8. Ebd. (904). — 15

Wustmann, Gust., s.a. Als der Großvater d. Großmutter nahm.

Als der Großvater die Großmutter nahm. Ein Liederbuch f. altmodische Leute. (Hrsg.. Gustav Wustmann.) 4. verm. u. verb. Aufl. Leipzig: Grunow 1905. XVI, 662 S. 8° 06. 1265 H

Wustmann, G., s.: Alumneumserinnerungen.

Wustmann, Gust., Beiträge zur Geschichte der Malerei in Leipzig vom 15. bis 17. Jahrh., s.a. Beiträge zur Kunstgeschichte.

Wustmann, Gustav. Beiträge zur Geschichte der Malerei in Leipzig vom 15. bis zum 17. Jahrhundert. (Beiträge zur Kunstgeschichte No. II.) Leipzig 1879. 8°.

— urkundl. Beiträge zur frühesten Geschichte der Nicolaischule (zu Leipzig). Progr. 4. (XIV S. m. Lichtdr.-Taf.) Leipzig 895. Dürr'sche Buchh. n. 1.20

Wustmann, Gustav: Urkundliche Beiträge zur frühesten Geschichte der Nicolaischule. Leipzig, Druck v. C. Grumbach, 1895; I—XIV S., 1 Taf. 4.
Leipzig, Nicolai-G, OP 1895 (552)

— Bilderbuch aus d. Geschichte d. Stadt Leipzig f. Alt u. Jung. Ausgew. u. kurz erläutert. gr. 4. (VIII, 240 S. m. Abb.) Leipzig 897. H. Zieger.
Geb. in Halbleinw. n. 10. —;
Liebhaber-Ausg. geb. in Ldr. n. 25. —
Erschien auch in 10 Lfgn. à n. — 80.

Wustmann, Gust., kleine Chronik v. Leipzig. Ein Merkbüchlein zur Stadtgeschichte. (20 S. m. 2 Abb.) gr. 8. Leipzig 908. G. Merseburger. — 80

– Geschichte der heimlichen Calvinisten (Kryptocalvinisten) in Leipzig. — Hieronymus Lotter der Jüngere u. die Fürstenbildnisse im Leipziger Rathause, s.: Neujahrsblätter der Bibliothek u. des Archivs der Stadt Leipzig. I.

— Geschichte der Stadt Leipzig. Bilder u. Studien. 1. Bd. (VIII, 552 S. m. 32 Abbildgn.) gr. 8. Leipzig 905. J. B. Hirschfeld. n. 10. —; geb. in Halbfrz. n. 12. —

— Geschichte der Leipziger Stadtbibliothek. Aus Briefen Friederike Oesers, s.: Neujahrsblätter der Bibliothek u. des Archivs der Stadt Leipzig. II.

— Der Leipziger Kupferstich im 16., 17. u. 18. Jahrh., s.a. Neujahrsblätter der Bibliothek u. des Archivs der Stadt Leipzig. III.

Gustav Wustmann: Der Leipziger Kupferstich im 16., 17. und 18. Jahrhundert. Mit 1 Abb. Leipzig: J. B. Hirschfeld 1907. (112 S.) 8°
= Neujahrsblätter d. Bibliothek u. d. Archivs d. Stadt Leipzig. 3. 07. 1380

Wustmann, Gust., Apelles' Leben und Werke. br. 8. (V, 112 S.) Leipzig 870, Engelmann.

— Leipzig durch drei Jahrhunderte. Ein Atlas zur Geschichte d. Leipziger Stadtbildes im 16., 17. u. 18. Jahrh. Mit kurzen Erläutergn. hrsg. Fol. (VIII, 24 S. m. 4 Textabbildgn. u. 72 Taf. in Fol. u. qu. gr. Fol.) Leipzig 890. (Duncker & Humblot.) geb. in Halbfrz. n.n. 40. —

Wustmann, Gust., Leipzig durch 3 Jahrhunderte. Ein Atlas zur Geschichte d. Leipz. Stadtbildes im 16., 17. u. 18. Jahrh. Mit kurzen Erläutergn. hrsg. Fol. (VIII, 24 S. m. 4 Abbildgn. u. 72 Taf. in Zinkätzg., Kpfrdr., Lichtdr., Heliograv. u. Farbendr.) Leipzig 891. (Duncker & Humblot.) Geb. n.n. 40. —

Leipzig und die Leipziger Immobiliengesellschaft. Ein Beitrag z. Gesch. d. Stadt im letzten Drittel d. 19. Jhs. Von Gustav Wustmann. *Leipzig: Leipz. Immobiliienges. 1899.* (VI, 181 S.) 8° [F.] 03. 10596

— Leipzig u. die Leipziger Immobiliengesellschaft. Ein Beitrag zur Geschichte der Stadt im letzten Drittel des 19. Jahrh. 2. Ausg. m. 19 Abbildgn. u. 1 (farb.) Stadtplan. (VII, 182 S.) gr. 8. Leipzig 903. Leipz. Immobiliengesellschaft. Geb. in Leinw. m. Goldschn.
Nicht im Handel.

— der Leipziger Baumeister Hieronymus Lotter 1497—1580. Ein Beitrag zur Geschichte Leipzigs und der deutschen Renaissance. Lex.-8. (IV, 92 S. mit eingedr. Holzschn.) Leipzig 875, Seemann. * 3 —

— s.: Neudrucke, Leipziger.

— Quellen zur Geschichte Leipzigs. Veröffentlichgn. aus dem Archiv u. der Bibliothek der Stadt Leipzig. 1. Bd. Mit 6 Abbildgn. Gedruckt auf Kosten der Stiftg. der Stadt Leipzig. Lex.-8. (XV, 493 S.) Lpz. 889, Duncker u. Humblot. * 10 —

— Quellen zur Geschichte Leipzigs. Veröffentlichgn. aus d. Archiv u. der Bibliothek der Stadt Leipzig. 2. Bd. Lex.-8. (VII, 548 S. m. 7 Abb.) Leipzig 895. Duncker & Humblot. n. 10 —

Die sprichwörtlichen Redensarten im deutschen Volksmunde, s. Borchardt, Wilh.

— Allerhand Sprachdummheiten. Kleine deutsche Grammatik d. Zweifelhaften, d. Falschen u. d. Häßlichen. Ein Hilfsbuch f. alle, die sich öffentlich der deutschen Sprache bedienen. 8. (320 S.) Lpz. 891, Grunow. geb. * 2 —; Ausg. auf Schreibp. * 3 —; geb. * 4 —
Vgl.: Blümner, H. Zum schweizer. Schriftdeutsch. — Erbe, Karl. Randbemerkungen. — Faulde, Aug. Beiträge z. deutsch. Grammatik. — Minor, J. Allerhand Sprachgrobheiten. — Sprachverstand, allerhand.

Allerhand Sprachdummheiten. Kleine deutsche Grammatik d. Zweifelhaften, d. Falschen u. d. Hässlichen. Ein Hilfsbuch f. alle, die sich öffentlich d. deutschen Sprache bedienen. Von Dr. Gustav Wustmann, Stadtbibl., Leipzig. 5. Zehntaus. Leipzig: F. W. Grunow 1892. (320 S.) 8°

— allerhand Sprachdummheiten. Kleine deutsche Grammatik d. Zweifelhaften, d. Falschen u. d. Häßlichen. E. Hilfsbuch f. alle, d. sich öffentl. d. deutschen Sprache bedienen. 2., verb. u. verm. Ausg. 8. (XII, 410 S.) Leipzig 896. F. W. Grunow. Geb. in Leinw. n. 2. 50

— allerhand Sprachdummheiten. Kleine deutsche Grammatik des Zweifelhaften, des Falschen u. des Häßlichen. Ein Hilfsbuch f. alle, die sich öffentlich der deutschen Sprache bedienen. 3., verb. u. verm. Ausg. (XX, 473 S.) 8. Leipzig 903. F. W. Grunow. Geb. in Leinw. n. 2. 50

— Allerhand Sprachdummheiten. Kleine deutsche Grammatik des Zweifelhaften, des Falschen u. des Häßlichen. Ein Hilfsbuch f. alle, die sich öffentlich der deutschen Sprache bedienen. 4., verb. u. verm. Aufl. (XI, 463 S.) 8. Leipzig 908. [F. W. Grunow.] Straßburg, K. J. Trübner. Geb. in Leinw. 2. 50

— das Leipziger Stadtwappen. Seine Geschichte, s. Gestalt, s. Bedeutg. gr. 8. (31 S. m. 20 Holzschn. u. 2 Kpfrst.) Leipzig 897. E. A. Seemann. n. 3. —

WUSTMANN, G. Aus Leipzigs Vergangenheit. Gesammelte Aufsätze. Leipzig 1885. 8°. VII, 472 S.
Die sehr seltene erste Reihe der Wustmann'schen Aufsätze. Inhalt u. a.: Aus der Baugeschichte Leipzigs. / Luther in Leipzig. / Hans Krell der Fürstenmaler. / Kunst und Künstler Leipzigs in der Barockzeit. Verbotene Bücher: Dodsley & Cie. Goetheana / Leipziger Stadtmusikanten. / Das Thomaskantorat. / Das Rosenthal.

Wustmann, Gust., aus Leipzigs Vergangenheit. Gesammelte Aufsätze. 8. (VII, 472 S.) Leipzig 885. Grunow. n. 6. — ; geb. in Leinw. n.n. 7. 25; in Halbfrz. n.n. 8. 50

— aus Leipzigs Vergangenheit. Gesammelte Aufsätze. Neue Folge. 8. (XV, 488 S.) Leipzig 898. F. W. Grunow. n. 6. —; geb. in Leinw. n. 7. 25; in Halbfrz. n. 8. —

Wustmann, Gust., aus Leipzigs Vergangenheit. Gesammelte Aufsätze. 3. Reihe. (VI, 459 S. m. Abb. u. 1 Bildnis.) 8. Leipzig 909. F. W. Grunow. 6.—; geb. in Leinw. n 7.25; in Halbfrz. n 8.50

— der Wirt v. Auerbachs Keller, Dr. Heinrich Stromer v. Auerbach. 1482—1542. Mit 7 Briefen Stromers an Spalatin. 8. (100 S.) Leipzig 902. Berlin, H. Seemann Nachf. n. 1. —; geb. n. 2. —

Wustmann, Rudolf

— Musikalische Bilder. Mit 10 Taf. nebst (10 Bl.) Notenbeispielen u. 25 Abbildgn. im Text. (47 S.) Lex. 8. Leipzig 907. E. A. Seemann. 4. —

Wustmann, Rud.: Albrecht Dürer, s.a. Aus Natur und Geisteswelt.

Albrecht Dürer von Dr. Rudolf **Wustmann**. Mit 1 Titelbild u. 32 Abb. Leipzig: Teubner 1906. 100 S. 8°
(Aus Natur u. Geisteswelt. Bdch. 97.) [11. 18395 11

Wustmann, Rud., deutsche Geschichte im Grundriß. I. Vom Anfang bis in die Mitte des 17. Jahrh. 8. (X, 228 S.) Leipzig 902. Roßberg'sche Verlagsbuchh. Geb. in Leinw. n. 2. —

— deutsche Geschichte im Grundriß. II. Anh.: Seit der Gründg. des neuen Reiches. (VI, 46 S.) 8. Leipzig 903. Roßberg'sche Verlagsbuchh. — 60

Wustmann, Rud., deutsche Geschichte im Grundriß. II. Von der Mitte des 17. Jahrh. bis zur Gegenwart. (IX, 137 u. 50 S.) 8. Leipzig 907. Roßberg'sche Verlagsbuchh. Geb. 2. —

— von deutscher Kunst. 1. Dürers Natursymbolik. 2. Goethe als Erneuerer. 3. Weltliche Musik im alten Leipzig. (54 S.) Lex.-8. Leipzig 904. F. W. Grunow. n. 2. —

— Musikgeschichte Leipzigs, s.a. Geschichte des geistigen Lebens in Leipzig.

Musikgeschichte Leipzigs. In 3 Bden. Bd 1. Von Rudolf **Wustmann**. Leipzig & Berlin: Teubner 1909. 8°
(Geschichte d. geistigen Lebens in Leipzig.)
(Schriften d. Kgl. Sächs. Kommission f. Geschichte. 18.)

Wustmann, *Franz* Rudolf: Verba perfektiva namentlich im Heliand. E. Beitr. z. Verständn. d. german. Verbalkomposition. Leipzig, F. W. Grunow, 1894; 1 Bl., 96 S. 8.
Leipzig, Phil. Fak., Inaug.-Diss. v. [17. Juli] 1894

Wustmann, Rud., Verba perfectiva, namentlich im Heliand. Ein Beitrag zum Verständnis der german. Verbalkomposition. gr. 8. (II, 94 S.) Leipzig 894. F. W. Grunow. n. 2. —

Wüstmann, Georg: Die Wirkung des musculus vocalis. Rostock 1909: Adler. 40 S. 8°
Rostock, Med. Diss. v. 6. Okt. 1910, Ref. Körner
[Geb. 22. Dez. 78 Hannover; Wohnort: Rostock; Staatsangeh.: Preußen; Vorbildung: Gymn. Celle Reife O. 99; Studium: Marburg 2, München 3, Kiel 1, Rostock 4 S.; Coll. 30. Juni 09; Approb. 30. Sept. 10.] [U 11. 4135

Wüstnei, C., die Adler Mecklenburg's. (S. 45—104.) 8. Güstrow (904). (Opitz & Co.) n. 1. —
Sonderabdruck aus: „Archiv d. Ver. d. Freunde d. Naturgesch. in Meckl."

Wüstnei, C., Beiträge zur Vogelfauna Mecklenburgs. [Aus: „Archiv d. Ver. d. Freunde d. Naturgesch. in Mecklbg."] gr. 8. (41 S.) Güstrow 898. (Opitz & Co.) n. 1. 20

Wüstnei, C., u. G. Clodius, der weisse Storch. Ciconia alba Bechst., in Mecklenburg. Eine Statistik seiner Niststätten im J. 1901. gr. 8. (57 S.) Güstrow 902. (Opitz & Co.) n. 1. —
Sonderabdruck aus: „Archiv d. Ver. d. Fr. d. Naturgesch. in Mecklenburg".

— — die Vögel der Grossherzogthümer Mecklenburg m. kurzen Beschreibungen. gr. 8. (263 S.) Ebd. 900. n. 4. —

Die Vögel der Grossherzogthümer Mecklenburg mit kurzen Beschreibungen von C. **Wüstnei**, Baurath z. D. zu Schwerin, u. G[ustav] Clodius, Pastor zu Camin. Güstrow: Opitz & Co. in Comm. 1900. (363, XII S.) 8°
(Archiv d. Vereins d. Freunde d. Naturgesch. in Mecklenburg. Jg. 54, Abth. 1.)

Wüstnei, H., Lebensansichten. Eine Arabeske. 8. Altona 827. Hammerich. 1 ∲ 4 ℊ

Wüstnei, Wilhelm Verzeichnis der in der näheren Umgebung Sonderburgs bisher aufgefundenen Käfer. (Erste Hälfte.) 8 (30 S.). (Zweite Hälfte.) 8 (S. 35—56).
Progr. Rprg. *Sonderburg* 1886 (276). 1887 (280).

Wüstner, Anna, Frauen-Evangelium, s.a. Broschüren-Folge „Continent", Nr. 11.

Frauen-Evangelium. Von phil. Dr. Anna **Wüstner**. Berlin: Continent [1905]. (32 S.) 8°
(Continent, Broschüren-Folge. No 11.)

Wüstner Anna: Sentiment und sentimental in der Prosaliteratur des 18. Jahrhunderts. **Diss.** Wien, Univ.
D: Berlin, 1906.
1904 PN 1717 1956

Wüstner, Benno, Referendar a. D.: Der zweite Absatz des § 823 BGB. und seine praktische Anwendung auf Vorschriften des Strafgesetzbuches in der bisherigen Rechtsprechung. Borna-Leipzig 1909: Noske. 80 S. 8°
Leipzig, Jur. Diss. v. 15. März 1909
[Geb. 26. Okt. 75 Dresden; Wohnort: Charlottenburg; Staatsangeh.: Sachsen; Vorbildung: Kreuzsch. Dresden Reife M. 98; Studium: Jena 1, Berlin 1, Leipzig 10 S.; Rig. 4. Juli 06.] [U 09. 2733

Wüstner, Friedrich, Referendar in Frankfurt am Main: Gibt es eine kumulative Schuldübernahme als Rechtsgeschäft eigener Art? Frankfurt a. M. 1906: A. Weisbrod. (31 S.) 8°
Heidelberg, Jur. Fak., Ref. Buhl, Diss. v. 28. April 1906
[Geb. 17. März 80 Lemberg, Lothringen; Wohnort: Lemberg; Staatsangeh.: Elsaß-Lothringen; Vorbildung: Goethe-Gymn. Frankfurt a. M. Reife O. 99; Studium: Heidelberg 2, Munchen 4, Marburg 3 S.; Rig. 5. Febr. 06.]

Wüstner, Jos., Entwurf eines Wochenbuches für die ungetheilte einclassige Volksschule. Zusammengestellt und mit Erläuterungen versehen. gr. 8. (80 S. mit 2 Tab.) Klagenfurt 886, Leon sen. * 1 20

Wüstner, Jos. Entwurf e. Wochenbuches f. die ungetheilte einklassige Volksschule. Zusammengestellt u. m. Erläutergn. versehen. 2. Aufl. 8. (117 S. m. 1 Tab.) Klagenf. 889, Leon sen. * 1 50

—— Erfolge d. Zeichenunterrichts an den allgem. Volksschulen, s. Vorträge, 3, geh. in der IV. Landesconferenz der Volksschullehrer Kärntens.

— welcher Weg ist einzuschlagen, um die Erfolge d. Zeichenunterrichts an den allgemeinen Volksschulen zu bessern? s.: Vorträge, 3, geh. in der IV. Landesconferenz der Volksschullehrer Kärntens.

Wüstney, Hnr. Geo., († 1811.) Versuch üb. d. Einbildungskraft der Schwangern in Bezug auf ihre Leibesfrüchte, zur Beantwortung d. Frage: Können Schwangere sich wirklich versehen? Mit 27 Beispielen erläutert. 8. Rostock 809. Stiller. 10 ℊℊ

— die wohlthätigen Wirkungen der Säuren bei innerl. u. äußerl. Krankheiten, e. prakt. Abhandlung. 8. Rostock 806. Stiller. 16 ℊℊ

— über das verscherzte männliche Zeugungsvermögen u. dessen Wiederherstellung. 8. Rostock 804. Stiller. 12 ℊℊ

Wüstney, Matth. Geo. Chr., († d. 7. Dec. 1822.), s. Erbcontrakte d. Prediger.

Wustrau, Paul: Die rechtliche Bedeutung des § 25 HGB., unter besonderer Berücksichtigung des Geschäftserwerbes mit der Firma. Berlin 1909: Streisand. 102 S. 8°
Heidelberg, Jur. Diss. v. 2. Febr. 1909, Ref. Schröder
[Geb. 3. April 86 Berlin; Wohnort: Berlin; Staatsangeh.: Preußen; Vorbildung: Luisenstädt. Gymn. Berlin Reife M. 04; Studium: Berlin 8 S.; Rig. 20. Jan. 09.] [U 09. 1943

Wutachstimme: Die Wutachstimme
Ⓩ 1895—1896 Ⓢ Schleitheim: Stamm Ⓣ Schleitheimer Bote - Anzeiger vom Oberklettgau - Jubiläumsschrift 1944. p. 20—21 Ⓑ Die Zeitung - vielleicht Kopfblatt des Schleitheimer Boten - war für Stühlingen und das Wutachtal bestimmt.

Wu tái hsiën [Schlagwort]

Wu tái hsiën, s.: Tschili.

Wutasoff, C., Zur Geschichte des Rechts auf Arbeit mit Rücksicht auf Ch. Fourier. 8⁰. Bern 1897.

Wüterich, Der Krieg u. die künftige Jugenderziehung, Stuttgart, 41 S., 8°.

Wüterich-Muralt, Emma, „Muetterli erzellt" Bärndüütschi Gschichtli. (31 S.) 8. Zürich (910). Art. Institut Orell Füßli. —80

— Für Zürihegeli u. Bärnermutzli. Allerlei zum Aufführen. (66 S.) 8. Ebd. (909). 1.20

Wüterich-Muralt, Emma. Für Zürihegeli und Bärnermutzli. Allerlei zum Aufführen. [Mit Vignetten und illustriertem Umschlag. 2 Hefte. 8. Zürich, Orell Füssli, [1909—1910]. (*je* fr. 1. 20)
[Heft 1.] 66 S. [1909] — Heft 2. 80 S. [1910.]
Der Titel in Bulletin 1909, S. 225 ist zu tilgen!

Wutginau, von: Schreiben an eine Hochl. allgem. Reichsversammlung zu Regenspurg über die Capitulation von Philippsburg, d. d. Mainz, 31. Juli 1734. Frankfurt a. M. 1734. 8⁰

Wutginau, v. Schreiben an Eine Hochlöbliche Reichsversammlung zu Regenspurg 1734 . . . die Defension und Übergab (Philippsburgs) betreffend. Frankfurt a. M. (1734 ?). 4⁰.

* **WUTH,** Die, der Schwärmerey aus dem Leben des Herrn Ambrosius Borely. Aus dem Französischen. Nebst einer interessanten Vorrede des Uebersezers (sic!) über Duldung. Mit Titelvign. Leipzig, Weygand. 1781. 8⁰. (In Berlin: Xy 5870.).

Wuth, *Adolf* [app. Arzt]: Über Atresia hymenalis . . . Jena, G. Neuenhahn Univ.-Bchdr., 1893; 32 S. 8.
Jena, Med. Fak., Inaug.-Diss. v. [25. Juli] 1893

Wuth, August [aus Biebrich a/Rhein]: Ueber Sarcom der Extremitäten nebst casuist. Beiträgen . . . München, kgl. Hof- u. Universitätsbuchdr. v. Dr. C. Wolf & Sohn, 1895; 40 S. 8.
München, Med. Fak., Inaug.-Diss. v. 1895

Wuth, Berth., das Färben u. Bleichen, s.: Herzfeld, J.

Wuth, Berthold: Aus d. chemischen Institut d. Universität Breslau. Ueber das Verhalten von Halogensilber zu organischen Aminbasen. *Breslau 1902: H. Fleischmann.* (42 S.) 8°
Breslau, Phil. Diss. v. 22. Nov. 1902

Wuth, Chr. Conr., Beiträge z. Medizin, Chirurgie u. Ophthalmologie. Mit Abbildungen. Lex.-8. (8³/₄ B. u. 2 Stnt.) Berlin 844, Aug. Hirschwald, Verl. *

Wuth, Christian Friedr. (Decia-Nassovicus)
Dissertatio inauguralis physico-medica de aqua soteria Fachingensi.
Giessae [10.] Juni 1779: Joh. Jac. Braun. 44 S. 4⁰
pro gradu doctoris summisque in arte salutari honoribus rite impetrandis.

Wuth, Ed., casuistische Beiträge zur Lehre von der Hemianesthaesie. Inaugural-Dissertation. 8. (39 S.) Göttingen 878, (Vandenhoeck und Ruprecht's Verlag.) * — 80

Wuthe, Wilhelm, aus Jerschendorf: Ueber den Einfluss der Rübenmelasse und einiger ihrer Präparate auf die Milchsekretion. Breslau 1900: R. Galle. (88 S.) 8⁰
Breslau, Phil. Diss. v. 20. März 1900

Wuthenow, Alwine, geb. Balthasar, s.: Blomen ut Annmariek Schulten ehren Goren.

Wuthenow, Fritz, Referendar: Das Wesen des Handelsgeschäftes als Gegenstand des Rechtsverkehrs. Borna-Leipzig 1910: Noske. IX, 46 S. 8°
Leipzig, Jur. Diss. v. 26. Nov. 1910
[Geb. 5. Nov. 85 Leipzig; Wohnort: Leipzig; Staatsangeh.: Sachsen; Vorbildung: Thomassch. Leipzig Reife O. 05; Studium: Freiburg i. B. 1, Leipzig 6 S.; Rig. 21. Jan. 10.] [U 11. 2982

Wuthmann, L., Leitfaden der Harmonie- u. Generalbass-Lehre zum Gebrauch an Konservatorien, Musikschulen, Seminarien, sowie zum Selbstunterricht f. alle, die sich in möglichst kurzer Frist m. dem Wesen der Harmonien u. d. Generalbasses vertraut machen wollen. Lex.-8. (IV, 76 S.) Hannover 891. L. Oertel. n. 1. 50; geb. in Leinw. n. 2. —

Takt, Metrik und Rhythmik. Ein Beitrag z. Elementar-Musiklehre von L. Wuthmann. Hannover: L. Oertel (1900). (16 S.) 4°
[Musikbibliothek, Louis Oertel's. Bd 18.]

Wuthmann, Ludw., Abriß der Musikgeschichte. [Aus: „W., d. Musiker".] (48 S. m. 16 Bildnissen.) 8. Hannover 904. Dr. M. Jänecke. n. — 80

— der Musiker, s.: Buch, das, der Berufe. X.

Wüthrich, Andreas. Erlebnisse im Militärdienst und während des Sonderbundsfeldzuges 1847. Von A' W', Sappeur-Wachtmeister. [Mit Porträt.] 64 S. 8. Bern, Scheitlin, Spring & Cie., 1907. [fr. —.50]

Wüthrich, E., die Bekämpfung der Kartoffel-Krankheit durch Bespritzung der Stauden m. Kupfersalzlösungen, s. Klening, J.

Wüthrich, E.: Über d. Einfluss d. Fütterg. roher Kartoffeln, s. Moser, C.

Wüthrich, Ernst. Ueber die Einwirkung von Metallsalzen und Säuren auf die Keimfähigkeit der Sporen einiger parasitischer Pilze. (Bern) Stuttgart, 1892.

Wüthrich, Ernst, s. Käserei- u. Molkerei-Kalender, Schweizerischer.

Wüthrich, E[rnst] A[rnold]. Album officiel (du) Cortège historique organisé pour le 1er juin 1903 à l'occasion du IIIe Centenaire de l'Escalade — 1602 Genève 1902: Les relations de Genève avec la maison de Savoie. Édité et rédigé par E.-A. Wuthrich, Institut artistique, à Zurich, sous les auspices du Comité central. [Couverture illustrée.] 12 p. + 39 planches. fol.-obl. (Zurich, E. A. Wüthrich, [1907].) [relié fr. 25. —]

Wüthrich, E[rnst] A[rnold]. **Centenarfeier-Album. Festspielscenen u. Festzug. 1803—1903. — Der Kanton Aargau in seinen Ritterburgen und Bergschlössern.** [Mit Illustrationen und 36 Tafeln. 2 Teile.] (II + *zus.* 22 S.) quer-fol. (Zürich, E. A. Wüthrich, [1904].) [geb. fr. 15. —]
[Teil 1] *u. d. T.:* Album zur Erinnerung an die Aargauische Centenarfeier in Aarau, den 5. und 6. Juli 1903. Hrg. und redigiert von E. A. W', Artistisches Institut, Zürich. [Mit Illustrationen und 14 Tafeln.] [8 S.]
[Teil 2] *u. d. T.:* Der Kanton Aargau in s' Ritterburgen und B', historisch dargestellt in Wort und Bild. [Mit 22 Tafeln.] 14 S.
Gesamt-Titel auf dem illustr. Einband.

Wüthrich, Gottfried, Med. prakt. in Schwanden [Kt. Glarus]: Aus der chirurgischen Klinik Zürich. Über den Echinococcus der Niere und dessen Behandlung. Schwanden Tschudy-Äbly Dr. 1894. 55 S. 8°. Zürich, Med. Diss. [v. 21. Juni 1894].

Wuticke [Schlagwort]

Wuticke, s.: Geologische Karten. Preussen. 69,

Wutk, Bernhard Dialogum a Tacito Traiani temporibus scriptum esse demonstravit B. W. 4 (XX S.).
Progr G. u. Vorsch. *Spandau* 1887 (86).

Wucka, Antonia, († d. 5. Jan. 1824.) Encyklopädie für die weibl. Jugend. 12 Thle. 8. Wien 815. Schaumburg u. C. 12 ß

Wucka, Antonia, Encyklopädie für die weibliche Jugend. 12 Bde. 2. (Titel-)Ausg. 12. (3978 S.) Wien 852, Greß. *

Wutke: Über deutsche Rechtschreibung. 22 S. – Neisse, Progr. 1861.

Wutke, C., s. Wutke, Konrad

Wutke, Geo., kann die Erde erkalten? Die Gestirne als Kraftquelle u. die Ursachen der Schwerkraft. Eine neue Theorie. (28 S.) 8. Berlin (909). G. Wutke. 1. —

Wutke, Konrad

Wutke, Conrad [aus Berlin]: Beiträge zur Geschichte des Grossen Städtebundskrieges für die Jahre 1387–1388. I. Theil ... Berlin, gedr. i. d. Buchdr. W. Koebke, 1887; 28 S. + 2 Bl. 8°
Berlin, Phil. Fak., Inaug.-Diss. v. 18. Jun. 1887.

Wutke, Conr., Beiträge zur Geschichte des grossen Städtebundskrieges für die J. 1387—1388. 1. Thl. Inaugural-Dissertation. gr. 8. (28 S.) Berlin 887, (Stargardt.) * 1 20

—— dass. — gr. 8. (60 S.) Salzburg 887. (Berlin, Stargardt.) * 2 —
Aus: Mittheilungen der Gesellschaft für Salzburger Landeskunde, besonders abgedruckt.

Wutke, Konr., Schlesiens Bergbau u. Hüttenwesen, s. a. Codex diplomaticus Silesiae. 20. 21.

Schlesiens Bergbau und Hüttenwesen. (1.) Namens d. Vereins f. Gesch. u. Alterthum Schlesiens hrsg. von Konrad Wutke. Breslau: E. Morgenstern 1900. (VII, 302 S.) 4°
(Codex diplomaticus Silesiae. Bd 20.)

Wutke, K., Die Bergbauunternehmungen Herzog Georgs II. von Brieg [1547—1586]. Breslau, 1898. 31 S.

Georg v. Giesche's Erben. Die Allgemeine Geschichte der Gesellschaft bis zum Jahre 1851. Von Dr. Konrad **Wutke**, Archivar. Breslau 1904: (R. Nischkowsky). (X, 237 S.) 4° [J.]
= **Geschichte d. Bergwerksgesellschaft Georg v. Giesche's Erben. [1.]** 05. 1700

Wutke, K., Zur Geschichte des Bergbaus bei Kolbnitz. Breslau, 1898. 37 S.

Wutke, Konr., s. Geschichte der Bergwerksgesellschaft Georg v. Giesche's Erben.

Wutke, Konr., s.: **Inventare, die, der nichtstaatlichen Archive Schlesiens.**

Wutke, Konr., d. Breslauer Messe, s.: Sammlung gemeinverständl. wissenschaftl. Vorträge.

— die schles. Oderschiffahrt in vorpreuss. Zeit, s. a. Codex diplomaticus Silesiae, 17. Bd.

Die schlesische Oderschiffahrt in vorpreussischer Zeit. Urkunden u. Aktenstücke. Namens des Ver. f. Gesch. u. Altertum Schlesiens hrsg. v. Konrad **Wutke**. *Breslau: J. Max & C. 1896.* (VI, 336 S.) 1 Bd 4.
= **Codex** diplomaticus Silesiae. Bd 17. 98. 9116

Wutke, C. **Regesten zur schlesischen Geschichte, s. Codex diplomaticus Silesiae.**

— s.: Regesten zur schlesischen Geschichte.

Wutke, Conr., Regesten zur schlesischen Geschichte 1301—1315, s.: Grünhagen, C.

— s.: Schweinichen, Hans v., Merkbuch.

— Stamm- u. Übersichtstafeln der schlesisch. Piasten. Auf Grund v. H. Grotefends Stammtafeln der schles. Fürsten bis zum J. 1740 (2. Aufl.) hrsg. (5 Taf.) 60,5×67, 77×102, 51,5×67, 51,5×67 u. 51,5×67,5 cm. Nebst e. Verzeichnis der Breslauer Bischöfe v. J. Jungnitz. (IV u. III S.) 84×26 cm. Breslau 910. F. Hirt. 2. 50

Stamm- und Übersichtstafeln der schlesischen Piasten (Hälfte 2: Fürsten). Auf Grund von H. Grotefends Stammtafeln d. schles. Fürsten bis z. J. 1740 ⟨2. Aufl.⟩ hrsg. von Konrad **Wutke**. Nebst e. Verzeichnis d. Breslauer Bischöfe von J[osef] Jungnitz. (In 2 Hälften.) Breslau: Hirt 1910–11. 4° [11. 17562

Studien über die Entwicklung des Bergregals in Schlesien. Von Dr. Konrad **Wutke**, Kgl. Archivar. *Berlin: J. A. Stargardt 1897.* (V S., 1 Bl., 211 S.) 1 Bd 8. [97. 2151

— die Versorgung Schlesiens m. Salz. 1772—1790. Vornehmlich m. Siedsalz, künstl. u. engl. Steinsalz durch Halle, Großen Salze u. die kgl. Seehandlg. Nach archival. Quellen dargestellt. gr. 8. (VII, 135 S.) Berlin 894. J. A. Stargardt. n. 4. —

— s.: Zeitschrift des Vereins f. Geschichte Schlesiens.

Wutke, Rob.: Quaestiones Caesarianae. 13 S. — Neisse, Progr. 1872.

Wutke, Rob., quaestiones Caesarianae. Edit. II. gr. 8. (16 S.) Neisse 885, Graveur's Verlag. * 1 —

Wutki Kaputki

Wutki Kaputki. (24 S. m. z. Tl. farb. Abbildgn.) 4. Berlin (905). Verlag der „Lustigen Blätter". n. — 60

Wutki Kaputki. 2. verb. Aufl. (Berlin: Lustige Blätter [1905].) (12 Bl.) 4° [06. 10310

Wutrian, Valent., christliche Kreuzschule. Ein Trostbuch für Leidende und Angefochtene. Neue durchges. Ausg. 8. (322 S. mit 1 Stahlst.) Reudnitz-Leipzig 888, Payne. geb. * 2 50

Wütschke, Hans

Wütschke, H., Hebbel in der zeitgenössischen Kritik, s.a. Litteraturdenkmale, deutsche, des 18. u. 19. Jahrh.

Hebbel in der zeitgenössischen Kritik. Hrsg. u. m. Anm. vers. von Dr. H[ans] **Wütschke**. Berlin: Behr 1910. VI, 273 S. 8°
(Deutsche Literaturdenkmale d. 18. u. 19. Jhs. Nr 143.) [10. 14192 3

— Hebbel-Bibliographie, s.a. Veröffentlichungen der deutschen bibliographischen Gesellschaft. 6. Bd.

Hebbel-Bibliographie. Ein Versuch von Dr. H(ans) **Wütschke**. Berlin: Behr 1910. 163 S. 8°
(Veröffentlichungen d. Deutschen Bibliogr. Gesellschaft. Bd 6.) [10. 6550

Wütschke, Johannes, a. Rosslau ⟨Anhalt⟩: Beiträge zur Siedlungskunde des nördlichen subherzynischen Hügellandes. Halle a. S. 1907: Waisenhaus. (81 S.) 8° ¶ (Zwei Karten, darstellend die Volksdichte u. Größe der Wohnplätze des ganzen Gebietes u. die Grundsteuerreinerträge d. preuß. Gemeinden, erscheinen als Beil. z. Text in: 'Mitteilungen d. Vereins f. Erdkunde zu Halle a. S.' 1907.)
Halle, Phil. Fak., Ref. Brückner, Diss. v. 16. Febr. 1907
[Geb. 28. Juli 82 Roßlau in Anhalt; Wohnort: Halle a. S.; Staatsangeh.: Anhalt; Vorbildung: Friedrichs-Realgymn. Dessau Reife O. 03; Studium: Heidelberg 1, Berlin 3, Halle 4 S.; Rig. 6. Nov. 06.]

Wutstrack, Chr. Fr.

Wutstrack, C. F., kurze histor. geograph. statist. Beschr. d. königl. preuß. Herzogthums Vor- u. Hinter-Pommern, m. e. Nachtr. 2 Bde. gr. 8. Stettin, Leich. (Bruder in Leipz.) 796.

— — dasselbe m. e. Nachtrag Charten u. Kupfer. gr. 8. Berl. Maurer in Commiss. 793—95.

Wutstrack, Chr. Fr., kurze histor.-geogr.-statist. Beschreib. der k. preuß. Herzogth. Vor- u. Hinter-Pommern, mit e. Nachtrage. Mit 1 Karte u. 8 Kpf. gr. 8. Stettin 796. Leich. (Maurer's B. in Berl.) 2 ₰ 16 ℊ

Wutstrack, Chr. Fr., der Heirathskontrakt. Schspl. in 5 Aufz. 8. Berl. 799. Maurers B. 10 ℊ

WUTTE, Martin: Reformation und Gegenreformation in Villach. — 1900. T. 1. 2. Diss. Graz, Univ.

Wuttge, Hugo [aus Stargard in Pomm.]: Erkenntnistheorie und Ethik des Tommaso Campanella ... Halle a. S., Hofbuchdr. v. C. A. Kaemmerer & C., 1897; 69 S. 8.
Halle, Phil. Fak., Inaug.-Diss. v. [23. Juli] 1897

Wuttge, Sig. Gttl.: De decubitu dormientium sanorum salubri .... s. Alberti, G. G. [Praes.]

Wutti, Archangelus, Gesänge für Kirche und Schule zum Gebrauche der Stadtpfarrschule Maria Himmelfahrt zu Graz. Anwendbar auch für andere Schulen. 8. (56 S.) Graz 864, Leuschner und Lubensky. cart. *

Wutti, Archangelus, Gesänge für Kirche u. Schule zum Gebrauche der Stadtpfarrschule Maria Himmelfahrt zu Graz. Anwendbar auch für andere Schulen. 2. Aufl. Graz 870. Leuschner & Lubensky. 8. (56 S.) cart. n. 3 ngr.

—— katechetisches Handbüchlein zum österreichischen Katechismus nach P. Canisius, jedoch auch zu jedem andern brauchbar. Enth. einige Erläuterungen und Ergänzungen mancher Lehrbegriffe über die Glaubens- und Sittenlehren. Nach den bewährten katechet. Werken: Ludw. Mehler, Ant. Löffler, Joh. M. Leonhard ꝛc. versuchsweise gesammelt zum Privatgebrauche. 2., verm. Aufl. 8. (55 S.) Gratz 863, Ferstl'sche Buchh.

Wuttig, Adolf

Wuttig, A., Friedrich Wilhelm Raiffeisen u. die nach ihm genannten ländlichen Darlehnskassen-Vereine. Ein Weck- u. Mahnruf an alle, die unser Volk lieb haben. Mit dem Bildnisse Raiffeisen's. Hrsg. vom Central-Ausschuß f. innere Mission. gr. 8. (45 S.) Berlin 890. Buchhandlg. der Berliner Stadtmission. n. — 40

Wuttig, Adf., Friedrich Wilhelm Raiffeisen u. die nach ihm genannten ländlichen Darlehnskassen-Vereine. Ein Weck- u. Mahnruf an alle, die unser Volk lieb haben. 2., verm. Aufl. Hrsg. vom Zentral-Ausschuß f. innere Mission. gr. 8. (46 S.) Berlin 891. Buchh. der Berliner Stadtmission. n. — 40

[F.] Friedrich Wilhelm **Raiffeisen** u. die nach ihm genannten ländl. Darlehnskassen-Vereine. E. Weck- u. Mahnruf an alle, die unser Volk lieb haben v. Adolf **Wuttig,** Kirchenr. ... in Auma, S.-Weimar. ... 3. bedeut. verm. Aufl. *Neuwied a. Rh.: Raiffeisen & Cons. 1895.* (2 Bl., 57 S.) 1 Bd 8.
(Raiffeisen-Bibliothek.) [96. 2847

Friedrich Wilhelm **Raiffeisen** und die nach ihm genannten ländlichen Darlehnskassen-Vereine. Ein Weck- u. Mahnruf an alle, die unser Volk lieb haben, von Adolf **Wuttig**, Superint. in Allstedt. 4., bedeut. verm. Aufl. *Neuwied: Raiffeisen-Dr. (1903).* (77 S.) 8° [F.]
= Raiffeisen-Bibliothek. Bd 9. [04. 2693 5

Friedrich Wilhelm Raiffeisen und die nach ihm genannten ländlichen Darlehnskassen-Vereine. Ein Weck- u. Mahnruf ... von Adolf **Wuttig**. 5., bedeut. verm. u. verb. Aufl. Neuwied: Landw. Zentral-Darlehnskasse f. D. (1907). (84 S.) 8° [F.]
— **Raiffeisen-Bibliothek**. Bd 2. 108. 3634 B

Wuttig, Carl Martin, s. W u t t i g , Karl Martin

Wuttig, Ernst, fahrlässige Teilnahme am Verbrechen, s. a. A b h a n d l u n g e n , strafrechtliche.

Fahrlässige T e i l n a h m e am Verbrechen. Von Dr. jur. Ernst Wuttig. Breslau: Schletter 1902. (130 S.) 8°
[S. 1–55 erschienen als jur. Diss. Jena 1902.]
(Abhandlungen, Strafrechtliche. H. 40.)

Wuttig, Ern. Alex. (geb. Frankfurt a. O. 13. 3. 1827): Dissertatio casum [illegible] singularem sistens. Berolini (1849). (31 S.) 8°
Berlin, Med. Diss. v. 20. Aug. 1849

Wuttig, F. K., s. W u t t i g , Johann Friedrich Christian

Wuttig, G., s. Börsenblatt für den Buchhandel.

(Wuttig, G. W.) — **A l b u m für Briefmarken.** 1—7. Aufl. Leipzig 862—64. Dürr'sche Buchhdlg. 8. (128 Bl.) n. 16 ngr.; feine Ausg. à n. 1 ß; à n. 1 ß 10 ngr.; à n. 2 ß 20 ngr.; ohne Text n. 10 ngr.

—— und G. B a u s c h k e , Album für Brief-Marken. 8. und 9., revid. und verb. Aufl. qu. gr. 4. (IV S. und 63 Blatt.) Leipzig 864, Literarisches Museum. cart.
geb. (IV und 107 S.)
Mit Goldschn. und Deckenvergoldung
In Leder geb. mit Goldschn.

Wuttig, G. W., s. a. B i b l i o t h e c a juridica.

Wuttig, G. W., Bibliotheca juridica. Handbuch der gesammten neueren juristischen und staatswissensch. Literatur. Eine Zusammenstellung aller seit 1849 bis gegen die Mitte des J. 1867 auf dem Gebiete der Rechts- und Staatswissenschaft in den deutschen und benachbarten Staaten erschienenen Schriften. Leipzig 1867. 8
—— —— Bd. 2. Die Jahre 1867 bis Mitte 1876 umfassend. Bearb. von Ldwg R o s s b e r g . Ebda. 1877. 8. . . . . (b.)

Wuttig, Gust. (W.), Bibliothek der vorzüglichsten Werke der neueren deutschen Literatur, s. B i b l i o t h e k.

Wuttig, G. W., vollständiges B ü c h e r l e x i k o n , s.: K a y s e r , Ch. G.

Wuttig, G., s. J o u r n a l - K a t a l o g , deutscher.

—— U n i v e r s a l - B i b l i o g r a p h i e. Systematische Uebersicht der gesammten Literatur der Gegenwart. Hrsg. unter Mitwirkung von J. E. Vollbeding, O. Fiebig und H. Helms. 1. Jahrg. 1862. 24 Nrn. (à 1½—2 Bog.) 4. Leipzig, Wuttig. *

Wuttig, G. W., Deutscher Zeitschriften-Katalog. Systematische Übersicht der im deutschen Buchhandel erscheinenden periodischen Schriften aus allen Wissenschaften... Bd. 2. Leipzig 1852. 8.

—— deutscher Z e i t u n g s - K a t a l o g , s. Z e i t u n g s - K a t a l o g.

W u t t i g , H., Wiederholungsbüchlein für Volksschüler beim Rechenunterrichte. 12. (12 S.) Schweidnitz 883, (Weigmann.) ** — 15

Wuttig, Hans: Ein Fall von Embolie der Arteria centralis retinae. *Berlin (1898): E. Ebering.* (31 S.) 8°
Berlin, Med. Diss. v. 5. Juli 1898

Wuttig, Heinrich Ernst, aus Auma: Fahrlässige **Teilnahme** am Verbrechen. T. 1. Einleitung und grundlegende Fragen. *Breslau: Schletter 1902.* (55 S.) 8° ¶ (Erscheint vollst. als: Strafrechtl. Abhandl., H. 40.)
Jena, Jur. Diss. v. (21. März) 1902

Wuttig, Johann Christian (Langensalza) A. S. 38/15

Dissertatio iuridica de iure revolutionis seu recadentiae. Präs. Johann Jakob Sorber.
Marburg (Müller) 18. X. 1755. 46 S.
37379

Wuttig, Jh. Fr. Cph., s. W u t t i g , Johann Friedrich Christian

Wuttig, Johann Friedrich Christian

Gründliche Anleitung zur Fabrikation der Schwefelsäure. Berlin, 1812. III.

Wuttig, Dr. F. K., (nach Meusel auch J. F. Cph.), gründl. Anleitung z. Fabrikation d. Schwefelsäure. Nebst Abhandl. einiger damit in Beziehung stehender Gegenstände. Mit 2 Kpf. gr. 8. Berl. 815. Maurers B. 2 ß 8 gr.

Wuttig, Dr. Jh. Fr. Cph., kurze Anleitung, Messing, Kanonenmetall u. viele andere Metallmischungen durch ein neues Verfahren zu probiren. Mit 1 Kpft. 8. Berl. 819. (Maurers B.) 16 gr.

Kurze Anleitung Messing, Kanonenmetall und viele andere Metallmischungen durch ein neues Verfahren auf das quantitative Verhältniss ihres Inhalts schnell und genau zu probiren. Berlin, 1820. 8vo. III.

Wuttig, J. F. C., kurze Anleitung zum Probiren der Metalle u. Metallmischungen, wie durch ein neues Verfahren die quantitativen Verhältnisse der Bestandtheile der Messingarten u. m. a. Metallkompositionen, so wie die Reinheit der zu diesem angewandten Metalle leicht zu erforschen. 2te verb. Aufl. Mit 1 Kpfrtaf. 8. Berlin 837. jetzt Bethge. ½ ß

WUTTIG, JOHANN FRIEDRICH CHRISTIAN.
Anleitung Metallgemische durch ein neues Verfahren zu probiren. Berlin, 1819. 8vo.

Wuttig, Dr. Jh. Fr. Cph., über d. Fabrikation d. Burlats bei d. Bucharen u. Persern. 8. Berl. 812.

— s. H a t c h e t t , Versuche.

— die Kunst, aus Bronze kolossale Statüen zu gießen, nebst Anh., üb. einige andere Kompositiones zu Bronze u. Kanonenmetall etc. von S. Fr. Hermbstädt, mit 2 Kpf. gr. 8. Berl. 814. Amelang. 12 gr.

— Uebersicht meiner Systeme der Hylegnosie u. der chemischen Fabrikenkunde. 8. Berl. 821. (Maurers B.) 10 gr.

— Versuch üb. d. Gallussäure. gr. 8. Dorpat 806. (Kummer in Leipz.) 3 gr.

Wuttig, J. Fr. Chr., Versuch üb. die Gallussäure. gr. 8. Dorpat, (Kummer in Leipz.) 807.

Wuttig, Jobs., Thomas Arnold, der Rektor v. Rugby. Ein Beitrag zur Geschichte d. engl. Erziehungswesens. gr. 8. (71 S.) Hannover 884. Meyer. n. 1. —

Wuttig, Johannes, Direktor Prof. Dr.: Bericht über die Feier des 100jährigen Bestehens der Anstalt. Dresden 1907: A. Schönfeld. (S. 3—26.) 8°
Dresden-A., st. HM OP 1907 [68]

Wuttig, Johs., Geschichte der städt. höh. Töchterschule zu Dresden-Altstadt. Festschrift zur Feier des 100jähr. Bestehens der Anstalt am 1. IX. 1906. (87 S. m. Abbildgn.) gr. 8. Dresden (906). (A. Urban.) n. 1. 20

Wuttig, Karl Martin

Wuttig, Carl Martin, Gerichtsassessor in Neuwied a. Rh.: Die Sonderrechte deutscher Bundesstaaten. Borna-Leipzig 1907: R. Noske. (44 S.) 8° [F.]

Jena, Jur. Fak., Ref. Rosenthal, Diss. v. 18. Dez. 1907

[Geb. 10. Mai 81 Frankenheim, Kr. Dermbach; Wohnort: Neuwied a. Rh.; Staatsangeh.: Sachsen-Weimar; Vorbildung: Gymn. Schneeberg (Sachsen) Reife O. 99; Studium: Freiburg i. B. 1, Jena 1, Freiburg i. B. 1, Jena 1, Kiel 1, Jena 2 S.; Rig. 28. Sept. 07.]

Wuttig, O., d. Johanneische Evangelium u. s. Abfassungszeit. Andeutgn. zu e. veränd. Datierg. d. vierten Evangeliums. gr. 8. (IV, 134 S.) Leipzig 897. A. Deichert Nachf. n. 2. —

Wuttke. Brief. s.: Lassalle, Ferd., zur Arbeiterfrage.

Wuttke, warum ist Roms Macht im letzten Jahrhundert gewachsen?, s.: Flugschriften des Evangelischen Bundes.

Wie bewahren wir uns die rechte Innerlichkeit? Referat von Superint. Wuttke, Schönfließ. Ausführungen d. Dr. Weerts-Arle in d. Besprechung d. Vortrages. Vortr. geh. auf d. Deutschen Pfarrertage zu Posen 1904. Dieskau: Pfarrver. (1904). (16 S.) 8° [F.]

— Arbeit, Aus d., d. Verbandes Deutscher Pfarrvereine. H. 2, [1.] (05. 216)

Wuttke, Adf., Abhandlung üb. die Cosmogonie der heidnischen Völker vor der Zeit Jesu u. der Apostel. Eine von der Haager Gesellschaft zur Vertheidigung der christl. Religion gekrönte Preisschrift. gr. 8. (XXX u. 100 S.) Haag 850. (Leyden, Brill.) n. 5/6 ℛ

Wuttke, (Carolus Fridericus) Adolphus *(geb. Breslau 10. 11. 1819)*: De Buddhaistarum disciplina. Vratislaviae (1848). (42 S.) 8°

Breslau, Phil. Diss. v. 21. Juni 1848

Wuttke, Ad., Fragen an die allgemein-christliche Kirche vom Standpunkte der evangelischen Kirche. gr. 8. Breslau 845, Max u. Comp. 1/6 ℛ

—— Geschichte des Heidenthums in Beziehung auf Religion, Wissen, Kunst, Sittlichkeit und Staatsleben. 1. Thl. A. u. d. T.: Die ersten Stufen der Geschichte der Menschheit. Entwickelungsgeschichte der wilden Völker, so wie der Hunen, der Mongolen des Mittelalters, der Mexikaner und Peruaner. gr. 8. (XII und 356 S.) Breslau 851(52,) Max und Comp.

Wuttke, Adf., Geschichte des Heidenthums in Beziehung auf Religion, Wissen, Kunst, Sittlichkeit und Staatsleben. 2. Thl. A. u. d. T.: Das Geistesleben der Chinesen, Japaner und Indier. gr. 8. (X und 597 S.) Breslau 853, Max und Comp.

1. Thl. Ebendas. 1851. 1 Thlr. 25 Ngr.

Wuttke, Adolf: Zur Geschichte des theologischen Seminars der Universität Halle. Aus den Acten des Facultätsarchivs. Halle 1869: Plötz. 20 S. 8° (4°)

Halle-Wittenberg, Oster-Progr. 1869

—— Handbuch der christlichen Sittenlehre. 2 Bde. gr. 8. Berlin 861. 62, Wiegandt und Grieben. [1. Bd. (VIII und 584 S.) * 2 Thlr. 15 Ngr., 2. Bd. (X und 655 S.) * 2 Thlr. 25 Ngr.] *

Wuttke, Adf., Handbuch der christlichen Sittenlehre. 2 Bde. 2., verb. und verm. Aufl. gr. 8. Berlin, Wiegandt und Grieben. [1. Bd. (XII und 567 S.) 864. * 2 Thlr. 7½ Ngr., 2. Bd. (VIII und 698 S.) 865. * 2 Thlr. 27½ Ngr.] *

Wuttke, Adf., Handbuch der christlichen Sittenlehre. 3. verb. und verm. Aufl. Durchgesehen und durch Anmerkungen ergänzt von Ludw. Schulze. 1. Bd. in 2 Hälften und 2. Bd. gr. 8. (XXVIII, 516; VIII, 622 S.) Leipzig 874, Hinrichs' Verlag. à Bd. * ℳ 9. * geb. *

Wuttke, Adf., Handbuch der christlichen Sittenlehre. 3. verb. u. verm. Aufl. Durchgesehen u. durch Anmerkgn. ergänzt v. Ludw. Schulze. Neue wohlf. Ausg. Mit der ethischen Literatur d. letzten Jahrzehnts u. m. Berichtiggn. 2 Bde. gr. 8. (XXXVII, 516 u. XIV, 622 S.) Leipzig 886. Hinrichs' Verl. n. 10. —; in 1 Bd. geb. n.n. 12. —

Wuttke, A., über die Lehrfreiheit der Geistlichen. Vortrag auf der Gnadauer Pastoral-Conferenz gehalten. gr. 8. (12 S.) Schönebeck 870, Berger.

Wuttke, Car[olus] Frid[ericus] **Adolphus:** Doctrinae sacrae lineamenta. (P. 1.) Halis 1862: Hendel. S. 2—19. 8° (4°)

Halle-Wittenberg, Progr. z. akad. Preisverteilung 1812 [vielmehr: 1862]

Wuttke, Adolphus: Doctrinae sacrae lineamenta. P. 2 et 3. Halis 1863: Ploetz. S. 22—50. 8° (4°)

Halle-Wittenberg, Oster-Progr. 1863

Wuttke, Adolphus: De ratione, quae interest inter verbum et sacramenta. Halis 1862: Ploetz. 20 S. 4°

Halle-Wittenberg. Theol. [Nostrifik.-Abhdlg und] Antr.-Progr. pro loco als ord. Prof. v. 11 [vielmehr: 14.] Juli 1862

—— der deutsche Volksaberglaube der Gegenwart. gr. 8. (X und 268 S.) Hamburg 860, Agentur des Rauhen Hauses. *

—— der deutsche Volksaberglaube der Gegenwart. 2., völlig neue Bearbeitung. gr. 8. (XII, 500 S.) Berlin 869, Wiegandt und Grieben. *

Wuttke, Adf., der deutsche Volksaberglaube der Gegenwart. 3. Bearbeitg. v. Elard Hugo Meyer. gr. 8. (XVI, 536 S.) Berlin 900. Wiegandt & Grieben. n. 12. —

Wuttke, Adf., China's religiöse, sittliche und gesellschaftliche Zustände mit Beziehung auf die neuesten Bewegungen daselbst. Ein Vortrag auf Veranstaltung des evangel. Vereins für kirchliche Zwecke gehalten am 15. Jan. 1855. gr. 8. (28 S.) Berlin 855(59), W. Schultze. *

Wuttke, Frau Emma, s.: Wuttke-Biller, E.

Wuttke, H. Der Kampf der Freiheitsmänner und der Geistlichen in Belgien in den letzten Jahrzehnten des vorigen Jahrhunderts. (210.) 8. Leipzig 1864.

Wuttke, Heinr., Abbildungen zur Geschichte der Schrift. 1. Hft. gr. 8. (25 S. m. 33 Steintaf.) Leipzig 873. Roßberg. n. 4. —

Wuttke, Heinr., Abfertigung des Dr. Carl Gust. Kries. gr. 8. (2½ B.) Leipzig 843, [Carl Engelmann jun.] *

—— Accessiones ad codicem diplomaticum qui continetur libro Städtebuch des Landes Posen. gr. 4. (24 S.) Leipzig 866, [H. Fritzsche's Buchh.] gratis als Anh. zu Vorstehendem; apart

—— König Friedrich's des Großen Besitzergreifung von Schlesien u. die Entwickelung der öffentl. Verhältnisse in diesem Lande bis zum Jahre 1740. 1. Thl. 1. Abth..: Die Entwickelung der öffentl. Verhältnisse Schlesiens vornämlich unter den Habsburgern. 1. Bd. — Recensirt v. Carl Gustav Kries. Lex.-8. (2½ B.) Breslau 842, Ph. Aderholz. *

Wuttke, Hnr., König Friedrichs des Großen Besitzergreifung von Schlesien und die Entwicklung der öffentl. Verhältnisse in diesem Lande bis zum Jahre 1840 dargestellt. 1. 2. Thl. — A. u. d. T.: Die Entwicklung der öffentl. Verhältnisse Schlesiens, vornämlich unter den Habsburgern. 1. 2. Bd. gr. 8. Leipzig 842, 43, Engelmann. 1. Thl. 2¼ ℛ 2. Thl. 2½ ℛ

—— König Friedrichs des Großen Besitzergreifung von Schlesien u. die Entwicklung der öffentl. Verhältnisse in diesem Lande bis z. J. 1740. 2 Thle. A. u. d. Ttl.: Die Entwicklung der öffentl. Verhältnisse in Schlesien bis z. J. 1740. 2 Bde. gr. 8. Leipzig, [Carl Engelmann jun.] [1. (24 B.) 845. 2 Thlr. 7½ Ngr., 2. (28¾ B.) 43. 2 Thlr. 15 Ngr.]

Wuttke, Heinr., die Aechtheit des Auszuges aus der Kosmographie des Aithikos geprüft. 4. Leipzig 854, Dyk'sche Buchh.

Wuttke, Heinr., Deutschlands Einheit, Reform u. Reichstag. gr. 8. (112 S.) Leipzig 848, Wienbrack. ½ ℛ

Le fonds des reptiles. Le Journalisme allemand et la formation de l'opinion publique. . . . 1877. 12.

— persönliche Gefahren Friedrichs des Großen im ersten schlesischen Kriege, mitgetheilt zum 10. April 1841 am Jahrestage der molwitzer Schlacht. Als Vorläufer einer Geschichte der Besitzergreifung Schlesiens durch Friedrich II. u. der Entwickelung der öffentl. Verhältnisse in diesem Lande bis zum Jahre 1740. gr. 8. Leipzig 841, Engelmann. ⅓ ℛ

Wuttke, Heinr. [illegible] Zur Geschichte der Erdkunde in der letzten Hälfte des Mittelalters. Die Karten der seefahrenden Völker Südeuropas bis zum ersten Druck der Erdbeschreibung des Ptolemäus. (Dresden 1870.) 66 S., 10 Kt. in: Jahresbericht des Vereins für Erdkunde zu Dresden. 6 u 7. 8°.

Wuttke, Heinr., Geschichte der Schrift und des Schrifttums von den rohen Anfängen des Schreibens in der Taluirg, bis zur Legung elektromagnet. Drähte. 1. Bd.: Die Entstehung der Schrift, der verschiedenen Schriftsysteme und das Schrifttum der nicht alfabetarisch schreibenden Völker. gr. 8. (XXIV, 782 S.) Leipzig 872, E. Fleischer. [T. O. Weigel.] (*M. 15.) *

Wuttke, Dr. Heinrich, ord. öffentl. Prof. der historischen Hülfswissenschaften. Ueber die Gewissheit der Geschichte.
4. Leipzig 1865.

Wuttke, Hnr., über das Haus- und Tagebuch Valentin Gierth's und die Herzogin Dorothea Sibylla von Liegnitz und Brieg, geborne Markgräfin von Brandenburg. 8. Breslau 838. Friedländer. ½ ℛ

— Jahrbuch der deutschen Universitäten. I. Sommerhalbjahr 1842. 8. Leipzig 842, Weidmann'sche Buchh. n. ⅚ ℛ II. Winterhalbjahr 1842/43. 8. Ebend. 843. n. ⅚ ℛ

—— die drei Kriegsjahre 1756, 1757, 1758 in Deutschland, s. Huschberg.

Wuttke. Die drei Kriegsjahre 1756, 1757, 1758 in Deutschland. Aus dem Nachlasse Johann Ferdinand Huschberg's gewesenen baierischen Officiers, Regierungsrathes und Archivars. Mit Ergänzungen herausgegeben von Heinrich . . . . . Nach bisher unbenutzten Archiven.
8. Leipzig 1856.

Wuttke, Heinr., Pro patria! Delegirten, Parlament, Reichsverfassung. gr. 8. (56 S.) Leipzig 863, O. Wigand. *

—— Polen u. Deutsche. Politische Betrachtungen. 1. Aufl. (7 B.) 846. 9 Ngr. u. 2. Aufl. gr. 8. (11 B.) Schkeuditz 847, v. Blomberg. [Leipzig, Brauns.] *

— Polen und Deutsche. Politische Betrachtungen. gr. 8. Schkeuditz 846, v. Blomberg. 9 ngl (2. verm. Aufl. 8. Leipzig 848, Brauns. ⅚ ℛ)

—— Rede zur Feier der Leipziger Schlacht in Leipzig am 16. Octbr. 1862 gehalten. gr. 8. (31 S.) Leipzig 863, O. Wigand. *

— s. Schafarik's, P. J., Slawische Alterthümer.

—— Städtebuch des Landes Posen. Codex diplomaticus. Allgemeine Geschichte der Städte im Lande Posen. Geschichtliche Nachrichten von 149 einzelnen Städten. gr. 4. (X und 472 S.) Leipzig 864, [H. Fritzsche's Buchh.] *

— der Stand der deutschen Verfassungsfrage. Denkschrift an Hrn. Abgeordneten Löwe. gr. 8. (96 S.) Leipzig 850, Naumburg. n. ½ ℛ

— die schlesischen Stände, ihr Wesen, ihr Wirken u. ihr Werth in alter u. neuer Zeit. gr. 8. (246 S.) Leipzig 847, Hartknoch. 27 ngl

Wuttke, (Joannes Carolus) Henricus (geb. Brieg 12. 2. 1818): De Thucydide scriptore belli Peloponnesiaci. Spec. [I.] Vratislaviae (1839). (48 S.) 8°. *[Buchausg. 1839 bei Friedlaender in Breslau. Spec. 2. Leipziger Hab.-Schr., ebenda 1841.]*
Breslau, Phil. Diss. v. 26. Jan. 1839.

—— **de Thucydide scriptore belli Peloponnesiaci. Specimen. 8maj. (3 B.) Vratislaviae 839. Friedlaender.**

— die Versuche der Gründung einer Universität in Schlesien. Aus den Schles. Provinzial-Blättern besonders abgedruckt. 8. Breslau 841. (W. G. Korn.) n. ⅙ ℛ

—— die Völkerschlacht bei Leipzig. gr. 8. (228 S. mit 1 lithogr. Karte in Fol.) Berlin 863, Brigl.

Wuttke, Heinr., zur Vorgeschichte der Bartholomäusnacht. Historisch-krit. Studie. Hrsg. aus dessen Nachlasse von Geo. Müller-Frauenstein. gr. 8. (XII, 216 S.) Leipzig 876, T. O. Weigel. * 3 —

Wuttke, Heinr., zur Vorgeschichte der Bartholomäusnacht. Historisch-krit. Studie. Hrsg. aus dessen Nachlasse von Geo. Müller-Frauenstein. gr. 8. (XII, 216 S.) Leipzig 879. T. O. Weigel. n. 3. –

s. Wolff's, Chr., eigene Lebensbeschreibung.

— die deutschen Zeitschriften u. die Entstehung der öffentlichen Meinung. Ein Beitrag zur Geschichte des Zeitungswesens. Hamburg 866. Hoffmann & Campe. 8. (152 S.) 15 ngl

Wuttke, Heinrich. Die deutschen Zeitschriften und die Entstehung der öffentlichen Meinung. Ein Beitrag zur Geschichte des Zeitungswesens. 2., bis auf die Gegenwart fortgeführte Aufl.
8. Leipzig 1875.

— — 3. Aufl. 8. Leipzig 1875.

Wuttke, Heinr., die deutschen Zeitschriften und die Entstehung der öffentlichen Meinung. 3. Aufl. 8. Leipzig 875, Fock. 4 —

— die deutschen Zeitschriften u. die Entstehung der öffentlichen Meinung. Ein Beitrag zur Geschichte d. Zeitungswesens. 3. fortgeführte Aufl. gr. 8. (446 S.) Leipzig 875. Lorenz. n. 4. —

Wuttke, Herm., das neue Crefelder Wasserwerk. 8. (16 S.) Crefeld 886, (Klein.) * — 60

Wuttke, Herm. Gust.-Adf. Die rationelle Geflügelzucht. 8. (22 S.) Lpz. 889, Hahn's Verlag. * — 60

Wuttke, Karl, Noten-Tafeln als Anschauungsmittel zur Einführung in das Tonsystem u. zur Bildung sämmtlicher Tonleitern. 4 Blatt. Fol. u. gr. Fol. Mit Text. gr. 8. (2 Bl.) Breslau 894. E. Morgenstern, Verl. n. — 80

Wuttke, Konrad, s. Wutke

Wuttke, Otto, über natürliche ventilation vermittels des selbsttätigen luftventils. Vortrag, gehalten in der ordentl. sitzung der „Deutschen Gesellschaft für öffentl. Gesundheitspflege" im Architecten-Vereinshause zu Berlin, am 25. April 1881. gr. 8. (16 S. mit eingedr. Holzschn.) Berlin 881, (Polytechn. Buchhandlung.) * 1 —

Wuttke, Otto, u. Lenzner, die Ventilations-Anlagen in dem Garnison-Lazareth zu Pasewalk. gr. 8. (44 S.) Danzig 884. Kafemann. n. 1. —

Wuttke O, Zentral-Luftheizungsanlagen ohne Beiordnung v. Zentrifugal-Ventilatoren. Berlin (1884)

Wuttke, R., Entwicklungsstufen der Arbeitsverfassung Hamburg, 1907. 6 S

Wuttke, R., Epochen der deutschen Handelspolitik. Hamburg, 1907. 16 S.

Wuttke, Robert: Die Anfechtung des Kaufvertrages wegen laesio enormis .... Leipzig, Druck v. C. G. Roder, 1887; 43 S. 8°.
Strassburg, Jur. Fak., Inaug.-Diss. v. 1887.

Wuttke, Robert, die Anfechtung des Kaufvertrages wegen laesio enormis. Diss. Strassburg i. Els. 1887, Trübners Buchh. u. Antiqu. (E. d'Oleire). 8°. 43 S.

Wuttke, Rob., s.: Buchgewerbe, das, u. die Kultur.

Wuttke, Robert [Dr. iur.]: Die Einführung der Land-Accise und der Generalkonsumtionsaccise in Kursachsen auf Grund von archivalischen Quellen dargestellt. ... Leipzig-Reudnitz, Druck v. Oswald Schmidt, 1890; 4 Bl. + 124 S. 8°
Heidelberg, Phil. Fak., Inaug.-Diss. v. [21. Dez.] 1889

Wuttke, Robert: Die erwerbsthätigen Frauen im Deutschen Reiche. — Dresden: Zahn & Jaensch 1897. 45 S. 8°
Aus: Jahrbuch d. Gehe-Stiftung z. Dresden. Bd 2.

Wuttke, Rob., Gesindeordnungen u. Gesindezwangsdienst in Sachsen bis zum J. 1835, s.a. Forschungen, staats- u. socialwissenschaftliche.

Wuttke, Rob., Gesindeordnungen und Gesindezwangsdienst in Sachsen bis zum Jahre 1835. Eine wirtschaftsgeschichtliche Studie. (Staats- u. socialwissenschaftl. Forschungen, XII_4.) gr. 8°. Leipzig 1893.

Wuttke, Rob., der deutsch-österreichisch-ungarische Handelsvertrag vom 6. XII. 1891, s.: Schriften des Vereins f. Socialpolitik. 98. Bd.

— s.: Haushaltung in Vorwerken.

— s.: Heimatschutz in Sachsen.

Wuttke, Robert, Leitfaden zum Referat über Entwicklungsstufen der Arbeitsverfassung. 8°. Dresden 1906.

— Reichsfinanzen u. Landesfinanzen, s.: Vorträge der Gehe-Stiftg. zu Dresden.

Wuttke, Robert (Hrsg.), s.a. Städte, Die deutschen.

Wuttke, Rob., die deutschen Städte. Geschildert nach den Ergebnissen der 1. deutschen Städteausstellg. zu Dresden 1903. Unter Mitarbeit v. Bertram, Böhmert, Edelmann u. a. Im Auftrag der Ausstellungsleitg. hrsg. Durch e. Vorwort eingeleitet v. Beutler. 2 Bde. Leipzig 904. F. Brandstetter. Geb. in Leinw. n. 30. —
1. (Text.) (XLVI, 892 S.) Lex.-8.
2. Abbildungen. VIII, 455 S.) gr. 4.

— s.a. Untersuchungen über die Heimarbeit der Frauen in Dresden.

(Wuttke, Robert:) Untersuchungen über d. Heimarbeit d. Frauen in Dresden. — Dresden: Böhmert 1902. 41 S. 8° (Schriften d. Dresdner Gesellschaft f. soziale Reform. 1.)

— s.a. Volkskunde, sächsische.

Sächsische Volkskunde. Hrsg. von Dr. Robert Wuttke. Mit 260 Abb., 4 Taf. u. 1 Karte. Dresden: G. Schönfeld 1900. (VIII, 520 S.) 8°

Wuttke R, sächsische Volkskunde. 2. Auflage. (578 S) Leipzig 1903

Wuttke-Biller, E., s.a. Biller, Emma.

— die gute Schwester Anna. Ein belehrendes und unterhaltendes Buch für Kinder von 5—7 Jahren. 8. (VIII, 176 S. mit 1 Stnt.) Gotha 887, F. A. Perthes. geb. * 3 —

[F.] Markgräfin Barbara von Brandenburg. Das Leben e. Fürstin im 15. Jh. v. E. Wuttke-Biller. 2, verb. Aufl. *Dresden & Leipzig: C. Reissner 1896.* (2 Bl., 318 S.) 1 Bd 8. [98. 2561

— Lina Bodmer, s. Lohmeyer's, Jul., vaterländische Jugendbücherei. 6. Bd.

Wuttke=Biller, E., aus vier Jahrhunderten. Erzählgn. f. Kinder. 8. (159 S.) Gotha 887. F. A. Perthes. geb. n. 3. —

— Barbara Ittenhausen. E. Augsburger Familienleben im 16. Jahrh. 6. Aufl. gr. 8. (318 S.) Ebd. 896. n. 4. —; geb. n. 5. 75

— Barbara Ittenhausen. Ein Augsburger Familienleben im 16. Jahrh. 7. Aufl. (234 S.) 8. Dresden 910. C. Reißner. 3.—; geb. 4. —

— Kriegsnot (Lina Bodmer), s.: Bohmeyer's, Jul., vaterländische Jugendbücherei. 6. Bd.

—— die Macht des Goldes. Nach einer wahren Begebenheit mitgeteilt. 8. (114 S.) Ebendas. 887. geb. * 2 40

—— ein Mann ein Wort! Geschichte eines deutschen Ritters aus den Kreuzzügen für die Jugend. gr. 8. (III, 209 S. mit 12 großen Tonbildern und vielen in den Text gedr. Illustr. nach Orig.-Zeichnungen von Herm. Vogel.) Leipzig 888, [Abel.] Abel und Müller. geb. * 6 —

— ein Mann, ein Wort! Geschichte e. deutschen Ritters aus den Kreuzzügen f. die Jugend. Mit 12 großen Tonbildern u. vielen in den Text gedr. Illustr. nach Orig.=Zeichngn. v. H. Vogel. gr. 8. (209 S.) Leipzig 889. Abel & Müller. geb. n. 6. —

— ein Mann, e. Wort! Geschichte e. deutschen Ritters aus den Kreuzzügen. Für die reifere Jugend erzählt. Mit 12 großen Tonbildern u. vielen in den Text gedr. Illustr. nach Orig.=Zeichngn. v. Herm. Vogel. 3. Aufl. gr. 8. (III, 209 S.) Leipzig 899. Abel & Müller. Geb. in Leinw. n. 4. 50

— ein Mann, e. Wort! Geschichte e. deutschen Ritters aus den Kreuzzügen. Für die reifere Jugend erzählt. Mit 12 großen Tonbildern u. vielen in den Text gedr. Illustr. nach Orig.=Zeichngn. v. Herm. Vogel. 5. Aufl. (III, 209 S.) gr. 8. Leipzig (903). Abel & Müller. Geb. in Leinw. n. 4. 50

— Märchen e. Großmutter. Mit dem Bildnisse der Vers., 3 farb. Vollbildern u. Buchschmuck v. Walt. Tiemann. (241 S.) 8. Leipzig 904. F. Brandstetter. Geb. n. 4. 50

— Pflicht. E. Familiengeschichte aus d. Befreiungskriegen. gr. 8. (513 S.) Ebd. 896. n. 7. —; geb. n. 8. —

Wuttki Kaputki, s. Wutki Kaputki

WUTZ, Franz Xaver (Eichstätt): Untersuchungen zum Liber interpretationis nominum Hebraicorum des hl. Hieronymus. T.3.- Leipzig: Pries 1914. S. 673-764.- Vollständig erschienen u.d. Titel: Onomastica sacra. - Texte und Untersuchungen zur Geschichte der altchristlichen Literatur. Bd.41. Reihe III.Bd.11.
25.2.1911 - Chr 1910/11,70; U 14.165
Diss.Ingolst.-Landsh.-Mchn.

Wutz, Mch., die Zehenten als Steuern betrachtet. Mit Feßmayers Programm über den Druck d. deutschen Gesetze f. d. Ackerbau. 8. Landsh. 804. Thomann. 8 ℋ

Wuz, M.: „Die Zehnten als Steuern betreffend", mit einem Programm von J. G. Fessmayer, Landshut 1804.

Wutzdorf, Gog u. Magog. gr. 8. (12 S.) Leipzig (901). (Ev. luth Centralverein f. Mission unt. Israel.) — 15
Sonderabdruck aus: „Saat auf Hoffnung".

Wutzdorff: Charakter, Politik und Kämpfe des Kardianers Eumenes. 38 S. - Halberstadt, Progr. 1862.

Wutzdorff, d. Cholera in d. westl. v. Elbgebiet belegenen Theilen d. Reichs, s.: Arbeiten aus d. kaiserl. Gesundheitsamt, 10. Bd., 2. Hft.

Wutzdorff, d. christliche Verhalten Israel gegenüber. gr. 8. (16 S.) Leipzig 895. Berlin, Dtsche. evang. Buch= u. Tractatgesellschaft. n. — 20

Wutzdorff, der Zukunftstempel des Volkes Israel. gr. 8. (51 S.) Leipzig 893. Verlag d. Akadem. Buchh. (W. Faber). n. — 50

Wutzdorff, E.

Wutzdorff, s.: Bericht über die v. Komitee f. Krebsforschung am 15. X. 1900 erhob. Sammelforschung.

Wutzdorff, E., s.: Verhandlungen des Comités f. Krebsforschung.

— s.: Veröffentlichungen d. Komitee's f. Krebsforschg.

— s.: Zeitschrift f. Krebsforschung.

Wutzdorff, [illegible] Beiträge zur Aetiologie der [illegible] Berlin 1876 [illegible] Dermatologie u. Syphilis Bd. 8. Wien [illegible]
Berlin, Med. Diss. v. [illegible] Juli 1876

Wutzdorff, R.

Wutzdorff: Antiochus der Grosse. 46 S. Görlitz. Progr. 1868

Wutzdorff. Begründung des Seleukidenreiches durch Seleukus Nikator. (31) 4 Görlitz 1870

Wutzdorff, R., dramatische Dichtungen. Hamburg 860. (Halberstadt, Schimmelburg.) 8. (3 Bl., 160 S.) n. 20 ngr.
Inhalt: Der Prophet von Florenz. Historisches Trauerspiel in 5 Aufzügen. — Ahasver, der ewige Jude. Romantisch-dramatisches Gedicht in 5 Aufzügen.

Wutzdorff, R., Die Platonischen Ideen. Pr. 1875. 20 S. 4°.

Wutzdorff, R., Wie gestaltete sich der Caesarismus unter Octavianus? Pr. 1866. 34 S. 4°. 1.20

Wutzdorff, Rud. Für und wider die Einheitsschule. Eine pädagogische Abhandlung. S. 21 36. Progr. Rg Görlitz 1882

Wutzer, [illegible] Berlin [illegible] De [illegible] [illegible] ad morbus pulmonum catarrhis [illegible] 43 S.
Berlin, Med. Diss. v. 11. Aug. [illegible]

Wutzer, C. Knochensiederei u. Verwesungsdunst, i. sanitätspolizeil. Hins. Bonn 1863.

Wutzer, C. Z. Reform d. Milit.-Medizinalwesens. (O. J.).

Wutzer C. G., s. A. G. van Onsenoort, Geschichte der Augenheilkunde.

Wutzer, C. W., s.a. Wutzer, Karl Wilhelm

Wutzer, C. W., s. Organ für die gesammte Heilkunde.

Wutzer, C. W., Reise in den Orient Europa's u. einen Theil Westasiens, zur Untersuchung des Bodens u. seiner Producte, der Salubritäts=Verhältnisse u. vorherrschenden Krankheiten. Mit Beiträgen zur Geschichte, Charakteristik u. Politik der Bewohner. 2 Bde. Elberfeld 860, 61. Bädeker. gr. 12. (XIV, 319 S.; VII, 376 S. u. 1 lith. Taf. in 4.) n. 4 ℛ

Wutzer, C. W., über Rose, Phlegmone diffusa und ihr epidem. Vorkommen. gr. 4. (IV und 64 S.) Köln 849, Du Mont-Schauberg'sche Buchh.

Aus: Rheinische Monatsschrift für prakt. Aerzte, Septbr. und Octbr. 1849, besonders abgedruckt.

Karl Wilhelm Wutzer

Bericht über die medizinisch- chirurgische Klinik zu Münster, für den Zeitraum vom Frühjahr 1825 bis dahin 1830. Von C[arl] W[ilhelm] Wutzer. Münster: Coppenrath 1830. 104 S. 8°

Wutzer, Carl Wilh., Bericht üb. d. medicin.-chirurg. Klinik zu Münster, f. d. Zeitraum v. Frühjahr 1825 bis dahin 1830. gr. 8. (7 B., 1 Stnt. u. 7 Tab. qu. gr. Fol.) Münster 830, (Coppenrath.) Thlr.

Wutzer, K(arl) W(ilhelm): Bericht über den Zustand der anatomischen Anstalt zu Münster im Jahre 1830 nebst einer Beschreibung der bei derselben vorhandenen Sammlung von Präparaten. 157 S., gbd., 5 Taf.

Münster: Coppenrath 1830

JB 897

Wutzer, Carl Wilh., Bericht üb. d. Zustand d. anatom. Anstalt zu Münster im J. 1830, nebst e. Beschreib. der bei derselb. vorhand. Samml. v. Präparaten. gr. 4. (19¼ B. u. 5 Stnt. incl. 4 in Fol.) Münster 830, (Coppenrath.)
2. Bericht, vgl. Tourtual, C. Th.

Karl Wilhelm Wutzer

C[arl] W[ilhelm] Wutzer. Blick auf die gegenwärtige Lage der Medicin. Eine Rede. Münster 1829. 25 S. 8°

Aus: Abhandlungen der ärztlichen Gesellschaft zu Münster. Bd 1.

Wutzer, Karl Wilhelm: De corporis humani gangliorum fabrica atque usu, monographia. 144 S., gbd., 1 Taf.

Berolini: Nicolai 1817

JB 794

Wutzer, C. W., de corporis humani gangliorum fabrica atque usu monographia. c. tab. aen. gr. 4. Berlin, Nicolai. 818.

Der Friede im Gegensatze zum Kriege. Eine Festrede in der akad. Aula zu Bonn am 15 Okt. 1855 bei gleichzeitiger Niederlegung seines zweiten Rectorats gehalten von Dr. C[arl] W[ilhelm] Wutzer. Bonn, gedr. bei C. Georgi 1855. 18 S. 4.

Karl Wilhelm Wutzer

Ueber die Zwecke der medicinisch- chirurgischen Lehranstalten des preußischen Staates im allgemeinen und die Leistungen der Anstalt zu Münster insbes. Eine Rede... von C[arl] W[ilhelm] Wutzer. Münster (1830:) Coppenrath. 27 S. 8°

Wutzke, J. C., Bemerkungen üb. d. Besitznahme Preußens, welche von d. Wasserwegen ausgegangen ist; üb. d. Entstehung d. Schlösser u. Burgen, deren Zweck, Bauart u. ihre jetzige Beschaffenheit. gr. 8. (9 B.) Berlin 836, Geo. Reimer.

Wutz(c)ke, J. C., Bemerkk. über die Gewässer, die Ostseeküste u. d. Beschaffenheit des Bodens im Königr. Preußen. Nebst Vorrede u. Anhang v. E. F. Wrede. Mit 1 Gewässerkarte v. Preußen. 4. Königsb. 829. Bornträger. 2 ℛ 8 gl.

Wutzke, J. C., Gewässer- u. Höhen-Karte von Ost-Preußen und Litthauen und einem Theile der angrenzenden Länder. Gezeichnet im J. 1842, nebst Beschreibung. (Besonders abgedruckt aus Crelle's Journal für die Baukunst. Bd. 17.) Fol. (Mit Text.) Berlin 842, Reimer. n. ⅓ ℛ

Wuyka z Wagrowca, X Jakóba, postylla katolicka mniejsza to jest: Krótkie Kazania czyli wykłady śś. ewangelij na niedziele i święta całego roku Część I. II. gr. 8. (39¼ B.) Wrocławiu 843, Schletter, Vrlgsh. 4 Thle. *

Wuz, M., s. Wutz

Wy, Gerrit Jan van

— neue Methode d. Staar zu schneiden, nebst Beobacht. a. d. Wund- u. Hebammenkunst. 8. Ebend. 793.

— Samml. e. wichtigen Wahrheiten aus der Wundarzneikunst, (welche eine neue Methode den Staar zu operiren enthält). 8. Stendal 793. Franzen u. G. 8 gl.

van Wy, Gerit Jan., Samml. einiger wichtigen Wahrnehm. a. d. Wundarzn. u. Geburtsh. Stendal. 8°.
1794

— medicin. u. chirurg. Schriften. 8. Stendal 794. Franzen u. G. 6 gl.

Gerrit Jan van Wy

[Heelkundige Mengelstoffen. Deutsch:] Vermischte chirurgische Schriften von Gerrit Jan van Wy. Aus d. Holl. übers. Nürnberg: Weigel & Schneider 1786. 198 S. 8°

Wyandotte Volksblatt : 1892 Kansas City, KS

Wyatt, Tragödie in 4 Aufzügen von H. König. 8. Reutlingen, (Hartmann in Leipzig.) 818. — 10

Wybelingh, M. R., Dissertatio chirurgica inauguralis, de jactura substantiae in ulceratione. 8 maj. (3 B.) Groningae 844. (Leer, Prätorius u. Seyde.) *

Wybergmeind. D'Wyb' — De Brunne lauft nüd! Aarau s.a. [Nussbaumer, Victor].

Wybergmeind, d'. — De Brunne lauft nüd! Szene bei e. Sodbrunnen. Von X. X. 12. (30 S.) Aarau 894. H. R. Sauerländer & Co. n.n. — 50

Wybergmeind, D'. De Brunne laufft müd! Von X. X. 2. Aufl. Aarau [1909]. V: *Nussbaumer, Victor.* (BBullschw 10, S. 175)

d'Wybergmeind. — De Brunne lauft nüd! Szene bei e. Sodbrunnen. Von X. X. 2. Aufl. (20 S.) 8. Aarau (909). H. R. Sauerländer & Co. — 50

v. *Wybicki*, Ant. Jos., élémens de la Géographie moderne d'après les derniers traités de la paix. Publiés en français et polonais. Avec les cartes géographiq. 8. Bresl. 804.

— s, Prémices de la jeunesse, u. setze hinzu: (v. A. J. v. Wybicki). N. A. 819.

Wybor z literatury české dil prwni od nejstarsich časuw, az do počátku XV stoleti. Lex.-8. W. Praze 845, wkommissi u Kronbergra i Riwnáče. n. 2²/₃ ₙ*ß*

Wybór osobliwych nabożeńst w na duchowną pociechę i pożytek ludzi pobożnych. (Auswahl von Andachten zum geistigen Trost und Nutzen der Frommen.) gr. 16. (IV und 416 S.) Teschen 860, Prochaska. * *

Feine Ausg. * *

Wybór najosobliwszego nabożeństwa czyli dokladuy zbiór wszystkich do używania slużących modlitw, dla chrześcian katol. etc. Z niem. na polski język przełożona przez Ign. Józefa. gr. 12. (XXII u. 924 S. m. 1 Stahlst.) Ober-Glogau 848, Handel. n. ⁵/₆ ₙ*ß*

Wýbor příkladů na wesskeré učenj katolického náboženstwj. Sebrany a wydaný od. Jak. R. Macana. gr. 8. (VI und 384 S.) Prag 847, (Haase Söhne, Verlags-Expedition.) Thlr.

Wybranowski, **Romain de.** de Wojciechów (Pologne): Etude sur la charge des condensateurs. Fribourg 1904. 71 p. 8°.
Freiburg i Schw Math.-naturw Diss 1904/1905

Wybranowski, Romain de. Étude sur la Charge des Condensateurs. Diss. Sci. Fribourg en Suisse. [Avec des figures.] 71 p. 8. Fribourg, Impr. de Saint-Paul, 1904.

Wychgel, Gerhardus Jacobus, aus Smilde: Der heutige Stand der Ruptura Uteri. *Berlin (1900): G. Schade.* (62 S.) 8°
Berlin, Med. Diss v. 4. Dez. 1900

Wychgel, Regn. L., Consider. med. de physiognomia hominis. Teutob. ad Rh. 4°.

1779

Wychgram, Jakob

Wychgram, J., s.a. Choix de nouvelles modernes.

Wychgram, J., Choix de nouvelles modernes, s.a. Prosateurs français.

Choix de nouvelles modernes. Contes d'Écrivains Français Contemporains. Éd. à l'usage des écoles annotée par Prof. Dr. J[akob] **Wychgram**. Éd. Franç. par René Riegel. T. 1. Bielefeld & Leipzig: Velhagen & Klasing 1904. 8°
(Sammlung, Velhagen & Klasings, franz. u. engl. Schulausgaben. Reformausgaben. No 11.)

— die deutsche Dichtung u. das deutsche Volkstum, s.: Meyer's Volksbücher.

– Frauenberuf u. Frauenerziehung, s. Pierstorff

— s.: **Frauenbildung.**

— **Geschichte des höh. Mädchenschulwesens in Deutschland u. Frankreich, s.: Schmid, K. A., Geschichte d. Erziehg.**

— **s.: Handbuch d. höh. Mädchenschulwesens.**

— **Hilfsbuch f. den Unterricht in der deutschen Literaturgeschichte, s.a. Velhagen & Klasing's Sammlung deutscher Schulausgaben.**

Hilfsbuch für den Unterricht in der deutschen Litteraturgeschichte. Von Dr. J[acob] **Wychgram**. 3. Aufl. Bielefeld & Leipzig: Velhagen & Klasing 1896. (2 Bl., 154 S.) 1 Bd 8°
(Sammlung, Velhagen & Klasings, Deutscher Schulausgaben. Lfg 56.)

Hilfsbuch für den Unterricht in der deutschen Litteraturgeschichte. Von Prof. Dr. J[akob] **Wychgram**. 4. Aufl. *Berlin & Leipzig: Velhagen & Klasing 1900.* (IV, 163 S.) 8° [F.]
= **Sammlung**, Velhagen & Klasings, Deutscher Schulausg. Lfg 56. [01. 4686

Hilfsbuch für den Unterricht in der deutschen Literaturgeschichte von Prof. Dr. J[akob] **Wychgram**, Dir. zu Berlin. 8. Aufl. Mit 43 Abb. Bielefeld & Leipzig: Velhagen & Klasing 1906. (IV, 178 S.) 8° [F.]
= **Sammlung**, Velhagen & Klasings, deutsch. Schulausgaben. Lfg 56. [07. 3836

– s. Kulturaufgaben, Die, der Frau.

— s.a. **Lectures pédagogiques.**

Lectures pédagogiques. Ausgewählt u. hrsg. von Prof. Dr. J[akob] **Wychgram**, Dir. zu Berlin. [Text.] Bielefeld & Leipzig: Velhagen & Klasing 1904. 8°
(Sammlung, Velhagen & Klasings, franz. u. engl. Schulausgaben. Prosateurs franç. Lfg 151 B.)

Wychgram, J., Lehrbuch der Geschichte. Für die mittleren und oberen Klassen höherer Mädchenschulen, sowie für Lehrerinnen-Seminare. 2 Tle. gr. 8. [Berlin 886.] Gera, Th. Hofmann. * 2 —

Inhalt:
Tl. 1. Alte Geschichte. (104 S.) * 80 Pf.
" 2. Mittlere und neuere Geschichte. (184 S.) * ℳ 1.20.

— **von der Leitung unserer Schulen. Vortrag, geh. auf der 17. Hauptversammlg. des „Deutschen Vereins f. das höhere Mädchenschulwesen zu Freiburg i. B. am 3. X. 1901. gr. 8. (24 S.) Leipzig 901. B. G. Teubner. n. — 40**

Wychgram, J., das höhere Mädchenschulwesen, s. Schriften des Liberalen Schulvereins Rheinlands und Westfalens.

Wychgram, J., Albertino Mussato. Ein Beitrag zur italien. Geschichte des 14. Jahrh. gr. 8. (VI, 74 S.) Leipzig 880, Veit und Comp. * 2 40

— s.: Prosa, deutsche.

Deutsche Prosa, s. Velhagen u. Klasing's Sammlg. dtschr. Schulausgaben.

s.: **Prosateurs français** (Choix de nouvelles modernes).

— s.: **Recueil de contes et récits pour la jeunesse.**

— recueil de contes et récits pour la jeunesse, s.: Prosateurs français.

— Schiller. Dem deutschen Volke dargestellt. Mit Lichtdrucken, zahlreichen authent. Beilagen u. Textabbildgn., darunter vielen noch nicht veröffentlichten interessanten Porträts u. Autographen. (In 16 Lfgn.) 1.—6. Lfg. Lex.-8. (S. 1—192.) Bielefeld 894. Velhagen & Klasing. à n. — 60

— **Schiller. Dem deutschen Volke dargest. M. 48 Lichtdrucken u. autotyp. Beilagen, sow. 206 Abb. im Text. 7.—16. (Schluß-) Lfg. Lex.-8. (VIII u. S. 193—539.) Bielefeld 895. Velhagen & Klasing. à n. — 60; auch in 4 Abtlgn. à n. 2. 40**

— **dasselbe. 3., durchgeseh. u. verm. Aufl. Mit 50 Lichtdr. u. autotyp. Beilagen, sow. 213 Abb. im Text. gr. 8. (VIII, 541 S.) Ebd. 898. Geb. n. 12. —**
Erschien auch in 8 Lfgn. à n. 1. 20.

— **Schiller. Volksausg. 1.—10. Taus. (IV, 399 S. m. 1 Bildnis.) 8. Bielefeld 905. Velhagen & Klasing. Geb. in Leinw. n. 3. —**

— dasselbe. Dem deutschen Volke dargestellt. 6. durchgeseh. u. verm. Aufl. Mit 60 Lichtdr. u. autotyp. Beilagen, sowie 216 Abbildgn. im Text. (VIII, 542 S.) Lex.-8. Ebd. 906. Geb. in Leinw. n. 12. —

— Charlotte v. Schiller, s.a. Frauenleben. VI.

Charlotte von Schiller von Jakob **Wychgram**. Mit 5 Kunstdr. Bielefeld & Leipzig: Velhagen & Klasing 1904. (156 S.) 8° [F.]
= **Frauenleben**. 6. [05. 30.]

Charlotte von Schiller. Von Jakob **Wychgram**. Mit 5 Kunstdr. 2. Aufl. Bielefeld & Leipzig: Velhagen & Klasing 1907. (156 S.) 8°
(Frauenleben. 6.)

— Helene Lange u. Gertr. Bäumer, Schiller u. die Seinen. (159 S. m. Abbildgn.) 8. Berlin 905. L. Oehmigke's Verl. n. — 70

— Helene Lange u. Gertr. Bäumer, Schiller u. die Seinen. 7. Aufl. (159 S. m. Abb.) 8. Berlin 909. L. Oehmigke's Verl. —70; kart. —85; geb. 1.25

—— Juan Luiz Vives' Schriften über weibliche Bildung. Ein Beitrag zur Geschichte der Pädagogik. gr. 8. (127 S.) Wien 883, Pichler's Wwe. und Sohn. * 1 50

— das weibliche Unterrichtswesen in Frankreich. gr. 8. (X, 278 S.) Leipzig 886. Reichardt. n. 4. 40

— s.: Velhagen & Klasing's Sammlung pädagogischer Schriftsteller.

— Vorträge u. Aufsätze z. Mädchenschulwesen. (VI, 298 S.) 8. Leipzig 907. B. G. Teubner. 3.20; geb. in Leinw. 4. —

Stephan Waetzoldt von J[akob] **Wychgram**. Leipzig & Berlin: B. G. Teubner 1905. (18 S.) 4°
(Aus: Frauenbildung. Jg. 4.)

— s. Zeitschrift, Deutsche, für ausländisches Unterrichtswesen.

— u. Paula Müller, Ziel u. Grenzen der Frauentätigkeit nach evangelischen Grundsätzen. Referat u. Korreferat, geh. auf dem 34. Kongreß f. innere Mission zu Essen an der Ruhr am 25. IX. 1907. (24 S.) gr. 8. Leipzig 908. B. G. Teubner. — 50

Wychgram, Lukas, das Freibad u. anderes Humoristische. 1.—4. Taus. (94 S.) 16. Berlin 908. J. Wagner. — 60

— „Glücksmaxel". Heiteres aus dem Studenten- u. Referendarsleben. Illustriert v. Hans Neirath. 1.—4. Taus. (47 S.) gr. 8. Ebd. 908. 1. —

Wychgram, Lukas, der Kolonialonkel. Illustriert v. Hans Neirath. 1.—4. Taus. (82 S.) gr. 8. Berlin 908. J. Wagner. 1. —

Wychgram, Nic., Untersuchung d. Milch v. 97 ostfries. Kühen aus 7 verschied. Heerden Ostfrieslands auf Menge u. Fettgehalt währ. der Dauer e. Laktation. Auf Veranlassg. des Vereins ostfries. Stammviehzüchter ausgef. u. mitgeteilt. gr. 8. (52 S. m. 4 Abb.) Bremen 897. Leipzig, M. Heinsius Nachf. n. 1. 50

Die Drainage-Anlagen in den nordwestdeutschen und groningischen Marschen. Im Auftr. d. Deutschen Landwirtsch.-Gesellsch. bearb. von Nicolaus **Wychgram-Wybelsum**. Berlin 1900: (Hempel & Co.) 8°
(Arbeiten d. Deutschen Landwirtschafts-Gesellschaft. H. 48.)

Wychgram, Nic., die Drainage-Anlagen in den nordwestdeutschen u. groningischen Marschen, s.a. Arbeiten der deutschen Landwirtschafts-Gesellschaft.

Wyciąg z prowizorycznéj instrukcyi do ćwiczenia służby polowéj dla c. k. infanteryi, kawaleryi i strzelców. Do szkolnego użytku z niemieckiego przetłómaczony. 2. wydanie. (Auszug aus der provisorischen Instruction für den Felddienst der k. k. Infanterie, Cavallerie und Jäger. Für den Schulgebrauch aus dem Deutschen übersetzt. 2. Aufl.) 8. (78 S.) Prag 858, Bellmann's Verlag. *

Wyciągi Piotrowickie czyli niektóre wyjątki z Księgozbioru Piotrowickiego, wydane przez Andr. Edw. Koźmiana. gr. 8. ($8\frac{1}{2}$ B.) Wrocławiu 842, Schletter, Vrlgsh.

Wycieczki, w świat daleki. Opisy i powieści odnoszące się, do różnych części ziemi. Nowa Serya. Ostrowo 868. Priebatsch. 8. (III, 196 S. mit 7 color. Holzschntaff.) cart. 1 ℳ

Wycisk, J., Liederschatz f. höh. Schulen, s.: Noack, G.

Wycisk, J., Turnbüchlein nebst einem Lieder-Anhang für Lehrer und Schüler an Gymnasien und anderen Unterrichts-Anstalten. 16. (VIII, 41 S.; Anhang 24 S.) Königshütte 883, Lowack. geb. * — 60

Wyck, s.a. Vanderwyck.

Wyck, H. J., van der: Der Mittelrhein und Mannheim in hydrotechnischer Hinsicht. Mannheim 1825. 8°

Wyck (H. J. van der). Uebersicht der Rheinischen und Eifeler erloschenen Vulkane und der Erhebungs-Gebilde, welche damit in Verbindung stehen, nebst Bemerkungen über den technischen Gebrauch ihrer Produkte. Bonn 1826. 8.
Desgl. die 2. Ausgabe. Mannheim 1836. 8.

Wyck, H. J., van der, Uebersicht d. rheinischen u. eifeler erloschenen Vulkane u. d. Erhebungs-Gebilde, welche damit in geognost. Verbind. stehen, nebst Bemerkn. üb. d. techn. Gebr. ihrer Produkte. 2. Ausg. gr. 8. (8 B.) Mannheim 836, (Löffler.) *

Johann Wiclifs [**Wyclif**] de veritate sacrae scripturae. Aus den Hs. z. 1. mal hrsg., krit. bearb. u. sachl. erl. von Rudolf Buddensieg, D. theol., Dr. phil. In 3 Bden mit 1 Schrifttaf. Bd 1–3. Leipzig: Dieterich 1904. 3 Bde 8°

Wyczlinski, M. v., Conversation-book in English and Russian, s.: Connor, James.

— deutsch-russisches Konversationsbuch, s.: Connor, James.

— polnische Konversations-Grammatik, s.: Wicherkiewicz, W.

— russische Konversations-Grammatik, s.: Fuchs, Paul.

— Manuel de conversation en Français et en Russe, s.: Connor, James.

Wyczołkowska, Anna, (von Krakau): Schopenhauers Lehre von der menschlichen Freiheit in ihrer Beziehung zu Kant und Schelling. Wien A. Holzhausen 1893. 53 S., 1 Bl. 8°.
Zürich, Phil. Diss. I. S. [v. 11. Nov. 1893].

v. Wydenbrugk, Otto, Briefe über deutsche Nationalgesetzgebung. gr. 8. (49 S.) Jena 848, Frommann. ⅓ ℳ

Wydenbrugk, O. v., die deutsche Nation u. das Kaiserreich. Eine Entgegnung auf die unter demselben Titel erschienene Schrift von H. v. Sybel. München 862. Fleischmann. gr. 8. (VIII, 223 S.) 1 ℛ

Wydenbrugk, O. v., die deutsche Nation und das Kaiserreich. Eine Entgegnung auf die unter demselben Titel erschienene Schrift von H. v. Sybel. gr. 8. (VIII und 223 S.) München 862, [Merhoff's Verlag]

—— die Neugestaltung des deutschen Vaterlandes. Ein Programm. gr. 8. (16 S.) Weimar 848, Hoffmann. *

—— Reichstag oder Parlament? gr. 8. (46 S.) Jena 862, Fr. Frommann.

Wydenbrugk, O. v., die Umbildung des Feudalstaates in den modernen Staat an dem Beispiel Frankreichs in allgemeinen Umrissen entwickelt. gr. 8. (37 S.) München 861, Fleischmann's Separat-Conto. *

***van Wydenburgh*, P. B., datur, sed nondum habetur jus gentium. (Diss. inaug. tribunali occurrentes) 4. Götting. 783. Dieterich. 2 ϰ**

Wyder, Theodor [aus Zürich]: Beiträge zur normalen und pathologischen Histologie der menschlichen Uterusschleimhaut. Leipzig, Druck von A. Th. Engelhardt, 1878. 8. 65 S.

Wyder, Thdr., üb. Embolie d. Lungenarterien in d. geburtshilflich-gynäkolog. Praxis, s. a. Sammlung klin. Vorträge.

Über Embolie der Lungenarterien in der geburtshilflich-gynäkologischen Praxis v. Theodor Wyder. *Leipzig: Breitkopf & Härtel 1896.* (22 S.) 8. = Sammlung Klinischer Vorträge. No 146. (95. 179)

Wyder, Thdr., Max Runge. Ein Lebensabriss. (21 S. m. 1 Bildnis.) gr. 8. Berlin 909. A. Hirschwald. — 60
Sonderabdruck aus: „Archiv f. Gynäkol."

Wyder, Thdr., Tafeln für den gynäkologischen Unterricht. Mit Vorwort von A. Gusserow. Imp.-4. (IX, 44 S. mit 24 lithogr. Taf. auf transparentem Papier (gr. Fol.) mit beschreibendem Text und Holzrahmen mit Glasplatten.) Berlin 887, Fischer's medicin. Buchh. In Mappe ** 60 —

Wyder, Theodor. Die Ursachen des Kindbettfiebers und ihre Entdeckung durch I(gnaz) Ph(ilipp) Semmelweis. Einem allgemein gebildeten Leserkreise geschildert von Dr. Th' W', ord. Professor ... [in] Zürich. Mit Semmelweis' Bildnis. VIII + 40 S. 8. Berlin, Julius Springer, 1906. [M. 1. —]

Wyder-Zneichen, Frau, Berner Kochbuch, s.: Ebert, Jenny Lina.

Wyder-Zneichen, Frau, Lehrbuch f. die bürgerliche Küche. 2. Aufl. gr. 8. (XVI, 160 S. m. Abbildgn.) Luzern 894. Selbstverlag n. 1. 40

Wyder-Zneichen, Frau, Lehrbuch f. die bürgerliche Küche. 3. Aufl. gr. 8. (XIV, 178 S.) Zürich 899. Fäsi & Beer. In Leinw. kart. n. 2. 20

– Schweizerköchin, s. Ebert, Jenny Lina

Wydla, Stan.

— annotationes in regulas arithmeticorum, quas regula aurea ingreditur. 8. Prag 773.

***Wydla*, Stan., († d. 3. Dec. 1804.) elementa calculi differentialis et integralis c. tab. aen. 8maj. Prag 783. Schönfeld. 10 ϰ**

— historia matheseos in Bohemia et Moravia. 8maj. Prag 778. Gerle. (W. Vogel in Leipz.) 4 ϰ

— Leben Boh. Al. Balbins. 8. Prag 788.

— supplementum tractatus de sectionibus conicis. 3. Prag 775.

Wydler, Ferd., zur Diagnose des Ertrinkungstodes. Neuer Leichenbefund. gr. 8. (16 S.) Aarau 869, Sauerländer's Verlag.

Wydler, Ferdinand. Leben und Briefwechsel von Albrecht Rengger (1764–1835). Minister des Innern der helvetischen Republik. Hrg. von F' W'. In zwei Banden. 8. Zürich 1847.

—— die Migraine ist eine Angina, der acute Magencatarrh eine Neurose. Ueber die Bedeutung der Angina faucium, ihre Verbindung und ihren Zusammenhang mit einer Reihe von Krankheiten. gr. 8. (44 S.) Ebendas. 870.

Wydler, Heinrich

Wydler, H., Aufgaben zum mündlichen und schriftlichen Rechnen für schweizer. Bezirks-, Real- und Sekundarschulen. 1. Heft. 8. (68 S. mit 1 lithogr. Fig.-Taf. in qu. 4.) Aarau 874, Christen. cart. *
Antworten. (32 S.) *

Wydler, H., Aufgaben zum mündlichen und schriftlichen Rechnen für schweizer. Bezirks-, Real- und Sekundarschulen. 2. Heft. 8. (72 S.) Aarau 877, Christen. cart. * — 60
1. Heft. Ebendas. 1874. * 80 Pf.

Wydler, H., Aufgaben für den Unterricht im Rechnen. 1.—5. Schulj. Unter Mitwirkung mehrerer Lehrer bearb. 8. Aarau, Sauerländer's Verlag. [1. Schulj. 1. und 2. Aufl. (16 S.) 885,87; 2. Schulj. (31 S.) 885; 3. Schulj. 1. und 2. Aufl. (32 S.) 886,87; 4. Schulj. 1. und 2. Aufl. (32 S.) 886,88; 5. Schulj. 1. und 2. Aufl. (33 S.) 887,88.] à Schulj. ** 15 Pf. ** — 75

—— dass. — 6. und 7. Schulj. [Ausg. für Gemeindeschulen.] Unter Mitwirkung mehrerer Lehrer bearb. 8. Ebendas. 888. [6. Schulj. (32 S.) * 15 Pf.; 7. Schulj. (48 S.) * 25 Pf.] * — 40

—— dass. — Ausg. B. 6. und 7. Schulj. [Ausg. für Bezirksschulen.] 8. Ebendas. [6. Schulj. (42 S.) 887. ** 25 Pf.; 7. Schulj. (56 S.) 888. ** 35 Pf.] ** — 60

— dass. — 4.—7. Schulj. Unter Mitwirkung mehrerer Lehrer bearb. Ausg. für Lehrer. 8. Ebendas. [4. Schulj. (40 S.) 887; 5. Schulj. (VI, 47 S.) 887; 6. Schulj. (48 S.) 887; 7. Schulj. (61 S.) 888.] à Schulj. * 50 Pf. * 2 —

—— dass. — Ausg. für Lehrer. 6. und 7. Schulj. Ausg. für Bezirksschulen. 8. Ebendas. [6. Schulj. (IV, 56 S.) 887; 7. Schulj. (73 S.) 888.] à Schulj. * 50 Pf. * 1 —

Wydler, H. Aufgaben f. den Unterricht im Rechnen. Ausg. B. Für Bezirksschulen. 3 Hefte. Für die 6.—8. Klasse. gr. 8. Aarau, Sauerländer u. Comp. * 1 30
6. Schuljahr. 2. Aufl. (44 S.) 890. * — 35.
7. Schuljahr. 2. Aufl. (56 S.) 890. * — 35.
8. Schuljahr. (87 S. m. 1 Tab.) 890. * — 70.

—— —— **Ausgabe f. Lehrer m. Antworten. 3 Hefte. Für das 6.—8. Schuljahr. gr. 8. (IV, 56; 73; 110 S. m. 1 Tab.) Ebd. 888,91.**
6. u. 7. Schulj. à * — 50; 8. Schulj. * 1 —; * 2 —

Wydler, H. Aufgaben f. den Unterricht im Rechnen. Ausg. A. Für Gemeindeschulen. 8 Hefte. gr. 8. Aarau, Sauerländer u. Comp. * 1 40
1. Schuljahr. 3. Aufl. (16 S.) 891. * — 15.
2. Schuljahr. 3. Aufl. (31 S.) 890. * — 15.
3. Schuljahr. 3. Aufl. (32 S.) 890. * — 15.
4. Schuljahr. 3. Aufl. (33 S.) 891. * — 15.
5. Schuljahr. 3. Aufl. (33 S.) 891. * — 15.
6. Schuljahr. 3. Aufl. (32 S.) 892. * — 15.
7. Schuljahr. 2. Aufl. (49 S.) 891. * — 25.
8. Schuljahr. (38 S.) 891. * — 25.

—— —— Antworten zu den Aufgaben, f. den Lehrer. 5 Hefte. Für das 3.—8. Schuljahr. gr. 8. Ebd. * 2 35
3. u. 4. Schuljahr. 3. Aufl. (10; 12 S.) 891. * — 50.
5. Schuljahr. 3. Aufl. (47 S.) 891. * — 50.
6. Schuljahr. (48 S.) 888. * — 50.
7. Schuljahr. 2. Aufl. (61 S.) 892. * — 35.
8. Schuljahr. (42 S.) 891. * — 50.

— dasselbe. Antworten f. d. Lehrer. (In 5 Hftn.) 7. Schulj. 2. Aufl. gr. 8. (16 S.) Ebd. 892. n.n. — 35

Wydler, H., Aufgaben f. den Unterricht im Rechnen. Unter Mitwirkg. mehrerer Lehrer bearb. Ausg. A, f. Gemeindeschulen. 8 Hfte. 8. Aarau, H. R. Sauerländer & Co. n.n. 1. 65
1. Schuljahr. 4. Aufl. (16 S.) 894. n.n. — 15
2. Schuljahr. 4. Aufl. (32 S.) 893. n.n. — 15
3. Schuljahr. 5. Aufl. (32 S.) 894. n.n. — 15
4. Schuljahr. 5. Aufl. (32 S.) 894. n.n. — 15
5. Schuljahr. 4. Aufl. (32 S.) 894. n.n. — 15
6. Schuljahr. 3. Aufl. (32 S.) 892. n.n. — 15
7. u. 8. Schuljahr. 3. Aufl. (118 S.) 894. n.n. — 75

— dasselbe. Ausg. f. Lehrer. Für d. 3.—8. Schuljahr. 8. Ebd. n.n. 3. 60
3. Schuljahr. 4. Aufl. (32 u. XXXII S.) 893. n.n. — 50
4. Schuljahr. 4. Aufl. (32 u. XXXI S.) 893. n.n. — 50
5. Schuljahr. 4. Aufl. (32 u. XXXI S.) 894. n.n. — 50
6. Schuljahr. (48 S.) 895. n.n. — 60
7. u. 8. Schuljahr. (119 u. CXXI S.) 894. n.n. 1. 50

— dasselbe. Ausg. B, f. Bezirksschulen. 3 Hfte. Für d. 6.—8. Schuljahr. 8. Ebd. n.n. 1.30
6. Schuljahr. 3. Aufl. (49 S.) 894. n.n. — 25
7. Schuljahr. 3. Aufl. (62 S.) 894. n.n. — 35
8. Schuljahr. 2. Aufl. (76 S. m. 1 Tab.) 893. n.n. — 70

— dasselbe. Ausg. f. Lehrer. 3 Hfte. Für d. 6.—8. Schuljahr. 8. Ebd. n.n. 3. 30
6. Schuljahr. 3. Aufl. (49 u. XLVIII S.) 894. n.n. — 70
7. Schuljahr. 3. Aufl. (62 u. LXI S.) 895. n.n. 1. 60
8. Schuljahr. 2. Aufl. (95 S. m. 1 Tab.) 893. n.n. 1. —

Wydler, H[einrich]. Aufgaben für den Unterricht im Rechnen. Ausgabe B für Lehrer. ⟨Ausgabe für Bezirksschulen (*Heft 6:* Bezirks- und Sekundarschulen.⟩ Bearb. von H. Wydler.... *3 Hefte.* 8. Aarau, H. R. Sauerländer & Co.
[1:] Ausgabe B.... Heft 6: 6. Schuljahr. [3. Aufl.] 49 + XXXXVIII S. [1894.] fr. —.70
[2:] Ausgabe B.... Heft 7: 7. Schuljahr. 3. Aufl. 62 + LXI S. 1895. fr. 1. 80
[3:] Ausgabe [B].... Heft 8: 8. und 9. Schuljahr. 2. Aufl. [Mit 1 doppelten Tabelle.] II + 97 S. 1893. fr. 1. —

Wydler, H[einrich]. Aufgaben für den Unterricht im Rechnen. Ausgabe [A] für Lehrer. (*Schuljahr 6:* ⟨Ausgabe für Gemeindeschulen.⟩) Unter Mitwirkung mehrerer Lehrer bearb. (**Schuljahr 7/8:* Bearb. von H. Wydler...). *5 Hefte.* 8. Aarau, H. R. Sauerländer & Co.
[Heft 1:] 3. Schuljahr. 32 + XXXII S. 1895. fr. —. 50
[Heft 2:] 4. Schuljahr. II + 32 + XXXI S. 1895. fr. —. 50
[Heft 3:] 5. Schuljahr. III + 32 + XXXII S. 1900. fr. —. 50
[Heft 4:] 6. Schuljahr. 33 + XXXIII S. 1895. fr. —. 60
Heft [5 =] 7. und 8: 7. und 8. Schuljahr. 5. Aufl. III + 118 + CXXII S. 1902. fr. 1. 50

— dasselbe. Ausg. f. Lehrer. gr. 8. (33 u. XXXIII S.) Ebd. 895. n.n. — 60

— dasselbe. 7. Hft. 7. Schulj. (Ausg. f. Bezirksschulen.) Ausg. B. f. Lehrer. 3. Aufl. gr. 8. (62 u. LXI S.) Ebd. 895. n. 1. 60

— dasselbe. (Ausg. A f. Gemeindeschulen.) 1.—3., 5. u. 6. Schulj. 8. Ebd. à n.n. — 15
1. 5. Aufl. (15 S.) 896. — 2. 6. Aufl. (29 S.) 897.
3. 6. Aufl. (32 S.) 896. — 5. 6. Aufl. (32 S.) 897.
6. 5. Aufl. (33 S.) 897.

— dasselbe. VII. u. VIII. Hft. VII. u. VIII. Schulj. (Ausg. f. Gemeindeschulen.) 4. Aufl. 8. (120 S.) Ebd. 897. Kart. n.n. — 75

Wydler, H., Aufgaben für den Unterricht im Rechnen. Unt. Mitwirkg. mehr. Lehrer bearb. I.– IV. Schulj. 8. Aarau, H. R. Sauerländer & Co. à n.n. — 15
I. 6. Aufl. (15 S.) 898. — II. 5. Aufl. (32 S.) 895.
III. IV. 7. Aufl. (à 32 S.) 898.

— dasselbe. Ausg. B. VI. Hft. VI. Schulj. (Ausg. f. Bezirks- u. Sekundarschulen.) 4. Aufl. 8. (48 S.) Ebd. 898. n.n. — 25

— dasselbe. Ausg. B. VIII. Hft. VIII. u. IX. Schulj. (Ausg. f. Bezirksschulen.) 3. Aufl. gr. 8. (80 S. m. 2 Tab.) Ebd. 899. n.n. — 70

Wydler, H[einrich]. Aufgaben für den Unterricht im Rechnen. [Ausgabe A.] (*Hefte 6—8:* ⟨Ausgabe für Gemeindeschulen.⟩) Unter Mitwirkung mehrerer Lehrer bearb. (**Heft 7/8:* Bearb. von H. Wydler...). *7 Hefte.* 8. Aarau, H. R. Sauerländer & Co.
[Heft 1:] 1. Schuljahr. 7. Aufl. II + 15 S. 1900. fr. —. 15
[Heft 2:] 2. Schuljahr. 9. Aufl. II + 29 S. 1901. fr. —. 15
[Heft 3:] 3. Schuljahr. 9. Aufl. II + 32 S. 1902. fr. —. 15
[Heft 4:] 4. Schuljahr. 8. Aufl. II + 32 S. 1902. fr. —. 15
[Heft 5:] 5. Schuljahr. 8. Aufl. II + 33 S. 1901. fr. —. 15
[Heft 6:] 6. Schuljahr. 7. Aufl. II + 33 S. 1902. fr. —. 15
Heft 7 und 8: 7. und 8. Schuljahr. 5. Aufl. II + 120 S. 1902. [cart.] fr. —. 75

Wydler, H., Aufgaben f. den Unterricht im Rechnen. Unter Mitwirkung mehrerer Lehrer bearb. I.—VIII. Schulj. Aarau, H. R. Sauerländer & Co. n.n. 1. 65
I. 8. Aufl. (15 S.) 902. n.n. — 15. — II. 9. Aufl. (29 S.) 901. n.n. — 15. — III. 10. Aufl. (32 S.) 902. n.n. — 15. — IV. 9. Aufl. (32 S.) 902. n.n. — 15. — V. 8. Aufl. (32 S.) 901. n.n. — 15. — VI. (Ausg. f. Gemeindeschulen.) 7. Aufl. (33 S.) 902. n.n. — 15. — VII. VIII. 7. u. 8. Schulj. Ausg. f. Gemeindeschulen. 5. Aufl. (118 S.) 902. Kart. n.n. — 75

— dasselbe. Ausg. f. Lehrer. 5. Schulj. (Ausg. 1900.) 8. (32 u. XXXI S.) Ebd. n.n. — 50

— dasselbe. VII. u. VIII. Hft. VII. u. VIII. Schulj. Ausg. f. Lehrer. 5. Aufl. gr. 8. (118 u. CXXI S.) Ebd. 902. n. 1. 50

— dasselbe. Ausg. B. VI. Hft. VI. Schulj. (Ausg. f. Bezirks- u. Sekundarschulen.) 5. Aufl. 8. (49 S.) Ebd. 902 n.n. — 25

— dasselbe. 7. Hft. (Ausg. f. Bezirksschulen.) 4. Aufl. 8. (62 S.) Ebd. 899. n.n. — 35

Wydler, H[einrich]. Aufgaben für den Unterricht im Rechnen. Ausgabe B. ⟨Ausgabe für Bezirksschulen (**Heft 6:* Bezirks- und Sekundarschulen.⟩ Bearb. von H. Wydler.... *3 Hefte.* 8. Aarau, H. R. Sauerländer & Co.
[1:] Ausgabe B. Heft 6: 6. Schuljahr. 5. Aufl. II + 49 S. 1902. fr. —.25
[2: Ausgabe B.] Heft 7: [7. Schuljahr.] 4. Aufl. II + 63 S. 1899. fr. —.35
[3:] Ausgabe B. Heft 8: 8. und 9. Schuljahr. 3. Aufl. [Mit 1 doppelten Tabelle.] II + 80 S. 1899. fr. —. 70

Wydler, H[einrich]. Aufgaben für den Unterricht im Rechnen. [Ausgabe A.] [Heft 2:] 2. Schuljahr. Unter Mitwirkung mehrerer Lehrer bearb. 10. [Titel-]Aufl. II + 29 S. 8. Aarau, H. R. Sauerländer & Co., 1903. fr. —. 15

Wydler, H[einrich]. Aufgaben für den Unterricht im Rechnen. [Ausgabe A.] Unter Mitwirkung mehrerer Lehrer bearb. 8. Aarau, H. R. Sauerländer & Co., 1903. *je* fr. —. 15
[Heft 4:] 4. Schuljahr. 10. [unveränderte] Aufl. II + 32 S.
[Heft 5:] 5. Schuljahr. 9. [unveränderte] Aufl. II + 33 S.

Wydler, H[einrich]. Aufgaben für den Unterricht im Rechnen. Auflage 1903. 8. Aarau, H. R. Sauerländer & Co.

Ausgabe [A] für Lehrer. [Heft 4:] 6. Schuljahr. ⟨Ausgabe für Gemeindeschulen.⟩ Unter Mitwirkung mehrerer Lehrer bearb. 33 + XXXIII S. fr. —. 60

Ausgabe B für Lehrer. [1.] Heft 6: 6. Schuljahr. ⟨Ausgabe für Bezirke- und Sekundarschulen.⟩ Bearb. von H. Wydler.... 49 + XLVIII S. fr. —. 70

Wydler, H[einrich]. Aufgaben für den Unterricht im Rechnen. Ausgabe B für Lehrer. ⟨Ausgabe für Bezirksschulen (*Heft 6: Bezirks- und Sekundarschulen.)⟩ *3 Hefte.* 8. Aarau, H. R. Sauerländer & Co.

[1:] Heft 6: 6. Schuljahr. Bearb. von H. W'.... [1.] Aufl. 1903. 49 + XLVIII S. fr. —. 70

[2:] Heft 7: [7. Schuljahr]. Bearb. von H. W'. 5. Aufl. IV + 63 S. + S. II—LXIII. 1905. [fr. 2. —]

[3:] Heft 8: (8. und 9. Schuljahr). Bearb. von H. W'. 4. Aufl. [Mit 1 doppelten Tabelle.] IV + 92 S. + S. II—LXXXIII. 1905. [fr. 3. —]

— dasselbe. (Ausg. f. Gemeindeschulen.) Unter Mitwirkg. mehrerer Lehrer bearb. VI. Schulj. Ausg. f. Lehrer. Aufl. 1903. (33 Doppelf.) 8. Aarau, H. R. Sauerländer & Co. n. — 60

— dasselbe. Ausg. B f. Lehrer. VI. Heft. VI. Schulj. Aufl. 1903. (49 u. XLVIII S.) 8. Ebd. n.n. — 70

— dasselbe. Ausg. B. VII. u. VIII. Heft. (Ausg. f. Bezirksschulen.) 8. Ebd. n. 1. 40

VII. 5. Aufl. (63 S.) 901. n. — 60
VIII. 4. Aufl. (84 S. m. 1 Tab.) 905. n. — 80

— dasselbe. Ausg. B f. Lehrer. VII. u. VIII. Heft. 8. Ebd. n. 4. 20

VII. 5. Aufl. (68 u. LXIII S.) 905. n. 1. 60
VIII. 4. Aufl. (92 u. LXXXIII S. m. 1 Tab.) 905. n. 2. 60

Wydler, H[einrich]. Aufgaben für den Unterricht im Rechnen. [Ausgabe A.] Unter Mitwirkung mehrerer Lehrer bearb. von H. W'. [Unveränderte Neu-Auflagen.] 8. Aarau, H. R. Sauerländer & Co.

[Heft 2:] 2. Schuljahr. 11. Aufl. II + 29 S. 1904. fr. —. 15
[Heft 3:] 3. Schuljahr. 11. Aufl. II + 32 S. 1905. fr. —. 15
[Heft 4:] 4. Schuljahr. 9. *u.* 11. *u.* 13. Aufl. *je* II + 32 S. 1902 *u.* 1904 *u.* 1907. *je* fr. —. 15
[Heft 5:] 5. Schuljahr. 10. Aufl. II + 33 S. 1905. fr —. 15

Wydler, H., Aufgaben f. den Unterricht im Rechnen. I.—VI. Schulj. Unter Mitwirkg. mehrerer Lehrer bearb. 8. Aarau, H. R. Sauerländer & Co. à n.n. — 15

I. 9. Aufl. (15 S.) 905. — II. 12. Aufl. (29 S.) 906. — III. 12. Aufl. (32 S.) 907. — IV. 11. Aufl. (32 S.) 904. — V. 10. Aufl. (32 S.) 905. — VI. (Ausg. f. Gemeindeschulen.) 8. Aufl. (33 S.) 905.

Wydler, H., Aufgaben für den Unterricht im Rechnen. (Ausg. f. Gemeindeschulen.) Unter Mitwirkg. mehrerer Lehrer bearb. VI. Schulj. Ausg. B f. Lehrer. VI. Heft. 6. Aufl. (53 u. LII S.) 8. Aarau (906). H. R. Sauerländer & Co. n. 1. 60

— dasselbe. Ausg. B. VI. Heft. (Ausg. f. Bezirks- u. Sekundarschulen.) 6. Aufl. (53 S.) 8. Ebd. 906. n. — 40

Wydler, H[einrich]. Aufgaben für den Unterricht im Rechnen. [Ausgabe A.] (*Heft 6:* ⟨Ausgabe für Gemeindeschulen.⟩) Unter Mitwirkung mehrerer Lehrer bearb. von H. W'. [Heft 1—6:] 1.—6. Schuljahr. 8. Aarau, H. R. Sauerländer & Co.

[Heft 1:] 1. Schuljahr. 9. Aufl. II + 15 S. 1905. fr. —. 15
[Heft 2:] 2. Schuljahr. 12. Aufl. II + 29 S. 1906. fr. —. 15
[Heft 3:] 3. Schuljahr. 12. Aufl. II + 32 S. 1907. fr. —. 15
[Heft 4:] 4. Schuljahr. 12. Aufl. II + 32 S. 1906. fr. —. 15
[Heft 5:] 5. Schuljahr. 11. Aufl. II + 33 S. 1907. fr —. 15
[Heft 6:] 6. Schuljahr. 8. Aufl. II + 33 S. 1905. fr. —. 15

Wydler, H[einrich]. Aufgaben für den Unterricht im Rechnen. Bearb. von H. W'. Ausgabe B für Lehrer. [1:] Heft 6. 6. Aufl. 53 + LII S. 8. Aarau, H. R. Sauerländer & Co., [1907]. [fr. 1.80]

Wydler, H., Aufgaben f. den Unterricht im Rechnen. I., IV. u. V. Schulj. Unter Mitwirkg. mehrerer Lehrer bearb. 8. Aarau, H. R. Sauerländer & Co. nn — 45

I. 10. Aufl. (15 S.) 907. nn — 15
IV. 13. Aufl. (32 S.) 907. nn — 15
V. 11. Aufl. (32 S.) 907. nn — 15

— dasselbe. VI. Schulj. (Ausg. f. Gemeindeschulen.) Unter Mitwirkg. mehrerer Lehrer bearb. 9. Aufl. 8. Ebd. 908. nn — 15

— dasselbe. VI. u. VII. Heft. (Ausg. f. Bezirks- u. Sekundarschulen.) Ausg. B. 8. Ebd. nn 1. 10

VI. 7. Aufl. (58 S.) 909. nn — 50
VII. 6. Aufl. (64 S.) 909. — 60

— dasselbe. Nachtrag zum Lehrerheft VII B vom J. 1905. (5 S.) 8. Ebd. (908). — 20

(Wydler, H[einrich].) Zur Frage des aargauischen Rechnungslehrmittels. (1904 August.) 6 S. 4. [Aarau, H. R. Sauerländer & Co.]

— Wandtabelle zur Veranschaulichung v. Brüchen. 2., verb. Aufl. 108×78 cm. Farbdr. Mit Text. (6 S.) 8. Aarau (904). E. Wirz. n. 1. 60

—— große Wandtafel zur Veranschaulichung des Bruchrechnens. Chromolithogr. Imp.-Fol. Ebendas. 874. *

Wydler, H., die Wärmeverhältnisse im Gotthardtunnel u. die Hypothesen über Erdwärme. gr. 8. (36 S. m. 1 Steintaf.) Aarau 882. Christen. n. — 60

Wydler, Henri: Kleinere Beiträge zur Kenntniss einheimischer Gewächse. 1870.

Wydler, Jacques s. Furrer, Gottfried, und Wydler, Jacques.

Wydra, s. Wydla

Wyelsk, J., Turnbüchlein u. e. Liederanh. f. Lehrer u. Schüler an Gymnasien u. anderen Unterrichtsanstalten, Königshütte (Schles.), 41 u. 24 S., 16°.

van den Wyenberch, (Wyenberg), B., Apologia des Hrn. Karl Ludw. v. Haller. 8. Brieg u. Solothurn 821.

— Brief des Sir Leopold ******, engl. Edelmanns, üb. seine Rückkehr zur kathol.-apostol. u. römischen Kirche, geschrieb. an seine Mutter. Aus d. Französ. gr. 8. Frburg 821.

van den Wyenbergh, B., Brief des Sir Leopold . . ., englischen Edelmanns, über seine Rückkehr zur kath.-apostol. u. röm. Kirche, geschrieben den 16. Aug. 1823 aus Fontainebleau an Milady Marie — seine Mutter. Aus dem Französ. Freiburg (Schw.) 1825, 8°.
Felders Litztg 1825. Nr. 3 S. 23—30.

— de culte orthodoxe de la très sainte mère de Dieu, en reponse à la brochure intitulée: doctrine de l'écriture sainte sur l'adoration de Marie. 8. Frburg 821.

— observations en réponse à celles adressées par M. Manuel, à M. Ch. L. de Haller, publiées par l'auteur de l'apologie en langue allemagne de M. Ch. L. de Haller, et précedées d'observations sommaires sur quelques autres écrits dirigés contre le même. 8. Frburg 822.

— Sendschreiben an d. Prof. E. H. Münch in Aarau. 8. ... 821.

WYCOCKI, Johann (Gerdien): De s. eucharistia infantibus olim data. (Titel nach der Urkunde)
8.8.1868 - Urk; F 44; Chr 1868/69,12
Diss. Ingolst.-Landsh.-München.

Wygodzinski, Martha [med. pract. aus Berlin]: Beitrag zur Histologie des „malignen Deciduoms.“ Berlin 1898. 47 S. 8°.
Zürich. Med. Diss. 1897/98.

Wygodzinski, Siegfried [cand. med. aus Waldenburg i. Schl.]: Die Sarcome der Nasenhöhle … Strassburg, Buchdr. C. Göller, 1892; 32 S. 8.
Würzburg, Med. Fak., Inaug.-Diss. v. 1892

Vally **Wygodzinski.** Im Kampf um die Kunst. (Hrsg.: W[illy] Wygodzinski.) Berlin: B. Cassirer 1910. XIII, 199 S. 8° [illegible]

Wygodzinski, W., der gemeinsame Absatz landwirthschaftl. Erzeugnisse, s. a. Genossenschaftsbibliothek, deutsche landwirtschaftl., 2. Bd.

Der gemeinsame Absatz landwirthschaftlicher Erzeugnisse. Vortr. geh. v. Dr. W. **Wygodzinski** auf d. VII. Generalvers. d. Verbandes d. rheinpreuss. landw. Genossenschaften. 2. Aufl. Offenbach a. M.: Anwaltschaft d. Allg. Verb. d. deutschen landw. Genossensch. 1895. (23 S.) 1 Bd 8°
(Genossenschaftsbibliothek, Deutsche landwirthschaftliche. Bd 2.)

— D. Vererbg. d. ländl. Grundbesitzes im Oberlandesgerichtsbez. Köln, s. Vererbung, Die, etc.

Wygodzinski, Willi, aus Berlin: Aus d. Laboratorium d. Kaiser und Kaiserin Friedrich-Kinderkrankenhauses (Director a. o. Prof. A. Baginsky). Zur Pathologischen Anatomie der Masernpneumonie. *Berlin: M. Gunther (1898).* (34 S.) 8°
Berlin, Med. Diss. v. 11. Okt. 1898

Wygodzinsky, Willi, zur patholog. Anatomie d. Masernpneumonie. Diss. gr. 8. (33 S.) Berlin 898. M. Günther. n. — 60

Die Besteuerung des landwirtschaftlichen Grundbesitzes in Preußen. Eine krit. Studie. Von Dr. W[illy] **Wygodzinski.** Jena: G. Fischer 1906. (104 S.) 8° [illegible]

Wygodzinski, Willy [aus Hirschberg i. Schl.]: Über altwürttembergische Gemeindegüterpolitik … (Enth. nur Abschn. II: Vom Regierungsantritt Herzogs Christoph bis z. Communordnung v. 1. Juni 1758.) Berlin, Druck v. J. S. Preuss, 1894; 38 S., 1 Bl. 8.
Berlin, Phil. Fak., Inaug.-Diss. v. 4. Juli 1894

Wygodzinski, Willy: Raiffeisen-Notizen zur Geschichte des landwirtschaftlichen Genossenschaftswesens in Deutschland. Leipzig 1899.

Wygodzinski, W., Wandlungen der deutschen Volkswirtschaft im 19. Jahrh. (208 S.) 8. Köln 907. M. Du Mont-Schauberg. 8.—; geb. 8.50

Wygodzinsky, Willi, s. Wygodzinski

Wyher, s. Pfyffer.

Wyhowski, Alfr. Z., Gedichte und Epigramme. 1. Bdchn. 16. (40 S.) [Dresden 877.] Prenzlau, Biller. * 1 —

Wyhr, Handbuch oder Instruction für Capitaind'armes und Fourier-Unterofficiere der königl. preuß. Infanterie. 16. (68 S.) Wesel 851, Bagel.

[**Wyk** auf Föhr.] Kol. Lithogr. 1 Bl. Quer-Fol., 24/39 cm.

Das Nordseebad **Wyk** auf der Insel Föhr. 2. Aufl. Wyk auf Föhr. 1895. 8°.
—— Bearb. u. hrgg. v. d. Badekommission. Mit zahlreichen Abb. 7. Aufl. o. O. 1900. 8°.

Das Nordseebad **Wyk** auf der Insel Föhr. 3. Aufl. Wyk auf Föhr: Badekommission 1896. (127 S.) 8° [Ant. u. F.] [07. 7572

Das Nordseebad **Wyk** auf der Insel Föhr. Bearb. u. hrgg. von der Badekommission. Mit zahlreichen Abb. 5. Aufl. Wyk a. F. 1898. 8°
—— 10. Aufl. (Tondern. 1903.) 8°
—— 12. Aufl. (Wyk a. F. 1905.) 8°
—— 13. Aufl. ebd. 1906. 8°
[Umschlagt.:] 200-jähriges Stadtjubiläum Wyk a. F. 1706–1906.
Titelblatt fehlt, durch handschriftliche Titelangabe ersetzt.
—— 15. Aufl. ebd. 1908. 8°
—— 17. Aufl. ebd. 1910. 8°
—— ebd. 1912. 8°

Nordseebad **Wyk** auf der Insel Föhr. Wyk. o. J. [nach 1900]. Quer-8°

Das Nordseebad Wyk auf der Insel Föhr. Bearb. u. hrsg. von d. Badekommission. Mit zahlr. Abb. 9. Aufl. (Leipzig: F. A. Brockhaus 1902.) (166 S.) 8°

Das Nordseebad **Wyk** auf der Insel Föhr. Bearb. u. hrsg. von d. Badekomm. Mit zahlr. Abb. 11. Aufl. (Kiel 1904: Handorff.) 108 S. 8° [11. 12937 11

Wijk, N. van, der nominale Genetiv-Singular im Indogermanischen in seinem Verhältnis z. Nominativ. gr. 8. (VIII, 98 S.) Zwolle 902. (Leipzig, K. F. Koehler.) n. 2.50

Der nominale Genetiv Singular im Indogermanischen in seinem Verhältnis zum Nominativ von N. van **Wijk**. *Zwolle: Deerren J. J. Tijl 1902.* (VIII, 98 S.) 8° [04 [illegible]

van Wijk, Thomas [Pr. Arzt, aus Leiden]: Historisch-Kritische Übersicht der statischen Schenkelhalsverbiegung '(Coxa vara)' und Therapie … Leiden, Druck v. A. W. Sijthoff, 1897; 4 Bl., 76 S. 8.
Freiburg i. B., Med. Fak., Inaug.-Diss. v. 1897

Wijkander, Aug., Untersuchg. d. Festigkeits-Eigenschaften schwedischer Holzarten, in d. Material-Prüfungs-Anstalt d. Chalmersschen Institutes ausgef. I. (Bihang till Tekniska Samfundets Handlingar 1897.) 4. (178 S. m. Fig.) Gothenburg 897. (Wettergren & Kerber.) n.n. 3.50

Wijkander, O., Madeleine Bunge. Schauspiel in 4 Aufzügen. Nach dem schwed. Orig.-Mscr. übers. v. E. Jonas. 8. (76 S.) Berlin 887. Neuenhahn. n. 1.50

Wijkander, Osc., Bertha Malm, s. Universal-Bibliothek Nr. 2039.

Wyking, A., die Juden Berlins. Nach histor. Quellen bearb. 1.—3. Aufl. gr. 8. (63 S.) Berlin 882, Lorentz. — 60

Wyking, A. Die Juden Berlins. Nach histor. Quellen bearb. 2. Aufl. gr. 8. (XII, 104 S.) Lpz. 891, G. Uhl. * 1 —

Wyking, A., Die Juden Berlins. Nach histor. Quellen bearb. 3. (Titel-)Aufl. 8. (XII, 104 S.) Leipzig 893. [G. Uhl.] Herm. Beyer. n. 1.—

Die Juden Berlins. Nach hist. Quellen bearb. von A. **Wyking**. 3. Aufl. Leipzig: Germanicus-Verl. [1893]. XII, 104 S. 8° [11. 16383

Wykład dziejów powszechnych przez J. L(elewela). 4 tomy. 16. (XL u. 851 S. m. 4 Tab. in Fol.) Breslau 850, Schletter. 4 ℳ

—— nauk dla ługu staraniem wydziału rozpowszechniania oświaty towarzystwa naukowego z uniwersytetem Jagiellońskim złączonego. I.: Zjawiska napowietrzne. 18. (135 S.) Krakau 849, (Friedlein.) * *

Wykład nauki Chrzescjanskiej, ułozony z rozkazu Klemensa VIII. Papieza, przez Kardynała Roberta Bellarmina. Na Polski jezyk przetłomaczony i w propagandzie wydany, w Rzymie. 1844. 12. (Berlin 845, Behr.) n. 1/2 ℳ

Wyklad praw Króla JM. Pruskiego do ks. Pomerelii i do innych wielu krajów król. Polskiego, z dokumentami. Berlin, J. J. Decker, 1772. 4.

Wykliffe als Prediger, s. Engelhardt, J. G. V.

Wykliffe als Prediger. (Von J. G. V. Engelhardt.) gr. 8. Erlangen 834. (Palm u. Enke.) 1/4 ℳ

Wykowski, Gust., üb. die Abnahme der Lungenphthisis in höheren nordischen Breiten. Inaug.-Diss. gr. 8. (23 S.) Berlin 890. (Bern, Huber & Co.) n. — 50

Wyl, A. von

— Blumengrüße. Ein Strauß aus Deutschlands Dichtergarten in ausgewählten Gedichten. (95 S. m. 5 Lichtdr.) kl. 8. Ebd. (905). Geb. in Leinw. 3. —

Wyl, A. v., ewige Blüten. Eine Festgabe in ausgew. Gedichten. 8. (128 S. m. Zierleisten u. 5 Farbdr.) Nürnberg 897. Th. Stroefer. Geb. m. Goldschn. 3. —

Wyl, A. v., ewige Blüten. Eine Festgabe in ausgewählten Gedichten. (96 S. m. 5 Farbdr.) kl. 8. Nürnberg (905). Th. Stroefer. Geb. in Leinw. 2. —

— dasselbe. Eine Konfirmationsgabe in ausgewählten Gedichten. (96 S. m. 5 Farbdr.) kl. 8. Ebd. (905). Geb. in Leinw. 2. —

— Blüthen u. Ranken edler Dichtung. Ausgew. v. W. 4. (372 S. m. 12 z. Tl. farb. Bild.) Ebd. 895. Geb. in Leinw. 5. 50; m. Goldschn. 6. 50

— im Dämmerschein. Gedichte, ausgewählt. 12. (11 S. m. farb. Illustr.) Ebd. 889. cart. m. Goldschn. n. 1. —

Wyl, A. v., Frauen-Hort. Ein Blütenkranz deutscher Dichtg. f. Frauen u. Jungfrauen, gesammelt von A. v. W. gr. 4. (50 S. m. z. Tl. farb. Abbildgn.) Nürnberg 893. Th. Stroefer. Geb. in Leinw. m. Goldschn. n. 10. —

— s.: Frühling, ewiger.

Wyl, A. v., im Frührotschein. Eine Liedergabe aus deutschen u. ausländ. Dichtern. Ausgewählt v. W. Mit 5 farb. Illustr., 10 Tonbildern u. vielen Textillustr. gr. 4. (160 S.) Nürnberg (900). Th. Stroefer. Geb. in Leinw. m. Goldschn. 6. 50

— goldene Garben. Gesammelt aus Deutschlands Dichtern. Mit 4 farb. Illustr., 10 Tonbildern u. vielen Textillustr. 4. (160 S.) Ebd. (899). Geb. in Leinw. m. Goldschn. 4. 50

— die Gedanken meiner Werthen u. Lieben. Mit einigen Texten, ausgewählt von A. v. W. qu. gr. 4. (32 S. m. farb. Illustr.) München 892. Nürnberg, Th. Stroefer. Kart. n. 4. 50; geb. in Leinw. m. Goldschn. n. 5. 50

— gut Geleit f. Lebenszeit! Ein Gedenkbuch m. klass. Citaten f. jeden Tag des Jahres, ausgewählt von A. v. W. 12. (256 S. m. z. Tl. farb. Abbildgn.) Ebd. 893. Geb. in Leinw. m. Goldschn. n. 4. —

Wyl, A. v., gut Geleit f. Lebenszeit! Ein Gedenkbuch m. klass. Zitaten, f. jeden Tag des Jahres ausgewählt. Mit 12 (farb.) Monatsbildern v. Catharina Klein. (371 S.) 8. Nürnberg (907). Th. Stroefer. Geb. in Leinw. m. Goldschn. 4. —

— himmelan geht unsre Bahn. Ein Erbauungsbuch f. die christl. Jugend. 12. (96 S. m. 4 Farbdr.) Ebd. (902). Geb. m. Goldschn. 1. 50

— dasselbe. Eine Konfirmations-Gabe. 12. (96 S. m. 4 Farbdr.) Ebd. (902). Geb. m. Goldschn. 1. 50

— Himmelsblumen. Poesien, ausgew. v. W. 4. (12 S. m. 4 farb. Bildern.) Ebd. 895. Mit Goldschn. 1. 50; m. Dedikation f. Konfirmanden 1. 50

— unterm blauen Himmelsbogen. Gedichte u. Sprüche deutscher Dichter. 12. (96 S. m. Abb. u. 4 Farbendr.) Ebd. 898. Geb. in Leinw. m. Goldschn. 2. —

— in froher Jahres-Runde. Ein Geburts- u. Namenstags-Buch. M. Gedichten, ausgew. v. W. kl. 4. (38 S. m. farb. Bild.) Ebd. 895. Kart. 1. 50

— in froher Jahres-Stunde. Ein Geburts- u. Namenstags-Buch. Mit Gedichten, ausgewählt von A. v. W. kl. 4. (38 S. m. farb. Abbildgn.) Ebd. 890. cart. n. 1. 50

— ich denke Dein! Gedichte, ausgewählt. In Stiefmütterchenform ausgestanzt. (11 S. m. farb. Illustr.) Ebd. 889. n. — 65

Wyl, A. von. *Immergrün.* Natur- und Herzensstimmen aus deutschen Dichtern. Gesammelt von A. v. Wyl. Mit 5 farb. Illustr., 10 Tonbildern u. vielen Textillustr. Nürnberg, Stroefer, [c. 1890]. 4°. Orlwd. 9.—
Anthologie vieler schöner, z. T. heute unbekannter Gedichte mit Bildern im Stil der Jahrhundertwende

— Immergrün. Natur- u. Herzensstimmen aus deutschen Dichtern. M. 5 farb. Illustr., 10 Tonbild. u. vielen Textillustr. 4. (159 S.) Ebd. 897. Geb. in Leinw. m. Goldschn. 4. 50

— Goldiges Laub. Gedichte, ausgewählt von A. v. W. (Ausgestanztes Blatt.) 16. (12 S. m. farb. Abbildgn.) Ebd. 890. * — 75

— Lebensblüthen. Ausgewählte Poesien. kl. 4. (16 S. m. farb. Abbildgn.) Ebd. 892. Mit Goldschn. n. 1. 50

— Lebens-Worte. 12. (93 S. m. Vignetten u. 4 Farbdr.) Ebd. 898. Geb. in Leinw. m. Goldschn. 1. 50

— goldene Lebensworte. 12. (64 S. m. 3 Farbdr.) Ebd. (900). Kart. — 75; geb. 1. —; m. Konfirmations-Widmung zu gleichen Preisen.

— glückselige Ostern. Geistliche Lieder, ausgewählt von A. v. W. qu. 12. (8 S. m. 2 farb. Abbildgn.) Ebd. 894. n. 1. —

— Rosen d. Lebens. Unverwelkl. Blüten für Geist u. Herz. Ausgew. aus deutschen Dichtern. Mit 5 farb. Illustr., 10 Tonbild. u. vielen Textillustr. 4. (160 S.) Ebd. 896. Geb. in Leinw. m. Goldschn. 4. 50

— Sonnen-Strahlen. E. Liedergabe aus deutschen u. ausländ. Dichtern. Mit 5 farb. Illustr., 10 Tonbild. u. viel. Textillustr. gr. 4. (158 S.) Ebd. 897. Geb. in Leinw. m. Goldschn. 7. 50

Wyl, A. v., vom Frühlingsglanz zum Flockentanz. Eine Auswahl von Gedichten. 4 Bdchn. 4. (à Bdchn. 20 S. mit eingedr. Illustr. und farb. Umschlag.) München 888, Stroefer. cart. mit Goldschn. à Bdchn. * 1 50
In 1 Etui * 6 50

Inhalt:

Bdchn. 1. Im Lenz.
" 2. Zur Rosenzeit.
" 3. Wenn der Wald sich färbt.
" 4 Wenn's friert, wenn's schneit.

Wyl, A. v. Von Blume zu Blume. Gedichte, ausgewählt von A. v. W. (Ausgestanzter Schmetterling.) 16. (12 S. m. farb. Abbildgn.) [Münch. 890.] Nürnb., Stroefer. * — 70

— im Wellenspiel d. Lebens. Lyrische Gedichte, gesammelt v. W. 12. (95 S. m. 4 Farbdr.) Ebd. 898. Geb. in Leinw. m. Goldschn. 1. 50

— In Wind u. Wellen! Gedichte, ausgewählt. 16. (16 S. m. farb. Illustr.) Ebd. 889. cart. m. Goldschn. * — 65

— goldene Worte. Gesammelt u. hrsg. Mit 6 Vollbildern v. H. Hofmann u. F. B. Doubek. (192 S.) kl. 8. Ebd. (905). Geb. in Leinw. m. Goldschn. 3. —

— dasselbe. Eine Konfirmationsgabe. Mit 6 Vollbildern v. H. Hofmann u. F. B. Doubek. (192 S.) kl. 8. Ebd. (905). Geb. in Leinw. m. Goldschn. 3. —

— goldene Worte f. d. Lebensreise. 12. (101 S. m. z. Tl. farb. Bild.) Ebd. 895. Geb. in Leinw. m. Goldschn. 2. —

— dasselbe f. Neukonfirmirte. 12. (101 S. m. z. Tl. farb. Bild.) Ebd. 895. Geb. in Leinw. m. Goldschn. 2. —

Wyl, Karl de: Rübezahl-Forschungen. Die Schriften des M. Johannes Praetorius. Breslau: Marcus 1909. 41 S. 8°
¶(Ersch. vollst. als: Wort u. Brauch. H. 5.)
Breslau, Phil. Diss. v. 6. März 1909, Ref. Siebs
[Geb. 19. Sept. 80 Aachen; Wohnort: M.-Gladbach; Staatsangeh.: Preußen; Vorbildung: Gymn. M.-Gladbach Reife O. 00; Studium: Greifswald 4, Berlin 1, Breslau 8 S.; Rig. 27. Juli 07.] [U 09. 640

Wyl, Karl de, Rübezahl-Forschungen. Die Schriften des Mag. Johannes Prätorius, s.a. Wort u. Brauch. 5. Heft.

Rübezahl-Forschungen. Die Schriften des M. Johannes Prätorius von Dr. Karl de Wyl. Breslau: Marcus 1909. VIII, 159 S. 8°
(Wort u. Brauch. H. 5.)

Wyl. M., s. Wyl, W.

Wyl, W. [Autorname] = Wymetal, Wilhelm von.

Wyl, W., der Christus-Mayr. Neue Studien aus Oberammergau. 8. (IV, 160 S.) Berlin 890, Fontane. n. 1. 50

Wyl, W., der Kampf m. d. Drachen. E. Studie üb. d. Fall Crispi. gr. 8. (90 S.) Zürich 895. C. Schmidt. n. 1. —

Wyl, W., s.: Lenbach, Frz. v., Gespräche u. Erinnerungen.

Wyl, W., Maitage in Oberammergau. Eine artist. Pilgerfahrt. Mit dem zum ersten Male veröffentlichten Texte des Passionsdrama's, drei Proben aus Dedler's Passionsmusik und den (5 Holzschn.-)Bildnissen der Hauptdarsteller. 1.—3. durchges. Aufl. 2 Thle. in 1 Bd. 8. (X, 143; 135 S.) Zürich 880, Schmidt. * 3 —

Wyl, W. Maitage in Oberammergau. Eine artist. Pilgerfahrt. 2. Aufl. Wohlf. (Titel-)Ausg. 2 Thle. in 1 Bde. 8. (X, 143; 135 S.) Zür. 889, C. Schmidt. * 2 —

Wyl, W., Maitage in Oberammergau. Eine artist. Pilgerfahrt. Mit dem zum 1. Male veröffentl. Texte d. Passionsdramas, drei Proben aus Dedler's Passionsmusik u. den Bildnissen der Hauptdarsteller. 2., durchgeseh. Aufl. Wohlf. (Titel-)Ausg. 2 Thle. in 1 Bde. 8. (X, 143 u. 135 S.) Zürich 890. C. Schmidt. n. 2. —

Wyl, W., Maitage in Oberammergau. Eine artist. Pilgerfahrt. 1. Thl. 3. umgearb. Aufl. 8. (144 S.) Zürich 900. C. Schmidt. n. 2. —

— dasselbe. Ausg. m. dem zum ersten Male veröffentlichten Texte des Passionsdrama's, drei Proben aus Dedler's Passionsmusik (u. den Bildnissen der Hauptdarsteller). (2. durchgeseh. [Titel-]Aufl.) 8. (144 u. X, 135 S.) Ebd. [890.] 900. n. 3. —

Wyl, W. Maitage in Oberammergau. Eine artistische Pilgerfahrt von W. Wyl ⟨+ Wilhelm von Wymetal⟩. (Neuauflage und Neubearbeitung.) Mit einem biographischen Geleitwort und einem apologetischen Nachwort von Friedrich Dolores von Wymetal. [Nebst Figuren, Melodien, 1 Vignette und 25 Tafeln.] VIII + 337 S. 8. München und Leipzig, Georg Müller, 1910. [M. 4. —, geb. 5. —]

Wyl, W., Spaziergänge in Neapel, Sorrent, Pompeji, Capri, Amalfi, Pästum und im Museo Borbonico. gr. 8. (XII, 372 S.) Zürich 877, Schmidt. * M 6.; geb. * 7 20

— Spaziergänge in Neapel, Sorrent, Pompeji, Capri, Amalfi, Pästum u. im Museo Borbonico. 2., unveränd. Aufl. — Volksausg. M. Ansicht v. Neapel. 8. (XII, 309 S.) Ebd. 897. n. 3. —; geb. n.n. 4. —

— mein Tagebuch im Prozeß Sonzogno. Stenographischer, aktenmäß. und erläut. Bericht eines Augenzeugen der 22täg. Verhandlungen vor den röm. Assisen, 19. Octbr. bis 13. Novbr. 1875. Mit Dokumenten, geschichtl. und biograph. Einleitung, sowie den Portraits von Raph. Sonzogno, Gius. Luciani und Pio Frezza (auf 1 Stnt.). gr. 8. (XXVIII, 226 S.) Zürich 876, Verlags-Magazin. * 3 —

Wyl, M. Aus Tizians Tagen. Kulturgeschichtliche Schilderungen aus Venedigs Glanzzeit. Mit Illustr. In-8°. 278 S. Zürich, Caesar Schmidt. 1897. Brosch. 5 60; gebd. 7 10

— aus Tizians Tagen. Venezian. Geschichten u. Gestalten des 16. Jahrh. Mit Illustr. gr. 8. (278 S.) Ebd. 897. n.n. 4. 50; geb. n.n. 5. 70

Wylach, O.: Untersuchungen über die Magnetisierungszahlen von Eisen und Mangansalzen. Barmen 1905: W. Wandt. (30 S.) 8°
Münster, Phil. Fak., Ref. Heydweiller, Diss. v. 26. Sept. 1905
[Geb. 10. Sept. 78 Barmen; Wohnort: Barmen; Staatsangeh.: Preußen; Vorbildung: Gymn. Barmen Reife O. 98; Studium: Marburg 3, Berlin 1, Freiburg i. B. 2, Münster 4 S.; Rig. 17. Juli 05.]

Wyle, Niclas von. Niclasens von Weyl XI. Translation: Prozess des Hieronymus (von Prag) auf dem Conzil zu Costnitz. Mit Poggius lateinischem Urtexte sowie mit sprachlichen und litterarhistorishcen Anmerkungen. (Abhandlung [hrg. von] Ed Niemeyer.) [A.] 4. (Crefeld 1852.)

Wyle, Niclasens v., zehnte Translation, mit einleitenden Bemerkungen über dessen Leben und Schriften hrsg. von Heinr. Kurz. gr. 4. (32 S.) Aarau 853, Sauerländer's Verlag. *

Wyle, Niclas v., Translationen. Hrsg. durch Adelbert v. Keller, s.a. Bibliothek des litterarischen Vereins in Stuttgart, Bd. 57.

Translationen von *Niclas von Wyle*, hrsg. durch Adelbert von Keller. Stuttgart., lit. Verein (57. Public.). 1861. Gr. 8⁰. 373 S. (In Berlin: Yz 8⁰. 4081.) (10 Mk. Adolf Weigel, 1907.)

Wyler, Bertha [med. pract. aus Endingen, Aargau]: Aus der Schweiz. Pflegerinnenschule Zürich. Ein Fall von congenitaler Atresie des Oesophagus und Duodenum. (Mit einer Abb. im Text.) Zürich 1904. 46 S. 8⁰. [11. V. 04.]
Zürich Med Diss 1903 1904

Wyler, Bertha. Ein Fall von congenitaler Atresie des Oesophagus und Duodenum. Diss. Med. Univ. Zürich. [Mit 1 Figur.] *Kopftitel:* Aus der Schweiz. Pflegerinnenschule Zürich. 46 S. 8. Zürich, Müller, Werder & Cie., 1904.

Wyler, J.: Klinische Beiträge zur Pathologie der Neuritis. Strassburg, Universitäts-Buchdruckerei von Johann Heinrich Eduard Heitz. 1878. 8. 27 S.

Wyler, Karl Korrodi-
s. Korrodi-Wyler. A 12 1.8.6

Wyler, Marcus. Beiträge zu einem Grundriss des vergleichenden Irrenrechtes. Von Dr. jur. M' W' [aus St. Gallen]. 184 S. 8. Halle a. S., Carl Marhold, 1906. [M. 2. —]

Wyler, Marcus: aus St. Gallen: Über die Garantieen der Freiheitsrechte bei den in Anstalten befindlichen oder unterzubringenden Geisteskranken. Basel 1904. 82 S. 8⁰. [22. XI. 04.]
Lausanne. Thèse dr. 1904/1905.

Wyler, M., Über die Garantieen der Freiheitsrechte bei den in Anstalten befindlichen od. unterzubringenden Geisteskranken. (82 S.) 8. Basel '04, Basler Buch- u. Antiquariatsh. vorm. A. Geering. 1. 30.

Wyler, Marcus. Über die Garantieen der Freiheitsrechte bei den in Anstalten befindlichen oder unterzubringenden Geisteskranken. 8.
Ausg. A: Diss. Jur. Lausanne ... von M' W' ... 82 [+ *Thesen, autogr.,* 2] S. Basel, Universitätsbuchdr. Friedrich Reinhardt, 1904.
Ausg. B: Von Dr. jur. M' W'. 82 S. Halle a. S., Verlag Carl Marhold, 1907. [M. 1. 30]

— für e. eidgenössisches Irrengesetz. Tatsachen, Gedanken u. Wünsche. Schweizerischen Aerzten, Juristen u. Politikern aller Parteien gewidmet. (111 S.) 8. St.-Gallen 904. (Basel, Basler Buch- u. Antiquariatsh. vorm. A. Geering.) n. 1. —

Wyler, Marcus. Für ein Eidgenössisches Irrengesetz: Tatsachen, Gedanken und Wünsche. Schweizerischen Ärzten, Juristen und Politikern aller Parteien gewidmet. 111 S. 8. St. Gallen, Zollikofer'sche Buchdr., 1904 (**Umschlag:* Basel, Basler Buch- und Antiquariatsh., 1905). [fr. 1. 25]

Wyler, Max, diplomirter Chemiker, von Neu-Endingen [Kt. Aargau]: Einwirkung von Phosphorpentachlorid auf Monoäthylfluorescein. — Ueber Thiofluorescein und Derivate — Ueber Thiorhodamine. Zür. J. Schabelitz Dr. 1894. 40 S., 1 Bl. 8⁰.
Zürich, Phil. Diss. [v. 22. Dec. 1894].

Wyler, Moritz, prakt. Arzt aus St. Gallen: Aus dem pathologischen Institut der Universität Zürich. Ueber einen Fall von Embolischer Endocarditis recurrens. Zür.-Oberstrass Fischer u. Diggelmann Dr. 1897. 28 S., 3 Bl. 8⁰.
Zürich, Med. Diss. [v. 25. Oct. 1897].

Wyler, Salomon, pract. Arzt v. Ober-Endingen, Kt. Aargau: Aus dem pathologischen Institut in Zürich. Ueber ein durch die Vena cava inferior bis in den rechten Ventrikel gewachsenes Nierencarcinom. Zür. F. Lohbauer Dr. 1897. 32 S. 8⁰.
Zürich, Med. Diss. [v. 6. Oct. 1897].

Wylie, J., The House of Lords. London [u.] Leipsic 1908. 8⁰.

Wylie, J. A., Geschichte, Lehren, Geist und Aussichten des Papstthums. Erste von der evangel. Alliance gekrönte Preisschrift in deutscher Bearbeitung. 1. Aufl. 1853. und 2., durchgeseh. Aufl. gr. 12. (X und 431 S.) Elberfeld 854, Hassel. *

Wylie, Jac., Pharmacopoeia castrensis ruthenica. Edit. IV. Jussu Augusti Imperatoris. Lex.-8. Petropoli 840. (Lipsiae, Voss.) n. $9\frac{1}{2}$ ₰

Wylie, Jam., officielle Berichte an Sr. Kaiserl. Maj. über die in den Militair-Hospitälern gegen die in St. Petersburg epidemisch herrschende Cholera morbus angewandten Heilmethoden, nebst prakt. Bemerkk. über die Natur dieser Seuche, u. Befund von Leichenöffnungen. .. St. Petersb. 830. Brieff. 2 Rubel 50 Kop.

Thomas Carlyle. The man and his books. Ill. by personal reminiscences, table-talk and anecdotes of himself and his friends by Wm. Howie **Wylie**. (New ed.) Rev. by William Robertson. With a prefatory note and brief memoir of the author by his daughter, Mary A. Wylie. London & Leipsic: Unwin 1909. 464 S. 8⁰

Wylimann, J. H., die Lungenschwindsucht, ihr Wesen und sichere Heilbarkeit für Hülfsbedürftige aller gebildeten Stände gemeinfaßlich dargestellt. gr. 8. (VIII und 270 S. mit 1 Abbildung.) Willisau 854. (Herisau, Meisel's Buchh.) *

Wylimann, J. H., die Lungenschwindsucht, ihr Wesen u. sichere Heilbarkeit für Hülfsbedürftige aller gebildeten Stände gemeinfaßlich dargestellt. Mit 1 Abbildg. [2. Aufl.] Willisau 864. — Leipzig, H. Schmidt jun. gr. 8. (270 S.) n. 1 ₰ 6 ngr.

Wylimann, J. H., die Lungenschwindsucht, ihr Wesen u. sichere Heilbarkeit für Hülfsbedürftige aller gebildeten Stände gemeinfaßlich dargestellt. 2., durchgeseh. u. mit Zusätzen verm. Aufl., besorgt von J. Hofstätter. Bern 866. Jenni. gr. 8. (X, 254 S. mit 1 Abbildg. in eingedr. Holzschn.) $22\frac{1}{2}$ ngr.

Wylimann, J. H., die Lungenschwindsucht, ihr Wesen und sichere Heilbarkeit, für Hülfsbedürftige aller gebildeten Stände gemeinfaßlich dargestellt. 2. verm. Aufl., besorgt von J. Hofstätter. Neue (Titel-)Ausg. gr. 8. (X, 254 S. mit 1 Abbild.) Bern 883, Jenni's Buchh. * 2 —

Wyllert, Carl Friedr., gründl. Anweisung z. Fabrikation d. Holzessigs od. d. Holzsäure, nach d. besten u. neuesten Bereitungsmethoden bearb. 16. ($5\frac{1}{4}$ B. u. 1 Stnt.) Nordhausen 838. [Bautzen, Reichel.]

—— gründl. Anweisung z. Fabrikation d. rohen u. calcinirten Potasche, nach d. besten u. neuesten Bereitungsmethoden bearb. 12. ($7\frac{1}{2}$ B.) Nordhausen 837, Fürst.

—— neueste Erfahrungen u. Entdeckungen üb. d. Verfertigung aller Oel- u. Lack-Firnisse. Anh.: Die Bereitung d. verschiedenartigsten u. haltbarsten Kitte. gr. 16. (7 B.) Nordhausen 837, Fürst.

—— die Fabrikation d. holländ. Preß-Hefe rc. Nebst e. Anleit. üb. d. Bereit. d. Stärke a. Waizenmehl. 16. (2 B.) Nordhausen 837, Fürst.

—— das Ganze d. Fabrikation d. gewöhnl. Waschseife. Als Anh.: Das Kochen u. Braten im Wasserdampfe. gr. 16. ($5\frac{1}{2}$ B.) Nordhausen 837. [Quedlinburg, Ernst'sche Buchh.]

—— der erfahr. Gewerbskundige. Ein Hülfsb. f. Kaufleute u. Fabrikanten. gr. 16. (12 B.) Nordhausen 837, Fürst.

—— Hülfs-Buch f. Kaufleute, Fabrikanten, Oekonomen, so wie f. jeden großen Haushalt. Enth.: Anweisung z. Schnell-Essigfabrikation. — Die-Bereitungsart d. ächten Eau de Cologne. — Die Liqueur-Fabrikation auf kaltem Wege. — Die Verfertigung d. Düsseldorfer Senfs ꝛc. — Die Reinigung d. Rüböls. — Die Kunst, Talg zu reinigen ꝛc. 8. (13 B. u. 2 Stnt.) Nordhausen 837. [Plauen, Schröter.]

Wyllert, Carl Fr., Hülfs-Buch für Kaufleute, Fabrikanten, Oekonomen, so wie für jeden großen Haushalt. Neue Ausg. Mit 2 lith. Taf. 8. Nordhausen 844, Fürst. 1 ₰

Wyllert, Carl Frdr., Hülfsbuch für Kaufleute, Fabrikanten, Oekonomen, so wie für jeden großen Haushalt. 2. unveränd. (Titel-)Aufl. Mit 2 lith. Taf. 8. (IV u. 204 S.) Plauen (844) 850, Schröter. 3/4 ₰

—— neuestes Tintenbuch. Anh.: Die Verfertigung d. chem. Feuerzeuge u. Zündhölzer. 12. (2 B.) Nordhausen 837, Fürst.

Wyllams, Cooper, s. Williams.

Wyman, Hans [prakt. Arzt in Flawyl (Kt. St. Gallen)]: Beiträge zur Kenntnis und Beurteilung der Verletzungsfolgen. Zürich-Oberstrass 1897. 82 + 1 S. 8°.
Basel. Med. Diss. 1897/98.

Wyman, Stanley J., in kings' byways, s.: Collection of British authors.

Wymann, Eduard. Einige Aktenstücke zur Geschichte des Römerkrieges von 1557. Separat-Abdruck aus dem Geschichtsfreund, Band 64. II + 18 S. 8. Stans, Ad. & P. von Matt, 1909.

(W[ymann], E[duard].) † Nikolaus Bättig, Pfarrer von Vitznau. [Sep.-Abdr. aus: Monat-Rosen des Schweizerischen Studenten-Vereins.... Jahrg. 47, No. 5. 15. Januar 1903.] 3 S. 8. [Basel, Actiendr. «Basler Volksblatt».]

Wymann, E[duard]. Die Bibliothek der Kaplanei Beroldingen zu Altdorf 1573. [Sep.-Abdr. aus: Zeitschrift für Schweizerische Kirchengeschichte.... Jahrg. 1, Heft 1, 1907.] S. 56—59. 8. (Fribourg, Impr. de l'Œuvre de St-Paul.)

(W[ymann, Eduard].) Das projektierte Kollegium Karl Borromäus in Altdorf. [Sep.-Abdr. aus: Monat-Rosen des Schweizerischen Studenten-Vereins.... Jahrg. 47, No. 1. 15. September 1902.] 3 S. 8. [Basel, Actiendr. «Basler Volksblatt».]

Wymann, Eduard, der heil. Karl Borromeo u. die schweizer. Eidgenossenschaft. Korrespondenzen aus den J. 1576—1584 (Ambrosiana F 135—F 175), nebst Beiträgen zur Geschichte der Wirksamkeit u. der Verehrg. des Heiligen in der Schweiz. (Neue [Titel-] Ausg.) (372 S. m. 2 Lichtdr.-Taf.) gr. 8. Stans [898. 899.] 903. H. v. Matt & Co. n. 2. 40
Sonderabdruck aus: „Geschichtsfreund".

(W[ymann], E[duard].) † Joseph Leonz Bühlmann, Pfarrer von Schwarzenbach. [Sep.-Abdr. aus: Monat-Rosen des Schweizerischen Studenten-Vereins.... Jahrg. 47, No. 4. 15. December 1902.] 1 S. 8. [Basel, Actiendr. «Basler Volksblatt».]

Wymann, Eduard. Die Burger-Bruderschaft zu Beckenried. 1609—1909. Gedenkblätter zur dritten Jahrhundert-Feier ihres Bestandes, geschrieben von Dr. E' W'. [Mit Titelvignette.] II + 50 S. 8. Altdorf, M. Gisler, (1909).

Wymann, Eduard. Durchzug einer eidgenössischen Gesandtschaft durch Freiburg 1578. [Sep.-Abdr. aus: Freiburger Geschichtsblätter.... Jahrg. 9.] 7 S. 8. [Freiburg i. Ue., Universitätsbuchh., 1902.]

Wymann, Eduard. Exorzismen gegen die Engerlinge. Separatabdruck aus: Obwaldner Geschichtsblätter, Heft 2, 1904. 15 S. 8. Zürich, Schulthess & Co., 1904.

Wymann, Eduard. Die schweizerischen Freiplätze in den erzbischöflichen Seminarien Mailands. Gedenkblätter zur Feier des fünfzigjährigen Bestandes derselben. Hrg. von E' W'.... [SA.] 8. Basel 1900.

Wymann, Eduard. Die Fronleichnamsprozession im alten Rheinau. ⟨Separat-Abdruck aus «Schweiz. Rundschau» [Jahrg. 5,] 1904—05, Heft 4.⟩ 8 S. 8. [Stans, Hans von Matt & Co.]

Wymann, Eduard. Das Geschlecht der Schönenbüel in Alpnach. Separatabdruck aus: Obwaldner Geschichtsblätter, Heft 2, 1904. 60 S. 8. Zürich, Schulthess & Co., 1904.

Wymann, Eduard. Gestalten aus der Morgendämmerung einer neuen Zeit. Vorstudien zur ersten Zentenarfeier der katholischen Pfarrei Zürich. [Mit 2 Porträts auf 1 Tafel.] 54 S. 8. Zürich, Baessler & Drexler, 1906. [fr. —. 50]

Wymann, Eduard. Zwei kanonistische Gutachten aus dem Entlebuch. [Sep.-Abdr. aus: Der Geschichtsfreund. Bd. 59, 1904.] 4 S. 8. [Stans, Ad. & P. von Matt, 1904.]

Wymann, Eduard. Die sechste Jahrhundertfeier des Rütlischwures, begangen auf dem Rütli Sonntag den 13. Oktober 1907. Festerinnerungen, im Auftrage der h. urschweizerischen Regierungen gesammelt. [Illustriert.] 56 S. 8. Einsiedeln, Benziger & Co. A.-G., 1908. [fr. 1.—]

(Wymann, E[duard].) † Pfarrhelfer Anton Küchler. Geboren den 1. März 1839, gestorben den 2. September 1905. Mitglied des Ausschusses unserer Gesellschaft 1899 bis 4. Juni 1905. ([Aus] Schweiz. Archiv f. Volkskunde, [Jahrg.] 9, 1905 [Heft 3].) S. 241—242. 8. [Zürich, Juchli & Beck.]

Wymann, Ed[uard]. Ritter Melchior Lussy († 14. Nov. 1606). Ein Lebensbild gezeichnet von Ed. W'. Auf den 300. Todestag Lussys hrg. vom Schweizerischen katholischen Volksverein. [Illustriert.] 71 S. 8. Stans, Hans von Matt & Cie., 1906. [fr. 1.—]

Wymann, Eduard. Ritter Melchior Lussy. Gedenkblatt zum dreihundertsten Todestag (14. November 1906). [Mit Vignette und Porträt-Tafel. Sep.-Abdr. aus dem Geschichtsfreund, Band 61.] II + 13 S. 8. Stans, Ad. & P. von Matt, 1906.

Wymann, Eduard: Die Schicksale des katholischen Kultus in Zürich seit Ausgang der Reformation bis zur Gründung einer neuen kathol. Pfarrei. Zürich 1907. VIII + 106 S. und zwei Tafeln. 4°.
Freiburg i. Schw. Phil. Diss. 1907/08.

Wymann, Eduard. Die Schicksale des katholischen Kultus in Zürich seit Ausgang der Reformation bis zur Gründung einer neuen kathol. Pfarrei. Diss. Phil. Freiburg in der Schweiz. [Mit Illustrationen und 1 Plan.] VIII + 106 S. kl.-4. Zürich, H. Börsig, 1907.

Wymann, Eduard. Zur Schul- und Theater-Geschichte von Uri. [Sep.-Abdr. aus dem Geschichtsfreund, Band 61.] II + 32 S. 8. Stans, Ad. & P. von Matt, 1906.

Wymann, Eduard. Spuren Karl Borromeo's in Uri. ⟨Separat-Abdruck aus «Schweiz. Rundschau» [Jahrg. 6,] 1905—06. Heft 5.⟩ 8 S. 8. [Stans, Hans von Matt & Co., 1906.]

Wymann, Ed(uard). Liturgische Taufsitten in der Dioecese Konstanz. Separatabdruck aus dem Geschichtsfreund Bd. 60. ([Mit Abbildungen, 1 Tafel und] Beilagen.) II + 151 S. 8. [Stans,] Ad. & P. von Matt, [1905].

— Das Testament des Grafen Franz Sebastian v. Crivelli, s.: Neujahrs-Blatt, 13. historisches, hrsg. vom Verein f. Geschichte u. Altertümer v. Uri.

— Uri-Rheinau, s.a. Neujahrsblatt, 11. historisches, hrsg. vom Verein f. Geschichte u. Altertümer v. Uri.

Wymann, Eduard. Uri-Rheinau. Ein Beitrag zur Geschichte der Felix- und Regula-Verehrung. [Mit 1 Illustration und 3 Tafeln. Sep.-Abdr. aus: 11. Historisches Neujahrs-Blatt. Hrg. vom Verein für Geschichte und Altertümer von Uri auf das Jahr 1905.] 64 S. kl.-4. [Altdorf, M. Gisler. 1904.]

Wymann, Eduard. Zwingliana. (Separat-Abdruck aus «Schweiz. Rundschau» [Jahrg. 5,] 1904-05. Heft 6. 9 S. 8. [Stans, Hans von Matt & Co., 1905.]

[Wymann, Gottlieb.] Gedrängter Auszug aus der Allgemeinen Geographie. 8. Interlaken 1891.

Wymann, G(ottlieb). Jubiläumsschrift zur Feier des 50-jährigen Bestandes der Sekundarschule von Interlaken. September 1908. Verfasst von G. W', Sekundarlehrer. Hrg. von der Sekundarschulkommission. 79 S. 8. Interlaken, Otto Schlaefli, 1908.

Wymétal, E., Böhmisch, s.: Meisterschafts-System, das, zur praktischen u. naturgemäßen Erlerng. der böhm. etc. Geschäfts- u. Umgangssprache.

Wymetal, Wilhelm von = Wyl, W. [Autorname].

Wymetal, Wilhelm Ritter von, s. Lenbach. – Franz von Lenbach. Gespräche u. Erinnerungen.

Wymetal, Wilh., Raphael Sanzio und die Madonna im Grünen. Vortrag, gehalten am 25. April 1867. gr. 8. (20 S.) Wien 868, Braumüller. *

Wyn, H. van, Briefwechsel mit Jak. Grimm und Hoffmann-Fallersleben, s. Briefwechsel.

Wynantz, W. Predigten über höchst wichtige Gegenstände des Christenthums ... Lancaster 1830. Ü: *Zug, David.* (Seidensticker, German Printing in America. Philad. 1893.)

Wynblade, K.

— Anweis. zu Ziegelhütten, s. G. Jars, Kunst, wie in Holland etc.

Wynblad C.: Beschreibung d. Bauer- u. anderer gemeiner Leute Häuser ... nebst Anschlägen zu den nöthigen Baumaterialien ... Aus d. Schwed. übers. Kopenh. 1768. 76 S. 8 Tvl.

Wynblade, K., Beschreibung d. Bauer- u. anderer gemeiner Leute Häuser, u. wie sie sowohl von Steinen als von Holz nach den strengsten Regeln d. Sparsamkeit aufzubauen etc., mit Kpf. 4. Kopenh. 768. (Schubothe). 12 gr.

Wyndham, Emilia, s. Collection of british authors.

Wyndham, Emilie. ... In's Deutsche übertragen von H. Bertholdi. Leipzig 1850. V: *March, Mrs.* (Ky)

Wyndham, Emilie. (Roman.) Vom Verf. der: „Two old men's tales. Mount Sorel" etc. In's Deutsche übertragen von H. Bertholdi. 3 Bde. 8. (754 S.) Leipzig 850, Kollmann.

Wyndham, d. Miß, Gesch. od. d. Weg ihn zu verlieren, s. Weg.

Wyndham, Stanley [aus London]: Beiträge zur Kenntniss der Nitroderivate der Isophtalsäure .... Freiburg i. B., Druck d. Fr. Wagner'schen Buchdr., 1887; 41 + 1 S. 8°
Freiburg i. B., Phil. Fak., Inaug.-Diss. v. 1887

Wynecken, F., u. C. F. W. Walther, Ansprache an die Glaubensgenoßen in Deutschland. 8. (28 S.) Nördlingen 852, Beck. n. 2 ngr.

Wynecken, J. Sam., vierteljähr. Nachrr., s. A. L. Hoppenstedt.

Wynecken, K., s. Wyneken

Wynecken, F. G. Die Not der dten Lutheraner in A. N. p., 1843

Wyneken, Reform des Advocatenstandes, s. Reform.

Wyneken, B., s.: Kulturtechniler, der.

Wyneken, B., Zwangs-Versicherungs-Genossenschaften der Rebcultur-Besitzer gegen den durch die Reblaus [phylloxera vastatrix] drohenden Schaden. Vortrag, gehalten zu Bonn in der Section für Weinbau der 46. General-Versammlung des landwirthschaftl. Centralvereins für die Rheinprovinz. Gedruckt auf Veranlassung des Präsidiums des landwirthschaftl. Centralvereins für die Rheinprovinz. gr. 8. (40 S.) Bonn 878, Strauß. * 1 —

Wyneken, E. F. August Bebel, s. Litteratur, moderne realistische.

Wyneken, E. F., August Bebel. (Moderne realist. Litteratur im Lichte der Ethik und Aesthetik, Heft 2.) gr. 8°. Berlin, Evangel. Ver.-Buchh., 1892.

Wyneken, E. F., die weltgeschichtliche Bedeutung des modernen Socialismus. Vortrag, gehalten zu Hamburg am 26. Jan. 1876. gr. 8. (75 S.) Gotha 876, F. A. Perthes. * 1 20

Wyneken, E.F.(Red.), s. Missionsblatt, Hannoversches.

Wyneken, Ernst Fr., Herr v. Bennigsen in der Sitzung des preußischen Abgeordnetenhauses vom 10. Decbr. 1880. Eine Photographie. 8. (30 S.) Hannover 881, Feesche. * — 50

Das Ding an sich und das Naturgesetz der Seele. Eine neue Erkenntnistheorie von Ernst Fr. **Wyneken**, Dr. phil. *Heidelberg: C. Winter 1901.* (XVI, 446 S.) 8° [01. 218

Wyneken, Ernst Friedr., das Naturgesetz der Seele oder Herbart und Schopenhauer, eine Synthese. Inauguraldissertation. gr. 8. (36 S.) Hannover 869, Schulze. *

Das Naturgesetz der Seele und die menschliche Freiheit. Von Ernst F[riedrich] **Wyneken**, D. theol., Dr. phil. Heidelberg: C. Winter 1906. (413 S.) 8° [06. 13835

—— Der evangelische Pfarrer u. die soziale Frage. Eine Kritik. gr. 8. (19 S.) Hannov. 891, (H. Feesche). — 30
Aus: Hannov. Pastoral-Korrespondenz, besonders abgedruckt.

Wynecken, Ernst Fr., e. Reichstagswahl-Predigt am 1. Sonntag nach Trinitatis üb. Lukas 16, 19—31. 8. (16 S.) Berlin 898. Buchh. d. Berliner Stadtmission. n. — 15

Eine Reichstagswahl-Predigt am 1. Sonntag nach Trinitatis über Lukas 16, 19–31 von Dr. Ernst Fr[iedrich] Wyneken, Pastor zu Edesheim. Berlin 1898: Vaterländ. Verl.-Anst. 8° (16 S.)

— um was handelt es sich beim Fall Harnack? Vortrag, geh. im evangel. Vereinshause zu Barmen am 15. Dezbr. 1892. gr. 8. (23 S.) Eisenach 893. M. Wilckens. n. — 40

(B) Wyneken, E. F., Fall Harnack. — Das heil. Vaterunser am Kreuz. 893. (KBL 28.) Jetzt: Leipzig, O. Himly.

— das heil. Vaterunser am Kreuz. Passions-Predigten. 8. (106 S.) Eisenach 893, M. Wilckens. n. 1. 40; geb. in Leinw. m. Goldschn. n.n. 2. 30

! – Das heil. Vaterunser am Kreuz. 1893. Jetzt: Leipzig, O. Himly

—— das Vater Unser als Inbegriff alles Gebets. Vortrag im Evangel. Verein zu Hannover am 1. Febr. 1882. gr. 8. (42 S.) Gotha 882, F. A. Perthes. * — 80

—— Verse und Reime. 8. (XVII, 208 S.) Ebendaſ. 876. * 2 40
geb. * 3 60

[F.] Das Wesen der Theologie als Wissenschaft. Biblische Ansprache üb. Eph. 3, v. 8—21 auf d. Göttinger Herbstkonferenz am 6. Okt. 1897 v. Dr. Ernst Fr[iedr.] **Wyneken**, Pastor zu Edesheim. *Hannover: H. Feesche 1897.* (14 S.) 1 Bd 8. [98. 3678 Go

Wyneken, Ernst Fr., wie ist die fortgehende Demokratisierung der Gesellschaft vom christl. Standpunkte zu beurteilen? Eine Beantwortung der Frage. (55 S.) gr. 8. Heidelberg 904. C. Winter, Verl. n. — 60

—— conservative Ziele für die Gegenwart und die Bedeutung des Vereinswesens für die Zukunft. Vortrag, gehalten im Evangel. Verein zu Frankfurt a. M. am 6. März 1877. gr. 8. (48 S.) Ebendaſ. 878. * — 80

— der sozialistische Zukunftsstaat od. die Verstaatlichung der Produktionsmittel, s. a. Zeitfragen des christlichen Volkslebens.

— Der sozialistische Zukunftsstaat oder die Verstaatlichung der Produktionsmittel. (Zeitfragen des christl. Volkslebens, Heft 142.) gr. 8⁰. Stuttgart 1894.

Wyneken, Fr., die Noth der deutschen Lutheraner in Nordamerika. Ihren Glaubensgenossen in der Heimath an's Herz gelegt. (Aus der Zeitschrift für Protestantismus u. Kirche.) gr. 8. Erlangen 843, Blaesing. 1/8 ℔

Wyneken, Fr., Spruchbuch zum kleinen Catechismus Lutheri. Im Auftrage der Synode von Missouri ꝛc. zusammengetragen. 12. (112 S.) Baltimore 852. (Philadelphia, Schäfer und Koradi.) *

Wyneken, Fr., Trost- und Erweckungspredigt über Luc. 2, 21., gehalten am 1. Jan. 1868. 8. (18 S.) St. Louis, Mo. 879. (Dresden, H. J. Naumann.) * — 25

Wyneken, Fr., Trost- und Erweckungspredigt über Luc. 2, 21, gehalten am 1. Jan. 1868. 8. (16 S.) Dresden 880, H. J. Naumann. *

Wyneken, G., s.: Jahrbuch, Wickersdorfer.

Wyneken, G. B., die Differenzen in der Lehre von den Sacramenten zwischen Lutheranern und Reformirten und reformirten Secten in ihrer Bedeutung für den Glauben. gr. 8. (31 S.) Verden 856, Treſſan. *

Wyneken, Gust.: Die Kirche, s.a. Bibliothek f. mod. Geistesleben. 1. 4.

Die Kirche. Von Gustav **Wyneken**. Leipzig & Coburg: Thüring. Verl.-Anst. 1901. 34 S. 8⁰
(Bibliothek f. modernes Geistesleben. Jg. 1, H. 4.)

[Ant. u. F.] Amor Dei intellectualis. E. religionsphilos. Studie v. Dr. Gustav Adolf **Wyneken**. *Greifswald: J. Abel 1898.* (2 Bl., 68 S.) 1 Bd 8. [98. 9441 Gr

Wyneken, Gustav Adolph: Hegels Kritik Kants. *Greifswald 1898: J. Abel.* (44 S.) 8°
Greifswald, Phil. Diss. v. 23. Febr. 1898

Hegels Kritik Kants. Z. Einleitg in d. Hegelsche Philosophie. Von Gustav Adolph **Wyneken**. *Greifswald: J. Abel 1898.* (IV S., 1 Bl., 42 S.) 1 Bd 8. [98. 3679

Wyneken, Karl

Wynecken, K., der Aufbau der Form beim natürlichen Werden u. künstler. Schaffen. Gemeinverständlich dargestellt. I. Tl. Ein neues morpholog.-rhythm. Grundgesetz. Zugleich e. Beitrag zur Beleuchtg. der Kaiserrede üb. Natur u. Kunst. Mit 42 Textfig., 4 Tab. u. 1 Schlusstaf. (VII, 295 S.) gr. 8. Dresden 904. [G. Kühtmann.] Freiburg i/B., J. Bielefeld. n. 6. —; geb. in Leinw. n. 7. —

Wyneken, K., der Aufbau der Form beim natürlichen Werden u. künstlerischen Schaffen. Gemeinverständlich dargestellt. 2. Tl. Der Kanon der schönen Form. Anleitung zur Herstellg. der rhythm. Grundlage f. jedes Kunstwerk in jeder Stilart. Ein Handbuch f. Künstler, Techniker u. Gewerbetreibende. Text u. Atlas. Freiburg i/B. 907. J. Bielefeld. 25.—; geb. 26.50; zusammen bezogen 24.—; geb. 25. —
Text. (VIII, 528 S. m. 73 Fig. u. 4 Tab.) gr. 8. 15.—; geb. 16.50. — Atlas. 18 Taf. m. e. kurzgefassten Anleitg. (IV S.) 51×38,5 cm. In Mappe 10. —.
1. Tl. Ebd. 904. 6.—; geb. 7. —

Wyneken, Karl: Zur Kenntnis der Wundheilung an Blättern. Göttingen 1908: Dieterich. 63 S. 8°
Göttingen, Phil. Diss. v. 29. Sept. 1908, Ref. Berthold
[Geb. 16. Juli 84 Edesheim; Wohnort: Edesheim; Staatsangeh.: Preußen; Vorbildung: Hann.-Münden Reife O. 04; Studium: Tübingen 3, Göttingen 2, Berlin 1, Göttingen 4 S.; Rig. 1. Juli 08.] [U 09. 1423

Wyneken, Wilhelm [aus Hannover]: Die Landfrieden in Deutschland von Rudolf von Habsburg bis Heinrich VII. . . . Naumburg a/S., Druck v. O. Hauthal (G. Pätz'sche Buchdr.) (1886); 102 S. + 1 Bl. 8⁰
Göttingen, Phil. Fak., Inaug.-Diss. v. 29. Nov. 1886.

Wyneken, Wilh., die Landfrieden in Deutschland von Rudolf von Habsburg bis Heinrich VII. Inaugural-Dissertation. gr. 8. (102 S.) Naumburg 887. (Hannover, Cruse's Buchh.) * 1 —

Wynen, A. J., P. S. M., die Lebensquellen des Christentums. Bilder v. Andr. Untersberger. 3. Aufl. (26 S. m. 7 Taf.) 31,5×24,5 cm. Limburg 908. Kongregation der Pallottiner. Geb. m. Goldschn. 2. 25

Wynen, Theodor, aus Ascheberg i. Westph.: Beiträge zur Kenntniss organischer Sulfamin- und Sulfosäuren. *Erlangen 1900: (J. Hamel, Marburg).* (38 S.) 8° [F. u. Ant.]
Erlangen, Phil. Diss. v. 1. März 1899

Wynentaler-Blatt
(1) Anzeigeblatt für den Bezirk Kulm und die angrenzenden Gemeinden des Bezirks Lenzburg und des Kantons Luzern (3) Die freie Presse (5) 1864 (cont.) (6) 2° (7) wöchentlich 2×; wöchentlich 3× (1905—1910) (8) Menziken: J. Konrad Sohn, Robert Wildi (1869), Frau Wildi & Sohn, J. F. Schori (1903), August Baumann (1910) (9) Heimatland (1906), Gemeinnützige Blätter. Für die Familie (1896) (10) August Baumann (11) August Baumann (12) radikal, stellt sich seit den 20er Jahren auch andern bürgerlichen Kreisen zur Verfügung (13) BGSZ: 235. 941; Sondernummern: »Wynentaler-Blatt«, Dezember 1933 und Oktober 1957 (14) Be: I. (1953 cont.) (15) Das »Kulmer Bezirksblatt« ist das Kopfblatt des »Wynentaler-Blattes«.

Wyngaert F v d, in Berlin. Preisliste der Lehrmodelle und Lehrmittelgegenstände. (40 S 36 T) kl 4° Berlin

Wyngaert, Jos. J. van den, s.: Bericht, stenograph., üb. d. General-Versammlg. d. Verbandes deutscher Müller.

Festvortrag am Säcular-Stiftungs-Feste der Loge „Zu den drei Seraphim" am 4. Oct. 1874 von dem Br. [Jos. Joh.] **van den Wyngaert.** [Berlin 1874: Lindow.] 16 S. 8⁰ [Umschlagtit.]
Tt. 504. Gesch. der Loge.

Wynmanni, Nic., Colymbetes, sive de arte natandi dialogus. Das erste Schwimmbuch der Welt. Neu hrsg. u. m. Anmerkgn. versehen v. Karl Wassmannsdorff. 16. (XXXVII, 150 S. m. Titel in Lichtdr.) Heidelb. 889. K. Groos. * 2 80

Wynne, J., Gräfin v. Ursini u. Rosenberg, die Morlakken; aus d. Französ. v. G. G. Bürde. 2 Bde. 8. Berl. 790. N. Titel 807. Leipz., (Nauck). 1 ℛ 12 𝒢

Wijnne, I. A., de fide et auctoritate Appiani in bellis romanorum civilibus enarrandis exploratis fontibus, quibus usus esse videtur. 8maj. (VI und 131 S.) Groningae 855. (Leer, Bock.) *

Wynne, I. A., De fide et auctoritate Appiani in bellis Romanorum civilious enarrand's explora'is fontibus, quibus usus esse videtur. 8. (129 S.) Groningen 855, K. de Waard. –

Wijnne, Joh. Adamus, Quaestiones criticae de belli Punici secundi parte priori. (Dissert. inaug.) 8maj. (X und 113 S.) Groningae 848. (Amisfurti, Taats fratres.) *

Wynpersse, D. van de, De Xenocrate Chalcedonio, philosopho academico. Diss. 213 S. 1822. 2.--

***van de Wynpersse*, J. T.**, dissert. duae, de anchylosi ejusque pathologia et curatione c. fig. 8maj. Leyd. 783. Luchtmans. 1 ℛ 8 𝒢

Wyobrazení s krátkým wyswětlením etc., s. Darstellung, bildliche.

Wyoming State-Zeitung [illegible] Laramie, WY
[illegible] Wyoming State Zeitung [illegible]

Wyplel, Ludwig: „Blanka von Kastilien" als Vorstufe der „Ahnfrau". 26. Wien XV. R. 04.
Progr.

Wyptel, L.: Englands Einfluss auf die Lehrdichtung Hallers. (31.) Wien R. IV. 88
Progr.

Wyplel Ludwig: Die Geschichte des Raubers Louis Mandrin als Quelle zur „Ahnfrau". 21. Wien XV. R. 00.
Progr.

Wyplel, Ludw., Lehrbuch der französ. Sprache, s.: Sokoll, Eduard.

— Neue Wege des Sprachunterrichts. Vortrag, geh. im Vereine Realschule in Wien am 15. V. 1908. (17 S.) 8. Wien 908. F. Deuticke. — 50
Sonderabdruck aus: „Ztschr. f. d. österr. Gymnasien".

Wyplel, Martin: Über den Einfluss einiger Chloride, Fluoride und Bromide auf Algen. 32. Waidhofen a./Th. 93.
Progr.

Wyplel Martin: Über den Einfluss einiger Chloride, bes. des Natriumchlorids auf das Wachsthum der Pflanze. 43. Waidhofen a./Th. 91.
Progr.

— Weitere Versuche über den Einfluss der Chloride auf das Wachsthum der Pflanze. 20. ibd. 92.
Progr.

Wypočtář, rychlý. Welmi potřebná, přjruční knjžka při kaupi a prodeji w nowých penězjch rakauského čjsla, wypočjtáno od 1 až do 100 kusů po 1 až do 99 kr. a po 1 až do 100 zlatých. Prag 859. Mercy in Comm. 32. (IV, 112 S.) n. 10 ngr.

Wyprawa Pruska i Półtora krzyża, s. Biblioteka, powieści. Tom. VIII u. IX.

Wyptel, L., s. Wyple., Ludwig

Wyrobisz, Jos., juridisch-politische Terminologie, s. Moser, Joh., und Wyrobisz, Jos., juridisch-politische Terminologie.

Wysard, A., ein Gang durch's Alte Testament, mit besond. Berücksicht. der Poesie und Prophetie, für höhere Lehranstalten und denkende Bibelleser. gr. 8. (VIII, 271 S.) Zürich 877. Schmidt. * ℳ 4.; geb. * 4 50

Wysard, A., Italia. Reise- u. Stimmungs-Bilder. Biglietto Circulare Nr. 32 m. Abstechern. 2., erweit. Aufl. 8. (198 S.) Zürich 900. C. Schmidt. n. 2. 50

Wysard, Ulrich Zwingli. Dramatisches Geschichtsbild in 5 Akten. 8. (109 S.) Zürich 874. Schmidt. n. 2. —

Wysard, Alex., Dichtungen. 3 Bde. 8. London 892. A. Siegle. n. 10. 50
1. Ulrich Zwingli. Dramatisches Gedicht in 3 Tln. 2., umgearb. Aufl. (170 S.) n. 3. 75
2. Sulzjogg od. Christ u. Jesuit. Volksstück m. Gesang in 5 Akten. 4., umgearb. Aufl. (80 S.) n. 2. 25
3. Denksteine am Lebensweg. 1840—1891. 2 Thle. in 1 Bd. (VIII, 104 u. 80 S.) n. 4. 50

Wysber, Ludwig — Fabriks- und Handels-Lexikon fur Oesterreich's industrielles Interesse. 1856—1858. In vorliegendem Arrangement entworfen und begründet von — —. 2te Aufl. 1. Bd. Wien. 1. u. 2. Thl. Wien. Dr. von A. Klopf sen. und Alex. Eurich. (1. Thl. Erzeugung. 3 Bl. S. 1—233. 2. Thl. Handelsstand. 2 Bl. S. 237—397. Personal- und Firmen-Register des 1. Bandes. S. 1—34. 8.)

Wysber, Ludw. Herz und Gesinnung. Humoristisch-satyrisches Lebensbild. kl. 8. (162 S.) Wien, J. Stöckholzer v. Hirschfeld, 1853.

Wyscheslawtzewa, Valerie: Der tabische Prozess im oberen Halsmark und im verlängerten Mark. Berlin 1909: Ebering. 105 S. 8°
Berlin, Med. Diss. v. 13. Aug. 1909. Ref. Ziehen.
[Geb. 9. Jan. 80 Simbirsk; Wohnort: Kaluga; Staatsangeh.: Rußland; Vorbildung: Mädchengymn. Grodno; Mädchenkurse Petersburg Reife 03; Studium: Berlin 1, Zürich 1, Berlin 8 S.; Rig. 6. Aug. 09.] [U 09.127

Wyse, Francis, die Vereinigten Staaten von Nord-Amerika, deren Verfassung, Rechtspflege, Sektenwesen, Lehranstalten, Handel, Finanzen, Heer, Flotte, Sclaverei, Geschichte u. Geographie. Nebst Rathschlägen für Auswanderer u. einem diplomat. Anhange. Für Deutsche bearb. von Ed. Amthor. 3 Bde. Neue (Titel-)Ausg. 8. (XL u. 653 S.) Leipzig (846) 850. Renger. 1 ℛ

Wysokil, A. M., zur Schul-Frage in Oesterreich. 8. (X und 95 S.) Wien 850. (Seidel.) *

Wysling, W. Das Elektrizitätswerk an der Sihl. (Aus: Schweiz. Bauzeitung). Fol. 23 S. m. 48 Fig. Zürich, Meyer & Zeller. 1897. 1 50

Wysocki, Bronislaw [pr. Arzt aus Posen]: Ueber Episio-Perineorrhaphie nach Sänger . . . Greifswald. Druck v. Julius Abel. 1889; 28 S. 8°
Greifswald, Med. Fak., Inaug.-Diss. v. 26. März 1889.

Wysocki, Ferd., ein Schatz v. Krondenaren des Wladislaus I. Loctious u. Kasimir III. d. Grossen. Lex.-8. (16 S. m. 1 Taf.) Lemberg 895. (Berlin, A. Weyl.) n. 1. 50

Ein Schatz von Krondenaren des Wladislaus I. Locticus u. Kasimir III. des Grossen. Beschr. v. Ferdinand Wysocki. M. 1 Taf. Abb. Lemberg: (Dr. v. J. Baldke, Berlin) 1896. (16 S., 1 Taf.) 1 Bd 4⁰(8⁰)

Wysocki, (Joz.), Pamiętnik z czasu kampanii węgierskiej w roku 1848 i 1849. gr. 8. (IV u. 148 S.) Posen 850, Żupański in Comm. n. 1 ℳ

Wysocki, Carl [geb. Münster in Westf. 1845]: Ueber Hospitalbrand. Breslau (1872). (27 S. 8°)
Breslau, Med. Diss. v. 6 Dez. 1872

Wysocki, Ludov., de Pauli Flemingi germanice scriptis et ingenio. Thesis. gr. 8. (II, 140 S.) Paris 892. O. Bouillon. n.n. 2. 75

Wysocki, St. W. v., s.: Jahrbuch der russischen Aktienbanken.

Wysocki, Stanisl., de parocho quaestiones selectae. (VI, 172 S.) gr. 8. Lemberg 904. Gubrynowicz & Schmidt. n. 3. 60

Wysocki, Stefan, appr. Arzt: Aus d. Städt. Allerheiligenhosp. zu Breslau, Dermatol. Abt. (Prof. Harttung). Kasuistische Mitteilungen über Gelenkerkrankungen bei Lues acquisita. Breslau 1910: Schles. Druck.-Genossensch. 32 S. 8°
Breslau, Med. Diss. v. 9. Juli 1910, Ref. Neißer
[Geb. 27. Aug. 81 Pleschen; Wohnort: Breslau; Staatsangeh.: Preußen; Vorbildung: Gymn. Ostrowo Reife O. 02; Studium: Breslau 7, Berlin 1, Breslau 2 S.; Coll. 17. Juni 10; Approb. 19. Nov. 08.] [U 10. 592

Wysogórski, J., Trias, s.: Frech, Fritz.

Wysogórski, Johann, Assist. am geol.-paläontol. Institut[!] d. Univ. Breslau, aus Kruszewo, Kreis Czarnikau: Die Entwicklungsgeschichte der Brachiopodenstamme der Orthiden im ostbaltischen Silur. *Breslau 1900: J. F. Starcke in Berlin.* (16 S.) 8°. (Aus: Zeitschrift d. Deutschen geol. Gesellschaft.)
Breslau, Phil. Diss. v. 17. März 1900

Wysoki, Ant., zu Fuß ins hl. Land aus Oberösterreich u. zurück im J. 1904. Nach den Aufzeichnungen des Fußwanderers niedergeschrieben v. Joh. Noöl. (104 S. m. 8 Taf.) 8. Linz 906. Preßverein. n. — 90

Wyspianski, S., der Fluch. Tragödie in 1 Aufzug. Autoris. deutsche Ausg. v. K. Różycki. (71 S.) 8. München (909). R. Etzold. 2. —

Wyss. (Abraham) Rudolf Wyss. Bern 1856 s. [Wyss, Carl Bernhard].

Wyss, Archivrat Dr. Arthur. 1852—1900. Nekrolog ... Darmstadt 1901. V: *Nick, Gustav.* (Berl)

Wyss, Prof. Dr. Georg von. [Bern 1894.] V: *Meyer v. Knonau, Gerold.* (Cat. d. Stadtbibliothek Zürich. Zürich 1864—97.)

Wyss, Georg von, als Geschichtsforscher. [Basel 1894.] V: *Escher, Hermann.* (zuwzür 1910)

Wyß, ..., s. Wappenbuch.

Wyss, A. Dr. Aide-mémoire du Samaritain. Soins d'urgence à donner aux blessés et aux malades. In-24⁰. 98 p. Genève et Bâle, Georg & Co. 1894. Cart. toile. 1 20

Wyss, A. Guide du samaritain. Soins d'urgence à donner aux blessés et aux malades. 1ᵉ partie. Gr. in-8⁰. 104 et II p. Genève, Bâle, Lyon, H. Georg. 1892. 1 50

[Wyss, Abraham Rudolf.] Vertheidigung der Mitglieder der Specialcommission des Stadtrathes von Bern. 8. Bern 1834.

Wyss, Albert Adolf [prakt. Arzt. I. Assistenzarzt an der Universitäts-Augenklinik Basel]: Aus der pathologisch-anatomischen Anstalt der Universität Basel. Beitrag zur Kenntnis der cystischen Pankreastumoren. (Mit 2 Tafeln.) Biel 1904. 52 S. 8⁰. [19. VI. 04.]
Basel, Med. Diss. 1903/1904

Wyss, Albert Adolf. Beitrag zur Kenntnis der cystischen Pankreastumoren. Diss. Med. Basel. [Mit 2 Tafeln.] *Kopftitel:* Aus der pathologisch-anatomischen Anstalt der Universität Basel. II + 52 S. 8. Biel, W. Gassmann, 1904.

Wyss, Alfred Osw. [aus Zug]: Das internationale Urheberrecht an Photographien, musikalischen Aufführungen und Übersetzungen. Zürich 1898. VIII, 171 S. 8⁰.
Zürich, Jur. Diss. 1897/98.

Wyss, Alfr. O., d. internationale Urheberrecht an Photographien, musikal. Aufführgn. u. Uebersetzgn. gr. 8. (VIII, 171 S.) Zürich 898. F. Schulthess. n. 2. 60

Wyß, Ant., der Ablaß der katholischen Kirche, gepredigt am Feste der „Remfahrt" [Musegger Umgang] zu Luzern, den 19. März 1875. gr. 8. (17 S.) Luzern 875, Gebr. Räber. — 30

(Wyss, A[nton].) Blätter der Erinnerung an Johann Anton Rohn (1828–1880), Pfarrer von Rohrdorf.... Der katholischen Geistlichkeit der Diözese Basel-Solothurn, zunächst des Aargau einen Kapitels Regensberg, gewidmet von einem Mitgliede dieses letztern. [Erweiterter] Separatabdruck aus dem „Vaterland". 8. Luzern 1880.

Wyss, Arth., Eberhard Windecks Buch v. Kaiser Sigmund u. seine Ueberlieferung, untersucht v. W. [Aus: „Centralbl. f. Bibliothekswesen".] gr. 8. (51 S.) Leipzig 894. O. Harrassowitz. n. 1. 20

Wyss, Arth., die Limburger Chronik untersucht. Mit unedirten Fragmenten der Chronik und vier Urkunden. gr. 8. (69 S.) Marburg 875, Elwert'sche Verlagsh. * 2 —

Wyss, Arth., ein deutscher Cisianus f. d. J. 1444, gedruckt v. Gutenberg, s. a. Drucke u. Holzschnitte des XV. u. XVI. Jahrh. in getreuer Nachbildung. V.

Ein deutscher Cisianus für das Jahr 1444, gedruckt von Gutenberg. Von Arthur Wyss. Strassburg: J. H. E. Heitz 1900. (19 S.) 4⁰
(Drucke u. Holzschnitte des 15. u. 16. Jahrh. No 5.)

—— Urkundenbuch der Deutschordens-Ballei Hessen, s. Publicationen aus den k. preussischen Staatsarchiven.

Wyss, A., Hessisches Urkundenbuch, s. Publicationen aus den k. preussischen Staatsarchiven.

Wyss, B., siehe: *Fortbildungsschüler.*

Wyss, B., leichte Kost. Neue Sammlung von Bildern und Skizzen. 8. Solothurn, Selbstverlag. 1876. 1. 70

Wyss, Bernhard. Kurze Beschreibung des Kantons Solothurn, als Hülfsmittel zum geographischen Unterricht in den Elementarschulen bearbeitet. 4., verbesserte Aufl. 8. Solothurn 1880.

Wyss, des Bernh., Chronik 1519—1530, hrsg. v. Geo. Finsler, s.a. Quellen zur schweizer. Reformationsgeschichte. I.

Wyss, Bernhard. Die Chronik des Bernhard Wyss 1519—1530. Hrg. von Georg Finsler. XXVIII + 167 S. 8. Basel, Basler Buch- und Antiquariats-Handlung, 1901. [fr. 6. —]

Quellen zur schweizerischen Reformationsgeschichte. Hrg. vom Zwingliverein in Zürich unter Leitung von Professor Dr. Emil Egli. [Band] 1... .

Die Chronik des Bernhard Wyss 1519 1530. Hrsg. von Georg Finsler. *Basel: A. Geering 1901.* (XXV, 167 S.) 8°
= Quellen z. Schweizerischen Reformationsgeschichte. 1.

[Wyss, Bernhard.] A travers le Jura. Édité par la Société pour le développement du Jura suisse. [Avec des illustrations et 1 carte.] II + 64 p. 8. Zurich, Orell Füssli, [1902]. [fr. —.40]

[Wyss, Bernhard.] Durch den Jura. Hrg. vom Schweizerischen Jura-Verein. [Mit Illustrationen und 1 Karte.] II + 64 S. 8. Zürich, Art. Institut Orell Füssli, [1902].

Wyss, Bernhard, aus Solothurn: Heinrich Keller, der Zürcher Bildhauer und Dichter. Frauenfeld J. Huber Dr. u. Verl. 1891. 2 Bl. 70 S. 1 Bl. 8.
Zürich, Phil. Diss. I. S. [v. 29. Juni] 1889.

Wyss, Bernhard. Literaturkunde für schweizerische Fortbildungsschulen, bearb. von Dr. B' W'-Solothurn. [Mit 3 Porträts.] Gratisbeilage zum Jahrg. 24 [1903/04] des «Fortbildungsschülers». IV + 32 S. 8. Solothurn, C. Gassmann, [1903]. fr. —.50

Wyss, Bernhard. Literaturkunde II für schweizerische Fortbildungsschulen von Dr. B' Wyss-Solothurn. [Illustriert.] Eine der Gratisbeilagen zum Jahrg. 27 [1906/07] des «F[ortbildungsschülers].» IV + 32 S. 8. Solothurn, C. Gassmann, [1907]. *sep.* im Buchh. fr. —. 50

Wyß, Bernhard (Red.), s. Postheiri, Der.

— drei Tage Schulmeisterdienst, s.: Bebie, Herm., aus helvetischen Landen.

Wyß, Carl, s. Wyß, Karl

Wyss, Clara, s. Wyss, Klara

Wyss, Conrad, s. Wyss, Konrad

[Wyss, David II von. und Anderwert, Joseph.] Betrachtungen, welche jeden Vaterlandsfreund zur Annahme des helvetischen Verfassungs-Entwurfes vom 27. Hornung 1802 bewegen sollen. 8. [Zurich] 1802.

Wyss, [David II] von [1763-1839]. Discours de Son Excellence Monsieur le Bourgmestre de Wyss, Président de la Diète, prononcé le jour de la prestation du serment au pacte fédéral le 7 Aout 1815. ⟨Traduit de l'Allemand.⟩ 4. Zuric.

Wyß, Dav., († d. 26. Jan. 1815.) politisches Handbuch für die Jugend d. Stadt u. Landschaft Zürich. 8. Zür. 790. (Anonym.)

— s. Leben J. K. Eschers.

(Wyss, David II [von].) Lebensgeschichte Johann Kaspar Eschers (1678–1762), Bürgermeisters der Republik Zürich. 8. Zürich 1790.

Wyß, Dav. v., Rede bey Eröffnung des zu Berathung d. Verfassungs-Entwurfes am 15. Hornung 1831 versamm. großen Rathes. gr. 8. (1 B.) Zürich 831, Orell, Füßli u. Comp.

Wyss, [David II] von. Rede Sr. Exzellenz des Herrn Burgermeisters von Wyss, Präsidenten der Eidgenössischen Tagsatzung, gehalten bey Anlaß der Feyerlichkeit des Bundesschwurs den 7. August 1815. 4. Zürich.

Wyß, F., die Conditorei in ihrem ganzen Umfange. Lehrbuch zur Anfertigung aller in dieser Kunst vorkomm. Arbeiten, Patisserie, Confiserie rc. gr. 8. (XV und 248 S.) Bern 866, Heuberger'sche Verlagsh.

Wyß, F. J. Ant., s.: Festreden an d. Schlachtfeier in Sempach.

— das katholische Priestertum, dem christl. Volke bei Anlaß der Darbringg. des ersten hl. Meßopfers durch den hochw. Neupriester Aloys Suppiger in der Pfarrkirche zu Triengen am 9. Sonntag nach Pfingsten, den 28. VII. 1901, gepredigt. gr. 8. (22 S.) Luzern 901. (Räber & Co.) n. — 40

Wyß, Fel., Bittet, so wird euch gegeben. Christliches Gebetbuch für alle Verhältnisse des Lebens. Neue (Titel-) Aufl. Stuttgart (850)865. Fischhaber. gr. 12. (XII, 216 S. mit 1 Stahlst.) geb. n. 18 ngr.

Wyß, Felix, christliches Gebetbüchlein für alle Stände. Neue, durchgeseh. Aufl. gr. 12. Bern 837. (Zürich, Höhr.) 5/12 ℛ

Wyß, Fel., Herr! Herr! Verlaß die Deinen nicht! Christliches Gebetbuch für alle Stände. 58. (Titel-)Aufl. gr. 12. (XII u. 216 S.) Schw.-Hall 850, Haspel. 1/2 ℛ; in Engl. Einb. n 2/3 ℛ

Wyss, Fr. N., s.: Handbuch f. Anfanger.

Wyss, Franz Salomon von s. Haller, Carl Ludwig von, und Wyss, Franz Salomon von.

Wyß, Frdr. v., Abhandlungen zur Geschichte d. schweizerischen öffentlichen Rechts. gr. 8. (VIII, 475 S.) Zürich 892. Art. Institut Orell Füßli, Verl. n. 8. —

***Wyss**, Friedrich von, von Zürich: De noxalibus actionibus.
Promotion vom 2. Juli 1847.

[Wyss, Friedrich von.] (Johann Caspar Escher, Burgermeister. Geb. 1678. Gest. 1762. [Mit 1 Portrait-Tafel.]) Njbl. Waisenh Zurich 1873. 4. [Zurich.]

Wyss, Fr[iedrich]. Essäertum, Urchristentum und der «Abfall». ⟨Von Fr. Wyss, Schul-Inspektor a. D., Burgdorf.⟩ 8 S. 8. ⟨Selbstverlag⟩ [Burgdorf, Dr. von P. Eggenweiler]; *Aufdruck:* A. Francke, Verlags-Cto., Bern, [1903]. ⟨fr. —. 20⟩

Wyss, Fr[iedrich.] Essäertum, Urchristentum und der «Abfall». ⟨2. Aufl.⟩ ⟨Von Fr. W', Schul-Inspektor a. D., Burgdorf.⟩ 8 S. 8. Bern, Komm. A. Francke, [1907]. fr. —. 20

Wyss, Friedrich von s. Formeln. Alamannische F. und Briefe.... (Zurich 1850.)

v. Wyss, F., Alamannische Formeln u. Briefe aus dem 9. Jahrh., siehe: Mittheilungen der antiquar. Gesellschaft in Zurich. VII. Bd. 2. Hft.

Wyß, Fr., Geschichte des Concursprozesses der Stadt u. Landschaft Zürich bis zum Erlasse des Stadt- u. Landrechtes von 1715. Lex.-8. Zürich 845, Meyer u. Zeller. n. 1 *ℳ* 8 *ngl*

Wyß, Frdr. v., d. ehelichen Güterrechte der Schweiz in ihrer rechtsgeschichtl. Entwicklg. gr. 8. (VI, 261 S.) Zürich 896. Art. Institut Orell Füßli, Verl. n. 4. —

Wyss, Friedr. v.: Die Haftung für fremde Culpa nach römischem Recht. Zürich 1867.

Wyß, Frdr., Handbuch d. humanen Ethik f. Eltern u. Erzieher, wie auch f. Schüler d. Oberstufe d. Volksschule. 8. (XV, 228 S.) Bern 899. Schmid & Francke. n. 2. —; geb. n. 2. 60

Wyß, Friedr., die Idee des Rechts mit besonderer Rücksicht auf die socialistischen Theorien. Akademischer öffentlicher Vortrag gehalten den 12. Febr. 1852. Mit einigen Ergänzungen Zürich 852. Schultheß. gr. 8. (32 S.) n. 12½ *ngr*

Wyß, Friedr. v., Karl der Große als Gesetzgeber. Vortrag, gehalten in Zürich den 7. Jan. 1869. Lex.-8. (27 S.) Zürich 869, Schultheß.

Wyss, Friedrich von. Leben der beiden Zürcherischen Bürgermeister David von Wyss Vater und Sohn (1737–1815 *u.* 1763–1839), aus deren schriftlichem Nachlass als Beitrag zur neuern Geschichte der Schweiz geschildert. 2 Bde. [*je* Mit 1 Portrat-Tafel] 8. Zürich 1884 1886.

Wyß, Friedr. v., Leben der beiden Züricherischen Bürgermeister David v. Wyß Vater und Sohn, aus deren schriftl. Nachlaß als Beitrag zur neueren Geschichte der Schweiz geschildert. 1. Bd. gr. 8. (VIII, 564 S. mit 1 lithogr. Portr.) Zürich 884, Höhr.

Wyß, Friedr. v., Leben der beiden Zürcherischen Bürgermeister David v. Wyß, Vater und Sohn, aus deren schriftl. Nachlaß als Beitrag zur neuern Geschichte der Schweiz geschildert. 2. (Schluß-)Bd. gr. 8. (VIII, 630 S. mit 1 lithogr. Portr.) Zürich 886, Höhr. * 6 —
1. Bd. Ebendas. 1884. * *ℳ* 6.—.

Wyß, Fr., Leitfaden der Stylistik für den Schul- und Selbstunterricht. 1. Aufl. 1865. und 2., verm. Aufl. 8. (VIII und 132 S.) Bern 868, Dalp'sche Buchh. cart. *

Wyß, Friedr., Leitfaden der Stilistik für den Schul- und Selbstunterricht. 3., verm. Aufl. gr. 8. (VII, 100 S.) Bern 872, Dalp'sche Buchh. cart. *

Wyss, Fr., Leitfaden der Stilistik für den Schul- und Selbstunterricht. 4. und 5. Aufl. gr. 8. (VI, 102 S.) Bern 876,83, [Dalp'sche Buchh.] Schmid, Francke und Comp. cart. *

Wyß, Friedr., deutsche Literaturgeschichte für Seminarien und Gymnasien, wie auch zum Selbstunterricht. 3. verb. und verm. Aufl. des Buches: „Die deutsche Poesie der neuern Zeit" vom gleichen Verf. gr. 8. (XII, 239 S.) Bern 878, Dalp'sche Buchh. * 2 —

— deutsche Litteraturgeschichte für Seminarien u. Gymnasien, sow. auch z. Selbstunterricht. 6., verb. u. verm. Aufl. d. Buches: „Die deutsche Poesie d. neuern Zeit" vom gleichen Verf. 8. (XII, 284 S.) Ebd. 897. n. 2. —; kart. n. 2. 60

—— elementarer Moral-Unterricht für Schulen und Familien. Nach dem Engl. bearb. gr. 8. (VII, 128 S.) Ebendas. 883. *

—— Naturgeschichte für Volksschulen. Für die Hand der Schüler bearb. 3. Aufl. 8. (IX, 105 S. mit 80 eingedr. Holzschn.) Ebendas. 874. cart. *

—— Naturgeschichte für Volksschulen. Für die Hand der Schüler bearb. 4. Aufl. 8. (VII, 102 S. mit 80 eingedr. Holzschn.) Ebendas. 879. cart. * 1 —

— Naturgeschichte f. Volksschulen. Für die Hand der Schüler bearb. 5. Aufl. Mit 80 in den Text gedr. Holzschn. gr. 8. (VII, 104 S.) Ebend. 883. cart. n. 1. —

—— die deutsche Poesie der neueren Zeit mit einleitenden Literaturbildern aus früheren Perioden. Ein Leitfaden für die Literaturkunde an Seminarien und anderen höheren Lehranstalten wie auch zum Selbstunterricht. 2. Aufl. gr. 8. (X, 212 S.) Ebendas. 874. *

Wyss, Fr[iedrich]. Der Positivismus und die Religion der Menschheit. Von Fr. W', Schulinspektor a. D., Burgdorf. 23 S. 8. Selbstverlag; Komm. A. Francke, Bern, [1905]. fr. —. 40 [*jetzt* —. 50]

Wyss, Fr., Schul-Erziehungslehre. 12. (V, 155 S.) Bern 886, Schmid, Francke und Comp. * 1 —

—— zur Schulreform. Eine Studie. gr. 8. (81 S.) Frauenfeld 877, (Huber.) * — 80
Aus. Schweizerische Lehrerzeitung, besonders abgedruckt.

Wyss, F[riedrich] v[on]. Die Theilnahme an dem Reding'schen Senate. Eine Episode aus dem Leben des zürcher. Bürgermeister David von Wyss († 1839). [SA.] 8. Zürich 1880.

Wyss, Fr[iedrich]. Theologie und Ethik. 2., unveränderte Ausg. Von Fr. Wyss, Schulinspector a. D. (Burgdorf). IV + 88 S. 8. Leipzig, A. Pichlers Witwe & Sohn, 1901. [M. 1. —]

—— Tugend- und Pflichtenlehre [Ethik]. Ein Hilfsmittel für die sittl. Erziehung der Jugend insbesondere für nichtkonfessionelle Volksschulen. gr. 8. (XVI, 415 S.) Ebendas. 874. *

— über Ursprung u. Bedeutung der Wappen, s. a. Mittheilungen der antiquarischen Gesellschaft in Zürich. VI. Bd. 1. Hft.

[Wyss, Friedrich von.] Ueber Ursprung und Bedeutung der Wappen. mit Bezug auf eine alte Wappenrolle der Zürcherischen Stadtbibliothek. [Mit 3 Tafeln.] (Mittheil. Ant. Ges. Zürich ....) 4. Zürich 1847 (*Umschlag*: 1848).
Ausg. A (Mittheil. ... Band 6. Heft 1.)
Ausg. B (Mittheil. ... [Njbl.] 12.)

Wyss, Friedrich. Die Ethische Volksschule. Eine zeitgemässe Reform. Von F. W', Schulinspektor a. D. ([in] Burgdorf, Schweiz). IV + 100 S. 8. Bamberg, Handels-Druckerei, (1903). [M. 1. —]

—— pädagogische Vorträge zur Fortbildung der Lehrer. gr. 8. (IV, 92 S.) Wien 878, Pichler's Wwe. und Sohn. * 1 20

Wyss, Fr., Pädag. Vortr. zur Fortbildg. d. Lehrer. 2., beträchtl. verm. Aufl. 8. (175 S.) Wien, A. Pichler's Witwe & Sohn. 90 kr. 1884.

Wyss, G.v. (Hrsg.). s. Anzeiger für schweizerische Geschichte u. Alterthumskunde.

Wyss, Georg von. Über die Antiquitates Monasterii Einsidlensis und den Liber Heremi des Aegidius Tschudi. [SA.] 8. [Zürich 1885.]

Wyss, Georg von. Beiträge zur Geschichte der Familie Maness. [Mit 4 Tafeln. 2 Teile.] 4.
Ausg. A. Njbl. Stadtbibl. Zürich 1849 *u.* 1850. Zürich. – *Anonym.*
Ausg. B (SA.) Zürich 1850

Wyß, Geo., Beiträge zur Geschichte der Familie Maneß. [Abgedr. aus den Neujahrsblättern der Stadtbibliothek Zürich für 1849 u. 1850.] gr. 4. (47 S. m. 3 Kpfrtaf. u. 1 Stammtaf. in Fol.) Zürich 850, Orell, Füßli & Co. in Comm. n. 28 ngr

Wyss, Georg, von Neuenstadt (Kt. Bern): Beiträge zur Kenntniss der Constitution des Glyoxalins. Zür. Zürcher u. Furrer Dr. 1877. 32 S., 1 Bl. 8º.
Zürich, Phil. Diss. (v. 2. Aug. 1877).

[Wyss, Georg von.] Kaiser Karl's des Grossen Bild am Münster Zürich. [Mit 1 Tafel.] Njbl. Stadtbibl. Zürich 1861. 4. Zürich.

[Wyss, Georg von.] Biographie von Nicolo Paganini (1784–1840). [Mit 1 Porträt-Tafel.] Njbl. AMusikges. Zürich 1846. 4. Zürich.

(W[yss], G[eorg] v[on].) Die Chronik des Weissen Buches im Archive Obwalden. ([Hrg. von] G. v. W.) 8. [Zürich 1856.]

Wyss, Georg von. Ueber eine Zürcher-Chronik aus dem fünfzehnten Jahrhundert und ihren Schlachtbericht von Sempach. Vortrag in der antiquarischen Gesellschaft in Zürich gehalten am 21. Juni 1862. 8. Zürich 1862.

[Wyss, Georg von.] Eine Erinnerung an König Heinrich IV. von Frankreich. [Mit 2 Tafeln.] Njbl. Stadtbibl. Zürich 1866. 4. Zürich.

Wyss, Hans Georg v.: Eröffnungswort zur Sitzung der allgem. geschichtforschenden Gesellschaft der Schweiz in Stans 6. Aug. 1878.

Wyss, Georg v[on]. Zu den Forschungen von [Alois] Schulte über Aeg(idius) Tschudi. [SA.] 8. [Glarus 1894.]

[Wyss, Georg von.] Die Geschenke Pabst's Julius II. an die Eidgenossen. [Mit 1 Tafel.] Njbl. Stadtbibl. Zürich 1859. 4. Zürich.

Wyss, Geo. v., Geschichte der Historiographie in der Schweiz. Hrsg. durch die allgemeine geschichtforsch. Gesellschaft der Schweiz. (In 4—5 Lfgn.) 1. Lfg. gr. 8. (80 S.) Zürich 894. Fäsi & Beer. n. 1. 60

Wyss, Geo. v., Geschichte d. Historiographie in d. Schweiz. Hrsg. durch die allgem. geschichtforsch. Gesellschaft d. Schweiz. 2. u. 3. (Schluss-) Lfg. gr. 8. (XII u. S. 81—338. Zürich 895. Fäsi & Beer. n. 5. 90 (kplt.: n. 7. 50; geb. n. 9. —)

Wyss, Georg von. Ueber die Geschichte der drei Länder Uri, Schwyz und Unterwalden in den Jahren 1212–1315. Akademischer Vortrag... [zu] Zürich gehalten am 18. Februar 1858. 8. Zürich 1858.

Wyss, Geo. v., über die Geschichte der drei Länder Uri, Schwyz und Unterwalden in den J. 1212—1315. Akademischer Vortrag auf dem Rathhause Zürich gehalten. Lex.-8. (IV und 32 S.) Zürich 858, Meyer und Zeller's Verlag. *

Wyss, Geo. v., Geschichte der Abtei Zürich, s. a. Mittheilungen der antiquarischen Gesellschaft in Zürich.

(Wyss, G[eorg] v[on].) Geschichte der Abtei Zürich. ([Theil 1: Mit 7 Tafeln, sowie] Zusätze[n] und Anmerkungen. 5 Hefte.) 4. Zürich (1851–)1858.
([Heft 1–3.] Mittheil. Ant. Ges. Zürich. [Njbl.] 15–17. [Zürich] 1851–1853. Heft 4. Mit ... [2 Tafeln]. Mittheil. ... [Njbl.] 21. Zürich 1857. 5. und letztes Heft. Mit zwei Tafeln .... Mittheil. ... [Njbl.] 22. Zürich 1858.)

Wyss, Georg von. Geschichte der Abtei Zürich. [2 Theile. *je* 5 Hefte.] 4.
[Theil 1.] G. der A. Z. ([von Dr. G. von Wyss. Mit 10 Tafeln, sowie] Zusätze[n] und Anmerkungen. Mittheil. Ant. Ges. Zürich. Band 8. Zürich 1851–1858.)
[Theil 2.] G. der A. Z. von Dr. G. von Wyss. Beilagen: Urkunden nebst zwei Siegeltafeln. Mittheil. ... Band 8. Zürich 1851–1858.

[Wyss, Georg von.] Die eigenhändige Handschrift der Eidgenössischen Chronik des Aegidius Tschudi in der Stadtbibliothek Zürich. ([Mit 2 Facsimile-Tafeln. – Nach Aufzeichnungen von] Friedrich Salomon Vögelin [bearb. von G. von Wyss].) Njbl. Stadtbibl. Zürich 1889. 4. Zürich.

Wyss, Georg [von]. Ueber das römische Helvetien. [SA.] 8. [Zürich 1850.]

—— Graf Wernher v. Homberg, s. a. Mittheilungen der antiquarischen Gesellschaft in Zürich.

Wyss, Georg von. Graf Wernher von Homberg, Reichsvogt in den Waldstätten Uri, Schwyz und Unterwalden und Reichs-Feldhauptmann in der Lombardei zur Zeit Kaiser Heinrichs VII. ([Mit Figuren, 1 Tafel und Anhang:] Regesten. – Mittheil. Ant. Ges. Zürich ....) 4. Zürich 1860.
Ausg. A. (Mittheil. ... Band 13, Abth. 2, Heft 1.)
Ausg. B. (Mittheil. ... [Njbl.] 24.) – *Anonym.*

(W[yss], G[eorg] v[on].) Bürgermeister Joh(ann) H(einri)ch Emanuel Mousson, gestorben den 26. December 1869. Mitglied der schweizerischen gemeinnützigen Gesellschaft seit 1844. [SA.] 8. [Zürich 1870.]

(W[yss], G[eorg] v[on].) (Bürgermeister) Hans Conrad von Muralt (gestorben den 7. December 1869) und Joh(ann) H(einri)ch Emanuel Mousson, Bürgermeister des Eidgenössischen Standes Zürich † (den 26. December) 1869. [SA.] 8. Zürich 1870.

(Wyss, G[eorg] v[on].) Die Portal-Inschrift der Stifskirche in Neuenburg. Offener Brief an Herrn Professor Dr. [Johann Rudolf] Rahn. SA. 8. ([Zürich] 1888.)

Wyß, G. v., über die Quellen der ältern Geschichte der Schweiz, s. a. Vorträge, akademische.

Wyss, Georg v[on]. Ueber die Quellen der ältern Geschichte der Schweiz. 8. Zürich 1853.
Akademische Vorträge von Zürcherischen Dozenten. [Serie 1. Nº] 4.

— Rede bei d. Bundesfeier d. eidgenöss. polytechn. Schule u. der Hochschule. Zürich am 25. Juli 1891. gr. 8. (17 S.) Ebd. 891. n. -- 60

[Wyss, Georg von.] Herzog Heinrich von Rohan (1579–1638). [Mit Porträt-Tafel.] Njbl. Stadtbibl. Zürich 1869. 4. Zürich.

Wyss, Geor. de, Sceaux historiques du canton de Neuchatel, s. a. Mittheilungen der antiquarischen Gesellschaft in Zürich.

Wyss, G[eorg] von. Sceaux historiques du canton de Neuchâtel. Par G. de Wyss.... [Avec 1 tableau généalogique et 4 planches.] (Mittheil. Ant. Ges. Zürich, Band 13, Abth. 1, Heft 6.) 4. Zürich 1862.
(Die Städte- und Landessiegel der Schweiz. [Serie B.] Heft 6.)

[Wyss, Georg von.] (Josias Simler, Professor der Theologie in Zürich, geb: 6 Nov. 1530, gest: 2 Juli 1576. [Mit 1 Porträt-Tafel.]) Njbl. Waisenh. Zürich 1855. 4. [Zürich.]

(W[yss], G[eorg] v[on].) Urbarbuch der Grafen von Kiburg aus der Mitte des dreizehnten Jahrhunderts. [SA.] 8. [Zürich 1858.]

[Wyss, Georg von.] Das Reichsland Uri in den Jahren 1218–1309. [Mit 2 Tafeln.] Njbl. Stadtbibl. Zürich 1892. 4. Zürich.

—— Vortrag am Amtsjubiläum Hottinger's, s. a. Vortrag.

(Wyss, G[eorg] von.) Vortrag am Amtsjubiläum des Herrn Professor Dr J(ohann) J(acob) Hottinger nebst den Erwiederungsworten des Jubilaren bei der Stiftungsfeier der Hochschule Zürich am 29. April 1858. 8. Zürich 1858.

— Vortrag am Amtsjubiläum des Herrn Prof. Dr. J. J. Hottinger nebst den Erwiderungsworten des Jubilaren bei der Stiftungsfeier der Hochschule Zürich am 29. April 1858. Zürich 858. Höhr. gr. 8. (32 S.) n. 7 ngr.

Wyss, G. v. (Prof.). Vortrag vor der Gesellschaft der Büro gehalten im grossen Bota derselben am 24. März 1881. In-4°, 24 S. mit 2 Porträt. Zürich, Druck von F. Schulthess. 1881.

Wyss, Hans Georg v. Vorträge vor der Gesellschaft der Böcke (Geschichte d. Ges. d. B.) geh. 1868. 73. 77. 81. 84. 87. 90. Zürich. 4.

Wyß, Geo. v., Zürich am Ausgange des 13. Jahrhunderts. Oeffentlicher Vortrag im Saale des Hotel Baur am See in Zürich gehalten am 18. Novbr. 1875. gr. 8. (26 S.) Zürich 876. Schultheß. — 90

Wyss, Georg von. Die Hochschule Zürich in den Jahren 1833–1883. Festschrift zur fünfzigsten Jahresfeier ihrer Stiftung im Auftrage des akademischen Senates verfasst von Dr. Georg von Wyss, o. ö. Professor der Schweizergeschichte. Zür. Zürch. u. Furr. Dr. [Meyer & Zeller Comm.] 1883. 2 Bl., 111 S. 4°.

Wyss, Georg Heinrich v.: Über den Einfluss der Stärke der Magnetisirung auf die Aenderung des elektrischen Widerstandes des Eisens. 1889.

Wyss, Georg Heinrich von, von Zürich: Eine Methode zur experimentellen Bestimmung des Selbstpotentials einer Spirale. Zür. Zürcher u. Furrer Dr. 1886. 59 S. 8°.
Zürich. Phil. Diss. [v. 6. März 1886].

Wyss, Georg Heinrich v.: Über eine neue Methode zur Bestimmung der Rotationsdispersion einer activen Substanz, und über einen Fall von anomaler Dispersion. 1888.

Wyss, Georg Heinrich v.: Über die Verwendung der Wellenlängen als Längenmass.

Wyss, H. v., Referat über die sanitarische Bedeutung des Projektes für eine Berieselungsanlage bei Zürich, s. Projekt.

Wyss, Hans v., aus Zürich: Beitrag zur Kenntniss der Brustdrüsen-Geschwülste. Zür. Zürcher u. Furrer Dr. 1871. 62 S., 1 Bl. Thesen. 8°.
[Zürich], Med. Diss. [v. 23. Dec. 1871].

Wyss, Dr. med. **Hans v.**, Zürich: Ein Beitrag zur Pathologie und Therapie der fibrinösen Pneumonie. ⟨Aus der medizinischen Klinik in Zürich. Prof. Eichhorst.⟩ Berlin 1910. II + 60 S. 8°. [22. III. 10.]
Zürich. Univ. Phil. Hab.-Schr. 1909/10.

Wyss, Hans v[on]. Ein Beitrag zur Pathologie und Therapie der fibrinösen Pneumonie. Aus der medizinischen Klinik in Zürich.... Habilitationsschr. Med. Univ. Zürich. II + 60 S. 8. Berlin, L. Schumacher, 1910.

Wyss, Hans v., kurzes Lehrbuch d. Toxicologie für **Studirende d. Medicin u. prakt. Aerzte.** gr. 8. (VII, 212 S.) **Wien 895.** F. Deuticke. n. 5. —

[Wyss, Hans von.] Johann Konrad Meyer-Hoffmeister, Med. Dr. (1807–1881). [Mit 1 Porträt-Tafel.] Njbl. Waisenh. Zürich 1892. 4. Zürich 1892.

Johann Konrad Meyer-Hoffmeister, Med. Dr. (Verf.: H. v. Wyss.) Zürich 1892: Ulrich & Co. (41 S.) 4°
(Neujahrsblatt z. Besten d. Waisenhauses in Zürich f. 1892. St. 55.)

Wyss, Hans v., die Stellung des Arztes vor Gericht in der Frage nach der Zurechnungsfähigkeit. gr. 8. (VIII, 43 S.) Leipzig 881. F. C. W. Vogel. n. 1. —

Wyss. Hans von, med. pract. aus Zürich: Über das Verhalten der Bromsalze im menschlichen und tierischen Organismus. Leipzig 1906. 27 S. 8°. S.-A. a. d. Archiv für experimentelle Pathologie und Pharmakologie, Bd. 55. [5. IX. 06.]
Zürich. Med. Diss. 1906/1907.

Wyss, Hans von. Über das Verhalten der Bromsalze im menschlichen und tierischen Organismus. Diss. Med. Univ. Zürich. [Sep.-Abdr. aus: Archiv für experimentelle Pathologie und Pharmakologie, Band 55.] 27 S. 8. Leipzig, J. B. Hirschfeld, 1906.

Wyß, Hans v., populäre Vorträge über Gesundheitspflege insbesondere für Frauen. Auf Veranlassung der städt. Schulbehörde gehalten in Zürich im Winter 1885/86. gr. 8. (V, 178 S.) Leipzig 887, F. C. W. Vogel. * 4 —

Wyss, Hans s. Würgler, Heinrich, und Wyss, Hans.

Wyss, Hans Georg von, s. Wyss, Georg von

Wyss, H[an]s Heinrich. Leichen-Rede bey dem Begräbnisse Herrn alt Zunftgerichts-Präsident... Heinrich Huber, von Dielstorf. Gehalten in der Kirche daselbst... den 14. Aprill 1827. 8. Zürich 1827.

Wyss, Hans Osk[ar], med. pract. von Zürich: Aus dem Kinderspital Zürich. Die Komplikationen des Ekzems im Kindesalter. Zür. Orell Füssli Dr. 1895. 78 S., 1 Bl. 8°.
Zürich. Med. Diss. [v. 20. Dec. 1895].

Wyss, Helene. Maerchen zum Malen. [Illustriert.] 24 Bl., *in Umschlag*, quer-fol. Basel, Steindruck Emanuel Hindermann, [1904]. [fr. 2. 50]

Wyss, Herm., zur Lehre v. d. Beckenendlagen auf **Grund des Materials** d. Berner geburtshilfl. Klinik. **Diss. gr. 8. (35 S.) Solothurn 894.** (Bern, H. Körber.) n. — 70

Wyss. Hugo R. [aus Solothurn]: Experimental-Untersuchungen über die Abänderung elektromotorischer Kräfte im magnetischen Felde. Zürich-Oberstrass 1900. 51 S. 8°.
Zürich. Phil. Diss. II. S. 1899/1900.

Wyss, J[acob]. Das Schulwesen der Stadt Biel von seinen Anfängen an bis gegen Ende des 18. Jahrhunderts. [SA. aus: Bieler Neujahrsblatt 1909.] II + 31 S. 8. [Biel, A. Rüfenacht, 1908.]

Wyss, J[acob]. Die alten Wohnstätten des Gymnasiums in Biel. Zur Erinnerung an den im Frühling 1910 erfolgten Umzug dieser Anstalt verfasst von J. W'. [Illustriert.] II + 30 S. 8. Biel. W. Gassmann, 1910.

Wyß, Imm. Nikl., (†...) s. **Handbuch** f. Anfänger im Gartenbau.

Wyss, Johann David

Wyß, Joh. Dav., der schweizerische Robinson, s. a. Moritz, Paul.

– Dass. s. a. Weyler, Thdr.

— dasselbe, s. a. Gastrow, Carl.

Wyß, Jh. Dav., (†1818.) der schweizerische Robinson, oder der schiffbrüchige Schweizerprediger u. seine Familie. Ein lehrreiches Buch f. Kinder u. Kinderfreunde zu Stadt u. Land. Herausg. a. Jh. Rud. Wyß jun. 2 Bde. Mit Kpf. 8. Zürich 812, 13. 2e A. 821. Orell. 2 ₰ 8 gr. N. A. 4 Bde. 8. Ebd. 821–27. 5 ₰ 8 gr.

Wyss, Johann David und Johann Rudolf. *Der Schweizerische Robinson* oder der schiffbrüchige Schweizer-Prediger und seine Familie. Ein lehrreiches Buch für Kinder und Kinder-Freunde zu Stadt und Land. Herausgegeben v. Joh. Rudolf Wyß. Erstes Bändchen. Zweyte verbesserte Auflage. Mit Kupfern. Zürich, 1821. Bey Orell, Füßli und Compagnie. — Zweytes Bändchen. Zweyte verbesserte Auflage. Mit Kupfern und 1 Karte. Zürich, 1821 [ebda.]. — Drittes Bändchen. Zu beyden Ausgaben der ersten Bändchen dienend. Mit Kupfern. Zürich, 1826 (ebda). — Viertes und letztes Bändchen. Zu den drei Ausgaben der ersten Bändchen dienend. Mit Kupfern. Zürich, 1827 (ebda.). 4 Bde. mit insgesamt 9 Kupfern und 1 gefalt. Karte. Kl.-8°. Hellbraune Kartonbde. d. Z. m. bedruckten weißen Rückenschildchen. 200.—

Ullrich IV, 113. Schollenberger 129 Nr. 14. Dyhr. p. 205/6. Vollständige Ausgabe. Dieses Buch bildet den einflußreichsten Beitrag der Schweiz zur deutschsprachigen Jugendliteratur. Der eigentliche Verfasser ist Joh. Rudolf Wyß' Vater David Wyß, dessen Familie das Vorbild für die Robinson-Familie abgab. Außer dem Defoeschen und dem Campeschen Robinson hat vor allem Schnabels „Insel Felsenburg" bei diesem Buch Pate gestanden. — Bd. III und IV liegen hier in der ★ Erstausgabe vor. Der erste Kupfer ist von H. LIPS signiert. — Hie und da kleine leichte Stockflecken. In Bd. IV fehlt bei 2 Bll. ein schmaler Streifen des unteren weißen Randes. Die Einbände unbedeut. benutzt, Bd. I am Rücken leicht ladiert. Im ganzen gutes Ex

Wyss, Johann Rudolph. Schweizerischer Robinson oder der schiffbrüchige Schweizerprediger und seine Familie. . . . Zürich 1841—42. V: *Wyss, Johann David.* H: *Kurz, Heinrich.* (ABJP)

Wyss. *Schweizerischer Robinson* oder der schiffbrüchige Schweizerprediger und seine Familie. Ein lehrreiches Buch für Kinder und Kinderfreunde von J. R. Wyß. [Herausgegeben v. Heinrich Kurz.] Zürich, Orell, Füßli und Comp. [1841]. XVI SS. (der Holzschnitt-Titel auf aufgewalztem Chinapapier mitgezählt), 640 S., 1 Karte und 6 num. Holzschnitt-Tafeln, alles auf aufgewalztem Chinapapier, von Breval, Castan, Corbay u. a. nach Lemercier, nebst vielen Textholzschnitten von den gleichen Künstlern. 8°. Leinen d. Z. mit Rv. 36.—

Ullrich IV, 113 c. Schollenberger 129 c. Seltene, prächtig illustrierte Ausgabe, mit einer Biographie v. Wyß im Vorwort. — Ex. mit der fast immer fehlenden Karte, teilw. etwas fleckig, auf 3 Bll. Bleistiftgekritzel v. Kinderhand, eine Tafel mit Buntstift leicht ankoloriert. Einbd. etw. benutzt.

Wyß, J. R., der Schweizerische Robinson, od. der schiffbrüchige Schweizerprediger und seine Familie. Ein lehrreiches Buch für Kinder und Kinderfreunde. Neue illustrirte Ausgabe. Nach den Originalzeichnungen von Lemercier, gravirt von Breval, Budzilowicz, Castan, Corbay, Nivet, Odiardi, Pibareau, Verdeil u. a. 9 Liefg. Mit Holzschn. Lex.-8. Zürich 841, 42, Orell, Füßli u. Comp. (à n. 1/3 ₰) compl. cart. n. 4 ₰

— — Der schweizerische Robinson oder Der schiffbrüchige Schweizerprediger und seine Familie. 4 Bde. Mit Kupfern. Zürich, Orell Füßli & Comp., 1851. 8°.
Vgl. Ullrich S. 182, Nr. 113.

Wyß, Joh. Dav., der Schweizerische Robinson. Neu bearb. v. J. Bonnet. Mit 12 Tonbildern v. F. Specht u. A., sowie e. (chromolith.) Karte der Insel. gr. 8. (VI, 361 S.) Bielefeld 873. Velhagen & Klasing. geb. n. 5. 50

— der Schweizerische Robinson. Schicksale einer schweizer. Pfarrersfamilie auf einer Insel im Stillen Ocean. Neu bearb. von J. Bonnet. Mit 16 Tonbildern und eingedr. Holzschn. von F. Specht u. A., sowie einer (chromolithogr.) Karte der Insel. 1. Aufl. 1873. *M 5,50., und 2. vollständig umgearb. Aufl. gr. 8. (VI, 303 S.) Bielefeld 876, Velhagen und Klasing. geb. *

Wyß, J. R., Schweizerischer Robinson. Ein lehrreiches Buch für Kinder und Kinderfreunde. 5. Orig.-Ausg. neu bearb. von H. C. Erka. gr. 8. (VIII, 430 S. mit 8 color. Kpfrn., vielen eingedr. Holzschn. und 1 chromolithogr. Karte.) Zürich 874, Orell, Füßli und Comp. geb. *

Wyß, Joh. Dav., der schweizerische Robinson. Neu bearb. von J. Bonnet. 3. Aufl. Mit 16 Tonbildern von F. Specht u. A., sowie 1 (lithogr. und color.) Karte der Insel. gr. 8. (VIII, 324 S.) Bielefeld 881, Velhagen und Klasing. *

Wyß, Joh. Dav., der schweizerische Robinson. Neu bearb. v. J. Bonnet. 5. Aufl. Mit 16 Tonbildern v. F. Specht u. a., sowie e. Karte der Insel. gr. 8. (VIII, 324 S.) Bielefeld 891. Velhagen & Klasing. geb. n. 4. 50

Wyß, J. D., der schweizerische Robinson. 6. Orig.-Ausg., neu durchgearb. v. F. Reuleaux. Mit 170 Holzschn. nach Orig.-Zeichngn. v. Wilh. Kuhnert. 2 Bde. gr. 8. (XVI, 663 S.) Zürich 895. Art. Institut Orell Füßli, Verl. Geb. in Leinw. à n. 6.—

Wyß, J. D., u. **J. R. Wyß**, der Schweizer Robinson. Ueberarb. v. K. Schlenker unt. Beihilfe u. m. Vorrede v. Engel. M. 100 Illustr. (darunter 6 Vollbild. in Farbendr.), gezeichnet v. J. Finnemore. gr. 8. (XII, 328 S.) Nürnberg 897. Th. Stroefer. Geb. in Leinw. 6.—

Zug, Kanton. — Der Hexen-Prozeß und die Blutschwitzer-Prozedur, zwei Fälle aus der Criminalpraxis des Kantons Zug, aus den Jaren 1737—38 und 1849 (von *Johann Fidel Beat Wyss*). Zug 1849. 8°. 80 S. Vergriffen! (3 Mk. Völcker, 1906.)

Wyß, Johann Rudolf

— s. Alpenrosen.

— (Hrsg.), s. Anshelm, Valerius: Berner Chronik.

— geograph.-statist. Darstellung d. Kantons Bern; geschrieben in d. J. 1819—1822. 3 Bdchen. Mit Ansichten, Landesrechten u. Karten. 12. Zürich ... (Orell). 2 ₰ 6 ℊ

Wyss, Johann Rudolf *II s.* [Devonshire, Elizabeth Hervey Duchess of.] Scizze einer mahlerischen Reise durch die Schweiz. Bern 1816 – Ebel, [Johann] G[ottfried]. Manuel du voyageur en Suisse .... Paris 1830–1831 *et* P... 1833.

Wyss, Joh[ann] Rud[olf] *I* [1763–1845]. Das Unerwartete Ende. Eine Predigt gehalten in der Beerdigungs-Stunde des verunglückten Christian Haueter am 17. Jan. 1813. 8. Bern.

[Wyss, Johann Rudolf *II.*] Essai s(t)atistique sur le Canton de Berne. 1re Div. [seule parue]: le Sud du Canton. ([Avec 7 planches et 1 carte. Précédé du Calendrier pour] 1819.) 8. Zurich 1819.

Wyß, J. R., Gedichte, s.: Nationalbibliothek, schweizerische.

(**Wyß, J. R.**,) der schweizerische Geschichtforscher, s. Geschichtforscher.

Wyß, Jh. Rud. sen., lyrische Halle. 8. Bern 819. Burgdorfer. (Leipz., Schmidt). 1 ₰ 6 ℊ

— s. Haller, Albrecht von: Versuch schweizerischer Gedichte.

Wyß, Jh. Rud. jun., Idyllen, Volkssagen, Legenden u. Erzählungen aus d. Schweiz. 1r Bd. Mit 4 Kpf. u. 1 Vign. 8. Bern 815. Burgdorfer. (Leipz., Schmidt). 1 ₰ 18 ℊ ohne Kpf. 1 ₰ 8 ℊ 2r Bd. Auch u. d. T.: neue Idyllen ꝛc. Mit 4 Kpf. u. Titelvign. 8. Ebd. 822. 1 ₰ 8 ℊ fein Pap. 2 ₰

Wyß, (J. R.,) Idyllen, Volkssagen, Legenden u. Erzählungen aus d. Schweiz. 3r Bd. — A. u. d. T.: Neue Idyllen ꝛc. Mit 4 Kpfrn. u. Titelvign. 8. Bern 822, Burgdorfer. 1 Rthl. 8 gr. Fein Pap.

Wyss, Johann Rudolf *I s.* Ith, Johann Rudolf Friedrich, und Wyss, Johann Rudolf *I.*

— (Hrsg.), s. Justinger, Konrad: Berner Chronik . . .

— Reise im Berner Oberland, mit Plan u. Charten. gr. 8. Ebend. 816.

Wyss, J Rud.: Reise in das Berner Oberland. Mit Kupfern Th. 1. 2. Bern 1816 u. 1817 2 Bde. XII, 404 S.; VIII, 510 S. 8°.

Wyss, J[ohann] Rud[olf] II [1781–1830]. Reise in das Berner Oberland. Mit Kupfern. 3 Abtheilungen. 8. Bern 1816–1817.

[Abtheilung 1.] 1816. – Abtheilung 2. 1817.

[Abtheilung 3] *u. d. T.:* Hand Atlas für Reisende in das Berner Oberland = Atlas portatif à l'usage des voyageurs dans l'Oberland bernois. [Mit 10 Tafeln.] 1816.

— Reise in das Berner Oberland. 2 Thle. Mit 4 Aussichten u. 1 Hand-Atlas von 10 Blättern. gr. 8. Bern 816, 17. Burgdorfer. 6 Thlr 20 Gr feine Ausg. 8 Thlr dass. Werk in französ. Sprache. gr. 8. Ebd. 7 Thlr 4 Gr

— der schweizerische Robinson, s. Jh. D. Wyß.

— s. Sammlung von Schweizer Kühreihen . . .

— die Schenkfreiheit (d. Weinhäuser) der helvet. Regierung u. d. Volk in ihrem Werthe dargestellt. 8. Bern 800.

— die Schlacht bei Sempach; ein histor. Fragment. 8. Zürich ... Ziegler. 3 Gr

Wyß, J. R., Schönheit u. Kunst, (e. Gedicht) gewidm. d. schweitzerischen Künstlergesellschaft, auf ihren nächsten Versammlungstag. 8. Zürich, Orell, F. u. Comp, 809.

— (Hrsg.), s. Skizze einer mahlerischen Reise durch die Schweiz.

— Texte zu d. Sammlung von Schweizer Kühreihen u. Volksliedern, s. Sammlung.

— s. Tschachtlam, berner Chronik.

— Burkhard v. Unspunnen u. Berchtold v. Zähringen. Eine Romanze. 8. Bern 805. Jenni. 2 Gr

— Vorlesungen üb. das höchste Gut; ein moral. Handbuch f. gebild. Leser. 2 Bde. 8. Tübing. 811. v. Cotta. 2 Thlr 12 Gr

Wyss, J[ohann] R[udolf] II. Voyage dans l'Oberland Bernois, par J. H. Wyss.... Traduit de l'Allemand par H d C . Avec figures. 3 Parties. 8. Berne (*3e Partie:* Bern) 1816–1817.

1re et 2de Partie. 1817.

[3e Partie] *u. d. T.:* Hand Atlas.. = Atlas portatif... [Avec 10 planches.] 1816.

Verlags-Katalog von K. J. Wyss in Bern. Gegründet 1849. Abgeschlossen April 1902. [Mit 4 Ansichten und 1 Porträt-Tafel.] XII + 96 S. 8.

Wyß, Karl

Wyß, Carl, Etwas vom Kern und Stern der Seelsorge. Der schweizer. Predigergesellschaft gewidmet. gr. 8. (40 S.) Basel 858, Schneider. *

Wyß, C(arl), Grabrede auf M. Schneckenburger, s. Gelpke, E. F., Gedächtnißrede.

Wyß, Carl, die Kirchenangelegenheiten, besonders die Organisation der Kirchensynode des reformirten Kantons Bern. In Briefen an einen Freund. 8. (IV u. 59 S.) Bern 851, Huber & Co. 6 Gr

Wyss, Carl. Leben des Samuel Lutz (1674–1750). Von K' Wyss. 8. Basel [1863].

Wyß, Karl, Predigt über Jesajas 55, 10. 11. Gehalten vor der Capitelsversammlung in Bern, den 17. Mai 1837. gr. 8. Bern Jenni, Sohn. 1/12 Thlr

Wyss, Carl v., von Zürich: Die Widerklage mit besonderer Berücksichtigung der schweizerischen Zivilprozessgesetze. Zürich 1906. 2 + 118 S. 8°. [2. II. 06.]

Zürich. Jur. Diss. 1905/1906.

Wyss, Carl v[on]. Die Widerklage, mit besonderer Berücksichtigung der schweizerischen Zivilprozessgesetze. 8. Zürich, Schulthess & Co., 1906.

Ausg. A: Diss. Jur. Univ. Zürich, vorgelegt von K' v. W'.... II + 118 S.

Ausg. B: Von Dr. jur. K. v. W'. 118 S. [fr. 2. 80]

Wyss, Carl Bernhard s. Gelpke, Ernst Friedrich, und Wyss, Carl Bernhard.

[Wyss, Carl Bernhard.] Ein Wort der Rückerinnerung an den sel. verstorbenen Herrn Dr. S(amuel) Gottl(ieb) Hünerwadel, gew. Prof. der Theologie ... in Bern. (Bern, im December 1848.) 8. [Bern.]

[Wyss, Carl Bernhard.] (Abraham) Rudolf Wyss (1792–1854). [Mit Porträt-Tafel.] S.A. 8. Bern 1856.

Wyss, Klara

Wyss, Clara [prakt. Aerztin aus Zug]: Aus dem pathologischen Institut der Universität Zürich. Rückbildungsvorgänge an abortiven Embryonen. Beitrag zur Pathologie des Embryo. (Mit einer Tafel.) Zürich 1903. 26 + 2 S. 8°.

Zürich. Med. Diss. 1902/1903.

Wyss, Clara. Rückbildungsvorgänge an abortiven Embryonen. Beitrag zur Pathologie des Embryo. Diss. Med. Univ. Zürich von Klara Wyss.... *Kopftitel:* Aus dem pathologischen Institut der Universität Zürich. — [Mit 1 Tafel.] 28 S. 8. Zürich, A. Markwalder, 1903.

Wyss, Konrad A. S. 1391/29

Coelum triste ad Julias Calendas anni MDCCXXXI.
Präs. Johann Jakob Scheuchzer.
(Zürich) (Byrcklin) I. (1732). 41 S.

9 Resp. 37382

[Wyss, Conrad von.] (August Hermann Francke, geb. 1663, gest. 1727. [Mit 1 Porträt-Tafel.]) Njbl. Hülfsges. Zürich 1853. 4. [Zürich.]

[Wyss, Conrad von.] (Johann Jakob Hottinger, 1783–1860. [Mit 1 Porträt-Tafel.]) Njbl. Hülfsges. Zürich 1861. 4. [Zurich.]

Wyss, L. v. Der neuere Katholizismus in seiner dogmatischen u. praktischen Entfaltung u. unsere Stellung zu demselben, nebst e. Reformationspredigt über 1. Corinth. 3, 11—15. 8°. (78 S.) Zür. 892, Schulthess. * 1 20

Wyß, L., katholisches Religions-Lehrbuch für höh. Volksschulen u. d. reif. Jugend. E. Ergänzg. z. Katechismus. M. 20 ganzseit. Bildern u. 22 Textillustr. 8. (192 S.) Einsiedeln 897. Verlagsanstalt Benziger & Co. Kart. n.n. — 65

Katholisches Religions-Lehrbuch für höhere Volksschulen u. die reifere Jugend. Eine Ergänzung z. Katechismus. Von L. Wyß, Pfarrer. Mit 20 Bildern u. 22 Textill. 3. Aufl. *Einsiedeln, Köln: Benziger & Co. [um 1902].* (192 S.) 8° [F.] [03. 13139

Wyss, M. A., siehe: *Neujahrsblatt, Zuger.*

Wyß, Maria, allezeit hülfbereit. E. Erzählg. f. Kinder v. 12 bis 16 Jahren 8. (124 S.) Zürich 898. Art. Institut Orell Füßli. Geb. in Leinw. n. 2. —

Wyss, Maria. Allezeit hülfbereit. Eine Erzählung für die Jugend. 2. Aufl. 149 S. 8. Zürich, Orell Füssli, [1908]. (geb. fr. 3.—)

Wyss, Maria. *Beim Alten auf der Insel.* Erzählung für Kinder. Zürich, Orell Füssli, [c. 1890]. Kl.-8°. Orlwd. ★ 1. Ausg. 7.—

Wyss, Maria. Beim Alten auf der Insel. Erzählung für Kinder. IV + 216 S. 8. Zürich, Art. Institut Orell Füssli, [1901]. [geb. fr. 4. —]

Wyss. *Beim Alten auf der Insel.* Zürich, Orell Füssli, [ca. 1910]. 2 Bll. 216 S. 8°. Farbig ill. Orlwd. 7.—

Wyss, Maria. Castello di Ferro. Eine Erzählung für die Jugend. [Illustriert.] 96 S. 8. Zürich, Orell Füssli, [1905]. [geb. fr. 2. —]

— in treuer Hut. E. Erzählg. f. Kinder v. 12—14 Jahren. 8. (153 S.) Stuttgart 896. Ebd. Geb. in Leinw. n. 2. —

Wyss, Maria. In treuer Hut. Eine Erzählung für Kinder von 12—14 Jahren. 3. Aufl. Mit 1 Titelbild [Tafel]. IV + 153 S. 8. Zürich, Orell Füssli, [1907]. [geb. fr. 2. 70]

Wyss, Maria. Müssen und Wollen. Eine Erzählung für die reifere Jugend. IV + 172 S. 8. Zürich, Orell Füssli, [1907]. [geb. fr. 3. —]

Wyss, Maria. Müllers Otto — Veloñeber. Zwei Erzählungen für die Jugend. II + 112 S. 8. Zürich, Art. Institut Orell Füssli, [1903]. [geb. fr. 2. 70]

(Wyss, M[artin] A[nton].) Die Weissenbach- oder St. Karls-Pfrund... s. Keiser, [Heinrich Alois]. Der Tschurrimurri- oder Vogthandel.... (Zug 1892.)

Wyss, Max v., aus Zürich: Klinische Untersuchungen über Erscheinungen von Agglutinationshemmung bei Anstellung der Gruber-Widal'schen Reaktion als Beitrag zur Methodik dieser Reaktion. Bern 1906. 24 S. 8°. [29. XI. 05.]
Bern. Med Diss. 1905/1906.

Wyss, Max v[on]. Klinische Untersuchungen über Erscheinungen von Agglutinationshemmung bei Anstellung der Gruber-Widal'schen Reaktion, als Beitrag zur Methodik dieser Reaktion. Diss. Med. Bern. [Mit Figuren.] 24 S. 8. Bern, Neukomm & Zimmermann, 1906.

Wyss, Max Oskar [med. pract. aus Zürich, Assistenzarzt der chirurg. Klinik]: Über congenitale Duodenal-Atresien. Tübingen 1900. 2 Bl 36 S. 2 Taf. 8°. (S.-A. aus Beiträge zur klinischen Chirurgie. XXVI. Bd.)
Zürich. Med. Diss. 1899/1900.

Wyss, Max Oscar, Dr.: Zur Entstehung primärer Carcinome. Leipzig 1908. 50 S. und eine Tafel. 8°. S.-A. aus der Deutschen Zeitschrift für Chirurgie. Bd. 93. [4. I. 09.]
Zürich Med. Hab.-Schr 1908/09.

Wyss, M[ax] Oscar. Zur Entstehung primärer Carcinome. Habilitationsschr. Med. Univ. Zürich. ([Mit 2 Tafeln. SA. aus:] Deutsche Zeitschrift f. Chirurgie. Bd. 93.) 50 S. 8. Leipzig, F. C. W. Vogel, 1908.

Wyss, M[ax] Oscar. Zur Entstehung des Röntgencarcinoms der Haut und zur Entstehung des Carcinoms im Allgemeinen. Von Dr. M. O' W' [Zürich]. (Hierzu Taf. 1—2.) Separat-Abdruck aus: Beiträge zur klinischen Chirurgie.... Band 49.... II S. + S. 185—216. 8. Tübingen, H. Laupp, 1906.

Wyss, M[ax] Oscar. Über primäre Karzinome. Von Dr. M. Oskar W' in Zürich. Separatabdruck [aus:] Die Heilkunde. Monatsschrift für praktische Medizin. [Jahrg. 12, 1908, Heft 11.] S. 389—393. gr.-8. (Teschen, Karl Prochaska.)

Wyss, M[ax] O[scar]. Nierenchirurgie. Erfahrungen aus der chirurgischen Klinik Zürich, mitgeteilt von Dr. med. M. O. Wyss, Assistenzarzt der Klinik. Nebst einem Vorwort von Professor Dr. (R[udolf] U[lrich]) Krönlein. Aus «Beiträge zur klinischen Chirurgie» Band 32. Heft 1. [Mit 1 Text-Abbildung und 21 Tafeln.] IV + 243 S. 8. Tübingen, H. Laupp, 1902. [M. 21. —]

Wyss, N. Osc., was können wir heute im Kampfe gegen den Krebs tun? Antritts-Vorlesung, geh. am 12. VI. 1909. (27 S.) 8. Zürich 909. Gebr. Leemann & Co. — 80

Wyss, Osk., Beitrag zur Kenntniss des Herpes Zoster. gr. 8. (34 S. mit 1 Chromolithogr. in qu. Fol.) Leipzig 871, O. Wigand. *
Aus: Archiv der Heilkunde, besonders abgedruckt.

Wyss, Oscar, von Affoltern a A. [Kt. Zurich]: Beobachtungen über Septicaemie. Zür. Orell Füssli Cie Dr. 1862. 41 S., 1 Bl., 1 Tabelle. 8°.
Zürich Med. Diss. v. 22. Oct. 1862.

Wyss, Oscar: De fistula pericardii. Vratislaviae (1866). (18 S.) 4°.
Breslau, Med. Fak., Hab.-Schr. v. 5. Dez. 1866

Wyss, Osk., die Gefahren des ausserehelichen Geschlechtsverkehrs, s. a. Druckschriften der akadem. Vereinigung „Ethos", Zürich. 2. Hft.

Wyss, Oscar. Die Gefahren des ausserehelichen Geschlechtsverkehrs. Vortrag, gehalten am 15. Februar 1901 vor den Herren Studierenden beider zürcherischen Hochschulen im Schwurgerichtssaale von Prof. Dr. Oskar Wyss. II + 19 S. 8. Zürich, Albert Müller, 1901. [fr. —. 50]
Druckschriften der akademischen Vereinigung «Ethos», Zürich. Heft 2.

Wyss, Osk., s. Mitteilungen aus d. Kinderspital Zürich.

—— und C. Bock, Studien über Febris recurrens nach Beobachtungen im J. 1868 zu Breslau. gr. 8. (X. 270 S. mit 5 lithogr. Taf. in gr. 8. und qu. Fol.) Berlin 869, Hirschwald. *

Wyss, Otto [praktischer Arzt in Gerlafingen]: Ueber einen neuen anaëroben pathogenen Bacillus. Beitrag zur Aetiologie der akuten Osteomyelitis. Hierzu 1 Tafel und 1 Kurve. (S.-A. aus: Mitteilungen aus den Grenzgebieten der Medizin und Chirurgie. Bd. 13. H. 2.) Jena 1904. 31 S 8°.
Basel. Med Diss 1903/1904.

Wyss, Otto. Ueber einen neuen anaëroben pathogenen Bacillus. Beitrag zur Aetiologie der akuten Osteomyelitis. Diss. Med. Basel. Hierzu 1 Tafel und 1 Kurve [Tafel]. [Sep.-Abdr. aus: Mitteilungen aus den Grenzgebieten der Medizin und Chirurgie. Band 13, Heft 2.] IV + 32 S. 8. Jena, Gustav Fischer, 1904.

Wyss, Paul. Konfirmationsscheine in 3 Bildern gemalt von Paul Wyss..., in Farbendruck ausgeführt durch die Lithographie Steiger & Benteli in Bern, mit 100 Gedenksprüchen ausgewählt von E[rnst] Müller, Pfarrer in Langnau. *Prospekt* (*mit* Verzeichnis der Sprüche) *und 3 Probeex.* = *zus.* 4 Bl. 4. Bern, Lithogr. Steiger & Benteli, [1903]. 25 Ex. à fr. —. 20, 25—50 Ex. à fr. —. 19..., 75—100 Ex. à fr. —. 17

Wyss, P[aul]. Stand, Probleme und Hebung des Töpfergewerbes. Vortrag von Herrn P. W', Zeichner am Gewerbemuseum Bern (**Umschlag:* Nach dem Vortrage von Hrn. P. W' ... in Bern niedergeschrieben von H[ermann] Röthlisberger, Sek.-Lehrer in Steffisburg). Separatabdruck aus dem «Oberländer Volksfreund» ([Jahrg. 1, № 14—19. Hrg. vom] Handwerker- und Gewerbeverein Steffisburg). 30 S. 8. Steffisburg, S. Rey, 1906.

Wyss, P[aul] Friedrich v., von Zürich: Die Haftung für fremde Culpa nach römischem Recht. Zür. F. Schulthess Dr. [u Verl.] 1867. 3 Bl., 147 S., 1 Bl. Thesen. 8°.
Zürich, Jur. Diss. v. 15. März 1867.

Wyss, P. Fr. v., über Rechtsstudium in der Schweiz und Studium des schweizer. Rechtes. Akademische Antrittsrede. 28 Stn. 8. Basel, C. Detloff. 1. —
1874.

Wyß, v., s. Reise-Skizzen aus Teneriffa.

[Wyss, Paul Friedrich von.] Reise-Skizzen aus Teneriffa. ([Hrg von] Friedrich v[on] Wyss, jun.) 8. Basel 1892.

Wyß, R., Unterhaltungs- und Bewegungsspiele für die Jugend, m. Abb., Basel 1899, 64 S., 16°.

Wyss, Robert von [aus Zürich, Assistent am patholog. Institut in Bern]: Beitrag zur Kenntnis der Entwickelung des Skelettes von Kretinen und Kretinoiden Hamburg 1899. 36 S. 3 Taf. 4°. (S.-A. aus Fortschritte auf dem Gebiete der Röntgenstrahlen Bd. 3.)
Bern, Med Diss. 1899 1900

Wyss, Rudolf

Wyß, Rud., Abendglocken. Eine Sammlg. geistl. Gesänge u. schöner Naturlieder f. gemischten Chor. 8. (VIII, 127 S.) Konstanz u. Emmishofen 893. C. Hirsch. Geb. in Leinw. 1. 50

Wyß, Rud., e. Alpensohn in deutschen Landen od. Uli, d. Bauer. E. Geschichte aus d. Emmenthaler Volksleben. 8. (95 S.) Konstanz (894). C. Hirsch. Geb. 1. —

Wyss, R(ud[olf]). Ein Alpensohn in deutschen Landen oder Uli, der Bauer. Eine Geschichte aus dem Emmenthaler Volksleben. 2. unveränderte Aufl. [Mit 1 Illustration und 2 Melodien.] 112 S. 8. (Muri bei Bern.) Im Selbstverlage des Verfassers. [1910]. (geb. fr 1.50)

— auf fremder Erde. Eine Geschichte aus dem Emmenthaler Volksleben. 12. (193 S.) Ebd. 891. n. 1. —; kart. n. 1. 20; geb. in Leinw. n. 1. 60

Wyss, R. Auf fremder Erde. Eine Geschichte aus dem Emmenthaler Volksleben. 2. Aufl. In-12°. 194 S. Winterthur, Carl Hirsch. 1 25; geb. 2 —
1892.

Wyss, R(ud[olf]). Auf fremder Erde. Eine Geschichte aus dem Emmenthaler Volksleben. 3. illustrierte Aufl. 164 S. 8. Muri bei Bern, Im Selbstverlage des Verfassers (Buchdr. Fischer Münsingen), 1910. [geb. fr. 2.50]

Wyß, Rud. Feierabend-Lieder. Eine Sammlg. geistl. Gesänge f. gemischten Chor. gr. 8. (VIII, 116 S.) Basel 891, Jaeger u. Kober. * 1 20; geb. * 2 —

— Feierabend-Lieder. E. Sammlg. geistl. Gesänge f. gemischten Chor. 2. Aufl. gr. 8. (VIII, 116 S.) Basel 898. Kober. n. 1. 20; geb. in Leinw. n. 2. —

— das Findelkind. — Die zweite Frau. Zwei Geschichten aus dem bern. Volksleben. 12. (157 S.) Konstanz u. Emmishofen 892. C. Hirsch. n. 1. 20; geb. in Leinw. n. 2. —

—— Das Findelkind. — Die zweite Frau. Zwei Geschichten aus dem bern. Volksleben. 12. (157 S.) Winterthur 892, C. Hirsch. * 1 20; geb. * 2 —

Wyss, (Rudolf). Ein russischer Flüchtling. Eine durchaus wahre Geschichte, mit 2 Bildern (Holzschnitten [Tafeln]). 39 S. 8. Herzogenbuchsee, O. Dürrenmatt, (1910). [fr. —.60]

—— Der Freudenhof od. je ärmer, desto werter. Eine Geschichte aus dem emmenthaler Volksleben. 2. verb. Aufl. 12. (112 S. m. 4 Illustr.) Ebd. 891. * 1 —; cart. * 1 20; geb. * 1 60

Wyss, R(ud[olf]). Der Freudenhof, oder Je ärmer, desto werter. Eine Geschichte aus dem Emmenthaler Volksleben von Pfarrer R. W' in Muri bei Bern. 3te verbesserte Aufl. mit 4 Illustrationen [Tafeln, und illustriertem Umschlag], Zeichnungen des Herrn Pfarrer (H[ermann]) Kasser sel. 136 S. 8. Im Selbstverlage des Verfassers (Buchdr. Fischer, Münsingen), [1910]. [geb. fr. 2.—]

[Wyss, Rudolf.] Eine Geschichte vom richtigen Fortschritt. [Landwirtschaftliche Erzählung. Von Pfr. R' W', Muri bei Bern.] II + 7 S. 8. [Zürich, Jacques Bollmann, 1908.]

—— Hülfsbuch f. die Feste der christlichen Kirche, allen Mitarbeitern im Weinberge dargeboten. gr. 8. (II, 316 S.) Ebd. 892. * 3 20 geb. in Hlbfrz. * 4 80

Wyss, (R[udolf]). Kinder-Spiegel. Der Jugend und ihren Freunden zur Belehrung und Kurzweil erzählt von Pfarrer W'... [Illustriert.] 2. Aufl. 36 S. 8. Muri bei Bern. Im Selbstverlage des Verfassers; [Münsingen, Buchdr. B. Fischer, 1909]. [fr. 1.—, geb. 1.60]

Wyß, Kinder-Spiegel. Der Jugend u. ihren Freunden zur Belehrg. u. Kurzweil erzählt. 3. Aufl. (36 S. m. Abb.) gr. 8. Muri bei Bern (910). (Bern, Fr. Semminger.) Geb. 1. —

Wyss, Rudolf. Der Kirchenbau in Wasen mit seiner Grundsteinlegung und Einweihung 1881. (Mit einer Abbildung [Tafel].) Den Jetztlebenden und den Nachkommen ... gewidmet. 8. Bern 1882.

Wyß, Rud., der Kirchenbau in Wasen mit seiner Grundsteinlegung und Einweihung 1881. 8. (86 S. mit 1 chromolithogr. Abbild.) Bern 882, Wyß. cart. *

Wyss, Rudolf (Pfarrer). Der Kirchenbau in Wiesen mit seiner Grundsteinlegung, Einweihung und Orgelweihe. Mit einer Abbildung. cart. Zweite vermehrte Auflage. In-8°, 95 S. Bern, K. J. Wyss, Verlag. 1882. **1 60**

Wyss, Rudolf. Der Kirchenbau in Wasen mit seiner Grundsteinlegung, Einweihung u. Orgelweihe 1881. (Mit einer Abbildung [Tafel].) Den Jetztlebenden ... gewidmet. 4. unveränderte Aufl. 8. Bern 1882.

Wyß, Rud., Passions- u. Casual-Hülfsbuch, allen Mitarbeitern im Weinberge des Herrn dargeboten. gr. 8. (IV, 606 S.) Langnau 898. (Bonn, A. Falkenroth.) n. 3.80

Wyß, Rud., neue Pilgerharfe. Eine Sammlung geistl. Lieder für gemischten Chor. 1. und 2. Aufl. 8. (VIII, 344 S.) Basel 886,87, Spittler. *ℳ 2.—; geb. * 2 80

—— Neue Pilgerharfe. Eine Sammlg. geistl. Lieder f. gemischten Chor. 3. Aufl. 8. (VIII, 344 S.) Basel 889, Jaeger u. Kober. * 2 —

— neue Pilgerharfe. E. Sammlg. geistl. Lieder f. gemischten Chor. 6. Aufl. 8. (VIII, 344 S.) Ebd. 896. n. 2. —; geb. n. 2. 60; in Leinw. n. 2. 80

Wyss, R. Neue Pilgerharfe. Eine Sammlung geistlicher Lieder für gemischten Chor. 7. Aufl. 8°. VIII, 344 S. Basel. Kober, C. F. Spittler's Nachf. 2 50; geb. Halbleinwd. 3 25 in Leinwd. 3 50
1899.

— neue Pilgerharfe. Eine Sammlg. geistl. Lieder f. gemischten Chor. 8. Aufl. 8. (VIII, 344 S.) Basel 902. Kober. n. 2.—; geb. in Halbldr. n. 2.60; in Leinw. n. 2.80

Wyß, Rud., neue Pilgerharfe. Eine Sammlg. geistl. Lieder f. gemischten Chor. 9. Aufl. (VIII, 344 S.) 8. Basel 905. Kober. n. 2.—; geb. in Halbldr. n. 2.60; in Leinw. n. 2.80

Wyss, Rud[olf]. Neue Pilgerharfe. Eine Sammlung geistlicher Lieder für gemischten Chor. Hrg. von Rud. W', Pfarrer. 10. Aufl. VIII + 344 S. 8. Basel, Kober, 1908. [fr. 2.50, geb. 3.25 u. 3.50]

— das Schloßfräulein. Eine Geschichte aus dem bern. Patriziat. 8. (68 S.) Ebd. 891. n. —50; geb. n. 1.—

Wyss, Rud[olf]. Das Schlossfräulein. Eine Geschichte aus dem bernischen Patriziat. Von Pfarrer Rud. W', in Muri bei Bern. 2. Aufl. 72 S 8. Im Selbstverlage des Verfassers (Buchdr. Fischer, Münsingen, [1910]). [geb. fr. 1.25]

Wyss, R[udolf]. Der Schwimmunterricht als ein Teil der körperlichen Erziehung. [Illustriert.] Separatabdruck aus «Monatsblätter für das Schulturnen», Jahrg. 14 [1903, Nr. 6—12]. 21 S. 8. [Zürich, Orell Füssli.]

Wyss, R[udolf]. Zürcher-Uli (Ulrich Zürcher, 1801–1876), oder Der Wasendoktor. 2. Aufl. 8. Langnau (1877).

Wyss, R[udolf]. Zürcher-Uli (Ulrich Zürcher) oder «Der Wasendoktor». 10. vermehrte Aufl. mit 6 Bildern ⟨Holzschnitten⟩ [wovon 3 Tafeln] von Th[eophil] Meister in Bern. 88 S. 8. [Muri bei Bern. Selbstverlag des Verfassers; Münsingen, Buchdr. B. Fischer, 1909.] [fr. 1.—]

Wyss, (R[udolf]). Zürcher-Uli (Ulrich Zürcher) oder «Der Wasendoktor». 12. mit einem zweiten Nachtrage vermehrte Aufl., mit Bildern ⟨Holzschnitten [und 3 Tafeln]⟩ von Th[eophil] Meister in Bern. 107 S. 8. (Muri bei Bern.) Selbstverlag des Verfassers; [Münsingen, Buchdr. B. Fischer, 1910]. [fr. 1.—]

Wyß, Sam., († d. 12. Febr. 1834.), s. Heilungsart d. Faulfieber.

Wyss, Ursus Victor, Fulenbachensi-Solodoranus: De fracturis ossium. Tur typ. F. Schulthess. 1836. 16 S. 8°.
Zürich. Med. Diss. v. 17. Sept. 1836.

Wyss, Walter von, in Zürich: Aufzeichnung von Herztönen mit dem Einthoven'schen Saitengalvanometer und Untersuchungen über Galopprhythmus. ⟨Aus der medizinischen Klinik in Basel.⟩ [Mit 18 Kurven im Text.] Leipzig, F. C. W. Vogel. 1910. 20 S. 8°. S.-A. aus dem deutschen Archiv für klinische Medizin. Bd. 101.
Basel. Med. Diss. 1910/11.

Wyss, Walter von. Aufzeichnung von Herztönen mit dem Einthoven'schen Saitengalvanometer und Untersuchungen über Galopprhythmus. Aus der medizinischen Klinik in Basel. Diss. Med. Basel. [Mit Figuren. SA. aus: Deutsches Archiv für klinische Medizin, Band 101.] II + 20 S. 8. Leipzig, F. C. W. Vogel, 1910.

Wyss, Wilhelm von. Eröffnungs- und Festrede, gehalten an der neunundvierzigsten Jahresversammlung des Vereins schweizerischer Gymnasiallehrer, am 9. und 10. Oktober 1910 in Baden. Separatabdruck aus dem 40. Jahrbuche des V' schw' Gymn'. II + 28 S. 8. Aarau, H. R. Sauerländer & Co., [1910].

Wyss, Wilhelm v[on]. Eröffnungsrede an der achtundvierzigsten Jahresversammlung des Vereins schweizerischer Gymnasiallehrer, am 10. und 11. Oktober 1909 in Solothurn, gehalten von Dr. W' v. Wyss, Zürich. Separatabdruck aus dem Jahresheft des V' schw' Gymn' pro 1909. 8 S. 8. [Aarau, H. R. Sauerländer & Co., 1910.]

Wyss, Wilhelm von, von Zürich: Das Lehrlingsverhältnis nach schweizerischem Recht. Bern, Stämpfli & Cie., 1910. VIII, 90 S. 8°. Abhandlungen zum schweizerischen Recht, hg. von Gmür. Heft 41.
Bern. Jur. Diss. 1910/11.

Wyss, Wilh. v., das Lehrlingsverhältnis nach schweizer. Recht. s.a. Abhandlungen zum schweizer. Recht. 41. Heft.

Wyss, Wilh[elm] von. Das Lehrlingsverhältnis nach schweizerischem Recht. VIII + 89 S. 8. Bern, Stämpfli & Cie., 1910.
Ausg. A: Diss. Jur. Bern....
Ausg. B: Von Dr. jur. Wilh. von W'. [fr. 2. —.] — Abhandlungen zum schweizerischen Recht.... Heft 41.

— Über den Schlagwortkatalog m. Regeln f. d. Stadtbibliothek Zürich, s.a. Sammlung bibliothekswissenschaftl. Arbeiten. 25. Heft.

Wyss, Wilhelm v[on]. Über den Schlagwortkatalog. Mit Regeln für die Stadtbibliothek Zürich. (Sonderdruck des 25. Heftes der «Sammlung bibliothekswissenschaftlicher Arbeiten».) IV + 74 S. 8. Leipzig, Rudolf Haupt, 1909.
Publikationen der Vereinigung Schweizerischer Bibliothekare = Publications de l'Association des Bibliothécaires Suisses. (Heft) 2.

Wyss, Wilhelm v[on]. Über den Schlagwortkatalog. Mit Regeln für die Stadtbibliothek Zürich. IV + 76 S. 8. Leipzig, Rudolf Haupt, 1909. [M. 4.80]
Sammlung bibliothekswissenschaftlicher Arbeiten, ... hrg. von Prof. Dr. Konrad Haebler.... Heft 25. ⟨Neue (*Umschlag:* II.) Serie Heft 8.⟩....

Wyss, Wilhelm von, von Zürich: Die Sprüchwörter bei den Römischen Komikern. Zür. F. Schulthess Dr. [u. Verl.] 1889. 2 Bl., 114 S., 1 Bl. 8°.
Zürich. Phil. Diss. I. S. [v. 28. Juli 1888].

Wyss, Wilh. v. Die Sprüchwörter bei den römischen Komikern gr. 8. (114 S.) Zür. 889, Schulthess. * 2 —

Wyß, Wilh., lateinisches Übungs- u. Lesebuch f. Anfänger. (X, 156 S.) 8. Zürich 910. Beer & Co. Geb. in Leinw. nn 2.30

z'Wyssig, Gerold, 4 Antiphonae Marianae ad 4 voces aequales virorum in honorem beatissimae et immaculatae virginis Mariae compositae. Lex.-8. (40 S.) Brixen 867, Theologische Verlags-Anstalt.

Wyssling, Walther

Elektrische Bahnen in Nordamerika. Bericht an d. Schweiz. Studienkomm. f. elektr. Bahnbetrieb über die von Prof. Dr. Wyssling u. Ing. K. Wirth ausgeführte Studienreise in Nordamerika. Erstattet von Prof. Dr. W. Wyssling. Zürich: Rascher in Komm. 1908. III, 302 S. 4°
(Berichte d. Schweiz. Studienkomm. f. elektr. Bahnbetrieb. H. 1.)

Wyssling, (W[alther]). Bericht N°4 [über die] Frage VIII: Elektrische Zugförderung. El' Zugf' auf den grossen Eisenbahnlinien — Gleichstrom — Wechselstrom ⟨ein- oder mehrphasig⟩ — Kostenvergleichung (alle Länder, ausgenommen Deutschland, Amerika, Oesterreich und Ungarn). [Ausgearbeitet für die] 8. Sitzung, Bern 1910 [des:] Internationaler Eisenbahn-Kongress-Verband. [Mit Abbildungen.] Auszug aus dem Bulletin des internationalen Eis'-K'-Verbandes. II S. + S. 211—305. 8. Brüssel, M. Weissenbruch, (1910).

Wyssling, W., s. Berichte der schweizer. Studienkommission f. elektrischen Bahnbetrieb.

Wyssling, W., das Elektricitätswerk an der Sihl. [Aus: „Schweiz. Bauzeitg."] Fol. (23 S. m. 48 Fig.) Zürich 897. Ed. Rascher. n. 1.20

Wyssling, W., s.: Jahrbuch des schweizer. elektrotechn. Vereins.

Karte der Elektrizitätswerke der Schweiz nach Prof. Dr. W. Wyssling, Zürich. [Nebst] Verzeichniss d. Elektrizitätswerke. Bern: H. Kümmerly & Frey [1902]. (1 Kartenbl. 70x48 cm, 16 S.) 8° [kol.]

Wyssling, W[alther]. Karte der Elektrizitätswerke der Schweiz nach Prof. Dr W. Wyssling... Hrg. von H. Kümmerly & Frey, Bern, ... Verlag. 513/732 mm. ([Mit Text:] Beilage ...: Verzeichnis der schweizerischen Elektrizitätswerke — Supplément...: Liste des stations... — Supplement to the Map...: List... : 1 Bl. fol. 16 S., *in Umschlag*, 8. [1902.] [fr. 4. —]

Wyssling, [Walther]. Die Kraftübertragung mit Gleichstrom nach Reihenschaltungssystem für die Stadt Lausanne. [Mit Figuren und 1 Tafel.] Sonderabdruck aus der Elektrotechnischen Zeitschrift 1902. Heft 46, 47 u. 48. II + 26 S. gr.-8. (Berlin, Julius Springer.)

— s. Mitteilungen der schweizer. Studienkommission f. elektrischen Bahnbetrieb.

Wyssling, W., siehe: *Notizen, beschreibende.*

— **u. E. Blattner**, beschreib. Notizen üb. e. Anzahl bemerkenswerter Elektrizitätswerke in d. Schweiz als Führer f. d. Exkursion v. 10.—15. Aug. 1896 d. internat. Elektrotechniker-Kongresses, veranst. gelegentlich d. schweizer. Landesausstellg. durch den schweizer. Elektrotechniker-Verein 4.—9. Aug. 1896 in Genf. Im Auftr. d. schweizer. Elektrotechniker-Vereins gesammelt u. red. gr. 4. (106 S. m. Abb. u. 107 Taf.) Zürich 896. (Zürcher & Furrer.) n.n. 10. —

(Wyssling, W[alther].) Resultate der Statistik Schweizerischer Starkstromanlagen. Separat-Abzug aus Jahrg. 1902 des «Jahrbuch des Schweizerischen Elektrotechnischen Vereins»... II + 20 S. 8. [Zürich, Jacques Bollmann.]

Wyssling, W[alther]. Resultate der Statistik Schweizerischer Starkstromanlagen pro 1902. Separat-Abzug aus dem Jahrgang 1903 des «Jahrbuch des Schweizerischen Elektrotechnischen Vereins»... II S. + S. 5—38. 8. ([Zürich, Jacques Bollmann,] 1903.)

Wyssling, W[alther]. Die Tarife Schweizerischer Elektrizitätswerke für den Verkauf elektrischer Energie. 83 S. 8. Zürich, Fritz Amberger, 1904. [fr. 3. 75]

Wyßmann, E., Handbüchlein f. Melker. Verf. im Auftrag der oekonom. u. gemeinnütz. Gesellschaft des Kantons Bern. 2., durchgeseh. Aufl. (88 S.) gr. 16. Bern 903. K. J. Wyß. Kart. n. — 50

— Dass., s.a. Wyssmann, Samuel

Wyssmann, Ernst [Thierarzt aus Neuenegg, Bern]: Zur Anatomie der Klauenlederhaut. Mit 3 Textfiguren und 8 Figuren auf 1 Tafel. (S.-A. aus dem Archiv f. wissensch. und prakt. Thierheilkunde Bd. 28. H. 6. 1902.)
Bern. Vet.-med. Diss. 1902/1903.

Wyssmann, Ernst. Zur Anatomie der Klauenlederhaut. Diss. Vet.-Med. Bern. Mit 3 Textfiguren und 8 Figuren auf Tafel I. (Sonder-Abdruck aus dem Archiv für wissensch. u. prakt. Thierheilkunde. Bd. 28, H. 6. 1902.) 53 S. 8. Berlin, L. Schumacher, 1902.

Wyssmann, E[rnst]. Beitrag zur Ätiologie der Kolik des Rindes. [Mit 1 Tafel.] Separat-Abdruck aus dem «Schweizer-Archiv für Tierheilkunde», Heft 4, Jahrg. 1907. 10 S. 8. [Zürich, Orell Füssli.]

Wyssmann, E[rnst]. Einiges aus der Praxis. Von Dr. E. Wissmann, ... Neuenegg-Bern. Separatabdruck aus der Wochenschrift für Tierheilkunde und Viehzucht. Jahrg. 48, Nr. 29. 4 S. 8. (München, J. Gotteswinter, [19. Juli 1904]).

Wyssmann, E[rnst]. Euterhernie bei einer Kuh. [Mit 1 Abbildung.] Separat-Abdruck aus dem «Schweizer Archiv für Tierheilkunde», Heft 4, Jahrg. 1904. 4 S. 8. [Zürich, Orell Füssli.]

Wyssmann, E[rnst]. Ein Fall von anscheinend doppelseitiger Radialislähmung bei einer Kuh. Von Kreistierarzt Dr. E. W', Neuenegg (Bern). Separatabdruck aus der Wochenschrift für Tierheilkunde und Viehzucht. Jahrg. 49, Nr. 27. 5 S. 8. (München, J. Gotteswinter, [1905].)

Wyssmann, E[rnst]. Ein Fall von spontaner Ruptur des unträchtigen Uterushornes bei einer hochträchtigen Kuh. Separat-Abdruck aus dem «Schweizer Archiv für Tierheilkunde», Heft 3, Jahrg. 1905. [Mit Figuren.] 9 S. 8. [Zürich, Orell Füssli.]

Wyssmann, E[rnst]. Über Gallensteine und Gallensteinkolik bei unseren Haustieren. (Referat, Gehalten an der ordentlichen Versammlung des Vereines Bernischer Tierärzte am 9. Dezember 1905.) Separat-Abdruck aus dem «Schweiz. Archiv für Tierheilkunde», Heft 2, Jahrg. 1906. S. 89—119. 8. [Zürich, Orell Füssli.]

Wyssmann, E[rnst]. Perakutes Glottisödem mit tötlichem Ausgang bei einer an Urticaria erkrankten Kuh. Separat-Abdruck aus dem «Schweiz. Archiv für Tierheilkunde», Heft 1, Jahrg. 1905. 2 S. 8. [Zürich, Orell Füssli.]

Wyssmann, E[rnst]. Über tuberkulöse, von den Kastrationswunden ausgehende Infektionen bei Schweinen. Separat-Abdruck aus dem «Schweizer Archiv für Tierheilkunde», Heft 2, Jahrg. 1908. 12 S. 8. [Zürich, Orell Füssli.]

Wyssmann, E[rnst]. Klauenbeinfraktur bei einer Kuh. Separat-Abdruck aus dem «Schweizer Archiv für Tierheilkunde», Heft 2, Jahrg. 1904. 4 S. 8. [Zürich, Orell Füssli.]

Wyssmann, E[rnst], und Peter, A[lbin]. Milchkenntnis und Milchuntersuchung. Für schweizerische Verhältnisse bearb. von E. Wyssmann, Direktor, und A. Peter, ... Assistent der ... milchwirtschaftlichen Station Custerhof-Rheineck. Mit 19 Abbildungen im Text, 5 Tabellen und 2 Tafeln. VIII + 131 + 1 S. 8. Frauenfeld, J. Huber, 1902. [geb. fr. 2. 40]

— **u. A. Peter**, Milchwirtschaft. 2. Aufl. des Buches Milchkenntnis u. Milchuntersuchg. Für schweizer. Verhältnisse bearb. unter Mitwirkung des Verbandes der Lehrer an den landwirtschaftl. Schulen der Schweiz. (X, 194 S. m. 61 Abbildgn. u. 5 Tab.) 8. Frauenfeld 905. Huber & Co. Geb. in Leinw. n. 2. 40

Wyssmann, E[rnst]. Über Milzbrand beim Schwein. (Vortrag, gehalten im Verein bernischer Tierärzte am 27. Juli 1907.) [Mit 2 Figuren.] Separat-Abdruck aus dem «Schweiz. Archiv für Tierheilkunde», Heft 5, Jahrg. 1907. 26 S. 8. [Zürich, Orell Füssli.]

Wyssmann, E[rnst]. Aus der Praxis (1. Oberflächliche Brustbeule bei Kühen; 2. Die Haube: ein Sammelreservoir für Eisenteilchen; 3. Eingewachsener Halsstrick bei einem Kalbe). Von Dr. E. W' ... in Neuenegg-Bern. Sonderabdruck aus der «Tierärztlichen Rundschau» Nr. 30, 1904. 1 S. 4. Friedenau-Berlin.

Wyssmann, E[rnst]. Pseudo-Hermaphroditismus und Atresia ani et recti bei einem Kalbe. Separat-Abdruck aus dem «Schweizer Archiv für Tierheilkunde,» Heft 2, Jahrg. 1904. 5 S. 8. [Zürich, Orell Füssli.]

Wyssmann, E[rnst]. Pyelonephritis bacteritica beim Schwein. Separat-Abdruck aus dem «Schweizer Archiv für Tierheilkunde,» Heft 6, Jahrg. 1904. 4 S. 8. [Zürich, Orell Füssli.]

Wyssmann, E[rnst]. Zur Radialislähmung des Rindes. Von ... Dr. E' W', Neuenegg (Bern). [Mit 1 Abbildung.] Separatabdruck aus der Wochenschrift für Tierheilkunde und Viehzucht. Jahrg. 48 Nr. 41. 5 S. 8. (München, J. Gotteswinter, [1904].)

Wyssmann, E[rnst]. Über die Ranula inflammatoria bei Kühen. Separat-Abdruck aus dem «Schweizer-Archiv für Tierheilkunde», Heft 5, Jahrg. 1906. 11 S. 8. [Zürich, Orell Füssli.]

Wyssmann, E[rnst]. Tuberkulose der Condyli occipitales bei einer Kuh. Beitrag zur Ätiologie der Genickbrüche. Separat-Abdruck aus dem «Schweizer Archiv für Tierheilkunde», Heft 5, Jahrg. 1905. 4 S. 8. [Zürich, Orell Füssli.]

Wyssmann, E[rnst]. Tuberkulose des Ellenbogengelenks beim Rinde. Separatabdruck aus der Wochenschrift für Tierheilkunde und Viehzucht. Jahrg. 49 Nr. 8. 3 S. 8. (München, J. Gotteswinter, [1905].)

Wyssmann, E[rnst]. Umstülpung der Harnblase bei einer mit Torsio uteri behafteten Kuh. Separat-Abdruck aus dem «Schweiz. Archiv für Tierheilkunde», Heft 3, Jahrg. 1905. 5 S. 8. [Zürich, Orell Füssli.]

Wyssmann, E[rnst]. Drei Vergiftungsfälle bei Pferden. Separat-Abdruck aus dem «Schweiz. Archiv für Tierheilkunde», Heft 2, Jahrg. 1905. 11 S. 8. [Zürich, Orell Füssli.]

Wyssmann, [Samuel]. Handbüchlein für Melker. Verfasst im Auftrag der Oekonomischen und gemeinnützigen Gesellschaft des Kantons Bern. 2., durchgesehene Aufl. 88 S. 8. Bern, K. J. Wyss, 1903. [cart. fr. —.50]

— Dass., s.a. Wyßmann, E.

Wyssotzky G.: Die Bedingungen d. Waldwuchses u. d. Waldzucht in den Steppen d. europäischen Russlands . . . Wien 1907. 38 S. 4°.

Wystawil, Frz., kurze Darstellung der vaterländischen Geschichte von dem Ursprunge der Ostmark bis an unsere Zeit. Bearb. f. die erweiterte Volksschule. 2., verb. Aufl. 8. (76 S.) Wien 872. Gräser. n. — 60

Wyszewianski, Szema Jona: Über die formalrechtliche Behandlung der Nationalitäten in der modernen Gesetzgebung. (Ein Beitr. z. Nationalitätenrecht.) Mannheim 1909: Hensle. 79 S. 8°

Heidelberg, Jur. Diss. v. 6. Aug. 1909, Ref. Jellinek

[Geb. 17./29. Aug. 86 Lodz; Wohnort: Lodz; Staatsangeh.: Rußland; Vorbildung: Gymn. Lodz Reife 04; Studium: Berlin 2, Heidelberg 6 S.; Rig. 8. März 09.] [U 09. 1944

Wyszomierski, A.: De secundis nuptiis e jure canonico sive de bigamia successiva. Regimonti Pr. 45 S. 1867.
Schul-/Univ.-Schrift

Wyt, Renetta Brandt-
s. Brandt-Wyt. A 12 14390

Daberkow's Neuester Plan von Wien mit allen Bezirken und vollständigem Strassen-Verzeichniss. Maßstab 1 : 20.000. Entworfen und gezeichnet von Moritz Wytlacil. Gef. in farbigem Umschlag —.50
Derselbe auf Leinwand —.90
Wien: Daberkow 1893.

Daberkow's neuester und vollständigster Plan der k. k. Reichs-Haupt- und Residenzstadt Wien. Mit einem vollständigen Straßen-Verzeichnisse aller 19 Bezirke Wiens und ihrer Sehenswürdigkeiten. Im Maßstabe 1 : 24.000. Entworfen und gezeichnet von Moritz Wytlacil. 8. (50 S. Text.) Gefalzt. Cart. Wien: Daberkow 1893. --.80

Wytlacil, M., Neuester und vollständigster Plan von Wien. Mit vollständigem Strassen-Verzeichnisse. (50 S.) 1 : 24.000. Ausgabe: 1895. Imp.-Qu.-Fol. Chromolith. Cart. .80

— — Kleine Ausgabe. 1 : 20.000. Mit Strassen-Verzeichniss. (36 S.) Fol. Chromo-Lithographie. Gefalzt. In Umschlag —.50
Wien: Daberkow 1895.

Wytlacil, W. C., Lehr-Buch für Compagnie-Schulen der k. k. österr. Linien-Infanterie-Regimenter, in deutscher und italienischer Sprache in Fragen und Antworten. A. u. d. T.: Libro didascalico per le Scuole di Compagnia etc. Brünn 855. Buschak u. Irrgang. 16. (VIII, 231 S. u. 1 lith. Taf in Fol.) u. 20 ngr.

Wytlacil, W. C. —. Lehrbuch für Compagnieschulen der k. k. österr. Linien-Infanterie-Regimenter, in deutscher und italienischer Sprache in Fragen und Antworten zusammengestellt von — —. (Libro didascalico per le Scuole di compagnia dei Regimenti di fanteria dell' I. R. Armata Austriaca, nell' idioma tedesco ed italiano in domande e risposte da — —.) Brünn. 1855. Gedruckt bei Wilhelm Burkart. Verlag von Buschak und Irrgang. (2 Bl. 232 S. 1 Taf. 8.)

Wytlacil, W. K. — Lagerordnung und Vorpostendienst, letzterer in Fragen und Antworten für Kompagnie- und Eskadrons-Mannschaftschulen nach der neuesten provisorischen Instruktion vom Jahre 1856 übersetzt ins Italienische von — Hauptmann im k. k. 29. Linien-Infanterie-Regimente. L' Ordine di Campo ed il servizio degli avamposti l'ultimo in domande e risposte per le scuole di compagnie e di squadroni versato nell' idioma italiano dietro la più recente istruzione provisoria dell' anno 1856 da W. C. Wytlacil, Capitano nell' I. R. 29 reggimento di fanti. Lemberg, 1856. Gedr. bei Kornel Piller. (101 S. 2 Bl. 8.) Deutsch und Italienisch zugleich. (Mit einer Tafel. Halbf.)

Wytteck, Jos. Eph., Beschreib. einer aus Steinkohlen eingerichteten Malzdarre ꝛc., nebst Bauplan. 8. Prag 804. Krauß. 9 gr.
Neuer Abdruck. 8. Ebd. 815. Haas. 8 gr.

Wytteck, J. E., Beschreib. einer a. Steinkohlenfeuerung eingerichteten Malzdarre ꝛc. nebst Bauplan. 8. Prag, Widtmann. 804.

Wyttenbach, s.a. Wittenbach

Wyttenbach, Mineralogie v. Italien, s. Mineralogie.

Wyttenbach, Alb., Anleitung nach d. Heidelbergischen Catechism. f. d. Jugend. 8. Basel, Em. Thurneisen. 720.

— — dasselbe. 12. Ebend. 715.

Wyttenbach, Alb., Bericht der Sanitäts-Commission des Gemeinderathes der Stadt Bern über die Typhus-Epidemie im Winter 1873/74. gr. 4. (14 S. mit 4 Stnt. und 1 lithogr. Plan in Imp.-Fol.) Bern 876, (Dalp'sche Buchh.) * 2 40
Aus: Zeitschrift fur schweizerische Statistik, besonders abgedruckt.

Wyttenbach, Daniel

Wyttenbachii, D., Animadversiones in Plutarchi opera moralia. Ad edit. Oxon. emendatius expressae. Acc. animadversiones in librum de sera numinis vindicta et indices. Lips. 819. 21. 2 Tom. 8. 6 rthl. 8 gr. (I. 552 S. II. 640 Seiten.)

Wyttenbach, **Ritter Dn. H., († d. 17. Jan. 1820.) animadversiones in Plutarchi opera moralia 2 Tomi, accedunt animadversiones in librum de sera numinis vindicta et indices auctorum, rerum et verborum. 8maj. Leipz. 821. Kühn. 6 rthl. 8 gr.**

Wyttenbachii, Dan, Animadversiones in Plutarchi opera moralia. Ad edit. Oxoniensem emendatius expressae. Tom. III. Accedunt Addenda ad librum de sera numinis vindicta et indices. 8maj. Lipsiae 834. libr. Kuehn. 1½ ₰ — Schreibp. 2¼ ₰ — (Tom. I. et II. 6⅓ ₰ — Schreibp. 9½ ₰)

Wyttenbach, Dan., Animadversiones in Plutarchi opera moralia, Ad edit. Oxoniensem emendatius expressae. Tom. III. Acced. Addenda ad librum de sera numinis vindicta et indices. 8maj. (17 B.) Lipsiae 834, [T. O. Weigel.] 1½ Thlr., Schrbp.
Tom. I. et II. Ibid. 1821. 6 Thlr. 8 Gr., Schrbp. 9 Thlr. 12 Gr.

— compendium theologiae dogmatic. et moralis. 8. Frkf. 754. Andreä. 1 ₰

— compendium Theologiae dogmaticae et moralis. 8. Frcf. Andreä. 757.

— Compendium Theologiae polemicae. 8. Francf. Andreä. 758.

— de conjunctione philosophiae cum elegantioribus literis. Amsterd. 771.

Wyttenbach, Ritter Dn. H., brevis descriptio institutionum metaphysicarum, quam nunc primum publici juris fecit Guil. L. Mahne. 8maj. Gandavi 826 (Leipz., Weigel). 1 ₰ 18 gr

— s. Eclogae historiae seu selecta princip.

— εκλογαι ιστορικαι, s. ΕΚΛΟΓΑΙ ΙΣΤΟΡΙΚΑΙ.

Wyttenbach, Dn. I., († d. 29. Juni 1779.) elementa hermeneuticae sacrae eo quo in scientiis fieri debet modo proposita. 8. Marburg 761. Garbe. (Gebhard u. K. in Frkf. a. Brönner). 16 gr Schreibp. 1 ₰

— kurzer Entwurf d. ganzen christl. Religion. 8. Frankf. 744. u. Ebd. 756. Garbe. (Gebhard u. K.; a. Hermann u. Brönner). 10 gr

— dass. im Auszuge. 8. Frankf. 756. Gebhard u. K.; a. Hermann u. Brönner. 2 gr

— epistola critica super nonnullis locis Juliani Imp. Accedunt adnimadvers. in Eunapium et Aristaenetum. 8. Götting. 769. Vandenhöck u. R. 4 gr

— epistola ad F. G. Baronem de Synden (Lynden) de philosophia Kantiana. Leyd. 180..

Wyttenbachii, Dan., et D. Ruhnkenii epistolae. Supplementa ed. Mahne, s. Supplementa.

— epistolarum selectarum Fasc. I—III. editus a Wlh. L. Mahne. 8maj. Gandavi 829, 30. Mahne. (Leipz., Weigel; a. Weidmann). 3 ₰ 8 gr

Wyttenbach, Dan., Index graecitatis in Plutarchi opera. Ad edit. Oxoniensem emendatius expressus. II Pts. 8maj. (58⅛ B.) Lipsiae 835, 36, [T. O. Weigel.] 5 Thlr., Schrbp. Thlr.
Wurde 1843 unter d. veränd. Ttl.: Dan. Wittenbach, Lexicon Plutarcheum et vitas et opera moralia complectens, ausgegeben.

— theologiae elenchticae initia, in usum praelectionum, publicarum. II Ptes. 8. Frankf. 759—65. (Gebhard u. K.; a. Brönner). 1 ₰

— lectiones quinque, nunc primum editae, atque praefat. et annotat. auctae a Guil. L. Mahne. 8maj. Gandavi 824. (Leipz., Weigel). 1 ₰ 6 gr

— Lexicon Plutarcheum et vitas et opera moralia complectens. Ad edit. Oxoniensem emendatius expressum. II Vol. 8maj. Lipsiae 843, T. O. Weigel. 5 ₰

— Miscellaneae doctrinae Philomathiae. lib. I. 8. maj. Amsterdam. (Ettinger in Gotha.) 810.

— miscellanea doctrinae Philomathiae lib. I—III. 8maj. Amsterd. 810—21. (Weigel in Leipz.) ... (Auch in d. Bibliotheca critica T. III. p. 1.)

— opuscula varii argumenti, oratoria, historica, critica. Tom. I. et II. 8maj. Leyd. 821. Luchtmans. (Weigel in Leipz.) 5 ₰ 12 gr

— Opuscula selecta. Edid. atque Append. loco G. L. Mahni critonem et excerpta ex ejusd. epistolis sodalium Socraticorum philomathiae adjec. Fr. T. Friedemann. Vol. I. 8 maj. Brunsvigae 825, Meyer.

—— Opuscula selecta. Ed. atque Appendicis loco D. Wyttenbachii epistolas XIII. ad C. G. Heynium scriptas, et P. G. Heusdii narrationem de D. Wyttenbachio adjec. Fr. Tr. Friedemann. Vol. II. 8 maj. (23 B.) Brunswigae 828, G. C. E. Meyer.
Vol. I. Ebendas. 1825. 1 Thlr.

(Hrsg.). s. Plato: Phaedo. Leiden 1810.

(Hrsg.). s. Plato: Symposium. 1825.

(Hrsg.). s. Platarchus: Moralia. 1796.

(Hrsg.). s. Plutarchus: De sera numinis vindicta.

— praecepta philosophiae logicae scholarum usibus accommodata. 8. Amsterd. 782.

— id. lib. Ed. n. c. praef. J. A. Eberhard. 8. Halle 794. Waysenhaus-B. 12 gr Ed. nov. schol. usibus accomm. rec. J. G. E. Maass. 8. ibid. 821. 16 gr

— sciagraphia theologiae didacticae in usum academicae concinnata. 8. Marburg 768. (Gebhard u. K.; a. Hermann; Brönner in Frankf.) 16 gr

— sciagraphia Theologiae dogmaticae. 8. Marburg, Garbe. 768.

— selecta principum historicorum graecorum. 8maj. Leyd. 820. Luchtmans. 2 ₰ 12 gr

— selecta principum histor. Herodoti, Thucydidis, Xenophontis, Polyb., illustr. loci Plutarchi vit. Demosthenis et Ciceronis graece. 8. Amsterd. 794. (Ettinger in Gotha). 4 ₰

— tentamen Theologiae dogmaticae, methodo scientifica pertractatae. 3 Tmi. 8. Bern, (Andreä in Francf.) 747.

— vita Dav. Ruhnkenii. 8maj. Leyd. 799. (Ettinger in Gotha). 1 ₰ 20 gr

Wyttenbach, Dan., vita Davidis Ruhnkenii. Ex editione principe cum Bergmaniana ed. et secundis curis Wyttenbachii diligenter collata longe accuratius quam adhuc in Germania aut post Auctoris mortem in ipsa Batavia factum est. Edid. et adnotationes quum selectas Frid. Lindemanni et Jo. Theod. Bergmanni tum suas adjecit Car. Henr. Frotscher. Accedunt adnotationes criticae atque Indices rerum et verborum locupletissimi. 8maj. Fribergae 846, Engelhardt. n. 24 ngl Velinp. 1 ß

Wyttenbach, Dan., Vitae T. Hemsterhusii et Dav. Ruhnkenii. 8. maj. Lips. Hinrichs. 801. Rthlr. Schreibp.

Dass., s.a. Vitae . . .

Wyttenbach, Friedrich von, aus Bern: Ueber die Kondensation einiger γ-Aldehydosäuren mit α- und β-Naphtylamin. Bern 1905. 70 + 2 S. 8°. [6. VII. 05.]
Bern. Phil. Diss. 1905/1906

Wyttenbach, Friedrich von. Ueber die Kondensation einiger γ-Aldehydosäuren mit α- und β-Naphtylamin. Diss. Phil. Bern. 71 S. 8. Bern, W. Wälchli, 1905.

Wyttenbach. Jakob Samuel

Wyttenbach, Jak. Sam., († 181. .) Anleit. für diejenigen, welche eine Reise durch die Eisberge im Grindewalde machen wollen. 8. Bern 777. dass. von e. Ungenannten ins Franzôs. übersetzt unt. d. T.: Instruction pour les Voyageurs etc. 8. Ebd. 787. N. A. 805. Haller. 3 gl

(Wyttenbach, J[acob] S[amuel].) Kurze Anleitung für diejenigen, welche eine Reise durch einen Theil der merkwürdigsten Alpgegenden des Lauterbrunnenthals ... machen wollen. 8. Bern 1877.

Wyttenbach, J[acob] Sam[uel]. [1.] Einige Anmerkungen über den gegenwärtigen Zustand der Kenntnis der Schweizerischen Pflanzen und über die Mittel, dieselben zu grösserer Vollkommenheit zu bringen. Von J. Sam. W'. (–[2.] Mineralogische Beobachtungen über die Eisen-Bergwerke, auf der Insel Elba. Von Ermengildo Pini.) [SA.] 8. Bern 1779.

s. Beiträge zur Naturgeschichte des Schweizerlandes.

Wyttenbach, Jacob Samuel. Kurzer Bericht von den Schicksalen und Arbeiten des bernischen Stadtpredigers Jakob S' W', während seines fünfzigjährigen öffentlichen Lehramtes in seiner Vaterstadt, von 1775 bis 1825. 8. Bern 1825.

s. Beschreibung, Physikal.-geogr. und histor., des Schweizerlandes . . .

s. Erklärungen, Kurze, der Wagnerischen Prospekte der Schweitzer-Gebürge.

s. **A. v. Haller, icones plantar.**

(Wyttenbach, J[acob] S[amuel].) Instruction pour les voyageurs qui vont voir les glaciers & les Alpes du Canton de Berne. 8. Berne 1787.

- (Hrsg.), s. Magazin, Bernerisches, der Natur, Kunst und Wissenschaften.

— gelehrte Nachrr. aus Welschland, die Künste u. Wissenschaften, vorzügl. die Physik u. Naturhistorie betreff. 8. Basel 783. Thurneisen. 10 gl

[Wyttenbach, Jacob Samuel.] Reise durch die Alpen und das Wallisland. (1771. 8 Briefe.) [A.] 8. [Bern 1777.]

- (Hrsg.), s. Reisen durch Ägypten und Arabien.

Wyttenbach, Jacob Samuel. Reisen durch die merkwürdigsten Alpen des Schweizerlandes von Jakob S' W'.... Mit Kupfern [*d. i.* 1 Tafel]. 1. [einziges] Heft. 2. Ausg. 8. Bern 1783.

Wyttenbach, J[acob] S[amuel]. Reisen durch die merkwürdigsten Alpen des Schweizerlandes. [Mit 1 Tafel.] 3. Ausg. 8. Bern 1826.

- (Hrsg.), s. Sammlung russischer Reisen . . .

- (Übers.), s. Saussure, Horace Benoit de: Reisen durch die Alpen.

(Übers.), s. Struve, Heinrich: Versuch einer neuen Theorie der Salzquellen und der Salzfelsen . . .

Wyttenbach, Jacob Samuel *s.* Vues remarquables des Montagnes De la Suisse. Avec leur Description. 1re Partie. Berne 1778.

Wyttenbach, Joh. Hugo, s.a. Aussprüche des reinen Herzens . . .

Aussprüche d. reinen Herzens u. d. philosophir. Vernunft üb. d. der Menschh. wichtigsten Gegenstände; zusammengetr. aus d. Schriften ält. u. neuerer Denker v. J. Hg. **Wyttenbach** u. J. And. **Nevrohr.** (*Jena*, Voigt **797-99.**) *Lpz.*, **Gleditsch (j. Brockhaus). 1-2r B. 2e A. 799-808. 3r B. (800.) 2e vb. A. 821. 8° 5 ß**

Wyttenbach, J. H., u. J. A. Neurohr, Aussprüche des reinen Herzens und der philosoph. Vernunft, über die der Menschheit wichtigsten Gegenstände. 3r Bd. 2te Aufl. gr. 8. Leipzig, Gleditsch. 821

Wyttenbach, J. H. Auswahl von Briefen berühmter Personen. Aus der Sammlung von Autographen der hies. Stadtbibliothek. (Luther, Ign. Loyola, L. Bourdaloue, Laur. Ricci, Turenne, Blücher, Stolberg, Wieland, Knigge, Heyne, Herder, Schiller.) 26 S.
Trier, Progr. 1829

Wyttenbach, J. H. Beitrag zur Geschichte der Schulen im ehemal. Churfürstenthum Trier. 25 S.
Progr. Trier 1841

Wyttenbach, J. H. Neue Beiträge zur antiken, heidnischen und christlichen Epigraphik. 22 S.
Trier, Progr. 1833

Wyttenbach, J. H. Histor. antiquar. Forschung über das Alter der Moselbrücke zu Trier. 20 S.
Trier, Progr. 1826

Wyttenbach, Joh. Hugo, Forschungen üb. d. römischen Alterthümer im Moselthale von Trier. 2., deutsche, verm. Aufl. gr. 8. (6 B. m. 14 Holzschn.) Trier 844, Lintz'sche Buchh.

Wyttenbach, Joh. Hugo, neue Forschungen üb. d. römischen architekton. Alterthümer im Moselthale von Trier. Nebst e. Anh., die Ruinen bei Fliessen betreff., v. Hesse. gr. 12. (4½ B.) Trier 835, Lintz'sche Buchh.

Wyttenbach, Ritter Jh. Hugo, d. Geist d. Religion, eine philosoph. Anthologie. 8. Heidelb. 806. Mohr. 22 gl.

—— et Jos. Müller, Gesta Trevirorum etc., s. Gesta.

—— die Liebfrauen-Kirche zu Trier, s. Schmidt, C. W.

Wyttenbach, J. H. Lineamente zu einem Grundrisse d. Pädagogik u. Didaktik. 18 S.
Progr. Trier 1837

Wyttenbach, J. H. Mittheilungen aus der Geschichte von Trier im dritten Decennium des achtzehnten Jahrhunderts. 29 S.
Trier, Progr. 1845

– s. Ramboux, Joh. Anton: Alterthümer und Naturansichten . . .

—— Recherches sur les antiquités romaines dans la vallée de la Moselle de Trèves. Nouv. édit. revue par l'Auteur. gr. in-12. (5⅔ B., 5 Kpfrt. u. 8 Vign.) Trèves 840, libr. de Lintz.

– s. Schmidt, Christian Wilhelm: Baudenkmale der römischen Periode . . .

Wyttenbach, Joh. Hugo, Schulreden vom J. 1799 bis 1846. 8. (244 S.) Trier 847, Lintz. 18 ℊℊ

– s.a. Tod u. Zukunft . . .

— Tod u. Zukunft; in e. Anthologie von Aussprüchen älterer und neuerer Dichter u. Philosophen. Mit 1 Kpf. gr. 8. Leipz. 806. 2e A. 821. (Brockhaus). 1 ℛ 16 ℊℊ Velinp. 2 ℛ 12 ℊℊ

— Urania, oder die Natur in ihrer höhern Bedeutung. Ein Seitenstück zur Anthologie: Tod u. Zukunft. Mit 1 Kpf. gr. 8. Leipz. 823. 2e A. 826. (L. Schumann). 1 ℛ 16 ℊℊ Hbg. Pr. 1 ℛ

Wyttenbach, (Joh. Hug.) Urania oder d. Natur in ihrer höhern Bedeutung, ein Seitenstück z. Anthologie: Tod u. Zukunft. 2e Aufl. Mit 1 Kpf. gr. 8. Leipz. 826, Kayser. 1 Rthl. Velin-Pap.

— Urania oder die Natur in ihrer Bedeutung. 2e Aufl. Mit 1 Kpfr. gr. 8. (Leipzig 826. Künzel.) 1 ℛ

Wyttenbach, J. H. Versuch einer Geschichte von Trier. 3 Bd. 16
Trier 1815 17

Wyttenbach, Johanna

Wyttenbach, Mad. geb. Gallien, s.a. **Gastmal d. Leontis.**

Wyttenbach, (Mad.), Gastmahl der Leontis. Ein Gespräch über Schönheit, Liebe und Freundschaft. Aus dem Franz. 8. Ulm, Ebner. 820.

Wyttenbach, Johanna geb. Gallien. Gastmal des Leontis. . . . A. d. Franz. . . . Ulm 1821. V: *Hermann, Dietrich.* (Ky) (MGT)

WYTTENBACH, Madame, gebohrne G., Gastmahl der Leontis. Ein Gespräch über Schönheit, Liebe und Freundschaft. Aus d. Französ. Ulm, 1821. In der J Ebner'schen Buchh. 8°.

– s. Theagenes

Wyttenbach, Sam., Bern: Diss. inauguralis medico-practica functiones corporis humani et aegritudines necessitate mechanica fieri asserens.
Basel, Med. Diss. 1727.

Wytzes, zur Frauenfrage, s.a. Sammlung theologischer u. sozialer Reden u. Abhandlungen.

Wytzes, Zur Frauenfrage. (Sammlung theolog. u. sozialer Reden u. Abhandlungen, Ser. 4, Lfg. 4.) gr. 8°. Leipzig, Wallmann, 1893.

Wytzes, L., die Feier d. 2. September 1872 in M. Gladbach. Mit e. (lith.) Abbildg. gr. 8. (23 S.) M. Gladbach 872. Schellmann. n. 1. —

Wyzewa, T. de. Die socialistische Bewegung in Europa. Ihre Träger u. ihre Ideen. Deutsche autoris. Uebersetzg. von Hans Altona. gr. 8. (VIII, 111 S.) Braunschw. 892, Salle. * 1 50

Wyzewa, T. de, christliche Erzählungen. I. Die Taufe Jesu od. Die vier Stufen des Skepticismus. Aus dem Franz. übers. (24 S.) 8. Mölln (904). J. Eckell. n. — 50

Wzór świątobliwości święty Stanisław Kostka tow. Jez. w dziesięcin uwagach do naśladowania podany. Wolny przeklad z francuzkiego. (Der heil. St. Kostka als Muster der Frömmigkeit. In zehn Capiteln zur Nachahmung dargestellt. Frei aus dem Französ.) 16. (IV und 103 S. mit 1 Stahlst.) Berlin 860, Behr's Buchh. Thlr.

FSC
www.fsc.org
MIX
Papier | Fördert gute Waldnutzung
FSC® C083411

Kolibri 360 GmbH
Ferdinand-Jühlke-Straße 7
99095 Erfurt, Deutschland
produktsicherheit@kolibri360.de